Ekbert Hering
Karl-Heinz Modler

GRUNDWISSEN des Ingenieurs

Autoren und Mitarbeiter

Dr.-Ing. *Thilo Bein*, Fraunhofer-Institut für Betriebsfestigkeit und Systemzuverlässigkeit Darmstadt, Kap. 22
Prof. Dr.-Ing. *Paul Beiss*, Rheinisch-Westfälische Technische Hochschule Aachen, Kap. 11
Prof. Dr.-Ing. habil. *Wolfgang Bernstein* (†), Technische Universität Dresden, Kap. 12
Prof. Dr.-Ing. habil. *Hans-Christian Böttger*, Westsächsische Hochschule Zwickau, Kap. 13
Prof. Dr.-Ing. habil. *Elmar Breitbach*, DLR-Institut für Faserverbundleichtbau und Adaptronik Braunschweig, Kap. 22
Dipl.-Ing. *Klaus Bressler*, THALES ATM GmbH Korntal-Münchingen, Kap. 16
Dipl.-Ing. *Rudolf Ehlers*, Fachhochschule Bielefeld, Kap. 21
Prof. Dr.-Ing. habil. *Reimar Frobin*, Westsächsische Hochschule Zwickau, Kap. 13
Prof. Dr. rer. nat. *Rainer Gräf*, Hochschule Esslingen, Kap. 23
Prof. Dr.-Ing. *Holger Hanselka*, Technische Universität Darmstadt, Kap. 22
Prof. Dr.-Ing. habil. Prof. h. c. *Hans-Jürgen Hardtke*, Technische Universität Dresden, Kap. 6, 20
Prof. Dr. *Alexander Haubrock*, Hochschule Aalen, Kap. 24
Priv.-Doz. Dr.-Ing. *Winfried Heller*, Technische Universität Dresden, Kap. 7
Prof. Dr. rer. nat. Dr. rer. pol. *Ekbert Hering*, Hochschule Aalen, Kap. 9
Dr.-Ing. *Barbara Hildebrandt*, Technische Universität Dresden, Kap. 6
Prof. Dr.-Ing. habil. Dr. h. c. *Günter Höhne*, Technische Universität Ilmenau, Kap. 10
Dr. rer. nat. *Elke Junkert*, Technische Universität Dresden, Kap. 6
Dipl.-Ing. *Karlheinz Kabus*, Berlin, Kap. 9
Prof. Dr.-Ing. *Rolf Kademann*, Fachhochschule Merseburg, Kap. 14
Dipl.-Ing. *Volker Krajenski*, Otto-von-Guericke-Universität Magdeburg, Kap. 22
Prof. Dr.-Ing. *Ulrich Kramer*, Fachhochschule Bielefeld, Kap. 21
Prof. Dr.-Ing. habil. *Hans-Joachim Kretzschmar*, Hochschule Zittau/Görlitz, Kap. 8
Prof. Dr.-Ing. habil. *Peter Langbein*, Fachhochschule Südwestfalen Iserlohn, Kap. 10
Prof. Dr.-Ing. habil. *Siegbert Liebig*, Technische Universität Dresden, Kap. 6, 20
Prof. Dr.-Ing. *Jörg Linser*, Hochschule Aalen, Kap. 19
Prof. Dr. rer. nat. Dr. h. c. *Rolf Martin*, Hochschule Esslingen, Kap. 2, 4
Prof. Dr. *Eugen May*, Hochschule Aalen, Kap. 24
Prof. Dr. rer. nat. *Richard Mohr*, Hochschule Esslingen, Kap. 1
Dr. rer. nat. *Alwin Nagel*, Steinbeis-Transferzentrum Materials Engineering, Hochschule Aalen, Kap. 11
Dr.-Ing. *Mihaela Neculau*, Fachhochschule Bielefeld, Kap. 21
Dr.-Ing. *Dietrich Pawandenat*, Technische Universität Dresden, Kap. 20
Prof. Dr. *Jürgen Reichel*, Hochschule Aalen, Kap. 24
Prof. Dr.-Ing. habil. *Werner Richter*, Döbeln, Kap. 17, 25
Dipl.-Ing. *Shakoor Salih*, Fachhochschule Bielefeld, Kap. 21
Prof. Dr. rer. nat. *Gerhard Schneider*, Robert Bosch GmbH Stuttgart, Kap. 11
Dipl.-Ing. *Wolfgang Schulz*, Wave GmbH Stuttgart, Kapitel 3, 25
Prof. Dr.-Ing. habil. *Gerhard Sörgel*, Technische Universität Dresden, Kap. 15
Prof. Dr.-Ing. *Heinrich Steinhart*, Hochschule Aalen, Kap. 18
Dr.-Ing. *Ines Stöcker*, Hochschule Zittau/Görlitz, Kap. 8
Prof. Dr.-Ing. *Manfred Strahnen*, Hochschule Ulm, Kap. 5
Prof. Dr.-Ing. habil. *Volker Ulbricht*, Technische Universität Dresden, Kap. 6
Dipl.-Ing. *Alois Vogt*, Hochschule Aalen, Kap. 19
Prof. Dr.-Ing. habil. *Reiner Vollheim*, Technische Universität Dresden, Kap. 7
Prof. Dr.-Ing. habil. *Gotthard Will*, Technische Universität Dresden, Kap. 15
Dipl.-Ing. *Heiko Wohlgemuth*, Fachhochschule Merseburg, Kap. 14
Prof. Dr.-Ing. *Hans Zellbeck*, Technische Universität Dresden, Kap. 15

GRUNDWISSEN des Ingenieurs

Herausgegeben von
Prof. Dr. rer. nat. Dr. rer. pol. Ekbert Hering
und
Prof. Dr. rer. nat. habil. Karl-Heinz Modler

14., aktualisierte Auflage

Mit 831 Bildern und 265 Tabellen

Fachbuchverlag Leipzig
im Carl Hanser Verlag

Herausgeber
Prof. Dr. rer. nat. Dr. rer. pol. **Ekbert Hering**
Hochschule Aalen
Prof. Dr. rer. nat. habil. **Karl-Heinz Modler**
Technische Universität Dresden

Bibliografische Information der Deutschen Nationalbibliothek

Die Deutsche Nationalbibliothek verzeichnet diese Publikation in der Deutschen Nationalbibliografie; detaillierte bibliografische Daten sind im Internet über http://dnb.d-nb.de abrufbar.

ISBN 978-3-446-22814-6

Fachbuchverlag Leipzig im Carl Hanser Verlag

www.hanser.de
Projektleitung: Dipl.-Phys. Jochen Horn
Layout: Dipl.-Grafiker Matthias Dittmann, Mügeln
Zeichnungen: Peter Palm, Berlin (Kapitel 3, 4, 13, 15, 16, 19)
Herstellung: Renate Roßbach
Satz, Druck und Bindung: Druckhaus „Thomas Müntzer“ GmbH, Bad Langensalza
Printed in Germany

Vorwort

Das „Grundwissen des Ingenieurs" war in Ostdeutschland von 1959 bis 1990 das absolute Standardwerk für Ingenieurstudenten, für Lehrkräfte und für Ingenieure in der Praxis. Mit 12 Auflagen und 178 000 gedruckten Exemplaren fand dieses Standardwerk im In- und Ausland eine hohe Anerkennung. Zu Beginn des 21. Jahrhunderts war es an der Zeit, eine *völlige Neubearbeitung* dieses Klassikers vorzunehmen. Damit soll an die früheren Erfolge dieses Buches angeknüpft und dieses Werk einer neuen Generation von Ingenieuren in Ausbildung und Beruf erschlossen werden. Die Herausgeber, die Autoren und der Verlag sind sich des hohen Anspruches bewusst. Deshalb wurde eine 13., völlig neu erarbeitete Auflage dieses Werkes geschrieben, das die ursprünglichen Erfolgsmerkmale beibehielt und dennoch die Belange der modernen Ingenieurausbildung berücksichtigt. Nunmehr liegt das Werk in der 14. Auflage vor.

Angesprochen werden Ingenieure aller Fachrichtungen außer Bautechnik, vor allem aber Ingenieure des Maschinenbaus, der Verfahrenstechnik und der Feinwerktechnik.

Das Werk wurde in bewährter Weise für *Studenten* und *Lehrkräfte an Hochschulen* sowie für in der *Praxis tätige Ingenieure* entwickelt. Es enthält den dargebotenen Stoff in *verdichteter* und *übersichtlicher* Form. Deshalb wird eine *rationelle Wissensvermittlung* und eine *Vervollkommnung der Kenntnisse* ermöglicht. Die Darstellung in knapper, erläuternder Form – veranschaulicht durch zahlreiche Bilder, Tabellen und praktische Anwendungen – hilft, sicher und schnell Auskünfte über wichtige Einzelheiten und Zusammenhänge des Ingenieurwissens zu erlangen, regt zum Mitdenken an, schließt vorhandene Wissenslücken und ermöglicht eine rasche Umsetzung für die konkreten betrieblichen Problemstellungen.

In den ersten 5 Kapiteln werden die **Grundlagen der Ingenieurwissenschaften** behandelt: *Mathematik* (Kapitel 1), *Physik* (Kapitel 2), *Chemie* (Kapitel 3), *Elektrotechnik/Elektronik* (Kapitel 4) sowie *Informatik und Kommunikationstechnik* (Kapitel 5). Die nächsten drei Kapitel legen die **Grundlagen im Maschinenbau**: Es sind dies die *Technische Mechanik* (Kapitel 6), die *Strömungsmechanik* (Kapitel 7) und die *Thermodynamik* (Kapitel 8). In Kapitel 9 und 10 werden die *Konstruktionselemente* und die *Konstruktionstechnik* behandelt, in Kapitel 11 die *Werkstofftechnik* und in Kapitel 12 die *Energietechnik*. Mit der **Fertigung** beschäftigen sich Kapitel 13 (*Fertigungstechnik*) und Kapitel 14 (*Fertigungssysteme*). In Kapitel 15 werden die *Fluidenergiemaschinen* behandelt. Da im Maschinenbau zunehmend die **Elektronik** und die **Messtechnik** eine wesentliche Rolle spielen, werden in den folgenden Kapiteln die Grundlagen zum Verständnis gelegt. Es sind dies die Kapitel über *Elektrische und elektronische Bauelemente* (Kapitel 16), *Messtechnik* (Kapitel 17), *Steuerungs- und Regelungstechnik* (Kapitel 18), *Antriebstechnik* (Kapitel 19) und *Maschinendynamik* (Kapitel 20). In allen Bereichen der Ingenieurwissenschaften wird die *Simulationstechnik* eingesetzt, die in Kapitel 21 vorgestellt wird. Dem modernen Bereich der *Mechatronik/Adaptronik* ist Kapitel 22 gewidmet. Alle Ingenieuranwendungen müssen auf ihre **Umweltverträglichkeit** hin ausgelegt werden. Die dazu notwendigen Kenntnisse gibt Kapitel 23 (*Umwelttechnik*). Immer wichtiger werden für die Ingenieure die *betriebswirtschaftlichen Grundlagen*, wie sie in Kapitel 24 übersichtlich zusammengestellt sind. Der *Anhang* in Kapitel 25 stellt allgemeine, für alle Kapitel gültige Informationen bereit, vom griechischen Alphabet über die gesetzlichen SI-Einheiten bis zu den wichtigsten Abkürzungen (auch der new economy). Leider erlaubt es die Konzeption dieses Werkes nicht, alle Detailprobleme der Leser in der von ihnen gewünschten Tiefe zu beantworten. Deshalb wird in den einzelnen Kapiteln auf weiterführende Literatur verwiesen.

Den Herausgebern und dem Verlag ist es gelungen, namhafte Experten für die jeweiligen Fachgebiete zu gewinnen. Aus diesem Grunde haben an diesem Werk *Autoren* aus allen Bereichen der Hochschulen und allen Regionen der Bundesrepublik mitgearbeitet.

Dank deren Wissen und ihrer Bereitschaft, sich an die strukturierten Vorgaben zu halten, ist trotz der vielen individuellen Beiträge ein **in sich geschlossenes Werk** entstanden. Dafür gebührt allen Autoren ein herzliches Dankeschön. Die Herausgeber möchten es an dieser Stelle nicht versäumen, Herrn Dipl.-Phys. *Jochen Horn* vom Fachbuchverlag Leipzig im Carl Hanser Verlag zu danken. Er hat mit Engagement, hohem Sachverstand und sympathischer Durchsetzungskraft die Qualität dieses Werkes maßgeblich bestimmt.

Wir wünschen unseren Lesern und uns, dass ihnen dieses Buch eine der wichtigsten Wissensquellen beim Lehren, Lernen und Problemlösen in der Praxis ist. Möge dieses Werk sehr schnell wieder den Spitzenplatz einnehmen, den es in der Vergangenheit hatte. Gern nehmen wir kritische Hinweise und Vorschläge zur weiteren Verbesserung entgegen.

Aalen, Dresden
März 2007

Ekbert Hering
Karl-Heinz Modler

Inhaltsverzeichnis

Mathematik

Prof. Dr. rer. nat. Richard Mohr
Hochschule Esslingen

1.1 Zahlen

Zahlbereiche

Bezeichnung	Definition	abgeschlossen bezüglich
natürliche Zahlen	$\mathbb{N} = \{1,2,3,\ldots\}$	$+\,,\,\cdot$
ganze Zahlen	$\mathbb{Z} = \{\ldots,-2,-1,0,1,2,\ldots\}$	$+\,,\,\cdot\,,\,-$
rationale Zahlen	$\mathbb{Q} = \left\{ \frac{p}{q} \,\middle|\, p \in \mathbb{Z},\ q \in \mathbb{N} \right\}$	$+\,,\,\cdot\,,\,-\,,:$
reelle Zahlen	$\mathbb{R} = \{\textit{unendliche Dezimalbrüche}\}$	$+\,,\,\cdot\,,\,-\,,:$ Grenzwerte
komplexe Zahlen	$\mathbb{C} = \left\{ z = a + \mathrm{i}b \,\middle|\, \begin{matrix} a,b \in \mathbb{R} \\ \mathrm{i}^2 = -1 \end{matrix} \right\}$	$+\,,\,\cdot\,,\,-\,,:$ Grenzwerte algebraische Gleichungen

1.1.1 Reelle Zahlen

1.1.1.1 Aufbau des Zahlensystems

In der Menge der rationalen Zahlen sind alle „bürgerlichen“ Rechenoperationen $+\,,\,-\,,\,\cdot\,,:$ möglich. Rationale Zahlen lassen sich als endliche oder periodische Dezimalbrüche darstellen. Damit auch Grenzwertbildung uneingeschränkt möglich ist, muss man auch die nicht-periodischen, unendlichen Dezimalbrüche hinzunehmen und es ergibt sich $\mathbb{R}$. Mit reellen Zahlen kann der Computer nicht rechnen. Als Ersatz dient die endliche Teilmenge der Gleitpunktzahlen der Länge l zu einer Basis β, i. Allg. 2 (Dualzahlen) oder 16 (Hexadezimalzahlen). $d = \pm d_1, d_2 d_3 \ldots d_t \cdot \beta^n$; $0 \le d_i < \beta,\ d_1 \ne 0$. Maschinenzahlen sind im Rechenbereich des Computers nicht gleichmäßig verteilt; sie häufen sich in der Nähe der Null.

1.1.1.2 Potenzen, Wurzeln, Logarithmen

Potenzgesetze: $a^0 = 1;\quad 1^\alpha = 1;\quad a^{-\alpha} = \dfrac{1}{a^\alpha};\quad \left(a^\alpha\right)^\beta = a^{\alpha\cdot\beta}$

$$a^\alpha \cdot a^\beta = a^{\alpha+\beta};\quad \frac{a^\alpha}{a^\beta} = a^{\alpha-\beta};\quad a^\alpha \cdot b^\alpha = (a\cdot b)^\alpha;\quad \frac{a^\alpha}{b^\alpha} = \left(\frac{a}{b}\right)^\alpha$$

Wurzeln sind die Umkehrung der entsprechenden Potenzfunktion. Für $a > 0$ erklärt man

$$b = \sqrt[n]{a} \quad\Leftrightarrow\quad b > 0 \text{ mit } b^n = a;\qquad \sqrt[n]{-a} = -\sqrt[n]{a} \quad \text{falls } n \text{ ungerade}$$

Schreibt man $\sqrt[m]{a^n} = a^{n/m}$, so gelten dafür die obigen Potenzrechengesetze.

$$x^n = a \;\Rightarrow\; \begin{cases} n \text{ gerade} \;\Rightarrow\; \begin{cases} a > 0 \text{ 2 reelle Lösungen } & x_{1,2} = \pm \sqrt[n]{a} \\ a < 0 \text{ keine Lösung} & \end{cases} \\ n \text{ ungerade} \;\Rightarrow\; \begin{cases} a > 0 \text{ 1 reelle Lösung} & x = \sqrt[n]{a} \\ a < 0 \text{ 1 reelle Lösung} & x = -\sqrt[n]{|a|} \end{cases} \end{cases}$$

Der Logarithmus ist die Umkehrung der Exponentialfunktion: $a^x = b \;\Leftrightarrow\; x = \log_a b \,(a, b > 0)$

Es gilt: $\log(u \cdot v) = \log u + \log v$, $\log\left(\frac{u}{v}\right) = \log u - \log v$, $\log\left(u^\alpha\right) = \alpha \cdot \log u$

1.1.1.3 Mittelwerte

gewichtetes arithmetisches Mittel *(Um aus den Prozentzahlen in den einzelnen Wahlbezirken den globalen Wert zu errechnen, müssen die Einzelergebnisse mit der Zahl der Wahlberechtigten gewichtet werden)*	$\bar{x}_A = \frac{\sum_{i=1}^{n} \alpha_i x_i}{\sum_{i=1}^{n} \alpha_i}$, α_i Gewichte
geometrisches Mittel *(durchschnittliche Verzinsung bei verschiedenen Zinssätzen)*	$\bar{x}_G = \sqrt[n]{x_1 \cdot x_2 \cdot \ldots \cdot x_n} = \sqrt[n]{\prod_{i=1}^{n} x_i}$
harmonisches Mittel *(mittlere Geschwindigkeit aus den Einzelgeschwindigkeiten bei gleichen Strecken)*	$\bar{x}_H = \frac{n}{\frac{1}{x_1} + \frac{1}{x_2} + \ldots + \frac{1}{x_n}}$
quadratisches Mittel *(Beurteilung von Abweichungen vom Sollwert; Beurteilungskriterium bei Approximationsproblemen)*	$\bar{x}_Q = \sqrt{\frac{x_1^2 + x_2^2 + \ldots + x_n^2}{n}} = \sqrt{\frac{\sum_{i=1}^{n} x_i^2}{n}}$

Für die verschiedenen Mittel gilt: $\min(x_i) \le \bar{x}_H \le \bar{x}_G \le \bar{x}_A \le \bar{x}_Q \le \max(x_i)$

1.1.2 Komplexe Zahlen

Erweiterung von $\mathbb{R}$, damit algebraische Gleichungen wie $x^2 + 1 = 0$ lösbar werden.

1.1.2.1 Imaginäre Einheit, Darstellung komplexer Zahlen

$\mathbb{C} = \left\{a + \mathrm{j} \cdot b \mid a, b \in \mathbb{R};\; \mathrm{j}^2 = -1\right\}$ Menge der komplexen Zahlen; j imaginäre Einheit.

Für $b = 0$ erhält man die reellen Zahlen; für $a = 0$ ergeben sich die rein imaginären Zahlen. Zur Darstellung von $\mathbb{C}$ fasst man die komplexen Zahlen auf als reelle Zahlenpaare, die man als Vektoren in der x, y-Ebene darstellen kann.

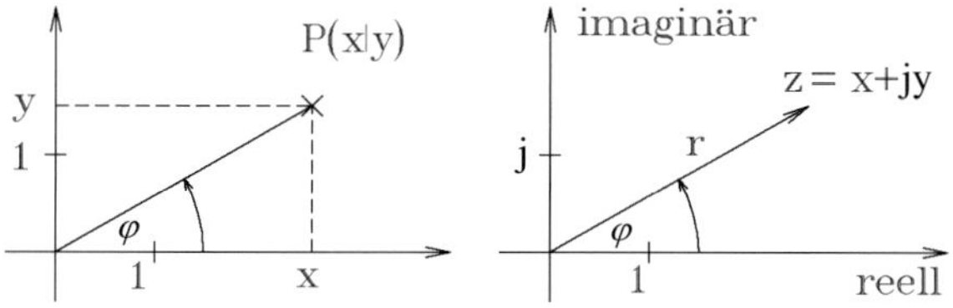

Bild 1.1 Komplexe Zahlenebene

$$P(x|y) \Leftrightarrow z = \underbrace{x + \mathrm{j}\cdot y}_{\text{Komponentenform}} = \underbrace{r\cdot(\cos\varphi + \mathrm{j}\cdot\sin\varphi)}_{\text{Trigonometrische Form}} = \underbrace{r\cdot \mathrm{e}^{\mathrm{j}\cdot\varphi}}_{\text{Exponentialform}}$$

$x = \mathrm{Re}\{z\}$; $y = \mathrm{Im}\{z\}$; $z^* = x - \mathrm{j}\cdot y$ die zu $z = x + \mathrm{j}\cdot y$ konjugiert komplexe Zahl.

$$r = |z| = \sqrt{x^2 + y^2}\,; \quad \varphi = \begin{cases} \arctan\left(\dfrac{y}{x}\right) & \text{für } x > 0 \\ \arctan\left(\dfrac{y}{x}\right) + \pi & \text{für } x < 0 \end{cases}; \quad \begin{aligned} x &= r\cdot\cos\varphi \\ y &= r\cdot\sin\varphi \end{aligned}$$

Beispiel: $z = 1 + \mathrm{j}\cdot\sqrt{3}$; $r = \sqrt{1+3} = 2$; $\tan\varphi = \sqrt{3} \rightarrow \varphi = \dfrac{\pi}{3}$; $z = 2\cdot \mathrm{e}^{\mathrm{j}\cdot\frac{\pi}{3}}$

Eigenschaften des Betrags komplexer Zahlen

$$|z| = \sqrt{x^2 + y^2} = |r\cdot(\cos\varphi + \mathrm{j}\cdot\sin\varphi)| = \left|r\cdot \mathrm{e}^{\mathrm{j}\cdot\varphi}\right| = r$$

$$|z_1\cdot z_2| = |z_1|\cdot|z_2|; \quad \left|\frac{z_1}{z_2}\right| = \frac{|z_1|}{|z_2|};\ z_2 \neq 0$$

$$\big||z_1| - |z_2|\big| \leq |z_1 \pm z_2| \leq |z_1| + |z_2|$$

1.1.2.2 Rechnen mit komplexen Zahlen

Gleichheit komplexer Zahlen

$$(x_1 + \mathrm{j}\cdot y_1) = (x_2 + \mathrm{j}\cdot y_2) \Leftrightarrow \{x_1 = x_2;\ y_1 = y_2\}$$
$$r_1\cdot \mathrm{e}^{\mathrm{j}\cdot\varphi_1} = r_2\cdot \mathrm{e}^{\mathrm{j}\cdot\varphi_2} \Leftrightarrow \{r_1 = r_2;\ \varphi_1 = \varphi_2 + k\cdot 2\pi\}$$

Beträge müssen übereinstimmen, die Winkel dürfen sich um $k\cdot 2\pi$ unterscheiden.

Addition und Subtraktion

Addition und Subtraktion komplexer Zahlen erfolgt wie bei Vektoren komponentenweise.

$$(x_1 + \mathrm{j}\cdot y_1) \pm (x_2 + \mathrm{j}\cdot y_2) = (x_1 \pm x_2) + \mathrm{j}\cdot(y_1 \pm y_2)$$

Grundgesetze der Addition übertragen sich von $\mathbb{R}$ auf $\mathbb{C}$. Dagegen lässt sich auf $\mathbb{C}$ keine Ordnungsrelation erklären. Ungleichungen haben in $\mathbb{C}$ keinen Sinn!

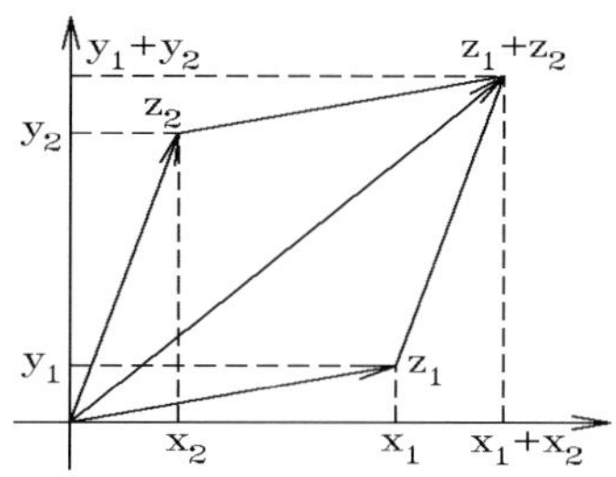

Bild 1.2 Addition in $\mathbb{C}$

Multiplikation und Division

Für die Komponentenform erhält man nach den üblichen Klammerregeln die Vorschrift:

$$z_1 \cdot z_2 = (x_1 + \mathrm{j} \cdot y_1) \cdot (x_2 + \mathrm{j} \cdot y_2) = (x_1 \cdot x_2 - y_1 \cdot y_2) + \mathrm{j} \cdot (x_1 \cdot y_2 + x_2 \cdot y_1)$$

Bei der Division führt das Erweitern mit der konjugiert komplexen Zahl zu:

$$\frac{z_1}{z_2} = \frac{x_1 + \mathrm{j} \cdot y_1}{x_2 + \mathrm{j} \cdot y_2} = \frac{(x_1 + \mathrm{j} \cdot y_1) \cdot (x_2 - \mathrm{j} \cdot y_2)}{(x_2 + \mathrm{j} \cdot y_2) \cdot (x_2 - \mathrm{j} \cdot y_2)} = \frac{(x_1 \cdot x_2 + y_1 \cdot y_2) + \mathrm{j} \cdot (x_2 \cdot y_1 - x_1 \cdot y_2)}{x_2^2 + y_2^2}$$

In Exponentialform (Polarkoordinaten) ergibt sich (analog Potenzrechnung):

$$z_1 \cdot z_2 = \left(r_1 \cdot \mathrm{e}^{\mathrm{j} \cdot \varphi_1}\right) \cdot \left(r_2 \cdot \mathrm{e}^{\mathrm{j} \cdot \varphi_2}\right) = (r_1 \cdot r_2) \cdot \mathrm{e}^{\mathrm{j} \cdot (\varphi_1 + \varphi_2)}$$

Beträge multiplizieren, Winkelargumente addieren!

$$\frac{z_1}{z_2} = \frac{r_1 \cdot \mathrm{e}^{\mathrm{j} \cdot \varphi_1}}{r_2 \cdot \mathrm{e}^{\mathrm{j} \cdot \varphi_2}} = \frac{r_1}{r_2} \cdot \mathrm{e}^{\mathrm{j} \cdot (\varphi_1 - \varphi_2)}$$ Beträge dividieren, Winkelargumente subtrahieren!

$$z^k = \left(r \cdot \mathrm{e}^{\mathrm{j} \cdot \varphi}\right)^k = r^k \cdot \mathrm{e}^{\mathrm{j} \cdot k \cdot \varphi}$$ Beträge potenzieren, Winkelargumente mit k multiplizieren!

In $\mathbb{C}$ gelten die gewohnten Regeln der Algebra (Ausnahme: Ungleichungen).

Wurzeln einer komplexen Zahl

Gesucht sind alle Lösungen der Gleichung $z^n = w; \quad \Rightarrow \quad \underbrace{r^n \cdot \mathrm{e}^{\mathrm{j} \cdot n \cdot \varphi}}_{= z^n} = \underbrace{\rho \cdot \mathrm{e}^{\mathrm{j} \cdot \alpha}}_{= w}$.

Daraus folgt:

$$r^n = \rho \quad \Rightarrow \quad r = \sqrt[n]{\rho} > 0$$

$$n\varphi_k = \alpha + k \cdot 2\pi \quad \Rightarrow \quad \varphi_k = \frac{\alpha + k \cdot 2\pi}{n}; \; k \in \mathbb{Z}$$

Die Gleichung $z^n = w = \rho \cdot \mathrm{e}^{\mathrm{j} \cdot \alpha}$ hat genau n verschiedene Lösungen der Form:

$$z_k = \sqrt[n]{\rho} \cdot \mathrm{e}^{\mathrm{j} \frac{\alpha + k \cdot 2\pi}{n}} = \sqrt[n]{\rho} \cdot \mathrm{e}^{\mathrm{j} \frac{\alpha}{n}} \cdot \mathrm{e}^{\mathrm{j} \cdot k \cdot \frac{2\pi}{n}}; \; k = 0, 1, 2, \ldots, (n-1)$$

Für $k = 0$ erhält man $z_0 = \sqrt[n]{\rho} \cdot \mathrm{e}^{\mathrm{j} \cdot \frac{\alpha}{n}}$. Die weiteren Werte $z_1, z_2, \ldots, z_{n-1}$ ergeben sich durch fortgesetztes Multiplizieren mit dem Drehfaktor $\mathrm{e}^{\mathrm{j} \cdot \frac{2\pi}{n}}$.

Beispiel: Alle Lösungen der Gleichung $z^n = 1$ haben die Form $\varepsilon_n^k = \mathrm{e}^{\mathrm{j} \cdot k \cdot \frac{2\pi}{n}}$. Die Zahlen ε_n^k heißen n-te Einheitswurzeln. Sie bilden die Eckpunkte eines regelmäßigen n-Ecks.

Für $n = 3$ ergibt sich:

$$z_0 = \varepsilon_3^0 = 1$$

$$z_1 = \varepsilon_3^1 = \mathrm{e}^{\mathrm{j} \cdot \frac{2\pi}{3}} = -\frac{1}{2} + \frac{\sqrt{3}}{2} \cdot \mathrm{j}$$

$$z_2 = \varepsilon_3^2 = \mathrm{e}^{\mathrm{j} \cdot \frac{4\pi}{3}} = -\frac{1}{2} - \frac{\sqrt{3}}{2} \cdot \mathrm{j}$$

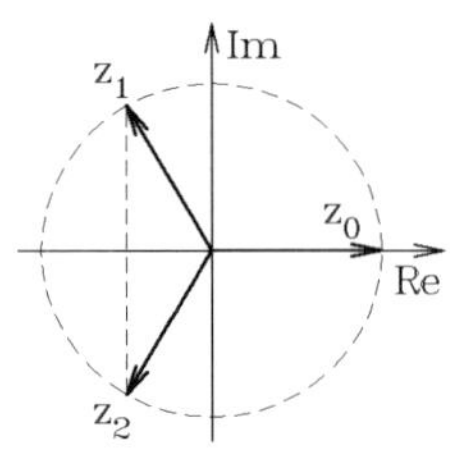

1.1.2.3 Fundamentalsatz der Algebra

Jede ganzrationale Funktion (Polynom) vom Grad n mit reellen Koeffizienten

$$P_n(z) = a_0 + a_1 z + a_2 z^2 + \ldots + a_{n-1} z^{n-1} + a_n z^n; \quad a_k \in \mathbb{R}, \ a_n \neq 0$$

besitzt in $\mathbb{C}$ genau n (nicht notwendig verschiedene) Nullstellen. Die Nullstellen sind entweder reell oder paarweise konjugiert komplex.

Für $n = 2$ ergibt sich die bekannte Lösungsformel für quadratische Gleichungen

$$az^2 + bz + c = 0; \ a, b, c \in \mathbb{R}; \ a \neq 0 \qquad z_{1,2} = \frac{-b \pm \sqrt{b^2 - 4ac}}{2a}$$

In Abhängigkeit von der Diskriminante $D = b^2 - 4ac$ ergeben sich die Fälle:

1. $D > 0$: $z_{1,2} = \dfrac{-b \pm \sqrt{b^2 - 4ac}}{2a}$ zwei verschiedene reelle Lösungen
2. $D = 0$: $z_{1,2} = \dfrac{-b}{2a}$ eine doppelt zu zählende reelle Lösung
3. $D < 0$: $z_{1,2} = \dfrac{-b \pm \mathrm{i} \cdot \sqrt{4ac - b^2}}{2a}$ ein Paar konjugiert komplexer Lösungen

Ist bei einer algebraischen Gleichung höherer Ordnung eine Nullstelle bekannt, so lässt sich die Problemstellung um eine Ordnung erniedrigen.

Beispiel: Die kubische Gleichung $z^3 + z - 10 = 0$ besitzt die Lösung $z_1 = 2$. Nach Abspaltung des Linearfaktors $(z - 2)$ erhält man eine quadratische Gleichung

$$\left(z^3 + z - 10\right) : (z - 2) = z^2 + 2z + 5 \quad \text{mit den Lösungen} \quad z_{2,3} = \frac{-2 \pm \sqrt{4 - 20}}{2} = -1 \pm 2\mathrm{j}$$

1.1.2.4 Darstellung harmonischer Schwingungen

Harmonische Schwingungen erhält man als Lösung der Schwingungsdifferenzialgleichung $\ddot{x} + \omega^2 \cdot x = 0$ in der Form $x(t) = C_1 \cos(\omega \cdot t) + C_2 \sin(\omega \cdot t) = A \cdot \cos(\omega \cdot t + \varphi)$.

$A > 0$ … Amplitude; φ … Nullphasenwinkel: $x(0) = A \cdot \cos\varphi$

$\omega > 0$ … Kreisfrequenz; $T = \dfrac{2\pi}{\omega}$ … Schwingungsdauer

Man führt nun komplexe Ersatzgrößen ein, deren Realteil die harmonische Schwingung beschreibt.

$$z(t) = A \cdot \mathrm{e}^{\mathrm{j}(\omega \cdot t + \varphi)} = A\cos(\omega \cdot t + \varphi) + \mathrm{j} \cdot A\sin(\omega \cdot t + \varphi); \quad x(t) = \mathrm{Re}\{z(t)\}$$

$z(t)$ beschreibt in der komplexen Zahlenebene eine Kreisbahn. Man nennt

$z_0 = z(0) = A\mathrm{e}^{\mathrm{j}\cdot\varphi}$

den komplexen Amplitudenfaktor oder kurz: Zeiger der harmonischen Schwingung.

Der Zeiger z_0 enthält mit der Amplitude A und dem Nullphasenwinkel φ alle wesentlichen Größen der harmonischen Schwingung.

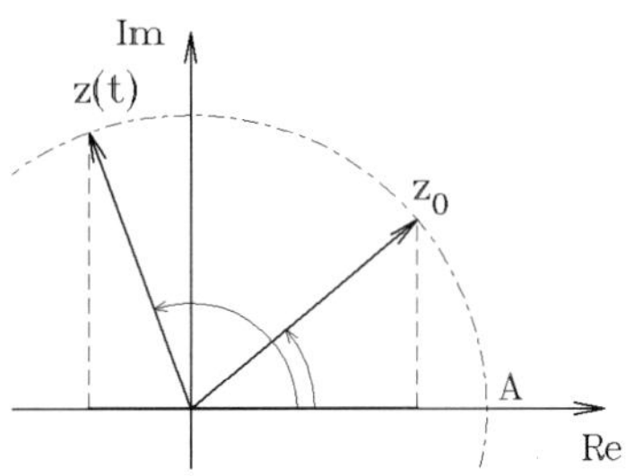

Bild 1.3 Zeigerdarstellung

Addition harmonischer Schwingungen gleicher Frequenz

Die Überlagerung harmonischer Schwingungen ist mit reeller Rechnung (Additionstheoreme) recht mühsam. Mit Hilfe komplexer Zeigerdarstellung ergibt sich:

$$x_1(t) = A_1 \cos(\omega \cdot t + \varphi_1) \leftrightarrow z_1(t) = A_1 e^{j\cdot(\omega \cdot t + \varphi_1)} = A_1 e^{j\cdot\varphi_1} \cdot e^{j\cdot\omega\cdot t}$$

$$x_2(t) = A_2 \cos(\omega \cdot t + \varphi_2) \leftrightarrow z_2(t) = A_2 e^{j\cdot(\omega \cdot t + \varphi_2)} = A_2 e^{j\cdot\varphi_2} \cdot e^{j\cdot\omega\cdot t}$$

Die Addition der beiden komplexen Ersatzgrößen liefert

$$\begin{aligned} z(t) &= z_1(t) + z_2(t) \\ &= (A_1 e^{j\cdot\varphi_1} + A_2 e^{j\cdot\varphi_2}) \cdot e^{j\cdot\omega\cdot t} \\ &= A e^{j\cdot\varphi} \cdot e^{j\cdot\omega\cdot t} \end{aligned}$$

Den Zeiger der Überlagerung erhält man durch Addition der beiden Zeiger $z_1(0)$, $z_2(0)$.

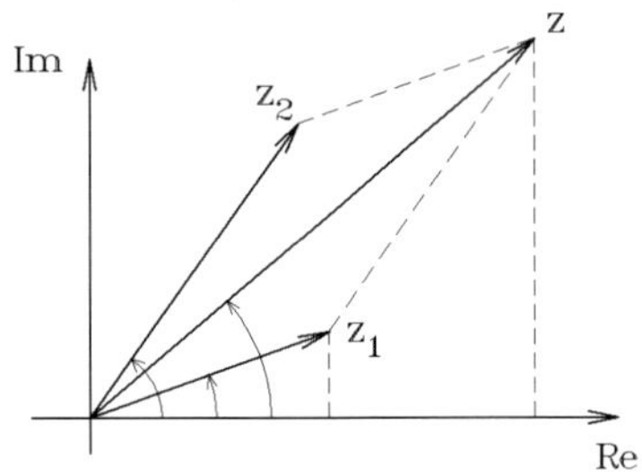

Bild 1.4 Zeigeraddition

Beispiel: Überlagerung von Sinus- und Kosinus-Schwingungen

$$x_1(t) = A_1 \cos(\omega \cdot t)$$

$$x_2(t) = A_2 \sin(\omega \cdot t) = A_2 \cos\left(\omega \cdot t - \frac{\pi}{2}\right)$$

$$\Rightarrow x_1(t) + x_2(t) = A \cos(\omega \cdot t + \varphi)$$

$$\text{mit} \begin{cases} A = \sqrt{A_1^2 + A_2^2} \\ \tan\varphi = -\dfrac{A_2}{A_1} \end{cases}$$

Skizze für $A_1 > 0$, $A_2 > 0$

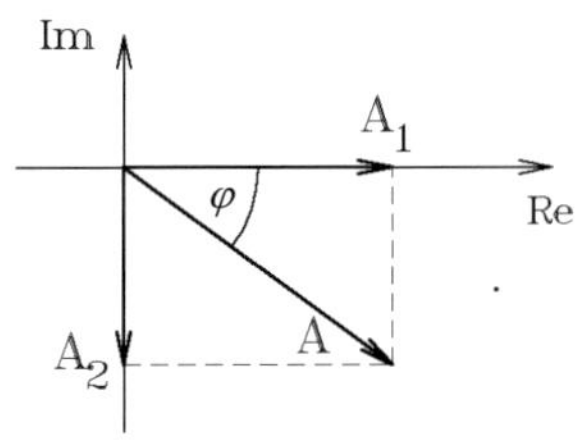

Bild 1.5 Sinusschwingung

1.1.3 Folgen

Unter einer Zahlenfolge versteht man eine Zuordnungsvorschrift, die einer natürlichen Zahl i aus einer Indexmenge $I \subseteq \mathbb{N}$ eine reelle oder komplexe Zahl a_i zuordnet. Ist die Indexmenge mit $\mathbb{N}$ identisch, so spricht man von einer unendlichen Folge. Beispiele:

a) $\left\{1, \frac{1}{2}, \frac{1}{3}, \frac{1}{4}, \ldots\right\}$; b) $\{1, 3, 5, 7, \ldots\}$; c) $\left\{1, \frac{1}{2}, \frac{1}{4}, \frac{1}{8}, \ldots\right\}$; d) $\{1, -1, 1, -1 \ldots\}$

Die Folgenglieder der Beispiele a) und c) streben der Zahl 0 – ihrem Grenzwert – zu.

Eine unendliche Zahlenfolge $\{a_n\}$ konvergiert gegen a – symbolisch $\lim\limits_{n\to\infty} a_n = a$ –, wenn es zu jeder Zahl $\varepsilon > 0$ einen Index $n_0 \in \mathbb{N}$ gibt, sodass gilt:
$|a_n - a| < \varepsilon$ für alle $n \geq n_0$

1.1.4 Reihen

Betrachtet werden Partialsummen (aufsummierte Folgen) der Bauart $s_n = \sum_{i=1}^{n} a_i$.

Bei speziellen Strukturen lässt sich diese Summe explizit darstellen.

$$1 + 2 + 3 + 4 + \ldots + n = \sum_{k=1}^{n} k = \frac{n(n+1)}{2}$$

$$1 + 2^2 + 3^2 + 4^2 + \ldots + n^2 = \sum_{k=1}^{n} k^2 = \frac{n(n+1)(2n+1)}{6}$$

$$1 + q + q^2 + q^3 + \ldots + q^n = \sum_{k=0}^{n} q^k = \frac{1-q^{n+1}}{1-q}, q \neq 1$$

Konvergiert die Folge $\{s_n\}$ gegen den Grenzwert s, so heißt die Reihe konvergent mit ihrer Summe $s = \lim_{n\to\infty} s_n = \sum_{i=1}^{\infty} a_i$.

Die geometrische Reihe konvergiert für $|q| < 1$ gegen

$$1 + q + q^2 + q^3 + \ldots + q^n = \sum_{k=0}^{\infty} q^k = \frac{1}{1-q}$$

Durch Vergleich mit geometrischen Reihen ergeben sich die Konvergenzkriterien:

Existieren die Grenzwerte $\lim_{k\to\infty} \left|\frac{a_{k+1}}{a_k}\right| = \rho$ bzw. $\lim_{k\to\infty} \sqrt[k]{|a_k|} = \rho$, dann ist die Reihe konvergent für $\rho < 1$. Sie divergiert für $\rho > 1$. Existieren die Grenzwerte nicht oder sind sie gleich 1, so kann die Konvergenzfrage mit diesem Kriterium nicht entschieden werden.

Beispiele:

$$\sum_{k=1}^{\infty} \frac{k}{2^k}; \quad \left|\frac{a_{k+1}}{a_k}\right| = \left|\frac{(k+1)\cdot 2^k}{k \cdot 2^{k+1}}\right| = \left|\frac{k+1}{k}\cdot\frac{1}{2}\right| \to \frac{1}{2} \Rightarrow \text{Konvergenz}$$

$$\sum_{k=1}^{\infty} \left(\frac{2}{k}\right)^k; \quad \sqrt[k]{|a_k|} = \sqrt[k]{\frac{2^k}{k^k}} = \left|\frac{2}{k}\right| \to 0 \Rightarrow \text{Konvergenz}$$

Bei alternierenden Reihen (Vorzeichen der Summanden wechseln) liegt bereits Konvergenz vor, wenn die Glieder $|a_k|$ monoton gegen 0 streben.

Beispiel:

$$\sum_{k=0}^{\infty} (-1)^k \cdot \frac{1}{k+1} = 1 - \frac{1}{2} + \frac{1}{3} - \ldots; \quad |a_k| = \frac{1}{k+1} \to 0 \Rightarrow \text{Konvergenz}$$

1.1.5 Kombinatorik

Die Grundaufgabe der Kombinatorik besteht darin, die Anzahl von Möglichkeiten bei Auswahlprozessen und Anordnungen zu bestimmen. Dabei sind zwei Gesichtspunkte zu beachten:

- Spielt beim Auswahlprozess die Reihenfolge eine Rolle? (geordnet – ungeordnet)
- Wird nach einer Auswahl der Originalzustand wiederhergestellt? (Zurücklegen?)

Die Zahl der Auswahlmöglichkeiten sind für diese Grundaufgaben (k Elemente aus n Elementen) in der folgenden Tabelle zusammengestellt:

	ohne Zurücklegen	**mit Zurücklegen**
geordnet	$n\cdot(n-1)\cdot(n-2)\ \ldots\ (n-k+1)$	n^k
ungeordnet	$\binom{n}{k}$	$\binom{n+k-1}{k}$

Beispiele:

a) Aus den Buchstaben $\{a, b, c, d, e\}$ kann man $5\cdot4\cdot3 = 60$ verschiedene „Worte" mit drei Buchstaben bilden. (geordnet; ohne Zurücklegen)

b) Beim Zahlenlotto 6 aus 49 gibt es $\binom{49}{6} = \frac{49\cdot48\cdot47\cdot46\cdot45\cdot44}{1\cdot2\cdot3\cdot4\cdot5\cdot6} = 13938816$ Möglichkeiten. (ungeordnet; ohne Zurücklegen)

c) Beim Fußballtoto werden die drei Symbole $\{0, 1, 2\}$ (für unentschieden; Heim- oder Gastmannschaft gewinnt) auf die 11 Spiele verteilt. Es gibt $3^{11} = 177147$ Möglichkeiten. (geordnet; mit Zurücklegen)

d) Beim Dominospiel werden zwei der Symbole $\{0, 1, 2, \ldots, 6\}$ je auf eine Hälfte des Steins verteilt. (Wiederholungen zugelassen!) Es gibt $\binom{7+2-1}{2} = \frac{8\cdot7}{1\cdot2} = 28$ verschiedene Steine. (ungeordnet; mit Zurücklegen)

Binomischer Lehrsatz

$$(a+b)^n = \underbrace{(a+b)\cdot(a+b)\cdot(a+b)\cdot\ \ldots\ \cdot(a+b)}_{n-\text{mal}}$$

Beim Ausmultiplizieren entstehen Summanden der Bauart $\alpha_k \cdot a^k \cdot b^{n-k}$. Damit der Summand $a^k \cdot b^{n-k}$ entsteht, muss aus k Klammern a ausgewählt werden. Bei den übrigen Klammern ist dann b festgelegt. Hierfür gibt es $\binom{n}{k}$ Möglichkeiten.

Mit der Festlegung $\binom{n}{0} = 1$; $\binom{n}{n} = 1$ erhält man: $(a + b)^n = \sum_{k=0}^{n} \binom{n}{k} \cdot a^k \cdot b^{n-k}$

1.2 Lineare Algebra

1.2.1 Lineare Gleichungssysteme

1.2.1.1 Gauß-Algorithmus

Beim Lösen von linearen Gleichungssystemen werden sukzessive Variable eliminiert. Man stellt eine gestaffelte Form her. Dabei sind folgende Äquivalenzumformungen erlaubt:

- Vertauschung zweier Gleichungen.
- Multiplikation einer Gleichung mit einer Konstanten $c \neq 0$.
- Addition des Vielfachen einer Gleichung zu einer anderen.
- Vertauschung von Unbekannten (Vertauschung von Spalten).

Beispiel:

$$\begin{aligned} x_1 &+ x_2 &+ x_3 &= -2 \;|\cdot(-1)|\cdot(-2) \\ x_1 &+ 2x_2 &- x_3 &= 6 \quad \leftarrow \\ 2x_1 &+ 3x_2 &+ x_3 &= 5 \qquad \leftarrow \end{aligned}$$

$$\begin{array}{lll} x_1 + x_2 + x_3 = -2 & x_1 + x_2 + x_3 = -2 & \\ 0 + x_2 - 2x_3 = 8 \;|\cdot(-1) & 0 + x_2 - 2x_3 = 8 & \Rightarrow \begin{cases} x_1 = -13 \\ x_2 = 10 \\ x_3 = 1 \end{cases} \\ 0 + x_2 - x_3 = 9 \;\leftarrow & 0 + 0 + x_3 = 1 & \end{array}$$

Der Informationsgehalt für das obige Beispiel steckt in den Koeffizienten der Unbekannten x_i und der „rechten Seite" der Gleichungen. Fasst man diese Zahlen zu einer Matrix zusammen, so können die Äquivalenzumformungen daran vorgenommen werden.

$$\left(\begin{array}{ccc|c} 1 & 1 & 1 & -2 \\ 1 & 2 & -1 & 6 \\ 2 & 3 & 1 & 5 \end{array}\right) \Rightarrow \left(\begin{array}{ccc|c} 1 & 1 & 1 & -2 \\ 0 & 1 & -2 & 8 \\ 0 & 1 & -1 & 9 \end{array}\right) \Rightarrow \left(\begin{array}{ccc|c} 1 & 1 & 1 & -2 \\ 0 & 1 & -2 & 8 \\ 0 & 0 & 1 & 1 \end{array}\right)$$

Gauß'sches Eliminationsverfahren: Man erzeugt die gestaffelte Form durch systematisches Eliminieren der Unbekannten x_i. Die Position der Koeffizienten wird durch Doppelindizes festgelegt (1. Index: Zeilennummer; 2. Index: Spaltennummer)

$$\begin{array}{ccccccccc} a_{11}x_1 & + & a_{12}x_2 & + & a_{13}x_3 & + \ldots + & a_{1n}x_n & = & b_1 \\ a_{21}x_1 & + & a_{22}x_2 & + & a_{23}x_3 & + \ldots + & a_{2n}x_n & = & b_2 \\ \vdots & \vdots & \vdots & \vdots & \vdots & \vdots & \vdots & \vdots & \vdots \\ a_{m1}x_1 & + & a_{m2}x_2 & + & a_{m3}x_3 & + \ldots + & a_{mn}x_n & = & b_m \end{array}$$

Die zugehörige erweiterte Matrix wird nun so lange Äquivalenzumformungen unterworfen, bis die so genannte Normalform erreicht ist. Daran kann die Lösbarkeit des linearen Gleichungssystems und gegebenenfalls die Dimension der Lösung abgelesen werden.

$$\left(\begin{array}{cccc|c} a_{11} & a_{12} & \cdots & a_{1n} & b_1 \\ a_{21} & a_{22} & \ldots & a_{2n} & b_2 \\ a_{31} & a_{32} & \ldots & a_{3n} & b_3 \\ \vdots & \vdots & & \vdots & \vdots \\ a_{m1} & a_{m2} & \ldots & a_{mn} & b_m \end{array}\right) \Rightarrow \left(\begin{array}{ccccccc|c} p_{11} & p_{12} & \cdots & p_{1r} & p_{1r+1} & \cdots & p_{1n} & q_1 \\ 0 & p_{22} & \cdots & p_{2r} & p_{2r+1} & \cdots & p_{2n} & q_2 \\ \vdots & 0 & \ddots & \vdots & \vdots & & \vdots & \vdots \\ & \vdots & 0 & p_{rr} & p_{rr+1} & \cdots & p_{rn} & q_r \\ & & \vdots & 0 & 0 & \ldots & 0 & q_{r+1} \\ & & & \vdots & \vdots & & \vdots & 0 \\ & & & & & & & \vdots \end{array}\right)$$

Fallunterscheidungen:

1. $q_{r+1} \neq 0$ Es existiert keine Lösung. (Widerspruch: $0 \cdot x_1 + \cdots + 0 \cdot x_n = q_{r+1} \neq 0$)
2. $q_{r+1} = 0$ Das System ist lösbar. Die Variablen $x_{r+1}, x_{r+2}, \ldots, x_n$ sind frei wählbar. Man erhält eine $(n-r)$-parametrige Lösung. (Spezialfall: $n = r$ ergibt eindeutige Lösung)

Gilt $b_k = 0$, d. h., steht auf der rechten Seite des Systems überall null, so nennt man das lineare Gleichungssystem homogen. Homogene Gleichungssysteme sind stets lösbar. Die triviale Lösung $x_1 = 0, x_2 = 0, \ldots, x_n = 0$ ist stets Lösung.

1.2.1.2 Numerische Probleme

Bei großen linearen Gleichungssystemen werden die Umformungen mit Hilfe eines Rechners durchgeführt. Die dabei benutzte Gleitkomma-Arithmetik führt zu Rundungsfehlern.

Das folgende Beispiel besitzt die exakte Lösung $x_1 = 0,\ x_2 = -1,\ x_3 = 1$. Gerechnet wird mit einer 5-stelligen Gleitkomma-Arithmetik, bei der nach der 5. Stelle abgeschnitten wird.

$$\left(\begin{array}{ccc|c} 10 & -7 & 0 & 7 \\ -3 & 2.099 & 6 & 3.901 \\ 5 & -1 & 5 & 6 \end{array}\right) \begin{array}{l} |\cdot(0.3)|\cdot(-0.5) \\ \leftarrow \\ \qquad\qquad \leftarrow \end{array} \Rightarrow \left(\begin{array}{ccc|c} 10 & -7 & 0 & 7 \\ 0 & -0.001 & 6 & 6.001 \\ 0 & 2.5 & 5 & 2.5 \end{array}\right) \begin{array}{l} \\ |\cdot(2500) \\ \qquad \leftarrow \end{array}$$

$$\left(\begin{array}{ccc|c} 10 & -7 & 0 & 7 \\ 0 & -0.001 & 6 & 6.001 \\ 0 & 0 & 1.5005\cdot 10^4 & \underbrace{1.50025\cdot 10^4 + 2.5}_{=1.5004} \end{array}\right) \Rightarrow \begin{cases} x_1^c = -0.35000 \\ x_2^c = -1.5000 \\ x_3^c = 0.99993 \end{cases}$$

Die Ursache für die große Abweichung liegt im 2. Umformungsschritt – der Multiplikation mit 2500. Der verheerende Einfluss beim Abschneiden kann dadurch entscheidend verkleinert werden, dass man durch Umordnen des linearen Gleichungssystems versucht, die Multiplikation mit großen Faktoren zu vermeiden.

$$\left(\begin{array}{ccc|c} 10 & -7 & 0 & 7 \\ 5 & -1 & 5 & 6 \\ -3 & 2.099 & 6 & 3.901 \end{array}\right) \begin{array}{l} |\cdot(-0.5)|\cdot(0.3) \\ \leftarrow \\ \qquad\qquad \leftarrow \end{array} \Rightarrow \left(\begin{array}{ccc|c} 10 & -7 & 0 & 7 \\ 0 & 2.5 & 5 & 2.5 \\ 0 & -0.001 & 6 & 6.001 \end{array}\right) \begin{array}{l} \\ |\cdot(0.0004) \\ \qquad \leftarrow \end{array}$$

$$\left(\begin{array}{ccc|c} 10 & -7 & 0 & 7 \\ 0 & 2.5 & 5 & 2.5 \\ 0 & 0 & 6.002 & \underbrace{6.001 + 0.001}_{=6.002} \end{array}\right) \Rightarrow \begin{cases} x_1^c = 0 \\ x_2^c = -1 \\ x_3^c = 1 \end{cases}$$

Man wird deshalb vor jedem Eliminationsschritt Zeilen und Spalten so vertauschen, dass der betragsmäßig größte Koeffizient in der linken oberen Ecke des Restschemas steht. Dieser Koeffizient heißt **Pivotelement**.

Nachiteration

Trotz optimaler Auswahl des Pivotelements entstehen beim Rechnen mit Gleitkomma-Arithmetik Rundungsfehler. Durch eine dem expliziten Verfahren angeschlossene Nachiteration lässt sich oft die Genauigkeit verbessern.

Es sei $\underline{x}^{(0)}$ eine mit Rundungsfehlern behaftete Lösung des Systems $\underline{A}\cdot\underline{x} = \underline{b}$ mit dem „Fehler" $\underline{r}^{(1)} = \underline{b} - \underline{A}\cdot\underline{x}^{(0)}$. Der Korrekturvektor $d\underline{x}^{(1)}$ wird nun so bestimmt, dass durch $\underline{x}^{(1)} = \underline{x}^{(0)} + d\underline{x}^{(1)}$ die lineare Gleichung „besser" erfüllt ist.

$$\underline{A}\cdot\left(\underline{x}^{(0)} + d\underline{x}^{(1)}\right) = \underline{b} \;\Rightarrow\; \underline{A}\cdot d\underline{x}^{(1)} = \underline{d} - \underline{A}\cdot\underline{x}^{(0)} = \underline{r}^{(1)} \;\Rightarrow\; \underline{x}^{(1)} = \underline{x}^{(0)} + d\underline{x}^{(1)}$$

1.2.2 Vektorrechnung

Vektoren dienen zur übersichtlichen Darstellung.

Physikalische Größen wie Masse, Temperatur etc. sind nach gewählter Maßeinheit durch die Angabe einer Zahl eindeutig bestimmt (skalare Größen). Andere (z. B. Kraft, Geschwindigkeit, Drehmoment etc.) bedürfen zur eindeutigen Festlegung noch zusätzlicher Angaben über Richtung und Orientierung (vektorielle Größen). Die mathematische Präzisierung führt zum geometrisch eingeführten Vektorbegriff. Bezeichnung: $\vec{a},\ \overrightarrow{AB}$

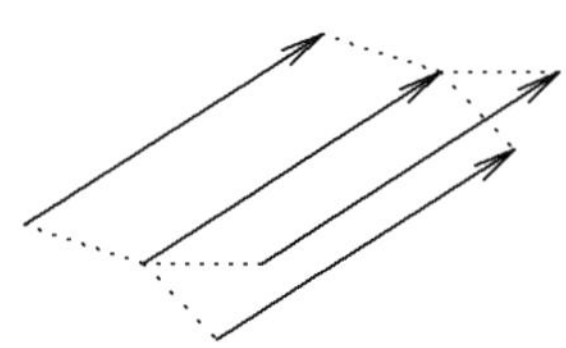

Bild 1.6 Vektoren

Ein Vektor ist eine gerichtete, orientierte Strecke im Raum. Dabei werden diejenigen Vektoren als gleich angesehen, die durch Parallelverschiebung ineinander übergehen.

1.2.2.1 Vektoralgebra

Zwei Vektoren sind gleich, wenn sie in Betrag, Richtung und Orientierung übereinstimmen.

Nach dem Vorbild der Kräfteaddition erklärt man die Addition zweier Vektoren, ebenso die Multiplikation mit einem Skalar.

Zwei Vektoren werden addiert, indem man den Anfangspunkt des einen Vektors im Endpunkt des anderen Vektors anhängt. Der Vektor $-\vec{a}$ hat Betrag und Richtung von $\vec{a}$, aber die entgegengesetzte Orientierung. Unter $s\vec{a}$ versteht man einen Vektor, der mit dem Faktor s gestreckt wird. Bei negativem s wird zusätzlich die Orientierung umgedreht.

Die üblichen Rechenregeln der Algebra gelten auch hier:

$$\begin{aligned} \vec{a} + \vec{b} &= \vec{b} + \vec{a} \\ s\cdot(\vec{a} + \vec{b}) &= s\vec{a} + s\vec{b} \\ (s + t)\cdot\vec{a} &= s\vec{a} + t\vec{a} \end{aligned}$$

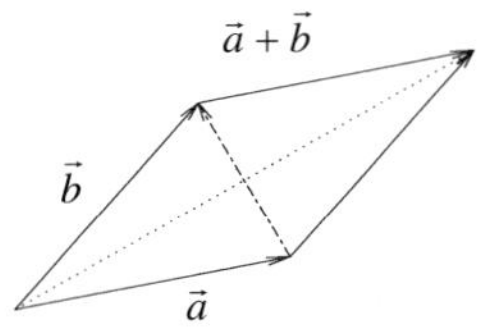

Bild 1.7 Addition, Subtraktion

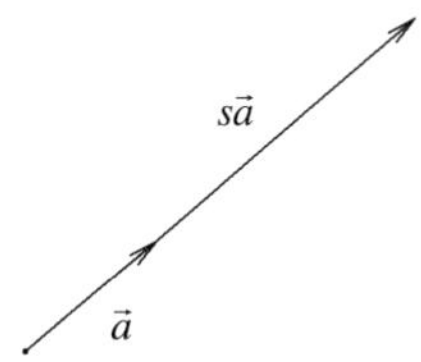

Bild 1.8 s-Multiplikation

Algebraisierung der Vektorrechnung

Der geometrische Vektorbegriff soll zahlenmäßig erfasst werden. Alle Vektoren im Raum können als Linearkombination der Einheitsvektoren $\vec{e}_1$, $\vec{e}_2$, $\vec{e}_3$ (Länge 1, paarweise orthogonal, Orientierung mit „Rechte-Hand-Regel") dargestellt werden.

$$\vec{a} = a_1\vec{e}_1 + a_2\vec{e}_2 + a_3\vec{e}_3$$

Die drei Zahlen a_1, a_2, a_3 bestimmen $\vec{a}$ vollständig. Man identifiziert:

$$\vec{a} = \begin{pmatrix} a_1 \\ a_2 \\ a_3 \end{pmatrix}$$

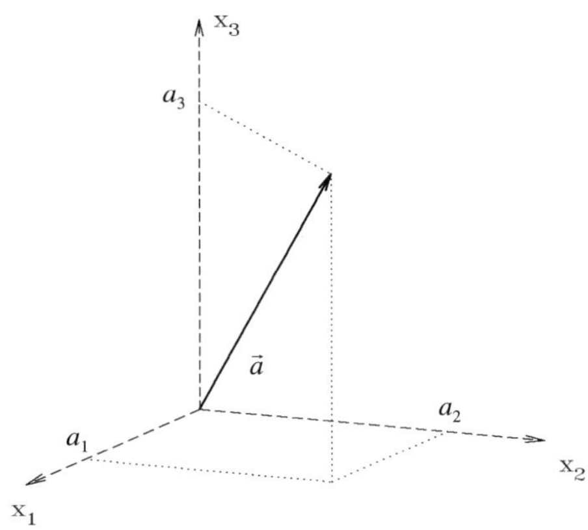

Bild 1.9 Koordinatensystem

Die Grundrechenoperationen übertragen sich auf die Komponenten. Für die Länge gilt:

$$|\vec{a}| = \sqrt{a_1^2 + a_2^2 + a_3^2}$$

1.2.2.2 Skalarprodukt, Vektorprodukt, Spatprodukt

1. Skalarprodukt

Unter dem Skalarprodukt von $\vec{a}$ und $\vec{b}$ versteht man das Produkt aus den Beträgen multipliziert mit dem Kosinus des eingeschlossenen Winkels. $\vec{a}\cdot\vec{b} = |\vec{a}|\cdot|\vec{b}|\cdot\cos\varphi$

Physikalisches Vorbild: Arbeit, die längs einer Strecke $\vec{s}$ von der Kraft $\vec{F}$ geleistet wird:

$$\begin{aligned}\vec{a}\cdot\vec{b} &= \vec{b}\cdot\vec{a}\\ \vec{a}\cdot(\vec{b}+\vec{c}) &= \vec{a}\cdot\vec{b}+\vec{a}\cdot\vec{c}\\ s\cdot(\vec{a}\cdot\vec{b}) &= (s\cdot\vec{a})\cdot\vec{b}\\ \vec{a}\cdot(\vec{b}\cdot\vec{c}) &\neq (\vec{a}\cdot\vec{b})\cdot\vec{c}\end{aligned}$$

$$\vec{a}\cdot\vec{b} = 0 \Rightarrow \begin{array}{l}(1)\ \vec{a} = \vec{0}\ \text{oder}\\ (2)\ \vec{b} = \vec{0}\ \textit{oder}\\ (3)\ \vec{a}\ \text{senkrecht zu}\ \vec{b}\end{array}$$

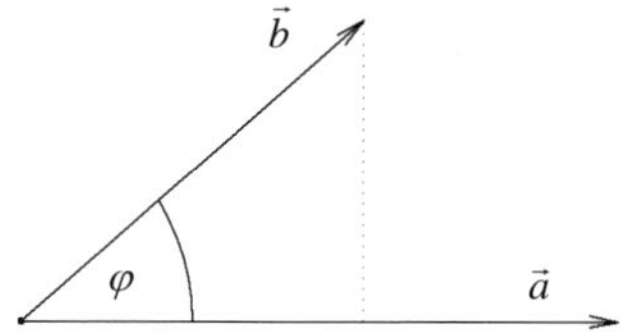

Bild 1.10 Skalarprodukt

In Koordinatendarstellung: $\vec{a}\cdot\vec{b} = a_1b_1 + a_2b_2 + a_3b_3$

Aus den Koordinaten der Vektoren kann der eingeschlossene Winkel bestimmt werden:

$$\cos\varphi = \frac{\vec{a}\cdot\vec{b}}{|\vec{a}|\cdot|\vec{b}|} = \frac{a_1b_1 + a_2b_2 + a_3b_3}{\sqrt{a_1^2 + a_2^2 + a_3^2}\cdot\sqrt{b_1^2 + b_2^2 + b_3^2}}$$

2. Vektorprodukt

Das mit $\vec{a}\times\vec{b}$ bezeichnete Vektorprodukt (Kreuzprodukt) steht senkrecht auf den Vektoren $\vec{a}$ und $\vec{b}$, bildet in der Reihenfolge $\vec{a}$, $\vec{b}$, $\vec{a}\times\vec{b}$ ein Rechtssystem und hat den Betrag: $|\vec{a}\times\vec{b}| = |\vec{a}|\cdot|\vec{b}|\cdot|\sin\varphi|$ mit $\varphi = \angle(\vec{a},\vec{b})$.

Bewegt sich eine elektrische Ladung im Magnetfeld, so wirkt auf diese eine Kraft senkrecht zur Bewegungsrichtung und zur Richtung des Magnetfeldes. Dabei ist der Anteil des Magnetfeldes relevant, der senkrecht zur Bewegungsrichtung wirkt.

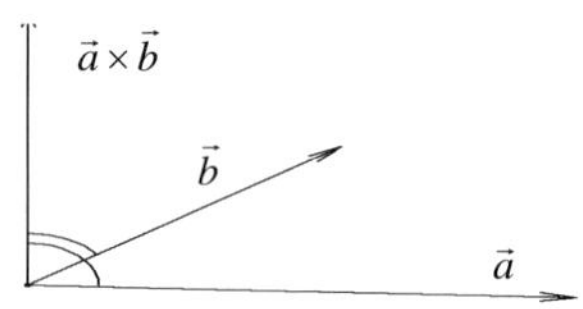

Bild 1.11 Vektorprodukt

$$\begin{aligned}\vec{a}\times\vec{b} &= -\vec{b}\times\vec{a}\\ \vec{a}\times(\vec{b}+\vec{c}) &= \vec{a}\times\vec{b}+\vec{a}\times\vec{c}\\ s\cdot(\vec{a}\times\vec{b}) &= (s\cdot\vec{a})\times\vec{b}\\ \vec{a}\times(\vec{b}\times\vec{c}) &\neq (\vec{a}\times\vec{b})\times\vec{c}\end{aligned}$$

$$\vec{a}\times\vec{b} = \vec{0} \Rightarrow \begin{array}{l}(1)\ \vec{a} = \vec{0}\ \text{oder}\\ (2)\ \vec{b} = \vec{0}\ \text{oder}\\ (3)\ \vec{a}\ \text{parallel zu}\ \vec{b}\end{array}$$

$|\vec{a}\times\vec{b}|$ kann als die von den Vektoren $\vec{a}$, $\vec{b}$ aufgespannte Parallelogrammfläche interpretiert werden.

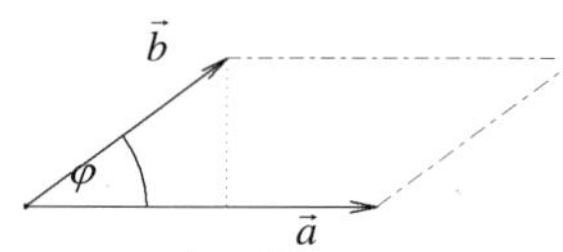

Bild 1.12 $|\vec{a}\times\vec{b}|$

In Koordinatendarstellung: $\begin{pmatrix} a_1 \\ a_2 \\ a_3 \end{pmatrix} \times \begin{pmatrix} b_1 \\ b_2 \\ b_3 \end{pmatrix} = \begin{pmatrix} a_2 b_3 - a_3 b_2 \\ a_3 b_1 - a_1 b_3 \\ a_1 b_2 - a_2 b_1 \end{pmatrix}$

Merkregel mit „Determinantenschema":

$$\begin{vmatrix} \vec{e}_1 & \vec{e}_2 & \vec{e}_3 \\ a_1 & a_2 & a_3 \\ b_1 & b_2 & b_3 \end{vmatrix} = \vec{e}_1 \cdot \begin{vmatrix} a_2 & a_3 \\ b_2 & b_3 \end{vmatrix} - \vec{e}_2 \cdot \begin{vmatrix} a_1 & a_3 \\ b_1 & b_3 \end{vmatrix} + \vec{e}_3 \cdot \begin{vmatrix} a_1 & a_2 \\ b_1 & b_2 \end{vmatrix}$$

3. Spatprodukt

Das Spatprodukt $[\vec{a}, \vec{b}, \vec{c}]$ dreier Vektoren ist definiert durch: $[\vec{a}, \vec{b}, \vec{c}] = (\vec{a} \times \vec{b}) \cdot \vec{c}$.

$$[\vec{a}, \vec{b}, \vec{c}] = a_1 \cdot (b_2 c_3 - b_3 c_2) + a_2 \cdot (b_3 c_1 - b_1 c_3) + a_3 \cdot (b_1 c_2 - b_2 c_1)$$

Dies bedeutet ein Hintereinanderausführen von Vektor- und Skalarprodukt. Es kann gedeutet werden als Volumen des von den drei Vektoren aufgespannten Spats.

Merkregel mit „Determinantenschreibweise":

$$[\vec{a}, \vec{b}, \vec{c}] = \begin{vmatrix} a_1 & a_2 & a_3 \\ b_1 & b_2 & b_3 \\ c_1 & c_2 & c_3 \end{vmatrix}$$

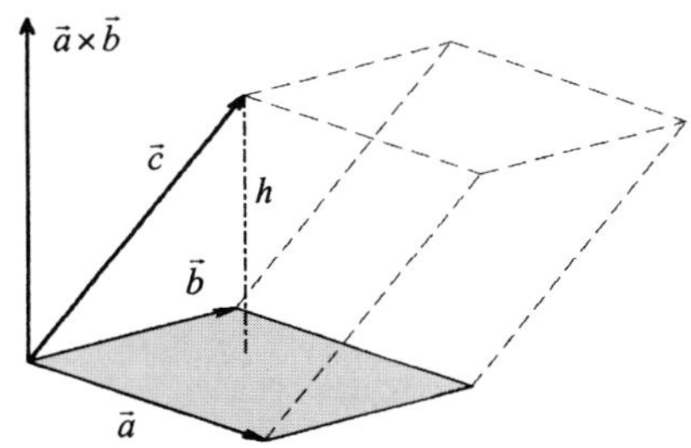

Bild 1.13 Spatprodukt

1.2.2.3 Lineare Unabhängigkeit im $\mathbb{R}^n$

Vektoren werden algebraisch als geordnete n-Tupel erfasst. Damit ist eine Verallgemeinerung auf mehr als drei Dimensionen möglich. (Im Folgenden fett gekennzeichnet!) Addition. Subtraktion und die Multiplikation mit einem Skalar sind ebenfalls erklärt. Von den im $\mathbb{R}^3$ erklärten Produkten ist nur das Skalarprodukt auf den $\mathbb{R}^n$ übertragbar.

Beispiel: Fasst man die Preise für n Artikel zu einem Preisvektor **P**, die Bestellmengen zu einem Vektor **M** zusammen, so ergibt sich für Wert der Bestellung das Skalarprodukt $\mathbf{M} \cdot \mathbf{P}$.

Lässt sich bei einer vorgegebenen Menge von Vektoren keiner dieser Vektoren als Linearkombination der übrigen darstellen, so nennt man diese Vektoren linear unabhängig.

Eine Menge von Vektoren $\{\mathbf{a}_1, \mathbf{a}_2, \ldots, \mathbf{a}_k\}$ heißt linear unabhängig, wenn aus der Beziehung $\lambda_1 \mathbf{a}_1 + \lambda_2 \mathbf{a}_2 + \ldots + \lambda_k \mathbf{a}_k = \vec{0}$ stets folgt $\lambda_1 = \lambda_2 = \ldots = \lambda_k = 0$.

Übertragen in die Theorie linearer Gleichungssysteme bedeutet dies, dass das homogene lineare Gleichungssystem nur die triviale Lösung besitzt.

$$\begin{matrix} a_{11}\lambda_1 & + & a_{12}\lambda_2 & + & \dots & + & a_{1k}\lambda_k & = 0 \\ a_{21}\lambda_1 & + & a_{22}\lambda_2 & + & \dots & + & a_{2k}\lambda_k & = 0 \\ \vdots & + & \vdots & \vdots & & \vdots & \vdots & \vdots\ \vdots \\ a_{n1}\lambda_1 & + & a_{n2}\lambda_2 & + & \dots & + & a_{nk}\lambda_k & = 0 \end{matrix} \quad \Rightarrow \quad \lambda_1 = \lambda_2 = \dots = \lambda_k = 0$$

Sind im Anschauungsraum $\vec{a}_1$, $\vec{a}_2$, $\vec{a}_3$ linear abhängig, so ist ihr Spatprodukt null:

$$[\vec{a}_1, \vec{a}_2, \vec{a}_3] = \begin{vmatrix} a_{11} & a_{12} & a_{13} \\ a_{21} & a_{22} & a_{23} \\ a_{31} & a_{32} & a_{33} \end{vmatrix} = 0$$

1.2.3 Determinanten

Die Determinante ordnet einem quadratischen Zahlenschema eine reelle Zahl zu. Dieser Wert ist genau dann null, wenn die Spaltenvektoren linear abhängig sind.

$$n = 2: \quad \det(\vec{a}_1, \vec{a}_2) = \begin{vmatrix} a_{11} & a_{12} \\ a_{21} & a_{22} \end{vmatrix} = a_{11} \cdot a_{22} - a_{12} \cdot a_{21}$$

$n = 3$: 3 Vektoren liegen in einer Ebene, d. h. sind linear abhängig, wenn $[\vec{a}_1, \vec{a}_2, \vec{a}_3] = 0$

$$\det(\vec{a}_1, \vec{a}_2, \vec{a}_3) = \begin{vmatrix} a_{11} & a_{12} & a_{13} \\ a_{21} & a_{22} & a_{23} \\ a_{31} & a_{32} & a_{33} \end{vmatrix} = \dots$$

$$a_{11} \cdot \underbrace{(a_{22}a_{33} - a_{23}a_{32})}_{\begin{vmatrix} a_{22} & a_{23} \\ a_{32} & a_{33} \end{vmatrix}} - a_{12} \cdot \underbrace{(a_{21}a_{33} - a_{23}a_{31})}_{\begin{vmatrix} a_{21} & a_{23} \\ a_{31} & a_{33} \end{vmatrix}} + a_{13} \cdot \underbrace{(a_{21}a_{31} - a_{22}a_{31})}_{\begin{vmatrix} a_{21} & a_{22} \\ a_{31} & a_{32} \end{vmatrix}}$$

Determinanten höherer Ordnung lassen sich analog zum Fall $n = 3$ mittels „Entwickeln" berechnen. Werden in der Determinante

$$D = \begin{vmatrix} a_{11} & a_{12} & \dots & a_{1k} & \dots & a_{1n} \\ a_{21} & a_{22} & \dots & a_{2k} & \dots & a_{2n} \\ \vdots & \vdots & & \vdots & & \vdots \\ a_{i1} & a_{i2} & & a_{ik} & \dots & a_{in} \\ \vdots & \vdots & & \vdots & & \vdots \\ a_{n1} & a_{n2} & & a_{nk} & \dots & a_{nn} \end{vmatrix} \qquad \begin{vmatrix} + & - & + & \dots & - & + \\ - & + & - & \dots & + & - \\ + & - & + & \dots & - & + \\ \vdots & \vdots & \vdots & & \vdots & \vdots \\ - & + & - & \dots & + & - \\ + & - & + & \dots & - & + \end{vmatrix}$$

die i-te Zeile und die k-te Spalte gestrichen, so entsteht die Unterdeterminante D_{ik} mit $(n-1)$ Zeilen und Spalten. Die Ausgangsdeterminante lässt sich dann als Summe der Produkte von Elementen der gestrichenen Spalte bzw. Zeile mit den zugehörigen Unterdeterminanten darstellen. Das Vorzeichen wird mit der „Schachbrettregel" festgelegt.

$$D = (-1)^{i+1} a_{i1} \cdot D_{i1} + \dots + (-1)^{i+n} a_{in} \cdot D_{in} = \sum_{j=1}^{n} (-1)^{i+j} a_{ij} \cdot D_{ij}$$

$$= (-1)^{1+k} a_{1k} \cdot D_{1k} + \dots + (-1)^{n+k} a_{nk} \cdot D_{nk} = \sum_{l=1}^{n} (-1)^{l+k} a_{lk} \cdot D_{lk}$$

Die im Falle $n = 3$ am Spatprodukt geometrisch nachvollziehbaren Eigenschaften übertragen sich auch auf Determinanten höherer Ordnung.

Die Determinanten sind linear in allen Argumenten, d. h., es gilt:

$$\det(\mathbf{a}_1, \ldots, \alpha\cdot\mathbf{a}_{k1} + \beta\cdot\mathbf{a}_{k2}, \ldots, \mathbf{a}_n) = \alpha\det(\mathbf{a}_1, \ldots, \mathbf{a}_{k1}, \ldots, \mathbf{a}_n) + \beta\det(\mathbf{a}_1, \ldots, \mathbf{a}_{k2}, \ldots, \mathbf{a}_n)$$

Neben der zentralen Eigenschaft $\det(\mathbf{a}_1,\ldots,\mathbf{a}_n) = 0 \quad\Leftrightarrow\quad \{\mathbf{a}_1,\ldots, \mathbf{a}_n\}$ linear abhängig gilt weiter:

- Werden alle Zeilen mit den entsprechenden Spalten miteinander vertauscht, so ändert sich der Wert der Determinante nicht.
- Werden zwei Spalten (Zeilen) miteinander vertauscht, so ändert sich das Vorzeichen.
- Wird zu einer Spalte (Zeile) das Vielfache einer anderen Spalte (Zeile) addiert, so ändert sich der Wert der Determinante nicht.
- Haben die Elemente einer Spalte (Zeile) einen gemeinsamen Faktor, so darf er vor die Determinante gezogen werden.

Obige Eigenschaften ermöglichen es analog zum Gauß-Algorithmus, obere bzw. untere Dreiecksform herzustellen. Dann ist die Determinante das Produkt der Diagonalglieder.

1.2.4 Matrizen

Lineare Zusammenhänge zwischen mehrdimensionalen Größen (z.B. Winkelgeschwindigkeit – Drehimpuls) lassen sich mit Hilfe der Matrizenrechnung übersichtlich darstellen.

1.2.4.1 Lineare Abbildungen

Das lineare Gleichungssystem
$$\begin{aligned} y_1 &= a_{11}\cdot x_1 + a_{12}\cdot x_2 \\ y_2 &= a_{21}\cdot x_1 + a_{22}\cdot x_2 \end{aligned}$$

kann als Abbildung **A** des $\mathbb{R}^2$ in den $\mathbb{R}^2$ interpretiert werden. Fasst man die Koeffizienten des Gleichungssystems zu einer Matrix zusammen, so ergibt sich formal die nebenstehende Beziehung, wenn man vereinbart, dass sich die i-te Komponente des Bildvektors $\vec{y}$ als Skalarprodukt des i-ten Zeilenvektors mit $\vec{x}$ errechnet.

$$\begin{pmatrix} y_1 \\ y_2 \end{pmatrix} = \begin{pmatrix} a_{11} & a_{12} \\ a_{21} & a_{22} \end{pmatrix}\cdot\begin{pmatrix} x_1 \\ x_2 \end{pmatrix}$$

$$y_i = a_{i1}\cdot x_1 + a_{i2}\cdot x_2$$

Diese Konzeption lässt sich auf beliebige Vektorräume verallgemeinern. Eine Matrix vom Typ $A_{(m,n)}$ mit m Zeilen und n Spalten beschreibt eine Abbildung $\mathbf{A}: \mathbb{R}^n \to \mathbb{R}^m$

$$\mathbf{y} = \mathbf{A}\cdot\mathbf{x} \quad \text{ausführlich:} \left\{ \begin{array}{l} \begin{pmatrix} y_1 \\ y_2 \\ \vdots \\ y_m \end{pmatrix} = \begin{pmatrix} a_{11} & a_{12} & \ldots & a_{1n} \\ a_{21} & a_{22} & \ldots & a_{2n} \\ \vdots & \vdots & & \vdots \\ a_{m1} & a_{m2} & \ldots & a_{mn} \end{pmatrix}\cdot\begin{pmatrix} x_1 \\ x_2 \\ x_3 \\ \vdots \\ x_n \end{pmatrix} \\ \text{mit } y_i = \sum_{j=1}^{n} a_{ij}\cdot x_j;\ i = 1,\ 2,\ \ldots,\ m \end{array} \right.$$

Die Spalten der Matrix lassen sich als Bilder der Einheitsvektoren deuten. Werden zwei lineare Abbildungen **A**, **B** hintereinander ausgeführt, so erhält man wieder eine lineare Abbildung. Die Produktmatrix **BA** beschreibt die Gesamtabbildung.

$$\mathbf{y} = \mathbf{A}\cdot\mathbf{x},\ \mathbf{A}: \mathbb{R}^n \to \mathbb{R}^m;\ \mathbf{z} = \mathbf{B}\cdot\mathbf{y},\ \mathbf{B}: \mathbb{R}^m \to \mathbb{R}^p;\ \mathbf{z} = \mathbf{BA}\cdot\mathbf{x},\ \mathbf{BA}: \mathbb{R}^n \to \mathbb{R}^p$$

Die Koeffizienten der Produktmatrix $\mathbf{C} = \mathbf{BA}$ (p Zeilen, n Spalten) erhält man durch Ineinandereinsetzen der Abbildungsgleichungen.

$$c_{ik} = b_{i1} \cdot a_{1k} + b_{i2} \cdot a_{2k} + \ldots + b_{im} \cdot a_{mk} = \sum_{j=1}^{m} b_{ij} \cdot a_{jk}; \; i = 1, 2, ..., p, \quad k = 1, 2, ..., n$$

c_{ik} ergibt sich als Skalarprodukt der i-ten Zeile von $\mathbf{B}$ mit der k-ten Spalte von $\mathbf{A}$.

Ordnet man die Matrizen im nebenstehenden Falk-Schema an, so lassen sich die Skalarprodukte der Zeilenvektoren von **B** mit den Spaltenvektoren von **A** wie folgt deuten: Die Elemente von **C** ergeben sich dadurch, dass man die in derselben Zeile stehenden Zeilenvektoren von **B** mit den in der entsprechenden Spalte stehenden Spaltenvektoren von **A** multipliziert.

$\mathbf{C} = \mathbf{BA}$	$\begin{pmatrix} a_{11} & a_{12} & \cdots & a_{1m} \\ a_{12} & a_{22} & \cdots & a_{2m} \\ \vdots & \vdots & & \vdots \\ a_{n1} & a_{n2} & \cdots & a_{nm} \end{pmatrix}$
$\begin{pmatrix} b_{11} & b_{12} & \cdots & b_{1n} \\ b_{12} & b_{22} & \cdots & b_{2n} \\ \vdots & \vdots & & \vdots \\ b_{q1} & b_{q2} & \cdots & b_{qn} \end{pmatrix}$	$\begin{pmatrix} c_{11} & c_{12} & \cdots & c_{1m} \\ c_{12} & c_{22} & \cdots & c_{2m} \\ \vdots & \vdots & & \vdots \\ c_{q1} & c_{q2} & \cdots & c_{qm} \end{pmatrix}$

Das Produkt von Matrizen ist nur in solchen Fällen erklärt, bei denen die Anzahl der Spalten von **B** mit der Anzahl der Zeilen von **A** übereinstimmt. Die Multiplikation von Matrizen ist i. Allg. nicht kommutativ, d. h., das Ergebnis hängt von der Reihenfolge der Faktoren ab.

Beispiel: $\mathbf{A} = \begin{pmatrix} 1 & 2 \\ 3 & 4 \end{pmatrix}$, $\mathbf{B} = \begin{pmatrix} 1 & -1 \\ -1 & 1 \end{pmatrix}$; $\mathbf{AB} = \begin{pmatrix} -1 & 1 \\ -1 & 1 \end{pmatrix}$, $\mathbf{BA} = \begin{pmatrix} -2 & -2 \\ 2 & 2 \end{pmatrix}$.

Koordinatentransformation

Drehungen und Spiegelungen eines Koordinatensystems lassen sich ebenfalls als Matrizenmultiplikation darstellen. Abstandserhaltende Abbildungen im $\mathbb{R}^2$ sind:

$\mathbf{D}_\varphi = \begin{pmatrix} \cos\varphi & -\sin\varphi \\ \sin\varphi & \cos\varphi \end{pmatrix}$ Drehung um Winkel φ; $\mathbf{S}_\varphi = \begin{pmatrix} \cos\varphi & \sin\varphi \\ \sin\varphi & -\cos\varphi \end{pmatrix}$ Spiegelung um die Gerade $y = x \cdot \tan\varphi$

1.2.4.2 Rechenregeln

Die lineare Rechenoperationen für Vektoren lassen sich auch auf Matrizen übertragen. Addition, Subtraktion für Matrizen desselben Typs sowie die Multiplikation mit einem Skalar werden wieder komponentenweise erklärt.

$$\mathbf{C} = \mathbf{A} \pm \mathbf{B} \quad \Leftrightarrow \quad c_{ik} = a_{ik} \pm b_{ik} \quad \text{bzw.} \quad \mathbf{C} = \lambda\mathbf{A} \quad \Leftrightarrow \quad c_{ik} = \lambda a_{ik}$$

Es gelten – soweit die Rechenoperationen definiert sind – folgende Gesetzmäßigkeiten:

$$\mathbf{A}+\mathbf{B} = \mathbf{B}+\mathbf{A}; \quad (\mathbf{A}+\mathbf{B})+\mathbf{C} = \mathbf{A}+(\mathbf{B}+\mathbf{C}); \quad \mathbf{A}\cdot(\mathbf{B}\cdot\mathbf{C}) = (\mathbf{A}\cdot\mathbf{B})\cdot\mathbf{C}$$
$$\lambda\cdot(\mathbf{A}+\mathbf{B}) = \lambda\cdot\mathbf{A}+\lambda\cdot\mathbf{B}; \quad (\lambda+\mu)\cdot\mathbf{A} = \lambda\cdot\mathbf{A}+\mu\cdot\mathbf{A};$$
$$\mathbf{A}\cdot(\mathbf{B}+\mathbf{C}) = \mathbf{A}\cdot\mathbf{B}+\mathbf{A}\cdot\mathbf{C}; \quad (\mathbf{A}+\mathbf{B})\cdot\mathbf{C} = \mathbf{A}\cdot\mathbf{C}+\mathbf{B}\cdot\mathbf{C}.$$

Die transponierte Matrix $\mathbf{A}^\mathrm{T}$ geht aus der Matrix **A** hervor, indem man deren Spalten und Zeilen vertauscht.

$$\mathbf{A} = \begin{pmatrix} 1 & 2 \\ 3 & 4 \\ 5 & 6 \end{pmatrix}; \quad \mathbf{A}^\mathrm{T} = \begin{pmatrix} 1 & 3 & 5 \\ 2 & 4 & 6 \end{pmatrix}$$

Rang einer Matrix

Die Maximalzahl der linear unabhängigen Zeilen- bzw. Spaltenvektoren nennt man Rang einer Matrix. Der Rang ist invariant gegenüber elementaren Umformungen. Er kann deshalb z. B. am Schluss des Gauß'schen Algorithmus abgelesen werden.

Inverse Matrix

Besitzt eine quadratische Matrix $\mathbf{A}_{(n,n)}$ den Rang n, d. h., sind alle Spaltenvektoren linear unabhängig, so existiert die inverse Matrix $\mathbf{A}^{-1}$. Ein weiteres Kennzeichen für vollen Rang ist $\det(\mathbf{A}) \neq 0$. Ist $\mathbf{E}$ die Einheitsmatrix, so gilt:

$$\mathbf{A} \cdot \mathbf{A}^{-1} = \mathbf{A}^{-1} \cdot \mathbf{A} = \mathbf{E}$$

Die inverse Matrix ergibt sich als Lösung von $\mathbf{A} \cdot \mathbf{X} = \mathbf{E}$. Beispiel für $n = 3$:

$$\begin{pmatrix} 1 & 2 & -1 \\ -1 & -1 & 2 \\ 0 & 1 & 2 \end{pmatrix} \left| \begin{pmatrix} 1 & 0 & 0 \\ 0 & 1 & 0 \\ 0 & 0 & 1 \end{pmatrix} \right. \cong \begin{pmatrix} 1 & 2 & -1 \\ 0 & 1 & 1 \\ 0 & 1 & 2 \end{pmatrix} \left| \begin{pmatrix} 1 & 0 & 0 \\ 1 & 1 & 0 \\ 0 & 0 & 1 \end{pmatrix} \right. \cong$$

$$\begin{pmatrix} 1 & 2 & -1 \\ 0 & 1 & 1 \\ 0 & 0 & 1 \end{pmatrix} \left| \begin{pmatrix} 1 & 0 & 0 \\ 1 & 1 & 0 \\ -1 & -1 & 1 \end{pmatrix} \right. \cong \begin{pmatrix} 1 & 2 & 0 \\ 0 & 1 & 0 \\ 0 & 0 & 1 \end{pmatrix} \left| \begin{pmatrix} 0 & -1 & 1 \\ 2 & 2 & -1 \\ -1 & -1 & 1 \end{pmatrix} \right. \cong$$

$$\begin{pmatrix} 1 & 0 & 0 \\ 0 & 1 & 0 \\ 0 & 0 & 1 \end{pmatrix} \left| \begin{pmatrix} -4 & -5 & 3 \\ 2 & 2 & -1 \\ -1 & -1 & 1 \end{pmatrix} \right. \Rightarrow \begin{pmatrix} 1 & 2 & -1 \\ -1 & -1 & 2 \\ 0 & 1 & 2 \end{pmatrix}^{-1} = \begin{pmatrix} -4 & -5 & 3 \\ 2 & 2 & -1 \\ -1 & -1 & 1 \end{pmatrix}$$

Bei einer Orthonormalmatrix sind alle Spaltenvektoren paarweise zueinander orthogonal und besitzen die Länge 1. (Beispiel: Transformationsmatrizen $\mathbf{K}$, die rechtwinklige Koordinatensysteme ineinander überführen.) Die inverse Matrix ist in diesem Fall mit der transponierten Matrix identisch. $\mathbf{K}^{-1} = \mathbf{K}^{\mathrm{T}}$.

1.2.4.3 Eigenwertprobleme

Bei bekannter Trägheitsmatrix interessiert die Richtung der Drehachse, für die der Drehimpuls dieselbe Richtung hat. Dies führt auf das Eigenwertproblem.

Gesucht ist eine Zahl λ und ein Vektor $\mathbf{x} \neq \mathbf{0}$, sodass die folgende Gleichung erfüllt ist: $\mathbf{A} \cdot \mathbf{x} = \lambda \mathbf{x}$. Die Zahl λ heißt Eigenwert, der Vektor $\mathbf{x}$ Eigenvektor.

Um nichttriviale Lösungen eines homogenen linearen Gleichungssystems zu erhalten, muss die Determinante der Koeffizientenmatrix gleich null sein, d. h., die Spaltenvektoren müssen linear abhängig sein.

$$(\mathbf{A} - \lambda \mathbf{E}) \cdot \mathbf{x} = \mathbf{0}; \text{ mit } \mathbf{x} \neq \mathbf{0} \quad \Leftrightarrow \quad \det(\mathbf{A} - \lambda \mathbf{E}) = 0$$

Die Lösung der obigen algebraischen Gleichung ergibt die Eigenwerte λ_i. Die zugehörigen Eigenvektoren erhält man als Lösung des zugehörigen homogenen Gleichungssystems.

Ist die Ausgangsmatrix symmetrisch, d. h., gilt $\mathbf{A}^{\mathrm{T}} = \mathbf{A}$, so können stets n linear unabhängige Eigenvektoren bestimmt werden, die paarweise aufeinander senkrecht stehen. Wählt man diese als neue Basisvektoren, so stellt sich die Matrix $\mathbf{A}$ im neuen Koordinatensystem als Diagonalmatrix dar. Bei nichtsymmetrischen Matrizen ist dies nicht gewährleistet.

Beispiel: An den Ecken eines Würfels mit der Kantenlänge 1 sei jeweils die Masse 1 befestigt. Man erhält den Zusammenhang:

$$\mathbf{J} = \begin{pmatrix} 8 & -2 & -2 \\ -2 & 8 & -2 \\ -2 & -2 & 8 \end{pmatrix} \qquad \mathbf{L} = \mathbf{J} \cdot \omega$$

ω: Winkelgeschwindigkeit
$\mathbf{J}$: Trägheitsmatrix
$\mathbf{L}$: Drehimpuls

Für die charakteristische Gleichung ergibt sich nach Zerlegung in Faktoren:

$$\det(\mathbf{J} - \lambda \mathbf{E}) = -\lambda^3 + 24\lambda^2 - 180\lambda + 400 = -(\lambda - 4) \cdot (\lambda - 10)^2 = 0$$

$\Rightarrow \lambda_1 = 4;\ \lambda_{2,3} = 10.$ Die Eigenvektoren bestimmen sich zu:

$\underline{\lambda_1 = 4}$

$$\left(\begin{array}{ccc|c} 4 & -2 & -2 & 0 \\ -2 & 4 & -2 & 0 \\ -2 & -2 & 4 & 0 \end{array}\right) \cong \left(\begin{array}{ccc|c} 2 & -1 & -1 & 0 \\ 0 & 1 & -1 & 0 \\ 0 & 0 & 0 & 0 \end{array}\right) \Rightarrow \mathbf{j}_1 = \begin{pmatrix} 1 \\ 1 \\ 1 \end{pmatrix}$$

$\underline{\lambda_1 = 10}$

$$\left(\begin{array}{ccc|c} -2 & -2 & -2 & 0 \\ -2 & -2 & -2 & 0 \\ -2 & -2 & -2 & 0 \end{array}\right) \cong \left(\begin{array}{ccc|c} 1 & 1 & 1 & 0 \\ 0 & 0 & 0 & 0 \\ 0 & 0 & 0 & 0 \end{array}\right) \Rightarrow \mathbf{j}_2 = \begin{pmatrix} 0 \\ -1 \\ 1 \end{pmatrix};\ \mathbf{j}_3 = \begin{pmatrix} 2 \\ -1 \\ -1 \end{pmatrix}$$

Wählt man die Richtungen $\{\mathbf{j}_1, \mathbf{j}_2, \mathbf{j}_3\}$ als neues Koordinatensystem ($\mathbf{j}_i$ sind zu normieren!), so ergibt sich die Transformationsvorschrift:

$$\mathbf{K} = \begin{pmatrix} \frac{1}{\sqrt{3}} & 0 & \frac{2}{\sqrt{6}} \\ \frac{1}{\sqrt{3}} & -\frac{1}{\sqrt{2}} & -\frac{1}{\sqrt{6}} \\ \frac{1}{\sqrt{3}} & \frac{1}{\sqrt{2}} & -\frac{1}{\sqrt{6}} \end{pmatrix} \quad \text{mit} \quad \begin{array}{l} \mathbf{L} = \mathbf{K} \cdot \tilde{\mathbf{L}} \\ \omega = \mathbf{K} \cdot \tilde{\omega} \end{array}$$

Im neuen Koordinatensystem stellt sich der ursprüngliche Zusammenhang wie folgt dar:

$$\mathbf{L} = \mathbf{J} \cdot \omega \Rightarrow \mathbf{K} \cdot \tilde{\mathbf{L}} = \mathbf{J} \cdot \mathbf{K} \cdot \tilde{\omega} \Rightarrow \tilde{\mathbf{L}} = \underbrace{\mathbf{K}^{\mathrm{T}} \cdot \mathbf{J} \cdot \mathbf{K}}_{\mathbf{D}} \cdot \tilde{\omega} = \mathbf{D} \cdot \tilde{\omega};\ \mathbf{D} = \begin{pmatrix} 4 & 0 & 0 \\ 0 & 10 & 0 \\ 0 & 0 & 10 \end{pmatrix}$$

1.3 Funktionen einer reellen Veränderlichen

Hängt eine Größe, die durch eine reelle Zahl charakterisiert wird, eindeutig von einer anderen ab, so spricht man von einem funktionalen Zusammenhang.

1.3.1 Funktionsbegriff

Wird jedem Element x aus einer gegebenen Menge D (Definitionsbereich) von reellen Zahlen genau eine Zahl y aus einer Menge W (Wertebereich) zugeordnet, so nennt man y eine Funktion von x: $y = f(x)$.

Funktionen werden durch Funktionsgleichungen, Schaubilder, Tabellen etc. dargestellt. Der Definitionsbereich umfasst alle reellen Zahlen, für welche die Zuordnungsvorschrift sinnvoll ist. Erfüllt das Schaubild gewisse Symmetrie-Eigenschaften, so belegt man auch die Funktion mit diesen Eigenschaften. Nebenstehend werden diese geometrischen Eigenschaften analytisch charakterisiert. In Anlehnung an das Symmetrieverhalten der Polynome nennt man auch $f(x)$ gerade bzw. ungerade.

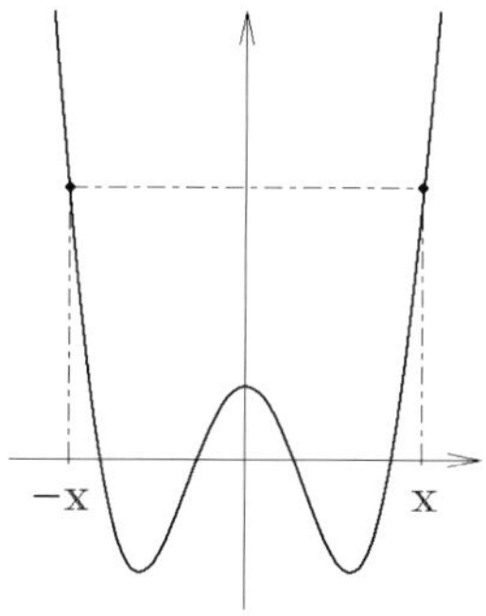

$f(x) = f(-x)$

Bild 1.14 Gerade Funktion Symmetrie zur y-Achse

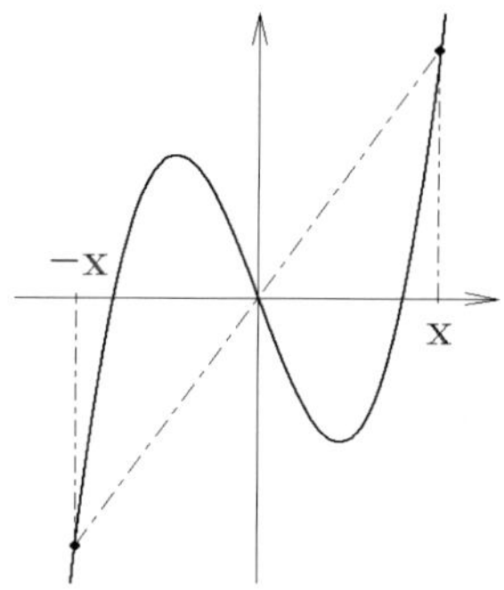

$f(-x) = -f(x)$

Bild 1.15 Ungerade Funktion Symmetrie zum Nullpunkt

Eine Funktion $f(x)$ nennt man streng monoton (steigend – fallend), wenn stets gilt:

$x_1 < x_2 \Rightarrow f(x_1) < f(x_2)$ (steigend); $x_1 < x_2 \Rightarrow f(x_1) > f(x_2)$ (fallend)

Ist eine Funktion $f(x)$ in einem Bereich streng monoton, so lässt sie sich dort umkehren. Die Umkehrfunktion bezeichnet man mit $f^{-1}(x)$. Dazu sind folgende Schritte notwendig:

- Auflösen der Funktionsgleichung $y = f(x)$ nach x.
- Vertauschen der Variablen x und y. Ebenso Definitions- und Wertebereich.
- Das Schaubild der Umkehrfunktion ergibt sich durch Spiegelung an $y = x$.

Beispiel: $y = f(x) = x^2$; $D = R$, $W = [0, \infty)$

Die Funktion stellt für $x \geq 0$ den Zusammenhang zwischen Seite und Fläche eines Quadrats dar. $f(x)$ ist symmetrisch zur y-Achse und für $x \geq 0$ streng monoton. Dort bestimmt sich die Umkehrfunktion zu:

$$y = f(x) = x^2 \quad \Rightarrow \quad \sqrt{y} = x$$

$$\Rightarrow \quad y = f^{-1}(x) = \sqrt{x}$$

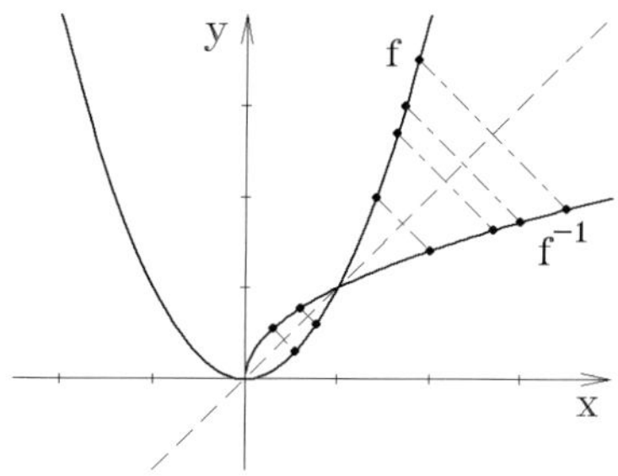

Bild 1.16 Umkehrfunktion

1.3.2 Grenzwert und Stetigkeit

Ist eine Funktion $f(x)$ an einer isolierten Stelle x_0 nicht definiert, so kann man das Verhalten von $f(x)$ in der Umgebung untersuchen. Manchmal gelingt es dann, $f(x)$ auch an der kritischen Stelle einen Wert f_0 zuzuweisen. Man spricht dann von einem Grenzwert.

symbolisch: $f(x) \to f_0$ für $x \to x_0$ oder $\lim\limits_{x \to x_0} f(x) = f_0$

Folgende Beispiele zeigen Verhaltensweisen in der Umgebung einer Definitionslücke.

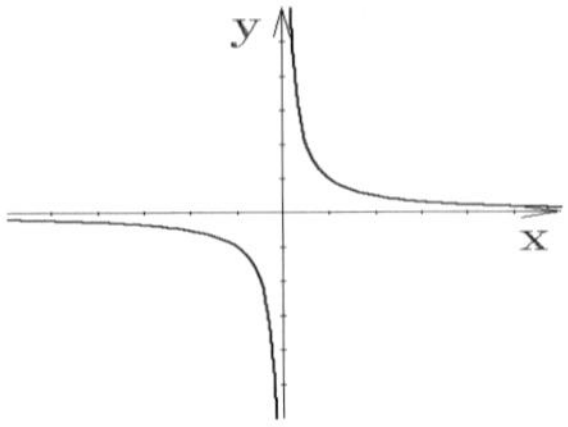

Bild 1.17 $f_1(x) = \frac{1}{x}$

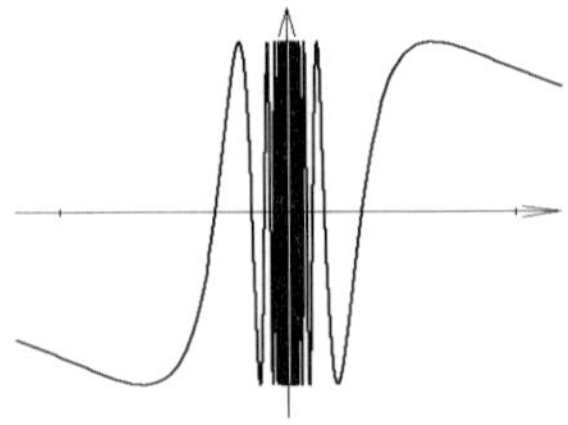

Bild 1.18 $f_2(x) = \sin\left(\frac{1}{x}\right)$

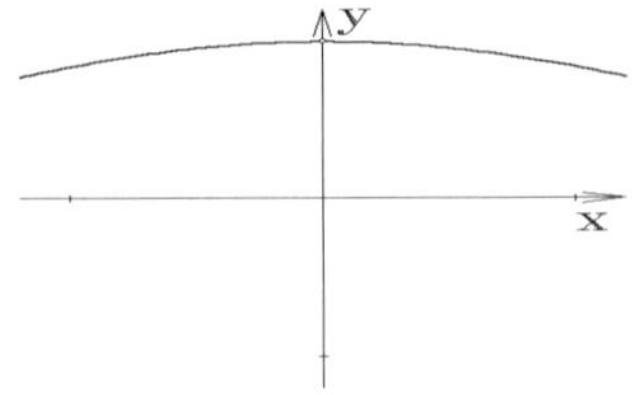

Bild 1.19 $f_3(x) = \frac{\sin(x)}{x}$

Bei $f_1(x)$, $f_2(x)$ macht es keinen Sinn, der Funktion im Nullpunkt einen Wert zuzuweisen, während die Funktionswerte von $f_3(x)$ bei Annäherung an $x_0 = 0$ dem Wert 1 beliebig nahe kommen. Man schreibt: $\lim\limits_{x \to 0} \frac{\sin x}{x} = 1$. Der Grenzwert 1 lässt sich auch durch die folgende Ungleichungskette (Bogenmaß) begründen:

$$\sin x \le x \le \overbrace{\tan x}^{=\frac{\sin x}{\cos x}}$$

$$1 \le \frac{x}{\sin x} \le \frac{1}{\cos x}$$

$$1 \ge \frac{\sin x}{x} \ge \cos x$$

Strebt $x \to 0$, so geht $\cos x \to 1$ und damit auch der Quotient $\frac{\sin x}{x}$.

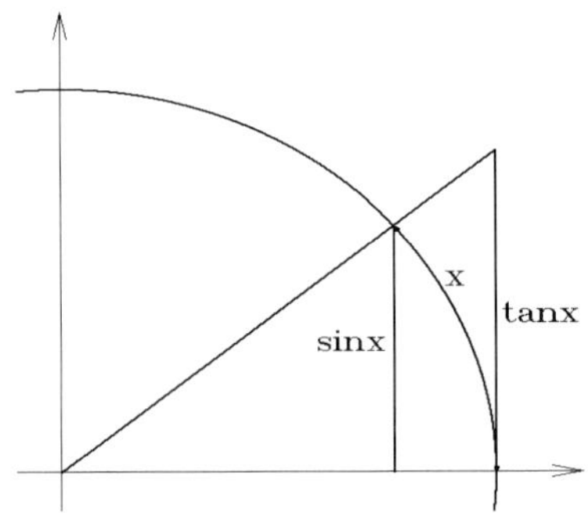

Bild 1.20 Ungleichung

Definition: Eine Funktion $f(x)$ besitzt an der Stelle x_0 genau dann den Grenzwert f_0, wenn es zu jedem $\varepsilon > 0$ ein $\delta(\varepsilon)$ gibt, sodass für alle $x \neq x_0$ mit $|x - x_0| < \delta$ die Ungleichung $|f(x) - f_0| < \varepsilon$ erfüllt ist.

Obige Definition ist nun nicht nur für „kritische" Stellen x_0 anwendbar, sondern auch für alle x aus dem Definitionsbereich.

Bei einer gutartigen Funktion $f(x)$ macht es nun keinen Unterschied, ob man sich mit dem Argument x zunächst dem Wert x_0 nähert und dann die Funktionsvorschrift auswertet oder ob man an den Zwischenstellen die Funktionswerte bestimmt und dann den Grenzwert berechnet. Solche Funktionen lassen sich ohne Absetzen zeichnen und werden als stetig bezeichnet. Es sind keine Sprünge möglich. Ebenso dürfen pathologische Situationen wie beim Beispiel $f_2(x)$ nicht vorkommen. Allgemein definiert man Stetigkeit wie folgt:

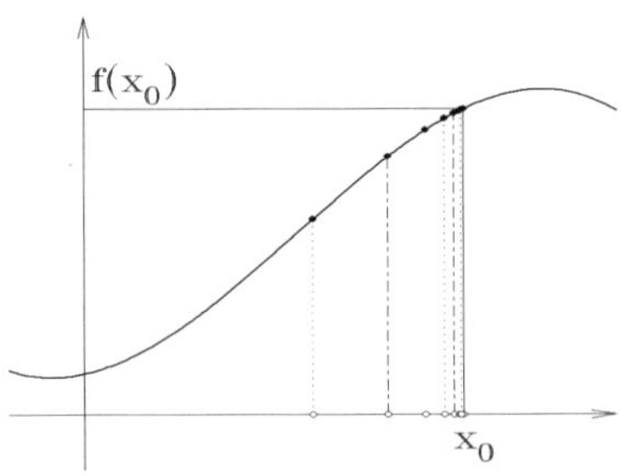

Bild 1.21 Stetigkeit

Eine Funktion $f(x)$ ist an x_0 stetig, wenn sie für $x \to x_0$ einem endlichen Grenzwert zustrebt und dieser mit dem Funktionswert $f(x_0)$ übereinstimmt, d. h., wenn

$$\lim_{x \to x_0} f(x) = f(x_0) = f\left(\lim_{x \to x_0} x\right).$$

Bei stetigen Funktionen sind Grenzübergänge und Funktionsauswertung miteinander vertauschbar. Ist auch $f'(x)$ in x_0 stetig, so nennt man $f(x)$ stetig differenzierbar. Die folgenden Skizzen sollen den Begriff veranschaulichen.

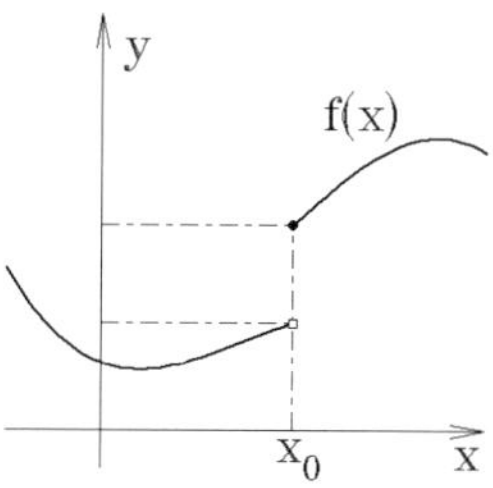

Bild 1.22 Unstetig

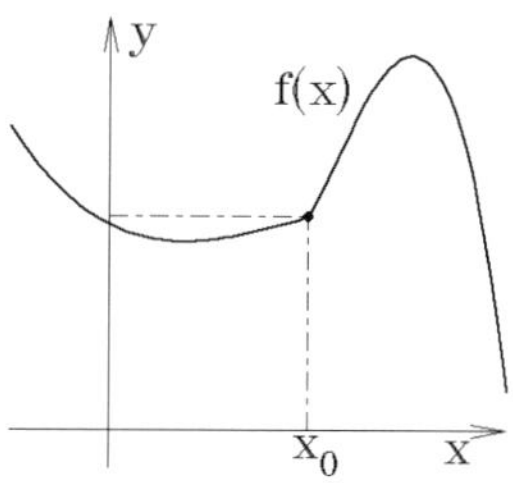

Bild 1.23 Stetig

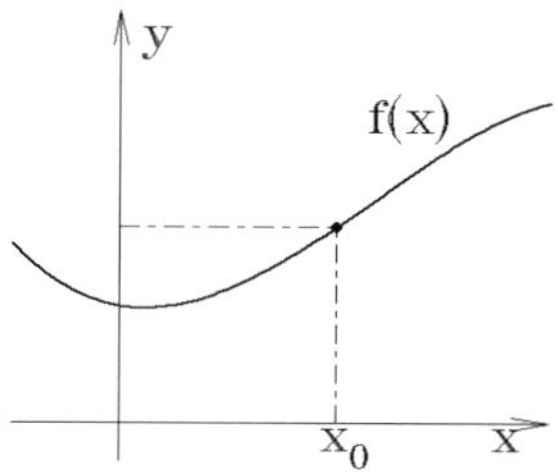

Bild 1.24 Stetig differenzierbar

1.3.3 Ableitung einer Funktion

Die Differenzialrechnung ermöglicht das Rechnen mit „unendlich kleinen Größen".

1.3.3.1 Differenzialquotient

Falls der Grenzwert $\lim_{h \to 0} \dfrac{f(x_0+h)-f(x_0)}{h} = f'(x_0)$ existiert, nennt man $f(x)$ in x_0 differenzierbar und die Zahl $f'(x_0)$ heißt Ableitung oder Differenzialquotient.

Schreibweisen: $y = f(x)$; Ableitung $f'(x)$, y', $\dfrac{\mathrm{d}y}{\mathrm{d}x}$, $\mathrm{D}f$

Geometrische Interpretation:

Die Steigung der Tangente in einem Kurvenpunkt $(x_0 \mid f(x_0))$ soll als Grenzwert der Sekantensteigung bestimmt werden.

$$m(x_0,\ h) = \frac{f(x_0+h)-f(x_0)}{h}$$

Falls die Kurve genügend „glatt" ist, existiert der Grenzwert für $h \to 0$.

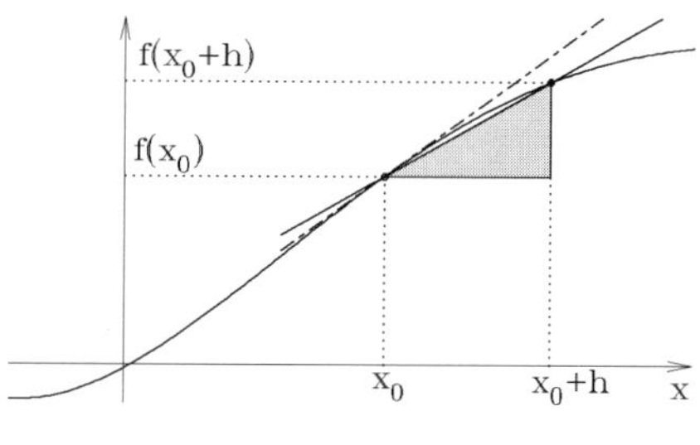

Bild 1.25 Sekantensteigung

Eine weitere Möglichkeit zur Veranschaulichung des Differenzialquotienten bietet die Momentangeschwindigkeit v. Beschreibt $s(t)$ den Aufenthaltsort eines Massepunktes auf einer Geraden, so errechnet sich die mittlere Geschwindigkeit v zwischen der Zeit t_0 und $t_0 + h$

$$\tilde{v}(t_0, h) = \frac{s(t_0 + h) - s(t_0)}{h} \quad \rightarrow \quad v(t_0) = \lim_{h \to 0} \tilde{v}(t_0, h) = \lim_{h \to 0} \frac{s(t_0 + h) - s(t_0)}{h}$$

Die Stromstärke $I(t)$ lässt sich analog als Veränderung der Ladung $Q(t)$ bezüglich der Zeit t interpretieren. Bezeichnet man die Ableitung nach der Zeit mit einem Punkt, so gilt:

$$I(t) = \dot{Q}(t) = \lim_{h \to 0} \frac{Q(t_0 + h) - Q(t_0)}{h}; \quad a(t) = \dot{v}(t) = \lim_{h \to 0} \frac{v(t_0 + h) - v(t_0)}{h} \quad \text{(Beschleunigung)}$$

Der Differenziationsprozess lässt sich wiederholen. Man spricht dann von 2., 3., etc. Ableitungen. Symbolisch: $f''(x)$, y'', $\frac{\mathrm{d}^2 y}{\mathrm{d}x^2}$, $\mathrm{D}^2 f$.

Rechenbeispiele zur Berechnung des Differenzialquotienten:

a) $y = f(x) = x^2; \quad y' = f'(x) = 2x$

$$\frac{f(x_0 + h) - f(x_0)}{h} = \frac{(x_0 + h)^2 - x_0^2}{h} = \frac{2x_0 h + h^2}{h} \quad \rightarrow \quad 2x_0 \quad \text{für} \quad h \rightarrow 0$$

b) $y = f(x) = \sin x; \quad y' = f'(x) = \cos x$

$$\begin{aligned}
\frac{f(x_0 + h) - f(x_0)}{h} &= \frac{\sin(x_0 + h) - \sin x_0}{h} \\
&= \frac{\sin x_0 \cdot \cos h + \cos x_0 \cdot \sin h - \sin x_0}{h} \\
&= \cos x_0 \cdot \frac{\sin h}{h} + \sin x_0 \cdot \frac{\cos h - 1}{h} \\
&= \cos x_0 \cdot \frac{\sin h}{h} + \sin x_0 \cdot \frac{\overbrace{(\cos h - 1) \cdot (\cos h + 1)}^{\cos^2 h - 1 = -\sin^2 h}}{h \cdot (\cos h + 1)} \\
&= \cos x_0 \cdot \underbrace{\frac{\sin h}{h}}_{\rightarrow 1} - \sin x_0 \cdot \underbrace{\frac{\sin h}{\cos h + 1}}_{\rightarrow 0} \cdot \underbrace{\frac{\sin h}{h}}_{\rightarrow 1} \rightarrow \cos x_0
\end{aligned}$$

Rechenregeln

Die Ableitungen von Summen, Produkten, Quotienten und zusammengesetzten Funktionen lassen sich auf die Ableitungen der Bestandteile zurückführen.

Es gelten die Regeln:

$$\begin{aligned}
[\alpha f(x) + \beta g(x)]' &= \alpha f'(x) + \beta g'(x) \\
[f(x) \cdot g(x)]' &= f'(x) \cdot g(x) + f(x) \cdot g'(x) \\
\left[\frac{f(x)}{g(x)}\right]' &= \frac{f'(x) \cdot g(x) - f(x) \cdot g'(x)}{(g'(x))^2} \\
[f(g(x))]' &= f'(g(x)) \cdot g'(x)
\end{aligned}$$

(Quotientenregel für $g(x) \neq 0$)

Mit der Kettenregel kann man die Ableitung der Umkehrfunktion berechnen: f und f^{-1} seien Funktion und Umkehrfunktion, d. h., es gelte: $y = f^{-1}(x) \quad \Leftrightarrow \quad x = f(y)$

$$x = f\left(f^{-1}(x)\right) \ \frac{\mathrm{d}}{\mathrm{d}x}: \quad \Rightarrow \quad 1 = \left.\frac{\mathrm{d}f}{\mathrm{d}y}\right|_{y=f^{-1}(x)} \cdot \frac{\mathrm{d}f^{-1}}{\mathrm{d}x} \quad \Rightarrow \quad \frac{\mathrm{d}y}{\mathrm{d}x} = \frac{\mathrm{d}f^{-1}}{\mathrm{d}x} = \frac{1}{\left.\frac{\mathrm{d}f}{\mathrm{d}y}\right|_{y=f^{-1}(x)}} = \frac{1}{\frac{\mathrm{d}x}{\mathrm{d}y}}$$

Beispiel: $y = \ln x \quad \Leftrightarrow \quad x = \mathrm{e}^y \quad$ mit $\quad \frac{\mathrm{d}x}{\mathrm{d}y} = \mathrm{e}^y; \quad \Rightarrow \quad \frac{\mathrm{d}y}{\mathrm{d}x} = \frac{1}{\frac{\mathrm{d}x}{\mathrm{d}y}} = \frac{1}{\mathrm{e}^y} = \frac{1}{x}.$

1.3.3.2 Extrema, Wendepunkte

Mit dem Ableitungsbegriff lassen für entsprechend oft differenzierbare Funktionen Bedingungen für Extrema und Wendepunkte formulieren.

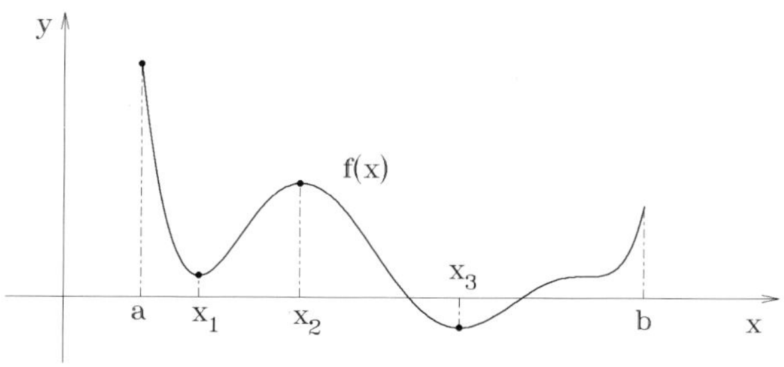

Bild 1.26 x_i *relative Extrema; Randmaximum bei* $x = a$

Besitzt $f(x)$ in x_0 ein relatives Extremum, so gilt $f'(x_0) = 0$. Die Umkehrung ist i. Allg. nicht richtig. So besitzt $f(x) = x^3$ bei $x = 0$ kein Extremum, obwohl dort die erste Ableitung verschwindet.

Besitzt $f(x)$ in einer Umgebung von x_0 stetige Ableitungen bis zur zweiten Ordnung, dann hat die Funktion in x_0

a) ein relatives Maximum, wenn $\quad f'(x_0) = 0 \quad$ und $\quad f''(x_0) < 0$.

b) ein relatives Minimum, wenn $\quad f'(x_0) = 0 \quad$ und $\quad f''(x_0) > 0$.

Ein Vorzeichenwechsel von $f'(x)$ bei x_0 garantiert ebenfalls ein Extremum.

Für den Fall, dass auch die zweite Ableitung null ist, leitet man so lange ab, bis sich eine von null verschiedene Ableitung $f^{(n)}(x_0) \neq 0$ einstellt. Ist n gerade, so liegt ebenfalls ein Extremum vor.

Beispiel: $f(x) = x \cdot \mathrm{e}^{-x^2}; \quad f'(x) = \mathrm{e}^{-x^2} \cdot \left(1 - 2x^2\right); \quad f''(x) = \mathrm{e}^{-x^2} \cdot \left(4x^3 - 6x\right);$

$f'(x) = 0 \quad \Rightarrow \quad x = \pm\frac{\sqrt{2}}{2}; \quad f''\left(\frac{\sqrt{2}}{2}\right) = \mathrm{e}^{-\frac{1}{2}} \cdot \left(-3\sqrt{2}\right) \quad \Rightarrow \quad$ Maximum

Charakteristische Kurvenpunkte sind Wendepunkte, bei denen sich die Krümmungsrichtung ändert. Die Kurve wechselt die Seite der Wendetangente. Wendepunkte lassen sich als Extremalpunkte der ersten Ableitung interpretieren. Insbesonders gilt:

Besitzt $f(x)$ in einer Umgebung von x_0 stetige Ableitungen bis zur dritten Ordnung, dann hat die Funktion in x_0 einen Wendepunkt, wenn
$f''(x_0)=0$ und $f'''(x_0)\neq 0$.

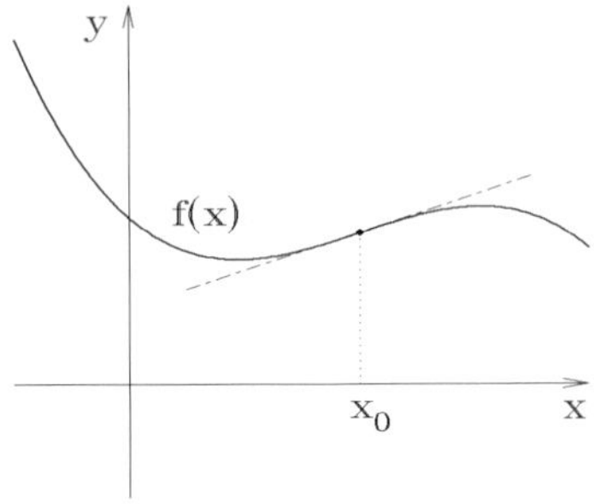

Bild 1.27 Wendetangente

Beispiel: $f(x)=x^3+3x^2+2x$;
$f'(x)=3x^2+6x+2$; $f''(x)=6x+6$; $f'''(x)=6$;
$\Rightarrow$ einziger Wendepunkt bei $x_0=-1$

1.3.3.3 Differenzial

Eine stetig differenzierbare Funktion wird in der Umgebung eines Punktes x_0 durch eine lineare Funktion (Tangente in $(x_0 \mid f(x_0))$) approximiert (Linearisierung).

Der Funktionszuwachs Δf bei Änderung des Arguments um dx ist näherungsweise dem Differenzial df.

$$\Delta f = f(x_0+\mathrm{d}x)-f(x_0)\approx \mathrm{d}f = f'(x_0)\cdot \mathrm{d}x$$

Beispiel: Die Funktion $f(x)=\pi\cdot x^2$; $f'(x)=2\pi\cdot x$ beschreibt den Zusammenhang zwischen Radius und Flächeninhalt beim Kreis. Aus der Messung $x=10\pm 0{,}1$ ergibt sich eine Unsicherheit für den Flächeninhalt zu

$$\Delta f\approx \mathrm{d}f=(2\pi\cdot x)\cdot \mathrm{d}x = 2\pi\cdot 10\cdot 0{,}1 = 2\pi\ .$$

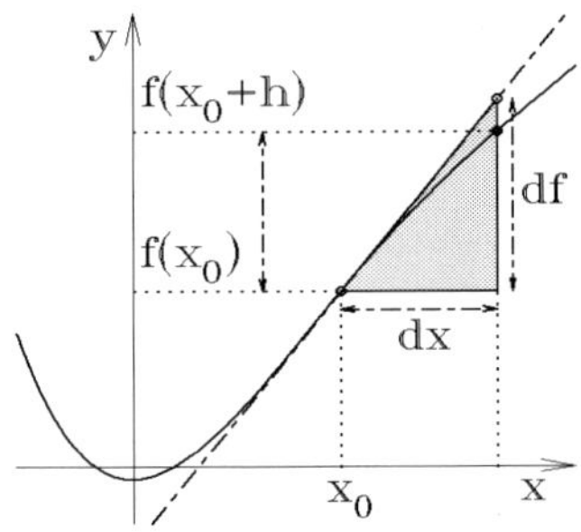

Bild 1.28 Differenzial

1.3.3.4 Taylorentwicklung

In der Umgebung des Entwicklungspunktes x_0 soll eine entspechend oft differenzierbare Funktion $f(x)$ durch Polynome approximiert werden.

Taylorformel:

$$f(x)=f(x_0)+f'(x_0)(x-x_0)+\frac{f''(x_0)}{2!}(x-x_0)^2+\ \ldots\ +\frac{f^{(n)}(x_0)}{n!}(x-x_0)^n+R_n$$

wobei $R_n(x_0,x)=\dfrac{f^{(n+1)}[x_0+\delta(x-x_0)]}{(n+1)!}\cdot(x-x_0)^{n+1}$ mit $0\leq\delta\leq 1$

Ist $f(x)$ beliebig oft differenzierbar und strebt das Restglied $R_n \to 0$ für $n \to \infty$, so erhält man die **Taylorreihe**:

$$f(x) = f(x_0) + f'(x_0)(x-x_0) + \frac{f''(x_0)}{2!}(x-x_0)^2 + \ldots + \frac{f^{(n)}(x_0)}{n!}(x-x_0)^n + \ldots$$
$$= \sum_{n=0}^{\infty} \frac{f^{(n)}(x_0)}{n!}(x-x_0)^n$$

Einige wichtige Reihenentwicklungen:

$$e^x = 1 + x + \frac{x^2}{2!} + \frac{x^3}{3!} + \frac{x^4}{4!} + \ldots = \sum_{n=0}^{\infty} \frac{x^n}{n!}$$

$$\cos x = 1 - \frac{x^2}{2!} + \frac{x^4}{4!} - \frac{x^6}{6!} + \frac{x^8}{8!} - + \ldots = \sum_{n=0}^{\infty} (-1)^n \frac{x^{2n}}{(2n)!}$$

$$\sin x = x - \frac{x^3}{3!} + \frac{x^5}{5!} - \frac{x^7}{7!} + \frac{x^9}{9!} - + \ldots = \sum_{n=0}^{\infty} (-1)^n \frac{x^{2n+1}}{(2n+1)!}$$

Die Reihenentwicklung ermöglicht die Berechnung von Funktionswerten transzendenter Funktionen.

Beispiel: Der Wert von cos 0,5 soll bis auf 6 Dezimalen genau errechnet werden. Eingesetzt in die Taylorreihe erhält man:

$$\cos 0{,}5 = \sum_{n=0}^{\infty} (-1)^n \frac{0{,}5^{2n}}{(2n)!} = 1 - \frac{0{,}5^2}{2!} + \frac{0{,}5^4}{4!} - \frac{0{,}5^6}{6!} + \frac{0{,}5^8}{8!} - + \ldots$$

Bei alternierenden Reihen ist der Fehler bei Abbruch nach dem n-ten Glied kleiner als das erste weggelassene Glied: $|R_n| \le \frac{0{,}5^{2n+2}}{(2n+2)!}$. Für $n = 3$ erhält man $|R_3| < 10^{-7}$.

$$\cos 0{,}5 = \underbrace{\overbrace{1 - \frac{0{,}5^2}{2!} + \frac{0{,}5^4}{4!}}^{0{,}877604167\ldots} - \frac{0{,}5^6}{6!}}_{0{,}877582465\ldots} + \overbrace{\frac{0{,}5^8}{8!}}^{\approx 9{,}6 \cdot 10^{-8}} - + \ldots = 0{,}877582561\ldots$$

1.3.3.5 Newton-Verfahren

Der Gedanke der Linearisierung kann auch dazu benutzt werden, eine nichtlineare Gleichung der Form $f(x) = 0$ näherungsweise iterativ zu lösen.

Ausgehend von einem Punkt x_0 in der Umgebung der gesuchten Lösung x^* bestimmt man im Kurvenpunkt $(x_0 \mid f(x_0))$ die Tangentengleichung $\frac{y - f(x_0)}{x - x_0} = f'(x_0)$.

Der Schnitt mit der x-Achse ($y = 0$) ergibt mit $x_1 = x_0 - \frac{f(x_0)}{f'(x_0)}$ eine verbesserte Näherung. Dieser Prozess lässt sich beliebig oft wiederholen. Das Ver-

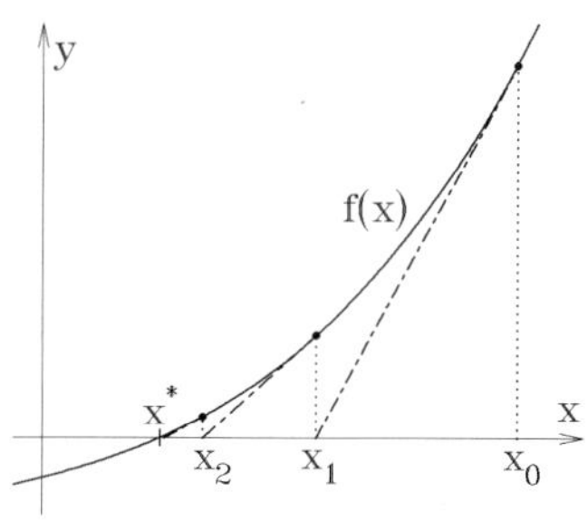

Bild 1.29 Newton-Verfahren

fahren konvergiert, wenn in der Umgebung der gesuchten Lösung $f'(x) \neq 0$ gilt und $f''(x)$ dort nicht das Vorzeichen wechselt. Ausgehend von einem Startwert x_0 nahe x^* erhält man die folgende Iterationsvorschrift zur näherungsweisen Bestimmung der Nullstelle:

$$x_{n+1} = x_n - \frac{f(x_n)}{f'(x_n)} \qquad \textbf{Newton-Verfahren}$$

Beispiel: Gesucht ist eine Lösung der Gleichung $e^x = 2 - x$. Die Skizze zeigt, dass eine eindeutige Lösung x^* des Problems im Intervall [0, 1] vorliegt. Vor Anwendung des Newton-Verfahrens muss die Gleichung auf die Form gebracht werden:

$$f(x) = e^x + x - 2 \overset{!}{=} 0; \quad \Rightarrow \quad f'(x) = e^x + 1$$

$$x_{n+1} = x_n - \frac{e^{x_n} + x_n - 2}{e^{x_n} + 1}; \quad x_0 = 1$$

x_0	1,00000000000	x_3	0,44285672464
x_1	0,53788284273	x_4	0,44285440100
x_2	0,44561674852	x_5	0,44285440100

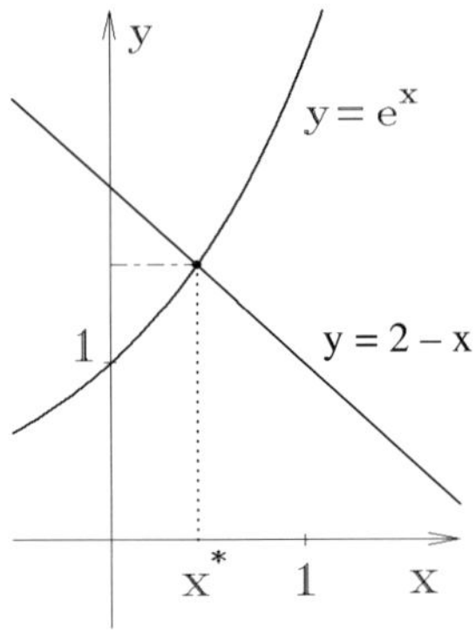

Bild 1.30 Nichtlineare Gleichung

1.3.3.6 Regel von de l'Hospital

Zur Berechnung von unbestimmten Ausdrücken kann ebenfalls die Reihenentwicklung herangezogen werden. Gilt $f(x_0) = g(x_0) = 0$, so erhält man für $x \to x_0$

$$\frac{f(x)}{g(x)} = \frac{\overbrace{f(x_0)}^{=0} + f'(x_0)(x - x_0) + \frac{f''(x_0)}{2}(x - x_0)^2 + \frac{f'''(x_0)}{3!}(x - x_0)^3 + \ldots}{\underbrace{g(x_0)}_{=0} + g'(x_0)(x - x_0) + \frac{g''(x_0)}{2}(x - x_0)^2 + \frac{g'''(x_0)}{3!}(x - x_0)^3 + \ldots}$$

$$= \frac{f'(x_0) + \frac{f''(x_0)}{2}(x - x_0) + \frac{f'''(x_0)}{3!}(x - x_0)^2 + \ldots}{g'(x_0) + \frac{g''(x_0)}{2}(x - x_0) + \frac{g'''(x_0)}{3!}(x - x_0)^2 + \ldots} \to \frac{f'(x_0)}{g'(x_0)}$$

Eine entsprechende Beziehung gilt auch für Ausdrücke $\frac{\infty}{\infty}$ und für Grenzübergänge $x \to \infty$.

Bei unbestimmten Ausdrücken $\frac{0}{0}, \frac{\infty}{\infty}$ kann die Bestimmung des Grenzwerts $\lim \frac{f(x)}{g(x)}$ auf die Untersuchung von $\lim \frac{f'(x)}{g'(x)}$ zurückgeführt werden; existiert Letzterer, so auch der ursprüngliche Grenzwert und beide sind gleich.

Grenzwerte der Bauart $0 \cdot \infty$, $\infty - \infty$, 1^∞, 0^0, ∞^0 können durch Umformen auf die Standardsituation zurückgeführt werden.

Beispiele:

$$\lim_{x \to 0} \underbrace{x \ln x}_{0 \cdot \infty} = \lim_{x \to 0} \frac{\ln x}{\frac{1}{x}} = \lim_{x \to 0} \frac{\frac{1}{x}}{-\frac{1}{x^2}} = \lim_{x \to 0} x = 0$$

$$\lim_{x \to 0} \left(\underbrace{\frac{1}{x} - \frac{1}{\sin x}}_{\infty - \infty} \right) = \lim_{x \to 0} \frac{\sin x - x}{x \sin x} = \lim_{x \to 0} \frac{\cos x - 1}{x \cos x + \sin x} = \lim_{x \to 0} \frac{\sin x}{2 \cos x + x \sin x} = 0$$

$$\lim_{x \to 0} \underbrace{x^x}_{0^0} = \lim_{x \to 0} e^{x \ln x} = \exp\left(\lim_{x \to 0} x \ln x \right) = e^0 = 1$$

1.3.4 Integralrechnung

Zu diesem Themenbereich sind zwei Zugänge möglich. Zum einen kommt man beim Umkehren der Differenziation zum Integralbegriff; zum anderen durch die Aufgabe, den Inhalt eines durch Funktionsgraphen begrenzten Flächenstücks zu bestimmen.

1.3.4.1 Das bestimmte Integral

Über dem Intervall $[a, b]$ soll der Inhalt der Fläche zwischen dem Graphen von $f(x)$ und der x-Achse bestimmt werden. Dazu wird der gesuchte Flächeninhalt durch Rechteckflächen approximiert. Strebt bei fortgesetzter Verfeinerung der Unterteilung die Summe der Rechteckflächen einem Grenzwert zu, so nennt man diesen Wert Integral über $f(x)$ zwischen a und b.

Symbolisch: $\int_a^b f(x)\mathrm{d}x$

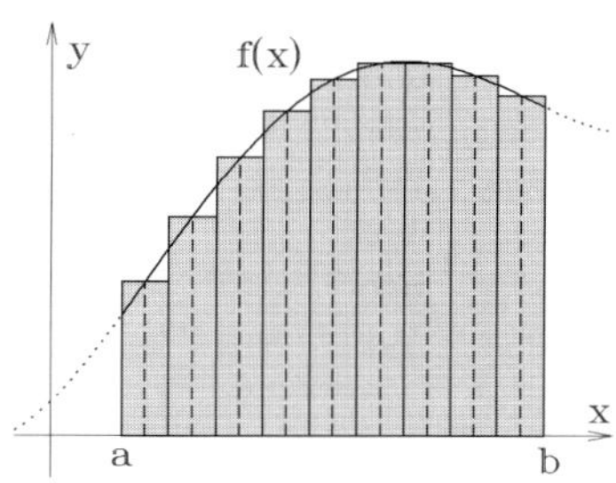

Bild 1.31 Bestimmtes Integral

Der Grenzwert muss unabhängig von der Art der Unterteilung $a = x_0 < x_1 < \ldots < x_n = b$ und der Wahl der Zwischenpunkte $\overline{x}_i \in [x_{i-1}, x_i]$ sein. Es muss nur sichergestellt sein, dass die maximale Breite der Teilintervalle bei der Folge der Verfeinerungen gegen null strebt.

Stetige Funktionen sind integrierbar, d. h., obiger Grenzwert existiert.

Ist $f(x) > 0$ im Integrationsintervall $[a,b]$, so lässt sich das Integral wie oben ausgeführt geometrisch als Fläche zwischen Kurve und x-Achse deuten. Wechselt $f(x)$ in $[a,b]$ das Vorzeichen, so kompensieren sich die Flächenteile über und unter der x-Achse.

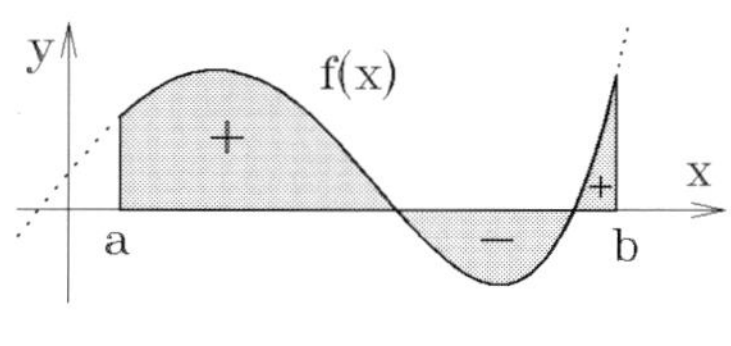

Bild 1.32 Orientierte Fläche

Eigenschaften des bestimmten Integrals

$$\int_a^b [\alpha \cdot f(x) + \beta \cdot g(x)]\,\mathrm{d}x = \alpha \int_a^b f(x)\,\mathrm{d}x + \beta \int_a^b g(x)\,\mathrm{d}x;\ \alpha,\ \beta \in \mathbb{R}$$

$$\int_a^c f(x)\,\mathrm{d}x = \int_a^b f(x)\,\mathrm{d}x + \int_b^c f(x)\,\mathrm{d}x;\ a < b < c \quad \text{und} \quad \int_a^b f(x)\,\mathrm{d}x = -\int_b^a f(x)\mathrm{d}x$$

$$\left| \int_a^b f(x)\,\mathrm{d}x \right| \le \int_a^b |f(x)|\,\mathrm{d}x \quad \text{und} \quad \left| \int_a^b (f(x) + g(x))\,\mathrm{d}x \right| \le \int_a^b |f(x)|\,\mathrm{d}x + \int_a^b |g(x)|\,\mathrm{d}x$$

Fläche zwischen zwei Kurven

Zwei Kurven schneiden sich für $x = a$ und $x = b$. Die Fläche zwischen $f(x)$ und $g(x)$ ergibt sich als Integral über die Differenz „obere Kurve" minus „untere Kurve". Dies gilt auch für den Fall, dass sich das gesuchte Gebiet zum Teil in der oberen und zum Teil in der unteren Halbebene befindet. Addiert man nämlich zu beiden Funktionen eine genügend große Konstante, so liegt das zu bestimmende Gebiet in der oberen Halbebene.

$$F = \int_a^b [f(x) - g(x)]\,\mathrm{d}x$$

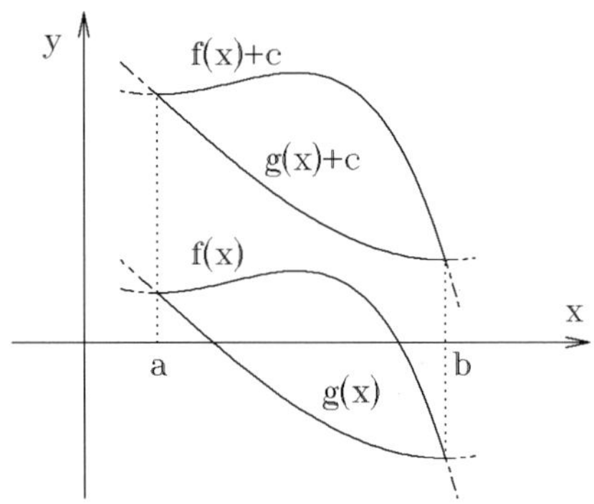

Bild 1.33 Fläche zwischen Kurven

1.3.4.2 Stammfunktion, Hauptsatz der Differenzial- und Integralrechnung

Wählt man beim bestimmten Integral über $f(x)$ eine feste untere Grenze x_0 und lässt die obere Grenze variieren, so ergibt sich eine Stammfunktion von $f(x)$.

$$F(x) = \int_{x_0}^{x} f(t)\,\mathrm{d}t$$

Ist $f(x) > 0$, so lässt sich $F(x)$ als Inhalt der Fläche zwischen x_0 und x unterhalb der Funktionskurve von $f(x)$ deuten. Zu einer Ausgangsfunktion $f(x)$ gibt es beliebig viele Stammfunktionen, die sich aber nur durch eine additive Konstante unterscheiden.

Alle Stammfunktionen zu einer Ausgangsfunktion $f(x)$ nennt man das unbestimmte Integral von $f(x)$. Bei der symbolischen Schreibweise lässt man beide Integrationsgrenzen weg.

$$\int f(x)\,\mathrm{d}x + c$$

Ist eine Stammfunktion bekannt, so kann damit das bestimmte Integral berechnet werden. Dabei führt jede Stammfunktion zum gleichen Resultat, da sich bei der Differenzbildung die additive Konstante weghebt.

$$\int_a^b f(x)\,\mathrm{d}x = F(b) - F(a)$$

Zwischen der Stammfunktion $F(x)$ und $f(x)$ besteht ein einfacher Zusammenhang:

> Ist $f(x)$ stetig und $F(x)$ eine Stammfunktion, so ist $F(x)$ differenzierbar und es gilt:
>
> $$F'(x) = \frac{\mathrm{d}}{\mathrm{d}x} \int_{x_0}^{x} f(t)\,\mathrm{d}t = f(x).$$

Das Integrieren – Aufsuchen einer Stammfunktion – ist die Umkehrung des Differenzierens. Der Differenzenquotient von $F(x)$ lässt sich wie folgt deuten:

$$\frac{F(x+h)-F(x)}{h}=\frac{1}{h}\int_{x}^{x+h} f(\tau)\,\mathrm{d}\tau$$

Da $f(x)$ stetig ist, gibt es eine Zwischenstelle $x \le \tau \le x+h$, so dass die Rechteckfläche $h \cdot f(\tau)$ gleich dem Integral ΔF ist.

$$\frac{F(x+h)-F(x)}{h}=\frac{1}{h}\cdot h\cdot f(\tau) \to f(x)$$

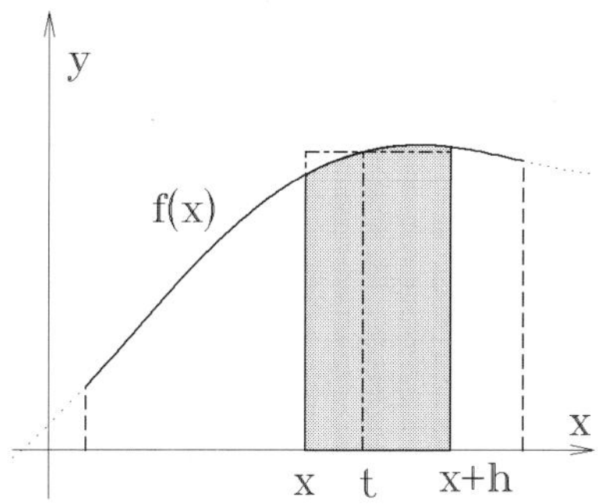

Bild 1.34 Hauptsatz

1.3.4.3 Grundintegrale, Integrationsregeln

Die unbestimmten Integrale der elementaren Funktionen ergeben sich durch Umkehrung der entsprechenden Differenziationsvorschriften. (Im Folgenden ohne Integrationskonstanten!)

$\int x^{\alpha}\,\mathrm{d}x=\frac{x^{\alpha+1}}{\alpha+1};\quad \alpha\neq -1$	$\int \sin x\,\mathrm{d}x=-\cos x$	$\int \frac{1}{1+x^2}\,\mathrm{d}x=\arctan x$
$\int \frac{1}{x}\,\mathrm{d}x=\ln\|x\|$	$\int \cos x\,\mathrm{d}x=\sin x$	$\int \frac{1}{\sqrt{1-x^2}}\,\mathrm{d}x=\arcsin x$
$\int \mathrm{e}^x\,\mathrm{d}x=\mathrm{e}^x$	$\int \tan x\,\mathrm{d}x=-\ln\|\cos x\|$	$\int \ln x\,\mathrm{d}x=x\cdot(\ln x-1)$

Lineare Substitution: Ist $\int f(x)\,\mathrm{d}x=F(x)$ bekannt, aber $\int f(ax+b)\,\mathrm{d}x$ zu integrieren, so gilt: $\int f(ax+b)\,\mathrm{d}x=\frac{1}{a}\cdot F(ax+b)$

Beispiel: $\int \sin(2x+3)\,\mathrm{d}x=-\frac{1}{2}\cos(2x+3)$

Substitution: Hat der Integrand die spezielle Gestalt $R(f(x))\cdot f'(x)$, so gilt:

$$\int [f(x)]^n\cdot f(x)\,\mathrm{d}x=\frac{[f(x)]^{n+1}}{n+1};\quad n\neq -1 \qquad \int \frac{f'(x)}{f(x)}\,\mathrm{d}x=\ln|f(x)|$$

Beispiele: $\int \cos x\cdot \sin^2 x\,\mathrm{d}x=\frac{\sin^3 x}{3}$; $\int \frac{2x+2}{x^2+2x+2}\,\mathrm{d}x=\ln|x^2+2x+2|$

Partielle Integration: Aus der Produktregel der Differenzialrechnung ergibt sich die folgende Möglichkeit der Umformung: $\int f(x)\cdot g'(x)\,\mathrm{d}x=f(x)\cdot g(x)-\int f'(x)\cdot g(x)\,\mathrm{d}x$

Beispiel: $\int \underbrace{x}_{g'}\cdot\underbrace{\ln x}_{f}\,\mathrm{d}x=\frac{x^2}{2}\cdot\ln x-\int\frac{x^2}{2}\cdot\frac{1}{x}\,\mathrm{d}x=\frac{x^2}{2}\cdot\ln x-\frac{x^2}{4}$

1.3.5 Elementare Funktionen

Funktionen werden klassifiziert, je nachdem ob rationale, algebraische oder transzendente Rechenoperationen bei der Funktionsauswertung notwendig sind.

1.3.5.1 Rationale Funktionen

Bei der Auswertung sind nur die Rechenoperationen +, –, ·, : notwendig.

1. Polynome (ganzrationale Funktionen)

$y = f(x) = a_0 + a_1 x + a_2 x^2 + \ldots + a_n x^n$, $a_i \in \mathbb{R}$, $a_n \neq 0$; n : Grad des Polynoms

Beispiele:

a) $y = a_0 + a_1 x$ „Gerade"

a_0: Achsenabschnitt in y-Richtung; a_1: Steigung

b) $y = a_0 + a_1 x + a_2 x^2$ „Parabel" lässt sich durch quadratisches Ergänzen auf die Form bringen:

$y = a \cdot (x - x_0)^2 + y_0$; a: Formparameter ($a > 0$ nach oben; $a < 0$ nach unten) $S(x_0 \mid y_0)$: Scheitel;

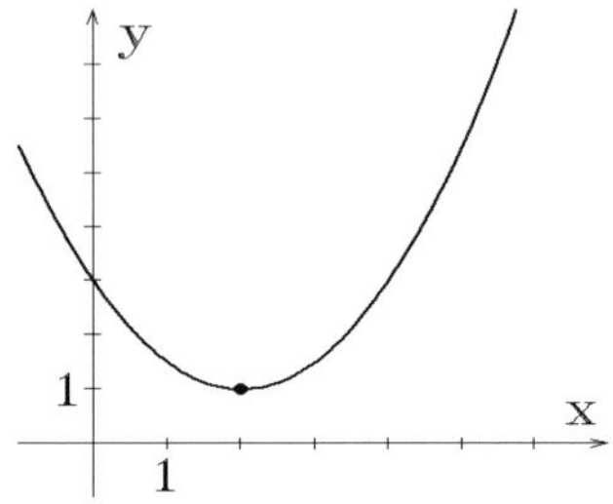

Bild 1.35 $y = 0{,}5 \cdot (x-2)^2 + 1$

c) $y = a_0 + a_1 x + a_2 x^2 + a_3 x^3$; Polynome dritter Ordnung besitzen zwischen 1 und 3 Nullstellen, 0 bis 2 Extrema und genau einen Wendepunkt.

d) $y = a_0 + a_1 x + a_2 x^2 + \ldots + a_n x^n$

Polynome vom Grad n besitzen bis zu n Nullstellen. Ist der Grad ungerade, so existiert mindestens eine Nullstelle – die Kurve kommt von $-\infty$ und geht nach ∞. Bis zu $(n-1)$ Extremwerte sind möglich; bei geradem Polynomgrad gibt es mindestens einen Extremwert. Zwischen Extremwerten liegt jeweils ein Wendepunkt.

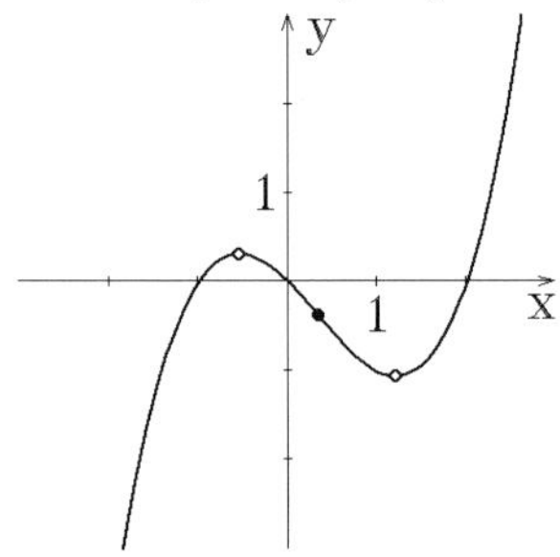

Bild 1.36 $y = x^3 - x^2 - 2x$

Der Fundamentalsatz der Algebra garantiert die Zerlegung jedes Polynoms in Faktoren. Dabei kommen nur Linearfaktoren und nicht weiter zerlegbare quadratische Ausdrücke vor.

$$P_n(x) = a_0 + a_1 x + \ldots + a_n x^n = a_n \cdot (x - x_1)^{k_1} \cdot (x - x_2)^{k_2} \cdot \ldots \cdot (x^2 + \alpha_i x + \beta_i)^{l_i} \cdot \ldots$$

mit $\sum k_j + 2 \sum l_i = n$

2. Gebrochenrationale Funktionen

$$y = R_n^m(x) = \frac{p_m(x)}{q_n(x)}; \quad p_m(x),\ q_n(x):$$ Polynome vom Grad m bzw. n teilerfremd

Die Nullstellen von $q_n(x)$ nennt man Polstellen; dort ist $R_n^m(x)$ nicht definiert. Beispiele:

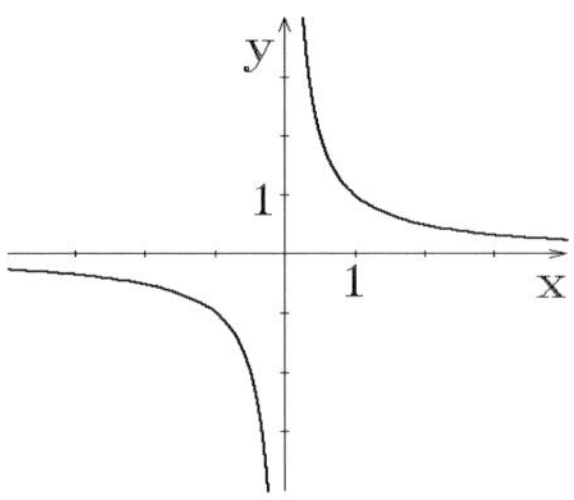

Bild 1.37 $y = \frac{1}{x}$

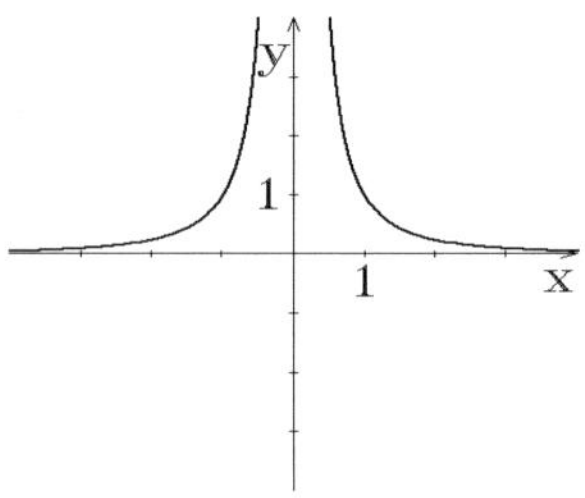

Bild 1.38 $y = \frac{1}{x^2}$

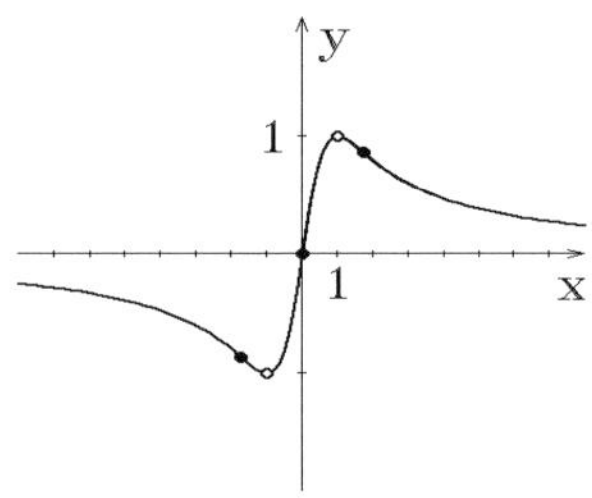

Bild 1.39 $y = \frac{2x}{x^2 + 1}$

Die Verhaltensweisen obiger Beispiele ist charakteristisch: Ist die Vielfachheit der Nullstelle des Nennerpolynoms ungerade, so findet ein Vorzeichenwechsel an der Polstelle statt – bei gerader Vielfachheit kein Vorzeichenwechsel. Ist der Grad des Nenners größer als der des Zählers, so ist die x-Achse Asymptote.

Eine gebrochenrationale Funktion lässt sich bei bekannter Faktorzerlegung des Nennerpolynoms in einfache Summanden zerlegen (Partialbruchzerlegung)

$$y = R_5^4(x) = \frac{-x^4+2x^2-2x+5}{(x^2+1)\cdot(x-1)^2\cdot(x+1)} = \frac{A}{x+1}+\frac{B}{x-1}+\frac{C}{(x-1)^2}+\frac{D+Ex}{x^2+1}$$

Multipliziert man den Ausdruck mit dem Hauptnenner, so ergibt sich beim Vergleich der Zähler beider Seiten:

$$\begin{aligned} -x^4+2x^2-2x+5 &= A(x^2+1)(x-1)^2+B(x^2+1)(x-1)(x+1)+\\ &\quad +C(x^2+1)(x+1)+D(x+1)(x-1)^2+Ex(x+1)(x-1)^2\\ &= A(x^4-2x^3+2x^2-2x+1)+B(x^4-1)+C(x^3+x^2+x+1)+\\ &\quad +D(x^3-x^2-x+1)+E(x^4-x^3-x^2+x)\\ &= x^4(A+B+E)+x^3(-2A+C+D-E)+x^2(2A+C-D-E)+\\ &\quad +x(-2A+C-D+E)+(A-B+C+D) \end{aligned}$$

Koeffizientenvergleich der Zählerpolynome links und rechts ergibt ein lineares Gleichungssystem für die Koeffizienten A, B, C, D, E:

$$\left.\begin{array}{rcrcrcrcrcr} A & + & B & & & & & + & E & = & -1\\ -2A & & & + & C & + & D & - & E & = & 0\\ 2A & & & + & C & - & D & - & E & = & 2\\ -2A & & & + & C & - & D & + & E & = & -2\\ A & - & B & + & C & + & D & & & = & 5 \end{array}\right\} \Rightarrow \begin{array}{rcr} A &=& 1\\ B &=& -2\\ C &=& 1\\ D &=& 1\\ E &=& 0 \end{array}$$

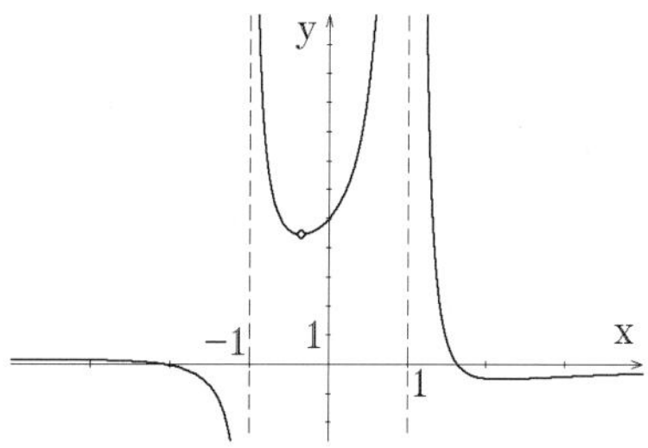

Bild 1.40 $y = R_5^4(x)$.

Ist der Grad des Nennerpolynoms größer als der Zählergrad, so ergeben sich beim Koeffizientenvergleich genauso viel Gleichungen wie Unbekannte.

$$R_5^4(x) = \frac{-x^4+2x^2-2x+5}{(x^2+1)\cdot(x-1)^2\cdot(x+1)} = \frac{1}{x+1}-\frac{2}{x-1}+\frac{1}{(x-1)^2}+\frac{1}{x^2+1}$$

Jeder Faktor des Nennerpolynoms $q_n(x)$ ergibt einen Summanden bei der Zerlegung. Linearfaktoren ergeben entsprechend ihrer Vielfachheit Summanden der Bauart:

$$(x-x_i)^{k_i} \quad \mapsto \quad \frac{K_1}{(x-x_i)}+\frac{K_2}{(x-x_i)^2}+\ldots+\frac{K_{k_i}}{(x-x_i)^{k_i}}$$

Für die quadratischen Polynome erhält man:

$$(x^2+\alpha_j x+\beta_j)^{k_j} \mapsto \frac{A_1+B_1x}{(x^2+\alpha_j x+\beta_j)}+\frac{A_2+B_2x}{(x^2+\alpha_j x+\beta_j)^2}+\ldots+\frac{A_{k_j}+B_{k_j}x}{(x^2+\alpha_j x+\beta_j)^{k_j}}$$

Bringt man – wie beim obigen Beispiel – alle Summanden auf den Hauptnenner, so ergibt sich im Zähler ein Polynom der Ordnung $(n-1)$. Führt man dann den Koeffizientenvergleich durch, so erhält man für den Fall, dass das ursprüngliche Zählerpolynom vom Grad kleiner als n war, ein eindeutig lösbares Gleichungssystem.

Wenn beim Ausgangsproblem der Zählergrad $m \geq n$ ist, so kann der ganze Anteil abgespalten werden (Polynomdivision).

$$\frac{x^4+x^2+1}{x^3-x^2+x-1} = \underbrace{x+1}_{\text{Asymptote}} + \frac{x^2+2}{x^3-x^2+x-1}$$

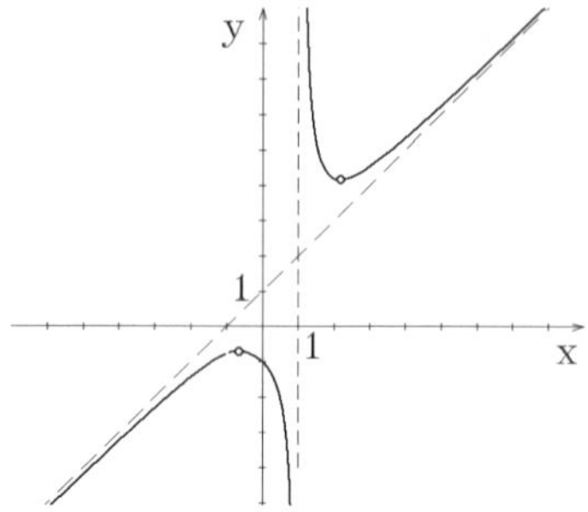

Bild 1.41 $y=\dfrac{x^4+x^2+1}{x^3-x^2+x-1}$

1.3.5.2 Wurzelfunktionen

Wurzelfunktionen ergeben sich beim „Auflösen" einfacher algebraischer Gleichungen.

1. Quadratwurzel aus einem linearen Ausdruck

$y = f(x) = \sqrt{ax+b}$;

$f(x)$ ist deutbar als Umkehrfunktion einer Parabel. Der Scheitel liegt in $S\left(-\frac{b}{a} \mid 0\right)$.

Je nach Vorzeichen von a ist die Parabel nach rechts oder links geöffnet.

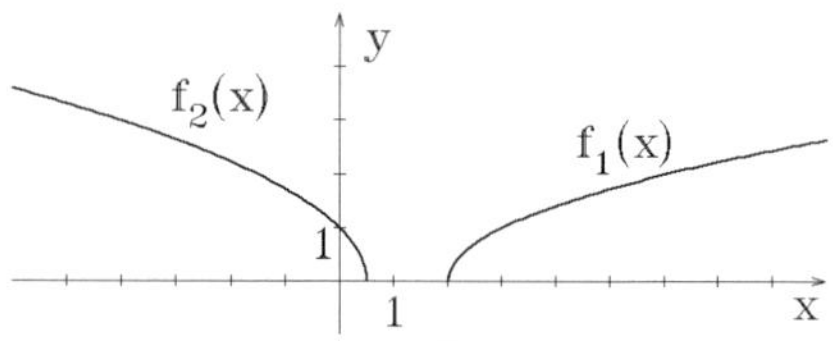

Bild 1.42 $y=f_1(x)=\sqrt{x-2}$; $y=f_2(x)=\sqrt{1-2x}$

2. Quadratwurzel aus einem quadratischen Ausdruck

$y = f(x) = \sqrt{ax^2+bx+c}$;

$f(x)$ ergibt sich beim „Auflösen" einer Kegelschnittgleichung: $y^2-ax^2-bx-c=0$

Dabei liegt der Mittelpunkt stets auf der x-Achse. Für $a<0$ erhält man die obere Hälfte einer Ellipse. Für $a>0$ ergibt sich der obere Teil einer Hyperbel.

a) $y=f_1(x)=\sqrt{-4x^2+16x-12}$; Kegelschnittgleichung: $\dfrac{y^2}{4}+\dfrac{(x-2)^2}{1}=1$

Ellipse mit Mittelpunkt $M(2\,|\,0)$ und Halbachsen $a=1,\ b=2$;

b) $y=f_2(x)=\sqrt{\frac{1}{4}x^2-x}$; Kegelschnittgleichung: $\dfrac{(x-2)^2}{4}-\dfrac{y^2}{1}=1$; Hyperbel mit Mittelpunkt $M(2\,|\,0)$ und Halbachsen $a=2,\ b=1$; geöffnet längs x-Achse.

c) $y=f_3(x)=\sqrt{x^2+4}$;
Kegelschnittgleichung:

$$-\frac{x^2}{1}+\frac{y^2}{1}=1;$$

Hyperbel mit $M(0\,|\,0)$ und Halbachsen $a=1,\ b=1$; geöffnet längs y-Achse.

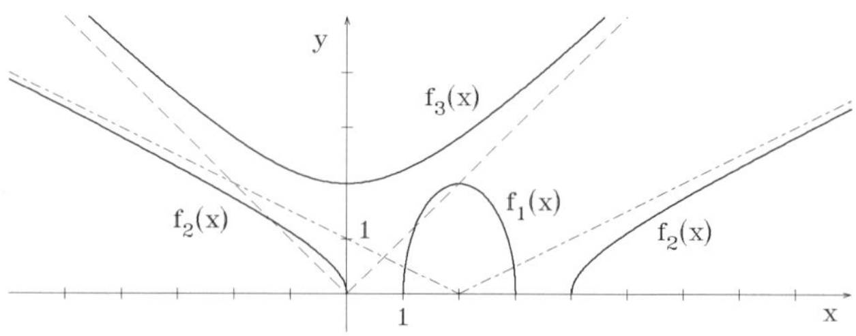

Bild 1.43 Wurzelfunktionen $f_i(x)$

3. Potenzfunktionen mit rationalem Exponenten

$y = f(x) = x^r = \left(\sqrt[q]{x}\right)^p; \quad r = \dfrac{p}{q}$, p: ganze Zahl, q: natürliche Zahl

$f(x)$ ergibt sich als Lösung von $y^q - x^p = 0$.

Wenn q gerade ist, so ist $f(x)$ nur für positive Argumente definiert. Ist p negativ, so ist gegebenenfalls auch noch $x = 0$ auszuschließen. Die folgenden Skizzen zeigen das Wachstumsverhalten für verschiedene Werte von r. Alle Kurven gehen durch (1|1).

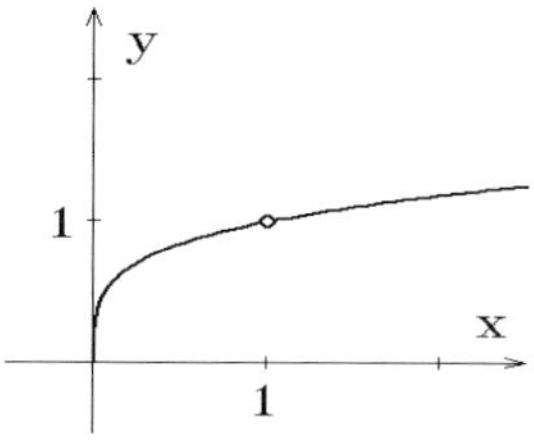

Bild 1.44 $y = x^{\frac{1}{4}}$

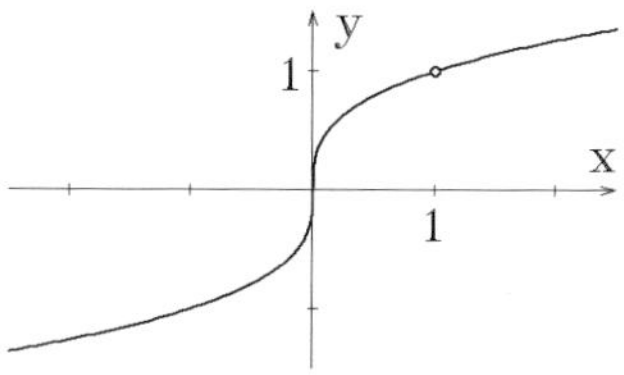

Bild 1.45 $y = x^{\frac{1}{3}}$

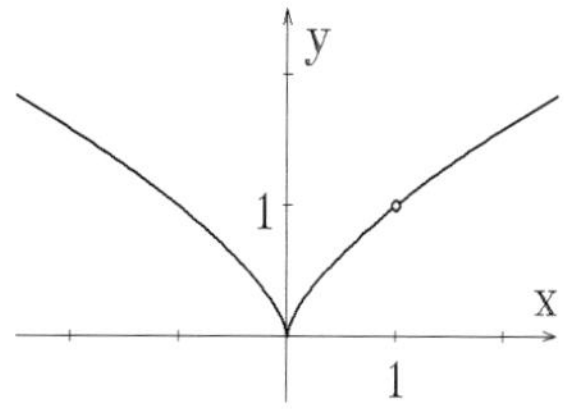

Bild 1.46 $y = x^{\frac{2}{3}}$

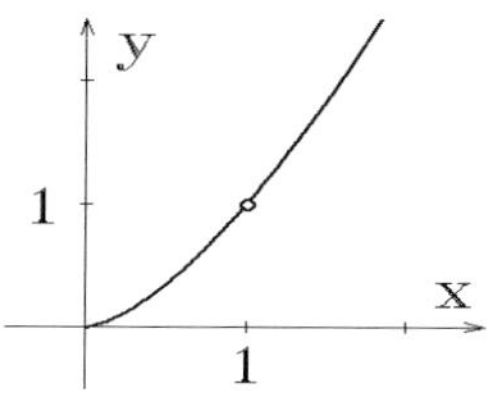

Bild 1.47 $y = x^{\frac{3}{2}}$

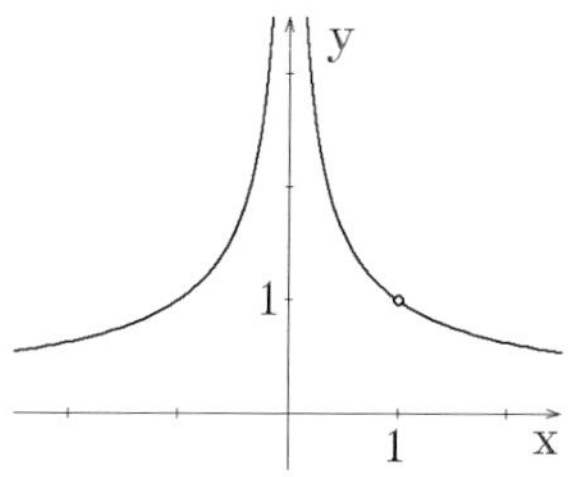

Bild 1.48 $y = x^{-\frac{2}{3}}$

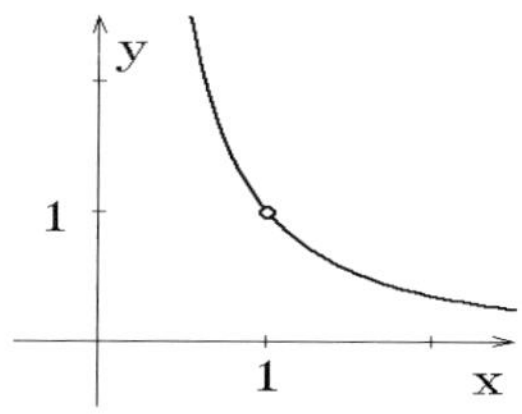

Bild 1.49 $y = x^{-\frac{3}{2}}$

1.3.5.3 Transzendente Funktionen

Die Bestimmung der Funktionswerte erfordert einen Grenzprozess. In der Regel lässt sich die Berechnung auf die Summation einer Reihe zurückführen.

1. Exponentialfunktion und Logarithmus

$y = f(x) = a^x$; $a > 0$; $a \neq 1$

Exponentialfunktion zur Basis a

$y = a^x$ ist streng monoton und besitzt daher eine Umkehrfunktion – die zugehörige Logarithmusfunktion.

$y = f^{-1}(x) = \log_a x$ Logarithmusfunktion zur Basis a

Für spezielle Basen hat sich eingebürgert:

$\log_{10} x = \lg x$; $\log_e x = \ln x$

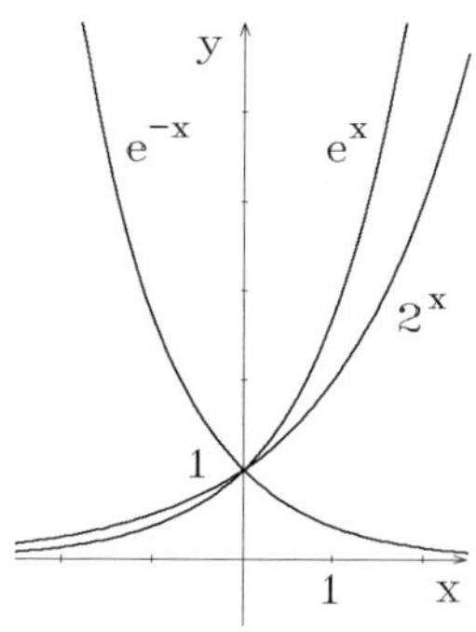

Bild 1.50 $y = e^x$; 2^x, e^{-x}

Die wichtigste Basis ist die Zahl $e = \lim\limits_{n \to \infty}\left(1+\frac{1}{n}\right)^n \approx 2{,}718\ldots$ Die zugehörige Exponentialfunktion nennt man e-Funktion $y = e^x$. Sie beschreibt das Wachstumsverhalten bei kontinuierlichem Zuwachs. Alle Exponentialfunktionen lassen sich auf die e-Funktion zurückführen; alle Logarithmusfunktionen auf den natürlichen Logarithmus.

$$y = f(x) = a^x = e^{x \cdot \ln a}; \quad y = f^{-1}(x) = \log_a x = \frac{\ln x}{\ln a}$$

Um Potenzen für nichtrationale Exponenten $\alpha \in \mathbb{R}$ zu erklären, muss α zunächst durch eine rationale Zahlenfolge approximiert werden und anschließend durch Grenzwertbetrachtungen die Potenz definiert werden. Begrifflich ist es einfacher, die e-Funktion als Reihe (Taylorreihe) einzuführen.

$$e^x = 1 + x + \frac{x^2}{2!} + \frac{x^3}{3!} + \ldots = \sum_{n=0}^{\infty} \frac{x^n}{n!}$$

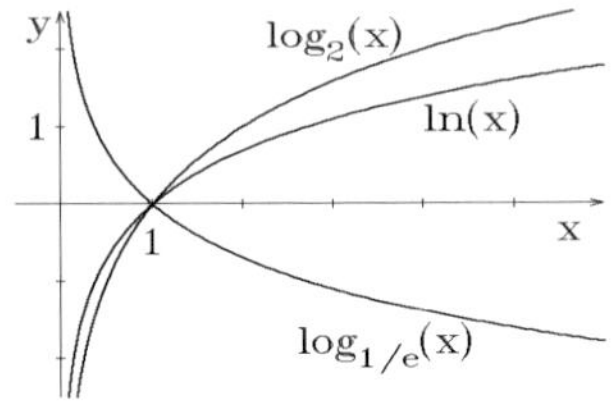

Bild 1.51 Logarithmusfunktion

Eine in der Statistik und Wahrscheinlichkeitsrechnung wichtige zusammengesetzte Exponentialfunktion ist die so genannte Gauß'sche Glockenkurve.

$$\varphi(x) = \frac{e^{-\frac{x^2}{2}}}{\sqrt{2\pi}}; \quad \text{Wahrscheinlichkeitsdichte}$$

Sie beschreibt zufällige Abweichungen vom Sollwert.

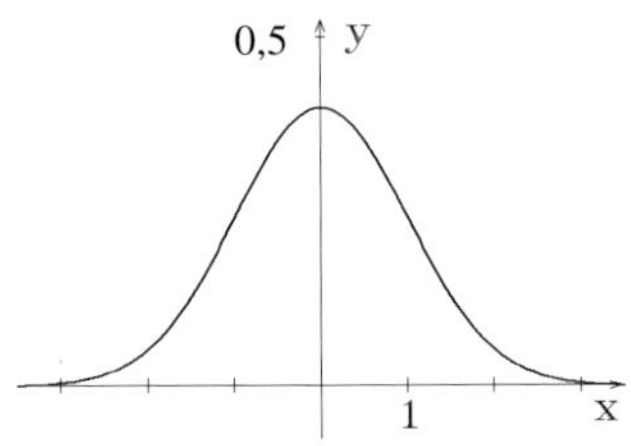

Bild 1.52 Gauß'sche Glockenkurve

2. Trigonometrische Funktionen

Bogenmaß: Der Öffnungswinkel wird durch den Bogen x am Einheitskreis bestimmt. Mit der traditionellen Gradmessung α° ergibt sich der folgende Zusammenhang:

$$2\pi \mathrel{\hat{=}} 360^\circ \quad \Rightarrow \quad x = \frac{\pi}{180} \cdot \alpha$$

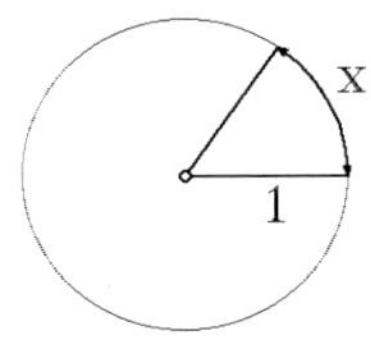

Bild 1.53 Bogenmaß

Die Winkelfunktionen sin α, cos α, tan α sind ursprünglich als Seitenverhältnisse am rechtwinkligen Dreieck erklärt. Am Einheitskreis lässt sich im 1. Quadranten der Sinuswert als y-Koordinate des Punktes auf dem Einheitskreis deuten.

Der Kosinuswert entspricht der x-Koordinate. Der Punkt auf dem Einheitskreis kann in beliebiger Position auf dem Einheitskreis platziert werden. Auch für Winkelwerte $\varphi > 2\pi$ und $\varphi < 0$ lässt sich ein entsprechender Punkt auf dem Einheitskreis finden. Erklärt man

$\cos\varphi$: x-Koordinate des Punktes auf Einheitskreis

$\sin\varphi$: y-Koordinate des Punktes auf Einheitskreis

$$\tan\varphi = \frac{\sin\varphi}{\cos\varphi}; \quad \cot\varphi = \frac{\cos\varphi}{\sin\varphi}$$

so können diese trigonometrischen Funktionen auf ganz $\mathbb{R}$ definiert werden.

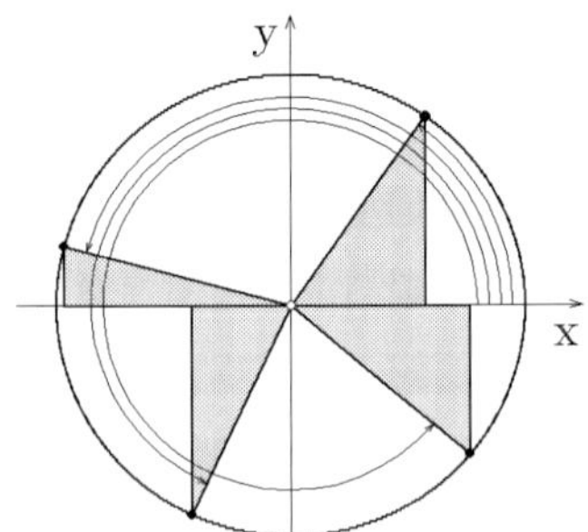

Bild 1.54 Winkelfunktionen

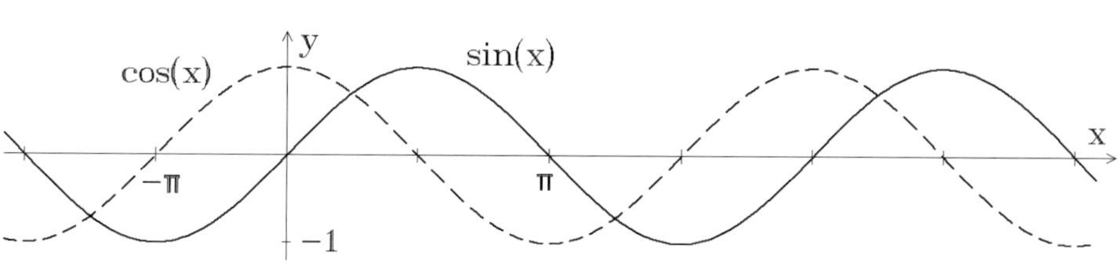

Bild 1.55 Sinus- und Kosinusfunktion

Die Sinus- und Kosinusfunktion gehen durch Verschiebung um π/2 ineinander über.

$$\sin\varphi = \cos\left(\varphi - \frac{\pi}{2}\right); \quad \cos\varphi = \sin\left(\varphi + \frac{\pi}{2}\right)$$

Für sämtliche Winkelwerte gilt:

$$\cos^2\varphi + \sin^2\varphi = 1.$$

$$\sin(\varphi + \pi) = -\sin\varphi; \quad \cos(\varphi + \pi) = -\cos\varphi$$

Beim Umformen trigonometrischer Ausdrücke sind die Additionstheoreme hilfreich:

$$\sin(\alpha \pm \beta) = \sin\alpha\, \cos\beta \pm \cos\alpha\, \sin\beta$$

$$\cos(\alpha \pm \beta) = \cos\alpha\, \cos\beta \mp \sin\alpha\, \sin\beta$$

$$\tan(\alpha \pm \beta) = \frac{\tan\alpha \pm \tan\beta}{1 \mp \tan\alpha\, \tan\beta}$$

$$\cot(\alpha \pm \beta) = \frac{\cot\alpha\, \cot\beta \mp 1}{\cot\beta \pm \cot\alpha}$$

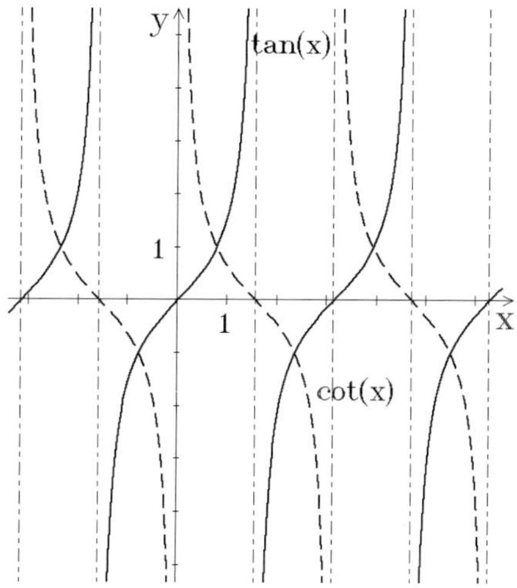

Bild 1.56 Tangens und Kotangens

Durch komplexe Interpretation können solche Fragestellungen i. Allg. vereinfacht werden. Sinus- und Kosinusfunktionen werden zur Darstellung harmonischer Schwingungen benutzt. Die allgemeine Darstellung erfolgt mit den Parametern Amplitude A, Kreisfrequenz ω und Nullphasenwinkel φ_0:

$$x_S(t) = A\sin(\omega \cdot t - \varphi_0) = A\sin[\omega \cdot (t - \varphi)]\,; \quad \text{mit } \varphi = \frac{\varphi_0}{\omega} \qquad \text{Sinusschwingung}$$

$$x_C(t) = A\cos(\omega \cdot t - \varphi_0) = A\cos[\omega \cdot (t - \varphi)]; \quad \text{mit } \varphi = \frac{\varphi_0}{\omega} \qquad \text{Kosinusschwingung}$$

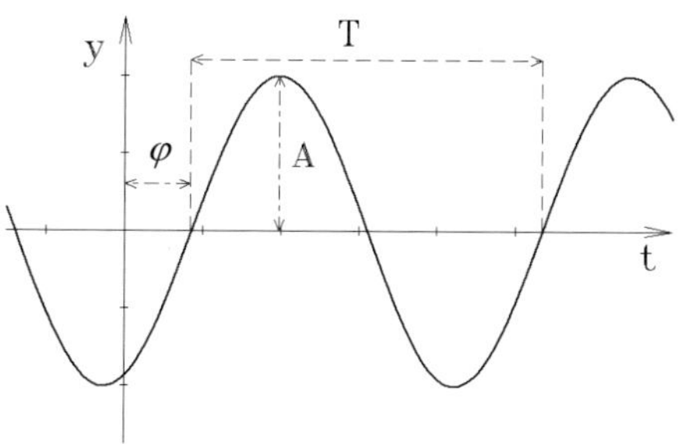

Bild 1.57 $x_S(t) = 2\sin[1{,}4 \cdot (t - 0{,}85)]$

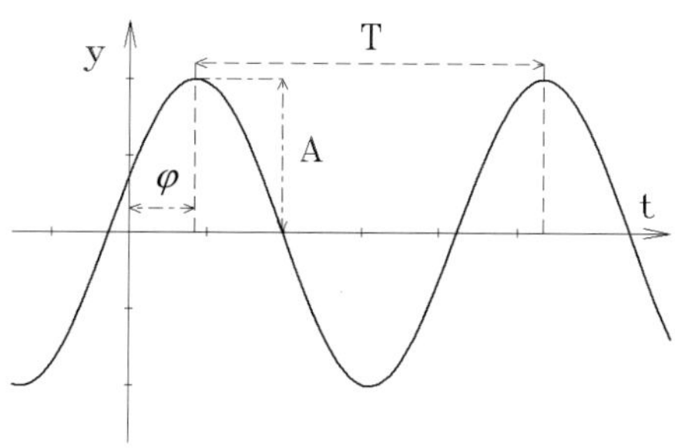

Bild 1.58 $x_S(t) = 2\cos[1{,}4 \cdot (t - 0{,}85)]$

Die Sinus-, Kosinus-, Tangens- und Kotangensfunktion lassen sich jeweils in einem π-breiten Intervall umkehren. Aus diesen Monotonie-Intervallen wählt man vereinbarungsgemäß das Intervall mit der kleinsten nichtnegativen Zahl aus. Man erhält die Arcus-Funktionen. Es gelten die Zusammenhänge:

$\arcsin x + \arccos x = \pi/2; \quad \arctan x + \operatorname{arccot} x = \pi/2$

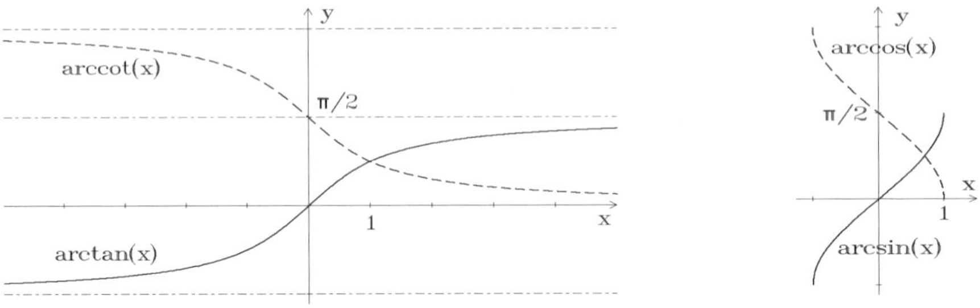

Bild 1.59 $\arctan x$, $\operatorname{arccot} x$, $\arcsin x$, $\arccos x$

$f(x)$	Def.-Bereich	Wertebereich	$f^{-1}(x)$	Def.-Bereich	Wertebereich
$\sin x$	$(-\infty,\infty)$	$[-1, 1]$	$\arcsin x$	$[-1, 1]$	$[-\frac{\pi}{2},\frac{\pi}{2}]$
$\cos x$	$(-\infty,\infty)$	$[-1, 1]$	$\arccos x$	$[-1, 1]$	$[0,\pi]$
$\tan x$	$x \neq \frac{\pi}{2}+k\pi$	$(-\infty,\infty)$	$\arctan x$	$(-\infty,\infty)$	$(-\frac{\pi}{2},\frac{\pi}{2})$
$\cot x$	$x \neq k\pi$	$(-\infty,\infty)$	$\operatorname{arccot} x$	$(-\infty,\infty)$	$(0,\pi)$

1.4 Funktionen mehrerer Variabler

In Naturwissenschaft und Technik hängen physikalische Größen wie z. B. Temperaturverteilung T, Druck p, elektrostatisches Potenzial U von mehreren Variablen ab.

$T = T(x, y, z, t); \quad p = p(V, T); \quad U = U(x, y, z)$

Die Übertragung der Grundbegriffe der Analysis auf den mehrdimensionalen Fall wird exemplarisch für den Fall $n = 2$ dargestellt.

1.4.1 Grafische Darstellung, Isoquanten (Höhenlinien)

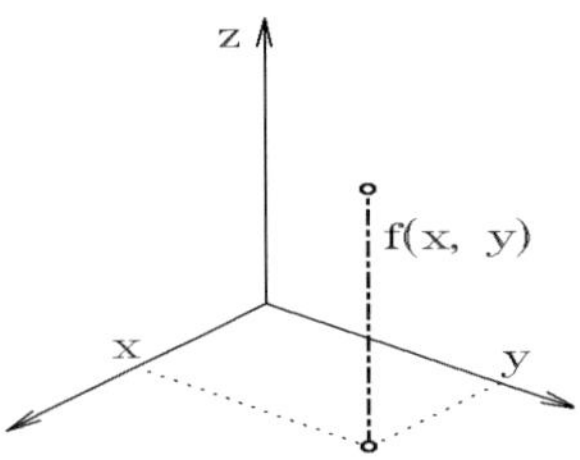

Bild 1.60 $z = f(x,y)$

$(x, y) \rightarrow f(x, y)$ bzw.

$z = f(x, y); \; D(f) \subset \mathbb{R}^2$

Alle Bildpunkte ergeben als Graph eine Fläche im $\mathbb{R}^3$.

Eine exakte Darstellung ist nur im räumlichen Modell möglich. Möglicher Ausweg: Schrägbild, Isoquanten (Kurven in der (x, y)-Ebene mit gleichem Funktionswert)

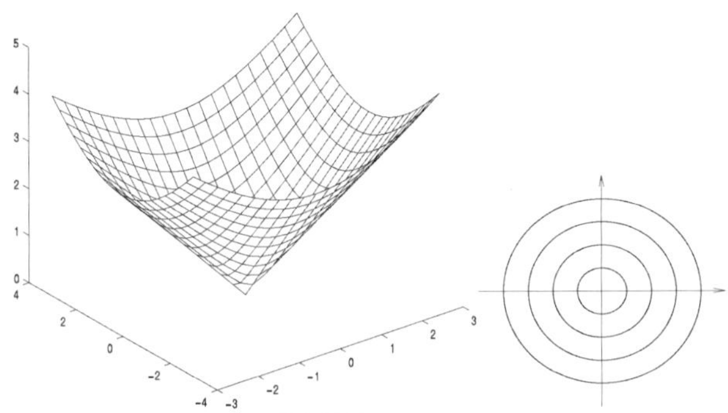

Bild 1.61 $z = f(x, y) = \sqrt{x^2 + y^2}$

1.4.2 Partielle Ableitungen

Bei einer Funktion $z = f(x,y)$ wird eine Variable festgehalten. Man erhält eine Funktion einer reellen Veränderlichen, die sich nach den üblichen Regeln differenzieren lässt.
$$\lim_{h \to 0} \frac{f(x+h,y)-f(x,y)}{h} = \frac{\partial f}{\partial x}(x,y); \quad \lim_{h \to 0} \frac{f(x,y+h)-f(x,y)}{h} = \frac{\partial f}{\partial y}(x,y).$$

Andere Bezeichnungsweisen:

$f_x(x,y)$; $f_y(x,y)$; $D_x f$; $D_y f$; $\partial_x f$; $\partial_y f$;

Geometrisch bedeutet dieses Vorgehen, die Fläche $z = f(x,y)$ mit der Ebene $y = y_0$ zu schneiden. Die Steigung der Schnittkurve im Punkt $(x_0, y_0, f(x_0, y_0))$ ist die partielle Ableitung nach x.

Höhere Ableitungen werden entsprechend erklärt. Die Reihenfolge der Differenziation darf vertauscht werden, wenn alle beteiligten Ableitungen stetig sind.

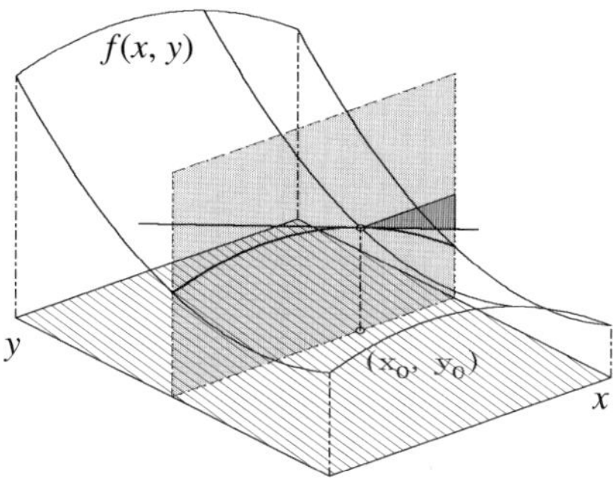

Bild 1.62 Partielle Ableitung

Beispiel: $z = f(x,y) = x^2 y + \sin(x+2y)$; $f_x = 2xy + \cos(x+2y)$; $f_y = x^2 + 2\cos(x+2y)$;
$f_{xx} = 2y - \sin(x+2y)$; $f_{yy} = -4\sin(x+2y)$; $f_{xy} = 2x - 2\sin(x+2y)$.

Verallgemeinerte Kettenregel

$f(x,y)$ besitze partielle Ableitungen und $x(t)$, $y(t)$ seien ebenfalls differenzierbar. Dann ist die zusammengesetzte Funktion $F(t) = f(x(t), y(t))$ ebenfalls differenzierbar und es gilt: $\dfrac{dF}{dt} = f_x(x(t),y(t)) \cdot \dfrac{dx}{dt} + f_y(x(t),y(t)) \cdot \dfrac{dy}{dt}$.

1.4.3 Richtungsableitung, Gradient

Man betrachtet Veränderungen der Funktion $f(x,y)$ im Punkt (x_0, y_0) längs der Richtung $\vec{a} = (\cos\alpha, \sin\alpha)$.

$F(t) = f(x_0 + t\cdot\cos\alpha, y_0 + t\cdot\sin\alpha)$

Die Ableitung nach der Variablen t für $t = 0$ nennt man Richtungsableitung. Die Kettenregel ergibt:

$$\frac{\partial f}{\partial \vec{a}} = f_x(x_0, y_0)\cos\alpha + f_y(x_0, y_0)\sin\alpha$$

$f(x,y) = 6 - x^2 + y^2$; $f_x = -2x$; $f_y = 2y$;

$(x_0, y_0) = (1, 1)$; $\vec{a} = \frac{1}{\sqrt{5}}(2, -1)$;

$$\frac{\partial f}{\partial \vec{a}} = \{(-2\cdot 1)\cdot 2 + (2\cdot 1)\cdot(-1)\}\cdot\frac{1}{\sqrt{5}} = -\frac{6}{\sqrt{5}}$$

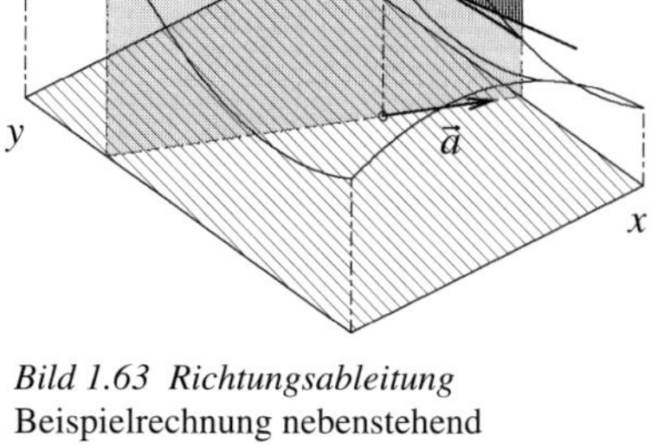

Bild 1.63 Richtungsableitung
Beispielrechnung nebenstehend

Man fasst die partiellen Ableitungen von $f(x,y)$ zu einem Vektor zusammen und nennt diesen Ausdruck Gradient: $\operatorname{grad} f = (f_x, f_y)^{\mathrm{T}}$.

Damit lassen sich viele Beziehungen übersichtlicher darstellen, z. B. erhält man die Richtungsableitung als Skalarprodukt zwischen Gradient und Richtungsvektor: $\operatorname{grad}\ f \cdot \vec{a}$.

Der Gradientenvektor gibt die Richtung des stärksten Anstiegs (Falllinie) auf der Fläche an.

1.4.4 Tangentialebene, totales Differenzial

Die Funktion soll in der Umgebung von (x_0, y_0) durch die Tangentialebene approximiert werden (Linearisierung):

$$z = f(x_0 y_0) + f_x(x_0, y_0)(x - x_0) + f_y(x_0, y_0)(y - y_0)$$

Für kleine Änderung der Variablen x, y kann die Änderung der abhängigen Variablen $\Delta z = f(x + \mathrm{d}x, y + \mathrm{d}y) - f(x,y)$ durch das totale Differenzial angenähert werden:

$$\Delta z \approx \mathrm{d}z = f_x(x,y)\cdot \mathrm{d}x + f_y(x,y)\cdot \mathrm{d}y$$

Soll der Einfluss der relativen Veränderungen abgeschätzt werden, so ergibt sich daraus:

$$\frac{\Delta z}{z} \approx \frac{\mathrm{d}z}{z} = \frac{f_x(x,y)\cdot \mathrm{d}x + f_y(x,y)\cdot \mathrm{d}y}{f(x,y)} = \frac{f_x(x,y)\cdot x}{f(x,y)}\cdot\frac{\mathrm{d}x}{x} + \frac{f_y(x,y)\cdot y}{f(x,y)}\cdot\frac{\mathrm{d}y}{y}$$

Beispiel: Der Gesamtwiderstand z einer Parallelschaltung hängt von den Einzelwiderständen x, y wie folgt ab: $z = f(x,y) = \dfrac{x\cdot y}{x+y}$. Für die Einzelwiderstände $x = 100\,\Omega$, $y = 400\,\Omega$ soll der Einfluss der relativen Ungenauigkeiten der Einzelwiderstände auf den Gesamtwiderstand mit dem totalen Differenzial abgeschätzt werden.

$$\frac{f_x\cdot x}{f} = \frac{y}{x+y}\bigg|_{\substack{x=100\\y=400}} = \frac{4}{5};\quad \frac{f_y\cdot y}{f} = \frac{x}{x+y}\bigg|_{\substack{x=100\\y=400}} = \frac{1}{5};\quad \frac{\mathrm{d}z}{z} = \frac{4}{5}\cdot\frac{\mathrm{d}x}{x} + \frac{1}{5}\cdot\frac{\mathrm{d}y}{y}$$

1.4.5 Extrema

Relative Extremwerte ohne Nebenbedingungen für $z = f(x,y)$

Wenn an der Stelle (x_0, y_0) ein relatives Maximum oder Minimum vorliegen soll, so muss dort die Tangentialebene waagerecht sein, d. h. $f_x(x_0, y_0) = 0$; $f_x(x_0, y_0) = 0$.

Ob dann ein relatives Extremum oder ein Sattelpunkt vorliegt, wird entschieden durch:

$$D = f_{xx}(x_0, y_0)\cdot f_{yy}(x_0, y_0) - \left(f_{xy}(x_0, y_0)\right)^2 \quad \begin{cases} D > 0 \Rightarrow \text{Extremum} \\ D < 0 \Rightarrow \text{Sattelpunkt} \end{cases}$$

Liegt ein Extremum vor, so entscheidet das Vorzeichen von $S = f_{xx}(x_0, y_0)$ darüber, ob dies ein relatives Maximum oder Minimum ist: $S > 0 \Rightarrow$ Min. $S < 0 \Rightarrow$ Max.

Bei Funktionen von mehr als zwei Variablen lautet die notwendige Bedingung für ein Extremum analog: $\partial x_i f(x_1, \ldots, x_n) = 0$; $i = 1, 2, \ldots, n$. Hinreichende Bedingungen ergeben sich aus der Vorzeichendiskussion der Glieder zweiter Ordnung der Taylorentwicklung.

Extremwerte mit Nebenbedingungen

Soll die Funktion $z = f(x,y)$ unter der zusätzlichen Bedingung $g(x,y) = 0$ extremal werden, so kann man eine Variable eliminieren. Gilt $g_y(x_0, y_0) \neq 0$, so wird in einer Umgebung von (x_0, y_0) eine Funktion $y(x)$ definiert mit $g(x,y) = 0$ und $y'(x) = -\dfrac{g_x(x,y)}{g_y(x,y)}$. Setzt man $y(x)$ in die Ausgangsfunktion ein, so ergibt sich ein eindimensionales Problem. $\dfrac{\mathrm{d}}{\mathrm{d}x}: f(x, y(x)) = f_x(x, y(x)) + f_y(x, y(x)) \cdot y'(x) = 0 \ (*)$.

Die Bestimmung von $y(x)$ ist oft problematisch. Explizit benötigt wird nur die Ableitung $y'(x)$, die sich auf g_x und g_y zurückführen lässt. Damit identisch ist die Lösung des nebenstehenden Systems mit der Hilfsvariablen λ:

$$\begin{aligned} f_x(x,y) + \lambda g_x(x,y) &= 0 \quad (1)\\ f_y(x,y) + \lambda g_y(x,y) &= 0 \quad (2)\\ g(x,y) &= 0 \quad (3) \end{aligned}$$

(2) nach λ aufgelöst in (1) ergibt (*)

Führt man die Lagrange-Funktion $F(x,y,\lambda) = f(x,y) + \lambda g(x,y)$ ein, so können die Gleichungen (1) … (3) als partielle Ableitungen von $F(x,y,\lambda)$ gedeutet werden.

Beispiel: Die Oberfläche einer zylindrischen Dose mit vorgegebenem Volumen soll minimal werden.

$$\left.\begin{aligned} f(r,h) &= 2\pi r(r+h)\\ g(r,h) &= \pi h r^2 - V_0 \equiv 0 \end{aligned}\right\} \Rightarrow$$

$$F(r,h,\lambda) = 2\pi r(r+h) + \lambda\cdot\left(\pi h r^2 - V_0\right)$$

$$\begin{aligned} F_r &= 4\pi r + 2\pi h + \lambda\cdot 2\pi r h = 0 \quad (1)\\ F_h &= 2\pi r + \lambda \pi r^2 = 0 \quad (2)\\ F_\lambda &= \pi h r^2 - V_0 = 0 \quad (3) \end{aligned}$$

$$(2) \Rightarrow \lambda = -\frac{2}{r} \Rightarrow (1) \Rightarrow h = 2r \Rightarrow (3)$$

$$\Rightarrow r = \sqrt[3]{\frac{V_0}{2\pi}}; \quad h = \sqrt[3]{\frac{4V_0}{\pi}}$$

Diese Strategie lässt sich auf Funktionen mit n Variablen und k Nebenbedingungen übertragen. Gesucht wird nach Extrema der Funktion $f(x_1, x_2, \ldots, x_n)$ unter den Nebenbedingungen $g_j(x_1, x_2, \ldots, x_n) = 0; \ j = 1, 2, \ldots, k$. Daraus ergibt sich die Lagrange-Funktion mit $(n + k)$ Variablen

$$F(x_1, x_2, \ldots, x_n; \ \lambda_1, \lambda_2, \ldots, \lambda_k) = f(x_1, x_2, \ldots, x_n) + \sum_{j=1}^{k} \lambda_j g_j(x_1, x_2, \ldots, x_n).$$

Eine notwendige Bedingung für bedingte Extrema ergibt sich aus dem Gleichungssystem:

$$\frac{\partial F}{\partial x_i} = 0; \quad i = 1, 2, \ldots, n; \qquad \frac{\partial F}{\partial \lambda_j} = 0; \quad j = 1, 2, \ldots, k.$$

1.4.6 Mehrfachintegrale

Der eindimensionale Integralbegriff ergibt sich als Grenzwert der Zerlegungssumme $\sum f(x_i)\Delta x_i \to \int_a^b f(x)\mathrm{d}x$. Dieser Grenzwert ist für $f(x) > 0$ deutbar als Fläche zwischen der Kurve $y = f(x)$ und dem Integrationsintervall $[a, b]$. Analog lässt sich ein Integrationsbegriff für $z = f(x,y)$ über einen zweidimensionalen Bereich erklären. Als approximative Zerlegung des Gebiets können achsenparallele Rechtecke benutzt werden.

Bei glatter Berandung und stetigem $f(x,y)$ strebt bei Verfeinerung der Unterteilung die Zerlegungssumme gegen einen Grenzwert:

$$\sum f(x_i, y_i)\Delta x_i\, \Delta y_i \to I = \int_G f(x,y)\,\mathrm{d}(x,y)$$

I lässt sich als iterierte eindimensionale Integrale berechnen:

$$I = \iint_G f(x,y)\,\mathrm{d}(x,y) = \int_{x=a}^{x=b}\left[\int_{y=g_1(x)}^{y=g_2(x)} f(x,y)\,\mathrm{d}y\right]\mathrm{d}x$$

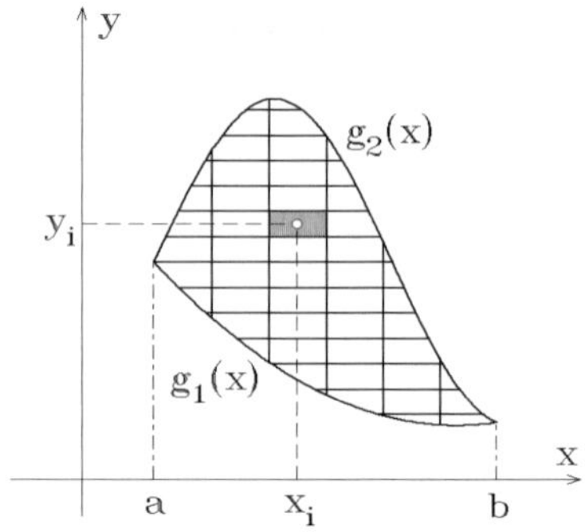

Bild 1.64 Zweidimensionales Integral

I kann für positves $f(x,y)$ als Volumen zwischen der Fläche $z = f(x,y)$ und dem Integrationsgebiet gedeutet werden.

Entsprechend kann für Funktionen $f(x,y,z)$ ein Integral über ein räumliches Gebiet erklärt werden. Als approximative Zerlegung des Gebiets dienen achsenparallele Quader. Bei glatter Berandung und stetigem $f(x,y,z)$ strebt die Zerlegungssumme gegen einen Grenzwert:

$$\sum f(x_i, y_i, z_i)\Delta x_i\, \Delta y_i\, \Delta z_i \to I$$

Wird das räumliche Gebiet in z-Richtung durch die Funktionen $h_1(x,y)$ und $h_2(x,y)$ begrenzt, so lässt sich das räumliche Integral auf ein ebenes Gebietsintegral über die Projektion G^* in der x, y-Ebene zurückführen. Man erhält das iterierte Integral:

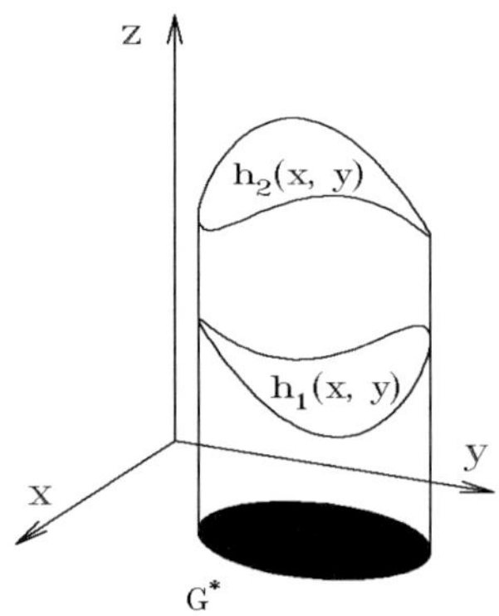

Bild 1.65 Dreidimensionales Integral

$$I = \iiint_G f(x,y,z)\,\mathrm{d}(x,y,z) = \iint_{G^*}\left[\int_{z=h_1(x,y)}^{z=h_2(x,y)} f(x,y,z)\,\mathrm{d}z\right]\mathrm{d}(x,y)$$

Beispiel: Schwerpunkt einer Halbkugel mit Radius 1; Mittelpunkt im Ursprung; aus Symmetrie gilt $x_s = y_s = 0$.

$$z_s = \frac{\iiint_G z\cdot \mathrm{d}(x,y,z)}{\underbrace{\iiint_G 1\cdot \mathrm{d}(x,y,z)}_{=\frac{2\pi}{3}}};\quad I = \iiint_G z\cdot \mathrm{d}(x,y,z) = \iint_{G^*}\left[\int_{z=0}^{z=\sqrt{1-x^2-y^2}} z\cdot \mathrm{d}z\right]\cdot \mathrm{d}(x,y)$$

$$I = \iint_{G^*}\left[\tfrac{1}{2}z^2\right]_{z=0}^{z=\sqrt{1-x^2-y^2}}\mathrm{d}(x,y) = \iint_{G^*}\tfrac{1}{2}\left(1-x^2-y^2\right)\mathrm{d}(x,y);\; G^* = \left\{(x,y): x^2+y^2<1\right\}$$

Die Transformation auf Polarkoordinaten ergibt:

$$I = \int_{\varphi=0}^{\varphi=2\pi}\left[\int_{r=0}^{r=1}\tfrac{1}{2}\left(1-r^2\right)\cdot r\,\mathrm{d}r\right]\mathrm{d}\varphi = \pi\int_{r=0}^{r=1}\left(r-r^3\right)\mathrm{d}r = \frac{\pi}{4} \quad\Rightarrow\quad z_s = \frac{\pi/4}{2\pi/3} = \frac{3}{8}$$

1.5 Vektoranalysis

1.5.1 Kurven im $\mathbb{R}^2$

Eine Kurve in Parameterdarstellung wird durch zwei von einem Parameter t abhängenden Gleichungen erklärt. Beide Gleichungen ordnen jedem t genau einen Punkt zu.

$$\vec{r}(t) = \begin{pmatrix} x(t) \\ y(t) \end{pmatrix}; \quad a \le t \le b$$

Kurven in expliziter Darstellung $y = f(x)$ können auch in Parameterform gebracht werden: $x = t,\ y = f(t)$.

Beispiel: Zykloide
Ein Kreis rollt auf einer Geraden ab. Die folgende Parameterdarstellung beschreibt eine Umdrehung.

$$\begin{aligned} x(t) &= t - \sin t \\ y(t) &= 1 - \cos t \end{aligned}; \quad 0 \le t \le 2\pi$$

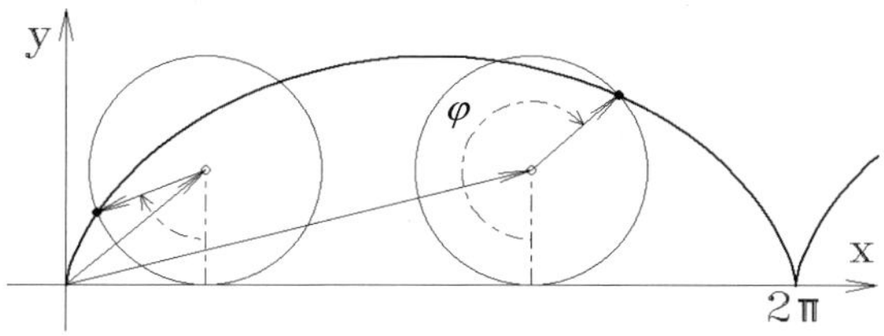

Bild 1.66 Zykloide

Der Tangentenvektor bestimmt sich wieder als Grenzlage des Sekantenvektors:

$$\frac{\Delta\vec{r}}{\Delta t} = \frac{1}{\Delta t}\left[\vec{r}(t+\Delta t) - \vec{r}(t)\right] = \begin{pmatrix} \dfrac{x(t+\Delta t)-x(t)}{\Delta t} \\ \dfrac{y(t+\Delta t)-y(t)}{\Delta t} \end{pmatrix} \to \begin{pmatrix} \dfrac{\mathrm{d}x}{\mathrm{d}t}(t) \\ \dfrac{\mathrm{d}y}{\mathrm{d}t}(t) \end{pmatrix} = \frac{\mathrm{d}\vec{r}}{\mathrm{d}t} = \dot{\vec{r}}$$

Ableitungen nach dem Parameter t werden i. Allg. mit einem Punkt gekennzeichnet. Ist $\dot{\vec{r}}(t) \ne \vec{0}$, so kann der Tangenteneinheitsvektor bestimmt werden.

$$\vec{t} = \frac{\dot{\vec{r}}(t)}{\left|\dot{\vec{r}}(t)\right|} = \frac{1}{\sqrt{(\dot{x}(t))^2 + (\dot{y}(t))^2}} \begin{pmatrix} \dot{x}(t) \\ \dot{y}(t) \end{pmatrix}$$

Der Normaleneinheitsvektor ergibt sich zu:

$$\vec{n} = \frac{1}{\sqrt{(\dot{x}(t))^2 + (\dot{y}(t))^2}} \begin{pmatrix} \dot{y}(t) \\ -\dot{x}(t) \end{pmatrix}$$

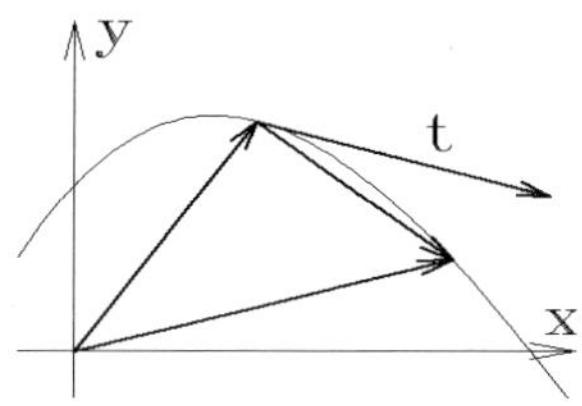

Bild 1.67 Tangentenvektor

Eine Kurve heißt glatt, wenn die Parameterfunktionen $x(t)$, $y(t)$ im Intervall $[a,\ b]$ stetig differenzierbar sind und dort überall $\dot{\vec{r}}(t) \ne \vec{0}$ gilt.

Für $t = 2\pi$ gilt bei der Zykloide $\dot{\vec{r}}(t) = \vec{0}$. Die Kurve besitzt dort eine Spitze.

Das Bogenelement der Kurven lautet: $\mathrm{d}s = \sqrt{(\mathrm{d}x)^2 + (\mathrm{d}y)^2} = \sqrt{(\dot{x}(t))^2 + (\dot{y}(t))^2} \cdot \mathrm{d}t$

Bei expliziten Darstellungen in kartesischen bzw. Polarkoordinaten erhält man daraus:

$y = f(x)$: $\mathrm{d}s = \sqrt{1 + (f'(x))^2} \cdot \mathrm{d}x$ $\qquad$ $r = r(\varphi)$: $\mathrm{d}s = \sqrt{(r(\varphi))^2 + (r'(\varphi))^2} \cdot \mathrm{d}\varphi$

Kurvenlänge $L = \int_a^b \sqrt{\dot{x}^2 + \dot{y}^2}\, \mathrm{d}t$

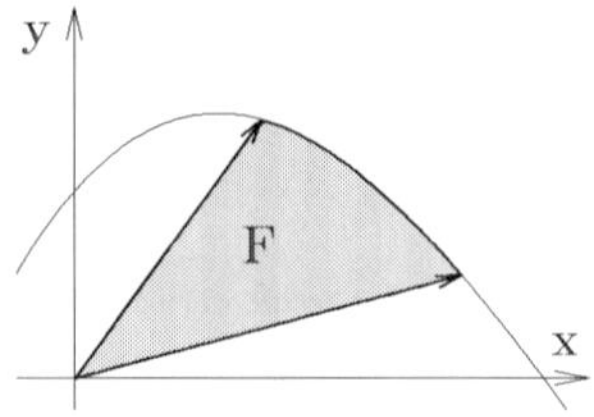

Bild 1.68 Flächeninhalt

Für den Flächeninhalt des Segments, das von der Kurve und den Ortsvektoren $\vec{r}(a)$, $\vec{r}(b)$ begrenzt wird, gilt:

$$F = \tfrac{1}{2} \int_a^b \left| x(t) \cdot \dot{y}(t) - y(t) \cdot \dot{x}(t) \right| \mathrm{d}t$$

1.5.2 Kurvenintegrale

Zwei stetige Funktionen $f_1(x, y)$, $f_2(x, y)$ werden zu einer vektorwertigen Funktion $\vec{f} = (f_1(x, y),\ f_2(x, y))^{\mathrm{T}}$ zusammengefasst. Jedem Punkt $(x \mid y)$ wird dadurch ein Vektor zugeordnet. Dieser Vektor hat häufig die Bedeutung einer Kraft, etc.

Arbeit ergibt sich als Skalarprodukt zwischen Kraft- und Wegvektor. Um die verrichtete Arbeit längs eines Wegs zu bestimmen, muss über $\vec{f} \cdot \mathrm{d}\vec{r} = \left(\vec{f} \cdot \vec{t}\right) \cdot \mathrm{d}s$ summiert werden.

Man erhält: $A = \int_C \left(\vec{f} \cdot \vec{t}\right) \cdot \mathrm{d}s$.

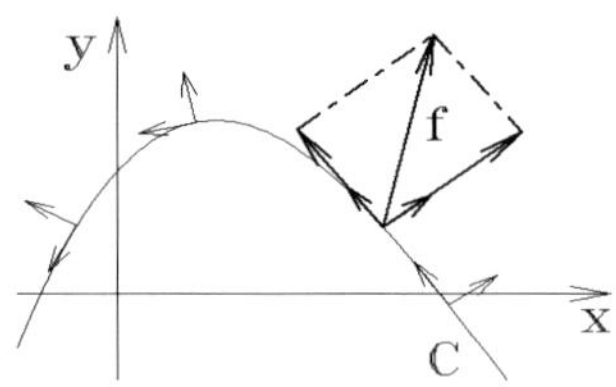

Bild 1.69 Linienintegrale

Interpretiert man das Vektorfeld als Geschwindigkeit einer Strömung, so erhält man den Fluss durch die Kurve, indem man über $\left(\vec{f} \cdot \vec{n}\right) \cdot \mathrm{d}s$ aufsummiert.

Setzt man die Parameterdarstellung der Kurve ein, so erhält man für die differenzielle Arbeit:

$$\vec{t} \cdot \mathrm{d}s = \underbrace{\frac{1}{\sqrt{\dot{x}^2 + \dot{y}^2}} \begin{pmatrix} \dot{x} \\ \dot{y} \end{pmatrix}}_{=\vec{t}} \cdot \underbrace{\sqrt{\dot{x}^2 + \dot{y}^2}\, \mathrm{d}t}_{=\mathrm{d}s} = \begin{pmatrix} \dot{x} \\ \dot{y} \end{pmatrix} \mathrm{d}t \quad \text{analog für den Fluss} \quad \vec{n} \cdot \mathrm{d}s = \begin{pmatrix} \dot{y} \\ -\dot{x} \end{pmatrix} \mathrm{d}t$$

$$A = \int_C \left(\vec{f} \cdot \vec{t}\right) \cdot \mathrm{d}s = \int_a^b \left[f_1(x(t), y(t)) \cdot \dot{x}(t) + f_2(x(t), y(t)) \cdot \dot{y}(t) \right] \mathrm{d}t \qquad \text{Arbeitsintegral}$$

$$F = \int_C \left(\vec{f} \cdot \vec{n}\right) \cdot \mathrm{d}s = \int_a^b \left[f_1(x(t), y(t)) \cdot \dot{y}(t) - f_2(x(t), y(t)) \cdot \dot{x}(t) \right] \mathrm{d}t \qquad \text{Flussintegral}$$

Beispiel: Arbeits- und Flussintegral für das Vektorfeld $\vec{f} = (2x + y,\ x - 2y)^{\mathrm{T}}$ längs der Normalparabel zwischen $x = -1$ und $x = 1$.

$$C : \vec{r}(t) = \begin{pmatrix} t \\ t^2 \end{pmatrix} \quad \text{mit} \quad -1 \le t \le 1 \quad \Rightarrow \quad \dot{\vec{r}}(t) = \begin{pmatrix} 1 \\ 2t \end{pmatrix},\ \dot{\vec{r}}_{\perp}(t) = \begin{pmatrix} 2t \\ -1 \end{pmatrix}$$

$$\vec{f}(\vec{r}(t)) \cdot \vec{t}(t) \cdot \mathrm{d}s = \begin{pmatrix} 2t + t^2 \\ t - 2t^2 \end{pmatrix} \cdot \begin{pmatrix} 1 \\ 2t \end{pmatrix} \cdot \mathrm{d}t = \left(2t + 3t^2 - 4t^3\right) \cdot \mathrm{d}t$$

$$\vec{f}(\vec{r}(t)) \cdot n(t) \cdot \mathrm{d}s = \begin{pmatrix} 2t + t^2 \\ t - 2t^2 \end{pmatrix} \cdot \begin{pmatrix} 2t \\ -1 \end{pmatrix} \cdot \mathrm{d}t = \left(-t + 6t^2 + 2t^3\right) \cdot \mathrm{d}t$$

$$A = \int_C \left(\vec{f} \cdot \vec{t}\right) \cdot \mathrm{d}s = \int_{-1}^{1} \left[2t + 3t^2 - 4t^3 \right] \cdot \mathrm{d}t = \left[t^2 + t^3 - t^4 \right]_{-1}^{1} = 2$$

$$F = \int_C \left(\vec{f} \cdot \vec{n}\right) \cdot \mathrm{d}s = \int_{-1}^{1} \left[-t + 6t^2 + 2t^3 \right] \cdot \mathrm{d}t = \left[-\tfrac{1}{2}t^2 + 2t^3 + \tfrac{1}{2}t^4 \right]_{-1}^{1} = 4$$

1.5.3 Potenzial, Gradientenfeld

Das Arbeitsintegral zwischen zwei Punkten ist i. Allg. von der Form der Verbindungskurve abhängig. Ist dagegen das Arbeitsintegral wegunabhängig, so existiert analog zum Begriff der Stammfunktion ein Potenzial. Gleichwertig: für geschlossene Kurve $\oint_C (\vec{f}\cdot\vec{t})\cdot \mathrm{d}s = 0$:

$$U(\vec{x}) = \int_{\vec{x}_0}^{\vec{x}} (\vec{f}\cdot\vec{t})\cdot \mathrm{d}s$$

In diesem Fall kann jedes Arbeitsintegral als Potenzialdifferenz dargestellt werden: $\int_{\vec{x}_1}^{\vec{x}_2} (\vec{f}\cdot\vec{t})\cdot \mathrm{d}s = U(\vec{x}_2) - U(\vec{x}_1)$

Für den Zusammenhang zwischen Kraftfeld und Potenzial gilt: $\operatorname{grad} U = \vec{f}$. Ein solches Vektorfeld nennt man auch Gradientenfeld.

Interessiert man sich bei vorgegebenem Feld $\vec{f}$ dafür, ob ein Potenzial existiert, so erhält man dafür die notwendige Bedingung: $\underline{\partial_y f_1} = \partial_y U_x = U_{x\,y} = U_{y\,x} = \partial_x U_y = \underline{\partial_x f_2}$

Diese Eigenschaft ist auch bei einem einfach zusammenhängenden Gebiet hinreichend. Ein Gebiet nennt man einfach zusammenhängend, wenn sich jede geschlossene Kurve auf einen Punkt zusammenziehen lässt, ohne dass dabei das Gebiet verlassen werden muss.

Beispiel: $\vec{f} = \begin{pmatrix} f_1 \\ f_2 \end{pmatrix} = \begin{pmatrix} \dfrac{x}{1+x^2+y^2} \\ \dfrac{y}{1+x^2+y^2} + 2y \end{pmatrix}$ $\quad \dfrac{\partial}{\partial y} f_1 = \dfrac{-2xy}{\left(1+x^2+y^2\right)^2} = \dfrac{\partial}{\partial x} f_2$

Bedingung für Potenzialfeld ist erfüllt!

$$U_x = f_1 = \frac{x}{1+x^2+y^2} \quad \Rightarrow \quad U = \tfrac{1}{2}\ln\left(1+x^2+y^2\right) + C(y)$$

$$U_y = \frac{y}{1+x^2+y^2} + C'(y) = f_2 = \frac{y}{1+x^2+y^2} + 2y \quad \Rightarrow$$

$$C'(y) = 2y \Rightarrow C(y) = y^2 \quad \Rightarrow \quad U(x,y) = \tfrac{1}{2}\ln\left(1+x^2+y^2\right) + y^2 + K$$

1.5.4 Divergenz, Rotation, Integralsätze

Kurvenintegrale längs geschlossener Kurven können in Gebietsintegrale über ihr Inneres überführt werden. (Man kann diese Integralsätze als Verallgemeinerung des Hauptsatzes der Differenzial- und Integralrechnung deuten).

Wird das Vektorfeld $\vec{f}$ als Geschwindigkeitsfeld interpretiert, so lässt sich eine spezifische Quellstärke definieren. Dazu bringt man ein achsenparalleles Rechteck in die Strömung ein und bestimmt während eines Zeitraums Δt die ein- bzw. austretende Flüssigkeitsmenge. Die Flüssigkeitsbilanz wird getrennt für die x- und y-Richtung aufgestellt.

Durch die Fläche bei x bzw. $x+\Delta x$ tritt ein:

$f_1(x,y)\cdot\Delta t\cdot\Delta y$ bzw. $f_1(x+\Delta x,y)\cdot\Delta t\cdot\Delta y$

Daraus ergibt sich die Differenz in x-Richtung

$$\Delta V_x=\left[\frac{f_1(x+\Delta x,y)-f_1(x,y)}{\Delta x}\cdot\Delta x\cdot\Delta y\right]\cdot\Delta t$$

Analog erhält man die Bilanz in y-Richtung:

$$\Delta V_y=\left[\frac{f_2(x,y+\Delta y)-f_2(x,y)}{\Delta y}\cdot\Delta x\cdot\Delta y\right]\cdot\Delta t$$

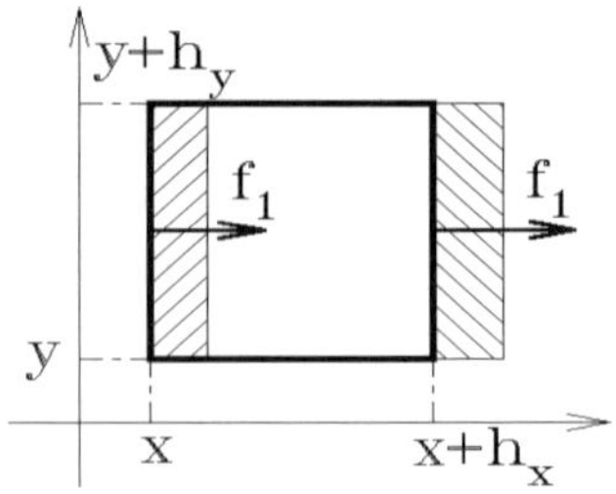

Bild 1.70 Quellstärke $h_x=\Delta x$, ...

Die beiden Differenzenquotienten streben gegen die partiellen Ableitungen und man erhält die spezifische Quellstärke: $\operatorname{div}\vec{f}=\partial_x f_1(x,y)+\partial_y f_2(x,y)$

Betrachtet man das von der Kurve C eingeschlossene Gebiet G, so muss das Integral über die Divergenz des Feldes mit der durch die Randkurve fließenden Flüssigkeitsmenge übereinstimmen. (Integralsatz von Gauß)

$$\int_C\left(\vec{f}\cdot\vec{n}\right)\cdot ds=\iint_G\left(\operatorname{div}\vec{f}\right)\cdot d(x,y)$$

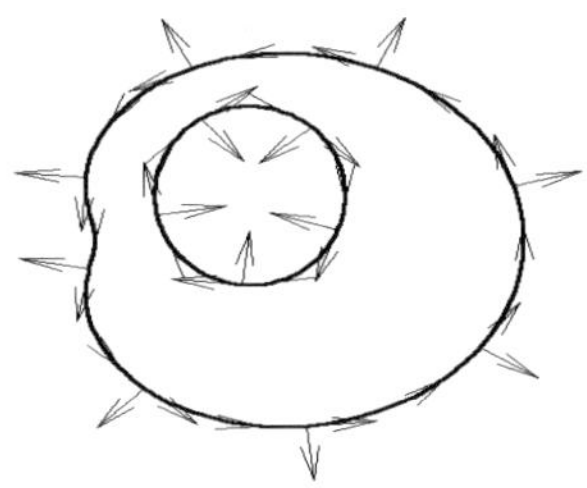

Bild 1.71 Orientierung der Normalen

Hierbei ist die Orientierung des Normalenvektors so zu wählen, dass dieser ins Äußere des Gebiets zeigt. Setzt man die Parameterdarstellung ein, so ergibt sich:

$$\int_a^b[f_1(x(t),y(t))\cdot\dot{y}(t)-f_2(x(t),y(t))\cdot\dot{x}(t)]\,dt=\iint_G\left[\partial_x f_1(x,y)+\partial_y f_2(x,y)\right]d(x,y)$$

Das Linienintegral lässt sich auch als Arbeitsintegral interpretieren. Setzt man

$$\vec{g}=\begin{pmatrix}g_1\\g_2\end{pmatrix}=\begin{pmatrix}-f_2\\f_1\end{pmatrix},\quad\text{so ergibt sich:}\quad\int_a^b[g_1\cdot\dot{x}+g_2\cdot\dot{y}]\,dt=\iint_G\left[\partial_x g_2-\partial_y g_1\right]d(x,y)$$

Man bezeichnet den Ausdruck $\operatorname{rot}\vec{g}=\partial_x g_2-\partial_y g_1$ als Rotation des Feldes $\vec{g}$. Er stellt die spezifische Wirbelstärke eines Feldes dar.

Gradientenfelder sind wirbelfrei, d. h., es gilt stets $\operatorname{rot}(\operatorname{grad} U)=0$.

Eine wichtige Rolle spielen Felder, die quellen- und wirbelfrei sind, d. h. für die gilt: $\operatorname{rot}\vec{f}=0$, $\operatorname{div}\vec{f}=0$. Wirbelfreiheit bedeutet, dass $\vec{f}$ ein Potenzial besitzt, also darstellbar ist: $\vec{f}=\operatorname{grad} U$. Das zugehörige Potenzial erfüllt die Laplace-Gleichung:

$$\operatorname{div}(\operatorname{grad} U)=U_{xx}+U_{yy}=0\,.$$

1.6 Differenzialgleichungen

Eine Gleichung zwischen einer unbekannten Funktion $y(x)$, ihren Ableitungen bis zur Ordnung n und der unabhängigen Variablen x heißt gewöhnliche Differenzialgleichung n-ter Ordnung $F(x;y,y',y'',\ldots,y^{(n)})=0$.

Die allgemeine Lösung $y(x;c_1,c_2,\ldots,c_n)$ enthält n Integrationskonstanten. Die Gesamtheit aller Lösungen bildet eine n-parametrige Kurvenschar. Spezielle oder partikuläre Lösungen erhält man durch zusätzliche Bedingungen. Man unterscheidet:

- **Anfangswertproblem**: Bedingungen für $y, y', y'', \ldots, y^{(n-1)}$ an einer Stelle x_0.
- **Randwertproblem**: Bedingungen für $y, y', y'', \ldots, y^{(n-1)}$ an mehr als einer Stelle.

An dieser Stelle wird nur das Anfangswertproblem (AWP) behandelt. Es ist lokal eindeutig lösbar, wenn F und die partiellen Ableitungen nach $y, y', y'', \ldots, y^{(n-1)}$ stetig sind.

1.6.1 Differenzialgleichungen 1. Ordnung

Durch die Gleichung $y' = f(x,y)$ wird jedem Punkt $(x \mid y)$ aus dem Definitionsbereich von $f(x,y)$ eine Steigung zugeordnet. Geometrisch lässt sich dies dadurch veranschaulichen, dass man im Punkt $(x \mid y)$ einen kleinen Tangentenabschnitt der Lösungskurve abträgt. Dieses Richtungsfeld gibt einen qualitativen Überblick über den Verlauf der Lösungskurven. Lösen einer Differenzialgleichung bedeutet geometrisch das Einpassen von Lösungskurven in das vorgegebene Richtungsfeld. Durch die Anfangsbedingung $y(x_0) = y_0$ wird eine spezielle Kurve ausgewählt.

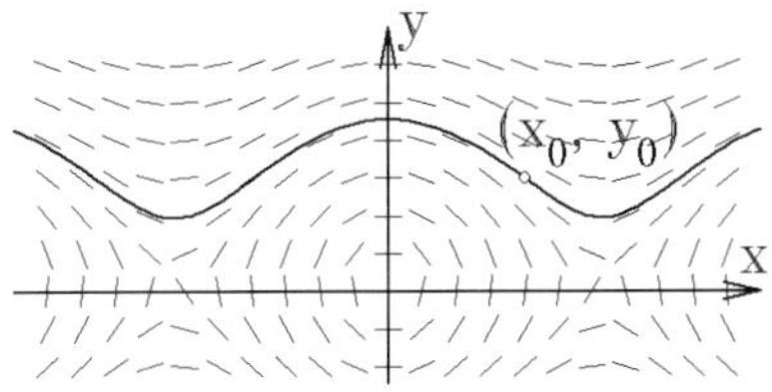

Bild 1.72 Richtungsfeld

Separierbare Differenzialgleichung $y' = h(x)\cdot g(y)$ „Trennung der Variablen“

$$\frac{dy}{dx} = h(x)\cdot g(y) \quad\Rightarrow\quad \underbrace{\int \frac{dy}{g(y)}}_{G(y)} = \underbrace{\int h(x)\,dx}_{H(x)+C} \quad\Rightarrow\quad y = y(x;C)$$

Beispiel: $$\frac{dy}{dx} = \frac{y^2+1}{x} \quad\Rightarrow\quad \underbrace{\int \frac{dy}{y^2+1}}_{\arctan(y)} = \underbrace{\int \frac{dx}{x}}_{\ln(x)+C} \quad\Rightarrow\quad y = \tan\left(\ln(x) + C\right)$$

Lineare Differenzialgleichung 1. Ordnung $y' + g(x)\cdot y = r(x)$

Für $r(x) = 0$ heißt die Differenzialgleichung linear homogen, sonst inhomogen. Die Lösung der Ausgangsgleichung lässt sich als Summe einer speziellen Lösung und der allgemeinen Lösung der zugehörigen homogenen Gleichung darstellen: $y(x) = y_H(x) + y_P(x)$

Allgemeine Lösung der homogenen Differenzialgleichung

$$\frac{dy}{dx} = -g(x)\cdot y \quad\Rightarrow\quad \underbrace{\int \frac{dy}{y}}_{\ln|y|} = \underbrace{-\int g(x)\,dx}_{-G(x)+\ln|C|} \quad\Rightarrow\quad y_H = C\cdot e^{-G(x)} = C\cdot y_1(x)$$

Lösung der inhomogenen Gleichung durch Variation der Konstanten

Ansatz: $y(x)=C(x)\cdot y_1(x)$ eingesetzt in inhomogene Differenzialgleichung ergibt:

$$C'(x)\cdot y_1(x)+C(x)\cdot\underbrace{\left[y_1'(x)+g(x)\cdot y_1(x)\right]}_{=0}=r(x) \quad\Rightarrow\quad C'(x)=\frac{r(x)}{y_1(x)} \quad\Rightarrow$$

$$C(x)=\int\frac{r(x)}{y_1(x)}\,\mathrm{d}x \quad\Rightarrow\quad y(x)=\underbrace{y_1(x)\cdot\int\frac{r(x)}{y_1(x)}\,\mathrm{d}x}_{y_P}+\underbrace{K\cdot y_1(x)}_{y_H}$$

Beispiel: $\quad y'+\frac{y}{x}=3x;$ Lösung: $\quad y(x)=y_H(x)+y_P(x)=\frac{K}{x}+x^2$

homogen: $y'+\frac{y}{x}=0 \quad\Rightarrow\quad \int\frac{1}{y}\,\mathrm{d}y=-\int\frac{1}{x}\,\mathrm{d}x \quad\Rightarrow\quad \ln|y|=-\ln|x|+K \quad\Rightarrow\quad \frac{\pm\mathrm{e}^K}{x}=\frac{C}{x}$

inhomogen: $y_P=\frac{C(x)}{x} \quad\Rightarrow\quad \frac{C'}{x}-\frac{C}{x^2}+\frac{C}{x^2}=3x \quad\Rightarrow\quad C'=3x^2 \quad\Rightarrow\quad C=x^3$

1.6.2 Lineare Differenzialgleichungen *n*-ter Ordnung

Differenzialgleichungen höherer Ordnung sind nur in Ausnahmefällen explizit lösbar. Sind bei einer linearen Differenzialgleichung die Koeffizienten von x unabhängig (konstant), so existiert eine geschlossene Lösungstheorie.

$a_n y^{(n)}+a_{n-1}y^{(n-1)}+\ldots+a_1 y'+a_0 y=r(x); \quad a_i\in\mathbb{R}; \quad r(x):$ Störfunktion

Die Grundlösungen der homogenen DGL ergeben sich mit dem Ansatz : $y=\mathrm{e}^{\lambda x};\ \lambda\in\mathbb{C}$ aus den Lösungen der Gleichung $a_n\lambda^n+a_{n-1}\lambda^{n-1}+\ldots+a_1\lambda+a_0=0$. Ein Polynom vom Grad n besitzt n Nullstellen; diese sind reell oder paarweise konjugiert komplex, eventuell mehrfach. Zu jeder Nullstelle λ_k gehört eine Grundlösung y_k nach folgendem Schema:

- λ_k reell, Vielfachheit l_k: $y_k=\mathrm{e}^{\lambda_k x},\ y_{k+1}=x\cdot\mathrm{e}^{\lambda_k x},\ldots,\ y_{k+l_k}=x^{l_k-1}\cdot\mathrm{e}^{\lambda_k x}$
- $\lambda_k=a\pm ib$ komplex, Vielfachheit l_k : $y_k=\mathrm{e}^{ax}\cos bx,\ y_{k+1}=\mathrm{e}^{ax}\sin bx$

  $y_{k+2}=x\cdot\mathrm{e}^{ax}\cos bx,\ y_{k+3}=x\cdot\mathrm{e}^{ax}\sin bx,\ \ldots,\ y_{k+2l_k}=x^{l_k-1}\cdot\mathrm{e}^{ax}\sin bx$

Die allgemeine Lösung der homogenen DGL ergibt sich als Linearkombination der Grundlösungen: $y(x)=\sum\limits_{i=1}^{n}C_i y_i(x)$

Eine **spezielle Lösung des inhomogenen Problems** erhält man häufig durch die Ansätze:

Störglied: $r(x)$	$a_0+a_1x+\ldots+a_nx^n$	$a\mathrm{e}^{kx}$	$a\cos mx+b\sin mx$
Ansatz: $y_P(x)$	$A_0+A_1x+\ldots+A_nx^n$	$A\mathrm{e}^{kx}$	$A\cos mx+B\sin mx$

Ist das Störglied bereits Lösung der zugehörigen homogenen DGL (Resonanzfall), so muss der einfache Ansatz noch mit x multipliziert werden (bei k-facher Nullstelle mit x^k).

Schwingungsdifferenzialgleichung: $\ddot{x} + 2\delta\dot{x} + \omega_0^2 x = \hat{x} \cdot \cos \omega_E t$

Homogen: Ansatz $x(t) = e^{\lambda t}$ ergibt die Nullstellen $\lambda_{1,2} = -\delta \pm \sqrt{\delta^2 - \omega_0^2}$

Fall $\delta = 0$ ungedämpfte Schwingung $x(t) = C_1 \cos \omega_0 t + C_2 \sin \omega_0 t$

Fall $\delta < \omega_0$ schwache Dämpfung $\lambda_{1,2} = -\delta \pm i \underbrace{\sqrt{\omega_0^2 - \delta^2}}_{=\omega_d}$

$$x_H(t) = e^{-\delta t} \cdot (C_1 \cos(\omega_d t) + C_2 \sin(\omega_d t))$$

Fall $\delta = \omega_0$ aperiodischer Grenzfall $\lambda_{1,2} = -\delta$ $x_H(t) = e^{-\delta t} \cdot (C_1 + C_2 t)$

Fall $\delta > \omega_0$ starke Dämpfung $\lambda_{1,2} = -\delta \pm \sqrt{\delta^2 - \omega_0^2} < 0$ reell $x_H(t) = C_1 e^{\lambda_1 t} + C_2 e^{\lambda_2 t}$

Inhomogene Differenzialgleichung

Fall $\delta = 0$ a) $\omega_0 \neq \omega_E \Rightarrow x_P(t) = \dfrac{\hat{x}_E}{\omega_0^2 - \omega_E^2} \cos(\omega_E t)$

b) $\omega_0 = \omega_E \Rightarrow x_P(t) = \dfrac{\omega_0 \hat{x}_E}{2} \cdot t \cdot \sin(\omega_E t)$ Resonanz

Fall $\delta > 0$ Ansatz: $x_P(t) = A_1 \cos(\omega_E t) + A_2 \sin(\omega_E t) = \hat{x}_P \cos(\omega_E t - \varphi)$

Rechnung vereinfacht sich durch komplexen Ansatz: $x_P(t) = \hat{x}_P \cdot e^{i(\omega_E t - \varphi)}$

$$-\omega_E^2 \cdot \hat{x}_P \cdot e^{i(\omega_E t - \varphi)} + 2i\delta\omega_E \cdot \hat{x}_P \cdot e^{i(\omega_E t - \varphi)} + \omega_0^2 \cdot \hat{x}_P \cdot e^{i(\omega_E t - \varphi)} = \hat{x}_E \cdot e^{i\omega_E t}$$

Zeitabhängigkeit fällt weg:

$$\left((\omega_0^2 - \omega_E^2) + 2i\delta\omega_E\right) \cdot \hat{x}_P = \hat{x}_E \cdot e^{i\varphi}$$

$$\Rightarrow \begin{cases} \hat{x}_P = \dfrac{\hat{x}_E}{\sqrt{(\omega_0^2 - \omega_E^2)^2 + 4\delta^2\omega_E^2}} \\ \tan\varphi = \dfrac{2\delta\omega_E}{\omega_0^2 - \omega_E^2} \end{cases}$$

Obige Beziehung beschreibt den Amplituden- und Phasenfrequenzgang des Systems.

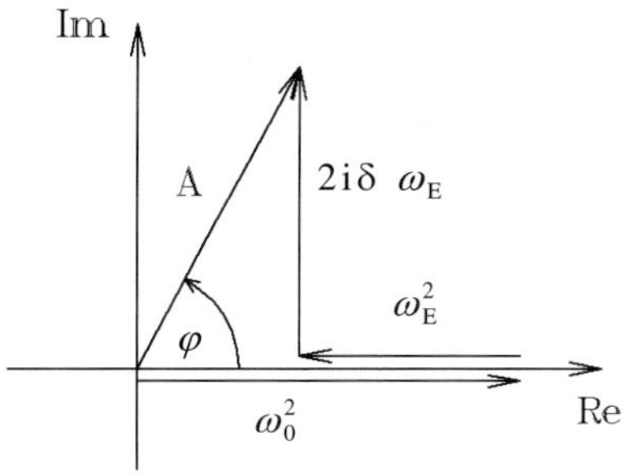

Bild 1.73 Frequenzgang

1.6.3 Systeme von Differenzialgleichungen

Für mehrdimensionale Probleme ergeben sich Systeme von Differenzialgleichungen.

Differenzialgleichungen höherer Ordnung $y^{(n)} = f(x, y, y', \ldots, y^{(n-1)})$ lassen sich mittels der Substitution $x_1 = y,\ x_2 = y', \ldots, x_n = y^{(n-1)}$ in ein System überführen.

$$\begin{pmatrix} \dot{x}_1(t) \\ \dot{x}_2(t) \\ \vdots \\ \dot{x}_n(t) \end{pmatrix} = \begin{pmatrix} f_1(t; x_1(t), x_2(t), \ldots, x_n(t)) \\ f_2(t; x_1(t), x_2(t), \ldots, x_n(t)) \\ \vdots \\ f_n(t; x_1(t), x_2(t), \ldots, x_n(t)) \end{pmatrix}$$

Für lineare Differenzialgleichungssysteme mit konstanten Koeffizienten existiert eine geschlossenen Lösungstheorie. Die Lösung erfolgt analog zum skalaren Fall in zwei Stufen.

$$\begin{pmatrix} \dot{x}_1(t) \\ \dot{x}_2(t) \\ \vdots \\ \dot{x}_n(t) \end{pmatrix} = \begin{pmatrix} a_{11} & a_{12} & \cdots & a_{1n} \\ a_{21} & a_{22} & \cdots & a_{2n} \\ \vdots & \vdots & & \vdots \\ a_{n1} & a_{n2} & \cdots & a_{nn} \end{pmatrix} \cdot \begin{pmatrix} x_1(t) \\ x_2(t) \\ \vdots \\ x_n(t) \end{pmatrix} + \begin{pmatrix} r_1(t) \\ r_2(t) \\ \vdots \\ r_n(t) \end{pmatrix}$$

Der Ansatz $\mathbf{x}(t) = \mathbf{a} \cdot e^{\lambda t}$ zur Lösung des zugehörigen homogenen Systems führt zu einem Eigenwertproblem (vgl. Abschnitt 1.2.4.3). Erhält man dabei ein vollständiges System von Eigenvektoren $\{\mathbf{a}_i\}$, so ergibt sich die allgemeine Lösung zu $\mathbf{x}_\mathrm{H}(t) = \sum_{i=1}^{n} c_i \cdot \mathbf{a}_i \cdot e^{\lambda_i t}$.

Zur Ermittlung einer speziellen Lösung $\mathbf{x}_\mathrm{P}(t)$ des inhomogenen Problems führen häufig Ansätze entsprechend der Bauart der Störfunktionen $r_i(t)$ zum Ziel. Die Gesamtlösung erhält man wieder durch Überlagerung der allgemeinen Lösung des homogenen Systems und einer partikulären Lösung des inhomogenen Systems $\mathbf{x}(t) = \mathbf{x}_\mathrm{H}(t) + \mathbf{x}_\mathrm{P}(t)$.

Der homogene Anteil $\mathbf{x}_\mathrm{H}(t)$ stellt dabei die „Eigenschwingungen" des Systems dar, die partikuläre Lösung $\mathbf{x}_\mathrm{P}(t)$ ist die „Antwort" des Systems auf die Störfunktion. Bei den meisten Anwendungen muss das „Eigenleben" des Systems mit fortschreitender Zeit abklingen. Dies ist gewährleistet, wenn alle Eigenwerte in der linken Halbebene der komplexen Zahlenebene liegen.

Ein System heißt asymptotisch stabil, wenn für alle Eigenwerte gilt: $\mathrm{Re}\{\lambda_i\} < 0$.

Beispiel:

$$\left.\begin{aligned} \dot{x}_1 &= x_1 + 4x_2 \overbrace{+2\cos 2t - 2\sin 2t}^{r_1} \\ \dot{x}_2 &= -x_1 + x_2 \underbrace{-\cos 2t - \sin 2t}_{r_2} \end{aligned}\right\} \Leftrightarrow \quad \dot{\mathbf{x}} = \mathbf{A} \cdot \mathbf{x} + \mathbf{r} \quad \text{mit} \quad \mathbf{A} = \begin{pmatrix} 1 & 4 \\ -1 & 1 \end{pmatrix}, \ \mathbf{r} = \begin{pmatrix} r_1 \\ r_2 \end{pmatrix}$$

$$\det(\mathbf{A} - \lambda\mathbf{E}) = \begin{vmatrix} 1-\lambda & 4 \\ -1 & 1-\lambda \end{vmatrix} = \lambda^2 - 2\lambda + 5 = 0 \quad \Rightarrow \quad \lambda_{1,2} = 1 \pm 2\mathrm{i}$$

Bestimmen des Eigenvektors zu $\lambda_1 = 1 + 2\mathrm{i}$: $\left(\begin{array}{cc|c} -2\mathrm{i} & 4 & 0 \\ -1 & -2\mathrm{i} & 0 \end{array}\right) \Rightarrow \mathbf{a}_1 = \begin{pmatrix} 2\mathrm{i} \\ -1 \end{pmatrix}$

$$\tilde{\mathbf{x}}_\mathrm{H}(t) = \mathbf{a}_1 \cdot e^{\mathrm{i}(1+2\mathrm{i})t} = \begin{pmatrix} 2\mathrm{i} \\ -1 \end{pmatrix} \cdot e^t (\cos 2t + \mathrm{i} \sin 2t) = \underbrace{e^t \begin{pmatrix} -2\sin 2t \\ -\cos 2t \end{pmatrix}}_{\mathbf{x}^{(1)}} + \mathrm{i} \cdot \underbrace{e^t \begin{pmatrix} 2\cos 2t \\ -\sin 2t \end{pmatrix}}_{\mathbf{x}^{(2)}}$$

Die homogene Lösung $\mathbf{x}_\mathrm{H}$ ergibt sich als Linearkombination von $\mathbf{x}^{(1)} = \mathrm{Re}\{\tilde{\mathbf{x}}\}$,

$$\mathbf{x}^{(2)} = \mathrm{Im}\{\tilde{\mathbf{x}}\}: \ \mathbf{x}_\mathrm{H}(t) = C_1 \cdot \mathbf{x}^{(1)} + C_2 \cdot \mathbf{x}^{(2)} = e^t \cdot \begin{pmatrix} 2C_1 \sin(2t) + 2C_2 \cos(2t) \\ C_1 \cos(2t) - C_2 \sin(2t) \end{pmatrix}$$

Der Störansatz $\mathbf{x}_\mathrm{P}(t) = \begin{pmatrix} A_1 \cos(2t) + B_1 \sin(2t) \\ A_2 \cos(2t) + B_2 \sin(2t) \end{pmatrix}$ eingesetzt in $\dot{\mathbf{x}} = \mathbf{A} \cdot \mathbf{x} + \mathbf{r}$ ergibt:

$$\underbrace{\begin{pmatrix} -2A_1 \sin(2t) + 2B_1 \cos(2t) \\ -2A_2 \sin(2t) + 2B_2 \cos(2t) \end{pmatrix}}_{\dot{\mathbf{x}}_\mathrm{P}} = \underbrace{\begin{pmatrix} (A_1 + 4A_2)\cos(2t) + (B_1 + 4B_2)\sin(2t) \\ (-A_1 + A_2)\cos(2t) + (-B_1 + B_2)\sin(2t) \end{pmatrix}}_{\mathbf{A} \cdot \mathbf{x}_\mathrm{P}} + \begin{pmatrix} r_1 \\ r_2 \end{pmatrix}$$

Koeffizientenvergleich für Sinus- und Kosinusglieder bei beiden Komponenten führt auf ein lineares Gleichungssystem für $\{A_1, B_1, A_2, B_2\}$:

$$\left(\begin{array}{cccc|c} -1 & 2 & -4 & 0 & 2 \\ -2 & -1 & 0 & -4 & -2 \\ 1 & 0 & -1 & 2 & -1 \\ 0 & 1 & -2 & -1 & -1 \end{array}\right) \Rightarrow \begin{array}{l} A_1 = -2 \\ B_1 = 2 \\ A_2 = 1 \\ B_2 = 1 \end{array} \Rightarrow \mathbf{x}_P = \begin{pmatrix} -2\cos(2t) + 2\sin(2t) \\ \cos(2t) + \sin(2t) \end{pmatrix}$$

1.6.4 Numerische Verfahren

Der Grundgedanke numerischer Verfahren zur Lösung des Anfangswertproblems $y' = f(x, y)$, $y(x_0) = y_0$ ist, die sich kontinuierlich ändernde Steigung durch die Steigung(en) an einem oder mehreren diskreten Punkten zu ersetzen. Als Näherung ergibt sich ein Polygonzug durch die Stützstellen $\{(x_i, y_i)\}$.

Beim Eulerverfahren wird die Steigung nur am Ausgangspunkt des jeweiligen Teilintervalls abgegriffen und man erhält den Algorithmus:

$$\begin{aligned} y_{n+1} &= y_n + h \cdot f(x_n, y_n) \\ x_{n+1} &= x_n + h \end{aligned}$$

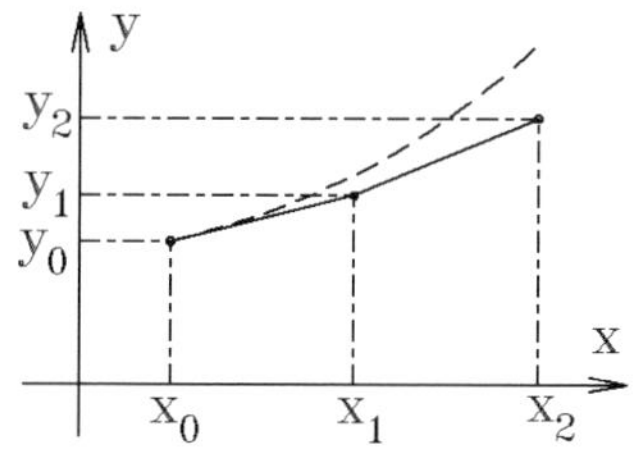

Bild 1.74 Eulerverfahren

Das Eulerverfahren ist relativ ungenau. Zur Verbesserung der Genauigkeit greift man in der „Nähe" der vermuteten Lösungskurve weitere Steigungen (= rechte Seite der Differenzialgleichung) ab und errechnet daraus eine mittlere Steigung für das Teilintervall $[x_n, x_{n+1}]$.

Gebräuchlich ist der klassische Runge-Kutta-Algorithmus, der an vier Stellen Steigungen abgreift und daraus für den Gesamtschritt einen gewichteten arithmetischen Mittelwert errechnet. Pro Schritt sind vier Funktionsauswertungen der rechten Seite notwendig.

$$\begin{aligned} k_1 &= h \cdot f(x_n, y_n) \quad \text{„Eulerschritt"} \\ k_2 &= h \cdot f(x_n + \tfrac{1}{2}h, y_n + \tfrac{1}{2}k_1) \\ k_3 &= h \cdot f(x_n + \tfrac{1}{2}h, y_n + \tfrac{1}{2}k_2) \\ k_4 &= h \cdot f(x_n + h, y_n + k_3) \\ y_{n+1} &= y_n + \tfrac{1}{6}[k_1 + 2k_2 + 2k_3 + k_4] \\ x_{n+1} &= x_n + h \end{aligned}$$

Bild: $y' = 2(x - \frac{1}{5})(y + \frac{1}{2})$; $y(\frac{1}{5}) = \frac{1}{2}$; $h = 1$

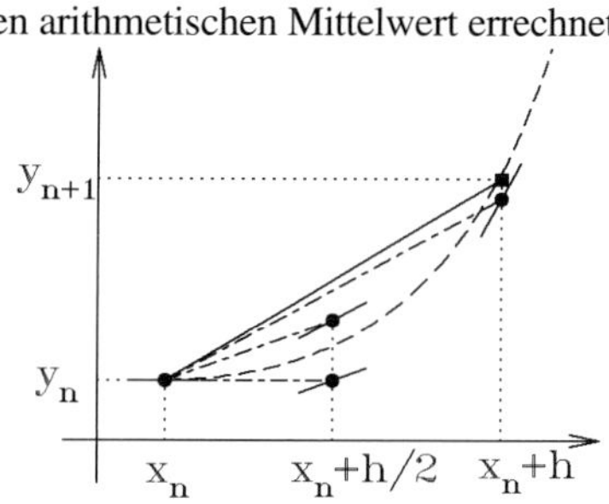

Bild 1.75 Runge-Kutta-Verfahren

Diese Vorgehensweise ist direkt auf Differenzialgleichungssysteme übertragbar.

Weiterführende Literatur

Bartsch, H.-J.: Taschenbuch mathematischer Formeln. 21. Auflage. Leipzig: Fachbuchverlag 2007

Burg, K.; Haf, H.; Wille, F.: Höhere Mathematik für Ingenieure. 5 Bände. Stuttgart: Teubner Verlag 2002, 2003, 2006, 2007

Dietmaier, C.: Mathematik für Wirtschaftsingenieure. Leipzig: Fachbuchverlag 2005

Dürrschnabel, K.: Mathematik für Ingenieure. Stuttgart: Teubner Verlag 2004

Erven, J.; Schwägerl, D.: Mathematik für Ingenieure. 2. Auflage. München: Oldenbourg Verlag 2002

Fetzer, A.; Fränkel, H.: Mathematik. Lehrbuch für naturwissenschaftliche Studiengänge. 2 Bände. Berlin: Springer Verlag 2004, 1999

Leupold, W.: Mathematik – ein Studienbuch für Ingenieure. 2 Bände. Leipzig: Fachbuchverlag 2003, 2006

Papula, L.: Mathematik für Ingenieure und Naturwissenschaftler. 3 Bände. Wiesbaden: Vieweg Verlag 2001

Preuß, W.; Wenisch, G.: Lehr- und Übungsbuch Mathematik. 3 Bände. Leipzig: Fachbuchverlag 2003, 2003, 2001

Rießinger, Th.: Mathematik für Ingenieure. Eine anschauliche Einführung für das praxisorientierte Studium. Berlin: Springer Verlag 2005

Schwarz, H.: Numerische Mathematik. 4. Auflage. Stuttgart: Teubner Verlag 2001

Schäfer, W.; Trippler, G.: Kompaktkurs Ingenieurmathematik. 3. Auflage. Leipzig: Fachbuchverlag 2004

Stingl, P.: Mathematik für Fachhochschulen. 7. Auflage. München Wien: Carl Hanser Verlag 2003

2 Physik

Prof. Dr. rer. nat. Dr. h.c. Rolf Martin
Hochschule Esslingen

2.1 Einleitung, Stellung der Physik

Die Physik ist die Grundlage der Technik. Der Ingenieur setzt im Rahmen seiner Arbeit physikalische Gesetze zur Lösung technischer Probleme ein. Die in der Physik seit Jahrhunderten entwickelte Methode der Modellierung komplexer Zusammenhänge und Reduktion auf einfache Systeme hat sich dabei als außerordentlich fruchtbar erwiesen. Verschiedene Teilgebiete der Physik erfuhren bei der Ingenieurausbildung eine derartige Spezialisierung, dass sie aus dem Gesamtverband der Physik herausgelöst wurden und als eigenständiges Fachgebiet behandelt werden. So enthält auch dieses Buch spezielle Abschnitte für die Technische Mechanik, die Strömungsmechanik, die Thermodynamik, die Elektrotechnik/Elektronik und die Festkörperphysik (Abschn 4.7, 4.8, 11.1, 16.2). Daher wird in diesem Abschnitt Physik nach einer Übersicht vor allem auf die Akustik und die Optik eingegangen.

Die Aufteilung der Physik in ihre verschiedenen Gebiete ist in Bild 2.1 schematisch dargestellt. Zu jedem Teilgebiet sind zwei praktische Anwendungen aufgeführt, die Erkenntnisse aus der Physik in die Technik umsetzen.

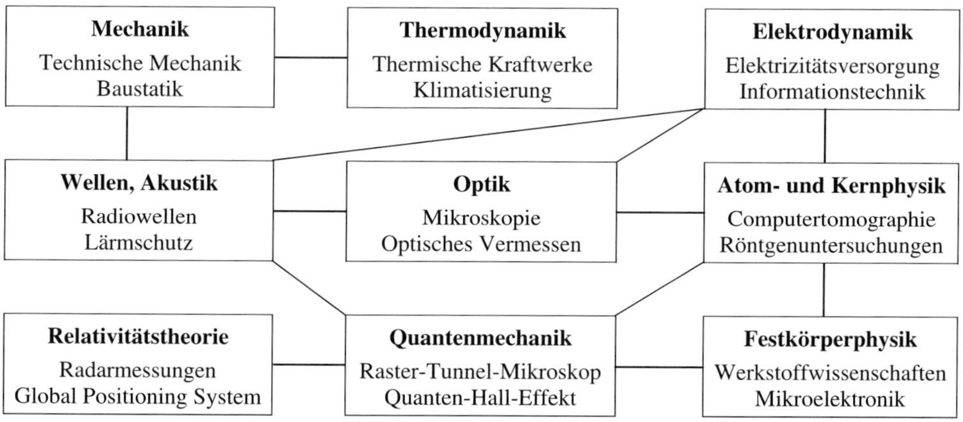

Bild 2.1 Teilgebiete der Physik mit den wichtigsten Querverbindungen und einigen technischen Anwendungen

2.2 Mechanik

Die Grundlagen der Mechanik wurden von Newton geschaffen, auf dessen Axiomensystem die Mechanik und letztlich die ganze klassische Physik aufbaut (Tabelle 2.1).

Die Stärke der Physik ist die saubere Definition physikalischer Systeme. Der Zustand eines Systems wird durch Zustandsgrößen beschrieben, für die Gesetze bezüglich deren Änderung bzw. Erhaltung gefunden wurden. Als Beispiele dienen die Begriffe **Energie**, **Impuls** und **Drehimpuls** und die für sie gefundenen **Erhaltungssätze**, die in Tabelle 2.2 dargestellt sind.

2

Tabelle 2.1 Newton'sche Axiome

Axiom	Beschreibung	Gleichung
1. Axiom **Trägheits-prinzip**	Jeder Körper verharrt im Zustand der Ruhe oder gleichförmig geradlinigen Bewegung, falls er nicht durch eine Kraft gezwungen wird, diesen Bewegungszustand zu ändern	$\boldsymbol{F} = 0$ $\rightarrow \boldsymbol{v} = \mathbf{const}$
2. Axiom **Dynamisches Grundgesetz**	Die Änderung der Bewegungsgröße (Impuls) ist proportional zur Kraft und hat die Richtung, in der die Kraft wirkt	$\boldsymbol{F} = \frac{\mathrm{d}}{\mathrm{d}t}(m\boldsymbol{v})$ für m = const $\rightarrow \boldsymbol{F} = m\boldsymbol{a}$
3. Axiom **Wechsel-wirkungs-prinzip**	Zu jeder Aktion existiert eine gleich große entgegengesetzte Reaktion. Die Wechselwirkungskräfte zwischen zwei Körpern sind stets entgegengesetzt gerichtet und gleich groß	$\boldsymbol{F}_{1,2} = -\boldsymbol{F}_{2,1}$

Tabelle 2.2 Erhaltungssätze der Mechanik

Energiesatz	Impulssatz	Drehimpulssatz
Die Gesamtenergie eines Systems ändert sich in dem Maße, wie durch äußere Kräfte Arbeit am System verrichtet wird $\mathrm{d}E_{\text{ges}} = \mathrm{d}(E_{\text{kin}} + E_{\text{pot}}) = \mathrm{d}W$	Die zeitliche Änderung des Gesamtimpulses $\boldsymbol{p} = \sum \boldsymbol{p}_\text{k}$ eines Systems ist proportional zur resultierenden äußeren Kraft F_a $\frac{\mathrm{d}\boldsymbol{p}}{\mathrm{d}t} = \boldsymbol{F}_\text{a} = \sum \boldsymbol{F}_{\text{a,k}}$	Die zeitliche Änderung des Gesamtdrehimpulses (Drall) $\boldsymbol{L} = \sum \boldsymbol{L}_\text{k}$ eines Systems ist proportional zum resultierenden äußeren Drehmoment M_a $\frac{\mathrm{d}\boldsymbol{L}}{\mathrm{d}t} = \boldsymbol{M}_\text{a} = \sum \boldsymbol{M}_{\text{a,k}}$
Energieerhaltungssatz	**Impulserhaltungssatz**	**Drehimpulserhaltungssatz**
In einem abgeschlossenen System, in dem nur konservative Kräfte wirken, bleibt die Gesamtenergie konstant $E_{\text{kin}} + E_{\text{pot}} = \text{const}$ $\mathrm{d}E_{\text{kin}} = -\mathrm{d}E_{\text{pot}}$	Haben die auf ein System einwirkenden äußeren Kräfte keine Resultierende, dann bleibt der Gesamtimpuls des Systems konstant $\boldsymbol{p} = \sum \boldsymbol{p}_\text{k} = \mathbf{const}$, falls $\boldsymbol{F}_\text{a} = \sum \boldsymbol{F}_{\text{a,k}} = 0$	Ist die Vektorsumme der äußeren Drehmomente null, dann bleibt der Gesamtdrehimpuls konstant $\boldsymbol{L} = \sum \boldsymbol{L}_\text{k} = \mathbf{const}$, falls $\boldsymbol{M}_\text{a} = \sum \boldsymbol{M}_{\text{a,k}} = 0$

2.3 Akustik

Die Akustik behandelt die Aussendung, die Übertragung und den Empfang von Schallwellen; das sind mechanische Wellen, die sich in elastischen Stoffen (Gase, Flüssigkeiten und Festkörper) ausbreiten. Das menschliche Ohr ist im Stande, Frequenzen zwischen etwa 16 Hz und 16 kHz wahrzunehmen. Schall mit Frequenzen unterhalb 16 Hz wird als **Infraschall**, oberhalb 16 kHz als **Ultraschall** bezeichnet. Die wichtigsten Formelzeichen sind in Tabelle 2.3 zusammengestellt.

Tabelle 2.3 Wichtige Formelzeichen der Akustik

Formelzeichen	SI-Einheit	Bedeutung
A	m^2	äquivalente Absorptionsfläche
c	m/s	Schallgeschwindigkeit
f	Hz	Frequenz
I	W/m^2	Intensität
L	dB	Pegel
p	$Pa = N/m^2$	Druck
P	W	Leistung
S	m^2	Fläche
t	s	Zeit
Z	$kg/(m^2 \cdot s)$	Schallkennimpedanz
λ	m	Wellenlänge
ω	s^{-1}	Kreisfrequenz

2.3.1 Schallwellen

Je nach Übertragungsmedium wird ein Schallereignis als Luftschall, Flüssigkeitsschall oder Körperschall bezeichnet. Der Wellentyp hängt ebenfalls vom Übertragungsmedium ab. In Gasen und Flüssigkeiten können sich lediglich Dichteschwankungen, d. h. **Longitudinalwellen** (Schwingungsrichtung parallel zur Fortpflanzungsrichtung) ausbreiten. In Festkörpern, die Schubspannungen aufnehmen können, laufen auch **Transversalwellen** (Schwingungsrichtung senkrecht zur Fortpflanzungsrichtung, z. B. Schub-, Torsions- und Biegewellen).

2.3.1.1 Schallgeschwindigkeit

Breiten sich beispielsweise Dichteschwankungen (Druckschwankungen) als Longitudinalwelle längs der x-Achse in Luft aus, dann gilt für die raum-zeitliche Abhängigkeit des Druckes p die **Wellengleichung**

$$\frac{\partial^2 p}{\partial t^2} = c^2 \frac{\partial^2 p}{\partial x^2}$$

Nach d'Alembert wird diese Differenzialgleichung gelöst von Funktionen des Typs $p(x, t) = p(x \pm ct)$. Insbesondere ist bei sinusförmiger Erregung die Lösung

$$p(x,t) = p_s + p_w = p_s + \hat{p}\cos(\omega t - kx + \varphi_0)$$

p_s ist der statische Luftdruck, p_w der **Schallwechseldruck** mit der Amplitude $\hat{p}$. Die Kreisfrequenz ω und die **Wellenzahl** k sind zeitlich und räumlich analog definiert:

$$\omega = \frac{2\pi}{T} = 2\pi f; \quad k = \frac{2\pi}{\lambda}$$

Während die Periodendauer T eine zeitliche Periode beschreibt, steht die **Wellenlänge** λ für eine räumliche Periode. Die Frequenz f und die Wellenlänge λ sind mit der **Phasengeschwindigkeit** c der Welle verknüpft gemäß

$$c = \lambda f = \omega / k$$

Ergebnisse für die Phasengeschwindigkeit c verschiedener Wellentypen sind in Tabelle 2.4 zusammengestellt.

Tabelle 2.4: Schallgeschwindigkeit für verschiedene Wellentypen

Wellentyp	**Phasengeschwindigkeit**	**Erläuterungen**
Longitudinalwellen in Gasen	$c=\sqrt{\frac{\kappa p}{\rho}}=\sqrt{\kappa RT}$	κ Isentropenexponent p Druck ρ Dichte R spezifische Gaskonstante T thermodynamische Temperatur K Kompressionsmodul E Elastizitätsmodul μ Poisson-Zahl G Schubmodul I Flächenträgheitsmoment A Fläche λ Wellenlänge ω Kreisfrequenz σ Zugspannung
Longitudinalwellen in Flüssigkeiten	$c=\sqrt{\frac{K}{\rho}}$	
Longitudinalwellen in dünnen Stäben	$c=\sqrt{\frac{E}{\rho}}$	
Longitudinalwellen in unbegrenzten Körpern	$c=\sqrt{\frac{E(1-\mu)}{\rho(1+\mu)(1-2\mu)}}$	
Torsionswellen in dünnen Rundstäben	$c=\sqrt{\frac{G}{\rho}}$	
Biegewellen in dünnen Stäben	$c=\frac{2\pi}{\lambda}\sqrt{\frac{EI}{\rho A}}=\sqrt{\omega}\sqrt[4]{\frac{EI}{\rho A}}$	Ein Stab gilt als dünn, wenn die Querdimensionen kleiner sind als die Wellenlänge
Biegewellen in Platten Plattendicke $h<\lambda$ Plattenbreite $b>>\lambda$	$c=\frac{2\pi}{\lambda}\sqrt{\frac{EI}{\rho A(1-\mu^2)}}$ $=\sqrt{\omega}\sqrt[4]{\frac{EI}{\rho A(1-\mu^2)}}$	
Seilwellen	$c=\sqrt{\frac{\sigma}{\rho}}$	

2.3.1.2 Schallfeldgrößen

Alle Wellenphänomene werden durch eine Wellengleichung derselben Struktur beschrieben. So gilt beispielsweise für die Auslenkung y der Atome eines Festkörpers, in dem eine Welle in x-Richtung läuft,

$$\frac{\partial^2 y}{\partial t^2}=c^2\frac{\partial^2 y}{\partial x^2}$$

Eine Lösung dieser Wellengleichung ist eine ebene Welle der Form

$$y(x,t)=\hat{y}\sin(\omega t-kx+\varphi_0)$$

Die Geschwindigkeit $v=\partial y/\partial t$ der schwingenden Teilchen wird als **Schnelle** bezeichnet und beträgt

$$v(x,t)=\hat{y}\omega\cos(\omega t-kx+\varphi_0)=\hat{v}\cos(\omega t-kx+\varphi_0)$$

Die **Schnellenamplitude** $\hat{v} = \hat{y}\omega$ ist bei einer ebenen Welle zu jeder Zeit und an jedem Ort proportional zur Amplitude $\hat{p}$ des Schallwechseldruckes:

$$\hat{v} = \frac{1}{\rho c}\hat{p} = \frac{\hat{p}}{Z}$$

Die Konstante

$$Z = \rho c = \frac{\hat{p}}{\hat{v}}$$

wird als **Wellenwiderstand** oder **Schallkennimpedanz** bezeichnet. Wie beim Ohm'schen Gesetz der Elektrotechnik verknüpft der Wellenwiderstand Ursache (Spannung, Druck) mit Wirkung (Strom, Schnelle). Tabelle 2.5 zeigt einige Zahlenwerte.

Tabelle 2.5 Dichte ρ, Schallgeschwindigkeit c von Longitudinalwellen sowie Schallkennimpedanz Z_0 einiger Stoffe beim Normdruck p_n = 101,3 kPa

Material		ρ in kg/m³	c in m/s	Z_0 in kg/(m² · s)
Luft	0 °C	1,29	331	427
Luft	20 °C	1,21	344	416
Luft	40 °C	1,13	387	436
Wasser	0 °C	1000	1403	$1{,}40 \cdot 10^6$
Wasser	20 °C	988	1483	$1{,}47 \cdot 10^6$
Wasser	40 °C	992	1529	$1{,}52 \cdot 10^6$
Stahl		7850	6000	$47{,}1 \cdot 10^6$
Beton		2200	4200	$9{,}20 \cdot 10^6$
Marmor		2600	6200	$16{,}1 \cdot 10^6$
Glas		2500	5300	$13{,}3 \cdot 10^6$

Schallaufnehmer (Mikrofone) messen den **Effektivwert** des Schallwechseldruckes:

$$p_{\text{eff}} = \sqrt{\frac{1}{\tau}\int_0^{\tau} p_{\text{w}}^2(x,t)\,\mathrm{d}t}$$

Bei sinusförmigen Schallwellen gilt

$$p_{\text{eff}} = \frac{\hat{p}}{\sqrt{2}}$$

Werden an einem Ort n Schallwellen aus verschiedenen (nicht kohärenten) Quellen überlagert, dann ist der Effektivwert des Schallwechseldruckes

$$p_{\text{eff}} = \sqrt{\sum_{i=1}^{n} p_{i,\text{eff}}^2}$$

Die **Energiedichte** $w = \mathrm{d}E/\mathrm{d}V$ in einer Schallwelle ist proportional zum Quadrat der Kreisfrequenz ω sowie der Schwingungsamplitude $\hat{y}$:

$$w = \frac{1}{2}\rho\omega^2\hat{y}^2 = \frac{1}{2}\rho\hat{v}^2 = \frac{1}{2}\frac{\hat{p}^2}{\rho c^2} = \frac{p_{\text{eff}}^2}{Z_0 c}$$

Die Energiestromdichte oder **Intensität** I ist die auf die Fläche S bezogene Leistung P, die von einer Schallwelle übertragen wird:

$$I = \frac{P}{S} = wc = \frac{1}{2}\rho\omega^2 c^2 \hat{y}^2 = \frac{p_{\text{eff}}^2}{Z_0}$$

Die Schall-Leistung P, die eine Schallquelle aussendet, ergibt sich, wenn die Intensität auf einer geschlossenen Oberfläche (z. B. Kugel) um die Quelle aufintegriert wird (Tabelle 2.6):

$$P = \int_S I \, \mathrm{d}S$$

Die Intensität ist in einer idealen (verlustlosen) ebenen Welle konstant. Infolge der Verteilung der Energie auf immer größere Flächen nimmt aber bei anderen Wellenformen die Intensität mit zunehmendem Abstand von der Quelle ab. Bild 2.2 zeigt eine Zusammenstellung für linien- und punktförmige Quellen.

Tabelle 2.6 Schall-Leistung und Schall-Leistungspegel (Abschn. 2.3.1.3) einiger Quellen

Schallquelle	Leistung P in W	Leistungspegel L_w in dB
Unterhaltungssprache (Mittelwert)	$1 \cdot 10^{-5}$	70
Menschliche Stimme (Höchstwert)	$3 \cdot 10^{-3}$	95
Flügel (fortissimo)	$2 \cdot 10^{-1}$	113
Trompete (fortissimo)	$3 \cdot 10^{-1}$	115
Pauke, Orgel (fortissimo)	$1 \cdot 10^{1}$	130
Großlautsprecher	$1 \cdot 10^{2}$	140
Düsenflugzeug	$1 \cdot 10^{5}$	170

	Lineare Schallquelle	Punktförmige Schallquelle
Geometrie	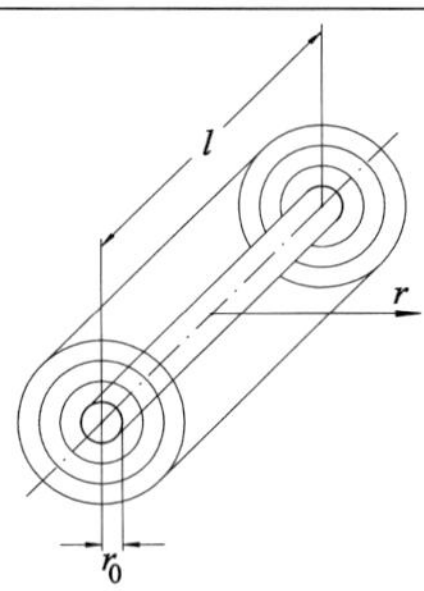	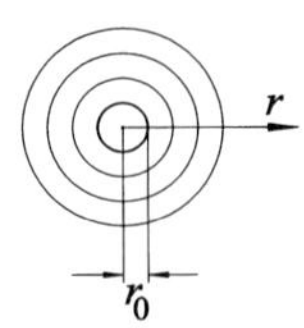
Wellenform	Zylinderwelle	Kugelwelle
Amplitude des Schallwechseldrucks	$\hat{p}(r) = \hat{p}(r_0)\sqrt{\frac{r_0}{r}}$	$\hat{p}(r) = \hat{p}(r_0)\frac{r_0}{r}$
Schallintensität	$I(r) = I(r_0)\frac{r_0}{r} = \frac{P/l}{2\pi r}$	$I(r) = I(r_0)\left(\frac{r_0}{r}\right)^2 = \frac{P}{4\pi r^2}$
Abnahme des Schallpegels bei Verdoppelung des Abstandes von der Quelle	$\Delta L = 3$ dB	$\Delta L = 6$ dB

Bild 2.2 Geometrieabhängigkeit von Schallfeldgrößen im Fernfeld

Mit zunehmender Entfernung von der Schallquelle nimmt die Intensität infolge von **Dämpfung** ab. Dabei wird Schwingungsenergie durch innere Reibung, polytrope Zustandsänderungen und Relaxationserscheinungen in Wärme umgewandelt. Für die Abnahme der Intensität I mit zunehmendem Abstand r von der Quelle gilt

$$I(r) = I(r_0)\,\mathrm{e}^{-\alpha(r-r_0)}$$

Der **Dämpfungskoeffizient** α ist abhängig von der Frequenz sowie von Eigenschaften des Übertragungsmediums. Bild 2.3 zeigt eine Darstellung des Luftdämpfungskoeffizienten. Bei $f = 1$ kHz beträgt der Dämpfungskoeffizient $\alpha \approx 1{,}1 \cdot 10^{-3}\ \mathrm{m}^{-1}$, was einer Pegelabnahme von $\Delta L \approx 4{,}8$ dB/km entspricht.

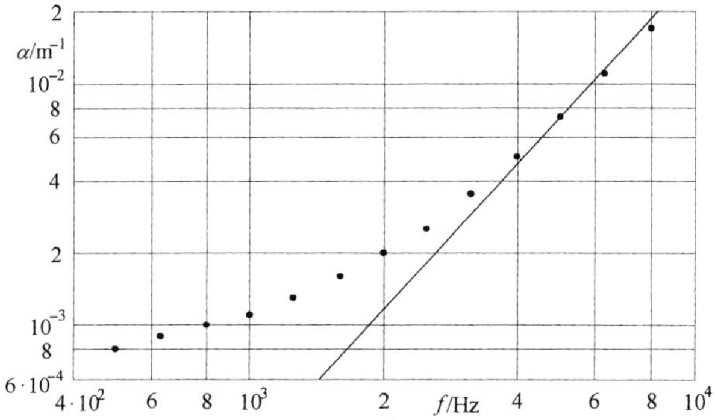

Bild 2.3 Dämpfungskoeffizient α von Luft bei 20 °C, 70 % relativer Feuchte und 101,3 kPa Luftdruck in Abhängigkeit von der Frequenz f. Die Gerade entspricht einer quadratischen Abhängigkeit $\alpha \sim f^2$

Schallwellen an Grenzflächen

An der Grenzfläche zweier Medien mit unterschiedlichen Schallkennimpedanzen wird ein Teil der einfallenden Welle reflektiert, und ein Teil durchgelassen (transmittiert). Bei senkrechtem Einfall müssen die Intensitäten der einfallenden, reflektierten und transmittierten Wellen aus Gründen der Energieerhaltung folgende Bedingung erfüllen:

$$I_\mathrm{e} = I_\mathrm{r} + I_\mathrm{t}\,.$$

Aus der Stetigkeitsbedingung für die Schallschnellen

$$\hat{v}_\mathrm{e} + \hat{v}_\mathrm{r} = \hat{v}_\mathrm{t}$$

folgen schließlich die in Bild 2.4 angegebenen Beziehungen für den **Reflexions**- und **Transmissionsgrad** bei senkrechtem Einfall.

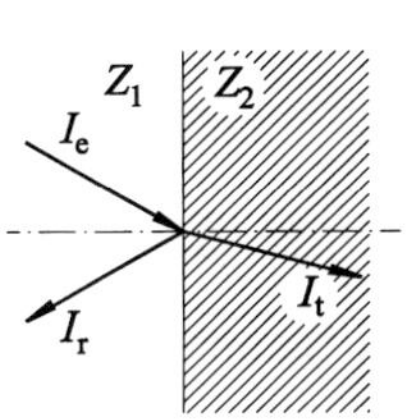

Reflexionsfaktor:	$r = \dfrac{\hat{p}_\mathrm{r}}{\hat{p}_\mathrm{e}} = \dfrac{\hat{v}_\mathrm{r}}{\hat{v}_\mathrm{e}} = \dfrac{Z_1 - Z_2}{Z_1 + Z_2}$
Reflexionsgrad:	$\rho = \dfrac{I_\mathrm{r}}{I_\mathrm{e}} = \left(\dfrac{Z_1 - Z_2}{Z_1 + Z_2}\right)^2$
Transmissionsgrad:	$\tau = \dfrac{I_\mathrm{t}}{I_\mathrm{e}} = \dfrac{4 Z_1 Z_2}{(Z_1 + Z_2)^2} = 1 - \rho$

Bild 2.4 Reflexion und Transmission von Schallwellen an Grenzflächen, Beziehungen bei senkrechtem Einfall

An schallharten Grenzflächen ($Z_2 \gg Z_1$) wird die Welle praktisch vollständig reflektiert; dabei erleidet die Schnelle einen Phasensprung um π: $\hat{v}_r = -\hat{v}_e$. An schallweichen Grenzflächen ($Z_2 \ll Z_1$) wird die Welle ohne Phasensprung reflektiert: $\hat{v}_r = \hat{v}_e$. In beiden Fällen bildet sich vor der Grenzfläche eine **stehende Welle** aus mit ortsfesten Knoten und Bäuchen jeweils im Abstand einer halben Wellenlänge (Bild 2.5).

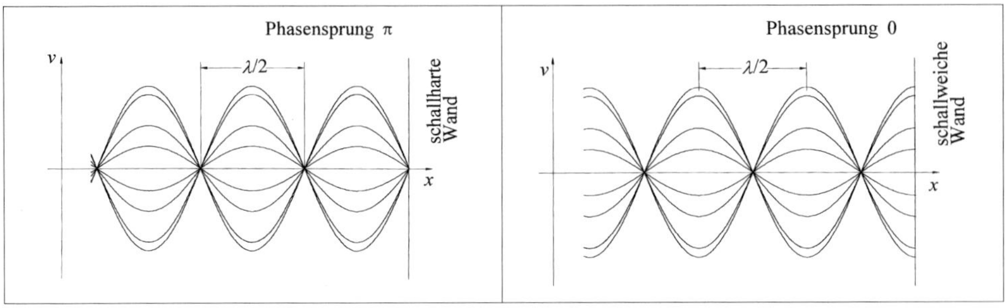

Bild 2.5 Stehende Schallwellen vor schallharter bzw. schallweicher Wand

2.3.1.3 Pegelmaße

Die im letzten Abschnitt definierten Schallfeldgrößen Schalldruck, -schnelle, -intensität und -leistung variieren in der Regel über viele Zehnerpotenzen. Um handliche Größen zu erhalten, werden sie üblicherweise als logarithmische Pegelmaße in Dezibel (dB) angegeben. Dies kommt auch der etwa logarithmischen Empfindung des menschlichen Ohres entgegen. In Tabelle 2.7 sind die Definitionsgleichungen mit den in DIN 45630 festgelegten Bezugswerten zusammengestellt. Bei einer Schallkennimpedanz von $Z_0 = 400$ kg/(m$^2 \cdot$ s), wie sie Luft bei Raumtemperatur etwa aufweist (Tabelle 2.5), sowie einer Bezugsfläche von $S_0 = 1$ m^2 ergeben sich gleiche Pegelwerte.

Tabelle 2.7: Schallpegel

Pegel	Definition	Bezugsgröße
Schalldruck	$L_p = 10 \lg \frac{p_{\text{eff}}^2}{p_{\text{eff,0}}^2}$ dB $= 20 \lg \frac{p_{\text{eff}}}{p_{\text{eff,0}}}$ dB	$p_{\text{eff,0}} = 2 \cdot 10^{-5}$ Pa
Schallschnelle	$L_v = 10 \lg \frac{v_{\text{eff}}^2}{v_{\text{eff,0}}^2}$ dB $= 20 \lg \frac{v_{\text{eff}}}{v_{\text{eff,0}}}$ dB	$v_{\text{eff,0}} = 5 \cdot 10^{-8} \frac{\text{m}}{\text{s}}$
Schallintensität	$L_I = 10 \lg \frac{I}{I_0}$ dB	$I_0 = 10^{-12} \frac{\text{W}}{\text{m}^2}$
Schallleistung	$L_W = 10 \lg \frac{P}{P_0}$ dB	$P_0 = 10^{-12}$ W

Pegel dürfen nicht algebraisch addiert werden! Lediglich die Intensitäten verschiedener Schallwellen bzw. die Quadrate der Schalldrücke können addiert werden. Man muss also beispielsweise aus verschiedenen Intensitätspegeln L_i zunächst die Intensitäten berechnen gemäß

$$I_i = I_0 \cdot 10^{\frac{L_i}{10\,\text{dB}}}$$

diese dann addieren und wieder in einen Pegel umwandeln:

$$L_{ges} = 10\ \lg \frac{I_{ges}}{I_0}\ \text{dB} = 10\ \lg\left(\sum 10^{\frac{L_i}{10\ \text{dB}}}\right)\text{dB}$$

Beispiel

Drei Schallquellen erzeugen jeweils die Pegel L_1 = 60 dB, L_2 = 62 dB und L_3 = 64 dB. Der Gesamtpegel ist dann

$$L_{ges} = 10\ \lg\left(10^6 + 10^{6,2} + 10^{6,4}\right)\text{dB} = 67{,}1\ \text{dB}$$

2.3.2 Schallempfindung

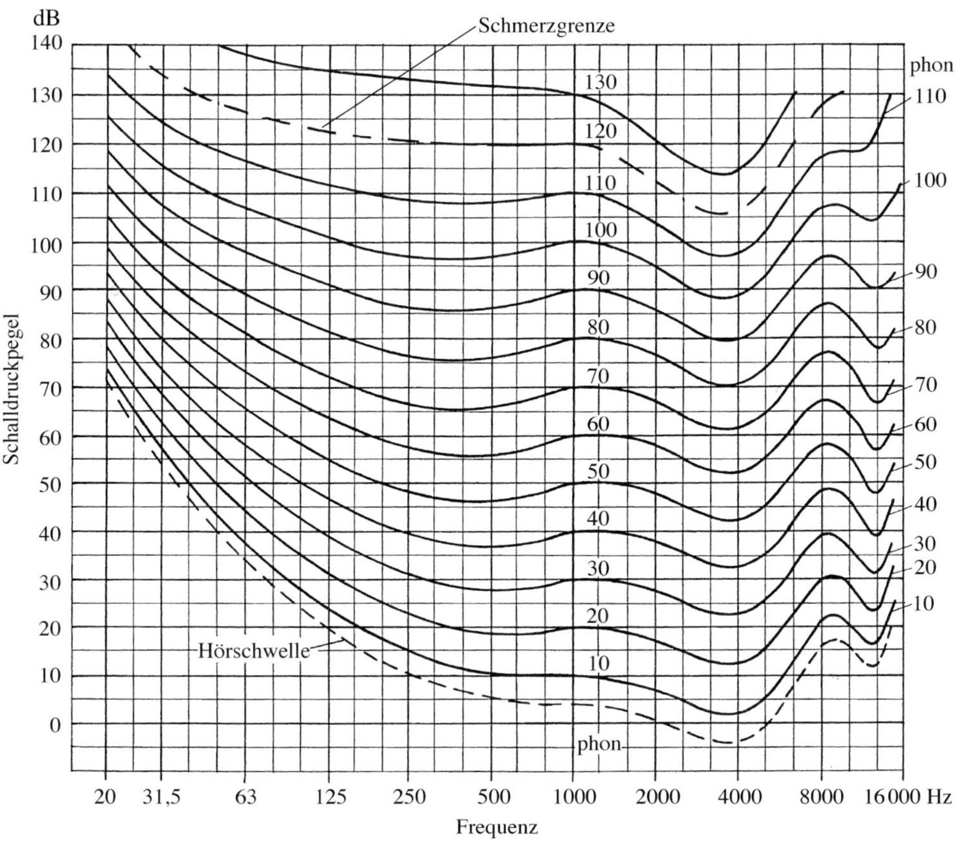

Bild 2.6 Kurven gleicher Lautstärkepegel für Sinustöne im freien Schallfeld bei zweiohrigem Hören

Lautstärke

Infolge der frequenzabhängigen Empfindlichkeit des Ohrs führen gleiche Schallpegel bei unterschiedlichen Frequenzen zu unterschiedlichen Schallempfindungen. Ein Maß für die Stärke der subjektiven Wahrnehmung ist der **Lautstärkepegel**. Nach DIN 45630 beträgt der Lautstärkepegel

2

eines Schalls n phon, wenn von normal hörenden Beobachtern der Schall als gleich laut beurteilt wird wie ein Sinuston der Frequenz 1 kHz, dessen Schalldruckpegel n dB beträgt. Der Zahlenwert des Lautstärkepegels in phon bei der Frequenz f = 1 kHz ist also gleich dem Schalldruckpegel in dB (Bild 2.6):

$$L_S\,(1\text{ kHz})/\text{phon} = L_p\,(1\text{ kHz})/\text{dB}$$

Lautheit

Der Lautstärkepegel L_S steigt nicht proportional zur empfundenen Lautstärke an. Vielmehr entspricht eine empfundene Verdoppelung der Lautstärke einem Zuwachs des Lautstärkepegels um 10 phon. Ein proportional zur Schallwahrnehmung ansteigendes Maß ist die **Lautheit** S, die in sone gemessen wird (Bild 2.7):

$$S = 2^{0{,}1\left(\frac{L_S}{\text{phon}} - 40\right)}\ \text{sone}$$

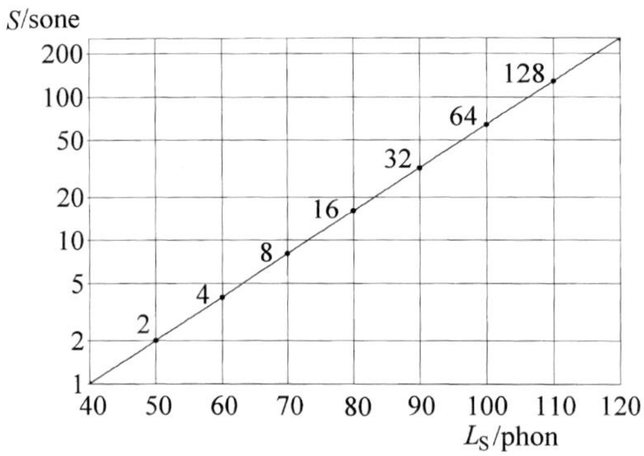

Bild 2.7 Zusammenhang zwischen der Lautheit S in sone *und der Lautstärke L_S in* phon

Bewertete Schallpegel

Aus Bild 2.6 geht hervor, dass zum Beispiel ein Ton der Frequenz f = 63 Hz, der den Lautstärkepegel L_S = 80 phon hervorbringt, einen Schalldruckpegel von L_p = 89 dB besitzt. Für die gleiche Lautstärke genügt aber bei f = 500 Hz bereits der Schalldruckpegel 76 dB oder 80 dB bei f = 1 kHz. Der **bewertete Schallpegel** berücksichtigt diese frequenzabhängige Empfindlichkeit des menschlichen Ohrs, indem zu den terz- oder oktavweise gemessenen Schallpegeln L_i eine frequenzabhängige Abschwächung Δ_i addiert wird. So ist beispielsweise der A-bewertete Schallpegel L_A eines Schallspektrums

$$L_\text{A} = 10\ \lg\left(\sum 10^{\frac{L_i + \Delta_{\text{A},i}}{10\text{ dB}}}\right)\text{dB(A)}$$

Die **Pegelabschwächungen** Δ_i sind in DIN EN 60651 festgelegt und in Bild 2.8 dargestellt. Die A-Bewertung, die vorzugsweise verwendet wird, entspricht etwa der inversen 40-phon-Kurve von Bild 2.6 und sollte für Lautstärken unter 90 phon benutzt werden. Für gehörschädigenden Lärm von über 100 phon wird die C-Bewertung herangezogen.

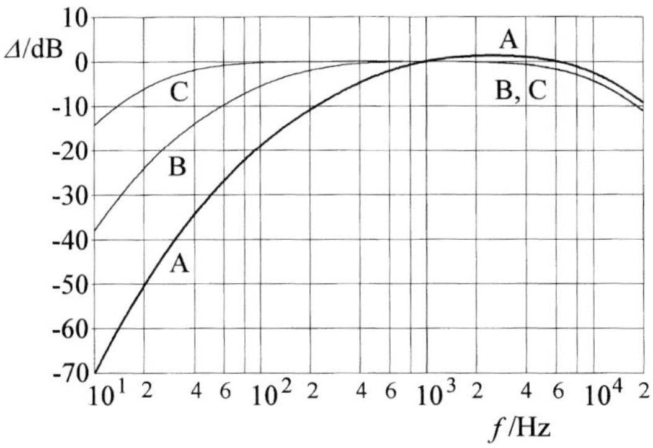

Bild 2.8 Pegelabschwächungen Δ bei A-, B- und C-Bewertung

In DIN EN 60651 sind analytische Ausdrücke angegeben, mit denen man die Pegelabschwächungen berechnen kann. Zahlenwerte für die A-Bewertung zeigt Tabelle 2.8. Dabei ist das Frequenzband in Terzintervalle eingeteilt. Für die Mittenfrequenzen der **Terzfilter** gilt

$$f_m = \sqrt{f_o\ f_u} = 10^{0{,}1n}\ \text{Hz}\ ,\ \text{wobei}\ n = 1, 2, 3....$$

Tabelle 2.8 Schallpegelabschwächung Δ_A für A-Bewertung, untere (f_u) und obere (f_o) Grenzfrequenz sowie Mittenfrequenz (f_m) von Terzfiltern (gerundete Nennfrequenzen nach DIN 45401)

f_u Hz	f_o Hz	f_m Hz	Δ_A dB	f_u Hz	f_o Hz	f_m Hz	Δ_A dB
14,1	17,8	16	−56,7	562	708	630	−1,9
17,8	22,4	20	−50,5	708	891	800	−0,8
22,4	28,2	25	−44,7	891	1122	1000	0
28,2	35,5	31,5	−39,4	1122	1413	1250	+0,6
35,5	44,7	40	−34,6	1413	1778	1600	+1,0
44,7	56,2	50	−30,2	1778	2239	2000	+1,2
56,2	70,7	63	−26,2	2239	2818	2500	+1,3
70,7	89,1	80	−22,5	2818	3548	3150	+1,2
89,1	112	100	−19,1	3548	4467	4000	+1,0
112	141	125	−16,1	4467	5623	5000	+0,5
141	178	160	−13,4	5623	7079	6300	−0,1
178	224	200	−10,9	7079	8913	8000	−1,1
224	282	250	−8,6	8913	11220	10000	−2,5
282	355	315	−6,6	11220	14130	12500	−4,3
355	447	400	−4,8	14130	17780	16000	−6,6
447	562	500	−3,2	17780	22390	20000	−9,3

Die obere und die untere Grenzfrequenz stehen im Verhältnis einer Terz: $f_o / f_u = \sqrt[3]{2} = 1{,}26$, die Bandbreite ist $\Delta f = 0{,}232\, f_m$.

Im Allgemeinen ist die Auflösung eines Terzfilters ausreichend. Für Grobanalysen werden Oktavfilter eingesetzt.

2

Mittelwerte

Zur einfachen Beschreibung zeitlich schwankender Pegel wird ein **Mittelungspegel** benutzt. Nach DIN 45641 wird der **äquivalente Dauerschallpegel** L_{eq} empfohlen, der über die Mittelungsdauer T alle Geräusche gemäß ihrer Stärke und Dauer erfasst:

$$L_{eq} = 10 \cdot \lg\left[\frac{1}{T}\int_0^T 10^{\frac{L_A(t)}{10\,dB}}\,dt\right] dB(A) = 10 \cdot \lg\left[\frac{1}{T}\sum_{i=1}^{n}\left(t_i \cdot 10^{\frac{L_{A,i}}{10\,dB}}\right)\right] dB(A)$$

2.3.3 Raumakustik

In Räumen erfährt ein Hörer Schalleindrücke sowohl vom direkten als auch vom indirekten (gestreuten) Schall. Die **Hörsamkeit** eines Raumes ist abhängig von den Intensitäten und Laufzeiten des direkten und indirekten Schalls. So sollte beispielsweise in einem Veranstaltungsraum die Schallenergie, die in den ersten 50 ms bei den Hörern ankommt, mindestens 1/20 der durch Nachhall später ankommenden Energie sein.

Pegel des diffusen Schallfeldes

Vielfachreflexionen im Raum bewirken, dass die Energiedichte des Schalls im Mittel überall gleich groß ist. Ein solches Schallfeld wird als **diffuses Schallfeld** bezeichnet. Ist in einem Raum die Intensität des diffusen Schalls I_{diffus}, dann beträgt die gesamte Schallleistung, die von den Wänden des Raumes absorbiert wird,

$$P_{ges} = \frac{1}{4} I_{diffus} \sum S_i \alpha_i = \frac{1}{4} I_{diffus} A$$

Die **äquivalente Absorptionsfläche** A ist eine fiktive Fläche mit dem Absorptionsgrad $\alpha = 1$, welche die gleiche Absorption besitzt wie die gesamte Oberfläche des Raumes mit allen darin befindlichen Gegenständen: $A = \sum S_i \alpha_i$. Der Absorptionsgrad α_i der Oberfläche S_i ist definiert als das Verhältnis von absorbierter Intensität I_a zu einfallender Intensität I_e: $\alpha = I_a/I_e$.

Im stationären Gleichgewicht muss die Leistung P einer Schallquelle im Raum von den Oberflächen vollständig geschluckt (absorbiert) werden. Damit gilt

$$I_{diffus} = \frac{4P}{A}$$

und für den Schallintensitätspegel des diffusen Schallfeldes mit $S_0 = 1\ m^2$

$$L_{diffus} = L_W - 10\lg\frac{A}{4S_0}\ dB$$

Der diffuse Schallpegel ist also umso kleiner, je größer die äquivalente Absorptionsfläche ist. In üblichen Wohnräumen kann man mit $A \approx 10\ m^2$ rechnen.

Beispiel

Die Leistung einer Schallquelle ist $P = 1$ mW. Bei einer äquivalenten Absorptionsfläche von $A = 10\ m^2$ ergibt sich ein diffuser Schallintensitätspegel von

$$L_{diffus} = 10\lg\frac{10^{-3}\ W}{10^{-12}\ W}\ dB - 10\lg\frac{10\,m^2}{4\,m^2}\ dB = 90\ dB - 4\ dB = 86\ dB$$

Hallradius

Wird in der Mitte eines Raumes eine punktförmige Schallquelle mit der Leistung P aufgestellt, dann nimmt die Intensität mit dem Quadrat des Abstandes ab (Bild 2.2):

$$I = \frac{P}{4\pi r^2}$$

Derjenige Abstand r_{H} von der Quelle, bei dem die Intensität $I(r_{\mathrm{H}})$ des Direktschalls gleich ist der Intensität I_{diffus} des diffusen Schallfeldes, wird als **Hallradius** bezeichnet (Bild 2.9):

$$r_{\mathrm{H}} = \sqrt{\frac{A}{16\pi}}$$

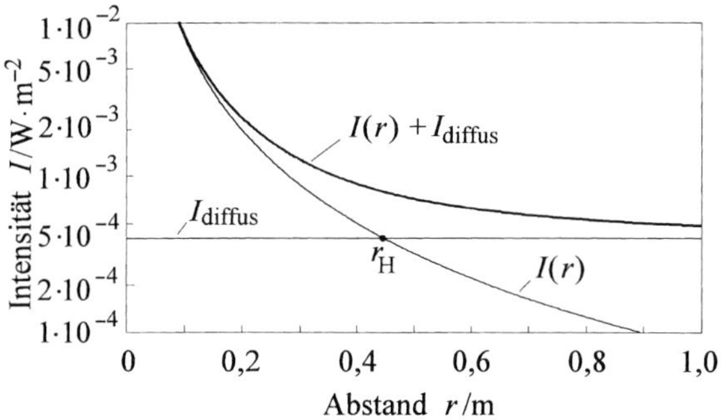

Bild 2.9 Zur Definition des Hallradius

Nachhallzeit

Wenn in einem Raum ein bestimmter Schallpegel herrscht, so gilt für den Zeitverlauf der im Raum vorhandenen Energie E nach Abschalten der Schallquelle

$$E(t) = E(0)\,\mathrm{e}^{-\frac{cA}{4V}t}$$

mit V: Raumvolumen, c: Schallgeschwindigkeit und A: äquivalente Absorptionsfläche.

Eine exponentielle Abnahme der Schallenergie bedeutet, dass der Schallpegel L linear mit der Zeit abnimmt (Bild 2.10).

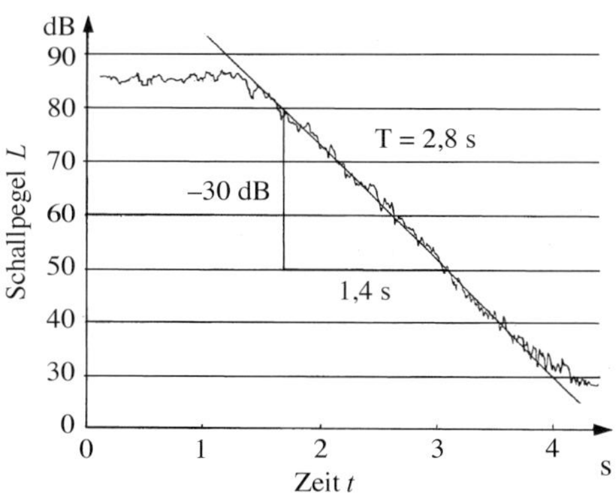

Bild 2.10 Bestimmung der Nachhallzeit eines Konzertsaales aus dem Schallpegelabfall des diffusen Schallfeldes

Die **Nachhallzeit** T ist nach DIN 52216 die Zeit, in welcher der Schallpegel um $\Delta L = 60$ dB abnimmt. Damit gilt

$$T = \frac{24 \ln 10}{c} \cdot \frac{V}{A}$$

Für Luftschall mit $c = 340$ m/s beträgt die Nachhallzeit

$$T = 0{,}163 \, \frac{\mathrm{s}}{\mathrm{m}} \cdot \frac{V}{A}$$

Diese als **Sabine'sche Formel** bekannte Gleichung gestattet die Berechnung der äquivalenten Absorptionsfläche A aus der gemessenen Nachhallzeit T.

2.3.4 Körperschalldämmung

Die Körperschalldämmung hat die Aufgabe, die Einleitung von Körperschall in andere Bauteile (Böden, Fundamente) zu minimieren. Dazu werden in der Praxis schwingende Maschinen über elastische und dämpfende Lagerungen (Gummi-, Kork-, Schaumstoffmatten und Ähnliches) mit dem Boden verbunden. Ein solches schwingungsfähiges System ist schematisch in Bild 2.11 a) skizziert.

Wird beispielsweise durch eine innere Unwucht eine periodische erregende Kraft

$$F_{\mathrm{E}}(t) = \hat{F}_{\mathrm{E}} \, \mathrm{e}^{\mathrm{j}\omega t}$$

auf die Maschine ausgeübt, dann schwingt die Maschine mit der Auslenkung

$$y(t) = \hat{y} \, \mathrm{e}^{\mathrm{j}(\omega t - \gamma)t}$$

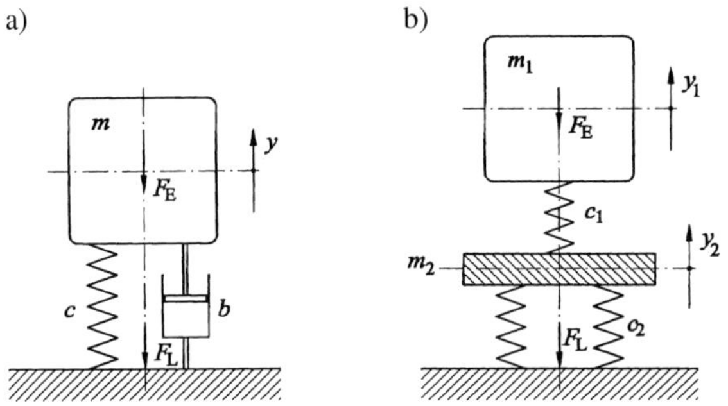

Bild 2.11 Modelle elastischer Maschinenaufstellungen: a) viskoelastisches Einmassensystem, b) doppeltelastisches Zweimassensystem

wobei die Amplitude $\hat{y}(\omega)$ die aus der Schwingungslehre bekannte Resonanzkurve zeigt. Die Lagerkraft, die in den Boden eingeleitet wird, ist

$$F_{\mathrm{L}} = cy + b\dot{y};$$

c ist die Federkonstante des Dämmmaterials und b die viskose Dämpfungskonstante. Für die Amplitude der Lagerkraft folgt:

$$\hat{F}_{\mathrm{L}} = \hat{F}_{\mathrm{E}} \sqrt{\frac{1 + 4D^2 (\omega/\omega_0)^2}{\left[1 - (\omega/\omega_0)^2\right]^2 + 4D^2 (\omega/\omega_0)^2}}$$

Hier ist $D = \frac{\delta}{\omega_0} = \frac{b}{2m}$ der Dämpfungsgrad und $\omega_0 = \sqrt{\frac{c}{m}}$ die Eigenkreisfrequenz.

Die Reduzierung der Krafteinleitung in den Boden wird beschrieben durch den **Isolierwirkungsgrad**

$$\eta = \frac{\hat{F}_E - \hat{F}_L}{\hat{F}_E} = 1 - \frac{\hat{F}_L}{\hat{F}_E}$$

Bild 2.12 zeigt, dass eine Isolation erst wirksam wird für Frequenzen $\omega > \sqrt{2}\,\omega_0$. Je höher die Erregerfrequenz im Vergleich zur Eigenfrequenz, umso besser ist die Isolation der schwingenden Maschine gegenüber dem Untergrund. Für den dämpfungsfreien Fall (D = 0) gilt bei Erregerfrequenzen oberhalb der Eigenfrequenz

$$\eta = \frac{(\omega/\omega_0)^2 - 2}{(\omega/\omega_0)^2 - 1}$$

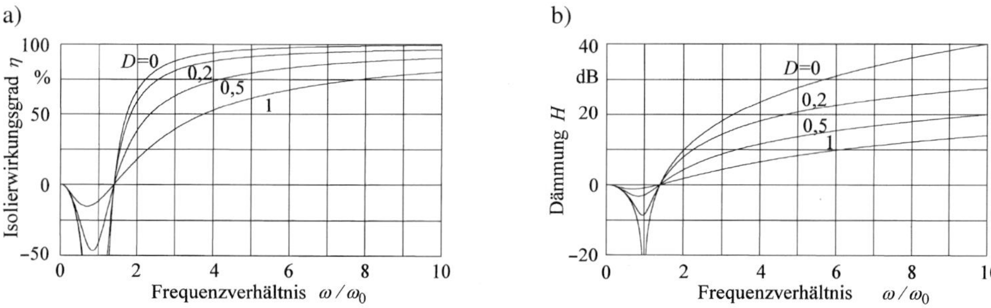

Bild 2.12 a) Isolierwirkungsgrad η und b) Dämmung H eines viskoelastischen Einmassensystems. Parameter ist der Dämpfungsgrad D

Vielfach wird die Reduktion der Krafteinleitung in den Boden auch in logarithmischem Maß als **Schwingungsdämmung** H in dB angegeben (Bild 2.12 b):

$$H = 20\ \lg \frac{\hat{F}_E}{\hat{F}_L}\ \text{dB} = 20\ \lg \frac{1}{1-\eta}\ \text{dB} = -20\ \lg(1-\eta)\ \text{dB}$$

Die Amplitude der in den Boden eingeleiteten Lagerkraft nimmt im dämpfungsfreien Fall für hohe Frequenzen $\omega \gg \omega_0$ mit steigender Frequenz ab gemäß $\hat{F}_L \sim 1/\omega^2$.

Mit anderen Worten: Die Dämmung H steigt mit 12 dB pro Oktave an. Eine noch stärkere Dämmung mit bis zu 18 dB pro Oktave bringt die doppeltelastische Aufstellung nach Bild 2.11 b).

2

2.4 Optik

Die Optik beschreibt Phänomene im Zusammenhang mit der Ausbreitung von Licht. Die wichtigsten Formelzeichen sind in Tabelle 2.9 zusammengestellt.

Tabelle 2.9: Wichtige Formelzeichen der Optik

Formelzeichen	SI-Einheit	Bedeutung
a, a'	m	Gegenstands-, Bildweite
c	m/s	Lichtgeschwindigkeit
D, D'	dpt = 1/m	gegenstand-, bildseitiger Brechwert
f, f'	m	gegenstand-, bildseitige Brennweite
n	1	Brechzahl
β'	1	Abbildungsmaßstab
Γ'	1	Vergrößerung
λ	m	Wellenlänge

2.4.1 Geometrische Optik

Obwohl Licht eine transversale elektromagnetische Welle darstellt, kann die Lichtausbreitung durch **Strahlen**, das sind Normalen auf Wellenflächen, beschrieben werden. Diese geometrische oder **Strahlenoptik** ist anwendbar, wenn Beugungseffekte vernachlässigbar sind, d. h., wenn die Abmessungen der Gegenstände und Blenden groß sind gegen die Wellenlänge des Lichts (sichtbares Licht hat Wellenlängen zwischen 380 und 780 nm).

Die Gleichungen, die im Folgenden dargestellt werden, gelten nur für den Fall der **Paraxialstrahlen**, das sind Strahlen, die gegenüber der optischen Achse kleine Winkel und Abstände aufweisen (**Gauß'sche Optik**).

2.4.1.1 Lichtstrahlen und Abbildung

Lichtstrahlen, die von einem Objektpunkt O ausgesandt werden, können durch ein optisches System wieder vereinigt werden. Der Schnittpunkt der Strahlen liefert entweder eine **reelle** oder eine **virtuelle Abbildung** (Bild 2.13).

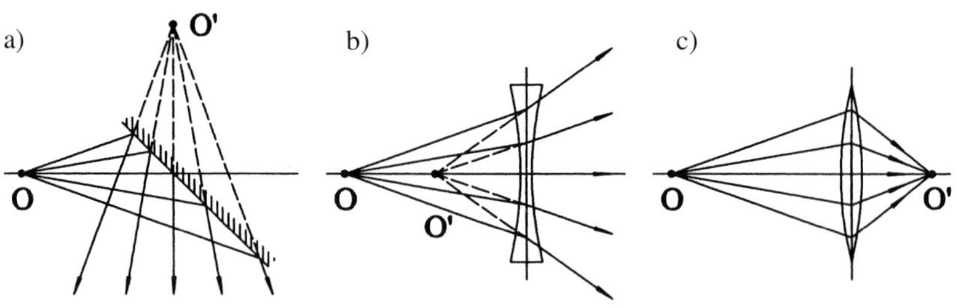

Bild 2.13 Formen der optischen Abbildung: a) und b) sind virtuelle, c) ist eine reelle Abbildung

Die Richtung eines Lichtstrahls wird beispielsweise durch **Reflexion** an einer spiegelnden Fläche oder durch **Brechung** an einer Grenzfläche verschiedener Materialien geändert.

2.4.1.2 Reflexion

Bei der Reflexion eines Lichtstrahls an einer ebenen Fläche gilt das **Reflexionsgesetz** (Bild 2.14):

Einfallender Strahl, Einfallslot und reflektierter Strahl liegen in einer Ebene, wobei der Reflexionswinkel ε_r gleich dem Einfallswinkel ε ist.

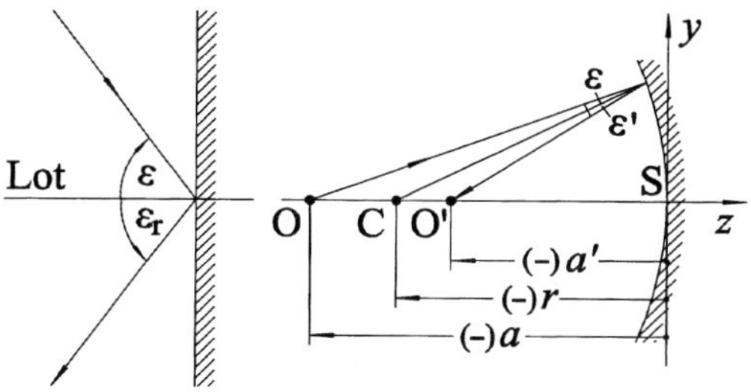

Bild 2.14 Reflexion von Lichtstrahlen an einer a) ebenen Fläche und b) konkaven Kugelfläche (Hohlspiegel). Die in Klammern gesetzten Vorzeichen sollen an die Vorzeichenkonvention erinnern.

Versieht man die Winkel mit Vorzeichen gemäß der in der technischen Optik üblichen Vorzeichenkonvention (DIN 1335), dann gilt: $\varepsilon = -\varepsilon_r$.

Wie Bild 2.13 a) zeigt, liefert ein Planspiegel ein virtuelles Bild. Dabei erscheint der Bildpunkt O′ genau so weit hinter dem Spiegel, wie der Objektpunkt O vor dem Spiegel liegt.

Beim sphärischen **Hohlspiegel** (Bild 2.14 b) wird ein Lichtstrahl, der von einem Objektpunkt O ausgeht, am Spiegel gemäß Reflexionsgesetz reflektiert, d. h. $\varepsilon = -\varepsilon'$. Der Schnittpunkt des reflektierten Strahls mit der optischen Achse (z-Achse) liefert den Bildpunkt O′. Für paraxiale Strahlen gilt für die Bildweite a' in Abhängigkeit von der Gegenstandsweite a und dem Spiegelradius r:

$$a' = -\frac{ra}{r-2a}$$

Dabei ist wieder die Vorzeichenkonvention nach DIN 1335 zu beachten: Alle Strecken, die vom Koordinatenursprung aus nach links bzw. nach unten gemessen werden, sind negativ, entsprechend sind Strecken nach rechts oder oben positiv.

Kommen Strahlen aus dem Unendlichen ($a = -\infty$), dann ist der Bildpunkt für alle Strahlen derselbe; er wird als **Brennpunkt** bezeichnet. Sein Abstand vom Scheitel ist die **Brennweite**

$$f' = r/2$$

Durch Kombination der beiden Beziehungen folgt die **Abbildungsgleichung**

$$\frac{1}{a} + \frac{1}{a'} = \frac{1}{f'}$$

Von einem Gegenstand, der die Höhe y besitzt, wird ein Bild mit der Höhe y' entworfen, wobei der **Abbildungsmaßstab** β' folgender Gleichung genügt:

$$\beta' = \frac{y'}{y} = -\frac{a'}{a}$$

Beim **Konvex**- oder **Wölbspiegel** gelten die obigen Gleichungen ebenfalls, lediglich die Brennweite ist

$$f' = -r/2$$

2.4.1.3 Brechung

Fällt ein Lichtstrahl auf eine Grenzfläche zwischen zwei Medien mit unterschiedlichen optischen Eigenschaften, so spaltet der Strahl auf: Ein Teilstrahl wird reflektiert und ein zweiter dringt mit geänderter Richtung in das zweite Medium ein, er wird gebrochen (Bild 2.15 a).

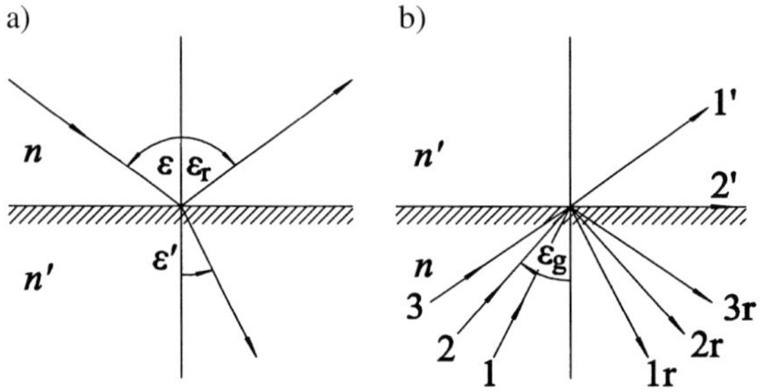

Bild 2.15 Lichtbrechung: Übergang vom a) optisch dünneren zum optisch dichteren, b) optisch dichteren zum optisch dünneren Medium

Für die Winkel relativ zum Lot gilt das Snellius'sche Brechungsgesetz

$$n \sin \varepsilon = n' \sin \varepsilon'$$

Die **Brechzahl** n ist das Verhältnis von Vakuumlichtgeschwindigkeit c_0 zur Lichtgeschwindigkeit c in Materie:

$$n = \frac{c_0}{c}$$

Für den Fall des Übergangs von einem optisch dichteren in ein dünneres Medium ($n > n'$, Bild 2.15 b) tritt für Einfallswinkel $\varepsilon > \varepsilon_g$ **Totalreflexion** auf. Das bedeutet, dass kein gebrochener Strahl auftritt (z. B. Strahl 3 → 3r in Bild 2.15 b). Der **Grenzwinkel** der Totalreflexion ε_g beträgt

$$\sin \varepsilon_g = \frac{n'}{n}$$

Die Totalreflexion wird ausgenutzt bei der optischen Datenübertragung auf Lichtwellenleitern (Glasfasern).

2.4.1.4 Abbildung durch Linsen

Dünne Linsen

Linsen bestehen meist aus Glas oder Kunststoff und werden gewöhnlich durch sphärische Flächen begrenzt. **Konvexlinsen** sind in der Mitte dicker als am Rand und fokussieren aus dem Unendlichen kommende Parallelstrahlen in einem Brennpunkt (Bild 2.16). Sie werden als **Sammellinsen** bezeichnet. **Konkavlinsen** (am Rand dicker als in der Mitte) wirken als **Zerstreuungslinsen**.

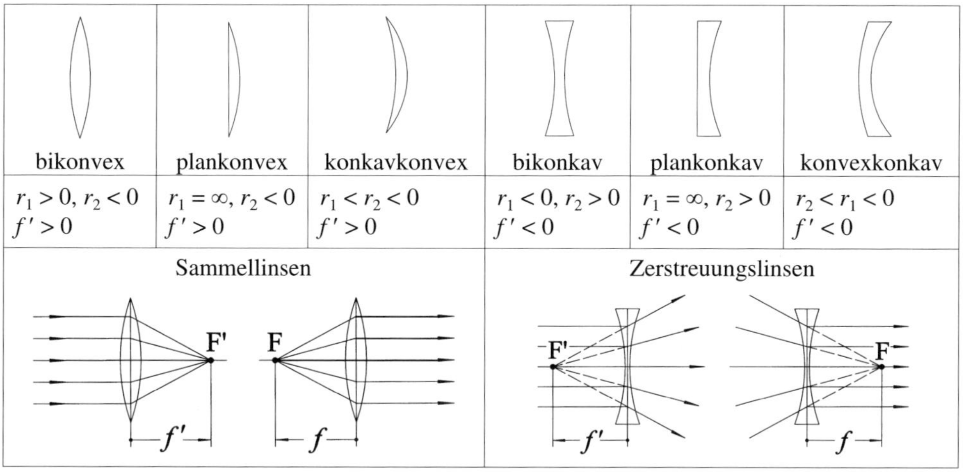

Bild 2.16 Linsenformen

Für dünne, beidseitig von Luft umgebene Linsen aus einem Material mit Brechzahl n_L, wobei der Radius der linken Kugelfläche mit r_1, derjenige der rechten Fläche mit r_2 bezeichnet wird, gilt für die **Brennweite** f':

$$\frac{1}{f'} = D' = (n_L - 1)\left(\frac{1}{r_1} - \frac{1}{r_2}\right) = -\frac{1}{f}$$

Die Maßeinheit für den **Brechwert** D' ist die **Dioptrie**: $[D'] = 1 \text{ dpt} = 1 \text{ m}^{-1}$.

Nach Bild 2.17 kann das Bild eines Gegenstandes mit Hilfe von ausgewählten Strahlen konstruiert werden. Rechnerisch ergibt sich die **Abbildungsgleichung**

$$\frac{1}{a'} - \frac{1}{a} = \frac{1}{f'}$$

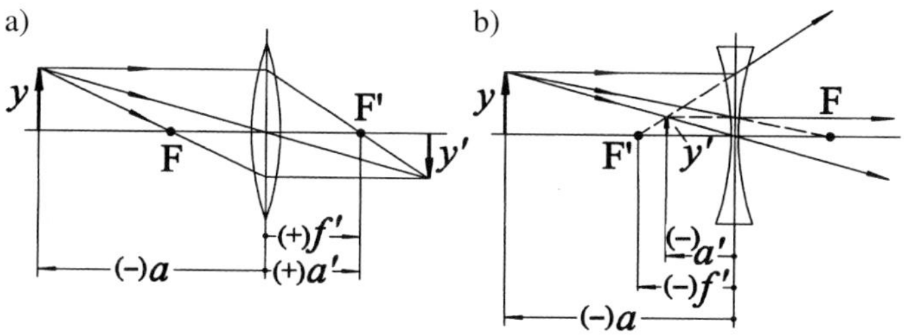

Bild 2.17 Bildkonstruktion bei
a) Sammellinse,
b) Zerstreuungslinse

Bildweite a', Gegenstandsweite a und Brennweite f' sind wieder vorzeichenrichtig (DIN 1335) einzusetzen. Der **Abbildungsmaßstab** β' verknüpft Bildgröße y' und Gegenstandsgröße y mit Bild- und Gegenstandsweite:

$$\beta' = \frac{y'}{y} = \frac{a'}{a}$$

Dicke Linsen

Bei dicken Linsen werden die Brennweiten f' und f von den **Hauptebenen** H′ und H aus gemessen, deren Konstruktion aus Bild 2.18 hervorgeht.

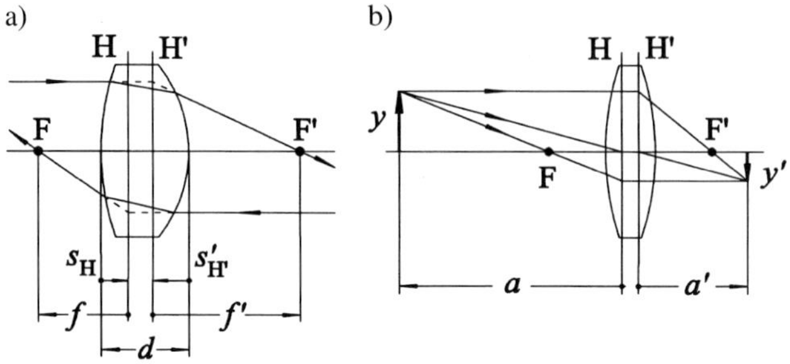

Bild 2.18 Dicke Linsen: a) Lage der Hauptebenen, b) Bildkonstruktion

Für eine Linse der Dicke d sind die Abstände der Hauptebenen von den Scheiteln

$$s'_{H'} = -f' \frac{n_L - 1}{n_L} \frac{d}{r_1} \quad \text{und} \quad s_H = -f' \frac{n_L - 1}{n_L} \frac{d}{r_2}$$

Die Brennweite einer dicken Linse ist

$$\frac{1}{f'} = D' = (n_L - 1)\left(\frac{1}{r_1} - \frac{1}{r_2}\right) + \frac{(n_L - 1)^2}{n_L} \frac{d}{r_1 r_2}$$

Für Bild- und Gegenstandsweite a' und a sowie die Höhen y' und y gelten dieselben Gleichungen wie bei dünnen Linsen.

2.4.1.5 Optische Instrumente

Auge

Das Auge entwirft von Gegenständen reelle, Kopf stehende Bilder auf der lichtempfindlichen Netzhaut. Die Brechung der Lichtstrahlen erfolgt vor allem an der gekrümmten Grenzfläche zwischen Luft und Hornhaut. Beim normalsichtigen entspannten Auge werden aus dem Unendlichen kommende Parallelstrahlen auf die Netzhaut fokussiert (Bild 2.19 a).

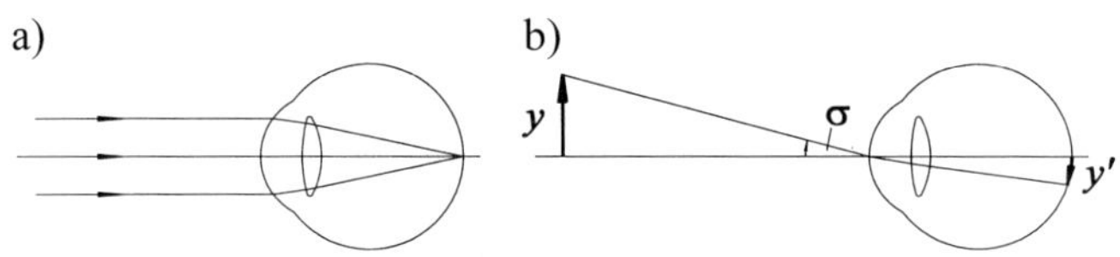

Bild 2.19 Menschliches Auge (vereinfachte Darstellung): a) Einstellung auf Unendlich, b) Definition des Sehwinkels

Gegenstände, die im Endlichen stehen, werden auf der Netzhaut dadurch scharf abgebildet, dass durch Veränderung der Krümmung der Augenlinse die Brechkraft erhöht wird. Dieser Vorgang der Anpassung der Augenlinse an verschiedene Gegenstandsweiten wird als **Akkommodation** bezeichnet. Als Abstand, in dem ein normalsichtiger Mensch Gegenstände ohne Anstrengung betrachten kann, wurde festgelegt:

Die **Bezugssehweite** beträgt $a_B = -25$ cm.

Fotoapparat

Der Fotoapparat ähnelt dem menschlichen Auge: Ein Objektiv entwirft das Bild eines Gegenstandes auf einem lichtempfindlichen Film (Bild 2.20). In Abhängigkeit von der Gegenstandsweite a muss der Abstand zwischen Filmebene und Objektiv (Bildweite a') verändert werden. Im Prinzip werden nur Gegenstandspunkte scharf abgebildet, die einen definierten Abstand a vom Objektiv haben, die also in einer Ebene liegen. Lässt man aber eine gewisse Unschärfe u' auf dem Film zu, dann wird der Bereich zwischen der vorderen a_v und der hinteren Gegenstandsweite a_h scharf abgebildet:

$$a_v = \frac{af'^2}{f'^2 - u'k(a+f')} \quad \text{und} \quad a_h = \frac{af'^2}{f'^2 + u'k(a+f')}$$

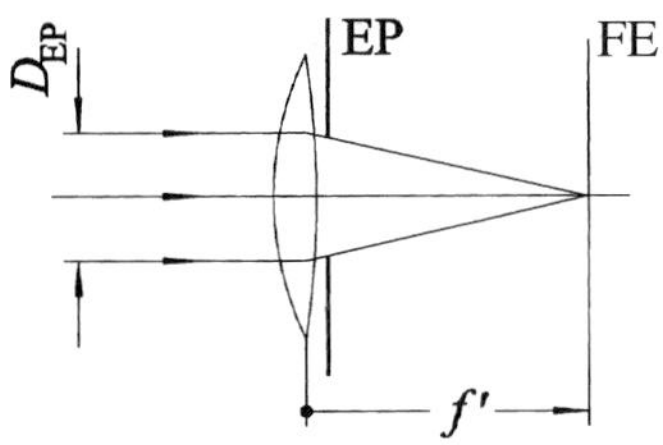

Bild 2.20 Fotoapparat auf Unendlich eingestellt. EP: Eintrittspupille (Blende), FE: Filmebene

$\Delta a = a_v - a_h$ ist die **Schärfentiefe**; k ist die **Blendenzahl**, deren Abstufungen in DIN 4522 festgelegt sind:

$$k = \frac{f'}{D_{EP}}, \qquad k = 1;\ 1{,}4;\ 2{,}8;\ 4;\ 5{,}6;\ 8;\ 11;\ 16;\ 22$$

dabei ist D_{EP} der Durchmesser der Eintrittspupille. Als Faustformel für die zulässige Unschärfe gilt $u' \approx$ Formatdiagonale/1000.

Vergrößerungsinstrumente

Bild 2.19b) zeigt, dass die Größe des Netzhautbildes abhängt vom **Sehwinkel** σ, unter dem ein Objektpunkt erscheint. Die Aufgabe von vergrößernden Instrumenten ist es also, diesen Sehwinkel zu vergrößern. Als **Vergrößerung** Γ' eines optischen Instrumentes (Tabelle 2.10) wird deshalb definiert:

$$\Gamma' = \frac{\tan\sigma'}{\tan\sigma} \approx \frac{\sigma'}{\sigma}$$

σ ist der Sehwinkel ohne und σ' derjenige mit Instrument.

Tabelle 2.10 Vergrößernde Instrumente

Strahlengang	Merkmale, Vergrößerung
Lupe 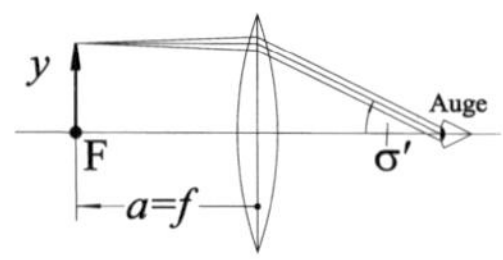 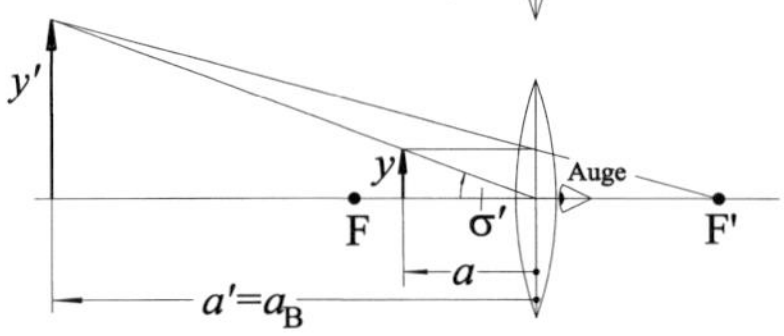	Normalvergrößerung: $\Gamma'_{\mathrm{L}} = -\frac{a_{\mathrm{B}}}{f'}$ Voraussetzung ist, dass der Gegenstand in der vorderen Brennebene steht. Das Auge ist auf Unendlich eingestellt. Vergrößerung bei Akkomodation, so dass das virtuelle Bild in der Bezugssehweite a_{B} entsteht: $\Gamma'_{\mathrm{L,A}} = -\frac{a_{\mathrm{B}}}{f'} + 1$
Mikroskop 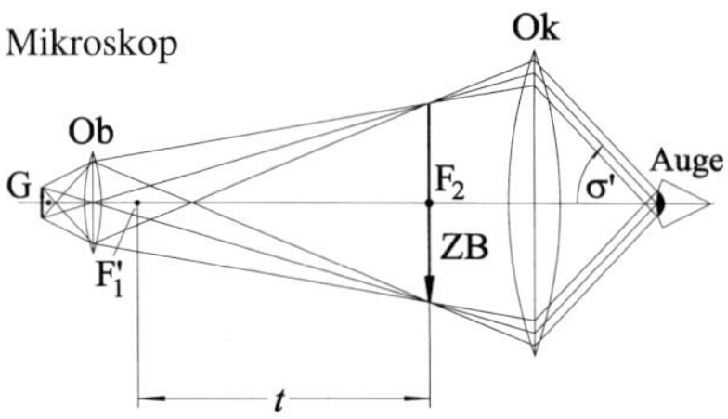	Das Objektiv Ob entwirft vom Gegenstand G ein vergrößertes Zwischenbild ZB, das durch das Okular Ok betrachtet wird. Vergrößerung: $\Gamma'_{\mathrm{M}} = \beta'_{\mathrm{Ob}} \Gamma'_{\mathrm{Ok}} = \frac{t}{f'_{\mathrm{Ob}}} \cdot \frac{a_{\mathrm{B}}}{f'_{\mathrm{Ok}}}$ β'_{Ob}: Abbildungsmaßstab Objektiv Γ'_{Ok}: Lupenvergrößerung Okular t: Tubuslänge
Fernrohr 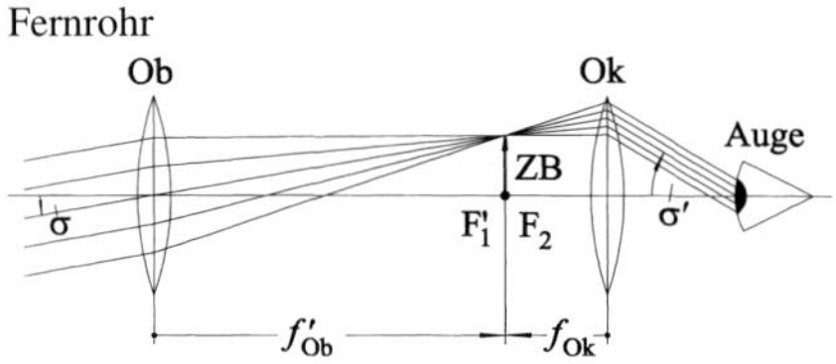 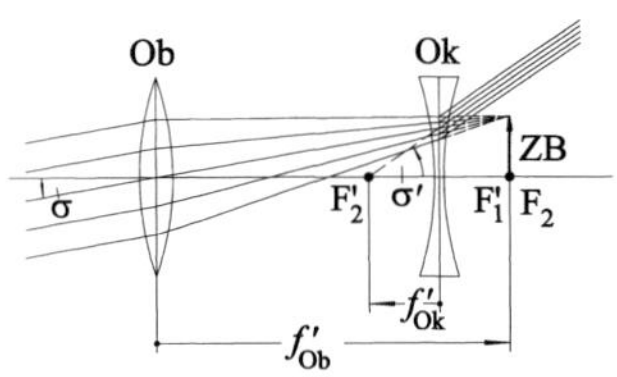	Aus dem Unendlichen kommende Parallelstrahlen werden vom Objektiv Ob zu einem Zwischenbild ZB vereinigt, das durch das Okular Ok betrachtet wird. Beim Kepler'schen oder astronomischen Fernrohr entsteht ein Kopf stehendes (negative Vergrößerung), beim Galilei'schen oder holländischen Fernrohr ein aufrechtes Bild (positive Vergrößerung). $\Gamma'_{\mathrm{F}} = -\frac{f'_{\mathrm{Ob}}}{f'_{\mathrm{Ok}}}$

2.4.2 Wellenoptik

2.4.2.1 Interferenz

Kohärenz

Licht als elektromagnetische Welle erzeugt Interferenzeffekte. Das bedeutet, dass bei der Überlagerung von zwei Wellen mit gleicher Wellenlänge im Überlagerungsgebiet Verstärkung oder Auslöschung auftreten kann, je nach Gangunterschied der beiden Wellen. Bild 2.21 zeigt zwei Wellenzüge, wobei die elektrische Feldstärke der ersten Welle gegeben ist durch

$$E_1 = \hat{E}\cos(\omega t - kx)$$

diejenige der zweiten Welle durch

$$E_2 = \hat{E}\cos\left(\omega t - kx + 2\pi\frac{\Delta}{\lambda}\right) = \hat{E}\cos(\omega t - kx + \varphi)$$

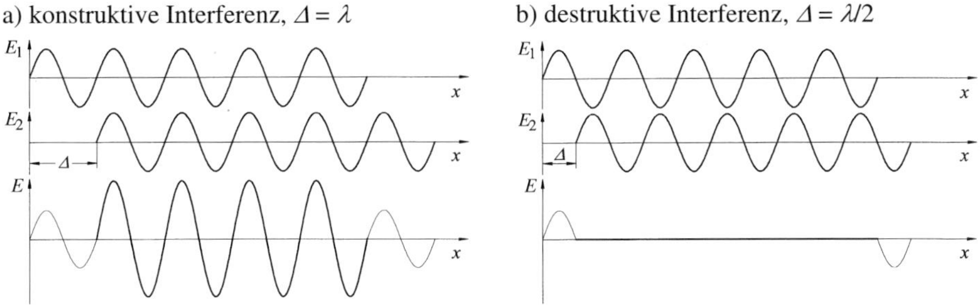

Bild 2.21 Momentbilder zweier Wellenzüge, die sich beide in x-Richtung bewegen

Die zweite weist gegenüber der ersten einen Phasenunterschied φ bzw. einen **Gangunterschied** Δ auf. Die Feldstärke der resultierenden Welle beträgt im Überlagerungsgebiet

$$E = 2\hat{E}\cos\left(\pi\frac{\Delta}{\lambda}\right)\cos\left(\omega t - kx + \pi\frac{\Delta}{\lambda}\right)$$

Man beobachtet **konstruktive Interferenz** für Gangunterschiede

$$\Delta = m\cdot\lambda, \quad \text{wobei} \quad m = 0,\ \pm 1,\ \pm 2,\ \pm 3 \ldots$$

und **destruktive Interferenz** für

$$\Delta = (2m+1)\frac{\lambda}{2}, \quad \text{wobei} \quad m = 0,\ \pm 1,\ \pm 2,\ \pm 3 \ldots$$

Bild 2.21 zeigt, dass nur solche Wellen interferenzfähig sind, die sich im Beobachtungsgebiet überlagern und eine feste Phasenbeziehung haben. Solche Wellen nennt man **kohärent**. Wird der Gangunterschied Δ größer als die Länge der Wellenzüge, dann ist keine Interferenz mehr beobachtbar. Die größte Verschiebung, bei der noch Interferenzen beobachtet werden können, ist gleich der Länge der Wellenzüge und wird als **Kohärenzlänge** bezeichnet. Nach dem Fourier'schen Integraltheorem ist die Kohärenzlänge l mit der spektralen Frequenzbreite Δf des Lichts und der Lichtgeschwindigkeit c verknüpft gemäß $l \approx \frac{c}{\Delta f}$.

Diese Kohärenzlänge variiert von ungefähr 1 µm bei Verwendung von Weißlicht bis zu mehreren Kilometern bei Lasern. Wegen ihrer hohen Kohärenz sind also Laser besonders gut geeignet für Interferenzuntersuchungen.

Michelson-Interferometer

Interferenzen lassen sich gezielt mit Hilfe von Interferometern untersuchen und für messtechnische Zwecke auswerten. Für verschiedene Fragestellungen wurden verschiedene Interferometertypen entwickelt. Beispielhaft soll hier das Interferometer nach Michelson vorgestellt werden (Bild 2.22).

Licht der Quelle Q (z. B. Laser) fällt auf einen halbdurchlässigen Strahlteiler T. Die Teilstrahlen in den beiden Ästen fallen auf die Spiegel S_1 und S_2 und werden nach erneuter Reflexion bzw. Transmission am Strahlteiler im unteren Teil zu Interferenz gebracht, wo das Ergebnis mit Hilfe

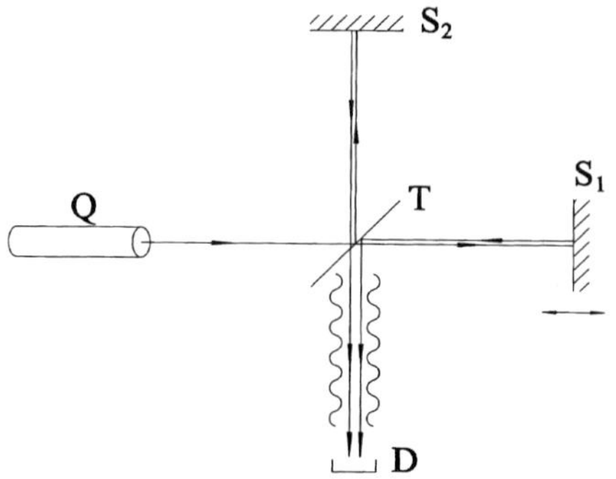

Bild 2.22 Schematische Anordnung des Michelson-Interferometers

des Detektors D (Auge, Photodiode) beobachtet wird. Ist die optische Weglänge zwischen Strahlteiler und S_1 bzw. S_2 gleich lang, dann ergibt sich phasengleiche Überlagerung, also konstruktive Interferenz. Dieser Zustand ist in Bild 2.22 skizziert. Wird nun beispielsweise der Spiegel S_1 um $\lambda/4$ in Strahlrichtung verschoben, dann entsteht ein Gangunterschied von $\Delta = \lambda/2$ zwischen den beiden Teilstrahlen und es wird Auslöschung, d. h. destruktive Interferenz, beobachtet. Wird der Spiegel kontinuierlich verschoben, so entstehen am Ort des Detektors periodisch Maxima und Minima. Mit dem Michelson-Interferometer lassen sich somit durch Auszählen solcher Ereignisse Wegstrecken und damit Längen auf Bruchteile der Lichtwellenlänge genau messen.

Dünne Schichten

Dünne Schichten wie beispielsweise Seifenhäute, Ölfilme, Oxid- und Aufdampfschichten zeigen je nach Dicke und Blickrichtung im Weißlicht verschiedene Interferenzfarben. Als Anwendungsbeispiel solcher Interferenzen soll die Funktion einer **reflexvermindernden Schicht** auf optischen Gläsern beschrieben werden (Bild 2.23).

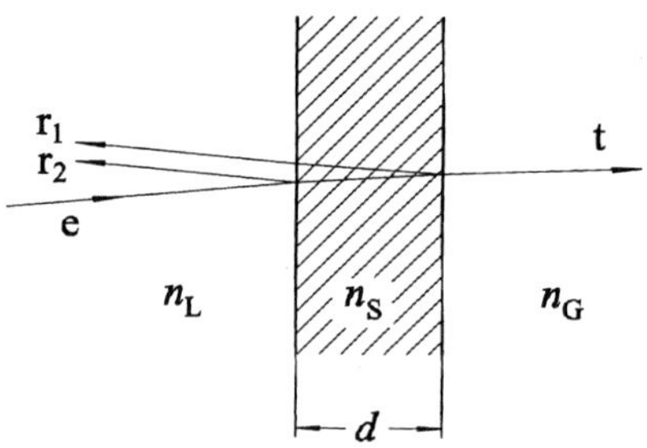

Bild 2.23 Reflexvermindernde Schicht oder dielektrischer Spiegel. e: einfallender, t: transmittierter Strahl, r_1 und r_2 reflektierte Strahlen. Brechzahl der Luft: n_L, der Schicht: n_S und des Glases: n_G

Bei senkrechtem Einfall weisen die beiden reflektierten Strahlen einen Gangunterschied von $\Delta = 2d$ auf. Innerhalb der Aufdampfschicht ist die Lichtwellenlänge reduziert auf λ/n_S. Zur Auslöschung (destruktive Interferenz) kommt es beim Gangunterschied

$$\Delta = 2d = \frac{\lambda}{2n_S}(2m+1)\,.$$

Die notwendige Schichtdicke beträgt damit

$$d = \frac{\lambda}{4n_S}(2m+1), \quad \text{mit} \quad m = 0, 1, 2, 3 \ldots$$

Die Beseitigung der Reflexion gelingt also nur für eine ganz bestimmte Wellenlänge λ. Bei Verwendung von Weißlicht optimiert man beispielsweise für grünes Licht mit $\lambda = 550$ nm.

Eine vollständige Auslöschung der reflektierten Wellen r_1 und r_2 wird nur erreicht, wenn ihre Amplituden gleich groß sind. Dies ist der Fall, wenn die Brechzahl n_S der Schicht folgender Bedingung genügt:

$$n_S = \sqrt{n_G} \ .$$

Wird die Schichtdicke so gewählt, dass die beiden Teilstrahlen r_1 und r_2 konstruktiv interferieren, dann erhält man einen **dielektrischen Spiegel**. Dies ist der Fall für die Schichtdicken

$$d = \frac{\lambda}{2n_S} m, \quad \text{mit} \quad m = 1, 2, 3 \ldots$$

2.4.2.2 Beugung am Spalt

Lichtstrahlen breiten sich im homogenen Raum geradlinig aus. Falls ein Hindernis die freie Ausbreitung stört, wird das Licht um das Hindernis herum gebeugt. Dies ist ein typischer Welleneffekt, der beispielsweise auch bei Schallwellen beobachtet wird. Trifft eine ebene Welle (Parallelstrahlen) auf einen Spalt (Bild 2.24), so breitet sich die Welle hinter dem Spalt auch in die geometrischen Schattengebiete hinein aus.

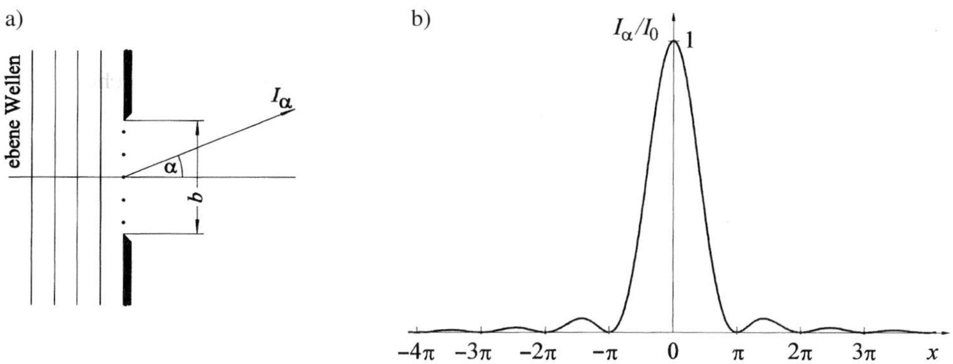

Bild 2.24 Beugung am Spalt: a) geometrische Anordnung mit Lage der Sender Huygens'scher Elementarwellen. Der Spalt ist senkrecht zur Zeichenebene nicht begrenzt. b) Intensitätsverlauf in großem Abstand mit $x = \pi(b/\lambda)\sin\alpha$

Nach Huygens kann die Wellenausbreitung bestimmt werden, wenn jeder Punkt auf einer Wellenfläche als Sender einer Kugelwelle aufgefasst wird. Die Überlagerung aller dieser so genannten **Huygens'schen Elementarwellen** liefert die Intensität hinter dem Spalt. Bei **Fraunhofer'scher Beugung** wird in großem Abstand vom Spalt an einer Wand die Interferenzfigur betrachtet. Infolge von konstruktiver und destruktiver Interferenz der einzelnen Elementarwellen ergibt sich für die Intensität I_α in Richtung des Winkels α (Bild 2.24 a) folgender Verlauf:

$$\frac{I_\alpha}{I_0} = \frac{\sin^2\left(\pi \frac{b}{\lambda} \sin\alpha\right)}{\left(\pi \frac{b}{\lambda} \sin\alpha\right)^2}$$

2

der in Bild 2.24 b) dargestellt ist. I_0 ist die Intensität in Geradeausrichtung ($\alpha = 0$), b ist die Spaltbreite. Ein zentraler heller Streifen ist symmetrisch von dunklen und hellen Streifen umgeben. Für die Lage der Nullstellen (Dunkelheit) folgt:

$$\sin\alpha_m = \pm m\frac{\lambda}{b}, \quad \text{mit} \quad m = 1, 2, 3 \ldots$$

Beugung an der Lochblende

Der technisch wichtige Fall der Beugung an der Lochblende liefert an einer weit entfernten Wand ein helles kreisrundes zentrales Beugungsscheibchen, das etwa 84 % der durch das Loch gehenden Energie aufnimmt. Dieses **Airy-Scheibchen** ist von konzentrischen dunklen und hellen Ringen umgeben. Der Intensitätsverlauf ist ähnlich dem in Bild 2.24 b), wird aber durch folgende Gleichung beschrieben:

$$\frac{I_\alpha}{I_0} = \left(\frac{2J_1(x)}{x}\right)^2, \quad \text{mit} \quad x = \pi\frac{d}{\lambda}\sin\alpha$$

d ist der Durchmesser der Lochblende, $J_1(x)$ ist die Besselfunktion erster Ordnung. Nullstellen der Funktion, d. h. dunkle Ringe, ergeben sich für folgende Winkel:

$$\sin\alpha_1 = 1{,}220\frac{\lambda}{d}, \quad \sin\alpha_2 = 2{,}233\frac{\lambda}{d}, \quad \sin\alpha_3 = 3{,}238\frac{\lambda}{d}, \quad \sin\alpha_4 = 4{,}241\frac{\lambda}{d} \quad \text{usw.}$$

Auflösungsvermögen optischer Instrumente

Da in vielen optischen Instrumenten das Licht durch kreisförmige Blenden (Linsenfassungen) eintritt, beschränkt die Beugung an der Lochblende das Auflösungsvermögen. Fällt beispielsweise bei einem Fernrohr das parallele Licht eines Sterns ins Objektiv, dann ist dessen Zwischenbild in der Brennebene nicht ein Punkt, wie in der geometrischen Optik angenommen wird (Tabelle 2.10), sondern ein Airy'sches Beugungsscheibchen. Ein benachbarter Stern kann nur dann getrennt wahrgenommen werden, wenn dessen Beugungsscheibchen genügend weit vom ersten entfernt ist. Zwei Objektpunkte sind sicher zu trennen, wenn sie unter einem Winkel δ erscheinen, der folgender Bedingung genügt (**Rayleigh-Kriterium**): $\delta \geq 1{,}22\frac{\lambda}{d}$, wobei d der Durchmesser des Objektivs ist. Beim Mikroskop lassen sich nach Abbe zwei Objektpunkte trennen, wenn ihr Abstand y folgender Bedingung genügt:

$$y \geq \frac{\lambda}{n\sin\sigma} = \frac{\lambda}{A_N}$$

Hier ist n die Brechzahl des Mediums vor dem Objektiv und σ der halbe Öffnungswinkel des in das Objektiv eintretenden Strahlenbüschels. $A_N = n\ \sin\sigma$ heißt **numerische Apertur**, wobei $A_N \approx 1$. Daher kann man mit Mikroskopen Objekte von der Größenordnung der verwendeten Lichtwellenlänge auflösen.

2.4.2.3 Beugung am Gitter

Mehrere regelmäßig angeordnete Spalte (Bild 2.25 a) bezeichnet man als Beugungsgitter. Bei Fraunhofer'scher Betrachtung entsteht in großem Abstand vom Gitter eine Reihe von hellen und dunklen Streifen, deren Intensitätsverlauf in Bild 2.25 b) dargestellt ist und folgender Beziehung genügt:

$$\frac{I_\alpha}{I_0} = \frac{\sin^2\left(\pi\frac{b}{\lambda}\sin\alpha\right)}{\left(\pi\frac{b}{\lambda}\sin\alpha\right)^2} \cdot \frac{\sin^2\left(p\pi\frac{g}{\lambda}\sin\alpha\right)}{p^2\left(\pi\frac{g}{\lambda}\sin\alpha\right)^2}$$

p ist die Zahl der interferierenden Spalte, b die Spaltbreite und g der Spaltabstand, die Gitterkonstante.

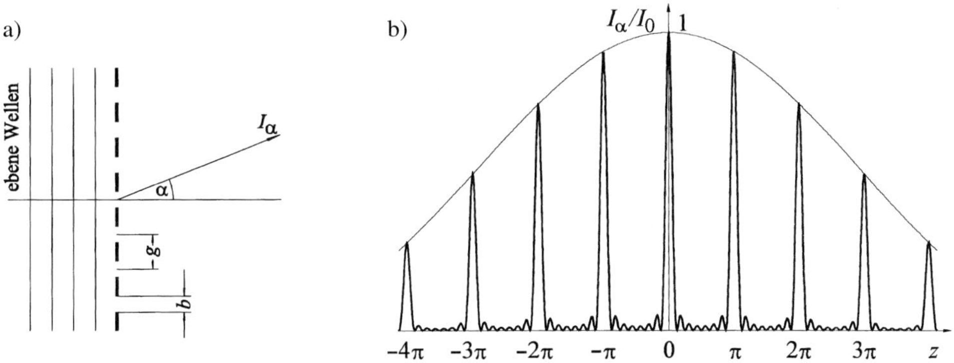

Bild 2.25 Beugung am Gitter: a) geometrische Anordnung. Die Gitterstege sind senkrecht zur Zeichenebene nicht begrenzt. b) Intensitätsverlauf in großem Abstand für p = 8 Spalte und g/b =7; $z = \pi(g/\lambda)\sin\alpha$

Der erste Faktor ist die bereits bekannte Spaltbeugungsfunktion, der zweite Faktor die Interferenzfunktion des Gitters. Die Interferenzfunktion hat Hauptmaxima bei $z = 0,\ \pm\pi,\ \pm2\pi\ ...$ (Bild 2.25 b). Sie wird durch die Spaltfunktion moduliert, die als Einhüllende sichtbar ist. Unter folgenden Winkeln treten Hauptmaxima auf:

$$\sin\alpha_m = \pm m\frac{\lambda}{g}, \quad \text{mit} \quad m = 0, 1, 2, 3\ ...$$

Die Maxima werden umso schärfer, je mehr Spalte an der Interferenz beteiligt sind.

Beugungsgitter werden in **Spektrometern** eingesetzt, um Lichtwellenlängen zu messen. Kommerzielle Spektrometer benutzen meist Reflexionsgitter mit mehreren tausend Spalten.

2.4.3 Quantenoptik

2.4.3.1 Lichtquanten

Experimente zum lichtelektrischen Effekt, die mit der klassischen Physik nicht vereinbar waren, führten Einstein zur Aufstellung seiner **Lichtquantenhypothese**. Danach wird Licht aufgefasst als ein Strom von Lichtquanten oder **Photonen**, von denen jedes eine ganz bestimmte Energie transportiert. Die Energie eines Photons beträgt

$$E_{ph} = hf = \frac{hc}{\lambda}$$

2

dabei ist $h = 6{,}626 \cdot 10^{-34}$ J · s = $4{,}136 \cdot 10^{-15}$ eV · s die Planck'sche Konstante, f die Lichtfrequenz, c die Lichtgeschwindigkeit und λ die Wellenlänge. Das Produkt aus Planck'scher Konstante und Lichtgeschwindigkeit ist $hc = 1{,}24$ µm · eV.

Eine monochromatische Lichtquelle (Laser, LED) sendet also Photonen mit gleicher Energie E_{ph} aus. Damit lässt sich die Strahlungsleistung Φ der Lichtquelle folgendermaßen ausdrücken:

$$\Phi = \dot{N}_{\text{ph}} E_{\text{ph}}$$

$\dot{N}_{\text{ph}}$ ist der Photonenstrom, d. h. die Zahl der pro Zeiteinheit emittierten Photonen.

Obwohl Lichtquanten keine Ruhemasse besitzen, kann ihnen nach Einsteins Äquivalenzprinzip von Masse und Energie eine Masse zugeordnet werden:

$$m = \frac{E_{\text{ph}}}{c^2} = \frac{hf}{c^2} = \frac{h}{c\lambda}$$

Damit besitzen die Photonen aber auch einen Impuls p, der beispielsweise beim Strahlungsdruck der Photonen zu Tage tritt:

$$p = mc = \frac{h}{\lambda}$$

2.4.3.2 Emission und Absorption von Licht

Bei der Wechselwirkung mit den Atomen der Materie wird die Energie in ganzen Quanten dem Lichtfeld zugeführt (Emission) oder vom Lichtfeld abgegeben (Absorption). Die Elektronen der Atome können sich nach den Regeln der Quantenmechanik nur auf ganz bestimmten Energieniveaus aufhalten (Bild 2.26). Ein Übergang zwischen diesen erlaubten Energieniveaus ist nur möglich, wenn die Differenzenergie zu- oder abgeführt wird. Bei optischen Prozessen wird dies von Photonen übernommen (es gibt auch andere Möglichkeiten der Energieübertragung).

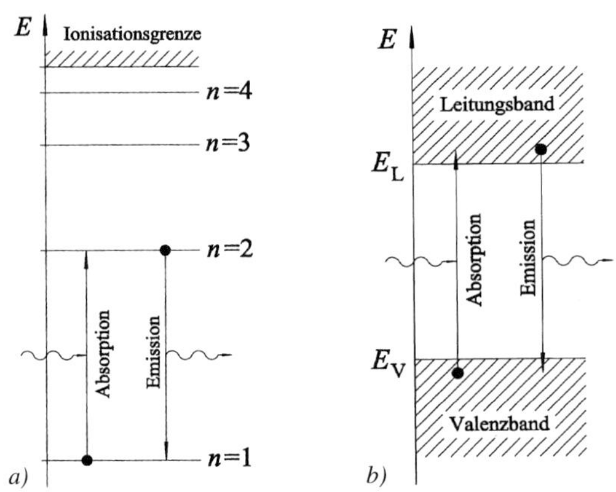

Bild 2.26 Absorption und Emission von Licht: a) Einzelatome (Gase) mit scharfen Energieniveaus, b) Festkörper (hier: Halbleiter) mit breiten erlaubten Energiebändern

Aus Bild 2.26 b) ist ablesbar, dass in einem Halbleiter nur solche Photonen absorbiert werden, deren Energie ausreicht, um Elektronen vom Valenzband über die verbotene Zone ins Leitungsband zu heben. Es muss also die Bedingung

$$E_{\mathrm{ph}} = hf = \frac{hc}{\lambda} \geq E_{\mathrm{g}} \quad \text{oder} \quad \lambda \leq \frac{hc}{E_{\mathrm{g}}}$$

erfüllt sein. Für den Halbleiter Si mit einer Energielücke von $E_{\mathrm{g}} = 1{,}11$ eV bedeutet dies, dass nur Licht mit einer Wellenlänge von $\lambda \leq 1{,}12$ µm absorbiert wird. Solarzellen aus Si nützen vom Sonnenspektrum also nur einen Teil zur Energiegewinnung aus.

2.4.3.3 Laser

Bereits 1917 postulierte Einstein, dass neben der spontanen Emission von Photonen (Bild 2.26) auch **stimulierte Emission** auftreten sollte (Bild 2.27). Das bedeutet, dass ein bereits vorhandenes Photon mit passender Energie, das z. B. durch spontane Emission entstand, Elektronen zu Übergängen aus einem höheren in ein tieferes Niveau stimulieren kann. Die dabei erzeugten Photonen verstärken das induzierende Photon, so dass schließlich eine Lichtwelle mit hoher Intensität entsteht. Das Wort Laser ist eine Abkürzung für **L**ight **A**mplification by **S**timulated **E**mission of **R**adiation.

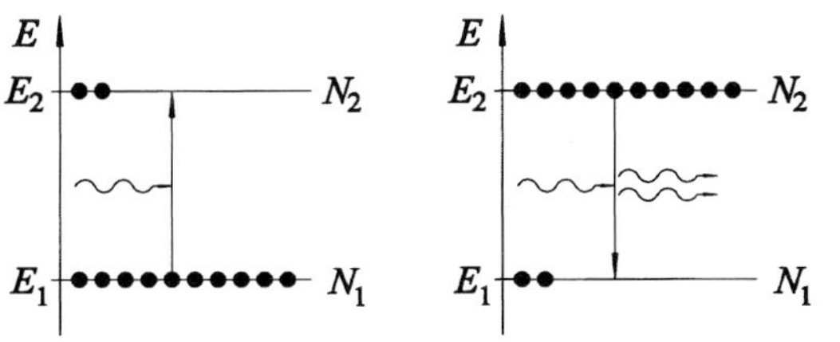

Bild 2.27 Wechselwirkung des Lichtfeldes mit einem atomaren System: a) Absorption im thermodynamischen Gleichgewicht, b) stimulierte Emission bei Besetzungsinversion

Bei normalem Glühlicht entstehen Photonen in völlig unkorrelierten Elementarakten, was dazu führt, dass inkohärente kurze Wellenzüge ausgesandt werden. Bei einem Laser hat man es dagegen mit einem kollektiven Phänomen, d. h. einem Synergie-Effekt, zu tun: Alle stimuliert erzeugten Photonen koppeln phasenrichtig an die Ausgangswelle an, so dass eine Lichtwelle mit hoher Kohärenzlänge entsteht.

In einem System von Atomen sind die niedrigen Energiezustände immer stärker besetzt als die hohen. Beispielsweise sind die Besetzungszahlen N_1 und N_2 der beiden Energiezustände E_1 und E_2 in Bild 2.27 a) im thermodynamischen Gleichgewicht gegeben durch den Boltzmann-Faktor

$$\frac{N_2}{N_1} = \exp\left(-\frac{E_2 - E_1}{kT}\right)$$

mit der Boltzmann-Konstante k und der thermodynamischen Temperatur T. Daher ist im Normalfall $N_2 \ll N_1$. Das bedeutet aber, dass eine einlaufende Welle stets Übergänge von unten nach oben hervorruft, also eine Absorption auftritt. Soll die stimulierte Emission einsetzen, dann müssen mehr Elektronen im hohen Niveau als im niedrigen sein (Bild 2.27 b). Es muss deshalb als so genannte **erste Laserbedingung** eine **Besetzungsinversion** vorliegen, die künstlich herbeigeführt wird (Tabelle 2.11).

2

Tabelle 2.11 Methoden zur Erzeugung der Besetzungsinversion

Lasertyp	Materialbeispiele	Methode
Festkörperlaser	Rubin, Nd-YAG	optisches Pumpen durch Blitzlampe oder Dauerstrichlampe
Gaslaser	He-Ne, Kr, Ar, CO_2	Elektronenstöße in einer Gasentladungsröhre
Halbleiterlaser	GaAs, GaAlAs, InGaAsP	pn-Übergang aus hochdotierten Halbleitern in Vorwärtsrichtung betrieben

Als **zweite Laserbedingung** bedarf ein stabil schwingender Laser eines Resonators, der für eine positive **Rückkopplung** sorgt. Am häufigsten werden Fabry-Perot-Resonatoren verwendet, bei denen das Licht zwischen zwei Spiegeln hin- und herläuft und eine stehende Welle aufbaut. Die Geometrie des Resonators legt die genaue Laserwellenlänge fest. Mindestens einer der Spiegel muss teildurchlässig sein, damit an ihm der Laserstrahl ausgekoppelt werden kann.

Ein nahezu paralleler Laserstrahl vom Durchmesser D lässt sich mit einer Sammellinse der Brennweite f' fokussieren. Der Fokusdurchmesser d ist beugungsbegrenzt (Abschn. 2.4.2.2) und beträgt näherungsweise

$$d \approx \lambda \frac{f'}{D}$$

Die damit erzielbaren Bestrahlungsstärken sind so groß, dass alle absorbierenden Substanzen verdampfen und somit bearbeitet werden können. Diese Eigenschaft sowie die hervorragende räumlich und zeitliche Kohärenz eröffnen dem Laser viele Einsatzgebiete (Tabelle 2.12).

Tabelle 2.12 Anwendungen des Lasers

Materialbearbeitung	Optische Messtechnik	Nachrichtentechnik	Medizin
Bohren, Schneiden, Härten, Schweißen, Abtragen (Trimmen von Schwingquarzen, Widerständen, Kondensatoren), Beschichten	Interferometrie, Holographie, Entfernungsmessung, Satellitenvermessung, Leitstrahl beim Tunnel-, Straßen- und Brückenbau	Optische Nachrichtenübertragung mit modulierten Halbleiterlasern, Datenspeicherung und -wiedergabe mit CDs und DVDs	Laserskalpell, Öffnung verschlossener Blutgefäße, Netzhaut-Anheftung, Abtragungen an der Hornhaut, Zerstörung von Krebszellen

Weiterführende Literatur

Dobrinski, P.; Krakau, G.; Vogel, A.: Physik für Ingenieure. 11. Auflage. Stuttgart: Teubner 2006
Hering, E., Martin, R., Stohrer, M.: Physik für Ingenieure. 9. Auflage. Berlin: Springer 2004
Kuchling, H.: Taschenbuch der Physik. 19. Auflage. Leipzig: Fachbuchverlag 2007
Leute, U.: Physik. 2. Auflage. München: Hanser 2004
Lindner, H.: Physik für Ingenieure. 17. Auflage Leipzig: Fachbuchverlag 2006
Maute, D.: Technische Akustik und Lärmschutz. Leipzig: Fachbuchverlag 2006
Meschede, D.: Gerthsen Physik. 23. Auflage. Berlin: Springer 2006
Möser, M.: Technische Akustik. 6. Auflage. Berlin: Springer 2004
Paus, H. J.: Physik. 3. Auflage. München: Carl Hanser Verlag 2007
Schröder, G.; Treiber, H.: Technische Optik. 10. Auflage. Würzburg: Vogel 2006
Stroppe, H.: Physik. 13. Auflage. Leipzig: Fachbuchverlag 2005

3 Chemie

Dipl.-Ing. Wolfgang Schulz
Wave GmbH Stuttgart

3

Tabelle 3.1 Wichtige Formelzeichen

Formelzeichen	SI-Einheit	Weitere	Bedeutung
m	kg	g	Masse
n	mol	mmol kmol	Stoffmenge 1 mol ist die Teilchenzahl, die aus genau so vielen Teilchen besteht, wie Atome in 0,012 kg ^{12}C enthalten sind.
$M(X)$	kg/mol	g/mol	Die Masse der Stoffmenge 1 Mol (Molmasse, Molare Masse) $M(X) = m(X)/n(X) = N_A \cdot m(1\ X)$.
V_m	l	cm^3 ml	Volumen von 1 Mol eines idealen Gases im Normzustand (273,15 K; 101,3 kPa) $V_m = 22{,}414$ l Molvolumen.
N_A	mol^{-1}		Die Avogadro-Konstante N_A ist die Anzahl der Teilchen in einem Mol eines Stoffes: $N_A = 6{,}02214 \cdot 10^{23}$ mol^{-1}.
$A_r(X)$	g/g		Relative Atommasse des Elements X bezogen auf das Nuklid ^{12}C. $A_r(X) = m(1\ X)/[1/12 \cdot m(^{12}C)]$.
c	mol/l	mol/m^3	Stoffmengenkonzentration (Molarität) $c = n/V_{\text{Lösung}}$.

Alle chemischen Stoffe lassen sich in **heterogene** und **homogene** Stoffe unterteilen. Heterogene Stoffe setzen sich aus mehreren, in sich jeweils homogenen Phasen zusammen, die sich auf Grund ihrer unterschiedlichen physikalischen Eigenschaften auf mechanischem Wege trennen lassen. Die Materie besteht aus **Elementen** und deren **Verbindungen** (Moleküle).

Nukleonen sind Kernspezies (Neutronen und Protonen).
Nuklide sind Atomspezies aus Protonen, Neutronen und Elektronen (z. B. ^{12}C, ^{14}N, ^{56}Fe)
Elemente lassen sich nicht in andere Stoffe zerlegen und bestehen aus Nukliden gleicher Protonenzahl (Kernladungszahl).
Ordnungszahl *Z* ist die Anzahl der Protonen im Atomkern.
Massenzahl *A* ist die Summe der Nukleonen.

Isotope sind Nuklide mit gleicher Protonenzahl, aber unterschiedlicher Neutronenzahl. Die Schreibweise lautet:

Massenzahl *A*
Elementsymbol Beispiel: $^{12}_{6}C$ $^{13}_{6}C$ $^{14}_{6}C$
Ordnungszahl *Z*

Atome sind die kleinsten Teilchen der Elemente.
Ionen sind elektrisch geladene Atome oder Moleküle.
Moleküle sind die kleinsten Teile einer chemischen Verbindung und bestehen aus zwei oder mehreren miteinander verbundenen Atomen.

3

3.1 Atombau und chemische Bindung

Atome sind die **kleinsten Bausteine** aller Stoffe. Als **neutrale Atome** bilden sie die **Elemente**, als elektrisch geladene Atome (**Ionen**) und **Moleküle** stellen Sie die Grundbausteine für **Verbindungen** dar.

3.1.1 Atombau

Atome setzen sich aus den drei Grundbausteinen **Neutronen**, **Protonen** und **Elektronen** zusammen, deren Eigenschaften in Tabelle 3.2 zusammengestellt sind.

Tabelle 3.2 Eigenschaften der Atombausteine

	Teilchen	Symbol	Ladung C	Ruhemasse kg	u
Atomkern	Proton	**p, H^+**	$+1{,}6022 \cdot 10^{-19}$	$1{,}673 \cdot 10^{-27}$	1,0073
	Neutron	**n**	0	$1{,}675 \cdot 10^{-27}$	1,0087
Atomhülle	Elektron	**e^-**	$-1{,}6022 \cdot 10^{-19}$	$9{,}11 \cdot 10^{-31}$	0,00055

Rund 99,9 % der gesamten Masse eines Atoms sind im Atomkern konzentriert, dessen Durchmesser etwa 1/10000 des Atomdurchmessers entspricht. Zur Vereinfachung wird die Masse im atomaren Bereich in atomaren Masseneinheiten u angegeben.

Die atomare Masseneinheit u ist 1/12 der Masse des Kohlenstoffisotops ^{12}C.
$1\ u = 1{,}66054 \cdot 10^{-27}\ kg$

Der **Atomkern** setzt sich aus **Protonen** und **Neutronen** zusammen, wobei die Anzahl der Protonen das Atom charakterisiert, beispielsweise beim Kohlenstoffatom durch 6 Protonen. Der Atomkern wird von der Atomhülle umgeben. Sie wird durch die Elektronen gebildet, deren Anzahl den Protonen entspricht. Die Verteilung der **Elektronen** in der Atomhülle bestimmt die **chemischen Eigenschaften** des Elements.

Atomorbitale sind **Aufenthaltswahrscheinlichkeiten** der Elektronen eines Atoms um den Atomkern und werden mathematisch durch die Wellenfunktion beschrieben.

3.1.2 Periodensystem der Elemente

Im Periodensystem sind alle chemischen Elemente systematisch nach ähnlichem Reaktionsverhalten angeordnet. Die waagerechten Zeilen von 1 bis 7 werden als **Perioden** bezeichnet, die Spalten 1 bis 18 als **Gruppen**, und zwar IA bis VIIIA als **Hauptgruppen** und IB bis VIIIB als **Nebengruppen** (Bild 3.1).

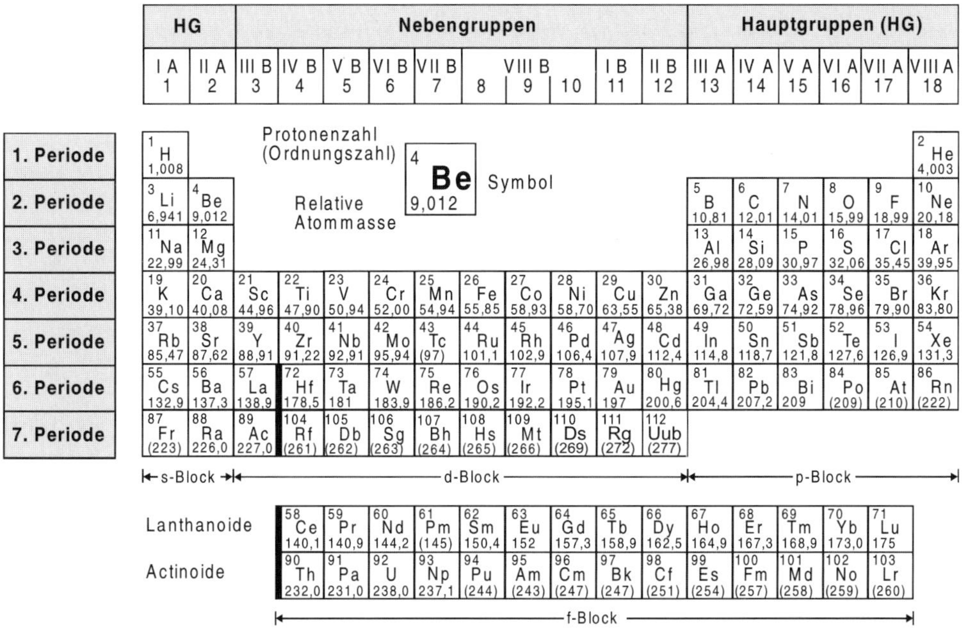

Bild 3.1 Periodensystem der Elemente

Im Bild 3.2 sind die Abhängigkeiten einiger Eigenschaften der Atomkerne von der Stellung im Periodensystem bzw. der Ordnungszahl angegeben.

Eigenschaft	Abhängigkeit von der Stellung im PSE	Abhängigkeit von der Ordnungszahl
Atommasse	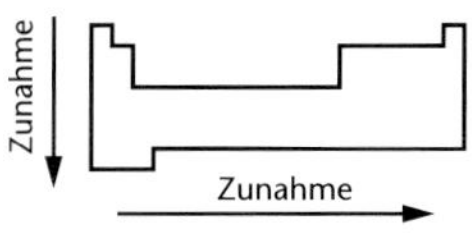	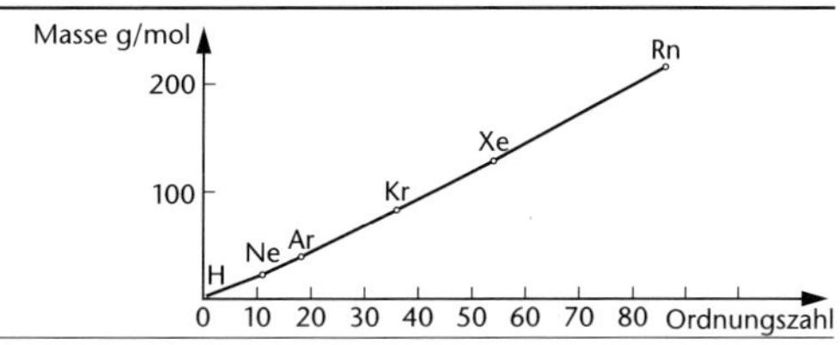
Atom- und Ionenradien	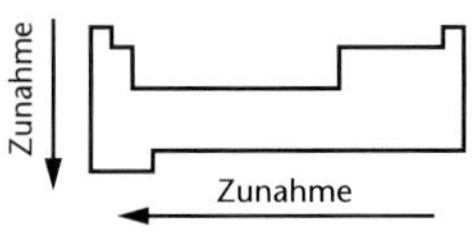	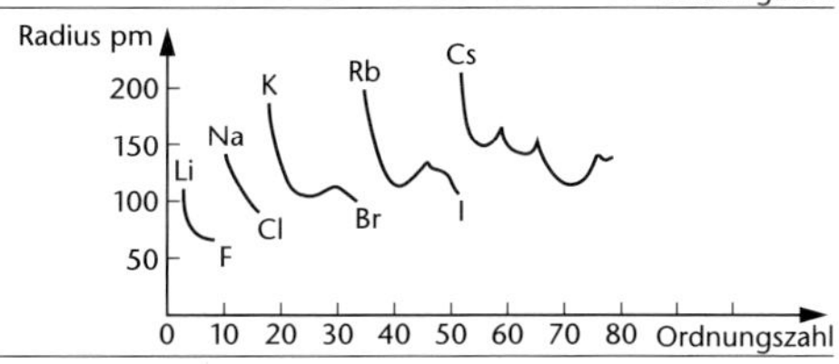
Elektro-negativität	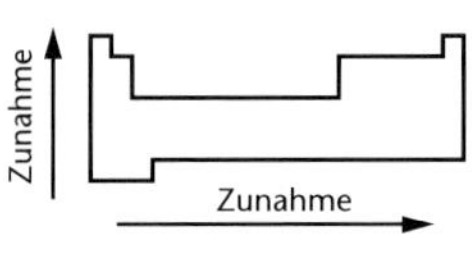	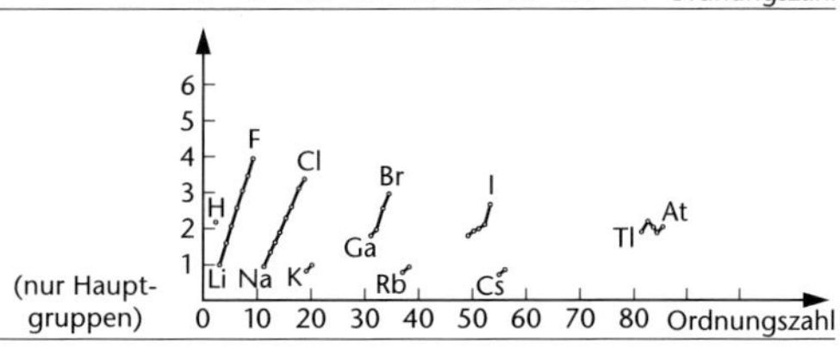

Bild 3.2 Gesetzmäßigkeiten atomarer Eigenschaften im Periodensystem der Elemente

Eigenschaft	Abhängigkeit von der Stellung im PSE	Abhängigkeit von der Ordnungszahl
Elektronen-affinität	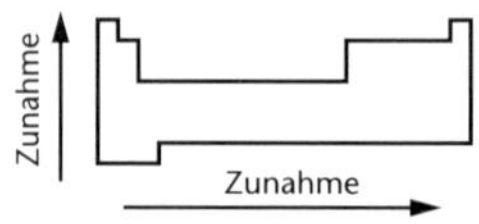	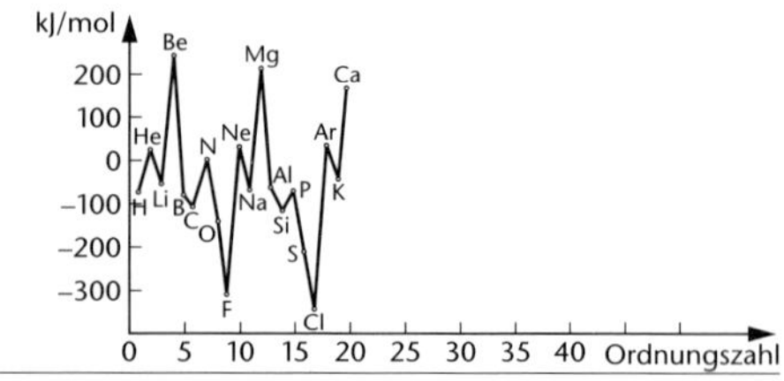
Ionisierungs-energie	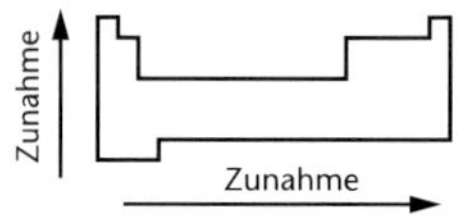	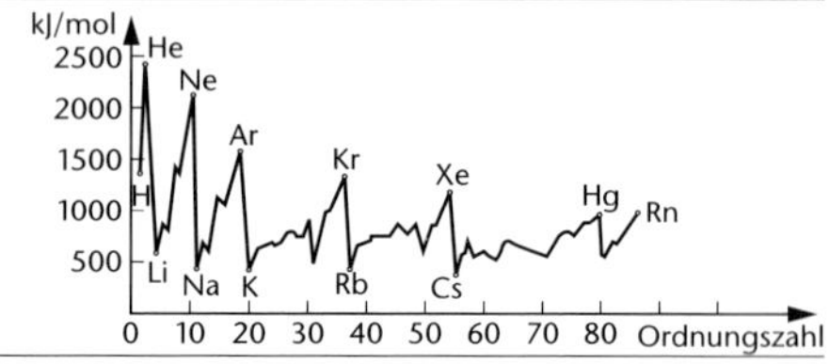
Metallischer Charakter	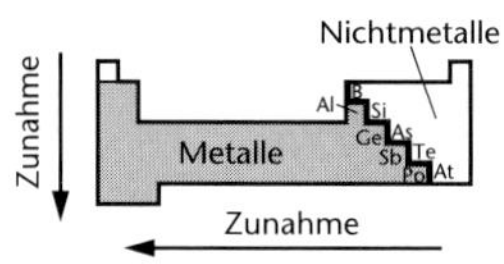	Entlang der Diagonalen von Be nach Po stehen die Halbmetalle
Maximale Oxidations-stufe	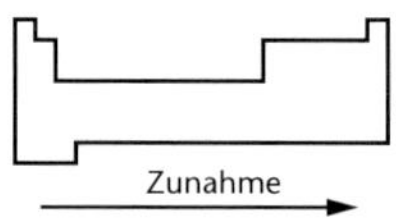	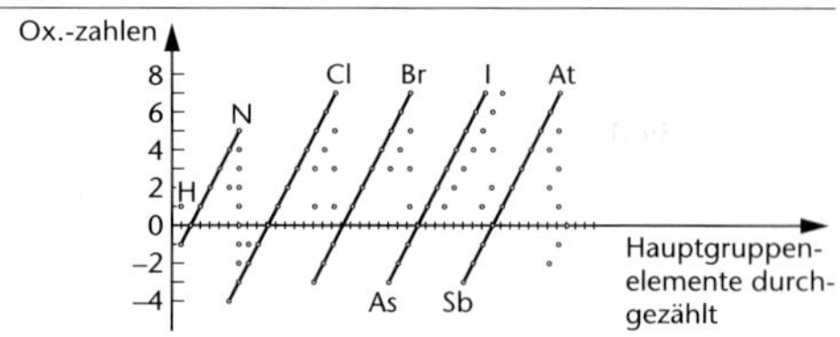

Bild 3.2 Gesetzmäßigkeiten atomarer Eigenschaften im Periodensystem der Elemente (Fortsetzung)

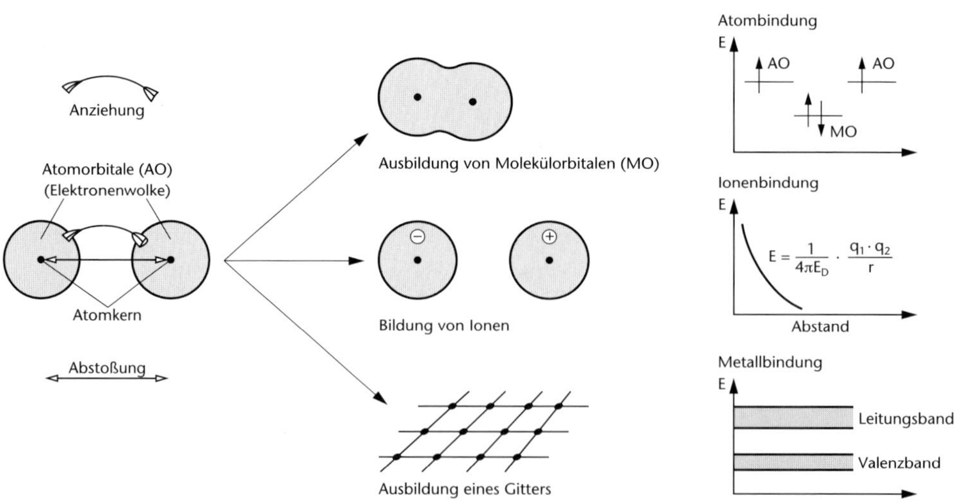

Bild 3.3 Schematische Darstellung der Ausbildung einer Bindung zwischen zwei Atomen

3.1.3 Chemische Bindung

3.1.3.1 Beschreibung der Bindungsarten

In Bild 3.3 ist schematisch die Wechselwirkung zwischen zwei Atomen zur Ausbildung einer Bindung dargestellt.

Triebkraft für alle chemischen Bindungen ist das Bestreben der Atome, in **energetisch günstigere Zustände** überzugehen. In Tabelle 3.3 sind die Bindungsarten mit den charakteristischen Merkmalen gegenübergestellt.

Tabelle 3.3 Gegenüberstellung der Bindungsarten

Merkmal	**Bindung**				**Intermolekulare Wechselwirkung**
	Atombindung homöopolare – kovalente –		**Ionenbindung heteropolare –**	**Metallbindung**	
Art der beteiligten Atome	Nichtmetallatome		Metallatom und Nichtmetallatom	Metallatome	Atome und Moleküle
Charakter der Atome	elektroneutral		elektropositiv und elektronegativ	elektropositiv	
Prinzip Vorgänge in der Elektronenhülle	Die Atomorbitale der Bindungspartner überlappen sich zu energetisch günstigeren Molekülorbitalen, die von den Elektronen der Bindungspartner besetzt werden (Bildung gemeinsamer Elektronenpaare)		Bildung von entgegengesetzt geladenen Ionen durch Transfer von Elektronen zwischen den Bindungspartnern	Abgabe von Valenzelektronen in ein Band. Die Atomorbitale aller Metallatome in einem Kristall überlagern sich zu Energiebändern, die von den Elektronen aller Metallatome besetzt werden	elektrische Anziehungskräfte infolge Dipolwechselwirkung
Eigenschaften	räumlich gerichtete Bindung, Bindungspartner liegen in Molekülen vor		ungerichtete Bindung durch elektrostatische Wechselwirkung, Anordnung der Bindungspartner in einem regelmäßigen Gitter	ungerichtete Bindung, Anordnung der positiven Metallionen in einem regelmäßigen Gitter	schwach kurze Reichweite
Art der entstehenden Teilchen	Moleküle	Netzwerk, Gitter	positive und negative Ionen	positive Ionen und ein Elektronengas (Leitungsband)	loser Atom- oder Molekülverband
Kristallgitter (in festem Zustand)	Molekülgitter	Atomgitter	Ionengitter	Metallgitter	Atom- bzw. Molekülgitter

Tabelle 3.3 (Fortsetzung)

Merkmal	Bindung				Intermolekulare Wechselwirkung
	Atombindung homöopolare – kovalente –		Ionenbindung heteropolare –	Metallbindung	
Charakter der entstehenden Stoffe	flüchtig; aber auch nichtflüchtige makromolekulare Verbindungen	diamantartig	salzartig	metallisch	
Beispiele	Brom Br_2 Kohlenstoffdioxid CO_2 Benzol	Diamant Silicium Siliciumcarbid SiC Borcarbid B_4C	Natriumchlorid NaCl Calciumoxid CaO Natriumhydrid NaH	alle Metalle und Legierungen	feste Edelgase, Wasser

Welche dieser Bindungen sich jeweils ausbildet, hängt von den Eigenschaften der beteiligten Atome ab, beispielsweise **Größenverhältnisse**, **Elektronegativität** und **Ionisierungsenergien**. Da sich diese Eigenschaften von Element zu Element verändern (Bild 3.2), stellen die Bindungsarten Grenzfälle dar, zwischen denen fließende Übergänge existieren.

Die Atombindung entsteht bei Annäherung der Bindungspartner durch Überlappung der Atomorbitale und Ausbildung von Molekülorbitalen. Wenn sich durch Besetzung dieser Molekülorbitale durch die Außenelektronen der beiden Bindungspartner ein energetisch günstigerer Zustand als der Ausgangszustand ergibt, kommt eine stabile Bindung zu Stande. In Bild 3.3 ist dies schematisch dargestellt.

Molekülorbitale sind Aufenthaltswahrscheinlichkeiten von bindenden Elektronenpaaren, die die Bindungspartner einbeziehen.

Die Molekülorbitale sind nur bei Bindungen zwischen Atomen des gleichen Elements symmetrisch. Liegen Bindungspartner mit unterschiedlicher Elektronegativität vor, kommt es zu einer Verzerrung der Orbitale und damit der Aufenthaltswahrscheinlichkeit der Elektronen in Richtung des elektronegativeren Atoms. Dadurch verschiebt sich der Ladungsschwerpunkt (Ausbildung eines Dipolmoments), die Bindung wird polarisiert.

Bei größer werdenden Elektronegativitätsdifferenzen zwischen den Bindungspartnern nimmt die Polarisierung immer mehr zu. Im Extremfall halten sich die bindenden Elektronen beim elektronegativen Partner auf. Dies bedeutet, dass von einem Partner ein oder mehrere Elektronen auf den anderen übergehen. Es entstehen entgegengesetzt geladene Ionen. Da die Ionen ausschließlich durch die räumlich nicht gerichteten elektrostatischen Anziehungskräfte zusammengehalten werden, entstehen bei der Ionenbindung keine einzelnen Moleküle, sondern regelmäßige Gitter (Ionengitter). Die Geometrie des Ionengitters wird durch die Ladung und den Ionenradius der beteiligten Ionen bestimmt. Die Eigenschaften der Bindung bedingen bestimmte physikalische Eigenschaften der Materie. Dieser Zusammenhang ist in Tabelle 3.4 dargestellt.

Tabelle 3.4 Zusammenhang zwischen makroskopischen Eigenschaften und chemischer Bindung

Eigenschaft	**Bindung**			
	Atombindung homöopolare – kovalente –		**Ionenbindung heteropolare –**	**Metallbindung**
	Moleküle	**Netzwerk – Gitter**		
Schmelzpunkt Siedepunkt	Beim Schmelz-/Siedevorgang werden die einzelnen Moleküle voneinander getrennt. Da die Kräfte zwischen den Molekülen schwach sind, ist nur eine geringe thermische Energie erforderlich.	Schmelzpunkt sehr hoch durch die starken kovalenten Bindungen. Zum Brechen der Bindungen ist eine große thermische Energie erforderlich.	Durch die starken elektrischen Kräfte zwischen den Ionen sind die Schmelz- und Siedepunkte sehr hoch.	Metalle haben einen hohen Schmelz- und Siedepunkt infolge der starken Anziehungskräfte zwischen den Atomen. Es ist eine hohe Energie zur Überwindung der elektrischen Anziehungskräfte zwischen den positiven Ionen und den delokalisierten Elektronen erforderlich. Diese Kräfte wirken über das gesamte Kristallgitter.
Elektrische Leitfähigkeit	keine beweglichen geladenen Teilchen; ungeladene Moleküle. Die Elektronen sind fest am Atom gebunden und die Bindungselektronen auf die Atome der kovalenten Bindung verteilt, dadurch keine Leitfähigkeit	geringe Leitfähigkeit, da die Elektronen durch die Atome und innerhalb der kovalenten Bindung fixiert sind und somit nicht durch das Gitter sich bewegen können (Ausnahme Graphit).	Da keine freien Elektronen im Ionenkristall vorliegen, ist dieser ein schlechter elektrischer Leiter.	Metalle zeigen eine sehr gute elektrische Leitfähigkeit infolge der delokalisierten Elektronen im Gitter (Leitungsband).
Wärme-leitfähigkeit		Übertragung durch Gitterschwingungen, geringe Leitfähigkeit	Übertragung durch Gitterschwingungen, geringe Leitfähigkeit	Die delokalisierten Elektronen übertragen die Schwingungen von einem Atom zum andern, dadurch gute Wärmeleitfähigkeit.
Mechanische Eigenschaften	Da die Moleküle nur schwach untereinander wechselwirken, sind sie leicht mechanisch verschiebbar.	Durch die starken Bindungen sind die Atome im Gitter nur sehr schwer zu verschieben, worin ihre Härte begründet ist. Bei Krafteinwirkung auf den Kristall werden kovalente Bindungen gebrochen und das Gitter verzerrt. Ein Splittern tritt eher als eine Deformation der Form auf.	Durch die starke Bindung der Ionen im Kristall ist das Material hart.	Metalle haben durch die dichte Packung der Atome im Kristall eine hohe Dichte. Verzerrungen unterbrechen die Metallbindung nicht, wodurch sie geschmeidig und dehnbar sind. Durch die freien Elektronen reflektieren die meisten Metalle Licht.

3

3.1.3.2 Intermolekulare Wechselwirkungen

Während die Bindungsstärke innerhalb einer chemischen Bindung sehr stark sein können, wirken zwischen elektrisch neutralen Atomen und Molekülen nur schwache Anziehungskräfte mit geringen Reichweiten. Diese Wechselwirkungen zeigen sich bei niedrigen Temperaturen durch Kondensation und Kristallisation von elektrisch neutralen Atomen und Molekülen, beispielsweise den Edelgasen (Tabelle 3.3).

Diese so genannten **Van-der-Waals-Kräfte** beruhen auf den Anziehungskräften zwischen Dipolen. In Atomen und Molekülen können folgende Dipole auftreten:

- **Permanente Dipole** auf Grund polarisierter, kovalenter Bindungen.
- **Induzierte Dipole** in der Elektronenhülle von Atomen und Molekülen.

> **Induzierte Dipole** sind unsymmetrische Ladungsverteilungen in den Elektronenhüllen neutraler Atome oder Moleküle durch Ladungen anderer Teilchen. Auch zufällige, kurzzeitige Asymmetrien der Ladungsverteilung neutraler Atome können in anderen Atomen Dipole induzieren.

In Tabelle 3.5 sind Wechselwirkungen mit ihren Eigenschaften gegenübergestellt.

Tabelle 3.5 Intermolekulare Wechselwirkungen

Wechselwirkung	Abstandsgesetz	Beispiel
Ion – Ion	$F \approx (q_1 \cdot q_2)/r^2$ 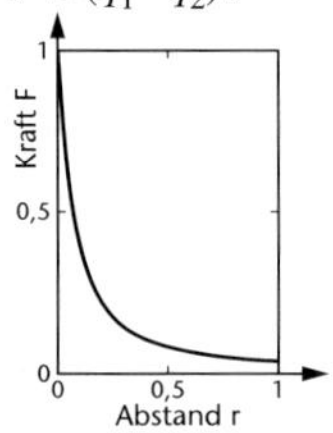 q elektrische Ladung	Ionengitter (Kochsalz NaCl) 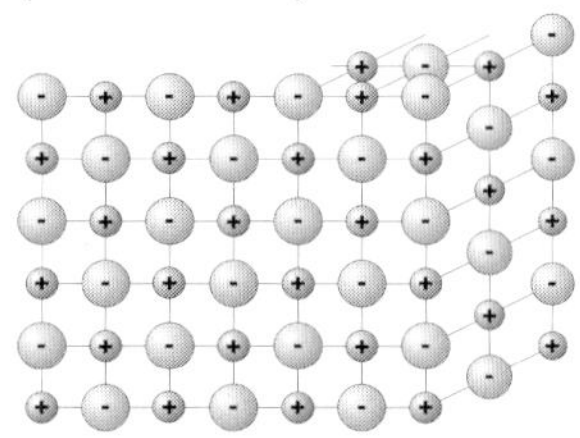
Ion – Dipol	$F \approx (q_1 \cdot \mu_1)/r^3$ 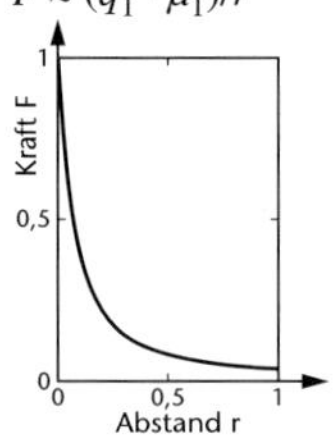 μ Dipolmoment	Hydrathülle von Ionen in wässriger Lösung 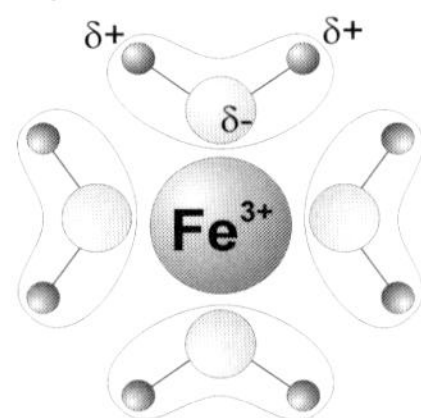
Dipol – Dipol **permanente Dipole** **induzierte Dipole**	$F \approx (\mu_1 \cdot \mu_2)/r^4$ 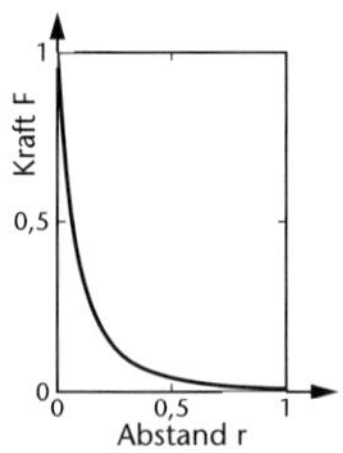 δ partielle elektrische Ladung	Wasserstoffbrückenbindung 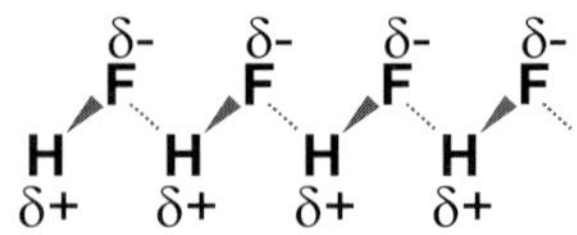 Atomgitter (Argonatome) 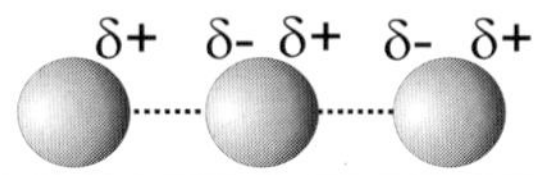

3.2 Chemische Reaktionen

3.2.1 Stöchiometrie

Die quantitative Beschreibung von chemischen Reaktionen erfolgt durch die Reaktionsgleichungen. Ihre Gesetzmäßigkeiten sind in Tabelle 3.6 zusammengestellt.

Tabelle 3.6 Quantitative Aussagen von Reaktionsgleichungen

	Ausgangsstoffe (Edukte)	Reaktionsprodukte
Reaktionsgleichung	aA + bB	A_aB_b
Sprechweise	Die Reaktion von a Mol A mit b Mol B ergibt 1 Mol A_aB_b	
Stoffbilanz	a Atome A b Atome B	a Atome A b Atome B
Ladungsbilanz	Die Summe der Ladungen der Edukte ist gleich der Ladungssumme der Produkte	
Oxidationszahlen	Die Summe der Oxidationszahlen der Edukte ist die Summe der Oxidationszahlen der Produkte	
Massenbilanz	a (in mol) · $M(A)$ (in g/mol) + b (in mol) · $M(B)$ (in g/mol)	$M(A_aB_b)$
Beispiel **Stoffbilanz** **Massenbilanz**	$3\ H_2 + N_2$ 3 Moleküle H_2 = 6 Atome H 1 Molekül N_2 = 2 Atome N 3 mol · 2,0 g/mol + 1 mol · 28,0 g/mol = 34 g	$2\ NH_3$ 6 Atome H 2 Atome N 2 mol · (14,0 + 3 · 1,0) g/mol = 34,0 g
Beispiel **Ladungsbilanz**	$Zn + 2\ H_3O^+$ 2 +	$Zn^{2+} + H_2 + 2\ H_2O$ 2 +
Beispiel **Oxidation** **Reduktion** **Gesamtreaktion** **Oxidationszahlen** **Ladungsbilanz**	 Fe^{2+} $MnO_4^- + 8\ H_3O^+ + 5\ e$ $5\ Fe^{2+} + MnO_4^- + 8\ H_3O^+$ 5 · (+ II) + 1 · (+ VII) 17 + 5 · (2 +) + (1 –) + 8 (1 +) 17 +	 $Fe^{3+} + e$ $Mn^{2+} + 12\ H_2O$ $5\ Fe^{3+} + Mn^{2+} + 12\ H_2O$ 5 · (+ III) + 1 · (+ II) 17 + 5 · (3 +) + (2 +) 17 +

Oxidationszahlen sind fiktive Ladungen, die den Oxidationszustand der Elemente in einer Verbindung beschreiben. Sie werden durch römische Ziffern mit Vorzeichen über dem Element dargestellt. Für die Ermittlung der Oxidationszahl gelten folgende Regeln:

- Elemente haben die Oxidationsstufe 0.
- Bei einem einatomigen Ion ist die Ionenladung gleich der Oxidationszahl.
- Bei einem mehratomigen Ion ist die Summe der Oxidationszahlen gleich der Ionenladung.
- Die Summe der Oxidationszahlen in einem Molekül ist 0.

In Tabelle 3.7 sind einige Beispiele zur Ermittlung und Bilanzierung der Oxidationszahlen zusammengestellt.

Tabelle 3.7 Zusammenstellung von Beispielen zur Oxidationszahl

Molekül		Oxidationszahl			Bilanz
Wasser	**H_2O**	H +I	O –II		2 (+I) + 1 (–II) = 0
Wasserstoffperoxid	**H_2O_2**	H +I	O –I		2(+I) + 2 (–I) = 0
Ammoniak	**NH_3**	N –III	H +I		1 (–III) + 3 (+1) = 0
Bleidioxid	**PbO_2**	Pb +IV	O –II		1 (+IV) + 2 (–II) = 0
Schwefelsäure	**H_2SO_4**	H +I	O –II	S +VI	2 (+I) + 4 (–II) + 1 (+VI) = 0
Permanganat	**MnO_4^-**	Mn +VII	O –II		1 (+VII) + 4 (–II) = 1– entspricht Ladung des Ions

3.2.2 Reaktionsenergie

Chemische Reaktionen verlaufen allgemein unter Abgabe oder Aufnahme von Wärme. Wird der Druck während der Reaktion konstant gehalten, wird die Reaktionswärme als **Reaktionsenthalpie ΔH** bezeichnet.

- **Exotherme** Reaktion ($-\Delta H$) **Wärme** wird bei der Reaktion **frei**.
- **Endotherme** Reaktion ($+\Delta H$) **Wärme** wird bei der Reaktion **benötigt**.

Die energetische Beschreibung der Reaktion ist mit Beispielen in Tabelle 3.8 dargestellt.

Tabelle 3.8 Reaktionsenergie

	Edukte	Produkte	
Thermodynamische Reaktionsgleichung	$aA + bB$	A_aB_b	ΔH (in kJ/mol)
Aggregatzustände	(g): gasförmig, (l): flüssig, (s): fest, (aq): hydratisiert		
Enthalpie	Der Enthalpiewert bezieht sich stets auf den Wärmeinhalt des Reaktionsproduktes. Die Aggregatzustände müssen mit angegeben werden, da deren Umwandlung mit Energie verbunden ist.		
Exotherm	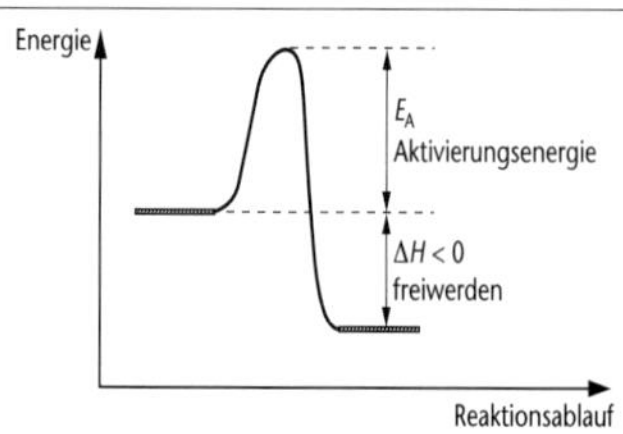		

Tabelle 3.8 (Fortsetzung)

<table>
<tr><th></th><th>Edukte</th><th>Produkte</th><th></th></tr>
<tr><td>Endotherm</td><td colspan="3">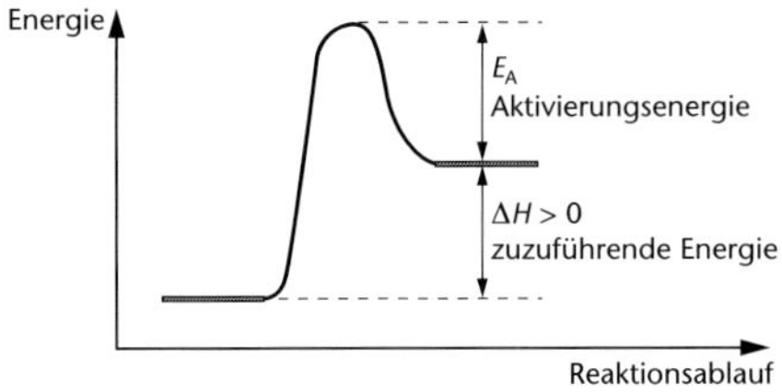</td></tr>
<tr><td>Exotherm mit Katalysator</td><td colspan="3">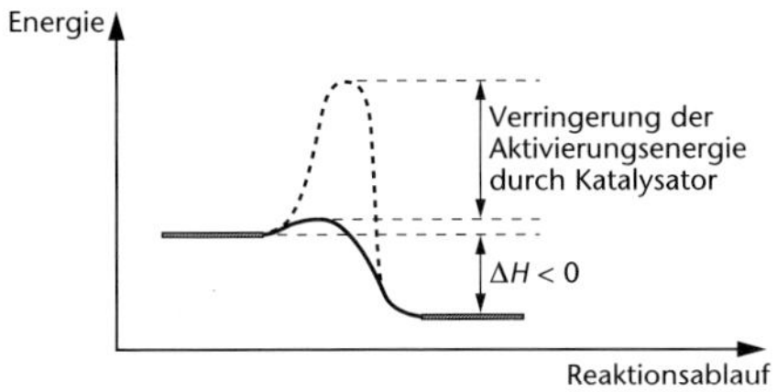</td></tr>
<tr><td>Standardbedingungen</td><td colspan="3">25 °C (298 K) und 1,013 bar</td></tr>
<tr><td>Beispiele</td><td>H_2 (g) + ½ O_2 (g)
H_2 (g) + ½ O_2 (g)
H_2O (l)</td><td>H_2O (l)
H_2O (g)
H_2O (g)</td><td>$\Delta H = -285{,}96$ kJ/mol
$\Delta H = -242{,}0$ kJ/mol
$\Delta H = 40{,}651$ kJ/mol</td></tr>
</table>

3.2.3 Reaktionskinetik

Die Reaktionskinetik beschreibt die Abhängigkeit der Geschwindigkeit von chemischen Reaktionen. Damit eine chemische Reaktion ablaufen kann, müssen die an der Reaktion beteiligten Atome und Moleküle sich ausreichend annähern. Es wird unterschieden zwischen

homogener Reaktion (Reaktion in einer Phase, beispielsweise gasförmig oder flüssig):

$2\ H_2\ (g) + O_2\ (g) = 2\ H_2O\ (g)$

heterogener Reaktion (Reaktion an Phasengrenzflächen, beispielsweise zwischen Feststoff und Lösung oder Gas und Flüssigkeit):

$2\ K\ (s) + 2\ H_2O\ (l) = H_2\ (g) + 2\ KOH\ (aq)$

Die Definition der Reaktionsgeschwindigkeit und deren Einflussgrößen sind in Tabelle 3.9 mit Beispielen zusammengestellt.

Tabelle 3.9 Beschreibung der Reaktionsgeschwindigkeit

Parameter	Gleichung	Beschreibung
Reaktionsgleichung	$aA + bB = A_aB_b$	*a* Teilchen des Stoffes A setzen sich mit *b* Teilchen des Stoffes B zu einer Verbindung A_aB_b um.
Reaktionsgeschwindigkeit	$v = dc(\text{Produkt})/dt$	Die Änderung der Produktkonzentration *c*(Produkt) einer Reaktion mit der Zeit
Konzentrationsabhängigkeit	$v = k_0$ $v = k_1 \cdot c(A)$ $v = k_2 \cdot c(A) \cdot c(B)$ $v = k_3 \cdot c(A) \cdot c(B) \cdot c(C)$	Reaktion nullter Ordnung Reaktion erster Ordnung Reaktion zweiter Ordnung Reaktion dritter Ordnung

3

Tabelle 3.9 (Fortsetzung)

Parameter	Gleichung	Beschreibung
Temperaturabhängigkeit	$k = A \cdot \exp(-E_A/(R \cdot T))$	Die spezifische Geschwindigkeitskonstante k ist abhängig von der Reaktionskonstanten A (in s^{-1}), der Aktivierungsenergie E_A (in J/mol) und der Temperatur.
Beispiele	$N_2O = N_2 + ½\ O_2$ $v = k$ (bei hohem Druck)	Reaktion nullter Ordnung
	$N_2O_4 = 2\ NO_2$ $v = k \cdot c(N_2O_4)$	Reaktion erster Ordnung
	$2\ NO_2 = 2\ NO + O_2$ $v = k \cdot c^2(NO_2)$	Reaktion zweiter Ordnung
	$2\ NO + O_2 = 2\ NO_2$ $v = k \cdot c^2(NO) \cdot c(O_2)$	Reaktion dritter Ordnung
	$C_2H_5Cl\ (g) = C_2H_4\ (g) + HCl\ (g)$ $k = 5{,}9 \cdot 10^{-30}$ 300 K $k = 4{,}2 \cdot 10^{-5}$ 700 K $k = 7{,}2 \cdot 10^{-5}$ 710 K $k = 1{,}0 \cdot 10^{-2}$ 800 K	$A = 1{,}6 \cdot 10^{14}\ s^{-1}$ $E = 249{,}115$ J/mol

Eine Temperaturerhöhung um 10 K führt i. Allg. zu einer Verdopplung der Reaktionsgeschwindigkeit (vergleiche letzte Zeile Tabelle 3.9).

Katalysatoren sind Stoffe, die die Geschwindigkeit einer chemischen Reaktion erhöhen (Verminderung der Aktivierungsenergie), ohne sich selbst zu verbrauchen. Das chemische Gleichgewicht stellt sich dadurch schneller ein.

3.2.4 Chemisches Gleichgewicht und Reaktionstypen

Die chemische Reaktion der Ausgangsstoffe (Edukte) zu den (Reaktions-)Produkten (s. Tabelle 3.8) ist prinzipiell umkehrbar. Am Beispiel der Bildung von Iodwasserstoff (HI) aus den Elementen (Hinreaktion) ergibt sich folgende Reaktionsgleichung mit der Reaktionsgeschwindigkeit v_H:

Hinreaktion: $H_2 + I_2 = 2\ HI \qquad v_H = k_H \cdot c(H_2)\ c(I_2)$

Der Zerfall von Iodwasserstoff in die Elemente entspricht der Umkehrung der Hinreaktion. Diese wird als Rückreaktion mit der Reaktionsgeschwindigkeit v_R bezeichnet:

Rückreaktion: $2\ HI = H_2 + I_2 \qquad v_R = k_R \cdot c^2(HI)$

Der Gleichgewichtszustand ist dann erreicht, wenn die Geschwindigkeiten für Hin- und Rückreaktion gleich sind. Die Richtung, in der eine chemische Reaktion abläuft, hängt von den äußeren Bedingungen Druck, Temperatur und Konzentration ab. In Tabelle 3.10 ist für verschiedene Reaktionstypen das chemische Gleichgewicht dargestellt.

Tabelle 3.10 Formulierung des chemischen Gleichgewichts

Gleichgewicht	Grundgleichung	Gleichgewichts-konstante	Beispiel
	Definition: $nA + mB \underset{v}{\overset{v}{\rightleftharpoons}} oC + pD$		$pK = -\lg K$
	Gleichgewichtsbedingung: $v_H = v_R$		$K = \dfrac{c^o(C) \cdot c^p(D)}{c^n(A) \cdot c^m(B)}$
Säuregleich-gewicht	$BH + H_2O \rightleftharpoons B^- + H_3O^+$	$K_S = \dfrac{c(B^-) \cdot c(H_3O^+)}{c(BH)}$	$HCl + H_2O \rightleftharpoons Cl^- + H_3O^+$ $pK_S = -6$ $CH_3COOH + H_2O \rightleftharpoons CH_3COO^- + H_3O^+$ $pK_S = 3{,}74$
Basegleich-gewicht	$B + H_2O \rightleftharpoons HB^+ + OH^-$	$K_B = \dfrac{c(HB^+) \cdot c(OH^-)}{c(B)}$	$NaOH + H_2O \rightleftharpoons Na^+ + OH^- + H_2O$ $pK_B = -1{,}74$ $NH_3 + H_2O \rightleftharpoons NH_4^+ + OH^-$ $pK_B = 4{,}75$
Ampholyte	$AH + H_2O \rightleftharpoons A^- + H_3O^+$ $AH + H_2O \rightleftharpoons AH_2^+ + OH^-$	$K_S = \dfrac{c(A^-) \cdot c(H_3O^+)}{c(AH)}$ $K_B = \dfrac{c(AH_2^+) \cdot c(OH^-)}{c(AH)}$	$HPO_4^{2-} + H_2O \rightleftharpoons PO_4^{3-} + H_2O$ $pK_S = 12{,}32$ $HPO_4^{2-} + H_2O \rightleftharpoons H_2PO_4^- + OH^-$ $pK_B = 6{,}79$
Komplex-bildung	$[Me(Lig)_n] \rightleftharpoons Me + n(Lig)$	$K_K = \dfrac{[Me(Lig)_n]}{c(Me) \cdot c^n(Lig)}$	$[Fe(CN)_6]^{3-} \rightleftharpoons Fe^{3+} + 6\,CN^-$
Ionen-austausch	$R{-}A + B \rightleftharpoons R{-}B + A$		$K{<}^{Na}_{Na} + Ca(HCO_3^-)_2 \rightleftharpoons$ $K{=}Ca + 2\,NaHCO_3$ K = Kationenaustauscher
Schwer lösliche Verbindungen	$A^+ + B^- \rightleftharpoons AB$	$L_p = c(A^+) \cdot c(B^-)$	$Ba^{2+} + SO_4^{2-} \rightleftharpoons BaSO_4$ $pL = 10$
Heterogenes Gleichgewicht	$A_I \rightleftharpoons A_{II}$	$K_{c,p} = \dfrac{c(A_{II})}{p(A_I)}$	$I_{2,aq} \rightleftharpoons I_{2,g}$
Redoxgleich-gewicht	$Red \rightleftharpoons Ox + e^-$	$E = E_0 \cdot \dfrac{RT}{n} \lg \dfrac{Ox}{Red}$	$Fe \rightleftharpoons Fe^{2+} + 2\,e^-$ $E_0 = -0{,}44\ V$

Prinzip des kleinsten Zwangs (Le Chatelier)
Wird auf ein im Gleichgewichtszustand befindliches System durch Änderung der äußeren Bedingungen ein Zwang ausgeübt, so verschiebt sich die Lage des Gleichgewichts derart, dass der äußere Zwang vermindert wird.

Bei einer exothermen Reaktion führt somit eine Temperaturerhöhung zu einer Verschiebung des Gleichgewichts zugunsten der Ausgangsstoffe (Edukte), da die Rückreaktion endotherm ist und damit Energie verbraucht.

In Tabelle 3.11 ist für die Dissoziation von Wasser das Gleichgewicht und die Gleichgewichtskonstante dargestellt.

Tabelle 3.11 pH-Wert und Säure-Base-Konstante

	Saurer Bereich	neutral	Alkalischer Bereich
Definition Gleichgewicht	$\mathbf{H_2O + H_2O \leftrightarrow H_3O^+ + OH^-}$ Gleichgewichtskonstante: $K = c(H_3O^+) \cdot c(OH^-) / c(H_2O)^2$ in verdünnter Lösung: $c(H_2O) = 55{,}5$ mol/l konstant Ionenprodukt des Wassers: $K_W = c(H_3O^+) \cdot c(OH^-) = 1{,}0 \cdot 10^{-14}$ mol²/l²		
Definition p-Werte	pH-Wert ist der negative Logarithmus der Wasserstoffionenkonzentration **pH = – lg [*c*(H₃O⁺)]**		pOH-Wert ist der negative Logarithmus der Hydroxidionenkonzentration **pOH = – lg [*c*(OH⁻)]**
		pH + pOH = 14	

pOH-Wert	**14**	**13**	**12**	**11**	**10**	**9**	**8**	**7**	**6**	**5**	**4**	**3**	**2**	**1**	**0**
pH-Wert	**0**	**1**	**2**	**3**	**4**	**5**	**6**	**7**	**8**	**9**	**10**	**11**	**12**	**13**	**14**
$c(H^+)$ mol/l		10^{-1}		10^{-3}		10^{-5}		10^{-7}		10^{-9}		10^{-11}		10^{-13}	

Säure/Base	$HA + H_2O \leftrightarrow A^- + H_3O^+$ $K_S = c(H_3O^+) \cdot c(A^-)/c(HA)$ $pK_S = -\lg K_S$	$B + H_2O \leftrightarrow HB^+ + OH^-$ $K_B = c(BH^+) \cdot c(OH^-)/c(B)$ $pK_B = -\lg K_B$
Beispiele	HF Hydrogenfluorid $pK_S = 3{,}14$	NH_3 Ammoniak $pK_B = 4{,}79$

3.3 Analytische Chemie

Die Analytische Chemie ist ein wichtiges Teilgebiet der Chemie. Unter Analytik ist die Gewinnung von Stoffinformationen und deren Verwertung zu verstehen. Im Umweltschutz dient beispielsweise die Analytik zur Kontrolle von Grenz- und Richtwerten. In Tabelle 3.12 sind die Konzentrations- und Gehaltsangaben zusammengestellt.

Tabelle 3.12 Konzentrationsangaben

Bezeichnung	Definition	Einheit	Weitere Einheiten
Massenanteil *w*	Masse/Masse	g/g	1 % = 10 g/kg 1 ppm = 1 mg/kg
Massenkonzentration *β*	Masse/Volumen	g/l	mg/l µg/l
Stoffmengenkonzentration *c*	Stoffmenge/Volumen	mol/l	mmol/l µmol/l mol/m³

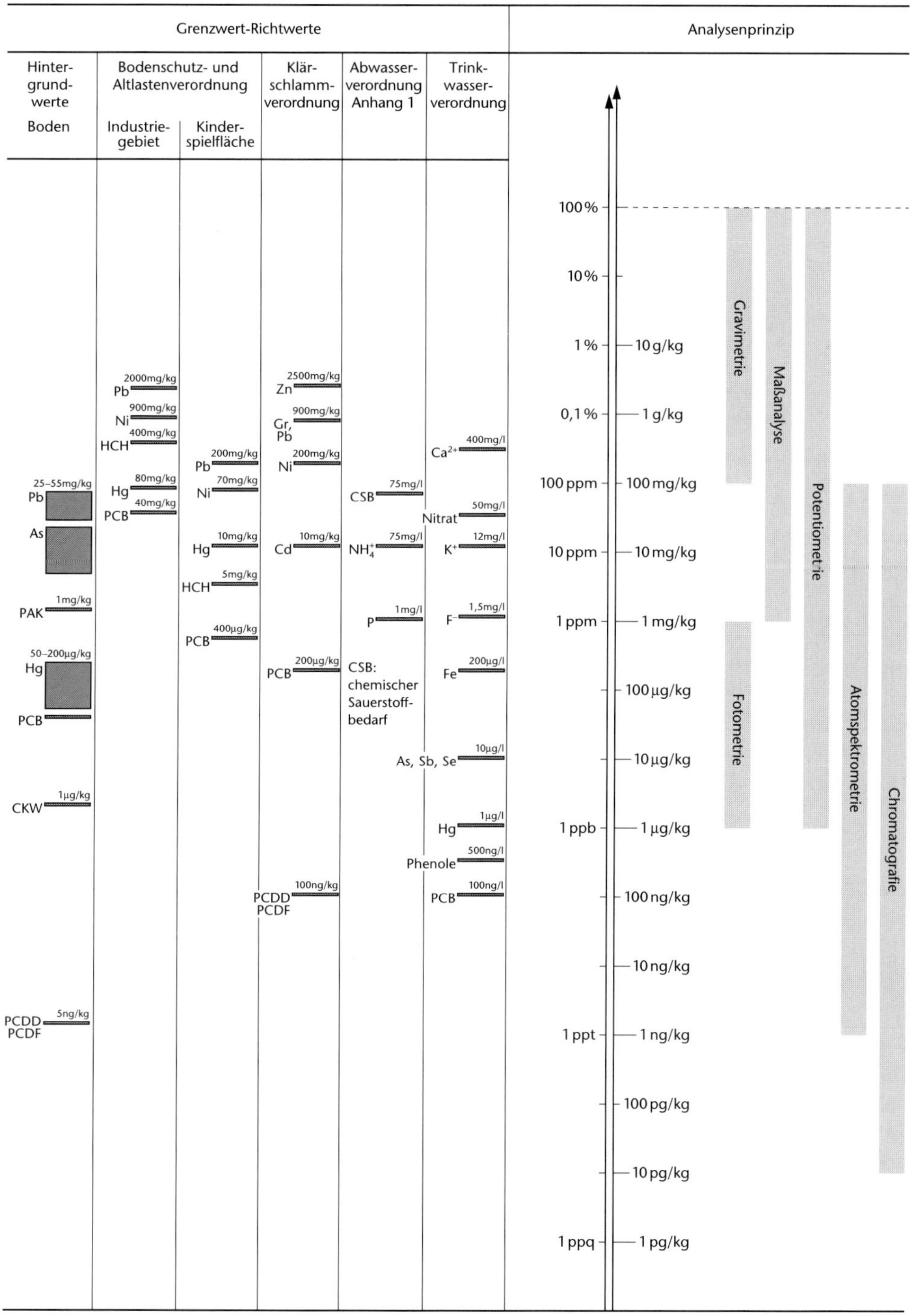

Bild 3.4 Übersicht von Grenz- und Richtwerten in Bezug zum Analysenprinzip

In Bild 3.4 sind Grenz- und Richtwerte für unterschiedliche Stoffe und Matrizes auf einer Konzentrationsachse abgetragen und die möglichen Analysenprinzipien mit ihrem Arbeitsbereich gegenübergestellt.

3.3.1 Analysenverfahren

Das Analysenverfahren besteht nicht nur aus dem eigentlichen Messvorgang (Analysenprinzip), bei dem ein der Menge oder Konzentration des Analyten proportionales Signal gewonnen wird, sondern umfasst zusätzlich die in Bild 3.5 dargestellten Elemente.

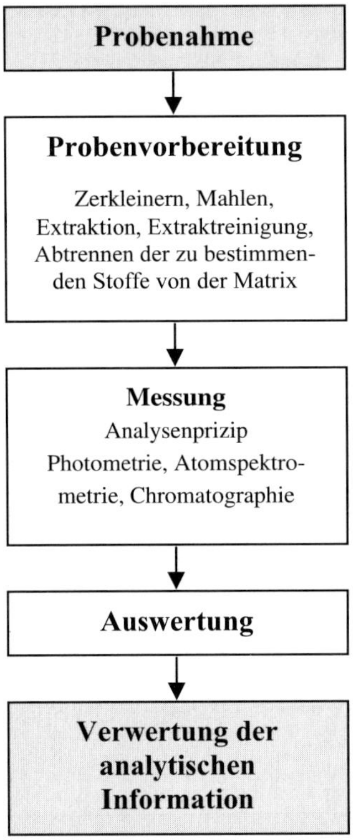

Bild 3.5 Elemente eines Analysenverfahrens

Ausgangspunkt des Analysenverfahrens ist die Probenahme. Eine fachgerechte Probenahme ist die Grundlage jeder Analytik, da Fehler dort auch durch eine noch so gute Analytik nicht ausgeglichen werden können (Abschn. 3.3.2).

Die Messung der zu bestimmenden Elemente und Verbindungen erfolgt mit unterschiedlichen Messmethoden, die in Tabelle 3.13 aufgelistet sind. Vor Anwendung dieser Methoden ist eine Probenaufbereitung durchzuführen. Zum einen ist das Probenmaterial je nach Aufgabenstellung zu zerkleinern und zu homogenisieren und zum andern sind die zu bestimmenden Elemente und Verbindungen in Lösung zu bringen (Aufschluss, Extraktion).

Tabelle 3.13 Übersicht der Messmethoden in der chemischen Analytik

Analysenprinzip	Grundlage	Anwendungen – Beispiele
Gravimetrie	Die zu bestimmenden Elemente oder Verbindungen (i. Allg. in Lösung) werden mittels eines Fällungsreagens in eine stöchiometrisch genau definierte schwer lösliche Form quantitativ überführt. Der Feststoff (Niederschlag) wird abgetrennt (filtriert) und dessen Masse mit einer Analysenwaage ermittelt. Auf Grund der bekannten Zusammensetzung des Niederschlags kann die zu bestimmende Komponente berechnet werden.	Bestimmung von Sulfat in Wasser durch Ausfällung von Bariumsulfat Reaktionsgleichung: $Ba^{++}(aq) + SO_4^{2-}(aq) \rightarrow BaSO_4(s)$ Das schwer lösliche Bariumsulfat wird abfiltriert, getrocknet und ausgewogen. Zahlenbeispiel: 1 l Wasserprobe ergibt Auswaage: 540 mg ($BaSO_4$) $M(SO_4^{2-})/M(BaSO_4) = 96{,}066/233{,}393 = 0{,}4116$ $540\ \text{mg}\ (BaSO_4) \cdot 0{,}4116 = 222{,}2\ \text{mg}\ (SO_4^{2-})$ Ergebnis: 222,2 mg/l Sulfat
Maßanalyse	Die Quantifizierung der zu bestimmenden Elemente oder Verbindungen erfolgt durch Volumenmessung einer Reagenzlösung genau bekannter Stoffmengenkonzentration (Titration). Das Ende der Volumenzugabe und damit der vollständige Reaktionsumsatz wird durch den Endpunkt der Titration (z. B. Farbumschlag eines Indikators) angezeigt.	**Säure-Base-Titration:** $HCl + NaOH \rightarrow NaCl + H_2O$ Salzsäure wird durch Zugabe von Natronlauge bis zum pH = 7 titriert. Titrationskurve: 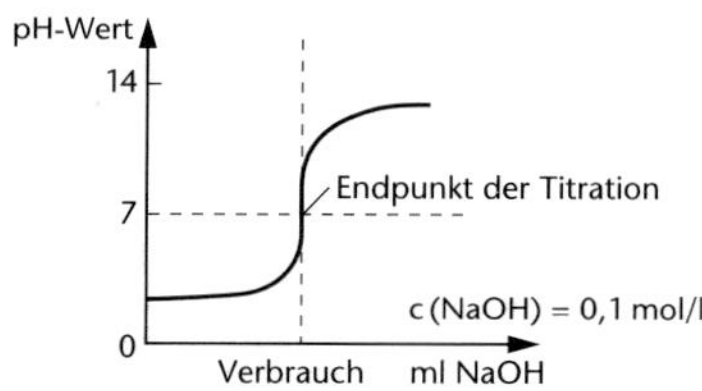 **Redox-Titration:** Änderung der Oxidationsstufe durch Zugabe eines Reduktionsmittels (z. B. Fe^{2+}) oder Oxidationsmittels (z. B. Permanganat MnO_4^-). Endpunkt wurde durch die Änderung des Redoxpotenzials festgestellt.
Potentiometrie	In der Potentiometrie wird die Konzentration eines Ions durch Messung der Potenzialdifferenz zwischen einer Mess- und einer Bezugselektrode ermittelt. An der Messelektrode stellt sich an einer speziellen Phasengrenzfläche ein Gleichgewicht ein, abhängig von der Konzentration des zu bestimmenden Ions.	**pH-Elektrode:** 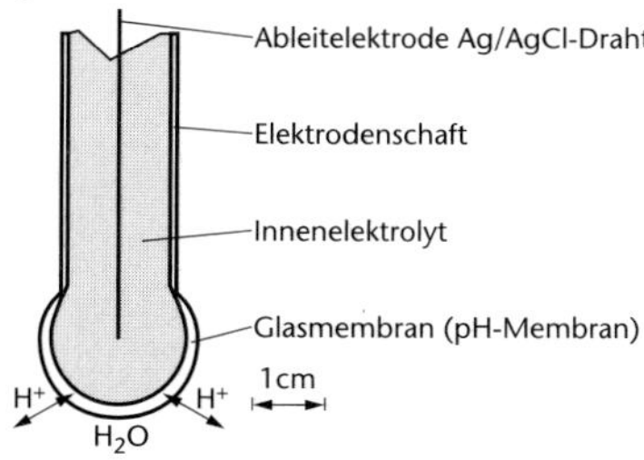 **Fluorid-Elektrode:** 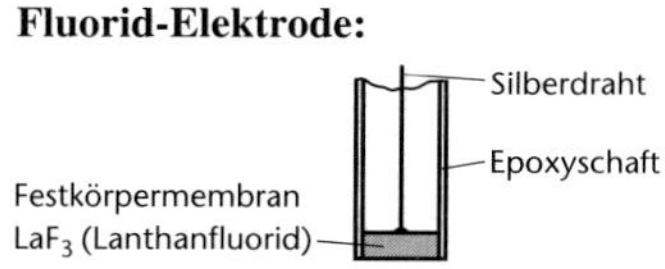

Tabelle 3.13 (Fortsetzung)

Analysenprinzip	Grundlage	Anwendungen – Beispiele
Photometrie	Hier erfolgt die Messung der Lichtabsorption einer Lösung der zu bestimmenden Verbindung. Grundlage ist das Lambert-Beer'sche Gesetz: $A = \varepsilon(\lambda) \cdot d \cdot c$ mit Absorption (A), Schichtdicke (d), Konzentration (c) und Absorptionskoeffizient $\varepsilon(\lambda)$. Nichtabsorbierende Moleküle können mit einer chemischen Umsetzung in ein absorbierendes umgesetzt werden. Der Wellenlängenbereich liegt zwischen UV und NIR (nahes Infrarot).	**Aufbau eines Photometers:** 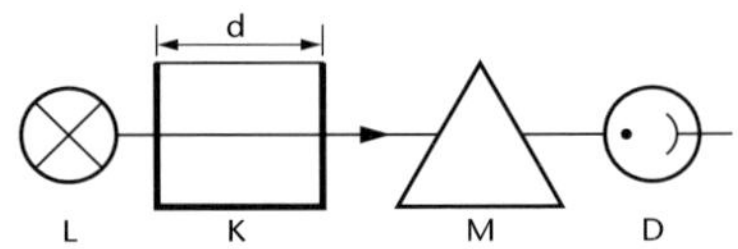 L: Lichtquelle (Xenonlampe λ 200–900nm) D: Detektor K: Küvette (Probelösung) M: Monochromator (Gitter) **Kalibrierfunktion:** 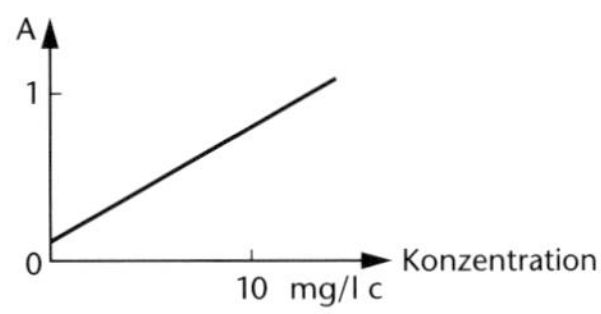 Bestimmung von Mangan nach Oxidation zum intensiv violett gefärbten Permanganat MnO_4^-
Atomspektrometrie		
Emission	Durch Anregung von Elektronen in der Elektronenhülle senden die Atome charakteristisches Licht aus. Die Lichtintensität ist der Konzentration proportional. Die Anregung kann durch Zerstäubung einer Lösung in eine Flamme (ca. 2500 K) oder in ein Plasma (ca. 10 000 K) erfolgen. Zur spektralen Zerlegung des emittierten Lichts ist ein Spektrometer erforderlich.	**Aufbau eines Spektrometers:** 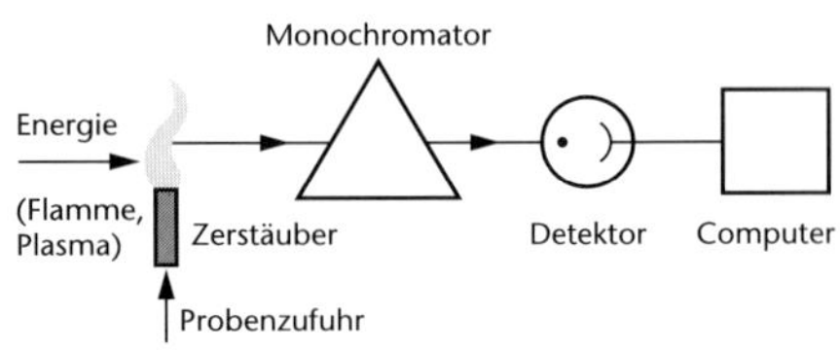 **Kalibrierfunktion:** 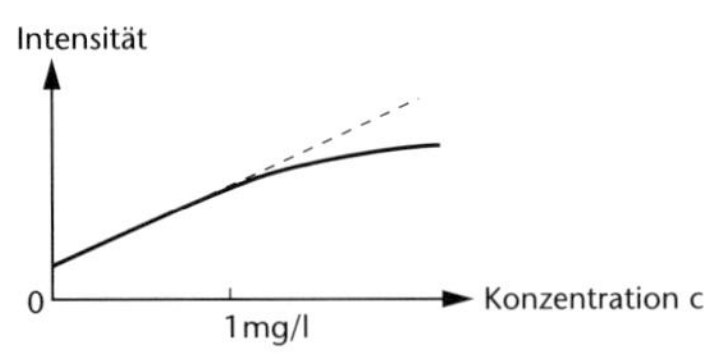 Anwendungsbereich: mg/l bzw. mg/kg Abwasseranalytik auf beispielsweise Nickel, Chrom, Kupfer, Cadmium. Bestimmung von Schwermetallen in Böden nach Bundesbodenschutzverordnung (BBodSchV). Analyse von Legierungen.

Tabelle 3.13 (Fortsetzung)

Analysenprinzip	Grundlage	Anwendungen – Beispiele
Absorption	Atome sind in der Lage Licht zu absorbieren, wenn die Wellenlänge der Differenz zweier Energiezustände entspricht (Resonanzabsorption). Die Absorption ist proportional der Konzentration. Die Erzeugung der Atome erfolgt in einem Atomisator. Dies kann eine Flamme sein oder ein Graphitrohr, welches elektrisch beheizt wird.	**Atomabsorptionsspektrometer:** 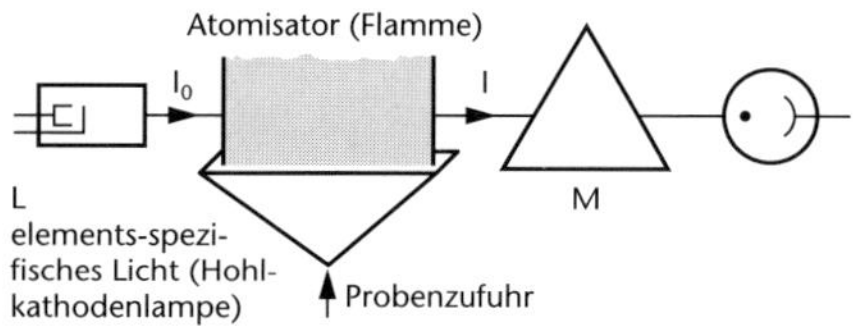 **Kalibrierkurve:** 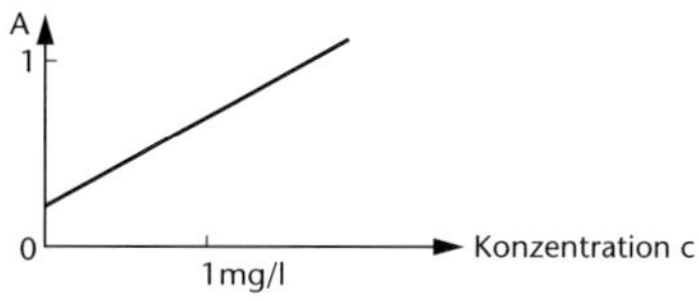 Anwendungsbereich: µg/l bzw. µg/kg Trinkwasseranalyse u.a. auf Blei, Chrom, Kupfer, Zink
Chromatographie	Chromatographie ist die Auftrennung eines Stoffgemisches durch vielfache Verteilung zwischen einer mobilen und stationären Phase. Nach dem Einbringen des Stoffgemisches in das Zweiphasensystem wandern die Substanzen mit unterschiedlicher Geschwindigkeit durch das System, bis sie am Ende mittels eines empfindlichen Detektors nachgewiesen werden.	**Chromatogramm:** 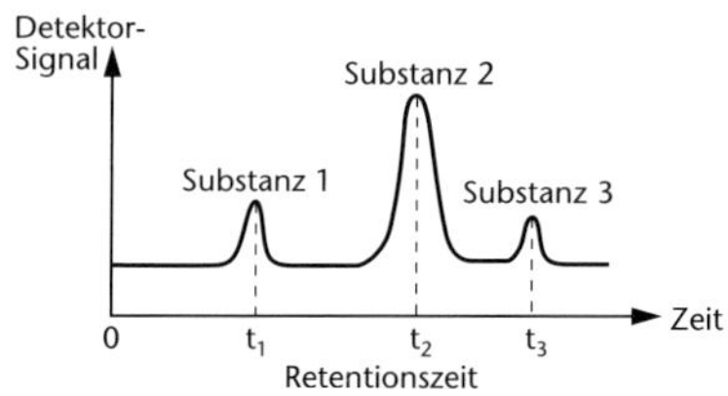 Stationäre Phasen: – Trennprinzip: Flüssigkeit – Verteilung Feststoff – Adsorption Ionenaustauscher – Ionenaustausch Molekularsieb – Molekülgröße
Gaschromatographie GC	Hier ist die mobile Phase ein Gas (He, N_2). Die stationäre Phase ist ein Flüssigkeitsfilm (d = 0,2 µm) mit geringem Dampfdruck, der sich an der Innenwandung einer Quarzkapillare (Länge 30 m, ∅ 0,32 mm) befindet.	Apparatur: 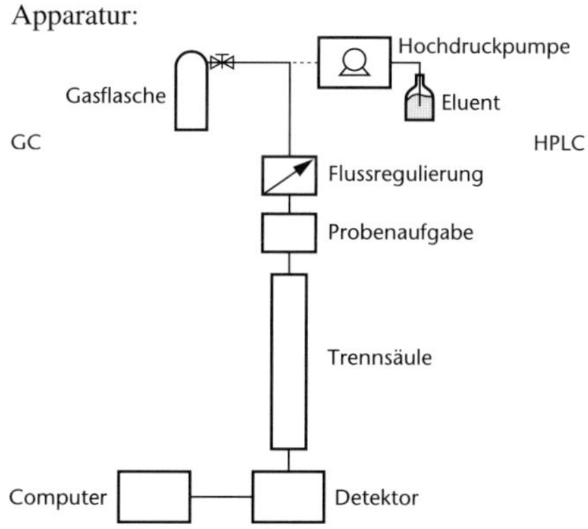
Flüssigchromatographie HPLC	Hier ist die mobile Phase eine Flüssigkeit oder ein Gemisch (Methanol, Methanol/Wasser).	

3

3.3.2 Probenahme

In Tabelle 3.14 sind einige ausgewählte Normen zur Probenahme zusammengestellt.

Tabelle 3.14 Normen zur Probenahme

Norm	Matrix	Titel
DIN 38 402 T 11	Wasser	Probenahme von Abwasser
DIN 38 402 T 12	Wasser	Probenahme aus stehendem Gewässer
DIN 38 402 T 13	Wasser	Probenahme aus Grundwasserleitern
DIN 38 402 T 19	Wasser	Probenahme von Schwimm- und Badebeckenwasser
DIN ISO 1038-1	Boden, Wasser, Bodenluft	Anleitung zur Aufstellung von Probenahmeprogrammen
DIN 4021	Boden, Wasser	Aufschluss durch Schürfe und Bohrungen sowie Entnahme von Proben
DIN EN ISO 5667-3	Wasser	Anleitung zur Konservierung und Handhabung von Proben
DIN ISO 1038-2	Boden, Wasser	Anleitung für Probenahmeverfahren

Die Aufgabe der Probenahme besteht in der Gewinnung einer Teilprobe aus der zu beurteilenden Grundgesamtheit, wobei diese auch nach einem Transport die Eigenschaften der zu beurteilenden Gesamtheit widerspiegelt (Repräsentativität). Für Stoffströme, beispielsweise Abwassereinleitungen, kann die Probenahme mengen-, zeit- oder ereignisproportional erfolgen.

3.4 Umweltchemie

3.4.1 Boden

Boden ist ein durch Verwitterung der Gesteine entstandenes, mechanisches Gemenge von Gesteins- und Mineralbruchstücken sowie deren Umbildungsprodukten, vermischt mit organischen Bestandteilen, die teilweise zu Humus umgebaut wurden. Ein Grünlandboden besteht zu 45 Vol-% aus mineralischer Substanz, 7 Vol-% organischer Substanz, 23 Vol-% Wasser und 25 Vol-% Luft.

Die Unterscheidung nach der Bodenart erfolgt durch Einteilung in Körnungsklassen.

- Sand (S) 63 bis 2000 µm Korngröße
- Schluff (U) 2 bis 63 µm Korngröße
- Ton (T) bis 2 µm Korngröße

Ein Boden mit 50 % Sand, 20 % Schluff und 30 % Ton wird als tonig sandiger Lehm (Lts) bezeichnet.

Das Ionenaustausch- und Adsorptionsverhalten des Bodens ist eine wichtige Eigenschaft des Bodens, da hiervon das Verhalten von Schwermetallen und organischen Schadstoffen abhängig ist. Durch verschiedene Vorgänge, beispielsweise die Ausbringung von Klärschlamm, Düngemitteln oder die Deposition von Staub, werden dem Boden Schadstoffe zugeführt. Diese können dann mit dem Regen ausgewaschen und bis ins Grundwasser verfrachtet werden. Der Schutz des Bodens ist im Bundesbodenschutzgesetz und in der Bundesbodenschutz- und Altlastenverordnung geregelt.

Zur Beurteilung der Schwermetallgehalte in Böden sind die Elementgehalte des Ausgangsgesteins und dessen regionale Verteilung zu kennen. In Tabelle 3.15 sind für einige Ausgangsgesteine die durchschnittlichen Elementgehalte zusammengestellt.

Tabelle 3.15 Zusammenstellung durchschnittlicher Elementgehalte einiger Ausgangsmaterialien zur Bodenbildung

Bestandteil	Einheit	Kalkstein	Basalt	Löß	Granit	Sand
SiO_2	%	5,5	44,9	66,4	73,9	92,4
TiO_2	%	0,07	2,1	0,65	0,15	0,11
Al_2O_3	%	1,6	15,0	8,9	12,5	2,9
Fe_2O_3	%	0,72	11,1	3,3	1,1	0,49
MnO	%	0,04	0,19	0,07	0,02	0,01
MgO	%	0,01	5,2	1,0	0,06	<0,01
CaO	%	48,1	3,8	2,6	0,09	0,10
Na_2O	%	0,01	0,74	0,82	1,1	0,46
K_2O	%	0,24	0,93	1,9	6,3	1,05
P_2O_5	%	0,05	0,38	0,11	0,05	0,02
As	mg/kg	3,6	2,6	6,5	1,8	1,3
Ba	mg/kg	24	379	335	496	218
Cd	mg/kg	< 0,3	< 0,3	< 0,3	< 0,3	< 0,3
Ce	mg/kg	1	56	44	32	1,4
Co	mg/kg	5	49	9	4	< 3
Cr	mg/kg	5	317	67	2	1,5
Cu	mg/kg	9	50	15	4	< 3
La	mg/kg	6	37	15	3	1,1
Li	mg/kg	6	14	21	31	7
Mo	mg/kg	1,1	1,7	1,2	1,2	1
Nb	mg/kg	3,1	35	14	11	5
Ni	mg/kg	16	207	28	8	5
Pb	mg/kg	38	31	34	25	10
Rb	mg/kg	14	31	78	220	40
Sb	mg/kg	< 0,3	< 0,3	0,4	0,4	< 0,3
Sc	mg/kg	1,1	24	9	2,7	1,4
Sn	mg/kg	1,1	1,5	1,8	1	3
Sr	mg/kg	294	250	123	58	40

Tabelle 3.15 (Fortsetzung)

Bestandteil	Einheit	Kalkstein	Basalt	Löß	Granit	Sand
Th	mg/kg	3,5	5,5	14	20	3,4
U	mg/kg	1,3	1,9	2,1	3,7	1,9
V	mg/kg	36	198	64	4,5	3,3
W	mg/kg	1,1	1,3	1,4	1	1,1
Y	mg/kg	7	25	32	11	2,2
Zn	mg/kg	35	103	53	31	11
Zr	mg/kg	24	194	414	105	125
Hg	mg/kg	18	27	22	19	<10

3.4.2 Wasser

Wasser ist eine klare und farblose Flüssigkeit. Sie ist lebensnotwendig für alle Lebewesen. Wasser wird nach dem **Vorkommen** (z. B. Oberflächenwasser, Quellwasser, Grundwasser), der **Verwendung** (z. B. Trinkwasser, Brauchwasser, Abwasser) und den **Inhaltsstoffen** (z. B. Mineralwasser, Salzwasser, Süßwasser) unterteilt. Wasser ist für Salze ein sehr gutes Lösungsmittel. Tabelle 3.16 gibt einen Überblick über die Löslichkeit von Salzen in Wasser.

Tabelle 3.16 Löslichkeit von Salzen in Wasser

Anion	Kationen		
	löslich (> 1%)	**gering löslich (0,1...1%)**	**unlöslich (< 0,1%)**
Nitrat NO_3^-	Li^+, Na^+, K^+, Rb^+, Cs^+, NH_4^+, Ag^+, Tl^+		
Acetat CH_3COO^-	Mg^{2+}, Ca^{2+}, Sr^{2+}, Ba^{2+}, Mn^{2+}, Fe^{2+}, Co^{2+}, Ni^{2+}, Cu^{2+}, Zn^{2+}, Cd^{2+}, Hg^{2+}, Hg_2^{2+}, Sn^{2+}, Pb^{2+}		
Chlorat ClO_3^-	Al^{3+}, Cr^{3+}, Fe^{3+}		
Fluorid F^-	Li^+, Na^+, K^+, Rb^+, Cs^+, NH_4^+, Ag^+, Tl^+		Mg^{2+}, Ca^{2+}, Sr^{2+}, Ba^{2+}, Mn^{2+}, Fe^{2+}, Co^{2+}, Ni^{2+}, Cu^{2+}, Zn^{2+}, Cd^{2+}, Hg^{2+}, Hg_2^{2+}, Sn^{2+}, Pb^{2+}, Al^{3+}, Cr^{3+}, Fe^{3+}
Chlorid Cl^-	Li^+, Na^+, K^+, Rb^+, Cs^+, NH_4^+, Mg^{2+}, Ca^{2+}, Sr^{2+}, Ba^{2+}, Mn^{2+}, Fe^{2+}, Co^{2+}, Ni^{2+}, Cu^{2+}, Zn^{2+}, Cd^{2+}, Hg^{2+}, Sn^{2+}, Al^{3+}, Cr^{3+}, Fe^{3+}	Pb^{2+}	Ag^+, Tl^+, Hg_2^{2+}
Bromid Br^-	Li^+, Na^+, K^+, Rb^+, Cs^+, NH_4^+, Mg^{2+}, Ca^{2+}, Sr^{2+}, Ba^{2+}, Mn^{2+}, Fe^{2+}, Co^{2+}, Ni^{2+}, Cu^{2+}, Zn^{2+}, Cd^{2+}, Sn^{2+}, Al^{3+}, Cr^{3+}, Fe^{3+}	Pb^{2+}, Hg^{2+}	Ag^+, Tl^+, Hg_2^{2+}

Tabelle 3.16 (Fortsetzng)

Anion	Kationen löslich (> 1%)	gering löslich (0,1...1%)	unlöslich (< 0,1%)
Iodid I^-	Li^+, Na^+, K^+, Rb^+, Cs^+, NH_4^+, Mg^{2+}, Ca^{2+}, Sr^{2+}, Ba^{2+}, Mn^{2+}, Fe^{2+}, Co^{2+}, Ni^{2+}, Cu^{2+}, Zn^{2+}, Cd^{2+}, Sn^{2+}, Al^{3+}, Cr^{3+}, Fe^{3+}		Ag^+, Tl^+, Hg_2^{2+}, Hg^{2+}, Pb^{2+}
Sulfat SO_4^{2-}	Li^+, Na^+, K^+, Rb^+, Cs^+, NH_4^+, Tl^+, Mg^{2+}, Mn^{2+}, Fe^{2+}, Co^{2+}, Ni^{2+}, Cu^{2+}, Zn^{2+}, Cd^{2+}, Hg^{2+}, Sn^{2+}, Al^{3+}, Cr^{3+}, Fe^{3+}	Ca^{2+}, Ag^+	Sr^{2+}, Ba^{2+}, Hg_2^{2+}, Pb^{2+}
Sulfit SO_3^{2-}	Li^+, Na^+, K^+, Rb^+, Cs^+, NH_4^+		Ag^+, Tl^+, Mg^{2+}, Ca^{2+}, Sr^{2+}, Ba^{2+}, Mn^{2+}, Fe^{2+}, Co^{2+}, Ni^{2+}, Cu^{2+}, Zn^{2+}, Cd^{2+}, Hg^{2+}, Hg_2^{2+}, Sn^{2+}, Pb^{2+}, Al^{3+}, Cr^{3+}, Fe^{3+}
Sulfid S^{2-}	Li^+, Na^+, K^+, Rb^+, Cs^+, NH_4^+, Mg^{2+}, Ca^{2+}, Sr^{2+}, Ba^{2+}		Ag^+, Tl^+, Mn^{2+}, Fe^{2+}, Co^{2+}, Ni^{2+}, Cu^{2+}, Zn^{2+}, Cd^{2+}, Hg^{2+}, Hg_2^{2+}, Sn^{2+}, Pb^{2+}, (Al^{3+}, Cr^{3+}, Fe^{3+}) Zersetzung
Phosphat PO_4^{3-}	Li^+, Na^+, K^+, Rb^+, Cs^+, NH_4^+		Ag^+, Tl^+, Mg^{2+}, Ca^{2+}, Sr^{2+}, Ba^{2+}, Mn^{2+}, Fe^{2+}, Co^{2+}, Ni^{2+}, Cu^{2+}, Zn^{2+}, Cd^{2+}, Hg^{2+}, Hg_2^{2+}, Sn^{2+}, Pb^{2+}, Al^{3+}, Cr^{3+}, Fe^{3+}
Hydroxid OH^-	Li^+, Na^+, K^+, Rb^+, Cs^+, NH_4^+, Tl^+, Ba^{2+}	Ca^{2+}, Sr^{2+}	Ag^+, Mg^{2+}, Mn^{2+}, Fe^{2+}, Co^{2+}, Ni^{2+}, Cu^{2+}, Zn^{2+}, Cd^{2+}, Hg^{2+}, Hg_2^{2+}, Sn^{2+}, Pb^{2+}, Al^{3+}, Cr^{3+}, Fe^{3+}

3.4.3 Atmosphäre

Wesentliche Eigenschaften der Atmosphäre werden durch den Luftdruck (reduziert sich um den Faktor 10 alle 16 km) und den Temperaturverlauf bestimmt. Durch den Temperaturverlauf kann die Atmosphäre in die **Troposphäre** (Temperaturabnahme 0 km bis 10 km), **Stratosphäre** (Temperaturanstieg 10 km bis 50 km) und **Mesosphäre** (Temperaturabnahme 50 km bis 100 km) gegliedert werden. Die mittlere Gaszusammensetzung der Luft in Meereshöhe ist in Tabelle 3.17 zusammengestellt.

Tabelle 3.17 Zusammensetzung der Luft auf der Höhe des Meeresspiegels

Gas	Molekül	Volumen-%	ppm *V*
Stickstoff	N_2	78,08	780 840
Sauerstoff	O_2	20,95	209 460
Argon	Ar	0,93	9 340
Kohlenstoffdioxid	CO_2	0,035 (steigend) 0,027 vorindustriell	354

Tabelle 3.17 (Fortsetzung)

Gas	Molekül	Volumen-%	ppm *V*
Neon	Ne	0,00182	18,18
Helium	He	0,000524	5,24
Methan	CH_4	0,00017	1,70
Krypton	Kr	0,000114	1,14
Wasserstoff	H_2	0,00005	0,50
Distickstoffmonooxid	N_2O	0,000031	0,31
Xenon	Xe	0,000009	0,09

Neben den gasförmigen Bestandteilen enthält die Atmosphäre Staub (Aerosolpartikel bestehen hauptsächlich aus anorganischen Ionen und Oxiden entsprechend der Verteilung in der Erdkruste; Ruß verstärkt in städtischen Bereichen) und Wassertröpfchen (enthalten im Wesentlichen Sulfat- und Nitrationen mit saurer Reaktion).

3.4.4 Umweltschadstoffe

In Tabelle 3.18 und 3.19 sind die wichtigsten Schadstoffe in der Umwelt mit ihren Eigenschaften zusammengestellt.

Tabelle 3.18 Zusammenstellung wichtiger organischer Substanzklassen

	Bezeichnung	Chemische Struktur	Beispiele
Acyclische Verbindungen	**Kohlenwasserstoffe**	C_nH_m	Bestehen aus den Elementen Kohlenstoff und Wasserstoff
	***n*-Alkane**	C_nH_{2n+2}	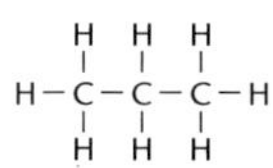 C_3H_8 Propan
	iso-Alkane	C_nH_{2n+2}	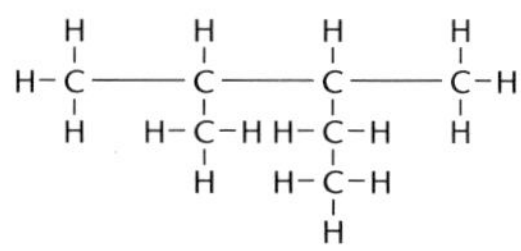
	Alkene	C_nH_{2n}	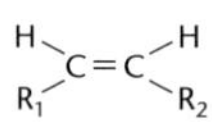 R: H; C_nH_{2n+1}
	Alkine	C_nH_{2n-2}	$R_1-C\equiv C-R_2$ R: H; C_nH_{2n+1}
	Alkohole	$C_nH_{2n+2}OH$	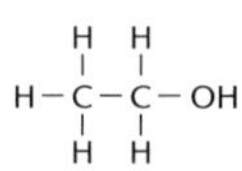 Ethanol
	Ether	R_1-O-R_2 R: C_nH_{2n+2}	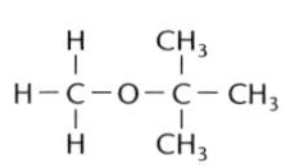 Methyl-t-Butylether MTBE

Tabelle 3.18 (Fortsetzung)

	Bezeichnung	Chemische Struktur	Beispiele
Acyclische Verbindungen	**Ketone**	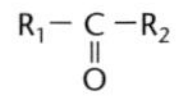	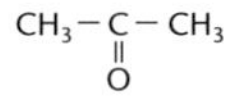 Aceton
	Carbonsäuren	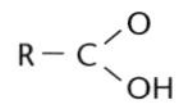	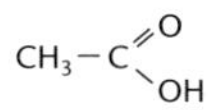 Essigsäure
	Halogenkohlenwasserstoffe	H wird ersetzt durch Fluor F Chlor Cl Brom Br Iod I	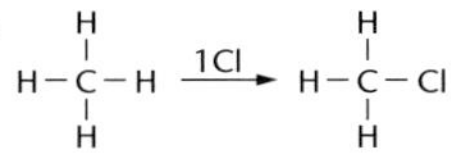 Methan → Chlormethan 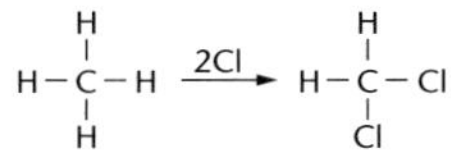 Methan → Dichlormethan (Methylenchlorid) 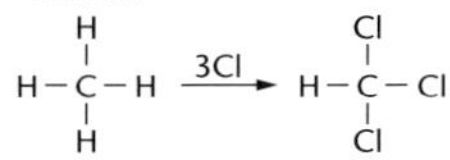 Methan → Trichlormethan (Chloroform)
Carbocyclische Verbindungen	**Cycloalkane**	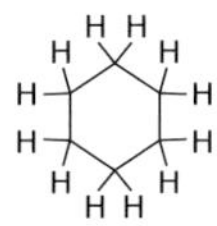	Cyclohexan C_6H_{12} (vereinfachte Darstellung durch weglassen der C-Atome)
	Halogencycloalkane	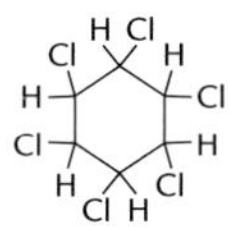	Hexachlorcyclohexan $C_6H_6Cl_6$ (HCH)
	Aromaten	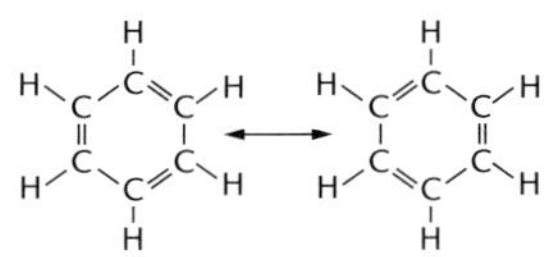 Doppelbindungen über den Ring verteilt	 Benzol C_6H_6
	Alkylaromaten	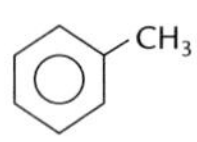	Toluol C_7H_8
	Halogenaromaten	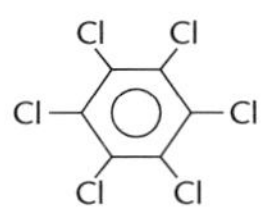	C_6Cl_6 Chlorbenzol, Hexachlorbenzol, Phthalsäureester
	Phenole	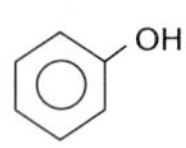 Phenol	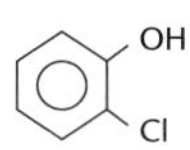 Chlorphenol

3

Tabelle 3.18 (Fortsetzung)

	Bezeichnung	Chemische Struktur	Beispiele
	Polycyclische aromatische Kohlenwasserstoffe PAK	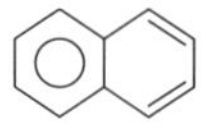	Naphthalin
		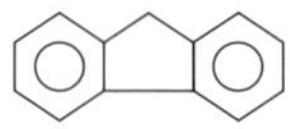	
	Polychlorierte Biphenyle PCB	209 Stoffisomere (Kongenere) 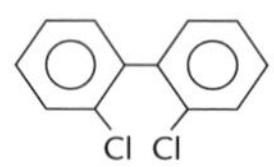	2,2′-Dichlorbiphenyl Mit zunehmender Zahl der Chloratome nimmt die Wasserlöslichkeit, Flüchtigkeit und Reaktivität (Metabolismus) ab.
		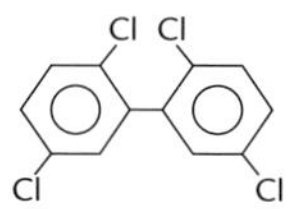	2,5,2′,5′-Tetrachlorbiphenyl
Heterocyclen	**Triazine** **Polychlorierte Dibenzodioxine PCDD**	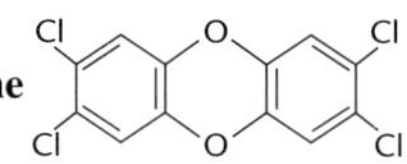	
	Dioxine **Polychlorierte Dibenzofurane PCDF**	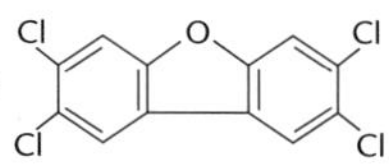	

Tabelle 3.19 Zusammenstellung von Umweltschadstoffen

Chemische Bezeichnung	Vorkommen und Verhalten in der Umwelt	Anwendungen	Emissionen, Quellen	Grenzwerte und gesetzliche Regelungen
Polychlorierte Biphenyle (PCB)	Wasserlöslichkeit nimmt mit steigendem Chlorgehalt ab. Bei der Verbrennung können polychlorierte Dibenzodioxine und Furane gebildet werden. Werden in Luft an Partikel adsorbiert und mit dem Wind über weite Strecken verteilt. Im Boden relativ immobil, Halbwertszeit im Boden in der Größenordnung 5 Jahre.	Werden seit 1929 synthetisiert, Anwendung in geschlossenen Systemen als dielektrisches Medium, Hydraulikflüssigkeit, Wärmetauscher, Kühlmittel in Transformatoren. Als Flammschutzmittel für Holz, Leder, Textilien, Papier und Kunststoffe. Weichmacher für Lacke, Harze und Kunststoffe.	Einbringung in Gewässer über Abfälle und Abwässer. Leckagen von geschlossenen Systemen (alte Transformatoren, Kondensatoren).	Entsprechend Chemikalien-Verbotsverordnung vom 01.11.1993 (zuletzt geändert am 26.6.2000) dürfen PCB-haltige Zubereitungen und Erzeugnisse nicht in den Verkehr gebracht werden. Prüfwert nach Bundesbodenschutz- und Altlastenverordnung 1999 für 6 ausgewählte PCB 0,4 mg/kg auf Kinderspielflächen.

Tabelle 3.19 (Fortsetzung)

Chemische Bezeichnung	Vorkommen und Verhalten in der Umwelt	Anwendungen	Emissionen, Quellen	Grenzwerte und gesetzliche Regelungen
Polycyclische aromatische Kohlenwasserstoffe (PAK) **Stoffgruppe von über hundert Einzelverbindungen, bestehend aus mehreren kondensierten 6- und 5-Ringen z. B. Naphthalin, Benzo(a)pyren**	Entstehen bei unvollständiger Verbrennung organischen Materials. Sie sind Bestandteil der Autoabgase, von Ruß, Teer, Zigarettenrauch. PAK Konzentration im Grundwasser bis 10 ng/l, Oberflächenwasser bis 1000 ng/l. Im Boden beträgt die Konzentration 50 bis 500 µg/kg, kann aber bei stillgelegten Industrieflächen (Altstandorte, Altlasten) bis zu einige 100 mg/kg betragen.	Keine für das Gemisch. Einzelne Verbindungen haben bzw. hatten eine technische Anwendung z. B. Naphthalin als Lösemittel, Dielektrikum, Insektizid. Weiterverarbeitung zu Farbstoffen, Gerbstoffen, Netzmittel, Decalin, Tetralin und Phthalanhydrid.	Sie gelangen in die Luft durch Verbrennung fossiler Energieträger (Feuerungsanlagen, Heizungen, Kraftfahrzeuge). Die Substanzen lagern sich an Partikel an. Die Emission an Benzo(a)pyren wird auf 5000 t pro Jahr weltweit geschätzt.	Grenzwert im Trinkwasser nach Trinkwasserverordnung von 1990 für 6 ausgewählte Substanzen in der Summe 200 ng/l. Nach Trinkwasserverordnung 2001 (rechtswirksam 1.1.2003) für 4 ausgewählte Substanzen in der Summe 100 ng/l. Benzo(a)pyren 10 ng/l. Prüfwert nach Bundesbodenschutz- und Altlastenverordnung (1999) 2 mg/kg auf Kinderspielflächen
Pentachlorphenol (PCP)	Bedingt durch den Herstellungsprozess ist PCP immer durch Dibenzodioxine und Dibenzofurane verunreinigt. Im Boden und Wasser ist PCP abhängig von den Umweltfaktoren Wochen bis Monate stabil. Gegenüber Fischen stark giftig. Wasserlöslichkeit 0,019 g/l.	Gehört auf Grund seiner starken Giftwirkung gegenüber Bakterien, Algen, Pilzen, Hefen und Insekten zu den am meisten angewandten Chlorverbindungen. Haupteinsatzbereich Holzbehandlung.	Aus mit PCP behandeltem Holz dampfen in den ersten Monaten 50 % des PCP aus, der Rest über einen Zeitraum von 10 ... 20 Jahren	Entsprechend Chemikalien-Verbotsverordnung vom 1.11.1993 (zuletzt geändert am 26.6.2000) dürfen PCP-haltige Zubereitungen und Erzeugnisse nicht in den Verkehr gebracht werden. Prüfwert nach Bundesbodenschutz- und Altlastenverordnung (1999) 50 mg/kg auf Kinderspielflächen
Polychlorierte Dibenzodioxine und -furane (PCDD, PCDF, Dioxine) **Substanzklasse, bestehend aus 210 Einzelverbindungen unterschiedlichen Chlorgehalts.**	Aufgrund ihrer Eigenschaften findet in der Umwelt kaum ein Abbau statt, wodurch sich diese Verbindungen im Boden und in der Nahrungskette anreichern. 2,3,7,8-TetrachlorDD (Sevesogift)	Keine	Produktionsprozesse der Chlorchemie als Nebenprodukte bei der Herstellung von z. B. Pentachlorphenol. Chlorbleiche bei der Papierherstellung. Thermische Prozesse: • Kabelverschwelung • Sonderabfallverbrennung • Hausabfallverbrennung	Entsprechend Chemikalien-Verbotsverordnung vom 01.11.1993 (zuletzt geändert am 26.6.2000) dürfen Dioxin und Furan-haltige Zubereitungen und Erzeugnisse nicht in den Verkehr gebracht werden.

3

Tabelle 3.19 (Fortsetzung)

Chemische Bezeichnung	Vorkommen und Verhalten in der Umwelt	Anwendungen	Emissionen, Quellen	Grenzwerte und gesetzliche Regelungen
Hexachlor-cyclohexan (HCH) (es gibt verschiedene Isomere die durch den griechischen Buchstaben unterschieden werden α-, β-, γ-, δ-) **Lindan (γ-HCH)**	Wasserlöslichkeit 0,0062 g/l Je nach Bedingungen im Wasser Monate bis Jahre stabil. Abbau im Boden mit einer Halbwertszeit von ca. 1 Jahr.	Als Insektizid (Fraß-, Kontakt- und Atmungsgift) zur Bekämpfung von beißenden und saugenden Insekten im Garten-, Obst- und Ackerbau, Forst und Wohnungen. In Holzschutzmitteln	Hausstaub: Grundbelastung ohne Holzschutz bis 2 mg/kg; mit Holzschutzanwendung typisch 2 … 50 mg/kg. Es wird davon ausgegangen, dass das gesamte HCH in die Umwelt gelangt.	Verordnung über Anwendungsverbote für Pflanzenschutzmittel (Pflanzenschutzanwendungsverordnung 10.11.92 zuletzt geändert 24.1.1997) vollständiges Anwendungsverbot für HCH.
Schwefeldioxid (SO_2)	Wasserlösliches Gas Gelangt in die Atmosphäre hauptsächlich durch Verbrennung fossiler Energieträger. Durch Oxidation mit OH-Radikalen entsteht Schwefeltrioxid, das mit Wasser zu Schwefelsäure reagiert und als saurer Regen u. a. zur Versauerung der Böden führt.	In der chemischen Industrie Schwefelsäure	Heizöl- und kohlegefeuerte Kraft- und Fernheizwerke, Industrie und Hausbrand, Verkehr.	Grenzwerte nach der 13. Bundesimmissionsschutzverordnung (BImSchV), Technische Anleitung zur Luftreinhaltung (TA-Luft). Maximale Arbeitsplatzkonzentration (MAK-Wert) 5 mg/m³.
Stickstoffoxide (NO, NO_2)	Stickstoffmonoxid (NO) ist ein sehr reaktives Gas; in der Atmosphäre durch photochemische Reaktion Gleichgewicht mit Stickstoffdioxid (NO_2).	In der chemischen Industrie Salpetersäure	Natürliche Quellen: Blitzschlag, mikrobielle Aktivität. Anthropogene Quellen: Verbrennungsprozesse, Flugzeugabgase	Grenzwerte nach der 17. Bundesimmissionsschutzverordnung (BImSchV), Technische Anleitung zur Luftreinhaltung (TA-Luft).
Quecksilber (Hg $HgCl_2$ Hg_2Cl_2 CH_3-HgCl CH_3-Hg-CH_3)	elementar anorganische ein- und zweiwertige Salze organisch als Methylquecksilber	Batterien, Katalysatoren, elektrische Bauteile, Leuchtstoffröhren Betriebsmittel bei der Chloralkalielektrolyse		Prüfwert nach Bundesbodenschutz und Altlastenverordnung (1999) 10 mg/kg auf Kinderspielflächen

Tabelle 3.19 (Fortsetzung)

Chemische Bezeichnung	Vorkommen und Verhalten in der Umwelt	Anwendungen	Emissionen, Quellen	Grenzwerte und gesetzliche Regelungen
Benzol	In geringen Konzentrationen im Erdöl und in der Steinkohle, bei der Verkokung von Steinkohle im Kokereigas. Wasserlöslichkeit 1,76 g/l Keine Reaktion mit Wasser unter Umweltbedingungen	Basis für die Herstellung von Kunststoffen, Waschmittelrohstoffen, Pflanzenschutzmittel; als Antiklopfmittel für Benzin (ca. 2 %); bei Löse- und Verdünnungsmitteln darf nach der Gefahrstoffverordnung in Zubereitungen nicht mehr als 1 % Benzol enthalten sein	Bestandteil von Otto- und Dieselabgasen; Verluste bei der Handhabung von Kraftstoffen. Emissionen aus Kfz mit 3-Wege-Katalysator und Lambdasonde ca. 2 … 12 mg/km; ohne Katalysator ca. 35 … 60 mg/km.	Aufnahme über Haut, inhalativ oder oral, gut fettlöslich, schnelle Adsorption. Kanzerogene Wirkung Entsprechend Chemikalien-Verbotsverordnung vom 01.11.1993 (zuletzt geändert am 26.6.2000) dürfen Benzol und Zubereitungen mit einem Gehalt >0,1% nicht in den Verkehr gebracht werden.
Asbest	Asbest umfasst eine Vielzahl faserförmiger Silicate. Die biologisch relevanten Fasern sind ≥ 5 µm lang und haben einen Durchmesser ≤ 3 µm.	Asbest wurde Hauptsächlich zur Herstellung von Asbestzement, Asbestgummi, Asbestkunststoffen, Asbestbitumen und als Thermoisolierung verwendet.	Exposition des Menschen erfolgt vorzugsweise über die Luft. Asbest wird unter Normalbedingungen in der Umwelt nicht verändert. Hauptsächliche Emissionsquelle für Asbest in Trinkwasser sind Asbestzementrohrleitungen. Bei Einhaltung der Grenzwerte nach Trinkwasserverordnung insbesondere des pH-Wertes stellt dies keine Gefährdung dar.	Alle Formen von Asbest sind im Tierexperiment karzinogen. Studien zeigen den Zusammenhang zwischen Asbestexposition und der Häufigkeit von Lungen-, Magen- und anderen Organkrebsen. TRK-Wert (Technische Richtkonzentration): Asbestfeinstaub 0,05 mg/m³ (1 Faser/cm³)

Weiterführende Literatur

Fessmann, J.; Orth, H.: Angewandte Chemie und Umwelttechnik für Ingenieure. 2. Auflage. Landsberg: ecomed 2002

Flottmann, D.; Forst, D.; Roßwag, H.: Chemie für Ingenieure. 2. Auflage. Berlin: Springer 2003

Hoinkis, J.; Lindner, E.: Chemie für Ingenieure. 12. Auflage. Weinheim: Wiley VCH 2001

Schwister, K. (Hrsg.): Taschenbuch der Chemie. 3. Auflage. Leipzig: Fachbuchverlag 2004

Schwister, K. (Hrsg.): Taschenbuch der Umwelttechnik. Leipzig: Fachbuchverlag 2003

Schwister, K. (Hrsg.): Taschenbuch der Verfahrenstechnik. 3. Auflage. Leipzig: Fachbuchverlag 2007

Vinke, A.; Marbach, G.; Vinke, J.: Chemie für Ingenieure. München: Oldenbourg 2003

4 Elektrotechnik/ Elektronik

Prof. Dr. rer. nat. Dr. h.c. Rolf Martin
Hochschule Esslingen

Dipl.-Ing.Klaus Bressler
THALES ATM GmbH
Korntal-Münchingen

Tabelle 4.1 Wichtige Formelzeichen der Elektrotechnik

Formelzeichen	SI-Einheit	Bedeutung
B	$T = V \cdot s/m^2$	magnetische Flussdichte oder Induktion
C	$F = A \cdot s/V$	Kapazität
D	$A \cdot s/m^2$	Verschiebungsdichte, elektrische Flussdichte
E	V/m	Elektrische Feldstärke
F	N	Kraft
f	Hz	Frequenz
G	S = A/V	Leitwert
H	A/m	magnetische Feldstärke oder Erregung
I, i	A	elektrischer Strom
j	A/m^2	Stromdichte
L	$H = V \cdot s/A$	Induktivität
P	W	Leistung
Q	$C = A \cdot s$	elektrische Ladung
Q	var = W	Blindleistung
R	$\Omega = V/A$	Widerstand
S	VA = W	Scheinleistung
t	s	Zeit
U, u	V	elektrische Spannung
W	J	Arbeit
X	Ω	Blindwiderstand
Z	Ω	Scheinwiderstand
κ	S/m	Leitfähigkeit, Konduktivität
ρ	$\Omega \cdot m$	Spezifischer Widerstand, Resistivität
Φ	$Wb = V \cdot s$	magnetischer Fluss
φ	V	elektrisches Potenzial
φ	1	Phasenwinkel
ω	s^{-1}	Kreisfrequenz

4.1 Grundgesetze und Definitionen

4.1.1 Ladung und Strom

Elektrische Erscheinungen beruhen auf der Existenz von elektrischen **Ladungen**. Diese sind an materielle Teilchen gebunden und kommen als **positive** (z. B. Protonen) und **negative** (z. B. Elektronen) Ladungen vor. Ladungen üben Kräfte aufeinander aus:

> Ungleichnamige Ladungen ziehen sich an, gleichnamige stoßen sich ab.

Die Ladung ist gequantelt. Ladungen kommen nur in ganzzahligen Vielfachen der **Elementarladung** $e = 1{,}602 \cdot 10^{-19}$ C vor. Die SI-Einheit der Ladung ist das **Coulomb** oder die Ampere-Sekunde: $[Q] = 1\ C = 1\ A \cdot s$.

4

Ein **elektrischer Strom** liegt vor, wenn Ladungsträger eine gerichtete Bewegung ausführen. Ist Q die Ladung, die beispielsweise in einem Leiter in der Zeit t gleichmäßig an einem bestimmten Ort vorbeiströmt, so fließt ein **Gleichstrom** der Stärke

$$I = \frac{Q}{t}$$

Die SI-Einheit der elektrischen Stromstärke ist das Ampere: $[I] = 1$ A. Sie ist eine der sieben Basiseinheiten im internationalen Einheitensystem.

1 Ampere ist die Stärke eines zeitlich unveränderlichen Stromes, der durch zwei im Vakuum parallel im Abstand von 1 Meter voneinander angeordnete, geradlinige, unendlich lange Leiter von vernachlässigbar kleinem kreisförmigem Querschnitt fließend, zwischen diesen Leitern je 1 Meter Leiterlänge die Kraft $2 \cdot 10^{-7}$ Newton hervorruft.

Fließen die Ladungen zeitlich nicht gleichmäßig, so ist der Augenblickswert der elektrischen Stromstärke

$$i(t) = \frac{\mathrm{d}Q}{\mathrm{d}t}$$

wenn dQ die in der Zeitspanne dt transportierte Ladung ist.

Bei einem Leiter ist die **Stromdichte** j, d. h. der auf die Leiterfläche A bezogene Strom,

$$j = \frac{I}{A}$$

Die Stromdichte eines Kabels darf einen zulässigen Grenzwert nicht überschreiten. Angaben finden sich in DIN 57100, Teil 430 sowie DIN VDE 0298, Teil 4.

Die **technische Stromrichtung** stimmt nach DIN 5489 mit der Bewegungsrichtung positiver Ladungsträger überein. Die Stromrichtung wird in Schaltplänen durch einen Bezugspfeil angegeben (Bild 4.1).

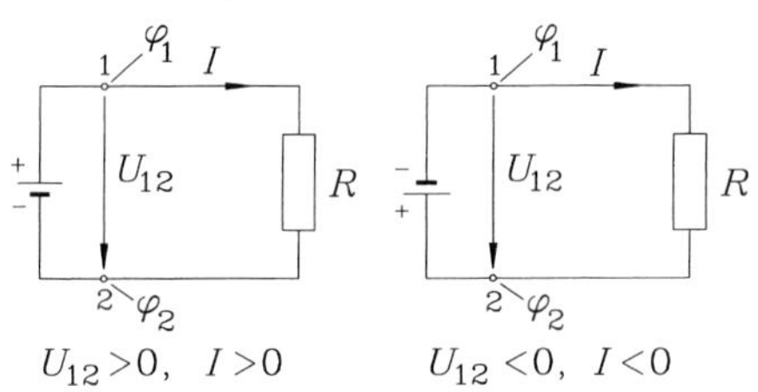

Bild 4.1 Bezugspfeile für Strom und Spannung in einer Schaltung

4.1.2 Spannung und Potenzial

Wird ein Ladungsträger mit der Ladung Q in einem elektrischen Feld von einem Ort 1 auf einem beliebigen Weg d$\boldsymbol{s}$ zu einem Ort 2 verschoben, so verrichten die Feldkräfte $\boldsymbol{F}$ am Ladungsträger die Arbeit W_{12}:

$$W_{12} = \int_1^2 \boldsymbol{F}\, \mathrm{d}\boldsymbol{s}$$

Ist diese Arbeit positiv, dann liegt der Ort 1 auf höherer potenzieller Energie als der Ort 2: $W_{12} = E_{pot,1} - E_{pot,2}$. Diese Größen sind proportional zur verschobenen Ladung Q. Der Quotient W_{12}/Q hängt dagegen nur noch von der Feldverteilung ab und wird als **elektrische Spannung** U_{12} bezeichnet:

$$U_{12} = \frac{W_{12}}{Q} = \frac{E_{pot,1}}{Q} - \frac{E_{pot,2}}{Q} = \varphi_1 - \varphi_2$$

φ_1 und φ_2 bezeichnen die **Potenziale** in den Punkten 1 und 2. Deren Absolutwert kann willkürlich festgelegt werden. In der Regel wird ein Punkt einer Schaltung geerdet (Massepunkt) und diesem Punkt das Potenzial $\varphi = 0$ zugeordnet. Die Maßeinheit für Spannung und Potenzial ist das Volt: $[U] = 1$ V.

Die Spannung zwischen zwei Punkten einer Schaltung wird durch einen Bezugspfeil (Bild 4.1) dargestellt. Dabei bewegen sich positive Ladungsträger vom Ort des höheren Potenzials zum Ort des tieferen Potenzials.

4.1.3 Ohm'sches Gesetz und Widerstand

G. S. Ohm fand experimentell, dass in metallischen Leitern der Strom I proportional zur anliegenden Spannung U ist:

$$I = GU = \frac{U}{R}$$

Dieser Zusammenhang wird als **Ohm'sches Gesetz** bezeichnet. Die Proportionalitätskonstante ist der **Leitwert** G. Dessen Kehrwert wird als **Widerstand** R bezeichnet. Die SI-Einheit des Widerstandes ist das Ohm: $[R] = 1\ \Omega = 1$ V/A, die des Leitwerts das **Siemens**: $[G] = 1\ \text{S} = 1\ \Omega^{-1} =$ 1 A/V. In Schaltplänen ist das Widerstandssymbol ein offenes Rechteck (Bild 4.1).

Der Widerstand eines Leiters mit konstanter Fläche A und Länge l beträgt

$$R = \rho \frac{l}{A}$$

Die Materialkonstante ρ wird als **spezifischer elektrischer Widerstand** oder **Resistivität** bezeichnet (Tabelle 4.2). Ebenso gilt mit der **elektrischen Leitfähigkeit** $\kappa = 1/\rho$ für den Leitwert

$$G = \kappa \frac{A}{l}$$

Tabelle 4.2 Spezifischer elektrischer Widerstand ρ, Leitfähigkeit κ sowie Temperaturkoeffizient α bei $\vartheta_0 = 20$ °C

Werkstoff	ρ in $\Omega \cdot \text{mm}^2/\text{m}$	κ in $\text{S} \cdot \text{m}/\text{mm}^2$	α in $10^{-3}\ \text{K}^{-1}$
Aluminium	0,0255	39,2	4,67
Blei	0,209	4,78	4,22
Gold	0,0220	45,4	3,98
Graphit	8,0	0,13	−0,2
Heizleiterleg. CrAl205	1,37	0,7	0,05
Konstantan	≈ 0,5	≈ 2	0,003
Kupfer	0,0168	59,5	4,33
Manganin	0,43	2,3	0,01
Platin	0,10	10	3,92
Silber	0,0162	61,7	4,10
Zinn	0,110	9,07	4,63

Der spezifische elektrische Widerstand ρ und damit auch der Widerstand R eines Leiters ist näherungsweise linear von der Temperatur abhängig. Ist R_0 der Widerstand bei der Temperatur ϑ_0, dann ist der Widerstand R_1 bei einer Temperatur ϑ_1

$$R_1 = R_0 \left[1 + \alpha (\vartheta_1 - \vartheta_0)\right]$$

α ist der **Temperaturkoeffizient** des Widerstandes (Tabelle 4.2) und beschreibt die relative Widerstandsänderung pro 1 K Temperaturänderung:

$$\alpha = \frac{1}{R_0} \frac{\Delta R}{\Delta T}$$

4.1.4 Arbeit und Leistung

Die Arbeit W zum Verschieben einer Ladung Q ist verknüpft mit der Spannung U:

$$W = UQ = U \int i(t) \mathrm{d}t\,.$$

Bei Gleichstrom ergibt sich $W = UIt$, mit der Einheit Joule: $[W] = 1\ \mathrm{J} = 1\ \mathrm{V} \cdot \mathrm{A} \cdot \mathrm{s}$.

Die verrichtete Leistung ist mit $P = \mathrm{d}W/\mathrm{d}t$.

$$P = UI = I^2 R = \frac{U^2}{R}$$

4.1.5 Kirchhoff'sche Gesetze

Die Kirchhoff'schen Gesetze dienen zur Berechnung von Spannungen und Strömen in Netzwerken (Bild 4.2).

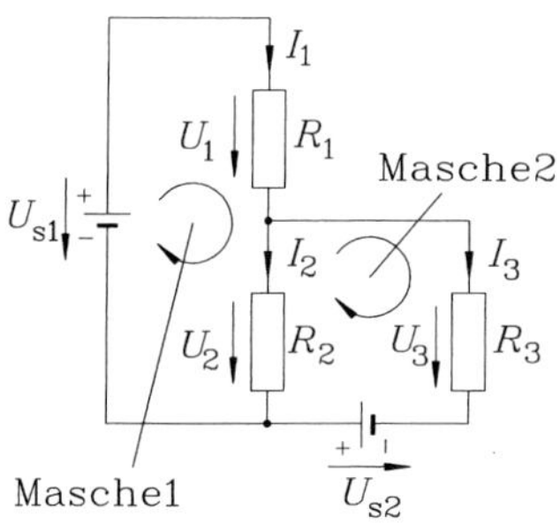

Bild 4.2 Knoten und Maschen eines Netzwerkes

Knotenregel
An einem Knoten ist die Summe aller Ströme null: $\sum_k I_k = 0$.

Die Ströme müssen vorzeichenrichtig eingesetzt werden. Beispielsweise werden die **zufließenden** Ströme **positiv**, die abfließenden negativ gezählt.

Für die Knoten in Bild 4.2 folgt damit: $I_1 - I_2 - I_3 = 0$ oder $I_1 = I_2 + I_3$.

Maschenregel

Die Summe aller vorzeichenbehafteten Spannungen in einer Masche ist null: $\sum_k U_k = 0$.

Zur Anwendung der Maschenregel wird ein beliebiger Drehsinn in der Masche als positiv definiert (z. B. im Uhrzeigersinn). Spannungspfeile, die **in Zählrichtung** weisen, werden **positiv**, die entgegengesetzten negativ genommen.

Für die Masche 1 in Bild 4.2 ergibt sich damit $U_1 + U_2 - U_{s1} = 0$ oder $I_1R_1 + I_2R_2 = U_{s1}$.
Für die Masche 2 gilt $-U_2 + U_3 - U_{s2} = 0$ oder $I_3R_3 - I_2R_2 = U_{s2}$.

Damit stehen drei Gleichungen für die Berechnung der drei Ströme I_1, I_2 und I_3 zur Verfügung.

4.2 Gleichstromkreise

4.2.1 Spannungs- und Stromquellen

Eine **ideale Spannungsquelle** hält unabhängig von der Belastung eine konstante (eingeprägte) Spannung U_s. Ebenso liefert eine **ideale Stromquelle** einen eingeprägten Strom I_s. Bild 4.3 zeigt die Schaltzeichen nach DIN 5489.

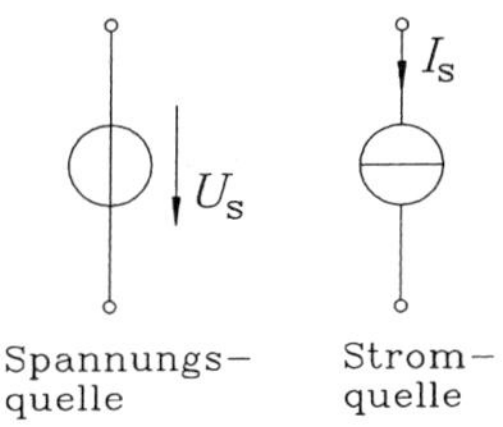

Bild 4.3 Schaltzeichen idealer Zweipolquellen

Reale Spannungsquellen haben einen Innenwiderstand und deshalb nimmt bei Belastung die Klemmenspannung ab (Bild 4.4). Die reale Spannungsquelle verhält sich annähernd ideal, wenn der Innenwiderstand R_i klein ist. In gleicher Weise ist der Ausgangsstrom **realer Stromquellen** nicht konstant (Bild 4.4). Die reale Stromquelle kommt der idealen umso näher, je kleiner der Parallel-Leitwert G_i ist.

Die Leistung, die einer Spannungsquelle entnommen wird, wenn im Außenkreis der Lastwiderstand R_L liegt, beträgt

$$P = UI = U_s^2 \frac{R_L}{(R_i + R_L)^2}$$

Die abgegebene Leistung wird maximal, wenn der Lastwiderstand gleich dem Innenwiderstand gewählt wird: $R_L = R_i$.

Man spricht in diesem Fall von **Leistungsanpassung**. Die maximale Leistung P_{max} ist

$$P_{max} = \frac{1}{4}\frac{U_s^2}{R_i} = \frac{1}{4}\frac{U_L^2}{R_i}$$

Ebenso liegt bei einer Stromquelle Leistungsanpassung vor, wenn gilt: $R_L = \frac{1}{G_i} = R_i$.

Spannungsquelle	Stromquelle
Ersatzschaltbild	
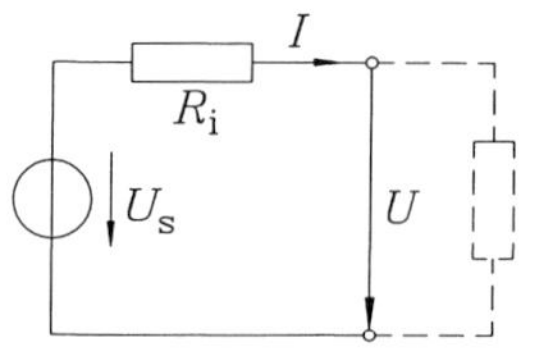	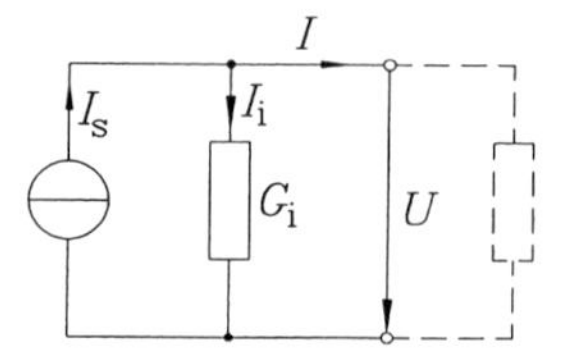
Belastungskennlinie	
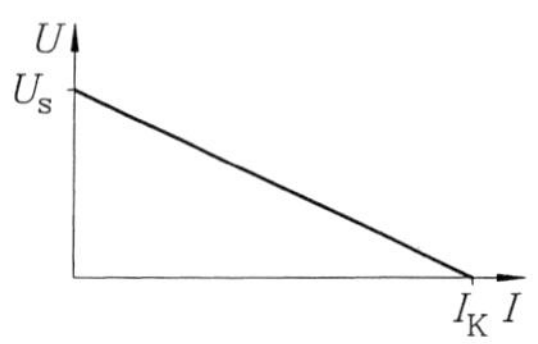	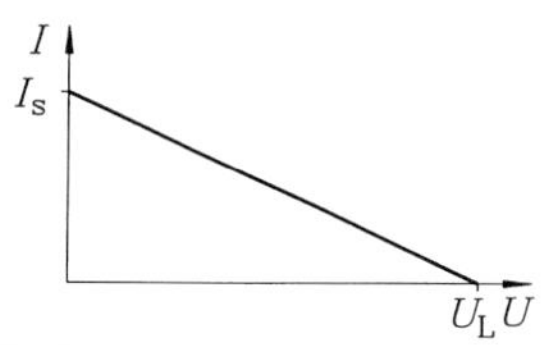
Zweipolgleichung	
$U = U_s - I\,R_i$	$I = I_s - U\,G_i$
Kurzschlussstrom	
$I_K = U_s/R_i$	$I_K = I_s$
Leerlaufspannung	
$U_L = U_s$	$U_L = I_s/G_i$

Bild 4.4 Eigenschaften realer Quellen

4.2.2 Schaltungen von Widerständen

Bei einer **Reihen**- oder **Serienschaltung** werden mehrere Widerstände vom selben Strom durchflossen. Bei einer **Parallelschaltung** liegen mehrere Widerstände an derselben Spannung. Die **Gesamt**- oder **Ersatzwiderstände** sind in Bild 4.5 dargestellt.

Reihenschaltung	Parallelschaltung
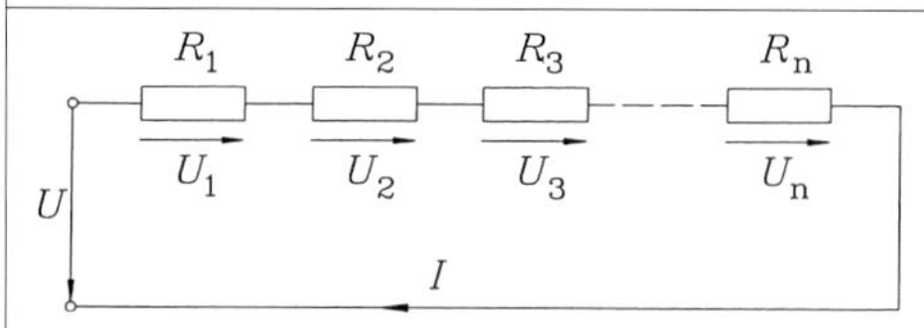	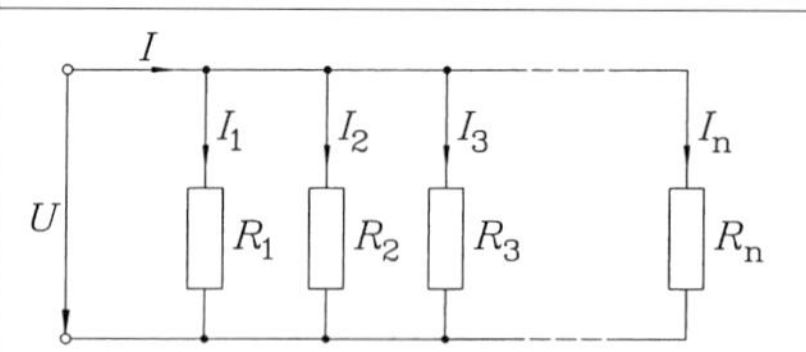
Ersatzwiderstand	
$R_{ges} = R_1 + R_2 + R_3 + \ldots + R_n$	$\frac{1}{R_{ges}} = \frac{1}{R_1} + \frac{1}{R_2} + \frac{1}{R_3} + \cdots + \frac{1}{R_n}$

Bild 4.5 Reihen- und Parallelschaltung

Stern-Dreieck-Transformation

Eine **Sternschaltung** von Widerständen lässt sich in eine äquivalente **Dreieckschaltung** umwandeln und umgekehrt. Die Transformationsgleichungen sind in Bild 4.6 zusammengestellt.

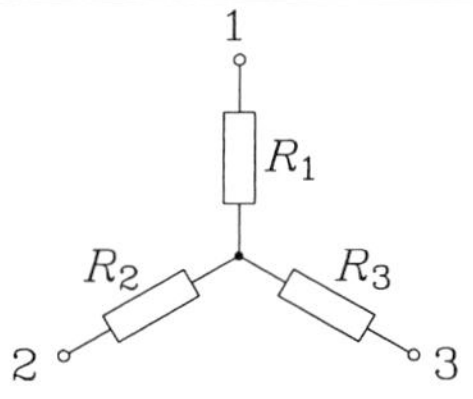 Sternschaltung	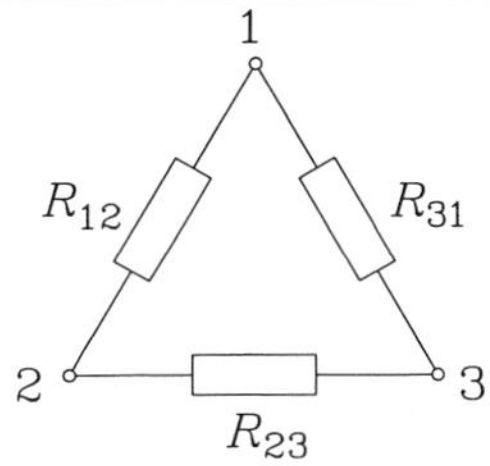 Dreieckschaltung
Umwandlung von Stern in Dreieck	Umwandlung von Dreieck in Stern
$R_{12} = R_1 + R_2 + \frac{R_1 R_2}{R_3}$	$R_1 = \frac{R_{12} R_{31}}{R_{12} + R_{23} + R_{31}}$
$R_{23} = R_2 + R_3 + \frac{R_2 R_3}{R_1}$	$R_2 = \frac{R_{23} R_{12}}{R_{12} + R_{23} + R_{31}}$
$R_{31} = R_3 + R_1 + \frac{R_3 R_1}{R_2}$	$R_3 = \frac{R_{31} R_{23}}{R_{12} + R_{23} + R_{31}}$

Bild 4.6 Stern-Dreieck-Umwandlung

4.3 Elektrisches Feld

4.3.1 Feldbegriff

Ladungen, die im Raum verteilt sind, spannen ein elektrisches Feld auf. Das bedeutet, dass auf eine **Probeladung** Q_0, die in dieses Gebiet gebracht wird, eine Kraft ausgeübt wird. Diese Kraft kann entweder experimentell bestimmt oder berechnet werden. Insbesondere ist die Kraft zwischen einer Ladung Q_1 und der Probeladung Q_0 im Vakuum gegeben durch das **Coulomb'sche Gesetz**

$$F = \frac{1}{4\pi\varepsilon_0} \frac{Q_1 Q_0}{r^2}$$

wobei r der Abstand der beiden Ladungen ist und $\varepsilon_0 = 8{,}854 \cdot 10^{-12}$ A · s/V · m die **elektrische Feldkonstante.**

Die **elektrische Feldstärke** $\boldsymbol{E}$ ist die Kraft $\boldsymbol{F}$ auf eine positive Probeladung, bezogen auf die Ladung Q_0: $\boldsymbol{E} = \boldsymbol{F}/Q_0$.

Die Feldverteilung kann sichtbar gemacht werden durch **Feldlinien**, welche die Kraftrichtung auf eine positive Probeladung wiedergeben (Bild 4.7). Die Spannung zwischen zwei Punkten wird durch die Feldstärke $\boldsymbol{E}$ beschrieben:

$$U_{12} = \varphi_1 - \varphi_2 = \int_1^2 \boldsymbol{E}\, \mathrm{d}\boldsymbol{s}$$

Flächen konstanten Potenzials, die **Äquipotenzialflächen**, stehen senkrecht auf den Feldlinien (Bild 4.7).

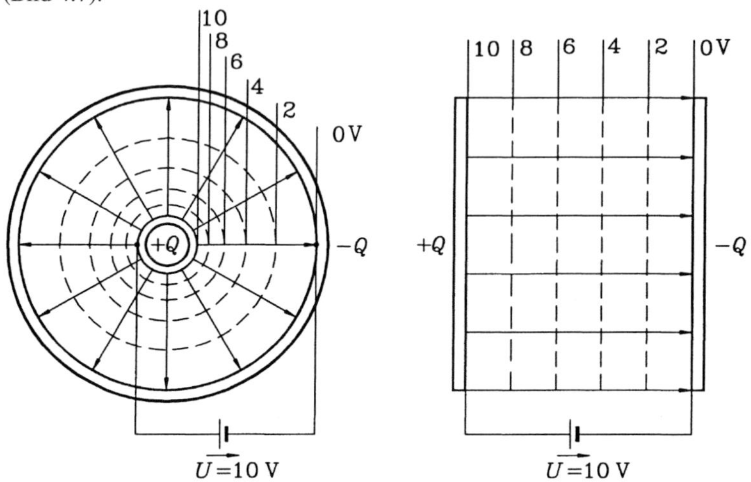

Bild 4.7 Feldlinien und Äquipotenzialflächen in einem Zylinderkondensator (inhomogenes Feld) und einem Plattenkondensator (homogenes Feld)

4.3.2 Kapazität

Eine beliebige Anordnung zweier Leiter, zwischen denen durch eine Spannungsquelle Ladungen verschoben werden können, wird als **Kondensator** bezeichnet (Bild 4.7). Die Ladungsmenge Q, die von einer Elektrode auf die andere verschoben wird, ist proportional zur angelegten Spannung: $Q = CU$.

C ist die **Kapazität** des Kondensators. Sie hat die Einheit Farad: $[C] = 1\ \mathrm{F} = 1\ \mathrm{A \cdot s/V}$.

Die Kapazität hängt von der Geometrie der Elektroden ab sowie vom Material im Zwischenraum. Für das Beispiel des Plattenkondensators gilt:

$$C = \varepsilon \frac{A}{d}$$

A ist die Plattenfläche, d der Plattenabstand und $\varepsilon = \varepsilon_r \varepsilon_0$ die **Permittivität** des Materials. Hierbei ist ε_r die **Permittivitätszahl** (relative Permittivität) und ε_0 die **elektrische Feldkonstante**.

Ein wichtiger elektrischer Feldvektor ist die **elektrische Flussdichte** $\boldsymbol{D} = \varepsilon_r \varepsilon_0 \boldsymbol{E}$. Sie entspricht der Flächenladungsdichte $|\boldsymbol{D}| = Q/A$ der auf den Kondensatorplatten verschobenen Ladung Q.

Energieinhalt des elektrischen Feldes

Die zum Aufbau eines elektrischen Feldes erforderliche Arbeit ist als elektrische Feldenergie W_{el} gespeichert und beträgt

$$W_{el} = \frac{1}{2} C U^2$$

Die **Energiedichte**, also die Energie pro Volumenelement, beträgt für beliebige elektrische Felder

$$w_{el} = \frac{dW}{dV} = \frac{1}{2} \varepsilon_r \varepsilon_0 \boldsymbol{E}^2 = \frac{1}{2} \boldsymbol{E}\boldsymbol{D}$$

Schaltung von Kondensatoren

Wie bei den Widerständen kann man auch Kondensatoren in Reihe oder parallel schalten. Bild 4.8 zeigt die Schaltungen mit den Schaltzeichen nach DIN 40900 und die resultierenden Gesamtkapazitäten.

Reihenschaltung	Parallelschaltung
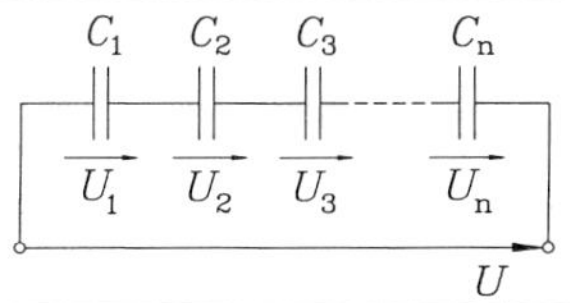	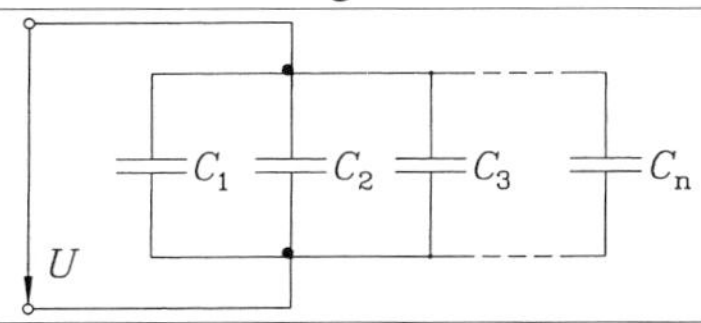
$\frac{1}{C_{ges}} = \frac{1}{C_1} + \frac{1}{C_2} + \frac{1}{C_3} + \cdots + \frac{1}{C_n}$	$C_{ges} = C_1 + C_2 + C_3 + \cdots + C_n$

Bild 4.8: Ersatzkapazität von Kondensatorschaltungen

4.3.3 Laden und Entladen von Kondensatoren

Während des Ladens oder Entladens eines Kondensators fließt ein zeitabhängiger Strom $i(t)$, der mit der Änderung der Kondensatorspannung verknüpft ist:

$$i = \frac{dq}{dt} = C\frac{du_C}{dt}$$

Bild 4.9 zeigt den Zeitverlauf der Kondensatorspannung sowie der Spannung am Widerstand $u_R(t) = i(t)\,R$. $u_R(t)$ spiegelt damit den Verlauf des Stromes wieder. Die charakteristische Größe $\tau = RC$ ist die **Zeitkonstante** des Umladevorganges.

Aufladen	Entladen
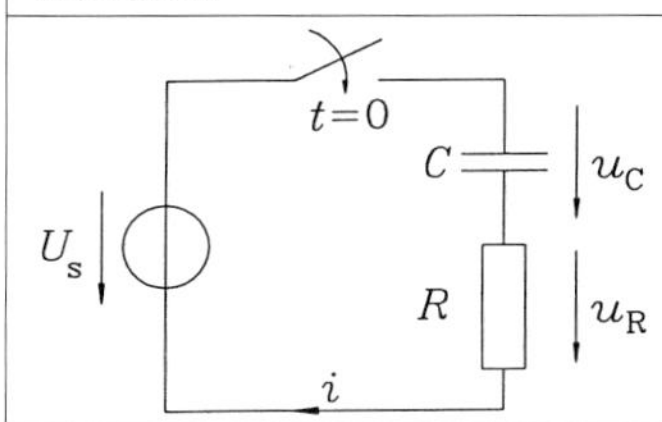	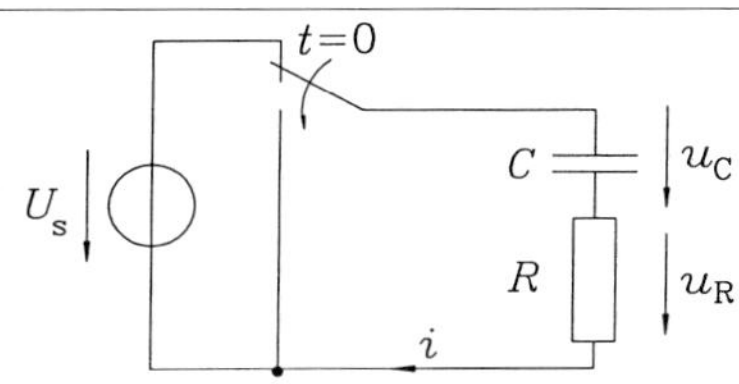
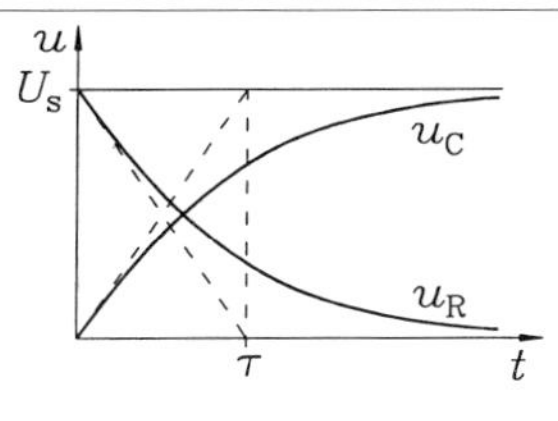	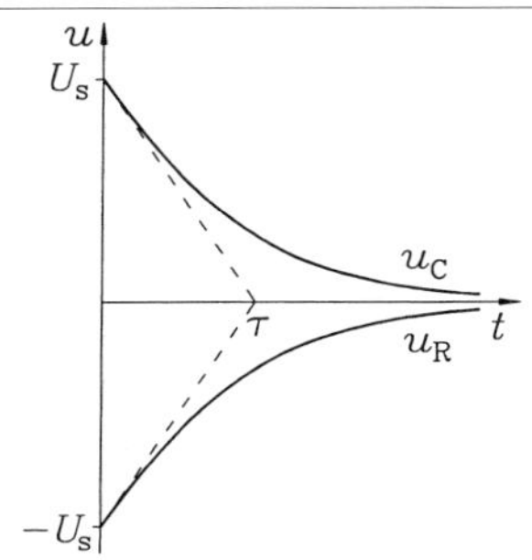
$u_C(t) = U_s\left(1 - e^{-t/\tau}\right)$ $i(t) = \frac{u_R(t)}{R} = \frac{U_s}{R}\,e^{-t/\tau}$	$u_C(t) = U_s\,e^{-t/\tau}$ $i(t) = \frac{u_R}{R} = \frac{-u_C}{R} = \frac{-U_s}{R}\,e^{-t/\tau}$

Bild 4.9 Zeitverhalten beim Umladen eines Kondensators

4

4.4 Magnetisches Feld

4.4.1 Feldbegriff

Magnetfelder werden entweder von **Permanentmagneten** erzeugt oder von **elektrischen Strömen**. Sie können sichtbar gemacht werden durch Eisenfeilpäne, die sich wie kleine drehbare Kompassnadeln längs der magnetischen Feldlinien anlagern (Bild 4.10). Die Feldlinien gehen bei einem Permanentmagneten im Außenraum vom **Nord**- zum **Südpol** und innerhalb des Materials vom Süd- zum Nordpol. Die Kräfte, die Magnetpole aufeinander ausüben, sind so gerichtet, dass gleichnamige Pole sich abstoßen, ungleichnamige sich dagegen anziehen.

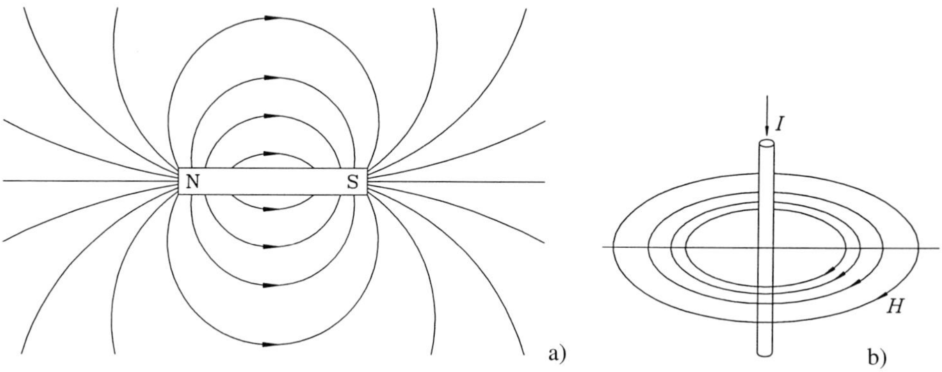

Bild 4.10 Magnetfeld eines a) Stabmagneten und b) eines geradlinigen Leiters

Die magnetischen Feldlinien eines langen geraden Leiters, der vom Strom I durchflossen wird, bilden konzentrische Kreise um den Leiter (Bild 4.10b). Die Richtung des Feldes ist der Stromrichtung im Sinne einer Rechtsschraube zugeordnet. Für die **magnetische Feldstärke** oder **Erregung** H gilt

$$H = \frac{I}{2\pi r}$$

mit der Einheit $[H] = 1$ A/m.

Diese Beziehung ist ein Spezialfall des allgemein gültigen **Durchflutungsgesetzes** oder **Ampère'schen Gesetzes**

$$\oint_C \boldsymbol{H}\,\mathrm{d}\boldsymbol{s} = \Theta = \int_A \boldsymbol{j}\,\mathrm{d}\boldsymbol{A} = \sum_k I_k$$

wonach das Linienintegral der magnetischen Feldstärke $\boldsymbol{H}$ längs eines geschlossenen Weges C übereinstimmt mit der **Durchflutung** Θ, d. h. der Summe aller Ströme, welche die umfahrene Fläche durchdringen. $\boldsymbol{j}$ ist der Vektor der Stromdichte und d$\boldsymbol{A}$ ein senkrecht auf dem Flächenelement dA stehender Vektor. Eine noch allgemeinere Beziehung ist die **erste Maxwell'sche Gleichung**

$$\oint_C \boldsymbol{H}\,\mathrm{d}\boldsymbol{s} = \int_A \left(\boldsymbol{j} + \dot{\boldsymbol{D}}\right)\mathrm{d}\boldsymbol{A}$$

Sie drückt aus, dass Magnetfelder nicht nur durch reale Ströme, sondern auch durch **Verschiebungsströme** $\dot{\boldsymbol{D}} = \mathrm{d}\boldsymbol{D}/\mathrm{d}t$ zu Stande kommen (beispielsweise im Innern eines Kondensators).

Die Feldstärke H des homogenen Feldes im Innern einer langen Spule der Länge l, die N Windungen besitzt und vom Strom I durchflossen wird, beträgt

$$H = \frac{NI}{l}$$

wie es sich aus dem Durchflutungsgesetz errechnet.

4.4.2 Kräfte auf bewegte Ladungen im Magnetfeld

Anders als im elektrischen Feld wird auf eine ruhende Ladung in einem Magnetfeld keine Kraft ausgeübt. Bewegt sich dagegen eine Ladung Q mit der Geschwindigkeit v in einem Magnetfeld, so erfährt sie eine Kraft, die als **Lorentzkraft** F_L bezeichnet wird:

$$\boldsymbol{F}_L = Q\boldsymbol{v} \times \boldsymbol{B}$$

$\boldsymbol{B}$ ist die **magnetische Flussdichte**, eine Feldgröße, die mit der magnetischen Erregung $\boldsymbol{H}$ zusammenhängt gemäß

$$\boldsymbol{B} = \mu_r \mu_0 \boldsymbol{H}$$

$\mu_0 = 4\pi \cdot 10^{-7}$ V · s/A · m ist die **magnetische Feldkonstante** und μ_r ist eine Materialgröße, die als **Permeabilitätszahl** oder **relative Permeabilität** bezeichnet wird. Für die meisten Substanzen gilt $\mu_r \approx 1$; in ferromagnetischen Materialien ist $\mu_r \gg 1$ und stark vom Magnetfeld abhängig.

Die Lorentzkraft steht senkrecht auf der Feldrichtung und der Bewegungsrichtung der Ladungsträger. Auf einen geraden Draht der Länge l, der vom Strom I durchflossen wird und der sich in einem homogenen Magnetfeld der Flussdichte $\boldsymbol{B}$ befindet, wirkt die Kraft

$$\boldsymbol{F} = I\boldsymbol{l} \times \boldsymbol{B}$$

Die Leiterlänge ist hier als Vektor $\boldsymbol{l}$ formuliert, dessen Richtung mit der Stromrichtung übereinstimmt. Auf dieser Kraftwirkung beruht das Prinzip des Elektromotors. Auf die Wicklungen eines drehbaren Läufers wird im Magnetfeld eine Kraft und damit auf den Läufer ein Drehmoment ausgeübt.

Kraft zwischen parallelen Leitern

Ein geradliniger Leiter 1, der vom Strom I_1 durchflossen wird, erzeugt ein konzentrisches Magnetfeld (Bild 4.10b), wobei die Flussdichte $B(r) = \mu_r \mu_0 \dfrac{I_1}{2\pi r}$ beträgt. Ein im Abstand r parallel verlegter Leiter 2, der vom Strom I_2 durchflossen wird, erfährt in diesem Magnetfeld die Kraft $F = I_2 l \mu_r \mu_0 \dfrac{I_1}{2\pi r}$. Damit ist die längenbezogene Kraft zwischen den beiden Leitern

$$\frac{F}{l} = \frac{\mu_r \mu_0 I_1 I_2}{2\pi r}$$

Die Wechselwirkungskraft ist anziehend, wenn die beiden Stromrichtungen gleichsinnig sind, und abstoßend bei entgegengesetzt gerichteten Strömen. Diese Gleichung dient zur Definition der Basiseinheit 1 A des elektrischen Stromes (Abschn. 4.1.1).

4.4.3 Materie im Magnetfeld

In Materie setzt sich die magnetische Flussdichte aus zwei Anteilen zusammen:

$$\boldsymbol{B} = \mu_0 \boldsymbol{H} + \boldsymbol{J}$$

Der erste Summand stammt vom angelegten äußeren Magnetfeld $\boldsymbol{H}$, der zweite ist die **magnetische Polarisation** $\boldsymbol{J}$, die den Beitrag der atomaren Dipole beschreibt. Bei den meisten Substanzen ist dieser Beitrag vernachlässigbar ($J \ll \mu_0 H$). Das bedeutet für die relative Permeabilität: $\mu_r \approx 1$. In **Ferromagnetika** (Fe, Co, Ni, Ferrite usw.) ist $\mu_r \gg 1$ und $J \gg \mu_0 H$. Die Polarisation J (und damit auch μ_r) ist in komplizierter Weise vom angelegten Feld und der Vorgeschichte abhängig. Bild 4.11 zeigt Darstellungen der Flussdichte B in Abhängigkeit von der magnetischen Erregung H.

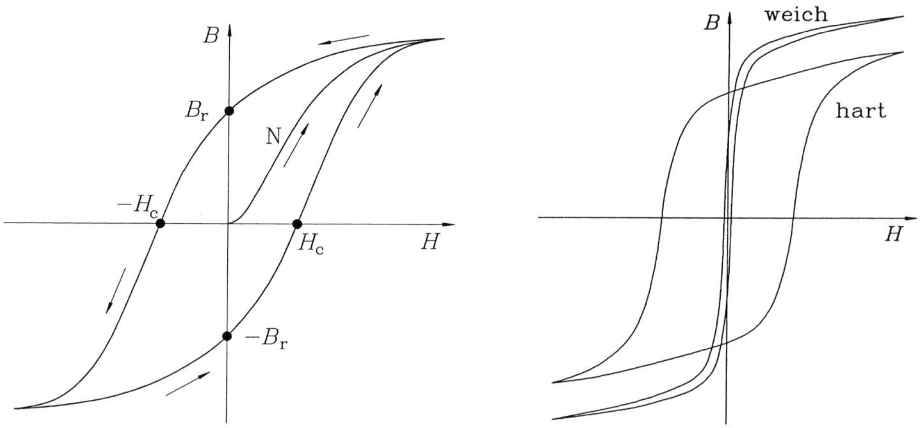

Bild 4.11 Hystereseschleifen

Bei einem unmagnetischen Material verläuft die Magnetisierung zunächst längs der **Neukurve** N. Ab einer bestimmten Feldstärke sind alle atomaren Dipole parallel ausgerichtet und die Polarisation erreicht ihren Maximalwert, der als **Sättigungspolarisation** J_S bezeichnet wird. Wird die Feldstärke verringert, dann wird der obere Kurventeil durchlaufen, der nicht mehr durch den Nullpunkt geht. Vielmehr bleibt beim Feld $H = 0$ eine **Remanenzflussdichte** B_r in der Probe zurück. Erst bei der **Koerzitivfeldstärke** $-H_c$ verschwindet die Flussdichte. Nachdem die negative Sättigungspolarisation erreicht ist, wird bei erneutem Umpolen die untere Kurve durchlaufen. Die gesamte Kurve wird als **Hystereseschleife** bezeichnet.

Substanzen mit großer Koerzitivfeldstärke (H_c > 1 kA/m) und hoher Remanenz werden als **hartmagnetisch** bezeichnet. Sie sind geeignet als **Dauermagnete** (Tabelle 4.3).

Tabelle 4.3 Eigenschaften von Dauermagnetwerkstoffen nach DIN 17410

Werkstoff	B_r in mT	H_c in kA/m	$(BH)_{max}$ in kJ/m³
AlNiCo 9/5	550	44	9
AlNiCo 60/11	900	110	60
Hartferrit 25/25	370	230	25
PtCo 60/40	600	350	60
SECo 112/100	750	520	112
Stahl (1 % C)	700	5	1,6

Je größer die Fläche der Hystereresekurve, desto größer sind die Ummagnetisierungsverluste. **Weichmagnetische** Stoffe (Bild 4.11) besitzen eine schmale Hysteresis. Sie finden Verwendung in Transformatoren und elektrischen Maschinen. Bild 4.12 zeigt Magnetisierungskurven einiger weichmagnetischer Stoffe. Anstelle der ohnehin schmalen Hysteresis genügt hier die Darstellung einer mittleren Kurve, die als Kommutierungskurve bezeichnet wird.

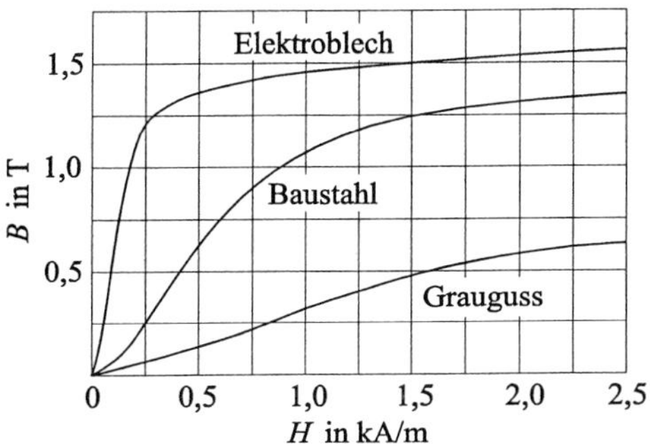

Bild 4.12 Magnetisierungskurven weichmagnetischer Stoffe

4.4.4 Magnetischer Kreis

In einem magnetischen Kreis, der beispielsweise aus einem Weicheisenkern mit Luftspalt besteht (Bild 4.13), ist die Gesamtheit der magnetischen Feldlinien im Eisen und im Luftspalt nahezu gleich. Ein Maß für die Gesamtzahl der Feldlinien, die eine Fläche der Größe A durchsetzen, ist der **magnetische Fluss**: $\Phi = BA$ mit der Einheit Weber: $[\Phi] = 1\ \text{Wb} = 1\ \text{T} \cdot \text{m}^2 = 1\ \text{V} \cdot \text{s}$.

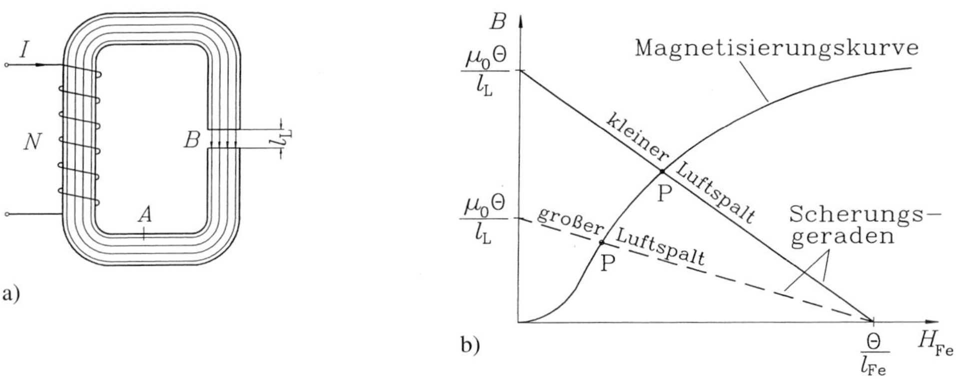

Bild 4.13 Elektromagnet mit Luftspalt: a) Geometrie, b) Bestimmung des Arbeitspunktes

Bei inhomogenen Feldern gilt $\Phi = \int_A \boldsymbol{B}\, d\boldsymbol{A}$.

Elektromagnete

Die Normalkomponente der magnetischen Flussdichte ist an Grenzflächen stetig. Daraus folgt, dass im magnetischen Kreis von Bild 4.13 die magnetische Flussdichte sowohl im Eisen als auch im Luftspalt denselben Wert hat (Feldverzerrungen im Luftspalt sowie Streufluss werden vernachlässigt): $B_{Fe} = B_L = B$.

Mit dem Durchflutungsgesetz ergibt sich (N: Windungszahl; I: elektrischer Strom):

$$H_{Fe} l_{Fe} + H_L l_L = \Theta = NI$$

Ferner folgt daraus

$$\Theta = \Phi \left(\frac{l_{\text{Fe}}}{A\mu_{\text{Fe}}} + \frac{l_{\text{L}}}{A\mu_0} \right)$$

Diese Gleichung hat formale Ähnlichkeit mit dem Ohm'schen Gesetz $U = IR$, wobei hier im magnetischen Kreis die Durchflutung Θ die Rolle der Spannung übernimmt, der Fluss Φ die Rolle des Stromes und schließlich $l_{\text{Fe}}/(A\mu_{\text{Fe}})$ und $l_L/(A\mu_0)$ die hintereinander geschalteten **magnetischen Widerstände** des Kreises.

Um zu berechnen, welche Flussdichte B sich in einem Elektromagneten mit Luftspalt bei gegebener Erregung H_{Fe} einstellt, wird die vorletzte Gleichung umgeformt zu

$$H_{\text{Fe}} \frac{l_{\text{Fe}}}{\Theta} + B \frac{l_{\text{L}}}{\mu_0 \Theta} = 1$$

Dieser lineare Zusammenhang wird als **Scherungsgerade** in das Diagramm der Magnetisierungskurve (Bild 4.13b) eingetragen. Der Schnittpunkt der beiden Kurven liefert den Arbeitspunkt P. Es ist offensichtlich, dass bei gegebener Durchflutung und Länge des Eisenkerns die erzielbare Flussdichte vor allem von der Breite des Luftspalts abhängt.

Permanentmagnete

Bei einem Dauermagneten nach Bild 4.14 ist die Durchflutung null und es gilt

$$H_{\text{M}} l_{\text{M}} + \frac{B_{\text{M}}}{\mu_0} l_{\text{L}} = 0 \quad \text{oder} \quad B_{\text{M}} = -\mu_0 \frac{l_{\text{M}}}{l_{\text{L}}} H_{\text{M}}$$

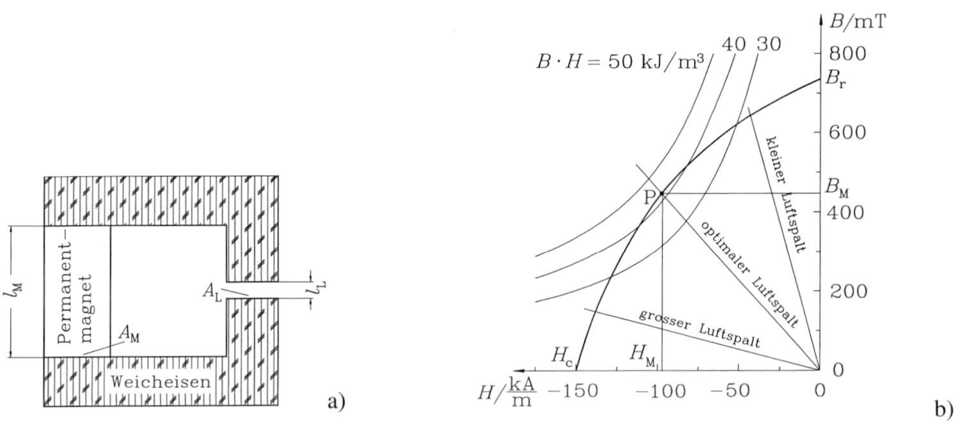

Bild 4.14 Permanentmagnet: a) Aufbau, b) Bestimmung des Arbeitspunktes

Der Schnittpunkt dieser Scherungsgerade mit der **Entmagnetisierungskurve** (Bild 4.14b) liefert den Arbeitspunkt (H_{M}, B_{M}). Auch hier zeigt sich, dass die erreichbare Flussdichte umso kleiner ist, je größer der Luftspalt ist.

Beim realen magnetischen Kreis sind einige Korrekturen an den bisherigen Idealisierungen vorzunehmen. Der unvermeidliche Streufluss wird durch den **Streuflussfaktor** σ (praktisch gilt: $1{,}1 \leq \sigma \leq 5$) berücksichtigt. Der magnetische Spannungsabfall im Weicheisenteil wird durch den **Spannungsfaktor** γ ($1{,}1 \leq \gamma \leq 1{,}3$) erfasst. Ist schließlich die Fläche des Magneten A_M und die des Luftspalts A_L, so ergibt sich die folgende modifizierte Beziehung:

$$B_M = -\mu_0 \frac{\sigma}{\gamma} \frac{A_L l_M}{A_M l_L} H_M$$

Die magnetische Energie im Luftspalt $W_L = \frac{V_M}{2\gamma\sigma}(H_M B_M)$ ist proportional zum Magnetvolumen V_M und zum Produkt $(H_M B_M)$ im Magneten. Der **optimale Arbeitspunkt** P in Bild 4.14 hat das größtmögliche Produkt $(H_M B_M)$ und damit das kleinste erforderliche Magnetvolumen V_M.

4.4.5 Elektromagnetische Induktion

Wird in einer Anordnung gemäß Bild 4.15 ein beweglicher Leiter mit der Geschwindigkeit v über die parallel verlegten leitenden Stäbe durch ein Magnetfeld gezogen, dann tritt zwischen den beiden Stäben eine **Induktionsspannung** auf. Ursache ist die Lorentzkraft $F_L = evB$, welche die beweglichen Elektronen nach vorn drückt, sodass am hinteren Leitungsende ein Elektronenmangel auftritt. Dadurch baut sich im beweglichen Leiter ein elektrisches Längsfeld auf, dessen Feldkraft $F_E = eE = eu_{ind}/l$ der Lorentzkraft das Gleichgewicht hält. Durch Gleichsetzen der beiden Kräfte erhält man für den Betrag der induzierten Spannung $u_{ind} = Blv$.

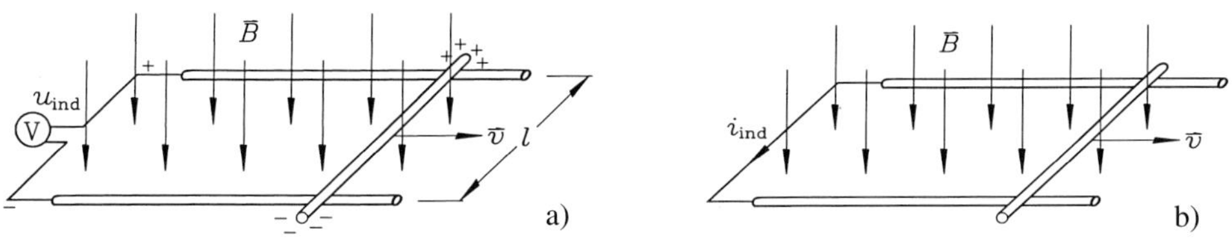

Bild 4.15 Induktion im bewegten elektrischen Leiter: a) Leerlauf-, b) Kurzschlussbetrieb

Faraday fand heraus, dass immer dann eine Induktionsspannung an einer Leiterschleife auftritt, wenn der magnetische Fluss durch die Schleife sich ändert. Für das Beispiel von Bild 4.15 ist der Fluss $\Phi = BA$ und die zeitliche Flussänderung

$$\frac{d\Phi}{dt} = B\frac{dA}{dt} = Blv\,.$$

Der Vergleich mit der Beziehung $u_{ind} = Blv$ zeigt:

Die induzierte Spannung in einer Leiterschleife ist gleich der zeitlichen Flussänderung durch die Schleife.

Wird die Flussänderung in N Windungen einer Spule wirksam, so gilt für die an den Enden induzierte Spannung:

$$u_{ind} = -N\frac{d\Phi}{dt}$$

Das Minuszeichen erinnert an die **Lenz'sche Regel**, welche besagt, dass der infolge des Induktionsvorgangs auftretende Strom stets so gerichtet ist, dass sein Magnetfeld der Änderung des magnetischen Flusses entgegenwirkt (Bild 4.15 b).

Eine allgemeine Formulierung des Induktionsgesetzes stammt von Maxwell, der zeigte, dass jede Flussänderung durch eine beliebige geschlossene Kurve C im Raum zu einem elektrischen Wirbelfeld führt. Die **zweite Maxwell'sche Gleichung** lautet:

$$\oint_C \boldsymbol{E}\,\mathrm{d}\boldsymbol{s} = -\frac{\mathrm{d}}{\mathrm{d}t}\int_A \boldsymbol{B}\,\mathrm{d}\boldsymbol{A} = -\frac{\mathrm{d}\Phi}{\mathrm{d}t}$$

Es ist also völlig unerheblich, wie die Flussänderung durch eine Schleife zu Stande kommt. Eine Spannung wird induziert, falls sich

- die Flussdichte B ändert,
- die Fläche A ändert,
- die Richtung zwischen $\boldsymbol{B}$ und der Fächennormalen $\boldsymbol{A}$ ändert.

Als Beispiel soll die Entstehung von sinusförmiger Wechselspannung betrachtet werden: Bei der **rotatorischen Spannungserzeugung** dreht sich eine Spule mit N Wicklungen und der Fläche A mit der Winkelgeschwindigkeit ω in einem homogenen Magnetfeld der Flussdichte B. Ist α der Winkel zwischen Flächennormale und Feldrichtung, dann ist der Fluss durch eine Windung

$$\Phi = \boldsymbol{BA} = BA\cos\alpha = BA\cos(\omega t + \varphi)\,.$$

Nach dem Induktionsgesetz ist die induzierte Spannung

$$u_{\text{ind}} = NBA\omega\,\sin(\omega t + \varphi) = \hat{u}\,\sin(\omega t + \varphi)$$

4.4.6 Selbstinduktion

Nach dem Induktionsgesetz entsteht immer dann eine Induktionsspannung an einer Leiterschleife, wenn sich der Fluss durch die Schleife ändert. Dabei ist es unerheblich, wodurch diese Flussänderung zu Stande kommt. So tritt auch eine Spannung auf, wenn der Strom durch die Schleife und sich damit das von ihm erzeugte Magnetfeld ändert. Dieser Effekt wird als **Selbstinduktion** bezeichnet. Die induzierte Spannung wirkt nach der Lenz'schen Regel derart auf den Stromkreis zurück, dass sie der Veränderung des Stromes und des Magnetfeldes entgegenwirkt.

Als Beispiel werde eine lange Zylinderspule ohne ferromagnetische Materialien (Luftspule) betrachtet. Der Fluss im Spuleninneren beträgt

$$\Phi = \mu_0 A \frac{N}{l} i$$

Bei einer Strom- und damit Flussänderung ist die induzierte Spannung

$$u_{\text{ind}} = -N\frac{\mathrm{d}\Phi}{\mathrm{d}t} = -\mu_0 A \frac{N^2}{l}\frac{\mathrm{d}i}{\mathrm{d}t}$$

Wird wie bei einem Verbraucher eine Spannung u_L eingeführt, deren Zählrichtung bei zunehmendem Strom mit der Stromrichtung übereinstimmt (Bild 4.16), dann gilt

$$u_L = L\frac{\mathrm{d}i}{\mathrm{d}t}$$

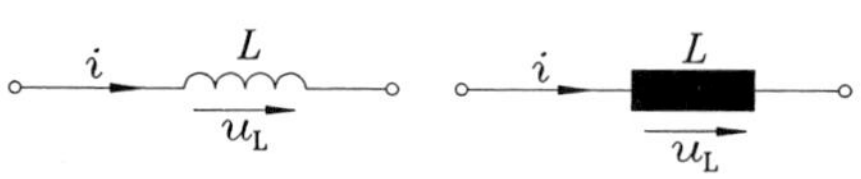

Bild 4.16 Schaltzeichen für Induktivitäten nach DIN 40900 sowie Bepfeilung nach DIN 5489

L wird als **Induktivität** bezeichnet und ist für den Fall der langen Luftspule

$$L = \mu_0 \frac{N^2 A}{l}$$

Die Einheit der Induktivität ist das Henry: $[L] = 1\ \text{H} = 1\ \text{V} \cdot \text{s/A} = 1\ \Omega \cdot \text{s} = 1\ \text{Wb/A}$.

Für Spulen mit ferromagnetischem Kern ist die Induktivität nicht konstant, sondern über μ_r vom Strom abhängig:

$$L = \mu_r \mu_0 \frac{N^2 A}{l}$$

Bei Hintereinander- und Parallelschaltungen von Induktivitäten gelten sinngemäß dieselben Beziehungen wie bei Widerständen (Bild 4.5).

4.4.7 Ein- und Ausschalten von Stromkreisen mit Spulen

Wird eine Spule an eine Gleichspannungsquelle gelegt (Bild 4.17), dann ändert sich der Strom und nach der Kirchhoff'schen Regel gilt

$$U_s = u_L + u_R = L\frac{\mathrm{d}i}{\mathrm{d}t} + iR$$

Die Lösung dieser Differenzialgleichung führt zu einem exponentiell anwachsenden Strom und damit zu einem Zeitverhalten der Spannung an der Induktivität und am ohmschen Widerstand, wie in Bild 4.17 dargestellt. Entsprechendes gilt beim Abschalten der Gleichspannung. Die in den Gleichungen auftretende **Zeitkonstante** τ ist $\tau = L/R$.

<table>
<tr><th>Einschalten</th><th>Ausschalten</th></tr>
<tr><td>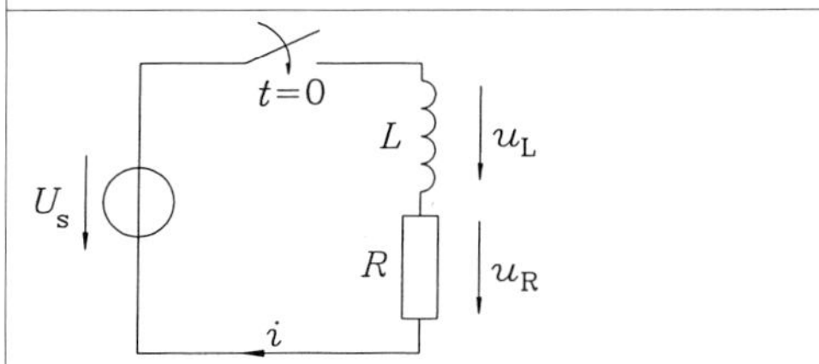
</td><td>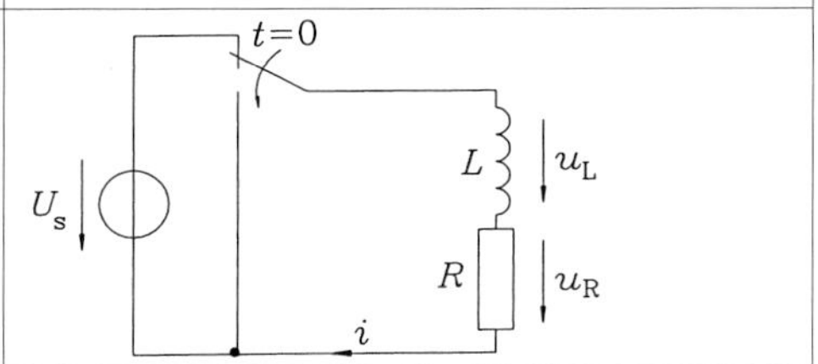
</td></tr>
<tr><td>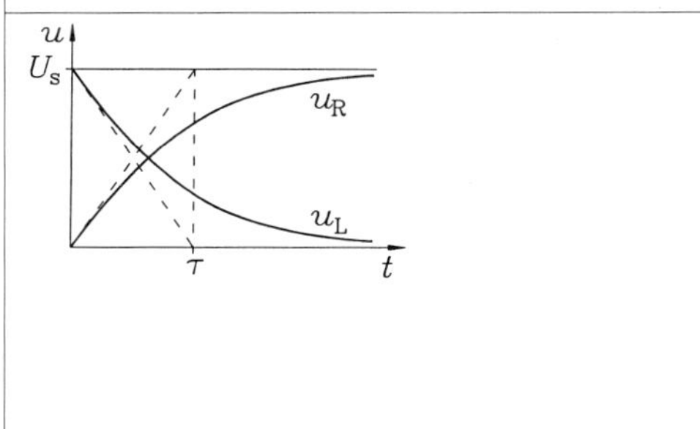
</td><td>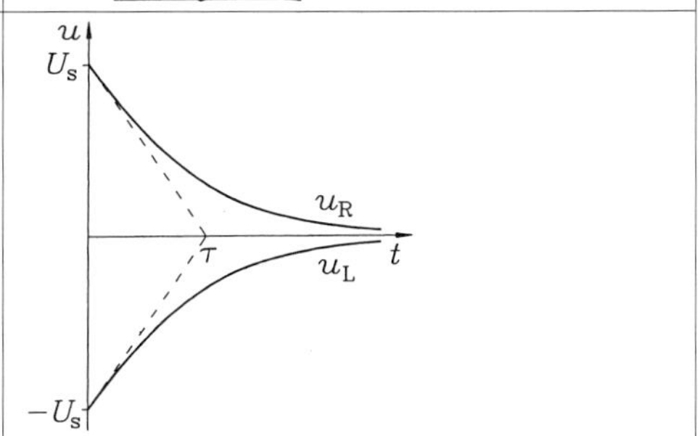
</td></tr>
<tr><td>$u_L(t) = U_s\, e^{-t/\tau}$
$i(t) = \frac{u_R(t)}{R} = \frac{U_s}{R}\left(1 - e^{-t/\tau}\right)$</td><td>$u_L(t) = -U_s\, e^{-t/\tau}$
$i(t) = \frac{u_R}{R} = \frac{-u_L}{R} = \frac{U_s}{R} e^{-t/\tau}$</td></tr>
</table>

Bild 4.17 Zeitverhalten von Induktivitäten

4

Energieinhalt des Magnetfeldes

Wie im elektrischen Feld eines Kondensators (Abschn. 4.3.2) ist auch im magnetischen Feld einer Spule Energie gespeichert. Diese Feldenergie wird beispielsweise beim Abschalten der Spule im ohmschen Widerstand in Wärme umgesetzt. Durch Berechnung dieser Arbeit findet man für die magnetische Feldenergie W_{magn} einer Spule der Induktivität L, die vom Strom I durchflossen wird:

$$W_{\mathrm{magn}} = \frac{1}{2} L I^2$$

Die Energiedichte, also die Energie pro Volumenelement, ist für beliebige Magnetfelder

$$w_{\mathrm{magn}} = \frac{\mathrm{d}W}{\mathrm{d}V} = \frac{1}{2}\mu_{\mathrm{r}}\mu_0 \boldsymbol{H}^2 = \frac{1}{2}\boldsymbol{HB}$$

Diese Beziehungen sind völlig analog zu jenen im elektrischen Feld (Abschn. 4.3.2).

4.5 Wechselstrom

Eine zeitlich veränderliche Größe, deren zeitlicher Mittelwert (Gleichwert) null ist, wird als **Wechselgröße** bezeichnet. Von besonderer praktischer Bedeutung sind sinusförmige Wechselgrößen, die hier ausschließlich besprochen werden.

4.5.1 Sinusförmige Wechselströme und -spannungen

Die Augenblickswerte von sinusförmigen Wechselgrößen (Bild 4.18 a) werden nach DIN 40110 geschrieben als

$$u(t) = \hat{u}\cos(\omega t + \varphi_{\mathrm{u}}) = U\sqrt{2}\cos(\omega t + \varphi_{\mathrm{u}})$$
$$i(t) = \hat{i}\cos(\omega t + \varphi_{\mathrm{i}}) = I\sqrt{2}\cos(\omega t + \varphi_{\mathrm{i}})$$

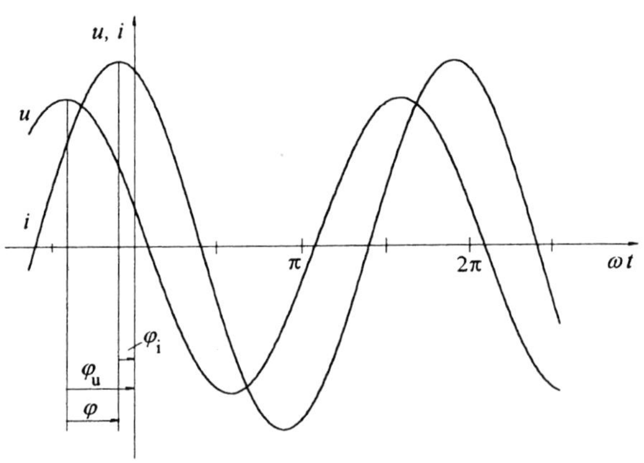

Bild 4.18 a Zeitabhängigkeit von Strom und Spannung

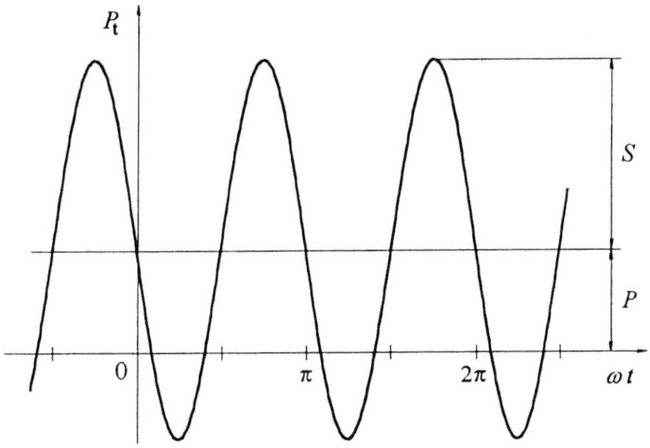

Bild 4.18 b Zeitabhängigkeit der Augenblicksleistung

$\hat{u}$ bzw. $\hat{\imath}$ heißen **Amplitude**, $\omega = 2\pi f$ ist die **Kreisfrequenz** und φ_u bzw. φ_i sind die **Nullphasenwinkel**. U und I sind die **Effektivwerte** von Strom und Spannung. Ein Wechselstrom mit dem Effektivwert I setzt an einem ohmschen Widerstand R dieselbe Leistung $P = I^2 R$ in Wärme um wie ein Gleichstrom der Stärke I. Die Effektivwerte (quadratische Mittelwerte) sind definiert

$$U = \sqrt{\frac{1}{T}\int_0^T u^2\,\mathrm{d}t} \qquad I = \sqrt{\frac{1}{T}\int_0^T i^2\,\mathrm{d}t}$$

Bei sinusförmigen Wechselgrößen gilt $U = \hat{u}/\sqrt{2}$ und $I = \hat{\imath}/\sqrt{2}$.

Die **Momentanleistung** ist

$P_t = u(t)\,i(t) = 2UI\cos(\omega t + \varphi_u)\cos(\omega t + \varphi_i)$.

Nach trigonometrischen Umformungen ergibt sich

$$P_t = UI\cos\varphi + UI\cos(2\omega t + \varphi_u + \varphi_i) = P + S\cos(2\omega t + \varphi_u + \varphi_i)$$

Hier ist $\varphi = \varphi_u - \varphi_i$ der **Phasenverschiebungswinkel** der Spannung gegen den Strom (Bild 4.18 a). Die Leistung oszilliert also mit doppelter Frequenz und der Amplitude S um einen Mittelwert P (Bild 4.18 b). In Tabelle 4.4 sind die Beziehungen für die Leistungen zusammengestellt.

Tabelle 4.4 Wechselstromleistungen

Bezeichnung	Gleichung	Maßeinheit
Wirkleistung	$P = UI\cos\varphi$	W
Blindleistung	$Q = UI\sin\varphi$	var = W
Scheinleistung	$S = UI = \sqrt{P^2 + Q^2}$	VA = W
Leistungsfaktor	$\cos\varphi = P/S$	
Blindfaktor	$\sin\varphi = Q/S$	

4.5.2 Zeigerdiagramm

Sinusförmig von der Zeit abhängende Größen lassen sich anschaulich beschreiben durch **Zeiger**, die in einem Zeigerdiagramm mit der Winkelgeschwindigkeit ω rotieren. Die Projektion des Zeigers auf eine Achse liefert die zeitabhängige Größe. Besonders praktisch ist die Darstellung **komplexer Zeiger** in der Gauß'schen Ebene. In Bild 4.19 a) wird verdeutlicht, dass beispielsweise die sinusförmige Spannung $u(t) = \hat{u}\cos(\omega t + \varphi_u)$ der Projektion des komplexen Drehzeigers

$\underline{u}(t) = \hat{u}\,e^{j(\omega t + \varphi_u)} = \hat{u}[\cos(\omega t + \varphi_u) + j\sin(\omega t + \varphi_u)]$

auf die reelle Achse entspricht.

Ruhende Zeiger ergeben sich, wenn zwei Zeiger, die mit derselben Kreisfrequenz rotieren, durcheinander dividiert werden. Dazu gehört beispielsweise der komplexe Effektivwert $\underline{U}$ oder der komplexe Widerstand $\underline{Z}$ (Bild 4.19b)

$$\underline{Z} = \frac{\underline{u}(t)}{\underline{i}(t)} = \frac{\underline{U}}{\underline{I}} = R + jX$$

Tabelle 4.5 zeigt eine Übersicht.

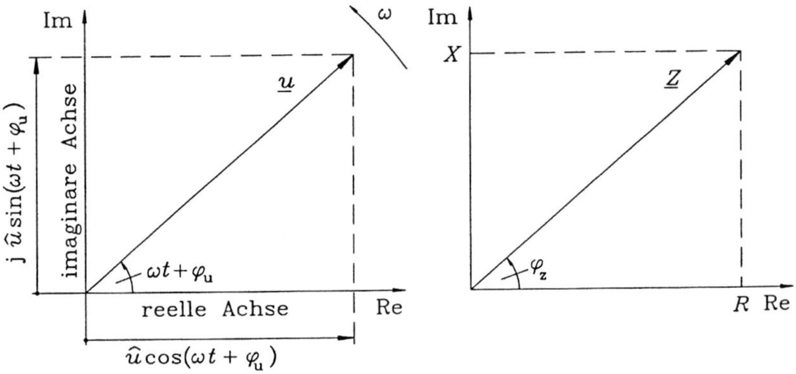

Bild 4.19 Zeigerdiagramme: a) Drehzeiger, b) ruhender Zeiger

Tabelle 4.5 Verknüpfungen komplexer Zeiger

Beziehung	Bezeichnung
$\underline{u}(t) = \hat{u}\,e^{j(\omega t + \varphi_u)} = \underline{\hat{u}}\,e^{j\omega t}$	komplexer Drehzeiger
$\underline{\hat{u}} = \hat{u}\,e^{j\varphi_u}$	komplexe Amplitude (ruhender Zeiger)
$\underline{U} = \frac{\underline{\hat{u}}}{\sqrt{2}} = \frac{\hat{u}}{\sqrt{2}}\,e^{j\varphi_u} = U\,e^{j\varphi_u}$	komplexer Effektivwert (ruhender Zeiger)
$\underline{Z} = \frac{\underline{U}}{\underline{I}} = R + jX = Z\,e^{j\varphi_z}$	komplexer Widerstand
$Z = \lvert\underline{Z}\rvert = \sqrt{R^2 + X^2}$	Scheinwiderstand (Impedanz)
$R = \mathrm{Re}(\underline{Z}) = Z\cos\varphi_z$	Wirkwiderstand (Resistanz)
$X = \mathrm{Im}(\underline{Z}) = Z\sin\varphi_z$	Blindwiderstand (Reaktanz)
$\tan\varphi_z = X/R$	Phasenwinkel
$\underline{S} = \underline{U}\,\underline{I}^* = UI\,e^{j\varphi} = P + jQ$	komplexe Scheinleistung
$S = \lvert\underline{S}\rvert = UI$	Scheinleistung
$P = \mathrm{Re}(\underline{S}) = S\cos\varphi$	Wirkleistung
$Q = \mathrm{Im}(\underline{S}) = S\sin\varphi$	Blindleistung

4.5.3 Wechselstromverhalten von Widerstand, Spule und Kondensator

Während bei einem ohmschen Widerstand Spannung und Strom zueinander proportional sind, ist an einer Spule die Spannung proportional zur zeitlichen Ableitung und bei einem Kondensator proportional zum Zeitintegral des Stromes. Dies hat zur Folge, dass

- beim ohmschen Widerstand Strom und Spannung in Phase sind,
- bei der Spule die Spannung dem Strom um 90° phasenverschoben vorauseilt und
- beim Kondensator die Spannung dem Strom um 90° phasenverschoben nacheilt.

Bei der Leistung wirkt sich das so aus, dass nur beim ohmschen Widerstand Wirkleistung umgesetzt wird, während bei den anderen Bauelementen reine Blindleistung anfällt. Bild 4.20 zeigt die Zusammenhänge. Dabei wird vorausgesetzt, dass die drei Bauelemente jeweils vom Strom

$i(t)=\hat{i}\cos\omega t$ bzw. $\underline{i}=\hat{i}\,\mathrm{e}^{\mathrm{j}\omega t}$ oder $\underline{I}=I$ durchflossen werden.

Ohmscher Widerstand (Wirkwiderstand)	Spule (induktiver Blindwiderstand)	Kondensator (kapazitiver Blindwiderstand)
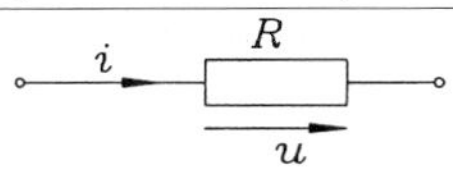	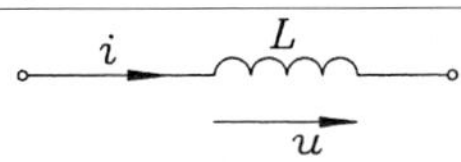	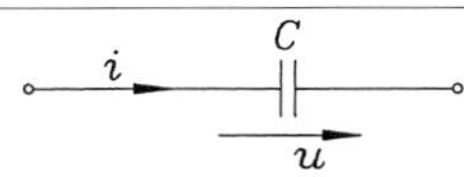
$u(t)=iR=\hat{i}R\cos\omega t$ $=\hat{u}\cos\omega t$ $\underline{U}=R\underline{I}$	$u(t)=L\dfrac{\mathrm{d}i}{\mathrm{d}t}=-\hat{i}\omega L\sin\omega t$ $=\hat{u}\cos(\omega t+\pi/2)$ $\underline{U}=\mathrm{j}\omega L\underline{I}$	$u(t)=\dfrac{1}{C}\int i\,\mathrm{d}t=\hat{i}\dfrac{1}{\omega C}\sin\omega t$ $=\hat{u}\cos(\omega t-\pi/2)$ $\underline{U}=-\dfrac{\mathrm{j}}{\omega C}\underline{I}$
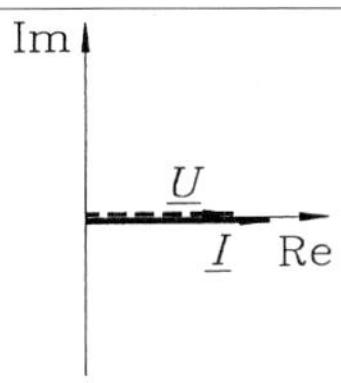 Strom und Spannung in Phase	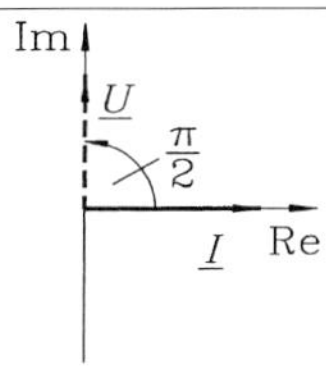 Spannung eilt dem Strom um $\varphi=\pi/2$ vor	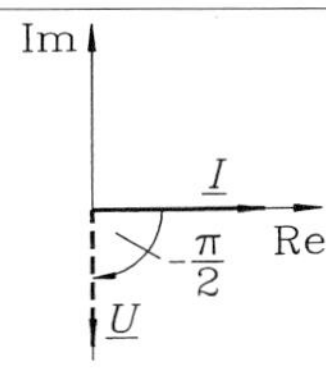 Spannung eilt dem Strom um $\varphi=-\pi/2$ nach
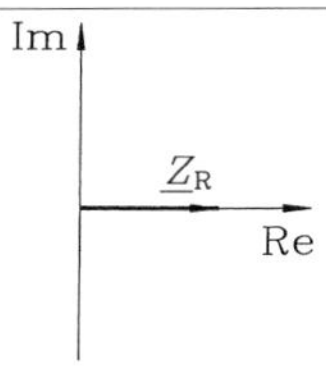 $\underline{Z}_R=R$	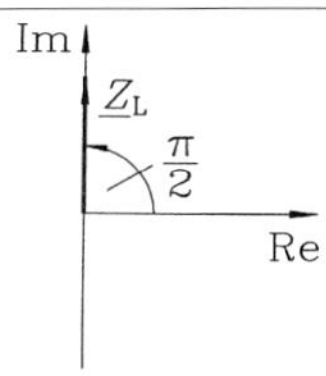 $\underline{Z}_L=\mathrm{j}X_L=\mathrm{j}\omega L$	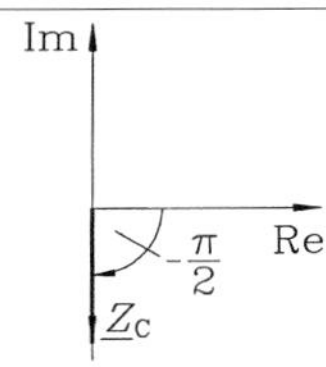 $\underline{Z}_C=\mathrm{j}X_C=-\dfrac{\mathrm{j}}{\omega C}$
$\underline{S}=\underline{U}\underline{I}^*=I^2R$ reine Wirkleistung	$\underline{S}=\mathrm{j}I^2\omega L, P=0,$ $Q=I^2\omega L$ induktive Blindleistung	$\underline{S}=-\mathrm{j}I^2/(\omega C), P=0,$ $Q=-I^2/(\omega C)$ kapazitive Blindleistung

Bild 4.20 Widerstand, Spule und Kondensator bei sinusförmigem Wechselstrom

Blindstromkompensation

Als praktisches Beispiel soll die Blindstromkompensation induktiver Verbraucher (Elektromotoren, Leuchtstoffröhren) behandelt werden. Bei einer Schaltung nach Bild 4.21 a) wird dem Netz mit einem Leistungsfaktor

$$\cos\varphi = \frac{R}{\sqrt{R^2 + \omega^2 L^2}}$$

Strom entnommen. Das bedeutet, dass vom Netz her ein unnötig hoher Strom zum Verbraucher fließt, der in den Zuleitungen zu Verlusten führt und einen überdimensionierten Generator erfordert. Um dies zu verhindern, wird parallel zum Verbraucher ein Kondensator geschaltet. Damit soll dem Netz Leistung mit einem Leistungsfaktor cos $\varphi \approx 1$ entnommen werden. Der Blindstrom und die Blindleistung pendeln dann zwischen Spule und Kondensator hin und her und das Netz wird entlastet.

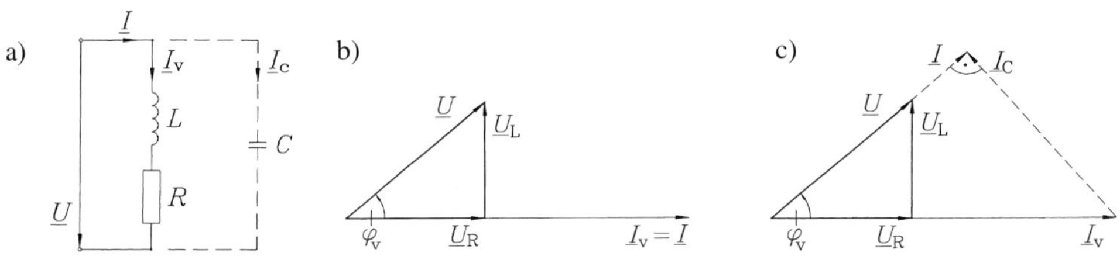

Bild 4.21 Blindstromkompensation: a) Schaltplan, b) Zeigerdiagramm des Verbrauchers ohne Kondensator, c) Zeigerdiagramm des Verbrauchers mit Kondensator

Aus den Zeigerdiagrammen in Bild 4.21 b) und c) folgt, dass der Strom $\underline{I}$ in der Zuleitung durch Parallelschalten des Kondensators kleiner wird, als wenn durch den ohmsch-induktiven Verbraucher allein der Strom $\underline{I}_v$ fließen würde. Für eine vollständige Kompensation, d. h. Entnahme mit cos $\varphi = 1$ ($\underline{U}$ und $\underline{I}$ liegen parallel), ist ein Kondensator der Kapazität

$$C = \frac{L}{R^2 + \omega^2 L^2} = \frac{P}{\omega U^2} \tan\varphi_v$$

erforderlich. Lässt man zu, dass noch eine kleine Phasenverschiebung φ zwischen Spannung und Strom übrig bleibt, dann reduziert sich die notwendige Kapazität auf

$$C = \frac{P}{\omega U^2}(\tan\varphi_v - \tan\varphi)$$

4.5.4 Transformator

Der Transformator dient zur Umformung (Transformation) von Spannungen und Strömen. Meist werden zwei Wicklungen mit unterschiedlichen Windungszahlen auf einen gemeinsamen Eisenkern gewickelt (Bild 4.22). Der Eisenkern leitet im Idealfall den von der Primärspule erzeugten Fluss verlustlos in die Sekundärspule, wo infolge des wechselnden Flusses eine Sekundärspannung erzeugt wird. Beim **idealen** Transformator werden alle Verluste (Wicklungsverluste, Hystereseverluste) vernachlässigt. Unter diesen Voraussetzungen gilt, dass sich im Leerlaufbetrieb die Spannungen an Primär- und Sekundärspule verhalten wie die entsprechenden Windungszahlen N:

$$\frac{U_1}{U_2} = \frac{N_1}{N_2} = \ddot{u}$$

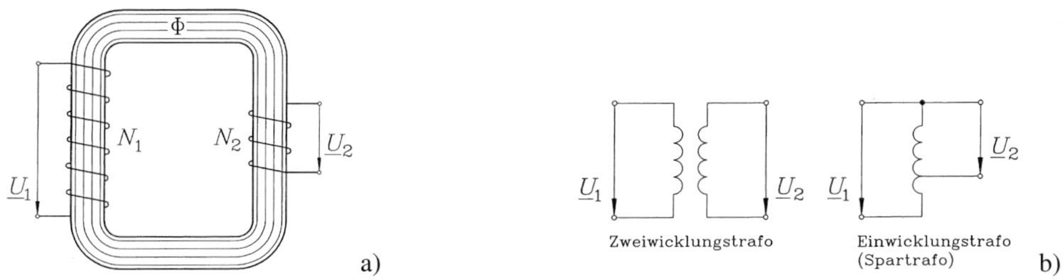

Bild 4.22 Tranformator: a) Prinzip, b) Schaltzeichen

ü ist das **Übersetzungsverhältnis**. Für die Ströme gilt, dass sie sich bei großen Strömen (sekundärseitiger Kurzschluss) umgekehrt proportional zum Übersetzungsverhältnis verhalten:

$$\frac{I_1}{I_2} = \frac{N_2}{N_1} = \frac{1}{ü}$$

Die Impedanzen *Z* von Primär- und Sekundärseite verhalten sich wie das Quadrat des Übersetzungsverhältnisses:

$$\frac{Z_1}{Z_2} = \left(\frac{N_1}{N_2}\right)^2 = ü^2$$

4.6 Drehstrom

Lässt man drei um 120° versetzte Spulen in einem Magnetfeld rotieren, so entstehen in den drei Wicklungen jeweils um 2π/3 phasenverschobene Spannungen (Bild 4.23):

$$u_1(t) = \sqrt{2}\,U_{\text{Str}}\cos(\omega t)$$
$$u_2(t) = \sqrt{2}\,U_{\text{Str}}\cos(\omega t - 2\pi/3)$$
$$u_3(t) = \sqrt{2}\,U_{\text{Str}}\cos(\omega t - 4\pi/3)$$

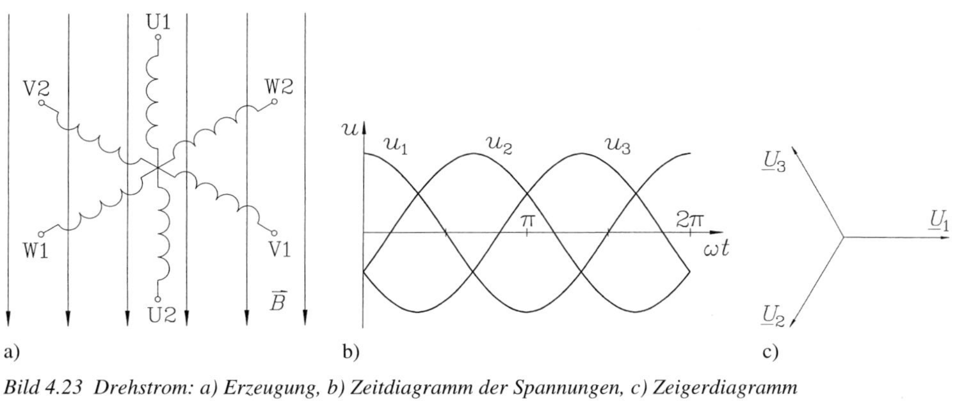

Bild 4.23 Drehstrom: a) Erzeugung, b) Zeitdiagramm der Spannungen, c) Zeigerdiagramm

Würde man jede der drei Wicklungen mit einem Verbraucher verbinden, dann wären sechs Leitungen nötig. Durch geeignete **Verkettung** (gemeinsame Benutzung von Leitungen) kann die Zahl der Leitungen auf drei oder vier reduziert werden. Ein weiterer Vorteil des Drehstromnetzes ist die Tatsache, dass bei symmetrischer Last der Generator mit zeitlich konstantem Drehmoment beansprucht wird.

Sternschaltung

Werden die drei Wicklungsenden U2, V2 und W2 in einem **Sternpunkt** verbunden, dann entsteht die Sternschaltung. Am Sternpunkt wird der **Neutralleiter** N angeschlossen. Die Wicklungsenden U1, V1 und W1 führen zu den **Außenleitern** L1, L2 und L3 (Bild 4.24).

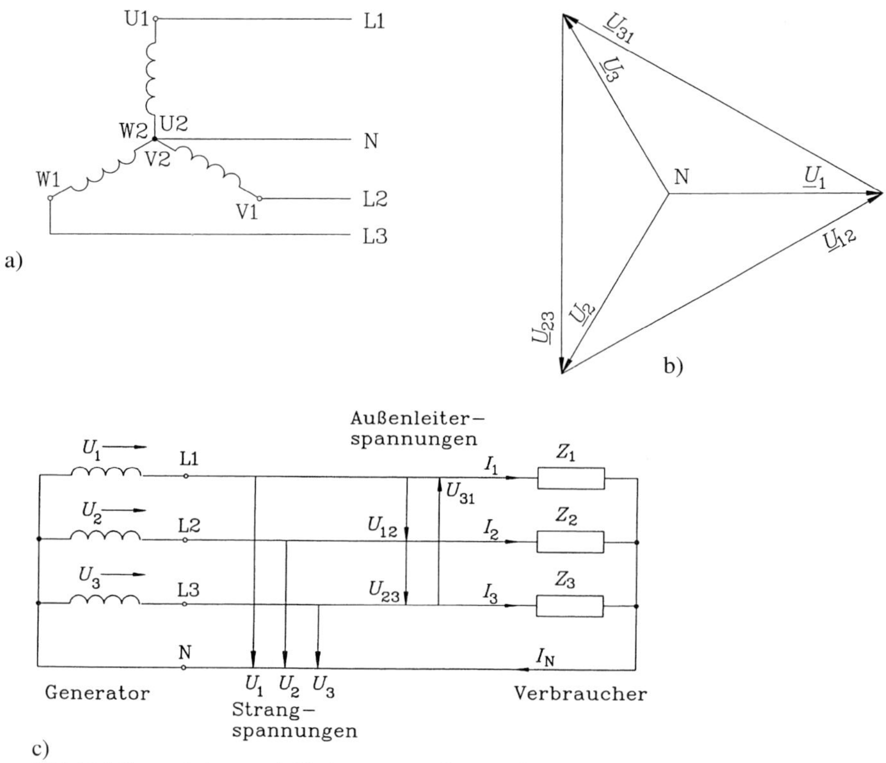

Bild 4.24 Sternschaltung: a) Verkettung am Sternpunkt, b) Zeigerdiagramm, c) Generator-Verbraucher-Verbindung

Vom Zeigerdiagramm (Bild 4.24b) folgt unmittelbar, dass zweierlei Spannungen auftreten, die sich wie $\sqrt{3}$ zueinander verhalten, z. B. $U_{12} = \sqrt{3}\,U_1$. Für die **Außenleiterspannung** U und die **Sternspannung** $U_{\curlyvee}$ gilt also $U = \sqrt{3}\,U_{\curlyvee}$.

Beim Niederspannungsnetz der öffentlichen Stromversorgung sind dies die Spannungen $U = 400$ V und $U_{\curlyvee} \approx 230$ V.

Die Ströme aus den drei Leitungen addieren sich zum Neutralleiterstrom: $\underline{I}_1 + \underline{I}_2 + \underline{I}_3 = \underline{I}_N$. Bei symmetrischer Belastung gilt $\underline{I}_1 + \underline{I}_2 + \underline{I}_3 = 0$. Im Neutralleiter fließt also kein Strom, weshalb auf ihn verzichtet werden kann. Wird der **Außenleiterstrom** mit I bezeichnet und der **Sternstrom** mit I_Y, dann gilt $I = I_Y$.

Bei symmetrischer Belastung ist die Leistung in einem Strang $P_{Str} = U_Y I_Y \cos\varphi$. Die Gesamtleistung aller drei Stränge ist damit $P = 3U_Y I_Y \cos\varphi = \sqrt{3}\, UI \cos\varphi$.

Dreieckschaltung

Eine Verkettung der drei Stromkreise nach Bild 4.25 wird als Dreieckschaltung bezeichnet. In diesem Fall sind die Strangspannungen U_Δ identisch mit den Außenleiterspannungen U: $U_\Delta = U$.

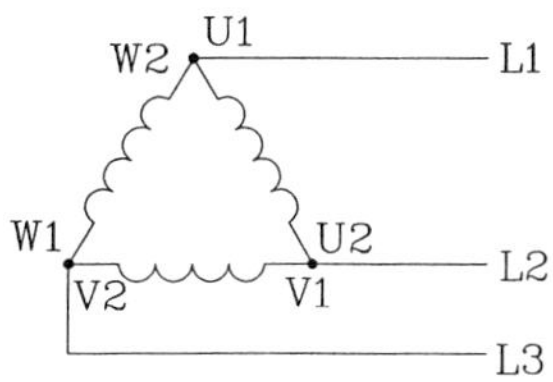

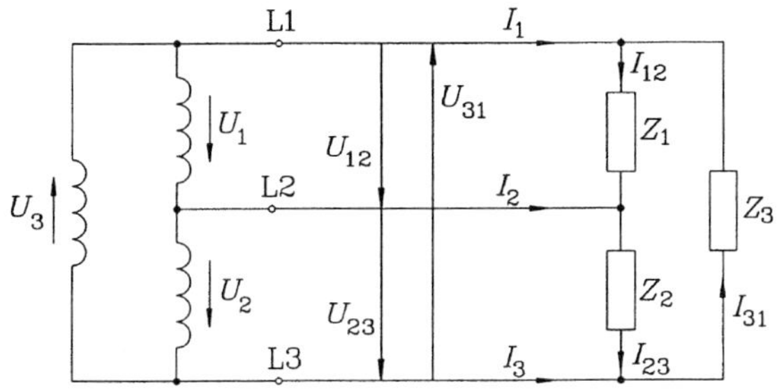

Bild 4.25 Dreieckschaltung: a) Verkettung der Wicklungen, b) Generator-Verbraucher-Verbindung

Für die Ströme gilt beispielsweise $\underline{I}_1 = \underline{I}_{12} - \underline{I}_{31}$, wobei $I_{12} = I_{31}$. Aus der Addition der Ströme im Zeigerdiagramm folgt $I_1 = \sqrt{3}\, I_{12}$ oder $I = \sqrt{3}\, I_\Delta$.

Für die Leistung gilt bei symmetrischer Belastung dieselbe Beziehung wie bei der Sternschaltung. Die Schaltung von Generator und Verbraucher muss nicht gleich sein. Es kann also beispielsweise auch ein Generator in Dreieck- und ein Verbraucher in Sternschaltung angeschlossen sein und umgekehrt.

Stern-Dreieck-Umschaltung

Wird ein Verbraucher entweder in Stern- oder Dreieckschaltung an das Drehstromnetz angeschlossen, dann ist die Spannung am Verbraucher in Dreieckschaltung um $\sqrt{3}$ größer als in Sternschaltung. Dasselbe gilt für den Strom, sodass die aufgenommene Leistung im Fall der Dreieckschaltung dreimal größer ist als bei der Sternschaltung. Dieser Effekt wird insbesondere beim Hochfahren von Kurzschlussläufer-Motoren ausgenutzt. Um den großen Anlaufstrom zu reduzieren, wird der Ständer zuerst in Stern- und dann in Dreieckschaltung an das Netz gelegt.

4.7 Leitungsmechanismen

4.7.1 Elektrische Leitung in Metallen

Metallische Leiter zeichnen sich durch eine große Zahl relativ leicht beweglicher **Elektronen** aus. Pro Atom steht ungefähr ein Elektron für den elektrischen Strom zur Verfügung. Damit ist die Anzahldichte der Elektronen typischerweise $n \approx 10^{23}$ cm^{-3}. Bei Anwesenheit eines elektrischen Feldes wird auf die Elektronen eine beschleunigende Kraft ausgeübt. Infolge von Streuprozessen am Kristallgitter und an Verunreinigungen treten Reibungskräfte auf, die den Feldkräften das Gleichgewicht halten. Infolgedessen bewegt sich die ganze Elektronenwolke mit einer konstanten

4

Driftgeschwindigkeit v_d durch den Kristall. Diese Bewegung führt zu einer elektrischen Stromdichte j (e: elektrische Elementarladung):

$$j = env_d$$

Vergleicht man diese Beziehung mit dem Ohm'schen Gesetz für einen Leiter mit der Fläche A und der Länge l

$$I = GU = \kappa \frac{A}{l} U$$

so sieht man, dass die Stromdichte j darstellbar ist als

$$j = \frac{I}{A} = \kappa \frac{U}{l} = \kappa E$$

$E = U/l$ ist die elektrische Feldstärke, welche die Bewegung der Elektronen verursacht. Der Vergleich der beiden Gleichungen zeigt, dass die Driftgeschwindigkeit v_d proportional ist zur elektrischen Feldstärke E. Die Proportionalitätskonstante ist die **Beweglichkeit** μ:

$$v_d = \frac{\kappa}{en} E = \mu E$$

Für die Leitfähigkeit κ oder den spezifischen Widerstand ρ gilt damit

$$\kappa = \frac{1}{\rho} = en\mu$$

4.7.2 Elektrische Leitung in Halbleitern

Eigenleitung

Halbleiter sind Elemente aus der IV. Gruppe des Periodensystems (Si, Ge) sowie viele Verbindungen aus benachbarten Gruppen (z. B. III-V-Halbleiter GaAs, InP). Sie zeichnen sich dadurch aus, dass bei tiefen Temperaturen alle Valenzelektronen in chemischen Bindungen gebunden sind, sodass praktisch keine beweglichen Elektronen vorhanden sind. Damit ist die Leitfähigkeit null, d. h., die Substanz ist ein Isolator.

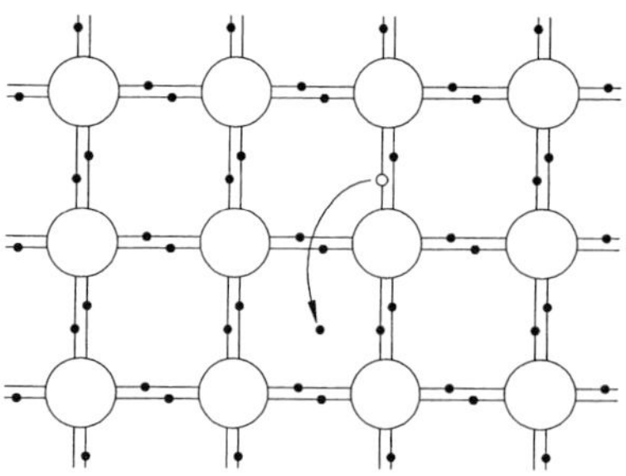

a)

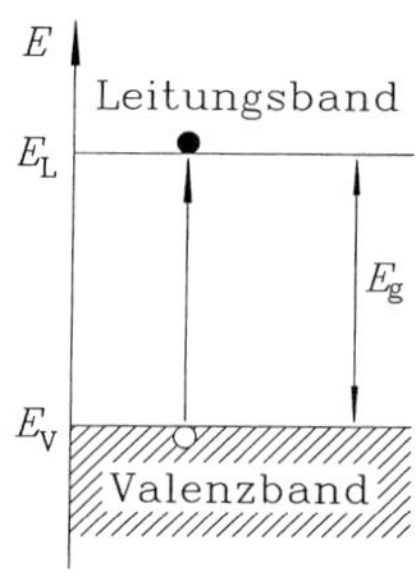

b)

Bild 4.26 Erzeugung eines Elektron-Loch-Paares

Wird der Kristall erwärmt, dann werden einzelne Bindungen infolge von thermischen Gitterschwingungen aufgerissen und es entstehen freie Elektronen (Bild 4.26). Zugleich mit der Entfernung eines Elektrons aus seiner Bindung entsteht an dieser Stelle ein **Defektelektron** oder **Loch**. Das Loch verhält sich im See der negativen Elektronen wie eine positive Ladung. Auch die Löcher können sich durch Platzwechsel durch den Kristall bewegen und bilden bei Anlegen einer Spannung einen positiven Löcherstrom. Zwar laufen die Löcher räumlich den Elektronen entgegen, die Ströme aber addieren sich. Die Leitfähigkeit eines Eigenleiters wird damit:

$$\kappa = e\left(n\mu_\mathrm{n} + p\mu_\mathrm{p}\right) = en_\mathrm{i}\left(\mu_\mathrm{n} + \mu_\mathrm{p}\right)$$

μ_n und μ_p sind die Beweglichkeiten der Elektronen und Löcher. Aus der Tatsache, dass freie Elektronen und Löcher immer paarweise erzeugt werden, folgt, dass die Dichte der Elektronen n und die Dichte der Löcher p stets gleich sind. Diese Dichte wird als Eigenleitungsdichte oder **intrinsische** Trägerdichte n_i bezeichnet: $n = p = n_i$.

Die intrinsische Dichte und die Leitfähigkeit hängen exponentiell von der Temperatur ab:

$$n_\mathrm{i} = n_0 \exp\left(-\frac{E_\mathrm{g}}{2kT}\right)$$

Hier ist E_g die Breite der **verbotenen Zone** (gap) im **Bändermodell** (Bild 4.26b), k die Boltzmann-Konstante und T die absolute Temperatur. Für den Widerstand eines Halbleiters gilt somit

$$R = R_0 \exp\left(\frac{E_\mathrm{g}}{2kT}\right)$$

Der Temperaturkoeffizient des Widerstandes (Abschn. 4.1.3) ist also negativ (NTC-Widerstand).

Störstellenleitung

Wird beispielsweise der Halbleiter Silicium mit Elementen aus der V. Gruppe (P, As, Sb) dotiert, dann bringt jedes dieser Atome ein zusätzliches Elektron mit, das leicht abgespaltet werden kann und somit die Leitfähigkeit erhöht. Diese Stoffe nennt man Elektronenspender oder **Donatoren**. Wird das Elektron von seinem Donator entfernt, so bleibt der Donatorrumpf einfach positiv geladen zurück (Bild 4.27a).

Bei Dotierung mit Elementen aus der III. Gruppe (B, Al, Ga, In) hat jedes Atom ein Elektron zu wenig, bringt also ein Loch mit. In gleicher Weise erhöhen also diese **Akzeptoren** die Leitfähigkeit, indem die Löcherdichte gesteigert wird. Beim Ablösen eines Loches von seinem Akzeptor bleibt der Akzeptorrumpf positiv geladen zurück (Bild 4.27b).

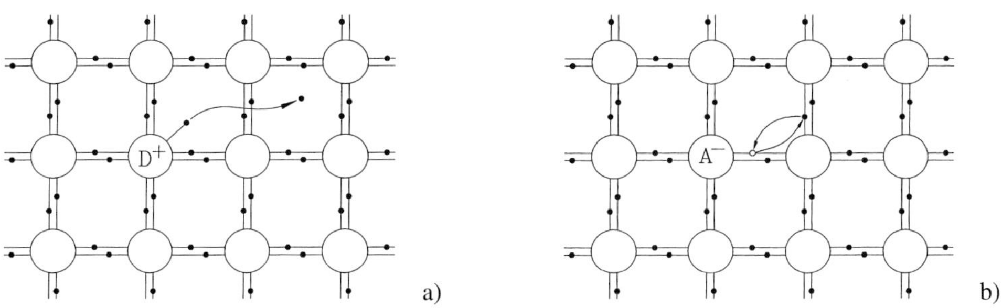

Bild 4.27 Dotierung von Halbleitern mit a) Donatoren oder b) Akzeptoren

4

pn-Übergang

Wenn ein p-Gebiet (dotiert mit Akzeptoren) und ein n-Gebiet (dotiert mit Donatoren) aneinander stoßen, entsteht ein pn-Übergang. Infolge der Diffusion von Elektronen aus dem n- in das p-Gebiet entsteht an der Nähe des Überganges auf der n-Seite eine Verarmung von Elektronen. Die nicht mehr kompensierten positiven Donatoren bleiben ortsfest zurück. In gleicher Weise diffundieren Löcher aus dem p- in das n-Gebiet und lassen die negativen Akzeptorrümpfe zurück. Es entsteht dadurch eine **Raumladungszone** (RLZ, Bild 4.28 a) oder **Verarmungszone**, die einen hohen Widerstand besitzt.

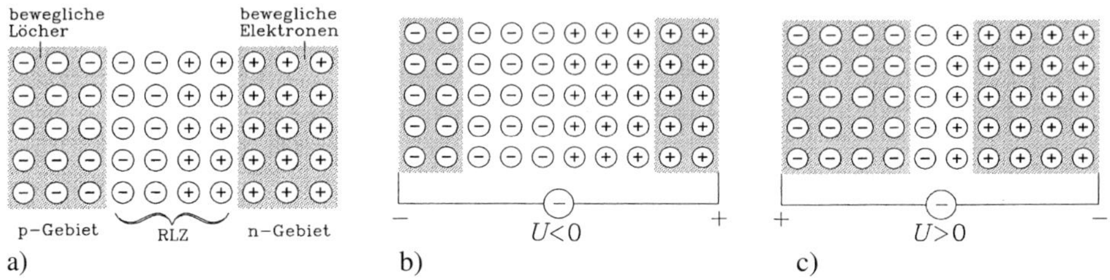

Bild 4.28 Ladungsträger in einem pn-Übergang: a) spannungsloser Zustand, b) Spannung in Sperrrichtung, U < 0, c) Spannung in Flussrichtung U > 0

Legt man nun eine Spannung in **Sperrrichtung** an, so werden die beweglichen Ladungsträger nach hinten gesaugt (Bild 4.28 b), und die **Sperrschicht** wird noch breiter. Es fließt lediglich ein kleiner **Sperrstrom** I_S.

Wird eine Spannung in **Flussrichtung** angelegt, dann verkleinert sich die Breite der Sperrschicht (Bild 4.28 c). Ab einer bestimmten **Schleusenspannung** wird die Raumladungszone mit beweglichen Ladungsträgern überschwemmt und es fließt ein kräftiger Strom. Die Shockley-Gleichung beschreibt den Zusammenhang zwischen Strom und Spannung bei einer solchen **Diode** (Bild 4.29):

$$I = I_S \left[\exp\left(\frac{eU}{kT} \right) - 1 \right]$$

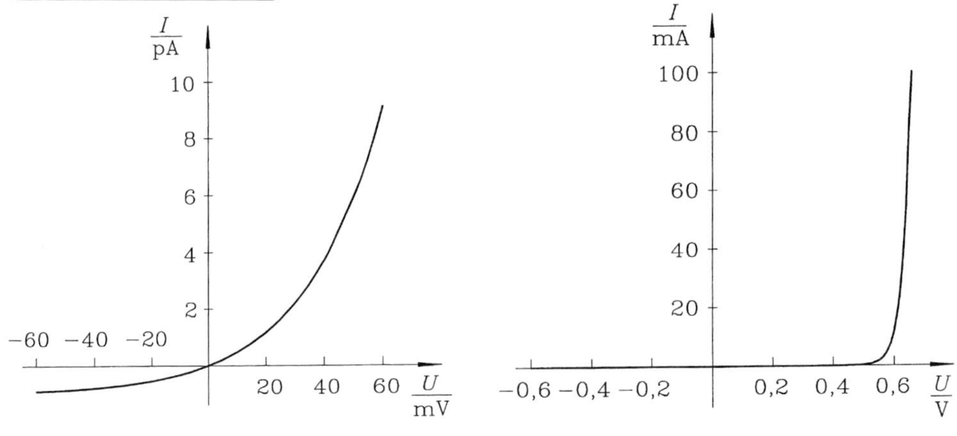

Bild 4.29 Gleichrichterverhalten einer Si-Diode bei verschiedenen Maßstäben

4.8 Elektronik

Die Elektronik arbeitet heute fast nur noch mit **Halbleiterbauteilen.** Sie sind für den Strom Ventile, Steuerelemente oder Schalter. Sie haben immer eine nichtlineare Gesamtfunktion mit linearen Teilbereichen (weitere Ausführungen siehe Abschn. 16.2).

Halbleiterbauelemente bestehen meistens aus einem oder mehreren pn-Übergängen (Abschn. 4.7.2).

4.8.1 Übersicht über die Halbleiterelemente

Es gibt vier grundlegend verschiedene Funktionsprinzipien, nach denen alle Halbleiterelemente arbeiten (Bild 4.30).

4.8.2 Dioden

Dioden sind elektronische Bauteile mit zwei Elektroden, sie bestehen aus einem **pn-Übergang**. Sie leiten den Strom in einer Richtung, der Durchlassrichtung, und sperren ihn in der anderen, der Sperrrichtung. Sie sind für den Strom ein Ventil, das den Strom nur in einer Richtung durchlässt. Bild 4.28 erläutert die Funktionsweise und Bild 4.29 die Spannungs-Strom-Kennlinie.

Halbleiter-bauelement	Diode	npn-Transistor	Feldeffekttransistor	Thyristor
Prinzipieller Aufbau	Anode A; p (– – – –), n (+ + + +); Strom; Katode K	Kollektor C, I_C; n, p, n; Basis B, I_B; Emitter E, I_E	Drain D, I_D; Gate G, U_{GS}; Source S, I_S	Anode A, I_A; p, n, p, n; Gate G; Katode K, I_K
Funktion	Elektrisches Ventil $U_{AK} > 0$ leitet $U_{AK} < 0$ sperrt	Der Basisstrom steuert den Kollektorstrom $I_C = \beta\ I_B$	Die Gatespannung steuert den Drainstrom $I_D = S\ U_{GS}$	Ein Stromimpuls im Gate schaltet ein. Spannungsumkehr U_{AK} schaltet aus.
Schalt-zeichen	Anode; Katode	Kollektor; Basis; Emitter	Drain; Gate; Source	Anode; Gate; Katode

Bild 4.30 Übersicht über die verschiedenen Halbleiterbauelemente

Das Bild 4.31 stellt den Aufbau verschiedener Dioden dar. Bild 4.31 a) zeigt das Schaltzeichen der Diode, die Spitze des Dreiecks zeigt die technische Stromrichtung an. In Bild 4.31 b) sieht man einen Querschnitt durch den Chip, wie das aktive Element auch genannt wird. Die wirksamen p- und n-Schichten sind nur wenige hundertstel Millimeter dick, wegen der praktischen Verarbeitung ist das Element aber einige zehntel Millimeter dick. Die Bilder 4.31 c) und 4.31 d) zeigen Dioden in ihrem Gehäuse. Diese Gehäuse schützen das aktive Element gegen mechanische Belastung und gegen Umwelteinflüsse, vor allem gegen korrodierende Feuchtigkeit.

Im Kapitel 16 (Bauelemente) werden die Dioden ausführlich beschrieben.

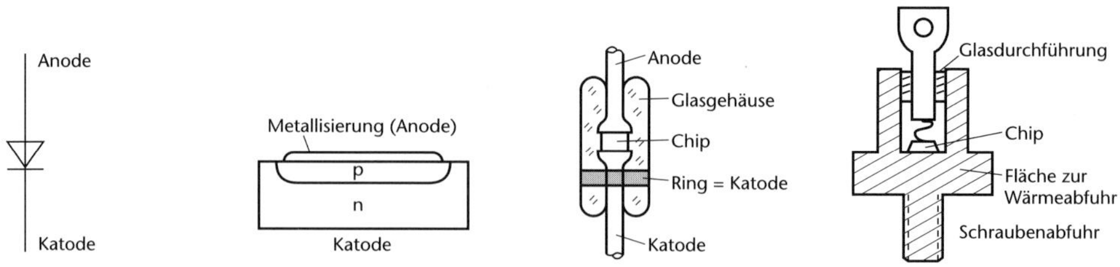

a) Schaltzeichen b) Chipaufbau c) Signaldiode d) Leistungsdiode

Bild 4.31 Aufbau der Dioden

4.8.3 Transistoren

Transistoren sind aktive Halbleiterbauteile zum Schalten und Verstärken elektrischer Signale. Eine Steuergröße, Strom oder Spannung, kann einen wesentlich größeren Strom beeinflussen. Zwischen der Steuergröße und der Ausgangsgröße besteht eine **Leistungsverstärkung** um den Faktor 10^2 bis 10^4. Im mechanischen Vergleich ist ein Transistor ein steuerbares Drosselventil für den Strom. Da keine Masse bewegt wird, schalten und steuern Transistoren vergleichsweise schnell. Innerhalb der Elemente werden Energieinhalte geändert. Deshalb sind die Schaltzeiten nicht beliebig kurz. Sie liegen je nach Typ zwischen 100 μs und weniger als einer Nanosekunde. Die vielen möglichen Anwendungsfälle haben zu einer großen Vielfalt verschiedener Transistortypen geführt. Es gibt heute für jeden Anwendungsfall den passenden Transistor.

4.8.3.1 Bipolare Transistoren

Bipolare Transistoren bestehen aus drei Schichten, die abwechselnd p- oder n-dotiert sind (Bild 4.32a). Zum Aufbau sind drei Schichten mit zwei verschiedenen Polaritäten erforderlich, daher kommt die Bezeichnung bipolarer Transistor. Bild 4.32 zeigt den prinzipiellen Aufbau und die Wirkungsweise. Der Transistor besteht aus zwei pn-Übergängen mit der p-Schicht als **Basis B** und den beiden n-Schichten als **Emitter E** und als **Kollektor C** (Bild 4.32a). Die Polarität der dadurch entstandenen Dioden zeigt Bild 4.32b). Legt man zwischen Kollektor und Emitter eine positive Spannung an, dann kann zwar die Basis-Emitter-Diode leiten, aber die Basis-Kollektor-Diode sperrt. Es fließt nur ein sehr kleiner Reststrom. Sobald eine positive Spannung zwischen Basis und Emitter liegt, fließt Strom in die Basiszone, sie füllt sich mit Ladungsträgern und die Kollektor-Basis-Diode leitet (Bild 4.32c). Der so gesteuerte Kollektorstrom beträgt ein Vielfaches des Basisstroms (30- bis 300fach). Dieser Faktor wird **Stromverstärkung** β genannt.

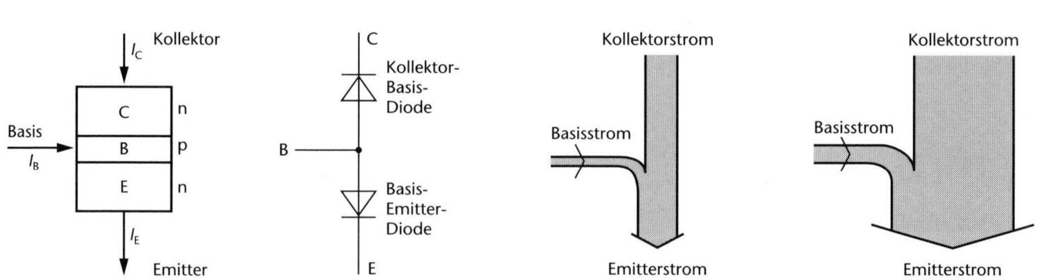

a) Schichten des npn-Transistors b) Sperrschichten im npn-Transistor c) Kleiner Basisstrom, kleiner Kollektorstrom d) Großer Basisstrom, großer Kollektorstrom

Bild 4.32 Aufbau und Wirkungsweise des bipolaren Transistors

Ein großer Basisstrom erzeugt einen großen Kollektorstrom (Bild 4.32 d). Der Kollektorstrom I_C ist dem Basisstrom I_B proportional, er hängt aber nur wenig von der Kollektor-Emitter-Spannung ab: $I_C = \beta I_B$.

Der hier dargestellte Transistor heißt wegen seines Schichtaufbaus **npn-Transistor**. Bild 4.33 zeigt den Aufbau sowie die Ströme und Spannungen am npn- und am pnp-Transistor. Bild 4.33 a) zeigt den schematischen Aufbau im Halbleiterchip, Bild 4.33 b) die zugehörige Grundschaltung mit den notwendigen Betriebsspannungen. Mit einem vergleichbaren Aufbau, aber umgekehrter Polarität entsteht ein **pnp-Transistor** (Bild 4.33 d), der im Prinzip genauso funktioniert, wenn alle Spannungen die umgekehrte Polarität haben (Bild 4.33 e). Damit stehen zwei komplementäre Transistortypen mit ähnlichen Eigenschaften zur Verfügung.

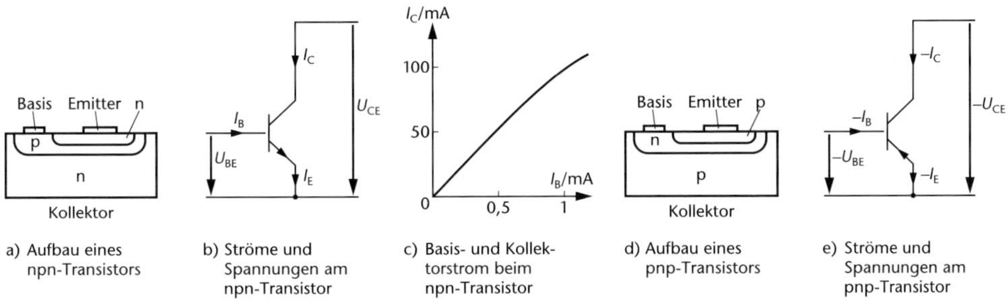

Bild 4.33 Schematischer Aufbau und Ströme und Spannungen bipolarer Transistoren

Transistoren sind die Grundelemente der Nachrichten- und Rechnertechnik, aber auch der elektronischen Steuerungs- und Regelungstechnik; denn sie können kleine und große Signale verstärken oder Spannungen und Ströme ein- und ausschalten, was mit linearen Bauteilen nicht geht.

Bipolare Transistoren gibt es im Leistungsbereich von wenigen Milliwatt bis hin zu mehreren hundert Watt, für Spannungen von wenigen Volt bis über 1000 V Kollektor-Emitter-Spannung. Hochfrequenztransistoren arbeiten bis über 1 Gigahertz. Bipolare Transistoren benötigen neben der Steuerspannung auch einen Steuerstrom und damit eine Steuerleistung. Die Leistungsverstärkung ist groß.

4.8.3.2 Feldeffekttransistoren

Sie werden auch **unipolare Transistoren** genannt, weil sie nur aus einem Halbleitermaterial bestehen (p- oder n-dotiert). Der Verstärkungseffekt entsteht in einem Halbleiterblock mit einheitlicher Dotierung. pn-Übergänge spielen keine Rolle.

Bild 4.34a) zeigt das Funktionsprinzip eines **n-Kanal Feldeffekttransistors (FET)**. Von der Elektrode **Source** oder Quelle fließen die Elektronen zur positiven Elektrode **Drain** oder Senke. Der Antrieb ist das von der angelegten Drain-Source-Spannung U_{DS} erzeugte elektrische Feld. Eine isolierte, aber Spannung führende Elektrode Tor oder **Gate** an der Seite dieses leitenden Kanals drängt mit ihrem Feld die Ladungsträger teilweise aus dem Kanal. Dadurch verringert sich der Querschnitt des leitenden Bereichs und der Strom wird kleiner. Eine ausreichend große negative Spannung am Gate kann zumindest an einer Stelle alle Ladungsträger aus dem Kanal drängen und damit den Stromfluss ganz unterbrechen. Bild 4.34 b) zeigt schematisch den Aufbau eines Feldeffekttransistors.

Beim FET steuert kein Strom, sondern ein **elektrisches Feld**, das von der Gate-Spannung abhängt, den Strom (Bild 4.34 c und Bild 4.34 d). Die Steuerung erfolgt zumindest bei niedrigen Frequenzen stromlos und damit **leistungslos**. Der Drainstrom folgt der Gate-Spannung praktisch

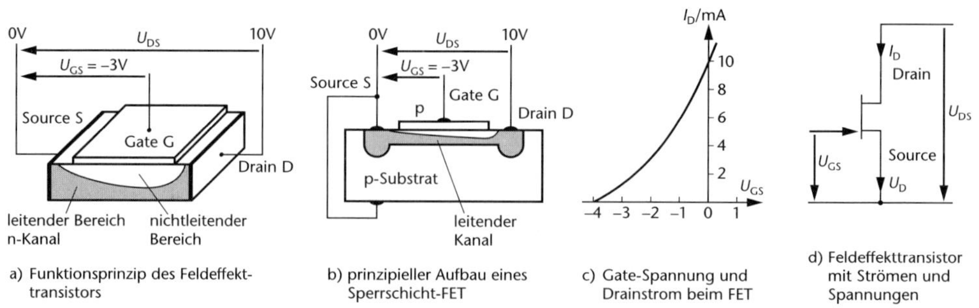

Bild 4.34 Funktionsprinzip und Kennlinie des Feldeffekttransistors FET

verzögerungsfrei. Der Quotient aus Änderung des Drain-Stroms i_{DS} durch die Änderung der Gate-Spannung u_{GS} ist ein Maß für die Verstärkung und wird als **Steilheit** $\boldsymbol{S}$ bezeichnet: $S = i_{DS}/u_{GS}$.

Die Schaltleistung (maximale Sperrspannung multipliziert mit maximalem Durchlassstrom) von Feldeffekttransistoren (FET) erstreckt sich von einigen Milliwatt bis in den kW-Bereich. Die Sperrspannung von marktüblichen Feldeffekttransistoren liegt zwischen einigen Volt bis zu Kilovolt. Hochfrequenztransistoren arbeiten bis über 20 Gigahertz. Feldeffekttransistoren benötigen nur eine Steuerspannung. Da das Gate vor allem bei Leistungstransistoren eine große Kapazität zum stromführenden Kanal haben kann, erfordern schnelle Spannungsänderungen am Gate einen mitunter erheblichen Steuerstrom und damit eine Steuerleistung. Die Leistungsverstärkung ist groß.

Der leitende Kanal kann auch p-dotiert sein. Dann liegt am Drain-Anschluss eine negative Spannung und eine positve Spannung steuert das Gate.

4.8.4 Thyristoren

Thyristoren sind **Vierschichtdioden** (Bild 4.35 a und 4.35 b) und werden überwiegend in netzgeführten Stromrichtern eingesetzt. Dabei handelt es sich um ein einschaltbares, nicht aber ausschaltbares **elektronisches Ventil**. Der Steueranschluss ist mit G (Gate), die Anode mit A und die Katode mit K bezeichnet (Bilder 4.35 b und 4.35 c).

Die elektrischen Eigenschaften eines Thyristors sind in Bild 4.35 d dargestellt. Ein positiver Gate-Katodenstrom löst das Umschalten vom positiven Sperrbereich in den Durchlassbereich aus. Ist der Thyristor einmal leitend, dann behält er seinen Zustand bei, bis der Anoden-Katoden-Strom den so genannten Haltestrom unterschreitet; der Thyristor befindet sich damit im sperrenden Zustand. Thyristoren werden für Ströme bis etwa 5 kA und Sperrspannungen bis etwa 5 kV hergestellt.

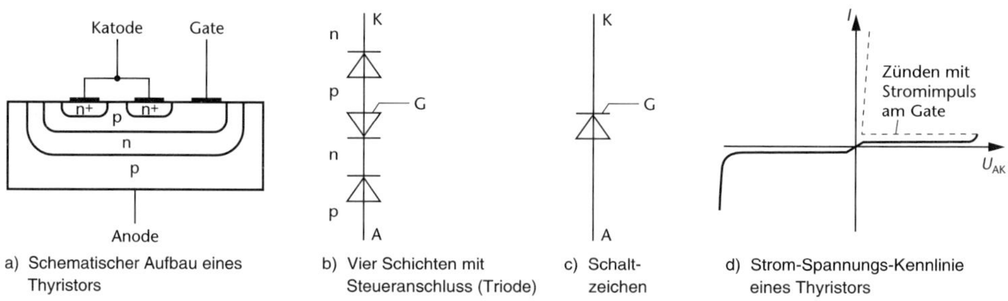

Bild 4.35 Aufbau, Schaltzeichen und Kennlinie eines Thyristors

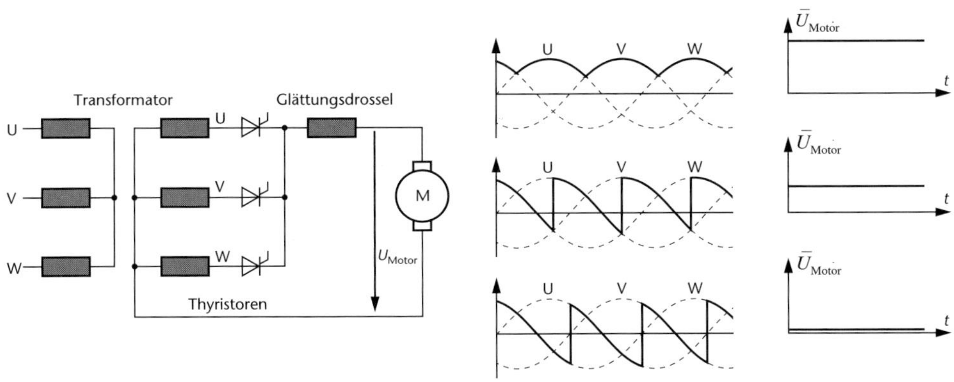

a) Gesteuerter netzgeführter Stromrichter mit Transformator (Prinzip)

b) Ausgangsspannungen des Transformators über Thyristoren addiert

c) äquivalente Gleichspannung am Motor

Bild 4.36 Thyristoren erzeugen aus einer festen Wechselspannung eine variable Gleichspannung

Bild 4.36a zeigt exemplarisch den Einsatz eines Thyristors in einem netzgeführten Stromrichter. Der Mittelwert $\bar{U}_{Motor}$ der Ausgangsspannung kann durch ein verzögertes Zünden der Thyristoren gegenüber dem Zeitpunkt der natürlichen Kommutierung (Anoden-Katoden-Spannung $U_{AK} = 0$) eingestellt werden.

Triacs sind zwei **antiparallel geschaltete Thyristoren**, mit denen Leistungen bis 2 kW preisgünstig gesteuert werden können (Bild 4.37). Dimmer für Lampen und die Drehzahlsteuerung kleiner Maschinen, beispielsweise von Handbohrmaschinen, arbeiten heute mit Triacs.

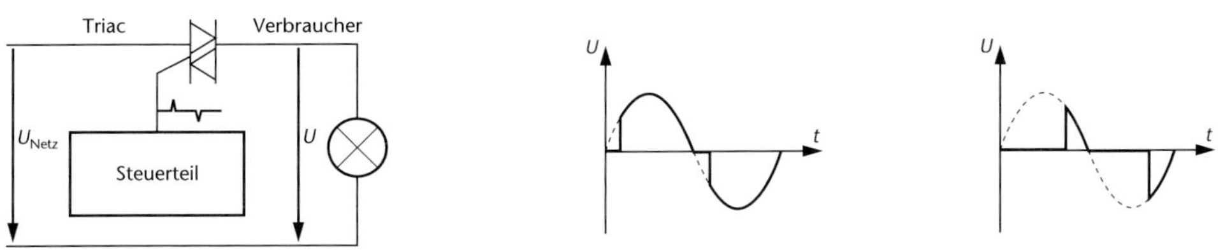

a) Schaltbild

b) Große Spannung am Verbraucher

c) Kleine Spannung am Verbraucher

Bild 4.37 Wechselstromsteuerung mit Triac

4.8.5 Integrierte Schaltungen

Elektronische Schaltungen bestehen aus vielen verschiedenen Halbleiterbauelementen, Widerständen, wenigen Kondensatoren und manchmal Induktivitäten. Bei den diskreten Halbleitern, das ist ein Transistor oder eine Diode in einem Gehäuse, ist inzwischen das Gehäuse mit den Anschlussdrähten teurer als das Halbleiterelement. Es liegt nahe, eine ganze Schaltung mit eigener Funktion in einem einzigen Halbleiterkristall zusammenzufügen oder zu **integrieren**. Dieser Halbleiterkristall enthält viele Transistoren, Dioden und Widerstände. Kondensatoren können nur mit kleinen Werten (etwa 50 pF) realisiert werden. Induktivitäten lassen sich nicht in integrierter Technik herstellen, deshalb werden sie, ebenso wie größere Kondensatoren, extern angeschlossen.

4

Integrierte Schaltungen sind nicht nur preisgünstiger als diskret aufgebaute, sie benötigen auch 10- bis 1000-Mal weniger Platz. Zudem lassen sich die Verbindungen der einzelnen Bauteile untereinander sicherer herstellen. Integrierte Schaltungen sind wesentlich zuverlässiger als diskret aufgebaute Schaltungen mit der gleichen Funktion. Abhängig von der Funktion enthält eine integrierte Schaltung 100 bis mehrere Millionen Halbleiterbauelemente. Dioden, bipolare Transistoren und Feldeffekttransistoren eignen sich gleichermaßen gut für integrierte Schaltungen.

Der sehr hohe Integrationsgrad moderner integrierter Schaltungen hat die umfangreiche und preisgünstige Informationsverarbeitung erst möglich gemacht. Personal Computer, digitale Vermittlungstechnik, Mobilfunk, Satellitennavigation, elektronische Motorsteuerungen oder moderne Unterhaltungselektronik wären mit diskreter Technik nicht möglich.

Integrierte Schaltungen, analoge und digitale, stellt man aus dünnen hochreinen Siliciumscheiben her, in die gezielt 3-wertige oder 5-wertige Atome eindiffundiert werden. Masken decken Stellen ab, die bei dem einzelnen Vorgang nicht verändert werden sollen. Transistoren in logischen Gattern sind nur wenige Mikrometer groß. Sie werden über aufgedampfte Metallbahnen miteinander verbunden. Die Größe der Strukturen ist heute durch die Wellenlänge des verwendeten Lichtes beim Belichten durch die Masken begrenzt. Je nach Zahl und Funktion der Transistoren ist eine integrierte Schaltung 0,1 mm^2 bis über 100 mm^2 groß. Zur Herstellung werden auf einer Siliciumscheibe (**Wafer**) mit 4 bis 6 Zoll Durchmesser viele gleiche Schaltungen dicht aneinander hergestellt. Diese Schaltungen werden noch auf dem Wafer elektrisch vermessen, er wird in die einzelnen Schaltungen zerteilt und nur die guten werden in Gehäuse eingebaut und nochmals geprüft.

Man unterscheidet heute zwei Hauptgruppen, die **analogen** und die **digitalen** Schaltkreise. Zu den analogen zählen vor allem **Operationsverstärker**, die Messsignale verstärken und in analogen Reglern eingesetzt werden, sowie **Spannungsregler**, **Hochfrequenzverstärker** und zahlreiche Typen für die Unterhaltungselektronik. **Digitale Schaltungen** ermöglichen einfache und komplizierte logische Verknüpfungen, Zähler, digital arbeitende Steuerungen bis hin zu den Bauteilen für Rechner mit Datenspeichern, programmierbaren und löschbaren Speichern, den Rechenwerken CPU (Central Processing Unit) und den inzwischen sehr aufwändigen Steuerungsschaltungen für Festplatten oder die Verarbeitung der Grafik auf einem Bildschirm.

Eine dritte Gruppe sind die so genannten **Interface-Schaltungen**. Sie stellen die Schnittstellen zwischen analoger und digitaler Signalverarbeitung dar. Zu ihnen gehören unter anderem: **Analog-Digital-Wandler**, **Digital-Analog-Wandler** sowie Schnittstellenbausteine, die digitale Signale über lange und mitunter gestörte Leitungen übertragen.

Die Hersteller bieten eine große Vielfalt standardmäßig an. Werden neue Schaltungen in großen Mengen gebraucht, können kundenspezifische Schaltungen nach Wunsch hergestellt werden. Den niedrigen Kosten einer einzelnen Schaltung stehen sehr hohe Entwicklungs- und Werkzeugkosten gegenüber.

4.8.5.1 Analoge integrierte Schaltungen

Analoge Signale können innerhalb ihres erlaubten Wertebereichs alle Zwischenwerte mit beliebig feiner Auflösung annehmen. Das kann eine Tonfrequenzspannung, das Videosignal (Helligkeitssignal) einer Kamera oder eine Gleichspannung sein, die eine Temperatur oder eine Drehzahl angibt. Von außen eingebrachte Störungen und das unvermeidbare Rauschen sind dem Signal überlagert und können es verfälschen. Die vom Signalgeber erzeugten Spannungen sind meistens sehr klein und müssen verstärkt werden. Steuern diese kleinen Signale einen Transistor direkt an, dann erhält man eine Ausgangsspannung, die nicht nur vom Eingangssignal, sondern auch von der Umgebungstemperatur und der Betriebsspannung U_B der Schaltung abhängt. Bei einfachen Wechselspannungsverstärkern, beispielsweise in Telefonen oder in Rundfunkgeräten, wird nur die Wechselspannung verstärkt und die Gleichspannung mit Kondensatoren abgetrennt (Bild 4.38 a).

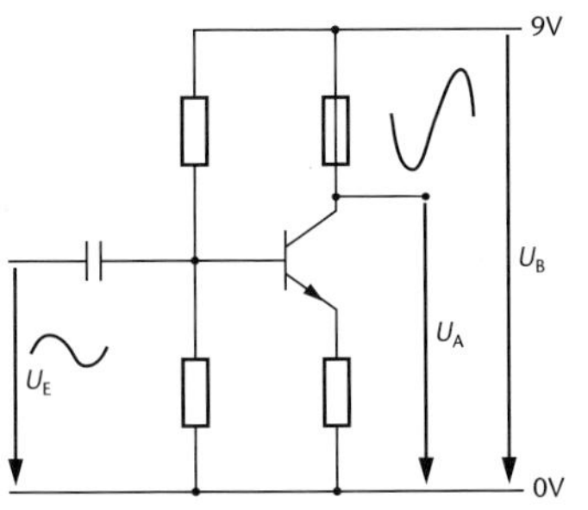

a) Kleinsignalverstärker für Wechselspannungen

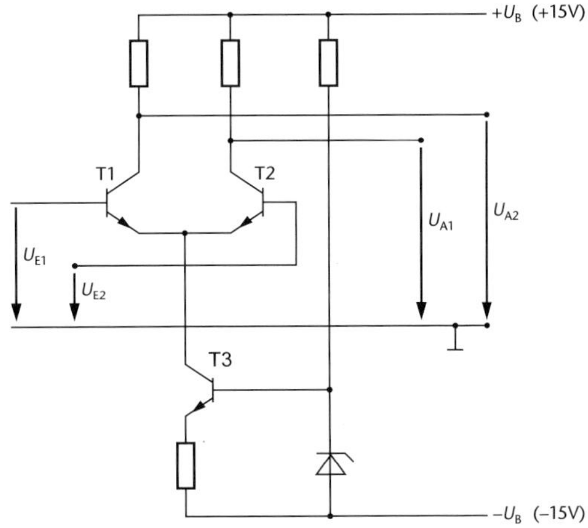

b) Differenzverstärker

Bild 4.38 Verstärker für analoge Signale

Bei **Messverstärkern** für Temperatur, Druck oder Geschwindigkeit müssen der **Gleich- und der Wechselspannungsanteil** richtig verstärkt werden. Hierzu benutzt man Schaltungen, die das Signal linear verstärken. Der Temperatureinfluss wird durch einen zweiten Transistor kompensiert, der genau so wie der Signaltransistor betrieben wird. Der Einfluss der Versorgungsspannung wird damit auch verringert. Er wird sehr klein, wenn der Versorgungsstrom nicht über Widerstände, sondern über Stromquellen zugeführt wird.

Ein Beispiel ist der in Bild 4.38 b) dargestellte **Differenzverstärker**. Die verstärkte Ausgangsspannung U_{A2} errechnet sich aus der Differenz der Eingangsspannungen ($U_{E1} - U_{E2}$), multipliziert mit der Spannungsverstärkung v: $U_{A2} = v\,(U_{E1} - U_{E2})$.

Die temperaturabhängige Basis-Emitter-Spannung der Transistoren wirkt sich nicht mehr aus. Der gemeinsame Emitterstrom der Transistoren T_1 und T_2 kommt aus der Stromquelle mit T_3. Dieser Strom hängt kaum noch von den Eingangsspannungen U_{E1} und U_{E2} sowie der negativen Versorgungsspannung $-U_B$ ab. Schaltet man zwei bis drei Differenzverstärker in Reihe und gibt das Ausgangssignal über einen Stromverstärker (ohne Spannungsverstärkung) aus, dann erhält man einen **Operationsverstärker**. Sie sind inzwischen die wichtigsten standardisierten Verstärker in der Mess- und Regelungstechnik. Ähnliche Verstärker werden auch in der analogen Informationsverarbeitung eingesetzt.

Die **Spannungverstärkung** $\boldsymbol{v}$ beträgt mehr als 10^5, die Temperaturabhängigkeit der Eingangsspannung ist bis auf wenige µV/K kompensiert. Der Stromverbrauch beträgt wenige Milliampere und in einem 5 mm × 10 mm großen Gehäuse lassen sich bis zu vier Verstärker unterbringen. Ein Verstärker besteht aus 30 bis 50 Transistoren und den nötigen Widerständen und Kondensatoren. Diese Schaltungen sind billig und in großer Vielfalt zu haben.

Zu den analogen integrierten Schaltungen zählen noch **Spannungsregler**, sie erzeugen aus einer variablen Spannung, beispielsweise dem 12-V-Bordnetz, eine kleinere, aber konstante Spannung (z. B. 10 V). **Komparatoren** vergleichen zwei Spannungen und geben am Ausgang 0 V oder 5 V ab, je nachdem, welche der beiden Eingangsspannungen größer ist. Für weitere Anwendungen gibt es eine große Zahl verschiedener Sonderschaltungen.

4.8.5.2 Digitale integrierte Schaltungen

Digitale Schaltungen verarbeiten logische Signale nach den Regeln der Boole'schen Algebra. Aus mehreren Eingangsgrößen wird eine logische Verknüpfung erzeugt. Auf dieser Basis arbeiten heute beispielsweise alle Rechner, digitale Steuerungen, speicherprogrammierbare Steuerungen und die Telefonvermittlung.

Die verwendeten Elemente können nur zwei verschiedene Zustände annehmen. Zum Rechnen muss deshalb ein **binäres Zahlensystem** benutzt werden. Analoge Werte werden vor der Verarbeitung quantisiert, d. h., es gibt nur eine endliche Zahl von Werten. Beispielsweise gibt es bei 16 bit 65536 verschiedene Werte, aber keine Zwischenwerte. Jeder Analogwert muss dem am nächsten liegenden Digitalwert zugeordnet werden. Störungen können diese Werte nur ändern, wenn sie so groß sind, dass sie in einen anderen logischen Bereich gehen. Über hinzugefügte Prüfbits kann ein verfälschtes Bit erkannt und mit etwas Aufwand auch korrigiert werden.

Es gibt viele verschiedene Logikfamilien, die meisten sind heute technisch überholt, die Funktion wird deshalb anhand der HCMOS-Familie (**High Speed Complementary MOS**) erläutert. Bild 4.39 a) zeigt die Übergangsfunktion eines Gatters. Der Ausgang ist entweder High (1) oder Low (0), er darf keinen Zwischenwert annehmen. Bild 4.39 b) zeigt die erlaubten Eingangs- und Ausgangspegel. Der tatsächliche Übergang von 0 nach 1 liegt zwischen 2,5 V und 2,6 V. Werte <2,5 V werden als 0; Werte >2,6 V werden als 1 erkannt. Wegen der auch hier vorhandenen Herstelltoleranzen werden nur Werte <1,5 V als logische 0 und Werte >3,5 V sicher als logische 1 erkannt und verarbeitet. Der Ausgangspegel entspricht 0 V für Low und V_{CC} für High. Die Pegeldifferenz zwischen dem treibenden Gatter und den tatsächlichen Schaltgrenzen des nehmenden Gatters dienen der **Störsicherheit**. Das Gatter unterdrückt Störungen, die innerhalb der sicheren Eingangsbereiche High und Low bleiben. Gestörte Signale werden regeneriert (Bild 4.39 c).

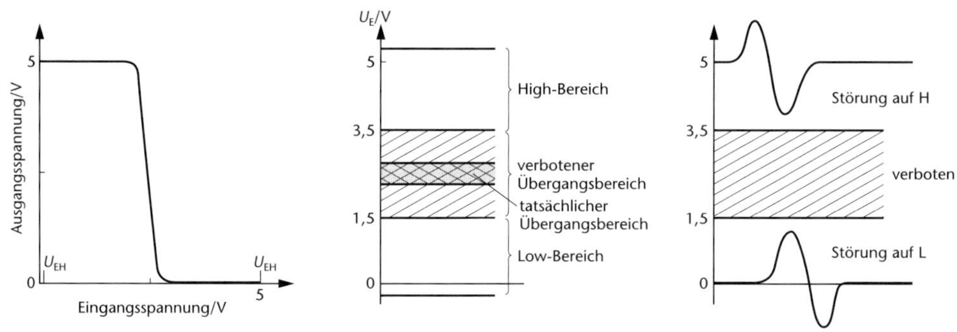

a) Ein- und Ausgangsspannungen eines Gatters
b) Eingangsspannungsbereich für High und Low
c) Eingangsspannungsbereiche, in denen sich Störungen auf das Signal nicht auswirken

Bild 4.39 Ein- und Ausgangsspannungen eines Gatters und logische Pegel

Diese Störunterdrückung und die Erkennung fehlerhafter Daten durch das angehängte Prüfbit machen die **digitale Datenverarbeitung** außerordentlich sicher und **störresistent**. Digitale Werte lassen sich auch gut über kurze und lange Zeiten in Flip-Flops oder auf Magnetplatten speichern. Analoge elektrische Werte lassen sich dagegen nur mit großem Aufwand und für kurze Zeiten speichern (Millisekunden bis Sekunden).

Bild 4.40 a) zeigt die Schaltung eines NAND-Gatters in HCMOS-Technologie. Es besteht aus den beiden p-Kanal-MOS-FET pT1 und pT2, den beiden n-Kanal-MOS-FET nT1 und nT2, daher der Name „Complementary MOS". Die Diodenpaare an den Eingängen und am Ausgang verhindern, dass Überspannungen aus elektrostatischen Entladungen mit geringer Energie das Gatter zerstören. Bild 4.40 b) zeigt die Wahrheitstabelle und Bild 4.40 c) das Schaltzeichen.

Der Eingangsstrom des Gatters beträgt wenige Pikoampere (10^{-12} A); er ist praktisch null. Im Ruhezustand, Ausgang 0 oder 1, leiten nur die n- oder die p-Transistoren; das Gatter kann keinen Strom verbrauchen. Strom fließt nur, wenn das Gatter gerade schaltet oder wenn am Ausgang ein Verbraucher liegt.

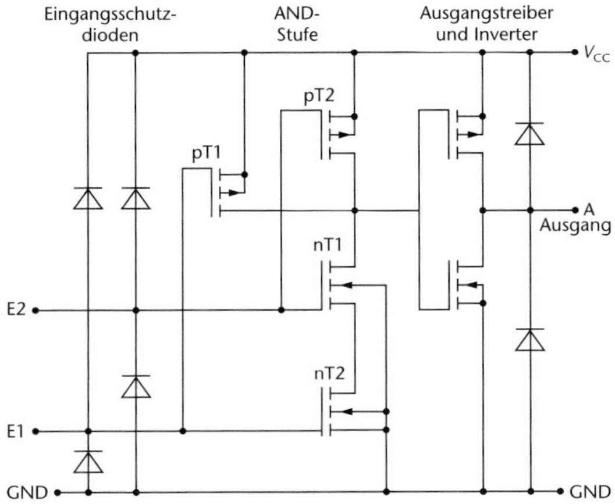

a) Schaltung eines NAND-Gatters in HCMOS-Technik

E1	E2	A
0	0	1
0	1	1
1	0	1
1	1	0

b) Wahrheitstabelle eines NAND-Gatters

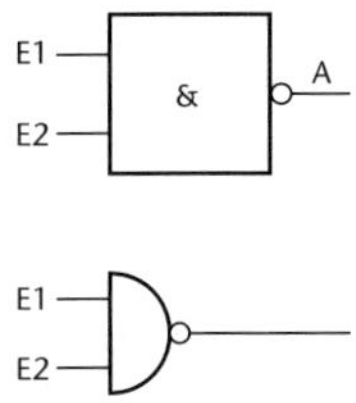

c) Schaltzeichen eines NAND-Gatters

Bild 4.40 Innenschaltung, Wahrheitstabelle und Schaltzeichen eines NAND-Gatters

CMOS-Schaltungen, beispielsweise in Uhren, kommen mit wenigen Mikroampere aus. Damit betreiben sie einen quarzstabilisierten Oszillator, einen Frequenzteiler und einen Treiber für den Schrittmotor der Uhr.

Digitale Schaltungen gibt es heute für alle Anwendungen. Neben den statischen logischen Verknüpfungen gibt es Bauteile, deren Ausgangssignal von der Abfolge der Eingangsgrößen abhängt, beispielsweise Flip-Flops, Frequenzteiler, Zähler, Register und Speicher, Rechenwerke bis hin zu hochkomplexen **Mikroprozessoren**. Der gegenüber diskreten Schaltungen oder alten Logikfamilien geringe Stromverbrauch ermöglicht den sehr hohen Integrationsgrad, denn mehrere hunderttausend Transistoren müssen nicht nur mit Strom versorgt werden, die daraus entstehende Verlustwärme muss auch abgeführt werden.

Der hohe Integrationsgrad vor allem bei digitalen Schaltungen hat die Herstellkosten einer bestimmten elektrischen Funktion um mehrere Größenordnungen gesenkt. Da auch der Platzbedarf geringer und die Zuverlässigkeit erheblich höher wurde, hat sich die Elektronik zur Signalverarbeitung und zur Steuerung fast überall durchgesetzt. Bei großen Stückzahlen, beispielsweise der Motorelektronik oder in Mobiltelefonen, realisieren kundenspezifische Schaltkreise alle Wünsche der Entwickler.

Weiterführende Literatur

Altmann, S.; Schlayer, D.: Lehr- und Übungsbuch Elektrotechnik. 3. Auflage. Leipzig: Fachbuchverlag 2003
Bauckholt, H.-J.: Grundlagen und Bauelemente der Elektrotechnik. 5. Auflage. München Wien: Hanser 2004
Böge, W.: Vieweg Handbuch Elektrotechnik. 3. Auflage. Wiesbaden: Vieweg 2004
Flegel, G.; Birnstiel, K.; Nerreter, W.: Elektrotechnik für den Maschinenbauer. 8. Auflage. München Wien: Hanser 2004

4

Führer, A.; Heidemann, K.; Nerreter, W.: Grundgebiete der Elektrotechnik. 3 Bände. München Wien: Hanser 2003

Hering, E.; Gutekunst, J.; Martin, R.: Elektrotechnik für Ingenieure und Naturwissenschaftler. 5. Auflage. Berlin: Springer 2005

Koß, G.; Reinhold, W.: Lehr- und Übungsbuch Elektronik. 3. Auflage. Leipzig: Fachbuchverlag 2005

Lindner, H.; Brauer, H.; Lehmann, C.: Taschenbuch der Elektrotechnik und Elektronik. 8. Auflage. Leipzig: Fachbuchverlag 2004

Linse, H.; Fischer, R.: Elektrotechnik für Maschinenbauer. 12. Auflage. Stuttgart: Teubner 2005

Nerreter, W.: Grundlagen der Elektrotechnik. Leipzig: Fachbuchverlag 2006

Ose, R.: Elektrotechnik für Ingenieure. 2 Bände. Leipzig: Fachbuchverlag 2005/2006

Seidel, H.-U.; Wagner, E.: Allgemeine Elektrotechnik. 2 Bände. 3. Auflage. München Wien: Hanser 2003, 2005

Zastrow, D.: Elektrotechnik. 14. Auflage. Wiesbaden: Vieweg 2002

5

Informatik und Kommunikationstechnik

Prof. Dr.-Ing. Manfred Strahnen
Hochschule Ulm

5.1 Informatik

Die **Informatik** beschäftigt sich mit der Programmierung, dem Aufbau und dem Betrieb von elektronischen Datenverarbeitungseinheiten (Computersystemen).

Tabelle 5.1 gibt einen Überblick über die grundlegenden Arten von Computersystemen und deren Einsatzgebiete. In Tabelle 5.2 sind die wesentlichen, in den folgenden Abschnitten behandelten Teildisziplinen der Informatik aufgeführt und kurz beschrieben.

Tabelle 5.1 Überblick Computersysteme und Einsatzbereiche

Computersystem	Einsatzgebiete
Arbeitsplatzrechner (Workstation)	Technisch-wissenschaftlicher Anwendungsbereich: technisch-wissenschaftliche Berechnungen und Simulationen
PC (Personal Computer)	Heim- und Bürobereich: Textverarbeitung, Bürokommunikation (Fax, E-Mail), Datenhaltung und Interpretation (Datenbanken, Tabellenkalkulation)
Abteilungsrechner (Mainframe)	Leistungsfähiges Computersystem, welches von mehreren Anwendern (z. B. einer Abteilung) gleichzeitig genutzt werden kann für aufwendige technisch-wissenschaftliche Berechnungen, Simulationsberechnungen, Zugriff auf gemeinsame, umfangreiche Datenbestände
Großrechner	Spezielles, extrem leistungsfähiges Computersystem zur Durchführung rechenintensiver technisch-wissenschaftlicher Berechnungen und Simulationsberechnungen (z. B. Wettervorhersage)
Embedded System	(Eingebettetes) Computersystem, welches funktionaler Bestandteil eines Gerätes oder einer Anlage ist und in der Regel zur Steuerung und Überwachung des Gerätes/der Anlage eingesetzt wird (z. B.: Kfz-Bordcomputer)

Tabelle 5.2 Teildisziplinen der Informatik

Teildisziplin	Kurzbeschreibung
Technische Informatik	Entwicklung und Aufbau von Computersystemen (Hardware)
Betriebssysteme	Basis-Software, welche sämtliche zur Nutzung des Computers notwendigen Funktionalitäten zur Verfügung stellt
Programmiersprachen	Sprache zur Erstellung eines Programms
Software-Engineering	Methoden zur strukturierten Programmentwicklung

5

5.1.1 Technische Informatik

5.1.1.1 Aufbau und Funktionsweise eines Computers

Die meisten der heute auf dem Markt verfügbaren Computer basieren auf der schon 1947 publizierten **Von-Neumann-Architektur**. Auf dieser Architektur basierende Rechner werden als Von-Neumann-Rechner bezeichnet und bestehen aus den in Bild 5.1(a) dargestellten elementaren Komponenten.

Das **Leitwerk** ist für die Steuerung des Programmablaufs verantwortlich. Ein Programm ist eine Folge von Anweisungen, welche der Rechner ausführen soll und welche der Anwender zuvor spezifiziert und im Speicher des Rechners abgelegt hat. Das **Rechenwerk** führt alle notwendigen Berechnungen aus. Es ist für die Ausführung aller arithmetischen und logischen Verknüpfungen von Daten zuständig. Im **Speicher** sind sowohl die auszuführenden Programmanweisungen als auch die eigentlichen Anwenderdaten abgelegt. Die **Ein-/Ausgabe** stellt die Verbindung zum Anwender und zu weiteren, optionalen Computer-Komponenten (z. B. Tastatur, Bildschirm) her.

Bild 5.1(b) zeigt die sich zyklisch wiederholende Ablaufsequenz eines Von-Neumann-Rechners. In einem ersten Schritt liest das Leitwerk den nächsten auszuführenden Programmbefehl aus dem Speicher. In einem zweiten Schritt interpretiert das Leitwerk den eingelesenen Programmbefehl. In Schritt 3 wird der Befehl ausgeführt.

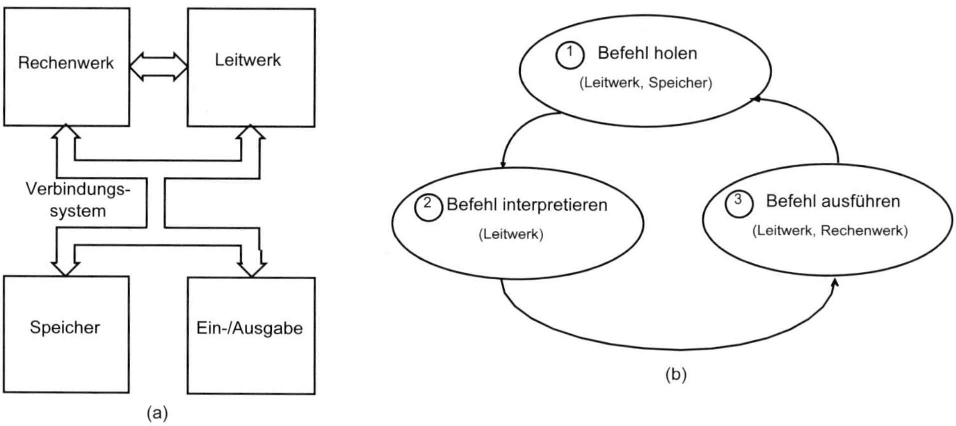

Bild 5.1 Komponenten und Ablaufsequenz eines Von-Neumann-Rechners

5.1.1.2 Mikroprozessor

Das Kernstück eines jeden Computersystems ist der **Mikroprozessor**.

Ein Mikroprozessor ist ein elektronischer Schaltkreis, welcher die Funktionalitäten des Leitwerks und des Rechenwerks eines ‚Von-Neumann-Rechners' beinhaltet.

1. Externe Anschlusssignale

Die externen Anschlusssignale eines Mikroprozessors bilden das in Bild 5.1(a) dargestellte Verbindungssystem eines Computers. Sie können eindeutig in die drei Signalklassen (Bus): Datenbus, Adressbus, Steuerbus gruppiert werden.

- **Datenbus:** Der Datenbus ermöglicht den Datenaustausch zwischen Leitwerk, Rechenwerk und den externen Komponenten. Die Breite des Datenbusses, d. h. die Anzahl der zugehörigen externen Anschlusssignale, entscheidet darüber, wie viele Datenbits zeitgleich in einem Zyklus aus dem Speicher gelesen bzw. in den Speicher geschrieben werden können. Die Breite des Datenbusses ist somit ein wichtiges Leistungsmerkmal eines Mikroprozessors.
- **Adressbus:** Der Adressbus fasst alle Signale zur Adressierung (Auswahl) einer Speicherstelle oder einer Ein-/Ausgabe-Einheit zusammen. Die Breite des Adressbusses, d. h. die Anzahl der zur Adressierung zur Verfügung stehenden Adresssignale, legt die Anzahl der ‚adressierbaren' Speicherplätze fest. Es gilt der folgende Zusammenhang zwischen der Anzahl n der Adresssignale und der Anzahl S der adressierbaren Speicherplätze: $S = 2^n$. Mit einem 32 bit breiten Adressbus könnten somit $2^{32} = 4\,294\,967\,296$ Speicherplätze adressiert werden.
- **Steuerbus:** Der Zugriff eines Mikroprozessors auf die externen Komponenten (Speicher und Ein-/Ausgabe) wird als Buszyklus bezeichnet. Neben dem Adress- und Datenbus werden zur Durchführung eines solchen Buszyklus noch diverse Steuersignale benötigt. So muss der Speicher beispielsweise wissen, ob es sich bei dem aktuellen Zugriff um einen Schreib- oder um einen Lesezugriff handelt. Alle zur Durchführung eines Buszyklus notwendigen Steuersignale sind in dem Steuerbus zusammengefasst.

2. Prozessorregister

Ein Mikroprozessor benötigt zur Durchführung der ihm zugeteilten Aufgaben interne Zwischenspeicher, so genannte **Prozessorregister**, in denen die während der Befehlsausführung zu verarbeitenden Daten kurzzeitig zwischengespeichert werden.

Unter dem Registersatz wird die Gesamtheit der in einem Mikroprozessor vorhandenen Prozessorregister verstanden.

Dieser lässt sich in die Klassen: Datenregister, Adressregister und Steuerregister einteilen.

- **Datenregister:** Datenregister dienen der Aufnahme von Operanden und zur Speicherung von Zwischenergebnissen. Eine vom Rechenwerk auszuführende arithmetische oder logische Operation kann niemals direkt auf die im Speicher abgelegten Daten angewandt werden. Die Daten müssen zuerst in die Datenregister geladen werden. Das Ergebnis der Operation wird ebenfalls in einem Datenregister abgelegt und muss, falls gewünscht, von dort in den Speicher übertragen werden.
- **Adressregister:** Adressregister dienen der Zwischenspeicherung von Adressinformationen. Sie können zur Adressierung der im Speicher abgelegten Anwenderdaten herangezogen werden.
- **Steuerregister:** Ein Prozessor verfügt minimal über die vier im Folgenden beschriebenen Steuerregister.
  - **Befehlsregister BR:** enthält den aktuell in Bearbeitung befindlichen Befehl.
  - **Programmzähler PC:** enthält die Speicheradresse des nächsten auszuführenden Befehls.
  - **Statusregister SR:** enthält Informationen über den Status der aktuellen Befehlsausführung. Diese Informationen können zur Gestaltung des weiteren Programmablaufs herangezogen werden.

– **Stackpointer SP:** Der Stackpointer SP enthält die Adresse des aktuellen Eintrags des Stackspeichers. Funktion und Anwendung des Stackspeicher werden im Folgenden erläutert.

3. Stackspeicher

Der **Stackspeicher** wird entsprechend seinem Funktionsprinzip auch als Stapelspeicher bezeichnet. Bei dem ersten aus dem Stackspeicher herausgelesenen Datenwort handelt es sich um das zuletzt in den Stackspeicher geschriebene Datenwort. Die Funktionsweise entspricht somit derjenigen eines Aktenstapels. Es kann immer nur die zuoberst liegende, d. h. die zuletzt abgelegte Akte entnommen werden (Last in-first out-Prinzip). Benötigt man eine mitten im Stapel befindliche Akte, müssen zuerst die darauf liegenden Akten dem Stapel entnommen werden. Der Stackspeicher wird zur kurzzeitigen Ablage von Zwischenergebnissen genutzt.

4. Interrupt – Unterbrechung des Programmablaufs

Ein **Interrupt** ist eine Unterbrechungsanforderung, welche durch ein externes Ereignis, beispielsweise einen Tastendruck auf der Tastatur des Computers, ausgelöst wird und zur Unterbrechung des aktuellen Programmablaufs führt. Die Unterbrechung bewirkt, dass der Mikroprozessor in ein spezielles Unterprogramm, **die Interrupt-Service-Routine (ISR)**, verzweigt und die dort enthaltenen Befehle ausführt (Bild 5.2).

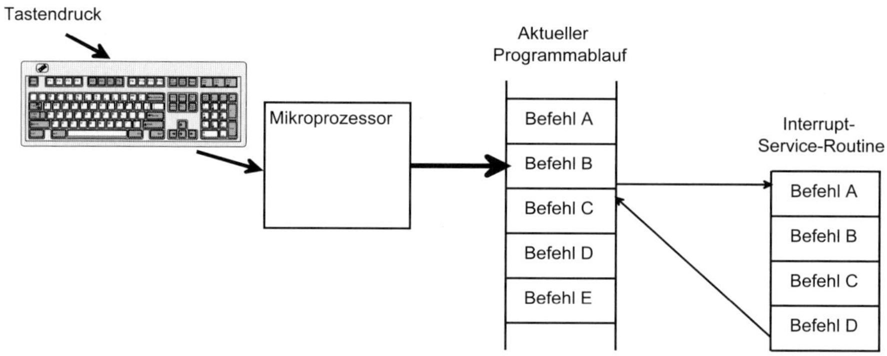

Bild 5.2 Ablauf eines Interrupt-Vorgangs

In der ISR kann der Anwender die zur Behandlung des externen Ereignisses notwendigen Programmbefehle angeben. Nach der Ausführung der ISR wird der Programmablauf an der zuvor unterbrochenen Stelle wieder fortgesetzt. Innerhalb eines Computers gibt es die folgenden typischen Anwendungsbereiche für Interrupts:

- **Ein-/Ausgabe-Einheiten:** Ein Computer verfügt, je nach seinem Anwendungsbereich, über eine Vielzahl von Ein-/Ausgabe-Einheiten (z. B. Tastatur, Maus, Computer-Netzwerk). Ein-/Ausgabe-Einheiten sind meist nicht mit den internen Abläufen des Computers synchronisiert, d. h., dem Mikrocomputer ist nicht bekannt, zu welchen Zeitpunkten ihm von außen Daten zugeführt werden. Als Folge müsste der Mikroprozessor also ständig alle angeschlossenen Ein-/Ausgabe-Einheiten abfragen, ob gerade Eingabedaten vorliegen (Abfrage- oder Polling-Technik). Hierzu würde ein nicht unerheblicher Teil der Rechenleistung des Mikroprozessors ‚verschwendet'.

Die wesentlich effizientere Methode besteht darin, dass der Mikroprozessor durch einen Interrupt über eingehende Daten informiert wird und die empfangenen Daten in der Interrupt-Service-Routine ausliest. In diesem Fall wird die Rechenleistung des Mikroprozessors nur dann in Anspruch genommen, wenn auch wirklich Daten eingegangen sind.

- **Fehlerbehandlung:** Mikrocomputersysteme, speziell Systeme für sicherheitskritische Anwendungsbereiche, verfügen über verschiedene Einheiten zur Erkennung von Systemfehlern. Ein solcher Systemfehler könnte beispielsweise der Ausfall einer Festplatte sein. Wurde ein solcher Fehler detektiert, wird der Mikroprozessor über eine entsprechende Unterbrechungsanforderung darüber informiert.

5. Befehlssatz und Adressierungsarten

Die Gesamtheit aller möglichen Programmbefehle eines Mikroprozessors bezeichnet man als den **Befehlssatz** des Mikroprozessors.

Der Befehlssatz bestimmt in entscheidendem Maße Architektur und Leistungsmerkmale eines Mikroprozessors. Alle modernen Prozessoren verfügen über die in Tabelle 5.3 aufgeführten Klassen an Befehlen.

Tabelle 5.3 Befehlsklassen

Befehlsklasse	**Erläuterung**
Datenübertragung	Befehle zum Transport von Daten zwischen den Prozessorregistern, dem Speicher und der Ein-/Ausgabeeinheit
Datenmanipulation	Befehle zur Durchführung von arithmetischen und logischen Operationen auf die in den Prozessorregistern abgelegten Daten
Verzweigungen	Befehle zum Aufruf von Unterprogrammen und zur Verzweigung an eine andere Stelle des Programms

Die **Adressierungsarten** beschreiben die Methoden, wie ein Speicherplatz oder ein Register adressiert (ausgewählt) wird.

Sie reichen von einfachen Methoden der **direkten Adressierung**, d. h. der expliziten Angabe der Speicheradresse im Programmbefehl, bis hin zu komplexen Methoden der **indizierten Adressierung**, bei welchen die Speicheradresse aus dem Inhalt eines im Programmbefehl angegebenen Adressregisters und eines Indexwertes berechnet wird.

5.1.1.3 Mikroprozessorarchitekturen und Spezialformen

1. RISC/CISC-Mikroprozessorarchitekturen

Mikroprozessoren mit einem umfangreichen Befehlssatz und mit komplexen Befehlsstrukturen werden als **CISC-Prozessoren** (Complex Instruction Set Computer) bezeichnet. Typische Anwenderprogramme nutzen jedoch nur etwa 10 der oftmals mehr als 200 zur Verfügung stehenden

Programmbefehle. Als Folge dieser Erkenntnis wurden Mikroprozessoren mit einem reduzierten, nur wenig komplexe Befehle umfassenden Befehlssatz, so genannte **RISC-Prozessoren** (Reduced Instruction Set Computer), entwickelt. Die damit auf dem Mikroprozessor-Chip frei werdenden Resourcen wurden zur Implementierung weiterer interner Register verwendet, welche, als schnelle Zwischenspeicher genutzt, die Häufigkeit der Zugriffe auf den externen Speicher reduzieren und somit zu einer unter Umständen deutlichen Leistungssteigerung des Mikroprozessors beitragen. Die Komplexität der implementierten Programmbefehle ist bei RISC-Prozessoren so bemessen, dass ein Befehl in der Regel in nur einem Taktzyklus des Mikroprozessors ausgeführt werden kann.

5

2. Signalprozessoren

Die typischen Aufgaben der Signalverarbeitung sind: die Signalfilterung (z. B. Tiefpass- oder Hochpass-Filterung), die Verknüpfung von Signalen (z. B. Addition, Multiplikation), die Signalaufbereitung (z. B. Rauschen reduzieren) und die Signaltransformation (z. B. Fouriertransformation). Diese Aufgaben werden in zunehmendem Maße von digitalen Rechenanlagen, d. h. per Software, ausgeführt. Die hierbei zur Anwendung kommenden Datentypen und die auf sie angewandten Operationen können prinzipiell von jedem Mikroprozessor ausgeführt werden.

Im Hinblick auf eine möglichst schnelle, in Echtzeit ablaufende Signalverarbeitung wurden jedoch Mikroprozessor-Typen entwickelt, welche bezüglich ihrer Registerstruktur, ihrem Befehlssatz und ihrer Verbindungsstruktur für die in der Signalverarbeitung häufig angewandten Datentypen und Operationen optimiert wurden. Diese Art von Mikroprozessor wird als **digitaler Signalprozessor** bezeichnet.

3. Mikrocontroller

Ein **Mikrocontroller** ist ein Halbleiterbauelement, in welches alle elementaren Komponenten eines Computers (Mikroprozessor, Speicher, Ein-/Ausgabe) integriert wurden.

Auf Grund ihrer kompakten Bauweise eignen sich Mikrocontroller zum Aufbau von kleinen, kompakten Computersystemen, wie sie beispielsweise in Form von Embedded-Systemen in der Steuerungs- und Regelungstechnik benötigt werden.

5.1.1.4 Halbleiterspeicher

1. Klassifizierung von Speichern

In den folgenden Abschnitten wird die zweite elementare Komponente eines Computers – der Speicher – behandelt.

Allgemein lässt sich ein **Speicher** als ein Medium oder ein System definieren, welches in der Lage ist, Daten zu speichern und auf Abruf wieder zur Verfügung zu stellen.

Dieser allgemeinen Definition genügen die in Tabelle 5.4 aufgeführten Speicher.

Tabelle 5.4 Klassifikation von Speichern

Speicher	Beschreibung/Anwendungsbereich
Hauptspeicher (Halbleiterspeicher)	Mit Halbleiterbauelementen aufgebauter Speicher. Dient zur Ablage der aktuell auszuführenden Programmbefehle sowie der aktuell benötigten Anwenderdaten. Ein Mikroprozessor kann nur die im Hauptspeicher abgelegten Programmbefehle und Daten direkt lesen und ausführen; d. h., jedes Programm muss vor der Ausführung zuerst in den Hauptspeicher geladen werden.
Massenspeicher	Speicher, auf welchem alle ausführbaren Programme und Daten gespeichert werden (z. B. Festplatte, Flash-Speicher)
Archivspeicher	‚Dauerhafte' Archivierung von Programm- und/oder Anwenderdaten (z. B. Magnetband, CD-ROM, DVD)

Die unterschiedlichen Anwendungsbereiche erfordern unterschiedliche charakteristische Eigenschaften der Speicher. Zu den wesentlichen charakteristischen Eigenschaften eines Speichers gehören die **Zugriffszeit**, welche die mittlere zum Speichern oder Einlesen des ersten Datenworts notwendige Zeitdauer angibt, und die **Speicherkapazität**, welche die Anzahl der maximal speicherbaren Datenworte angibt. Die charakteristischen Eigenschaften der oben aufgeführten Speicher sind Tabelle 5.5 zu entnehmen:

Tabelle 5.5 Parameter von Speichern

Speicher	Zugriffszeit	Speicherkapazität
Hauptspeicher	5 ns bis 100 ns	1 kByte bis 1 GByte
Massenspeicher	10 ms bis 50 ms	1,44 MByte bis 300 GByte
Archivspeicher	≈ 500 ms	1 GByte bis 100 GByte

Während der Hauptspeicher elementarer Bestandteil eines jeden Computersystems ist, sind der Einsatz von Massen- und Archivspeichern von dem jeweiligen Einsatzgebiet des Systems abhängig. Massen- und Archivspeicher werden in Abschnitt 5.1.1.6 behandelt.

2. Formen von Halbleiterspeichern

Die Gruppe der Halbleiterspeicher lässt sich in die beiden Teilgruppen der **Schreib-/Lese-Speicher** (**RAM** – Random Access Memory) und der **Nur-Lese-Speicher** (**ROM** – Read Only Memory) einteilen. Merkmal der Schreib-/Lese-Speicher ist, dass ein Datenwort zu jeder Zeit in den Speicher geschrieben und wieder ausgelesen werden kann. Im Gegensatz dazu erlaubt ein Nur-Lese-Speicher nur das Lesen von Datenworten. Ein Nur-Lese-Speicher wird nur einmal, vor dem operationellen Einsatz des Mikrocomputersystems, beschrieben (programmiert).

Auf den Inhalt eines Nur-Lese-Speichers und Schreib-/Lese-Speichers wird auf die gleiche Art und Weise zugegriffen. Die hier zur Anwendung kommende Zugriffsart wird als **wahlfreier Zugriff (random access)** bezeichnet. Sie erlaubt zu jeder Zeit den wahlfreien Zugriff auf jede im Speicher befindliche Speicherzelle. In einer Speicherzelle kann genau eine binäre Informationseinheit (Bit) gespeichert werden. Die Speicherkapazität eines Speicherbausteins ist durch die Anzahl seiner Speicherzellen bestimmt. Die Auswahl einer Speicherzelle erfolgt durch Auswahlsignale, welche aus den Adresssignalen des Mikroprozessors abgeleitet werden.

In Tabelle 5.6 und Tabelle 5.7 sind die in Computersystemen am häufigsten eingesetzten Halbleiterspeicher, deren Eigenschaften und prinzipiellen Anwendungsbereiche aufgeführt.

Tabelle 5.6 Nur-Lese-Halbleiterspeicher

Speichertyp	Beschreibung/Anwendungsbereich
Maskenprogrammierbares ROM	Die Programmierung erfolgt einmalig während des Herstellungsprozesses Anwendungsbereich: Programmspeicher für Embedded-Systeme, welche in hoher Stückzahl gefertigt werden
PROM	Programmable ROM: Die Programmierung wird vom Anwender mit Hilfe eines speziellen Programmiergeräts durchgeführt. Ein PROM kann nur einmal programmiert werden. Anwendungsbereich: Programmspeicher für Embedded-Systeme, welche in hoher Stückzahl gefertigt werden
EPROM	Erasable PROM: Der Inhalt kann durch Bestrahlung des Chips mit UV-Licht gelöscht und mit einem speziellen Programmiergerät wieder neu programmiert werden. Anwendungsbereich: Programmspeicher für Computersysteme
EEPROM	Electrically Erasable PROM: PROM, dessen Inhalt elektrisch gelöscht und in der Schaltung, d. h. ohne Verwendung eines speziellen Programmiergeräts, wieder neu programmiert werden kann. Es können einzelne Speicherzellen gelöscht und neu programmiert werden. Anwendungsbereich: Speicherung von Geräte- oder Systemkonfigurationsdaten
FLASH-EPROM	Wie EEPROM, jedoch können hier nicht einzelne Speicherzellen, sondern nur größere Speicherbereiche gelöscht werden. Anwendungsbereich: Programmspeicher für Computersysteme

Tabelle 5.7 Schreib-/Lese-Halbleiterspeicher

Speichertyp	Beschreibung/Anwendungsbereich
DRAM	Dynamic RAM (dynamischer Schreib-/Lese-Speicher): Die zu speichernde binäre Information wird durch den Ladezustand eines Kondensators repräsentiert. Da sich der Kondensator naturgemäß wieder langsam entlädt, d. h. die gespeicherte Information verliert, muss der Inhalt zyklisch aufgefrischt werden (Refresh). Die schaltungstechnische Realisierung einer Speicherzelle mit einem Kondensator erlaubt einen kompakten Aufbau. Dadurch bedingt sind DRAM-Speicher mit sehr hohen Speicherkapazitäten verfügbar. Anwendungsbereich: Aufbau von großen Programm- und Datenspeichern von Computersystemen
SRAM	Static RAM (statischer Schreib-/Lese-Speicher): Die zu speichernde Information wird durch den Zustand einer bistabilen Kippstufe repräsentiert. Im Vergleich zur DRAM-Speicherzelle werden mehr Bauteile zur schaltungstechnischen Realisierung einer Speicherzelle benötigt. SRAM-Bausteine besitzen demzufolge eine im Vergleich zu DRAMs geringere Speicherkapazität. Vorteile der angewandten Schaltungstechnik sind jedoch eine kürzere Zugriffszeit und der Umstand, dass die Daten dauerhaft bis zum Ausschalten des Systems gespeichert sind (kein Refresh notwendig). Anwendungsbereich: Programm- und Datenspeicher für Embedded-Systeme, Datenspeicher mit extrem kurzer Zugriffszeit (z. B. für schnelle Messdatenerfassungssysteme)

3. Cache-Speicher

Ein **Cache-Speicher** ist ein schneller Zwischenspeicher für die im Hauptspeicher abgelegten Daten. Im Cache-Speicher befinden sich Kopien von Segmenten der im Hauptspeicher vorhandenen Daten. Der Mikroprozessor greift bei einem Lese- oder Schreibzugriff nicht auf den ‚langsamen' Hauptspeicher, sondern auf den wesentlichen schnelleren Zwischenspeicher (Cache-Speicher) zu.

Bei einem Lesezugriff des Mikroprozessors auf ein nicht im Cache-Speicher befindliches Datenwort (**Cache-Miss**) wird dieses Datenwort umgehend aus dem Hauptspeicher gelesen und im Cache-Speicher ablegt. Dabei wird jedoch nicht nur das angeforderte Datenwort, sondern ein als Cache-Zeile bezeichneter größerer Datenblock in den Cache-Speicher geladen. Die Wahrscheinlichkeit, dass sich beim nächsten Lesezugriff des Mikroprozessors das gewünschte Datenwort schon im Cache-Speicher befindet (**Cache-Hit**) ist recht hoch. Abhängig von der Gesamtgröße des Cache-Speichers und der Struktur des ausgeführten Programms werden Trefferraten (Wahrscheinlichkeit, dass sich das gewünschte Datenwort im Cache-Speicher befindet) von 98 % und mehr erreicht.

5.1.1.5 Ein-/Ausgabe-Einheiten

Die letzte der drei Elementarkomponenten eines Von-Neumann-Rechners – die **Ein-/Ausgabe-Einheit** – ist für den Informationsaustausch zwischen dem Mikrocomputersystem und externen Ein-/Ausgabe-Geräten zuständig. Die Ein-/Ausgabe-Einheit stellt die zum Anschluss der externen Geräte notwendigen (Anschluss-)Schnittstellen zur Verfügung.

Bild 5.3 zeigt die häufig in Mikrocomputersystemen vorzufindenden und im Folgenden beschriebenen Ein-/Ausgabe-Schnittstellen.

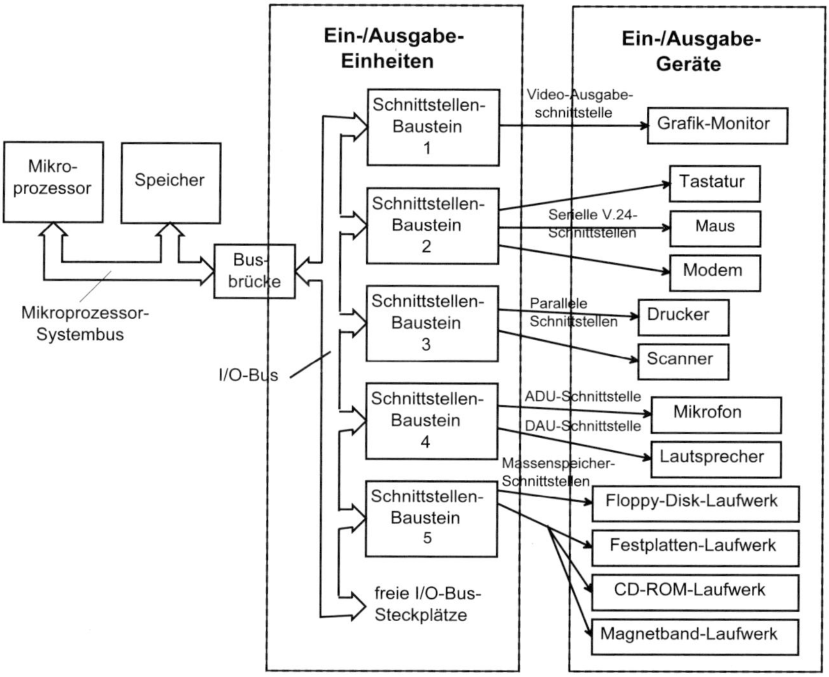

Bild 5.3 Typische Ein-/Ausgabe-Einheiten eines Computersystems

5

1. Serielle Schnittstelle (V.24-Schnittstelle)

Die aus der Telekommunikationstechnik stammende V.24-Schnittstelle dient in der technischen Informatik zum Anschluss von langsamen, asynchron arbeitenden Ein-/Ausgabe-Geräten (Tastatur, Maus, Modem). Die Daten werden bit-seriell über zwei Signalleitungen, je eine für Hin- und Rückrichtung, übertragen. Die Datenübertragungsgeschwindigkeiten liegen im Bereich von 300 Bit/s bis 115 kBit/s.

2. Parallele Schnittstelle (IEEE-1284-Schnittstelle)

Hierbei werden mehrere Daten-Bits (i.d.R. 8 Bits) zeitgleich über getrennte Signalleitungen übertragen. Das Hauptanwendungsgebiet ist der Anschluss von externen Peripheriegeräten (Drucker oder Scanner) an einen Computer.

3. USB-Schnittstelle

Der USB-Bus (Universal Serial Bus) ist sowohl zum Anschluss von einfachen Peripheriegeräten (z. B. Maus, Tastatur) als auch zum Betrieb von Geräten mit hohen Ansprüchen an die Datenrate und Reaktionszeit (z. B. Videogeräte) geeignet.

4. Video-Ausgabeschnittstelle

Schnittstelle zum Anschluss von Video-Ausgabegeräten (z. B. Grafik-Monitor). Es ist eine analoge Schnittstelle, bei der die Farbinformationen und die Synchronisationssignale jeweils über getrennte Signalleitungen übertragen werden.

5. ADU- und DAU-Schnittstellen

Ein **ADU** (**Analog/Digital-Umsetzer**) ist ein elektronisches Bauelement oder eine Baugruppe, das/die ein analoges Signal (wert- und zeitkontinuierliches Signal) in eine Folge von digitalen Datenworten (wert- und zeitdiskretes Signal), d. h. in eine von einem Computer verarbeitbare Form, umwandelt.

Dazu wird das analoge Signal in äquidistanten Zeitabständen (d. h. mit einer festen Abtastrate) abgetastet (Abschn. 17.3.3). Die entnommenen wertkontinuierlichen Abtastwerte werden in digitale Datenworte umgewandelt. Diese Umformung ist umso genauer, je mehr Binärstellen das digitale Datenwort besitzt. Man spricht von einem 8-Bit-Wandler, falls das digitale Datenwort über 8 Binärstellen verfügt. Mit 8 Binärstellen können $2^8 = 256$ Spannungs- oder Stromwerte dargestellt werden. Übliche Werte für die Breite des digitalen Datenwortes sind: 8, 10, 12, 16 und 24 Bit. ADUs sind mit Abtastraten von wenigen Hertz bis in den GHz-Bereich verfügbar.

Ein **DAU** (**Digital/Analog-Umsetzer**) führt die umgekehrte Operation, die Wandlung einer Folge von digitalen Datenworten in ein analoges Ausgangssignal, durch.

ADUs und DAUs werden in der Messtechnik, Steuer- und Regelungstechnik und Multimediatechnik eingesetzt.

6. Massenspeicher-Schnittstellen

Diese Schnittstellen verbinden Massenspeicher- und Archivspeicher-Geräte mit dem Computer. PCs: **IDE-**(Integrated Device Technology), **EIDE-**(Enhanced IDE) und (S)**ATA**-(Serial Advanced Technology Attachment)**Schnittstellen**; Workstations bzw. PCs der oberen Leistungsklasse: **SCSI-Schnittstelle** (Small Computer System Interface).

6. I/O-Bus: Universelle Erweiterungsschnittstelle

Die Umsetzung zwischen den Mikroprozessorsignalen und den Signalen und zeitlichen Signalverläufen einer Ein-/Ausgabe-Schnittstelle wird von den in Bild 5.3 dargestellten Schnittstellen-Bausteinen übernommen. Es kann sich dabei um einen Baustein oder, im Falle von komplexen Schnittstellen, um eine Vielzahl, in der Regel auf einer Schnittstellen-Baugruppe (Einsteckkarte) integrierte Bauteile handeln.

Ein Schnittstellen-Baustein ist entweder direkt mit dem Mikroprozessor-Bus (auch als Systembus bezeichnet) oder mit einem so genannten I/O-Bus (Ein-/Ausgabe-Bus) verbunden. Während die Signale und zeitlichen Signalverläufe eines Mikroprozessor-Busses Mikroprozessor-spezifisch sind, handelt es sich bei dem I/O-Bus um eine standardisierte Anschlussschnittstelle zur Funktionserweiterung eines Computersystems. Die in Bild 5.3 dargestellte Busbrücke führt die Umsetzung zwischen den Signalen und zeitlichen Signalverläufen auf dem Mikroprozessor-Bus und dem I/O-Bus durch. Die wichtigsten, leistungsbestimmenden Merkmale eines I/O-Bussystems sind:

- **Anzahl der Steckplätze:** Je Steckplatz kann eine Erweiterungsbaugruppe eingesteckt werden.
- **Anzahl der Adress-Signale:** legt die Anzahl der adressierbaren Einheiten fest.
- **Anzahl der Datensignale** (Wortbreite des Datenbus): legt die Anzahl der gleichzeitig, d. h. in einem Zyklus, übertragbaren Datenbits fest.
- **Datentransferrate:** bezeichnet die Übertragungsgeschwindigkeit des Bussystems.
- **Multi-Master-Fähigkeit:** Ein Master ist diejenige Einheit, welche auf einem Bus einen Datentransferzyklus (Lese- oder Schreibzyklus) initiiert. Einfache Bussysteme weisen diese Fähigkeit ausschließlich dem Mikroprozessor zu. Fortschrittlichere Bussysteme geben auch den Ein-/Ausgabe-Einheiten die Möglichkeit, aktiv und unabhängig vom Mikroprozessor Lese- und/oder Schreibzyklen durchzuführen. Dadurch kann eine Ein-/Ausgabe-Einheit aktuell empfangene oder zu sendende Daten in den Speicher oder aus dem Speicher transportieren, während der Mikroprozessor gleichzeitig andere Aufgaben erledigt.

In Tabelle 5.8 sind die Merkmale einiger häufig eingesetzter I/O-Bussysteme aufgeführt.

Tabelle 5.8 Merkmale von I/O-Bussystemen

Bezeichnung	Standard	Anzahl Steckplätze	Anzahl Adresssignale	Anzahl Datensignale	Datentransferrate (MByte/s)	Multi-Master-fähig
ISA-Bus (Industry Standard Architectur)	IEEE-P996	≈ 10	24	16	8	nein
PCI-Bus (Peripheral Component Interconnect)	PCI Special Interest Group, 1993	–	32	64	264	ja
VMEbus	IEEE-P1014	21	32	64	160	ja

5

5.1.1.6 Massenspeicher- und Archivspeichergeräte

Ein detaillierte Funktionsbeschreibung von **Massenspeicher- und Archivspeichergeräten** würde bei der Vielzahl der eingesetzten Speichertechnologien und der Vielzahl an unterschiedlichen Laufwerkstypen den Rahmen dieses Kapitels sprengen. Für den Anwender von Bedeutung sind jedoch die im Folgenden aufgeführten charakteristischen Merkmale von Speichergeräten.

- **Speicherkapazität:** Anzahl der maximal speicherbaren Bytes.
- **Zugriffszeit:** Zeitdauer von der Anforderung eines gespeicherten Datenwortes bis zu seiner Verfügbarkeit an der Massenspeicher-Schnittstelle. Diese Zeitdauer ist im Wesentlichen durch die jeweilige Gerätemechanik bestimmt (z. B. Positionierung des Schreib-/Lesekopfes einer Festplatte) und nur für das erste gelesene Datenwort gültig. Für das Lesen weiterer Datenworte wird eine deutlich geringere Zeitdauer benötigt.
- **Schreib-/Lesegeschwindigkeit:** Mittlere Geschwindigkeit, mit der Daten in einem kontinuierlichen Datenstrom gespeichert bzw. gelesen werden können.
- **Wechselmedium-Fähigkeit:** Beschreibt, ob das eigentliche Speichermedium (z. B. eine Magnetscheibe) ausgewechselt werden kann oder ob es mit dem Laufwerk eine untrennbare Einheit bildet.
- **Schreib-/Lese-Fähigkeit:** Daten können sowohl auf das Speichermedium geschrieben als auch von diesem gelesen werden.

Tabelle 5.9 gibt einen Überblick über die charakteristischen Merkmale von häufig eingesetzten Massen- und Archivspeichergeräten.

Tabelle 5.9 Charakteristische Merkmale von Massen- und Archivspeichern

Typ	Speicher-kapazität (Bytes)	Zugriffszeit	Schreib-/ Lesegeschwindigkeit	Wechsel-medium-fähigkeit	Schreib-/ Lese-Fähigkeit
Floppy-Disk	1,44 M	0,1 s bis 0,5 s	20 kByte/s bis 200 kByte/s	ja	ja
Festplatte	1 G bis 1 T	8 ms bis 50 ms	0,5 MByte/s bis 30 MByte/s	nein	ja
CD-ROM	700 M	≈ 50 ms	150 kByte/s bis 6 MByte/s	ja	nein
DVD	4,7 G	≈ 100 ms	1,35 MByte/s bis 22 MByte/s	ja	ja
Magnetband	1 G bis 100 G	≈ 500 ms	30 kByte/s bis 100 kByte/s	ja	ja

5.1.2 Betriebssysteme

Ein **Betriebssystem** ist eine Sammlung von Programmen, welche die notwendigen betriebstechnischen Voraussetzungen für ein Computersystem schaffen. Dies sind die Ablaufsteuerung von Anwenderprogrammen (Möglichkeit, Anwenderprogramme starten, ausführen und beenden zu können), die Verwaltung und Steuerung der Hardware-Komponenten (z. B. der Ein-/Ausgabe-Einheiten), eine Benutzerschnittstelle und Dienstprogramme.

Das Betriebssystem bildet somit das Bindeglied zwischen der Hardware eines Computers und den auf ihm auszuführenden Anwenderprogrammen. Es wird beim Start des Computers von der Festplatte oder aus einem ROM-Speicher in den Hauptspeicher geladen und dort ausgeführt. Das Betriebssystem bleibt bis zum Ausschalten des Computers aktiv.

5.1.2.1 Aufgaben und Struktur eines Betriebssystems

Die Aufgaben eines Betriebssystems hängen von dem Anwendungsbereich eines Computers ab und lassen sich somit nicht allgemein gültig angeben. Im Folgenden sind deshalb nur die elementaren, in Betriebssystemen implementierten Funktionalitäten aufgeführt. Die Ausführungen werden durch das in Bild 5.4 dargestellte Strukturbild unterstützt.

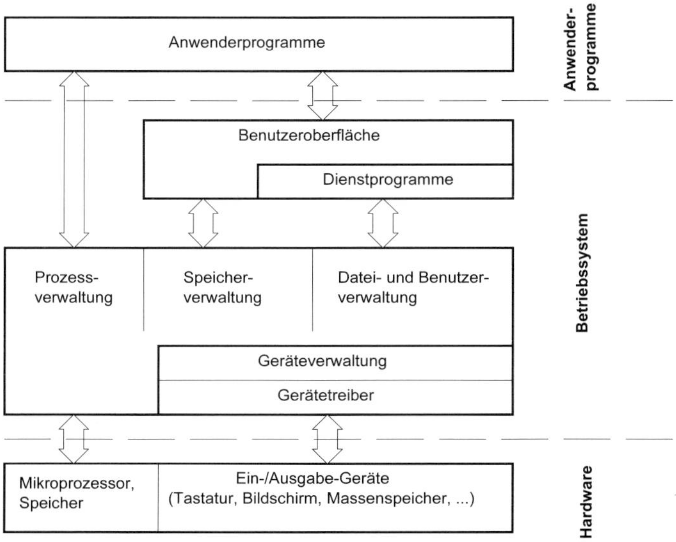

Bild 5.4 Struktur eines Betriebssystems

- **Prozess- und Speicherverwaltung:** Ein auf einem Computer ablaufendes Anwenderprogramm wird als **Prozess (task)** bezeichnet. Betriebssysteme, welche den gleichzeitigen Ablauf mehrerer Prozesse unterstützen, werden als Multi-Tasking-Betriebssysteme bezeichnet. Das Betriebssystem verwaltet alle auf einem Computer gestarteten Prozesse. Dazu ist es zum einen notwendig, dem Prozess einen Bereich des Hauptspeichers zuzuteilen, in dem das Programm abläuft und in dem es Daten zwischenspeichern kann (Speicherverwaltung). Zum anderen muss die durch den Mikroprozessor zur Verfügung stehende Rechenleistung auf die aktiven Prozesse aufgeteilt werden (Prozessverwaltung). Dazu wird meist ein so genanntes **Zeitscheibenverfahren** angewandt. Die zur Verfügung stehende Rechenzeit wird entsprechend der Anzahl der aktiven Prozesse in Zeitscheiben (Zeitschlitze) definierter Länge aufgeteilt und diesen zyklisch zugeteilt. Im Regelfall wird die Rechenzeit gleichmäßig auf die Prozesse verteilt.
- **Datei- und Benutzerverwaltung:** Die von Anwenderprogrammen oder von Dienstprogrammen erzeugten Daten können auf einem Massenspeicher, beispielsweise einer Festplatte, gespeichert werden. Die **Dateiverwaltung** ist diejenige Komponente eines Betriebssystems, welche für die ordnungsgemäße Verwaltung der gespeicherten Daten zuständig ist. Ein Computersystem kann von mehreren Benutzern genutzt werden. Diese Tatsache macht gewisse Schutzmechanismen erforderlich, welche die von einem Benutzer angelegten Daten nur für ihn zugänglich machen und vor den unerwünschten Zugriffen anderer Benutzer schützen. Diese Aufgabe kommt der Benutzerverwaltung zu. Des Weiteren legt die **Benutzerverwaltung** die Rechte und Möglichkeiten der Benutzer für die Nutzung des Computers fest.
- **Gerätetreiber und Geräteverwaltung:** Das Betriebssystem stellt Funktionalitäten zur einfachen Nutzung von Ein-/Ausgabe-Geräten durch Anwenderprogramme zur Verfügung. Dies geschieht in Form von so genannten **Gerätetreibern**. Es handelt sich hierbei um Programme, welche dem

Anwenderprogramm die Funktionalitäten eines Gerätes in Form einer definierten Software-Schnittstelle zugänglich machen. Sind in einer Mult-Tasking-Betriebssystemumgebung mehrere Anwenderprozesse aktiv, kommt dem Betriebssystem zusätzlich die Aufgabe der Verwaltung und Zuteilung der Hardware-Ressourcen zu (**Geräteverwaltung**). Es muss sichergestellt sein, dass eine Hardware-Ressource zu einem Zeitpunkt immer nur einem Anwenderprozess zugeordnet ist.

5

- **Dienstprogramme:** Sammlung von Programmen, welche den Anwender in der Nutzung des Computersystems unterstützen. Dazu gehören beispielsweise Programme zum Kopieren von Daten auf ein Massenspeichergerät, zum Anzeigen der auf einem Massenspeichergerät gespeicherten Daten oder zum Anzeigen der gerade aktiven Prozesse.
- **Benutzeroberfläche:** Die Benutzeroberfläche ermöglicht es dem Anwender, die Dienstprogramme und Funktionalitäten eines Betriebssystems zu nutzen. Die elementare Form der Nutzung erfolgt durch die Eingabe von entsprechenden Kommandos per Tastatur. Dazu verfügt jedes Betriebssystem über eine ihm eigene Kommandosprache. Moderne Betriebssysteme stellen zusätzlich eine grafische Benutzeroberfläche zur Verfügung, bei welcher die gewünschte Funktionalität (Kommando) durch Auswahl eines zugehörigen grafischen Symbols mit der Maus erfolgt.

5.1.2.2 Klassifizierung von Betriebssystemen

Betriebssysteme lassen sich in die folgenden Klassen einteilen:

- **Single-User/Single-Tasking-Betriebssysteme:** Betriebssysteme, welche nur einen Anwender und einen aktiven Prozess zulassen. Die auszuführenden Anwenderprogramme werden zeitlich sequenziell hintereinander ausgeführt; d. h., ein neues Anwenderprogramm kann erst gestartet werden, nachdem das alte Anwenderprogramm beendet wurde.
- **Multi-Tasking-Betriebssysteme:** Betriebssysteme, welche nach dem Zeitscheibenverfahren quasi gleichzeitig mehrere Anwenderprogramme ausführen.
- **Multi-User/Multi-Tasking Betriebssysteme:** Betriebssysteme, welche zusätzlich zu der Multi-Tasking-Eigenschaft, die (gleichzeitige) Nutzung des Computers durch mehrere Anwender zulassen.
- **Mehr-Prozessor-Betriebssysteme:** Zur Steigerung ihrer Leistungsfähigkeit sind Computersysteme häufig mit mehreren Prozessoren ausgestattet. Dies gilt vorwiegend für die im technisch-wissenschaftlichen Bereich eingesetzten Workstations, Mainframes und Großrechner. Mehr-Prozessor-Betriebssysteme müssen zur effizienten Nutzung derartiger Systeme die auszuführenden Prozesse möglichst gleichmäßig auf die zur Verfügung stehenden Prozessoren verteilen.
- **Echtzeit-Betriebssysteme:** Betriebssysteme, welche sich dadurch auszeichnen, dass sie eine definierte **Reaktionszeit** auf externe Ereignisse, beispielsweise den Datenempfang über ein Eingabe-Gerät, garantieren. Mit Reaktionszeit ist diejenige Zeitdauer gemeint, welche vom Auftreten des externen, meist durch einen Interrupt angezeigten Ereignisses bis zur Ausführung desjenigen Programmteils vergeht, welcher für die Verarbeitung der Daten zuständig ist. Echtzeit-Betriebssysteme sind notwendig zur Lösung von Problemstellungen aus den Bereichen Messtechnik, Steuer- und Regelungstechnik, Kommunikationstechnik.

5.1.3 Programmiersprachen und Datentypen

Eine **Programmiersprache** ist eine bezüglich Syntax und Semantik eindeutige Sprache zur Formulierung von Problemstellungen, welche von einem Computer gelöst werden sollen. Die Formulierung einer Problemstellung wird als **Programm** bezeichnet.

Ein Programm besteht aus einer Folge von Programmbefehlen, welche den zur Problemlösung verwendeten Algorithmus und die Datenstrukturen beschreiben, auf die der Algorithmus angewendet werden soll.

Die **Syntax** einer Programmiersprache legt die Schreibweise der zulässigen Programmbefehle fest. Die **Semantik** beschreibt die Funktion jedes zulässigen Befehls. Die Summe aller möglichen Programmbefehle wird als der **Befehlssatz** (oder auch Sprachumfang) der Programmiersprache bezeichnet.

5.1.3.1 Klassifizierung von Programmiersprachen

Programmiersprachen lassen sich grob in zwei Klassen einteilen, die Maschinen- und Assemblersprachen und die höheren Programmiersprachen.

1. Maschinen- und Assemblersprachen

Maschinen- und Assemblersprachen bauen direkt auf dem Befehlssatz des Mikroprozessors auf. In einem in **Maschinensprache** geschriebenen Programm wird für die Beschreibung der zu verwendenden Mikroprozessorbefehle die binäre Darstellungsform verwendet. Ein Maschinenprogramm kann direkt vom Mikroprozessor ausgeführt werden.

Assemblersprachen nutzen die für den Anwender leichter lesbare mnemonische Darstellungsform der Mikroprozessorbefehle. Vor der Programmausführung muss ein Assemblerprogramm in die vom Mikroprozessor verstandene binäre Darstellungsform, die Maschinensprache, übersetzt werden. Diese Aufgabe übernehmen spezielle, als **Assembler** bezeichnete Übersetzungsprogramme (Bild 5.5).

2. Höhere Programmiersprachen

Mit der Einführung von **höheren Programmiersprachen** wurden zwei Ziele verfolgt. Erstens sollten dem Benutzer mächtigere Programmbefehle zur Verfügung gestellt werden. Als Beispiel sei hier ein Befehl zur Multiplikation von zwei komplexen Zahlen genannt. Die komplexe Multiplikation würde, als Maschinen- oder Assemblerprogramm formuliert, über eine Vielzahl von Maschinenbefehlen verfügen. Zweitens sollte die Programmerstellung Hardware-unabhängig erfolgen. Im Gegensatz zu Maschinen- und Assemblersprachen sind höhere Programmiersprachen nicht auf einen speziellen Mikroprozessor-Typ zugeschnitten.

Ein in einer höheren Programmiersprache erstelltes Programm muss vor der Programmausführung in die Maschinensprache des jeweils eingesetzten Mikroprozessors übersetzt werden. Diese Übersetzung erfolgt meist zweistufig (Bild 5.5). In einer ersten Stufe wird das Hochsprachenprogramm mit Hilfe eines als **Compiler** (Übersetzer) bezeichneten Programms in die Assemblersprache übersetzt. In einer zweiten Stufe wird das resultierende Assemblerprogramm mit Hilfe eines **Assemblers** in die Maschinensprache übersetzt.

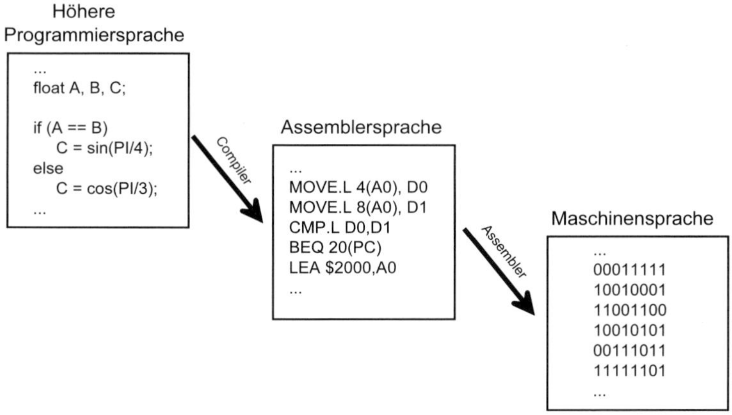

Bild 5.5 Programmübersetzung

5.1.3.2 Konzepte höherer Programmiersprachen

Höhere Programmiersprachen lassen sich bezüglich des von ihnen zur Programmerstellung verwendeten Konzeptes in die folgenden Kategorien einteilen:

1. Prozedurale Programmiersprachen

Prozedurale Programmiersprachen orientieren sich an der Arbeitsweise eines Von-Neumann-Rechners. Diese ist durch die zeitlich sequenzielle Abarbeitung einer Folge von Programmbefehlen gekennzeichnet, welche die im Speicher abgelegten Daten manipulieren. Die Folge der abzuarbeitenden Befehle – das Programm – kann in **Unterprogramme** (**Prozeduren**) unterteilt werden, welche an verschiedenen Stellen des Programms aufgerufen werden. Unterprogramme dienen zur Strukturierung von Programmen. In ihnen werden häufig und an verschiedenen Stellen im Programm genutzte Befehlssequenzen zusammengefasst. Bild 5.6(a) zeigt die Arbeitsweise prozeduraler Programmiersprachen.

2. Objektorientierte Programmiersprachen

Computerprogramme nutzen zwei wesentliche Strukturkomponenten: Datenstrukturen (Daten) und Prozeduren zur Bearbeitung der Datenstrukturen. Bei objektorientierten Programmiersprachen sind diese beiden Komponenten in einer neuen Strukturkomponente, dem **Objekt**, zusammengefasst. Die in einem Objekt integrierten Datenstrukturen werden als **Attribute** bezeichnet. Die im Objekt enthaltenen und nur auf die Attribute des Objekts anwendbaren Prozeduren werden als **Methoden** bezeichnet.

Die in einem Programm enthaltenen Objekte können als gleichberechtigte, aktiv handelnde Einheiten betrachtet werden, welche durch Austauschen von Nachrichten miteinander kommunizieren. Der Empfang einer Nachricht ist der Auslöser für die Ausführung einer Methode, d. h. die Manipulation der Attribute, und gegebenenfalls auch Auslöser für das Aussenden einer Nachricht an ein weiteres Objekt. Bild 5.6(b) zeigt die Arbeitsweise objektorientierter Programmiersprachen.

Tabelle 5.10 gibt einen Überblick über die populärsten höheren Programmiersprachen, ihre charakteristischen Eigenschaften und bevorzugten Anwendungsgebiete.

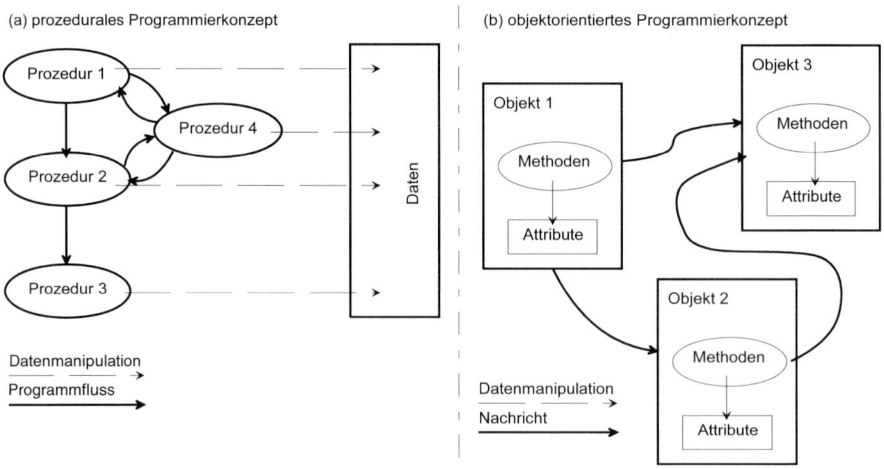

Bild 5.6 Prozedurales und objektorientiertes Programmierkonzept

Tabelle 5.10 Überblick Programmiersprachen

Sprache	Kategorie	Merkmale/Anwendungsbereiche
FORTRAN	prozedural	numerische Berechnungen
COBOL	prozedural	kommerzielle Datenverarbeitung für die Bereiche Betriebswirtschaft und Verwaltung
BASIC	prozedural	einfache Sprache für Programmieranfänger und wenig komplexe Anwendungen
Pascal	prozedural	ursprünglich für den Bereich der Lehre entwickelte Allzwecksprache
Ada	prozedural	Allzwecksprache, welche in besonderer Weise die modulare Programmierung und die Programmierung zeitlich parallel ablaufender Prozesse unterstützt
C	prozedural	ursprünglich für den Bereich der Systemprogrammierung (Betriebssystem-Entwicklung, hardwarenahe Programmierung) entwickelte Allzwecksprache
C++	objektorientiert, prozedural	aufwärtskompatibel zu C; Erweiterung von C um Elemente der objektorientierten Programmierung
JAVA	objektorientiert	auf C++ aufbauende Sprache, welche insbesondere für die Netzwerkprogrammierung (Internet-Anwendungen) geeignet ist

5.1.3.3 Datenstrukturen

Programmbefehle operieren auf **Datenstrukturen**. Bei diesen Datenstrukturen kann es sich um **Konstanten** oder **Variablen** handeln. Konstanten besitzen einen festen, unveränderlichen Wert. Im Gegensatz dazu kann eine Variable im Laufe der Programmausführung unterschiedliche Werte annehmen.

Tabelle 5.11 beschreibt die von den meisten Programmiersprachen unterstützten Datenstrukturen.

Tabelle 5.11 Überblick über Datenstrukturen

Typ	Beschreibung
Ganze Zahl (Integer)	Zahl aus dem Wertebereich der ganzen Zahlen
Reelle Zahle (real)	Zahl aus dem Wertebereich der reellen Zahlen
Zeichen (character)	alphanumerisches Zeichen
Logischer Wert (boolean)	Wert aus dem Wertebereich der Binärzahlen
Feld (array)	Aneinanderreihung einer festen Anzahl von Elementen gleicher Datenstruktur, auf die mit Hilfe von Indexwerten zugegriffen werden kann.
Datensatz (record)	enthält feste Anzahl von Elementen unterschiedlicher Datenstruktur. Jedem Element wurde ein eindeutiger Name zugewiesen, über den es angesprochen werden kann.
Liste (list)	verkettete Folge von Elementen gleicher Datenstruktur. Die Anzahl der Elemente ist durch Anhängen oder Entfernen von Elementen aus der Liste veränderbar.

5

5.1.4 Software-Engineering

Software-Engineering beinhaltet die Prinzipien, Methoden und Werkzeuge, die bei der **Software-Entwicklung** (Erstellung eines Programms) zur technischen und organisatorischen Unterstützung eingesetzt werden.

Größere Programme umfassen mehrere Hunderttausend Programmbefehle und können von einem einzigen Programmierer weder erstellt noch gewartet werden. Zur Entwicklung größerer Programme werden Entwicklerteams mit mehreren Hundert Programmierern eingesetzt. Die erfolgreiche Entwicklung derartiger Programme ist nur im Rahmen eines genau geplanten, ingenieurmäßig ablaufenden Prozesses möglich. Das mit Software-Engineering verfolgte Ziel ist die planmäßige, einen vorgegebenen Kostenrahmen einhaltende Entwicklung von Software mit hoher Qualität. Zu den maßgeblichen, die Software-Qualität bestimmenden Faktoren gehören: Benutzerfreundlichkeit, Zuverlässigkeit, Wartbarkeit und Anpassbarkeit.

5.1.4.1 Phasenmodell des Software-Entwicklungsprozesses

Alle Methoden und Prinzipien des Software-Engineering bauen auf dem im Folgenden vorgestellten Phasenmodell auf, welches den Entstehungs- und Lebenszyklus einer Software in fünf aufeinander aufbauende Phasen einteilt. Die einzelnen Phasen werden oft nicht streng sequenziell durchlaufen. Iterationen zwischen der aktuell bearbeiteten und der Vorgängerphase sind möglich.

Phase 1: Problemanalyse und Konzept

In Phase 1 wird im Wesentlichen die Frage: „Was ist zu entwickeln?" beantwortet. Ausgangspunkt hierzu ist die eindeutige und korrekte Erfassung und Beschreibung des zu lösenden Problems. Darauf aufbauend gilt es, die **Durchführbarkeit** (Machbarkeit) der Software-Entwicklung zu überprüfen und die Rahmenbedingungen festzulegen. Die Analyse der Machbarkeit macht die Entwicklung eines ersten Grobkonzepts erforderlich, nach dem das Programm entwickelt werden soll. Zu den Rahmenbedingungen gehören der Zeitplan zur Durchführung des Software-Entwicklungsprojekts sowie die Festlegung der benötigten personellen und materiellen Ressourcen. Die Ergebnisse der Phase 1 werden in einem so genannten **Pflichtenheft** dokumentiert.

Phase 2: Entwurf und Spezifikation

In Phase 2 gilt es die Frage: „Wie ist die Software zu entwickeln?" zu beantworten. Hier wird die Gesamtstruktur der Software festgelegt. Das dabei vornehmlich angewandte Strukturierungsprinzip ist die **Modularisierung**. Dazu wird das Gesamtsystem in unabhängig voneinander realisierbare Einzelbausteine, so genannte Module, zerlegt. Die Funktion jedes Moduls wird beschrieben und es werden die Schnittstellen zu anderen Modulen eindeutig festgelegt. Die Ergebnisse der Entwurfsphase werden in der so genannten **Spezifikation** festgehalten.

Phase 3: Implementierung

In Phase 3 findet die konkrete Umsetzung der Aufgabenstellung in ein Programm statt. Maßgabe hierfür ist die in Phase 2 erstellte Spezifikation. Phase 3 beinhaltet ebenfalls die Funktionsüberprüfung der erstellten Module.

Phase 4: Integration und Test

In Phase 4 erfolgt der Zusammenbau der in Phase 3 erstellten und getesteten Module zu einem Gesamtsystem sowie die Inbetriebnahme und der Test des Gesamtsystems.

5

Phase 5: Wartung

Phase 5 umfasst die Pflege der Software, ihre Anpassung an aktuelle Gegebenheiten und die Behebung von Fehlern, die erst beim Anwender aufgetreten sind.

5.1.4.2 Methoden, Darstellungsformen, Werkzeuge

In den einzelnen Phasen des Software-Entwicklungsprozesses müssen die jeweiligen Problem- und Aufgabenstellungen analysiert und strukturiert werden. Dazu werden bestimmte Methoden angewandt. Jede Methode besitzt im Regelfall eine ihr eigene Darstellungsform, welche den Programmierer in dem Analyse- und Strukturierungsprozess unterstützt und eine anschauliche Dokumentation seiner Ergebnisse zulässt. Die verfügbaren Software-Entwicklungsmethoden lassen sich in Abhängigkeit von der Kategorie der verwendeten Programmiersprache in zwei Gruppen einteilen:

- **Methoden der strukturierten Software-Entwicklung** bei Verwendung einer prozeduralen Programmiersprache,
- **Methoden der objektorientierten Software-Entwicklung** bei Verwendung einer objektorientierten Programmiersprache.

Computer-unterstützte Werkzeuge (**CASE-Tools**, Computer Aided Software Engineering) unterstützen den Programmierer während des Software-Entwicklungsprozesses. Diese Werkzeuge sind teils auf eine der oben erwähnten Software-Entwicklungsmethoden zugeschnitten, teils handelt es sich um methodenunabhängige Werkzeuge. Die am häufigsten genutzten CASE-Tools sind in Tabelle 5.12 beschrieben.

Tabelle 5.12 CASE-Tools

CASE-Tool	**Funktion/Anwendungsbereich**
Projektmanagement	Werkzeug zur Computer-unterstützten Projektplanung: unterstützt die Erstellung und Überprüfung der Einhaltung des Zeit-, Ressourcen- und Kostenplans
Textverarbeitung	Werkzeug zur Erstellung der aus den einzelnen Entwicklungsphasen resultierenden Textdokumente
Analyse und Strukturierung	Unterstützt den Programmierer bei der Problemanalyse und Strukturierung nach einer bestimmten Software-Entwicklungsmethode, z. B. durch ein grafisches Eingabesystem, welches die Methoden-spezifischen grafischen Darstellungssymbole beherrscht
Editor	Werkzeug zur Eingabe und Änderung von Programmen
Compiler/Assembler	Werkzeuge zur Übersetzung des Programms in die spezifische Maschinensprache des eingesetzten Computersystems
Debugger	Werkzeug zur Fehlersuche in einem Programm, beispielsweise durch Stoppen des Programms an einem vom Programmierer vorgegebenen Programmpunkt und Inspektion der aktuellen Inhalte der Variablen
Bibliotheks-Manager	Ermöglicht die Zusammenfassung der erstellten Software-Module in einer so genannten Programm- oder Modulbibliothek; unterstützt den Programmierer bei der Verwaltung dieser Bibliotheken, beispielsweise beim Einfügen oder Entfernen von Modulen
Versions-Manager	Unterstützung bei der Verwaltung von verschiedenen, während des Software-Entwicklungsprozesses entstandenen Programmversionen
Fehlerverfolgungssystem	Unterstützt die Eingabe, zentrale Verwaltung, Priorisierung und Zuteilung (an einen Bearbeiter) von Programmfehlern; verwaltet und dokumentiert den zur Fehlerbehandlung eingeleiteten Prozess

5.2 Kommunikationstechnik

Gegenstand der **Kommunikationstechnik** ist der Austausch von Nachrichten zwischen lokalen oder räumlich weit entfernten elektronischen Datenverarbeitungsgeräten (Teilnehmern).

5

Bild 5.7 zeigt die typischen für die Datenkommunikation genutzten Verbindungsstrukturen. Diese lassen sich in die Klassen **Punkt-zu-Punkt-Verbindungen** und **Netzwerk-Verbindungen** (Netzwerke, Netze) einteilen.

Im ersten Fall sind genau zwei lokale Teilnehmer durch einen Kommunikationspfad miteinander verbunden. Handelt es sich um zwei räumlich weit voneinander entfernte Teilnehmer, erfolgt die Verbindung über ein **Telekommunikationsnetz**. Diese Art der Datenübertragung wird als **DFÜ** (Datenfernübertragung) bezeichnet. Für den Fall, dass eine größere Anzahl von lokalen Teilnehmern Daten miteinander austauschen müssen, kommen Netzwerk-Verbindungen zum Einsatz. Diese zeichnen sich dadurch aus, dass die Teilnehmer durch einen von allen nutzbaren Kommunikationspfad miteinander verbunden sind. Ein solches Netzwerk wird auf Grund der Lokalität der Teilnehmer als **LAN (Local Area Network)** bezeichnet.

Für die Kommunikation zwischen Teilnehmern unterschiedlicher, räumlich weit entfernter LANs sowie für die Kommunikation zwischen einem LAN-Teilnehmer und einem einzelnen räumlich weit entfernten Teilnehmer wird wiederum auf die Dienste von Telekommunikationsnetzen zurückgegriffen. Eine Verbindungsstruktur, welche mehrere lokale und weit entfernte Teilnehmer miteinander verbindet, wird als **WAN (Wide Area Network)** bezeichnet. Das Telekommunikationsnetz selbst ist ein WAN. Populäres Beispiel für eine Verbindungsstruktur, welche lokale und weit entfernte Netzwerke/Teilnehmer miteinander verbindet, ist das **Internet**.

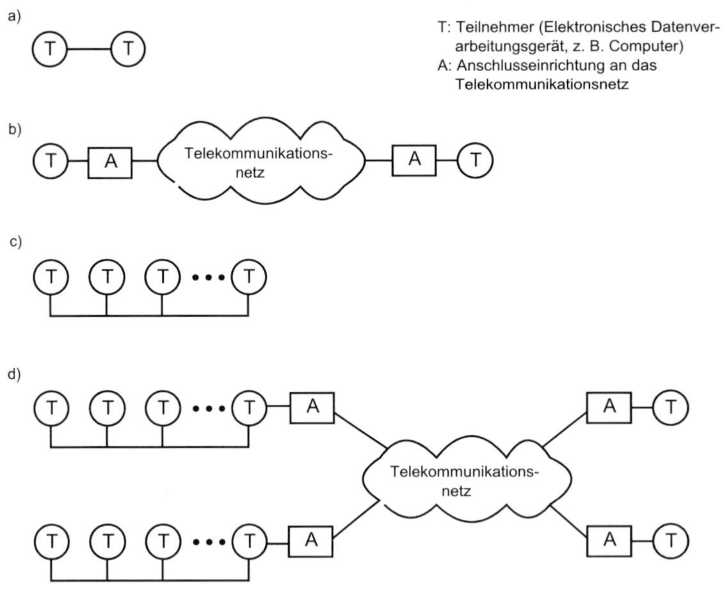

Bild 5.7 Verbindungsstrukturen

a) Punkt-zu-Punkt-Verbindung zwischen zwei lokalen Teilnehmern
b) Punkt-zu-Punkt-Verbindung zwischen zwei weit entfernten Teilnehmern
c) Netzwerkverbindung zwischen mehreren lokalen Teilnehmern (LAN: Local Area Network)
d) Netzwerkverbindung zwischen lokalen und weit entfernten Netzwerken/Teilnehmern (WAN: Wide Area Network)

5.2.1 Grundlagen der Kommunikationstechnik

5.2.1.1 Komponenten einer digitalen Nachrichtenübertragungsstrecke

Bild 5.8 zeigt den prinzipiellen Aufbau einer digitalen **Nachrichtenübertragungsstrecke** zwischen einer **Nachrichtenquelle** und einer **Nachrichtensenke**. Bei den übertragenen Nachrichten kann es sich um Sprache, Texte, Bilder oder binär-codierte Daten (z. B. von einem Computer) handeln. Handelt es sich um analoge Nachrichten (z. B. Sprache), so müssen diese vor der Übertragung erst mittels eines ADU (Abschn. 5.1.1.5) in eine digitale Darstellungsform gebracht werden und nach der Übertragung mittels eines DAU wieder in die analoge Darstellungsform zurückgewandelt werden. In den folgenden Abschnitten werden die einzelnen Teilkomponenten der digitalen Übertragungsstrecke behandelt.

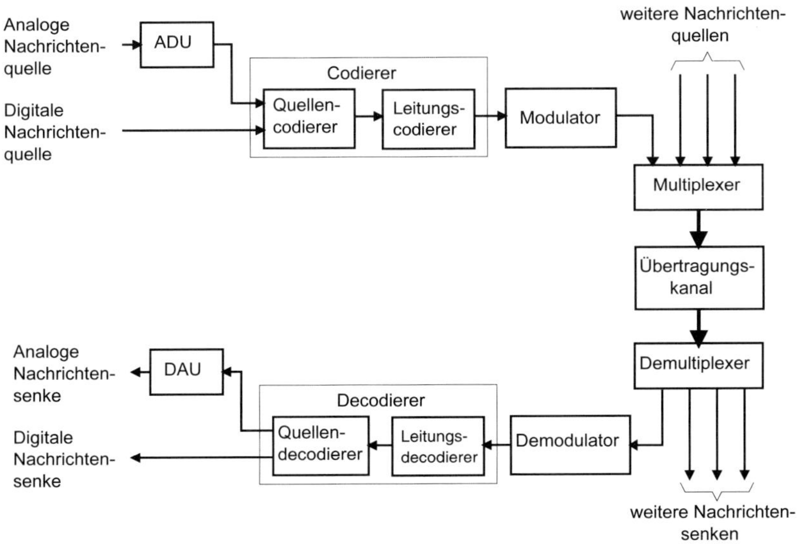

Bild 5.8 Komponenten einer digitalen Nachrichtenübertragungsstrecke

5.2.1.2 Codierer/Decodierer

Der Codierer setzt die am Eingang anliegenden binär-codierten Daten in eine andere, für die Datenübertragung geeignetere Darstellungsform um. Diese Umsetzung erfolgt zweistufig.

Die mit dem **Quellencodierer** verfolgte Zielsetzung ist die Reduktion des Umfangs der zu übertragenden Daten auf das zur eindeutigen Nachrichtendarstellung und Rückgewinnung notwendige Minimum.

Durch die Reduktion des zu übertragenden Datenvolumens kann die Übertragungskapazität des Übertragungskanals besser genutzt werden.

Der **Leitungscodierer** passt die Darstellungsform der Zeichen an die physikalischen Gegebenheiten des Übertragungskanals an.

Die einfachste Art der Codierung, die NRZ-Codierung (Non-Return to Zero), setzt die binären Eingangszeichen direkt in entsprechende Spannungspegel um (z. B.: binäre '0'→ –12V, binäre '1'→ +12V). Der Decodierer führt die zum Codierer inverse Tranformation durch.

5.2.1.3 Modulator/Demodulator

5

Das wesentliche mit der **Modulation** verfolgte Ziel ist die Transformation des zu übertragenden Signals in einen anderen, i. d. R. höheren Frequenzbereich. Diese Transformation ist beispielsweise für die Signalübertragung über eine Funkstrecke unerlässlich. Das Signal muss in einen für die Funkübertragung geeigneten Frequenzbereich verschoben werden. Der ursprüngliche Frequenzbereich eines Signals wird als **Basisband** bezeichnet. Eine Übertragung, bei welcher das Signal nicht moduliert wird, wird dementsprechend als **Basisbandübertragung** bezeichnet.

In einem **Modulator** werden ein oder mehrere Signalparameter eines hochfrequenten Trägersignals durch das zu übertragende Signal verändert (moduliert).

Als Trägersignal wird entweder ein sinusförmiges oder ein rechteckförmiges Signal verwendet. Bei einem sinusförmigen Trägersignal können die Signalamplitude, die Signalfrequenz oder der Phasenwinkel entsprechend dem aktuellen Zustand des zu übertragenden Signals verändert werden. Bei einem rechteckförmigen Trägersignal sind es entsprechend: die Pulsamplitude, Pulsdauer, Pulsfrequenz oder die Phasenlage des Pulses. Tabelle 5.13 zeigt die aus diesen Kombinationen resultierenden Modulationsarten. Der **Demodulator** führt die umgekehrte Transformation durch. Aus dem modulierten Trägersignal wird das übertragene Nutzsignal zurückgewonnen.

Tabelle 5.13 Modulationsarten

Modulationsverfahren	Trägersignal	Modulierter Parameter
Amplitudenumtastung (amplitude shift keying **ASK**)	Sinus	Amplitude
Frequenzumtastung (frequency shift keying **FSK**)	Sinus	Frequenz
Phasenumtastung (phase shift keying **PSK**)	Sinus	Phase
Pulsamplitudenmodulation (pulse amplitude modulation **PAM**)	Puls	Amplitude
Pulsdauermodulation (pulse duration modulation **PDM**)	Puls	Pulsdauer
Pulsfrequenzmodulation (pulse frequency modulation **PFM**)	Puls	Pulsfrequenz
Pulsphasenmodulation (pulse phase modulation **PPM**)	Puls	Phase

5.2.1.4 Multiplexer/Demultiplexer

Ein **Multiplexer** fasst mehrere, voneinander unabhängige Eingangssignale zusammen und überträgt sie über einen Übertragungskanal. Der **Demultiplexer** führt den umgekehrten Vorgang durch, er spaltet das übertragene Signal in die darin enthaltenen Einzelsignale auf.

Im Folgenden sind die beiden wesentlichen Multiplexverfahren kurz beschrieben.

- **Zeitmultiplexverfahren:** Die Übertragungszeit wird in eine der Anzahl der Eingangskanäle entsprechende Zahl von Zeitschlitzen unterteilt, welche zyklisch den Eingangskanälen zugeordnet wird. Ein Eingangskanal darf nur in den ihm zugeordneten Zeitschlitzen Daten übertragen.
- **Frequenzmultiplexverfahren:** Der für die Übertragung zur Verfügung stehende Frequenzbereich wird in eine der Anzahl der Eingangskanäle entsprechende Zahl von Teilfrequenzbereichen (Frequenzbänder) unterteilt. Jedem Eingangskanal wird eindeutig ein Frequenzband zugeordnet, in dem er Daten übertragen darf. Dazu müssen die zu übertragenden Signale zuvor durch Modulation in das zur Verfügung stehende Frequenzband transformiert werden.

5.2.1.5 Übertragungsmedien

Als physikalische Übertragungsmedien kommen in der Datenkommunikation metallische Leitungen, Lichtwellenleiter und Funkstrecken zum Einsatz. In Tabelle 5.14 sind die typischen Einsatzgebiete dieser Übertragungsmedien aufgeführt.

Tabelle 5.14 Einsatzgebiete von Übertragungsmedien

Medium	Einsatzgebiete
Metallische Leitung	– lokale Punkt-zu-Punkt-Verbindungen – lokale Rechnernetze (LAN)
Lichtwellenleiter	– Weitverkehrsverbindungen in Telekommunikationsnetzen – Hochgeschwindigkeitsverbindungen im Bereich lokaler Punkt-zu-Punkt-Verbindungen und Rechnernetze
Funk	Überall dort, wo: – Mobilität der Teilnehmer notwendig ist (Mobilfunk-Telekommunikationsnetze, drahtlose LANs) – das Verlegen von Leitungen im Erdreich aus eigentumsrechtlichen oder Kostengründen nicht möglich ist

5.2.1.6 Paketübertragung

Die zu übertragenden Daten werden in den meisten Anwendungsbereichen – dies gilt vor allem für den Bereich der Rechnernetze – in ein oder mehrere **Datenpakete** gepackt und übertragen. Ein Datenpaket besteht aus einem **Paketkopf**, dem eigentlichen **Datenbereich** und einem **Paketende**. Der Paketkopf enthält die Adressen des Senders und Empfängers sowie Kontrollinformationen, welche unter anderem Auskunft über den Typ der im Paket enthaltenen Daten geben. Adressinformationen sind zur eindeutigen Paketzustellung in Kommunikationsnetzen notwendig, d. h. überall dort, wo mehr als zwei Kommunikationsteilnehmer miteinander verbunden sind. Im Datenbereich sind die eigentlichen, zu übertragenden Daten untergebracht. Am Paketende sind Informationen zur Erkennung und Korrektur von Übertragungsfehlern angehängt. Der Empfänger nutzt diese Informationen, um Übertragungsfehler in einem Paket zu erkennen, zu korrigieren oder die erneute Übertragung des Pakets zu beantragen.

5

5.2.1.7 Das ISO/OSI-Referenzmodell

Der Datenaustausch zwischen einem Sender und einem Empfänger umfasst eine Vielzahl von Teilaufgaben. Beispiele hierfür sind: Die zu übertragenden Daten müssen in Pakete gepackt und codiert werden, es muss eine Verbindung zu dem potenziellen Empfänger aufgebaut werden oder der korrekte Empfang der übertragenen Pakete muss sichergestellt werden. Zur Handhabung dieser komplexen ‚Kommunikationsaufgabe' wird diese in mehrere, unabhängig voneinander durchführbare Teilaufgaben zerlegt.

Das **ISO/OSI-Referenzmodell** (International Standards Organization/Open System Interconnect) beschreibt ein dabei häufig angewandtes und referenziertes Strukturierungsprinzip. Das ISO/OSI-Referenzmodell gliedert den Kommunikationsvorgang in sieben aufeinander aufbauende Schichten. Die Funktionen/Aufgaben der Schichten sind in Tabelle 5.15 beschrieben.

In einem Kommunikationssystem müssen nicht notwendigerweise alle Schichten realisiert sein (das ISO/OSI-Referenzmodell stellt lediglich eine Referenz dar).

Tabelle 5.15 Funktionen/Aufgaben der Schichten des ISO/OSI-Referenzmodells

Schicht	Bezeichnung	Funktionen/Aufgaben
1	Bitübertragung	physikalische Datenübertragung über den Übertragungskanal; umfasst beispielsweise die Aufgabe der Leitungscodierung
2	Sicherung	Erkennung und Korrektur von Übertragungsfehlern in einem Datenpaket
3	Vermittlung	Vermittlung der Daten an den gewünschten Teilnehmer; umfasst beispielsweise die eindeutige Adressenvergabe und Zuordnung an die Teilnehmer
4	Transport	Sicherstellung des korrekten Transports aller Datenpakete; umfasst beispielsweise die Sicherstellung, dass alle ausgesandten Pakete den Empfänger in der richtigen Reihenfolge erreichen
5	Sitzung	Steuerung des Dialogs zwischen Sender und Empfänger
6	Darstellung	Anpassung/Umsetzung der unter Umständen unterschiedlichen Darstellungsformen der zu übertragenden Anwenderdaten beim Sender und Empfänger
7	Anwendung	Programme, welche dem Anwender die direkte Nutzung eines Kommunikationssystems ermöglichen, beispielsweise ein Programm zur Übertragung von Dateien

Die zu übertragenden Daten müssen alle Schichten passieren, beim Sender von Schicht 7 bis Schicht 1, beim Empfänger in umgekehrter Reihenfolge, von Schicht 1 bis Schicht 7. Mit Ausnahme der Schicht 1 sind die Schicht-Funktionalitäten im Regelfall als Softwaremodule (Programme) realisiert.

Die einer Schicht zugeordnete Teilaufgabe wird von den schichtspezifischen Softwaremodulen des Senders und Empfängers erledigt. Dazu ist es notwendig, dass beide Module Vereinbarungen über die Darstellung der Daten und den zeitlich kausalen Ablauf der Kommunikation treffen. Die Gesamtheit dieser Vereinbarungen wird als **Kommunikationsprotokoll** bezeichnet.

5.2.2 Datenfernübertragung in Telekommunikationsnetzen

Datenfernübertragung (DFÜ) bezeichnet die Punkt-zu-Punkt-Datenkommunikation zwischen weit entfernten Teilnehmern über ein öffentliches Telekommunikationsnetz.

Im Folgenden werden die für die DFÜ nutzbaren Telekommunikationsnetze sowie die für die DFÜ wichtigen Schnittstellenstandards vorgestellt.

5.2.2.1 Telekommunikationsnetze

Telekommunikationsnetze sind öffentliche Netze, welche Dienste zur Übermittlung von Nachrichten anbieten. Bei den übermittelten Informationen kann es sich um Sprache, Texte, (bewegte) Bilder oder binär-codierte Daten handeln.

Netze, welche ausschließlich für die Übermittlung von Sprache konzipiert wurden, werden als **Fernsprechnetze** bezeichnet. Netze, welche für die Übertragung von mehreren Informationenarten konzipiert wurden, werden als **diensteintegrierende Netze** bezeichnet. Erlaubt ein Netz die uneingeschränkte Mobilität seiner Teilnehmer, spricht man von einem **Mobilfunknetz.**

Der bisher mehrfach verwendete Begriff Übermittlung beinhaltet die Begriffe Übertragung und Vermittlung. Im Gegensatz zur lokalen Punkt-zu-Punkt-Datenkommunikation erfordert die Datenübertragung über ein Telekommunikationsnetz zusätzlich die Vermittlung der Teilnehmer, d. h. die Herstellung einer Verbindung zwischen den Teilnehmern. Bezüglich der Eigenschaft der Vermittlung lassen sich Telekommunikationsnetze in leitungsvermittelnde und paketvermittelnde Netze unterteilen. In einem **leitungsvermittelnden Netz** wird für die gesamte Verbindungsdauer eine feste Verbindungsleitung zwischen den Teilnehmern geschaltet (vermittelt). Im Gegensatz dazu vermittelt ein **paketvermittelndes Netz** ausschließlich Datenpakete. Die zur Vermittlung notwendigen Adressinformationen sind im Paketkopf jedes Datenpakets enthalten. Es existieren immer nur kurzzeitige, zur Übertragung eines Datenpakets notwendige Teilverbindungen zwischen den Teilnehmern.
Weitere für die Datenkommunikation relevante Merkmale von Telekommunikationsnetzen sind die Art der Signalübertragung (analog oder digital) sowie die vom Netz unterstützten Datenübertragungsraten. Tabelle 5.16 fasst die wesentlichen Merkmale der wichtigsten Telekommunikationsnetze zusammen.

Tabelle 5.16 Merkmale von Telekommunikationsnetzen

Netz	Primäre Dienste	Signal-übertragung	Vermittlungsart	Übertragungs-rate	Mobilität der Teilnehmer
Fernsprechnetz	Sprache	analog	leitungsvermittelnd	bis 56 kBit/s	nein
ISDN (1)	Sprache, Texte, Bilder, Daten	digital	leitungsvermittelnd	$N \times 64$ kBit/s $N = 1, ..., 30$ (3)	nein
GSM-Mobilfunk (2)	Sprache, Text, Daten	digital	leitungsvermittelnd	bis 14,4 kBit/s	ja
Datex-P	Daten	digital	paketvermittelnd	bis 1,92 MBit/s	nein

(1) ISDN: Integrated Services Digital Network (diensteintegrierendes Netz)
(2) GSM: Global System for Mobile Communications (Mobilfunknetz)
(3) Für den Basisanschluss gilt: $N = 2$; für den Primärmultiplexanschluss gilt: $N = 30$

5.2.2.2 Komponenten einer Datenfernübertragungsstrecke

Bild 5.9 zeigt den Aufbau einer für die Datenfernübertragung genutzten Übertragungsstrecke. Die als **DEE** (**Datenendeinrichtung**) bezeichnete Komponente repräsentiert die primäre Datenquelle bzw. Datensenke (z. B. ein Computer). Die **DÜE** (**Datenübertragungseinrichtung**) ist das Verbindungsglied zwischen der DEE und dem verwendeten Telekommunikationsnetz.

Bild 5.9 Komponenten einer Datenfernübertragungsstrecke

Die wesentlichen Aufgaben und Funktionen einer DÜE sind:

- **Leitungscodierung/Modulation:** Die DÜE passt die zu übertragenden Daten durch Leitungscodierung oder durch Modulation an die Gegebenheiten des mit dem Telekommunikationsnetz gegebenen Übertragungskanals an. Die Datenkommunikation im analogen Fernsprechnetz erfordert auf Grund der spezifischen Eigenschaften des hier zur Verfügung stehenden Übertragungskanals die Modulation/Demodulation der Daten. Aus diesem Grunde wird die im analogen Fernsprechnetz eingesetzte DÜE auch als **Modem** (Modulator/Demodulator) bezeichnet.
- **Teilnehmervermittlung:** Die DÜE stellt alle zur Vermittlung, d. h. zu Verbindungsaufbau, Abbau und Parametrierung, notwendigen Funktionseinheiten zur Verfügung.
- **Fehlererkennung und Korrektur:** Die DÜE stellt optional nutzbare Mechanismen und Protokolle zur sicheren Datenübertragung zur Verfügung. Die jeweils zum Einsatz kommenden Fehlererkennungsmechanismen sind meist speziell an die Fehlercharakteristik des betreffenden Telekommunikationsnetzes angepasst.
- **Quellencodierung:** Zur besseren Nutzung der beschränkten Datenübertragungsrate eines Telekommunikationsnetzes stellen DÜEs häufig Mechanismen und Protokolle zur Verfügung, welche die Daten vor der Übertragung auf das minimal notwendige Datenvolumen reduzieren.

5.2.2.3 Schnittstellenempfehlungen

Die DÜE ist über den vom Betreiber eines Telekommunikationsnetzes installierten **Netzzugangspunkt** direkt mit dem Telekommunikationsnetz verbunden (Bild 5.9). Die Verbindungsstellen (Schnittstellen) zwischen den einzelnen Komponenten der Übertragungsstrecke müssen im Bereich der öffentlichen Telekommunikationsnetze den von der ITU (International Telecommunications Union) festgelegten Empfehlungen entsprechen. Die Gesamtheit dieser Empfehlungen ist in anwendungsspezifische Gruppen, so genannte Empfehlungsserien, eingeteilt. In Tabelle 5.17 sind die für den Bereich der Datenfernübertragung relevanten Empfehlungsserien aufgeführt. In Tabelle 5.18 sind einige bedeutsame Einzelempfehlungen kurz erläutert.

Tabelle 5.17 ITU-Empfehlungsserien für die Datenkommunikation

Serie	Anwendungsbereich
V	Datenübertragung über das öffentliche Fernsprechnetz
X	Datenübertragung in öffentlichen paketvermittelnden Netzen (z. B. Datex-P)
I	Datenübertragung in öffentlichen diensteintegrierenden Netzen (ISDN)

Tabelle 5.18 Auswahl wichtiger ITU-Empfehlungen

Empfehlung	Inhalt
V.24	funktionale Eigenschaften der Schnittstelle zwischen DEE und DÜE
V.28	elektrische Eigenschaften der Schnittstelle zwischen DEE und DÜE
V.25bis	automatische Wählfunktionen
V.23	Modem zur Halbduplex-Datenübertragung(1) mit 600/1200 Bit/s
V.27ter	Modem zur Halbduplex-Datenübertragung(1) bis 4800 Bit/s
V.32bis	Modem zur Vollduplex-Datenübertragung(2) bis 14.400 Bit/s
V.34	Modem zur Vollduplex-Datenübertragung(2) bis 33,6 kBit/s
V.90	Modem mit Datenübertragungsraten bis 56 kBit/s
X.25	funktionale Eigenschaften der Schnittstelle zwischen DEE und DÜE in paketvermittelnden Netzen (z. B. Datex-P)
X.21, X.28, X.29	Empfehlungen zum Betrieb einer DEE/DÜE in paketvermittelnden Netzen (z. B. Datex-P)

(1) Halbduplex: Zu einem Zeitpunkt ist Übertragung nur in eine Richtung möglich.
(2) Vollduplex: Gleichzeitige Übertragung in beide Richtungen möglich.

5.2.3 Rechnernetze

Ein **Rechnernetz** ist eine Verbindung zwischen mehreren, möglicherweise verschiedenen und meist räumlich getrennten Rechnern. Sinn und Zweck eines Rechnernetzes ist der Austausch von Informationen zwischen den angeschlossenen Rechnern.

Befinden sich die miteinander verbundenen Rechnersysteme in einem geographisch stark eingeschränkten Gebiet, z. B. einem Gebäude oder Firmengelände, so spricht man von einem lokalen Rechnernetz oder **LAN** (Local Area Network). Dehnt sich die geographische Region auf ein größeres Gebiet z. B. eine Stadt aus, so bezeichnet man das Rechnernetz als ein **MAN** (Metropolitan Area Network). Umfasst die Region sogar ein Land oder einen Kontinent, so wird das Rechnernetz als ein **WAN** (Wide Area Network) bezeichnet.

5.2.3.1 Technologien, Parameter lokaler Rechnernetze

Es existiert eine Vielzahl von unterschiedlichen, teils proprietären, teils international genormten Technologien für lokale Rechnernetze. Die wichtigsten Unterscheidungsmerkmale zur Klassifizierung der existierenden Technologien sind:

- **Topologie:** topographische Struktur eines Rechnernetzes. Die in Bild 5.10 dargestellten wichtigsten Topologien sind: Stern, Ring und Bus.

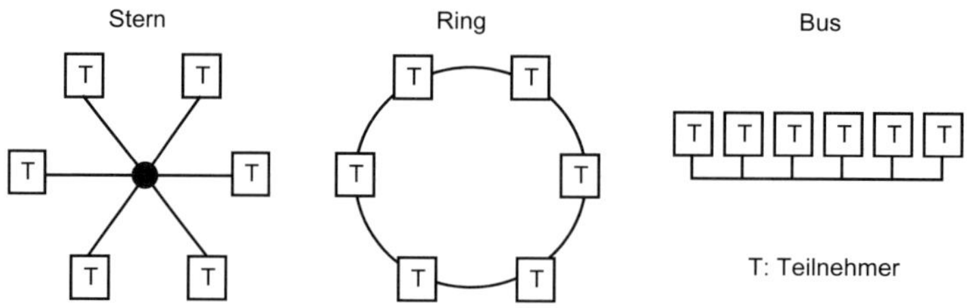

Bild 5.10 LAN-Topologien

- **Übertragungsmedium:** das zur physikalischen Datenübertragung genutzte Medium (Kabel, Lichtwellenleiter, Funk).
- **Geographische Ausdehnung:** die maximal zulässige geographische Ausdehnung eines Netzes bzw. die maximale Entfernung zwischen zwei Stationen eines Netzes.
- **Teilnehmerzahl:** maximale Anzahl der an ein Netz angeschlossenen Stationen.
- **Übertragungsgeschwindigkeit:** Datenübertragungsrate, mit der die Daten in dem Netz transportiert werden.

In Tabelle 5.19 sind die Klassifizierungsparameter für die am häufigsten eingesetzten LAN-Technologien aufgeführt.

Tabelle 5.19 Parameter häufig eingesetzter LAN-Technologien

LAN-Technologie	Standard	Topologie	Übertragungsgeschwindigkeit	Geograph. Ausdehnung	Anzahl der Teilnehmer	Übertragungsmedium
10Base-T Ethernet	IEEE 802.3	Bus/Stern (1)	10 Mbit/s	100 m (2)	1024	verdrillte Doppeladerleitung
10Base-F Ethernet	IEEE 802.3	Bus/Stern (1)	10 Mbit/s	2 km (2)	1024	Lichtwellenleiter
100Base-TX Ethernet	IEEE 802.30	Bus/Stern (1)	100 Mbit/s	100 m (2)	1024	verdrillte Doppeladerleitung
1000Base-T Ethernet	IEEE 802.3ab	Bus/Stern (1)	1 Gbit/s	100 m	1024	verdrillte Doppeladerleitung
IBM Token-Ring	IEEE 802.5	Ring	16 Mbit/s	100 m (4)	260	verdrillte Doppeladerleitung
FDDI (Fiber Distributed Data Interface)	ANSI X3T9.5	Ring/Stern	100 Mbit/s	100 km/ 2 km (3)	500	Lichtwellenleiter, verdrillte Doppeladerleitung

(1) Die physikalische Anschlusstopologie ist ein Stern, die logische Topologie ein Bus.
(2) maximale Entfernung zwischen einer Station und dem Sternmittelpunkt
(3) maximale Ringlänge: 100 km, max. Entfernung zwischen zwei Stationen: 2 km
(4) Die physikalische Anschlusstopologie ist ein Stern, die logische Topologie ein Ring, die angegebene Entfernung entspricht der maximal zulässigen Entfernung zum Sternpunkt.

5.2.3.2 LAN-Kopplung: Erweiterung von Rechnernetzen

Geographische Ausdehnung und Anzahl der Teilnehmer eines lokalen Rechnernetzes sind technologiebedingt begrenzt. Zum Aufbau von größeren, die Grenzen lokaler Rechnernetze überschreitender Rechnernetze stehen verschiedene Koppelelemente zur Verbindung von LANs zur Verfügung. Im Folgenden werden die wichtigsten, in Bild 5.11 dargestellten LAN-Koppelelemente beschrieben.

- **Repeater:** Signalregenerator, welcher die Signale auf einem LAN-Segment empfängt, regeneriert und verstärkt auf dem jeweils anderen Segment ausgibt. Repeater können nur LANs gleicher Technologie miteinander verbinden. Die Anzahl der Repeater in einem Netz ist technologiebedingt beschränkt.
- **Bridge:** In einem Rechnernetz werden Daten in Form von Paketen übertragen (Abschn. 5.2.1.6). Eine Bridge empfängt und analysiert immer nur vollständige Datenpakete. Nur die auf einem LAN-Segment vollständig und fehlerfrei empfangenen Pakete werden auf dem jeweils anderen Segment ausgegeben. Unvollständige und fehlerhafte Pakete werden verworfen.
- **Router/Gateway:** Ein Router nimmt zusätzlich zu den Funktionen einer Bridge eine Vermittlungsaufgabe war. Nur diejenigen Pakete eines LAN-Segments, die an einen Teilnehmer eines anderen Segments gerichtet sind, werden weitergeleitet. Ein Router kann mehr als zwei LAN-Segmente miteinander verbinden. Eine so genannte **Routing-Tabelle**, welche Informationen darüber enthält, welche Teilnehmer an welchem LAN-Segment angeschlossen sind, wird zur Auswahl des richtigen LAN-Segments herangezogen. Ein Gateway ist ein Router, welcher Netzwerke unterschiedlicher Technologie miteinander verbindet. Dabei kann es sich, wie in Bild 5.11 gezeigt, auch um Anbindungen an Telekommunikationsnetze handeln.

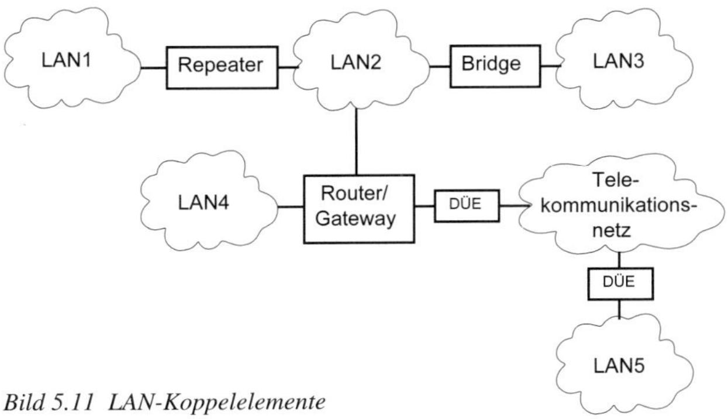

Bild 5.11 LAN-Koppelelemente

5.2.3.3 Internet

Ausgangspunkt ist ein aus mehreren LAN-Segmenten mit möglicherweise unterschiedlichen Technologien bestehendes Rechnernetz. Der Zusammenschluss der LAN-Segmente zu ‚einem Rechnernetz' erfolgt über das in Abschnitt 5.2.3.2 vorgestellte Koppelelement Router.

> Der Informationsaustausch in einem heterogenen Rechnernetz erfordert im gesamten Netz verfügbare, von den jeweils eingesetzten Netztechnologien unabhängige Kommunikationsprotokolle und Anwendungsdienste. Ein Rechnernetz, welches diesen Ansprüchen genügt, wird als ein **Internet** bezeichnet.

Ein Beispiel für ein Internet ist das unter der gleichnamigen Bezeichnung bekannte weltumspannende **globale INTERNET**.

Das am häufigsten zum Aufbau eines Internets eingesetzte Kommunikationsprotokoll ist die **TCP/IP-Protokollfamilie**. Sie definiert eine Vielzahl schichtenförmig aufeinander aufbauender Teilprotokolle. Aus Bild 5.12 ist der schichtenförmige Aufbau sowie der Bezug zu dem in Abschnitt 5.2.1.7 vorgestellten ISO/OSI-Referenzmodell ersichtlich. Die Bitübertragungs- und Sicherungsschicht umfasst die Funktionalitäten der eingesetzten LAN-Technologie (z. B. 10Base-T Ethernet). Tabelle 5.20 liefert eine Kurzbeschreibung der wichtigsten Internet-Protokolle und Anwendungsdienste.

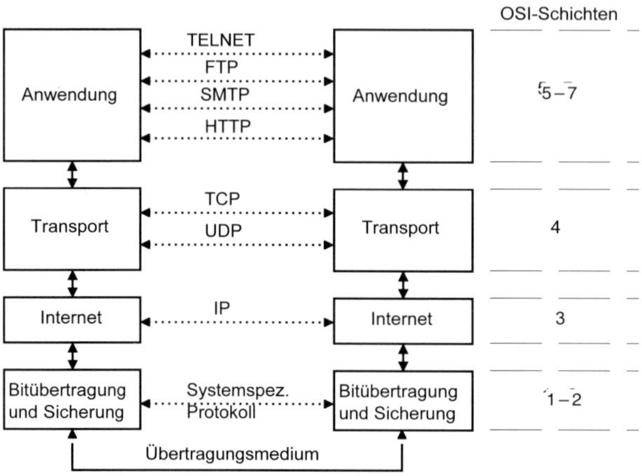

Bild 5.12 Internet-Protokolle und Anwendungsdienste

Tabelle 5.20 Kurzbeschreibung Internet-Protokolle und Anwendungsdienste

Internet-Protokoll/ Anwendungsdienst	Kurzbeschreibung
IP	*Internet protocol:* Protokoll zur Übermittlung von Datenpaketen zwischen beliebigen Stationen eines Internets
UDP	*User datagram protocol:* unzuverlässiges, verbindungsloses Transportprotokoll
TCP	*Transmission control protocol:* zuverlässiges, verbindungsorientiertes Transportprotokoll; zerlegt den von der Anwendungsschicht kommenden Datenstrom in Pakete und überwacht die korrekte Zustellung der Pakete
TELNET	Virtuelles Terminal: Anwendungsdienst, welcher das Arbeiten an einem beliebigen entfernten Rechner des Internets ermöglicht. Der Rechner, an dem man sich aktuell befindet, dient als zeichenorientierte Ein-/Ausgabeschnittstelle
FTP	*File transfer protocol:* Anwendungsdienst für den Dateitransfer zwischen beliebigen Teilnehmern eines Internets
SMTP	*Simple mail transfer protocol:* Anwendungsdienst zum Austausch elektronischer Post (E-Mail: electronic mail) in einem Internet
HTTP	*Hypertext transfer protocol:* Kommunikationsprotokoll, auf welchem das WWW (world wide web) basiert. Ermöglicht den Zugriff auf Hypermedia-Dokumente, welche Texte, Grafiken, Audio- und Videosequenzen enthalten können. Hypermedia-Dokumente können Verknüpfungen zu weiteren, auf anderen Rechnern des Internets abgelegten Hypermedia-Dokumenten enthalten.

Weiterführende Literatur

Beierlein, T.; Hagenbruch, O.: Taschenbuch Mikroprozessortechnik. 3. Aufl., Leipzig: Fachbuchverlag 2004
Bergmann, F.; Gerhardt, H.-J.: Taschenbuch der Telekommunikation. 2. Aufl., Leipzig: Fachbuchverlag 2003
Borgmeyer, J.: Grundlagen der Digitaltechnik. 2. Aufl., München: Carl Hanser Verlag 2001
Freyer, U.: Nachrichten-Übertragungstechnik. 5. Aufl., München: Carl Hanser Verlag 2002
Georg, O.: Telekommunikationstechnik. 2. Aufl., Berlin: Springer 2000
Gumm, H.-P.; Sommer, M.: Einführung in die Informatik. 7. Aufl., München: Oldenbourg Verlag 2006
Hering E.; Gutekunst J.; Dyllong U.: Handbuch der praktischen und technischen Informatik. 2. Aufl., Berlin: Springer 2000
Herold, H.; Lurz, B.; Wohlrab, J.: Grundlagen der Informatik. München: Pearson Studium 2006
Herter E.; Lörcher W.: Nachrichtentechnik. 9. Auflage. München: Carl Hanser Verlag 2003
Hoffmann, D. W.: Grundlagen der Technischen Informatik. München: Carl Hanser Verlag 2007
Horn, C.; Kerner, I. O.; Forbrig, P. (Hrsg.): Lehr- und Übungsbuch Informatik. Grundlagen und Überblick. Leipzig: Fachbuchverlag 2003
Jung, V.; Warnecke, H. J. [Ed.]: Handbuch für die Telekommunikation. 2. Aufl., Berlin: Springer 2002
Küveler, G.; Schwoch, D.: Informatik für Ingenieure und Naturwissenschaftler 2. 5. Aufl., Wiesbaden: Vieweg Verlag 2007
Proakis, J. G.; Salehi, M.: Grundlagen der Kommunikationstechnik. 2. Aufl., München: Addison Wesley 2003
Rechenberg, P.; Pomberger, G.: Informatik-Handbuch. 4. Aufl., München: Carl Hanser Verlag 2006
Riggert, W.: Rechnernetze. 3. Aufl., Leipzig: Fachbuchverlag 2005
Roppel, C.: Grundlagen der digitalen Kommunikationstechnik. Leipzig: Fachbuchverlag 2006
Schneider, U.; Werner D.: Taschenbuch der Informatik. 6. Auflage. Leipzig: Fachbuchverlag 2007

5

6

Technische Mechanik

Prof. Dr.-Ing. habil. Prof. h. c.
Hans Jürgen Hardtke
Dr.-Ing. Barbara Hildebrandt
Dr. rer. nat. Elke Junkert
Prof. Dr.-Ing. habil. Siegbert Liebig
Prof. Dr.-Ing. habil. Volker Ulbricht
Technische Universität Dresden

Tabelle 6.1 Wichtigste Formelzeichen

Formelzeichen	SI-Einheit	Bedeutung
$\boldsymbol{a}$	m/s²	Beschleunigung
c	N/m; N · m	Federsteifigkeit; Drehfedersteifigkeit
E; G	N/m²	Elastizitätsmodul; Gleitmodul
$\boldsymbol{F}$	N	Kraft
f	Hz	Frequenz
I	m⁴	Flächenträgheitsmoment
J	kg · m²	Massenträgheitsmoment
k	N · s/m	Dämpfungsbeiwert
$\boldsymbol{M}$	N · m	Moment
m	kg	Masse
S	m³	statisches Moment einer Fläche
$\boldsymbol{s}$	m	Weg
T; U	Nm	kinetische Energie; potenzielle Energie
t	s	Zeit
$\boldsymbol{u}$	m	Verschiebung
$\boldsymbol{v}$	m/s	Geschwindigkeit
W	N · m	mechanische Arbeit
w	m	Durchbiegung
W_b, W_t	m³	Widerstandsmoment bei Biegung und Torsion
γ; ε	–	Gleitung; Dehnung
δ	1/s	Abklingkonstante
ν	–	Querkontraktionszahl (Poisson-Zahl)
ρ	kg/m³	Massedichte
σ; τ	N/m²	Normalspannung; Schubspannung
ω	rad/s	Winkelgeschwindigkeit
ω_0; Ω	1/s	Eigenkreisfrequenz, Erregerkreisfrequenz

6.1 Statik starrer Körper

Die Statik ist die **Lehre vom Gleichgewicht** zwischen den an einem Körper angreifenden Lasten und den Bindungskräften, die den Körper zwangsweise in Ruhe halten, d. h., jegliche Translation und Rotation verhindern. Besteht der Körper aus mehreren Teilkörpern, halten die Bindungskräfte zwischen den Teilkörpern jeden einzelnen (belasteten) Teilkörper im Gleichgewicht.

Deformationen infolge der Belastung werden nicht berücksichtigt.

In Abhängigkeit von der geometrischen und kinetischen Konfiguration werden **Strukturelemente der Mechanik** definiert (Bild 6.1). Diejenigen Elemente, für die eine analytische Berechnung möglich ist, bilden den Schwerpunkt der folgenden Darstellung.

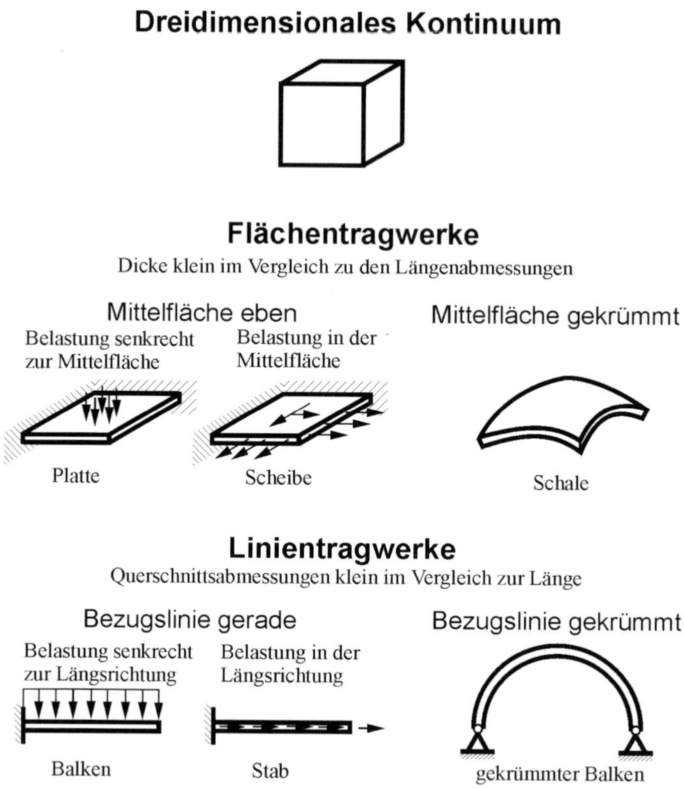

Bild 6.1 Elemente der Strukturmechanik

6.1.1 Grundlagen

Die physikalische Größe Kraft ist in der Mechanik von zentraler Bedeutung. Die Newton'schen Axiome erfassen nicht die völlig gleichberechtigte Wirkung des Moments. Daher bildet nach der modernen Auffassung neben der Impulsbilanz auch die Drehimpulsbilanz die allgemeinen Grundlagen der Mechanik.

6.1.1.1 Kraft

Ein **Kraftvektor** wird gekennzeichnet durch Betrag, Richtung und Richtungssinn. Im kartesischen $\{x,y,z\}$-Koordinatensystem (Bild 6.2) setzt sich der Kraftvektor $\boldsymbol{F}_i$ zusammen aus den Vektoren der Komponenten parallel zu den Achsen

$$\boldsymbol{F}_i = \boldsymbol{F}_{ix} + \boldsymbol{F}_{iy} + \boldsymbol{F}_{iz}$$

mit den Komponenten $\boldsymbol{F}_{ix} = F_{ix}\boldsymbol{e}_x \quad \boldsymbol{F}_{iy} = F_{iy}\boldsymbol{e}_y \quad \boldsymbol{F}_{iz} = F_{iz}\boldsymbol{e}_z$

und Koordinaten

$$F_{ix} = F_i \cos\alpha_i = F_i \cos(\boldsymbol{e}_x, \boldsymbol{F})$$

$$F_{iy} = F_i \cos\beta_i = F_i \cos(\boldsymbol{e}_y, \boldsymbol{F})$$

$$F_{iz} = F_i \cos\gamma_i = F_i \cos(\boldsymbol{e}_z, \boldsymbol{F})$$

sowie dem Betrag $F_i = |\boldsymbol{F}_i| = \sqrt{F_{ix}^2 + F_{iy}^2 + F_{iz}^2}$

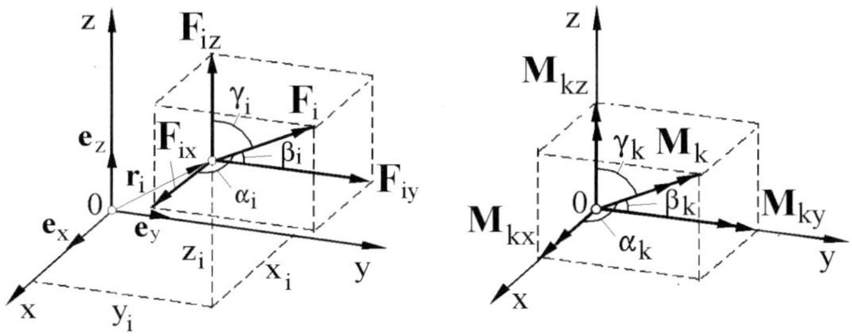

Bild 6.2 Kraft- und Momentenvektor mit Komponenten

6

6.1.1.2 Moment

Der **Momentenvektor** in Bild 6.2

$$\boldsymbol{M}_k = \boldsymbol{M}_{kx} + \boldsymbol{M}_{ky} + \boldsymbol{M}_{kz}$$

besitzt die Komponenten $\boldsymbol{M}_{kx} = M_{kx}\boldsymbol{e}_x \quad \boldsymbol{M}_{ky} = M_{ky}\boldsymbol{e}_y \quad \boldsymbol{M}_{kz} = M_{kz}\boldsymbol{e}_z$

die Koordinaten

$$M_{kx} = M_k \cos\alpha_k = M_k \cos(\boldsymbol{e}_x, \boldsymbol{M}_k)$$

$$M_{ky} = M_k \cos\beta_k = M_k \cos(\boldsymbol{e}_y, \boldsymbol{M}_k)$$

$$M_{kz} = M_k \cos\gamma_k = M_k \cos(\boldsymbol{e}_z, \boldsymbol{M}_k)$$

sowie den Betrag $M_k = |\boldsymbol{M}_k| = \sqrt{M_{kx}^2 + M_{ky}^2 + M_{kz}^2}$

Ein Moment resultiert beispielsweise aus einem Kräftepaar, d. h. aus zwei gleich großen, entgegengesetzt gerichteten Kräften auf parallelen Wirkungslinien. Die hieraus folgende Wirkung, die proportional zum Betrag der Kräfte und deren Abstand ist, erfasst der Momentenvektor, der senkrecht zur Ebene – in der die Kräfte liegen – definiert wird.

6.1.1.3 Moment einer Kraft

Eine Kraft $\boldsymbol{F}_i$ erzeugt bezüglich eines Punktes 0, der nicht auf ihrer Wirkungslinie liegt, ein Moment $\boldsymbol{M}_i$. Mit dem Ortsvektor $\boldsymbol{r}_i = x_i\boldsymbol{e}_x + y_i\boldsymbol{e}_y + z_i\boldsymbol{e}_z$ (Bild 6.2) gilt

$$\boldsymbol{M}_i = \boldsymbol{r}_i \times \boldsymbol{F}_i = \left[\sum_i (y_i F_{iz} - z_i F_{iy})\right]\boldsymbol{e}_x + \left[\sum_i (z_i F_{ix} - x_i F_{iz})\right]\boldsymbol{e}_y + \left[\sum_i (x_i F_{iy} - y_i F_{ix})\right]\boldsymbol{e}_z$$

6.1.1.4 Resultierende Kraft und resultierendes Moment

Die **resultierende Kraft** folgt aus

$$\boldsymbol{F}_\mathrm{R} = \sum_i \boldsymbol{F}_i \quad \text{mit} \quad \boldsymbol{F}_\mathrm{R} = F_{\mathrm{R}x}\boldsymbol{e}_x + F_{\mathrm{R}y}\boldsymbol{e}_y + F_{\mathrm{R}z}\boldsymbol{e}_z$$

und das **resultierende Moment** aus

$$\boldsymbol{M}_\mathrm{R} = \sum_i \boldsymbol{r}_i \times \boldsymbol{F}_i + \sum_k \boldsymbol{M}_k \quad \text{mit} \quad \boldsymbol{M}_\mathrm{R} = M_{\mathrm{R}x}\boldsymbol{e}_x + M_{\mathrm{R}y}\boldsymbol{e}_y + M_{\mathrm{R}z}\boldsymbol{e}_z$$

Für die Koordinaten gilt

$$F_{\mathrm{R}x} = \sum_i F_{ix} \qquad M_{\mathrm{R}x} = \sum_i (y_i F_{iz} - z_i F_{iy}) + \sum_k M_k \cos\alpha_k$$

$$F_{\mathrm{R}y} = \sum_i F_{iy} \qquad M_{\mathrm{R}y} = \sum_i (z_i F_{ix} - x_i F_{iz}) + \sum_k M_k \cos\beta_k$$

$$F_{\mathrm{R}z} = \sum_i F_{iz} \qquad M_{\mathrm{R}z} = \sum_i (x_i F_{iy} - y_i F_{ix}) + \sum_k M_k \cos\gamma_k$$

Für $\boldsymbol{M}_k = \boldsymbol{0}$ ist aus der Bedingung $\boldsymbol{r}_R \times \boldsymbol{F}_R = \boldsymbol{M}_R$ die Gleichung der Wirkungslinie der resultierenden Kraft $\boldsymbol{F}_R$ abzuleiten. Die auf dieser Wirkungslinie liegende resultierende Kraft ist in ihrer statischen Wirkung äquivalent zur Wirkung aller Kräfte $\boldsymbol{F}_i$.

6.1.1.5 Gleichgewicht

Ein Körper befindet sich im **Gleichgewicht**, wenn die resultierende Kraft und das resultierende Moment null sind, d. h.

$\boldsymbol{F}_R = 0$ und $\boldsymbol{M}_R = 0$ gelten.

Daraus folgen die Koordinatenbedingungen

$$F_{Rx} = \sum_i F_{ix} = 0 \qquad M_{Rx} = \sum_i (y_i F_{iz} - z_i F_{iy}) + \sum_k M_k \cos\alpha_k = 0$$
$$F_{Ry} = \sum_i F_{iy} = 0 \qquad M_{Ry} = \sum_i (z_i F_{ix} - x_i F_{iz}) + \sum_k M_k \cos\beta_k = 0$$
$$F_{Rz} = \sum_i F_{iz} = 0 \qquad M_{Rz} = \sum_i (x_i F_{iy} - y_i F_{ix}) + \sum_k M_k \cos\gamma_k = 0$$

6.1.1.6 Sonderfall des ebenen Systems

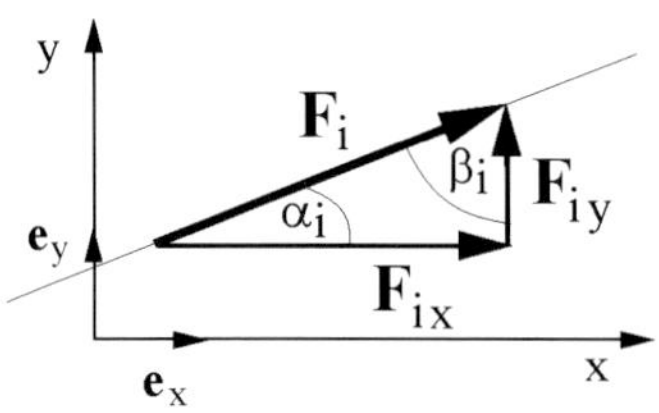

Bild 6.3 Kraftvektor in {x,y}- Ebene

Für den Sonderfall $F_{iz} = 0$, $M_{kx} = M_{ky} = 0$ (ebenes System) folgt aus Bild 6.3 für den Kraftvektor

$$\boldsymbol{F}_i = \boldsymbol{F}_{ix} + \boldsymbol{F}_{iy} = F_{ix}\boldsymbol{e}_x + F_{iy}\boldsymbol{e}_y$$

mit den Koordinaten $F_{ix} = |\boldsymbol{F}_i|\cos\alpha_i = |\boldsymbol{F}_i|\sin\beta_i$

$$F_{iy} = |\boldsymbol{F}_i|\sin\alpha_i = |\boldsymbol{F}_i|\cos\beta_i$$

und dem Betrag $F_i = |\boldsymbol{F}_i| = \sqrt{F_{ix}^2 + F_{iy}^2}$

Der Momentenvektor besitzt nur noch eine Komponente und wird deshalb durch die Angabe des Betrages M_k und der Drehrichtung zweckmäßig dargestellt.

Für die Koordinaten der resultierenden Kraft gilt

$$F_{Rx} = \sum_i F_{ix} \qquad F_{Ry} = \sum_i F_{iy}$$

Der Betrag des resultierenden Moments ergibt sich zu

$$M_R = \sum_i (x_i F_{iy} - y_i F_{ix}) + \sum_k M_k$$

Für $M_k = 0$ folgt die Gleichung der Wirkungslinie der äquivalenten resultierenden Kraft im Bezugskoordinatensystem $\{x, y\}$ aus

$$F_{Ry}x - F_{Rx}y = M_R$$

6.1.2 Linientragwerke

6.1.2.1 Ebene Linientragwerke

Belastungen (Bild 6.4) sind Einzelkräfte, gegeben durch Betrag F_i und Richtung α_i, Einzelmomente M_k sowie Streckenlasten senkrecht zur Längsrichtung $q(s)$.

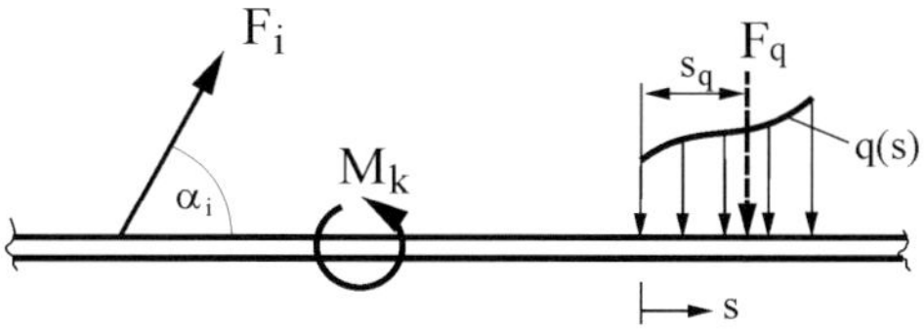

Bild 6.4 Belastungen

Die **Streckenlast** $q(s)$ kann durch eine statisch äquivalente Einzelkraft F_q im Abstand s_q vom Bezugspunkt ersetzt werden (Tabelle 6.2):

$$F_q = \int_{(s)} q(\bar{s})\,\mathrm{d}\bar{s}, \quad s_q = \frac{1}{F_q} \int_{(s)} s q(s)\,\mathrm{d}s$$

Die Kenntnis der maximalen Beanspruchung innerhalb des Bauteils ist Voraussetzung für Aussagen zur Belastbarkeit. Zu diesem Zweck werden die inneren Bindungskräfte durch einen gedachten Schnitt freilegt. Die Lage der Schnittstelle wird durch eine in Bauteillängsrichtung verlaufende Koordinate s beschrieben. Unter der Forderung nach Gleichgewicht zwischen den sich im gedachten Schnitt befindlichen äußeren Lasten und den **Schnittreaktionen** (≡ Schnittgrößen) werden die Schnittreaktionen als Funktion der Ortskoordinate s und der äußeren Lasten berechnet. Die Gültigkeitsbereiche dieser Funktionen werden durch vorhandene Unstetigkeitsstellen geometrischer Art (Knicke oder Verzweigungen im linienförmigen Bauteil, ansetzende gekrümmte Bauteile) oder infolge von Lasteinleitungen (Lager, Einzelkräfte, Einzelmomente, Beginn und Ende von Streckenlasten) beschränkt. Daher ist in der Regel eine bereichsweise Unterteilung des Bauteils erforderlich. Zwischen zwei Unstetigkeitsstellen liegt jeweils ein Bereich. Für gerade Bereiche wird die Längskoordinate s üblicherweise durch die kartesische Koordinate z ersetzt.

Tabelle 6.2 Ersatzkräfte für Streckenlasten

Bezeichnung	Lastfall	Ersatzkraft
konstante Streckenlast	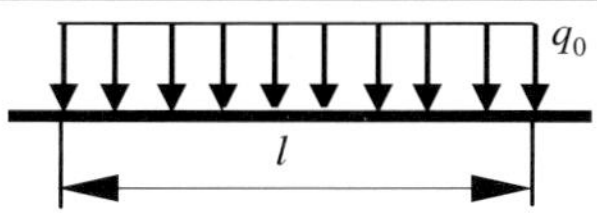	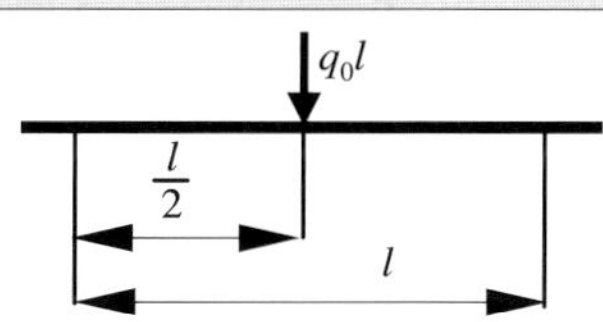
lineare Streckenlast	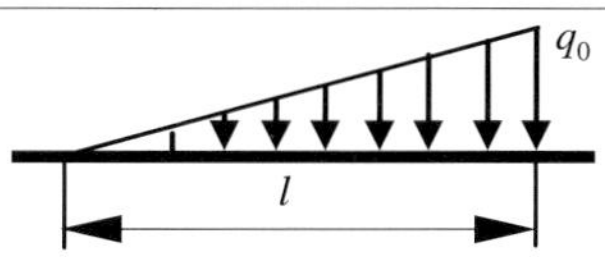	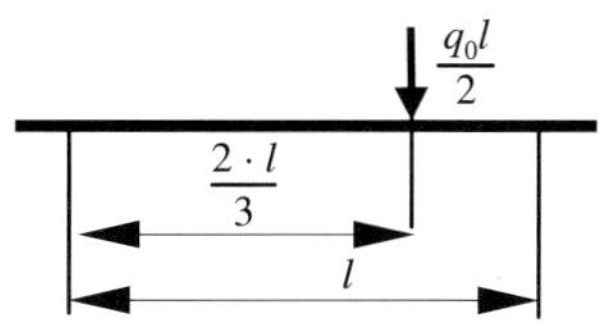
parabelförmige Streckenlast (Scheitelwert q_0)	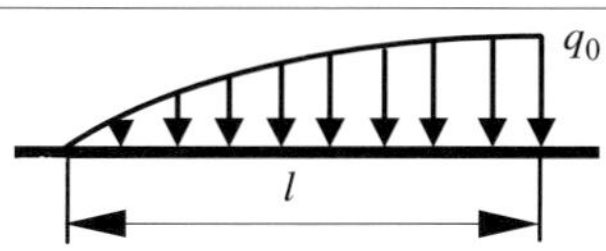	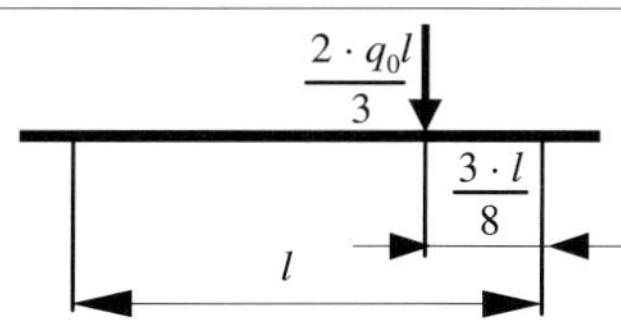

Die in Bild 6.5 definierten Schnittreaktionen sind F_L: Längskraft
F_Q: Querkraft
M_b: Biegemoment

Bild 6.5 Schnittreaktionen im ebenen Tragwerk

Am Linientragwerkselement gelten die folgenden Gleichgewichtsbedingungen:

$$\frac{dF_Q(s)}{ds} = -q(s) \qquad \frac{dM_b(s)}{ds} = F_Q(s) \quad \text{sowie} \quad \frac{dF_L(s)}{ds} = 0$$

Die Streckenlast senkrecht zur Längsachse $q(s)$ stellt eine Kraftdichte (Kraft pro Längeneinheit) dar. Eine Verallgemeinerung dieser Belastung auf beliebige Orientierungen bezüglich der Längsachse ist möglich. Analog kann auch eine Momentendichte definiert werden.

Die Tabelle 6.3 zeigt Lager- und Verbindungselemente mit den übertragbaren Reaktionen.

Tabelle 6.3 Lager- und Verbindungselemente mit Reaktionen

Bezeichnung	Symbol	Freischnitt mit Reaktionskräften	Bemerkung
Loslager (Rollenlager) **Stützstab** **Seil**	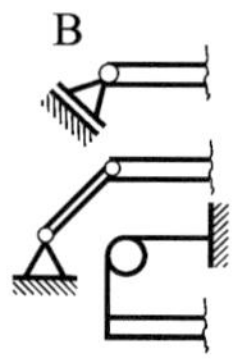	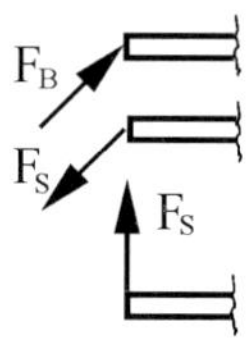	1 unbekannte Kraft senkrecht zur Rollenebene 1 unbekannte Kraft in Richtung des Stabes, Annahme immer als Zugkraft 1 unbekannte Kraft in Seilrichtung (nur Zugkraft möglich)
Festlager (gelenkiges Lager)	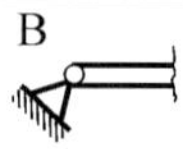	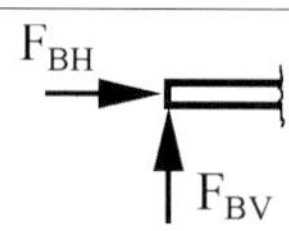	2 unbekannte Kräfte
verschiebliche Einspannung	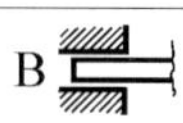	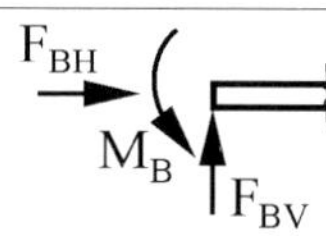	1 unbekannte Kraft und 1 Einspannmoment
Einspannung	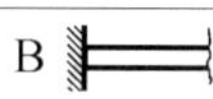	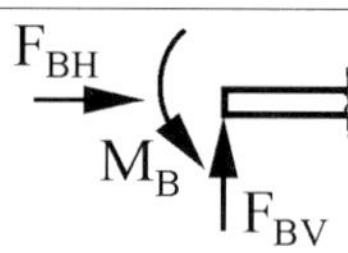	2 unbekannte Kräfte und 1 Einspannmoment
Gelenk	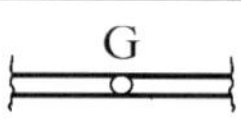	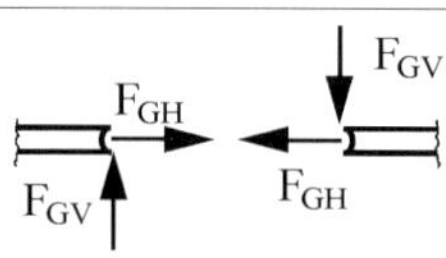	2 unbekannte Kräfte

6.1.2.2 Räumliche Linientragwerke

In den Lagern sind, abhängig von der konstruktiven Ausbildung, maximal drei Kraft- und drei Momentenreaktionen möglich. Das Beispiel einer festen Einspannung zeigt Bild 6.6.

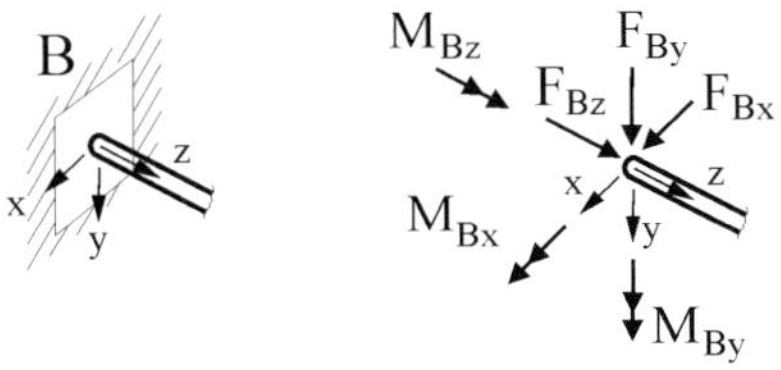

Bild 6.6 Lagerreaktionen der räumlichen Einspannung

Im räumlichen Tragwerk treten sechs **Schnittreaktionen** auf (Bild 6.7):

F_L:	Längskraft	M_t:	Torsionsmoment
F_{Qx}:	Querkraft in x-Richtung	M_{bx}:	Biegemoment um die x-Achse
F_{Qy}:	Querkraft in y-Richtung	M_{by}:	Biegemoment um die y-Achse

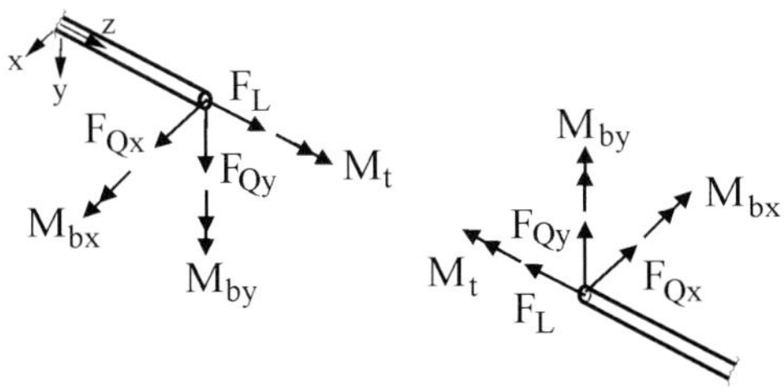

Bild 6.7 Schnittreaktionen im räumlichen Tragwerk

6.1.3 Reibung

An der Berührungsstelle (Kontaktfläche) zweier Körper können normal und tangential gerichtete Kräfte auftreten.

Haftreibung

Unter der Voraussetzung $e = hF/F_Q \leq b$ (sonst Kippen) verharrt der Körper gemäß Bild 6.8 in relativer Ruhe zur Unterlage, solange zwischen Reibungskraft $\boldsymbol{F}_R$ und Normalkraft $\boldsymbol{F}_N$ die folgende Ungleichung erfüllt ist:

$$|F_R| \leq \mu_0 F_N \qquad \text{(a)}$$

Der Haftreibungskoeffizient μ_0 ist von der Werkstoffpaarung abhängig.

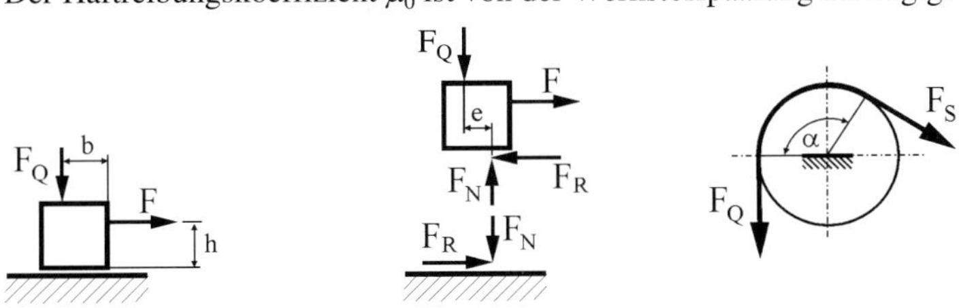

Bild 6.8 Haft- sowie Seilreibung

Seilreibung

Solange zwischen Haltekraft F_S und Last F_Q (Bild 6.8) die Ungleichung

$$F_Q \cdot e^{-\mu_S \alpha} \leq F_S \leq F_Q \cdot e^{\mu_S \alpha} \qquad \text{(b)}$$

erfüllt ist, findet zwischen Seil und Umlenkkörper keine Relativbewegung statt. Im Bild 6.8 bezeichnet α den Umschlingungswinkel. Der von der Werkstoffpaarung abhängige Seilreibungshaftkoeffizient ist μ_S.

Gleitreibung

Werden die Ungleichungen (a) bzw. (b) verletzt, tritt eine Relativbewegung zwischen den Körpern auf. Für die Berechnung der Gleitreibungskraft, die entgegen der Bewegungsrichtung wirkt, ist der Gleitreibungskoeffizient maßgebend. Dieser ist immer kleiner als die für die Werkstoffpaarung ausgewiesenen Haftreibungskoeffizienten μ_0 bzw. μ_S. Daher muss für Sicherheitsnachweise der Gleitreibungskoeffizient zu Grunde gelegt werden.

6.1.4 Schwerpunkt

6.1.4.1 Körperschwerpunkt

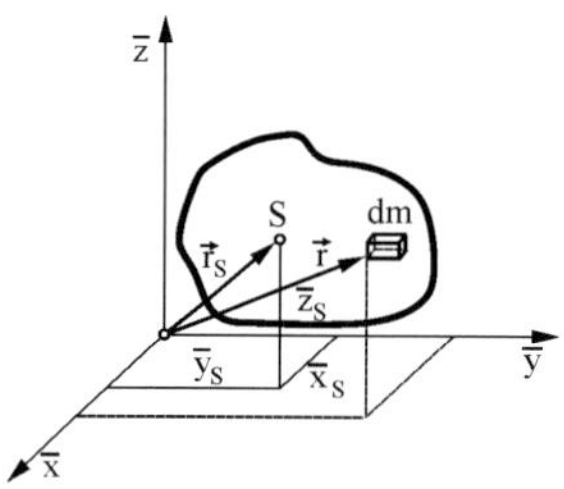

Bild 6.9 Körperschwerpunkt

Der Ortsvektor $\boldsymbol{r}_S$ (Bild 6.9) im beliebigen Koordinatensystem $\{ \bar{x}, \bar{y}, \bar{z} \}$ kennzeichnet die Lage des Körperschwerpunktes S.
Aus $\boldsymbol{r}_S m = \int \boldsymbol{r} \, dm$ mit $m = \int dm$ folgen die Koordinaten des Schwerpunktes S:

$$\bar{x}_S = \frac{1}{m} \int \bar{x} \, dm \qquad \bar{y}_S = \frac{1}{m} \int \bar{y} \, dm \qquad \bar{z}_S = \frac{1}{m} \int \bar{z} \, dm$$

Für homogene Körper mit der konstanten Massedichte ρ sind, wegen $m = \rho V$ und $dm = \rho \, dV$, Masse- und Volumenschwerpunkt identisch.

6.1.4.2 Flächen- und Linienschwerpunkt

Die Koordinaten des Flächenschwerpunktes S (Bild 6.10) folgen aus

$$\bar{x}_S = \frac{1}{A} \int \bar{x} \, dA \quad \bar{y}_S = \frac{1}{A} \int \bar{y} \, dA \quad \text{mit} \quad A = \int dA$$

Für Flächen, die aus Teilflächen A_i (Tabelle 6.5) mit bekannten Teilflächenschwerpunkten $S_i(x_{Si}, y_{Si})$ zusammengesetzt sind, gilt:

$$\bar{x}_S = \frac{\sum \bar{x}_{S_i} A_i}{\sum A_i}, \quad \bar{y}_S = \frac{\sum \bar{y}_{S_i} A_i}{\sum A_i}$$

Bei symmetrischen Flächen liegt der Schwerpunkt immer auf der Symmetrieachse.

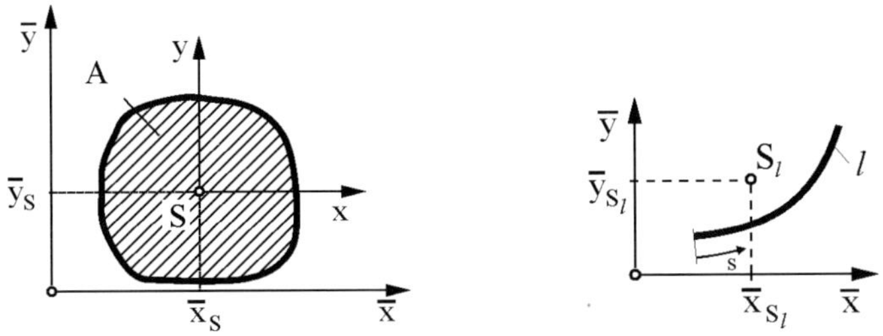

Bild 6.10 Flächenschwerpunkt und Linienschwerpunkt

Die Koordinaten des Linienschwerpunktes $S_l\left(\bar{x}_{S_l}, \bar{y}_{S_l}\right)$ berechnen sich aus (Bild 6.10):

$$\bar{x}_{S_l} = \frac{1}{l} \int \bar{x} \, \mathrm{d}s \quad \bar{y}_{S_l} = \frac{1}{l} \int \bar{y} \, \mathrm{d}s \quad \text{mit} \quad l = \int \mathrm{d}s$$

Für stetige Teillinien l_i mit bekannten Teillinienschwerpunkten $S_{li}\left(x_{S_{li}}, y_{S_{li}}\right)$ gilt:

$$\bar{x}_{S_l} = \frac{\sum \bar{x}_{S_{li}} l_i}{\sum l_i} \quad \bar{y}_{S_l} = \frac{\sum \bar{y}_{S_{li}} l_i}{\sum l_i}$$

Die Linienschwerpunkte für Kreisbögen enthält die Tabelle 6.4.

Tabelle 6.4 Linienschwerpunkte

Linie		Linienschwerpunkt
Viertelkreis	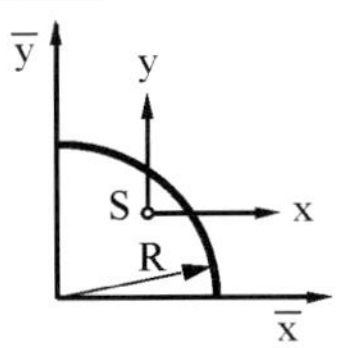	$\bar{x}_S = \bar{y}_S = \frac{2R}{p}$
Kreisbogen (unsymmetrisch)	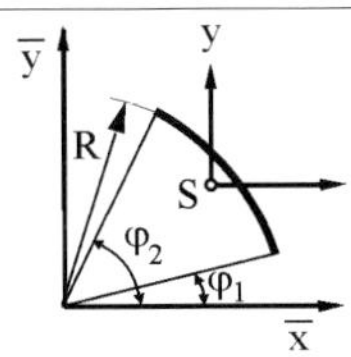	$\bar{x}_S = \frac{180°}{\varphi_2° - \varphi_1°} \frac{R}{\pi} (\sin\varphi_2 - \sin\varphi_1)$ $\bar{y}_S = \frac{180°}{\varphi_2° - \varphi_1°} \frac{R}{\pi} (\cos\varphi_2 - \cos\varphi_1)$

6.1.5 Flächenmomente

Flächenmomente sind geometrische Größen, die in der Festigkeitslehre benötigt werden. In einem beliebigen Koordinatensystem $\{\overline{x}, \overline{y}\}$ (Bild 6.10) sind die Flächenmomente 1. Ordnung, auch als statische Momente bezeichnet, definiert durch:

$$S_{\overline{x}} = \int \overline{y}\, \mathrm{d}A \quad S_{\overline{y}} = \int \overline{x}\, \mathrm{d}A$$

Die statischen Momente bezüglich der Koordinatenachsen durch den Flächenschwerpunkt sind identisch null:

$$S_x = \int y\, \mathrm{d}A = 0 \quad S_y = \int x\, \mathrm{d}A = 0$$

Als Flächenmomente 2. Ordnung werden die axialen **Flächenträgheitsmomente**

$$I_{\overline{xx}} = \int \overline{y}^2\, \mathrm{d}A \quad I_{\overline{yy}} = \int \overline{x}^2\, \mathrm{d}A$$

sowie das **Deviationsmoment**

$$I_{\overline{xy}} = -\int \overline{xy}\, \mathrm{d}A$$

bezeichnet. Analoge Definitionen gelten für ein Koordinatensystem $\{x, y\}$ mit dem Ursprung im Flächenschwerpunkt S:

$$I_{xx} = \int y^2\, \mathrm{d}A \quad I_{yy} = \int x^2\, \mathrm{d}A \quad I_{xy} = \int xy\, \mathrm{d}A$$

Bezüglich einer Symmetrieachse ist das Deviationsmoment null.

Unter der Voraussetzung paralleler Koordinatensysteme $\{\overline{x}, \overline{y}\}$ und $\{x, y\}$ (Bild 6.10) bestehen zwischen den Flächenmomenten 2. Ordnung die folgenden Transformationsbeziehungen. Sie werden auch als **Satz von Steiner** bezeichnet.

$$I_{\overline{xx}} = I_{xx} + \overline{y}_S^{\,2} A$$
$$I_{\overline{yy}} = I_{yy} + \overline{x}_S^{\,2} A$$
$$I_{\overline{xy}} = I_{xy} - \overline{x}_S \overline{y}_S A$$

Eine Zusammenstellung der Werte für spezielle Flächen enthält die Tabelle 6.5.

Sind die Flächenmomente von Teilflächen bezüglich ihrer Teilflächenschwerpunktachsen $\{x_i, y_i\}$ bekannt, können diese mittels des Satzes von Steiner auf die Schwerpunktachsen $\{x, y\}$ der Gesamtfläche transformiert und addiert werden (Bild 6.11).

$$I_{xx} = \sum_i (I_{x_i x_i} + y_{S_i}^2 A_i)$$

$$I_{yy} = \sum_i (I_{y_i y_i} + x_{S_i}^2 A_i)$$

$$I_{xy} = \sum_i (I_{x_i y_i} - x_{S_i} y_{S_i} A_i)$$

Tabelle 6.5 Flächenschwerpunkte und Flächenträgheitsmomente

Fläche		**Flächenträgheitsmoment bezüglich Schwerpunktachsen**	**Flächenträgheitsmoment bezüglich Begrenzungsachsen**
Rechteck	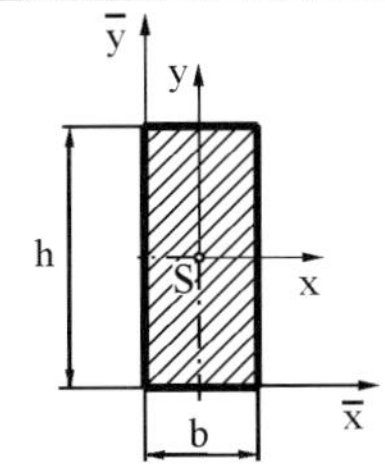	$I_{xx} = \frac{bh^3}{12}$ $I_{yy} = \frac{b^3 h}{12}$ $I_{xy} = 0$	$I_{\bar{x}\bar{x}} = \frac{bh^3}{3}$ $I_{\bar{y}\bar{y}} = \frac{b^3 h}{3}$ $I_{\bar{x}\bar{y}} = -\frac{b^2 h^2}{4}$
Dreieck	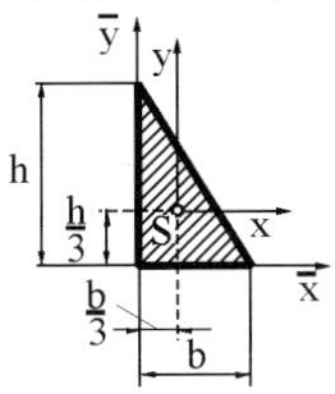	$I_{xx} = \frac{bh^3}{36}$ $I_{yy} = \frac{b^3 h}{36}$ $I_{xy} = \frac{b^2 h^2}{72}$	$I_{\bar{x}\bar{x}} = \frac{bh^3}{12}$ $I_{\bar{y}\bar{y}} = \frac{b^3 h}{12}$ $I_{\bar{x}\bar{y}} = -\frac{b^2 h^2}{24}$
Viertelkreis	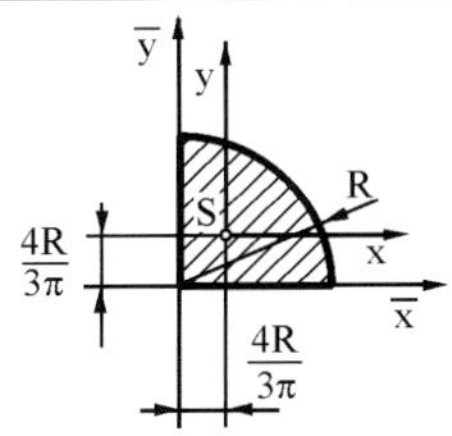	$I_{xx} = \left(\frac{\pi}{16} - \frac{4}{9\pi}\right) R^4$ $I_{yy} = I_{xx}$ $I_{xy} = \left(\frac{4}{9\pi} - \frac{1}{8}\right) R^4$	$I_{\bar{x}\bar{x}} = \frac{\pi}{16} R^4$ $I_{\bar{y}\bar{y}} = I_{\bar{x}\bar{x}}$ $I_{\bar{x}\bar{y}} = -\frac{R^4}{8}$
Kreis	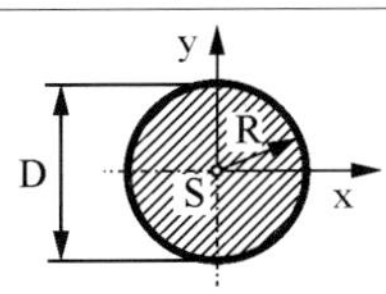	$I_{xx} = I_{yy} = \frac{\pi}{4} R^4$ $I_{xx} = I_{yy} = \frac{\pi}{64} D^4$	

Zwischen den Flächenträgheitsmomenten im $\{x, y\}$-System des Schwerpunktes und denen in einem um den Winkel φ gedrehten Koordinatensystem $\{u, v\}$ bestehen die Transformationsbeziehungen

$$I_{uu} = \frac{I_{xx} + I_{yy}}{2} + \frac{I_{xx} - I_{yy}}{2} \cos(2\varphi) + I_{xy} \sin(2\varphi)$$

$$I_{vv} = \frac{I_{xx} + I_{yy}}{2} - \frac{I_{xx} - I_{yy}}{2} \cos(2\varphi) - I_{xy} \sin(2\varphi)$$

$$I_{uv} = -\frac{I_{xx} - I_{yy}}{2} \sin(2\varphi) + I_{xy} \cos(2\varphi)$$

Extremwerte für die axialen Trägheitsmomente folgen aus $I_{uv} = 0$ zu

$$I_{1,2} = \frac{I_{xx} + I_{yy}}{2} \pm \sqrt{\left(\frac{I_{xx} - I_{yy}}{2}\right)^2 + I_{xy}^2}$$

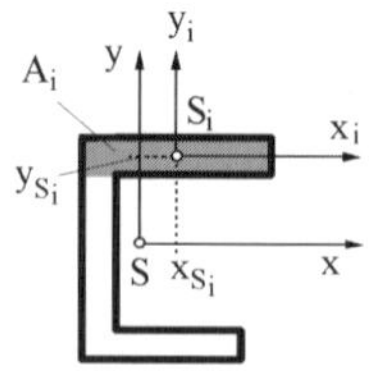

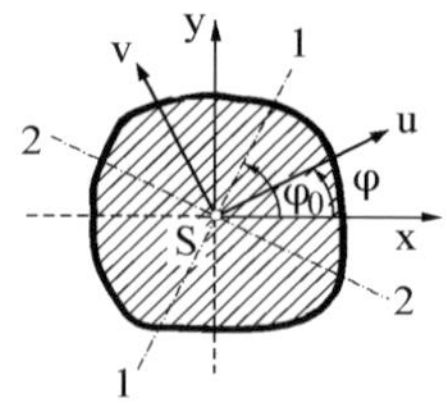

Bild 6.11 Zusammensetzen und Drehen von Flächenträgheitsmomenten

Es gelten die Zusammenhänge

$$I_1 \geq I_{xx}, \quad I_{yy} \geq I_2$$

$$I_1 + I_2 = I_{xx} + I_{yy}$$

$$I_1 I_2 = I_{xx} I_{yy} - I_{xy}^2$$

Die den **Hauptträgheitsmomenten** I_1 bzw. I_2 zugeordneten Achsen werden als **Hauptträgheitsachsen** 1 bzw. 2 bezeichnet. Die Lage der Hauptachse 1 (Bild 6.11) ist eindeutig aus

$$\tan(\varphi_0) = \frac{I_{xy}}{I_{xx} - I_2} = \frac{I_1 - I_{xx}}{I_{xy}}$$

zu ermitteln.

6.2 Festigkeitslehre

Gegenstand der Festigkeitslehre ist die Ermittlung des **lokalen Beanspruchungszustandes** in jedem materiellen Punkt, dessen Bewertung hinsichtlich einer zulässigen Beanspruchbarkeit bzw. die daraus abzuleitende Dimensionierung von Konstruktionen (Abschn. 9). Dabei werden die bei einer Belastung auftretenden Verformungen, die in Verbindung mit den Deformationseigenschaften des Werkstoffes stehen, einbezogen. Die Lösung von statisch unbestimmten Systemen, bei denen die Anzahl der unbekannten kinetischen Variablen größer als die Zahl der zu formulierenden Gleichgewichtsbedingungen ist, erfordert Formänderungsbetrachtungen.

Für eine Vielzahl praktischer Aufgaben ist die Annahme kleiner Verformungen (d. h. klein im Vergleich zu den Querschnittsabmessungen) und die Erfüllung des Gleichgewichts am unverformten (starren) System zulässig (Theorie 1. Ordnung). Die Ermittlung von kritischen Lasten bei Stabilitätsproblemen erfordert die Formulierung der Gleichgewichtsbedingungen am (gering) verformten Tragwerk (Theorie 2. Ordnung). Die Behandlung großer finiter Deformationen ist Gegenstand der Kontinuumsmechanik.

6.2.1 Grundlagen

6.2.1.1 Spannungen

Die am Schnittflächenelement dA wirkende Kraft d$\boldsymbol{F}$ kann in eine normal und eine tangential gerichtete Komponente zerlegt werden (Bild 6.12). Die Koordinaten dieser Komponenten bezogen auf die Flächeneinheit definieren mit

$$\sigma = \frac{\mathrm{d}F_\mathrm{N}}{\mathrm{d}A} \quad \text{und} \quad \tau = \frac{\mathrm{d}F_\mathrm{T}}{\mathrm{d}A}$$

die **Normalspannung** bzw. **Schubspannung** (oder Tangentialspannung).

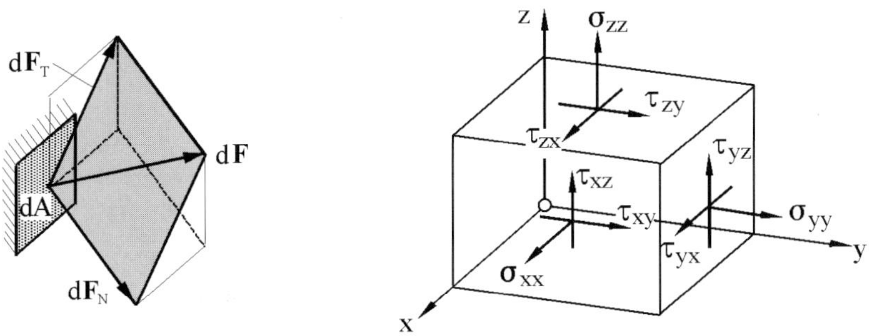

Bild 6.12 Spannungsdefinition

Die an einem materiellen Volumenelement auftretenden **Spannungen** zeigt Bild 6.12. Die eindeutige Bezeichnung erfolgt durch zwei Indizes. Der erste Index fixiert die Richtung der Schnittflächennormalen und der zweite Index die Richtung der Spannungskoordinate. Die Spannungen an den gegenüberliegenden Schnittflächen sind entgegengesetzt orientiert. Mit der allgemeinen Bezeichnung σ_{kl} ($k, l = x, y, z$) ist eine Unterscheidung in Normalspannungen ($k = l$) und Schubspannungen ($k \neq l$) eindeutig möglich. Die Spannungen sind die Koordinaten eines Tensors 2. Stufe (**Spannungstensor**)

$$(\sigma_{kl}) = \begin{pmatrix} \sigma_{xx} & \tau_{xy} & \tau_{xz} \\ \tau_{yx} & \sigma_{yy} & \tau_{yz} \\ \tau_{zx} & \tau_{zy} & \sigma_{zz} \end{pmatrix}$$

Unter Vernachlässigung eingeprägter Momente am Volumenelement gilt die Gleichheit zugeordneter Schubspannungen:

$$\tau_{xy} = \tau_{yx} \qquad \tau_{yz} = \tau_{zy} \qquad \tau_{xz} = \tau_{zx}$$

Für einen beliebigen räumlichen Spannungszustand existieren immer drei orthogonale Schnittflächen, die schubspannungsfrei sind. Die verbleibenden Normalspannungen werden als **Hauptspannungen** σ_l ($l = 1, 2, 3$) bezeichnet. Sie sind stets die reellen Wurzeln der kubischen Gleichung

$$\sigma^3 - I_1^\sigma \sigma^2 + I_2^\sigma \sigma - I_3^\sigma = 0 \quad \text{bzw.} \quad (\sigma - \sigma_1)(\sigma - \sigma_2)(\sigma - \sigma_3) = 0$$

Die Koeffizienten dieser Gleichung

$$I_1^\sigma = \sigma_{xx} + \sigma_{yy} + \sigma_{zz} = \sigma_1 + \sigma_2 + \sigma_3$$

$$I_2^\sigma = \sigma_{xx}\sigma_{yy} + \sigma_{yy}\sigma_{zz} + \sigma_{zz}\sigma_{xx} - \tau_{xy}^2 - \tau_{yz}^2 - \tau_{zx}^2$$
$$= \sigma_1\sigma_2 + \sigma_2\sigma_3 + \sigma_3\sigma_1$$

$$I_3^\sigma = \det \begin{vmatrix} \sigma_{xx} & \tau_{xy} & \tau_{xz} \\ \tau_{yx} & \sigma_{yy} & \tau_{yz} \\ \tau_{zx} & \tau_{zy} & \sigma_{zz} \end{vmatrix} = \sigma_1\sigma_2\sigma_3$$

sind unabhängig vom Koordinatensystem und werden als die **Invarianten des Spannungstensors** bezeichnet. Vereinbart wird $\sigma_1 \geq \sigma_2 \geq \sigma_3$. Die den Hauptspannungen σ_l zugeordneten Hauptrichtungen beschreiben die Einheitsvektoren

$$\boldsymbol{n}_l = n_{lx}\boldsymbol{e}_x + n_{ly}\boldsymbol{e}_y + n_{lz}\boldsymbol{e}_z$$

Die Koordinaten dieser Richtungsvektoren, die identisch sind mit den Kosinus der Winkel zwischen Hauptachse l und der x-, y- bzw. z-Achse, folgen aus der Lösung des Gleichungssystems

$$\begin{aligned}
(\sigma_{xx}-\sigma_l)\,n_{lx} &+ \tau_{yx}n_{ly} &+ \tau_{zx}n_{lz} &= 0\\
\tau_{xy}n_{lx} &+ (\sigma_{yy}-\sigma_l)\,n_{ly} &+ \tau_{zy}n_{lz} &= 0\\
\tau_{xz}n_{lx} &+ \tau_{yz}n_{ly} &+ (\sigma_{zz}-\sigma_l)\,n_{lz} &= 0
\end{aligned}$$

für $\sigma_l = \sigma_1, \sigma_2, \sigma_3$. Zu beachten ist, dass infolge der linearen Abhängigkeit jeweils eine von diesen drei Gleichungen zu streichen und durch die Einheitsvektorbedingung

$$n_{lx}^2 + n_{ly}^2 + n_{lz}^2 = 1$$

zu ersetzen ist.

Falls die Spannungskoordinaten in einer Richtung null sind, beispielsweise in der z-Richtung ($\sigma_{zz} = 0,\ \tau_{zx} = 0,\ \tau_{zv} = 0$), liegt der Sonderfall eines ebenen (oder zweiachsigen) Spannungszustandes vor. Für die Transformation dieses Spannungszustandes in ein um den Winkel φ gedrehtes $\{u, v\}$-System gelten analoge Beziehungen wie für die Transformation der Flächenträgheitsmomente (Abschnitt 6.1.5).

Aus der Bedingung $\tau_{uv} = 0$ folgen die **Werte der Hauptnormalspannungen** zu

$$\sigma_{1,2} = \frac{\sigma_{xx}+\sigma_{yy}}{2} \pm \sqrt{\left(\frac{\sigma_{xx}-\sigma_{yy}}{2}\right)^2 + \tau_{xy}^2}$$

Die **Richtung der größten Hauptnormalspannung** σ_1 ist eindeutig aus

$$\tan(\varphi_0) = \frac{\tau_{xy}}{\sigma_{xx}-\sigma_2} = \frac{\sigma_1-\sigma_{xx}}{\tau_{xy}}$$

zu bestimmen.

6.2.1.2 Verzerrungen

Die Verformung eines Körpers wird durch das Verschiebungsvektorfeld

$$\boldsymbol{u} = \boldsymbol{u}(x, y, z) = u_x\boldsymbol{e}_x + u_y\boldsymbol{e}_y + u_z\boldsymbol{e}_z$$

beschrieben. Die lokalen Deformationen (Umgebung eines materiellen Punktes) werden durch die Verzerrungen erfasst. Zu unterscheiden ist in die Dehnung ε als Maß für die Streckung eines materiellen Linienelements und in die Gleitung γ, die Änderung des Winkels zweier ursprünglich orthogonaler Linienelemente. Unter der Voraussetzung kleiner Verschiebungsgradienten gelten die **Verschiebungs-Verzerrungs-Beziehungen**:

$$\varepsilon_{xx} = \frac{\partial u_x}{\partial x} = u_{x,x} \qquad \varepsilon_{yy} = \frac{\partial u_y}{\partial y} = u_{y,y} \qquad \varepsilon_{zz} = \frac{\partial u_z}{\partial z} = u_{z,z}$$

$$\gamma_{xy} = \frac{\partial u_x}{\partial y} + \frac{\partial u_y}{\partial x} = u_{x,y} + u_{y,x} = \gamma_{yx}$$

$$\gamma_{yz} = \frac{\partial u_y}{\partial z} + \frac{\partial u_z}{\partial y} = u_{y,z} + u_{z,y} = \gamma_{zy}$$

$$\gamma_{xz} = \frac{\partial u_x}{\partial z} + \frac{\partial u_z}{\partial x} = u_{x,z} + u_{z,x} = \gamma_{zx}$$

Die Dehnungen und Gleitungen bilden die Koordinaten ε_{kl} des **Verzerrungstensors**

$$(\varepsilon_{kl}) = \begin{pmatrix} \varepsilon_{xx} & \frac{1}{2}\gamma_{xy} & \frac{1}{2}\gamma_{xz} \\ \frac{1}{2}\gamma_{yx} & \varepsilon_{yy} & \frac{1}{2}\gamma_{yz} \\ \frac{1}{2}\gamma_{zx} & \frac{1}{2}\gamma_{zy} & \varepsilon_{zz} \end{pmatrix}$$

Die Ermittlung von **Hauptdehnungen** und zugehörigen Richtungen für einen allgemeinen Verzerrungszustand erfolgt in vollständiger Analogie zum Spannungszustand (Abschnitt 6.2.1.1). Gilt beispielsweise $\varepsilon_{zz} = 0$, $\gamma_{zx} = \gamma_{zy} = 0$, dann liegt ein ebener Verzerrungszustand vor. Für diesen Sonderfall sind die Beziehungen des ebenen Spannungszustandes für die Ermittlung von Hauptdehnungen und Hauptdehnungsrichtungen analog anzuwenden.

6

6.2.1.3 Linear elastisches Materialverhalten

Linear elastisches Materialverhalten unter Berücksichtigung der Dehnung infolge einer gegebenen Temperaturdifferenz ΔT wird beschrieben durch das verallgemeinerte Hooke'sche Gesetz (≡ **Spannungs-Dehnungs-Beziehungen**)

$$\varepsilon_{xx} = \frac{1}{E}\left[\sigma_{xx} - \nu\left(\sigma_{yy} + \sigma_{zz}\right)\right] + \alpha_{\text{th}}\ \Delta T$$
$$\varepsilon_{yy} = \frac{1}{E}\left[\sigma_{yy} - \nu\left(\sigma_{xx} + \sigma_{zz}\right)\right] + \alpha_{\text{th}}\ \Delta T$$
$$\varepsilon_{zz} = \frac{1}{E}\left[\sigma_{zz} - \nu\left(\sigma_{xx} + \sigma_{yy}\right)\right] + \alpha_{\text{th}}\ \Delta T$$

$$\gamma_{xy} = \frac{\tau_{xy}}{G} \qquad \gamma_{xz} = \frac{\tau_{xz}}{G} \qquad \gamma_{yz} = \frac{\tau_{yz}}{G}$$

bzw. in inverser Darstellung mit $e = \varepsilon_{xx} + \varepsilon_{yy} + \varepsilon_{zz}$ und $G = \frac{E}{2(1+\nu)}$

$$\sigma_{xx} = \frac{E}{1+\nu}\left(\varepsilon_{xx} + \frac{\nu}{1-2\nu}\,e\right) - \frac{E}{1-2\nu}\,\alpha_{\text{th}}\ \Delta T \qquad \tau_{xy} = G\gamma_{xy}$$
$$\sigma_{yy} = \frac{E}{1+\nu}\left(\varepsilon_{yy} + \frac{\nu}{1-2\nu}\,e\right) - \frac{E}{1-2\nu}\,\alpha_{\text{th}}\ \Delta T \qquad \tau_{xz} = G\gamma_{xz}$$
$$\sigma_{zz} = \frac{E}{1+\nu}\left(\varepsilon_{zz} + \frac{\nu}{1-2\nu}\,e\right) - \frac{E}{1-2\nu}\,\alpha_{\text{th}}\ \Delta T \qquad \tau_{yz} = G\gamma_{yz}$$

Die drei Parameter

E: Elastizitätsmodul
ν: Querkontraktionszahl (Poisson-Zahl)
α_{th}: linearer Temperaturausdehnungkoeffizient

sind werkstoffabhängig.

Für den **Sonderfall des ebenen Spannungszustandes** (Abschnitt 6.2.1.1) gilt

$$\varepsilon_{xx} = \frac{1}{E}\left(\sigma_{xx} - \nu\sigma_{yy}\right) + \alpha_{\text{th}}\ \Delta T \qquad \gamma_{xy} = \frac{\tau_{xy}}{G}$$
$$\varepsilon_{yy} = \frac{1}{E}\left(\sigma_{yy} - \nu\sigma_{xx}\right) + \alpha_{\text{th}}\ \Delta T$$
$$\varepsilon_{zz} = -\frac{\nu}{E}\left(\sigma_{xx} + \sigma_{yy}\right) + \alpha_{\text{th}}\ \Delta T$$

bzw.

$$\sigma_{xx} = \frac{E}{1-\nu^2}\left(\varepsilon_{xx} + \nu\varepsilon_{yy}\right) - \frac{E}{1-\nu}\,\alpha_{\text{th}}\,\Delta T \qquad \tau_{xy} = G\gamma_{xy}$$

$$\sigma_{yy} = \frac{E}{1-\nu^2}\left(\varepsilon_{yy} + \nu\varepsilon_{xx}\right) - \frac{E}{1-\nu}\,\alpha_{\text{th}}\,\Delta T$$

Das Hooke'sche Gesetz für den **Sonderfall des ebenen Verzerrungszustandes** (Abschnitt 6.2.1.2) lautet

$$\varepsilon_{xx} = \frac{1+\nu}{E}\left[(1-\nu)\,\sigma_{xx} - \nu\sigma_{yy}\right] + (1+\nu)\,\alpha_{\text{th}}\,\Delta T \qquad \gamma_{xy} = \frac{\tau_{xy}}{G}$$

$$\varepsilon_{yy} = \frac{1+\nu}{E}\left[(1-\nu)\,\sigma_{yy} - \nu\sigma_{xx}\right] + (1+\nu)\,\alpha_{\text{th}}\,\Delta T$$

bzw.

$$\sigma_{xx} = \frac{E}{(1+\nu)(1-2\nu)}\left[(1-\nu)\,\varepsilon_{xx} + \nu\varepsilon_{yy} - (1+\nu)\,\alpha_{\text{th}}\,\Delta T\right] \qquad \tau_{xy} = G\gamma_{xy}$$

$$\sigma_{yy} = \frac{E}{(1+\nu)(1-2\nu)}\left[(1-\nu)\,\varepsilon_{yy} + \nu\varepsilon_{xx} - (1+\nu)\,\alpha_{\text{th}}\,\Delta T\right]$$

$$\sigma_{zz} = \frac{E}{(1+\nu)(1-2\nu)}\left[\nu\left(\varepsilon_{xx} + \varepsilon_{yy}\right) - (1+\nu)\,\alpha_{\text{th}}\,\Delta T\right]$$

6.2.2 Zug und Druck

Dieser Beanspruchungszustand tritt in geraden prismatischen Trägern auf, wenn

- die Wirkungslinien aller Kraftvektoren mit der Längsachse z durch den Flächenschwerpunkt der Querschnitte zusammenfallen,
- Temperaturänderungen $\Delta T(z)$ nur in Längsrichtung auftreten und
- keine Einzelmomente angreifen.

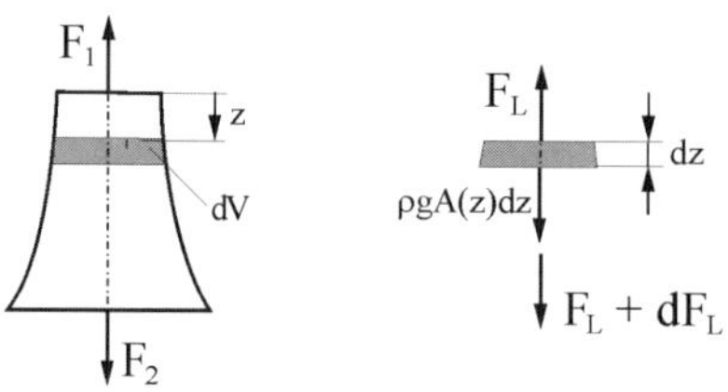

Bild 6.13 Zug und Druck

Das Kräftegleichgewicht am Element (Bild 6.13) bei Berücksichtigung des Eigengewichts liefert unter der Voraussetzung einer schwach veränderlichen Querschnittsfläche $A(z)$

$$\mathrm{d}F_{\text{L}} + \rho g A(z)\,\mathrm{d}z = 0$$

woraus, wegen $\sigma_{zz}(z) = \dfrac{F_{\text{L}}(z)}{A(z)}$, für die Spannung folgt:

$$\sigma_{zz}(z) = -\frac{1}{A(z)}\int_{(z)} \rho g A(\bar{z})\,\mathrm{d}\bar{z} + C_1$$

Mit der Verschiebungs-Verzerrungs-Beziehung und dem Hooke'schen Gesetz für den vorliegenden einachsigen Spannungszustand ergibt sich die Verschiebung $u_z(z)$ aus

$$\varepsilon_{zz} = u_{z,z} = \frac{\sigma_{zz}}{E} + \alpha_{\text{th}}\,\Delta T \quad \text{zu}$$

$$u_z(z) = \int\limits_{(z)} \left(\frac{\sigma_{zz}(\bar{z})}{E} + \alpha_{\text{th}}\,\Delta T(\bar{z}) \right) \mathrm{d}\bar{z} + C_2$$

Die Integrationskonstanten sind für die konkrete Aufgabe aus je einer Bedingung für die Verschiebung $u_z(z)$ oder die Längskraft $F_L(z) = \sigma_{zz}(z)\,A(z)$ am Anfangs- und Endrand zu bestimmen.

Bei sprunghaften Querschnittsänderungen, wie Absätzen, Bohrungen, Innen- und Außenkerben, wird der vorausgesetzte homogene Spannungszustand erheblich gestört. Die daraus resultierende Spannungserhöhung wird mit der Formzahl $\alpha_z > 1$ erfasst. Es gilt: $\sigma_{zz\max} = \alpha_z \sigma_{zz}$.

6.2.3 Biegung

Für das linienförmige Tragwerkselement wird vorausgesetzt:

- eine gerade Längsachse,
- ein unveränderlicher Querschnitt,
- die Festlegung des Koordinatensystems im Flächenschwerpunkt sowie
- die Verformungsannahmen, dass die Querschnitte bei Verformung eben und senkrecht zur verformten Längsachse bleiben (**Bernoulli-Hypothese**).

6.2.3.1 Biegespannungen

Unter den getroffenen Voraussetzungen ist die **Biegespannungsverteilung** im Querschnitt z = konst. aus

$$\sigma_{zz}(x,y) = \frac{M_{bx} I_{xy} - M_{by} I_{xx}}{I_{xx} I_{yy} - I_{xy}^2}\, x + \frac{M_{bx} I_{yy} - M_{by} I_{xy}}{I_{xx} I_{yy} - I_{xy}^2}\, y$$

zu ermitteln. Diese Beziehung für die **schiefe Biegung** gilt näherungsweise auch für schwach gekrümmte Träger mit schwach veränderlichem Querschnitt und Querkraftbiegung (d. h.: $F_{Qx} \neq 0$, $F_{Qy} \neq 0$). Hierbei sind (Bild 6.14)

M_{bx}, M_{by}: die Koordinaten des Biegemomentes an der Stelle z = konst. (Abschnitt 6.1.2).

I_{xx}, I_{yy}, I_{xy}: die Flächenträgheitsmomente bezüglich der Schwerpunktachsen des Querschnitts an der Stelle z = konst. (Abschnitt 6.1.5).

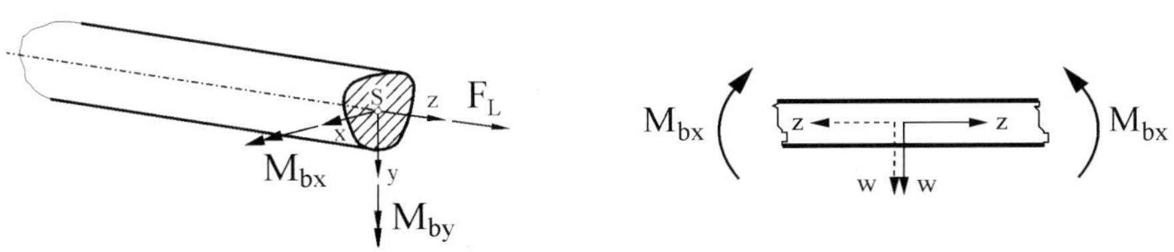

Bild 6.14 Biegung

Für den Sonderfall, dass die x- und y-Achse Hauptträgheitsachsen sind (d. h. $I_{xy} = 0$), wird aus obiger Beziehung der Zusammenhang

$$\sigma_{zz}(x, y) = \frac{M_{\mathrm{b}x}}{I_{xx}} y - \frac{M_{\mathrm{b}y}}{I_{yy}} x$$

Aus der Bedingung $\sigma_{zz} = 0$ folgt in allen Fällen die Geradengleichung der **Spannungsnull-Linie** im Querschnitt $z = \text{konst.}$, die für reine Biegung immer durch den Flächenschwerpunkt verläuft. Die maximale Biegespannung tritt im Querschnittspunkt mit dem größten (senkrechten) Abstand zur Spannungsnull-Linie auf.

Gerade Biegung liegt vor, wenn der Biegemomentenvektor parallel zu einer Hauptachse verläuft (d. h. $M_{\mathrm{b}x} = 0$ oder $M_{\mathrm{b}y} = 0$). Für diesen Fall gelten

$$\sigma_{zz}(y) = \frac{M_{\mathrm{b}x}}{I_{xx}} y \quad \text{bzw.} \quad \sigma_{zz}(x) = -\frac{M_{\mathrm{b}y}}{I_{yy}} x$$

Die betragsmäßig größte Spannung tritt auch dafür in der Randfaser mit dem größten Abstand von der Hauptachse auf:

$$|\sigma_{zz}|_{\max} = \frac{|M_{\mathrm{b}x}|}{W_{\mathrm{b}x}} \quad \text{mit} \quad W_{\mathrm{b}x} = \frac{I_{xx}}{|y|_{\max}}$$

bzw.

$$|\sigma_{zz}|_{\max} = \frac{|M_{\mathrm{b}y}|}{W_{\mathrm{b}y}} \quad \text{mit} \quad W_{\mathrm{b}y} = \frac{I_{yy}}{|x|_{\max}}$$

Für Halbzeuge sind die Werte für die Widerstandsmomente bei Biegung $W_{\mathrm{b}x}$ und $W_{\mathrm{b}y}$ sowie die Flächenträgheitsmomente in den Standards gelistet.

Bei gleichzeitigem Auftreten einer Längskraft F_{L} ergibt sich die Gesamtspannung aus der Überlagerung von Zug/Druck und Biegung

$$\sigma_{zz} = \sigma_{zz\,\text{Zug/Druck}} + \sigma_{zz\,\text{Biegung}}$$

mit der Konsequenz, dass die Spannungsnull-Linie nicht mehr durch den Flächenschwerpunkt verläuft. Für gekrümmte Tragwerke ist eine derartige Superposition nicht zulässig, da hier die Einflüsse von Längskraft und Biegemomenten nicht entkoppeln. Analog zum reinen Zug/Druck wird die Spannungüberhöhung bei sprunghaften Querschnittsänderungen durch eine Formzahl α_{B} erfasst.

6.2.3.2 Biegeverformungen

Für den Fall gerader Biegung um die x-Achse ($M_{\mathrm{b}x} \neq 0$, $M_{\mathrm{b}y} = 0$) wird die Verformung des Biegeträgers durch den Durchbiegungsverlauf $w(z)$ und die Schrägstellung der Querschnitte $\varphi(z)$ beschrieben. Da kleine Verformungen vorausgesetzt sind, gilt

$$\tan(\varphi) \approx \varphi = \frac{\mathrm{d}w}{\mathrm{d}z} = w'$$

und unter Beachtung der in Bild 6.14 getroffenen Definitionen die **Grundgleichung der elastischen Linie**:

$$\frac{\mathrm{d}^2 w(z)}{\mathrm{d}z^2} = w''(z) = -\frac{M_{\mathrm{b}x}(z)}{EI_{xx}}$$

Für stückweise stetige Verläufe $M_{bi}(z_i)$ (Abschnitt 6.1.2) ist diese Differenzialgleichung 2. Ordnung in jedem Bereich $i = 1 \dots n$ zu lösen. Die in den Lösungen $w_i(z_i)$ enthaltenen Integrationskonstanten sind aus Rand- und Übergangsbedingungen zu bestimmen. Bei der Formulierung der Bedingungen ist generell zu berücksichtigen, dass die Verformungen voraussetzungsgemäß klein gegenüber den Querschnittsabmessungen sind.

Tabelle 6.6 fasst wesentliche Bedingungen zusammen:

- Verformungsverhinderung infolge von Lagerungen,
- Stetigkeitsforderungen an den Bereichsgrenzen,
- Trägerabwinklungen bleiben unveränderlich (biegesteife Ecke) und
- Vernachlässigung von Längenänderungen infolge von Durchbiegungen w.

Unter Benutzung der Beziehungen zwischen den Schnittgrößen aus Abschnitt 6.1.2.1 ist alternativ auch eine Differenzialgleichung 4. Ordnung

$$\left(EI_{xx} w''\right)'' = q(z)$$

anzugeben. Bei der Konstantenbestimmung sind hier zusätzlich vorliegende Bedingungen für F_Q und M_b zu beachten.

Für den Fall gerader Biegung um die y-Achse ($M_{bx} = 0$, $M_{by} \neq 0$) bei Definition der positiven Verformungsrichtung v in x-Richtung (entsprechend Bild 6.14) gilt die Differenzialgleichung

$$\frac{d^2 v(z)}{dz^2} = v''(z) = \frac{M_{by}(z)}{EI_{yy}}$$

und die bereits geschilderte Verfahrensweise zur Ermittlung der Verformungen.

Zur Berechnung resultierender Verformungen bei schiefer Biegung um die Hauptträgheitsachsen ist das Superpositionsprinzip anzuwenden.

In Tabelle 6.7 sind für einige Belastungsbeispiele die Funktionen der Verschiebungen und Neigungen entlang des Biegebalkens sowie signifikante Verformungen zusammengestellt.

Tabelle 6.6 Rand- und Übergangsbedingungen

Lager	verformter Balken	Aussage zur Durchbiegung	Aussage zur Neigung
Einspannung	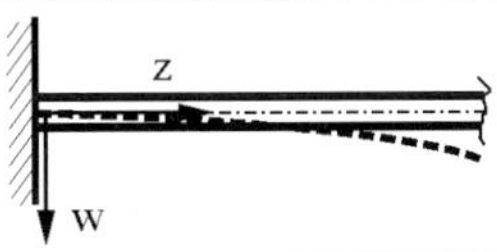	$w(z = 0) = 0$	$w'(z = 0) = 0$
Festlager	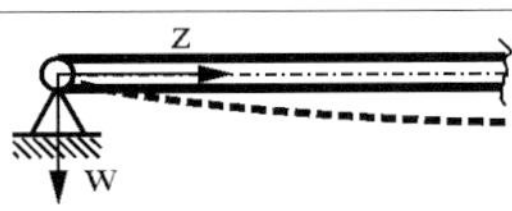	$w(z = 0) = 0$	
Loslager	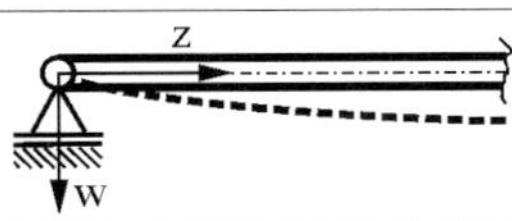	$w(z = 0) = 0$	
verschiebliche Einspannung	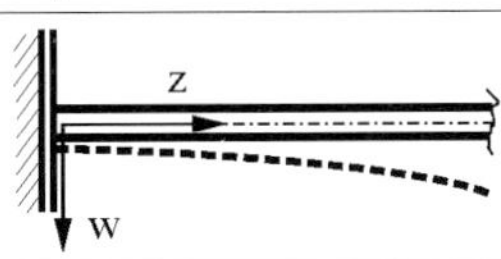		$w'(z = 0) = 0$

Tabelle 6.6 Fortsetzung

Lager	verformter Balken	Aussage zur Durchbiegung	Aussage zur Neigung
stetiger Übergang	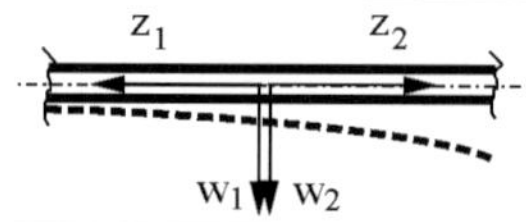	$w_1(z_1 = 0)$ $= w_2(z_2 = 0)$	$w'_1(z_1 = 0)$ $= -w'_2(z_2 = 0)$
Gelenk	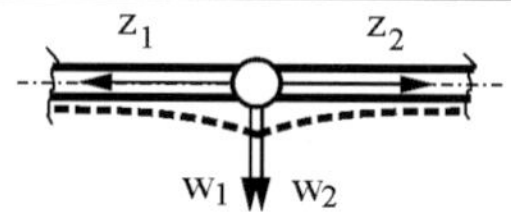	$w_1(z_1 = 0)$ $= w_2(z_2 = 0)$	
biegesteife Ecke	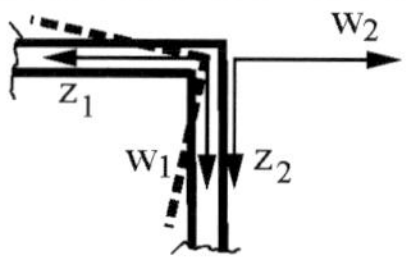		$w'_1(z_1 = 0)$ $= w'_2(z_2 = 0)$
keine Längenänderung infolge Durchbiegung	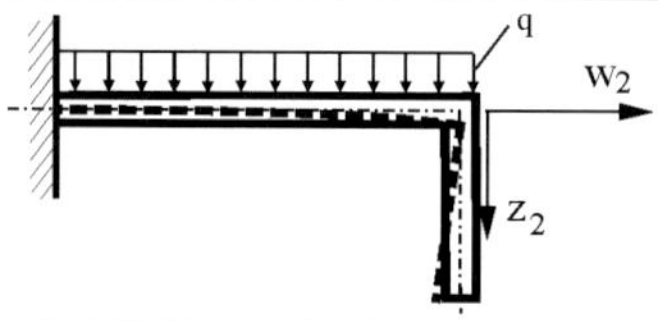	$w_2(z_2 = 0) = 0$	

Tabelle 6.7 Biegeverformungen für ausgewählte Beispiele

Belastung	Biegelinie	Verformungen
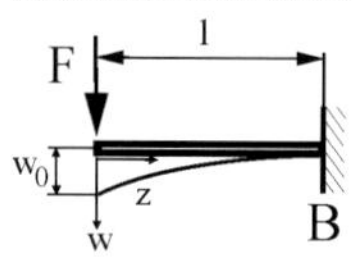	$w = \frac{Fl^3}{3EI}\left[1 - \frac{3}{2}\left(\frac{z}{l}\right) + \frac{1}{2}\left(\frac{z}{l}\right)^3\right]$ $w' = \frac{Fl^2}{2EI}\left[-1 + \left(\frac{z}{l}\right)^2\right]$	$w_0 = w_{\max} = \frac{Fl^3}{3EI}$ $\varphi_0 = -\frac{Fl^2}{2EI}$
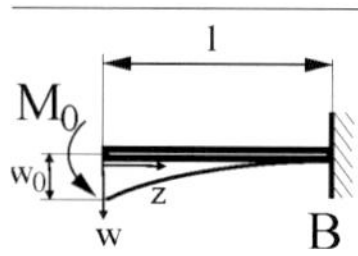	$w = \frac{M_0}{2EI}(l - z)^2$ $w' = \frac{M_0 l}{EI}\left[-1 + \left(\frac{z}{l}\right)\right]$	$w_0 = w_{\max} = \frac{M_0 l^2}{2EI}$ $\varphi_0 = -\frac{M_0 l}{EI}$
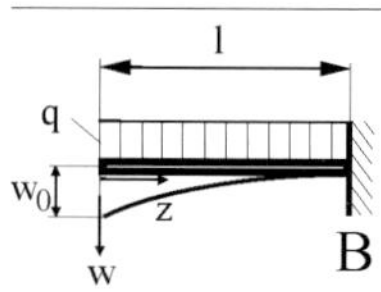	$w = \frac{ql^4}{24EI}\left[3 - 4\left(\frac{z}{l}\right) + \left(\frac{z}{l}\right)^4\right]$ $w' = \frac{ql^3}{6EI}\left[-1 + \left(\frac{z}{l}\right)^3\right]$	$w_0 = w_{\max} = \frac{ql^4}{8EI}$ $\varphi_0 = -\frac{ql^3}{6EI}$
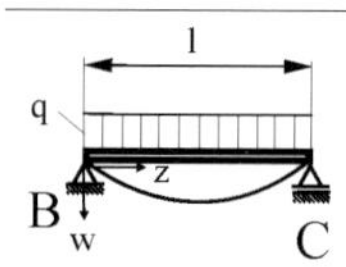	$w = \frac{ql^4}{24EI}\left[\frac{z}{l} - 2\left(\frac{z}{l}\right)^2 + \left(\frac{z}{l}\right)^4\right]$ $w' = \frac{ql^3}{24EI}\left[1 - 6\left(\frac{z}{l}\right)^2 + 4\left(\frac{z}{l}\right)^3\right]$	$w_{\max} = w\left(z = \frac{l}{2}\right) = \frac{5ql^4}{384EI}$ $w'_B = \frac{ql^3}{24EI} = -w'_C$

Tabelle 6.7 Fortsetzung

Belastung	Biegelinie	Verformungen
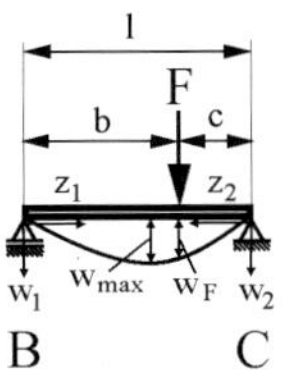	$w_1 = \frac{Fbc^2}{6EIl}\left(z_1 + \frac{lz_1}{c} - \frac{z_1^3}{bc}\right)$ $w_1' = \frac{Fbc^2}{6EIl}\left(1 + \frac{l}{c} - \frac{3z_1^2}{bc}\right)$ $w_2 = \frac{Fb^2c}{6EIl}\left(z_2 + \frac{lz_2}{b} - \frac{z_2^3}{bc}\right)$ $w_2' = \frac{Fb^2c}{6EIl}\left(1 + \frac{l}{b} - \frac{3z_2^2}{bc}\right)$	$w_F = \frac{Fb^2c^2}{3EIl}$ $w_F' = \frac{Fbc}{3EIl}(c-b)$ $w_B' = \frac{Fbc}{6EIl}(l+c)$ $w_{max} = \frac{Fbc}{9EIl}(l+c)\sqrt{\frac{(l+c)b}{3}}$ bei $z_1 = \sqrt{\frac{(l+c)b}{3}}$
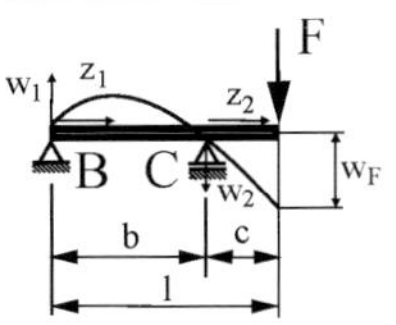	$w_1 = \frac{Fb^2c}{6EI}\left[\frac{z_1}{b} - \left(\frac{z_1}{b}\right)^3\right]$ $w_1' = \frac{Fbc}{6EI}\left[1 - 3\left(\frac{z_1}{b}\right)^2\right]$ $w_2 = \frac{Fb^2c}{6EI}\left(2\frac{z_2}{b} + 3\frac{z_2^2}{b^2} - \frac{z_2^3}{b^2c}\right)$ $w_2' = \frac{Fbc}{6EI}\left(2 + 6\frac{z_2}{b} - 3\frac{z_2^2}{bc}\right)$	$w_F = \frac{Fc^2l}{3EI}$ $w_F' = \frac{Fbc}{6EI}\left(2 + 3\frac{c}{b}\right)$ $w_C' = \frac{Fbc}{3EI} = 2w_B'$ $w_{1\,max} = \frac{\sqrt{3}Fb^2c}{27EI}$ bei $z_1 = \frac{b}{\sqrt{3}}$
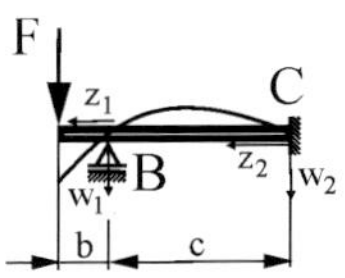	$w_1 = \frac{F}{12EI}(3bcz_1 + 6bz_1^2 - 2z_1^3)$ $w_1' = \frac{F}{4EI}(bc + 4bz_1 - 2z_1^2)$ $w_2 = \frac{Fb}{4cEI}(-cz_2^2 + z_2^3)$ $w_2' = \frac{Fb}{4cEI}(-2cz_2 + 3z_2^2)$	$w_F = \frac{Fb^2}{12EI}(4b+3c)$ $w_F' = \frac{Fb}{4EI}(2b+c)$ $w_B' = \frac{Fbc}{4EI}$ $w_{2\,max} = -\frac{Fbc^2}{27EI}$ bei $z_2 = \frac{2}{3}c$
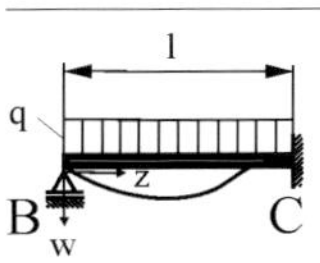	$w = \frac{ql^4}{48EI}\left[\frac{z}{l} - 3\left(\frac{z}{l}\right)^3 + 2\left(\frac{z}{l}\right)^4\right]$ $w' = \frac{ql^3}{48EI}\left[1 - 9\left(\frac{z}{l}\right)^2 + 8\left(\frac{z}{l}\right)^3\right]$	$w_{max} = \frac{ql^4}{184{,}6EI}$ für $z \approx 0{,}422\,l$ $w_B' = \frac{ql^3}{48EI}$
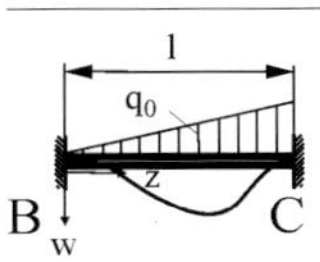	$w = \frac{q_0l^4}{120EI}\left[2\left(\frac{z}{l}\right)^2 - 3\left(\frac{z}{l}\right)^3 + \left(\frac{z}{l}\right)^5\right]$ $w' = \frac{q_0l^3}{120EI}\left[4\frac{z}{l} - 9\left(\frac{z}{l}\right)^2 + 5\left(\frac{z}{l}\right)^4\right]$	$w_{max} = \frac{ql^4}{763{,}84EI}$ bei $z = 0{,}525\,l$

6.2.4 Reine Torsion

Vorausgesetzt werden eine gerade Trägerachse sowie ein (näherungsweise) konstanter Querschnitt. Bei Beanspruchung durch ein konstantes Torsionsmoment (Abschnitt 6.1.2.2) treten in der Querschnittsebene die Schubspannungen τ_{zx} und τ_{zy} auf. Die zugeordnete Verformung ist ein Verdrehwinkel φ um die Trägerlängsachse.

Bei der Torsion nichtkreisförmiger Querschnitte treten im Allgemeinen Verschiebungen u_z in der Längsrichtung auf. Wird diese Verwölbung behindert, entstehen zusätzliche Normalspannungen σ_{zz}. Eine derartige Wölbkrafttorsion soll hier nicht betrachtet werden. Die Voraussetzungen der **wölbfreien Torsion** sind für Kreis- und Kreisringquerschnitte erfüllt. Die Beschreibung erfolgt daher zweckmäßig in Zylinderkoordinaten $\{r, \Theta, z\}$.

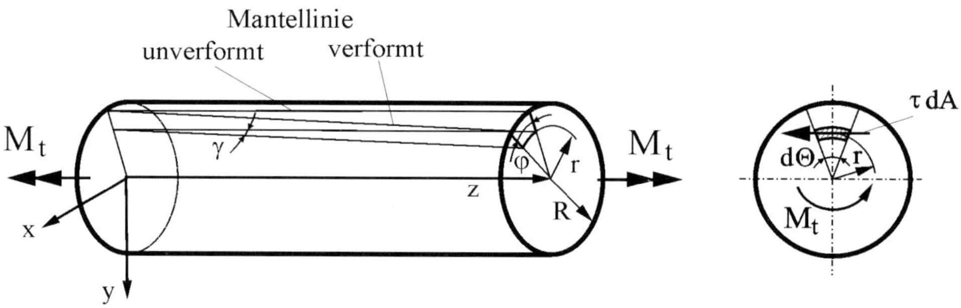

Bild 6.15 Torsion

In Bild 6.15 bezeichnen

γ: die Änderung des rechten Winkels zwischen der Mantellinie und dem Querschnitt z = konst. infolge der Belastung durch das Torsionsmoment M_t (Abschnitt 6.2.1.2) und

τ: die **Torsionsschubspannung** $\tau = \tau_{z\theta} = \sqrt{\tau_{zx}^2 + \tau_{zy}^2}$.

Unter Beachtung der geometrischen Bedingung $\varphi r = \gamma z$ wird die **Drillung** ϑ mit

$$\vartheta = \frac{\varphi}{z} = \frac{\gamma}{r}$$

definiert. Aus einer Äquivalenzbetrachtung folgt mit dem Hooke'schen Gesetz $\tau = G\gamma$

$$M_t = \int_{(A)} r\tau \, dA = G\vartheta \int_{(A)} r^2 \, dA = G\vartheta I_t$$

und daraus

$$\vartheta = \frac{M_t}{GI_t}$$

sowie

$$\boxed{\tau = \tau(r) = \frac{M_t}{I_t} r}$$

mit $\tau_{max} = \tau(r = R) = \dfrac{M_t}{I_t} R = \dfrac{M_t}{W_t}$.

Das **Torsionsträgheitsmoment** I_t und das **Widerstandsmoment bei Torsion** W_t sind geometrische Größen in Analogie zur Biegung (Abschnitt 6.2.3.1). Eine Bestimmung für beliebige, nichtkreisförmige Querschnitte erfordert einen höheren Aufwand. Für ein Rechteck mit den Abmessungen $h > b$, bei dem $\tau_{\max}$ in der Mitte der langen Seite auftritt, gilt

$$I_{\mathrm{t}} = c_1 h b^3, \quad W_{\mathrm{t}} = c_2 h b^2$$

mit den Werten c_1 und c_2 aus Tabelle 6.8.

Tabelle 6.8 Werte c_1 und c_2 zur Ermittlung von I_t und W_t von Rechteckquerschnitten

h/b	1	1,5	1,75	2	2,5	3	4	6	8	10	∞
c_1	0,141	0,196	0,214	0,229	0,249	0,263	0,281	0,289	0,307	0,312	0,333
c_2	0,208	0,230	0,239	0,247	0,258	0,269	0,284	0,299	0,307	0,312	0,333

Aus der Lösung für das schmale Rechteck ($h/b \to \infty$) kann unmittelbar ein Näherungswert für das Torsionsträgheitsmoment für dünnwandig offene Querschnitte mit abschnittsweise konstanter Wanddicke abgeleitet werden (Tabelle 6.9). Die größte Schubspannung tritt am Außenrand des dicksten Abschnitts auf.

Bei dünnwandigen (einfach) geschlossenen Querschnitten werden eine konstante Schubspannungsverteilung über die Wanddicke δ und ein konstanter Schubfluss

$$t = \tau(s)\,\delta(s) = \text{konst.}$$

angenommen. Die maximale Schubspannung $\tau_{\max}$ tritt am Ort der kleinsten Wanddicke auf. Die Berechnungsformeln für I_{t} und W_{t} enthält die Tabelle 6.9, wobei mit A_{m} die von der Profilmittellinie eingeschlossene Fläche bezeichnet wird.

Auftretende Zusatzspannungen an den Unstetigkeitsstellen des Profilverlaufs (Absätze) werden mit den angegebenen Formeln nicht erfasst.

Tabelle 6.9 Trägheits- und Widerstandsmomente bei Torsion

		I_{t}	W_{t}
Rechteck	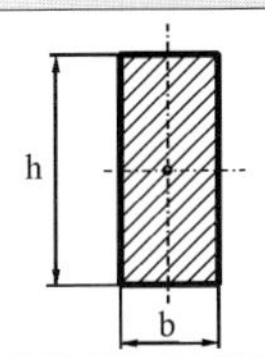	$c_1 h b^3$	$c_2 h b^2$
Kreisring	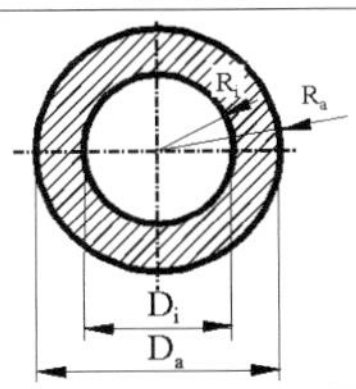	$\frac{\pi}{2}\left(R_{\mathrm{a}}^4 - R_{\mathrm{i}}^4\right)$ $\frac{\pi}{32}\left(D_{\mathrm{a}}^4 - D_{\mathrm{i}}^4\right)$	$\frac{\pi}{2}\,\frac{R_{\mathrm{a}}^4 - R_{\mathrm{i}}^4}{R_{\mathrm{a}}}$ $\frac{\pi}{16}\,\frac{D_{\mathrm{a}}^4 - D_{\mathrm{i}}^4}{D_{\mathrm{a}}}$
offenes dünnwandiges Profil	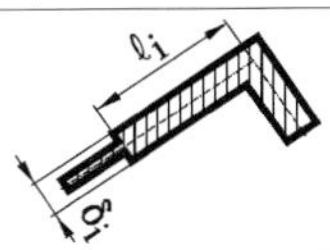	$\frac{1}{3}\sum_{i=1}^{n} \ell_i \delta_i^3$	$\frac{I_{\mathrm{t}}}{\delta_{\max}}$
geschlossenes dünnwandiges Profil	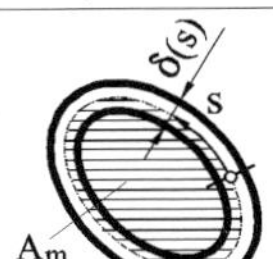	$\frac{4A_{\mathrm{m}}^2}{\oint \frac{\mathrm{d}s}{\delta(s)}}$	$2A_{\mathrm{m}}\delta_{\min}$

6.2.5 Querkraftschub

Betrachtet wird ein prismatischer Träger, der durch eine Querkraft F_{Qy} in Richtung der Hauptträgheitsachse y beansprucht wird und dessen Querschnittsbreite $b(y)$ sich nur wenig ändert (Bild 6.16). Der Ursprung des Querschnittskoordinatensystems liegt im Flächenschwerpunkt. Die auftretenden **Querkraftschubspannungen** werden als unabhängig von der x-Koordinate und parallel zur Querkraftwirkungslinie verlaufend angenommen.

Unter diesen Voraussetzungen folgt für die Schubspannungsverteilung

$$\tau_{zy}(y) = \frac{F_{Qy} S_x(y)}{I_{xx} b(y)}$$

mit dem Flächenträgheitsmoment I_{xx} entsprechend Abschnitt 6.1.4.2. Die Funktion

$$S_x(y) = \int_{(A(y))} \tilde{y}\, dA$$

ist das statische Moment der Restfläche $A(y)$ bezüglich der x-Achse. Die Restfläche, im Bild 6.16 schraffiert dargestellt, wird von den Profilrändern und der Koordinate y eingeschlossen.

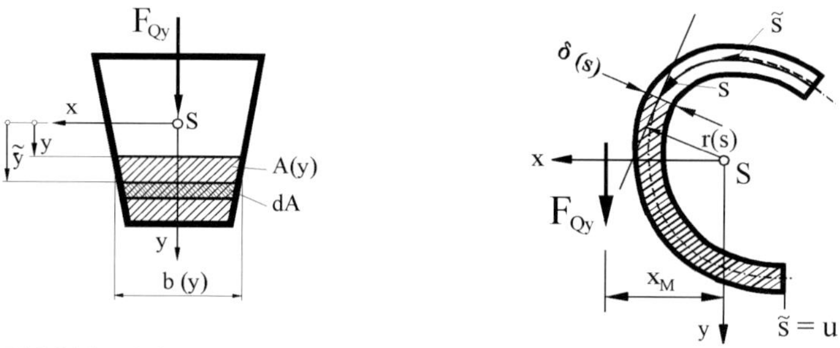

Bild 6.16 Schub in massiven und dünnwandigen Querschnitten

Aus der nichtlinearen Spannungsverteilung $\tau_{zy}(y)$ folgt für Hooke'sches Material, wegen $\gamma = \tau_{zy}/G$, auch eine nichtlineare Funktion für die Gleitung $\gamma_{zy}(y)$. Der verformte Querschnitt bleibt somit nicht mehr eben. Da eine Querkraft $F_{Qy}(y) \neq 0$ auf Grund der Schnittgrößenbeziehungen (Abschnitt 6.1.2.1) mit einem Biegemoment $M_{bx} \neq 0$ in Verbindung steht, ist die Verformungsannahme der reinen Biegung, dass die Querschnitte eben bleiben (Bernoulli-Hypothese, s. Abschnitt 6.2.3), verletzt. Dieser Widerspruch wird durch die Definition einer konstanten mittleren Querkraftschubverzerrung

$$\gamma_S = \kappa \frac{F_{Qy}}{GA}$$

behoben. Auf der Grundlage einer Äquivalenzbetrachtung der Formänderungsenergie ist der querschnittsspezifische Korrekturbeiwert aus

$$\kappa = \frac{A}{I_{xx}^2} \int_{(A)} \frac{S_x^2(y)}{b^2(y)}\, dA$$

zu berechnen. Ergebnisse sind:

Rechteck: $\kappa = \frac{6}{5}$, Kreis: $\kappa = \frac{10}{9}$.

Die schubbedingte Schrägstellung der Querschnitte $\gamma_s(z)$ ist mit der aus der reinen Biegung resultierenden Neigung $\varphi(z)$ zu überlagern (Abschnitt 6.2.3.2):

$$w'(z) = \varphi(z) + \gamma_s(z)$$

Nach Differenziation und Einführen der Grundgleichung der elastischen Linie (Abschnitt 6.2.3.2) folgt die Differenzialgleichung

$$w''(z) = -\frac{M_{bx}(z)}{EI_{xx}} + \left(\kappa \frac{F_{Qy}(z)}{GA}\right)'$$

für die Durchbiegung $w(z)$. Die in der allgemeinen Lösung enthaltenen Integrationskonstanten sind aus Randbedingungen – bzw. bei Mehrbereichsproblemen aus Rand- und Übergangsbedingungen – für φ und w zu bestimmen. Für schlanke Träger mit massiven Querschnitten kann im Allgemeinen die Schubverformung gegenüber der reinen Biegeverformung vernachlässigt werden.

Unter Annahme einer konstanten Spannung über die Wanddicke δ wird in dünnwandigen offenen Querschnitten (Bild 6.16) die Schubspannungsverteilung τ_{zs} in Abhängigkeit von der Bogenkoordinate s der Profilmittellinie aus

$$\tau_{zs}(s) = \frac{F_{Qy} S_x(s)}{I_{xx} \delta(s)}$$

mit $$S_x(s) = \int_s^u y(\tilde{s})\, \delta(\tilde{s})\, d\tilde{s}$$

ermittelt. Um eine Torsion infolge der Querkraftbelastung zu vermeiden, muss bei diesen Profilen die Kraftwirkungslinie durch den Schubmittelpunkt M verlaufen. Dieser ist im Allgemeinen nicht identisch mit dem Schwerpunkt S. Die Lage von M wird aus

$$x_M = \frac{1}{I_{xx}} \int_{(s)} S_x(s)\, r(s)\, ds$$

berechnet, wobei $r(s)$ den (senkrechten) Abstand der Profilmittellinie vom Schwerpunkt bezeichnet. Die angegebenen Beziehungen sind analog auf eine Querkraft F_{Qx} in Richtung der Hauptträgheitsachse x zu übertragen.

6.2.6 Extremalprinzipe

Unter den Voraussetzungen der linearen Elastizitätstheorie können Minimalprinzipe (Variationsprinzipe) begründet werden, die eine effektive Bestimmung von Beanspruchungs- und Verformungsgrößen ermöglichen.

6.2.6.1 Prinzip vom Minimum des elastischen Gesamtpotenzials

Für die wirklich auftretenden Verformungen des sich im Gleichgewicht befindlichen Körpers nimmt gegenüber allen anderen kinematisch möglichen Verformungszuständen das elastische Gesamtpotenzial $\pi = \pi_f - \pi_a$ einen minimalen Wert an:

$$\pi = \pi_f - \pi_a \Rightarrow \text{Min}$$

Für den ebenen Träger unter Längskraft- und Querkraftbiegebeanspruchung ist das elastische Formänderungspotential π_f mit

$$\pi_\mathrm{f} = \frac{1}{2} \int_{(z)} \left[EI_{xx} \varphi'^2 + \frac{1}{\kappa} GA(w' - \varphi)^2 + EAu_z'^2 \right] \mathrm{d}z$$

anzugeben. Die Endwertarbeit π_a resultiert aus Streckenlast $q(z)$, Einzelkräften F_{iy} und F_{iz} sowie Einzelmomenten M_k und deren zugeordneten Verformungen $w(z)$, w_i, u_{iz} sowie φ_k:

$$\pi_\mathrm{a} = \int_{(z)} q(z)\, w(z)\, \mathrm{d}z + \sum_i (F_{iy} w_i + F_{iz} u_{iz}) + \sum_k M_k \varphi_k$$

Die Lösung der Variationsaufgabe $\pi \Rightarrow$ Min basiert auf der Methode von Ritz, indem durch die Einführung von Ansätzen für die Verformungen, beispielsweise Potenzreihen

$$f(z) = \sum_{j=0}^{J} a_j z^j$$

eine Überführung in ein algebraisches Minimalproblem erfolgt. Für $J \neq \infty$ stellen die Ansätze gegebenenfalls eine Näherungslösung dar. Die Ansätze müssen stetig differenzierbar sein und die vorhandenen Verformungsbedingungen erfüllen, woraus gewisse Restriktionen für die Freiwerte a_j folgen. Durch Differenzieren der Ansätze und Integration gemäß der Vorschriften in π_f und π_a entsteht das algebraische Minimumproblem $\pi(a_j) \Rightarrow$ Min, das mit der Methode von Gauß gelöst wird. Aus der notwendigen Bedingung $\partial\pi/\partial a_j = 0$ folgt ein lineares Gleichungssystem für die Bestimmung der Ansatzfreiwerte a_j. Über die Schnittgrößen-Verformungs-Beziehungen können mit den nunmehr vollständig beschriebenen Verformungen die kinetischen Größen quantifiziert werden, beispielsweise:

$$M_{bx} = -EI_{xx} \varphi_x' \qquad F_\mathrm{L} = EAu_z' \qquad F_{Qy} = \frac{GA}{\kappa}(w' - \varphi)$$

Das beschriebene Verfahren kann auf den räumlichen Träger verallgemeinert werden. Allerdings ist für komplizierte räumliche Strukturen die Formulierung von kinematisch zulässigen Ritz-Ansätzen im Allgemeinen nicht möglich. Die Einteilung derartiger Strukturen in kleine Bereiche und die Einführung von „einfachen" Verformungsansätzen, die die Stetigkeitsbedingungen an den Bereichsgrenzen sichern können, bildet die Grundidee der **Methode der Finiten Elemente**. Ein derartiges Vorgehen ist relativ einfach algorithmierbar und numerisch in einem FEM-Programm umzusetzen.

6.2.6.2 Prinzip vom Minimum des elastischen Ergänzungspotenzials

Unter allen statisch zulässigen Beanspruchungszuständen, die die statischen Gleichgewichts- und Randbedingungen erfüllen, nimmt das elastische Ergänzungspotenzial für die wirkliche Beanspruchung einen minimalen Wert an:

$$\pi_\mathrm{E} \Rightarrow \mathrm{Min}$$

Speziell für Linientragwerke folgt aus diesem Prinzip der **Satz von Castigliano**

$$u_k = \frac{\partial \pi_\mathrm{E}}{\partial F_k} \qquad \varphi_k = \frac{\partial \pi_\mathrm{E}}{\partial M_k}$$

d. h., die partielle Ableitung des Ergänzungspotenzials nach einer eingeprägten Kraft F_k liefert die Verschiebung u_k an der Krafteinleitungsstelle in Richtung dieser Kraft. Eine analoge Aussage gilt für die Verdrehung φ_k unter einem Einzelmoment M_k. Die vorausgesetzte statische Zulässigkeit ist durch die Schnittgrößenfunktionen (Abschnitt 6.1.2.2) gegeben. Folglich lautet der **Satz von Castigliano** für räumliche Linientragwerke mit bereichsweise stetigen Schnittgrößen:

$$u_k = \frac{\partial \pi_E}{\partial F_k} = \sum_{i=1}^{n} \int_0^{l_i} \left[\frac{M_{bxi}}{(EI_{xx})_i} \frac{\partial M_{bxi}}{\partial F_k} + \frac{M_{byi}}{(EI_{yy})_i} \frac{\partial M_{byi}}{\partial F_k} + \frac{M_{ti}}{(GI_t)_i} \frac{\partial M_{ti}}{\partial F_k} + \ldots \right.$$
$$\left. + \frac{F_{Li}}{(EA)_i} \frac{\partial F_{Li}}{\partial F_k} + \kappa_{xi} \frac{F_{Qxi}}{(GA)_i} \frac{\partial F_{Qxi}}{\partial F_k} + \kappa_{yi} \frac{F_{Qyi}}{(GA)_i} \frac{\partial F_{Qyi}}{\partial F_k} \right] ds_i$$

$$\varphi_k = \frac{\partial \pi_E}{\partial M_k} = \sum_{i=1}^{n} \int_0^{l_i} \left[\frac{M_{bxi}}{(EI_{xx})_i} \frac{\partial M_{bxi}}{\partial M_k} + \frac{M_{byi}}{(EI_{yy})_i} \frac{\partial M_{byi}}{\partial M_k} + \frac{M_{ti}}{(GI_t)_i} \frac{\partial M_{ti}}{\partial M_k} + \ldots \right.$$
$$\left. + \frac{F_{Li}}{(EA)_i} \frac{\partial F_{Li}}{\partial M_k} + \kappa_{xi} \frac{F_{Qxi}}{(GA)_i} \frac{\partial F_{Qxi}}{\partial M_k} + \kappa_{yi} \frac{F_{Qyi}}{(GA)_i} \frac{\partial F_{Qyi}}{\partial M_k} \right] ds_i$$

Zu beachten sind:

- Vorhandene statisch unbestimmte Lagerreaktionen müssen in den Schnittgrößenfunktionen als (zusätzliche) äußere Belastung angesehen und letztlich aus Verformungsbedingungen $u_k = 0$ bzw. $\varphi_k = 0$ bestimmt werden.
- Zur Berechnung von Verformungen an Stellen, an denen keine äußeren Belastungen eingeprägt sind, müssen zusätzlich Hilfskräfte bzw. Hilfsmomente eingeführt werden.

Die beschriebenen Probleme erlauben für allgemeine Strukturen keine Algorithmierung und numerische Umsetzung.

6.2.7 Einführung in die Stabilitätstheorie

Druckbelastungen können zum

- **Knicken** von Linientragwerken,
- **Kippen** von hohen, schlanken Trägern oder
- **Beulen** von Scheiben und Schalen

führen. Die Ermittlung von kritischen Lasten erfordert das Aufstellen der Gleichgewichtsbeziehungen am verformten System unter Annahme kleiner Verformungen und die Lösung des zugehörigen Eigenwertproblems. Aussagen zum nachkritischen Verhalten sind damit nicht möglich. Für die im Bild 6.17 dargestellten typischen Lagerungsfälle von Linientragwerken ist die kritische Knicklast aus

$$F_K = \pi^2 \frac{EI}{l_K^2}$$

mit der freien Knicklänge l_K und dem kleineren Flächenträgheitsmoment $I = I_2$ zu berechnen. Die zugeordnete kritische Druckspannung wird begrenzt durch eine werkstoffabhängige zulässige Druckspannung σ_{dK}, deren größter Wert durch die Druckfließspannung σ_{dF} festgelegt ist. Unter Benutzung der Definitionen

$\lambda = \frac{l_K}{i}$: Schlankheitsgrad

$i = \sqrt{\frac{I}{A}}$: Trägheitsradius

folgt die maximal mögliche Kraft als der kleinste Wert aus

$$F_{\mathrm{K}} = \begin{cases} EA\left(\dfrac{\pi}{\lambda}\right)^2 & \lambda > \lambda_p \\ \sigma_{\mathrm{dK}}(\lambda)\,A & \lambda_p \geq \lambda \geq \lambda_{\mathrm{F}} \\ \sigma_{\mathrm{dF}}\,A & \lambda < \lambda_{\mathrm{F}} \end{cases}$$

Für den elastisch-plastischen Übergangsbereich $\lambda_p \geq \lambda \geq \lambda_{\mathrm{F}}$ wurden in der einschlägigen Literatur auf Basis von Versuchen verschiedene werkstoff- und anwendungsspezifische Ansätze formuliert.

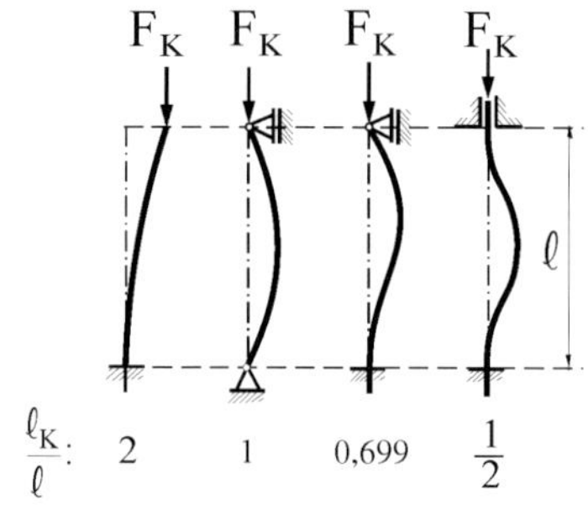

Bild 6.17 Knickung – Eulerfälle

6.2.8 Rotationssymmetrische Spannungszustände

Die Beschreibung von Kreisringscheiben und Kreisringplatten erfolgt zweckmäßig in Zylinderkoordinaten $\{r, \varphi, z\}$. Unter der Voraussetzung einer schwach veränderlichen und im Vergleich zum Außenradius kleinen Bauteildicke h sowie der Beschränkung auf drehsymmetrische Belastungen können Schubspannungen und die Normalspannung σ_{zz} vernachlässigt werden. Die von der Umfangskoordinate φ unabhängigen Normalspannungen $\sigma_{rr} = \sigma_r(r)$ und $\sigma_{\varphi\varphi} = \sigma_\varphi(r)$ sind Hauptnormalspannungen. Beide Problemstellungen sind innerlich einfach statisch unbestimmt, da die am Bauteilelement (Bild 6.18) aufzustellenden Gleichgewichtsbedingungen eine unbekannte kinetische Größe mehr enthalten, als Gleichungen vorhanden sind. Zur Lösung des Problems sind daher die Verschiebungs-Verzerrungs-Beziehungen sowie die Materialgleichungen einzubeziehen.

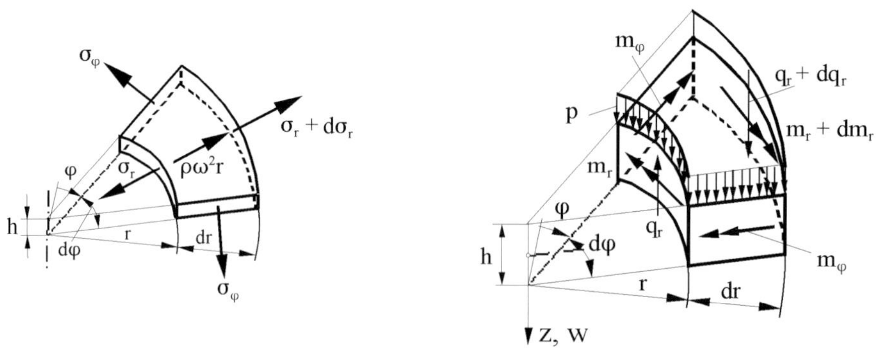

Bild 6.18 Scheiben- und Plattenelement – rotationssymmetrisch

Das Hooke'sche Gesetz für den vorliegenden Fall lautet:

$$\sigma_r(r) = \frac{E}{1-\nu^2}\left[\varepsilon_r + \nu\varepsilon_\varphi - (1+\nu)\,\alpha_{\text{th}}\,\Delta T\right]$$

$$\sigma_\varphi(r) = \frac{E}{1-\nu^2}\left[\varepsilon_\varphi + \nu\varepsilon_r - (1+\nu)\,\alpha_{\text{th}}\,\Delta T\right]$$

6.2.8.1 Kreis- und Kreisringscheiben

Die Beanspruchung erfolgt durch eine konstante Winkelgeschwindigkeit ω, eine Temperaturdifferenz $\Delta T(r)$ sowie gegebenenfalls durch Randverschiebungen oder Randspannungen. Mit den Dehnungs-Verschiebungs-Beziehungen

$$\varepsilon_r = \varepsilon_{rr} = \frac{\partial u_r}{\partial r} = u_r' \qquad \varepsilon_\varphi = \varepsilon_{\varphi\varphi} = \frac{u_r}{r}$$

und dem Hooke'schen Gesetz für den ebenen Spannungszustand folgt aus dem Gleichgewicht am **Scheibenelement** (Bild 6.18) die Differenzialgleichung für $u_r(r)$:

$$u_r'' + \frac{u_r'}{r} - \frac{u_r}{r^2} = -\frac{1-\nu^2}{E}\,\rho\omega^2 r + (1+\nu)\,\alpha_{\text{th}}(\Delta T)'$$

Aus der allgemeinen Lösung

$$u_r(r) = A_1 r + A_2\,\frac{1}{r} - \frac{1-\nu^2}{8E}\,\rho\omega^2 r^3 + (1+\nu)\frac{\alpha_{\text{th}}}{r}\int r\,\Delta T\,\mathrm{d}r$$

folgen unmittelbar die Darstellungen für die Dehnungen

$$\varepsilon_r(r) = A_1 - A_2\,\frac{1}{r^2} - \frac{3}{8}\,\frac{1-\nu^2}{E}\,\rho\omega^2 r^2 + (1+\nu)\,\alpha_{\text{th}}\left(\Delta T - \frac{1}{r^2}\int r\,\Delta T\,\mathrm{d}r\right)$$

$$\varepsilon_\varphi(r) = A_1 + A_2\,\frac{1}{r^2} - \frac{1-\nu^2}{8E}\,\rho\omega^2 r^2 + (1+\nu)\,\alpha_{\text{th}}\,\frac{1}{r^2}\int r\,\Delta T\,\mathrm{d}r$$

sowie die Spannungen

$$\sigma_r(r) = \frac{E}{1-\nu}A_1 - \frac{E}{1+\nu}\frac{A_2}{r^2} - \frac{3+\nu}{8}\,\rho\omega^2 r^2 - E\alpha_{\text{th}}\,\frac{1}{r^2}\int r\,\Delta T\,\mathrm{d}r$$

$$\sigma_\varphi(r) = \frac{E}{1-\nu}A_1 + \frac{E}{1+\nu}\frac{A_2}{r^2} - \frac{3\nu+1}{8}\,\rho\omega^2 r^2 - E\alpha_{\text{th}}\left(\Delta T - \frac{1}{r^2}\int r\,\Delta T\,\mathrm{d}r\right)$$

Die Integrationkonstanten sind für den konkreten Fall aus je einer Bedingung an den Rändern $r = \text{konst.}$ für die Verschiebung u_r oder die Spannung σ_r zu bestimmen. Für Scheiben mit bereichsweise konstanten Scheibendicken h_i sind bei der Konstantenbestimmung zusätzliche Übergangsbedingungen zu benutzen. Zusatzspannungen an Unstetigkeitsstellen werden dabei nicht berücksichtigt.

6.2.8.2 Kreis- und Kreisringplatten

Die Platte ist mit einem Flächendruck $p(r)$ senkrecht zur Plattenmittelfläche ($z = 0$) belastet. Aus der Verformungsannahme, dass die Plattenquerschnitte eben und senkrecht zu der durch die

Durchbiegung $w(r)$ beschriebenen verformten Mittelfläche bleiben (Kirchhoff-Love-Hypothese), folgen die kinematischen Beziehungen

$$\varepsilon_r = \varepsilon_{rr} = -zw'' \qquad \varepsilon_\varphi = \varepsilon_{\varphi\varphi} = -z\frac{w'}{r}$$

Die im Bild 6.18 am **Plattenelement** dargestellten Schnittmomente m_r und m_φ sowie die Querkraft q_r sind auf die Längeneinheit bezogen. Aus den Äquivalenzbeziehungen

$$m_r = \int_{(h)} \sigma_{rr} z \, \mathrm{d}z \qquad m_\varphi = \int_{(h)} \sigma_{\varphi\varphi} z \, \mathrm{d}z$$

6

folgen mit dem Hooke'schen Gesetz und den kinematischen Gleichungen die Schnittmomenten-Durchbiegungs-Beziehungen

$$m_r = -K\left(w'' + \nu\frac{w'}{r}\right)$$

$$m_\varphi = -K\left(\frac{w'}{r} + \nu w''\right)$$

Hierbei bezeichnet $K = \dfrac{E\,h^3}{12(1-\nu^2)}$ die Plattensteifigkeit.

Die Gleichgewichtsbedingungen am Plattenelement führen schließlich auf

$$q_r = -K\left(w''' + \frac{w''}{r} - \frac{w'}{r^2}\right)$$

und die Differenzialgleichung für $w(r)$

$$w'''' + 2\frac{w'''}{r} - \frac{w''}{r^2} + \frac{w'}{r^3} = \frac{1}{r}\left\{r\left[\frac{1}{r}(rw')'\right]'\right\}' = \frac{p(r)}{K}$$

In der allgemeinen Lösung mit dem beliebigen Bezugsradius r_0

$$w(r) = A_1 + A_2 \ln\frac{r}{r_0} + A_3 r^2 + A_4 r^2 \ln\frac{r}{r_0} + w_p(r)$$

ist die Partikulärlösung $w_p(r)$ an die gegebene Druckverteilung $p(r)$ anzupassen.

Für eine konstante Flächenlast $p(r) = p_0 =$ konst. erfüllt $w_p = \dfrac{p_0 r^4}{64K}$ die vollständige Differenzialgleichung. Die Schnittgrößen, ausgedrückt in $A_1 \ldots A_4$ und p_0, lauten dann

$$m_r(r) = -K\left\{\frac{\nu-1}{r^2}A_2 + 2(1+\nu)A_3 + \left[2(1+\nu)\ln\frac{r}{r_0} + 3 + \nu\right]A_4 + r^2(3+\nu)\frac{p_0}{16K}\right\}$$

$$m_\varphi(r) = -K\left\{\frac{1-\nu}{r^2}A_2 + 2(1+\nu)A_3 + \left[2(1+\nu)\ln\frac{r}{r_0} + 1 + 3\nu\right]A_4 + r^2(1+3\nu)\frac{p_0}{16K}\right\}$$

$$q_r(r) = -K\left\{\frac{4}{r^2}A_4 + r\frac{p_0}{2K}\right\}$$

Die Konstanten A_1 bis A_4 sind aus konkreten Bedingungen an den Rändern r = konst. (an jedem Rand zwei) für die Durchbiegung w, die Neigung w' oder die Schnittgrößen m_r und q_r zu bestimmen. Speziell bei Vollkreisplatten kann auf der Rotationsachse ($r = 0$) eine endliche Durchbiegung $w(r = 0)$ und eine endliche Querkraft $q_r(r = 0)$ nur durch $A_2 = A_4 = 0$ gesichert werden. Eine mehrfache Lösung für bereichsweise stetige Druckverteilungen $p(r)$ sowie bereichsweise konstante Plattendicken ist unter Voraussetzung einer durchgehenden Plattenmittelfläche möglich.

Die Normalspannungsverteilungen über die Plattendicke errechnen sich aus den Schnittmomenten zu

$$\sigma_r(z) = \frac{12 m_r}{h^3} z \quad \text{und} \quad \sigma_\varphi(z) = \frac{12 m_\varphi}{h^3} z \quad \text{für} \quad -\frac{h}{2} \leq z \leq \frac{h}{2}$$

6

6.2.9 Festigkeitshypothesen

Bei einem Festigkeitsnachweis ist zu belegen, dass die vorhandene Beanspruchung kleiner oder höchstens gleich einer zulässigen Beanspruchbarkeit ist. Spannungen und Deformationen sind dabei gleichberechtigt. Die Beanspruchbarkeit hängt entscheidend vom Werkstoff ab, für den aus einem Zug-(Druck-)Versuch gemäß DIN EN 10002 quantifizierte Aussagen, beispielsweise Streckgrenze σ_S (R_e) oder Zugfestigkeit σ_B (R_m), experimentell ermittelt werden. Eine Vergleichbarkeit des lokalen, im Allgemeinen mehrachsigen und inhomogenen Beanspruchungszustandes mit einem einachsigen Zustand erfordert erfahrungsgestützte Hypothesen. Die Grundlage für derartige Vergleichsgrößen bilden die Hauptspannungen ($\sigma_1 \geq \sigma_2 \geq \sigma_3$) bzw. Hauptdehnungen. Häufig verwendete Definitionen einer **Vergleichsspannung** sind:

Hauptnormalspannungshypothese

Da spröde Werkstoffe, für die diese Hypothese zutrifft, im Allgemeinen unterschiedlich ausgeprägte Zug- und Druckfestigkeiten besitzen, sind beide Nachweise zu führen:

$$\sigma_{v1} = \begin{cases} \sigma_1, & \text{falls} \quad \sigma_1 > 0 \\ -\sigma_3, & \text{falls} \quad \sigma_3 < 0 \end{cases}$$

Schubspannungshypothese

$$\sigma_{v2} = \sigma_1 - \sigma_3$$

Diese Hypothese wird vorrangig für Werkstoffe mit duktilem Verhalten, die zum Scherbruch neigen, verwendet.

Gestaltänderungsenergiehypothese

$$\begin{aligned} \sigma_{v3} &= \sqrt{\frac{1}{2}\left[(\sigma_1 - \sigma_2)^2 + (\sigma_2 - \sigma_3)^2 + (\sigma_3 - \sigma_1)^2\right]} \\ &= \sqrt{\frac{1}{2}\left[\left(\sigma_{xx} - \sigma_{yy}\right)^2 + \left(\sigma_{yy} - \sigma_{zz}\right)^2 + \left(\sigma_{zz} - \sigma_{xx}\right)^2\right] + 3\left(\tau_{xy}^2 + \tau_{yz}^2 + \tau_{zx}^2\right)} \end{aligned}$$

Diese Hypothese erfordert keine Bestimmung der Hauptnormalspannungen.

Der bei Linientragwerken häufig vorkommende Fall des Auftretens von nur einer Normalspannung σ und einer Schubspannung τ führt auf die speziellen Formeln

$$\sigma_{v2} = \sqrt{\sigma^2 + 4\tau^2}$$

$$\sigma_{v3} = \sqrt{\sigma^2 + 3\tau^2}$$

Infolge von Unsicherheiten hinsichtlich Lastannahme, Maßtoleranzen, Werkstoffinhomogenitäten und Ähnlichem müssen bei der Festlegung der zulässigen Beanspruchbarkeit Sicherheitsfaktoren berücksichtigt werden.

6.2.10 Räumliches linear-elastisches Gesamtproblem

6

Zur übersichtlichen Darstellung der Grundgleichungen ist die Benutzung der Tensorkoordinatenschreibweise vorteilhaft. Dafür gelten folgende Vereinbarungen:

- Die kartesischen Koordinaten werden mit $\{x_1, x_2, x_3\} = \{x_k\}$, $(k = 1, 2, 3)$ bezeichnet.
- Die Indizes k, l, m und n durchlaufen generell die Werte von 1 bis 3.
- Bei gleichen Indizes in einem Ausdruck ist von 1 bis 3 zu summieren.
- Für das Kronecker-Symbol gilt $\delta_{kl} = \begin{cases} 1 & \text{falls} \quad k = l \\ 0 & \text{falls} \quad k \neq l \end{cases}$.

Die am materiellen Element aufzustellenden Gleichgewichtsbedingungen lauten

$$\sigma_{kl,k} + \rho f_l = 0$$

wobei mit f_l die Vektorkoordinaten der eingeprägten Kraft pro Masseeinheit bezeichnet werden.

Die sechs **Verschiebungs-Verzerrungs-Beziehungen** (Abschnitt 6.2.1.2) sind in der Form

$$\varepsilon_{kl} = \frac{1}{2}\left(u_{k,l} + u_{l,k}\right)$$

anzugeben.

Die sechs Gleichungen für das verallgemeinerte Hooke'sche Materialgesetz ohne Temperaturdehnung (Abschnitt 6.2.1.3) können mit

$$\sigma_{kl} = \lambda \varepsilon_{mm} \delta_{kl} + 2\mu \varepsilon_{kl}$$

formuliert werden.

Für die **Lamé'schen Parameter** λ und μ gilt

$$\lambda = \frac{\nu E}{(1+\nu)(1-2\nu)} \qquad \mu = G = \frac{E}{2(1+\nu)}$$

Somit stehen insgesamt 15 Beziehungen für 15 unbekannte Feldgrößen (6 Spannungen, 6 Verzerrungen und 3 Verschiebungen) im Körpergebiet V zur Verfügung. Hinzuzufügen sind noch die Randbedingungen auf der Oberfläche A. Diese können als Verschiebungsbedingungen

$$u_l = \bar{u}_l \qquad \text{auf } A_u$$

oder Spannungsrandbedingungen

$$\sigma_{kl} n_k = \bar{t}_l \qquad \text{auf } A_t$$

vorliegen. Hierbei bezeichnen

$\bar{u}_l$: die gegebenen Werte für die Verschiebungsvektorkoordinaten und

$\bar{t}_l$: die gegebenen Werte für die Koordinaten des Spannungsvektors (Kraft pro Flächeneinheit) am Flächenelement mit den Koordinaten des Auswärtsnormaleneinheitsvektors n_k.

Die Zuordnung der vorliegenden Bedingungen auf die Teilränder A_u und A_t der Gesamtoberfläche $A = A_u + A_t$ ist eindeutig möglich.

Unter Beachtung der kinematischen Beziehungen führt das Einsetzen der Materialgleichungen in die Gleichgewichtsbedingungen sowie die kinetischen Randbedingungen auf die Navier-Gleichungen

$$(\lambda + \mu)\, u_{k,\,kl} + \mu u_{l,\,kk} + \rho f_l = 0 \qquad \text{in} \quad V$$

mit den Randbedingungen

$$u_k = \bar{u}_k \qquad \text{auf } A_u$$

und

$$\left[\lambda u_{m,\,m}\delta_{kl} + \mu\left(u_{k,\,l} + u_{l,\,k}\right)\right] n_k = \bar{t}_l \qquad \text{auf } A_t$$

Eine analytische Lösung für die drei Verschiebungskoordinaten u_k ist für allgemeine Strukturen nicht angebbar. Näherungslösungen, die eine Erfüllung der kinetischen Grundgleichungen im globalen Mittel für den Gesamtkörper garantieren, basieren auf dem Prinzip vom Minimum des elastischen Gesamtpotenzials (Abschnitt 6.2.6.1):

$$\pi = \pi_{\mathrm{f}} - \pi_{\mathrm{a}} \Rightarrow \text{Min}$$

Das elastische Formänderungspotenzial

$$\pi_{\mathrm{f}} = \int\limits_{(V)} \left(\int\limits_{(\varepsilon)} \sigma_{kl}\, \mathrm{d}\varepsilon_{kl} \right) \mathrm{d}V$$

ist unter Beachtung der Materialgleichungen und der kinematischen Beziehungen mit

$$\pi_{\mathrm{f}} = \int\limits_{(V)} \frac{1}{2}\left[\lambda \delta_{mn}\delta_{kl} + \mu(\delta_{mk}\delta_{nl} + \delta_{ml}\delta_{nk})\right] u_{n,\,m} u_{l,\,k}\ \mathrm{d}V$$

zu formulieren. Die äußere Endwertarbeit lautet

$$\pi_{\mathrm{a}} = \int\limits_{(V)} f_l u_l \rho\, \mathrm{d}V + \int\limits_{A_t} \bar{t}_l u_l\ \mathrm{d}A$$

Um die Variationsaufgabe

$$\pi(u_k) = \int\limits_{(V)} F\left(x_k, u_k,\ u_{k,\,l}\right) \mathrm{d}V \Rightarrow \text{Min}$$

unter der Bedingung $u_k = \bar{u}_k$ auf A_u lösen zu können, erfolgt eine Diskretisierung des Gesamtgebietes V in N **finite Elemente** V_e mit dem Teilpotential π_e:

$$V \cong \tilde{V} = \bigcup_{e=1}^{N} V_e \qquad \pi = \sum_{e=1}^{N} \pi_e$$

Diese Teilgebiete sind in Punkten auf den Kanten, den **Knoten**, miteinander verbunden. Für das Verschiebungsfeld des einzelnen finiten Elementes werden Ansätze eingeführt, deren Freiwerte die Knotenverschiebungen sind. Die Ansatzfunktionen müssen mindestens linear in den Koordinaten sein, da das Variationsfunktional F erste Ableitungen enthält.

Die Anwendung des isoparametrischen Konzeptes ermöglicht die Approximation beliebiger Geometrien. Hierbei werden alle Feldgrößen und die Geometrie auf einen Einheitswürfel mit den lokalen Koordinaten θ_l abgebildet. Es werden sowohl die Geometrie als auch das Verschiebungsfeld durch gleiche Ansätze approximiert:

$$x_k \approx \tilde{x}_k(\theta_l) = \sum_{i=1}^{I} (x_k)_i\, f_i(\theta_l) \qquad u_k \approx \tilde{u}_k(\theta_l) = \sum_{i=1}^{I} (v_k)_i\, f_i(\theta_l)$$

Darin sind $(x_k)_i$ die Ortskoordinaten und $(v_k)_i$ die Verschiebungen des Knotens i sowie $f_i(\theta_l)$ die Formfunktionen. Die Differenziation der Ansätze unter Beachtung der Kettenregel und die Integration gemäß den Vorschriften im Funktional führt schließlich auf ein algebraisches Minimumproblem, dessen Lösung die Knotenverschiebungen liefert.

Aus dem nunmehr bekannten Verschiebungsfeld sind über die Verschiebungs-Verzerrungs-Beziehungen die Dehnungswerte und daraus, über die Materialgleichungen, die Spannungswerte zu berechnen. Infolge der erforderlichen Differenziation besitzen die Dehnungen und Spannungen einen größeren Fehler als die Verschiebungswerte. Der Näherungscharakter dieser Lösungsmethode findet seinen Ausdruck auch in einer Verletzung der Gleichgewichtsbedingung an den Elementgrenzen sowie der kinetischen Randbedingungen. Genauigkeitsverbesserungen sind durch eine Netzverfeinerung (h-Konvergenz) oder durch die Verwendung von Elementen mit höherwertigen Ansätzen (p-Konvergenz) zu erzielen. Praktisch begrenzt werden diese Möglichkeiten durch die zulässige Anzahl von Unbekannten sowie die bereitgestellten Elementtypen in den FEM-Programmsystemen.

6.3 Kinematik

Die Kinematik ist die Lehre von der mathematischen Beschreibung von **Bewegungsvorgängen materieller Körper** ohne Beachtung der sie verursachenden Kraftwirkungen.

6.3.1 Kinematik des Punktes

Die Lage eines Punktes im Raum wird von einem festen Bezugspunkt 0 aus durch einen Ortsvektor $\boldsymbol{r}$ beschrieben. Der Bezugspunkt wird in der Regel der Ursprung eines beliebigen Koordinatensystems (Rechtssystem) sein. Bewegt sich der Punkt im Raum, so ist der Ortsvektor $\boldsymbol{r} = \boldsymbol{r}(t)$, bei Zylinderkoordinaten $\boldsymbol{r}_1 = \boldsymbol{r}_1(t)$, von der Zeit abhängig und beschreibt eine Raumkurve (Bewegungsbahn).

Geschwindigkeitsvektor:

$$\boldsymbol{v}(t) = \frac{\mathrm{d}\boldsymbol{r}(t)}{\mathrm{d}t} = \dot{\boldsymbol{r}}(t)$$

Beschleunigungsvektor:

$$\boldsymbol{a}(t) = \frac{\mathrm{d}^2\boldsymbol{r}(t)}{\mathrm{d}t^2} = \frac{\mathrm{d}\boldsymbol{v}(t)}{\mathrm{d}t} = \ddot{\boldsymbol{r}}(t)$$

6.3.1.1 Darstellung der Vektoren in verschiedenen Koordinatensystemen

Kartesische Koordinaten

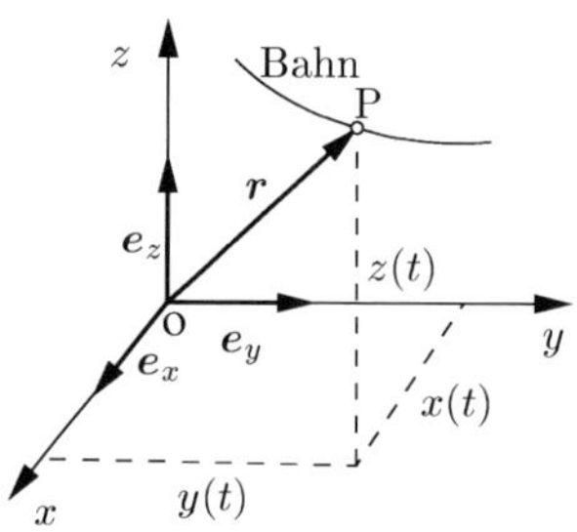

Bild 6.19 Kartesische Koordinaten

Einheitsvektoren: $\boldsymbol{e}_x, \boldsymbol{e}_y, \boldsymbol{e}_z$

$$\boldsymbol{r}(t) = x(t)\,\boldsymbol{e}_x + y(t)\boldsymbol{e}_y + z(t)\,\boldsymbol{e}_z$$

$$\boldsymbol{v}(t) = \dot{x}(t)\,\boldsymbol{e}_x + \dot{y}(t)\,\boldsymbol{e}_y + \dot{z}(t)\,\boldsymbol{e}_z$$

Der Geschwindigkeitsvektor ist stets tangential zur Bewegungsbahn gerichtet.

$$\boldsymbol{a}(t) = \ddot{x}(t)\,\boldsymbol{e}_x + \ddot{y}(t)\,\boldsymbol{e}_y + \ddot{z}(t)\,\boldsymbol{e}_z$$

Zylinderkoordinaten

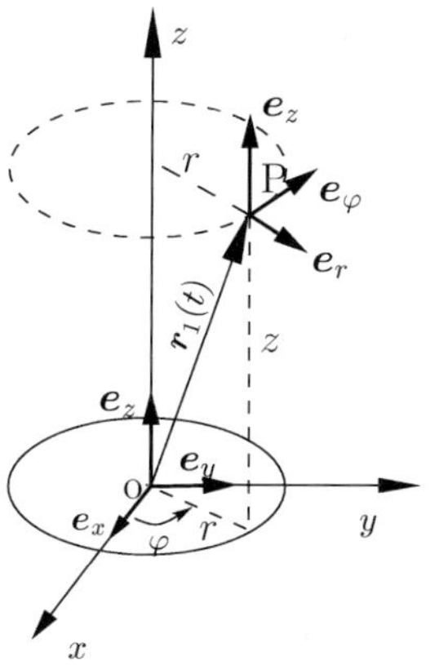

Bild 6.20 Zylinderkoordinaten

Zylinderkoordinaten eignen sich besonders für die Beschreibung kreisförmiger Bewegungen (Rotationen, Bewegungen auf einer Schraubenlinie).

Einheitsvektoren: $\boldsymbol{e}_r, \boldsymbol{e}_\varphi, \boldsymbol{e}_z$

$\boldsymbol{e}_r$ und $\boldsymbol{e}_\varphi$ sind zeitabhängig.

$$\boldsymbol{e}_r = \cos\varphi \cdot \boldsymbol{e}_x + \sin\varphi \cdot \boldsymbol{e}_y$$

$$\boldsymbol{e}_\varphi = -\sin\varphi \cdot \boldsymbol{e}_x + \cos\varphi \cdot \boldsymbol{e}_y$$

$$\dot{\boldsymbol{e}}_r = \frac{\mathrm{d}\boldsymbol{e}_r}{\mathrm{d}\varphi}\frac{\mathrm{d}\varphi}{\mathrm{d}t} = (-\sin\varphi\,\boldsymbol{e}_x + \cos\varphi\,\boldsymbol{e}_y)\,\dot{\varphi} = \dot{\varphi}\,\boldsymbol{e}_\varphi$$

$$\dot{\boldsymbol{e}}_\varphi = \frac{\mathrm{d}\boldsymbol{e}_\varphi}{\mathrm{d}\varphi}\frac{\mathrm{d}\varphi}{\mathrm{d}t} = (-\cos\varphi\,\boldsymbol{e}_x - \sin\varphi\,\boldsymbol{e}_y)\,\dot{\varphi} = -\dot{\varphi}\,\boldsymbol{e}_r$$

$$\boldsymbol{r}_1(t) = r(t)\,\boldsymbol{e}_r(t) + z(t)\,\boldsymbol{e}_z, \quad \boldsymbol{v}(t) = \dot{r}\boldsymbol{e}_r + r\dot{\boldsymbol{e}}_r + \dot{z}\boldsymbol{e}_z = \dot{r}\boldsymbol{e}_r + r\dot{\varphi}\boldsymbol{e}_\varphi + \dot{z}\boldsymbol{e}_z$$

$$\boldsymbol{a}(t) = (\ddot{r} - r\dot{\varphi}^2)\,\boldsymbol{e}_r + (r\ddot{\varphi} + 2\dot{r}\dot{\varphi})\,\boldsymbol{e}_\varphi + \ddot{z}\boldsymbol{e}_z$$

Mit $\dot{\varphi}(t) = \omega(t)$ sind folgende Bezeichnungen üblich:

Radialgeschwindigkeit: $v_\mathrm{r} = \dot{r}$

Tangential- oder Zirkulargeschwindigkeit: $v_\varphi = r\omega$

Radialbeschleunigung: $a_\mathrm{r} = \ddot{r} - r\omega^2$

Tangential- oder Zirkularbeschleunigung: $a_\varphi = r\dot{\omega} + 2\dot{r}\omega$ ($2\dot{r}\omega$ ist die Coriolis-Beschleunigung).

Bahnkoordinaten (natürliche Koordinaten)

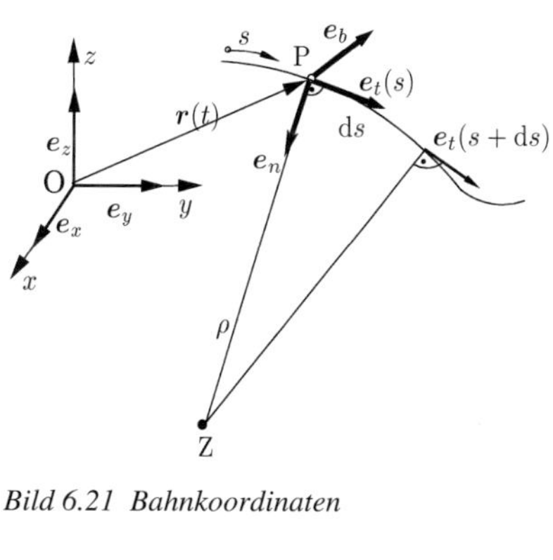

Bild 6.21 Bahnkoordinaten

Bei bekannter Bogenlänge $s = s(t)$ ist die Darstellung in Bahnkoordinaten, auch natürliche Koordinaten genannt, vorteilhaft.

Einheitsvektoren: $\boldsymbol{e}_\mathrm{t}$, $\boldsymbol{e}_\mathrm{n}$, $\boldsymbol{e}_\mathrm{b}$; alle zeitabhängig.

- $\boldsymbol{e}_\mathrm{t}$: Tangentenvektor, tangential zur Bahn,
- $\boldsymbol{e}_\mathrm{n}$: Normalenvektor, weist zum Krümmungsmittelpunkt Z der Bahnkurve mit dem Krümmungsradius ρ,
- $\boldsymbol{e}_\mathrm{b}$: Binormalenvektor, $\boldsymbol{e}_\mathrm{b} = \boldsymbol{e}_\mathrm{t} \times \boldsymbol{e}_\mathrm{n}$, steht senkrecht auf der von $\boldsymbol{e}_\mathrm{t}$ und $\boldsymbol{e}_\mathrm{n}$ aufgespannten Schmiegungsebene.

Ortsvektor: $\boldsymbol{r} = \boldsymbol{r}(s(t))$; es gilt $|\mathrm{d}\boldsymbol{r}| = \mathrm{d}s$ und $\dfrac{\mathrm{d}\boldsymbol{r}}{\mathrm{d}s} = \boldsymbol{e}_\mathrm{t}$

Geschwindigkeitsvektor: $\boldsymbol{v}(t) = \dfrac{\mathrm{d}\boldsymbol{r}(t)}{\mathrm{d}t} = \dfrac{\mathrm{d}\boldsymbol{r}}{\mathrm{d}s}\dfrac{\mathrm{d}s}{\mathrm{d}t} = v(t)\,\boldsymbol{e}_\mathrm{t}(t)$

Unter Beachtung der Frenet'schen Formel aus der Differenzialgeometrie: $\dfrac{\mathrm{d}\boldsymbol{e}_\mathrm{t}}{\mathrm{d}s} = \dfrac{1}{\rho}\,\boldsymbol{e}_\mathrm{n}$

folgt für den Beschleunigungsvektor

$$\boldsymbol{a}(t) = \frac{\mathrm{d}v(t)}{\mathrm{d}t}\,\boldsymbol{e}_\mathrm{t} + v(t)\,\dot{\boldsymbol{e}}_\mathrm{t} = \frac{\mathrm{d}v(t)}{\mathrm{d}t}\,\boldsymbol{e}_\mathrm{t} + v(t)\,\frac{\mathrm{d}\boldsymbol{e}_\mathrm{t}}{\mathrm{d}s}\,\frac{\mathrm{d}s}{\mathrm{d}t} = \frac{\mathrm{d}v(t)}{\mathrm{d}t}\,\boldsymbol{e}_\mathrm{t} + \frac{v^2}{\rho}\,\boldsymbol{e}_\mathrm{n}$$

Tangential- oder Bahnbeschleunigung : $a_\mathrm{t} = \dfrac{\mathrm{d}v(t)}{\mathrm{d}t}$

Normal- oder Zentripetalbeschleunigung: $a_\mathrm{n} = \dfrac{v^2(t)}{\rho}$

6.3.1.2 Wichtige Sonderfälle

Geradlinige Bewegung

Ist die Bahnkurve des Punktes P eine Gerade, ist es zweckmäßig, wenn sie mit einer Koordinatenachse übereinstimmt. Im kartesischen Koordinatensystem ergeben sich dann mit $x = s$ und $y = z = 0$ folgende Zusammenhänge:

Weg: $s(t)$; Geschwindigkeit: $v(t) = \dfrac{\mathrm{d}s}{\mathrm{d}t} = \dot{s}$; Beschleunigung: $a(t) = \dfrac{\mathrm{d}v}{\mathrm{d}t} = \dot{v} = \ddot{s}$

Eine gleichförmige Bewegung liegt vor, wenn gilt: $v(t) = v_0 =$ konstant.

Eine Bewegung heißt gleichmäßig beschleunigt, wenn gilt: $a(t) = \dot{v}(t) = a_0 =$ konstant.

Die in Tabelle 6.10 zusammengestellten Umformungen werden als Grundaufgaben der Kinematik bezeichnet.

Anfangsbedingungen: $t = t_0$; $s = s_0$; $v = v_0$

Tabelle 6.10 Kinematische Grundaufgaben der geradlinigen Bewegung

Gegeben	Gesucht	
$s = s(t)$	$v(t) = \dfrac{\mathrm{d}s(t)}{\mathrm{d}t}$	$a(t) = \dfrac{\mathrm{d}^2 s(t)}{\mathrm{d}t^2}$
$v = v(t)$	$s(t) = s_0 + \int_{t_0}^{t} v(\bar{t})\,\mathrm{d}\bar{t}$	$a(t) = \dfrac{\mathrm{d}v(t)}{\mathrm{d}t}$
$a = a(t)$	$v = v_0 + \int_{t_0}^{t} a(\bar{t})\,\mathrm{d}\bar{t}$	$s(t) = s_0 + \int_{t_0}^{t} \left[v_0 + \int_{t_0}^{\bar{t}} a(\breve{t})\,\mathrm{d}\breve{t} \right] \mathrm{d}\bar{t}$
$v = v(s)$	$t(s) = t_0 + \int_{s_0}^{s} \dfrac{\mathrm{d}\bar{s}}{v(\bar{s})}$	$a(s) = v(s)\,\dfrac{\mathrm{d}v(s)}{\mathrm{d}s}$
$a = a(s)$	$v(s) = \sqrt{v_0^2 + 2\int_{s_0}^{s} a(\bar{s})\,\mathrm{d}\bar{s}}$	$t(s) = t_0 + \int_{s_0}^{s} \dfrac{\mathrm{d}\bar{s}}{\sqrt{v_0^2 + 2\int_{s_0}^{\bar{s}} a(\breve{s})\,\mathrm{d}\breve{s}}}$
$a = a(v)$	$t(v) = t_0 + \int_{v_0}^{v} \dfrac{\mathrm{d}\bar{v}}{a(\bar{v})}$	$s(v) = s_0 + \int_{v_0}^{v} \dfrac{\bar{v}}{a(\bar{v})}\,\mathrm{d}\bar{v}$

Kreisbewegung

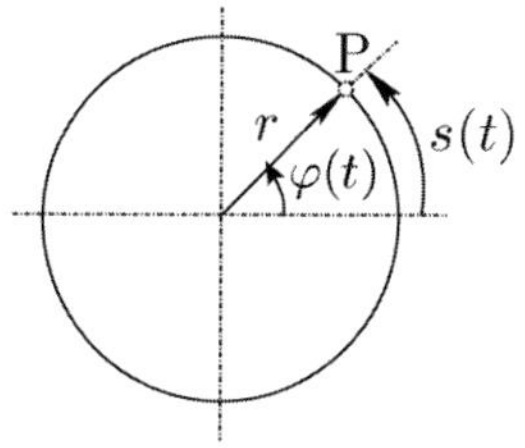

Bild 6.22 Kreisbewegung

Bewegt sich ein Punkt P auf einer Kreisbahn, folgt mit r = konstant und $s = r\varphi(t)$ unter Berücksichtigung der

Winkelgeschwindigkeit: $\omega = \frac{d\varphi}{dt} = \dot{\varphi}$ sowie der

Winkelbeschleunigung: $\alpha = \frac{d\omega}{dt} = \dot{\omega} = \frac{d^2\varphi}{dt^2} = \ddot{\varphi}$

Bahngeschwindigkeit: $v = \frac{ds}{dt} = r\frac{d\varphi}{dt} = r\dot{\varphi} = r\omega$

Tangentialbeschleunigung:

$$a_t = \frac{dv}{dt} = r\ddot{\varphi} = r\dot{\omega} = r\alpha$$

Normalbeschleunigung:

$$a_n = \frac{v^2}{r} = r\omega^2$$

Für die Winkelgeschwindigkeit ω = konstant liegt eine gleichförmige Kreisbewegung vor. Es gelten folgende Zusammenhänge:

Umlaufzeit in s: $T = \frac{2\pi}{\omega}$

Frequenz in Hertz: $f = \frac{1}{T}$

Drehzahl n in min^{-1} oder s^{-1}: $n = \frac{\text{Umdrehungen}}{\text{Zeit}}$

Winkelgeschwindigkeit: $\omega = 2\pi n$

Umlaufgeschwindigkeit: $v = r\omega = 2\pi n r$

Bewegung in Polarkoordinaten

Zylinderkoordinaten (r; φ; z) gehen für $z = 0$ in Polarkoordinaten über. Mit $z(t) = 0$ liegt dann eine ebene Bewegung des Punktes P vor.

6.3.2 Kinematik des starren Körpers

Ein starrer Körper besteht aus einer unendlichen Anzahl von Massenpunkten. Er besitzt die Eigenschaft, dass bei allen Bewegungen die Abstände zwischen den Körperpunkten erhalten bleiben. Diese kinematische Zwangsbedingung bewirkt, dass die Geschwindigkeits- und Beschleunigungsvektoren der Körperpunkte nicht unabhängig sind. Um die Lage eines starren Körpers im dreidimensionalen Raum zu beschreiben, sind sechs Koordinaten (drei Translations- und drei Rotationskoordinaten) erforderlich. Er besitzt den Freiheitsgrad 6. Sind diese sechs Koordinaten Funktionen der Zeit, so ist damit seine Bewegung im Raum beschreibbar. Sie kann als Überlagerung von Translation und Rotation aufgefaßt werden.

6.3.2.1 Translation des starren Körpers

Alle Punkte des Körpers beschreiben kongruente Bahnen, d. h., sie haben deckungsgleiche Bahnkurven und damit gleiche Geschwindigkeiten und gleiche Beschleunigungen. Der Körper führt keine Drehungen aus. Alle Gesetze und Gleichungen der Punktkinematik gelten auch für die

6

Translation des starren Körpers, da die Bewegung eines Körperpunktes, beispielsweise des Schwerpunktes, zur Beschreibung der Bewegung des gesamten Körpers ausreicht.

6.3.2.2 Rotation des starren Körpers

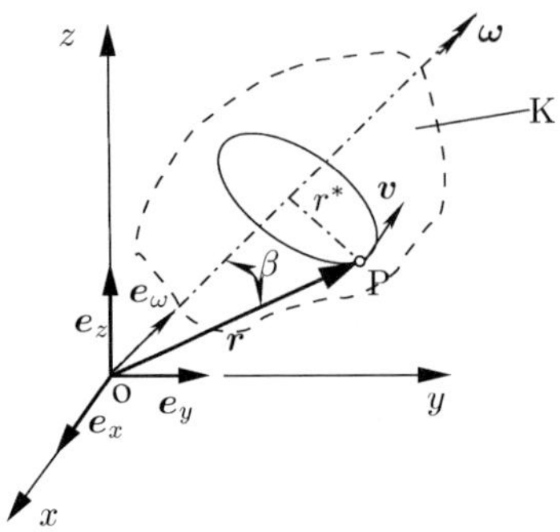

Bild 6.23 Rotation eines Körperpunktes

Die Drehung eines starren Körpers um eine raumfeste Achse bezeichnet man als Rotation. Der Einheitsvektor $\boldsymbol{e}_\omega$ beschreibt die Lage der Drehachse. Ein Punkt P des rotierenden Körpers K bewegt sich auf einer Kreisbahn vom Radius r^* mit der Winkelgeschwindigkeit ω. Erfolgt die Drehung um eine raumfeste Achse, gilt $\boldsymbol{e}_\omega$ = konstant. Bewegt sich die Drehachse, dann rotiert der Körper um einen Punkt. Der Einheitsvektor $\boldsymbol{e}_\omega$ ist eine Funktion der Zeit: $\boldsymbol{e}_\omega = \boldsymbol{e}_\omega(t)$.

Geschwindigkeitsvektor des Punktes P: $\boldsymbol{v} = \dot{\boldsymbol{r}} = \boldsymbol{\omega}(t) \times \boldsymbol{r}(t)$

Betrag des Geschwindigkeitsvektors: $v = |\omega| \cdot |\boldsymbol{r}| \cdot \sin\beta = \omega r \sin\beta = \omega r^*$

Beschleunigungsvektor: $\boldsymbol{a}(t) = \dfrac{\mathrm{d}\boldsymbol{v}(t)}{\mathrm{d}t} = \dfrac{d}{\mathrm{d}t}(\boldsymbol{\omega} \times \boldsymbol{r}) = (\dot{\boldsymbol{\omega}} \times \boldsymbol{r}) + (\boldsymbol{\omega} \times \dot{\boldsymbol{r}})$

Mit $\dot{\boldsymbol{r}} = \boldsymbol{\omega}(t) \times \boldsymbol{r}(t)$ und $\dot{\boldsymbol{\omega}} = \dot{\omega}\boldsymbol{e}_\omega + \omega\dot{\boldsymbol{e}}_\omega$

wird $\boldsymbol{a}(t) = (\dot{\boldsymbol{\omega}} \times \boldsymbol{r}) + \boldsymbol{\omega} \times (\boldsymbol{\omega} \times \boldsymbol{r}) = (\dot{\omega}\boldsymbol{e}_\omega + \omega\dot{\boldsymbol{e}}_\omega) \times \boldsymbol{r} + \omega^2 \boldsymbol{e}_\omega \times (\boldsymbol{e}_\omega \times \boldsymbol{r})$.

Für die Rotation um eine feste Achse ($\boldsymbol{e}_\omega$ = konstant und damit $\dot{\boldsymbol{e}}_\omega = 0$) folgt für den Beschleunigungsvektor: $\boldsymbol{a}(t) = \dot{\omega}\boldsymbol{e}_\omega \times \boldsymbol{r} + \omega^2 \boldsymbol{e}_\omega \times (\boldsymbol{e}_\omega \times \boldsymbol{r})$.

6.3.2.3 Zusammengesetzte Bewegung

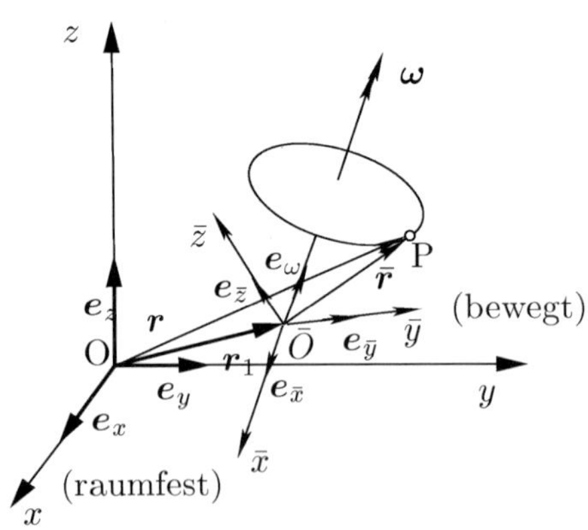

Bild 6.24 Zusammengesetzte Bewegung

Translations- und Rotationsbewegung eines Körpers werden überlagert. Nach Bild 6.24 beschreibt der Vektor $\bar{\boldsymbol{r}}$ die Rotation im körperfesten Koordinatensystem und der Vektor $\boldsymbol{r}_1$ die Translation im raumfesten Koordinatensystem.

Ortsvektor im raumfesten Koordinatensystem:

$\boldsymbol{r} = \boldsymbol{r}_1 + \bar{\boldsymbol{r}}$,

Geschwindigkeitsvektor:

$\boldsymbol{v} = \dot{\boldsymbol{r}} = \dot{\boldsymbol{r}}_1 + \dot{\bar{\boldsymbol{r}}} = \dot{\boldsymbol{r}}_1 + (\boldsymbol{\omega} \times \bar{\boldsymbol{r}})$

Beschleunigungsvektor:

$\boldsymbol{a} = \ddot{\boldsymbol{r}}_1 + (\dot{\boldsymbol{\omega}} \times \bar{\boldsymbol{r}}) + \boldsymbol{\omega} \times (\boldsymbol{\omega} \times \bar{\boldsymbol{r}})$

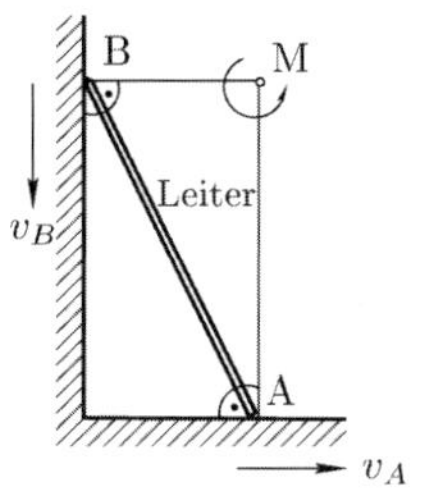

Bild 6.25 Momentanpol beim Rutschen einer Leiter

Jede ebene Bewegung kann als Drehbewegung um einen sich im Moment in Ruhe befindenden Drehpunkt aufgefasst werden. Dieser Drehpunkt heißt Momentanpol *M*. Man findet ihn als Schnittpunkt zweier Geschwindigkeitsnormalen (Bild 6.25). Bei zusammengesetzten Bewegungen ändert der Momentanpol während der Bewegung seine Lage. Bezüglich des raumfesten Koordinatensystems beschreibt der Momentanpol die Rastpolkurve, bezüglich des körperfesten Koordinatensystems die Gangpolkurve.

6.3.3 Relativbewegung

Eine Relativbewegung liegt vor, wenn sich der Punkt *P* im bewegten, körperfesten Koordinatensystem $\{\bar{x}, \bar{y}, \bar{z}\}$ (Führungssystem) relativ zum Körper bewegen kann. Er besitzt gegenüber dem Körper die Relativgeschwindigkeit $\boldsymbol{v}_{\text{rel}}$ und die Relativbeschleunigung $\boldsymbol{a}_{\text{rel}}$, die auf das bewegte System $\{\bar{x}, \bar{y}, \bar{z}\}$ bezogen sind (Bild 6.24). Das Führungssystem $\{\bar{x}, \bar{y}, \bar{z}\}$ führt gegenüber dem Absolutsystem $\{x, y, z\}$ eine Translations- und eine Rotationsbewegung aus, die durch die Geschwindigkeit $\dot{r}_1$ und die Winkelgeschwindigkeit ω beschrieben werden. Der auf das raumfeste Koordinatensystem $\{x, y, z\}$ bezogene Absolutgeschwindigkeitsvektor lautet $\boldsymbol{v} = \boldsymbol{v}_{\text{f}} + \boldsymbol{v}_{\text{rel}} = \dot{r}_1 + (\boldsymbol{\omega} \times \bar{\boldsymbol{r}}) + v_{\text{rel}}$. Dabei bedeuten $\boldsymbol{v}_{\text{f}} = \dot{r}_1 + (\boldsymbol{\omega} \times \bar{\boldsymbol{r}})$ die Führungsgeschwindigkeit, die die Translation und Rotation des Führungssystems zum Ausdruck bringt, und $\boldsymbol{v}_{\text{rel}}$ die bereits erwähnte Relativgeschwindigkeit des Punktes *P*. Für den Vektor der Absolutbeschleunigung erhält man nun

$$\boldsymbol{a} = \frac{\mathrm{d}\boldsymbol{v}}{\mathrm{d}t} = \ddot{r}_1 + (\dot{\boldsymbol{\omega}} \times \bar{\boldsymbol{r}}) + (\boldsymbol{\omega} \times \dot{\bar{\boldsymbol{r}}}) + \frac{\mathrm{d}\boldsymbol{v}_{\text{rel}}}{\mathrm{d}t}.$$

Die zeitlichen Ableitungen der Vektoren $\bar{\boldsymbol{r}}$ und $\boldsymbol{v}_{\text{rel}}$ müssen sowohl im Führungs- als auch im Absolutsystem betrachtet werden. Mit $\dot{\bar{\boldsymbol{r}}} = \frac{\mathrm{d}\bar{\boldsymbol{r}}}{\mathrm{d}t} = (\boldsymbol{\omega} \times \bar{\boldsymbol{r}}) + \boldsymbol{v}_{\text{rel}}$ und $\frac{\mathrm{d}\boldsymbol{v}_{\text{rel}}}{\mathrm{d}t} = (\boldsymbol{\omega} \times \boldsymbol{v}_{\text{rel}}) + \boldsymbol{a}_{\text{rel}}$ wird der Absolutbeschleunigungsvektor des Punktes *P*:

$$\boldsymbol{a} = \ddot{r}_1 + (\dot{\boldsymbol{\omega}} \times \bar{\boldsymbol{r}}) + \boldsymbol{\omega} \times (\boldsymbol{\omega} \times \bar{\boldsymbol{r}}) + 2\boldsymbol{\omega} \times \boldsymbol{v}_{\text{rel}} + \boldsymbol{a}_{\text{rel}} = \boldsymbol{a}_{\text{f}} + \boldsymbol{a}_{\text{c}} + \boldsymbol{a}_{\text{rel}}$$

Er setzt sich zusammen aus den Vektoren der

Führungsbeschleunigung: $\boldsymbol{a}_{\text{f}} = \ddot{r}_1 + (\dot{\boldsymbol{\omega}} \times \bar{\boldsymbol{r}}) + \boldsymbol{\omega} \times (\boldsymbol{\omega} \times \bar{\boldsymbol{r}})$

Coriolis-Beschleunigung: $\boldsymbol{a}_{\text{c}} = 2\boldsymbol{\omega} \times \boldsymbol{v}_{\text{rel}}$

Relativbeschleunigung: $\boldsymbol{a}_{\text{rel}}$

6.4 Kinetik

Die Kinetik untersucht die Wechselbeziehung zwischen den Kräften, die auf einen materiellen Körper wirken, und die daraus resultierenden **Bewegungsänderungen** unter Berücksichtigung der Gesetze der Kinematik.

Wesentliche Grundlage der klassischen Mechanik sind die **Newton'schen Axiome**. Sie gelten bei Existenz einer absoluten Zeit und eines beschleunigungsfreien Bezugssystems. Dieses so genannte Inertialsystem lässt sich für eine hinreichend genaue Behandlung der meisten mechanischen Probleme in der Technik auf der Erde annehmen.

Das zweite Newton'sche Axiom ergänzt die auch weiterhin geltenden Axiome der Statik:

Die zeitliche Änderung der Bewegungsgröße ist der einwirkenden Kraft proportional und geschieht in Richtung dieser Kraft.

Es gilt: $$\boldsymbol{F} = \frac{\mathrm{d}(m\boldsymbol{v})}{\mathrm{d}t}$$

Für eine zeitlich unveränderliche Masse folgt der bekannte Zusammenhang zwischen Kraft und Beschleunigung: $\boldsymbol{F} = m\boldsymbol{a}$.

Das erste Newton'sche Axiom ist ein Sonderfall des zweiten. Die Bewegungsgröße ist konstant, wenn keine Kraft auf den Körper einwirkt. Das dritte Axiom ist das Wechselwirkungsgesetz und in der Form „actio = reactio" aus Abschnitt 6.1 bekannt.

6.4.1 Kinetik des Massenpunktes und des starren Körpers in der Ebene

Der Massenpunkt ist das einfachste Modell in der Technischen Mechanik. Ihm ist eine endliche Masse zugeordnet. Durch einen Massenpunkt kann aber auch ein beliebiger Körper abgebildet werden, wenn nur dessen Abmessungen gegenüber den Ausmaßen seiner Bewegungsbahn vernachlässigbar sind und die Rotation des Körpers unbeachtet bleibt. Das bedeutet eine Beschränkung auf die translatorische Bewegung des Schwerpunktes.

Unter der Wirkung von Kräften kann sich der Massenpunkt im Raum zunächst frei bewegen. Er hat den Freiheitsgrad 3. In der Technik liegen häufig Bindungen vor, die die Freiheit einschränken und so eine geführte Bewegung erzwingen. Die Bindungsgleichungen oder Zwangsbedingungen sind im Allgemeinen Beziehungen zwischen den Koordinaten. Das Einhalten der Zwangsbedingungen wird durch Zwangskräfte bewirkt, die auch als Reaktionskräfte bezeichnet werden. Demgegenüber heißen alle gegebenen Kräfte eingeprägte Kräfte. Eine derartige Einschränkung stellt auch die Bewegung des starren Körpers in der Ebene dar. Ihm ist neben den zwei Translationen eine Rotation erlaubt. Damit hat auch er den Freiheitsgrad 3. Die Drehung des ebenen Körpers um eine feste Achse ist eine Bewegung mit dem Freiheitsgrad 1 und die mathematische Behandlung ist analog der Kinetik des Massenpunktes.

Für einen Rotor (Bild 6.26) gilt an einem Massenelement dm in tangentialer Richtung ebenfalls der Zusammenhang zwischen Kraft und Beschleunigung:

$$\mathrm{d}F = \mathrm{d}m \cdot a = \mathrm{d}m \cdot r \cdot \ddot{\varphi}\,.$$

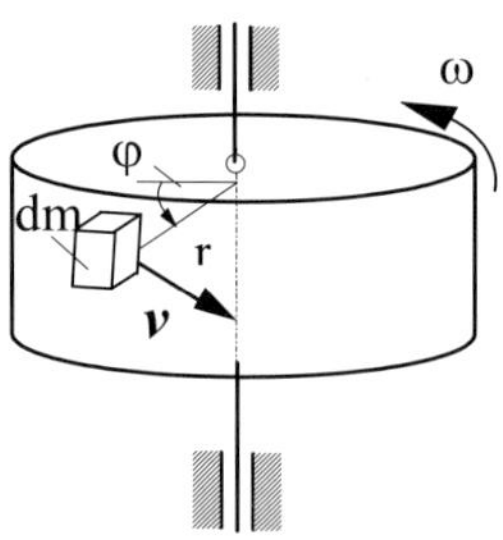

Bild 6.26 Drehung eines starren Rotors um eine feste Achse

Durch Multiplikation mit dem Radius r ergibt sich dessen Moment bezüglich der Drehachse und durch Summation das Gesamtmoment:

$$M = \int_{(m)} \mathrm{d}M = \int_{(m)} r\,\mathrm{d}F = \int_{(m)} r^2 \ddot{\varphi}\,\mathrm{d}m$$

Da bei der Drehung die Winkelbeschleunigung $\ddot{\varphi}$ für alle Punkte des starren Körpers gleich ist, folgt

$$M = \ddot{\varphi} \int_{(m)} r^2\,\mathrm{d}m$$

Das Integral wird als **Massenträgheitsmoment** J bezüglich der Drehachse bezeichnet.

Die Beziehung $M = J\ddot{\varphi}$ entspricht mathematisch der bei Translation. Zwischen der Bewegung eines Massenpunktes und der eines starren Körpers um eine feste Achse besteht eine vorteilhafte Analogie. Dabei gelten die Entsprechungen, die in Tabelle 6.11 zusammengestellt sind.

Tabelle 6.11 Analogie zwischen Translation eines Massenpunktes und Rotation eines starren Körpers um eine feste Achse

Translation		**Rotation**	
Weg s	(m)	Winkel φ	(rad)
Geschwindigkeit v	(m/s)	Winkelgeschwindigkeit ω	(rad/s)
Beschleunigung a	(m/s^2)	Winkelbeschleunigung α	(rad/s^2)
Masse m	(kg)	Massenträgheitsmoment J	(kg · m^2)
Kraft F	(N)	Moment M	(N · m)
Federsteifigkeit c	(N/m)	Drehfedersteifigkeit c	(N · m)

Das zweite Newton'sche Axiom in der Form

$$\boldsymbol{F} = m \cdot \boldsymbol{a} = m \cdot \ddot{\boldsymbol{r}}$$

oder bei Zugrundelegung eines kartesischen Koordinatensystems in den drei Komponentengleichungen

$$F_x = m\ddot{x} \quad F_y = m\ddot{y} \quad F_z = m\ddot{z}$$

stellt Differenzialgleichungen zweiter Ordnung (Bewegungsgleichungen) dar. Deren Integration liefert den Bewegungsablauf in einem endlichen Zeitraum, falls dieser nicht vorgegeben und nach der Kraftgröße gefragt ist.

Aus dem zweiten Newton'schen Axiom sind für konstante Massegrößen mathematische Umformungen üblich.

6.4.1.1 Impulserhaltung

Ausgehend von der Bewegungsgröße **Impuls** $\boldsymbol{I} = m\boldsymbol{v}$ ergibt sich das Bewegungsgesetz für einen Massenpunkt auch in der Form $\boldsymbol{F} = \dot{\boldsymbol{I}}$, wobei natürlich unter $\boldsymbol{F}$ die Summe aller einwirkenden Kräfte zu verstehen ist. Für den Sonderfall $\boldsymbol{F} = 0$ folgt $\dot{\boldsymbol{I}} = 0$, was bedeutet, dass der Impuls erhalten bleibt (**Impulserhaltungssatz**). Wenn die Kraft als Funktion der Zeit gegeben ist, dann läßt sich durch Trennung der Variablen eine erste Integration durchführen:

$$\int_{t_1}^{t_2} \boldsymbol{F}(t)\,\mathrm{d}t = \boldsymbol{I}_2 - \boldsymbol{I}_1$$

Die Beziehung besagt, dass die Impulsänderung des Massenpunktes gleich ist dem Kraftstoß aller auf ihn einwirkenden Kräfte. Analog steht für den Drehimpuls (Drall) L:

$$\int_{t_1}^{t_2} \boldsymbol{M}(t)\,\mathrm{d}t = \boldsymbol{L}_2 - \boldsymbol{L}_1$$

Auch hier gilt für $\boldsymbol{M}(t) = 0$ der **Drehimpulserhaltungssatz**.

6.4.1.2 Arbeitssatz der Mechanik

Das Arbeitsdifferenzial ergibt sich aus der Kraft durch Multiplikation mit d$\boldsymbol{r}$:

$$\mathrm{d}W = \boldsymbol{F} \cdot \mathrm{d}\boldsymbol{r} = m\frac{\mathrm{d}\boldsymbol{v}}{\mathrm{d}t} \cdot \mathrm{d}\boldsymbol{r} = m\boldsymbol{v} \cdot \mathrm{d}\boldsymbol{v}$$

Auch hier kann bei $\boldsymbol{F} = \boldsymbol{F}(\boldsymbol{r})$ für einen endlichen Bewegungsablauf integriert werden:

$$W = \int_{r_1}^{r_2} \boldsymbol{F} \cdot \mathrm{d}\boldsymbol{r} = \frac{m}{2} v^2 \Big|_{v_1}^{v_2} = \frac{m}{2}\left(v_2^2 - v_1^2\right) = T_2 - T_1$$

Die bei der Verschiebung des Massenpunktes von allen Kräften geleistete Arbeit ist gleich der Änderung der kinetischen Energie T. Für die Drehung um eine feste Achse k gilt analog

$$W = \int_{\varphi_1}^{\varphi_2} M_k \, \mathrm{d}\varphi = \frac{J_k}{2}\left(\dot{\varphi}_2^2 - \dot{\varphi}_1^2\right) = T_2 - T_1$$

6.4.1.3 Energiesatz der Mechanik

Allgemein hängt das Integral $W = \int_{r_1}^{r_2} \boldsymbol{F} \cdot \mathrm{d}\boldsymbol{r}$ vom Integrationsweg ab. Ein wichtiger Sonderfall liegt vor, wenn eine Abhängigkeit nur von den Lagen besteht. In diesem Fall existiert eine Funktion $U(\boldsymbol{r})$, die als potenzielle Energie bezeichnet wird:

$$W = U(\boldsymbol{r}_1) - U(\boldsymbol{r}_2)$$

Sind ausschließlich Potenzialkräfte (konservative Kräfte) vorhanden, dann folgt aus dem Arbeitssatz der Mechanik der Energiesatz der Mechanik:

$$T_2 - T_1 = U_1 - U_2 \quad \text{bzw.} \quad T + U = \text{konstant.}$$

6.4.2 Kinetik des Massenpunktsystems

Ein Massenpunktsystem (Punkthaufen) wird durch eine endliche Anzahl von Massenpunkten gebildet, deren Lage im Raum durch Ortsvektoren $\boldsymbol{r}_i$ $(i = 1 \ldots n)$ festgelegt ist. Die Bindungen zwischen den einzelnen Massenpunkten werden als masselos vorausgesetzt. Durch sie wird der Freiheitsgrad f im Allgemeinen eingeschränkt. Für r Bindungen gilt

$$f = 3n - r$$

Im Sonderfall nur starrer Bindungen bilden die Massenpunkte einen starren Körper.

Die unter 6.4.1 angeführten Sätze haben auch für das Massenpunktsystem Bedeutung.

6.4.2.1 Schwerpunktsatz

Für den Schwerpunkt eines Massenpunktsystems (Bild 6.27) gilt $\boldsymbol{r}_S = \frac{\sum_i m_i \boldsymbol{r}_i}{m}$. Die Anwendung des zweiten Newton'schen Axioms auf die einzelnen Massenpunkte, wobei $\boldsymbol{F}_{ii}$ die Summe aller äußeren Kräfte auf m_i darstellt und $\boldsymbol{F}_{ik}$ die Kräfte zwischen den Massen m_i und m_k sind, ergibt beispielsweise für m_i

$$\boldsymbol{F}_{ii} + \sum_{\substack{k=1 \\ k \neq i}}^{n} \boldsymbol{F}_{ik} = m_i \boldsymbol{a}_i$$

und nach Summation über alle Massenpunkte

$$\boldsymbol{F} = \sum_i \boldsymbol{F}_{ii} + \sum_i \sum_k \boldsymbol{F}_{ik} = \sum_i m_i \boldsymbol{a}_i$$

Aus Bild 6.28 ist ersichtlich, dass nach dem dritten Newton'schen Axiom $\boldsymbol{F}_{ik} = -\boldsymbol{F}_{ki}$ gilt, womit die Doppelsumme bei der Vereinbarung $i \neq k$ null wird. Die Beziehung für den Ortsvektor des Schwerpunktes liefert nach zweimaliger Differenziation:

$$m\ddot{\boldsymbol{r}}_s = \sum_i m_i \ddot{\boldsymbol{r}}_i = \sum_i m_i \boldsymbol{a}_i$$

womit als Schwerpunktsatz erhalten wird:

$$\boldsymbol{F} = \sum_i \boldsymbol{F}_{ii} = m\boldsymbol{a}_s$$

Damit ist gesagt, dass sich der Schwerpunkt eines Massenpunktsystems so bewegt, als ob die Resultierende $\boldsymbol{F}$ aller äußeren Kräfte auf die in ihm konzentriert angenommene Gesamtmasse einwirken würde. Falls die resultierende Kraft null ist, verschwindet die Schwerpunktbeschleunigung.

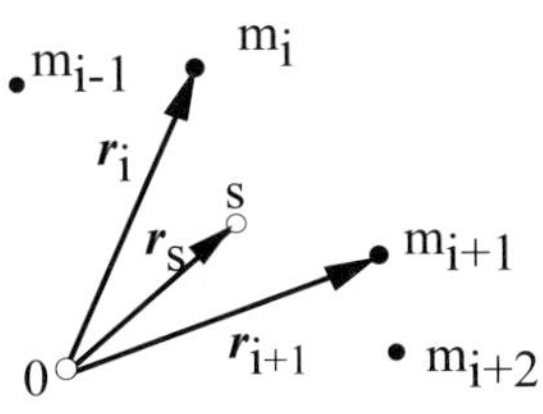

Bild 6.27 Massenpunktsystem

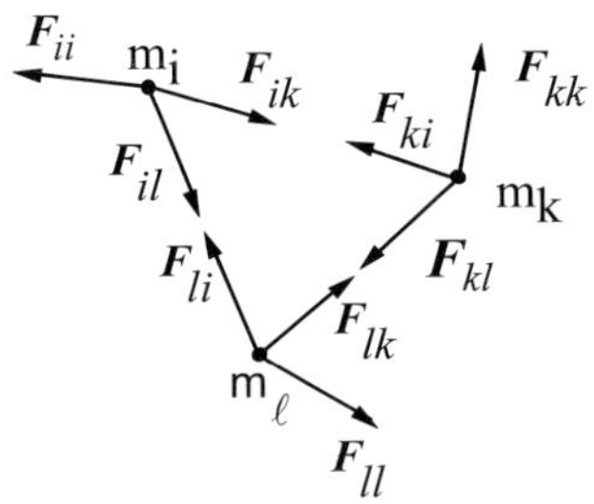

Bild 6.28 Innere und äußere Kräfte in einem Massenpunktsystem

6.4.2.2 !Impulssatz

Durch Integration von $\boldsymbol{F} = m\boldsymbol{a}_s$ wird in Anlehnung an das Vorgehen beim einzelnen Massenpunkt

$$\int_{t_1}^{t_2} \boldsymbol{F}\,\mathrm{d}t = m\boldsymbol{v}_{s_2} - m\boldsymbol{v}_{s_1}$$

erhalten. Der Gesamtimpuls kann nicht durch die inneren Kräfte beeinflusst werden. Für verschwindende äußere Kräfte gilt wieder der Impulserhaltungssatz. Eine wichtige Anwendung ist bei Stoßvorgängen zu finden, bei denen große Kontaktkräfte während kurzer Zeiten auftreten. Bild 6.29 stellt die drei Phasen eines zentrischen Stoßes dar. Bei dieser Betrachtung wird nicht auf die während der kurzen Kontaktphase zwischen den Körpern wirkenden Kräfte gezielt. Wird von Reibungskräften oder anderen Widerständen abgesehen, wirken keine äußeren Kräfte. Damit gilt der Impulserhaltungssatz:

$$m_1 v_1 + m_2 v_2 = m_1 c_1 + m_2 c_2$$

Diese eine Gleichung ist zur Ermittlung der beiden Geschwindigkeiten c_1, c_2 nach dem Stoß bei bekannten Geschwindigkeiten v_1, v_2 vor dem Stoß nicht ausreichend. Eine zweite Beziehung liefert die Stoßhypothese von Newton, nach der gilt:

$$c_1 - c_2 = k(v_1 - v_2)$$

Die hiermit definierte **Stoßzahl** k $(0 \le k \le 1)$ ist abhängig von der Form der Stoßpartner, dem Material und der Relativgeschwindigkeit. Sie hat den Wert $k = 1$, wenn der Stoß ohne Energieverlust erfolgt, und den Wert $k = 0$, wenn nach dem Stoß beide Stoßpartner die gleiche Geschwindigkeit haben, also ein plastischer Stoß (maximaler Energieverlust) erfolgt ist. Mit der Beziehung der Stoßhypothese kann für die Geschwindigkeiten nach dem Stoß erhalten werden:

$$c_1 = v_1 - \frac{(v_1 - v_2)(1+k)}{1 + \dfrac{m_1}{m_2}} \quad \text{und} \quad c_2 = v_2 + \frac{(v_1 - v_2)(1+k)}{1 + \dfrac{m_2}{m_1}}$$

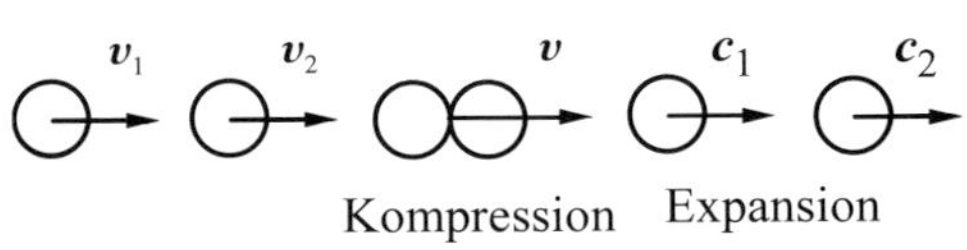

Bild 6.29 Zentrischer Stoß zweier Massenpunkte

Der Energieverlust ergibt sich damit zu

$$W_k = \frac{1}{2}\left(1-k^2\right)\frac{m_1 \cdot m_2}{m_1+m_2}\left(v_1 - v_2\right)^2$$

Analog zum Impulssatz gilt auch hier der Drehimpulssatz für das gesamte Massenpunktsystem bezüglich eines Punktes A. Er entspricht unter der Voraussetzung, dass der Punkt A fest oder identisch mit dem Schwerpunkt ist und dass die inneren Kräfte zentral (also längs der Punktverbindungslinien) wirken, formal dem für den Massenpunkt.

6

Die bisher benutzten Analogien sind, das soll schon hier bemerkt werden, für nichtzentrale innere Kräfte und den später behandelten starren Körper nicht mehr verwendbar. Der Drehimpulssatz ist dann ein eigenständiges Gesetz.

6.4.2.3 Arbeitssatz der Mechanik für das Massenpunktsystem

Die bei der Herleitung des Schwerpunktsatzes erhaltene Beziehung für $\boldsymbol{F}$ nach der Summation über alle Massenpunkte kann skalar mit $\mathrm{d}\boldsymbol{r}$ multipliziert werden. Eine passende Umformung der rechten Seite ergibt $\sum\limits_i \boldsymbol{F}_{ii} \cdot \mathrm{d}\boldsymbol{r}_i + \sum\limits_i \sum\limits_k \boldsymbol{F}_{ik} \cdot \mathrm{d}\boldsymbol{r}_i = \sum\limits_i m_i \boldsymbol{a}_i \cdot \mathrm{d}\boldsymbol{r}_i = \sum\limits_i \frac{d}{\mathrm{d}t}\left(\frac{m_i}{2}\boldsymbol{v}_i^2\right)$.

Die Arbeitssumme der Bindekräfte ist im Gegensatz zur Kräftesumme nicht stets verschwindend, da zwar $\boldsymbol{F}_{ik} = -\boldsymbol{F}_{ki}$ gilt, aber $\mathrm{d}\boldsymbol{r}_i \neq \mathrm{d}\boldsymbol{r}_k$. Die Integration liefert:

$$\sum_i \int_{r_1}^{r_2} \boldsymbol{F}_{ii} \cdot \mathrm{d}\boldsymbol{r}_i + \sum_i \sum_k \int_{r_1}^{r_2} \boldsymbol{F}_{ik} \cdot \mathrm{d}\boldsymbol{r}_i = \frac{m_i}{2}\left(v_2^2 - v_1^2\right) = T_2 - T_1$$

Auch hier folgt für nur konservative äußere und innere Kräfte der Energiesatz der Mechanik.

6.4.3 Kinetik des starren Körpers

Der starre Körper gilt als Modell für reale Festkörper. Für Schwerpunktlage und Impuls ergeben sich gegenüber dem Massenpunktsystem keine neuen Gesichtspunkte.

6.4.3.1 Dynamische Kennwerte des starren Körpers

Für den Drehimpuls bezüglich eines festen Punktes (Bild 6.30) gilt:

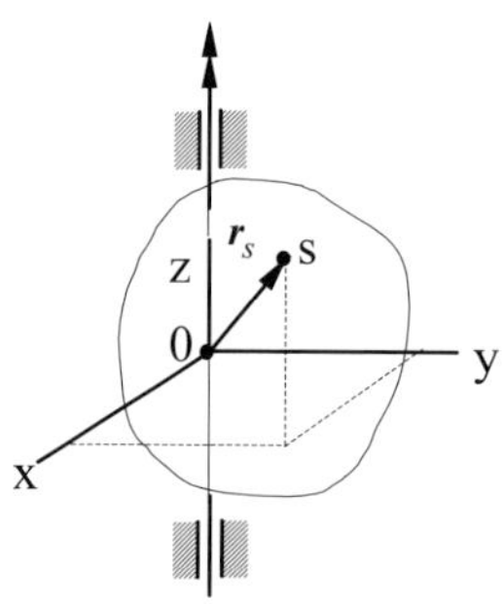

Bild 6.30 Drehung des starren Körpers um eine feste Achse

$$\boldsymbol{L} = \int_m (\boldsymbol{r} \times \boldsymbol{v})\,\mathrm{d}m \quad \text{mit} \quad \boldsymbol{v} = \boldsymbol{\omega} \times \boldsymbol{r}$$

Bei Beschränkung zunächst auf die Drehung um eine feste Achse (beispielsweise um die z-Achse eines so positionierten körperfesten kartesischen Koordinatensystems) ergeben sich unter Beachtung der Regeln für das Kreuzprodukt:

$$\boldsymbol{v} = \boldsymbol{\omega}_z \times \boldsymbol{r} = \boldsymbol{\omega}_z \times \left(x\boldsymbol{e}_x + y\boldsymbol{e}_y + z\boldsymbol{e}_z\right) = x\omega_z \boldsymbol{e}_y - y\omega_z \boldsymbol{e}_x$$

$$\boldsymbol{L}_z = \int_m \left[\left(x\boldsymbol{e}_x + y\boldsymbol{e}_y + z\boldsymbol{e}_z\right) \times \left(x\omega_z \boldsymbol{e}_y - y\omega_z \boldsymbol{e}_x\right)\mathrm{d}m\right]$$

$$= \boldsymbol{e}_z\omega_z \int_m \left(x^2+y^2\right)\mathrm{d}m - \boldsymbol{e}_x\omega_z \int_m xz\,\mathrm{d}m - \boldsymbol{e}_y\omega_z \int_m yz\,\mathrm{d}m$$

Für die Integrale werden unter Einbeziehung der Vorzeichen die Abkürzungen J_{ik} eingeführt:

$$J_{zz} = \int_m (x^2+y^2)\,\mathrm{d}m \qquad J_{xz} = -\int_m xz\,\mathrm{d}m \qquad J_{yz} = -\int_m yz\,\mathrm{d}m$$

Allgemein gelten folgende Definitionen:

Massenträgheitsmomente $J_{ii} = \int\limits_m \left(k^2 + l^2\right) \mathrm{d}m; \quad i \neq k \neq l; \quad i, k, l = x, y, z$

Deviationsmomente $J_{ik} = -\int\limits_m ik \, \mathrm{d}m; \quad i \neq k$

Bei Anordnung der sechs Komponenten im Trägheitstensor $\underline{J}$ folgt für den Koordinatenvektor des Drehimpulses $\underline{L}$ folgende Matrizengleichung:

$$\underline{L} = \underline{J} \cdot \underline{\omega} = \begin{bmatrix} J_{xx} & J_{xy} & J_{xz} \\ J_{yx} & J_{yy} & J_{yz} \\ J_{zx} & J_{zy} & J_{zz} \end{bmatrix} \begin{bmatrix} \omega_x \\ \omega_y \\ \omega_z \end{bmatrix}$$

6

Der Trägheitstensor ist symmetrisch. Es gilt $J_{ik} = J_{ki}$. Die Trägheitskenngrößen des starren Körpers sind natürlich gegenüber Verschiebung und Verdrehung des Bezugsachsensystems nicht invariant. Für Parallelverschiebung gegenüber einem Achsensystem im Schwerpunkt (Bild 6.31) gilt der Satz von Steiner:

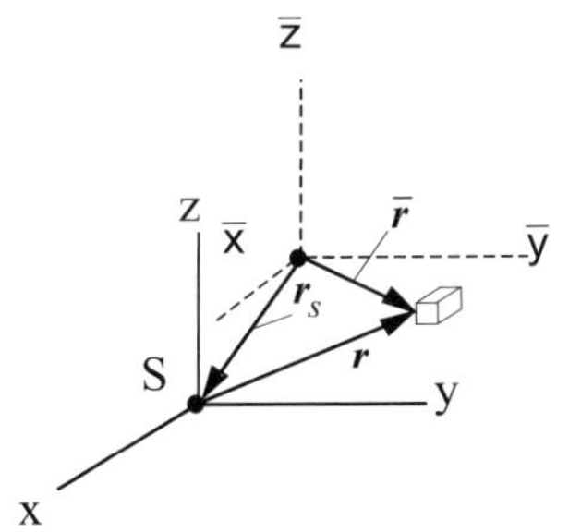

Bild 6.31 Parallelverschiebung des Koordinatensystems

$$J_{\bar{i}\bar{i}} = J_{ii} + m\left(\bar{k}_s^2 + \bar{l}_s^2\right)$$

$$J_{\bar{i}\bar{k}} = J_{ik} - m\bar{i}_s\bar{k}_s$$

wobei für i, k, l und $\bar{i}, \bar{k}, \bar{l}$ die obigen Bedingungen gelten. Bezüglich einer Drehung des Koordinatensystems lässt sich nachweisen, dass es eine ausgezeichnete Achsenlage derart gibt, dass in dieser alle Deviationsmomente verschwinden.

Der Trägheitstensor hat nach einer entsprechenden Transformation (Hauptachsentransformation) die Form

$$\underline{J} = \begin{bmatrix} J_{\mathrm{I}} & 0 & 0 \\ 0 & J_{\mathrm{II}} & 0 \\ 0 & 0 & J_{\mathrm{III}} \end{bmatrix}$$

Die Komponenten dieses Tensors heißen Hauptträgheitsmomente und das dazugehörige Koordinatensystem wird durch die Trägheitshauptachsen gebildet. Bei einfachen geometrischen Formen starrer Körper lassen sich bisweilen die Lagen der Trägheitshauptachsen erkennen, da sie stets auf Symmetrieebenen senkrecht stehen.

6.4.3.2 Drehimpulssatz

Für die Herleitung der Kennwerte des starren Körpers wurde vom Drehimpuls ausgegangen. Der Drehimpulssatz (Drallsatz) bezogen auf einen raumfesten Punkt 0 lautet

$$\dot{\boldsymbol{L}}_{(0)} = \frac{d}{\mathrm{d}t} \int\limits_m (\boldsymbol{r} \times \boldsymbol{v}) \, \mathrm{d}m = \boldsymbol{M}_{(0)}$$

Die Indizierung soll nochmals ausdrücklich darauf hinweisen, dass sich Moment und Drehimpuls (Drall) immer auf den gleichen Punkt beziehen müssen. Der Drehimpulssatz für den starren Körper ist nicht ohne Einschränkungen auf das zweite Newton'sche Axiom zurückführbar. Er gilt als eigenständiges Gesetz neben dem Impulssatz für die Translation. Bezüglich eines beliebig bewegten Punktes A enthält der Drehimpulssatz infolge der Abhängigkeit des Momentes und des Drehimpulses vom Bezugspunkt einen Anteil, der die Beschleunigung $\dot{\boldsymbol{v}}_0$ des Bezugspunktes A und den Abstand $\boldsymbol{r}_{s(A)}$ des Schwerpunktes vom Bezugspunkt berücksichtigt:

$$\dot{\boldsymbol{L}}_{(A)} + m\left(\boldsymbol{r}_{s(A)}\boldsymbol{r} \times \dot{\boldsymbol{v}}_0\right) = \boldsymbol{M}_{(A)}$$

Wenn eine von beiden Größen verschwindet, hat der Drehimpulssatz wieder die für einen raumfesten Punkt bekannte Form.

Tabelle 6.12 Einige Massenträgheitsmomente

Dünner Stab	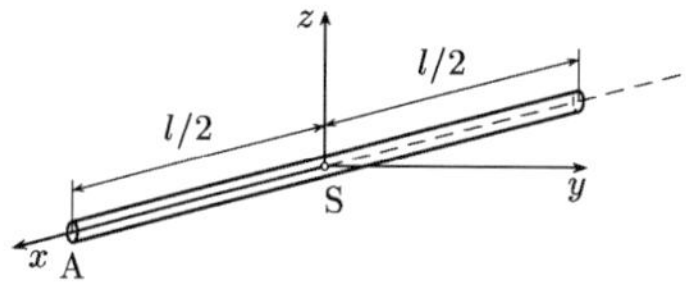	$J_{yy}^S = J_{zz}^S = \frac{1}{12} ml^2$ $J_{xx} = 0$ $J_{yy}^A = J_{zz}^A = \frac{1}{3} ml^2$
Hohlzylinder	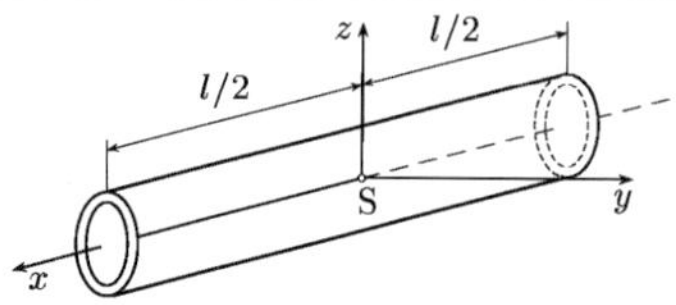	$J_{xx} = \frac{m}{2}(r_a^2 + r_i^2)$ $J_{yy} = J_{zz} = \frac{m}{4}\left(r_a^2 + r_i^2 + \frac{l^2}{3}\right)$ Sonderfälle: Vollzylinder: $r_a = r$; $r_i = 0$; $J_{xx} = \frac{m}{2} r^2$ Dünnwandiger Hohlzylinder: $r_a = r_i = r$; $J_{xx} = mr^2$ Kreisscheibe: $l = 0$; $J_{yy} = J_{zz} = \frac{m}{4}(r_a^2 + r_i^2)$
Quader	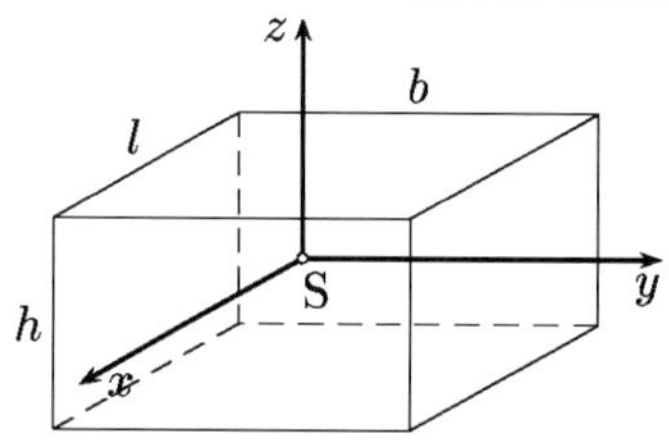	$J_{xx} = \frac{1}{12} m(h^2 + b^2)$ $J_{yy} = \frac{1}{12} m(h^2 + l^2)$ $J_{zz} = \frac{1}{12} m(b^2 + l^2)$

6.4.3.3 Schlussfolgerungen aus dem Drehimpulssatz

Der Drehimpulsvektor bei Rotation eines unwuchtigen starren Körpers, beispielweise um die z-Achse, ist

$$\boldsymbol{L} = \boldsymbol{e}_x \omega_z J_{xz} + \boldsymbol{e}_y \omega_z J_{yz} + \boldsymbol{e}_z \omega_z J_{zz}$$

Die Differenziation des mit dem körperfesten Koordinatensystem bewegten Drehimpulsvektors nach der Zeit im raumfesten System liefert den Momentenvektor. Analog dem Vorgehen bei der Relativbewegung gilt

$$\boldsymbol{M} = \frac{\mathrm{d}\boldsymbol{L}}{\mathrm{d}t} = (\boldsymbol{e}_z \omega_z \times \boldsymbol{L}) + \left(\frac{\mathrm{d}\boldsymbol{L}}{\mathrm{d}t}\right)_{\mathrm{rel}}$$

Damit erhält man für den Momentenvektor im körperfesten Koordinatensystem

$$\boldsymbol{M} = \boldsymbol{e}_x\left(\dot{\omega}_z J_{xz} - \omega_z^2 J_{yz}\right) + \boldsymbol{e}_y\left(\dot{\omega}_z J_{yz} + \omega_z^2 J_{xz}\right) + \boldsymbol{e}_z \dot{\omega}_z J_{zz}$$

Die Komponenten dieses Vektors lassen sich mit den ebenfalls im körperfesten Koordinatensystem formulierten Momenten infolge eingeprägter Kräfte und Reaktionskräfte vergleichen und ermöglichen damit die Berechnung der Lagerreaktionen für einen um eine feste Achse rotierenden unwuchtigen Körper. Wird die Einschränkung auf die feste Achse fallen gelassen, dann wird der Drehimpulssatz nicht so einfach wie oben. Eine Vereinfachung ergibt sich, wenn das körperfeste Koordinatensystem zugleich das zentrale Hauptachsensystem ist. Damit verschwinden die Deviationsmomente und der Drehimpuls wird durch die Hauptträgheitsmomente und die Winkelgeschwindigkeiten um die Trägheitshauptachsen beschrieben:

$$\boldsymbol{L} = J_\text{I}\omega_\text{I}\boldsymbol{e}_\text{I} + J_\text{II}\omega_\text{II}\,\boldsymbol{e}_\text{II} + J_\text{III}\,\omega_\text{III}\boldsymbol{e}_\text{III}$$

In diesem Fall ergibt sich für den Momentenvektor:

$$\boldsymbol{M} = \frac{\mathrm{d}\boldsymbol{L}}{\mathrm{d}t} = (\boldsymbol{\omega} \times \boldsymbol{L}) + \left(\frac{\mathrm{d}\boldsymbol{L}}{\mathrm{d}t}\right)_\text{rel} = (J_\text{III} - J_\text{II})\,\omega_\text{II}\omega_\text{III}\boldsymbol{e}_\text{I} + (J_\text{I} - J_\text{III})\,\omega_\text{I}\omega_\text{III}\boldsymbol{e}_\text{II} + (J_\text{II} - J_\text{I})\,\omega_\text{I}\omega_\text{II}\boldsymbol{e}_\text{III}$$

$$+ J_\text{I}\dot{\omega}_\text{I}\boldsymbol{e}_\text{I} + J_\text{II}\dot{\omega}_\text{II}\boldsymbol{e}_\text{II} + J_\text{III}\dot{\omega}_\text{III}\boldsymbol{e}_\text{III}$$

Die Komponenten längs der Trägheitshauptachsen sind damit

$$M_\text{I} = J_\text{I}\dot{\omega}_\text{I} + (J_\text{III} - J_\text{II})\,\omega_\text{II}\omega_\text{III}$$

$$M_\text{II} = J_\text{II}\dot{\omega}_\text{II} + (J_\text{I} - J_\text{III})\,\omega_\text{I}\omega_\text{III}$$

$$M_\text{III} = J_\text{III}\dot{\omega}_\text{III} + (J_\text{II} - J_\text{I})\,\omega_\text{I}\omega_\text{II}$$

Diese **Euler'schen Kreiselgleichungen** bilden den Ausgangspunkt für die Kreiselmechanik. Typische Anwendungen sind der Rotor im bewegten System und der Kollergang.

Die Euler'schen Gleichungen sind nichtlineare gekoppelte Differenzialgleichungen, die schwierig allgemein zu lösen sind. Zu erkennen ist aber, dass eine momentenfreie Rotation mit konstanter Winkelgeschwindigkeit ($\dot{\omega} = 0$) nur dann erfolgen kann, wenn das gemischte ω-Produkt (beispielsweise $\omega_\text{II} \cdot \omega_\text{III}$) verschwindet. Das bedeutet, dass nur dann, wenn der Winkelgeschwindigkeitsvektor ständig in eine Hauptachsenrichtung zeigt, eine gleichförmige Rotation eines starren Körpers ohne äußere Einwirkung möglich ist. Bei rotationssymmetrischen Körpern sind das die Symmetrieachsen.

6.4.4 Aufstellen von Bewegungsgleichungen

Die Differenzialgleichungen zweiter Ordnung aus dem zweiten Newton'schen Axiom wurden als Bewegungsgleichungen bezeichnet. Sie stellen die mathematische Beschreibung mechanischer Modelle dar.

6.4.4.1 D'Alembert'sches Prinzip

Für den ebenen starren Körper folgt durch formale Umstellung der Beziehung für das zweite Newton'sche Axiom

$$\boldsymbol{F} + (-m\ddot{\boldsymbol{r}}) = 0 \qquad \text{bzw.} \qquad \boldsymbol{M} + (-J\ddot{\boldsymbol{\varphi}}) = 0$$

Die damit eingeführten Kraftgrößen (Klammerausdrücke) werden üblicherweise d'Alembert'sche Hilfskraftgrößen (**Trägheitskraftgrößen**) genannt. Die Gleichungen stellen Gleichgewichtsbeziehungen unter Einbeziehung der Trägheitskraftgrößen dar und entsprechen damit der statischen Betrachtungsweise. Wichtig ist, dass die neu eingeführten Hilfsgrößen nicht dem Prinzip actio = reactio folgen. Vielfach wird vom **Prinzip der virtuellen Arbeit** ausgegangen, das in Abschnitt 6.1 eingeführt wurde:

$$\sum_i \boldsymbol{F}_i \cdot \delta\boldsymbol{r}_i = 0$$

Die virtuellen Verrückungen $\delta\boldsymbol{r}_i$ sind dabei differenziell kleine gedachte Verschiebungen, die den kinematischen Beziehungen folgen. Für bewegte Massenpunkte folgt damit

$$\sum_i (\boldsymbol{F}_i - m_i\ddot{\boldsymbol{r}}_i)\,\delta\boldsymbol{r}_i = 0$$

Diese für die uneingeschränkte Anwendung nützliche Formulierung des d'Alembert'schen Prinzips geht auf Lagrange zurück. Allgemein gilt für ein System starrer Körper bei Bezug auf die jeweiligen Körperschwerpunkte:

$$\sum_i \left(\boldsymbol{F}_i - \dot{\boldsymbol{I}}_i\right) \delta \boldsymbol{r}_{s_i} + \sum_i \left(\boldsymbol{M}_{si} - \dot{\boldsymbol{L}}_{si}\right) \delta \varphi_i = 0$$

6.4.4.2 Lagrange'sche Gleichungen zweiter Art

Ausgehend vom Prinzip der virtuellen Arbeit kann durch Einführung verallgemeinerter Koordinaten q_i, deren Anzahl dem Freiheitsgrad entspricht, eine Form erreicht werden, die für das Aufstellen der Bewegungsgleichungen von Energieausdrücken ausgeht. Mit der kinetischen Energie T und der potenziellen Energie U für alle konservativen Kräfte lassen sich die **Lagrange'sche Funktion**

$$L = T - U$$

und damit die Lagrange'schen Gleichungen zweiter Art in der Form

$$\left(\frac{\partial L}{\partial \dot{q}_i}\right)^{\bullet} - \frac{\partial L}{\partial q_i} = Q_i\,; \quad i = 1, \ldots, f$$

erhalten. Die Q_i stehen für nichtkonservative Kraftgrößen und lassen sich über die virtuelle Arbeit ermitteln. Lagrange'sche Gleichungen zweiter Art sind sehr vorteilhaft bei bewegten Koordinatensystemen und komplizierten Zwangsbedingungen anzuwenden. Sie benötigen keine Schnittführungen und die Vorzeichen spielen keine Rolle. Bei gegebener Lagrange'scher Funktion werden die richtigen Bewegungsgleichungen durch einfache partielle Differenziation erreicht.

6.5 Schwingungen mechanischer Systeme

Schwingungen nennt man mehr oder weniger regelmäßig erfolgende zeitliche Schwankungen von Zustandsgrößen. Dies können physikalische Größen wie Weg, Drehwinkel, Kraft, Druck oder Temperatur sein. Schwingungen treten in vielfältiger Form in der Natur und Technik auf, so beispielsweise Schwingungen an Fahrzeugen, Flugzeugen und Schiffen, Schwingungen von Bauwerken und Anlagen. Zur mathematischen Beschreibung von Schwingungen werden Schwingungsmodelle verwendet, die im einfachsten Fall aus idealisierten Federn, Massen und Dämpfern bestehen. Diese Beschreibung führt auf Differenzialgleichungen von maximal zweiter Ordnung bezüglich der Zeit.

Schwingungen können unterteilt werden nach

- dem **Charakter der Bewegungsgleichung** (lineare oder nichtlineare Schwingungen),
- dem **Freiheitsgrad** (diskrete oder kontinuierliche Schwinger),
- der **Art der Schwingungserregung** (freie oder erzwungene Schwingungen mit harmonischer, periodischer oder transienter Anregung) und
- dem **Energiehaushalt** (nichtgedämpfte, gedämpfte oder angefachte Schwingungen).

6.5.1 Kinematik der Schwingungen und Schwingungsanalyse

6.5.1.1 Harmonische Schwingungen

Eine Funktion $x(t)$ heißt harmonisch, wenn sie in der Form

$$x(t) = A \sin(\omega t + \varphi_0) = a \cos \omega t + b \sin \omega t$$

dargestellt werden kann. Zwischen der Kreisfrequenz ω, der Schwingungsdauer T und der Frequenz f besteht der Zusammenhang: $\omega = 2\pi f = \dfrac{2\pi}{T}$.

Für die Amplituden A, a und b ergibt sich: $A = \sqrt{a^2 + b^2}$; $a = A \sin \varphi_0$; $b = A \cos \varphi_0$. Die Phasenverschiebung φ_0 (Bild 6.32) ergibt sich aus $\varphi_0 = \arctan \frac{a}{b} = \omega t_0$.

Sind die Amplitude A und die Frequenz f selbst harmonische Funktionen, spricht man von **amplituden-** bzw. **frequenzmodulierten Schwingungen**. Von besonderem technischen Interesse ist die Überlagerung $x(t) = A_1 \cos \omega_1 t + A_2 \cos \omega_2 t$ mit $\omega_1 \approx \omega_2$. Dieser Sonderfall wird als Schwebung bezeichnet. Die Schwebungsfrequenz beträgt $\frac{\omega_1 - \omega_2}{2}$.

6

6.5.1.2 Periodische Schwingungen

Eine Zeitfunktion heißt periodisch (Bild 6.32), wenn gilt

$$x(t) = x(t+T)$$

Jede periodische Funktion kann als Summe von harmonischen Funktionen dargestellt werden. Ihre Zerlegung in die harmonischen Anteile erfolgt durch die **Fourierreihenzerlegung** in reeller Form

$$x(t) = \frac{a_0}{2} + \sum_{n=1}^{\infty} \left(a_n \cos(n\omega_0 t) + b_n \sin(n\omega_0 t)\right)$$

mit $a_0 = \frac{2}{T}\int_0^T x(t)\,\mathrm{d}t \qquad a_n = \frac{2}{T}\int_0^T x(t)\cos(n\omega_0 t)\,\mathrm{d}t \qquad b_n = \frac{2}{T}\int_0^T x(t)\sin(n\omega_0 t)\,\mathrm{d}t$

oder in komplexer Form $x(t) = \sum_{n=-\infty}^{\infty} c_n \mathrm{e}^{\mathrm{j}n\omega_0 t}$ mit $c_n = \frac{1}{T}\int_0^T x(t)\,\mathrm{e}^{-\mathrm{j}n\omega_0 t}\,\mathrm{d}t = c_{\mathrm{Re}} + \mathrm{j}c_{\mathrm{Im}}$

Die $c_n\, \mathrm{e}^{\pm \mathrm{j}n\omega_0 t}$ lassen sich im Gauß'schen Koordinatensystem als gegenläufig rotierende Zeiger auffassen, die zu jedem Zeitpunkt t einen reellen Wert der Zeitfunktion $x(t)$ ergeben. Ist die Zeitfunktion gerade, so sind die Koeffizienten c_n reell.

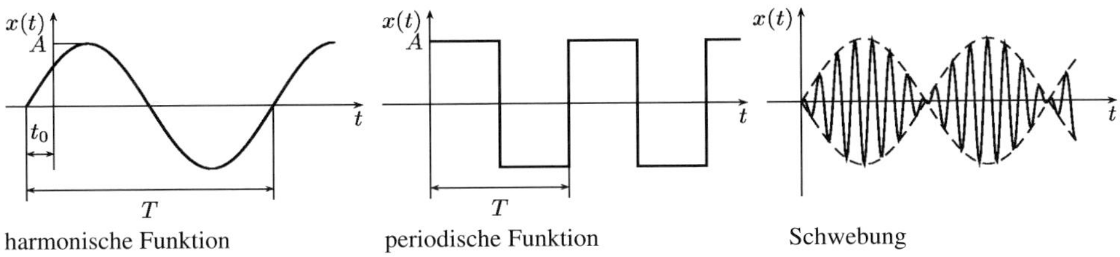

Bild 6.32 Darstellung von Schwingungen

6.5.1.3 Rechnergestützte Schwingungsanalyse

Liegen Messwerte des zeitlichen Verlaufes einer Schwingung (Schwingungsschrieb) nach Bild 6.33 vor, so kann eine spektrale Zerlegung nur auf numerischem Weg erfolgen. Dabei ist T die Messzeit. Der Vorgang wird mit einem schnellen AD-Umsetzer abgetastet und die sich ergebende diskrete Zeitreihe, bestehend aus N Abtastwerten x_k, im Rechner fourieranalysiert.

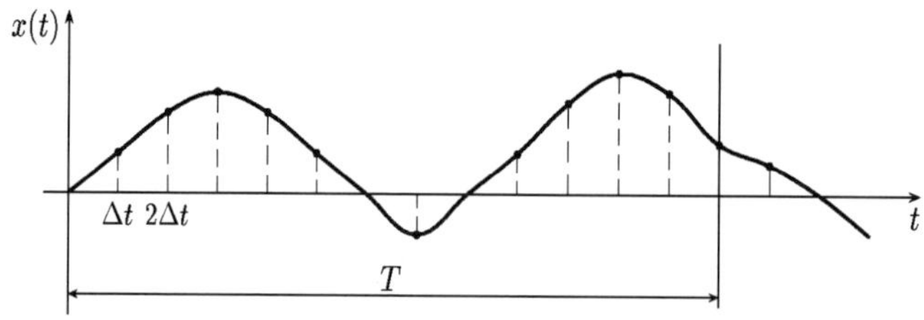

Bild 6.33 Experimentell aufgenommene Daten einer Schwingung

6

Dies geschieht mit der **diskreten Fouriertransformation** (DFT) nach

$$c_n = \frac{1}{N} \sum_{k=0}^{N-1} x_k \, e^{-j\frac{n\,2\pi k}{N}} \tag{c}$$

Die Abtastschrittweite ist nach dem **Abtasttheorem von Shannon** zu wählen:

$$\Delta t = \frac{1}{2 f_{gr}} \tag{d}$$

Dabei ist f_{gr} die höchste im Spektrum enthaltene Frequenzkomponente. Um Abtastfehler (aliasing) zu vermeiden, ist die Forderung (d) mit Tiefpaßfiltern zu erzwingen. Die maximal zu analysierende Frequenz f_{max} wird durch die gewählte Schrittweite $\Delta t = \frac{T}{N} = \frac{1}{2 f_{max}}$ festgelegt. Die Frequenzauflösung Δf ergibt sich zu $\Delta f = \frac{1}{T}$. Die Operation nach Gl. (c) ist rechenzeitintensiv. In der Praxis wird deshalb ein schneller Algorithmus benutzt, der unter dem Namen **Fast Fourier Transform** (FFT) bekannt ist. Er verlangt im Allgemeinen eine Wertezahl N, die eine Potenz von 2 ist: $N = 2^{\kappa}$.

6.5.2 Verfahren der kleinen Schwingungen

Ein mechanisches System mit dem Freiheitsgrad 1 (ohne Einschränkung der allgemeinen Gültigkeit) wird beschrieben durch die Differenzialgleichung (DGL)

$$m\ddot{y} = f(t, y, \dot{y})$$

Im allgemeinen Fall ist dies eine nichtlineare Differenzialgleichung. Eine in der Praxis oft angewandte Möglichkeit der Lösung besteht in der Linearisierung um eine Gleichgewichtslage y_s. Diese heißt stabil, wenn die zu einem Anfangszustand $(y_0; \dot{y}_0)$ gehörende Bewegung für alle Zeiten $t > t_0$ in Nachbarschaft des Gleichgewichtszustandes bleibt. Es gilt dann für kleine Ausschläge: $\tilde{y} = y - y_s$; $\dot{\tilde{y}} \approx \dot{y}$; $\ddot{\tilde{y}} \approx \ddot{y}$.

Entwickelt man die rechte Seite der obigen Differenzialgleichung in eine Taylorreihe, vernachlässigt höhere Glieder und bezeichnet die ersten Ableitungen nach dem Weg als Steifigkeit c und die nach der Geschwindigkeit als Dämpfung k, so erhält man die linearisierte Differenzialgleichung

$$m\ddot{\tilde{y}} + k\dot{\tilde{y}} + c\tilde{y} = 0$$

Im Weiteren werden lineare DGLn betrachtet. Als Beispiel der Linearisierung sei das mathematische Pendel der Länge L nach Bild 6.34 betrachtet.

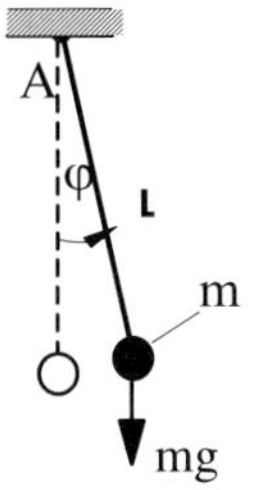

Bild 6.34 Mathematisches Pendel

Das Momentengleichgewicht um den Drehpunkt A liefert unter Beachtung des Steineranteils $J_A = mL^2$:

$$mL^2 \ddot{\varphi} + mgL \sin\varphi = 0$$

Die Gleichgewichtslagen sind Lösungen von $-\frac{g}{L} \cdot \sin\varphi = 0$.

Von den Lösungen $\varphi_s = k \cdot \pi$ (k sei ganzzahlig) sind nur die Lösungen mit $k = 0, 2, 4, \ldots$ stabil. Mit der Taylorreihenentwicklung um 0 und kleinen Ausschlägen erhält man mit $\sin\varphi \approx \varphi$ die linearisierte Differenzialgleichung

$$\ddot{\varphi} + \frac{g}{L}\varphi = 0 \qquad \text{(e)}$$

6

6.5.3 Freie Schwingungen

6.5.3.1 Freie ungedämpfte Schwingungen

Zunächst soll das Problem an einem einfachen Einmassenschwinger ohne Dämpfung ($k = 0$) dargestellt werden (Bild 6.35). Bei $y = 0$ sei die statische Ruhelage, das heißt, die Gewichtskraft und die Federvorspannkraft befinden sich im Gleichgewicht.

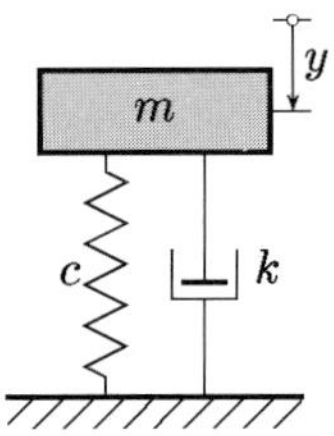

Bild 6.35 System mit einem Freiheitsgrad

Für die DGL erhält man $m\ddot{y} + cy = 0$ oder

$$\ddot{y} + \omega_0^2 y = 0 \quad \text{mit} \quad \omega_0^2 = \frac{c}{m} \qquad \text{(f)}$$

Die DGL (f) beschreibt allgemein Systeme mit dem Freiheitsgrad 1, wie ein Vergleich mit (e) zeigt. Die Lösung von (f) lautet:

$$y(t) = B\cos\omega_0 t + C\sin\omega_0 t = A\sin(\omega_0 t + \varphi_0)$$

Die Größe A ist die Amplitude der Schwingung und φ_0 der Nullphasenwinkel.

Die Konstanten B und C sind aus den Anfangsbedingungen wie folgt zu ermitteln:

$B = y_0$ (Anfangsweg), $C = \frac{\dot{y}_0}{\omega_0}$ ($\dot{y}_0$ ist die Anfangsgeschwindigkeit).

Die eingeführte Größe ω_0 heißt Eigenkreisfrequenz des Systems. Sie ist unabhängig von den Anfangsbedingungen.

6.5.3.2 Freie gedämpfte Schwingungen

Aus praktischen Erfahrungen ist bekannt, dass Schwingungen nach einer gewissen Zeit abklingen. Sie werden gedämpft. Die **Dämpfungskraft** wird häufig geschwindigkeitsproportional angenommen:

$$F_D = k\dot{y} \qquad \text{(g)}$$

wobei k als **Dämpfungsbeiwert** bezeichnet wird. Das Kräftegleichgewicht unter Berücksichtigung von Gl. (g) liefert

$$m\ddot{y} + k\dot{y} + cy = 0 \qquad \text{(h)}$$

Mit ω_0^2 aus (f) und der Abklingkonstanten $\delta = \dfrac{k}{2m}$ wird $\ddot{y} + 2\delta\dot{y} + \omega_0^2 y = 0$.

Der Ansatz $y = \hat{y}\,e^{pt}$; $\dot{y} = p\hat{y}\,e^{pt}$; $\ddot{y} = p^2\hat{y}\,e^{pt}$ liefert die charakteristische Gleichung $p^2 + 2\delta p + \omega_0^2 = 0$ mit den Lösungen $p_{1/2} = -\delta \pm \sqrt{\delta^2 - \omega_0^2}$.

Mit der Einführung des von allen Parametern des Systems abhängigen Dämpfungsgrades $\vartheta = \dfrac{\delta}{\omega_0} = \dfrac{k}{2m\omega_0}$ erhält man $p_{1/2} = -\vartheta\omega_0 \pm \omega_0\sqrt{\vartheta^2 - 1}$.

6

Damit kann die Lösung der DGL (h) wie folgt formuliert werden:

$$y = a_1\,e^{p_1 t} + a_2\,e^{p_2 t} = e^{-\vartheta\omega_0 t}\left[a_1\,e^{\omega_0\sqrt{\vartheta^2-1}} + a_2\,e^{\omega_0\sqrt{\vartheta^2-1}}\right] \qquad \text{(j)}$$

Die Lösungsgleichung (j) lässt erkennen, dass der Faktor $e^{-\vartheta\omega_0 t}$ das Abklingen der Schwingung bestimmt. Der Wurzelausdruck $\omega_0\sqrt{\vartheta^2 - 1}$ bestimmt die Form der Bewegung. Dabei sind drei Fälle zu unterscheiden:

$\vartheta > 1$ überkritische oder starke Dämpfung,
$\vartheta = 1$ kritische Dämpfung,
$\vartheta < 1$ schwache Dämpfung.

Besonders der letzte Fall ist in der Technik von Bedeutung. Führen wir unter dieser Voraussetzung die Eigenkreisfrequenz ω des gedämpften Systems ein, so gilt

$$\omega_0\sqrt{\vartheta^2 - 1} = \omega_0\sqrt{-1(1-\vartheta^2)} = j\omega_0\sqrt{1-\vartheta^2} = j\omega \qquad \text{(k)}$$

Damit erhält man aus Gl. (j): $y = e^{-\vartheta\omega_0 t}\left[a_1\,e^{j\omega t} + a_2\,e^{-j\omega t}\right]$.

Mit dem Satz von Euler und den Abkürzungen $C = j\,(a_1 - a_2)$ und $B = a_1 + a_2$ folgt weiter $y = e^{-\vartheta\omega_0 t}\left[C\cos\omega t + B\sin\omega t\right]$. Die Konstanten B und C sind aus den Anfangsbedingungen $t = 0$: $y = y_0$, $\dot{y} = v_0$ zu bestimmen: $B = \dfrac{v_0 + \vartheta\omega_0 y_0}{\omega}$; $C = y_0$.

Das Bild 6.36 zeigt den prinzipiellen Verlauf einer geschwindigkeitsproportional gedämpften Schwingung. Die Gleichung (k) zeigt, dass die Eigenkreisfrequenz ω des gedämpften Systems geringfügig kleiner ist als die Eigenkreisfrequenz ω_0 des ungedämpften Systems. Selbst eine Dämpfung von beispielsweise $\vartheta = 0{,}2$ führt nur zu Unterschieden von etwa 2 %. Aus diesem Grund vernachlässigt man oft bei der Eigenkreisfrequenzberechnung die Dämpfung.

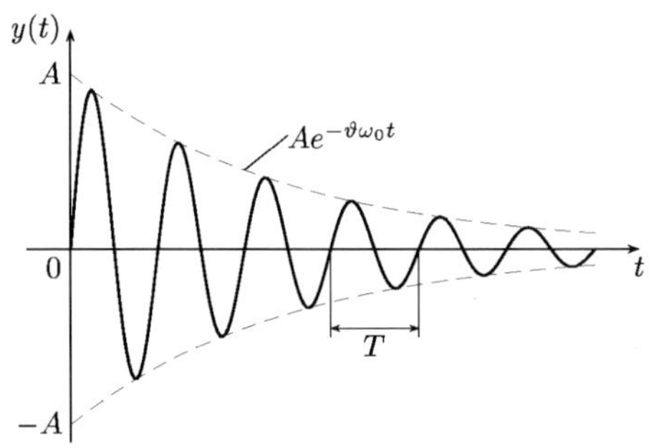

Bild 6.36 Abklingkurve

6.5.4 Erzwungene Schwingungen

Im Gegensatz zu den bisher betrachteten kräftefreien schwingungsfähigen Systemen soll nun auch eine Kraft $F(t)$ wirken (Bild 6.37). Dabei nehmen wir eine harmonische Erregerkraft mit der Erregerkreisfrequenz Ω und mit konstanter Kraftamplitude an.

Geht man wieder von der statischen Ruhelage aus, bei der die Federvorspannkraft und die Schwerkraft im Gleichgewicht sind, so liefert die Gleichgewichtsbetrachtung die DGL

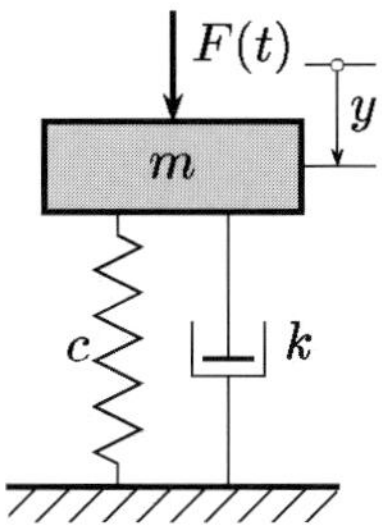

Bild 6.37 Krafterregtes Einmassensystem

$$m\ddot{y} + k\dot{y} + cy = \hat{F} \sin \Omega t \qquad (l)$$

Diese inhomogene, lineare DGL 2. Ordnung ist für die Anfangsbedingungen $t = 0$: $y = y_0, \dot{y} = v_0$ zu lösen. Die allgemeine Lösung

$$y(t) = y_h(t) + y_p(t) \qquad (m)$$

setzt sich aus einem homogenen und einem partikulären Teil zusammen. Der homogene Teil der Lösung $y_h(t)$ wurde schon im Abschnitt 6.5.3.2 berechnet. Diese Schwingung klingt mit der Zeit ab und ist dann ohne Bedeutung. Die partikuläre Lösung y_p beschreibt die stationäre Bewegung bei Ω, auf die sich das System einschwingt. Zur Lösung verwenden wir den Ansatz

$$y_p(t) = \hat{y} \cos(\Omega t + \varphi) \qquad (n)$$

wobei φ die Bedeutung einer Phasenverschiebung zwischen y_p und $F(t)$ hat. Setzt man den Ansatz (n) in (l) ein und führt einen Vergleich der vor den Gliedern $\sin \Omega t$ und $\cos \Omega t$ stehenden Koeffizienten durch, so erhält man zwei Gleichungen zur Bestimmung der Größen $\hat{y}$ und φ:

$$\hat{F} \cos \varphi = \hat{y}(c - m\Omega^2) \qquad \hat{F} \sin \varphi = -\hat{y}k\Omega$$

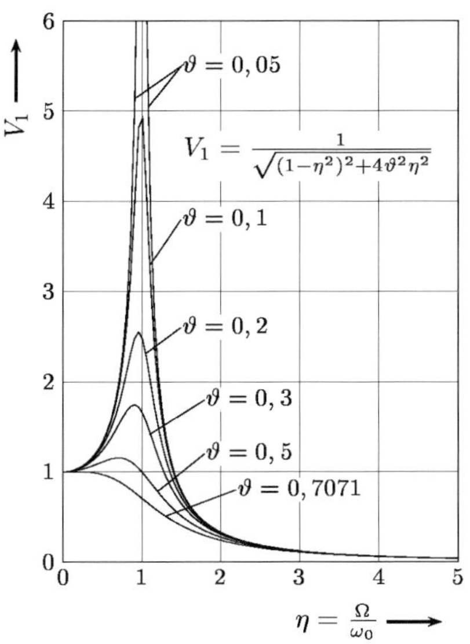

Bild 6.38 Vergrößerungsfunktion

Führt man noch die Abstimmung η ein: $\eta = \dfrac{\Omega}{\omega_0}$,

so ergibt sich die Lösung $\hat{y}_p$ zu

$$\hat{y}_p = \frac{\hat{F}}{c} \cdot \frac{1}{\sqrt{(1-\eta^2)^2 + 4\vartheta^2\eta^2}} = \frac{\hat{F}}{c} \cdot V_1$$

Der als Vergrößerungsfunktion V_1 oder Amplitudengang bezeichnete Ausdruck ist in Bild 6.38 für verschiedene Dämpfungsgrade dargestellt. Die Vergrößerungsfunktion gibt an, um wie viel die Amplitude der partikulären Lösung größer als die statische Verformung $\dfrac{\hat{F}}{c}$ ist. Das Maximum der Amplitude tritt bei der Resonanzfrequenz f_r auf.

Es gilt

$$f_r = f_0 \sqrt{1 - 2\vartheta^2}$$

Für kleine Dämpfungen kann sie mit der Eigenfrequenz des ungedämpften Systems gleichgesetzt werden. Wie aus dem Bild 6.38 zu sehen ist, können im Resonanzfall ($\eta \approx 1$) sehr große Amplituden entstehen. Für bestimmte Systeme versucht man deshalb, die Eigenfrequenzen möglichst weit weg von den Erregerfrequenzen zu legen. Der Phasenwinkel φ ergibt sich zu

$$\varphi = \arctan \frac{2\vartheta\eta}{1-\eta^2}$$

Die stationäre Lösung lässt sich damit wie folgt beschreiben:

$$y_\mathrm{p}(t) = \frac{\hat{F}}{c} \cdot \frac{1}{\sqrt{(1-\eta)^2 + 4\vartheta^2\eta^2}} \sin(\Omega t - \varphi) \qquad \text{(p)}$$

Die Gesamtlösung ergibt sich mit (m) zu

$$y(t) = A\,\mathrm{e}^{-\vartheta\omega_0 t} \sin(\omega t + \varphi_0) + \frac{\hat{F}}{c} V_1 \sin(\Omega t - \varphi) \qquad \text{(q)}$$

Sie ist im Bild 6.39 für die zwei Fälle $\omega_0 \ll \Omega$ und $\omega_0 \gg \Omega$ dargestellt. Man erkennt, dass nach einiger Zeit nur noch die erzwungene Bewegung dominiert.

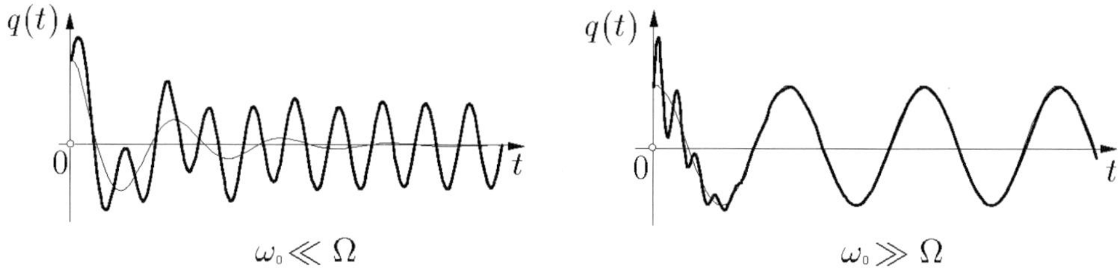

Bild 6.39 Gesamtlösung $y = y_\mathrm{h} + y_\mathrm{p}$

Kennt man die Lösung (q), so kann auch die Bewegung für beliebige periodische Kräfte bestimmt werden. Dazu sind der Kraftverlauf nach Abschnitt 6.5.1.2 fourierzerlegt und die Einzellösungen nach (p) addiert. Bisher wurde der Fall untersucht, dass eine Erregerkraft mit konstanter Kraftamplitude auf das System wirkt.
In der Praxis sind aber auch die Fälle von Unwuchterregung mit

$$\hat{F} = m_\mathrm{u} r_\mathrm{u} \Omega^2$$

wobei m_u die Unwuchtmasse und r_u der Unwuchtradius sind, und die Stützen- oder Fußpunkterregung $s(t)$ von Interesse. Bei Letzterer erfolgt die Erregung durch kinematische Größen über die Feder- und Dämpferelemente. Die DGL lautet dann

$$m\ddot{y} + k(\dot{y} - \dot{s}) + c(y - s) = 0$$

Es wird harmonische Stützenerregung $s(t) = \hat{s}\cos \Omega t$ vorausgesetzt. Die Lösungen für Unwucht- und Stützenerregung sind in Tabelle 6.13 zusammengefasst. Es ergeben sich zu (p) analoge Lösungen. Die Vergrößerungsfunktionen werden mit V_2 und V_3 bezeichnet.

Tabelle 6.13 Lösungen für Unwucht- und Stützenerregung

Erregerfunktion	stationäre Bewegung	Vergrößerungsfunktion
Unwuchterregung $F = m_u r_u \Omega^2 \sin \Omega t$	$y_p = \frac{m_u r_u}{m} V_3$	$V_3 = \frac{\eta^2}{\sqrt{(1-\eta^2)^2 + 4\vartheta^2\eta^2}}$
Stützenerregung $s = \hat{s} \sin \Omega t$	$y_p = \hat{s} V_2$	$V_2 = \sqrt{\frac{1+4\eta^2\vartheta^2}{(1-\eta^2)^2 + 4\vartheta^2\eta^2}}$

6

Weiterführende Literatur

Brommundt, E.; Sachs, G.; Sachau, D.: Technische Mechanik. 4. Auflage München: Oldenbourg 2006
Dankert, J.; Dankert, H.: Technische Mechanik. 4. Auflage. Stuttgart: Teubner 2006
Gabbert, U.; Raecke, I.: Technische Mechanik für Wirtschaftsingenieure. 3. Auflage. Leipzig: Fachbuchverlag 2007
Göldner, H.: Lehrbuch Höhere Festigkeitslehre, Bd. 1 und Bd. 2. 3. Auflage. Leipzig: Fachbuchverlag 1991 und 1992
Göldner, H.; Holzweißig, F.: Leitfaden der Technischen Mechanik. 9. Auflage. Leipzig: Fachbuchverlag 1986
Göldner, H.; Witt, D.: Lehr- und Übungsbuch Technische Mechanik I. Leipzig: Fachbuchverlag 1993
Hardtke, H.-J.; Heimann, B.; Sollmann, H.: Lehr- und Übungsbuch Technische Mechanik II. Leipzig: Fachbuchverlag 1997
Holzmann, G.; Meyer, H.; Schumpich, G.: Technische Mechanik. 3 Teile. Stuttgart: Teubner 2004/2006
Knaebel, M.; Jäger, H.; Mastel, R.: Technische Schwingungslehre. 6. Auflage. Stuttgart: Teubner 2006
Magnus, K.; Müller-Slany, H.: Grundlagen der Technischen Mechanik. 7. Auflage. Stuttgart: Teubner 2005
Mayr, M.: Technische Mechanik. 5. Auflage. München, Wien: Carl Hanser Verlag 2006
Müller, W. H.; Ferber, F.: Technischen Mechanik für Ingenieure. 2. Auflage. Leipzig. Fachbuchverlag 2005
Winkler, J.; Aurich, H.: Taschenbuch der Technischen Mechanik. 8. Auflage. Leipzig: Fachbuchverlag 2006
Zimmermann, K.: Technische Mechanik – multimedial. 2. Auflage. Leipzig: Fachbuchverlag 2003

7

Strömungs-mechanik

Prof. Dr.-Ing. habil. Reiner Vollheim
Priv.-Doz. Dr.-Ing. Winfried Heller
Technische Universität Dresden

Tabelle 7.1 Wichtige Formelzeichen

Formel-zeichen	SI Einheit	Bedeutung
a	m s^{-1}	Schallgeschwindigkeit
c	m s^{-1}	Geschwindigkeit
D	m	Durchmesser
D	kg m^2 s^{-1}	Drehimpuls
F	N	Kraft
$\dot{I}$	kg m s^{-2}	Impulsstrom
K	N m^{-2}	Kompressionsmodul
k	m	Rauigkeit
l	m	Länge
M	Nm	Drehmoment
Ma	–	Mach-Zahl
$\dot{m}$	kg s^{-1}	Massestrom
p	N m^{-2}	Druck
Q	m^3 s^{-1}	Quell-/Senkenintensität
Re	–	Reynolds-Zahl
$\dot{V}$	m^3 s^{-1}	Volumenstrom
Γ	m^3 s^{-1}	Wirbelstärke
δ	m	Grenzschichtdicke
ζ	–	Druckverlustzahl
η	N s m^{-2}	Dynamische Viskosität
λ	–	Reibungsbeiwert
ν	m^2 s^{-1}	Kinematische Viskosität
τ	N m^{-2}	Schubspannung
Φ	m^2 s^{-1}	Potenzialfunktion
Ψ	m^2 s^{-1}	Stromfunktion

Index	Bedeutung
D	Dampf
A	Auftrieb
K	Körper
hyd	hydrodynamisch
ges	gesamt
W	Widerstand
stat	stationär
V	Verlust
res	resultierend
instat	instationär
h	hydraulisch

Zeiger	Bedeutung
$\bar{\ }$	zeitgemittelt
∞	ungestört

7

7.1 Einführung

7.1.1 Fluide

7.1.1.1 Fließeigenschaften der Flüssigkeiten und Gase

Der Begriff **Fluid** kennzeichnet fließfähige Stoffe. In einem Strömungsfeld geben die Geschwindigkeitsvektoren $\boldsymbol{c}$ und die sie tangierenden Stromlinien Aufschluss über Intensität und Struktur der Fließbewegung. Für die Technik sind diejenigen Fluide von besonderer Bedeutung, bei denen der Druck p eine richtungsunabhängige Normalspannung ist und der Schubspannungsvektor $\boldsymbol{\tau}$ in die Strömungsrichtung weist (Bild 7.1). Für Gase, Wasser und leicht fließende Flüssigkeiten wird nach Newton eine Proportionalität des Betrages von $\boldsymbol{\tau}$ und von $\partial c/\partial n$ vorausgesetzt,

$$\boldsymbol{\tau} = \boldsymbol{t}\,\eta \frac{\partial c}{\partial n} = \boldsymbol{t}\,\rho \nu \frac{\partial c}{\partial n}$$

η (in N · s/m²) ist die dynamische und ν (in m²/s) die kinematische Viskosität. Sie sind durch die richtungsunabhängige Eigenbewegung der Moleküle bedingt. Zahlenwerte enthalten die Tabellen 7.2 und 7.3. In Gasen führen die frei beweglichen Moleküle eine Austauschbewegung aus. Aber auch in leicht fließenden Flüssigkeiten gilt $\tau \sim \partial c/\partial n$, jedoch können hier die Moleküle nur Platzwechsel ausführen, da die Entfernung zwischen ihnen viel geringer als in den Gasen ist.

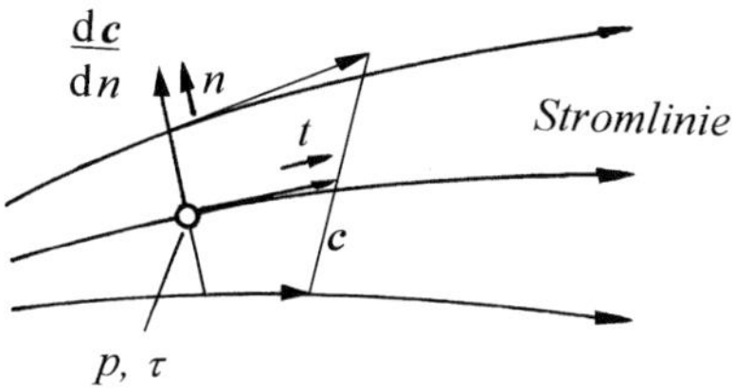

Bild 7.1 Spannungen p und τ

Für **nichtnewtonsche Flüssigkeiten** gilt ein vom linearen Fließgesetz abweichendes Schubspannungsverhalten. Dazu gehören auch diejenigen Stoffe, welche im spannungsfreien Zustand zunächst noch fest sind, dann jedoch unter Lasteinwirkung zu fließen beginnen. Dieser Zweig der Strömungsmechanik ist Gegenstand der **Rheologie**.

7.1.1.2 Zustandsgrößen, Stoffgrößen, Zustandsänderungen

Den thermodynamischen Zustand in Strömungen kennzeichnen der Druck p (in Pa = N/m²) und die Temperatur T (in K). In den Strömungsfeldern mit geringen Beschleunigungen ist es zulässig, die Fluide vereinfachend als inkompressibel zu betrachten. Das trifft allgemein für Flüssigkeiten zu, aber auch für strömende Gase bei weniger als einem Viertel der Schallgeschwindigkeit.

Bei höheren Strömungsgeschwindigkeiten treten in Gasen dann erhebliche Druck-, Temperatur- und Dichteänderungen auf. Das voneinander abweichende Dichteverhalten der inkompressiblen und der kompressiblen Fluide hat unterschiedliche Strömungseffekte zur Folge, welche die **Hydrodynamik** und die **Gasdynamik** behandeln.

Tabelle 7.2 Stoffwerte von Flüssigkeiten bei 20 °C und 10⁵ Pa

	ρ kg/m³	$\eta \cdot 10^3$ N s/m²	$\nu \cdot 10^6$ m²/s	p_D N/m²	$K \cdot 10^{-3}$ N/m²	a m/s
Wasser 0 °C	999,8	1,792	1,792	0,0061	1968	1403
Wasser 20 °C	998,4	1,003	1,005	0,023	2203	1483
Wasser 80 °C	971,6	0,355	0,365	0,474	2489	1555
Ethanol	790	1,20	1,52	–	1733	1170
Glycerin	1258	1412	1192	–	2940	1923
Quecksilber	13550	1,48	0,109	–	149	1421

Die Flüssigkeiten werden unter Krafteinwirkung wie feste Körper elastisch komprimiert. Es gilt das **Hooke'sche Gesetz** mit dem Kompressionsmodul K (in N/m²) (Tabelle 7.2). Der Druckanstieg $\mathrm{d}p$ ist proportional zur relativen Volumenverringerung $\mathrm{d}V/V$. Die Schallgeschwindigkeit a der Flüssigkeit hängt von K und von der Dichte ρ ab:

$$\mathrm{d}p = -K\,\mathrm{d}V/V \quad \text{und} \quad a = \sqrt{K/\rho}$$

Flüssigkeiten können nur beschränkt Zugspannungen übertragen. Wird in einer beschleunigten Flüssigkeitsströmung örtlich der Dampfdruck p_D unterschritten, so setzt beim Vorhandensein von Keimen in Form kleinster Gasblasen das Sieden ein. Es entstehen mit Dampf gefüllte größere Hohlräume. Dieser Vorgang wird als **Kavitation** bezeichnet. Auch werden unter technischen Bedingungen von den Flüssigkeiten oft feste Partikeln mit Gaseinschlüssen mitgeführt, wodurch die zulässige Zugbelastung noch weiter verringert wird. Für Gase gibt die thermische Zustandsgleichung den Zusammenhang der Zustandsgrößen p und T mit den Stoffgrößen Dichte ρ und Gaskonstante R an. Die spezifischen Wärmen c_p und c_V, Isentropenexponent κ und Schallgeschwindigkeit a enthält Tabelle 7.3:

$$p = \rho R T \quad R = c_p - c_V = c_p\,\nu(\kappa - 1) \quad \kappa = c_p/c_V \quad a = \sqrt{\kappa R T}$$

Tabelle 7.3 Stoffwerte von Gasen bei 20 °C (≡293,16 K) und 10^5 Pa

	ρ kg m^{-3}	$\eta \cdot 10^6$ N s m^{-2}	$\nu \cdot 10^6$ m² s^{-1}	R J kg^{-1} K^{-1}	c_p J kg^{-1} K^{-1}	c_V J kg^{-1} K^{-1}	κ –	a m/s
Luft	1,189	18,35	15,43	287,06	1004,1	717,1	1,400	343
N_2	1,149	17,4	15,14	296,8	1039,5	742,7	1,400	349
O_2	1,313	20,3	15,46	259,8	916,0	656,2	1,396	326
CO_2	1,806	14,63	8,10	188,9	827,3	638,4	1,296	268
H_2	0,0827	8,86	107,1	4124	14 190	10 066	1,410	1306

Für die einatomigen Edelgase gilt $\kappa = 1{,}67$, für zweiatomige Gase sowie für Luft $\kappa \approx 1{,}4$ und für hochmolekulare Gase $\kappa \to 1$. Unterschiedliche thermische Prozesse haben spezielle Zustandsänderungen $p(\rho)$ zur Folge (Bild 7.2). Bei Überschallgeschwindigkeit sind Verdichtungsstöße

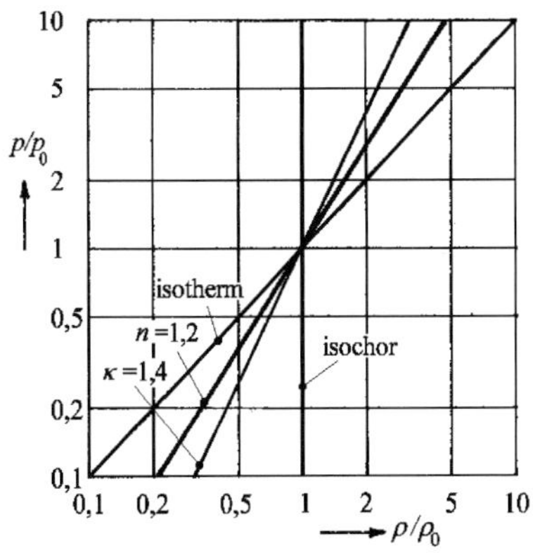

Bild 7.2 Zustandsänderungen
isotherm, $p/p_0 = \rho/\rho_0$
polytrop, $p/p_0 = (\rho/\rho_0)^n$, $n = 1{,}2$
isentrop, $p/p_0 = (\rho/\rho_0)^\kappa$, $\kappa = 1{,}4$
isochor, $\rho/\rho_0 = 1$

7

möglich mit sprunghafter Verringerung der Strömungsgeschwindigkeit bei gleichzeitigem Anstieg von Dichte und Temperatur. Die Stoßfront ist in zweiatomigen Gasen sehr dünn und erstreckt sich nur über einige freie Weglängen der Moleküle. In mehratomigen Gasen dehnt sich der Druckanstieg über eine breitere Zone aus.

7.1.1.3 Wandhaftung und Grenzflächenspannung

Die Moleküle der Fluide haften unter Normalbedingungen an den festen Wänden. Die **Adhäsionskraft** der im dichten Gitterverband angeordneten Atome des Festkörpers ist wesentlich größer als die zwischen den Fluidmolekülen wirkende Kohäsionskraft. An den Wänden bilden sich Strömungsgrenzschichten aus (Bild 7.3 a). In den Grenzflächen der Fluide rufen die unterschiedlichen Kohäsionskräfte ihrer Moleküle die tangential gerichtete Grenzflächenspannung hervor, die zum Zusammenziehen der Berührungsflächen beider Fluide auf ein Minimum führt. Eine Folge davon sind **Tropfenbildung** und die **Kapillarwirkung** in engen Röhren (Bild 7.3 b, c).

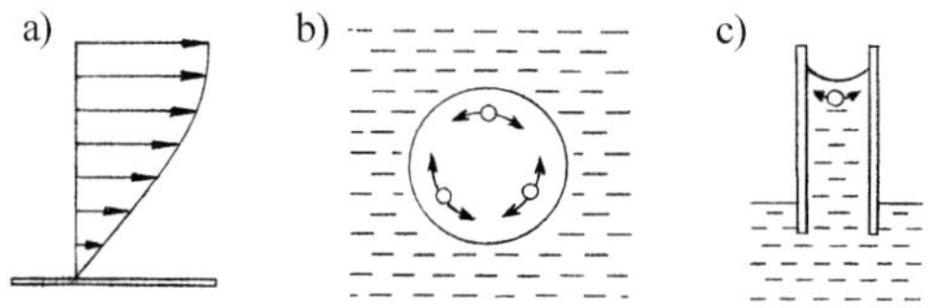

Bild 7.3 Grenzflächeneffekte

7.1.2 Strömungsfelder

7.1.2.1 Ortsvektor, Geschwindigkeit und Beschleunigung

In der Strömungsmechanik werden die ortsbezogenen Koordinaten nach Euler zur Darstellung der Feldpunkte verwendet. Im Fall der kartesischen Koordinaten (x, y, z) sind dann

der Ortsvektor
$$\mathrm{d}\boldsymbol{r} = \boldsymbol{i}x + \boldsymbol{j}y + \boldsymbol{k}z$$

die Geschwindigkeit
$$\boldsymbol{c} = \boldsymbol{i}c_x + \boldsymbol{j}c_y + \boldsymbol{k}c_z = \frac{\mathrm{d}\boldsymbol{r}}{\mathrm{d}t} = \boldsymbol{i}\frac{\mathrm{d}x}{\mathrm{d}t} + \boldsymbol{j}\frac{\mathrm{d}y}{\mathrm{d}t} + \boldsymbol{k}\frac{\mathrm{d}z}{\mathrm{d}t}$$

die Beschleunigung
$$\underbrace{\frac{\mathrm{d}\boldsymbol{c}}{\mathrm{d}t}}_{\text{substanziell}} = \boldsymbol{i}\frac{\mathrm{d}c_x}{\mathrm{d}t} + \boldsymbol{j}\frac{\mathrm{d}c_y}{\mathrm{d}t} + \boldsymbol{k}\frac{\mathrm{d}c_z}{\mathrm{d}t} = \underbrace{\frac{\partial \boldsymbol{c}}{\partial t}}_{\text{lokal}} + \underbrace{(\boldsymbol{c}\cdot \mathrm{grad})\,\boldsymbol{c}}_{\text{konvektiv}}$$

Die Beschleunigung, definiert als die zeitliche Änderung der Geschwindigkeit eines sich während $\mathrm{d}t$ um $\mathrm{d}\boldsymbol{r}$ fortbewegenden Fluidteilchens, ist die Summe der Änderungsbeträge infolge der zeitlichen Geschwindigkeitszunahme am Startpunkt (lokal) und der Geschwindigkeitsdifferenz zum Nachbarort (konvektiv). Wird die Beschleunigung in kartesischen Koordinaten ausgedrückt, so ist

$$\frac{\mathrm{d}\boldsymbol{c}}{\mathrm{d}t} = \boldsymbol{i}\left(\frac{\partial c_x}{\partial t} + c_x\frac{\partial c_x}{\partial x} + c_y\frac{\partial c_x}{\partial y} + c_z\frac{\partial c_x}{\partial z}\right) + \boldsymbol{j}\left(\frac{\partial c_y}{\partial t} + c_x\frac{\partial c_y}{\partial x} + c_y\frac{\partial c_y}{\partial y} + c_z\frac{\partial c_y}{\partial z}\right) + \boldsymbol{k}\left(\frac{\partial c_z}{\partial t} + c_x\frac{\partial c_z}{\partial x} + c_y\frac{\partial c_z}{\partial y} + c_z\frac{\partial c_z}{\partial z}\right)$$

Die mathematische Darstellung vereinfacht sich häufig für Anwendungen, bei denen die Strömung nur in einer oder in zwei Richtungen veränderlich ist. Das sind insbesondere:

- eindimensionale Stromfäden mit $\bar{c}(s,t)=\dot{V}/A$ bei dem Querschnittsverlauf $A(s)$;
- zweidimensionale Felder, eben: $\boldsymbol{c}(x,y,t)$ und rotationssymmetrisch: $\boldsymbol{c}(r,z,t)$.

7.1.2.2 Stromlinie, Bahnlinie und Streichlinie

Die Form der Stromlinien ist abhängig von der Relativbewegung zwischen Beobachter und Strömung. Bild 7.4 a zeigt ein Beispiel für zeitlich unveränderliche Stromlinienverläufe.

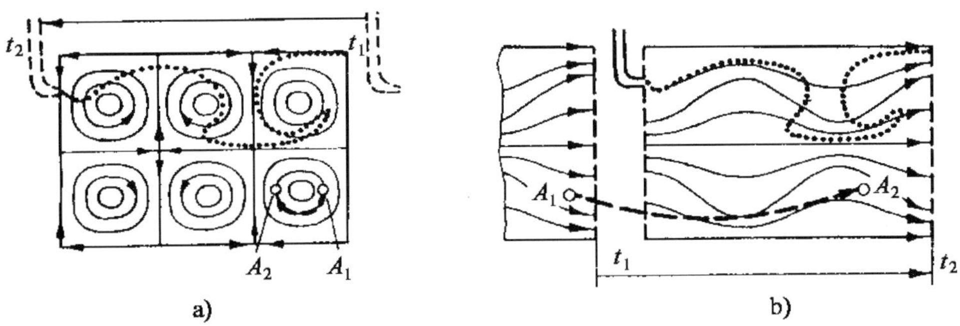

Bild 7.4 Stromlinien (—), Bahnlinien (– –) und Streichlinien (· ·)
a) Beobachter und Wirbelfeld ruhend, Farbsonde vorbeibewegt
b) Beobachter und Farbsonde ruhend, Wirbelfeld vorbeibewegt

Das ruhende, zellenförmige Stromlinienbild erblickt der Beobachter vor einem stationären Strömungsfeld mit sich gegenläufig drehenden Wirbeln. Sollte sich jedoch das Wirbelfeld an ihm vorbeibewegen, so würde er wellenförmige Stromlinien wahrnehmen (Bild 7.4 b), deren Wellenlängen vom Verhältnis der Dreh- zur Fortschrittsgeschwindigkeit bestimmt sind. Auch die **Bahnlinien** sind im ortsfesten und im vorbeibewegten Wirbelfeld unterschiedlich. Sie verbinden die zeitlich aufeinander folgenden Aufenthaltsorte eines Fluidteilchens miteinander. Nur die mittels einer Farbsonde erzeugte **Streichlinie** hängt nicht von der Relativbewegung ab. Häufig gelingt es mittels Wahl eines geeigneten Bezugssystems, den Aufwand zur mathematischen Lösung der Bewegungsgleichung gering zu halten.

7.1.2.3 Masse-, Impuls- und Energiefluss

Am Element d$\boldsymbol{A}$ der Oberfläche eines ortsfesten Bilanzgebiets (Bild 7.5) sind die folgenden Flussgrößen der Strömung definiert:

Massefluss $\mathrm{d}\dot{m}$ **Impulsfluss** $\boldsymbol{c}\,\mathrm{d}\dot{m}$ **Energiefluss** $\left(u+c^2/2\right)\mathrm{d}\dot{m}$

Zur Bilanzierung des Masse-, Impuls- und Energietransports werden die Flussgrößen über die gesamte Oberfläche des Bilanzraums integriert.

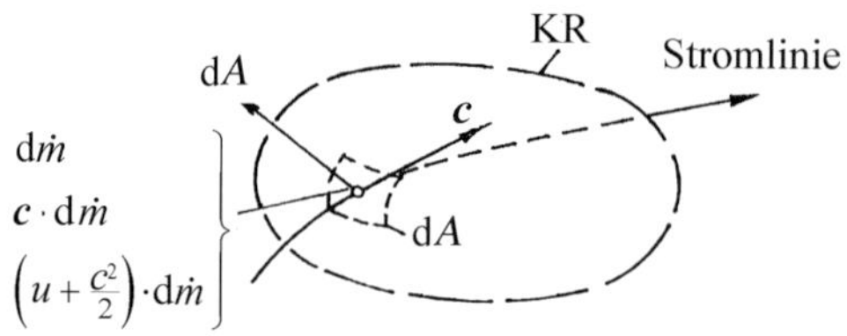

Bild 7.5 Bilanzraum für Strömungen

7.1.2.4 Instabilität von Scherschichten

In Strömungen mit Zonen hoher Schergeschwindigkeit werden Störbewegungen dynamisch angefacht, wobei die Reibung dämpfend wirkt. Diese Zonen treten in der Nähe von überströmten Wänden und an den Rändern der Freistrahlen auf. Beim Gleichgewicht von Anfachung und Dämpfung der Störung ist der Zustand instabil. Das Stabilitätskriterium dafür ist die kritische **Reynolds-Zahl**. Überwiegt die Anfachung, so verwirbelt die Scherschicht (Bild 7.6). Mittels äußerer Einflussnahme kann die Verwirbelung der körpernahen Scherschicht hinausgezögert werden: **passiv** mittels Dämpfung oder **aktiv** durch eine künstliche Erregung von Gegenschwingungen.

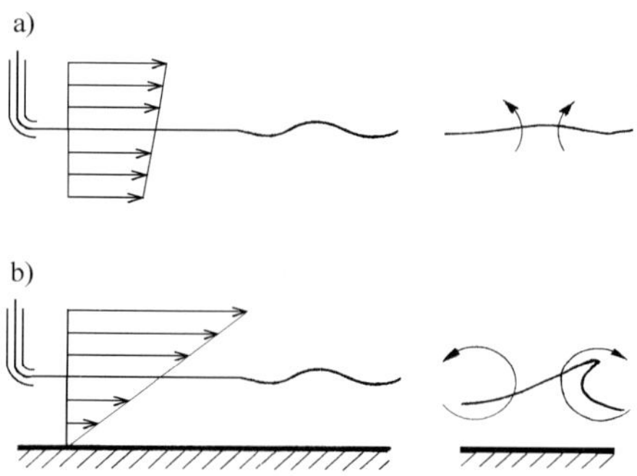

Bild 7.6 Störungsanfachung in einer Scherschicht mit Farbfaden. a) Störungsdämpfung, b) Störungsanfachung

7.1.3 Hydro- und Aerostatik

7.1.3.1 Druckverteilungen

Auf ruhende Flüssigkeiten und Gase wirkt die Schwerkraft mit der Erdbeschleunigung g. Sie verursacht in übereinander liegenden Fluidschichten eine Druckabnahme in Höhenrichtung. Die Kräftebilanz am abgegrenzten Kontrollgebiet im Fluid zeigt Bild 7.7. Daraus folgt der Druckgradient in Höhenrichtung unter Einfluss der Kompressibilität $\rho(p)$

$$\mathrm{d}p/\mathrm{d}h = -g\,\rho$$

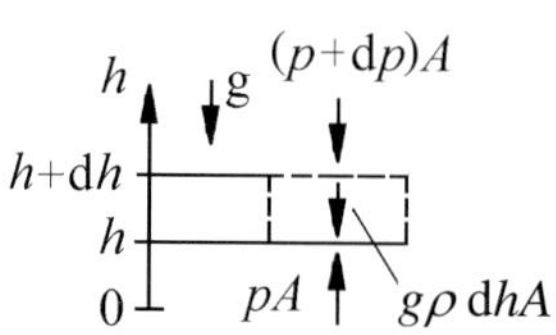

Bild 7.7 Statische Kräftebilanz

Beim Einsinken in eine Flüssigkeit ($\rho = \text{konst}$) um $|\Delta h|$ vom Niveau h_1 auf das tiefer gelegene Niveau $h_2 = h_1 - |\Delta h|$ steigt der Druck von p_1 auf $p_2 = p_1 + \Delta p$ an. Im Wasser herrscht bei einer Tauchtiefe von 10 m bereits ein Überdruck von 10^5 Pa.

Mit $p_2 - p_1 = -g\rho(h_2 - h_1)$ folgt: $\Delta p = g\rho|\Delta h|$

Innerhalb der atmosphärischen Luftschicht wird der Druckverlauf in Höhenrichtung durch ihre thermisch beeinflusste Kompressibilität bestimmt. Sind an der Erdoberfläche die Größen p_0, ρ_0, h_0 gegeben, so ergibt sich bei **polytroper** Schichtung mit $\rho \sim p^{1/n}$:

$$\frac{p}{p_0} = \left[1 - \frac{n-1}{n}\frac{\rho_0}{p_0}g(h - h_0)\right]^{\frac{n}{(n-1)}}$$

Der Polytropenexponent beträgt in der erdnahen Schicht $n \approx 1{,}1 \ldots 1{,}3$. Die Dichteverringerung infolge Druckabnahme ist bereits in Höhen von einigen Kilometern bedeutungsvoll, wie Bild 7.8 abhängig von n zeigt.

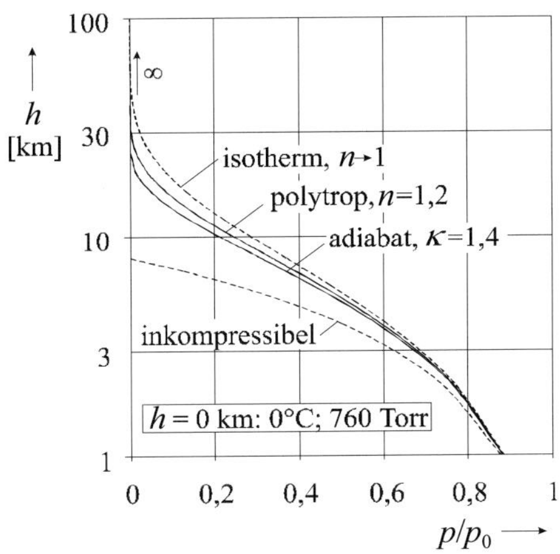

Bild 7.8 Verlauf des Luftdruckes in der Erdatmosphäre

Infolge der thermischen Mischbewegung dehnt sich die Luftschicht aus. Theoretisch würde sich für $n = 1{,}2$ eine 48 km hohe Luftschicht ergeben. Die Stratosphäre erstreckt sich bis zu einer Höhe von etwa 50 km, wo bereits Ionisierungseffekte infolge der Sonneneinstrahlung Einfluss nehmen.

7.1.3.2 Auftrieb, Lagestabilität

Der in einer Flüssigkeit schwimmende Körper erfährt durch den hydrostatischen Druck $p(h)$ auf die eingetauchte Oberfläche S die **Auftriebskraft $\boldsymbol{F}_{\text{A, hyd}}$**:

$$\boldsymbol{F}_{\text{A, hyd}} = -\int_S p\,\boldsymbol{n}\,\mathrm{d}S$$

Der auf dem Oberflächenelement dA errichtete Normalenvektor $\boldsymbol{n}$ ist aus dem Körperinneren heraus gerichtet (Bild 7.9). Technische Aufgabenstellungen der Hydro- und Aerostatik betreffen Tragfähigkeit und Lagestabilität von Schwimmkörpern und Ballons. Ein vollständig oder auch nur teilweise getauchter Körper erfährt eine Auftriebskraft, die gleich dem Gewicht der verdrängten Wassermenge ist. Auch Bauwerke, die auf von Wasser durchsickerten Böden ruhen, wie Talsperrendämme und Schleusenbecken, erfahren Auftriebskräfte.

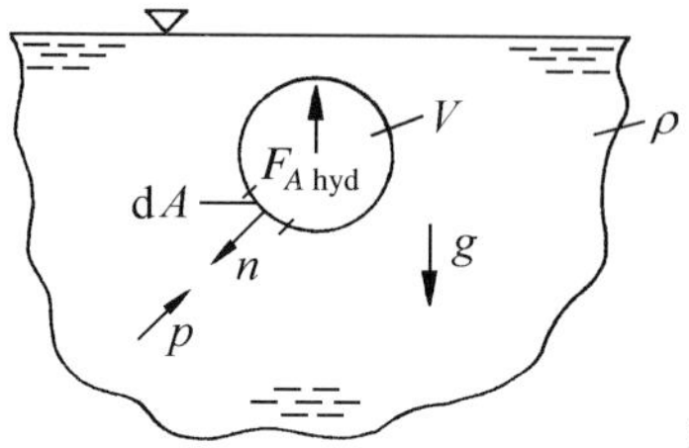

Bild 7.9 Hydrostatische Auftriebskraft

Die Positionen der Angriffspunkte von Auftriebskraft $\boldsymbol{F}_A$ und Schwerkraft $\boldsymbol{F}_K$ bestimmen die **Lagestabilität** von Schwimmkörpern (Bild 7.10). Ein Sonderfall ist der **metastabile** Gleichgewichtszustand von einem Schiff, bei welchem die Auftriebskraft unterhalb des Masseschwerpunktes angreift. Die seitliche Verschiebung der Auftriebskraft infolge der Schiffsneigung hat ein aufrichtendes Moment zur Folge. Um die vertikale Schwerpunktslage des Schwimmkörpers zu bestimmen, wird er mittels einer außermittig angreifenden Zusatzkraft ΔF_K geneigt. Bei kleinen Neigungswinkeln ist die resultierende Auftriebskraft, $\sum F_K = F_K + \Delta F_K$, auf das **Metazentrum** M in der Schiffsmittenebene gerichtet. Die Höhenlage des Metazentrums ist abhängig von der Schiffsformgebung in der Nähe der Wasseroberfläche und vom seitlichen Neigungswinkel des Schiffs.

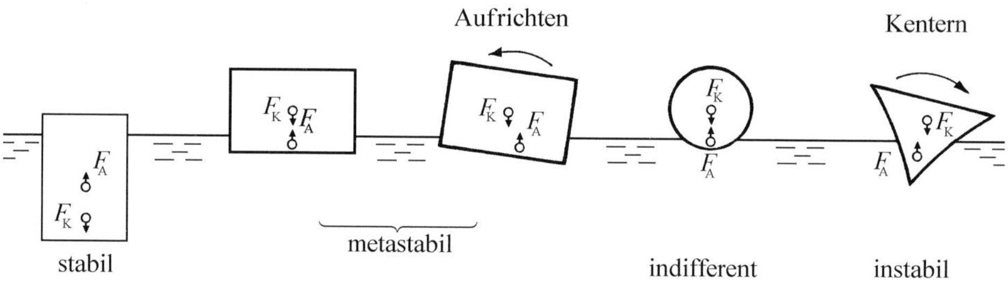

Bild 7.10 Stabilitätslagen

7.2 Stromfadentheorie

7.2.1 Definitionen, Kontinuitätsgleichung

Stromfäden sind eindimensionale Modelle für die Fließvorgänge in Stromröhren, deren Wände von Stromlinien gebildet werden (Bild 7.11). Es gibt zwei Sonderfälle:

1. Stromfäden als Grenzfall **reibungsfreier Strömung** in dünnen Röhren von ortsabhängiger Querschnittsfläche, $A(s) \to 0$, bei dem Geschwindigkeitsverlauf $c(s,\, t)$.
2. **Reibungsbehaftete Strömung** in Rohrleitungen und Kanälen mit der gemittelten Geschwindigkeit $\bar{c}(s,\, t) = \dot{V}(s,\, t)/A(s)$.

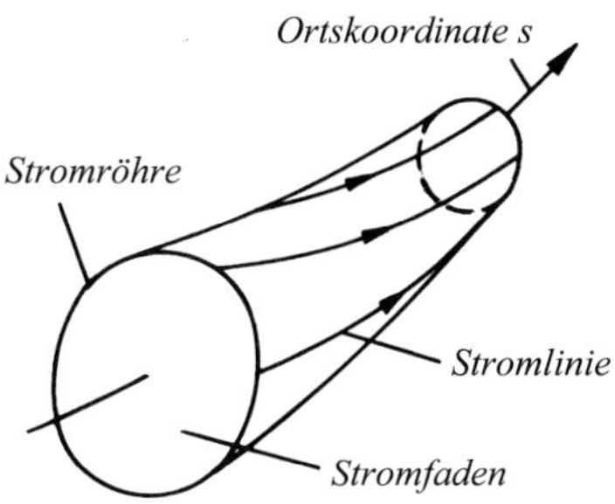

Bild 7.11 Zur Stromfadentheorie

Die **Kontinuitätsgleichung** beruht auf dem Gesetz der Masseerhaltung. Abhängig von der Art der Zustandsänderung im Fluid gelten für Fadenströmungen die folgenden Sätze:

a) In **inkompressiblen**, **stationären** Stromfäden ist der Volumenstrom $\dot{V}$ zeitlich und örtlich konstant:

$$\dot{V} = c\,A = \text{konst.}$$

b) In kompressiblen, stationären Stromfäden ist der Massestrom $\dot{m}$ konstant:

$$\dot{m} = \rho\,A\,c = \text{konst.}$$

c) Sind die Stromfäden **kompressibel** und **instationär**, so ist die örtliche Zunahme des Massestroms $\dot{m}$ gleich der zeitlichen Verringerung des Masseinhalts m:

$$\frac{\partial \dot{m}}{\partial s}\,\mathrm{d}s = -\frac{\partial m}{\partial t} = -\frac{\partial \rho}{\partial t}\,A\,\mathrm{d}s$$

7.2.2 Bewegungsgleichung des reibungsfreien Stromfadens

7.2.2.1 Euler-Gleichung

Die Euler-Gleichung des **instationären** reibungsfreien Stromfadens stellt die Bilanz der Trägheitskraft des Fluids infolge lokaler und konvektiver Beschleunigung mit der Druckkraft und der Schwerkraft dar (Bild 7.12). Wirken diese Kräfte auf das Masseelement $\mathrm{d}m = \rho A\ \mathrm{d}s$ ein, so gilt für den instationär beschleunigten Stromfaden mit $c(s, t)$:

$$\frac{\partial c}{\partial t} + c\frac{\partial c}{\partial s} + \frac{1}{\rho}\frac{\partial p}{\partial s} + g\frac{\partial h}{\partial s} = 0$$

Die lokale Beschleunigung $\partial c/\partial t$ tritt bei Anfahr- und Schwingungsvorgängen auf. Für **stationär** beschleunigte Stromfäden mit $c(s)$ hat die Euler-Gleichung die Form:

$$c\,\mathrm{d}c + \frac{\mathrm{d}p}{\rho} + g\,\mathrm{d}h = 0$$

Zur Integration der Euler-Gleichung ist die Kompressibilität des Fluids vorzugeben. Für Flüssigkeiten wird $\rho = \text{konst.}$ angenommen. Für Gase ist bei **isentroper** Zustandsänderung $\rho \sim p^{1/\kappa}$. Darauf beruhen die Gleichungen von Hydro- und Gasdynamik. Die Wärmeeffekte infolge Reibung werden empirisch mittels der Vorgabe einer **polytropen** Zustandsänderung $\rho \sim p^{1/n}$ berücksichtigt.

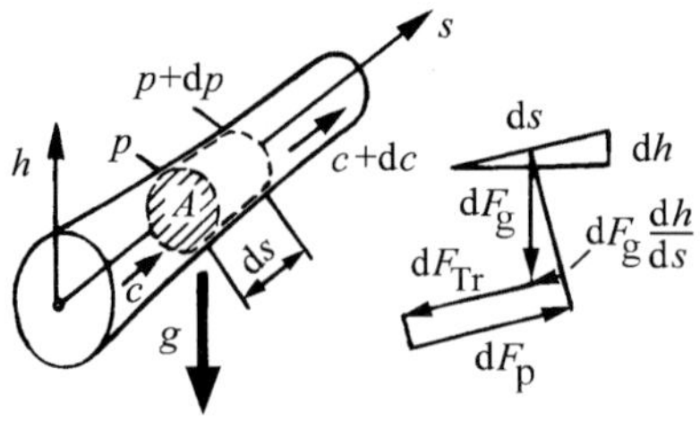

Bild 7.12 Kräftebilanz am Stromfaden

7

7.2.2.2 Bernoulli-Gleichung inkompressibler Strömungen

Die Integration der differenziellen Kraftbeträge der Euler-Gleichung entlang der Wegkoordinate des Stromfadens ergibt die Bernoulli-Gleichung. Im Falle des **instationären** und **inkompressiblen**, reibungsfreien Stromfadens zwischen den Punkten 1 und 2 gilt:

$$\frac{\rho}{2}c_1^2 + p_1 + g\,\rho\,h_1 = \frac{\rho}{2}c_2^2 + p_2 + g\,\rho\,h_2 + \rho\int_1^2 \frac{\partial c}{\partial t}\,\mathrm{d}s \qquad (\rho = \text{konst})$$

Diese Gleichung stellt die Bilanzen der Anteile einzelner Druckwirkungen am Eintritts- und am Austrittsquerschnitt des Kontrollvolumens im Stromfadenabschnitt $1 \rightarrow 2$ gegenüber. Es sind: $\rho\,c^2/2$ – der dynamische Druck, p – der örtliche Druck, $g\,\rho\,h$ – der hydrostatische Druck. Diese drei Anteile stellen zusammengefasst den Gesamtdruck p_{ges} dar. Sind der Querschnitts- und der Höhenverlauf einer Rohrleitung $A(s)$ und $h(s)$ sowie die Druckdifferenz $\Delta p = p_2 - p_1$ vorgegeben, so lassen sich für einen vorgegebenen Anfangszustand die zeitlichen Verläufe von Geschwindigkeit und Druck entlang der Rohrleitung errechnen. Das Ergebnis zeigt dann, wie ein Unterschreiten des Dampfdruckes oder aber auch das Überschreiten eines zulässigen Maximaldruckes zu vermeiden ist. Für den stationären und inkompressiblen, reibungsfreien Stromfaden gilt:

$$p_{\text{ges}} = \frac{\rho}{2}c_1^2 + p_1 + g\,\rho\,h_1 = \frac{\rho}{2}c_2^2 + p_2 + g\,\rho\,h_2$$

Der real vorhandene **reibungsbedingte** Gesamtdruckverlust $\Delta p_{\text{ges V}}$ kann empirisch unter Bezugnahme auf die Verlustbeiwerte entsprechend Abschnitt 7.5 berücksichtigt werden:

$$p_{\text{ges}1} = p_{\text{ges}2} + \Delta p_{\text{ges V}}$$

Bei der Überwindung des Druckverlustes wird eine Reibungsarbeit verrichtet. Sie verringert die mechanische Energie im Stromfaden und wird vollkommen in Wärme umgewandelt.

7. 2. 3 Impulsgleichung

7. 2. 3. 1 Integraler Impulssatz

Der **Impuls *I*** des Körpers der Masse m stellt eine gerichtete Bewegungsgröße dar. Sie ist definiert als das Produkt:

(Geschwindigkeitsvektor $\boldsymbol{c}$) · (Masse m).

Schließt ein Strömungsfeld mit der Geschwindigkeitsverteilung $\boldsymbol{c}(x, y, z)$ die Fluidmasse m ein, so ergibt die Summe der Bewegungsgrößen $\boldsymbol{c}\,\mathrm{d}m$ aller Fluidelemente den Gesamtimpuls $\boldsymbol{I}$ (Bild 7.13):

$$\boldsymbol{I} = \int_m \boldsymbol{c}\,\mathrm{d}m$$

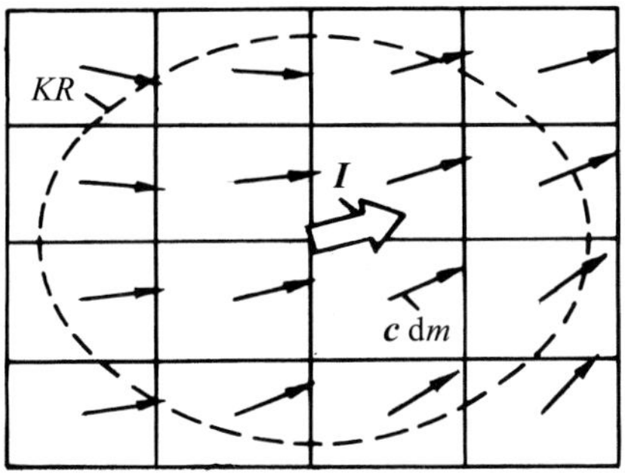

Bild 7.13 Impuls I der Fluidmasse m

Wirkt die Kraft $\boldsymbol{F}$ in der Zeitdauer Δt auf die Fluidmenge der Masse m ein und erteilt ihr vom Ruhezustand beginnend die Geschwindigkeit $\boldsymbol{c}$, so erfährt das Fluid den **Impuls** $\boldsymbol{I}$. In einem Stromfaden bedingt der Massestrom $\dot{m} = \rho c A$ den zeitlichen **Impulsstrom** $\dot{\boldsymbol{I}}$:

$$\boldsymbol{F}\Delta t = \boldsymbol{c}\,m = \boldsymbol{I} \qquad \boldsymbol{c}\,\dot{m} = \boldsymbol{c}(\rho c A) = \dot{\boldsymbol{I}}$$

In stationären Strömungen sind die durch den Bereichsrand ein- und austretenden Impulsströme $\dot{\boldsymbol{I}}_1$ und $\dot{\boldsymbol{I}}_2$ zeitlich konstant. In kompressiblen Strömungen führt $\dot{\boldsymbol{I}}_1 > \dot{\boldsymbol{I}}_2$ zur zeitlichen Zunahme des Gesamtimpulses des Fluids $\partial \boldsymbol{I} / \partial t$ innerhalb eines in sich geschlossenen Bereiches. In pulsierenden Gasströmungen sind $\dot{\boldsymbol{I}}_1$, $\dot{\boldsymbol{I}}_2$ und $\boldsymbol{I}$ zeitabhängig. Die Bilanz der Kräfte, Impulsströme und zeitlichen Impulsänderungen drückt der „Integrale Impulssatz" aus (Bild 7.14 a):

Die Summe der von außen auf einen Strömungsbereich einwirkenden Kräfte $\sum \boldsymbol{F}_i$ ist gleich der Summe der örtlichen Impulsstromänderung beim Durchqueren der Grenzen des Kontrollbereichs und der zeitlichen Impulsänderung des Fluids im Bereichsinneren:

$$\sum \boldsymbol{F}_i = \Delta\dot{\boldsymbol{I}} + \frac{\partial \boldsymbol{I}}{\partial t} = \dot{\boldsymbol{I}}_2 - \dot{\boldsymbol{I}}_1 + \frac{\partial \boldsymbol{I}}{\partial t}\,.$$

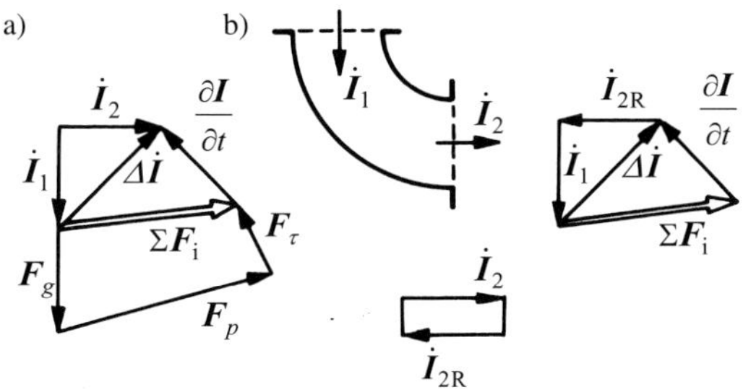

Bild 7.14 a) Kräfte- und Impulsstrombilanz
b) Definition der Impulsstromreaktion

Für die Technik bedeutungsvoll sind die Strömungskräfte infolge Druck, Reibung und Schwerkraft. Durchtrennt die Kontrollfläche ein festes Bauteil oder einen Stab, so sind an den Trennstellen als Schnittreaktionen Ersatz-Kräfte und -Momente zu berücksichtigen. Die Erssatzkraft an der Trennstelle eines festen Bauteils sei die **Haltekraft** $\boldsymbol{F}_{\mathrm{H}}$. Liegt die Kontrollfläche an der Wandung eines festen Körpers an, so wirkt die Strömung mit der **Wandkraft** $\boldsymbol{F}_{\mathrm{Wand}}$ auf den Körper ein. Es gilt:

$$\sum \boldsymbol{F}_i = \boldsymbol{F}_p + \boldsymbol{F}_\tau + \boldsymbol{F}_g + \boldsymbol{F}_{\mathrm{H}} + \boldsymbol{F}_{\mathrm{Wand}}$$

In der Ingenieurpraxis wird entsprechend Bild 7.14b der am Kontrollraum **„austretende Impulsstrom“** $\dot{\boldsymbol{I}}_2$ formal durch einen entgegengesetzt gerichteten Flussvektor vom gleichen Betrag ersetzt, durch die **„Impulsstromreaktion“** $\dot{\boldsymbol{I}}_{2\mathrm{R}} = -\dot{\boldsymbol{I}}_2$. Dann ist die für technische Anwendungen gebräuchliche Form des Impulssatzes **stationärer** Strömungen:

$$\dot{\boldsymbol{I}}_1 + \dot{\boldsymbol{I}}_{2\mathrm{R}} + \boldsymbol{F}_p + \boldsymbol{F}_\tau + \boldsymbol{F}_g + \boldsymbol{F}_{\mathrm{H}} + \boldsymbol{F}_{\mathrm{Wand}} = 0$$

Grafisch dargestellt bilden die Größen des Impulssatzes einen geschlossenen Vektorzug. Zwei Beispiele veranschaulichen die Kräfte infolge von Impulsstromänderungen.

Beispiel 1: Bei einem **Raketenantrieb** strömt das in der Brennkammer unter hohem Druck entstehende Gas durch eine Düse ins Freie aus und bildet einen Gasstrahl von hoher Geschwindigkeit. Die als **Rückstoßkraft** wirkende Druckkraft auf die Brennkammerinnenwand ist gleich der Impulsstromreaktion des Gasstrahls.

Beispiel 2: Ein Sturmwind durchdringt einen **Gitterzaun**, drückt gegen ihn und wird abgebremst. Die Widerstandskraft der Zaunes gegen den Sturm bewirkt nur die Verringerung des Impulsstroms. Die Annahme, der Impulsstrom des abströmenden Windes verursache eine „Rückstoßkraft“ auf den Zaun“, wäre falsch!

Zur Anwendung des Impulssatzes in der Technik dienen die folgenden Musterlösungen.

7.2.3.2 Druckanstieg hinter einer plötzlichen Rohrerweiterung

Aus einem engen Rohr tritt eine Fluidströmung strahlförmig in ein Rohr größeren Durchmessers aus. Der Strahl verwirbelt turbulent, verbreitert sich und durchströmt danach den gesamten Querschnitt des weiten Rohres (Bild 7.15a). Die Mischzone wird in ein Bilanzgebiet eingeschlossen. Es wird vorausgesetzt, dass hinter der Mischzone Druck und Strömungsgeschwindigkeit im gesamten Querschnitt ausgeglichen sind. Mit dem Flächenverhältnis $\alpha = A_1/A_2$ folgen mit der Kontinuitätsgleichung und der Impulsgleichung

$c_1 A_1 = c_2 A_2$ und $\rho A_1 c_1^2 + p_1 A_2 - \rho A_2 c_2^2 - p_2 A_2 = 0$:

der Druckanstieg $$p_2 - p_1 = 2\left(\alpha - \alpha^2\right)\frac{\rho}{2} c_1^2$$ und der Wirkungsgrad $$\eta = \frac{2\alpha}{1+\alpha}$$.

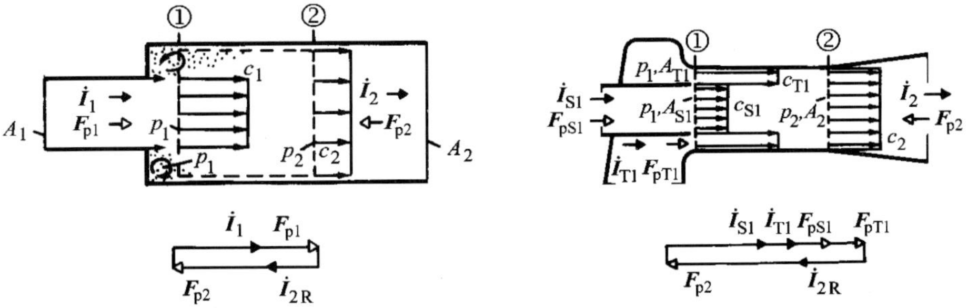

a) $\dot{I}_1 + F_{p1} - \dot{I}_2 - F_{p2} = 0$ b) $\dot{I}_{T1} + \dot{I}_{S1} + F_{p\,T1} + F_{p\,S1} - \dot{I}_2 - F_{p2} = 0$

Bild 7.15 Zur Anwendung des Impulssatzes zur Druckbestimung hinter Mischzonen
a) Rohrerweiterung b) Strahlapparat

7.2.3.3 Fördervorgang im Strahlapparat

Im Strahlapparat findet in der Mischzone eines schnellen Treibstrahls und eines langsam zuströmenden Fördermediums (Bild 7.15b) ein Impulsaustausch statt. Demzufolge kommt es in der Mischzone beider Strahlen zum Druckanstieg von der Ansaugöffnung ① bis zur Austrittsöffnung ②. Die Berechnung dieses Druckanstieges in der Mischzone beruht auf:

- der Kontinuitätsgleichung $\dot{m}_1 = \dot{m}_T + \dot{m}_S = \dot{m}_2$
- und dem Impulssatz $c_{T1}\,\dot{m}_T + c_{S1}\,\dot{m}_S + p_1\,(A_T + A_S) - c_2\,\dot{m}_2 - p_2\,A_2 = 0$

Diese Gleichungen sind gültig für inkompressible und für kompressible Strömungen bei beliebigen Fluidkombinationen von Gasen und Flüssigkeiten. Im Fall inkompressibler Fluide von gleicher Dichte, $\rho_T = \rho_S = \rho$, folgt mit dem Flächenverhältnis $\alpha = A_T/A_S$ sowie mit dem Geschwindigkeitsverhältnis $\varphi = c_S/c_T$ der Beiwert des Druckanstiegs (Bild 7.16):

$$\frac{p_2 - p_1}{\frac{\rho}{2}\,c_T^2} = \frac{2\alpha}{(1+\alpha)^2}\,(1-\varphi)^2$$

Der höchste Druckbeiwert wird mit dem Wert $\alpha = 1{,}0$ erreicht. Zur Steigerung des Wirkungsgrads vom Strahlapparat kann der Mischzone ein Diffusor nachgeordnet werden.

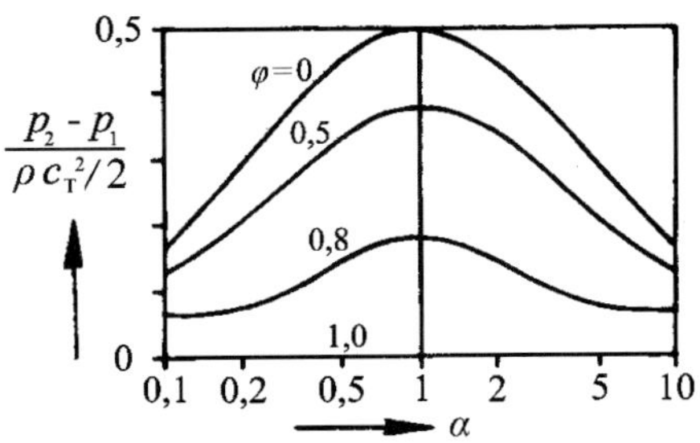

Bild 7.16 Kennfeld vom Strahlapparat

7.2.3.4 Haltekraft eines Tragflügels

Die aerodynamische Kraft auf angeströmte Tragflügel wird als **Haltekraft** $\boldsymbol{F}_\mathrm{H}$ mittels einer Zweikomponentenwaage gemessen (Bild 7.17a). Ihre Komponenten sind der **Auftrieb** $\boldsymbol{F}_\mathrm{A}$ und der **Widerstand** $\boldsymbol{F}_\mathrm{W}$. Werden Druck- und Schubspannung über der Flügeloberfläche integriert, so ergibt sich $\boldsymbol{F}_\mathrm{H}$ auch als Summe von **Druckkraft** $\boldsymbol{F}_p$ und **Reibungskraft** $\boldsymbol{F}_\tau$. Beim Tragflügel folgt $\boldsymbol{F}_\mathrm{W}$ weiterhin aus der **Impulsstrombilanz** nach einer Messung der örtlichen Geschwindigkeitsverteilung $c_x(y)$ im ungestörten Nachstrom, d. h. für $p_1 \approx p_2 \approx$ konst.

Haltekraft: $$\boldsymbol{F}_\mathrm{H} = \boldsymbol{F}_\mathrm{A} + \boldsymbol{F}_\mathrm{W} = \boldsymbol{F}_p + \boldsymbol{F}_\tau$$

Widerstand: $$\boldsymbol{F}_\mathrm{W} \approx -\oint \boldsymbol{c}(\rho \boldsymbol{c}\,\mathrm{d}\boldsymbol{A})$$

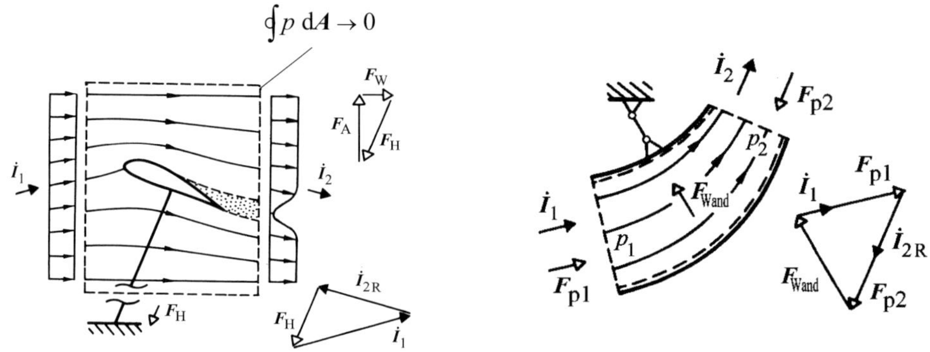

a) $\dot{\boldsymbol{I}}_1 + \dot{\boldsymbol{I}}_{2\mathrm{R}} + \boldsymbol{F}_\mathrm{H} = 0$ b) $\dot{\boldsymbol{I}}_1 + \dot{\boldsymbol{I}}_{2\mathrm{R}} + \boldsymbol{F}_\mathrm{p1} + \boldsymbol{F}_\mathrm{p2} + \boldsymbol{F}_\mathrm{Wand} = 0$

Bild 7.17 Zur Anwendung des Impulssatzes bei der Bestimmung von Kräften
a) Kraftwirkung am Tragflügel und Impulsstromverlust im Nachlauf
b) Reaktionskraft des beschleunigt durchströmten Umlenkkanals

7.2.3.5 Wandkraft auf eine gekrümmte Düse

Durch einen horizontal liegenden, düsenförmigen Umlenkkanal, dessen Querschnittsfläche sich in Strömungsrichtung von A_1 auf A_2 verringert, strömt Wasser in die freie Umgebung mit dem Druck p_2 aus (Bild 7.17b). Unter Annahme einer verlustfreien Durchströmung folgt der Druck p_2 am Düsenaustritt aus dem Druck p_1 am Düseneintritt mittels der **Bernoulli-Gleichung** zu:

$$p_2 = p_1 + \frac{\rho}{2}\left(c_1^2 - c_2^2\right) = p_1 + \frac{\rho}{2} c_1^2 \left[1 - \left(\frac{A_1}{A_2}\right)^2\right]$$

Die Halterung der Düse überträgt die von der Düsenwand zur Strahlumlenkung auf das Fluid auszuübende Kraft $\boldsymbol{F}_\mathrm{Wand}$:

$$\boldsymbol{F}_\mathrm{Wand} = -\left(\dot{\boldsymbol{I}}_1 + \boldsymbol{F}_{p1} + \dot{\boldsymbol{I}}_{2\mathrm{R}} + \boldsymbol{F}_{p2}\right) = -\left(\boldsymbol{c}_1 \dot{m} - \boldsymbol{c}_2 \dot{m} + p_1 \boldsymbol{A}_1 + p_2 \boldsymbol{A}_2\right)$$

7.2.3.6 Haltekraft und Energiewandlung bei Propeller und Windrad

Das Wirkprinzip von „Propeller“ und „Windrad“ wird als „Drucksprung im drallfreien Stromfaden“ dargestellt (Bild 7.18). Dieses Prinzip ist der Idealfall mit dem höchsten Wirkungsgrad der Energieumwandlung. Es kann technisch nur mittels zwei hintereinander angeordneter und gegenläufig rotierender Flügelräder verwirklicht werden.

Der **Propeller** beschleunigt den Stromfaden von c_1 auf $c_2 = c_1 + \Delta c$. Im Zustrom zum Propeller sinkt der Druck auf p' ab, steigt unter Energiezufuhr in der Kreisfläche A_S auf $p'' = p' + \Delta p_{S\,Pr}$ an und sinkt danach wieder auf den Umgebungsdruck ab. Die Druckkraft am Propeller bedingt den Vortrieb. Dazu entgegengesetzt gerichtet wirkt die **Haltekraft** des Propellers $F_{H\,Pr}$ auf das Fluid ein und verursacht den Impulsstromzuwachs $\Delta\dot{I}$:

$$\Delta p_{S\,Pr} = (\rho/2)\left(c_2^2 - c_1^2\right)$$

$$F_{H\,Pr} = \Delta p_{SPr}\, A_S = \dot{m}(c_2 - c_1) = \dot{I}_2 - \dot{I}_1 = \Delta\dot{I}$$

Um einen Körper vom Strömungswiderstand F_W mit der Haltekraft $F_{H\,Pr} = -F_W$ bei der Geschwindigkeit c_1 durch ein Fluid zu ziehen, ist die Schleppleistung $F_{H\,Pr}\, c_1$ notwendig. Der Leistungsaufwand des Propellers für den Strahlvortrieb ist $\Delta p_{S\,Pr}\dot{V}$. Das Verhältnis dieser Leistungen ist der **hydraulische Strahlwirkungsgrad** η_h nach Froude (Bild 7.19 a).

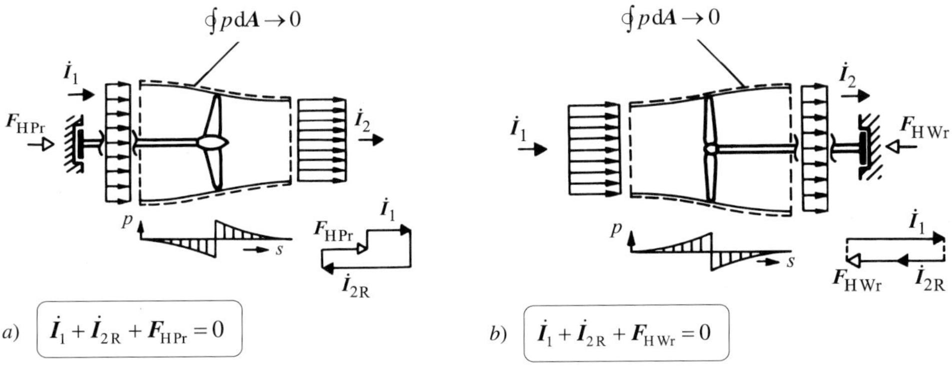

Bild 7.18 a) Strahlantrieb mittels Propeller b) Nutzenergie-Gewinn mittels Windrad

Flugzeug- und Schiffspropeller erreichen theoretisch $\eta_h = 0{,}8$ bei $c_2/c_1 = 1{,}5$ (Bild 7.19 a). Die Leistungsübertragung wird durch heftige Druckschwankungen an den Flügelblättern begrenzt, welche in der Luft von **instationären Verdichtungsstößen** oder im Wasser von kollabierenden **Kavitationsblasen** herrühren.

$$\eta_h = \frac{F_{H\,Pr}\, c_1}{\Delta p_{SPr}\dot{V}} = \frac{2c_1}{c_1 + c_2} = \frac{2}{1 + c_2/c_1}$$

Vor dem **Windrad** staut sich der Stromfaden (Bild 7.18 b). In der Flügelradfläche A_S sinkt der Druck um $\Delta p_{S\,Wr}$ ab und steigt danach bei weiterer Strahlverzögerung wieder auf den Umgebungsdruck an. Insgesamt wird der Stromfaden von c_1 um Δc auf $c_2 = c_1 - \Delta c$ verzögert. Die Haltekraft des Windrads $F_{H\,Wr}$ ist gegen den Wind gerichtet. Somit folgt:

$$\Delta p_{S\,Wr} = (\rho/2)\left(c_1^2 - c_2^2\right)$$ und $$F_{H\,Wr} = \Delta p_{SPr} A_S = \dot{m}(c_1 - c_2) = \dot{I}_1 - \dot{I}_2 = \Delta\dot{I}$$

Die Leistung des Windrades ist $P = \Delta p_{\mathrm{S\,Wr}}\,\dot{V}$. Nach Betz ist der Leistungsbeiwert C_P definiert als Quotient von der Leistungsabfuhr P und dem Energiestrom durch die Windradfläche A_{S}:

$$C_P = \frac{\Delta p_{\mathrm{SPr}}\,\dot{V}}{\frac{1}{2}\rho c^3 A_{\mathrm{S}}} = \frac{1}{2}\left(1+\frac{c_2}{c_1}\right)\left(1-\frac{c_2^2}{c_1^2}\right)$$

Bei $c_2/c_1 = 1/3$ tritt der maximale Leistungsbeiwert von $C_{P\,\max} = 16/27 \approx 0{,}593$ auf (Bild 7.19 b).

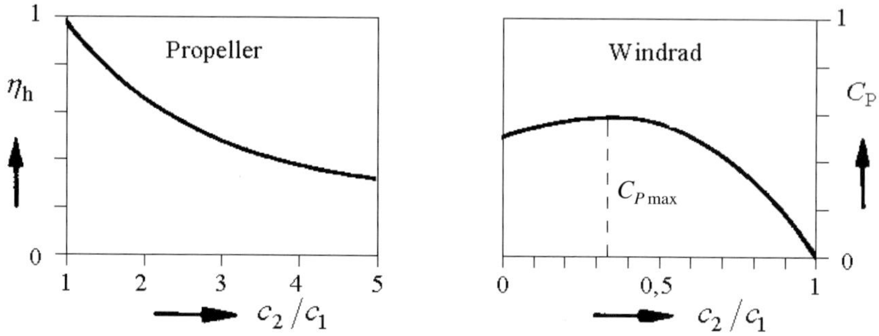

Bild 7.19 a) Propeller-Strahlwirkungsgrad η_{h}, *b) Windturbinen-Leistungsbeiwert* C_P

7.2.4 Energiesatz

7.2.4.1 Gesamtdruckverlust, Dissipation und Energieumwandlung

In den Scherschichten der Strömungsfelder treten infolge der thermischen Molekularbewegung Reibungsspannungen auf. Sowohl in den inkompressiblen als auch in den kompressiblen Strömungen verringert die Reibung das Vermögen zur Verrichtung von mechanischer Arbeit. In den inkompressiblen Strömungen hat die Reibung den **Gesamtdruckverlust** $\Delta p_{\mathrm{ges\,V}}$ zur Folge. Die innerhalb der Scherschicht zur Überwindung der Reibungskraft geleistete Arbeit **dissipiert** vollständig, wobei sie zur Intensivierung der Molekularbewegung und zum Temperaturanstieg führt.

In den kompressiblen Strömungen können zur **mechanischen** Energieumwandlung die Arbeiten von Druckkraft und Schwerkraft sowie der nicht dissipierte Anteil der Reibungsarbeit beitragen. In einem Strömungsbereich ergeben die dem Fluid von außen zugeführte Wärme Q und die von der Reibungskraft geleistete Arbeit W_{R} zusammen die Gesamtenergie des Fluids:

$$Q + W_{\mathrm{R}} = m\left[u + \int\limits_{(1/\rho)} p\,\mathrm{d}(1/\rho)\right]$$

Die Wärmeenergie der **inkompressiblen** Strömungen ist für einen mechanischen Arbeitsprozess nicht nutzbar. Dagegen können bei **kompressiblen** Gasströmungen in einem thermodynamischen Kreisprozess die von außen zugeführte Wärme und die im Fluid entstehende **Dissipationswärme** zur Leistung von mechanischer Arbeit genutzt werden.

7.2.4.2 Energiegleichung des stationären Stromfadens

Das mechanische Arbeitsvermögen des strömenden Fluids bestimmt seine totale kinetische Energie $(c^2/2 + c_V\,dt)\,dm$. Sie beinhaltet die Anteile von kinetischer und innerer Energie. Für den stationären Stromfaden (Bild 7.20) besagt das Prinzip der Energieerhaltung:

> Die Änderung der totalen kinetischen Energie des Fluids beim Durchqueren des Kontrollraumabschnittes ds ist gleich der mechanischen Arbeit infolge Druckkraft und Schwerkraft zuzüglich der äußeren Wärmezufuhr.

7

Die Energiegleichung mit den spezifischen Arbeiten von Druck- und Schwerkraft, $d(p/\rho)$ und $g\,dh$, sowie der spezifischen Wärmezufuhr dq ist:

$$d\left(\frac{c^2}{2} + c_V\,dt\right) = -d\left(\frac{p}{\rho}\right) - g\,dh + dq$$

Die Reibungskraft wirkt an der ruhenden Wand und leistet keine mechanische Arbeit.

Die Integration der spezifischen Energiebeträge entlang der Stromfadenkoordinate s ergibt die Energiegleichung des **stationären, kompressiblen, reibungsbehafteten Stromfadens** unter Berücksichtigung einer äußeren spezifischen Wärmezufuhr q:

$$\frac{c_1^2}{2} + u_1 + \frac{p_1}{\rho_1} + gh_1 + q = \frac{c_2^2}{2} + u_2 + \frac{p_2}{\rho_2} + gh_2$$

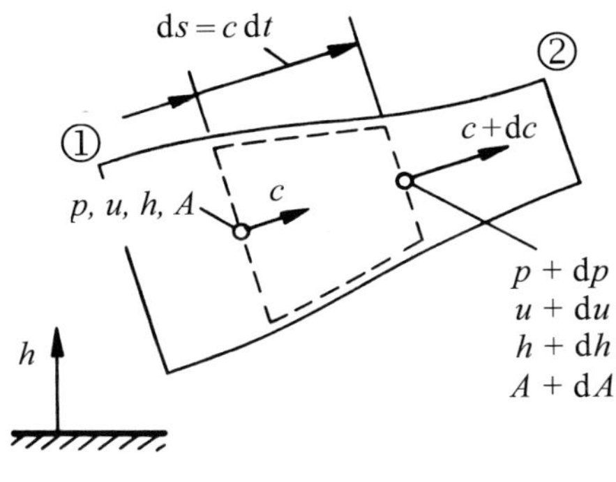

Bild 7. 20 Energiebilanz am Stromfaden. ← Eintrittsquerschnitt, ↑ Austrittsquerschnitt

Im Sonderfall des **inkompressiblen** Stromfadens verringert sich infolge Dissipation die spezifische mechanische Gesamtenergie. Dem spezifischem Gesamtdruckverlust entsprechen die Gesamtverlusthöhe ΔH_V und eine Erwärmung: $\Delta p_{ges\,V} = g\,\rho\,\Delta H_V = \rho\,(u_2 - u_1)$. Es gilt:

$$\frac{c_1^2}{2} + \frac{p_1}{\rho} + gh_1 = \frac{c_2^2}{2} + \frac{p_2}{\rho} + gh_2 + \frac{\Delta p_{ges\,V}}{\rho}$$

In einer inkompressiblen Strömung ist der Gesamtdruckverlust direkt als Verlusthöhe ΔH_V mittels einer Drucksonde messbar (Bild 7.21). Indirekt folgt der Gesamtdruckverlust auch aus der Messung des reibungsbedingten Temperaturanstiegs ΔT. Es gilt:

$$\Delta p_{\text{ges V}} = g\,\rho\,\Delta H_V = \rho\, c_V\, \Delta T$$

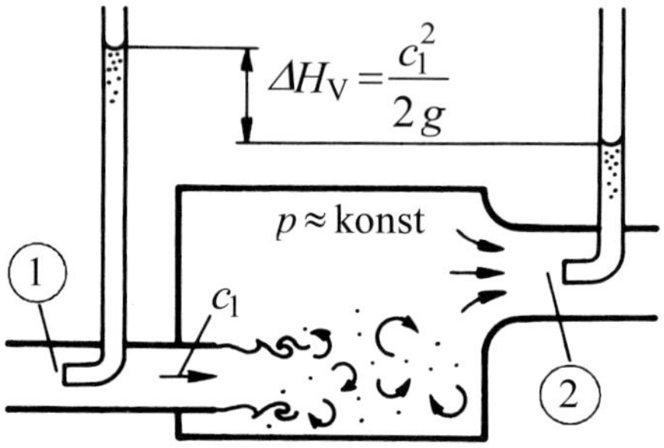

Bild 7. 21 Gesamtdruckmessung. ← *Eintrittsquerschnitt,* ↑ *Austrittsquerschnitt*

7.2.5 Drehimpuls, Turbinengleichung

In der Strömung auf einer Kreisbahn vom Radius r mit der Winkelgeschwindigkeit $\boldsymbol{\omega} = \boldsymbol{e}\,\omega$ um eine ruhende Achse wird für die Fluidmenge der Masse m ein **Drehimpuls-Vektor *D* (Drall-Vektor)** definiert, dessen Richtung auf der Drehachse der Einheitsvektor $\boldsymbol{e} = (\boldsymbol{r} \times \boldsymbol{c})/(\omega r^2)$ anzeigt (Bild 7.22):

$$\boldsymbol{D} = \boldsymbol{\omega} r^2 m$$

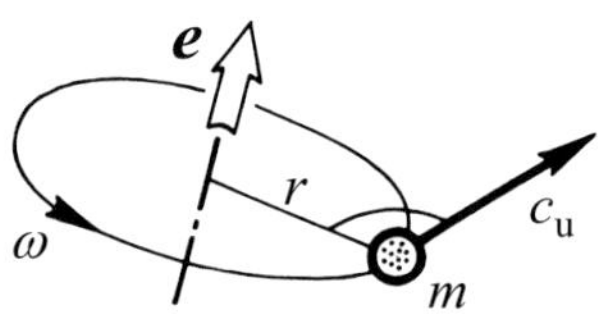

*Bild 7.22 Einheitsvektor **e***

Im Sonderfall der stationären Fluidströmung durch den ringförmigen Kontrollraum folgt aus dem Drehimpulssatz die „**Turbinengleichung**" nach Euler:

Die zeitliche Änderung des Drehimpulses des durch einen ortsfesten Kontrollraum strömenden Fluids ist gleich dem äußeren Moment M_{Turb} und entspricht der Differenz der an den Kontrollraumgrenzen aus- und eintretenden Drehimpulsströme:

$$\frac{\mathrm{d}}{\mathrm{d}t}(D) = M_{\text{Turb}} = \dot{m}(r_1 c_{u1} - r_2 c_{u2})\,.$$

Die vom Turbinenlaufrad (Bild 7.23) abgegebene Leistung ist

$$P = \omega\, M_{\text{Turb}}$$

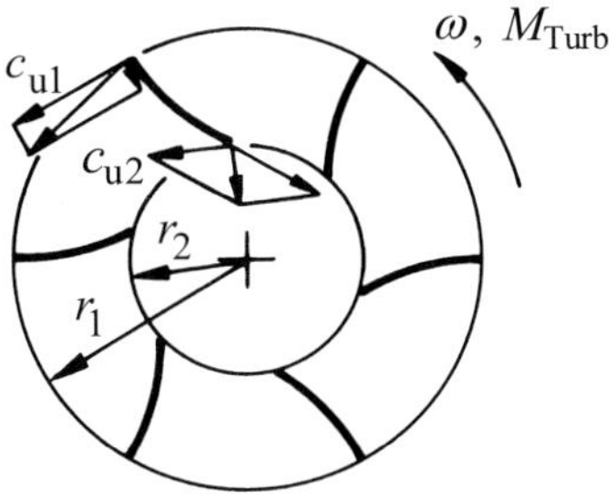

Bild 7.23 Turbinenlaufrad

7.3 Inkompressible Strömungsfelder

7.3.1 Reibungsfreie inkompressible Strömungen

Der Reibungseinfluss auf den Geschwindigkeitsverlauf und den Druckverlauf eines Strömungsfeldes ist vernachlässigbar, falls er sich nur auf die wandnahen Zonen auswirkt. Dann kann die Bewegungsgleichung mittels der Methoden der Potenzialtheorie **reibungsfreier Strömungen** in Verbindung mit der Kontinuitätsgleichung, div $\boldsymbol{c} = 0$, gelöst werden.

7.3.1.1 Strömungspotenzial, Stromfunktion

Die Lösungsansätze für die Grundgleichungen reibungsfreier Strömungen sind die **skalare Potenzialfunktion** $\Phi(x, y, z, t)$ einer drehungsfreien Quellströmung und die **Vektor-Stromfunktion** $\Psi(x, y, z, t) = \boldsymbol{i}\,\Psi_x + \boldsymbol{j}\,\Psi_y + \boldsymbol{k}\,\Psi_z$ eines quellfreien Wirbelfeldes. Drehungsfreiheit bedeutet rot $\boldsymbol{c}$ = rot grad $\Phi \equiv 0$ und Quellfreiheit div $\boldsymbol{c}$ = div rot $\Psi \equiv 0$. Von diesen Funktionen leitet sich die Geschwindigkeit $\boldsymbol{c}$ für **inkompressible Strömungen** wie folgt ab:

$$\boldsymbol{c} = \text{grad}\,\Phi = \boldsymbol{i}\frac{\partial \Phi}{\partial x} + \boldsymbol{j}\frac{\partial \Phi}{\partial y} + \boldsymbol{k}\frac{\partial \Phi}{\partial z}$$

$$\boldsymbol{c} = \text{rot}\,\Psi = \boldsymbol{i}\left(\frac{\partial \Psi_z}{\partial y} - \frac{\partial \Psi_y}{\partial z}\right) + \boldsymbol{j}\left(\frac{\partial \Psi_x}{\partial z} - \frac{\partial \Psi_z}{\partial x}\right) + \boldsymbol{k}\left(\frac{\partial \Psi_y}{\partial x} - \frac{\partial \Psi_x}{\partial y}\right)$$

7.3.1.2 Ebene inkompressible Potenzialströmungen

Mit $\Phi(x, y, t)$ und $\Psi(x, y, t)$ gilt für die Geschwindigkeit der **ebenen** Strömungsfelder:

$$\boldsymbol{c}(x, y, t) = \boldsymbol{i}c_x + \boldsymbol{j}c_y = \boldsymbol{i}\frac{\partial \Phi}{\partial x} + \boldsymbol{j}\frac{\partial \Phi}{\partial y} = \boldsymbol{i}\frac{\partial \Psi}{\partial y} - \boldsymbol{j}\frac{\partial \Psi}{\partial x}$$

Den Zusammenhang von Φ und Ψ geben die **Cauchy-Riemann'schen Bedingungen** an:

$$\frac{\partial \Phi}{\partial x} = \frac{\partial \Psi}{\partial y} \quad \text{und} \quad \frac{\partial \Phi}{\partial y} = -\frac{\partial \Psi}{\partial x}$$

Für ausgewählte quell- und drehungsfreie, **ebene** Strömungen sind in der Tabelle 7.4 die Potenzialfunktionen Φ und die Stromfunktionen Ψ, die Geschwindigkeitskomponenten c_x und c_y, sowie die **orthogonalen Stromlinien**- und **Äquipotenziallinien-Verläufe** zusammengestellt.

Vom **Quell-Potenzial** wird das **Senken-Potenzial** mittels Vorzeichenwechsel abgeleitet: $\Phi_{\text{Quelle}} \rightarrow -\Phi_{\text{Senke}}$. Beim Vertauschen von Äquipotenzial- und Stromlinien der Quelle entsteht ein **Potenzialwirbel**: $\Phi_{\text{Quelle}} \rightarrow \Psi_{\text{Wirbel}}$. Der horizontal angeströmte Potenzialwirbel erfährt eine Auftriebskraft. Werden Quelle und Senke von gleicher Intensität in einem Punkt zusammengezogen, so bilden sie einen **ebenen Dipol**. Im Ergebnis der Überlagerung des Dipols mit der Parallelströmung entsteht die **Kreiszylinder-Umströmung**.

Tabelle 7.4 Ebene Potenzialströmungen

a) Ebene Parallelströmung

$$\Phi = c_\infty x \qquad \Psi = c_\infty y$$

$$c_x = c_\infty \qquad c_y = 0$$

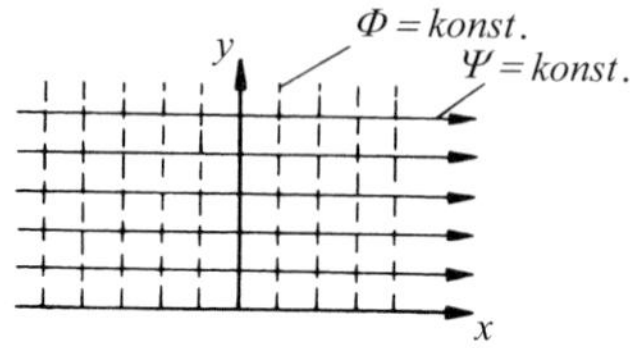

b) Ebene Staupunktströmung

$$\Phi = \frac{c_0}{2a}(x^2 - y^2) \qquad \Psi = \frac{c_0}{a} x y$$

$$c_x = c_0 \frac{x}{a} \qquad c_y = -c_0 \frac{y}{a} \qquad c_{\text{res}} = c_0 \frac{\sqrt{x^2 + y^2}}{a}$$

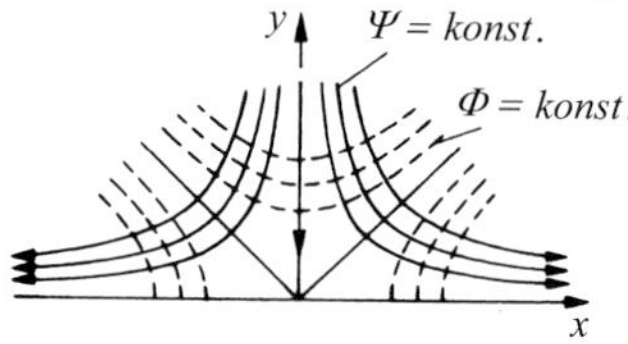

c) Ebener Quell-Faden

$$\Phi = \frac{Q}{2\pi b} \ln \sqrt{x^2 + y^2} \qquad \Psi = \frac{Q}{2\pi b} \arctan \frac{y}{x}$$

$$c_x = \frac{Q}{2\pi b} \frac{x}{x^2 + y^2} \qquad c_y = \frac{Q}{2\pi b} \frac{y}{x^2 + y^2}$$

$$c_{\text{res}} = \sqrt{c_x^2 + c_y^2} = \frac{Q}{2\pi b r}$$

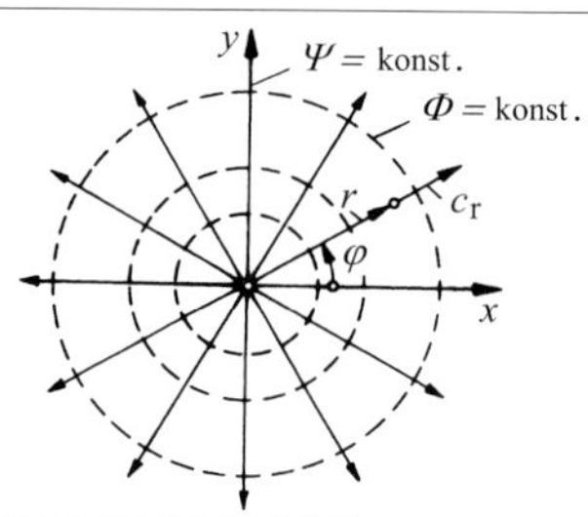

d) Ebener Wirbel-Faden

$$\Phi = -\frac{\Gamma}{2\pi} \arctan \frac{y}{x} \qquad \Psi = \frac{\Gamma}{2\pi} \ln \sqrt{x^2 + y^2}$$

$$c_x = \frac{\Gamma}{2\pi} \frac{y}{x^2 + y^2} \qquad c_y = -\frac{\Gamma}{2\pi} \frac{x}{x^2 + y^2}$$

$$c_{\text{res}} = \sqrt{c_x^2 + c_y^2} = \frac{\Gamma}{2\pi r}$$

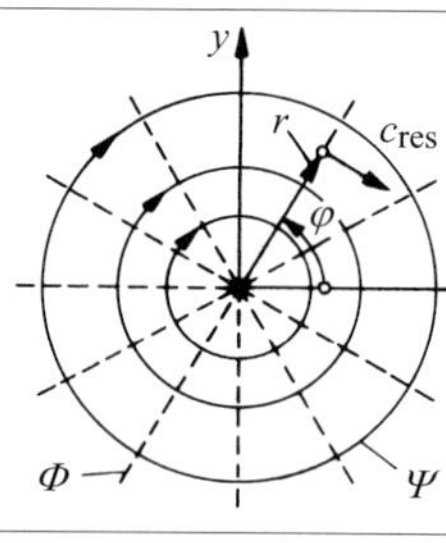

Kreiszylinderumströmung

$$\Phi = c_\infty \left(x + \frac{x R^2}{x^2 + y^2} \right) \qquad \Psi = c_\infty \left(y - \frac{y R^2}{x^2 + y^2} \right)$$

$$c_x = c_\infty \left[1 + R^2 \left(y^2 - x^2 \right) \Big/ \left(x^2 + y^2 \right)^2 \right]$$

$$c_y = -c_\infty \, 2 R^2 x y \Big/ \left(x^2 + y^2 \right)^2$$

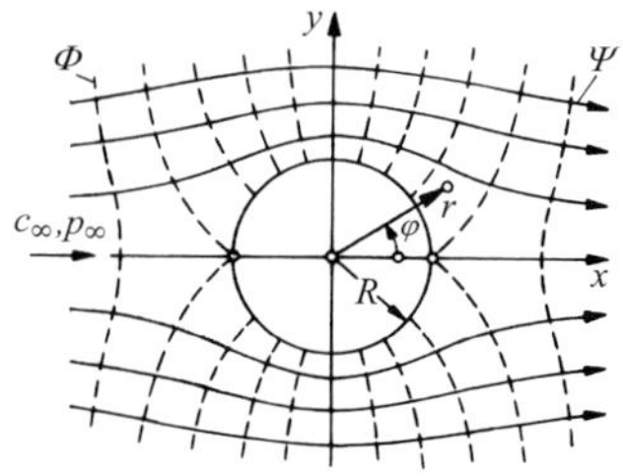

7.3.1.3 Räumliche inkompressible Potenzialströmungen

In dem Sonderfall der ebenen Potenzialströmung ist durch den Ansatz $\boldsymbol{c}$ = grad Φ bereits ein drehungsfreies Geschwindigkeitsfeld, d. h. rot $\boldsymbol{c} = 0$ vorgegeben. Da dieser Ansatz die Kontinuitätsbedingung erfüllt, gilt div grad $\Phi = 0$. Die Auflösung der Laplace-Gleichung ist das Strömungspotenzial $\Phi(x, y, t)$, woraus das Geschwindigkeitsfeld folgt.

Die allgemeine Theorie **räumlicher Potenzialströmungen** erfordert die simultane Lösung eines aus der Kontinuitäts- und der Bewegungsgleichung bestehenden Gleichungssystems. Den Lösungsansatz für die Gesamtgeschwindigkeit $\boldsymbol{c}\,(x, y, z)$ bildet die Summe der Geschwindigkeiten eines **drehungsfreien Quellfeldes** $\boldsymbol{c}_1(x, y, z)$ und eines **quellfreien Wirbelfeldes** $\boldsymbol{c}_2\,(x, y, z)$. Für die **inkompressiblen Strömungen** gilt der Lösungsansatz:

$$\boldsymbol{c} = \boldsymbol{c}_1 + \boldsymbol{c}_2 = \text{grad}\,\Phi + \text{rot}\,\Psi$$

Damit sind für die räumlichen Potenzialströmungen die zwei Bedingungen zu erfüllen:

div $(\boldsymbol{c}_1 + \boldsymbol{c}_2)$ = div grad $\Phi = \Delta\Phi = 0$ sowie rot $(\boldsymbol{c}_1 + \boldsymbol{c}_2)$ = rot rot $\Psi = -\Delta\Psi = \omega$.

Beispiele räumlicher Potenzialströmungen sind die **Staupunktströmung**, die **Punkt-Quelle**, der **Punkt-Dipol** und der **Ring-Wirbel**. Der **Hufeisenwirbel** für den Tragflügel endlicher Breite ist ein Ringwirbel, der teils als **gebundener** Wirbelfaden im Tragflügel und teils als **freier** Wirbelfaden unendlich weit stromab verläuft.

Sind in einem Raum vom Volumen V eine Quelldichte-Verteilung $q\,(\xi, \eta, \zeta)$ und eine Wirbeldichte-Verteilung $\omega\,(\xi, \eta, \zeta)$ vorgegeben, so ergibt die Integration über V sowohl das skalare Potenzial der unendlich ausgedehnten Quellströmung $\Phi(x, y, z)$ sowie auch das Vektorpotenzial der unendlich ausgedehnten Wirbelströmung $\Psi(x, y, z)$:

$$\Phi(x, y, z) = -\frac{1}{4\pi} \iiint\limits_{(V)} \frac{q(\xi, \eta, \varsigma)}{\sqrt{(x-\xi)^2 + (y-\eta)^2 + (z-\varsigma)^2}}\, \mathrm{d}\xi\, \mathrm{d}\eta\, \mathrm{d}\xi$$

$$\Psi(x, y, z) = -\frac{1}{4\pi} \iiint\limits_{(V)} \frac{\omega(\xi, \eta, \varsigma)}{\sqrt{(x-\xi)^2 + (y-\eta)^2 + (z-\varsigma)^2}}\, \mathrm{d}\xi\, \mathrm{d}\eta\, \mathrm{d}\xi$$

Die räumliche Potenzialtheorie findet Anwendung zur Berechnung der wirbel- und wellenbedingten Anteile des Strömungswiderstandes von **schlanken** Körpern, insbesondere von Tragflügeln endlicher Breite und von Schiffsrümpfen. Hierbei unterscheidet sich die reibungsbedingte Widerstandskraft nur wenig von dem Widerstand einer längs angeströmten ebenen Platte gleicher Oberfläche und gleicher Länge. Die zusätzlichen Widerstandsanteile – **wirbelinduzierter** Tragflügel-Widerstand und **welleninduzierter** Schiffswiderstand – sind bedingt von dem Leistungsaufwand zur Erzeugung der **Randwirbel** an den Tragflügelenden bzw. der **Oberflächenwellen** seitlich vom Schiffsrumpf (Bild 7.24).

Zur Berücksichtigung der **Kompressibilität** von Gasströmungen hoher Geschwindigkeit wird die Stromfunktion für den Massefluss gebildet. Von den Strömungspotenzialen ausgehend werden die Druckverteilungen an den Körperoberflächen und die resultierenden Kräfte theoretisch berechnet (Tabelle 7.5). Die Voraussetzungen zur Vernachlässigung der Rückwirkung von wandnahen Reibungschichten auf die Außenströmung sind dann nicht mehr gegeben, wenn an den räumlich gekrümmten Oberflächen das durch Reibung verzögerte Fluid von intensiven Längswirbeln erfasst und in den Außenbereich der Strömung getragen wird.

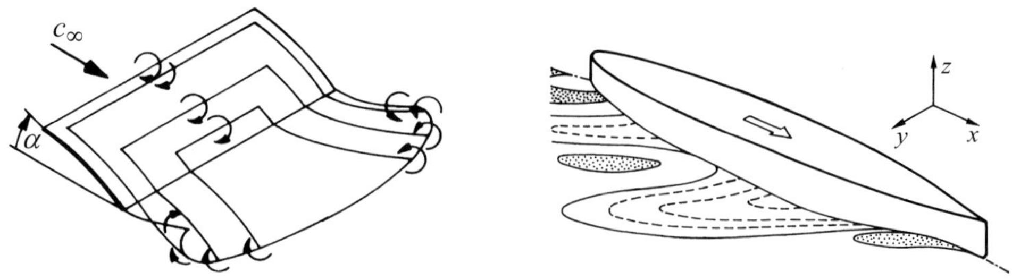

a) Randwirbel am Tragflügel *b) Schiffswellen*

Bild 7.24 Induzierter Widerstand

Tabelle 7.5 Modellbildung zum induzierten Widerstand und Wellenwiderstand

Potenzialfunktion/Randbedingungen	**Ergebnis**
Quell-Senken-Körper in unbegrenzter Parallelströmung / Reibungsfreie, tangentiale Strömung an der Körperoberfläche	Geschwindigkeits- und Druckverteilung auf der Körperoberfläche ohne Rückwirken auf die äußere Strömung / **Kein Widerstand**
Hufeisenwirbel am Tragflügel endlicher Breite / Tangentiales Abströmen an der Flügel-Hinterkante mit Längswirbelpaar	Geschwindigkeits- und Druckverteilung auf der Tragflügeloberfläche unter Einfluss der Randwirbel / **Induzierter Wirbelwiderstand**
Punktquellen in der Flüssigkeit mit freier Oberfläche / Strömen entlang der Körperkontur, konstanter Druck am Wellenrand	Geschwindigkeits- und Druckverteilung am Körper unter dem Einfluss der Oberflächenwellen / **Wellenwiderstand**

Ein wichtiges Anwendungsgebiet der Theorie der Potenzialströmungen stellt das Entwerfen von Bauteilen zur Strömungsbeschleunigung mit einem gleichmäßigen Geschwindigkeitsfeld am Austrittsquerschnitt dar. Das sind insbesondere Düsen sowie Einlaufgehäuse für Strömungsmaschinen und für verfahrenstechnische Apparate. Hierbei wird eine stetige Beschleunigung an den Wänden angestrebt, um räumliche Ablösungseffekte zu vermeiden.

7.3.1.4 Beschleunigte Strömung, hydrodynamische Masse

In beschleunigten eindimensionalen Strömungen inkompressibler Fluide der Dichte ρ verursacht der **lokale** Druckgradient $\partial p/\partial s$ die **zeitliche** Geschwindigkeitsänderung $\partial c/\partial t$. Im zylindrischen Kanalabschnitt der Länge Δl wirkt auf die gesamte darin enthaltene Flüssigkeitssäule der Masse $\Delta m = \rho A\ \Delta l$ die Druckkraft F_p ein. Diese Druckkraft folgt

aus $\dfrac{\partial p}{\partial s} = \rho \dfrac{\partial c}{\partial t}$ zu $\Delta m \dfrac{\partial c}{\partial t} = \dfrac{\partial p}{\partial s} A\, \Delta l = F_p$

Wird dagegen ein Körper in einem ruhenden Fluid beschleunigt, so entsteht in der **näheren** Körperumgebung ein lokales Strömungsfeld, welches die zeitveränderliche Reaktionskraft F_{instat} des Fluids auf den Körper bewirkt. Bezogen auf die Körperbeschleunigung entspricht dieser Reaktionskraft die äquivalente „**hydrodynamische Masse**" m_{hyd}:

$$m_{\text{hyd}} = F_{\text{instat}} \Big/ \frac{\mathrm{d}^2 s}{\mathrm{d}t^2}$$

Für reibungsfreie Strömungen stellt die hydrodynamische Masse eine bewegungsunabhängige Größe dar. In die Berechnung der Eigenfrequenz der Stabschwingung geht die Summe von der Masse des Stabes und von der hydrodynamischen Masse des mitbeschleunigten Fluids ein. Die hydrodynamische Masse des zylindrischen Stabes der Länge L mit dem **Kreisquerschnitt** vom Radius R ist gleich der von ihm verdrängten Fluidmasse:

$$m_{\text{hyd Kreis}} = \rho_{\text{F}}\, \pi R^2 L$$

Allgemein gilt: $$m_{\text{hyd}} = C_{\text{H}}\, \rho_{\text{F}}\, \pi B^2 L$$

Für die hydrodynamische Masse m_{hyd} zylindrischer Stäbe mit einer elliptischen Querschnittsform gilt die um den Beiwert C_{H} erweiterte Gleichung. Das charakteristische Breitenmaß ist die halbe Stabbreite B. Die Tabelle 7.6 zeigt potenzialtheoretisch berechnete Beiwerte C_{H} von zylindrischen Stäben unterschiedlicher Querschnittsform. Die realen Beiwerte nach Messungen hängen von der **Reynolds-Zahl** und der **Strouhal-Zahl** ab.

Tabelle 7.6 Beiwerte hydrodynamischer Massen von zylindrischen Stäben

a)	**Senkrechte Platte, Kreis, Ellipse**	$C_{\text{H}} = 1{,}00$		
b)	**Rechteck**	$C_{\text{H}} = 1{,}7;\ 1{,}51;\ 1{,}36$	$A/B = 0{,}5;\ 1{,}0;\ 2{,}0$	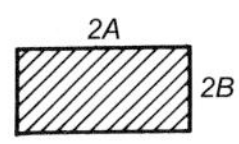
c)	**Quadrat mit Streben**	$C_{\text{H}} = 1{,}61;\ 1{,}72;\ 2{,}19$	$d/2B = 0{,}025;\ 0{,}05;\ 0{,}125$	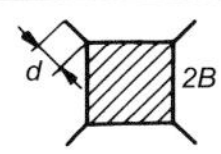
d)	**Quadrat, 45° gedreht**	$C_{\text{H}} = 0{,}76$		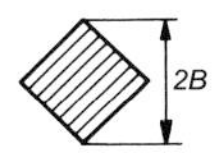

7.3.1.5 Oberflächenwellen, Wellenwiderstand

An einer freien Flüssigkeitsoberfläche breiten sich unter Schwerkraftwirkung ebene Wellen mit der Geschwindigkeit c_{Welle} aus (Bild 7.25). Das Wellenpotenzial ist:

$$\Phi(x, y, t) = C \cosh\left(\frac{2\pi}{\lambda}(y+h)\right)\cos\left(\frac{2\pi}{\lambda}(x - c_{\text{Welle}}\, t)\right)$$

Es bedeuten: λ Wellenlänge, h Wassertiefe. Der Kapillaritätseinfluss bleibt unberücksichtigt. Die Wellenfortpflanzungsgeschwindigkeit ist von der Wassertiefe abhängig:

a) Tiefes Wasser ($h \gg \lambda$)

$$c_{\text{Welle}} \approx \sqrt{\frac{\lambda g}{2\pi}}$$

b) Mittlere Wassertiefe

$$c_{\text{Welle}} = \sqrt{\frac{\lambda g}{2\pi} \tanh \frac{2\pi h}{\lambda}}$$

c) Flaches Wasser ($h \ll \lambda$)

$$c_{\text{Welle}} \approx \sqrt{gh}$$

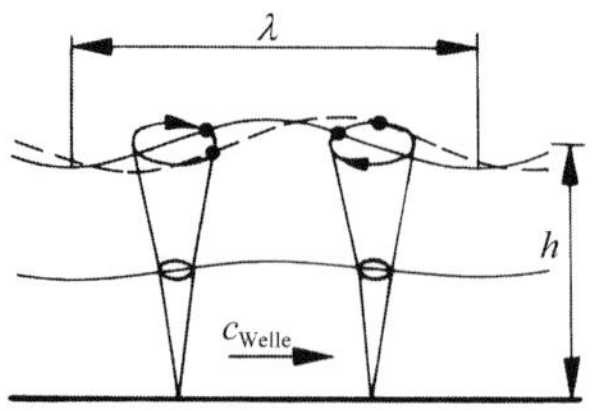

Bild 7.25 Ebene Welle mit Bodeneinfluss

Bei der Fortbewegung des Schiffskörpers an der Wasseroberfläche tragen zur Wellenerregung die Druckgebiete am Vorschiff und am Hinterschiff bei (Bild 7.26a). Die von diesen Druckgebieten erregten Wellen überlagern sich, wobei es je nach ihrer Phasenlage zum gegenseitigen Dämpfen oder Anfachen der Wellenabstrahlung vom Schiff kommt. In Abhängigkeit von der mit der wellenbildenden Schiffslänge L' und der Fahrtgeschwindigkeit v gebildeten Froude-Zahl $Fr = v/\sqrt{gL'}$ führt die Welleninterferenz am Hinterschiff zur Schwankung des Gesamtwiderstandsbeiwertes C_T des Schiffsrumpfes (Bild 7.26b).

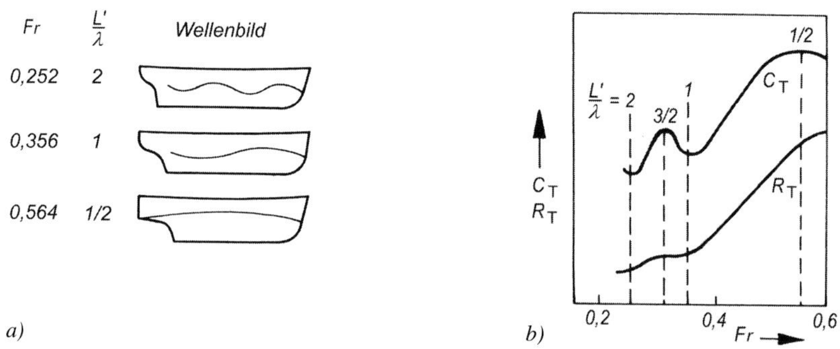

Bild 7.26 a) Schiffswellen, b) Schiffswiderstand R_T und Beiwert $C_T = R_T \Big/ \left(\frac{1}{2}\rho v^2 S\right)$

7.3.2 Reibungsbehaftete Strömungen

7.3.2.1 Kontinuitätsgleichung, Bewegungsgleichung

Die Bilanzgleichungen für den Massestrom und den Impulsstrom werden am elementaren Kontrollvolumen $dV = dx\, dy\, dz$ am Punkt $P(x, y, z)$ im Strömungsfeld entsprechend Bild 7.27 aufgestellt. Die **Kontinuitätsgleichung** der **kompressiblen** Fluide ist eine Bilanz der zeitlichen Dichteänderung im Kontrollrauminneren und der örtlichen Zunahme der Massestromdichten beim Durchqueren der Kontrollraumoberfläche:

$$\frac{\partial \rho}{\partial t} + \frac{\partial(\rho c_x)}{\partial x} + \frac{\partial(\rho c_y)}{\partial y} + \frac{\partial(\rho c_z)}{\partial z} = 0$$

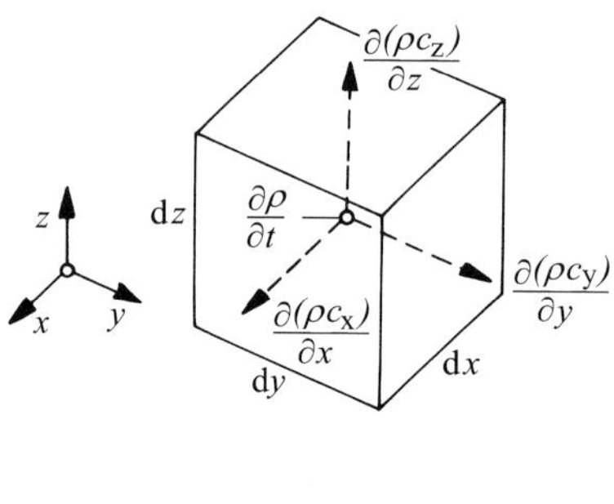

Bild 7.27 Zur Massestrombilanz

Für **inkompressible Strömungen** vereinfacht sich diese Kontinuitätsgleichung:

$$\frac{\partial c_x}{\partial x}+\frac{\partial c_y}{\partial y}+\frac{\partial c_z}{\partial z}=0$$

Das dynamische Gleichgewicht in den Strömungsfeldern der Fluide beschreibt die **Navier-Stokes-Gleichung**. Sie bilanziert die zeitliche Änderung der Bewegungsgröße eines Fluidelements infolge des Einwirkens von Druck-, Reibungs- und Schwerkraft. Der mit den Scher- und Normalspannungen gebildete Tensor ist das Produkt der dynamischen Viskosität η mit dem Tensor der **Verformungsgeschwindigkeiten** minus dem **Druck-Tensor**:

$$\begin{vmatrix}\sigma_x-p & \tau_{yx} & \tau_{zx}\\ \tau_{xy} & \sigma_y-p & \tau_{zy}\\ \tau_{xz} & \tau_{yz} & \sigma_z-p\end{vmatrix}=\eta\cdot\begin{vmatrix}2\frac{\partial c_x}{\partial x} & \frac{\partial c_x}{\partial y}+\frac{\partial c_y}{\partial x} & \frac{\partial c_x}{\partial z}+\frac{\partial c_z}{\partial x}\\ \frac{\partial c_y}{\partial x}+\frac{\partial c_x}{\partial y} & 2\frac{\partial c_y}{\partial y} & \frac{\partial c_y}{\partial z}+\frac{\partial c_z}{\partial y}\\ \frac{\partial c_z}{\partial x}+\frac{\partial c_x}{\partial z} & \frac{\partial c_z}{\partial y}+\frac{\partial c_y}{\partial z} & 2\frac{\partial c_z}{\partial z}\end{vmatrix}-\begin{vmatrix}p & 0 & 0\\ 0 & p & 0\\ 0 & 0 & p\end{vmatrix}$$

Für die Schubspannungen gilt: $\tau_{yx}=\tau_{xy}$, $\tau_{zx}=\tau_{xz}$, $\tau_{zy}=\tau_{yz}$

Die Schwerkraft ist: $$\mathrm{d}\boldsymbol{F}_{\mathrm{g}}=\boldsymbol{g}\rho\,\mathrm{d}x\,\mathrm{d}y\,\mathrm{d}z$$

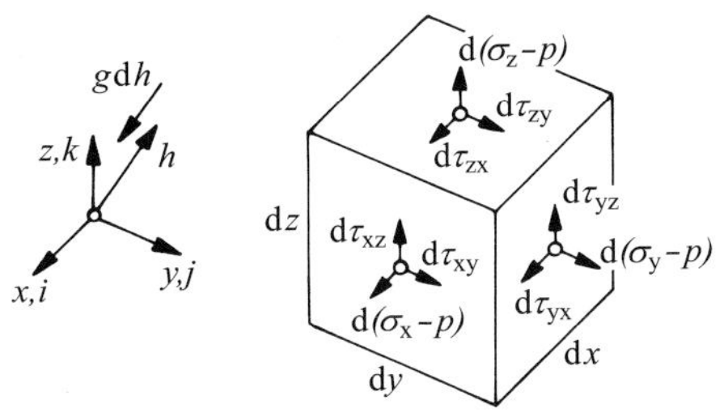

Bild 7.28 Zur Druck-, Reibungs- und Schwerkraft-Wirkung

An den Seitenflächen des Kontrollvolumens dV (Bild 7.28) sind für laminares Fließen die Differenzbeträge der angreifenden Druck- und Reibungsspannungen eingetragen, die zu der Fluidbeschleunigung beitragen. Das dynamische Gleichgewicht des Fluidelements einer reibungsbehafteten Strömung drückt die **Navier-Stokes-Gleichung** aus:

$$\frac{\mathrm{d}c_x}{\mathrm{d}t}=\frac{\partial c_x}{\partial t}+c_x\frac{\partial c_x}{\partial x}+c_y\frac{\partial c_x}{\partial y}+c_z\frac{\partial c_x}{\partial z}=-\frac{1}{\rho}\frac{\partial p}{\partial x}-g\frac{\partial h}{\partial x}+\nu\left(\frac{\partial^2 c_x}{\partial x^2}+\frac{\partial^2 c_x}{\partial y^2}+\frac{\partial^2 c_x}{\partial z^2}\right)$$

$$\frac{\mathrm{d}c_y}{\mathrm{d}t}=\frac{\partial c_y}{\partial t}+c_x\frac{\partial c_y}{\partial x}+c_y\frac{\partial c_y}{\partial y}+c_z\frac{\partial c_y}{\partial z}=-\frac{1}{\rho}\frac{\partial p}{\partial y}-g\frac{\partial h}{\partial y}+\nu\left(\frac{\partial^2 c_y}{\partial x^2}+\frac{\partial^2 c_y}{\partial y^2}+\frac{\partial^2 c_y}{\partial z^2}\right)$$

$$\frac{\mathrm{d}c_z}{\mathrm{d}t}=\frac{\partial c_z}{\partial t}+c_x\frac{\partial c_z}{\partial x}+c_y\frac{\partial c_z}{\partial y}+c_z\frac{\partial c_z}{\partial z}=-\frac{1}{\rho}\frac{\partial p}{\partial z}-g\frac{\partial h}{\partial z}+\nu\left(\frac{\partial^2 c_z}{\partial x^2}+\frac{\partial^2 c_z}{\partial y^2}+\frac{\partial^2 c_z}{\partial z^2}\right)$$

Dem Einfluss spezieller Fließgesetze sowie weiterer Kraftwirkungen auf die Fluide innerhalb der Strömungsfelder widmen sich Sondergebiete der Strömungsmechanik. Dazu gehören die Rheologie und die Magnetofluiddynamik.

7.3.2.2 Ähnlichkeitstheorie, Modellgesetze

Die Ähnlichkeitstheorie behandelt die Grundlagen der **dynamisch** ähnlichen Modellierung von Strömungen in einem formgetreu verkleinerten oder vergrößerten Strömungsgebiet. Unter Voraussetzung der geometrischen Ähnlichkeit der Stromlinienverläufe und eines bestimmten **Zeitmaßstabes** sind zwei Strömungsfelder einander **kinematisch** ähnlich, wenn ihre Kraftfelder **dynamisch** ähnlich sind, d. h. die Kräfte in entsprechenden Punkten der Strömungsfelder in einem festen Verhältnis zueinander stehen. Wird die **Navier-Stokes-Gleichung** mittels der **Bezugsgrößen** $\hat{l}$, $\Delta\hat{t} = 1/\hat{f}, \hat{c}$ und $\Delta\hat{p}$ dimensionslos geschrieben, so stellen die Koeffizienten ihrer Summanden die **Ähnlichkeitskennzahlen** dar:

$$\frac{\partial c_x^*}{\partial t^*} + \frac{1}{Str}\left(c_x^*\frac{\partial c_x^*}{\partial x^*} + c_y^*\frac{\partial c_x^*}{\partial y^*} + c_z^*\frac{\partial c_x^*}{\partial z^*}\right) = -Eu\,\frac{\partial p^*}{\partial x^*} - \frac{1}{Fr^2}\frac{\partial h^*}{\partial x^*} + \frac{1}{Re}\left(\frac{\partial^2 c_x^*}{\partial x^{*2}} + \frac{\partial^2 c_x^*}{\partial y^{*2}} + \frac{\partial^2 c_x^*}{\partial z^{*2}}\right)$$

Tabelle 7.7 zeigt die Kennzahlen inkompressibler Strömungen sowie die mit dem Absolutdruck $\hat{p}$ gebildete **Euler-Zahl** (g) für strömende Gase, die in die **Mach-Zahl** überführbar ist.

Tabelle 7.7 Ähnlichkeitskennzahlen

Strouhal-Zahl	**Froude-Zahl**	**Reynolds-Zahl** (bei ρ = konst)	**Euler-Zahl** (bei ρ = konst)	**Euler-Zahl** (g): (bei $\rho \neq$ konst)
$Str = \dfrac{\hat{l}}{\hat{c}\,\Delta\hat{t}} = \dfrac{\hat{l}\,\hat{f}}{\hat{c}}$	$Fr = \dfrac{\hat{c}}{\sqrt{g\hat{l}}}$	$Re = \dfrac{\hat{c}\hat{l}}{\nu}$	$Eu = \dfrac{\Delta\hat{p}}{\rho\hat{c}^2}$	$Eu_{(g)} = \dfrac{\hat{p}}{\hat{\rho}\hat{c}^2} = \dfrac{1}{\kappa\,Ma^2}$

7.3.2.3 Laminare Rohr- und Kanalströmung, Kugelumströmung

In den laminar durchströmten **kreiszylindrischen Rohren** verlaufen die Stromlinien parallel zur Rohrachse. Der Druck an der Querschnittsfläche eines Kreisrohres ist konstant. Zur Strömungsberechnung wird die Navier-Stokes-Gleichung für das Kräftegleichgewicht am elementaren Kontrollvolumen in Zylinderkoordinaten gelöst. Sie ergibt unter Berücksichtigung der Haftbedingung die Geschwindigkeitsverteilung im Rohr $c(r/D)$, die mittlere Strömungsgeschwindigkeit $\overline{c}$, den Volumenstrom $\dot{V}$ und den Druckverlust Δp_V. Es gilt:

$$\frac{c}{c_{\max}} = 1 - \left(\frac{r}{R}\right)^2 \qquad \overline{c} = \frac{c_{\max}}{2} \qquad \dot{V} = \pi R^2 \overline{c} \qquad \Delta p_V = \frac{8\eta l}{R^2}\overline{c} = \frac{8\eta l}{\pi R^4}\dot{V}$$

Analog zu der Rohrströmung verhält sich auch die ebene laminare Spaltströmung, welche ebenfalls axial gerichtet ist und ein parabelförmiges Geschwindigkeitsprofil hat. In den zylindrischen Kanälen mit **nichtkreisförmigen Querschnittsflächen** ist die Schubspannung am Kanalumfang veränderlich. In den Ecken geknickter Wände entstehen Längswirbel. Die Querschnittsform hat Einfluss auf den Druckverlustbeiwert.

Die allgemeine Definition des Druckverlustes Δp_V in laminar durchströmten Rohren und Kanälen beruht auf dem Reibungsbeiwert λ als Funktion der **Reynolds-Zahl** unter Zugrundelegen eines gleichwertigen Durchmessers D_{gl} für den Strömungskanal (Tabelle 7.8):

$$\Delta p_V = \lambda \frac{l}{D_{gl}} \frac{\rho}{2} \bar{c}^2 \quad \text{mit} \quad \lambda = f(Re) \quad \text{für} \quad Re = \frac{\bar{c}\, D_{gl}}{\nu} \quad D_{gl} = \frac{4A}{U}$$

Tabelle 7.8 Parameter laminarer Rohr- und Kanalströmungen

Parameter	Kreisrohr	quadrat. Kanal	dreieck. Kanal	ebener Spalt
D_{gl}:	Durchmesser D	Seitenlänge a	Seitenlänge a	Spalthöhe h
$c/c_{max} =$	$1-\left(\frac{r}{D/2}\right)^2$	$f(x,y)$	$f(x,y)$	$1-\left(\frac{y}{h}\right)^2$
$\bar{c}/c_{max} =$	0,5	$\approx$ 0,56	$\approx$ 0,62	2/3 $\approx$ 0,667
$\lambda =$	$64/Re$	$\approx 57/Re_{gl}$	$\approx 53/Re_{gl}$	$48/Re_{gl}$

Zur Berechnung der **laminaren Kugelumströmung** nach Stokes für $Re \leq 1$ wird die Navier-Stokes-Gleichung in Kugelkoordinaten mittels des Ansatzes für die Stromfunktion $\Psi(R, \Theta)$ gelöst. Aus der Energiedissipation durch Reibungsarbeit ergibt sich der Widerstandsbeiwert c_W der Kugel der Querschnittsfläche $A = \pi\, d^2/4$ bei $Re = c_\infty\, d/\nu$ zu:

$$c_W = \frac{F_W}{0{,}5\, \rho c^2 A} = \frac{24}{Re}$$

7.3.3 Strömungsgrenzschichten

In den von festen Wänden begrenzten Strömungsfeldern, bei denen die Trägheitswirkungen den Zähigkeitseinfluss überwiegen, ist eine Unterteilung zulässig in das wandferne Gebiet, in dem die Reibung vernachlässigbar gering ist, und in das wandnahe Gebiet mit bedeutsamer Reibungswirkung, das als Strömungsgrenzschicht bezeichnet wird. Unter der Voraussetzung, dass die Rückwirkung der Grenzschicht an der Wand auf das gesamte Strömungsfeld vernachlässigbar ist, kann das reibungsfreie Strömungsfeld innerhalb der vorgegebenen Berandung potenzialtheoretisch bestimmt werden. Zur Berechnung der reibungsbedingten Verzögerung des Fluids in dem wandnahen Strömungsbereich ist von Prandtl ein besonderes Berechnungsverfahren auf der Grundlage der Navier-Stokes-Gleichung aufgestellt worden. Beim Abbremsen der Fluidschicht der Dicke δ von der Strömungsgeschwindigkeit c_∞ befinden sich die Trägheitswirkung und die Wandreibung im Gleichgewicht. Daraus folgt:

$$\frac{\text{Trägheitskraft}}{\text{Reibungskraft}} = \frac{\dot{m} c_\infty}{\tau A} \sim \frac{c_\infty l}{\nu} \cdot \left(\frac{\delta}{l}\right)^2 \approx 1 \quad \text{und} \quad \frac{\delta}{l} \approx \frac{1}{\sqrt{Re}} \quad \text{für} \quad Re = \frac{c_\infty l}{\nu}$$

Für Reynolds-Zahlen von $Re \approx 10^4$ beträgt die relative Grenzschichtdicke $\delta / l \approx 1/100$. Der Druck ist innerhalb der Grenzschicht nahezu gleich dem Druck am Außenrand $\bar{p}$, $\partial^2 c_x / \partial x^2$ ist vernachlässigbar. Damit vereinfacht sich die Bewegungsgleichung zu:

$$c_x \frac{\partial c_x}{\partial x} + c_y \frac{\partial c_x}{\partial y} = -\frac{1}{\rho} \frac{\partial \bar{p}}{\partial x} + \nu \frac{\partial^2 c_x}{\partial y^2}$$

Sie gilt für ebene und für rotationssymmetrische Körper. Zusätzlich sind die **Kontinuitätsgleichungen** zu berücksichtigen, welche sich für die ebene und die rotationssymmetrische Strömung unterscheiden:

Ebener Körper:

$$\frac{\partial c_x}{\partial x} + \frac{\partial c_y}{\partial y} = 0$$

Rotationssymmetrischer Körper:

$$\frac{\partial (r c_x)}{\partial x} + \frac{\partial (r c_y)}{\partial y} = 0$$

Zur Anwendung der Grenzschichtgleichung für die Vorausberechnung der Entwicklung von Wandgrenzschichten an Körperoberflächen wird die Grenzschichtgleichung unter Berücksichtigung des Geschwindigkeits- und Druckverlaufes der Außenströmung integriert. Hierfür bestehen die beiden prinzipiell unterschiedlichen Integrationsverfahren:

1. Verwendung analytischer Lösungsansätze in Form der Stromfunktion $\Psi(x, y, c_\infty)$ nach Blasius für laminare Gleichdruck-Grenzschichten sowie der Stromfunktion $\Psi(x, y, \bar{c})$ nach Hartree für laminare Keilgrenzschichten.
2. Herleitung einer Impulsgleichung der Wandgrenzschichten mittels partieller Integration der Grenzschichtgleichung nach von Kármán und ihre Lösung unter Verwendung empirischer, kennzahlabhängiger Ansätze für die Geschwindigkeitsprofile von laminaren (nach Pohlhausen) und turbulenten Grenzschichten (empirische Formeln mit beschränkten Gültigkeitsbereichen).

Weitere Ergebnisse der Grenzschichttheorie sind die Aussagen über:

1. den Stillstand der Strömung an der Wand, der zur **Strömungsablösung** führt,
2. das Auftreten der **dynamischen Instabilität** der laminaren Grenzschicht, die den Strömungsumschlag **laminar-turbulent** zur Folge hat. Davon werden sowohl der **Reibungswiderstand** als auch der **Wärmetransport** beeinflusst.

Zur Anwendung der Grenzschichttheorie für die Ausbreitung von Freistrahlen im unbegrenzten Raum bei konstantem Druck wird ebenfalls von den Grenzschichtgleichungen unter Zugrundelegen eines Geschwindigkeitsprofils ausgegangen. Unter den Voraussetzungen, dass der Freistrahl aus einer Wandöffnung austritt, seitlich aus der freien Umgebung Fluid zuströmt und der Druck am Rand des sich ausbildenden Freistrahls konstant ist, können mittels affiner Verzerrung unter Vorgabe eines Geschwindigkeitsprofils eine Stromfunktion formuliert und damit die Prandtlsche Grenzschichtgleichung gelöst werden.

7.4 Strömungsmechanisches Versuchswesen

7.4.1 Aufgabengebiete

Der Begriff vom **strömungsmechanischen Versuchswesen** umfasst im weiteren Sinn die Regeln zur Durchführung von Modellversuchen zur Neuentwicklung technischer Erzeugnisse. Zu den ältesten Zeugnissen zählen die Überlieferungen von einer Erprobung der Geräte und Bauwerke zur Nutzung der Wind- und der Wasserenergie sowie zur Regulierung der Flussläufe. Im Mittelalter hat die Versuchstechnik neue Impulse durch den Schiffbau erfahren, später von dem chemischen Apparatebau. In der Neuzeit sind es die Luft- und Raumfahrt und die Bionik.

Obwohl in der modernen Strömungsmechanik die Lösungen der dimensionslos geschriebenen Bewegungsgleichung prinzipiell universelle Aussagen bereitstellen, die nach dem Einsetzen von Maßstabsfaktoren für jeden beliebigen Anwendungsfall genutzt werden können, sind in den letzten Jahrzehnten eine Vielzahl neuer Versuchsanlagen errichtet worden, die in Verbindung mit anderen Wissenschaftsdisziplinen der strömungsmechanischen Optimierung von technischen Erzeugnisse dienen, im weitesten Sinne bis hin zu dem künstlichen Herzen.

Neuartige Versuchstechniken sollen es dem strömungsmechanischen Versuchswesen ermöglichen, vor allem komplexe technische Aufgabenstellungen zu modellieren, bei denen mehrere Modellgesetze gleichzeitig berücksichtigt werden sollen, so beispielsweise bei einem transsonischen Flugzeug das Abreißen der Strömung in Verbindung mit Verdichtungsstößen oder bei einem Schiff das Einsetzen der Strömungskavitation an der Schiffsschraube unter dem Einfluss der Oberflächenwellen.

7.4.2 Hydraulische Sonden

Staurohr Das Wirkprinzip der hydraulischen Sonden beruht auf der Anwendung der **Bernoulli-Gleichung** für den inkompressiblen, reibungsfreien, stationären Stromfaden. Der Messkörper des Staurohrs ist ein schlanker, vorn abgerundeter Zylinder, dessen Achse in Strömungsrichtung weist, welcher jeweils an seinem vorderen Ende und seitlich davon eine Bohrung hat. An der seitlichen Bohrung herrscht der örtliche Druck p. An der vorderen Bohrung ist der örtliche Druck p um den Staudruck auf $p + \rho c^2/2$ vergrößert. Dieser Druck stellt den Gesamtdruck dar.

Sind beide Bohrungen in Differenzschaltung mit einem Manometer verbunden, so wird direkt der Staudruck angezeigt. Die Empfindlichkeit der Druckanzeige gegen eine Richtungsabweichung verringert sich, wenn seitlich am Umfang des Messkörpers mehrere Bohrungen oder Schlitze angeordnet sind. Dieser Sondentyp wird als **Prandtl'sches Staurohr** bezeichnet. Aus der Manometeranzeige Δh eines U-Rohr-Manometers mit der Sperrflüssigkeit der Dichte ρ_M ergibt sich der Staudruck zu:

$$\frac{\rho}{2} c^2 = p_{ges} - p_{stat} = g(\rho_M - \rho)\Delta h_M$$

Richtungssonde Die Kugel-Sonde mit einer Bohrung am Sondenkopf und 4 weiteren, seitlich am Umfang verteilten Bohrungen stellt die übliche **Richtungssonde** dar. Ist die Strömung genau auf die vordere Bohrung gerichtet, so sind die jeweiligen Druckdifferenzen zwischen der vorderen Bohrung und den seitlichen Bohrungen gleich. Bei einer Schrägstellung der Kugel-Sonde zur Anströmrichtung weichen diese Druckdifferenzen voneinander ab.

Dann ergibt sich aus diesen Anzeigen der räumliche Zuströmwinkel zur Sonde. Neben der Kugel-Sonde existieren für besondere Messaufgaben zahlreiche weitere Konstruktionsvarianten der Richtungssonden, wie die **Keil-Sonde** und die **Krallen-Sonde**.

Wandschubspannungssonde Wird in Strömungsrichtung gesehen direkt hinter einer Wandbohrung ein Hindernis in Form einer Schneide oder eines Zaunes angeordnet, so ist es möglich, aus der Staudruckanzeige mittels einer Eichkurve auf die örtliche Wandschubspannung zu schließen.

Blende Zur Volumenstrommessung in Kanälen kommen Blenden in den vielfältigsten Formen zur Anwendung. Die maßgebende Messgröße ist der Druckabfall über der Blende.

7.4.3 Modellgesetze, Versuchsanlagen

Das strömungsmechanische Modellversuchswesen beruht auf den Ähnlichkeitskennzahlen der Grundgleichungen der Strömungsmechanik. Das Hauptanliegen der Modellversuchstechnik ist die möglichst exakte Herstellung der **Modellähnlichkeit** mit dem Ziel, für neue technische Objekte die wesentlichen Strömungseffekte vorausbestimmen zu können.
Die drei bestimmenden Prinzipien sind:

1. Die **geometrische Ähnlichkeit** von Original und Modell.
2. Die **kinematische Ähnlichkeit** aller Bewegungsabläufe. Das erfordert in geometrisch ähnlichen Berandungen der entsprechenden Strömungsfelder auch die geometrische Ähnlichkeit der momentanen Stromlinienverläufe.
3. Die **dynamische Ähnlichkeit** während des Versuchsablaufes. Diese ist gegeben, wenn die entsprechenden Kraftkomponenten in einem gleichen Verhältnis zueinander stehen.

Die Ähnlichkeitskennzahlen der **Hydrodynamik** folgen aus der Navier-Stokes-Gleichung, wenn ihre Summanden mittels der Bezugsgrößen für Länge l, Zeitintervall $\Delta\overline{t}$ bzw. Frequenz f, Geschwindigkeit $\overline{c}$ und Druck p bzw. Druckdifferenz $\Delta\overline{p}$ dimensionslos geschrieben werden:

Strouhal-Zahl: $$Str = \frac{l}{\overline{c}\,\Delta\overline{t}} = \frac{l f}{\overline{c}} \sim \frac{\text{lokale Beschleunigung}}{\text{konvektive Beschleunigung}}$$

Euler-Zahl: $$Eu = \frac{\Delta\overline{p}}{\rho\,\overline{c}^2} \sim \frac{\text{Druckkraft}}{\text{Trägheitskraft}}$$

Froude-Zahl: $$Fr = \frac{\overline{c}}{\sqrt{g l}} \sim \sqrt{\frac{\text{Trägheitskraft}}{\text{Schwerkraft}}}$$

Reynolds-Zahl: $$Re = \frac{\overline{c}\,l}{\nu} \sim \frac{\text{Trägheitskraft}}{\text{Reibungskraft}}$$

In der **Gasdynamik** ist es üblich, die Aussage der **Euler-Zahl** durch einen reziproken Verhältniswert von der Druck- zur Trägheitskraft in Form der **Mach-Zahl** zu ersetzen. Die Mach-Zahl ist der Quotient aus Strömungsgeschwindigkeit und örtlicher Schallgeschwindigkeit:

Mach-Zahl: $$Ma = \frac{\overline{c}}{\overline{a}} = \sqrt{\frac{\rho\,\overline{c}^2}{\kappa\,p}} \sim \sqrt{\frac{\text{Trägheitskraft}}{\text{Druckkraft}}}$$

Die Modellgesetze bilden die Grundlage zur Durchführung von Experimenten mit geometrisch ähnlich verkleinerten oder vergrößerten Modellkörpern in Windkanälen, Schlepprinnen und Kavitationstanks. Die gleichzeitige Berücksichtigung mehrerer Kennzahlen erfolgt für *Re* und *Ma* bei den Flugzeugmodellen in einem **Tieftemperatur-Windkanal** sowie für *Fr* und *Eu* bei den Schiffsmodellen in einer **Niederdruck-Schlepprinne**.

7.5 Druckverlustbeiwerte

7.5.1 Rohrleitungen und Kanäle

Die Strömungsverluste in Rohrleitungsanlagen setzen sich zusammen aus den Druckverlusten der geraden Leitungsabschnitte sowie der Summe aus Einzelverlusten, die von Rohrleitungseinbauten wie beispielsweise Krümmer, Diffusoren, Abzweigen, Apparaturen oder Armaturen stammen. Für den Druckverlust in geraden Rohren bei ausgebildeter Strömung gilt mit $\bar{c} = \dot{V}/A$:

$$\Delta p_{\mathrm{V}} = \lambda \cdot \frac{l}{D} \cdot \frac{\rho}{2} \bar{c}^{\,2}$$

wobei der Koeffizient λ als Rohrreibungszahl oder auch Widerstandsbeiwert der ausgebildeten Rohrströmung bezeichnet wird. Für die Rohrleitungseinbauten gilt

$$\Delta p_{\mathrm{V}} = \zeta \cdot \frac{\rho}{2} \bar{c}^{\,2}$$

Die Druckverlustzahl ζ, auch als Widerstandsbeiwert von Einbauten bezeichnet, beinhaltet die durch Einbauten erzeugten Reibungs- bzw. Druckverluste.

7.5.1.1 Kreiszylindrische Rohre

Die Rohrreibungszahl λ kann entsprechend der herrschenden Strömungsform nur von der Reynolds-Zahl *Re* (laminare und hydraulisch glatte Strömung), oder nur von der relativen Wandrauigkeit *k/D* (hydraulisch rau) abhängen. Sie ist sowohl von der Reynolds-Zahl als auch von *k/D* (Übergangsbereich) abhängig. Laminare Strömungen liegen bis zu einer Reynolds-Zahl von $Re < 2320$ vor. Hierbei ist

$$\lambda = \frac{64}{Re}$$

Bei Reynolds-Zahlen $Re > 2320$ liegt turbulente Strömung vor.

Im Gegensatz zur laminaren Strömung hängt der Druckverlust der turbulenten Strömung quadratisch von *c* ab. Die auf Grund der molekularen Zähigkeit hervorgerufene Reibung beschränkt sich nur auf die viskose Unterschicht in Wandnähe (Tabelle 7.9). Außerhalb dieser Schicht führen die turbulenten Austauschbewegungen zu meist wesentlich größeren Verlusten.

Tabelle 7.9 Rohrreibungszahl bei ausgebildeter turbulenter Strömung

Turbulente Rohrströmung		
Geschwindigkeitsprofil: $c = c_{max}\left(1-\frac{r}{R}\right)^{\frac{1}{2{,}1\cdot\log Re-1{,}9}}$; Reynolds-Zahl: $Re > 2320$		
hydraulisch glatt $\Delta p_V \cong C\cdot\bar{c}^{\,1{,}75\ldots1{,}8}$ 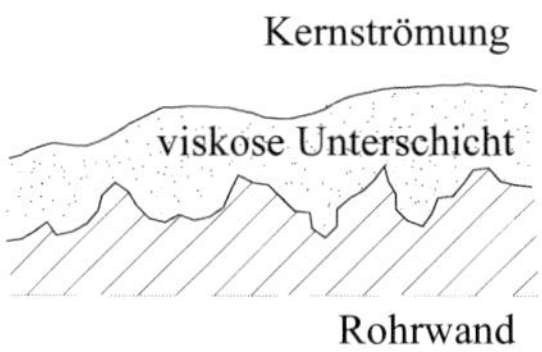 	Die Wandrauigkeit wird von der viskosen Unterschicht überdeckt. Die Rohrreibungszahl ist nur von der Reynolds-Zahl abhängig $\lambda = f(Re)$	$\lambda = \frac{0{,}3164}{Re^{1/4}}\;(2320 \le Re \le 10^5)$ $\frac{1}{\sqrt{\lambda}} = 2\cdot\log\left(Re\sqrt{\lambda}\right) - 0{,}8$ $(10^5 \le Re \le 3\cdot10^6)$
Übergangsbereich $\Delta p_V \cong C\cdot\bar{c}^{\,1{,}75\ldots2{,}0}$ 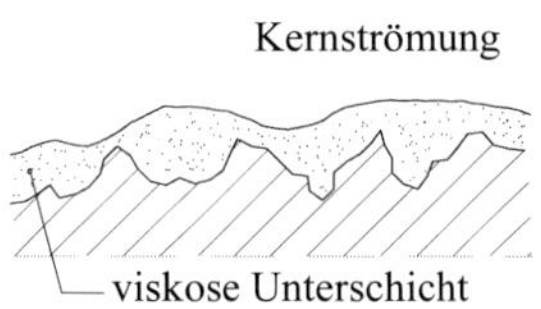 	Die Wandrauigkeit und die viskose Unterschicht haben die gleiche Größenordnung. Die Rohrreibungszahl hängt sowohl von der Reynolds-Zahl als auch von *k/D* ab. $\lambda = f\left(Re, \frac{k}{D}\right)$	$\frac{1}{\sqrt{\lambda}} = -2{,}0\cdot\log\left[\frac{k}{D\cdot3{,}715} + \frac{2{,}51}{Re\sqrt{\lambda}}\right]$
hydraulisch rau $\Delta p_V \cong C\cdot\bar{c}^{\,2}$ 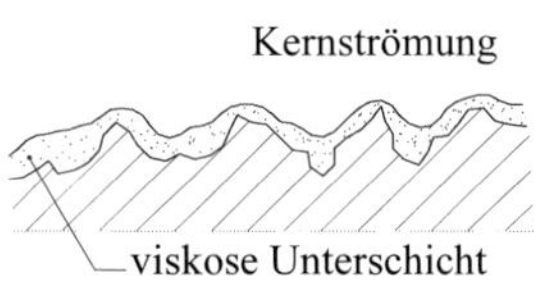 	Bei vollkommen rauer Wand ragen die Rauigkeitsspitzen aus der viskosen Unterschicht. Die Rohrreibungszahl ist nur noch von der relativen Wandrauigkeit abhängig $\lambda = f\left(\frac{k}{D}\right)$	$\lambda = \frac{0{,}25}{\left(\log 3{,}715\,\frac{D}{k}\right)^2}$ $\left(Re \ge 400\cdot\frac{D}{k}\log\left(3{,}715\cdot\frac{D}{k}\right)\right)$

Für alle Bereiche der Rohrströmung ist die Rohrreibungszahl $\lambda(Re;\, k/D)$ im **Moody-Colebrook-Diagramm** (Bild 7.29) dargestellt. Tabelle 7.10 führt Größenordnungen von Rauigkeitserhebungen auf Oberflächen einiger ausgewählter Materialien an. Die Sandrauigkeit k_s stellt eine künstlich durch Aufkleben von Sand bestimmter Korngröße erzeugte, gleichmäßige Rauigkeit dar. Diesbezügliche Versuche von Nikuradse wurden im Diagramm verwendet. Mit technisch rau werden die durch Fertigungsverfahren entstandenen Rauigkeiten, aber auch Rost oder Ablagerungen nach bestimmten Betriebszeiten an der Rohrwand bezeichnet.

Tabelle 7.10 Rauigkeitswert für Rohre

Rohrmaterial	**k (in mm)**
Glas; Kupfer oder Messing, gezogen	0,001 … 0,005
Faserzement (Eternit)	0,05 … 0,1
Stahlrohr, neu	0,02 … 0,1
Stahlrohr, gebraucht (rostig)	0,15 … 1,5
Betonrohr	0,3 … 0,8

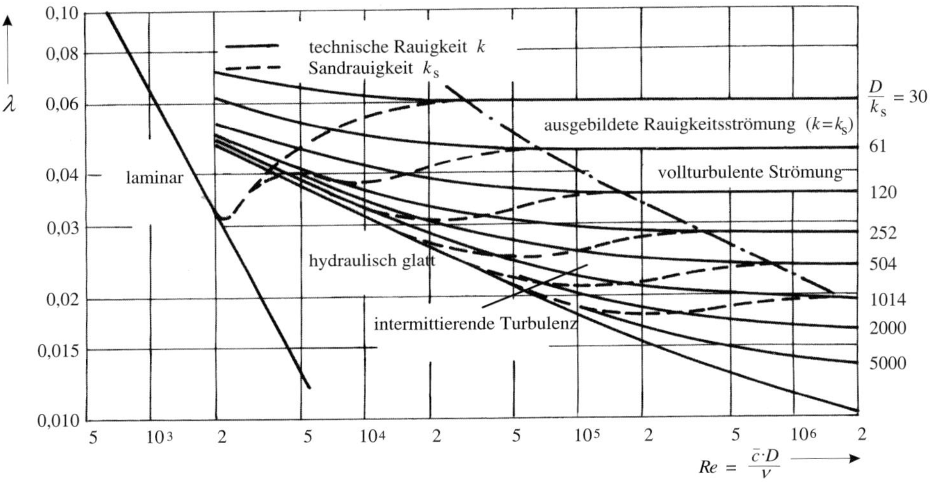

Bild 7.29 Rohrreibungszahl nach Moody-Colebrook
(——— technische Rauigkeit; - - - - - - - Sandrauigkeit)

7.5.1.2 Kanäle von nicht kreisförmigen Querschnitten

Durch Einführung des hydraulischen Durchmessers d_h können verschiedene Querschnittsformen charakterisiert werden. Die Definition lautet

$$d_h = \frac{4A}{U}$$

mit der Querschnittsfläche A (in m²) und dem benetzten Umfang U (in m). Die Rohrreibungszahl λ ist bei laminarer Strömung von der Querschnittsform abhängig. Für die ebene Strömung durch einen Spalt der Weite a gilt die Reibungszahl $\lambda = 96/Re_{gl}$ bei $Re_{gl} = cD/\nu$. Da turbulente Strömungen eine Vergleichmäßigung der Geschwindigkeitsverteilung bewirken, spielt hierbei die Querschnittsform für den Druckverlust nur eine untergeordnete Rolle. Unter Einbeziehung des hydraulischen Durchmessers d_h (Bild 7.30) gelten die Beziehungen für die Rohrreibungszahl λ sowie das Rohrreibungsdiagramm für turbulente Strömungen:

$$\lambda = f\left(Re, \frac{d_h}{k}\right) \qquad Re = \frac{\bar{c} \cdot d_h}{\nu}$$

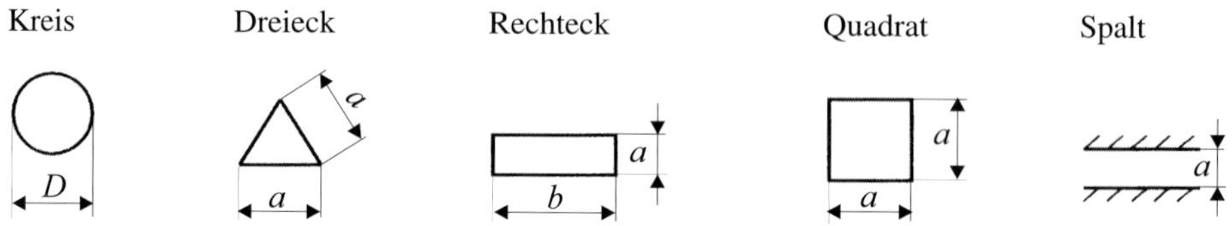

$d_h = D$ $\qquad d_h = \frac{a}{\sqrt{3}}$ $\qquad d_h = \frac{2a}{(1 + a/b)}$ $\qquad d_h = a$ $\qquad d_h = 2a$

Bild 7.30 Hydraulischer Durchmesser für einige Querschnittsformen

7.5.1.3 Kanäle mit freier Oberfläche

In Strömungen mit freier Oberfläche, wie in offenen Gerinnen mit nicht kreisförmigen Querschnitten, entsteht kein Druckabfall, da der Atmosphärendruck auf die Oberfläche gleich groß ist. Vielmehr ist eine dem Gefälle des Gerinnes entsprechende Verlusthöhe h_V vorhanden, die an Stelle von Δp_v in die Gleichungen einzusetzen ist.

$$h_V = \frac{\Delta p_v}{\rho \cdot g} \qquad \Delta p_V = \lambda \frac{l}{d_h} \cdot \frac{\rho}{2} \bar{c}^2 \quad \text{mit} \quad d_h = \frac{4A}{U}$$

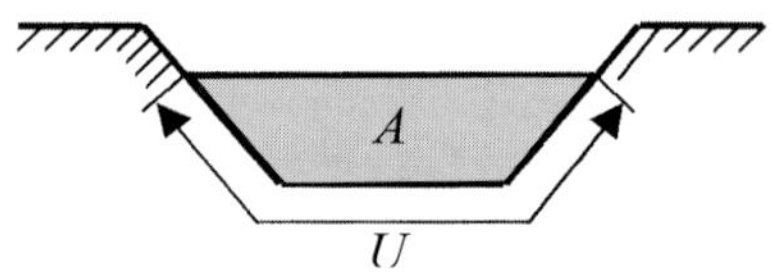

7.5.2 Kanaleinbauten

Durch Einbauten in Rohrleitungssysteme wie Blenden, Siebe, Krümmer, Abzweige, Ventile usw. werden zusätzlich Druckverluste erzeugt. Hierzu kommt noch, dass die Strömung hinter Einbauten bei abgelöster Strömung auf eine Länge von bis zu $30d$ gestört ist. Das führt dazu, dass sich zusätzlich zu den Verlusten im Sieb, Ventil usw. in der anschließenden Rohrleitung gegenüber den Verlusten im geraden Rohr weitere Druckverluste ergeben. Es gilt deshalb zu beachten, dass die ζ-Werte für Einbauten aus einschlägigen Tabellen nur jene Verluste beinhalten, die sich durch ihren Einbau gegenüber den Verlusten der geraden Rohrleitung mit ausgebildeter (ungestörter) Strömung ergeben.

7.5.2.1 Blenden, Siebgitter und Rohrbündel

Blenden Blenden sind Einbauten zur Durchflussbegrenzung in Rohrleitungen (nicht zu verwechseln mit Normblenden zur Durchflussmessung). Das Öffnungsverhältnis A_0/A_1, die konstruktive Gestaltung der Kontur und die Reynolds-Zahl bestimmen die Größe des ζ-Wertes. In Bild 7.31 sind ζ-Werte über der Reynolds-Zahl für unterschiedliche Flächenverhältnisse aufgetragen.

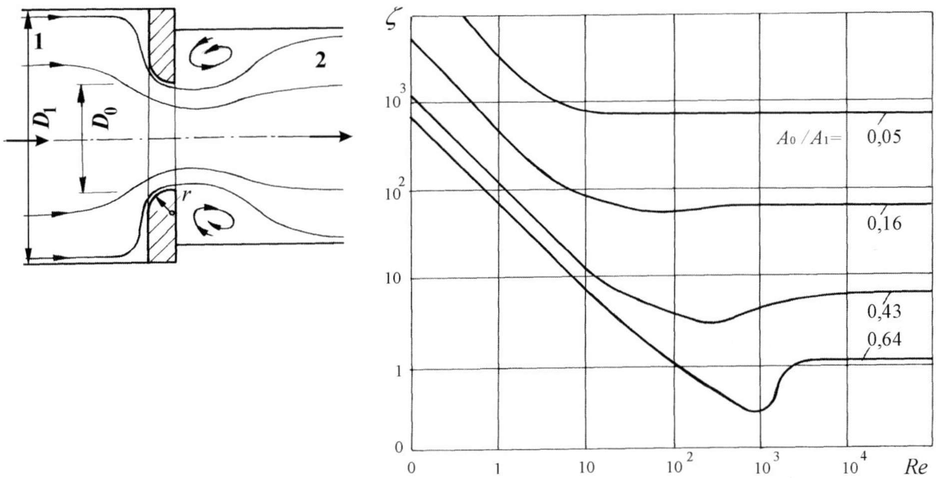

Bild 7.31 Widerstandsbeiwerte einer Blende über der Reynolds-Zahl

Siebgitter und Rohrbündel Zur Vergleichmäßigung der Strömung, Wärmeübertragung oder auch aus Gründen der Sicherheit, werden Siebgitter und quer angeströmte Rohrbündel in Rohrleitungssystemen eingesetzt. Der ζ-Wert ist abhängig vom Flächenverhältnis A_0/A_1 und der Reynolds-Zahl.

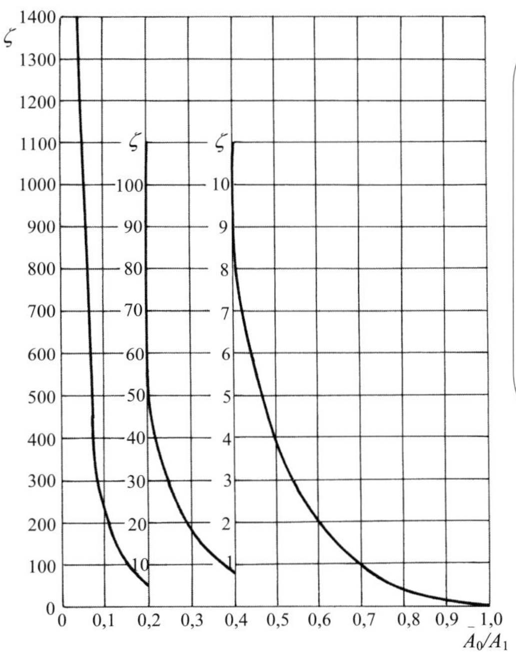

$$Re = \frac{c_0 \cdot d_h}{\nu} \geq 10^5$$

$$\zeta = \frac{\Delta p}{\frac{\rho}{2} \cdot c_1^2} = \frac{\left[0{,}707\left(1 - \frac{A_0}{A_1}\right)^{0{,}375} + 1 - \frac{A_0}{A_1}\right]^2}{\left(\frac{A_0}{A_1}\right)^2}$$

A_0 – freier Strömungsquerschnitt
A_1 – Gesamtquerschnitt

Bild 7.32 Verlauf der ζ-Werte über dem Flächenverhältnis bei Siebgittern

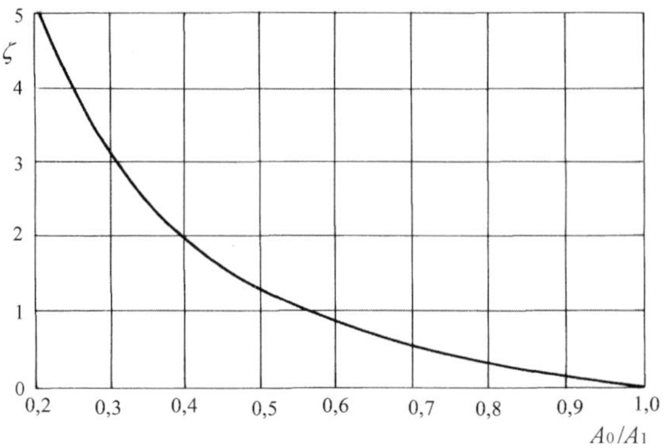

$$\zeta = \frac{\Delta p}{\frac{\rho}{2}\cdot c_0^2} = 1{,}22 \cdot \frac{1-\left(\frac{A_0}{A_1}\right)}{\left(\frac{A_0}{A_1}\right)^2}$$

Bild 7.33 Verlauf der ζ-Werte über dem Flächenverhältnis bei Rohrbündeln

7.5.2.2 Krümmer, Umlenkgitter und Verzweigungen

Krümmer sind wichtige Bauteile in Rohrleitungssystemen. Die zusätzlichen Verluste gegenüber der geraden Rohrleitung sind auf die auftretenden Sekundärströmungen, Strömungsablösungen und Vermischungsvorgänge zum Geschwindigkeitsausgleich infolge der Umlenkung zurückzuführen (Bild 7.34). Die Druckverlustzahl ζ ist vom Umlenkwinkel φ, dem Radienverhältnis R/D, der Rauigkeit und der Bauform abhängig. Bei Mehrfachumlenkung mit nacheinander geschalteten Krümmern können die Gesamtverluste größer als die Summe der Einzelverluste sein. Durch Einsetzen von Umlenkgittern im Krümmer können die o. g. zusätzlichen Verluste verringert werden (Tabelle 7.11). Die ζ-Werte von Verzweigungen bzw. Zusammenführungen wie V-Stücke oder T-Stücke, sind ausführlich in der Literatur dargestellt.

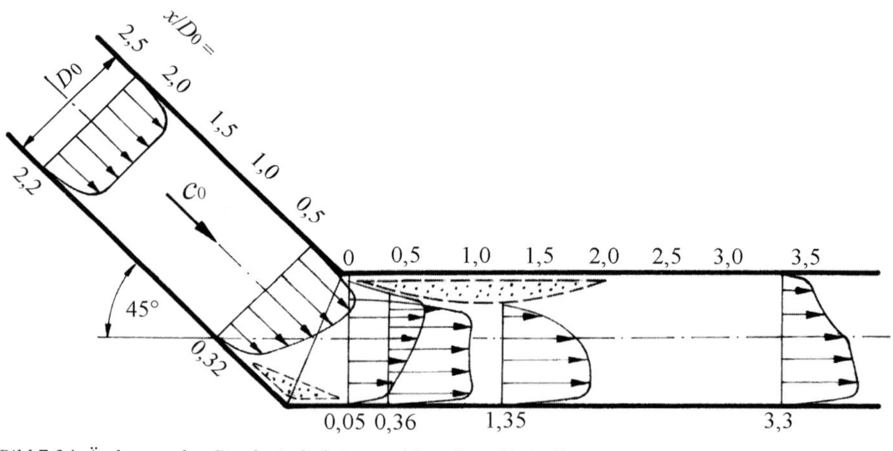

Bild 7.34 Änderung der Geschwindigkeits- und Druckprofile in Krümmern

Tabelle 7.11 ζ-Werte für verschiedene Krümmerbauformen

Bauformen Krümmer 90°	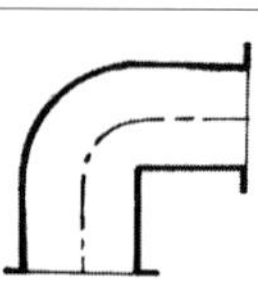	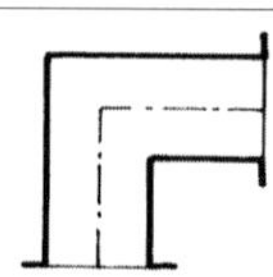	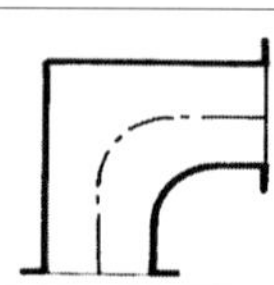	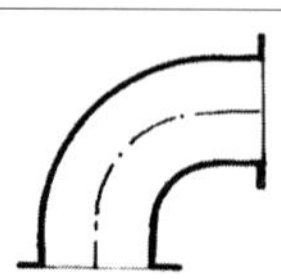	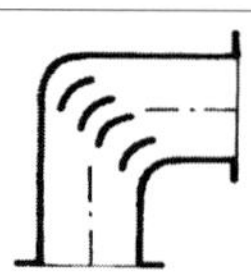
ζ-Wert	1,8	1,3	0,7	0,3	0,2

7.5.2.3 Diffusoren

Diffusoren sind Bauteile in Rohrleitungen, in denen sich der **Querschnitt stetig erweitert**. Die Verzögerung der Strömung und der Gewinn von Druckenergie aus kinetischer Energie ist die wichtigste Aufgabe eines Diffusors. Wird der optimale Erweiterungswinkel α_{opt} des Diffusors überschritten, löst die Strömung von der Wand ab. Es bilden sich lokale Totwasser- und Rückströmgebiete, die zu steigenden Verlusten führen. Die Strömungseigenschaften hängen vom Flächenverhältnis A_1/A_2, dem Öffnungswinkel und der Geschwindigkeitsverteilung der Zuströmung ab. Optimale Diffusoren ergeben sich bei Öffnungswinkeln $\alpha = 5° \ldots 8°$. Die Reibungsverluste werden durch den ζ-Wert oder durch einen Diffusorwirkungsgrad erfasst. Δp_B ist die Druckänderung nach Bernoulli:

$$\Delta p_V = \zeta \cdot \frac{\rho}{2} c_1^2 \,; \quad p_2 - p_1 = \Delta p_B - \Delta p_V$$

Diffusorwirkungsgrad:

$$\eta_D = \frac{p_2 - p_1}{\Delta p_B} = 1 - \zeta \frac{1}{1 - \left(\frac{A_1}{A_2}\right)^2}$$

Unterer Diffusorwirkungsgrad:

$$\eta_u = \frac{p_2 - p_1}{\frac{\rho}{2} c_1^2} = \eta_D \left[1 - \left(\frac{A_1}{A_2}\right)^2\right]$$

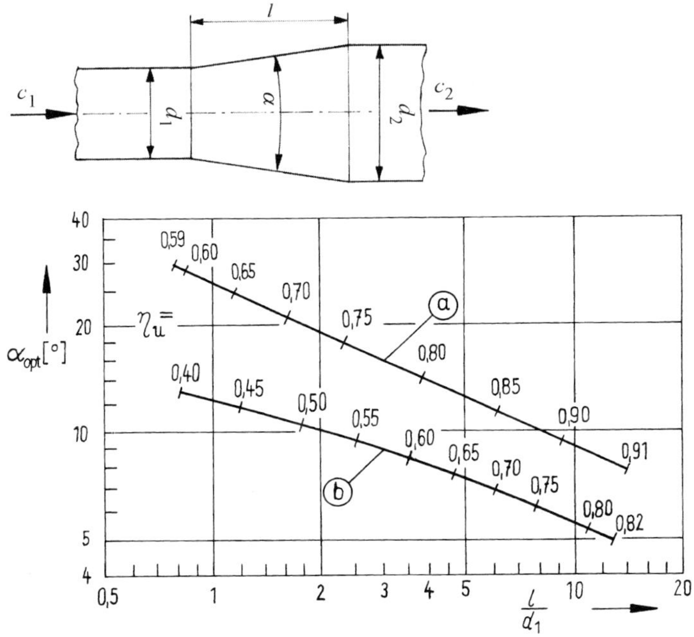

Bild 7.35 α_{opt} und η_u für ⓐ Übergangsdiffusor und ⓑ Enddiffusor

7.5.3 Durchflussregler

7.5.3.1 Drosselklappen und Schieber

Bei querschnittsändernden Formteilen zur Regelung des Durchflusses wie beispielsweise bei Drosselklappen steigt der Widerstandsbeiwert von $\zeta = 0{,}2 \ldots 0{,}3$ im voll geöffneten Zustand, bis

$\zeta \rightarrow \infty$ im vollständig geschlossenen Zustand. Im Bild 7.36 ist der ζ-Wert über dem Öffnungswinkel der Drosselklappe aufgetragen. Schieber haben ähnlich wie Drosselklappen im voll geöffnetem Zustand einen kleinen Widerstandsbeiwert. Der ζ-Wert im Bild 7.37 hängt ab vom Verhältnis y/a.

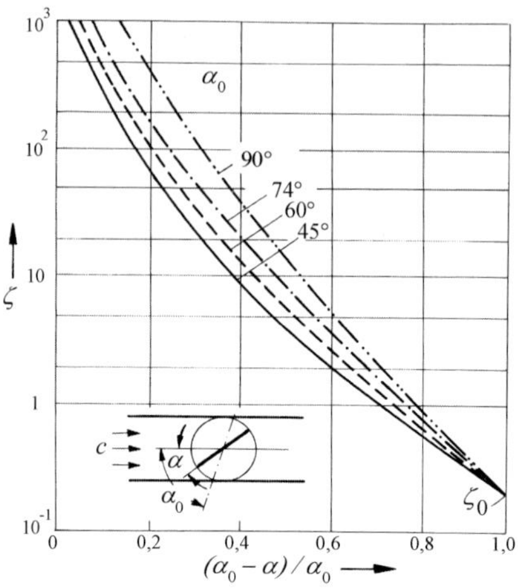

Bild 7.36 ζ-Wert über dem Öffnungswinkel

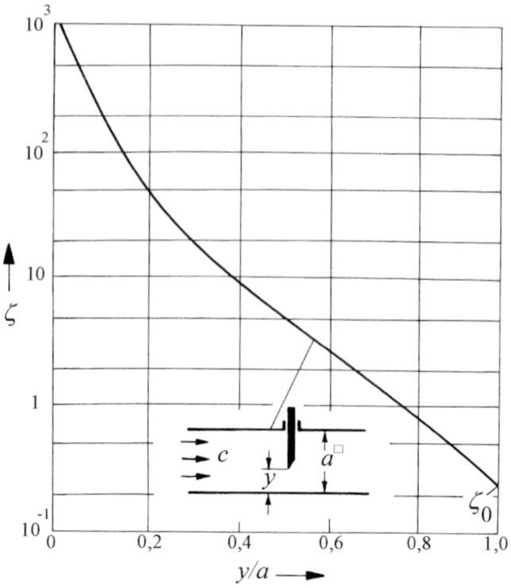

Bild 7.37 ζ-Wert über y/a

7. 5. 3. 2 Tellerventile

Bei einem offenen Ventil hängt der Widerstandsbeiwert vor allem von der Gestaltung des Durchflusskanals, der relativen Rauigkeit und der Reynolds-Zahl ab. Die Abhängigkeit des ζ-Wertes vom Durchmesser D_0 bei voll geöffnetem Ventil zeigt Bild 7.38.

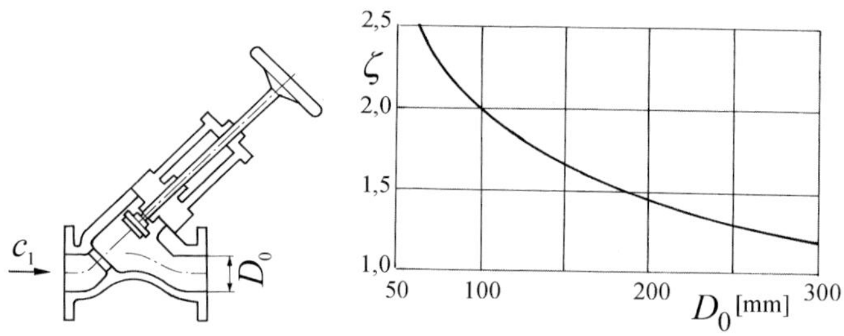

Bild 7.38 Widerstandsbeiwert über D_0

Weiterführende Literatur

Albring, W.: Angewandte Strömungslehre. 6. Auflage, Berlin: Wiley 1990
Bohl, W.: Technische Strömungslehre. 13. Auflage. Würzburg: Vogel 2005
Böswirth, L.: Technische Strömungslehre. 6. Auflage. Wiesbaden: Vieweg 2005
Herwig, H.: Strömungsmechanik. 2. Auflage. Berlin: Springer 2006
Kalide, W.: Einführung in die technische Strömungslehre. 9. Auflage. München, Wien: Carl Hanser Verlag 2005
Kümmel, W.: Technische Strömungsmechanik. 3. Auflage. Stuttgart: Teubner 2007
Oertel, H., Böhle, M.: Strömungsmechanik. 4. Auflage. Wiesbaden: Vieweg 2006
Siekmann, H. E.: Strömungslehre für den Maschinenbau. Berlin: Springer 2001
Sigloch, H.: Strömungsmaschinen. 3. Auflage. München: Carl Hanser Verlag 2006
Sigloch, H.: Technische Fluidmechanik. 6. Auflage. Berlin: Springer 2007
Spurk, J.; Aksel, N.: Strömungslehre. 7. Auflage. Berlin: Springer 2006

8

Thermodynamik

Prof. Dr.-Ing. habil.
Hans-Joachim Kretzschmar
unter Mitarbeit von
Dr.-Ing. Ines Stöcker
Hochschule Zittau/Görlitz

Tabelle 8.1 Wichtige Formelzeichen der Thermodynamik

Formelzeichen	Einheit	Bedeutung
c	m s^{-1}	Geschwindigkeit
c_p	kJ kg^{-1} K^{-1}	spezifische isobare Wärmekapazität
c_v	kJ kg^{-1} K^{-1}	spezifische isochore Wärmekapazität
e	kJ kg^{-1}	spezifische Exergie
E	kJ	Exergie
$\dot{E}$	kW	Exergiestrom
h	kJ kg^{-1}	spezifische Enthalpie
H	kJ	Enthalpie
$\dot{H}$	kW	Enthalpiestrom
κ, $\varkappa$	–	Isentropenexponent
m	kg	Masse
$\dot{m}$	kg s^{-1}	Massestrom
M	kg kmol^{-1}	molare Masse
p	kPa	Druck
P_t	kW	technische Arbeitsleistung
Q	kJ	Wärme
$\dot{Q}$	kW	Wärmestrom, Wärmeleistung
R	kJ kg^{-1} K^{-1}	spezifische Gaskonstante
t	°C	Celsius-Temperatur
T	K	thermodynamische Temperatur
s	kJ kg^{-1} K^{-1}	spezifische Entropie
S	kJ K^{-1}	Entropie
$\dot{S}$	kW K^{-1}	Entropiestrom
u	kJ kg^{-1}	spezifische innere Energie
U	kJ	innere Energie
v	m^3 kg^{-1}	spezifisches Volumen
V	m^3	Volumen
$\dot{V}$	m^3 s^{-1}	Volumenstrom
W	kJ	Arbeit
$\dot{W}$	kW	Arbeitsleistung
W_V	kJ	Volumenänderungsarbeit
x	kg kg^{-1}	Dampfanteil
z	m	Länge, geodätische Höhe
ρ	kg m^{-3}	Dichte
τ	s	Zeit
Φ	kJ	Dissipationsenergie
φ	kJ kg^{-1}	spezifische Dissipationsenergie

Index	Bedeutung
c	kritischer Punkt
diss	dissipiert (Dissipations-)
n	Normzustand
r	Reibung
s	Sättigungszustand
t	Tripelzustand
u	Umgebungszustand
0	Bezugszustand (Null)
1	Anfangszustand bei geschlossenem System, Eintritt bei offenem System
2	Endzustand bei geschlossenem System, Austritt bei offenem System

Zeiger	Bedeutung
if	inkompressible Flüssigkeit
ig	ideales Gas
irr	irreversibel
st	Fluidstrom
′	siedende Flüssigkeit ($x = 0$)
″	trocken gesättigter Dampf ($x = 1$)

8

Das Kapitel Thermodynamik beinhaltet den Teil der **Technischen Thermodynamik**, der als Grundwissen des Ingenieurs für notwendig erachtet wird. Im Vordergrund stehen die Grundlagen für die Berechnung von Maschinen, Apparaten und Anlagen, wobei eine anwendungsorientierte Darstellung gewählt wurde.

Gegenstand sind die **Energielehre** und die hierfür benötigten **thermodynamischen Zustandseigenschaften** der **Arbeitsfluide**. Die Darstellung konzentriert sich auf die Bilanzierung einfacher thermodynamischer Systeme, deren Zustandseigenschaften nur von thermodynamischen Zustandsgrößen abhängen. Vorausgesetzt werden quasistatisch ablaufende Prozesse, wobei Irreversibilitäten Berücksichtigung finden. Die Berechnung der Zustandseigenschaften beschränkt sich auf reine Fluide (Gase und Flüssigkeiten) bzw. auf solche, die mit guter Näherung als reine Stoffe betrachtet werden können (beispielsweise Luft).

8

8.1 Zustandseigenschaften der Fluide

8.1.1 Temperatur

Unter der thermischen Zustandsgröße Temperatur versteht man die **thermodynamische Temperatur** T, auch als **Kelvin-Temperatur** bezeichnet. Sie entspricht der Temperatur des idealen Gasthermometers und stellt eine physikalische Grundgröße dar:

Thermodynamische (Kelvin-) Temperatur T, $[T] = 1$ K (Kelvin).

Weitere Temperaturskalen

Celsius-Temperatur t
$[t] = 1$ °C (Celsius)

Umrechnung: $$\left(\frac{t}{°\mathrm{C}}\right) = \left(\frac{T}{\mathrm{K}}\right) - 273{,}15$$

Fahrenheit-Temperatur ϑ_F
$[\vartheta_\mathrm{F}] = 1$ °F (Fahrenheit)

Umrechnung: $$\left(\frac{\vartheta_\mathrm{F}}{°\mathrm{F}}\right) = \frac{9}{5}\left(\frac{T}{\mathrm{K}}\right) - 459{,}67\,.$$

Der Nullpunkt $T = 0$ K ist der naturgesetzlich vorgegebene **absolute Nullpunkt**. Dieser ist praktisch nicht erreichbar. Die Unterteilung der Kelvin-Skala erfolgt ausgehend von der Temperatur des **Tripelzustands** von Wasser. Ihr wurde der Wert $T = 273{,}16$ K zugewiesen. Damit entspricht die Unterteilung der Kelvin-Skala der der weit verbreiteten **Celsius-Skala**. Die Differenz ΔT zweier Kelvin-Temperaturen stimmt daraus folgend mit der Differenz Δt der zugehörigen Celsius-Temperaturen überein: $\Delta T = \Delta t = (T_2 - T_1) = (t_2 - t_1)$. Beide Temperaturdifferenzen werden in der Maßeinheit $[\Delta T] = [\Delta t] = 1$ K angegeben.

In englischsprachigen Ländern wird zumeist die **Fahrenheit-Temperatur** benutzt.

Die Temperatur des **Normzustand**s beträgt: $T_\mathrm{n} = 273{,}15$ K, $t_\mathrm{n} = 0$ °C, $\vartheta_{\mathrm{F,\,n}} = 32$ °F.

Internationale Temperaturskala ITS-90

Thermometer müssen gemäß dem Standard „**International Temperature Scale 1990“ (ITS-90)** geeicht sein. Dieser enthält eine Zuordnung von Temperaturwerten in K zu definiert erreichbaren Zuständen geeigneter Stoffe, zumeist zu Tripelzuständen, unter anderem, wie zuvor angegeben, von Wasser. Des Weiteren sind Geräte für Referenzmessungen der Temperatur vorgeschrieben.

Thermisches Gleichgewicht

Haben mehrere Systeme die gleiche Temperatur, so stehen sie im **thermischen Gleichgewicht**. Dieser Zusammenhang wird als „**Nullter Hauptsatz**" der Thermodynamik bezeichnet.

8.1.2 Druck

Der **Druck** p ist eine weitere thermische Zustandsgröße. Er stellt die Kraft dar, die ein Fluid senkrecht auf seine Begrenzungsfläche ausübt, dividiert durch diese Fläche:

Druck $p := \dfrac{\mathrm{d}F}{\mathrm{d}A}$, $[p] = 1\,\mathrm{N\,m^{-2}} = 1\,\mathrm{Pa}$ **(Pascal)**

Weitere Maßeinheiten

bar (Bar) 1 bar = 100 kPa = 0,1 MPa
psi (pounds/square inch) 1 psi = 6,89476 kPa.

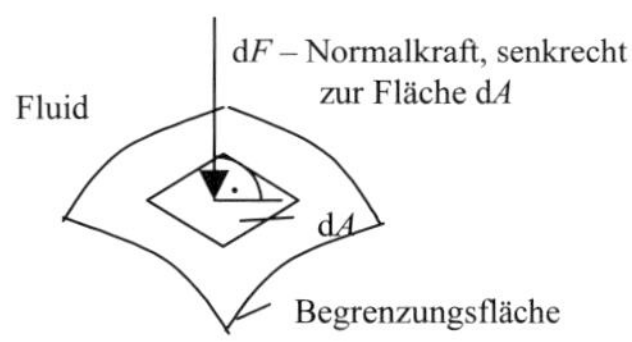

Der Druck wirkt mit gleichem Betrag in alle Richtungen. Für Berechnungen wird empfohlen, die Einheit kPa zu verwenden. Der minimale Wert des Druckes beträgt $p = 0$ Pa. Er entspricht dem des absoluten **Vakuum**s, das praktisch nicht erreichbar ist. Negative Drücke, d. h. Zugspannungen, kann ein Fluid nur über wenige Millisekunden im **metastabilen Zustand** annehmen. Sie sind für technische Anwendungen von geringer Bedeutung.

Der Druck des **Normzustand**s beträgt p_n = 101,325 kPa = 1,01325 bar = 14,6959 psi und entspricht näherungsweise dem mittleren Umgebungsdruck p_u.

Unter dem Druck p sei in jedem Falle der **Absolutdruck** verstanden. In der Praxis wird jedoch oft ein **Überdruck** $\Delta p_{üb}$ oder **Unterdruck** Δp_{un} zum Umgebungsdruck p_u angegeben. In Bild 8.1 sind diese Größen veranschaulicht. Wird demnach an einem **Manometer** ein Überdruck $\Delta p_{üb}$ abgelesen, so beträgt der tatsächliche (Absolut-)Druck $p = p_u + \Delta p_{üb}$. Der Umgebungsdruck p_u kann mit einem **Barometer** gemessen werden.

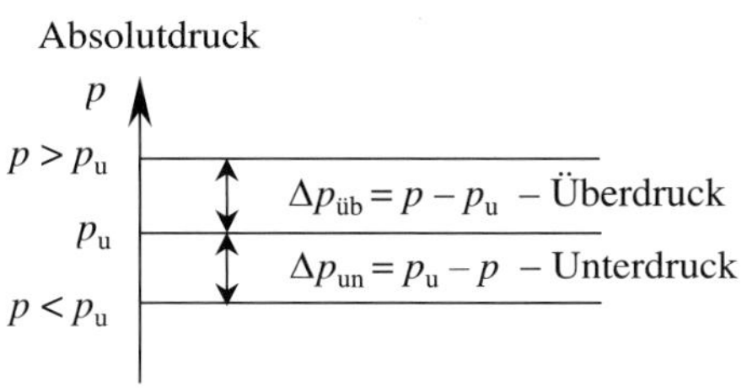

Relatives Vakuum $Va = \dfrac{\Delta p_{un}}{p_u}$

Bild 8.1 Veranschaulichung von Absolutdruck, Überdruck und Unterdruck

8.1.3 Druck-Temperatur-Verhalten der Fluide

Die **Phase** (**Aggregatzustand**), in der sich ein Stoff befindet, hängt vom herrschenden Druck p und von der herrschenden Temperatur T ab. Bild 8.2 zeigt in einem p,T-Diagramm die unterschiedlichen Phasengebiete. Der Stoff liegt als **Gas**, auch als **überhitzter Dampf** bezeichnet, vor, falls der Druck geringer als der **Dampfdruck** (**Siededruck**) $p_s(T)$ ist, der zur Temperatur T gehört. Ist hingegen der gegebene Druck höher als der Dampfdruck $p_s(T)$, liegt der Stoff als **Flüs-**

sigkeit vor. Sind sowohl der Druck als auch die Temperatur größer als die **kritischen** Werte p_c und T_c, wird der Zustand als **überkritisch** bezeichnet. Es ist üblich, für Gas und Flüssigkeit den Sammelbegriff **Fluid** zu verwenden. Die links neben der **Schmelzdruck**- und der **Sublimationsdruckkurve** befindliche **feste Phase** ist für die Berechnung von strömenden Medien von geringer Bedeutung.

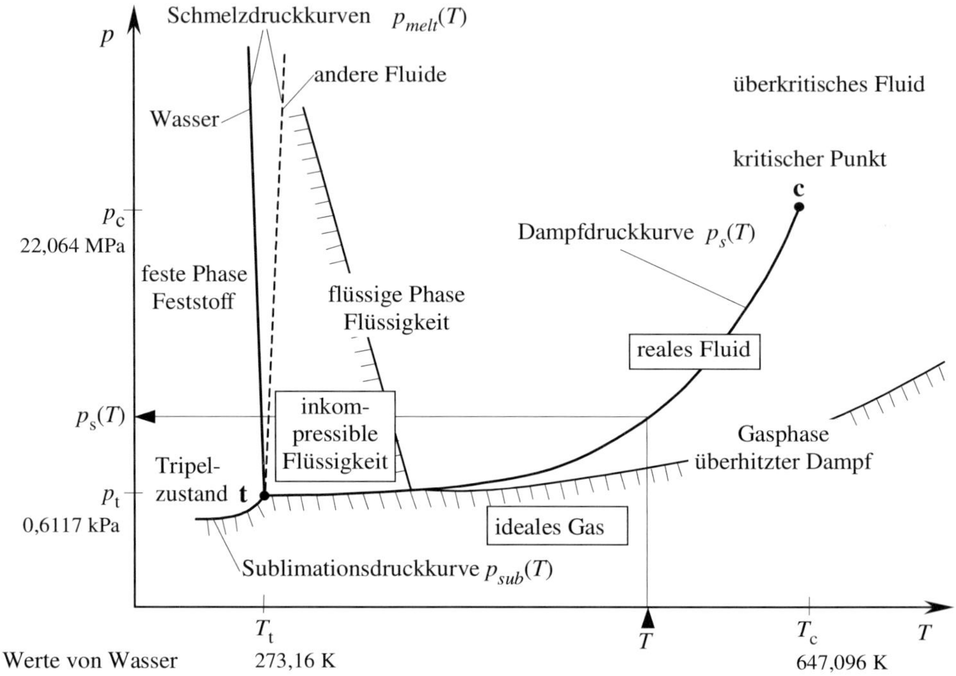

Bild 8.2 p,T-Diagramm mit Phasengebieten und Berechnungsbereichen

Das in Bild 8.2 dargestellte **Zustandsverhalten** trifft qualitativ für jeden Stoff zu. Die Werte des kritischen Punktes und des Tripelzustands sind jedoch unterschiedlich sowie die Verläufe der Dampfdruck-, Sublimationsdruck- und Schmelzdruckkurve quantitativ verschieden. Eine qualitative Ausnahme bildet lediglich die Schmelzdruckkurve von Wasser und wenigen weiteren Stoffen. Mit Erhöhung des Druckes sinkt bei diesen Stoffen die Schmelztemperatur. Bei allen anderen Stoffen nimmt die Schmelztemperatur mit steigendem Druck zu. Tabelle 8.2 am Ende des Kapitels 8 enthält Werte für den Druck und die Temperatur des kritischen Punktes ausgewählter Fluide. In Bild 8.2 sind die zu Wasser gehörigen Werte angegeben. Sowohl für Dampfdruck $p_s(T)$ als auch für Sublimationsdruck $p_{sub}(T)$ und Schmelzdruck $p_{melt}(T)$ liegen Berechnungsgleichungen und Tabellen für die interessierenden Stoffe in den angegebenen Stoffwertkompendien vor. In Tabelle 8.4 sind als Beispiel Dampfdruckwerte von Wasser aufgelistet. Sie wurden mit der Gleichung $p_s(T)$ des international verbindlichen Industrie-Standards **IAPWS-IF97** berechnet.

Hinweis

Für praktische Berechnungen ist zunächst zu prüfen, in welchem Zustandsbereich sich der Zustandspunkt befindet, dessen Stoffwerte ermittelt werden sollen. Die Entscheidung, ob überhitzter Dampf oder Flüssigkeit vorliegt, ist ausgehend von der Dampfdruckfunktion des betreffenden Fluids zu treffen. Der Zustandsbereich insgesamt wird als **reales Fluid** bezeichnet (Bild 8.2). Des Weiteren können Gase bei mäßigen Drücken für viele Anwendungen als **ideale Gase** berechnet werden. Flüssigkeiten sind oft mit guter Näherung als **inkompressible (ideale) Flüssigkeiten** berechenbar.

8.1.4 Masse, Volumen und Dichte

8.1.4.1 Zustandsverhalten – *p,v*-Diagramm

Weitere thermische Zustandsgrößen sind die **Dichte** ρ und das **spezifische Volumen** v. Sie sind in Bild 8.3 am Beispiel eines **geschlossenen** und eines **offenen Systems** veranschaulicht. Ihre Definitionen lauten:

$v = \frac{V}{m}$ spezifisches Volumen, $[v] = 1\,\text{m}^3\,\text{kg}^{-1}$	$v = \frac{\dot V}{\dot m}$	$\rho = \frac{1}{v}$
$\rho = \frac{m}{V}$ Dichte, $[\rho] = 1\,\text{kg}\,\text{m}^{-3}$	$\rho = \frac{\dot m}{\dot V}$	

Der prinzipielle funktionale Zusammenhang zwischen den thermischen Zustandsgrößen p,T,v ist im ***p,v*-Diagramm** in Bild 8.4 veranschaulicht, wobei die feste Phase nicht mit eingezeichnet wurde. Die im p,T-Diagramm (Bild 8.2) dargestellte Dampfdruckkurve zwischen Tripelzustand und kritischem Punkt öffnet sich im p,v-Diagramm und stellt hier das **Nassdampfgebiet** dar, begrenzt durch die **Siedelinie** $x = 0$ und die **Taulinie** $x = 1$. Dieser Zustandsbereich wird in Abschn. 8.1.4.3 besprochen.

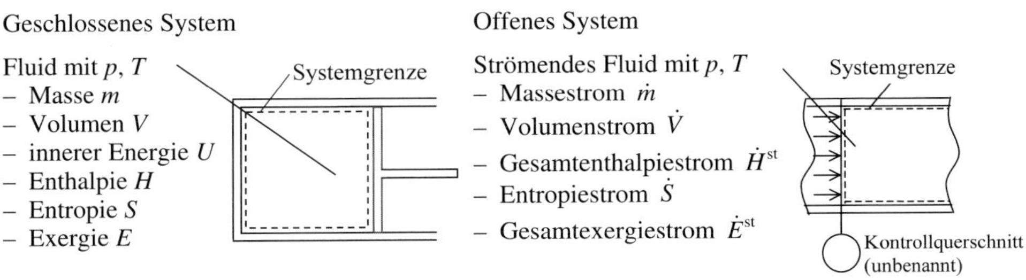

Bild 8.3 Thermodynamische Größen beim geschlossenen und offenen System

8.1.4.2 Flüssigkeit und überhitzter Dampf

Das Zustandsverhalten in den Einphasengebieten Flüssigkeit und überhitzter Dampf wird durch den Verlauf der **Isothermen** $T = \text{const}$ wiedergegeben. Diese können als Höhenlinien der **Zustandsfläche** der Temperatur über der p,v-Ebene interpretiert werden. Als Besonderheit besitzt die kritische Isotherme T_c am kritischen Punkt einen waagerecht liegenden Wendepunkt. Die mathematische Fassung dieser Zustandsfläche erfolgt mit **Zustandsgleichungen** der Form $p(T,v)$. Die älteste und zugleich einfachste Zustandsgleichung, welche die Zustandsfläche qualitativ richtig wiedergibt, ist die **Van-der-Waals-Gleichung**:

$$p(T,v) = \frac{RT}{v-b} - \frac{a}{v^2}$$

mit R als **spezifische Gaskonstante** sowie a und b als stoffspezifische Konstanten. Für praktische Anwendungen ist die Van-der-Waals-Gleichung jedoch zu ungenau. Aus diesem Grund entstanden

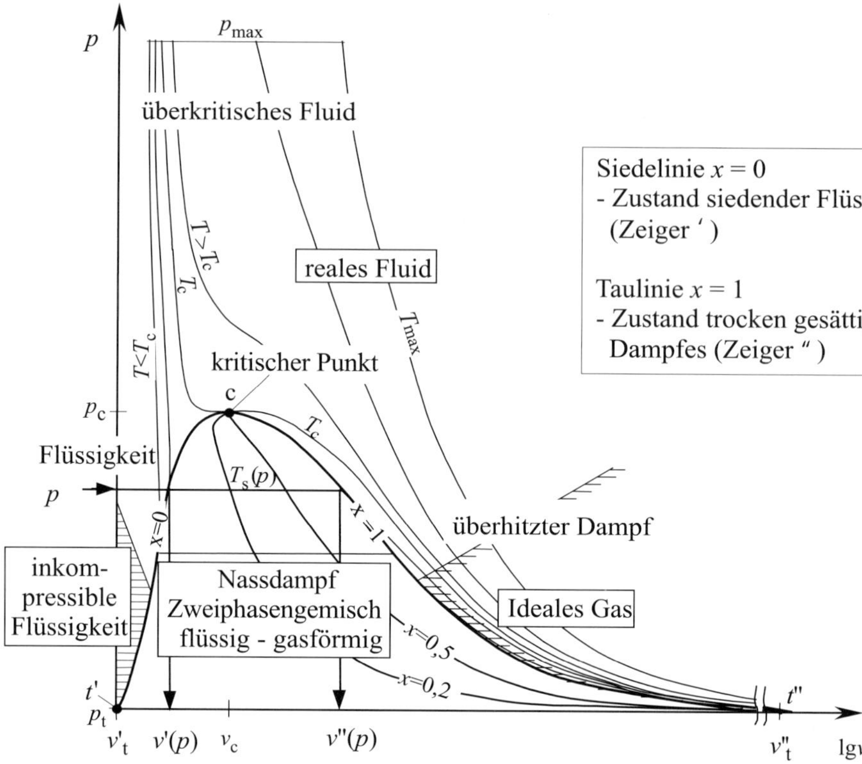

Bild 8.4 p,v-Diagramm für Fluide mit Phasengebieten und charakteristischen Isolinien

eine Vielzahl von Modifikationen und Erweiterungen. Durchgesetzt haben sich jedoch **Fundamentalgleichungen**, auch als **kanonische Zustandsgleichungen** bezeichnet, in der Form: spezifische **freie Energie** $f(T, v)$. Der Vorteil besteht darin, dass, ausgehend von einer solchen Gleichung und deren ersten und zweiten Ableitungen nach T und v, alle **thermodynamischen Zustandsgrößen** und **Differenzialquotienten** als Funktion von T und v berechnet werden können und somit zueinander **thermodynamisch konsistent** sind. Beispielsweise lautet für die thermische Zustandsgleichung $p(T, v)$ die Berechnungsformel $p(T,v) = -\left(\frac{\partial f}{\partial v}\right)_T$. Diese Zustandsgleichungen $f(T, v)$ benötigen Eingabewerte für T und v. Gegebene Werte liegen jedoch zumeist für den Druck p und die Temperatur T vor, sodass das spezifische Volumen $v(p, T)$ iteriert werden muss. Um dies zu umgehen, wurden für den Industrie-Standard IAPWS-IF97 für Wasser und Wasserdampf Fundamentalgleichungen für die spezifische **freie Enthalpie** $g(p, T)$ entwickelt, aus denen v direkt über $v(p,T) = \left(\frac{\partial g}{\partial p}\right)_T$ ermittelt werden kann. Für alle wichtigen Stoffe sind Tabellen mit Werten für v in Abhängigkeit von p und T in den angegebenen Kompendien thermophysikalischer Stoffdaten zu finden. Die Tabellen 8.5 und 8.7 am Ende des Kapitels 8 enthalten Werte für Wasser und Luft.

Sonderfall: Fluide im idealen Gaszustand

Für Gase, die näherungsweise als **ideale Gase** angesehen werden können, d. h. ihr Zustand sich im idealen Gasgebiet des Zustandsdiagramms (Bild 8.2 und Bild 8.4) befindet, ist die **Idealgasgleichung**

$$pV = mRT$$

und ihre spezifische Form $pv = RT$ anwendbar. Damit folgt für das spezifische Volumen v und die Dichte ρ:

$$v^{\text{ig}}(p,T) = \frac{RT}{p} \qquad \rho^{\text{ig}}(p,T) = \frac{p}{RT} \qquad \text{mit} \qquad R = \frac{\bar{R}}{M}$$

wobei $\bar{R}$ = 8,31447 kJ kmol^{-1} K^{-1} die universelle (molare) Gaskonstante darstellt. Werte für die **spezifische Gaskonstante** R und die **molare Masse** M ausgewählter Fluide sind in Tabelle 8.2 und in den angegebenen Stoffwertkompendien enthalten.

Angewendet werden kann das Modell des idealen Gases mit guter Näherung auf die Berechnung der thermodynamischen Eigenschaften von Brenngas, Erdgas sowie von Verbrennungs-, Rauch- und Abgasen in Dampferzeugern, Kesseln, Abhitzekesseln, Verdichtern und Gasturbinen bis zu Drücken von etwa 1 MPa. Des Weiteren ist Luft in Klima- und Lüftungsanlagen ohne spürbaren Genauigkeitsverlust als ideales Gas berechenbar.

Die Prüfung, ob ein vorliegendes Gas als ideales Gas betrachtet werden kann, erfolgt durch die Berechnung des **Realgasfaktors** $z_{\text{real}} = \frac{pv}{RT}$, wobei für p, T, v die vorliegenden Werte einzusetzen sind. Bei einem Ergebnis $z_{\text{real}} > 0{,}99$ darf die Idealgasgleichung für viele Anwendungsfälle mit guter Näherung benutzt werden.

Sonderfall: Inkompressible Flüssigkeiten

Für Flüssigkeiten, deren Zustand näherungsweise als inkompressibel (Bild 8.2 und Bild 8.4) betrachtet werden kann, gilt, dass deren spezifisches Volumen und damit auch die Dichte näherungsweise nur von der Temperatur abhängen:

$$v^{\text{if}} \overset{\text{nur}}{=} v^{\text{if}}(T) = \frac{1}{\rho^{\text{if}}(T)}$$

Als Beispiel enthält Tabelle 8.6 Werte für die Dichte von Wasser.

Sind Werte v' auf der Siedelinie $x = 0$ bekannt, so können diese alternativ verwendet werden, d. h., es gilt $v^{\text{if}} \approx v'(T)$.

Als inkompressible Flüssigkeiten können mit guter Näherung Flüssigkeiten bei mäßigen Drücken berechnet werden, wie beispielsweise Wasser in Heizungsanlagen, Fernwärmesystemen und Wasserversorgungsanlagen.

8.1.4.3 Nassdampf – Zweiphasengemisch flüssig-gasförmig

Das im p,v-Diagramm (Bild 8.4) erkennbare **Nassdampfgebiet**, auch als **Zweiphasengebiet flüssig-gasförmig** bezeichnet, bedeutet, dass das Fluid als Gemisch, bestehend aus **siedender Flüssigkeit** und **(trocken) gesättigtem Dampf**, vorliegt. Bild 8.5 veranschaulicht diesen Zustand beim geschlossenen und offenen System. Bei offenen Systemen spricht man von einer **Zweiphasenströmung**. Diese kann wie dargestellt als Dampfströmung mit Flüssigkeitstropfen oder als Flüssigkeitsströmung mit Dampfblasen vorliegen.

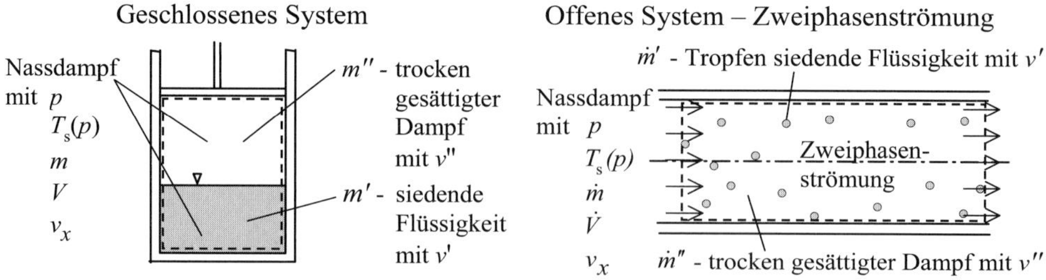

Bild 8.5 Zusammensetzung von Nassdampf im geschlossenen und offenen System

Die Masse des Nassdampfes setzt sich somit aus der Masse der enthaltenen siedenden Flüssigkeit (Zeiger ′) und der des trocken gesättigten Dampfes (Zeiger ″) zusammen:

$$m = m' + m'' \quad \text{bzw.} \quad \dot{m} = \dot{m}' + \dot{m}''$$

Die Gemischzusammensetzung wird durch den **Dampfanteil** x beschrieben:

$$x = \frac{m''}{m} = \frac{m''}{m' + m''} \quad \text{bzw.} \quad x = \frac{\dot{m}''}{\dot{m}} = \frac{\dot{m}''}{\dot{m}' + \dot{m}''} \quad \text{mit} \quad 0 \le x \le 1$$

Liegt nur siedende Flüssigkeit vor, so hat x den Wert $x = 0$, d. h., der Zustand befindet sich auf der **Siedelinie** (Bild 8.4). Bei nur gesättigtem Dampf folgt $x = 1$; der Zustand liegt auf der **Taulinie**.

Sowohl die siedende Flüssigkeit als auch der gesättigte Dampf im Gemisch stehen unter dem gleichen Druck p und haben, wie in Abschn. 8.1.3 erläutert, die zugehörige **Siedetemperatur** $T = T_s(p)$. Dieser Zustand wird als **Phasengleichgewicht** bezeichnet. Daraus folgt, dass die Isothermen $T < T_c$ im Nassdampfgebiet horizontal verlaufen (Bild 8.4), d. h., sie fallen mit den zugehörigen Isobaren zusammen. Zum Schnittpunkt mit der Siedelinie $x = 0$ gehört das spezifische Volumen v' und zum Schnittpunkt mit der Taulinie $x = 1$ gehört v''.

Das gesamte Volumen V des Nassdampfes setzt sich zusammen aus dem Volumen V' der enthaltenen siedenden Flüssigkeit und V'' des trocken gesättigten Dampfes. Es gilt $V = V' + V''$ bzw. $\dot{V} = \dot{V}' + \dot{V}''$. Das Einsetzen dieser Beziehungen in die Gleichung $v_x = \frac{V}{m}$ bzw. $v_x = \frac{\dot{V}}{\dot{m}}$ für das spezifische Volumen des Nassdampfes führt unter Berücksichtigung der obigen Definitionsgleichung für den Dampfanteil x zur Berechnungsgleichung:

$$v_x(T, x) = v'(T) + x\left[v''(T) - v'(T)\right] \quad \text{oder} \quad v_x(p, x) = v'(p) + x\left[v''(p) - v'(p)\right]$$

wobei die Ermittlung von v' und v'' mit den Zustandsgleichungen der angrenzenden Einphasengebiete Flüssigkeit (einschließlich inkompressible Flüssigkeit) und überhitzter Dampf (einschließlich ideales Gas) entweder ausgehend von T **und** $p = p_s(T)$ oder von p **und** $T = T_s(p)$ erfolgt. Werte v' und v'' von Wasser, Kältemitteln und weiteren wichtigen Fluiden sind in den Stoffwertkompendien zu finden. Die Tabelle 8.4 enthält ausgewählte Werte für Wasser. Für viele Fluide sind des Weiteren spezielle Gleichungen insbesondere für $v'(T)$ verfügbar.

8.1.5 Wärmekapazität und Isentropenexponent

8.1.5.1 Isochore und isobare Wärmekapazität

Die **isochore Wärmekapazität** $C_v = m\, c_v$ eines Fluids beschreibt, wie sich dessen innere Energie U mit der Temperatur T ändert, wenn das Volumen V konstant bleibt. Demgegenüber gibt die **isobare Wärmekapazität** $C_p = m\, c_p$ an, wie sich die Enthalpie H eines Fluids mit der Temperatur T bei konstantem Druck p ändert (Erläuterung von U und H in Abschn. 8.1.6). Es ergeben sich folgende Definitionsgleichungen für die massebezogenen Größen:

Spezifische isochore Wärmekapazität	Spezifische isobare Wärmekapazität
$c_v = \left(\frac{\partial u}{\partial T}\right)_v, \quad [c_v] = 1\,\text{kJ kg}^{-1}\,\text{K}^{-1}$	$c_p = \left(\frac{\partial h}{\partial T}\right)_p, \quad [c_p] = 1\,\text{kJ kg}^{-1}\,\text{K}^{-1}$

Beide Größen sind abhängig vom Druck und der Temperatur des Fluids; es gilt $c_v = c_v(p, T)$ und $c_p = c_p(p, T)$. Ihre Berechnung ist mit einer thermischen Zustandsgleichung $p(T, v)$ oder $v(p, T)$ (Abschn. 8.1.4) und einem Ansatz für $c_v^{\text{ig}}(T)$ oder $c_p^{\text{ig}}(T)$ des Fluids im Idealgaszustand möglich. Die Berechnung kann auch ausgehend von gegebenen Fundamentalgleichungen $f(T, v)$ und $g(p, T)$ erfolgen. Die angegebenen Stoffwertkompendien enthalten Werte für $c_p(p, T)$.

8

Sonderfall: Fluide im idealen Gaszustand

Die spezifischen Wärmekapazitäten einatomiger Gase (beispielsweise Helium, Argon, Neon) im idealen Gaszustand (Bild 8.2 und Bild 8.4) sind temperaturunabhängige Festwerte:

$$c_v^{\text{ig}} = \tfrac{3}{2} R \quad \text{und} \quad c_p^{\text{ig}} = \tfrac{5}{2} R$$

Bei mehratomigen Gasen (beispielsweise Luft, Stickstoff, Sauerstoff, Kohlenstoffdioxid, Schwefeldioxid) sind im Idealgaszustand demgegenüber Temperaturabhängigkeiten vorhanden:

$$c_v^{\text{ig}} \overset{\text{nur}}{=} c_v^{\text{ig}}(T) \quad \text{und} \quad c_p^{\text{ig}} \overset{\text{nur}}{=} c_p^{\text{ig}}(T)$$

Diese werden zumeist mit Polynomen beschrieben. Die Tabelle 8.3 enthält als Beispiel mit der VDI-Richtlinie 4670 berechnete Werte $c_p^{\text{ig}}(T)$ von Wasserdampf und Luft. In den angegebenen Stoffwertkompendien sind weitere Gleichungen und detaillierte Tabellen für alle interessierenden Gase zu finden. Ausgehend von diesen Gleichungen oder Tabellenwerten ist die spezifische isochore Wärmekapazität c_v^{ig} über die Beziehung

$$c_v^{\text{ig}} = c_p^{\text{ig}} - R$$

mit R als spezifische Gaskonstante berechenbar.

Wird die Temperaturabhängigkeit vernachlässigt, kann die Berechnung ausgehend von Mittelwerten für den **Isentropenexponenten** κ mit den Beziehungen

$$c_v^{\text{ig}} = \frac{1}{\kappa - 1} R \quad \text{und} \quad c_p^{\text{ig}} = \frac{\kappa}{\kappa - 1} R$$

erfolgen. Die Mittelwerte für ein-, zwei- und dreiatomige Gase sind Abschn. 8.1.5.2 zu entnehmen.

Sonderfall: Inkompressible Flüssigkeiten

Die spezifischen Wärmekapazitäten von Flüssigkeiten, die als inkompressibel betrachtet werden können (Bild 8.2 und Bild 8.4), hängen hauptsächlich von der herrschenden Temperatur ab. Es gelten die Beziehungen:

$$c_v^{\text{if}} \overset{\text{nur}}{=} c_v^{\text{if}}(T) \quad \text{und} \quad c_p^{\text{if}} \overset{\text{nur}}{=} c_p^{\text{if}}(T)$$

Die angegebenen Stoffwertkompendien enthalten Gleichungen $c_p^{\mathrm{if}}(T)$ und Tabellen für interessierende Arbeitsfluide. Als Beispiel sind in Tabelle 8.6 Werte für Wasser in Abhängigkeit von der Temperatur aufgelistet.

Sind Werte c_p' für siedende Flüssigkeit bekannt, so können diese mit guter Näherung verwendet werden; d. h., es gilt $c_p^{\mathrm{if}} \approx c_p'(T)$. Sind keine Werte oder Berechnungsgleichungen für c_v^{if} verfügbar, darf $c_v^{\mathrm{if}} \approx c_p^{\mathrm{if}}$ als erste Näherung benutzt werden.

8.1.5.2 Isentropenexponent

Die praktische Berechnung von Turbinen und Verdichtern erfolgt oft mit dem **Isentropenexponenten** κ. Er ist ein Maß, wie sich der Druck p mit der Dichte ρ bei einer adiabaten reversiblen (isentropen) Verdichtung oder Entspannung ändert, und ist definiert als die dimensionslose Größe:

$$\kappa = \frac{\rho}{p}\left(\frac{\partial p}{\partial \rho}\right)_s = -\frac{v}{p}\left(\frac{\partial p}{\partial v}\right)_s = -\frac{v}{p}\left(\frac{\partial p}{\partial v}\right)_T \frac{c_p}{c_v}$$

Die Berechnung der enthaltenen thermodynamischen Differenzialquotienten erfolgt ausgehend von Zustandsgleichungen $p(T, v)$ oder $v(p, T)$ in Verbindung mit Gleichungen $c_p^{\mathrm{ig}}(T)$ oder mit Fundamentalgleichungen $f(T, v)$ oder $g(p, T)$. Werte für den Isentropenexponenten $\kappa(p, T)$ sind in den angegebenen Stoffwerttabellen zu finden.

Sonderfall: Fluide im idealen Gaszustand

Für den Isentropenexponenten des idealen Gases κ^{ig}, wobei der Zeiger ig nicht geschrieben wird, ergibt sich

$$\kappa(T) = \frac{c_p^{\mathrm{ig}}(T)}{c_v^{\mathrm{ig}}(T)} = \frac{c_p^{\mathrm{ig}}(T)}{c_p^{\mathrm{ig}}(T) - R}$$

mit $c_p^{\mathrm{ig}}(T)$ bei mehratomigen Gasen, wie in Abschn. 8.1.5.1 erläutert.

Für viele Anwendungsfälle genügt es, mit den folgenden Mittelwerten für κ zu rechnen:

einatomige Gase	$\kappa = 1{,}6\overline{6}$	– exakt	He, Ar, Ne
zweiatomige Gase	$\kappa = 1{,}4$	– gute Näherung	Luft, N_2, O_2, H_2, CO
dreiatomige Gase	$\kappa = 1{,}33$	– grobe Näherung	H_2O-Dampf, CO_2, SO_2

Es sei jedoch darauf hingewiesen, dass bei Nutzung dieser Mittelwerte die Temperaturabhängigkeit verloren geht. Das ist auch der Fall, wenn c_v^{ig} oder c_p^{ig} ausgehend von diesen Mittelwerten berechnet wird (Abschn. 8.1.5.1).

8.1.6 Innere Energie und Enthalpie

8.1.6.1 Zustandsverhalten – *h,s*-Diagramm

Für die Berechnung der Energiebilanz werden die **energetischen Zustandsgrößen innere Energie** und **Enthalpie** benötigt (Abschn. 8.2). Die innere Energie U ist ein Maß für den thermischen Energieinhalt eines geschlossenen Systems (Bild 8.3). Der Enthalpiestrom $\dot{H}$ wird bei offenen

Systemen für den Energieinhalt von Fluidströmen benutzt, da er die spezifische **Ein-** bzw. **Ausschiebearbeit** ($p\,v$) mit beinhaltet. Die zugehörigen auf die Masse bezogenen Größen $u = \frac{U}{m}$ und $h = \frac{\dot{H}}{\dot{m}}$ sind:

Spezifische innere Energie	Spezifische Enthalpie
u, $[u] = 1\ \text{kJ kg}^{-1}$	$h = u + p\,v$, $[h] = 1\ \text{kJ kg}^{-1}$

Die Werte beider Größen hängen von Druck und Temperatur des Fluids ab, d. h., es gilt $u(p, T)$ und $h(p, T)$. Für die Darstellung der Abhängigkeit von anderen Zustandsgrößen wird das ***h,s*-Diagramm nach Mollier** benutzt (Bild 8.6), wobei auf die Entropie in Abschn. 8.1.7 eingegangen wird. Der gekennzeichnete Ausschnitt ist in Bild 8.7 vergrößert dargestellt.

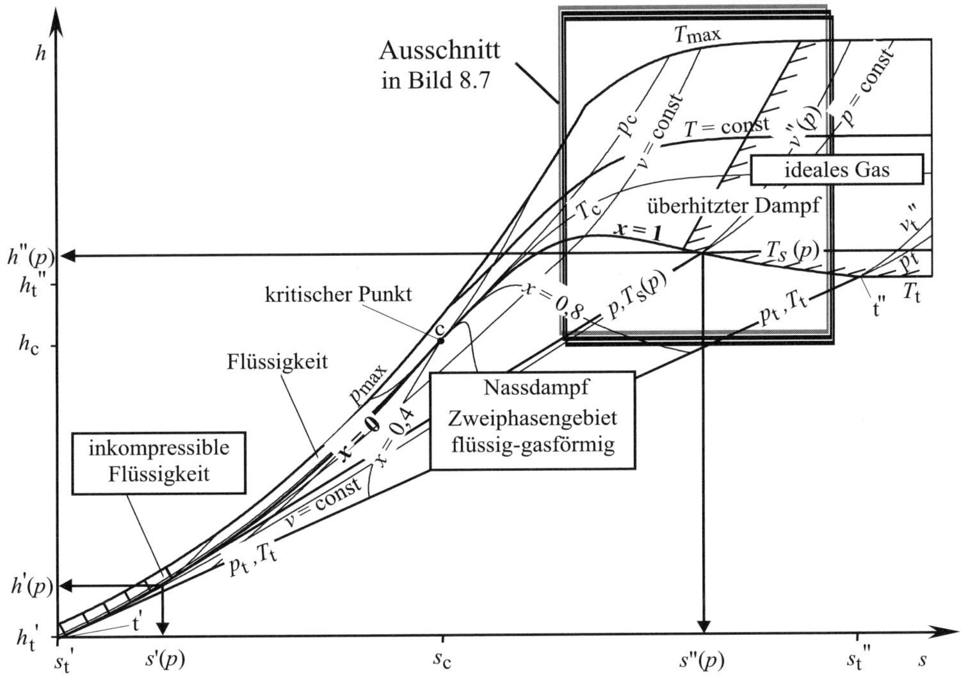

Bild 8.6 Mollier-h,s-Diagramm mit Phasengebieten und Berechnungsbereichen

8.1.6.2 Flüssigkeit und überhitzter Dampf

Bezüglich der Berechnung von u und h mit einer thermischen Zustandsgleichung $p(T, v)$ oder $v(p, T)$ und einem Ansatz für die spezifische Wärmekapazität im Idealgaszustand $c_p^{\text{ig}}(T)$ sei auf die angegebene weiterführende Literatur verwiesen.

Die Ermittlung aus vorliegenden Fundamentalgleichungen $f(T, v)$ und $g(p, T)$ erfolgt über die Beziehungen:

$$u = f - T\left(\frac{\partial f}{\partial T}\right)_v = g - T\left(\frac{\partial g}{\partial T}\right)_p - p\left(\frac{\partial g}{\partial p}\right)_T, \qquad h = f - T\left(\frac{\partial f}{\partial T}\right)_v - v\left(\frac{\partial f}{\partial v}\right)_T = g - T\left(\frac{\partial g}{\partial T}\right)_p$$

Auf Grund der häufigeren Anwendung sind in den angegebenen Stoffwertkompendien Werte für $h(p,T)$ zu finden. Die Tabellen 8.5 und 8.7 enthalten ausgewählte Enthalpiewerte für Wasser und Luft. Die spezifische innere Energie u ist davon ausgehend über die Beziehung $u(p, T) = h(p, T) - p\,v(p, T)$ mit $v(p, T)$ gemäß Abschn. 8.1.4.2 berechenbar.

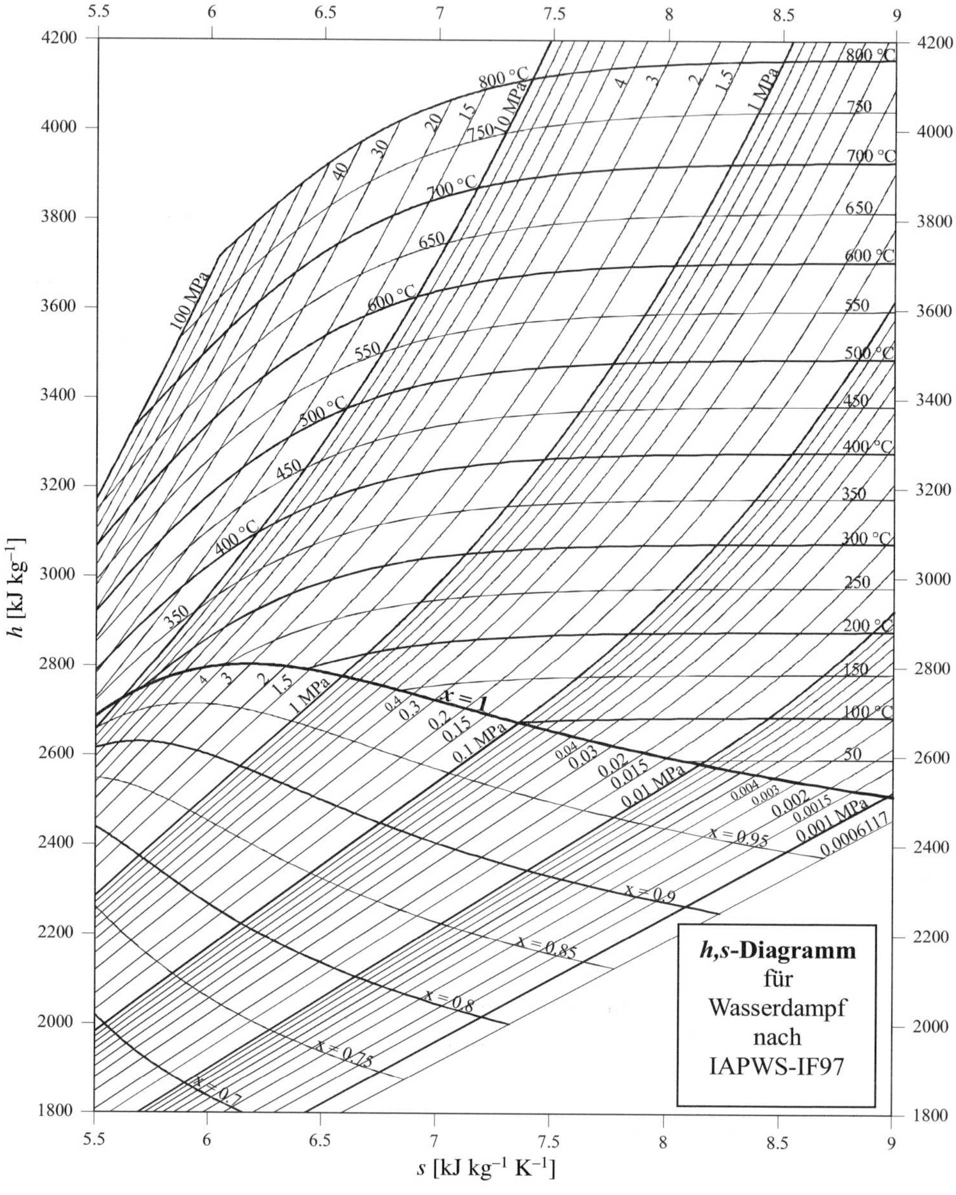

Bild 8.7 Mollier-h,s-Diagramm von Wasser und Wasserdampf – vergrößerter Ausschnitt des Bildes 8.6

Alle Berechnungsgleichungen und Tabellenwerte für u und h beziehen sich auf einen bestimmten Bezugszustand „0“ (Null). Das heißt, tatsächlich sind Werte für u und h stets Differenzen zu Werten $u_0(p_0, T_0)$ bzw. $h_0(p_0, T_0)$. Beispielsweise wurde als Bezugszustand für die Wasserdampftafel der Tripelzustand auf der Siedelinie gewählt (Punkt t′ in Bild 8.6).

Sonderfall: Fluide im idealen Gaszustand

Bei Gasen, die näherungsweise als ideale Gase betrachtet werden können, d. h., deren Zustand sich im idealen Gasgebiet des Zustandsdiagramms (Bild 8.2, Bild 8.4 und Bild 8.6) befindet, sind u und h im Wesentlichen nur von der Temperatur T abhängig; es gilt:

$$u^{\text{ig}} \overset{\text{nur}}{=} u^{\text{ig}}(T) \quad \text{und} \quad h^{\text{ig}} \overset{\text{nur}}{=} h^{\text{ig}}(T)$$

Mit gegebenen Gleichungen $c_p^{\text{ig}}(T)$ (Abschn. 8.1.5.1) erfolgt ihre Berechnung über:

$$u^{\text{ig}}(T) = u_0^{\text{ig}} + \int_{T_0}^{T} c_v^{\text{ig}}(T)\,\text{d}T \quad \text{und} \quad h^{\text{ig}}(T) = h_0^{\text{ig}} + \int_{T_0}^{T} c_p^{\text{ig}}(T)\,\text{d}T \quad \text{wobei} \quad c_v^{\text{ig}}(T) = c_p^{\text{ig}}(T) - R$$

Als Bezugszustand wird, wie für die berechneten Werte für Luft in Tabelle 8.3 geschehen, zumeist $h_0^{\text{ig}} = 0$ bei $T_0 = 273{,}15$ K gewählt. Eine Ausnahme stellt der Wasserdampf dar. Hier wird die zu dieser Temperatur gehörige spezifische Enthalpie auf der Taulinie $h_0^{\text{ig}} = 2500{,}89\ \text{kJ kg}^{-1}$ benutzt. Berechnet wurde die Tabelle 8.3 mit der VDI-Richtlinie 4670. Weitere Tabellen und Gleichungen für $h^{\text{ig}}(T)$ sind in den angegebenen Stoffwertkompendien enthalten.

Sonderfall: Inkompressible Flüssigkeiten

Bei Flüssigkeiten, die näherungsweise als inkompressibel angesehen werden können (Bild 8.2, Bild 8.4 und Bild 8.6), besteht für h eine näherungsweise reine Temperaturabhängigkeit:

$$h^{\text{if}} \overset{\text{nur}}{=} h^{\text{if}}(T)$$

Mit einer vorliegenden Gleichung $c_p^{\text{if}}(T)$ (Abschn. 8.1.5.1) folgt für die Berechnung:

$$h^{\text{if}}(T) = h_0^{\text{if}} + \int_{T_0}^{T} c_p^{\text{if}}(T)\,\text{d}T \quad \text{und daraus} \quad u^{\text{if}} = h^{\text{if}}(T) - pv^{\text{if}}(T)$$

mit $v^{\text{if}}(T)$ gemäß Abschn. 8.1.4.2. Als Bezugszustand wird ein bekannter Zustand im Flüssigkeitsgebiet gewählt, beispielsweise $h_0^{\text{if}} = 0$ bei $T_0 = 273{,}15$ K, wie für Wasser in Tabelle 8.6 geschehen. Die angegebenen Stoffwertkompendien enthalten Tabellen und Gleichungen für $h^{\text{if}}(T)$. Liegen Werte $h'(T)$ für siedende Flüssigkeit ($x = 0$) vor, kann die Berechnung auch ausgehend von $h^{\text{if}} \approx h'(T)$ erfolgen.

8.1.6.3 Nassdampf – Zweiphasengemisch flüssig-gasförmig

Der in Bild 8.5 veranschaulichte Zustand des Nassdampfes im geschlossenen und offenen System (Zweiphasenströmung) stellt im h,s-Diagramm des Bildes 8.6 das Gebiet zwischen der Siedelinie $x = 0$ und der Taulinie $x = 1$ dar. Wie in Abschn. 8.1.3 erläutert, gehört zu einem Druck $p < p_c$ die Siedetemperatur $T = T_s(p)$, sodass die Isobaren und zugehörigen Isothermen im Nassdampfgebiet zusammenfallen. Zum Schnittpunkt mit der Siedelinie gehört die spezifische Enthalpie h' und zum Schnittpunkt mit der Taulinie gehört h''. Mit diesen Größen erhält man, wie in Abschn. 8.1.4.3 am spezifischen Volumen dargestellt, für die spezifische Enthalpie des Zweiphasengemisches Nassdampf:

$$h_x(T, x) = h'(T) + x\left[h''(T) - h'(T)\right] \quad \text{oder} \quad h_x(p, x) = h'(p) + x\left[h''(p) - h'(p)\right]$$

wobei die Berechnung von h' und h'' mit den Zustandsgleichungen der angrenzenden Einphasengebiete Flüssigkeit (einschließlich inkompressible Flüssigkeit) und überhitzter Dampf (einschließlich ideales Gas) entweder ausgehend von T **und** $p = p_s(T)$ oder von p **und** $T = T_s(p)$ erfolgt. Werte für h' und h'' von Wasser, Kältemitteln und weiteren wichtigen Fluiden sind in den angegebenen Stoffwertkompendien zu finden. Die Tabelle 8.4 enthält ausgewählte Werte für h' und h'' in Abhängigkeit von T für Wasser. Davon ausgehend ist die spezifische innere Energie von Nassdampf mit den folgenden Beziehungen berechenbar:

$$u_x(T,x) = h_x(T,x) - p_s(T)\, v_x(T,x) \quad \text{oder} \quad u_x(p,x) = h_x(p,x) - p\, v_x(p,x)$$

Speziell für $h'(T)$ sind Gleichungen für viele Fluide verfügbar.

8

8.1.7 Entropie

8.1.7.1 Zustandsverhalten – *T,s*-Diagramm

Die Lösung der Entropiebilanz (Abschn. 8.3) und der Exergiebilanz (Abschn. 8.4) setzt die Berechnung der energetischen Zustandsgröße **Entropie** S voraus. Dabei gilt für die Entropie eines geschlossenen Systems $S = ms$ und für die Entropie in einem Fluidstrom $\dot{S} = \dot{m}s$ (Bild 8.3) mit der

spezifischen Entropie s, $[s] = 1\ \mathrm{kJ\ kg^{-1}\ K^{-1}}$

Die Definition der Entropie resultiert aus dem 1. und 2. Hauptsatz der Thermodynamik und erfolgt über die Beschreibung der differenziellen Änderung der spezifischen Entropie:

$$\mathrm{d}s = \frac{\mathrm{d}u + p\,\mathrm{d}v}{T} = \frac{\mathrm{d}h - v\,\mathrm{d}p}{T}$$

Die mit dieser Differenzialgleichung berechneten Werte für s hängen von Druck und Temperatur des Fluids ab; somit gilt $s(p, T)$. Der funktionale Zusammenhang ist im T,s-Diagramm (Bild 8.8) und im h,s-Diagramm (Bilder 8.6 und 8.7) ersichtlich.

8.1.7.2 Flüssigkeit und überhitzter Dampf

Die Berechnung der spezifischen Entropie s mit einer thermischen Zustandsgleichung $p(T, v)$ oder $v(p, T)$ und einem Ansatz für die spezifische Wärmekapazität im Idealgaszustand $c_p^{\mathrm{ig}}(T)$ ist der angegebenen weiterführenden Literatur entnehmbar.

Die Ermittlung aus gegebenen Fundamentalgleichungen $f(T, v)$ und $g(p, T)$ erfolgt über die Beziehungen:

$$s(T,v) = -\left(\frac{\partial f}{\partial T}\right)_v \quad \text{und} \quad s(p,T) = -\left(\frac{\partial g}{\partial T}\right)_p$$

Da die Berechnungsgleichungen und Tabellenwerte auf einen bestimmten Bezugszustand „0“ (Null) bezogen werden, sind die Werte für s stets Differenzen zu diesem Bezugswert $s_0(p_0,T_0)$. Beispielsweise wurde als Bezugszustand für die Wasserdampftafel der Tripelzustand auf der Siedelinie gewählt (Punkt t′ in Bild 8.6 und Bild 8.8). In Tabelle 8.5 und Tabelle 8.7 sind ausgewählte Werte $s(p, T)$ von Wasser und Luft aufgelistet. Werte von weiteren wichtigen Fluiden enthalten die angegebenen Stoffwertkompendien.

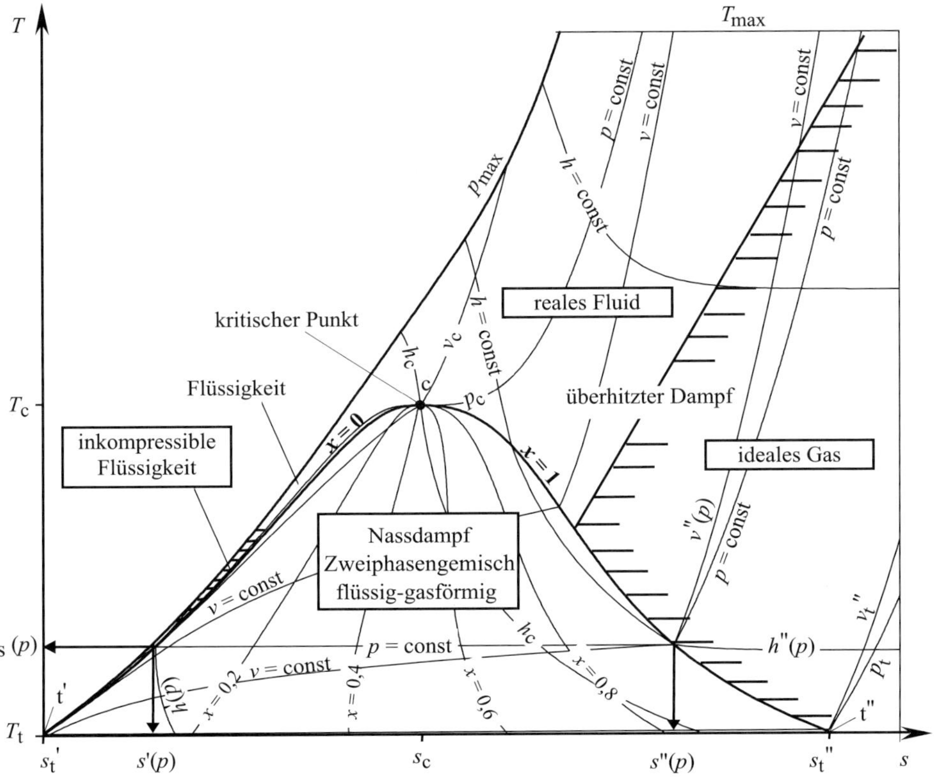

Bild 8.8 T,s-Diagramm mit Phasengebieten und Berechnungsbereichen

Sonderfall: Fluide im idealen Gaszustand

Bei als ideal anzusehenden Gasen (Bild 8.2, Bild 8.4, Bild 8.6 und Bild 8.8) ist die spezifische Entropie s mit einer gegebenen Gleichung $c_p^{\text{ig}}(T)$ (Abschn. 8.1.5.1) wie folgt berechenbar:

$$s^{\text{ig}}(p,T) = s_0^{\text{ig}} + \int_{T_0}^{T} \frac{c_p^{\text{ig}}(T)}{T}\,\mathrm{d}T - R\ln\left(\frac{p}{p_0}\right)$$

Um nicht immer das Integral berechnen zu müssen, wird dieses oft tabelliert oder, wie in der VDI-Richtlinie 4670 geschehen, als separate Gleichung geschrieben.

Beispielsweise enthält die Tabelle 8.3 Werte für $s_T^{\text{ig}}(p_0,T) = s_0^{\text{ig}} + \int_{T_0}^{T} \frac{c_p^{\text{ig}}(T)}{T}\,\mathrm{d}T$, berechnet nach der VDI-Richtlinie 4670. Als Bezugszustand wurde $T_0 = 273{,}15\,\text{K}$ und $s_0^{\text{ig}} = 0$ bei $p_0 = 0{,}101325\,\text{MPa}$ für Luft, wobei die irreversible Mischungsentropie herausgerechnet wurde, und $s_0^{\text{ig}} = 9{,}1558\,\text{kJ}\,\text{kg}^{-1}\,\text{K}^{-1}$ bei $p_0 = 0{,}6112\,\text{kPa}$ für Wasserdampf gewählt. Damit folgt für die Berechnung der spezifischen Entropie die Gleichung

$$s^{\text{ig}}(p,T) = s_T^{\text{ig}}(p_0,T) - R\ln\left(\frac{p}{p_0}\right).$$

Sonderfall: Inkompressible Flüssigkeiten

Die spezifische Entropie von Flüssigkeiten, die näherungsweise als inkompressibel angesehen werden können (Bild 8.2, Bild 8.4, Bild 8.6 und Bild 8.8), ist bei Vorliegen einer gegebenen Gleichung $c_p^{\mathrm{if}}(T)$ (Abschn. 8.1.5.1) mit folgender Beziehung berechenbar:

$$s^{\mathrm{if}}(p,T) = s_0^{\mathrm{if}} + \int_{T_0}^{T} \frac{c_p^{\mathrm{if}}(T)}{T}\,\mathrm{d}T - \frac{\mathrm{d}v^{\mathrm{if}}(T)}{\mathrm{d}T}(p-p_0)$$

Darin ist der Differenzialquotient $\frac{\mathrm{d}v^{\mathrm{if}}(T)}{\mathrm{d}T}$ ausgehend von einer Gleichung $v^{\mathrm{if}}(T)$ (Abschn. 8.1.4.2) oder als Differenzenquotient mit benachbarten Tabellenwerten für v^{if} zu berechnen.

Um nicht immer das Integral berechnen zu müssen, enthält die Tabelle 8.6 Werte für $s_T^{\mathrm{if}}(p_0,T) = s_0^{\mathrm{if}} + \int_{T_0}^{T} \frac{c_p^{\mathrm{if}}(T)}{T}\,\mathrm{d}T$ von Wasser. Als Bezugszustand wurde $s_0^{\mathrm{if}} = 0$ bei $T_0 = 273{,}15$ K und $p_0 = 0{,}6112$ kPa verwendet. Davon ausgehend ist die spezifische Entropie mit der folgenden Gleichung berechenbar:

$$s^{\mathrm{if}}(p,T) = s_T^{\mathrm{if}}(p_0,T) - \frac{\mathrm{d}v^{\mathrm{if}}(T)}{\mathrm{d}T}(p-p_0)$$

8.1.7.3 Nassdampf – Zweiphasengemisch flüssig-gasförmig

Der in Bild 8.5 veranschaulichte Zustand des Nassdampfes im geschlossenen und offenen System stellt im T,s-Diagramm des Bildes 8.8 das Gebiet zwischen der Siedelinie $x = 0$ und der Taulinie $x = 1$ dar. Wie in Abschn. 8.1.3 erläutert, gehört zu einem Druck $p < p_{\mathrm{c}}$ die Siedetemperatur $T = T_{\mathrm{s}}(p)$. Deshalb verlaufen die Isobaren im Nassdampfgebiet horizontal. Zum Schnittpunkt mit der Siedelinie $x = 0$ gehört die spezifische Entropie s' und zum Schnittpunkt mit der Taulinie $x = 1$ gehört s''. Damit erhält man, wie in Abschn. 8.1.4.3 am spezifischen Volumen dargestellt, für die spezifische Entropie des Zweiphasengemisches Nassdampf

$$s_x(T,x) = s'(T) + x\left[s''(T) - s'(T)\right] \quad \text{oder} \quad s_x(p,x) = s'(p) + x\left[s''(p) - s'(p)\right]$$

Die Berechnung von s' und s'' erfolgt mit den Zustandsgleichungen der angrenzenden Einphasengebiete Flüssigkeit (einschließlich inkompressible Flüssigkeit) und überhitzter Dampf (einschließlich ideales Gas) entweder ausgehend von T **und** $p = p_{\mathrm{s}}(T)$ oder von p **und** $T = T_{\mathrm{s}}(p)$. Werte für s' und s'' von wichtigen Fluiden sind in den angegebenen Stoffwertkompendien zu finden. Als Beispiel enthält die Tabelle 8.4 ausgewählte Werte für Wasser.

8.1.8 Exergie

Die **Exergie** eines Fluids ist bei einem geschlossenen System der Anteil der inneren Energie und bei einem offenen System der Anteil der Enthalpie, der **vollständig** in jede andere Energie, somit auch in Arbeit, umgewandelt werden kann.

Die folgenden Betrachtungen beschränken sich auf die Exergie der Enthalpie, die für die Bilanzierung offener Systeme maßgebend ist. Bezüglich der Exergie der inneren Energie bei geschlossenen Systemen sei auf die weiterführende Literatur verwiesen.

Wird, wie in Bild 8.9 dargestellt, ein stationärer Fluidstrom mit dem Druck p, der Temperatur T, der Geschwindigkeit c und einer geodätischen Höhe z in den Umgebungszustand p_{u}, T_{u}, $c_{\mathrm{u}} = 0$ und $z_{\mathrm{u}} = 0$ überführt, so wird die dabei maximal (reversibel) entnehmbare spezifische technische Arbeit $-w_{\mathrm{t,rev}}^{\mathrm{st}}$ als spezifische **technische Arbeitsfähigkeit** bezeichnet.

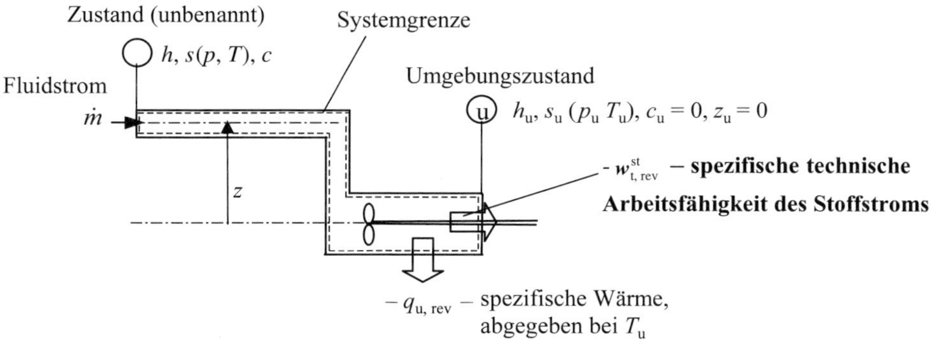

Bild 8.9 Überführung eines stationären Fluidstroms in den Umgebungszustand

Ihr Betrag entspricht der spezifischen **Exergie des Fluidstroms** e^{st} und kann mit folgender Gleichung berechnet werden:

$$e^{st} = -w^{st}_{t,rev} = (h - h_u) - T_u (s - s_u) + \tfrac{1}{2} c^2 + gz \,,$$

wobei $h(p, T)$, $h_u(p_u, T_u)$ und $s(p, T)$, $s_u(p_u, T_u)$ des Fluids gemäß Abschn. 8.1.6 und Abschn. 8.1.7 zu ermitteln sind. Der darin enthaltene Anteil ohne spezifische kinetische und potenzielle Energie:

spezifische Exergie	$e = (h - h_u) - T_u(s - s_u)$,	$[e] = 1 \text{ kJ kg}^{-1}$

wird als Exergie der Enthalpie nach Bošnjaković bezeichnet.

8.2 Energiebilanz – 1. Hauptsatz der Thermodynamik

Die Bilanzierung der Energie eines Systems sowie der zu- und abgeführten Energieströme erfolgt mit dem **1. Hauptsatz der Thermodynamik**. Dieses auch als **Energieerhaltungssatz** bezeichnete Gesetz beinhaltet, dass Energie in andere Energieformen (Energien) umgewandelt, jedoch nicht erzeugt oder vernichtet werden kann.

Bei der Formulierung der **Energiebilanz** für ein vorliegendes System ist es empfehlenswert, zunächst zu unterscheiden, ob es sich um ein geschlossenes oder ein offenes System handelt. Ein **geschlossenes System**, auch als **stoffdicht** bezeichnet, hat die Eigenschaft, dass ihm keine Massen zu- oder abgeführt werden bzw. diese Massen vernachlässigbar gering sind. Es kann jedoch seine Gestalt, und damit sein Volumen, ändern. Demgegenüber werden einem **offenen System** Masseströme zu- und/oder abgeführt. Es wird auch als **stoffdurchlässiges System** bezeichnet.

8.2.1 Irreversibilität und Reversibilität

Prinzipiell sind alle wirklichen Prozesse verlustbehaftet und damit **irreversibel**. Unter **Irreversibilität** sei verstanden, dass ein Prozess in einem System nicht rückgängig gemacht werden kann, ohne hierfür Energie aus der Umgebung zu entnehmen. Ausdruck der Irreversibilität ist die Entropieproduktion im System (Abschn. 8.3).

Reversible Prozesse stellen einen theoretischen Grenzfall dar, da sie verlustfrei sind. Solche angenommenen Prozesse sind umkehrbar, d. h., sie können rückgängig gemacht werden, ohne Energie aus der Umgebung des Systems zu entnehmen. Sie dienen als Vergleichsbasis für die

Einschätzung der thermodynamischen Güte von tatsächlichen Prozessen. Bestimmte technische Prozesse können mit praktikabler Genauigkeit als reversibel berechnet werden.

Im Folgenden wird die Aufstellung der **Energiebilanz** für ein geschlossenes, für ein offenes stationäres System und für eine allgemeine instationäre Problemstellung vorgenommen, wobei nur ruhende Systeme betrachtet werden sollen.

8.2.2 Geschlossenes System

8.2.2.1 Aufstellen der Energiebilanz

8

Die Bilanzierung eines geschlossenen Systems mit dem 1. Hauptsatz der Thermodynamik sei stellvertretend am Beispiel eines Zylinders mit Kolben (Bild 8.10) veranschaulicht. In einem Zeitraum $\Delta\tau = \tau_2 - \tau_1$ werden dem System mit einem Brenner die Wärme Q_{12}, über die Kolbenverschiebung die Volumenänderungsarbeit W_{V12} und mit einem Rührer die Dissipationsarbeit W_{diss12} zugeführt, wobei Wärme und Volumenänderungsarbeit auch abgeführt werden könnten. Durch diesen als **thermodynamischen Prozess** bezeichneten Vorgang ändert das System seinen inneren Zustand. Man spricht von einer **Zustandsänderung**. Das heißt, die Summe der zu- bzw. abgeführten Energien, hier Wärme und Arbeiten, wirkt sich in einer Änderung der inneren Energie im System $U_2 - U_1$ aus. Somit folgt für die Energiebilanz eines ruhenden geschlossenen Systems:

$$Q_{12} + W_{V\,12} + W_{diss\,12} = U_2 - U_1$$

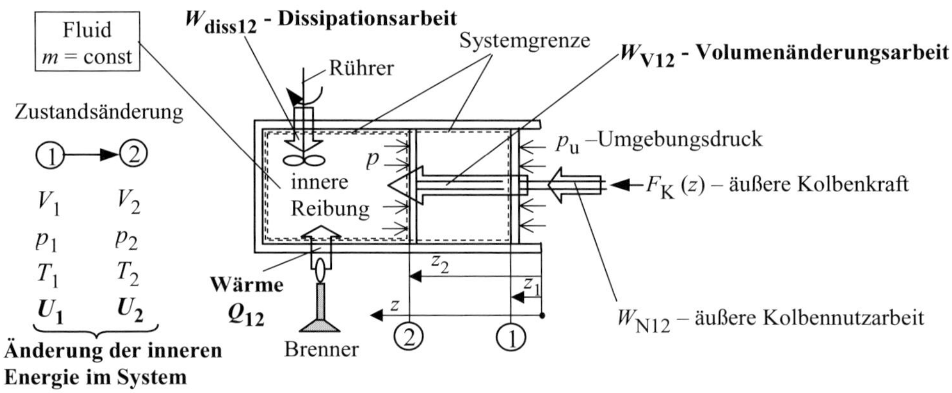

Bild 8.10 Veranschaulichung der Energiebilanz bei ruhenden geschlossenen Systemen

Da die Masse m im geschlossenen System konstant bleibt, folgt für die Änderung der inneren Energie $U_2 - U_1 = m(u_2 - u_1)$. Die Berechnung der Differenz der spezifischen inneren Energie $(u_2 - u_1)$ ist in Abschn. 8.2.5 beschrieben. Werden auch die Prozessgrößen auf die Masse im System bezogen, erhält man die Energiebilanz in spezifischer Form:

$$q_{12} + w_{v\,12} + w_{diss\,12} = u_2 - u_1$$

Die zugehörige Differenzialgleichung lautet:

$$\delta Q + \delta W_V + \delta W_{diss} = dU \quad \text{bzw.} \quad \delta q + \delta w_v + \delta w_{diss} = du$$

Um den Unterschied zwischen Prozess- und Zustandsgrößen zu dokumentieren, werden die Differenziale der Prozessgrößen Wärme und Arbeit mit „δ" bezeichnet, während für die Zustandsgrößen „d" benutzt wird.

Vorzeichenregel

Die Prozessgrößen Wärme und Arbeit werden generell als zum System hin gerichtet, d. h. als zugeführt angetragen (Bild 8.10). Ob sie tatsächlich zugeführt oder abgeführt werden, wird durch das Vorzeichen festgelegt. **Zugeführte** Prozessgrößen sind als **positive** Werte, **abgeführte** demgegenüber mit **negativem** Vorzeichen einzusetzen. Im Falle der Berechnung einer dieser Größen weist das erhaltene Vorzeichen darauf hin, ob die jeweilige Wärme oder Arbeit zu- oder abgeführt wird. Dissipationsarbeiten einschließlich Reibungsarbeit sind immer positiv.

Bei Systemen, deren Druck konstant bleibt, vereinfacht sich die Energiebilanz. Dies ist beispielsweise bei Fluiden der Fall, die unter dem barometrischen Druck der Umgebung stehen (Abschn. 8.5.2).

8.2.2.2 Volumenänderungsarbeit

Jede Änderung des Volumens eines Systems ist an eine **Volumenänderungsarbeit** gekoppelt. Sie entspricht im Beispiel des Bildes 8.10 der durch die Kolbenfläche am System verrichteten Arbeit W_{V12}. Für eine **quasistatische Zustandsänderung** vom Zustand 1 zum Zustand 2, d. h., die Kolbengeschwindigkeit ist deutlich geringer als die Schallgeschwindigkeit des Fluids im System, folgt aus dem Kräftegleichgewicht am Kolben die Gleichung

$$W_{V\,12} = -\int_{V_1}^{V_2} p(V)\,\mathrm{d}V + W_{r\,12}$$ bzw. in spezifischer Form $$w_{v\,12} = -\int_{v_1}^{v_2} p(v)\,\mathrm{d}v + w_{r\,12}$$

Die zugehörige Differenzialgleichung lautet:

$\delta W_V = -p\,\mathrm{d}V + \delta W_r$ bzw. $\delta w_v = -p\,\mathrm{d}v + \delta w_r$.

Für die Lösung des Integrals muss der Druckverlauf im System in Abhängigkeit vom Volumen $p(V)$ bekannt sein. Die **innere Reibungsarbeit** $W_{r\,12}$ ist oft nur abschätzbar und kann bei geringen Kolbengeschwindigkeiten vernachlässigt werden. Sie zählt zu den Dissipationsarbeiten, wurde zur Unterscheidung jedoch separat ausgewiesen.

Aus der Gleichung folgt, dass bei einer Verringerung des Volumens, d. h. bei einer **Kompression**, W_{V12} positiv und somit dem System zuzuführen ist. Bei einer Volumenvergrößerung, auch als **Expansion** bezeichnet, wird W_{V12} kleiner als null, d. h., die Volumenänderungsarbeit wird vom System abgegeben. In Bild 8.11 ist das Integral der spezifischen Volumenänderungsarbeit für das Beispiel einer quasistatischen Kompression im p,v-Diagramm veranschaulicht (der irreversible Prozessverlauf $p(v)$ wurde eingezeichnet, obwohl dessen Verlauf nicht exakt bekannt ist).

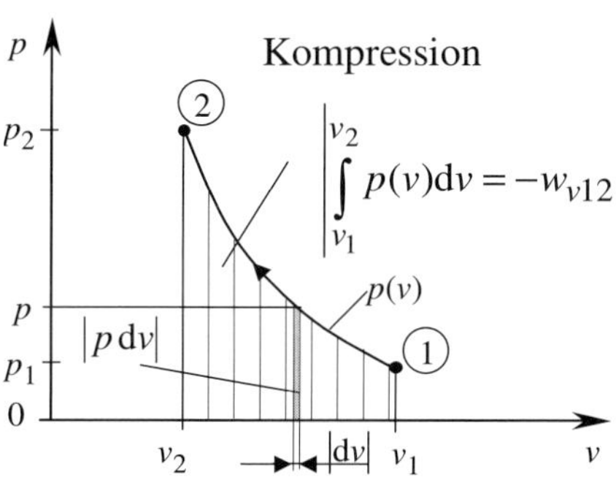

Bild 8.11 Spezifische Volumenänderungsarbeit $w_{v\,12}$ und innere Reibungsarbeit $w_{r\,12}$ im p,v-Diagramm

Das Diagramm zeigt, dass die für die Kompression aufzuwendende spezifische Volumenänderungsarbeit $w_{v\,12}$ größer als das Integral ist, welches die Fläche unter der Zustandsänderung darstellt. Bei Vernachlässigung der Reibungsarbeit, d. h., die Volumenänderung wird näherungsweise als reversibel angesehen, entspricht $w_{v\,12}$ exakt der Fläche unter dem Verlauf der Zustandsänderung im p,v-Diagramm.

8.2.2.3 Kolbennutzarbeit

Die dem Kolben von außen zugeführte bzw. die am Kolben entnehmbare Arbeit wird als **Kolbennutzarbeit** W_N bezeichnet (Bild 8.10). Für sie resultiert aus dem Kräftegleichgewicht am Kolben die Beziehung

$$W_{N\,12} = W_{V\,12} + p_u\,(V_2 - V_1)$$

Der Summand $p_u\,(V_2 - V_1)$ stellt die durch den Umgebungsdruck p_u verrichtete **Verschiebearbeit** am Kolben dar, wobei der Umgebungsdruck als Mittelwert angenommen wurde. Aus der Gleichung folgt, dass die dem Kolben entnehmbare Nutzarbeit $W_{N\,12}$ (< 0) um den Betrag der Verschiebearbeit geringer ist als die Volumenänderungsarbeit $W_{V\,12}$, die vom System abgegeben wird. Da die Kolbennutzarbeit gleich der äußeren mechanischen Arbeit des Kolbens ist, gilt

$$W_{N\,12} = W_{K\,12} = \int_{z_1}^{z_2} F_K(z)\,\mathrm{d}z$$

mit $F_K(z)$ als äußere Kolbenkraft. Sie stellt eine Funktion der Ortskoordinate z der Kolbenverschiebung in Richtung Volumenverringerung dar (Bild 8.10).

8.2.2.4 Dissipationsarbeit

Die in der Energiebilanz enthaltene **Dissipationsarbeit** W_{diss} beinhaltet die Summe aller zugeführten Arbeiten, die dissipiert, d. h. in innere Energie umgewandelt werden:

$$W_{diss\,12} = W_{w\,12} + W_{el\,12} + W_{r\,12} + \ldots$$

Für thermodynamische Betrachtungen sind von Interesse: die Wellenarbeit $W_{w\,12}$, beispielsweise eines Rührers, die elektrische Arbeit $W_{el\,12}$, beispielsweise einer Widerstandsheizung, und die Reibungsarbeit $W_{r\,12}$, verrichtet im Inneren des Systems oder an der Systemgrenze, beispielsweise zwischen Kolben und Zylinder (Bild 8.10). Dabei sei vermerkt, dass in der Bilanzierung, wie sie in Abschn. 8.2.2.1 vorgenommenen wurde, die innere Reibung im Fluid in der Volumenänderungsarbeit Berücksichtigung fand.

Bezüglich der Wellenarbeit ist anzumerken, dass sie auch als eine dem Fluid zugeführte Reibungsarbeit bilanzierbar wäre. Die elektrische Arbeit kann, falls sie für eine Widerstandsheizung benutzt wird, auch als Wärme, die dem System zugeführt wird, berücksichtigt werden. Hierbei ist jedoch zu beachten, dass in der Entropiebilanz (Abschn. 8.3) dann unbedingt die Entropie der Wärme und in der Exergiebilanz (Abschn. 8.4) die Exergie der Wärme zu berücksichtigen sind.

Prinzipiell werden bei geschlossenen Systemen alle zugeführten Arbeiten, ausgenommen der reversible Anteil der Volumenänderungsarbeit $W_{V\,12}^{rev} = \int_{p_1}^{p_2} p\,\mathrm{d}V$, dissipiert.

8.2.2.5 Wärme

Die **Wärme** Q ist die Summe aller Energien, die dem System **ohne** Verrichten von Arbeit zu- oder abgeführt werden. Im Zeitraum von τ_1 bis τ_2 ist Q_{12} der Integralwert des zu- bzw. abgeführten Gesamtwärmestroms $\dot{Q}$, der zeitlich veränderlich sein kann:

$$Q_{12} = \int_{\tau_1}^{\tau_2} \dot{Q}(\tau)\,\mathrm{d}\tau$$

Für den Sonderfall, dass im Zeitraum $\Delta\tau = \tau_2 - \tau_1$ der Wärmestrom $\dot{Q}_{12}$ konstant bleibt oder als Mittelwert bekannt ist, vereinfacht sich die Berechnung der Wärme zu $Q_{12} = \dot{Q}_{12}\,\Delta\tau$.

Die auf die Masse des Systems bezogene spezifische Wärme $q_{12} = \dfrac{Q_{12}}{m}$ kann im T,s-Diagramm veranschaulicht werden. Bild 8.12 zeigt als Beispiel eine Wärmezufuhr (der irreversible Prozessverlauf $T(s)$ wurde eingezeichnet, obwohl dessen Verlauf nicht exakt bekannt ist).

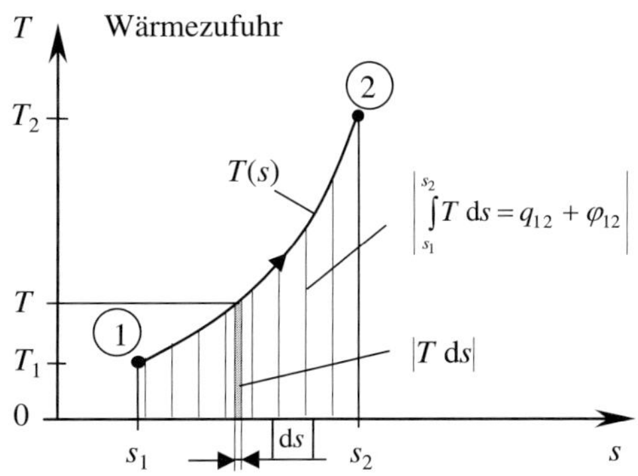

Bild 8.12 Spezifische Wärme q_{12} und Dissipationsenergie φ_{12} im T,s-Diagramm

Die Fläche unter der Zustandsänderung entspricht dem Betrag der spezifischen Wärme q_{12} plus spezifische dissipierte Energie, als spezifische **Dissipationsenergie** φ_{12} bezeichnet. Die Dissipationsenergie resultiert aus den von außen zugeführten Arbeiten, die dissipiert werden (Bild 8.10), der inneren Reibung, beispielsweise durch Verwirbeln, sowie aus Vorgängen wie Stoffübergang und Mischen.

Im Sonderfall, dass die Wärmezufuhr näherungsweise als reversibel in Bezug auf das System angenommen wird, entspricht die Fläche unter der Zustandsänderung exakt dem Betrag der zugeführten spezifischen Wärme q_{12}.

Falls keine Wärme zu- oder abgeführt wird oder diese vernachlässigbar gering ist, wird das System als **adiabat** bezeichnet. Diese Näherung kann bei sehr gut isolierten Apparaten oder, falls die Verlustwärme im Vergleich zu den anderen Energien sehr klein ist, angewendet werden.

8.2.3 Offenes stationäres System

8.2.3.1 Aufstellen der Energiebilanz

Die Bilanzierung eines ruhenden offenen Systems mit dem 1. Hauptsatz der Thermodynamik sei stellvertretend am Beispiel des Bildes 8.13 veranschaulicht. Da der Massestrom zwischen Ein- und Austritt zunächst konstant bleiben soll, handelt es sich um einen stationären Fließprozess,

d. h., es gilt $\dot{m} = \dot{m}_1 = \dot{m}_2$. Die Besonderheit eines offenen Systems besteht darin, dass eine **technische Arbeitsleistung** $P^{st}_{t\,12}$ über eine Welle abgeführt oder zugeführt werden kann. Diese wird vom strömenden Fluid an ein Flügel- oder Schaufelrad übertragen.

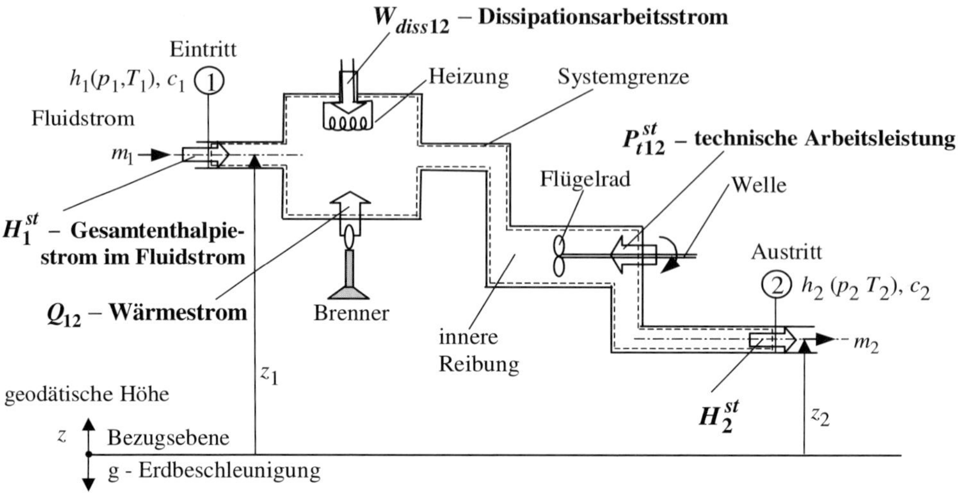

Bild 8.13 Veranschaulichung der Energiebilanz bei ruhenden offenen Systemen

Auf Grund der Strömung kommt es dabei zu innerer Reibung. Des Weiteren wird zwischen Eintritt 1 und Austritt 2 dem Fluidstrom ein Wärmestrom $\dot{Q}_{12}$ zu- oder abgeführt und möglicherweise ein Dissipationsarbeitsstrom $\dot{W}_{diss\,12}$ zugeführt. Das Fluid besitzt am Eintritt die spezifische Enthalpie h_1 und am Austritt h_2. Es tritt mit der Geschwindigkeit c_1 ein und verlässt das System mit c_2. Der Eintritt habe die geodätische Höhe z_1 über einer gewählten Bezugsebene und der Austritt die Höhe z_2. Die Enthalpien $h_1 = u_1 + p_1 v_1$ und $h_2 = u_2 + p_2 v_2$ werden hier berücksichtigt, da die Einschiebearbeit $p_1 v_1$ am Entritt und die Ausschiebearbeit $-p_2 v_2$ am Austritt enthalten sind. Unter Berücksichtigung der spezifischen **kinetischen Energie** $\frac{1}{2}c^2$ und der spezifischen **potenziellen Energie** gz am Ein- und Austritt folgt für die Energiebilanz eines offenen stationären Systems

$$\dot{Q}_{12} + P^{st}_{t\,12} + \dot{W}_{diss\,12} = \dot{m}\left[(h_2 - h_1) + \tfrac{1}{2}\left(c_2^2 - c_1^2\right) + g\,(z_2 - z_1)\right]$$

und in der Schreibweise bezogen auf den Massestrom $\dot{m}$:

$$q_{12} + w^{st}_{t\,12} + w_{diss\,12} = (h_2 - h_1) + \tfrac{1}{2}\left(c_2^2 - c_1^2\right) + g(z_2 - z_1)$$

mit $g = 9{,}80665\ \text{m s}^{-1}$ als Erdbeschleunigung. Die zugehörige Differenzialgleichung lautet:

$$\delta q + \delta w^{st}_t + \delta w_{diss} = dh + c\,dc + g\,dz$$

Unter Einführung der spezifischen **Gesamtenthalpie** $h^{st} = h + \frac{1}{2}c^2 + g\,z$ des strömenden Fluids, die auch die spezifische kinetische Energie und die spezifische potenzielle Energie enthält, folgt für die obige Bilanz:

$$\dot{Q}_{12} + P^{st}_{t\,12} + \dot{W}_{diss\,12} = \dot{m}\left(h_2^{st} - h_1^{st}\right)$$

Hinweis:
Die kinetische Energie kann mit guter Genauigkeit in der Bilanz vernachlässigt werden, falls die Differenz der Geschwindigkeiten zwischen Ein- und Austritt weniger als 10 m s^{-1} beträgt. Die potenzielle Energie sollte bei Flüssigkeiten stets berücksichtigt werden. Bei Gasen genügt es, sie ab einer Höhendifferenz von 10 m zwischen Ein- und Austritt in die Bilanz aufzunehmen.

Des Weiteren wird der **Gesamtenthalpiestrom** im Fluidstrom (Bild 8.3 und Bild 8.13) $\dot{H}^{\mathrm{st}} = \dot{m}h^{\mathrm{st}} = \dot{m}\left(h + \frac{1}{2}c^2 + gz\right)$ in der Bilanz der Energieströme verwendet. Das Einsetzen in die Energiebilanz führt zur Gleichung

$$\dot{Q}_{12} + P^{\mathrm{st}}_{\mathrm{t}\,12} + \dot{W}_{\mathrm{diss}\,12} = \dot{H}^{\mathrm{st}}_2 - \dot{H}^{\mathrm{st}}_1$$

Für die Prozessgrößen Wärmestrom und technische Arbeitsleistung gilt auch hier die in Abschn. 8.2.2.1 für das geschlossene System formulierte Vorzeichenregel.

8

8.2.3.2 Technische Arbeitsleistung

Die **technische Arbeitsleistung** $P^{\mathrm{st}}_{\mathrm{t}\,12} = \dot{W}^{\mathrm{st}}_{\mathrm{t}\,12}$ stellt den Arbeitsstrom dar, der dem Fluidstrom (st) zu- oder abgeführt wird. Dieser resultiert aus der inneren Entspannung bzw. Verdichtung des Fluids und den Änderungen von kinetischer Energie und potenzieller Energie zwischen Ein- und Austritt

$$P^{\mathrm{st}}_{\mathrm{t}\,12} = \dot{m}\left[w_{\mathrm{t}\,12} + \tfrac{1}{2}\left(c_2^2 - c_1^2\right) + g(z_2 - z_1)\right]$$

Der innere, auf den Massenstrom $\dot{m}$ bezogene spezifische Anteil

$$w_{\mathrm{t}\,12} = \int_{p_1}^{p_2} v(p)\,\mathrm{d}p + w_{\mathrm{r}\,12}$$

ist in Bild 8.14 veranschaulicht. Der irreversible Prozessverlauf $v(p)$ wurde wiederum eingezeichnet, obwohl dessen Verlauf nicht exakt bekannt ist. Die zugehörige differenzielle Form lautet

$$\delta w_{\mathrm{t}} = v\,\mathrm{d}p + \delta w_{\mathrm{r}} \;.$$

Für die Lösung des Integrals muss die Änderung des spezifischen Volumens als Funktion des Druckes $v(p)$ zwischen Eintritt und Austritt bekannt sein. Die spezifische innere **Reibungsarbeit** $w_{\mathrm{r}\,12}$ gehört zu den Dissipationsarbeiten, wurde zur Unterscheidung jedoch separat ausgewiesen. Da $w_{\mathrm{r}\,12}$ immer positiv ist, resultiert, dass bei einer Druckerhöhung, d. h. **Verdichtung**, $w_{\mathrm{t}\,12}$ positiv und somit dem System zuzuführen ist. Bei einer Druckabsenkung, auch als **Entspannung** be-

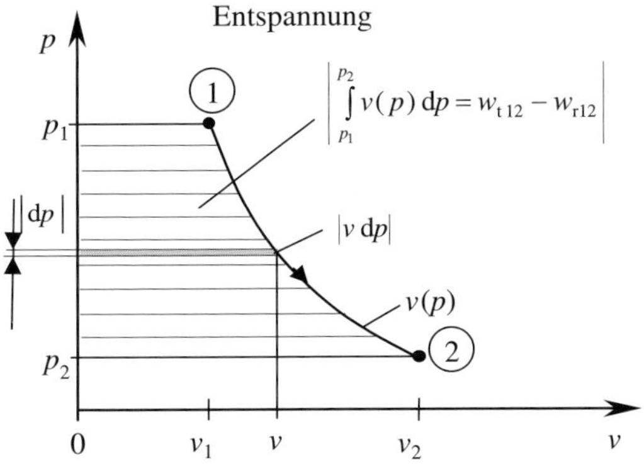

Bild 8.14 Technische Arbeit $w_{\mathrm{t}\,12}$ und innere Reibungsarbeit $w_{\mathrm{r}\,12}$ im p,v-Diagramm

zeichnet, wird w_{t12} kleiner als null, d. h., die technische Arbeit wird vom System abgegeben. Die für die Verdichtung aufzuwendende spezifische technische Arbeit ist größer als das Integral, welches die Fläche links neben der Zustandsänderung darstellt. Bei der Entspannung ist die entnehmbare spezifische technische Arbeit im Betrag geringer als die Fläche neben dem Prozessverlauf.

Im Gegensatz zum geschlossenen System kann die Reibungsarbeit auf Grund ihres höheren Beitrags nicht vernachlässigt werden. In praktischen Berechnungen wird sie über Wirkungs- oder Gütegrade, bezogen auf die analoge reversible Zustandsänderung, ermittelt. Die Vorgehensweise ist in Abschn. 8.5.5 und Abschn. 8.5.6 beschrieben.

Im Fall, dass die Reibungsarbeit dennoch vernachlässigt, d. h. der **Prozess** näherungsweise als **reversibel** angesehen wird, entspricht w_{t12} exakt der Fläche links neben dem Prozessverlauf im p,v-Diagramm.

8

8.2.4 Allgemeine instationäre Energiebilanz

Im instationären Fall können sich alle in Bild 8.13 angetragenen Energieströme $\dot{Q}$, P_t^{st} und $\dot{W}_{diss}$ einschließlich der ein- und austretenden Gesamtenthalpieströme $\dot{H}_{zu}^{st}$ und $\dot{H}_{ab}^{st}$ im strömenden Fluid mit der Zeit ändern. Dies hat zur Folge, dass auch die innere Energie U im System zeitlich veränderlich ist. Die **instationäre Energiebilanz** ergibt sich zu

$$\dot{Q}(\tau) + P_t^{st}(\tau) + \dot{W}_{diss}(\tau) + \dot{H}_{zu}^{st}(\tau) - \dot{H}_{ab}^{st}(\tau) = \frac{dU}{d\tau}$$

wobei $\dot{H}_{zu}^{st}$ für $\dot{H}_1^{st}$ und $\dot{H}_{ab}^{st}$ für $\dot{H}_2^{st}$ gemäß Abschn. 8.2.3.1 stehen. Die zugehörige **instationäre Massebilanz** lautet

$$\dot{m}_{zu}(\tau) - \dot{m}_{ab}(\tau) = \frac{dm}{d\tau}$$

mit $\frac{dm}{d\tau}$ als Änderung der Masse im System nach der Zeit. Für die Ermittlung der Größen zwischen dem zeitlichen Beginn und Ende eines Vorganges sind beide Differenzialgleichungen zu integrieren.

8.2.5 Berechnung der Änderungen von innerer Energie und Enthalpie

Die Änderungen der spezifischen Enthalpie h und der spezifischen inneren Energie u des Fluids zwischen Anfangs- und Endzustand beim geschlossenen System bzw. zwischen Eintritts- und Austrittszustand beim offenen System ist mit einer Änderung des Druckes von p_1 auf p_2 und/oder der Temperatur von T_1 auf T_2 verbunden. Um die Differenzen $(h_2 - h_1)$ und $(u_2 - u_1)$ berechnen zu können, muss zunächst die Lage des Anfangszustandes 1 und des Endzustandes 2 im Zustandsdiagramm (Bild 8.2, Bild 8.4, Bild 8.6 und Bild 8.8) bestimmt werden. Das heißt, es ist zu unterscheiden, ob der jeweilige Zustand als **reales Fluid**, **ideales Gas**, **inkompressible Flüssigkeit** oder **Nassdampf** zu ermitteln ist.

Reales Fluid

Die Berechnung für das reale Fluid erfolgt mit den Beziehungen:

$$h_2 - h_1 = h(p_2, T_2) - h(p_1, T_1),$$

$$u_2 - u_1 = h(p_2, T_2) - h(p_1, T_1) - [p_2 v(p_2, T_2) - p_1 v(p_1, T_1)]$$

wobei $h(p_1, T_1)$ und $h(p_2, T_2)$ sowie $v(p_1, T_1)$ und $v(p_2, T_2)$ mit Zustandsgleichungen zu berechnen oder Stoffwerttabellen bzw. Diagrammen zu entnehmen sind (Abschn. 8.1.6 und Abschn. 8.1.4). Als Beispiel enthalten die Tabellen 8.5 und 8.7 Werte für Wasser und Luft.

Sonderfall: Fluide im idealen Gaszustand

Falls das Gas als ideales Gas betrachtet werden kann und eine Gleichung $c_p^{\text{ig}}(T)$ vorliegt (Abschn. 8.1.5.1), sind die Differenzen mit den folgenden Beziehungen ermittelbar:

$$h_2 - h_1 = \int_{T_1}^{T_2} c_p^{\text{ig}}(T)\,\mathrm{d}T\,, \quad u_2 - u_1 = \int_{T_1}^{T_2} c_v^{\text{ig}}(T)\,\mathrm{d}T \quad \text{mit} \quad c_v^{\text{ig}}(T) = c_p^{\text{ig}}(T) - R$$

Mit vorhandenen Tabellenwerten oder Gleichungen $h^{\text{ig}}(T)$ können, wie in Abschn. 8.1.6.2 dargestellt, die Differenzen direkt über

$$h_2 - h_1 = h^{\text{ig}}(T_2) - h^{\text{ig}}(T_1)\,, \quad u_2 - u_1 = h^{\text{ig}}(T_2) - h^{\text{ig}}(T_1) - R(T_2 - T_1)$$

ermittelt werden. Als Beispiel enthält Tabelle 8.3 Werte $h^{\text{ig}}(T)$ für Luft und Wasserdampf, die mit der VDI-Richtlinie 4670 berechnet wurden.

Eine näherungsweise Berechnung ist möglich, falls nur Mittelwerte $c_{v\text{m}}^{\text{ig}}$ bzw. $c_{p\text{m}}^{\text{ig}}$ im Temperaturbereich bekannt sind:

$$h_2 - h_1 = c_{p\text{m}}^{\text{ig}}(T_2 - T_1)\,, \quad u_2 - u_1 = c_{v\text{m}}^{\text{ig}}(T_2 - T_1)$$

Sind Tabellenwerte $c_p^{\text{ig}}(T)$ verfügbar, kann für kleine Temperaturdifferenzen die Näherung $c_{p\text{m}}^{\text{ig}} = \frac{1}{2}\left[c_p^{\text{ig}}(T_1) + c_p^{\text{ig}}(T_2)\right]$ und davon ausgehend $c_{v\text{m}}^{\text{ig}} = c_{p\text{m}}^{\text{ig}} - R$ verwendet werden.

Eine noch weitergehende Näherung stellt die Berechnung mit den Beziehungen $c_{p\text{m}}^{\text{ig}} = \frac{\kappa}{\kappa - 1} R$ und $c_{v\text{m}}^{\text{ig}} = \frac{1}{\kappa - 1} R$ dar, falls die in Abschn. 8.1.5.2 angegebenen Mittelwerte des Isentropenexponenten κ für ein-, zwei- und dreiatomige Gase eingesetzt werden.

Sonderfall: Inkompressible Flüssigkeiten

Für Flüssigkeiten, die näherungsweise als inkompressibel angesehen werden können, sind mit einer vorliegenden Gleichung $c_p^{\text{if}}(T)$ die Differenzen mit den Beziehungen

$$h_2 - h_1 = \int_{T_1}^{T_2} c_p^{\text{if}}(T)\,\mathrm{d}T\,, \quad u_2 - u_1 = \int_{T_1}^{T_2} c_p^{\text{if}}(T)\,\mathrm{d}T - \left[p_2 v^{\text{if}}(T_2) - p_1 v^{\text{if}}(T_1)\right]$$

berechenbar. Da in Stoffwertsammlungen zumeist Tabellen und Gleichungen für $h^{\text{if}}(T)$ und $v^{\text{if}}(T)$ enthalten sind (beispielsweise Tabelle 8.6 für Wasser), erfolgt davon ausgehend die Berechnung der Differenzen für Zustandsänderungen mit den Beziehungen:

$$h_2 - h_1 = h^{\text{if}}(T_2) - h^{\text{if}}(T_1)\,, \quad u_2 - u_1 = h^{\text{if}}(T_2) - h^{\text{if}}(T_1) - \left[p_2 v^{\text{if}}(T_2) - p_1 v^{\text{if}}(T_1)\right]$$

Liegen Werte oder Gleichungen $h'(T)$ und $v'(T)$ für siedende Flüssigkeit ($x = 0$) vor, ist die Berechnung der Differenzen mit den Beziehungen möglich:

$$h_2 - h_1 = h'(T_2) - h'(T_1)\,, \quad u_2 - u_1 = h'(T_2) - h'(T_1) - [p_2 v'(T_2) - p_1 v'(T_1)]$$

Eine näherungsweise Berechnung ist möglich, falls lediglich ein Mittelwert $c_{p\text{m}}^{\text{if}}$ im Temperaturbereich bekannt ist:

$$h_2 - h_1 = c_{p\text{m}}^{\text{if}}(T_2 - T_1)\,, \quad u_2 - u_1 = c_{p\text{m}}^{\text{if}}(T_2 - T_1) - \left[p_2 v^{\text{if}}(T_2) - p_1 v^{\text{if}}(T_1)\right]$$

Sind Tabellenwerte $c_p^{\text{if}}(T)$ verfügbar, darf für kleine Temperaturdifferenzen die Näherung $c_{p\text{m}}^{\text{if}} = \frac{1}{2}\left[c_p^{\text{if}}(T_1) + c_p^{\text{if}}(T_2)\right]$ verwendet werden.

8

Auf Grund ihres geringen Beitrags kann der Term $p_2 v^{\text{if}}(T_2) - p_1 v^{\text{if}}(T_1)$ bei unbekannten spezifischen Volumina in der Berechnung von $u_2 - u_1$ in erster Näherung vernachlässigt werden.

Nassdampf – Zweiphasengemisch flüssig-gasförmig

Falls die Zustände 1 und 2 im Nassdampfgebiet liegen, sind die Differenzen mit folgenden Beziehungen zu berechnen

$$h_2 - h_1 = h_{x2} - h_{x1}\,, \quad u_2 - u_1 = h_{x2} - h_{x1} - (p_2 v_{x2} - p_1 v_{x1})\,,$$

wobei die Abhängigkeiten h_{x1}, $v_{x1}(T_1, x_1)$ **oder** h_{x1}, $v_{x1}(p_1, x_1)$ und h_{x2}, $v_{x2}(T_2, x_2)$ **oder** h_{x2}, $v_{x2}(p_2, x_2)$ vorliegen können. Die Berechnung ist in Abschn. 8.1.4.3 und Abschn. 8.1.6.3 beschrieben.

8.3 Entropiebilanz – 2. Hauptsatz der Thermodynamik

Um den Grad der Irreversibilität eines technischen Prozesses zu bestimmen, ist es notwendig, die Entropie in dem betreffenden System sowie die zu- und abgeführten Entropieströme mit dem **2. Hauptsatz der Thermodynamik** zu bilanzieren. Die berechnete Entropieproduktion ist das Maß für die Irreversibilität.

Für die Formulierung der **Entropiebilanz** ist es wiederum hilfreich, zunächst zu unterscheiden, ob es sich um ein geschlossenes oder ein offenes System handelt, wobei nur ruhende Systeme betrachtet werden. Verzichtet werden soll auf die Darstellung der instationären Entropiebilanz.

8.3.1 Geschlossenes System

Die Bilanzierung eines ruhenden geschlossenen Systems mit dem 2. Hauptsatz der Thermodynamik sei analog zum 1. Hauptsatz an einem Zylinder mit Kolben (Bild 8.15) als stellvertretendes Beispiel veranschaulicht.

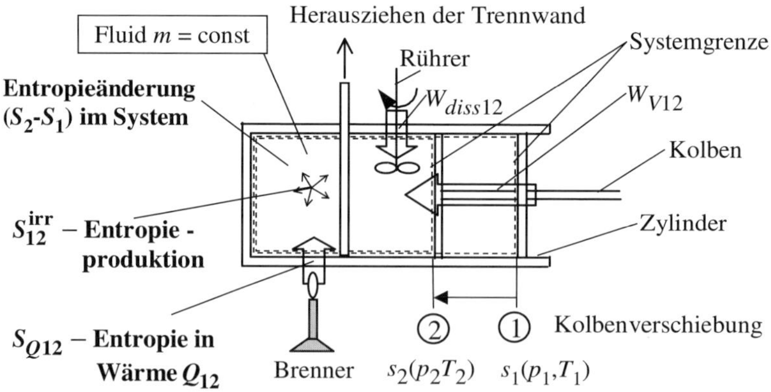

Bild 8.15 Veranschaulichung der Entropiebilanz bei einem geschlossenen System

Die zugehörige Entropiebilanz für den Zeitraum von τ_1 bis τ_2 lautet

$$S_{Q\,12} + S_{12}^{\text{irr}} = S_2 - S_1$$

mit

$S_{Q\,12}$: **Entropie** $S_{Q12} = \int_1^2 \frac{\delta Q}{T}$ **der** zu- oder abgeführten **Wärme** Q_{12}, wobei gegeben sein muss, welche Wärme bei welcher Temperatur T übertragen wird. Eine näherungsweise Berechnung ist möglich, falls bekannt ist, welche Wärme Q_i bei der zugehörigen Temperatur T_i zu- oder abgeführt wird. Man erhält die Entropie der Wärme dann über $S_{Q12} = \sum_i \frac{Q_i}{T_i}$.

S_{12}^{irr}: **Entropieproduktion** im System auf Grund von Irreversibilitäten mit Φ als **Dissipationsenergie**, beispielsweise: Dissipationsarbeit $W_{\text{diss}\,12}$, innere Reibung, Stoffübertragung (Mischung, Diffusion)

$$S_{12}^{\text{irr}} = \int_1^2 \frac{\delta \Phi}{T}$$

$S_{12}^{\text{irr}} > 0$ bei irreversiblen Prozessen

$S_{12}^{\text{irr}} = 0$ bei Annahme von Reversibilität

$S_2 - S_1$: Änderung der Entropie im System im Zeitraum von τ_1 bis τ_2

$S_2 - S_1 = m(s_2 - s_1)$

Die Ermittlung der spezifischen Entropiedifferenz $(s_2 - s_1)$ ist in Abschn. 8.3.3 beschrieben.

Werden die Änderungen des Systems in einem differenziell kleinen Zeitraum betrachtet, erhält man

$$\frac{\delta Q}{T} + \delta S^{\text{irr}} = \text{d}S$$

8.3.2 Offenes stationäres System

Die Entropiebilanz eines ruhenden offenen Systems sei stellvertretend am Beispiel des Bildes 8.16 veranschaulicht.

Sie lautet für das stationäre System mit **einem** eintretenden und **einem** austretenden Fluidstrom, d. h., es gilt $\dot{m} = \dot{m}_1 = \dot{m}_2$:

$$\dot{S}_{Q12} + \dot{S}_{12}^{\text{irr}} = \dot{m}(s_2 - s_1)$$

Hierin bedeuten:

$\dot{S}_{Q12}$: **Entropiestrom** $\dot{S}_{Q12} = \int_1^2 \frac{\delta \dot{Q}}{T}$ des **Wärmestroms** $\dot{Q}_{12}$, wobei gegeben sein muss, welcher Wärmestrom bei welcher Temperatur T übertragen wird.
Eine näherungsweise Berechnung ist möglich, falls bekannt ist, welcher Wärmestrom $\dot{Q}_i$ bei der zugehörigen Temperatur T_i zu- oder abgeführt wird. Die Entropie der Wärme ergibt sich dann über die Beziehung $\dot{S}_{Q12} = \sum_i \frac{\dot{Q}_i}{T_i}$.

$\dot{S}_{12}^{\text{irr}}$: **Entropieproduktionsstrom** im System auf Grund von Irreversibilitäten mit $\dot{\Phi}$ als **Dissipationsenergiestrom**, beispielsweise: Dissipationsarbeitstrom $\dot{W}_{\text{diss}12}$, innere Reibung, Stoffübertragung (Mischung, Diffusion); $\dot{S}_{12}^{\text{irr}} = \int_1^2 \frac{\delta \dot{\Phi}}{T}$

$\dot{S}_{12}^{\text{irr}} > 0$ bei irreversiblen Prozessen

$\dot{S}_{12}^{\text{irr}} = 0$ bei Annahme von Reversibilität

$s_2 - s_1$: Änderung der spezifischen Entropie des Fluidstroms zwischen Eintritt 1 und Austritt 2. Die Ermittlung ist in Abschn. 8.3.3 beschrieben.

Unter Einführung des **Entropiestroms** $\dot{S} = \dot{m}s$ als Entropie des Fluidstroms (Bild 8.3) erhält man

8

$$\dot{S}_{Q12} + \dot{S}_{12}^{\text{irr}} = \dot{S}_2 - \dot{S}_1$$

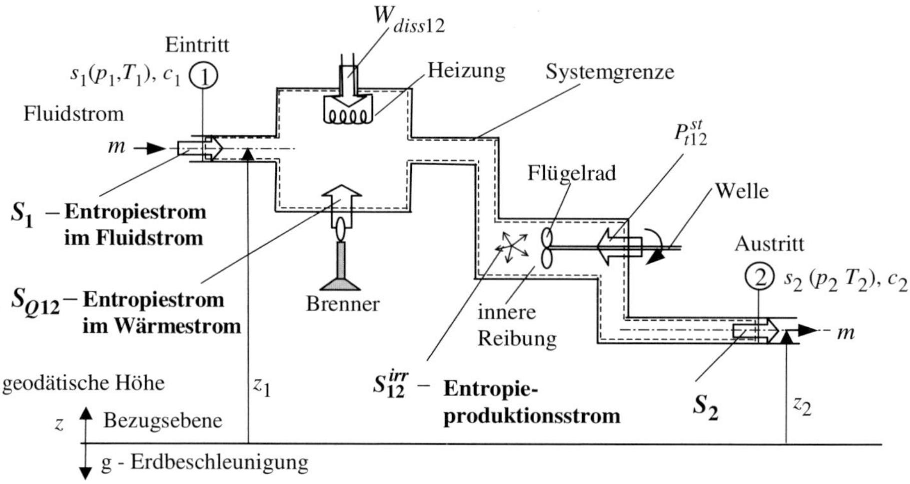

Bild 8.16 Veranschaulichung der Entropiebilanz bei offenen Systemen

8.3.3 Berechnung der Entropieänderungen

Die Änderungen der spezifischen Entropie s des Fluids zwischen Anfangs- und Endzustand beim geschlossenen System bzw. zwischen Eintritts- und Austrittszustand beim offenen System ist mit einer Änderung des Druckes von p_1 auf p_2 und/oder der Temperatur von T_1 auf T_2 verbunden. Um die Differenz $(s_2 - s_1)$ berechnen zu können, muss zunächst die Lage des Anfangszustands 1 und des Endzustands 2 im Zustandsdiagramm (Bild 8.2, Bild 8.4, Bild 8.6 und Bild 8.8) bestimmt werden. Das heißt, es ist zu unterscheiden, ob der jeweilige Zustand als **reales Fluid**, **ideales Gas**, **inkompressible Flüssigkeit** oder **Nassdampf** berechnet werden muss.

Reales Fluid

Die Berechnung für das reale Fluid erfolgt mit der Beziehung

$s_2 - s_1 = s(p_2, T_2) - s(p_1, T_1)$,

wobei $s(p_1, T_1)$ und $s(p_2, T_2)$ mit Zustandsgleichungen zu berechnen oder Tabellen (beispielsweise Tabelle 8.5 für Wasser und Wasserdampf oder Tabelle 8.7 für Luft) zu entnehmen sind

(Abschn. 8.1.7). Des Weiteren können die Werte in Zustandsdiagrammen, wie beispielsweise dem h,s-Diagramm von Wasserdampf in Bild 8.7, abgelesen werden.

Sonderfall: Fluide im idealen Gaszustand

Falls das Gas als ideales Gas betrachtet werden kann und eine Gleichung $c_p^{\text{ig}}(T)$ vorliegt (Abschn. 8.1.5.1), ist die spezifische Entropiedifferenz mit der Gleichung

$$s_2 - s_1 = \int_{T_1}^{T_2} \frac{c_p^{\text{ig}}(T)}{T} \, \mathrm{d}T - R \ln\left(\frac{p_2}{p_1}\right)$$

berechenbar. Analog zur Tabelle 8.3 sind in der VDI-Richtlinie Gleichungen für die temperaturabhängigen Anteile $s_T^{\text{ig}}(p_0, T)$ wichtiger Gase zu finden (Abschn. 8.1.7.2). Davon ausgehend ist die Entropiedifferenz direkt mit der folgenden Beziehung ermittelbar:

$$s_2 - s_1 = s_T^{\text{ig}}(p_0, T_2) - s_T^{\text{ig}}(p_0, T_1) - R \ln\left(\frac{p_2}{p_1}\right)$$

Ist nur ein Mittelwert c_{pm}^{ig} im Temperaturbereich bekannt, kann die Berechnung mit der folgenden Näherung vorgenommen werden:

$$s_2 - s_1 = c_{pm}^{\text{ig}} \ln\left(\frac{T_2}{T_1}\right) - R \ln\left(\frac{p_2}{p_1}\right)$$

Sind Werte $c_p^{\text{ig}}(T)$ verfügbar, darf für kleine Temperaturdifferenzen der Mittelwert mit der Gleichung $c_{pm}^{\text{ig}} = \frac{1}{2}\left[c_p^{\text{ig}}(T_1) + c_p^{\text{ig}}(T_2)\right]$ als Näherung gebildet werden.

Eine noch weitergehende Näherung stellt die Berechnung mit $c_{pm}^{\text{ig}} = \dfrac{\kappa}{\kappa - 1} R$ dar, falls die in Abschn. 8.1.5.2 angegebenen Mittelwerte des Isentropenexponenten κ für ein-, zwei- und dreiatomige Gase eingesetzt werden.

Sonderfall: Inkompressible Flüssigkeiten

Kann die vorliegende Flüssigkeit näherungsweise als inkompressibel angesehen werden und sind Gleichungen $c_p^{\text{if}}(T)$ und $v^{\text{if}}(T)$ gegeben, so kann die spezifische Entropiedifferenz über die Beziehung

$$s_2 - s_1 = \int_{T_1}^{T_2} \frac{c_p^{\text{if}}(T)}{T} \, \mathrm{d}T - \frac{v^{\text{if}}(T_2) - v^{\text{if}}(T_1)}{T_2 - T_1} (p_2 - p_1)$$

berechnet werden. Im Falle, dass analog zu Tabelle 8.6 Werte für den temperaturabhängigen Teil $s_T^{\text{if}}(p_0, T)$ vorliegen (Abschn. 8.1.7.2), erfolgt die Berechnung der spezifischen Entropiedifferenz über die Beziehung

$$s_2 - s_1 = s_T^{\text{if}}(p_0, T_2) - s_T^{\text{if}}(p_0, T_1) - \frac{v^{\text{if}}(T_2) - v^{\text{if}}(T_1)}{T_2 - T_1} (p_2 - p_1)$$

Falls nur ein Mittelwert c_{pm}^{if} zur Verfügung steht, ist eine näherungsweise Berechnung mit

$$s_2 - s_1 = c_{pm}^{\text{if}} \ln\left(\frac{T_2}{T_1}\right) - \frac{v^{\text{if}}(T_2) - v^{\text{if}}(T_1)}{T_2 - T_1} (p_2 - p_1)$$

möglich. Sind Tabellenwerte $c_p^{\text{if}}(T)$ vorhanden, kann für kleine Temperaturdifferenzen der Mittelwert mit der Näherung $c_{pm}^{\text{if}} = \frac{1}{2}\left[c_p^{\text{if}}(T_1) + c_p^{\text{if}}(T_2)\right]$ gebildet werden.

Für den Sonderfall konstanter Temperatur $T_2 = T_1 = T$ ist die Berechnung mit der folgenden Gleichung vorzunehmen:

$$s_2 - s_1 = -\frac{v^{\text{if}}(T+\delta T) - v^{\text{if}}(T-\delta T)}{(T+\delta T)-(T-\delta T)}(p_2 - p_1)$$

wobei für δT ein Wert zwischen 0,01 und 1 K empfohlen wird. Bei vorliegenden Tabellenwerten können für $v^{\text{if}}(T + \delta T)$ und $v^{\text{if}}(T - \delta T)$ die zur gegebenen Temperatur T benachbarten Werte eingesetzt werden.

Nassdampf – Zweiphasengemisch flüssig-gasförmig

Falls die Zustände 1 und 2 im Nassdampfgebiet liegen, ist die Differenz mit

$s_2 - s_1 = s_{x2} - s_{x1}$

berechenbar, wobei die Abhängigkeiten $s_{x1}(T_1, x_1)$ **oder** $s_{x1}(p_1, x_1)$ und $s_{x2}(T_2, x_2)$ **oder** $s_{x2}(p_2, x_2)$ vorliegen können. Die Berechnung ist in Abschn. 8.1.7.3 dargestellt.

8

8.4 Exergiebilanz

Um die thermodynamische Güte eines technischen Prozesses unter Berücksichtigung der Umgebung, in der er stattfindet, beurteilen zu können, müssen die Exergie des betreffenden Systems sowie die zu- und abgeführten Exergieströme bilanziert werden. Der dabei auftretende Exergieverlust stellt das Maß für die thermodynamische Qualität dar.

8.4.1 Energie, Exergie und Anergie

Nicht jede Energie ist vollständig in jede andere Energie umwandelbar. Somit ist **Energie** vorstellbar, bestehend aus einem Teil, der **vollständig** in jede andere Energie umgewandelt werden kann, bezeichnet als **Exergie** E, und dem verbleibenden Teil, der **nicht** in eine andere Energie umgewandelt werden kann, als **Anergie** B bezeichnet:

Energie = Exergie + Anergie

Für technische Prozesse ist der Anteil Exergie auf Grund der Umwandelbarkeit von besonderem Interesse. Folgende Energien, spezifisch geschrieben, stellen reine Exergie dar:

- äußere Kolbennutzarbeit w_{N} beim geschlossenen System (Abschn. 8.2.2)
- technische Arbeit w_{t}^{st} beim offenen System (Abschn. 8.2.3)
- kinetische Energie $\frac{1}{2}c^2$ und potenzielle Energie $(g\,z)$ (Abschn. 8.2.3)
- Wellenarbeit w_{w}, elektrische Arbeit w_{el} (Abschn. 8.2.2)

Die spezifischen Exergieanteile von Energien, die zum Teil aus Exergie bestehen, sind:

- Exergie der Wärme $e_q = \int_1^2 \frac{T - T_{\text{u}}}{T}\,\delta q$ (Abschn. 8.4.2)
- Exergie der Enthalpie beim offenen System $e = (h - h_{\text{u}}) - T_{\text{u}}(s - s_{\text{u}})$ (Abschn. 8.1.8)
- Exergie der inneren Energie $e_{(\text{u})} = (u - u_{\text{u}}) - T_{\text{u}}(s - s_{\text{u}}) + p_{\text{u}}(v - v_{\text{u}})$ beim geschlossenen System

Auf Energien, die reine Anergie darstellen, sei an dieser Stelle nicht eingegangen.

8.4.2 Offenes stationäres System

Auf Grund der Bedeutung für technische Anwendungen soll sich die Erläuterung auf die stationäre **Exergiebilanz** bei ruhenden offenen Systemen beschränken. Die zu berücksichtigenden Größen sind stellvertretend an einem Beispiel in Bild 8.17 veranschaulicht. Die zugehörige Exergiebilanz für $\dot{m} = \dot{m}_1 = \dot{m}_2$ lautet:

$$\dot{E}_{Q\,12} + P_{t\,12}^{st} + \dot{W}_{diss\,12} - \dot{E}_{v\,12} = \dot{m}\left[(e_2 - e_1) + \tfrac{1}{2}\left(c_2^2 - c_1^2\right) + g(z_2 - z_1)\right]$$

und bezieht sich auf **einen** eintretenden und **einen** austretenden Fluidstrom.

Hierin bedeuten:

$\dot{E}_{Q12}$: **Exergiestrom** $\dot{E}_{Q12} = \int_1^2 \frac{T - T_u}{T}\,\delta\dot{Q}$ **des Wärmestroms** $\dot{Q}_{12}$, wobei bekannt sein muss, welcher Wärmestrom $\delta\dot{Q}$ bei welcher Temperatur T übertragen wird; $\dot{E}_{Q12} > 0$ bei Zufuhr, $\dot{E}_{Q12} < 0$ bei Abgabe, $\dot{E}_{Q12} = 0$ bei adiabatem Prozess

$P_{t\,12}^{st}$: technische Arbeitsleistung (reine Exergie); $P_{t\,12}^{st} > 0$ bei Zufuhr, $P_{t\,12}^{st} < 0$ bei Abgabe, $P_{t\,12}^{st} = 0$ ohne technische Arbeit

$\dot{W}_{diss\,12}$: zugeführte Dissipationsarbeitsleistung (reine Exergie); $\dot{W}_{diss\,12} \geq 0$

$\dot{E}_{v\,12}$: **Exergieverluststrom** $\dot{E}_{v\,12} = T_u \dot{S}_{12}^{irr}$ im System auf Grund von Irreversibilitäten, beispielsweise:
Dissipation von Arbeit, innere Reibung oder Stoffübertragung (Mischung, Diffusion)
$\dot{E}_{v12} > 0$ bei irreversiblen Prozessen
$\dot{E}_{v\,12} = 0$ bei Annahme von Reversibilität

$e_2 - e_1$: Änderung der spezifischen Exergie des Fluids zwischen Eintritt und Austritt (Berechnung in Abschn. 8.4.3)

$\frac{1}{2}\left(c_2^2 - c_1^2\right)$: Änderung der spezifischen kinetischen Energie (reine Exergie)

$g\,(z_2 - z_1)$: Änderung der spezifischen potenziellen Energie (reine Exergie)

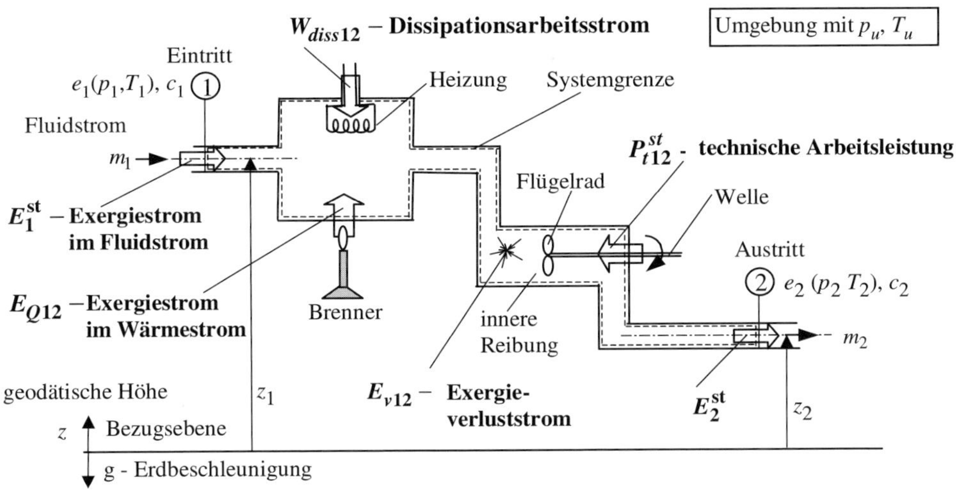

Bild 8.17 Veranschaulichung der Exergiebilanz bei offenen Systemen

Unter Einführung der Exergie des Fluidstroms inkl. kinetischer und potenzieller Energie, als **Gesamtexergiestrom** $\dot{E}^{\text{st}} = \dot{m}\left(e + \frac{1}{2}c^2 + gz\right)$ bezeichnet (Bild 8.3), erhält man

$$\dot{E}_{Q\,12} + P^{\text{st}}_{\text{t}\,12} + \dot{W}_{\text{diss}\,12} - \dot{E}_{\text{v}\,12} = \dot{E}^{\text{st}}_2 - \dot{E}^{\text{st}}_1$$

Neben dem Exergieverluststrom ist der **exergetische Wirkungsgrad**

$$\eta_{\text{ex}} = \frac{\sum \dot{E}_{\text{Nutzen}}}{\sum \dot{E}_{\text{Aufwand}}}$$

die wesentliche Größe für die thermodynamische Bewertung technischer Prozesse. Welche Größen darin den Aufwand und Nutzen darstellen, hängt vom jeweiligen Prozess ab.

8

8.4.3 Berechnung der Exergieänderungen

Ausgehend von den in Abschn. 8.1.8 dargestellten Berechnungsvorschriften für die stoffgebundene Exergie ergibt sich für die Änderung der spezifischen Exergie (der Enthalpie) vom Zustand 1 zum Zustand 2 im offenen System

$$e_2 - e_1 = (h_2 - h_1) - T_\text{u}(s_2 - s_1)$$

mit T_u: Temperatur der Umgebung des Systems
$h_2 - h_1$: Berechnung gemäß Abschn. 8.2.5 und Abschn. 8.1.6
$s_2 - s_1$: Berechnung gemäß Abschn. 8.3.3 und Abschn. 8.1.7.

8.5 Einfache technische Prozesse

8.5.1 Fluide in geschlossenen Behältern

In Bild 8.18 ist die thermodynamische Bilanzierung eines geschlossenen Behälters mit starren Wänden veranschaulicht und die zugehörige **isochore Zustandsänderung** $V = \text{const}$ des Fluids im p,V-Diagramm dargestellt.

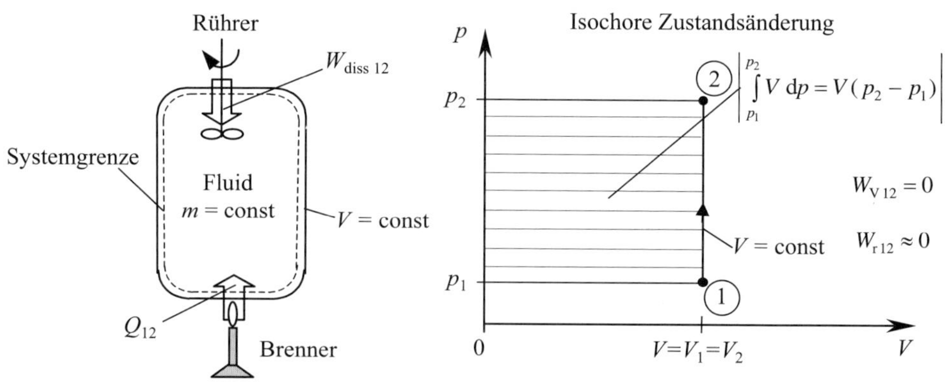

Bild 8.18 Geschlossener Behälter und zugehörige isochore Zustandsänderung

Da keine Volumenänderungsarbeit verrichtet wird und deshalb die innere Reibung im Fluid mit sehr guter Näherung vernachlässigt werden kann, ergibt sich gemäß Abschn. 8.2.2 als Energiebilanz für den Zeitraum von τ_1 bis τ_2

$$Q_{12} + W_{\text{diss }12} = m(u_2 - u_1)$$

mit $u_1(T_1, v)$: zum Zeitpunkt τ_1 (Berechnung in Abschn. 8.2.5 und Abschn. 8.1.6)
$u_2(T_2, v)$: zum Zeitpunkt τ_2, wobei $v = \dfrac{V}{m}$.

8.5.2 Fluide unter konstantem Druck

Bild 8.19 zeigt eine Flüssigkeit, deren Oberfläche mit der Umgebung in Verbindung steht.

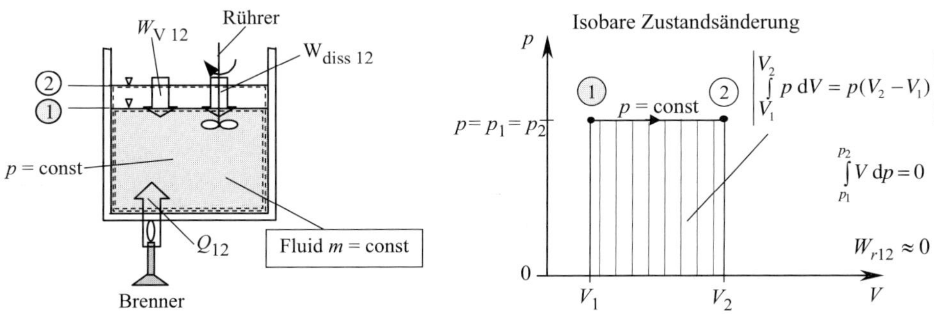

Bild 8.19 System, verbunden mit der Umgebung, und isobare Zustandsänderung

Unter Annahme, dass der Umgebungsdruck im betrachteten Zeitraum konstant bleibt, erfolgt eine **isobare Zustandsänderung** p = const, die im p,V-Diagramm dargestellt ist. Für das hier vorliegende geschlossene System vereinfacht sich die in Abschn. 8.2.2 formulierte Energiebilanz zu $Q_{12} - p(V_2 - V_1) + W_{\text{diss }12} = U_2 - U_1$. Die innere Reibungsarbeit kann mit guter Näherung vernachlässigt werden. Wird die innere Energie durch die Enthalpie $H = U + pV$ ersetzt, erhält man die Energiebilanz bei konstantem Druck

$$Q_{12} + W_{\text{diss }12} = m(h_2 - h_1)$$

mit $h_1(p, T_1)$: zum Zeitpunkt τ_1 (Berechnung in Abschn. 8.2.5 und Abschn. 8.1.6)
$h_2(p, T_2)$: zum Zeitpunkt τ_2.

8.5.3 Mischung von Fluidströmen

Die stationäre **Mischung** von Fluidströmen ist in Bild 8.20 dargestellt. Sie kann mit guter Näherung als **isobar** und, falls die Wärmeverluste nach außen weit geringer sind als die sich mischenden Energieströme, als **adiabat** angesehen werden.

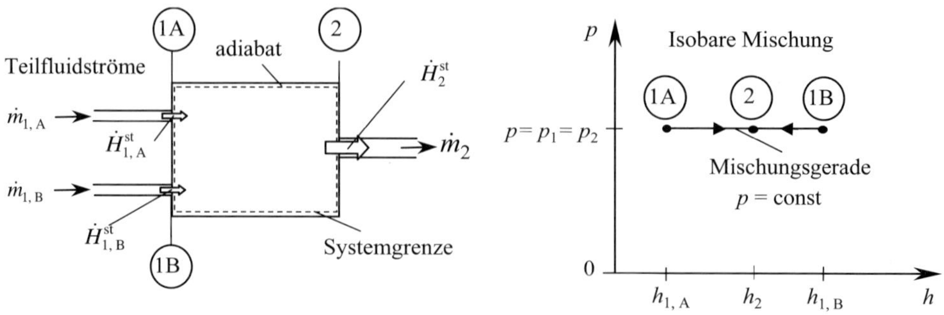

Bild 8.20 Mischung von Fluidströmen und zugehörige isobare Zustandsänderung

8

Die Betrachtung soll sich auf ideale Mischungen ohne chemische Reaktion beschränken. In Bild 8.20 werden die eintretenden Fluidströme 1A und 1B zum austretenden Fluidstrom 2 gemischt. Die stationäre Massebilanz für den Mischungsraum als offenes System lautet:

$$0 = \dot{m}_2 - \dot{m}_1 \quad \Rightarrow \quad \boxed{\dot{m}_2 = \dot{m}_{1,\mathrm{A}} + \dot{m}_{1,\mathrm{B}}}$$

Ausgehend von Abschn. 8.2.3 ergibt sich als stationäre Energiestrombilanz

$$0 = \dot{H}_2^{\mathrm{st}} - \dot{H}_1^{\mathrm{st}} \quad \Rightarrow \quad \dot{H}_2^{\mathrm{st}} = \dot{H}_{1,\mathrm{A}}^{\mathrm{st}} + \dot{H}_{2,\mathrm{B}}^{\mathrm{st}} \ .$$

Das Einsetzen von $\dot{H}_2^{\mathrm{st}} = \dot{m}_2 h_2^{\mathrm{st}}$, $\dot{H}_{1,\mathrm{A}}^{\mathrm{st}} = \dot{m}_{1,\mathrm{A}} h_{1,\mathrm{A}}^{\mathrm{st}}$, $\dot{H}_{1,\mathrm{B}}^{\mathrm{st}} = \dot{m}_{1,\mathrm{B}} h_{1,\mathrm{B}}^{\mathrm{st}}$ und der obigen Massebilanz führt zur Beziehung

$$\boxed{\dot{m}_{1,\mathrm{A}}\left(h_2^{\mathrm{st}} - h_{1,\mathrm{A}}^{\mathrm{st}}\right) = -\,\dot{m}_{1,\mathrm{B}}\left(h_2^{\mathrm{st}} - h_{1,\mathrm{B}}^{\mathrm{st}}\right)}$$

mit der spezifischen Gesamtenthalpiedifferenz des Fluidstroms 1A

$$h_2^{\mathrm{st}} - h_{1,\mathrm{A}}^{\mathrm{st}} = (h_2 - h_{1,\mathrm{A}}) + \tfrac{1}{2}\left(c_2^2 - c_{1,\mathrm{A}}^2\right) + g(z_2 - z_{1,\mathrm{A}})$$

und analog für den Fluidstrom 2B. Die Berechnung der darin enthaltenen spezifischen Enthalpiedifferenzen kann Abschn. 8.2.5 und Abschn. 8.1.6 entnommen werden.

Für den bei der Mischung entstehenden Entropieproduktionsstrom folgt aus der stationären Entropiestrombilanz gemäß Abschn. 8.3.2

$$\dot{S}_{12}^{\mathrm{irr}} = \dot{S}_2 - \dot{S}_1 \quad \Rightarrow \quad \dot{S}_{12}^{\mathrm{irr}} = \dot{S}_2 - \left(\dot{S}_{1,\mathrm{A}} + \dot{S}_{1,\mathrm{B}}\right)$$

Das Einsetzen der Entropieströme und der Massebilanz führt zur Beziehung

$$\boxed{\dot{S}_{12}^{\mathrm{irr}} = \dot{m}_{1,\mathrm{A}}(s_2 - s_{1,\mathrm{A}}) + \dot{m}_{1,\mathrm{B}}(s_2 - s_{1,\mathrm{B}})}$$

Die Berechnung der spezifischen Entropiedifferenzen ist in Abschn. 8.3.3 beschrieben.
Die zugehörige stationäre Exergiestrombilanz lautet ausgehend von Abschn. 8.4.2:

$$-\dot{E}_{\mathrm{v}\,12} = \dot{E}_2^{\mathrm{st}} - \dot{E}_1^{\mathrm{st}} \quad \Rightarrow \quad \dot{E}_{\mathrm{v}\,12} = -\,\dot{E}_2^{\mathrm{st}} + \left(\dot{E}_{1,\mathrm{A}}^{\mathrm{st}} + \dot{E}_{1,\mathrm{B}}^{\mathrm{st}}\right)$$

Das Einsetzen von $\dot{E}_2^{\text{st}} = \dot{m}_2 e_2^{\text{st}}$, $\dot{E}_{1,\text{A}}^{\text{st}} = \dot{m}_{1,\text{A}} e_{1,\text{A}}^{\text{st}}$, $\dot{E}_{1,\text{B}}^{\text{st}} = \dot{m}_{1,\text{B}} e_{1,\text{B}}^{\text{st}}$ und der Massebilanz führt zur Beziehung für den Exergieverluststrom

$$\dot{E}_{\text{v}\,12} = -\dot{m}_{1,\text{A}}\left(e_2^{\text{st}} - e_{1,\text{A}}^{\text{st}}\right) - \dot{m}_{1,\text{B}}\left(e_2^{\text{st}} - e_{1,\text{B}}^{\text{st}}\right)$$

mit der spezifischen Gesamtexergiedifferenz

$$e_2^{\text{st}} - e_{1,\text{A}}^{\text{st}} = (e_2 - e_{1,\text{A}}) + \tfrac{1}{2}\left(c_2^2 - c_{1,\text{A}}^2\right) + g(z_2 - z_{1,\text{A}})$$

des Fluidstroms 1A und analog für den Fluidstrom 2B gemäß Abschn. 8.4.3 und Abschn. 8.1.8. Der exergetische Wirkungsgrad der Mischung ergibt sich zu:

$$\eta_{\text{ex}} = \frac{\dot{E}_2^{\text{st}}}{\dot{E}_{1,\text{A}}^{\text{st}} + \dot{E}_{1,\text{B}}^{\text{st}}}$$

8

8.5.4 Übertragung von Wärme an Fluidströme

Die Übertragung von Wärme an ein stationär strömendes Fluid zwischen einem Eintritt 1 und dem Austritt 2 ist in Bild 8.21 dargestellt.

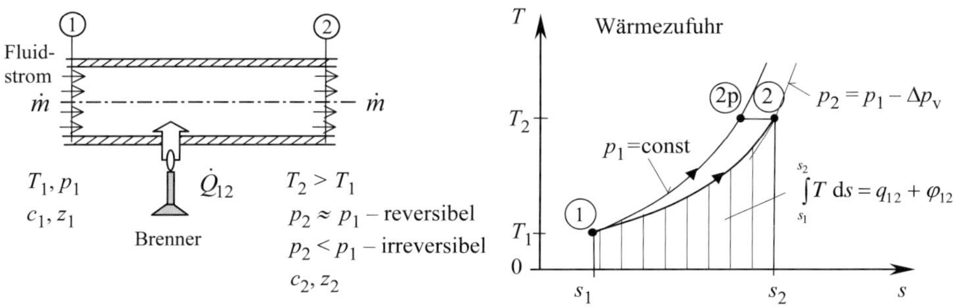

Bild 8.21 Übertragung von Wärme an ein strömendes Fluid

Im vorliegenden Fall einer Wärmezufuhr liegt die Temperatur am Austritt über der am Eintritt. Der Druck wird auf Grund der Reibung, d. h. Dissipation, im Fluid und an der Wand sinken. Es kommt zum **Druckverlust** $\Delta p_\text{v} = p_2 - p_1$. Der aus diesem Grund irreversible Prozessverlauf 1 → 2 wurde im *T,s*-Diagramm des Bildes 8.21 eingezeichnet, obwohl dessen Verlauf nicht exakt bekannt ist. In wärmetechnischen Berechnungen ist es jedoch üblich, die Druckverluste in erster Näherung zu vernachlässigen. In diesem Fall wird eine **isobare** und somit in Bezug auf den Fluidstrom reversible **Wämezu- bzw. -abfuhr** angenommen (Zustandsänderung 1 → 2p).

Der Wärmestrom ergibt sich in beiden Fällen aus der stationären Energiestrombilanz (Abschn. 8.2.3) für das offene System mit einem Ein- und einem Austritt zu

$$\dot{Q}_{12} = \dot{m}\left[(h_2 - h_1) + \tfrac{1}{2}\left(c_2^2 - c_1^2\right) + g(z_2 - z_1)\right]$$

Werden die zumeist geringen Änderungen von kinetischer und potenzieller Energie vernachlässigt, erhält man:

$$\dot{Q}_{12} = \dot{m}\,(h_2 - h_1)$$

mit $h_1(p_1, T_1)$ am Eintritt und $h_2(p_2, T_2)$ am Austritt (Berechnung in Abschn. 8.2.5),
wobei $p_2 = p_1 = p$ – bei Vernachlässigung des Druckverlustes
$p_2 = p_1 - \Delta p_\text{v}$ – mit Druckverlust aus strömungsmechanischer Berechnung.

Die Fläche unter dem Prozessverlauf im T,s-Diagramm entspricht dem Betrag der zu- oder abgeführten spezifischen Wärme $q_{12} = \frac{\dot{Q}_{12}}{\dot{m}}$ plus spezifische Dissipationsenergie φ_{12} (Bild 8.21).

8.5.5 Verdichten und Pumpen

Beim Verdichten eines Gases im **Verdichter** bzw. **Kompressor** und einer Flüssigkeit in der **Pumpe** laufen aus thermodynamischer Sicht verwandte Prozesse ab. In Bild 8.22 sind die beiden Prozesse veranschaulicht und die zugehörigen Zustandsänderungen des Fluids im T,s-Diagramm dargestellt. Sie können mit guter Näherung als **adiabat** angesehen werden, weil die zugeführte technische Arbeitsleistung erheblich größer ist als der an die Umgebung abgegebene Verlustwärmestrom.

8

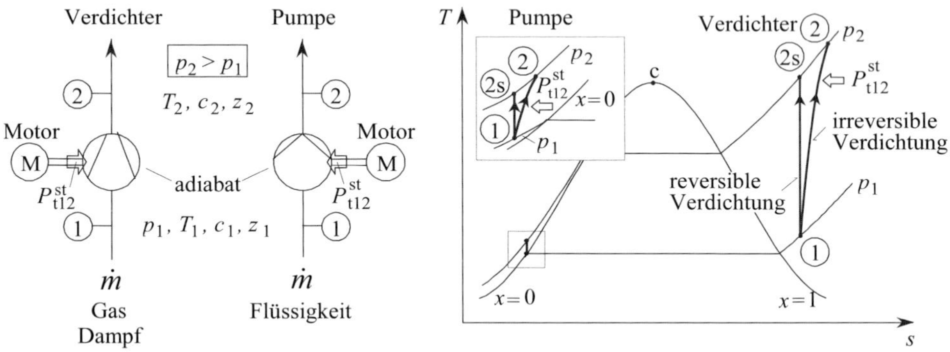

Bild 8.22 Verdichten und Pumpen sowie zugehörige Zustandsänderungen

Da es sich um irreversible Prozesse handelt, findet eine Entropieproduktion statt, die zu einer Entropieerhöhung führt.

Würde der Prozess reversibel ablaufen, bliebe die Entropie konstant. In diesem idealen Fall wären die eingezeichneten Zustandspunkte 2s die Austrittszustände beim Druck p_2. Tatsächlich führt die Entropieerhöhung dazu, dass der Austrittsdruck p_2 erst in den eingezeichneten Zustandspunkten 2 bei höheren Temperaturen erreicht wird. In praktischen Berechnungen wird die tatsächlich notwendige spezifische technische Arbeit w_{t12} mit Hilfe eines **isentropen Verdichter-** bzw. **Pumpenwirkungsgrades** η_{sV} aus der für den reversiblen Prozess notwendigen Arbeit $w_{t\,12s}$ ermittelt. Bild 8.23 zeigt in einem h,s-Diagramm die beiden Arbeiten, wobei die Verläufe für Verdichter und Pumpe qualitativ gleich sind.

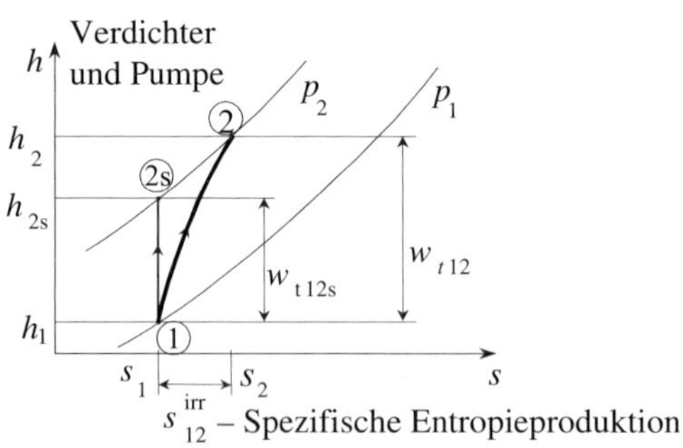

Isentroper Verdichterwirkungsgrad, Pumpenwirkungsgrad

$$\eta_{sV} = \frac{w_{t\,12s}}{w_{t\,12}} = \frac{h_{2s} - h_1}{h_2 - h_1}$$

weitere Bezeichnungen:

- **innerer Verdichterwirkungsgrad**
- **Verdichtergütegrad**

Bild 8.23 Adiabate Verdichtung im h,s-Diagramm und isentroper Wirkungsgrad

Die zuzuführende technische Arbeitsleistung für den stationären Fall erhält man aus der in Abschn. 8.2.3 erläuterten Energiestrombilanz für das offene System. Sie lautet

$$P_{t12}^{st} = \dot{m}\left[(h_2 - h_1) + \tfrac{1}{2}(c_2^2 - c_1^2) + g(z_2 - z_1)\right] \quad \text{mit } h_2 - h_1 = \frac{1}{\eta_{sV}}(h_{2s} - h_1)$$

Der isentrope Wirkungsgrad η_{sV} (Bild 8.23) wird vom Hersteller des Verdichters bzw. der Pumpe zumeist als Funktion des Druckverhältnisses $\frac{p_2}{p_1}$ angegeben. Für die Berechnung der spezifischen Enthalpiedifferenz $(h_{2s} - h_1)$ ist zunächst die Lage der Verdichtung im Zustandsdiagramm (h,s- und T,s-Diagramm in Bild 8.6 und Bild 8.8) festzustellen:

Reales Fluid

$h_{2s} - h_1 = h(p_2, s_1) - h(p_1, T_1)$ mit $s_1 = s(p_1, T_1) \rightarrow$ Kapitel 8.1.6 und 8.1.7

Fluide im Idealgaszustand – Verdichter

$h_{2s} - h_1 = h^{ig}(p_2, s_1) - h^{ig}(T_1)$ mit $s_1 = s^{ig}(p_1, T_1) \rightarrow$ Kapitel 8.1.6 und 8.1.7

Für die Näherung $c_{pm}^{ig} = \text{const}$ folgt $\eta_{sV} = \dfrac{T_{2s} - T_1}{T_2 - T_1}$ und $h_{2s} - h_2 = c_{pm}^{ig}(T_{2s} - T_1)$, wobei

$T_{2s} = T_1 \left(\dfrac{p_2}{p_1}\right)^{\frac{\kappa - 1}{\kappa}}$ mit κ gemäß Abschn. 8.1.5.2 für die Isentrope $1 \rightarrow 2s$ gilt.

Inkompressible Flüssigkeiten – Pumpe

$h_{2s} - h_1 = v_1^{if}(p_2 - p_1)$ mit $v_1^{if} = \dfrac{1}{\rho_1^{if}}$, wobei $\rho_1^{if} = \rho^{if}(T_1) \rightarrow$ Kapitel 8.1.4

Für den Entropieproduktionsstrom folgt aus der Entropiebilanz $\dot{S}_{12}^{irr} = \dot{m}(s_2 - s_1)$ und für den Exergieverluststrom $\dot{E}_{v12} = \dot{m}T_u(s_2 - s_1)$.

Als exergetischen Wirkungsgrad erhält man $\eta_{ex} = \dfrac{\dot{E}_2^{st} - \dot{E}_1^{st}}{P_{t12}^{st}}$.

8.5.6 Turbinenentspannung

In Bild 8.24 ist eine Turbine schematisch dargestellt, wobei es sich um eine **Dampfturbine oder Gasturbine** handeln kann. Beide können mit guter Näherung als **adiabat** angesehen werden, da die entnehmbare technische Arbeitsleistung weit größer ist als der an die Umgebung abgegebene Verlustwärmestrom.

Der zugehörige Prozess ist im nebenstehenden T,s-Diagramm veranschaulicht. Verliefe die Entspannung ohne innere Reibung, d. h. reversibel, so würde sie bei konstanter spezifischer Entropie $s_1 = \text{const}$ den Austrittsdruck p_2 im Zustandspunkt 2s erreichen. Da es sich jedoch um eine reibungsbehaftete Strömung und somit um einen irreversiblen Prozess handelt, führt die dabei auftretende Entropieproduktion zu einer Entropieerhöhung. Sie ist die Ursache, dass der Austrittsdruck p_2 im eingezeichneten Zustandspunkt 2 erreicht wird. In praktischen Berechnungen wird die entnehmbare spezifische technische Arbeit w_{t12} mit Hilfe eines **isentropen Turbinenwirkungsgrades** η_{sT} aus der spezifischen technischen Arbeit w_{t12s}, die der reversible Prozess abgeben würde, berechnet (Bild 8.25). Im zugehörigen h,s-Diagramm sind die beiden Arbeiten eingetragen, wobei die Verläufe für Gas- und Dampfturbinen qualitativ gleich sind.

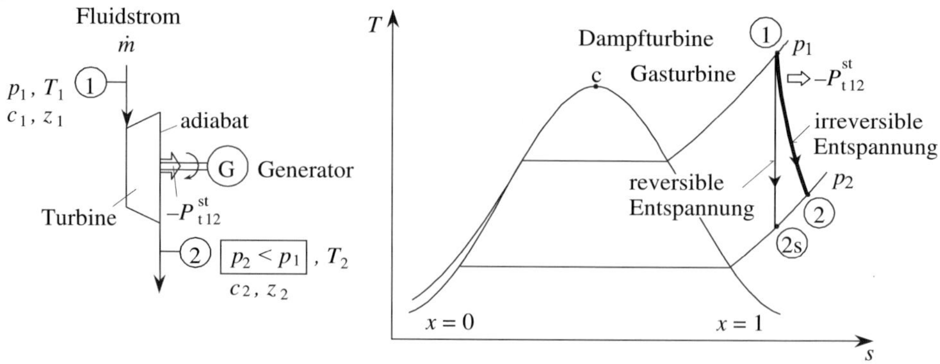

Bild 8.24 Turbinenentspannung und zugehörige Zustandsänderungen

Die im stationären Fall entnehmbare technische Arbeitsleistung ergibt sich aus der in Abschn. 8.2.3 erläuterten Energiebilanz für das offene System:

$$P_{t12}^{st} = \dot{m}\left[(h_2 - h_1) + \tfrac{1}{2}\left(c_2^2 - c_1^2\right) + g(z_2 - z_1)\right] \quad \text{mit} \quad h_2 - h_1 = \eta_{sT}\,(h_{2s} - h_1)$$

Der isentrope Wirkungsgrad η_{sT} wird vom Hersteller der Turbine in der Regel in Abhängigkeit vom Druckverhältnis $\frac{p_1}{p_2}$ angegeben.

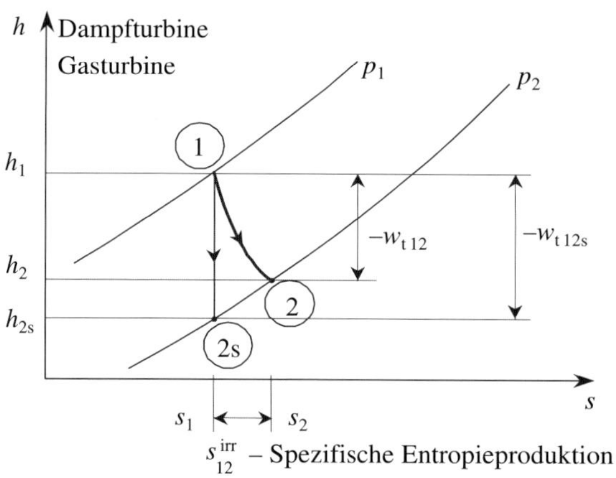

Isentroper Turbinenwirkungsgrad

$$\eta_{sT} = \frac{w_{t12}}{w_{t12s}} = \frac{h_2 - h_1}{h_{2s} - h_1}$$

weitere Bezeichnungen:

- **innerer Turbinenwirkungsgrad**
- **Turbinengütegrad**

Bild 8.25 Adiabate Entspannung im h,s-Diagramm und isentroper Wirkungsgrad

Für die Berechnung der spezifischen Enthalpiedifferenz $(h_{2s} - h_1)$ muss zunächst die Lage der Entspannung im Zustandsdiagramm (h,s- und T,s-Diagramm in Bild 8.6 und Bild 8.8) festgestellt werden:

Reales Fluid – Dampfturbine

$h_{2s} - h_1 = h(p_2, s_1) - h(p_1, T_1)$ mit $s_1 = s(p_1, T_1) \rightarrow$ Kapitel 8.1.6 und 8.1.7

Fluide im Idealgaszustand – Gasturbine

$h_{2s} - h_1 = h^{ig}(p_2, s_1) - h^{ig}(T_1)$ mit $s_1 = s^{ig}(p_1, T_1) \to$ Kapitel 8.1.6 und 8.1.7

Für die Näherung $c_{pm}^{ig} = \text{const}$ folgt $\eta_{sT} = \dfrac{T_2 - T_1}{T_{2s} - T_1}$ und $h_{2s} - h_1 = c_{pm}^{ig}(T_{2s} - T_1)$,

wobei $T_{2s} = T_1 \left(\dfrac{p_2}{p_1}\right)^{\frac{\kappa-1}{\kappa}}$ mit κ gemäß Abschn. 8.1.5.2 für die Isentrope 1 → 2s gilt.

Der Entropieproduktionsstrom ergibt sich aus der Entropiebilanz zu $\boxed{\dot{S}_{12}^{irr} = \dot{m}(s_2 - s_1)}$ und der Exergieverluststrom daraus folgend zu $\boxed{\dot{E}_{v12} = \dot{m}T_u\,(s_2 - s_1)}$. Der exergetische Wirkungsgrad lautet $\eta_{ex} = \dfrac{P_{t12}^{st}}{\dot{E}_2^{st} - \dot{E}_1^{st}}$.

8

Tabelle 8.2 Allgemeine stoffspezifische Konstanten

Stoff	**Strukturformel**	**M** kg kmol^{-1}	**R** kJ kg^{-1} K^{-1}	**Daten am kritischen Punkt** T_c K	p_c MPa	ρ_c kg m^{-3}
Wasser	H_2O	18,015	0,46153	647,096	22,064	322,0
Stickstoffdioxid	NO_2	46,01	0,18071	431,35	10,13	550
Kohlenstoffdioxid	CO_2	44,01	0,18892	304,21	7,3825	466,1
Schwefeldioxid	SO_2	64,065	0,12978	430,7	7,88	525
Luft		28,9647	0,28706	132,507	3,766	313
Ammoniak	NH_3	17,03	0,48823	405,60	11,30	235
R22	CHF_2Cl	86,469	0,096156	369,33	4,990	513
R134a	$CH_2F\text{–}CF_3$	102,03	0,081491	374,3	4,064	508
Helium	He	4,003	2,0771	5,201	0,2275	69,64
Argon	Ar	39,948	0,20813	150,8	4,8979	535,7
Stickstoff	N_2	28,013	0,29681	126,20	3,400	314
Sauerstoff	O_2	31,999	0,25984	154,576	5,043	436,1
Methan	CH_4	16,043	0,51826	190,555	4,595	162,2
Ethan	C_2H_6	30,069	0,27651	305,42	4,884	205,6
Propan	C_3H_8	44,096	0,18855	370,0	4,26	226
Butan	C_4H_{10}	58,12	0,14306	425,16	3,797	225

Tabelle 8.3 Stoffwerte von Fluiden im Idealgaszustand (s_T gemäß Abschn. 8.1.7.2)

t °C	**Wasserdampf** c_p kJ kg⁻¹ K⁻¹	h kJ kg⁻¹	s_T a) kJ kg⁻¹ K⁻¹	**Trockene Luft** c_p kJ kg⁻¹ K⁻¹	h kJ kg⁻¹	s_T b) kJ kg⁻¹ K⁻¹
0	1,8589	2500,89	9,1558	1,0038	0	0
20	1,8629	2538,11	9,2873	1,0046	20,084	0,07096
40	1,8681	2575,41	9,4104	1,0057	40,186	0,13730
60	1,8743	2612,84	9,5263	1,0070	60,312	0,19959
80	1,8816	2650,39	9,6358	1,0085	80,467	0,25835
100	1,8898	2688,11	9,7396	1,0104	100,66	0,31395
200	1,9402	2879,50	10,1938	1,0245	202,34	0,55532
400	2,0633	3279,52	10,8977	1,0684	411,42	0,92343
600	2,2013	3705,81	11,4514	1,1151	629,85	1,2073
800	2,3446	4160,40	11,9197	1,1543	856,95	1,4413
1000	2,4831	4643,32	12,3320	1,1848	1090,99	1,6412
1200	2,6101	5152,87	12,7035	1,2084	1330,41	1,8159
1400	2,7223	5686,36	13,0429	1,2269	1574,02	1,9709
1600	2,8192	6240,76	13,3558	1,2420	1820,96	2,1103

Werte nach VDI-Richtlinie 4670 ohne Berücksichtigung der Dissoziation und der irreversiblen Mischungsentropie von Luft

a) bei $p_0 = 0{,}101325$ MPa, b) bei $p_0 = 0{,}6112$ kPa

Tabelle 8.4 Stoffwerte von Wasser auf Siede- und Taulinie

t °C	p_s MPa	v' m³ kg⁻¹	v'' m³ kg⁻¹	h' kJ kg⁻¹	h'' kJ kg⁻¹	s' kJ kg⁻¹K⁻¹	s'' kJ kg⁻¹ K⁻¹
0	0,0006112	0,0010002	206,139	–0,0416	2500,89	–0,0002	9,1558
0,01	0,0006117	0,0010002	205,997	0,0006	2500,91	0,0000	9,1555
20	0,002339	0,0010018	57,7614	83,92	2537,47	0,2965	8,6661
40	0,007384	0,0010079	19,5170	167,54	2573,54	0,5724	8,2557
60	0,019946	0,0010171	7,66765	251,15	2608,85	0,8312	7,9082
80	0,047415	0,0010290	3,40526	334,95	2643,01	1,0754	7,6110
100	0,10142	0,0010435	1,67186	419,10	2675,57	1,3070	7,3541
150	0,47610	0,0010905	0,392502	632,25	2745,92	1,8420	6,8370
200	1,5547	0,0011565	0,127222	852,39	2792,06	2,3308	6,4303
250	3,9759	0,0012517	0,050087	1085,69	2801,01	2,7934	6,0722
300	8,5877	0,0014042	0,021663	1344,77	2749,57	3,2547	5,7058
350	16,529	0,0017401	0,008801	1670,86	2563,59	3,7783	5,2109
373,946	22,064	0,003106	0,003106	2087,55	2087,55	4,4120	4,4120

Werte nach dem internationalen Industrie-Standard IAPWS-IF97

Tabelle 8.5 Stoffwerte von Wasser, v in $m^3\,kg^{-1}$, h in $kJ\,kg^{-1}$, s in $kJ\,kg^{-1}\,K^{-1}$

t		**0,001 MPa**	**0,1 MPa**	**1 MPa**	**30 MPa**	**100 MPa**
0 °C	*v*	0,0010002	0,0010002	0,0009997	0,00098567	0,00095669
	h	–0,04	0,06	0,98	29,86	95,39
	s	–0,00015	–0,00015	–0,00009	0,00028	–0,00858
50 °C	*v*	149,096	0,0010121	0,0010117	0,00099934	0,00097329
	h	2594,40	209,41	210,19	235,05	293,92
	s	9,2430	0,7038	0,7033	0,6900	0,6586
100 °C	*v*	172,193	1,6960	0,0010430	0,0010290	0,0010002
	h	2688,54	2675,77	419,77	441,67	495,04
	s	9,5138	7,3610	1,3063	1,2845	1,2373
200 °C	*v*	218,360	2,1725	0,20600	0,0011304	0,0010826
	h	2880,00	2875,48	2828,27	865,14	903,51
	s	9,9682	7,8356	6,6955	2,2890	2,2066
500 °C	*v*	356,826	3,56558	0,35411	0,0086903	0,0018932
	h	3489,77	3488,71	3479,00	3084,79	2316,23
	s	10,9625	8,8361	7,7640	5,7956	4,4899
800 °C	*v*	495,286	4,95196	0,49438	0,0156288	0,0043355
	h	4160,66	4160,21	4156,14	4020,23	3715,19
	s	11,6938	9,5681	8,5024	6,8303	6,0405

Werte nach dem internationalen Industrie-Standard IAPWS-IF97

Tabelle 8.6 Stoffwerte von flüssigem Wasser – inkompressibel (s_T gemäß Abschn. 8.1.7.2)

t °C	ρ kg m^{-3}	c_p kJ $kg^{-1}K^{-1}$	h kJ kg^{-1}	s_T kJ $kg^{-1}K^{-1}$	t °C	ρ kg m^{-3}	c_p kJ $kg^{-1}K^{-1}$	h kJ kg^{-1}	s_T [a)] kJ $kg^{-1}K^{-1}$
0	999,79	4,2199	0	0	80	971,78	4,1956	334,95	1,0754
5	999,92	4,2054	21,019	0,0763	90	965,30	4,2051	376,97	1,1927
10	999,65	4,1958	42,021	0,1511	100	958,35	4,2166	419,10	1,3070
15	999,05	4,1894	62,984	0,2245	110	950,95	4,2304	461,36	1,4187
20	998,16	4,1851	83,920	0,2965	120	943,11	4,2464	503,78	1,5278
25	997,00	4,1822	104,84	0,3673	130	934,83	4,2648	546,39	1,6346
30	995,61	4,1803	125,75	0,4368	140	926,13	4,2860	589,20	1,7393
40	992,18	4,1788	167,54	0,5724	150	917,01	4,3103	632,25	1,8420
50	988,01	4,1798	209,34	0,7038	160	907,45	4,3379	675,57	1,9428
60	983,18	4,1829	251,15	0,8312	180	887,01	4,4056	763,19	2,1395
70	977,75	4,1882	293,02	0,9550	200	864,67	4,4940	852,39	2,3308

Werte für siedende Flüssigkeit nach dem internationalen Industrie-Standard IAPWS-IF97

a) bei $p_0 = 0{,}6112$ kPa

Tabelle 8.7 Stoffwerte von Luft, v in m³ kg⁻¹, h in kJ kg⁻¹, s in kJ kg⁻¹ K⁻¹

t		0,1 MPa	1 MPa	10 MPa	50 MPa	100 MPa
0 °C	*v*	0,78379	0,077983	0,0076102	0,0020805	0,0015470
	h	–0,00643	–2,4571	–24,915	–54,242	–29,036
	s	0,0038	–0,6648	–1,3970	–1,9959	–2,2246
50 °C	*v*	0,92769	0,092677	0,0093386	0,0024279	0,0017092
	h	50,324	48,605	33,469	13,403	37,329
	s	0,1730	–0,4932	–1,2006	–1,7683	–2,0013
100 °C	*v*	1,0715	0,10727	0,010972	0,0027734	0,0018733
	h	100,79	99,58	89,20	77,29	101,34
	s	0,3182	–0,3465	–1,0402	–1,5843	–1,8171
500 °C	*v*	2,2206	0,22278	0,023023	0,0053370	0,0031532
	h	519,82	520,07	523,14	543,85	578,88
	s	1,0777	0,4160	–0,2506	–0,7307	–0,9438
1000 °C	*v*	3,6564	0,36650	0,037525	0,0083089	0,0046592
	h	1091,46	1092,15	1099,19	1132,83	1177,19
	s	1,6460	0,9847	0,3223	–0,1443	–0,3479
1500 °C	*v*	5,0920	0,51010	0,051917	0,011208	0,0061194
	h	1697,67	1698,51	1706,95	1745,74	1794,96
	s	2,0472	1,3860	0,7246	0,2614	0,0611

Werte nach Lemmon at al.

Weiterführende Literatur

Baehr, H. D.; Kabelac, S.: Thermodynamik. 13. Auflage. Berlin: Springer-Verlag 2006

Baehr, H. D.; Stephan, K.: Wärme- und Stoffübertragung. 4. Auflage. Berlin: Springer-Verlag 2004

Cerbe, G.; Wilhelms, G.: Technische Thermodynamik. 14. Auflage. München: Carl Hanser Verlag 2005

Energietechnische Arbeitsmappe. 15. Auflage. Düsseldorf: Springer-Verlag 2006

Langeheinecke, K.; Jany, P.; Thieleke, G.: Thermodynamik für Ingenieure. 6. Auflage. Wiesbaden: Vieweg Verlag 2006

Lucas, K.: Thermodynamik. 5. Auflage. Berlin: Springer-Verlag 2005

VDI-Wärmeatlas. 10. Auflage. Düsseldorf: Springer-Verlag 2000

Kompendien thermophysikalischer Stoffdaten

Baehr, H. D.; Tillner-Roth, R.: Thermodynamische Eigenschaften umweltverträglicher Kältemittel (Ammoniak, R22, R123, R134a, R152a). Berlin: Springer-Verlag 1995

Blanke, W.: Thermophysikalische Stoffgrößen. Berlin: Springer-Verlag 1989

IUPAC International Thermodynamic Tables of the Fluid State, 4-Helium, 7-Propylen, 8-Chlorine, 9-Oxygen, 11-Fluorine, 12-Methanol, 13-Methane. Oxford: Blackwell Scientific Publications 1977–1996

Journal of Physical Chemical Reference Data: Wasserstoff (1982), Xenon (1994), Kohlendioxid (1996), R32 (1997), R125 (1998), Argon (1999), Luft, Stickstoff, Ethylen, R143a (2000), Wasser (2002), Ethan, Propan, n-Butan, Isobutan (2004)

Reid, R. C.; Prausnitz, J. M.; Poling, B. E.: The Properties of Gases & Liquids. Fourth Edition. New York: McGraw-Hill Book Company 1988

Sengers, J. V.; Kayser R. F.; Peters, C. J.; White, H. J.: Equations of State for Fluids and Fluid Mixtures. Amsterdam: Elsevier 2000

Span, R.: Multiparameter Equations of State. Berlin: Springer-Verlag 2000
Tillner-Roth, R.: Fundamental Equations of State. Aachen: Shaker Verlag 1998
Wagner, W.; Kruse, A.: Properties of Water and Steam – Zustandseigenschaften von Wasser und Wasserdampf. Berlin: Springer-Verlag 1998
VDI-Richtline 4670, Thermodynamische Stoffwerte von feuchter Luft und Verbrennungsgasen (Stickstoff, Sauerstoff, Argon, Neon, Wasserdampf, Kohlendioxid, Kohlenmonoxid, Schwefeldioxid). Düsseldorf: VDI-Handbuch Energietechnik 2003

8

9

Konstruktions-elemente

Prof. Dr. rer. nat. Dr. rer. pol.
Ekbert Hering
Hochschule Aalen

Dipl.-Ing. Karlheinz Kabus
Berlin

Tabelle 9.1 Wichtige Formelzeichen

Formelzeichen	Einheit	Bedeutung
A_w	mm²	Schweißnahtfläche
D, d	mm	Durchmesser
E	N/mm²	Elastizitätsmodul
F	N	Kraft
f	s^{-1}	Frequenz
H	mm³	Flächenmoment 1. Grades
i, I	µm	Toleranzfaktor
I	mm⁴	Flächenmoment 2. Grades
k	$W/(m^2 \cdot K)$	Wärmeübergangskoeffizient
M	$N \cdot m$	Drehmoment
M_b	$N \cdot m$	Biegemoment
m		Modul
n		Krafteinleitungsfaktor, Anzahl
n	min^{-1}	Drehzahl
P	mm	Steigung des Gewindes
P	W	Leistung
P	W	Wärmestrom
p	N/mm²	Pressung
R	Ω	Elektrischer Widerstand
R	µm	Rauigkeit
R_m	N/mm²	Zugfestigkeit
R, r	mm	Radius
R	N/mm	Federrate
S		Sicherheit
s	mm	Federweg
T	$N \cdot mm$	Torsionsmoment
U		Übermaß
u	m/s	Gleitgeschwindigkeit
v	m/s	Geschwindigkeit
W	$N \cdot m$	Arbeit
w	m/s	Mittlere Strömungsgeschwindigkeit
z		Zähnezahl
α	K^{-1}	Längenausdehnungskoeffizient
α		Anziehfaktor
δ	mm/kN	Nachgiebigkeit
η	$N \cdot s/m^{-2}$	dynamische Zähigkeit
η		Wirkungsgrad
λ		Rohrreibungszahl
μ		Querdehnzahl, Reibungszahl
ν		Haftbeiwert
ν	m²/s	kinematische Zähigkeit
ξ		Bezogener Plastizitätsdurchmesser
ρ	kg/m³	Dichte
σ	N/mm²	Zug-, Druckspannung
τ	N/mm²	Schubspannung
Φ		Kraftverhältnis
Ψ		Lagerspiel
ω	s^{-1}	Winkelgeschwindigkeit

Index	Bedeutung
b	Biege-
F	Fuge
w	geschweißt (welded)

9.1 Definition und Konstruktionsprozess

Bauteile, die in verschiedenen Maschinen immer die **gleiche Funktion** ausführen und deshalb meist auch ähnliche geometrische Formen aufweisen, sind Basiselemente der Konstruktion und werden **Konstruktionselemente** genannt. Je nach zu erfüllender Funktion können es einzelne Bauteile sein (z. B. Schrauben, Stifte, Zahnräder) oder auch Bauteilgruppen. In diesem Fall erfüllen mehrere zusammengehörige Bauteile eine Funktion (z. B. Getriebe, Kupplungen, Welle-Nabe-Verbindungen).

Viele Konstruktionselemente sind in ihren Abmessungen und Ausführungen genormt. Der Prozess des Konstruierens ist in Abschn. 10 ausführlich beschrieben. Zusammenfassend kann man den Konstruktionsprozess folgendermaßen beschreiben:

Der Prozess der Konstruktion ist ein **kreativer Vorgang**, in dem eine definierte technische Lösung für geforderte Produkteigenschaften erarbeitet wird. Basis dafür ist die Kenntnis der technischen Funktionen, ihre technischen Ausprägungen, das Zusammenwirken unterschiedlicher Bauteile und Materialien. Darüber hinaus werden aber auch an die Konstruktion wichtige zusätzliche Forderungen gestellt: Die Konstruktionen müssen **fertigungsgerecht** (d. h. mit wirtschaftlich vertretbarem Aufwand fertigbar sein), **wartungsgerecht** (d. h. mit geringem Aufwand gewartet werden können), **recyclinggerecht** (d. h., die Produkte müssen einer Wiederverwertung zugeführt werden können) und vor allem auch **kostengerecht** (d. h. den Kostenanforderungen entsprechen) sein.

Die große Kunst des Konstruierens besteht also darin, die Konstruktionselemente als Funktionsträger optimal so zu kombinieren, dass zum einen die technisch verlangten Funktionen erreicht werden und zum anderen die oben geschilderten Randbedingungen berücksichtigt werden. Da die Konstruktion 60 % aller Fertigungskosten verursacht und der Wettbewerb konkurrenzfähige Produkte erfordert, ist vor allem die kostengerechte Konstruktion (design to cost) wesentlich geworden. Die Basis aller Konstruktionen ist die detaillierte Kenntnis der Konstruktionselemente.
Der Konstruktionsprozess besteht aus zwei Phasen (Abschn. 10.3):

- **Konzeptionsphase:** Meist liegt ein Pflichtenheft vor, das die Aufgabenerfüllung festlegt. Daran anschließend wird die Funktionsstruktur festgelegt, d. h., es wird definiert, in welche Teilfunktionen komplexe Funktionen untergliedert werden können. Zu den entsprechenden Funktionen werden Lösungsprinzipien gesucht. Unterschiedliche Kombinationen dieser Lösungsprinzipien ergeben verschiedene Konzeptvarianten, die durch ein Bewertungsverfahren (Abschn. 10.2.4.2) bewertet werden.
- **Gestaltungsphase:** Die ausgesuchte Konzeptvariante muss stofflich realisiert werden. Dazu entstehen zunächst etliche Entwürfe, die sich in der Auswahl der Konstruktionselemente, der eingesetzten Werkstoffe und der erforderlichen Fertigungstechnologie unterscheiden. In dieser Phase wird es hinsichtlich der technischen Anforderungen und der Randbedingungen viele Iterationsschritte geben, bis ein Optimum der Umsetzung gefunden wird. Zum Schluss wird der Entwurf im Einzelnen so verfeinert, dass darin auch Oberflächen und Toleranzen berücksichtigt werden und brauchbare Vorlagen für die Fertigung und Montage vorliegen (z. B. Stückliste).

Beide Phasen müssen dokumentiert werden. Dies geschieht in einer **Produktdokumentation**, die häufig elektronisch erfolgt (PDM: **Product Data Management**).

9.2 Maße, Toleranzen und Passungen

9.2.1 Normzahlen (NZ nach DIN 323)

Technische Größe bestehen immer aus einem Zahlenwert und einer Maßeinheit. Um die Zahlenwerte nicht willkürlich zu ermitteln, wurden einheitliche **Normzahlen** (NZ nach DIN 323) festgelegt. Mit diesen Normzahlen werden Größenordnungen normiert, sodass es zu weniger Bauformen kommt. Dies trägt zu einem erheblichen Grad zur Rationalisierung bei.

Normzahlen (NZ) sind üblicherweise **geometrische Reihen**. In ihnen ist der Quotient eines Gliedes zum vorhergehenden Glied konstant. Dieser Quotient wird **Stufensprung** q_s genannt. Das bedeutet: Jede Normzahl errechnet sich, indem man die vorhergehende Zahl mit dem Stufensprung multipliziert.

Die Hauptglieder der Reihe sind die Zehnerpotenzen ... 10^{-3}, 10^{-2}, 10^{-1}, 10^{0}, 10^{1}, 10^{2}, 10^{3} ..., die weder nach oben noch nach unten begrenzt sind. Jeden Dezimalbereich unterteilt man in r Stufen.
Beispiel: Zwischen 10^0 (= 1) und 10^1 (= 10) sollen 5 Stufen liegen. Dies ist die Reihe R5. Der Stufensprung errechnet sich aus:

$$q_5 = \sqrt[5]{10} \approx 1{,}6.$$

Dann ergibt sich folgende Zahlenreihe:

1 1,6 2,5 4,0 6,3 10.

(es gilt: 10/6,3 = 6,3/4,0 = 4,0/2,5 = 2,5/1,6 = 1,6/1 = 1,6)

Folgende Reihen sind gebräuchlich (Tabelle 9.2):

Tabelle 9.2 Gebräuchliche Reihen nach DIN 323

Reihe	Stufensprung	Zahlenwert
R 5	$\sqrt[5]{10}$	1,6
R 10	$\sqrt[10]{10}$	1,25
R 20	$\sqrt[20]{10}$	1,12
R 40	$\sqrt[40]{10}$	1,06

In Sonderfällen wird die Ausnahmereihe R 80 ($q_{80} = \sqrt[80]{10} = 1{,}03$) verwendet.
Der große Vorteil der Normzahlen bei Konstruktionen liegt darin, dass bei einer Vergrößerung oder Verkleinerung mit dem Stufensprung wieder Normzahlen entstehen. Im Maschinenbau werden am häufigsten die Normreihen R 10 und R 20 verwendet. Geht man von Normzahlen aus, dann entstehen auch bei abgeleiteten Größen wie Potenzen wieder Normzahlen. So gilt beispielsweise für:

- **Länge:** q,
- **Fläche:** q^2,
- **Widerstandsmoment:** q^3,
- **Flächenmoment 2. Grades:** q^4.

Es werden **abgeleitete Reihen** verwendet, wenn keine Grundreihe möglich ist (z. B. weil ein Anfangswert nicht auf einen Sprungwert fällt). Die Bezeichnung dieser abgeleiteten Reihen ist **R*r*/*p***, wobei der Stufensprung $q_{r/p} = q_r^p$ ist. Für die abgeleitete Reihe R 10/3 gilt demnach: $q_{10/3} = q_{10}^3 = 1{,}25^3 = 2$; die entsprechende Zahlenfolge lautet: 1, 2, 4, 8, 16, ...

9.2.2 Maße, Abmaße und Toleranzen

Bauteile bestehen oft aus verschiedenen Einzelteilen, die meist in größeren Stückzahlen oder aber bei verschiedenen Lieferanten gefertigt werden. Damit die Einzelteile zu einem Bauteil zusammengefügt werden und ihre definierte Funktion erfüllen können, müssen sie **passen**. Das bedeutet, dass bestimmte, definierte Abstände zwischen einzelnen Bauteilen oder Oberflächen innerhalb eines Bauteils **(Passflächen)** eingehalten werden müssen. Das gefertigte Maß darf eine bestimmte Obergrenze (**Höchstmaß** G_o) und eine Untergrenze (**Mindestmaß** G_u) nicht über- bzw. unterschreiten. Die Differenz zwischen dem Höchst- und Mindestmaß ist die **Toleranz**. In DIN ISO 286 sind Grundmaße und Toleranzen festgelegt. In Tabelle 9.3 sind die Normen für die Allgemeintoleranzen angegeben.

9

Tabelle 9.3 Normen für Allgemeintoleranzen bei Fertigungsverfahren

Norm	Fertigungsverfahren
DIN ISO 2768	Spanend gefertigte Teile
DIN EN 28062	Gussteile aus Metall
DIN 16901	Gussteile aus Kunststoff
DIN 6930	Stanzteile
DIN EN ISO 13920	Schweißkonstruktionen

Folgende Begriffe sind wichtig (Bild 9.1):

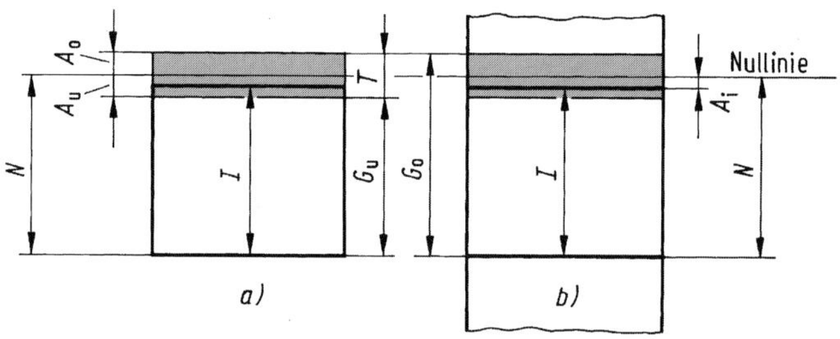

Bild 9.1 Maße und Abmaße.
a) an einer Welle,
b) an einer Bohrung

- **Nulllinie:** Dem Nennmaß entsprechende Bezugslinie für die Abmaße.
- **Istmaß *I*:** Maß, das am fertigen Werkstück gemessen wird (Achtung: an verschiedenen Stellen kann das Istmaß unterschiedlich sein!).
- **Nennmaß *N*:** Bezugsmaß für die Abmaße.
- **Oberes Abmaß (A_o; *ES* bzw. *es*):** Differenz zwischen Höchstmaß G_o und Nennmaß N (Bild 9.2).
- **Unteres Abmaß (A_u; *EI* bzw. *ei*):** Differenz zwischen Mindestmaß G_u und Nennmaß N (Bild 9.2).
- **Istabmaß A_i:** Differenz zwischen Istmaß I und Nennmaß N.

- **Höchstmaß G_o:** Größtes Maß am fertigen Werkstück (Bohrung: $G_{oB} = N + ES$; Welle: $G_{oB} = N + es$).
- **Mindestmaß G_u:** Geringstes Maß am fertigen Werkstück (Bohrung: $G_{uB} = N + EI$; Welle: $N + ei$).
- **Grenzmaß:** Dazu gehören die Höchstmaße G_o und die Mindestmaße G_u, zwischen denen das Istmaß liegen muss.
- **Maßtoleranz *T*:** Differenz zwischen Höchstmaß G_o und dem Mindestmaß G_u bzw. die Differenz zwischen dem oberen Abmaß A_o und dem unteren Abmaß A_u.
  Bohrung: $T_B = G_{oB} - G_{uB} = ES - EI$; Welle: $T_W = G_{oW} - G_{uW} = es - ei$.
- **Bohrung:** Kurzbezeichnung für alle **Innenmaße** (Index B).
- **Welle:** Kurzbezeichnung für alle **Außenmaße** zwischen zwei eben Flächen eines Werkstücks oder zwischen den parallelen Tangentenebenen an runden Werkstücken (Index W).

DIN-ISO-Toleranzsystem (DIN ISO 286)

Mit DIN ISO 286 wurde ein weltweites genormtes Toleranzsystem geschaffen. Dieses legt für die **Innenmaße** (Bohrungen) und für die **Außenmaße** (Wellen) an Nennmaßbereiche gebundene Grenzabmaße fest (Bild 9.2). Das ISO-Toleranzkurzzeichen besteht aus Buchstaben und Ziffern. Bei **Bohrungen** (Innenmaße) sind dies ein oder zwei **Großbuchstaben und eine Zahl** (z. B. 25F7) und bei **Wellen** (Außenmaße) sind dies ein oder zwei **Kleinbuchstaben** und eine Zahl (z. B. 25za6). Der Buchstabe bestimmt, wie Bild 9.2 zeigt, den kleinsten Abstand des Toleranzfeldes zur Nulllinie. Es gibt 13 Nennmaßbereiche (zwischen 1 mm und 500 mm), die als Kleinstabstände die Grundabmaße der Toleranzlagen festlegen. **Positive Abmaße** (über der Nulllinie) sind bei den Toleranfeldern **A bis G** und **k bis zc** zu finden, **negative Abmaße** bei den Toleranzfeldern **M bis ZC** und **a bis g**. Auf der Nullinie befinden sich das untere Abmaß des Toleranzfeldes H bzw. das obere Abmaß des Toleranzfeldes h.

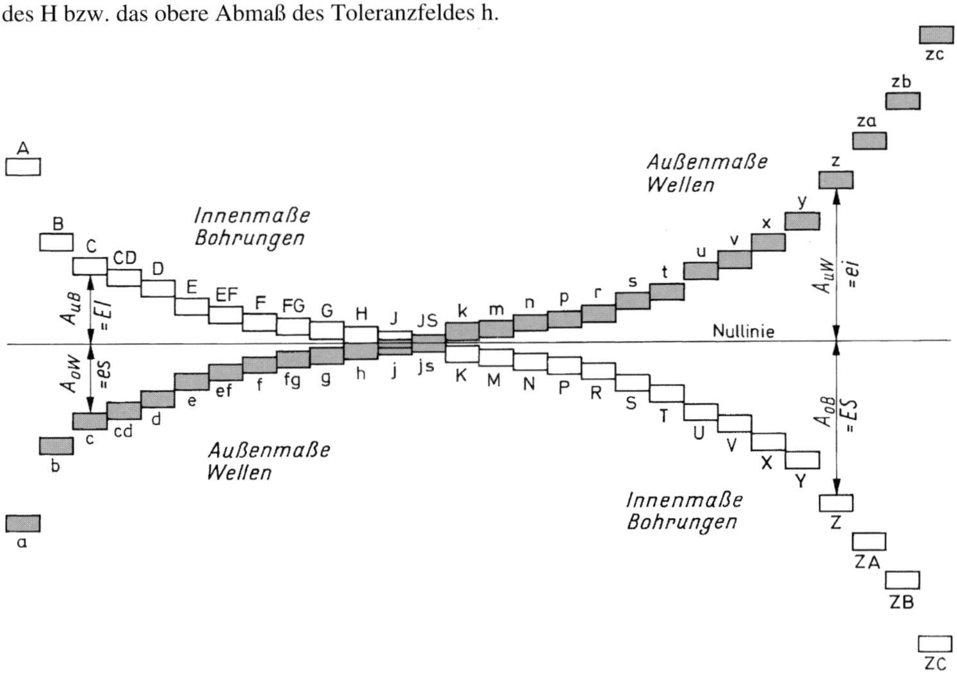

Bild 9.2 Toleranzfelder nach DIN ISO 286 (A_{oW} und A_{uW}: Grundabmaße der Welle; A_{uB} und A_{oB}: Grundabmaße der Bohrung)

Folgende Begriffe sind beim Arbeiten mit Toleranzen wichtig:

- **Toleranzgrad:** Angabe einer Zahl als Größe der Toleranz.
- **Toleranzfeld:** In DIN ISO 286 genormt (Bild 9.2).
- **Toleranzklasse:** Angabe eines Buchstabens und einer Zahl (z. B. za6).
- **Grundtoleranzgrade:** Nach DIN ISO 286 gibt es für jeden Nennbereich 20 Grundtoleranzgrade: IT 01, IT 0, IT 1, IT 2, bis IT 18 (IT: Internationale Toleranz). Diese Toleranzgrade werden folgendermaßen angewandt:
  - IT 01 und IT 0: Keine Anwendung (Anhang DIN ISO 268-1).
  - IT 1 bis IT 4: Lehren und Messgeräte.
  - IT 5 bis IT 11: Feinwerktechnik, Geräte- und Maschinenbau.
  - IT 12 bis IT 18: Grobe Herstellungsverfahren.

  Die Buchstaben IT fallen weg, wenn eine Toleranzklasse durch den Toleranzgrad mit einem Grundabmaß gebildet wird (z. B. G4).
- **Toleranzfaktor (*i*, *I*):** Faktor zur Errechnung der Grundtoleranz IT (*i* für Nennmaß $N \leq 500$ mm; *I* für Nennmaß $N > 500$ mm). Er errechnet sich für Nennmaße ≤ 500 mm folgendermaßen:

  $i = 0{,}45\sqrt[3]{D} + 0{,}001\,D$ in µm.

  Für Nennmaße > 500 mm bis 3150 mm gilt folgende Formel:

  $I = 0{,}004\,D + 2{,}1$ in µm.

  Dabei ist D der geometrische Mittelwert aus den Zahlenwerten der Grenzwerte D_1 und D_2 des Nennmaßbereiches: $D = \sqrt{D_1 D_2}$.

  Die aus den Formeln errechneten Werte sind nach folgenden Regeln zu runden: Bis 100 µm auf 1 µm genau, bis 200 µm auf 5 µm genau und bis 500 µm auf 10 µm genau.

  Für Nennmaße >3150 mm gilt DIN 7172.

9.2.3 Passungen

Passungen beschreiben die Beziehungen zwischen zwei gepaarten Bauteilen. Folgende Passungsarten werden unterschieden (Bild 9.3):

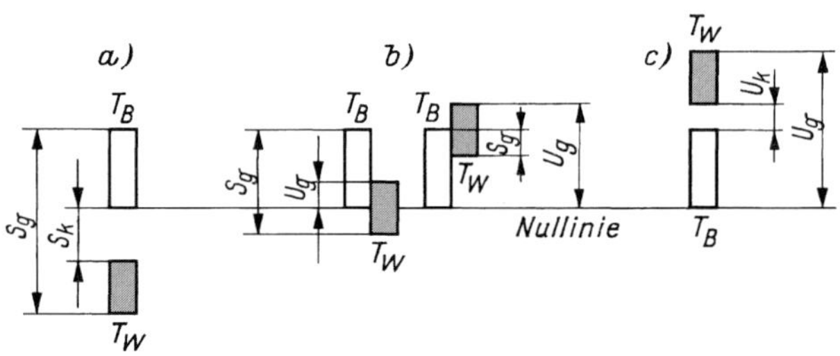

Bild 9.3 Passungsarten.
a) Spielpassung,
b) Übergangspassung,
c) Übermaßpassung

- **Spielpassung** (Spiel vor und nach dem Fügen):

  Höchstspiel $S_g = A_{oB} - A_{uW} = G_{oB} - G_{uW}$,

  Mindestspiel $S_k = A_{uB} - A_{oW} = G_{uB} - G_{oW}$.
- **Übermaßpassung** (Übermaß vor und Pressung nach dem Fügen):

  Höchstübermaß $U_g = A_{oW} - A_{uB} = G_{oW} - G_{uB}$,

  Mindestübermaß $U_k = A_{uW} - A_{oB} = G_{uW} - G_{oB}$.

- **Übergangspassung:** (Spiel oder Übermaß nach dem Fügen möglich): Dabei kann das mögliche Höchstspiel bzw. das mögliche Höchstübermaß gemäß obiger Formeln berechnet werden.
- **Passtoleranz T_P:** Toleranz der Passungen, d. h. die möglichen Schwankungen des Übermaßes bzw. des Spieles. Für die Passtoleranzen gelten folgende Zusammenhänge (g: größter Wert, k: kleinster Wert; B: Bohrung, W: Welle; P: Passung):
  Allgemein gilt: $T_P = T_B - T_W$.
  Für Spielpassungen: $T_P = S_g - S_k$.
  Für Übergangspassungen: $T_P = S_g + U_g$.
  Für Übermaßpassungen: $T_P = U_g - U_k$.
- **Passtoleranzfeld** (Bild 9.4):
  Spielpassungen: Feld zwischen Höchstspiel und Mindestspiel.
  Übergangspassungen: Feld zwischen Höchstspiel und Höchstübermaß.
  Übermaßpassungen: Feld zwischen Mindestübermaß und Höchstübermaß.

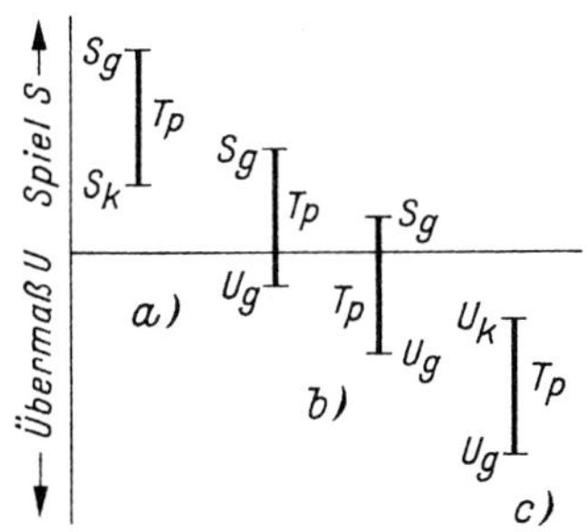

Bild 9.4 Passtoleranzfelder.
a) Spielpassung,
b) Übergangspassung und
c) Übermaßpassung

- **Passteil:** Werkstücke, die für eine Passung bestimmt sind.
- **Passfläche:** Berührfläche der gepaarten Teile.
- **Passungssystem:** Kombination von Passungen und damit auch Kombinationen von Toleranzklassen von Wellen und Bohrungen.

  System Einheitsbohrung EB (Bild 9.5 a): Für alle Bohrungen Toleranzfeldlage H ($A_{uB} = 0$); die Toleranzfelder der Wellen und die oberen Abmaße Bohrungen A_{oB} werden entprechend gewählt.

  System Einheitswelle EW (Bild 9.5 b): Für alle Wellen Toleranzfeldlage h ($A_{oW} = 0$); die Toleranzfelder der Bohrungen und die unteren Abmaße A_{uW} der Wellen werden entsprechend gewählt.

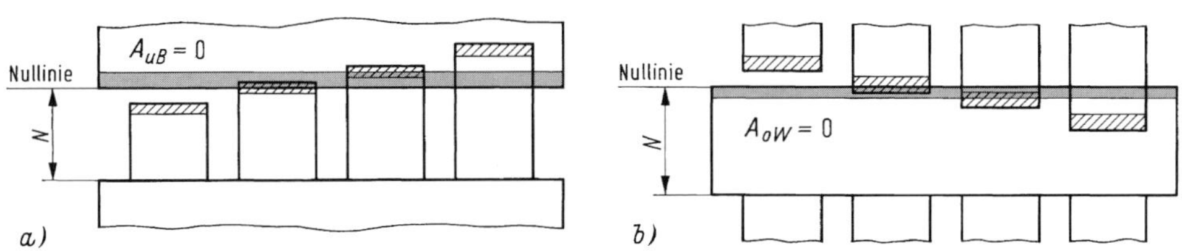

Bild 9.5 Passungssysteme nach DIN ISO 286-1. a) Einheitsbohrung, b) Einheitswelle

9.2.4 Gestaltabweichungen von Oberflächen

Neben Lage-, Form- und Maßabweichungen gibt es bei Oberflächen auch Gestaltabweichungen, die als **Oberflächenrauigkeit** bezeichnet werden. Die Oberflächenrauigkeit hat Auswirkungen auf die Reibung und damit auf den Verschleiß und die Einsatzdauer von Bauteilen. Nach DIN 4760 gelten folgende Definitionen:

- **Geometrische Oberfläche:** Ideale Oberfläche nach Zeichnung.
- **Istoberfläche:** Messtechnisch erfasste, tatsächliche Oberfläche.
- **Gestaltabweichung:** Gesamtheit aller Abweichungen von der geometrischen Oberfläche. Nach DIN 4760 werden sie in 6 Ordnungen eingeteilt (Bild 9.6).

Gestaltabweichung (als Profilschnitt überhöht dargestellt)	Beispiele für die Art der Abweichung	Beispiele für die Entstehungsursache
1. Ordnung: Formabweichungen 	Geradheits-, Ebenheits-, Rundheits-Abweichung, u. a.	Fehler in den Führungen der Werkzeugmaschine, Durchbiegung der Maschine oder des Werkstückes, falsche Einspannung des Werkstückes, Härteverzug, Verschleiß
2. Ordnung: Welligkeit 	Wellen (siehe DIN 4761)	außermittige Einspannung, Form- oder Laufabweichungen eines Fräsers, Schwingungen der Werkzeugmaschine oder des Werkzeuges
3. Ordnung: Rauheit 	Rillen (siehe DIN 4761)	Form der Werkzeugschneide, Vorschub oder Zustellung des Werkzeuges
4. Ordnung: Rauheit 	Riefen Schuppen Kuppen (siehe DIN 4761)	Vorgang der Spanbildung (Reißspan, Scherspan, Aufbauschneide), Werkstoffverformung beim Strahlen, Knospenbildung bei galvanischer Behandlung
5. Ordnung: Rauheit Anmerkung: nicht mehr in einfacher Weise bildlich darstellbar	Gefügestruktur	Kristallisationsvorgänge, Veränderung der Oberfläche durch chemische Einwirkung (z. B. Beizen), Korrosionsvorgänge
6. Ordnung: Anmerkung: nicht mehr in einfacher Weise bildlich darstellbar	Gitteraufbau des Werkstoffes	

Die dargestellten Gestaltabweichungen 1. bis 4. Ordnung überlagern sich in der Regel zu der Istoberfläche.
Beispiel:

Bild 9.6 Ordnungssystem für Gestaltabweichungen

- **Form- und Lagetoleranz (DIN ISO 1101)**: In technischen Zeichnungen werden eingetragen:
  - **Toleranzrahmen** mit Bezugspfeil auf das tolerierte Element (Bild 9.8a bis 9.8h).
  - **Bezugsdreieck** mit Rahmen für den Bezugsbuchstaben zur Kennzeichnung des Bezugselementes (Bild 9.8c, d, e, g und h).
  - **Rechteckiger Rahmen** zur Kennzeichnung von theoretisch genauen Maßen.

Art der Toleranz	Tolerierte Eigenschaft	Symbol
Formtoleranzen	Geradheit	—
	Ebenheit	⏥
	Rundheit (Kreisform)	○
	Zylinderform	⌭
	Profil einer beliebigen Linie	⌒
	Profil einer beliebigen Fläche	⌓
Richtungstoleranzen	Parallelität	//
	Rechtwinkligkeit	⊥
Richtungstoleranzen	Neigung	∠
Ortstoleranzen	Position	⌖
	Konzentrizität und Koaxialität	◎
	Symmetrie	⌯
Lauftoleranzen	Lauf	↗
	Gesamtlauf	⌰

Bild 9.7 Symbole für tolerierte Eigenschaften

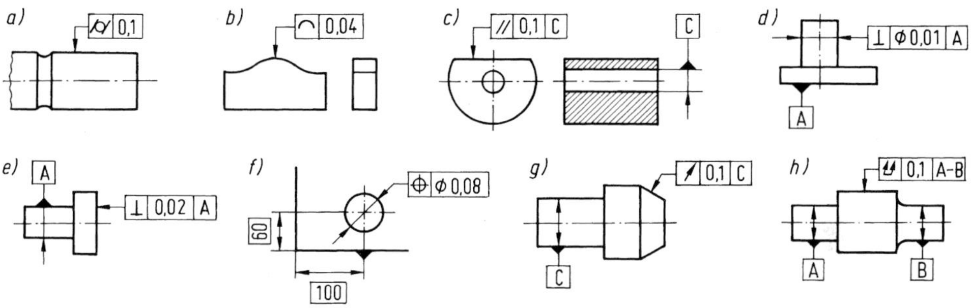

Bild 9.8 Beispiele für Form- und Lagetoleranzen nach DIN ISO 1101

- **Oberflächenrauheit (DIN ISO 1302):** In DIN ISO 1302 sind Symbole, Rauheitswertangaben festgelegt. Grundlage sind die **Rauheitsmeßgrößen** nach DIN 4768 (Bild 9.9):
  - **Arithmetischer Mittelrauwert R_a:** Arithmetischer Mittelwert der absoluten Beträge der Profilabweichung y von der Mittellinie.
  - **Gemittelte Rautiefe R_z:** Arithmetischer Mittelwert der Einzelrautiefen von 5 aneinander grenzenden Einzelmessstrecken $l_m = 5\,l_e$: $R_Z = (Z_1 + Z_2 + Z_3 + Z_4 + Z_5)/5$.
  - **Maximale Rautiefe R_{max}:** Größte Rautiefe innerhalb der gemessenen Länge.
- **Oberflächenbeschaffenheit in Zeichnungen (DIN ISO 1302):** In DIN ISO 1302 sind die entsprechenden Symbole festgelegt (Bild 9.10).
  - **Grundsymbol:** Zwei Linien ungleicher Länge, um 60° zur Oberfläche geneigt (Bild 9.10a).
  - **Materialabtrennende Bearbeitung:** Hinzufügen einer Querlinie (Bild 9.10b).
  - **Keine (weitere) materialabtrennende Bearbeitung zulässig:** Hinzufügen eines Kreises (Bild 9.10c).

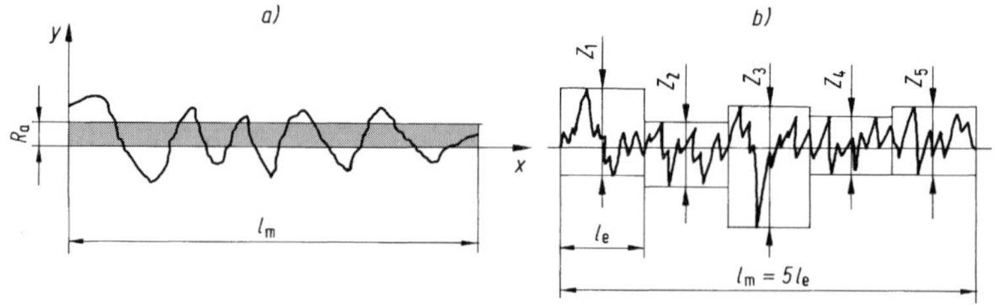

Bild 9.9 Kenngrößen der Rauigkeit. a) Arithmetischer Mittelrauwert, b) Bilden der gemittelten Rautiefe

- **Zulässiger Mittenrauwert R_a, gemittelte Rautiefe R_z, maximale Rautiefe R_{max}:** Angabe über dem Symbol (Bild 9.10d). Darf die Rauheit nur zwischen zwei Werten schwanken, so sind diese anzugeben (Bild 9.10f). Es kann auch die maximale Rautiefe R_{max} angegeben werden.
- **Fertigungsverfahren freigestellt:** Zeichnen des Grundsymbols und Angabe der Rauheit (Bild 9.10i).

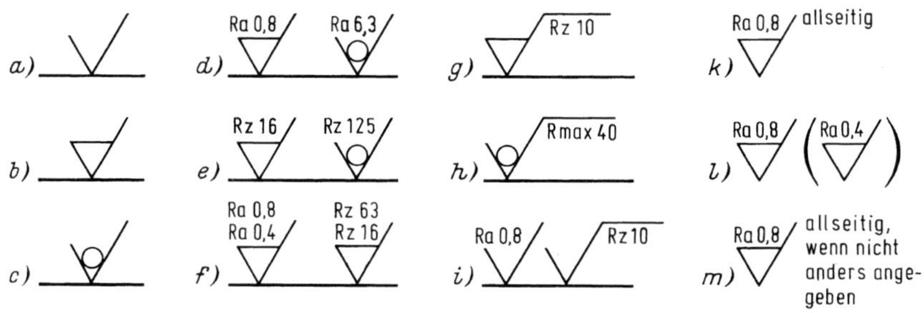

Bild 9.10 Symbole und Angaben für Rauheitswerte nach DIN ISO 1302

9.3 Nichtlösbare Verbindungen

Um einzelne Bauteile zu technischen Systemen zusammenzubauen, werden **Verbindungselemente** benötigt. Allgemein unterscheidet man nach der Art der Verbindung:

- **Stoffschluss:** An den Berührungsflächen (Stoßstellen) wird durch einen Zusatzstoff eine unlösbare Verbindung geschaffen (z. B. Schweißen, Löten, Kleben).
- **Reibschluss:** In den sich berührenden Flächen sind die Reibungskräfte größer als die Verschiebungskräfte (z. B. Schrauben-, Keil-, Klemm- und Pressverbindungen).
- **Formschluss:** Die Kraftübertragung erfolgt durch Formelemente (z. B. Federn, Bolzen und Stifte).

Formschluss- und Reibschluss-Verbindungen gehören zu den lösbaren Verbindungen. Pressverbindungen sind unlösbar (außer Druckölverband). Es gibt Fälle, in denen die Wirkungsprinzipien kombiniert werden. So ist beispielsweise bei Keilverbindungen Reib- und Formschluss wirksam. Treten die Wirkungen kombiniert auf, dann sind sie häufig nicht eindeutig berechenbar, sodass für die Sicherheit entsprechende Testreihen erforderlich sind.

9.3.1 Schweißverbindungen

Schweißen ist das **Vereinigen** oder das **Beschichten von Werkstoffen** unter Anwendung von **Wärme** und/oder **Druck** mit oder ohne **Schweißzusatzwerkstoffe** (DIN 1910). Die zu verschweißenden Werkstoffe werden häufig in plastischem oder flüssigem Zustand miteinander vereinigt. Die **Kohäsionskräfte** der Grund- und Zusatzwerkstoffe bestimmen die Festigkeit der Schweißverbindung. Je nach Schweißzweck unterscheidet man: **Verbindungsschweißen** (Verbinden von Teilen) und **Auftragsschweißen** (Aufschweißen von Zusatzstoff).

Die Schweißverfahren, wie sie im Wesentlichen für Metalle Anwendung finden, sind in Bild 9.11 nach DIN 1910 zusammengestellt. Im Kapitel Fertigungstechnik (13) sind einzelne Verfahren ausführlich beschrieben.

Schweißen
(Metall: DIN 1910)

Schmelz-Schweißverbindung	Press-Schweißverbindung
– Widerstandsschmelz-Schweißen – Strahl-Schweißen – Lichtbogenschmelz-Schweißen – Gasschmelz-Schweißen – Gießschmelz-Schweißen	– Widerstandspress-Schweißen – Reib-Schweißen – Lichtbogenpress-Schweißen – Gaspress-Schweißen – Gießpress-Schweißen – Kaltpress-Schweißen – Walz-Schweißen – Diffusions-Schweißen – Feuer-Schweißen – Heizelement-Schweißen – Schock-Schweißen – Ultraschall-Schweißen

Bild 9.11 Schweißverfahren nach DIN 1910

Der große **Vorteil** der Schweißverbindungen liegt in dem **geringeren Gewicht.** Gegenüber Gussteilen bedeutet dies geringere Wanddicken und Bauteilquerschnitte. Bei Stählen ist der E-Modul geschweißter Bauteile höher (höhere Formsteifigkeit und Schwingungsdämpfung) als bei Gussteilen. Vor allem bei kleinen Losgrößen sind geschweißte Teile wesentlich **wirtschaftlicher**: Beispielsweise entfällt das Gussmodell und die Schweißteile sind sehr schnell herstellbar (geringe Lieferzeiten). Im Vergleich zu Schraub- oder Nietkonstruktionen entfallen die Überlappungen und es entstehen **glatte Oberflächen**. Da beim Schweißen hohe Temperaturen und zum Teil auch Drücke auf die Werkstoffe wirken, entstehen **innere Spannungen** und **Gefügeveränderungen** an der Schweißnahtstelle. Dies kann zu spröden Brüchen oder Rissbildungen führen. Ein weitere Nachteil besteht darin, dass fehlerhafte Schweißungen einen **erheblichen Aufwand an Nacharbeit** erfordern. Außerdem gibt es Umstände, bei denen Schweißen unmöglich bzw. **sehr aufwändig** (z. B. unter Wasser) oder aber **gefährlich** ist (z. B. bei Renovierungsarbeiten in

Häusern oder in der Umgebung brennbarer Teile). Wegen seiner überwiegend großen Vorteile, auch in Bezug auf die Wirtschaftlichkeit kleiner Losgrößen, und der geringen Lieferzeiten sind Schweißverbindungen heute bevorzugte Konstruktionselemente.

Um geeignete Werkstoffe schweißen zu können, muss die **Schweißbarkeit** sichergestellt sein. Diese hängt nach DIN 8528 von folgenden Parametern ab:

- **Schweißeignung der Werkstoffe**
- **Schweiß-Sicherheit der Konstruktion** und
- **Schweißmöglichkeit am Schweißort** (z. B. in der Fertigung oder auf der Baustelle).

9.3.1.1 Schmelz-Schweißverbindungen

Die Verfahren sind ausführlich in Abschn. 13.7.3 beschrieben. Im Folgenden werden wichtige Zusammenhänge in Kurzfassung dargestellt.

9

Schweißpositionen nach DIN EN ISO 6947

Die Wahl des Schweißverfahrens und des Schweißzusatzes bestimmt die Schweißpositionen, wie sie in Bild 9.12 zu sehen sind.

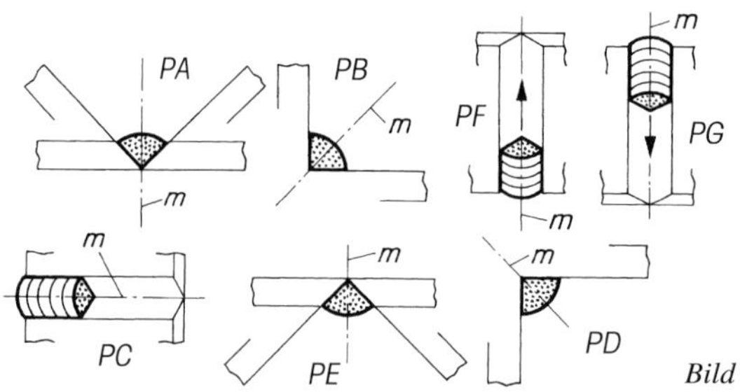

(m = Nahtmittellinie)

PA (w)	Wannenposition,
PB (h)	Horizontalposition,
PF (s)	Steigposition,
PG (f)	Fallposition,
PC (q)	Querposition,
PE (ü)	Überkopfposition,
PD (hü)	Horizontal-Überkopfposition

Bild 9.12 Schweißpositionen nach DIN EN ISO 6947

Stoßarten nach DIN 1912

Als **Schweiß-Stoß** bezeichnet man den Bereich, in dem die Teile miteinander verbunden werden. Die Art dieses Stoßes bestimmt die Konstruktion (Bild 9.13).

Stoßart	Lage der Teile	Beschreibung	Stoßart	Lage der Teile	Beschreibung
Stumpfstoß		Die Teile liegen in einer Ebene und stoßen stumpf gegeneinander.	**Schrägstoß**		Ein Teil stößt schräg **gegen** ein anderes.
Parallelstoß		Die Teile liegen parallel aufeinander.	**Eckstoß**		Zwei Teile stoßen unter beliebigem Winkel **an**einander (Ecke).
Überlappstoß		Die Teile liegen parallel aufeinander und überlappen sich.			
T-Stoß		Die Teile stoßen rechtwinklig (T-förmig) **auf**einander.	**Mehrfach-stoß**		Drei oder mehr Teile stoßen unter beliebigem Winkel **an**einander.
Doppel-T-Stoß		Zwei in einer Ebene liegende Teile stoßen rechtwinklig (doppel-T-förmig) **auf** ein dazwischen-liegendes drittes.	**Kreuzungs-stoß**		Zwei Teile liegen kreuzend **über**einander.

Bild 9.13 Stoßarten nach DIN 1912

Nahtarten

Nach Bild 9.14 unterscheidet man folgende Nahtarten:

- **Stumpfnähte** (Teile liegen in der gleichen Ebene. Sie bilden eine Fuge, in der die Naht gezogen wird, Bild 9.14 a und b).
- **Kehlnähte** (Teile liegen in zwei Ebenen rechtwinklig zueinander und bilden eine Kehlfuge. In der Kehlfuge wird die Schweißnaht gezogen. Dabei gibt es eine Kehlnaht (Bild 9.14c) oder eine Doppelkehlnaht (Bild 14d).
- **Sonstige Nähte** (alle anderen Nähte, die weder Stumpf- noch Kehlnähte sind, Bild 9.14e und f).

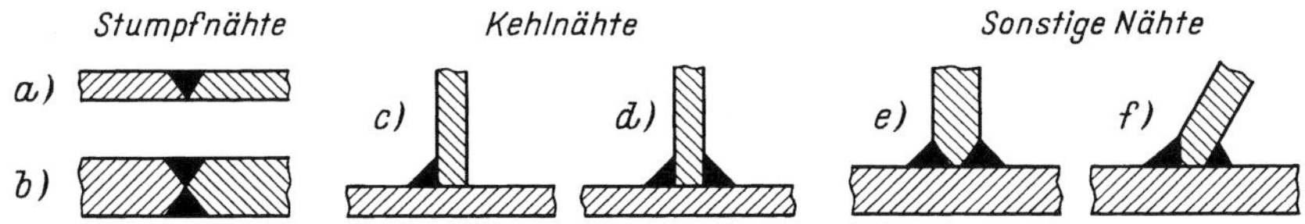

Bild 9.14 Nahtarten. a) V-Naht, b) Doppel-V-Naht, c) Kehlnaht, d) Doppelkehlnaht, e) Doppel-HY-Naht mit Doppelkehlnaht, f) HY-Naht mit Kehlnähten am Schrägstoß

9

Nahtformen und Bezeichnung

Bild 9.15 zeigt die wichtigsten Nahtformen nach DIN EN ISO 22553. Die symbolische Darstellung der Schweißnähte (Bild 9.17) enthält das Symbol, eine Pfeillinie (zeigt unter 60° mit der Pfeilspitze auf den Stoß), eine Bezugslinie aus zwei parallelen Linien, einer Volllinie und einer Strichlinie (entfällt bei symmetrischen Nähten). Bild 9.17 zeigt einige Beispiele.

Benennung	Symbol	Fugenform	Nahtform	Benennung	Symbol	Fugenform	Nahtform
Stumpfnähte							
Bördelnaht				DV-Naht (X-Naht)	X		
I-Naht	II						
V-Naht	V			DHV-Naht (K-Naht)	K		
HV-Naht				DY-Naht			
Y-Naht	Y			DHY-Naht (K-Stegnaht)			
HY-Naht							
U-Naht				DU-Naht			
HU-Naht (Jot-Naht)				DHU-Naht (Doppel-Jot-Naht)			
Steilflankennaht							
Halb-Steilflankennaht				VU-Naht			
Stirnflachnaht	III			V-Naht mit Gegennaht			
Kehlnähte							
Kehlnaht				Doppel-Kehlnaht			
Sonstige Nähte							
HV-Naht mit Kehlnaht				DHY-Naht mit Doppelkehlnaht			

Bild 9.15 Nahtformen nach DIN EN ISO 22553 (Vorsatzbuchstaben bedeuten: H: Halb; D: Doppel)

Oberflächenform und Nahtausführung	Zusatzsymbol	Verlauf und Art der Naht	Ergänzungssymbol
hohl (konkav)		ringsum-verlaufende Naht	
flach (eben)			
gewölbt (konvex)		Baustellennaht	
Wurzel ausgearbeitet und Gegenlage ausgeführt			

Bild 9.16 Zusatz- und Ergänzungssymbole nach DIN EN 22553

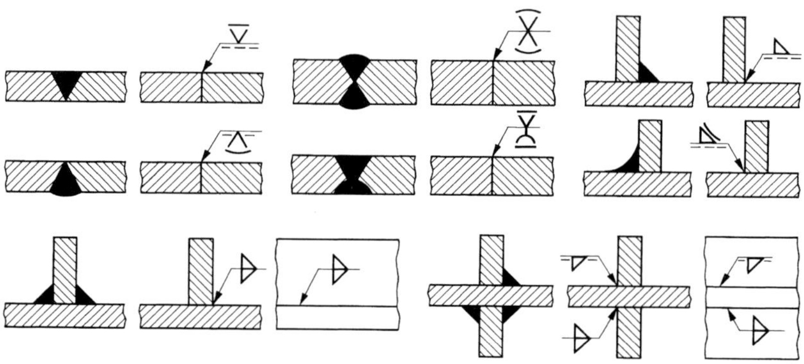

Bild 9.17 Beispiele für die Anwendung der Schweißnahtsymbole

Gestaltung von Schweißnähten

Für sichere und dem Zweck genügende Schweißkonstruktionen sind folgende Richtlinien für die Gestaltung wichtig:

- **Zugänglichkeit zur Naht ermöglichen** (z. B. Vermeiden von spitzen Winkeln).
- **Keine teuren Vorarbeiten.**
- **Bevorzugte Verwendung von Halbzeugen** (Verwendung von genormten Halbzeugen wie Profilstäbe, Rohre und Bleche für kostengünstige Schweißkonstruktionen).
- **Geringes Nahtvolumen** (die Querschnitte der Schweißnähte und die Dicke der Schweißnähte sind gering zu halten). Allerdings besteht Rissgefahr bei zu dünnen Kehlnähten an dicken Blechen (DIN 18800).
- **Geringe Nahthäufung** (örtliches Erwärmen und Erkalten führt zu Schrumpfspannungen. Je mehr Nähte vorhanden und je dicker die Nähte sind, desto stärker wird der Verzug).
- **Zugbeanspruchung in der Nahtwurzel vermeiden** (die Nahtwurzel ist besonders empfindlich gegen Zug; sie sollte deshalb bevorzugt in die Druckzone verlagert werden).
- **Kraftflusslinien beachten** (Kraftumlenkungen in der Schweißzone (Bild 9.18) sind zu vermeiden; denn eine Umlenkung oder eine Ablenkung des Kraftflusses bedingt Spannungsspitzen. Bei ruhender Beanspruchung wird die plastische Verformbarkeit verringert, sodass Trennbrüche auftreten können. Ist die Belastung dynamisch (z. B. Schwingungen), dann sinkt die Dauerfestigkeit. In diesem Fall kann es ebenfalls zu Brüchen führen. Bild 9.19 zeigt Vorschläge für gute Schweißnähte bei schwingender Beanspruchung).

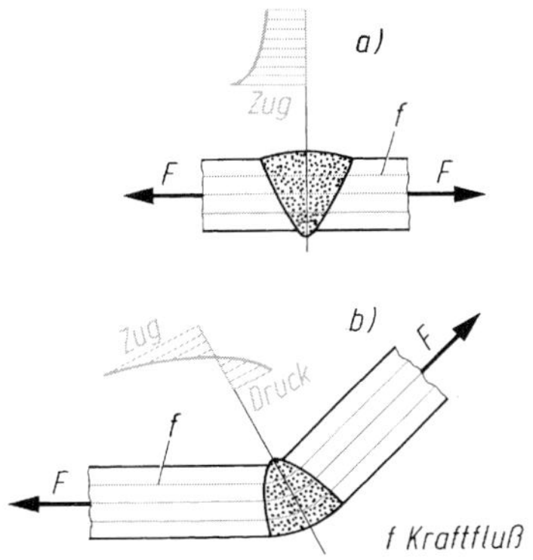

Bild 9.18 *Spannungverteilung in Schweißnähten. a) Stumpfstoß, b) Eckstoß mit Kraftflussumlenkung*

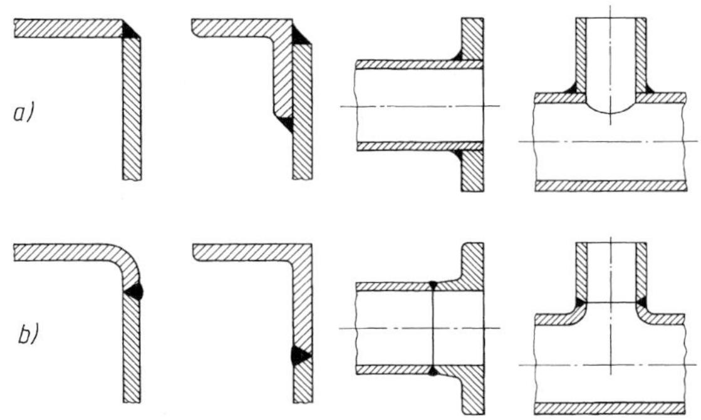

Bild 9.19 *Gestaltung von Schweißteilen bei Schwingbeanspruchung. a) unzweckmäßig, b) zweckmäßig*

Berechnung von Schweißnähten

Um die Sicherheit von Schweißkonstruktionen zu gewährleisten, müssen die Beanspruchungen in den Schweißnähten berechnet und mit den zulässigen Spannungswerten verglichen werden. Zu dieser Berechnung denkt man sich einen Schnitt durch die Schweißnaht und macht die Bauteile frei (Kapitel 6.2). Dann treten an diesem Schnitt eine **Schnittkraft** und in der Regel auch ein **Schnittmoment** auf. Deren Größe und Richtung bestimmen die Beanspruchung und damit auch die Festigkeit der Schweißkonstruktion (Kapitel 6.2). Für die Abmessungen der Schnittflächen gilt: Bei **Stumpfnähten** berechnet sich die **Schweißnahtfläche** A_W zu $\Sigma(a \cdot l)$, wobei a die entsprechenden Schweißnahtdicken und l die zugehörigen Schweißnahtlängen beschreiben. Bei **Kehlnähten** wird die Nahtdicke a in die Anschlussebene geklappt, sodass eine rechnerische Schweißnahtfläche entsteht, die anschließend wie eine Stumpfnaht behandelt wird.

- **Druck- und Zugbeanspruchung**
  Bild 9.20 zeigt die Zusammenhänge. Wird die Schnittkraft berücksichtigt, so ist die Summe aller Kräfte gleich null und keine Drehmomente treten auf. Zieht die Schnittkraft an der Schnittfläche, so liegt Zugbeanspruchung vor; drückt sie auf die Schnittfläche, dann entsteht eine Druckbeanspruchung.

  Sind die Normalspannungen (Zug bzw. Druck) gleichmäßig über die Schweißfläche verteilt, dann gilt für die Normalspannung in der Schweißnaht σ_w (w: „welded“, d. h. geschweißt; F: Schnittkraft, d. h. Belastungskraft, A_w: Schweißnahtfläche):

$$\sigma_w = \frac{F}{A_w} = \frac{F}{\Sigma(a \cdot l)}$$

Die Normalspannung σ_w in der Längskehlnaht nach Bild 9.20d) ist gleich der Spannung σ im Bauteilquerschnitt S: $\sigma_w = \sigma = F/S = F/[s(b_1 + 2b_2)]$.

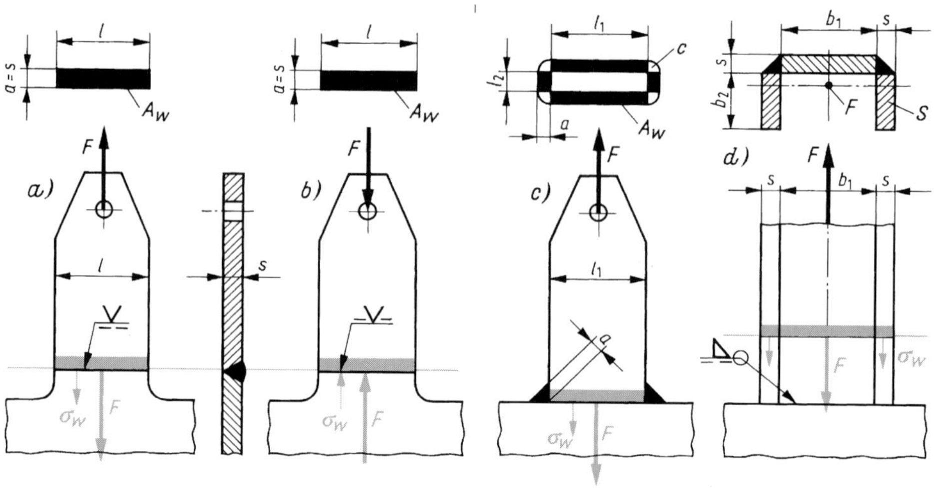

Bild 9.20 Zug- oder druckbeanspruchte Schweißnähte. a) zugbeanspruchte Stumpfnaht, b) druckbeanspruchte Stumpfnaht, c) zugbeanspruchte Kehlnaht, d) zugbeanspruchte Längskehlnaht

- **Schubbeanspruchung**
  Eine Beanspruchung auf Schub liegt vor, wenn die Schnittkraft in der Schnitt- oder Anschlussebene (tangential) wirkt (Bild 9.21). Unter der Annahme, dass sich die Spannungen gleichmäßig über die Schweißnahtfläche verteilen, ergibt sich für die Schubspannung τ_w:

$$\tau_w = \frac{F}{A_w} = \frac{F}{\Sigma(a \cdot l)}$$

  Für eine Kehlnaht nach Bild 9.21 a) ist $A_w = \Sigma(a \cdot l) = a(2l_1 + l_2)$. Dabei sind l_1 die Länge der **Flankenkehlnähte** und l_2 die Länge der **Stirnkehlnaht.**
  Der schubbeanspruchte Hebel nach Bild 9.21 b) hat zwei Anschlussebenen: Das auf den Hebel wirkende Drehmoment M will den Hebel rechtsherum drehen. Dem entgegen wirken die Drehmomente der Schweißnähte, die aus der Summe der Schnittmomente $\Sigma(\Delta F \cdot r)$ bestehen. Im Gleichgewicht muss gelten: $\Sigma(\Delta F \cdot r) = M$.
- **Biegebeanspruchung** (Bild 9.22)
  Ist e_w der Randabstand (in mm) der Schweißnahtfläche von ihrer Schwerachse (bei äußeren Kehlnähten der Abstand der Nahtwurzel von der Schwerachse), $M_{wb} = F \cdot L$ das Biegemoment auf der Schweißnahtfläche (in N · mm), I_w das Flächenmoment 2. Grades der Schweißnahtfläche (in mm^4), bezogen auf deren Schwerachse, dann gilt für die Biegespannung σ_{wb}:

$$\sigma_{wb} = \frac{M_{wb}}{I_w} e_w$$

  Die Flächenmomente I_w für die Konstruktionen in Bild 9.22 betragen:
  Bild 22 a): $I_w = (a\, l^3)/12$; Bild 22 b): $I_w = 2\,(a\, l^3)/12 + 2\,(a\, s\, l^2)/4$ und
  Bild 22 c): $I_w = \pi[(d + 2a)^4 - d^4]/64$.
  Flächenmomente von zusammengesetzten Nahtstellen werden nach dem in Abschn. 6.1.5 beschriebenen Verfahren berechnet.

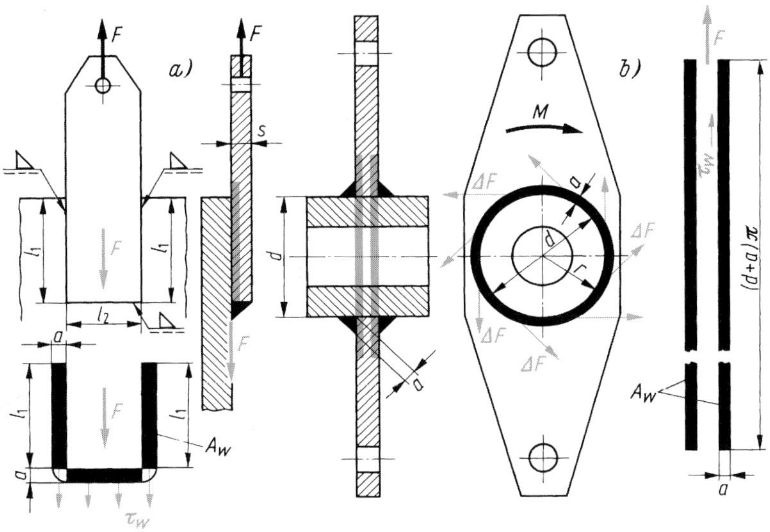

Bild 9.21 Schubbeanspruchte Kehlnähte. a) an einer aufgeschweißten Lasche, b) an einem aufgeschweißten Hebel

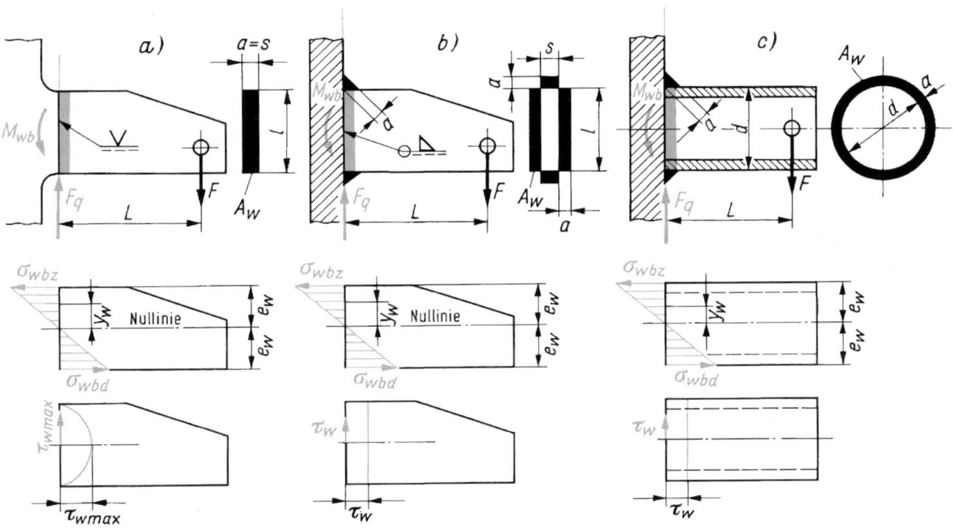

Bild 9.22 Biegebeanspruchte Schweißnähte. a) Stumpfnaht, b) Kehlnaht am Flachstahl, c) Kehlnaht am Rohr

- **Biege- mit Zug- oder Druckbeanspruchung** (Bild 9.23)
  Wirkt die Belastungskraft F schräg zur Anschlussebene, so wird diese in die Komponenten F_x und F_y senkrecht und parallel zur Anschlussebene zerlegt (Bild 9.23). Die Komponente F_x bewirkt eine Längskraft F_l, welche die Schweißnaht auf Zug oder Druck beansprucht. Die Komponente F_y erzeugt eine Querkraft F_q, welche die Schweißnaht auf Schub beansprucht.

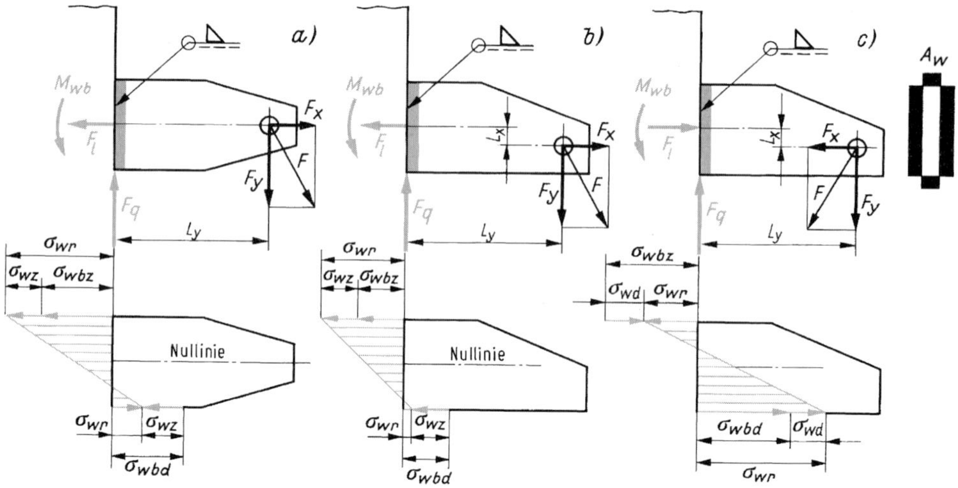

Bild 9.23 Biege- und zug- oder druckbeanspruchte Schweißnähte. a) mit Zug, b) mit Zug bei verringerter Biegung, c) mit Druck bei verstärkter Biegung

Für das Biegemoment gilt in den drei Fällen nach Bild 9.23:

Bild 9.23 a): $M_{wb} = F_y\,L_y$; Bild 9.23 b): $M_{wb} = F_y\,L_y - F_x\,L_x$;
Bild 9.23 c): $M_{wb} = F_y\,L_y + F_x\,L_x$.

Biegespannung, Zug- und Druckspannung sind Normalspannungen. Daher werden sie beim am höchsten beanspruchten Punkt zur **resultierenden Normalspannung** σ_{wr} addiert, und es gilt:

$\sigma_{wr} = \sigma_{wb} \pm \sigma_w$ (mit σ_{wb}: Biegzug- bzw. Biegedruckspannung in der Schweißnaht, und σ_w: Zug- bzw. Druckspannung, das „+"-Zeichen gilt, wenn beide Druck- bzw. Zugspannungen sind, anderenfalls das „–"-Zeichen).

- **Normal- mit Schubbeanspruchung** (Bild 9.24)
  In Bild 9.24 ist ein mit Kehlnähten auf eine Welle geschweißtes Kettenrad abgebildet. Es greift ein Drehmoment M an, das die Schweißnähte mit der Schubspannung τ_w beansprucht. Es gilt außerdem für die Kraft: $F = M/r$ und für die Schweißfläche $A_w = 2a\,(d + a)\pi$. An der Nahtanschluss-Stelle wirken Biegemomente, welche die Welle auf Zug bzw. auf Druck beanspruchen. In der Schweißnaht ist das größere der beiden Biegemomente M_b maßgebend, sodass für die Normalspannung σ_w gilt: $\sigma_w = \sigma_b = M_b/W_b$ mit $W_b \approx 0{,}1d^3$.

  Wirken an einem hoch beanspruchten Punkt eine Normalspannung σ_w quer zur Nahtrichtung und eine Schubspannung τ_w in Nahtrichtung, kann man diese zu der resultierenden **Vergleichsspannung** σ_{wv} zusammenfassen. Statt mit den einzelnen Spannungen rechnet man dann mit dieser Vergleichsspannung σ_{wv}. Für Stirnkehlnahtverbindungen, aber auch für andere Verbindungen kann man mit folgender, empirisch erprobten Gleichung rechnen (außer beim Stahlbau):

Vergleichsspannung $\sigma_{wv} = \sqrt{\sigma_w^2 + 1{,}8\,\tau_w^2}$

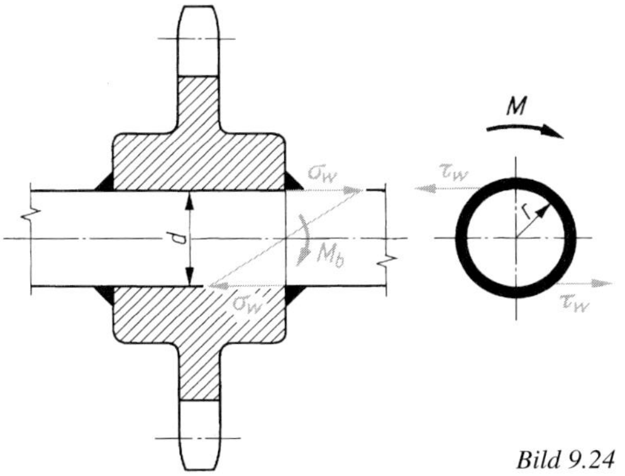

Bild 9.24 Normal- und Schubspannungen an einem Nahtpunkt

- **Schubbeanspruchung von Flanken- und Stirnkehlnähten durch ein Drehmoment** (Bild 9.25)
  Für die resultierende Schubspannung τ_w ist die geometrische Addition der beiden Schubspannungsvektoren τ_{wq} und τ_{wt} erforderlich. In der Praxis genügt häufig die arithmetische Addition, sodass für die Schubspannung τ_w gilt:

$$\tau_w \approx \tau_{wt} + \tau_{wq} = \frac{M_w}{I_{wp}} r + \frac{F_q}{A_w}$$

Dabei ist: $M_w = F \cdot R$ das Drehmoment (in N · mm), I_{wp} das polare Flächenmoment 2. Grades der Schweißnahtfläche zum Schwerpunkt S_0 (in mm), r der Abstand des entferntesten Nahtwurzelpunktes vom Schwerpunkt S_0 (in mm), F_q die Querkraft in der Nahtfläche (in N) und A_w die Schweißnahtfläche (in mm²).

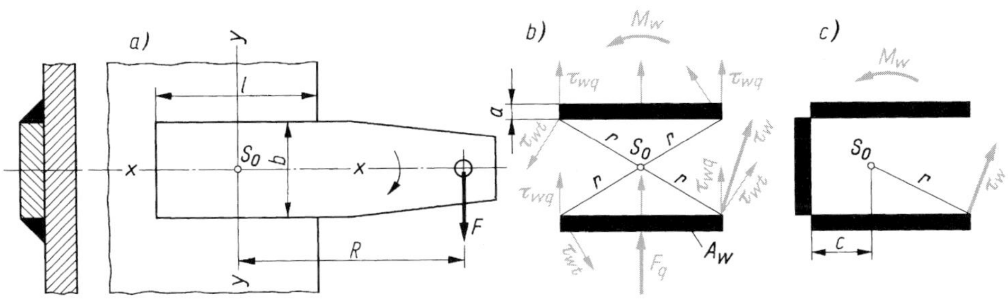

Bild 9.25 Durch ein Drehmoment M beanspruchte Flanken- und Stirnkehlnähte. a) belastetes Bauteil, b) Nahtfläche mit Flankenkehlnähten, c) Nahtfläche mit Stirnkehlnaht und Flankenkehlnähten

Für die polaren Flächenmomente 2. Grades I_{wp} gelten folgende Beziehungen:

$$I_{wp} = \frac{al}{6}(3b^2 + l^2) \quad \text{für Bild 9.25b)}$$

$$I_{wp} = \frac{al}{6}\left(3b^2 + \frac{b^3}{2l} + 4l^2\right) - a(2l + b)\,c^2 \quad \text{für Bild 9.25c).}$$

- **Normal- und Schubbeanspruchung von Kehlnahtanschlüssen an Biegeträgern** (Bild 9.26)
Die Schweißnahtfläche des biegesteifen Kehlnahtanschlusses nach Bild 9.26 hat ein Biegemoment $M_{wb} = F \cdot L$ und eine Querkraft F_q aufzunehmen. Für die Ermittlung der Biegespannungen muss man zuerst die Lage der Schwerachse der Schweißnahtfläche bestimmen. Zweckmäßigerweise geht man, wie Bild 9.26 zeigt, von der unteren u-Achse aus. Näherungsweise bestimmt man die Abstände v_2 und v_3 von der u-Achse bis zur Wurzellinie der Nähte. Dann ergibt sich der Abstand zur Schwereachse e_{wd} zu:

$$e_{wd} = \frac{\Sigma(A_{wi} \cdot v_i)}{\Sigma A_{wi}}$$

Mit dem Steiner'schen Satz erhält man für das auf die x-Achse bezogene Flächenmoment 2. Grades $I_w = I_{wu} - A_w e_w^2$. Damit errechnet man die Biegespannung σ_{wb}:

Biegespannung	$\sigma_{wb} = \frac{M_{wb}}{I_w} e_w,$
Schubspannung	$\tau_w = \frac{F}{A_w}.$

Für die Schubspannung τ_w ist nur die Fläche der Stegnähe $A_{w1} = 2a_1 l_1$ einzusetzen.

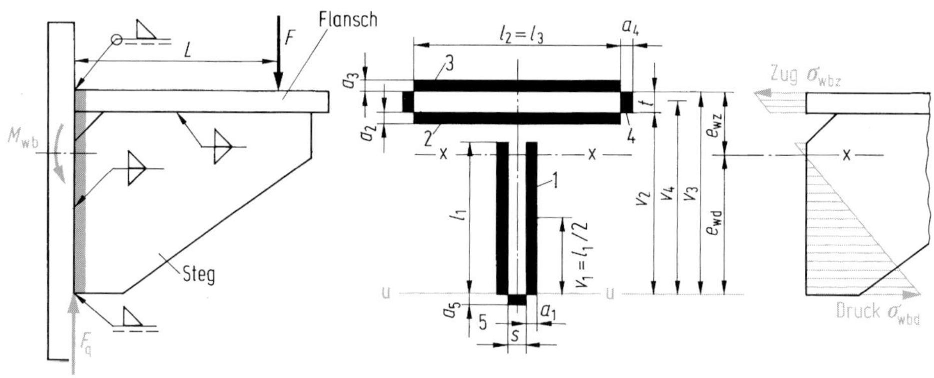

Bild 9.26 Biegesteifer Kehlnahtanschluss

- **Normal- und Schubbeanspruchung von Längsnähten in Biegeträgern** (Bild 9.27)
Der in Bild 9.27 gezeichnete Biegeträger wird auf Biegung beansprucht. Die Schubspannung τ_w lässt sich nach folgender Gleichung berechnen:

$$\tau_w = \frac{F_q \cdot H}{I \cdot \Sigma a}$$

Dabei ist F_q die Querkraft im betreffenden Trägerquerschnitt (in N), H das Flächenmoment 1. Grades des Randflächenstückes zur x-Achse (in mm³), I das Flächenmoment 2. Grades (in mm⁴) und Σa die Summe der Nahtdicken der Längsnähte im Schweißanschluss (in der Linie L des Trägerquerschnitts).

Für das Flächenmoment 1. Grades H gilt:

$H = S_1 y_1$ (Bild 9.27 a) und $H = S_1 y_1 + S_2 y_2$ (Bild 9.27 b).

Für Σa gilt: $\Sigma a = 2a$ (Bild 9.27 a) und $\Sigma a = a$ (Bild 9.27 b).

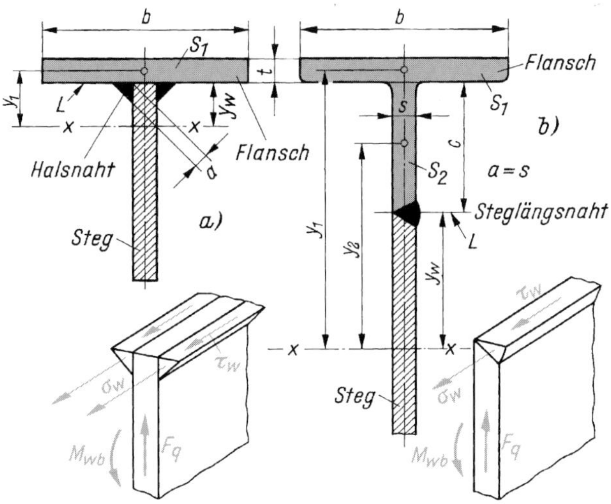

Bild 9.27 Normal- und Schubspannungen in Längsnähten von Biegeträgern. a) in zwei Kehlnähten eines geschweißten T-Trägers, b) in der Stumpfnaht eines Stegblechträgers (geschweißter Doppel-T-Träger)

Schweißverbindungen im Maschinenbau

Für die tragenden Schweißverbindungen sind **Festigkeitsnachweise** zu erbringen, die nach den Gesetzen der Festigkeitslehre (Kapitel 6.2) berechnet werden und den entsprechenden Prüfvorschriften genügen müssen. Allgemeine Regeln dazu gibt es nicht, da der Festigkeitsnachweis von der Gestaltung der Bauteile und von der Schweißnaht abhängt. Es kann Fälle geben, wo das Bauteil neben der Schweißnaht bricht, weil an der Bruchstelle Kerbwirkungen entstehen. Insbesondere sind die richtigen Kräfte und Momente anzusetzen. Bei stark wechselndem Betrieb, d. h. bei schnellen Anfahr- und Abbbremsbewegungen, oder anderen stoßhaften Betriebsarten werden die Kräfte und Momente mit einem **Betriebsfaktor K_A** multipliziert, um die weitgehend unbekannten Stöße erfahrungsgemäß zu berücksichtigen. Dann gelten für Kraft F und Moment M (mit F_N als Nennkraft und M_N als Nennmoment):

$F = K_A \cdot F_N$ und $M = K_A \cdot M_N$.

Der Einfluss von Schweißverfahren, Prüfungen, Spannungserhöhung und Werkstoffveränderung muss in der Wärmeeinflusszone entsprechend berücksichtigt werden.
Die Berechnungen können bei überwiegend ruhender Beanspruchung auch nach DIN 18800 (Stahlbau) oder nach DIN 15018 (Kranbau), allgemein nach der Druckschrift DS 952 (Schweißen metallischer Werkstoffe an Schienenfahrzeugen und maschinentechnische Anlagen) oder nach anderen Richtlinien erfolgen.

In Tabelle 9.4 sind die Vorschriften für die verschiedenen Einsatzbereiche zusammengestellt.

Tabelle 9.4 Vorschriften für Schweißverbindungen

Bereich	Vorschriften
Stahl- und Kranbau	Bezeichnungen (DIN ISO 5261), Stahlsorten (DIN 17100, DIN EN 10025, DIN EN 10113), Stahlbauten (DIN 18800), Stahlhochbauten (DIN 188001), Krantragwerke (DIN 15018), Stabilitätsnachweis auf Kippen (DIN 4114), Nachweis der Betriebsfestigkeit (DIN 15018)
Stahlbau mit Hohlprofilen	Nahtlose Stahlrohre (DIN 2448), geschweißte Stahlrohre (DIN 2458), quadratische und rechteckige Hohlprofile (DIN 59411), warmgefertigte Hohlprofile (DIN EN 10210-1 und -2), Spannungsnachweis für Füllstäbe (DIN 18808), Nachweis der Betriebsfestigkeit (DIN 15018 und DIN 4132)
Druckbehälter- und Kesselbau	Druckbeanspruchte Teile (DIN EN 1708-1), Druckbehälter für Propan, Butan und deren Gemische (DIN 4680), Druckbehälter für Flüssiggas (DIN 4681), Druckbehälter für Wasserversorgungsanlagen (DIN 4810), Druckbehälter für Drucklufterzeugungsanlagen (DIN 43686, DIN 43687 und DIN 43688), warmgewalztes Blech und Dickentoleranzen (DIN EN 10029), Abmessungen von nahtlosen Stahlrohren (DIN 2448), Abmessungen von geschweißten Stahlrohren (DIN 2458)

9

9.3.1.2 Press-Schweißverbindungen

Das Verfahren ist in Kapitel 13.7.4 dargestellt. Weitere wichtige Zusammenhänge werden im Folgenden abgehandelt.

Symbole für Schweißpunkte bzw. Schweißnähte (DIN EN 22553)

Bild 9.28 zeigt die wichtigsten Schweiß-Symbole.

Punktschweißverbindungen

Besonders im Karosseriebau ist das Fügen dünner Bleche oder blechähnlicher Teile durch Punktschweißen (meist mit Robotern) ein wirtschaftliches Verfahren. Dabei werden Schweißpunkte einreihig oder mehrreihig regelmäßig angeordnet, sodass Schweißnähte entstehen. Folgende Richtlinien sollten beim Punktschweißen beachtet werden:

- Bei Kraft- und Heftverbindungen nicht mehr als drei Teile miteinander verbinden.
- Das Dickenverhältnis der zu verschweißenden Teile sollte nicht größer als 1 : 3 sein.
- In Kraftrichtung nicht weniger als zwei und nicht mehr als fünf Schweißpunkte hintereinander anordnen.
- Konstruieren auf Scherbeanspruchung der Schweißpunkte (Zugbeanspruchungen sind gefährlich). Bei dünnen Blechen unter 2 mm werden einschnittige Verbindungen auf Biegung und Kopfzug beansprucht. Wie Bild 9.29 a zeigt, wird die Schweißlinse durch die Tangentialkraft F_t auf Schub und durch die Normalkraft F_n auf Zug beansprucht. Eine zweireihige Laschenverbindung (Bild 9.29 c) vermeidet diesen Nachteil.
- Anschweißen von Winkeln, Laschen und Profilen, sodass nur eine Schubbeanspruchung erfolgt.
- Werden Schweißteile auf Biegung beansprucht, sollte die Schweißlinse möglichst in der neutralen Ebene liegen.

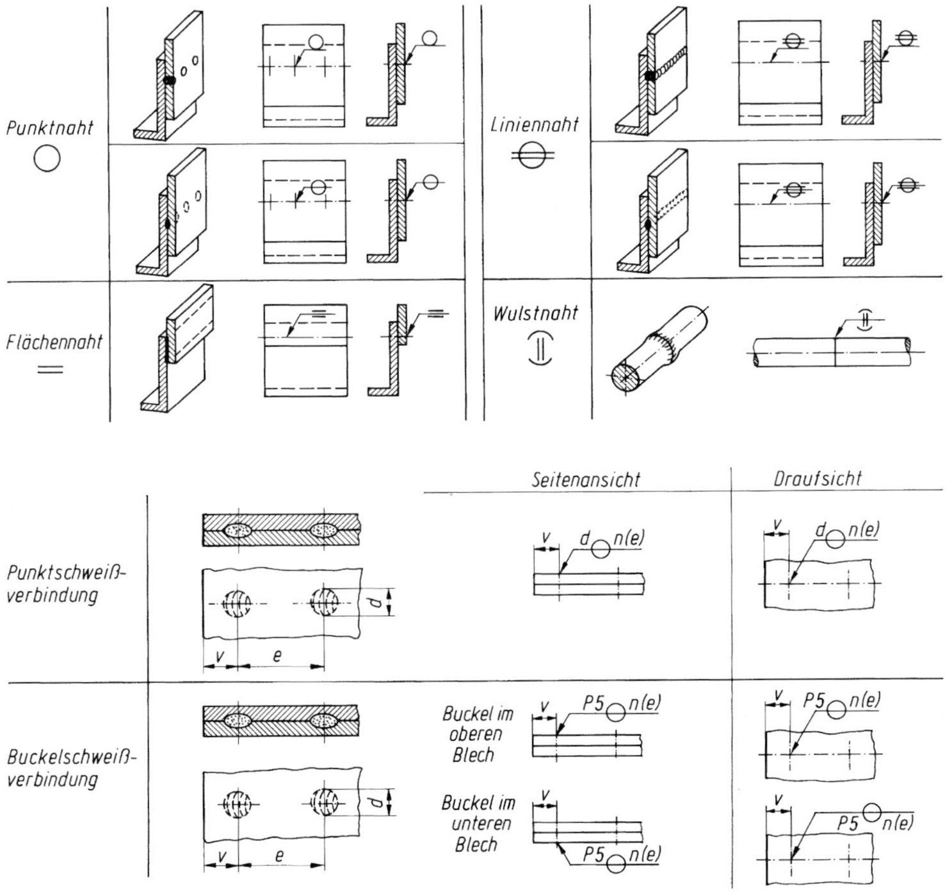

Bild 9.28 Symbole für Press-Schweißpunkte bzw. -nähte nach DIN EN 22553. d Punktdurchmesser, e Punktabstand, v Vormaß, n Anzahl der Schweißpunkte

Für die Beanspruchungen von Punktschweißnähten gelten folgende Berechnungsformeln:

- **Scherspannung in der Schweißlinse**

$$\tau_{wa} = \frac{F}{n\, m\, A_w}$$

(F Schubkraft, n Anzahl der Schweißpunkte im Anschluss, m Schnittzahl der Verbindung, n Anzahl aller Schweißlinsen, A_w Querschnittsfläche einer Schweißlinse). Aus dieser Gleichung kann bei bekannter zulässiger Scherspannung und bekannter Kraft die Anzahl der Schweißpunkte bestimmt werden.

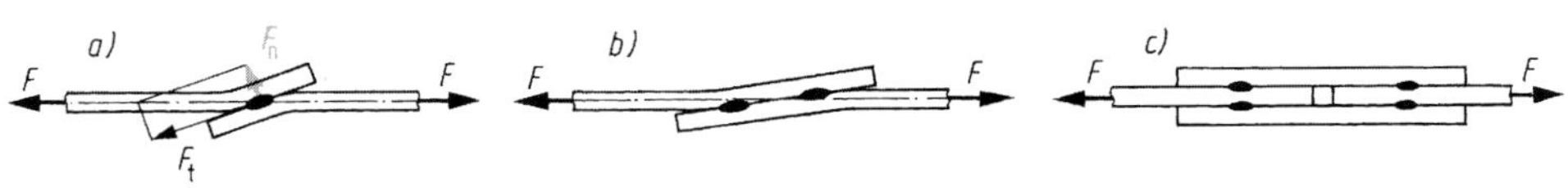

Bild 9.29 Punktschweißverbindungen von Blechen oder Bändern. a) einreihige einschnittige Punktschweißung (hoher Kopfzug), b) zweireihige einschnittige Punktschweißung (niedriger Kopfzug), c) zweireihige zweischnittige Punktschweißung (kein Kopfzug)

Buckelschweißverbindungen

Die zu verschweißenden Teile berühren sich durch die Buckel. Diese werden bereits bei der Herstellung der Teile angebracht. Bild 9.30 zeigt unterschiedliche Schweißbuckelformen. Es müssen alle Buckel an einem Anschluss gleichzeitig geschweißt werden.

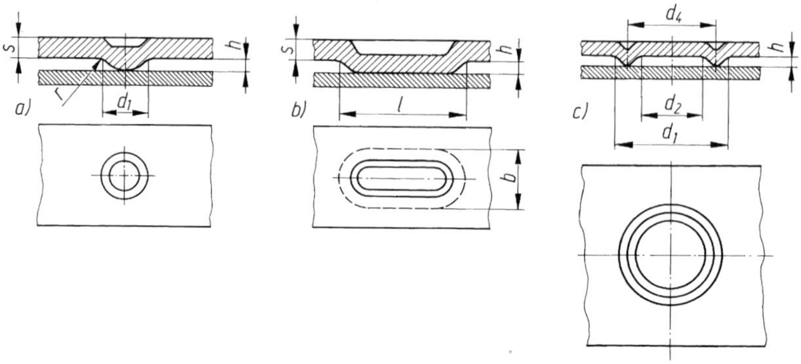

Bild 9.30 Formen von Schweißbuckeln. a) Rundbuckel (DIN EN 28167), b) Langbuckel (DIN 8519), c) Ringbuckel (DIN 8519)

Abbrenn-Stumpfschweißverbindungen

Bei einer Abbrenn-Stumpfschweißverbindung beträgt die Festigkeit etwa 90 bis 100 % der Bauteilfestigkeit. Wirtschaftlich findet dieses Verfahren Anwendung, wenn Werkstoff eingespart oder eine kostengünstigere Gestaltung erzielt wird, im Vergleich zur Herstellung aus einem Teil. Besonders wichtig ist dieses Verfahren, wenn Einzelteile zu kompliziert geformten Bauteilen gefügt werden müssen (z. B. Hebel, Ziehteile, Kurbelwellen). Bild 9.31 zeigt das Verfahren bei der Herstellung von Kurbelwellen.

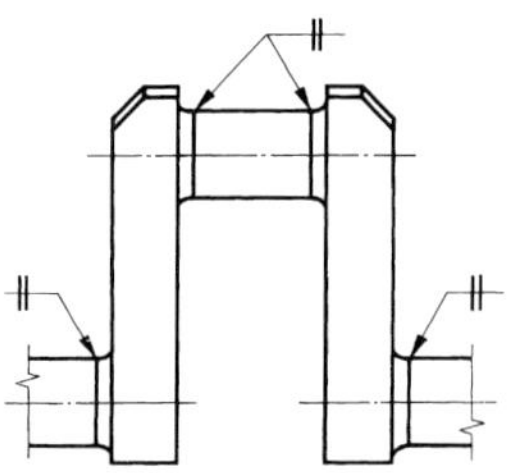

Bild 9.31 Abbrenn-Stumpfschweißen an einer Kurbelwelle

Kunststoff-Schweißverbindungen

Thermoplastische Kunststoffe werden wie Metalle in Tafeln, Flach- und Rundformen sowie Rohren geliefert. Bei Hitze schmilzt der Kunststoff und kann sich zersetzen. Deshalb wird meist unter Kraft im teigigen Zustand geschweißt. Die Kunststoff-Schweißverfahren sind in DIN 1910-3 zusammengestellt.

9.3.2 Lötverbindungen

Löten ist das **Verbinden und Beschichten von metallischen Werkstoffen** durch **schmelzende Zusatzwerkstoffe (Lote)**. Der Schmelzpunkt der Lote muss unterhalb des Schmelzpunktes der zu verbindenden Teile liegen.

9.3.2.1 Lötverfahren

Die zu verbindenden Teile liegen so eng beieinander, dass durch den kapillaren Spalt das flüssige Lot eingesaugt wird. Die Lötflächen selbst müssen schmutz- und fettfrei sein und eine Rautiefe zwischen 10 µm und 15 µm aufweisen. Es ist erforderlich, die Lötstellen auf Arbeitstemperatur zu erwärmen. Dies geschieht durch Lötkolben, Lötlampe, Lötbrenner oder im Lötofen (Vakuum oder Schutzgas) bzw. im Lötbad (Tauchlöten). Die Lötmittel müssen die Eigenschaft besitzen, die Lötstelle blank und oxidfrei zu halten.

Weichlöten

Die Arbeitstemperaturen liegen unterhalb von 450 °C. Zum Einsatz kommen Weichlote mit einem Schmelzpunkt unter 300 °C (DIN EN 29453). Einsatzbereiche sind dichtende oder elektrisch leitende Verbindungen, die einer geringen mechanischen Beanspruchung unterliegen (z. B. Anwendungen in der Elektrotechnik wie Bauteile auf Leiterplatten befestigen, ferner Kühler, dünnwandige Blechbehälter, Blechdosen). Die meisten Lote basieren auf Blei- und/oder Zinnbasis. Verfahren des Weichlötens sind in DIN 8505 zusammengestellt.

Hartlöten

Die Arbeitstemperaturen liegen oberhalb 450 °C. Zum Einsatz kommen Hartlote mit einem Schmelzpunkt bis zu 1100 °C (DIN EN 1044). Durch Hartlöten entstehen Verbindungen, die hohe Kräfte übertragen können. Deshalb finden diese Verfahren nach DIN 8505 Anwendung im Fahrzeugbau (Hartlöten der Rohrrahmen), im Maschinenbau (z. B. bei Wellen-Naben-Verbindungen, Löten von Stutzen auf Gehäuse oder Flanschen auf Rohre). Die Lote für Schwermetalle (DIN EN 1044) sind überwiegend kupfer- bzw. edelmetallhaltige Nichteisenlegierungen. Bei Leichtmetallen werden Aluminium-Silicium-Lote eingesetzt.

9.3.2.2 Gestalten der Lötverbindungen

Je nach Form der Lötstelle unterscheidet man **Spaltlöten** und **Fugenlöten**. Beim **Spaltlöten** ist der Abstand immer gleich groß und meist kleiner oder gleich 0,25 mm. Dadurch entsteht beim Lötvorgang eine Kapillarkraft, die das Lot in den Lötspalt saugt. Mitunter werden **Lötriefen** vorgesehen, um den Fließvorgang zu begünstigen und einen genauen zentrischen Sitz der Verbindungspartner sicherzustellen. Beim **Fugenlöten** sind die Abstände in der Regel größer als 0,5 mm. Meist hat die Lötnaht eine V- oder X-Form. Folgende Lötverbindungen sind üblich:

- **Löten von Blechen** (Bild 9.32)

Bleche werden an Überlappungen oder Laschenstößen gelötet (Überlappung etwa 3 bis 4-fache Blechdicke). Werden die Bauteile an der Lötstelle zugeschärft, dann wird der Kraftfluss weicher umgelenkt und damit die Festigkeit erhöht.

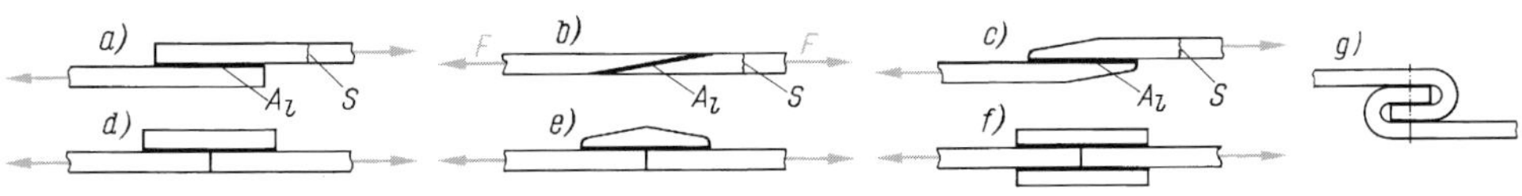

Bild 9.32 Gelötete Blechstöße. a) Überlappung, b) Schäftung, c) zugeschärfte Überlappung, d) Laschung, e) zugeschärfte Laschung, f) Doppellaschung (zweischnittig), g) Falznaht (A_l: Lötfugenfläche, S: Bauteilquerschnitt)

- **Löten von Rohren** (Bild 9.33)

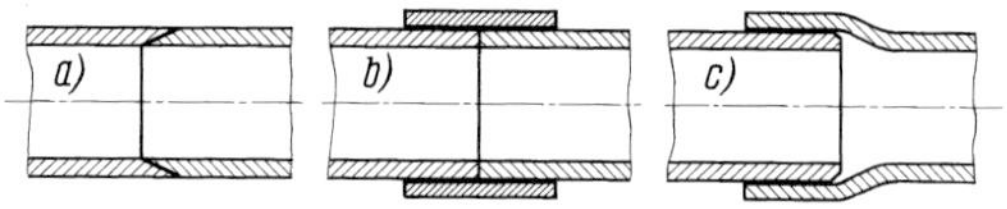

Bild 9.33 Gelötete Rohrstöße.
a) Kegeliger Stumpfstoß, b) Muffenstoß, c) Überlappstoß

- **Löten von Rundstäben** (Bild 9.34)

Stabenden sollte man nicht an der Stirnfläche anlöten (Bild 9.34a). Es ist sicherer, die Rundstäbe in eine Bohrung einzusetzen (Bild 9.34b, c). Eine Verjüngung der Nabe (Bild 9.34f) lenkt den Kraftfluss sanfter um und erhöht die Festigkeit.

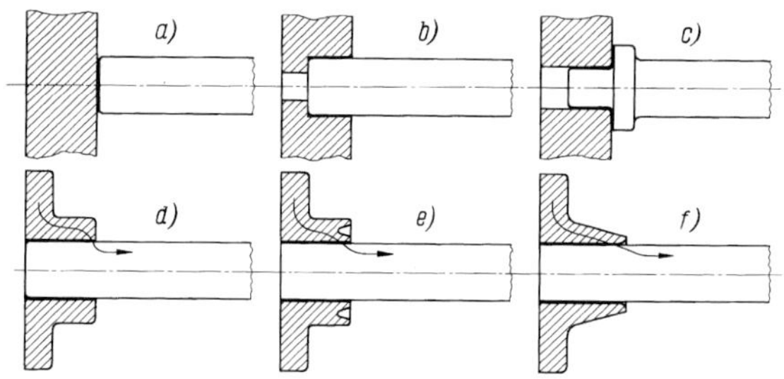

Bild 9.34 Gelötete Stäbe.
a) An der Stabstirn, b) am Stabumfang, d) am Zapfenumfang, e) in starrer Nabe, e) und f) in elastisch gestaltetes Nabenende

- **Löten von Behältern** (Bild 9.35)

Hier gelten die gleichen Verhältnisse wie bei Blechen.

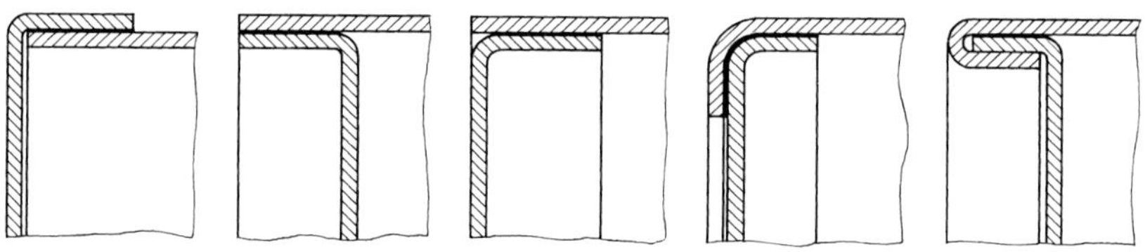

Bild 9.35 Eingelötete Behälterböden

9.3.2.3 Berechnen der Lötverbindungen

Lötverbindungen werden auf Abscheren beansprucht. Man geht davon aus, dass die Lötschicht bei etwa derselben Abscherkraft F_{lB} brechen würde wie das Bauteil (Zugbruchkraft des Bauteile F_B). Dann gilt:

$$F_{lB} = A_l \cdot \tau_{lB} \approx S \cdot R_m = F_B$$

(A_l: Lötfläche, S: Querschnittsfläche des Bauteils, R_m: Zugfestigkeit des Bauteilwerkstoffs, τ_{lB}: Zugscherfestigkeit des Hartlots, d. h. die Scherspannung, bei der das Abscheren erfolgt).

Mit überdimensionierten Bauteilen würde die Lötfläche bei Bemessung nach deren Zugbruchkraft unnötig groß werden. In diesen Fällen rechnet man mit der mittleren Scherspannung

$$\tau_l = \frac{F}{A_l}$$

Wird eine Hartlötverbindung auf Zug beansprucht, dann gilt für die Zugspannung:

$$\sigma_1 = \frac{F}{A_1}$$

(F Belastungskraft, A_1 Lötfläche).

9.3.3 Klebverbindungen

Kleben ist das **Verbinden von** gleichen oder verschiedenen **Werkstoffen** durch **Oberflächenhaftung** mittels Klebstoffs bei Temperaturen bis 200 °C (DIN 16920).

Die Vorteile der Klebverbindungen liegen darin, dass sie die Werkstoffeigenschaften der Partner nicht verändern (z. B. keine zu große Erwärmung), dass sie wenig Raum und Gewicht benötigen, abdichten und korrosionsbeständig sind sowie Spannungen gleichmäßig weiterverteilen. Der Hauptnachteil von Klebeverbindungen ist die geringere Festigkeit im Vergleich zu anderen Verbindungen (z. B. Schweißen und Löten). Im Folgenden wird nur das Kleben von Metallen behandelt. Das Kleben von Kunststoffen beschreibt die Richtlinie VDI 3821.

9.3.3.1 Klebeverfahren

Die Klebstoffe werden zum einen eingeteilt in **Einkomponentenkleber** (alle Bestandteile zur Aushärtung sind vorhanden) und **Zweikomponentenkleber,** die aus Bindemitteln (meist Epoxid- oder Polyesterharze) und Härter bestehen, sowie in **Kaltkleber** (Aushärten bei Zimmertemperatur) und **Warmkleber** (Aushärten bei höheren Temperaturen). Das Aushärten beim Kaltkleber kann Stunden oder Tage dauern, während das Aushärten beim Warmkleber zwar aufwändiger ist (z. B. durch Trockenöfen oder Heizplatten); doch dauert dieser Vorgang meist nur Minuten. Weitere Einteilungen und Eigenschaften sind in der Richtlinie VDI 2229 (Metallkleben) und in DIN 16920 nachzulesen.

Die zu klebenden Oberflächen müssen staub- und fettfrei sein. Außerdem wird durch Aufrauen die Klebeoberfläche vergrößert, sodass die Haltbarkeit größer ist.

9.3.3.2 Gestaltung der Klebverbindungen

Die Haltbarkeit der Klebverbindungen hängt sehr stark von der Beanspruchung ab (Bild 9.36). Zugbeanspruchungen (Bild 9.36a) und besonders Schälbeanspruchung (Bild 9.36c) sollten vermieden werden. Es empfiehlt sich daher, die Klebschicht in Kraftrichtung zu legen (Bild 9.36b). Der Klebstoffverbrauch liegt bei etwa 150 g/m^2 Klebfläche und die Dicke der Klebschicht sollte kleiner als 0,15 mm sein. Die Prüfungen von Metallklebstoffen und Metallklebungen finden nach den Normen DIN 53281, DIN 53282, DIN 53284, DIN 53286, DIN 53287, DIN 54452 und DIN 54455 statt.

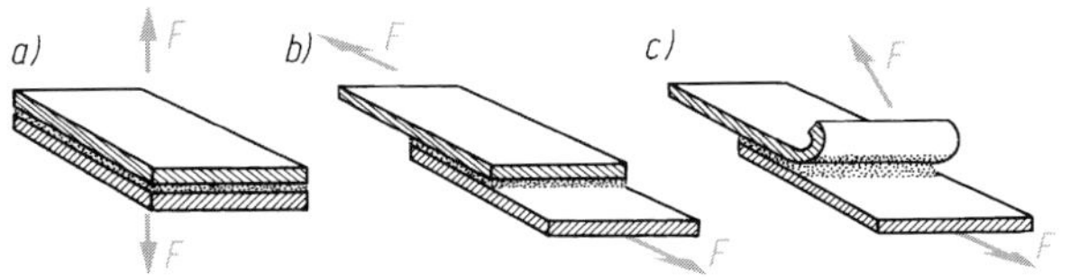

Bild 9.36 Beanspruchung von Klebverbindungen. a) Zug, b) Scheren, c) Schälen

9.3.3.3 Berechnung der Klebverbindungen

Die Festigkeit von Klebverbindungen nimmt mit steigender Betriebstemperatur zunächst bis zu einem Maximum zu und dann je nach Klebstoff wieder ab. Wenn die Klebschicht eine hohe Bindefestigkeit aufweist und mindestens ein Fügeteil dünn ist, dann gilt näherungsweise: Die Abscherkraft der Klebeschicht F_{kB} ist gleich der Zugbruchkraft F_B des Bauteils, sodass gilt:

$$F_{kB} = A_k \cdot \tau_{kB} \approx S \cdot R_m = F_B$$

(A_k Klebfläche, τ_{kB} Zugscherfestigkeit in der Klebschicht, S Querschnittsfläche des Bauteils, R_m Zugfestigkeit des Bauteilwerkstoffes, F_B Zugbruchkraft des Bauteils).

In allen anderen Fällen rechnet man mit der **mittleren Scherspannung** $\tau_k = F/A_k$ (F Belastungskraft, A_k Klebfläche).

9

Die Zugscherfestigkeit τ_{kB} hängt von sehr vielen Einflüssen ab, die durch die Einflussfaktoren f_1 bis f_8 berücksichtigt werden:

$$\tau_{kB} = \tau_N \cdot f_1 \cdot f_2 \cdot f_3 \cdot f_4 \cdot f_5 \cdot f_6 \cdot f_7 \cdot f_8$$

(τ_N nominelle Scherfestigkeit der Klebstelle, f_1 Materialart, f_2 Dicke der Klebschicht, f_3 Oberflächenrauigkeit, f_4 Verhältnis Breite zu Durchmesser (b/d) bei Welle-Nabe-Verbindungen und ebenen Flächen, f_5 Belastungsrichtung, f_6 Lastfall, f_7 Betriebstemperatur, f_8 Aushärtung des Klebstoffs).

Wird mit der **mittleren Scherspannung** τ_k gerechnet, so ergibt sich mit der Scherfestigkeit τ_{kB} für die Sicherheit gegen Bruch $S_B = \tau_{kB}/\tau_k \geq 2$.

Werden Klebeverbindungen zusammen mit Schweiß- oder Nietverbindungen kombiniert, dann kann man die Abscherkraft der Klebeverbindung F_{kB} und die Abscherkraft der Punkt-Schweißverbindung F_{wB} bzw. der Nietverbindung F_{nB} zu einer Gesamtbruchkraft F_{gB} addieren und mit der Zugbruchkraft F_B des maßgebenden Bauteils vergleichen. Für die zulässige Scherspannung $\tau_{kk\ zul}$ der kombinierten Verbindung gilt, bezogen auf die Klebverbindung:

$$\tau_{kk\ zul} \approx \frac{F_{gB}}{F_{kB}} \tau_{k\ zul}$$

wobei für die Abscherkraft der Schweißverbindung F_{wB} bzw. der Nietverbindung F_{nB} gilt:

$F_{wB} = n\, A_w\ \tau_{wB}$ bzw. $F_{nB} = n\, A_n\ \tau_{nB}$ (A_w bzw. A_n Querschnitt der Schweißlinse bzw. des Nietes, τ_{wB} bzw. τ_{nB} Abscherspannung der Schweißlinse bzw. des Nietes $\approx 0{,}65\ R_m$).

9.3.4 Nietverbindungen

Nieten ist das **Verbinden von Bauteilen** aus gleichen oder verschiedenen Werkstoffen durch Einführen eines Nietes (runden Schaftes) in eine **Bohrung**.

Nietverbindungen haben zu Gunsten von Schweiß- und Klebverbindungen an Bedeutung verloren. Meist ist es wirtschaftlicher, zu schweißen oder zu kleben, anstatt Löcher zu bohren und Niete zu schlagen. Nur in Fällen, bei denen das Erwärmen der Schweißteile Beeinträchtigungen der Werkstoffe bewirkt oder beim Kleben die Betriebstemperaturen zu hoch sind, werden Nietverbindungen vorgezogen. Dies ist vor allem im Leichtmetallbau (z. B. im Flugzeugbau) der Fall.

9.3.4.1 Nietformen und Nietverfahren

Ein Rohniet besteht aus einem **Schaft** (Durchmesser d_1) und einem angestauchten **Setzkopf**. Bauteile und Niete sollen aus dem gleichem Werkstoff bestehen, um Lockerung und Korrosion zu vermeiden. Bild 9.37 zeigt die Formen üblicher Stahlniete.

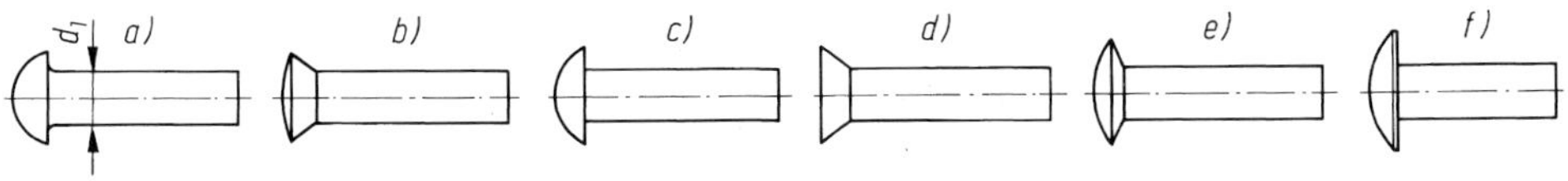

Bild 9.37 Gebräuchliche Stahlniete. a) Halbrundniet für den Stahlbau (DIN 124), b) Senkniet für den Stahlbau (DIN 302), c) Halbrundniet (DIN 660), d) Senkniet (DIN 661), e) Linsenniet (DIN 662), f) Flachrundniet (DIN 674)

Die Herstellung einer Nietverbindung zeigt Bild 9.38.

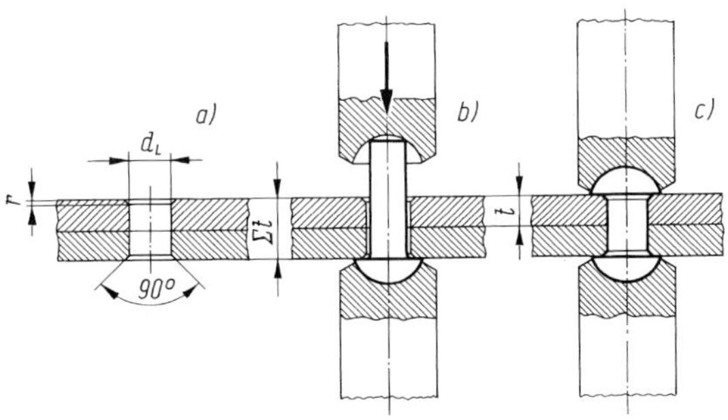

Bild 9.38 Herstellung einer Nietverbindung. a) Ausbilden des Loches, b) vor dem Schließen, c) nach dem Schließen eines Halbrundkopfes

Die Löcher für die Niete werden gebohrt oder gestanzt, gestanzte Nietlöcher oftmals nachgebohrt oder nachgerieben, um Rissbildungen vorzubeugen. Im Stahlbau ist das Stanzen von Nietlöchern verboten. Durch Ansenken der Löcher wird ein guter Übergang zwischen Schaft und Kopf ermöglicht. Beim Nietvorgang wird der Setzkopf mit einem Gegenhalter gestützt und der Niet mit einem Kopfhammer (Schellhammer oder Döpper), meist mit einer Nietmaschine, unter gleichmäßigem Druck geschlossen, d. h. ein **Schließkopf** gebildet (Bild 9.38c). **Warmniete** schrumpfen beim Erkalten und pressen die Teile aufeinander. **Kaltniete** schrumpfen nicht, ihre Köpfe müssen den Schaft nur gegen axiales Verschieben sichern, weshalb kleine Schließköpfe genügen. **Blindniete** ermöglichen Bauteilverbindungen, die nur von einer Seite zugänglich sind (z. B. bei Hohlprofilen).

9.3.4.2 Berechnung der Nietverbindungen

Bei n Nieten setzt jeder Niet der Belastungskraft F eine Widerstandskraft $F_n = F/n$ entgegen. Bild 9.39 zeigt eine vierreihige Nietverbindung. Um jeden Niet wirkt ein gedachtes Band, sodass jeder Strang mit der anteiligen Kraft $\Delta F = F/2n$ zieht. Nach Bild 9.39 ist ersichtlich, dass der Bauteilquerschnitt 1 die volle Zugkraft $F = 8\,\Delta F$ aufzunehmen hat, während Bauteilquerschnitt 2 noch $6\,\Delta F$ und Querschnitt 3 lediglich $2\,\Delta F$ aufnehmen muss. Um diese Unterschiede nicht zu groß werden zu lassen, ordnet man nicht mehr als drei bis vier Nietreihen an (Mindestnietzahl bei Kraftstäben beträgt zwei, die Höchstzahl in Kraftrichtung fünf; DIN 18800).

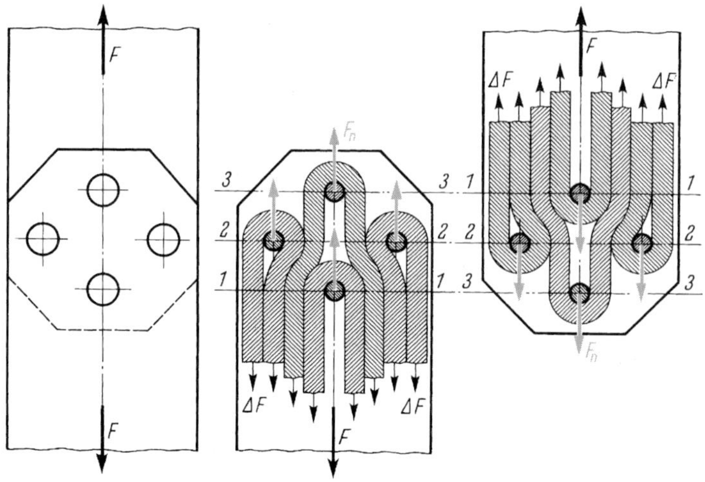

Bild 9.39 Kraftverhältnisse an einer mehrreihigen Nietverbindung

Die Belastungskraft F wird von $n \cdot m$ Scherflächen A aufgenommen. Für die mittlere Scherspannung τ_a gilt daher:

$$\tau_a = \frac{F}{n \cdot m \cdot A} = \frac{F_n}{m \cdot A}$$

(F Belastungskraft, n Anzahl der Niete, m Anzahl der Schnittflächen an einem Nietschaft, A Querschnitt des geschlagenen Nietes, F_n von einem Niet aufzunehmende Kraft, mit der nur gerechnet wird, wenn sich die Belastungskraft nicht gleichmäßig auf alle Niete verteilt).

Aus dieser Gleichung kann auch bei bekannter zulässiger Scherspannung und Kraft die Anzahl der Niete berechnet werden.

Die Belastungskraft F drückt den Nietschaft gegen die Lochwand (Leibung). Ist der Druck zu groß, dann wird das Loch erweitert und der Nietschaft zu stark gepresst. Für diese Druckspannung oder den Leibungsdruck an Lochwand und Nietschaft σ_l gilt:

$$\sigma_l = \frac{F}{n \cdot d_L \cdot t} = \frac{F_n}{d_L \cdot t}$$

(n Anzahl der Niete, d_L Nietlochdurchmesser, t maßgebende Bauteildicke).

Falls eine Zugbeanspruchung auftritt, beträgt die Zugspannung im Nietschaft:

$$\sigma_z = \frac{F}{n \cdot A} = \frac{F_z}{A}$$

(F_z Zugkraft an einem Niet).

Es gibt Bauteile, die auf Zug und Druck beansprucht werden. Für diese gilt für die Zugspannung σ im Bauteilquerschnitt bzw. die Druckspannung $\sigma = F/S$ (S Querschnitt des Bauteils).

9.3.5 Pressverbände

Pressverbände schaffen **haltbare** und **rüttelsichere** Verbindungen, die **große Kräfte** und **große Momente** übertragen können. Deshalb werden vorwiegend umlaufende Maschinenteile (z. B. Ankerscheiben, Lauf- und Zahnräder) auf Achsen oder Wellen gepresst, wenn wechselnde Drehrichtung und stoßhafter Betrieb vorliegen.

9.3.5.1 Pressverfahren und Gestaltung

Bei einem Pressverband ist der Bohrungsdurchmesser kleiner als der Wellendurchmesser, sodass ein Übermaß U vorhanden ist. Dieses Übermaß bewirkt, dass die Fügeflächen des Außenteils (**Nabe**) und des Innenteils (**Welle**) aufeinander gepresst werden. Die Haftreibung ermöglicht die Übertragung von Kräften und Momenten. Bild 9.40 zeigt unterschiedliche Pressverbände.

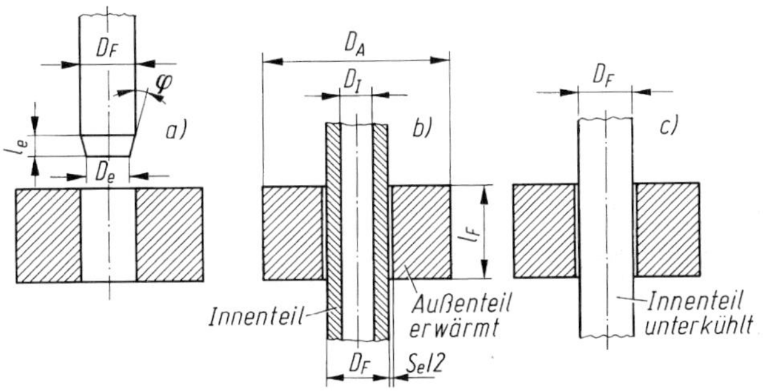

Bild 9.40 Fügen von Pressverbänden. a) Längseinpressen des Innenteils, b) Schrumpfen des Außenteils, c) Dehnen des Innenteils (F Fuge, S_e Einführungsspiel)

Man unterscheidet folgende beide Arten von Pressverbänden:

Längspressverbände

Die Fügeteile werden längs eingepresst (Bild 9.40a). Damit während des Pressvorgangs kein Werkstoff weggeschabt wird, erhält das Teil mit der höheren Streckgrenze eine **Einführungsfase** (meist das Innenteil). Es sollen der Fasenwinkel höchstens $\varphi = 5°$, die Fasenlänge $l_e \approx \sqrt[3]{D_F \cdot 1\,\text{mm}^2}$ und die Einpressgeschwindigkeit etwa 50 mm/s betragen.

Querpressverbände

- **Schrumpfverband** (Schrumpfen des Außenteils, Bild 9.40b). Das Außenteil wird erwärmt und dehnt sich. Es wird dann auf das Innenteil geschoben. Beim Erkalten schrumpft das Außenteil und presst sich gegen das Innenteil.
- **Dehnverband** (Dehnen des Innenteils, Bild 9.40c). Das Innenteil schrumpft durch Kühlen mit Trockeneis (–78 °C) bzw. flüssigem Stickstoff (–196 °C) so stark, dass es sich in das Außenteil schieben lässt. Beim Erwärmen auf Raumtemperatur dehnt sich das Innenteil und presst sich in das Außenteil.
- **Schrumpf-Dehnverband** (Kombination von Schrumpfen und Dehnen), falls weder durch Schrumpfen noch durch Dehnen ein ausreichendes Einführungsspiel erreicht werden kann.
- **Druckölverband** (Schrumpfen des Außenteils und Dehnen des Innenteils). Dieses Verfahren wird bei leicht kegeligen Fügeflächen angewandt. Das Drucköl weitet das Außenteil auf und schnürt das Innenteil ein. Das Innenteil wird in das Außenteil geschoben, bis die Fügeflächen aufeinander sitzen. Dann wird das Öl hineingepresst und das Außenteil entsprechend dem Spiel weiter hinaufgeschoben. Sobald der Öldruck abgeschaltet wird, pressen sich die beiden Teile gegeneinander.

9.3.5.2 Berechnung zylindrischer Pressverbände

Die **Haftkraft F_F** verhindert das Verschieben oder Verdrehen der gefügten Teile. Das Übermaß U bestimmt im Wesentlichen die Haftkraft. Berechnungen für das erforderliche Übermaß sowie der Haftkraft sind in DIN 7190 zu finden. Bild 9.41 zeigt die Beanspruchung der Fügeteile.

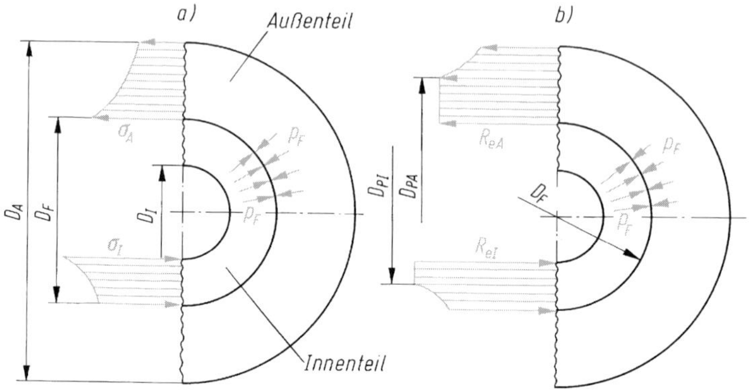

Bild 9.41 Beanspruchung der Fügeteile von Pressverbänden. a) rein elastische Beanspruchung, b) elastisch-plastische Beanspruchung

Der Pressvorgang erzeugt eine **radiale Fugenpressung p_F**, die für die Haftkraft F_F verantwortlich ist. Das **Außenteil** wird gedehnt und dadurch tangential auf **Zug** beansprucht. Das **Innenteil** wird gestaucht und auf **Druck** beansprucht. Die Zug- bzw. Druckbeanspruchungen nehmen in jedem der beiden Fügeteile von innen nach außen ab. In Bild 9.41 a ist zu sehen, dass sich die tangentialen Zug- und Druckspannungen proportional zu den Dehnungen bzw. Stauchungen verteilen, sofern die Streck- bzw. Quetschgrenze nicht erreicht wird. Die größte Zugspannung im Außenteil ist σ_A, die größte Druckspannung im Innenteil σ_I. Folgende Arten der Beanspruchung werden unterschieden:

Rein elastische Beanspruchung (Bild 9.41 a)
In diesem Fall bleiben alle Spannungen unterhalb der Streckgrenzen (Fließgrenzen) R_{eA} bzw. R_{eI} der Werkstoffe ($\sigma_A \leq R_{eA}$).Für Werkstoffe mit nicht ausgeprägter Streckgrenze wird die 0,2 %-Dehngrenze herangezogen. Für Grauguss (spröder Werkstoff) nimmt man 50 % der Zugfestigkeit R_m als Grenze. Elastische Beanspruchung ist anzustreben (für Außenteile aus sprödem Werkstoff wie Grauguss darf nur eine elastische Beanspruchung auftreten).

Elastisch-Plastische Beanspruchung (Bild 9.41 b)
Vom Fugendurchmesser D_F bis zum Durchmesser D_{PA} erreicht im Außenteil ein Teil der Spannungen die Streckgrenze R_{eA}. Deshalb gilt: $D_{PA} > D_F$ (entsprechend gilt dies auch für die Druckspannungen im Innenteil: $D_{PI} < D_F$).

Als **Betriebskraft** F wirkt eine **Umfangskraft** F_u, eine **Längskraft** F_l oder eine **resultierende Kraft** $F_r = \sqrt{F_u^2 + F_l^2}$. Die Umfangskraft ergibt sich aus $F_u = M/r_F$ (M zu übertragendes Drehmoment, $r_F = D_F/2$ Fugenradius). Die Haftkraft F_F an den Fügeflächen muss größer sein als die Betriebskraft F, somit: $F_F \geq F \cdot S_H$ (S_H Haftsicherheit nach DIN 7190). Kennt man die Größe der Haftkraft, dann lässt sich die **Fugenpressung** p_F folgendermaßen errechnen:

$$p_F = \frac{F_F}{A_F \cdot \nu} = \frac{F_F}{D_F \cdot \pi \cdot l_F \cdot \nu}$$

(A_F Fugenfläche = $D_F \cdot \pi \cdot l_F$, ν Haftbeiwert, D_F Fugendurchmesser, l_F Fugenlänge). Der Haftbeiwert ν ist das Verhältnis der gemessenen Rutschkraft zur errechneten Normalkraft $F_N = D_F \cdot \pi \cdot l_F \cdot p_F$. Bei Rotationsbewegungen muss noch die Fliehkraft berücksichtigt werden.

Für das erforderliche Übermaß U sind die Durchmesserverhältnisse des Außendurchmessers: $Q_A = D_F/D_A$ und des Innendurchmessers $Q_I = D_I/D_F$ maßgebend; das Übermaß muss umso größer sein, je dünner die Fügeteile sind. Beim Pressen werden die Fugenflächen geglättet, so dass ein **Übermaßverlust** $U_V = 0{,}8\,(R_{zA} + R_{zI})$ entsteht (R_{zA} gemittelte Rautiefe des Außenteils, R_{zI} gemittelte Rautiefe des Innenteils). Damit ermittelt man das **wirksame Übermaß** $U_w = U - U_v$.

Folgende zwei Aufgabenstellungen treten in der Praxis auf:

Passung gesucht
Ausgehend von der Betriebskraft F wird die notwendige Fugenpressung p_F ermittelt und dann das wirksame Übermaß U_w errechnet.

Passung gegeben
Daraus lässt sich das wirksame Übermaß U_W errechnen und damit die erreichbare Fugenpressung und die Haftkraft bestimmen.

9

Berechnung bei rein elastischer Beanspruchung

Die Berechnungen werden erleichtert, wenn man nach DIN 7190 eine Hilfsgröße K einführt, für die gilt:

$$K = \frac{E_A}{E_I}\left(\frac{1+Q_I^2}{1-Q_I^2} - \mu_I\right) + \frac{1+Q_A^2}{1-Q_A^2} + \mu_A$$

Bei vollem Innenteil ist $Q_I = 0$, sodass gilt:

$$K = \frac{E_A}{E_I}(1-\mu_I) + \frac{1+Q_A^2}{1-Q_A^2} + \mu_A$$

Werden gleiche Werkstoffe gefügt, dann sind wegen des gleichen E-Moduls die Querdehnzahlen $\mu_A = \mu_I = \mu$. Somit ist:

$$K = \frac{1+Q_I^2}{1-Q_I^2} + \frac{1+Q_A^2}{1-Q_A^2}$$

Rechnungsgang für gesuchte Passung

Aus der mindestens erforderlichen Haftkraft und der daraus ermittelten kleinsten Fugenpressung p_F kann man das erforderliche, kleinste bezogene wirksame Übermaß $Z_W = K\ p_F/E_A$ errechnen. Bei gleichen Werkstoffen und vollem Innenteil ergibt sich:

$$Z_W = \frac{2\,p_F}{(1-Q_A^2)\,E}$$

(p_F erforderliche kleinste Fugenpressung, Q_A Durchmesserverhältnis, E Elastizitätsmoduln der Fügeteile).

Das erforderliche Mindestübermaß U_{min} errechnet sich aus: $U_{min} = U_W + U_V$. Für das zulässige Höchstübermaß U_{max} sind das zulässige bezogene wirksame Übermaß Z_{wAzul} und Z_{wIzul} zu errechnen (DIN 7190):

Es gilt für ein Außenteil:

$$Z_{wAzul} = K \frac{(1 - Q_A^2) \cdot R_{eA}}{\sqrt{3} \cdot S_p \cdot E_A}$$

für ein volles Innenteil:

$$Z_{wIzul} = K \frac{2 R_{eI}}{\sqrt{3} \cdot S_p \cdot E_A}$$

Bei gleichen Werkstoffen für das Außen- und Innenteil ($E_A = E_I = E$ sowie $\mu_A = \mu_I = \mu$) sind:

$$Z_{wAzul} = \frac{2 R_{eA}}{\sqrt{3} \cdot S_p \cdot E} \quad \text{und} \quad Z_{wIzul} = \frac{4 R_{eI}}{\sqrt{3} \cdot S_p \cdot (1 - Q_A^2) E}$$

9

(S_P Sicherheit gegen plastische Verformung etwa 1,2).

Man nimmt als Z_{wzul} den kleineren der beiden Werte von Z_{wAzul} bzw. Z_{wIzul} und berechnet daraus das zulässige wirksame Übermaß $U_{wzul} = Z_{wzul} \cdot D_F$, um das zulässige Höchstübermaß U_{max} zu bestimmen: $U_{max} = U_{wzul} + U_V$ (U_V Übermaßverlust).

Rechnungsgang für gegebene Passung

Mit der Hilfsgröße K beträgt die kleinste Fugenpressung $p_{Fk} = Z_{wk} \cdot E_A/K$. Bei vollem Innenteil und gleichen Werkstoffen erhält man für die kleinste Fugenpressung:

$$p_{Fk} = Z_{wk} \left(\frac{1 - Q_A^2}{2} \right) E$$

(Z_{wk} kleinstes bezogenes wirksames Übermaß, Q_A Durchmesserverhältnis, E Elastizitätsmodul der Fügeteile).

Aus der Fugenpressung p_{Fk} lässt sich die kleinste Haftkraft F_{Fk} und daraus die zulässige Betriebskraft F_{zul} berechnen, die mindestens so groß sein muss wie die zu übertragende Betriebskraft F.

Sinngemäß lässt sich auch die größte Fugenpressung p_{Fg} errechnen: $p_{Fg} = Z_{wg} \cdot E_A/K$. Für volle Innenteile ($Q_I = 0$) und gleiche Werkstoffe (gleiche E-Module E und gleiche Querdehnzahlen μ) ergibt sich für die größte Fugenpressung p_{Fg}:

$$p_{Fg} = \frac{Z_{wg} (1 - Q_A^2) E}{2}$$

(Z_{wg} größtes bezogenes wirksames Übermaß).

Die zulässige Fugenpressung darf durch die größte Fugenpressung nicht überschritten werden. Daraus leiten sich für rein elastische Beanspruchungen folgende Festigkeitsbedingungen ab (für das Außenteil $p_{A\,zul}$ und für ein volles Innenteil $p_{I\,zul}$):

$$p_{A\,zul} = \frac{1 - Q_A^2}{\sqrt{3} \cdot S_p} R_{eA} \ge p_{Fg} \quad \text{und} \quad p_{I\,zul} = \frac{2}{\sqrt{3} \cdot S_p} R_{eI} \ge p_{Fg}$$

(Q_A Durchmesserverhältnis des Außenteils, S_P Sicherheit gegen plastische Verformung (etwa 1,2), R_{eA}, R_{eI} Streckgrenzen von Außen- bzw. Innenteil).

Berechnung bei elastisch-plastischer Beanspruchung

Unter bestimmten Voraussetzungen ist eine elastisch-plastische Beanspruchung der Fügeteile möglich. Dabei wird in einem begrenzten Bereich des Außen- und/oder Innenteils eine Überschreitung der Streckgrenze zugelassen (Bild 9.41 b). Dies ist aber nur bei duktilen Werkstoffen (Bruchdehnung $A \geq 10$ % und Brucheinschnürung $Z \geq 30$ %) möglich. Ein volles Innenteil kann nicht elastisch-plastisch beansprucht werden.

Eine elastisch-plastische Auslegung von Pressverbänden ist nur durchführbar, wenn für die Streckgrenzen folgende Bedingung erfüllt ist: $R_{eI} \geq R_{eA}(1 - Q_A^2)/2$. Die Berechnung nach DIN 7190 ist sehr umfangreich. Für die Aufgabenstellung „Passung gesucht" und Verbindungen mit vollem Innenteil und gleichen Elastizitätsmoduln für beide Fügeteile ist in Anlehnung an DIN 7190 ein vereinfachtes Berechnungsverfahren angegeben. [Decker]

Einpresskraft und Fügetemperaturen

Die erforderliche Einpresskraft F_e für das Fügen eines Längspressverbandes beträgt:

$$F_e = p_{Fg} \cdot D_F \cdot \pi \cdot l_F \cdot \nu_e$$

(p_{Fg} größte Fugenpressung, D_F Fugendurchmesser, l_F Fugenlänge, ν_e Haftbeiwert beim Einpressen).

Beim Fügen unter Temperaturdifferenzen muss entweder das Außenteil auf die Temperatur t_A erwärmt oder das Innenteil auf die Temperatur t_I abgekühlt werden. Diese werden folgendermaßen berechnet:

$$t_A = \frac{U_i + S_e}{\alpha_A \cdot D_F} + t \quad \text{bzw.} \quad t_I = \frac{U_i + S_e}{\alpha_I \cdot D_F} + t$$

(U_i Istübermaß, S_e Einführungsspiel, α Längenausdehnungskoeffizient, D_F Fugendurchmesser, t Raumtemperatur).

9.4 Lösbare Verbindungen

Bauteile mit diesen Verbindungen können zerstörungsfrei gelöst werden. Dieselben oder andere Bauteile lassen sich damit wieder verbinden.

9.4.1 Befestigungsschrauben

Sie dienen zur **Befestigung von Bauteilen** sowie zum **Einstellen**, **Messen** und **Spannen**. Schrauben, Muttern und deren Gewinde sind größtenteils genormt. Diese Verbindungselemente gehören zu den wichtigsten und am häufigsten eingesetzten Konstruktionselementen.

9.4.1.1 Gewinde

Ein Gewinde ist eine **profilierte Einkerbung** (Gang), die als Schraubenlinie längs eines Zylinders läuft. Dieser Gang windet sich mit der **Steigung** P um einen **zylindrischen Kern** mit dem **Durchmesser** $d_K = d_3$ (Bild 9.42 a). Wird ein Gang am Flankendurchmesser d_2 als mittlerer Durchmesser abgewickelt, dann ergibt sich ein Dreieck mit dem Steigungswinkel α. Die Definitionen im Zusammenhang mit Schrauben und Gewinden sind in DIN 2244 genormt. Ein **Außengewinde** wird **Bolzengewinde** und ein **Innengewinde** auch **Muttergewinde** genannt.

Man unterscheidet folgende Toleranzklassen: ***f*** (fein: Gewinde hoher Genauigkeit: Toleranzfelder 4H – Bild 9.2 – oder 5H/4h oder 4e für Muttern-/Bolzengewinde); ***m*** (mittel: für allgemeine Anwendungen: Toleranzfelder 6H/6g); ***g*** (grob: keine Anforderungen an die Genauigkeit. Toleranzfelder 7H/8g). Die Auswirkungen der Toleranzfelder für die Durchmesser d, d_2 und d_3 sind in DIN 13 angeben. Bild 9.42 zeigt die Zusammenhänge an einem metrischen ISO-Gewinde nach DIN 13.

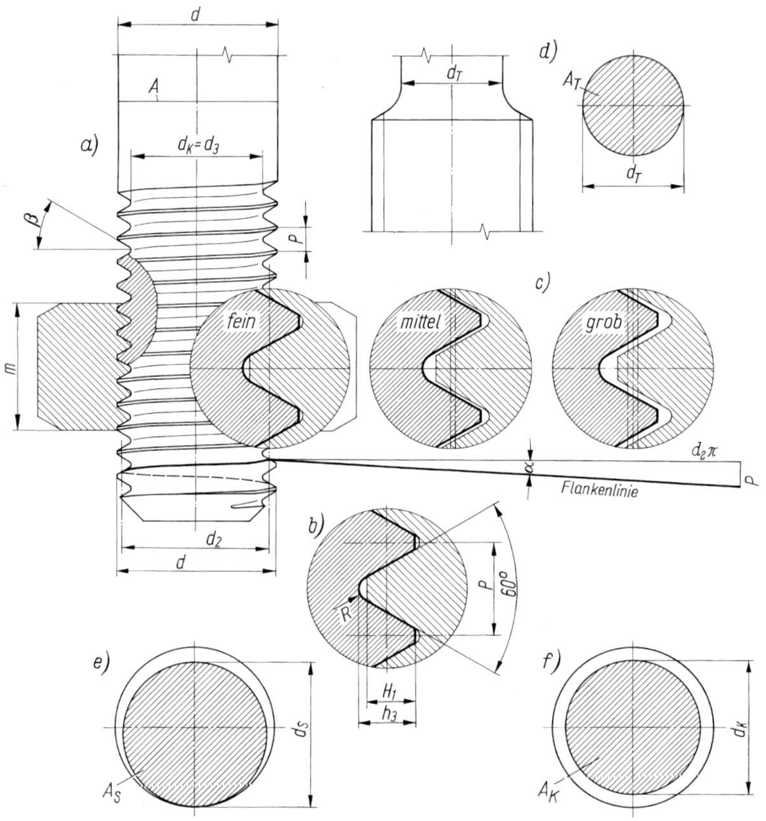

Bild 9.42 Metrisches ISO-Gewinde nach DIN 13. a) Schraubenschaft mit Gewinde und Mutter, Abwicklung der Flankenlinie (A Schaftquerschnitt), b) Profil, c) Toleranzklassen, d) Taille einer Dehnschraube (A_T Taillenquerschnitt), e) Spannungsquerschnitt A_S, f) Kernquerschnitt A_K (d Außen- und Nenndurchmesser, d_2 Flankendurchmesser = $d - 0{,}64952P$, d_3 Kerndurchmesser = $d - 1{,}22687P$, d_S Spannungsdurchmesser = $0{,}5(d_2 + d_3)$ zur Berechnung des Spannungsquerschnitts, d_T Taillendurchmesser $\approx 0{,}9\ d_3$, H_1 Gewindetragtiefe = $0{,}54127P$, h_3 Gewindetiefe = $0{,}61343P$, P Steigung, R Rundungsradius = $0{,}14434P$, m Mutterhöhe, β Teilflankenwinkel = 30° (halber Flankenwinkel)

Bei **Schaftschrauben** besitzt der Schaft den gleichen Durchmesser d wie das Gewinde. Für den Schaftquerschnitt A mit dem Durchmesser d (Bild 9.42a) gilt damit: $A = d^2\pi/4$. Bei **Taillen-** oder **Dehnschrauben** ist der Schaftdurchmesser d_T kleiner als der Gewinde-Kerndurchmesser $d_k = d_3$ ($d_T \approx 0{,}9\ d_k$). Der Taillenquerschnitt beträgt: $A_T = d_T^2\pi/4$. Für das Gewinde sind folgende Querschnitte von Bedeutung: Der **Kernquerschnitt** A_K mit dem Durchmesser $d_K = d_3$, somit

$A_K = d_K^2\pi/4$ und der **Spannungsquerschnitt** A_S mit dem Durchmesser $d_S = (d_2 + d_3)/2$. Dieser Querschnitt $A_S = (d_2 + d_3)^2\pi/16$ spielt bei Festigkeitsberechnungen eine wichtige Rolle. Man unterscheidet zwischen **Regel-** und **Feingewinden**. Feingewinde haben im Vergleich zu den Regelgewinden eine kleinere Gewindetiefe h_3 (Bild 9.42b) und deshalb auch eine kleinere Steigung P. Sie finden Einsatz bei kurzen Schraublängen, bei dünnwandigen Rohren oder als Stellgewinde. Üblicherweise werden **Rechtsgewinde** eingesetzt (Anzug durch Rechtsdrehung). Für Gas- und Wasserleitungsrohre, für Armaturen, Fittings und Gewindeflansche, die üblicherweise noch in Zoll-Abmessungen Verwendung finden, werden **Whitworth-Rohrgewinde** verwendet (DIN 2999, DIN 3858 und DIN ISO 228). In DIN 202 findet sich eine vollständige Übersicht über die genormten Gewinde und deren Kurzbezeichnungen.

9.4.1.2 Werkstoffe und Korrosionsschutz

Der wichtigste Werkstoff ist **zäher Stahl** mit verschiedenen Festigkeitseigenschaften (DIN EN 20898 und DIN EN ISO 898). **Nichteisenmetalle** (NE-Metalle) werden ebenfalls eingesetzt. Kupfer-Zink-Legierungen werden als Klemmschrauben und -muttern vor allem in der **Elektrotechnik** verwendet (gute elektrische Leitfähigkeit, DIN 17660, DIN 17662, 17665, DIN 17666 und DIN EN 573). Leichtmetallkonstruktionen werden häufig mit **Leichtmetallschrauben** (z. B. aus Aluminium) oder aber mit Schrauben aus **korrosionsbeständigen** Chrom-Nickel-Stählen (DIN 17440) verbunden. **Thermoplastische Kunststoff-Schrauben** (Polyamid: PA 66 mit und ohne Glasfaserverstärkung sowie Polyoximethylen: POM) finden Einsatz in hochkorrosiven Umgebungen, wenn geringes Gewicht entscheidend ist, eine hohe Dämpfung oder elektrische bzw. thermische Isolation gefordert wird.

Stahlschrauben müssen einen geeigneten Oberflächenschutz erhalten, damit sie nicht rosten. Bei einer stark korrosiven Umgebung sind spezielle Schutzschichten erforderlich (DIN ISO 4042 und DIN EN ISO 3506). Folgende Maßnahmen kommen zur Anwendung:

- **Galvanisch** aufgebrachte Metallschichten (Cu, Cr, Ni, Sn, Zn).
- **Feuerverzinkung** (Eintauchen in schmelzflüssiges Zink).
- **Dünnschichtlackierungen** mit Acryl- oder Epoxidharzen sowie Fluorkunststoffen (Tauchen, Sprühen oder Einbrennlackierung).
- **Nichtmetallische Schutzschichten** (Phosphatieren).

9.4.1.3 Ausführungen von Schrauben und Muttern

Folgende Schraubenarten werden eingesetzt:

- **Kopfschrauben** für Durchsteck- und Einschraubverbindungen, DIN 918 und DIN ISO 1891, Bild 9.43). Um ein unbefugtes Lösen zu verhindern, werden oft Sonderköpfe eingesetzt. Zum Schrauben sind je nach Kopfform (z. B. Schlitz, Zweiloch, Dreikant, Sechskant, Kreuzschlitz, TORX-System mit Sechskantkopf) verschiedene Werkzeuge erforderlich.
- **Gewindeschneidende Schrauben** (beim Einschrauben in Kernlöcher werden die Gewinde spanend geformt, DIN 7513, DIN 7516, sowie Bohrschrauben, die beim Schrauben das Kernloch selbst bohren und das Gegengewinde spanlos formen, DIN 7504 mit Blechschraubengewinde DIN EN ISO 1478).
- **Stiftschrauben** (Einschraubende mit einer Übergangspassung und ein Mutternende. Beim Abschrauben muss nur die Mutter gelöst werden, während das Einschraubende fest sitzt; DIN 835, DIN 938, DIN 939, DIN 940, DIN 2509).

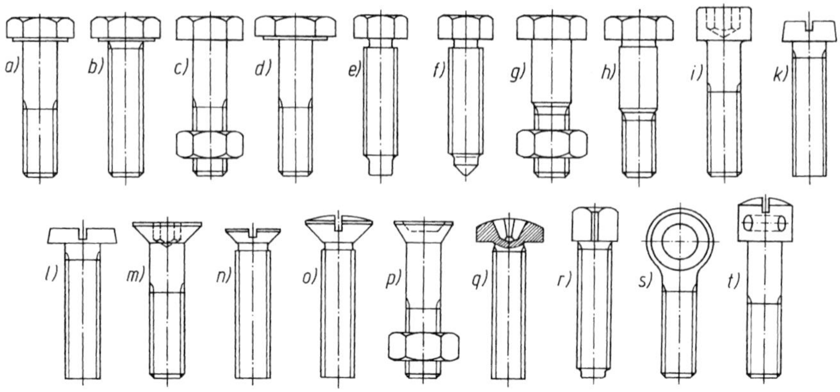

Bild 9.43 Auswahl verschiedener Kopfschrauben (die Buchstaben A, B und C geben die Produktklasse an). a) Sechskantschraube mit Schaft A, B: DIN EN 24014, b) Sechskantschraube mit Gewinde bis Kopf A, B: DIN EN 24017, C: DIN EN 24018, mit Feingewinde A, B: DIN EN 28676, c) Sechskantschraube mit Muttern für Stahlkonstruktionen: DIN 7990, d) Sechskantschraube mit großer Schlüsselweite für HV-Verbindungen in Stahlkonstruktionen: DIN 6914, e) Sechskantschraube mit Zapfen, kleinem Sechskant und Gewinde bis Kopf: DIN 561, f) Sechskantschraube mit Ansatzspitze, kleinem Sechskant und Gewinde bis Kopf: DIN 564, g) Sechskantpassschraube mit Mutter für Stahlkonstruktionen: DIN 7968, h) Sechskantpassschraube mit langem Gewindezapfen: DIN 609, i) Zylinderschrauben mit Innensechskant A: DIN EN ISO 4762, mit niedrigem Kopf und Schlüsselführung DIN 6912, mit niedrigem Kopf DIN 7984, k) Zylinderschraube mit Schlitz A, B: DIN EN ISO 1207, l) Flachkopfschraube mit Schlitz DIN EN ISO 1580, m) Senkschraube mit Innensechskant A: DIN EN ISO 10642, n) Senkschraube mit Schlitz A: DIN EN ISO 2009; o) Linsensenkschraube mit Schlitz A: DIN EN ISO 2010, p) Senkschraube mit Schlitz mit oder ohne Mutter für Stahlkonstruktionen: DIN 7969, q) Linsenschraube mit Kreuzschlitz DIN EN ISO 7045, r) Vierkantschraube mit Kernansatz: DIN 479, mit Bund und Ansatzkuppe: DIN 480, s) Augenschraube A, B, C: DIN 444, t) Kreuzlochschraube mit Schlitz: DIN 404

Bild 9.44 zeigt eine Auswahl genormter Muttern. **Schweißmuttern** nach DIN 928 und DIN 929 haben stirnseitig drei oder vier Warzen. **Einsatzbuchsen** besitzen ein Außen- und ein Innengewinde. Sie werden in glatte Bohrlöcher eingedreht und schneiden sich mit den scharfen Kanten in die Bohrlochwandung und verankern sich. Die Befestigungsschrauben werden dann in die Gewindelöcher dieser Buchsen eingedreht. Mit diesen Buchsen lassen sich vor allem spröde und leichte Bauteile hochfest verschrauben und wieder lösen. **Blechmuttern** haben ein gestanztes Loch und zwei hochgebogene Lappen, die sich beim Anziehen in den Gewindegrund stemmen und dadurch eine Sicherung gegen Lockern bewirken. Diese Muttern sind besonders für dünne Blechkonstruktionen geeignet (Anwendungen in der Automobil- und Hausgeräteindustrie).

9.4.1.4 Unterlegscheiben und Sicherungen

Unter den Kopf bzw. unter die Mutter wird eine Scheibe gelegt, wenn die Auflage uneben ist (z. B. bei gegossenen, geschmiedeten oder gewalzten Teilen) oder wenn die Auflage weicher als die Mutter ist. Sicherungselemente sichern die Schraubenverbindung vor ungewolltem Lösen oder Lockern. Folgende Sicherungselemente werden eingesetzt (Bild 9.45):

- **Setz-Sicherungen** (Ausgleich der Kriech- und Setzbeträge durch mitverspannte, federnde Elemente).
- **Verlier-Sicherungen** (keine Verhinderung von Lockerungen; ein Auseinanderfallen ist aber unmöglich wegen formschlüssiger oder klemmender Elemente).
- **Losdreh-Sicherungen** (Verhinderung eines Losdrehmomentes durch sperrende oder klebende Elemente).

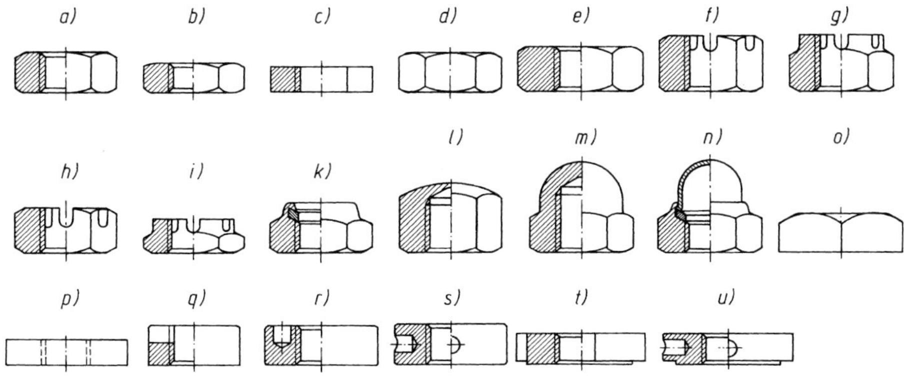

Bild 9.44 Auswahl genormter Muttern (die Buchstaben A, B und C bezeichnen die Produktklasse).
a) Sechskantmutter Typ 1, A, B: DIN EN 24032 und DIN EN 28673, Typ 2, A, B: DIN EN 28674, b) niedrige Form A, B: DIN EN 24035 und DIN EN 28675, c) niedrige Form B: DIN EN 24036, d) niedrige Form C: DIN EN 24034, 1,5d hoch: DIN 6330, e) mit großer Schlüsselweite für HV-Verbindungen in Stahlkonstruktionen: DIN 6915; f) Kronenmutter AB bis M10: DIN 935-1, g) Kronenmutter ab M12 C: DIN 935-3, h) Kronenmutter niedrige Form bis M10: DIN 937, i) Kronenmutter niedrige Form ab M12, k) Sechskantmutter mit Klemmteil (selbstsichernd durch nichtmetallischen Einsatz) niedrige Form A, B: DIN EN ISO 10511, Typ 1 mit Regelgewinde A, B: DIN EN ISO 7040; mit Feingewinde A, B: DIN EN ISO 10512, l) Sechskant-Hutmutter niedrige Form: DIN 917, m) Sechskant-Hutmutter hohe Form: DIN 1587, n) Sechskant-Hutmutter mit Klemmteil (selbstsichernd durch nichtmetallischen Einsatz): DIN 986, o) Vierkantmutter C: DIN 557, p) Vierkantmutter niedrige Form: DIN 562, q) Schlitzmutter: DIN 546, r) Zweilochmutter: DIN 547, s) Kreuzlochmutter: DIN 548, t) Nutmutter: DIN 1804 und DIN 981, u) Kreuzlochmutter: DIN 1816

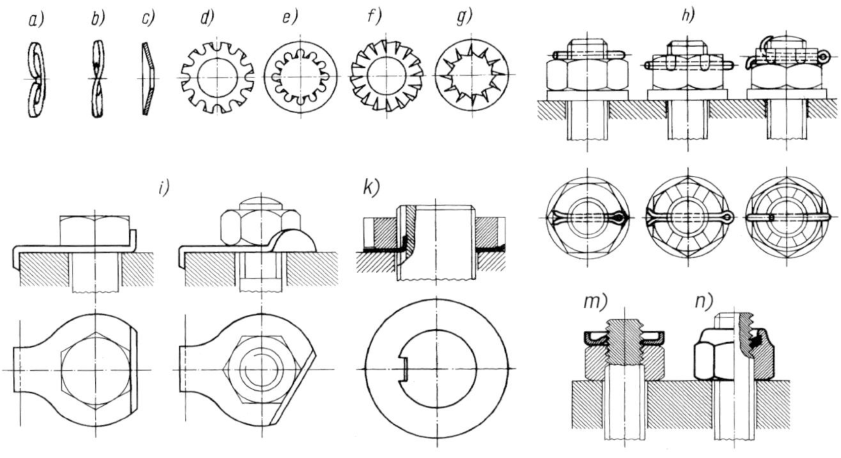

Bild 9.45 Auswahl genormter Schraubensicherungen. a) Federring: DIN 128, b) Federscheibe: DIN 137, c) Spannscheibe: DIN 6796, d) Zahnscheibe A außengezahnt und V versenkt (für Senkschrauben): DIN 6797, e) Zahnscheibe J innengezahnt: DIN 6798, f) Fächerscheibe A außengezahnt und V versenkt: DIN 6798, g) Fächerscheibe J innengezahnt: DIN 6798, h) Splint: DIN EN ISO 1234, i) Scheibe mit Lappen: DIN 93, k) Sicherungsblech mit Innennase: DIN 462 für Nutmuttern: DIN 1804, m) Sicherungsmutter: DIN 7967, n) Sechskantmutter mit Klemmteil, nichtmetallischer Einsatz: DIN EN ISO 7040

9.4.1.5 Kraftfluss

Wird die Verbindung angezogen, dann wird der Schraubenschaft mit dem Gewinde gedehnt, und die Bauteile werden gestaucht. Den Verlauf der Druckspannungen zeigt Bild 9.46.

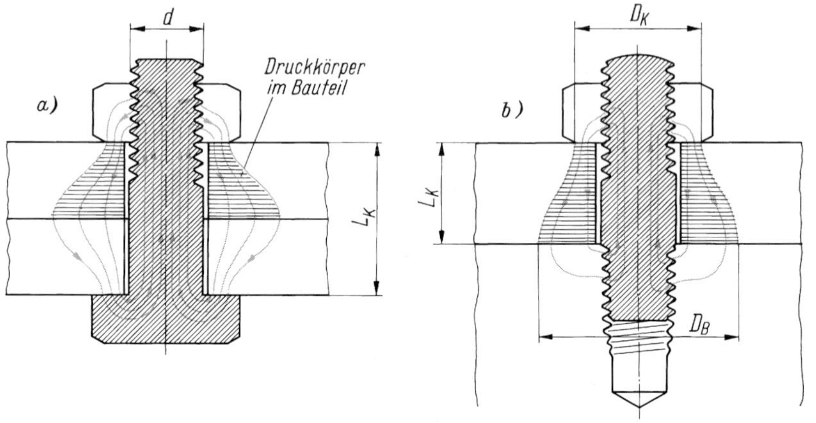

Bild 9.46 Kraftfluss in Schraubenverbindungen. a) Verbindung mit Durchsteckschraube, b) Verbindung mit Stiftschraube

Durch die Belastungen der Verbindungelemente (axiale Stauchung der Mutter und Dehnung der Schraube) entstehen Steigungsunterschiede zwischen Innen- und Außengewinde, die Gangdurchbiegungen zur Folge haben. In Bauteilnähe sind diese am größten. Die Kräfte verteilen sich nicht gleichmäßig, sodass in der Regel nur die ersten 6 Gänge die Kräfte übertragen. Ist im ersten Gang die Streckgrenze erreicht, dann kann keine Kraftsteigerung mehr erfolgen und es wird der zweite Gang beansprucht. Bei weiterem Anzug wird nach und nach die Streckgrenze in allen Gängen erreicht. Eine weitere Erhöhung der Krafteinleitung kann zu einer schädlichen plastischen Verformung des Gewindes führen. Bild 9.47 zeigt den Kraftfluss in unterschiedlichen Schraubenverbindungen. Es ist zu sehen, dass **Stulp-** und **Zugmuttern** die Kraftverteilung verbessern, da sie teilweise zugbeansprucht werden.

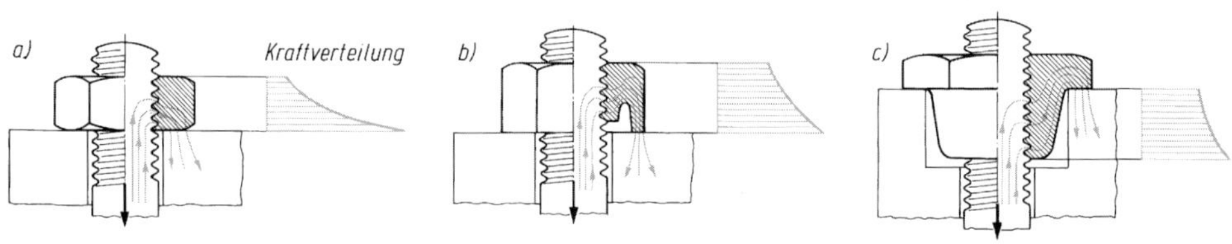

Bild 9.47 Kraftfluss und Kraftverteilung in Schraubenverbindungen. a) Mit Normmutter (Druckmutter), b) mit Stulpmutter, c) mit Zugmutter

Die von mehreren Einflussfaktoren (Abmessungen, Mutternform, Werkstoff u. a.) abhängige **Mindesteinschraubtiefe** stellt sicher, dass kein Abscheren der verschraubten Gewindegänge erfolgt. Genormte Schrauben und Muttern werden in Festigkeitsklassen nach DIN EN 20898 und DIN EN ISO 898 so festgelegt, dass kein Abscheren erfolgen kann. Für nicht genormte Paarungen müssen die Einschraubtiefe und die Mutterhöhe gesondert berechnet werden (VDI 2230). Liegen keine Erfahrungswerte vor, so sind entsprechende Versuche unerlässlich.

9.4.1.6 Beanspruchung und Verformung beim Anziehen

Wird eine Schraubenverbindung angezogen, dann pressen sich die Gangwindungen des Außen- und Innengewindes mit ihren Flanken aufeinander. Dadurch entsteht eine Reibungskraft, die durch die Kraft am Schraubenschlüssel überwunden werden muss. Außerdem drücken der zu drehende Schraubenkopf bzw. die zu drehenden Mutter auf die Unterlage, sodass dort eine zusätzliche Reibungskraft wirkt. Diese Kraftverhältnisse sind in Bild 9.48 dargestellt. Zum besseren Verständnis denkt man sich einen Gewindegang am Flankendurchmesser d_2 abgewickelt. Er stellt eine schiefe Ebene dar, die den Steigungswinkel α hat und senkrecht zur Steigung um den Winkel β_N geneigt ist. Für die Winkel gilt nach Bild 9.48:

$$\tan\alpha = \frac{P}{d_2 \cdot \pi} \approx 0{,}32\,\frac{P}{d_2} \quad \text{und} \quad \tan\beta_N = \tan\beta\cos\alpha$$

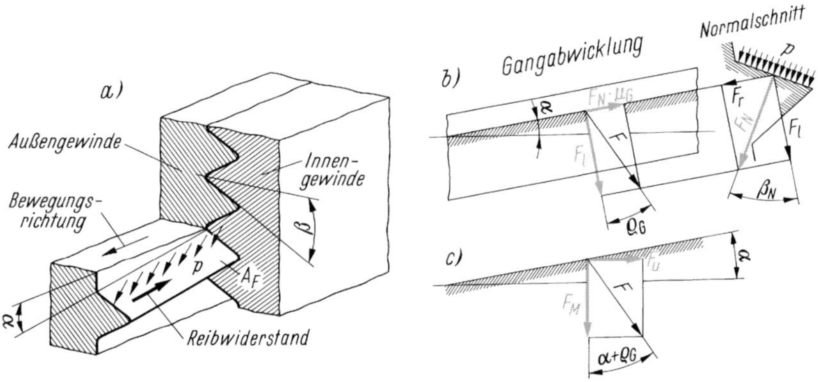

Bild 9.48 Kräfte am Gewinde beim Anziehen einer Schraubenverbindung. a) Pressung der Schrauben-Gewindeflanke und Richtung des Reibwiderstandes, b) Pressung p, Normalkraft F_N und Reibwiderstand $F_N \cdot \mu_G$, c) Vorspannkraft F_M und Umfangskraft F_u

Da der Steigungswinkel α sehr klein ist ($\cos\alpha \approx 1$), ergibt sich: $\beta_N = \beta$. Auf der gesamten Flankenfläche A_F wirkt eine Normalkraft $F_N = p \cdot A_F$. Diese bewirkt eine Reibungskraft $F_N \cdot \mu_G$, die auf der Gangabwicklung senkrecht zu F_N steht (μ_G Reibungszahl im Gewinde). In der Gangabwicklung setzen sich die Längskomponente $F_l = F_N \cos\beta_N \approx F_N \cos\beta$ und $F_N \cdot \mu_G$ zur resultierenden Kraft F zusammen, die mit F_l den Reibwinkel ρ_G einschließt. Damit gilt: $\tan\rho_G = F_N \cdot \mu_G / F_l = \mu_G / \cos\beta$. Bei $\beta = 30°$ ist $\tan\rho_G \approx 1{,}16\,\mu_G$.

Zerlegt man die Resultierende F (Bild 9.48c) in die axiale Vorspannkraft F_M der Schraube (**Montagevorspannkraft**) und die die Anziehbewegung hemmende Umfangskraft F_u, dann folgt: $F_u = F_M \tan(\alpha + \rho_G)$. Wegen der kleinen Winkel gilt die Näherung: $\tan(\alpha + \rho_G) = \tan\alpha + \tan\rho_G$. Für $\beta = 30°$ erhält man für die Umfangskraft:

$F_u \approx F_M\left(\dfrac{0{,}32\,P}{d_2} + 1{,}16\,\mu_G\right)$. Ein Moment $M_G = F_u \cdot d_2/2$ muss aufgebracht werden, um die Kraft F_u zu überwinden. Deshalb errechnet sich das Gewindeanziehmoment M_G für $\beta = 30°$ zu:

$$M_G \approx F_M\left(\frac{0{,}32\,P}{d_2} + 1{,}16\,\mu_G\right)\frac{d_2}{2}$$

Damit und aus den Zusammenhängen der Festigkeitsberechnung folgt für die Montagevorspannung:

$$\sigma_M = \frac{\sigma_v}{\sqrt{1+3\left[\frac{2d_2}{d_0}\left(\frac{0{,}32P}{d_2}+1{,}16\mu_G\right)\right]^2}}$$

(σ_v Vergleichsspannung, die beim Anziehen zugelassen werden soll, meist $0{,}9R_{p0,2}$ (90 % der 0,2 %-Dehngrenze), P Steigung des Gewindes, d_0 maßgebender Durchmesser (d_S bei Schaftschrauben und d_T bei Taillenschrauben), d_2 Flankendurchmesser des Gewindes, μ_G Reibungszahl des Gewindes).

Ist σ_M bekannt, dann gilt für die **Montagevorspannkraft**:

9

$$F_M = A_0 \cdot \sigma_M$$

(A_0 maßgebender Schraubenquerschnitt, σ_M Montagevorspannung)

und für das **Schraubenanziehmoment**:

$$M_A \approx F_M\,(0{,}16P + 0{,}58\mu_G \cdot d_2 + \mu_K \cdot r_m)$$

(F_M Montagevorspannkraft, P Steigung des Gewindes, μ_G Reibungszahl im Gewinde, d_2 Flankendurchmesser des Gewindes, μ_K Reibungszahl an der Kopf- bzw. Mutterauflagefläche, r_m mittlerer Auflageradius).

Schraube und Bauteile geben beim Anziehen nach. Die elastische Nachgiebigkeit δ eines Körpers gibt den Betrag an, um den sich der Körper unter der Wirkung einer Einheitskraft (z. B. 1 N) verlängert oder verkürzt. Bei gleich bleibendem Querschnitt gilt für die Nachgiebigkeit δ:

$$\delta = \frac{f}{F} = \frac{l}{E \cdot A}$$

(f Längenänderung, F beanspruchende Kraft, l Ausgangslänge, E Elastizitätsmodul, A Querschnittsfläche).

Für die Nachgiebigkeit der Schraube ergibt sich:

$$\delta_S = \frac{1}{E_S}\left(\frac{l_1}{A_1}+\frac{l_2}{A_2}+\frac{l_3}{A_3}+\ldots\frac{l_M}{A}\right)$$

(E_S Elastizitätsmodul des Schraubenwerkstoffs: Stahlschrauben: 210 kN/mm², l_M Ersatzlänge für die Verformung im Gewinde, A_i Querschnittsfläche der Einzelelemente, A Schaftquerschnitt).

Für die Nachgiebigkeit der Bauteile gilt:

$$\delta_B \approx \frac{1}{A_B}\left(\frac{L_1}{E_{B1}}+\frac{L_2}{E_{B2}}+\frac{L_3}{E_{B3}}+\ldots\right)$$

(L_i Einzeldicken der Bauteile, A_B Querschnittsfläche des Ersatzzylinders der Bauteile, E_{Bi} Elastizitätsmodul der einzelnen Bauteile).

In einem **Verspannungsschaubild** (Bild 9.49) werden die durch Dehnen und Stauchen erzeugten Längenänderungen beim Vorspannen (Anziehen) dargestellt. Wie Bild 9.49 zeigt, trägt man die Verlängerung der Schraube f_{SM} als positive und die Dickenabnahme f_{BM} der Bauteile als negative Längenänderung auf. Längungs- und Kürzungslinie treffen sich bei F_M als der gemeinsamen, auf Schraube und Bauteil wirkenden Kraft.

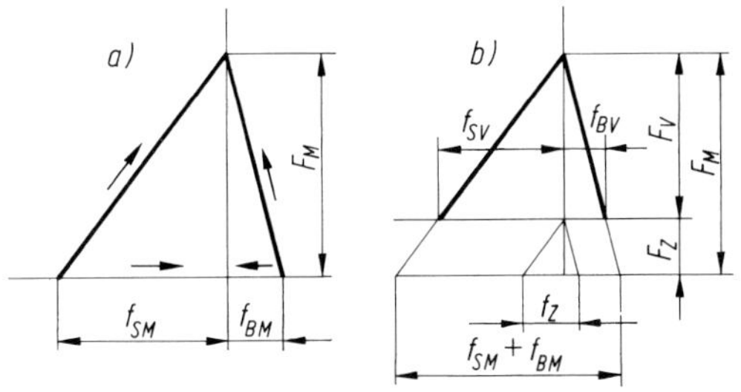

Bild 9.49 Verspannungsbild einer vorgespannten Schraubenverbindung.
a) Vor dem Setzen, b) nach dem Setzen

Neben den elastischen Formänderungen treten auch **Setzerscheinungen** auf (Einebnen der Oberflächenrauigkeiten). Die Dicke der Bauteile und die Länge der Schraube ändern sich um den **Setzbetrag** f_Z. Das Setzen bewirkt, dass die Montagevorspannkraft F_M um den Vorspannkraftverlust F_Z auf die Vorspannkraft F_V zurückgeht: $F_V = F_M - F_Z$. Aus den Ähnlichkeitsbetrachtungen von Dreiecken folgt nach Bild 9.49 b):

$$\frac{F_Z}{F_M} = \frac{f_Z}{f_{SM} + f_{BM}} = \frac{f_Z}{\delta_S \cdot F_M + \delta_B \cdot F_M}, \quad \text{somit} \quad F_Z = \frac{f_Z}{\delta_S + \delta_B}$$

(δ_S Nachgiebigkeit der Schraube, δ_B Nachgiebigkeit des Bauteils).

Für das **Kraftverhältnis im Betriebszustand** Φ_K gilt:

$$\Phi_K = \frac{\delta_B}{\delta_S + \delta_B}$$

Damit errechnet sich der **Vorspannkraftverlust**:

$$F_Z = \frac{f_Z \cdot \Phi_K}{\delta_B}$$

9.4.1.7 Kräfte und Haltbarkeit der Schraubenverbindungen

Durch eine äußere **Betriebslängskraft** F_A werden in einer durch die Vorspannkraft F_V vorgespannten Schraubenverbindung weitere Kräfte hervorgerufen.

Die **Differenzkraft in der Schraube** F_{SA} beträgt:

$$F_{SA} = n \cdot \Phi_K \cdot F_A$$

(n Krafteinleitungsfaktor L_A/L_K, wobei L_A Länge des Teilstückes A für den Kraftangriff, Normalfall $\approx 0{,}5\ L_K$, L_K Klemmlänge).

Für die **Differenzkraft in den Bauteilen** gilt:

$$F_{BA} = F_A - F_{SA} = (1 - n \cdot \Phi_K)\, F_A$$

Die **Größtkraft in der Schraube** ist: $F_S = F_V + F_{SA}$.

Die **Restklemmkraft der Bauteile** gilt: $F_K = F_S - F_A$.

Wird eine bestimmte Mindestklemmkraft verlangt, dann beträgt die erforderliche **Montagevorspannkraft**:

$$F_{Mmax} = \alpha_A\, (F_K + F_{BA} + F_Z)$$

(α_A Anziehfaktor, F_K erforderliche Mindestklemmkraft der Bauteile, F_{BA} Differenzkraft in den Bauteilen, F_Z Vorspannkraftverlust durch Setzen).

9

Die Vergleichsspannung im Schraubenquerschnitt darf das 0,9fache der 0,2 %-Dehngrenze nicht überschreiten. Durch das Setzen nimmt diese Beanspruchung noch ab. Für die Spannungszunahme durch die Differenzkraft F_{SA} steht deshalb mit Sicherheit noch die 0,1fache 0,2 %-Dehngrenze zur Verfügung. Deshalb gilt für die **Spannungsdifferenz** $\sigma_{sa} = F_{SA}/A_0 \leq 0{,}1\, R_{p0,2}$ (F_{SA} Differenzkraft der Schraube, A_0 maßgebender Schraubenquerschnitt, A_S bei Schaftschrauben und A_T bei Dehnschrauben).

Werden Schraubenverbindungen mit einer zwischen Oberkraft F_{Ao} und Unterkraft F_{Au} **schwingenden Betriebskraft** beansprucht, dann gilt für die **Kraftamplitude**

$$F_a = 0{,}5\, n \cdot \Phi_K\, (F_{Ao} - F_{Au})$$

(n Krafteinleitungsfaktor, Φ_K Kraftverhältnis).

Bei einer schwingenden Betriebskraft F_A besteht die Gefahr eines Dauerbruchs vor allem an den Stellen mit stärkeren Kerbwirkungen. Diese Kerbwirkungen treten am Gewindegrund auf, weshalb für die Dauerhaltbarkeit der Kernquerschnitt A_K maßgebend ist. Der **Spannungsausschlag** errechnet sich zu: $\sigma_a = F_a/A_K$.

Zwischen Bauteil und Schraubenkopf oder Mutter beträgt die **Flächenpressung**: $p_B = F_S/A_P$ (F_S Größtkraft F_{Smax} der Schraube, A_P am Bauteil vom Schraubenkopf oder von der Mutter gepressten Fläche).

Eine **systematische Berechnung** längs beanspruchter Schraubenverbindungen kann in folgenden Schritten durchgeführt werden:

1. Bestimmung der die Verbindung beanspruchenden **Betriebslängskraft F_A**. Danach Abschätzen der **Montagevorspannkraft $F_{M\,max} \approx 2 \ldots 3\, F_A$**, Wahl der **Schraubenart** und deren **Festigkeitsklasse**, Wahl der **Schraubengröße** nach der **zulässigen Montagevorspannkraft $F_{M\,zul}$**.
2. Bestimmung des **Anziehfaktors** α_A nach der vorgesehenen Anziehmethode.
3. Bestimmung der **Mindestklemmkraft F_K** (falls erforderlich).
4. Bestimmung der **Nachgiebigkeiten** von **Schraube** (δ_S) und Bauteil (δ_B) und des **Kraftverhältnisses** Φ_K.
5. Bestimmung des **Vorspannkraftverlustes F_Z**.
6. Bestimmung der erforderlichen **Montagevorspannkraft $F_{M\,max}$**.
7. Bestimmung des **Schraubenanziehmomentes M_A**.
8. Überprüfung der **Haltbarkeit** der Schraubenverbindung, d. h. Kontrolle, ob die **Spannungsdifferenz** σ_{sa}, der **Spannungsausschlag** σ_a und die **Flächenpressung p_B** zulässig sind.

Für **querbeanspruchte Schraubenverbindungen** sind zu berechnen:

Verbindungen mit Passschrauben oder Scherelement (Spannhülse, Scherbuchse):

Scherspannung $\tau_a = \dfrac{F_Q}{m \cdot A}$ und Leibung $\sigma_l = \dfrac{F_Q}{d \cdot s}$

Allein durch Reibhemmung gleitsichere Verbindungen:

Haftsicherheit $S_H = \dfrac{\mu \cdot F_V \cdot m}{F_Q}$

(F_Q Betriebsquerkraft der Schraube, m Anzahl der Schnittflächen, A maßgeblicher Querschnitt der Schraube oder des Scherelementes, σ_l Leibungsdruck im Bauteilloch bzw. am Schaft des Scherelementes, d Außendurchmesser des tragendes Teils von Schraube oder Scherelement, s kleinste tragende Länge an Schraube oder Scherelement im Bauteil, μ Haftreibungszahl an den Klemmflächen der Bauteile, F_V Vorspannkraft der Schraube).

9

9.4.2 Bewegungsschrauben

Mit **Bewegungsschrauben** werden **Drehbewegungen** in **Längsbewegungen** umgewandelt. Diese Bauelemente werden auch als **Spindeln** bezeichnet und in Pressen, Schraubstöcken, Schraubzwingen oder Schraubenwinden sowie als Leitspindeln in Drehmaschinen eingesetzt.

9.4.2.1 Gewinde und Werkstoffe

Die im vorigen Abschnitt behandelten Regel- und Feingewinde kommen wegen der geringen Steigung hierbei nicht zum Einsatz. Meistens werden **ISO-Trapezgewinde** nach DIN 103 (Bild 9.50 a) angewendet. **Sägengewinde** (Bild 9.50 c) eignen sich besonders, wenn einseitige Druckkräfte aufgenommen werden müssen.

In Bild 9.50 sind die eingesetzten Gewinde zusammengestellt.

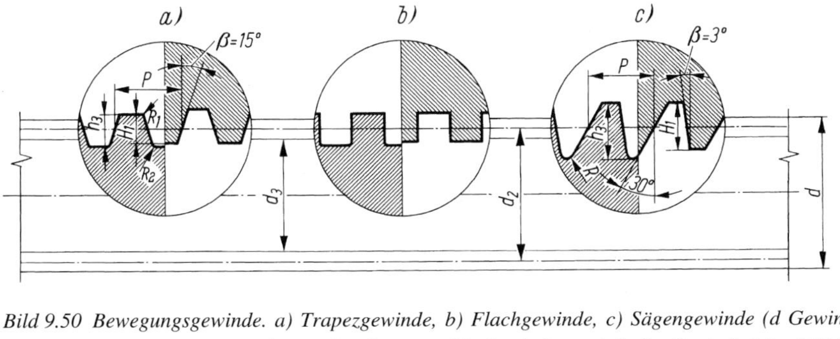

Bild 9.50 Bewegungsgewinde. a) Trapezgewinde, b) Flachgewinde, c) Sägengewinde (d Gewindedurchmesser, d_2 Flankendurchmesser, d_3 Kerndurchmesser, H_1 Gewindetragtiefe, h_3 Gewindetiefe, P Teilung, R Rundungsradius, β Flankenwinkel)

Für gute Gleitverhältnisse an den Flanken sorgen Muttern aus Kupfer-Gusslegierungen (DIN EN 1982). Spindelwerkstoffe sind vorwiegend Stahl E295 oder E335, bei gehärteten Flanken Einsatzstahl nach DIN EN 10084. Gehärtete und geschliffene Flanken weisen besonders gute Gleiteigenschaften auf.

9.4.2.2 Berechnungen

Die Kraft- und Bewegungsverhältnisse sind in Bild 9.51 für das Heben einer Last mit einer Bewegungsschraube zusammengestellt.

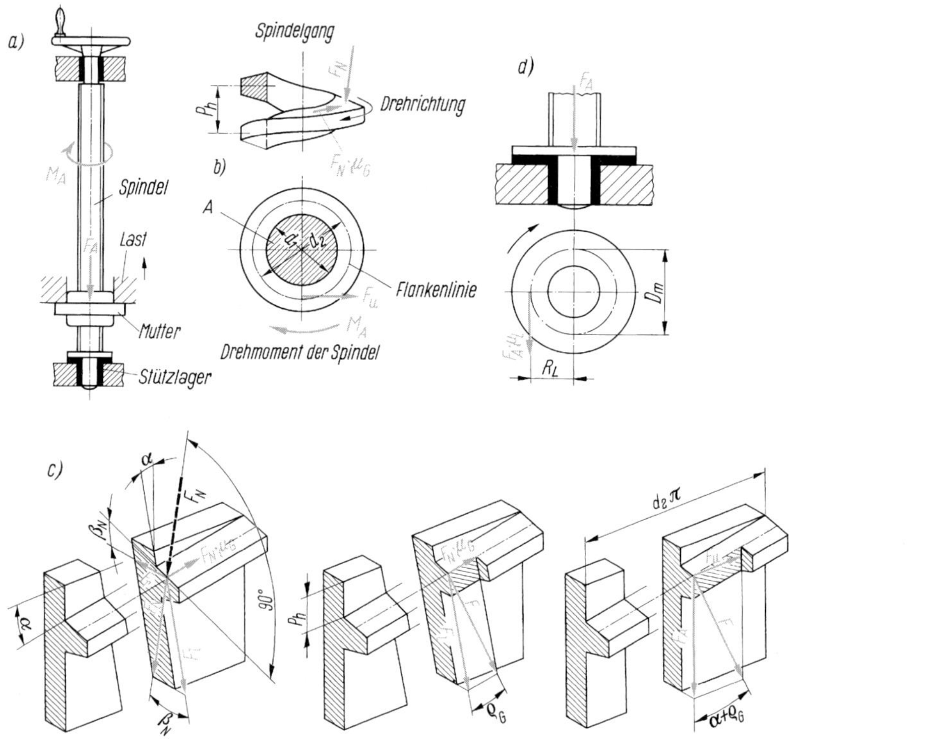

Bild 9.51 Lastheben mit einer Bewegungsschraube. a) Antriebsschema, b) Spindelgang, c) Kräfte der Mutter an einem abgewinkelten Spindelgang, d) Reibung am Stützlager

Die auf die Flanken wirkenden Kräfte werden zu einer punktförmig angreifenden Normalkraft F_N zusammengefasst, die senkrecht auf der Spindelflanke steht (Bild 9.51 b). Wird ein Gang abgewickelt (Bild 9.51 c), dann entsteht eine schiefe Ebene mit dem Steigungswinkel α. Die Normalkraft F_N zerlegt man in die Längskraft $F_l = F_N \cos \beta_N$ und die Radialkraft F_r. Die Normalkraft erzeugt die Reibungskraft $F_N \cdot \mu_G$ (μ_G Reibzahl im Gewinde). Es gelten folgende Zusammenhänge:

$$\tan \alpha = \frac{P_h}{d_2 \cdot \pi}; \quad \tan \beta_N = \tan \beta \cdot \cos \alpha; \quad \tan \rho_G = \frac{\mu_G}{\cos \beta_N}$$

(d_2 Flankendurchmesser des Gewindes, P_h Steigung des Gewindes, α Steigungswinkel des Gewindes, β Flankenwinkel im Achsschnitt (15° beim Trapez- und 3° beim Sägengewinde), β_N Flankenwinkel im Normalschnitt; ρ_G Reibwinkel des Gewindes, μ_G Reibzahl im Gewinde).

Bei einer Spindelumdrehung wird die Last F_A um die Steigung P_h gehoben, sodass eine Nutzarbeit $F_A \cdot P_h$ verrichtet wird. Die dazu notwendige Arbeit muss von der Spindel verrichtet werden und beträgt: $F_u \cdot d_2 \cdot \pi = F_A \tan(\alpha + \rho_G)\, d_2 \cdot \pi$. Das Verhältnis dieser beiden Arbeiten ist der **Wirkungsgrad** beim Arbeitshub: $\eta_A = \tan \alpha / [\tan(\alpha + \rho_G)]$. Das bedeutet: große Steigungswinkel α sorgen für einen hohen Wirkungsgrad.

Für den Wirkungsgrad beim Rückhub gilt: $\eta_R = \tan(\alpha - \rho_G)/\tan \alpha$. Dieser Zusammenhang zeigt: Wenn $\rho_G > \alpha$, dann wird der Zähler negativ, d. h., der Wirkungsgrad η_R wird negativ. Es bedeutet, dass **Selbsthemmung** eintritt: Keine noch so große Kraft kann die Spindel rückwärts drehen. Je kleiner der Steigungswinkel α ist, umso eher tritt Selbsthemmung ein.

Für den gesamten Wirkungsgrad gilt:

$$\eta = P_h / [\tan(\alpha + \rho_G)\, d_2 \cdot \pi + \mu_L \cdot D_L \cdot \pi)]$$

Für die **Drehmomente** gelten folgende Zusammenhänge:

Antriebsdrehmoment $M_A = M_{GA} + M_L = F_A \tan(\alpha + \rho_G)\, r_2 + F_A \cdot \mu_L \cdot R_L$

Rückdrehmoment $M_R = M_L - M_{GR} = F_A \cdot \mu_L \cdot R_L - F_A \tan(\alpha - \rho_G)\, r_2$

(F_A Betriebslängskraft (Axialkraft), M_A Antriebsdrehmoment, R_L mittlerer Radius der Lagerstützfläche, r_2 Flankenradius des Gewindes = $d_2/2$, α Steigungswinkel des Gewindes, μ_L Reibungszahl im Lager, ρ_G Reibwinkel des Getriebes).

Die Spannungen in der Spindel sind wie folgt zu errechnen:

Zug- bzw. Druckspannung $\sigma = F_A/A_K$

Torsionsspannung $\tau_t = T/W_t$

Vergleichsspannung $\sigma_V = \sqrt{(\sigma^2 + 3\tau_t^2)}$

(A_K Kernquerschnitt der Spindel ($d_3^2\, \pi/4$), F_A Betriebslängskraft, T das die Spindel beanspruchende Torsionsmoment, W_t Widerstandsmoment des Kernquerschnitts gegen Torsion $\approx 0{,}2\, d_3^3$).

Druckbeanspruchte Spindeln müssen auf **Knicksicherheit** geprüft werden.

Sie ist abhängig vom Schlankheitsgrad λ der Spindel (siehe auch 6.2.7): $\lambda = 8\, l/d_3$ beim Knickfall 1 (ein Spindelende nicht geführt), $\lambda = 4\, l/d_3$ beim Knickfall 2 (beide Spindelenden geführt, häufigster Fall). Es gilt:

bei $\lambda \geq 90$: Knicksicherheit nach Euler $S_K = \pi^2 \cdot E/(\lambda^2 \cdot \sigma) \geq 2{,}6 \ldots 6$

bei $\lambda < 90$: Knicksicherheit nach Tetmajer $S_K = (\sigma_0 - \lambda \cdot k)/\sigma \geq 1{,}7 \ldots 4$

(E Elastizitätsmodul des Spindelwerkstoffs (210.000 N/mm²), k Knickspannungsrate (0,6 N/mm² für E295 und E335), σ Druckspannung, σ_0 ideelle Druckfestigkeit ($\approx$ 350 N/mm² für E295 und E335).

Um den Verschleiß gering zu halten, darf die **Flankenpressung *p*** nicht zu hoch sein. Es gilt:

$$p = F_A \cdot P/(m \cdot d_2 \cdot \pi \cdot H_1 \cdot k)$$

(d_2 Flankendurchmesser der Gewindes, F_A Betriebslängskraft, k Gewindetragfaktor (meist 0,75), m tragende Mutterhöhe, P Teilung des Gewindes, H_1 Gewindetragtiefe).

9

9.4.3 Bolzen- und Stiftverbindungen, Sicherungselemente

9.4.3.1 Definitionen und Ausführungen

Bolzen sind Bestandteile von **Gelenkverbindungen. Sie sitzen in den Bauteilen** mit **Spielpassung** und müssen axial gesichert werden.

Bild 9.52 zeigt gebräuchliche Bolzenverbindungen und deren Sicherungen.

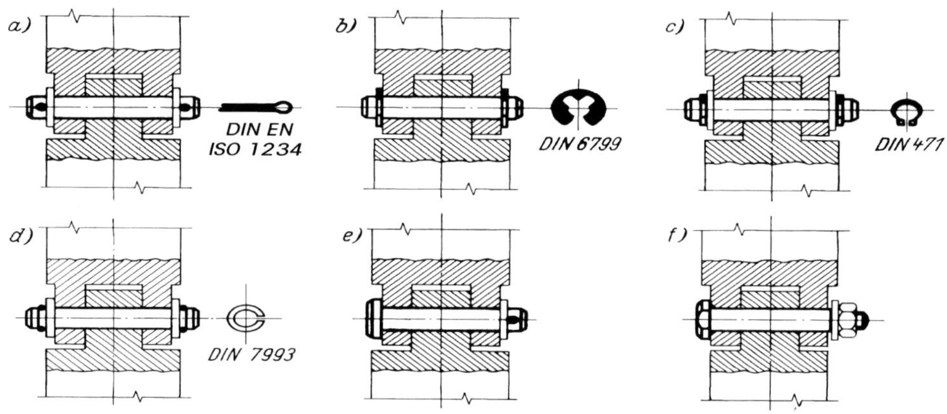

Bild 9.52 Bolzenverbindungen. a) Bolzen DIN EN 22340 mit Splinten, b) Bolzen DIN EN 22340 mit Sicherungsscheiben, c) Bolzen DIN EN 22340 mit Sicherungsringen, d) Bolzen DIN EN 22340 mit Runddraht- oder Vierkant-Sprengringen, e) Bolzen mit Kopf DIN EN 22341 mit Splint, f) Bolzen mit Gewindezapfen DIN 1445 mit Sechskantmutter

Stifte ermöglichen **formschlüssige Verbindungen**. Durch die zu verbindenden Teile geht eine Bohrung, worin der Stift durch Übermaß oder Kegelwirkung fest sitzt, außer bei Gelenkstiften, die in einem Bauteil Spiel haben.

Stifte dienen als **Sicherungsstifte** zur Lagesicherung von Bauteilen, als **Verbindungsstifte** zum scherfesten Verbinden von Maschinenteilen, als **Haltestifte** von Federn oder Ketten und dergleichen, als **Gelenkstifte** für gelenkartige Verbindungen, als **Anschlagstifte** für die Wegbegrenzung beweglicher Teile. Die Stifte sollen aus einem härteren Werkstoff bestehen als die zu verbindenden Teile. Bild 9.53 zeigt Ausführungen von Zylinder-, Spann- und Kegelstiften. Außer diesen gibt es verschiedene Kerbstiftformen mit drei eingepressten Längskerben.

Sicherungselemente **verhindern axiale Verschiebungen** (z. B. bei Wälzlagern oder Bolzen). Typische Sicherungselemente sind: **Sicherungsringe** für Wellen (DIN 471, DIN 983) und Bohrungen (DIN 472, DIN 984), **Splinte** (DIN EN 21234), **Stellringe** (DIN 703 und DIN 705), **Sprengringe** (DIN 9045, DIN 5417) und **Achshalter** (DIN 15058, DIN EN 82242).

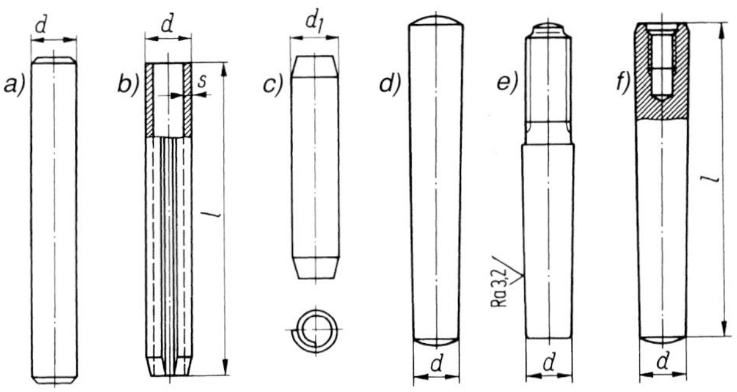

Bild 9.53 Zylinderstifte, Spannstifte und Kegelstifte. a) Zylinderstifte ungehärtet DIN EN ISO 2338 und gehärtet DIN EN ISO 8734, mit Innengewinde ungehärtet DIN EN ISO 8733 und gehärtet DIN EN ISO 8735, b) Spannstifte (-hülsen) geschlitzt, schwere Ausführung DIN EN ISO 8752 und leichte Ausführung DIN EN ISO 13337, c) Spiralstifte schwere Ausführung DIN EN ISO 8748, Regelausführung DIN EN ISO 8750, leichte Ausführung DIN EN ISO 8751, d) Kegelstift mit Kegel 1 : 50 DIN EN 22339 Typ A (geschliffen, R_a = 0,8 µm) und B (gedreht, R_a = 3,2 µm), e) DIN EN 28737 (R_z = 16 µm), f) DIN EN 28736 Typ A und B, wie bei d).

9.4.3.2 Berechnungen

Für die Festigkeitsberechnung unterscheidet man üblicherweise folgende Fälle:

- **Bolzen und Gelenkstifte**

Flächenpressung $p_a = \dfrac{F}{2a \cdot d}$ und $p_i = \dfrac{F}{b \cdot d}$

Scherspannung $\tau_a = \dfrac{F}{2 \cdot S}$

Biegespannung $\sigma_b \approx \dfrac{F(a + b/2)}{4W_b}$

(a, b Bauteildicke, d Stift- bzw. Bolzendurchmesser, F Belastungskraft, p_a, p_i Flächenpressung außen bzw. innen, S Stift- bzw. Bolzenquerschnitt, W_b Widerstandsmoment gegen Biegung (≈ 0,1 d^3 beim Vollquerschnitt), τ_A Scherspannung im Stift- bzw. Bolzenquerschnitt, σ_b Biegespannung im Stift- bzw. Bolzenquerschnitt).

In DIN 18800-1 sind die Berechnungen von Bolzen und Augenstäben (Gelenkstäben) im Stahlbau festgelegt.

- **Steckstifte unter Biegekraft**

Flächenpressung $p = \dfrac{F}{d \cdot s}\left(1 + 6\dfrac{L}{s}\right)$

Biegespannung $\sigma_b = \dfrac{F \cdot l}{W_b}$

(d Stiftdurchmesser, F Belastungskraft, l Abstand der Kraft F vom biegebeanspruchten Stiftquerschnitt, L Abstand der Kraft von der Lochwandmitte, p Flächenpressung der Lochwand im Bauteil, s tragende Länge der Lochwand, W_b Widerstandsmoment gegen Biegung (≈ 0,1 d^3 beim Vollquerschnitt), σ_b Biegespannung im Stiftquerschnitt).

- **Querstifte unter Drehmoment**

Flächenpressung $p_a = \dfrac{4M}{(D_a^2 - D_i^2)\,d}$ und $p_i = \dfrac{6M}{D_i^2 \cdot d}$

Scherspannung $\tau_a = \dfrac{M}{D_i \cdot S}$

(D_a, D_i Naben- und Wellendurchmesser, d Stiftdurchmesser, M zu übertragendes Drehmoment, p_a, p_i Flächenpressung der Lochwände in den Bauteilen, τ_a Scherspannung im Stiftquerschnitt).

- **Längsstifte unter Drehmoment**

Flächenpressung $p \approx \dfrac{4M}{D \cdot d \cdot l}$ und Scherspannung $\tau_a = \dfrac{2M}{D \cdot d \cdot l} = 0{,}5\,p$

(d Stiftdurchmesser, D Wellendurchmesser, l tragende Stiftlänge, M zu übertragendes Drehmoment).

9.5 Elastische Verbindungselemente, Federn

Federn können als elastische Verbindungselemente Arbeit auf einem großen Weg aufnehmen, speichern und ganz oder teilweise wieder abgeben. Ihre Einsatzgebiete sind daher sehr vielfältig: **Aufnahme und Dämpfung von Stößen** (z. B. Tellerfedern für große Kräfte und kleine Federwege, **Speicherung potenzieller Energie** (Uhrenfeder, Rückholfeder, Ventilfeder), **Kraftmessung** und **Kraftbegrenzung**, Einsatz in der **Schwingungstechnik** (Rüttler, Schwingtische, Resonanzfedern, Dämpfungsfedern). Nach der Bauform unterscheidet man **Schrauben-, Teller-, Blatt-** und **Stabfedern**, nach ihrer Verformung **Zug-, Druck-, Biege-** und **Drehfedern**.

9.5.1 Grundlegende Zusammenhänge

9.5.1.1 Federrate, Federarbeit, Schalten mehrerer Federn

Federkennlinien beschreiben die Abhängigkeit des Federweges s von der Kraft F (Bild 9.54). Die Kraft zum Spannen von 1 mm bzw. das Drehmoment zum Spannen um 1 rad wird **Federrate** genannt und ist die **Steigung** der Kennlinie. Die **Fläche** unter der Kennlinie ist die verrichtete oder frei werdende **Federarbeit** ($W = \int F \cdot \mathrm{d}s$ bzw. $\int M \cdot \mathrm{d}\alpha$). Im Einzelnen gelten folgende Zusammenhänge:

Konstante Federrate von Zug-, Druck- und Biegefedern: $R = F/s$

Konstante Federrate von Drehfedern: $R_t = M/\alpha$

Federarbeit von Zug-, Druck- und Biegefedern: $W = (F/2)\,s$

Federarbeit von Drehfedern: $W = (M/2)\,\alpha$

(F Federkraft, s Federweg, M Federdrehmoment, α Federdrehwinkel).

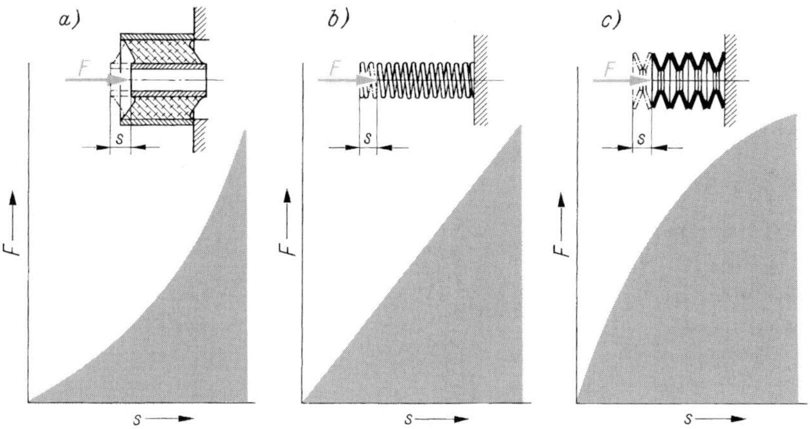

Bild 9.54 Federkennlinien. a) Progressive Kennlinie einer Gummifeder, b) gerade Kennlinie einer zylindrischen Schraubenfeder, c) degressive Kennlinie einer Tellerfedersäule

Trifft ein Gegenstand der Masse m mit der Auftreffgeschwindigkeit v auf eine Feder, dann wird die kinetische Energie $E_{kin} = ½\, m \cdot v^2$ in Federarbeit umgewandelt. Für einen **Stoßvorgang** gilt bei einer linearen Kennlinie: $½\, m \cdot v^2 = F \cdot s/2$, und mit $F = R \cdot s$ folgt $½\, m \cdot v^2 = R \cdot s^2/2$ oder $F^2/(2R)$.

Daraus errechnen sich die maximale Kraft $F_{max} = v\sqrt{m \cdot R}$ und der maximale Federweg $s_{max} = F_{max}/R = v\sqrt{m \cdot R}$.

Für das **Schalten von *n* Federn** gilt für die Gesamtfederrate R_{Ges}:

Reihenschaltung: $1/R_{Ges} = 1/R_1 + 1/R_2 + 1/R_3 + \ldots + 1/R_n$

Parallelschaltung: $R_{Ges} = R_1 + R_2 + R_3 + \ldots + R_n$

Für **gemischte Schaltungen** (Reihen- und Parallelschaltung von Fedegliedern) gelten entsprechende Gleichungen.

9.5.1.2 Schwingverhalten

Die auf eine Feder wirkende äußere Kraft F_a ist gleich der Federkraft $F = -R \cdot y$ (entgegen der Auslenkung). Dann gilt nach dem Newton'schen Gesetz: $-R \cdot y = m \cdot a$ oder die Differenzialgleichung:

$$\frac{d^2 y}{dt^2} + \frac{R}{m} y = 0$$

($y(t)$ Auslenkung, dt Zeitspanne, R Federrate, m zu bewegende Masse).

Aus dieser Differenzialgleichung folgt die **Eigenfrequenz f_e** zu:

mit Zug-, Druck- oder Biegefeder: $f_e = \frac{1}{2\pi}\sqrt{\frac{g}{s_G}} = \frac{1}{2\pi}\sqrt{\frac{R}{m}}$

mit Drehfeder: $f_e = \frac{1}{2\pi}\sqrt{\frac{R_t}{J}}$

(g Fallbeschleunigung = 9,81 m/s², s_G statische Durchfederung durch die Schwerkraft $F_G = m \cdot g$ der abgefederten Masse, R Federrate (Federkonstante), m Masse, R_t Federrate der Drehfeder, J Massenträgheitsmoment).

Federn werden nach folgenden Gesichtspunkten ausgelegt:

9

- **Tragfähigkeit** in Bezug auf eine maximale aufzunehmende Kraft F_{max} bzw. eines maximalen Drehmomentes M_{max}. Sie ist von den zulässigen Spannungen sowie von Bauart und Abmessungen abhängig.
- **Energie- bzw. Arbeitsaufnahme *W*.** Sie hängt von der Federrate, dem Elastizitäts- bzw. Gleitmodul und der zugelassenen Spannung ab. Besonders wichtig sind das Federvolumen und die Bauart der Feder.
- **Verformung *s*.** Sie hängt von der Federrate, dem Elastizitäts- bzw. Gleitmodul und der zugelassenen Spannung ab. Abmessungen und Bauart sind ebenfalls wichtige Einflussgrößen.

9.5.1.3 Zylindrische Schraubenfedern

Das sind überwiegend **Druckfedern** (DIN 2095), die aus Runddraht gewickelt werden. Dieser wurde nach der Kaltumformung angelassen, um die Eigenspannungen abzubauen (DIN 2095). Typische Abmessungen sind: Drahtdurchmesser bis etwa $d = 17$ mm, Windungsdurchmesser $D \leq 200$ mm, Federlänge $L_0 \leq 630$ mm, Anzahl der wirksamen, federnden Windungen $n \geq 2$ und ein Wickelverhältnis von $w = D/d$ von 4 bis 20. Bild 9.55 zeigt einige kaltgeformte Druckfedern nach DIN 2095.

Durch eine Belastungskraft wird die Feder überwiegend auf Torsion beansprucht (Torsionsmoment $T = F \cdot D/2$ mit D als mittlerem Windungsdurchmesser). Die Torsionsspannung $\tau_t = T/W_t$ mit dem Widerstandsmoment $W_t = \pi \cdot d^3/16$ des Drahtquerschnitts ist die Schubspannung τ, für die gilt: $\tau = (8\,D \cdot F)/(\pi \cdot d^3)$ mit d als dem Drahtdurchmesser. Folgende weitere Zusammenhänge gelten:

Federrate $R = F/s = (G \cdot d^4)/(8\,D^3 \cdot n)$ mit G als Gleitmodul des Federwerkstoffes und n der Anzahl der federnden Windungen. Der Federweg ist: $s = F/R$, Federhub durch zwei Kräfte F_1 und F_2 (wobei $F_2 > F_1$) beträgt $s_h = (F_2 - F_1)/R$. Weitere Berechnungen und zulässige Beanspruchungen von zylindrischen Schraubendruckfedern sind in DIN 2089-1 angegeben. Außer den vorgenannten kaltgeformten Druckfedern gibt es **warmgeformte Druckfedern** aus Rundstäben (DIN 2096), die nach der Formgebung vergütet werden. Für die Übertragung von Zugkräften werden **Zugfedern** mit verschiedenen Ösenformen eingesetzt (DIN 2097). Kaltgeformte Zugfedern sind mit innerer Vorspannung herstellbar.

9.5.1.4 Tellerfedern

Tellerfedern sind **kegelförmige Ringschalen** (Bild 9.56), die zu Säulen geschichtet werden und sich besonders gut für große Kräfte und kleine Federwege eignen. Vorwiegend werden sie eingesetzt als Spannelemente für Werkzeuge und Vorrichtungen (Bild 9.56c), als Betätigungsorgane

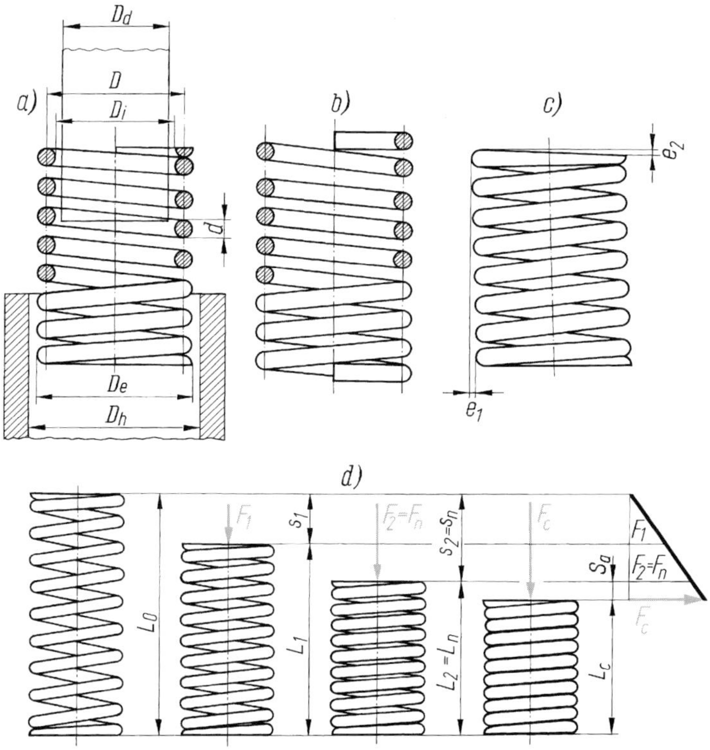

Bild 9.55 Kaltgeformte Druckfedern nach DIN 2095. a) Endwindungen angelegt und geschliffen, b) Endwindungen angelegt, c) Formabweichungen, d) Kräfte und Federlängen

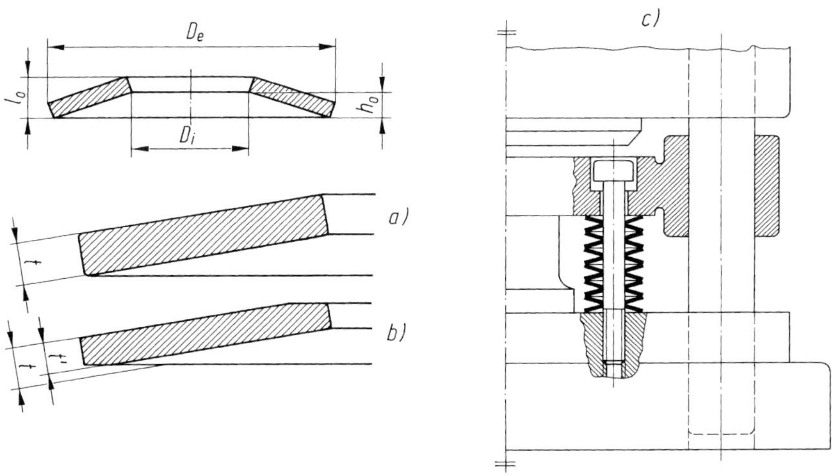

Bild 9.56 Tellerfedern. a) Einzelteller der Gruppen 1 und 2, b) Einzelteller mit Auflageflächen und reduzierter Dicke der Gruppe 3, c) Federsäule aus Einzeltellern im Gestell eines Schnittwerkzeuges

für Ventile und zur Schwingungsdämpfung von Maschinen und Anlagen. Werkstoffe für Tellerfedern sind Edelstähle nach DIN 17221 und DIN 17222; Ck-Stähle sind nur für Teller der Gruppe 1 zu verwenden.

Folgende drei Gruppen werden nach DIN 2093 unterschieden:

Gruppe 1: Gestanzt, kaltgeformt, Kanten gerundet, Tellerdicke $t < 1{,}25$ mm (Bild 9.56 a).

Gruppe 2: Gestanzt, kaltgeformt, Außendurchmesser D_e und Innendurchmesser D_i gedreht, Kanten gerundet, Tellerdicke $t = 1{,}25 \ldots 6$ mm (Bild 9.56 a).

Gruppe 3: Kalt- oder warmgeformt, allseits gedreht, mit Auflageflächen und gerundeten Kanten (Bild 9.56 b).

Bei Belastung wird die Unterseite der Tellerfeder gedehnt und die Oberseite gestaucht, weshalb die Tellerfedern **gekrümmte Kennlinien** aufweisen. Für die Tellerplanlage beträgt die Federkraft $F_c = (K_4^2 \cdot k \cdot t^3 \cdot h_0)/(K_1 \cdot D_e^2)$ mit D_e Außendurchmesser des Federtellers, h_0 Innenhöhe des unbelasteten Federtellers, k Elastizitätsbeiwert (905,495 kN/mm² für Edelstahl mit Elastizitätsmodul $E = 206{,}000$ kN/mm² und Querdehnzahl (Poisson-Zahl) $\mu = 0{,}3$), K_1 und K_4 Kennwerte nach DIN 2093.

Die Berechnung von Tellerfedern erfolgt nach DIN 2092.

9.5.1.5 Drehfedern

Gewundene Schenkelfeder

Diese Federn werden auf Biegung beansprucht und dienen meist als Rückholfedern von Hebeln oder Deckeln. Das eine Federende ist am beweglichen Teil, das andere am festen Teil eingespannt. In der Ausgangslage ist die Feder mit der Kraft F_1 vorgespannt und drückt das bewegliche Teil gegen einen Anschlag (Bild 9.57). Wird die Feder betätigt, dann steigt die Kraft mit dem Drehwinkel α bis F_n. In DIN 2088 sind die Berechnungen und die Konstruktion von kaltgeformten Drehfedern zusammengestellt.

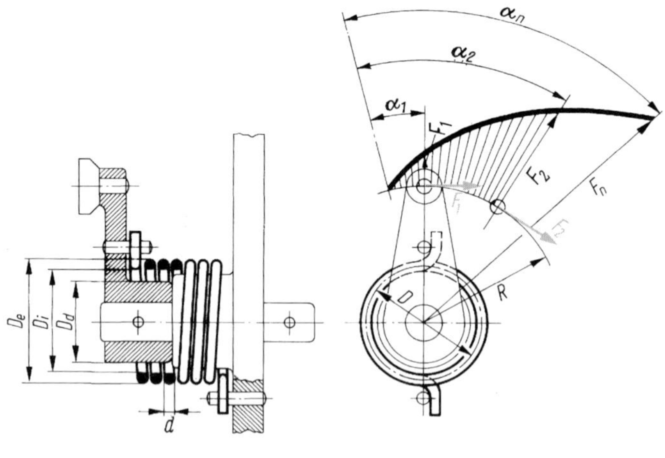

Bild 9.57 Schenkelfeder als Rückzugsfeder für einen Schalthebel

Stabfeder

Stabfedern haben eine Schaft mit verstärkten Einspannenden. Sie federn, indem der verjüngte Schaft verdreht wird (Bild 9.58). Runde Stabfedern dienen in Fahrzeugen als Drehschwingungsdämpfer oder als Drehstabilisatoren. Ferner werden sie als elastische Wellenkupplungen und zur Drehkraftmessung eingesetzt. Zur Berechnung und Konstruktion dient DIN 2091.

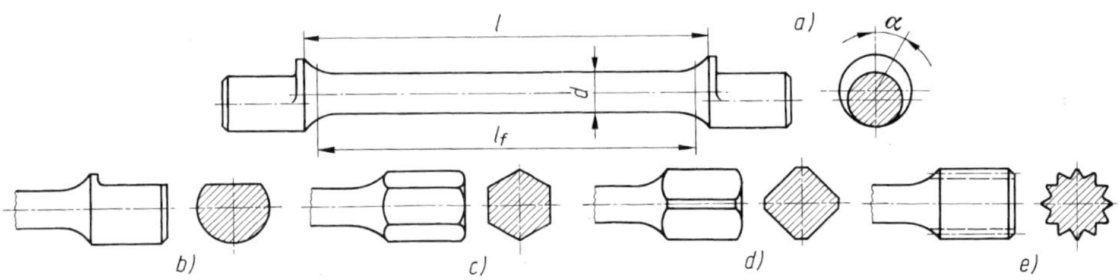

Bild 9.58 Runde Drehstabfedern mit verschiedenen Einspannenden. a) Exzenter, b) Anflächung, c) Sechskant, d) Vierkant, e) Kerbverzahnung

Spiralfeder

Spiralfedern sind gewundene Biegefedern (aus Runddraht oder Bändern) mit konstantem Windungsabstand a (archimedische Spirale, Bild 9.59). Sie dienen als Arbeitsspeicher für Uhrwerke, Rücksteller für Zeiger oder Bindeglieder elastischer Kupplungen. Für elektrische Messgeräte gilt DIN 43801.

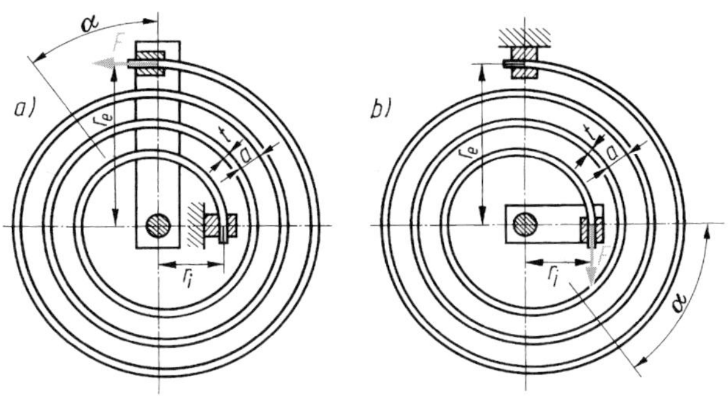

Bild 9.59 Spiralfedern. a) Außenbetätigung, b) Innenbetätigung

9.5.1.6 Blattfedern

Man unterscheidet **einfache ein- und zweiarmige Blattfedern** (z. B. Einsatz als Andrückfedern oder als Kontaktfedern) und **geschichtete Blattfedern** (z. B. Schwingungsdämpfung von Straßen- und Schienenfahrzeugen, DIN 5542 und DIN 5543, Bild 9.60). Sie werden auf Biegung beansprucht. Die geschichteten Blattfedern wandeln harte Stöße in lange, weiche, gedämpfte Schwingungen um.

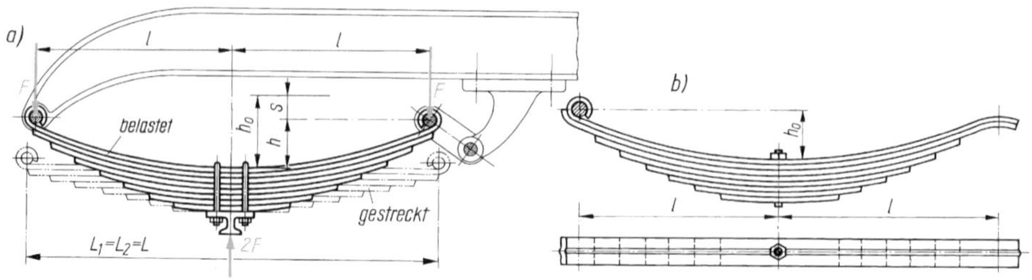

Bild 9.60 Geschichtete Blattfedern. a) mit Bügelhalterung, b) mit Mittelbolzenhalterung nach DIN 11747

9.5.1.7 Sonstige Metallfedern

Es gibt eine Fülle von sonstigen Metallfedern. Eine wichtige ist die **Ringfeder.** Sie besteht aus doppelkegeligen Innen- und Außenringen, die ineinander greifen (Bild 9.61). Bei Krafteinwirkung schieben sich die Ringe unter beträchtlicher Reibung ineinander (Anwendung als Stoßdämpfer oder als Puffer bei Schienenfahrzeugen).

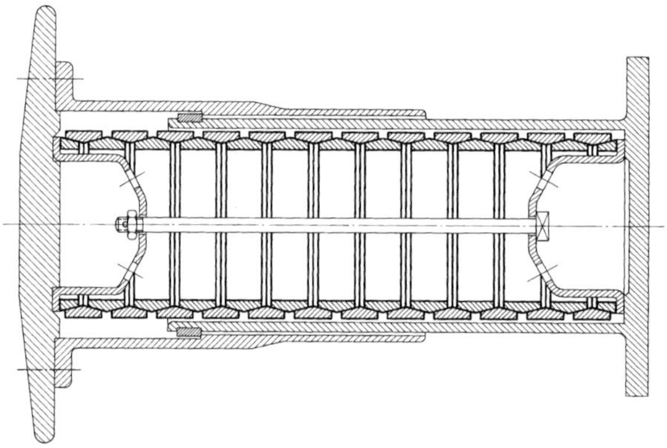

Bild 9.61 Eisenbahnpuffer mit eingebauter Ringfeder

Kegelige Druckfedern können durch die kegelige Anordnung der gewundenen Drähte bis auf die Drahtdicke *d* zusammengedrückt werden. Die Kennlinien sind gekrümmt.

Bestimmte Anwendungen bedingen ganz bestimmte Federkennlinien. Diese werden durch entsprechende Konstruktionen erzeugt. Beispiele dafür sind: **Schraubentellerfeder** (zwei Schraubendruckfedern mit tellerfederähnlichen Querschnitten werden ineinander geschraubt. Es ergeben sich leichte Montage und eine geringe Bruchgefahr. Einsatz beispielsweise als Federkraftspeicher für Skilifte, Drehmomentdämpfung in Motorradgetrieben oder Vorrichtungen zum Spannen von Werkzeugen), **geschlitzte Tellerfedern** (sie haben einen waagerechten Teil in der Federkennlinie. Das bedeutet, dass in diesem Bereich keine Kraftzunahme erfolgt. Mit diesen Federn ist die Übertragung eines Drehmomentes möglich. Ein wichtiges Einsatzgebiet sind Kupplungen in Kraftfahrzeugen).

9.5.1.8 Gummifedern

Gummifedern dienen zur Dämpfung von Stößen und Schwingungen. Der Gummi ist zwischen Metallplatten vulkanisiert und kann auf Druck oder Schub beansprucht werden. Verschiedene

Ausführungen zeigt Bild 9.62. Gummi hat den Vorteil, inkompressibel zu sein, d. h., es kann zwar seine Gestalt ändern, aber sein Volumen nicht. Als Werkstoffe werden **Elastomere** (gummielastisches Verhalten bei Betriebstemperatur) oder **Kautschuk** (unvernetztes, aber vernetzbares Polymer nach DIN ISO 1629) eingesetzt. Beim **Vulkanisieren** werden die chemischen Bestandteile so vernetzt, dass der Werkstoff über einen weiten Temperaturbereich hinaus elastisch wird. Die Bestimmung des Spannungs-Dehnungs-Verlaufes ist in DIN 53504 genormt.

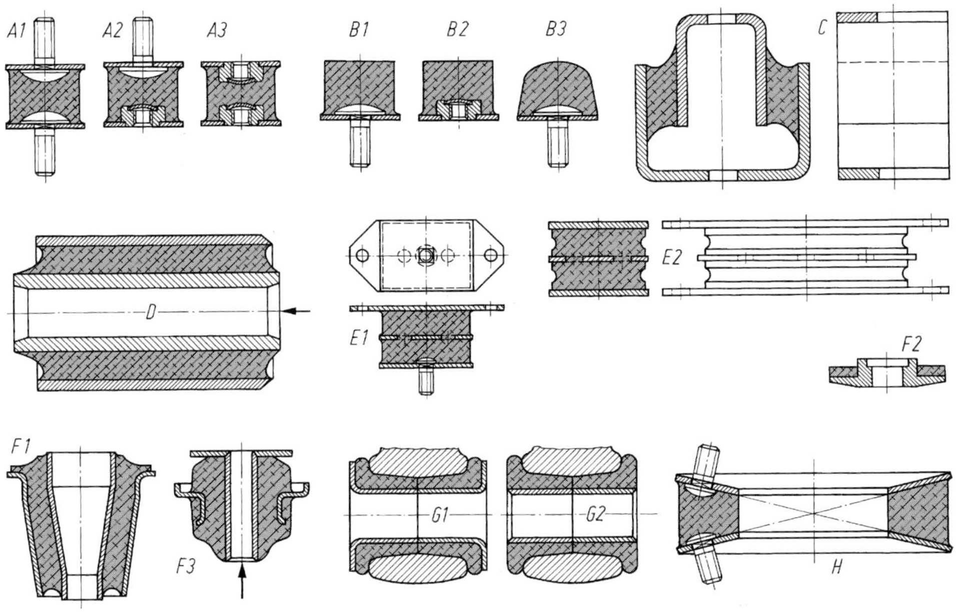

Bild 9.62 Gummifedern. A) Rundlager, B) Puffer, C und D) Doppel-U-Lager, E) Flachlager, F) Metacone-Lager, G) Kegel-Flansch-Buchse H) Elastik-Kupplung

9.6 Drehbewegungselemente

Diese Konstruktionselemente dienen dazu, Bewegungen, Kräfte und Momente zu übertragen. Sie gehören zu den **Antriebselementen**.

9.6.1 Achsen und Wellen

Achsen tragen oder stützen ruhende oder umlaufende Maschinenteile (z. B. Laufräder, Zahnräder, Trommeln oder Riemenscheiben). Sie **übertragen kein Drehmoment** und sind deshalb nur **Biegespannungen** und Flächenpressungen an den Stützstellen ausgesetzt (Bild 9.63 a und b). **Wellen** sind stets umlaufende Maschinenelemente, die immer ein **Drehmoment übertragen**. Deshalb werden Wellen auf **Biegung** und **Torsion** beansprucht (Bild 9.63 c und d). Hohlwellen haben eine zentrische Längsbohrung.

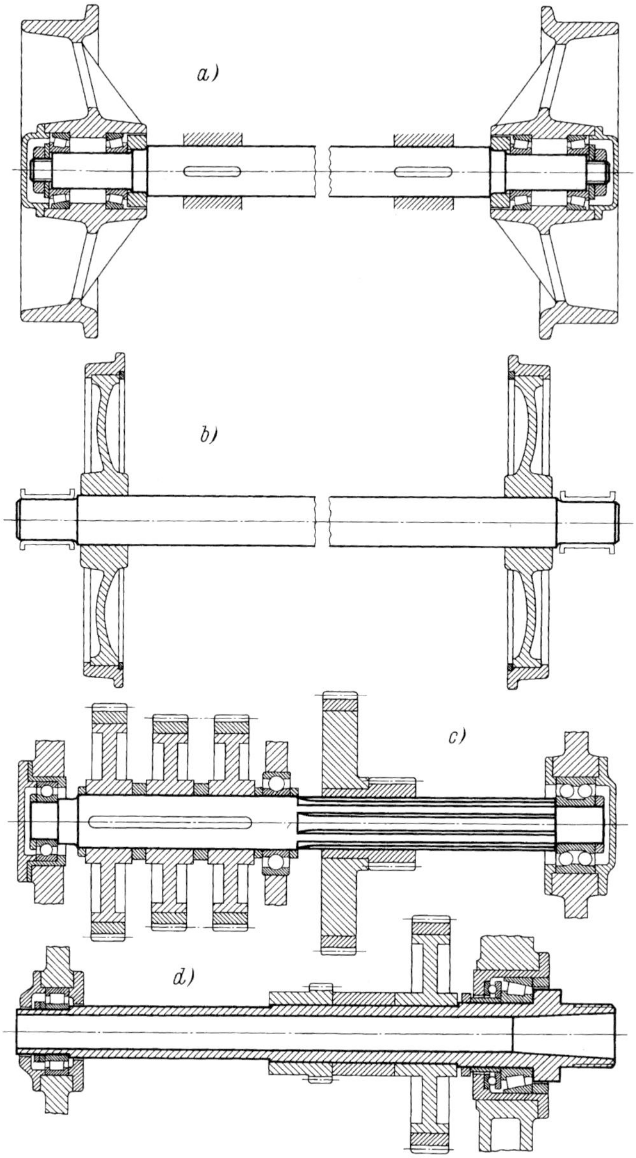

Bild 9.63 Beispiele für Achsen und Wellen. a) Stillstehende Vollachse, b) umlaufende Vollachse, c) Vollwelle, d) Hohlwelle

Bis etwa 150 mm Durchmesser stellt man Achsen und Wellen aus Rundstahl her (gedreht, geschält oder kalt gezogen); dickere werden aus Schmiedeteilen gefertigt und spanend bearbeitet. Hohlwellen mit Innenbohrungen (Durchmesser etwa die Hälfte des Außendurchmessers) wiegen nur 75 %; ihr Widerstandsmoment gegen Biegung und Torsion beträgt aber noch rund 95 % einer Vollwelle. Achsen und Wellen mit einer Drehzahl von $n \geq 1500\ \text{min}^{-1}$ müssen starr gelagert, ausgewuchtet und möglichst steif sein. Folgende Wellenenden sind genormt: Zylinder (DIN 748), Kegel (DIN 1448 und DIN 1449) und Wellenenden für Hilfsmaschinen (DIN 75031). Zur axialen Fixierung dienen Absätze, Buchsen, Stellringe (DIN 705) und Distanzrohre.

Überschlagsrechnung auf Torsion und Biegung

Man kann in einer Überschlagsrechnung den **Mindestdurchmesser** d_{min} für eine torsionsbeanspruchte Vollwelle (Widerstandsmoment $W_t \approx 0{,}2\,d^3$, Betriebsdrehmoment = Torsionsmoment T) aus dem Zusammenhang für die Torsionsspannung $\tau_t = T/W_t \leq \tau_{t\,zul}$ errechnen:

$$d_{min} \approx \sqrt[3]{\frac{T}{0{,}2\,\tau_{t\,zul}}}$$

Für die **Biegespannung** σ_b im gefährdeten Querschnitt von Wellen und Achsen gilt:

$$\sigma_b = M_b/W_b$$

(M_b Biegemoment im gefährdeten Querschnitt, W_b Widerstandsmoment gegen Biegung des gefährdeten Querschnitts $\approx 0{,}1\,d^3$ bei Vollwellen).

Achsen und Wellen gleicher Biegebeanspruchung

Normalerweise wird die Festigkeit eines Biegeträgers nur an der Stelle des größten Biegemomentes ausgenutzt. Um Werkstoff zu sparen oder geringere Abmessung zu realisieren, ist es sinnvoll, alle Querschnitte gleichen Beanspruchungen auszusetzen. Dann gilt in jedem Querschnitt für das Widerstandsmoment $W_b = M_{bx}/\sigma_{b\,zul}$ (M_{bx} Widerstandsmoment des Querschnittes x, $\sigma_{b\,zul}$ zulässige Biegespannung). Daraus errechnet sich mit $W_{bx} \approx 0{,}1\,d_x^3$ der erforderliche Achsen- oder Wellendurchmesser d_x zu:

$$d_x \approx \sqrt[3]{\frac{10\,M_{bx}}{\sigma_{b\,zul}}}$$

Berechnung der Dauerhaltbarkeit

Zur Berechnung werden nur die als gefährdet anzusehenden Querschnitte herangezogen. Besonders gefährdet sind die hoch beanspruchten Querschnitte (z. B. an Biegemomentspitzen) und diejenigen, in denen Kerbwirkungen auftreten (Querschnittsübergänge, Rillen, Bohrungen, Nuten). Innerhalb einer Nabe ist ein Bruch unwahrscheinlich, weil die aufgesetzten Maschinenteile die Welle versteifen. Allerdings sind durch Kerbwirkungen Brüche direkt neben einer Nabe oder an einem Nabenende durchaus wahrscheinlich. Folgende Spannungen können in gefährdeten Wellenquerschnitten auftreten:

Biegespannung $\sigma_b = M_b/W_b$

Zug- oder Druckspannung $\sigma_{z,d} = F_l/S$

Torsionsspannung $\tau_t = T/W_t$

(M_b, T größtes Biege- bzw. Torsionsmoment im gefährdetem Querschnitt unter Berücksichtigung von betriebsbedingten Stößen und Belastungsspitzen, W_b, W_t Widerstandsmoment des betreffenden Querschnittes gegen Biegung bzw. Torsion, F_l Längskraft im betreffenden Querschnitt, S Querschnittsfläche).

In Achsen tritt keine Torsionsspannung auf. Wirken die Biege- und Zug- oder Druckspannung in einem Querschnitt gleichzeitig, so beträgt die **größte Normalspannung** als **Oberspannung** $\sigma_o = \sigma_{zd} + \sigma_b$. Es ist zu beachten, dass bei umlaufenden Achsen und Wellen die Zug- oder Druckspannung in der Regel konstant bleibt, während die Biegespannung immer zwischen Biegezug und Biegedruck wechselt. Der **Ruhegrad** R gibt das Verhältnis der Mittelspannung σ_m des Lastspiels zur Oberspannung σ_o des Lastspiels an ($R = \sigma_m/\sigma_o$).

9

Wirkt zusätzlich zur größten Normalspannung noch eine Torsionsspannung τ_t, dann denkt man sich alle Spannungen durch eine einzige Normalspannung ersetzt, die Vergleichsspannung. Für die **Vergleichsoberspannung** σ_{vo} gilt:

$$\sigma_{vo} = \sqrt{\sigma_o^2 + 3(\alpha_0 \tau_t)^2}$$

(α_0 Anstrengungsverhältnis bei ruhender Torsion: 0,6 R + 0,4; schwellender Torsion: 0,6 R + 0,7; wechselnder Torsion: 0,6 R + 1).

Folgende Sicherheiten müssen berechnet werden:

Sicherheit gegen Dauerbruch $S_D = \sigma_{AG}/\sigma_{va} = \tau_{AG}/\tau_{ta}$	(üblich: $S_F \geq 1{,}7$)
Sicherheit gegen Fließen: $S_F = \sigma_{bF}/\sigma_{vo}$ bzw. $S_F = \tau_{tF}/\tau_{to}$	(üblich: $S_F \geq 1{,}3$)

9

(σ_{AG} bzw. τ_{AG} Ausschlagsfestigkeit (abhängig von Kerbwirkung, Oberfläche und Werkstoff-Wechselfestigkeit), σ_{va} bzw. τ_{va} Vergleichsspannungs- bzw. Torsionsspannungsausschlag (abhängig von Oberspannung und Ruhegrad), σ_{bF} Fließgrenze bei Biegung (Tabellenwerte), τ_{tF} Fließgrenze bei Torsion ≈ 0,7 σ_{bF}, σ_{vo} Vergleichsoberspannung, τ_{to} Torsionsoberspannung).

Durchbiegung

Durchbiegungen führen zu Winkelabweichungen, die beispielsweise zum Verkanten von Lagern oder zu unterschiedlichen Belastungen von Zahnrädern führen. Dadurch entsteht Lärm und die Bauteile fallen vorzeitig aus. Als Richtwerte für die Durchbiegungen gelten: Allgemeiner Maschinenbau: 0,3 mm pro 1 m Länge; Werkzeugmaschinen: 0,2 mm pro 1 m Länge. Der Neigungswinkel im Lager ist von der Lagerart stark abhängig. Bild 9.64 zeigt die Berechnungsgleichungen für unterschiedliche Belastungsfälle. Die Neigungswinkel und Durchbiegungen sind nach diesen Gleichungen für beide Lagerstellen zu errechnen und zu Gesamtwerten zusammenzufassen.

Verdrehwinkel α

Bild 9.65 zeigt, wie zwei Querschnitte im Abstand l um den Winkel α verdreht werden. Die geometrischen Verhältnisse und die elastischen Eigenschaften erlauben die Berechnung des Drehwinkels $\alpha = (T \cdot l)/(G \cdot I_t)$ mit T Torsionsmoment, G Schubmodul, I_t polares Flächenmoment 2. Grades.

Kritische Drehzahlen

Achsen und Wellen bilden ein schwingungsfähiges System (Abschn. 9.5.1.2), das eine Eigenfrequenz aufweist. Liegt die Betriebsdrehzahl bei der Drehzahl der Eigenfrequenz, dann tritt Resonanz auf, die eine Zerstörung des Bauteils zur Folge hat. Die Resonanzdrehzahl heißt **biegekritische Drehzahl** n_K, für die gilt:

$$n_K \approx \frac{K}{2\pi}\sqrt{\frac{R}{m}} = \frac{K}{2\pi}\sqrt{\frac{g}{f_G}}$$

(K Lagerungsbeiwert; $K = 1$: frei in Lager umlaufende Achsen und Wellen, $K = 1{,}3$: beiderseits eingespannte Achsen, $K = 0{,}9$: einseitig eingespannte Achsen und Wellen, R Federsteife des Schwingsystems im Schwerpunkt der Masse m, d. h. $R = m \cdot g/f_G$, g Fallbeschleunigung = 9,81 m/s², f_G Durchbiegung, m Masse).

Lange bzw. dünne Achsen und Wellen haben eine niedrige, kurze bzw. dicke Achsen und Wellen haben eine große biegekritische Drehzahl. Ist die biegekritische Drehzahl kleiner als die Betriebsdrehzahl, dann muss beim Anfahren der Achse oder Welle dafür gesorgt werden, dass der kritische Drehzahlbereich möglichst rasch durchfahren wird.

	Belastungsfall	Berechnungsgleichung
1	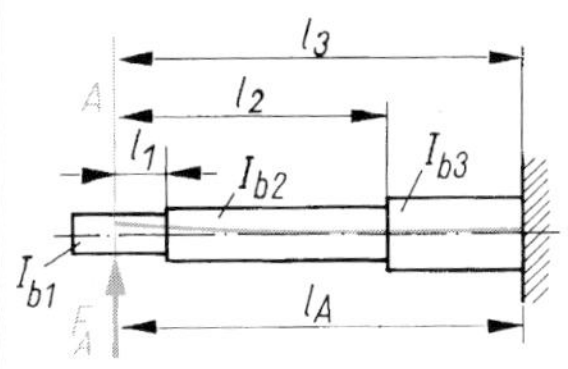	$\beta_{AA} = \frac{F_A}{2E}\left(\frac{l_1^2}{I_{b1}} + \frac{l_2^2 - l_1^2}{I_{b2}} + \frac{l_3^2 - l_2^2}{I_{b3}}\right)$ $f_{AA} = \frac{F_A}{3E}\left(\frac{l_1^3}{I_{b1}} + \frac{l_2^3 - l_1^3}{I_{b2}} + \frac{l_3^3 - l_2^3}{I_{b3}}\right)$
2	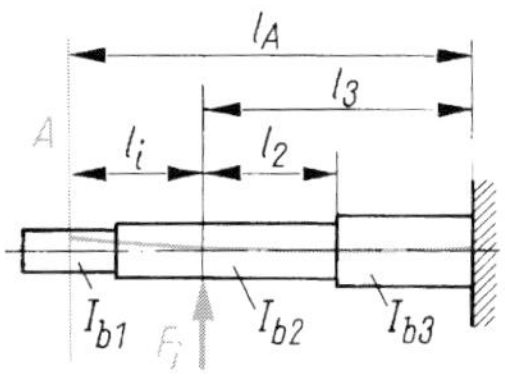	$\beta_{Ai} = \frac{F_i}{2E}\left(\frac{l_2^2}{I_{b2}} + \frac{l_3^2 - l_2^2}{I_{b3}}\right)$ $f_{Ai} = \frac{F_i}{3E}\left(\frac{l_2^3}{I_{b2}} + \frac{l_3^3 - l_2^3}{I_{b3}}\right) + \beta_{Ai} \cdot l_i$
3	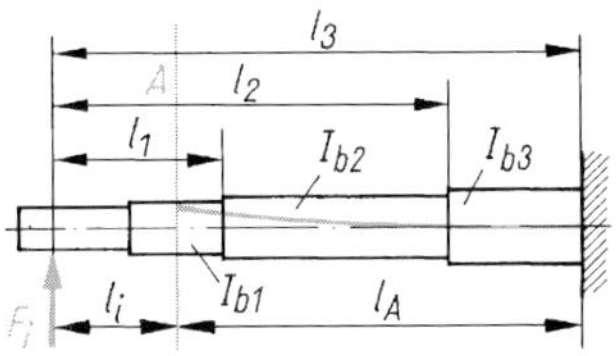	$\beta_{Ai} = \frac{F_i}{2E}\left(\frac{l_1^2 - l_1^2}{I_{b1}} + \frac{l_2^2 - l_1^2}{I_{b2}} + \frac{l_3^2 - l_2^2}{I_{b3}}\right)$ $f_{Ai} = \frac{F_i}{3E}\left(\frac{l_1^3 - l_1^3}{I_{b1}} + \frac{l_2^3 - l_1^3}{I_{b2}} + \frac{l_3^3 - l_2^3}{I_{b3}}\right) - \beta_{Ai} \cdot l_i$
4	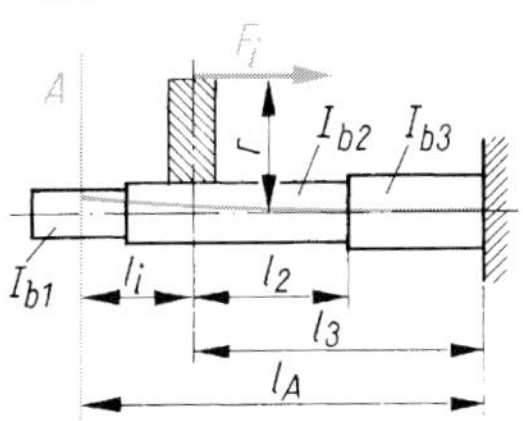	$\beta_{Ai} = \frac{F_i \cdot r}{E}\left(\frac{l_2}{I_{b2}} + \frac{l_3 - l_2}{I_{b3}}\right)$ $f_{Ai} = \frac{F_i \cdot r}{2E}\left(\frac{l_2^2}{I_{b2}} + \frac{l_3^2 - l_2^2}{I_{b3}}\right) + \beta_{Ai} \cdot l_i$
5	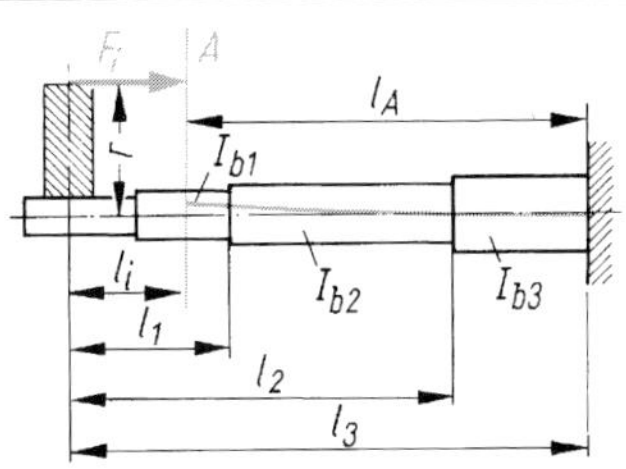	$\beta_{Ai} = \frac{F_i \cdot r}{E}\left(\frac{l_1 - l_i}{I_{b1}} + \frac{l_2 - l_1}{I_{b2}} + \frac{l_3 - l_2}{I_{b3}}\right)$ $\beta_{Ai} = \frac{F_i \cdot r}{2E}\left(\frac{l_1^2 - l_i^2}{I_{b1}} + \frac{l_2^2 - l_1^2}{I_{b2}} + \frac{l_3^2 - l_2^2}{I_{b3}}\right) - \beta_{Ai} \cdot l_i$

β_A	in rad	Neigungswinkel an der Lagerstelle A,
f_A	in cm	Durchbiegung an der Lagerstelle A,
F_A, F_i	in kN	Belastungskräfte,
E	in kN/cm^2	Elastizitätsmodul $\approx 21 \cdot 10^3$ kN/cm^2 für Stahl,
l_i, l_n	in cm	Trägerteillängen (Index $n = 1, 2, 3 \ldots$),
I_{bn}	in cm^4	axiale Flächenmomente 2. Grades der Querschnitte.

Bild 9.64 Neigungswinkel β_{Ai} und Durchbiegungen f_{Ai} von Achsen und Wellen an der Lagerstelle A

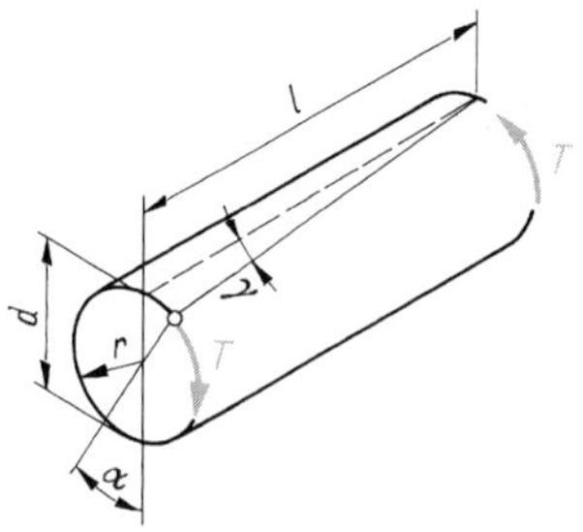

Bild 9.65 Verdrehung eines glatten Wellenstranges

Sind mehrere Massen auf der Welle, so errechnet sich die biegekritische Drehzahl wie folgt:

$1/n_K^2 \approx 1/n_{K1}^2 + 1/n_{K2}^2 + 1/n_{K3}^2 + \ldots$

Die biegekritische Drehzahl ist unabhängig von der Einbaulage der Achse oder Welle.

9.6.2 Lager

Lager ermöglichen eine **Führung** von drehenden Maschinenteilen und **übertragen Kräfte** vom beweglichen auf das ruhende Bauteil. Bei **Radiallagern** wirken die Kräfte senkrecht zur Drehachse und bei **Axiallagern** längs der Achse. **Führungslager** dienen der Führung von Achsen oder Wellen und nehmen keine nennenswerten Kräfte auf.

9.6.2.1 Gleitlager

Bei Gleitlagern werden unter optimalen Bedingungen die bewegten Flächen durch eine **Flüssigkeit** (Schmiermittel) voneinander getrennt. Wird das Schmiermittel unter hohem Druck (z. B. 20 MPa) zwischen die gleitenden Teile gepresst, dann liegt ein **hydrostatisches** Gleitlager vor (Bild 9.66). Durch den hohen Druck werden die gleitenden Teile unabhängig von einer Relativbewegung immer in einem bestimmten Abstand gehalten (meist wenige Hundertstel Millimeter). Dadurch entsteht keine Reibung zwischen den gleitenden Teilen.

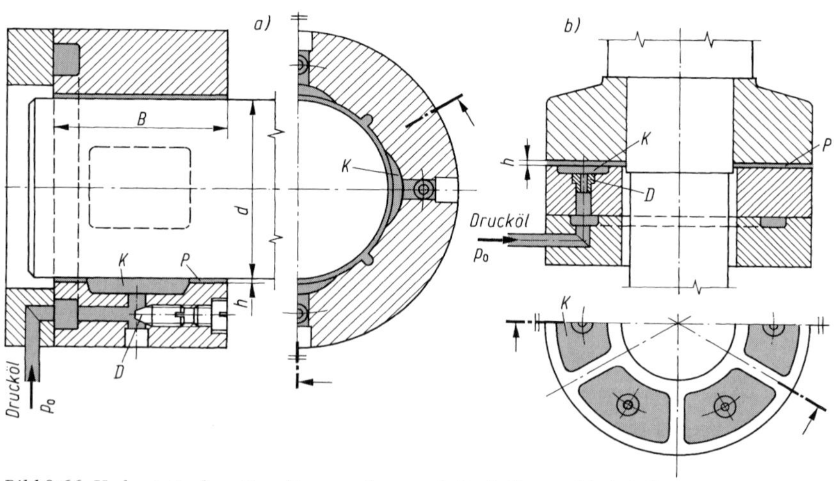

Bild 9.66 Hydrostatisches Druckkammerlager. a) Radiallager, b) Axiallager: K Kammer, D Drossel, h Schmierspalthöhe, d Wellendurchmesser, B Lagerbreite

Beim **hydrodynamischen** Gleitlager entsteht der Schmierfilm erst, wenn sich die Gleitflächen bewegen. Der Schmierfilm wird keilförmig, wenn die Relativgeschwindigkeit groß genug ist (Bild 9.67). Das Schmiermittel wird über **Schmiernuten** zugeführt, die am stillstehenden Teil angebracht werden, um den Schmierstoff außerhalb der Druckzone zuführen zu können. Sind größere Schmierräume notwendig, werden **Schmiertaschen** vorgesehen.

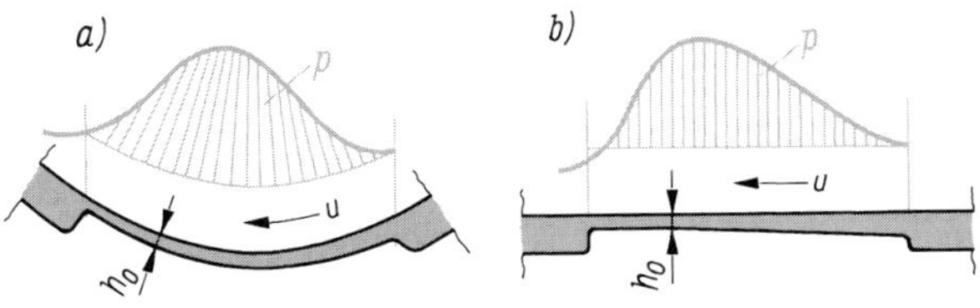

Bild 9.67 Hydrodynamische Schmierung. a) gekrümmte Gleitflächen, b) gerade Gleitflächen

Gestaltung der Radiallager

Bild 9.68 zeigt verschiedene Ausführungen von Lagerbuchsen. Bei ungeteilten Lagern mit **Massivbuchsen** (DIN ISO 4379-1) müssen sich die Wellen seitlich einschieben und montieren (Bild 9.68 a und b) lassen. In der Serienfertigung werden **gerollte Buchsen** bevorzugt, die aus kaltgewalzten Bändern bestehen (Bild 9.68 c), Form G). **Einspannbuchsen** (DIN 1498, Bild 9.68 c) sind dicker als die gerollten Buchsen und bestehen in der Regel aus Federstahl mit der Härte von 420 HV bis 500 HV (HV Härte nach Vickers). **Aufspannbuchsen** (DIN 1499, Bild 9.68 c) werden auf die Zapfen gepresst.

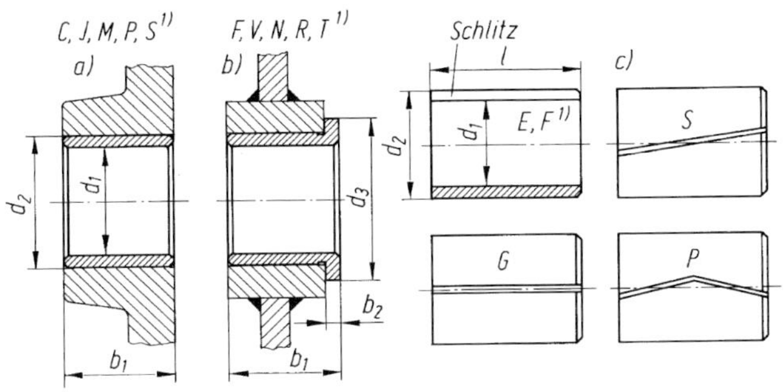

1) Die Formen unterscheiden sich voneinander in den Fasen, Passungen und Oberflächengüten

Bild 9.68 Lagerbuchsen. a) ohne Bund, Form C (DIN ISO 4379-1) für Kupferlegierungen (DIN ISO 4382-1 oder DIN ISO 4382-2), Form J für Sintermetall (DIN 1850-3), Form M für Kunstkohle (DIN 1850-4), Form P für Duroplast (DIN 1850-5) und Form S für Thermoplast (DIN 1850-6), b) mit Bund, c) Einspannbuchsen (DIN 1498) und Aufspannbuchsen (DIN 1499)

Müssen geringe axiale Kräfte aufgenommen werden, dann verwendet man **Bundbuchsen**. **Augenlager** (DIN 504) und **Flanschlager** (DIN 502 und DIN 503) sind eigene Baueinheiten. **Geteilte Lager** sind notwendig, wenn die Welle seitlich nicht eingeführt werden kann. Werden während des Betriebes Gelenkbewegungen ausgeführt, dann werden **Gelenklager** (DIN 648) eingesetzt, die sich auf Neigungen der Wellen einstellen können. Wird bei ungünstigen Betriebsverhältnissen der Gleitwerkstoff schnell abgenützt, dann sind **nachstellbare Lager** zweckmäßig. Ein **Verbundlager** besteht aus einer Stützschale und einer Gleitauflage (**Zweistoff-** bzw. **Zweischichtlager**). Damit wird teurer Gleitwerkstoff eingespart. Treten hohe Belastungsschwankungen auf, dann setzt man **Mehrflächenlager mit Kippsegmenten** ein. Die Lagerteile können sich der Belastung anpassen und sind nach Verschleiß austauschbar.

Berechnung der Radiallager

Nachfolgende Berechnungsangaben beziehen sich auf Einflächenlager. Es wird auf die wichtigsten Berechnungen hingewiesen. Folgende Normen kommen zur Anwendung: DIN 31655 (hydrostatische, ölgeschmierte Lager ohne Zwischennuten), DIN 31656 (hydrostatische, ölgeschmierte Lager mit Zwischennuten), DIN 31657 (hydrodynamische Lager als Mehrsegment- und Kippsegmentlager), DIN 31652 (Kreiszylinderlager).

- **Spezifische Lagerbelastung und Reibleistung**

Die Belastungskraft F presst die Gleitflächen aneinander. Die **mittlere Flächenpressung** ist die spezifische Lagerbelastung $\overline{p}$. Sie gibt das Verhältnis der Belastungskraft zur senkrechten Projektion $B \cdot D$ der gedrückten Fläche an: $\overline{p} = F/(D \cdot B)$.

Die **Gleitgeschwindigkeit** u bzw. die Winkelgeschwindigkeit ω der Zapfenoberfläche relativ zur Lagerbuchse beträgt: Gleitgeschwindigkeit $u = d \cdot \pi \cdot n$ bzw. Winkelgeschwindigkeit $\omega = 2\pi \cdot n$ (d Zapfendurchmesser, n Drehzahl).

Die Reibung zwischen den Gleitflächen führt zu einem Verlust, der durch die **Reibleistung** P_f bestimmt wird: $P_f = F \cdot \mu \cdot u$ (F Belastungskraft, μ Gleitreibungszahl, u Gleitgeschwindigkeit).

9

- **Wärmeabfuhr durch Konvektion**

Die Reibung erzeugt Wärme, die als Wärmestrom P_A über Gehäuse und Welle an die Umgebung abgeführt wird. Es gilt: $P_A = k \cdot A\ (t_B - t_a)$ mit A Wärmeabgebende Oberfläche des Lagergehäuses, t_B Temperatur des betriebswarmen Lagers, t_a Temperatur der umgebenden Luft, k Wärmeübergangskoeffizient zwischen der Oberfläche A des Lagergehäuses und der Umgebungsluft: 15 ... 20 W/(m² · K) im Normalfall bei leicht bewegter Luft (Luftgeschwindigkeit $w_a \leq 1/2$ m/s). Sind die Wärme abgebenden Oberflächen A der Lagergehäuse nicht bekannt, dann können die Beziehungen nach DIN 31625-1 eingesetzt werden.

- **Wärmeabführung über das Schmieröl bzw. Wasser**

Es gilt für den abgeführten Wärmestrom $P_Q = \rho \cdot c \cdot Q(t_2 - t_1)$ mit ρ Dichte des Schmieröls ≈ 900 kg/m³ bzw. des Kühlwassers = 1000 kg/m³, c spezifische Wärmekapazität des Schmieröls ≈ 2000 J/(kg · K) bzw. des Wassers ≈ 4200 J/(kg · K), t_2 Austrittstemperatur, t_1 Eintrittstemperatur.

- **Lagerspiel**

Das **absolute Lagerspiel** S ist die Differenz zwischen Bohrungs- und Zapfendurchmesser. Wird es auf den Lagernenndurchmesser D bezogen, dann gilt für das **relative Lagerspiel** $\psi = S/D$. Ausführungen in DIN 31698. Für die hydrodynamische Schmierung mit der Gleitgeschwindigkeit u hat sich bewährt als **mittleres relatives Lagerspiel** (DIN 31652-3): $\psi_m \approx 0{,}8\sqrt[4]{u}$ in Promille

- **Überprüfung der laminaren Strömung**

Für hydrodynamische Radial-Gleitlager (DIN 31652) ist es wichtig, dass eine laminare Strömung vorliegt. Dies wird an Hand der **Reynolds-Zahl** Re geprüft, für die gilt:

$$Re = \rho \cdot u \cdot S/(2\eta) \leq 41{,}3\sqrt{D/S}$$

(ρ Dichte des Schmierstoffs, u Gleitgeschwindigkeit, S absolutes Lagerspiel, η dynamische Viskosität).

Der Beanspruchungsbereich eines Lagers wird durch eine dimensionslose Kennzahl, die **Sommerfeld-Zahl *So***, angegeben: $So = \bar{p} \cdot (\psi_{\text{eff}})^2/(\eta \cdot \omega)$ mit $\bar{p}$ mittlere Flächenpressung, ψ_{eff} relatives Lagerspiel = S/d, η dynamische Viskosität des Schmieröls bei Lagertemperatur, ω Winkelgeschwindigkeit. Es gilt: $So \leq 1 \rightarrow$ Schnelllaufbereich als leicht beansprucht, $So > 1 \ldots 3 \rightarrow$ Mittellaufbereich als mittel beansprucht und $So > 3 \rightarrow$ Schwerlastbereich als schwer beansprucht (für normale Oberflächengüte: $So < 10$).

Gestaltung der Axiallager

Das **Ringspurlager** ist die einfachste Ausführung eines Radiallagers (Bild 9.69). In diesem Lagertyp läuft die Stirnfläche des Zapfens auf einer Spurplatte aus Gleitwerkstoff und der Schmierstoff wird von innen zugeführt. Geeignet sind diese Lager nur für geringe Gleitgeschwindigkeiten und geringe Flächenpressungen.

Für höhere Belastungen verwendet man **hydrodynamische Axiallager** als **Segment-Spurlager**.

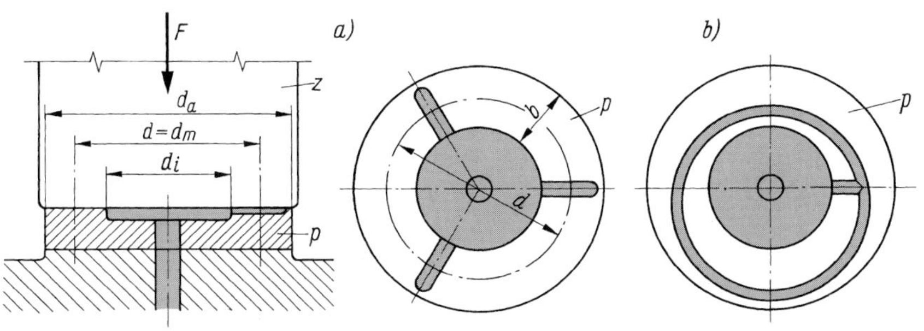

Bild 9.69 Einfaches Ringspurlager. a) Radiale Schmiernuten, b) exzentrische Schmiernut (z Zapfen, p Spurplatte)

Berechnung der Axiallager

Die Axiallager unterscheiden sich von den Radiallagern lediglich in der Geometrie. Deshalb sind die Zusammenhänge ähnlich. Es gelten folgende Beziehungen:

Spezifische Lagerbelastung $\bar{p} = F/A_L$ (F Belastungskraft, A_L gedrückte Lagerfläche).

Tragzahl nach Sommerfeld $So_{ax} = \bar{p} \cdot h_0^2/(\eta \cdot u \cdot b)$ (h_0 Schmierfilmdicke, η dynamische Viskosität des Schmieröls, u mittlere Gleitgeschwindigkeit, b Lagerbreite = $0{,}5\,(d_a - d)$).

Bei der Mindestdrehzahl n_{min} wird die Flüssigkeitsreibung sichergestellt. Es gilt: $n_{min} = (h_{0lim}/h_0)^2 \cdot n$ (h_{0lim} kleinste Schmierfilmdicke, h_0 Schmierfilmdicke bei der Betriebsdrehzahl, n Betriebsdrehzahl).

Um die Flüssigkeitsreibung aufrechtzuerhalten, ist ein Schmieröldurchsatz durch die Eigendruckentwicklung Q_1 erforderlich: $Q_1 = \varphi \cdot b \cdot h_0 \cdot u \cdot z$ (φ Durchsatzfaktor $\approx 0{,}7$, b Lagerbreite, h_0 Schmierfilmdicke bei der Betriebsdrehzahl, u Gleitgeschwindigkeit, z Anzahl der Segmente).

Für den Wärmestrom durch Konvektion und über das Schmieröl gilt:

$$P_0 = P_A + P_Q = k \cdot A\,(t_B - t_A) + \rho \cdot c \cdot Q\,(t_2 - t_1)$$

(P_A Wärmestrom über Lager und Gehäuse, P_Q Wärmestrom über das Schmieröl, k Wärmeübergangskoeffizient zwischen der Oberfläche A des Lagergehäuses und der Umgebungsluft = $15 \ldots 20$ W/(m$^2 \cdot$ K), A wärmeabgebende Oberfläche des Lagergehäuses, t_B Temperatur an den Gleitflächen, t_a Temperatur der umgebenden Luft, $\rho \cdot c$ volumenspezifische Wärme des Schmieröls etwa $1{,}8 \cdot 10^6$ J/(m$^3 \cdot$ K), Q gesamter Schmieröldurchsatz, t_2 Austrittstemperatur des Schmiermittels, t_1 Eintrittstemperatur des Schmiermittels).

9.6.2.2 Wälzlager

Die Kraftübertragung erfolgt über **Wälzkörper**. Die Achsen oder Wellen werden in stählernen Ringen oder Scheiben aufgenommen, zwischen denen sich Kugeln (**Kugellager**) oder Rollen (**Rollenlager**) bewegen. Damit sich die Wälzkörper nicht berühren, werden sie in einem **Käfig** geführt.

Vorteile sind: **geringe Reibung** (Rollreibung ist etwa 25 % bis 50 % geringer als die Gleitreibung), dadurch **geringere Erwärmung**, d. h. geringere Energieverluste; **geringe Wartung** und **geringer Schmiermittelverbrauch**, **höhere Genauigkeit** wegen geringeren Spiels und **kleinere Baugrößen** sowie **große Austauschbarkeit** wegen der weltweiten Normung. Nachteilig sind ihre Stoßempfindlichkeit und ihr Laufgeräusch. Hohe Drehzahlen sind meist nicht möglich. Gegenüber einfachen Gleitlagern sind sie teurer und auch schwieriger montierbar. Der Einsatz von Wälzlagern ist dann zweckmäßig, wenn bei normaler Belastung ein betriebssicherer und wartungsfreier Lauf wichtig ist (z. B. bei Ventilatoren, Elektromotoren, Getrieben) oder wenn bei hohen Belastungen und kleinen Drehzahlen nur geringe Reibung erwünscht ist und häufig aus dem Ruhezustand angefahren wird (z. B. Krane). Bild 9.70 zeigt einige Ausführungen. Man unterscheidet **Radiallager** (Bild 9.70 a und b), bei denen die Wälzlager zwischen einem Innen- und einem Außenring laufen (**Ringlager**), und **Axiallager**, bei denen die Wälzkörper zwischen zwei Scheiben laufen (Bild 9.70 c).

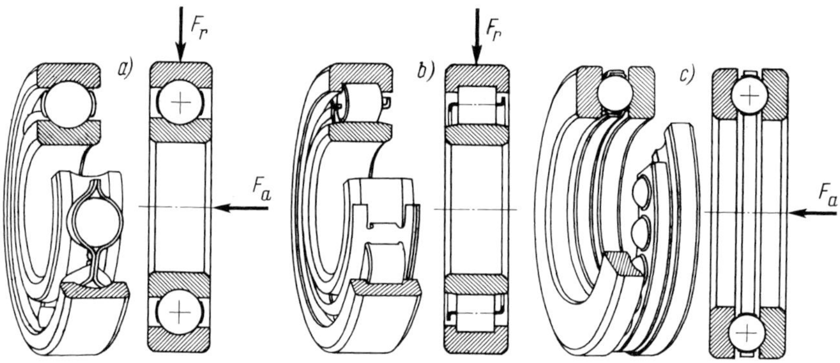

Bild 9.70 Radiallager (Ringlager) und Axiallager (Scheibenlager). a) Radial-Rillenkugellager, b) Zylinderrollenlager, c) Axial-Rillenkugellager

In Normen sind die technischen Details (z. B. Einbaurichtlinien) und die Tragfähigkeits- bzw. die Lebensdauerberechnung beschrieben. Beispiele dafür sind folgende Normen: Äußere Abmessungen (DIN 616), Kurzzeichen (DIN 623), Einbaumaße (DIN 5418), Toleranzen für Einbaumaße und Laufgenauigkeit (DIN 620) sowie Lebensdauer und dynamische Tragzahlen (DIN ISO 281).

Berechnung

Es ist zwischen **statischer** und **dynamischer Tragfähigkeit** zu unterscheiden. Die radiale Belastungskraft F_r und die axiale Belastungskraft F_a werden mit Hilfe eines Radialfaktors X und eines Axialfaktors Y (Tabellenwerte) zur **dynamisch äquivalenten Belastung** P zusammengefasst:

$$P = X \cdot F_r + Y \cdot F_a$$

Aus der **dynamischen Tragzahl** $\boldsymbol{C}$ (nach Angabe des Herstellers) ergibt sich damit die **nominelle Lebensdauer** $\boldsymbol{L}$ für Kugellager zu: $L = (C/P)^3 \cdot 10^6$.

Besondere Belastungsfälle

In manchen Anwendungsfällen (z. B. Hobelmaschinen) schwankt die Lagerbelastung periodisch zwischen einem Höchstwert P_{max} und einem Kleinstwert P_{min}. Daraus errechnet sich eine **äquivalente Belastung** $\boldsymbol{P} = (P_{min} + 2P_{max})/3$. Ändern sich die Belastungen zeitlich (P_1, P_2, P_3, … für die Zeiten t_1, t_2, t_3, …), dann ergibt sich die äquivalente Belastung $P = [(P_1^3 t_1 + P_2^3 t_2 + P_3^3 t_3 + \ldots)/t_{ges}]^{1/3}$. Ändern sich auch die Drehzahlen N_1, N_2, … (z. B. in Werkzeugmaschinen), dann gilt für die äquivalente Belastung $P = [(P_1^3 N_1 + P_2^3 N_2 + P_3^3 N_3 + \ldots)/N_{ges}]^{1/3}$.

Grenzdrehzahl

Bei zunehmender Geschwindigkeit werden zum einen die Reibverluste höher und zum anderen wirken Fliehkräfte, welche die Wälzkörper nach außen drücken. Für die **Grenzdrehzahl** $\boldsymbol{n_g}$ gibt es folgenden Richtwert: $n_g \approx K \cdot Z_S \cdot Z_K/K_D$ (K Drehzahlkonstante in Abhängigkeit von der Bauform, nach Angaben der Hersteller, Z_S Beiwert zur Berücksichtigung der Lagergröße und der Schmierungsart nach Herstellerangaben, Z_K Beiwert zur Berücksichtigung kombinierter Belastung nach Herstellerangaben, K_D Durchmesserbeiwert nach Herstellerangaben).

9

9.6.3 Reibung und Schmierstoffe

Die **Tribologie** behandelt die drei Gebiete: **Reibung**, **Schmierung** und **Verschleiß** (DIN 50323). Wird mangelhaft geschmiert, dann kommt es wegen der Reibung zum Verschleiß der reibenden Flächen.

9.6.3.1 Reibung

Zwischen den Paarungsflächen zweier Körper entsteht ein Widerstand, den man als Reibung bezeichnet. Dadurch wird die Relativbewegung (Gleiten, Rollen und Abwälzen) gehemmt oder gar unmöglich gemacht.

Grundbegriffe

Die Reibung wirkt der Relativbewegung sich berührender Körper entgegen. Die in der Kontaktfläche wirkende Reibung ist eine **äußere Reibung**; **innere Reibung** tritt bei einer Relativbewegung von Volumenelementen innerhalb von festen, flüssigen oder gasförmigen Körpern auf. Reibung zwischen sich bewegenden Körpern ist die **Bewegungsreibung**, zwischen ruhenden Körpern die **Ruhereibung**. Die Reibung zu Beginn einer Bewegung nennt man **Anlaufreibung** und die Reibung gegen Ende der Bewegung **Auslaufreibung**.

Arten der Reibung

Gleitreibung: Bewegungsreibung in einer Berührungsfläche. **Rollreibung:** Bewegungsreibung zwischen sich linien- oder punktförmig berührenden Körpern. **Wälzreibung:** Rollreibung mit überlagerter Gleitreibung.

9.6.3.2 Schmierstoffe

Sie dienen zum leichteren Gleiten der Paarungsflächen und vermindern den Verschleiß, können aber auch für den Korrosionsschutz und zur Kühlung eingesetzt werden. Folgende Schmierstoffe kommen zum Einsatz: **flüssige Schmierstoffe** (für Stähle: Öle; für Kunststoffe und Gummi: Wasser oder Wasser-Öl-Emulsionen); **Schmierfette** (salbenartige Stoffe), **pastöse Anteigungen** (pulverförmige Festschmierstoffe mit Ölen oder Fetten), **Festschmierstoffe** (feste Stoffe in Pulver- oder Schuppenform: z. B. Graphit oder Molybdänsulfid), **gleitfähige Kunststoffe** (Polyamid: PA; Polyacetal: POM, Polytetrafluorethylen: PTFE, Fluorethylen-Propylen: PFEP), **Trockenschmierfilme** (Festschmierstoffe als Filme) und **Gase** (z. B. Luftschmierung kleiner, sehr schnell laufender Gleitlager).

9.6.3.3 Schmieröle

Bild 9.71 zeigt eine unter Gleitreibung stehende Flüssigkeit. Beim Verschieben mit der Geschwindigkeit v wirkt zwischen den einzelnen Schichten eine Schubspannung τ, deren Größe von der Geschwindigkeit v und dem Abstand h beider Gleitkörper abhängt. Die Proportionalitätskonstante ist die **dynamische Viskosität** η, sodass gilt: $\eta = \tau \cdot h/v$ mit der Maßeinheit Pa · s. Setzt man die dynamische Viskosität ins Verhältnis zur Dichte ρ, dann ergibt sich die **kinematische Viskosität** $\nu = \eta/\rho$ in m²/s.

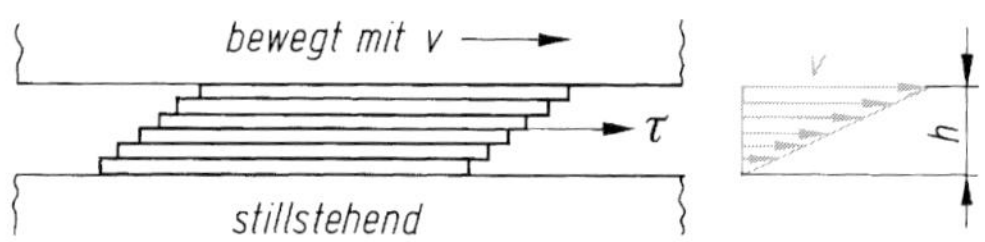

Bild 9.71 Verschiebung der Ölschichten im Schmierspalt

Öle sind die wichtigsten Schmiermittel. Ihre Bezeichnung ist in DIN 51502 genormt. Als Schmieröle werden verwendet: **Destillate** (Destillation von Erdölprodukten: einfache Normalöle), **Raffinate** (Verbesserung der Destillate durch Reinigung), **legierte Öle** (Zusatz von Additiven, z. B. Hochdruckzusätze) und **Syntheseöle** (künstliche Öle mit günstiger Viskosität und höherer Alterungsbeständigkeit, z. B. Silikonöle). Für Schmieröle in Verbrennungsmotoren und Kraftfahrzeuggetrieben gelten die Viskositätsklassen der SAE (Society of Automotive Engineers) nach DIN 51511 und 51512.

9.6.3.4 Schmierfette

In Schmierfetten sind die Öle durch Metallseifen eingedickt. Ein Seifengerüst (Hydroxide von Calcium, Natrium oder Lithium) umschließt die Öltröpfchen und gibt diese in kleinsten Mengen zur Schmierung frei. Wie leicht streichfähig bzw. plastisch verformbar die Fette sind, kommt in der **Konsistenz** zum Ausdruck, die in **Konsistenzklassen NLGI** (National Lubricating Grease Institute) eingeteilt sind (DIN 51825 und DIN 51502). Folgende Fette werden in der Technik verwendet: **Calciumseifen-Schmierfette** (einfache Schmieraufgaben, für Schmierstellen im Freien zwischen –35 °C und +50 °C; Nachschmierung erforderlich), **Natriumseifen-Schmierfette** (Gleit- und Wälzlager zwischen –30 °C und +110 °C, Wasser aufnehmend), **Lithiumseifen-Schmierfette** (Wasser abweisend, von –30 … +125 °C, Zusätze für Hochdruckanwendungen möglich), **komplex verseifte Schmierfette** (mehrere Metallseifen, die chemische Komplexe bilden, –25 °C und +150 °C, für Gleit- und Wälzlager uneingeschränkt einsetzbar, hoher Preis) und **Blockfette** (geliefert in harten, quaderförmigen Stücken, eingelegt in Kammern von Gleitlagern, –30 °C und +160 °C, Einsatz in schweren, langsam laufenden Maschinen mit heißen Lagerstellen wie in Rollganglagern von Walzwerken oder bei der Kunststoff- und Gummiverarbeitung).

9.6.3.5 Festschmierstoffe

Dies sind in Schichten angeordnete, kleinste lamellenförmige Teilchen. Der Einsatz erfolgt dort, wo keine hydrodynamische Schmierung möglich ist, d. h. bei kleiner Gleitgeschwindigkeit und hoher Stoßbelastung oder bei ungünstigen Werkstoffpaarungen (z. B. Stahl auf Stahl). Zum Einsatz kommen **Molybdänsulfid MoS_2** (zwischen –180 °C und +450 °C, oft auch in Öle oder Pasten eingemischt), **Graphit** (höhere Wärmeleitfähigkeit als MoS_2, aber geringere Druckaufnahmefähigkeit, Lieferung in Flocken- oder Pulverform, kostengünstiger als MoS_2) und **PTFE**.

9.6.4 Welle-Nabe-Verbindungen

Wellen tragen Maschinenteile (z. B. Zahnräder, Laufräder oder Hebel), deren Naben drehfest und meistens unverschiebbar befestigt sein müssen. Die Verbindung von Welle und Nabe stellen Verbindungselemente her. Unterschieden werden **formschlüssige** Verbindungen (Kraftübertragung erfolgt durch ihre Form, z. B. Passfedern oder Keil- und Zahnwellenverbindungen) und **kraftschlüssige** Verbindungen (Kraftübertragung durch Reibschluss, z. B. Kegel-, Klemm- und Spannelementverbindungen). Teils durch Form- und teils durch Kraftschluss übertragen **vorgespannte** Welle-Nabe-Verbindungen (z. B. mit Keilen).

9

9.6.4.1 Längskeilverbindungen

In einer Wellen- und einer Nabennut werden die Längskeile (mit einer Steigung von 1 : 100) eingebracht und stellen eine form- und kraftschlüssige Verbindung her. Sie eignen sich nur bis zu einer Drehzahl von 20 s^{-1} und sind sehr unempfindlich gegen Verunreinigungen. Ihr Einsatzgebiet sind Land- und Baumaschinen sowie Förderanlagen. Bild 9.72 zeigt einige Längskeilverbindungen.

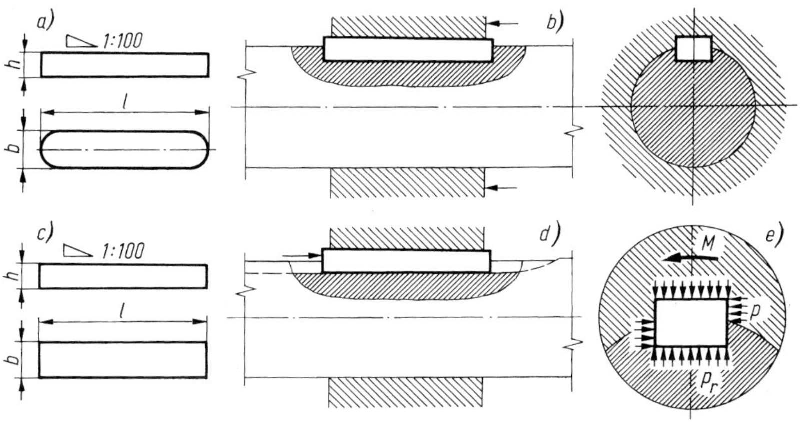

Bild 9.72 Längskeilverbindungen. a) Einlegekeil, b) Verbindung mit Einlegekeil, c) Treibkeil, d) Verbindung mit Treibkeil, e) radiale Keilpressung p_r und Flankenpressung p

Folgende Längskeile sind genormt: Einlegekeil (runde Stirnflächen, DIN 6886), Treibkeil (gerade Stirnflächen, DIN 6887), Nasenkeil (Nase zum Eintreiben und Herausziehen, DIN 6887), Hohlkeil (Bauch der Wellenform angepasst, DIN 6881), Nasenhohlkeil (Hohlkeil mit Nase zum Eintreiben und Herausziehen, DIN 6889), Flachkeil (Anflachen der Welle erforderlich, DIN 6883), Nasenflachkeil (DIN 6884), Scheibenkeil (Scheibenfeder, die sich auf die Nabennutneigung selbst einstellt, DIN 6888), Tangentkeile (zwei um 120° versetzte Keilpaare mit seitlichem Anzug, DIN 271 und DIN 268).

Für die Flankenpressung p kann ein Näherungswert errechnet werden: $p \approx F_u/(t_2 \cdot l_t \cdot i)$, wobei F_u Umfangskraft an der Welle ($F_u = M/r$ mit M zu übertragendes Drehmoment und r Wellenradius), t_2 Nabennuttiefe, l_t tragende Keillänge, i Anzahl der am Umfang angeordneten Keile).

9.6.4.2 Passfederverbindungen

Sie sind die gebräuchlichste Formschlussverbindung, die einfach montier- und demontierbar ist. Die Passfeder sitzt in der Wellen- und Nabennut und wirkt als Mitnehmer. Als Normen kommen in Betracht: Passfedern nach DIN 6885 und Scheibenfedern (Einsatz bei Werkzeugmaschinen und in Kraftfahrzeugen) nach DIN 6888. Einige Formen von Passfedern zeigt Bild 9.73.

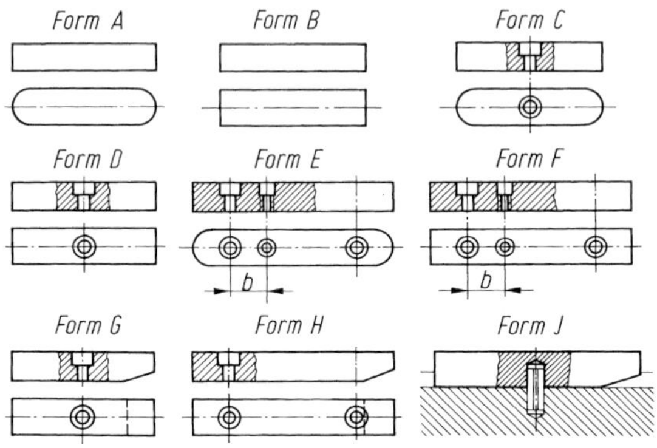

Bild 9.73 Passfederformen nach DIN 6885. Form A rundstirnig ohne Halteschraube, Form B geradstirnig ohne Halteschraube, Form C rundstirnig für Halteschraube, Form D geradstirnig für Halteschraube, Form E rundstirnig für zwei Halteschrauben und eine oder zwei Abdrückschrauben, Form F geradstirnig für zwei Halteschrauben und eine oder zwei Abdrückschrauben, Form G geradstirnig mit Schrägung und für Halteschraube, Form H geradstirnig mit Schrägung und für zwei Halteschrauben, Form J geradstirnig mit Schrägung und für Spannstift

Berechnungsverfahren sind in DIN 6892 angegeben. Für die Flankenpressung p gilt näherungsweise:

$$p \approx \frac{F_u}{(h - t_1)\, l_t \cdot i \cdot k}$$

(F_u Umfangskraft an der Welle, h Höhe der Passfeder, t_1 Wellennuttiefe, l_t tragende Passfederlänge, i Anzahl der Passfedern am Umfang (= 1 oder = 2), k Tragfaktor (= 1 bei einer, = 0,75 bei zwei am Umfang angeordneten Passfedern).

9.6.4.3 Keilwellenverbindungen

Bild 9.74 zeigt Keilwellen. Sie tragen am Umfang hochstehende, so genannte „Keile“, die als Passfedern aufzufassen sind. Eine leichte und eine mittlere Reihe ist in DIN ISO 14 genormt, eine schwere in DIN 5464 und für Werkzeugmaschinen in DIN 5471 und DIN 5472.

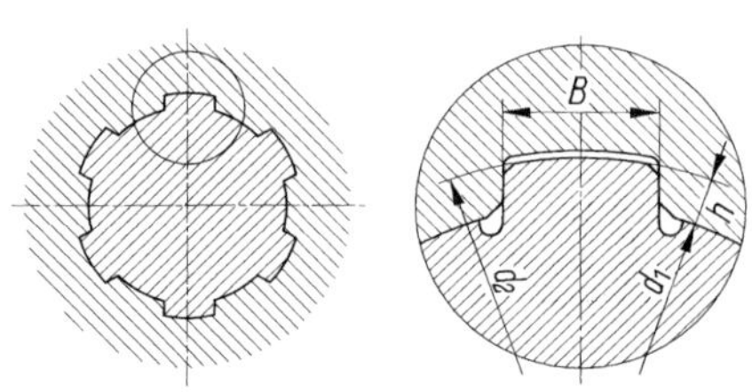

Bild 9.74 Keilwellen- und Keilnabenprofil

Für die Flankenpressung p gilt näherungsweise: $p \approx F_u/(h \cdot l_t \cdot i \cdot k)$, mit F_u Umfangskraft an der Welle, h Keilhöhe, l_t Traglänge der Verbindung, i Anzahl der Keile am Umfang, k Tragfaktor ($\approx 0{,}75$ bei Innenzentrierung und $\approx 0{,}9$ bei Flankenzentrierung). Passungen für Keilwellen und -naben sind in DIN ISO 14 genormt.

9.6.4.4 Zahnwellenverbindungen

An die Stelle der „Keile" an den Keilwellen können auch Zähne treten (Bild 9.75). Ein **Kerbzahnprofil** ist in DIN 5481 und ein **Evolventenzahnprofil** in DIN 5480 genormt. Mit den vielen Zähnen können besonders große und stoßweise wirkende Kräfte übertragen werden. Zahnwellen sind auch bei schmalen Naben geeignet.

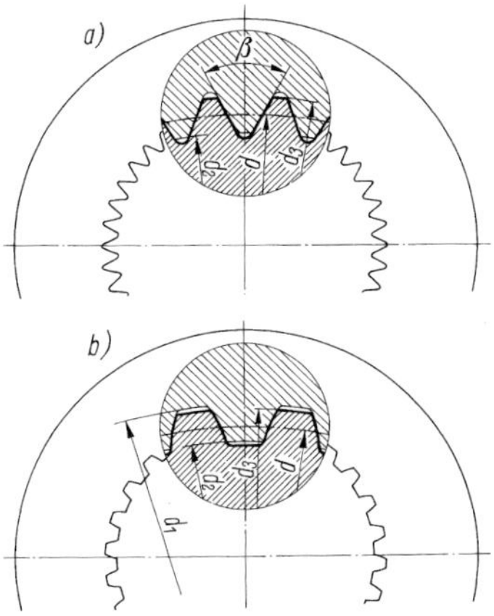

Bild 9.75 Zahnprofile. a) Kerbzahnprofil, b) Evolventenzahnprofil

Für die Flankenpressung p gilt wie bei den Keilwellen näherungsweise $p \approx F_u/(h \cdot l_t \cdot z \cdot k)$, mit z Anzahl der Zähne am Umfang. Genaue Berechnungen sind nach dem Entwurf DIN 5466 möglich.

9.6.4.5 Polygonwellenverbindungen

Polygonwellenprofile haben symmetrische kontinuierliche Unrundheit, weshalb keine Kerbwirkung auftritt. Sie ermöglichen eine genaue Zentrierung. Bild 9.76 zeigt typische Polygonprofile.

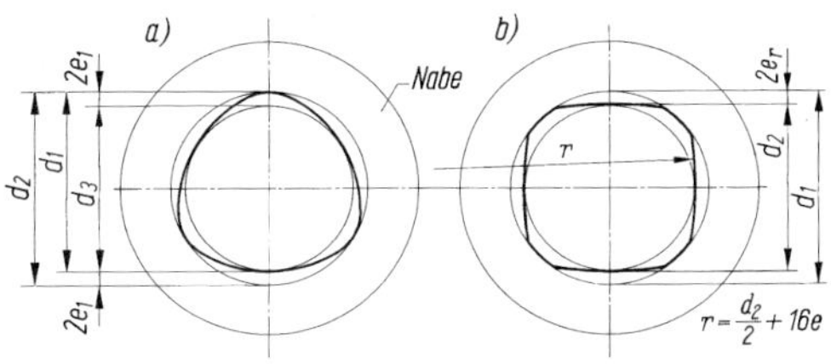

Bild 9.76 Polygonprofile. a) P3G für Haft- und Presssitze (DIN 32711), b) P4C für Gleit- und Presssitze (DIN 32712)

Für die Flächenpressungen p gelten:

P3G-Profil $$p = \frac{M}{l_t\,(2{,}36 d_1 \cdot e_1 + 0{,}05\, d_1^2)}$$

P4C-Profil $$p = \frac{M}{l_t\,(\pi \cdot d_r \cdot e_r + 0{,}05 d_r^2)}$$

(M Drehmoment, d_1 Gleichdickdurchmesser, d_r maßgebender rechnerischer Durchmesser = $d_2 + 2e$, e_1, e_r Exzentrizität des Profils, l_t Traglänge).

9.6.4.6 Kegelverbindungen

Wellenenden mit Kegeln sind mit DIN 1448 (Bild 9.77) und DIN 1449 genormt.

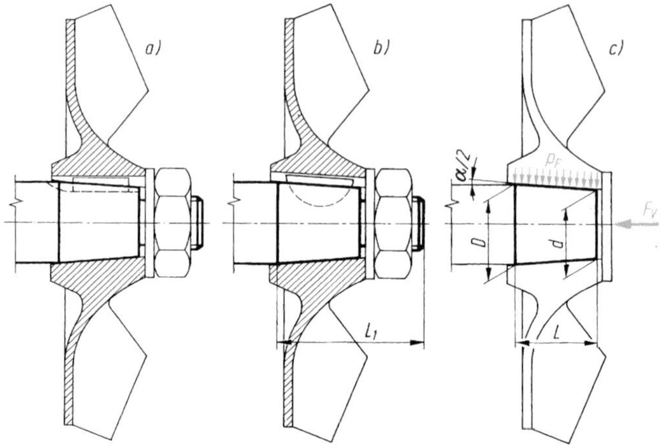

Bild 9.77 Kegelverbindungen. a) DIN 1448 mit Passfeder DIN 6885, b) mit Scheibenfeder DIN 6888, c) Fugenpressung p_F und Vorspannkraft F_V

Wenn Passfedern oder Scheibenfedern nicht zwingend zur Lagesicherung erforderlich sind, sollten Kegelverbindungen möglichst ohne diese Elemente ausgeführt werden, damit die Fugenpressung voll zur Drehmomentübertragung wirksam werden kann.

Für die Fugenpressung p_F gilt näherungsweise:

$$p_F \approx \frac{F_V}{D_F \cdot \pi \cdot l_F \tan(\alpha/2 + \rho)}$$

(F_V Vorspannkraft der Schraube, D_F Fugendurchmesser = mittlerer Kegeldurchmesser, l_F Fugenlänge, α Kegelwinkel (beim Kegel 1 : 10 ist $\alpha = 5{,}724°$), ρ Reibwinkel (bei trockenen und glatten Oberflächen ≈ 6 ... 7°)).

9.6.4.7 Spannelementverbindungen

Diese Elemente bewirken durch Reibschluss eine Verbindung von Welle und Nabe. Die Spannkraft wird in der Regel durch eine oder mehrere Schrauben erzeugt. Bevorzugt werden **Ringkegel-Spannelemente** (Bild 9.78), bei denen zwei kegelige Ringe ineinander greifen. Die axiale Spannkraft spannt die Ringe radial und erzeugt eine Presskraft, die einen Haftwiderstand bewirkt, sodass ein Drehmoment wie bei Pressverbindungen übertragen werden kann.

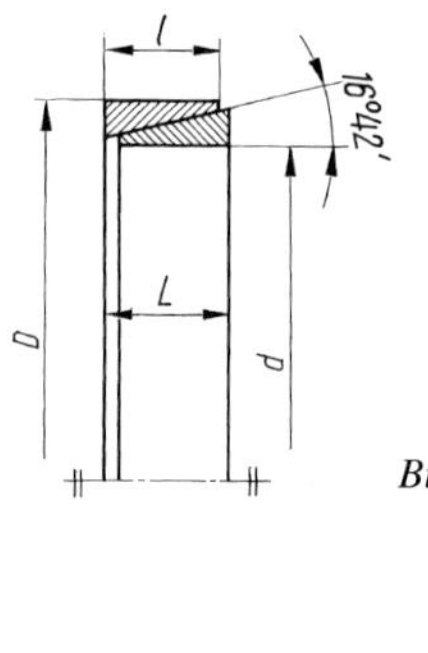

Bild 9.78 Ring-Spannelement

Derartige Spannelemente werden von verschiedenen Firmen hergestellt. Die Berechnung der erforderlichen Schrauben-Vorspannkraft und des übertragbaren Drehmoments oder der übertragbaren Längskraft sind nach den Angaben der Lieferfirma durchzuführen.

9.6.4.8 Klemmverbindungen

Es gibt Klemmverbindungen mit **geteilter Nabe** und mit **geschlitzter Nabe** (Bild 9.79). Mittels Schraubenkraft wird die Nabe auf die Welle geklemmt.

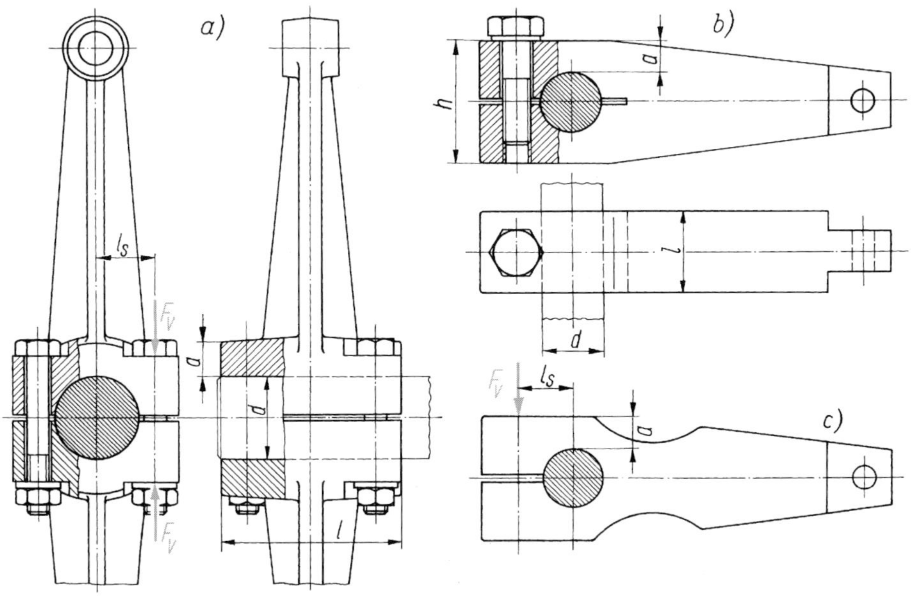

Bild 9.79 Klemmverbindungen. a) Mit geteilter Nabe, b) mit geschlitzter Nabe und weitergeführtem Schlitz, c) mit geschlitzter Nabe und Ausnehmungen an der Nabe

Für die Fugenpressung p_F gilt näherungsweise $p_F \approx (K_F \cdot F_V \cdot i)/(d \cdot l)$ mit K_F Formfaktor (1,2 bei geteilten und 1,5 bei geschlitzten Naben), F_V Vorspannkraft einer Klemmschraube, i Anzahl der Klemmschrauben, d Wellendurchmesser, l Traglänge der Klemmverbindung.

9.6.4.9 Stirnzahnverbindungen

Die Stirnverzahnung enthält stirnseitig radial laufende dreieckförmige Zähne, die gegenseitig ineinander greifen (Bild 9.80). Diese Verbindung ist außerordentlich robust und eignet sich zur Übertragung von Stoß- und Wechselkräften.

Für die Flankenpressung p gilt näherungsweise: $p \approx (F_u \cdot r_a)/[z \cdot b(H - 5S) \cdot k \cdot r_m]$ mit F_u Umfangskraft, z Zähnezahl, b Zahnbreite, H Spitzenhöhe der Zähne, S Kopfspiel der Verzahnung, k Tragfaktor $\approx$ 0,75, r_a Außenradius der Verzahnung, r_m mittlerer Radius der Verzahnung.

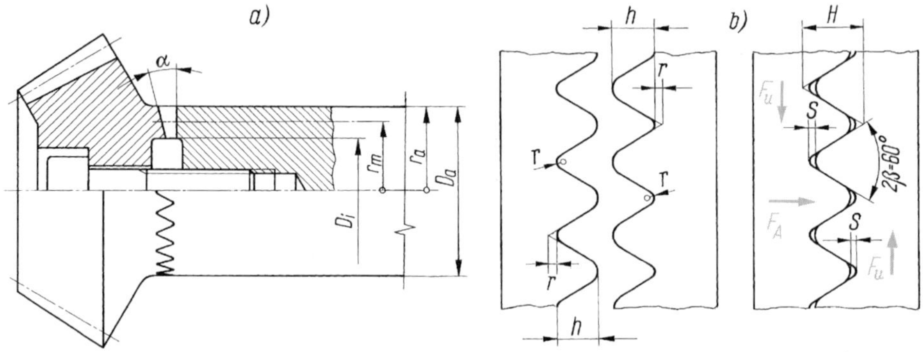

Bild 9.80 Stirnverzahnung. a) gefügtes Kegelrad, b) Zahnform am Außenumfang

9

9.6.5 Wellenkupplungen und -bremsen

Mit **Wellenkupplungen** werden **zwei Wellenenden miteinander verbunden**, um ein Drehmoment zu übertragen. Mit **Bremsen** werden sich **bewegende Massen angehalten**. Sie funktionieren wie eine **Reibkupplung**.

Bild 9.81 zeigt die Einteilung der Kupplungen nach der VDI-Richtlinie 2240. Man unterscheidet:

1. **Nicht schaltbare Kupplungen**. Sie können form- oder kraftschlüssig **starr** sein oder formschlüssig **nachgiebig** und gleichen Wellenverlagerungen aus (**Ausgleichskupplungen**). Sind sie zusätzlich drehnachgiebig, dann können diese Kupplungen **Stöße mildern** und **Schwingungen dämpfen**. Kraftschlüssige, drehnachgiebige Kupplungen sind **Schlupfkupplungen** mit hydrostatischer (**Strömungskupplungen**) oder elektrodynamischer (**Induktionskupplungen**) Wirkungsweise. Das Drehmoment wird durch Drehzahlschlupf der beiden Kupplungshälften übertragen.
2. **Schaltbare Kupplungen**. Sie werden fremdbetätigt (**Schaltkupplungen**), drehzahlbetätigt (**Fliehkraftkupplungen**), momentbetätigt (**Sicherheitskupplungen**) oder richtungsbetätigt (**Freilaufkupplungen**) und sind kraft- oder formschlüssig ausgebildet.

9.6.5.1 Starre Kupplungen

Starre Kupplungen geben nicht nach und werden deshalb ausschließlich für fluchtende Wellenenden eingesetzt (z. B. Verbinden von Wellenstücken zu durchgehenden Wellensträngen).

Bei der **Schalenkupplung** werden die beiden Hälften mit Schrauben auf die Enden der Wellen geklemmt (DIN 115); das Drehmoment wird durch Kraftschluss übertragen (für Wellendurchmesser bis 300 mm). Sie können leicht wieder demontiert werden. Bei **Scheibenkupplungen** werden Grauguss-Scheiben mit Passfedern drehfest verankert und miteinander durch eine Passschraube verbunden (Bild 9.82). Diese Kupplungen können für ungleiche Wellendurchmesser verwendet werden. Bei Flanschkupplungen sind an den Wellenenden Flansche angeschmiedet.

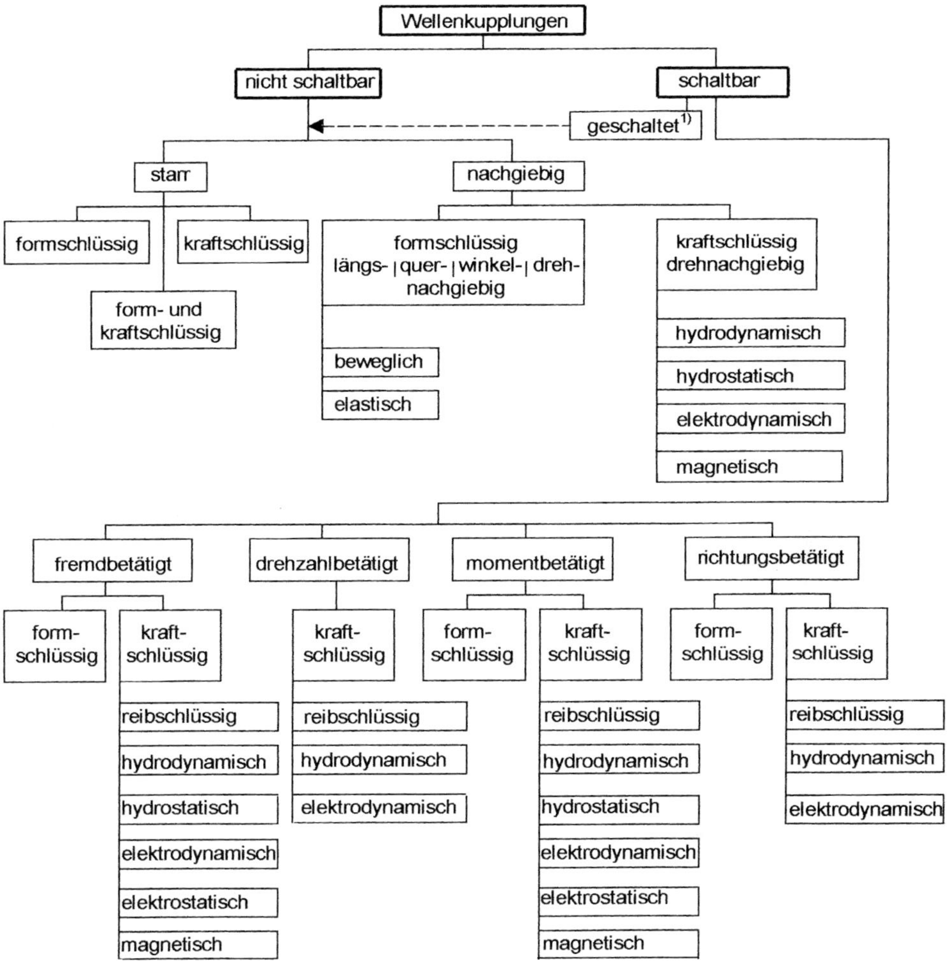

[1)] Im geschalteten Zustand können schaltbare Kupplungen auch Eigenschaften der nicht schaltbaren aufweisen.

Bild 9.81 Systematische Einteilung der Wellenkupplungen nach ihren Eigenschaften (VDI 2240)

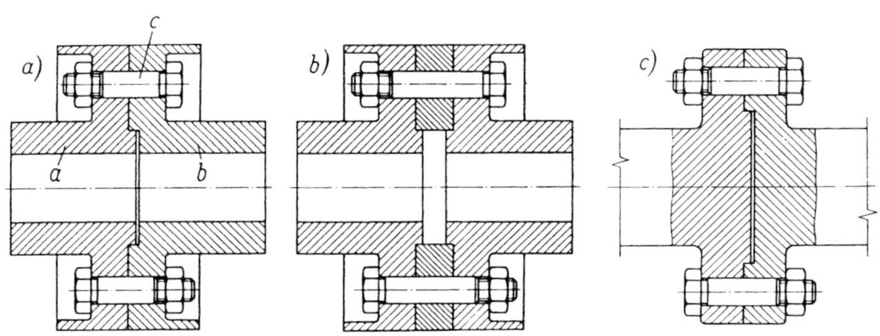

Bild 9.82 Scheibenkupplungen. a) mit Zentrierrand Form A DIN 116, b) mit zweiteiliger Zwischenscheibe (Zentrierscheibe) Form B DIN 116, c) an den Wellenenden angeschmiedete Flansche

9.6.5.2 Formschlüssig nachgiebige, drehsteife Wellenkupplungen (Ausgleichskupplungen)

Längen- und Winkeländerungen von Wellen werden durch Ausgleichskupplungen ausgeglichen, deren Hälften sich ineinander schieben können. Zudem führen und zentrieren sie die Wellen sowohl axial als auch radial. Ausgleichskupplungen sind **formschlüssige** Kupplungen, bei denen die Drehmomentübertragung über Zähne, Klauen oder Zapfen in Drehgelenken erfolgt.

Bei **Klauenkupplungen** (Bild 9.83) greifen die gusseisernen Klauen mit wenig Spiel ineinander. Zweiteilige Klauenkupplungen (Bild 9.83 a) zentrieren beide Wellenden in der Nabe der einen Hälfte, die dreiteiligen (Bild 9.83 b) in einem Zentrierring.

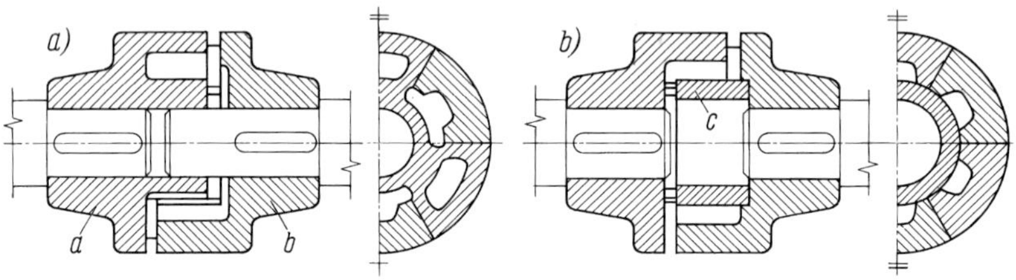

Bild 9.83 Klauenkupplungen. a) zweiteilig, b) dreiteilig

Eine **Bogenzahn-Kupplung** (Maximaldrehmoment: $1{,}5 \cdot 10^6$ N · m, Außendurchmesser bis 1050 mm) ermöglicht axiale, radiale und Winkelbewegungen, indem sich die Innenverzahnung entsprechend bewegen kann. Die Zahnräume werden mit Öl und Fett geschmiert, um den Verschleiß an den Zahnflanken zu verringern. Bei einer **Syntex-Kupplung** (Maximaldrehmoment: 2600 N · m, Außendurchmesser bis 220 mm) ist eine Außenhülse aus gleitfähigem Kunststoff eingebracht, wodurch eine Schmierung entfällt. Bei **Tonnen-Kupplungen** (Maximaldrehmoment: 685 000 N · m, Außendurchmesser bis 850 mm) werden statt der Zähne Tonnen angebracht. Die **Lamex-Kupplung** (Maximaldrehmoment: 2200 N · m, Außendurchmesser bis 290 mm) besitzt elastische Durotherm-Elemente zur Drehmomentübertragung. Es gilt für das **zulässige Nenndrehmoment** einer Kupplung: $T_{KN} \geq T_{LN} = P_{LN}/\omega$ (T_{LN} Nenndrehmoment der Lastseite, P_{LN} Nennleistung der Lastseite, ω Winkelgeschwindigkeit).

Gelenke sind Ausgleichskupplungen, die das Drehmoment über zueinander gebeugte Wellen übertragen, deren Beugungswinkel während des Betriebes auch verändert werden können. Bild 9.84 zeigt ein **Kardan-Gelenk,** wie es für den Antrieb von Werkzeugmaschinen eingesetzt wird.

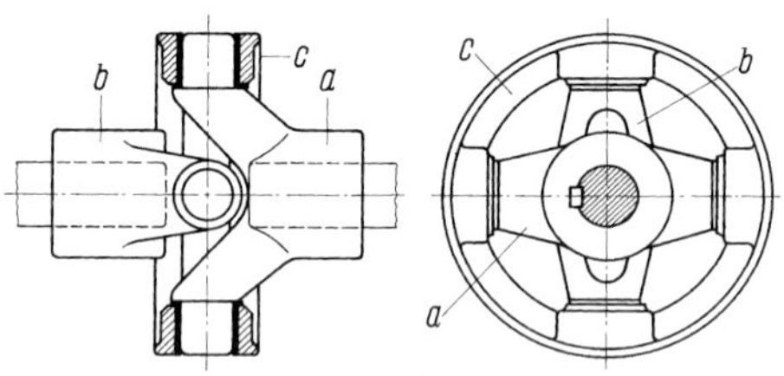

Bild 9.84 Kardan-Gelenk (Kreuzgelenk-Kupplung). a) und b) Naben mit zapfenförmigen Enden, c) Kardanring zur kreuzweisen Lagerung der Enden

Für kleinere Drehmomente (bis 200 N · m) werden vorwiegend in verstellbaren Werkzeugantrieben **Kugelgelenke** eingesetzt. Über eine eingesetzte **Zwischenwelle** können ungleichförmige Drehbewegungen vermieden und gekuppelte Wellen bis 90° Beugungswinkel angetrieben werden. Ungleichförmige Drehbewegungen kann man auch durch ein **Doppelgelenk** vermeiden.

9.6.5.3 Formschlüssig nachgiebige, drehelastische Wellenkupplungen

In diesen Wellenkupplungen sitzen elastische Zwischenglieder aus Metall oder Gummi, die neben der Wellenverlagerung auch Spitzen der Drehmomente abfedern können und dafür sorgen, dass die Systeme nicht in Eigenschwingungen versetzt werden können. Kupplungen mit Metallgliedern geben die Stoßarbeit wieder ab (**Energie speichernde Kupplung**), Gummiglieder absorbieren einen großen Teil der Stoßarbeit (**Energie umsetzende Kupplung**). Bild 9.85 zeigt eine **Cardeflex-Kupplung** mit tangential angeordneten Schraubendruckfedern. Je nach Art der elastischen Bindeglieder gibt es eine Vielzahl unterschiedliche Kupplungsarten, z. B. mit folgenden Bezeichnungen: **Arcusaflex-Kupplung**, **Hyflex-Kupplung**, **Hexa-Flex-Kupplung**, **Radaflex-Kupplung**, **Centaflex-Kupplung**, **Vulkan-EZR-Kupplung**, **Periflex-Kupplung**, **Kegelflex-Kupplung**, **Multi-Cross-Forte-Kupplung** oder **RATO-Kupplung**.

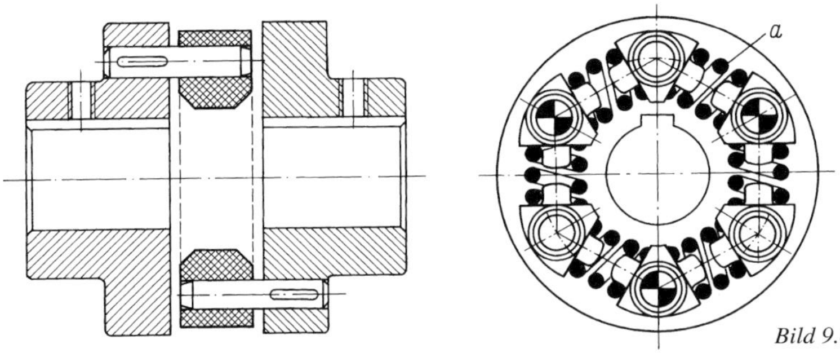

Bild 9.85 Cardeflex-Kupplung

9.6.5.4 Schlupfkupplungen

Durch diese Kupplungen wird bei Antrieben (insbesondere bei Kolbenmaschinen) ein sanfter Anlauf gewährleistet. Drehmoment und Schlupf werden bei der **Voith-Turbo-Kupplung** (Bild 9.86) durch Verändern der Flüssigkeitsfüllung angepasst.

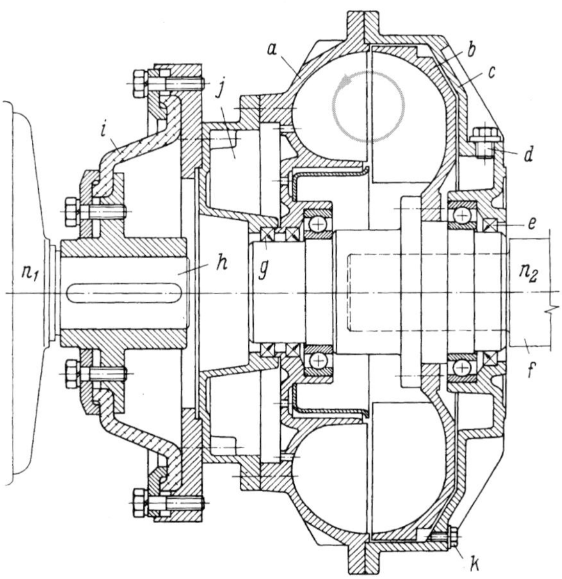

Bild 9.86 Voith-Turbo-Kupplung mit Periflex-Flansch-Kupplung. a) Primärrad, b) Sekundärrad, c) Haube, d) Öl-Einfüllöffnung, e) Öldichtung, f) Welle der Arbeitsmaschine, g) Radialdichtring, h) Motorwelle, i) Elastik-Kupplung, j) Füllungs-Verzögerungskammer, k) Schmelzsicherungsschraube, n_1 Antriebsdrehzahl, n_2 Abtriebsdrehzahl

Bei der **Induktions-Kupplung** sitzen am Umfang eines ringförmigen Magneten abwechselnd Nord- und Südpole, die von einem ebenfalls Pole tragenden Ankerring umhüllt sind. Durch Drehzahlunterschiede wird die Magnetkraft beeinflusst und die Drehmomentübertragung bewirkt: Je größer der Schlupf ist, desto größer ist das Drehmoment.

9.6.5.5 Formschlüssige Schaltkupplungen

Mit Schaltkupplungen kann man Wellen schnell trennen oder verbinden. Dies ist erforderlich, wenn von einem Motor unterschiedliche Aggregate angetrieben werden oder wenn in Getrieben zwecks Drehzahländerung verschiedene Zahnpaare zum Einsatz kommen. Den Formschluss bewirken Klauen oder Zähne. Geschaltet wird in Ruhestellung oder im Synchronbetrieb. Nach dem Einschalten verhalten sie sich wie starre Kupplungen (Bild 9.87).

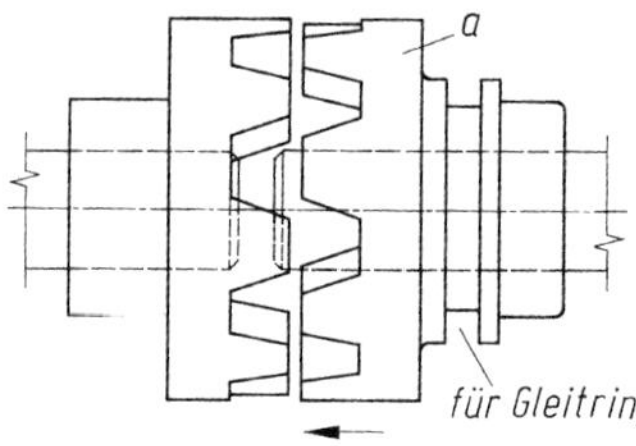

Bild 9.87 Schaltbare Klauenkupplung

9.6.5.6 Reibkupplungen als kraftschlüssige Schaltkupplungen

Diese Kupplungen können während der Bewegung geschaltet werden. Die Reibung begrenzt das zu übertragende Drehmoment. Sie wirken als **Sicherheitskupplungen**. Die Schaltkraft erzeugt man über **Druckluft**, **Öl** oder **elektromagnetisch**. Man unterscheidet das **schaltbare Drehmoment T_s** (Gleitreibmoment während der Relativbewegung der Kupplungshälften) vom **übertragbaren Drehmoment $T_ü$** (Haftreibmoment, bestimmt durch die Reibungszahl in Ruhe). Es gilt: $T_ü \geq T_s$. Eine Einscheibenkupplung besitzt zwei Reibflächen (**Zweiflächenkupplung**). Die festen Reibscheiben lösen sich, wenn eine Muffe verschoben wird. In einer **Sinus-Lamellenkupplung** (Bild 9.88) befindet sich eine Vielzahl von Reibscheiben (Lamellen). Damit kann ein sehr hohes Drehmoment bei geringer Baugröße übertragen werden.

Für das **schaltbare Drehmoment der Kupplung** gilt: $T_S > T_L = T_{LN} \cdot S_S = P_{LN} \cdot S_S/\omega$ (T_L Nenndrehmoment der Lastseite, P_{LN} Nennleistung der Lastseite, S_S Stoßfaktor (s. Angaben der Hersteller), ω Winkelgeschwindigkeit der Antriebsseite).

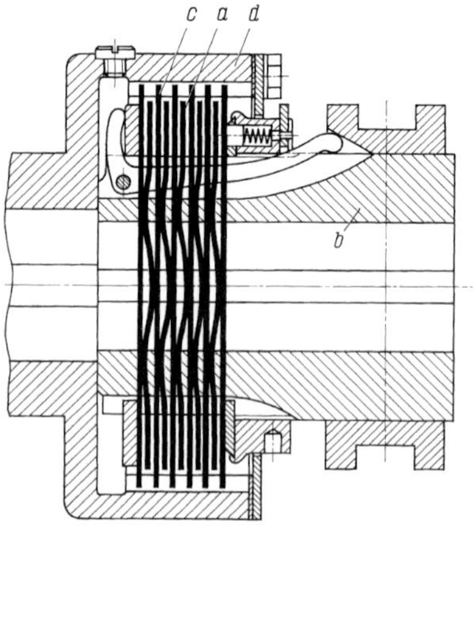

Bild 9.88 Sinus-Lamellenkupplung

Die Sinusform der Lamellen besitzt federnde Eigenschaften, sodass das Lamellenpaket beim Auskuppeln gut gelöst wird und das Leerlaufmoment gering ist. Unterschiedliche Reibelementformen bestimmen die Kupplungsart: **Conax-Reibkupplung** (kegelstumpfförmige Tellerscheiben mit Keilreibring), **ConLus-Kupplung** (kegelige Reibflächen).

9.6.5.7 Fliehkraftkupplungen (drehzahlbetätigt) und Sicherheitskupplungen (momentbetätigt)

Es gibt Kupplungen, die in **Abhängigkeit von der Drehzahl** schalten, wie die **Fliehkraftkupplung**. Ab einer bestimmten Drehzahl presst die Fliehkraft die Backen an die Reibfläche des Gehäuses und verbindet sie kraftschlüssig.

Mit **Sicherheitskupplungen** werden drehmomentbedingte Überlastungen vermieden. Bei der **Torque-Tender-Überlastkupplung** (Bild 9.89) gibt es einen Drehkeil *a*, der bei einem bestimmten Drehmoment aus der Nut des Außenmitnehmers *b* springt. Wird das Drehmoment wieder unterschritten, dann rastet der Drehkeil wieder ein. **Rutschkupplungen** begrenzen Anlaufdrehmomente und Lastspitzen.

9

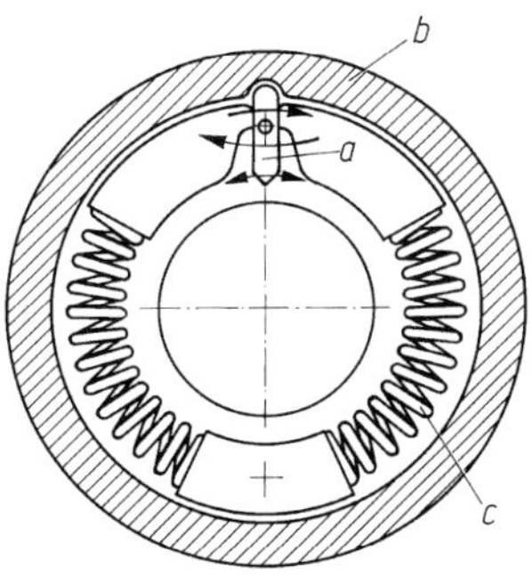

Bild 9.89 Torque-Tender-Überlastkupplung

9.6.5.8 Richtungsbetätigte Kupplungen als Freilaufkupplungen

Bei Freilaufkupplungen wird ein Teil in einer bestimmten Drehrichtung mitgenommen, während es sich in der Gegenrichtung von diesem löst. Solche Kupplungen werden eingesetzt als: **Überholkupplungen** (lösen, wenn der getriebene Teil schneller als der treibende ist), **Rücklaufsperren** (nur eine definierte Drehrichtung erlaubt) oder **Schaltwerke** (Umwandlung einer oszillierenden Drehbewegung in eine schrittweise Drehbewegung).

9.6.5.9 Bremsen

Mit Bremsen werden bewegte Massen in ihrer Geschwindigkeit verringert oder angehalten. Eingesetzt werden sie zum **Festhalten** einer Last (Haltebremse), zur **Verringerung einer Geschwindigkeit** bis zum Stillstand (Stopp-Bremse) und zur **Belastung** einer Kraftmaschine (Belastungsbremse, z. B. zum Messen von Leistungen auf Prüfständen). Zum Einsatz kommen **Kegelbremsen**, **Einflächen-**, **Zweiflächen-** und **Lamellenbremsen, Backenbremsen** mit Innen- bzw. Außenbacken, **Trommelbremsen** und **Scheibenbremsen** (Bild 9.90). Berechnungen für Trommel- und Scheibenbremsen sind in DIN 15431 bis DIN 15437 festgelegt. Statt mechanisch können Bremsen auch wie Kupplungen elektromagnetisch, hydraulisch oder pneumatisch betätigt werden.

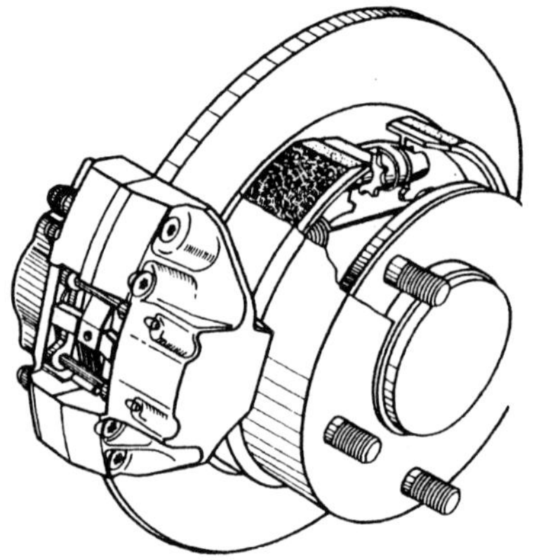

Bild 9.90 Kraftfahrzeug-Scheibenbremse mit innenliegender Trommelbremse (als Feststellbremse)

Werden rotierende Massen abwechselnd beschleunigt und abgebremst, dann sind **Kupplungs-Brems-Kombinationen** geeignet.

9.6.6 Lager- und Wellendichtungen

Mit **Dichtungen** wird das **Eindringen** von Staub und **Fremdkörpern** verhindert und das **Austreten** von **Schmiermitteln**. **Berührungsfreie** Dichtungen dichten nicht gegen Über- oder Unterdruck ab; dies ist durch **schleifende Dichtungen** möglich, die sich aber erwärmen und damit Energieverluste erzeugen.

9.6.6.1 Berührungsfreie Dichtungen

In berührungsfreien Dichtungen verhindern Wirbel oder Stauungen das Austreten eines Schmiermittels. Spaltdichtungen sind nur bei kleinen Drehzahlen und geringer Erwärmung zu verwenden, weil das Fett im Spalt zäh bleiben muss. In Fangrillen befindet sich Fett, das durch den Wellenumlauf in Lagerrichtung geschoben wird (Dichtungsspalte sind 0,1...0,15 mm groß). Die wirkungsvollsten berührungsfreien Dichtungen sind axiale oder radiale Labyrinthe (Bild 9.91), in deren Kammern das Fett gewirbelt wird. Für ölgeschmierte Lager eignen sich umlaufende Spritzrillen oder Spritzringe.

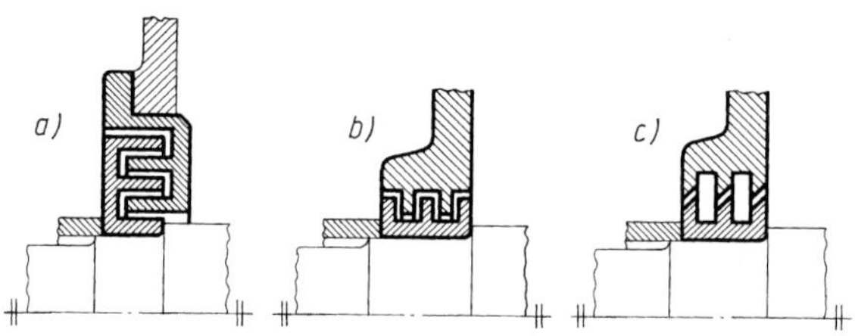

Bild 9.91 Labyrinthdichtungen. a) axiales Labyrinth, b) radiales Labyrinth bei geteiltem Gehäuse, c) axiales Labyrinth bei pendelnder Achse und geteiltem Gehäuse

9.6.6.2 Schleifende Dichtungen

Für einfache Anwendungen und für geringe Gleitgeschwindigkeiten (bis 4 m/s) genügen **Filzringe** nach DIN 5419. Vor dem Einbau werden sie mit heißem Öl getränkt. Dann werden sie in die trapezförmigen Gehäuserillen eingepresst. Die Spannung der Filzringe lässt nach einiger Zeit nach. Deshalb werden zusätzlich andere Dichtungen eingesetzt. In Wälzlagern werden **Nilosringe** verwendet. Das sind dünne Blechteller, die in die Außen- oder Innenrillen der Lager gesetzt werden, um den Austritt von Schmierstoffen zu verhindern. Am häufigsten werden **Radial-Wellendichtringe** eingesetzt (DIN 3760, Bild 9.92), die meist aus einer Dichtlippe (A) und einer zusätzlichen Schutzlippe (AS) bestehen. Der Raum zwischen beiden Lippen wird meist mit Fett gefüllt, um den Verschleiß zu verringern und die Korrosion der Welle zu vermeiden. Die Dichtlippe ist dem abzudichtenden Medium zugewandt und darf nicht trocken laufen. Radial-Wellendichtringe für den Kraftfahrzeugbau sind in DIN 3761 genormt. Weitere Dichtungen sind: **Flachdichtungen** (DIN 2690 bis DIN 2692), **Metall-Flachdichtungen** (DIN 2694), **Membranschweißdichtung** (DIN 2695), **Linsendichtung** (DIN 2696) und **Kammprofildichtung** (DIN 2697).

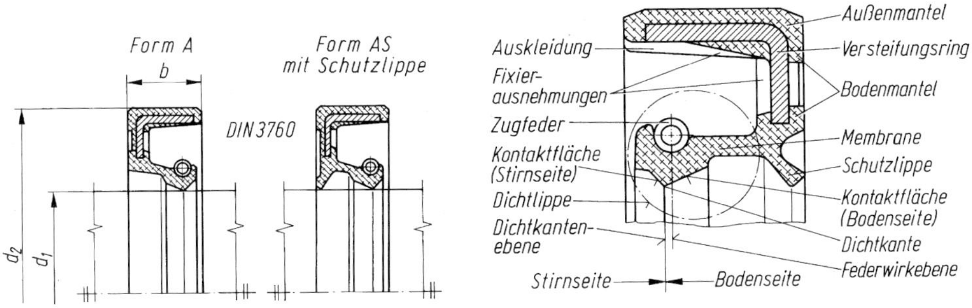

Bild 9.92 Radial-Wellendichtringe in den Formen A und AS nach DIN 3760 und Querschnitt durch einen Dichtring

9.7 Zahnräder und Zahnradgetriebe

Mit **Zahnrädern** wird die Drehbewegung einer Welle durch **Formschluss** der ineinander greifenden Zähne auf eine zweite übertragen. Dadurch können sehr **große Kräfte** und **Drehmomente** übertragen werden. Es arbeiten immer ein **treibendes** Zahnrad und ein **getriebenes** Zahnrad zusammen, die ein **Radpaar** bilden. Als **Drehmomentwandler** wirken Zahnräder unterschiedlicher Größe.

9.7.1 Grundlagen

9.7.1.1 Begriffe und Bezeichnungen

Je nach der Achslage des treibenden und des getriebenen Zahnrades zueinander unterscheidet man folgende Grundformen der Zahnräder (Bild 9.93):

- **Stirnräder.** Radachsen liegen parallel; **Außenradpaare** mit Geradverzahnung (Bild 9.93 a) oder mit Schrägverzahnung (Bild 9.93 b) und **Innenradpaare** (Bild 9.93 c).
- **Zahnstangen.** Zahnstange und Zahnrad dienen zur Umwandlung einer Drehbewegung in eine geradlinige Hin- und Herbewegung (Bild 9.93 d).
- **Kegelräder.** Achsen schneiden sich und stehen meistens senkrecht aufeinander; mit Geradverzahnung (Bild 9.93 e) oder Schrägverzahnung (Bild 9.93 f).
- **Schraubenräder.** Sie haben sich kreuzende Radachsen: Stirnrad-Schraubräder (Bild 9.93 g), Schneckenradsatz (Bild 9.93 h) und Kegelrad-Schraubräderpaar (Bild 9.93 i).

9

Nach DIN 868 sind folgende Begriffe genormt:

- **Rad** (ein beliebiges Rad des Radpaares) und **Gegenrad** (das mit ihm gepaarte Rad).
- **Ritzel** (kleineres der beiden Räder) und **Großrad** (größeres der beiden Räder).
- **Treibendes Rad** (Index a) und **getriebenes Rad** (Index b).
- **Getriebezug.** Kombination von zwei oder mehreren Radpaaren, die miteinander arbeiten.
- **Getriebe.** Baugruppe aus einem oder mehreren Radpaaren, deren Lagerungen und dem umschließenden Gehäuse. Umwandlung von Drehbewegungsrichtungen und Drehmomenten in einer oder mehreren Getriebestufen. Jede Getriebestufe wird von einem Radpaar gebildet.
- **Standgetriebe.** Alle Radachsen sind in unveränderlicher Lage drehbar gelagert.
- **Umlauf-** oder **Planetengetriebe.** Mindestens drei in Wirkrichtung hintereinander angeordnete Zahnräder. Zwei Räder sind koaxial gelagert und das dritte Rad läuft als Zwischenrad (Umlaufrad, Planetenrad) in einem drehbaren Steg (Planetenradträger).

Bild 9.93 Grundformen von Zahnrädern in Radpaaren je nach Lage der Radachsen zueinander. a) Stirnradpaar, geradverzahnt, b) Stirnradpaar, schrägverzahnt, c) Innenradpaar, d) Zahnstangenradpaar, e) Kegelradpaar, geradverzahnt, f) Kegelradpaar, schrägverzahnt, g) Stirnrad-Schraubräderpaar, h) Schneckenradsatz, i) Kegel-Schraubräderpaar

Das Verhältnis der Winkelgeschwindigkeit ω_a oder der Drehzahl n_a des treibenden Rades zu ω_b oder n_b des getriebenen Rades ist die **Übersetzung** $i = \omega_a/\omega_b = n_a/n_b$ (ω_a, ω_b Winkelgeschwindigkeiten, n_a, n_b Drehzahlen).

Unter dem Verhältnis der Zähnezahl des Großrades zu der des Kleinrades versteht man das **Zähnezahlverhältnis** $u = z_2/z_1$ (z_2 Zähnezahl des Großrades, z_1 Zähnezahl des Kleinrades).

Weiterhin sind genormt: Begriffe für Stirnräder und Stirnradpaare (DIN 3960), für Kegelräder und Kegelradpaare (DIN 3998), Benennungen an Zahnrädern und Zahnradpaaren (DIN 3998).

9.7.1.2 Verzahnungsgesetz

Die Stirnräder eines Radpaares stellt man sich wie bei einem Reibradpaar als glatte Zylinder vor, von denen der treibende Zylinder den getriebenen ohne zu gleiten mitnimmt. Beide wälzen sich ohne Schlupf aufeinander ab. An diesen Zylindern ist die Verzahnung teils erhöht, teils vertieft angebracht. Bei Stirnrädern sind die gedachten Flächen, die sich schlupflos abwälzen, die Wälzzylinder. Sie erscheinen in der Ebene als **Wälzkreise** w_1 und w_2, die sich im **Wälzpunkt** ***C*** (Bild 9.96) berühren, der auf der Mittellinie der ineinander greifenden Räder liegt. Die Umfangsgeschwindigkeit der Wälzkreise v_w ist dem Betrag nach: $|v_w| = d_{w1} \cdot \pi \cdot n_1 = d_{w2} \cdot \pi \cdot n_2$ (d_{w1} Wälzkreisdurchmesser des Kleinrades, d_{w2} Wälzkreisdurchmesser des Großrades, n_1 Drehzahl des Kleinrades, n_2 Drehzahl des Großrades). Für den Betrag der Übersetzung gilt: $|i| = n_a/n_b = d_{w2}/d_{w1} = r_{w2}/r_{w1} = \omega_1/\omega_2 = z_2/z_1 = u$ (n Drehzahl, d Wälzkreisdurchmesser, ω Winkelgeschwindigkeit, z Zähnezahl, u Zähnezahlverhältnis). Bestimmte Flankenformen der Zahnräder stellen sicher, dass ein kontinuierlicher Bewegungsablauf möglich ist. Es gilt das **Verzahnungsgesetz**: Die Normale im jeweiligen Berührungspunkt zweier Zahnflanken muss stets durch den Wälzpunkt *C* gehen.

9.7.1.3 Zykloidenverzahnung

Bei der Zykloidenverzahnung besteht die **Kopfflanke** (oberhalb *C*) aus einer **Epizykloide** (Rollkreis rollt außen auf einem Grundkreis ab) und die **Fußflanke** (unterhalb *C*) aus einer **Hypozykloide** (Rollkreis rollt innen auf einem Grundkreis ab). Bei der doppelseitigen Zykloidenverzahnung (Bild 9.94) liegen die beiden Rollkreise innerhalb der Wälzkreise eines Radpaares. Sie

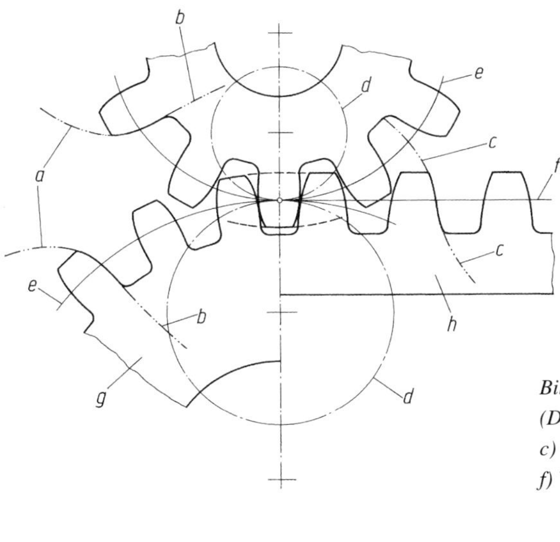

Bild 9.94 Doppelseitige Zykloidenverzahnung (DIN 868). a) Epizykloiden, b) Hypozykloiden, c) Orthozykloide, d) Rollkreis, e) Wälzkreis, f) Wälzgerade, g) Stirnrad, h) Zahnstange

berühren sich im Wälzpunkt und bilden die **Eingriffslinien**. Beim Krafteingriff treffen jeweils die Rechtsflanke eines Zahnes mit der Linsflanke des Gegenzahnes aufeinander; es kommen niemals zwei Kopf- oder zwei Fußflanken zur Berührung. Da immer sich eine konkave und eine konvexe Flanke berühren, ist der Verschleiß gering. Nachteilig ist die teure Herstellung der Zähne und die Genauigkeit der Justierung der Zahnräder bei der Montage zu Radpaaren. Deshalb werden Zykloidenverzahnungen nur noch selten hergestellt.

9.7.1.4 Evolventenverzahnung

Wird eine Gerade an einem Grundkreis abgewälzt, dann entsteht eine **Evolvente**. Das bedeutet, dass die Evolventenverzahnung eine **gerade Eingriffslinie** hat. Der **Eingriffswinkel** beschreibt den Winkel zwischen der Eingriffslinie und der Tangente am Wälzpunkt C. Die Eingriffslinie ist daher in jeder Bewegungsphase die Berührungsnormale. In Bild 9.95 sind die geometrischen Verhältnisse dargestellt.

9

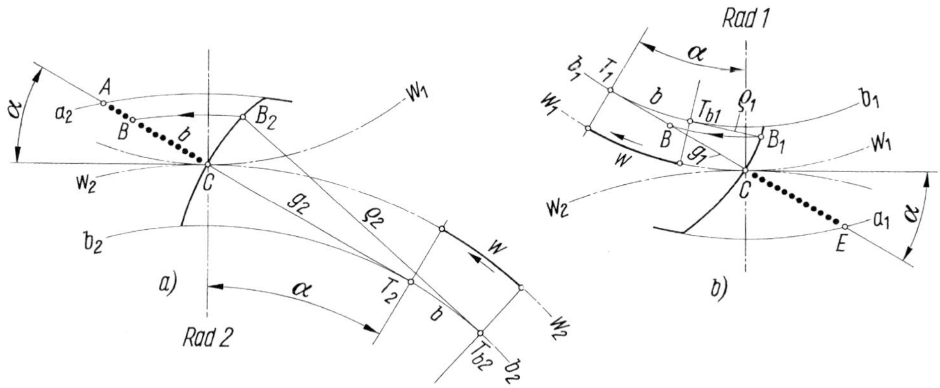

Bild 9.95 Evolventenverzahnung. a) Entstehung der Flanke am Rad 2, b) Entstehung der Flanke am Rad 1

In Bild 9.96 ist der Ausschnitt eines Radpaares mit Evolventenverzahnung zu sehen. Die Flankenteile von den Grundkreisen b_1 und b_2 bis zu den Fußkreisen f_1 und f_2 kommen nicht in Berührung und können daher beliebige Formen haben, ohne den Ablauf zu behindern. Während des Eingriffs von A nach C arbeitet die Kopfflanke A_2C des Rades 2 mit der Fußflanke A_1C des Rades 1 zusammen und von C nach E die Kopfflanke CE_1 des Rades 1 mit der Fußflanke CE_2 des Rades 2. Die Rechtsflanken am Rad 1 sind mit R, die Linksflanken mit L bezeichnet. Die Krümmungsradien ρ_1 und ρ_2 der beiden Flanken im jeweiligen Berührpunkt sind verschieden groß; die Summe bleibt jedoch konstant und ist gleich der Strecke T_1T_2. Damit gilt mit den zugehörigen Radien der Wälzkreise r_{w1} und r_{w2}: $\rho_1 + \rho_2 = (r_{w1} + r_{w2}) \sin \alpha$. Nach ISO 701 beträgt die Evolventenfunktion $\text{inv}\ \alpha = \tan \alpha - \alpha$ (inv: involut). Damit errechnet sich am Radius $r_y = d_y/2$ die Zahndicke $s_y = d_y$ $(s/d + \text{inv}\ \alpha - \text{inv}\ \alpha_y)$, worin s die Zahndicke am Teilkreisdurchmesser d ist. Die Werte für inv α bzw. inv α_y können den einschlägigen Tabellenwerken entnommen werden.

Das **spezifische Gleiten** ξ ist nach DIN 3960 das Verhältnis der Gleitgeschwindigkeit v_g zur Tangentialgeschwindigkeit v_t des Berührpunktes der jeweils betrachteten Flanke. Es gilt: $\xi_1 = v_g/v_{t1} = 1 - \rho_2/(u \cdot \rho_1)$ und $\xi_2 = v_g/v_{t2} = 1 - (u \cdot \rho_1)/\rho_2$ (u Zähnezahlverhältnis, ρ Krümmungsradien der Flanken, deren Summe konstant bleibt, sodass: $\rho_1 = r_{w1} \sin \alpha - b$ und $\rho_2 = r_{w2} \sin \alpha + b$.

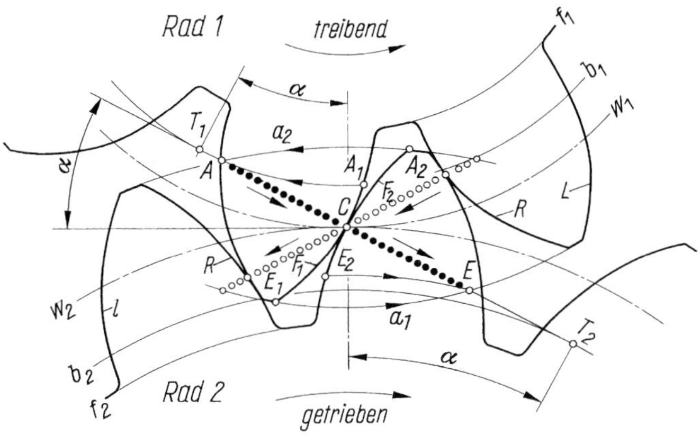

Bild 9.96 Evolventenverzahnung im Eingriff (F Arbeitsflanken, R Rechtsflanken, L Linksflanken, w Wälzkreise, b Grundkreise)

9

9.7.2 Abmessungen, Geometrie und Tragfähigkeit von Stirn- und Kegelrädern

9.7.2.1 Abmessungen und Geometrie der Stirn- und Kegelräder

Null-Außenverzahnung

Die Länge eines Kreisbogens zwischen zwei aufeinander folgenden gleichnamigen Flanken wird **Teilung *p*** genannt (Bild 9.97). Bei **Null-Rädern** mit **Null-Verzahnung** ist der Wälzkreis der Teilkreis. Dann beträgt der Teilkreisumfang $z \cdot p$ (z ist die Zähnezahl), sodass gilt: $z \cdot p = \pi \cdot d$ oder $p/\pi = d/z$ (Durchmesser pro Zähnezahl). Dieser Wert ist der **Modul *m*** (die Werte sind genormt).

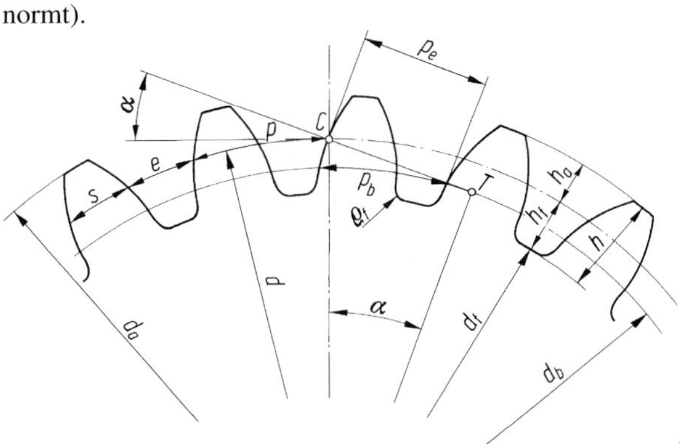

Bild 9.97 Null-Außenverzahnung

Normale Zahnräder weisen eine Kopfhöhe $h_a = m$ auf. Damit sich Kopf- und Fußkreise nicht berühren, muss die Fußhöhe größer sein als die Kopfhöhe. Die Differenz beider Werte ist das **Kopfspiel *c*** (nach DIN 867 liegt das Kopfspiel c zwischen 0,1 m und 0,3 m; **ISO-Standardwert**: $c = 0{,}25\,m$ mit $\rho_r = 0{,}38\,m$, **Eingriffswinkel** $\alpha = 20°$).

Für ein geradverzahntes Null-Außenrad gelten folgende Zusammenhänge:

> Teilkreisdurchmesser $d = z \cdot m$; Kopfkreisdurchmesser $d_a = d + 2h_a$; Fußkreisdurchmesser $d_f = d - 2h_f$; Grundkreisdurchmesser $d_b = d \cos \alpha$; Teilkreisteilung $p = m \cdot \pi$, Eingriffsteilung $p_e = p \cos \alpha = m \cdot \pi \cos \alpha$, Null-Achsabstand $a_d = r_1 + r_2 = (m/2)(z_1 + z_2)$

(h_a Kopfhöhe, h_b Fußhöhe).

Null-Schrägverzahnung

Bei schrägverzahnten Stirnrädern verlaufen die Zähne schräg zur Radachse. Die Flankenlinien am Teilzylinder bilden mit der Radachse den **Schrägungswinkel** β. Die Normverzahnung mit dem Normaleingriffswinkel $\alpha_n = 20°$ und dem Normalmodul m_n liegt im Normalschnitt senkrecht zur Flankenlinie. Sie ist von der Verzahnung in der Stirnfläche mit dem **Stirneingriffswinkel** $\alpha_t > \alpha_n$ und dem **Stirnmodul** $m_t = m_n/\cos\beta$ zu unterscheiden. Ein im Normalschnitt gedachtes Ersatz-Geradzahnstirnrad hat die **Ersatzzähnezahl** z_n. Schrägzahnräder laufen wesentlich ruhiger als Geradzahnräder. Die Schrägungswinkel β (in der Regel 8...25°) sind mit DIN 3978 genormt.

Profilverschiebung

9

Da die Evolventenverzahnung gegen Achsabstandsänderungen unempfindlich ist, können Radpaare mittels einer Profilverschiebung einem gewünschten Achsabstand angepasst werden. Bei einer positiven Profilverschiebung wird der Teilkreis in Richtung Kopfkreis verschoben (**V_{plus}-Rad**), wodurch die Zahnfüße verstärkt werden und größere Kräfte übertragen können. Das Abwälzen erfolgt dann am **Betriebswälzkreis** mit dem Durchmesser d_w unter dem **Betriebs-Eingriffswinkel** $\alpha_w > \alpha$. Auch eine negative Profilverschiebung ist möglich (**V_{minus}-Rad**).

Kegelräder

Bei einem Kegelradpaar schneiden sich die Radachsen und schließen den **Achsenwinkel** Σ ein (vorzugsweise ist $\Sigma = 90°$), der sich aus der Summe der **Teilkegelwinkel** δ_1 und δ_2 ergibt. Die Evolventenflanken entstehen durch gestrecktes Abwickeln eines Kegelmantels, die erzeugten Evolventen sind **Kugelevolventen**. Für die geometrische Erfassung denkt man sich die Kugeloberflächen näherungsweise als Oberflächen eines **Ergänzungskegels** ersetzt, auf dessen Abwicklung in der Ebene bezogen die Berechnung mit einer virtuellen **Zähnezahl** z_v wie bei den Stirnrädern erfolgt. Die Schrägungswinkel bei schräg- und bogenverzahnten Kegelrädern sind am Außen- und Innenumfang verschieden. Kräfte werden mit dem **mittleren Schrägungswinkel** β_m berechnet.

9.7.2.2 Tragfähigkeit der Stirn- und Kegelräder

Zahnkräfte an Stirnrädern

Bild 9.98 zeigt die Kräfte an einem geradverzahnten Stirnradpaar. Die normal gerichtete Zahnkraft F_{N2} wirkt von der Flanke des treibenden Rades a (meist Rad 1) auf die Flanke des getriebenen Rades b (meist Rad 2). Rad 2 setzt dem Rad 1 die Gegenkraft F_{N1} entgegen. Da Aktions- und Reaktionskraft gleich groß sind, gilt: $F_{N2} = F_{N1}$. Die Wirklinien der beiden Kräfte gehen stets durch den Wälzpunkt C. Dorthin kann man die Kräfte verschieben und sie in eine Tangential- und eine Radialkraft zerlegen. Die Kräfte werden als Punktkräfte in der Zahnbreitenmitte angesetzt. Bei entgegengesetzter Drehrichtung kehren sich zwar die Tangentialkräfte um, die Radialkräfte bleiben aber zum Radmittelpunkt gerichtet. Es gilt: Die Tangentialkraft F_t am getriebenen Rad wirkt stets in Drehrichtung, am treibenden Rad entgegen der Drehrichtung. Die Nennleistung P_{Nb} wird dem treibenden Rad vom getriebenen aufgezwungen. Ist der Betrieb ungleichförmig (z. B. bei Kolbenmaschinen), dann ist die Leistungsspitze oft höher. Dies wird durch einen **Anwendungsfaktor K_A** berücksichtigt (DIN 3990), sodass gilt: Leistungsspitze $P_b = P_{Nb} \cdot K_A$ (P_{Nb} vom getriebenen Rad aufgezwungene Nennleistung, K_A Anwendungsfaktor).

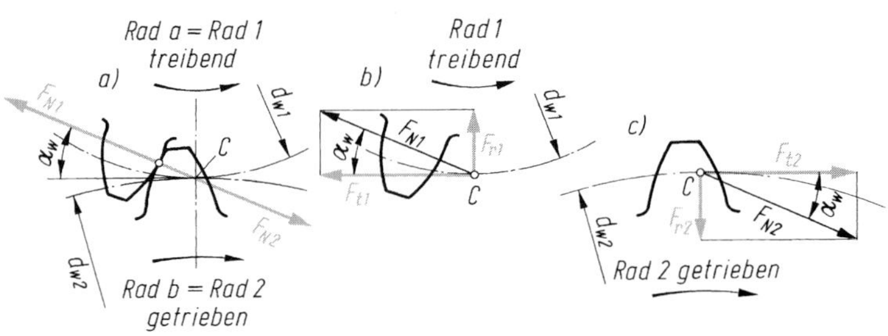

Bild 9.98 Kräfte an einem geradverzahnten Stirnradpaar. a) Kraftübertragung an den Flanken, b) Kräfte am treibenden Rad, c) Kräfte am getriebenen Rad

9

Für die Kräfte am treibenden Rad 1 eines schrägverzahnten Stirnradpaares gelten folgende Beziehungen:

Tangentialkraft	$F_t = P_b/v_w = F_{Nt} \cdot K_A$
Radialkraft	$F_{r1} = F_{t1} \tan \alpha_{wt}$
Axialkraft	$F_{a1} = F_{t1} \tan \beta_w$

(α_{wt} Betriebseingriffswinkel, β_w Schrägungswinkel am Wälzkreis $\approx \beta$, bei Geradverzahnung ist $\beta = 0$).

Auf das getriebene Rad wirken

die Tangentialkraft	$F_{t2} = F_{t1}$
die Radialkraft	$F_{r2} = F_{r1}$
und die Axialkraft	$F_{a2} = F_{a1}$

Das Drehmoment des Rades ist $M = F_t \cdot r_w$ (gilt auch für Kegelräder).

Zahnkräfte an Kegelrädern

Es wirken auf das treibende Rad (Index 1) und auf das getriebene Rad (Index 2) folgende Kräfte an den Flanken eines geradverzahnten Kegelradpaares:

Tangentialkräfte	$F_{t1} = P_b/v_m$; $F_{t2} = F_{t1}$
Axialkräfte	$F_{a1} = F_{t1} \tan \alpha \sin \delta_1$; $F_{a2} = F_{t2} \tan \alpha \sin \delta_2$
Radialkräfte	$F_{r1} = F_{t1} \tan \alpha \cos \delta_1$; $F_{a2} = F_{t2} \tan \alpha \cos \delta_2$

(P_b Leistungsspitze, v_m Umfangsgeschwindigkeit der mittleren Teilkreise, δ_1, δ_2 Teilkegelwinkel der Räder).

Bei einem schrägverzahnten Kegelradpaar wirken folgende Kräfte:

Tangentialkräfte:	$F_{t1} = P_b/v_m$; $F_{t2} = F_{t1}$
Axialkräfte:	$F_{a1} = F_{t1}(\tan \alpha_n \sin \delta_1/\cos \beta_m \pm \tan \beta_m \cos \delta_1)$
	$F_{a2} = F_{t2}(\tan \alpha_n \sin \delta_2/\cos \beta_m \pm \tan \beta_m \cos \delta_2)$
Radialkräfte	$F_{r1} = F_{t1} (\tan \alpha_n \cos \delta_1/\cos \beta_m \pm \tan \beta_m \sin \delta_1)$
	$F_{r2} = F_{t2} (\tan \alpha_n \cos \delta_2/\cos \beta_m \pm \tan \beta_m \sin \delta_2)$

(α_n Normaleingriffwinkel = 20° im Regelfall, δ_1, δ_2 Teilkegelwinkel der Räder, β_m mittlerer Schrägungswinkel der Verzahnung).

Reibung und Wirkungsgrad

Das getriebene Rad *b* überträgt auf das treibende Rad *a* eine Leistung P_b. Wegen der Reibkraft muss das treibende Rad die zusätzliche Reibleistung P_f aufbringen. Somit ergibt sich für die Leistung des treibenden Rades: $P_a = P_b + P_f = P_b + \mu \cdot F_N \cdot v_g$ (P_a Antriebsleistung, P_b Abtriebsleistung, F_N Normalkraft auf die Flanke, v_g Gleitgeschwindigkeit, Bild 9.99). Für den **Wirkungsgrad** gilt: $\eta = P_b/P_a \le 1$.

Sind die Antriebsleistung P_a oder das Lastdrehmoment M_b bekannt, dann errechnet sich das **Antriebsmoment** zu: $M_a = P_a/\omega_a = M_b/(|i_{ges}|\ \eta_{ges})$ (ω_a Winkelgeschwindigkeit des Antriebsrades, i_{ges} Gesamtübersetzung, η_{ges} Gesamtwirkungsgrad).

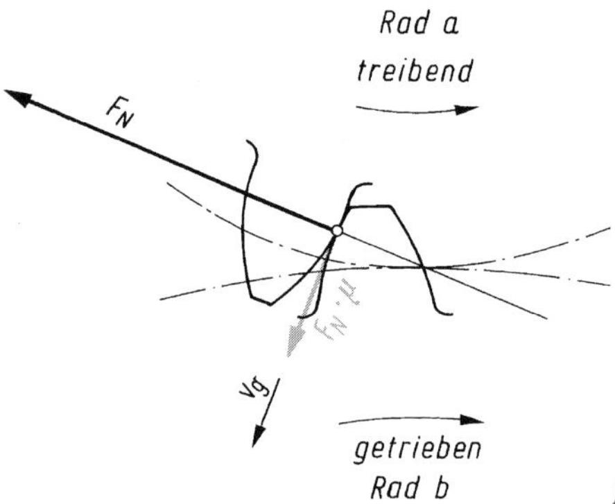

Bild 9.99 Reibkraft an den Flanken

Tragfähigkeitsberechnung

Folgende Tragfähigkeiten werden nach DIN 3990 unterschieden:

- **Zahnfußtragfähigkeit** (durch die zulässige Zahnfußbeanspruchung bestimmte Tragfähigkeit. Bei Überlastung können die Zähne am Zahnfuß einreißen und brechen).
- **Grübchentragfähigkeit** (an der Berührstelle der Flanken findet eine Flächenberührung statt, die Pressungen erzeugt. Wird die sog. **Hertz'sche Flächenpressung** σ_H überschritten, dann entstehen Grübchen, sog. **Pittings**).
- **Fresstragfähigkeit** (bestimmt durch die zulässige Fress-Verschleißbeanspruchung. Versagt die Schmierung, so verschweißen die Flanken wegen zu hoher Erwärmung und müssen wieder auseinandergerissen werden, dabei entstehen Fresserscheinungen, sog. **Gallings**).
- **Verschleißtragfähigkeit** (durch Gleit-Verschleißbeanspruchung bestimmte Tragfähigkeit. Der Verschleiß entsteht durch Abtragen des Werkstoffes wegen einer Reihe von Ursachen, z. B. Gleitgeschwindigkeit, Art des Schmierstoffes, Betriebstemperatur und Oberflächenbeschaffenheit).

Die Tragfähigkeitsberechnung von Stirnrädern ist mit DIN 3990, die von Kegelrädern mit DIN 3991 genormt. Darin werden mehrere Methoden erläutert, denen mehr oder weniger vereinfachende Annahmen zu Grunde liegen. Meistens wird die **Methode *C*** angewendet. Außer dem bereits erwähnten **Anwendungsfaktor** K_A zur Berücksichtigung der äußeren dynamischen Zusatzkräfte sind für folgende Einflussfaktoren Gleichungen angegeben und zugehörige Korrekturwerte in Tabellen zusammengestellt:

- **Dynamikfaktor** K_V zur Berücksichtigung der inneren dynamischen Zusatzkräfte,
- **Breitenfaktor** $K_{F\beta}$ für die Zahnfußtragfähigkeit und $K_{H\beta}$ für die Grübchentragfähigkeit zur Berücksichtigung der ungleichmäßigen Lastverteilung über die Zahnbreite,
- **Stirnfaktoren** $K_{F\alpha}$ und $K_{H\alpha}$ zur Berücksichtigung der Lastaufteilung auf die im Eingriff befindlichen Zahnpaare.

Mit diesen und weiteren in den genannten Normen angegebenen Faktoren werden die **Zahnfußspannung** σ_F und die **Flankenpressung** σ_H errechnet. Abschließend erfolgt die Überprüfung der **Sicherheitsfaktoren** S_F und S_H ausgehend von der **Werkstoff-Dauerfestigkeit** unter Berücksichtigung der festigkeitsmindernden Einflüsse (z. B. Kerbwirkung, Oberflächenrauheit, Gleitgeschwindigkeit).

9.7.3 Zahnradpaare mit sich kreuzenden Achsen

Werden Zahnräder so gepaart, dass sich die Achsen kreuzen, dann entsteht ein **Schraubradpaar**, das wie eine Bewegungsschraube arbeitet. Die entstehenden Reibverluste sind größer, da zum Wälzgleiten auch noch das Längsgleiten hinzukommt. Sie werden nur dann eingesetzt, wenn sie bei der Lösung von Antriebsproblemen wesentliche Vorteile bieten. Im Folgenden werden als Beispiel **Schneckengetriebe** besprochen (Bild 9.100). Dies sind Schraubradpaare mit einem Achsenwinkel von 90°. Die Schnecke ist dabei der treibende Teil des Paares, die zylindrisch oder als Globoid (Umdrehungskörper mit einem Kreisbogen als Erzeugende) ausgebildet ist. Die Globoide sind zwar günstiger in ihren technischen Eigenschaften (z. B. größere Profilüberdeckung), die **Zylinderschnecken** können aber deutlich wirtschaftlicher hergestellt werden und sind daher sehr verbreitet.

9

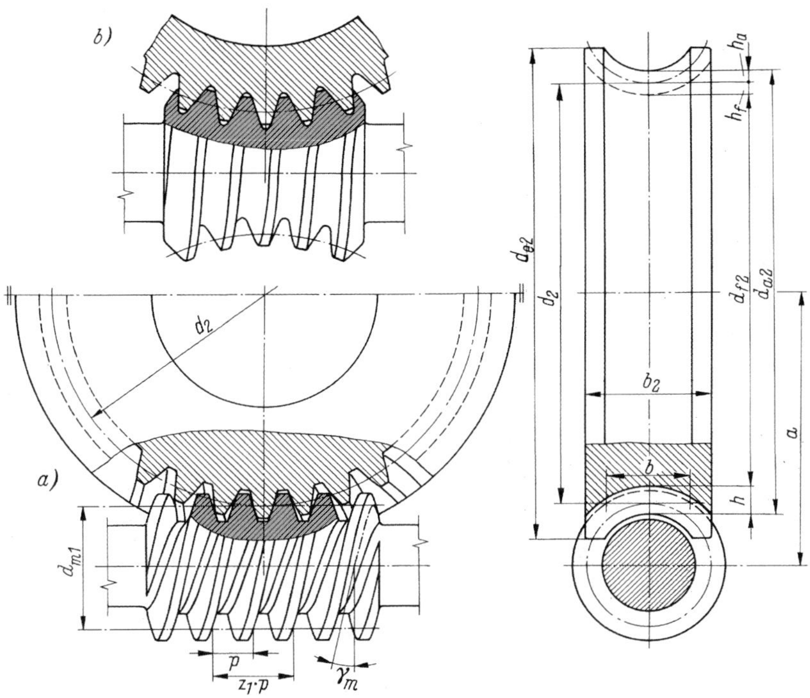

Bild 9.100 Schneckenradsatz (linkssteigend gezeichnet). a) mit Zylinderschnecke, b) mit Globoidschnecke

Mit Schneckengetrieben sind große Übersetzungen ins Langsame (bis über 100) möglich (Einsatz z. B. bei Aufzügen, Kränen, Antrieb von Schneckenförderern und Lenkgetriebe an Kraftfahrzeugen). Sie können daher mehrstufige Stirnradgetriebe ersetzen. Ein wesentlicher weiterer Vorteil sind die großen Leistungen in einem geringem Bauvolumen und der stoßfreie und daher geräuscharme Lauf. Nachteilig sind der höhere Verschleiß und damit auch der geringere Wirkungsgrad. Die hohen Axialkräfte erfordern auch stärkere Lagerungen der Wellen.

Zylinderschnecken weisen unterschiedliche Flankenformen auf (DIN 3975), die sich vor allem in ihrem **Erzeugungswinkel α_0** (spitzer Winkel zwischen einer Normalen auf der Schneckenachse und der geraden Schneidkante des Werkzeuges) unterscheiden. Bild 9.101 zeigt die verschiedenen Schneckenformen.

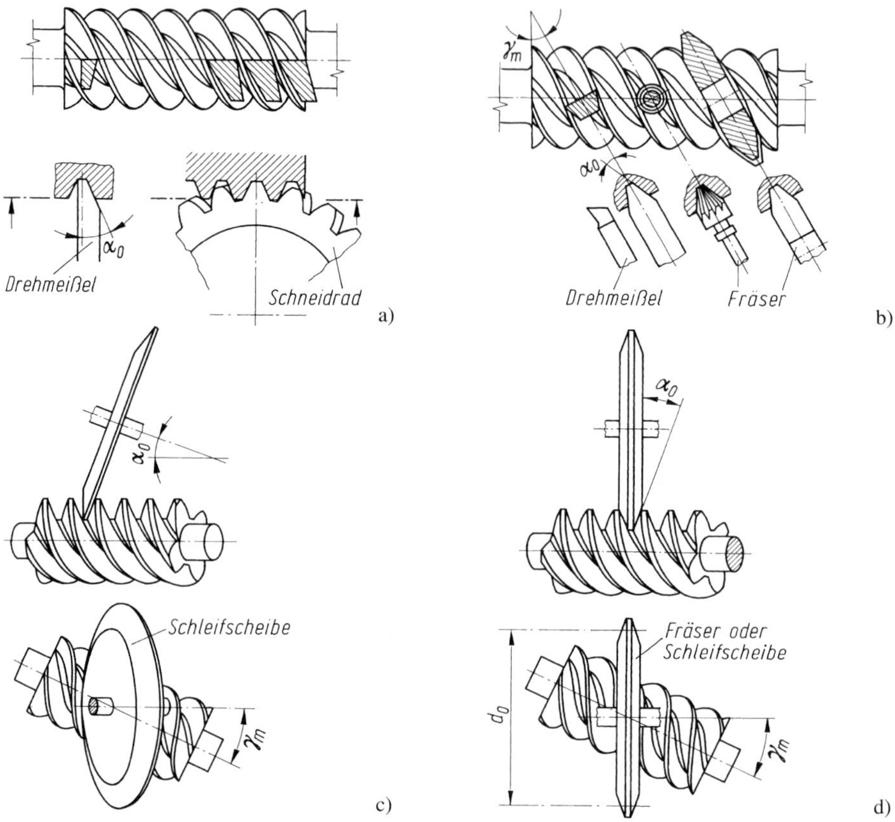

Bild 9.101 Erzeugung verschiedener Schneckenformen. a) ZA-Schnecke, b) ZN-Schnecke, c) ZI-Schnecke, d) ZK-Schnecke

ZA-Schnecke mit Flankenform A (Spiralschnecke). Der Erzeugungswinkel liegt im Axialschnitt, sodass $\alpha = \alpha_0$ ist. Das Schnittprofil einer Flanke ist eine **Archimedische Spirale**, daher auch der Name **Spiralschnecke**.

ZN-Schnecke mit Flankenform N. Der Erzeugungswinkel liegt im Normalschnitt, sodass $\alpha_n = \alpha_0$ ist.

ZI-Schnecke mit Flankenform I (Evolventenschnecke). Die Zahnflanken der Schnecke sind Evolventenflächen (Kennzeichnung I: Involute).

ZK-Schnecke mit Flankenform K (Kegelmantel). Die Zahnflanken der Schnecke berühren einen Doppelkegel. Der Erzeugungswinkel liegt im Normalschnitt, sodass $\alpha_n = \alpha_0$ ist.

Für die Gestaltung der Schnecken und Schneckenräder gelten die Vorschriften nach DIN 3976, für die Schmierung DIN 51509 und für die Tragfähigkeitsberechnung von Schneckenradsätzen DIN 3996 (entsprechend DIN 3990).

9.8 Hülltriebe

Mit **Hülltrieben** werden zwei oder mehrere drehbare Bauteile zur Kraft- und Bewegungsübertragung umhüllt. Bei **Kettentrieben** umhüllt eine endlose Kette zwei oder mehr Kettenräder (**formschlüssiger Hülltrieb**), bei **Riementrieben** werden Kräfte und Bewegungen zwischen zwei oder mehreren Wellen mittels Riemen und Riemenscheiben übertragen (**reibschlüssiger Hülltrieb**).

9.8.1 Kettentriebe

Kettentriebe weisen folgende Vorteile auf: Überbrückung großer Achsabstände, gleichzeitiger Antrieb mehrerer Wellen, Übertragung großer Kräfte und großer Stoßenergien, keine nennenswerte Vorspannung der Ketten, weshalb die Wellen und Lager weniger belastet werden als bei Riementrieben. Der Einsatz ist auch bei hoher Betriebstemperatur möglich sowie unter Schmutz (z. B. in Durchlauföfen) und Feuchtigkeit. Ketten können auch sehr einfach mit Verschlussgliedern verbunden sowie verkürzt bzw. verlängert werden. Nachteile bestehen darin, dass die Kraftübertragung starr ist und gekreuzte Wellen nicht möglich sind sowie extrem störende Schwingungen auftreten können. Die Herstellung ist teurer als die von Riementrieben. Das Einsatzgebiet der Kettentriebe ist sehr groß. Sie werden z. B. eingesetzt in Kraft- und Arbeitsmaschinen, Land- und Baumaschinen, Werkzeugmaschinen und Transportanlagen (Hebezeuge und Fördereinrichtungen). Die mögliche Lage und Anordnung von Kettentrieben zeigt Bild 9.102.

9

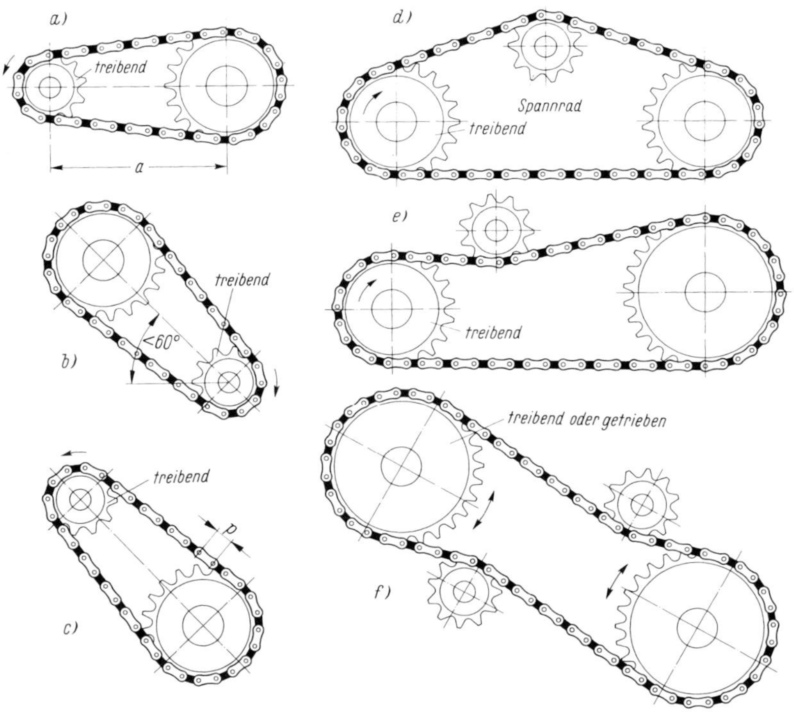

Bild 9.102 Anordnung und Lage von Kettentrieben. a) waagerecht, b) unter maximal 60° geneigt, treibendes Rad unten, c) unter maximal 60° geneigt, treibendes Rad oben, d) mit innerem Spannrad, e) mit äußerem Spannrad, f) mit zwei Spannrädern für Drehrichtungswechsel

9.8.1.1 Arten von Ketten

Nach den Einsatzfeldern unterscheidet man die Ketten in **Lastketten, Förderketten** und **Treib-** oder **Getriebeketten**.

Die wichtigste Bauart sind **Gelenkketten**, bei denen flache Gliedlaschen durch Gleitgelenke beugbar miteinander verbunden sind. Je nach Ausführung der Glieder werden folgende Kettenarten unterschieden (Bild 9.103).

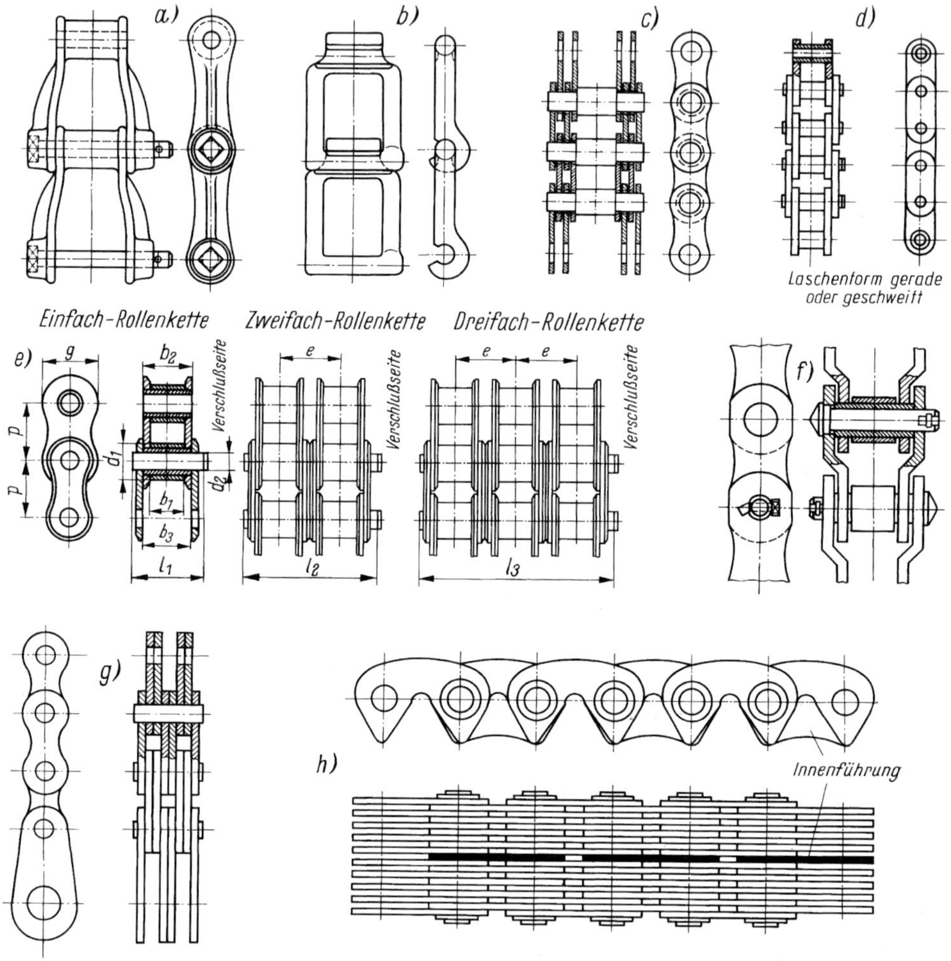

Bild 9.103 Arten von Gelenkketten. a) Stahlbolzenkette, b) zerlegbare Gelenkkette, c) Gallkette, Ziehbankkette, d) Buchsenkette (Hülsenkette), e) Rollenkette, f) Rotary-Kette, g) Flyerkette, h) Zahnkette

Stahlbolzenketten (Bild 9.103 a) aus Temperguss in Teilungen von 32 mm bis 150 mm für Zugkräfte von 1500 N bis 12000 N, in Landmaschinen und Förderanlagen.

Gallketten (Bild 9.103 c), DIN 8150, vier Laschen sind auf Bolzen drehbar gelagert, geringe Geschwindigkeiten (bis 0,5 m/s), in Aufzügen und Hebezeugen.

Buchsenketten (Bild 9.103 d), DIN 8154 und DIN 8164, geringes Gewicht, daher hohe Kettengeschwindigkeiten möglich (bis 30 m/s), Last- und Förderketten in staubiger und feuchter Umgebung.

Rollenketten (Bild 9.103 e), DIN 8187 (europäische Bauart), DIN 8188 (amerikanische Bauart), DIN 8181 (langgliedrige Bauart), Laschen sind am einen Ende mit einem Bolzen, am anderen Ende mit einer Gelenkbuchse vernietet, auf denen drehbare, gehärtete Rollen sitzen, welche die Reibung vermindern, Geschwindigkeiten bis 30 m/s, Verringerung der Laufgeräusche durch Schmierstoffe zwischen Rollen und Hülsen oder durch Verwendung von Kunststoff-Gleitlager, am häufigsten in den vielfältigsten Bereichen eingesetzt.

Rotary-Ketten (Bild 9.103 f), DIN 8182, Rollenketten mit gekröpften Laschen, gutes Auffangen von Stößen, Geschwindigkeiten bis 17 m/s, Einsatz z. B. in Baggern.

Flyer-Ketten (Bild 9.103 g), DIN 8152, bestehen nur aus Bolzen und Laschen, Bolzen sind in die äußere Laschen gepresst und vernietet, die inneren Laschen mit Laufsitz auf den Bolzen gelagert, Lastketten in Hebezeugen.

9

Zahnketten (Bild 9.103 h), DIN 8190, mit Doppelzahnlaschen, äußere, tragende Flanken bilden Winkel von 60°, gehärtete Gelenkbuchsen, Führungslasche zur Sicherung der Kette gegen seitliches Weglaufen, für sehr hohe Geschwindigkeiten geeignet (z. B. als Steuerketten in Verbrennungsmaschinen), geräuscharm, teurer als die anderen Ketten.

9.8.1.2 Berechnung von Rollenketten

Die Auswahl der Rollenketten geschieht nach DIN 8195. Mit folgenden Gleichungen werden Rollenketten dimensioniert:

Übersetzung $\boldsymbol{i = n_a/n_b = z_a/z_b}$ ($n_{a,b}$ Drehzahl des treibenden, getriebenen Rades, $z_{a,b}$ Zähnezahl der treibenden, getriebenen Rades).

Diagrammleistung $\boldsymbol{P_D = P \cdot f_1 \cdot f_2}$ (P zu übertragende Nennleistung, f_1 Betriebsfaktor für den ungleichförmigen Betrieb, f_2 Zähnezahlfaktor, der die Ungleichförmigkeiten bei kleiner Zähnezahl beschreibt). Danach Auswahl einer geeigneten Rollenkette. Allgemein gilt: $P = M\omega$ (M Drehmoment, ω Winkelgeschwindigkeit).

Kettengeschwindigkeit $\boldsymbol{v = z \cdot p \cdot n}$ (z Zähnezahl, p Teilung der Kette, n Drehzahl des Rades).

Gliederzahlfaktor $f_3 = (z_2 - z_1)^2/(4\pi^2)$.

Gliederzahl $\boldsymbol{X_0 = 2a_0/p + (z_1 + z_2)/2 + (f_3 \cdot p)/a_0}$ (a_0 vorläufiger Achsabstand, p Kettenteilung, $z_{1,2}$ Zähnezahl des Kleinrades, Großrades). X_0 ist auf eine ganze Zahl X zu runden.

Abstandsfaktor $f_4 = X - (z_1 + z_2)/2.$

Achsabstand $a = (p/4)\left(f_4 + \sqrt{f_4^2 - 8f_3}\right)$

Tragfähigkeitsberechnung

Es sind zu ermitteln:
Statische Zugkraft der Kette $\boldsymbol{F = P/v}$ und **dynamische Zugkraft** $\boldsymbol{F_d = F \cdot f_1}$ (P zu übertragende Nennleistung, v Betriebsgeschwindigkeit, f_1 Betriebsfaktor für ungleichförmigen Betrieb).

Fliehzugkraft $F_f = q \cdot v^2$ (q Längengewicht der Kette). **Gesamtzugkraft** $F_g = F_d + F_f$ (F_d dynamische Zugkraft).

Statische Bruchsicherheit $S_B = F_B/F \geq 7$, **dynamische Bruchsicherheit** $S_D = F_B/F_g \geq 5$ (F_B Bruchkraft der Kette).

Gelenkpressung $p_g = F_g/A$ (A gepresste Gelenkfläche).

Für die Schmierung der gleitenden Kettenteile werden kaltverseifte Fette mit einem Tropfpunkt bei 70 °C eingesetzt. Näheres regelt DIN 8195. Je nach Kettengeschwindigkeit und Kettenart wird **Handschmierung** (Schmiermittel mit Pinsel aufgetragen), **Tropfschmierung** (Schmiermittel tropft über ein Tropfrohr auf die Kette), **Tauchschmierung** (Kette durchläuft ein Ölbad) oder **Druckumlaufschmierung** (Schmiermittel wird auf die Innenseite der Kette gespritzt; dient auch zur Kühlung) angewendet.

9.8.2 Riementriebe

Riementriebe sind wie Kettentriebe **Zugmittelgetriebe**, wobei der Riemen das Zugmittel darstellt. Mit ihnen wird Leistung zwischen parallelen oder in beliebigem Winkel in größerem Abstand befindlichen Wellen übertragen. Riementriebe haben gegenüber Kettentrieben folgende Vorteile: Überbrückung größerer Wellenabstände, große Übersetzungen in einer Stufe, hohe Umfangsgeschwindigkeiten, elastische, geräuscharme und stoßdämpfende Kraftübertragung, keine Schmierung, geringe Wartung und preiswert. Die Nachteile sind: keine konstante Übersetzung wegen des Schlupfes, größere Wellenbelastung, Umwelteinfluss auf die Reibungseigenschaften des Riemens (Feuchtigkeit, Staub, elektrische Aufladung).

Riementriebe werden je nach Ausführung der Riemen unterteilt in **Flachriementriebe** (einfache Übertragung, bei großen Wellenabständen eingesetzt, hohe Riemengeschwindigkeiten, Mehrscheibenbetrieb, Übertragung hoher Umfangskräfte), **Keilriementriebe** (große Übersetzungen bei kleinen Wellenabständen, Übertragung mittlerer Leistungen) und **Zahnriementriebe** (konstantes Übersetzungsverhältnis, leichtere Antriebe).

9.8.2.1 Flachriementriebe

In Bild 9.104 sind Triebarten für verschiedene Antriebsfälle zusammengestellt.

An die Riemenwerkstoffe werden folgende Anforderungen gestellt: **gute Adhäsion** (hohe Reibungszahl zwischen Riemen und Scheiben), **hohe Zerreißfestigkeit** (ermöglicht hohe Vorspannung), **hohe Elastizität** (kleine Biegspannungen und um häufiges Nachspannen zu vermeiden) und **Umweltresistenz** (unempfindlich gegen äußere Einflüsse wie Feuchtigkeit, Öl und Chemikalien). Als Werkstoffe kommen daher in Betracht: **Leder** (hohe Reibungszahlen), **Gewebe** aus organischen oder synthetischen Stoffen (Baumwolle, Tierhaare, Hanf, Flachs, Naturseide, Kunstseide, Perlon und Nylon), **Kunststoffe** (Polyamide wie Perlon und Nylon oder Polyester) und **Mehrschicht-** bzw. **Verbundriemen**.

Folgende Größen sind für die Auslegung der Flachriementriebe von Bedeutung:

Übersetzung $i = n_a/n_b \approx d_b/d_a$ ($n_{a,b}$ Drehzahl der treibenden, getriebenen Scheibe; $d_{d,b}$ Durchmesser der treibenden, getriebenen Scheibe).

Riemengeschwindigkeit $v \approx d_k \cdot \pi \cdot n_k \approx d_g \cdot \pi \cdot n_g$ ($d_{k,g}$ Durchmesser der kleinen, großen Scheiben, $n_{k,g}$ Drehzahlen der Scheiben).

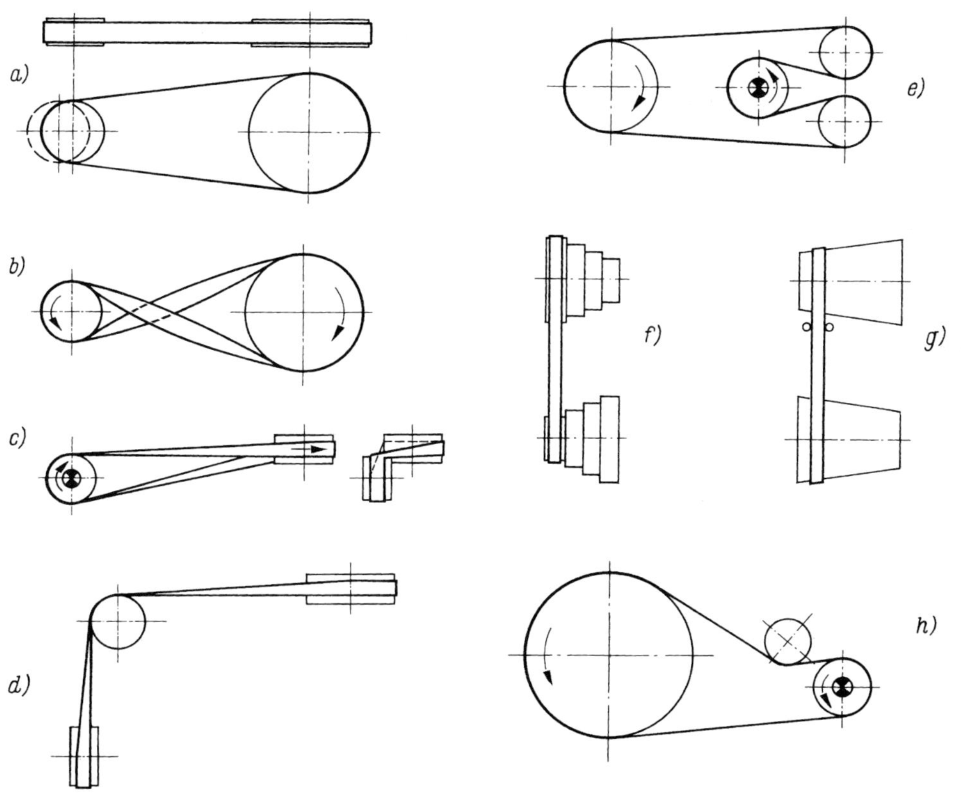

Bild 9.104 Arten von Flachriementrieben. a) offener Trieb, b) gekreuzter Trieb, c) halbgekreuzter Trieb, d) Umlenkrollentrieb, e) Mehrscheibentrieb, f) Stufenscheibentrieb, g) Kegelrollentrieb, h) Spannrollentrieb

Biegefrequenz (Anzahl der Übergänge über die Scheibe) $f_B = v \cdot Z/L_i$ (v Riemengeschwindigkeit, Z Anzahl der Scheiben im Trieb, L_i Innenlänge des Riemens). Sie bestimmt die Lebensdauer des Riementriebs.

Biegespannung $\sigma_b \approx E_b \cdot s/d_k$ (E_b Biege-Elastizitätsmodul des Riemenwerkstoffes, s Riemendicke, d_k Durchmesser der kleinen Scheibe).

Fliehzugspannung $\sigma_f = \rho \cdot v^2$ (ρ Dichte des Riemenwerkstoffes, v Riemengeschwindigkeit).

Zulässige Lasttrumspannung $\sigma_{1zul} = \sigma_{zul} - \sigma_b - \sigma_f$ (σ_{zul} zulässige Zugspannung des Riemenwerkstoffs, σ_b Biegespannung im Riemen, σ_f Fliehzugspannung im Riemen).

Spezifische Nennleistung $P_n = \sigma_{1zul} \cdot k \cdot s \cdot v$ (σ_{1zul} zulässige Lasttrumspannung, k Ausbeute = Umfangskraft F/größte Riemenspannkraft F_1, s Riemendicke, v Riemengeschwindigkeit).

Optimale Riemengeschwindigkeit $v_{opt} = \sqrt{(\sigma_{zul} - \sigma_b)/(3\rho)}$ (σ_{zul} zulässige Zugspannung im Riemen, σ_b Biegespannung im Riemen auf der kleinen Scheibe, ρ Dichte des Riemenwerkstoffes).

Erforderliche Riemenbreite $b = P \cdot C_B \cdot C_\mu / P_n$ (P zu übertragende Nennleistung, C_B Betriebsfaktor, C_μ Reibfaktor, P_n spezifische Nennleistung).

9.8.2.2 Keilriementriebe

Bei gleicher Anpresskraft besitzen sie die dreifache Übertragungsfähigkeit im Vergleich zu Flachriementrieben. Sie ermöglichen große Übersetzungen auf kleinem Raum und ziehen praktisch schlupflos und weich an. Für sehr große Achsabstände sind Keilriemen nicht geeignet. **Endliche Normalkeilriemen** sind in DIN 2216, **endlose** in DIN 2215 genormt (schmale endlose Keilriemen in DIN 7753, breite endlose Keilriemen in DIN 7719) und **Keilrippenriemen** in DIN 7867, die **Rillen** für Normalkeilriemen in DIN 2217 (Bild 9.105).

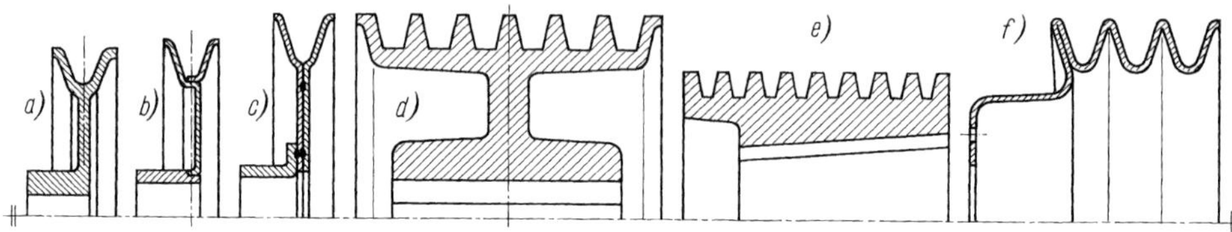

Bild 9.105 Keilriemenscheiben. a) einrillig gegossen, b) einrillig, aus Blech zusammengelötet, c) einrillig aus Blechen punktgeschweißt, d) mehrrillig gegossen, e) für kegeliges Wellenende, f) mehrrillig, aus Blech gedrückt

Die **Berechnung der Antriebe** mit endlosen Normalkeilriemen erfolgt nach DIN 2218, der mit endlosen Schmalkeilriemen nach DIN 7753-2. Für endliche Schmalkeilriemen und für Keilrippenriemen gibt es keine genormten Berechnungsverfahren. Man ist auf Fachliteratur (z. B. Richtlinie VDI 2758) oder die Druckschriften der Herstellerfirmen angewiesen.

9.8.2.3 Zahnriementriebe

Synchron- oder Zahnriementriebe besitzen an ihrer Unterseite oder an ihrer Ober- und Unterseite Zähne, die herstellerabhängig geformt sind (meist trapezförmig). Ihre Abmessungen wurden als Synchronriemen mit Einfach- und Doppelverzahnung in DIN 7721 genormt. Sie übertragen Kräfte und Momente durch Formschluss. Ihre Vorteile sind: Übertragung hoher Leistungen im Verhältnis zu ihren Abmessungen, kein Schlupf, geringe Wellen- und Lagerbelastungen, wartungsfrei und ohne Nachspannen. Möglichkeiten der Ausführung zeigt Bild 9.106.

Folgende Größen sind für die Auslegung von Zahnriementrieben von Bedeutung:

Übersetzung $\boldsymbol{i = n_a/n_b = z_b/z_a}$ ($n_{a,b}$ Drehzahl der treibenden, getriebenen Scheibe, $z_{a,b}$ Zähnezahl der treibenden, getriebenen Scheibe).

Riemengeschwindigkeit $\boldsymbol{v = d_k \cdot \pi \cdot n_k = d_g \cdot \pi \cdot n_g}$ ($d_{k,g}$ Durchmesser der Scheiben, $n_{k,g}$ Drehzahlen der Scheiben).

Teilung $\boldsymbol{p = m \cdot \pi}$ (p Teilung, d. h. Abstand von Zahn zu Zahn, m Modul wie bei Zahnrädern = Durchmesser d des Rades/Anzahl der Zähne am Umfang des Rades).

Teilkreisdurchmesser $\boldsymbol{d = p \cdot z/\pi = m \cdot z}$ und **Kopfkreisdurchmesser** $\boldsymbol{d_e = d - 2u}$ (p Teilung, m Modul der Verzahnung, z Zähnezahl der Scheibe, u Abstand vom Zahnkopfkreis der Scheibe bis zur Achse der Zuglitze).

Weitere Angaben zur Geometrie der Zahnriementriebe und zur Berechnung von Antrieben, die nicht genormt sind, sind in der Richtlinie VDI 2758 zu finden. Die Berechnungsmethoden der Herstellerfirmen weichen voneinander ab.

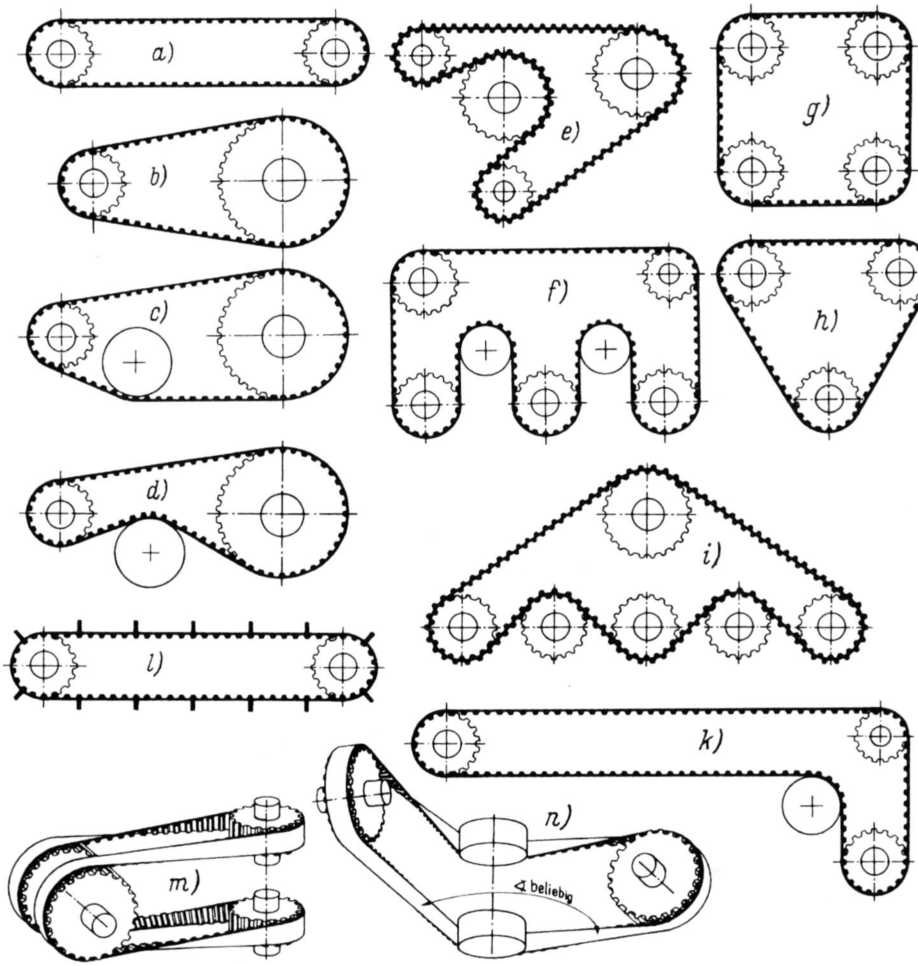

Bild 9.106 Beispiele für Zahnriementriebe (Synchronriementriebe). a) offener Trieb mit i = 1, b) offener Trieb mit i > 1, c) Spannrolle innen, d) Spannrolle außen, e) Wendetrieb, f) Mehrwellentrieb, g) Viereckstrieb, h) Dreieckstrieb, i) Mehrwellentrieb, k) Umlenktrieb, l) Transportriemen mit Nocken, m) Winkeltrieb, n) Winkeltrieb

9.9 Führungselemente für Flüssigkeiten und Gase

9.9.1 Rohrleitungen

Rohrleitungen dienen zur Förderung von Gasen, Flüssigkeiten, breiartigen Substanzen und Schüttgütern sowie zur Übertragung von Drücken. **Rohrleitungsanlagen** bestehen aus Rohren, Rohrverbindungen, Formstücken (Krümmer und Verzweigungen), Halterungen, Dehnungsausgleichern, Dichtungen und Armaturen.

9.9.1.1 Grundlagen

Die wichtigsten Kenngrößen sind der **Nenndruck** (**PN** Pressure Nominal) und die **Nennweite** (**DN** Diameter Nominal). Die Nennweite ist in DIN EN ISO 6708 genormt. Weitere Kenngrößen sind:

Zulässiger Druck p_s (Betriebsüberdruck PB; Höchstwert des Betriebsüberdruckes).

Prüfdruck p_t (PP; DIN 3230, DIN 4279, DIN 28600, Überdruck während der Prüfung der Systeme).

Arbeitsdruck p_a (PA; Druck während des Einsatzes).

Berechnungsdruck p_c (PC; mit ihm werden die Berechnungen durchgeführt).

Zulässige Temperatur t_s (Betriebstemperatur TB; festgelegte Tiefst- und Höchstwerte für die Wandtemperatur).

Arbeitstemperatur t_o (TA; vorgesehene Temperatur während des Betriebes).

Berechnungstemperatur t_c (TC; Temperatur, mit der die Berechnungen durchgeführt werden).

9.9.1.2 Rohrarten, Rohrformstücke und Rohrverbindungen

Je nach Einsatzzweck werden für Rohrleitungen verschienene Werkstoffe eingesetzt.

Rohre aus Stahl (hohe Festigkeit, Zähigkeit und Bruchsicherheit) als **nahtlose Rohre** (DIN 2448), **geschweißte Rohre** (DIN 2458), **Präzisions-Stahlrohre** und **Gewinderohre**.

Rohre aus Gusseisen (Einsatz als erdverlegte Gas-, Wasser- und Kanalisationsleitungen, DIN EN 969).

Rohre aus Nichteisenmetallen (**Kupferrohre**: hohe Korrosionsbeständigkeit, glatte Oberflächen, leicht verarbeitbar, leicht löt- und schweißbar, Einsatz im Hausbereich und in der Lebensmittelindustrie, DIN 1754, DIN 1755, DIN EN 1057, DIN EN 12168; **Aluminiumrohre**: für Medien, die Kupfer angreifen, gute Festigkeit bei tiefen Temperaturen (Einsatz in Kältetechnik), geringes Gewicht, gute Verformbarkeit, gute Schweißbarkeit, DIN 1795, DIN EN 754, DIN EN 755).

Rohre aus Kunststoff (gute Korrosionsbeständigkeit, geringes Gewicht, glatte Oberfläche, leichte Verarbeitbarkeit, Einsatzbereiche: Wasserver- und -entsorgung, Chemieindustrie, Werkstoffe: Polyvinylchlorid (PVC, DIN 8062, DIN 19531, DIN 19532), Polyäthylen (PE, DIN 8074, DIN 19533, DIN 19535, DIN 19537) und Polypropylen (PP, DIN 8077).

Rohrformstücke (**Fittings**) sind keine geraden Rohre und dienen zur Änderung der Strömungsrichtung, der Strömungsgeschwindigkeit oder zum Verteilen bzw. Vereinen von Stoffströmen. Es gibt **Formstücke aus Stahl** (Rohrbogen nach DIN 2605, T-Stücke nach DIN 2615, Reduzierstücke nach DIN 2616), aus **Temperguss** (DIN EN 10242, als Bögen, Winkel, Muffen, Nippel, T-Stücke und Kreuzstücke), aus **Kunststoff** (DIN 8063) und **Lötfittings** (besonders für Kupferrohrleitungen, DIN EN 1254).

Rohrverbindungen können **unlösbar** (Kleben, Löten, Schweißen, Walzen, Sicken) oder **lösbar** (Flansche, Muffen, Verschraubungen) sein. Als **Dichtungen** kommen **Weichstoffdichtungen** (DIN 3754, Gummi, Graphit), **Metallweichstoffdichtungen** (Stahlringe mit Füllstoff, z. B. gewellte Stahlblechdichtungen mit Schnurauflage, Spiraldichtungen für hohe Drücke und Temperaturen) und **Metalldichtungen** (glatte oder profilierte Oberfläche aus Stahl, Edelstahl oder Kupfer) zum Einsatz.

Durch Temperaturänderungen des Rohrinhaltes oder der Umgebung treten Längenänderungen in den Rohrleitungen auf, die durch **Kompensatoren** (meist gewellte Metall-, Kunststoff- oder Gummiteile) ausgeglichen werden.

Mit **Rohrhalterungen** werden die Rohrleitungen fixiert oder geführt und die entstehenden Kräfte und Momente in die Bauwerksteile eingeleitet. Es gibt **Festpunkthalterungen** (Festpunkte zur Verhinderung der Verschiebung der Rohrleitung) und **Führungen** (Lospunkte, die Verschiebungen mit möglichst geringer Reibung in Richtung der Rohrachse zulassen).

9.9.1.3 Darstellung und Berechnung von Rohrleitungen

In technischen Zeichnungen werden die grafischen Symbole für Rohrleitungen, Armaturen und Stellenantrieben nach DIN 2429 angewendet (Bild 9.107).

Symbol	Benennung	Symbol	Benennung	Symbol	Benennung
	Grundleitung mit Angabe der Fließrichtung		Schiebemuffe		Stellantrieb mit Elektromagnet
	Grundleitung mit Begleitheizung oder -kühlung		Absperrarmatur, allgemein		Stellantrieb, handbetätigt
	Flanschverbindung		Absperrventil		Stellantrieb mit Federkraft
	Klammerverbindung		Absperrhahn		Stellantrieb mit Membrane
	Schraubverbindung		Absperrklappe		Stellantrieb mit Gewicht
	Einsteckmuffe		Rückschlagklappe		Stellantrieb mit Schwimmer
	Schweiß- oder Lötverbindung		Stellantrieb mit rotierendem System allgemein		Kondensatableiter, allgemein
	Reduzierung	M	Stellantrieb mit Elektromotor		
	Wellrohr-Kompensator		Stellantrieb mit Kolben		
	Lyra-Kompensator				

Bild 9.107 Grafische Symbole für Rohrleitungen (DIN 2429-2)

Von den für ein Rohrleitungssystem erforderlichen Berechnungen sind die Berechnung des **Rohrinnendurchmessers**, der **Rohrleitungsverluste** und der **Rohrwanddicke** am wichtigsten.

Rohrinnendurchmesser

Es gelten folgende Beziehungen:

Volumenstrom
$$\dot{V} = \frac{\dot{m}}{\rho} = \frac{d_i^2 \cdot \pi}{4} w$$

Rohrinnendurchmesser
$$d_i = \sqrt{\frac{4\dot{V}}{\pi \cdot w}} = \sqrt{\frac{4\dot{m}}{\pi \cdot \rho \cdot w}}$$

(ρ Dichte des Durchfluss-Stoffes, w mittlere Strömungsgeschwindigkeit des Durchfluss-Stoffes, d_i Innendurchmesser, $\dot{m}$ Massenstrom).

Rohrleitungsverluste

Werden Flüssigkeiten und Gase durch eine Rohrleitung geführt, dann treten Verluste auf, infolge von Reibung an der Rohrwand, Strömungswiderstände in Bauteilen der Rohrleitungen (z. B. Krümmer und Ventile) und durch innere Reibung der transportierten Medien. Die Verluste werden vorzugsweise als **Druckverlust** Δp erfasst: $\Delta p = \Delta p_R + \Delta p_E + \Delta p_H$.

Es bedeuten **Druckverlust** $\Delta p = \lambda \cdot l \cdot \rho \cdot w^2/(2d_i)$ (λ Rohrreibungszahl, l Länge der Rohrleitung, ρ Dichte des Durchfluss-Stoffes, w Strömungsgeschwindigkeit, d_i Rohrinnendurchmesser). Die **Zusatzverluste durch Einbauteile** werden berücksichtigt mit dem **Druckverlust** $\Delta p_E = \sum\xi \cdot \rho \cdot w^2/2$ (ξ Verlustzahl, Tabellenwert). Führen Rohrleitungen nach oben oder unten, so muss auch die Druckänderung auf Grund des **geodätischen Höhenunterschieds** ΔH berücksichtigt werden: $\Delta p_H = \Delta H \cdot \rho \cdot g$ (ρ Dichte des Durchfluss-Stoffes, g Fallbeschleunigung = 9,81 m/s²).

Maßgebend für die Rohrreibungszahl λ ist die **Reynolds-Zahl** als dimensionslose Strömungskennzahl. Sie gibt an, wann eine Strömung laminar (Teilchen strömen mit gleicher Geschwindigkeit in gleicher Richtung) bzw. turbulent (Teilchen bewegen sich unregelmäßig fort) ist. Sie errechnet sich wie folgt:

9

Reynolds-Zahl $Re = d_i \cdot w \cdot \rho/\eta = d_i \cdot w/\nu$ (d_i Rohrinnendurchmesser, w Strömungsgeschwindigkeit, ρ Dichte des strömenden Mediums, η dynamische Viskosität, ν kinematische Viskosität). Bei laminarer Rohrströmung gilt für die Rohrreibungszahl $\lambda = 64/Re$. Bei einer turbulenten Rohrströmung ist $Re > 2300$ ist. Die Reynolds-Zahlen sind in Abhängigkeit von der Rohrreibungszahl λ in Diagrammen erfasst und können daraus abgelesen werden. In den meisten Rohrleitungen liegt bei den üblichen Durchmessern und Strömungsgeschwindigkeiten fast immer turbulente Rohrströmung vor.

Mit dem Volumenstrom $\dot{V}$ und dem Druckverlust Δp erhält man die **Verlustleistung** $P_V = \dot{V}\ \Delta p$.

Rohrwanddicke

Die Wand einer Rohrleitung wird überwiegend durch den inneren Überdruck des strömenden Mediums beansprucht. Hinzu kommen Wärmespannungen durch Temperaturunterschiede zwischen Rohrwand, Durchflussstoff und Umgebung sowie Beanspruchungen infolge der Durchbiegung auf Grund des Eigengewichts und verhinderter Längenänderungen zwischen Festpunkten.

Für die Wanddickenberechnung der **Stahlrohre unter Innendruck** sind in DIN 2413 Richtlinien festgelegt. Danach gilt für die erforderliche **Wanddicke** $s = s_v + c_1 + c_2 \leq s_e$ (s_v rechnerische Wanddicke, c_1 Zuschlag für zulässige Wanddicken-Unterschreitung, c_2 Zuschlag zur Berücksichtigung von Korrosion, s_e ausgeführte Wanddicke).

Für die rechnerische Wanddicke sind in DIN 2413-1 Gleichungen angegeben. Sie wird mit der **zulässigen Spannung** $\sigma_{zul} = K/S$ errechnet (K Festigkeitskennwert des Werkstoffs, S Sicherheitsbeiwert).

9.9.2 Armaturen

Armaturen sind Konstruktionselemente, die in Rohrleitungen, Behältern, Apparaten, Maschinen und Anlagen zur **Regelung** und zur **Absperrung** dienen oder als **Sicherheitsteile** verwendet werden.

Absperrorgane. Im Einzelnen sind es **Ventile, Klappen, Schieber** und **Hähne** (Bild 9.108). Sie unterscheiden sich im Wesentlichen durch die Art des Abschlusskörpers (Platte, Kolben, Kegel, Kugel).

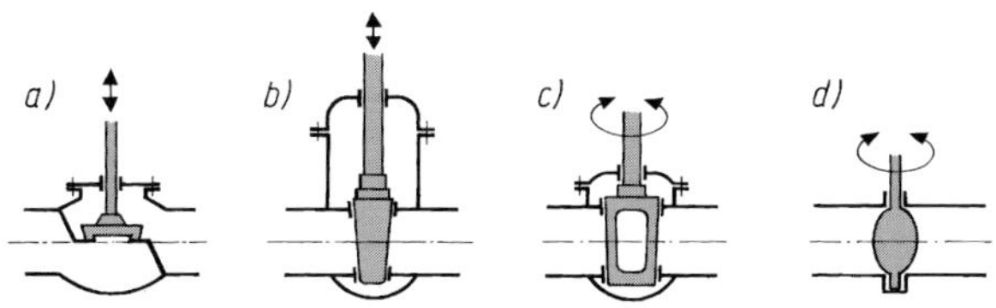

Bild 9.108 Grundbauarten der Absperrorgane. a) Ventil, b) Schieber, c) Hahn, d) Klappe

Regelorgane (Stellglieder) dienen der Einstellung und der Veränderung von vorgegeben Größen, meist des Volumen- oder Massestroms in Abhängigkeit vom Druck oder der Temperatur.

Sicherheitsorgane verhindern das Überschreiten eines bestimmten Sollwertes (z. B. Druck oder Temperatur), um das System vor Schaden zu bewahren. Es sind direkt belastbare oder steuerbare **Sicherheitsventile** (DIN 3320), **Rückschlagventile** und **Rückschlagklappen**.

9

Die **Werkstoffe** wählt man nach dem Einsatzgebiet aus (Korrosionsgefahr des strömenden Mediums, Druck und Temperatur). Die gebräuchlichsten Werkstoffe sind **Gusseisen mit Lamellengraphit** (DIN EN 1561), **mit Kugelgraphit** (DIN EN 1562), **Einsatzstähle** (DIN EN 10084, DIN 17210), **warmfeste Stähle** (DIN 17240) und **nicht rostende Stähle** (DIN 17440). **Nichteisenmetalle** werden in Trinkwasseranlagen, in der chemischen Industrie und im Schiffbau (seewasserbeständige Aluminiumlegierungen) eingesetzt. **Kunststoffe** finden Einsatz in der chemischen Industrie, weil sie gegen viele Chemikalien resistent sind. Allerdings sind Kunststoffarmaturen nicht bei hohen Temperaturen einsetzbar.

Ventile sind universell für alle Drücke und Temperaturen einsetzbar. Sie sind normalerweise nur für eine Strömungsrichtung geeignet (Pfeilangabe auf dem Gehäuse). **Absperrventile** öffnen und schließen eine Leitung und werden als Geradsitz-, Schrägsitz oder Eckventil hergestellt (DIN 3356, Bild 9.109).

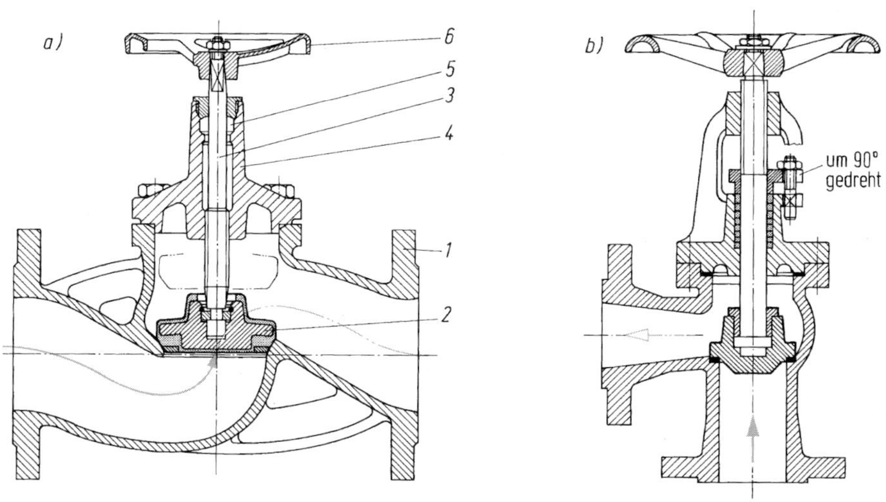

Bild 9.109 Absperrventile. a) Geradsitz-Durchgangsventil; 1 Gehäuse, 2 Abschlusskörper, 3 Spindel, 4 Gehäusedeckel, 5 Spindelabdichtung, 6 Handrad; b) Eckventil

Rückschlagventile sperren den Rückfluss in Gegenrichtung ab. **Sicherheitsventile** (DIN 3320) sind im Normalbetrieb geschlossen. Sie öffnen sich beim Überschreiten eines bestimmten Wertes (meist Druck) automatisch und lassen einen Teil des strömenden Mediums durch.

Schieber sind Absperrarmaturen für **hohe Strömungsgeschwindigkeiten** und **beide Strömungsrichtungen** (DIN 3352). Ganz wichtig ist die Abdichtung im Abschlussbereich, die von der Form des Abschlusskörpers beeinflusst wird. Einfach konstruiert sind **Plattenschieber** (bewegliche Platte wird durch Überdruck gegen die Sitzfläche gepresst), häufig eingesetzt werden **Keilschieber** (starrer Keil wird mit einer Spindel gegen die Dichtflächen gedrückt).

Hähne (Drehschieber) haben kurze Schließzeiten und geringe Strömungsverluste bei kleinem Raumbedarf. Da große Dichtflächen aufeinander gleiten, ist der Verschleiß bei häufiger Betätigung erheblich. Der **Kegelhahn** hat einen schlanken Kegelstumpf als Abschlusskörper, beim **Kugelhahn** ist dies eine Kugel (DIN 3357).

Klappen regulieren auf einfachste Weise den Durchfluss (DIN EN 593). Die kreisförmige Platte kann um eine Achse senkrecht zur Strömungsrichtung gedreht werden. Ist sie offen, dann wird sie vom Medium umströmt, wird sie weitergedreht, dann verringert sich der Volumenstrom. Sie werden als **Absperr-** oder **Drosselklappen** eingesetzt oder als **Rückschlagklappen** (verhindern das Zurückfließens des Mediums).

Der Armaturenantrieb, d. h. die Betätigung der Armaturen, kann von Hand über Handrad oder Hebel erfolgen (ggf. unter Zwischenschaltung von Getrieben). Das Schließen wird auch durch Gewichtskraft oder Federkraft bewirkt (bei Sicherheitsarmaturen). Für die automatische Steuerung eignen sich besonders elektrische, pneumatische und hydraulische Antriebe, Letztere besonders für große Schließ- und Öffnungskräfte.

Bildnachweis: Alle Bilder wurden dem Lehrbuch Decker, Maschinenelemente (siehe Weiterführende Literatur) entnommen, in dem die Quellen angegeben sind.

Weiterführende Literatur

Decker: Maschinenelemente. 16. Aufl., München: Carl Hanser Verlag 2007

Haberhauer, H.; Bodenstein, F.: Maschinenelemente. 14. Aufl., Berlin, Heidelberg: Springer 2006

Muhs, D.; Wittel, H.; Jannasch, D.; Vossiek, J.: Roloff/Matek Maschinenelemente. 17. Aufl., Wiesbaden: Vieweg 2005

Neumann, B.; Niemann, G.; Winter, H.: Maschinenelemente. 2. Aufl., Berlin: Springer 2003

Rieg, F.; Kaczmarek, M. (Hrsg.): Taschenbuch der Maschinenelemente. Leipzig: Fachbuchverlag 2006

10

Konstruktionstechnik

Univ.-Prof. Dr.-Ing. habil. Dr. h. c. Günther Höhne
Technische Universität Ilmenau

Prof. Dr.-Ing. habil. Peter Langbein
Fachhochschule Südwestfalen Iserlohn

10.1 Begriffe und Grundlagen

10.1.1 Eigenschaften technischer Produkte

Eine allgemein gültige Darstellung des Konstruktionsablaufs und der dazu notwendigen Methoden erfordert Verallgemeinerungen zur einheitlichen Behandlung technischer Produkte. Auch für die konstruktive Tätigkeit hat es sich als nützlich erwiesen, Maschinen, Anlagen und Geräte als **Systeme** zu betrachten. Der Systembegriff ermöglicht es, technische Produkte mit unterschiedlicher physikalischer Wirkungsweise und unterschiedlicher Komplexität bezüglich ihrer Wesensmerkmale einheitlich darzustellen.

Ein **technisches System** ist ein abgegrenzter Bereich der Wirklichkeit, der Beziehungen zu seiner **Umgebung (*U*)** hat, bestimmte **Funktionen (*F*)** erfüllt und eine **Struktur (*S*)** aufweist.

10

Für den Konstrukteur folgt daraus, dass er die Eigenschaften *U*, *F* und *S* eindeutig festlegen muss, um ein Produkt hinreichend zu beschreiben (Tabelle 10.1).

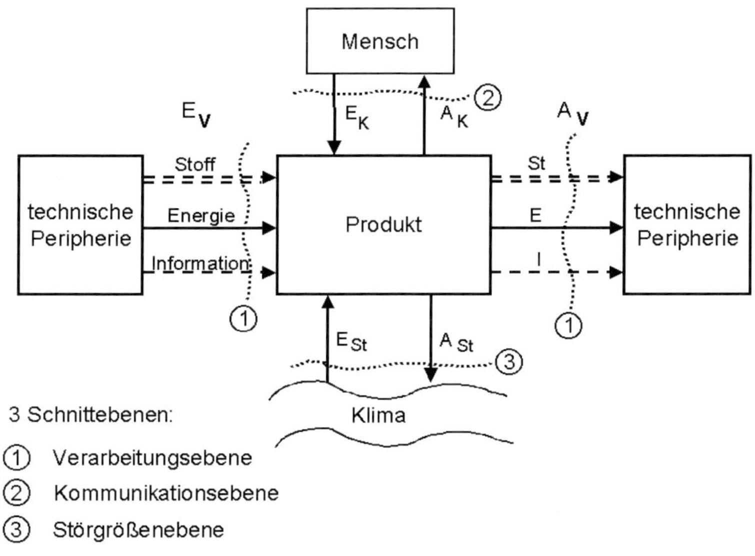

Bild 10.1 Allgemeines Funktionsmodell eines Produktes und seiner Umgebung (Klima: umgebendes Medium, Temperatur, Feuchtigkeit, Felder, Schwingungen u. a.)

Umgebung

Ein Produkt ist nur nutzbar, wenn es Beziehungen zu seiner Umgebung hat. Bei der Ermittlung der Umgebungsbeziehungen kann das Modell nach Bild 10.1 das systematische Vorgehen unterstützen.

Tabelle 10.1 Systembeschreibung

System-Parameter	Eingangsgrößen $\{E\}$	$E_f \rightarrow$ [Z] $\rightarrow A_f$ $E_n \rightarrow$ [Z] $\rightarrow A_n$ E_f, A_f funktionsrelevante Größen E_n, A_n nichtfunktionsrelevante Größen (Umstände, Bedingungen, Nebenwirkungen) Z Zuordnung	Ausgangsgrößen $\{A\}$
Definition	Umgebung *(U)* ist die Gesamtheit der Objekte außerhalb eines Systems, die Beziehungen zum System haben. (Bild 10.1)	Funktion *(F)* ist die für einen bestimmten Zweck ausgenutzte Eigenschaft eines Systems, die Eingangsgrößen E_f in die Ausgangsgrößen A_f unter bestimmten Bedingungen E_n und A_n zu überführen.	Struktur *(S)* ist die Gesamtheit der Elemente M und der zwischen ihnen bestehenden Relationen R innerhalb eines Systems. $S = \{M, R\}$
Zusammenhänge	Die Beziehungen zur Umgebung werden über die Ein- und Ausgänge realisiert. $U = \{E_f; E_n; A_f; A_n\}$	Die technische Funktion beschreibt den Zusammenhang zwischen Umgebung und Struktur. $A = (Z)E$	Durch die Ein- und Ausgangsgrößen werden bestimmte Elemente und Relationen der Struktur aktiviert, die infolge ihrer Eigenschaften die geforderte Zuordnung Z realisierten.

Jedes Produkt tritt im Verlauf seines **Lebenszyklus** in den verschiedenen Umgebungssituationen mit typischen Umweltobjekten in Wechselwirkung. Die Beziehungen nach Bild 10.1 müssen beim Konstruieren für jede Umgebungssituation gedanklich vorausbestimmt und die daraus resultierenden Forderungen konstruktiv umgesetzt werden (Bild 10.2).

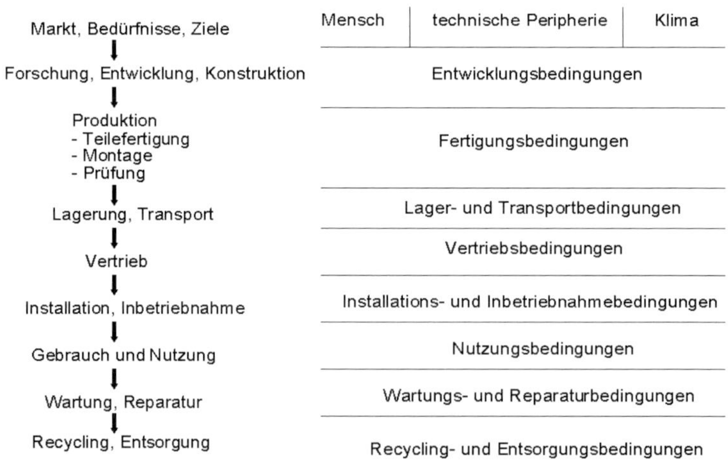

Bild 10.2 Lebenszyklus eines Produktes mit zugehörigen Umgebungssituationen

Dazu dient eine geeignete Beschreibung, für die es zwei Möglichkeiten gibt:

- Darstellung der Gestalt mit Anschlussbedingungen und räumlichen Lagen der Objekte in der Umgebung (geometrisch-stoffliche Beschreibung),
- Darstellung der Ein- und Ausgangsgrößen, die zwischen System und Umgebung ausgetauscht werden (funktionelle Beschreibung).

Funktion

Die Funktion eines Produktes ist die für die Erfüllung eines **Zwecks** genutzte Eigenschaft, die **Eingangsgrößen *E*** in die **Ausgangsgrößen *A*** zu überführen.

Sie lässt sich durch die in Tabelle 10.1 und Bild 10.1 angegebenen Systemparameter charakterisieren. Die Anzahl der Funktionen, die ein Produkt übernehmen kann, entspricht der Zahl seiner ausnutzbaren physikalischen Eigenschaften. Erfüllt ein Produkt mehrere technische Funktionen, so müssen die zwischen ihnen bestehenden Relationen beachtet werden.

An einem System kann man **Gesamt-** und **Teilfunktionen** unterscheiden. Die Gesamtfunktion umfasst alle Ein- und Ausgangsgrößen, die das betrachtete Produkt (Anlage, Maschine, Baugruppe oder Einzelteil) als Ganzes verarbeitet. Teilfunktionen innerhalb eines Produktes lassen sich abgrenzen

10

1. nach der Bedeutung für die Erfüllung des Zwecks:
   Haupt- und Nebenfunktionen;
2. nach der Art der Veränderungen von Funktionsgrößen innerhalb des Funktionsflusses:
   Grundfunktionen (z. B. Wandeln, Leiten, Speichern);
3. nach dem physikalischen Charakter der Funktionsgrößen:
   Teilfunktionen der Stoff-, Energie- und Informationsverarbeitung.

Durch diese Untergliederung des Funktionsflusses entstehen funktionell abgegrenzte Teilsysteme. Alle drei Möglichkeiten der Bildung von Teilfunktionen können je nach Anwendungsfall einzeln oder auch gleichzeitig bei einem Produkt benutzt werden. Zur Kennzeichnung der untersten Ebene der Zerlegung benutzt man den Begriff der **Elementarfunktion.** Der Grad der Zerlegung ist stets dem Zweck anzupassen.

Die vielfältigen physikalischen Eigenschaften eines Bauteils ermöglichen seine Verwendung für mehrere Funktionen. Die Feder eines Schaltkontaktes (Bild 10.3) wird funktionell mehrfach genutzt.

Diese Erscheinung heißt **Funktionenintegration**. Sie wird in der Konstruktion zur Vereinfachung der Gestalt und zur Miniaturisierung genutzt. Man muss jedoch beachten, dass sich die Funktionen innerhalb des Bauelements störend beeinflussen können. Dies lässt sich durch **Funktionentrennung** vermeiden.

Untersuchungen technischer Produkte haben ergeben, dass die Anzahl der technischen Funktionen überschaubar ist und dass bei geeigneter Abstraktion die gleichen Funktionen in allen Bereichen der Technik auftreten. Die notwendige Verallgemeinerung besteht darin, von den konkreten physikalisch-technischen Merkmalen zu abstrahieren.

Diese wiederkehrenden, verallgemeinerten Funktionen bezeichnet man als **Grundfunktionen**. Eine Grundfunktion gibt die wesentlichen funktionellen Eigenschaften einer Klasse von Bauelementen wieder. Sie lassen sich als Bausteine (**Funktionselemente**) für die Synthese von Strukturen benutzen. Als Ordnungsmerkmale werden an den Funktionsgrößen vollzogene Änderungen benutzt: Qualität, Quantität, Ort, Anzahl und Zeit (Tabelle 10.2), die für Funktionen des Stoff-, Energie- und Informationsflusses gelten.

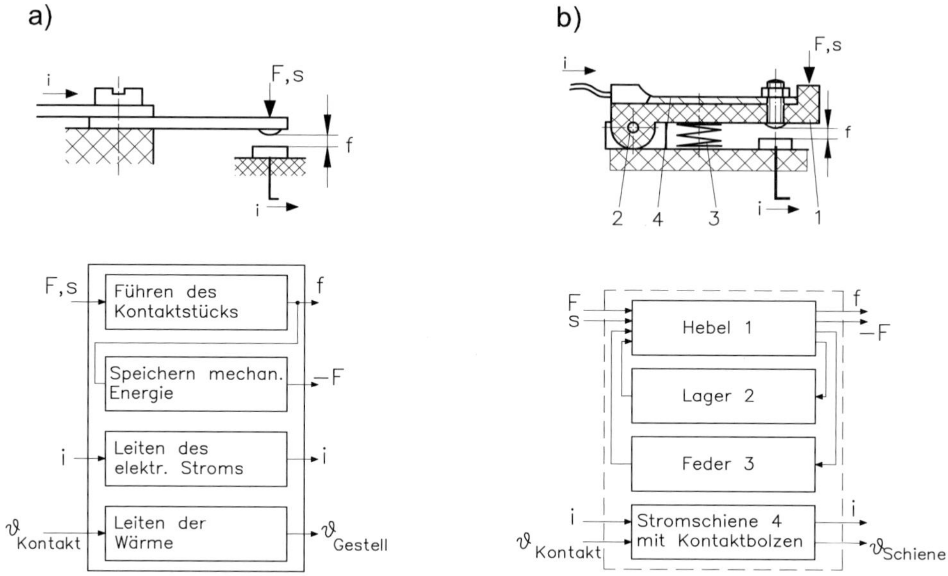

Bild 10.3 Funktionenintegration a) und Funktionentrennung b) an einem Schaltkontakt

Struktur und Gestalt

Den Aufbau eines Systems bezeichnet man als Struktur, die sich aus Elementen und Relationen zusammensetzt (Tabelle 10.1).

Für die Produktgliederung ist es zweckmäßig, Komplexitätsebenen der Struktur zu unterscheiden: **Anlagen, Maschinensysteme, Geräteketten** erfüllen komplexe Funktionen und setzen sich aus Einzelprodukten zusammen, beispielsweise Chemieanlagen, Fertigungslinien, CAD-Arbeitsplätze oder Messplätze.

Einzelprodukte (Maschinen, Fahrzeuge, Geräte) sind für einen bestimmten Zweck bestimmt und unterteilen sich in Teilsysteme oder Baugruppen unterschiedlicher Komplexität.

Baugruppen sind abgegrenzte, selbstständige Gruppen von Einzelteilen, die miteinander gekoppelt sind. Baugruppen werden als Bauelemente bezeichnet, wenn sie als Kauf- oder Zulieferteile in das Produkt einzubauen sind (z. B. standardisierte Kupplungen, Getriebe, Motoren, Lager, Relais oder Steckverbinder).

Bauelemente sind sowohl Einzelteile als auch Baugruppen, die beim Konstruieren nicht weiter zerlegt werden und demnach unterschiedliche Komplexität besitzen können.

Einzelteile bilden die niedrigste Ebene für die körperliche Zerlegung eines Produkts. Es sind Bauelemente, die durch Bearbeiten eines Werkstoffs ohne Fügen mit anderen Bauelementen entstehen. Sie haben keine inneren Kopplungen. Sie setzen sich aus Formelementen (geometrische Grundkörper, Flächen) zusammen.

Wirkflächen sind die am Funktionsfluss beteiligten Flächen eines Einzelteils mit einer für diesen Zweck geeigneten Gestalt.

Relationen sind die Beziehungen zwischen den beschriebenen Strukturbestandteilen. Für die Konstruktion sind solche Relationen von Interesse, die den Aufbau und die Funktion betreffen. Das sind die Anordnungen und die Kopplungen.

Tabelle 10.2 Technische Grundfunktionen

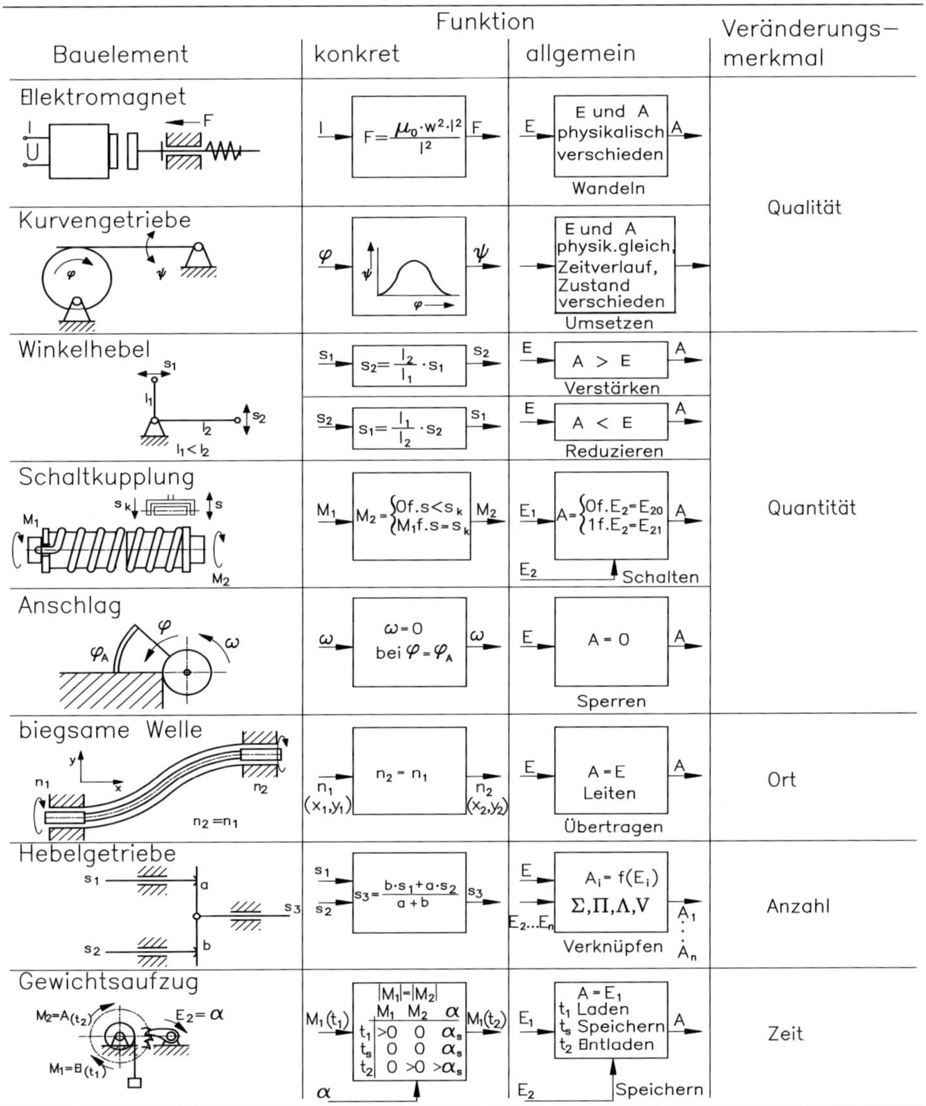

Bauelement	Funktion konkret	Funktion allgemein	Veränderungsmerkmal
Elektromagnet	I → $F=\frac{\mu_0 \cdot w^2 \cdot I^2}{l^2}$ → F	E → E und A physikalisch verschieden → A Wandeln	Qualität
Kurvengetriebe	φ → ψ	E und A physik. gleich, Zeitverlauf, Zustand verschieden Umsetzen	
Winkelhebel ($l_1 < l_2$)	s_1 → $s_2=\frac{l_2}{l_1}\cdot s_1$ → s_2 s_2 → $s_1=\frac{l_1}{l_2}\cdot s_2$ → s_1	E → A > E → A Verstärken E → A < E → A Reduzieren	Quantität
Schaltkupplung	M_1 → $M_2=\begin{cases}0 \text{ f. } s<s_k\\ M_1 \text{ f. } s=s_k\end{cases}$ → M_2	E_1 → $A=\begin{cases}0 \text{ f. } E_2=E_{20}\\ 1 \text{ f. } E_2=E_{21}\end{cases}$ → A; E_2 Schalten	
Anschlag	ω → $\omega=0$ bei $\varphi=\varphi_A$ → ω	E → A = 0 → A Sperren	
biegsame Welle	n_1 (x_1,y_1) → $n_2=n_1$ → n_2 (x_2,y_2)	E → A = E Leiten → A Übertragen	Ort
Hebelgetriebe	s_1, s_2 → $s_3=\frac{b\cdot s_1+a\cdot s_2}{a+b}$ → s_3	E, $E_2 \dots E_n$ → $A_i=f(E_i)$ Σ,Π,Λ,V → $A_1 \dots A_n$ Verknüpfen	Anzahl
Gewichtsaufzug	$M_1(t_1)$, α → $\lvert M_1\rvert=\lvert M_2\rvert$; t_1: M_1 >0, M_2 0, α α_s; t_s: 0, 0, α_s; t_2: 0, >0, >α_s → $M_1(t_2)$	E_1, E_2 → A = E_1; t_1 Laden; t_s Speichern; t_2 Entladen → A Speichern	Zeit

Anordnungen sind Relationen zwischen Systemelementen, die die geometrischen Relativlagen der Elemente beschreiben. Die Anordnung kann durch Koordinatensysteme (körperfeste für die Elemente und ein raumfestes Bezugssystem für das Gesamtprodukt) eindeutig beschrieben werden.

Kopplungen sind Relationen zwischen Systemelementen, die der Übertragung von Stoff, Energie oder Information zwischen den Elementen dienen. An der Kopplung von Bauelementen sind gewöhnlich nicht die ganzen Elemente beteiligt, sondern nur Teile von ihnen, vorzugsweise die Wirkflächen der Koppelstellen. Eine **Koppelstelle** ist der geometrische Ort für die Übertragung der Funktionsgrößen. Kopplungen lassen sich über die verschiedensten physikalischen Mittel erreichen (z. B. mechanische Verbindungen, Felder, Wellen, Teilchenströme).

Die **Gestalt** eines technischen Produktes umfasst seine Geometrie, den Werkstoff und den physikalisch-technischen Zustand (z. B. innere Spannungen, Magnetisierung, Aggregatzustand).

Ebenso wie die technische Funktion kann die Struktur auf unterschiedlichen Abstraktionsebenen beschrieben werden. Je nach Entwicklungsstufe und Zweck ist es möglich, bei der Darstellung bestimmte Eigenschaften der Struktur in den Vordergrund zu stellen (Tabelle 10.3). Strukturbeschreibungen dienen beim Konstruieren der Dokumentation der Zwischen- und Endergebnisse sowie als methodische Hilfsmittel zur Unterstützung der Vorstellungen des Konstrukteurs im Entwicklungsprozess.

Tabelle 10.3 Abstraktionsebenen der Strukturbeschreibung

Abstraktionsebene		**Definition**	**Darstellungsmittel**
Funktionelle Beschreibung	Verfahrensprinzip (Wirkzusammenhang, Wirkkette)	Abstrahierte Darstellung der Struktur, die physikalisch-technische Operationen und systeminnere Zustandsfolgen mit ihren Verknüpfungen enthält.	Graph, Blockbild (Bild 10.14)
Funktionelle Beschreibung	Funktionsstruktur (Blockschema, Funktionsschema)	Abstrahierte Darstellung der Struktur, die Teilfunktionen bzw. Funktionselemente und deren Kopplung enthält.	Blockbild, Graph (für bestimmte Bereiche genormt) (Tabelle 10.11)
Geometrisch-stoffliche Beschreibung	Technisches Prinzip (Arbeitsprinzip, Funktionsprinzip, Wirkprinzip)	Abstrahierte Darstellung der Struktur, in der die geometrisch-stofflichen Eigenschaften der funktionswichtigen Bauelemente und Relationen qualitativ bestimmt sind.	Prinzipskizze (gestaltähnliche Symbole, für bestimmte Bereiche genormt) (Bild 10.17)
Geometrisch-stoffliche Beschreibung	Technischer Entwurf	Strukturbeschreibung, die die Gestalt des Produktes in ihrer Gesamtheit quantitativ darstellt.	Technische Zeichnung (genormt) (Bild 10.11)

10.1.2 Ablauf des konstruktiven Entwicklungsprozesses

Das Konstruieren ist die **gedankliche Vorausbestimmung** eines Produktes am Beginn seines Lebenszyklus.

Konstruktionsaufgaben entspringen ebenso wie die übrigen technischen Aufgaben stets einem gesellschaftlichen Bedürfnis. Sie werden in enger Wechselwirkung mit den anderen Prozessen der technischen Vorbereitung, wie beispielsweise der technologischen Entwicklung, der Vorlaufforschung oder des Musterbaus, gelöst (Bild 10.4).

10.1.2.1 Charakter des Konstruierens

Der **konstruktive Entwicklungsprozess** (KEP) ist ein Teil der technischen Vorbereitung der Produktion. Er umfasst alle zur Vorausbestimmung eines Produktes notwendigen gedanklichen, manuellen und maschinellen Operationen, die ausgeführt werden müssen, um von einer konstruktiven Aufgabenstellung zu einer für Produktion und Einsatz hinreichenden Beschreibung des Produktes zu gelangen.

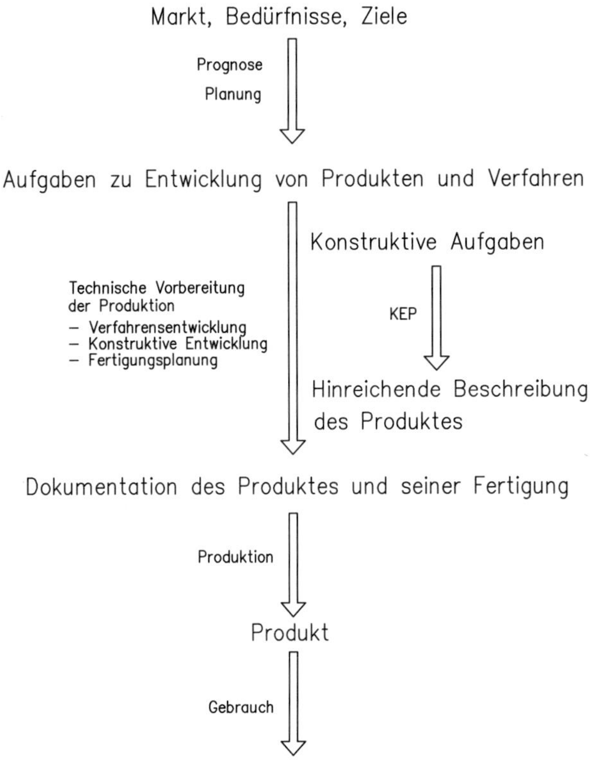

Bild 10.4 Einordnung des konstruktiven Entwicklungsprozesses (KEP) in den Lebenszyklus eines Produktes

Der Konstruktionsvorgang hat demnach entscheidenden Einfluss auf den Gebrauchswert des Produktes und auf die Wirtschaftlichkeit von Produktion und Einsatz. Untersuchungen haben ergeben, dass die Kosten eines Produktes zu 75 % im Verlauf des konstruktiven Entwicklungsprozesses festgelegt werden.

Das Bestimmen der Struktur für eine vorgegebene Funktion ist das Kernproblem des Konstruierens (Bild 10.5). Es ist ein nichtdeterminierter Vorgang, dessen Ergebnis eine unbegrenzte Zahl von Varianten umfasst. Die Beziehung **Funktion–Struktur** ist somit mehrdeutig und unbestimmt. Unter Beachtung dieser Bedingungen lassen sich Maßnahmen für das prinzipielle Vorgehen beim Konstruieren ableiten (Tabelle 10.4).

Die Mehrdeutigkeit bei der Lösungsfindung bietet die Möglichkeit zur Optimierung, erfordert aber einen erhöhten Arbeitsaufwand. Die Unbestimmtheit bei der Synthese kann gemindert werden, indem man den notwendigen Informationszuwachs in zweckmäßigen Schritten erarbeitet, vorhandene Lösungen benutzt und durch schöpferische Vorgriffe auf neue Lösungsvarianten sowie durch bewusste Rückkopplung auf die Ausgangssituation iterativ die gewünschte Struktur entwickelt.

Das Finden eines Lösungsansatzes wird erleichtert, wenn man die unvollständigen Angaben der Konstruktionsaufgabe ergänzt und dann auf das Wesentliche (Funktion) beschränkt. Die in Tabelle 10.4 angegebenen Maßnahmen erweisen sich als methodische Grundregeln für die Lösung jeder Konstruktionsaufgabe. Sie sind auch die Grundlage für den Einsatz des Computers beim Konstruieren.

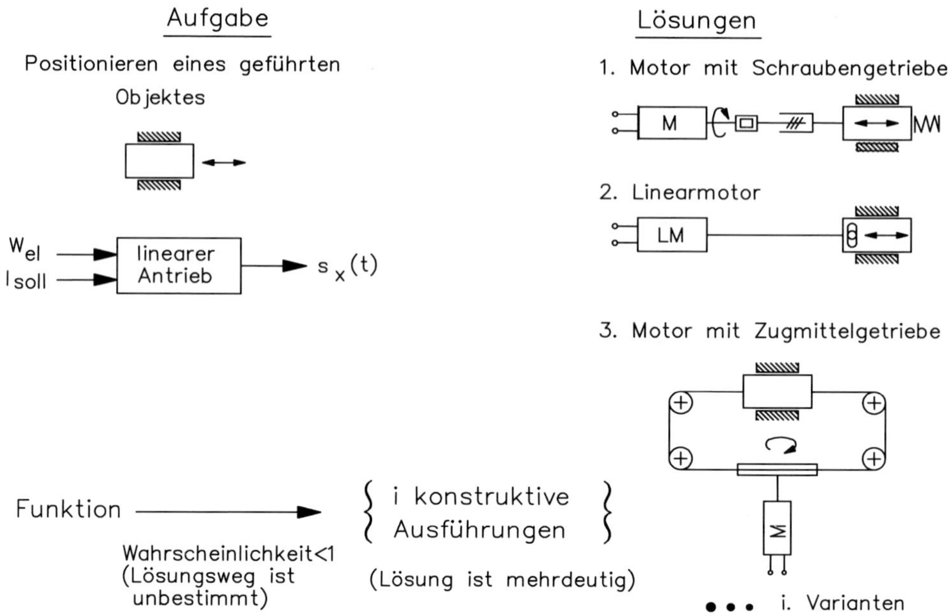

Bild 10.5 Grundproblem des Konstruierens (W_{el} elektrische Energie, I_{soll} Sollposition, s_x Positionierung)

Tabelle 10.4 Grundprinzip der systematischen Arbeitsweise beim Konstruieren

Problemsituation der Synthese		F Geforderte Funktion	Pü < 1 Lösungsweg mit Übergangs-wahrscheinlichkeit	$\{s_i\}$ Menge der funktions-erfüllenden Strukturen
Maßnahmen	Ziel	Vervollständigen und Aufbereiten der Anfangs-information	Einschränken der Unbestimmtheit	Ausnutzen und Einschränken der Lösungsvielfalt
		durch	durch	durch
	Mittel	- Präzisieren - Abstrahieren - Einschränken	- schrittweises Vorgehen - Ausnutzung vor-handener Lösungen (Speicher) - Zyklische Arbeits-weise (Rückkopplung)	- Erschließen des Lösungsfeldes - Ordnen (Klassifizieren, Systematisieren) - Auswahl der optimalen Variante

10.1.2.2 Stadien und Phasen des konstruktiven Entwicklungsprozesses

Für das systematische Vorgehen beim Erarbeiten einer Konstruktionslösung sind grundsätzlich folgende Arbeitsschritte notwendig:

- Ermitteln der Gesamtfunktion des Produktes (**Präzisieren der Aufgabe**).
- Ermitteln der Funktionsstruktur und des technischen Prinzips (**Konzipieren**).
- Ermitteln der geometrisch-stofflichen Eigenschaften der Struktur (**Gestalten** und **Dimensionieren**).

Endergebnis ist die vollständige Bestimmung der Gestalt des Produktes, festgelegt durch Geometrie, Werkstoff und Zustandseigenschaften. Unter Berücksichtigung der in Tabelle 10.3 dargestellten Abstraktionsebenen kann ein allgemeiner Ablauf für den konstruktiven Entwicklungsprozess angegeben werden (Bild 10.6 und VDI 2221).

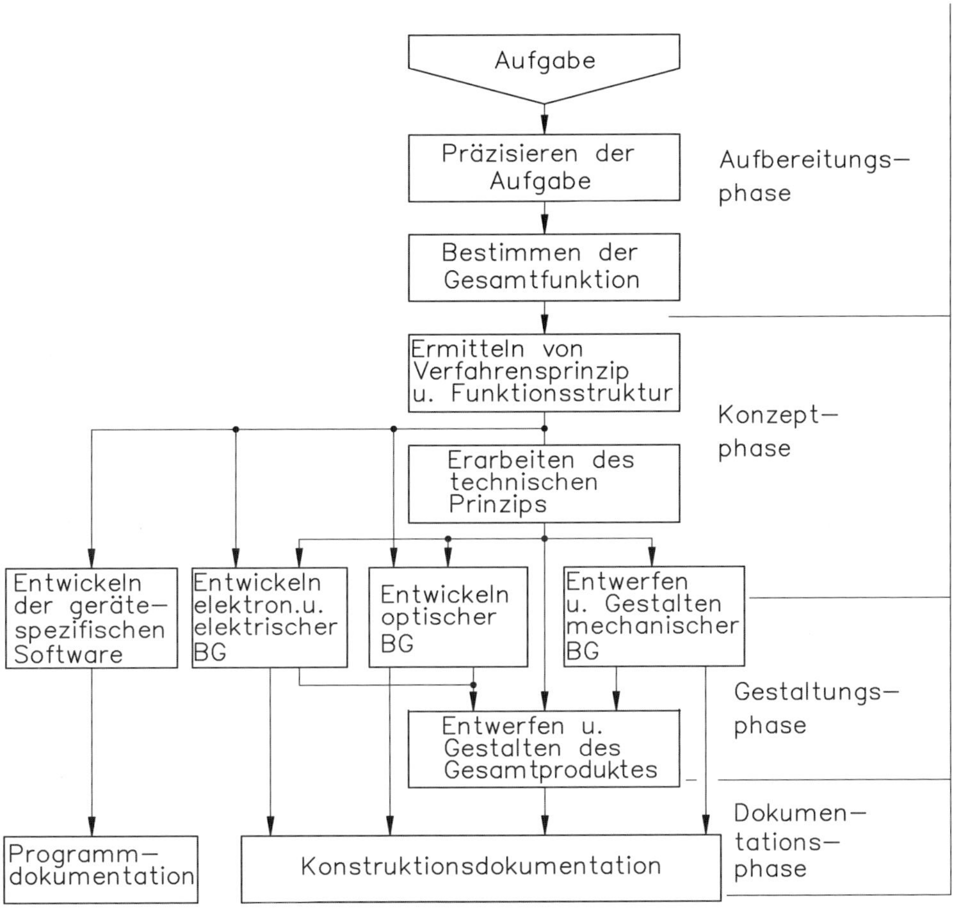

Bild 10.6 Ablauf des konstruktiven Entwicklungsprozesses (BG Baugruppe)

Durch diese Gliederung entstehen Tätigkeitsabschnitte und Phasen, die unter Nutzung spezifischer Methoden und Darstellungsmittel durchlaufen werden. Die Folge der Entwicklungsphasen nach Bild 10.6 ist verallgemeinert und vereinfacht. Bei realen Prozessen ist zu beachten:

- Die Phasen sind nicht scharf abgrenzbar, sie gehen fließend ineinander über.
- Die Abfolge der Phasen ist sehr variabel. Relativ unabhängige Teilaufgaben bearbeitet man parallel. Vorgriffe (Antizipationen) und Rückkopplungen werden innerhalb eines Arbeitsschritts und über größere Abschnitte hinweg notwendig.
- Die in der Konstruktionsaufgabe enthaltenen Vorgaben führen zur Unterscheidung verschiedener Konstruktionsarten (Tabelle 10.5) mit charakteristischen, vom Neuheitsgrad der zu erarbeitenden Lösung abhängigen Abläufen.

Tabelle 10.5 Konstruktionsarten

Konstruktionsart	**Neukonstruktion**	**Anpassungskonstruktion**	**Variantenkonstruktion**	**Prinzipkonstruktion**
Durchschnittlicher Anteil	15 %	55 %	25 %	5 %
Wesensmerkmal	Entwicklung eines neuen Produktes ohne Vorbilder	Anpassung eines vorhandenen Produktes an neue Anforderungen	Variation einer Konstruktion in einem vorgegebenen Rahmen	Variation der Abmessungen einer Konstruktion
Inhalt der Konstruktionsaufgabe	Zweck des Produktes, wesentliche Leistungsparameter, Aufgabe oft unvollständig, Lösungsweg unbekannt	Konstruktionslösung vorhanden, Aufgabe enthält neue Forderungen, Art und Umfang der Änderungen unbekannt	Aufgabe enthält alle Angaben zur Ausführung der Konstruktion im vorgegebenen Variationsbereich der aufbereiteten Lösung	Aufgabe enthält alle Angaben zur Maßvariation der aufbereiteten Lösung mit feststehendem Prinzip
Typische Tätigkeiten	Erkunden des Einsatzgebietes, Funktionsfindung, Suche neuer Lösungen, Laborerprobung, Ermitteln des Kundenwunsches	Analyse und Kritik der Konstruktionslösung, Ermittlung der Möglichkeiten und Grenzen zur Weiterentwicklung des gegebenen Prinzips, qualitative und/oder quantitative Strukturvariation	Überprüfen der Vollständigkeit der Angaben, Auswahl und Zusammenfügen von Katalogelementen bzw. Variation der gegebenen Struktur, Ermitteln der Abmessungen	Überprüfen der Vollständigkeit der Angaben, Maßvariation der gegebenen Struktur (Parametrikzeichnungen)
Beispiele	Sonderkonstruktion auf speziellen Gebieten (Raumfahrt, Astronomie, Automatisierung), Übergang zu einer neuen Produktgeneration	Weiterentwicklung von Produkten mit: – höherer Leistung – wirtschaftlicher Fertigung – neuem Design	Häufig wiederkehrende Konstruktionsaufgaben für: – Antriebe – Vorrichtungen – Netzteile – Optikfassungen	Standardlösungen für Einzelteile, Baugruppen und einfache Produkte, wie: – Wellen – Lager – Zahnräder

10.1.3 Werkzeuge der Konstruktionstechnik

Für die rationelle Durchführung des Konstruktionsprozesses stehen zahlreiche Hilfsmittel zur Verfügung. Sie unterstützen Management und Organisation des Ablaufs, die Problembearbeitung in den Phasen des KEP und die Datenverarbeitung in der Produktentwicklung (Bild 10.7).

Werkzeuge der Konstruktionstechnik

Organisatorische Mittel und Methoden für den Prozess

- Simultaneous Engineering
- Concurrent Engineering
- Qualitätssicherung
  ISO 9000
- QFD Quality Function Deployment
- FMEA Failure Mode and Effect Analysis
- Wertanalyse
  DIN EN 1325
  VDI 2800
- Projekt- und Workflow-Managementsysteme

Methoden zur Problemlösung

- Systematische Methoden
- Intuitive Methoden
- Konstruktionsrichtlinien
- Konstruktionsprinzipien
- Dimensionieren durch Nachrechnen, Auslegung, Optimierung (Abschnitt 10.2)

Rechnerunterstützte Verfahren
CA-Techniken

- CAD Computer Aided Design
- CAE Computer Aided Engineering
- CAM Computer Aided Manufacturing
- CAQ Computer Aided Quality Management
- CAI Computer Aided Invention
- CIM Computer Integrated Manufacturing
- PPS Product Planning System
- Rapid Prototyping
- EDM/PDM-Systeme
  Engineering-/Product Data Management-Systeme

Bild 10.7 Werkzeuge der Konstruktionstechnik

Ablauf des Konstruierens und Nutzung der Werkzeuge hängen ab von Inhalt und Komplexität der Konstruktionsaufgabe. Folgende Maßnahmen führen zu einer hohen Effizienz der Produktentwicklung:

- **Integration** von Marketing, Forschung, Entwicklung, Arbeitsvorbereitung, Fertigung und Vertrieb.
- Flexible, aufgaben- und prozessgerechte **Teambildung** entsprechend den zu bearbeitenten Inhalten (Bild 10.5).
- Integration der CA-Systeme (beginnend mit CAD-CAM, Bild 10.8) zu einem durchgängigen Prozess der virtuellen Produktentstehung unter Nutzung digitaler Master (**Digital Mock-Up**).
- Nutzung von Kommunikationssystemen zum **verteilten Arbeiten**.

10.2 Konstruktionsmethoden

Als **Methode** wird ein System von Regeln bezeichnet, das die Verfahrensweise zur Lösung von Aufgaben in einem bestimmten Bereich durch schrittweises Vorgehen festlegt.

Die bisherigen Bemühungen konstruktionswissenschaftlicher Arbeiten führten zu einem gesicherten Fundus von Methoden für alle Arbeitsschritte des Konstruierens. Bei der Anwendung von Methoden ist zu beachten:

- Methoden enthalten stets **verallgemeinerte Regeln**. Für eine erfolgreiche Arbeit ist die Anpassung von Methode und Problem erforderlich. Zunächst muss man den Kern des vorliegenden Problems erkennen, woraufhin die Auswahl einer Methode möglich wird.

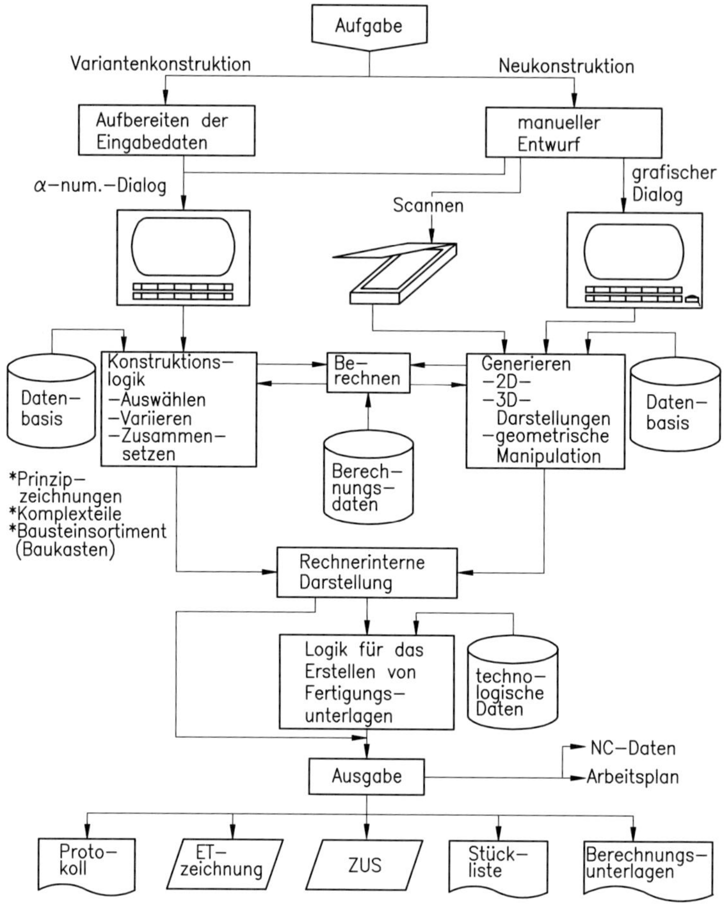

Bild 10.8 CAD-CAM-System

- Es ist eine **Anpassung der Methoden** an den Bearbeiter erforderlich. Bei der Ausarbeitung von Methoden werden ein bestimmtes Wissensniveau und die Beherrschung bestimmter Routinen beim Bearbeiter vorausgesetzt. Die rationelle Anwendung einer Methode hängt deshalb von der Erfahrung und Übung im Umgang mit ihr ab.

10.2.1 Elementare Methoden

Die Darstellungen im Abschnitt 10.1 haben bereits gezeigt, dass bei der Analyse und Synthese von Produkten bestimmte gedankliche Operationen immer wieder vorkommen. Zu ihnen gehören das Abstrahieren und das Klassifizieren.

Abstrahieren. Der Begriff Abstraktion (lat.: abziehen) bezeichnet sowohl das Verfahren zur Gewinnung von Begriffen und idealen Gegenständen als auch das Resultat dieses Verfahrens (Tabelle 10.6).

Beim Konstruieren dient es

- dem Herausheben des **Wesentlichen** zur Vorbereitung der Problemlösung,
- der Ermittlung **gemeinsamer Merkmale** von Konstruktionslösungen,
- der **Vereinfachung** von Zusammenhängen bei der Modellierung.

Tabelle 10.6 Abstraktionsarten

	Generalisierende Abstraktion	Isolierende Abstraktion	Idealisierende Abstraktion
Vorgang	Aussondern unwesentlicher Elemente und Relationen, Hervorheben der für einen bestimmten Zweck wesentlichen Merkmale	Herauslösen bestimmter Eigenschaften von Gegenständen aus einem Zusammenhang und relativ selbstständige Behandlung	Schaffung begrifflicher Modelle unter Vernachlässigung von störenden Abweichungen; es entstehen ideale Gegenstände
Anwendung	Grundprinzip, Übergang von konkreten zu abstrakten Strukturbeschreibungen	Bestimmen eines Funktionselements, Modellbildung für bestimmte Eigenschaften (Schwingungen, thermisches Verhalten, Optiksystem) eines Produktes	Bildung idealisierter Elemente, wie Punktmasse, idealer Leiter, starrer Körper, ideales Lager, rein ohmscher Widerstand

10

Generalisieren, Isolieren und Idealisieren werden dabei gemeinsam zweckentsprechend benutzt und sind am Ergebnis oft kaum zu trennen.

Die Wahl der Abstraktionsebene beim Konstruieren hat Einfluss auf den Lösungsvorgang. Formuliert man die Aufgabenstellung oder die Ausgangsbasis eines Syntheseschritts zu allgemein, so erhält man eine große Lösungsmenge. Zu detaillierte Vorgaben können das Auffinden einer neuen Lösung unter Umständen völlig in Frage stellen.

Klassifizieren. Durch die Mehrdeutigkeit beim Konstruieren entsteht die Notwendigkeit der Ordnung und Systematisierung der Lösungsmenge.

Das Aufstellen eines Ordnungssystems schafft darüber hinaus die Voraussetzung, Lücken und damit neue Prinzipien zu finden. Ein gutes Hilfsmittel einer Klassifikation für konstruktive Zwecke ist die von *Bischoff, Hansen* und *Bock* entwickelte **Methode des Grundprinzips**. Es enthält alle Wesensmerkmale der betrachteten Produkte in Tabellenform (Tabelle 10.7). Die Eintragungen sollen nur qualitative Angaben über die Eigenschaften des zu entwickelnden Produktes enthalten.

Die **Gegebenheiten** sind Angaben über Bauelemente, die unerlässlich für die Existenz und Funktion des betrachteten Produktes sind.

Das **Funktionsziel** beschreibt die Gesamtwirkung des Produktes, in der Regel durch Angabe der Ausgangsgröße.

Tabelle 10.7 Grundprinzip Kupplungen

	Durch eine Kupplung	
Gegebenheiten	werden	ein sich drehendes (Antriebs-) Teil und ein weiteres, in Achsrichtung folgendes, drehbar gelagertes (Abtriebs-) Teil
Funktionsziel		sich gemeinsam drehen
eingrenzende Bedingungen	und zwar	wahlweise sowie bei unterschiedlicher Relativlage beider Teile,
erforderliche Mittel und Maßnahmen	wenn	diese Teile durch weitere kraftübertragende Zwischenteile lösbar verbunden werden.

Diese allgemeine Aussage ist durch **eingrenzende Bedingungen** zu konkretisieren, indem Hinweise auf typische andere Bestandteile der Gesamtfunktion hinzugefügt werden. Man beachte, dass die Funktionsangabe im Grundprinzip im Sinne der Definition unvollständig ist. Sie enthält nur die unbedingt geforderten Merkmale der zu realisierenden Funktion. Alle übrigen Merkmale sind variabel und führen zu Lösungsvarianten bei der Synthese. Sie bilden den Vorrat an unterscheidenden Merkmalen für die Klassifikation.

Der zweite Teil enthält die **erforderlichen Maßnahmen** zur Lösung der Aufgabe. Sie umfassen alle notwendigen Bestandteile der Struktur des Produktes. Charakteristisch für die Maßnahmen im Grundprinzip ist ihre Abwandelbarkeit. Sie ist damit die Quelle für den Variantenreichtum an Lösungen und die Gewinnung von Klassifikationsmerkmalen zur Ordnung vorhandener Produkte.

Bei der **Analyse** kann das Grundprinzip für den zweckmäßigen Aufbau eines Ordnungssystems benutzt werden. Es ermöglicht, den Wesenskern einer abgegrenzten Klasse von Produkten zu erfassen, zweckmäßige Benennungen abzuleiten, Ordnungsmerkmale zu gewinnen, die dem Zweck anpassbar sind, sowie Lücken innerhalb der Klasse festzustellen.

Bei der **Synthese** unterstützt das Grundprinzip den Übergang **Funktion–Struktur**. Der Zwang zur Abstraktion impliziert eine große Variantenvielfalt und liefert Denkanstöße für neuartige Lösungen.

10

10.2.2 Präzisieren von Konstruktionsaufgaben

Die Bearbeitung einer Konstruktionsaufgabe beginnt mit der Analyse des gestellten Problems. Durch das Präzisieren soll der Konstrukteur die vorliegende Problemsituation genau erkennen und sich durch eine systematische Ordnung der gegebenen Informationen eine geeignete Ausgangsbasis für die Lösung der Aufgabe erarbeiten.

Ziele des Präzisierens sind:

- Erkennen des **Zusammenhangs**, in dem die Aufgabe steht,
- Erfassen und systematisches Ordnen aller Gegebenheiten des **durchzuführenden Entwicklungsprozesses**,
- Erfassen und systematisches Ordnen aller Gegebenheiten des zu **entwickelnden Produktes**,
- Erzeugung des notwendigen Interesses an der Lösung der Aufgabe beim Bearbeiter (**Motivation**).

Die wichtigste Maßnahme beim Präzisieren ist die Bestimmung der **technischen Funktion** für den mit der Aufgabenstellung verfolgten Zweck. Dabei gilt der Grundsatz: Keine Aufgabenstellung darf unbesehen und unkritisch hingenommen werden. Sie bedarf stets der Schriftform.

Konstruktionsaufgaben entstehen in der Regel außerhalb des Konstruktionsbereichs durch Marktanalyse, Kundenbefragung, Trendstudien, Reklamationen, Produktanfragen, Patent- und Literaturrecherchen.

Im Allgemeinen ist eine Konstruktionsaufgabe durch folgende Merkmale charakterisiert:

- Sie enthält Informationen über Umgebung, Funktion und Struktur als Gegebenheiten oder Forderungen.
- Sie beschreibt eine Problemsituation.
- Die Aufgabe ist in einen sozialen und technischen Zusammenhang eingebettet.
- Die Situation ist durch Widersprüche, Lücken und Mängel gekennzeichnet.
- Für die Lösung der Aufgabe liegt ein Bedürfnis vor.
- Die Aufgabe impliziert Probleme in anderen Bereichen (z. B. Herstellung oder Vertrieb).

10.2.2.1 Präzisieren der Prozessdaten

Bei der Problemanalyse hat der Entwicklungsingenieur nicht nur die Gegebenheiten des zu entwickelnden Produktes, sondern auch alle zur Entwicklung des Produktes gegebenen Voraussetzungen zu bestimmen.

Für die Analyse der **Prozessdaten** hat sich das Frageschema nach Bild 10.9 bewährt, das sich an einer allgemeinen Funktionsbeschreibung, gekennzeichnet durch Eingangsgrößen, Ausgangsgrößen, Umstände und Nebenwirkungen, orientiert.

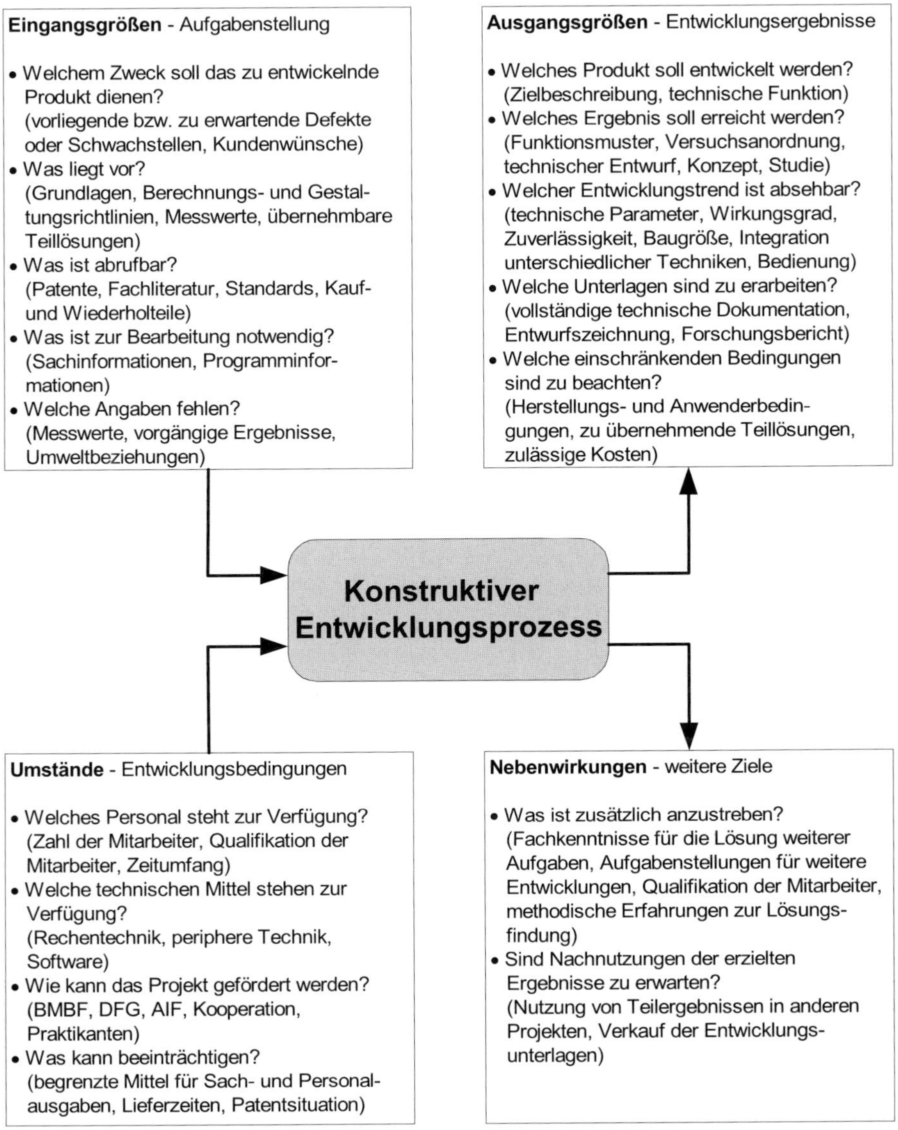

Bild 10.9 Präzisieren der Daten zum Entwicklungsprozess

10.2.2.2 Präzisieren der Produktdaten

Mit dem Aufgabenschema nach Bild 10.10 wird das geordnete Zusammenstellen der **Produktdaten** unterstützt, wobei durch das Bestimmen der Ein- und Ausgangsgrößen des zu entwickelnden Produktes zielstrebig die technische Funktion erarbeitet wird. Mit dem **Funktionsmodell** nach Bild 10.1 lassen sich die Funktionsgrößen des gewünschten Produktes sowie die zu erwartenden Störgrößen aus der Umgebung anschaulich darstellen. Als Ergebnis entsteht ein **Funktionsplan**.

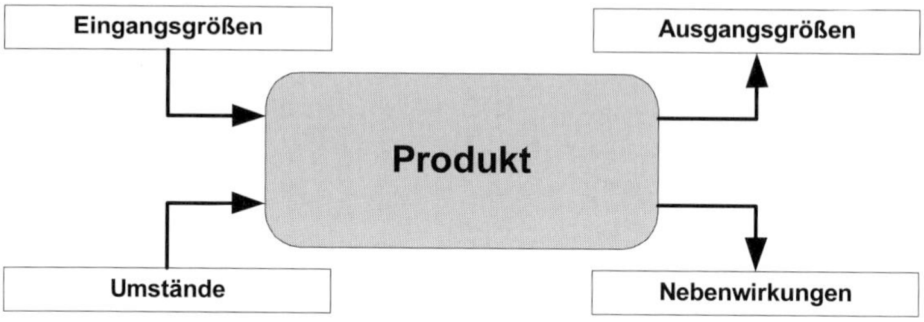

Bild 10.10 Präzisieren der Daten des Produktes

10

Für das Präzisieren der Aufgabe sind folgende Arbeitsschritte zweckmäßig:

Bestimme den Zweck des zu entwickelnden Produktes:
- Grenze das Produkt zu seiner Umgebung ab.
- Formuliere die technische Aufgabe verbal.
- Definiere den Einsatzbereich.
- Orientierung an Kundenwunsch.

Präzisiere die Angaben zur Funktion:
- Bestimme die Wechselbeziehungen zur Umgebung.
- Ermittle Ein- und Ausgangsgrößen.
- Ermittle die Beziehungen zwischen den Ein- und Ausgangsgrößen.
- Bestimme Wertebereiche und Toleranzen für Ein- und Ausgangsgrößen.
- Unterscheide zwischen funktionsrelevanten und nichtfunktionsrelevanten Ein- und Ausgangsgrößen.
- Ermittle gegebene Teilfunktionen.
- Ermittle die Abhängigkeiten zwischen den gegebenen Teilfunktionen.
- Bewerte die Teilfunktionen nach ihrer Wichtigkeit und leite Teilaufgaben ab.
- Beachte gegebene physikalische Effekte und mathematische Beziehungen.

Präzisiere die Angaben zur Struktur:
- Bestimme die gegebenen Strukturbestandteile.
- Lege die funktionswichtigen Strukturparameter fest.
- Ermittle Angaben über die Struktur aus der Umwelt (z. B. räumliche Bedingungen, Anschlussmaße).

Ermittle die Umstände, unter denen das Produkt arbeitet.

Ermittle die Nebenwirkungen des Produktes.

Beispiel einer Aufgabenstellung:

Es ist eine Sondermaschine zum Fertigen von Schlitzen in zylindrischen Teilen (Bild 10.11) zu entwickeln.

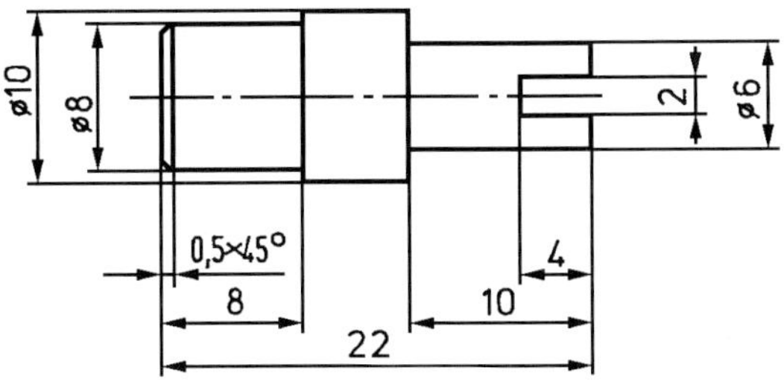

Bild 10.11 Zu schlitzendes Bauteil

Mit der zu entwickelnden Sondermaschine sind 270000 Zapfen pro Jahr zu schlitzen. Die Produktion ist für 5 Jahre gesichert. Bisher wurden 20000 Stück pro Jahr manuell mit einer Universalfräsmaschine hergestellt, eine Kooperation ist nicht möglich.

- Stückzahlerhöhung von 20000 auf 270000 Stück je Jahr;
- weiterer Bedarf zum Schlitzen ähnlicher Teile;
- vorhandene Fertigungsart hat zu niedrige Arbeitsproduktivität;
- geeignete Maschine nicht vorhanden.

Die Aufgabenstellung ist aus erster Sicht lösbar, sie ist sinnvoll. Die Orientierung auf eine Sondermaschine zum Fräsen der Schlitze ist richtig, da andere Lösungsmöglichkeiten, beispielsweise Frässupport für Drehautomaten, unter den gegebenen Bedingungen ungünstig sind.

In den Bildern 10.12 und 10.13 sind die gegebenen Daten zum Entwicklungsprozess der Sondermaschine sowie der Sondermaschine selbst dargestellt.

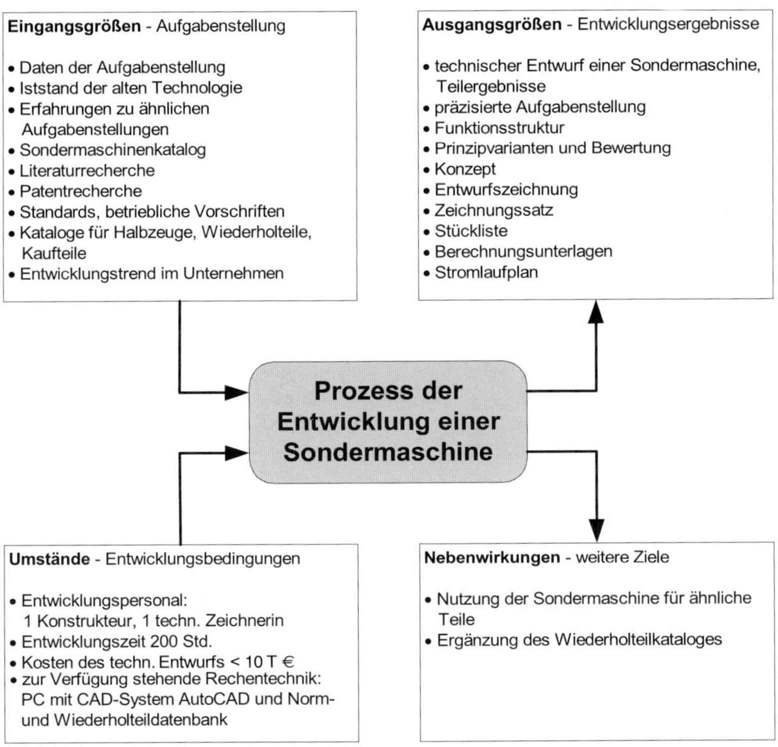

Bild 10.12 Präzisieren der Daten zum Entwicklungsprozess der Sondermaschine

10.2.2.3 Festlegen der Aufgaben im Pflichtenheft

Die aus den Prozess- und Produktdaten ermittelten Forderungen an das zu entwickelnde Produkt werden in einer Forderungsliste (Tabelle 10.8) zusammengestellt und sind Basis für das Erarbeiten des **Pflichtenheftes**.

Tabelle 10.8 Forderungsliste für Sondermaschine

Nr.	Wichtung	Forderungen	Bemerkungen
		Funktion	
1	F	Schlitzen vorgefertigter Werkstücke gemäß Zeichnung (Bild 10.11) – z. B. Werkstoff MS 58 – entgratet – frei von Spänen – kontrolliert – ungeordnet imTransportbehälter	Auswahl des Bearbeitungsverfahrens in Abstimmung mit der Werkstatt
2	M	Umrüstbar auf ähnliche Teile	
3	F	Zufuhr der Werkstücke aus Transportbehälter (Werkstücke liegen ungeordnet vor)	
4	M	Zu verwendende Energieversorgung – Drehstrom – Druckluft	
5	M	Automatischer Betrieb Einfache Kontrolle durch Werker Zwei-Schicht-Betrieb 270 000 Stück/Jahr	
6	M	Einsatz unter Werkstattbedingungen – geringe Wärmeentwicklung – geringe Geräusche und Schwingungen – Arbeitschutzbestimmungen	
		Entwicklung	
7	M	Entwicklungskapazität 200 Stunden Unterlagen: Werkstattzeichnungen Montageanleitung Fertigstellung der Unterlagen:	
8	F	Entwicklungskosten $\leq$ 10.000 Euro	
		Fertigung	
9	F	Herstellung einer Maschine im Musterbau	

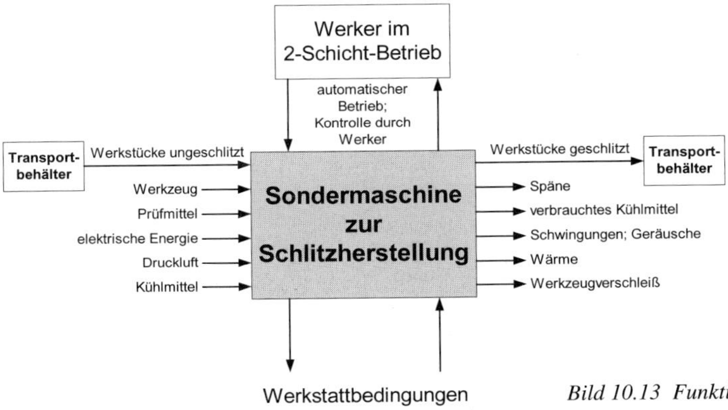

Bild 10.13 Funktionsplan der Sondermaschine

Tabelle 10.9 Gliederung eines Pflichtenheftes nach VDI/VDE-Richtlinie 3694

Phasen	**Tätigkeiten**
1. Einführung in das Projekt	• Veranlassung (Hintergründe, technologisches Umfeld), • Zielsetzung (z. B. Technik, Wirtschaftlichkeit), • Projektumfeld (z. B. Auftraggeber, technische Zusammenhänge), • Hauptaufgaben, • Eckdaten (z. B. Termine, Personal, Kosten), • ...
2. Beschreibung des Ist-Zustandes	• Beschreibung aller technischen Zusammenhänge, • Beschreibung aller organisatorischen Zusammenhänge, • ...
3. Beschreibung des Soll-Zustandes	• Kurzbeschreibung der Aufgabe, • Festlegung der gewünschten Ergebnisse, • Angabe der vorhandenen Ausgangsdaten, • ...
4. Beschreibung von Interface oder Schnittstellen	• Hardwareschnittstellen, • Softwareschnittstellen, • ...
5. Anforderungen an die Systemtechnik	• Herstellerneutrale Anforderungen, die sich durch die Art der Aufgabe ergeben, • ...
6. Anforderungen an die Inbetriebnahme und den Einsatz	• Anforderungen an die Dokumentation, • Anforderungen an die Montage, • Anforderungen an die Inbetriebnahme, • Abnahmen, Art der Abnahmedurchführungen, • Produktschulungen, • Anforderungen an den Betrieb, • Anforderungen an Instandhaltung und Wartungsmöglichkeiten, • ...
7. Anforderungen an die Qualität	• Qualitätsnachweise, • Kontrollpläne, Prüfprotokolle, FMEA, • ...
8. Anforderungen an die Projektabwicklung	• Projektorganisation (z. B. Personal, Arbeitsorte, Zuständigkeiten), • Projektdurchführung (z. B. Aktivitäten, Meilensteine, Überwachung), • ...

10

Das **Pflichtenheft** umfasst die vollständige Zusammenstellung sämtlicher Anforderungen des Auftraggebers bezüglich Liefer- und Leistungsumfang. Dazu gehören die quantifizierten und prüfbaren Anforderungen, einschließlich der Randbedingungen, die das Produkt aus Anwendersicht erfüllen soll.

Das Pflichtenheft beinhaltet im Einzelnen:

- Marktvolumen, Marktpreis, Umsatzziel, Rendite,
- zulässige Herstellkosten, Investitionskosten,
- technische Anforderungen, technische Daten,
- technische Funktion,
- Sicherheitsbedingungen, Ergonomie,
- Qualitätsmerkmale, Lebensdauer.

Die Anforderungen gliedern sich in:

Forderungen – Festforderungen (*F*) bzw. Mindestforderungen (*M*), die zur Funktionserfüllung unabdingbar sind,

Wünsche (*W*) – Zusatzfunktionen, die nach Möglichkeit anzustreben sind,

Ziele (*Z*) – sie werden im Rahmen der Gesamtentwicklung angestrebt, aber bei der Erfüllung der gestellten Aufgabe noch nicht konkret verwirklicht.

Der Inhalt des Pflichtenheftes (Tabelle 10.9) muss während des Entwicklungsprozesses auf Grund der gewonnenen Erkenntnisse ständig aktualisiert werden. Verantwortlich für die Führung und Aktualisierung ist der Projektleiter.

10.2.2.4 Methode der kunden- und wettbewerbsorientierten Produkt- und Qualitätsplanung – QFD (Quality Function Deployment)

QFD ist eine Methode zur systematischen und ganzheitlichen Produkt- und Qualitätsplanung. Man orientiert sich dabei ganz konsequent an den **Kundenwünschen**. Aus der Stimme des Kunden werden die **Anforderungen** in Form eines **Pflichtenheftes** an das Produkt abgeleitet. Mit diesem Pflichtenheft werden die Kundenwünsche für das Unternehmen und für alle Abteilungen verbindlich festgelegt. Ziele sind im Wesentlichen:

- Optimierung des Kundennutzens,
- Gewinnen zufriedener Kunden,
- Verbesserung der relativen Wettbewerbsposition,
- Hinzugewinnung von Marktanteilen.

Bild 10.14 zeigt die durchzuführenden **Arbeitsschritte**. Der gesamte Ablauf wird in 15 einzelne Arbeitsschritte aufgeteilt, wobei einige Arbeitsschritte bei der praktischen Anwendung zusammengefasst werden können.

Die Methode kann prinzipiell für alle Produkte, aber auch ebenso für Dienstleistungen eingesetzt werden.

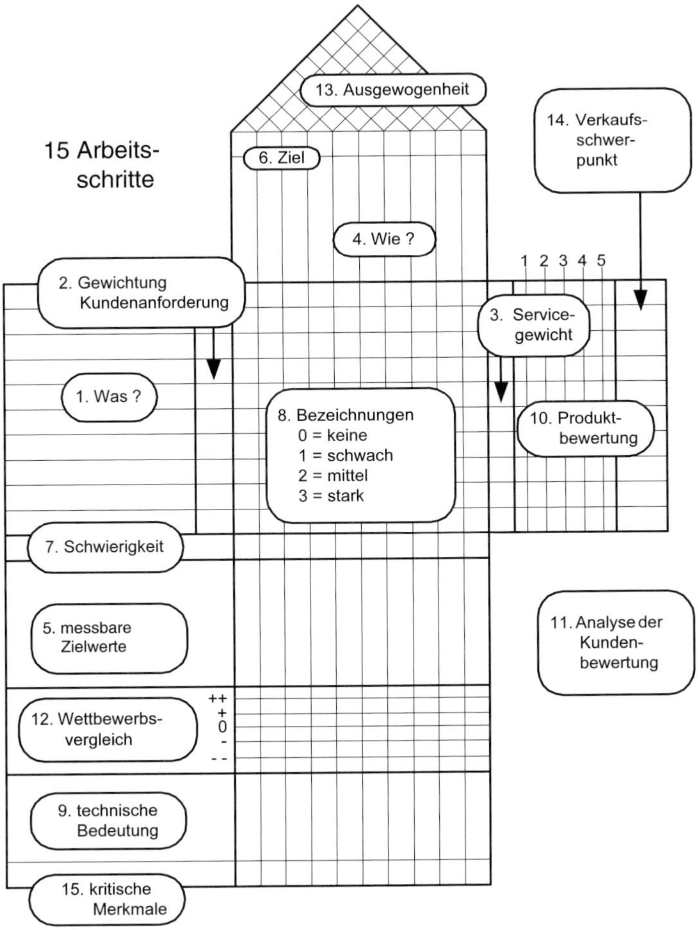

Bild 10.14 Arbeitsschritte der Methode QFD

10.2.3 Methoden zur Lösungsfindung

10.2.3.1 Ermitteln der Gesamtfunktion

Bei der Neuentwicklung von Produkten sowie bei Weiterentwicklungen mit dem Ziel, neue Prinzipien zu verwenden, ist es erforderlich, für die Lösungsfindung eine Ausgangsposition zu schaffen, die sich von bekannten Vorbildern löst.

Als Ergebnis der Aufgabenpräzisierung liegen detaillierte Angaben über die Gesamtfunktion vor. Um ein breites Lösungsfeld aufbauen zu können, muss die **Funktionsbeschreibung** abstrakter gefasst werden. Dies geschieht durch:

- Vernachlässigung nichtfunktionsrelevanter Größen,
- Vernachlässigung quantitativer Angaben,
- Vernachlässigung von Merkmalen der funktionswichtigen Eingangs- und Ausgangsgrößen.

Als Hilfsmittel kann bei diesen Überlegungen die Formulierung des Funktionsziels und der eingrenzenden Bedingungen nach der Methode des Grundprinzips (Abschn. 10.2.1) benutzt werden. Die vernachlässigten Größen bzw. Teilfunktionen sind im Verlauf der Entwicklung wieder einzubeziehen.

10.2.3.2 Ermitteln von Verfahrensprinzipien und Funktionsstrukturen

Im ersten Syntheseschritt sind für eine gegebene Gesamtfunktion mögliche **Teilfunktionen** und ihre **Relationen** zu bestimmen.

Für Produkte, in denen verfahrenstechnische Operationen zu realisieren sind, beispielsweise bei Be- und Verarbeitungsmachinen oder Chemieanlagen, ist zunächst ein Verfahrensprinzip (Bild 10.15) aufzustellen.

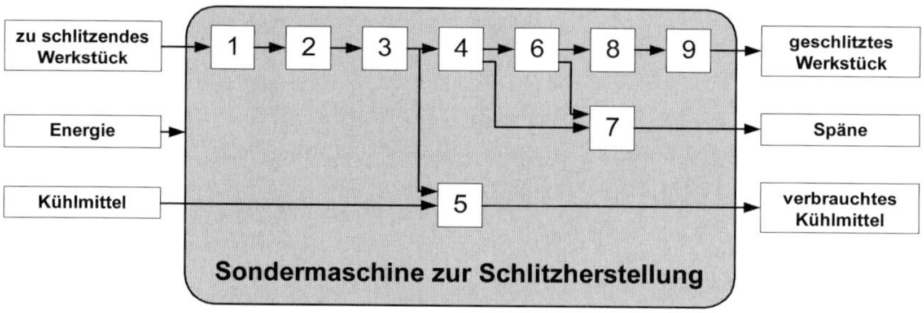

1 Zuführen der Werkstücke aus dem Transportbehälter
2 Positionieren in der Spanneinrichtung
3 Spannen des Werkstückes
4 Schlitz fräsen (Relativbewegung zwischen Werkstück und Werkzeug)
5 Kühlen des Werkstückes
6 Entgraten des Werkstückes
7 Abführen der Späne
8 Entspannen des Werkstückes
9 Abführen des Werkstückes in den Transportbehälter

Bild 10.15 Verfahrensprinzip der Sondermaschine

Für die Realisierung der einzelnen Verfahrensschritte können unterschiedliche Funktionselemente zum Einsatz kommen und damit unterschiedliche Funktionsstrukturen entstehen. Zur Ermittlung von Funktionsstrukturen gibt es unterschiedliche Methoden:

- **Nutzung gegebener Teilfunktionen aus der präzisierten Aufgabe**
  Die Eingangs- und Ausgangsgrößen der Gesamtfunktion sowie der Teilfunktionen, die beim Präzisieren der Aufgabenstellung ermittelt wurden, liefern die Grundlage für die gesuchte Funktionsstruktur.
- **Strukturierung des als Blackbox gegebenen Systems, beginnend mit den Eingangs- und Ausgangsgrößen**
  Der Unterschied zwischen Eingangs- und Ausgangsgrößen der gegebenen Gesamtfunktion wird analysiert. Unter Zuhilfenahme bekannter Funktionselemente baut man, ausgehend vom Systemrand, die Funktionsstruktur so auf, dass der festgestellte Unterschied überwunden wird (Tabelle 10.10).
- **Ermittlung der Funktionsstruktur durch Systemanalyse**
  Man benutzt die Funktionsstruktur bekannter Lösungen als Grundlage für das Erarbeiten neuer Varianten auf gleicher Ebene oder versucht, sie mit anderen Bauelementen technisch zu realisieren. Dabei muss die Abstraktion so weit getrieben werden, dass man sich von dem vorhandenen Vorbild lösen kann.

Tabelle 10.10 Entwickeln einer Funktionsstruktur

Bemerkungen	Lösungsschritte
Aufgabe: Zweikoordinaten-positioniereinrichtung mit hoher Genauigkeit	
Antrieb führt alle Positionier-operationen aus	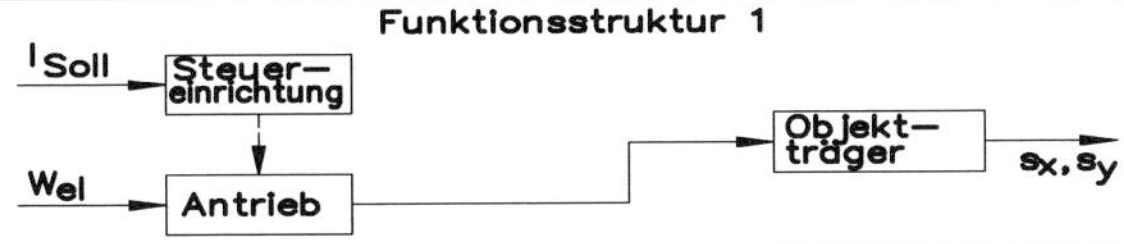
Antrieb und Getriebe für 2 Koordinaten problematisch	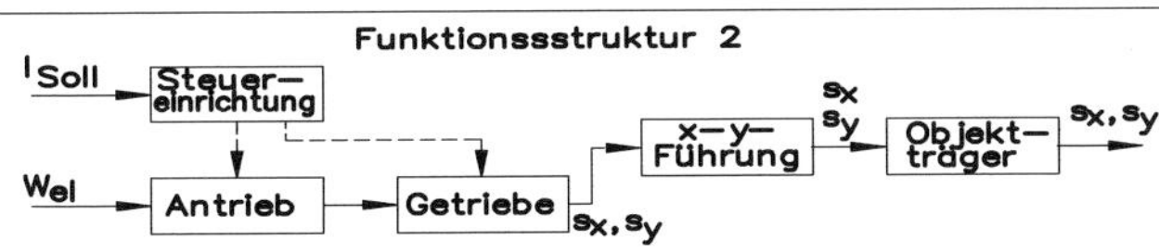
Start-Stopp-Verhalten der Antriebe bestimmt Positionierzeit sowie mit Getrieben und Führungen Positionier-genauigkeit	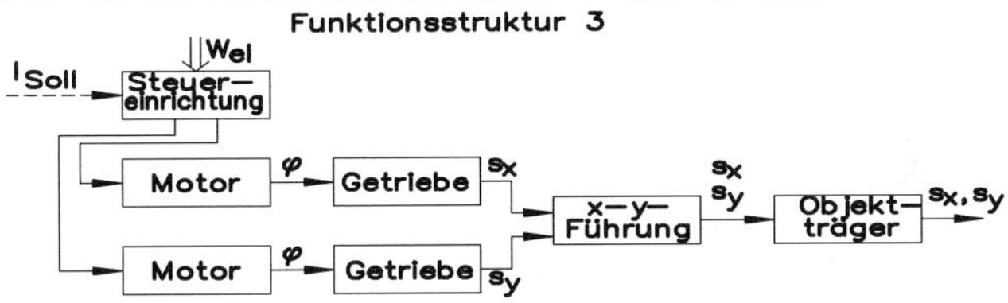
Lösung entspricht den Forderungen, Funktionsblock Messeinrichtung zu komplex	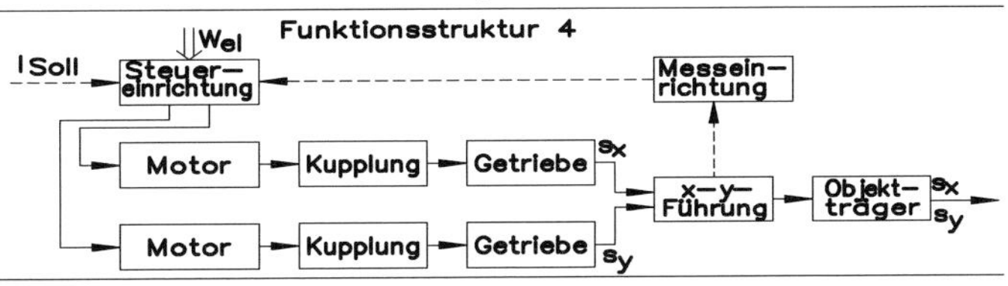
Weitere Kon-kretisierung auf der Prinzipebene	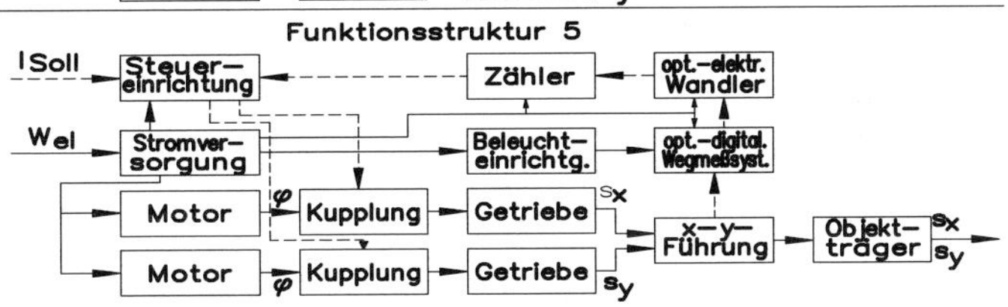

Das Vorgehen lässt sich wie folgt zusammenfassen:

1. Aufsuchen einer Lösung mit ähnlicher Gesamtfunktion
2. Analyse und Bestimmung der Funktionsstruktur der vorliegenden Lösung
3. Variation der Funktionsstruktur.

Für das Erarbeiten von Funktionsstrukturen mit Hilfe dieser Methoden sollen noch folgende Hinweise dienen:

Die Zerlegung einer Gesamtfunktion sollte nur so weit getrieben werden, bis Teilfunktionen erreicht werden, für die Lösungselemente bekannt sind. Die Grenze stellen dabei die Grundfunktionen dar.

Die Ausnutzung des Abstraktionsbereichs und der Variationsmöglichkeiten der Funktionsstruktur erleichtert das Vorgehen bei der Lösungsfindung.

Eine gute Hilfe für das Entwerfen von Funktionsstrukturen ist die Unterscheidung von Informations-, Stoff- und Energiefluss im Produkt.

10.2.3.3 Funktionsorientierte Auswahl aus Lösungskatalogen

Entsprechend dem derzeitigen Stand der Technik sind zur Realisierung immer wiederkehrender Teilfunktionen technische Lösungen bekannt. Diese Lösungen können dem Entwicklungsingenieur in Form von Katalogen oder Datenbanken angeboten werden.

Sie sollen eine Auswahl nach funktionellen Größen, also Ein- und Ausgangsgrößen, ermöglichen.

Man benötigt dazu einen **Funktion-Struktur-Speicher**, der bereits entwickelte und bewährte Teillösungen bereitstellt, mit allen zum weiteren Einsatz notwendigen Informationen, klassifiziert nach funktionellen Merkmalen.

Für abgegrenzte Objektbereiche liegen solche **Funktion-Struktur-Speicher** entsprechend Bild 10.16 vor.

Prinzipkatalog: Vergrößern – Verkleinern physikalischer Größen

Ursache: 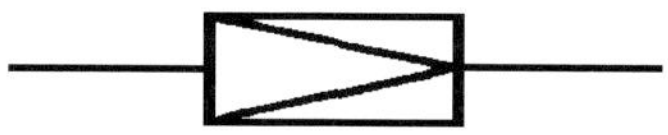 Länge, Querschnitt Volumen

Ursache	**Physikalischer Effekt**		**Gesetz**	**Anwendungsbeispiel**
Länge Querschnitt Volumen	Hebel-Effekt	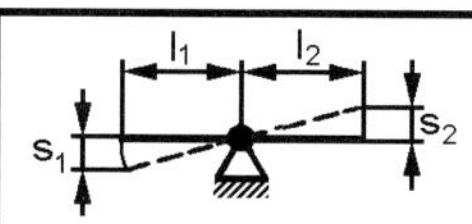	$s_2 = s_1 \cdot \frac{l_2}{l_1}$	Hebelgetriebe Zahnräder
	Keil-Effekt	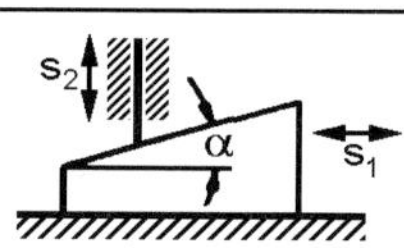	$s_2 = s_1 \cdot \tan\alpha$	Schraube Kurvengetriebe
	Kapillarität	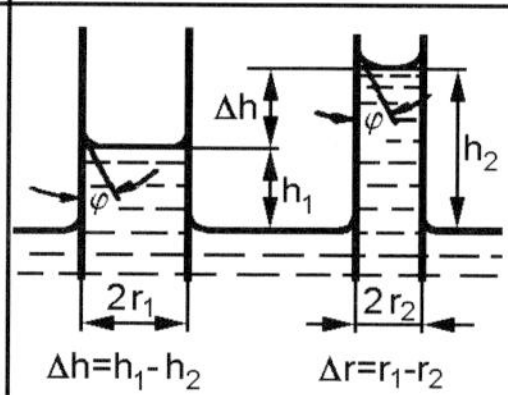	$\Delta h = \frac{-\Delta r}{r_1^2 - r_1\,\Delta r} \cdot \frac{2\sigma\cos\varphi}{\rho g}$	
	Querkontraktion	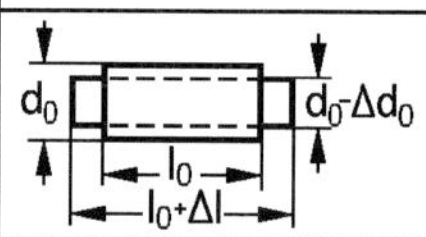	$\Delta d = \mu \cdot \frac{d_0}{l_0} \cdot \Delta l$	
	Schubverformung	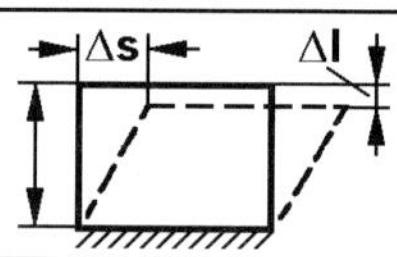	$\Delta l = \frac{\Delta s^2}{2 \cdot l}$	Mikrokator
	Fluid-Effekt	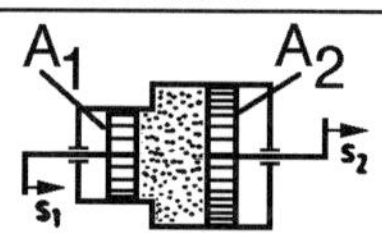	$s_2 = \frac{A_1}{A_2} \cdot s_1$	Hydraulik Pneumatik

Bild 10.16 Funktion-Struktur-Speicher (nach Koller)

Falls eine Teilfunktion mit bisher bekannten, im Speicher enthaltenen Teillösungen nicht erfüllt werden kann, müssen neue Prinzipvarianten entwickelt werden. Hierzu können die in den nächsten Abschnitten behandelten Methoden genutzt werden.

10.2.3.4 Variation

Unter **Variation** versteht man den Austausch von Merkmalen eines Objekts mit dem Ziel, von diesem Varianten abzuleiten, die einer gegebenen Forderungsmenge genügen.

Bei der Bearbeitung von Konstruktionsaufgaben tritt nicht selten der Fall auf, dass vorhandene oder neu gefundene Strukturen den gestellten Anforderungen nicht voll genügen, aber einen entwicklungsfähigen Ansatz enthalten. Die vorhandenen Lösungen sind hinsichtlich ihrer Verbesserungsmöglichkeiten zu prüfen und so zu verändern, dass sie die Forderungen erfüllen. Dazu dient die Variation.

Voraussetzung für die Variationsmethode ist eine gegebene Lösung. Aus ihr werden durch partielle Veränderungen der Struktur neue Lösungen erarbeitet. Die Variationsmethode kann man im konstruktiven Entwicklungsprozess in vielfältiger Weise anwenden:

- Verbessern und Weiterentwickeln von Lösungen,
- Abwandeln von Lösungen für bestimmte Forderungen,
- Vervollständigen des Lösungsfelds,
- Erreichen der Kopplungsfähigkeit mit Elementen der Umgebung,
- zielgerichtetes Entwickeln von Wiederholteilen,
- Umgehen von bekannten (patentierten) Lösungen.

Gegenstand der Variation sind die Eigenschaften der Produkte. Die Systembetrachtung (Tabelle 10.1) gestattet einen Überblick über die vorhandenen Variationsmöglichkeiten:

- Bei einem Produkt können Umgebung, Funktion und Struktur variiert werden.
- Die Variation der technischen Funktion ist stets auf eine Variation der Umgebung und der Struktur des Produktes (oder eines von beiden) zurückführbar.
- Da eine Variation der Umgebung nur über deren Strukturänderung möglich ist, kann jede Variation konstruktiv nur durch eine Strukturvariation realisiert werden.
- Die Variation ist auf allen Abstraktionsebenen der Strukturbeschreibung möglich.

Das Variieren gehört zu den ständig benutzten Methoden des Entwicklungsingenieurs, ohne dass er sich dessen bei jeder Anwendung bewusst ist.

Beispiele:
Für eine Verarbeitungsmaschine wird ein nichtperiodisch gesteuertes Stellglied benötigt. Der notwendige Stellweg s_a mit einer ausreichenden Kraft wird, wie die Prinzipskizze in Bild 10.17 zeigt, über eine Schubkurbel erzeugt. Über einen mechanischen Schalter steuert der Elektromagnet die Übertragung des Wegs s_1 nach s_a. Durch die verallgemeinerte Darstellung im Blockbild lassen sich neue Lösungsansätze finden. In Variante 1 wird das gleiche Prinzip noch einmal auf die Betätigung des Schalters angewendet und s_2 nicht durch den Elektromagneten, sondern von einer zusätzlichen Quelle erzeugt. Der für s_2 notwendige Schalter ist in Variante 2 durch einen steuerbaren Speicher ersetzt, der periodisch geladen wird. Die Variation erfolgte durch Hinzufügen und Austausch von Funktionselementen. Überlegungen auf dieser Abstraktionsebene geben sehr schnell einen guten Überblick über eine größere Anzahl beispielsweise patentrechtlich geschützter Lösungen und eröffnen Wege zu neuen Prinzipien.

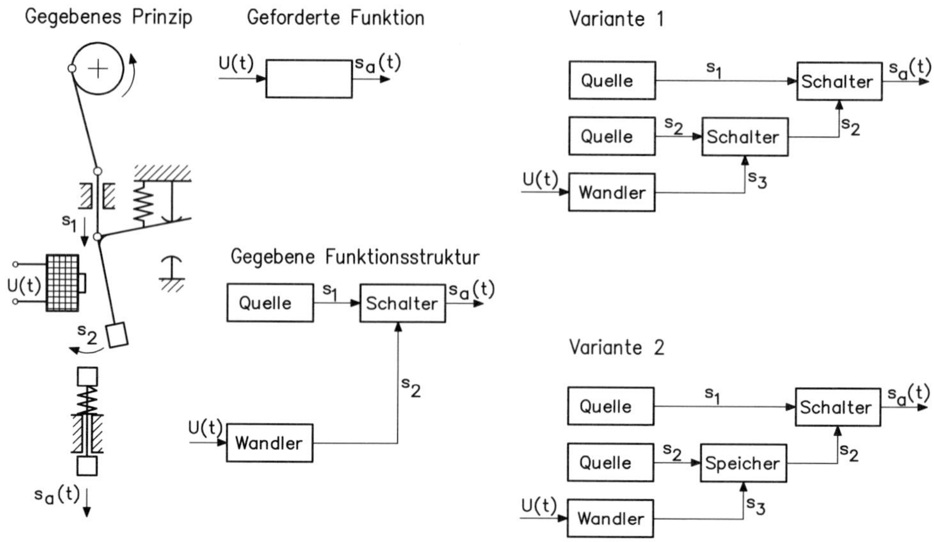

Bild 10.17 Variation einer Funktionsstruktur

Ein technisches Prinzip muss bei seiner konstruktiven Realisierung oft unter Beibehaltung der Funktion abgewandelt werden. Bild 10.18 zeigt, wie sich bei einem Sinusgetriebe Ansätze für verschiedene konstruktive Ausführungen durch Variation gewinnen lassen. Variationsmerkmal und -gegenstand bieten hier eine zweckmäßige Ordnungsmöglichkeit für die Variationsschritte.

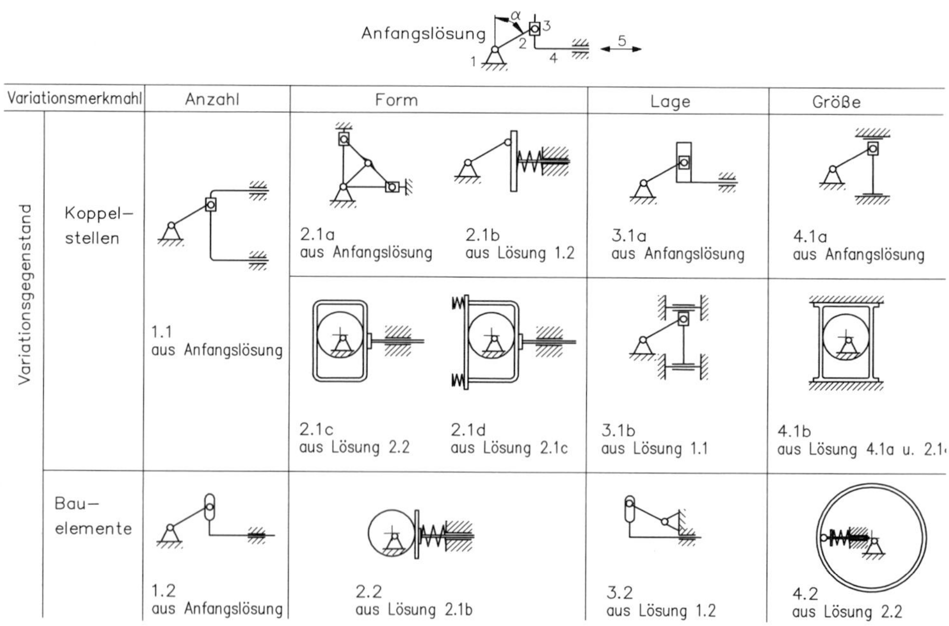

Bild 10.18 Prinzipvariation

Das Variieren kommt der auf Anschauung beruhenden Arbeitsweise des Entwicklungsingenieurs sehr entgegen. Die wichtigsten methodischen Schritte sind in Bild 10.19 zusammengefasst. Eine Ordnung der möglichen Variationsmaßnahmen kann helfen, den geeigneten Variationsansatz zu finden.

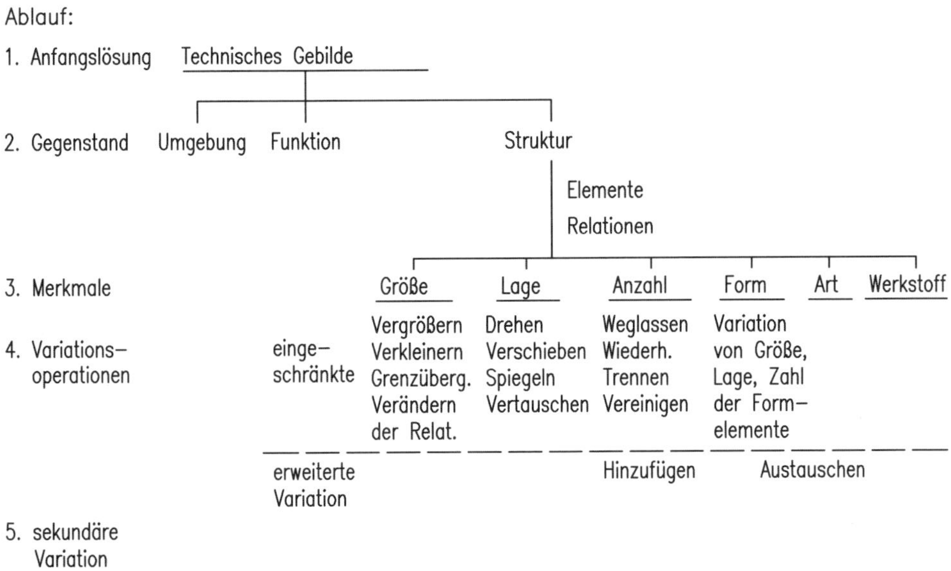

Bild 10.19 Übersicht über Variationsmöglichkeiten

10.2.3.5 Analogien

Man gewinnt Lösungen durch **Analogien** aus Bereichen, die außerhalb der betrachteten Problemsituation liegen. Gleichnisse und Assoziationen sollen zunächst vom detaillierten Problem wegführen. Durch Analysieren und Präzisieren des neuen Betrachtungsstandpunkts in Bezug auf das ursprüngliche Problem können neue Lösungsaspekte entstehen.

Die Fähigkeit des Erkennens von Analogien ist eine wichtige Voraussetzung für die schöpferische Arbeit des Entwicklungsingenieurs.

Die **Analogiemethode** (auch **Synektik**) wird bewusst oder unbewusst seit langer Zeit zum Erarbeiten neuer technischer Lösungen angewendet:

- Übertragung von Analoga aus anderen Gebieten, wie beispielsweise der Natur in das Gebiet der Technik (Bionik),
- Übertragung von Analoga innerhalb der Technik von einem technischen Gebiet auf ein anderes.

Die Analogiemethode kann in unterschiedlichen Abstraktionsebenen angewendet werden, vorrangig in der Prinzipphase. Liegt noch keine ausreichende Abstraktionsebene vor, so ist zunächst eine Abstraktion auf die für das technische Prinzip wesentlichen Merkmale durchzuführen.

Die Analogiemethode kann in Form von Ideenkonferenzen oder vom Einzelbearbeiter nach folgendem Prinzip angewendet werden:

- Suche Ähnliches aus der Natur oder angrenzenden Bereichen der Technik!
- Trenne Ideenfindung und Kritik!
- Notiere jeden Einfall!

Es ergeben sich folgende Arbeitsschritte:

1. Darlegung des Problems
2. Vertrautmachen mit dem Problem (Analyse)
3. Verfremden des Vertrauten (Analogien aus anderen Lebensbereichen)
4. Analyse der gefundenen Analogie
5. Vergleich zwischen Analogie und bestehendem Problem
6. Entwicklung einer neuen Idee aus dem Vergleich
7. Entwicklung einer möglichen Lösung.

Beispiele:

Der Skelettaufbau eines Dinosaurierhalses lieferte die Anregung für die Konstruktion eines 20 m hohen Antennenmastes, der zerlegbar und in einem Tornister zu transportieren ist. Er besteht analog den Wirbelknochen aus Ringen, die ineinander gesteckt und verspannt werden (Kulikow-Antenne).

Zur Stabilisierung hoher Masten wurde eine neue Lösung gesucht. Hinweise lieferte die Befestigung eines Spinnennetzes (Bild 10.20 a, b). Die versetzten Ansatzpunkte bieten erhöhte Sicherheit und erreichen eine mehrstellige Krafteinleitung. Bei den gegenwärtigen technischen Mitteln würde jedoch die Materialeinsparung durch den Mehraufwand für die Befestigung aufgehoben. Neue, der Natur ähnliche Haftprinzipen sind zu suchen. Als Beispiele wären zu nennen: das Festsaugen durch Saugnäpfe (Bandwurm), Ankrallen mit Hilfe kleiner Häkchen (Klette), Ankleben mit Hilfe spezieller Sekrete (Insekten), Eindringen in die Oberfläche durch partielle Zerstörung (niedere Pflanzen) oder das Umschlingen von Gegenständen (Schlingpflanzen).

Für die Versteifung flexibler Rohre findet man ebenfalls Vorbilder in der Biologie (Bild 10.20 c, d, e, f). Die Bionik erforscht diese Zusammenhänge.

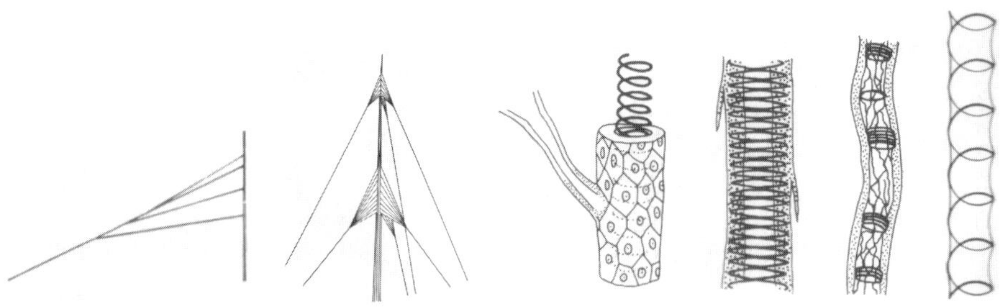

a) b) c) d) e) f)

Bild 10.20 Natur als Vorbild für technische Lösungen (Bionik)
a) Befestigung des Netzfadens einer Spinne;
b) „organische" Lösung für das Stabilisieren eines Mastes;
c) spriralversteifte Tracheenröhre der Insekten;
d) spiralversteifte Schwebeborsten von Diatomeen;
e), f) Vorschlag für die Versteifung von Folienschläuchen

Die Lösungssuche mit Hilfe von Phantasie und Intuition bedarf eines bestimmten Trainings. Abstraktion und Flexibilität der Gedankengänge können geübt und mit systematischem Vorgehen verbunden werden.

Dabei haben sich folgende heuristische Prinzipien bewährt:

- Analogie, Inversion (Negation, Umkehren des Bestehenden),
- Analyse (Aufspalten, Zerlegen, Zerstückeln),
- Synthese (Verknüpfen, Kombination),
- Transformation (in einen anderen Bereich),
- Translokation (Verändern der Ortsbedingungen),
- Temporaländerung (Verändern der Zeitbedingungen).

Die bewusste Anwendung unterstützt den Entwicklungsingenieur, sich von Vorbildern zu lösen und bekannte Lösungen unter völlig anderen Bedingungen zu betrachten.

10.2.3.6 Ideenfindung

Intuition und Phantasie sind in ihrem Wesen wissenschaftlich noch nicht so weit aufgeklärt, dass sie zielgerichtet im Einzelfall wie ein anderes Hilfsmittel einsetzbar sind. Sie können aber wichtige Denk- und Lösungsansätze für die Bearbeitung von Konstruktionsaufgaben liefern.

Die Aufgabe der Methoden zur Ideenfindung besteht darin, die Effektivität des Lösungsfindungsprozesses zu erhöhen, indem

- eine möglichst große Anzahl von Ideen produziert wird und
- eine relativ gleichmäßige Überdeckung des Lösungsfelds entsteht.

Ideenkonferenz. Eine Ideenkonferenz (**brainstorming**) ist eine Zusammenkunft, in der die Teilnehmer in möglichst ungezwungener Form Ideen zur Lösung eines vorher bekannt gegebenen Problems vorbringen, diskutieren und festhalten.

Bei der praktischen Durchführung sind drei Etappen zu unterscheiden:

Vorbereitung: Die Problemstellung muss zunächst analysiert, aufbereitet und formuliert werden, sodass Zielstellung und wichtige Randbedingungen für den Teilnehmerkreis verständlich sind. Die Teilnehmer (etwa 5 bis 15 Personen) werden so ausgesucht, dass zahlreiche und sehr breit streuende Lösungsvorschläge zu erwarten sind. Fachleute verschiedener Gebiete sowie Nichttechniker sollten einbezogen werden.

Durchführung: Der Problemsteller leitet die Ideenkonferenz. Es gelten folgende Diskussionsregeln:

- Phantasie ist Pflicht; je mehr Einfälle, umso besser.
- Die Ideensuche wird konsequent von der Bewertung getrennt, Kritik ist verboten.
- Vorgebrachte Ideen können ergänzt, kombiniert und variiert werden.
- Bestätigungen oder Kommentare sind zu vermeiden.

Die Ideen werden stichwortartig geäußert und protokolliert. Jeder Teilnehmer erhält zur weiteren Ergänzung ein Protokoll. Eine Ideenkonferenz sollte die Dauer von 30 Minuten nicht überschreiten und in aufgelockerter Atmosphäre stattfinden.

Auswertung: Die während der Konferenz untersagte Kritik der vorgeschlagenen Lösungen wird bei der Auswertung vorgenommen. Die Ideen werden geordnet, bewertet und einer Entscheidung über die weitere Bearbeitung zugeführt. Dabei ist eine tiefgründige Analyse des sachlichen Inhalts der Ideen notwendig. Das Ergebnis sollte mit den Teilnehmern nochmals diskutiert werden.

Die Wirksamkeit der Ideenkonferenz ergibt sich aus der Trennung von Ideenfindung und Kritik, dem heterogen zusammengesetzten Teilnehmerkreis und der Ergänzung, Kombination und Variation der vorgebrachten Ideen durch die Teilnehmer.

Eine solche Konferenz liefert keine fertigen Lösungen, sondern Denkanstöße. Viele Vorschläge sind technisch oder wirtschaftlich nicht realisierbar.

Methode 635. Diese Methode (**brainwriting**) ist eine abgewandelte Form der Ideenkonferenz, bei der die Übermittlung der Lösungsvorschläge schriftlich erfolgt.

Sechs Teilnehmer bringen jeweils **drei** Vorschläge zu Papier. Diese werden dem Nachbarn übergeben, der durch Weiterentwicklung, Ergänzung, Abwandlung drei weitere hinzufügt. Die Runde ist beendet, wenn die Vorschläge **fünfmal** weitergegeben wurden. Die Beschäftigung mit einer Lösungsidee erfolgt hierbei systematischer. Allerdings wird die in der Diskussion nutzbare spontane Aktivität der Teilnehmer nicht wirksam.

Delphimethode. Sie benutzt das Prinzip der Expertenbefragung (Delphi – Ort der Orakelbefragung im alten Griechenland).

Einem sehr unterschiedlichen Bearbeiterkreis wird das Problem mitgeteilt. Die Befragten äußern schriftlich zum Gesamtproblem bzw. zu vorbereiteten Teilproblemen ihre Vorstellungen. Sie arbeiten dabei unabhängig voneinander. Die Methode ist vor allem für die Ermittlung von Entwicklungstrends und für eine langfristige Entscheidungsvorbereitung bei bedeutsamen Entwicklungsvorhaben anwendbar.

Der Ablauf gliedert sich wie folgt:

1. Formulieren des Problems, Auswählen der Experten, Übergeben von Fragen, z. B.:
   - Welche Lösungen sind für das Problem denkbar?
   - Unter welchen Voraussetzungen ist die Lösung möglich?
   - Welche Auswirkungen hat die Problemlösung auf andere Bereiche?
   - Welchen Aufwand an Zeit und Kosten erfordert die Lösung?
2. Zusammenstellen der Ergebnisse der ersten Befragungsrunde in einer Liste, Übergabe dieser Liste zur Ergänzung durch Experten.
3. Systematisieren der Ideen in einer Übersicht und Übergabe an die Experten zum Bewerten der Lösungen.
4. Auswerten durch den Bearbeiter.

Geeignete Formblätter unterstützen das Erfassen und Auswerten. Beim Auswerten können **Häufigkeitsbetrachtungen** (bei 10 bis 20 Experten) zu den vorgeschlagenen Lösungen und festgehaltenen Schätzwerten Anhaltspunkte über günstige oder wahrscheinlich zu erwartende Entwicklungen geben. Einer besonderen Untersuchung sind Vorschläge zu unterziehen, die weit vom

Durchschnitt abweichen. Die Methode ist zeitaufwendig, kann aber für die Vorbereitung von Grundsatzentscheidungen eine wertvolle Hilfe sein.

Die Methoden der Ideenfindung sind mit Vorteil anzuwenden, wenn die bisherige Lösungssuche ergebnislos verlaufen ist, völlig neuartige Prinzipien gesucht werden oder wenn noch kein realisierbarer Lösungsweg vorliegt.

Beim Vorbereiten und Auswerten der Ideenfindung sind stets systematische Methoden heranzuziehen, insbesondere zur Ordnung der Lösungsvorschläge und zum Erkennen von freien Feldern.

10.2.3.7 Wertanalyse

Die Wertanalyse wird als ein **System zum Lösen von Problemen** verstanden, das durch das Zusammenwirken und gegenseitige Beeinflussung der Systemelemente das Ziel anstrebt, eine **optimale Lösung** zu schaffen.

Wertanalytisches Arbeiten und wertanalytische Methodik können in den in Bild 10.21 dargestellten **Grundprinzipien** zusammengefasst werden.

Der wertanalytische Grundsatz der ganzheitlichen Betrachtungsweise bedeutet vor allem, dass die erarbeiteten Lösungen für ein Unternehmen nur dann sinnvoll sind, wenn alle bedeutsamen Einflüsse aus dem Unternehmen selbst und aus dem Unternehmensumfeld berücksichtigt worden sind. Kreativität als zielgerichtete, individuelle Leistung soll im wertanalytischen Prozess dazu beitragen, zu neuartigen innovativen Lösungen zu gelangen. Dabei werden die in den vorherigen Abschnitten erläuterten **Methoden zur Lösungsfindung** genutzt.

Tabelle 10.11 zeigt den **Arbeitsplan der Wertanalyse** nach DIN 69910 mit den dazu notwendigen Arbeitstechniken.

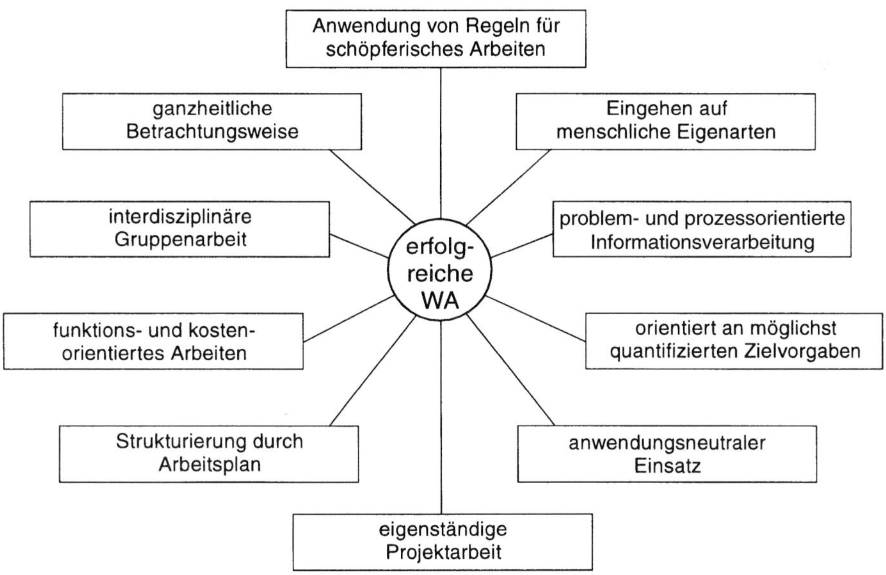

Bild 10.21 Grundprinzipien der Wertanalyse

Tabelle 10.11 Arbeitsplan der Wertanalyse nach DIN 69910

Grundschritt	Teilschritt	Arbeitstechniken (Auswahl)
Grundschritt 1 Projekt vorbereiten	Moderator benennen, Auftrag übernehmen, Grobziel mit Bedingungen festlegen, Einzelziele festlegen, Untersuchungsrahmen abgrenzen, Projektorganisation festlegen, Projektablauf planen;	Kostenschwerpunktanalyse (z. B. ABC-Analyse), Kostenkennziffernanalyse, Ausschussanalyse, Netzplantechnik, Präsentationstechniken
Grundschritt 2 Objektsituation analysieren	Objekt- und Umfeldinformation beschaffen, Kosteninformationen beschaffen, Funktionen ermitteln, lösungsbedingte Vorgaben ermitteln, Kosten der Funktionen zuordnen;	Marktanalysemethoden, Befragungsmethoden, Checklistenverfahren, Methoden der systematischen Erfassung von Information und Idee, Kostenanalyse, Funktionenanalyse
Grundschritt 3 Soll-Zustand beschreiben	Informationen auswerten, Soll-Funktionen festlegen, lösungsbedingte Vorgaben festlegen, Kostenziele den Soll-Funktionen zuordnen;	
Grundschritt 4 Lösungsideen entwickeln	vorhandene Ideen sammeln, neue Ideen entwickeln;	Verfahren zur Stimulation des kreativen Denkens und Problemlösens: Brainstorming, Synektik, Morphologie u. a.
Grundschritt 5 Lösungen festlegen	Bewertungskriterien festlegen, Lösungsideen bewerten, Ideen zu Lösungsansätzen verdichten und darstellen, Lösungsansätze bewerten, Lösungen ausarbeiten, Lösungen bewerten, Entscheidungsvorlage erstellen, Entscheidungen herbeiführen;	Kostenvergleichsrechnungen, Wirtschaftlichkeitsvergleichsrechnungen, Punktbewertungsverfahren
Grundschritt 6 Lösungen verwirklichen	Realisierung im Detail planen, Realisierung einleiten, Realisierung überwachen, Projekt abschließen.	Präsentationstechniken, Kontrollrechnungsverfahren

10.2.3.8 Kombination

Bei jeder Synthese sind zwei Operationen auszuführen:

- Ermitteln der benötigten Elemente und
- Verknüpfen dieser Elemente.

Für die vielfältigen Verknüpfungsmöglichkeiten von Teillösungen bietet sich die **Kombinationsmethode** an.

Die Kombination von Teillösungen führt zu neuen Eigenschaften, die nicht allein aus der Summe der Einzeleigenschaften der Teillösungen ableitbar sind. Aus einer kleinen Anzahl von Teillösungen kann man eine Vielzahl unterschiedlicher Produkte aufbauen.

Tabelle 10.12 Kombinationstabelle für den Entwurf eines Gerätes zum feinfühligen Kippen (zweistufig realisiert) eines Prüflings und Anzeige des Winkels

Oberbegriffe	Varianten	
1. Wandler 1 $\alpha \rightarrow s$	1.1 Schrauben-getriebe	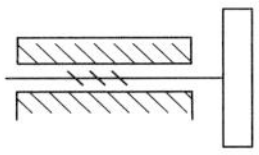
	1.2 Zugmittel-getriebe	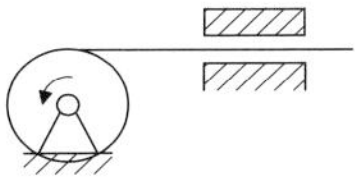
	1.3 Koppel-getriebe	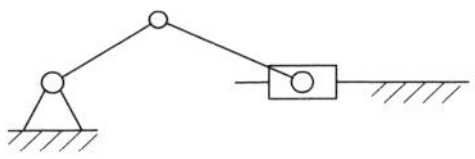
2. Wandler 2 $s \rightarrow \alpha$	2.1 Koppel-getriebe	
	2.2 Feder-getriebe	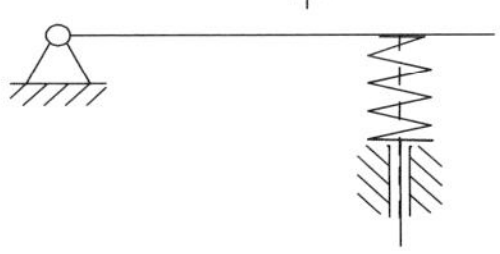
	2.3 Zugmittel-getriebe	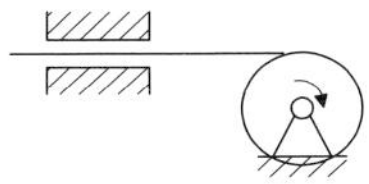
3. Anzeige $s \rightarrow s_{Anzeige}$	3.1 Maßstab mit optischer Ablese-einrichtung	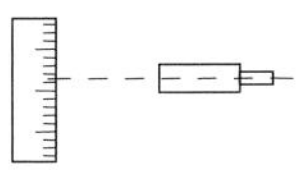
	3.2 Feinmess-schraube	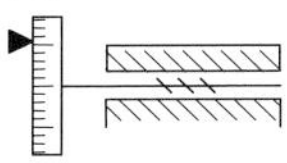
	3.3 Feinzeiger	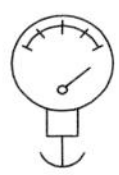

Für die Anwendung der Kombinationsmethode muss vorausgesetzt werden, dass

- das zu behandelnde Objekt **strukturierbar** ist, d. h., es lässt sich (wenigstens gedanklich) in Elemente und Relationen zerlegen;
- für die zum Strukturieren beitragenden Bestandteile (Elemente und Relationen) mehr als eine Variante (**Realisierungsmöglichkeit**) angebbar ist.

Diese Bedingungen sind bei der Entwicklung von Produkten erfüllt. Für die Durchführung der Kombination benutzt man **Kombinationstabellen** (Tabelle 10.12).

Eine **Kombinationstabelle** („**Kombinationsmatrix**", „**morphologischer Kasten**") enthält eine übersichtliche Zusammenstellung von Lösungselementen.

Die **Oberbegriffe** (auch „ordnende Gesichtspunkte", „Variable") sind die in jeder Lösung enthaltenen allgemeinen Strukturbestandteile, für die Realisierungsvarianten bestimmbar sind.

Alle **Varianten** („unterscheidende Merkmale“), die das gleiche Merkmal haben, sind unter einem Oberbegriff zusammengefasst. Die Varianten lassen sich hierarchisch ordnen.

Beim Kombinationsvorgang wird je **Oberbegriff** (OB) eine **Variante** (V) herausgegriffen und zu einer **Komplexion** formal zusammengestellt. Diese Zusammenstellung von Teillösungen ist das erste Teilergebnis der Synthese. Die Komplexion muss zu einer vollständigen Struktur weiterentwickelt werden. Für die Anzahl der in einer Kombinationstabelle enthaltenen Komplexionen N gilt: $N = \Sigma\, V_{OB1}\, \Sigma\, V_{OB2} \ldots \Sigma\, V_{OBn}$.

Als Oberbegriff können Teilfunktionen, verallgemeinerte Bauelemente, Relationen sowie deren wesentliche Merkmale benutzt werden.

Tabelle 10.12 zeigt eine Kombinationstabelle, in der die Teilfunktionen einer Funktionsstruktur als Oberbegriffe eingesetzt sind.

Sucht man technische Prinzipien für einfachere Produkte, für die das Aufstellen einer Funktionsstruktur nicht sinnvoll ist, so müssen geometrisch-stoffliche Merkmale als Oberbegriffe benutzt werden, die sich beispielsweise mit Hilfe eines Grundprinzips (Tabelle 10.7) ermitteln lassen.

Zum Ermitteln der Varianten für die einzelnen Teilfunktionen können die in den vorhergehenden Abschnitten beschriebenen Methoden benutzt werden:

- Funktionsorientierte Auswahl aus Lösungskatalogen (Abschnitt 10.2.3.3),
- Variation (Abschnitt 10.2.3.4),
- Analogien (Abschnitt 10.2.3.5),
- Ideenfindung (Abschnitt 10.2.3.6).

Da der Kombinationsvorgang keine vollständigen Lösungen liefert, müssen die formal zusammengestellten Komplexionen in den für die Erfüllung der Gesamtfunktion nötigen Zusammenhang gebracht und durch die fehlenden Strukturbestandteile ergänzt werden (Bild 10.22). Aus einer Komplexion sind mehrere Lösungsvarianten synthetisierbar. Gezielte Variation kann unter Berücksichtigung der Funktionenintegration oder Funktionentrennung zu einfachen Strukturen führen.

Wegen der großen Anzahl der möglichen Komplexionen ist die Handhabung der Kombinationsmethode sehr aufwändig. Der formale Vorgang der Kombination erzeugt auch physikalisch und technisch unverträgliche Lösungsvarianten. Da sich die Gesamtzahl N der Komplexionen aus Lösungen und Nichtlösungen zusammensetzt, ergibt sich für die praktische Anwendung die Notwendigkeit der Einschränkung der Komplexionen.

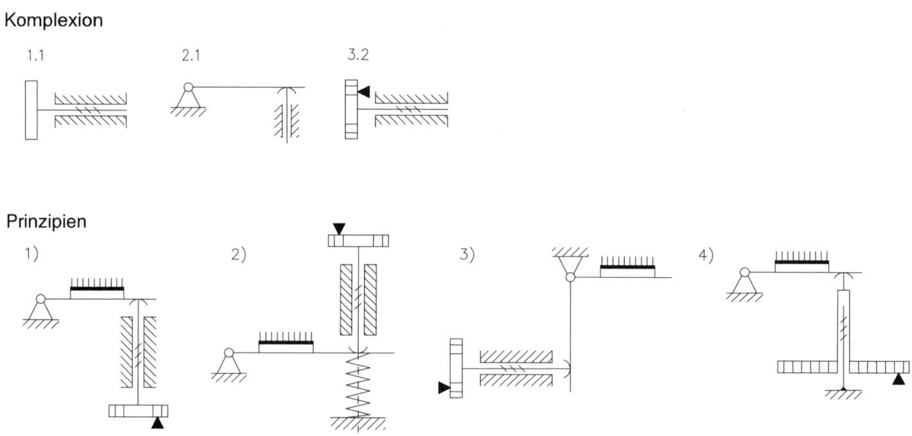

Bild 10.22 Entwicklung vollständiger Lösungen aus einer Komplexion der Tabelle 10.12

Die Einschränkung kann beim Aufstellen und Abarbeiten der Kombinationstabelle erfolgen (Tabelle 10.13). Beim praktischen Vorgehen werden in der Regel mehrere Einschränkungsmöglichkeiten gleichzeitig benutzt. Dabei ist es vorteilhaft, wenn die Teillösungen grafisch dargestellt sind.

Die **Kombinationsmethode** kann in allen Phasen des konstruktiven Entwicklungsprozesses angewendet werden. Hauptanwendungsgebiet ist die Prinzipphase.

Tabelle 10.13 Einschränkungsmöglichkeiten beim Kombinieren

	Beispiele
Einschränken beim Aufbau der Kombinationstabelle	Reduzieren der Zahl der für die einzelnen Teilfunktionen gefundenen Teillösungen durch Bewertung vor dem Kombinieren. Basis sind dabei die Forderungen der präzisierten Aufgabenstellung: • gegebene Strukturbestandteile, • räumliche Bedingungen, • Anschlussmaße, • sonstige Einflussgrößen aus der Umwelt.
Einschränkendes Kombinieren	Berücksichtigen der wichtigsten Teilfunktionen beim Kombinieren. Dazu sind die Teilfunktionen bezüglich ihrer Bedeutung für die Erfüllung der Gesamtfunktion zu bewerten. Für technisch sinnvolle Lösungen werden danach die weiteren Teilfunktionen hinzugezogen.
Schrittweises Abarbeiten der Kombinationstabelle	Kombinieren der ersten beiden Blöcke und überprüfen, ob eine Kopplung der entsprechenden Varianten technisch möglich ist. Die sinnvollen Teilkomplexionen werden dann mit Varianten des nächsten Blockes kombiniert.
Selektives Kombinieren	Bilden von Komplexionen aus bevorzugten Varianten. Die Kombinationstabelle wird nicht vollständig abgearbeitet. Sie dient als Speicher für alle Möglichkeiten.
Vollständiges Kombinieren	Bilden aller möglichen Komplexionen durch den Einsatz der Rechentechnik und Reduzierung auf die technisch sinnvollen, technisch realisierbaren Lösungsvarianten durch statistische Methoden.

10.2.4 Methoden zur Lösungsbewertung

Beim Konstruieren treten wiederholt Situationen auf, in denen man aus einer Lösungsmenge die ungeeigneten aussondern und eine günstige Lösung für die weitere Bearbeitung auswählen muss. Entscheidungssituationen treten am Beginn und am Ende einer Entwicklungsphase auf. Zu Beginn jeder Phase ist über eine zweckmäßige Vorgehensweise bzw. Methode zu entscheiden. Am Ende jeder Phase muss sich der Entwicklungsingenieur für eine oder mehrere Lösungsvarianten entscheiden, die er im nächsten Entwicklungsabschnitt weiterentwickelt. Obwohl sich beide Situationen nach ihrem Gegenstand unterscheiden, sind sie methodisch in gleicher Weise zu behandeln. Damit eine sachlich richtige und für den Gesamtablauf des konstruktiven Entwicklungsprozesses günstige Entscheidung getroffen werden kann, ist diese Entscheidung gut vorzubereiten. Das erfolgt in zwei Schritten:

1. **kritische Analyse** der bevorzugten Varianten (Fehlerkritik, Schwachstellenforschung, Mängelanalyse),
2. **Bewertung** der Varianten entsprechend den Forderungen der Aufgabenstellung.

Auf der Grundlage der dabei gewonnenen Informationen ist die Entscheidung zu treffen.

10

10.2.4.1 Fehlerkritik

Zur Vorbereitung und Unterstützung der Bewertung und Entscheidungsfindung werden die Varianten einer Fehlerkritik unterzogen. Sie hat die Aufgabe, Mängel der Lösungsvariante zum Zweck ihrer Beseitigung zu bestimmen.

Der Konstruktionsgrundsatz „Schaffe das Bestmögliche“ wird methodisch zweckmäßiger realisiert mit der Forderung „Vermeide das Nachteilige“ oder „Suche die Lösung mit der geringsten Mängelsumme“.

Unter **Fehler** versteht man allgemein die Abweichung eines vorliegenden Ergebnisses von einer Sollvorgabe. Der beim Konstruieren auftretende Fehler ist die Abweichung zwischen dem gedanklich vorausbestimmten technischen Produkt und seiner stofflichen Realisierung. Als Fehler einer Konstruktionslösung sind somit Mängel (Schwachstellen, Defekte) jeder denkbaren Art, bezogen auf die Forderungen der Aufgabenstellung, zu verstehen.

Folgende Arbeitsschritte sind zu empfehlen:

10

Fehlererkennung:
Die Fehlererkennung ist ein Analyseprozess, in dem die Existenz eines Fehlers festgestellt wird. Das erfolgt durch Gegenüberstellung der Eigenschaften des zu entwickelnden Produktes mit den Forderungen der Aufgabenstellung. Dabei stellt man zunächst die Fehlererscheinungen fest. Sie können in vielfältigen Formen auftreten.

Fehlerbeurteilung:
Die Zusammenhänge, in denen der Fehler steht, müssen aufgeklärt werden. Es sind Ursachen und Auswirkungen des Fehlers zu ermitteln. Je nach Situation und Aufgabenstellung erweisen sich verschiedene Vorgehensweisen als zweckmäßig (Tabelle 10.14).

Fehlerbekämpfung:
- **Inkaufnahme des Fehlers:** Man findet sich mit einem bestimmten Mangel ab. Dieser Kompromiss muss Bedeutung und Größenordnung der Fehlerauswirkung in Relation zum ökonomischen Aufwand für die Fehlerbekämpfung berücksichtigen.
- **Vorbeugen:** Es wird die Fehlerursache beseitigt. Der dazu notwendige Aufwand ist mitunter hoch. Er führt aber zu der besten und sichersten Fehlervermeidung.
- **Entgegenwirken:** Durch quantitative oder qualitative Strukturvariation sind die Fehlereinflüsse auf das geforderte Maß zu reduzieren oder die Umwelt wird verändert (z. B. Einsatz in klimatisierten Räumen, Zusatzgeräte zur Anpassung u. a.).

Um besser als der Wettbewerber die Marktprobleme lösen zu können, müssen Schwachstellen der ermittelten Lösungen erkannt und kontinuierlich verbessert werden (**Methode der kontinuierlichen Verbesserung – KVP**). Jeder Mitarbeiter des Unternehmens ist aufgefordert, die von ihm erkannten Schwachstellen zu notieren und gleichzeitig Maßnahmen zur Abhilfe vorzuschlagen sowie deren Nutzen, Zeit und Kosten anzugeben. Zweckmäßigerweise werden alle Daten in einer im Unternehmen einheitlich gestalteten Tabelle zusammengefasst. Einmal im Monat sollte eine Besprechung stattfinden, in deren Ergebnis die vorgeschlagenen Verbesserungen realisiert werden.

Eine weitere Methode der Fehlererkennung ist die **Fehler-Möglichkeits- und Einfluss-Analyse – FMEA**. Sie analysiert die Fehlermöglichkeiten und deren Einfluss in einem frühen Stadium des Entwicklungs- und Fertigungsprozesses. Die Ergebnisse der FMEA werden durch das Wissen der einzelnen **Experten** bestimmt. Die Auswahl der Experten ist entsprechend der Aufgabenstellung vorzunehmen. Es ist darauf zu achten, dass jeder Bereich der Entwicklung und Fertigung vertreten ist. Zur effektiven Durchführung der FMEA dient das in Bild 10.23 dargestellte **Formblatt**.

Tabelle 10.14 Arten der Fehlerkritik

	Vorausschauende Fehlerkritik	**Nachträgliche Fehlerkritik**
Ziel	Ermittlung aller möglichen Fehler für eine noch nicht realisierte Konstruktionslösung	Ermittlung der Fehler einer abgeschlossenen Entwicklung, die als Entwurf oder gegenständlich vorliegt
Anwendung	als Hilfsmittel zur Optimierung von Konstruktionslösungen in allen Phasen des KEP	• Beurteilung von Konkurrenzerzeugnissen (Weltstandsvergleich) • Übernahme von Lösungen aus früheren Entwicklungen • Beurteilung von Entwürfen bei Verteidigungen
Ablauf	Strukturbeschreibung auf bestimmter Abstraktionsebene ↓ Ermittlung aller denkbaren Abweichungen der Strukturbestandteile (Fehlererkennung) ↓ Ermittlung des Einflusses der Fehler auf Funktion, Herstellung u. a. Umgebungssituationen ↓ Vergleich der ermittelten Fehlerauswirkungen mit den Forderungen der präzisierten Aufgabe (Bewertung) ↓ Entscheidung über die zu bekämpfenden Fehler ↓ Ermittlung von Maßnahmen zur Fehlerbekämpfung ↓ Strukturvariation ↓ verbesserte Lösung	Technischer Entwurf, fertiges Produkt ↓ Analyse von Zweck und Umwelt des Produkts, Ermittlung der Zielstellung der Konstruktionskritik ↓ Ermittlung des technischen Prinzips aus dem technischen Entwurf ↓ Ermittlung der Prinzipfehler ↓ Ermittlung der Fehler der konstruktiven Ausführung ↓ Vergleich der Fehler mit den Forderungen bezüglich Funktion, Herstellung, Gebrauch (Bewertung) ↓ Erarbeiten von Vorschlägen zur Fehlerbekämpfung ↓ Gesamturteil über den vorliegenden Entwurf, Vorschläge zur Verbesserung

Mit dem FMEA-Formblatt (Bild 10.23) wird ein methodisches Arbeiten unterstützt, mit dem die gravierenden Fehler entdeckt und durch gezielte Maßnahmen verhindert werden können. Die Bewertungskriterien sind so gewählt, dass vor allem eine **Fehlervermeidung** statt einer Fehlerkontrolle angestrebt wird.

10.2.4.2 Bewertung

Die **Bewertung** hat die Aufgabe, die ermittelten Lösungsvarianten zu vergleichen, um eine Rangfolge oder den absoluten Wert der Lösungsvarianten bezüglich einer Menge von Forderungen zu ermitteln.

Zur Bestimmung des Werts der Lösungsvarianten müssen die Sollwerte der Eigenschaften der Lösungsvarianten, die **Bewertungskriterien**, festgelegt werden. Es handelt sich im Prinzip um eine Bestimmung des Abstands, den ein Teil-, Zwischen- oder Gesamtergebnis im konstruktiven Entwicklungsprozess gegenüber der in der Aufgabenstellung formulierten Zielstellung hat. Die zu bewertenden Lösungsvarianten müssen vergleichbar sein, d. h. das gleiche Abstraktionsniveau haben.

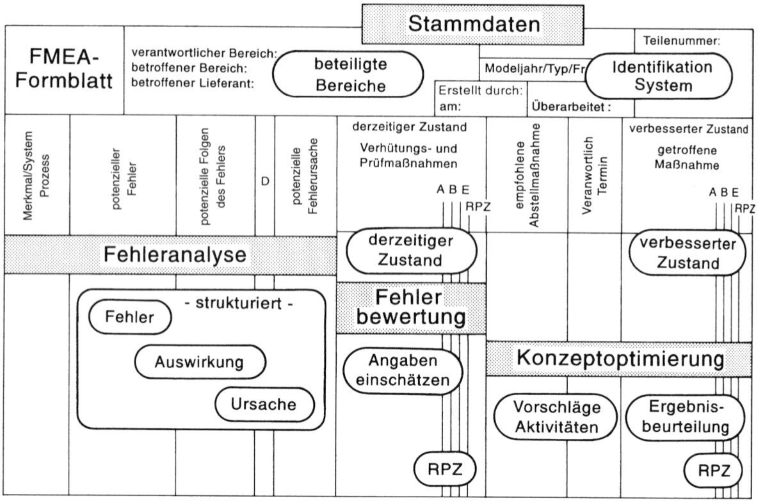

Bild 10.23 Formblatt FMEA

Die für das konstruktive Gesamtergebnis wesentlichen Forderungen werden als Bewertungskriterien benutzt und bilden in ihrer Gesamtheit die Bewertungsbasis.

Die **Bewertungskriterien** müssen für die zu bewertenden Konstruktionslösungen des betrachteten Entwicklungsstadiums relevant sein und auf alle Varianten zutreffen. Man gewinnt sie aus den Forderungen der präzisierten Aufgabenstellung, aus dem Stand der Technik sowie aus denkbaren Ideallösungen.

Tabelle 10.15 Bewertungskriterien

Bereich	Kriterien
Gesellschaft, Volkswirtschaft	Erfüllung des gesellschaftlichen Bedürfnisses, Gebrauchswert, wissenschaftlich-technisches Niveau der Lösung, Verbesserung der Arbeits- und Lebensbedingungen, Steigerung der Arbeitsproduktivität, Freisetzung von Arbeitskräften, Umweltschutz, territoriale Auswirkungen, internationale Arbeitsteilung, Ablösung von Importen, Exporterweiterung
Funktion	Zuverlässigkeit, Genauigkeit, Wertebereich, Leistung, Lebensdauer, Wirkungsgrad, Wirkungsweise, Automatisierungsgrad
Struktur	Benötigtes Bauelementesortiment, Teileanzahl, verwendete Werkstoffe, Anschlussmaße, Raumbedarf, Wiederholteilgrad, Masse
Herstellung	Notwendige Fertigungsverfahren, notwendige Vorrichtungen und Hilfsmittel, fertigungsgerechte Gestaltung, montagegerechte Gestaltung, prüfgerechte Gestaltung; Eignung für Einzel-, Serien- oder Massenfertigung; Anforderungen an Arbeitskräfte; Automatisierbarkeit der Fertigung
Gebrauch	Energiebedarf; Ergonomie, Bedienkomfort, Formgestaltung; Arbeitsschutz, Arbeitsgeschwindigkeit, Wartung, Instandsetzung, Variabilität des Einsatzes
Ökonomie	Kosten bei Entwicklung, Herstellung, Einsatz; Preis
Rechtssituation	Rechtsmängelfreiheit, Patentfähigkeit Lizenznahme/Lizenzvergabe, Normung (national – international)

Tabelle 10.15 unterstützt das Bestimmen von Bewertungskriterien. Die Anzahl der Kriterien ist im Hinblick auf die Bedeutung der nachfolgenden Entscheidung sinnvoll zu beschränken, da bei einer großen Anzahl ein hoher Bewertungsaufwand entsteht und die Übersichtlichkeit leidet.

10.2.4.3 Bewertungsverfahren

Bild 10.24 veranschaulicht die Bewertungssituation. Man erkennt, dass für die Ermittlung einer Wertaussage zwei Gegenüberstellungen notwendig sind. Zunächst müssen die in einer Lösung enthaltenen technischen und wirtschaftlichen Eigenschaften möglichst exakt ermittelt werden. Danach sind die Ergebnisse an einem vom Zweck der Entwicklung abhängigen Maßstab zu beurteilen.

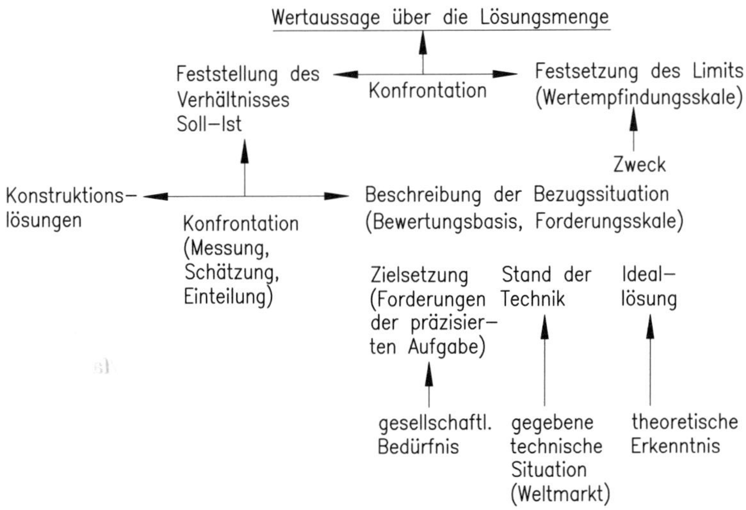

Bild 10.24 Bewertungssituation

> Zur Feststellung der Istwerte der Eigenschaften einer Lösungsvariante dient eine **Werteskala**. Damit werden die **Bewertungskriterien** exakt und eindeutig (nach Möglichkeit quantitativ) definiert.

Um zu einer Gesamtbewertung zu gelangen, müssen die Forderungen vergleichbar sein. Dazu benutzt man eine für alle Bewertungskriterien einheitliche Werteskala. Die in Tabelle 10.16 dargestellten Nominalskalen haben sich in Abhängigkeit vom Bewertungsverfahren bewährt (VDI-Richtlinie 2225). Sie werden entsprechend der Zielstellung der Entwicklung festgelegt und berücksichtigen vorgegebene Limits, Wertebereiche, Toleranzen u. Ä.

Zweiwertige Bewertung

Die zweiwertige Bewertung wird für die Festforderungen benutzt und dient oft der Vorauswahl von Lösungen. Der Gesamtwert x_i einer Variante i wird aus den Einzelbewertungen p_{ij} nach folgenden Beziehungen ermittelt:

$$x_i = p_{i1} \wedge p_{i2} \wedge \ldots \wedge p_{in}$$

Bei der zweiwertigen Bewertung scheiden alle Varianten aus, die auch nur eine Forderung nicht erfüllen.

Tabelle 10.16 Werteskalen

	zweiwertig			mehrwertig		
	Erfüllungsgrad		p	Erfüllungsgrad	Note	p
	erfüllt	ja	1	sehr gut	1	4
	nicht erfüllt	nein	0	gut	2	3
				ausreichend	3	2
				noch tragbar	4	1
				unbefriedigend	5	0
Vorteile	• sehr einfach • subjektiver Einfluss gering • gut geeignet zur Vorselektion von Varianten bezüglich Festforderungen (z. B. Funktionsfähigkeit, Herstellbarkeit)			• feinere Differenzierung der Varianten • für alle Klassen von Forderungen geeignet		
Nachteile	• keine Differenzierung brauchbarer Varianten • Festlegung der Grenze bei graduierten Forderungen ist problematisch			• subjektiver Einfluss hoch • höherer Aufwand		

Punktwertverfahren ohne Wichtung

Für die mehrwertige Bewertung ist eine fünfstufige Einteilung zweckmäßig.

Die Lösungsvariante mit der höchsten Punktzahl wird weiterentwickelt. Für die meisten Bewertungssituationen ist die Punktbewertung ohne Wichtung ausreichend.

Punktwertverfahren mit Wichtung

Entsprechend ihrer Wichtigkeit haben die Bewertungskriterien unterschiedlichen Einfluss auf die Bestimmung des Gesamtwerts. Bereits bei der Aufgabenpräzisierung (Abschn. 10.2.2) unterscheidet man Festforderungen, Mindestforderungen, Wünsche und Ziele. Innerhalb der Bewertungsbasis mit den Kriterien K_1, K_2, …, K_n differenziert man diese nach ihrer Bedeutung und drückt dies durch Einflusszahlen g_i (**Wichtungsfaktoren**) aus. Ihr absoluter Wert ist beliebig, jedoch müssen ihre Relationen die realen Verhältnisse erfassen. Wesentliche Kriterien erhalten eine hohe Einflusszahl. Kriterien und Einflusszahlen gelten unabhängig von der bewerteten Variante und der Höhe des Werts. Als Hilfsmittel zur übersichtlichen Bewertung dient eine **Bewertungstabelle** (Tabelle 10.17). Mit Hilfe der Bewertungsmaßstäbe werden die Werte p_{ij} ermittelt. Innerhalb einer solchen Tabelle muss man eine einheitliche Werteskala benutzen.

Der Gesamtwert x_i einer Variante i wird aus den Einzelbewertungen p_{ij} nach folgenden Beziehungen ermittelt:

$$x_i = \sum_{j=1}^{n} g_i \, p_{ij} / p_{\max} \sum g_j$$

Das Hauptproblem bei der Bewertung ist die exakte Ermittlung der Eigenschaften der Lösungsvarianten.

Dazu ist es notwendig, beispielsweise gedanklich Herstellung oder Nutzung vorausschauend zu beurteilen und Aufwände zu ermitteln. Diese gedanklichen Vorgriffe sind mit Unsicherheiten verbunden. Sie hängen vom Abstraktionsniveau der gegebenen Lösungsvariante ab.

Tabelle 10.17 Bewertungstabelle

Bewertungskriterien \ Varianten	g	V_1	V_2	…	V_i	…	V_m
K_1	g_1	p_{11}	p_{21}	…	p_{i1}	…	p_{m1}
K_2	g_2	p_{12}	p_{22}	…	p_{i2}	…	p_{m2}
⋮	⋮	⋮	⋮		⋮		⋮
K_j	g_j	p_{1j}	p_{2j}	…	p_{ij}	…	p_{mj}
⋮	⋮	⋮	⋮		⋮		⋮
K_n	g_n	p_{1n}	p_{2n}	…	p_{in}	…	p_{mn}
	$\sum g_j$	$\sum g_j \cdot p_{1j}$	$\sum g_j \cdot p_{2j}$	…	$\sum g_j \cdot p_{ij}$	…	$\sum g_j \cdot p_{mj}$
Gesamtwerte		x_1	x_2	…	x_i	…	x_m

So ist eine als **Funktionsstruktur** gegebene Lösung nur nach der formalen Erfüllung der Gesamtfunktion bewertbar. Eine Bestimmung des zu erwartenden Aufwands aus der Anzahl der Teilfunktionen bzw. der Anzahl und Kompliziertheit der Verknüpfungen kann zu schwer wiegenden Fehlurteilen führen, da sowohl komplizierte Funktionsstrukturen zu einfachen Produkten führen können (**Funktionenintegration**) als auch einfache Strukturen komplizierte Ausführungen nicht ausschließen.

Das **technische Prinzip** lässt nur eine qualitative Beurteilung der Funktionserfüllung und anderer Forderungen zu. Erst durch wenigstens überschlägliche Berechnungen erhält man hinreichende Aussagen für die Bewertung.

Am günstigsten ist die Situation beim **technischen Entwurf**, der alle Details der Gestalt enthält. Bei entscheidenden Forderungen (die z. B. die Funktionserfüllung oder Zuverlässigkeit betreffen) sind experimentelle Ermittlungen notwendig.

Man beachte, dass der errechnete Gesamtwert mit einer Unsicherheit behaftet ist, die sich aus subjektiven Urteilsfehlern, dem Informationsmangel bei der Eigenschaftsbestimmung und dem Bewertungsverfahren selbst ergibt. Diese Unsicherheit bestimmt das Risiko der nachfolgenden Entscheidung. Eine Expertenbefragung kann bei bedeutenden Projekten die Unsicherheit verringern helfen.

Es ist sinnvoll, folgende Entscheidungsregeln anzuwenden:

1. Wähle die Variante, die in der Rangfolge an erster Stelle steht.
2. Beziehe alle Varianten in die weiteren Untersuchungen ein, die hinreichend die Forderungen erfüllen.

10.3 Gestalten und Dimensionieren

Nach der Auswahl eines optimalen Prinzips folgt im Konstruktionsprozess das vollständige Bestimmen der Produktgestalt. Sie umfasst:

- die Geometrie aller Bauteile (Makro- und Mikrogeometrie, Abmessungen, Toleranzen),
- die Werkstoffe (Art, Zusammensetzung, physikalische, chemische Eigenschaften, einschließlich der sie beschreibenden Parameter),
- die Zustandseigenschaften (Aggregatzustand, Vorspannung, Temperatur, Magnetisierung u. a.).

Als Dimensionieren bezeichnet man die numerische Festlegung der Parameter für Geometrie, Werkstoffe und Zustände.

10.3.1 Grundsätze

Für das Bestimmen der Gestalt sind die Forderungen der Aufgabenstellung (Tabelle 10.9) unter Kenntnis des für die Ausführung ausgewählten technischen Prinzips zu ergänzen und zu präzisieren. Dabei sind aus den von der Produktspezifik unabhängigen, allgemein gültigen Forderungen für die Lebensphasen des Produktes (Bild 10.2) Gestaltforderungen abzuleiten (Bild 10.25).

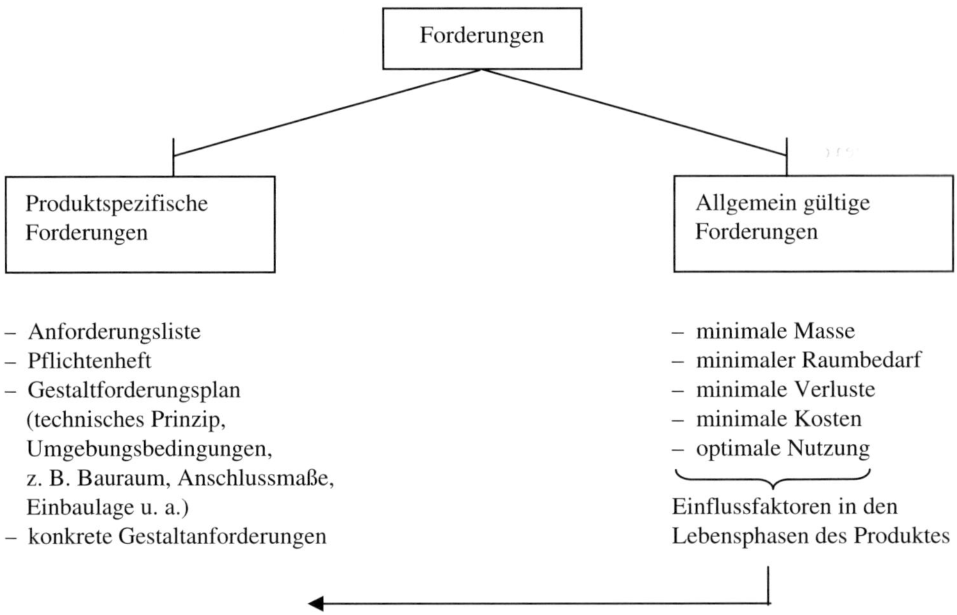

Bild 10.25 Übersicht Forderungen beim Gestalten

Für die Realisierung der Forderungen gelten drei Grundregeln, die für das Bestimmen von Funktion, Umgebung und Struktur der Lösung anzuwenden sind:

- einfach,
- eindeutig,
- sicher.

10.3.2 Vorgehen beim Gestalten

Die gedankliche Tätigkeit beim Gestalten ist ein sehr vielschichtiger Vorgang, der durch die räumliche Vorstellung von dem zu entwerfenden Produkt geprägt ist (Richtlinie VDI 2223). Grundlegende methodische Arbeitsschritte fasst Tabelle 10.18 zusammen.

Tabelle 10.18 Methodische Arbeitsschritte beim Gestalten und Dimensionieren

Arbeitsschritte	Inhalt
1. Präzisieren der Gestaltungsaufgabe	– Bestimmen der Funktion (z. B. Bewegungen hinsichtlich Bereich, Richtung, Bewegungswiderstand, Freiheitsgrade; Kräfte und Momente; Beanspruchungen; zulässige Verlagerungen und Verformungen) – Erfassen gegebener Gestaltelemente (technisches Prinzip, Wirkflächen, Koppelstellen usw.) – Forderungen aus der Umgebung (z. B. Anschlussmaße, Einbaulage, Störgrößen)
2. Bestimmen der Grobgestalt	– Beschränken auf Funktionsforderungen (Bewegungen, Kraft- und Momentenübertragung, funktionswichtige Gestaltelemente) – Auswahl geeigneter Bauelemente – Gestalten der Wirkflächen (Form, Lage, Werkstoffart) – Darstellung von Lösungsvarianten durch Skizzen – Bewertung und Auswahl der optimalen Variante
3. Festlegen der Hauptabmessungen (Dimensionieren)	– Bestimmen der für die Bewegung erforderlichen Parameter (z. B. Drehwinkel, Führungslänge, Übersetzung, Gewindesteigung usw.) – Bestimmen der für die Kraft- und Momentenübertragung erforderlichen Parameter (z. B. Querschnitte, Werkstoffparameter, Berührungsflächen, Reibwerte) – Vergleich mit geforderten bzw. zulässigen Parametern, Korrektur
4. Erarbeiten des vollständigen Entwurfs	– Gestalten aller Einzelheiten entsprechend den Forderungen – Festlegen aller Abmessungen – Toleranz- und Passungswahl – Vollständige Werkstofffestlegung – maßstäbliche, normgerechte Entwurfszeichnung – Fehlerkritik, Korrektur

Nach der Präzisierung der Gestaltungsaufgabe, fixiert durch einen Gestaltforderungsplan, konzentriert man sich zuerst auf das Festlegen der Formelemente für die Hauptfunktion. Ansätze hierfür liefert das technische Prinzip (Bild 10.26). In Wechselspiel zwischen einem gewählten Gestaltprinzip und der Realisierung der notwendigen Wirkflächen bzw. Wirkkörper entstehen funktionsfähige Gestaltvarianten, die nun mit den anderen Forderungen (fertigungsgerecht, werkstoffgerecht, kostengerecht u. a.) zu konfrontieren, zu optimieren und zum Zwecke der Entscheidung zu bewerten sind. Ein wichtiges Hilfsmittel hierfür sind die Konstruktionsprinzipien nach Tabelle 10.19. Es sind grundsätzliche Möglichkeiten zur Strukturierung technischer Gebilde und ihrer Bestandteile auf Grund der in der Struktur selbst vorhandenen inneren Zusammenhänge.

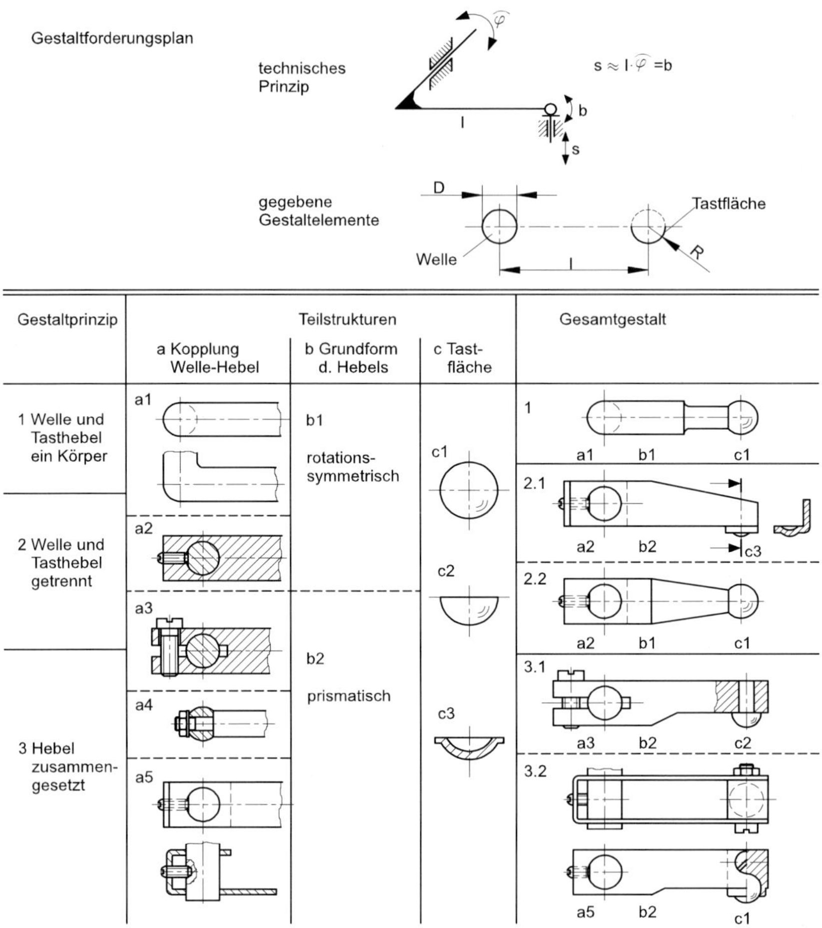

Bild 10.26 Systematisches Vorgehen beim Gestalten eines Tasthebels

Für das **Bestimmen der Form** als ersten Schritt des Gestaltens bieten sich zwei Wege an:

1. Entwurf einer Grobgeometrie aus Formelementen. Dazu benutzt man geometrisch einfache Flächen, Elementepaare und Halbzeuge (Bild 10.27).

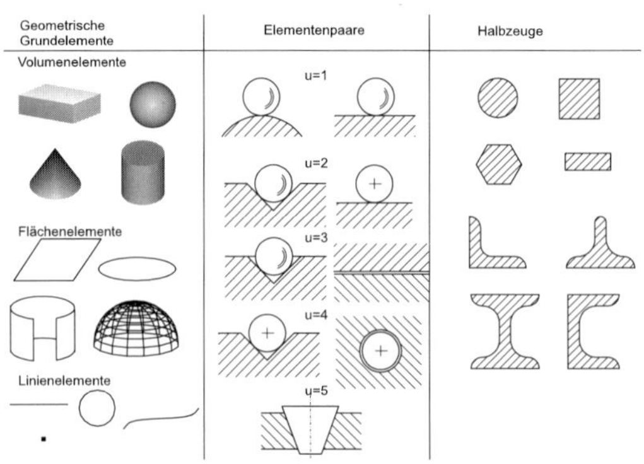

Bild 10.27 Formelemente für das Gestalten (u Zahl der Unfreiheiten)

Tabelle 10.19 Konstruktionsprinzipien mit ausgewählten Beispielen

Konstruktionsprinzip	**Beispiele**	
Prinzip der Funktionentrennung		Radial-Lager Axial-Lager
Prinzip der Funktionenintegration	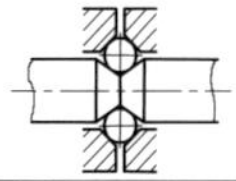	Radiax-Lager
Prinzip der Strukturtrennung		Gehäuse, Gestell beplankt
Prinzip der Strukturintegration		Gehäuse und Gestell aus einem Stück
Prinzipien des Kraftflusses - Prinzip der direkten und kurzen Kraftleitung	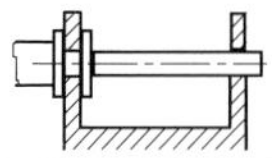	kurze Kraftleitung am Festlager
- Prinzip der gleichen Gestaltfestigkeit	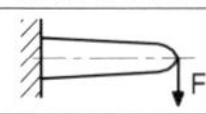	Träger gleicher Festigkeit
- Prinzip der abgestimmten Verformungen		geschäftete, geklebte Bleche
- Prinzip des Kraftausgleiches	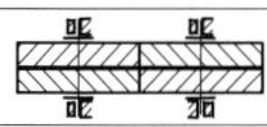	Pfeilverzahnung
- Prinzip der definierten Kraftverzweigung	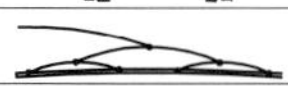	Scheibenwischer
Prinzipien der Selbstunterstützung - Prinzip der Selbstverstärkung	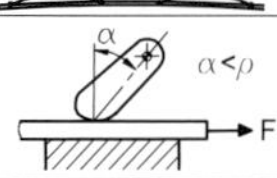	Reibrichtgehemme
- Prinzip des Selbstschutzes	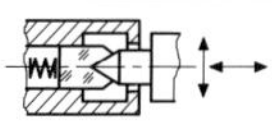	radial u. axial stoß- geschütztes Spitzenlager
- Prinzip des Selbstausgleichs	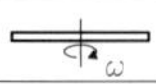	Stabilisieren einer rotierenden Scheibe
Prinzipien der fehlerarmen Anordnungen - Prinzip der Fehlerminimierung	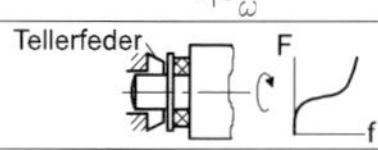	konstantes Reibmoment trotz Verschleiß
- Prinzip der Innozenz	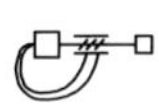	Abbe-Prinzip bei Bügelmessschraube
- Prinzip der Invarianz	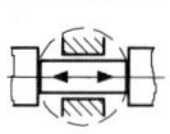	Längenübertragung unabhängig vom Führungsspiel des Bolzens
- Prinzip der Fehlerkompensation	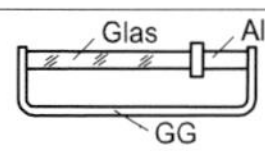	Fassung mit Temperaturkompensation $\alpha_{Glas} < \alpha_{GG} < \alpha_{Al}$
Prinzip des Vermeidens von Überbestimmtheiten	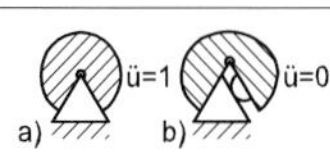	a) überbestimmte, b) zwangfreie Führung $\Sigma u_{zul} = 6(n-1)$
Prinzip Funktionswerkstoff an Funktionsstelle	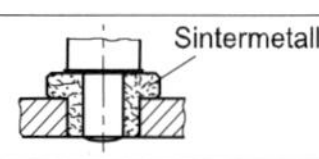	Sintermetall als Lagerwerkstoff

10

In CAD-Systemen vordefinierte **Formfeature** (Bild 10.28) unterstützen das Entwerfen (Richtlinie VDI 2218) im Computer.

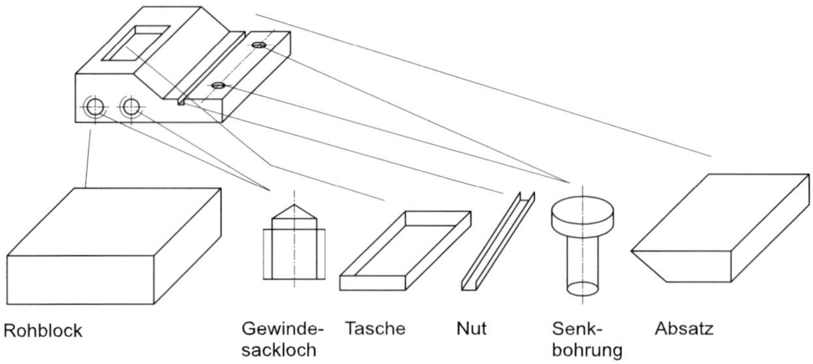

Bild 10.28 Formfeature

10

2. Realisierung des technischen Prinzips mit bereits vorhandenen Bauelementen. Für die Hauptfunktion des (meist komplexeren) Prinzips ermittelt man qualitativ und quantitativ geeignete Bauelemente. Mit sinkender Fertigungstiefe nimmt dieses als **Konfigurieren** bezeichnete Vorgehen zu. Norm- und Zukaufteile müssen nach der zu erfüllenden Funktion und den Gestaltparametern selektiert werden. Eine funktionsorientierte Gliederung der mechanischen Bauelemente zeigt Tabelle 10.20.

   Die gesamte Gestalt des Produktes lässt sich auf diesem Weg nur bestimmen, wenn ein vollständiger Baukasten vorliegt (z. B. Mess-, Vorrichtungsbaukästen). In der Regel sind Bauelemente nur für häufig auftretende Teilfunktionen verfügbar, sodass die übrigen, insbesondere Übertragungs-, Gestell- und Gehäuseelemente, zu gestalten sind (Bild 10.29).

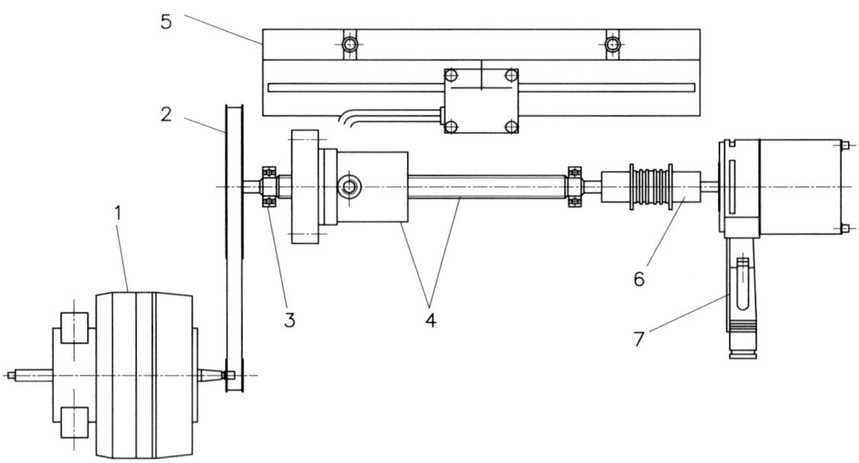

Bild 10.29 Durch Konfiguration entworfene Antriebsbaugruppe ohne Gestell
1 Motor, 2 Riemengetriebe, 3 Lager, 4 Wälzschraubengetriebe, 5 Führung, 6 Kupplung, 7 inkrementaler Winkelsensor

Tabelle 10.20 Systematik mechanischer Funktionselemente

Funktion		Funktionselemente	Konstruktionselemente	Skizze
Anordnung von Elementen	Stützen	Stützelemente	Stab, Balken, Gestell, Stativ	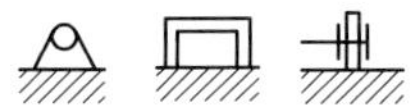
		Verbindungen – fest	stoffschlüssig	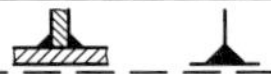
			formschlüssig	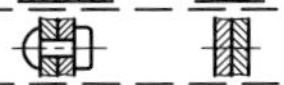
			kraftschlüssig	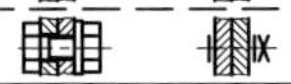
		Verbindungen – beweglich	Lagerung	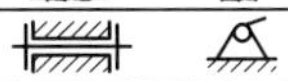
			Führung	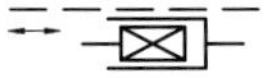
			Gelenke f >2	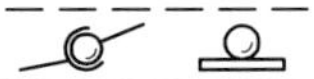
	Abgrenzen	Schutzelemente	Gehäuse, Gefäß, Deckel, Dichtung	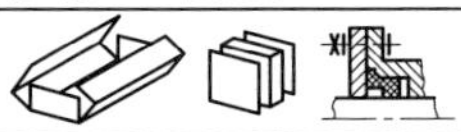
Bereitstellen mechanischer Energie	Speichern	Speicher	Massestück,Schwungmasse, Pendel,Feder,Luftfeder	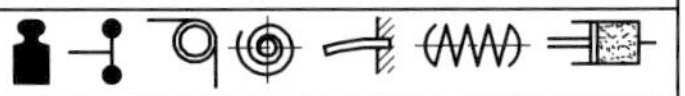
		Startwerke	Spannwerk	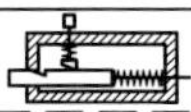
			Sprungwerk	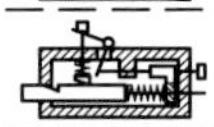
			Schrittwerk	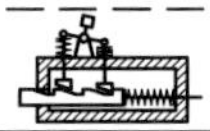
	Wandeln	Wandler	Motor, Elektromagnet, Bimetall, Piezoelement	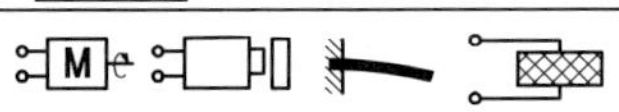
Anpassen mechanischer Energie	Umsetzen Verstärken	Getriebe	Zahnrad-, Reibrad-, Zugmittel-, Schrauben-, Koppel-, Kurven-, Hebel und Federgetriebe	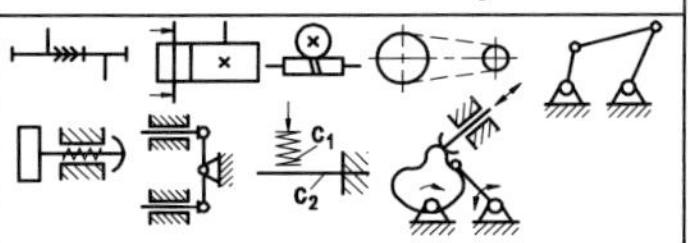
	Reduzieren Sperren	Aufhalter	Dämpfung, Bremse, Anschlag	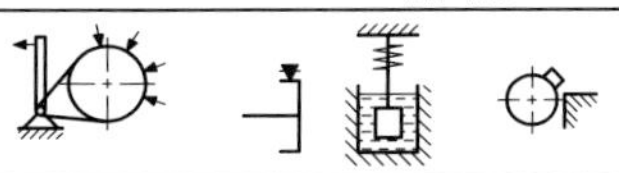
	Schalten	Festhalter	Gesperre, Gehemme	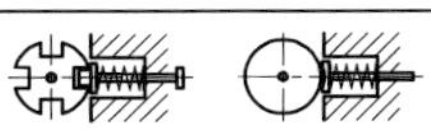
Übertragen mechanischer Energie	Koppeln	Kupplungen	Schaltkupplung, Ausgleichskupplung, starre Kupplung	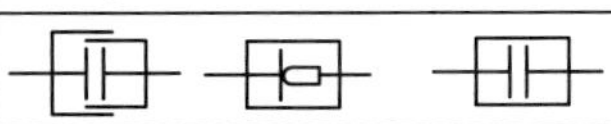
	Leiten	Leiter (mechanisch)	Achse, Welle, Rohr, Getriebe (i=1)	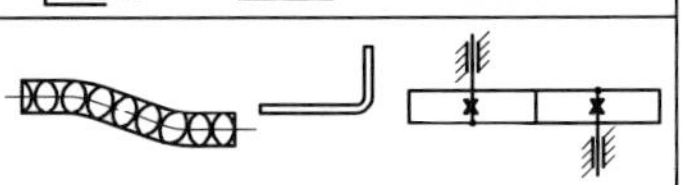
	Vereinigen Verzweigen	Verteiler	Differenz-und Summengetriebe	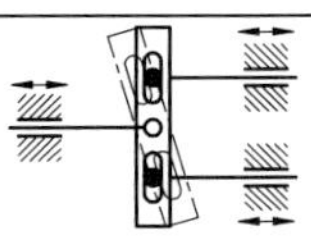

Die **Auswahl der Werkstoffe** ist notwendig für neu zu entwerfende Bauteile. Sie bestimmen entscheidend Verhalten und Kosten des Produktes. Auswahlkriterien sind für

- die Nutzung: Dichte, Festigkeit, Verschleiß- und Korrosionsverhalten, Leitfähigkeit,
- die Fertigung: Spanbarkeit, Verformbarkeit, Schweißbarkeit, Veredelungsfähigkeit,
- die Wirtschaftlichkeit: Preis, Lieferbedingungen (z. B. Mindestmenge), Abmessungen.

Kataloge und Werkstoffdatenbanken unterstützen die Werkstoffauswahl. Der Werkstoff ist hinsichtlich Art (z. B. St 37K), Behandlung (z. B. einsatzgeglüht) und Verbund (z. B. laminiert) festzulegen.

Das **Bestimmen der Zustandseigenschaften** betrifft die Behandlung der Werkstoffe (Erzeugen oder Beseitigen innerer Spannungen) oder beim Einbau zu erzeugende Zustände (z. B. Vorspannung). Die Zustandseigenschaften sind für die zuverlässige Erfüllung der Funktion oft von wesentlicher Bedeutung.

10.3.3 Dimensionieren

Alle Abmessungen, Funktions- und Werkstoffparameter müssen durch Maßzahl und Einheit festgelegt werden.

Für das methodische Vorgehen und die rechentechnische Realisierung stehen die Berechnungsverfahren nach Tabelle 10.21 zur Verfügung.

10

Tabelle 10.21 Berechnungsverfahren, grundsätzlicher Programmablauf und Anwendung

P_{vorh}, P_{zul}: vorhandene, zulässige Parameter; j: ja, n: nein

Nachrechnung	Auslegung	Optimierung	Simulation
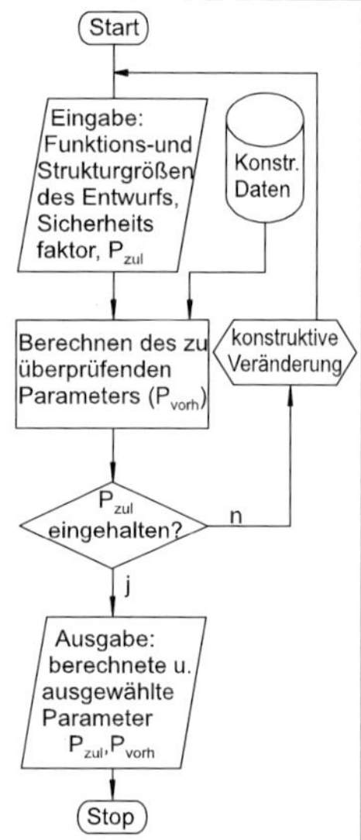	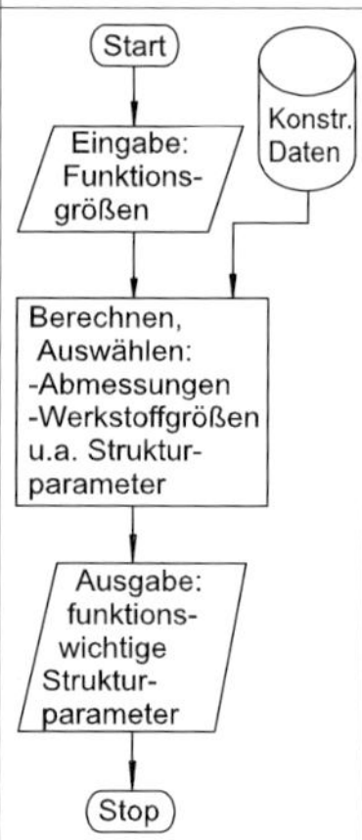	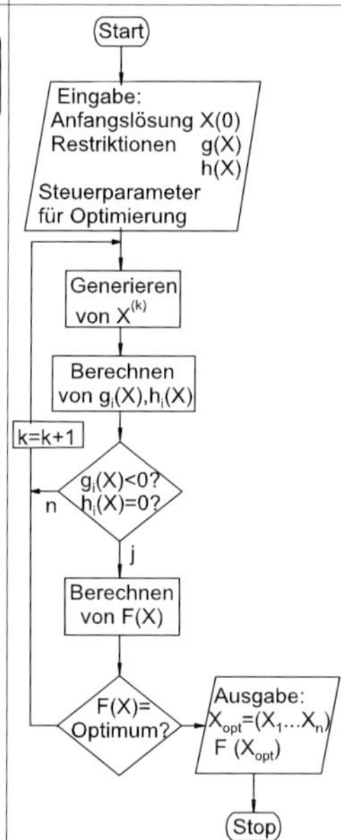	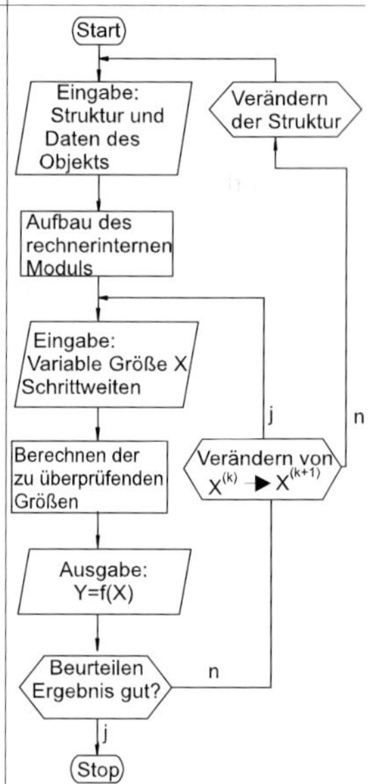
Nachrechnen von Abmessungen, Kräften, Spannungen, Deformationen, Verlagerungen, Schwingungen, Bahnkurven, Lebensdauer	Berechnen von Abmessungen, Werkstoffkennwerten sowie der Anzahl von Formelementen (z.B. Zähnezahl) und Bauelementen (z.B. Wälzkörperzahl)	Optimieren bezüglich -Menge (Material-, Energiebedarf, Masse) -Qualität (Funktionserfüllung, Toleranzen, Lebensdauer) -Kosten (bei Herstellung, Nutzung)	Überprüfen des Verhaltens unter verschiedenen Einflüssen: -Dynamik (Schwingungen, Stöße, Prellen, Start-Stop-Betrieb) -Temperatur -Kollision (zwischen bewegten Elementen und bei der Montage)

Nachrechnung:
Überprüfen eines entworfenen und vorläufig dimensionierten Bauelements hinsichtlich der Erfüllung bestimmter Forderungen, indem man die Werte der in der Lösung vorhandenen Parameter P_{vorh} ermittelt und mit den zulässigen P_{zul} vergleicht. An einem Bauelement sind oft mehrere solcher Nachweise erforderlich (z. B. Funktions- und Festigkeitsnachweis bei Federn), die nicht selten sich widersprechende konstruktive Maßnahmen verlangen. Ein Kompromiss folgt dann erst nach mehreren wiederholten Rechnungen.

Auslegung:
Berechnen funktionswichtiger Parameter (Abmessungen, Werkstoffparameter) eines entworfenen Bauelements aus vorgegebenen Funktionsgrößen. Auslegungsrechnungen kommen als einfache Entwurfsrechnungen (z. B. überschlägliches Bestimmen eines Wellendurchmessers) oder als Maßsynthese (bei Mechanismen usw.) zur Anwendung. Ein gewünschtes Auslegungsergebnis lässt sich auch iterativ durch Nachrechnung erreichen. Programme zur durchgängigen Dimensionierung von Konstruktionselementen enthalten sowohl Auslegungs- als auch Nachrechnungsoperationen.

Optimierung:
Bestimmen der zu dimensionierenden Parameter einer Konstruktionslösung, sodass sie eine geforderte Zielfunktion unter Berücksichtigung eingrenzender Bedingungen erfüllen.

Mathematisch fasst man die n gesuchten Parameter einer Konstruktion als Variable zu einem Vektor zusammen:

$\boldsymbol{X} = (X_1, X_2, \ldots, X_n)$

Die Wahl der Werte für $\boldsymbol{X}$ unterliegt konstruktiv bedingten Einschränkungen (Restriktionen), die als

Ungleichungen $g_i(\boldsymbol{X}) \geq 0$ oder

Gleichungen $h_j(\boldsymbol{X}) = 0$

zu formulieren sind (z. B. max. Einbaudurchmesser $D = 50$ mm für ein Lager: $g(\boldsymbol{X}) = 50 - d \geq 0$). Die Gesamtheit der Restriktionen definiert das Gebiet der zulässigen Lösungen, in welchem das Optimum durch Bewerten der Varianten mit einer Zielfunktion $F(\boldsymbol{X})$ gesucht wird:

$F(\boldsymbol{X}_{opt})$ = Extremum.

Das Optimum wird als Minimum (z. B. Masse, Volumen, Kosten) oder Maximum (Lebensdauer, Wirkungsgrad usw.) der Zielfunktion gefunden. Für die Suche stehen zahlreiche Verfahren zur Verfügung. Sollen gleichzeitig mehrere Kriterien zur Optimierung herangezogen werden, so liegt ein Problem der Polyoptimierung vor. Die vorhandenen Optimierungsprogramme setzen die mathematische Formulierung des Optimierungsproblems voraus. Die Rechenvorschrift für die Zielfunktion $F(\boldsymbol{X})$ ist dabei einmalig für den Entwicklungsgegenstand (Einzelteil, Baugruppe) zu erarbeiten.

Simulation:
Nachbilden des Verhaltens eines entworfenen Objektes mit Hilfe eines rechnerinternen Modells. Es werden Reaktionen der entworfenen Struktur auf verschiedene Einflussgrößen (Funktionsgrößen, Störgrößen, extreme Betriebsbedingungen) berechnet. Durch Verändern der Modellparameter gelangt man zu einer günstigen Dimensionierung.

10.4 Produktdokumentation und Datentransfer

Die im Ergebnis des konstruktiven Entwicklungsprozesses entstandenen Produktdaten müssen den weiteren Prozessen der Vorbereitung der Produktion, wie Fertigungsplanung, Produktionsplanung und -steuerung, der Fertigung, der Qualitätssicherung sowie dem Ein- und Verkauf zur Verfügung gestellt werden.

Für die manuelle Weiterverarbeitung sind dies Zeichnungen, Stücklisten, Schaltpläne und eine Produktbeschreibung (Bild 10.30).

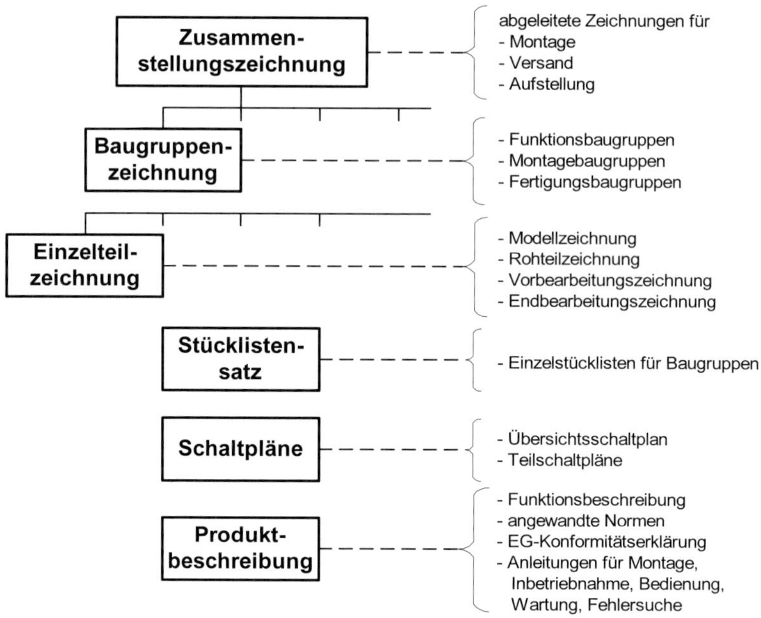

Bild 10.30 Produktdokumentation

Der Zeichnungssatz besteht aus einer Zusammenstellungszeichnung, aus daraus abgeleiteten Zeichnungen für Montage, Versand und Aufstellung, aus Baugruppenzeichnungen verschiedener Komplexität, die den Zusammenbau mehrerer Einzelteile zu einer Funktions-, Fertigungs- oder Montagebaugruppe zeigen sowie aus Einzelteilzeichnungen. Dabei sind die Zeichnungsformate nach DIN 6771 einzuhalten.

Zu jedem Zeichnungssatz gehört eine Stückliste bzw. ein Stücklistensatz. Eine Stückliste enthält für jedes Einzelteil Positionsnummer, Menge, Sachnummer für Zeichenteile und Normkurzbezeichnung für Normteile, Werkstoff und Bemerkungen über zu verwendende Halbzeuge und Herstellerfimen.

Neben Zeichnungen, Stücklisten und Schaltplänen ist die Beschreibung des Produktes von Bedeutung. Dazu gehören:

- eine Funktionsbeschreibung des Produktes,
- eine produktbezogene Auflistung der zutreffenden Anforderungen der jeweiligen EG-Richtlinien,
- die zur Entwicklung und Konstruktion des Produktes angewendeten Normen,
- alle anderen technischen Spezifikationen, die bei der Entwicklung und Konstruktion berücksichtigt wurden,
- Maßnahmen zur Verhütung der vom Produkt ausgehenden Gefahren,
- der Konformitätsnachweis mit einer harmonisierten Norm sowie die EG-Konformitätserklärung,
- Anleitungen für Montage, Inbetriebnahme, Bedienung, Wartung, Fehlersuche.

Der Einsatz der Rechentechnik im konstruktiven Entwicklungsprozess (**Computer Aided Design – CAD**) ermöglicht die maschinelle Datenübergabe über Schnittstellen und Datenübertragungssysteme zu weiteren Computersystemen in Produktionsvorbereitung, Qualtitätssicherung, Fertigung, Materialwirtschaft, Ein- und Verkauf. Alle Computersysteme sind Bauteile eines integrierten Rechnerverbundes (Bild 10.31) in der Produktion (**CIM – Computer Integrated Manufacturing**).

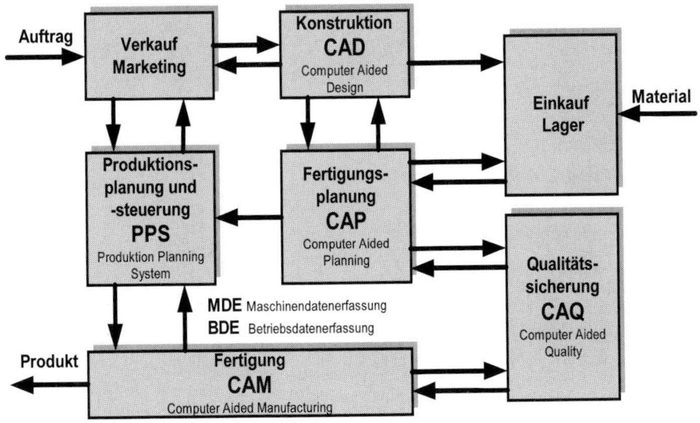

Bild 10.31 Rechnerintegrierte Produktion CIM

Der Rechnereinsatz beginnt in der Verkaufs- und Marketingabteilung. Eingegangene Aufträge werden nach Typ, Größe, Stückzahl, Optionen und Sonderwünschen sortiert und die Fertigungsfreigabe erteilt.

Aufträge mit Modifikationen oder Änderungswünsche an Standardprodukten müssen in die Konstruktionsabteilung einfließen. Hier werden rechnerunterstützt die Realisierbarkeit geprüft, konstruktive Änderungen durchgeführt und die Einkaufsabteilung über erforderliche Bestellungen, Materialbedarf oder andere Besonderheiten informiert. Neukonstruktionen, die den Liefertermin wesentlich beeinflussen, werden speziell behandelt.

Die im CAD-System gespeicherten Produktdaten werden dem System der rechnerunterstützten Fertigungsplanung (**Computer Aided Planning – CAP**) übergeben. Es erfolgen:

- Erstellung und Verwaltung von Arbeitsplänen und NC-Teileprogrammen,
- Zeitberechnungen,
- Kapazitätsbelegungen,
- Einsatzplanung von Handhabungs- und Transportmitteln,
- Lagerbestandsführung und Materialdisposition.

Da in diesem System alle zeitbedarfs- und kostenrelevanten Daten zur Verfügung stehen, kann es Auskunft über Verkaufspreise und Lieferzeiten geben. Bei Unterschreitung der festgelegten Mindestbestände erfolgt eine Bedarfsmeldung an die Einkaufsabteilung.

Nach Durchlauf aller Komponenten des CAP-Systems erfolgt die Datenübergabe an das System der Produktionsplanung und -steuerung (**Production Planning System – PPS**) zur organisatorischen Planung, Steuerung und Überwachung der Produktionsabläufe während der gesamten Auftragsabwicklung, wobei Mengen-, Termin- und Kapazitätsaspekte berücksichtigt werden.

Dazu sind für jedes zu fertigende Teil die erforderlichen Maschinenstunden und die Montagestunden sowie die Belegung jeder Maschine und jedes Arbeitsplatzes für die nächsten Tage und Wochen gespeichert. Bei Einplanung neuer Aufträge lassen sich entstehende Engpässe sofort feststellen und durch Änderung von Losgrößen, Terminen sowie durch andere Maßnahmen vermeiden.

Ist der Auftrag in Bearbeitung, wird dessen termingerechter Durchlauf überwacht. Eingehende Störungsmeldungen von den Systemen der Maschinendatenerfassung und Betriebsdatenerfassung (**MDE** und **BDE**) werden auf eventuelle Folgen überprüft und der Verkaufsabteilung mitgeteilt.

In der rechnerunterstützten Fertigung (**Computer Aided Manufacturing – CAM**) werden die Daten zur Steuerung von NC/CNC-Maschinen, flexiblen Fertigungszellen und -systemen, flexiblen Lager- und Transportsystemen sowie flexiblen Handhabungs- und Montagesystemen genutzt. Die Steuerung erfolgt dabei durch Datenübertragungssysteme und Leitrechner. Entscheidend für die effektive Fertigung der Einzelteile ist die enge Datenkopplung zwischen CAD und CAM.

Die rechnerunterstützte Qualitätssicherung (**Computer Aided Quality Management – CAQ**) umfasst alle Maßnahmen, um sowohl die Qualitität der Einzelteile als auch der fertigen Produkte sicherzustellen. Dazu gehören:

- die Prüfplanerstellung und Prüfprogrammermittlung,
- alle Aufgaben zur Prüfdurchführung, Messwertermittlung und -auswertung,
- die statistische Prozessüberwachung,
- die automatische Prozessbeeinflussung.

Die Grundlage der Integration ist eine relationale Datenbank, die alle Koordinationsaufgaben und die systemübergreifende Datenorganisation übernimmt.

10.5 Schutz von Erfindungen

10

Gewerbliche Schutzrechte sind wichtige Wettbewerbsinstrumente. Sie gewähren dem Inhaber ein zeitlich begrenztes Monopol für die wirtschaftliche Verwertung einer **Erfindung**. Außerdem können durch sie Aufwendungen innovativer Unternehmen für Forschung und Entwicklung abgesichert werden. Denn diese Investitionen sind nur dann sinnvoll, wenn die Ergebnisse den Unternehmen einen Vorsprung verschaffen und nicht beliebig von Wettbewerbern übernommen werden können.

Grundsätzlich gilt: Die schutzfähige Erfindung muss das produktive Ergebnis einer geistigen Arbeit sein. Sie muss neu sein und darf für den Durchschnittsfachmann nicht nahe liegen.

Haben mehrere Personen unabhängig voneinander eine Erfindung gemacht, so steht dem das Recht zu, der die Erfindung zuerst beim Patentamt angemeldet hat. Hierdurch soll ein Anreiz geschaffen werden, die Erfindung frühzeitig anzumelden und möglichst schnell der Allgemeinheit zu offenbaren.

10.5.1 Patente

§ 1 des geltenden deutschen **Patentgesetzes** (PatG) lautet:

(1) Patente werden für Erfindungen erteilt, die neu sind, auf einer erfinderischen Tätigkeit beruhen und gewerblich anwendbar sind.

(2) Als Erfindungen im Sinne des Absatzes 1 werden insbesondere nicht angesehen:
  (1) Entdeckungen sowie wissenschaftliche Theorien und mathematische Methoden;
  (2) Ästhetische Formschöpfungen;
  (3) Pläne, Regeln und Verfahren für gedankliche Tätigkeiten, für Spiele oder für geschäftliche Tätigkeiten sowie Programme für Datenverarbeitungsanlagen;
  (4) die Wiedergabe von Informationen.

(3) Absatz 2 steht der Patentfähigkeit nur insoweit entgegen, als für die genannten Gegenstände oder Tätigkeiten als solche Schutz begehrt wird.

Treffen die im § 1 genannten Voraussetzungen für eine Erfindung zu, kann sie schriftlich beim Deutschen Patent- und Markenamt unter Zahlung einer Gebühr zum Patent angemeldet werden. Für die Anmeldung sind bestimmte Vorschriften in sachlicher und formeller Hinsicht zu beachten (siehe auch **Merkblatt für Patentanmelder**).

Bild 10.32 zeigt die erste Seite einer Patentschrift.

(19) BUNDESREPUBLIK DEUTSCHLAND

DEUTSCHES PATENTAMT

(12) **Patentschrift**

(10) **DE 196 53 773 C 1**

(51) Int. Cl.⁶:
G 08 B 21/00
G 08 B 25/00
H 04 B 7/26
G 01 C 9/00
G 01 P 13/00
G 01 P 15/00
H 04 Q 7/10

(21) Aktenzeichen: 196 53 773.8-42
(22) Anmeldetag: 21. 12. 96
(43) Offenlegungstag: –
(45) Veröffentlichungstag der Patenterteilung: 2. 7. 98

DE 196 53 773 C 1

Innerhalb von 3 Monaten nach Veröffentlichung der Erteilung kann Einspruch erhoben werden

(73) Patentinhaber:
GGT Gesellschaft für Gerontotechnik mbH, 58638 Iserlohn, DE

(72) Erfinder:
Jellinghaus, Rolf, 58644 Iserlohn, DE; Jentsch, Gerhard, 58636 Iserlohn, DE; Joska, Rolf, 46119 Oberhausen, DE; Kowalski, Friedhelm, 58638 Iserlohn, DE; Langbein, Peter, 58708 Menden, DE; Schlieck, Gerhard, 58566 Kierspe, DE

(56) Für die Beurteilung der Patentfähigkeit in Betracht gezogene Druckschriften:

DE	42 37 953 C1
DE	42 36 328 C1
DE	41 14 992 C1
DE	33 18 275 C2
DE	38 31 144 A1
DE	30 04 411 A1
DE	29 22 542 A1
DE	94 08 119 U1

(54) Verfahren und Anordnung zur Erfassung von Sturzsituationen gesundheitsgefährdeter Personen

(57) Um ein Verfahren und eine Anordnung zur Durchführung des Verfahrens zur Erfassung von Sturzsituationen gesundheitsgefährdeter Personen, insbesondere Kranker, alter Menschen und Personen gefährdeter Berufsgruppen zu schaffen, wobei von der Neigung und Bewegung der Person abhängige Meßwertfolgen erfaßt und ausgewertet werden, um dadurch gesundheitskritische Situationen von Personen zu erkennen, wird vorgeschlagen, daß mittels eines Neigungs- und Bewegungssensors in dem am Oberkörper der gesundheitsgefährdeten Person zu tragenden Überwachungsgerät in vorgegebenen, wählbaren Zeitintervallen sowohl Meßwertfolgen von Neigungs- und Lagezustandsänderungen der Person als auch Meßwertfolgen über die Beschleunigung der Person erfaßt werden und die Meßwertfolgen in dem Überwachungsgerät fortlaufend mit Meßwertfolgen von bekannten vorgegebenen Bewegungsabläufen der Person verglichen werden, wobei bei Überschreitung maximaler Differenzwerte als Folge einer Sturzsituation der gesundheitsgefährdeten Person der Voralarm sowie ein willensabhängiger und/oder willensunabhängiger Notruf ausgelöst wird.

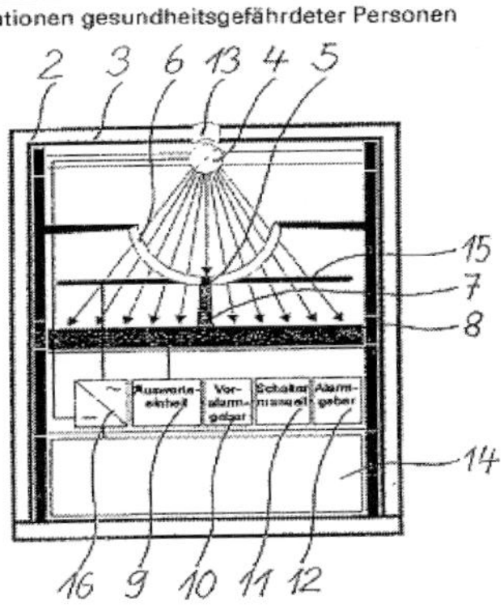

DE 196 53 773 C 1

BUNDESDRUCKEREI 05.98 802 127/821/7A 22

Bild 10.32: Patentschrift

10.5.1.1 Erfindungsbeschreibung

Eine Patentschrift muss letztendlich zwei Aufgaben erfüllen:

1. Der Anmelder verfolgt mit der Einreichung einer Patentanmeldung das Ziel, auf einem bestimmten technischen Sachgebiet ein **Ausschließlichkeitsrecht** zu erreichen (rechtliche Seite);
2. der Techniker erwartet eine klare **Anweisung zum technischen Handeln** (technische Seite).

Die **Erfindungsbeschreibung** hat das Ziel, die Erfindung zu offenbaren, d. h. zu erläutern und zu erklären. Sie enthält die nachfolgend genannten Schwerpunkte:

- Einleitung und Angaben zum technischen Gebiet, zum Zweck und zur Anwendung der Erfindung;
- Erläuterungen zum Stand der Technik, dabei werden Mängel und Verbesserungspotenzial aufgezeigt, sowie zur technischen Aufgabe der Erfindung;
- Lösungsansätze entsprechend der kennzeichnenden Ausführung von Haupt- und Unteransprüchen;
- Auflistung der durch die Erfindung erzielbaren Vorteile;
- Aufzählung und Erklärung der Zeichnungen und Figuren, Erläuterung der Erfindung an Ausführungsbeispielen und Zusammenfassung.

10.5.1.2 Anmeldung, Prüfung und Erteilung

Für die Erfindung muss ein Antrag auf Erteilung eines Patentes mittels **Formblatt** an das Deutsche Patent- und Markenamt München gestellt werden. Innerhalb der ersten 12 Monate kann die Erfindung gemäß der Pariser Verbandsübereinkunft PVÜ unter Inanspruchnahme der Priorität der deutschen Anmeldung im Ausland angemeldet werden. Nach 18 Monaten ab Anmeldetag erfolgt eine **Offenlegung** der Patentanmeldung.

10

Für die Prüfung der Patentanmeldung muss ein **Prüfungsantrag** am Deutschen Patent- und Markenamt gestellt werden. Die Erfindung wird daraufhin auf alle Voraussetzungen der Patentfähigkeit geprüft.

Bei Zusendung eines **Prüfungsbescheides** hat der Anmelder die Möglichkeit, durch erforderliche Klarstellungen und Änderungen die genannten Mängel zu beheben und andererseits die Patentfähigkeit, insbesondere Neuheit, erfinderische Tätigkeit und gewerbliche Anwendbarkeit zu untermauern.

Im Ergebnis erlässt der Prüfer einen **Erteilungsbeschluss** oder einen **Zurückweisungsbeschluss**. Gegen diesen Beschluss kann der Anmelder innerhalb eines Monats nach Zustellung schriftlich beim Patentamt Beschwerde einlegen. Hält das Patentamt die Beschwerde für gerechtfertigt, kann es den Beschluss ändern.

Das erteilte Patent hat eine maximale **Laufzeit** von 20 Jahren ab dem Anmeldetag. Es wird nur aufrechterhalten, solange der Anmelder die Jahresgebühren an das Patent- und Markenamt bezahlt.

10.5.2 Gebrauchsmuster

Das **Gebrauchsmuster** ist dem Patent sehr ähnlich. Geschützt ist nicht der Gebrauchsgegenstand als solcher, sondern die in dem Gebrauchsgegenstand durch seine neue Form hervortretende erfinderische Idee.

Für die sachliche Abfassung der Anmeldeunterlagen für ein **Gebrauchsmuster** gelten dieselben Gesichtspunkte wie bei einer Patentanmeldung.

Der Schutz durch ein Gebrauchsmuster dauert 10 Jahre ab dem Anmeldetag. Ein Gebrauchsmuster kann von einem Patent innerhalb von 10 Jahren ab Anmeldetag des Patents abgezweigt werden, d. h., der Anmeldetext mit möglichen Änderungen wird als Gebrauchsmuster eingetragen.

Patent und **Gebrauchsmuster** ergänzen sich nahezu ideal, insbesondere bei der Durchsetzung eines Rechtes gegenüber Dritten.

10.5.3 Hinweise für Erfinder

Vor jeder Schutzrechtsanmeldung sollte der Erfinder eingehend in der **Patentliteratur** und in Fachzeitschriften recherchieren, ob das erkannte Problem nicht bereits befriedigend gelöst wurde.

Die **Patentbeschreibung** sollte von einem Patentanwalt durchgeführt werden.

Mit der Anmeldung sollte der **Prüfungsantragantrag** gestellt werden, damit möglichst bald (innerhalb des Prioritätsjahres) der vom Patent- und Markenamt als relevant betrachtete Stand der Technik bekannt wird. Dies ist für Verhandlungen mit Nutzern wichtig, um die Schutzfähigkeit nachweisen zu können.

Äußerst wichtig ist, unmittelbar nach Einreichen der Anmeldung intensiv nach einem **Nutzer** zu suchen. Die Erfahrung bestätigt, dass vor Verhandlung die Erfindung zum Schutz angemeldet werden sollte.

Die Ausarbeitung des **Lizenzvertrages** sollte von einem Fachmann durchgeführt werden. Ein Lizenzvertrag muss sowohl Eigenarten der Parteien berücksichtigen als auch solche des jeweiligen Marktes. Hierzu gehören die Mindestlizenz, die Eintrittszahlung, die Kündigung, das Wettbewerbsverbot, die Beratungsfähigkeiten und vieles andere.

Die Entscheidung, in welcher Art die Erfindung weiterverfolgt werden soll, beispielsweise als **Patentanmeldung** oder als **Gebrauchsmusteranmeldung,** und in welchen Staaten Auslandsanmeldungen erforderlich sind, sollte beim Lizenznehmer liegen, der in der Regel auch die Kosten zu tragen hat. Der Schutzrechtsanmelder bzw. Erfinder sollte Schutzrechtsinhaber bleiben.

Beim **Verkauf eines Schutzrechtes** steht vor allem das Problem der Bewertung. Als Grundlage für die Bewertung kann die Lizenzanalogie dienen, aber auch eine Analogie aus den Vergütungsrichtlinien des Arbeitnehmererfinderrechtes. Beim Verkauf des Schutzrechtes gehen alle Rechte an den Käufer über, bis auf das Recht, als Erfinder benannt zu werden.

Wichtig ist, dass bei all diesen Verträgen vereinbart wird, dass der Lizenznehmer sämtliche **Kosten** sowohl für die Vertragsausarbeitung als auch für die Aufrechterhaltung der Schutzrechte übernimmt.

Sofern der Erfinder die Absicht hat, die Erfindung selbst zu nutzen und sich mit der Erfindung selbstständig zu machen, kann die Erfindung bewertet und in die Eröffnungsbilanz aufgenommen werden. Hierzu ist in jedem Fall ein Fachmann erforderlich.

Weiterführende Literatur

Breiing, A.; Knosola, R.: Bewerten technischer Systeme, Theoretische und methodische Grundlagen bewertungstechnischer Entscheidungshilfen. Berlin, Heidelberg, New York: Springer-Verlag 1997

Conrad, K.-J. (Hrsg.): Taschenbuch der Konstruktionstechnik. Leipzig: Fachbuchverlag 2004

Ehrlenspiel, K.: Integrierte Produktentwicklung. Denkabläufe, Methodeneinsatz, Zusammenarbeit. 3. Aufl., München: Carl Hanser Verlag 2006

Hering, E.; Triemel J.; Blank, H.-P.: Qualitätsmanagement für Ingenieure. 5. Aufl., Berlin: Springer-Verlag 2002

Hoenow, G.; Meißner, Th.: Entwerfen und Gestalten im Maschinenbau. 2. Aufl., Leipzig: Fachbuchverlag 2007

Hoenow, G.; Meißner, Th.: Konstruktionspraxis im Maschinenbau. Leipzig: Fachbuchverlag 2007

Krause, W.: Grundlagen der Konstruktion. 8. Aufl., München: Carl Hanser Verlag 2002

Pahl, G.; Beitz, W.; Feldhusen, J.; Grote, K. H.: Konstruktionslehre. 7. Aufl., Berlin: Springer-Verlag 2006

Wagner, M.; Thieler, W.: Wegweiser für den Erfinder, Von der Aufgabe über die Idee zum Patent. Berlin, Heidelberg, New York: Springer-Verlag 1996

Werkstofftechnik

Prof. Dr.-Ing. Paul Beiss
Rheinisch-Westfälische Technische Hochschule Aachen

Dr. rer. nat. Alwin Nagel
Steinbeis-Transferzentrum Materials Engineering, Hochschule Aalen

Prof. Dr. rer. nat. Gerhard Schneider
Robert Bosch GmbH Stuttgart

Tabelle 11.1 Wichtigste Formelzeichen

Formelzeichen	Einheit	Bedeutung
A	%	Bruchdehnung
B_C	T	kritische Magnetflussdichte
B_r	T	Remanenzflussdichte
B_S	T	Sättigungsinduktion
b	mm	Breite
c_p	J/(kg · K)	spezifische Wärmekapazität
c	mm	kritische Fehlergröße
E	N/mm^2	E-Modul
F	N	Last, Kraft
G	N/mm^2	Schubmodul
H_C	kA/m	Koerzitivfeldstärke
h	mm	Höhe
K	N/mm^2	Kompressionsmodul
K_{IC}	$MPa \cdot m^{1/2}$	Bruchzähigkeit
L	mm	Länge
m		Streuung
N	cm^{-2}	Versetzungsdichte
p_f		Bruchwahrscheinlichkeit
Q	J/(mol · K)	Aktivierungsenergie
R	N/mm^2	Streckgrenze
R_{eH}	N/mm^2	obere Streckgrenze
R_{eL}	N/mm^2	untere Streckgrenze
R_m	N/mm^2	Zugfestigkeit
$R_{p0,2}$	N/mm^2	0,2 %-Dehngrenze
$R_{p\varepsilon/t/\vartheta}$	N/mm^2	Zeitdehngrenze
$R_{m/t/\vartheta}$	N/mm^2	Zeitstandfestigkeit
S	mm^2	Querschnittfläche
t	s	Zeit
T	K	thermodynamische Temperatur
T_C	K	Sprungtemperatur
T_g	°C	Glastemperatur
T_m	°C	Schmelztemperatur
T_z	°C	Zersetzungstemperatur
x	mm	Ortskoordinate
z	%	Brucheinschnürung
α	K^{-1}	Wärmeausdehnungskoeffizient
γ	%	Scherung
ε	%	Dehnung, axiale Verformung
λ	W/(m · K)	Wärmeleitfähigkeit
ν		Querdehnungszahl
ρ	g/cm^3	Dichte
ρ	$\Omega \cdot m$	spezifischer elektrischer Widerstand
σ	N/mm^2	Normalspannung
σ_{bB}	N/mm^2	Biegebruchfestigkeit
σ_{Sch}	N/mm^2	Schwellfestigkeit
σ_W	N/mm^2	Wechselfestigkeit
τ	N/mm^2	Schubspannung

Wichtige Indizes

Index	Bedeutung
0	Anfangszustand
p	plastisch
T	Zeit
U	nach Bruch
ε	bei einer Drehung
ϑ	bei einer Celsius-Temperatur

11

11.1 Kristallbau und Gitterbaufehler

Im Gegensatz zu Gläsern, vielen Kunststoffen und Gummisorten sind keramische und metallische Werkstoffe **kristallin** aufgebaut. Ein kristalliner Aufbau ist dadurch gekennzeichnet, dass die Bausteine des Kristalls, Atome oder Moleküle, nach einem streng regelmäßigen Muster angeordnet sind. Stoffe mit regelloser Atom- bzw. Molekülanordnung nennt man **amorph**.

Reale Kristalle sind nicht absolut perfekt aufgebaut, sondern enthalten **Baufehler**, die nach ihrer Dimensionalität unterschieden werden.

Die wichtigsten **nulldimensionalen Fehler** oder Punktdefekte sind **Leerstellen** und **Zwischengitteratome** (interstitielle Atome).

Zwischengitteratome sind beispielsweise Kohlenstoff- und Stickstoffatome in Stahl, die eine bedeutende Rolle bei der Härtung der Stähle spielen.

Linienförmige oder **eindimensionale Defekte** in Kristallen sind vor allem **Versetzungen**.

11

Man unterscheidet **Stufen-** und **Schraubenversetzungen**. Versetzungen sind im Allgemeinen gekrümmt und haben je nach Lage zum Gitter Schrauben- und Stufencharakter. Versetzungen ermöglichen die plastische Verformung metallischer Werkstoffe. In den atomar am dichtesten gepackten Ebenen bewegen sich Versetzungen unter Schubspannungen ausschließlich in die Richtungen größter Packungsdichte. Die Richtung in einer dichtestgepackten Ebene definiert deshalb ein so genanntes **Gleitsystem**. Schneiden sich Versetzungen aus verschiedenen Gleitsystemen, bilden sich **Versetzungsknoten**. Dies führt zur Behinderung der weiteren plastischen Verformung, zur so genannten **Verfestigung**. Kaltverfestigung kann durch Glühen wieder rückgängig gemacht werden. Bei diesem thermisch aktivierten Prozess werden Versetzungsknoten durch so genanntes Klettern wieder eliminiert.

Zweidimensionale Gitterstörungen sind alle Grenzen eines Kristalls, also auch die Außenoberflächen.

Reale Werkstoffe mit kristallinem Aufbau haben gewöhnlich mittlere Kristallabmessungen von etwa 1 μm bis 100 μm Durchmesser. In Werkstoffen, die nur aus einer einzigen Kristallart aufgebaut sind, heißen diese Grenzen **Korngrenzen.** Grenzen zu Nachbarkristallen eines anderen Gittertyps werden **Phasengrenzen** genannt. Korn- und Phasengrenzen stellen Gebiete großer Unordnung dar, sodass dort Fremdatome abweichender Größe besonders vorteilhaft Platz finden.

In kubisch flächenzentrierten und hexagonalen Werkstoffen beobachtet man häufig Fehler der atomaren Stapelfolge, so genannte **Stapelfehler**. Für die Bildung aller Kristallbaufehler muss ein bestimmter Energiebetrag aufgebracht werden. Nur in Materialien, deren Stapelfehlerenergie gering ist, sind großflächige Stapelfehler häufig, beispielsweise in vielen kubisch flächenzentrierten Kupferlegierungen.

Unter **dreidimensionalen Gitterfehlern** versteht man alle räumlichen Störungen des Raumgitters, wie vor allem **Ausscheidungen**.

Das sind lokale Ansammlungen von Fremdatomen. Ausscheidungen, deren atomare Anordnung mit dem Wirtsgitter trotz gewisser Größenunterschiede noch zusammenhängt, werden als **kohärente Ausscheidungen** bezeichnet. Nimmt die Größe von Ausscheidungen zu, geht der Gitterzusammenhang durch die Verzerrungen entlang der Grenzflächen teilweise oder ganz verloren. In diesen Fällen spricht man von **teilkohärenten** bzw. **inkohärenten Ausscheidungen**. Ausscheidungen behindern die Wanderung von Versetzungen bei einer vorgegebenen Schubspannung, und zwar am wirkungsvollsten in Form besonders zahlreicher kleiner kohärenter Ausscheidungen. Die Behinderung von Versetzungsbewegungen kommt einer Festigkeitssteigerung gleich.

Gröbere dreidimensionale Kristallbaufehler werden allgemein als **Gefügefehler** bezeichnet. Beispiele sind Poren, Gusslunker, Einschlüsse von Verunreinigungen wie beispielsweise Schlacken oder Formsand, Carbide oder Risse.

11.2 Thermisch aktivierte Prozesse

Unter **Diffusion** versteht man allgemein die zeit- und temperaturabhängige Wanderung von Atomen und Molekülen in Stoffen.

Es wird zwischen **Leerstellendiffusion** und **Zwischengitterdiffusion** unterschieden. Diffusion ist ein thermisch aktivierter Prozess. Häufig werden durch Diffusion lokale Konzentrationsgradienten ausgeglichen oder es wird Material im atomaren Maßstab umgelagert.

Erholung und Rekristallisation

Verformt man ein Metall bei hinreichend tiefen Temperaturen, tritt eine zunehmende Verfestigung und Ausrichtung der Körner in Umformrichtung auf. Diese Gefügeveränderungen sind in Bild 11.1 für gewalztes Reinkupfer in der Querebene wiedergegeben. Die Kristallite werden beim Walzen zusammengequetscht und in Walzrichtung gestreckt.

a) b) c)

Bild 11.1 Gefüge von Kupfer. a) vor Umformung und b) nach Walzen um 50 % bzw. c) 90 % Höhenabnahme, 133:1

Glüht man das versetzungsreiche, kaltverfestigte Material für einige Zeit bei Temperaturen, die Diffusion erlauben, bildet sich ein völlig neues Gefüge, das dem Ausgangsgefüge vor dem Walzen ähnelt und keine Kornstreckung in Walzrichtung erkennen lässt (Bild 11.2). Das neue Gefüge ist arm an Versetzungen, und alle Eigenschaftsänderungen durch die Kaltumformung sind rückgängig gemacht. Deshalb nennt man diese Art der Wärmebehandlung nach vorausgehender Kaltumformung auch **Weichglühung**. Charakteristisch ist der Einfluss des Umformgrades auf die Korngröße nach der Weichglühung: Durch kleine Kaltverformungen, beispielsweise 5 %, entsteht bei der Glühung ein gröberes Korn als im Ausgangszustand. Große Umformgrade hingegen verursachen eine erhebliche Kornfeinung.

Bild 11.2 Weichglühgefüge des Materials aus Bild 11.1. a) nach 5 %, b) 50 % und c) 90 % Walzverformung, 133:1

Weil sich während der Glühung neue Kristalle bilden, nennt man den Vorgang der Gefügeneubildung **Rekristallisation**. Der Begriff Rekristallisation wird heute weiter gefasst und allgemein als **Wanderung von Korngrenzen** definiert. Der spezielle Vorgang der Weichglühung nach Kaltumformung heißt **primäre Rekristallisation**. Im Gegensatz dazu werden das Wandern und Ausheilen von Punktdefekten sowie die Umordnung von Versetzungen unter dem Begriff **Erholung** zusammengefasst. Während der Erholung behält also jeder Kristallit seine äußere Gestalt bei, durch Rekristallisation werden Form, Größe und oft auch die kristallografische Orientierung der Einzelkristalle eines Gefüges verändert, indem sie auf Kosten von Nachbarkörnern wachsen, die aufgezehrt werden. Erholungsvorgänge bewirken nur eine teilweise Rückbildung des verformten Zustandes, primäre Rekristallisation führt zum vollständigen Abbau der Eigenschaftsänderungen, die durch die vorangegangene Kaltverformung verursacht wurden.

11.3 Werkstoffprüfung

11.3.1 Härteprüfung

Unter der **Härte** eines Werkstoffs versteht man den Widerstand der Materialoberfläche gegen lokale Verformung durch einen härteren Prüfkörper. Die Verfahren nach **Vickers**, **Brinell** und **Rockwell** sind je nach Härtebereich von technischer Bedeutung.

Das **Vickers-Verfahren HV** lässt sich universell einsetzen und ist für Prüflasten von 0,098 N bis 980,7 N weltweit einheitlich in DIN EN ISO 6507-1 genormt. Der Prüfkörper besteht aus einer vierseitigen Diamantpyramide, deren Seitenflächen einen Winkel von 136° einschließen.

Entsprechend der Prüflast unterscheidet man drei Prüfbereiche:

- Konventioneller Härtebereich: HV 5 bis HV 100
- Kleinkraftbereich: HV 0,2 bis HV 3
- Mikrohärtebereich: < HV 0,2.

Die Ermittlung der **Brinell-Härte HB** erfolgt mit Hartmetallkugeln als Prüfkörper. Bei diesem Verfahren werden im Vergleich zur Vickersprüfung größere Gefügebereiche beansprucht. Die Einzelheiten bei der Messung der Brinell-Härte sind in DIN EN ISO 6506 festgelegt.

Das **Rockwell-Prüfverfahren HR** ist in DIN EN ISO 6508 genormt. Hier wird ein Diamantkegel von 120° Kegelwinkel für harte Werkstoffe als Prüfkörper benutzt. Bei definierter Belastung wird von der Messmaschine direkt die Eindrucktiefe registriert. Daraus wird die Härte errechnet, Einzelheiten sind in DIN EN ISO 6508 aufgelistet. Die **HRC-Skala** besitzt für gehärtete Stähle die größte technische Bedeutung.

11.3.2 Zugversuch

Zur Charakterisierung des mechanischen Verhaltens von verformungsfähigen Materialien wird der Zugversuch verwendet. Die Einzelheiten der Versuchsdurchführung und -auswertung sind in DIN EN 10002 verbindlich festgelegt.

In Bild 11.3 ist das typische Spannungs-Dehnungs-Diagramm eines unlegierten Stahls schematisch den Veränderungen der Probengestalt gegenübergestellt. Die Verlängerung ΔL wird mit speziellen Messgeräten innerhalb der Messlänge L_0 verfolgt. Mit ansteigender Kraft F längt sich die Probe anfangs elastisch. Dabei steigt die Spannung mit der Dehnung sehr steil an. Die Steigung der elastischen oder Hooke'schen Geraden ist der **E-Modul**. Übersteigt die Spannung die so genannte **obere Streckgrenze** $\boldsymbol{R_{eH}}$, fällt die Spannung leicht auf ein nicht genau definiertes Niveau $\boldsymbol{R_{eL}}$, die **untere Streckgrenze**, ab. Hierbei kommt es zu einer spontanen Dehnung, der so genannten **Lüders-Dehnung**, die mehrere Prozent betragen kann und die unter mehr oder weniger konstanter Spannung stattfindet.

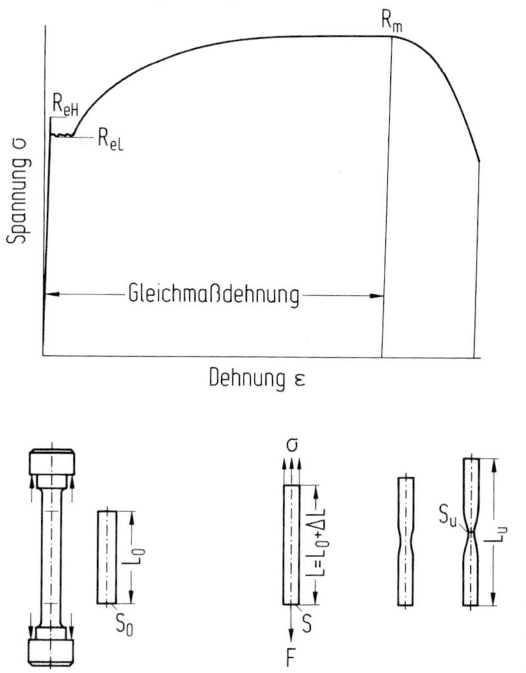

Bild 11.3 Schematisches Spannungs-Dehnungs-Diagramm eines unlegierten Stahls und zugehörige Probenverformung

Im Anschluss an die Lüders-Dehnung verstetigt sich der Verlauf der Spannung mit der Dehnung, wobei die Spannung zunächst steil, dann immer flacher bis zum Höchstlastpunkt ansteigt. Innerhalb der Dehnung bis zur größten Last bei der so genannten **Zugfestigkeit** $\boldsymbol{R_m}$ bleibt der zylindrische Probenquerschnitt zylindrisch. Deshalb wird dieser Dehnungsbereich **Gleichmaßdehnung** genannt. Jenseits des Höchstlastpunktes fängt die Probe an, sich einzuschnüren. Im gebrochenen

Zustand hat sich die ursprüngliche Querschnittsfläche S_o auf den Querschnitt S_u in der Einschnürung verjüngt. Die ursprüngliche Messlänge L_o ist auf den Wert L_u gelängt. Neben dem E-Modul sind in der DIN EN 10002 die Kenngrößen definiert (Tabelle 11.2). Die **Zugfestigkeit R_m**, die **Bruchdehnung A** und die **Brucheinschnürung Z** werden für qualitative Werkstoffvergleiche benutzt.

Tabelle 11.2 Definierte Kenngrößen nach DIN EN 10002

Kenngröße	Bedeutung
$R_{eH} = \frac{F_{eH}}{S_o}$	obere Streckgrenze
$R_{eL} = \frac{F_{eL}}{S_o}$	untere Streckgrenze
$R_m = \frac{F_m}{S_o}$	Zugfestigkeit
$A = \frac{L_u - L_o}{L_o} \cdot 100\,\%$	Bruchdehnung
$Z = \frac{S_o - S_u}{S_o} \cdot 100\,\%$	Brucheinschnürung

Die meisten Werkstoffe zeigen keine ausgeprägte Streckgrenze, sondern gehen ohne Unstetigkeit von elastischer in plastische Verformung über. Als Grenzspannung für den Übergang von elastischem zu plastischem Verhalten wird die so genannte **0,2 %-Dehngrenze $R_{p0,2}$** definiert.

11.3.3 Biegeversuch

Besonders spröde Materialien wie Keramiken, Hartmetalle oder Werkzeugstähle höchster Härten werden nur sehr selten im Zugversuch geprüft. Grund ist die schwierige Probenherstellung und die Notwendigkeit einer völlig querkraftfreien Einspannung bei spröden Zugproben. Stattdessen wird der **Drei-** oder **Vierpunktbiegeversuch** herangezogen (Bild 11.4). Meist quaderförmige Proben werden mittig zwischen den Auflagern mit der langsam steigenden Kraft F quasistatisch bis zum Bruch belastet. Einzelheiten zur Versuchsdurchführung regeln für Dreipunktbiegung DIN 51902, DIN ISO 3325 oder DIN ISO 3327, für Vierpunktbiegung DIN 51110.

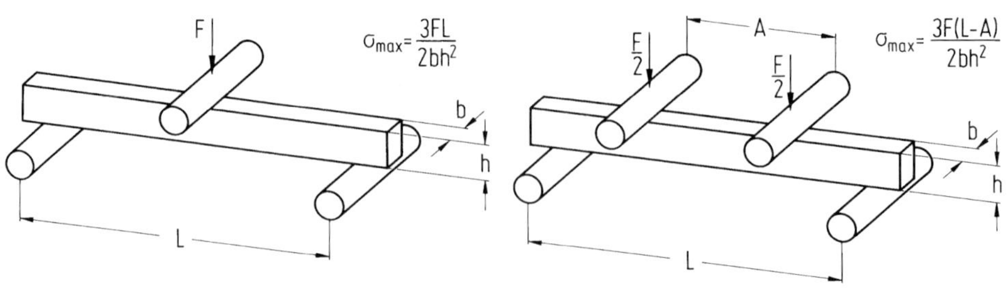

Bild 11.4 Drei- und Vierpunktbiegeversuch

11.3.4 Zeitstandversuch

Die Durchführung eines Zeitstandversuches erfolgt nach DIN EN 50118. Insbesondere Metalle und Kunststoffe können sich bei einer mechanischen Belastung oberhalb etwa $0{,}3T_m$ (Schmelztemperatur in K) zeitabhängig verformen. Dieses Materialverhalten wird **Kriechen** genannt. Kriechkurven werden meist in den **primären Bereich** mit **degressiv zunehmender** Verformung, den **sekundären linearen Bereich** und den **tertiären progressiven** Verformungsbereich eingeteilt, der mit dem Bruch endet. Für reale Konstruktionen bei erhöhter Temperaturbeanspruchung muss der Konstrukteur eine maximal zulässige Dehnung vorgeben. Bei der Werkstoffprüfung im Zeitstandversuch belastet man deshalb bei der vorgesehenen Temperatur Proben mit verschiedenen Spannungen und registriert die Dehnung über der Zeit. Die allgemeine Schreibweise für die Kennwerte des Zeitstandversuchs lautet $R_{p\varepsilon/t/\vartheta}$. $R_{p0,5/10.000/600} = 150$ N/mm² bedeutet also, dass bei 150 N/mm² und 600 °C nach 10.000 h eine bleibende Dehnung von 0,5 % eintritt. Die Spannung, die zum Bruch führt, wird mit $R_{m/t/\vartheta}$ gekennzeichnet und oft für qualitative Werkstoffvergleiche herangezogen.

11.3.5 Schwingversuch

Schwingversuche sind in DIN 50100 genormt. Schwingend beanspruchte Materialien brechen bei Spannungen, die gewöhnlich weit unterhalb der Streckgrenze R_{eL} oder 0,2 %-Dehngrenze liegen. Dieses Phänomen nennt man **Werkstoffermüdung**, die ertragbaren Spannungen werden **Ermüdungs-** oder **Dauerfestigkeit** genannt. Das Ergebnis von Schwingfestigkeitsprüfungen wird als so genannte **Wöhler-Kurve** halb- oder doppeltlogarithmisch als Spannungsamplitude σ_{ai} über der zugehörigen Bruchschwingspielzahl N_i aufgetragen.

Die Grenzschwingspielzahlen betragen für Stahl $10 \cdot 10^6$ und für Leichtmetalle $100 \cdot 10^6$, in einem verkürzten Verfahren sind $2 \cdot 10^6$ bzw. $50 \cdot 10^6$ zulässig.

Die Dauerfestigkeit bei der Mittelspannung $\sigma_m = 0$ heißt **Wechselfestigkeit** σ_W, die Dauerfestigkeit bei der Mittelspannung $\sigma_m = \sigma_A$ **Schwellfestigkeit** σ_{Sch}. Die Belastungsart wird durch vorangestellte kleine Indizes gekennzeichnet:

σ_{zdW}	Zug-Druck-Wechselfestigkeit,
σ_{bW}	Biegewechselfestigkeit,
τ_{tW}	Torsionswechselfestigkeit,
σ_{dSch}	Druckschwellfestigkeit,
σ_{zSch}	Zugschwellfestigkeit,
σ_{bSch}	Biegeschwellfestigkeit,
τ_{tSch}	Torsionsschwellfestigkeit.

11.4 Eisen und Stahl

Das Eisen ist mit seinen Legierungen, den Stählen, das am meisten und vielseitigsten verwendete und damit das technisch und wirtschaftlich wichtigste Metall. Jährlich werden derzeit über 800 Millionen Tonnen Stahl hergestellt.
Gründe dafür sind folgende:

- Eisen ist eines der häufigsten Elemente der Erdrinde: O: 47 %, Si: 28 %, Al: 8 %, Fe: 5 %.
- Eisenoxid ist durch Kohlenstoff kostengünstig zu Eisen zu reduzieren.
- Die zwei Modifikationen kubisch raumzentriert (krz) und kubisch flächenzentriert (kfz) des Eisens führen zu vielfältigen Phasenumwandlungen und bilden zusammen mit der Löslichkeit

des Eisens für viele Legierungselemente die Grundlage für die große Gefüge- und Eigenschaftspalette.
- Die Schmelztemperatur von 1538 °C ist nicht zu hoch, sodass die Schmelzverfahren technisch noch gut zu beherrschen sind, nicht zu niedrig, sodass Fe-Legierungen für Anwendungen bei höheren Temperaturen ausreichende Warmfestigkeit aufweisen.
- Das kubische Kristallgitter führt zu guter plastischer Verformbarkeit und zu hoher Zähigkeit.
- Der hohe E-Modul von 210 GPa führt zu hoher Steifigkeit.
- Fe ist ferromagnetisch und damit das Grundelement der meisten magnetischen Werkstoffe.
- Eisen ist nicht toxisch.

Die Fe-Werkstoffe werden häuptsächlich in Stähle und Gusseisen unterteilt. Stähle haben einen C-Gehalt unter 2 %, während Gusseisenwerkstoffe über 2 % C besitzen.

11.4.1 Grundlagen der Eisenwerkstoffe

Eisen und Eisenlegierungen treten hauptsächlich in zwei Kristallmodifikationen auf, kubisch raumzentriert (krz) und kubisch flächenzentriert (kfz). Aus diesen unterschiedlichen Kristallstrukturen resultieren eine ganze Reihe von Unterschieden in folgenden Eigenschaften:

11

- **Zähigkeit:** Die kfz-Struktur besitzt mehr Gleitsysteme als das krz-Gitter. Dies ist insbesondere für die Zähigkeit bei tiefen Temperaturen von technischer Bedeutung. Um bei diesen Temperaturen die kfz-Struktur zu stabilisieren, wird beispielsweise Ni zulegiert.
- **Hochtemperatur-Festigkeit:** Die Diffusionsgeschwindigkeit ist in kfz-Eisen ungefähr um den Faktor 100 geringer als in krz-Eisen. Verformungsmechanismen bei hohen Temperaturen sind meist durch Diffusionsvorgänge verursacht (Kriechen). Daher sind kfz- (austenitische) Stähle bei hoher mechanischer Belastung bei hohen Temperaturen vorteilhaft.
- kfz-Eisen kann bis zu 2,06 % Kohlenstoff lösen, während die Löslichkeit bei krz-Eisen maximal 0,02 % beträgt. Dieser Unterschied in der C-Löslichkeit ist mit dafür verantwortlich, dass durch Glüh- und Härteverfahren eine große Breite im Eigenschaftsprofil der Stähle eingestellt werden kann.
- kfz-Eisen ist dichter gepackt als krz. Dadurch kommt es zu Umwandlungsspannungen beim Härten, alle Gefügevarianten, die sich aus kfz bilden, haben ein größeres Volumen.

Legierungen

Fremdatome können im Eisen entweder auf Zwischengitterplätzen (**interstitiell**: C, N) oder auf Eisengitterplätzen (**substitutionell**: Ni, Cr) eingelagert werden.

Fe-C-Legierungen

Der C-Gehalt beeinflusst maßgeblich die Eigenschaften der Stähle und Gusseisenlegierungen (Tabelle 11.3).

Das Fe-C-Zustandsdiagramm (Bild 11.5) gibt an, welcher Gefügezustand bei einer bestimmten Temperatur vorliegt. Man kann aus dem Zustandsdiagramm auch ablesen, welches Erstarrungsgefüge nach langsamer Abkühlung bei einer bestimmten Zusammensetzung entsteht.

Umwandlungsmöglichkeiten des Austenits

Austenit ist nur bei Temperaturen oberhalb von 723 °C stabil. Bei einer Abkühlung wandelt sich Austenit um. Das entstehende Abkühlungsgefüge (und damit auch die resultierenden Eigenschaften) ist abhängig von der Abkühlungsgeschwindigkeit (Tabelle 11.4).

Tabelle 11.3 Bezeichnungen der Gleichgewichtsphasen

Bezeichnung	Kristall-struktur	alternative Bezeichnung	Temperatur der maximalen C-Löslichkeit °C	maximale C-Löslichkeit %
Delta-MK	krz		1493	0,10
Gamma-MK	kfz	Austenit	1147	2,06
Alpha-MK	krz	Ferrit	723	0,02
Fe_3C		Zementit		6,67

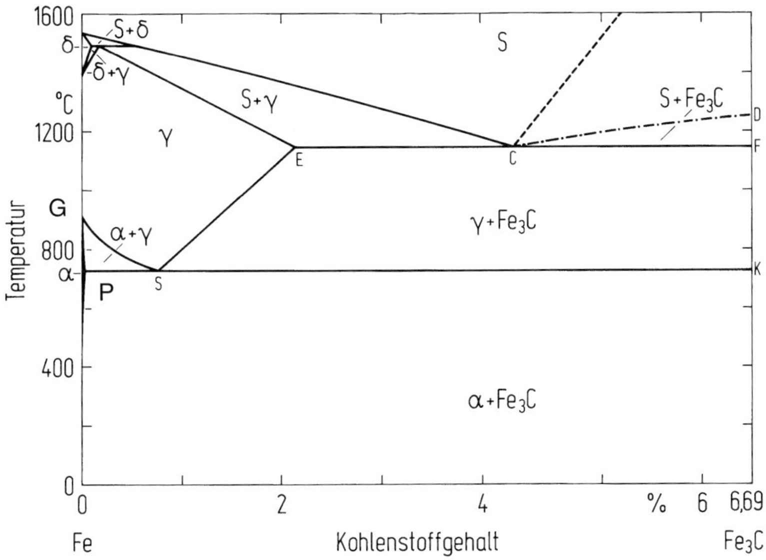

Bild 11.5 Zustandsdiagramm Fe-Fe_3C

Tabelle 11.4 Einfluss der Abkühlgeschwindigkeit auf die Gefügeausbildung

Abkühlgeschwindigkeit	Diffusion von	Umwandlung im Temperatur-Bereich	Gefügeart
Langsam	C und Fe	> 550 °C	Perlit
Mittel	C	$M_S < T < 550$ °C	Bainit
Schnell	keine	$> M_S$	Martensit

Perlit: Gemenge aus Ferrit und Zementit, entsteht durch eutektoiden Zerfall von Austenit mit 0,80 % C bei 723 °C.

Stähle haben überwiegend einen C-Gehalt von 0 % bis 2,06 %. Wenn aus dem homogenen Austenit-Gebiet abgekühlt wird, scheidet sich entlang der Linien G-S bzw. E-S voreutektoider Ferrit bzw. voreutektoider Zementit aus. Man unterscheidet die untereutektoiden Stähle mit weniger als 0,8 % C und die übereutektoiden Stähle mit mehr als 0,8 % C (Bild 11.6).

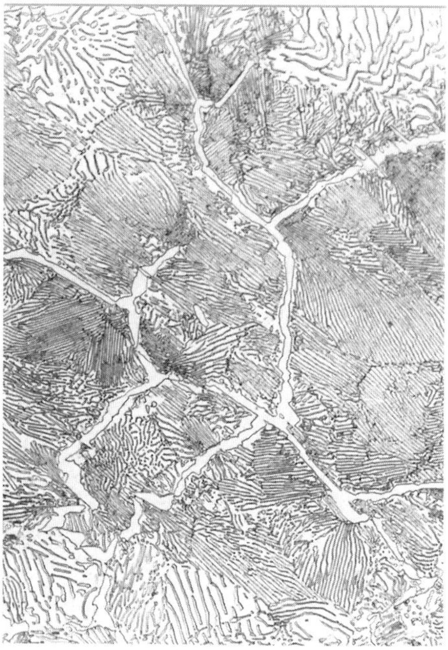

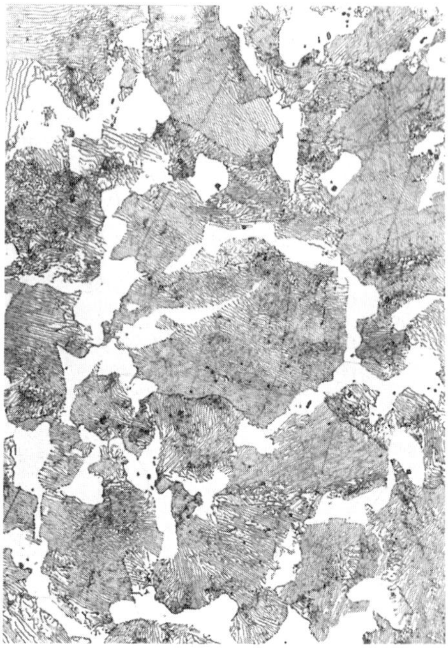

Bild 11.6 Gefüge eines übereutektoiden Stahls mit 1,3 % C, Zementit an den Korngrenzen (links) und eines untereutektoiden Stahls mit 0,6 % C aus Ferrit und Perlit (rechts)

Bainit (früher Zwischenstufengefüge)

Bainit entsteht durch Umwandlung des Austenits in einem Temperaturintervall, in dem nur noch die kleinen C-Atome diffundieren können. Bainit ist ein sehr feines Gefüge aus Ferrit und Carbiden (z. T. liegt neben Ferrit auch noch Martensit und Restaustenit vor). In der Praxis wird als Alternative zum klassischen Vergüten manchmal isotherm bainitisiert. Die mechanischen Eigenschaften bainitischer Stähle hängen stark von der Umwandlungstemperatur ab. Vorteil beim Bainitisieren ist, dass die thermisch induzierten Eigenspannungen geringer sind und dadurch Härterisse vermieden werden können und dass auf das Anlassen verzichtet werden kann, bei dem unter Umständen eine Versprödung auftreten kann. Allgemein können jedoch durch das Vergüten höhere Zähigkeiten und Festigkeiten erreicht werden.

Martensit

Ist die Abkühlgeschwindigkeit so hoch, dass keine Diffusionsprozesse ablaufen können, um entweder Perlit oder Bainit zu bilden, entsteht unterhalb der **Martensit-Starttemperatur** (M_S) der Martensit. Dabei handelt es sich um eine diffusionslose Umwandlung, bei der Atomgruppen in einer koordinierten Bewegung vom kfz Austenitgitter in das Martensitgitter umklappen. Das Martensitgitter ist ein durch den Einbau der C-Atome tetragonal verzerrtes raumzentriertes Gitter. Bei der Umwandlung von Austenit in Martensit erfolgt eine Volumenvergrößerung. Die erreichbare Festigkeits- und Härtesteigerung durch Martensitbildung hängt hauptsächlich vom C-Gehalt des Stahls ab.

Zeit-Temperatur-Umwandlungsschaubilder (ZTU-Diagramme)

Um den Einfluss der Kinetik (Diffusionsgeschwindigkeit) auf die Entstehung der Gefügetypen beschreiben zu können, wurde die Darstellungsform der ZTU-Diagramme entwickelt.

Isotherme ZTU-Diagramme

Proben des zu untersuchenden Stahls werden auf Austenitisierungstemperatur gebracht und dann auf Temperaturen unter 723 °C abgekühlt und dort so lange gehalten, bis die Umwandlung abgeschlossen ist. Mit Hilfe eines Dilatometers wird der Zeitpunkt für den Anfang und das Ende der Umwandlung ermittelt. Die typische Form des ZTU-Diagramms ergibt sich aus zwei gegenläufigen Faktoren, welche die Umwandlung bestimmen.

- Durch steigende Unterkühlung nimmt die thermodynamische Triebkraft auf die Umwandlung zu (wachsende Keimbildungsgeschwindigkeit).
- Durch steigende Unterkühlung nimmt die Diffusionsgeschwindigkeit ab (abnehmende Keimwachstumsgeschwindigkeit).

Durch zunehmende Austenitisierungstemperatur und Legierungselemente wie beispielsweise Cr, Mo, Ni, Mn und Si wird die Umwandlungsträgheit größer, d. h., die Kurven werden zu längeren Zeiten hin verschoben.

ZTU-Diagramm für kontinuierliche Abkühlung

Für verschiedene Abkühlungsgeschwindigkeiten werden Abkühlkurven aufgenommen und dort die jeweiligen *T-t*-Punkte für den Umwandlungsbeginn (z. B. Beginn der Ausscheidung von Ferrit aus Austenit oder Beginn der Martensitumwandlung) eingetragen (Bild 11.7). Dieses Diagramm wird entlang der Abkühlkurven gelesen. Häufig sind die Volumenanteile der gebildeten Phasen und die Härtewerte nach erfolgter Abkühlung eingetragen.

11

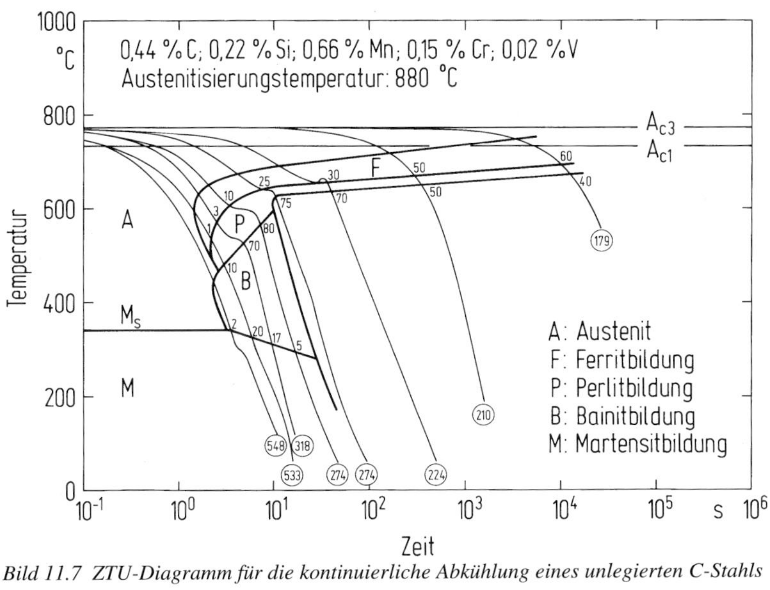

Bild 11.7 ZTU-Diagramm für die kontinuierliche Abkühlung eines unlegierten C-Stahls

11.4.2 Wärmebehandlung

Ein Werkstück oder ein Bereich eines Werkstückes wird absichtlich einer Temperaturbehandlung unterzogen. Dabei wird ohne oder mit chemischer Einwirkung eine Gefügeveränderung bewirkt. Dadurch werden die gewünschten Verarbeitungs- und Gebrauchseigenschaften eingestellt.

Die wichtigsten Wärmebehandlungsverfahren sind:

- **Glühbehandlungen** (meist zur Verbesserung der Verarbeitungseigenschaften, z. B. Zerspanbarkeit oder Kaltumformbarkeit).
- **Härten** und **Anlassen** (zur Verbesserung der Gebrauchseigenschaften, z. B. Härte, Zähigkeit oder Verschleißwiderstand).

Die Werkstoffeigenschaften ändern sich dabei durch:

- Umwandlung von Gefügebestandteilen (z. B. Härten).
- Änderung von Größe, Form, Anordnung von Gefügebestandteilen (z. B. Weichglühen).
- Abbau innerer Spannungen (z. B. Spannungsarmglühen, Anlassen).

Glühbehandlungen

Normalglühen: Beim Normalglühen wird der Stahl in den Zustand homogenen Austenits übergeführt und durch anschließendes kontrolliertes Abkühlen wird feinkörniges perlitisches Gefüge (je nach C-Gehalt mit voreutektoidem Ferrit oder Zementit) eingestellt. Das Ziel beim Normalglühen ist ein Rückgängigmachen von Gefüge- und Eigenschaftsänderungen, die durch Härten, Überhitzen, Schweißen oder Warmverformung bewirkt wurden.

11

Grobkornglühen: Beim Grobkornglühen zwischen 950 °C und 1100 °C wird ein grobes Korn und grobstreifiger Perlit eingestellt. Dadurch wird der Stahl (meist C < 0,4 %) leichter zerspanbar. Nach der Bearbeitung kann beispielsweise durch Normalglühen wieder feines Gefüge eingestellt werden.

Homogenisierendes Glühen (Diffusionsglühen)**:** Bei der Erstarrung des Stahls reichern sich Legierungselemente (wie C, Si, Mn, Ni) lokal an (Seigerungen). Diese Inhomogenitäten werden beim Warmwalzen zeilenförmig gestreckt und führen zu anisotropen Eigenschaften des Stahls, d. h., die Zähigkeit ist beispielsweise in Längsrichtung höher als in Querrichtung. Durch eine Glühbehandlung bei hohen Temperaturen von 1050 °C bis 1250 °C mit bis zu 50 h Haltezeit kann durch Diffusion ein Stoffausgleich stattfinden.

Weichglühen: Für spanabhebende oder plastische Bearbeitung kann durch das Weichglühen eine geringere Härte und eine höhere Bruchdehnung eingestellt werden. Dabei werden die Carbidlamellen und der Korngrenzenzementit, die verschleißend auf die Werkzeuge wirken und die die Verformbarkeit verschlechtern, kugelig eingeformt. Diese Glühbehandlung wird wenig unterhalb der eutektoiden Temperatur (bei Fe-C 723 °C) durchgeführt.

Spannungsarmglühen: Eigenspannungen, die durch ungleichmäßiges Abkühlen, Verformung oder Schweißen eingebracht wurden, können zu Verzug oder Rissbildung führen. Ein Glühen bei Temperaturen zwischen 450 °C und 650 °C baut Eigenspannungen dadurch ab, dass die Streckrenze unter den Betrag der Eigenspannungen absinkt.

Rekristallisationsglühen: Das Rekristallisationsglühen wird angewandt, um Kaltverfestigung (durch Verformung eingebrachte Versetzungen) wieder rückgängig zu machen. Bei Temperaturen von etwa der halben Schmelztemperatur (bei Stahl 550 °C bis 650 °C) werden versetzungsarme Körner neu gebildet.

Härten

Das Härten besteht aus drei Schritten:

1. Austenitisieren: Auf- und Durchwärmung und Homogenisierung.
2. Abschrecken: in unterschiedlichen Abschreckmedien.
3. Anlassen: Wiedererwärmen auf Temperaturen $< A_1$.

Austenitisieren: Der Stahl wird vor dem Härten durch das Austenitisieren in den kubisch flächenzentrierten Zustand (Austenit) übergeführt. Dabei wird der Ferrit umgewandelt und die Carbide werden aufgelöst. Wichtig ist es für ein reproduzierbares Härtegefüge, homogenen Austenit einzustellen. Untereutektoide Stähle (C < 0,8 %) werden 30 K bis 50 K oberhalb der Linie, die das Austenitgebiet begrenzt, ausgelagert, d. h., die Carbide werden vollständig aufgelöst. Übereutektoide Stähle werden 30 K bis 50 K oberhalb der eutektoiden Temperatur ausgelagert, um den Gehalt an Restaustenit gering zu halten. Zeit-Temperatur-Austenitisierungsschaubilder (ZTA) beschreiben die Auflösung und Umwandlung der einzelnen Phasen für verschiedene Aufheizgeschwindigkeiten, Haltezeiten und Legierungszusammensetzungen.

Beim **Abschrecken** soll möglichst ein martensitisches Gefüge eingestellt werden. Je nach Legierungsgehalt der Stähle muss dazu in Wasser, Öl oder Luft abgekühlt werden (abnehmende Abschreckgeschwindigkeit). Stähle mit geringen Gehalten an Legierungselementen müssen, um den martensitischen Zustand einzustellen, in Wasser abgeschreckt werden (z. B. C45). Stähle mit erhöhten Cr- oder Mo-Gehalten wie beispielsweise 42CrMo4 können bereits durch Abkühlung im Ölbad den Martensitzustand erreichen. Hochlegierte Stähle wie Schnellarbeitsstähle können an Luft abgekühlt werden.

In der Randschicht ist durch die höhere Wärmeableitung die Abschreckgeschwindigkeit höher als im Kern. Dadurch stellt sich auch ein Härtegradient von der Randschicht in den Kern hinein ein. Die Härtbarkeit des Stahles wird im Stirnabschreckversuch nach Jominy (DIN EN ISO 642) geprüft. Dabei wird ein Stab mit definierter Geometrie austenitisiert und anschließend von der Stirnseite her mit einem Wasserstrahl abgeschreckt. Die Mantelfläche wird an zwei gegenüberliegenden Seiten angeschliffen und der Härteverlauf gemessen.

Die maximal erreichbare Härte an der Stirnfläche wird **Aufhärtbarkeit** genannt, während man mit der **Einhärtbarkeit** beschreibt, wie weit entfernt von der Stirnfläche die Härte absinkt. Die Aufhärtbarkeit ist hauptsächlich vom C-Gehalt anbhängig, d. h., je mehr C enthalten ist, umso höher ist die beim Härten maximal erzielbare Härte. Die meisten Legierungselemente wie Cr, Mn, Mo verbessern die Einhärtbarkeit.

Beim Härten entstehen im Bauteil zum Teil hohe Eigenspannungen durch lokal große Temperaturunterschiede. Dabei sind thermisch induzierte Spannungen (durch Temperaturunterschiede) und Umwandlungsspannungen (durch Volumenänderung bei der Phasenumwandlung, Martensit hat höheres Volumen als Austenit oder Perlit) zu unterscheiden. Je schroffer die Abschreckung ist, umso höher werden die Eigenspannungen. Dadurch kommt es zum Verzug der Bauteile und im Extremfall zu Rissen. Die hohen Legierungsgehalte bei Schnellarbeitsstählen erlauben eine Härtung an Luft. Dadurch wird der Verzug minimiert und sehr teure Nacharbeit dieser harten Stähle vermieden.

Beim **Anlassen** wird das spröde Martensitgefüge durch Diffusionsprozesse in einen gleichgewichtsnäheren Zustand übergeführt und dadurch die Zähigkeit gesteigert. Beim Anlassen diffundiert überschüssiger C aus dem Martensitgitter und bildet Carbid-Ausscheidungen. Ist Härte und Verschleißbeständigkeit gefordert, wird bei Temperaturen zwischen 200 °C und 350 °C angelassen; wenn für die Anwendung Zähigkeit wichtig ist, wird bei Temperaturen zwischen 500 °C und 700 °C angelassen. Der Temperaturbereich zwischen 350 °C und 500 °C sollte wegen der Gefahr der Anlassversprödung vemieden werden.

Vergüten: Wenn bei hoch beanspruchten Bauteilen (Getriebeteile, Kurbelwellen, Schrauben) sowohl Festigkeit als auch Zähigkeit gefordert ist, wird vergütet. Dabei werden Stähle mit Kohlenstoffgehalten meist zwischen 0,2 % C und 0,6 % C gehärtet und anschließend zwischen 500 °C und 700 °C angelassen.

Randschichthärten

Die Vorteile des Randschichthärtens sind
- Ausbildung einer harten, verschleißbeständigen Randschicht;
- fester und zäher Kern;
- hohe Dauerfestigkeit durch Druckeigenspannungen an der Oberfläche.

Das Randschichthärten (Tabelle 11.5) unterteilt sich in
- Verfahren, bei denen die chemische Zusammensetzung der Randschicht nicht verändert wird (thermische Verfahren);
- Verfahren, bei denen die chemische Zusammensetzung verändert wird (thermochemische Verfahren).

Tabelle 11.5 Randschichthärteverfahren

Randschichthärten	
Ohne Änderung der chemischen Zusammensetzung der Randschicht • Induktionshärten • Flammhärten • Laserstrahlhärten	Mit Änderung der chemischen Zusammensetzung der Randschicht Ohne nachfolgende Wärmebehandlung: • Nitrieren • Nitrocarburieren • Aluminieren Mit nachfolgender Wärmebehandlung: • Aufkohlen • Carbonitrieren

Induktives Randschichthärten: Beim Induktionshärten wird das Werkstück durch eine Induktionsspule an der Oberfläche auf Austenitisierungstemperatur gebracht. Der Wechselstrom in der Spule induziert ein sich änderndes Magnetfeld, das im Stahl Wirbelströme induziert. Die Eindringtiefe hängt von der Frequenz des Wechselstroms ab. Nach der Austenitisierung wird, meist durch eine Brause, abgeschreckt und die Randschicht erhält hartes und verschleißbeständiges martensitisches Gefüge. Da der Martensit ein höheres spezifisches Volumen als der Ferrit/Perlit im Kern besitzt, entstehen Druckeigenspannungen an der Oberfläche, die die Dauerfestigkeit der Bauteile positiv beeinflussen. Es gibt eine Vielzahl verschiedener Formen von Ring- oder Flächeninduktoren, um beispielsweise auch lokal die gewünschten Härtebereiche einstellen zu können. Zum Induktionshärten werden meist Vergütungsstähle (z. B. C45 oder 42CrMo4), aber auch Gusseisen (z. B. EN-GJS-700-2, früher GGG70) eingesetzt.

Vorteile des Verfahrens sind die Automatisierbarkeit, der geringe Verzug und die Möglichkeit, Bauteile partiell härten zu können. Nachteile sind die aufwendigen Anlagen und Werkzeuge und der hohe Aufwand beim Einrichten. Anwendungsbeispiele sind Kurbelwellen, Zahnräder oder Nockenwellen.

Einsatzhärten: Verwendet werden Einsatzstähle mit einem C-Gehalt von 0,1 % bis 0,25 % (Beispiele: C10, 16MnCr5, 17CrNiMo6). Durch eine Wärmebehandlung in einer aufkohlenden Atmosphäre zwischen 880 °C und 950 °C (Austenitgebiet mit hoher C-Löslichkeit) wird der Randkohlenstoffgehalt auf etwa 0,8 % erhöht. Dazu wurden unterschiedliche Verfahren entwickelt:
- **Pulveraufkohlen**: Die Bauteile werden in Kohlepulver eingepackt. Bei Auslagerungstemperatur bilden sich mit Luft die Gase CO und CO_2, welche die Randschicht aufkohlen.
- **Salzbadaufkohlen**: Es werden Schmelzen aus Cyaniden (NaCN oder KCN) verwendet, die Kohlenstoff abgeben.

- **Gasaufkohlen**: Als Aufkohlungsmittel werden CO oder CH_4 eingesetzt. Um den C-Pegel einzustellen, wird zusätzlich noch H_2 und N_2 zugegeben. Der Randkohlenstoffgehalt wird über das Boudouard-Gleichgewicht eingestellt: $CO_2 + C \Leftrightarrow 2\,CO$. Dabei spielen sowohl der Partialdruck an CO als auch die Temperatur eine wichtige Rolle.

Nach dem Aufkohlen wird abgeschreckt. Die harte martensitische Randschicht (bis etwa 900 HV) hat eine Dicke von bis zu 2 mm, der Kern bleibt zäh.

Nitrieren: Nitrierstähle (z. B. 31CrMoV9, 34CrAlMo5) erhalten bei einer Wärmebehandlung zwischen 500 °C und 590 °C in einer Stickstoff spendenden Umgebung eine dünne, harte und äußerst verschleißbeständige Nitrid-Schicht. Die Behandlung wird entweder in Cyanid-Salzbädern oder in NH_3-haltiger Atmosphäre durchgeführt. Beim Plasmanitrieren prallen Stickstoffionen auf die Werkstückoberfläche. An der Oberfläche entsteht eine 3 µm bis 30 µm dünne Nitridschicht, darunter eine 100 µm bis 400 µm dicke Diffusionsschicht. Da die Wärmebehandlung im Vergleich zum Einsatzhärten bei niedrigeren Temperaturen durchgeführt wird und nicht abgeschreckt werden muss, ist die Maßhaltigkeit beim Nitrieren besser als beim Einsatzhärten. Die hohe Nitrierschicht-Härte (bis 1200 HV) bleibt beim Erwärmen bis etwa 550 °C erhalten. Die dynamische Festigkeit und die Korrosionsbeständigkeit werden ebenfalls verbessert. Vor dem Nitrieren werden die Stähle meist vergütet, um ein hartes und zähes Kerngefüge einzustellen. Legierungselemente wie Cr oder Al bilden besonders harte Sondernitride und steigern dadurch die Härte der Randschicht.

11.4.3 Systematik der Stähle

Nach DIN EN 10020 werden Stähle entsprechend Tabelle 11.6 eingeteilt.

Tabelle 11.6 Einteilung der Stähle

Definition	Einteilung nach chemischer Zusammensetzung	Einteilung nach Hauptgüteklassen
Stahl: Massenanteil Fe > als Anteil jeden anderen Elements und C-Gehalt <2 Masse-%	unlegierte Stähle	unlegierte Qualitätsstähle unlegierte Edelstähle
	nichtrostende Stähle	nichtrostende Stähle
	andere legierte Stähle	legierte Qualitätsstähle andere legierte Edelstähle

Die Grenze zwischen unlegierten und legierten Stählen in der Schmelzenanalyse (für die wichtigsten 19 Elemente) ist in DIN EN 10020 angegeben.

Qualitätsstähle sprechen nicht reproduzierbar auf Wärmebehandlungen an. An den Reinheitsgrad bezüglich nichtmetallischer Einschlüsse sind keine Anforderungen vorgeschrieben, jedoch an Bruchzähigkeit, Korngröße und Umformbarkeit.

Bei den **Edelstählen** stellen genaue Einstellung der chemischen Zusammensetzung und hohe Reproduzierbarkeit beim Herstellungsprozess verbesserte Eigenschaften sicher. Edelstähle sind Stähle mit höherem Reinheitsgrad. Sie sind meist zur Wärmebehandlung vorgesehen.

Bezeichnungssystem für Stähle

Die Kurznamen der Stähle werden in zwei Hauptgruppen und verschiedene Untergruppen eingeteilt (Tabelle 11.7).

Tabelle 11.7 Bezeichnungssystem für Stähle

Hauptgruppe	Untergruppe	Hauptmerkmale	Beispiele
1 nach Verwendung, nach mechanischen Eigenschaften, nach physikalischen Eigenschaften	Stähle für den allgemeinen Stahlbau	Symbole, Zahl für Mindeststreckgrenze in N/mm^2	S185
	Stähle für den Druckbehälterbau		P265B
	Stähle für den Rohrleitungsbau		L360N
	Maschinenbaustähle		E295
	Betonstähle		B500N
	Spannstähle	Mindestzugfestigkeit	Y1770C
	Stähle für Schienen	Mindestzugfestigkeit	R0900Mn
	Kaltgewalzte Flacherzeugnisse	Mindeststreckgrenze	H400M
	Flacherzeugnisse zum Kaltumformen	Kennziffer	DC03
	Feinst- und Weißblech, verchromtes Blech	Streckgrenze	T660
	Elektroblech	Ummagnetisierungsverlust	M400-50A
2 nach der chemischen Zusammensetzung	unlegierte Stähle	C und Zahl für das Hundertfache des C-Gehalts	C45
	legierte Stähle mit Gehalten der einzelnen Legierungselemente < 5 Masse-%	Zahl für das Hundertfache des C-Gehalts chem. Symbole der Legierungselemente Kennzahl für die Gehalte an Legierungselementen Faktoren 4: Cr, Co, Mn, Ni, Si, W 10: Al, Be, Cu, Mo, Nb, Pb, Ta, Ti, V, Zr 100: Ce, N, P, S 1000: B	16CrMo4
	legierte Stähle, wenn mindestens für ein Element > 5 % erreicht wird	Symbol X Zahl für das Hundertfache des C-Gehalts chem. Symbole der Legierungselemente Gehalte an Legierungselementen	X5CrNi18-10
	Schnellarbeitsstähle	Symbol HS Zahlen für die Gehalte der Elemente W, Mo, V, Co	HS2-9-1-8

Zusätzlich zu den Hauptsymbolen gibt es noch Zusatzsymbole für den Werkstoff (z. B. für die Kerbschlagarbeit) und für das Erzeugnis (z. B. für die Art des Überzugs).

Einteilung nach Verwendung der Stähle

Baustähle, nicht zur Wärmebehandlung bestimmt

Dies ist die größte Stahlgruppe, eingesetzt für Maschinen, Anlagen, Fahrzeuge oder Bauwerke. Bei den Gebrauchseigenschaften sind in erster Linie Festigkeit und Zähigkeit gefordert.

Während in der alten Norm DIN 17100 die Zugfestigkeit in kp/m² angegeben war, ist in der neuen Norm DIN EN 10025 die Streckgrenze in N/mm² angegeben. Außerdem spielt die Verschleiß- und Korrosionsbeständigkeit häufig eine Rolle. Bei den Verarbeitungseigenschaften sind die wichtigsten Forderungen die Schweißbarkeit und die Kaltumformbarkeit. Die allgemeinen Baustähle werden unterteilt in unlegierte Baustähle (Streckgrenze unter 355 N/mm²), die schweißgeeigneten Feinkornbaustähle, die Schiffbaustähle und die Bewehrungsstähle.

Unlegierte Baustähle

Tabelle 11.8 zeigt Beispiele für allgemeine Baustähle (die Streckgrenze ist immer für die kleinste Erzeugnisdicke angegeben).

Tabelle 11.8 Bezeichnungssystem für Stähle

DIN EN 10025	**DIN 17100**	**Zugfestigkeit N/mm²**	**Streckgrenze N/mm²**	**Bruchdehnung *A* %**
S185	St 33	>290	>185	18
S235JRG1	USt 37-2	340 ... 470	>235	26
S355J0	St 52-3	490 ... 630	>355	22
E295	St 50-2	470 ... 610	>295	20
E360	St 70-2	670 ... 830	>365	11

11

Schweißgeeignete Baustähle enthalten meist weniger als 0,2 % C, damit es durch die rasche Abkühlung beim Schweißen nicht zur Bildung von sprödem Martensit kommt. Höhere Festigkeiten werden hier durch Einsatz von Mikrolegierungselementen (etwa 0,1 % an Nb, V und Ti) und durch die thermomechanische Behandlung erreicht. Durch diese Maßnahmen wird ein festes und zähes feinkörniges Gefüge erreicht. Beispiele für schweißgeeignete Baustähle zeigt Tabelle 11.9.

Tabelle 11.9 Beispiele für schweißgeeignete Baustähle

DIN EN 10113	**DIN 17102**	**Zugfestigkeit N/mm²**	**Streckgrenze N/mm²**	**Bruchdehnung *A* %**
S275N	StE 285	390 ... 510	>255	24
S355N	StE 355	490 ... 630	>355	22
S460 N	StE 460	560 ... 730	>460	17

Baustähle, zur Wärmebehandlung bestimmt

Vergütungsstähle

Diese Stähle werden eingesetzt für Bauteile, bei denen Bruchsicherheit und Zähigkeit gefordert sind und die hoher statischer, dynamischer oder schwingender Beanspruchung unterliegen. Anwendungsbeispiele sind Zahnräder, Schrauben und Wellen. Der Kohlenstoffgehalt beträgt in der Regel 0,2 % bis 0,7 %, dadurch wird eine gute Härtbarkeit erreicht. Zur Verbesserung der Durchvergütung werden Elemente wie Mn, Cr, Mi oder Ni zulegiert. Zur Einstellung einer ausreichenden Zähigkeit werden die Vergütungsstähle nach dem Härten meist oberhalb von 500 °C angelassen.

Bei den unlegierten Sorten gibt es Qualitätsstähle und Edelstähle (Zusatzsymbol E). Bei den Qualitätsstählen sind die Festigkeitswerte für den normalgeglühten Zustand angegeben, bei den Edelstählen für den vergüteten Zustand. Bei den legierten Vergütungsstählen gibt es nur Edelstähle. Es werden zwei Sorten bereitgestellt, eine mit geringem S-Gehalt < 0,035 %, eine zweite mit S-Gehalten zwischen 0,02 % und 0,04 % zur besseren Zerspanbarkeit.

Die Eigenschaften der Vergütungsstähle sind abhängig vom Durchmesser (die in Tabelle 11.10 angegebenen Streckgrenzenwerte beziehen sich auf Durchmesser < 16 mm).

Tabelle 11.10 Beispiel für Vergütungsstähle

DIN EN 10083-1	DIN 17200	Zugfestigkeit N/mm²	Streckgrenze N/mm²	Bruchdehnung *A* %
C22E	Ck22	470 ... 620	>340	22
C45	C45	580	>340	16
C45E	Ck45	650 ... 800	>490	16
C60E	Ck60	800 ... 950	>580	13
41Cr4	41Cr4	900 ... 1100	>800	12
42CrMo4	42CrMo4	1000 ... 1200	>900	11
42CrMoS4	42CrMoS4	1000 ... 1200	>900	11
36NiCrMo16	–	1250 ... 1450	>1050	9

11

Oberflächenhärtbare Stähle

Stähle für das Flamm- und Induktionshärten

Flamm- oder induktionsgehärtete Stähle finden Verwendung für Teile mit hoher Kernfestigkeit, guter Zähigkeit und hoher Randschichthärte, für verschiedene Wellen oder Zahnräder. Um eine ausreichende Härtbarkeit zu haben, sollte der Kohlenstoffgehalt größer als 0,3 % betragen (DIN 17212).

Einsatzstähle

Einsatzstähle haben einen C-Gehalt von < 0,25 %. Beim Einsatzhärten wird dieser in der Randschicht auf etwa 0,8 % erhöht und durch ein Abschrecken diese Randschicht in harten, verschleißbeständigen Martensit umgewandelt. Häufige Anwendung für Zahnräder. Die Einsatzstähle werden in verschiedenen Behandlungszuständen geliefert. Die Festigkeitswerte in Tabelle 11.11 sind Anhaltswerte und gelten für den Kern nach Einsatzhärtung.

Tabelle 11.11 Beispiele für Einsatzstähle

DIN EN 10084	Zugfestigkeit N/mm²	Streckgrenze N/mm²	Bruchdehnung *A* %	Oberflächenhärte	Kernhärte
C15	590 ... 780	>355	14	HV700	HV235
16MnCr5	780 ... 1080	>440	10	HV700	HV280
20MoCr4	780 ... 1080	>590	10	HV700	HV280
15CrNi6	880 ... 1180	>540	9	HV700	HV300
17CrNiMo6	1080 ... 1320	>785	8		

Nitrierstähle

Nitrierstähle haben einen C-Gehalt zwischen 0,3 % und 0,4 %, damit sie vor dem Randschichthärten vergütet werden können, um eine hohe Kernfestigkeit und -zähigkeit einzustellen. Sie enthalten im Vergleich zu Vergütungsstählen zusätzliche Legierungselemente, wie Al, V, Cr, Mo oder Ti, die Sondernitride bilden und dadurch die Randhärte erhöhen. Die in Tabelle 11.12 angegebenen Festigkeitswerte beziehen sich auf den vergüteten Zustand.

Tabelle 11.12 Beispiele für Nitrierstähle

DIN EN 17211	Zugfestigkeit N/mm²	Dehngrenze N/mm²	Bruchdehnung *A* %	Oberflächenhärte
31CrMo12	1000 ... 1200	>800	11	
15CrMoV5-9	900 ... 1100	>750	10	
31CrMoV9	1000 ... 1200	>800	11	
34CrAlMo5-10	800 ... 1000	>600	14	HV950
34CrAlNi7	850 ... 1050	>650	12	

Automatenstähle

Automatenstähle erfüllen die für die automatische spanende Bearbeitung notwendigen Bedingungen: geringer Verschleiß bei hoher Schnittgeschwindigkeit, maßgenaue und glatte Oberflächen und kurz brechende Späne mit geringem Volumen. Eine Bewertung der Stähle muss durch Erprobung erfolgen. Die gute spanende Bearbeitbarkeit dieser Stähle wird durch die Legierungselemente S, Mn, Pb und Te eingestellt:

- **Schwefel**, verbunden mit einem ausreichenden Mn-Gehalt, bildet die Mangansulfide, die innere Kerben darstellen, an denen die Späne brechen. Größe, Form, Verteilung und Härte dieser Sulfideinschlüsse beeinfussen die Zerspanbarkeit. Der S-Gehalt beträgt zwischen 0,15 % und 0,40 %. Bei S-Gehalten größer 0,40 % wäre die Kaltumformbarkeit nicht mehr gegeben. Die Sulfide liegen durch bei der Stahlherstellung eingesetzte Walzprozesse in der Regel in stark gestreckter Form vor, was zu hoher Anisotropie der Zähigkeit führt.
- **Blei** bildet feindisperse Pb-Einschlüsse im Stahl und bildet damit ebenfalls innere Kerben. Außerdem besitzt Pb eine Schmierwirkung, die den Werkzeugverschleiß verringert und die Oberflächengüte verbessert. Auf Grund der umweltbelastenden Wirkung wird versucht, wenn möglich, auf Pb zu verzichten.
- **Tellur** im Bereich von 30 ppm bis 0,1 % verbessert zusätzlich die Zerspanbarkeit durch Stabilisierung der Sulfidform und Erhöhung des Formänderungswiderstandes.

Andere Legierungselemente wie Ca oder Zr können die Form der Sulfide positiv beeinflussen (geringerer Streckungsgrad), wodurch die Anisotropie der Zähigkeit verringert wird.

DIN EN 10087 unterscheidet Automatenweichstähle, Automateneinsatzstähle und Automatenvergütungsstähle. Ein Nachteil der Automatenstähle ist die schlechte Schweißbarkeit durch den hohen S-Gehalt. Es wurden spezielle Werkstoffe und Verfahren entwickelt, um dieses Problem zu beherrschen.

Höchstfeste Stähle

Stähle mit einer Streckgrenze > 1200 MPa werden als höchstfeste Stähle bezeichnet. Es gibt zwei Gruppen, die Vergütungsstähle und die martensitaushärtenden Stähle. Die martensitaushärtenden Stähle (maraging steels) enthalten wenig C (< 0,02 %), 18 % Ni, 8 % bis 12 % Co, 4 % bis 5 % Mo und 0,4 % bis 1,6 % Ti. Diese Legierungen wandeln bei 250 °C in Martensit um. Durch eine Wärmebehandlung dicht unterhalb der Rückumwandlungstemperatur (>500 °C) kann eine Ausscheidungshärtung (intermetallische Phasen Ni_3Ti, Ni_3Mo, Fe_2Mo, FeTi) stattfinden. Der Stahl X2NiCoMoTi18-12-4 erreicht dadurch beispielsweise Zugfestigkeiten über 2400 N/mm². Vorteile der martensitaushärtenden Stähle sind: einfachere und weniger Prozessschritte, gute Kaltumformbarkeit und gute Schweißneignung. Ein Beispiel für einen höchstfesten Vergütungsstahl ist der Stahl 38NiCrMoV7-3 mit Zugfestigkeiten über 1850 N/mm².

Warmfeste und hochwarmfeste Stähle und Legierungen

Warmfeste Stähle müssen bei erhöhter Temperatur zwischen 500 °C und 1000 °C einer Beanspruchung längere Zeit widerstehen, wie dies bei Turbinen oder bei Kraftwerken der Fall ist. Daher ist eine hohe Kriechbeständigkeit und hohe Zeitstandfestigkeit gefordert. Eine hohe Kriechbeständigkeit kann durch folgende Maßnahmen erreicht werden:

- Wahl der geeigneten Gitterstruktur. Da im kubisch flächenzentrierten Gitter die Diffusion ungefähr um einen Faktor 100 geringer ist als im kubisch raumzentrierten Gitter, sind austenitische Stähle (kfz) warmfester als ferritische Stähle (krz).
- Legieren mit Elementen, welche die Diffusionsgeschwindigkeit verringern. Besonders wirkungsvoll ist Mo.
- Wahl von Legierungselementen, die Ausscheidungen bilden und dadurch die Versetzungsbewegung hemmen (z. B. V und Nb).

Es können grob drei Gruppen unterschieden werden:

1. Unlegierte und niedrig legierte Stähle für Kesselbleche oder nahtlose Rohre. Die unlegierten Stähle können bis etwa 450 °C, die legierten bis etwa 550 °C eingesetzt werden.
2. Hochlegierte ferritische Chromstähle können Anwendungstemperaturen bis etwa 600 °C aushalten. Mit Cr-Gehalten zwischen 9 % und 12 % werden Zeitstandfestigkeiten von $\sigma_{100.000,\,600} >$ 100 N/mm² (100000 h bei 600 °C) erreicht werden.
3. Hochlegierte austenitische Cr-Ni-Stähle leiten sich von den nichtrostenden 18/8-Stählen ab, jedoch wird, um einen stabilen Austenit einzustellen (Vermeidung der Sigma-Phasen-Versprödung), der Cr-Gehalt auf 16 % abgesenkt und der Ni-Gehalt auf 13 % bis 16 % angehoben. Durch Legierungselemente wie Mo, V, W wird die Zeitstandfestigkeit verbessert, Nb verbessert die Beständigkeit gegen interkristalline Korrosion.

Noch bessere Warmfestigkeit bringen Ni- (Abschn. 11.5.3) oder Co-Basis-Superlegierungen, die jedoch nicht mehr zu den Stählen gehören.

Kaltzähe Stähle

Mit abnehmender Temperatur sinkt die Zähigkeit der Stähle. Ferritische Stähle zeigen einen ausgeprägten Steilabfall der Zähigkeit in einem bestimmten T-Bereich (Übergangstemperatur), während austenitische Stähle, bedingt durch die höhere Zahl der Gleitsysteme, diesen typischen Steilabfall nicht zeigen. Stähle werden als kaltzäh bezeichnet, wenn die Kerbschlagarbeit bei $\leqq$ 60 °C mindestens 27 J (gemessen an ISO-Spitzkerbproben) beträgt.

Bei ferritischen Stählen kann die Übergangstemperatur durch Verringerung des C-Gehaltes, durch Zugabe von bis zu 2 % Mn und durch die Reduzierung der Korngröße gesenkt werden (z. B. 13MnNi6-3). Für noch tiefere Anwendungstemperaturen wird Ni zulegiert. Ab etwa 5 % Ni tritt Austenit als zähigkeitssteigernde Sekundärphase auf (X8Ni9). Vollständig austenitische Stähle wie X6CrNiTi18-10 sind bis zu tiefsten Temperaturen zäh.

Wälzlagerstähle

Für die im Einsatz auftretenden hohen Flächenpressungen und die geforderte Ermüdungsfestigkeit müssen hohe Härte, guter Reinheitsgrad und gleichmäßiges Gefüge gewährleistet sein. Die Lebensdauer wird meist durch die Einschlüsse (Carbide, Nitride, Oxide) begrenzt, weshalb bei der Stahlherstellung auf hohe Reinheit geachtet werden muss. Nach DIN 17320 werden beispielsweise durchhärtende Stähle wie 100Cr6 oder Einsatzstähle wie 17MnCr5 verwendet.

Werkzeugstähle

Dies sind Edelstähle, die für die Herstellung von Werkzeugen zum Bearbeiten von Werkstoffen eingesetzt werden. Sie werden nach DIN EN ISO 4957 nach der Temperatur, welche die Werkzeuge im Einsatz aushalten müssen, in Kaltarbeitsstähle, Warmarbeitsstähle und Schnellarbeitsstähle eingeteilt. Härte und Verschleißbeständigkeit wird meist durch einen hohen C-Gehalt erreicht.

Kaltarbeitsstähle werden bis 200 °C eingesetzt. Es gibt unlegierte (C60) und legierte (100Cr6) Kaltarbeitsstähle. Einsatzgebiete sind beispielsweise Schnitt- und Tiefziehwerkzeuge.

Warmarbeitsstähle werden eingesetzt, wenn die Dauertemperatur oberhalb von 200 °C beträgt. Beispiele sind Ni-legierte Stähle für verbesserte Zähigkeit (56NiCrMoV7) oder anlassbeständige und verschleißfeste höher legierte Stähle (X32CrMoV3-3). Sie werden beispielsweise für Gesenke oder Druckgießformen eingesetzt.

Schnellarbeitsstähle werden vorzugsweise zum Zerspanen mit hohen Schnittgeschwindigkeiten eingesetzt und können kurzzeitig an den Schneidkanten bis 800 °C ertragen. Sie enthalten hauptsächlich die Elemente W, V, Mo, Cr und Co. Der hohe C-Gehalt zwischen 0,7 % und 1,5 % ergibt die hohe Härte und Carbide, die eine gute Verschleißbeständigkeit gewährleisten (z. B. HS6-5-2 oder HS18-1-2-5).

Nichtrostende Stähle

Ab etwa 12 Masse-% Cr bildet sich an der Oberfläche der nichtrostenden Stähle eine 2 nm bis 3 nm dicke, porenfreie Deckschicht (Passivschicht), die weiteren Korrosionsangriff stoppt. Gefahr für Korrosion geht insbesondere von lokaler Verarmung an Cr aus. Dies kann geschehen durch Carbidbildung und durch Bildung intermetallischer Phasen bei Cr-reichen Stählen. Durch Wärmeeinfluss kann dadurch lokal an den Korngrenzen Cr in der Matrix verarmen, was zu interkristalliner Korrosion führt. Man unterscheidet hauptsächlich die Gruppen: ferritische, martensitische und austenitische Stähle.

Die **ferritischen Stähle** haben C-Gehalte unter 0,1 %, sind kaltumformbar, schweißbar und lassen sich schlecht zerspanen. Beispiele sind X2Cr11 und X6Cr17.

Martensitische Cr-Stähle enthalten 0,4 % bis 1,2 % C und 12 % bis 18 % Cr. Durch die Härtbarkeit werden hohe Härte und Festigkeiten erreicht, beispielsweise für Messer oder Maschinenteile, die hohe Härte, Verschleiß- und Korrosionsbeständigkeit aufweisen müssen. Für eine ausreichende Korrosionsbeständigkeit müssen die Legierungsbestandteile homogen gelöst sein. Die martensitischen Stähle sind gut zerspanbar, aber nicht schweißbar.

Die **austenitischen Stähle** (Tabelle 11.13) stellen den größten Anteil an den nichtrostenden Stählen. Ihre größere Löslichkeit für Legierungselemente, die geringere Diffusionsgeschwindigkeit und höhere Zähigkeit ergeben attraktive Verarbeitungs- und Gebrauchseigenschaften. Das Legierungselement Ni stabilisiert den Austenit, ein Hauptvertreter ist der Stahl X5CrNi18-10. Die Schweißbarkeit ist gut, die Zerspanbarkeit ist dagegen schlecht.

Tabelle 11.13 Austenitische Stähle

DIN EN 10088-3		Zugfestigkeit N/mm²	Dehngrenze N/mm²	Bruchdehnung *A* %	Härte
X6Cr13	weichgeglüht	400 ... 630	>230	20	HB200
X39CrMo17-1	vergütet	750 ... 950	>550	20	–
X2CrNi18-9	lösungsgeglüht	460 ... 680	>175	45	HB215

11.4.4 Eisengusslegierungen

Eisengusslegierungen (DIN EN 1560) werden in Stahlguss und Gusseisen eingeteilt.

Stahlguss

Meist wird Stahl als Halbzeug (Stangen oder Blech) bezogen. In selteneren Fällen, beispielsweise bei speziellen Zusammensetzungen oder für große Bauteile, wird der Stahl in Formen (meist aus Sand) gegossen. Bei Halbzeug ist die Anisotropie der Eigenschaften durch die vorausgegangenen Walzbehandlungen in der Regel deutlich höher als bei Gussteilen. Das bei der Erstarrung entstandene grobe Gefüge wird üblicherweise durch Normalgühen in ein feines Gefüge umgewandelt, wodurch Festigkeit und Zähigkeit gesteigert werden. Häufig werden die Gussstücke durch Schmieden weiterbehandelt (z. B. Kurbelwellen für Großmotoren).

Gusseisen

Eisenwerkstoffe mit einem C-Gehalt von über 2 % (bis maximal etwa 5 %) werden Gusseisen genannt. Tabelle 11.14 zeigt eine Übersicht.

Die Erstarrung und Umwandlung im festen Zustand kann entweder nach dem stabilen oder nach dem metastabilen Zustandsdiagramm erfolgen. Die stabile Erstarrung/Umwandlung wird durch langsame Abkühlung und Legierungselemente wie beispielsweise Si gefördert, es bildet sich Graphit (graues Gusseisen). Bei rascherer Abkühlung und Legierungselementen wie beispielsweise Mn bildet sich metastabil Zementit (Fe_3C) (weißes Gusseisen).

Gusseisen mit Lamellengraphit EN-GJL (früher GG) (Bild 11.8 a)
Lamellenförmige Graphitkörner liegen in einer Matrix aus entweder Ferrit (langsamere Abkühlung) oder Perlit (raschere Abkühlung) vor. Die ungünstige Form der Graphitlamellen bewirkt eine hohe innere Kerbwirkung, was zu einer hohen Sprödigkeit der GG-Gusseisensorten führt. Es werden Zugfestigkeiten zwischen 100 N/mm^2 und 400 N/mm^2 erreicht. Vorteile des Gusseisens mit Lamellengraphit sind: niedriger Preis, gute Dämpfungseigenschaften, Selbstschmierung, gute Zerspanbarkeit (DIN EN 1561).

Gusseisen mit Kugelgraphit EN-GJS (früher GGG) (Bild 11.8 b)
Durch die kugelförmige Ausbildung des Graphits wird die Kerbwirkung verringert und höhere Zugfestigkeit und Zähigkeit erreicht. Dadurch kann durch Gusseisen mit Kugelgraphit in manchen Fällen Stahl substituiert werden, beispielsweise bei Kurbelwellen. Die Festigkeiten liegen zwischen 400 N/mm^2 und 1000 N/mm^2 (DIN EN 1563).

Gusseisen mit Vermiculargraphit EN-GJV (früher GGV)
Die Kerbwirkung der „würmchenförmigen" Graphitkörner führt zu Festigkeiten, die zwischen dem Lamellengraphit- und dem Kugelgraphit-Gusseisen liegen. Auch durch eine höhere Wärmeleitfähigkeit als Kugelgraphit besitzt dieser Werkstoff für verschiedene Anwendungen Vorteile.

Hartguss EN-GJN (früher GH)
Bei Hartguss liegt Zementit vor (weißes Gusseisen). Am häufigsten wird Schalenhartguss eingesetzt, bei dem der Rand durch die höhere Abkühlgeschwindigkeit weiß (Zementit) erstarrt ist und der Kern grau (Graphit) vorliegt. Dadurch erhält man hohe Härte und Verschleißbeständigkeit am Rand und eine gewisse Zähigkeit im Kern, was beispielsweise bei Walzen für die Papierindustrie oder Verfahrenstechnik wichtig ist.

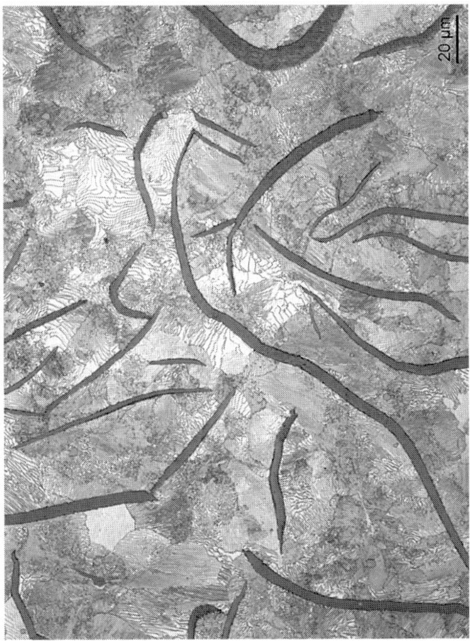

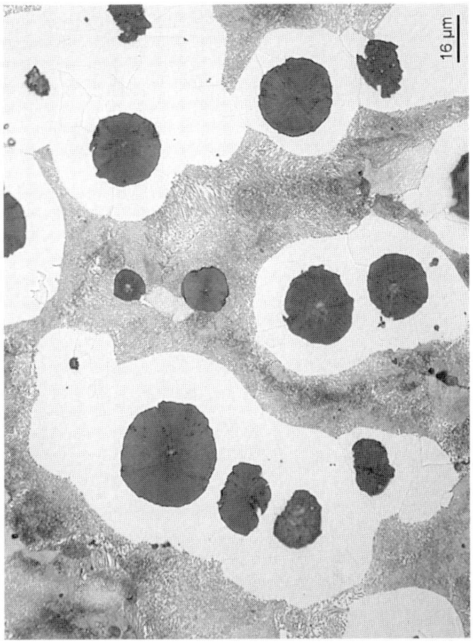

Bild 11.8 (links) Gusseisen mit Lamellengraphit in einer perlitischen Matrix, (rechts) Gusseisen mit Kugelgraphit in perlitischer Matrix, helle entkohlte Säume aus Ferrit.

Temperguss EN-GJMW (früher GT)

Temperguss besitzt höhere Festigkeiten als Lamellengraphit-Gusseisen. Ein metastabil erstarrtes weißes Gusseisen erfährt eine Wärmebehandlung (Tempern). Dabei wird Zementit in Graphit übergeführt. Nicht entkohlende Glühung führt zu so genanntem schwarzem Temperguss. Entkohlende Glühung führt zu C-armer ferritischer Matrix, wodurch gute Duktilität und Schweißbarkeit eingestellt werden, weißer Temperguss (GTW) genannt. Beim Temperguss wird im Kurznamen die Zugfestigkeit in kp/mm^2 (= 0,1 N/mm^2) und die Bruchdehnung in % angegeben (DIN EN 1562).

Austenitisches Gusseisen

Durch Zugabe von Ni wird eine austenitische Matrix eingestellt und dadurch Wärmebeständigkeit und Kaltzähigkeit erreicht. Wird zusätzlich noch mit Cr legiert, wird die Korrosionsbeständigkeit verbessert (DIN 1694).

Tabelle 11.14 Übersicht über Gusseisen-Werkstoffe

Neue Bezeichnung	Alte Bezeichnung	Wanddicke mm	Zugfestigkeit N/mm^2	Dehngrenze N/mm^2	Bruchdehnung %	Härte
EN-GJL-150	GG15	10 ... 20	130			HB225
EN-GJL-350	GG35	10 ... 20	315			HB285
EN-GJS-400-15	GGG40		400	>250	15	HB215
EN-GJS-800-2	GGG80		800	>500	2	
EN-GJMW-400-5	GTW40-05	12 ∅	400	>220	5	HB220
EN-GJMB-550-4	GTS55-04	12 ∅	550	340	4	HB180 ... 230

11.5 Nichteisenmetalle

Wichtige Nichteisenmetalle sind in Tabelle 11.15 zusammengefasst. Die technische bedeutsamen Werkstoffe werden in der Regel aus Legierungen mit den jeweiligen Hauptbestandteilen gebildet.

Tabelle 11.15 Wichtige Nichteisenmetalle

Leichtmetalle	**Rohdichte g/cm³**	**T_s °C**
Aluminium	2,70	660
Magnesium	1,74	649
Titan	4,50	1678
Schwermetalle		
Kupfer	8,96	1083
Zink	7,10	419
Zinn	7,29	232
Nickel	8,88	1453
Cobalt	8,60	1490
Eisen	7,87	1535
Blei	11,34	328
Wolfram	19,26	3407
Edelmetalle		
Silber	10,49	962
Gold	19,32	1064
Platin	21,45	1772

11.5.1 Aluminiumlegierungen

Aluminiumlegierungen zeichnen sich durch hohe spezifische Festigkeit, günstige spezifische Leitfähigkeit (elektrisch und thermisch) sowie hohe Witterungs- und Korrosionsbeständigkeit aus (Al_2O_3-Bildung).

Der wichtigste Rohstoff zur Aluminumherstellung ist Bauxit. Daraus wird in einem chemischen Aufschlussverfahren reine Tonerde (Al_2O_3) gewonnen. Die Tonerde wird mittels Schmelzflusselektrolyse bei hohem Energieaufwand zu metallischem Reinaluminium reduziert.

Reinaluminium zeichnet sich durch seine hohe Duktilität mit Bruchdehnungen bis zu 30 % aus und besitzt eine geringe Festigkeit von 20 N/mm² bis 100 N/mm². Es findet in Geschirr, Lager- und Transportgefäßen für die chemische, pharmazeutische und Nahrungsmittelindustrie Verwendung.

Legierungen

Legierungen werden schmelztechnisch hergestellt. Durch die Zugabe von mischkristallbildenden Elementen lassen sich die Gebrauchseigenschaften entscheidend verbessern. Die wichtigsten Legierungselemente sind Si, Cu, Mg, Zn, Mn, Li, Fe, deren Eigenschaften in Tabelle 11.16 zusammengestellt sind. Tabelle 11.17 zeigt wichtige Systeme für Knet- und Gusslegierungen.

Tabelle 11.16 Legierungselemente und Eigenschaften

Element	Max. Konzentration	Eigenschaft
Si	3,5 %, bei Guss bis 25 %	Verbesserte Gießbarkeit
Cu	6 %	Mischkristallbildung, Aushärtbarkeit
Mg	1 %	Aushärtbarkeit (Festigkeitssteigerung)
Zn	6 %	Festigkeitserhöhend mit Mg
Mn	1,5 %	Erhöhte Rekristallisationstemperatur
Li	3 %	analog Mg, aber leicht ($\rho = 0{,}53$ g/cm³)
Fe	1 %	Verbesserte Gießbarkeit, Werkzeugstandzeit

Tabelle 11.17 Wichtige Knet- und Gusslegierungssysteme

Knetlegierungen (geringe Zusätze)		**Gusslegierungen** (hohe Zusätze)	
aushärtbar	**nicht aushärtbar**	**aushärtbar**	**nicht aushärtbar**
AlCuMg	AlMn	AlCu	AlSi
AlCuNi	AlSi	AlMgSi	AlMg
AlMgSi	AlMg	AlSn	
AlZnMg		AlMgZn	

DIN EN 573 fasst die Aluminiumlegierungen zusammen. Die Werkstoffe werden mit den Seriennummern 1.000 bis 8.000 bezeichnet.

Knetlegierungen lassen sich durch Warm- und Kaltumformung (Schmieden, Walzen, Ziehen) verarbeiten. Bei nicht aushärtbaren Legierungen wird eine Festigkeitserhöhung ausschließlich durch Mischkristallbildung und Kaltverfestigung bewirkt.

Aushärtbare Legierungen (Knet- und Gusslegierungen) setzen eine Mischkristallbildung und eine abnehmende Löslichkeit der Legierungselemente zu tiefen Temperaturen hin voraus. Durch Lösungsglühen und anschließende gezielte thermische Auslagerung werden feine Ausscheidungen gebildet. Es wird zwischen Kaltauslagerung (RT bis etwa 100 °C) und Warmauslagerung (120 °C bis 200 °C) unterschieden. Bei Kaltauslagerung bilden sich extrem feine kohärente Ausscheidungen, bei Warmauslagerungen teil- oder inkohärente Ausscheidungen die thermisch stabiler sind. Typische Festigkeitswerte von Knetlegierungen betragen R_m = 300 N/mm² bis 500 N/mm², $R_{p0,2}$ = 100 N/mm² bis 300 N/mm².

Gusslegierungen basieren überwiegend auf Al-Si-Basis. Silicium bildet mit Aluminium ein Eutektikum bei 11,7 % Si und 577 °C, was die Gießbarkeit entscheidend verbessert. Gusslegierungen werden im Sandguss, Kokillenguss, Druckguss oder Schleuderguss verarbeitet. Sand- und Kokillenguss lässt sich aushärten. Druckguss kann dagegen wegen der eingeschlossenen Luftblasen nicht warmausgehärtet werden. Typische Festigkeiten sind: R_m = 200 N/mm² bis 300 N/mm² und $R_{p0,2}$ = 100 N/mm² bis 200 N/mm².

Anwendungen

Aluminium ist neben Stahl die wichtigste Werkstoffgruppe. Hauptanwendungen sind: Fahrzeugbau (Motoren- und Getriebegehäuse, Fahrwerksteile, Karosserie), Luft- und Raumfahrttechnik, Maschinen- und Apparatebau, Elektrotechnik, Verpackungen.

11.5.2 Magnesiumlegierungen

Magnesium und seine Legierungen sind Werkstoffe mit hohem Anwendungspotenzial für den Leichtbau (ρ = 1,74 g/cm³). Die Herstellung erfolgt durch Schmelzflusselektrolyse analog zu

Aluminium. Wichtige Legierungen sind: MgAl6Zn und G-MgAl9Zn (AZ91). Magnesiumlegierungen lassen sich sehr gut durch Druckgießen, Strangpressen oder Gesenkschmieden verarbeiten. Die Verarbeitung erfordert hohe technologische Ansprüche auf Grund der chemischen Reaktionsfreudigkeit: Mg-Späne können sich selbst entzünden, Mg-Schmelze muss unter Schutzgas, beispielsweise SF_6, verarbeitet werden. Mg-Legierungen lassen sich sehr wirtschaftlich spanend verarbeiten und sind schweißbar.

Magnesium zeigt einige herausragende Eigenschaften, so vor allem ein sehr gutes Festigkeits- zu Gewichtsverhältnis. Allerdings ist die Duktilität im Vergleich zu Aluminium geringer, auf Grund der gegenseitigen Gleitbehinderungen der Versetzungen in unterschiedlich orientierten Kristallen des hexagonalen Atomgitters. Mechanismen zur Festigkeitserhöhung sind: Mischkristallverfestigung, Versetzungsverfestigung, Korngrenzenverfestigung und Teilchenverfestigung. Magnesium zeigt eine sehr gute Passivierung, muss aber gegen Kontaktkorrosion besonders geschützt werden.

Anwendungen

Die hohe spezifische Festigkeit von Mg-Legierungen wird für den Leichtbau in der Luft- und Raumfahrttechnik genutzt. Magnesium lässt sich im Druckguss wirtschaftlich zu sehr komplexen Geometrien verarbeiten, so beispielsweise zu Getriebegehäusen von PKWs oder zu sehr dünnwandigen Elektronikgehäusen (Handys, Notebooks). Weiterhin gewinnen Mg-Felgen zunehmend an Bedeutung.

11

11.5.3 Nickellegierungen

Rohstoffe für Nickellegierungen sind sulfidische Erze. Reines Nickel hat einen höheren Korrosionswiderstand als Kupfer und wird für galvanische Überzüge eingesetzt.

Nickel weist eine hohe Affinität zu Schwefel auf. Als Folge können Korngrenzen bei der Kornverformung aufreißen und es besteht die Neigung zur Warmrissigkeit beim Schweißen sowie zur interkristallinen Korrosion. Bild 11.9 zeigt Nickel mit seinen wichtigen Legierungen.

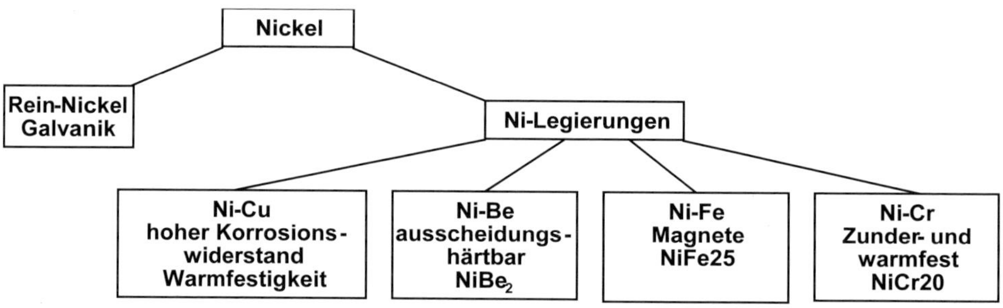

Bild 11.9 Wichtige Nickellegierungen

Anwendungen

- $NiBe_2$ für Federn bei erhöhter Einsatztemperatur.
- Monel (67 % Ni, 30 % Cu, Rest Fe + NN) für chemischen Apparatebau, Ventile, Dampfturbinenschaufeln.
- NiCr20AlTi (hochwarmfest und hitzebeständig) für hochtemperaturbeanspruchte Bauteile.
- Superlegierungen (NiCr16MoAl oder CoCr26Ni14Mo) für Gasturbinen und Flugtriebwerke.

11.5.4 Kupferlegierungen

Kupfer besitzt eine sehr gute elektrische und thermische Leitfähigkeit, plastische Verformbarkeit und einen guten Korrosionswiderstand in der Atmosphäre und Heißwasser. Kupfer ist löt- und schweißbar.

Die Herstellung von Reinkupfer erfolgt aus kupferhaltigen Erzen ($CuZnS$, $CuFeS_2$) durch Zerkleinern, Anreichern und Rösten. Rohkupfer ist mit Fe, Zn, As, Pb und Edelmetallen verunreinigt. Reinkupfer wird durch elektrische Raffination gewonnen. Bild 11.10 zeigt die Familie der Kupferwerkstoffe.

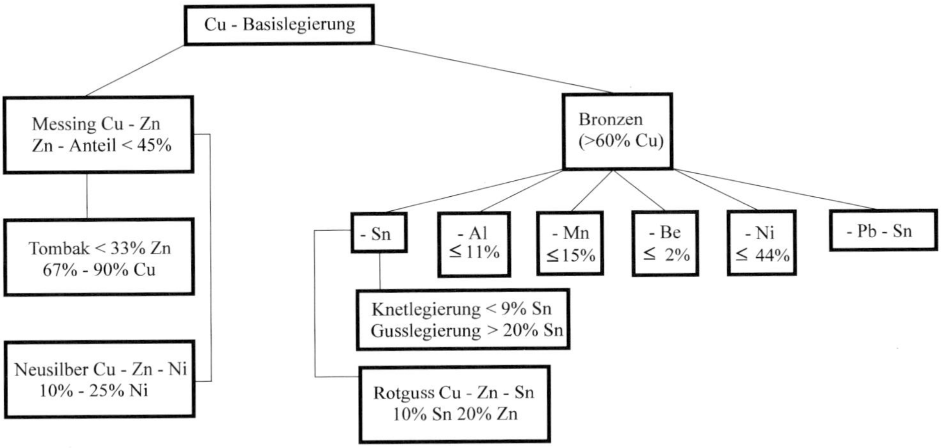

Bild 11.10 Wichtige Kupferlegierungen

Cu-Zn-Legierungen sind bis etwa 37 % Zn einphasig und zeigen gutes Umformungsvermögen (Legierungen zum Tiefziehen, z. B. CuZn28). Zur Bearbeitung auf Automaten wird bis zu 3 % Pb zulegiert. Bei Gehalten zwischen 37 % und 50 % bildet sich zweiphasiges α/β-Messing aus, ab 50 % liegt dann reines β-Messing vor. Die Eigenschaften verändern sich gemäß Bild 11.11.

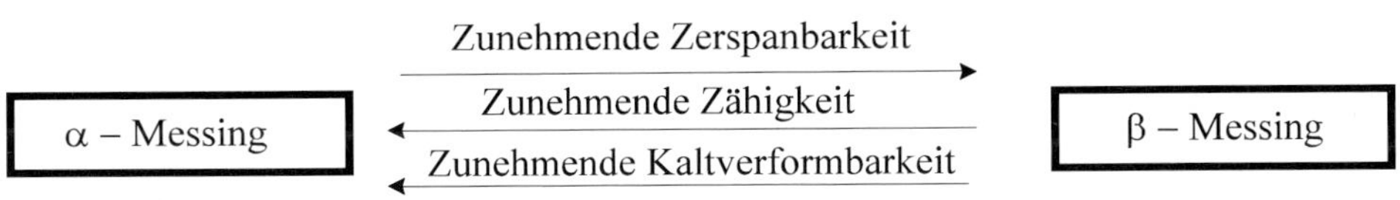

Bild 11.11 Vergleich von α- und β-Messing

Bronzen (Cu-Sn-Legierungen)

Bronzen enthalten mindestens 60 % Cu (Mehrstoffbronzen) und Zusätze von Sn (Zinnbronzen), Al (Aluminiumbronzen) oder Pb, Mn oder Si. Sie zeigen eine günstige Kombination aus Härte, Zähigkeit und Korrosionsbeständigkeit.

Anwendungen

Schneckenräder (G-CuSn10P1), Pumpengehäuse (G-CuSn10), Gleitlager (CuSnPb), Federwerkstoffe (CuSn). Neusilber wird in der Feinmechnik, Optik und für Bestecke eingesetzt (CuNi18Zn20). Rotguss findet Anwendung für Lagerschalen (CuSn4Zn4Pb4), Al-Bronzen (CuAl5) besitzen gute Festigkeit und Korrosionsbeständigkeit gegen Seewasser und Salzlösungen. Cu-Be-Legierungen (CuBe2) eignen sich für funkenfreie, hochfeste Werkzeuge im Bergbau und der chemischen Industrie.

11.6 Keramische Werkstoffe

Keramiken spielen seit vorgeschichtlichen Zeiten für Gebrauchsgüter eine wichtige Rolle und werden bis heute in Form von gebranntem Ton, Steinzeug und Porzellan vielfältig verwendet. Erst jüngere Werkstoffentwicklungen auf Basis von synthetischen Rohstoffen führten zu Hochleistungskeramiken mit herausragenden Eigenschaften und daraus resultierend technisch bedeutsamen Anwendungen auf verschiedensten technischen Gebieten.

Hochleistungskeramiken sind nichtmetallische, anorganische Werkstoffe, die aus synthetischen Rohstoffen mittels pulvertechnologischer Verfahren hergestellt werden.

Keramische Hochleistungswerkstoffe zeichnen sich durch extreme mechanisch-tribologische, thermische und chemische Stabilität und/oder durch besondere physikalische Eigenschaften aus.

11.6.1 Herstellung

Die Herstellung keramischer Werkstoffe erfolgt mittels pulvertechnologischer Herstellungsverfahren (Bild 11.12), in der Regel direkt endkonturnah als Bauteil. Grund sind die teuren Rohstoffe und die aufwändige Bearbeitung von harter Keramik durch Schleifen mit Diamantwerkzeugen.

Chemisch definierte und feinteilige Pulver werden synthetisiert. Daraus werden bei der Masseaufbereitung Pulvermischungen durch Mischen und weiteres Mahlen hergestellt. Je nach gefordertem Formgebungsverfahren werden unterschiedliche Arten und Mengen an organischen Hilfsmitteln (Binder) zugesetzt. Durch Sprühtrocknen von wässrigen Keramikschlickern werden beispielsweise rieselfähige keramische Pressmassen aufbereitet.

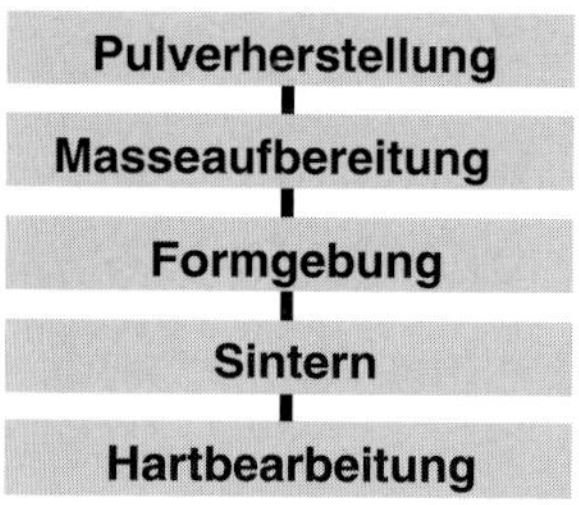

Bild 11.12 Herstellungsablauf von keramischen Werkstoffen

Die Formgebung erfolgt aus wirtschaftlichen Gründen möglichst endkonturnah. Abhängig von der Bauteilgeometrie und den geforderten Stückzahlen werden unterschiedliche Formgebungsverfahren angewendet. Die wichtigsten Verfahren sind das **axiale Trockenpressen** und das **isostatische Pressen**. Pulverpresslinge (so genannte Grünteile) können, soweit notwendig, vor dem Brennen durch Drehen, Fräsen oder Bohren zu nahezu beliebig komplexen Bauteilen zerspant (grünbearbeitet) werden. Dabei wird die nachfolgende Sinterschwindung von bis über 20 % linear berücksichtigt. Rohre und Profile werden durch Kaltextrusion hergestellt. Dazu werden aus den anorganischen Pulvern durch Zugabe von organischen Bindern und Gleitmitteln plastische Massen aufbereitet. Mittels Pulverspritzguss werden sehr komplexe, präzise, aber kleine Bauteile (< 50 mm, Wandstärken < 10 mm) geformt, denn das Ausbrennen der notwendig hohen Binderanteile wird bei dickeren Wandstärken unwirtschaftlich. Großformatige dünnwandige Teile können durch Schlickerguss mit Gipsformen hergestellt werden. Dünne Folien für Substrate und Chip-Gehäuse in der Mikroelektronik werden durch Foliengießen, Stanzen und Laminieren hergestellt. Vor allem bei den plastischen Formgebungsverfahren mit hohen organischen Binderanteilen (bis über 50 % im Volumen) wird eine kontrollierte thermische Entbinderung durchgeführt (Ausheizen).

Während des Sinterprozesses (Brennen) bildet sich aus dem vorgeformten Bauteil der fertige Werkstoff aus. Die Werkstoffeigenschaften des entstehenden Sinterrohlings hängen in hohem Maße von den eingesetzten Rohstoffen, dem Grünkörpergefüge (Masse und Formgebung) und dem thermischen Prozess in ihrem Wechselspiel ab. Bei Temperaturen von 1200 °C bis über 2000 °C entsteht aus dem zunächst feinteiligen porösen Pulverhaufwerk durch Diffusion und chemische Reaktionen (Reaktionssintern) das dichte, harte keramische Bauteil. Die Verringerung der Porosität von zunächst rund 50 % im Volumen auf weniger als 5 % führt zu einer linearen Schwindung von 15 % bis 20 %. Daraus resultieren Maßungenauigkeiten der Sinterrohlinge von typisch 0,5 % bis 1 % linear, infolge von Toleranzen bei der Press- und Sinterdichte und Verzug. Abhängig von den keramischen Stoffsystemen wird zwischen oxidierendem Sintern (Brennen an Luft) und dem Schutzgas- bzw. Vakuumsintern unterschieden. Weitere Eigenschaftsverbesserungen oder spezielle Werkstoffe lassen sich durch druckunterstützte Verfahren erzielen. Es wird zwischen **axialem Heißpressen** (HP), **isostatischem Heißpressen** (HIP, bis 200 MPa) und **Gasdrucksintern** (GPS, bis 10 MPa) unterschieden.

Während des Sinterns erhalten keramische Werkstoffe ihre außerordentliche Härte und Verschleißfestigkeit. Eine hohe Endmaßgenauigkeit und besondere Funktionsoberflächen (Traganteile, Rauigkeit) lassen sich im harten Zustand in der Regel nur noch durch Schleifen und Polieren mit Diamantwerkzeugen einstellen.

11

11.6.2 Aufbau und Eigenschaften

Keramische Werkstoffe werden in die beiden Gruppen Strukturkeramik und Funktionskeramik unterteilt, je nach Schwerpunkt des geforderten Eigenschaftsprofils.

Strukturkeramik besitzt passive Eigenschaften, beispielsweise Festigkeit, Härte, Verschleißbeständigkeit, sehr häufig in Kombination mit chemischer und thermischer Beständigkeit.

Funktionskeramik besitzt aktive Eigenschaften, beispielsweise besondere Wärmeleit-/Isolationsfähigkeit oder spezielle elektrische und magnetische Eigenschaften, wie Piezoelektrizität, Supraleitfähigkeit.

Die technisch bedeutendsten Werkstoffklassen sind die Oxide, Carbide und Nitride vor allem der Elemente Al, B, Ba, Mg, Si, Ti und Zr (Bild 11.13).

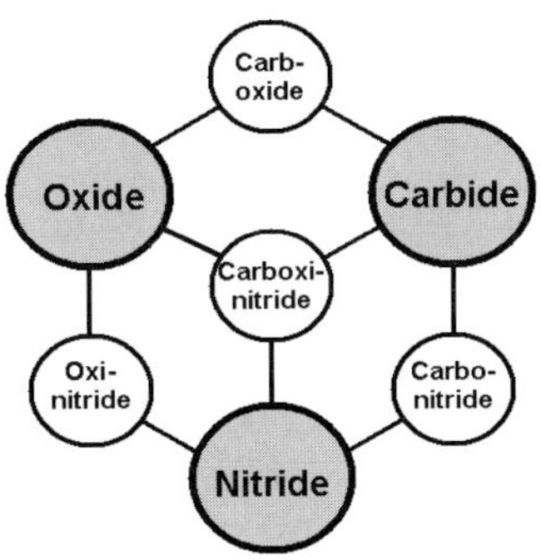

Bild 11.13 Keramische Werkstoffklassen

Auch Kombinationen der Hauptklassen untereinander sind durch Legierungsbildung möglich, sodass heute mehrphasige Dispersions- und Ausscheidungskeramiken sowie Faserverbundkeramiken mit maßgeschneiderten Mikrogefügen praktisch genutzt werden.

Die wichtigsten strukturkeramischen Stoffgruppen sind die Oxidwerkstoffe auf Basis von Aluminiumoxid Al_2O_3 und Zirconiumoxid ZrO_2 sowie die Nichtoxide Siliciumcarbid SiC und Siliciumnitrid Si_3N_4 in ihren unterschiedlichen Modifikationen (Tabelle 11.18).

Tabelle 11.18 Wichtigste Strukturkeramikgruppen im Vergleich.

	Einheit	**Aluminiumoxid Al_2O_3**	**Zirconiumoxid ZrO_2**	**Siliciumcarbid SiC**	**Siliciumnitrid Si_3N_4**
Rohdichte	g/m^3	3,9	6,0	3,1	3,2
Biegefestigkeit σ_{bB}	MPa	280 ... 500	500 ... 1200	350	750 ... 1200
Druckfestigkeit	MPa	bis 4000	2000	2000	3000
Bruchzähigkeit K_{IC}	$MPa \cdot m^{1/2}$	4,5	8 ... 11	3,5	7,0
Elastizitätsmodul E	GPa	380	210	350	305
Vickershärte HV0,5		bis 1800	1250	2500	1650
Wärmeleitfähigkeit λ	$W/(m \cdot K)$	30	3	100	15 ... 30
Lin. Ausdehnungskoeffizient α (20 °C bis 400 °C)	$10^{-6}\,K^{-1}$	7,5	10,2	3,5	3,2
Max. Einsatztemperatur	°C	1500	850	1800	1300
Korrosionsbeständigkeit		Ausgezeichnet	Sehr gut	Ausgezeichnet	Gut

Aluminiumoxid stellt die wichtigste Strukturkeramik dar. Hohe Härte, gute Verschleißfestigkeit bei Abrasion, geringe elektrische Leitfähigkeit und ein gutes Preis-Leistungs-Verhältnis zeichnen Al_2O_3 aus. Silicathaltiges Al_2O_3 (96 %) wird für vielfältige Verschleißanwendungen eingesetzt, soweit keine stark korrosive Beanspruchung oder erhöhte Temperaturen gefordert sind. Hochreines Al_2O_3 erfordert wesentlich teurere Rohstoffe und wird für höhere Temperaturen und korrosive Bedingungen verwendet. Hierzu zählen auch medizintechnische Anwendungen, beispielsweise als bioinerte Hüftgelenk-Implantate.

Zirconiumoxid weist hinsichtlich der thermischen Ausdehnung und des Elastizitätsmoduls sehr ähnliche Eigenschaften wie Stahl auf und wird deshalb häufig für Werkstoffverbunde Keramik/Stahl eingesetzt. Zirconiumoxid ist härter und verschleißfester als Stahl, wirkt sehr gut isolierend und stellt die bruchzäheste technische Keramik dar.

Die hohe Temperatur- und Korrosionsbeständigkeit sowie die herausragende Härte der keramischen Werkstoffe wird allgemein durch die festen kovalenten Bindungen zwischen den Atomen verursacht. Die Fähigkeit der plastischen Verformung (wie bei Metallen) und somit der Abbau von Spannungsspitzen ist infolge dieser festen chemischen Bindungsverhältnisse – zumindest bei Raumtemperatur – nicht möglich. Dies ist die Ursache für die bekannte Sprödigkeit der Keramikwerkstoffe. Für spröde Materialien gilt nach Griffith für die maximale Zugspannung σ in Abhängigkeit vom kritischen **Spannungsintensitätsfaktor** K_{IC} (Bruchzähigkeit) und der wirksamen kritischen Fehlergröße c folgender Zusammenhang:

$$\sigma = \frac{K_{IC}}{\sqrt{\pi \cdot c}}$$

Die Festigkeit von keramischen Werkstoffen lässt sich somit auf zwei Arten erhöhen:

- Hohe Grundzähigkeit des Werkstoffes (K_{IC}) oder
- Minimieren der kritischen maximalen Gefügefehlergröße c.

Beide Mechanismen werden bei Zirconiumoxid technisch genutzt. Zur Zähigkeitssteigerung wird die Polymorphie von ZrO_2 genutzt. Reines ZrO_2 wandelt sich bei etwa 1100 °C diffusionslos von der monoklinen Tieftemperaturphase in die tetragonale Phase um. Dies ist mit einer Volumenkontraktion von 5 % bis 8 % verbunden. Oberhalb von 2300 °C ist die kubische ZrO_2-Phase stabil. Durch Zugabe von Mg, Ca, Y oder Ce lassen sich beide Hochtemperaturphasen bis zu Raumtemperatur stabilisieren. Durch geschickte Nutzung der Phasenstabilitäten können so Gefüge erzeugt werden, die metastabile, umwandlungsfähige Gefügeanteile enthalten. Teilstabilsiertes ZrO_2, als PSZ bezeichnet (**P**artially **S**tabilized **Z**irconia), enthält 5 Mol% bis 8 Mol% MgO oder CaO und besteht aus einer groben kubischen Matrix (Korngröße 50 µm) mit feinen tetragonalen Ausscheidungen (<0,5 µm). Diese wandeln bei Anlegen einer äußeren Spannung in die stabile monokline Phase um und erniedrigen durch die verbundene Volumenzunahme die effektive Spannung am Rissgrund. Dadurch erhöht sich die Bruchzähigkeit im Vergleich zu Aluminiumoxid um das doppelte. Absolut höchste Biegefestigkeiten von über 1200 MPa bei einer Bruchzähigkeit von bis über 10 MPa · $m^{1/2}$ werden mit den ZrO_2-Werkstoffen des Typs TZP erreicht (**T**etragonal **Z**irconia **P**olycrystal). Hier wird eine extrem feine metastabile Matrix aus tetragonalen Körnern (Korngröße 0,1 µm bis 0,5 µm) durch Stabilisierung mit 3 Mol% Y_2O_3 erzeugt (3Y-TZP). Zähigkeit durch Umwandlungsverstärkung und Feinkörnigkeit werden so kombiniert. Der Werkstoff zählt wegen der notwendigen extrem feinen und reinen Pulver zugleich zu den teuersten. TZP wird deshalb vorwiegend für kleine Bauteile wie technische Schneiden oder in der Medizintechnik eingesetzt. In schwarz eingefärbter Form werden daraus auch Uhrengehäuse gefertigt. Die Energie verzehrende Wirkung von ZrO_2-Einlagerungen wird auch bei umwandlungsverstärktem Aluminiumoxid (ZTA, **Z**irconia **T**oughened **A**lumina) für Schneidkeramikanwendungen genutzt. Alle umwandlungsverstärkten Werkstoffe lassen sich wegen der starken Temperaturabhängigkeit des Umwandlungsverhaltens nur bei nahe Raumtemperatur nutzen.

Kovalent gebundenes **Siliciumcarbid** zeigt zu Diamant die größte Verwandtschaft unter den technisch bedeutsamen keramischen Werkstoffen. Außerordentliche Härte, hoher E-Modul, eine zu metallischem Kupfer vergleichbare Wärmeleitfähigkeit, gepaart mit extrem guter Korrosionsbeständigkeit sind eine Eigenschaftskombination, die SiC als Gleit- bzw. Reibpartner zum idealen Werkstoff für schwierigste tribologische Anwendungen macht. Niedrige thermische Ausdehnung und hohe Wärmeleitfähigkeit führen zu einer hohen Thermoschockbeständigkeit.

Siliciumnitrid zeichnet sich im Vergleich zu Al_2O_3 und SiC durch eine besonders hohe Zähigkeit und Thermoschockbeständigkeit aus. Si_3N_4 wird unter Zugabe von typischerweise Y_2O_3 und Al_2O_3 durch Flüssigphasensintern unter Stickstoffüberdruck hergestellt. Das feinteilige α-Si_3N_4-Ausgangspulver wird während des Sinterns bei 1600 °C bis 1800 °C in die β-Modifikation mit nadelförmiger Kornform umgewandelt (Bild 11.14).

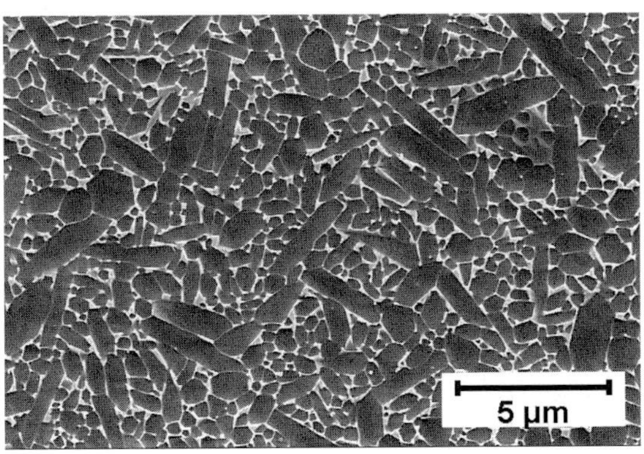

Bild 11.14 Gefüge von Silicumnitridkeramik

Die hohe Bruchzähigkeit dieser Werkstoffgruppe ist in der Ausbildung dieses stark nadeligen Gefüges mit hoher Eigenfestigkeit der Körner begründet. Bei Belastung wird dadurch ein Riss aus der Hauptzugspannungsachse abgelenkt oder verzweigt, die wirksame Spannungsintensität am Rissgrund wird so reduziert. Die hohe Bruchzähigkeit wird bis zu Temperaturen über 1200 °C beibehalten, weshalb Si_3N_4 als Schneidkeramik für die Graugusszerspanung unter extrem rauen Beanspruchungen Anwendung findet. Siliciumnitrid ist wegen seiner niedrigen Dichte und des sonstigen Eigenschaftsspektrums ein herausragender Werkstoff für den Motoren- und Maschinenbau.

Festigkeit von keramischen Werkstoffen

Das Kristallgitter von Keramiken ist durch starke, gerichtete kovalente bis ionische Bindungskräfte aufgebaut. Plastische Verformung durch Versetzungsgleiten wie bei Metallen ist bei Strukturkeramiken daher zumindest bei Raumtemperatur nicht möglich. Dies ist die Ursache für die herausragenden Eigenschaften der Keramiken, wie beispielsweise hohe Härte und Verschleißfestigkeit, aber auch die Empfindlichkeit gegen Spannungsspitzen, die bekannte Sprödigkeit von Keramiken ist darin begründet. Mikroskopische Spannungskonzentrationen an inneren Gefügefehlern (Poren, Risse, Einschlüsse) oder an Oberflächenfehlern, beispielsweise durch die Bearbeitung, können zu starken Streuungen der Belastbarkeit bzw. der Festigkeit führen. Die jeweils vorhandene Größenverteilung von Gefügefehlern führt zur statistischen Schwankung der **Biegebruchfestigkeit** σ_{bB}. Die Biegebruchfestigkeit wird für keramische Werkstoffe aus experimentellen Gründen gegenüber der Zugfestigkeit bevorzugt. Zur Beschreibung der Festigkeitsverteilung wird die **Weibull-Statistik** verwendet. Aus den gemessenen Einzeldaten werden Bruchwahrscheinlichkeiten für einen bestimmten Werkstoff ermittelt. Gängig ist die zweiparametrische Weibull-Verteilung:

$$p_f = 1 - e^{-\frac{V}{V_0}\left(\frac{\sigma}{\sigma_0}\right)^m}$$

Die Bruchwahrscheinlichkeit p_f wird charakterisiert durch die Normierungsspannung σ_0 und die Streuung m, den so genannnten Weibull-Parameter. V/V_0 berücksichtigt das Volumen im Verhältnis zum geprüften Volumen. Die Normierungsspannung σ_0 entspricht einer Versagenswahrscheinlichkeit von 50 % und ist ungefähr vergleichbar mit der mittleren Biegefestigkeit σ_{bB}. Bei Strukturkeramiken liegen die typischen Streuwerte bei $m = 8 \ldots 20$.

11.6.3 Eigenschaften und Anwendungen

Keramische Werkstoffe können in ihren Eigenschaften funktionsgerecht für den jeweiligen Anwendungsbereich maßgeschneidert werden. Sie bieten ein Eigenschaftskollektiv, das im Vergleich zu Metallen und Kunststoffen – dort, wo diese Werkstoffe an ihre Einsatzgrenzen stoßen – höhere Leistungen ermöglichen. Dies gilt in erster Linie für Anwendungen, bei denen es auf hohe Werte des Verschleißwiderstandes sowie der Korrosionsbeständigkeit, Hochtemperaturfestigkeit und Formstabilität ankommt (Bild 11.15).

Außerdem können keramische Werkstoffe besondere elektrische, magnetische, optische und chemisch-biologische Funktionen übernehmen. Sie besitzen hohe Druckfestigkeit, Härte und Kriechfestigkeit sowie günstige Gleiteigenschaften bei gleichzeitig hoher thermischer und chemischer Beständigkeit. Viele sind elektrische und thermische Isolatoren, einige dagegen elektrische und thermische Leiter, aber auch die Kombination von elektrischer Isolation und guter Wärmeleitung (AlN, BeO) wird ausgenutzt. Funktionskeramiken besitzen beispielsweise **Ferromagnetismus** ($MnFe_2O_4$), **Piezoelektrizität** ($PbZr_xTi_{1-x}O_3$), **Supraleitung**, (Y-Ba-Cu-O), **optische**

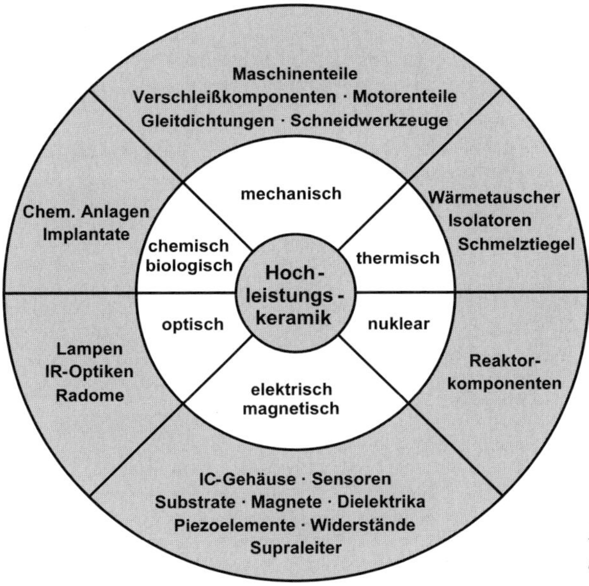

Bild 11.15 Eigenschaften und Anwendungen keramischer Werkstoffe

Transparenz (Al_2O_3) und **Ionenleitfähigkeit** (ZrO_2). Daraus leiten sich entsprechende Anwendungen ab, die zu keramischen Bauteilen und Funktionselementen im Maschinenbau, Apparatewesen, in der Wärmetechnik, in der chemischen Verfahrenstechnik, in der Humanmedizin und in der Mikroelektronik geführt haben (Tabelle 11.19).

Tabelle 11.19 Eigenschaften und Keramikgruppen

Anwendung	Eigenschaften	Keramikgruppen
Mechanisch	Festigkeit	Al_2O_3
	Härte	ZrO_2
	Verschleißverhalten	SiC
	Gleiteigenschaften	Si_3N_4
Thermisch	Wärmeleitung	SiC
	Wärmedämmung	Al_2TiO_5
	Temperaturbeständigkeit	Al_2O_3
Chemisch-biologisch	Korrosionsbeständigkeit	SiC
	Adsorptionsverhalten	Al_2O_3
	Biokompatibilität	HAK (Hydroxylapatit)
Elektrisch-magnetisch	Elektrische Isolationsfähigkeit	Al_2O_3, Silicatkeramik
	Elektrische Leitfähigkeit	SiC
	Piezoelektrizität	$PbZr_xTi_{1-x}O_3$
	Magnetismus	$MnFe_2O_4$
	Supraleitung	Y-Ba-Cu-O
Optisch	Lichtbrechung	SiO_2
	Transparenz	Al_2O_3
		CaF_2
Nuklear	Radioaktivität	UO_2
	Neutronenabsorption	B_4C

11.7 Kunststoffe

Kunststoffe sind **makromolekulare Werkstoffe**, die organische Gruppen enthalten und überwiegend durch **Synthese** (künstlich) hergestellt werden.

Die Makromoleküle entstehen durch chemische Reaktion und Verbindung von bis zu Tausenden Monomerbausteinen. Die Molekülketten können neben den Kettenatomen C oder Si zusätzliche Heteroatome enthalten, beispielsweise N, O, S. Weitere Atome oder ganze Molekülgruppen können an den Kettenatomen hängen oder zur dreidimensionalen Vernetzung dienen (Duromere, Elastomere). Kunststoffe mit nur einer Art von Monomeren sind **Homopolymere**. Die Kombination von unterschiedlichen Monomeren führt zu **Co-** oder **Multipolymeren**.

Bei unvernetzten Kunststoffen bestehen zwischen den Makromolekülen ausschließlich Nebenvalenz-Bindungen, beispielsweise durch Wasserstoffbrücken, Dipolbindungen oder Van-der-Waals-Kräfte. Die Sekundärbindungskräfte nehmen mit zunehmender Temperatur stark ab. Daraus leitet sich die Glas- oder Übergangstemperatur bei unvernetzten oder teilvernetzten Kunststoffen (**Thermoplasten**) ab. Bei vernetzten Kunststoffen bestehen zwischen den einzelnen Makromolekülen auch Primär-(Hauptvalenz-)Bindungen. **Duromere** sind stark vernetzte Kunststoffe, **Elastomere** weisen dagegen nur vereinzelt Primär-Bindungen auf sind somit weitmaschig vernetzt.

Kunststoffe werden häufig mit Zusatz- oder Füllstoffen versetzt, um spezielle Eigenschaften zu erzeugen. Beispiele sind: Stabilisatoren, Weichmacher, Farbpigmente, Füll- bzw. Verstärkungsstoffe (z. B. Fasern, Glaskugeln, Gewebe oder Ruß).

11.7.1 Herstellung

Zur Herstellung von Kunststoffen werden die Ausgangsstoffe Erdöl, Erdgas oder Kohle verwendet. Zunächst werden niedermolekulare Monomere synthetisiert. Diese Monomere enthalten ungesättigte Doppelbindungen oder bi- bzw. höherfunktionelle Gruppen.

Polymere (Makromoleküle) mit bis zu 10^6 Atomen werden aus den Monomeren durch **Polymerisation, Polykondensation** oder **Polyaddition** gebildet.

Polymerisation: Ungesättigte Monomere mit C=C-Doppelbindung (oder Heterocyclen) reagieren unter Wärmezufuhr und mit Hilfe von Katalysatoren. Die C=C-Doppelbindungen werden aufgebrochen und reagieren mit Nachbarmolekülen.

Polykondensation: Niedermolekulare Substanzen, beispielsweise H_2O, NH_3, HCl oder Alkohole, werden während der Reaktion zum Polymer abgespalten.

Polyaddition: Monomere reagieren ohne Abspaltung eines Nebenprodukts durch Umlagern der Substituenten zu einem Makromolekül (Polyaddukte).

11.7.2 Bezeichnung der Kunststoffe

Kunststoffe werden international einheitlich durch Kurzzeichen bezeichnet, die in DIN 7728, Teil 1, zusammengefasst sind (Tabelle 11.20).

Tabelle 11.20 Häufig gebrauchte Kunststoff-Kurzzeichen

Kurzzeichen	Bezeichnung	Typ	Kurzzeichen	Bezeichnung	Typ
ABS	Acryl-Butadien-Styrol	T	PF	Phenol-Formaldehyd	D
BR	Butadien-Rubber	E	PI	Polyimid	D, T
CR	Chlorbutadien-Rubber	E	PMMA	Polymethylmethacrylat	T
EP	Epoxid	D	POM	Polyoxymethylen	T
EPM	Ethylen-Propylen-Elastomer	D	PP	Polypropylen	T
IR	Isoprene-Rubber	E	PS	Polystyrol	T
MF	Melamin-Formaldehyd	D	PTFE	Polytetrafluorethylen	T
NBR	Acrylnitril-Butadien-Rubber	E	PUR	Polyurethan	D
NR	Natural Rubber	E	PVC	Polyvinylchlorid	T
PA	Polyamid	T	SAN	Styrol-Acryl-Nitril	T
PBTP	Polybutylenterephthalat	T	SBR	Styrol-Butadien-Rubber	E
PC	Polycarbonat	T	SI	Silicon	D
PE	Polyethylen	T	UF	Harnstoff-Formaldehyd	D
PETP	Polyethylentherephthalat	T	UP	Ungesättigte Polyester	D, T

D Duroplast; E Elastomer; T Thermoplast.

11.7.3 Eigenschaften und Anwendungen

Kunststoffe zeichnen sich durch niedrige Dichte, hohen elektrischen Isolationswiderstand, hohes Dämpfungsvermögen, geringe Wärmeleitfähigkeit und Beständigkeit gegen elektrolytische Korrosion aus. Die mechanischen Eigenschaften lassen sich je nach Anwendung in einem weiten Spektrum variieren (Bild 11.16). Die Festigkeit ist auch schon bei Raumtemperatur zum Teil stark zeitabhängig (Kriechen). Nachteil vieler Kunststoffe, insbesondere von Thermoplasten, ist ihre Neigung, durch Aufnahme von Feuchtigkeit zu quellen, wodurch sich die Eigenschaften erheblich ändern. Durch UV-Strahlung oder Wärme können während des Gebrauchs auch Primär-

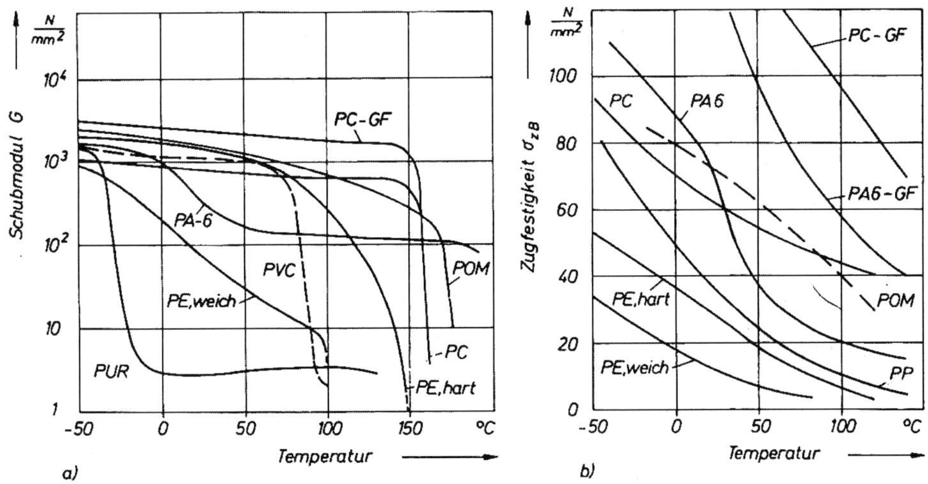

Bild 11.16 Schubmodul G und Zugfestigkeit R_m als Funktion der Temperatur

Bindungen aufgespalten werden (Alterung). Zur Verhinderung derartiger chemischer Abbaureaktionen werden Kunststoffen Stabilisatoren zugesetzt. Viele Kunststoffe sind gegenüber organischen Lösungsmitteln empfindlich. Kristalline Bereiche sind gegen Lösungsmittel besser beständig. Bei Thermoplasten kann die Aufnahme von Lösungsmitteln zu einer Weichmachung führen (Quellen), umgekehrt können zugesetzte Weichmacher (Oligomere) herausgelöst werden, was zur Versprödung führt. Besonders amorphe Kunststoffe (z. B. PMMA) sind bei Einwirkung von Lösungsmitteln empfindlich gegen Spannungsrisskorrosion. Die meisten Kunststoffe sind leicht brennbar, können aber durch entsprechende Zusatzstoffe schwer entflammbar gemacht werden.

Wesentlicher Vorteil der Kunststoffe ist die einfache und wirtschaftliche Fertigung, auch von komplizierten Bauteilen.

Thermoplaste

Thermoplaste bestehen aus unvernetzten Makromolekülen.

Sie zeigen einen reversiblen Schmelzbereich, sind schweißbar und voll recyclingfähig. Bei Raumtemperatur sind Thermoplaste spröde oder zähelastisch. Es wird unterschieden zwischen amorphen und teilkristallinen Thermoplasten.

11

Amorphe Thermoplaste

Amorphe Kunststoffe sind häufig durchsichtig. Bei der Glastemperatur erweichen die amorphen Bereiche. Deshalb werden amorphe Thermoplaste im Temperaturbereich unterhalb der Glastemperatur eingesetzt (Bild 11.17). Die Glastemperatur liegt für diese Kunststoffe bei etwa 80 °C oder höher. Wichtige Vertreter für amorphe Thermoplaste sind PC, PS, PVC. Sie lassen sich spritzgießen, extrudieren, folienblasen, tiefziehen, schweißen und kleben.

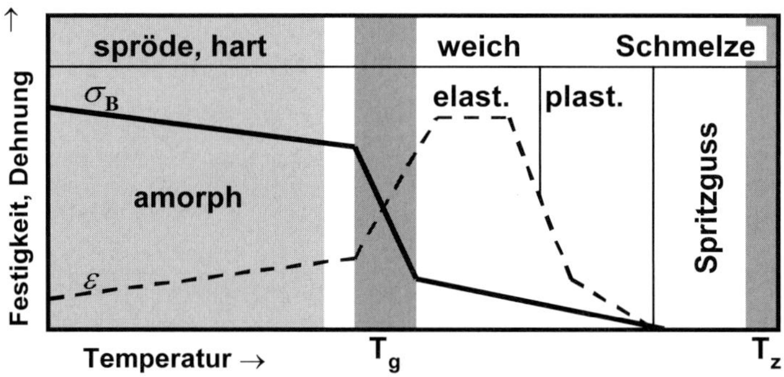

Bild 11.17 Festigkeit und Dehnung von amorphen Thermoplasten. Anwendung im markierten Bereich. (T_g: Glastemperatur, T_z: Zersetzungstemperatur, ε: Dehnung, σ_B: Bruchspannung)

Polycarbonat (PC)

PC ist ein amorpher Thermoplast mit guter Schlagzähigkeit und Stoßfestigkeit auch bei tiefen Temperaturen. Die Glastemperatur beträgt etwa 140 °C. Die Dichte liegt bei 1,23 g/cm^3. PC ist hydrolyseanfällig. Eingesetzt wird es als Gehäusewerkstoff beispielsweise für Motorradhelme, Visiere, Sicherheitsscheiben oder Spulenkörper. Es wird im Spritzguss verarbeitet. Handelsnamen sind beispielsweise Makrolon (Bayer) oder Lexan.

Polystyrol (PS)

PS ist ein spröder, glasklarer, amorpher Thermoplast. Die Gebrauchstemperatur liegt bei maximal 70 °C bis 100 °C. PS ist spannungsrissempfindlich gegen organische Säuren (Öl, Fett). PS nimmt kein Wasser auf. Die Dichte beträgt etwa 1,02 g/cm^3. Anwendung findet PS für Verpackungen, Isolierteile, Haushaltsartikel oder Spielwaren. PS lässt sich spritzgießen. In aufgeschäumter Form ist es als Styropor bekannt.

Polyvinylchlorid (PVC)

PVC ist schwer entflammbar und chemisch außerordentlich beständig. Unpolare Lösungsmittel und Gase wie Ozon oder Chlor greifen es nicht an. Ferner neigt PVC kaum zur Spannungsrissbildung. Es ist gegen polare Lösungsmittel unbeständig. Hart-PVC (ohne Weichmacherzusatz) lässt sich nur relativ schwer verarbeiten, die Verarbeitungsgeschwindigkeit ist niedrig und der Zusatz von Stabilisatoren ist notwendig. Die mechanischen Eigenschaften von Weich-PVC sind abhängig von Art und Menge der Weichmacher. Hart- und Weich-PVC wird in großem Umfang durch Extrudieren, Kalandrieren und Spritzgießen verarbeitet. Anwendung findet Hart-PVC im Rohrleitungs- und Apparatebau, im Innenbau und als Folien; Weich-PVC als Spritzgussteile und Halbzeug.

Teilkristalline Thermoplaste

11

Teilkristalline Thermoplaste besitzen neben amorphen Bereichen solche mit kristalliner Struktur.

Die Kristallite werden durch molekular geordnete Molekülketten gebildet. Zwischen diesen Bereichen sind Sekundärbindungskräfte wirksam. Die kristallinen Bereiche bewirken ein opakes bis undurchsichtiges Aussehen. Der Einsatzbereich (Bild 11.18) liegt zum Teil zwischen Glas- und Schmelztemperatur. In diesem Temperaturbereich zeigen teilkristalline Thermoplaste noch ausreichend gute Festigkeitseigenschaften. Beispiele sind PA, PE, POM, PTFE und PBTP. Bei der Verarbeitung kommen dieselben Verfahren zur Anwendung wie bei amorphen Thermoplasten; PTFE wird durch Sintern hergestellt.

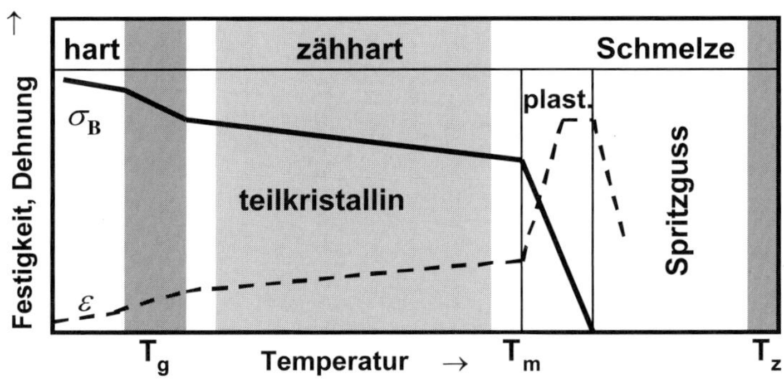

Bild 11.18 Festigkeit und Dehnung von teilkristallinen Thermoplasten. Anwendung im markierten Bereich

Polyamid (PA)

Polyamide sind teilkristalline Thermoplaste mit bis zu 60 % kristallinem Anteil. Die Eigenschaften sind stark von den verwendeten Monomeren, vom Kristallisationsgrad und vom Wassergehalt abhängig. Bei Normalklima (23 °C, 50 % relative Feuchte) sind sie sehr zäh, abriebfest und gelblich durchscheinend. Die Rohdichte beträgt etwa 1,07 g/cm^3 bis 1,14 g/cm^3. Die obere Gebrauchstemperatur liegt um 100 °C, kurzzeitig auch höher. Die Beständigkeit gegen Säuren und Laugen ist gering. Anwendungsbeispiele sind: Zahnräder, Gehäuse, starke Transportbänder, Lagerbuchsen. PA wird meist im Spritzguss verarbeitet. Handelsnamen sind beispielsweise Durethan (Bayer), Ultramid (BASF), Nylon, Perlon oder Rilsan.

Polyethylen (PE)

PE ist ein preiswerter thermoplastischer Kunststoff und wird in großem Umfang hergestellt. Es ist je nach Kristallinität weich bis steif und sehr zäh; es weist gute Schlagzähigkeit auf. Seine Festigkeit ist relativ gering, der E-Modul niedrig. PE ist ein extrem langkettiges Molekül, was eine geringe Wasseraufnahme, geringe Quellung in polaren Lösungsmitteln und eine starke Quellung in unpolaren Lösungsmitteln wie Fetten und Ölen bewirkt. Man unterscheidet PE niedriger Dichte: LDPE (low density) mit 0,918 g/cm^3 bis 0,95 g/cm^3 und PE hoher Dichte: HDPE (high density) mit 0,95 g/cm^3 bis 0,96 g/cm^3. LDPE besteht aus verzweigten Kettenmolekülen mit vielen Kurzkettenverzweigungen und wenigen Langkettenverzweigungen. HDPE hat kaum verzweigte Molekülketten und ist kaum quellbar, da mit steigender Dichte die Quellung abnimmt. Spezielles HDPE kann als Benzin- und Heizölbehälter verwendet werden. Hochabriebfestes HDPE wird für künstliche Hüftgelenkpfannen eingesetzt.

Polypropylen (PP)

PP besitzt gute mechanische Eigenschaften bis dicht an die Schmelztemperatur und zeigt keine Neigung zur Spannungsrisskorrosion. Oberflächenhärte, Zugfestigkeit, Temperaturstandfestigkeit und Langzeitbeanspruchbarkeit sind größer als bei PE, die Kerbschlagzähigkeit ist geringer. Die Chemikalien- und Lösungsmittelfestigkeit sowie die elektrischen Eigenschaften sind ebenso gut wie bei PE. Nachteilig wirkt sich eine gewisse Versprödung um 0 °C und eine Oxidationsempfindlichkeit bei höheren Temperaturen aus. Auf Grund der Schrumpfung von Spritzgussteilen ist die Herstellung maßgetreuer Teile erschwert. Es wird im Spritzguss für verschiedene Bereiche verarbeitet, extrudiert und zur Folienherstellung verwendet.

Polyoxymethylen (POM)

POM ist ein teilkristalliner Thermoplast (bis 80 % kristalliner Anteil). Im Gegensatz zum PA sind die Eigenschaften weitgehend unabhängig vom Wassergehalt, die Abriebfestigkeit ist geringer, Härte, Zähigkeit (bis –40 °C) und Steifigkeit sind höher als bei PA. Die elektrischen und dielektrischen Eigenschaften sowie die Warmformbeständigkeit sind gut. Das milchig weiße POM hat eine Rohdichte von etwa 1,41 g/cm^3; die obere Gebrauchstemperatur liegt bei etwa 110 °C, kurzzeitig bis 140 °C. POM ist nicht beständig gegen starke Säuren und Oxidationsmittel. Anwendungsbeispiele sind Gehäuse, Zahnräder und Elektrokleinteile. POM wird durch Spritzguss oder Extrusion verarbeitet. Handelsnamen sind beispielsweise Delrin (DuPont), Hostaform (Hoechst) oder Ultraform (BASF).

Polybutylenterephthalat (PBTP), Polyethylenterephthalat (PETP)

PBTP und PETP sind teilkristalline oder amorphe Thermoplaste mit Glastemperaturen zwischen 20 °C und 70 °C. Die Schmelztemperaturen liegen bei 220 °C bis 260 °C, die Dichte bei etwa 1,29 g/cm^3 bzw. 1,38 g/cm^3. PBTP ist hydrolyseanfällig. Verwendung für Folien, Fasern, Filmmaterial (PETP) oder Spritzgussteile für Elektro- und Feinwerktechnik (PBTP). Handelsnamen sind beispielsweise Ultradur, Diolen oder Trevira. Getränkeflaschen aus PET.

Polytetrafluorethylen (PTFE)

PTFE ist ein teilkristalliner Thermoplast (bis 98 % kristallin) und weist eine gute Chemikalien- und Wärmebeständigkeit auf. PTFE ist unbrennbar, wetter- und lichtbeständig und nimmt kein Wasser auf. Es versprödet bis zu Temperaturen nahe dem absoluten Nullpunkt nicht. Die Reibung ist sehr gering, allerdings kriecht PTFE unter Last (Kaltfluss). Die Rohdichte beträgt etwa 2,0 g/cm^3 bis 2,3 g/cm^3. Der Temperaturbereich für die Anwendung liegt etwa zwischen –260 °C und +260 °C. Eingesetzt wird PTFE bevorzugt als Dichtungs- und Gleitwerkstoff (Beispiel: Brückenlager) sowie als Isolierwerkstoff. Wegen seines hohen Molekulargewichts muss PTFE durch Pressen und Sintern verarbeitet werden. Handelsnamen sind beispielsweise Teflon (DuPont), Hostaflon (Hoechst) oder Fluon.

Duromere

Duromere sind dreidimensional stark vernetzte Hochpolymere.

Sie sind weder erweichbar noch schmelzbar, sondern sie zersetzen sich. Bei Raumtemperatur verhalten sie sich hart und spröde. Sie sind nicht schweißbar, unlöslich, temperaturstandfest und nicht plastisch verformbar. Die Aushärtung erfolgt meist unter Druck in einer heißen Pressform. Häufig werden Duromere mit bis über 80 % Füll- und Verstärkungsstoffen (Pulver, Faser, Schnitzel, Bahnen) versehen.

Die Rohdichte der Duromere liegt (ohne Füllstoffe) zwischen 1,2 g/cm^3 und 2,0 g/cm^3. Als Konstruktionswerkstoffe stehen folgende drei Gruppen zur Verfügung:

- **Technische Harze** zum Gießen von Formkörpern, Einbetten, Kleben oder Schäumen, beispielsweise die Herstellung von Bootskörpern oder Isolierteilen. Die Härtung erfolgt warm oder kalt, meist ohne Druck.
- **Härtbare Formmassen** zur spanlosen Verarbeitung. Anwendung für elektrotechnische Isolierteile, Hartpapier, Formteile im Maschinen- und Apparatebau, als Bindemittel für Schleifscheiben, Kupplungs- und Bremsbeläge. Spanlose Verarbeitung, Aushärtung unter Druck und Wärme.
- **Technische Schichtpressstoffe** als Kunststoffhalbzeug in Form von Tafeln, Blöcken und Profilen. Verarbeitung durch spanende Bearbeitung.

Beispiele für Duromere sind PF, MF, UP und EP. Als Füllstoffe für Duromere werden insbesondere eingesetzt: Glas, Holz und Zellulose in Form von Pulver, Fasern, Schnitzeln, Bahnen und Matten.

Elastomere

Elastomere sind weitmaschig vernetzte Hochpolymere. Sie sind daher gut elastisch verformbar, jedoch nicht mehr schmelzbar. Elastomere sind unlöslich und quellbar. Elastomere werden im gummielastischen Zustand eingesetzt. Beispiele für Elastomere sind IR, NR, BR, SBR, NBR und CR.

Silicone (Persiloxane)

Silicone bilden eine Randgruppe der Kunststoffe, da die Makromoleküle nicht auf (organischer) C-Basis, sondern auf (anorganischer) Si-Basis aufgebaut sind. In der Molekülkette sind abwechselnd Si- und O-Atome angeordnet. Je nach Polymerisationsgrad sind Silicone flüssig, viskos, pastös, fettartig oder fest. Silicongummi (SI) ist über Peroxide vernetzt. Siliconharze ähneln in ihrem harten, spröden Verhalten den Duromeren.

11.8 Verbundwerkstoffe

Verbundwerkstoffe kombinieren die günstigen Eigenschaften unterschiedlicher Werkstoffgruppen zu höherer Gesamtleistung. Sie zeichnen sich durch ein makroskopisch homogenes Gefüge aus, in Abgrenzung zu bauteilspezifischen Werkstoffverbunden.

> Verbundwerkstoffe bestehen mikroskopisch aus mindestens zwei Phasen, die ihrer Bindung nach meist verschiedenen Werkstoffgruppen angehören.

Auch einige artgleiche Kombinationen werden zu den Verbundwerkstoffen gezählt, begründet im Gefügeaufbau und dem Herstellverfahren. Beispiele hierfür sind: carbonfaserverstärkter (kohlenstofffaserverstärkter) Kohlenstoff (CFC) und SiC-faserverstärktes SiC (SiC_f-SiC).

Systematisch lassen sich die verschiedenen Werkstoffgruppen gemäß ihrem atomaren Bindungstyp kombinieren, Tabelle 11.21. Die Matrix, d. h. die formgebende Gefügephase, bestimmt die Bezeichnung. Der jeweilige Verstärkungspartner wird vorangestellt. Zusätzlich zur stofflichen Unterscheidung wird nach der Morphologie der Verstärkungsphase unterschieden. Auch die Kombination verschiedener Verstärkungsarten wird als Hybridverstärkung genutzt, beispielsweise die Kombination aus Faser- und Teilchenverstärkung.

Tabelle 11.21 Verbundwerkstoffmatrizes nach Bindungstyp, Verstärkungsphasen und Verstärkungsstruktur

Matrix	Bindungstyp	Verstärkungsphase	Verbundstruktur
Kunststoff	Molekulare Bindung	Glas, Carbon, Keramik	Schichtverbund, Gewebe Langfasern Kurzfasern, Whisker Teilchenverbund Durchdringungsverbund
Metall	Metallische Bindung	Keramik, Carbon	
Keramik	Ionen- bis kovalente Bindung	Carbon, Metall	

Technisch bedeutsame Verbundwerkstoffe sind meist Leichtbauwerkstoffe mit anwendungsspezifisch maßgeschneidertem Eigenschaftsprofil (Tabelle 11.22).

Tabelle 11.22 Technisch bedeutsame Verbundwerkstoffgruppen

Verbundwerkstoffe	Werkstoffgruppen
Faserverstärkte Kunststoffe	GFK, CFK (glasfaser- bzw. carbonfaserverstärkt)
Dispersionsverstärkte Metalle	ODS-Legierungen (oxiddispersionsverstärkt)
Keramikfaserverstärkte Metalle	Alu oder Titan mit C-Fasern oder SiC-Fasern
Metallverstärkte Keramiken	Hartmetalle/Cermets (WC-Co, TiCN-Ni)
Kohlenstofffaserverstärkte Kohlenstoffe	CFC, nur eine Werkstoffgruppe, jedoch Matrix und Verstärkung zur Festigkeits-/Zähigkeitssteigerung
SiC-faserverstärktes Siliciumcarbid	

11.8.1 Faserverbundwerkstoffe

Faserverbundwerkstoffe stellen die wichtigste Anwendungsgruppe dar. Die Faserverstärkung bewirkt eine wesentliche Steigerung des E-Moduls und der Festigkeit von Bauteilen, vor allem bei Polymermatrizes.

Faserwerkstoffe

Die technisch verwendeten Verstärkungsfasern besitzen niedrige Dichten, einen hohen E-Modul und sehr hohe Reißfestigkeiten (Tabelle 11.23).

Tabelle 11.23 Typische Faserwerkstoffe und ihre charakteristischen Eigenschaften (Maximalwerte bei R_m für Faserdurchmesser 10 ... 200 μm)

Faserwerkstoff	ρ g/cm³	E GPa	R_m N/mm²	T_{max} °C
Glas	2,5	80	3800	250
Aramid	1,4	120	3400	> 200
Kohlenstoff	1,8	500	5000	2000
Aluminiumoxid	3,9	470	2000	900
Siliciumcarbid	3,1	400	3000	1400

Glasfasern werden direkt aus der Schmelze gezogen. Für die Herstellung von C-Fasern und keramischen Fasern werden polymere Vorstufen (Precursoren) analog zu Textilfasern gezogen und gesponnen. Anschließend werden die Polymere bei hohen Temperaturen unter Schutzgas zu Kohlenstoff bzw. Keramik pyrolysiert. Je nach Werkstoffsorte und Qualität kosten die Fasern zwischen 3 €/kg (Glasfasern) und bis über 1000 €/kg (SiC-Fasern). Die Anwendungsgebiete differenzieren sich entsprechend von glasfaserverstärkten Kunststoffbauteilen bis hin zu hochtemperaturfesten Leichtbauteilen für die Luft- und Raumfahrt.

11

Langfasern werden zu Gewebe in verschiedenen Typen weiterverarbeitet und angewendet: unidirektional (UD) als Stränge und Bänder, bidirektional (BD) als Gewebe mit 90° Lagen und multidirektional (MD) bis hin zu 3D-Geweben. Der Einsatz ist vom Belastungsfall und von der Wirtschaftlichkeit abhängig.

Faserverstärkte Kunststoffe

Die Herstellung von **faserverstärkten Kunststoffen** erfolgt ausgehend von Fasermatten durch Infiltration (Tränken) mit Epoxidharzen und anschließendes Aushärten. Kurzfasern (Längen typisch 200 μm bis 5 mm) können direkt weiterverarbeitet werden mittels plastischer Verfahren wie Spritzguss, Formpressen oder Fließpressen. Sowohl aushärtende Duromere als auch wirtschaftlichere Thermoplaste kommen als Matrix zum Einsatz. Ein Nachteil ist die schlechte Recyclierbarkeit.

Die Verbesserung der Eigenschaften bezieht sich hauptsächlich auf die Steigerung des E-Moduls, bessere Verschleiß- und Zugfestigkeiten sowie verbesserte Kriecheigenschaften. Faserverstärkte Kunststoffe finden sehr umfangreiche Anwendung im Maschinen- und Fahrzeugbau.

11.8.2 Metallmatrix-Verbundwerkstoffe (MMC)

Metallmatrix-Verbundwerkstoffe werden in Form von Teilchenverstärkung, Faserverstärkung und als Durchdringungsverbundwerkstoffe angewendet. Ziel der Verstärkung ist jeweils die Verbesserung der Basiseigenschaften der metallischen Matrix, beispielsweise die Erhöhung der Härte und Verschleißfestigkeit, des E-Moduls, der Zugfestigkeit oder der Kriechfestigkeit.

Teilchenverbundwerkstoffe

Die Einlagerung von sehr feinteiligen keramischen Partikeln wie beispielsweise Aluminiumoxid oder Yttriumoxid in Aluminium- oder Nickellegierungen dient der Verbesserung der Hochtemperatureigenschaften. Im Gegensatz zu metallischen Ausscheidungen lösen sich die keramischen Teilchen auch bei erhöhten Temperaturen nicht auf. Die Verfestigungseigenschaften bleiben somit erhalten.

Die Herstellung von teilchenverstärkten **MMC**s (**M**etal **M**atrix **C**omposites) erfolgt häufig pulvertechnologisch durch Mischen der Metall- und Keramikpulver sowie anschließendes Pressen und Sintern. Bauteile lassen sich so direkt konturnah herstellen. Alternativ werden auch Halbzeuge hergestellt und anschließend durch Schmieden oder Strangpressen zum Bauteil umgeformt. Die schmelztechnische Herstellung von MMCs ist ebenfalls möglich. Beispielsweise werden SiC-teilchenverstärkte Aluminiumlegierungen genau wie unverstärkte Leichtmetalle im Sand oder in der Kokille vergossen (Bild 11.19). Vorteil dieses MMCs ist seine hervorragende Verschleißfestigkeit und die Erhöhung des E-Moduls. Anwendung findet der Werkstoff beispielsweise als Leichtbaubremstrommel.

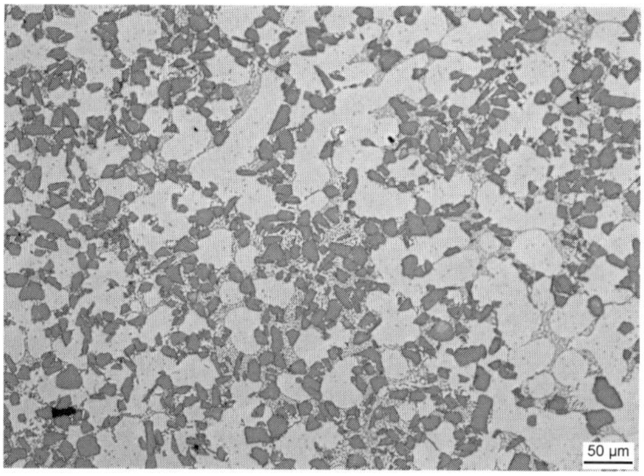

Bild 11.19 Gefüge einer SiC-teilchenverstärkten AlSi-Gusslegierung (Firma DURALCAN)

Faserverstärkte Metalle

Im Vergleich zu faserverstärkten Kunststoffen bewirkt der Austausch der Kunstoffmatrix durch eine Metallmatrix bessere Hochtemperatureigenschaften, bessere Kraftübertragung zwischen Matrix und Faser, eine höhere Zähigkeit und die Aushärtbarkeit. Faserverstärkte Metalle werden pulvermetallurgisch hergestellt oder durch Infiltration von Faser-Preforms mit metallischer Schmelze. Die Infiltration kann bei entspechender Benetzung im Vakuum erfolgen oder auch durch Gießpressen bei Drücken bis 100 MPa (squeeze casting). Auch das Ziehen von Profilen mit eingelagerten Fasern wird praktiziert.

Durchdringungsverbundwerkstoffe (Preform-MMC)

Ausgehend von so genannten Preforms, nämlich offenporösen Formkörpern, bestehend aus der Verstärkungsphase (Fasern, Partikel oder Kombinationen = Hybrid), wird die metallische Matrix drucklos oder druckunterstützt in die Poren infiltriert. Sowohl die formgebende Preform als auch die metallische Phase bilden eine durchgängige Matrix als Durchdringungsgefüge. Abhängig von der Kombination der beiden Phasen übernimmt beispielsweise die metallische Matrix die Funktion der elektrischen oder Temperaturleitung und die keramische Matrix die Verschleißaufgabe. Kostengünstiger Leichtmetallguss als Matrix lässt sich auf diese Art vor allem auch lokal gezielt mit Keramik verstärken. Bild 11.20 zeigt das Beispiel einer lokalen Silicium-Verstärkung (LOKASIL, Firma Kolbenschmidt Aluminiumtechnologie). In der Anwendung als lokale Zylinderlaufflächenverstärkung für Hochleistungsmotoren übernimmt das Silicium eine entscheidende tribologische Funktion.

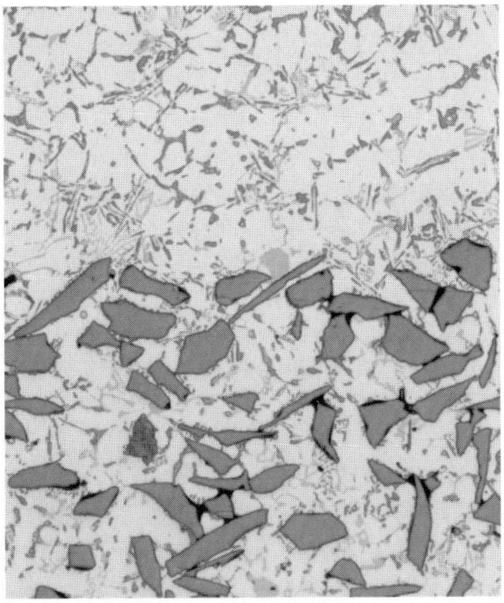

Bild 11.20 Lokale MMC-Verstärkung durch einen Durchdringungsverbund aus einer hochporösen Silicium-Preform mit einer durch Squeeze Casting infiltrierten AlSi9Cu3-Gusslegierung

11.8.3 Keramikmatrix-Verbundwerkstoffe (CMC)

Für extrem hohe Anwendungstemperaturen und im Leichtbau werden keramische Matrizes eingesetzt. Die Grundeigenschaften wie hoher E-Modul, hohe Härte, hohe Kriechfestigkeit, hohe Korrosions- und Oxidationsbeständigkeit sind dabei bereits durch die Matrix erfüllt. Die Verstärkung hat hier die Aufgabe, das Sprödbruchverhalten der Keramiken durch Einlagerung einer zweiten Phase zu mildern. Technisch bedeutsam sind hauptsächlich die faserverstärkte CMCs (**C**eramic **M**atrix **C**omposite). Im Wesentlichen werden Kohlenstofffasern oder SiC-Fasern als Verstärkung eingesetzt. Kurzfasern werden mit oxidischen oder nichtoxidischen Matrizes pulvertechnologisch aufbereitet, heiß gepresst oder gesintert. Langfasern werden als Preforms mittels chemischer Gasphaseninfiltration oder durch Flüssigphaseninfiltration zu Bauteilen geformt. Die Preformherstellung kann auch direkt über die Pyrolyse von Polymerfasern erfolgen.

Anwendung finden die extrem teuren CMCs im Bereich Luft- und Raumfahrttechnik, im Motorenbau und in der Triebwerkstechnik. Keramische Bremsscheiben auf Basis von C-SiC (Kohlenstofffaserverstärktes Siliciumcarbid) werden für Hochleistungssportwagen zunehmend auch in größeren Stückzahlen produziert.

11.9 Funktionswerkstoffe

In den letzten Jahren gewinnen Funktionswerkstoffe mehr und mehr an Bedeutung.

Funktionswerkstoffe zeichnen sich durch Nutzung **besonderer physikalischer Eigenschaften** aus, beispielsweise leiten sie elektrischen Strom oder isolieren.

Es kann eine Einteilung nach magnetischen, elektrischen, thermischen, optischen und chemischen Eigenschaften erfolgen.

11.9.1 Magnetwerkstoffe

Hauptsächlich handelt es sich hier um ferro- oder ferrimagnetische Materialien, die in Hartmagnete oder Weichmagnete unterteilt werden. Charakterisiert werden die Magnetwerkstoffe über die Hysteresekurve.

Die wichtigsten Kenngrößen sind: maximale Permeabilität μ_{max}, die Remanenz B_r und die Koerzitivfeldstärke H_C.

Außerdem spielt für den Einsatz insbesondere bei erhöhten Temperaturen die Curie-Temperatur eine entscheidende Rolle.

Hartmagnete

Hartmagnete besitzen eine hohe Koerzitivfeldstärke und ein hohes Energieprodukt $(BH)_{max}$. Die wichtigsten Werkstoffgruppen sind Ferrite, AlNiCo und Seltenerd-Übergangsmetall-Magnete, deren Eigenschaften in Tabelle 11.24 zusammengestellt sind.

Tabelle 11.24 Magnetische Eigenschaften einiger Hartmagnetwerkstoffe

	max. Energieprodukt $(BH)_{max}$ kJ/m^3	**Remanenz** B_r T	**Koerzitivfeldstärke** $_BH_C$ kA/m	**maximale Anwendungstemperatur** T_C °C
Stahlmagnete	2 ... 7	0,7 ... 1,2	5 ... 20	80
Ferrite	5 ... 30	0,2 ... 0,4	120 ... 280	150
Polymergeb. Ferrite	10	0,2 ... 0,3	100 ... 200	
Isotrope AlNiCo	10 ... 20	0,6	40 ... 80	500
Anisotrope AlNiCo	30 ... 60	0,7 ... 1,2	50 ... 150	500
Co-Sm	110 ... 240	0,7 ... 1,1	520 ... 780	300
Fe-Nd-B	190 ... 300	1,0 ... 1,3	750 ... 980	150

Ferrite

Die hartmagnetischen Ferrite nennt man Hartferrite. Hauptsächlich werden Barium- und Strontium-Ferrite eingesetzt ($BaO \cdot 6Fe_2O_3$, $SrO \cdot 6Fe_2O_3$). Ihre hexagonale Struktur führt zu hoher magnetokristallinen Anisotropie, es werden Koerzitivfeldstärken $_BH_C$ zwischen 120 und 280 kA/m erreicht. Die Ferrite sind ferrimagnetisch, ihre Remanenz ist mit 0,2 ... 0,4 mT vergleichsweise gering. Die Curie-Temperatur liegt bei etwa 450 °C.

AlNiCo

Diese Hartmagnete zeichnen sich durch die hohe maximale Anwendungstemperatur von etwa 500 °C aus. Durch eine Wärmebehandlung wird in einer schwach magnetischen Ni-Al-Matrix eine stark ferromagnetische Fe-Co-Phase ausgeschieden. Die nadelförmige Gestalt der Ausscheidungen bewirkt eine Formanisotropie, welche die Ursache für die günstigen hartmagnetischen Eigenschaften ist. AlNiCo ist hart und spröde und kann nur durch Gießen oder pulvermetallurgisch hergestellt werden.

Seltenerd-Übergangsmagnete

Das System Co-Sm besitzt zwei intermetallische Phasen mit interessanten hartmagnetischen Eigenschaften, die Co_5Sm- und die $Co_{17}Sm_2$-Phase. Bei diesen Werkstoffen ist die hohe magnetokristalline Anisotropie für die guten hartmagnetischen Eigenschaften verantwortlich. Die hohen Curie-Temperaturen von 730 °C bzw. 930 °C erlauben hohe Anwendungstemperaturen.

Im ternären System Fe-Nd-B zeigt die Phase $Fe_{14}Nd_2B$ herausragende magnetische Eigenschaften, insbesondere hohe Sättigungsmagnetisierung. Durch die niedrige Curie-Temperatur von 308 °C sind diese Werkstoffe jedoch auf Temperaturbereiche unter 150 °C beschränkt. Weitere Nachteile sind die hohe Korrosionsanfälligkeit und die hohen Kosten der Seltenerdmetalle.

Die Seltenerd-Übergangsmetall-Magnete werden pulvermetallurgisch hergestellt.

Weichmagnetwerkstoffe

Weichmagnete sollen durch geringe Felder auf- oder entmagnetisiert werden können. Sie haben hohe Permeabilität und niedrige Koerzitivfeldstärken (Tabelle 11.25). Voraussetzung dafür ist eine geringe magnetokristalline Anisotropie und ein fehlstellenfreies Gefüge (keine Einschlüsse, grobes Korn). Außerdem spielt bei vielen Anwendungen von Weichmagneten der spezifische elektrische Widerstand eine wichtige Rolle. Je höher der Widerstand ist, umso geringer sind die Wirbelstromverluste bei schnellen Schaltvorgängen und bei Wechselstromanwendungen.

Tabelle 11.25 Magnetische Eigenschaften einiger Weichmagnetwerkstoffe

Werkstoff	Sättigungsinduktion B_S/T	max. Permeabilität μ_{max}	spez. el. Widerstand ρ/µΩ · m
Reineisen	2,16	30 000 ... 40 000	0,1
Fe-35Co	2,45	10 000	0,15
Fe-50Co	2,35	5 000	0,45
Fe-13Cr	1,75		0,6
Fe-Si	1,95	6000 ... 60 000	1,0
Fe-Ni	0,8 ... 1,5	10 000 ... 300 000	0,2 ... 0,8
Weichferrite	0,2 ... 0,5	10 ... 5000	$10^6 \dots 10^{12}$
amorphe Legierungen	0,5 ... 1,6	bis 500 000	0,3 ... 0,8

Reineisen besitzt eine hohe Sättiungsinduktion (B_S = 2,16 T) und kann bei hoher Reinheit durch Glühen unter Wasserstoff auf hohe maximale Permeabilitäten gebracht werden.

Die Legierung **Fe-35 Co** besitzt von allen Magnetwerkstoffen die höchste Sättigungsinduktion (B_S = 2,45 T). Sie wird auf Grund des hohen Preises nur bei Spezialanwendungen eingesetzt. Durch Zulegieren von 2 % V wird insbesondere der spezifische elektrische Widerstand erhöht, wodurch Wirbelstromverluste verringert werden.

Wird gute Korosionsbeständigkeit gefordert, werden **Fe-Cr-Legierungen** mit 13 % bis 16 % Cr eingesetzt. Durch zusätzliche Legierungselemente wie Al oder Si kann der spezifische elektrische Widerstand auf 1 µΩ · m gesteigert werden.

Mengenmäßig der wichtigste Weichmagnetwerkstoff ist **Fe-Si**. Diese Werkstoffe mit bis zu 5 % Si zeichnen sich durch einen hohen spezifischen elektrischen Widerstand aus. Sie werden als Blechpakete (weitere Verringerung der Wirbelstromverluste) in niederfrequenten Wechselstromanwendungen (Transformatoren, Generatoren, Motoren) eingesetzt.

Sehr hohe maximale Permeabilitäten zeigen **Fe-Ni-Werkstoffe** mit 35 % bis 90 % Ni. Diese Werkstoffe werden für hohe Frequenzen eingesetzt, beispielsweise für Magnetköpfe, Tonabnehmer, Drosseln, Filter oder Abschirmungen.

Die ferrimagnetischen **kubischen Ferrite** besitzen als Keramiken einen viel höheren spezifischen elektrischen Widerstand als die metallischen Magnete und finden Anwendung in der Hochfrequenztechnik.

Die höchsten Permeabilitäten werden in **amorphen Weichmagnetlegierungen** erreicht mit μ_{max} bis zu 500 000. Bei diesen so genannten metallischen Gläsern wird der amorphe Schmelzzustand durch hohe Abschreckgeschwindigkeiten metastabil eingestellt. Beim „melt spinning" wird ein Schmelzstrahl auf eine rotierende Kupferwalze gesprüht. Dabei entstehen dünne amorphe Bänder, die keine magnetokristalline Anisotropie besitzen. Zum Basiselement (meist 80 % Fe) werden etwa 20 % kristallisationsverzögernde Elemente wie B, C oder Si zugegeben.

11.9.2 Werkstoffe mit besonderen elektrischen Eigenschaften

Die **elektrische Leitfähigkeit** σ von Feststoffen erstreckt sich über einen Bereich von 10^{27} S/m. Statt der elektrischen Leitfähigkeit mit der Einheit S/m wird auch die reziproke Größe, der **spezifische elektrische Widerstand** ρ in $\Omega \cdot$ m, angegeben. Man unterscheidet die Gruppen Leiter, Halbleiter und Isolatoren. Die elektrische Leitfähigkeit der Metalle liegt in einem Bereich von 10^6 bis $7 \cdot 10^7$ S/m, die der Halbleiter liegen zwischen 10^{-9} S/m und 10^4 S/m und die elektrische Leitfähigkeit der Isolatoren erstreckt sich von 10^{-10} S/m bis 10^{-20} S/m.

Man unterscheidet **elektronische Leitfähigkeit** und **Ionenleitfähigkeit**, je nach dem ob die Ladungsträger Elektronen oder Ionen sind.

11

Leiterwerkstoffe

Metalle besitzen auf Grund der großen Zahl an freien Elektronen eine hohe Leitfähigkeit (Tabelle 11.26). Häufig interessiert auch die Temperaturabhängigkeit der Leitfähigkeit. Diese kann über den Temperaturkoeffizienten α des spezifischen elektrischen Widerstandes angegeben werden. Es gilt:

$\rho_T = \rho_{293}(1 + \alpha \Delta T)$, wobei ρ_{293} der spezifische elektrische Widerstand bei Raumtemperatur ist.

Tabelle 11.26 Spezifischer elektrischer Widerstand und Temperaturkoeffizient

Werkstoff	**spezifischer elektrischer Widerstand** $\rho_{293}/10^{-6}\ \Omega \cdot \mathrm{m}$	**Temperaturkoeffizient des spezifischen elektrischen Widerstandes** $\alpha/10^{-3}\ \mathrm{K}^{-1}$
Ag	0,015	3,9
Cu	0,018	3,9
Au	0,023	3,4
Al	0,028	3,9
Mg	0,042	4,0
Ni	0,069	6,0
W	0,050	4,5
Zn	0,053	3,7
Fe	0,090	4,5
Pt	0,098	
Messing	0,060	2,0
Bronze	0,100	1,0
Grauguss	0,5 … 1,5	1,9

Gitterfehler beeinflussen die elektrische Leitfähigkeit der Metalle. Entsprechend der Matthiessen-Regel ergibt sich der Widerstand aus einem temperaturabhängigen $\rho(T)$ und einem temperaturunabhängigen Teil ρ_D, sodass gilt:

$$\rho = \rho(T) + \rho_D$$

ρ_D ist der Restwiderstand, der durch Gitterdefekte gegeben ist. Er setzt sich aus einem chemischen Anteil, der Art und Menge der gelösten Fremdatome, und einem physikalischen Anteil, die null- bis dreidimensionalen Gitterfehler, zusammen. Je mehr Fremdatome gelöst sind und je mehr Gitterfehler vorliegen, umso kürzer ist die freie Weglänge der Elektronen, und der spezifische elektrische Widerstand nimmt zu.

Edelmetalle

Silber besitzt mit $\sigma = 62 \cdot 10^6$ S/m die höchste Leitfähigkeit für Strom und Wärme aller Metalle. Durch die kfz-Kristallstruktur ist es sehr gut verformbar. Der Schmelzpunkt liegt bei 962 °C und die Korrosionsbeständigkeit ist gut. Es wird eingesetzt für Sicherungen, in der Hochfrequenztechnik, für Metallisierungen von Keramik und Polymeren oder für Kondensatoren.
Gold hat eine Leitfähigkeit von $\sigma = 42 \cdot 10^6$ S/m und einen Schmelzpunkt von 1063 °C. Auf Grund seiner ausgezeichneten Duktilität können für die Mikroelektronik Bondingdrähte mit 10 µm Durchmesser hergestellt werden. Durch die gute Korrosionsbeständigkeit wird Gold trotz des hohen Preises in der Mikroelektronik eingesetzt.

Platin wird in verschiedenen Sensoren, Aktoren und Katalysatoren auf Grund des hohen Schmelzpunktes von 1769 °C und der katalytischen Wirkung eingesetzt.

11

Kupferwerkstoffe

Nach Silber besitzt Kupfer die höchste elektrische und thermische Leitfähigkeit. Etwa die Hälfte des Jahresverbrauchs wird für elektrische Leiter, beispielsweise Drähte oder Leiterplattenbeschichtungen, eingesetzt. Auf Grund seiner kfz-Struktur ist es gut verformbar; der Schmelzpunkt beträgt 1083 °C. Das für die Elektrotechnik bestimmte E-Kupfer hat eine Reinheit von 99,90 %, da geringste Mengen an Legierungselementen die Leitfähigkeit verschlechtern.

Aluminium

Aluminium (Al) ist neben Kupfer der wichtigste Leiterwerkstoff für die Elektronik und Elektrotechnik. Durch die geringe Dichte des Al sind Leitungen mit dem gleichen Widerstand nur etwa halb so schwer. Um die geringe Festigkeit des Reinstaluminiums (30 N/mm²) zu erhöhen, werden Legierungselemente zugesetzt, die eine Ausscheidungshärtung bewirken. Ein wichtiger Vertreter ist das AlSi1, das durch thermomechanische Behandlung eine Festigkeit von über 300 N/mm² erreicht und damit zehnmal fester als reinstes Aluminium ist.

Kohlenstoff

Die Leitfähigkeit im Graphit ist auf Grund seiner hexagonalen Schichtstruktur stark anisotrop. Senkrecht zur c-Richtung ist die Leitfähigkeit um einen Faktor 10^4 größer als parallel dazu. Polykristalline Graphitwerkstoffe sind dagegen isotrop und besitzen eine Leitfähigkeit von etwa $2 \cdot 10^5$ S/m. Vorteile dieser Werkstoffe sind die hohe chemische Resistenz (außer gegen Sauerstoff) und die Hochtemperaturbeständigkeit (z. B. für Elektroden oder Heizelemente). Für Schleifkontakte ist die Schmierwirkung von Graphit von Vorteil.

Supraleiter

Der Widerstand der meisten Metalle nimmt mit abnehmender Temperatur gleichmäßig ab. Bei einigen wenigen Stoffen fällt der Widerstand bei der so genannten Sprungtemperatur von einem endlichen Wert auf einen nicht messbaren Wert ab. Magnetfelder verringern die Sprungtemperatur – es gibt eine kritische Magnetflussdichte, ab der die Supraleitung zusammenbricht. Tabelle 11.27 zeigt einige wichtige Eigenschaften der Supraleiter.

Tabelle 11.27 Sprungtemperatur und kritische Magnetflussdichte einiger supraleitender Werkstoffe

Material	Sprungtemperatur T_C/K	Kritische Magnetflussdichte B_C/T
Quecksilber	4,15	0,041
Blei	7,19	0,080
Nb_3Sn	18,3	22
Nb_3Ge	23	30
$YBa_2Cu_3O_7$	93	30 … 60
$HgBa_2Ca_2Cu_2O_8$	153	100 … 200

Ferroelektrika

Dielektrika mit spontaner elektrischer Polarisation werden Ferroelektrika genannt. Ein ferroelektrischer Kristall besteht aus vielen Domänen, die durch Wandverschiebungsprozesse und Drehung bei der Polung ausgerichtet werden, analog zu einem Ferromagneten. Ferroelektrika zeigen verschiedene physikalische Effekte, die genutzt werden können:

- **Hohe Dielektrizitätskonstante** – für Kondensatoren – beispielsweise $BaTiO_3$.
- **Piezoelektrischer Effekt** – für Aktoren und Sensoren – beispielsweise Blei-Zirconat-Titanat (PZT). Eine aufgebrachte mechanische Spannung erzeugt eine elektrische Spannung oder eine angelegte elektrische Spannung erzeugt eine Dehnung.
- **Pyroelektrischer Effekt** – für Temperaturmessung – beispielsweise Blei-Lantan-Zirconat-Titanat. Eine Erwärmung erzeugt eine elektrische Spannung.

11.9.3 Halbleiter

Halbleiter liegen mit einen spezifischen elektrischen Widerstand von $10^{-4}\,\Omega \cdot m$ bis $10^{9}\,\Omega \cdot m$ zwischen den Leitern und Isolatoren. Der **Temperaturkoeffizient** des Widerstandes ist negativ, d. h., mit zunehmender Temperatur nimmt der Widerstand ab. Die häufigsten Halbleiterwerkstoffe sind die Elemente **Si** und **Ge** aus der 4. Hauptgruppe des Periodensystems und Verbindungen zwischen Elementen der 3. und 5. und der 2. und 6. Hauptgruppe.

Eigenleitung: Auf Grund der geringen Bandlücke zwischen Valenz- und Leitungsband können durch thermische Energie Elektronen vom Valenz- ins Leitungsband angehoben werden. Zur Leitfähigkeit tragen die Elektronen und die Defektelektronen (Löcher) bei.

Störstellenleitung: Durch kontrollierten Einbau von Fremdatomen (Dotieren) kann die Leitfähigkeit von Si stark beeinflusst werden. Durch Substitution von Si durch 5-wertige Elemente wie beispielsweise Phosphor (P) wird die Energielücke zwischen Valenzband (Donatorniveau) und Leitungsband auf 0,05 eV verringert. P ist ein Elektronenspender (Donator); man spricht von **n-Leitung**. Durch Substitution von Si durch 3-wertige Elemente, beispielsweise Bor (B), entstehen Defektelektronen, die mit geringer Energie ins Leitungsband angehoben werden können und dann frei beweglich sind. B ist ein Elektronenaufnehmer (Akzeptor); man spricht von **p-Leitung**. Tabelle 11.28 zeigt die Eigenschaften einiger wichtiger Halbleiter.

Tabelle 11.28 Eigenschaften einiger Halbleiterwerkstoffe

Werkstoff	Schmelztemperatur °C	Bandlücke eV	spezifischer elektrischer Widerstand $\Omega \cdot m$	Elektronenbeweglichkeit $m^2/(V \cdot s)$	Löcherbeweglichkeit $m^2/(V \cdot s)$
Si	1417	1,11	$2,5 \cdot 10^3$	0,14	0,05
Ge	937	0,67	$4,5 \cdot 10^{-1}$	0,39	0,19
GaAs	1238	1,43	10^6	0,85	0,04
CdTe	1092	1,5		5,7	0,008

Da Fremdatome die Leitfähigkeit der Halbleiter stark beeinflussen, müssen die Halbleiterwerkstoffe mit extrem hoher Reinheit hergestellt werden. Kristallbaufehler beeinflussen die Leitfähigkeit ebenfalls, sodass man Einkristalle mit hoher Perfektion erzeugen muss.

11.10 Werkstoffe mit besonderen thermischen Eigenschaften

Für viele Anwendungen sind Werkstoffe mit bestimmter Wärmekapazität, hoher oder niedriger Wärmeleitfähigkeit oder bestimmter Temperaturausdehnung gefordert (Tabelle 11.29).

Tabelle 11.29 Thermische Eigenschaften ausgewählter Werkstoffe

Material	Wärmekapazität c_p J/(kg · K)	thermische Ausdehnung α 10^{-6} K^{-1}	Wärmeleitfähigkeit λ W/(m · K)
Al	900	23,6	247
Cu	386	17	398
Fe	448	11,8	80
Cr-Ni-Stahl	500	16	16
Invar (Fe-36Ni)	500	1,6	10
Al_2O_3	775	7,6	39
SiO_2	740	0,4	1,4
Polypropylen	1925	145 ... 180	0,1

Weiterführende Literatur

Bargel, H.-J.; Cardinal, P.; et al.: Werkstoffkunde, 9. Aufl., Berlin Heidelberg: Springer 2005

Bengisu, M.: Engineering Ceramics (Engineering Materials). Berlin Heidelberg: Springer 2001

Bergmann, W.: Werkstofftechnik. 2 Teile. 5. Aufl., München Wien: Carl Hanser Verlag 2003/2001

Blau, W. J.; Lianos, P.; Schubert, U.: Molecular Materials and Functional Polymers. Wien: Springer 2001

Callister, W. D.: Materials Science and Engineering – An Introduction. 7. Aufl., John Wiley and Sons, 2006

Domininghaus, H.: Die Kunststoffe und ihre Eigenschaften, 6. Aufl., Berlin Heidelberg: Springer 2004

Ehrenstein, G. W.: Faserverbund-Kunststoffe. 2. Aufl., München Wien: Carl Hanser Verlag 2006

Hellerich, W.; Harsch, G.; Haenle, S.: Werkstoff-Führer Kunststoffe, Eigenschaften, Prüfungen, Kennwerte, 9. Aufl., München Wien: Carl Hanser Verlag 2004

Hornbogen, E.; Warlimont, H.: Metallkunde, Aufbau und Eigenschaften von Metallen und Legierungen, 4. Aufl., Berlin Heidelberg: Springer 2001

Krenkel, W.; Naslain, R.; Schneider, H. (Hrsg.): High Temperature Ceramic Matrix Composites. Weinheim: Wiley-VCH Verlag 2001

Menges, G.: Werkstoffkunde Kunststoffe. 5. Aufl., München Wien: Carl Hanser Verlag 2002

Merkel, M.; Thomas, K.-H.: Taschenbuch der Werkstoffe. 6. Aufl., Leipzig: Fachbuchverlag 2003
Munz, D.; Fett, T.: Ceramics. Mechanical Properties, Failure Behaviour, Materials Selection, Vol. 36. 2. Aufl., Berlin Heidelberg: Springer 2001
Oberbach, K.: Saechling: Kunststoff-Taschenbuch. 29. Aufl., München Wien: Carl Hanser Verlag 2004
Reuter, M.: Methodik der Werkstoffauswahl. Leipzig: Fachbuchverlag 2007
Schatt, W. (Hrsg.): Konstruktionswerkstoffe des Maschinen- und Anlagenbaues, 5. Aufl., Weinheim: Wiley-VCH Verlag 1998
Schulte, K.; Kainer, K. U.: Verbundwerkstoffe und Werkstoffverbunde. Weinheim: Wiley-VCH Verlag 1999
Seidel, W.: Werkstofftechnik. 6. Aufl., München Wien: Carl Hanser Verlag 2005
Telle, R.; Brunk, F.; et al.: Keramik, 7. Aufl., Berlin Heidelberg: Springer 2006
Stahlschlüssel-Taschenbuch. Wissenswertes über Stähle. 19. Aufl., Marbach: Stahlschlüssel 2001

12

Energietechnik

Prof. Dr.-Ing. habil.
Wolfgang Bernstein (†)
Technische Universität Dresden

Tabelle 12.1 Wichtige Formelzeichen der Energietechnik

Formelzeichen	Einheit	Bezeichnung
A	m^2	Flächeninhalt
b	–	Brennstoffausnutzungsgrad
c	m/s	Absolutgeschwindigkeit des Fluids im ruhenden System
c_p	kJ/(kg · K)	spezifische Wärmekapazität bei konstantem Druck
c_P	–	Leistungsbeiwert
D	m	Durchmesser
f	s^{-1}	Frequenz
g	m/s^2	Erdbeschleunigung
h	kJ/kg	spezifische Enthalpie
H_u	kJ/kg, MJ/kg	Heizwert des Brennstoffes
H_o	kJ/kg, MJ/kg	Brennwert
K	€/kW	spezifische Kosten
m	kg	Masse
$\dot{m}$	kg/s	Massenstrom
n	s^{-1}	Drehzahl
n	–	Luftzahl
P	kW, MW	Leistung
p	MPa	Druck
$\dot{q}_A$	MW/m^2	spezifische Wärmebelastung auf die Fläche bezogen
$\dot{q}_V$	MW/m^3	spezifische Wärmebelastung auf das Volumen bezogen
$\dot{Q}$	MJ/h	Wärmestrom
r_0	kJ/kg	Verdampfungsziffer, Kondensationsenthalpie
s	kJ/(kg · K)	spezifische Entropie
t, T	°C, K	Temperatur
u	m/s	Umfangsgeschwindigkeit
v	m^3/kg	spezifisches Volumen
$\dot{V}$	m^3/s	Volumenstrom
V_τ	–	Zeitverfügbarkeit
w	kJ/kg	spezifische Arbeit
x	%	Feuchtegrad der Luft
z	m	geometrische Höhe
γ_i	kg_i/kg_{Br}	spezifischer Massenanteil des Brennstoffes
μ_i	kg_i/kg_{RG}	spezifischer Massenanteil des Rauchgases
ρ	kg/m^3	Dichte
η	%	Wirkungsgrad

12

Indizes/Abkürzungen	Bedeutung
A	Asche
ab	abgeführt
ad	adiabatisch
ADE	Abhitzedampferzeuger
An	Anzapfung
aus	Ausgang
Br	Brennstoff
DKW	Dampfkraftwerk
D	Dampf
DE	Dampferzeuger
D_m	mittlerer Durchmesser
DT-Geg	Gegendruckdampfturbine
E	Eintritt
ein	Eingang
Eig	Eigen
el	elektrisch
energ.	energetisch
f	feucht
Gen	Generator
GT	Gasturbine
GTA	Gasturbinenanlagen
GTKW	Gasturbinenkraftwerk
GuD	Gas und Dampf
HDV	Hochdruckverdichter
HW	Heizwärme
K_{In}	Investionskosten
Kl	Kühlluft
Kon	Kondensator
iT	Turbine (innen)
L	Luft
m	mechanisch
max	maximal
MDV	Mitteldruckverdichter
min	minimal
NDT	Niederdruckteil (Turbine)
NDV	Niederdruckverdichter
o	oberer Wert
PSW	Pumpspeicherwerk
th	thermisch
tr	trocken
RG	Rauchgas
Rl	Rücklauf
Sp	Speisewasser
u	unterer Wert
V	Verdichter
Vl	Vorlauf
zu	zugeführt
ZÜ	Zwischenüberhitzer

12.1 Energietechnische Randbedingungen

Die Energietechnik erfasst die Verfahren und Anlagen der **Energieumwandlung** von Primärenergien bis zu den Nutzenergien in Form der mechanischen oder elektrischen Energie, der nutzbaren Wärme und Kälte.

Der Systemcharakter der Energieumwandlung wird aber auch durch die charakteristischen Bedingungen der **Ökologie**, **Effektivität**, **Zuverlässigkeit** und **Ökonomie** unterstrichen. Die einheitliche, nachhaltige Betrachtung dieser Einflüsse ist deshalb neben den technischen Verfahren für die Auslegung, Gestaltung und den Betrieb von energetischen Anlagen unerlässlich. Dabei ist die Umwandlung der Energie von der Primärenergie nicht zwangsläufig über die Wärme zur mechanischen oder elektrischen Energie zu führen. Sowohl bei der Fotovoltaik als auch bei Wasser- und Windkraft kann die Elektroenergie ohne die Zwischenstufe Wärme erreicht werden.

Der Energiebedarf an Nutzenergie, besonders als Elektroenergie, nimmt global gesehen in den nächsten Jahrzehnten zu und weist dabei eine Orientierung als Mix auf die Kernbrennstoffe, fossilen Brennstoffe und erneuerbare Energien aus. Die Prognosewerte stammen zwar von 1992, sind aber heute noch gültig.

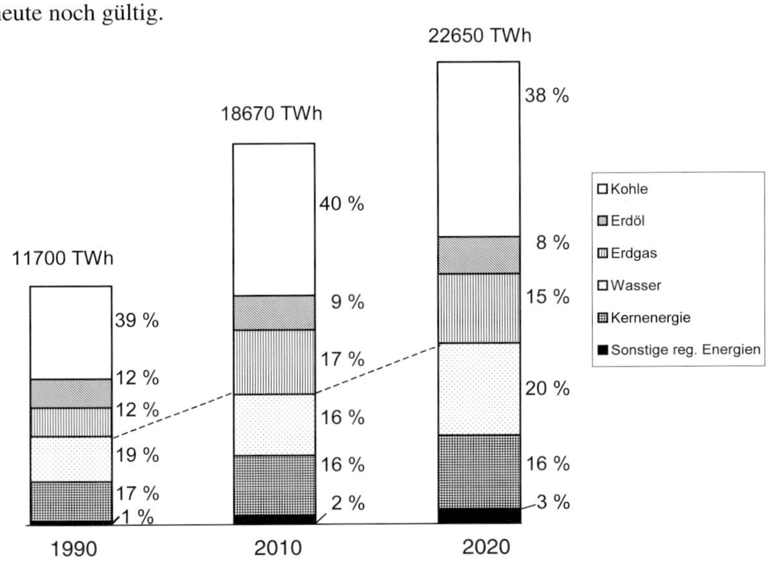

Bild 12.1 Prognose der globalen Energieerzeugung nach Energien bzw. Energieträgern verteilt (nach Weltenergiekonferenz Madrid 1992)

Die gesellschaftlichen Forderungen an die Entwicklung der Energietechnik können durch folgende Bedingungen gekennzeichnet werden:

- Industrie, Verkehr und der kommunale Bereich benötigen die zuverlässige Versorgung mit mechanischer und Elektroenergie, Wärme und Kälte entsprechend den Anforderungen nach Qualität, Menge und Darbietungszeitraum: Dabei ist global ein großer Bedarfszuwachs (z. B. in Ostasien) festzustellen, wenn auch in einzelnen Ländern (z. B. Deutschland) die Zuwachsrate gering ist.
- Bei der Energieumwandlung, insbesondere bei der Verbrennung, entstehen Abfallprodukte, die die belebte Natur schädigen. Dies sind unter anderem Stickoxide, Schwefeloxide, Dioxine, Furane und Kohlendioxid. Der Schadstoffausstoß muss begrenzt werden, was nur weltweit

durch bewusste Beeinflussung der Energieumwandlungsverfahren mit einer ökologischen Komponente erreicht werden kann.

- Mit der Entwicklung der Gesellschaft ist ein massenhafter Anfall von Müll, Klärschlamm und Industrieabfällen verbunden. Durch Abfallvermeidung, stoffliche Nutzung und biologisch-mechanische Verwertung kann ein großer Teil entsorgt werden. Der verbleibende beträchtliche Rest soll als inerter Stoff mit kleinstem Volumen deponiert werden; dazu ist die mechanisch-biologische sowie thermische Behandlung notwendig. Die freigesetzte Wärme muss genutzt werden.

12.2 Primärenergieträger

Als **Primärenergie** bezeichnet man die in Urzeiten auf der Erde gebildeten fossilen Brennstoffe und die Kernbrennstoffe. Die **fossilen Primärenergieträger** (feste, flüssige und gasförmige Brennstoffe) enthalten chemisch gebundene Energien, die durch thermische Umwandlung (Verbrennung, Vergasung) genutzt werden können. Die **Kernbrennstoffe** ermöglichen die Energiefreisetzung durch Kernumwandlung.

12.2.1 Fossile Brennstoffe

In den Brennstoffen **Holz**, **Torf**, **Braunkohle**, **Steinkohle** (fest), **Erdöl** (flüssig) sowie **Erdgas** (gasförmig) ist die Sonnenenergie als chemische Energie gespeichert. Diese Energie kann durch Oxidation der brennbaren Bestandteile wieder in Wärme umgewandelt werden.

Die fossilen Brennstoffe sind Zersetzungs- und Umwandlungsprodukt organischer Substanzen, die sich im Zeitraum von vor 300 Mio. bis 50 Mio. Jahren bildeten. Die brennbaren Substanzen sind deshalb Kohlenwasserstoffe aus der Zelluloseumwandlung bzw. bei Erdöl durch bakteriologische Zersetzung von Faulschlämmen.

Bei den festen fossilen Brennstoffen nimmt von Holz über Torf, Braun- und Steinkohle der C-Gehalt zu (Inkohlung), der H_2-Gehalt und der Anteil an Flüchtigen ab.

Neben Kohlenstoff C, Wasserstoff H, Sauerstoff O und Stickstoff N sind noch Wasser, Asche und Schwefel im Brennstoff enthalten. Die genaue Angabe der C-H-O-Verbindungen in den Brennstoffen ist nicht immer möglich. Deshalb wurde die ingenieurmäßige Methode der Brennstoffcharakterisierung durch die Massenanteile der oben angegebenen Bestandteile γ_i in $\mathrm{kg/kg_{Brennstoff}}$ eingeführt, wobei gilt:

$$\gamma_{\mathrm{C}} + \gamma_{\mathrm{H_2}} + \gamma_{\mathrm{O_2}} + \gamma_{\mathrm{S}} + \gamma_{\mathrm{N_2}} + \gamma_{\mathrm{H_2O}} + \gamma_{\mathrm{A}} = 1$$

In natürlichen Brennstoffen sind mehrere unterschiedliche C-H-O-Verbindungen enthalten. Folglich reicht die **Elementaranalyse** zur exakten Beschreibung des Brennstoffes und seiner Reaktionsenthalpien nicht aus.

Der untere Heizwert H_u in kJ/kg erfasst die bei der Verbrennung freigesetzte Reaktionsenthalpie, wobei der chemische Standardzustand mit $p_0 = 101{,}325$ kPa und $t_0 = 25$ °C angesetzt wurde.

Der Brennwert eines Brennstoffes wird unter Beachtung der Kondensationsenthalpie r_0 des Wasserdampfes im Rauchgas ermittelt, μ_W ist dabei der spezifische Massenanteil des Wassers in Rauchgas

$$H_0 = H_\mathrm{u} + \mu_\mathrm{W} \cdot r_0$$

Heiz- und Brennwert können aus den Bildungsenthalpien der Reaktionspartner oder näherungsweise aus der Elementaranalyse des Brennstoffes, beispielsweise nach Boie für feste Brennstoffe ermittelt werden:

$$H_\mathrm{u} = 34{,}8 \cdot \gamma_\mathrm{C} + 93{,}9 \cdot \gamma_\mathrm{H} + 10{,}5 \cdot \gamma_\mathrm{S} + 6{,}3 \cdot \gamma_\mathrm{N} - 10{,}8 \cdot \gamma_\mathrm{O} - 2{,}4 \cdot \gamma_\mathrm{H_2O} \quad \text{(in MJ/kg)}$$

Für gasförmige Brennstoffe mit den brennbaren Volumenanteilen γ_{CO}, γ_{H_2}, γ_{CH_4}, $\gamma_{C_mH_n}$, γ_{H_2S} in $m^3/m^3_{Brenngas}$ gilt:

$$H_u = 12{,}62\,\gamma_{CO} + 10{,}78\,\gamma_{H_2} + 35{,}87\,\gamma_{CH_4} + 59{,}5\,\gamma_{C_mH_n} + 23{,}37\,\gamma_{H_2S}$$

bzw. der Brennwert

$$H_o = 12{,}62\,\gamma_{CO} + 12{,}75\,\gamma_{H_2} + 39{,}81\,\gamma_{CH_4} + 63{,}43\,\gamma_{C_mH_n} + 25{,}46\,\gamma_{H_2S}$$

Die niedrigste Temperatur, bei der die durch Reaktion entwickelte Wärme größer als die durch Strahlung abgegebene ist, ist die **Zündtemperatur**. Dabei erfolgt die Bildung der Verbrennungsflamme. Die theoretisch maximale Verbrennungstemperatur ist die Temperatur der Rauchgase bei vollkommener isobar-adiabatischer Verbrennung.

Bei einer vollkommenen Verbrennung entstehen als Verbrennungsprodukte CO_2, H_2O und SO_2. Die mineralischen Bestandteile beteiligen sich nicht an der Verbrennung. Bei einer unvollkommenen Verbrennung liegen noch brennbare gasförmige Rauchgasanteile wie Kohlenwasserstoffe und CO vor.

Die Vorräte an Primärenergieträgern, wie Kohle (ohne Einschränkung), Gas, Heizöl und regenerative Brennstoffe ist für die nächsten Jahrzehnte gesichert, wenn man von den globalen Reserven ausgeht. Örtliche und zeitliche Begrenzungen sind aber vorhersehbar.

Die **Halbwertszeit** des Abbaus aller weltweiten Kohleressourcen wird zur Zeit mit etwa 200 Jahren angegeben. Für die Ölvorräte wird gegenwärtig mit mehr als 30 bis 40 Jahren gerechnet. Tabelle 12.2 zeigt die Heizwerte von Braun- und Steinkohle, Tabelle 12.3 die Heizwerte von flüssigen Brennstoffen und Tabelle 12.4 zeigt die Mittelwerte für die Zusammensetzung einiger niederkalorischer Brenngase.

Tabelle 12.2 Zusammensetzung und Heizwerte von Braun- und Steinkohle

Herkunft	**bezogen auf asche- und wasserfreie Substanz**						**Rohkohle**		
	flüchtige Bestandteile	**C**	**H**	**O**	**N**	**S**	**Asche**	**Wasser**	**Heizwert: H_u**
	%	%	%	%	%	%	%	%	**MJ/kg**
Braunkohle									
Deutschland Rheinland	55,0	68,3	5,0	27,5	0,5	0,5	5 ... 20	50 ... 62	6,3 ... 9,6
Ostelbe	56,5	68,2	5,5	24,9	1,1	0,3	2 ... 5	58 ... 60	8,0 ... 8,4
Westelbe	61,0	70,8	6,1	21,3	0,9	0,9	5 ... 8	52 ... 56	8,8 ... 9,6
Steinkohle									
Deutschland Ruhr, Aachen (Fein-Kohle)	33,7	85,9	5,5	6,2	1,6	0,8	6 ... 9	7 ... 10	27,6 ... 28,5
USA Pen-nsylvania	24,6	83,2	5,1	3,4	1,4	1,9	8	3	31,2
Südafrika	28,6	82,5	4,5	9,9	1,7	1,3	15	8	25,4
Russland Donez	4,0	94,4	1,8	1,4	0,7	1,7	5	5,7	30,0

Tabelle 12.3 Zusammensetzung und Heizwerte flüssiger Brennstoffe

Ölsorte	Dichte	Zusammensetzung in %					Heizwert	
							H_o	H_u
	g/ml	C	H	O	N	S	MJ/kg	MJ/kg
extra leicht (EL)	0,840	85,9	13,0	0,4		0,7	45,6	42,7
leicht (L)	0,880	85,5	12,5	0,8		1,2	45,0	42,28
mittel (M)	0,920	85,3	11,6	0,6		2,5	43,3	40,8
schwer (S)	0,970	84,0	11,0	1,11	0,39	3,5	43,0	40,2
Steinkohlenteeröl	1,02 ... 1,1	89,0	6,5	1,7	1,2	0,8	39,0	37,7

Tabelle 12.4 Mittelwerte für die Zusammensetzungen einiger niederkalorischer Brenngase

Gasart	CH_4 Vol.-%	CO_2 Vol.-%	N_2 Vol.-%	O_2 Vol.-%	CO Vol.-%	H_2 Vol.-%	Sonstiges Vol.-%
Erdgas	97,9	0,1	1,0	–	–	–	1,0
Biogas	65,3	34,4	–	–	–	–	0,4 (H_2S)
Klärgas	60,0	32,0	5,0	–	–	3,0	–
Kokereigas	31,0	1,2	1,5	1,0	7,0	55,0	3,3
Deponiegas	52,5	37,8	7,0	1,0	–	0,27	1,43
Holzgas	1,5	9,1	53,2	–	19,2	17,0	–
Hochofengas	–	19,5	55,0	–	20,9	4,6	–

12

12.2.2 Kernbrennstoffe

Bei der Spaltung von Atomkernen des Urans, Thoriums oder Plutoniums oder bei der Fusion von schweren Wasserstoffkernen zu Heliumkernen wird Energie in Form von Wärme freigesetzt. Wenn die Kernspaltung kontrolliert abläuft, kann damit über den Wärmekreislauf des Kernkraftwerkes Elektroenergie gewonnen werden.

In den heutigen Kernreaktoren wird das Uranisotop U 235 eingesetzt, das bis zu 3 % U 235 im Natururan angereichert wird. Natururan wird weltweit gewonnen. Ohne Anwendung der Bruttechnologie rechnet man heute mit einer statistischen Nutzungsdauer der Vorkommen von mehr als 70 Jahren.

Nahezu unbegrenzt ist Wasserstoff als Kernbrennstoff, der durch Kernfusion Energie liefern kann. Für eine gesteuerte Wasserstofffusion werden die Wasserstoffisotope Deuterium (schweres Wasser) eingesetzt, die zu Helium verschmelzen.

Die gesteuerte **Kernfusion** ist in der nächsten Zeit noch nicht zur technischen Energiegewinnung reif. Gegenwärtig dominiert im Kernkraftwerk die Kernspaltung.

Theoretisch kann aus 1 kg Uran 235 durch Kernspaltung eine Wärmemenge von 22 GWh freigesetzt werden. Die realisierbare Brennstoffausnutzung ist bei **Leichtwasserreaktoren** für den **Druckwasserreaktor** mit 32,5 $GWd/t_{Brennstoff}$ (bei einer Anreicherung von 3,1 % U 235) und bei **Siedewasserreaktoren** mit 27,5 $GWd/t_{Brennstoff}$ (bei einer Anreicherung von 2,6 % U 235) zu erwarten. Die Wärme wird im **Kern** (core) des Reaktors in den Brennstäben freigesetzt und muss durch das Kühlmedium des 1. Kreislaufes (meist leichtes oder schweres Wasser), Helium, CO_2 oder Natrium abgeführt werden.

12.2.3 Dampferzeuger für fossile Brennstoffe

Die Umwandlung der chemisch gebundenen Energie in den fossilen Brennstoffen in Hochtemperaturwärme für den Dampfkraftprozess erfolgt durch die Verbrennung der brennbaren Bestandteile mit Luftsauerstoff und Erzeugung des Rauchgases mit Temperaturen von 850 °C bis über 1500 °C, von denen die Wärme durch Strahlung und Wärmeleitung an den Wasser-Dampf-Kreislauf übertragen wird.

Die **Energiebilanz** für einen fossil befeuerten Dampferzeuger zeigt die Abbildung. Der durch den Brennstoff zugeführte (chemisch gebundene) Wärmestrom $\dot{Q}_{\text{Zu DE}}$ beträgt

$\dot{Q}_{\text{Zu DE}} = \dot{m}_{\text{Br}} \cdot H_{\text{u}}$. Weiter gilt: $\eta_{\text{DE}} (\dot{m}_{\text{Br}} H_{\text{u}} + \dot{m}_{\text{L}} h_{\text{L}} + \dot{m}_{\text{Br}} \cdot h_{\text{Br}}) = \dot{m}_{\text{D}} (h_{\text{D}} - h_{\text{Sp}})$

mit $\dot{m}_{\text{Sp}} = \dot{m}_{\text{D}}$; $\dot{m}_{\text{RG}} = \dot{m}_{\text{L}} + \dot{m}_{\text{Br}} - \dot{m}_{\text{A}}$ und $\eta_{\text{DE}} = \dfrac{\dot{m}_{\text{D}} (h_{\text{D}} - h_{\text{Sp}})}{\dot{m}_{\text{Br}} H_{\text{u}} + \dot{m}_{\text{L}} h_{\text{L}} + \dot{m}_{\text{Br}} \cdot h_{\text{Br}}}$

als Dampferzeugerwirkungsgrad.

($\dot{m}$: Massenstrom; H_{u}: unterer Heizwert; h: spezifische Enthalpie; η: Wirkungsgrad; Indizes: A: Asche; Br: Brennstoff; D: Dampf; DE: Dampferzeuger; L: Luft; Sp: Speisewasser).

Richtwerte:

$\eta_{\text{DE}} = 0{,}86$ bis $0{,}93$ für Braunkohle

$\eta_{\text{DE}} = 0{,}90$ bis $0{,}95$ für Steinkohle

$\eta_{\text{DE}} = 0{,}92$ bis $0{,}97$ für Heizöl und Erdgas

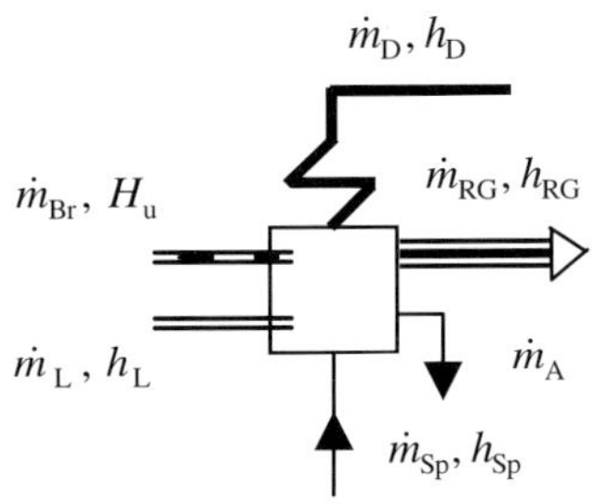

Für die Berechnung der Rauchgaszusammensetzung ist die Kenntnis der Brennstoffzusammensetzung entscheidend. Sind die **Molanteile** des Brennstoffgemisches bekannt, so sind die Reaktionen mit dem Sauerstoff der Luft auf die Einheit kmol bezogen zu ermitteln; liegen bei einer ingenieurtechnischen Stoffumsatzrechnung nur die Massenangaben der Einzelteile vor, so wird vereinfachend mit **Pseudo-Molanteilen** operiert. Entsprechend der Elementaranalyse

$\gamma_{\text{C}} + \gamma_{\text{O}_2} + \gamma_{\text{H}_2} + \gamma_{\text{S}} + \gamma_{\text{N}_2} + \gamma_{\text{A}} + \gamma_{\text{H}_2\text{O}} = 1$

kann der Bedarf an Sauerstoff für die Verbrennung näherungsweise berechnet werden.

So gilt für den theoretischen (minimalen) **Sauerstoffbedarf** $\mu_{\text{O}_2,\text{min}}$ (bezogen auf die eingesetzte Brennstoffmasse)

$$\mu_{\text{O}_2,\text{min}} = 2{,}668 \cdot \gamma_C + 7{,}9365 \cdot \gamma_{\text{H}_2} + 0{,}998 \cdot \gamma_{\text{S}} - \gamma_{\text{O}_2} \quad \left(\text{in } \frac{\text{kg}_{\text{O}_2}}{\text{kg}_{\text{Br}}}\right)$$

Der theoretische, spezifische trockene **Luftbedarf** wird danach

$$\mu_{\text{Lmin,tr}} = \frac{1}{0{,}2321} \cdot \mu_{\text{O}_2,\text{min}} \quad \left(\text{in } \frac{\text{kg}_{\text{Luft}}}{\text{kg}_{\text{Br}}}\right)$$

bzw. mit der Luftfeuchtigkeit $x_{\text{L, H}_2\text{O}}$

$\mu_{\text{L min,f}} = \mu_{\text{L min,tr}} \cdot (1 + x_{\text{L,H}_2\text{O}})$.

Der reale Luftbedarf wird durch die **Luftzahl** n bestimmt.

Dabei ist $n = \dfrac{\text{tatsächlich zugeführter Luftmengenstrom}}{\text{theoretisch für die Verbrennung notwendiger Luftmengenstrom}}$,

woraus sich $\mu_{\text{L,f}} = n \cdot \mu_{\text{L min,f}}$ ergibt.

Die Luftzahl bei einer stöchiometrischen Verbrennung ist $n = 1$. Durch Luftüberschuss ($n > 1$) will man einerseits die Verbrennung verbessern (höheres O_2-Angebot). Bei zu hohen Werten wird aber die Verbrennungstemperatur gesenkt. Bei unterstöchiometrischer Verbrennung ($n < 1$) wird die Reaktion durch Sauerstoffmangel eingeschränkt (wegen unvollkommener Verbrennung hoher CO-Anteil, reduzierende Atmosphäre in der Flamme).

Die theoretisch minimale spezifische Rauchgasmenge, die sich aus den Bestandteilen CO_2, H_2O, SO_2, O_2, N_2 bei der vollkommenen Verbrennung zusammensetzt, ermittelt man analog zum Sauerstoff- bzw. Luftbedarf:

$$\mu_{\mathrm{RG,f}} = \mu_{\mathrm{CO_2}} + \mu_{\mathrm{SO_2}} + \mu_{\mathrm{N_2}} + \mu_{\mathrm{O_2}} + \mu_{\mathrm{H_2O}} \quad \left(\text{in } \frac{\mathrm{kg_{RG,f}}}{\mathrm{kg_{Br.}}}\right)$$

In Tabelle 12.5 sind die empfohlenen Luftzahlen für gebräuchliche Feuerungsarten zusammengestellt.

Tabelle 12.5 Empfohlene Luftzahl n

Feuerungsart	**Brennstoff**	**Luftzahl *n***
Kohlefeuerung	fest	1,15 bis 1,3
Ölfeuerung	flüssig	1,05 bis 1,15
Gasfeuerung	gasförmig	1,02 bis 1,10

Der **Rauchgasmassenstrom** kann auch aus der Massenbilanz am Dampferzeuger ermittelt werden:

$$\dot{m}_{\mathrm{RG,f}} = \dot{m}_{\mathrm{Br}} + \dot{m}_{\mathrm{L,f}} - \dot{m}_{\mathrm{A}} \quad \text{bzw.} \quad \mu_{\mathrm{RG,f}} = 1 + \mu_{\mathrm{L,f}} - \gamma_{\mathrm{A}} = n \cdot \mu_{\mathrm{L\,min,f}} + 1 - \gamma_{\mathrm{A}}$$

Der Luft- bzw. Rauchgasmassenstrom ergibt sich bei bekanntem Brennstoffmassenstrom $\dot{m}_{\mathrm{Br}}$ (z. B. aus der Energiebilanz des Kraftwerkes) zu

$$\dot{m}_{\mathrm{L,f}} = \mu_{\mathrm{L,f}} \cdot \dot{m}_{\mathrm{Br}} \left(\text{in } \frac{\mathrm{kg_{L,f}}}{\mathrm{s}}\right) \quad \text{bzw.} \quad \dot{m}_{\mathrm{RG,f}} = \mu_{\mathrm{RG,f}} \cdot \dot{m}_{\mathrm{Br}} \left(\text{in } \frac{\mathrm{kg_{RG,f}}}{\mathrm{s}}\right)$$

In Tabelle 12.6 sind die Rauchgasbestandteile verschiedener Brennstoffe zusammengestellt.

Tabelle 12.6 Rauchgasbestandteile für verschiedene Brennstoffe

Brennstoff	**Luftverhältnis**	**Bestandteile des feuchten Rauchgases in Vol.-%**					
		CO_2	**H_2O**	**O_2**	**N_2**	**NO_2**	**SO_2**
Braunkohle	1,3	11,6	18,9	4,0	65,3	0,05	0,35
Steinkohle	1,3	14,1	3,8	4,7	77,3	0,2	0,15
Heizöl	1,1	12,9	10,2	1,8	75,0	0,1	0,10
Erdgas	1,1	8,8	17,1	1,7	72,1	0,07	–

Bei der Verbrennung von Abfallstoffen, Biomassen und fossilen Brennstoffen werden – je nach Bestandteilen des Ausgangsstoffes – weitere Schadstoffe wie Dioxine, Schwermetalle zu beachten sein. Die Rauchreinigung ist deshalb unerlässlich.

Die adiabate **Feuerraumtemperatur** ist eine charakteristische Vergleichstemperatur des Rauchgases, die sich aus der vereinfachten **Energie**- und **Massenbilanz** eines ideal isolierten Feuerraumes ergibt.

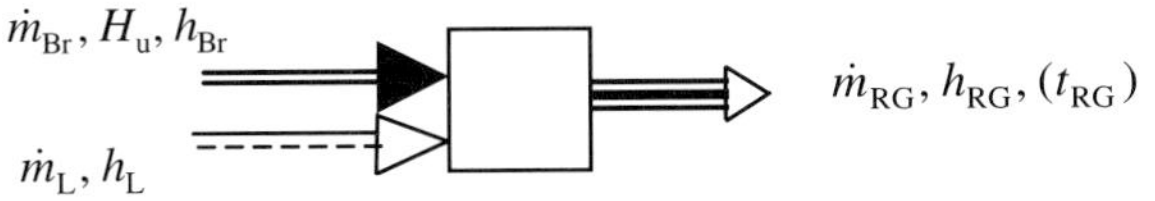

$$\dot m_{Br} \cdot (H_u + h_{Br}) + \dot m_L \cdot h_L = \dot m_{RG} \cdot h_{RG} \quad \text{mit} \quad \dot m_{Br} + \dot m_L = \dot m_{RG}$$

Zu beachten:
Die Bezugstemperaturen der Enthalpien sind nur näherungsweise gleichzusetzen.

$t_{0_{Hu}} \approx t_{Br,0} \approx t_{L,0}$

Bei idealer Isolierung entspricht die Temperatur der Rauchgase t_{RG} der theoretischen adiabaten Feuerraumtemperatur t_{ad}, sodass vereinfacht gilt:

$$t_{RG} = t_{ad} = \frac{\dot m_{Br} \cdot H_u}{(\dot m_L + \dot m_{Br})\, c_{p,RG}} + t_0$$

($c_{p,\,RG}$: spezifische Wärmekapazität der Rauchgase bei konstantem Druck)

Typische Werte der adiabaten Verbrennungstemperatur für verschiedene Brennstoffe sind:

für feste Brennstoffe, z. B. Braunkohle	$t_{ad} \approx 1600$ °C
für flüssige Brennstoffe, z. B. Heizöl	$t_{ad} \approx 2100$ °C
für Erdgas	$t_{ad} \approx 2300$ °C

Diese theoretisch erreichbaren adiabaten Verbrennungstemperaturen liegen deutlich über den realen Flammentemperaturen in technischen Feuerräumen. Typische Feuerungssysteme zeigt Bild 12.2.

Ihre Einsatzgebiete sind stark abhängig von der Leistungsgröße (Mengenstrom des Frischdampfes) und nur bei der Rostfeuerung auf feste Brennstoffe begrenzt. Sonst sind feste, flüssige und gasförmige Brennstoffe bei entsprechender Aufbereitung einsetzbar.

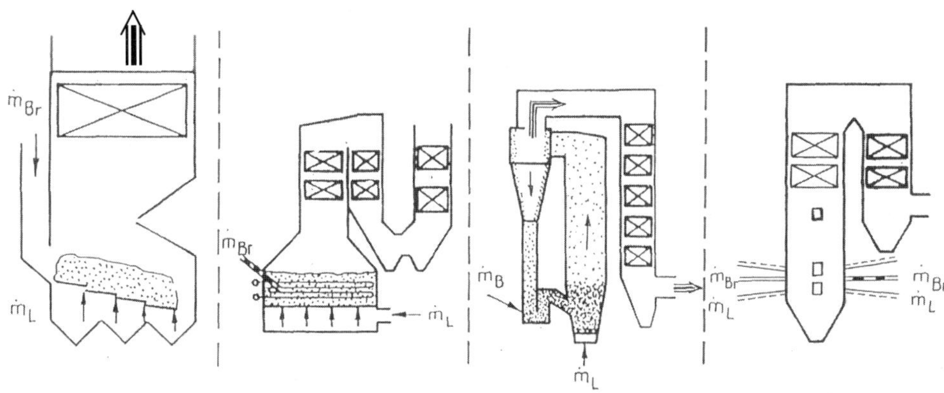

Schräg-Rostfeuerung mit ruhender Schicht — stationäre Wirbelschichtfeuerung mit geringer Schichtausdehnung — zirkulierende Wirbelschichtfeuerung mit pneumatischem Teilchenaustrag — Staubfeuerung

Bild 12.2 Typische Feuerungssysteme für heutige Dampferzeuger

Die strömungstechnische Gestaltung, die Verbrennungsrechnung mit den Mehrschrittreaktionen für die festen, flüssigen und gasförmigen Brennstoffe bei dem örtlichen Sauerstoffangebot, die Temperaturentwicklung und die Schadstoffkonzentrationen im Dampferzeuger-Feuerungsraum und in den Konvektionsheizflächen sowie die Aschereaktionen werden mit Hilfe von leistungsfähigen Computerprogrammen ermittelt, die ihrerseits durch Messungen an Modellen und Originalen validiert wurden. Das Beispiel: „Feuerraum eines Dampferzeugers mit Braunkohlenstaub befeuert" wurde mit einem Computational-Fluid-Dynamics-(CFD-)Programmsystem (Bild 12.3) gerechnet.

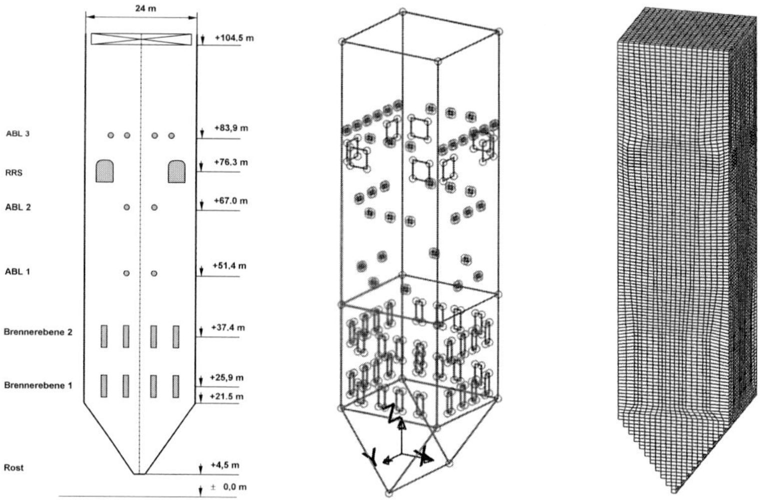

Originalverhältnisse

Geometriemodell

Oberflächenstruktur des numerischen Raumgitters

Numerische Modellierung eines Dampferzeuger-Feuerraumes

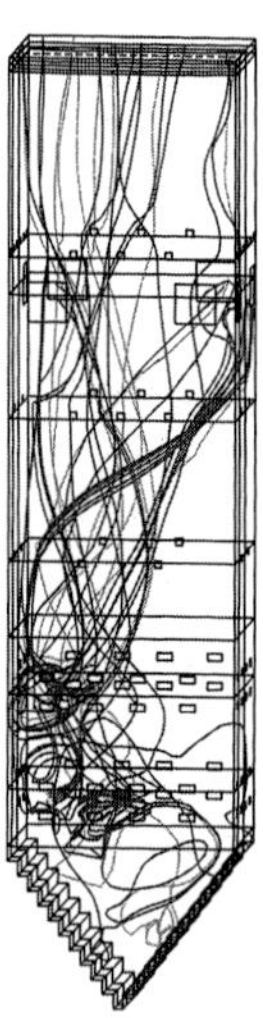

Berechnete Bahnen der Kohlepartikel

Programm (FLUENT)

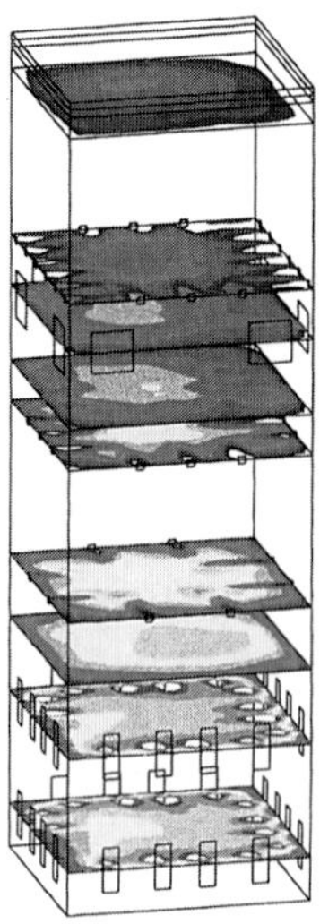

Temperaturverteilungen im Rauchgas

Programm (FLUENT)

Bild 12.3 Beispiele zur Ergebnisdarstellung der numerischen Feuerraumsimulation eines 800-MW-Dampferzeugers mit CFD-Programmen

12.2.4 Energieumwandlung in der Brennkammer von Gasturbinenanlagen

Die Umwandlung der chemisch im fossilen Brennstoff (z. B. Erdgas, Heizöl oder Kerosin) gebundenen Energie in Wärme bei hoher Temperatur erfolgt in der Brennkammer einer Gasturbinenanlage durch Verbrennung. Der vom Verdichter gelieferte Luftmassenstrom $\dot{m}_{LBK}$ verbrennt in der Brennkammer den Brennstoffstrom $\dot{m}_{Br}$. Der Massenstrom des Rauchgases ist das Fluid, das in der Gasturbine die mechanische Energie des Wellenstranges erzeugt.

Das Rauchgas aus der Gasturbinenbrennkammer ist das Arbeitsmedium des thermischen Gasturbinenprozesses. Die vor der Brennkammer zur Kühlung der Gasturbinenbauteile entnommene Kühlluftmenge wird in der Gasturbine in den Prozess zurückgeführt.

Gasturbinen-Brennkammer

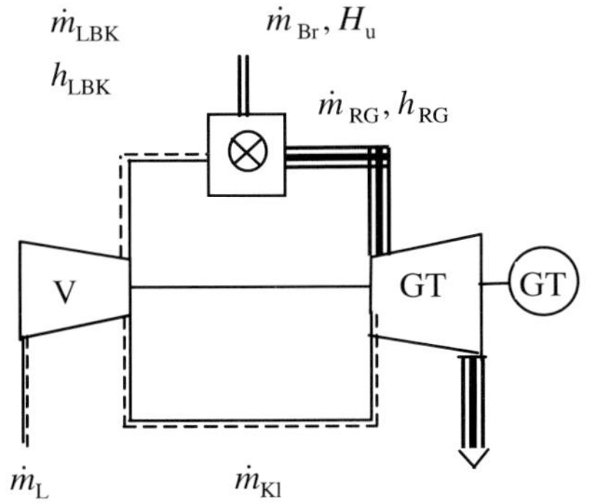

Energiebilanz :

$$\dot{m}_{RG} \cdot h_{RG} = \eta_{BK} \cdot (\dot{m}_{Br} \cdot H_u + \dot{m}_L \cdot h_L + \dot{m}_{Br} \cdot h_{Br})$$

$$\dot{m}_{LBK} = \dot{m}_L - \dot{m}_{KL}$$

$\dot{m}_L$ – Verdichterluftmassenstrom $\dot{m}_{Kl}$ – Kühlluftmassenstrom

Die **energetische** Temperatur ist als rechnerische Kreisprozessgröße zu bestimmen:

$\dot{m}_{RG} \cdot h_{RG} = \dot{m}_{Br} \cdot H_u + \dot{m}_L \cdot h_L$ Annahme: ($\dot{m}_{Kl} = 0$) $t_{energ} \approx t_{RG}$

Die maximal auftretende Rauchgastemperatur wird dagegen besser mit der **adiabaten Rauchgastemperatur** unter Berücksichtigung des von der Brennkammer entnommenen Kühlluftmassenstromes $\dot{m}_{Kl}$ angenähert.

Wegen der inneren Verbrennung liegen die **Luftverhältnisse** bei den Gasturbinen im Vergleich zum atmosphärischen Dampferzeuger hoch. Die spezifischen thermischen Flächen- bzw. Volumenbelastungen von Gasturbinenbrennkammern sind sehr stark von

- der Bauart (z. B. Silo-, Einzel-, Ringbrennkammer) sowie
- dem Brennstoff (z. B. Erdgas, Schweröl) abhängig.

Für Ringbrennkammern wird bei modernen großen energetischen Gasturbinen die spezifische, flächenbezogene Wärmebelastung $\dot{q}_V = 140$ MW/m^3 angegeben.

Die strömungstechnische und reaktionskinetische Auslegung sowie die Ermittlung der Temperaturfelder, Wärmeübergangswerte und Schadstoffverteilungen erfolgt nach gleichen Methoden wie beim Dampferzeuger (Abschnitt 12.2.3).

12.3 Wärmefreisetzung und Dampferzeugung im Kernkraftwerk

12.3.1 Wärmefreisetzung durch Kernumwandlung

Die Primärenergieumwandlung im Kernkraftwerk (KKW) wird vom Vorgang der Kernumwandlung bestimmt. Die Kernreaktoren sind die Wärmequelle für das Kraftwerk, wobei jeweils die Wahl des Kühlsystems (Leichtwasser-, Hochtemperatur- oder schneller Brutreaktor) die Temperaturen des nachgeschalteten Kreisprozesses bestimmen. So läuft beispielsweise bei einem Kernkraftwerk mit Druckwasserreaktor (DWR), der mit auf 3 % U 235 angereichertem Uran arbeitet, die Kernspaltung im Reaktorcore mit Wärmefreisetzung ab.

Die Energiebilanz aus der Spaltung des Urankerns ergibt

${}^{235}_{92}\mathrm{U} + {}^{1}_{0}\mathrm{n} \Rightarrow$	${}^{236}_{92}\mathrm{U} \Rightarrow$	${}^{89}_{36}\mathrm{Kr} + {}^{144}_{56}\mathrm{Ba} +$	$3\,{}^{1}_{0}\mathrm{n} + 192\ \mathrm{MeV}$
Spaltstoff + therm. Neutron	Zwischenprodukt	Spaltprodukte	schnelle Neutronen/ freigesetzte Energie/Spaltung

Die **freigesetzte Energie** wird vor allem durch **kinetische Energie der Spaltprodukte** und **schnellen Neutronen** sowie die **β- und γ-Strahlung** bestimmt. Die Spaltprodukte und Neutronen werden vorwiegend im Brennelement abgebremst, ihre kinetische Energie wird in Wärme umgewandelt. Je Spaltung eines U-235-Kerns wird eine Energie von 192 MeV = $3{,}1 \cdot 10^{-11}$ J gemessen.

Die Wärmeabfuhr aus den im Core des Reaktors angeordneten Brennstoffpellets erfolgt mittels Wärmeleitung durch die Hüllwand der Brennstäbe an das Kühlmedium (leichtes oder schweres Wasser) bzw. durch Gas- (Helium; CO_2) oder Natriumkühlung.

Die maximale Brennstab-Hüllrohr-Temperatur ist zum Beispiel beim Siemens/KWU-DWR mit 349 °C und damit auch das Niveau der Erwärmung des Kühlmittels des 1. Kreislaufes begrenzt. Die Kühlmittelaufwärmung im Reaktor erfolgt von 291,3 °C auf 326 °C im angeführten Beispiel (Abschn. 12.3.2).

Bei einem **Siedewasserreaktor** ist die Dampfturbine direkt in den 1. Kreislauf eingebunden. Beim **Hochtemperaturreaktor** sind dagegen Dampftemperaturen wie bei konventionellen Dampfkraftwerken denkbar.

Bild 12.4 zeigt die grundsätzliche Anordnung eines Kernkraftwerks-Reaktorgebäudes, den Primärkreislauf und den Wärmeschaltplan eines KKW von Siemens/KWU mit 1300 MW elektrischer Blockleistung. Die Daten des 1. Kreislaufes sind angegeben.

12.3.2 Dampferzeugung für den 2. Kreislauf eines KKW mit Druckwasserreaktor

Entsprechend dem realisierten Frischdampftemperaturniveau des Kernkraftwerksprozesses wird der Dampferzeuger ausgelegt. Für das KKW mit Druckwasserreaktor ist durch die Begrenzung der Brennstab-Hüllmanteltemperatur auf etwa 350 °C ein Sattdampfprozess im 2. Kreislauf das günstigste thermodynamische Konzept.

Im Dampferzeuger – stehende Bauart – erwärmt das Kühlmittel des 1. Kreislaufes das Speisewasser des 2. Kreislaufes auf Sattdampfzustand. Der Sattdampf wird getrocknet und dem Hochdruckteil der Dampfturbine zugeführt. Dampfseparation nach dem HD-Teil und Zwischenüberhitzung tragen zur Effizienz der Kraftwerksanlage bei.

Werden andere Kühlsysteme für den Reaktor eines KKW gewählt, ändert sich auch die Gestaltung des konventionellen Kraftwerksteilprozesses (z. B. Siedewasserreaktor, Hochtemperatur-Gaskühlung, Brutreaktor).

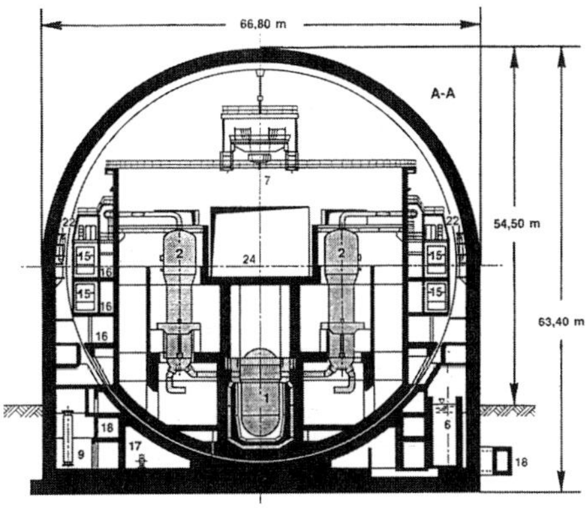

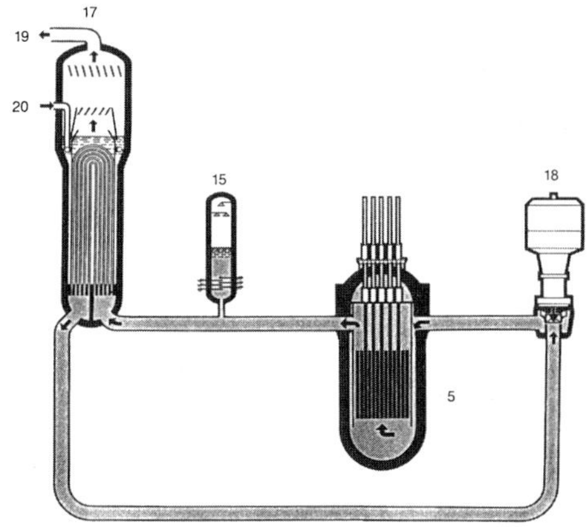

Reaktorgebäude

1 Reaktor
2 Dampferzeuger
3 Hauptkühlmittelpumpen
4 Druckhalter
5 Druckspeicher
6 Flutbecken
7 Rundlaufkran
8 Materialschleuse
9 Nachwärmekühler
10 Armaturenkammer
11 Brennelementlagerbecken
12 Lademaschine
13 Brennelementlager
14 Reaktordeckel-Abstellplatz
15 Umluftanlage
16 Ringbühne
17 Nukleares Nachkühlsystem und Beckenkühlsystem
18 Rohrleitungskanal
19 Anlagen- und Gebäudeentwässerung
20 Frischdampf-Armaturen
21 Frischdampf- und Speisewasser-Armaturenkammer
22 Ausgleichsbehälter des nuklearen Zwischenkühlsystems
23 Aufzug
24 Lagerbeckenflur

Reaktorkühlkreislauf oder Primärkühlkreislauf

5 Reaktordruckbehälter
15 Druckhalter
17 Dampferzeuger
18 Hauptkühlmittelpumpe
19 Dampf (zur Turbine)
20 Wasser (vom Turbinenkondensator)

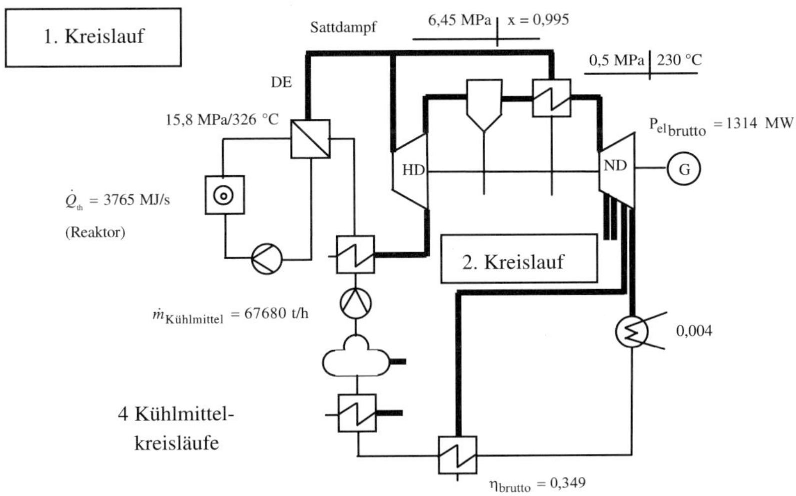

Bild 12.4 Schema und Wärmeschaltplan – Kernkraftwerk mit Druckwasserreaktor $P_{el} \approx 1300$ MW von Siemens/KWU

12.4 Verfahren und Anlagen der thermischen Energieumwandlung

Die Primärenergie wird durch Konvertierung in Verbrennungs- bzw. Kernumwandlungsanlagen in Hochtemperaturwärme umgewandelt. Dies ist die Ausgangsgröße für den weiteren Umwandlungsprozess in mechanische und elektrische Nutzenergie.

Der von Carnot als idealer thermischer Kreisprozess beschriebene **Carnot-Prozess** weist die Möglichkeiten, aber auch Grenzen der thermischen Energieumwandlung aus.

In Bild 12.5 wird die Entwicklung der realen elektrischen Kraftwerkswirkungsgrade für die technisch hervorstehenden Prozesse Dampfkraftwerke, Gasturbinenkraftwerke und aus beiden abgeleiteten Kombinationen (GuD-Kraftwerken) sowie Kernkraftwerk dargestellt.

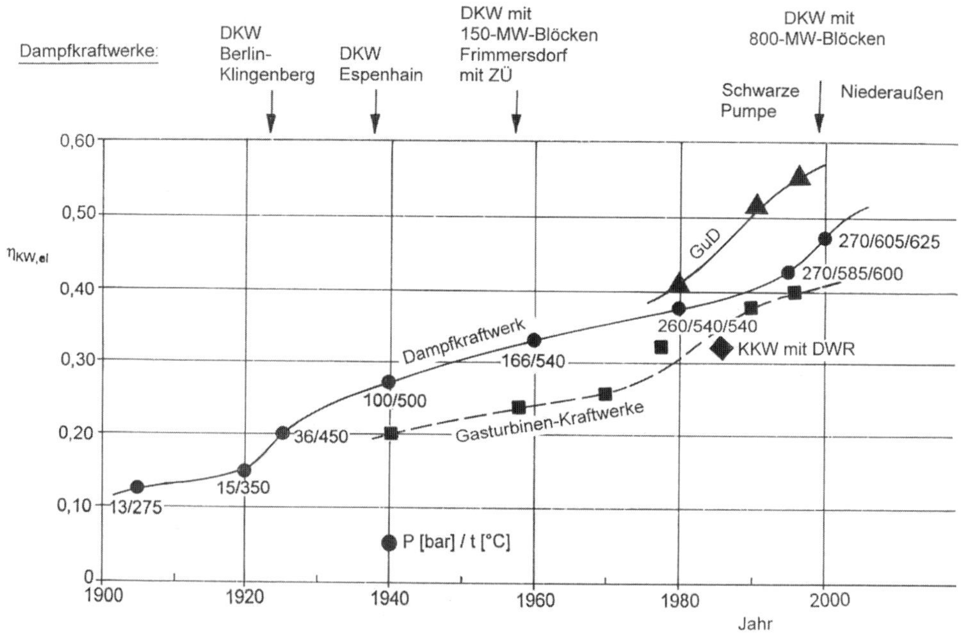

Bild 12.5 Zeitliche Entwicklung der elektrischen Kraftwerkswirkungsgrade

12.4.1 Energetische Gasturbinenanlagen

Die weltweite Eroberung des Kraftwerksmarktes durch Gasturbinenanlagen und kombinierte Anlagen ist durch die

- Erschließung von Erdgas und Heizöl als Brennstoffe
- Entwicklung hochwarmfester Werkstoffe und effektive Kühlverfahren sowie
- Fertigung zuverlässiger und effizienter Anlagen zu geringen Preisen

ermöglicht worden.

Der vom Verdichter angesaugte Luftmengenstrom wird auf den Prozessdruck verdichtet; durch Verbrennung des Brennstoffes in der Brennkammer erreicht man die energetische Prozesstemperatur des Rauchgasstromes. In der Gasturbine wird durch Entspannung die mechanische Leistung für den Verdichterantrieb und den Generator umgewandelt.

Der Anwurfmotor muss den Wellenstrang Verdichter-Gasturbine-Generator beim Anfahren hochschleppen. Bild 12.6 zeigt das Schema einer Gasturbinenanlage und Bild 12.7 die Zustandswerte von Gasturbinenanlagen.

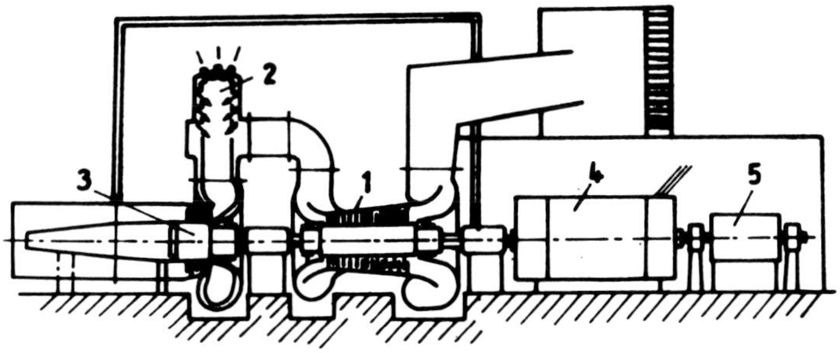

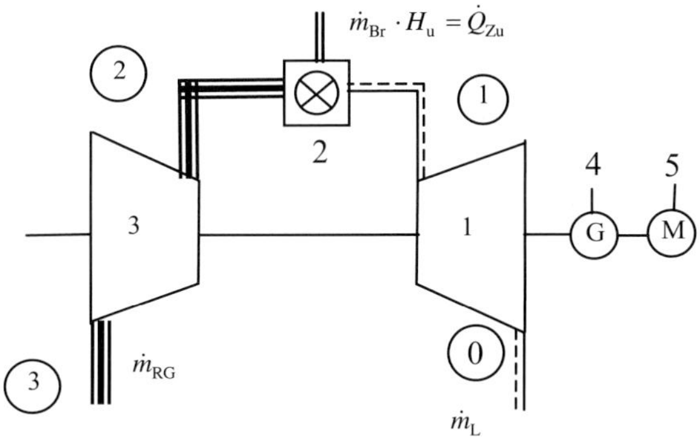

1 – Verdichter
2 – Brennkammer
3 – Gasturbine
4 – Generator
5 – Anwurfmotor

Bild 12.6 Schema einer Gasturbinenanlage

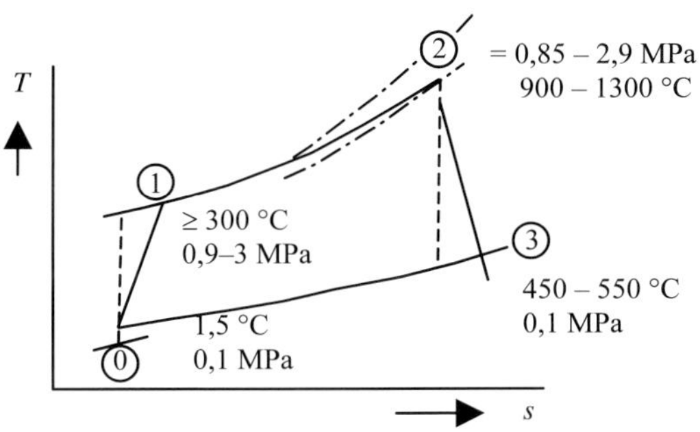

Bild 12.7 Zustandswerte von Gasturbinenanlagen mit moderaten Parametern

Die **Leistungsbilanz** zwischen Gasturbine – Generator – Verdichter ist

$$P_{Gen} = \eta_{el}\,[P_{GT} - P_V\,]$$

bzw. stark vereinfacht (ohne Beachtung der Kühlluftströme)

$$P_{Gen} = \eta_{el}\,[\eta_{GT} \cdot \dot{m}_{RG} \cdot (h_{Ein} - h_{Aus}\,)_{s,GT} - \frac{1}{\eta_V} \cdot \dot{m}_L\,(h_{Aus} - h_{Ein}\,)_{s,V}\,]$$

Der **Gasturbinenanlagen-Wirkungsgrad** $\eta_{GTA,\,netto} = \dfrac{P_{el}}{\dot{m}_{Br} \cdot H_u}$ ist von den thermodynamischen Prozessdaten (Druckverhältnis und energetische Temperatur), den Wirkungsgraden der Strömungsmaschinen η_{GT}, η_V, den Druckverlusten der Luftfilter, Ein- und Austrittsgehäuse, Brennkammer und dem Eigenbedarf abhängig. In Bild 12.8 sind für einige Anlagen der Wirkungsgrad in Abhängigkeit vom Druckverhältnis zusammengestellt.

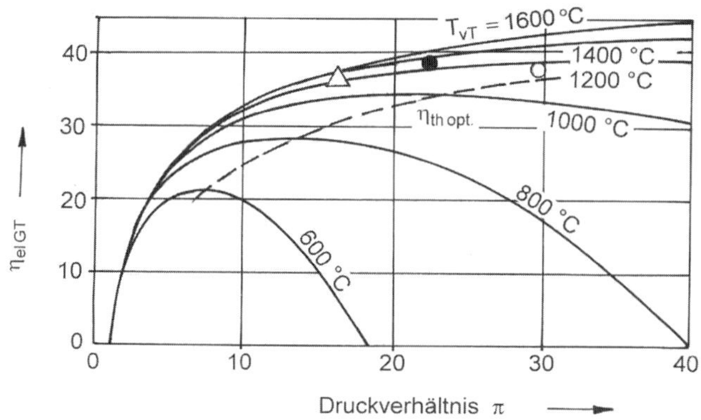

Beispiele ausgeführter Anlagen:

○ Firma: ABB Typ GT26
$\pi = 30;\ \eta_{el_{GTA}} = 38{,}5\,\%$

● Firma: GE Typ 9 G
$\pi = 23;\ \eta_{el_{GTA}} = 39{,}5\,\%$

△ Firma: Siemens Typ V94.3A
$\pi = 16;\ \eta_{el_{GTA}} = 38\,\%$

Bild 12.8 Abhängigkeit des Wirkungsgrades der Gasturbinen von der energetischen Temperatur und dem Verdichterdruckverhältnis

Der Aufbau von energetischen GTA ist vor allem durch die kompakte Ausführung der Einheit Verdichter – Brennkammer – Gasturbine als **Packages** bestimmt. Damit sind sowohl die komplette Montage als auch Leistungserprobung im Herstellerwerk möglich; der Kunde kann am Abnahmelauf im Herstellerwerk teilnehmen und die erreichte Güte bewerten. Der Packages-Transport auf die Baustelle und der einfache Kraftwerksaufbau bestimmen den Zeitablauf von etwa 6 Monaten von der Auftragserteilung bis zur Inbetriebnahme.

12.4.2 Dampfkraftwerk

Die dem Dampfkraftwerksprozess zugeführte Wärmeenergie in Form von Sattdampf oder überhitztem Dampf wird durch den Dampferzeuger aus den fossilen oder Kernbrennstoffen bereitgestellt. Im **Dampferzeuger** wird Dampf mit hohen Temperaturen und Drücken erzeugt ② → ③ (Bild 12.9), der in der Dampfturbine durch Expansion bis auf den Kondensatordruck die mechanische und damit im Generator die elektrische Leistung bereitstellt.

Der Dampf kondensiert bis zum Zustand ①, die Pumpe fördert das Kondensat und erhöht das Druckniveau von Zustand ① auf ②.

Der einfache Dampfkraftwerksprozess mit konstantem Massenstrom $\dot{m}$ ist im Bild 12.9 skizziert.

Die elektrische Blockleistung beträgt dabei:

$$P_{el,netto} = \eta_{Gen} \cdot \eta_m \left[\eta_{iT} \cdot (h_3 - h_4)_s - \frac{1}{\eta_{Sp}} \cdot (h_2 - h_1)_s \right] \cdot \eta_{Eig} \cdot \dot{m}$$

bzw. der elektrische Nettowirkungsgrad $\eta_{el,\,netto} = \dfrac{P_{el}}{\dot{m}_{Br} \cdot H_u}$.

$$\eta_{el,\,netto} = \eta_{th} \cdot \eta_m \cdot \eta_{Gen} \cdot \eta_{iT} \cdot \eta_{DE} \cdot \eta_{Eig}$$

Die Entwicklung des elektrischen Nettowirkungsgrades ist von der Entwicklung der Hochtemperaturwerkstoffe für Dampferzeuger, Rohrleitungen und Dampfturbine bestimmt worden.

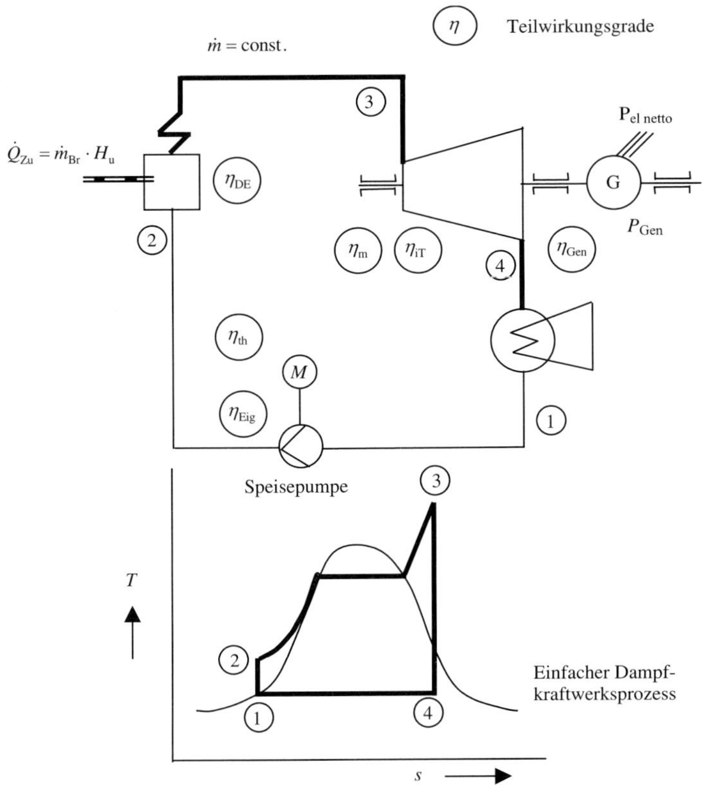

Bild 12.9 Schema eines einfachen idealen Dampfkraftwerkprozesses

Zur **Prozessthermodynamik** soll herausgestellt werden:
Die Wärmezufuhr vom Zustand ② nach ③ im Dampferzeuger nach Bild 12.9 charakterisiert die mittlere Temperatur der Wärmezufuhr des thermodynamischen Prozesses. Die Wärmeabfuhr im Dampfkraftwerksprozess ist durch die Kühlwasserbedingungen des Kondensators bestimmt. Sie erfolgt bei Frischwasserkühlung direkt an Fluss- oder Seewasser, bei der Wasserrückkühlung/Nasskühlturm über einen offenen Kühlwasserkreislauf überwiegend durch Verdunstung direkt an die Luft und bei der indirekten Luftkühlung/Trockenkühlturm über einen geschlossenen Kühlwasserkreislauf und Wärmeübertragerflächen des Trockenkühlturms ebenfalls an die Luft, Bild 12.10.

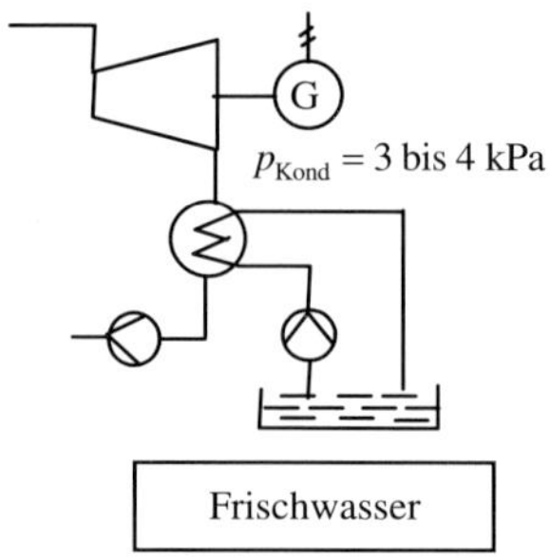

a) Frischwasserkühlung

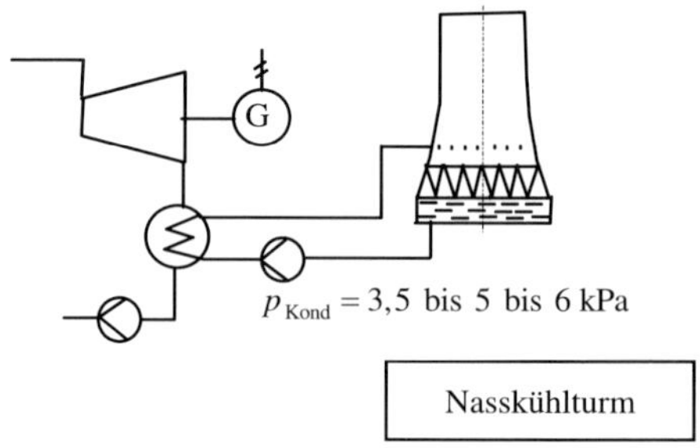

b) Wasserrückkühlung/Nasskühlturm

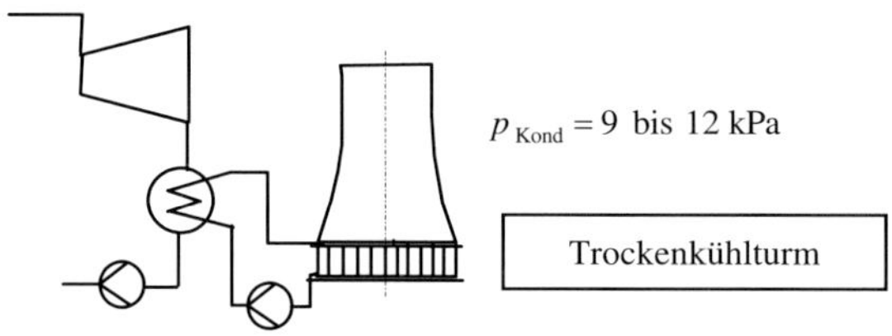

c) indirekte Luftkühlung/Trockenkühlturm

Bild 12.10 Kühlverfahren

Zur Prozessverbesserung wurden mit dem Ziel

- der Erhöhung der mittleren Temperatur der Wärmezufuhr
  - die Steigerung der Frischdampfparameter durch verbesserte Werkstoffe auf 600 °C bis 650 °C/30000 kPa
  - die Einführung einer oder zweier Zwischenüberhitzungen
  - die regenerative Speisewasservorwärmung sowie gegebenenfalls die Nutzung der Abwärme der Rauchgase aus dem Dampferzeuger,
- der Absenkung des Kondensatordruckes (-temperatur) durch effektivere Kühlsysteme und
- der Nutzung weiterer technologischer Verbesserungsmöglichkeiten des Prozesses, zum Beispiel durch prozessintegrierte Rohbraunkohletrocknung und die zusätzliche Einbindung und Entspannung von Brüden

wesentliche technologische Verbesserungen vorbereitet und erreicht, sodass heute für Dampfkraftwerke elektrische Nettowirkungsgrade von $\eta_{\text{el. netto}} \approx 0{,}50$ bei Blockleistungen von annähernd 500 MW bis 1000 MW erreicht werden können.

Diese Prozessgestaltung führte zu einer Veränderung des Massenstromes in den einzelnen Komponenten $(\dot{m} \neq \text{const.})$ und Aufteilung auf einzelne Module, wie Dampferzeuger, Dampfturbine, regenerative Speisewasservorwärmer, Kondensator mit spezifischen Ein- und Ausgangsparametern und Energieströmen. Die einzelnen Module werden zum technologischen Dampfkraftwerksprozess zusammengeführt und energetisch verknüpft. Die mathematische Lösung dieses Systems wird durch Kreisprozessprogramme ermöglicht.

Als Beispiel wird ein 500-MW-Dampfkraftwerksblock angeführt. Die Schaltung mit Zwischenüberhitzung, 7-stufiger regenerativer Speisewasservorwärmung auf 243 °C und mehrgehäusiger Dampfturbine einschließlich Kondensator stellt Bild 12.11 dar.

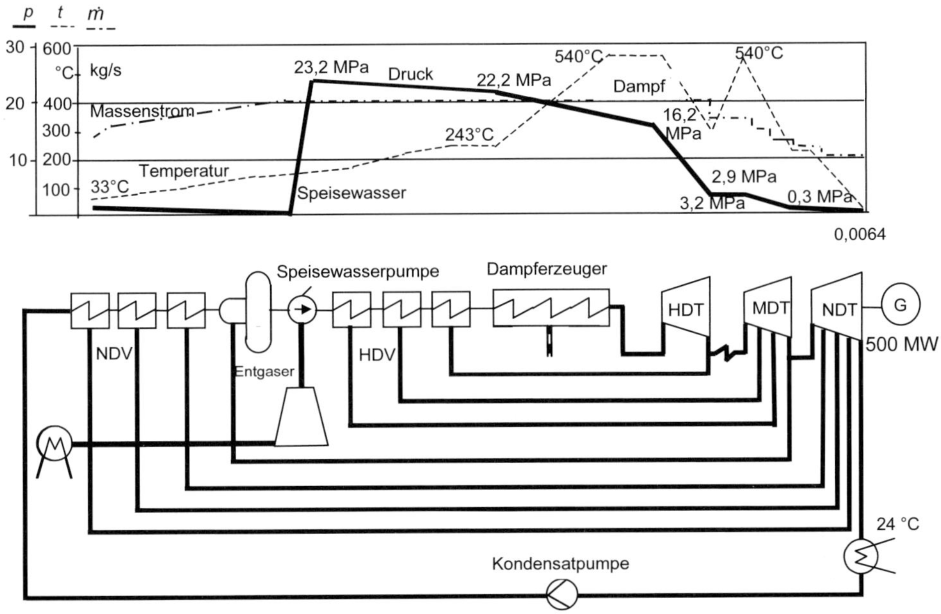

Bild 12.11 500-MW-Dampfkraftwerksblock, Temperatur-, Druck- und Massenstromverhältnis

Das detaillierte Wärmeschaltbild mit den unterschiedlichen Mengen- und Energieströmen ergibt dabei die Zusammenhänge für die Ermittlung der Bilanzen um die Speisewasservorwärmung und die Leistungsermittlung.

So gilt (vereinfacht) für die **regenerative Speisewasservorwärmung**:

Die Anzapfmengen werden aus Energiebilanzen der einzelnen Vorwärmer berechnet. Es wird dazu definiert:

$\mu_i = \dfrac{\dot{m}_{\mathrm{An}\,i}}{\dot{m}_{\mathrm{F}}}$: relativer Anzapfmassenstrom

$\dot{m}_{\mathrm{An}\,i}$: Dampfmassenstrom aus der Anzapfung i

$\dot{m}_{\mathrm{E}}$: Frischdampfmassenstrom am Eintritt in die Dampfturbine

Die **Energiebilanzen** der einfachen Vorwärmschaltungen (z. B. mit Pumpen) lauten:

Vorwärmer 1: $\mu_1 \cdot h_1 + (1-\mu_1)\, hw_2 = hw_1$

Vorwärmer 2: $\mu_2 \cdot h_2 + (1-\mu_1-\mu_2)\, hw_3 = (1-\mu_1) \cdot hw_2$

Vorwärmer 3: $\mu_3 \cdot h_3 + (1-\mu_1-\mu_2-\mu_3) \cdot hw_4 = (1-\mu_1-\mu_2) \cdot hw_3$

Vorwärmer n: $\mu_n \cdot h_n + \left(1-\sum\limits_{i=1}^{n} \mu_i\right) \cdot hw_{n+1} = \left(1-\sum\limits_{i=1}^{n-1} \mu_i\right) \cdot hw_n$

Damit sind die relativen Anzapfmassenströme zu ermitteln und über die **Leistungsbilanz** der einzelnen Turbinenstufengruppen die Turbinen- sowie Generatorleistung oder unter Beachtung der Kraftwerkseigenleistung die Nettoleistung des Kraftwerksblockes zu errechnen. Die auf die Masseneinheit des Frischdampfmengenstromes bezogene innere Turbinenarbeit w_{iT} ergibt sich aus der Summe der Anteile der einzelnen Turbinenabschnitte. Bild 12.12 zeigt das Wärmeschaltbild einer Vorwärmanlage zur Entspannung des Dampfes im h-s-Diagramm.

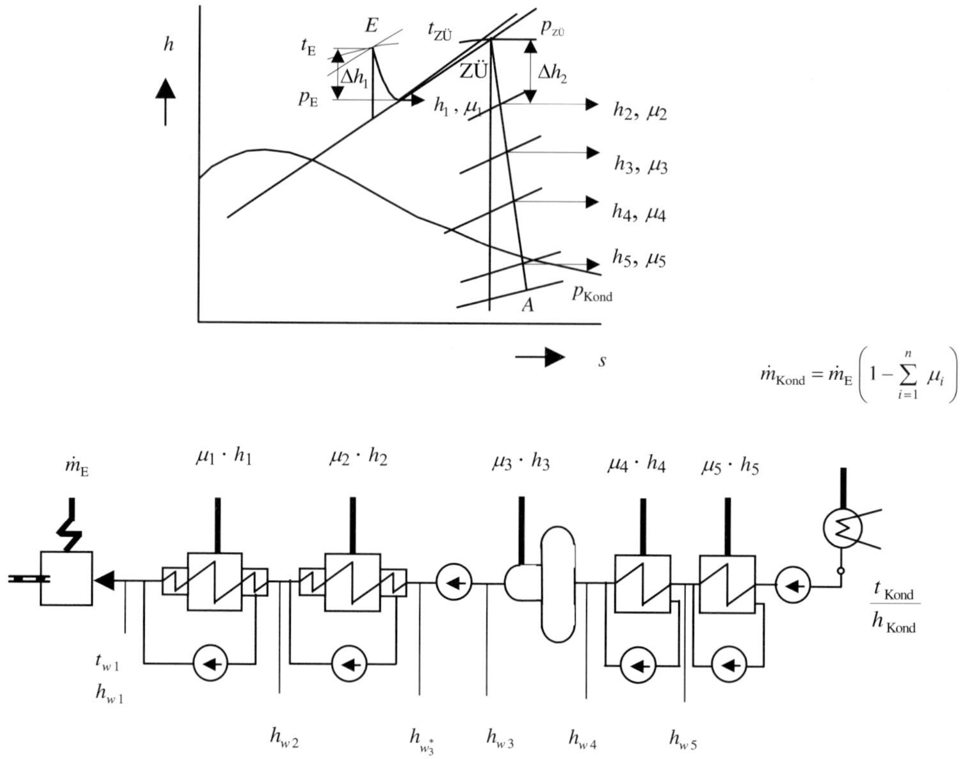

$$\dot{m}_{\text{Kond}} = \dot{m}_{\text{E}} \left(1 - \sum_{i=1}^{n} \mu_i\right)$$

t_{w1} – Speisewasserendtemperatur: $\Delta h_{\text{p}} \Big/_{w3}^{w_3^*} = \dfrac{\Delta p_{\text{Sp}} \cdot v}{\eta_p}$

Bild 12.12 Vorwärmeranlage und Entspannung des Dampfes im h-s-Diagramm

$$w_{\text{iT}} = 1 \cdot \Delta h_{\text{E},1} + (1 - \mu_1)\, \Delta h_{\text{Zü},2} + (1 - \mu_1 - \mu_2) \cdot \Delta h_{2,3} + (1 - \mu_1 - \mu_2 - \mu_3) \cdot \Delta h_{3,4}$$
$$+ (1 - \mu_1 - \mu_2 - \mu_3 - \mu_4) \cdot \Delta h_{4,5} + \left(1 - \sum_{i=1}^{5} \mu_i\right) \cdot \Delta h_{5,\text{Kond}}$$

Für den einzelnen Abschnitt gilt dabei $\Delta h_{i,j} = \eta_{\text{iT}} \cdot \Delta h_{s\,i,j}$

(Werden zusätzliche Mengenströme entnommen, z. B. für die Wärmeversorgung oder für den Antrieb einer Speisepumpe durch eine Dampfturbine, so sind sie hier zu berücksichtigen.)

Die spezifische elektrische Arbeit t_{w_e} an den Generatorklemmen ist dann

$$w_{\text{e}} = \eta_{\text{m}} \cdot \eta_{\text{Gen}} \cdot w_{\text{iT}}$$

Die Generatorleistung ergibt sich dann zu $P_{\text{Gen brutto}} = w_{\text{e}} \cdot \dot{m}_{\text{E}} = \dot{m}_{\text{E}} \cdot \eta_{\text{m}} \cdot \eta_{\text{Gen}} \cdot w_{\text{iT}}$

Mit dem Eigenbedarfswirkungsgrad η_{Eig} ist:

$$P_{\text{Gen}_{\text{netto}}} = P_{\text{Gen}_{\text{brutto}}} \cdot \eta_{\text{Eig}} = P_{\text{el}_{\text{netto Block}}}$$

$$\eta_{\text{Eig}} = 1 - \frac{P_{\text{Eig}}}{P_{\text{Gen}_{\text{brutto}}}}$$

Tabelle 12.7 Variantenvergleich CO_2-armes und wirtschaftliches Kohlekraftwerk

		Varianten Vo Basis Schwarze Pumpe	**E1**	**E2**	**E3**
$P_{el_{netto}}$	**MW**	**800 (789,5)**	**800 (800,6)**	**800 (811,9)**	**800 (794,2)**
Kohle			**Rohbraunkohle**		
Parameter					
p_D	MPa	26	26	30	30
t_D	°C	547	580	600	600
$p_{ZÜ}$	MPa	5,14	5,14	8,3/2,6	8,3/2,6
$t_{ZÜ}$	°C	565	595	620/620	620/620
p_{Kond}	bar	0,04	0,03/0,04	0,03/0,04	0,03/0,047
t_{sp}	°C	273	300	327	327
η_{brutto}	–	0,4309	0,4482	0,4688	0,5066
η_{netto}	–	0,4042	0,4277	0,4479	0,4734
Wärmeverschiebungssystem		+	+	+	+
Kohletrocknung		–	–	–	prozessintern

Nach Pietsch, Ulf: Auslegung eines Kraftwerksblockes für hohen Wirkungsgrad und geringe Investitionskosten, Diplomarbeit Nr. 1582, TU Dresden 1997

Für ein Vergleichskraftwerk werden die Prozessverbesserungen nach Tabelle 12.7 ermittelt. Der Aufbau von Dampfkraftwerksblöcken wird vor allem durch die Bauwerke Kühltürme, Dampferzeuger und Nebenanlagen bestimmt, sodass Bauzeiten von 2 bis 3 Jahren akzeptiert werden müssen (Bild 12.13).

Bild 12.13 Schematische Anordnung des 2 × 800-MW-Kraftwerkes (Schwarze Pumpe der VEAG)

Ein Anlagenschema eines Dampfkraftwerkes zeigt Bild 12.14.

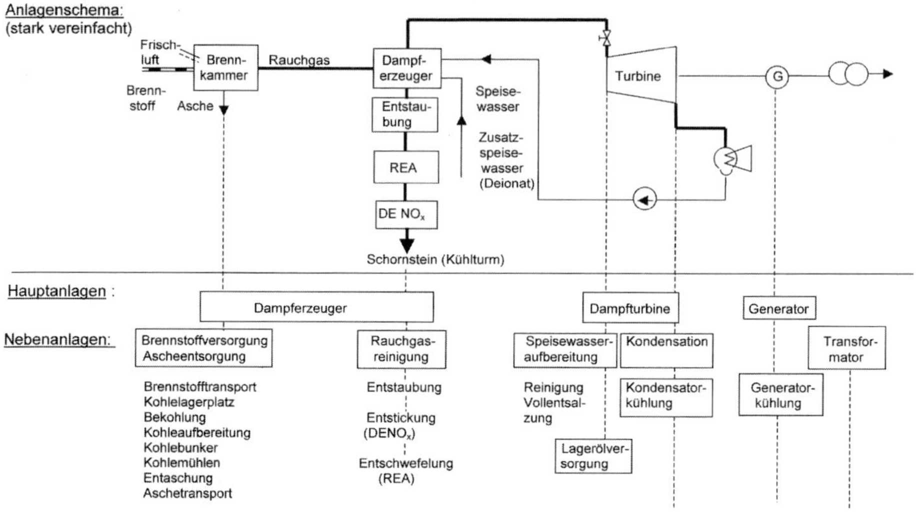

Bild 12.14 Anlagenschema eines Dampfkraftwerkes

12.4.3 Gas- und Dampfturbinenkraftwerk (GuD)

Die Kombination des Gasturbinen- mit dem Dampfkraftwerksprozess wird mit dem Ziel durchgeführt, die mit dem Brennstoff zugeführte Wärmeenergie besser auszunutzen. Das gelingt bei vereinfachter Betrachtung durch die Carnotisierung des Gesamtprozesses, das heißt, die maximale Prozesstemperatur wird durch die Gasturbinenanlage, die minimale durch die Kühlwasserbedingungen des Dampfkraftwerkes bestimmt. Das Bindeglied ist der **Abhitzedampferzeuger**, in dem die Abwärme der Gasturbinenrauchgase zur Erzeugung von Heißdampf für den nachgeschalteten Wasser-Dampf-Kreislauf verwendet wird.

Das einfache Wärmeschaltbild und die Verhältnisse in einem gemeinsamen *T*-*s*-Diagramm zeigen die Zusammenhänge (Bild 12.15).

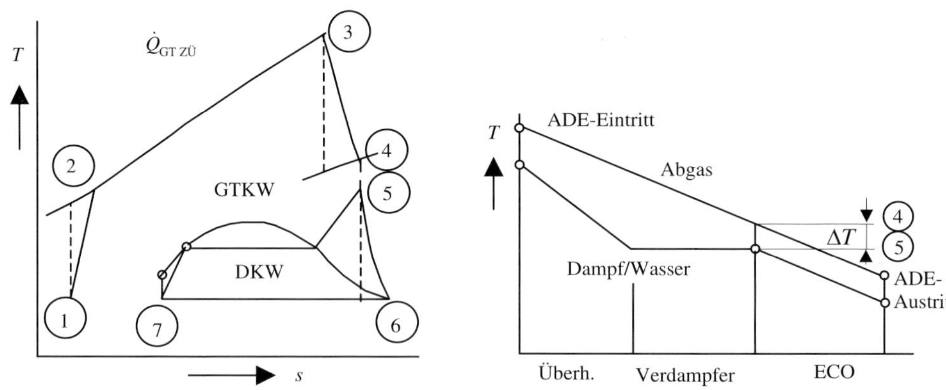

GTKW – Gasturbinenkraftwerk ① → ④
DKW – Dampfkraftwerk ⑤ → ⑥ → ⑦

Temperaturverhältnisse im Abhitzedampferzeuger

Bild 12.15 Kombiniertes Gas-Dampfturbinenkraftwerk im T-s-Diagramm

Für diesen Prozess mit reiner Abwärmenutzung des Gasturbinenprozesses gelten bei folgenden Randbedingungen

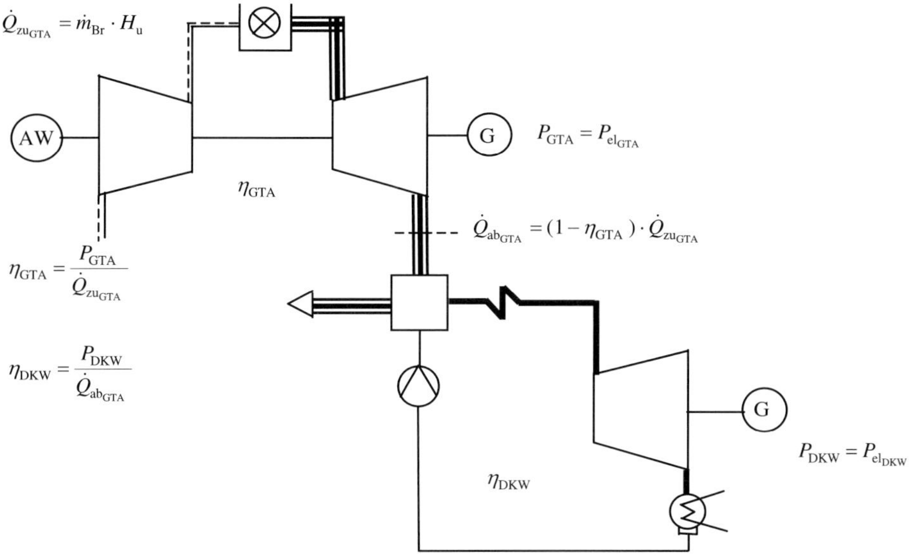

$$\eta_{GuD} = \frac{P_{GTA} + P_{DKW}}{\dot{Q}_{zu_{GTA}}} = \frac{\sum_{i=GTA,\,DKW} P_{el_i}}{\dot{Q}_{zu_{GTA}}}$$

$$\eta_{GuD} = \eta_{GTA} + \eta_{DKW}\,(1 - \eta_{GTA})$$

η_{GTA}	0,2	0,3	0,35	0,4
η_{DKW}	0,2	0,2	0,3	0,35
η_{GuD}	0,36	0,44	0,55	0,66

Mit den realen Wirkungsgraden (elektrisch) der beiden Prozesse ergibt sich für den GuD-Prozess eine neue Qualität der Energieumwandlung.

Wirkungsgrade von $\eta_{GuD} = 0{,}45$ bis $0{,}50$ werden bereits heute für mittlere Leistungen der Anlagen erreicht, selbst $\eta_{GuD} \geq 0{,}60$ sind in den nächsten Jahren möglich.

Durch Zusatzfeuerung in den Gasturbinenabgasen vor dem Abwärmedampferzeuger kann die thermische Leistung des Dampfkraftwerkes einer GuD-Anlage – und damit auch die elektrische – vergrößert werden. Dabei wird aber der GuD-Wirkungsgrad nicht angehoben. Diese Zusatzfeuerung wird oft für eine zeitweilige Erhöhung der thermischen Leistung in der Dampfkraftanlage genutzt, wenn bei Fernwärmeauskopplung z. B. für Heizzwecke dies notwendig wird.

Die **Kraft-Wärme-Kopplung** (Kopplung der Elektroenergie- und Wärmebereitstellung) wird bei GuD-Anlagen in hohem Maße angestrebt, weil dadurch der Brennstoffausnutzungsgrad

$$b = \frac{\sum_{i=GTA,\,DKW} P_{el_i} + \dot{Q}_{therm.}}{\dot{Q}_{zu,\ Brennstoff}}$$

bis zu $b = 0{,}85 \ldots 0{,}90$ gesteigert werden kann. Die Wärmeschaltung ist auf die wärme- bzw. stromgeführte Fahrweise des Kraftwerkes ausgerichtet.

GuD-Anlage für eine Wärme-Kraft-Kopplung

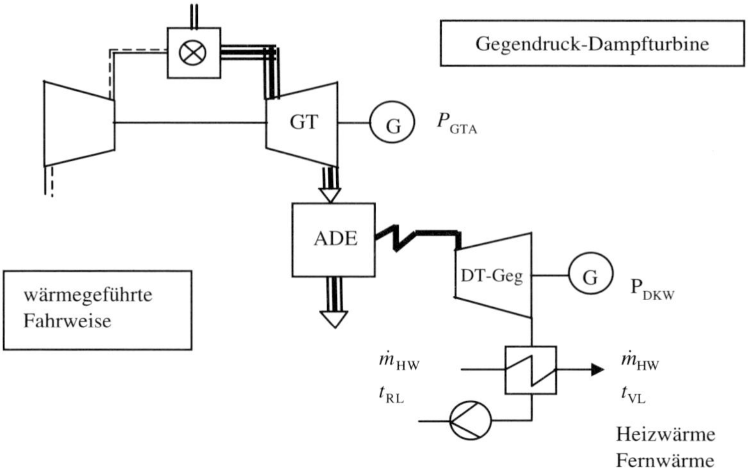

Die Ausführung des GuD-Kraftwerkes wird der Gasturbinenanlage angepasst. Architektonisch in ein Stadtgebiet eingeordnete GuD-Anlagen sind meist ein geschlossenes Gebilde (vgl. HKW Dresden), sonst lehnt man sich stark der Packages-Bauweise an.

Investkosten für GuD-Anlagen

$$k_{\mathrm{In}_{\mathrm{GuD}}} \leq 600 \ldots 750 \ \text{Euro/kW}$$

sind möglich. Bauzeiten unter 20 Monaten sind erreichbar.

Der Abwärme-Dampferzeuger wird als 1-, 2- oder 3-Druck-System ausgeführt. Die effektive Lösung ohne Zusatzfeuerung wird bei größeren GuD-Kraftwerken im Grundlastbetrieb gewählt. Bild 12.16 zeigt das Schema eines Kombikraftwerkes.

12.5 Anlagen zur Umwandlung regenerativer Energien

Regenerative Energien

Die wichtigste Energiequelle auf der Erde ist die Sonnenenergie. Sie gelangt als Wärme- oder Lichtstrahlung auf die Erde und bewirkt einen Strahlungsenergiestrom von etwa $1{,}2 \cdot 10^{17}$ W. Dieser kann als Sonnenstrahlung direkt bzw. in ihrer Auswirkung auf der Erde in Form der Energie im Wasser, im Wind und in Biomassen praktisch genutzt werden. Darüber hinaus ist die geothermische Energie, ein im Erdmantel nach außen gerichteter Wärmestrom, lokal nutzbar.

Diese natürlichen Energiequellen, auch als **regenerative Energien** bezeichnet, bilden ein nahezu unerschöpfliches Potenzial, das von der Menschheit schon immer – unterschiedlich in Art und Umfang – genutzt wurde. Es ist aber nicht jederzeit abrufbar und von geografischen, klimatischen und jahreszeitlichen Einflüssen stark abhängig, sodass es ohne eingeschaltete Energiespeicher nur einen additiven Leistungsanteil zur Versorgung mit Nutzenergie liefern kann. Der Vorteil der ökologisch günstigen Energieumwandlung ohne zusätzlichen CO_2-Ausstoß ist bei den regenerativen Energietechniken besonders hervorzuheben.

Der Anteil regenerativer Energien an der Gesamtenergieerzeugung soll in der Zukunft einen Anteil von bis zu 20 Prozent vom Gesamtaufkommen ausmachen.

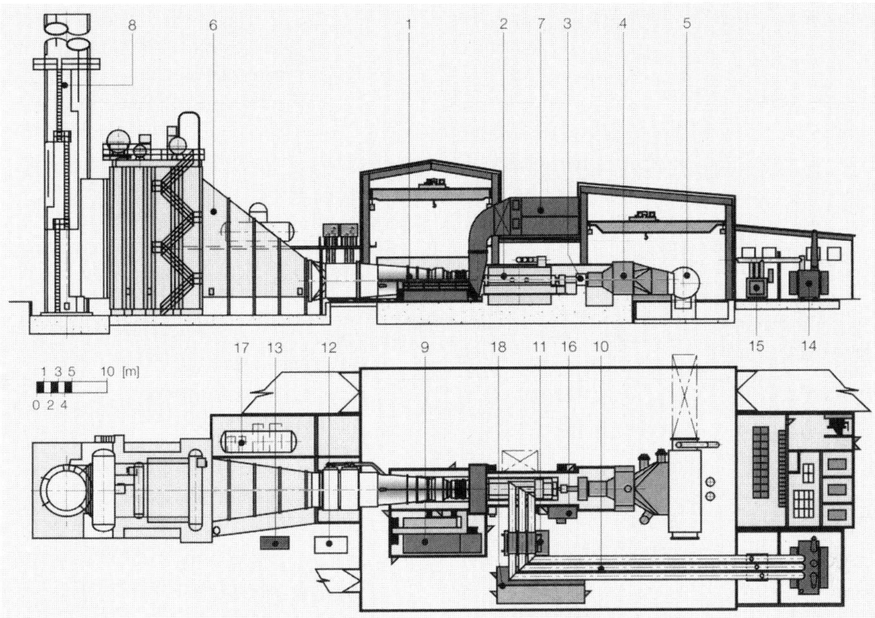

1 Gasturbine	6 Abhitzekessel	11 Generatorschalter	16 Schmierölsystem
2 Generator	7 Luftansaugung	12 Modul für Brennölversorgung	17 Speisewassertank
3 Kupplung	8 Kamin	13 Modul für Gasversorgung	18 Leitsystem
4 Dampfturbine	9 Hilfsbetriebe der GT	14 Blocktransformator	
5 Kondensator	10 Generatorableitung	15 Hilfsbetriebe-Transformator	

Bild 12.16 Kombikraftwerk KA24-1 mit einer Gasturbine GT24 und Dreidruck-Dampfkreislauf in Einwellen-Ausführung der Firma ABB Kraftwerke AG

12.5.1 Wasserkraftanlagen

Wasserkraftanlagen haben bei den regenerativen Energien mit einem Anteil von 19 % an der Weltelektroenergieerzeugung global die größte Bedeutung für die Elektroenergiebereitstellung. Dabei ist aber das technisch nutzbare Potenzial noch nicht ausgeschöpft, was auch im Zusammenhang mit der Trinkwasserversorgung, der Wasserregulierung und dem Speicherverhalten zu sehen ist.

Vom technisch realen Potenzial werden zur Zeit in Europa etwa 33 %, Russland etwa 10 %, Nordamerika etwa 18 %, Südamerika etwa 5 %, Afrika etwa 2 %, Asien etwa 5 % und Australien etwa 10 % genutzt.

Neben reinen Laufwasserkraftanlagen sind Speicherkraftwerke vertreten, die auch als Pumpspeicherwerke eingesetzt werden können.

Die Leistung eines Wasserkraftwerkes ist nach dem 1. Hauptsatz der Thermodynamik – und der Vereinfachung gleicher Medientemperaturen und Geschwindigkeiten der Zustände 1 und 2 – nach dem nachfolgenden Schema zu ermitteln.

Dabei ist der Massenstrom nicht beliebig einstellbar und nicht immer konstant. Es gilt:

$\dot{m} \neq \text{const}$

Die Höhendifferenz eines Wasserkraftwerkes $H = z_1 - z_2$ bestimmt auch die Ausführung der **Wasserturbine** (Abschn. 15.2.1.1).

So wird die **Pelton-Wasserturbine** für große Fallhöhen $H_F = 50 \ldots 1800$ m und kleine Volumenströme bei elektrischen Leistungen bis 350 MW und die **Kaplan-Turbine** mit im Betrieb veränderlicher Schaufelstellung für geringe Fallhöhen von 2 ... 70 m, aber auch unterschiedlich großen Mengenströmen in einem weiten Leistungsbereich verwendet.

Effektive Kleinwasserkraftanlagen gewinnen zunehmend an Bedeutung.

Für den Ausgleich von Leistungsspitzen (Spitzenlastfahrweise) werden **Pumpspeicherwerke** (PSW) errichtet. Ein Beispiel ist das Pumpspeicherwerk Markersbach (Sachsen), 1970 bis 1981 mit 6 Maschinensätzen und einer Gesamtturbinenleistung von 1050 MW als Kavernenanlage errichtet. Als Oberbecken dient ein künstliches Becken mit einem Stauraum von $6{,}5 \cdot 10^6$ m³.

Energiebilanz ① → ②

$$w_{12} = g\,(z_1 - z_2)$$
$$P_{el} = \eta_{el} \cdot \eta_m \cdot \dot{m} \cdot g\,(z_1 - z_2)$$

$$h_1^* = h_1 + \frac{c_1^2}{2} + g \cdot z_1$$

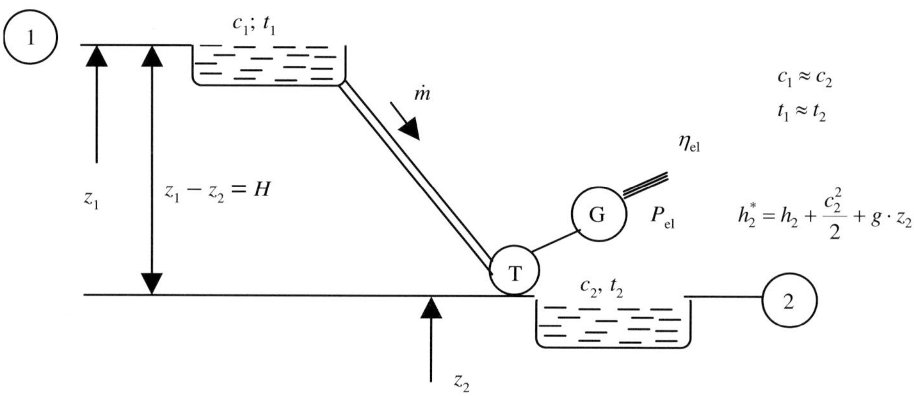

Der Wirkungsgrad eines PSW η_{PSW} wird durch den Wirkungsgrad, die Güte, der Wasserturbinen/Pumpen η_{Turb} und η_{Pumpe} sowie der elektrischen Generator/Motor-Anlage η_{el} bestimmt.

$$\eta_{PSW} = \frac{P_{el_{Turb}}}{P_{el_{Pumpe}}} \approx \eta_{Turb} \cdot \eta_{Pumpe} \cdot \eta_{el}$$

Eine besondere Form des Wasserkraftwerkes – Grundlage ist die Nutzung der Gezeiten, das heißt des **Tidenhubes** (Gravitationsenergie) an exponierten Küstenstellen – ist das **Gezeitenkraftwerk**. An der Rance (franz. Kanalküste) wurde 1966 ein Gezeitenkraftwerk mit 24 Turbinen/Pumpen-Sätzen zu je 10 MW bei Tidenhüben bis 14 m in Betrieb genommen.

Die Errichtung von Wasserkraftwerken ist mit hohen spezifischen Investitionskosten verbunden, gleichzeitig sind verstärkt die Auswirkungen auf die Umwelt und ihre nachhaltige Veränderung zu beachten.

12.5.2 Windkraftanlagen

Windkraftanlagen leisten einen hohen Beitrag zur Nutzung der regenerativen Energien. In windgünstigen Gebieten zu Land und an der Küste mit Windgeschwindigkeiten von durchschnittlich 4 ... 8 m/s (in 10 m Höhe) sind jährlich 2000 bis 5000 Volllastnutzungsstunden erreichbar.

Mit der Höhe nimmt die Windgeschwindigkeit bis zum Wert der ausgeglichenen Hauptströmung zu. Für den effektiven Betrieb einer Windkraftanlage sind

- die örtliche Verteilung der Windgeschwindigkeit, es sollte $c \geq 5$ m/s (als Jahresmittel) sein und
- die Häufigkeit h_i des Auftretens der Windgeschwindigkeit

entscheidend.

Die Leistung ergibt sich ebenfalls aus dem 1. Hauptsatz der Thermodynamik

(mit $z_1 \approx z_2$; $t_1 \approx t_2$)

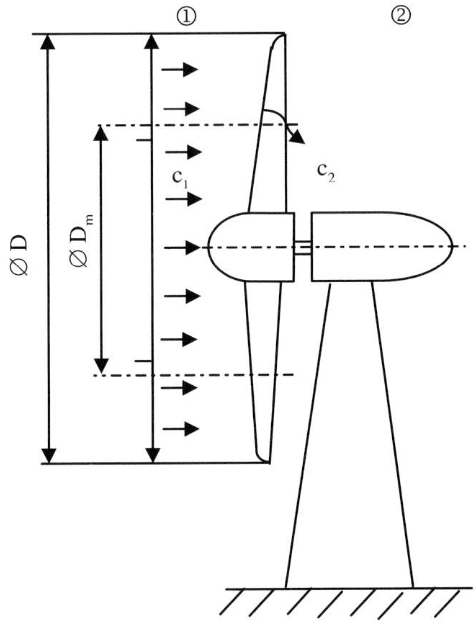

$$W_{12} = \frac{c_1^2}{2} - \frac{c_2^2}{2}, c_2 \ll c_1$$

mit $\dot{m} = A \cdot \rho \cdot c_1 \mid A = \pi \cdot D^2$

$$P_{\text{theor}} = \frac{1}{2} \cdot \dot{m}\,(c_1^2 - c_2^2)$$
$$= \frac{1}{2} \cdot A \cdot \rho \cdot c_1\,(c_1^2 - c_2^2)$$

Mit dem Leistungsbeiwert c_p

$$c_p = \frac{P_{\text{theor.}}}{P} \quad \text{mit} \quad c_{P_{\max}} \leq 0{,}593 \text{ nach Betz}$$

ergibt sich die realisierbare Leistung zu

$$P_{\text{el}} \leq \frac{1}{2} \cdot \eta_{\text{el}} \cdot \eta_{\text{m}} \cdot A \cdot \rho \cdot c_{P_{\max}} \cdot c_1^3$$

(c_1: Geschwindigkeit vor dem Rotorblatt; c_2: Geschwindigkeit nach dem Rotorblatt; A: Windfläche; ρ: Dichte)

In Deutschland hat sich die Nutzung der Windenergie in den letzten Jahren stark erhöht. Der Staat fördert den Ausbau durch Subventionierung der Stromeinspeisung. Bild 12.17 zeigt die installierte Leistung von Windenergie in verschiedenen Ländern.

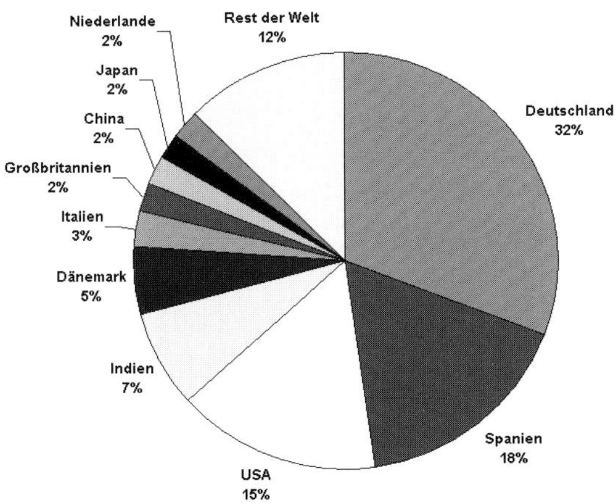

Bild 12.17 Installierte Leistung Ende 2005 von Windkraftanlagen (Gesamtleistung rund 59 300 MW)

Die herausragende Abhängigkeit von der Rotorfläche A und der 3. Potenz der Windgeschwindigkeit c_1 führt zu den Leistungsdaten in Tabelle 12.6.

Die Windkraftanlagen werden zur Zeit im Leistungsbereich von 0,05 … 3 MW pro Anlage ausgeführt.

Tabelle 12.8 Windkraftanlagen in Deutschland

Hersteller/Typ	Leistung kW	Reg.	D m	A m²	Drehzahl U/min	Nabe m	Bl.
AN Bonus 1 MW/54	1000	s	54,0	2290	22,0	50/60	3
Micon M2300-1000	1000	s	54,0	2290	14,0/210	60	3
Nedwind 55/1000	1000	p	55,0	2376	16,0/24,6	55/70	2
Nordtank 1500/60	1500	s	60,0	2827	19,0	60	3
Vestas V63/1,5	1500	p	63,0	3117	21,0	60	3
Tacke TW 1,5	1500	p	65,0	3318	14 … 20	67	3

Reg. = Regelung, s = stallgeregelt, p = pitchgeregelt, Bl. = Blattzahl

12

12.5.3 Solarenergie

Die Sonneneinstrahlung auf die Erde beträgt etwa $1{,}2 \cdot 10^{17}$ W. Durchschnittlich ergeben sich für ausgewählte Orte

$$\varnothing\, q_{\text{Sahara}} = 0{,}29\ \text{kW/m}^2 \quad \text{und} \quad \varnothing\, q_{\text{Berlin}} = 0{,}114\ \text{kW/m}^2$$

Die jährliche Sonnenscheindauer in Deutschland beträgt 1200 … 1800 h/a.

Die energetische Nutzung der Sonneneinstrahlung erfolgt – mit solarthermischen Anlagen und mit der direkten Umwandlung in Elektroenergie – über die Fotovoltaik.

Bei **solarthermischen Anlagen** wird durch die Solarstrahlung die Flüssigkeit in einem Kollektor auf ein solches Temperaturniveau erwärmt, dass nachfolgende thermische Prozesse wie Brauchwassererwärmung oder Dampfprozesse ermöglicht werden.

Im Solarthermkraftwerk wird die Sonnenstrahlung von einer Vielzahl von Spiegeln (Heliostaten) auf einen im Turm installierten Receiver konzentriert, die Strahlung wird im Empfänger absorbiert und an das Wärmeträgermedium eines nachgeschalteten thermischen Kraftwerkes geleitet (Bild 12.18).

Diese Anlagen erreichen elektrische Wirkungsgrade von $\eta_{\text{el, Solartherm}} = 0{,}15 \ldots 0{,}20$. Die Investitionskosten sind noch sehr hoch und die jährliche Nutzungsdauer ist begrenzt. Deshalb sollten exponierte Aufstellungsorte gewählt werden.

Die direkte Umwandlung der Solarstrahlung in Elektroenergie mit einer Silicium-Solarzelle gelang erstmals 1954 in den USA. Beim fotovoltaischen Effekt entsteht eine elektrische Gleichspannung durch die Absorption kurzwelliger Strahlung.

Die aus Halbleitern aufgebauten Solarzellen erreichen bei monokristallinem Silicium praktische Wirkungsgrade von 23 % (Labor) bzw. 14 … 17 % (Produktion).

Aus den **Fotovoltaik-Zellen** können modular aufgebaute Solaranlagen mit Regler, Akkumulator und Wechselrichter zusammengeschaltet werden, die dezentral in Inselnetzen oder mit konventionellen Netzen gekoppelt werden können. Problematisch ist dabei einerseits die Kostenstruktur, die durch sehr hohe spezifische Investitionskosten bei geringer jährlicher Nutzungsdauer geprägt ist, und andererseits die diskontinuierliche Einspeisung, abhängig von der Sonneneinstrahlung.

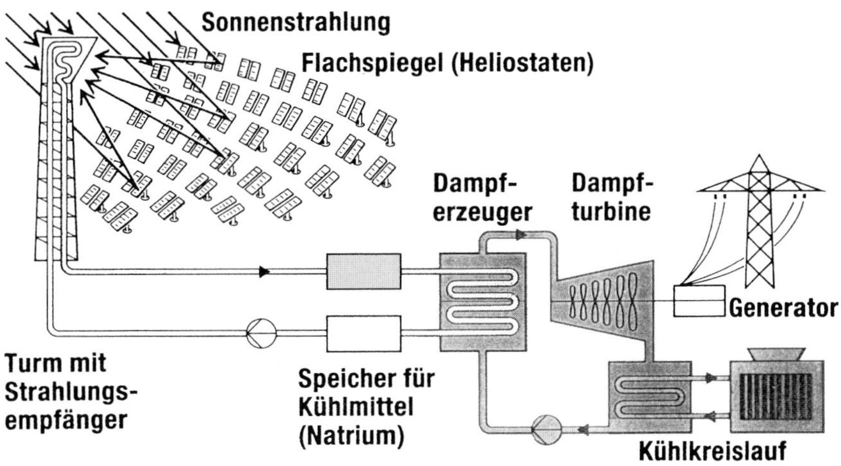

Bild 12.18 Solarthermisches Turm-Kraftwerk

12.5.4 Thermische Verwertung von Biomasse und Müll

Nachwachsende Rohstoffe, wie Holz (Holzabfälle), Stroh, aber auch Klärschlämme und Deponiegase, können umweltfreundlich für die Wärme-, aber auch Elektroenergieerzeugung genutzt werden. Dabei können die Ausgangsstoffe sowohl als Monobrennstoff als auch in Mischungen in Feuerungsanlagen umgesetzt werden. Durch Vergasung werden energiearme Produktgase gewonnen, die gereinigt in Motoren, Gasturbinen oder in Zukunft auch in Brennstoffzellen für höhere Prozesswirkungsgrade sorgen.

Hervorzuheben sind bei allen die CO_2-neutrale Verbrennung von Biomasse, aber auch die hohen Anforderungen für eine saubere thermische Entsorgung.

12.5.5 Geothermische Kraftwerke

In einzelnen Gebieten unserer Erde kann die Erdwärme durch **Wärmepumpen**, aber auch in Elektroenergieanlagen und Wärmeversorgungseinrichtungen genutzt werden. So gibt es auf Island eine heiße Salzlauge mit 200 °C, die aus etwa 1000 m Tiefe hervorgepumpte Wärme an einen Dampfkraftwerksprozess ($P_{el} \approx 16$ MW) abgibt. Fernwärme und Elektroenergie werden für die Gebietsversorgung genutzt.

12.6 Zuverlässigkeit, Ökonomie und Ökologie

12.6.1 Zuverlässigkeit von Energieanlagen

Die Entwicklung von Kraftwerksanlagen wird nicht nur durch die Höhe des **Prozesswirkungsgrades** bestimmt.

Die einfache Betrachtung über die Jahresarbeit eines Kraftwerkes zeigt bereits, dass eine Nichtverfügbarkeit in der Größenordnung von 10 % (Zeitverfügbarkeit $V_\tau = 90$ %) die Jahresarbeit in gleicher Größenordnung vermindert. Die Komplexität des Zusammenwirkens gegensätzlicher Einflüsse wie

- Effektivität
- Lebensdauer
- Zuverlässigkeit und Verfügbarkeit

weist die Notwendigkeit aus, den Systemcharakter der energetischen Anlage zu beachten. Die Untersuchungen sind sowohl auf das einzelne Element als auch auf dessen Einordnung und Wirkung im Gesamtsystem der energetischen Anlage auszurichten.

Systembetrachtung zur Zuverlässigkeit und Verfügbarkeit von Kraftwerksanlagen

Die Zuverlässigkeit als Qualitätseigenschaft eines Systems gewinnt in dem Maße an Bedeutung, wie das Gesamtsystem höchste Effektivität über einen großen Zeitraum erbringen muss. Dabei ist unter der **Zuverlässigkeit** die Wahrscheinlichkeit zu verstehen, unter bestimmten Beanspruchungen und über eine bestimmte Zeit die Funktionsfähigkeit zu erhalten (Überlebenswahrscheinlichkeit).

Mit den Beziehungen zwischen der Zuverlässigkeit von Einzelausrüstungen und der von Gesamtanlagen (Systemzuverlässigkeit) beschäftigt sich die mathematisch begründete **Zuverlässigkeitstheorie**, die hier – stark vereinfacht – auf das System Kraftwerk angewendet werden soll, wobei die Boole'schen Modelle für die mathematische Verknüpfung der Systemkomponenten genutzt werden.

Die Grundstrukturen eines Zuverlässigkeitsmodells werden dabei als Seriensystem und Systeme mit Redundanz beschrieben.

Die **Verfügbarkeit** ist eine Kenngröße, die angibt, inwieweit ein Element bzw. System unter den Einwirkungen der Beanspruchungen Schädigungen (Ausfälle) erfahren hat und inwieweit die mögliche Betriebszeit gemindert wurde. Sie ist ein Maß für die Einsatzfähigkeit über einen bestimmten Betrachtungszeitraum.

12

Systematische Untersuchungen zur Verfügbarkeit von Kraftwerksanlagen, wie von Dampfkraftwerken, Gasturbinenanlagen, Gas- und Dampfanlagen und deren Bauteilen, wurden vom VGB-Fachausschuss und NERC durchgeführt. Eine Vergleichsgröße ist dabei die **Zeitverfügbarkeit**. Sie ist als Quotient aus der Verfügbarkeitszeit (τ_V) und der Nennzeit (τ_{Nenn}) (Kalenderzeit) definiert, dabei ist die Verfügbarkeitszeit die Differenz zwischen der Nennzeit (τ_{Nenn}) und der Nichtverfügbarkeitszeit $\Delta\tau_{NV}$ oder die Summe aus Betriebs- (τ_B) und Bereitschaftszeit (τ_R)

$$V_\tau = \frac{\tau_V}{\tau_{Nenn}}$$

$$V_\tau = \frac{\tau_{Nenn} - \Delta\tau_{NV}}{\tau_{Nenn}} = \frac{\tau_B + \tau_R}{\tau_{Nenn}} \quad .$$

Die Abhängigkeit der Zeitverfügbarkeit von der Betriebsdauer ist dadurch bestimmt, dass in der ersten Betriebsphase **Frühausfälle** der einzelnen Systembauteile und damit auch der Gesamtanlage auftreten, die mit der Zeit beseitigt werden können. Dabei weisen nicht nur die Hauptkomponenten, sondern auch Neben- und Hilfsbaugruppen diese Ausfälle auf. Entsprechend ist die Häufung von Ausfällen beim Erreichen der **Grenznutzungsdauer** (Lebensdauer).

Die Prozessdarstellung kann über die Kenntnis der Schaltung der einzelnen Anlagenteile zu einem **Zuverlässigkeitsschaubild** umgewandelt werden, wobei die Bauteile entweder in Serien- oder in Parallelschaltung zu einem Zuverlässigkeitsschema zusammengeführt werden. Die Gesamtzuverlässigkeit wird dann aus den Verknüpfungen ermittelt.

Am Beispiel eines GuD-Prozesses soll gezeigt werden, dass über die Zuverlässigkeitsschaubilder nicht nur eine qualitative, sondern auch eine quantitative Bewertung zu erreichen ist.

Es ergibt sich, dass vordergründig nicht nur die Zuverlässigkeit der Gasturbinenanlage, sondern im gleichen Maße auch die Zuverlässigkeit des Dampferzeugers, der Steuer- und Regelanlagen sowie der Nebenanlagen die Gesamtzuverlässigkeit des Systems einer GuD-Anlage bestimmen. Bild 12.19 zeigt die Wärmeschaltung, Bild 12.20 ein Zuverlässigkeitsschaubild. Die ausgewiesenen Verfügbarkeiten zeigt das Bild 12.21.

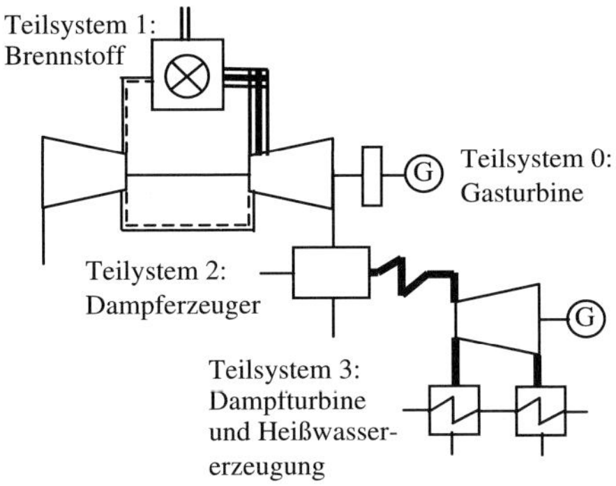

Bild 12.19 Wärmeschaltbild eines GuD-Prozesses mit den Teilsystemen

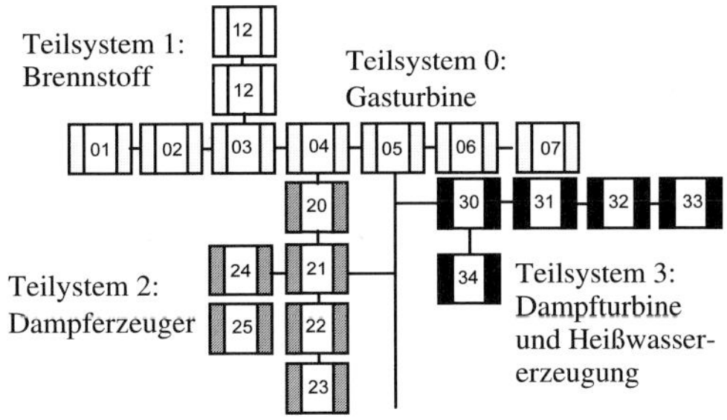

Bild 12.20 Zuverlässigkeitsschaubild für die GuD-Anlage

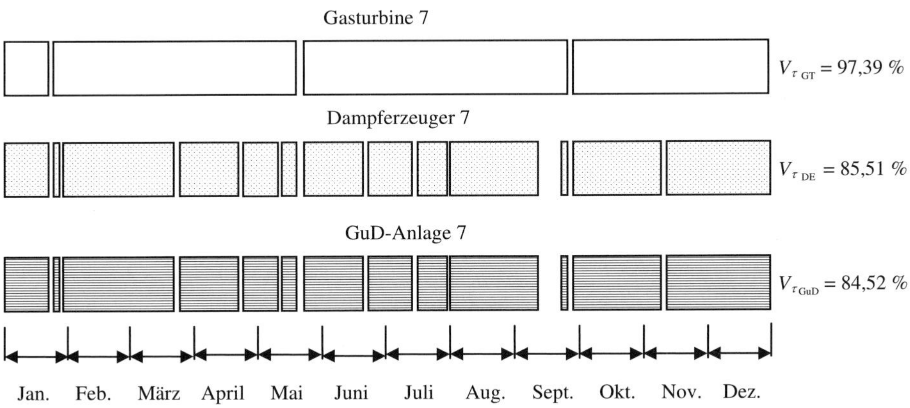

Bild 12.21 Verfügbarkeit der GuD-Anlage sowie der Teilsysteme Gasturbine und Dampferzeuger für das Kraftwerk Schwarza (Block 7)

12.6.2 Ökonomische Bewertung der Elektroenergieerzeugungsverfahren

Zum Vergleich der Kosten der Elektroenergieerzeugung der Umwandlungsverfahren wurde eine Kostenvergleichsrechnung für eine Periode gewählt.

Die Kosten setzen sich dabei aus fixen und variablen Kosten zusammen.

$k = k_{\text{fix}} + k_{\text{var}}$ mit

fixe spezifische Kosten: $k_{\text{fix}} = k_{\text{Inv}}\,(a + f_{\text{IH}} + f_{\text{B}})$

a: Annuitätsfaktor $a = \dfrac{q^n\,(q-1)}{q^n - 1}$; $q = 1 + i$;

i: Zinsfaktor

f_{IH}: Faktor für jährlich zu leistende Instandsetzungszahlungen im Verhältnis zu k_{Invest}

f_{B}: Faktor für betriebsgebundene Kosten

k_{Inv}: spezifische Investitionskosten in Euro/kW

n: Nutzungsdauer der Anlage in Jahren und variable spezifische Kosten: $k_{var} = k_{verb}(1 + f_V + f_{Ex})$

k_{verb}: Brennstoffgebundene spezifische Ausgaben entsprechend den Energie- und Brennstoffverbräuchen und Verbrauch an Betriebsstoffen

f_V: Faktor für verbrauchsgebundene Kosten, bezogen auf die verbrauchsgebundenen spezifischen Ausgaben

f_{Ex}: Faktor für externe oder soziale Kosten, bezogen auf die verbrauchsgebundenen spezifischen Ausgaben insgesamt.

Als Bezugsgröße für die spezifischen Kosten wird die jährlich erzeugte Elektroenergie herangezogen.

Daraus sind die spezifischen Stromerzeugungskosten k_{EE} zu ermitteln:

$$k_{EE} = \frac{k_{Inv} \cdot f_1}{\tau_{Vollast}} + \frac{p_{Br} \cdot f_2}{\eta_{el_{netto}}}$$

$$f_1 = a + f_{IH} + f_B$$
$$f_2 = (1 + f_V + f_{EX})$$

Als spezifische Brennstoffpreise p_{Br} werden verwendet:

spezifischer Erdgaspreis p_{Br} =	0,010 ... 0,015 Euro/kWh
für Importsteinkohle	40 ... 50 Euro/t
für Rohbraunkohle	15 Euro/t
für Biomasse zum Beispiel	45 Euro/t Stroh

Die Zusammenhänge zwischen

- spezifischen Investitionskosten (stark abhängig vom Aufbau der Anlage, zum Beispiel Package-Bauart)
- jährlichen Volllastnutzungsstunden der Anlagen (bedingt durch die Einsatzanforderungen in der Energiewirtschaft)
- dem erreichbaren durchschnittlichen Wirkungsgrad ($\eta_{el_{netto}}$) der Umwandlungstechnik sowie
- den Brennstoffkosten

bestimmen die spezifischen Elektroenergieerzeugungskosten k_{EE}.

Die angeführten Tabellen und Diagramme weisen überzeugend aus:

- die spezifischen Investitionskosten (Euro/kW)
- die jährliche Benutzungsdauer (Volllaststunden/Jahr)
- den elektrischen Wirkungsgrad und
- die Brennstoffkosten.

Sie bestimmen die spezifischen Stromgestehungskosten und lassen damit eine vergleichende Bewertung verschiedener Umwandlungsverfahren zu. Bild 12.22 zeigt die spezifischen Stromgestehungskosten.

12.6.3 Schadstoffe aus thermischen Energieanlagen und ihre Beeinflussung

Schadstoffe und die gesetzlichen Regelungen zum Umweltschutz

Die bei der thermischen Umwandlung der Primärenergieträger als Nebenprodukte entstehenden Schadstoffe Staub, Kohlenmonoxid, Stickoxide, Schwefeloxide sowie die bei der Müllverwertung auftretenden Dioxine und Furane u. a. werden in ihrer Konzentration im Abgas durch gesetzliche Festlegungen begrenzt.

Dabei ist das **Bundesimmissionsschutzgesetz** (BImSchG) in Deutschland das wichtigste Gesetz des Umweltschutzes für die Energietechnik. Mit ihm sind die Planungen, Ausführungen und Kontrollen für Feuerungsstätten häuslicher Anlagen, von Heizwerken, Heizkraftwerken, Kraftwerken und Abfallverbrennungsanlagen durch Durchführungsverordnungen und Verwaltungsvorschriften geregelt.

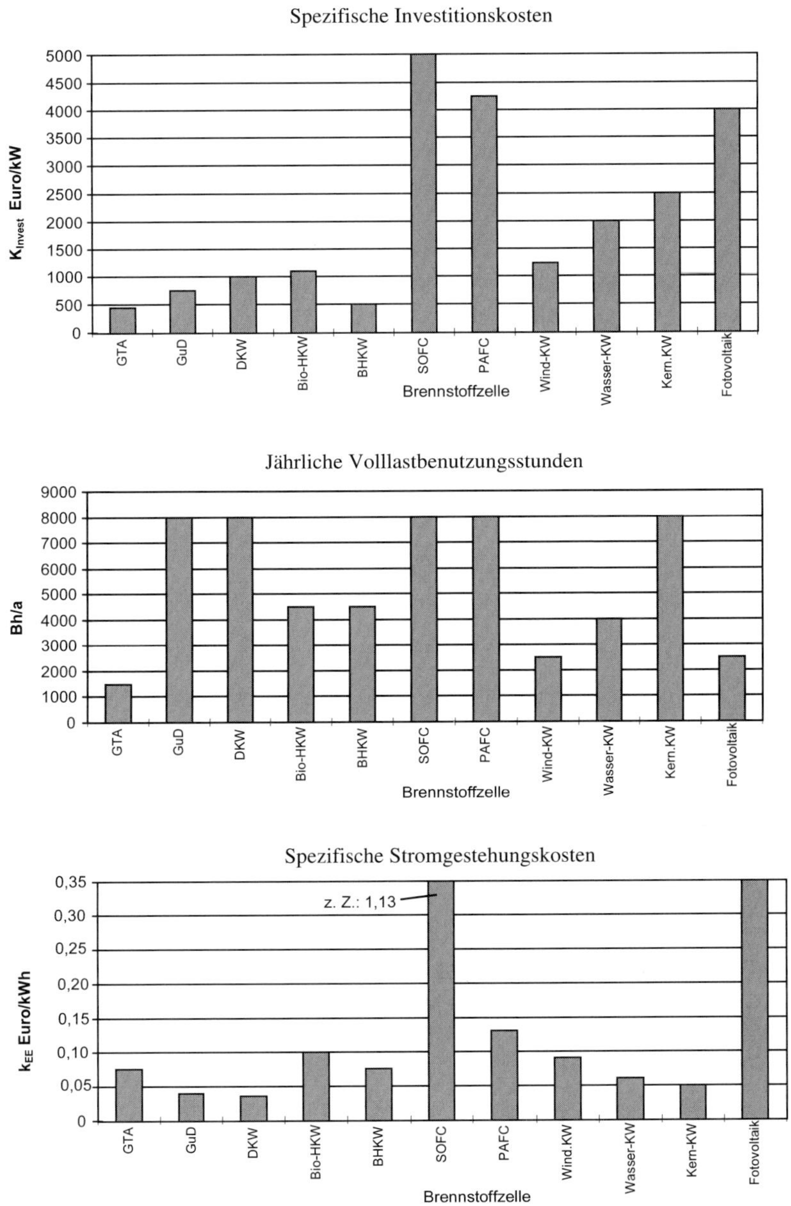

Bild 12.22 Spezifische Stromgestehungskosten in Euro/kWh bei verschiedenen Umwandlungsprozessen

Die festgelegten gesetzlichen **Schadstoffkonzentrationen** haben beispielsweise in Deutschland mit der Zeit eine kontinuierliche Vereinigung der Grenzwerte erfahren.

International ist man diesen Festlegungen gefolgt und hat zum Beispiel für die Europäische Union – leider noch nicht global – Umweltschutzgesetze beschlossen.

12.7 Zukünftige Entwicklungen in der Energietechnik

Die thermischen Energieumwandlungs-Technologien bestimmen gegenwärtig die Technik der Energieumwandlung.

Die regenerativen Energien stellen eine wichtige additive Größe dar, sie werden in ihrer Anwendung – vorrangig wegen der umweltfreundlichen Ausstrahlung – stark gefördert, bleiben aber zur Zeit im Einsatz beschränkt.

Die thermischen Kraftwerke werden auch in Zukunft einen hohen Anteil an der globalen Energietechnik darstellen, weil sie eine stets abrufbare Leistung anbieten.

12.7.1 Dezentraler Bereich der Energieversorgung

Für lokale Energiesysteme im kommunalen und kleinindustriellen Bereich ($P_{el} \approx 10000$ kW) werden eingesetzt:

- **Gasturbinenanlagen** und **Blockheizkraftwerke** mit Motoren
- **Dampfkraftwerke** mit niedrigen Frischdampfparametern
- **Wasserkraft**- und **Windanlagen**
- **Solaranlagen** (Solarthermie und Fotovoltaik) sowie
- **Brennstoffzellen**.

12

Die Brennstoffzellen zeichnen sich durch geringe Emissionen, gutes Teillastverhalten und die Kombinationsmöglichkeit von **SOFC-Anlagen** (SOFC: Solid Oxid Fluid Cell; Tabelle 12.9) mit Gasturbinenanlagen (Microturbinen) bei erhöhten Gasdrücken aus.

Für die direkte Umwandlung der im Brennstoff (z. B. CH_4 oder H_2) gespeicherten chemischen Energie in Elektroenergie hat sich in den letzten Jahren die Brennstoffzelle herausgebildet. Diese Entwicklung ist in ein Stadium der Versuchs- und Prototypenerprobung getreten und wird ab 2005/2010 ihre technische Reife erreicht haben. Zur Zeit sind jedoch die Investitionskosten für die eigentliche elektrische Zelle und die Nebenanlagen so hoch, dass ein wirtschaftlicher Einsatz nicht gegeben ist. Für serienreife Anlagen nach dem Jahre 2005/2010 sollten 750…1000 Euro/kW als spezifische Investitionen vorgeben werden (Bild 12.23).

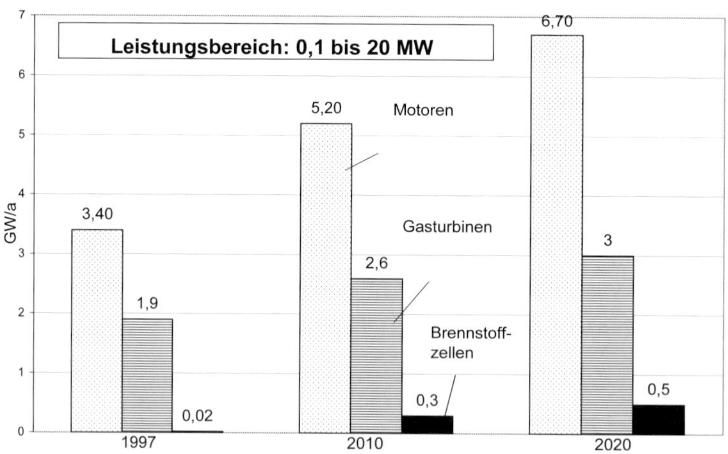

Annahme:
Die Brennstoffzelle erreicht angenähert den spez. Preis von Motoren/GT

Bild 12.23 Marktchancen der Brennstoffzellen nach Siemens/KWU

Das Funktionsprinzip wird durch die Reaktionen an Anode und Katode bestimmt, mit den Medienströmen Wasserstoff und Sauerstoff (Luft). Die Reaktionen zeigt Bild 12.24.

Die einzelnen Zellen werden zu Stapeln zusammengeführt. Modular werden dann Leistungseinheiten von 100 ... 1000 kW aufgebaut, die aus Brennstoffaufbereitung (Reformer), Luftzufuhr, elektrischer Energieabführung und Abwärmenutzung bestehen und als Packages montiert werden.

Anode:	$H_2 \rightarrow 2H^+ + 2e^-$
Katode:	$\frac{1}{2}O_2 + 2H^+ + 2e^- \rightarrow H_2O$
Gesamtreaktion:	$H_2 + \frac{1}{2}O_2 \rightarrow H_2O + \text{Elektroenergie}$

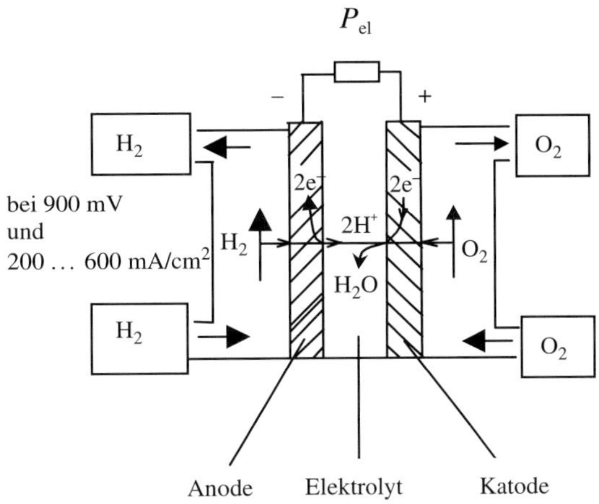

Bild 12.24 Reaktionen in der Brennstoffzelle

PEM-Brennstoffzellen (PEM: Polymer Electrolyte Membrane; Tabelle 12.9) werden mit Wasserstoff – aus der Elektrolyse bzw. durch Reformierung von Methanol oder Erdgas gewonnen und von CO gereinigt – betrieben. Wasserstoff wird über die Anodenseite der Brennstoffzelle zugeführt und dort in $2\,H^+$-Ionen und Elektronen aufgespalten. Die Wasserstoff-Ionen wandern durch die polymere Elektrolytmembran zur Katodenseite, auf der Luft mit Sauerstoff zugeführt wird. Der Sauerstoff wird ebenfalls an der Katode ionisiert, um mit den Wasserstoff-Ionen zu Wasser zu reagieren. Die dadurch verursachte elektrische Leistung kann durch Verbraucher genutzt werden.

Aber nicht nur der „Edelbrennstoff" reines H_2, sondern auch andere Gase können bei den verschiedenen Verfahren (mit Reformieren) verwendet werden (z. B. Erdgas, Deponiegas, Vergasungsproduktgas). Sie sind aber vorher intensiv zu reinigen. Tabelle 12.9 zeigt einen Überblick.

Brennstoffzellen-Heizkraftwerke im Leistungsbereich von 1 ... 200 kW_{el} sind bereits im Einsatz. Die MTU München hat 1998/99 den ersten Prototyp einer Karbonatelektrolyt-Brennstoffzelle mit 300 kW_{el} getestet. Dabei wird nicht nur Wasserstoff und Erdgas als Brennstoff vorbereitet, sondern es werden auch erhebliche Anstrengungen unternommen, um Produktgase aus der Biomasse- und Abfallvergasung zu verwenden.

Interessant ist auch die Entwicklung des Siemens/Westinghouse-Konzepts einer druckaufgeladenen SOFC in Kombination mit einer Microturbine und einer Leistung von 1 MW_{el}. Dabei werden Wirkungsgrade von 60 % bis 70 % angestrebt.

Die Brennstoffzellen bieten im niedrigen Leistungsbereich hohe elektrische Wirkungsgrade bei niedrigen Schadstoffemissionen. Die gleichzeitige Nutzung der Abwärme auf unterschiedlichem Temperaturniveau erschließt damit die zukünftige Anwendung in der Kraft-Wärme-Kopplung im Wohnhaus und für die dezentrale Energieversorgung, wenn die Serienreife und die Wirtschaftlichkeit erreicht werden.

Tabelle 12.9 Übersicht über Brennstoffzellen-Technologien

Typ der Brennstoffzelle		Betriebs-temperatur	Elektrolyt	Oxidant	elektr. Wirkungsgrad	Entwicklungs-stand
PEMFC	Polymer Electrolyte Membrane Fuel Cell	bis 80 °C	Festpolymer	O_2/Luft	60 %, bezogen auf $H_u(CH_4)$	Einheit 250 kW
PAFC	Phosphoric Acid Fuel Cell	bis 220 °C	Phosphorsäure	Luft	36 … 46 %	11 MW
MCFC	Molton Carbonate Fuel Cell	650 °C	Lithium- und Kaliumcarbonat	Luft	48 … 60 %	2,2 MW
SOFC	Solid Oxid Fuel Cell	bis 1000 °C	Zirconiumoxid Yttrium-dotiert	Luft	55 … 65 %	bis 25 kW

12.7.2 Zentrale Energieversorgung

Für Anlagen der zentralen Energieversorgung (Blockleistungen 350 … 500 MW und größer) stehen zuverlässige und effiziente

- Kernkraftwerke
- Dampfkraftwerke mit überkritischen Frischdampfparametern
- Gasturbinen- und Gas- und Dampfturbinenkraftwerke für Erdgas und leichtes Heizöl, Letztere mit niedrigen spezifischen Investitionskosten und kurzen Lieferzeiten zur Verfügung.

Diese Anlagen können je nach Bedarf für die

- reine Elektroenergiebereitstellung sowie für
- gekoppelte Bereitstellung von Elektroenergie und Wärme/Kälte

konzipiert werden.

International werden verstärkt thermische Anlagen entwickelt, die die Vorzüge der Gas- und Dampfturbinenkraftwerke mit ihren hohen Prozesswirkungsgraden mit der Nutzung von Braun- und Steinkohle, die in weit höherem Maße global vorhanden sind, verbinden sollen.

Beispielhaft werden angeführt:

- **GuD-Heizkraftwerke mit Druckwirbelschichtfeuerung für Kohle** (Bild 12.25). Kohle wird unter Druck ($p \approx 1500$ kPa) in einer Wirbelschichtfeuerung verbrannt; das Rauchgas ($p \approx 1500$ kPa/800 °C) wird in Zyklonen gereinigt und in der Gasturbine entspannt, die einen Luftverdichter für die Druckverbrennung und den Generator antreibt. Der Dampf für den Dampfturbinenprozess wird durch die Abwärme in der Druckwirbelschicht erzeugt. Prozesswirkungsgrade von $\eta_{\text{el, netto}} = 0{,}40 \ldots 0{,}43$ sind heute erreichbar. Anwendungen sind Heizkraftwerke z. B. in Cottbus (D), Värten (S) und Kondensationskraftwerke in Spanien und Japan ($P_{\text{el}} = 60 \ldots 800$ MW).
- **Gas- und Dampfturbinenkraftwerke mit integrierter Kohlevergasung (IGCC,** Integrated Gasification Combined Cycle) (Bild 12.26). Eine unter Druck betriebene Vergasung von Brennstoffen wie Kohle, Biomassen, Raffinerierückständen wird einem GuD-Prozess vorgeschaltet. Bei größeren Vergasungsanlagen wird vorteilhaft Sauerstoff verwendet. Die Kohlegasreinigung erfolgt meist mit Wäschern unter 400 °C.

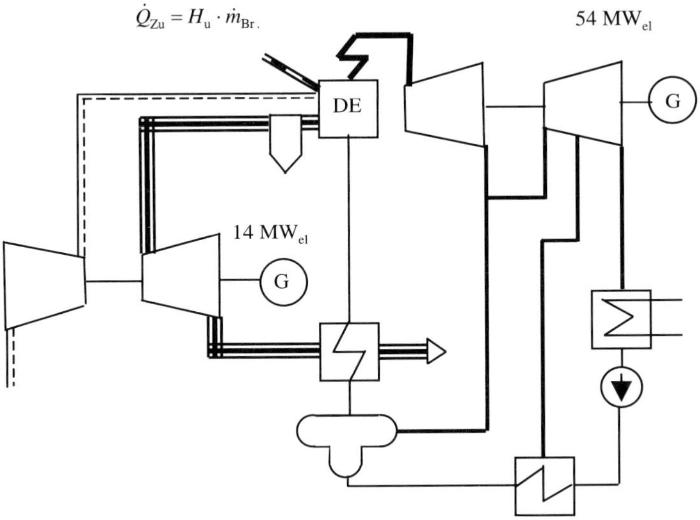

P200 der ABB-Alstom Finspong (Schweden) Hauptdaten der Anlage im HKW Cottbus (errichtet 1999) (vereinfacht)

Bild 12.25 Druckaufgeladener Wirbelschichtdampferzeuger (p ≈ 12 bar) mit rauchgasbetriebener Gasturbine

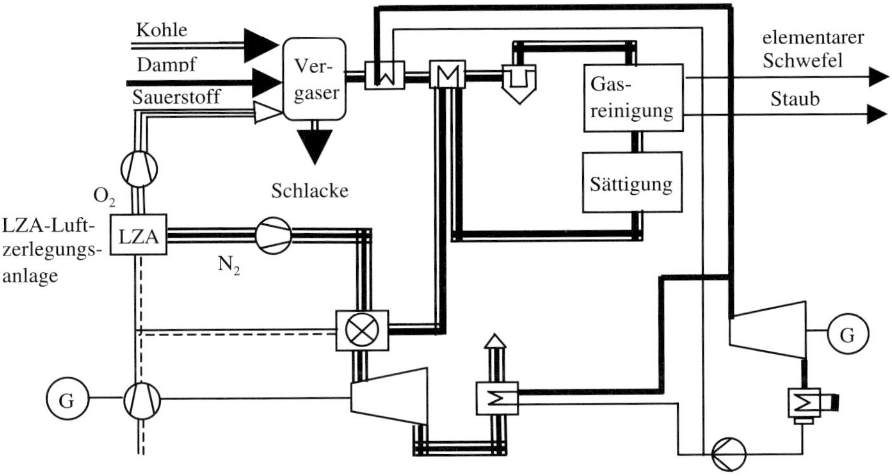

Bild 12.26 Kohlekombikraftwerk mit integrierter Vergasung (IGCC)

Anlagen mit Leistungen in der Größenordnung 300 MW sind als Demonstrationsanlagen in Betrieb. Anlagengrößen von 500 MW, auf der Basis einer Gasturbine, sind geplant. Mit der heutigen Gasturbinentechnologie sind Wirkungsgrade von bereits über 50 % erreichbar. Fortschritte in der Gasturbinen- und Kombikraftwerks-Technologie können beim IGCC direkt genutzt werden. Das Wirkungsgradpotenzial nach dem Jahr 2010 reicht bis etwa 55 %.

Integrierte Kohlevergasung	KW Buggenum (NL)	253 MW	$\eta_{el,\ netto} = 0{,}43$
	KW Puertollano (E)	300 MW	$\eta_{el,\ netto} = 0{,}42$

Bild 12.27 zeigt die erreichbaren elektrischen Umwandlungswirkungsgrade. Man erkennt, dass sich sowohl im niedrigen als auch im hohen Leistungsbereich thermischer Energieanlagen eine hohe Güte erreichen lässt.

Dabei kann auch eine „saubere" ökologische Umwandlung angeboten werden. Regenerative Teile sind im Energiemix integriert. Ökonomische Bedingungen und die Zuverlässigkeit der Anlagen sind in die Energiesystembetrachtung einzubeziehen.

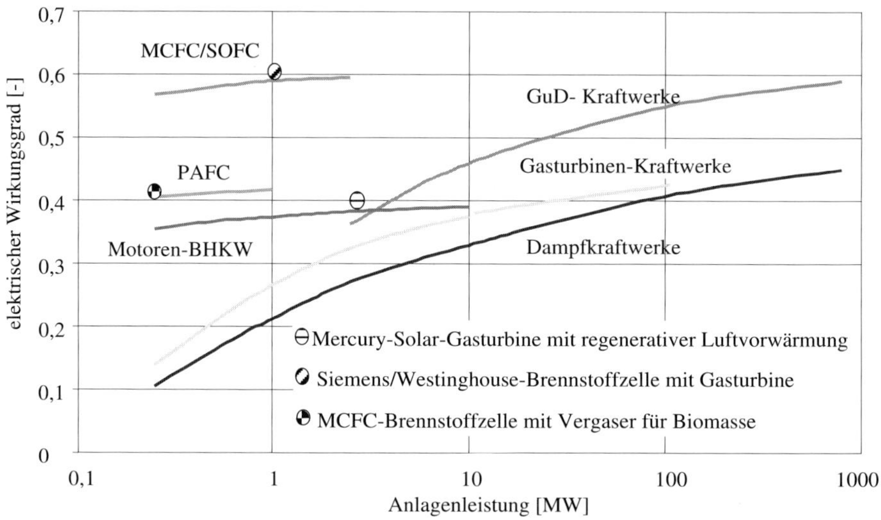

Bild 12.27 Güte der Energieumwandlung – Kraftwerkswirkungsgrade in Abhängigkeit von der Einheitenleistung

Weiterführende Literatur

Kalide, W.: Energieumwandlung in Kraft- und Arbeitsmaschinen. 9. Aufl., München Wien: Carl Hanser Verlag 2005

Sigloch, H.: Strömungsmaschinen – Grundlagen und Anwendungen. 3. Aufl., München Wien: Carl Hanser Verlag 2006

Haage, H.-D.: Maschinenkunde Kraft- und Arbeitsmaschinen. 7. Aufl., München Wien: Carl Hanser Verlag 2003

Quaschning, V.: Regenerative Energiesysteme. 5. Aufl., München Wien: Carl Hanser Verlag 2007

13

Fertigungstechnik

Prof. Dr.-Ing. habil. Reimar Frobin
Prof. Dr.-Ing. habil.
Hans-Christian Böttger
Westsächsische Hochschule Zwickau

Tabelle 13. 1 Wichtige Formelzeichen

Formelzeichen	Einheit	Bedeutung	Formelzeichen	Einheit	Bedeutung
c_b		bezogener Biegeradius	W_{id}	N · m	ideelle Umformarbeit
F_c	N	Schnittkraft	z	mm	Ziehspalt
g		Gleitung	α	°	Matrizen-Neigungs-winkel
k_c	N/mm²	spezifische Schnittkraft			
k_f	N/mm²	Umformfestigkeit	γ	°	Schiebungswinkel
k_s	N/mm²	Scherfestigkeit	η_u		Umformwirkungsgrad
M_b	N · m	Biegemoment	κ		Spannungsformzahl
P_c	W	Schnittleistung	σ	N/mm²	Normalspannung
s_u	mm	Umformweg	τ	N/mm²	Schubspannung
T	s	Standzeit	φ		Umformgrad
v_c	m/s	Schnittgeschwindigkeit	$d\varphi/dt$	s^{-1}	Umformgeschwindigkeit

13.1 Einführung

13

13.1.1 Grundbegriffe und Definitionen

Die zu fertigenden Erzeugnisse können sowohl einfache als auch zusammengesetzte Produkte sein und sind in der Regel durch **Konstruktionsunterlagen** (Zeichnungen, Rechnerdarstellungen, Prototypen) sowie durch **Produktionspläne** vorgegeben. Während die Konstruktionsunterlagen Informationen über die geometrische Form, die Abmessungen und zulässigen Abweichungen, die Oberflächengüte, den Werkstoff und Werkstoffzustand beinhalten, gibt der Produktionsplan die zu fertigenden Stückzahlen und Termine vor.

Im **Fertigungsprozess** wird ein gewählter Anfangs- oder Rohzustand durch schrittweise Veränderung der Form- bzw. Stoffeigenschaften in den gewünschten End- oder Fertigzustand überführt. Das geschieht durch Anwendung bestimmter **Fertigungsverfahren** und Fertigungsmittel nach vorgegebenen Informationen (Fertigungsplänen, Programmen).

Neben den notwendigen verändernden Arbeitsschritten gehören zum Fertigungsprozess auch die maßliche und stoffliche Kontrolle des jeweiligen Veränderungsgrades bzw. des Endzustandes (**Qualitätsmanagement**) sowie die während der Fertigung notwendigen **Transport**- und **Lagerprozesse**.

Bei der Fertigung zusammengesetzter Erzeugnisse sind zwei Teilprozesse zu unterscheiden:

- die **Teilefertigung**, d. h. die Herstellung von Einzelteilen (Bauelementen), und
- die **Montage**, d. h. das Verbinden der Bauelemente zu Baugruppen und Erzeugnissen.

13.1.2 Gliederung der Fertigungsverfahren

Die systematische Einteilung der Fertigungsverfahren benutzt die Ordnungsmerkmale: **Stoffzusammenhalt** (schaffen, beibehalten, vermindern, vermehren), **Form** (schaffen, ändern) und

Stoffeigenschaften ändern. Damit ergeben sich nach DIN 8580 entsprechend Tabelle 13.2. sechs **Verfahrenshauptgruppen**, die weiter in Gruppen, Untergruppen und Verfahren untergliedert sind.

Tabelle 13.2 Gliederung der Fertigungsverfahren nach DIN 8580

Stoffzusammenhalt	**schaffen**	**beibehalten**	**vermindern**	**vermehren**		**Stoffeigenschaft ändern**
	Form schaffen	**Form ändern**				
Verfahrenshauptgruppen	1. Urformen	2. Umformen	3. Trennen	4. Fügen	5. Beschichten	6. Stoffeigenschaft ändern
Beispiele für Verfahren	Gießen Pressen Spritzgießen	Walzen Gesenkformen Fließpressen Tiefziehen	Zerteilen/ Schneiden Spanen/ Drehen Schleifen Abtragen	Einpressen Nieten Schweißen Löten Kleben	Lackieren Galvanisieren	Kaltverfestigen Glühen Härten

13.1.3 Gliederung des Fertigungsprozesses

Den **Fertigungs-Gesamtprozess** mit seinen Hauptwegen vom formlosen Stoff bis zum fertigen Erzeugnis zeigt Bild 13.1. Bei Weg I wird aus einer urgeformten Vorform (vorwiegend Strangguss) durch meist mehrfaches Warmumformen (Walzen, Strangpressen) Halbzeug (Stab- und Profilstahl, Rohr, Blech, Band) hergestellt, das dann Anfangsmaterial für die nachfolgende Teilefertigung bildet. Dabei wird das ursprüngliche Gussgefüge in Knetgefüge umgewandelt, sodass Weg I vorrangig bei der Verarbeitung von Stählen und NE-(Nichteisen-)Knetlegierungen Anwendung findet. Der kürzere Weg II führt aus dem formlosen Stoff direkt zur Grundform (Hauptgeometrie) eines Formteiles, das beim Gießen relativ sprödes Gussgefüge, beim Sintern poröses Gefüge aufweist.

Die **Teilefertigung aus Halbzeug** (Weg I) erfolgt insbesondere nach zwei Grundvarianten, die im linken (a) und mittleren Weg (b) in Bild 13.1 beschrieben sind:

a) Umformen
- Grundformgebung durch Umformen, beispielsweise durch Gesenkschmieden, Kaltfließpressen, Tiefziehen, ausgehend von Halbzeugabschnitten oder -ausschnitten.
- Endbearbeitung des Umformteiles durch Spanen und/oder Umformen, beispielsweise:
  - Grundformbearbeitung eines Gesenkschmiedeteiles durch Drehen.
  - Erweiterungsformgebung (z. B. Verzahnen) durch Wälzfräsen (Spanen) oder Profilwalzen (Umformen).
  - Feinbearbeitung (z. B. der Verzahnung) durch Schleifen oder Feinwalzen.

b) Spanen
- Grundformgebung einschließlich Grundformbearbeitung durch Spanen, ausgehend vom Halbzeug bzw. Halbzeugabschnitt (auch „Spanen aus dem Vollen“).
- Erweiterungsformgebung und Feinbearbeitung analog a)

Weg a) führt prinzipiell zu besserer Materialökonomie und höherer Produktivität.

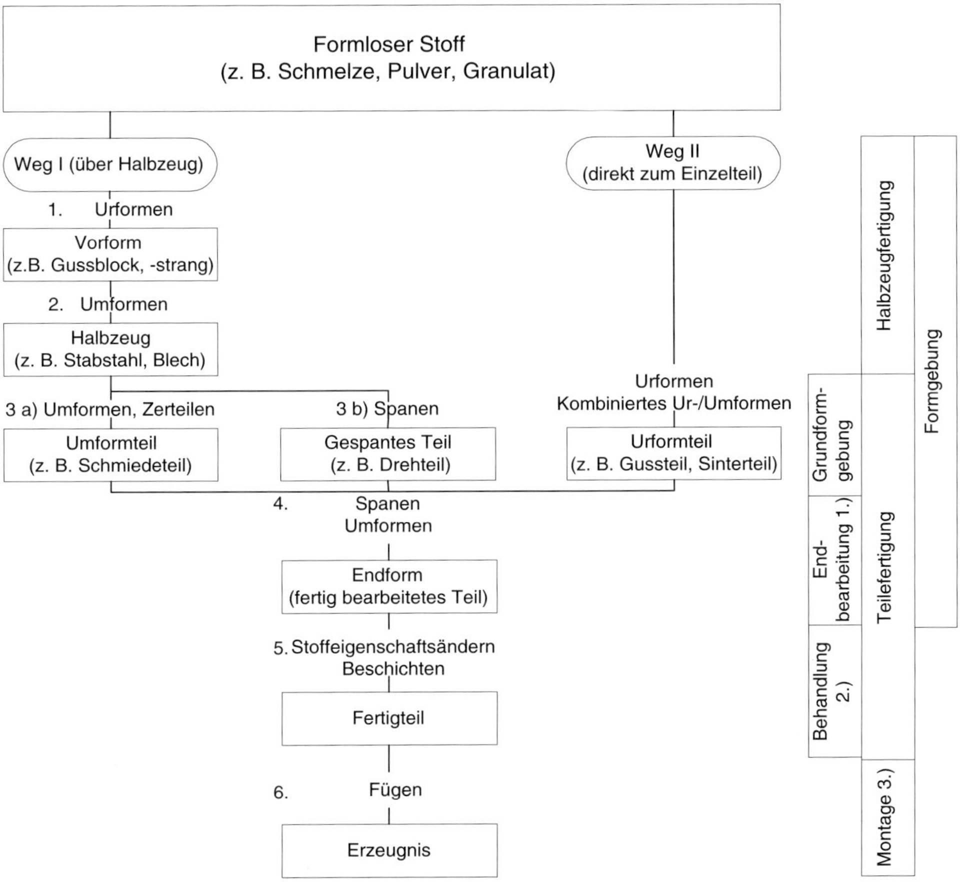

Bild 13.1 Hauptwege und Begriffe im Fertigungs-Gesamtprozess

Anmerkungen:

1.) umfasst die Grundformbearbeitung, Erweiterungsformgebung und Feinbearbeitung

2.) Behandlung kann auch zwischen 1. und 4. oder nach 6. anfallen

3.) Montage meist in mehreren Stufen, z. B. Baugruppenmontage, Endmontage

Ausgehend von Bild 13.1 ergibt sich die in Tabelle 13.3 dargestellte hierarchische Prozessgliederung.

Die **Fertigungsvorbereitung** (Fertigungs- oder Arbeitsplanung) ermittelt für eine bestimmte Fertigungsaufgabe den hinsichtlich Kosten, Zeit und Qualität optimalen Fertigungsprozess und legt ihn mindestens bis zur Ebene der Arbeitsvorgangsfolge fest. Entsprechend der Arbeitsteilung können dabei mehrere Arbeitspläne für die Fertigung eines Teiles entstehen, wie beispielsweise je ein Arbeitsplan für das Gesenkschmieden (Grundformgebung), die Endbearbeitung (mechanische Fertigung) und die Wärmebehandlung (Stoffeigenschaftsänderung) einschließlich der entsprechenden Prüfpläne.

Die Entwicklung der Fertigungsverfahren und -prozesse ist auf die immer bessere Annäherung von Urformteilen (Bild 13.1, Weg II) und Umformteilen (Bild 13.1, Weg I a) an das Fertigteil gerichtet, um den Aufwand für die spanende Endbearbeitung und die damit verbundenen Materialverluste zu vermindern.

Tabelle 13.3 Gliederung des Fertigungsprozesses

1. Ebene:	**Gesamtprozess** – Fertigungsablauf vom formlosen Stoff bis zum Erzeugnis		
2. Ebene:	**Teilprozess** (auch „Prozess")		
	– Herstellung von Walzwerkserzeugnissen	„Halbzeugfertigung"	
	– Herstellung von Einzelteilen	„Teilefertigung"	
	– Verbinden zum Erzeugnis	„Montage"	
3. Ebene:	**Prozessstufe** (auch „Prozess") mögliche Prozessstufen der Teilefertigung:		
	– Grundformgebung	(z. B. Kaltfließpressen)	
	– Grundformbearbeitung	(z. B. Fertigdrehen)	auch „Endbearbeitung"
	– Erweiterungsformgebung	(z. B. Verzahnen)	auch „Endbearbeitung"
	– Feinbearbeitung	(z. B. Schleifen)	auch „Endbearbeitung"
	– Stoffeigenschaftsändern	(z. B. Vergüten)	auch „Behandlung"
	– Beschichten	(z. B. Verchromen)	auch „Behandlung"
4. Ebene:	Arbeits(vor)gang (z. B. Kaltfließpressen)		
5. Ebene:	Arbeits(vorgangs)stufe (z. B. Fließpressen 1. Stufe)		

13.2 Urformen

13

13.2.1 Verfahrensübersicht

Urformen ist nach DIN 8580 Fertigen eines festen Körpers aus **formlosem Stoff** durch Schaffen des Stoffzusammenhaltes, wobei die Stoffeigenschaften bestimmbar in Erscheinung treten. Beim Urformen wird einem formlosen Werkstoff (z. B. flüssigem Stahl) eine Form gegeben (z. B. Gussteil).

Das **allgemeine Verfahrensprinzip** bzw. der prinzipielle Verfahrensablauf geht aus Tabelle 13.4 hervor.

Tabelle 13.4 Verfahrensablauf beim Urformen

Vorgangsfolge	**Beispiel**
1. Erzeugung des urformfähigen formlosen Stoffes	1. Schmelzen des Metalls
2. Formgebung des formlosen Stoffes	2. Gießen der Schmelze in eine Gießform
3. Schaffen des Stoffzusammenhaltes	3. Abkühlen und Erstarren der Schmelze
4. Entnehmen des Urformteiles aus der Form	4. Auspacken des Gussteiles
5. Nachbehandeln des Urformteiles	5. Putzen (Abtrennen des Gießsystems, Entgraten), Normalglühen u. a.

Entsprechend dem Gesamtprozess nach Bild 13.1 ist das Erzeugnis beim Beispiel Gießen entweder eine Vorform zur Halbzeugfertigung (Weg I) oder die Grundform eines Einzelteiles (Weg II). Im ersten Fall kommen das **Blockgießen** in eine metallische Dauerform (Kokille) nach Bild 13.2a) oder als kontinuierliche Verfahren das **Stranggießen** nach Bild 13.2b) für Voll- und

Hohlprofile und das **Bandgießen** für Flachmaterial (Band) zur Anwendung. Im zweiten Fall wird vom **Formgießen** gesprochen (Bild 13.2c). Hierzu werden neben metallischen Dauerformen vor allem Gießformen aus silikatischen Werkstoffen verwendet, die beim Auspacken des Gussteiles zerstört und deshalb als verlorene Formen bezeichnet werden.

Ausgehend vom allgemeinen Verfahrensprinzip wird als erstes Gliederungsmerkmal des Urformens die **Art des formlosen Stoffes** herangezogen. Danach können unter anderem die in Tabelle 13.5 dargestellten Gruppen gebildet werden.

Tabelle 13.5 Gliederung des Urformens nach Art des formlosen Stoffes

Urformen aus dem ...	Beispiel
flüssigen Zustand	Gießen
breiigen Zustand	Gießen von Beton
pulverförmigen Zustand	Pressen und Sintern von Metall- oder Keramikpulver
plastischen Zustand	Spritzgießen von erwärmtem Kunststoffgranulat
gasförmigen Zustand	Abscheiden aus der Dampfphase
ionisierten Zustand	elektrolytisches Abscheiden

Ein zweiter Einteilungsgesichtspunkt ist die **Art der Formgebung** des formlosen Stoffes. Dabei dominieren die **mechanischen Prinzipien**, nach denen unterschieden wird:

- **Urformen durch Schwerkraftwirkung** (Bild 13.2)
  Ausfüllen des Formhohlraumes einer Gießform durch Wirkung der Schwerkraft, die einen Schweredruck $p = h \cdot \rho \cdot g$ erzeugt, der mit der Dichte ρ der Schmelze und der Höhe h der Flüssigkeitssäule ansteigt (g: Erdbeschleunigung; $g = 9{,}81\ \mathrm{m/s^2}$). Dieses Schwerkraftgießen setzt Fließfähigkeit und Formfüllungsvermögen des formlosen Stoffes voraus.

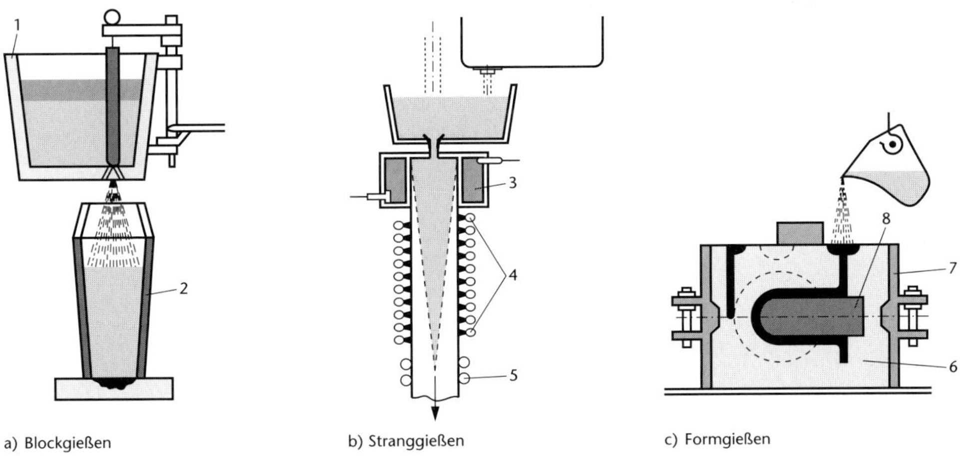

Bild 13.2 Schwerkraftgießen von Halbzeug (a, b) und von Formteilen (c)
1 Stopfenpfanne, 2 Kokille, 3 Profilkokille (gekühlt), 4 Kühlstrecke, 5 Transportwalzen, 6 Gießform, 7 Formkasten, 8 Kern

- **Urformen durch äußeren Druck** (Bild 13.3)
  Der formlose Stoff wird durch von außen aufgebrachten Druck in den Formhohlraum gepresst. Beispiele hierfür sind das **Druckgießen** aus dem flüssigen Zustand und das **Spritzgießen** aus dem plastischen Zustand.

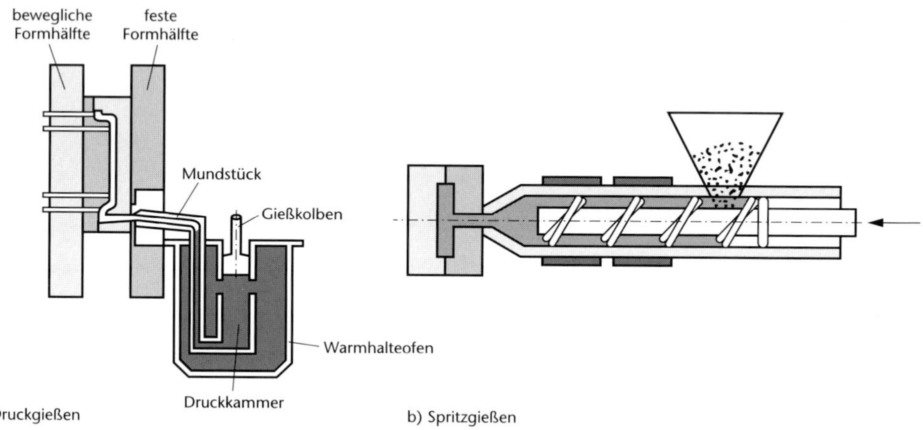

a) Druckgießen b) Spritzgießen

Bild 13.3 Urformen durch äußere Druckwirkung

- **Urformen durch Zentrifugalkraftwirkung** (Schleudergießen, Bild 13.4)
  Dieses Verfahren wird zur Herstellung rohr-, ring- und scheibenförmiger Teile genutzt. Verwendet werden rotierende Dauerformen, in denen sich die eingebrachte Schmelze durch die wirkende Zentrifugalkraft gleichmäßig über die Innenwand der Form verteilt.

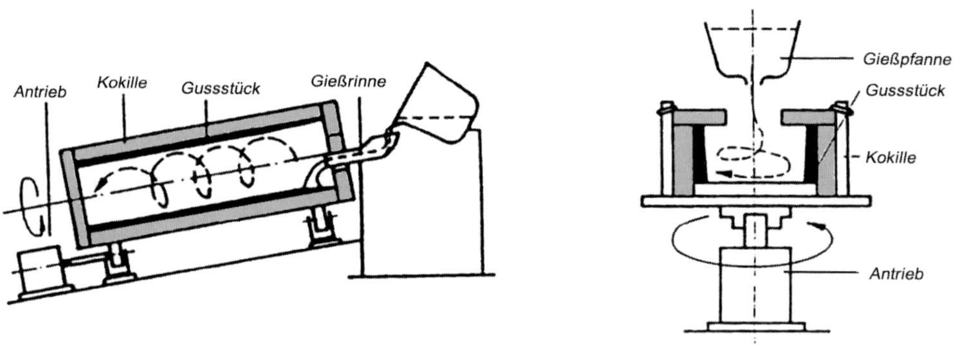

a) Schleudergießen, horizontal b) Schleudergießen, vertikal

Bild 13.4 Urformen durch Zentrifugalkraftwirkung

- **Urformen durch Druckwirkung des Urformwerkzeuges** (Bild 13.5)
  Die Ausfüllung des Formhohlraumes mit formlosem Stoff erfolgt durch Druckwirkung eines aktiven Urformwerkzeuges. Beispiele zeigt Bild 13.5.

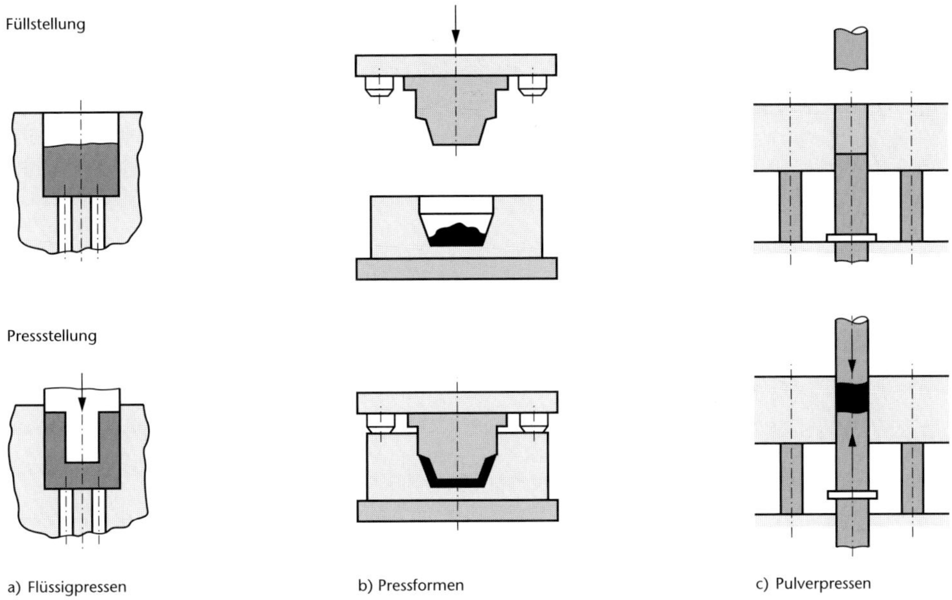

Bild 13.5 Urformen mit aktivem Urformwerkzeug

Die möglichen Kombinationen der verschiedenen Arten der Formgebung mit der Art des formlosen Stoffes führen zu den Urformverfahren entsprechend DIN 8580 (Tabelle 13.6).

Tabelle 13.6 Gliederung des Urformens nach DIN 8580

Hauptgruppe 1
Urformen

Gruppe 1.1	Gruppe 1.2	Gruppe 1.3	Gruppe 1.4	Gruppe 1.5	Gruppe 1.6	Gruppe 1.7
Urformen aus dem flüssigen Zustand	Urformen aus dem plastischen Zustand	Urformen aus dem breiigen Zustand	Urformen aus dem körnigen oder pulverförmigen Zustand	Urformen aus dem span- oder faserförmigen Zustand	Urformen aus dem gas- oder dampfförmigen Zustand	Urformen aus dem ionisierten Zustand
Untergruppen						
• Schwerkraftgießen • Druckgießen • Niederdruckgießen • Schleudergießen • Stranggießen • Schäumen • Tauchformen	• Pressformen • Spritzgießen • Spritzpressen • Strangpressen • Ziehformen	Gießen von: • Beton und Gips • Porzellan und Keramik	• Pressen • Sandformen • Thermisches Spritzen	Herstellung von: • Spanplatten • Faserplatten • Papier und Pappe	Abscheiden aus der Dampfphase in einer Form	Elektrolytisches Abscheiden in einer Form

13.2.2 Gießen mit verlorenen Formen

Allgemeines

Zum Schwerkraftgießen von Formteilen aus Stahlguss, Gusseisen und auch NE-Metallen werden vorzugsweise verlorene Formen benutzt (Bild 13.2c). Der temperaturbeständige **Formstoff** besteht aus einem Formgrundstoff (meist Quarzsand, aber auch Korund), Formstoffbindemittel (silikatische Binder, wie Ton, Zement, Wasserglas, Kohlehydratbinder, Ölbinder, Kunstharzbinder) und Zuschlagstoffen (z. B. Wasser).

Die erzeugte Gießform muss dem Schweredruck des Gießmetalls standhalten, d. h. neben der thermischen Beständigkeit auch eine ausreichende mechanische Festigkeit besitzen. Diese **Festigkeit** entsteht je nach Zusammensetzung des Formstoffes und angewandtem Formverfahren

- durch mechanisches Verdichten **(Verdichtungsprinzip)** oder
- durch Aushärt- bzw. Abbindevorgänge **(Verfestigungsprinzip)**.

Zur Erzeugung des Hohlraumes in der Gießform, der später die Schmelze aufnimmt, wird ein **Modell** benutzt. Das Modell stellt ein Abbild des herzustellenden Gussteiles dar. Es muss um das Schwindmaß, d. h. die Wärmeschrumpfung des Gussteiles beim Abkühlen von der Erstarrungstemperatur auf Zimmertemperatur (1 % bis 3 %), größer ausgeführt sein als das Gussteil. Ein solches Modell kann ein Dauermodell (immer wieder verwendbar) aus Holz, Kunststoff oder Metall oder ein verlorenes Modell (einmal verwendbar) aus Wachs oder Schaumstoff (Polystyrol) sein.

Dauermodelle werden in der Regel geteilt ausgeführt und mit Aushebeschrägen versehen (0,5° bis 2°). Verlorene Modelle sind ungeteilt und erfordern keine Aushebeschrägen.

Zur Erzeugung von Durchbrüchen, Bohrungen oder anderen Hohlräumen im Gussteil werden an entsprechenden Stellen **Kerne** in die Gießform eingelegt, die ebenfalls aus silikatischen Formstoffen (Kernformstoffen) hergestellt sind.

Verfahrensübersicht

Ausgehend von den genannten Merkmalen der Verfahren zur Herstellung verlorener Formen gibt Tabelle 13.7 eine systematische Übersicht mit den wichtigsten **Formverfahren**.

Handformen

In handgefertigten Sandformen können alle Gusswerkstoffe vergossen werden. Die Abmessungen sind nahezu unbegrenzt: Al-Gussteile von wenigen Gramm bis etwa 700 kg mit Wanddicken von 3 mm bis 18 mm, Stahlgussteile von etwa 0,8 kg bis 80 t mit Wanddicken von 8 mm bis 1000 mm. Die zulässigen Toleranzen reichen bei Al-Guss von 2,5 mm (bei Nennmaß 40 mm) bis 8 mm (Nennmaß 2500 mm) und bei Stahlguss von 3 mm (Nennmaß 40 mm) bis 25 mm (Nennmaß 8000 mm). Die wirtschaftliche Anwendung des Handformens liegt im Bereich der Einzel- und Kleinserienfertigung.

Maschinenformen (Rütteln und Pressen)

Zur Herstellung verlorener Formen für die Mittelserien- bis Massenfertigung werden Formmaschinen oder automatisch arbeitende Form- und Gießanlagen eingesetzt. Im Gegensatz zum Handformen werden keine losen Modelle, sondern **Modellplatten** benutzt, die auf dem Tisch der Formmaschine befestigt sind. Während bei **Formmaschinen** das Zuführen und Verdichten des Formstoffes sowie das Abheben der Form vom Modell mechanisiert sind, führen **Form- und Gießanlagen** auch alle Transportvorgänge und das Gießen aus. Das Verdichten des Stoffes erfolgt durch Rütteln (Vibration des Maschinentisches) während der Zuführung des Formstoffes und durch anschließendes Pressen mit einer Pressplatte oder mit Vielfachstempeln.

Tabelle 13.7 Verfahren zur Herstellung verlorener Formen

Wirkprinzip (Formstoff)	**Verfahren mit**	
	Dauermodell	**verlorenem Modell**
Verdichtungsprinzip (tongebundener Formstoff)		
• Stampfen	Handformen – Kastenformen – Herdformen – Schablonenformen	Vollformgießen
• Rütteln, Pressen	Maschinenformen – mit Kasten – kastenlos	
• Hochdruck	Hochdruckpressen – mit Rütteln – mit Blasen/Schießen Luftimpulsformverfahren Gasexplosionsverfahren u. a.	
Verfestigungsprinzip		
• durch **Unterdruck** (physikalisch gebundener Formstoff)	Vakuumformverfahren	Unterdruckvollformgießen
• durch **Aushärten** (chemisch gebundener Formstoff)	Maskenformverfahren Kaltharzverfahren Zementsandverfahren Wasserglas-CO_2-Verfahren u. a.	Feingießen Vollformgießen

Beim kastenlosen Formen wird der verdichtete Formstoff als Formstoffballen aus dem auf der Formmaschine verbleibenden Formkasten herausgedrückt und zur Gießform zusammengestellt.

In Maschinenformen können Al-Gussteile bis etwa 100 kg und Stahlgussteile bis etwa 10 000 kg vergossen werden. Die Toleranzen sind nur etwa halb so groß wie beim Handformen. Das Maschinenformen ist ab etwa 30 Stück wirtschaftlich anwendbar.

Hochdruckpressen (mit Blasen bzw. Schießen)

Beim Maschinenformen wird mit Pressdrücken von etwa 0,2 MPa gearbeitet. Um höhere Formstofffestigkeit, bessere Abbildegenauigkeit beim Formen und höhere Genauigkeit des Gussteiles zu erhalten, werden beim Hochdruckpressen Pressdrücke von 0,7 MPa bis 1,5 MPa angewendet, wobei eine Vorverdichtung durch Einblasen oder -schießen des Formstoffes in eine geschlossene Formkammer erfolgt. Auf diese Weise werden Kerne oder Formstoffballen für senkrecht geteilte Formen erzeugt.

Vakuumformverfahren

Analog zum Maschinenformen wird auch beim Vakuumformen mit geteiltem Dauermodell und Formkästen gearbeitet. Als Formstoff wird jedoch trockener, bindemittelfreier Quarzsand eingesetzt, der durch Unterdruck verfestigt wird. Vorteile des Vakuumformverfahrens sind das einfache Ausleeren der Formkästen, große Maßgenauigkeit und Oberflächengüte und damit geringe Nacharbeit.

Maskenformverfahren (Croning-Verfahren)

Beim Maskenformverfahren wird die verlorene Gießform aus zwei Halbschalen – den so genannten Masken – gebildet, die nach dem Verfestigungsprinzip aus chemisch gebundenem Formstoff hergestellt werden. Dazu wird ein geteiltes Dauermodell in Form metallischer Modellplatten benutzt, die auf etwa 250 °C erwärmt werden. Der trockene, rieselfähige Formstoff besteht aus Quarzsand, dessen Körner mit aushärtbarem Kunstharz umhüllt sind. Nach Aufschütten des Formsandes auf die warme Modellplatte schmilzt der Harzbinder, sodass die Körner miteinander verkleben und innerhalb von Sekunden eine 5 ... 10 mm dicke **Maske** bilden. Der überschüssige Formstoff wird abgekippt, die Maske bei etwa 450 °C ausgehärtet und von der Modellplatte abgehoben. Zur Bildung der Gießform werden zwei Masken in der Teilungsebene miteinander verklebt. Das Maskenformen ermöglicht die Herstellung komplizierter Gussteile mit schmalen Rippen (z. B. Zylinderköpfe), guten Oberflächen und höheren Maßgenauigkeiten als beim Maschinenformen. Es ist für Teile bis etwa 50 kg Masse in Stückzahlen ab etwa 500 wirtschaftlich anwendbar.

Feingießen (Wachsausschmelzverfahren)

Auch das Feingießen ist ein Verfestigungsformverfahren mit chemisch gebundenem Formstoff. Es arbeitet aber mit verlorenem Modell aus einem leicht schmelzbaren Stoff wie Wachs. Zur rationellen Fertigung der Modelle wird das Spritzgießen mit einer geteilten metallischen Dauerform genutzt.

13

Da das Feingießen insbesondere zur Herstellung kleiner Teile mit Massen von 1 g bis etwa 15 kg dient, werden meist mehrere Modelle mit dem Eingussmodell zu einer Modelltraube (Gießeinheit) gefügt. Diese wird durch mehrmaliges Tauchen in einen feinkeramischen Brei und jeweils anschließendes Besanden mit einem Formstoffüberzug von 5 ... 8 mm Dicke versehen. Nach dem Trocknen wird das Wachs bei 100 ... 200 °C aus der Schale ausgeschmolzen und die Schalenform zur Verfestigung bei etwa 1000 °C gebrannt. Der Abguss erfolgt in die noch heiße Form, sodass auch die Füllung engster Hohlräume durch die Schmelze gewährleistet ist.

Das Feingießen ermöglicht die Herstellung kompliziertester, stark gegliederter Teile bis zu kleinsten Wanddicken von etwa 1 mm. Mit Rautiefen von 10 ... 40 µm werden sehr gute Oberflächen und mit Toleranzen von ±0,1 ... ±1 mm höchste Maßgenauigkeiten bei Eisengusswerkstoffen erreicht. Der wirtschaftliche Stückzahlbereich des Feingießens beginnt bei etwa 1000 Stück.

Vollformgießen

Beim Vollformgießen wird ein verlorenes Modell aus Hartschaum benutzt. Es ist ungeteilt, erfordert keine Aushebeschrägen und kann Hinterschneidungen und Hohlräume enthalten, sodass Kerne überflüssig werden. Das Modell umfasst Eingusssystem und Speiser. Es wird in einen ungeteilten Kasten eingeformt, wobei meist chemisch gebundener Formstoff Anwendung findet. Beim Eingießen der Schmelze wird das Modell nahezu rückstandsfrei vergast. Das Verfahren ist besonders für große Teile (bis mehrere Tonnen) in Einzelfertigung geeignet.

13.2.3 Gießen mit Dauerform

Beim Gießen in Dauerformen werden geteilte **metallische Gießformen** benutzt. Diese bewirken gegenüber silikatischen Formen eine wesentlich schnellere Abkühlung und Erstarrung der Gussteile. Das verkürzt nicht nur die Taktzeiten bei der Fertigung, sondern hat auch ein feineres Gefüge und höhere Festigkeitswerte zur Folge Die erreichten Standmengen von Dauerformen reichen von etwa 5000 Abgüssen bei Eisengusswerkstoffen über etwa 100000 bei Aluminium- bis zu

500000 bei Zinkwerkstoffen. Damit ist das Gießen in Dauerformen besonders für große Fertigungsstückzahlen geeignet. Zum Gießen in Dauerformen gehören auch das in Abschn. 13.2.1 bereits vorgestellte Blockgießen und Stranggießen sowie das Schleudergießen nach Bild 13.4.

Kokillengießen

Beim Kokillengießen werden horizontal oder vertikal geteilte Formen benutzt, deren Formhohlraum durch Schwerkraftwirkung mit Schmelze ausgefüllt wird. Hohlräume im Gussteil werden ebenfalls durch Kerne erzeugt. Diese können als verschiebbare metallische Dauerkerne ausgeführt sein, die zum Entnehmen das Gussteils über äußere Schieber aus der Form herausgezogen werden. Es können aber auch verlorene Kerne aus silikatischen Werkstoffen in die Dauerform eingelegt werden.

Die wirtschaftliche Mindeststückzahl für das Kokillengießen liegt zwischen etwa 100 für einfache Teile und etwa 1000 für komplizierte. Das Kokillengießen wird auch für Gusseisen, vorrangig aber für NE-Metallguss angewendet. Kokillengussteile aus Aluminiumlegierungen werden im Massebereich von wenigen Gramm bis etwa 100 kg hergestellt. Die erreichbare Genauigkeit entspricht etwa der des Feingießens.

Druckgießen

Beim Druckgießen (Bild 13.3 a) wird die Schmelze durch äußeren Druck von 50 MPa bis 200 MPa innerhalb von Sekundenbruchteilen, d. h. mit sehr hoher Geschwindigkeit, in die metallische Dauerform eingebracht. Dadurch werden auch engste Spalten der Form mit Schmelze gefüllt, sodass Teile kompliziertester Form mit geringsten Wanddicken (0,8 mm) herstellbar sind.

Das Druckgießen wird mit speziellen Druckgießmaschinen realisiert, wobei das Warmkammer- und das Kaltkammerverfahren unterschieden werden. Ersteres erreicht im vollautomatischen Ablauf bis 1000 Gießvorgänge je Stunde, zweitgenanntes bis 150. Das Druckgießen ist ab Stückzahlen von etwa 1000 bis 5000 wirtschaftlich anwendbar und somit für die Großserien- und Massenfertigung geeignet. Die herstellbaren Teile liegen im Massebereich von wenigen Gramm bis etwa 40 kg. Es sind hohe Genauigkeiten (Abweichungen von ±0,1 ... ±0,4 mm bzw. etwa 0,1 % des Nennmaßes) und gute Oberflächen (Rauheit 10 ... 40 µm) erzielbar, sodass Druckgussteile keine oder nur geringe Nachbearbeitung erfordern. Die Anwendung ist auf niedrig schmelzende Werkstoffe wie Al-, Cu-, Zn-, Sn- und Pb-Gusslegierungen beschränkt.

13

13.2.4 Pulvermetallurgische Teilefertigung (Pressen und Sintern)

Das Urformen aus dem pulverförmigen Zustand gewinnt zunehmend an Bedeutung, da es die Verarbeitung von hochschmelzenden Metallen wie Wolfram und Molybdän, von Hartmetallen, von hochfesten keramischen Werkstoffen und anderen gestattet. Durch Mischen verschiedener Pulver können Werkstoffzusammensetzungen erzeugt werden, die schmelzmetallurgisch nicht möglich sind, wie beispielsweise Kupfer-Graphit oder Eisen-Aluminium als Kontaktwerkstoffe, Eisen-Graphit als Reibwerkstoff, Kupfer-Zinn-Blei als Gleitlagerwerkstoff. Durch Pressen und Sintern sind komplizierte Formen wie Buchsen, Scheiben, Ringe und hebelförmige Teile auch mit unsymmetrischen Erweiterungsformen und Durchbrüchen in hoher Qualität meist nachbearbeitungsfrei material- und energiesparend herstellbar, sodass es auch für Teile aus Stahl wirtschaftliche Vorteile bringen kann.

Pulverherstellung

Wichtigste Verfahren zur Pulverherstellung sind das Zerstäuben (Verdüsen) von Schmelze mittels Druckluft oder Druckwasser sowie die chemische Reduktion von Stoffverbindungen.

Formgebung des Pulvers

Die Formgebung von Metallpulver erfolgt vorrangig durch **einachsiges Pressen** in Werkzeugen (Bild 13.5). Dabei wird durch Volumenminderung die Schütt- oder Fülldichte ρ_F (bei Eisenpulver etwa 3 g/cm^3) auf die Pressdichte ρ_P erhöht (je nach Pressdruck bei Eisenpulver 6 ... 7 g/cm^3) und es entsteht ein kompakter Körper (Pulverpressteil oder „Grünling"). Weitere Formgebungsverfahren sind **isostatisches Pressen** und **Strangpressen** oder nach Anrühren von Metallpulver mit Bindemittel zu einem Brei auch Gießen (Schlickergießen) oder Spritzgießen.

Sintern

Der feste Stoffzusammenhalt innerhalb eines Pulverformteiles entsteht durch längeres Glühen bei höheren Temperaturen, dem Sintern. Mit steigender Sintertemperatur steigen Festigkeit und Zähigkeit der Werkstoffe an. Eisenwerkstoffe werden zwischen 1120 und 1280 °C, Al-Legierungen um 580 °C, Bronze um 760 °C und Messing um 900 °C gesintert.

Sinterteile haben einen Porengehalt von mehr als fünf Prozent, verbunden mit stark verminderter Dehnbarkeit und Zähigkeit gegenüber gleichen schmelzmetallurgisch hergestellten Werkstoffen. Dieser Nachteil kann durch nachfolgendes Warmumformen durch gratloses Gesenkschmieden („Pulverschmieden") beseitigt werden.

13.3 Umformen

13

13.3.1 Grundbegriffe und Verfahrensübersicht

Umformen ist Fertigen durch plastisches (bildsames) **Ändern der Form** eines festen Körpers. Dabei werden Stoffzusammenhalt und Masse beibehalten. Die Stoffeigenschaften können sich ändern.

Grundprinzip des Umformens

Auf den umzuformenden Körper (die Anfangsform) wirken äußere Kräfte bzw. Momente ein (i. d. R. durch eine Umformmaschine über ein Umformwerkzeug aufgebracht). Diese bewirken im Werkstück mechanische Spannungen. Erfüllen die Spannungen die Fließbedingung, erfolgt plastisches Fließen des Werkstoffes. Es entstehen plastische Formänderungen, d. h. bleibende Änderungen von Längen bzw. Winkeln am Werkstück. Aus der Anfangsform wird das Umformteil.

Das plastische Fließen kann im gesamten Werkstück gleichzeitig erfolgen oder auf einen Teilkörper beschränkt sein. Der Bereich des Werkstückes, der sich zu einem betrachteten Zeitpunkt im plastischen Zustand befindet, heißt **Umformzone**.

Merkmale von Umformverfahren

Art der Beanspruchung

Nach den Beanspruchungen der Umformzone in drei senkrecht zueinander stehenden Richtungen bzw. Schnittflächen werden folgende Verfahrensgruppen des Umformens unterschieden:

- **Druckumformen:** Umformen unter der Wirkung von Druckbeanspruchung.
- **Zugdruckumformen:** Umformen unter gleichzeitiger Wirkung von Druck- und Zugbeanspruchung, wobei die größte Beanspruchung eine Druckbeanspruchung ist.

- **Zugumformen:** Umformen unter der Wirkung von Zugbeanspruchung oder unter gleichzeitiger Wirkung von Zug- und Druckbeanspruchung, wobei die größte Beanspruchung eine Zugbeanspruchung ist.
- **Biegeumformen:** Umformen unter der Wirkung von Biegebeanspruchung.
- **Schubumformen:** Umformen unter der Wirkung von Schub- oder Torsionsbeanspruchung.

Art der Hauptbewegung

Beim Umformen treten Relativbewegungen zwischen Werkstück und Werkzeug auf, wobei zwischen Hauptbewegung, Vorschubbewegung, Eingriffsbewegung und Folgebewegung unterschieden wird. Nach der Art der Hauptbewegung wird unterteilt in:

- **Translatorisches Umformen:** Umformen mit gradliniger Hauptbewegung.
- **Rotatorisches Umformen:** Umformen mit drehender Hauptbewegung.

Umformtemperatur

Beim Umformen unterhalb der Rekristallisationstemperatur treten bleibende Gefüge- und Eigenschaftsänderungen auf (Kaltverfestigung), die sich durch ein nachfolgendes Rekristallisationsglühen beseitigen lassen. Beim Umformen oberhalb der Rekristallisationstemperatur wird der Umformvorgang durch Rekristallisationsvorgänge überlagert. Nach der Temperatur wird deshalb unterschieden:

- Kaltumformung: Umformung unterhalb der Rekristallisationstemperatur.
- Warmumformung: Umformung oberhalb der Rekristallisationstemperatur.

In der Praxis werden abweichend hiervon drei Begriffe benutzt:

- **Kaltumformung:** Umformen eines nicht angewärmten Werkstücks.
- **Halbwarmumformung:** Umformen bei einer Übergangstemperatur; bei Stahl im Bereich von etwa 500 °C bis 700 °C.
- **Warmumformung:** Umformen oberhalb der Umwandlungstemperatur; bei Stahl im Bereich von etwa 850 °C bis 1150 °C.

Kaltumformung ermöglicht die höchste Werkstückgenauigkeit und Oberflächengüte, erfordert aber hohe Umformkraft und -arbeit. Bei Warmumformung sinkt der Kraft- und Arbeitsbedarf auf etwa 15 %, es treten aber eine verzunderte Oberfläche und geringere Fertigungsgenauigkeit ein. Die Halbwarmumformung bildet einen günstigen Kompromiss mit einem Kraft- und Arbeitsbedarf von 30 … 40 % der Kaltumformung und einer fast so hohen Genauigkeit und Oberflächengüte.

Verfahrensübersicht

Die Gliederung der Umformverfahren nach DIN 8582 beruht auf der Art der Beanspruchung (Bild 13.6).

Verfahren mit drehender Hauptbewegung bilden beim Druckumformen die Untergruppe Walzen, beim Zugdruckumformen die Untergruppe Drücken. Die wichtigsten Untergruppen sind anhand von Verfahrensbeispielen in Bild 13.7 bis 13.10 vorgestellt.

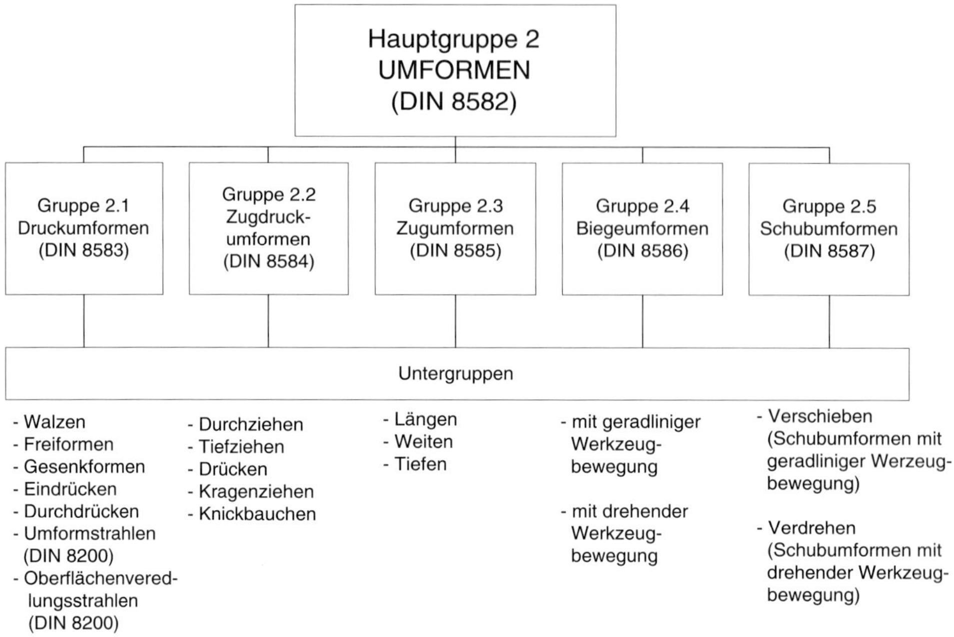

Bild 13.6 Gliederung des Umformens nach DIN 8582

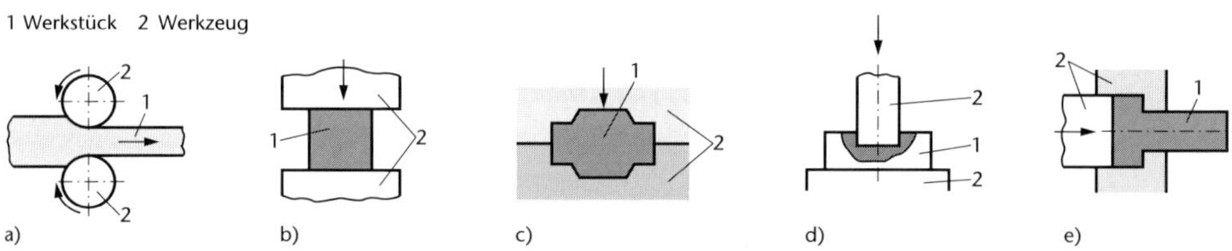

Bild 13.7 Verfahren des Druckumformens
a) Längswalzen, b) Freiformen (Stauchen), c) Gesenkformen, d) Eindrücken, e) Durchdrücken

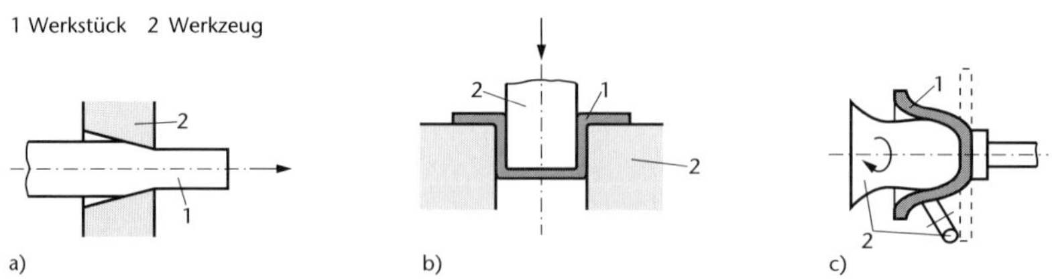

Bild 13.8 Verfahren des Zugdruckumformens
a) Durchziehen, b) Tiefziehen, c) Drücken

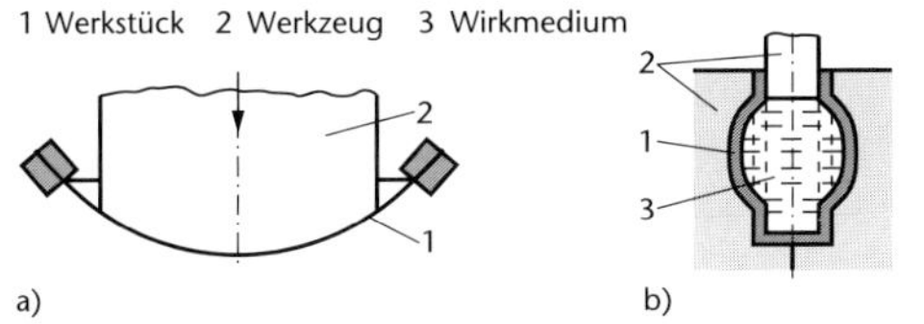

Bild 13.9 Verfahren des Zugumformens
a) Recktiefen/Streckziehen,
b) Reckweiten/Ausbauchen

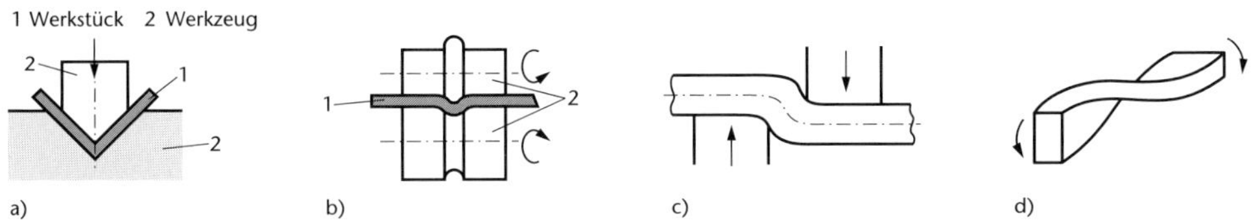

Bild 13.10 Verfahren des Biegens (a, b) und des Schubumformens (c, d)
a) Gesenkbiegen, b) Walzbiegen, c) Verschieben/Absetzen, d) Verdrehen

Anwendungsbereiche des Umformens im Fertigungs-Gesamtprozess nach Bild 13.1 und jeweils wichtige Verfahren sind:

- **Halbzeugfertigung:** Walzen von Halbzeug, Durchdrücken/Strangpressen.
- **Teilefertigung/Grundformgebung aus Halbzeug:** Formteilwalzen, Freiformen, Gesenkformen, Durchdrücken/Fließpressen, Tiefziehen, Drücken, Biegen.
- **Grundformgebung aus formlosem Stoff in Kombination mit dem Urformen:** Gießwalzen, Gießschmieden, Pulverschmieden.
- **Erweiterungsformgebung** (z. B. Gewinde, Verzahnungen, Gravuren)**:** Profilwalzen, Eindrücken, Bördeln, Sicken.
- **Feinbearbeitung:** Oberflächenfeinwalzen, Glätten, Nachprägen.
- **Fügen:** Nieten, Falzen, Kaltpressschweißen.
- **Beschichten:** Walzplattieren, Explosivplattieren.
- **Stoffeigenschaftsändern:** Kaltverfestigen, thermomechanische Behandlung.

13

Vorteile des Umformens gegenüber alternativen Fertigungsmöglichkeiten:

- Sehr kurze Fertigungszeiten und damit hohe Produktivität der meisten Verfahren (Stückleistungen von etwa 10 Teile/min bis 300 Teile/min)
- Sehr gute Materialausnutzung (unter Berücksichtigung notwendiger Endbearbeitung 70 % bis 100 %)
- Günstige Beeinflussung der Werkstoffeigenschaften (Kaltverfestigung und pressblanke Oberflächen führen zur Erhöhung der statischen und Dauerfestigkeit bis auf dreifache Werte gespanter Teile)

Wichtigster **Nachteil** der meisten Umformverfahren ist die Notwendigkeit formgebundener Spezialwerkzeuge, deren wirtschaftlicher Einsatz größere Fertigungsstückzahlen voraussetzt.

13.3.2 Grundlagen der Umformtechnik

Umformmechanismus

Metallische Körper bestehen aus einer Vielzahl von Kristalliten, die aus regelmäßig angeordneten Elementarzellen gebildet werden (Abschn. 11). Auf Grund der Gitterstruktur und Atomanordnung sind die Eigenschaften eines Kristalls anisotrop, d. h. richtungsabhängig. Besteht ein vielkristalliner Körper aus einer genügend großen Zahl regellos angeordneter Kristallite, zeigt er quasiisotropes Verhalten.

Wirken auf ein Kristallgitter mechanische Spannungen, entstehen zunächst elastische Gitterverzerrungen. Überschreiten die wirkenden Schubspannungen einen kritischen werkstoffabhängigen Wert, kommt es zum Abgleiten von Kristallteilen, das auf dem Wandern von Versetzungen (Gitterbaufehlern) oder auch Umklappvorgängen beruht (Abschn. 11). Dieses Gleiten erfolgt bevorzugt auf Ebenen und in Richtungen dichtester Atombesetzung (Gleitebenen; Gleitrichtungen). Die beim Umformen wirkenden Mechanismen führen zum Auflösen (Beseitigen), aber auch zur Neubildung von Versetzungen. Grundsätzlich steigt mit zunehmendem Umformgrad die Versetzungsdichte (Zahl der Versetzungen je Flächen- oder Volumeneinheit) an.

Spannungen

- **Spannungskomponenten:** Zur Ermittlung der Spannungen in einem Körper werden die Kraftkomponenten in drei senkrecht aufeinander stehenden Richtungen bestimmt und auf die entsprechenden Schnittflächen bezogen (äußere Gleichgewichtsbedingungen). Es ergeben sich **im allgemeinen Fall** (x, y, z-System beliebiger Lage):
  - drei Normalspannungen σ_x, σ_y, σ_z und
  - sechs paarweise gleiche Schubspannungen $\tau_{xy} = \tau_{yx}$, $\tau_{yz} = \tau_{zy}$, $\tau_{zx} = \tau_{xz}$.

  Bei Drehung des Koordinatensystems ändert sich die Größe der Spannungskomponenten. Bei einer Vorzugslage, dem **Spannungshauptachsensystem**, werden alle Schubspannungen null, während die Normalspannungen Extremwerte annehmen (Mohr'scher Spannungskreis). Letztere heißen **Hauptspannungen**, werden mit σ_1, σ_2, σ_3 bezeichnet und unter Beachtung des Vorzeichens (Zugspannungen positiv, Druckspannungen negativ) nach ihrer Größe geordnet: $\sigma_1 \geq \sigma_2 \geq \sigma_3$. In Ebenen unter 45° zu den Hauptspannungen treten die größten Schubspannungen, die **Hauptschubspannungen**, auf: $\tau_{12} = ½\,(\sigma_1 - \sigma_2)$, $\tau_{23} = ½\,(\sigma_2 - \sigma_3)$, $\tau_{13} = ½\,(\sigma_1 - \sigma_3) = \tau_{max}$.
- **Vergleichsspannung σ_v:** Die Wirkung aller auftretenden Spannungskomponenten hinsichtlich des plastischen Fließens wird durch die Vergleichsspannung ausgedrückt, die auf Fließkriterien (Spannungshypothesen) zurückgeht. Als exakteste Hypothese für quasiisotrope Werkstoffe gilt die **Gestaltänderungsenergiehypothese** (Theorie von Huber, Hencky, v. Mises):

$$\sigma_v = \sqrt{\frac{1}{2}\left[(\sigma_x - \sigma_y)^2 + (\sigma_y - \sigma_z)^2 + (\sigma_z - \sigma_x)^2\right] + 3(\tau_{xy}^2 + \tau_{yz}^2 + \tau_{zx}^2)}$$

bzw.

$$\sigma_v = \sqrt{\frac{1}{2}\left[(\sigma_1 - \sigma_2)^2 + (\sigma_2 - \sigma_3)^2 + (\sigma_3 - \sigma_1)^2\right]}$$

Mit der Spannungsformzahl $\kappa = \dfrac{\sigma_2 - \sigma_3}{\sigma_1 - \sigma_3} = 0 \ldots ½ \ldots 1$ wird

$$\sigma_v = c_\kappa(\sigma_1 - \sigma_3) \quad \text{wobei} \quad c_\kappa = \sqrt{1 - \kappa + \kappa^2} = 1 \ldots \sqrt{3/2} \ldots 1$$

Die größte Hauptspannungsdifferenz $(\sigma_1 - \sigma_3)$ stellt die Vergleichspannung nach der **Schubspannungshypothese** (Theorie von Tresca) dar und wird häufig als Näherung für σ_v verwendet.

Formänderungen

- **Formänderungskenngrößen:** Ändert sich die Länge eines Körpers von der Anfangslänge l_0 bis zur Endlänge l_1, wird als Ansatz für den **Umformgrad** φ das Verhältnis der momentanen Abmessungsänderung dl zur momentanen Abmessung l gebildet:

$$d\varphi_l = dl/l. \quad \text{Integration ergibt:} \quad \varphi_l = \ln \frac{l_l}{l_0}.$$

13

Ändert sich ein ursprünglich rechter Winkel um den Schiebungswinkel γ, verschieben sich zwei im Abstand 1 gedachte Ebenen um die **Gleitung *g*** (Bild 13.11). Es gilt: $g = \tan \gamma$. Die Gleitung wird den Achsrichtungen x und y je zur Hälfte zugeordnet.

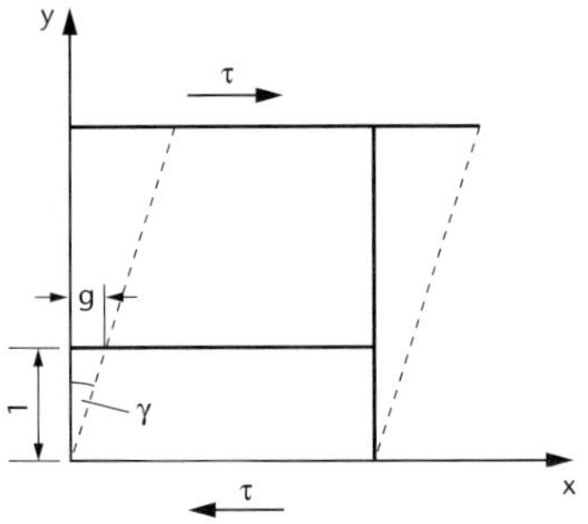

Bild 13.11 Gleitung

- **Formänderungskomponenten**: Im **allgemeinen Fall** ergeben sich:
  - 3 Umformgrade: φ_x, φ_y, φ_z und
  - 6 paarweise gleiche Gleitungen: $\frac{1}{2} g_{xy} = \frac{1}{2} g_{yx}$, $\frac{1}{2} g_{yz} = \frac{1}{2} g_{zy}$, $\frac{1}{2} g_{zx} = \frac{1}{2} g_{xz}$.

  Wird ein körperfestes Koordinatensystem gewählt, das auch nach der Umformung noch rechtwinklig ist **(Formänderungshauptachsensystem)**, sind die Gleitungen null, während die Umformgrade Extremwerte annehmen. Letztere heißen **Hauptumformgrade** (Hauptformänderungen), werden mit φ_1, φ_2, φ_3 bezeichnet und nach der algebraischen Größe geordnet:

  $\varphi_1 \geq \varphi_2 \geq \varphi_3$ (Dehnungen positiv, Stauchungen negativ).

13

- **Gesetz der Volumenkonstanz:** Beim Umformen inkompressibler Werkstoffe bleibt das Volumen des Werkstücks konstant, d. h. Endvolumen gleich Anfangsvolumen:

  $V_1 = V_0$. Hieraus folgt, dass die Summe der drei Umformgrade immer null ist:

  $\varphi_x + \varphi_y + \varphi_z = 0$ bzw. $\varphi_1 + \varphi_2 + \varphi_3 = 0$.

  Deshalb müssen stets Umformgrade unterschiedlichen Vorzeichens auftreten. Ein einachsiger Formänderungszustand ist nicht möglich. Das Gesetz der Volumenkonstanz bildet die Grundlage zur Ermittlung der Anfangsform für die Herstellung jeden Umformteils. Bei Blechumformung mit gleich bleibender Blechdicke reduziert es sich auf die Oberflächenkonstanz.

- **Vergleichsumformgrad (Vergleichsformänderung)** φ_v**:** Um das Ausmaß einer Umformung durch nur eine Größe auszudrücken, wird der Vergleichsumformgrad gebildet. Auf Grundlage der **Gestaltänderungsenergiehypothese** ergibt sich im allgemeinen Fall:

$$\varphi_v = \frac{2}{3}\sqrt{\frac{1}{2}\left[(\varphi_x - \varphi_y)^2 + (\varphi_y - \varphi_z)^2 + (\varphi_z - \varphi_x)^2\right] + \frac{3}{4}(g_{xy}^2 + g_{yz}^2 + g_{zx}^2)}$$

und **mit Hauptformänderungen**

$$\varphi_v = \sqrt{\frac{2}{3}(\varphi_1^2 + \varphi_2^2 + \varphi_3^2)}$$

Als Näherung wird häufig der absolut **größte Hauptumformgrad** φ_g benutzt, der entweder φ_1 (bei $\varphi_2 < 0$ und $\varphi_3 < 0$) oder $|\varphi_3|$ ist (bei $\varphi_1 > 0$ und $\varphi_2 > 0$).

Es gilt: $\varphi_v = (1 \ldots 2/\sqrt{3})\, \varphi_g$.

Die größte Abweichung (etwa 15 %) tritt bei ebenem Formänderungszustand ($\varphi_2 = 0$) auf.

Fließgesetz (Beziehung zwischen Spannungen und Formänderungen)

Die aus der Elastizitätslehre bekannte Proportionalität zwischen Spannungen und Formänderungen gilt im plastischen Bereich nicht. Vielmehr sind die Formänderungen proportional den Spannungsdeviationen $S_i = \sigma_i - \sigma_m$, mit dem Spannungsmittelwert

$$\sigma_m = \frac{1}{3}(\sigma_1 + \sigma_2 + \sigma_3)$$

Für Hauptformänderungen gilt: $\varphi_1 : \varphi_2 : \varphi_3 = S_1 : S_2 : S_3 = (\sigma_1 - \sigma_m) : (\sigma_2 - \sigma_m) : (\sigma_3 - \sigma_m)$. Es folgt beispielsweise für den ebenen Formänderungszustand ($\varphi_2 = 0$):

$\sigma_2 = ½\,(\sigma_1 + \sigma_3)$ oder für die Spannungsformzahl $\kappa = 0{,}5$.

Fließbedingung und Fließkurve

Der Widerstand, den ein Werkstoff der Umformung entgegensetzt, wird durch die **Umformfestigkeit** k_f (auch **Fließspannung** σ_f) ausgedrückt. Darunter ist die zur Einleitung und Weiterführung des plastischen Werkstoffflusses bei einem bestimmten Werkstoff erforderliche Spannung im einachsigen bzw. Vergleichsspannung im mehrachsigen Spannungszustand zu verstehen. Sie ist vom jeweiligen Umformgrad φ_v, der Umformgeschwindigkeit

$$\dot{\varphi}_v = \frac{d\varphi_v}{dt}$$

und der Umformtemperatur ϑ abhängig.

Fließkurven zeigen den Verlauf der Umformfestigkeit eines Werkstoffes (Bild 13.12).

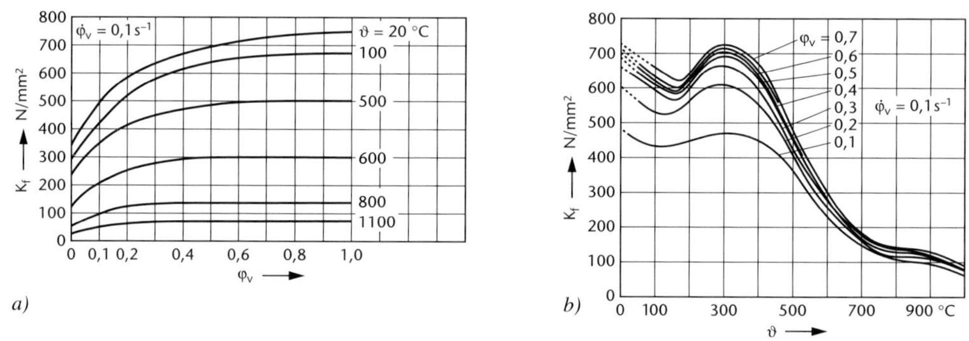

Bild 13.12 Fließkurve von C15 a) $k_f = f(\varphi_v)$, b) $k_f = f(\vartheta)$

Fließkurven sind experimentell zu ermitteln, beispielsweise in Zug-, Druck- oder Verdrehversuchen. Sie können für die meisten Werkstoffe durch die empirische Beziehung beschrieben werden:

$$k_f = c\varphi_v^n (\dot{\varphi}_v)^m$$

Der Fließkurvenfaktor $c = k_f(\varphi_v = 1, \dot{\varphi}_v = 1)$, der Verfestigungsexponent n (Gleichmaßformänderung im Zugversuch) und der Geschwindigkeitsexponent m sind abhängig von der Umformtemperatur (Tabelle 13.8). Für Kaltumformung gilt die Näherung: $k_f = c\varphi_v^n$.

Fließbedingung: Um einen plastischen Werkstofffluss einzuleiten und weiterzuführen, muss die wirkende Vergleichsspannung stets gleich der Umformfestigkeit sein: $\sigma_v = k_f$.

Tabelle 13.8 Werkstoffkenngrößen c, n, m der Kohlenstoffstähle C10 bis C60

Umformtemperatur ϑ **(in °C)**	**Fließkurvenfaktor** c **(in N/mm²)**	**Verfestigungsexponent** n	**Geschwindigkeitsexponent** m
20	700 ... 1200	0,15 ... 0,25	0,02 ... 0,04
700	200 ... 350	0,05 ... 0,10	0,08 ... 0,12
900	150 ... 200	0,02 ... 0,06	0,10 ... 0,16
1200	40 ... 80	≈ 0	0,14 ... 0,20

Umformarbeit *W*

Bei einem reibungsfreien parallelepipedischen Umformvorgang ist die auf das umgeformte Volumen V **bezogene „ideelle" Umformarbeit** w_{id} gleich der Fläche unter der Fließkurve:

$$w_{id} = \int_0^{\varphi_v} k_f \, d\varphi_v = k_{fm} \, \varphi_v$$

Die **mittlere Umformfestigkeit** k_{fm} ergibt sich mit $k_f = c\varphi_v^n$ als Integralmittelwert zu:

$$k_{fm} = \frac{k_{f1}}{1+n}$$

In der Praxis nähert man meist mit folgender Beziehung:

$$k_{fm} \approx \frac{k_{f0} + 2k_{f1}}{3} \approx \frac{k_{f0} + k_{f1}}{2}$$

wobei k_{f0} der Anfangswert der Umformfestigkeit (bei $\varphi_v = 0$) und k_{f1} der Endwert (beim realisierten φ_v) ist.

Die **ideelle Umformarbeit** W_{id} wird $W_{id} = V\,k_{fm}\,\varphi_v$ (Fink'sche Arbeitsgleichung).

Zur Ermittlung der gesamten **Umformarbeit** W sind zusätzlich die Reibarbeit $W_R = F_R l_R$ mit der Reibkraft $F_R = \mu F_N$ (μ: Reibungszahl; F_N: Normalkraft, d. h. senkrecht zur Ebene stehende Kraft) und dem Reibweg l_R sowie die Arbeit für innere Winkeländerungen (Schiebungsarbeit) W_S zu ermitteln. Damit gilt für die Umformarbeit:

$$W = W_{id} + W_R + W_S \quad \text{oder} \quad W = W_{id}/\eta_u = V\,k_{fm}\,\varphi_v/\eta_u$$

Dabei ist η_u der experimentell zu ermittelnde verfahrensspezifische **Umformwirkungsgrad**, der in starkem Maße von den tribologischen Bedingungen abhängt und im Bereich von $\eta_u = 0{,}4$ bis $0{,}8$ liegt.

Umformkraft

Bei **Stauchvorgängen** (Walzen, Freiformen, Gesenkformen) wird vereinfacht angesetzt:

$F_{id} = A_d\,k_f$ bzw. $F = A_d\,k_f/\eta_u$ (A_d: gedrückte Fläche).

Dabei ist zu beachten, dass A_d, φ_v und k_f sich mit dem Umformweg s_u ändern.

Für das Stauchen mit Reibung ergibt sich nach Siebel für die notwendige Kraft F durch Ansatz der inneren Gleichgewichtsbedingungen, der Fließbedingung und der äußeren Reibung nach Coulomb (elementare Plastizitätstheorie) für kreiszylindrische Körper mit Durchmesser d und Höhe h:

$$F = A\,k_f\left(1 + \frac{\mu\,d}{3\,h}\right)$$

13

Bei **Verfahren mit mittelbarer Kraftwirkung** und näherungsweise konstanter Umformkraft kann diese aus der Umformarbeit berechnet werden zu: $F = W/s_u$. Es ergibt sich beispielsweise für die Kraft beim Durchdrücken (Bild 13.7 e):

$$F = \frac{1}{\eta_u} A_0 k_{fm} \varphi_v$$

Für die Kraft beim Durchziehen (Bild 13.8 a) gilt:

$$F = \frac{1}{\eta_u} A_1 k_{fm} \varphi_v$$

Die klassische Berechnung mit α als Matrizenneigungswinkel ergibt für die Kraft F:

$$F = A_1 k_{fm} \varphi_v \left(1 + \frac{\mu}{\tan \alpha} + \frac{2 \tan \alpha}{3 \varphi_v}\right)$$

Die notwendigen Kräfte, vor allem aber die örtlichen Spannungen und Formänderungen, werden zunehmend mit der Finite-Elemente-Methode (FEM) berechnet.

Umformvermögen und Umformgrenze

Ein Umformvorgang kann nicht beliebig weit getrieben werden, weil früher oder später Versagensfälle auftreten. Die äußerste Grenze ist durch Rissbildung in der Umformzone gegeben und wird durch das **Umformvermögen** φ_B charakterisiert. Das Umformvermögen eines Werkstoffes bestimmter Zusammensetzung und Vorgeschichte ist der Vergleichsumformgrad, bei dem makroskopische Rissbildung in der Umformzone eintritt ($\varphi_B = \varphi_{v\,Bruch}$).

13

Das Umformvermögen steigt mit abnehmendem bezogenen Spannungsmittelwert σ_m/σ_v (d. h. zunehmendem hydrostatischem Druck) stark an, sodass bei hohem Druckspannungszustand (und hoher Temperatur) auch spröde Werkstoffe umformbar sind.

Umformgrenze φ_G**:** Bei einer Reihe von Umformverfahren treten vor Erschöpfung des Umformvermögens andere Versagensfälle auf, welche die mögliche Umformung vermindern. Das sind beispielsweise: Abreißen des Werkstückes beim Durchziehen, Faltenbildung oder Bodenreißer beim Tiefziehen, begrenzte Werkzeugbelastbarkeit beim Fließpressen. Der bis zum Eintreten solcher Versagensfälle in einer Umformstufe mögliche Umformgrad wird als Umformgrenze oder **Grenzformänderung** φ_G bezeichnet und durch verfahrensspezifische Kenngrößen ausgedrückt (z. B. Grenzziehverhältnis β beim Tiefziehen).

13.3.3 Walzen

Walzen ist **Druckformen mit drehender Hauptbewegung**, wobei die Umformung zwischen zwei Walzwerkzeugen (Walzen, Walzsegmenten, Flachbacken) erfolgt und über die Länge (**Längswalzen**), den Umfang (**Querwalzen**, Einstechprinzip) oder über Länge und Umfang fortschreitet (**Schrägwalzen**, Durchlaufprinzip). Die Werkzeuge können glatte Oberflächen haben (**Flachwalzen**) oder profiliert bzw. kalibriert sein (**Profilwalzen**).

Die wichtigsten Verfahren und ihre Anwendungen sind:

Walzen von Halbzeugen (Bild 13.13)
Ausgehend von gegossenen oder bereits gewalzten Vorformen werden im warmen Zustand meist in mehreren Walzvorgängen (Stichen) Halbzeuge gefertigt. Beim Profil-Längswalzen bestimmt

das in die Walzen eingearbeitete Profil oder Kaliber die entstehende Querschnittsform (Bild 13.13b), beim Schrägwalzen zum Lochen (Bild 13.13c) entstehen aus Vollstäben nahtlose Rohre, die meist durch Profil-Längswalzverfahren weitergeformt werden.

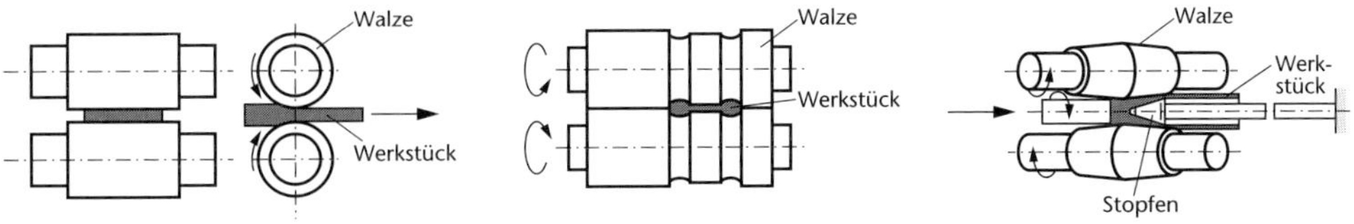

a) Flach-Längswalzen (Bandwalzen) b) Profil-Längswalzen (Walzen von Profilstäben) c) Profil-Schrägwalzen (Walzen zum Lochen)

Bild 13.13 Längs-, Quer- und Schrägwalzen von Halbzeug

Walzen von Formteilen (Bild 13.14)
Verfahren a) dient der Vorformung zum Gesenkschmieden oder der Herstellung einfacher Formteile, b) ist ein wichtiges Verfahren zur Herstellung wellenförmiger Teile bis etwa 100 mm Durchmesser und 1000 mm Länge in Stückzahlen ab etwa 10000, c) dient der hochproduktiven materialsparenden Fertigung von Wälzkörpern.

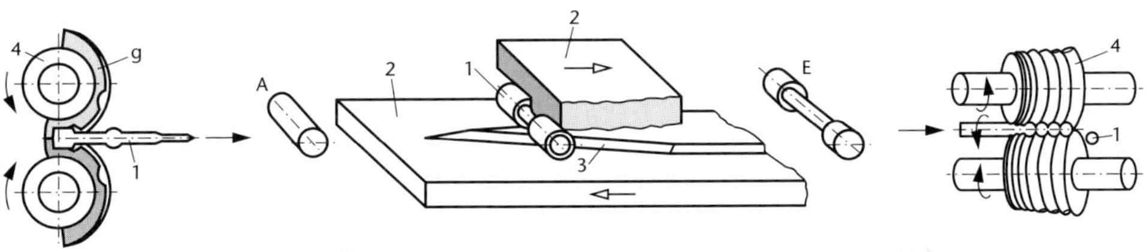

a) b) c)

Bild 13.14 Verfahren zum Walzen von Formteilen
a) Formteillängswalzen (Reck- und Schmiedewalzen), b) Formteilquerwalzen mit Flachbacken, c) Formteilschrägwalzen (Kugelwalzen)

Walzen von Erweiterungsformen

Stirnradverzahnungen und Vielnutwellen werden durch **Verzahnungswalzen** (Profillängswalzen) mit zwei Walzen, mit Schneckenwerkzeug oder mit Schlagrollkopf hergestellt. Steigungsprofile, Schnecken und Schrägverzahnungen können durch **Profilwalzen** mit zwei Walzen im Einstechverfahren (kleine Werkstücklängen) oder Durchlaufverfahren (große Längen) gewalzt werden. Schraubengewinde werden durch **Gewindewalzen** meist mit Walze und Segment oder mit Flachbacken auf Gewindewalzautomaten erzeugt.

Oberflächenfeinwalzen

Wirken feinstbearbeitete Wälzkörper mit ausreichender Kraft auf vorbearbeitete Flächen ein, wird das Oberflächengebirge eingeebnet (**Glattwalzen** bis zu kleinsten Rautiefen von etwa 0,1 μm), die Maßgenauigkeit verbessert (**Maßwalzen**) bzw. die Festigkeit im Oberflächenbereich erhöht (**Festwalzen**). Letzteres ermöglicht Lebensdauererhöhungen bis auf dreifache Werte gegenüber geschliffenen Bauteilen. Die Durchführung erfolgt auf speziellen Glatt- und Festwalzmaschinen mit einer oder mehreren Walzen im Einstech- oder Durchlaufverfahren oder mit Rollköpfen auf Dreh- oder Bohrmaschinen.

13.3.4 Freiformen

Freiformen ist **translatorisches Druckumformen** mit **gegeneinander bewegten Werkzeugen**, welche die Form des Werkstückes nicht oder nur teilweise enthalten (Bild 13.15). Es erfordert meist eine Folge von Einzelvorgängen, um das Werkstück schrittweise zu formen. Da keine Spezialwerkzeuge benötigt werden, ist es für kleine Fertigungsstückzahlen sowie für große Teile geeignet. Die Hauptanwendung erfolgt beim klassischen **Freiformschmieden** zur relativ groben Formgebung von Teilen im warmen Zustand. Dabei werden Stauchen, Recken, Absetzen und Breiten sowie weitere Verfahren mit formspeicherarmen Werkzeugen genutzt (z. B. Biegen, Verdrehen).

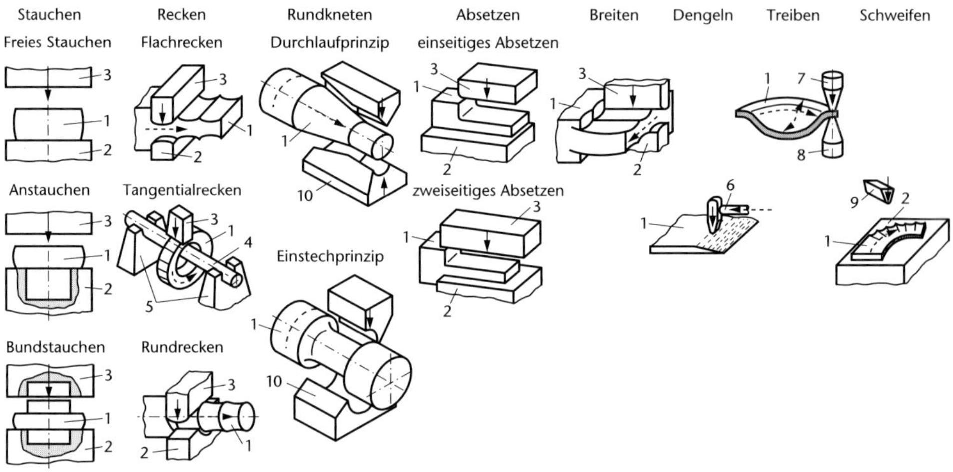

Bild 13.15 Verfahren des Freiformens; 1 Werkstück, 2 bis 10 Werkzeuge

Zunehmende Bedeutung hat das **Rundkneten** bzw. **Feinschmieden** als maschinelle Variante des Reckens. Es ermöglicht die Herstellung abgesetzter Voll- und Hohlwellen auch mit Erweiterungsformen (z. B. Innenverzahnung) im Durchmesserbereich bis etwa 80 mm kalt (auf Rundknetmaschinen), darüber bis etwa 500 mm Durchmesser und großer Länge warm auf **Fein**- oder **Langschmiedemaschinen**.

13.3.5 Gesenkformen

Gesenkformen ist **translatorisches Druckumformen** mit **formspeichernden Werkzeugen (Gesenken)**, die das Werkstück meist in einem Pressenhub formen, aber erst für größere Stückzahlen wirtschaftlich sind (ab 50 bis 100).

Während das Kaltnachprägen (Bild 13.16d) der Verbesserung der Maß- und Formgenauigkeit vorgefertigter Teile und das Anstauchen (c) der Fertigung von Schrauben und dergleichen dient, wird das Formpressen mit und ohne Grat vorzugsweise im warmen Zustand als **Gesenkschmieden** angewendet. Damit sind alle Stähle und NE-Knetlegierungen verarbeitbar und vielfältigste Teileformen herstellbar. Die Stückmassen reichen von wenigen Gramm bis über 2 t, die Genauigkeit liegt bei IT 12 bis IT 14 und reicht beim Präzisionsschmieden (mit Kaltnachprägen) bis IT 7.

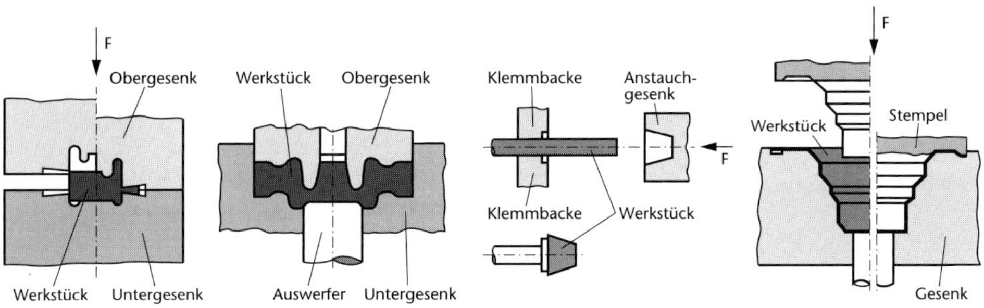

a) Formpressen mit Grat b) Formpressen ohne Grat c) Anstauchen im Gesenk d) Gesenkdrücken (Nachprägen)

Bild 13.16 Verfahren des Gesenkformens

13.3.6 Durchdrücken/Fließpressen

Durchdrücken (Bild 13.7e) ist **Druckumformen** durch teilweises (**Fließpressen**) oder vollständiges Hindurchdrücken (**Strangpressen**) durch eine formgebende Öffnung. Das **Strangpressen** wird fast ausschließlich warm zur Herstellung von Rohren und Profilen durchgeführt. Das **Fließpressen** erfolgt vorzugsweise kalt und dient der Fertigung von Tuben und Hülsen, buchsen- und bolzenförmigen Teilen mit vielfältigen Nebenformen (z. B. auch Verzahnungen) an Stirn, Mantel bzw. Boden. Bild 13.17 zeigt eine Auswahl wichtiger Fließpressverfahren, die je nach Werkstückform auch aufeinander folgend oder in einem Werkzeug kombiniert durchgeführt werden.

13

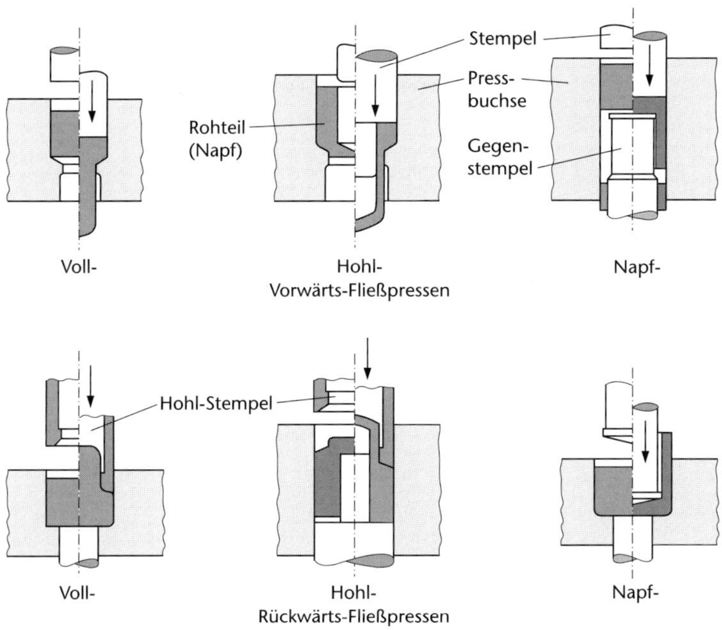

Bild 13.17 Beispiele für Fließpressverfahren

Das Fließpressen wurde ursprünglich für weiche Werkstoffe wie Blei, Zinn, Zink entwickelt, später auf Al- und Cu-Werkstoffe und schließlich auf Stähle ausgedehnt. Das Fließpressen von Stahl stellt höchste Anforderungen an die Werkzeuge und das tribologische System (Kontaktspannungen bis 3000 N/mm^2, sehr hohe Relativgeschwindigkeiten). Es erfordert das Beschichten der Anfangsform mit einer nichtmetallischen Trenn- und Schmierstoffträgerschicht (meist Phosphatieren) und sehr gute Schmierung (z. B. mit Molybdändisulfid). Es sind maximale Werkstückdurchmesser von 80 mm bis 120 mm mit Genauigkeiten bis IT 7 herstellbar. Die wirtschaftliche Mindeststückzahl liegt bei 500 bis 1000.

13.3.7 Tiefziehen

Tiefziehen ist **translatorisches Zugdruckumformen** eines Blechzuschnittes zu einem **Hohlkörper** (Tiefziehen im Erstzug) oder eines Hohlkörpers zu einem Hohlkörper mit kleinerem Umfang (Tiefziehen im Weiterzug), wie Bild 13.18 zeigt.

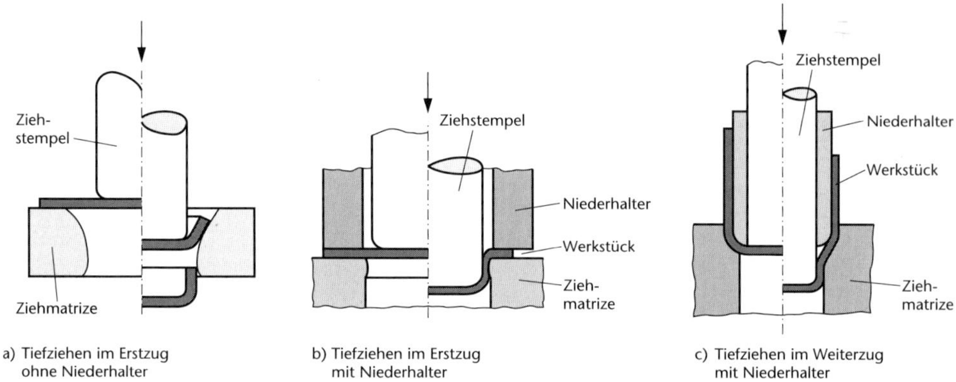

Bild 13.18 Tiefziehen mit starren Werkzeugen

Beim Tiefziehen eines Napfes im Erstzug wird ein kreisförmiger Zuschnitt (Ronde) mit Durchmesser D und Dicke s_0 durch den Ziehstempel mit Durchmesser d in den Ziehring mit Durchmesser $d_z = d + 2z_u$ gezogen, wobei der Ziehspalt $z_u \approx (1{,}1 \ldots 1{,}3)\ s_0$, sodass keine gewollte Blechdickenänderung eintritt. Beim Ziehen wird die auf den Napfboden eingeleitete Ziehkraft über die bereits gezogene Wand in den Restflansch (Umformzone) übertragen und bewirkt dort tangentiale Druckspannungen, die zum tangentialen Stauchen $\varphi_t = \ln d/D$ führen. Das kann Ausknicken des Flansches (**Faltenbildung**) bewirken, weshalb meist mit Niederhalter gearbeitet wird. Wenn die notwendige Ziehkraft größer wird als die übertragbare Kraft, reißt der Boden ab. Da die Ziehkraft mit dem Umformgrad $\varphi_v = 1{,}15 \ln D/d$ ansteigt, darf das **Ziehverhältnis** $\boldsymbol{\beta = D/d}$ einen **werkstoffabhängigen Grenzwert** β_G nicht überschreiten. Dieser liegt im Erstzug bei 1,8 bis 2,2, im Weiterzug ohne Zwischenglühung bei 1,2 bis 1,4. Anstelle starrer Werkzeuge werden beim Tiefziehen auch **nachgiebige Werkzeuge** (z. B. Gummikissen), **Wirkmedien** (z. B. Druckflüssigkeit) oder **Wirkenergien** (z. B. Sprengstoffdetonation) eingesetzt.

13.3.8 Zugumformen

Wichtigste Verfahren des Zugumformens sind **Streckziehen** und **Ausbauchen** nach Bild 13.9. Dabei liegt Zugbeanspruchung vor, die durch Druck senkrecht zur Blechoberfläche hervorgerufen wird. Die eintretende Oberflächenvergrößerung resultiert aus der Verminderung der Blechdicke.

Auf Grund des geringen Umformvermögens bei $\sigma_m/\sigma_v = 1/3 \ldots 2/3$ ermöglichen diese Verfahren nur geringe Umformgrade, zumal die der Rissbildung vorausgehende örtliche Einschnürung meist die Umformgrenze bildet. Streckziehen wird hauptsächlich für großflächige schwach gekrümmte Teile (Karosserieteile) angewendet. Auch beim Tiefziehen unregelmäßiger Teile (Karosserieziehen) treten Bereiche reiner Streckziehbeanspruchung auf, die besonders rissanfällig sind.

13.3.9 Biegen

Biegen hat große praktische Bedeutung und erfolgt beispielsweise an Drähten, Rohren, Profilen oder Blechen durch unterschiedliche Verfahren, von denen einige in Bild 13.19 und Bild 13.20 zu sehen sind.

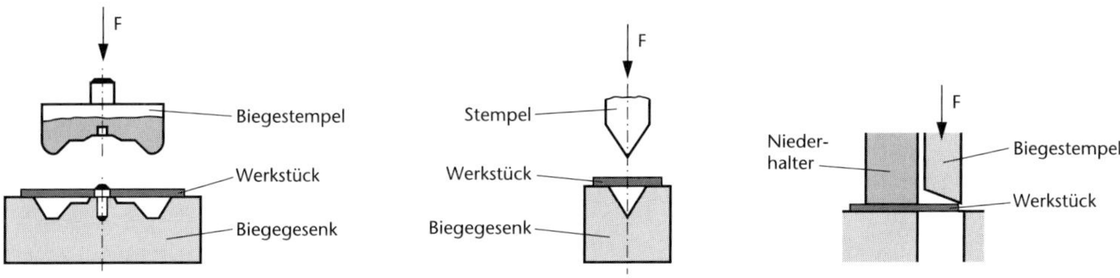

a) Gesenkformbiegen b) Gesenkwinkelbiegen c) Gesenkabbiegen

Bild 13.19 Verfahren des Gesenkbiegens

Beim Biegen ändert sich die Spannung über den Querschnitt von Druck am Innenrand (Radius r_i) über null in der spannungsfreien Schicht (in Nähe der Mittellinie, Radius r_u) zu Zug am Außenrand (Radius r_a). Das Biegemoment ergibt sich beim Abbiegen (Bild 13.19c) zu $M_b = Fa$ (a: Hebelarm), beim Durchbiegen (Bild 13.19b) zu $M_b = Fw/4$ (w: Gesenkweite) und muss gleich dem inneren Biegemoment $M_{bi} = \sigma_b W_{pl}$ sein, wobei die Biegespannung $\sigma_b \approx R_m$ und das plastische Widerstandsmoment bei Rechteckquerschnitt $W_{pl} = bs^2/4$ (b: Breite, s: Dicke). Damit kann die notwendige Biegekraft berechnet werden. Die Erzielung guter Formgenauigkeit erfordert jedoch häufig eine Endprägekraft, die ein Vielfaches davon betragen kann. Der kritische Umformgrad ergibt sich am Außenrand zu:

$$\varphi_{ta} = \ln\left(\frac{r_i/s+1}{r_i/s+0{,}5}\right)$$

Damit dieser das Umformvermögen für einachsigen Zug nicht überschreitet (sonst Rissbildung), darf der bezogene Biegeradius $c_b = r_{i\,min}/s$ einen zulässigen Kleinstwert nicht unterschreiten. Für gute formbare Werkstoffe beträgt $c_b = 0{,}5 \ldots 1$ beim Biegen quer zur Walzrichtung und $1 \ldots 1{,}5$ beim Biegen parallel dazu.

Schließlich sei noch darauf hingewiesen, dass die elastische Formänderung beim Biegen zu deutlicher Rückfederung, d. h. Verminderung des Biegewinkels bei Entnahme aus dem Werkzeug, führt, und zwar umso mehr, je größer der bezogene Biegeradius ist. Es muss deshalb um den Rückfederungsfaktor überbogen bzw. mit hoher Endprägekraft gearbeitet werden, um genaue Biegewinkel zu erhalten.

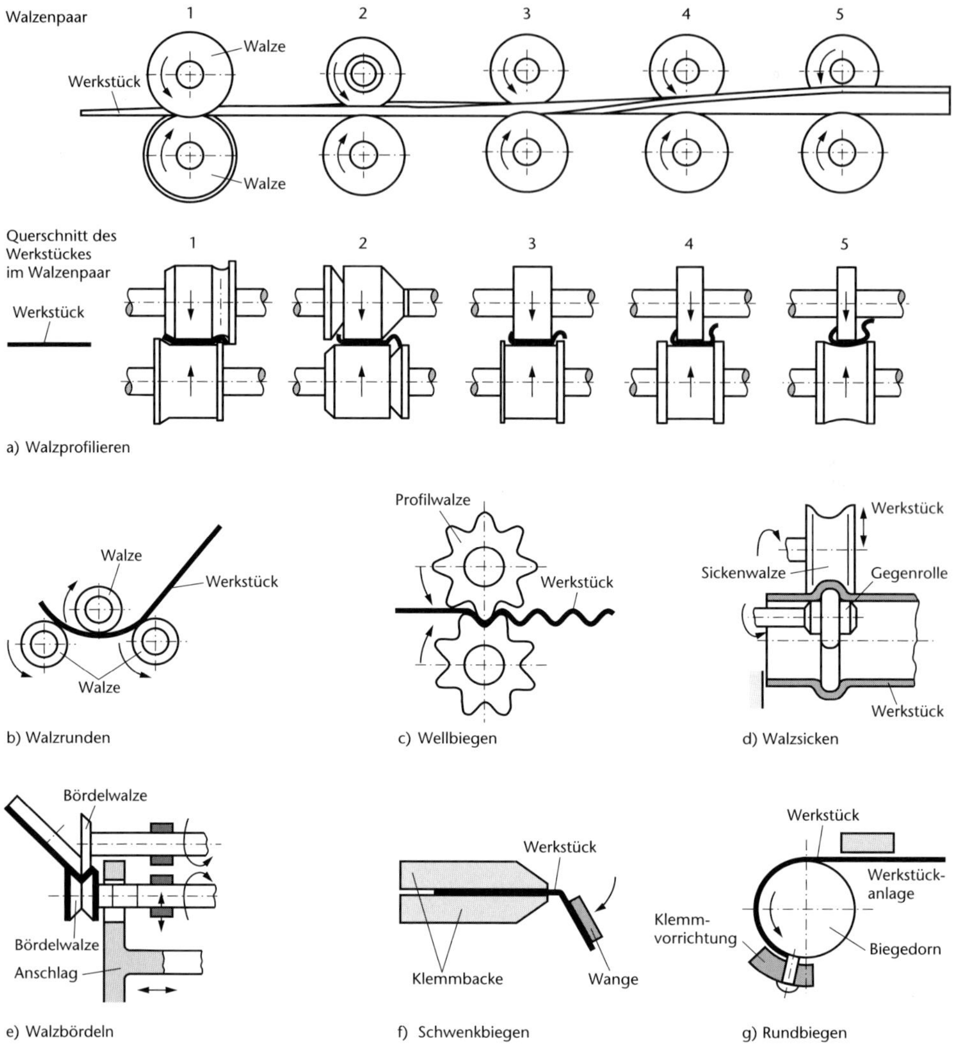

Bild 13.20 Biegen mit drehender Werkzeugbewegung

13.4 Zerteilen

13.4.1 Verfahrensübersicht

Das Zerteilen bildet nach DIN 8580 die erste Gruppe der Hauptgruppe 3. Trennen (Tabelle 13.2).

Trennen ist Fertigen durch **Ändern der Form** eines festen Körpers, wobei der **Stoffzusammenhalt** örtlich aufgehoben, d. h. im **Ganzen** vermindert wird. **Zerteilen** ist mechanisches Trennen ohne Entstehen von formlosem Stoff. Vom Vorgang her kann das Zerteilen als Umformen bis zum gewollten Bruch aufgefasst werden (Bild 13.21).

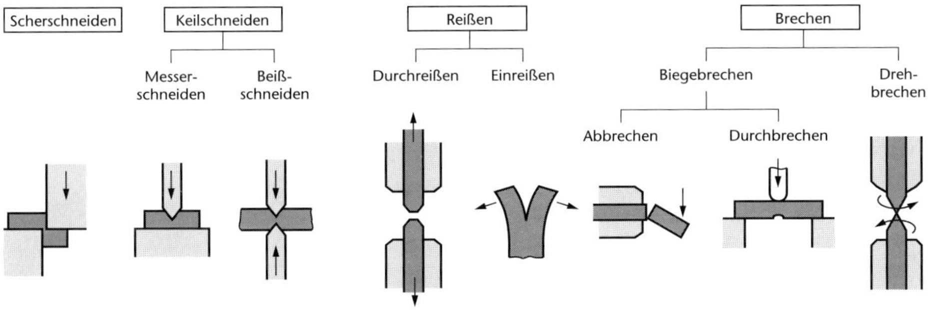

Bild 13.21 Gliederung der Verfahrensgruppe 3.1 Zerteilen (DIN 8580)

Scherschneiden ist Verschieben, **Keilschneiden** ist Eindrücken, **Reißen** ist Strecken, **Brechen** ist Biegen oder Verdrehen zur Werkstofftrennung, d. h. mit möglichst geringer plastischer Formänderung. Das wird beim Reißen und Brechen durch vorangehendes Kerben der gewünschten Bruchstelle erreicht. Das Zerteilen dient vor allem der Herstellung ebener Blechformteile mit beliebiger Außen- und Innenform. Die größte Bedeutung hat das Scherschneiden – kurz Schneiden genannt –, das auf speziellen Maschinen (Scheren) oder mit formgebundenen Spezialwerkzeugen auf Pressen durchgeführt wird.

13.4.2 Schneidvorgang

Das Eindringen des Stempels in das Werkstück führt zunächst zur Durchwölbung und Einzugsrundung, dann werden die Werkstückteile gegeneinander verschoben und es entsteht die Glättungszone, bis ausgehend von den Schneidkanten Risse entstehen, die zum Abscheren und zur Bruchzone führen. Wird der Schubbeanspruchung ein zusätzlicher Druck überlagert, wie beim Feinschneiden mit Ringzacke, steigt das Umformvermögen, sodass sich die Glättzone vergrößert (bis zu durchgehend glatter Schnittfläche). Das wird durch einen sehr kleinen Schneidspalt unterstützt. Eine überschlägige Berechnung der Schneidkraft ergibt: $F_s = l_s s k_s$, wobei l_s die Länge der Schnittlinie und $k_s \approx 0{,}8\ R_m$ die Scherfestigkeit ist.

13

Begriffsbildung: Begriffe, die sich auf den Schneidvorgang und das Schneidwerkzeug beziehen, erhalten die Vorsilbe **„Schneid-“**, Begriffe, die sich auf das geschnittene Teil beziehen, die Vorsilbe **„Schnitt-“**. Ist ein ausgeschnittenes Teil Werkstück, wird vom **„Ausschneiden“**, ist es Abfall, vom **„Lochen“** gesprochen.

13.4.3 Schneidverfahren

Durchführungsvarianten des Schneidens

- Schneiden in Werkzeugen (Bild 13.22)

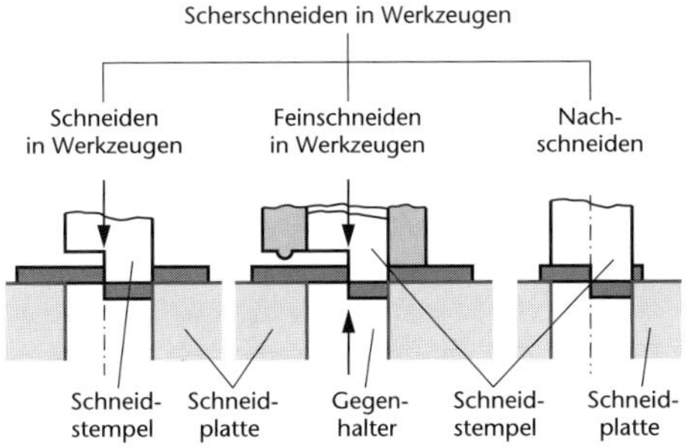

Bild 13.22 (Scher-)Schneiden in Werkzeugen

Zur Gewährleistung einer guten Führung zwischen Ober- und Unterwerkzeug werden Platten-, Säulen- oder Verbundführungen verwendet. Die Herstellung komplizierter Schnittteile erfordert Ausschneiden und mehrfaches Lochen. Das kann gleichzeitig in einem Werkzeug realisiert werden (**Gesamtschneidwerkzeug**) oder nacheinander in einem Werkzeug mit mehreren Arbeitsstationen (**Folgeschneidwerkzeug**; erst Lochen, dann Ausschneiden).

- Schneiden auf Scheren (Bild 13.23)

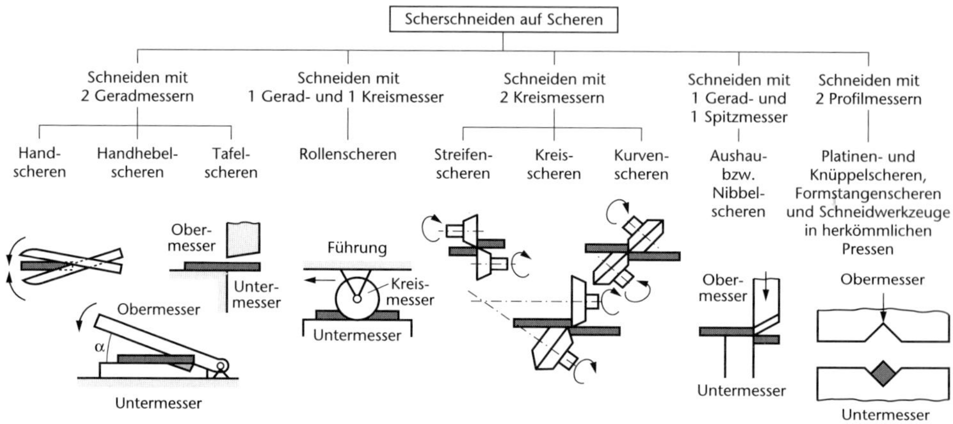

Bild 13.23 (Scher-)Schneiden auf Scheren

Anwendungsvarianten des Schneidens:

Neben umgangssprachlichen Begriffen wie Abschneiden, Einschneiden und Zerschneiden gibt es weitere spezifische Bezeichnungen (Bild 13.24):

- **Ausklinken:** Vollständiges Abtrennen von Flächenteilen längs einer an zwei Randstellen offenen Schnittlinie.
- **Beschneiden:** Vollständiges Abtrennen von überschüssigem Werkstoff.
- **Knabberschneiden:** Stückweises Trennen des Werkstoffes längs einer beliebigen Schnittlinie.
- **Nachschneiden:** Vollständiges Abtrennen schmaler Ränder von Schnittteilen zur Erhöhung der Maßgenauigkeit und Schnittflächengüte.

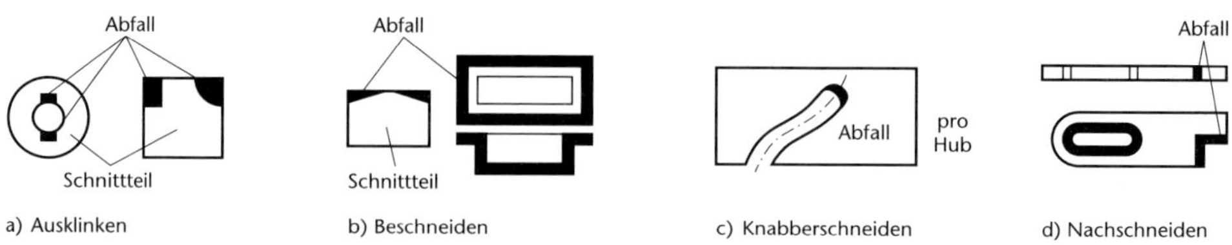

Bild 13.24 Anwendungsvarianten des Schneidens

13.5 Spanen

13.5.1 Einführung, Verfahrensübersicht

Spanen ist nach DIN 8589 ein **Trennvorgang**, bei dem von einem Werkstück Werkstoffteilchen in Form von **Spänen** zur **Änderung der Werkstückform** und/oder der **Werkstückoberfläche mechanisch abgetrennt** werden. Spanende Fertigungsverfahren mit geometrisch bestimmten Schneiden verwenden im Gegensatz zum Spanen mit unbestimmten Schneiden Werkzeuge, deren Schneidenzahl, Geometrie der Schneidteile und Lage der Schneide zum Werkstück bestimmt sind (Bild 13.25).

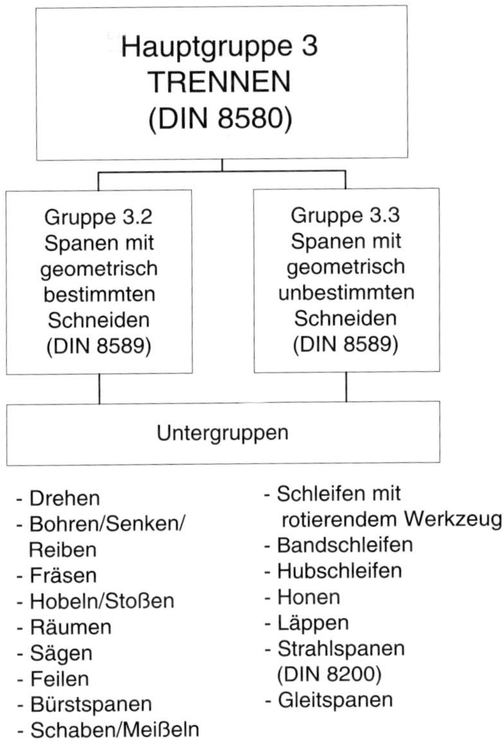

Bild 13.25 Einteilung der spanenden Fertigungsverfahren nach DIN 8589

Die grundlegenden Begriffe der spanenden Formung sind in DIN 6580/81 und DIN 6583/84 festgelegt und international mit ISO 3002 abgestimmt. Sie ermöglichen eine einheitliche Anwendung für alle spanenden Fertigungsverfahren. Die Verfahren unterscheiden sich nach **Schnittbewegung** (Schnittgeschwindigkeit v_c), **Vorschubbewegung** (Vorschubgeschwindigkeit v_f) und daraus resultierender **Wirkbewegung** (Wirkgeschwindigkeit v_e). Bild 13.26 zeigt einige Drehverfahren.

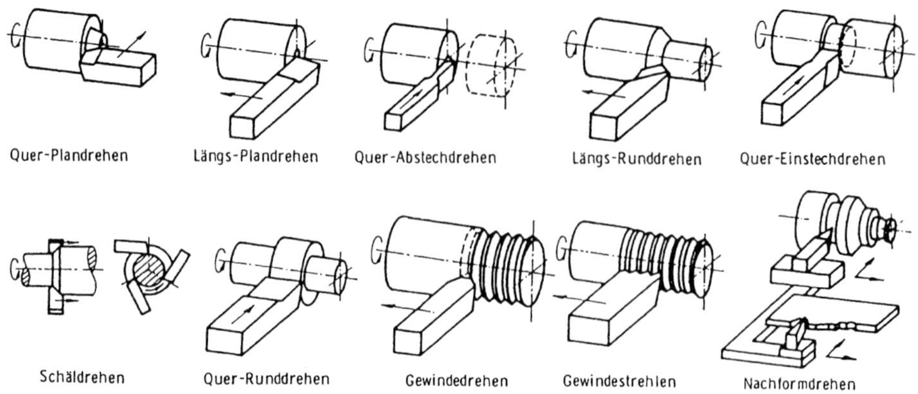

Bild 13.26 Drehverfahren

Die Vorschub- und Eingriffsgrößen, dargestellt in Bild 13.27, dienen zur Kennzeichnung des Eingriffes spanender Werkzeuge im Werkstück.

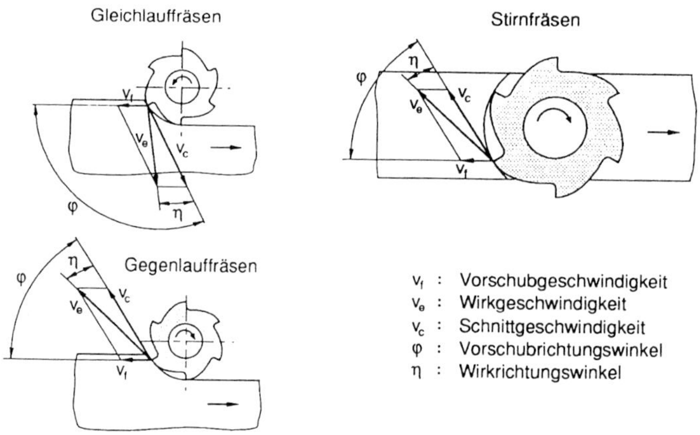

Bild 13.27 Fräsverfahren

Gemeinsames Merkmal aller spanenden Werkzeuge ist ein dem jeweiligen Verwendungszweck entsprechend gestalteter Schneidteil, dessen Geometrie durch die in DIN 6581 festgelegten Begriffe (Flächen, Schneiden, Winkel) beschrieben wird (Bild 13.28 und Bild 13.29).

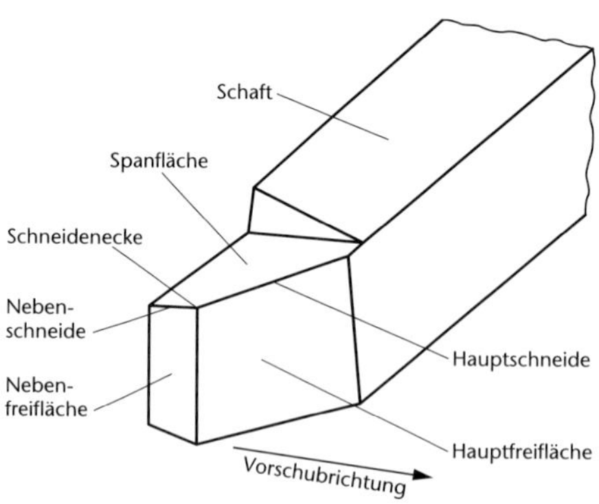

Bild 13.28 Schneiden und Flächen am Schneidteil eines Drehwerkzeuges nach DIN 6581

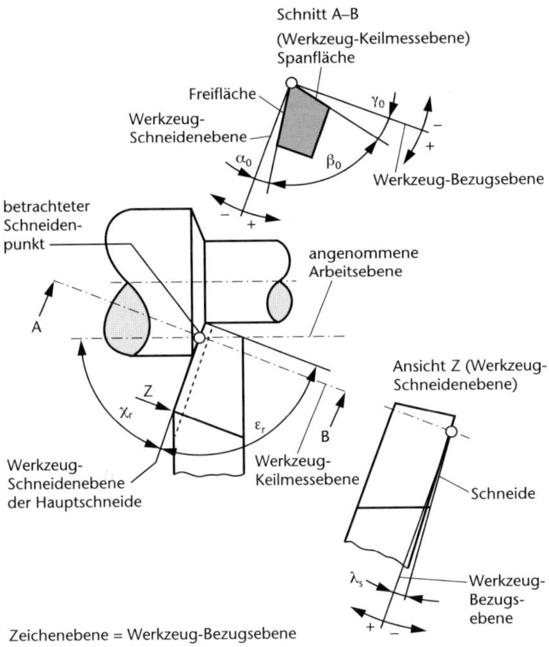

Bild 13.29 Werkzeugwinkel am Drehwerkzeug (nach DIN 6581); α_0: Freiwinkel, β_0: Keilwinkel, γ_0: Spanwinkel, λ_s: Neigungswinkel, χ_r: Einstellwinkel, ε_r: Eckenwinkel

Der dem Eindringen des Werkzeuges in den Werkstoff entgegengesetzte Widerstand wird durch Aufbringen einer Kraft überwunden. Diese Zerspankraft F wird in Komponenten zerlegt (Bild 13.30). Die Schnittkraft F_c in Richtung der Schnittbewegung ergibt mit der Vorschubkraft F_f die Aktivkraft F_a als leistungsführende Kraftkomponente. Die Passivkraft F_p ist an der Leistung nicht beteiligt. Es gilt: $F = \sqrt{F_a^2 + F_p^2} = \sqrt{F_c^2 + F_f^2 + F_p^2}$

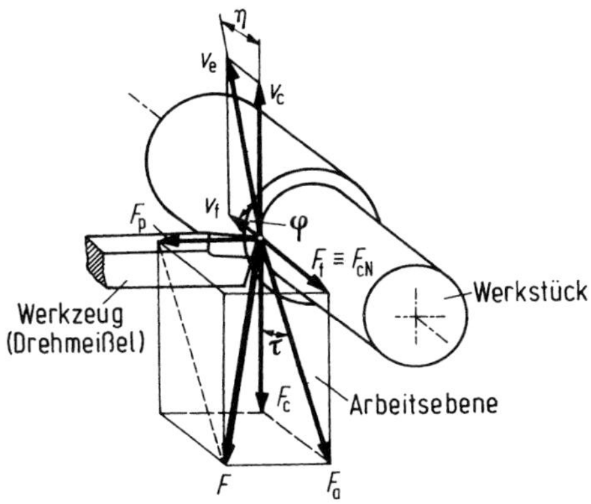

Bild 13.30 Zerspankraft und deren Komponenten nach DIN 6584

Die Schnittleistung errechnet sich bei einer Schnittgeschwindigkeit von v_c zu:

$P_c = v_c F_c$.

Die Schnittkraft F_c lässt sich nach der Gleichung von Kienzle ermitteln, die für alle spanenden Verfahren anwendbar ist:

$F_c = bhk_c$.

Die **spezifische Schnittkraft** k_c ist die auf den Spanungsquerschnitt bh (b: Breite; h: Dicke) bezogene Schnittkraft. Ihre Größe ist in Abhängigkeit vom Werkstoff und von der Spanungsdicke Richtwerttabellen zu entnehmen. Während des Spanungsvorganges unterliegt der Schneidkeil extrem hohen mechanischen und thermischen Belastungen, die den Verschleiß des Werkzeuges verursachen. Die **Standzeit** eines Werkzeuges für eine Schneidstoff-Werkstoff-Kombination bei vorgegebenem Standkriterium ist hauptsächlich von der Schnittgeschwindigkeit v_c abhängig und kann durch eine Potenzfunktion (Taylor-Gleichung) beschrieben werden: $T = v_c^k \cdot C_v$.

Die Konstante C_v (Standzeit T für v_c = 1 m/min) und der Exponent k sind in **Richtwerttabellen** angegeben.

13.5.2 Drehen

Drehen ist nach DIN 8589 definiert als **Spanen** mit **geschlossener**, meist **kreisförmiger Schnittbewegung** und **beliebiger Vorschubbewegung** in einer zur **Schnittrichtung senkrechten Ebene**. Als Ordnungsgesichtspunkte dienen die erzeugte Flächengestalt, die Kinematik des Zerspanungsvorganges, die Richtung der Vorschubbewegung, Werkzeugmerkmale und die Art der Steuerung (Bild 13.31).

Runddrehen ist Drehen zur Erzeugung einer zur Drehachse des Werkstückes koaxial liegenden kreiszylindrischen Fläche. Das in Bild 13.31 dargestellte Längs-Runddrehen mit parallel zur Drehachse gerichteter Vorschubbewegung wird für die Außen- und Innenbearbeitung eingesetzt. Das **Schäldrehen** ist ein Längs-Runddrehen mit großem Vorschub bei Verwendung eines mehrschneidigen umlaufenden Werkzeuges.

13

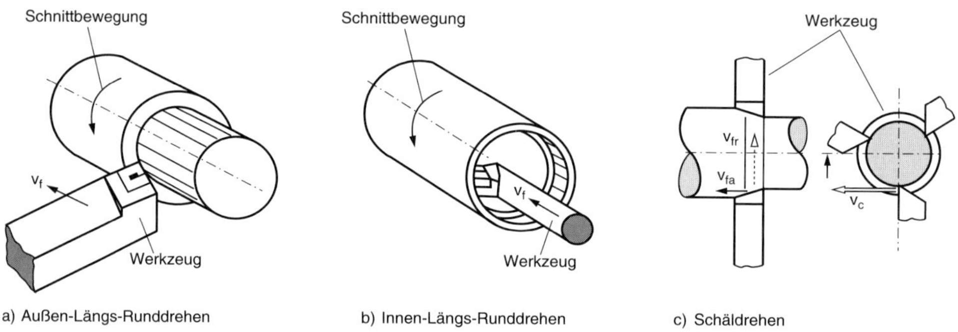

Bild 13.31 Drehverfahren

Plandrehen ist das Drehen zum Erzeugen einer zur Drehachse des Werkstückes senkrecht liegenden ebenen Fläche. Beim Quer-Plandrehen und Quer-Abstechdrehen ist zu beachten, dass sich die Schnittgeschwindigkeit mit dem Werkstückdurchmesser ändert, sodass bei größeren Vorschubwegen ein Anpassen der Werkstückdrehzahl an den jeweiligen Drehdurchmesser erfolgen sollte.

Beim **Profildrehen** werden mit einem Profilwerkzeug rotationssymmetrische Werkstücke hergestellt, bei denen das Profil des Werkzeuges auf dem Werkstück abgebildet wird.

Unter **Schraubdrehen** versteht man das Drehen mit einem Profilwerkzeug zum Erzeugen von Gewinden. Dabei ist der Vorschub je Umdrehung gleich der Steigung des Gewindes. Beim **Ge-**

windedrehen wird das Gewinde durch einen einschneidigen Drehmeißel erzeugt, beim **Gewindestrehlen** mit einem Werkzeug, das in Vorschubrichtung mehrere mit zunehmender Schnitttiefe gestaffelte Schneiden besitzt.

Beim **Formdrehen** entsteht die Form des Werkstückes durch die Steuerung der Vorschubbewegung. Bei der Verfahrensvariante Nachformdrehen wird die Vorschubbewegung über ein Bezugsformstück (Schablone) gesteuert, beim CNC-Formdrehen mittels eingegebener Daten in eine numerische Steuerung.

Form und Abmessung der Drehwerkzeuge sind abhängig von der Bearbeitungsaufgabe. Beim Drehen in der Serienfertigung werden vor allem **Hartmetalle** und **keramische Schneidstoffe** genutzt. Schnellarbeitsstähle haben demgegenüber wesentlich an Bedeutung verloren. Drehwerkzeuge werden heute als Werkzeuge mit **geklemmten Wende-Schneidplatten** ausgeführt. Dabei werden die Schneidplatten mit mechanischen Befestigungs- und Klemmsystemen auf dem Werkzeugträger befestigt. Durch Verwendung genormter Wende-Schneidplatten nach DIN 4987 ist ein schnelles Wechseln der Schneiden gegeben.

13.5.3 Bohren, Senken, Reiben

Mit Bohren, Senken und Reiben werden nach DIN 8589 spanende Verfahren mit kreisförmiger Schnittbewegung bezeichnet, bei denen das Werkzeug **nur eine Vorschubbewegung** in Richtung der Drehachse erlaubt (Bild 13.32).

13

Rundbohren ist ein Bohrvorgang zum Erzeugen kreiszylindrischer Innenflächen. Beim Rundbohren ins Volle wird mit dem Werkzeug ohne Vorbohren in den Werkstückstoff gebohrt. Bis zu einem Bohrungsdurchmesser von 60 mm werden vorwiegend Spiralbohrer verwendet. Für größere Durchmesser wird das Kern- oder Hohlbohren eingesetzt. Dabei zerspant das Bohrwerkzeug den Werkstückstoff ringförmig, sodass gleichzeitig mit der Bohrung ein Kern entsteht. Beim Aufbohren erfolgt ein radiales Vergrößern einer bereits vorgefertigten Bohrung. Reiben ist ein Aufbohren mit geringen Spanungsdicken, wobei mit dem Werkzeug (Reibahle) maß- und formgenaue Innenflächen mit hoher Oberflächengüte erzeugt werden. Dabei wird je nach verwendetem Reibwerkzeug zwischen mehr- und einschneidigem Reiben unterschieden.

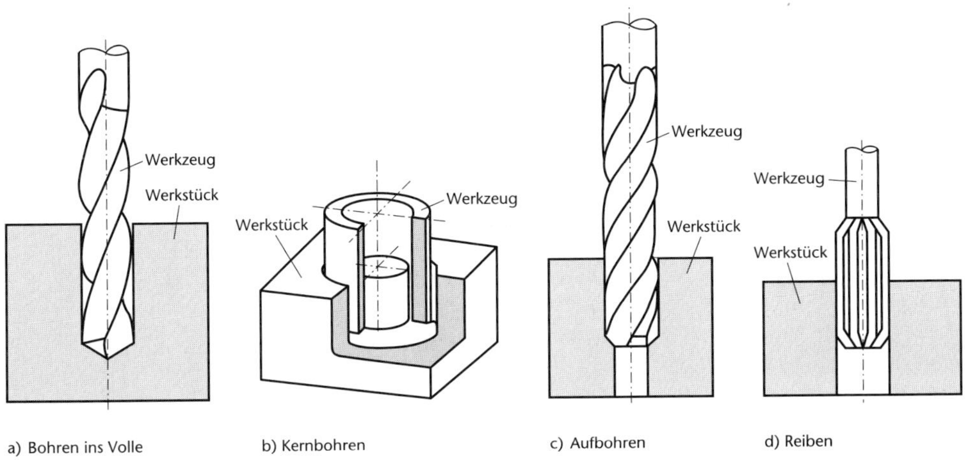

Bild 13.32 Verfahren nach DIN 8589

Beim **Profilbohren** werden rotationssymmetrische Innenflächen erzeugt, die durch das Hauptschneidenprofil des Werkzeuges bestimmt werden. Es wird unterschieden in Profilbohren ins Volle, Profilaufbohren, Profilsenken und Profilreiben (Bild 13.33).

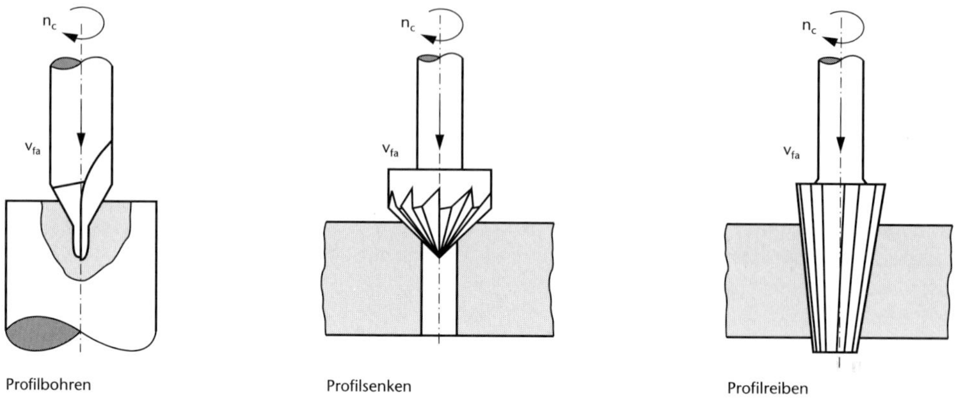

Bild 13.33 Profilbohrverfahren

Tiefbohren ist ein Rundbohren, bei dem die Bohrungstiefe im Verhältnis zum Bohrungsdurchmesser sehr groß ist. Die Werkzeuge sind so gestaltet, dass das Kühlschmiermittel unter Druck direkt an die Schneide geführt wird und dabei gleichzeitig die anfallenden Späne aus der Bearbeitungszone gespült werden. Häufig angewendet wird das BTA-Verfahren (Bild 13.34). Hierbei wird das Kühlschmiermittel durch den ringförmigen Spalt zwischen Werkzeugschaft und Bohrungswandung zugeführt. Die Späne werden durch das Bohrrohr abgeführt, d. h., sie kommen mit der Bohrungswand nicht in Berührung.

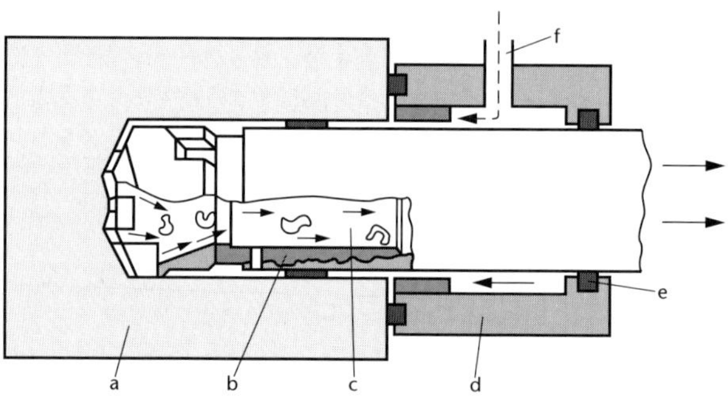

Bild 13.34 Tiefbohren (BTA-Verfahren); a: Werkstück, b: Anschlussgewinde, c: Späneabfuhr, d: Bohrbuchse, e: Abdichtung, f: Ölzufuhr

Durch **Plansenken** werden senkrecht zur Drehachse der Schnittbewegung liegende, ebene Flächen erzeugt (Bild 13.35). Beim **Planansenken** werden am Werkstück überstehende Flächen gefertigt. **Planeinsenken** dient zu Erzeugung vertieft liegender Planflächen, wobei gleichzeitig eine kreiszylindrische Innenfläche entsteht. Es werden als Werkzeuge Zapfensenker verwendet. Sie besitzen Führungszapfen, die in die vorgefertigte Bohrung eintauchen.

Schraubbohren ist Bohren mit einem Schraubprofil-Werkzeug in eine vorgefertigte Bohrung. Es entstehen hierbei **Innenschraubflächen**, deren Achse koaxial zur Drehachse des Werkzeuges liegt (z. B. Gewindebohren mit einem Gewindebohrer).

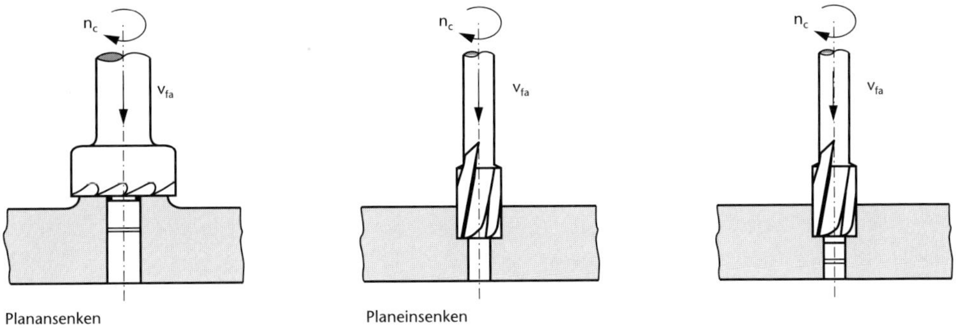

Bild 13.35 Plansenkverfahren

13.5.4. Fräsen

Fräsen ist ein spanendes Verfahren mit **kreisförmiger Schnittbewegung** eines vorwiegend mehrschneidigen Werkzeuges zur Erzeugung **beliebig geformter Werkstückflächen.** Die Vorschubbewegung ist senkrecht oder auch schräg zur Drehachse des Werkzeuges gerichtet.

Die verschiedenen Fräsverfahren sind in DIN 8589 nach der erzeugten Werkstückfläche, der Werkzeugform und der Verfahrenskinematik unterteilt. In der Praxis am häufigsten angewendet werden die **Planfräsverfahren** zur Herstellung ebener Flächen. Diese Verfahren werden nach Kinematik und Eingriffsverhältnissen differenziert und zumeist nach der Art und der Form der dazu erforderlichen Werkzeuge bezeichnet.

Beim **Stirn-Planfräsen** (Bild 13.36a) wird die Werkstückoberfläche von an der Stirnseite des Werkzeuges liegenden Schneiden erzeugt. Werden Schneiden mit einem Einstellwinkel von 90° eingesetzt, lassen sich rechtwinklig zueinander stehende Flächen herstellen. Diese Variante wird als **Stirn-Umfangs-Planfräsen** bezeichnet (Bild 13.36b). Zum Fräsen kleiner ebener und rechtwinklig abgesetzter Flächen werden Massivfräser aus Schnellarbeitsstahl oder Hartmetall eingesetzt, jedoch bereits ab Werkzeugdurchmesser von 16 mm in zunehmender Zahl Fräser mit geklemmten Schneidplatten. Zur Herstellung großer ebener Flächen finden ausschließlich mit Wendeplatten bestückte Fräsköpfe Anwendung.

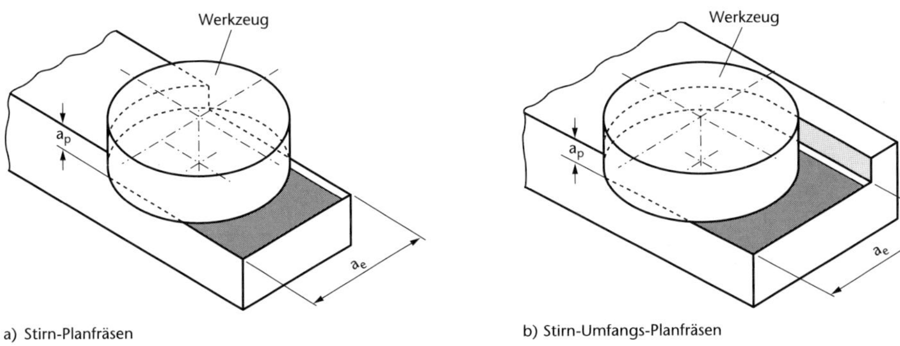

Bild 13.36 Stirnfräsen

Beim **Umfangs-Planfräsen** wird die Werkstückoberfläche durch am Fräserumfang angeordnete Schneiden erzeugt (Bild 13.37a). Je nach Werkzeugdreh- und Vorschubrichtung wird in Gleich- und Gegenlauffräsen unterschieden. Beim **Gleichlauffräsen** sind die Drehrichtung bzw. Schnittbewegung des Fräsers und die Vorschubbewegung des Werkstückes gleich gerichtet, während sie beim **Gegenlauffräsen** einander gegengerichtet sind. Für die Werkzeugstandzeit ist Gleichlauffräsen günstiger, sofern nicht harte Guss- oder Schmiedekrusten bearbeitet werden müssen. Außerdem werden beim Fräsen im Gleichlauf in der Regel bessere Oberflächengüten erzielt.

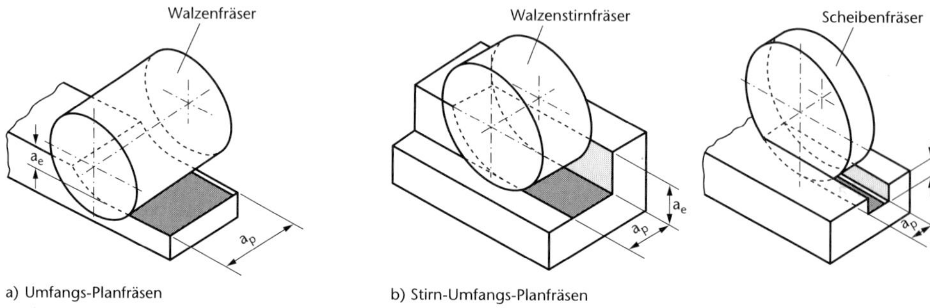

Bild 13.37 Umfangs-Fräsverfahren

Als Werkzeuge zum Umfangs-Planfräsen werden Walzenfräser, üblicherweise als massive Schnellarbeitsstahl-Werkzeuge, aber auch mit Hartmetallschneiden bestückt, eingesetzt. Zur Herstellung rechtwinklig abgesetzter Flächen sowie scharfkantiger Profile kommen Walzenstirnfräser zur Anwendung. Das sind Umfangsfräser, die außer Umfangsschneiden zusätzlich Stirnschneiden besitzen. Das entsprechende Verfahren ist demnach ein **Stirn-Umfangs-Planfräsen** (Bild 13.37b). Zur Ausarbeitung von Nuten, Schlitzen usw. können auch Scheibenfräser, die sowohl Umfangs- als auch beidseitig Stirnschneiden aufweisen, eingesetzt werden.

Schaftfräsen ist ein kontinuierliches Umfangs-Stirnfräsen zur Herstellung von Nuten, Schlitzen und Aussparungen, aber auch zur Erzeugung von räumlichen Formflächen, z. B. im Gesenkbau. Als Werkzeuge dienen Schaftfräser, die je nach Bearbeitungsaufgabe in zahlreichen Ausführungen vorliegen (Bild 13.38). Die Fräserform kann zylindrisch, keglig oder auch beliebig als Sonderform, die Stirnseite plan oder halbrund ausgebildet sein. Als Schneidstoffe kommen Schnellarbeitsstahl und Hartmetall zum Einsatz. Neben Werkzeugen mit geklemmten oder geschraubten Wendeschneidplatten werden in zunehmendem Maße Vollhartmetallfräser bis zu Durchmessern von 10 mm bis 16 mm verwendet.

Profilfräsen ist das Fräsen unter Verwendung eines Formwerkzeuges zur Erzeugung profilierter Flächen. Die Form des Profilfräsers entspricht der zu erzeugenden Fertigkontur des Werkstückes. Die Werkzeuge können einteilig oder mehrteilig ausgeführt sein (Bild 13.39). Mehrteilige Profilfräser werden eingesetzt, wenn die Form des Werkstückes nicht durch einen Formfräser erzeugt werden kann. Es werden dann mehrere Fräser, in den meisten Fällen Walzen- und Scheibenfräser, zu einem **Satzfräser** zusammengestellt. Die Bearbeitung beliebig gekrümmter Flächen ist durch **NC-Formfräsen** möglich. Mit numerischen Maschinensteuerungen lassen sich Vorschubbewegungen der Werkzeuge in bis zu sieben Achsen simultan realisieren und somit komplizierte Werkstückformen erzeugen.

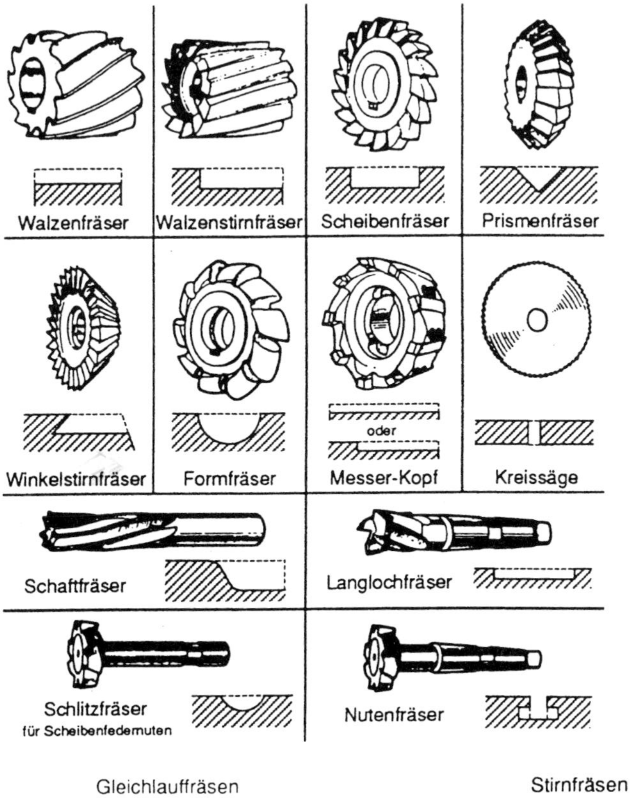

Bild 13.38 Fräserformen

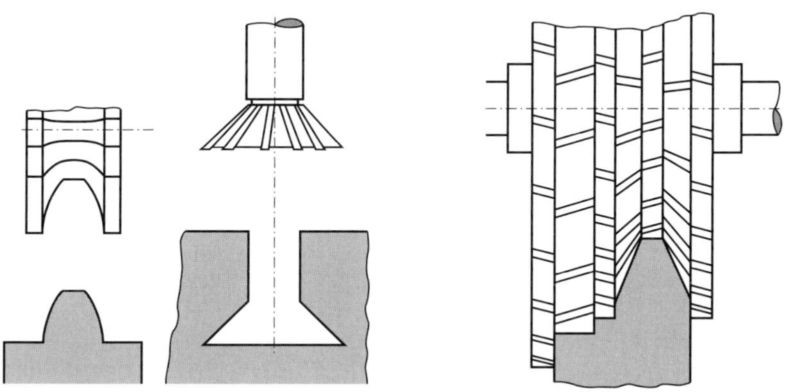

a) Einteilige Werkzeuge (Formfräser) b) Mehrteilige Werkzeuge (Satzfräser)

Bild 13.39 Profilfräswerkzeuge

13.5.5 Hobeln, Stoßen, Räumen

Hobeln und **Stoßen** sind spanende Fertigungsverfahren mit **schrittweise wiederholter,** meist geradliniger **Schnittbewegung** und **schrittweiser**, senkrecht zur Schnittrichtung liegender **Vorschubbewegung**.

Beide Verfahren unterscheiden sich lediglich in der Aufteilung von Schnitt- und Vorschubbewegung. Beim **Hobeln** führt, wie in Bild 13.40 dargestellt, das Werkstück die Schnittbewegung sowie die Rückbewegung (Leerhub) aus, während der Vorschub vom Werkzeug vorgenommen wird. Beim **Stoßen** ist dies umgekehrt, d. h. das Werkzeug wird in Schnittrichtung und das Werkstück in Vorschubrichtung bewegt.

Obwohl Hobeln und Stoßen zu den ältesten Verfahren der spanenden Fertigung gehören, wurden sie bei der Bearbeitung ebener Flächen weitgehend durch das Fräsen ersetzt. Hobeln wird heute noch in wenigen Fällen zur Bearbeitung von langen, schmalen Plan- und Profilflächen genutzt. Stoßen wird in der Einzel- und Kleinserienfertigung eingesetzt. Der Vorteil gegenüber Fräsen liegt dort in der Verwendungsmöglichkeit einfacher und billigerer Werkzeuge. Als Schneidstoffe kommen Schnellarbeitsstahl und zähe Hartmetallsorten zur Anwendung.

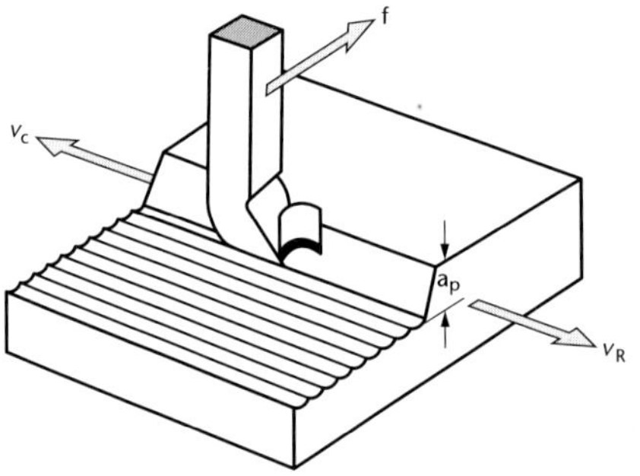

a) Planhobeln

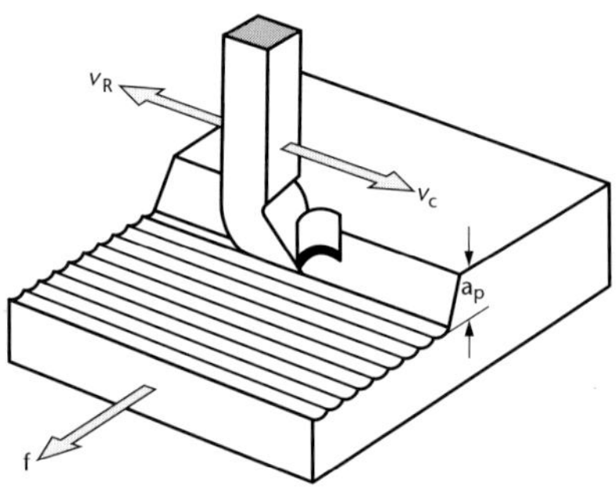

b) Planstoßen

Bild 13.40 Bewegungsabläufe beim Hobeln und Stoßen

Räumen ist Spanen mit einem mehrschneidigen Werkzeug, dessen Schneiden hintereinander liegen und jeweils um den Zahnvorschub gestaffelt sind. Durch diese Anordnung der Schneidzähne des Räumwerkzeuges kann die Vorschubbewegung entfallen. Die Schnittbewegung ist meist translatorisch, kann aber in Sonderfällen auch schrauben- oder kreisförmig sein. Räumwerkzeuge gestatten es, auch komplizierte Werkstückkonturen in einem Durchgang zu erzeugen. Die Vorteile des Räumens liegen in der kurzen Fertigungszeit, in der großen Zerspanungsleistung bei gleichzeitig erreichbaren hohen Oberflächengüten und Maßgenauigkeiten. Diese Vorteile gegenüber anderen Verfahren einerseits sowie die hohen Werkzeugherstellungs- und Instandhaltungskosten andererseits kennzeichnen das Räumen als typisches Verfahren für die Großserien- und Massenfertigung.

Räumen wird je nach Lage der zu bearbeitenden Werkstückflächen als Innen- oder Außenräumen durchgeführt (Bild 13.41). Die Werkzeuge zum Innenräumen (Räumnadel) sind meist einteilig und aus Schnellarbeitsstahl ausgeführt. Sie bestehen aus Schaft, Aufnahme, Führungs- und Endstück sowie dem Zahnungsteil. Schrupp-, Schlicht- und Reserveteil unterscheiden sich durch eine unterschiedliche Größe der Steigung der Zähne. Außenräumwerkzeuge werden oft, insbesondere bei komplizierten Profilen, aus mehreren Schneidteilen zusammengesetzt.

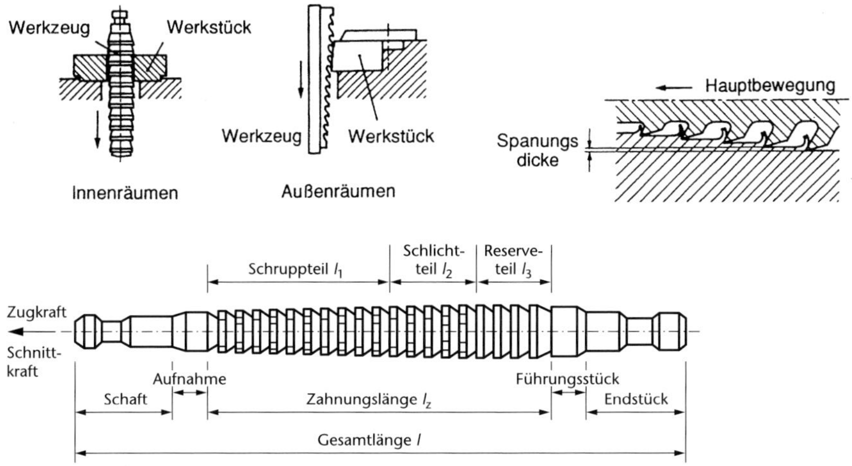

Aufbau eines Innenräumwerkzeuges

Bild 13.41 Räumen

13.5.6 Schleifen

Schleifen ist nach DIN 8589 ein spanendes Fertigungsverfahren, bei dem die **Spanabnahme** durch ein vielschneidiges Werkzeug aus **gebundenem, unregelmäßig verteiltem Korn** erfolgt. Die Schneidenform ist geometrisch unbestimmt. Die Schneiden sind nicht ständig im Eingriff und dringen im Verhältnis zur Größe eines Schneidkornes nur geringfügig in die Werkstückoberfläche ein. Dabei werden die Oberflächengüte sowie die Maß- und Formgenauigkeit des Werkstückes verbessert.

Das Verfahren ist zur Bearbeitung harter und hochfester Werkstoffe geeignet. Nach der herzustellenden Flächenform, der Anordnung von Werkzeug und Werkstück und den Bewegungsverhältnissen werden in DIN 8589 die Schleifverfahren unterteilt.

Planschleifen ist das Schleifen ebener Flächen, wobei das Werkzeug die Schnittbewegung und das Werkstück die Vorschubbewegungen ausführen. Der Schleifvorgang kann mit dem Umfang oder der Stirnfläche des Werkzeuges erfolgen. Man unterscheidet demzufolge in **Umfangs- und Stirnschleifen** (Bild 13.42).

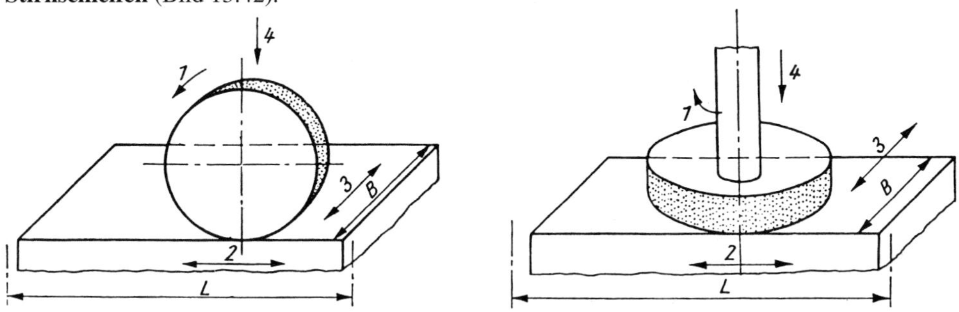

a) Umfangschleifen b) Stirnschleifen

Bild 13.42 Verfahren beim Planschleifen. 1 Werkzeug-Drehbewegung, 2 Schnittbewegung, 3 Vorschubbewegung, 4 Zustellbewegung

Rundschleifen ist die Schleifbearbeitung rotationssymmetrischer Teile. Die Varianten des Außen- und Innenrundschleifens mit Werkstückspannung sind in Bild 13.43 und 13.44 dargestellt.

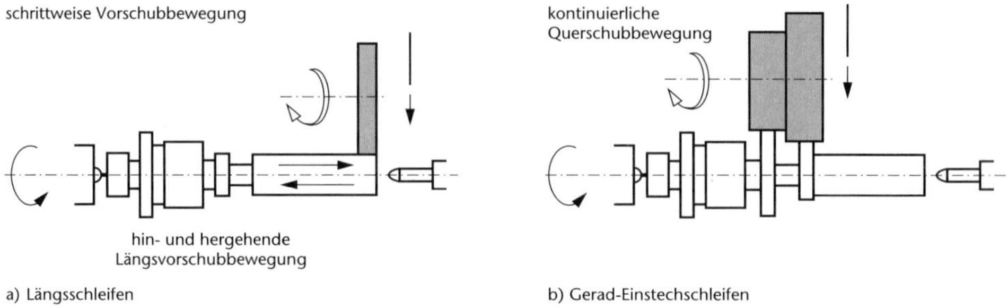

Bild 13.43 Außenrundschleif-Verfahren

Beim **Außenrund-Längsschleifen** zwischen Spitzen (Bild 13.43 a) führt die Schleifscheibe die Schnitt- und Zustellbewegung, das Werkstück eine rotatorische Vorschubbewegung aus. Zusätzlich erfolgt eine Längsvorschubbewegung parallel zur Werkstückachse. Beim **Außenrund-Einstechschleifen** entfällt der Längsvorschub, das Werkzeug bewegt sich radial in das Werkstück (Bild 13.43 b).

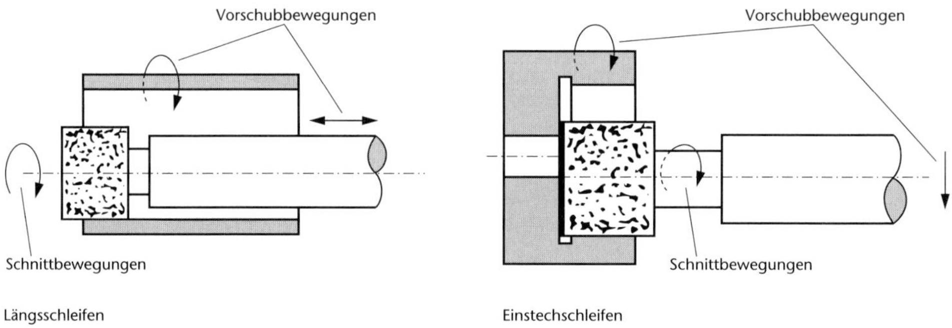

Bild 13.44 Innenrundschleif-Verfahren

Durch **Innenrundschleifen** (Bild 13.44) werden vorwiegend zylindrische Bohrungen bearbeitet. Das **spitzenlose Rundschleifen** ist ein Schleifvorgang, bei dem das Werkstück zur Bearbeitung nicht eingespannt wird, sondern frei auf einer Auflageschiene liegt. Am bekanntesten ist das spitzenlose Außenrundschleifen im Durchlaufverfahren (Bild 13.45). Das Werkstück wird zwischen Schleifscheibe, Auflageschiene und Regelscheibe geführt.

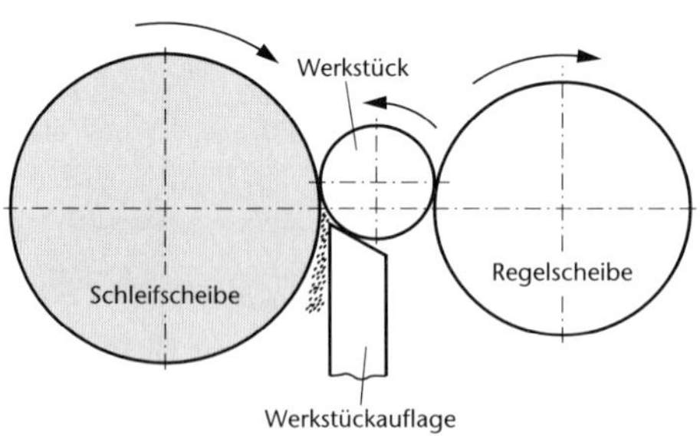

Bild 13.45 Spitzenloses Außenrundschleifen

Weitere Schleifverfahren sind das **Schraubschleifen** zur Erzeugung von Gewinden und Schnecken, das **Wälzschleifen** zur Herstellung von Verzahnungen und das **Profilschleifen**, bei dem die Profilform des Schleifwerkzeuges auf das Werkstück übertragen wird.

Schleifwerkzeuge bestehen aus Schleif- und Bindemittel. Das Schleifmittel, auch als **Kornwerkstoff** bezeichnet, muss hart und schneidfähig sein, dazu eine hohe thermische und chemische Widerstandsfähigkeit besitzen. Die wichtigsten Schleifmittel sind Elektrokorund, Siliciumcarbid, Diamant und Bornitrid.

Die **Bindemittel** oder Bindungen haben die Aufgabe, die einzelnen Schleifkörner miteinander zu einem festen Körper zu verbinden. Wesentliche Bindungen sind die keramische Bindung, die Kunstharzbindung, die Gummibindung und die metallische Bindung. Die Bezeichnung von Schleifkörpern mit Korund- und Siliciumcarbid-Kornwerkstoffen ist nach DIN 69100, die für Schleifkörper aus Diamant- und Bornitrid-Kornwerkstoffen nach DIN 69800 genormt. Die Bezeichnung enthält Angaben über Form, Abmessungen, Art des Schleifmittels und der Bindung sowie über Korngröße, Härtegrad und die größte zulässige Umfangsgeschwindigkeit eines Schleifkörpers.

13.5.7 Honen

Honen ist das **Spanen** mit einem **vielschneidigen Werkzeug**, dessen **Schneiden** (Körner) in Form eines **Schleifkörpers** gebunden sind. Die Spanabnahme erfolgt unter ständiger Flächenberührung zwischen Werkstück und Werkzeug und dient zur Verbesserung der Oberflächengüte sowie der Maß- und Formgenauigkeit vorbearbeiteter Werkstücke. Zwischen Werkzeug und Werkstück findet ein Richtungswechsel statt. Kennzeichnend für gehonte Oberflächen ist, dass sie parallele, sich kreuzende Bearbeitungsspuren aufweisen.

Aus der Kinematik des Bearbeitungsvorganges ergibt sich eine Unterteilung in Langhub- und Kurzhubhonen. Beim **Langhubhonen** wird der Werkstoff mit feinkörnigen, keramisch oder durch Kunstharz gebundenen Honsteinen mit Korund oder Siliciumcarbid als Kornwerkstoff von der Werkstückoberfläche abgetrennt. Vielfach werden auch Diamant- oder Bornitrid-Honleisten verwendet. Die Schnittbewegung entsteht durch eine gleichzeitig ausgeführte Dreh- und Hubbewegung des Honwerkzeuges (Bild 13.46). Während dieser Bewegungen werden die **Honleisten**, die am Umfang verteilt das Honwerkzeug tragen, durch einen Spreizmechanismus an die zu bearbeitende Werkstückfläche gedrückt. Die bei der Bearbeitung entstehenden kleinen Späne werden durch einen Kühlschmierstoff, das Honöl, aus der Bearbeitungszone gespült. Aus der Überlagerung der beiden Bewegungsrichtungen ergibt sich eine Überschneidung der Bearbeitungsspuren und damit die spezielle Honstruktur der Werkstückoberfläche.

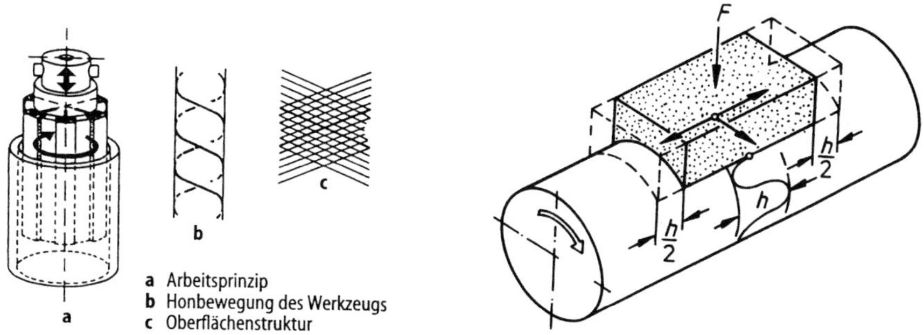

Bild 13.46 Langhubhonen (links) und Kurzhubhonen (rechts)

Beim **Kurzhubhonen** wird ein feinkörniger Honstein gegen das rotierende Werkstück gepresst. Gleichzeitig führt der Honstein eine kurzhubige Oszillationsbewegung parallel zur Drehachse aus. Diese Schwingbewegung wird mit Druckluft oder elektromechanisch erzeugt. Ist die zu bearbeitende Fläche länger als der Honstein, muss zusätzlich ein Längsvorschub vorgesehen werden. Das Langhubhonen wird vorwiegend für die Bearbeitung kreiszylindrischer Innenflächen angewendet. Mit Kurzhubhonen werden vornehmlich die Außenflächen kleiner zylindrischer Bauteile bearbeitet.

13.5.8 Läppen

Läppen ist ein Feinbearbeitungsverfahren zur Erzeugung von **Funktionsflächen** mit **großer Form- und Maßgenauigkeit** sowie **höchster Oberflächengüte**. Es ist definiert als **Spanen mit losem**, in einer Paste oder Flüssigkeit **verteiltem Korn**, dem Läppgemisch, das auf einem meist formübertragenden Gegenstück, dem Läppwerkzeug, aufgetragen wird. Werkstück und Werkzeug gleiten bei fortwährendem Richtungswechsel aufeinander, wobei ein Abtrennen von Werkstoff bewirkt wird.

Die maschinell ausgeführten Läppverfahren werden in vier Hauptgruppen eingeteilt:

Planläppen (Bild 13.47 a) ist das Läppen von ebenen Flächen vorzugsweise mit Einscheibenläppmaschinen. Beim **Planparallelläppen** (Bild 13.47 b) werden gleichzeitig zwei parallele ebene Flächen bearbeitet. Dabei werden außer geometrisch hochwertigen Flächen vor allem auch geringe Maßabweichungen innerhalb einer Ladung sowie von Ladung zu Ladung erreicht. Mit **Außenrundläppen** (Bild 13.47 c) werden kreiszylindrische Außenflächen auf Zweischeibenläppmaschinen bearbeitet. Die Werkstücke werden radial in einem Werkstückhalter geführt und rollen unter Exzenterbewegung zwischen den beiden Läppscheiben ab. Es werden dabei Kreiszylinder mit hoher Oberflächengüte erzielt. Beim **Bohrungsläppen** (Bild 13.47 d) erfolgt die Bearbeitung mit einer zylindrischen Läpphülse als Werkzeug, die eine Dreh- und Hubbewegung ausführt.

Zu den Sonderläppverfahren zählen folgende Verfahrensvarianten:
Strahlläppen dient ausschließlich der Verbesserung der Oberfläche vorgearbeiteter Werkstücke. Dabei wird das lose, in einem Flüssigkeitsstrahl geführte Korn mit hoher Geschwindigkeit auf die Werkstückoberfläche gestrahlt. Durch **Tauchläppen** erfolgt ebenfalls nur eine Oberflächenverbesserung, indem das Werkstück in ein strömendes Läppgemisch eingetaucht wird. **Kugelläppen** ist ein Zweischeibenläppen, bei dem die obere Läppscheibe plan, die untere jedoch mit einer halbkreisförmigen Nut versehen ist. Infolge der sich ergebenden Dreipunktberührung zwischen Kugel und Läppscheibe dreht sich die Kugel in der Rillenbahn, und es kommt zu einem Werkstoffabtrag. **Polierläppen** besteht aus einem Schleifen und Einebnen der Oberfläche. Hierzu wird das lose Polierkorn auf nachgiebige Trägerwerkzeuge, meist Scheiben aus textilen Werkstoffen, gebracht. Die Polierkörner tragen den Werkstoff schleifend ab und glätten die Werkstückoberfläche.

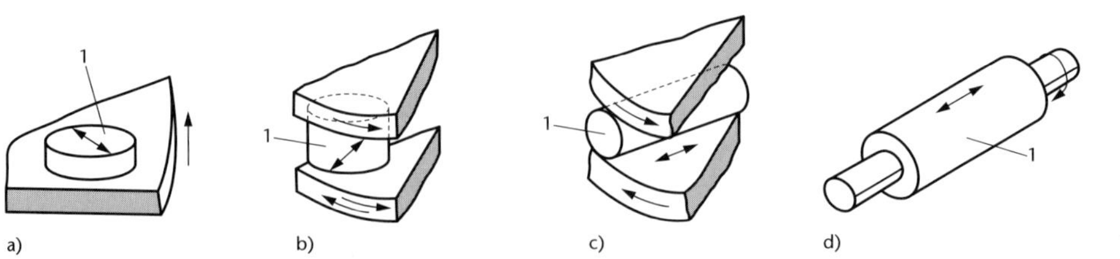

Bild 13.47 Läppverfahren. 1 Werkstück

13.6 Abtragen

13.6.1 Definition und Verfahrensübersicht

Als **Abtragen** werden Trennverfahren bezeichnet, die darauf gerichtet sind, den **lokalen stofflichen Zusammenhalt** des Werkstoffes durch **physikalische** oder **chemische Vorgänge partiell aufzuheben**. Nach DIN 8590 unterscheidet man nach dem jeweiligen Abtrageprinzip das **thermische**, **chemische** und **elektrochemische** Abtragen. Dem thermischen Abtragen ordnet DIN 8590 neben dem **funkenerosiven** Abtragen auch die **Elektronen**- und **Laserstrahlbearbeitung** zu.

13.6.2 Thermisches Abtragen

Thermisch werden die Werkstoffpartikel im festen, flüssigen oder gasförmigen Zustand abgetragen, wobei die Wirkenergie in thermischer Form zugeführt wird. Das **funkenerosive Abtragen** ist ein Bearbeitungsverfahren für **elektrisch leitende Werkstoffe**, bei dem durch elektrische Entladevorgänge zwischen zwei Elektroden (Werkstück- und Werkzeugelektrode) unter einem Arbeitsmedium, dem Dielektrikum, das Abtragen des Werkstoffes erfolgt. Die funkenerosive Bearbeitung ist ein **abbildendes Formgebungsverfahren**, bei dem sich die Werkzeugelektrode in der Werkstückelektrode abbildet. Beide Elektroden werden so in Arbeitsposition gebracht, dass zwischen beiden ein Arbeitsspalt verbleibt. Legt man an die Elektroden eine elektrische Spannung an, kommt es nach Überschreiten der Durchschlagsfestigkeit der elektrisch nichtleitenden Flüssigkeit zu kurzzeitigen, zeitlich getrennten elektrischen Entladungen, die einen Materialabtrag zur Folge haben. Die gebräuchlichsten Verfahrensvarianten sind das funkenerosive Senken und Schneiden.

13

Durch **funkenerosives Senken** (Bild 13.48 a) lassen sich Raumformen und Durchbrüche herstellen, indem sich die Werkzeugelektrode mit einer dem zu erzeugenden Istprofil entsprechenden Form im Werkstück abbildet. Die Vorschubbewegung wird dabei im Allgemeinen durch die Werkzeugelektrode ausgeführt. Die Unabhängigkeit des Verfahrens von Härte und Festigkeit des zu bearbeitenden Werkstoffes macht es besonders für die Bearbeitung gehärteter Werkstücke sowie Bauteilen aus schwer spanbaren Werkstoffen geeignet.

Beim **funkenerosiven Schneiden** mit einem ablaufenden Draht als Elektrode (Bild 13.48 c) werden Durchbrüche mit beliebigen Konturen durch Relativbewegungen zwischen Werkzeug (Draht) und dem Werkstück hergestellt.

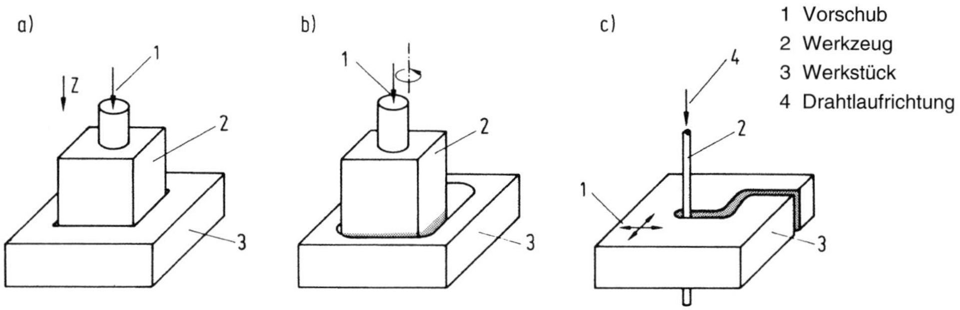

Bild 13.48 Funkenerosives Senken und Schneiden

a) funkenerosives Senken; b) funkenerosives Senken mit überlagerter Bewegung; c) funkenerosives Schneiden mit ablaufender Drahtelektrode

Bei der **thermischen Strahlbearbeitung** erfolgt der Werkstoffabtrag ausschließlich durch Schmelzen und Verdampfen unter punktförmig einwirkender, intensiver Energiestrahlung mittels eines Laser- oder Elektronenstrahles.

Bei der **Laserstrahlbearbeitung** beruht der Abtragvorgang auf der thermischen Wirkung einer gebündelten Lichtstrahlung (Photonenstrahlung), die beim Auftreffen auf den Werkstoff diesen schmilzt und verdampft. Der Laser ist ein elektronischer Verstärker, der eine zugeführte Energie in Lichtwellen umwandelt und eine punktförmige Energiekonzentration auf kleinste Flächen bewirkt. Auf Grund der besonderen optischen Eigenschaften ist der Laserstrahl zum Schneiden unterschiedlichster Materialien geeignet. Die Werkstoffpalette reicht von Massen- und hochlegierten Stählen bis hin zu Keramiken, Kunststoffen und Holz. Das Laserstrahlschneiden zeichnet sich durch eine schmale Schnittfuge, eine eng begrenzte Wärmeeinflusszone und eine hohe Bearbeitungsgeschwindigkeit aus. Es lassen sich Stahlwerkstoffe bis 6 mm Dicke bearbeiten, zudem können unterschiedlichste dreidimensionale Konturen gefertigt werden.

Das Prinzip des **Elektronenstrahlens** beruht auf der thermischen Wirkung, die beim Auftreffen eines gebündelten und hoch beschleunigten Elektronenstrahles auf das Werkstück entsteht. Die Elektronen werden beim Auftreffen abgebremst, ihre kinetische Energie wird in Wärmeenergie umgewandelt, wodurch der Werkstoff schmilzt und verdampft. Der Elektronenstrahl gestattet eine örtlich eng begrenzte intensive Energieeinwirkung mit sehr hohen Leistungsdichten. Die Wirkung benutzt man, um mit einem gesteuerten Elektronenstrahl bzw. geführten Werkstück außerordentlich kleine Bohrungen, Durchbrüche und Schlitze herzustellen. Ein wirtschaftlicher Einsatz wird insbesondere dann erreicht, wenn hohe Stückzahlen oder viele gleichartige Bearbeitungen an einem Werkstück vorliegen.

13

13.6.3 Chemisches Abtragen

Unter **chemischen Abtragen** versteht man das **gleichmäßige Auflösen** des Werkstoffes durch **Einwirken von Chemikalien**. Die Stoffumsetzung erfolgt durch **direkte chemische Reaktion**. Dabei ist mindestens ein Reaktionspartner, entweder das Wirkmedium oder der Werkstückwerkstoff, oder aber auch beide, elektrisch nichtleitend.

Ein Hauptanwendungsgebiet des chemischen Abtragens ist das **chemische Ätzen.**

Es ist das **gezielte Abtragen** von Metallen und Nichtmetallen (z. B. Halbleiter, Glas) durch Einwirkung eines flüssigen oder gasförmigen Ätzmittels auf das Werkstück. Die Auflösung erfolgt durch eine direkte Reaktion des Ätzmittels mit dem Werkstoff. Ein Beispiel für chemisches Ätzen ist das Glasätzen mit Fluorwasserstoff, mit dem Beschriftungen, Skaleneinteilungen und Ornamente in Glas eingebracht werden können.

13.6.4 Elektrochemisches Abtragen

Das **elektrochemische Abtragen** umfasst diejenigen Verfahren, bei denen ein **metallischer Werkstoff** unter Einwirkung eines **elektrischen Stromes** und einer **Elektrolytlösung anodisch** aufgelöst wird. Durch Verbindung zweier Elektroden (Werkstück und Werkzeug) wird eine galvanische Zelle gebildet. Der Elektrolyt ermöglicht die an einen Strom gebundene Ionenwanderung. Die Energie wird von einer äußeren Gleichstromquelle geliefert. Das **Werkstück** wird dabei **anodisch**, das **Werkzeug katodisch** geschaltet.

Dieses Verfahren wird heute industriell vor allem für das **elektrochemische Oberflächenabtragen** (elektrochemisches Badabtragen) genutzt. Hierbei werden in einem Elektrolytbad Oberflächenschichten in geringer Menge abgetragen. Das Verfahren wird sowohl zum elektrochemischen Polieren als auch zum Entfernen kleiner Grate an Werkstückkanten (Bild 13.49) eingesetzt.

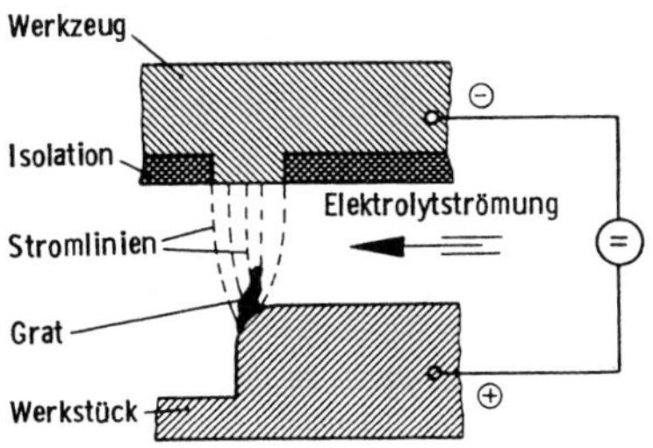

Bild 13.49 Elektrochemisches Entgraten

Die Werkstücke liegen entweder lose im Bad oder befinden sich auf Einhängevorrichtungen oder insbesondere bei Massenteilen in Trommeln. Der Strom wird mit Hilfe von Katodenblechen oder über Trommel- bzw. Glockenwandungen zugeführt. Weiterhin findet das Verfahren Anwendung zur Vorbereitung metallischer Oberflächen für eine spätere Beschichtung, zum Entfernen von Metallschichten (z. B. Entchromen) sowie zum Abtragen oxidierter und korrodierter Schichten.

13.7 Fügen

13.7.1 Verfahrensübersicht

Fügen ist **Verbinden** von geometrisch bestimmten Körpern miteinander oder mit formlosem Stoff (Bild 13.50).

Hauptgruppe 4 Fügen

Gruppe 4.1 Zusammensetzen	Gruppe 4.2 Füllen	Gruppe 4.3 An- und Einpressen	Gruppe 4.4 Fügen durch Urformen	Gruppe 4.5 Fügen durch Umformen	Gruppe 4.6 Schweißen	Gruppe 4.7 Löten	Gruppe 4.8 Kleben	Gruppe 4.9 Textiles Fügen
Untergruppen								
Auflegen Aufsetzen Einlegen Einsetzen Ineinanderschieben Einhängen Einrenken federnd Einspreizen	Einfüllen Tränken	Schrauben Klemmen Klammern Nageln Verstiften Verkeilen Verspannen	Ausgießen Einbetten Vergießen Eingalvanisieren Ummanteln Kitten	**Draht:** Flechten Verseilen Spleißen Knoten Wickeln **Blech, Rohr, Profil:** Körnen Kerben Engen Weiten Sicken Bördeln Falzen Verlappen Nieten Verbundumformen	**Pressschweißen:** Widerstandspressschweißen Reibschweißen Kaltpressschweißen Lichtbogenpressschweißen Gießpressschweißen **Schmelzschweißen:** Gasschweißen Lichtbogenschweißen Elektronenstrahlschweißen Laserschweißen	Weichlöten Hartlöten Hochtemperaturlöten	Physikalisch abbindender Klebstoff chemisch abbindender Klebstoff	Spinnen Weben Nähen Wirken

Bild 13.50 Gliederung des Fügens (DIN 8580)

Beim **Zusammensetzen** wird das Verbleiben im gefügten Zustand durch **Schwerkraft und Formschluss** bewirkt und mitunter durch federnde Teile gesichert. **An- und Einpressen** beruht auf **Kraftschluss**. Beide Verfahrensgruppen werden vorrangig bei der Montage mechanischer Baugruppen oder Aggregate wie Getriebe, Motoren, Maschinen genutzt.

Fügen durch Urformen verbindet Teile, indem die Fuge mit formlosem Stoff gefüllt und dadurch **Formschluss** (auch Haftschluss oder Stoffverbindung) geschaffen wird.

Das **Fügen durch Umformen** beruht im Wesentlichen auf **Formschluss** und wird besonders im Emballagen- und Behälter-, Heizungs- und Lüftungsbau, der Gehäuse- und Karosseriefertigung sowie im Waggon-, Schiff- und Stahlbau genutzt.

Das **Schweißen** beruht auf **Stoffvereinigung** durch Wärme- bzw. Kraftwirkung mit oder ohne Schweißzusatz. Beim **Löten** wird die Fuge zwischen zwei Teilen durch flüssiges Metall ausgefüllt und eine **Stoffverbindung** geschaffen. Das **Kleben** beruht auf **Haftschluss.**

13.7.2 Schweißvorgang und Grundbegriffe

Nach dem **Prinzip** des Schweißens werden zwei Gruppen gebildet:

- **Schmelzschweißen:** Stoffvereinigung durch örtliches Schmelzen der zu verbindenden Teile (meist mit Schweißzusatz).
- **Pressschweißen:** Stoffvereinigung durch örtlich hohen Druck, meist mit Erwärmung (ohne Schweißzusatz).

13

Nach dem **Zweck** des Schweißens wird unterschieden:

- **Verbindungsschweißen:** Verbinden von Teilen.
- **Auftragsschweißen:** Aufschweißen von Zusatzstoff.

Beim Verbindungsschweißen werden verschiedene Stoßarten (Anordnung der zu verbindenden Werkstücke) und Nahtarten unterschieden. Beispielsweise zeigt Bild 13.51 links einen Stumpfstoß mit V-Naht, rechts einen Eckstoß mit Kehlnaht.

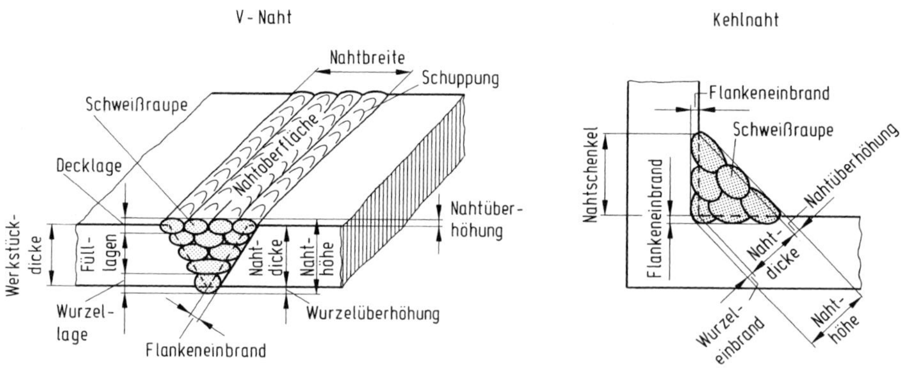

Bild 13.51 Aufbau einer Schweißnaht mit Begriffen nach DIN 1912 T1

Dünne Bleche werden einlagig geschweißt (bis etwa 5 mm), dickere mehrlagig (bis etwa 12 mm mit V-Naht, darüber mit X-Naht).

13.7.3 Schmelzschweißverfahren

Gasschweißen (G-Schweißen)

Beim Gasschweißen (Bild 13.52) entsteht das Schmelzbad durch die unmittelbare örtliche Einwirkung einer Acetylen-Sauerstoff-Flamme. Es wird mit Schweißzusatz gearbeitet, wobei die Schweißdrahtzuführung ebenso wie die Brennerbewegung manuell erfolgt. Gasschweißen wird hauptsächlich zum Dünnblechschweißen sowie im Rohrleitungs-, Kessel- und Apparatebau genutzt.

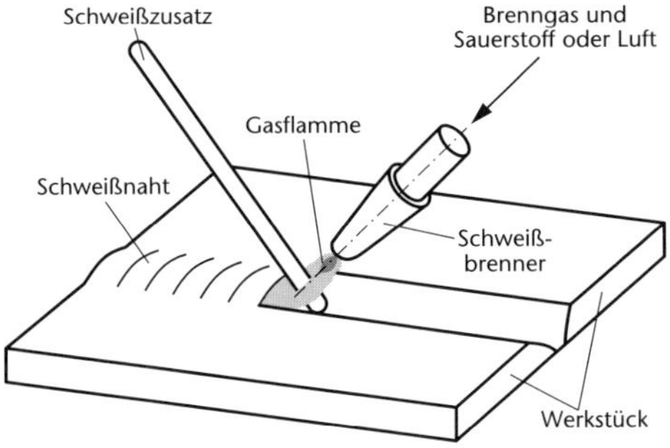

Bild 13.52 Gasschweißen

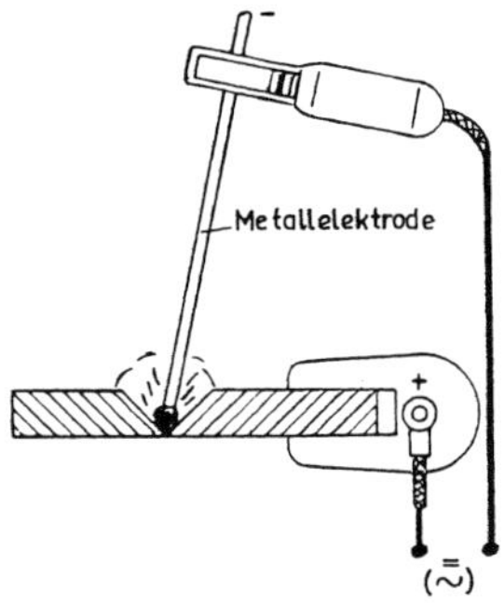

Bild 13.53 Lichtbogenschweißen nach Slavianoff

Lichtbogenhandschweißen (E-Schweißen)

Zwischen einer umhüllten Metallelektrode und dem Werkstück brennt ein Lichtbogen, der Werkstück und Elektrode aufschmilzt, sodass die Schweißnaht entsteht (Bild 13.53). Zur Erzeugung der Schweißenergie wird Gleichstrom, aber auch Wechselstrom genutzt, sodass Schweißumformer oder Gleichrichter bzw. Schweißtransformator erforderlich ist. Das E-Schweißen ist zum Auftrags- und Verbindungschweißen der meisten Metalle geeignet und universell anwendbar. Es ermöglicht Abschmelzmengen von etwa 2,5 kg/Stunde.

Wolfram-Inertgas-Schweißen (WIG-Schweißen)

Hierbei wird der Lichtbogen zwischen einer nicht abschmelzenden Wolframelektrode und dem Werkstück gezündet. Aus dem Elektrodenhalter strömt Schutzgas (meist Argon), das die Schmelze schützt und hohe metallurgische und mechanische Güte der Schweißstelle gewährleistet. Meist wird mit Schweißzusatz gearbeitet, der von Hand zugeführt wird. WIG-Schweißen ist besonders für hochlegierte Stähle und Aluminiumlegierungen geeignet und ermöglicht Abschmelzleistungen von nur etwa 0,5 kg/Stunde.

Metall-Aktivgas-Schweißen (MAG-Schweißen)

MAG-Schweißen ist ein Hochleistungs-Lichtbogenschweißen mit einer kontinuierlich zugeführten abschmelzenden Drahtelektrode unter Schutzgas (CO_2 oder CO_2-Argon-Gemisch). Das Verfahren ermöglicht Abschmelzleistungen von etwa 7 kg/Stunde und gestattet wirtschaftliches Schweißen von der Einzel- bis zur Massenfertigung im Maschinen-, Fahrzeug-, Landmaschinen-, Behälter-, Rohrleitungs- und Stahlbau.

Unterpulver-Schweißen (UP-Schweißen)

Auch das UP-Schweißen arbeitet mit Lichtbogen zwischen einer kontinuierlich zugeführten abschmelzenden Drahtelektrode und dem Werkstück (Bild 13.54). Die Schweißstelle wird jedoch mit einem körnigen Mineralpulver abgedeckt, das zu Schlacke schmilzt, die Schmelze schützt und die Abkühlung vermindert. UP-Schweißen ermöglicht Verbindungs- und Auftragsschweißungen und ist besonders zum Hochleistungsschweißen dicker Bleche aus unlegierten und legierten Stählen geeignet. Es können Stumpfnähte bis 100 mm Dicke hergestellt werden.

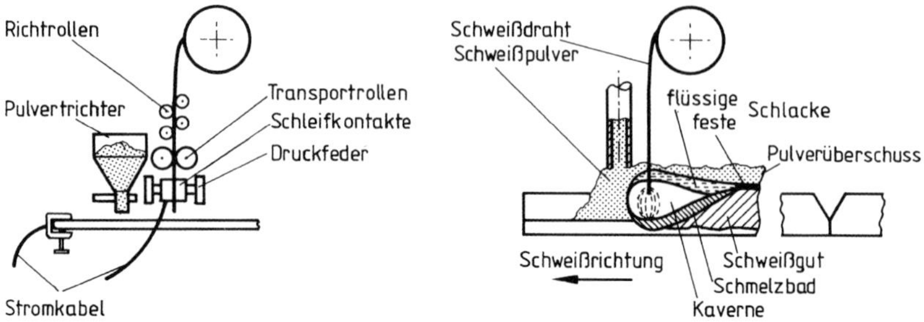

Bild 13.54 Unterpulver-Schweißen

Elektronenstrahlschweißen

Wie Bild 13.55 zeigt, treffen freigesetzte Elektronen mit hoher Geschwindigkeit auf das Werkstück. Dabei wird die Bewegungsenergie in Wärme umgewandelt und führt zum Aufschmelzen des Werkstoffes. Die Fugenverfolgung wird durch Werkstückbewegung (auf Koordinatentisch aufgenommen) und Strahlablenkung (Ablenksystem) gewährleistet. Geringer Durchmesser des Elektronenstrahls (0,01 … 1 mm) und hohe Energiedichte ermöglichen eine sehr schmale und tiefe Schmelzzone, sodass Werkstücke bis zu 200 mm Dicke geschweißt werden können.

13

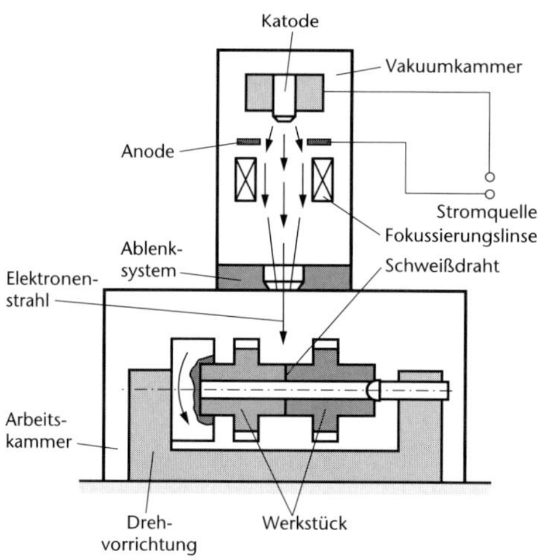

Bild 13.55 Elektronenstrahlschweißen

Laserschweißen

Gute Fokussierung und hohe Energiedichte des Laserstrahles ermöglichen ebenfalls schmale tiefe Schweißnähte (Verhältnis 1 : 10). Geschweißt wird unter Argon als Schutzgas mit oder ohne Schweißzusatz. Besonders geeignet für hoch legierte und hoch schmelzende Werkstoffe.

13.7.4 Pressschweißverfahren

Widerstandspressschweißen

Beim **Widerstandspressschweißen** werden die zu schweißenden Werkstücke durch **zwei Elektroden** an der **gewünschten Verbindungsstelle zusammengepresst** (Bild 13.56). Fließt ein Gleich- oder Wechselstrom mit hoher Stromstärke, tritt Widerstandserwärmung ein und bringt die Verbindungsstelle in kurzer Zeit auf Schweißtemperatur.

Beim **Widerstandspunktschweißen** entsteht zwischen den stiftförmigen Elektroden eine punktförmige Schweißstelle (Schweißlinse), beim **Widerstandsbuckelschweißen** werden die zwischen den Plattenelektroden befindlichen Buckel mit dem Gegenstück verschweißt, beim **Rollnahtschweißen** bildet sich eine fortlaufende Schweißnaht (Geschwindigkeit etwa 20 m/min).

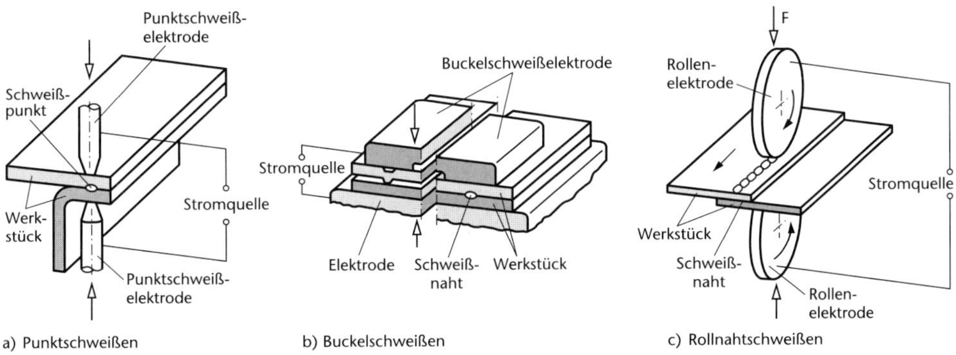

Bild 13.56 Widerstandspressschweißen

Reibschweißen

Die zu verbindenden Teile werden unter Druck (20 ... 150 N/mm^2) gegeneinander verdreht (500 ... 5000 min^{-1}), bis die Reibung die Berührungsflächen auf Schweißtemperatur erwärmt hat (1 ... 30 s). Beim Abbremsen der Drehbewegung wird der Druck auf 2- bis 3fache Werte erhöht und einige Sekunden bis zum Erstarren der Verbindung gehalten. Anschließend muss der entstehende Grat abgedreht werden. Die Anwendung erfolgt beispielsweise bei der Herstellung von Gelenkwellen, Schubstangen, Achsen und Spiralbohrern aus Abschnitten unterschiedlicher Werkstoffe.

13.8 Beschichten

13.8.1 Einführung, Verfahrensübersicht

Beschichten ist nach DIN 8580 das Aufbringen von **fest haftenden Schichten** aus **formlosem Stoff** auf die Oberfläche von Werkstücken. Nach dem Zustand des Beschichtungsstoffes unmittelbar vor dem Beschichten lassen sich die Verfahren entsprechend der Darstellung in Bild 13.57 einteilen.

13

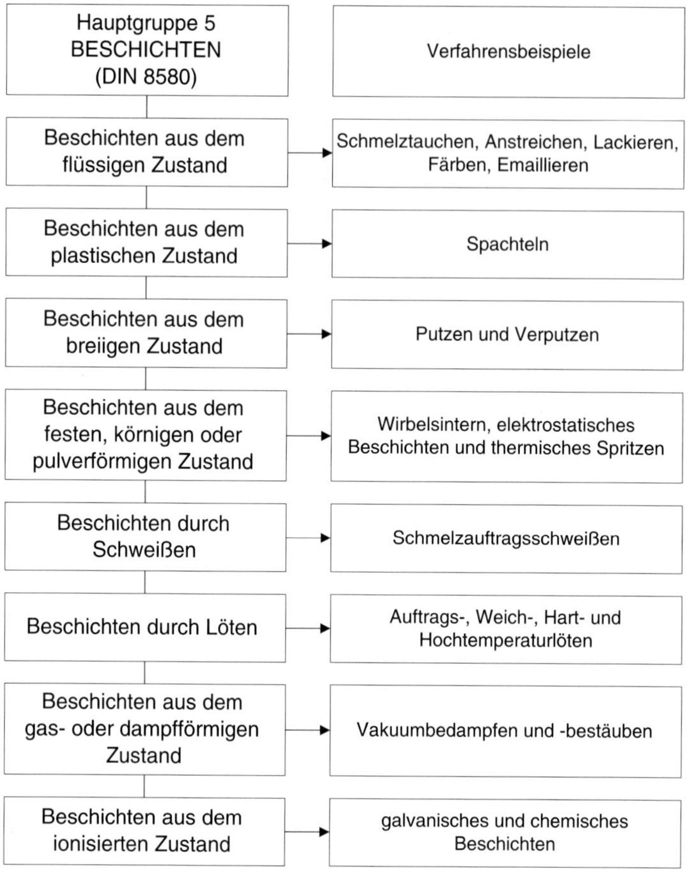

Bild 13.57 Einteilung der Beschichtungsverfahren nach DIN 8580

Durch Beschichten werden Oberflächen veredelt, damit sie besser bestimmten Anforderungen genügen und um die Lebensdauer von Erzeugnissen zu erhöhen. Insbesondere ist der Zweck des Beschichtens gerichtet auf:

- **Korrosionsschutz** des Bauteiles durch metallische oder organische Schutzschichten,
- **Verschleißschutz** funktionaler Oberflächen,
- **elektrische Isolierung** von Werkstückflächen,
- Erzielung eines **dekorativen Aussehens**.

Die einzelnen Funktionen können entsprechend der Beanspruchung auch in Kombinationen auftreten. Große technisch-wirtschaftliche Bedeutung haben gegenwärtig insbesondere das Vakuumbeschichten sowie das galvanische Beschichten.

13.8.2 Vakuumbeschichten

Bei diesem Verfahren erfolgt die **Beschichtung** aus dem **gas**- oder **dampfförmigen Zustand**. Als Beschichtungswerkstoffe (**Targets**) werden Metalle, Metalllegierungen, aber auch Nichtmetalle wie Sulfide, Oxide, Nitride und Carbide verwendet. Bei der Beschichtung unterscheidet man zwischen zwei Verfahrenswegen: der CVD- und der PVD-Beschichtung. Beiden Verfahren gemeinsam ist, dass die eigentlichen **Beschichtungsstoffe** erst **während der Beschichtung** aus Metallanteilen und Gasen, die in die Vakuumkammer eingelassen werden, entstehen.

Die Schichtbildung beim **CVD-Verfahren** (CVD: Chemical Vapour Deposition: chemische Abscheidung aus der Dampfphase) erfolgt in einem geschlossenen Behälter durch Reduktion eines Gemisches metallhaltigen Trägergases und Metallhalogeniden, carbid- oder nitridbildenden Gasen an der erhitzten Werkstückoberfläche. Das Verfahren wird im Maschinen- und Werkzeugbau zur Herstellung sehr harter, korrosions- und verschleißfester Werkzeug- und Bauteiloberflächen genutzt.

Bei der **PVD-Beschichtung** (PVD: Physical Vapour Deposition: physikalische Abscheidung aus der Gas- bzw. Dampfphase) wird das für die Schichtbildung benötigte Material auf physikalischem Wege in die Dampf- oder Gasphase überführt und durch Kondensation auf der Werkstückoberfläche abgeschieden. Dabei haben sich für die industrielle Anwendung besonders die Verfahren Vakuumaufdampfen, Ionenplattieren und Katodenzerstäuben herausgebildet.

Beim **Vakuumaufdampfen** wird das Target durch Erzeugung eines Unterdruckes in einem mit Inertgas gefüllten Unterdruckgefäß verdampft. Der Metalldampf kondensiert und erstarrt auf dem Werkstück und bildet dort eine fest haftende Schicht von etwa 0,015 mm Dicke, wobei je nach Einstellungsparameter aber auch geringere und höhere Schichtdicken erzielt werden können. Mit diesem Verfahren werden in der Werkzeugindustrie Schneidplatten mit Titancarbid, Titannitrid oder Aluminiumoxid beschichtet, um deren Verschleißfestigkeit und Standzeit zu erhöhen. Weitere Anwendungen gibt es in der Optik und in der Elektroindustrie.

Beim **Ionenplattieren** (Bild 13.58) besteht der Metalldampf, der die Schicht aufbaut, aus energiereichen Dampfteilchen, die elektrisch positiv aufgeladen (ionisiert) werden. Diese Ionen werden durch eine negativ gepolte Spannung (Biasspannung), die an die zu beschichtenden Bauteile gelegt wird, beschleunigt. Die Metallverdampfung erfolgt durch einen Vakuum-Lichtbogen, wobei das Schichtmaterial (Target) als Katode geschaltet ist, während als Anode die gesamte Kammerwand dient. Zum Transport der Ionen wird in die Vakuumkammer ein Reaktivgas eingeleitet. Hohe Haftfestigkeit der Schichten sind kennzeichnend für das Ionenplattieren, das zur Herstellung von Verschleiß- und Korrosionsschutzschichten, aber auch für dekorative Anwendungen eingesetzt wird.

Das **Katodenzerstäuben** (Sputtern) unterscheidet sich vom Ionenplattieren dadurch, dass die Beschichtungsteilchen nicht durch Verdampfen erzeugt werden, sondern durch Beschuss einer festen Metallkatode mit Gasionen hoher Energie. Die aus dem Target herausgeschlagenen Ionen entladen sich und kondensieren auf der Werkstückoberfläche. Die Anwendungsgebiete des Verfahrens sind ähnlich denen beim Vakuumaufdampfen und Ionenplattieren.

13.8.3 Galvanisieren

Galvanisieren ist ein **Beschichtungsverfahren**, das auf der **elektrochemischen Abscheidung metallischer Überzüge** aus einer elektrisch leitenden Flüssigkeit (Elektrolyt) auf ein Substrat (Werkstück) beruht. Der **Elektrolyt** enthält das **Beschichtungsmaterial** im ionisierten Zustand. Auch die **Anode** besteht zweckmäßigerweise aus **Beschichtungsstoff**, während das **Werkstück** als **Katode** geschaltet ist. Elektrolytzusammensetzung, Elektrolytbewegung und -temperatur sowie Stromstärke, Spannung und Oberflächenbeschaffenheit des zu beschichtenden Werkstückes beeinflussen das Beschichtungsergebnis. Durch Galvanisieren erzeugte Beschichtungen, wie Nickel-, Zink- und Zinnschichten, dienen vorwiegend dem **Korrosionsschutz (Funktionsgalvanik)**. Chrom-, Silber- und Goldbeschichtungen werden zur **Verbesserung des Aussehens (Dekorationsgalvanik)** angewendet. In der Elektroindustrie, in der Leiterplattentechnik und in der Luft-

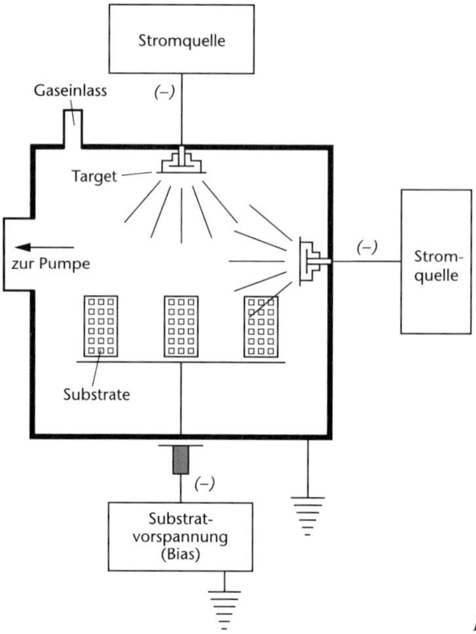

Bild 13.58 Prinzip einer Ionenplattieranlage

13

fahrttechnik haben Silber, Gold, Cadmium, Platin und Rhodium als Beschichtungsstoffe immer größere Bedeutung erlangt. Damit wird neben der Erhöhung der Korrosionsbeständigkeit eine **Verbesserung des Verschleißverhaltens** sowie der **elektrischen Leitfähigkeit** der Bauelemente erreicht.

Als Anlagen zum Galvanisieren werden kontinuierlich und diskontinuierlich arbeitende Anlagen verwendet. Letztere arbeiten mit Hilfe von Werkstückträgern, die manuell oder automatisch von Badbehälter zu Badbehälter transportiert werden. Das Galvanisieren von schüttfähigen Werkstücken und Bauteilen kann in Trommeln, Sieben oder Glocken erfolgen. Die Beschichtung von Bändern, Drähten und Rohren wird in kontinuierlich arbeitenden Anlagen durchgeführt.

Bei der Entsorgung galvanischer Bäder sind **umwelttechnische Gesichtspunkte** zu beachten. Derartige Bäder sind chemisch umzusetzen oder als Sonderabfall zu entsorgen und dürfen keinesfalls ins Abwasser gelangen.

13.9 Stoffeigenschaftsändern

13.9.1 Verfahrensübersicht

Stoffeigenschaftsändern ist Fertigen durch **Veränderung von Stoffeigenschaften** eines festen Körpers. Das kann durch **Umlagern**, **Aussondern** oder **Einbringen** von Stoffteilchen erfolgen.

Die Gliederung des Stoffeigenschaftsändern zeigt Bild 13.59.

Hauptgruppe 6
Stoffeigenschaftsändern

Gruppe 6.1 Verfestigen durch Umformen	**Gruppe 6.2** Wärme-behandeln	**Gruppe 6.3** Thermo-mechanisches Behandeln	**Gruppe 6.4** Sintern Brennen	**Gruppe 6.5** Magnetisieren	**Gruppe 6.6** Bestrahlen	**Gruppe 6.7** Photo-chemische Verfahren
Untergruppen						
Verfestigungs-strahlen Festwalzen Verfestigen durch – Kaltum-formen – Halbwarm-umformen – Warmum-formen	**Thermische Verfahren:** Glühen, Härten, Vergüten, An-lassen, Aus-härten **Thermo-chemische Verfahren:** Aufkohlen Nitrieren Borieren	Austenit-formhärten Temperatur-geregeltes Warmum-formen Gesteuertes Ab-kühlen aus der Umformwärme	Sintern von Pulverteilen Brennen von Keramik Reaktions-sintern	Ummagneti-sieren Entmagneti-sieren	Ionisieren	Belichten

Bild 13.59 Gliederung des Stoffeigenschaftsändern (nach DIN 8580)

13.9.2 Verfestigen durch Umformen

Jede Kalt- und Halbwarmumformung führt zu einer Verfestigung (Zunahme der Härte und Festigkeit, Abnahme der Dehnbarkeit). Die Umformfestigkeit k_f und damit die Streckgrenze R_e bzw. $R_{p0,2}$ steigt bei Umformgraden von $\varphi_v = 0{,}6 \ldots 1$ auf mehr als doppelte Werte. Beim Verfestigungsstrahlen und Festwalzen beschränkt sich die Verfestigung auf die Randschicht und bewirkt gemeinsam mit günstigem Druckeigenspannungszustand und eingeebneter Oberfläche eine Erhöhung der Dauerfestigkeit bis auf dreifache Werte gegenüber geschliffenen Bauteilen.

Eigenschaftsverbesserungen beim Warmumformen resultieren beispielsweise aus der Umwandlung von Guss- in Knetgefüge beim Einsatz gegossener Vorformen. Verdichten (meist warm) ist nur bei Sintermetallen möglich (Pulverschmieden) und führt durch Beseitigung der Poren zu wesentlicher Eigenschaftsverbesserung (Bild 13.60).

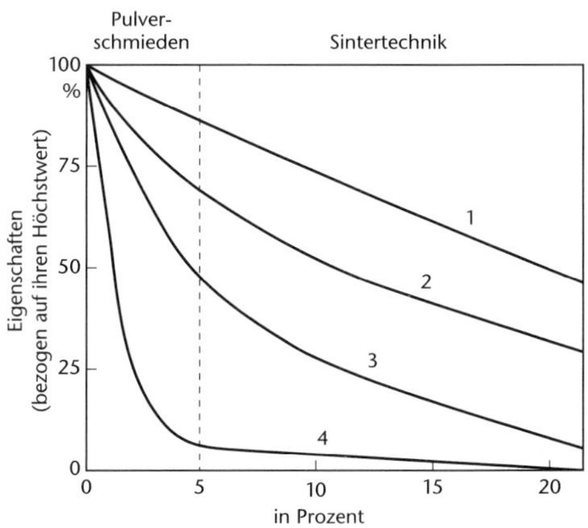

Bild 13.60 Einfluss des Porengehaltes auf die Werkstoffeigenschaften; 1: Zugfestigkeit; 2: Dauerfestigkeit; 3: Bruchdehnung; 4: Kerbschlagzähigkeit

13.9.3 Wärmebehandeln

Thermische Verfahren

Den allgemeinen Prozessablauf der Wärmebehandlung von Stählen zeigt Bild 13.61.

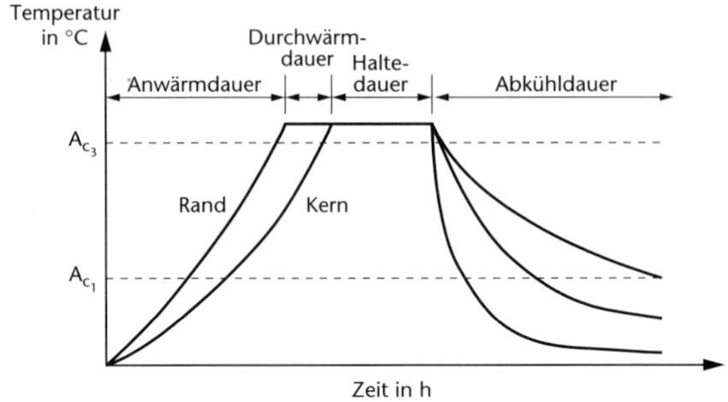

Bild 13.61 Schematischer Temperatur-Zeit-Verlauf beim Wärmebehandeln

Glühen: Nach Erwärmen und Halten wird langsam abgekühlt (Luft- oder Ofenabkühlung). Mit steigender Temperatur werden unterschieden:

- **Spannungsarmglühen:** Minderung von Eigenspannungen nach Gießen, Schweißen, Umformen, Spanen bei Temperaturen von etwa 450 °C bis 650 °C und längerer Haltezeit.
- **Rekristallisationsglühen:** Kornneubildung und Beseitigung der Kaltverfestigung nach Kaltumformung mit $\varphi_v > 0{,}2$ bei Temperaturen oberhalb $0{,}4\,T_{\text{Schmelz}}$, bei Stahl im Bereich von 500 ... 700 °C.
- **Weichglühen:** Verbesserung der Kaltumformbarkeit durch Einformen der Zementitlamellen des streifigen Perlits in kugelige Form bei Temperaturen um A_{c1} (längeres Halten oder Pendeln).
- **Normalglühen:** Beseitigung eingetretener Gefüge- und Eigenschaftsänderungen durch Neubildung eines feinkörnigen perlitischen Gefüges nach Erwärmen auf 30 ... 50 °C oberhalb A_{c3} (bei übereutektoiden Stählen über A_{c1}) und Luftabkühlung.
- **Grobkornglühen:** Verbesserung der Spanbarkeit kohlenstoffarmer Stähle durch Erwärmung auf etwa 100 °C oberhalb A_{c3} und Ofenabkühlung.

Härten, Anlassen, Vergüten:

- **Härten:** Erhöhung der Härte, Festigkeit und Sprödigkeit durch Martensitbildung nach Austenitisieren (Temperatur wie beim Normalglühen) und Abschrecken (in Wasser, Öl, Warmbad).
- **Anlassen:**
  a) Erwärmen gehärteter Teile auf 100 ... 250 °C zur Minderung hoher Sprödigkeit und Eigenspannungen durch Diffusion (schließt sich in der Regel an das Härten an).
  b) Erwärmen auf Anlasstemperatur über 300 °C (bis A_{c1}) führt zum Zerfall des Martensits, verbunden mit starker Zunahme der Zähigkeit bei abnehmender Härte und Festigkeit.
- Vergüten: Härten mit nachfolgendem Anlassen bei Anlasstemperaturen zwischen etwa 450 °C und 650 °C.
- Randschichthärten: Härten der Randschicht eines Werkstückes zur Erzielung einer verschleißfesten Oberfläche, indem nur die Randschicht auf Härtetemperatur erwärmt und abgeschreckt wird (Flammenhärten, Induktionshärten, Laseroberflächenhärten).
- Aushärten: Härte- und Festigkeitssteigerung bei bestimmten NE-Metall-Legierungen durch Ausscheidungsvorgänge (Kalt- oder Warmauslagern) nach Lösungsglühen und Abschrecken.

13

Thermochemische Verfahren

- **Aufkohlen/Einsatzhärten:** Anreichern der Randschicht kohlenstoffarmer Stähle mit Kohlenstoff durch Glühen bei 850 ... 1000 °C in Kohlenstoff abgebenden Mitteln. Anschließendes Härten führt zu harter, verschleißarmer Randschicht bei zähem Kern.
- **Nitrieren, Nitrocarburieren:** Erhöhung der Verschleiß- und Dauerfestigkeit sowie der Korrosionsbeständigkeit durch Eindiffundieren von Stickstoff bzw. von Stickstoff und Kohlenstoff in die Randschicht bei Temperaturen von etwa 500 ... 580 °C. Es kann mit Gas, Plasma oder Salzbad gearbeitet werden und findet hauptsächlich bei Einsatz-, Vergütungs- und Werkzeugstählen Anwendung .
- **Borieren:** Erzeugen harter, verschleißfester Randschichten bei legierten und unlegierten Stählen durch Eindiffundieren von Bor (Bildung von FeB und Fe_2B). Es kann in Pulver bei 900 °C bis 1000 °C (unter Schutzgas), in Gas oder im Salzbad bei 550 °C boriert werden.

13.9.4 Thermomechanische Behandlung

Thermomechanische Behandlung ist die Kopplung von Umformvorgängen mit Wärmebehandlungen, um bestimmte Gefüge- und Werkstoffeigenschaften zu erzielen, wie beispielsweise:

Temperaturgeregeltes Warmumformen: Temperaturführung beim Warmwalzen und anschließenden Abkühlen so, dass Normalglühgefüge entsteht.

Austenitformhärten: Gleichzeitige Verbesserung der Festigkeit und Zähigkeit von Stahl durch Umformen während der Austenitumwandlung nach Austenitisieren und Abkühlen.

Weiterführende Literatur

Awiszus, B.; Bast, J., Dürr, H.; Matthes, K.-J.: Grundlagen der Fertigungstechnik. 3. Aufl., Leipzig: Fachbuchverlag 2007

Conrad, K.-J. (Hrsg.): Taschenbuch der Werkzeugmaschinen. 2. Aufl., Leipzig: Fachbuchverlag 2006

Degner, W.; Lutze, H.; Smejkal, E.: Spanende Formung. 15. Aufl., München Wien: Carl Hanser Verlag 2002

Fritz, A.; Schulze, G.: Fertigungstechnik. 7. Aufl., Berlin Heidelberg: Springer 2006

Förster, D.; Müller, W.: Laser in der Metallbearbeitung. Leipzig: Fachbuchverlag 2001

Koether, R.; Rau, W.: Fertigungstechnik für Wirtschaftsingenieure. 3. Aufl., München Wien: Carl Hanser Verlag 2007

Lochmann, K.: Formelsammlung Fertigungstechnik. Leipzig: Fachbuchverlag 2001

Matthes, K.-J.; Richter, E. (Hrsg.): Schweißtechnik. Schweißen von metallischen Konstruktionswerkstoffen. 3.Aufl., Leipzig: Fachbuchverlag 2006

Matthes, K.-J.; Riedel, F. (Hrsg.): Fügetechnik. Überblick – Löten – Kleben – Fügen durch Umformen. Leipzig: Fachbuchverlag 2003

Tschätsch, H.: Werkzeugmaschinen der spanlosen und spanenden Formgebung. 7. Aufl., München Wien: Carl Hanser Verlag 2000

Westkämper, E.; Warnecke, H.-J.: Einführung in die Fertigungstechnik. 7. Aufl., Stuttgart: Teubner 2006

Witt, G. (Hrsg.): Taschenbuch der Fertigungstechnik. Leipzig: Fachbuchverlag 2006

14

Fertigungs-systeme

Prof. Dr.-Ing. Rolf Kademann
Dipl.-Ing. Heiko Wohlgemuth
Fachhochschule Merseburg

Tabelle 14.1 Verzeichnis wichtiger Abkürzungen

BZ	**B**earbeitungs**z**entrum
CAD	**C**omputer **A**ided **D**esign (Rechnergestützte Konstruktion)
CAM	**C**omputer **A**ided **M**anufacturing (Rechnergestützte Fertigung)
CAD/CAM	Direkte Datenkopplung zwischen der rechnergestützten Konstruktion und der rechnergestützten Fertigung, wobei CAD-Daten für die Fertigung nutzbar gemacht werden
CAP	**C**omputer **A**ided **P**lanning (Rechnergestützte Fertigungsplanung)
CAQ	**C**omputer **A**ided **Q**uality Assurance (Rechnergestützte Qualitätssicherung)
CIM	**C**omputer **I**ntegrated **M**anufacturing (Rechnerintegrierte Produktion)
CNC	**C**omputer **N**umerical **C**ontrol (rechnergesteuert)
DNC	**D**irect **N**umerical **C**ontrol (Direkte Maschinenführung durch übergeordnete Rechner)
FDZ	**F**lexible **D**reh**z**elle
FFI	**F**lexible **F**ertigungs**i**nsel
FFS	**F**lexibles **F**ertigungs**s**ystem
FFZ	**F**lexible **F**ertigungs**z**elle
FMS	**F**lexibles **M**ontage**s**ystem
FRM	**F**lexible **R**undtakt**m**aschine
FTS	**F**lexible **T**ransfer**s**traße oder **F**lexible **T**akt**s**traße
MDE/BDE	**M**aschinen**d**aten**e**rfassung/**B**etriebs**d**aten**e**rfassung
NC	**N**umerical **C**ontrol (numerisch gesteuert)
PPS	**P**roduction **P**lanning **S**ystem (Produktionsplanungs- und Produktionssteuerungssystem)
WZM	**W**erk**z**eug**m**aschine

14.1 Einleitung

Die Erhaltung der Wettbewerbsfähigkeit erfordert von produzierenden Unternehmen den Einsatz eines effizienten Fertigungskonzeptes und entsprechender Fertigungseinrichtungen. Aus diesem Grund investieren zunehmend auch klein- und mittelständische Unternehmen in flexible Fertigungslösungen.

Im Gegensatz zu konventionellen Fertigungseinrichtungen stellt die Planung und Inbetriebnahme eines Flexiblen Fertigungssystems (FFS) eine sehr komplexe Aufgabe dar, die durch einen das Gesamtsystem (technisch-technologisch, betriebsorganisatorisch und betriebswirtschaftlich) betrachtenden Planungsansatz zu bewältigen ist. Die Hauptmerkmale, die dabei berücksichtigt werden müssen, sind die **Systemkomponenten**, das **Informationssystem**, das **Personal**, die **organisatorische Einbindung** in den innerbetrieblichen Produktionsprozess und die **Wirtschaftlichkeitsbetrachtung**.

14.2 Entwicklungstendenzen in der Fertigungstechnik

14.2.1 Notwendigkeit der Fertigungsprozessoptimierung

Unter den heutigen Gegebenheiten sind Maßnahmen zur weiteren Senkung von unproduktiven Nebenzeiten nicht mehr ausreichend, sodass weitere Rationalisierungsschritte erforderlich sind, wie:

- die **Verlagerung der Rüstzeiten** in die Hauptzeiten,
- die **Reduzierung der Warte- und Ausfallzeiten**,
- die Realisierung eines **unterbrechungslosen Programmwechsels**,
- die **automatische Werkzeugverwaltung** und **-zubringung** in Verbindung mit einer automatischen Eingabe der Werkzeug-Korrekturwerte vom Voreinstellgerät in die CNC-Steuerung der Bearbeitungseinheit und
- die **automatische Werkstückzubringung**

Da im Wettbewerb neben der Kostenstruktur und der Produktqualität der Faktor Zeit eine immer größere Rolle spielt, steht unter den derzeitigen Bedingungen die Vernetzung der betriebsinternen Rechentechnik im Mittelpunkt. Das Hauptziel dieser Maßnahmen sind somit die kürzeren Durchlaufzeiten der Werkstücke, beginnend bei der Einzelfertigung bis hin zur mittleren Losgröße. Der Lösungsansatz dafür ist die flexible, rechnergestützte Fertigung (CAM Computer Aided Manufacturing).

14.2.2 Veränderungen der industriellen Randbedingungen

14

Derartige Veränderungen verlangen nach einem neuen Grundkonzept; denn der bisherige Schwerpunkt der Automation von Fabrikprozessen war die Mechanisierung und Automatisierung von einzelnen Fertigungseinrichtungen. Die numerisch gesteuerte Werkzeugmaschine (CNC-Maschine) mit automatischer Programmänderung über Rechneranschluss (DNC-Betrieb) ist die Basiseinheit der flexiblen automatisierten Fertigung.

Die Aufgaben, die das übergeordnete Leit- und Steuerungssystem übernehmen muss, um den Zeitbedarf von Auftragseingang bis zur Auslieferung der Erzeugnisse zu minimieren, sind im Einzelnen:

- Auftragseingangsabwicklung und Verlaufsplanung,
- Ermittlung und Überwachung der Liefertermine,
- Auftragseinplanung, Fertigungsplanung und Materialdisposition,
- auftragsbezogene Nachkalkulation,
- Einflussnahme auf Entwicklungs- und Konstruktionsmaßnahmen,
- Realisierung eines Fabrik-Leitsystems,
- Steuerung der Fertigungseinrichtungen und
- übergeordnete Steuerung/Überwachung von Fertigung und Montage.

Im Fertigungsbereich sind Maschinen und andere Fertigungseinrichtungen der verschiedensten Verfahrensprinzipien als Einzel- oder verkettete Maschinen zu steuern, die automatisch be- und entladen werden sollen, insbesondere in der dritten, bedienerarmen Schicht. Das gilt auch für Montage-, Prüf-, Verpackungs- und Lagerbereiche. Die flexible Nutzung dieser Einrichtungen erfolgt durch **rechnergesteuerte Transportsysteme** (z. B. Paletten-Transportsysteme oder Handhaberoboter). Das dafür notwendige Rechner- und Steuerungskonzept für die Fabrikautomation muss deshalb hierarchisch aufgebaut sein. Der Mensch ist somit in der flexiblen Fertigung aus der eigentlichen Ereigniskette herausgenommen. Er erarbeitet Vorgaben für die automatisierte Fertigung, überwacht die Ergebnisse am zentralen Leitrechner und korrigiert bei Bedarf den Ablauf im Prozess bzw. an einzelnen Systemkomponenten.

14.2.3 Flexible Automation in der Fertigung

Flexibilität unter Produktionsbedingungen ist die Möglichkeit, **unterschiedliche** Fertigungsaufgaben mit **minimalem Umrüstaufwand** an den Produktionseinrichtungen zu verwirklichen.

Die dafür eingesetzten technischen Lösungen sind im Allgemeinen keine standardisierten Fertigungseinrichtungen, die in der Lage sind, mit einer Daten verarbeitenden Zentrale zu kommunizieren.

Bei der **Fertigungsautomatisierung** wird ein permanenter, **automatischer Informationsfluss** zu und von allen integrierten Stationen realisiert. Über einen **Leitrechner** werden die auftragsbezogenen Informationen zeitgerecht allen vor- und nachgeschalteten Stellen übergeben, die jeweiligen Ergebnisse bezüglich der Ist-Zustände der Produkte und des gesamten Prozessablaufes kontrolliert. Abweichungen zwischen Soll- und Ist-Daten werden durch einfache Veränderung der gespeicherten Daten automatisch korrigiert.

Ziel ist es dabei, die Abwicklung von Aufträgen und die Herstellung von Gütern weitgehend selbstständig zu gestalten. In diesem Sinn wird die Automatisierung wie folgt definiert:

Automatisierung im Fertigungsbereich ist die **frei programmierbare** (flexible) **Verkettung** numerisch gesteuerter Einzelmaschinen mit Hilfe elektronischer Steuerungen, Sensoren, Rechnern und Stellgliedern, wodurch die Fertigung von unterschiedlichen Werkstücken in beliebiger Reihenfolge und in wechselnden Losgrößen wirtschaftlich erfolgen kann.

Anhand dieser allgemeinen Zielstellung lässt sich ableiten, dass ein flexibles Fertigungssystem (FFS) nur **begrenzt flexibel** sein kann, und zwar für ein begrenztes Teilesortiment, für eine begrenzte Stückzahl pro definierte Zeiteinheit, für einen begrenzten Umfang der durchzuführenden Arbeitsinhalte sowie für einen begrenzten Toleranzbereich. Diese Grenzen müssen bereits bei der Planung klar abgesteckt werden, was jedoch ein genau festgelegtes Anforderungsprofil seitens des potenziellen Anwenders voraussetzt.

Bevor an die Lösung des flexiblen automatisierten Fertigungsvorhabens gegangen wird, sind Ziel und Zweck der flexiblen Automation zu klären. Aus betrieblicher Sicht sind somit folgende Vorgaben zu treffen:

- **organisatorische** Zielvorgaben (z. B. schnelles Reagieren auf Veränderung der Auftragslage),
- **technische** Zielvorgaben (z. B. Aufstellen der Anlage in einem vorgegebenen, räumlich begrenzten Hallenbereich) und
- **kostenbezogene** Zielvorgaben (z. B. Verkürzung der Durchlaufzeiten).

14.3 Voraussetzungen und Charakteristika des Einsatzes von Flexiblen Fertigungssystemen (FFS)

14.3.1 Voraussetzungen für den Einsatz von FFS

Grundvoraussetzung für die Einführung eines FFS ist die systematische **Analyse der Schwachstellen** der Fertigung. Dazu zählen im Einzelnen:

- Sicherstellung, dass die bestehenden Probleme mit einem FFS beseitigt werden können;
- Überprüfung, ob eine erforderliche Grundlogistik vorhanden ist, da in den meisten Fällen FFS keine autarken Fertigungsbereiche darstellen;

- Erfassung, welche technischen und/oder organisatorischen Maßnahmen in den angrenzenden Bereichen getroffen werden müssen, um eine reibungslose Versorgung des FFS (z. B. mit Material, Fertigungshilfsmitteln, Informationen) zu gewährleisten.

Bei der Einführung flexibler Produktionstechnik ist das Hauptaugenmerk auf die Einflussgrößen **Motivation** (z. B. Kapazitätserweiterung/-ersatz), **Vorgaben** (z. B. Prioritätensetzung durch die Geschäftsleitung) und **unternehmensspezifische Gegebenheiten** (z. B. Grundlogistik, Schwachstellenanalyse) zu richten.

14.3.2 Einsatzcharakteristika für FFS

Flexible Fertigungsstrukturen sind unter heutigen Gesichtspunkten nach dem **Maschinenkonzept** systematisiert. Es existieren das **Einzelmaschinenkonzept**, dem die numerisch gesteuerte Werkzeugmaschine (NC-Maschinen), das Bearbeitungszentrum (BZ) und die Flexible Fertigungszelle (FFZ) zugeordnet werden, sowie das **Mehrmaschinenkonzept**, das die Flexible Taktstraße (FTS) und das Flexible Fertigungssystem (FFS) beinhaltet.

Die wichtigsten charakteristischen Kennzeichen flexibler Maschinenkonzepte sind dabei bezüglich der Automatisierung die **Prozessdurchführung**, der **Werkstückwechsel**, der **Werkstücktransport**, der **Werkzeugwechsel** und die **Prozessüberwachung**. Im Hinblick auf die Bearbeitung sind dies ein wahlfreier Materialfluss, die Simultanbearbeitung, sich ersetzende/ergänzende Stationen und eine Mehrverfahrensbearbeitung, die mittels einer übergeordneten Steuerung realisiert werden. Somit gilt:

14

Flexible Fertigungssysteme (FFS) stellen **Mehrmaschinensysteme** mit **übergeordneter Steuerung** in Form eines Leitrechners dar.
Das Hauptmerkmal eines FFS besteht darin, dass **unterschiedliche Werkstücke** auf verschiedenen Fertigungseinrichtungen **simultan bearbeitet** werden können.
Die **Bearbeitungsstationen**, die von den einzelnen Werkstücken wahlfrei angelaufen werden, können dabei sowohl **ersetzend** als auch **ergänzend** sein. Weiterhin kann ein großes Variantenspektrum im Teilemix gleichzeitig bearbeitet werden.
Rüstvorgänge werden **parallel zur Hauptzeit** durchgeführt. Werkzeug- und Werkstück-Ver- und -Entsorgung erfolgen automatisch.
Alle diese prozessorientierten Vorgänge innerhalb des FFS werden durch den **Leitrechner** gesteuert und koordiniert.

Das in Bild 14.1 dargestellte Beispiel eines FFS ist für die Bearbeitung prismatischer Teile ausgelegt und besteht aus acht Bearbeitungszentren, die rechts und links des Transportsystems angeordnet sind. Die Be- und Entladung jeder dieser integrierten Fertigungseinrichtungen erfolgt automatisch durch ein Handhabegerät (jeweils vier Spannvorrichtungen mit je zwei Werkstücken, d. h. acht identische Teile). Im Anschluss an die Bearbeitung wird eine der vier Paletten zur Messmaschine transportiert und in dieser kontrolliert. Bei positivem Messergebnis erfolgt die Freigabe aller acht Teile für deren Montage. Das automatische Umspannen in die zweite Spannlage geschieht in der so genannten Schraub- und Umsetzstation.

Eilaufträge können unter Berücksichtigung vorgegebener Bearbeitungsprioritäten sehr kurzfristig in den aktuellen Auftragspool eingelastet werden. Dieser Eigenschaft ist es zu verdanken, dass ein FFS heute dem hohen Flexibilitätsbedarf gerecht werden kann.

Die Berücksichtigung dieser Aspekte muss im Endeffekt zur organisatorischen Gestaltung eines Verbundbetriebes mit hohem Geschlossenheitsgrad führen (Tabelle 14.2).

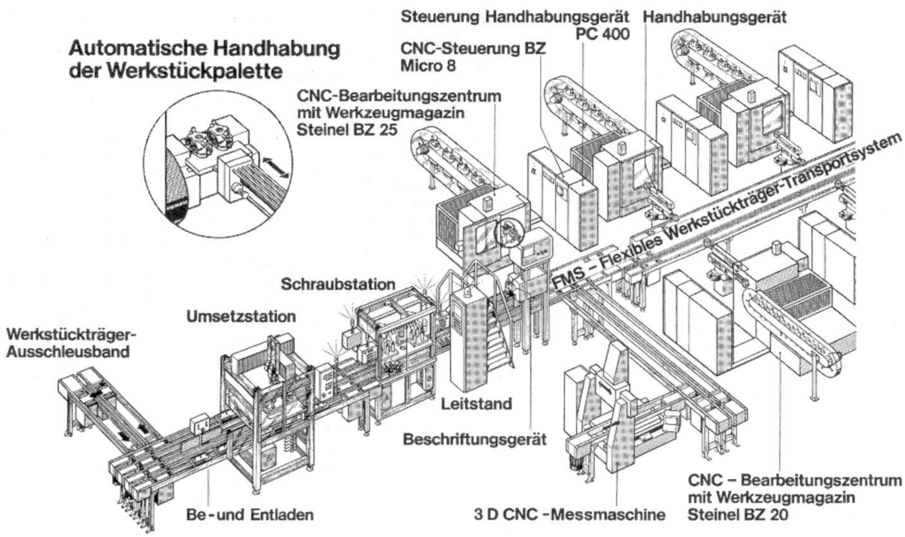

Bild 14.1 Elemente und Grundaufbau eines FFS (BOSCH Industrieausrüstung, Anwender BOSCH Stuttgart)

Tabelle 14.2 Kenngrößen, resultierend aus Erfahrungswerten bereits realisierter FFS (nach VDI)

	Kenngröße	Bewertungsmerkmal	Kennwert
1	Teilefamilien (TF) in Stück	Durchschnittliche Anzahl an TF	12
		Durchschnittliche Anzahl an Werkstücken je Teilefamilie	100
		Durchschnittliche Anzahl neuer Werkstücke pro Jahr	45
2	Losgröße in Stück	Minimale Losgröße	1
		Maximale Losgröße	100
		Durchschnittliche Losgröße	26
		Wiederholhäufigkeit der Lose/Jahr	7
3	Bearbeitungszeiten in min	Minimale Bearbeitungszeit	5
		Maximale Bearbeitungszeit	720
		Durchschnittliche Bearbeitungszeit	115
4	Anzahl der Ausspannungen in Stück	Minimal	1
		Maximal	7
		Durchschnittlich	2 ... 3
5	Stückkosten in Euro	Durchschnittliche MK + MGK (ca. 35 % der HK)	513,00
		Durchschnittliche FK + FGK (ca. 65 % der HK)	977,00
		Durchschnittliche Herstellungskosten pro Stück	1490,00
6	Fertigungsart in %	Einzelfertigung	13
		Wiederholte Einzelfertigung	8
		Kleinserienfertigung (< 20 Stück)	57
		Kleinserienfertigung (> 20)	21
		Mittel-/Großserienfertigung (> 200)	1

MK ... Maschinenkosten; MGK ... Maschinengemeinkosten; FK ... Fertigungskosten; FGK ... Fertigungsgemeinkosten; HK ... Herstellungskosten

Die Möglichkeit einer weit gehenden Komplettbearbeitung im FFS charakterisiert den **Geschlossenheitsgrad** des Systems und kann durch die Kriterien

- Anzahl der Ein-/Ausschleusungen eines Teiles,
- Anzahl der Fertigungsvorgänge innerhalb des Systems und/oder
- Summe der Fertigungszeiten innerhalb des Systems

ausgedrückt werden. Der Geschlossenheitsgrad lässt sich unter Berücksichtigung der genannten drei Bezugsgrößen wie folgt definieren:

Der **Geschlossenheitsgrad** (η) bezogen auf die **Anzahl der Ein-/Ausschleusungen** eines Teiles (η_{GEA}) lässt sich aus dem Verhältnis von je einem Ein- und Ausschleusvorgang (2) zur notwendigen Anzahl der Systemein-/-ausgänge eines Teiles ermitteln und liegt in der Größenordnung von 0,3 bis 1,0 (30 % bis 100 %).

Der **Geschlossenheitsgrad** (η) bezogen auf die **Anzahl der Fertigungsvorgänge** innerhalb des Systems (η_{GFV}) ergibt sich aus dem Verhältnis der Anzahl der Fertigungsvorgänge innerhalb des Systems zur Gesamtzahl der Fertigungsvorgänge eines Teiles und beträgt zwischen 0,4 und 0,75 (40 % bis 75 %).

Der **Geschlossenheitsgrad** (η) bezogen auf die **Anzahl der Fertigungszeiten** innerhalb des Systems (η_{GTF}) errechnet sich aus dem Verhältnis der Summe der Fertigungsvorgangszeiten im System zur gesamten erforderlichen Fertigungszeit pro Stück und liegt allgemein im Bereich von 0,45 bis 0,6 (45 % bis 60 %).

14

14.4 Planungsgrundlagen für FFS

Bei der Planung, der Inbetriebnahme und dem Betrieb sind für die Aspekte Systemkomponenten, Informationssystem und das für das FFS notwendige Personal eine Reihe von grundsätzlichen Merkmalen zu beachten (Tabelle 14.3).

Tabelle 14.3 Ausgewählte Grundsätze zur Planung von FFS

Grundsätze
Bezüglich des FFS-Merkmals **Systemkomponenten** • Aus den Unternehmenszielen ist das langfristige Produktionskonzept abzuleiten, das durch den Planer auf der Grundlage einer erstellten Zielhierarchie erarbeitet werden kann. • Die FFS-Planung erfolgt nach einer sukzessiven systematischen Vorgehensweise. • Das Pflichtenheft ist die Grundvoraussetzung für die Planung. Es ist für jede einzelne Systemkomponente zu erstellen. • Zeitparallel zur Planung der Systemkomponenten muss die Planung der Systemsoftware erfolgen.
Bezüglich des FFS-Merkmals **Informationssystem** • Die inhaltliche Erstellung des Informationssystems erfolgt durch sich ständig einengende Optimierungsschleifen, wobei eine Abstimmung der Bestandteile Datenmodelle, Software, Hardware, Vernetzung und interne Abläufe erforderlich ist. • Es ist eine schrittweise Vernetzung der einzelnen Komponenten des Gesamtsystems anzustreben, wobei die genaue Terminierung mit dem gesamten Terminplan des FFS konform gehen muss und eine frühzeitige Schulung des Bedienpersonals auf den eingesetzten Systemen berücksichtigt.

Tabelle 14.3 Fortsetzung

Grundsätze
Bezüglich des FFS-Merkmals **Personal** • Das System muss trotz steigender Komplexität der Aufgaben mit weiterqualifizierten Fachkräften betrieben werden können. • Jedes Mitglied des Systempersonals muss die Eigenschaften Verantwortungsbewusstsein und Teamfähigkeit besitzen.
Bezüglich des FFS-Merkmals **Organisatorische Einbindung** • Die enge Verzahnung des FFS mit den konventionellen Bereichen des Produktionsumfeldes erfordert eine hohe Durchgängigkeit des PPS-Systems. • Qualitätssicherungsaspekte sind planungsseitig und ablaufbedingt bei der Gestaltung des Maschinenaufstellungsplanes und des fertigungstechnischen Materialflusses technisch-technologisch und informationstechnisch zu berücksichtigen. • Für die NC-Programme ist eine zentrale Verwaltung sowie eine hauptzeitparallele Abrufbarkeit vorzusehen. • Lager bzw. Puffer sind für Fertigungsmaterial und -hilfsmittel so einzurichten, dass eine schichtüberdeckende Menge verfügbar ist, wobei die Verwaltung dieser Einrichtungen und Materialien über den Leitrechner erfolgen sollte.
Bezüglich des FFS-Merkmals **Wirtschaftlichkeit** • Die Einbindung der veränderten Fertigungsstrukturen in die vorhandenen betrieblichen Bewertungsmechanismen ist unabdingbar für einen fundierten Wirtschaftlichkeitsnachweis. • Bei der Feinplanung sind Simulationsprogramme für die technische Bewertung von flexiblen Fertigungskonzepten einzusetzen. • Die Einbindung der peripheren Systemkomponenten in die Kostenkalkulation der Stückkosten ist notwendig, da die Wertschöpfung auf der Grundlage der Bearbeitungszeit nicht für die reale Wertschöpfung am Produkt genügt.

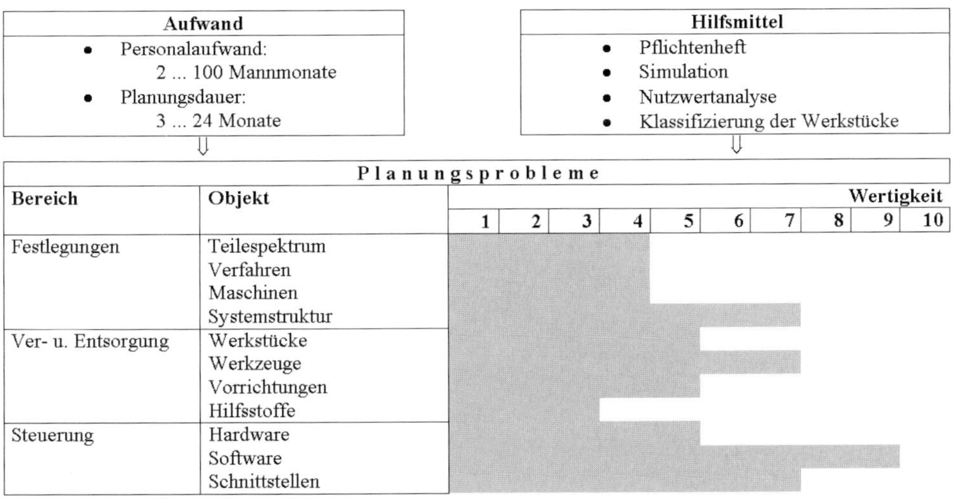

Bild 14.2 Ausgangssituation bei der Planung von FFS

Im Allgemeinen liegt bei der Planung von FFS die in Bild 14.2 dargestellte Ausgangssituation vor. Die erfolgreiche Einführung eines FFS ist somit in entscheidendem Maße abhängig von der eindeutigen und klaren Formulierung der Pflichtenhefte. Weiterhin muss die Planung der maschinenbaulichen Komponenten zeitparallel zur Erstellung der Systemsoftware durchgeführt werden.

14.5 Aufbau und Planung des FFS

14.5.1 Hauptkomponenten des FFS

Das FFS bildet unter betrieblichen Bedingungen eine technische und organisatorische Einheit aus verschiedenen Einzelkomponenten (Bild 14.3), wobei periphere Komponenten im Gegensatz zu konventionellen Maschinen fest integrierte Bestandteile des Gesamtsystems sind, sodass das FFS als komplexe Einheit geplant werden muss.

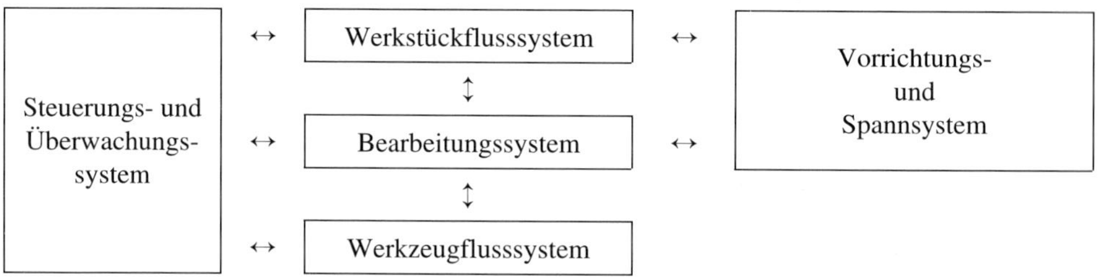

Bild 14.3 Elemente eines FFS und deren Wechselwirkungen

Das Grundschema eines derartigen Fertigungskonzeptes ist Bild 14.4 zu entnehmen.

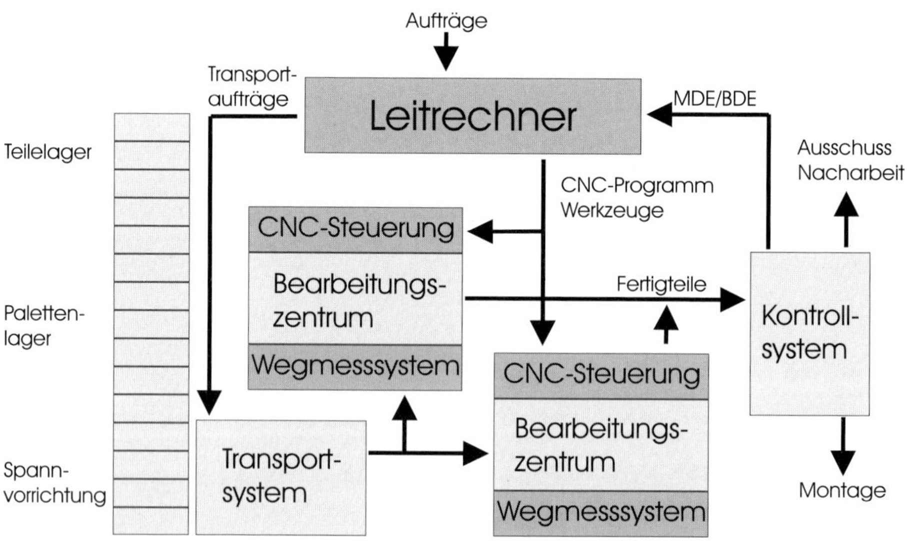

Bild 14.4 Struktur eines FFS

14.5.2 Vorgehensweise und Hilfsmittel zur Planung der FFS-Hauptkomponenten

Infolge der Komplexität der Aufgabe muss die Planung des Gesamtsystems schrittweise und systematisch erfolgen, wie Bild 14.5 verdeutlicht.

Grundvoraussetzung für einen effektiven Einsatz eines FFS unter den jeweiligen betrieblichen Bedingungen ist die Kenntnis des konkreten Teilesortimentes für das auszulegende System bereits in dessen Planungsphase. Die Bestimmung des Fertigungsanforderungsprofils erfolgt auf der Basis der Bildung so genannter Teilefamilien. Die Merkmalsverteilung im ausgewählten repräsentativen Teilespektrum sollte nach Möglichkeit der im gesamten Teilesortiment entsprechen. Je besser dies gelingt, desto genauer können die Bearbeitungsanforderungen wiedergegeben werden. Die Merkmale, nach denen eine Bearbeitungsaufgabe beschrieben werden kann, sind in Tabelle 14.4 zusammengestellt. Ihre Kenntnis ist Voraussetzung für die Ermittlung von Art, Bauform und Ausstattung der Maschine und der erforderlichen Fertigungshilfsmittel.

Weiterhin ist zu beachten, dass auf diesem System zukünftig auch Teile bearbeitet werden sollen, die zum Zeitpunkt der Planung des FFS noch nicht exakt beschrieben werden können.

Tabelle 14.4 Inhaltliche Schwerpunkte bei der Beschreibung der Bearbeitungsaufgabe

Merkmal	Beschreibungsgrößen
Bauteilcharakteristik	• Werkstoff (z. B. Ck 45) • Ausgangsform (z. B. Schmiederohling) • Funktionsflächen
Organisatorische Daten	• Teilefamilien und Stückzahlen • Variantenanzahl, Losgröße/Wiederholhäufigkeit
Geometrie der Formelemente	• Krümmungen/Radien • Toleranzen • Schrägen/Bahnkurven • Durchmessersprünge
Geometrie des Werkstückes	• Größe • Art und Anzahl der Formelemente • Art der Außenform (z. B. einseitig steigend) • Rotation mit/ohne Abweichungen
Technologische Daten	• Werkstoff/Härte/Zerspanbarkeit • Toleranzanforderungen • Wärmebehandlung • Vorbearbeitung/Feinbearbeitung
Abgeleitete Maschinenanforderungen	• Genauigkeit/Verfahren • Drehzahlabstufung • Leistung • Vorschubgeschwindigkeiten

Bei der Werkstückanalyse ist es jedoch ebenfalls erforderlich, die Aspekte Vorrichtungs- und Werkzeugbedarf zu berücksichtigen. Gleichfalls sind die technologisch bedingten und im System wie Werkzeuge zu handhabenden Prüf- und Messmittel dabei in die Betrachtungen einzubeziehen. Unabhängig davon, welcher der angeführten Planungsansätze (Bild 14.6 oder Tabelle 14.5) gewählt wird, muss die Formulierung der durch die Systemkomponenten zu realisierenden Anforderungen in Form von **Pflichtenheften** für jede einzelne Systemkomponente und für das Gesamtsystem erfolgen.

Ausgangspunkt: Zielvorgaben

↓

Schritt 1: Ermittlung des Fertigungsanforderungsprofils (gesamtes Teilesortiment) –

Hilfsmittel: Ähnlichkeitsbetrachtungen

Schritt 2: Auswahl der Systembausteine (z. B. Festlegung der Maschinentypen nach den zu realisierenden Fertigungsverfahren) –

Hilfsmittel: Bausteinkataloge

Schritt 3: Festlegung des Systemlayouts (z. B. Variantenvergleich nach Maschinentypen bzw. materialflussbedingten Maschinenaufstellungsplänen) –

Hilfsmittel: Simulation

Schritt 4: Technisch/wirtschaftliche Bewertung (z. B. Anforderungserfüllung, Wirtschaftlichkeitsbetrachtung) –

Hilfsmittel: Bewertungskataloge

↓

Ergebnis: Strategische Entscheidung

Bild 14.5 Vorgehensweise und Hilfsmittel zur Planung von FFS

Tabelle 14.5 Alternative Planungsansätze zur Ableitung des Maschinenkonzeptes

Planungsschritt	**Inhaltliche Schwerpunktsetzung**		
Planungsvoraussetzung	Werkstückanalyse (organisatorische und technologische Daten, Geometrie der Formelemente und des Werkstückes)		
Planungsansatz	technologieorientiert	vorrichtungsorientiert	werkzeugorientiert
Planungsinhalt	Bearbeitungskonzept: • Verfahrensintegration • Verfahrenssubstitution ↓ Pflichtenheft	Vorrichtungskonzept: • Art • Anzahl • Identifikation ↓ Pflichtenheft	Werkzeugkonzept: • Art • Anzahl • Identifikation ↓ Pflichtenheft
Planungsergebnis	Maschinenkonzept (z. B. Arbeitsraumgröße, Leistung, Palettengröße)		

Ausgehend von einem **Grobkonzept** bis hin zur Auswahl der einzelnen Elemente der Systemkomponenten (z. B. Maschinen) sowie deren genaue Anordnung zueinander (Maschinenaufstellungsplan) erfolgt die Festlegung des Systemlayouts in iterativen Schritten.

Die **Simulationstechnik** ermöglicht in diesem Planungsschritt die Abbildung und technische Bewertung unterschiedlicher Szenarien. Die Simulation kann entweder **ereignisorientiert** (z. B. Bestimmung der Maschinenauslastung) oder **kontinuierlich** (z. B. Darstellung komplexer Bewegungsabläufe) durchgeführt werden. Durch die Bildung von so genannten Repräsentativarbeitsplänen kann der Aufwand für die Simulationsuntersuchungen auf ein vertretbares Maß reduziert werden.

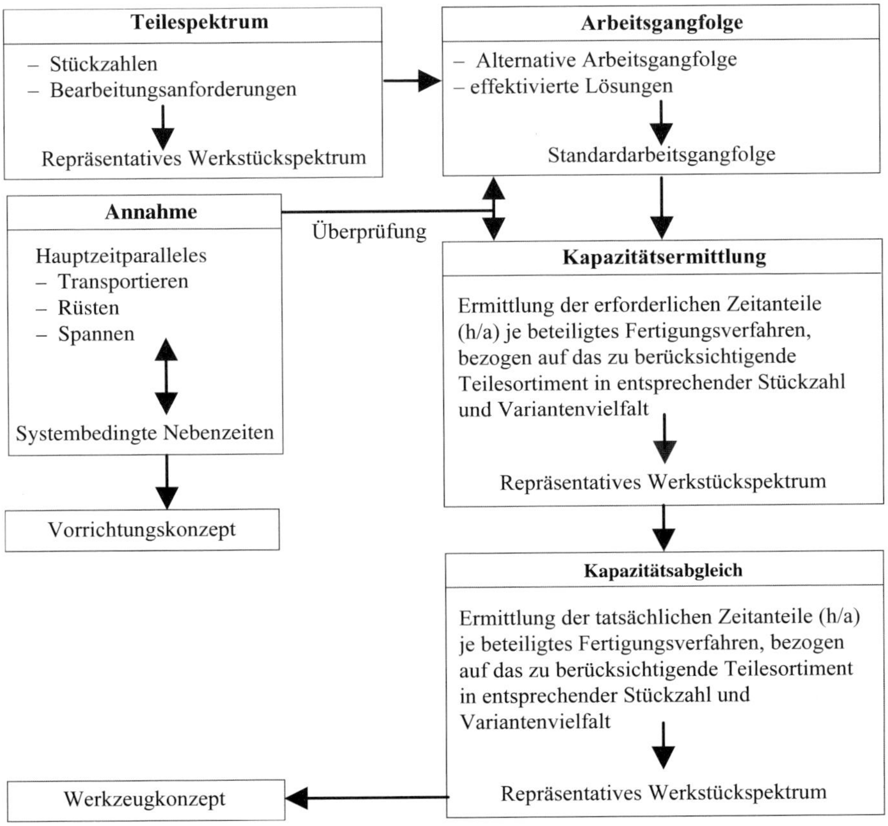

Bild 14.6 Vorgehensweise bei der Planung des Maschinenkonzeptes

14.5.3 Varianten Flexibler Fertigungssysteme (FFS)

Flexible Fertigungskonzepte weisen auf Grund ihrer jeweiligen **Charakteristika** unterschiedliche Einsatzbereiche auf. Die Einordnung wird allgemein nach den Hauptmerkmalen **Anzahl der unterschiedlichen Werkstücke**, **Jahresstückzahl pro Werkstück**, **Produktivität** und **Flexibilität** vorgenommen. Anhand dieser Merkmale lassen sich drei Einsatzbereiche ableiten:

- Fertigung auf **Einzelmaschinen** (konventionelle Universalmaschine, NC-Maschine – NCM, Bearbeitungszentrum – BZ),
- **Flexible Fertigungskonzepte** (Flexible Fertigungszelle – FFZ, Fertigungsinsel – FI, Flexibles Fertigungssystem – FFS) und
- weitgehend **starre Fertigungseinrichtungen** (Flexible Transferstraße – FTS, Sondermaschinen, konventionelle Transferstraße).

In Tabelle 14.6 ist ein Überblick über die wichtigsten automatisierten Fertigungskonzepte für die spanabhebende Bearbeitung kleiner und mittlerer Stückzahlen gegeben.

Unter Berücksichtigung der vorstehend genannten Systematik (Hauptmerkmale der Einsatzbereiche, Tabelle 14.6) ergeben sich die in Tabelle 14.7 genannten Einsatzbedingungen.

Tabelle 14.6 Stufen der flexiblen Automation

Fertigungskonzept	Komponenten der Automation
Flexibles Fertigungssystem 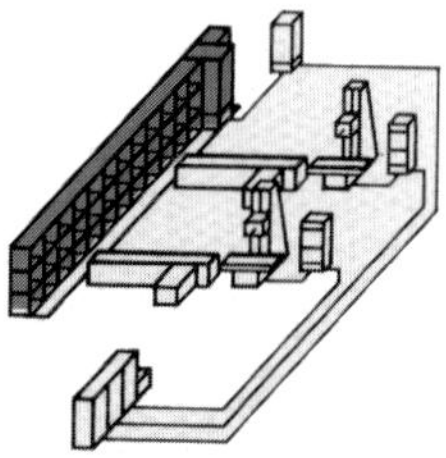	Steuerung und Überwachung über Leitrechner automatischer Werkstücktransport vom Aufspannen bis zum Lagern Verkettung aller Fertigungseinrichtungen ↑
Flexible Fertigungszelle 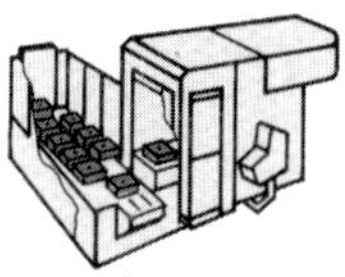	Steuerung über Fertigungsrechner Werkstückversorgung über Palettenspeicher Werkzeugversorgung über ein integriertes Lager Werkzeugüberwachung Werkstück-Maßüberwachung ↑
Bearbeitungszentrum 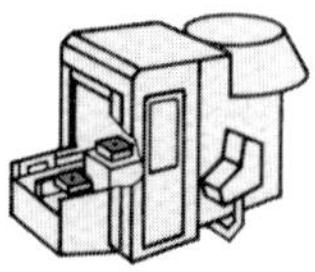	Werkstückwechsel durch Palettenwechsler ↑
NC-Maschine 	automatisiert durch – Werkzeugwechsel – Werkzeugmagazin

Tabelle 14.7 Einsatzbedingungen für Fertigungskonzepte

Fertigungskonzept	Anzahl unterschiedlicher Werkstücke	Jahresstückzahl pro Werkstück	Produktivität	Flexibilität
Einzelmaschinen	groß	niedrig	niedrig	hoch
flexible Fertigungskonzepte	mittel	mittel	mittel	mittel
starre Fertigungseinrichtungen	klein	hoch	hoch	niedrig

Anhand der voranstehenden Ausführungen zu dieser Thematik und der vorgenommenen Systematisierung der Auslegung sowie der daraus ableitbaren Einsatzbedingungen kann ein Flexibles Fertigungssystem im Allgemeinen wie folgt definiert werden:

Flexible Fertigungssysteme (FFS) stellen die höchste Automatisierungsstufe der flexiblen Fertigungskonzepte dar und bestehen aus **mehreren** (meist 4 bis 6) **Bearbeitungszentren** (BZ) oder **Flexiblen Fertigungszellen** (FFZ), die unabhängig voneinander gleiche oder ähnliche Werkstücke möglichst komplett bearbeiten.

Diese Bearbeitungsstationen sind durch **ein gemeinsames, automatisches Werkstücktransport- und -zuführsystem** miteinander verbunden.

Die systeminterne Koordinierung der ablaufbedingten Haupt- und Hilfsprozesse erfolgt fast ausschließlich durch einen angeschlossenen **Leitrechner**.

Ein weiterer Bestandteil dieses Fertigungskonzeptes ist die weitgehende **Eigenüberwachung** der Systemkomponenten.

Bearbeitungszentren (Bild 14.7) bzw. Flexible Fertigungszellen (Bild 14.9) sind somit die wichtigsten technischen und damit die prozessbestimmenden Bausteine des FFS (Bild 14.8).

Bearbeitungszentren (BZ) sind CNC-Maschinen mit **hohem Automatisierungsgrad** und mit **mindestens drei translatorischen, bahngesteuerten Maschinenachsen**. Um eine Mehrseitenbearbeitung zu ermöglichen, werden die linearen Achsen durch eine oder zwei rotatorische ergänzt. Technologisch können auf ihnen mehrere unterschiedliche Bearbeitungsverfahren realisiert werden. Sie verfügen über einen maschinennahen Werkzeugspeicher mit großer Speicherkapazität und automatischem Werkzeugwechsel. Die Ausrüstung des Zentrums mit einem automatischen Palettenwechsler für Werkstücke ermöglicht die Reduzierung der Nebenzeiten. Manuelles Auf- und Abspannen der Werkstücke erfolgt während der Hauptzeit der Maschine.

Die in Bild 14.7 dargestellten Varianten eines Bearbeitungszentrums veranschaulichen auf Grund ihrer technischen Auslegung den Zusammenhang zwischen Durchlaufzeit, Stückkostenentwicklung und Automatisierungsgrad. **Kurze Durchlaufzeiten** sind möglich bei Verringerung der Rüst- und Nebenzeiten (Komplettbearbeitung) und rechtzeitiger Bereitstellung beispielsweise von Material, Werkzeugen oder NC-Programmen. **Niedrige Stückkosten** sind nur möglich, wenn durch Überbrückung von Arbeitspausen und eine personalarme Fertigung, beispielsweise in der dritten Schicht, eine **hohe Maschinenausnutzung** erreicht wird.

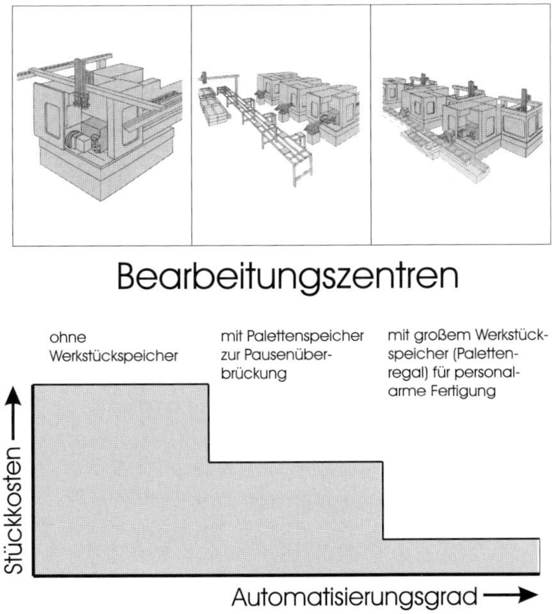

Bild 14.7 Varianten von Bearbeitungszentren

Flexible Fertigungszellen (FFZ) sind **Bearbeitungszentren** (Einzel- oder Doppelmaschinensysteme), die durch **spezielle Ausbaustufen** zur **vollautomatischen** und **bedienerunabhängigen Bearbeitung eines begrenzten Teilevorrates** erweitert wurden, wobei der Werkstückwechsel automatisch erfolgt, bis alle Teile bearbeitet sind. Über weitere in die Anlage integrierte Systeme erfolgen die **Qualitätskontrolle** des Werkstückes, die **Werkzeugstandzeitüberwachung** und -bruchkontrolle (Werkzeugverwaltung) sowie eine weitgehende **Prozesskontrolle** zum Schutz des gesamten Systems. Weiterhin ist eine derartige Einheit mit einem **Späneentsorgungssystem** ausgestattet. Ein DNC- oder ein Leitrechner sind dann nicht erforderlich, wenn der CNC-interne Programmspeicher in der Lage ist, die Bearbeitungsprogramme der Teile aufzunehmen und zu verwalten.

Flexible Drehzellen (FDZ) zur Bearbeitung **rotationssymmetrischer Teile** werden ebenfalls dieser Kategorie von Fertigungseinrichtungen zugeordnet. Dies sind Drehmaschinen, auf denen exzentrisches Bohren und Fräsen mittels angetriebener Werkzeuge möglich ist.

In der englischsprachigen Literatur werden unter dem Begriff „Flexibles Fertigungssystem" zwei Fertigungsprinzipien mit unterschiedlichem Automatisierungsgrad verstanden:

- **FMS – Flexible Machining Systems** (Flexible Bearbeitungssysteme): Sie beinhalten die flexible Bearbeitung von Teilen, z. B. auf NC-Maschinen, wobei Änderungen und Modifikationen ohne großen Aufwand, d. h. flexibel, in die Fertigung einfließen können. Dies stellt die untere Stufe der flexiblen Fertigung dar, die keinen Leit- oder DNC-Rechner erfordert. Bei dieser Lösung entscheidet das Werkstattpersonal direkt vor Ort über die Maschinenbelegung und die Terminplanung.

- **FMS – Flexible Manufacturing Systems** (Flexible Fertigungssysteme): Dieses System umfasst generell den gesamten Bereich der Herstellung eines Produktes, beispielsweise eine automatische, auftrags- oder montagegerechte Fertigung von Einzelaufträgen, von der Produktionsplanung bis zur Abnahmeprüfung des fertigen Werkstücks. Die Steuerung des FFS erfolgt mittels eines Fertigungsleitrechners, der den gesamten Fertigungsablauf steuert und überwacht.

Bild 14.8 zeigt ein Beispiel für ein flexibles Fertigungssystem.

Ein FFS ist durch eine Vielzahl von technischen, rechentechnischen und wirtschaftlichen Merkmalen gekennzeichnet, beispielsweise:

- ausreichender Teile- und Werkzeugvorrat, um während einer begrenzten Zeit einen automatischen und bedienerarmen Betrieb zu ermöglichen,
- automatischer Werkstücktransport durch das System vom Auf- bis zum Abspannen,
- automatische Werkzeugversorgung (einschl. aller Werkzeugdaten) vom Voreinstellgerät bis zur Maschine und zurück,
- Leitrechner, DNC-System, Messstationen, Zentralüberwachung und Diagnosesystem je nach Bedarf und Anforderungen,
- Bestückung der Werkzeugmagazine, Vergleich der Magazinbestückung mit den NC-Programmvorgaben sowie Ableitung und Erstellung von Austauschlisten,
- Standzeitüberprüfung vorhandener Werkzeuge,
- Verwaltung, Bereitstellung und Übertragung von NC-Programmen,
- durchgängige Komplettbearbeitung der Teile im System.

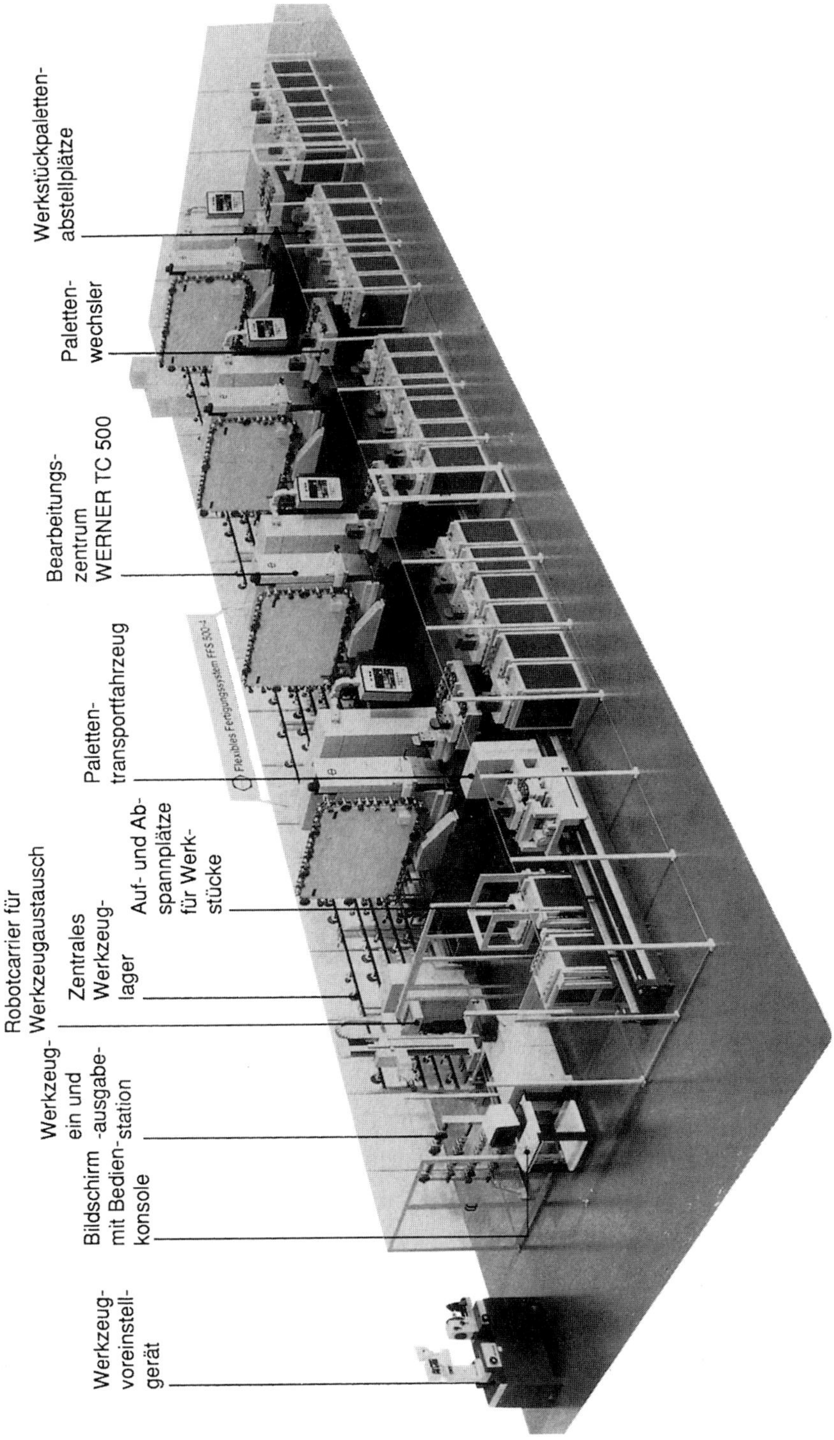

Bild 14.8 Flexibles Fertigungssystem (Werner u. Kolb Werkzeugmaschinen, Berlin)

14.6 Das Maschinenkonzept im FFS

14.6.1 Grundbaustein der flexiblen Automation

Automation ist das Ergebnis der **Kopplung** von **Produktion** und **Information**. Ihre Aufgabe besteht darin, unterschiedliche Werkstücke in beliebiger Reihenfolge und in wechselnden Losgrößen wirtschaftlich zu fertigen.

Diese Tatsache erfordert **Schnittstellen** zwischen allen Bereichen und Abteilungen. Die bei der FFS-orientierten Betrachtung anfallenden Aufgaben müssen später auf ein CIM-System (CIM: Computer Integrated Manufacturing) übertragbar sein, sodass es zur informationellen Vernetzung der beteiligten Bereiche kommt.

14.6.2 Bearbeitungszentrum oder Flexible Fertigungszelle

Die Vorgehensweise bei der Beschaffung einer CNC-Werkzeugmaschine ist für die Auswahl eines FFS nicht anwendbar. Soll für die konkreten betrieblichen Bedingungen ein FFS installiert werden, sind folgende drei Aspekte zu berücksichtigen:

- Um feststellen zu können, ob eine CNC-Maschine zur Integration in ein FFS geeignet ist, wird die erstellte **Checkliste** zur Auswahl von CNC-Maschinen bis auf die für den FFS-Betrieb wichtigen Merkmale reduziert.
- Das FFS wird nicht komplett, sondern **jede einzelne Komponente für sich bewertet**, um eine auf die konkreten betrieblichen Bedingungen zugeschnittene Problemlösung zu erhalten.
- Nachdem die in Frage kommenden Werkzeugmaschinen detailliert betrachtet wurden, wird ein **teilesortimentsbezogener**, **fertigungsablauforientierter Maschinenaufstellungsplan** erstellt und anschließend nach dem geeigneten, zuordenbaren **Transport- und Steuerungssystem** gesucht.

Bearbeitungszentren (BZ) und Flexible Fertigungszellen (FFZ) sind die im FFS am meisten verwendeten NC-Fertigungseinrichtungen, wobei das Bearbeitungszentrum allgemein die Basis für die Flexible Fertigungszelle darstellt. Bearbeitungszentren werden in folgenden Bauformen hergestellt:

- mit horizontaler oder vertikaler oder schwenkbarer Hauptspindel,
- mit verfahrbarem oder fest stehendem Ständer,
- als Einständer- oder Doppelständer-Portalmaschine,
- als einspindlige oder mehrspindlige Maschine,
- mit einer oder zwei Bearbeitungsstationen zur Pendelbearbeitung.

Unter Beachtung der jeweiligen Spezifik erfolgt die konkrete Maschinenauswahl nach den Kriterien:

- gestellte Fertigungsaufgabe,
- Werkstückgröße,
- geplantes automatisches Werkstücktransportsystem und der damit verbundene Werkstückwechsel.

Nachstehend wird auf die wesentlichen Komponenten des Bearbeitungssystems eingegangen.

14.6.2.1 Werkzeugmagazin und Werkzeugwechsel

Der vollautomatische Ablauf aller maschineninternen Vorgänge nach dem Aufspannen des Werkstückes bis zum Ende der Bearbeitung ist das Hauptmerkmal eines jeden Bearbeitungszentrums. Die personengebundenen Aufgaben beziehen sich in diesem Zusammenhang auf die Tätigkeiten Werkstück auf- und abspannen, Maschinen- und Werkzeugüberwachung, Prozesskontrolle, d. h. Verfolgung des reibungslosen Bearbeitungsablaufes sowie Qualitätsüberwachung am fertigen Werkstück.

Bild 14.9 Flexible CNC-Hochleistungs-Drehzelle (FMS Drehtechnik, Schaffhausen)

Bearbeitungszentren der derzeitigen Generation weisen bereits interne Automatisierungslösungen für die drei letztgenannten Merkmale auf, sodass die Verantwortung für die Qualität der Werkstücke, der Werkzeuge und für die Sicherheit der Maschine vom Menschen auf die Steuerung übertragen werden konnte. Durch zusätzliche Einrichtungen kann somit ein Bearbeitungszentrum zu einer flexiblen Fertigungszelle erweitert werden (Bild 14.9).

Bezüglich **Werkzeugmagazinierung** und **-wechsel** (Bild 14.10) gilt:

- Die für die Bearbeitung eines vorgesehenen **Teilesortimentes** erforderliche Werkzeuganzahl bestimmt die Größe des Werkzeugmagazins und die Notwendigkeit der erforderlichen Umrüstungen dieses Magazins.
- **Austauschbare Kassetten** ermöglichen die Werkzeugbereitstellung außerhalb der Maschine.
- Die **Werkzeugdaten** werden über das DNC-System eingelesen oder nach dem Einwechseln vom Roboter mit einem speziellen Lesekopf nacheinander gelesen und in der CNC unter der richtigen Platznummer gespeichert.
- **Sonderwerkzeuge**, wie beispielsweise Mehrspindelköpfe, Winkelfräsköpfe und überlange Bohrstangen, werden in speziellen Pick-Up-Magazinen aufgenommen.

Bild 14.10 Werkzeugwechsler im Arbeitsraum (Deckel Maho Geretsried)

14.6.2.2 Werkstückspeicher mit Wechseleinrichtung

Automatische Palettenwechseleinrichtungen ermöglichen das Auf- und Abspannen während der Hauptzeit.

Um über einen längeren Zeitraum, beispielsweise eine Schicht, bedienerarm automatisch fertigen zu können, ist es erforderlich, vor der Maschine einen Palettenspeicher vorzusehen und diesen mit einer gleichfalls automatisierten und steuerungsseitig mit dem Werkstücktransportsystem und der Maschine gekoppelten Wechseleinrichtung zu verbinden (Bild 14.11).

In diesem Zusammenhang existieren derzeit folgende technische Lösungen für die Werkstückspeicherung und den Werkstückwechsel unter automatisierten Fertigungsbedingungen:

- integrierte Palettenspeicher (automatische Palettenübergabe in die Maschine),
- separate Palettenspeicher (einer Maschine fest zugeordnet),
- Palettenwechsler (Übergabestation zu computergesteuerten Flurförderfahrzeugen),
- Roboter (Be-/Entladung der Maschinen oder der Spannvorrichtungen).

Das Maschinenschema in Bild 14.11 verdeutlicht den Werkstückwechselprozess unter Berücksichtigung der Verfahrbewegung des werkzeugführenden Maschinenteils.

14.6.2.3 Kühlmittelversorgung und Späneentsorgung

Da die Bearbeitungseinrichtungen in automatisierten Fertigungslösungen allgemein eine hohe Leistungsfähigkeit aufweisen, sind für eine wirtschaftliche Fertigung auch entsprechende Bearbeitungswerkzeuge erforderlich. Ein wesentliches Kennzeichen der **Wirtschaftlichkeit** ist in diesem Zusammenhang das erreichbare **Spänevolumen pro Zeiteinheit**.

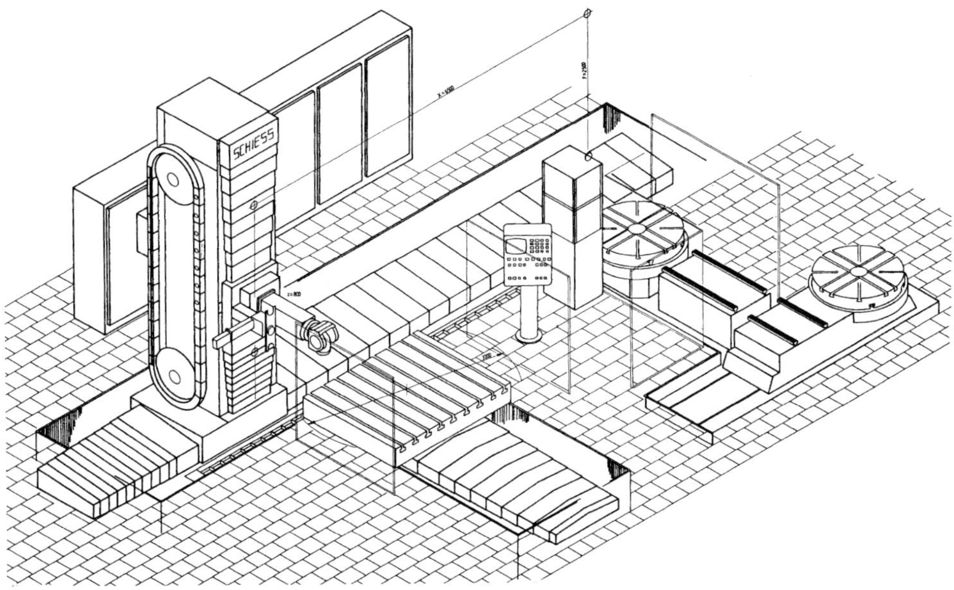

Bild 14.11 Positionierung des werkzeugführenden Maschinenteiles gegenüber zwei Ausführungsvarianten werkstückaufnehmender systeminterner Bearbeitungsstationen (Schiess-Froriep Düsseldorf)

Damit die Schnittdaten und Standzeiten dieser Werkzeuge möglichst optimal genutzt werden können, müssen die speziellen Werkzeuge für die Stahl- und Gussbearbeitung mit dem entsprechenden Kühlmittel in großer Menge versorgt werden. Bezüglich des Werkstückes ergibt sich daraus der positive Nebeneffekt, dass es nur geringfügig während des Zerspanungsvorganges erwärmt wird und damit weitgehend verzugsfrei bleibt. Durch Zuführung des Kühlmittels unter definiert hohem Druck kann das bearbeitete Werkstück bereits in der Maschine von Spänen gereinigt werden.

14

14.6.2.4 Automatische Messeinrichtung

Die Kontrolle des Bearbeitungsergebnisses (**Werkstückqualität**) bzw. die indirekte Kontrolle des Werkzeuges (Reststandzeit, Schneidenzustand) erfolgt an Einzelmaschinen durch **automatisches Nachmessen**. Bei **Mehrmaschinensystemen**, wie sie komplexe, flexible Fertigungssysteme darstellen, mit anschließender Folgebearbeitung (z. B. Montageprozesse) ist das **automatische Nachmessen** einzelner Bearbeitungsschritte unerlässlich. Liegen die Messwerte innerhalb des vorgegebenen Toleranzbereiches, wird das Werkstück für die folgende Bearbeitung freigegeben. Bei Überschreitung der Toleranzgrenzen zur Ausschussseite erfolgt keine weitere Bearbeitung dieses Werkstückes. Das Werkstück verlässt die Maschine. Es wird mit einer dafür vorgesehenen Codierung gekennzeichnet und an die manuelle Kontrolle weitergeleitet. Um dieses Messergebnis zu erhalten, sind zwei verschiedene Arten der Werkstückmessung anwendbar:

- **Messen während der Bearbeitung** bzw. während der Aufspannung durch spezielle Messwerkzeuge (so genannte Messtaster), die wie ein Werkzeug in die Arbeits- bzw. an Messmaschinen in die Messspindel eingewechselt werden.
- **Messen nach der Bearbeitung** durch externe, numerisch gesteuerte Messmaschinen oder spezielle Messstationen.

Die Abnahme der Daten erfolgt durch Sensoren an der zu messenden Position. Das Messergebnis wird dem Auswertungsrechner übermittelt und ein Soll-Ist-Vergleich vorgenommen. Durch die Erfassung und Auswertung des Tastsignals können folgende Maßnahmen im FFS realisiert bzw. beeinflusst werden:

- **Positionsmessung** (z. B. Feststellung der Lage der Teile),
- **Kontrollmessung** (z. B. Vermessung von Bohrungen),
- **Werkstückmessung** (z. B. Erfassung von Länge, Breite, Tiefe, Durchmesser) und
- **automatische Korrektur** (z. B. Messen, Justieren und Kontrollieren von Werkzeugen und Prüfmitteln).

Es ist allerdings festzuhalten, dass das Messen in der Maschine nur eine schnelle Kontrolle der Werkzeuge und der Bearbeitung zum Ziel hat, jedoch keinen Ersatz für das exakte Messen auf einer Messmaschine darstellt.

14.6.2.5 Sonderausstattungen

Die Bearbeitungsstationen in FFS sind auf Grund technisch-technologischer, aber auch fertigungsbedingter Anforderungen mit einer Reihe von Ausrüstungsgegenständen bzw. steuerungsseitigen Eigenheiten ausgestattet. Der Einsatz mehrspindliger Bohr- und Gewindeköpfe kann maßgeblich zur Reduzierung der Bearbeitungszeit beitragen. Trotz hochgenauer Vorrichtungen muss der Werkstücknullpunkt nach jedem Spannvorgang korrigiert werden. Dies erfolgt durch automatisches Nullpunktversetzen. Unfallverhütungsvorschriften und Kühlmitteleinsatz erfordern eine Abschirmung des Arbeitsraumes der Maschinen.

14.6.3 Erforderliche Eigenschaften der Fertigungseinrichtung im FFS

Das Grundelement flexibler Fertigungslösungen stellen numerisch gesteuerte Werkzeugmaschinen dar, die über zusätzliche Automatisierungseinrichtungen verfügen. So können durch den Einsatz von Bearbeitungszentren und Flexible Fertigungszellen an prismatischen Werkstücken fast alle Arbeitsgänge in ein oder zwei Aufspannungen verwirklicht werden.

Drehteile lassen sich von allen Seiten einschließlich der Abstichseite auf NC-Drehzentren oder -zellen bearbeiten, wobei außermittige Bohr- und Fräsbearbeitung, Mehrkantdrehen, Gewindefräsen und -bördeln keine Besonderheiten mehr darstellen (Bild 14.12).

Die Bearbeitung mit geometrisch unbestimmten Schneiden, wie sie auf Schleifmaschinen realisiert wird, stellt ebenfalls kein Hindernis für eine flexible Bearbeitung mehr dar. So kann diese über automatische Werkstückwechsel- und Schleifscheibenwechseleinrichtungen in flexible Fertigungslösungen integriert werden.

Allgemein ist feststellbar, dass diese Maschinen die Komplettbearbeitung der Werkstücke in maximal zwei Spannlagen erlauben, wodurch die erzielbare Genauigkeit wesentlich gesteigert werden kann, wenn diese Bearbeitungsform in einer Aufspannung statt in einer Mehrfachspannung erfolgt.

Die Verbesserung der Anpassung an die Fertigungsaufgabe ist durch den Einsatz von **Automatisierungszubehör** möglich, wie beispielsweise

- **Umrüst**- und **Spannstationen** außerhalb des Arbeitsraumes,
- **Palettenspeicher** mit automatischer Wechseleinrichtung,
- Einsatz eines **Paletten-** oder **Werkstücktransportsystems**,
- **Erweiterung** der Aufnahmekapazität von **Werkzeugspeichern** für Sonder- und Schwesterwerkzeuge,
- Einrichtung **zentraler Werkzeugspeicher**, die über interne Möglichkeiten der Vermessung, Einstellung und Einsatzdatenerfassung (z. B. Reststandzeiten, Verschleißfortschritt) verfügen,

- **Standzeitüberwachung** der Werkzeuge gekoppelt mit der Möglichkeit, bei Überschreitung des zulässigen Sollwertes ein Schwesterwerkzeug aufzurufen,
- **Spindelleistungsüberwachung** zur Kennzeichnung von Motorüberlastungen,
- **Werkzeugleistungsüberwachung** mit automatischer Vorschubreduzierung,
- **Werkzeugbruchkontrolle** mit automatischer Abschaltung der Bearbeitungsstation,
- **Ersatzwerkzeugaufruf**,
- **automatisches Messen** von Spann- und Bearbeitungstoleranzen in der Maschine, wobei eine Korrekturwert-Rückführung gegeben ist.

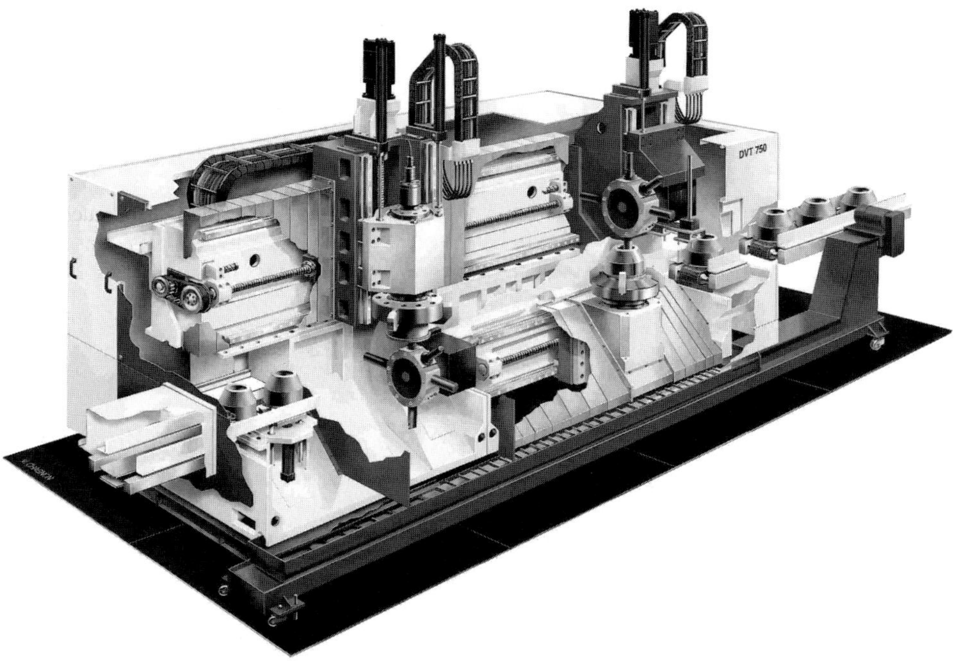

Bild 14.12 Vertikaldrehmaschine mit zwei entgegengesetzten Spindeln zur Komplettbearbeitung (Hüller Hille Hessap Taunusstein)

14.6.4 Kriterien bei der Beschaffung der Fertigungseinrichtungen

Die Erfüllung einer Fertigungsaufgabe erfordert eine Anzahl von aufeinander abgestimmten Vorgängen, die bei einem Fertigungssystem von einer Reihe von Teilkomponenten ausgeführt werden müssen. Diese Teilsysteme sind aus diesem Grund **material-**, **energie**- und **informationsflussseitig** zu koppeln. Bei der Beschaffung ist somit auf die Komponenten Arbeits-, Steuerungs-, Energieversorgungs-, Werkstückhandhabungs-, Werkzeughandhabungs-, Mess- und Prüf-, Hilfsstoffversorgungs- sowie Abfall- und Hilfsstoffentsorgungssystem zu achten. Die dabei in erster Linie zu berücksichtigenden Kennwerte sind:

- **Maschinengröße** und **-ausführung** (Hauptmerkmale: Werkstücksortiment, Lage der Spindelachse, Mehrseitenbearbeitung, erforderliche zusätzliche Achsen),
- **Einsatzbedingungen** (sich ergänzende Maschinen, Kombinierbarkeit von Maschinen unterschiedlicher Hersteller, Fundamentierung, Verkettbarkeit),
- **Speicher-** und **Übergabestationen** (maschinenintern oder modular anbindbar, möglichst Standardausführungen wählen, gute Zugänglichkeit, geringe Nebenzeitanteile),

- **Werkzeugmagazinierung** (Magazinart unter Berücksichtigung der Art und Anzahl der zum Einsatz kommenden Werkzeuge, Magazinplatz- u./o. Werkzeugüberwachung, Werkzeugaustauschmöglichkeiten, maschinen- und steuerungsseitige Voraussetzungen bei Sonderwerkzeugen – z. B. angetriebene Werkzeuge),
- **Werkzeugaustausch** (Automatisierungslösung, Werkzeugwechselzeiten und deren Abstimmung mit den werkstückspezifischen Bearbeitungszeiten),
- **Werkzeugcodierung** (elektronische Lösung, die einen geschlossenen Datenkreislauf zur Erfassung des Werkzeuges innerhalb und außerhalb der Maschine ermöglicht),
- **Anforderungen an die CNC-Steuerung** (DNC-Anschluss, direkte Koppelbarkeit an den betriebsinternen Datenbus, schnelle und problemlose Wiederherstellbarkeit der Einsatzbereitschaft nach Störfällen).

14.7 Materialflusssystem im FFS

14.7.1 Werkzeugverwaltung

Damit eine wirtschaftliche Bearbeitung ohne Störung des Prozessablaufes und eine hohe Werkstückqualität gewährleistet werden kann, ist es erforderlich, dass das entsprechende Werkzeug im richtigen Zustand mit den zutreffenden Daten zum gegebenen Zeitpunkt an der betreffenden Fertigungseinrichtung zum Einsatz kommen kann.

14

Die **Werkzeugverwaltung** beinhaltet den **automatischen Werkzeugaustausch** zwischen dem Magazin an der Bearbeitungseinheit und einem zentralen Werkzeuglager, den automatischen Werkzeugwechsel zwischen Hauptspindel und Werkzeugmagazin einer Maschine, die Fixierung des jeweils programmierten Werkzeuges in der Arbeitsposition sowie die Überwachung der zulässigen Einsatzdauer und des technischen Zustandes während dieses Zeitraumes inklusive seiner Identifikation und Zuordnung zum Aufgabengebiet.

Bild 14.13 verdeutlicht den Zusammenhang zwischen Werkzeugaustausch und Werkzeugwechsel.
Folgende Aspekte sind bei der Werkzeugverwaltung zu berücksichtigen:

- Konkrete **maschinenseitige** (z. B. automatischer Austausch verbrauchter Werkzeuge gegen neue Werkzeuge im Magazin mit Übernahme der neuen Korrekturwerte in die CNC) und **steuerungsseitige** (z. B. Verwaltung von Ersatzwerkzeugen mit Kennzeichnung und Sperrung verbrauchter Werkzeuge im Magazin) sowie **zusätzliche** (z. B. vorausschauende Entnahme nicht mehr benötigter Werkzeuge und Bestückung der Magazinplätze mit solchen für nachfolgende Bearbeitungsaufgaben) **Anforderungen** an die Werkzeugversorgung;
- Bestückung des Werkzeugmagazins mit **Standard-Werkzeugen** (z. B. Bohrer, Fräser, Gewindebohrer mit standardisierten Durchmessern), **Serien-Werkzeugen** (z. B. Werkzeuge, die nur für bestimmte Werkstückserien verwendet werden) und **Sonderwerkzeugen** (z. B. Messerköpfe mit großem Durchmesser, Bohrköpfe) sowie deren automatischer Austausch zum Werkzeugzubringersystem (z. B. mittels Roboter);
- **Werkzeugcodierung** und Erkennung zur Identifikation der Werkzeuge per Programm im Werkzeugmagazin der Maschine (Varianten: feste oder variable Platzcodierung, mechanische oder elektronische Werkzeugcodierung);

Werkzeug-Austauschinformationen		DNC		Werkzeug-Wechselinformationen
Werkzeugzubringersystem		↕		Werkzeugmagazin
↕	←	CNC	→	↕
Werkzeugmagazin				Maschinenhauptspindel

Bild 14.13 Unterschied zwischen Werkzeugaustausch (links) und Werkzeugwechsel (rechts)

- Aufgaben der CNC zur Werkzeugverwaltung umfassen eine **vorausschauende Werkzeugverwaltung** (z. B. Prüfung des Vorhandenseins der erforderlichen Werkzeuge nach Umrüstvorgängen), die Verwaltung von Schwesterwerkzeugen (automatischer Austausch besonders beanspruchter Werkzeuge nach Ablauf der Standzeit), Werkzeugstandzeit- und Werkzeugbruchüberwachung (Sicherung einer qualitätsgerechten und wirtschaftlichen Fertigung, Vermeidung von Folgeschäden an Maschine, Werkzeug und Werkstück);
- **Ersatzwerkzeugauswahl** (automatischer Einsatz dieser Werkzeuge zur Vermeidung von Maschinenstillsetzungen bzw. bei Überschreitung zulässiger Toleranzgrenzen oder bei Werkzeugbruch zur Fortsetzung der Bearbeitung an einem neuen Werkstück);
- **Werkzeugrechner** als Logistikhilfe (Bild 14.15) bei zentraler Werkzeugversorgung (z. B. Vorab-Vergleich des Bestandes mit dem Bedarf je Maschine, Ermittlung fehlender Werkzeuge für einen Auftrag, Bereitschaftsmeldung der Maschine für neuen Auftrag).

Mit Hilfe eines entsprechenden Werkzeugüberwachungssystems, dessen Prinzip Bild 14.14 zu entnehmen ist, lassen sich folgende Aufgaben realisieren:

- indirekte Messung der **Schnittkräfte** durch Erfassung der Hauptspindellagerbelastung mittels Kraftmesslager,
- Kontrolle der **Schnittleistung** durch Überwachung der Stromaufnahme des Hauptspindelmotors,
- direkte Messung der **elastischen Verformung** am Werkzeugträger durch Sensoren mit speziellen Auswertemöglichkeiten,

- Messung der **Werkzeug-Einsatzdauer** und Soll-Ist-Vergleich der vorgegebenen Standzeit,
- Abtasten des Werkzeuges mittels Sensor oder Taster bzw. Lichtschranke bezüglich der Kenngröße „vorhanden/nicht vorhanden",
- indirekte Kontrolle durch **Nachmessen** des bearbeiteten Werkstückes.

Das Prinzip des Werkzeugüberwachungssystems beruht somit auf der Erkennung der vom Normalverhalten abweichenden Prozessbedingungen durch integrierte Sensoren.

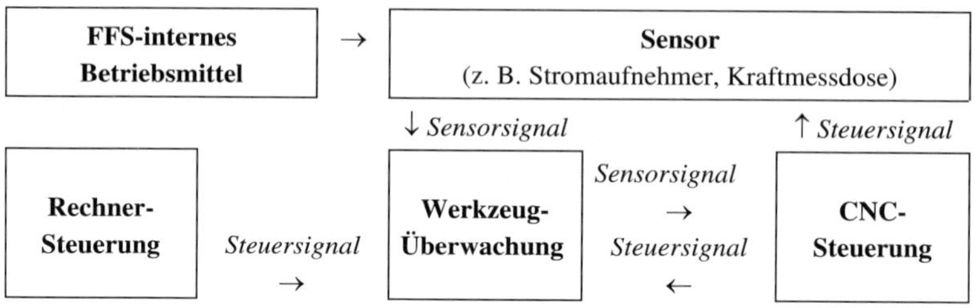

Bild 14.14 Grundschema eines Werkzeugüberwachungssystems

Bild 14.15 zeigt, dass eine möglichst vollständige Werkzeugverwaltung eine sehr komplexe Datenverwaltung erfordert.

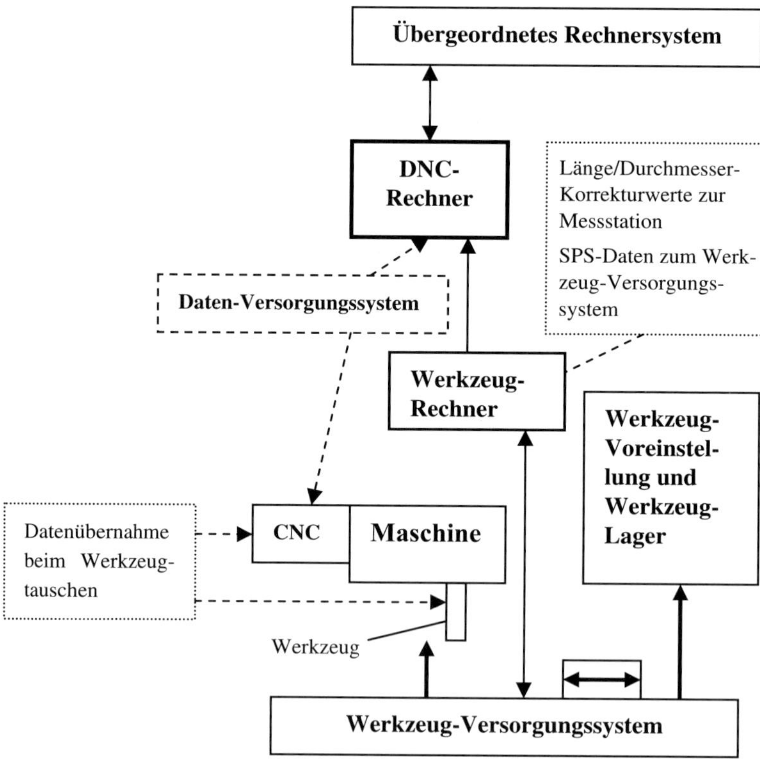

Bild 14.15 Der Werkzeugrechner und seine Aufgaben

14.7.2 Werkstücktransport

Die Gesamtheit des Werkstücktransportes ist in FFS durch ein integriertes Transportsystem vorzunehmen, das sowohl eine technische als auch eine informationsorientierte Schnittstelle zum innerbetrieblichen Gesamtprozess sowie zur jeweiligen Leiteinheit des FFS besitzt. Da die werkstückseitige Verkettung der Bearbeitungsstationen (Bild 14.16) das wesentliche Kennzeichen eines FFS darstellt, kommen dem Transportsystem die Aufgaben Erkennen, Handhaben und Transportieren der Werkstücke mit oder ohne Spannvorrichtungen zu.

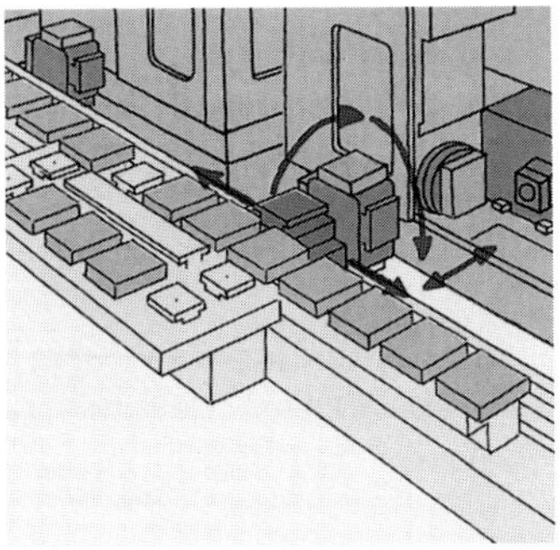

Bild 14.16 Linearer Werkstückspeicher für DIN-Paletten (STEINEL)

Eine wichtige Grundlage für die Auslegung eines FFS bezüglich der Anordnung der Bearbeitungsstationen stellt das **Transportsystem** dar, woraus sich prinzipiell die vier Grundstrukturen **Linienstruktur** (Bild 14.17), **Ringstruktur** (Bild 14.18), **Flächenstruktur** und **Leiternstruktur** des Transportsystems ableiten lassen.

Die Vor- und Nachteile der Strukturen sind Tabelle 17.8 zu entnehmen.

14

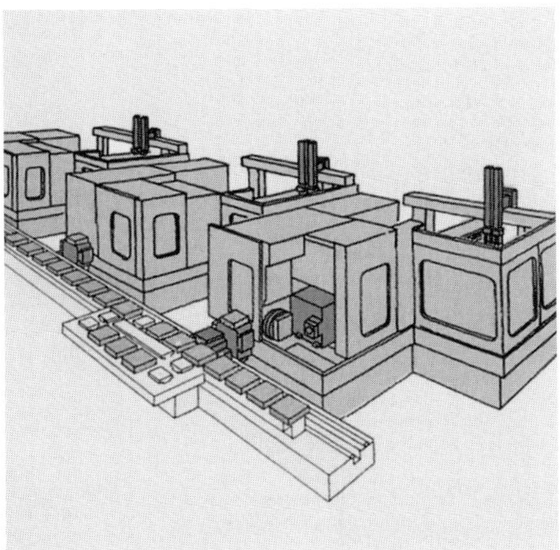

Bild 14.17 Linienstruktur eines Transportsystems (STEINEL)

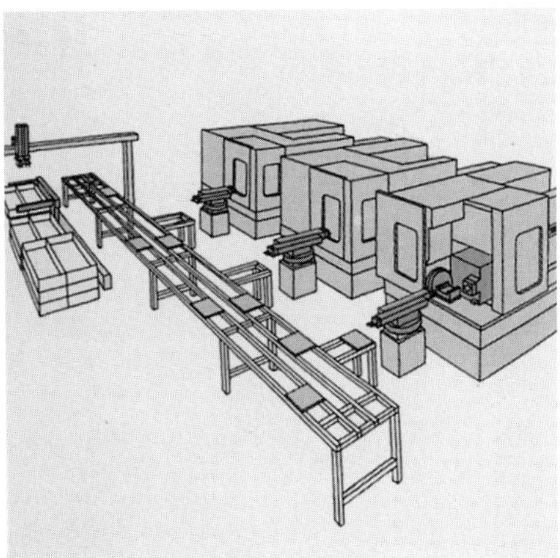

Bild 14.18 Ringstruktur eines Transportsystems (STEINEL)

Automatische Ver- und Entsorgungseinrichtungen tragen auf Grund ihrer Vorteile wesentlich zur Komplettbearbeitung der Teile innerhalb eines FFS bei.

Tabelle 14.8 Kurzcharakteristik der Transportsystemstrukturen

Struktur	Einsatzgebiete	Nachteile
Linien-struktur	• geringer Platzbedarf	• erschwerte Zugänglichkeit von der Rückseite (z. B. bei Wartung, Störungsbeseitigung und manuellem Werkstückwechsel)
	• einfache Erweiterungsmöglichkeit durch Verlängerung	
Ring-struktur	• je nach Auslegung wie bei der Linienstruktur	• je nach Auslegung wie bei der Linienstruktur
Flächen-struktur	• gute Zugänglichkeit von allen Seiten	• großer Platzbedarf bei der Aufstellung der Maschinen und Palettenplätze
	• gute spätere Erweiterungsmöglichkeit	• lange Fahrstrecken für das Transportsystem
Leitern-struktur	• keine	• alle Bearbeitungsstationen u. a. systeminternen Anlagen sind vom Transportsystem eingeschlossen – erschwerte Bedingungen bei Überwachung, Werkzeugtausch, Wartung und Reparatur (diese Struktur ist nicht empfehlenswert!)

Ein wesentliches Element des Transportsystems stellt das **Transportmittel** dar. Für prismatische (kubische) Werkstücke werden in FFS vorrangig Paletten verwendet. Als technische Ausführung dieses Transportmittels kommen einfache Transportunterlagen, Transportpaletten, Wechselpaletten und System-Paletten mit Standardabmessungen nach DIN: Europalettenmaß 800 mm × 1200 mm (Bild 14.19) zur Anwendung.

14

Bild 14.19 Transportsystem (Ringstruktur) mit Wechselpalette (BURKHARDT + WEBER)

Auf Grund der Tatsache, dass die Aufspannung in den meisten Einsatzfällen nicht direkt auf der Palette erfolgt, sind entsprechende **Spannvorrichtungen** erforderlich. Je nach verwendetem Transportmittel (mit oder ohne Spannvorrichtung) werden auch die Paletten-Transportsysteme systematisiert. Deren Hauptaufgabe ist es, alle im System technisch und technologisch eingebundenen Einrichtungen u. a. unterstützenden Anlagen unterbrechungslos mit Werkstücken zu versorgen. In den Bildern 14.20 bis 14.23 sind einige Varianten dargestellt.

Bild 14.20 Palettenspeichersystem (Deckel Maho Geretsried)

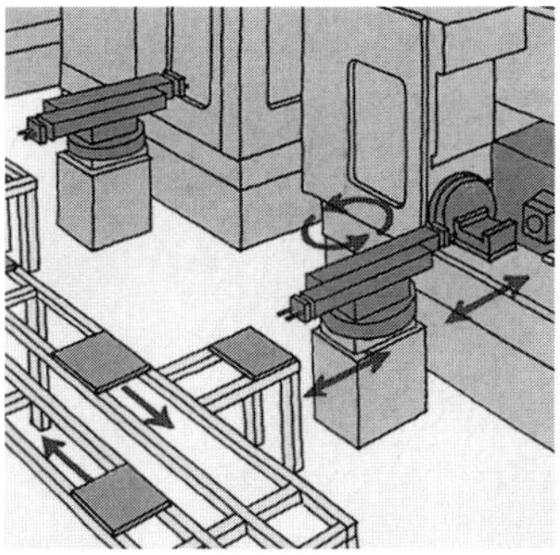

Bild 14.21 Fertigungspuffer mit Beschickungsautomat (STEINEL)

Gemäß den vorangegangenen Ausführungen wird der Materialfluss wie folgt definiert:

Materialfluss ist die Zusammenfassung aller **Lager**-, **Speicher**- und **Bewegungsvorgänge** beim Ver- und Entsorgen von Lagern, Puffern und Arbeitsstationen. Diese Prozesse betreffen Rohstoffe, Werkstücke, Werkzeuge, Betriebsmittel und Abfallstoffe.

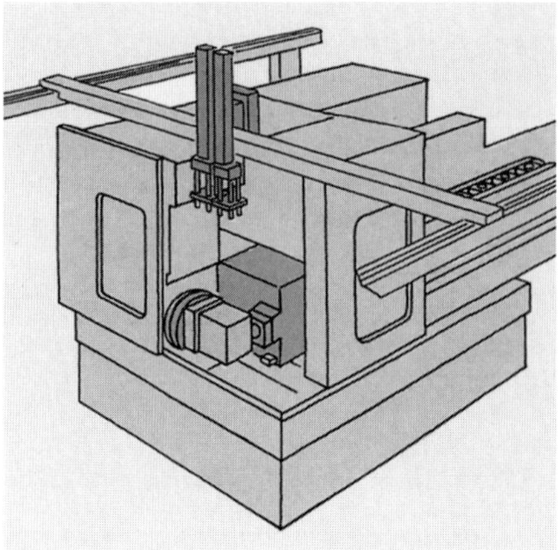

Bild 14.22 Flächenportalroboter (STEINEL)

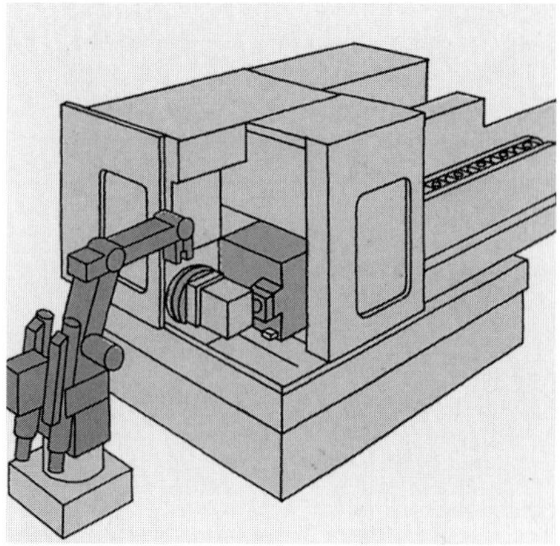

Bild 14.23 Industrieroboter (Universalroboter) (STEINEL)

14.8 Informationssystem im FFS

14.8.1 Vorgehensweise und Hilfsmittel zur Planung des Informationssystems

Alle vorhandenen Schnittstellen zwischen den Systemkomponenten müssen von Anfang an in die Planung einbezogen und aufeinander abgestimmt werden, um zu gewährleisten, dass ein späterer problemloser Ausbau möglich ist. FFS beruhen somit auf einem neuen Grundkonzept der Automation, dessen Kernstück das **Fabrikdatennetz** ist (Bild 14.24). Es verbindet alle unternehmensinternen, anwendungsorientierten Rechner mit dem zentralen Leitrechner und der betrieblichen Datenbank.

14

Die Hauptbestandteile eines Rechnerverbundes sind anwendungsorientierte Rechner oder Terminals mit Eigenintelligenz, die elektronische Datenerfassung und -überwachung sowie Leitsysteme.

Die **Minimierung des Zeitbedarfes zwischen Auftragseingang und Auslieferung** eines Teiles ist somit die Zielstellung eines derartigen übergeordneten Leit- und Steuerungssytems.

Speziell für die Belange des betrieblichen Fertigungsbereiches und damit des FFS bestehen diesbezüglich die Aufgaben Steuerung der Fertigungseinrichtungen sowie übergeordnete Steuerung und Überwachung des Gesamtprozesses der Fertigung und der Montage.

Anhand dieser Aufgabenvielfalt, die das Leit- und Steuerungssystem zu erfüllen hat, lassen sich die Aufgaben eines Rechnersystems zur Automation konkret bestimmen:

- Steuerung von Einzel- oder verketteten Maschinen im Fertigungsbereich,
- Steuerung von Transportsystemen und Zusatz- bzw. Sondereinrichtungen (z. B. Montageroboter, Prüfeinrichtungen),
- Ansteuerung von Stellgliedern (z. B. elektrische Servoantriebe),
- Steuerung von Sensoren (z. B. zur Kontrolle von Bewegungsabläufen).

Voraussetzungen für eine weitgehend selbstständige Funktion des Gesamtsystems (Bild 14.25) sind

- die rechnerverständliche Beschreibung von Erzeugnissen mit CAD,
- das Generieren von Stammdaten durch die Arbeitsvorbereitung, den Einkauf und die betriebswirtschaftlichen Abteilungen sowie
- die Anwendung von EDV-Techniken im Betrieb

unter Beachtung einer allgemeinen Betriebssicherheit des Systems.

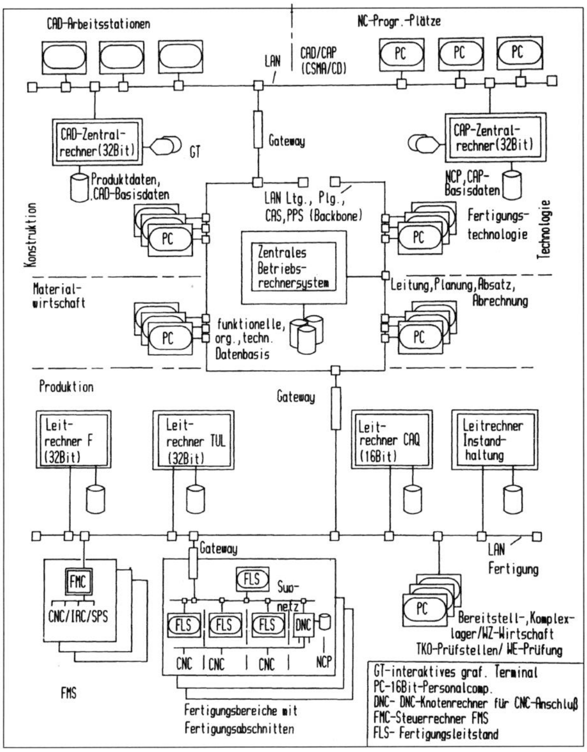

Bild 14.24 Grundstruktur eines Fabrikdatennetzes

Durchgängiger Informationsfluss
Datennetze verknüpfen rechnergestützte Fertigungseinrichtungen und Informationsspeicher aller Betriebsbereiche

Rechnereinsatz
Rechnerintegrierte Steuerung und Überwachung des Fertigungsprozesses

Flexibler Materialfluss
Integrierte Systeme für Transport, Handhabung und Lagerung für Werkstücke, Werkzeuge und Spannmittel

Flexible Fertigungsanlagen
Anpassungsfähigkeit durch Kombination unterschiedlicher Maschinen und Montagezellen
Flexibel automatisierter Werkstück- und Werkzeugwechsel

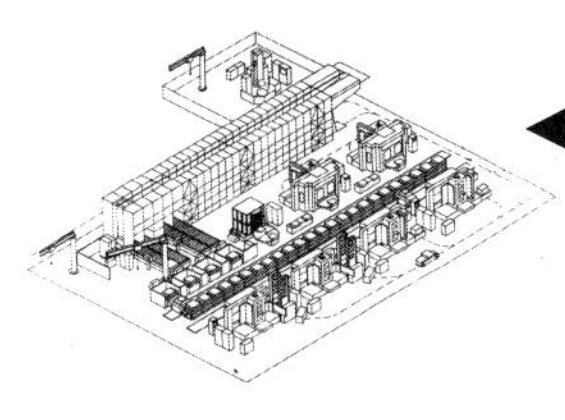

Leitrechner

Leitstand

Automatischer Fertigungsablauf
Ohne manuelle Eingriffe werden unterschiedliche Werkstücke in wählbarer Folge gefertigt
Geringe Arbeitsteilung

Automatische Ablaufoptimierung
Sensorgesteuerte Fertigungs- und Anlagenüberwachung
Rechnergestützte Qualitätslenkung

Bild 14.25 Informations- und Materialfluss in der flexiblen Fertigung

14.8.2 Steuerung von FFS

Da ein FFS aus mehreren, auch autark betreibbaren Einzelkomponenten besteht und über ein zentrales Leitsystem mit Informationen in Form von Daten versorgt wird, ist seine Steuerung eine sehr komplexe Aufgabe, deren Lösung auf dem **Prinzip der verteilten Intelligenz** beruht (Bild 14.26).

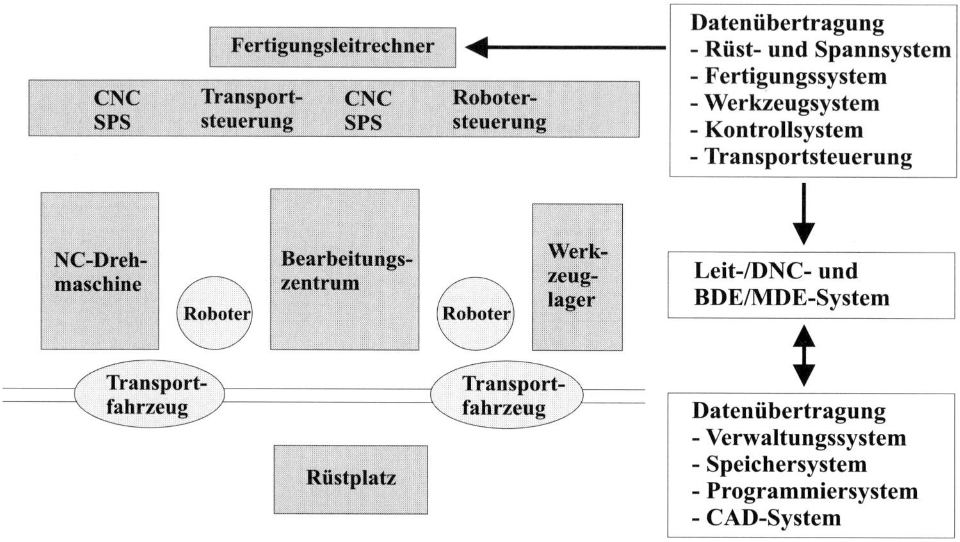

BDE – Betriebsdatenerfassung, MDE – Maschinendatenerfassung

Bild 14.26 Schema eines Leitsystems am Beispiel einer flexiblen Fertigungsinsel

Unproduktive Nebenzeiten und Wartezeiten können durch den Einsatz von Rechnersystemen weitgehend reduziert werden bzw. sollen derartige Zeitanteile verursachende Tätigkeiten parallel zu den Hauptzeiten gelegt werden.

Hierarchisch aufgebaute Systeme setzen jedoch eine klare Aufgabenverteilung voraus, wie Bild 14.27 belegt.

Aus dieser Darstellung lassen sich folgende FFS-interne Steuerungskomponenten erkennen:

- **CNC** (wesentlicher Bestandteil des heutigen Steuerungskonzeptes mit spezieller Anpassung an den Maschinentyp, an die Automatisierungsstufe, an Handeingabe und Korrektur der Programme),
- **SPS** (SPS: Speicherprogrammierbare Steuerung: leistungsgesteigert und für komplexere Aufgaben einsetzbar wie z. B. automatische Fehlerdiagnose und -anzeige),
- **DNC** (DNC: Direct Numerical Control: Verwaltung vorhandener Teilprogramme und deren zeitgerechte Übertragung an die Bearbeitungseinheit, jede integrierte NC-Maschine verfügt über eine voll ausgebaute CNC),
- **Transportsteuerung** mit den Möglichkeiten codiertes Paletten-Umlaufsystem, Paletten-Zubringesystem und Werkstück-Handhabungseinrichtung,
- Fertigungsleitrechner,
- Datentransfer,
- Software-Lösung und
- Steuerungsprinzip.

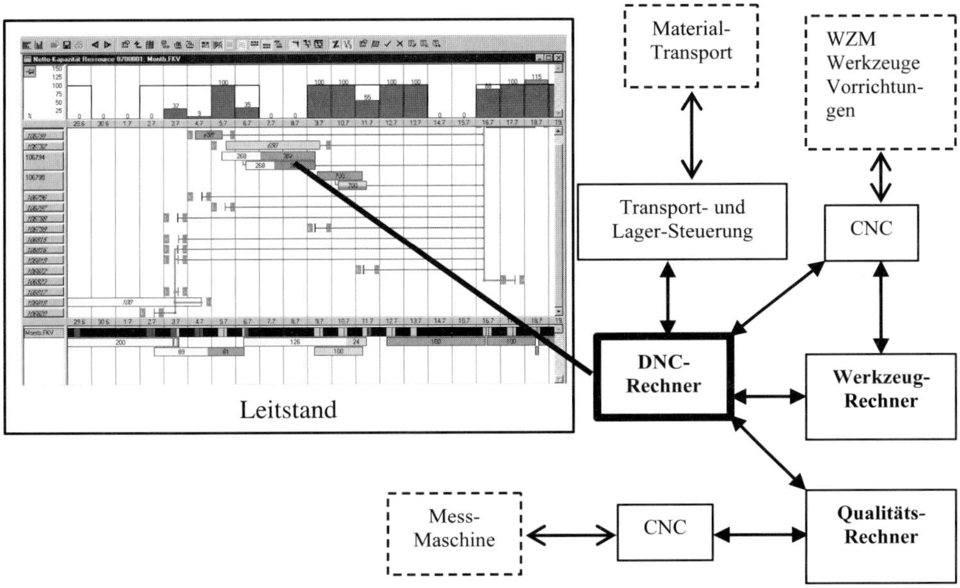

Bild 14.27 Zusammenhang DNC- und Leitrechner

Nach VDI 3424 ist DNC ein System zur Rechner-Direktführung von mehreren NC-Bearbeitungsstationen durch Digitalrechner, wobei die Hauptaufgabe in der zeitgerechten Verteilung von Bearbeitungs-(Programm-) und Steuerinformationen an die angeschlossenen Systemkomponenten besteht.

Dem DNC-Rechner übergeordnet ist der Fertigungsleitrechner (Bild 14.27).

Im Zusammenhang mit dem DNC-Betrieb ist auch das jeweilige **Steuerungsprinzip** für die Gesamtanlage zu sehen (Bild 14.28). Aus der Darstellung sind die zwei Grundvarianten zu erkennen, die in einem FFS Anwendung finden.

Eine wichtige Voraussetzung für den problemlosen Einsatz eines FFS ist die klare Aufgabenverteilung innerhalb der FFS-Steuerung. Dabei sind die Komponenten CNC, SPS, DNC, Transportsteuerung und die Leitrechner-Lösung in die Betrachtungen einzubeziehen.

Zusammenfassend lässt sich sagen, dass das FFS steuerungsseitig das Ergebnis eines mehrstufigen Prozesses darstellt, wobei zwischen den einzelnen Stufen jedoch keine exakten Grenzen, sondern fließende Übergänge bestehen. Damit lässt sich ein FFS gemäß Bild 14.29 mit Hilfe der Kenngrößen **Systemkonfiguration**, **Betriebsart**, **Steuerungsauslegung** und **-aufgaben** beschreiben.

Die angeführten Kenngrößen beziehen sich somit auf ein autark einsetzbares FFS. Im Sinne einer CIM-Strategie wäre demgegenüber ein FFS in Verbindung mit einem Fabrikrechner zu betrachten, sodass sich Steuerungsinhalt und -aufgaben wie folgt verändern:

- Einsatz von **übergeordneten DNC-**, **Leit-** und **Fabrikrechnern** zur zentralen Planung und Steuerung der Fertigung,
- Durchführung einer **umfassenden Materialprüfung** vor Freigabe der Fertigung,
- Realisierung einer **Werkzeugbedarfs-** und **-bestandsprüfung** und ggf. Vornahme einer automatischen Bestellung beim Lieferanten,

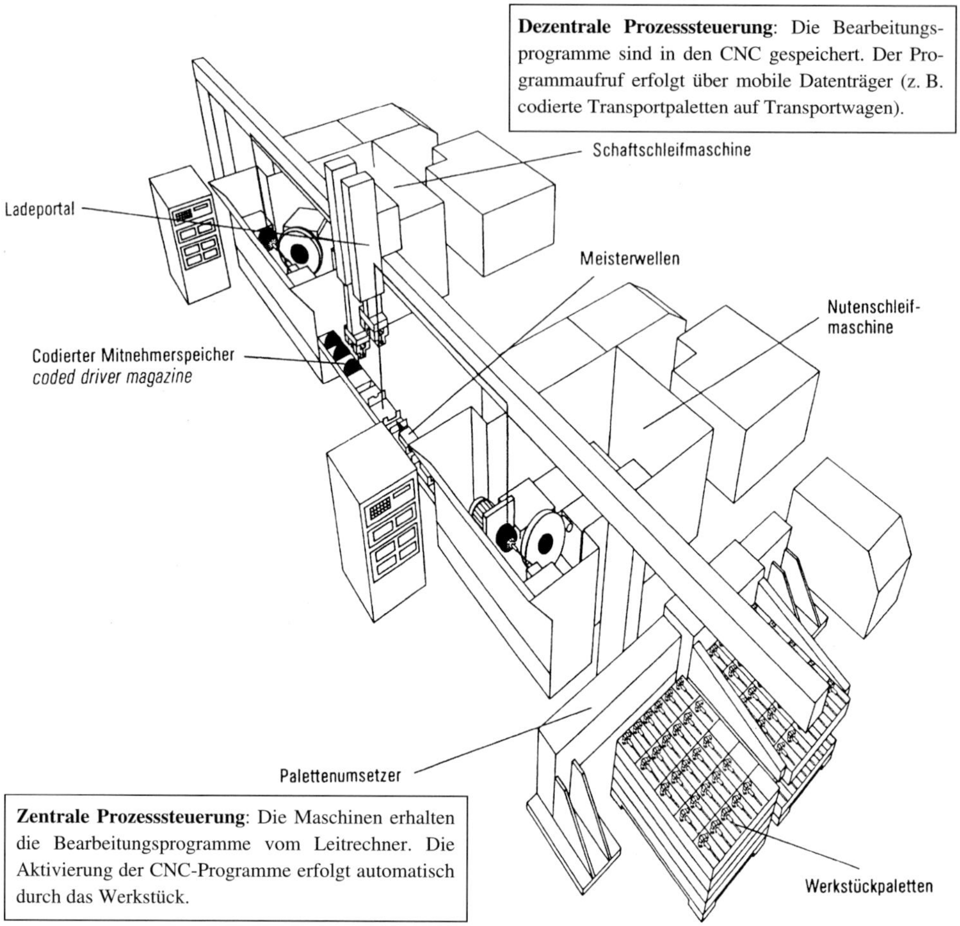

Bild 14.28 Grundvarianten des Steuerungsprinzipes in FFS

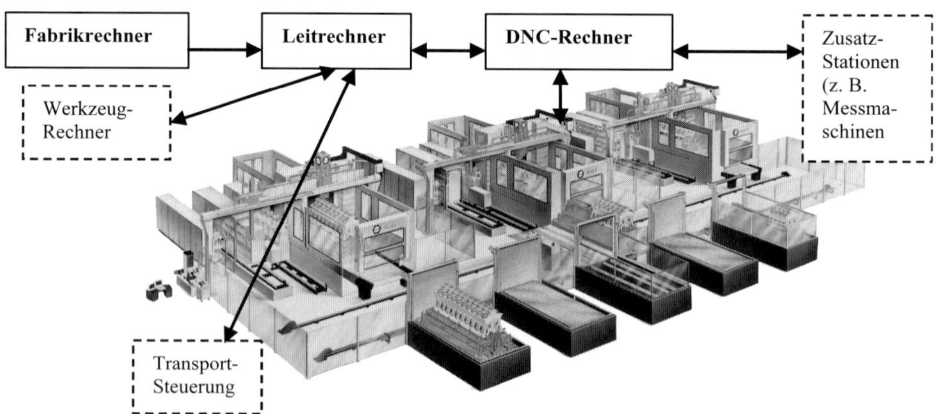

Bild 14.29 Steuerungskonzeption verschiedener FFS-Automatisierungsstufen

- Durchführung einer **tiefgründigen Material- und Zeitwirtschaft** bzw. einer genauen Auftragsvor- und -nachkalkulation,
- Umsetzung eines **automatischen Bestellwesens** und einer **automatischen Lagerbestandsverwaltung** mit Mindestmengenüberwachung,
- Sicherung einer **ständigen Überwachung** des Fertigungszustandes der Werkstücke unter Berücksichtigung der Messdatenverarbeitung.

14.8.3 CNC-Steuerung eines FFS

Die wichtigsten Aufgaben dieser computergestützten Steuerung zur numerischen Verarbeitung der Daten in Form von CNC-Befehlen bestehen in der präzisen Steuerung der Bewegungsachsen und in der korrekten, zeitgenauen Ausführung der Schaltinformationen. Liegt eine höhere Ausbaustufe dieser Fertigungseinrichtung vor (z. B. Bearbeitungszentrum, Fertigungszelle oder Fertigungssystem), dann müssen weitere zusätzliche Anforderungen durch die CNC erfüllt werden. Demnach wird diese Art der Steuerung wie folgt definiert:

Die **CNC** ist eine leistungsfähige Steuerung, die je nach Ausbaustufe mittels einem oder mehrerer integrierter **Mikrocomputer technische** und **technologische Informationen numerisch verarbeiten** und an entsprechende **Stellglieder weitergeben** kann. Dadurch werden mechanische Vorgänge ausgelöst, die zur zielgerichteten Beeinflussung eines Werkstückes und/oder eines Prozessschrittes führen und in deren Ergebnis die Komplettbearbeitung des Teiles entsprechend dem in Programmform vorliegenden Arbeitsplan erfolgt, wobei alle erforderlichen Haupt- und Nebenprozesse berücksichtigt werden.

Daraus ergeben sich folgende Anforderungen an CNC, die in FFS eingesetzt werden sollen:

- hohe Speicherkapazität des Teileprogrammspeichers,
- leistungsfähige Verwaltung der gespeicherten Daten,
- Fernsteuerung über Leitrechner für den vollautomatischen Betrieb des FFS,
- externer Programmaufruf,
- Fehlermeldung und Warnung (als vorausschauende Wenn-dann-Entscheidung),
- Maschinen- und Betriebsdatenerfassung (MDE/BDE) mittels Betriebsdatenschreiber und Fehlerstatistiken,
- Werkzeugverwaltung mit den Schwerpunkten Schwesterwerkzeuge, übergroße Werkzeuge und gegebenenfalls austauschbare Werkzeugkassetten,
- Palettenverwaltung (oder Werkstückverwaltung in der CNC einer FFZ mit interner Zuordnung der Palettennummer zur Programmnummer des aufgespannten Werkstückes),
- Verwaltung und Abarbeitung von Messzyklen,
- Test neuer Werkstückprogramme unter Beachtung spezieller Gegebenheiten bezüglich Simulation, Maschine bzw. systeminternem Prozessablauf,
- automatische Werkzeugverschleißkorrektur (automatisches Nachstellen der Korrekturwerte, beispielsweise Anpassen des Schneidenradius bei Drehbearbeitungen),
- DNC-Anschluss mit hoher Übertragungsrate,
- Verwendung von busgekoppelten und wortverarbeitenden SPS (Schaltbefehle, Überwachung von Grenzwertangaben, Speicherung verschiedener Daten),
- Steuerung zusätzlicher Hilfsachsen (synchrone und asynchrone Achsen, z. B. für Handhabung von Werkzeugen bzw. Werkstücken während der Hauptzeit unabhängig von den Bearbeitungsachsen),
- integrierte Maschinen- und Fehlerdiagnose,
- funktionssichere und bedienerfreundliche Bildschirmgrafik.

Die CNC ersetzt jedoch nicht die DNC innerhalb einer FFS-Lösung. Sie dient vielmehr im FFS-Verbund als **Informations- und Schaltzentrum** für alle maschinenbezogenen Daten und Steuerungsinformationen. Wenn eine derartige Steuerung für ein FFS geeignet sein soll, dann muss sie in der Lage sein, Befehle an die FFS-Komponente übergeben, Rückmeldungen von dieser verarbeiten, entsprechende Kompensationen vornehmen und Maschinendiagnosedaten verwerten sowie Managementinformationen (z. B. Laufzeiten, Ausfallzeiten, Stückzahlen/Zeiteinheit) weiterleiten zu können.

14.8.4 Programmierung im FFS

Um ein FFS (Bild 14.30) betreiben zu können, sind nicht nur die direkten werkstückverändernden Informationen von Bedeutung, sondern alle dazu notwendigen vorbereitenden (z. B. Werkzeug- und Werkstückeinwechslung) sowie nachbereitenden (z. B. Qualitätskontrolle und Späneentsorgung) Maßnahmen programmtechnisch zu verarbeiten. Denn die Wirtschaftlichkeit jeder NC-Fertigung ist von der reibungslosen Versorgung mit fehlerfreien und zeitoptimierten NC-Programmen abhängig.

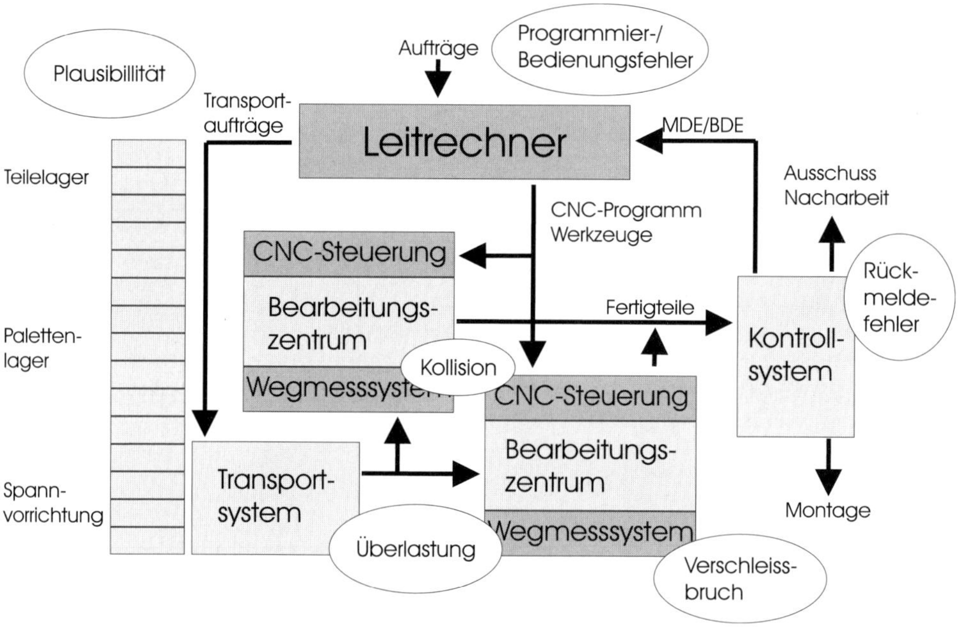

Bild 14.30 Flexibles Fertigungssystem – Beispiele für Fehlerquellen

Die Programmierung von FFS ist grundsätzlich durch drei wesentliche Aspekte gekennzeichnet:

- eine häufig erforderliche **Verknüpfung von Programmen**, die auf Grund der Bearbeitung vielfältiger Teile in teilweise sehr kleinen Stückzahlen zu Stande kommt,
- einen **Programmlauftest** (Simulation und maschinenintern ohne Werkzeugeingriff) vor der Freigabe des Programmes und
- oft eintretende **Programmänderungen** und -**modifikationen**.

Auf Grund dieser genannten Erfordernisse sind bei der programmtechnischen Vorbereitung eines FFS folgende Schritte durchzuführen: Werkstück-, Materialfluss-, Werkzeugfluss-, Werkzeugdaten-Programmierung und Simulation des Bearbeitungsablaufes.

14.8.4.1 Methoden zur Werkstückprogrammierung

Genau wie bei der Einzelmaschine liegt das Hauptaugenmerk im FFS ebenfalls bei der Bauteilprogrammierung für die Bearbeitungsstationen (Bild 14.31).

Allgemein sind deshalb die **manuelle Programmierung** (nach DIN 66025, Satz für Satz ohne nennenswerte Computerunterstützung), die **maschinelle Programmierung** (mit Speicherung der Quellenprogramme, wodurch mittels modifizierter Postprozessoren eine Umstellung auf neue Steuerungen möglich ist), die **Programmierung aus einem CAD-System** mit integriertem NC-Programmiersystem heraus und die **grafisch unterstützte Programmierung** (Entstehung des zu bearbeitenden Werkstückes auf dem Bildschirm, wo es durch den Bediener grafisch gestaltet und bearbeitet werden kann, bevor es tatsächlich gefertigt wird) für FFS-Bearbeitungseinrichtungen anwendbar. Als ungeeignete Programmiermethoden für den wirtschaftlichen Einsatz in FFS werden unter den derzeitigen Bedingungen die Digitalisierung, das Scanning-Prinzip und die Handeingabesteuerung angesehen.

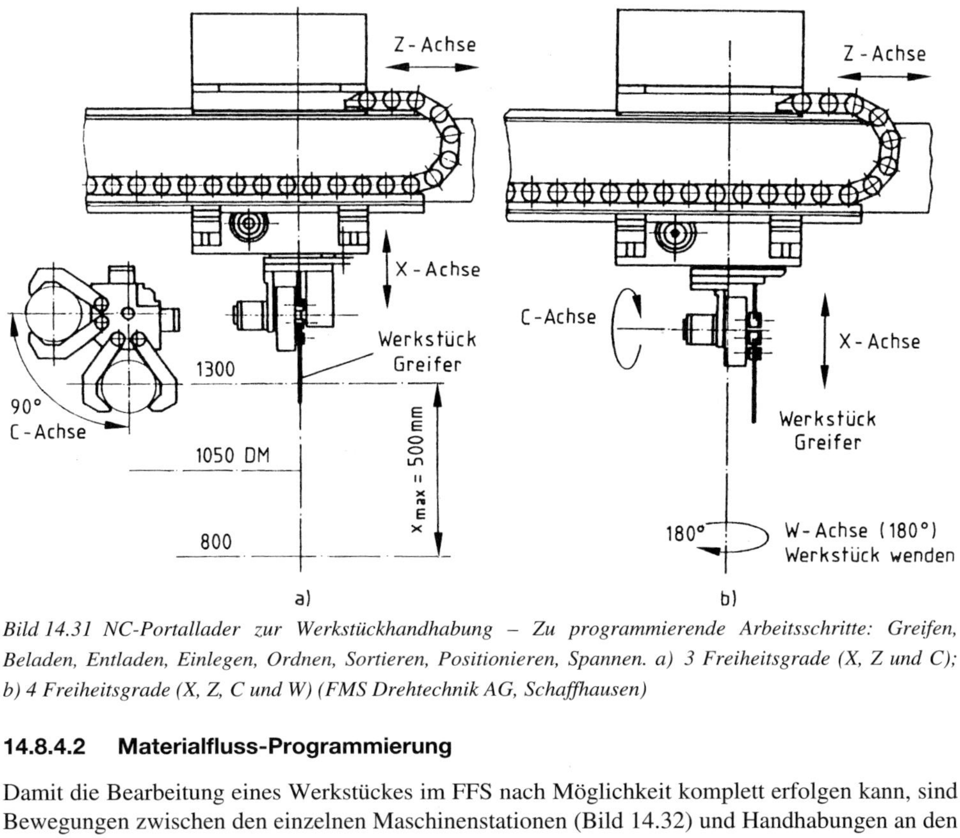

Bild 14.31 NC-Portallader zur Werkstückhandhabung – Zu programmierende Arbeitsschritte: Greifen, Beladen, Entladen, Einlegen, Ordnen, Sortieren, Positionieren, Spannen. a) 3 Freiheitsgrade (X, Z und C); b) 4 Freiheitsgrade (X, Z, C und W) (FMS Drehtechnik AG, Schaffhausen)

14.8.4.2 Materialfluss-Programmierung

Damit die Bearbeitung eines Werkstückes im FFS nach Möglichkeit komplett erfolgen kann, sind Bewegungen zwischen den einzelnen Maschinenstationen (Bild 14.32) und Handhabungen an den jeweils technologisch erforderlichen Bearbeitungseinrichtungen (Bild 14.33) notwendig, die ebenfalls einer entsprechenden Steuerung durch das Fertigungssystem bedürfen. Diese Vorgänge werden durch die Transportsteuerung verarbeitet.

Die in Bild 14.32 dargestellte Materialbewegung erfolgt durch das FFS-interne Transportsystem, welches für die Bewegung der verschiedenen Werkstücke auf codierten Maschinenpaletten zwischen den Bearbeitungsstationen sowie Spann- und Pufferplätzen zuständig ist.

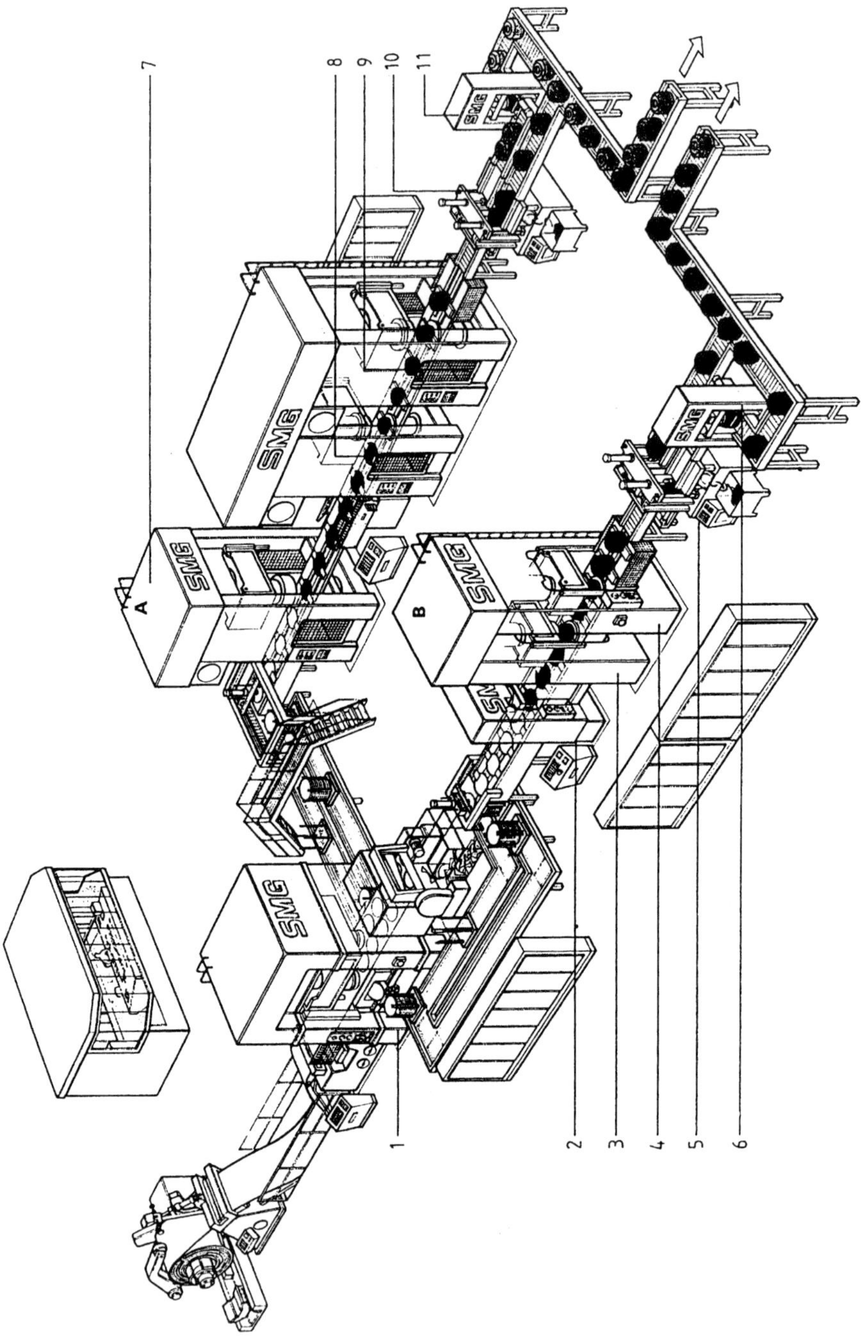

Bild 14.32 Flexible Fertigungsanlage zur Herstellung von Gasflaschen aus Stahl. 1 Platinen-Stanzanlage, 2 Prägepresse, 3, 4, 8, 9 Tiefziehpresse, 5, 10 Beschneide- und Sickenautomat, 6, 11 Lochpresse, 7 Prägepresse (Schuler SMG Waghäusel)

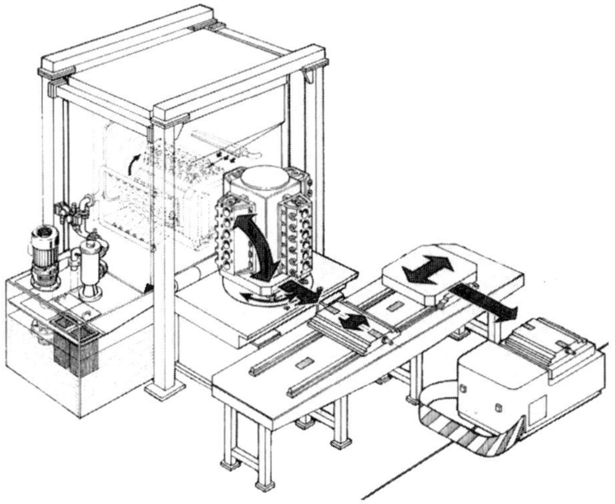

Bild 14.33 Waschstation für FFS mit Werkstückübergabestation (HECKERT)

14.8.4.3 Werkzeugfluss- und Werkzeugdaten-Programmierung

Neben dem Werkstücktransport sind in FFS auch sehr viele Bewegungen und Handhabungen bezüglich der zur Bearbeitung notwendigen Werkzeuge, Vorrichtungen und Prüfmittel erforderlich. Diese Vorgänge werden unter dem Begriff **Werkzeugfluss** zusammengefasst (Bild 14.34).

Da die Werkzeuge in einem FFS meist nicht maschinenbezogen festgelegt sind, sondern durch das Transportsystem an die Stelle im System transportiert werden, wo sie gebraucht werden, ist diese Aufgabe material- und verwaltungstechnisch sehr umfangreich (Bild 14.35).

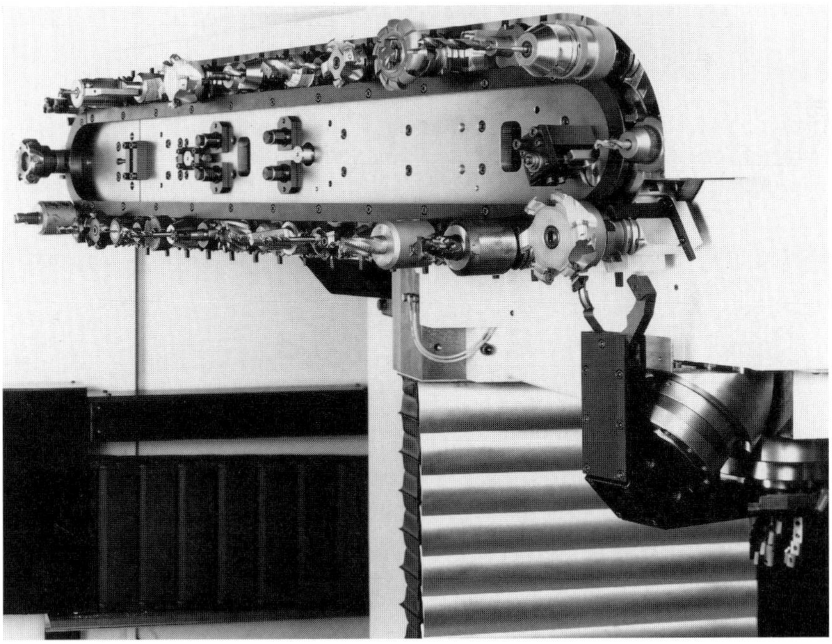

Bild 14.34 Werkzeugwechselsystem (Alzmetall Altenmarkt)

Wenn die Programmierung der Bearbeitung eines Werkstückes erfolgt, wird in der Regel davon ausgegangen, dass sich das Werkzeug im Werkzeugspeicher der Bearbeitungseinheit befindet. Dies muss durch den Leit- oder den DNC-Rechner gewährleistet sein.

Bild 14.35 Werkzeugwechselwagen an einer Umformpresse

Für die Erfassung der konkreten Werkzeugzustandsdaten kommen in FFS externe Werkzeugeinstell- und -messgeräte mit automatischer Erfassung der Daten zur Anwendung.

14.8.4.4 Bearbeitungsablaufsimulation

Nachdem alle erforderlichen Informationen in einer maschinenverständlichen Form erstellt wurden, kann der Gesamtprozess innerhalb des FFS durch einen **Funktions-** und **Ablauftest** ohne direkten Werkzeugeingriff – die **Simulation** – überprüft werden. Durch eine derartige Simulation können

- **lange Rüstzeiten** infolge des zeitaufwendigen Einfahrens neuer NC-Programme **vermieden**,
- **Ausfallzeiten minimiert** und
- **Programmierzeiten** durch geeignete Simulationslösungen **verkürzt** werden.

Generell hat die Programmablaufsimulation für NC-Maschinen, gleich ob als Einzelmaschine genutzt oder in ein FFS integriert, eine präventive Schadensbekämpfung zum Ziel.

Beim Informationssystems im FFS bestimmt die Bearbeitungsstrategie die Auslegung der Material- und Werkzeugflussprogrammierung.

14.9 Flexible Montagesysteme (FMS)

In Anlehnung an die Namensgebung in der Fertigung – Flexibles Fertigungssystem (FFS) – wurde in der Montage eine entsprechende Bezeichnung für die diesbezüglichen komplexen Automatisierungslösungen gewählt – das Flexible Montagesystem (FMS).

14.9.1 Grundkomponenten des FMS

Montagevorgänge lassen sich inhaltlich in die zwei Grundtätigkeiten **Greifen** (Aufnehmen zu montierender Teile/Ablegen montierter Teile) und **Montieren** (Zusammenfügen) untergliedern, sodass der Begriff der Montage wie folgt definiert werden kann:

Montage ist die Summe aller Vorgänge, die zum **Zusammenbauen** verschiedener Einzelteile zu einer Baugruppe bzw. mehrerer Baugruppen zu einem funktionsfähigen Endprodukt erforderlich sind.

Der Montageprozess umfasst damit die Funktionen
- Ordnen, Bereitstellen und Zuführen der zu montierenden Komponenten,
- Zusammenfügen der Komponenten (aus Einzelteilen zu Baugruppen/aus Baugruppen zum Fertigprodukt),
- Ausrichten, Justieren und Zusammensetzen,
- Fügen der Komponenten (durch Löten, Schweißen oder Pressen) bzw. Herstellung einer Verbindung zwischen den Komponenten (durch Verschrauben oder Umformen) und
- Kontrollieren durch Messen oder Funktionsprüfung.

Diese Funktionen bilden gleichzeitig auch die technologische Reihenfolge beim Ablauf von Montageprozessen.
Gemäß Bild 14.36 ist ein Montagesystem aus folgenden Grundelementen aufgebaut:
- **Arbeitsplatz** oder mehrere gleiche bzw. unterschiedliche Arbeitsplätze,
- verbindendes **Transportsystem** und
- gegebenenfalls einer definierten **Speicheranzahl** für zu montierende Komponenten.

Abgeleitet aus den angeführten Komponenten eines Montagesystems und deren grafischer Veranschaulichung in Bild 14.36, wird unter einer automatischen Montagestation verstanden:

Automatische Montagestationen sind **elektronisch gesteuerte Montageeinrichtungen**, die sich durch Änderung der Programme auf Varianten oder andere zu montierende Teile und/oder Baugruppen umstellen lassen.

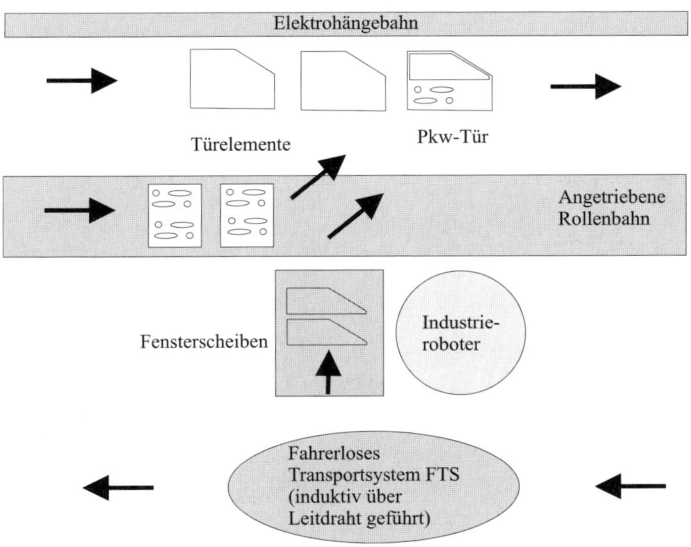

Bild 14.36 Schema einer flexiblen Montageanlage mit entsprechender Handhabungs- und Montagetechnik

Grundelement einer **Montagestation** ist der **Montageroboter**. Je nach Montageaufgabe wird dieses Handhabungsgerät mit geeigneten Werkzeugen ausgerüstet, die bei Bedarf auch automatisch gewechselt werden können. Weiterhin erfolgt eine automatische Werkstückzu- und -abführung.

Eine **flexible Montagestation** ist die Kombination eines Roboters mit Werkzeugwechsler, einer Werkstückwechselvorrichtung und einer Steuerung, die alle Komponenten miteinander informationstechnisch verknüpft.

Durch Integration eines zusätzlichen Werkstückspeichers und eines erweiterten Werkzeugspeichers kann eine derartige Montagestation zu einer flexiblen Montagezelle erweitert werden, wobei zur Komplettierung des Gesamtprozesses auch automatische Mess- und Kontrolleinrichtungen eingebunden werden können, um eine Qualitätsüberwachung der montierten Erzeugnisse vor dem Verlassen der Montagezelle zu ermöglichen.

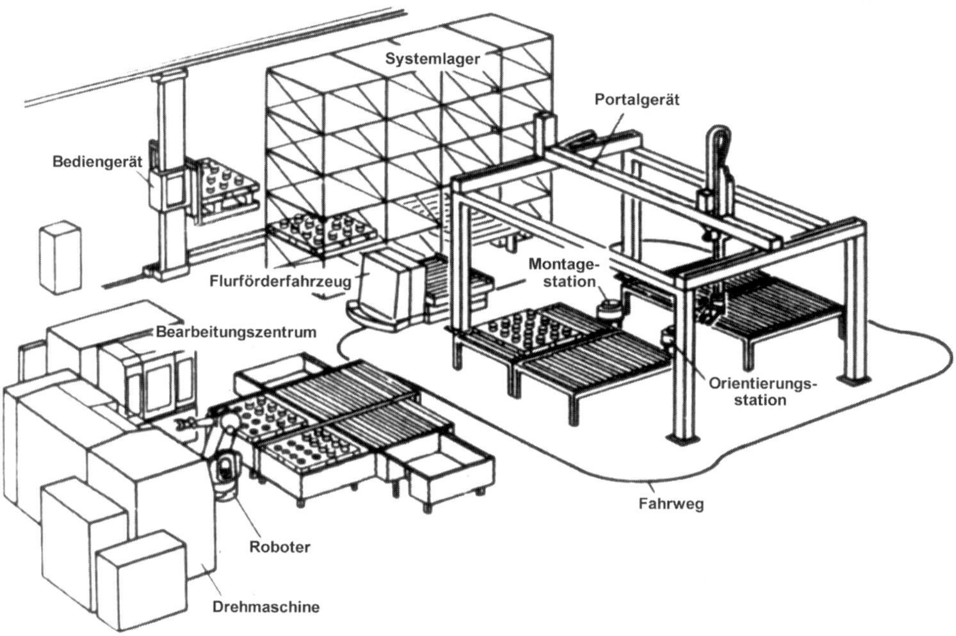

Bild 14.37 Integriertes Fertigungs- und Montagesystem

Werden mehrere Montagezellen durch ein automatisch arbeitendes Werkstück-Transportsystem verbunden, wird von einem Flexiblen Montagesystem (FMS) gesprochen (Bild 14.37). Damit kann das FMS wie folgt definiert werden:

Das **Flexible Montagesystem** (FMS) stellt eine Einheit aus den Einzelkomponenten **Teilebereitstellungssystem** (manuell oder automatisch), **flexibles Transportsystem** (einschließlich der dazugehörigen Werkstückträger), **Bearbeitungssysteme** und **Roboter** (mit den notwendigen Werkzeugen und Greifern) sowie dem **Steuerungssystem** (PC, CNC, SPS, mobile Datenträger, Sensoren) dar.

14.9.2 Aufgaben des FMS

Hauptaufgabe des FMS ist die **wirtschaftliche Montage** mehrerer Fertigteile einer Teilefamilie (Endprodukt des Fertigungsprozesses) in beliebiger Losgröße zu einem funktionsfähigen Erzeugnis (Finalprodukt des Montageprozesses). Die Änderung der zu montierenden Produktpalette muss eine schnelle und problemlose Umstellung dieser Systeme ohne menschliche Eingriffe erlauben.

14.9.3 Einsatzbedingungen für eine flexible Montage

Soll ein Montageprozess mit flexiblen Charakter wirtschaftlich ausgelegt werden, so muss er folgende Voraussetzungen erfüllen:

- Für die Montage müssen **ausreichend große Serien** verfügbar sein;
- **hohe Wiederholhäufigkeiten in kurzen Zeitspannen** (großer Umrüstaufwand bei kurzen Montagefristen) sind zu vermeiden;
- über die gesamte Serie muss eine **gleich bleibend gute Qualität** der zu montierenden Teile vorliegen, um Nacharbeiten und damit organisatorisch bedingte Unterbrechungen des Montageprozesses zu minimieren oder Verlängerungen der Montagezeiten und damit Überschreitungen der Montageauftragstermine und eventueller Lieferfristen zu vermeiden;
- es muss eine **montagegerechte Gestaltung** der zu montierenden Komponenten vorliegen, die sowohl das automatische Greifen, Handhaben, Spannen, Montieren und Transportieren ohne erhöhte Aufwendungen auf allen Stationen des FMS zulässt;
- für die **Planung** und **Realisierung der Komponenten des FMS** sowie der gewünschten Gesamtlösung müssen **ausreichend Zeit** und **finanzielle Mittel** verfügbar sein;
- die Planung und Einsatzvorbereitung, der Betrieb sowie die Wartung und Instandsetzung erfordern **gut ausgebildetes** und **motiviertes Personal**.

14.9.4 Hauptkomponenten des FMS

14.9.4.1 Mechanische Grundelemente

Aus den Bildern 14.36 und 14.37 ist erkennbar, dass Montagelösungen – unabhängig von ihrer Ausbaustufe – durch einen **modularen Aufbau** gekennzeichnet sind, der auf einem Baukastensystem von Grundelementen und Basiseinheiten beruht.

Komplettlösungen beinhalten somit alle Aspekte der Mechanik, der Logistik und der Steuerungstechnik, um kundenorientierte Montagesysteme jeder Art aus **standardisierten Baukastensystemen** zu schaffen.

Weitere Zuführ-Baugruppen als Grundelemente des FMS, die auch bei konventionellen Montagelinien bereits Anwendung finden, sind Rotations- und Linear-Schwingförderer, Hubgeräte, Entwirrgeräte und Flächenspeicher.

14.9.4.2 FMS-internes Transportsystem

Der Transport der zu montierenden Elemente ist innerhalb eines FMS die wichtigste Aufgabe. Somit bildet das Transfersystem auch das Grundgerüst jeder flexiblen Montagelösung. Diese Förderstrecken übernehmen in erster Linie den Transport der Werkstücke, wobei es dabei darauf ankommt, dass die betreffenden Teile oder Baugruppen in der richtigen Reihenfolge an die einzelnen Arbeitsstationen zugeführt werden.

Ausführungsvarianten für FMS-integrierte Transfersysteme sind:

- **Doppelgurt-Transportbänder** für den Transport der Trägerpaletten im Umlaufprinzip oder
- **rechnergesteuerte Transportsysteme** für den innerbetrieblichen Materialfluss kleiner Mengen zur Verkettung von automatisierten Fertigungs- und Montagelösungen bis hin zu ganzen Werkstätten (über große Entfernungen) unter anderem auch über selbstfahrende Transportwagen (Bild 14.38).

Bild 14.38 Selbstfahrender Transportwagen eines automatisierten Transport-, Umschlag- und Lager-Systems (Indumat)

14.9.4.3 Materialfluss im FMS

Genau wie bei der Konzeption eines FFS muss bei der Organisation des Materialflusses in einem FMS die zeitgerechte Beschickung der Montagestationen mit ausreichend zu montierenden Teilen oder Baugruppen bzw. Montagehilfsmitteln (z. B. Greifer, Schrauber) gewährleistet sein. Materialtransportsysteme im Montagebereich werden demzufolge nach den Kriterien Flexibilität, Eignung für den Werkstattbetrieb, Belastbarkeit, Handbetrieb, Positioniergenauigkeit, Reaktionszeiten, Wartungsaufwand, Energieverbrauch und Verfügbarkeit beurteilt.

14.9.4.4 Handhabungstechnik im FMS

Zu dieser Kategorie zählen Roboter und alle peripheren Geräte, die für die Haupt- und Hilfsprozesse einer automatischen Montage erforderlich sind.

Damit die Vielzahl von erforderlichen Bewegungen realisiert werden können, sind Bewegungsautomaten mit mehreren gesteuerten Achsen notwendig. Derartige universell einsetzbare Bewegungsautomaten werden als **Industrieroboter** bezeichnet (Bild 14.39). Infolge ihrer hohen Positionier- und Wiederholgenauigkeit sind sie für die Montage geeignet.

Neben der konstruktiven und steuerungsseitigen Auslegung der **Montageroboter** sind auch deren zu handhabende Elemente Greifer und Werkzeuge für das jeweilige Einsatzfeld der Gesamtlösung von Bedeutung. Greifer sind in diesem Zusammenhang angeflanschte Montagehilfsmittel, die zur Aufnahme der zu montierenden Komponenten dienen. Kriterien zur Auswahl der Greifer sind dabei Greifkraft, Greifergewicht, Spanngriff, Stellweg (Hub) und Reaktionszeit.

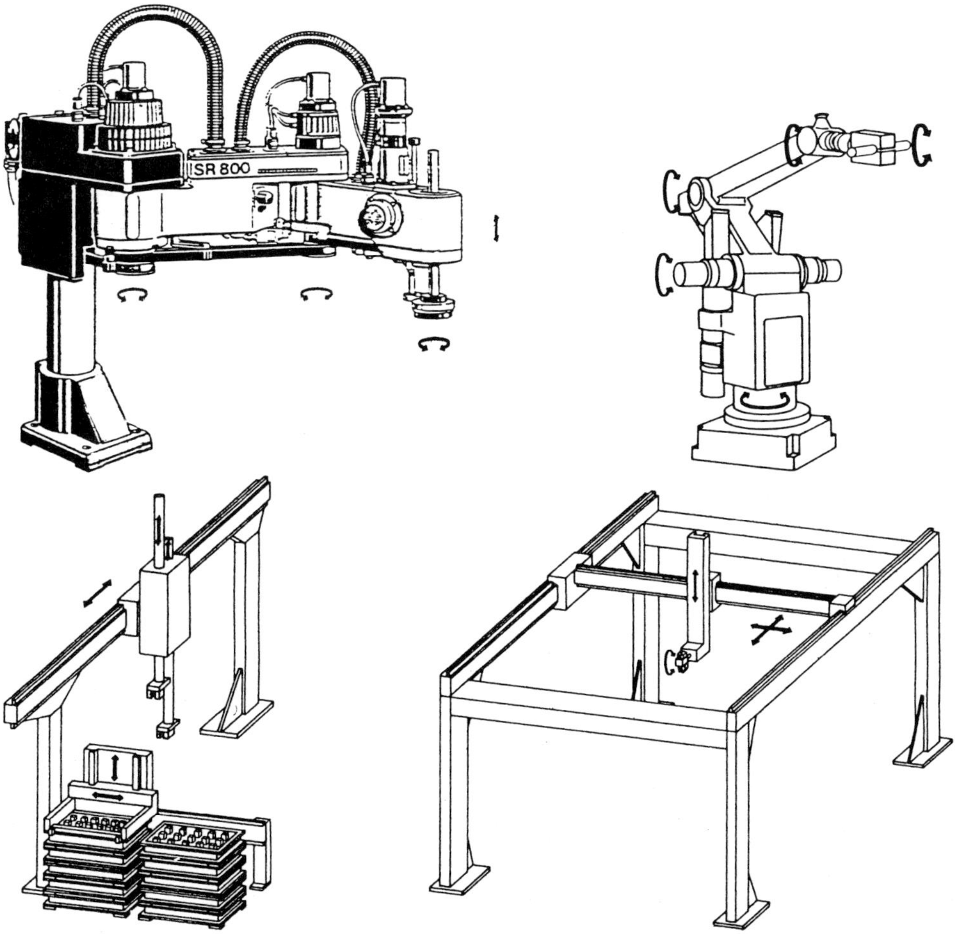

Bild 14.39 Bauformen industriell genutzter Roboter (Montageroboter, Universalroboter, Portalroboter, Flächenportalroboter)

Werkzeuge, die durch Roboter gehandhabt werden (Bild 14.40), sind in der Montage hauptsächlich zum Herstellen von Verbindungen (z. B. Löten, Kleben) vorgesehen, weniger zum direkten Bearbeiten (z. B. Nacharbeiten durch Entgraten).

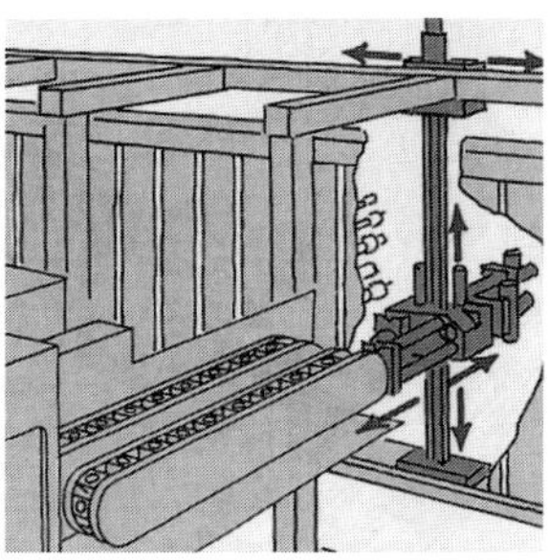

Bild 14.40 Roboter mit automatischem Werkzeugwechselsystem (STEINEL)

14.9.4.5 Aufgaben und Varianten der Steuerung im FMS

Bei Montageprozessen liegt das Hauptaugenmerk auf der Koordinierung des Materialflusses. Somit stellt dieser Prozess auch den Schwerpunkt der Steuerungsaufgaben im FMS dar. Vergleichbar mit den Bedingungen in der Fertigungstechnik, kommen auch im Montagebereich mehrere unterschiedliche Steuerungen (Computer, CNC, SPS, mobile Datenträger, Sensoren) zur Anwendung, die bei diesen Lösungskonzepten über eine hierarchische Struktur miteinander gekoppelt sind. Diese Komponenten haben dabei die Aufgabe der Steuerung, Koordinierung und Überwachung des Transportsystems, der eingebundenen Montagestationen, Roboter und Prüfeinrichtungen, damit einwandfreie Ergebnisse erreicht und kontinuierlich gewährleistet werden können. Im Mittelpunkt der Steuerungsmaßnahmen stehen die durchzuführenden Handhabungsvorgänge.

14.9.4.6 Effektivitätsmerkmale für ein FMS

Damit Automatisierungsvorhaben im Bereich der Montage geplant und erfolgreich umgesetzt werden können, ist eine entsprechende **Produktgestaltung** Grundvoraussetzung.

Das **automatische Rüsten** stellt bei automatischen, flexiblen Montageprozessen das wichtigste Kriterium dar, da Rüstzeiten unproduktive Stillstandszeiten sind, die den Nutzungsgrad des Montagesystems verringern. Die entscheidenden Kenngrößen des Rüstenvorganges sind **Rüstdauer** und **Rüstfrequenz**.

Bei der Gestaltung automatischer Montagesysteme ist somit darauf zu achten,

- dass eine **produktneutrale Systemauslegung** gewährleistet wird, die auch die Durchführung zukünftiger Montageaufgaben ermöglicht,
- dass eine weitgehende **Reduzierung der Lagerhaltung** erreicht wird, um den angestrebten Kostenvorteil mit einem FMS auch erreichen zu können, und
- dass eine **Verringerung der Montagedurchlaufzeit** zu Stande kommt, die eine schnellere Lieferbarkeit der Erzeugnisse zulässt.

Genau wie bei Fertigungssystemen kann der **Nutzungsgrad** eines Montagesystems unter anderem durch Pausenbetrieb sowie eine personalreduzierte zweite und dritte Schicht verbessert werden, was eine weitere Möglichkeit darstellt, die Herstellungskosten zu verringern.

14.10 Qualitätssicherung in flexiblen Fertigungslösungen

Stabile Bearbeitungsprozesse sind die Grundlage für eine gute Qualität. Die Qualitätssicherung in der Fertigung beinhaltet damit die kontinuierliche Erfassung, Analyse und Bewertung relevanter Daten bezogen auf das Produkt, die fertigungs- und systeminternen Zusatzeinrichtungen sowie den Gesamtprozess.

14.10.1 Fertigungsmesstechnik

Eine **vorbeugende Qualitätssicherung** wirkt Kosten senkend. Somit besteht der Inhalt der Qualitätsprüfung aus den Schritten

- **Prüfplanung** (Festlegung z. B. der Prüfmittel und der Prüfhäufigkeit),
- **Prüfausführung** (Messwerterfassung und Prüfdatenspeicherung) und
- **Prüfdatenverarbeitung** (Auswertung der Prüfergebnisse und Fehleranalyse).

Die **Fertigungsprüfung** dient der **Qualitätslenkung**, indem sie die laufende Fertigung überwacht und aus den Prüfergebnissen Daten zur Steuerung und Optimierung des Fertigungsprozesses zur Verfügung stellt.

Messmaschinen sind mit numerischen Steuerungen und Servoantrieben ausgerüstet. Über die CNC können die programmierten Messpunkte sehr schnell angefahren, die Messung durchgeführt und die Messwerte im Rechner abgespeichert werden.

Koordinatenmesszentren (Bild 14.41) sind hochautomatisierte Messmaschinen mit gesteigerter Flexibilität. Diese Flexibilitätserhöhung wurde erreicht durch einen programmierbaren, automatischen Tasterwechsel, einen automatischen Werkstückwechsel und einen zusätzlichen Drehtisch.

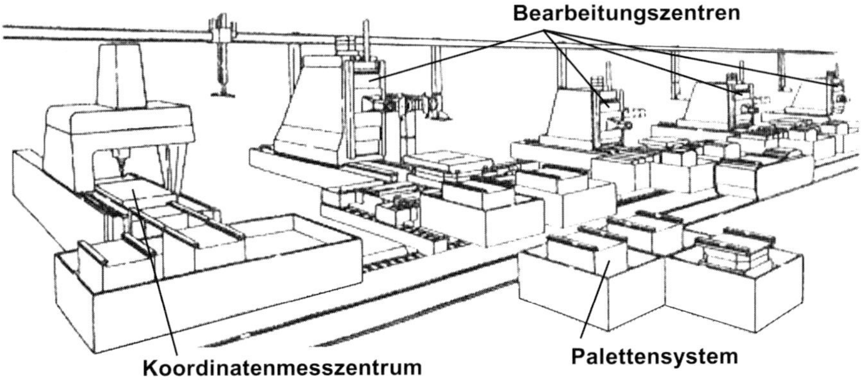

Bild 14.41 FFS-Schema mit integriertem Koordinatenmesszentrum

Messen bedeutet immer Vergleichen mit einem Standard (Soll-Ist-Vergleich). Demnach erfordert das Messen eine genaue Maßverkörperung sowie eine präzise Mechanik und Kinematik der Messeinrichtungen.

Auf Grund der speziellen Anforderungen der Einzel- und Kleinserienfertigung erfordert die Bearbeitung auf flexiblen Fertigungssystemen dementsprechend automatisch arbeitende, schnell und flexibel umstellbare Messeinrichtungen. Hierfür kommt die **numerisch gesteuerte Koordinatenmessmaschine** zum Einsatz. Ihr Hauptkennzeichen ist die Messkontrolle der Werkstücke mit automatischer Rückführung und Nachstellung der Werkzeugverschleiß-Korrektur in der CNC-Maschine.

14.10.2 Einsetzbare Messtechnik im FFS

Die in der Nutzung befindlichen Ausführungen der Koordinatenmessgeräte sind durch die zu verwirklichenden Aufgabenstellungen (Einsatzgebiet, Messbereich, Genauigkeit und nicht zuletzt Automatisierungsgrad) entstanden. Diese Kenngrößen stellen gleichzeitig Auswahlkriterien für derartige Einrichtungen dar und führten zu den Bauformen Portal-, Ausleger-, Ständer- und Brücken-Koordinatenmessgerät sowie diversen Mischformen.

All diese Varianten beruhen auf dem gleichen kinematischen Grundprinzip:

- drei senkrecht aufeinander stehende Achsen (X, Y, Z), die ein **räumliches Koordinatensystem** – vergleichbar einer Fräsmaschine – verkörpern, und
- **präziser Sensor** (oft als schaltender Tastkopf ausgeführt) als Werkzeug zum Antasten der Punkte oder Flächen am Bezugsobjekt.

14.10.3 Koordinatenmessgeräte im FFS

Auf Grund der bereits genannten Eigenschaften sind Messmaschinen und Messzentren gegenüber anderen herkömmlichen Messmitteln im Vorteil, wenn es darum geht, sie in flexible und automatisierte Fertigungslösungen einzubinden. Von der Struktur her beruht ihr Messaufbau auf dem Prinzip des Koordinatenmessgerätes. Dadurch sind sie sehr genau, universell nutzbar, flexibel im Aufbau und in der Anwendung, liefern schnell ausgewertete und dokumentierte Messdaten und sind somit im Einsatz sehr wirtschaftlich.

Konkrete Maßnahmen, die durchgeführt werden können, sind beispielsweise
- die **Kontrolle der Werkstücke** beim Einfahren neuer Programme,
- das **Einrichten der Fertigungseinrichtungen**,
- die **Prozessüberwachung** und -regelung durch Stichprobenmessung der Werkstücke,
- die **indirekte Werkzeugverschleißkontrolle** mit automatischer Nachstellung der Werkzeugkorrekturwerte in der CNC,
- die **Werkstückzwischenkontrolle** vor Umspannvorgängen sowie nachfolgenden Bearbeitungsstufen und
- die **automatische Dokumentation** der Messdaten.

Messaufgaben dieser Art lassen sich gleichfalls auf **fertigungsnahen Messzellen** (Bild 14.41) lösen. Wird die Koordinatenmesstechnik jedoch in ein entsprechendes automatisiertes Fertigungssystem integriert, ergeben sich eine Reihe von Vorteilen:
- die **Verkürzung der Wege** zwischen Bearbeitung und Qualitätsprüfung, wodurch eine fertigungsprozessinterne Qualitätssicherung aufgebaut werden kann, was zur Verlagerung der Qualitätsverantwortung in die Fertigung führt und eine weitere Verringerung der Durchlaufzeit mit sich bringt, sowie
- die **Minimierung der Reaktionszeiten** für korrigierende Eingriffe in den system- oder anlageninternen Ablauf.

Diese positiven Effekte sind jedoch nur erreichbar, wenn die vorgesehenen Messeinrichtungen für die FMS-Lösungen unter Produktionsbedingungen auch geeignet sind. Damit kommt der Forderung der Werkstatt-Tauglichkeit in den meisten Fällen die größte Bedeutung zu.

14.10.4 Steuerung und Programmierung systemintegrierter flexibler Qualitätssicherungslösungen

Soll in ein Flexibles Fertigungssystem oder ein Flexibles Montagesystem automatische Koordinatenmesstechnik integriert werden, ist eine **systemkompatible CNC** Voraussetzung, damit Funktionsfähigkeit und Wirtschaftlichkeit der Messtechnik, aber auch des gesamten Systems gewährleistet sind.

Die Verwirklichung dieser beiden Zielstellungen ist durch den Einsatz einer **CNC-Messmaschine** möglich, da die CNC-gesteuerte Koordinatenmessmaschine vollautomatisch und im speziellen Fall auch manuell betrieben werden kann. Ein sehr genaues Abfahren von Messpunkten bzw. Zyklen ist möglich, wodurch eine **Optimierung der Messung** (Erfassen, Verrechnen, Vergleichen, Auswerten, Melden) gegeben ist. Die Messung jedes Teiles erfolgt immer mit dem einmal festgelegten Ablaufprogramm. Es ist eine genaue und schnelle Tasterkalibrierung sowie eine Reduzierung der Nebenzeiten durch automatischen Teile- und Tasterwechsel möglich.

Die klare Definition der **Messaufgabe** und deren exakte Beschreibung im **Messplan** bilden die Basis für die Programmierung der Messmaschine. Diese kann auf verschiedenen Arten erfolgen:
- mittels **Teach-In-Methode** (Lernprogrammierung),
- durch **direkte**, werkstattorientierte **Programmierung** (an der Messmaschine durch Zyklenaufruf und Eingabe der Parameter in die CNC),

- durch **externe Programmierung** (separater Programmierplatz) und
- vorgegeben durch das **CAD-System** (Nutzung vorhandener CAD-Daten).

Der zunehmende Einsatz der CAD-gestützten Programmierung führt zur immer stärker werdenden Verwendung von CAQ-Programmen zur Qualitätssicherung, nicht nur in flexiblen Fertigungs- und Montagelösungen.

14.11 Personalbedarf für Planung und Betrieb eines FFS

Flexible automatisierte Produktionseinrichtungen sind trotz des hohen Automatisierungsgrades auf die **Flexibilität**, **Qualifikation** und **Motivation** des Systempersonals angewiesen.

Die hohen Anforderungen an das Systempersonal in Flexiblen Fertigungssystemen (z. B. veränderte Arbeitsstrukturen, Flexibilität bei der Aufgabenerfüllung, zunehmende Verantwortung) erfordert eine fundierte **Qualifikation der Mitarbeiter** hinsichtlich Prozesskenntnisse, Systemkenntnisse, Ablauf- und Organisationskenntnisse und Teamfähigkeit.

Auf der Grundlage dieser Anforderungen sind Personalmaßnahmen notwendig, die für den wirtschaftlichen Gesamterfolg des Systems von größter Bedeutung sind und die Bereiche **Planung**, **Inbetriebnahme** und **Betrieb** des Systems beim Hersteller, insbesondere aber beim Anwender betreffen. Dazu zählen beispielsweise die Bildung von Planungsteams, die Schulung von Bedien- und Ersatzpersonal sowie die Aus- und Weiterbildung für weitere Systeme.

Der Schwerpunkt des Personaleinsatzes liegt dabei in der Betriebsphase, da während der Nutzung des Gesamtsystems ein vielschichtiges Tätigkeitsspektrum mit einem großen Arbeitsinhalt abzusichern ist. Im Umfeld eines FFS sind vorrangig die Aufgabengebiete **Systemführung** (operative Maschinenbelegung), **Systembedienung** (Rüsten der FFS-Stationen, Beseitigen von Störungen), **Aufspannen** (Rüsten der Vorrichtungen, Aufspannen der Werkstücke), **Werkzeugvoreinstellung** (Einrichten der Vorrichtungen, Werkzeuge und Messmittel), **Instandhaltung** (Wartung in Bezug auf Elektrik, Elektronik, Mechanik, Hydraulik/Pneumatik) und **Arbeitsvorbereitung** (Erstellung der Rüst-/Spannpläne, der Arbeitspläne und NC-Programme) zu berücksichtigen.

Das reibungslose Zusammenspiel dieses genannten Personenkreises beeinflusst ganz erheblich die technischen und wirtschaftlichen Kriterien Produktqualität, Auslastung und Verfügbarkeit des Produktionssystems. Der wirtschaftliche Betrieb einer Fertigungs- oder Montageeinrichtung setzt niedrige Ausfallraten voraus. Dies bedingt jedoch, dass beim Anwender **qualifiziertes betriebliches Wartungspersonal** verfügbar ist, ein **systembezogenes Ersatzteillager** (nach Herstellerempfehlung und Nutzererfahrungen) eingerichtet ist und eine **ständige Qualifizierung** des für die Wartung zuständigen Personals sichergestellt ist.

Die Wartungstechniker müssen Kenntnisse zu den Sachgebieten NC-Maschinen (Aufbau, Steuerung, Programmierung), Diagnostik (Methoden, Systeme), Hydraulik/Pneumatik (Kreisläufe, Systeme), Elektrotechnik/Elektronik (Schaltungstechnik, Sensorik) und Logistik (Handhabe- und Fördertechnik, SPS) haben. Dieses geforderte Profil wird als Mechatroniker ausgebildet.

14.12 Bewertung von FFS

Die Bewertung flexibler Fertigungssysteme muss anhand der drei übergeordneten Phasen Planung, Realisierung und Betrieb durchgeführt werden. In ihrer Gesamtheit stellt diese Beurteilung eine Produktionsbewertung dar, wobei allgemein folgende inhaltlichen Schwerpunkte zu berücksichtigen sind:

- **unternehmerische Zielstellung**, die mit dem FFS/FMS verfolgt werden soll,
- **Informationstechnik** (CNC, SPS, PPS, BDE/MDE, Logistik, Leitsteuerung, Rechnersystem),

- **Maschinenbau** (Bearbeitungs-/Montagetechnik, Transportsystem, Lagersystem, Handhabetechnik, Messsystem),
- **Investitionsplanung** (Investitionsrechnung (quantitativ), Investitionsbewertung (qualitativ)),
- **Investitionscontrolling** (Zukunftsprognose, Investitionskontrolle) und
- **Kostenrechnung** (Kostenplanung, -steuerung, -kontrolle).

14.12.1 Bewertung in der Planungsphase

Bei der Vorgehensweise sind Unternehmen immer dem Zwang unterlegen, die Realisierungsmöglichkeit zu wählen, die maximalen Nutzen bei geringstem Investitionsrisiko gewährleistet. Ausgangspunkt des Vorhabens ist die Erfassung der unternehmensspezifischen Randbedingungen mittels Durchführung von **Marktanalyse**, **Produktanalyse** und **Kostenanalyse**. Die Analyseergebnisse gehen als bestimmende Einflussgrößen in die Festlegung der strategischen Unternehmensziele ein. Aus diesen Zielen werden **Vertriebskonzept**, **Produktkonzept** und **Produktionskonzept** abgeleitet. Diese drei Konzepte führen zum **Investitionskonzept** (Aufwendungen für Sachanlagen, Forschung und Entwicklung sowie Personalentwicklung).

Das Produktionskonzept für das zu realisierende FFS/FMS beinhaltet die Kenngrößen:
- Komplettbearbeitung/-montage,
- Teileart (z. B. prismatische Teile),
- Stückgewicht (in Abhängigkeit von der verfügbaren Bearbeitungs-/Montage-, Transport-, Handhabungs-, Speicher- und Lagertechnik),
- Vernetzbarkeit bzw. Integrierbarkeit in CIM-Konzepte bzw. -Lösungen und
- wirtschaftliche Fertigung mittlerer, kleiner und kleinster Stückzahlen (bis Losgröße 1) bei großer Teilevielfalt (Flexibilität).

14

Diesbezügliche Hilfsmittel sind Berechnungsverfahren der Investitionsrechnung (Abschn. 24.5) und Bewertungsmethoden, mit denen jene Vor- und Nachteile gegenübergestellt werden, die sich nur schwer quantitativ bzw. monetär ausdrücken lassen (Nutzwertanalyse).

Beide Verfahrensgruppen stellen Hilfsmittel zur Planungsbewertung dar und sind bei diesem Vorhaben als Einheit durchzuführen. Instrumentarien zur qualitativen Bewertung von FFS sind unter anderem der Technologiekalender und die Nutzwertanalyse. Ihre Hauptinhalte sind in Tabelle 14.9 zusammengestellt.

Tabelle 14.9 Hauptinhalte von Technologiekalender und Nutzwertanalyse

Technologiekalender	Nutzwertanalyse
Bewertung von technischen Entwicklungen, die für das Unternehmen relevant sein können, bezüglich ihrer Reife, in regelmäßigen Abständen (z. B. jährlich)	Bewertung nicht monetär quantifizierbarer Größen beim Vergleich verschiedener Fertigungsalternativen entsprechend ihren Zielkriterien in folgenden Schritten:
	• Ermittlung der Zielkriterien für die Projektdurchführung • Feststellung der Priorität der Zielkriterien • Auswertung der Bewertungsmatrix und Aufstellung der Zielhierarchie • Ermittlung des Gesamtnutzwertes der einzelnen Alternativen und • Auswahl der vorteilhaftesten Bewertungsalternative

Abschließender Prozess dieser Planungsphasenbewertung ist der **Wirtschaftlichkeitsnachweis** auf der Basis der Analyse des Teilespektrums.

14.12.2 Bewertung in der Einsatzphase

Die in der Planungsphase vorgerechnete Wirtschaftlichkeit muss unter den tatsächlichen Produktionsbedingungen im FFS auch verwirklichbar sein. Dies ist eine Problematik, die bei FFS-Konzepten den Umstand berücksichtigen muss, dass diese Systemlösung weit reichende Veränderungen in der Kostenstruktur mit sich bringt. Diese charakteristischen Daten können systemabhängig, maschinenorientiert, personalbezogen und auftrags- oder produktorientiert sein. Die Abläufe im FFS unterscheiden sich gegenüber konventionellen Produktionslösungen auch durch die Art der Ablauforganisation.

Nach Untersuchungen der Anwender von FFS-Lösungen ergeben sich neben Kostenstrukturveränderungen auch eine durchschnittliche Investitionskosten-Verteilung im FFS, wie sie Tabelle 14.10 zu entnehmen ist. Dieser Schlüssel kann für vergleichbare Vorhaben auch als allgemeiner Ansatz bezüglich der prozentualen Größenordnung zur Bereitstellung finanzieller Mittel im Unternehmen angesehen werden, d. h., steht eine verfügbare Gesamtsumme fest, kann nach diesen Richtgrößen eine Aufteilung und damit bereits eine mögliche technische Ausrüstung vororientiert werden.

Tabelle 14.10 Durchschnittliche Investitionskostenverteilung im FFS

Kostenart	anteilige Anschaffungskosten
Bearbeitungsstationen	45 %
Werkzeugversorgung	9 %
Lager/Transport	9 %
Installation	8 %
Werkstückversorgung	7 %
Steuerung	7 %
Vorrichtungsversorgung	5 %
Engineering	4 %
Überwachung/Messen	3 %
Sonstiges	3 %

Soll eine wirtschaftliche Bewertung flexibler automatischer Fertigungen vorgenommen werden, muss die Grundlage der Bewertung von FFS eine an den **Funktionen** des Bearbeitungsprozesses **orientierte Betrachtungsweise** sein (Tabelle 14.11).

Tabelle 14.11 Kostenrechnungsansatz zur Bewertung flexibler automatisierter Fertigungslösungen

Kostensatz	Bezugsgröße	Ergebnisgröße
Kosten pro Bearbeitungsstation	Belegungszeit	Herstellungskosten 1
Kosten pro Transport	Anzahl der Transportspiele	Herstellungskosten 2
Kosten pro NC-Programmzeile	Anzahl der NC-Programmzeilen	Herstellungskosten 3
...	...	...

Der allgemeine Kostenrechnungsansatz im FFS für n Bezugsgrößen lautet damit gemäß der Gleichung

$$\sum_{i=1}^{n} \text{Kostensatz}_i \times \text{Bezugsgröße}_i = K_{\text{H1}} + \ldots + K_{\text{H}n} = K_{\text{H gesamt/Werkstück}}$$

14

14.13 Wirtschaftlichkeitsbetrachtungen für FFS

Auch auf dem Sektor des wirtschaftlichen Einsatzes eines derartigen Konzeptes sind eine Reihe von Ansätzen und Randbedingungen zu berücksichtigen.

14.13.1 Kapazitätsbetrachtungen

Ausgangspunkt der Kapazitätsbetrachtungen stellt die **technologische Konzeption** des FFS dar, wobei die inhaltliche Schwerpunktsetzung auf den Aspekten Teilesortiment, Arbeitspläne, Vorrichtungs-/Werkzeug-/Prüfmittel-Bedarf, verfahrensbedingte Fertigungsmittelauswahl sowie Grob- und Feintechnologie liegt. Die grundlegenden Zeitanteile, die bei der Kapazitätsbetrachtung zu berücksichtigen sind, sind

- die technisch-technologisch bedingten **Hauptzeiten**,
- die komponentenbedingten und prozessbedingten **Hilfs-** oder **Nebenzeiten**,
- die anlagen- bzw. bearbeitungsaufgabenabhängigen **Rüstzeiten** sowie
- die resultierenden teilebezogenen **Stückzeiten**.

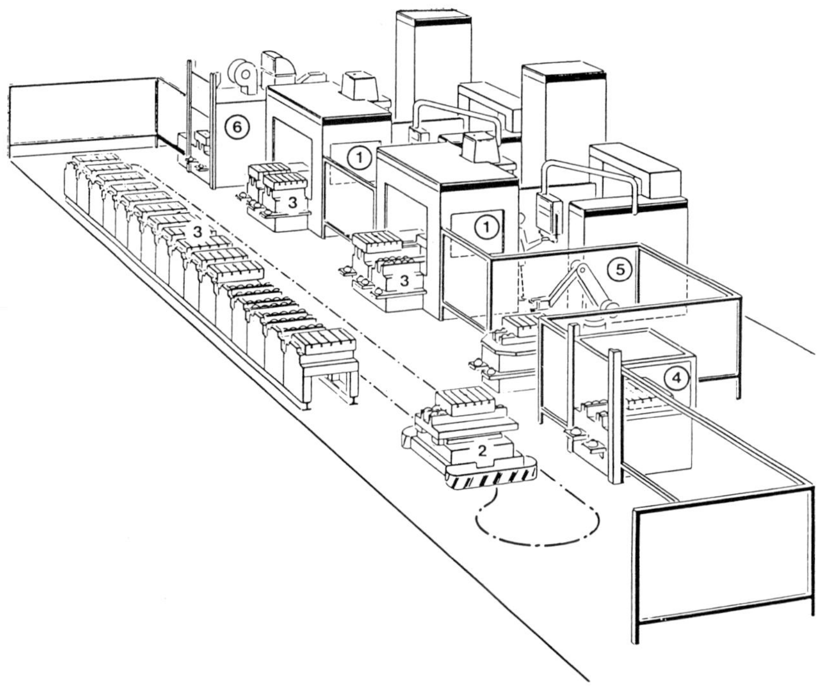

Bild 14.42 Flexibles Fertigungssystem mit drei Bearbeitungsstationen. 1 Bearbeitungszentrum, 2 Transportsystem, 3 Palettenspeicherplätze, 4 Werkstückrüstplatz, 5 Entgratungs- und Reinigungsplatz, 6 Wasch- und Späneentsorgungsstation

Diese Ergebnisse bilden die Grundlage für die **Systemgestaltung** (Bild 14.42) im Hinblick auf den **Aufstellungsplan** der Systemkomponenten, die **Stoffflussgestaltung** zwischen den Komponenten und die Auslegung der **Handhabungstechnik** sowie deren Integration in den Prozessablauf. Damit eine Kapazitätsbetrachtung für ein FFS möglich wird, müssen die Zeitanteile

- **selbstständige Maschinenlaufzeit** (Zeitanteil an einer systeminternen Station für alle Maßnahmen des programmierten Arbeitsumfanges, z. B. verfahrensbedingte Bearbeitung, Waschen und Kühlen des Werkstückes),
- **Bedienzeit** (am Spannplatz) und
- **Maschinenpaletten-Transportzeit** beachtet und aufeinander abgestimmt werden.

14.13.2 Effektivitätsbetrachtungen

Forderungen nach einem wirtschaftlichen Einsatz führen zu FFS-Lösungen, die flexibel und direkt an spezielle Fertigungsbedingungen angepasst sind, wobei sie folgende Vorteile aufweisen:

- bei geringen Stückzahlen kann die Auslastung durch die Fertigung neuer, anderer Werkstücke gesichert werden,
- bei größeren Stückzahlen oder Werkstücken mit langen Fertigungszeiten kann problemlos in bedienerarmen Zeiträumen gefertigt werden,
- bei steigenden Produktionsstückzahlen kann das System maschinen- und informationstechnisch sowie prozessorganisatorisch erweitert werden und
- bei Produktänderungen ist kein kostenintensiver und langwieriger Umbauprozess der Fertigungseinrichtungen sowie des Gesamtsystems erforderlich.

Die wichtigsten Einflussgrößen auf die Effektivität einer flexiblen Fertigungslösung sind die in Tabelle 14.12 angeführten Zeitanteile.

Tabelle 14.12 Effektivitätsbeeinflussende Zeitanteile unter FFS-Bedingungen

Systemzeitanteile	Verlustzeitanteile
• Programmierzeit	• Technisch bedingte Verlustzeit
• Umstellzeit (technologisch bedingte Tätigkeiten bei Auftragswechsel, z. B. Echtzeittestlauf ohne Werkzeug im Eingriff)	• Technologisch bedingte Verlustzeit (abhängig vom Personal oder der eingesetzten Handhabetechnik)
• Speicherbeschickungszeit	
• Spannzeit	
• Stückzeit	

Eine Zunahme der Materialflusskosten ist allgemein bei kleineren Taktzeiten und größeren Werkstückmassen bzw. -volumina zu erwarten. Ebenfalls Kriterien dafür sind große Zwischenlagermengen und mehrstufige Fertigung (Bearbeitung auf verschiedenen Bearbeitungsstationen), die sich in hohen Flächenkosten je Station äußern. Geringe Betriebszeit (z. B. bei nur einschichtiger Auslastung) und hohe Arbeitsplatzkosten der Fertigungsmittel (z. B. bei Sondermaschinen) sind Faktoren, die sich negativ auf die Kosten auswirken.

Kenngrößen, die die Effektivität eines FFS wesentlich beeinflussen, sind

- die **Fertigungs-** und die **Transportlosgröße** sowie deren Abstimmung zur Minimierung der **Systemdurchlaufzeit** und damit zur Senkung der Fertigungskosten,
- die **technologische Verfügbarkeit** des FFS auf der Basis der Kalenderzeit und
- die **technische Verfügbarkeit** des FFS auf Grundlage der Betriebszeit.

Anhand dieser Kenngrößen ist ein Auslastungsnachweis und eine Ausfallstatistik numerisch gesteuerter Fertigungsanlagen nach der VDI-Richtlinie 3423 möglich. Hinsichtlich einer Effektivitätsbewertung lässt sich die Zuverlässigkeit eines FFS über die Verfügbarkeit im produktiven Einsatz in einem definierten Zeitraum zum Ausdruck bringen. Dabei ist sowohl eine Bewertung des Gesamtsystems als auch der einzelnen Komponenten möglich. Bei der technischen Verfügbarkeit wird mit Hilfe der Kriterien mittlerer Ausfallabstand und mittlere Ausfalldauer festgestellt, ob das System arbeitet oder nicht. Diese Werte treten mit einer bestimmten Wahrscheinlichkeit ein. Dagegen beruht die technologische Verfügbarkeit auf den Einflussgrößen Ausfallrate und tatsächlich verfügbare Zeit (in Bezug auf die Kalenderzeit).

14.13.3 Reduzierung der Stillstandszeiten und anderer Nutzungsverluste

Der kaufmännische Nachweis bezüglich Effektivität und Rendite beinhaltet im Wesentlichen die Aspekte **Produktivität**, **Flexibilität**, **Rentabilität** und **Wirtschaftlichkeit**. Außer der Rentabilität sind diese Zielsetzungen auch direkt durch die Reduzierung der aus technisch und organisatorisch bedingten Gründen auftretenden Stillstands- und Ausfallzeiten (Tabelle 14.13) im System beeinflussbar.

Tabelle 14.13 Ausfallzeiten und ihre Ursachen

Ausfall durch:	Verursacht durch:
Technische Mängel	Mechanik (z. B. Antriebe, Getriebe, Führungen, Kupplungen, Hydraulik/ Pneumatik, Lager, Spindeln, Werkstück- und Werkzeugwechsler)
	Elektrik/Elektronik (z. B. Antriebe, Datenein-/-ausgang, Kabel, Endschalter, Messtaster, Steuerungsteil – NC/SPS, Stecker, Wegmesssystem, Verstärker)
	Zubehör (z. B. Werkzeuge, Spannmittel, NC-Programme, Roboterelemente, Transport- und -hilfsmittel, Mess- und Kühlmittel)
Organisatorische Mängel	Arbeitsvorbereitung (z. B. Zeichnungsfehler, Werkzeug- und Spannplan, Programmierung, Programmfehler)
	Werkstattbereich (z. B. Werkzeug und/oder Werkstück fehlt, Umrüsten und Einrichtfehler, Bedien- und Messfehler, Wartezeiten, Reparaturen und Wartung)

Ein wichtiger Gesichtspunkt ist bei der effektiven Nutzung eines FFS darin zusehen, dass ein Großteil erforderlicher Umrüstzeiten in die Hauptzeit der Maschine verlagert wird, um damit **technisch bedingte Stillstandszeiten** so weit wie möglich zu **minimieren**. Dies kann durch Maßnahmen wie ausreichend großer Palettenvorrat, Palettenwechsler, größere Werkzeugmagazine, automatische Übertragung der Werkzeugkorrekturwerte von der Voreinstellung, integrierte Werkstückvermessung mit Messwertrückführung in die CNC, spezielle Schnellspannvorrichtungen, Spülen, Waschen, Reinigen und Trocknen in der Maschine (wenn technisch möglich) bzw. in systemintegrierten Wasch- und Kühlstationen und Reduzierung der Werkzeugvielfalt erreicht werden.

Organisatorisch bedingte Stillstandszeiten werden hauptsächlich durch sehr häufige mangelhafte Terminabstimmungen zwischen Programmierung, Werkzeug-, Spannzeug-, Werkstück-Bereitstellung sowie Wartungsarbeiten und das Testen und Einfahren neuer Programme hervorgerufen.

14.13.4 Besonderheiten der FFS-Installation im Zusammenhang mit der Fertigungssituation

Der Nachweis der Wirtschaftlichkeit einer Fertigungslösung kann immer erst dann mit einer entsprechenden Sicherheit erfolgen, wenn ihr Verhalten unter wechselnden Vorgaben vorhersehbar ist. Dies gilt ganz besonders für FFS-Gesamtanlagen. Aus diesem Grund werden zur Planung und für den Einsatz flexibler Fertigungsanlagen Simulationssysteme eingesetzt. Mit Hilfe dieser **Simulation** der konkreten Fertigungsbedingungen soll unter anderem erreicht werden, dass

- eine **fortlaufende Variation in der Produktpalette** (z. B. Werkstückveränderung, Losgrößenvariation, Teilemix) nicht vorhersehbare Anpassungen an das FFS sowie dessen daraus erforderliche Veränderungen zulassen und
- zuverlässige Aussagen über das **spätere Systemverhalten** bzw. **Vorhersagen über Auswirkungen von Parameteränderungen** möglich sind.

Dies wird umso wichtiger, je mehr Komponenten ein FFS besitzt bzw. je größer das Investitionsvolumen wird. Ausgangspunkt der Planung sind statische Berechnungen auf der Basis der vom Kunden gelieferten Daten. Auf dieser Grundlage erfolgt eine dynamische Simulation. Sie gewährleistet eine flexible und schnellere Durchführung von Tests, um unterschiedliche FFS-Konfigurationen vergleichen zu können.

Durch die Simulation der FFS-internen ablauf- und/oder auftragsgebundenen Fertigungsbedingungen kann der Nutzer erkennen,

- ob die **Auslastung der Systemkomponenten** (besonders der Bearbeitungs-, der Wasch- und Kühl- sowie der Messstation) für das gesamte vorgesehene Teilesortiment gegeben ist,
- ob je konkretes Teil **optimale Losgrößen** vorliegen,
- ob die **Auslastung des Transportsystems** gesichert werden kann,
- ob die Anzahl der benötigten **Werkstückträger** und die Anzahl der erforderlichen **Werkzeuge im Magazin** ausreichen,
- welche **Auswirkungen** die unterschiedlichen **Störungen** (nach Art, Anzahl und Dauer betrachtet) für das FFS und den gesamtbetrieblichen Ablauf zur Folge haben,
- welche **Fertigungsdurchlaufzeiten** pro Werkstück anfallen und wie sich diese auf die **Endtermineinhaltung** auswirken sowie
- welcher **Aufgabenbereich** zu welchem Zeitpunkt durch das FFS-Bedienpersonal abzudecken ist.

Ist ein Wirtschaftlichkeitsvergleich zwischen verschiedenen flexiblen Fertigungslösungen (z. B. zwischen Einzel-Bearbeitungszentren und verketteten Maschinen) durchzuführen, sind die nachstehend genannten direkten und indirekten Kenngrößen zu vergleichen:

- **Kapitaleinsatz**,
- **Werkzeuge**,
- **Systemkosten** (speziell: Maschinen-, Werkzeug-, Personal- und Systemkosten),
- **Programmlaufzeiten und Fertigungskapazität** (speziell: Fertigungsdaten, Programmlaufzeiten, persönlich und sachlich bedingte Verteilzeiten, technische und organisatorische Störungen, Rüstzeiten für Werkstückpaletten, Werkzeuge, Austausch von Verschleißwerkzeugen, verfügbare Programmlaufzeit pro Systemkomponente – Schwerpunkt Bearbeitungseinheiten),
- **Kostenvergleich** der direkten Kosten und abschließende Bewertung über diese Kostenelemente,
- **Reduzierung der Umlauf- und Lagerbestände** (indirekte Kostenreduzierung z. B. durch niedrigere Zinskosten und Lagerplatzkosten),
- **Minimierung des Fertigungssteuerungsaufwandes** (indirekte Kostenreduzierung z. B. durch eine übergeordnetes Produktionsplanungssystem – PPS),
- Gewährleistung einer **langfristigen „Umbau-Flexibilität“** (indirekte Kostenreduzierung durch mögliche Erweiterung und interne Umstellung bei größeren Produktionsveränderungen).

14.14 Zusammenfassung und Ausblick

Automatisierte Fertigungskonzepte als ein Element der rechnergestützten Fertigung dienen dazu, die Wettbewerbsfähigkeit eines Betriebes zu sichern sowie die Flexibilität, Produktivität und Effektivität bei gleichzeitiger permanenter Verbesserung der Arbeits- und Lebensbedingungen der Mitarbeiter spürbar zu erhöhen.

Die Realisierung von rechnergestützten Fertigungslösungen muss auf einer langfristig angelegten dynamischen Rationalisierungsstrategie beruhen und umfasst

- den Einsatz **flexibler automatisierter Fertigungseinrichtungen** in der materiellen Produktion in Form von Bearbeitungszentren, Fertigungszellen und insbesondere autonom arbeitenden Fertigungssystemen in der Teilefertigung und Montage in unterschiedlichen Dimensionen und den Anforderungen angepassten Automatisierungsniveaus,
- die **durchgängige Automatisierung** der wesentlichen Stoffflusssysteme, insbesondere für Material, Teile, Aggregate und Vorrichtungen, Werkzeuge, Prüfmittel mittels intelligenter automatisierter Transport- und Lagersysteme und damit die automatisierte Verknüpfung CIM-fähiger Module zum komplexen rechnergesteuerten Produktionssystem sowie
- den umfassenden Einsatz **rechentechnischer Mittel** in allen entscheidenden, mit der Produktion verbundenen Betriebsbereichen und die komplexe Automatisierung der in ihnen zu bewältigenden Informationsaufgaben.

Der Aufbau und die technische Gestaltung von FFS ist nur dann technisch effizient möglich, wenn die Menge der zu übertragenden Informationen gezielt reduziert und dabei auch standardisiert wird. Für die drei Teilsysteme der Fertigung, das **Bearbeitungssystem**, das **Materialflusssystem** und das **Informationssystem**, bedeutet dies zum einen, dass kleinen, reaktionsschnellen Regelkreisen der Vorzug zu geben ist. Zum anderen tragen auch die angesprochenen Entwicklungen im Werkzeugmaschinenbau selbst zu einer Verringerung der Schnittstellen im Fertigungsablauf bei.

14

Bei flexiblen Systemlösungen muss hinsichtlich der Auslegung einerseits in solche für **Klein-** und **Mittelserienfertigung** und anderseits für **Großserienfertigung** unterschieden werden. Soll ein FFS gestaltet werden, erfolgt dieser Prozess auf der Grundlage der Forderungen des Anwenders, die sich in vier Grundsätzen zusammenfassen lassen:

- Die **Ökonomie** des Systems geht vor Automatisierung.
- Ein **hoher technologischer Geschlossenheitsgrad** im System ist zu sichern.
- Eine **schrittweise Realisierung** des Systems muss möglich sein.
- Das System muss sich **technisch** und **organisatorisch** sinnvoll in den gesamtbetrieblichen Prozess einordnen.

Allgemein kann davon ausgegangen werden, dass es beim Einsatz von flexiblen Fertigungslösungen immer fließendere Übergänge zwischen den Strukturen Fertigungszelle – Fertigungsinsel – Fertigungssystem – Fertigungsstraße gibt. Die Fertigungszelle kann als Grundelement des FFS angesehen werden.

Unabhängig vom Systemtyp oder von der Grundstruktur einer flexiblen automatisierten Fertigungslösung sind sowohl bei der Planung einschließlich der Simulation als auch in der Einrichtungs- und der Betriebsphase die Schwerpunkte Strukturauslegung, Konzeptdetaillierung und Optimierung organisatorischer Abläufe in der genannten Reihenfolge zu berücksichtigen (Tabelle 14.14).

Störungen im Prozessablauf eines FFS sind jedoch nicht auszuschließen. Die häufigsten Fehlerursachen, die in einem FFS den Fertigungsprozess störend beeinflussen, sind Rohteilfehler (z. B. differierende Bearbeitungsaufmaße), Systemfehler, vorrangig Maschinenfehler, Vorrichtungsfehler und Werkzeugfehler, Mess- und Prüffehler sowie Softwarefehler.

Tabelle 14.14 Schwerpunkte der Bewertung von FFS-Konzepten

Strukturauslegung	**Konzeptdetaillierung**	**Optimierung organisatorischer Abläufe**
Maschinentyp	Auslegung der Werkzeugmagazine	Auftragsreihenfolge
Transportprinzip	Vorrichtungs- und Palettenbedarf	Losgrößenoptimierung
Speicher-/Lager-Prinzip	Pufferdimensionierung	Maschinenzuordnung
Anordnungsprinzip der Teilkomplexe	Speicher-/Lager-Dimensionierung	Optimierung der Rüstvorgänge
Einbindung des System-personals	Transportdimensionierung	Optimierung der Werkzeugmagazin-bestückung
Einfluss von Störungen (Havarie-Lösung)	Kollisionsbetrachtung	zeitliche Spannplatzbelastung
Auftragsflexibilität		

Dies sind wichtige Gründe, warum in der Projektierungsphase die Ausarbeitung der Wartungs- und Instandhaltungsstrategie notwendig ist. Von grundsätzlicher Bedeutung für die Gestaltung von Systemlösungen sind Bearbeitungs- und Werkstücktransport-/Werkstückhandhabungsmodule. Für die effektive Lösung einer konkreten Fertigungsaufgabe kommt es besonders auf die optimale Konfiguration und Anpassung der Bearbeitungseinheiten an die gegebenen Bedingungen des Werkstück-, Werkzeug-, Hilfsstoff- und des Informationsflusses an. Auch hierbei gilt aus ökonomischer Sicht der Grundsatz:

Flexibilität – nur in ökonomisch sinnvollen Grenzen!

Soll die Einführung eines FFS im Unternehmen in Angriff genommen werden, ist dies nicht zuletzt die Frage der Kosten. Die dabei relevanten Größen sind die Investitions- und die Selbstkosten. Aus diesem Ist-Soll-Vergleich (Gegenüberstellung der derzeitigen betrieblichen Lösung zu den mit dem FFS anzustrebenden Ergebnissen in Form einer Aufwand-Nutzen-Betrachtung) muss klar und eindeutig der ökonomische Effekt der Weiterentwicklung der Produktion beim Anwender sichtbar werden:

$$\varepsilon = (C_2 - C_1) + (K_2 - K_1) \cdot 0{,}15; \quad K_{1,2} = \sum_{i=1}^{n} K_i\,; \quad C_{1,2} = \sum_{i=1}^{m} C_i$$

K_2, C_2 Investitionen und Selbstkosten bei der Schaffung FFS

K_1, C_1 Investitionen und Selbstkosten vor dem Aufbau FFS

K_i Investitionen für Arten an Ausrüstungen und Anlagen, Produktionsflächen, Zubehörausrüstungen, Rechentechnik, Forschungstätigkeit u. a.

C_i Selbstkosten, die sich zusammensetzen aus dem Arbeitseinkommen und anderen Zahlungen, den Kosten für Instandhaltung und Amortisation der Ausrüstung und Anlagen, der Ausstattung und der Flächen; den Kosten für Material, Energie, technologische Fertigungsvorbereitung, Kosten für Ausschuss.

Als Fazit lässt sich feststellen, dass die Flexibilität in zunehmenden Maße den Gebrauchswert eines modernen Fertigungsmittels bestimmt. Die Lösung unterschiedlicher Fertigungsaufgaben bzw. die Fähigkeit, sich ändernden Anforderungen anpassen zu können, kennzeichnet diese Flexibilität des Betriebsmittels. Der Anwender des FFS ist deshalb gut beraten, sich bei der Beschaffung nach dem Grundsatz zu richten:

So flexibel wie notwendig, nicht so flexibel wie möglich!

In Abhängigkeit von der kundenspezifischen technologischen Aufgabe muss ein Optimum des Preis-Leistungs-Verhältnisses gefunden werden, da die jeweils „installierte Flexibilität" eines FFS maßgeblich die Höhe der Investitionskosten bestimmt.

Weiterführende Literatur

Conrad, K.-J.: Taschenbuch der Werkzeugmaschinen. 2. Aufl., Leipzig: Fachbuchverlag 2006

Koether, R.; Rau, W.: Fertigungstechnik für Wirtschaftsingenieure. 3. Aufl., München: Carl Hanser Verlag 2007

Hammer, M.: Flexible Fertigungssysteme im Lean Trend. In: wt-Produktion und Management 84 (1994), S. 91

Hermann, P.: Wirtschaftlichkeitsbewertung für flexible Fertigung. In: Tagungsband zum 2. Fertigungswirtschaftlichen Kolloquium. Passau, 1986, S. 274–291

Pötsch, H. D.: Analyse der Wirtschaftlichkeit bei Auswahl und Einsatz flexibler Fertigungssysteme. In: Wirtschaftlichkeit neuer Produktions- und Informationstechnologien. Tagungsband Stuttgarter Controller-Forum, 14.–15. September 1988, Hrsg. P. Horvath, S. 121–142

Tschätsch, H.: Werkzeugmaschinen der spanlosen und spanenden Formung. 8. Aufl., München Wien: Carl Hanser Verlag 2003

Weck, M.; Brecher, Ch.: Werkzeugmaschinen 1 – Maschinenarten und Anwendungsbereiche. 6. Aufl., Berlin: Springer Verlag 2005

Weck, M.; Brecher, Ch.: Werkzeugmaschinen 4 – Automatisierung von Maschinen und Anlagen. 6. Aufl., Berlin: Springer Verlag 2006

15

Fluidenergie-maschinen

Prof. Dr.-Ing. habil. Gerhard Sörgel
Prof. Dr.-Ing. habil. Gotthard Will
Prof. Dr.-Ing. Hans Zellbeck
Technische Universität Dresden

Tabelle 15.1 Wichtige Formelzeichen für Fluidenergiemaschinen

Formel-zeichen	Einheit	Bedeutung
A	m^2	Flächeninhalt
B_e	g/kWh	effektiver, spezifischer Kraftstoffverbrauch
B_H	g/kWh	stündlicher Kraftstoffverbrauch
c	m/s	Absolutgeschwindigkeit (Geschwindigkeit im ruhenden System)
c_p	–	aerodynamischer Gesamtwirkungsgrad
D	m	Durchmesser
e	N · m/kg, kJ/kg	spezifische technische Arbeit
F	N	Kraft
f	s^{-1}	Netzfrequenz
H	m	geodätische Höhendifferenz, Fallhöhe, Förderhöhe
H_u	kJ/kg, kJ/m^3	spezifischer Heizwert des Brennstoffs
h	kJ/kg	spezifische Enthalpie
L_{min}	kg Luft/kg Kraftstoff	Mindestluftbedarf
l	m, mm	Schaufellänge
M	N · m	Moment, Drehmoment
Ma	–	Machzahl
m	kg	Masse
$\dot{m}$	kg/s	Massenstrom
n	s^{-1}, min^{-1}	Drehzahl
P	kW, MW	Leistung
p	kPa, MPa	Druck
$\dot{Q}$	kJ/s	Wärmestrom
q	kJ/kg	spezifische Wärme
R	J/(mol · K)	Gaskonstante (R = 8,3145 J/(mol · K))
s	m	Kolbenhub
T	K, °C	Temperatur
t	m, mm	Gitterteilung
u	m/s	Umfangsgeschwindigkeit
V	m^3	Volumen, Rauminhalt
V_h	m^3	Hubvolumen
$\dot{V}$	m^3/s	Volumenstrom
v	m^3/kg	spezifisches Volumen
W	J	Arbeit
w	m/s	Relativgeschwindigkeit (Geschwindigkeit im rotierenden System)
x	kg/kg	Dampfmassenanteil im Nassdampf
z	m	geodätische Höhe
α	°	Winkel der Absolutströmung

15

Tabelle 15.1 (Fortsetzung)

Formelzeichen	Einheit	Bedeutung
β	°	Winkel der Relativströmung, Ventilsitzwinkel
ε	–	Verdichtungsverhältnis
ζ	–	Verlustbeiwert
η	–	Wirkungsgrad
κ	–	Isentropenexponent
λ	–	Schnelllaufzahl, Luftverhältnis
λ_u	–	Ausnutzungsgrad
π	–	Druckverhältnis
ρ	kg/m^3	Dichte
τ	s, min, h	Zeit
φ	–	Lieferzahl
ω	s^{-1}	Kreisfrequenz, Winkelgeschwindigkeit
ψ	–	Druckzahl

15.1 Charakterisierung und Einteilung der Fluidenergiemaschinen

15

In einer **Fluidenergiemaschine** erfolgt die **Änderung** der **potenziellen oder kinetischen Energie** eines Fluids (Flüssigkeit, Gas, Dampf) durch Zu- oder Abführung mechanischer Energie.

Wie Fluidenergiemaschinen eingeteilt werden können, zeigt Bild 15.1.

Nach der Richtung **des Energieflusses** unterscheidet man:

- **Kraftmaschinen** mit Energiefluss Fluid → Maschine
  Das Ergebnis ist die an der Maschinenkupplung abgegebene mechanische Arbeit, verbunden mit der Verringerung der Fluidparameter (z. B. Druck p, Temperatur T) zwischen Maschinenein- und -austritt. Beispiele sind Wasser-, Dampf- und Gasturbine sowie der Verbrennungsmotor.
- **Arbeitsmaschinen** mit Energiefluss Maschine → Fluid
  Das Ergebnis ist die Erhöhung der Fluidparameter zwischen Maschinenein- und -austritt, verbunden mit der Zuführung mechanischer Antriebsarbeit an der Maschinenkupplung. Beispiele sind Pumpen und Verdichter.

Nach der **Änderung der Fluiddichte** bei der Energieübertragung wird unterschieden:

- **Hydraulische** Fluidenergiemaschine (Dichte $\rho \approx$ konst., flüssiges Fluid oder gasförmiges Fluid mit vernachlässigbarer Druckänderung). Beispiele sind Wasserturbine, Pumpe und Lüfter.
- **Thermische** Fluidenergiemaschine (Dichte $\rho \neq$ konst., gas- und dampfförmige Fluide mit größerer Druck- und Temperaturänderung). Beispiele sind Dampf- und Gasturbinen, Verbrennungsmotoren und Verdichter.

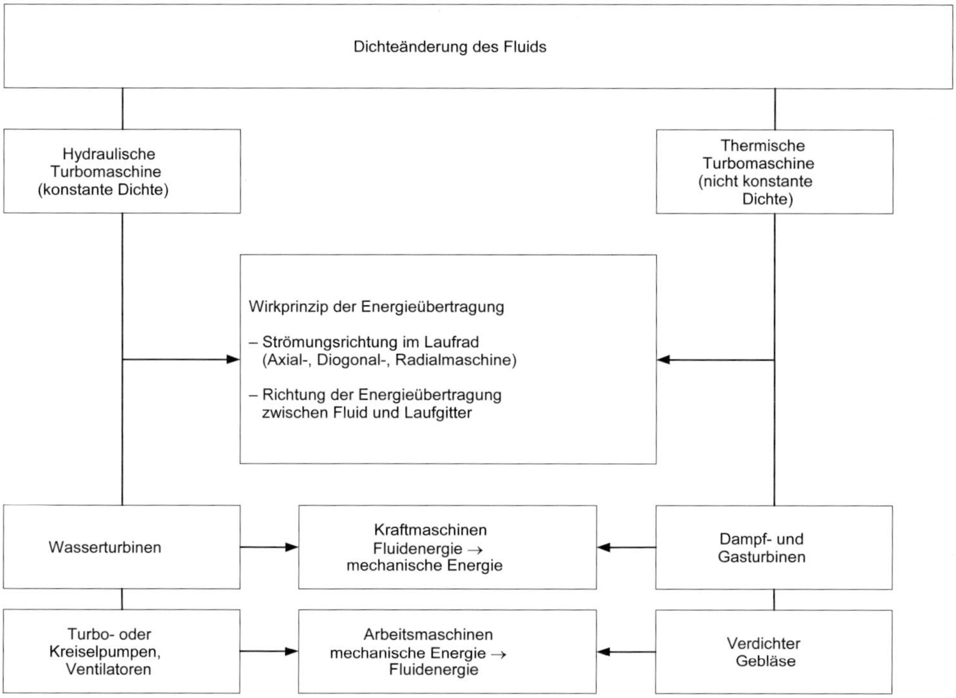

Bild 15.1 Einteilung der Fluidenergiemaschinen

Nach dem **Wirkprinzip der Energieübertragung** unterscheidet man:

- **Turbomaschinen**
  Die Schaufelprofilform eines rotierenden Laufgitters erzwingt eine Richtungsänderung der Fluidströmung. Die dabei in der Grenzfläche zwischen Fluid und Laufschaufel wirkenden Oberflächen- bzw. Druckkräfte führen zu einer kontinuierlichen Energieübertragung vom Fluid auf die Laufschaufel (Turbinenstufe) bzw. in umgekehrter Richtung (Verdichterstufe). Die fest stehenden Leitgitter bewirken die Umlenkung des Fluids in die Laufgitter-Anströmrichtung und die erforderliche Beschleunigung (Turbinenstufe) bzw. Verzögerung (Verdichterstufe) des Fluids. Nach der Strömungsrichtung im Laufrad in der Meridianschnittebene (Hauptschnitt durch Achse in Achsrichtung) unterscheidet man Axial-, Diagonal- und Radialmaschinen.
- **Kolbenmaschinen** (Verdrängermaschinen)
  Die Energieübertragung von dem oder auf das Fluid erfolgt durch einen bewegten Verdränger (Kolben). Die periodische Veränderung des Arbeitsraumes und der periodische Fluidein- und -austritt führen zu einer periodischen, diskontinuierlichen Energieübertragung. Nach der Bewegungsrichtung des Verdrängers wird unterschieden:
  - **Hubkolbenmaschinen**
    Ein zylindrischer Kolben bewegt sich in einem zylindrischen Gehäuse geradlinig zwischen zwei End- bzw. Totlagen. Es werden einfach wirkende (nur ein Arbeitsraum auf einer Kolbenseite) und doppelt wirkende (zwei Arbeitsräume auf beiden Kolbenseiten) Maschinen unterschieden. Durch ein Triebwerk (Schubkurbel, Pleuel) erfolgt die Energieübertragung zwischen oszillierendem Kolben und rotierender An- oder Abtriebswelle (Bild 15.2a, b).

- **Umlaufkolbenmaschinen**
  Die periodische Veränderung des Arbeitsraumes bewirkt ein umlaufender oder rotierender Verdränger (Bild 15.2c).

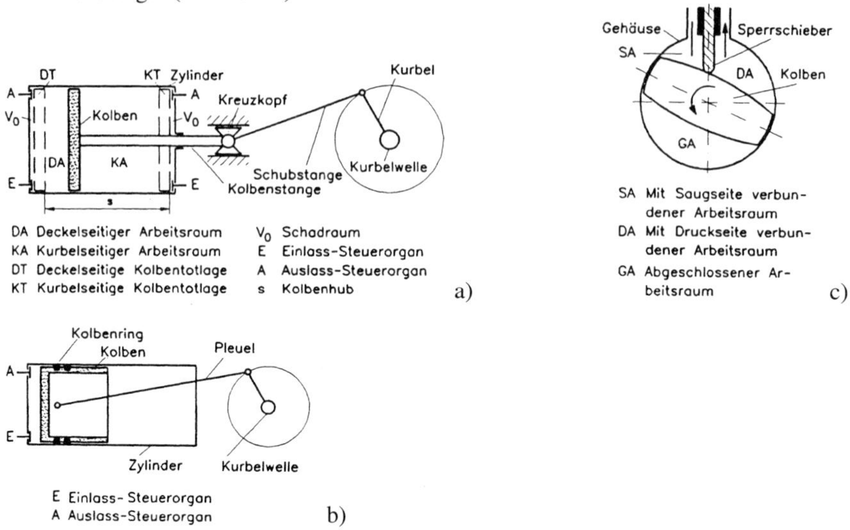

Bild 15.2 Prinzipieller Aufbau von Hubkolben- und Umlaufkolbenmaschine. a) Hubkolbenmaschine (Kreuzkopfmaschine, doppelt wirkend), b) Hubkolbenmaschine (Tauchkolbenmaschine, einfach wirkend), c) Umlaufkolbenmaschine

Im Folgenden geschieht die Abhandlung der Maschinentypen nach dem Wirkprinzip der Energieübertragung in Turbomaschinen und Kolbenmaschinen.

15.2 Turbomaschinen

15.2.1 Turbokraftmaschinen

15.2.1.1 Wasserturbinen

Wasserturbinen nutzen die potenzielle Energie einer gespeicherten bzw. aufgestauten Wassermenge (Speicherkraftwerk) oder die potenzielle und kinetische Energie eines Wassermassenstroms (Laufwasserkraftwerk) und werden stets einstufig ausgeführt.

Nutzfallhöhe H_n:

$$H_n = H_{geo} + \frac{c_E^2 - c_A^2}{2g} - H_V$$

Mit der geodätischen Fallhöhe H_{geo} ($\lesssim 2000$ m), der Verlustfallhöhe durch Rohrreibung H_V sowie der Zu- bzw. Abströmgeschwindigkeit an der Turbinenstufe $c_{E,A}$ (Fallbeschleunigung $g = 9{,}81$ m/s²).

Erreichbare Turbinenleistung P_T:

$$P_T = \eta_T \dot{m} g H_n \approx 850 \text{ MW}$$

Die Turbinendrehzahl bei Koppelung mit einem Drehstromgenerator zur Elektroenegieerzeugung ergibt sich in Abhängigkeit von der Polpaarzahl p des Generators und der Netzfrequenz (z. B. $f = 50\ \text{s}^{-1}$ in Europa, $f = 60\ \text{s}^{-1}$ in USA) zu

$$n = \frac{f}{p} = 62{,}5 \ldots 3000\ \text{min}^{-1} \quad (\text{für } f = 50\ \text{s}^{-1}).$$

Zur Charakterisierung der Wasserturbinen benutzt man die **spezifische Drehzahl n_q**:

$$n_q = n \frac{\left(\dot{V} / 1 \dfrac{\text{m}^3}{\text{s}}\right)^{\frac{1}{2}}}{(H_n / 1\ \text{m})^{\frac{3}{4}}}$$

Sie ist die Drehzahl, die sich ergibt, wenn die Turbine bei einer Fallhöhe von $H_n = 1$ m einen Volumenstrom von 1 m³/s verarbeitet. Sie entspricht der Drehzahl eines dem realen Laufrad mit den Parametern n, H_n, $\dot{V}$ ähnlichen Modellrades mit $H_{nM} = 1$ m und $\dot{V}_M = 1$ m³/s. Sie ist unabhängig von den Laufradabmessungen und charakterisiert die Laufradform. Man unterscheidet

- **Langsamläufer** mit $n_q \leqq 30\ \text{min}^{-1}$,
- **Normalläufer** mit $30 < n_q \leqq 70\ \text{min}^{-1}$,
- **Schnellläufer** mit $n_q > 70\ \text{min}^{-1}$.

Typische Bauarten von Wasserturbinen zeigt Bild 15.3.

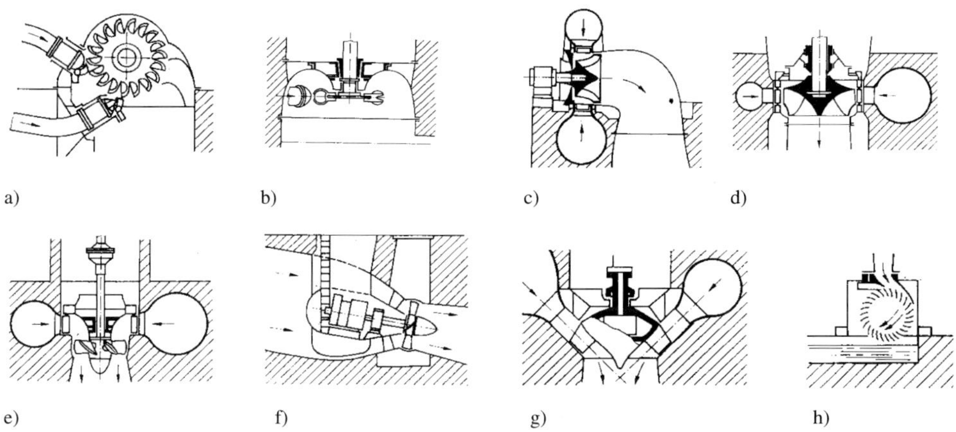

Bild 15.3 Typische Bauarten von Wasserturbinen
a) Horizontale Pelton-Turbine, b) Vertikale Pelton-Turbine, c) Horizontale Francis-Turbine, d) Vertikale Francis-Turbine, e) Vertikale Kaplan-Turbine, f) Rohrturbine mit Aggregatbirne und geneigter Welle, g) Dériaz-Turbine, h) Durchströmturbine

Hauptbauarten:

- Die **Pelton-Turbine** ist eine Freistrahlturbine bzw. eine teilbeaufschlagte Tangentialturbine mit becherförmigen Laufschaufeln mit horizontaler oder vertikaler Welle für große Nutzfallhöhen $H_n \approx 50 \ldots 2000$ m und kleine, unter Umständen stark schwankende Volumenströme $\dot{V}$ mit Maximalleistungen $P_{T,\max} \approx 400$ MW.

- Die radial oder diagonal von außen nach innen durchströmte **Francis-Turbine** mit horizontaler oder vertikaler Welle wird für mittlere Nutzfallhöhen $H_n \approx 20 \ldots 700$ m und beliebige Volumenströme $\dot{V}$ mit Leistungen bis $P_{T,\,max} \approx 850$ MW ausgeführt.
- Die axial durchströmte **Kaplan-Turbine** mit horizontaler oder vertikaler Welle ist für kleine Nutzfallhöhen $H_n \approx 3 \ldots 80$ m und große Volumenströme $\dot{V}$ bei $P_{T,\,max} \approx 200$ MW geeignet.

Die Einsatzbereiche unterscheiden sich je nach Nutzfallhöhe H_n und spezifischer Drehzahl n_q (Bild 15.4).

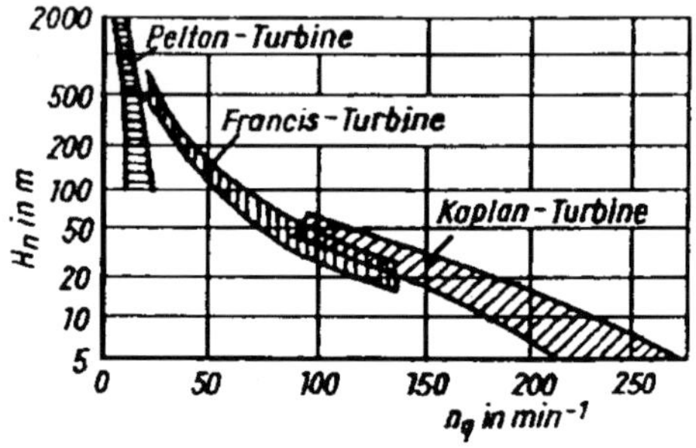

Bild 15.4 Einsatzbereiche der verschiedenen Wasserturbinentypen

15.2.1.2 Windturbinen

Bei diesen nicht ummantelten Turbomaschinen ohne Leitrad erfolgt eine drallfreie Zuströmung der Luft zu dem in der Regel mehrflügeligen Rotor (Laufrad). Ein Teil der Fluidenergie wird durch die Auftriebs- bzw. Druckkräfte bei der Umströmung der Rotorblätter auf den Rotor übertragen. Die Druckänderung ist dabei relativ gering, d. h. die Dichte $\rho \approx$ konst. (hydraulische Turbomaschine). Die Energieübertragung im Windrad führt zu einer Änderung der Strömungsgeschwindigkeit und einer Aufweitung der Stromlinien (Bild 15.5).

15

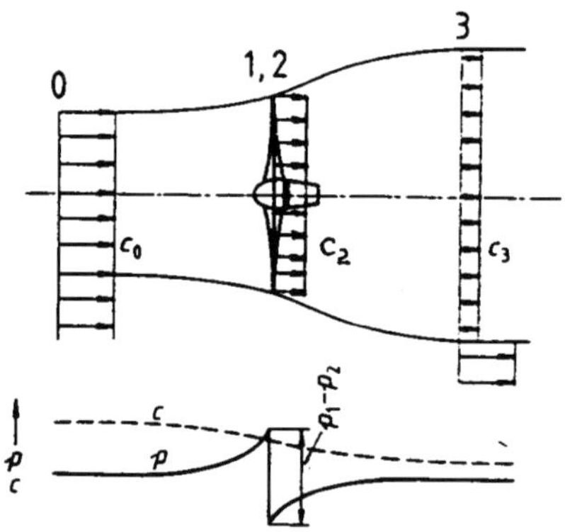

Bild 15.5 Druck- und Geschwindigkeitsänderung in der Windturbine

0 Zuströmebene (weit vor dem Windrad)
1,2 Windradebene (1 Eintritt, 2 Austritt)
3 Abströmebene (weit hinter dem Windrad)
c: absolute Strömungsgeschwindigkeit
p: Druck

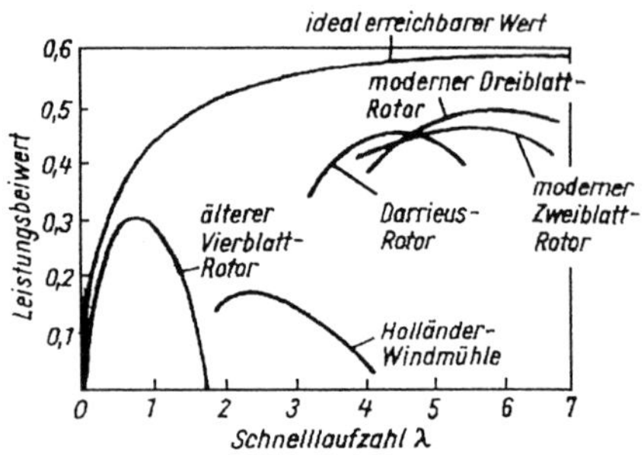

Bild 15.6 Leistungsbeiwert von Windturbinen

Folgende Kennzahlen sind von Bedeutung:

Verlustbeiwert: $\zeta = \dfrac{c_3}{c_0}$

Mittlere (axiale) Geschwindigkeit c_2 in Windradebene (c_0: Geschwindigkeit vor dem Rotor, c_3: Geschwindigkeit nach dem Rotor):

$$c_2 = \frac{c_0 + c_3}{2} = \frac{1+\zeta}{2} c_0$$

Mit $\zeta_{\text{opt}} = \frac{1}{3}$ ergibt sich $c_{3\text{opt}} = \frac{1}{3} c_0$; $c_{2\text{opt}} = \frac{2}{3} c_0$.

Schnelllaufzahl λ zur Kennzeichnung des Windturbinentyps:

$\lambda = \dfrac{u}{c_0}$ (u: Umfangsgeschwindigkeit am Außenradius des Windrades)

Nach dem Auslegungswert λ_A unterscheidet man

- **Langsamläufer** mit $\lambda_A < 2$,
- **Mittelschnellläufer** mit $\lambda_A \approx 2 \ldots 4$,
- **Schnellläufer** mit $\lambda_A > 4$.

Für den Luftmassenstrom durch die Windradfläche gilt:

$\dot{m} = \rho \dot{V} = \rho c_2 \dfrac{\pi}{4} D^2$ (mit D: Windradaußendurchmesser)

Die in der Zuströmebene vor dem Windrad anliegende Windleistung beträgt:

$$P_W = \dot{m} \frac{c_0^2}{2}$$

Die theoretische (aus P_W verlustlos übertragene) Windturbinenleistung ist:

$$P_{T,\text{th}} = \dot{m} \frac{c_0^2 - c_3^2}{2} = \frac{1}{2} P_W (1+\zeta)(1-\zeta^2)$$

Für die maximale theoretische Windturbinenleistung (mit $\zeta_{\text{opt}} = \frac{1}{3}$) gilt:

$$P_{T,\text{th, max}} = \tfrac{1}{2} P_W \left(1 + \zeta_{\text{opt}}\right)\left(1 - \zeta_{\text{opt}}^2\right) = 0{,}593\, P_W$$

Die effektive Windturbinenleistung beträgt:

$$P_T = \eta_e P_{T,\text{th}} = c_p P_W$$

η_e: effektiver Wirkungsgrad der Windturbine von etwa 0,7 … 0,9
c_p: aerodynamischer Gesamtwirkungsgrad bzw. Leistungsbeiwert der Windturbine (Bild 15.6) mit

$$c_{p,\text{max}} = \frac{P_{T,\text{th, max}}}{P_W} = 0{,}593$$

Angaben zu aktuellen Windturbinenbauarten enthält Bild 15.7.

Man unterscheidet im Extremfall zwei Leistungsklassen:

- **Kleinanlagen** mit $P_T \approx 0{,}1 \ldots 50$ kW, Rotordurchmesser $D \lessapprox 15$ m mit Turmhöhe $H \approx (1{,}5 \ldots 2)\, D$ zur autonomen Elektroenergieerzeugung für Bewässerungsanlagen.
- **Großanlagen** mit $P_T \lessapprox 5$ MW, $D \lessapprox 100$ m und $H \approx (0{,}7 \ldots 1)\, D$ zur Netzeinspeisung von Elektroenergie.

Windturbinenbauart	Propellerturbine mit axialer Durchströmung des Flügelgitters		Darrieusturbine mit radialer Durchströmung des Flügelgitters
	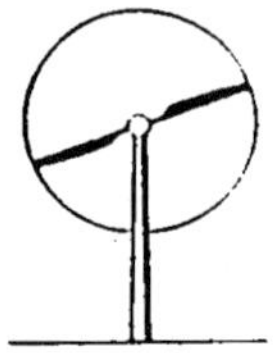		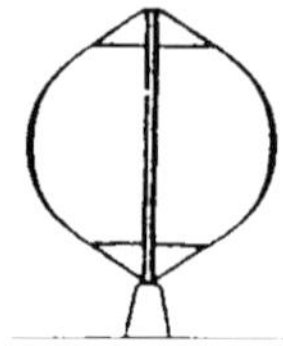
Achsanordnung	horizontal	horizontal	vertikal
Anzahl der Flügel	2	3	2 – 3
max. Rotorwirkungsgrad	≈ 48 %	≈ 50 %	≈ 48 %
Rotordurchmesser	$\lessapprox$ 100 m	$\lessapprox$ 120 m	$\lessapprox$ 65 m
nutzbarer Windgeschwindigkeitsbereich	4 m/s bis 24 m/s	3 m/s bis 30 m/s	4 m/s bis 22 m/s
Drehzahl	100 min^{-1} bis 18 min^{-1}	72 m^{-1} bis 20 min^{-1}	100 min^{-1} bis 20 min^{-1}
Nennleistung	$\lessapprox$ 3000 kW	$\lessapprox$ 5000 kW	$\lessapprox$ 4000 kW
Windanpassung	variable Drehzahl, Blattverstellung	variable Drehzahl, Blattverstellung	Anfahrmotor, unempfindlich gegen Anströmrichtungsänderung

Bild 15.7 Bauarten und Hauptparameter von Windturbinen

15.2.1.3 Dampfturbinen

Dampfturbinen sind thermische Turbomaschinen, in denen ein relativ großer Betrag an Fluidenergie bzw. eine große spezifische Enthalpiedifferenz des Dampfes $\Delta h = f$ (Dampfeintrittsparameter p_E, T_E und Austrittsdruck p_A) in Nutzenergie umgewandelt werden kann.

Charakteristische Dampfeintrittsparameter

- Moderne **Heißdampfturbinen** für konventionelle Kraftwerke (Kohle, Erdöl, Erdgas): $p_E = 24 \ldots 30$ MPa / $T_E = 540 \ldots 600$ °C
- **Sattdampfturbinen** für Kernkraftwerke mit Druck- oder Siedewasserreaktor: $p_E = 4 \ldots 7$ MPa / $x_E = 1$ bzw. T_E „wenig größer" als T_S.

Charakteristische Abdampfdrücke

- **Gegendruckturbinen** mit Nutzung des Abdampfes als Prozess- oder Heizdampf: $p_A \gtrapprox 0{,}04 \ldots 0{,}2$ MPa (beliebig nach Verwendungszweck).
- **Kondensationsturbinen** zur Elektroenergieerzeugung:
  $p_A \approx 3{,}5$ kPa bei Kondensation des Abdampfes mit Frischwasserkühlung;
  $p_A \approx 7$ kPa bei Kondensation mit nasser Rückkühlung (Verdunstungskühlturm);
  $p_A \approx 9 \ldots 12$ kPa bei Kondensation mit reiner Luftkühlung (Trockenkühlturm).

Damit tritt bei der Energieumwandlung in Dampfturbinen eine sehr starke Änderung des spezifischen Dampfvolumens v zwischen Ein- und Austritt auf:

- Gegendruckturbinen: $v_A : v_E = 4 : 1$ bis $60 : 1$;
- Sattdampf-Kondensationsturbinen: $v_A : v_E = 300 : 1$ bis $1100 : 1$;
- Heißdampf-Kondensationsturbinen: $v_A : v_E = 900 : 1$ bis $2500 : 1$.

Daraus ergeben sich im Zusammenhang mit der sehr großen für die Energieumwandlung nutzbaren Enthalpiedifferenz Δh_T der Turbine Konsequenzen für die konstruktive Ausführung:

- **Große Stufenzahl** $(z_{St} \lessapprox 50)$, da pro Turbinenstufe nur eine begrenzte Enthalpiedifferenz Δh_{St} mit gutem Wirkungsgrad umgewandelt werden kann,
- oft **mehrgehäusige Turbinenausführung** mit mehreren, starr aneinander gekoppelten Teilturbinen (z. B. Hochdruck-, Mitteldruck- und Niederdruckteil), da durch den im Hinblick auf die Rotordynamik begrenzten Lagerabstand eines Turbinenrotors nur eine bestimmte Stufenzahl pro Teilturbine möglich ist.
- Unter Umständen **mehrflutige Ausführung** von Teilturbinen, wenn der Volumenstrom (bei Dampfturbinen mit großer Leistung) unter Berücksichtigung der maximal möglichen Stufendurchmesser- und Laufschaufelabmessungen (Grenzen durch Bauteilbeanspruchung) nicht von nur einer Stufengruppe (Flut) aufgenommen werden kann.

Bild 15.8 zeigt eine 8-stufige, eingehäusige, einflutige 8-MW-Gegendruckturbine.

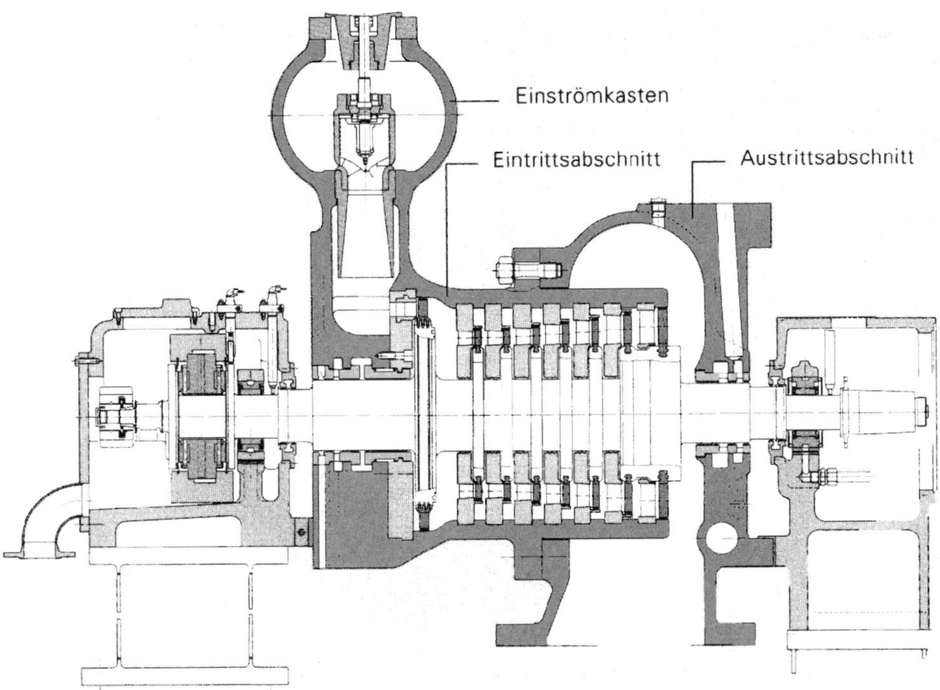

Bild 15.8 8-MW-Gegendruckturbine (Siemens-Turbinenwerk Görlitz)

Die Zusammenhänge bei der Energieumwandlung in einer Dampfturbinenstufe sind in Bild 15.9 dargestellt.

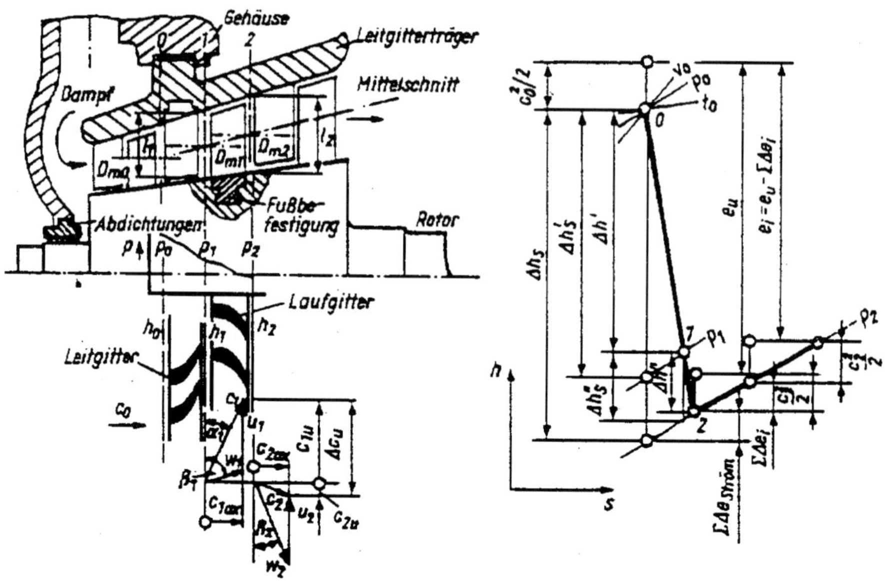

Bild 15.9 Energieumwandlung in der Dampfturbinenstufe

Mit den Bezeichnungen nach Bild 15.9 ergeben sich folgende **Kennwerte der Dampfturbinenstufe**:

15

- **Spezifische Umfangsarbeiten e_u** (nur Strömungsverluste $\sum \Delta e_{\text{Ström}}$ berücksichtigt)
  $e_u = \Delta h' + \Delta h'' + \frac{c_0^2}{2} - \frac{c_2^2}{2}$ (mit $\Delta h'$ und $\Delta h''$: spezifische Enthalpiedifferenzen; c_0: Geschwindigkeit vor der Turbinenstufe; c_2: Geschwindigkeit nach der Turbinenstufe).
- **Spezifische innere Arbeit e_i** (Berücksichtigung sämtlicher in der Stufe auftretender Verluste $\sum \Delta e_i$, d. h. Strömungs-, Spalt-, Radreibungs- sowie Feuchteverluste bei nassdampfbeaufschlagten und Ventilationsverluste bei teilbeaufschlagten Schaufelgittern)
  $e_i = e_u - \sum \Delta e_i$
- **Umfangsleistung P_{uSt}** und **innere Leistung P_{iSt}**:
  $P_{uSt} = \dot{m} e_u \quad P_{iSt} = \dot{m} e_i$ ($\dot{m}$: Massenstrom in kg/s)
- **Umfangswirkungsgrade η_u und η_u^***

$$\eta_u = \frac{e_u}{\Delta h_s + \frac{c_0^2}{2} - \frac{c_2^2}{2}}$$

für Stufen bei Nutzung der Abströmenergie in der folgenden Stufe (zutreffend für erste oder mittlere Stufen einer Stufengruppe); Δh_s: isentrope Enthalpiedifferenz der Stufe

$$\eta_u^* = \frac{e_u}{\Delta h_s + \frac{c_0^2}{2}}$$

für Stufen ohne Nutzungsmöglichkeit der Abströmenergie (Endstufe einer Stufengruppe oder Einzelstufe)

- Analog definierte innere Stufenwirkungsgrade η_i und η_i^*:

$$\eta_i = \frac{e_i}{\Delta h_s + \frac{c_0^2}{2} - \frac{c_2^2}{2}} \qquad \eta_i^* = \frac{e_i}{\Delta h_s + \frac{c_0^2}{2}}$$

- Kriterium für günstige Energieumwandlung in der Stufe:

Laufzahl $\frac{u_2}{c_\Delta} = \frac{u_2}{\sqrt{2\,\Delta h_s}} = \frac{1}{\sqrt{\Psi}} = 0{,}4 \ldots 0{,}7$

bzw.

Druckzahl $\psi = \frac{2\,\Delta h_s}{u_2^2} = \frac{1}{(u_2 / c_\Delta)^2} = 2 \ldots 7$

mit

c_Δ: theoretisch erreichbare Strömungsgeschwindigkeit bei verlustloser Umwandlung der isentropen Enthalpiedifferenz Δh_s der Stufe

Kennwerte der Dampfturbine

- **Innere Turbinenleistung**

$$P_{iT} = \sum P_{iSt} = \eta_{iHD}\,\dot{m}_{HD}\,\Delta h_{sHD} + \eta_{iMD}\,\dot{m}_{MD}\,\Delta h_{sMD} + \eta_{iND}\,\dot{m}_{ND}\,\Delta h_{sND}$$

Die Indizes HD/MD/ND beziehen sich auf Hochdruck-, Mitteldruck- und Niederdruckteil der Turbine. Die unterschiedlichen mittleren Dampfmassenströme $\dot{m}_{HD}$, $\dot{m}_{MD}$ und $\dot{m}_{ND}$ berücksichtigen die ungeregelte Entnahme von Anzapfdampf zur regenerativen Speisewasservorwärmung und gegebenenfalls geregelte Entnahmen für Heiz- oder Produktionszwecke, η beschreiben die Wirkungsgrade und Δh sind die isentropen Enthalpiedifferenzen.

- **Effektive Turbinenleistung (Kupplungsleistung) P_{eT}:**

$$P_{eT} = P_{iT} - P_{Verl} = \eta_m\, P_{iT}$$

(P_{Verl}: Leistungsverlust durch Lagerreibung sowie Antrieb von Ölpumpen, Reglern u. a. und η_m: mechanischer Wirkungsgrad)

- **Leistung an den Generatorklemmen (Klemmenleistung) bei Kraftwerksturbinen P_{Kl}:**

$P_{Kl} = \eta_{el}\, P_{eT}$ (η_{el}: Generatorwirkungsgrad)

- **Innerer Turbinenwirkungsgrad η_{iT}:**

$$\eta_{iT} = \frac{\sum P_{iSt}}{\sum (\dot{m}\,\Delta h_s)_{St}} \approx \frac{P_{iT}}{\sum (\dot{m}\,\Delta h_s)_{HD,\,MD,\,ND}}$$

15

15.2.1.4 Gasturbinen

Die **Gasturbine** – eine für sehr hohe Fluideintrittstemperaturen ausgelegte thermische Turbomaschine – ist ein Teilaggregat der **Gasturbinenanlage** (GTA), die eine aus Luftverdichter, Brennkammer, Gasturbine und Starteinrichtung (z. B. Anwurfmotor) bestehende Einheit darstellt (Bild 15.10a). Die GTA kann zur Elektroenergieerzeugung (Koppelung mit einem Generator), zum Antrieb einer Arbeitsmaschine (z. B. Pumpen oder Verdichter für Erdöl- oder Erdgas-Fernleitungen) oder – als Fluggasturbine mit Schubdüse (Luftstrahltriebwerk) – zum Flugzeugantrieb genutzt werden. Es werden praktisch ausschließlich **offene GTA** mit Luftansaugung aus der Atmosphäre und Abgasabführung in die Atmosphäre ausgeführt.

Das Schaltbild, der Zustandsverlauf im h,s-Diagramm und das Energieflussbild einer GTA sind im Bild 15.10 dargestellt.

Das Wirkprinzip der Gasturbine bzw. Gasturbinenstufe entspricht dem der Dampfturbine bzw. Dampfturbinenstufe.

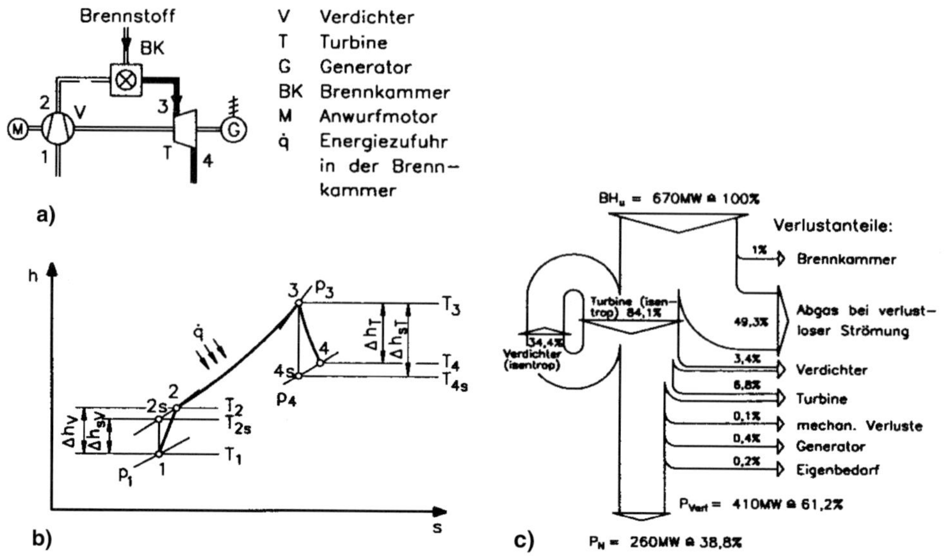

Bild 15.10 GTA ohne Abwärmenutzung. a) Schaltbild, b) Zustandsverlauf im h,s-Diagramm, c) Energieflussbild

Charakteristische Turbineneintrittsparameter sind:

- Turbineneintrittsdruck $p_{\mathrm{E,T}} \lessapprox 3$ MPa (stationäre GTA) bis 5 MPa (Flug-GT);
- Turbineneintrittstemperatur $T_{\mathrm{E,T}} \lessapprox 1300$ °C (stationäre GTA) bis > 1500 °C (Flug-GT).

15 Die realisierbare Turbineneintrittstemperatur und damit der Wirkungsgrad der GTA hängen ab von dem verfügbaren hochwarmfesten Werkstoff einschließlich Wärmedämmschicht, der beherrschbaren Bauteilkühlung, der Brennstoffqualität und der vorgesehenen Lebensdauer der Hochtemperaturbauteile (Bild 15.11).

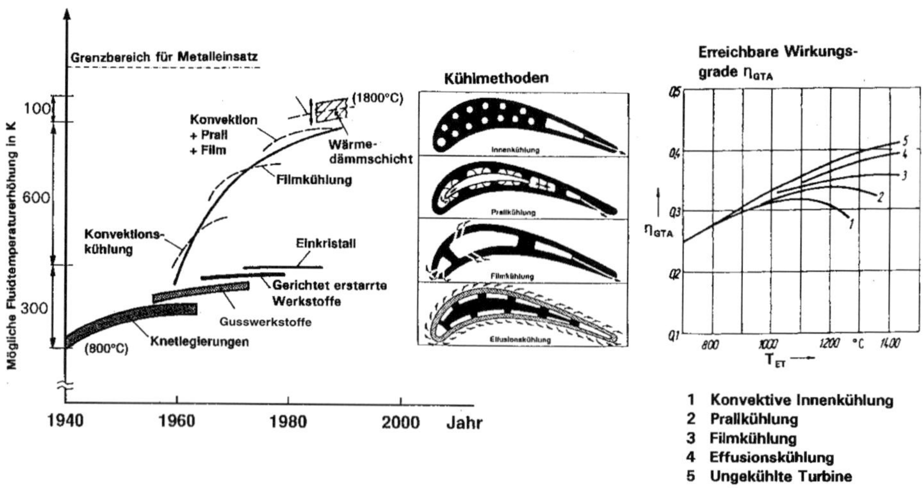

Bild 15.11 Einfluss von Bauteilwerkstoff, Wärmedämmschicht und Bauteilkühlung auf mögliche maximale Fluidtemperatur und Wirkungsgrad von GTA

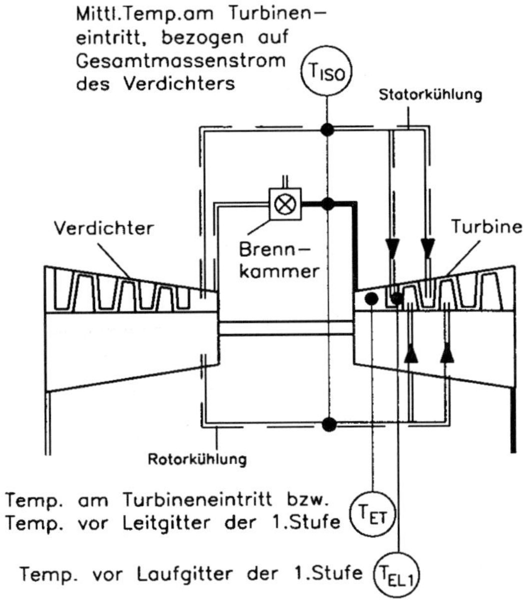

Daten für moderne Hoch-temperatur-GTA :

	Ungekühlte GTA	GTA mit Bauteilkühlung
T_{ET}	1400°C	1400°C
T_{EL1}	1330°C	1330°C
TISO	1400°C	1190°C
η_{GTA}	0,42	0,38

Bild 15.12 Definition der Temperatur T_{ISO} für GTA nach ISO 2314

Unter Berücksichtigung der Bauteilkühlung mit einem vom Gesamtmassenstrom des Verdichters abgezweigten Kühlluftmassenstrom werden unterschiedliche Turbineneintrittstemperaturen definiert (Bild 15.12).

Ein sensibles Bauteil der GTA ist die Brennkammer, in der durch optimale Brennstoff-Luft-Mischung eine möglichst NO_x-arme Verbrennung bei relativ niedriger Flammentemperatur angestrebt wird und durch effektive Zumischung von Sekundärluft eine Absenkung der Flammentemperatur auf die Turbineneintrittstemperatur auf einem sehr kurzen Strömungsweg des Verbrennungsgases erreicht werden muss (Bild 15.13).

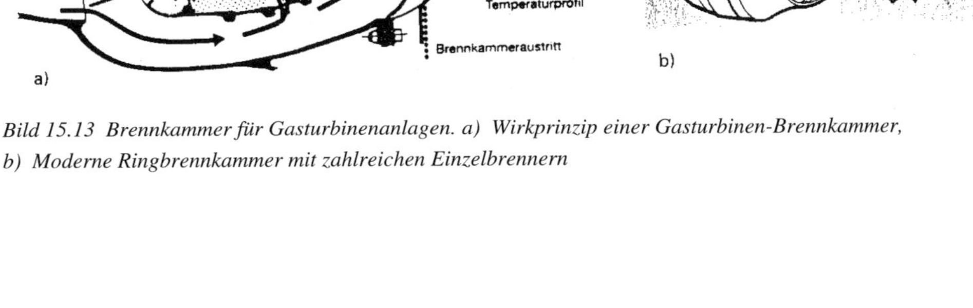

Bild 15.13 Brennkammer für Gasturbinenanlagen. a) Wirkprinzip einer Gasturbinen-Brennkammer, b) Moderne Ringbrennkammer mit zahlreichen Einzelbrennern

15.2.2 Turboarbeitsmaschinen

15.2.2.1 Kreiselpumpen

Kreiselpumpen sind Arbeitsmaschinen zur Förderung von Flüssigkeiten (auch gas- bzw. feststoffbeladen). Sie erhöhen die Arbeitsfähigkeit des Förderstoffes, wodurch vorwiegend der Druck p, zum Teil auch die Geschwindigkeit c und die geodätische Höhe z zwischen Pumpeneintritt (Saugstutzen s) und Pumpenaustritt (Druckstutzen d) anwachsen. Die Erhöhung der Arbeitsfähigkeit wird durch die **Förderhöhe *H*** charakterisiert, für die gilt:

$$H = \frac{p_\mathrm{d} - p_\mathrm{s}}{g\rho} + \frac{c_\mathrm{d}^2 - c_\mathrm{s}^2}{2g} + z_\mathrm{d} - z_\mathrm{s} \quad (g\text{: Erdbeschleunigung } 9{,}81\ \mathrm{m/s^2};\ \rho\text{: Dichte})$$

Die Energieübertragung erfolgt in einem oder mehreren Laufrädern durch Erhöhung des Drehimpulses (Drallerhöhung) der strömenden Flüssigkeit. Den Laufrädern sind Leitvorrichtungen nachgeschaltet, die die Strömung verzögern und möglichst drallfrei der nächsten Stufe oder dem Druckstutzen der Pumpe zuführen.

Die **Nutzleistung (Förderleistung) P_Q** der Pumpe ist dem Volumenstrom (Durchsatz) proportional. Der vom Antrieb der Pumpe zu deckende **Leistungsbedarf (Kupplungsleistung) *P*** ist wegen der Leistungsverluste durch Strömungsreibung, Undichtheiten und mechanische Reibung größer als die Nutzleistung und es ergibt sich der **Wirkungsgrad** η der Pumpe

$$\eta = \frac{P_\mathrm{Q}}{P} \quad \text{mit} \quad P_\mathrm{Q} = \dot{V}\rho g H \quad (H\text{: Förderhöhe})$$

Aus den auf eine Stufe bezogenen Parametern im Nennpunkt der Pumpe wird die **spezifische Drehzahl n_q** gebildet, die als Drehzahl eines geometrisch ähnlichen Laufrades mit dem Volumenstrom 1 $\mathrm{m^3/s}$ und der Förderhöhe 1 m aufgefasst werden kann. Pumpen gleicher spezifischer Drehzahl haben näherungsweise geometrisch ähnliche Laufräder. Insbesondere sind die Abströmrichtung aus dem Laufrad und die Druckzahl ψ mit der spezifischen Drehzahl n_q korreliert (Tabelle 15.2).

$$n_\mathrm{q} = n\frac{\left(\dot{V}/1\,\mathrm{m^3/s}\right)^{1/2}}{(H/1\,\mathrm{m})^{3/4}} \qquad \text{Druckzahl} \quad \psi = \frac{2gH}{(\pi D n)^2}$$

Tabelle 15.2 Laufradformen und Kennzahlen

Laufrad	Radial	Diagonal	Axial
n_q in $\mathrm{min^{-1}}$	10 bis 60	50 bis 170	150 bis 400
ψ	1,3 bis 0,6	0,7 bis 0,25	0,4 bis 0,1

Mit Rücksicht auf geringen Bauaufwand werden Kreiselpumpen einstufig ausgeführt, wenn dabei die spezifische Drehzahl in den möglichen Bereich fällt. Anderenfalls wird die Energieübertragung gleichmäßig auf mehrere – meist radiale – Stufen aufgeteilt.

Förderstoff und Einsatzbedingungen bestimmen die konstruktive Ausführung. Zum Beispiel benötigt man spezielle Pumpen für Wärmeträger-, Säure-, Dickstoff- und Flüssiggas-Förderung. Ebenso kann es erforderlich sein, dass die Pumpe in die Förderflüssigkeit eintaucht oder ohne Wellendichtung (Hermetikpumpe mit Spaltrohrmotor oder Magnetkupplung) ausgeführt wird. Für eine einstufige radiale Kreiselpumpe mit Spiralgehäuse, wie sie zur Förderung von reinen oder leicht verschmutzten Flüssigkeiten bei Temperaturen $t < 90$ °C eingesetzt wird, zeigt Bild 15.14 zwei Konstruktionsvarianten.

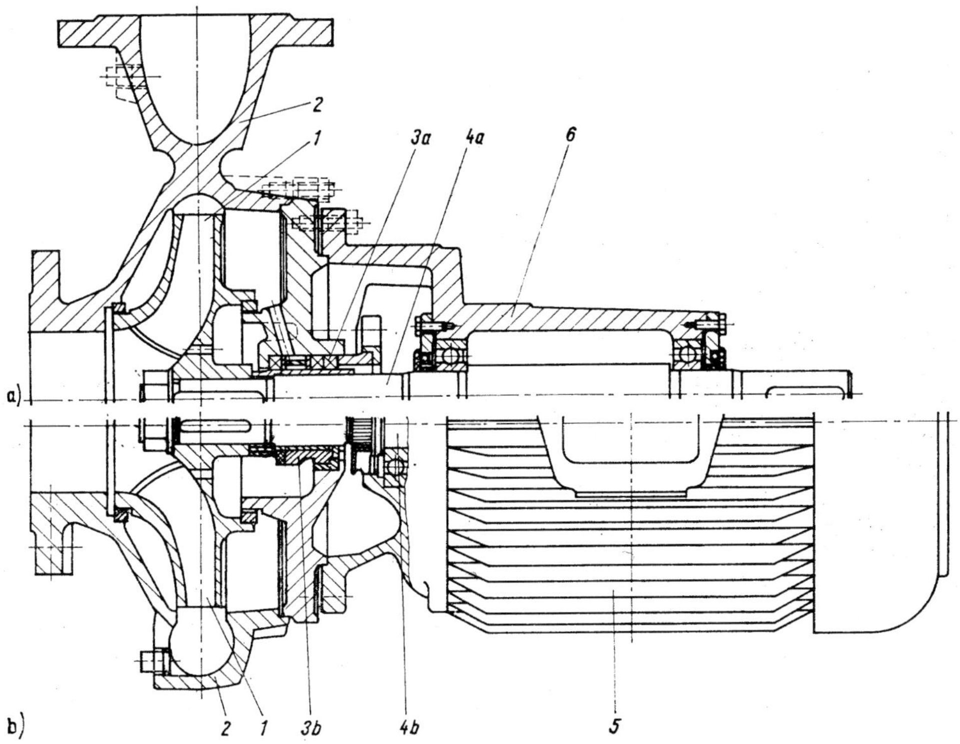

Bild 15.14 Normpumpe
a) Kompaktbauart; b) Blockbauart; 1 Laufrad, 2 Spiralgehäuse, 3 a Stopfbuchspackung, 3 b Gleitringdichtung, 4 a Pumpenwelle, 4 b Motor-Pumpen-Welle, 5 Motorgehäuse, 6 Lagerträger

Das **Betriebsverhalten** einer Kreiselpumpe wird durch eine Kennlinie bei n = konst. bzw. ein Kennfeld als Zusammenfassung der Kennlinien im möglichen Drehzahlbereich beschrieben. Die mit den Parametern im Nennpunkt der Pumpe **normierte Kennlinie** ist in erster Näherung nur von der spezifischen Drehzahl abhängig (Bild 15.15). Das gilt auch für den **normierten Leistungsbedarf**.

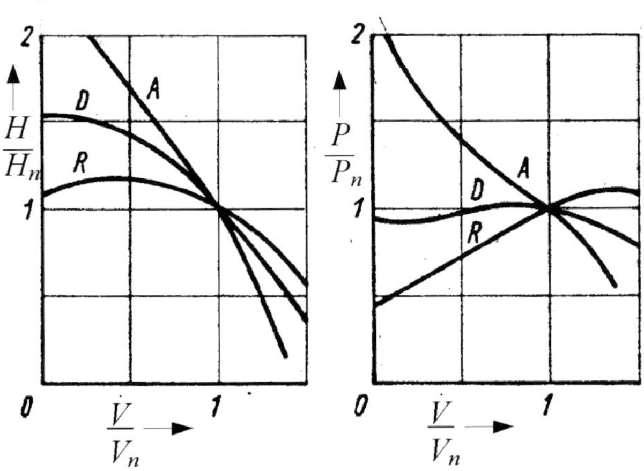

Bild 15.15 Normierte Förderhöhe und Leistungsbedarf
A – Axialpumpe, D – Diagonalpumpe, R – Radialpumpe

Für die Kennlinien einer Pumpe bei verschiedenen Drehzahlen gelten näherungsweise die so genannten **Ähnlichkeitsbeziehungen** zwischen den Volumenströmen $\dot{V}$, den Förderhöhen H und den Förderleistungen P:

$$\dot{V}_2 = \dot{V}_1 \frac{n_2}{n_1} \qquad H_2 = H_1 \left(\frac{n_2}{n_1}\right)^2 \qquad P_2 = P_1 \left(\frac{n_2}{n_1}\right)^3$$

Zur Auswahl der zweckmäßigen Kreiselpumpe für eine Pumpenanlage muss die **Anlagenförderhöhe H_A** bestimmt werden. Mit den Bezeichnungen nach Bild 15.16a) ergibt sich

$$H_A = H_{stat} + H_{dyn} = \frac{p_a - p_e}{g\rho} + z_a - z_e + \frac{c_a^2 - c_e^2}{2g} + \varsigma \frac{\bar{c}^2}{2g}$$

(H: Höhe; g: Erdbeschleunigung 9,81 m/s²; p: Druck; ρ: Dichte; c: Absolutgeschwindigkeit der Flüssigkeit; z: geodätische Höhe; ζ: Verlustbeiwert; Index a: Austritt; Index e: Eintritt)

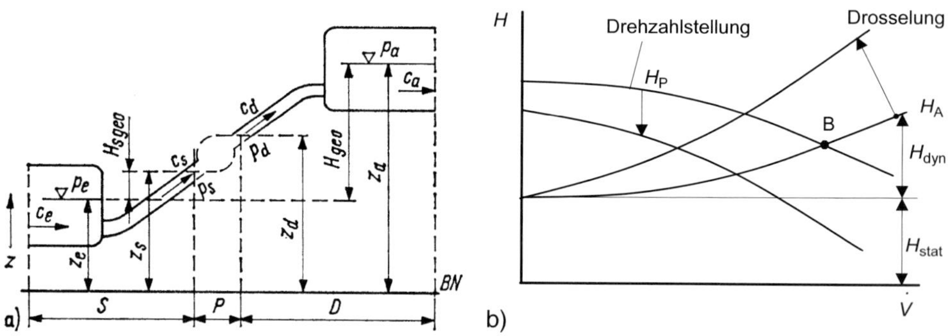

Bild 15.16 Pumpenanlage und Anlagenförderhöhe. a) Schema; b) Kennlinien

Der **Betriebspunkt *B*** einer Kreiselpumpenanlage ergibt sich als Schnittpunkt der Anlagenkennlinie $H_A = f(\dot{V})$ mit der Pumpenkennlinie $H_P = f(\dot{V})$ (Bild 15.16b). Zur Anpassung des Betriebspunktes an den aktuellen Bedarf kann die Anlagenkennlinie durch Drosseln auf der Druckseite oder durch Eröffnen einer Rückströmleitung (Bypass) und/oder die Pumpenkennlinie durch Drehzahlstellung oder Verstellen eines Vorleitrades geändert werden. In Anlagen mit mehreren parallel geschalteten Pumpen erfolgt die Grobanpassung durch Zu- bzw. Abschalten von Pumpen, die Feinanpassung durch drehzahlverstellbare Pumpen.

Unzulässige **Kavitation** wird vermieden, wenn die gegenüber dem Verdampfungsdruck p_v am Saugstutzen der Pumpe vorhandene Gesamthaltedruckhöhe NPSHA der Anlage

$$NPSHA = \frac{p_s}{g\rho} + \frac{c_s^2}{2g} - \frac{p_v}{g\rho}$$

mindestens so groß ist wie die wegen des Druckminimums an den Schaufeleintrittskanten erforderliche Gesamthaltedruckhöhe NPSHR der Pumpe.

15.2.2.2 Turboverdichter

Turboverdichter sind Arbeitsmaschinen zur Förderung von Gasen. Sie erhöhen die Arbeitsfähigkeit des Förderstoffs, wodurch der Ruhedruck p_R zwischen Verdichtereintritt (s) und Verdichteraustritt (d) anwächst. Die Energieübertragung erfolgt wie bei den Kreiselpumpen durch Drallerhöhung des strömenden Gases in einem oder in mehreren Laufrädern.

Der **ungekühlte Verdichter** benötigt im verlustfreien Fall die *isentrope Vergleichsleistung* $P_{V,s}$:

$$P_{V,s} = \dot{m}\,\Delta h_R^{(s=\text{const})} = \dot{V}_{Rs}\rho_{Rs}\frac{\kappa}{\kappa-1}RT_{Rs}\left[\left(\frac{p_{Rd}}{p_{Rs}}\right)^{\frac{\kappa-1}{\kappa}} - 1\right]$$

(κ: Isentropenexponent = C_p/C_V: Quotient der Wärmekapazität bei konstantem Druck C_p und Wärmekapazität bei konstantem Volumen C_V; R: Gaskonstante; T: Temperatur)

Durch die Kühlung des Gasstromes nach jeder Stufe oder Stufengruppe (Zwischenkühlung) kann die Zustandsänderung in mehrstufigen Verdichtern der Isothermen angenähert werden, wodurch die Austrittstemperatur und der Leistungsbedarf des Verdichters sinken.

Für **gekühlte Verdichter** verwendet man die isotherme **Vergleichsleistung**:

$$P_{V,T} = \dot{m}\left[T_{Rs}\left(s_{Rs} - s_{Rd}\right) + \left(h_{Rd} - h_{Rs}\right)^{(T=\text{const})}\right] = \dot{V}_{Rs}\rho_{Rs}RT_{Rs}\ln\left(\frac{p_{Rd}}{p_{Rs}}\right)$$

Die rechten Gleichheitszeichen der beiden letzten Gleichungen gelten streng nur für ideales Gas.

Der vom Antrieb zu deckende **Leistungsbedarf (Kupplungsleistung)** $\boldsymbol{P}$ des Verdichters ist wegen der Leistungsverluste durch Strömungsreibung, Undichtheiten und mechanische Reibung größer als die Vergleichsleistung P_V. Der **Wirkungsgrad** η wird definiert als

$$\eta = \frac{P_V}{P}\ .$$

Der im Zwischenkühler **abzuführende Wärmestrom** ist bei Rückkühlung auf Ansaugtemperatur gleich dem Leistungsbedarf.

Analog zu den Kreiselpumpen wird die Laufradform vom Verhältnis der Parameter Volumenstrom, spezifische Förderarbeit und Drehzahl der Stufe bestimmt. Es werden jedoch nur Laufräder mit radialer oder axialer Abströmung ausgeführt. Die realisierbare Umfangsgeschwindigkeit ist durch Strömungs- und Festigkeitsbedingungen begrenzt (Tabelle 15.3). Insbesondere darf die Schallgeschwindigkeit nicht oder nur in zulässigem Maße überschritten werden.

15

Tabelle 15.3 Laufradformen und Kennzahlen

Laufrad	Druckzahl $\psi = 2\,\Delta h_R^{(s=\text{const})}/u_a^2$	Umfangs-Mach-Zahl $Ma_u = u_a/(\kappa R T_{Rs})^{1/2}$	Umfangsgeschwindigkeit u_a
Radial	< 1,5	< 1 bis 1,5	< 450 m/s
Axial	< 0,3 bis 1	< 0,65 bis 1,2	

Nach der Größe des Ruhedruckverhältnis $\pi_R = p_{Rd}/p_{Rs}$ unterscheidet man

Lüfter ($\pi_R < 1{,}1$), **Gebläse** ($\pi_R < 2{,}5$), **eigentliche Verdichter** ($\pi_R > 2{,}5$).

Mehrstufige Lüfter und Gebläse werden nicht zwischengekühlt.

Das **Betriebsverhalten** von Turboverdichtern kann durch die Kennlinie des Druckverhältnisses $\pi_R = f(\dot{V}_{Rs})$ charakterisiert werden (Bild 15.17 a). Der zulässige Betriebsbereich liegt zwischen **Stabilitätsgrenze** (kleinere Volumenströme führen zum Abreißen der Strömung und „Pumpen" des Verdichters) und **Stopfgrenze** (größere Volumenströme sind wegen Erreichen der Schallgeschwindigkeit im engsten Querschnitt des Laufrades nicht möglich).

Die Kennlinie von Turboverdichtern kann durch Drehzahlstellung (es gelten die Ähnlichkeitsgesetze analog zu den Kreiselpumpen) und durch verstellbare Vor- und Nachleiträder verändert werden (Bild 15.17b). Die Kennlinie von Turboverdichteranlagen wird zweckmäßigerweise durch Drosseln auf der Saugseite oder Eröffnen einer Rückströmleitung verändert.

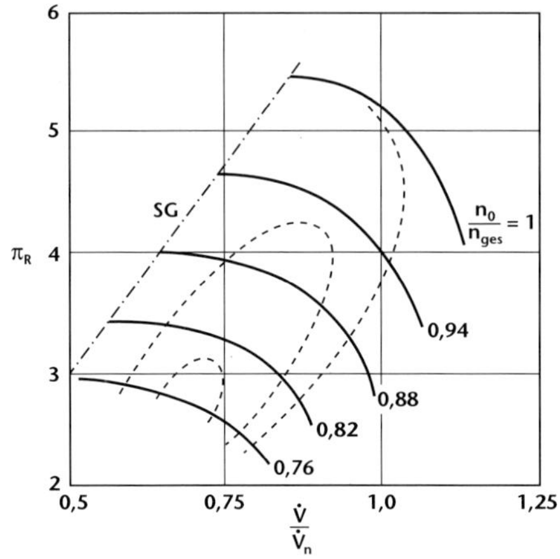

a) Kennfeld von Radialverdichtern bei Drehzahlstellung

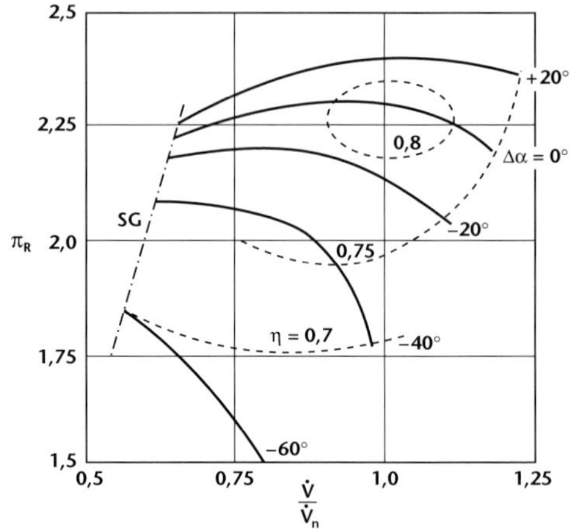

b) Kennfeld von Radialverdichtern bei Vordrallverstellung

Bild 15.17 Kennfeld von Radialverdichtern

15.3 Kolbenmaschinen

15.3.1 Kolbenkraftmaschinen

15.3.1.1 Verbrennungsmotoren

Grundlagen

Verbrennungsmotoren sind **Wärmekraftmaschinen**, in denen die in Kraftstoffen **chemisch gebundene Energie** über eine **Verbrennung** (Oxidation) in **Wärme** und die Wärme in **mechanische Arbeit** umgewandelt wird.

Die **Kolbenmaschine** (Bild 15.18) ist eine **diskontinuierlich arbeitende Wärmekraftmaschine**, bei der im Zylinder nur kurzfristig sehr hohe Temperaturen und Drücke auftreten. Damit wird die Bauteilbelastung niedrig gehalten. Als Arbeitsgas wird im wesentlichen Luft (vor der Verbrennung) und Abgas (nach der Verbrennung) verwendet. Die Luft dient gleichzeitig als Sauerstofflieferant. Nach der Verbrennung ist das Arbeitsgas verbraucht und muss erneuert werden (Ladungswechsel).

Der Kolben bewegt sich vom unteren Totpunkt (*UT*) zum oberen Totpunkt (*OT*), wo er das Kompressionsvolumen V_C einschließt. Das Volumen zwischen den Totpunkten nennt man Hubvolumen V_H. Das Verdichtungsverhältnis ε wird berechnet:

$$\varepsilon = \frac{V_H + V_C}{V_C}$$

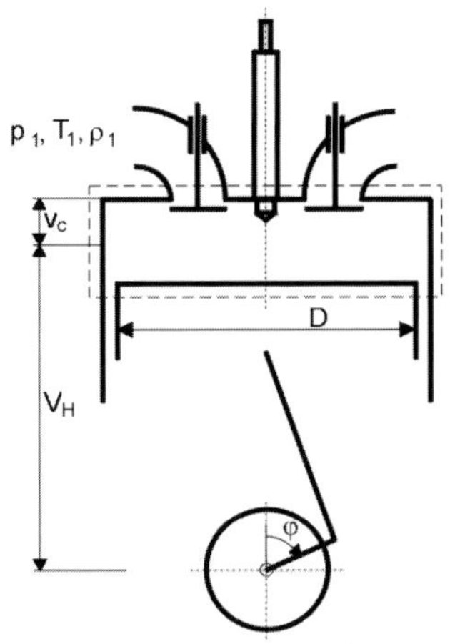

Bild 15.18 Kolbenmaschine

In Bild 15.19 ist in einem Druck-Volumen-Diagramm der reale 4-Takt-Arbeitsprozess dargestellt:
1–2 Verdichtung,
2–3 Verbrennung und Expansion,
3–4 Ausschieben des verbrauchten Arbeitsgases und
4–1 Ansaugen der Frischladung.

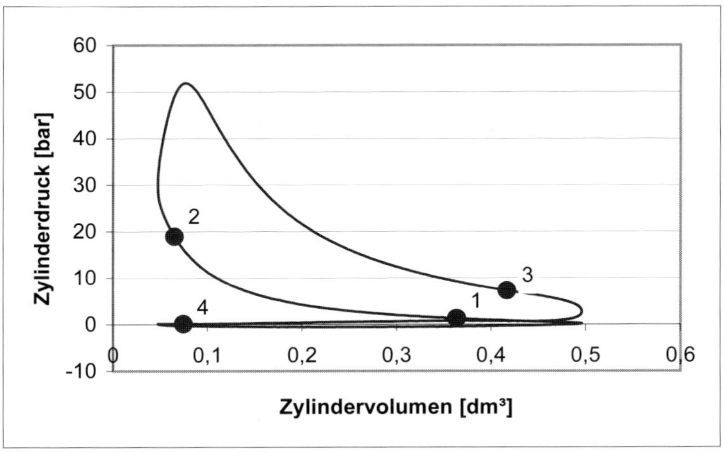

Bild 15.19 Druck-Volumen-Diagramm

Die an den Kolben abgegebene (indizierte) Arbeit W_i lässt sich aus dem Umlaufintegral über die 4 Arbeitstakte berechnen:

$$W_i = \oint p \mathrm{d}V ,$$

rechts durchlaufene Flächen erhalten ein positives Vorzeichen (+), links durchlaufene ein negatives (–).

Bezieht man die Arbeit auf das Hubvolumen, so erhält man den **indizierten Mitteldruck** p_i (Einheit N · m/m³ = N/m², entspricht der Dimension des Drucks).

$$p_i = \frac{W_i}{V_H}$$

15

Ein Teil der indizierten Arbeit W_i geht in Form von Reibarbeit W_R (Kolben, Ringe, Lager) und in Hilfsaggregaten (Öl-, Wasserpumpe, Generator) verloren, sodass an der Kurbelwelle die effektive Arbeit W_e zur Verfügung steht:

$$W_e = W_i - W_R$$

oder auf das Hubvolumen bezogen der effektive Mitteldruck p_e:

$$p_e = p_i - p_R$$

Das effektive Drehmoment M_e des Verbrennungsmotors ergibt sich aus:

$$M_e = \frac{p_e \cdot V_H}{4\pi} \quad \text{(4-Takt-Motor)}$$

Die effektive Leistung lässt sich berechnen:

$$P_e = M_e \cdot \omega \cdot 10^{-3} \quad (\text{in kW}) \,,$$

mit ω als Winkelgeschwindigkeit bzw. n Drehzahl des Motors.

Misst man den Kraftstoffverbrauch in kg/h, so erhält man den spezifischen Kraftstoffverbrauch b_e aus der Gleichung:

$$b_e = \frac{B_h}{P_e} \cdot 10^{-3} \quad (\text{in g/kWh})$$

Der effektive Wirkungsgrad des Verbrennungsmotors η_e ergibt sich aus:

$$\eta_e = \frac{1}{H_u \cdot b_e} \cdot 3600$$

15

mit H_u als dem unteren Heizwert des Brennstoffes (Benzin, Diesel ca. 42000 kJ/kg):

$$\eta_e = \frac{86}{b_e}$$

Das Luftverhältnis λ kann man bestimmen:

$$\lambda = \frac{m_L}{m_B \cdot L_{min}}$$

wobei m_L die Masse Luft, m_B die Masse Kraftstoff im Zylinder und L_{min} die Mindestluftmenge (Benzin, Diesel 14,4 kg Luft/kg Kraftstoff) ist.

Zwischen der Ventilhubkurve h_v (φ) und dem geometrischen Öffnungsquerschnitt A_v (φ) gibt es einen durch die Konstruktion festgelegten Zusammenhang (z_v = Anzahl der Ventile), wie Bild 15.20 zeigt:

$$A_v = z_v \cdot \pi \cdot h_v \cdot \cos\beta(d + h_v \cdot \cos\beta \sin\beta)$$

Moderne Motoren haben 1 bis 3 Einlass- und 1 bis 2 Auslassventile. Der Ventiltrieb wird durch unten oder oben liegende Nockenwellen angetrieben. Die Nockenwelle dreht mit halber Motordrehzahl und wird von der Kurbelwelle über einen Rädertrieb, mit einer Kette oder einem Zahnriemen angetrieben.

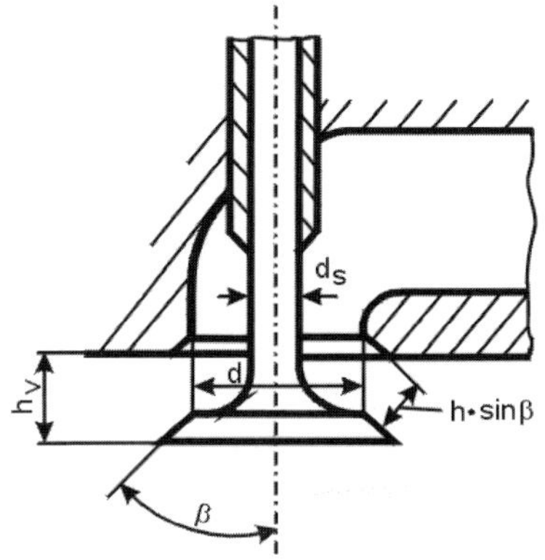

Bild 15.20 Ventilgeometrie

Der Liefergrad λ_L ist definiert als

$$\lambda_L = \frac{m_{LZ}}{m_{Lth}}$$

(m_{LZ}: im Zylinder verbleibende Luftmenge; m_{Lth}: theoretisch mögliche Luftmenge), wobei für die theoretisch mögliche Luftmenge m_{Lth} gilt:

$$m_{Lth} = V_H \frac{n}{Z} \rho_1$$

(mit V_H: Hubvolumen; n: Drehzahl; Z: Umdrehungen je Arbeitsspiel; ρ_1 Dichte im Saugrohr)

Eine Verbesserung des Liefergrades λ_L wird erreicht durch:

- große Ventilquerschnitte (Durchmesser, Hub),
- späteren „Einlass-schließt-Zeitpunkt" (bei hohen Drehzahlen) sowie
- variable Länge der Ansaugleitung in Abhängigkeit von der Drehzahl.

Ottomotor

Bild 15.21 zeigt das Schema eines Ottomotors mit externer Gemischbildung,

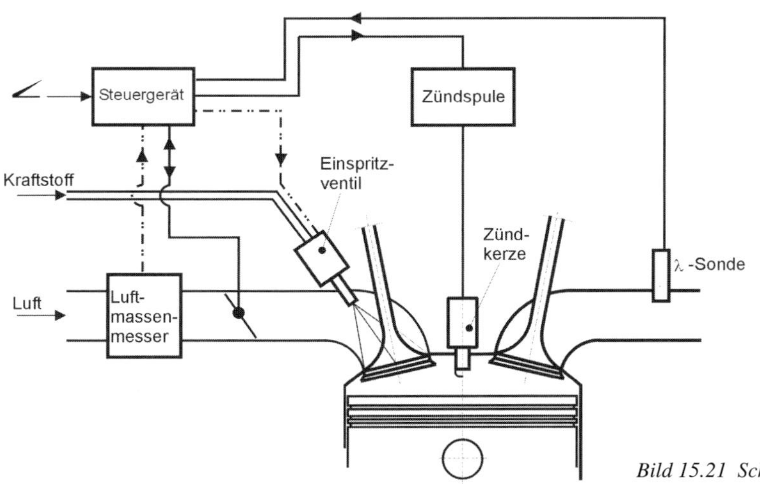

Bild 15.21 Schema eines Ottomotors

Mit der Stellung des Gaspedals wird die Momentenanforderung dem Steuergerät mitgeteilt, das entsprechend dem vorgegebenen Sollwert die Drosselklappe verstellt und für das Luftverhältnis λ und den gemessenen Luftmassenstrom die Einspritzdauer berechnet, die dem Kraftstoffmassenstrom proportional ist. Das Magnetventil wird entsprechend lange angesteuert.

Die Bildung des homogenen Gemisches findet im Saugrohr und anschließend im Zylinder in der Ansaug- und Kompressionsphase durch Verdampfung und Luftbewegung statt. Die Zündung des Gemisches erfolgt über die Zündanlage, bestehend aus Ansteuerung, Zündspule und Zündkerze. Die Momentenregelung erfolgt also über die Steuerung der Arbeitsgasmasse durch die Drosselklappe (Quantitätsregelung). Das Luftverhältnis λ wird zusätzlich im Abgasstrang mit einer λ-Sonde gemessen.

Die Wirkungsgrade von Ottomotoren liegen im Bestpunkt bei 38 % in der Nähe des maximalen Drehmoments. Die im Abgas enthaltenen Schadstoffkomponenten Stickstoffoxide (NO, NO_2), Kohlenwasserstoffe (HC), Kohlenstoffmonoxid (CO) zeigen eine starke Abhängigkeit vom Luftverhältnis λ. Betreibt man den Ottomotor bei $\lambda = 1$, so kann man in einem Drei-Wege-Katalysator die Stickstoffoxide NO_x mit CO und den unverbrannten Kohlenwasserstoffen HC reduzieren.

Die elektronische Motorsteuerung übernimmt die Ansteuerung der Einspritzanlage und des Zündsystems. Dabei werden eine Reihe von Temperatur- und Drucksensoren ausgewertet. Mit Hilfe von Körperschallaufnehmern wird klopfende Verbrennung detektiert, die Klopfregelung verschiebt den Zündzeitpunkt auf später.

Dieselmotor

Beim **Dieselmotor** (Bild 15.22) wird der Kraftstoff mit einer **Hochdruckpumpe** auf Werte bis 200 MPa **verdichtet** und in der Nähe des oberen Totpunktes **eingespritzt**. Der Kraftstoff wird fein zerstäubt, er verdampft und mischt sich mit der im Brennraum komprimierten Luft. Auf Grund der hohen Temperatur finden Vorreaktionen statt, die zu einer Selbstentzündung des Kraftstoff-Luft-Gemisches führen. Es wird weiterer Kraftstoff eingespritzt. Die Prozesse **Einspritzung**, **Zerstäubung**, **Verdampfung**, **Vermischung**, **Vorreaktion** und **Verbrennung** finden gleichzeitig statt.

15

Nachdem beim Dieselmotor immer an einem Ort ein zündfähiges Gemisch vorliegt, kann man die **Momentensteuerung** über die Steuerung der **Einspritzmenge** erreichen (Qualitätregelung). Das Luftverhältnis λ variiert zwischen dem Wert $\lambda \approx 6{,}0$ bei Leerlauf und $\lambda \approx 1{,}1$ bei Volllast. Moderne direkt einspritzende Dieselmotoren haben ein Mehrstrahl-Brennverfahren (6 bis 8 Strahlen) und sind mit einem Common-Rail-Einspritzsystem ausgerüstet, bei dem die Hochdruckpumpe den Kraftstoff auf Drücke zwischen 40 MPa und 180 MPa verdichtet und im Rail zwischenspeichert.

Die Injektoren werden vom elektronischen Steuergerät angesteuert. Der Einspritzbeginn kann frei gewählt werden; über die Einspritzdauer wird die Momentensteuerung realisiert. Durch eine Voreinspritzung kann das Verbrennungsgeräusch abgesenkt werden, da der Druckgradient zu Beginn der Verbrennung erheblich reduziert wird. Der Dieselmotor ist immer noch die effizienteste Wärmekraftmaschine, die Wirkungsgrade im Bestpunkt betragen 51% bei mittelschnell laufenden Dieselmotoren, 45 % bei NKW- und 42 % bei PKW-Motoren.

Beim Dieselmotor treten im Abgas die Schadstoffkomponenten Stickstoffoxide (NO, NO_2), Kohlenwasserstoffe (HC), Kohlenstoffmonoxid (CO) und Partikel (PM) auf. Letztere sind Rußteilchen, an denen Kohlenwasserstoffe angelagert sind, die aus unvollständiger Verbrennung von Kraftstoff oder Schmieröl stammen. Bei schwefelhaltigem Kraftstoff werden zusätzlich SO_2 bzw. SO_3 an den Rußteilchen angelagert. Zur Reduzierung der Schadstoffkomponenten werden innermotorische Maßnahmen, wie Abgasrückführung und Verstellung des Einspritzbeginns Richtung spät (NO_x-Absenkung), und außermotorische Maßnahmen, wie Oxidationskatalysator (HC-Absenkung) und regenerierbare Partikelfilter, verwendet.

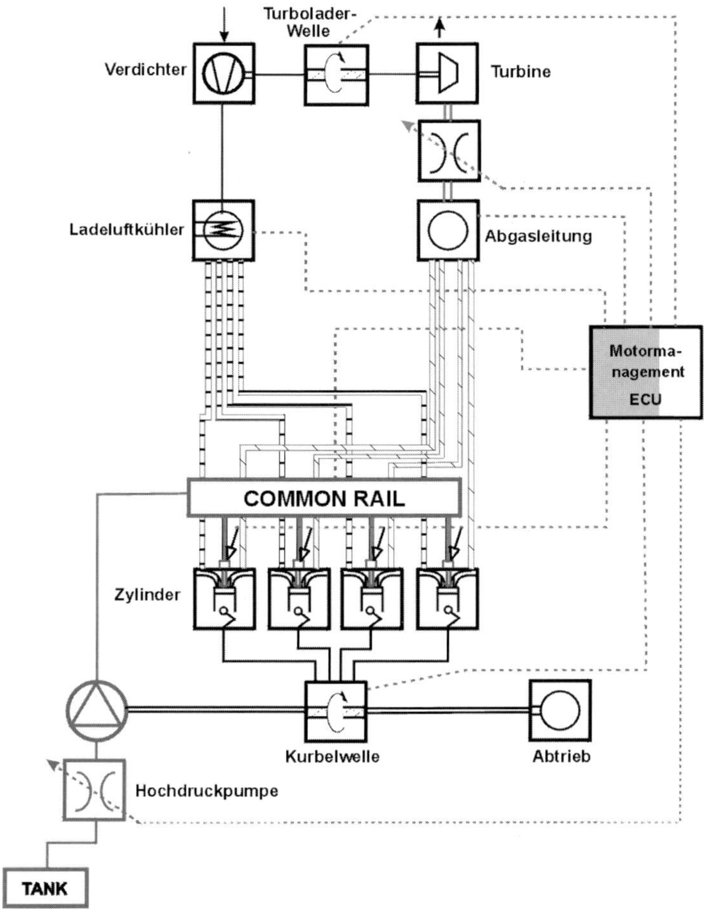

Bild 15.22 Dieselmotor mit Common-Rail-Einspritzung

Die elektronische Motorsteuerung übernimmt die Momentensteuerung, die Ansteuerung des Einspritzbeginns, der Voreinspritzung, die Regelung der rückgeführten Abgasmenge und die Raildruckregelung. Dabei werden eine Reihe von Temperatur- und Drucksensoren sowie der Luftmassenstrommesser ausgewertet.

Aufladung

Die Leistung eines Verbrennungsmotors P_e ist proportional dem effektiven Mitteldruck p_e, der Drehzahl n und dem gesamten Hubvolumen V_H.

$P_e \sim p_e \cdot n \cdot V_H$, mit den Werten für den effektiven Mitteldruck p_e:

$$p_e = \rho_L \cdot \lambda_L \cdot \eta_e \cdot \frac{H_u}{\lambda \cdot L_{min}} \quad \text{ergibt sich:} \quad P_e = \rho_L \cdot \lambda_L \cdot \eta_e \frac{n \cdot H_u \cdot V_H}{\lambda \cdot L_{min} \cdot z}$$

(λ_L: Liefergrad; η_e: effektiver Wirkungsgrad; n: Drehzahl; H_u: spezifischer unterer Heizwert; V_H: Hubvolumen; λ: Luftverhältnis; L_{min}: Mindestluftbedarf; z: $z = 1$ 2-Takt-Motor, $z = 2$ 4-Takt-Motor).

15

Die Dichte der Luft ρ_L hängt vom Ladedruck p_L und von der Ladelufttemperatur T_L ab:

$$\rho_L = \frac{p_L}{R \cdot T_L}$$

Mit der Erhöhung der Luftdichte wird also der effektive Mitteldruck und damit die effektive Leistung des Motors erheblich gesteigert. Heute werden bei Dieselmotoren bis zu 3 MPa Mitteldruck, bei Ottomotoren bereits 1,9 MPa Mitteldruck erreicht.

Mechanische Aufladung

Bei der mechanischen Aufladung wird der Verdichter mechanisch von der Kurbelwelle angetrieben (Bild 15.23). Die Verdichterleistung muss dazu vom Motor aufgebracht werden. Beim Beschleunigen stellt sich der Ladedruck ohne Verzögerung ein.

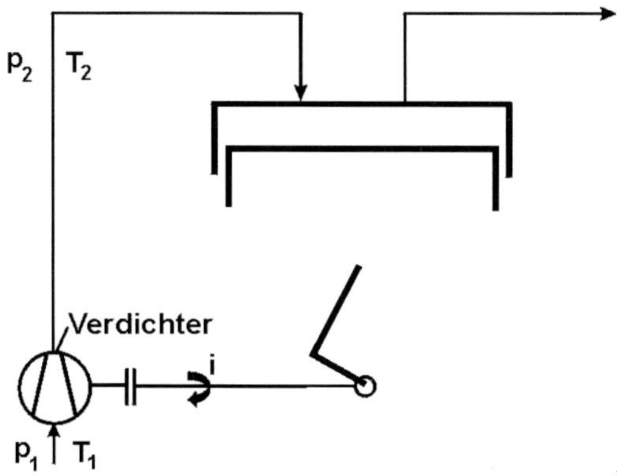

Bild 15.23 Mechanische Aufladung

15

Abgasturboaufladung

Bei der Abgasturboaufladung sind Motor und Abgasturbolader thermodynamisch gekoppelt (Bild 15.24).

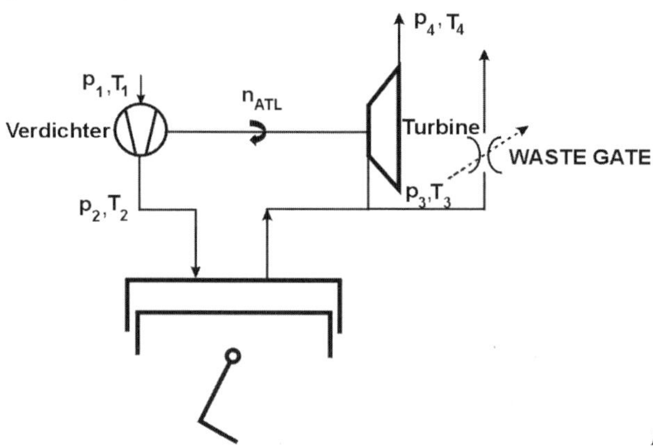

Bild 15.24 Abgasturboaufladung

Der Verdichter wird durch die Turbine angetrieben. Die Turbine wird vom Motor mit dem Abgasstrom beaufschlagt und deckt im stationären Fall den Leistungsbedarf des Verdichters.

Mit Hilfe der variablen Turbinengeometrie (Bild 15.25) ist es möglich, bei einem Beschleunigungsvorgang den reduzierten Turbinenquerschnitt sehr klein zu stellen. So wird ein hoher Abgasgegendruck erzeugt, die Turboladerdrehzahl und der Ladedruck steigen. Damit kann bei vorgegebenem Luftverhältnis λ die Einspritzmenge und damit das Drehmoment gesteigert werden.

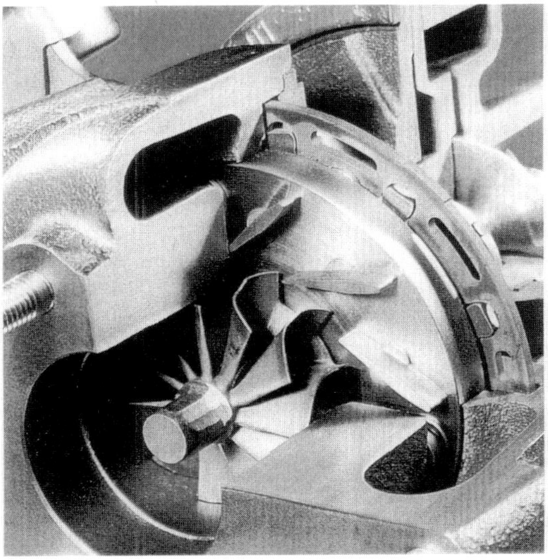

Bild 15.25 Turbolader mit variabler Turbinengeometrie für PKW (3K Warner)

15.3.1.2 Kolbenentspannungsmaschinen

Kolbenentspannungsmaschinen sind **Kraftmaschinen**, die bei der **Entspannung** eines gasförmigen Arbeitsstoffes **mechanische Arbeit** verrichten. **Kolbenentspannungsmaschinen** werden **in linksläufigen Kreisprozessen** (Gaskälteprozess nach Heylandt oder Claude) zur Realisierung der adiabaten Entspannung des Arbeitsstoffes (Luft, Wasserstoff, Helium) eingesetzt, wenn der Massenstrom so gering ist, dass Entspannungsturbinen nicht wirtschaftlich sind. Das meist regenerativ vorgekühlte Gas erreicht dabei Austrittszustände, die nahe der Sattdampflinie liegen.

Entspannungsmaschinen im weiteren Sinne sind auch Dampf-, Gas- und Druckluftmotoren, bei denen nur die Arbeitsabgabe interessiert. **Dampfmotoren** werden vorwiegend zur Nutzung der Arbeitsfähigkeit des in verschiedenen technologischen Prozessen anfallenden Wasserdampfs verwendet (Wärme-Kraft-Kopplung). Sie sind eine moderne Bauform der durch die Dampfturbine bzw. den Verbrennungsmotor weitgehend verdrängten Kolbendampfmaschine.

Gasentspannungsmotoren nutzen die Arbeitsfähigkeit eines beispielsweise in Rohrleitungen transportierten Druckgases, das vor oder nach der Entspannung durch Abwärme aufgewärmt wird. **Druckluftmotoren** werden als Einzelantriebsaggregate in Pneumatikanlagen verwendet. Ihre Bauformen sind äußerst vielfältig.

Vorteil der **Hubkolbenbauarten** ist gute Dichtheit durch Kolbenringe, nachteilig ist die Drehzahlbegrenzung durch Massenkräfte. Vorteile der **Umlaufkolbenbauarten** sind hohe Drehzahl und geringe Drehmomentschwankungen. Druckluftmotoren haben keine oder geringe innere Entspannung, was auf Kosten des Wirkungsgrades die Baugröße verringert und die Austrittstemperatur zur Vermeidung von Vereisung anhebt.

Druckluftmotoren zeigen ein mit der Drehzahl näherungsweise linear abfallendes Drehmoment, weil die Drosselverluste stark ins Gewicht fallen. Leistung und spezifischer Luftverbrauch haben bei mittlerer Drehzahl ein Optimum.

15.3.2 Kolbenarbeitsmaschinen

15.3.2.1 Kolbenpumpen

Kolbenpumpen sind **Arbeitsmaschinen** zur **Förderung von Flüssigkeiten**, die nach dem **volumetrischen Prinzip (Verdrängerprinzip)** periodisch arbeiten. Eine besondere Stellung nehmen die Hydraulikpumpen ein, die Hydraulikflüssigkeit zum Zwecke der Energieübertragung auf hohen Druck bringen.

Kolbenpumpen werden mit **oszillierenden Verdrängern** (Hubkolben-, Membranpumpen) oder **umlaufenden Verdrängern** (Zahnrad-, Kreiskolben-, Zellen- und Spindelpumpen) ausgeführt.

Zur Dosierung von Stoffströmen werden in verfahrenstechnischen Anlagen Dosiermaschinen eingesetzt, die aus einer Kombination mehrerer Einzelkolbenpumpen mit gemeinsamer Antriebswelle bestehen (Bild 15.26). Durch Drehzahlstellung des Antriebsmotors und Hubverstellung der Einzeltriebwerke lassen sich sowohl der Gesamtmassenstrom als auch die Komponentenanteile stufenlos einstellen.

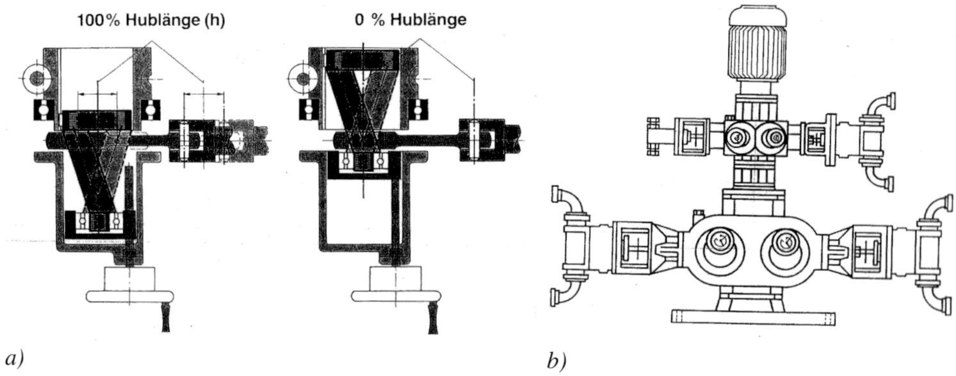

Bild 15.26 Dosiermaschine
a) hubverstellbares Triebwerk der Einzelpumpe; b) Kombination von Einzelpumpen

Allen Verdrängerpumpen ist eine **periodische Förderung** mit geringer Abnahme des Förderstroms bei steigender Druckdifferenz gemeinsam (vgl. Ausnutzungsgrad).

Der **Förderstrom einer Hubkolbenpumpe** ergibt sich zu

$$\dot{V} = V_h n \lambda_h = \sum_{j=1}^{z} A_{kj} s n \lambda_i \lambda_d$$

Dabei sind V_h das Hubvolumen, s der Hub, A_{kj} die wirksame Kolbenfläche des Arbeitsraums j und z die Zahl der Arbeitsräume. λ_h ist der Ausnutzungsgrad der Pumpe, der sich aus den Faktoren indizierter Liefergrad λ_i und Dichtheitsgrad λ_d zusammensetzt. λ_i beschreibt die Reduzierung des Hubvolumens auf ein wirksames Ansaugvolumen V_i infolge der Abweichungen vom idealem Zustandsverlauf im Arbeitsraum.

Der Wirkungsgrad η der Pumpe ergibt sich aus dem Quotienten der Förderleistung P_Q und des Leistungsbedarfs P, der auch die mechanische Verlustleistung P_m enthält.

$$\eta = \frac{P_Q}{P} = \frac{\dot{V}(p_d - p_s)}{n \sum_{j=1}^{z} W_{i,j} + P_m}$$

15

Bei **Umlaufkolbenpumpen** wird der **Förderstrom** aus dem Umlaufvolumen V_u abgeleitet, das bei einer Umdrehung der Antriebswelle durch den Verdränger von der Saug- zur Druckseite verdrängt wird. Die Berechnung des Umlaufvolumens ist bauartspezifisch. Für zweirädrige Zahnradpumpen mit unkorrigierter Außenverzahnung beträgt

$$V_u \approx 2\pi b m^2 (z + 0{,}256)$$

(b: Zahnbreite; m: Modul; z: Zähnezahl).

Für Spindelpumpen ergibt sich das Umlaufvolumen aus der Gesamtlückenfläche A_L und der Steigung h

$$V_u \approx A_L h$$

Der **Ausnutzungsgrad** λ_u ist bei den vorwiegend zwangsgesteuerten und berührungslos abgedichteten Umlaufkolbenpumpen etwa dem Dichtheitsgrad λ_d gleichzusetzen, der von der konstruktiven Ausführung der Pumpe (Konstruktionskonstante K) und ihren Betriebsparametern (Gümbel'sche Zahl $G\ddot{u}$) abhängt.

$$\lambda_u = \lambda_d = 1 - K\,G\ddot{u} = 1 - K\,\frac{p_d - p_s}{n \nu \rho}$$

(p_d: Druck auf der Druckseite; p_s: Druck an der Saugseite; n: Drehzahl; ν: kinematische Viskosität; ρ: Dichte).

Die **erforderliche Gesamthaltedruckhöhe NPSHR** (Abschn. 15.2.2.1) von Hubkolbenpumpen resultiert aus der Druckabsenkung im Saugventil und dem Beschleunigungsdruckabfall vor dem Saugventil. Bei Umlaufkolbenpumpen bestimmt die Druckabsenkung durch Reibung und Beschleunigung beim Füllen der Arbeitsräume den NPSHR-Wert. Die Ungleichmäßigkeit des Förderstroms sinkt mit der Zahl der zeitlich versetzt wirkenden Verdränger. Zur Verringerung der aus der Volumenstromschwankung resultierenden Druckpulsation in den Rohrleitungen können der Pumpe Dämpfungsbehälter (Windkessel, Resonatoren) vor- und nachgeschaltet werden.

15.3.2.2 Kolbenverdichter

Kolbenverdichter sind **Arbeitsmaschinen** zur **Förderung** und **Verdichtung** von **Gasen**, die nach dem **volumetrischen Prinzip (Verdrängerprinzip)** periodisch arbeiten. Unter Aufnahme mechanischer Arbeit erhöhen sie die Arbeitsfähigkeit des Förderstoffs, wodurch dessen Druck und Temperatur steigen. Die Änderung der Lage- und Bewegungsenergie ist zu vernachlässigen. Zur Verringerung des Leistungsbedarfs und der Austrittstemperatur werden Kolbenverdichter gekühlt.

Temperaturerhöhung und Rückexpansion aus dem Schadraum begrenzen das in einem Arbeitsraum realisierbare Druckverhältnis. Kolbenverdichter für höhere Druckverhältnisse werden mehrstufig mit Zwischenkühlung ausgeführt. Dabei nähert sich der Zustandsverlauf im gesamten Verdichter der energetisch optimalen Isotherme an (Bild 15.27).

Bei Hubkolbenverdichtern mit oszillierenden Verdrängern wird der Volumenstrom durch Bauaufwand und zulässige Drehzahl (Massenkräfte des Triebwerks, Gleitgeschwindigkeit der Dichtelemente, Arbeitsfrequenz der selbsttätigen Steuerorgane) begrenzt. In Umlaufkolbenverdichtern mit rotierenden oder umlaufenden Verdrängern und berührungsfreier Abdichtung des Arbeitsraumes schränken innere Rückströmungen (Leckverluste) das zulässige Druckverhältnis ein. Durch erhöhte Fertigungsgenauigkeit vergrößert sich zunehmend das Einsatzgebiet der Umlaufkolbenverdichter.

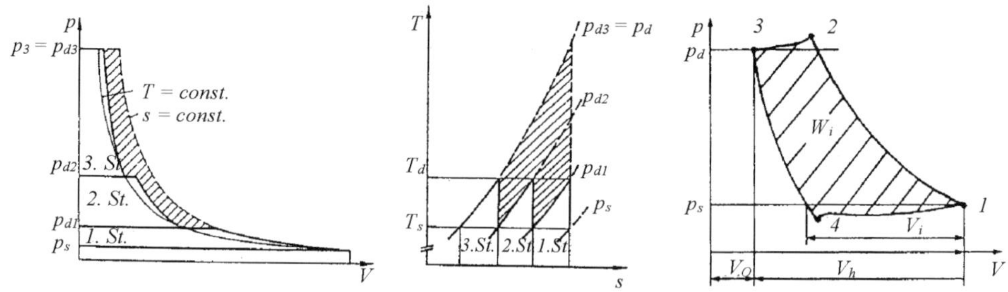

a) b) c)

Bild 15.27 Zustandsverlauf in Hubkolbenverdichtern bei dreistufiger Verdichtung
a) p,V-Diagramm; b) T,s-Diagramm; c) Indikatordiagramm einer Stufe

Bild 15.28 zeigt schematisch eine kompakte Schraubenverdichter-Druckluft-Anlage mit Öleinspritzung. Das eingespritzte Öl dient zur inneren Kühlung sowie zur Abdichtung der Spalte und Schmierung der abwälzenden Rotoren. Es muss durch Grob- und Feinabscheider aus der geförderten Druckluft weitgehend abgeschieden werden.

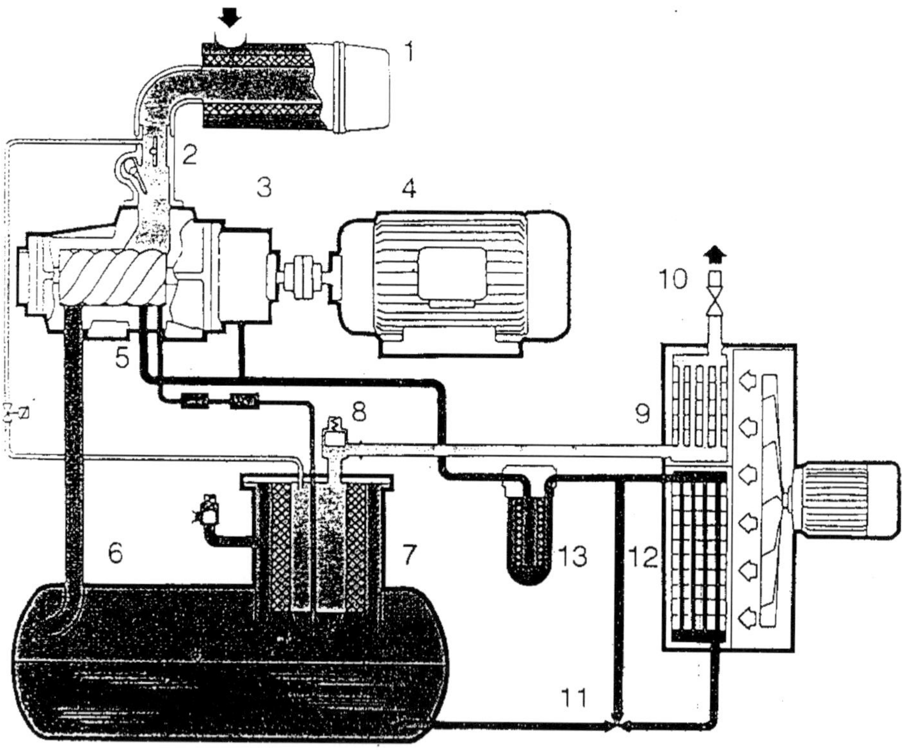

Bild 15.28 Kompakte Schraubenverdichter-Druckluft-Anlage
1 Ansaugfilter, 2 Saugdrossel, 3 Schraubenverdichter, 4 Antriebsmotor, 5 Öleinspritzung, 6 Grobabscheider, 7 Feinabscheider, 8 Sicherheitsventil, 9 Luftkühler, 10 Druckluftaustritt, 11 Dreiwegeventil, 12 Ölkühler, 13 Ölfilter

Zur Förderung großer Volumenströme gegen hohe Drücke kommen Kombinationen von Umlauf- und Hubkolbenverdichtern zum Einsatz. Gegebenfalls werden Turboverdichter vorgeschaltet. Wenn der Förderstoff ölfrei bleiben soll, werden zur Kolbenabdichtung trocken laufende Ringe oder Labyrinthe eingesetzt.

Wie bei den Kolbenpumpen wird der **Förderstrom** (bezogen auf den Ansaugzustand) über einen Ausnutzungsgrad λ mit dem Hubvolumen V_h bzw. dem Umlaufvolumen V_u und der Drehzahl n in Verbindung gebracht.

$$\dot{V} = V_h n \lambda_h \quad \text{bzw.} \quad \dot{V} = V_u n \lambda_u$$

Der **Ausnutzungsgrad** von **Hubkolbenverdichtern** ergibt sich aus den Faktoren indizierter Liefergrad $\lambda_i = V_i/V_h$, Aufheizungsgrad $\lambda_T = T_s/T_1$ und Dichtheitsgrad $\lambda_d = \dot{m}/\dot{m}_i$, die den Einfluss der Rückexpansion aus dem Schadraum, der Temperaturerhöhung beim Ansaugen und der Leckverluste berücksichtigen (Bild 15.27).

Der **Ausnutzungsgrad der Umlaufkolbenverdichter** ist in erster Näherung ihrem Dichtheitsgrad gleichzusetzen.

Der **Wirkungsgrad** von Kolbenverdichtern wird wegen ihrer Kühlung zweckmäßigerweise als Verhältnis der isothermen Vergleichsleistung P_{VT} (Abschn. 15.2.2.2) zum Leistungsbedarf P definiert, der sich wie bei Hubkolbenpumpen ergibt (Abschn. 15.3.2.1).

$$\eta = \frac{P_{VT}}{P}$$

Weiterführende Literatur

Bitterlich, W.; Ausmeier, S.; Lohmann, U.: Gasturbinen und Gasturbinenanlagen. Stuttgart: Teubner Verlag 2002

Bohl, W.: Strömungsmaschinen. 2 Bände. 9./7. Aufl., Würzburg: Vogel Verlag 2004/2005

Bräunling, W. J.: Flugzeugtriebwerke. 2. Aufl., Berlin: Springer Verlag 2004

Gasch, R. u. a.: Windkraftanlagen. 4. Aufl., Stuttgart: Teubner Verlag 2005

Grohe, H.: Otto- und Dieselmotoren. Würzburg: Vogel Verlag 2003

Gülich, J. F.: Kreiselpumpen. 2. Aufl., Berlin: Springer Verlag 2004

Hack, G.: Turbo- und Kompressormotoren. 3. Aufl., Stuttgart: Motorbuch Verlag 2003

Hagelüken, Ch.: Autoabgaskatalysatoren. 2. Aufl., Renningen: expert Verlag 2005

Hau, E.: Windkraftanlagen. 3. Aufl., Berlin: Springer Verlag 2002

Heier, S.: Windkraftanlagen. 4. Aufl. Stuttgart: Teubner Verlag 2005

Kalide, W.: Energieumwandlung in Kraft- und Arbeitsmaschinen. 9. Aufl., München: Carl Hanser Verlag 2005

Köhler, E.; Flierl, R.: Verbrennungsmotoren. 4. Aufl., Wiesbaden: Vieweg Verlag 2006

Küntscher, V.; Hoffmann, W. (Ed.): Kraftfahrzeugmotoren. 4. Aufl., Würzburg: Vogel Verlag 2006

Kurek, R.: Nutzfahrzeug-Dieselmotoren. München: Carl Hanser Verlag 2006

Lechner, Ch.; Seume, J. (Ed.): Stationäre Gasturbinen. Berlin: Springer Verlag 2006

Menny, K.: Strömungsmaschinen. 5. Aufl., Stuttgart: Teubner Verlag 2006

Merker, G. P.; Schwarz, Ch.; Stiesch, G.; Otto, F.: Verbrennungsmotoren. 3. Aufl., Stuttgart: Teubner Verlag 2006

Pfleiderer, K.; Petermann, H.: Strömungsmaschinen. 7. Aufl., Berlin: Springer Verlag 2004

Schesky, E.; Kral, M.: Flugzeugtriebwerke. Berlin: Rhombos-Verlag 2003

Schule, R.: Ottomotor. Würzburg: Vogel Verlag 2005

Sigloch, H.: Strömungsmaschinen. 3. Aufl., München: Carl Hanser Verlag 2006

Skopil, M. A.: Moderne Turboaufladung. Renningen: expert Verlag 2005

Traupel, W.: Thermische Turbomaschinen. 4. Aufl., Berlin: Springer Verlag 2000

Wagner, W.: Kreiselpumpen und Kreiselpumpenanlagen. 2. Aufl., Würzburg: Vogel Verlag 2004

16

Elektrische und elektronische Bauelemente

Dipl.-Ing. Klaus Bressler
THALES ATM GmbH
Korntal-Münchingen

Tabelle 16.1 Wichtige Formelzeichen

Formel-zeichen	Einheit	Bedeutung
A	m^2	Fläche (von Bauelementen), Leitungsquerschnitt
B	$V \cdot s = T$	magnetische Induktion, magnetische Flussdichte
B		Gleichstromverstärkung
C	$A \cdot s/V = F$	Kapazität
I_{DS}	A	Drainstrom
I_{DSS}	A	Drain-Source-Strom
L	$V \cdot s/A = H$	Induktivität
l	m	Leitungslänge
n		Windungszahl, Anzahl der digitalen Stufen
R	Ω	elektrischer Widerstand
t	°C	Temperatur in Grad Celsius
U_{GS}	V	Spannung zwischen Gate und Source
U_P	V	Abschnürspannung
β		Stromverstärkung
ε_0	$A \cdot s/(V \cdot m) = F/m$	elektrische Feldkonstante, $\varepsilon_0 = 8{,}854 \cdot 10^{-12}$ F/m
ε_r		Permittivitätszahl
λ	nm	Wellenlänge
μ_0	$V \cdot s/(A \cdot m) = H/m$	magnetische Feldkonstante, $\mu_0 = 1{,}257 \cdot 10^{-6}$ H/m
μ_r		Permeabilitätszahl
ρ	$\Omega \cdot mm^2/m$	spezifischer elektrischer Widerstand

16.1 Passive Bauelemente

16

16.1.1 Widerstände

Widerstände begrenzen den durchfließenden Strom abhängig vom Widerstandswert und von der angelegten Spannung. Widerstände wandeln die zugeführte elektrische Arbeit in Wärme um.

Entsprechend dem erforderlichen Widerstandswert muss ein langer und meistens dünner Leiter aus einem geeigneten Material hergestellt und auf einem Isolierkörper aufgewickelt werden. Für den Widerstand R dieses Leiters mit ρ (spezifischer elektrischer Widerstand), A (Leitungsquerschnitt) und l (Leitungslänge) gilt das ohmsche Gesetz (Abschn. 4.1.3).

$$R = \rho\, l/A$$

16.1.1.1 Drahtwiderstände

Ein Keramikkörper oder ein Glasfaserkern wird mit einem Draht mit einem hohen spezifischen Widerstand bewickelt und seine Enden werden an Anschlussdrähte, -kappen oder -schellen angeschweißt oder gepresst. Der **Keramikträger**, meist Al_2O_3, ist mechanisch und thermisch sehr stabil, unbrennbar und bis zu hohen Temperaturen geeignet. Die Aluminiumoxidkeramik leitet die Wärme gut und verteilt sie gleichmäßig. Die Oberfläche ist meistens lackiert (Bild 16.1a). Das Keramikrohr kann auch außen sein (Bild 16.1 b).

Eine Glasur als Überzug leitet die Wärme vom Draht auf den Körper und an die Umgebung, fixiert den Draht mechanisch und schützt ihn gegen Oxidation (Bild 16.1c). Diese Widerstände dürfen bis zu 450 °C warm werden. Statt des Überzugs kann der Widerstand auch in ein stranggepresstes Aluminiumgehäuse einzementiert werden, das festgeschraubt wird (Bild 16.1 d). Der Draht kann kurz und dick oder lang und dünn sein, damit kann man einen großen Wertebereich frei wählen.

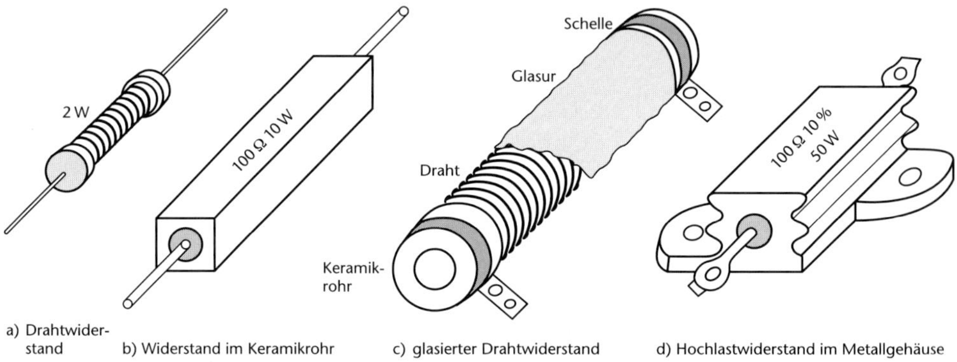

Bild 16.1 Drahtwiderstände

Präzisionswiderstände für Messzwecke werden aus Konstantandraht (Cu-Ni) oder Manganin (Cu-Ni-Mn) hergestellt, weil der Temperaturkoeffizient des spezifischen Widerstandes sehr klein ist (ca. $0{,}1 \cdot 10^{-4}$/K) Diese Widerstände dürfen nur wenig erwärmt werden, weil sonst die Langzeitstabilität leidet. Der Widerstandsdraht kann mit Lack isoliert sein und in mehreren Lagen gewickelt werden.

16

16.1.1.2 Schichtwiderstände

Beim **Kohleschichtwiderstand** wird eine dünne leitfähige Schicht aus **Kohlenstoff** durch Pyrolyse von Kohlenwasserstoffen auf einen zylindrischen Keramikträger aufgebracht. Bei **Metallschichtwiderständen** wird statt des Kohlenstoffs eine **Ni-Cr-Legierung** aufgedampft. Durch die sehr dünne Schicht ist der Querschnitt *A* gering, und es entsteht trotz kurzer Länge des Leiters ein hoher Widerstandswert. Dieser Widerstand wird über aufgepresste Metallkappen angeschlossen, an die Lötdrähte angeschweißt sind (Bild 16.2 a). In den zylindrischen Leiter kann eine Wendel eingeschnitten werden. Dadurch wird der Querschnitt *A* des Widerstandsmaterials kleiner und die Länge *l* größer. Aus Platz- und Kostengründen können diese Widerstände auch direkt und ohne Anschlussdrähte auf eine Leiterplatte aufgelötet werden. Diese **OMB-Technik** (**O**berflächen-**M**ontierte **B**auteile) wird bei vielen elektrischen Bauteilen genutzt. Bei Widerständen haben sich zwei Bauformen durchgesetzt:

MELF, ein zylindrischer Keramikkörper mit Widerstandsschicht und lötbaren Metallkappen (Bild 16.2 b);

Chipwiderstände, kleine an beiden Seiten lötbar metallisierte Keramikplättchen mit einer Schicht mit definiertem Widerstand (Bild 16.2 c).

Präzisionswiderstände werden auch als Mäander auf ein Keramikplättchen aufgedruckt. Sie werden immer durch Einschnitte in die Widerstandsbahn mit dem Laser abgeglichen (Bild 16.2d).

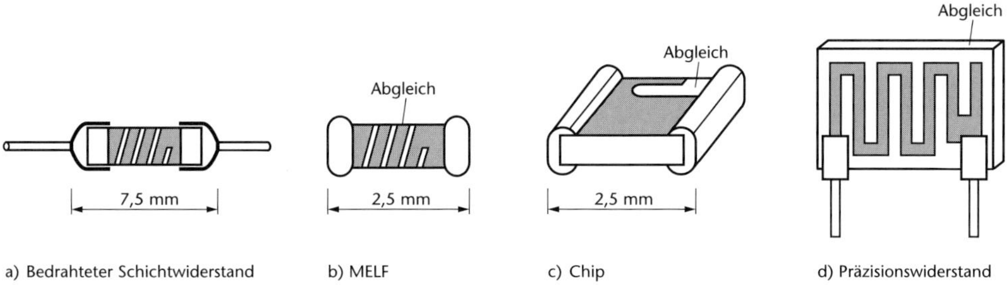

Bild 16.2 Schichtwiderstände

16.1.1.3 Veränderbare Widerstände

Veränderbare Widerstände werden zum Abgleich einer Schaltung oder zum Ändern der Betriebsparameter eingesetzt. Wie bei Festwiderständen kann das Element ein Draht- oder ein Schichtwiderstand sein. Er enthält noch eine Mechanik, die einen elektrischen Abgriff von einem Ende des Widerstandes an den anderen bewegen kann. Bei Drehwiderständen ist die Widerstandsbahn ein Kreissegment über 270°. Ein Schleifer mit Kohlestift oder mit mehrfachen Edelmetallkontakten stellt den Kontakt auf der Widerstandsbahn her. Trimmwiderstände zum einmaligen Einstellen haben eine einfache Mechanik (Bild 16.3a), während Drehwiderstände zum häufigen Ändern der Betriebsparameter eine solide mechanische Basis brauchen. Die Konstanz der elektrischen Werte hängt wesentlich von einer guten Mechanik ab.
Das Widerstandselement kann auch ein zylindrischer Drahtwickel oder eine ebene Widerstandsbahn sein, der Abgriff wird mit einem Schieber oder einer Spindel bewegt (Bild 16.3b). Diese Bauform wird, mit unterschiedlicher Größe, sowohl für Trimmwiderstände kleiner Leistung als auch für große Leistungswiderstände verwendet.

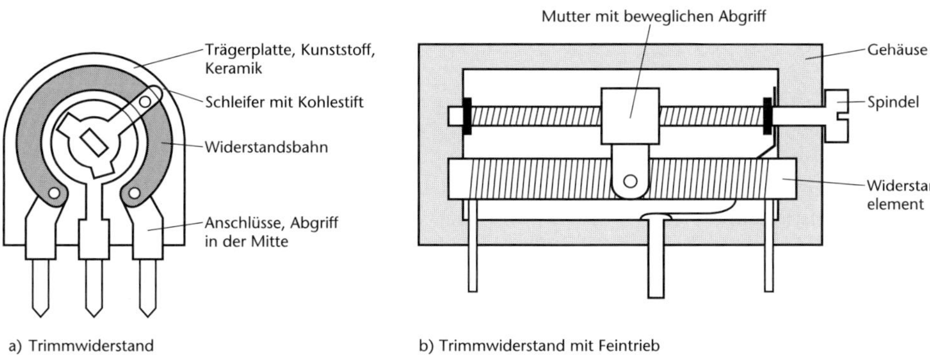

Bild 16.3 Einstellbare Widerstände

16.1.1.4 Dehnungsmessstreifen (DMS)

Wird ein Widerstandsdraht durch eine Kraft verlängert, dann wird gleichzeitig der Querschnitt geringer. Beide Änderungen vergrößern den Widerstandswert. Aus der **Widerstandsänderung** kann auf die **mechanische Verlängerung** geschlossen und diese berechnet werden. Der DMS besteht aus einem beständigen Trägermaterial (Kunststoff), auf den ein mäanderförmiger Widerstand aufgedampft ist. Die Bahnen verlaufen parallel zur Dehnungsrichtung (Bild 16.4 a). Der DMS ist mit dem Messobjekt, beispielsweise einem Biegebalken, kraft- und formschlüssig verbunden. Die Änderungen des Messsignals sind klein. Deshalb wird der DMS in einer **Brückenschaltung** betrieben, wo die Grundwerte unterdrückt werden und nur die Änderung erfasst und verstärkt wird (Bild 16.4b). Dehnungsmessstreifen gibt es für alle gängigen Verformungsarten, beispielsweise für Verlängerung, Biegung, Torsion und Druck. Es gibt auch DMS auf Siliciumbasis, bei denen das Ausgangssignal bei gleicher Verformung ungefähr 50-mal größer ist als bei konventionellen DMS. Hier gibt es auch Sensoren für Absolut- und Differenzdruck.

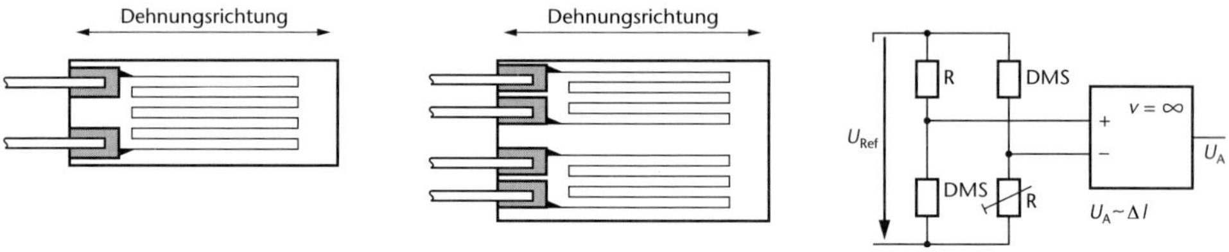

a) Dehnungsmessstreifen schematisch b) Messschaltung

Bild 16.4 Dehnungsmessstreifen

16.1.1.5 Temperaturmesswiderstände

Verschiedene Werkstoffe ändern ihren spezifischen Widerstand mit der Umgebungstemperatur sehr deutlich und gut reproduzierbar. Hierzu gehören **Platin** und polykristallines Silicium mit richtiger Dotierung.

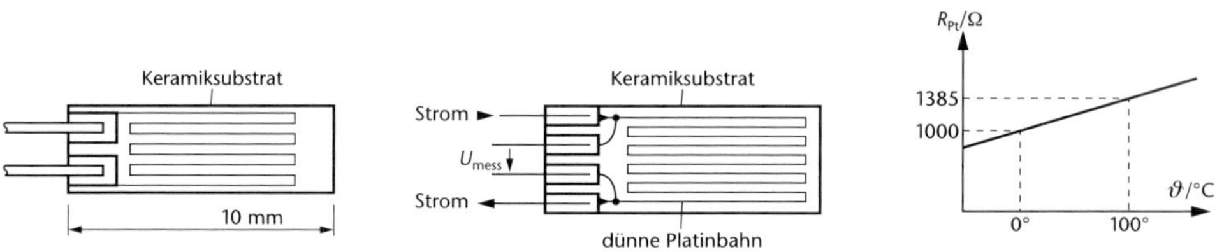

a) einfaches Pt1000-Element b) Messelement mit Spannungs- und Strompfad c) Widerstandsverlauf Pt

Bild 16.5 Platin-Temperaturmesswiderstände

Der Platinwiderstand wird als mäanderförmige dünne Platinschicht auf ein Keramikplättchen oder Glas aufgedampft. Diese Kombination chemisch beständiger Werkstoffe sichert eine gute **Langzeitstabilität** der elektrischen Werte; der Widerstand hängt von der Temperatur nur reversibel ab. Er wird mit dem Laser so abgeglichen, dass sein Widerstandswert bei 0 °C 1000 Ω ± 0,1 % beträgt. Er ist in der Messtechnik unter der Bezeichnung Pt1000, für 1000 Ω Grundwiderstand, bekannt (Bild 16.5 a). Das Diagramm in Bild 16.5 c zeigt den Widerstandswert als Funktion der Temperatur ϑ. Für die Widerstandsänderung $R(\vartheta)$ gilt:

$$R(\vartheta) = R_0\,(1 + 3{,}90802 \cdot 10^{-3}\,\vartheta - 0{,}580195 \cdot 10^{-6}\,\vartheta^2)$$

Platinwiderstände sind **Präzisionssensoren** für die Temperatur. Man erhält sie als reines Widerstandselement oder fertig in Gehäuse eingebaut und mit Silikonkautschuk-isolierten Anschlussleitungen. Werden Strom- und Spannungspfad getrennt zugeführt, dann verfälscht der Widerstand der Anschlussleitungen das Messergebnis nicht mehr; der Sensor hat dann vier Anschlüsse.

Siliciumwiderstände sind eine Genauigkeitsklasse schlechter als Platin, aber für viele Anwendungen ausreichend. Sie sind entsprechend preisgünstiger und eignen sich zur Temperaturkompensation in elektronischen Schaltungen und für Messungen, bei denen 1 … 3 K Fehler zulässig sind. Da sie aus der Halbleiterfertigung kommen, sind sie in die dort üblichen Plastikgehäuse verpackt (Bild 16.6a und 16.6b). Bild 16.6c zeigt den Zusammenhang zwischen Temperatur und Widerstandswert und Bild 16.6d eine Linearisierungsschaltung.

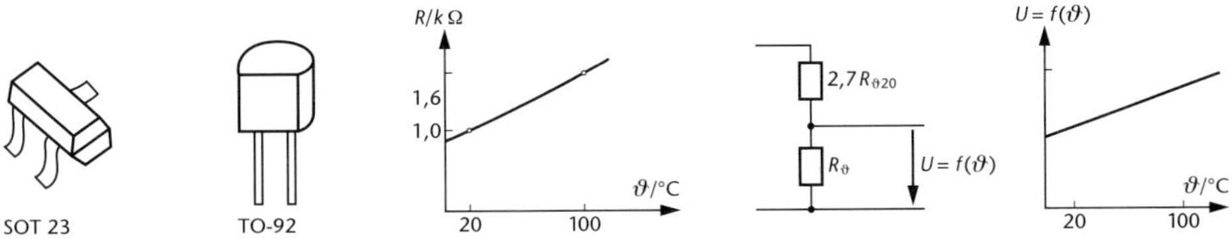

a) OMB-Gehäuse b) TO-92 c) Kennlinie d) Linearisierungsschaltung

Bild 16.6 Temperaturmesswiderstände auf Siliciumbasis

16.1.1.6 Heißleiter und Kaltleiter

Mit verschiedenen Metalloxiden lassen sich Widerstände mit einem sehr großen Temperaturgang herstellen. Heißleiter leiten im heißen Zustand besser als im kalten. Sie haben einen negativen Temperaturkoeffizienten und werden als **NTC-Widerstände** (NTC: Negative Temperature Coefficient) bezeichnet. Sie bestehen aus beidseitig metallisierten Scheiben, beispielsweise aus Fe_3O_4 mit $MgCr_2O_4$ oder Zn_2TiO_4 oder aus anderen Mischkristallen. Bild 16.7a zeigt den typischen Widerstandsverlauf über der Temperatur; der Widerstand bei Nenntemperatur, 25 °C, lässt sich durch die Form des Widerstandes und seinen Werkstoff in weiten Grenzen variieren. Bild 16.8d zeigt typische Formen der Heiß- und Kaltleiter. Grob tolerierte Heißleiter eignen sich gut zur **Kompensation** von Temperatureinflüssen und für Schutzfunktionen, beispielsweise die Einschaltstrombegrenzung. Der kalte und hochohmige NTC begrenzt den Einschaltstrom, erwärmt sich, wird niederohmig und verursacht dann nur einen vernachlässigbar kleinen Spannungsabfall. Inzwischen gibt es aber auch genaue Heißleiter zur Temperaturmessung.

16

Kaltleiter haben einen positiven Temperaturkoeffizienten **PTC** (Positive Temperature Coefficient). Sie leiten in kaltem Zustand und werden mit zunehmender Temperatur hochohmig. Die Bauformen entsprechen den Keramikkondensatoren in Bild 16.8d. Bild 16.7b zeigt den typischen Widerstandsverlauf über der Temperatur. Sie eignen sich gut als einfache **selbstregelnde Thermostate**, beispielsweise als Heizung, die mit zunehmender Temperatur schwächer wird, oder als reversible **Überstromsicherung**.

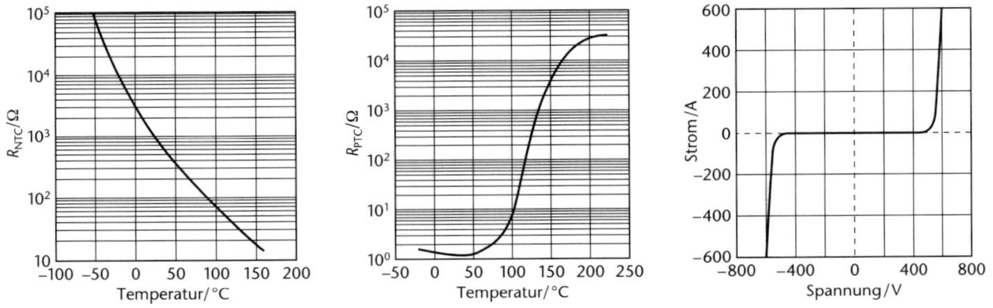

a) NTC-Widerstand b) PTC-Widerstand c) VDR Spannungsabhängiger Widerstand

Bild 16.7 Temperatur- und spannungsabhängige Widerstände

16.1.1.7 Spannungsabhängige Widerstände

Spannungsabhängige Widerstände, auch **Varistoren** oder **VDR** (Voltage Dependent Resistor) genannt, leiten bei kleinen Spannungen wenig, bei hoher Spannung werden sie niederohmig. Bild 16.7c zeigt den Zusammenhang zwischen der angelegten Spannung und dem Strom. Die Bauformen sind ähnlich wie bei den Heiß- und Kaltleitern. Sie bestehen meist aus einer beidseitig metallisierten Scheibe aus gesintertem Zinkoxid ZnO mit entsprechenden Beimischungen. Varistoren gibt es für einen großen Spannungsbereich. Bei Spannungsspitzen können sie **hohe Ströme ableiten**, sind aber bei der Nennspannung fast stromlos. Es sind preisgünstige Elemente, die zerstörende Spannungsspitzen absorbieren.

16.1.1.8 Magnetfeldabhängige Widerstände

Magnetfeldabhängige Widerstände bestehen aus Indiumantimonid (InSb) mit eingelagerten Nickelantimonid-Nadeln (NiSb). Ohne Magnetfeld leitet der Kristall gut; denn der Strom fließt über die Nickelantimonid-Nadeln. Ein äußeres Magnetfeld lenkt die Ladungsträger im Kristall ab und erzwingt einen längeren Weg des Stroms, der zu einem höheren Widerstand führt. Diese Feldplatten, plättchenförmige Elemente mit magnetfeldabhängigem Widerstand, eignen sich gut als Positionssensoren, beispielsweise als elektronischer Unterbrecherkontakt oder als Lagesensor des Rotors in elektronisch kommutierten Elektromotoren. Die Feldplatte benötigt nur einen kleinen Dauermagneten und das System arbeitet noch bei erheblicher Verschmutzung. Magnetische Polschuhe verbessern die Genauigkeit der Schaltpunkte erheblich.

16.1.1.9 Lichtabhängige Widerstände

Cadmiumsulfid ist im Dunkeln ein Nichtleiter, wird bei ausreichender Beleuchtung aber niederohmig. Ein Widerstandsbereich von 10 MΩ bei völliger Dunkelheit bis 100 Ω bei 1000 Lux lässt sich erreichen. Vorteilhaft ist die deutliche Änderung des Widerstandes bei sehr geringer Beleuchtung und die Fähigkeit, einige mA bei bis zu 100 V zu verarbeiten.

16.1.2 Kondensatoren

Kondensatoren bestehen im Prinzip aus zwei voneinander isolierten leitenden Flächen. Für die Kapazität C gilt:

$$C = \varepsilon_r \varepsilon_0 A/d$$

Dabei ist ε_0 die elektrische Feldkonstante und ε_r die Permittivitätszahl des Dielektrikums, mit $\varepsilon_0 = 8{,}854 \cdot 10^{-12}$ A · s/(V · m). Die Kapazität ist der Fläche A der Elektroden direkt und der Dicke d des Dielektrikums umgekehrt proportional. Die Permittivitätszahl ε_r des Dielektrikums zwischen den Elektroden bestimmt den Vergrößerungsfaktor der Kapazität gegenüber einem Kondensator mit Luft oder Vakuum zwischen den Elektroden bei gleichen Abmessungen.

Der Kondensator soll die geforderte Kapazität bei möglichst kleinen Abmessungen und geringen Herstellkosten haben. Je dünner das Dielektrikum ist, desto kleiner kann die Fläche der Elektroden sein und desto kleiner wird der ganze Kondensator, aber desto weniger Spannung hält er aus. Ein Dielektrikum mit einer hohen Permittivitätszahl ε_r führt ebenfalls zu Kondensatoren mit kleinen Abmessungen und hoher Kapazität, aber die besonderen Eigenschaften schränken die Anwendung ein.

16.1.2.1 Folienkondensatoren

Folienkondensatoren bestehen aus einer **beidseitig metallisierten Folie**, die mit der gleichen Folie ohne Metallisierung aufgewickelt wird (Bild 16.8 a). Die beiden isolierten metallisierten Flächen werden jeweils auf den beiden Stirnseiten mit Metall verbunden, an das die zwei Anschlussdrähte angelötet oder geschweißt werden (Bild 16.8 b). Der fertige Kondensator wird in ein Kunststoffgehäuse eingebaut oder in flüssigen Kunststoff getaucht, der danach aushärtet.

Der Kunststoff der Folie bestimmt den Temperaturgang der Kapazität, den Verlustfaktor tan δ bei höheren Frequenzen und auch die Baugröße des Kondensators bei vorgegebener Kapazität und Spannung. Die Strombelastbarkeit der Metallisierung begrenzt die Impulsfestigkeit gegenüber kurzen und hohen Stoßströmen. Ein zu großer Stoßstrom kann den Anschluss an der Metallisierung abbrennen und den Kondensator zerstören.

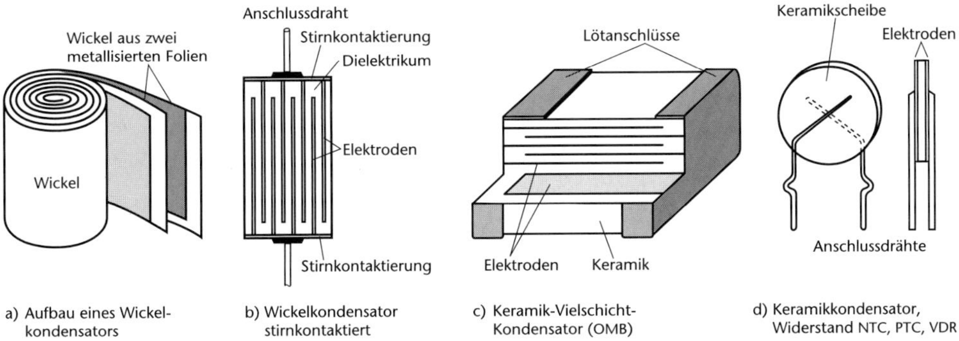

Bild 16.8 Folien- und Keramikkondensatoren

16

16.1.2.2 Metall-Papier-Kondensatoren

Metall-Papier-Kondensatoren gehören zu den ältesten industriell hergestellten Kondensatoren. Dabei werden zwei Aluminium- oder Kupferfolien mit zwei imprägnierten Papierbändern isoliert und aufgewickelt. Die voneinander isolierten Metallfolien werden einzeln über Drähte angeschlossen und der Wickel wird in ein Metall- oder Kunststoffgehäuse eingebaut. Der Aufbau entspricht dem Folienkondensator in Bild 16.8 a.

Auf einer Seite eines Papierstreifens ist eine **Aluminiumschicht aufgedampft**. Zwei gleiche, voneinander isolierte Streifen werden gemeinsam zu einem Kondensator aufgewickelt. Bei einem Durchschlag durch Überspannung verdampft der hohe Stromimpuls die dünne Aluminiumschicht im Umkreis der Fehlstelle, und der Kondensator hält wieder seine Nennspannung aus. Diese **selbstheilenden** Kondensatoren sind zuverlässig und haben sich im Motorenbau und in der Wechselstromtechnik am 230-V- und 400-V-Wechselspannungsnetz bewährt.

Sie werden vorwiegend bei der Netzfrequenz von 50 Hz als Phasenschieber in Asynchronmotoren, zur Blindstromkompensation am Netz oder bei Leuchtstofflampen sowie als Entstörkondensatoren beispielsweise bei Gleichstrommotoren verwendet.

16.1.2.3 Keramische Kondensatoren

Ein keramischer Kondensator besteht im einfachsten Fall aus einer runden oder rechteckigen Scheibe aus Isoliermaterial, die auf beiden großen Flächen metallisiert ist (Bild 16.8 d). Die Scheibe ist gleichzeitig mechanischer Träger und Dielektrikum. Sie besteht aus gesinterten Titanoxiden mit verschiedenen Zusatzstoffen. Die Permittivitätszahl ε_r dieser Keramikwerkstoffe kann zwischen 10 und 10^6 liegen. Keramikwerkstoffe mit einem ε_r bis 400 heißen **NDK-Keramik** (Niedrige Dielektrizitäts-Konstante). Sie zeichnen sich durch eine sehr geringe Temperaturabhängigkeit, geringe Verluste im Dielektrikum und damit eine vorzügliche Eignung bei Hochfrequenz aus. Werkstoffe mit einem $\varepsilon_r > 10^3$ bis 10^6 heißen **HDK-Keramik** (Hohe Dielektrizitäts-Konstante). Ihre Kapazität hängt stark von der Temperatur und etwas von der Arbeitsfrequenz ab. Wegen der vergleichsweise hohen inneren Verluste beim Ändern der Feldstärke sind sie für höhere Frequenzen (>10 MHz) nur bedingt geeignet.

Baut man den Kondensator aus mehreren Keramikschichten mit dazwischenliegenden Elektroden auf, dann steigt die Kapazität linear mit der Anzahl der Schichten (Bild 16.8 c). Mit diesen keramischen **Vielschichtkondensatoren** lassen sich hohe Kapazitätswerte bei kleinen Abmessungen verwirklichen (z. B. ist ein Kondensator mit 22 µF und 10 V Betriebspannung 3 mm × 3 mm × 2 mm groß).

16.1.2.4 Elektrolytkondensatoren

Elektrolytkondensatoren haben, wie alle anderen Typen auch, ein festes Dielektrikum. Es besteht bei **Aluminium-Elektrolytkondensatoren** (Al-Elko) aus $\mathbf{Al_2O_3}$ mit $\varepsilon_r = 12$ und bei **Tantal-Kondensatoren** aus $\mathbf{Ta_2O_5}$ mit $\varepsilon_r = 27$. Da beide Stoffe eine sehr hohe Feldstärke, $E \geq 5 \cdot 10^5$ V/mm, aushalten, darf das Dielektrikum dünn sein; man erhält trotz kleiner Fläche eine große Kapazität. Die Anode eines Elektrolytkondensators besteht aus einem Ventilmetall, Al oder Ta, die Kombination Metall-Metalloxid leitet in einer Richtung, in der Gegenrichtung nicht. Elektrolytkondensatoren sind deshalb immer gepolt; die Spannung darf nur mit richtiger Polarität angeschlossen werden.

16

Die Anode des Al-Elkos besteht aus einer Alu-Folie mit oxidierter Oberfläche als Dielektrikum. Die Katode besteht aus Alu-Folie, zwischen Katode und Dielektrikum liegt der mit dem **leitfähigen Elektrolyten** getränkte Separator. Die Folien und der Separator sind aufgewickelt (Bild 16.9 a). Der Elektrolyt eines nassen Elkos besteht aus einer leitfähigen organischen Flüssigkeit. Dünne Stellen im Dielektrikum führen zu einem erhöhten Reststrom, der zusammen mit dem Sauerstoff im Elektrolyten die Isolierschicht wieder aufbaut und damit Schäden des Kondensators heilt. Bild 16.9 b zeigt den Querschnitt eines Al-Elkos im Gehäuse und Bild 16.9 c die wirksamen Schichten des Kondensators.

Eine andere Technologie verwendet **Mangandioxid als festen Elektrolyten** für hochwertige Kondensatoren. Auch diese Kondensatoren sind gepolt. Der feste Elektrolyt erlaubt einen nach oben und unten erweiterten Temperaturbereich (–40 °C bis +125 °C). Diese Kondensatoren haben meistens eine glatte Al-Folie als Anode, sind deutlich größer, aber auch zuverlässiger als nasse Elkos. Sie werden auch als **SAL-Kondensatoren** (Solid-Aluminium-Kondensatoren) bezeichnet und werden nur für hohe Anforderungen eingesetzt.

Die meisten **Tantalkondensatoren** werden als **trockene Ta-Elkos** gebaut. Die Anode besteht aus gesintertem Tantalpulver, die Oberfläche wird elektrisch oxidiert und mit Mangandioxid kontaktiert. Für hohe Anforderungen kann der Kondensator in ein Metallgehäuse eingebaut werden (Bild 16.9 d). Die meisten Ta-Elkos werden heute nur in flüssigen Kunststoff getaucht.

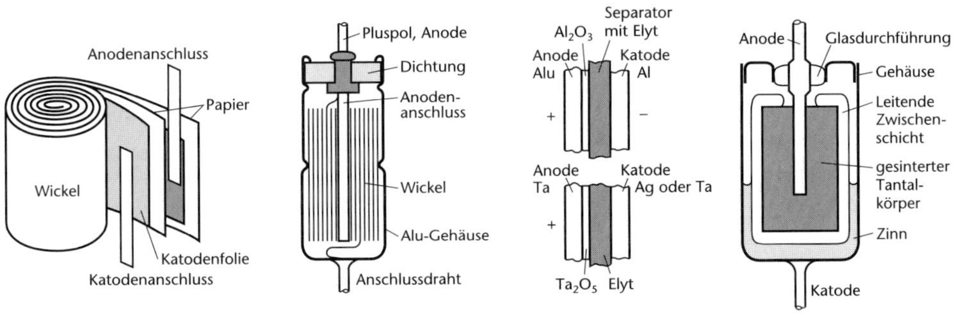

a) Aluminium-Elektrolyt-kondensator b) Alu-Elko im Gehäuse c) Prinzip der Elektrolyt-kondensatoren d) Tantalelko

Bild 16.9 Elektrolytkondensatoren

16.1.2.5 Sonderbauformen bei Kondensatoren

Für die geforderte Entstörung elektrischer Maschinen und Geräte werden die Netzzuleitungen zunehmend mit Kondensatoren abgeblockt. Diese Kondensatoren schließen die hochfrequenten Störungen kurz, bevor sie das Gerät über die Netzleitung verlassen. **X-Kondensatoren** unterdrücken Gegentaktstörungen. Der Kondensator verbindet die beiden Stromversorgungsleitungen, das ist L und N am Wechselstromnetz und + und – bei einer Gleichstromversorgung, und schließt die dazwischenstehende Störspannung kurz. X-Kondensatoren können zwei oder vier Anschlüsse haben (Bild 16.10a).

Diese Kondensatoren liegen direkt in der Netzleitung, dabei ist **AL** der Außenleiter im Drehstromnetz, er führt heute 230 V, **N** ist der neutrale Anschluss mit 0 V gegen Erde und **PE** ist der Erdanschluss, über den mögliche Fehlströme abgeleitet werden.

Y-Kondensatoren verbinden die beiden Netzleitungen jeweils mit dem Gehäuse und dem Schutzleiter. Sie unterdrücken auch Gleichtaktstörungen, da sie die Störspannung auf beiden Netzleitungen nach Masse abführen (Bild 16.10b). Am Wechselstromnetz fließt auch ein 50-Hz-Strom über diese Kondensatoren; er ist aus Sicherheitsgründen auf wenige mA begrenzt. Y-Kondensatoren haben deshalb kleine Kapazitätswerte; sie werden bei Bedarf mit X-Kondensatoren kombiniert. Die Entstörung arbeitet nur zusammen mit einem ausreichend großen Längswiderstand in der Geräteleitung. Das kann der Innenwiderstand der Störquelle oder eine in Reihe geschaltete Drossel sein. Man erhält dann ein in Abschnitt 16.1.4 beschriebenes Entstörfilter.

Funkentstörkondensatoren und -filter sind sicherheitskritische Bauteile. Sie müssen eine ausreichende Reserve für Überspannung aushalten und im Brandfall selbstlöschend sein. Diese Bauteile müssen gekennzeichnet sein.

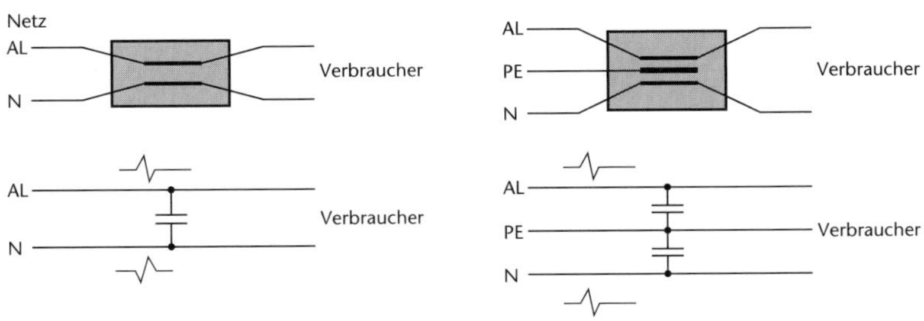

a) X-Kondensator b) Y-Kondensator

Bild 16.10 Entstörkondensatoren

16.1.3 Induktivitäten

Induktivitäten oder Spulen werden überwiegend in der Nachrichtentechnik zur **Trennung verschiedener Frequenzen** oder zur Trennung von **Wechsel- und Gleichstrom** benötigt. In der Energietechnik nutzt man Drosseln als **Energiespeicher** im ms-Bereich. Aus Spulen und Kondensatoren baut man **Filter**, die die Ausbreitung elektromagnetischer Störungen verhindern.

16.1.3.1 Luftspulen

Ein auf einen Zylinder aufgewickelter Draht stellt die einfachste Form einer diskreten Induktivität dar (Bild 16.11 a). Die Induktivität dieser Zylinderspule ist:

$$L = \mu_0 A n^2 / l$$

mit $\mu_0 = 4\pi \cdot 10^{-7}$ V · s/(A · m), der Spulenfläche A/m², der Spulenlänge l/m und der Windungszahl n. Die Induktivität hat die Einheit Henry (H). Die Formel gilt mit guter Genauigkeit, wenn die Spule deutlich länger ist als ihr Durchmesser. Den Feldverlauf um eine zylindrische Luftspule zeigt Bild 16.11 a. Ist die Spule nicht gerade, sondern ein **Toroid**, dann gilt der mittlere Umfang als Länge der Zylinderspule (Bild 16.11 b).

Luftspulen haben nur ohmsche Verluste durch den Drahtwiderstand, die den zulässigen Strom begrenzen. Luftspulen arbeiten auch bei hohem überlagertem Gleichstrom und bei hohen Frequenzen. Nachteilig ist die auf die Baugröße bezogene, geringe Induktivität.

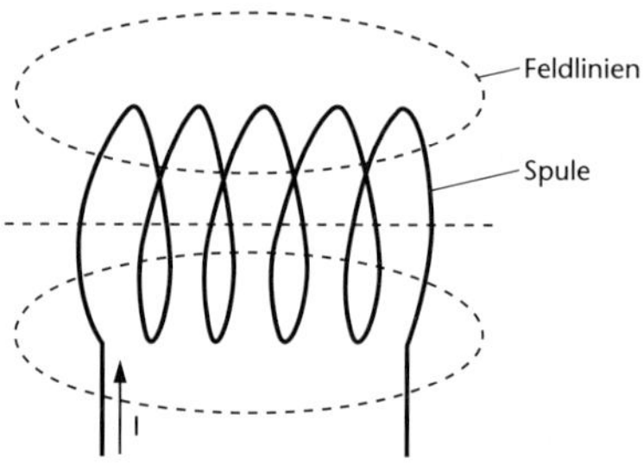

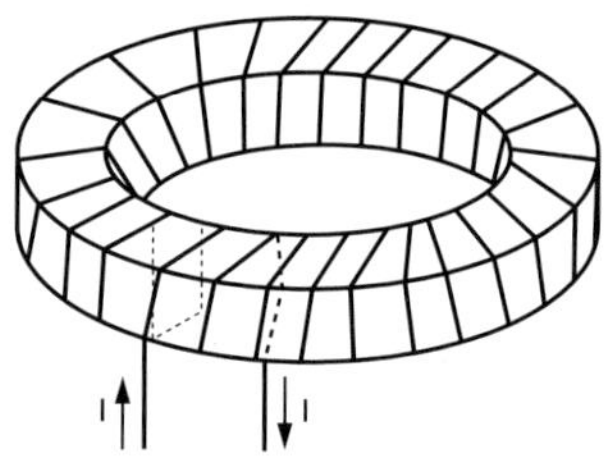

Bild 16.11 Bauformen von Induktivitäten (Luftspulen)

16.1.3.2 Induktivität mit Eisenkern

Ein Eisenkern erhöht die Flussdichte B im magnetischen Kreis drastisch; dementsprechend nimmt die Induktivität zu. Bild 16.12a zeigt die Spule mit Eisenkern schematisch und Bild 16.12b die praktische Ausführung. Bild 16.12c stellt den Zusammenhang zwischen Feldstärke H und Flussdichte B dar. Wegen der **Sättigungsinduktion** bei hoher magnetischer Feldstärke H sind diese Induktivitäten nur für begrenzte Ströme nutzbar. Ein Luftspalt im magnetischen Kreis, das ist eine kurze Unterbrechung im ferromagnetischen Material, verringert die Flussdichte B so weit, dass sie beim größten Strom den Sättigungsbereich noch nicht erreicht (Bild 16.12c). Die Induktivität dieser Spule mit Eisenkern ohne Luftspalt ist:

$$L = \mu_r \, \mu_0 \, A n^2 / l$$

mit $\mu_0 = 4\pi \cdot 10^{-7}$ V · s/(A · m), der Querschnittsfläche des Eisens A/m², der Länge des magnetischen Weges im Eisen l/m und der Windungszahl n. Die relative Permeabilität des Eisens ist $\mu_r \geq 2000$.

Ein elektrisch leitender Kern stellt eine **kurzgeschlossene** Windung der Induktivität dar, in der der sich ändernde magnetische Fluss erhebliche **Wirbelströme** verursacht und den Kern erwärmt. Deshalb wird der Eisenkern nicht massiv, sondern aus dünnen, voneinander isolierten Blechen hergestellt. Diese Bleche haben eine hohe Sättigungsinduktion und werden als Dynamobleche oder legierte Elektrobleche bezeichnet. Diese Bleche eignen sich von 50 Hz bis 20 kHz. Bild 16.12c zeigt die Flussdichte B als Funktion der Feldstärke H. Im Abschnitt 4.4.3 ist auf das Dynamoblech hingewiesen.

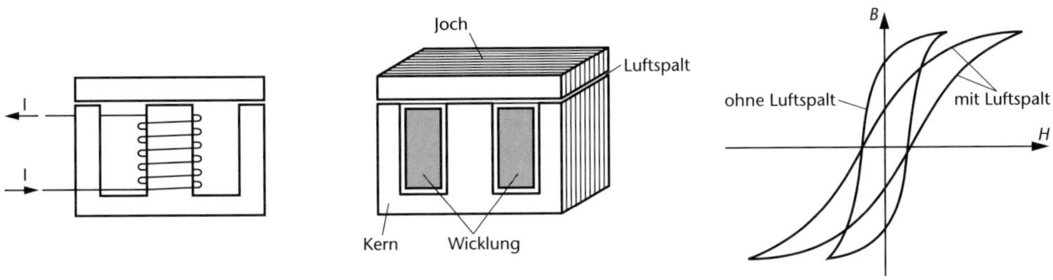

a) Prinzip der Spule mit Eisenkern b) Spule mit Eisen- oder Ferritkern c) Hystereseschleife des Eisens, mit und ohne Luftspalt

Bild 16.12 Induktivität mit Eisen- oder Ferritkern

16.1.3.3 Induktivität mit Ferritkern

Spulen und Transformatoren für höhere Frequenzen haben Ferritkerne. Ferrite bestehen überwiegend aus Fe_2O_3 mit kleinen Zusätzen von ZnO, NiO und MnO. Das fein gemahlene Pulver wird in die Form gepresst und gesintert. Die Trennflächen der Ferritkerne sind geschliffen, um unerwünschte Luftspalte zu vermeiden. Ferrite haben einen hohen spezifischen Widerstand, es entstehen keine Wirbelströme, die Kerne sind deshalb nicht lamelliert, sondern massiv. Es gibt sie für die Leistungselektronik bis in den Megahertz-Bereich und für Hochfrequenzanwendungen bis in den Gigahertz-Bereich.

16.1.3.4 Transformator

Ein Transformator formt elektrische Spannung in eine andere Spannung um. Die Leistung bleibt bis auf geringe Übertragungsverluste erhalten.

Ein Transformator besteht aus mindestens zwei **magnetisch eng gekoppelten** Wicklungen, die beim Spartrafo auch verbunden sein können. Die Primärwicklung erzeugt einen sich ändernden magnetischen Fluss, der durch die zweite Wicklung, die Sekundärwicklung, fließt und dort eine Spannung induziert. Ein gemeinsamer Eisen- oder Ferritkern koppelt beide Wicklungen fest und sichert einen verlustarmen Leistungsübergang von der Primär- zur Sekundärwicklung. Der ideale Transformator ist unter 4.5.4 beschrieben. Die Frequenz und meistens auch der zeitliche Verlauf der Spannung bleiben, die Ausgangsleistung ist nur um die geringen Verluste gegenüber der Eingangsleistung verringert. Das Übersetzungsverhältnis $ü$ kann in weiten Grenzen beliebig gewählt werden. Der notwendige Eisenquerschnitt ist zur übertragenen Leistung direkt und zur Arbeitsfrequenz umgekehrt proportional. Je höher die übertragene Frequenz ist, desto kleiner kann der ganze Transformator sein.

Bild 16.13 a zeigt das Ersatzschaltbild des realen Transformators. Die Primärwicklung hat den Kupferwiderstand R_P. Ein kleiner Teil des magnetischen Flusses der Primärwicklung geht an der Sekundärwicklung vorbei und erzeugt den Streufluss, dargestellt ist er im Ersatzschaltbild durch eine **Streuinduktivität $L_{\sigma P}$**, deren Feld nicht auf die Sekundärseite wirkt. Die Primärspannung liegt jetzt an der **Hauptinduktivität L_H** und erzeugt in ihr einen Blindstrom (Abschn. 4.5.3). Ebenfalls an der Primärspannung liegt R_E, er steht für die Ummagnetisierungs- und eventuelle **Wirbelstromverluste** im Eisen. Die **Ummagnetisierungsverluste** nehmen mit der Frequenz linear und mit dem maximalen magnetischen Fluss überproportional zu. Der folgende ideale Transformator setzt die Leistung verlustfrei um. Auch die Sekundärwicklung hat einen Kupferwiderstand R_S und eine Streuinduktivität $L_{\sigma S}$. Um die Berechnung zu vereinfachen, können beide Größen auf die Primärseite transformiert werden (Bild 16.13 b). Die Streuinduktivität beträgt normalerweise nur

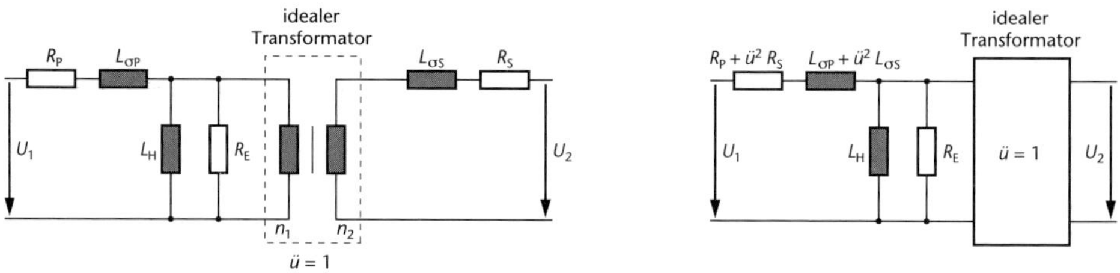

a) Ersatzschaltbild des Transformators

b) vereinfachtes Ersatzschaltbild des Transformators

Bild 16.13 Ersatzschaltbilder des realen Transformators

wenige Promille der Hauptinduktivität und ist meistens vernachlässigbar. Sie kann aber bewusst vergrößert werden, um den Kurzschlussstrom des Transformators zu begrenzen. Alle Verluste betragen bei sehr kleinen Transformatoren 20 % der übertragenen Leistung und gehen bei sehr großen Transformatoren auf unter 1 % zurück.

16

16.1.3.5 Leitung mit Ferritring

Normalerweise besteht eine Drossel aus einem ferromagnetischen Kern, der mit dem stromdurchflossenen Draht umwickelt ist. Ein gerader Leiter hat auch eine Induktivität. Sie wird vergrößert, wenn der Leiter von einem ferromagnetischen Ring umschlossen wird (Bild 16.14 a) und bildet zusammen mit der Leitungskapazität und der Eingangskapazität des Gerätes einen Tiefpass und damit eine Sperre für hohe Frequenzen. Bild 16.14 b zeigt das Ersatzschaltbild. Zum nachträglichen Einbau gibt es geteilte Ferritringe, die über der Leitung geschlossen werden können.

Der Ferritring unterdrückt vorwiegend Gleichtaktstörungen, das sind hochfrequente Spannungen, die auf mehreren Leitungen gemeinsam gegen Masse auftreten. Die Nutzsignale sind im Allgemeinen Gegentaktsignale, die vom Ferritring viel weniger gedämpft werden.

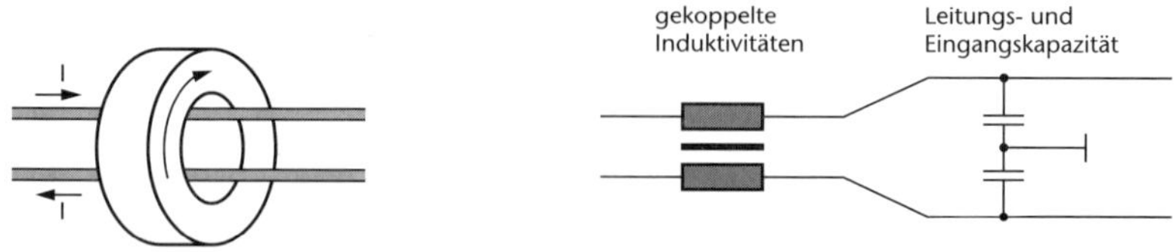

a) Leitung mit Ferritring

b) zugehöriges Ersatzschaltbild

Bild 16.14 Störunterdrückung mit Ferritring

16.1.4 Entstörfilter

Die zunehmende Verwendung von Schaltreglern in Netzteilen, Phasenanschnittsteuerungen mit Thyristoren und Triacs und die immer schneller werdenden Datenverbindungen erhöhen die geleiteten und gestrahlten Störpegel, die **Elektrosmog** erzeugen. Um die Funktion sicherzustellen, dürfen moderne Geräte nach dem EMV-Gesetz nur einen begrenzten Störpegel abgeben und sie müssen in einer gestörten Umgebung einwandfrei arbeiten.

Geeignete **Entstörfilter** in den Energie- und Datenleitungen stellen diese Funktion sicher. Bild 16.15 a zeigt ein einfaches einpoliges π-Filter aus zwei Kondensatoren und einer Spule, das für Gleichstrom verwendet wird, wenn ein Pol am Gehäuse liegt. Bild 16.15 b zeigt ein Filter für Gegentaktstörungen: Die Drosseln sind für die Störung große Längswiderstände, und die Kondensatoren schließen die restliche Störspannung kurz. Der magnetische Fluss in der Drossel darf nicht im Sättigungsbereich sein; der Eisenweg enthält deshalb einen großen Luftspalt.

Bild 16.15 c zeigt ein **Kombinationsfilter**. Der Kondensator C_X und die Reihenschaltung der Kondensatoren C_{Y1} und C_{Y2} unterdrücken Gegentaktstörungen. Die Drosseln L_1 und L_2 haben einen gemeinsamen Ringkern aus hochpermeablem Material, sie unterdrücken Gleichtaktstörungen zusammen mit C_{Y1} und C_{Y2}. Die Nutzströme in den Wicklungen L_1 und L_2 erzeugen entgegengesetzt gleich große magnetische Flüsse im Eisen, deren Summe null ist. Sie verhindern eine Vormagnetisierung, die den magnetischen Fluss in die Sättigung treibt und die Drosseln unwirksam macht (Bild 16.15 d). Diese stromkompensierten Drosseln brauchen keinen Luftspalt, sie sind klein, wirken aber nicht gegen Gleichtaktstörungen.

Entstörfilter haben ein geschlossenes Metallgehäuse, das eine magnetische Störstrahlung der Drosseln verhindert und das Filter induktionsarm mit dem Gerätegehäuse verbindet.

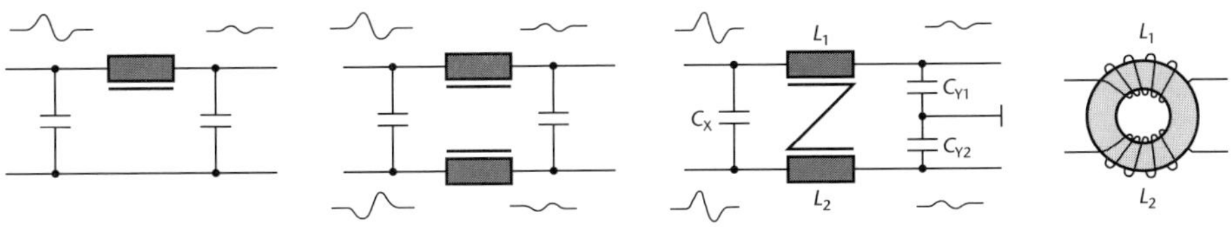

a) Filter für Gleichstrom. Ein Pol an Masse
b) Filter für Wechselstrom und Gegentaktstörung
c) Filter für Gleichtaktstörung
d) Aufbau der Induktivitäten L_1 und L_2

Bild 16.15 Entstörfilter

16.2 Halbleiterbauelemente

16.2.1 Dioden

Dioden sind Bauteile mit zwei Elektroden, die den Strom nur in einer Richtung leiten, in der anderen sperren. Sie sind **Ventile** für den Strom. Die heute verwendeten Halbleiterdioden bestehen entweder aus einer p- und einer n-dotierten Siliciumschicht oder aus einer p-dotierten Si-Schicht mit einer Metallelektrode (Abschn. 4.8).

Das Typenspektrum ist sehr vielfältig, Bild 4.29 zeigt die Kennlinie bei kleinen Spannungen und Strömen sowie für größere Werte. Der Sperrstrom, wenn die Spannung in Sperrrichtung anliegt, ist meistens vernachlässigbar klein.

Dioden sind automatische Ventile. Eine in Durchlassrichtung anliegende Spannung bringt Ladungsträger in die Sperrschicht und die Diode leitet. Eine in Sperrrichtung anliegende Spannung räumt die beweglichen Ladungsträger aus der Sperrschicht aus und sie isoliert.

Dioden haben einen zulässigen Dauerstrom, der durch die Erwärmung des Elementes und die Wärmeabfuhr über das Gehäuse bestimmt ist. Kurzzeitig (z. B. 1 ms) kann die Diode bis zum 50-fachen Dauerstrom ohne Schaden aushalten. Die Sperrschicht, das ist die Stelle, an der der Spannungsabfall und damit auch die Verlustleistung entsteht, darf unter keinen Umständen wärmer als 200 °C werden; sonst verändert sich die Diode irreversibel und wird zerstört.

Die zulässige Sperrspannung ist durch die Dicke der Sperrschichten und die Dotierung bestimmt. Eine zu große Spannung in Sperrrichtung führt zu einem lawinenartigen Anstieg des Sperrstroms, der die meisten Dioden zerstört. Im Gegensatz zum Strom zerstört auch eine sehr kurz andauernde Überspannung die Diode. Lediglich Avalanche-Dioden können einen begrenzten Stromimpuls in Sperrrichtung regelmäßig aushalten.

16.2.1.1 Schaltdioden

Schaltdioden, auch Signaldioden, schalten nur kleine Ströme (50 ... 500 mA), sperren nicht mehr als 100 V, schalten aber in kurzer Zeit (1 ... 4 ns). Mehrere Signalquellen können auf einen Eingang wirken, sie sind aber untereinander entkoppelt (abgeschaltet).

Bild 4.31 zeigt ein Gehäuse einer Signaldiode mit Drahtanschlüssen. Der Trend zu Oberflächen-montierten Bauteilen führt auch bei Dioden zu Gehäusen mit kleinen Lötflächen und ohne Anschlussdrähte. Schaltdioden sind durch die Massenherstellung sehr preisgünstig.

16.2.1.2 Gleichrichterdioden

Gleichrichterdioden richten Spannungen mit Netzfrequenz gleich (50 ... 400 Hz). Gleichrichter können direkt am 230-V-Netz (Netzgleichrichter) oder nach einem Transformator betrieben werden. Gleichrichterdioden gibt es in großer Vielfalt für Ströme zwischen 1 A und 50 A. Hochstromgleichrichter können auch mehrere Tausend Ampere gleichrichten. Bei noch größeren Strömen können mehrere Gleichrichter parallel geschaltet werden, wenn die Stromaufteilung auf alle Dioden sichergestellt wird.

16

Gleichrichterdioden sperren Spannungen zwischen 50 V und 1200 V. Sie halten hohe Stromimpulse aus, wie sie beim Einschalten eines Netzgleichrichters mit anschließendem Ladekondensator vorkommen. Auch Spannungsspitzen im Netz können hohe und kurze Spitzenströme in den Gleichrichterdioden verursachen. Die Ströme in Sperrrichtung sind im Allgemeinen vernachlässigbar klein. Die Schaltzeiten können 1 µs erreichen, was bei 1 kHz Grundfrequenz und 1 ms Periodendauer nicht stört. Gleichrichterdioden sind langsam, robust und preisgünstig. Sie sind auch als Diodenpaar oder als Brückengleichrichter zu haben.

Gleichrichter werden meistens in einer der drei Grundschaltungen in Bild 16.16 betrieben. Bild 16.16a zeigt einen **Einweggleichrichter**, der nur eine Halbwelle gleichrichtet. Das Verfahren ist billig, die Wechselspannung hat eine **große Restwelligkeit** und einen hohen Innenwiderstand. Der Transformator wird von Gleichstrom durchflossen und muss entsprechend größer dimensioniert werden.

Bild 16.16b zeigt einen Gleichrichter in **Sternschaltung**, der beide Halbwellen gleichrichtet. Wenig Verluste in den Dioden und **geringe Restwelligkeit** stehen einem geringen Mehraufwand beim Transformator gegenüber, er benötigt zwei Sekundärwicklungen mit dem 0,7fachen Drahtquerschnitt gegenüber einer Brückenschaltung. Wird Drehstrom gleichgerichtet, können beliebig viele Phasen über Dioden parallel geschaltet werden, was zu einer sehr geringen Welligkeit und geringem Innenwiderstand der Gleichspannung führt.

Bild 16.16c zeigt einen **Brückengleichrichter** oder **Zweiweggleichrichter**, der bei kleinen Leistungen am Netz häufig verwendet wird. **Eine** Sekundärwicklung des Transformators sichert dort den geringsten Aufwand. Die Welligkeit entspricht der Sternschaltung, jedoch fällt an den zwei in Reihe geschalteten Dioden die **doppelte Spannung als Verlust** ab. Bei der Stern- und bei der Brückenschaltung fließt im Transformator kein störender Gleichstrom. Brückengleichrichter in einem vergossenen Gehäuse gibt es in großer Vielfalt.

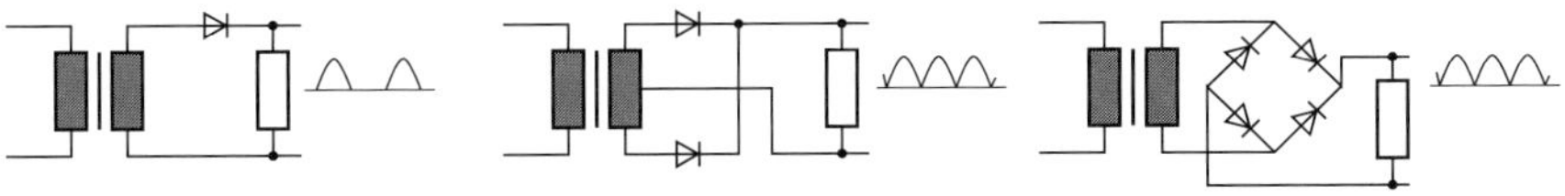

a) Einweggleichrichter b) Gleichrichter in Sternschaltung c) Gleichrichter in Brückenschaltung

Bild 16.16 Gleichrichterschaltungen

16.2.1.3 Schnelle Leistungsdioden

Schaltregler arbeiten heute mit Frequenzen zwischen 100 kHz und 1 MHz. Die Schaltzeiten der Dioden im Schaltregler und im nachfolgenden Gleichrichter müssen wesentlich kürzer als die Periodendauer der Schaltfrequenz sein. Die Sperrverzögerungszeit hängt vom Aufbau der ganzen Diode ab, sie nimmt mit dem aktuellen Durchlassstrom und der zulässigen Sperrspannung zu. Der Stromabriss zu Beginn der Sperrphase verursacht Funkstörungen, die durch ein weiches Abschalten verringert werden können.

16.2.1.4 Schottky-Leistungsdioden

Mit zunehmender Schaltfrequenz können schnelle Leistungsdioden nicht mehr genügend schnell abschalten. Bei kleinen Sperrspannungen bis 100 V können Schottky-Leistungsdioden eingesetzt werden. Sie haben einen **Halbleiter-Metall-Übergang**, aus dem die Ladungsträger viel schneller abfließen als aus einem pn-Übergang. Vorteilhaft ist auch die geringe Durchlassspannung von 0,4 V anstatt 0,6 V bei klassischen Dioden. Nachteilig ist die geringe Sperrspannung und der hohe Sperrstrom, der mit der Temperatur weiter stark ansteigt. Die höchstzulässige Kristalltemperatur ist 125 °C und damit wesentlich unter den 200 °C einer Diode mit pn-Übergang.

16.2.1.5 Z-Dioden

Übersteigt die Spannung in Sperrrichtung an einer Diode den zulässigen Wert, dann nimmt der anfangs geringe Sperrstrom stark zu. Je höher das Halbleitermaterial in der Sperrschicht dotiert ist, desto geringer ist die Spannung, bei der dieser Effekt einsetzt. Z-Dioden werden in Sperrrichtung betrieben. Der Schichtaufbau und die Dotierung bestimmen die Arbeitsspannung und die genaue Charakteristik. Z-Dioden sind so ausgelegt, dass bei der Durchbruchspannung ständig ein Strom fließen darf, solange die zulässige Verlustleistung eingehalten wird. Bild 16.17a zeigt die ganze Kennlinie einer Z-Diode mit 6,8 V. Bild 16.17b gibt einen Überblick über Z-Dioden mit verschiedenen Arbeitsspannungen.

Z-Dioden werden heute zur **Spannungsbegrenzung** und für einfache Stabilisierungsaufgaben eingesetzt (Bild 16.17c). Referenzspannungen werden dagegen mit Referenzelementen erzeugt, das sind besondere integrierte Schaltungen. Sie haben einen sehr kleinen Innenwiderstand und die Spannung hängt fast nicht mehr von der Temperatur ab.

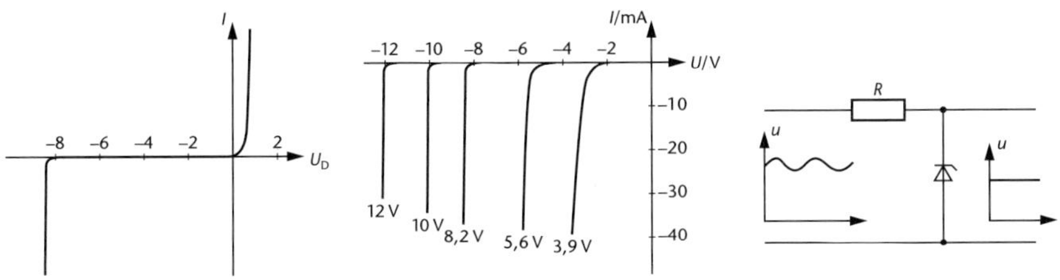

a) Kennlinie einer Z-Diode b) Verschiedene Z-Dioden c) Stabilisierungsschaltung

Bild 16.17 Z-Dioden

16.2.1.6 Transzorbdioden

Transzorbdioden dienen zum Abfangen **energiereicher** Spannungsspitzen auf gestörten Stromversorgungs- und Datenleitungen. Transzorbdioden sind im Prinzip Z-Dioden, die kurzzeitig einen sehr hohen Strom ohne Zerstörung aushalten. Dabei fließt der Strom über die ganze Fläche der Sperrschicht, ohne einen Kanal zu bilden, der dann übermäßig erwärmt und die Sperrschicht zerstören würde. Transzorbdioden können ein großes Metallgehäuse haben und während einer Millisekunde bis zu 25 kW aufnehmen.

16.2.1.7 Leuchtdioden

Leuchtdioden oder LED (Light Emitting Diode) werden in Durchlassrichtung betrieben. Die Minoritätsträger beider Seiten rekombinieren in der Sperrschicht und geben einen Teil der wieder frei werdenden Energie als Strahlung ab. Der Bandabstand entspricht etwa der Photonenenergie und bestimmt die Farbe des Lichtes. Das ausgesandte Spektrum ist **nur 20 nm bis 40 nm** breit, es wirkt einfarbig, ist aber nicht monochromatisch wie das Licht eines Lasers. Das Halbleitermaterial ist für das ausgesendete Licht transparent. Die LEDs werden mit farbigem transparentem Kunststoff umpresst. Seine Farbe erhöht den Kontrast, ändert aber die Leuchtfarbe nicht.

Bild 16.18a zeigt ein übliches Gehäuse, Bild 16.18b die Spektren und die zugehörigen Halbleiterwerkstoffe verschiedener LEDs.

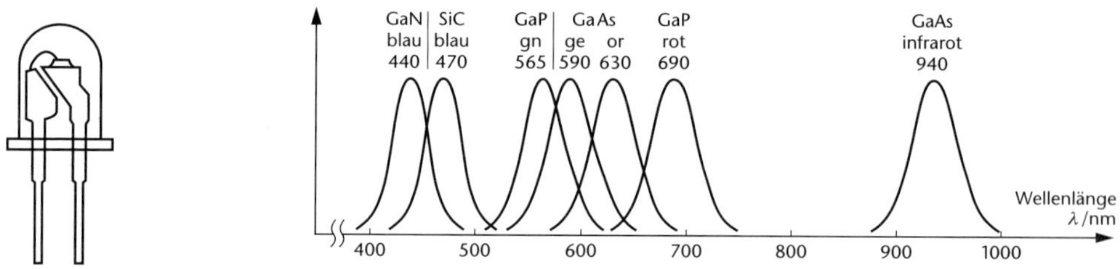

a) Aufbau der LED b) Material, Wellenlänge und Lichtfarbe verschiedener LED

Bild 16.18 Licht emittierende Dioden (LED)

16.2.1.8 Fotodioden

Fotodioden werden meistens aus gering dotiertem Silicium hergestellt und in Sperrrichtung betrieben. Solange kein Licht auf die Sperrschicht fällt, ist der Sperrstrom sehr klein. Einfallendes Licht setzt Ladungsträger frei, die bei angelegter Spannung einen Strom verursachen. Er ist nahezu von der angelegten Sperrspannung unabhängig, aber über mehrere Zehnerpotenzen streng linear von der Stärke des einfallenden Lichtes abhängig.

Fotodioden eignen sich gut, um Licht über einen großen **Dynamikbereich** zu messen. Sie arbeiten schon bei sehr geringer Lichtstärke linear. Je nach den Anforderungen der Umgebungsbedingungen sind sie mit transparentem Kunststoff umpresst oder in ein Metallgehäuse mit Glasfenster eingebaut. Bild 16.19 zeigt ein Gehäuse, den Zusammenhang zwischen eingestrahlter Lichtleistung und dem Fotostrom sowie die spektrale Verteilung des lichtempfindlichen Bereichs.

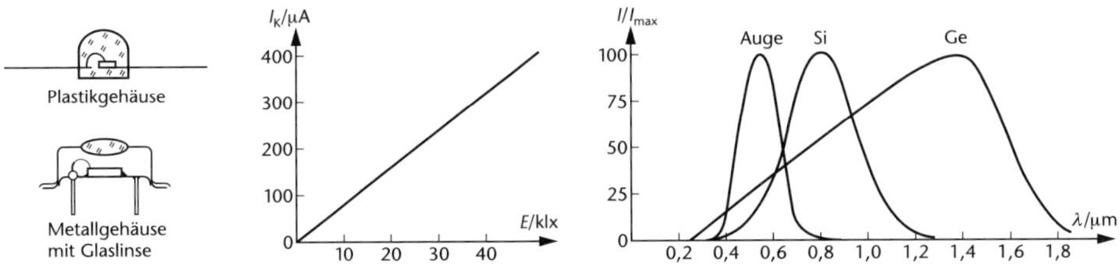

a) Fotodiode b) Licht-Strom-Kennlinie c) Spektrale Empfindlichkeit

Bild 16.19 Fotodioden

16.2.1.9 Solarzellen

Solarzellen sind im Prinzip großflächige Fotodioden, die ohne äußere Spannung betrieben werden. Bild 16.20a zeigt den Aufbau einer Siliciumzelle. Auf dem p-Substrat ist eine dünne lichtdurchlässige n-Schicht. Die Rückseite des p-Substrats ist metallisiert und meistens verzinnt. Metallische Kontaktbahnen sammeln die Ladungsträger auf der n-Schicht und führen sie dem Anschluss zu. Beim Übergang des Lichtes aus der Luft in das optisch wesentlich dichtere Silicium würde ein erheblicher Teil des Lichtes reflektiert, dieses Licht ginge für die Umwandlung verloren. Eine **Antireflexschicht**, deren optische Dichte zwischen der der Luft und des Siliciums liegt, mildert diese Verluste. Je mehr Schichten dieser Übergang hat, desto geringer sind die Verluste. Die Vergussmasse und die Abdeckscheibe eines Solarpanels werden in dieses System einbezogen.

Das Licht dringt in den Bereich des pn-Übergangs ein, ein Teil der Photonen löst jeweils ein Elektron aus dem Kristallverband. Das elektrische Feld beschleunigt das Elektron zur n-Si-Schicht, die ebenso entstandenen Löcher zum zur p-Si-Schicht. Die **nutzbare Spannung** beträgt ungefähr **0,45 V**. Bild 16.20b zeigt die typische Strom-Spannungs-Kennlinie. Der Nutzstrom nimmt linear mit der Fläche der Solarzelle und mit der eingestrahlten Leistung zu.

Bild 16.20c zeigt das Spektrum des Sonnenlichtes und den Bereich, den die Solarzelle in Strom umwandeln kann. Der **Wirkungsgrad** handelsüblicher Solarzellen liegt bei **10 %**. Strahlung, deren Wellenlänge länger als 1100 nm ist, setzt im Silicium keine Elektronen mehr frei. Vom kurzwelligen Licht wird nur die Energie genutzt, die dieser Wellenlänge entspricht, der Rest wird in Wärme umgesetzt. Außerdem führt nicht jedes Photon zu getrennten Ladungsträgern, manche rekombinieren auch wieder in der Sperrschicht und tragen nicht zum äußeren Strom bei.

16

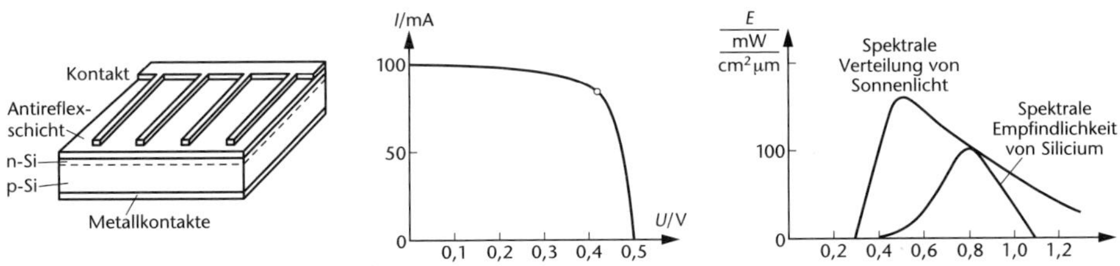

a) Aufbau der Solarzelle b) Strom-Spannungs-Kennlinie c) Spektrale Verteilung

Bild 16.20 Solarzellen

16.2.2 Bipolare Transistoren

Bipolare Transistoren verstärken kleine Steuerströme zu erheblich größeren Ausgangsströmen. Die Leistung kommt aus einer externen Quelle.

Die Wirkungsweise der bipolaren Transistoren wurde im Abschnitt 4.8.3.1 beschrieben. Es gibt zwei zueinander komplementäre Grundtypen, npn-Transistoren, die mit positiven Spannungen und Strömen betrieben werden, und pnp-Transistoren, die aus einer negativen Versorgung gespeist werden. Bild 16.21 zeigt die Schaltzeichen mit den erforderlichen Betriebsspannungen und -strömen und den prinzipiellen inneren Aufbau. npn-Transistoren sind leichter herzustellen und sind deshalb weiter verbreitet, die folgende Erklärung erfolgt an Hand der npn-Typen. pnp-Transistoren werden genauso berechnet, die Spannungen und Ströme haben lediglich die umgekehrte Polarität.

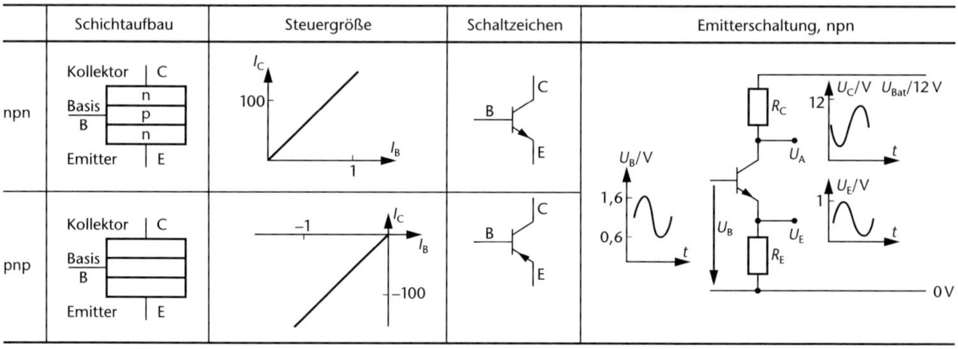

Bild 16.21 Bipolare Transistoren mit Grundschaltung

Bild 16.22 zeigt die drei wichtigsten Kennlinien des Transistors. Die temperaturabhängige Eingangskennlinie entspricht der Diodenkennlinie (Bild 16.22b). Bipolare Transistoren sind **stromgesteuert**. Sollen Spannungen verstärkt werden, dann muss die Beschaltung die Eingangsspannung in einen linear abhängigen Strom umwandeln und den Arbeitspunkt stabilisieren. Hierzu dient eine Gegenkopplung.

Bild 16.22c zeigt die Gleichstromverstärkung B des Transistors. Sie ist bei kleinen und mittleren Kollektorströmen konstant, nimmt aber bei hohen Werten ab. Mit der Temperatur nimmt die mittlere Stromverstärkung zu. Die bei kleinen Frequenzen gleich große Wechselstromverstärkung heißt β und liegt bei Kleinsignaltransistoren zwischen $\beta = 100$ und 300, bei Leistungstransistoren zwischen 30 und 100. Mit zunehmender Frequenz nimmt die Stromverstärkung ab, sie ist bei der **Transitfrequenz** auf $\beta = 1$ abgefallen.

Bild 16.22d stellt das Ausgangskennlinienfeld eines Transistors dar. Es zeigt, dass der Kollektorstrom fast nicht von der Kollektor-Emitter-Spannung abhängt. Der Parameter ist der Basisstrom; der lineare Zusammenhang zum Kollektorstrom ist gut erkennbar.

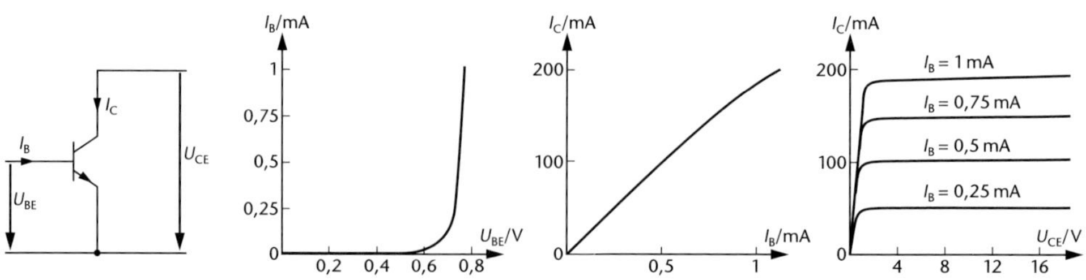

a) Ströme u. Spannungen b) Eingangskennlinie c) Übertragungskennlinie d) Ausgangskennlinienfeld

Bild 16.22 Kennlinien des bipolaren Transistors

16.2.2.1 Emitterschaltung

Bild 16.21 zeigt die Emitterschaltung mit einer Gegenkopplung. Die Eingangsspannung liegt an der Basis, der Emitter ist die gemeinsame Bezugselektrode. Der variable Kollektorstrom fließt durch den Kollektorwiderstand R_C. Der dort erzeugte Spannungsabfall ist das verstärkte Ausgangssignal, das am Kollektor zur Verfügung steht. Zwischen Emitter und der gemeinsamen Masse liegt der Emitterwiderstand R_E, der von der Summe aus Basis- und Kollektorstrom durchflossen wird. Der erzeugte Spannungsabfall wirkt der Eingangsspannung entgegen. Nur ein kleiner Teil der Eingangsspannung führt zum Ausgangssignal. Die **Gegenkopplung** setzt die Verstärkung herab und **linearisiert** die Übertragungsfunktion. Der Einfluss der Temperatur und der Streuung der Parameter wird weitgehend unterdrückt.

16.2.2.2 Kollektorschaltung

Eine besonders bei Leistungstransistoren wichtige Schaltung ist die Kollektorschaltung. Hier ist der Kollektor die gemeinsame Bezugselektrode, die Basis der Eingang, das verstärkte Signal entsteht am Emitter.

Die Kollektorschaltung arbeitet immer als **reiner Stromverstärker**. Ihre Spannungsverstärkung ist wenig kleiner als 1. Sie dient als Impedanzwandler, d. h., sie erzeugt aus der Spannung einer hochohmigen Quelle eine nahezu gleich große mit einem niedrigen Innenwiderstand. Die Kollektorschaltung wird vorwiegend für analoge **Leistungsendstufen**, Spannungsregler oder sonstige Leistungstreiber eingesetzt. Bild 16.23 zeigt das prinzipielle Schaltbild.

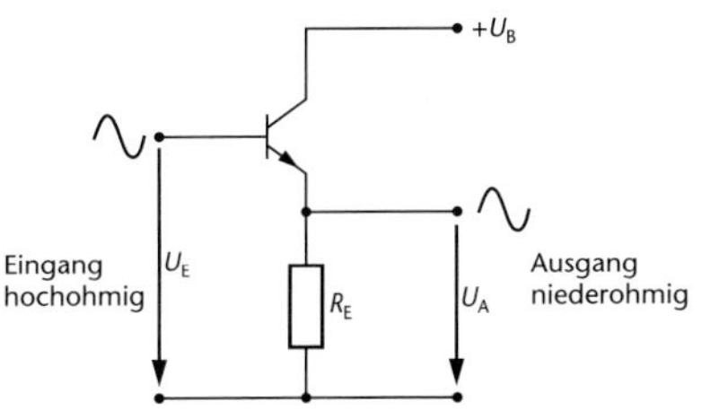

Bild 16.23 Kollektorschaltung

16

Transistoren gibt es für einen weiten Leistungsbereich. Kleinsignaltransistoren bis 0,5 W geben ihre Verlustleistung über die Anschlussdrähte oder direkt an die Umgebungsluft ab. Sie verarbeiten Signale, die wesentlich kleiner als der Aussteuerbereich sind, und werden heute oft direkt als Oberflächen-montierte Bauteile (OMB) auf die Leiterplatte gelötet.

Leistungstransistoren können große Signale und Verlustleistungen bis mehrere Hundert Watt verarbeiten. Ihre Gehäuse mit Kupferboden müssen die Wärme an einen großen Kühlkörper abgeben. Bild 16.24 zeigt die Gehäuse einiger Transistoren.

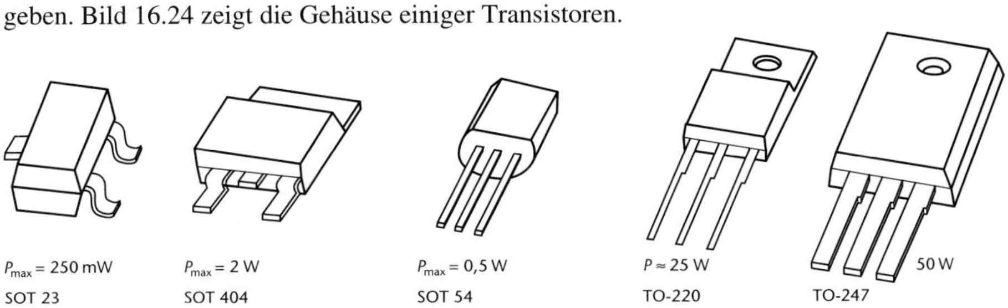

Bild 16.24 Transistorgehäuse (SOT: Small Outline Transistor; TO: Transistor Outline) – Darstellung nicht maßstäblich

16.2.3 Feldeffekttransistoren (FET)

> Feldeffekttransistoren verstärken kleine Steuerspannungen zu größeren Ausgangsströmen. Die Leistung kommt aus einer externen Quelle.

Feldeffekttransistoren sind in Abschnitt 4.8.3.2 beschrieben. Auch hier gibt es zwei komplementäre Grundtypen: die **n-Kanal-FET**, die mit einer positiven Drain-Source-Spannung betrieben werden, und die **p-Kanal-FET** für negative Betriebspannungen. Die n-Kanal-FET sind besser herstellbar und es gibt eine größere Typenvielfalt mit besseren Eigenschaften. Die Steuerelektrode „Gate" kann vom aktiven Kanal durch einen in Sperrrichtung vorgespannten pn-Übergang isoliert werden, diese **Sperrschicht-FET** werden vor allem für kleine Signale verwendet. Ist der Kanal durch eine Oxidschicht, meist SiO_2, vom Kanal getrennt, erhält man einen „Metal Oxide Semiconductor", kurz **MOS-FET** genannt. MOS-FET gibt es in sehr großer Vielfalt: als Kleinsignaltransistoren, Hochfrequenztransistoren bis weit in den GHz-Bereich und als Leistungstransistoren für analoge Schaltungen und als schnelle Schalter. Bild 16.25 zeigt eine Übersicht.

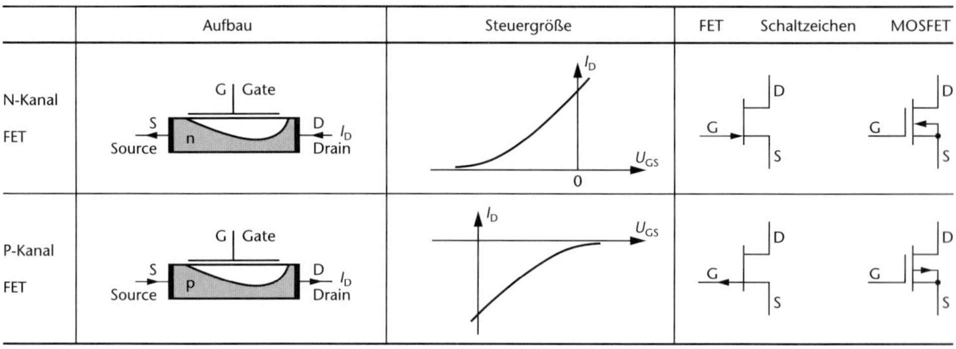

Bild 16.25 Feldeffekttransistoren

Feldeffekttransistoren sind **spannungsgesteuert**. Im statischen Fall fließt kein Strom in das Gate, der Drain-Source-Strom wird **leistungslos** gesteuert. Dieser extrem hochohmige Eingang gilt aber nur für Gleichstrom und eine niedrige Steuerfrequenz. Für Hochfrequenzverstärker und bei Schalttransistoren mit steilen Spannungsflanken am Gate kann in die große Kapazität zwischen Gate und Kanal ein erheblicher Strom fließen. Er muss bei der Auslegung der Schaltung berücksichtigt werden. Der Zusammenhang zwischen Steuerspannung und Drainstrom ist nichtlinear, er kann aber mit einer **Gegenkopplung linearisiert** werden. Für den Drainstrom I_{DS} gilt:

$$I_{DS} = I_{DSS}\,(1 - U_{GS}/U_P)^2$$

I_{DSS} ist der Drainstrom, der sich bei der Gate-Source-Spannung null einstellt, U_{GS} ist die Spannung zwischen Gate und Source und U_P ist die so genannte **Abschnürspannung** (pinch off voltage), bei der der Drainstrom zu null wird. Bild 16.26a zeigt den FET in der Source-Schaltung; Source ist die gemeinsame Elektrode für den Ein- und Ausgangskreis. Bild 16.26b stellt die Übertragungsfunktion und 16.26c das Ausgangskennlinienfeld dar. Auch beim FET hängt der Drainstrom nur sehr wenig von der Drain-Source-Spannung ab.

Der Zusammenhang $I_D = f(U_{GS})$ ist nichtlinear, weiterhin unterliegen die Abschnürspannung U_P und der maximale Drain-Source-Strom I_{DSS} erheblichen Exemplarstreuungen. Diese Einflüsse lassen sich mit einer Gegenkopplung verringern, dadurch sinkt aber die Grundverstärkung.

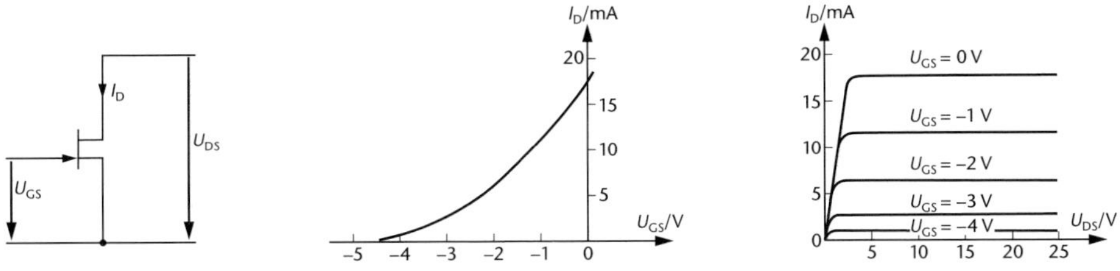

a) Ströme u. Spannungen b) Übertragungskennlinie c) Ausgangskennlinienfeld

Bild 16.26 Kennlinien des Feldeffekttransistors

16.2.3.1 Kleinsignaltransistoren

FET eignen sich gut zum Verstärken kleiner Signale, beispielsweise für Gleichspannungen und niedrige Frequenzen in Operationsverstärkern, in Hochfrequenzverstärkern oder zum Schalten analoger Signale. Mehrere MOS-FET können einen Mehrfachschalter bilden, der mit logischen Signalen gesteuert wird und schnell und ohne Verschleiß arbeitet.

16.2.3.2 Leistungs-FET

Leistungs-FET sind fast immer MOS-FET und es gibt sie für sehr viele verschiedene Anwendungen. Außer in analogen Leistungsverstärkern und Spannungsreglern (Bild 16.27 a) werden MOS-FET in elektronischen Relais und als elektronische Schalter in so genannten Schaltreglern eingesetzt.

Beim **Schaltregler** (Bild 16.27 b) wird eine Spannung abwechselnd ein- und ausgeschaltet, entsprechend dem **Tastverhältnis** stellt sich eine kleinere Spannung ein. Dabei entstehen viel weniger Verluste als bei einem analogen Regler. Im Ein-Zustand des Schalters nimmt die Induktivität *L* die überschüssige Energie auf und gibt sie während der Aus-Phase wieder ab. Die Schaltfrequenzen und deren Harmonische, die weit in den MHz-Bereich gehen, müssen mit erheblichem Aufwand in Grenzen gehalten werden. Die zerhackte Gleichspannung kann auch problemlos auf eine höhere Spannung transformiert werden, wobei ein variables Tastverhältnis als Steuergröße der Ausgangsspannung dient. Wegen des guten Wirkungsgrades haben sich Schaltregler fast überall durchgesetzt. Nur kleine Leistungen und sehr reine Spannungen werden noch mit Längsreglern erzeugt.

Ein weiterer Anwendungsbereich sind Hochfrequenzverstärker in Sendern. Kleine Sender arbeiten beispielsweise in Handys, große können in Rundfunksendern mehrere Kilowatt als Hochfrequenz ausgeben.

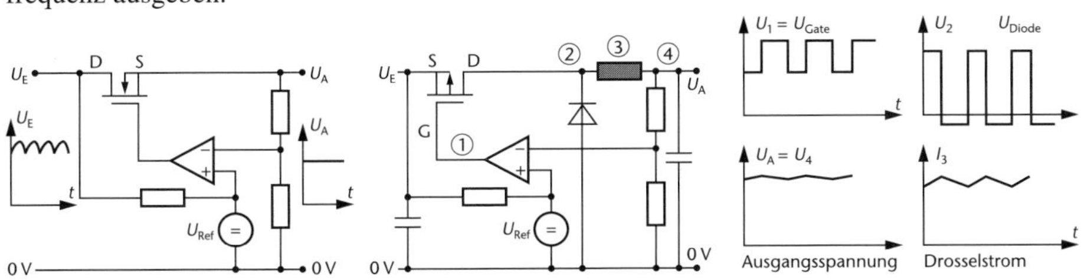

a) Längsregler mit FET b) Schaltregler mit FET c) Ströme u. Spannungen beim Schaltreg.

Bild 16.27 Spannungsregler mit Leistungs-MOSFET

16.2.4 Thyristoren und Triacs

16.2.4.1 Thyristoren

Thyristoren sind Halbleiterbauelemente, die durch einen Stromimpuls eingeschaltet werden. Beim nächsten Nulldurchgang des Wechselstroms schalten sie sich selbst wieder ab.

Thyristoren sind **Vierschichttrioden**. Bild 16.28a zeigt ihren prinzipiellen Aufbau. Dieser Thyristor kann als Reihenschaltung der Dioden D_1, D_2 und D_3 betrachtet werden (Bild 16.28b). Liegt zwischen Anode und Katode eine negative Sperrspannung U_{Sp}, dann sperren die Dioden D_1 und D_3, während D_2 leitet. In dieser Richtung sperrt der Thyristor immer.
Liegt eine positive Spannung U_D zwischen Anode und Katode, dann leiten die Dioden D_1 und D_3, aber D_2 sperrt. Man kann sich diese vier Schichten als Kombination eines pnp-Transistors T_1 und eines npn-Transistors T_2 vorstellen (Bild 16.28c). Bild 16.28d zeigt die zwei zusammengesetzten Transistoren. Jeder Kollektor dieser beiden Transistoren speist die Basis des anderen. Im Ruhezustand ist der Basisstrom von T_1 null, er erzeugt keinen Kollektorstrom und deshalb ist der Basisstrom von T_2 auch null. Ohne Basisstrom in T_2 fließt kein Kollektorstrom, der Basisstrom von T_1 ist null. Damit bleibt der Thyristor auch in der Durchlassrichtung gesperrt. Wird dem Transistor T_2 ein Basisstrom über das Gate von außen zugeführt, versorgt sein Kollektor auch den anderen Transistor mit Basisstrom. Durch zweimalige Verstärkung, B_1B_2, entsteht in T_1 ein Kollektorstrom, der viel größer als der benötigte Gate-Strom ist. Damit werden beide Transistoren bis in die **Sättigung** durchgesteuert. Im Bild 16.28b ist die Diode D_2 elektronisch leitend, die Dioden D_1 und D_3 haben ihre entsprechende Durchlassspannung; die Durchlassspannung U_D des Thyristors liegt stromabhängig zwischen 1,2 V und 2 V. Im Übergangsbereich gibt es keinen stabilen Arbeitspunkt, der Thyristor sperrt oder leitet.

16

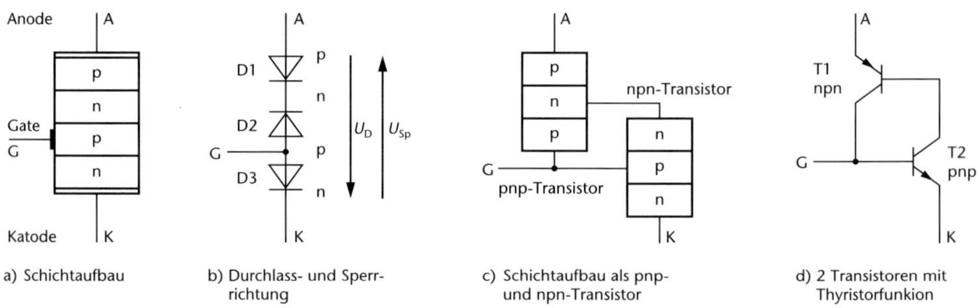

Bild 16.28 Thyristoren

Aus dieser Funktion entsteht die Kennlinie nach Bild 16.29a. Bei negativer Anodenspannung ist der Thyristor im Sperrbereich, es fließt nur ein vernachlässigbarer Reststrom. Übersteigt die Sperrspannung den zulässigen Wert, bricht der Thyristor durch und wird zerstört.

Bei positiver Anodenspannung fließt ein kleiner Reststrom, der Thyristor ist im **Blockierbereich**. Erst ein Gate-Strom schaltet den Strom von der Anode zur Katode durch, der Thyristor zündet, sein Arbeitspunkt läuft vom Blockierbereich durch den Übergangsbereich in den Durchlassbereich. Der Thyristor leitet weiter, auch wenn der Gate-Strom null wird. Zum Einschalten genügt ein Impuls, der einen bestimmten Mindeststrom, den **Zündstrom**, und eine bestimmte Mindestdauer haben muss, um die Diode D_2 ausreichend mit Ladungsträgern zu füllen.

Zwei weitere Umstände können den Thyristor ungewollt zünden. Steigt die Spannung zwischen Anode und Katode über den zulässigen Wert, entsteht ein Spannungsdurchbruch, der den Thyristor zerstören kann. Wenn die Anodenspannung sehr schnell ansteigt, entsteht über die internen Kapazitäten der Sperrschichten ein Stromimpuls, der die Transistoren T_1 und T_2 durchsteuert wie ein Stromimpuls am Gate. Diese Anstiegsgeschwindigkeit wird als **kritische Spannungssteilheit** angegeben. Der Vorgang ist zwar reversibel, er kann aber die Funktion der Schaltung ernsthaft stören.

Der leitende Thyristor kann über das Gate nicht mehr abgeschaltet werden. Er leitet, bis der Strom zwischen Anode und Katode einen Mindeststrom, den so genannten **Haltestrom**, unterschreitet. Das geschieht normalerweise, wenn die Anodenspannung negativ wird. Beim Abschalten müssen die Ladungsträger die Sperrschicht in der Diode D_2 verlassen. Das geht nicht beliebig schnell, diese Zeit heißt **Freiwerdezeit**. Sie ist für Thyristorschaltungen am 50-Hz-Netz unkritisch, muss aber bei schnellen Wechselrichtern genauso wie die kritische Spannungssteilheit beachtet werden.

Für besondere Anwendungen gibt es auch **abschaltbare Thyristoren**, sogenannte **GTO-Thyristoren** (Gate Turn Off Thyristor). Ihr innerer Aufbau ist kompliziert, der Abschaltstrom am Gate ist vergleichsweise groß.

Die Ansteuerung der Thyristoren erfolgt heute meistens über integrierte Steuerschaltungen, die den Thyristor über kleine Zündtransformatoren zur Potenzialtrennung ansteuern. Die integrierte Steuerschaltung erzeugt aus einer steuernden Gleichspannung und der Wechselspannung am Thyristor zur richtigen Zeit ausreichende Zündimpulse.

Thyristoren sind Bauteile der Leistungselektronik. Bedingt durch die hohen Ströme kann eine erhebliche Verlustleistung entstehen, die über das Gehäuse abgeführt werden muss. Multipliziert man den Mittelwert des Stroms mit der Durchlassspannung von 2 V, dann erhält man einen Richtwert für die Verlustleistung. Beispielsweise entstehen bei 1000 A mittlerem Strom 2 kW Verlustleistung an einem Thyristor. Dafür muss das Gehäuse und die äußere Wärmeabfuhr dimensioniert werden. Bild 16.29c zeigt zwei Thyristorgehäuse.

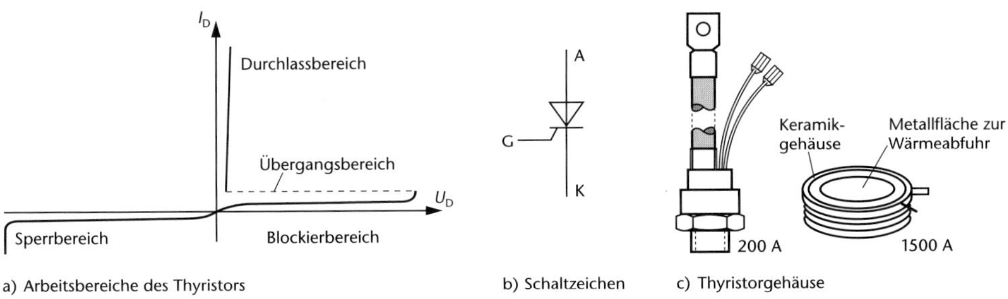

Bild 16.29 Thyristoren, Arbeitsbereiche und Gehäuse

16.2.4.2 Triacs

Ein Triac besteht im Prinzip aus zwei **antiparallel** geschalteten Thyristoren, mit denen beide Halbwellen der Wechselspannung mit einem preisgünstigen Bauteil gesteuert werden können.

Das Halbleiterelement besteht nicht mehr aus zwei Thyristoren, sondern es ist ein Element, in dem die entsprechenden Schichten intern miteinander verbunden sind (Bild 16.30a). Triacs werden vorwiegend in Schaltungen bis 400 V und 16 A eingesetzt. Sie sind für kleine elektrische Maschinen oder Wärmegeräte bis 3 kW eine preisgünstige Leistungssteuerung mit guter Funktion. Triacs werden häufig in das Kunststoffgehäuse TO220 oder das größere TO264-Gehäuse eingebaut, über das die Verlustleistung abgeführt werden kann. Triacs eignen sich gut für ohmsche Lasten, bedingt auch für induktive.

16.2.4.3 Phasenanschnittsteuerung und Schwingungspaketsteuerung

Thyristoren und Triacs können zwar leicht eingeschaltet, aber nicht oder nur mit großem Aufwand wieder abgeschaltet werden. Sie sind deshalb nur für Wechselspannung brauchbar. Sie werden zu einem definierten Zeitpunkt eingeschaltet und verlöschen beim nächsten Nulldurchgang des Stromes. Dazu gibt es zwei Verfahren.

Bei der **Phasenanschnittsteuerung** wird die Halbwelle nicht direkt nach dem Nulldurchgang, sondern später eingeschaltet, die je Halbwelle übertragenene Arbeit wird damit kleiner (Bild 4.36 und Bild 16.30c). Da jede 50-Hz-Halbwelle geändert wird, ist der Energiefluss gleichmäßig; die Schaltung kann auf Änderungen des Sollwertes schnell reagieren. Mit diesem Verfahren kann eine Lampe gedimmt werden, eine Maschine erzeugt daraus ein konstantes Drehmoment. Nachteilig ist die Phasenverschiebung zwischen Spannung und Strom, denn die Last wirkt induktiv. Die regelmäßigen großen Sprünge im Strom erzeugen erhebliche **Funkstörungen**, die mit zusätzlichen Entstörmitteln vom Netz fern gehalten werden müssen.

Diese Nachteile vermeidet die **Schwingungspaketsteuerung**. Der Strom wird zu Beginn einer Periode ein- und erst nach mehreren Perioden wieder ausgeschaltet (Bild 16.30d). Es gibt keine Sprünge im Strom, **Entstörmaßnahmen** sind überflüssig. Wegen des ungleichmäßigen Energieflusses eignet sich das Verfahren nicht zum Dimmen von Licht und schlecht für Maschinen. Bei der Steuerung der Elektrowärme mitteln die nachgeschalteten trägen Massen die Wirkung über der Zeit aus.

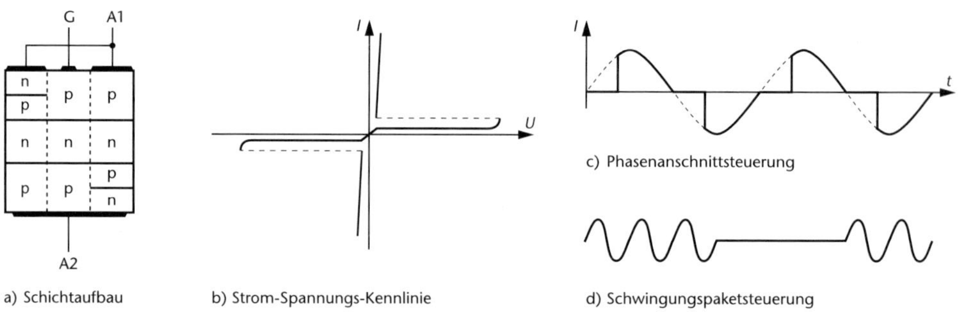

Bild 16.30 Triacs, Schichtaufbau, Arbeitskennlinie, Ausgangssignal

16.2.5 Analoge integrierte Schaltungen

Analoge integrierte Schaltungen enthalten viele Transistoren, Dioden, Widerstände und Kondensatoren, die auf einem Siliciumchip integriert sind. Die Schaltung erlaubt eine eigenständige Verarbeitung kontinuierlicher Signale.

Wie schon unter Abschnitt 4.8.5.1 ausgeführt, kann nicht nur ein Transistor, sondern es können viele Transistoren, Dioden und Widerstände zusammen auf einem Silicium-Einkristall untergebracht werden. Man bezeichnet sie als **integrierte Schaltungen**. Hängen das Eingangs- und das Ausgangssignal linear zusammen, spricht man von **analogen Schaltungen**. Hierzu zählen vor allem die Operationsverstärker, Spannungsregler, Spannungsreferenzelemente, integrierte Nieder-

und Hochfrequenzverstärker und zahlreiche Schaltungen für besondere Anwendungen. Die Operationsverstärker (OPV) werden anschließend kurz beschrieben, alle anderen Schaltungen müssen den einschlägigen Datenbüchern entnommen werden.

16.2.5.1 Operationsverstärker (OPV)

Operationsverstärker verstärken die Spannungsdifferenz zwischen den beiden Eingängen um einen sehr großen Faktor ($v > 10^5$). Sie verarbeiten Gleich- und Wechselspannungen.

Im OPV sind zwei bis drei **Differenzverstärker** als Spannungsverstärker in Reihe geschaltet; ein reiner Stromverstärker mit der Spannungsverstärkung ≈1 schließt den Verstärker ab und gibt ein niederohmiges Signal am Ausgang ab. Der Anwender betrachtet heute normalerweise keine Innenschaltung mehr, sondern nur die Eigenschaften. Bild 16.31 zeigt das Schaltungssymbol und den Arbeitsbereich eines Operationsverstärkers.

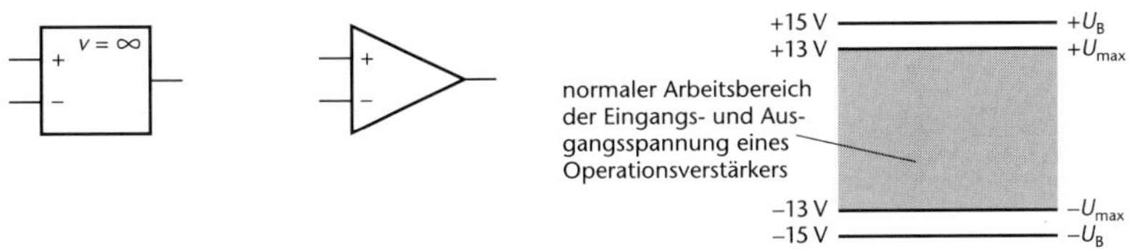

a) genormtes Schaltzeichen des Operationsverstärkers b) altes, gängiges Schaltzeichen des Operationsverstärkers c) Arbeitsbereich des Operationsverstärkers

Bild 16.31 Operationsverstärker, Schaltzeichen und Arbeitsbereich

Der OPV hat zwei Eingänge, ein Signal am +-Eingang erzeugt am Ausgang ein größeres gleichphasiges Signal, das am −-Eingang ein gegenphasiges. Die Spannungsverstärkung v liegt je nach Typ zwischen 10^4 und 10^6. Der Eingangswiderstand ist sehr hoch; er liegt zwischen 10 MΩ und 1000 MΩ, der Eingangsstrom beträgt danach nur wenige nA (10^{-9}A). Der Ausgangswiderstand, das ist der differenzielle Widerstand, über den die Ausgangsspannung zum Verbraucher geht, beträgt einige 100 Ω. OPV werden üblicherweise aus zwei symmetrischen Spannungen betrieben (z. B. ±15 V). Die 0 V der Stromversorgung dienen meistens nur als Referenz für den nicht direkt benutzten Eingang des OPV.

Damit kann die Berechnung des Operationsverstärkers erheblich vereinfacht werden. Die Verstärkung wird als ∞ angesehen, die Ausgangsspannung stellt sich so ein, dass die Spannungsdifferenz am Eingang 0 V ist; der Eingang wird als stromlos betrachtet. Man berechnet die äußere Beschaltung so, dass die Spannungsdifferenz am Eingang 0 ist.

Ein Operationsverstärker kann nicht mit seiner offenen Verstärkung $v = 10^6$ betrieben werden, jede kleinste Störung würde große Änderungen am Ausgang verursachen. Operationsverstärker werden immer gegengekoppelt. Die Gegenkopplung bestimmt fast allein die Eigenschaften der Schaltung. Sie verringert auch den Ausgangswiderstand auf Werte unter 1 Ω. Von den vielen Eigenschaften eines Operationsverstärkers OPV sind drei besonders wichtig.

Die Eingangsstufe eines OPV ist nicht ideal symmetrisch. Die Ausgangsspannung ist dann null, wenn am Eingang noch eine kleine Spannung anliegt. Diese Spannung heißt **Eingangsfehlspannung** oder Offset-Spannung. Sie liegt im Bereich 50 µV bis 4 mV und ist temperaturabhängig.

Operationsverstärker sind nicht beliebig schnell. Bei gängigen und preiswerten Typen nimmt die offene Verstärkung oberhalb 10 Hz mit 6 dB/Oktave ab. Angegeben wird die größte **Änderungsgeschwindigkeit der Ausgangsspannung in V/µs**. Einfache Universalverstärker haben 1 ... 3 V/µs, während schnelle Typen 60 ... 1000 V/µs erreichen.

Name Eigenschaft	Schaltung	Übertragungsfunktion	
Invertierender Operationsverstärker	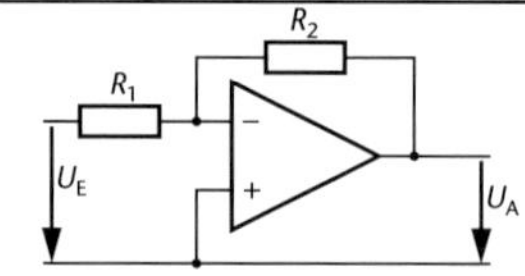	$U_A = -\frac{R_2}{R_1} U_E$	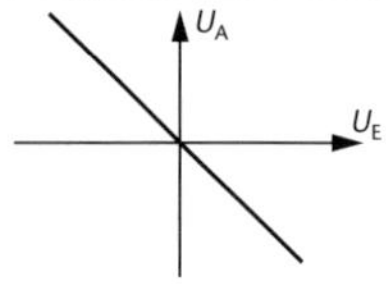
Addierender und invertierender Operationsverstärker	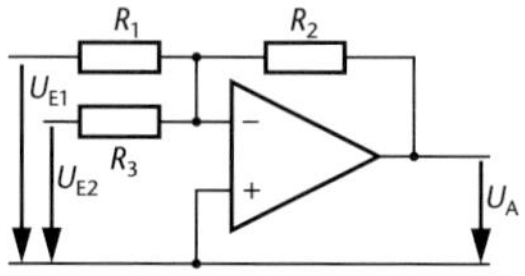	$U_A = -\frac{R_2}{R_1} U_{E1} - \frac{R_2}{R_3} U_{E2}$	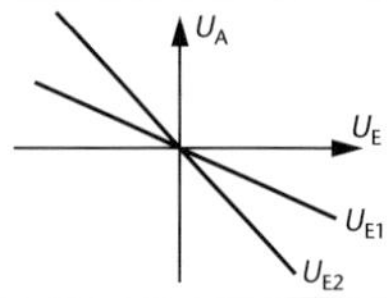
Nichtinvertierender Operationsverstärker	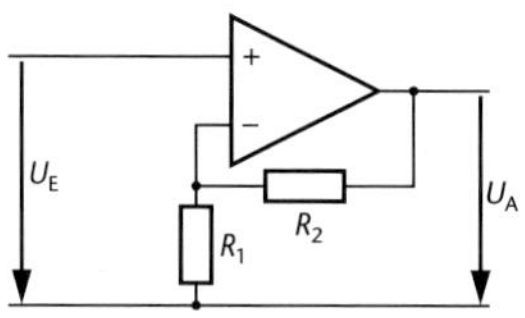	$U_A = U_E\left(\frac{R_2}{R_1} + 1\right)$ $R_2 = 0, \quad R_1 = \infty$ ist zulässig $v \geq 1$	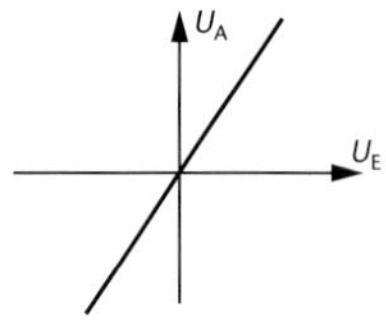
Subtrahierender Verstärker	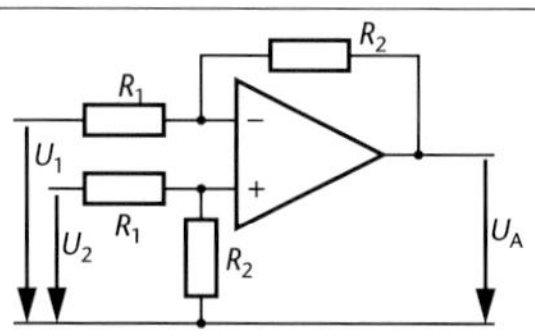	$U_A = \frac{R_2}{R_1}(U_2 - U_1)$	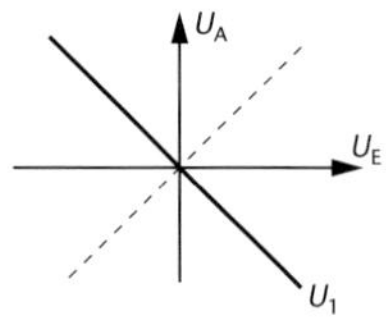
Schmitt-Trigger statisch	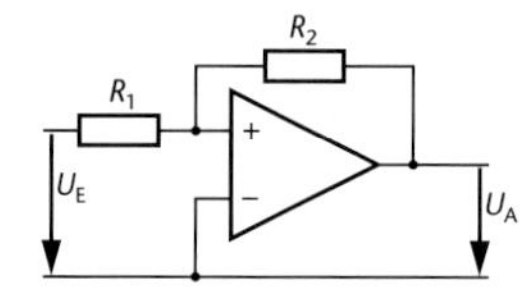	$U_A = U_{+sätt}$ oder $U_{-sätt}$ Hysterese $U_H = \frac{R_1}{R_2}(U_{+sätt} - U_{-sätt})$	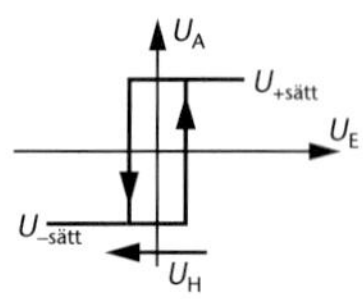
dynamisch Integrator	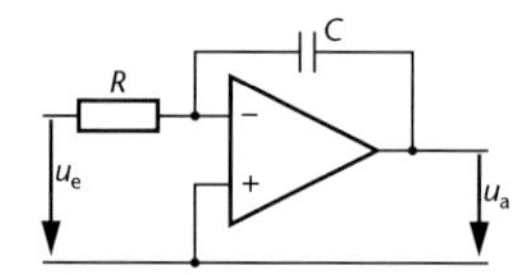	$u_a = -\frac{1}{RC}\int u_e \mathrm{d}t$	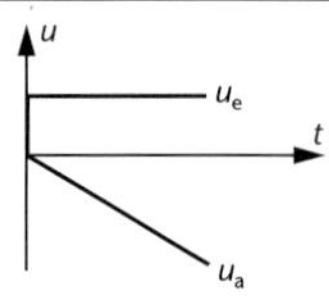
Differenzierer	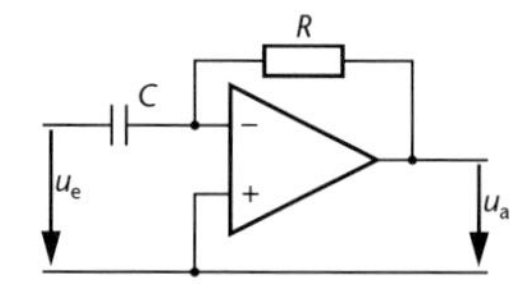	$u_a = -RC\frac{\mathrm{d}u_e}{\mathrm{d}t}$	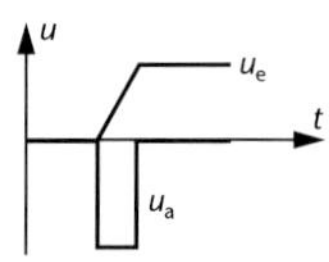
Aktiver Tiefpass 2. Ordnung	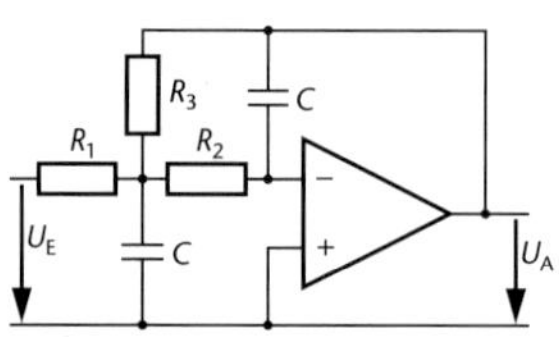	$\frac{U_A}{U_E} = \frac{-v_0}{1 + j\Omega\alpha - \Omega^2}$ $\Omega = \frac{\omega}{\omega_G}$ $v_0 = \frac{R_3}{R_1}$	Frequenzgang 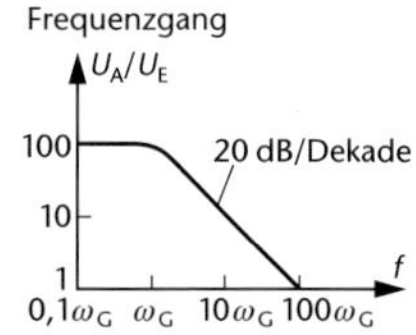

Bild 16.32 Operationsverstärker mit Beschaltung

Ein Operationsverstärker mit Gegenkopplung stellt einen Regelkreis dar, der instabil werden kann. Die Datenbücher geben Auskunft über die Stabilitätsbedingungen.

Operationsverstärker haben am Ausgang eine **Strombegrenzung**, die sie im Kurzschlussfall vor Zerstörung schützt. Der Verstärker wird dabei aber heiß.

Das Bild 16.32 zeigt einige wichtige Möglichkeiten, einen OPV zu beschalten. Sie werden auch in der analogen Regelungstechnik genutzt.

16.2.5.2 Digital-Analog-Wandler (DA-Wandler)

Die heute weit verbreitete Digitaltechnik verlangt **Schnittstellenbausteine**, die digitale Signale in analoge und umgekehrt wandeln können. Sie sind heute in sehr großer Vielfalt preisgünstig verfügbar.

Digital-Analogwandler (DA-Wandler) wandeln eine digital vorliegende Zahl in eine analoge Spannung entsprechender Größe. Eine Referenzspannung U_{Ref} speist ein ***R*-2*R*-Leiter-Netzwerk** (Bild 16.33). Die Ströme in den Querwiderständen $2R$ nehmen vom MSB (Most Significant Bit) beginnend binär gestuft ab; d. h., im ersten Widerstand $2R$ fließt $I/2$, im nächsten $I/4$, im weiteren $I/8$ und so weiter. Jedes Bit des zu wandelnden Digitalwortes steuert „seinen" Schalter. Steht er auf 1, dann fließt der Strom in den Sternpunkt des Operationsverstärkers und erzeugt seinen Anteil am Ausgangssignal. Steht der Schalter auf 0, dann fließt der Strom nach Masse ab und hat keine Wirkung. Der Operationsverstärker erzeugt am Ausgang eine so große Spannung, dass der ganze Strom aus dem R-$2R$-Leiternetzwerk in den Rückkoppelwiderstand R_R fließt und das Potenzial des –-Eingangs genau 0 V bleibt. Die Ausgangsspannung U_A ist:

$$U_A = -U_{Ref}\, n/n_{max}$$

dabei ist n die eingestellte digitale Zahl und n_{max} die Zahl der möglichen Stufen, bei 8 Bit ist $n_{max} = 256$.

Die Schalter sind Halbleiterschalter, meistens kleine MOSFET, die mit logischen Signalen gesteuert werden und niederohmig durchsteuern. Die Genauigkeit des DA-Wandlers hängt von der Genauigkeit der Widerstände im R-$2R$-Leiternetzwerk und der Rückkopplung ab. Dabei müssen die Widerstände nicht absolut genau sein, es genügt ein genaues Verhältnis aller Widerstände zueinander. **Vier-Quadranten-Multiplizierer** berücksichtigen auch das Vorzeichen und verarbeiten positive und negative Größen kontinuierlich.

16

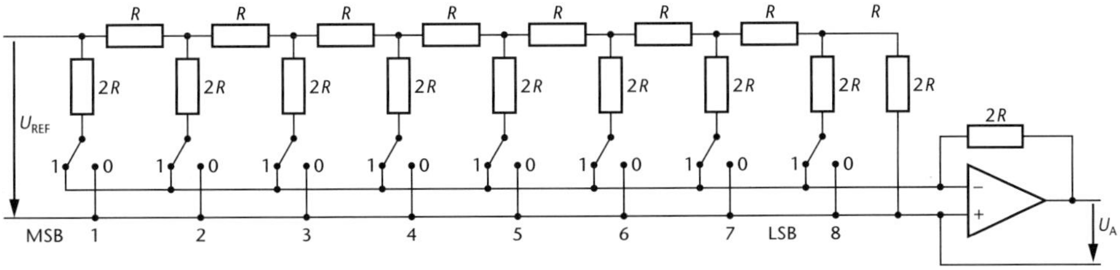

Bild 16.33 Multiplizierender DA-Wandler mit R-2R-Leiternetzwerk

16.2.5.3 Analog-Digital-Wandler (AD-Wandler)

Es gibt mehrere gängige Verfahren für AD-Wandler, jedes hat seine besonderen Eigenschaften.

Das Verfahren der allmählichen Annäherung oder der **sukzessiven Approximation** erzeugt über einen DA-Wandler einen gleich großen Analogwert und nutzt den digitalen Ausgangswert als Ergebnis. Bild 16.34 a zeigt das Blockschaltbild und 16.34 b den zeitlichen Ablauf. Wenn die unbekannte Spannung U_X am Eingang statisch anliegt, kann der Zähler mit der nachfolgenden Decoderschaltung über den Startimpuls gestartet werden. Über die Torschaltung wird das MSB des Registers zu „1“ gesetzt, der DA-Wandler erzeugt den zugehörigen Analogwert und der Komparator vergleicht diesen Wert mit dem unbekannten Analogwert. Ist der unbekannte Analogwert größer als das erste Bit, dann bleibt dieses Bit stehen, sonst wird es mit dem Taktende wieder zurückgenommen. Der zweite Takt schaltet das nächstniedrige Bit dazu, der Komparator prüft zu groß oder zu klein und lässt das Bit stehen oder nimmt es zurück. Nach acht Takten sind alle acht Bit des DA-Wandlers abgeglichen und das gewandelte Wort und der analoge Eingangswert unterscheiden sich höchstens um ein halbes LSB, das ist der halbe Wert des niederwertigsten Bits. Der Wandler meldet das Ergebnis auf der Kontrollleitung fertig und friert das Ergebnis im Register ein. Änderungen des Eingangssignals haben jetzt keine Wirkung mehr. Das Verfahren kann mit 18 … 20 Bit sehr genau sein, je Bit reichen 0,2 … 2 µs Wandlungszeit aus. Mit jedem Taktimpuls wird ein Bit umgesetzt, 16 Takte können ein 16-Bit-Wort umsetzen.

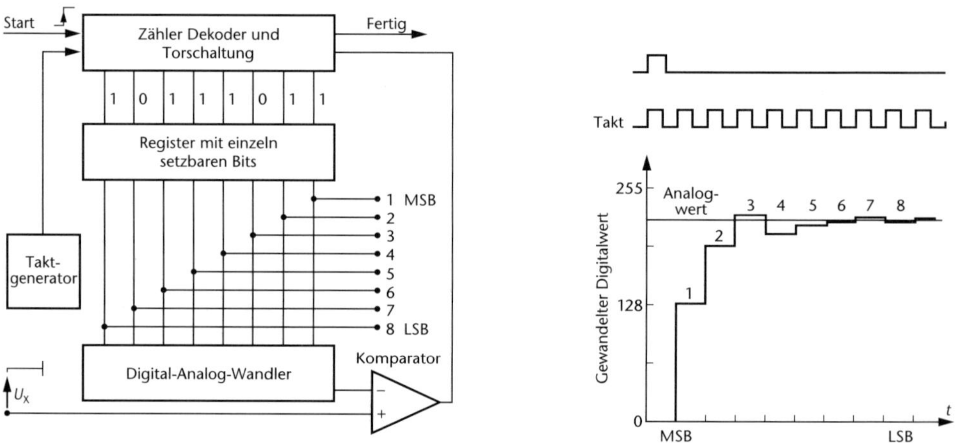

a) Blockschaltbild b) Impulsdiagramm

Bild 16.34 AD-Wandler nach dem Prinzip der sukzessiven Approximation

Genau und preisgünstig arbeiten die integrierenden AD-Wandler nach dem **Zwei-Rampen-Verfahren**. Sie sind aber langsam und brauchen 0,1 … 0,5 s für eine Wandlung. Bild 16.35 a zeigt ein vereinfachtes Blockschaltbild, Bild 16.35 b das zugehörige Impulsdiagramm. Die Steuerlogik schaltet die unbekannte Messspannung für die Dauer einer festen Zeit an den Integrator (z. B. $2^{12} = 4096$ Takte). Seine Ausgangsspannung U_I steigt linear an. Der Endwert dieser Spannung hängt nur von der Eingangsspannung ab. Am Ende der Messzeit schaltet die Steuerlogik statt der unbekannten Eingangsspannung die genau bekannte Referenzspannung mit entgegengesetzter Polarität an den Integrator und startet den Zähler bei 0. Die Spannung U_I nimmt mit konstanter Geschwindigkeit ab, der Komparator hält den Zähler an, sobald $U_I = 0$ ist. War U_I klein, ist die Zeit kurz, war U_I groß, ist sie länger. Der Wert im Zähler ist der angelegten Messspannung streng propotional. Durch eine geeignete Referenzspannung kann eine Einheit im Zähler beispielsweise 1 mV betragen. Die Schaltung besteht aus einigen Operationsverstärkern, einigen Komparatoren, analogen Halbleiterschaltern und einem digitalen Zähler mit Steuerlogik. Alle Teile lassen sich auf einem Siliciumsubstrat preisgünstig integrieren. Offsetfehler können auf einfache Art kompensiert werden. Der Kondensator des Integrators und der Taktgenerator müssen nur innerhalb einer Messperiode stabil sein, langsame Änderungen beeinflussen die Genauigkeit nicht. Lediglich Abweichungen der Referenzspannung gehen voll in die Genauigkeit ein; diese Spannung lässt sich aber sehr genau einhalten ($10^{-3} \ldots 10^{-4}$).

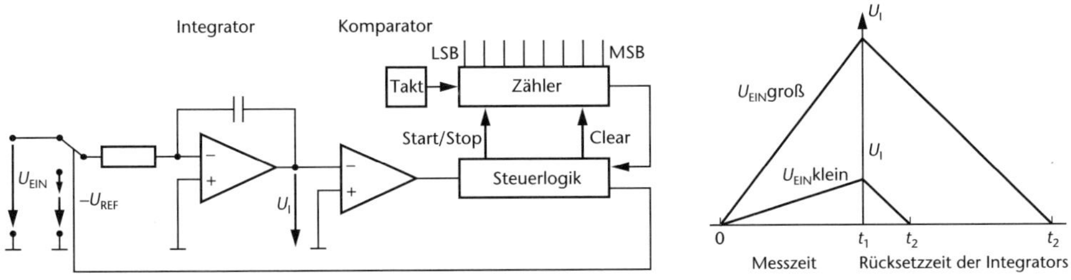

a) Blockschaltbild

b) zeitlicher Ablauf

Bild 16.35 Integrierender AD-Wandler nach dem Zweirampenverfahren

Für sehr schnelle AD-Wandlungen setzen sich die so genannten **Flash-Wandler** immer mehr durch. Sie vergleichen den Analogwert parallel mit allen möglichen Zwischenstufen, beispielsweise 256 bei einem 8-Bit-Wandler, und geben den ermittelten Digitalwert sofort parallel aus. 6-Bit-Wandler erreichen heute 1 ns Wandlungszeit.

16.2.6 Digitale integrierte Schaltungen

16.2.6.1 Logikschaltungen

Die Ein- und Ausgangspegel digitaler Schaltungen haben nur zwei erlaubte Zustände.

Digitale Logikschaltungen verarbeiten die Signale nach den Regeln der **Boole'schen Algebra**. Damit kann man rechnen und logische Verknüpfungen verarbeiten. Kleinere Abweichungen der Eingangssignale ignorieren die Schaltungen, größere Abweichungen sind selten und können gut vermieden, bei etwas Aufwand auch korrigiert werden. Digitale Werte lassen sich gut in verschiedenen Medien wie Halbleitern, Magnetträgern oder der CD speichern oder ohne Qualitätsverlust über Leitungen oder Funkstrecken übertragen. Digitale Schaltungen sind heute immer integriert, man erhält sie beginnend bei einfachen Funktionen nach Bild 16.36 bis zur hochkomplexen und sehr leistungsfähigen Signalverarbeitung in Mikroprozessoren und speziell programmierten Signalprozessoren. Beide Typen können aus mehreren Millionen Transistoren bestehen. Die Grundidee der digitalen Schaltungen wurde im Kapitel Elektrotechnik und Elektronik unter 4.8.5.2 erläutert.

16

Bild 16.36 zeigt eine Zusammenstellung einfacher Schaltungen mit niedrigem Integrationsgrad. Sie können leicht zu komplexeren Schaltungen zusammengefügt werden, weil die Ein- und Ausgangspegel innerhalb einer Logikfamilie genormt und weitgehend rückwirkungsfrei sind. Werden grobe Entwicklungsfehler vermieden, dann arbeitet die Schaltung schnell, so wie beabsichtigt. Erst diese Eigenschaft ermöglicht das Zusammenstellen großer und komplexer Schaltungen mit tragbarem Entwicklungsaufwand.

Bedingung hierfür sind genau definierte Logikfamilien, die viele zueinander passende Einzelfunktionen anbieten. Tabelle 16.2 stellt einige wichtige Logikfamilien zusammen.

Eine wichtige Größe bei Logikschaltungen ist die **Verzögerungszeit** (propagation delay). Je kleiner sie ist, desto schneller arbeiten die Schaltungen. Im statischen Ruhezustand, 0 oder 1, ist die Schaltung gesättigt, d. h., kleine Änderungen der Eingangsgröße ändern den Ausgang nicht,

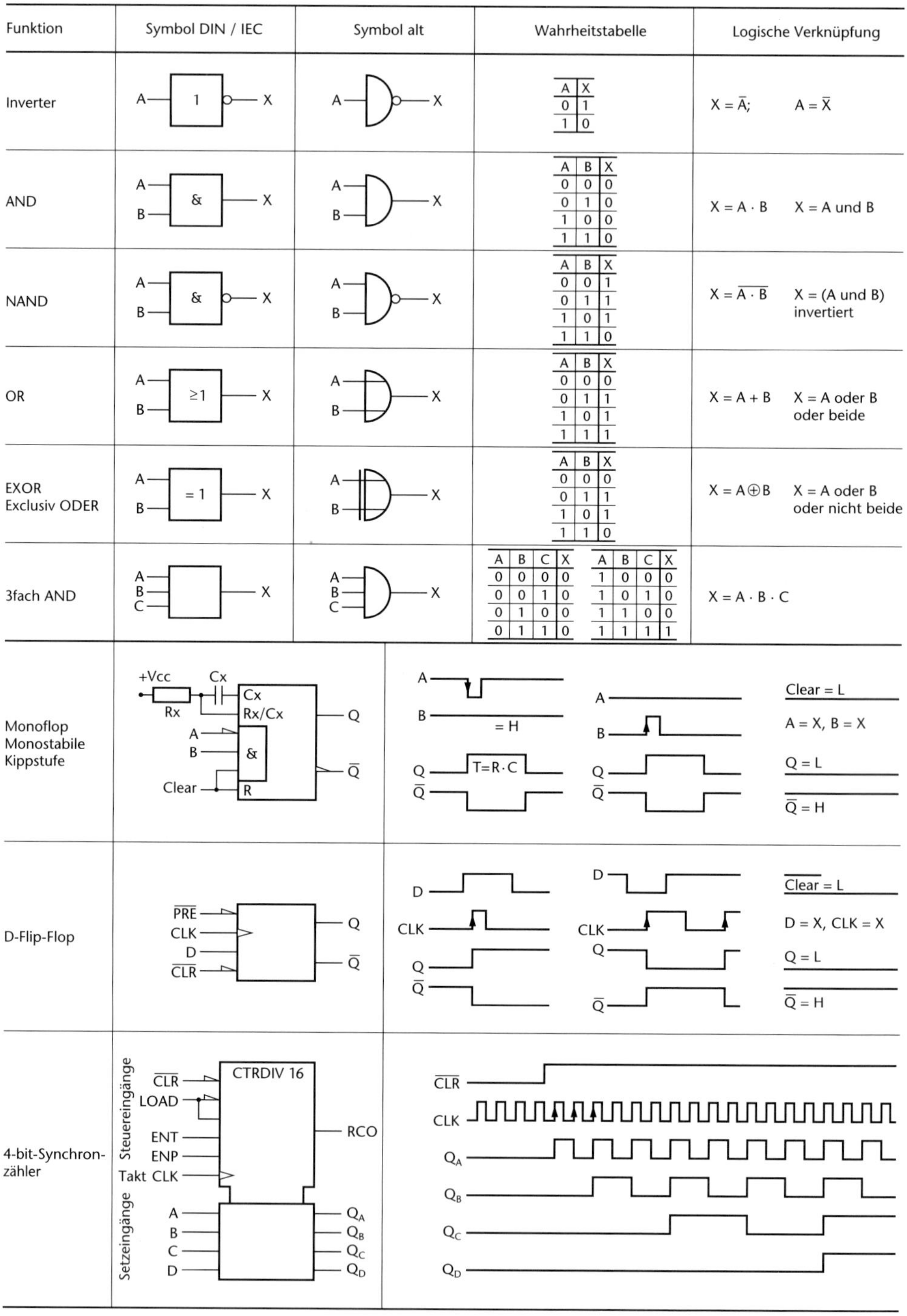

Bild 16.36 Einige elementare Logikschaltungen

das stabilisiert die Pegel und macht die Schaltung unempfindlich gegen Störungen. Eine Ausnahme ist die extrem schnelle ECL-Familie, die intern linear und damit ungesättigt arbeitet. ECL gehört zur ältesten Logik, wegen ihrer hohen Schnelligkeit gibt es für sie heute noch keinen Ersatz.

Logikschaltungen auf MOS-Basis verbrauchen sehr wenig Ruhestrom, sie erwärmen sich auch wenig. Da sie für die meisten Anwendungen ausreichend schnell sind, haben sie sich weitgehend durchgesetzt, HC für High-Speed-CMOS oder AC für Advanced-High-Speed-CMOS. Arbeiten MOS-Schaltungen mit hohen Taktfrequenzen, kann die aufgenommene Leistung groß werden.

Lange Zeit waren die Dual-in-line-Gehäuse der gängige Schutz gegen mechanische und korrodierende Einflüsse der Umwelt. Sie bestanden zuerst aus Keramik, heute fast nur noch aus einem immer weiter verbesserten Kunststoff, der preisgünstig zu verarbeiten ist und trotzdem keine Feuchtigkeit an den elektrischen Anschlüssen eindringen lässt. Neue Schaltungen werden fast nur noch in OMB-Gehäuse (**O**berflächen-**M**ontierte **B**auteile) eingebaut. Durch die dichter angeordneten Anschlüsse und die kleineren Gehäuse verringert sich der Flächenbedarf auf ungefähr 1/4.

Tabelle 16.2 Logikfamilien

Familie	Schaltzeit	Taktfrequenz	Leistung/ Gatter	Betriebsspannung	Bemerkung
CMOS	35 ns	7 MHz	10 nW	3 ... 15 V	Alt, langsam, störsicher
LSTTL	8 ns	30 MHz	2 mW	4,75 ... 5,25 V	Lange Zeit Standardlogik
HC/HCT	6 ns	40 MHz	25 nW	2 ... 6 V	Aktuelle Logikfamilie
AC/ACT	3 ns	100 MHz	40 nW	2 ... 6 V	Aktuelle, schnelle Logikfamilie
ECL	1 ns	500 MHz	25 mW	–2V, –5,2 V	Sehr alte, aber extrem schnelle Logikfamilie, noch aktuell

16.2.6.2 Speicherschaltungen

16

Speicherschaltungen speichern digitale Daten in großen Mengen in Halbleiterschaltungen. Die Zugriffszeit liegt im ns- bis µs-Bereich.

Schnelle und preisgünstige Massenspeicher für digitale Daten sind eine Voraussetzung für die heutige Rechnertechnik. Nach den Anforderungen wurden verschiedene Speichertypen entwickelt.

Datenspeicher behalten die **Arbeitsdaten** eines Rechners. Der Speicher muss beliebig oft beschreibbar und lesbar sein. Die Daten können seriell in einer langen Reihe gespeichert sein, der Inhalt dieser dynamischen Speicher läuft regelmäßig um und wird beispielsweise alle 10 ms aufgefrischt. Der Speicher benötigt etwas Zugriffszeit. Die Daten können auch in einer Matrix aus Flipflops gespeichert werden. Über eine Adresse kann jede Speicherzelle direkt gelesen oder geschrieben werden. Hier kann jede beliebige Adresse sofort gewählt werden. Man spricht von **RAM** (**R**andom **A**ccess **M**emory). Diese Datenspeicher behalten ihre Daten nur, solange sie mit Spannung versorgt werden, sie heißen **flüchtige** Datenspeicher. Auch ein kurzzeitiger Spannungsverlust zerstört alle Daten. Sollen sie erhalten bleiben, müssen sie vor dem Abschalten der Stromversorgung in nichtflüchtige Speicher geschrieben werden, oder das RAM muss aus einer Batterie gepuffert werden. RAMs in CMOS-Technologie haben Ruheströme im µA-Bereich und können problemlos lange aus einer Batterie versorgt werden.

Jeder Rechner und jede digitale Steuerung braucht einen Programmspeicher, der bei der Herstellung programmiert und später nur noch gelesen wird. Man bezeichnet sie als **PROM** (**Pro**grammable **R**ead **O**nly **M**emory). Die Speicherzellen sind in einer Matrix organisiert und die Speicherelemente bestehen nur aus einer Sicherung, die im Originalzustand als 1 erkannt wird. Sie kann beim Programmieren durchgebrannt werden und wird dann als 0 gelesen. Das PROM behält die Daten auch im stromlosen Zustand.

Um die am Anfang sehr teuren Speicher wieder zu verwenden, wurden löschbare Speicher entwickelt, so genannte **EPROM** (**E**rasable **P**rogrammable **R**ead **O**nly **M**emory). Sie werden in Programmiergeräten mit erhöhtem Strom programmiert. Das Programmieren erfolgt wesentlich langsamer als das später übliche Lesen, und die Information bleibt auch ohne Stromversorgung erhalten. Gelöscht werden diese Speicher mit energiereichem UV-Licht, das die Speicherzellen in den Anfangszustand zurückbringt. Dafür hat das EPROM im Gehäuse ein Fenster aus Quarzglas. Danach kann das EPROM wieder neu progammiert werden. EPROMs sind gegen Tageslicht nicht empfindlich, das Fenster wird aber meistens mit dem Typenschild abgeklebt. EPROMs haben sich in industriell genutzten Rechnern weitgehend durchgesetzt.

Verschiedene Anwendungen verlangen schreib- und lesbare Datenspeicher, obwohl sie keine eigene Stromversorgung haben. Hierfür gibt es elektrisch löschbare Speicher, die **E**lectrically **E**rasable **P**rogrammable **R**ead **O**nly **M**emory (**EEPROM**). Sie sind wesentlich langsamer als die mit Spannung versorgten RAMs und auch weniger zuverlässig. Sie werden in industriell genutzten Steuerungen deshalb nur für selten zu ändernde Daten eingesetzt. Einsatzbereiche sind auch Telefonkarten, Geldkarten oder die Identifizierungskarte im Mobiltelefon.

16.3 Elektromechanische Bauteile und elektronische Alternativen

16.3.1 Schalter

Elektrische Schalter dienen zum Unterbrechen oder Umschalten von Stromkreisen. Der Schalter muss durch seine Bauweise die beabsichtigte Belastung unbeschädigt aushalten. Schalter bestehen normalerweise aus zwei Kontakten, die über eine bewegliche Brücke elektrisch verbunden werden können. Im EIN-Zustand fließt der Strom über ein bis zwei bewegliche Kontakte.

Am beweglichen Kontaktpunkt ist der Übergangswiderstand größer als im übrigen Stromkreis. Durch den Übergangswiderstand kann Spannung abfallen, die zusammen mit dem Strom eine Verlustleistung erzeugt, die die Kontakte erwärmt. Durch einen ausreichenden Berührungsquerschnitt und genügend Kontaktdruck müssen der Widerstand und damit die Verlustleistung in Grenzen gehalten werden.

Beim Öffnen und Schließen geht der Übergangswiderstand kontinuierlich von einem kleinen Wert auf einen sehr großen und umgekehrt über. In der Übergangszeit entsteht eine erhebliche Verlustleistung. Die in Wärme umgesetzte Arbeit lässt sich am besten durch ein schnelles Schalten begrenzen. Deshalb sind fast alle Schalter so konstruiert, dass der bewegliche Teil sich gar nicht langsam bewegen kann, sondern von der EIN-Lage in die AUS-Lage und umgekehrt schnappt.

Wird eine induktive Last abgeschaltet, dann entsteht am sich öffnenden Kontakt ein Lichtbogen, der die Kontakte schnell zerstören würde. Öffnet der Kontakt schnell auf einen großen Abstand, dann reißt der Lichtbogen ab, bevor die Kontakte beschädigt werden.

Die Isolierstoffe müssen bruchfest, schwer brennbar und temperaturfest sein, damit der Schalter bei Überhitzung keine Gefahr für den Bediener wird. Für hoch belastete Isolierteile wird häufig Keramik genommen (Al_2O_3). Wird der Schalter beschädigt, dann müssen Spannung führende Teile noch gegen Berührung geschützt sein. Bei Bedarf werden zwei Pole, bei Drehstrom alle drei Pole abgeschaltet. Die Schaltleistung wird auf dem Schalter angegeben. Bis auf wenige Ausnahmen für sehr kleine Leistungen gelten Schalter als **sicherheitskritische** Teile, sie müssen geprüft sein und das Zeichen eines akkreditierten Prüfinstituts tragen.

16.3.2 Relais

16.3.2.1 Elektromechanische Relais

Relais sind elektromagnetisch betätigte Schalter. Ein Elektromagnet bewegt über ein bewegliches Joch einen oder mehrere Kontakte. Diese Kontakte sind für die elektrische Belastung dimensio-

Typ	Arbeitsprinzip	Erreger-spannung	Schalt-strom	Schalt-spannung
Kammrelais	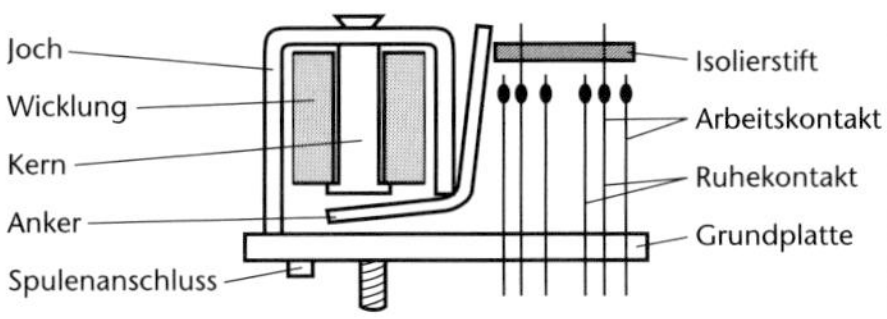	5 V = 12 V = 24 V = 120 V =	0,2 A bis 5 A	120 V = 120 V ~
Hochstromrelais	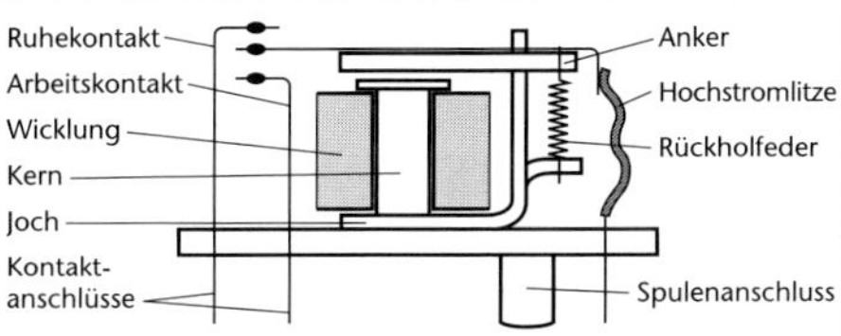	12 V = 24 V = 60 V = 240 V ~	20 A bis 40 A	24 V = 240 V ~
Reed-Relais	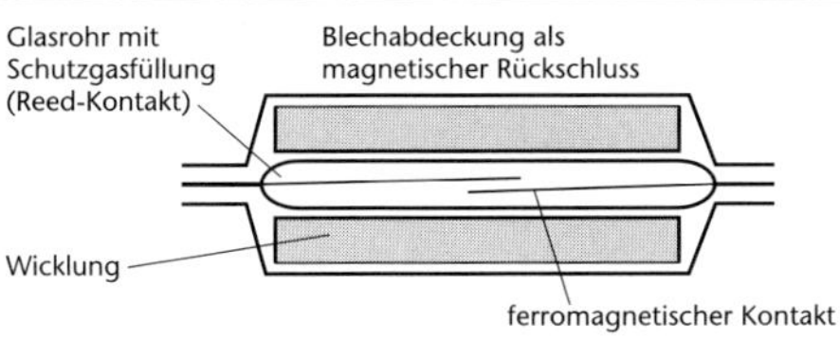	5 V = 12 V = 24 V = 60 V ~	0,1 A bis 1 A	100 V =
Schütz Leistungsschalter	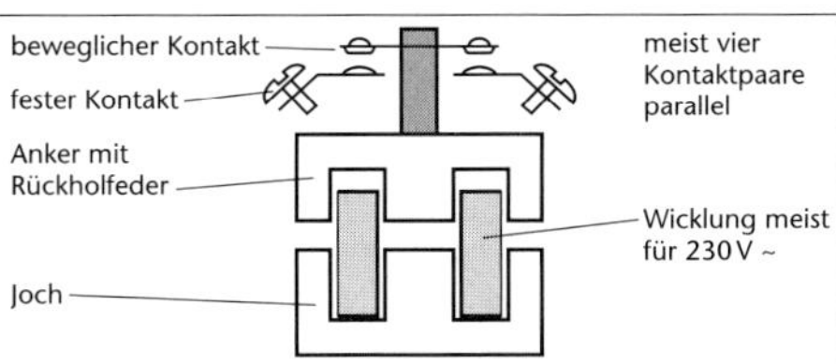	230 V ~	10 A bis 500 A	240 V ~ bis 2 kV ~
Halbleiterrelais für Gleichstrom	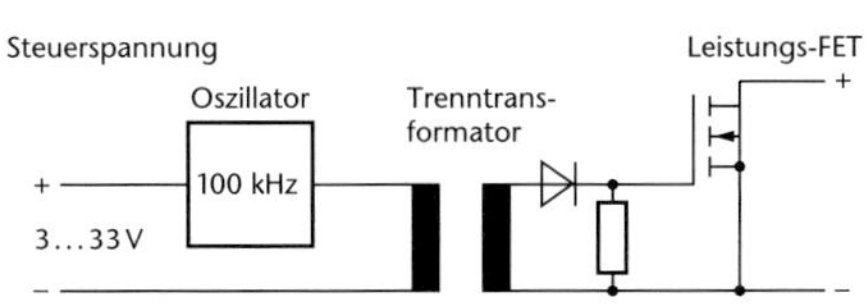	Steuer-spannung 3...33 V ca. 2 mA	1...40 A nur Gleichstrom	50 V = bis 250 V = Polarität vorgegeben

Bild 16.37 Relais, elektromagnetisch und elektronisch

niert. Ein Relais für kleine Ströme und Spannungen hat kleine Kontakte mit geringen Abständen, es schaltet aber schnell und benötigt nur wenig Erregerleistung. Sind große Ströme zu schalten, dann sind auch große Kontaktkräfte erforderlich, die über eine größere Erregerleistung erzeugt werden.

Es gibt sie in sehr großer Vielfalt. Bild 16.37 zeigt einige wichtige Bauformen. Die meisten Relais sind **monostabil**, d. h., wenn der Erregerstrom aufhört, dann fällt das Relais in die Ruhelage zurück. Es gibt auch wenige **bistabile** Relais. Dort wechselt eine Mechanik die Lage der Kontakte nach jedem Stromstoß in der Erregerwicklung oder der Anker wird durch einen Permanentmagneten in seiner jeweiligen Position gehalten.

Die Relaiskontakte werden nach Bedarf ausgelegt, Schließer stellen den Kontakt bei erregtem Relais her, Ruhekontakte werden bei erregtem Relais geöffnet und Wechsler können einen Kontakt umschalten.

In der Steuerungstechnik sind die **Kammrelais** weit verbreitet. Das bewegliche Joch, der Anker, bewegt die Kontakte über ein Isolierstück von der Ruhe- in die Arbeitslage. Hört der Erregerstrom auf, dann fällt es in die Ruhelage zurück. Kammrelais haben mehrere parallel schaltende Kontakte.

Die meisten Kleinrelais sind ähnlich aufgebaut. Sie können auch Netzspannung (230 V) schalten, wenn die Spannungspotenziale der Kontakte im Relais durch Isolierstoff getrennt sind und ausreichend lange Luft- und Kriechstrecken zwischen den Spannung führenden Teilen vorhanden sind. Diese Relais sind zum Betrieb an der Netzspannung zugelassen; sie tragen dafür die Zeichen der Prüfinstitute.

Zum Schalten größerer Leistungen in der Automobiltechnik oder bei Haushaltgeräten werden **Hochstromrelais** verwendet. Sie haben einen oder zwei dicke Kontakte, die mit großer Kraft angedrückt werden. Dadurch wird der Übergangswiderstand klein, die entstehende Wärme wird über breite Kontaktfedern abgeführt. Sie werden häufig über 6,3-mm-Flachstecker angeschlossen.

Reed-Relais haben Kontakte, die in einem mit Schutzgas gefüllten Glasrohr eingeschmolzen und damit gegen alle Umwelteinflüsse hermetisch abgeschlossen sind. Die Kontaktzungen bestehen aus einer **ferromagnetischen** Legierung, die Kontaktpunkte haben einen Edelmetallüberzug. Der oder die Kontakte stecken in einer Spule, ein Gehäuse aus Eisenblech bildet den magnetischen Rückschluss. Wegen der geringen Kontaktkräfte und Abstände schalten diese Relais nur kleine Spannungen und Ströme. Reed-Kontakte können auch zusammen mit einem beweglichen Dauermagneten als zuverlässige Endschalter, beispielsweise bei Türkontakten, genutzt werden.

Die Eigenschaften eines Relais und eines Schalters werden wesentlich vom Werkstoff der Kontakte beeinflusst. Bildet sich eine isolierende Oxidschicht auf den Kontakten, dann hat das mechanisch geschlossene Relais keinen elektrischen Kontakt. Eine höhere Spannung schlägt die Oxidschicht durch, aber bei kleinen Schaltspannungen ist das Relais unzuverlässig. Hier können Edelmetallkontakte abhelfen, die bei großen Schaltströmen und zu kleinen Federkräften zum Verschweißen neigen. Sind große Ströme zu schalten, neigen die Kontakte zum Abbrennen. Auch hier gibt es geeignete Mischwerkstoffe (z. B. AgCdO).

16.3.2.2 Halbleiterrelais

Halbleiterrelais haben eine ähnliche Funktion nach außen, arbeiten aber nach einem anderen Prinzip. Ein Leistungstransistor, bipolar oder MOSFET, stellt den Kontakt her. Er wird über einen **Optokoppler** oder eine intern erzeugte Wechselspannung mit Trenntransformator angesteuert. Halbleiterrelais arbeiten **verschleißfrei**, sie haben keine Kontaktprobleme. Die Restspannung am Relais ist aber erheblich größer, 1 ... 2 V, und die entstehende Wärme muss bewusst abgeführt werden. Sie arbeiten nur mit Gleichspannung einer Polarität oder nur mit Wechselspannung. Das Verhältnis zwischen EIN- und AUS-Widerstand ist wesentlich schlechter als bei mechanischen Relais. Bild 16.37 zeigt das Prinzip.

16.3.3 Schütze

Der klassische Schalter für Maschinen und Anlagen am 230-V/400-V-Netz mit häufigen Schaltvorgängen ist das Schütz. Es ist ein meist mehrpoliger, **elektromagnetisch betätigter Schalter**, der je nach Bauart kleine Leistungen (z. B. 5 kVA) bis große Leistungen (z. B. 500 kVA) beliebig häufig schalten kann.

Bild 16.38 a zeigt eine schematische Darstellung des Schützschalters, Bild 16.38 b eine Außenansicht. Der Magnet besteht aus einem E-förmigen Eisenkern (1), einer Spule (2) und einem beweglichen Joch (3). Fließt Strom durch die Spule (2), dann ist der Magnet erregt und zieht das Joch an. Das Joch bewegt die mehrpoligen beweglichen Brückenkontakte und drückt sie mit ausreichender Kraft auf die fest stehenden Kontakte (4), die direkt mit den Anschlussklemmen verbunden sind. Es gibt Schütze mit Wechsel- oder Gleichstromerregung. Häufig wird die Spule direkt für die Netzspannung (230 V) ausgelegt; die Versorgung ist einfach herzustellen. Bei Wechselstromschützen sind Kern und Joch aus 0,3 mm bis 0,5 mm dicken Eisenblechen zusammengesetzt, um die Wirbelstromverluste im Betrieb klein zu halten. Im offenen Zustand ist die Induktivität klein, der Strom groß und das Schütz zieht schnell an. Bei geschlossenem Joch steigt die Induktivität des Erregerkreises, der Strom sinkt und die Verlustleistung auch. Trotzdem drückt der Magnet die Kontakte fest und damit niederohmig aufeinander.

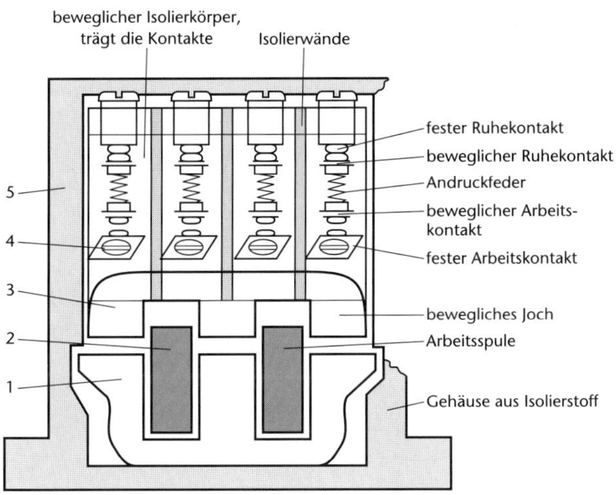

a) Schütz, Schnittbild

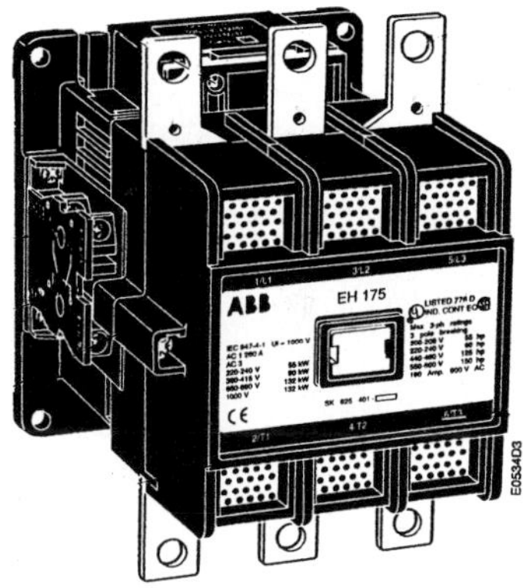

b) Schütz, Ansicht Werkbild ABB

Bild 16.38 Schützschalter

Wird der Erregerstrom unterbrochen, dann öffnet die Rückholfeder die Kontakte schnell auf einen großen Abstand, damit ein eventuell entstandener Lichtbogen abreißt. Ein Lichtbogen im Wechselstromkreis verlöscht spätestens mit dem Nulldurchgang des Stroms. Gleichstrom ist schwieriger zu schalten, die Schütze dafür sind anders dimensioniert. Das Schütz hat ein Gehäuse aus schwer brennbarem Kunststoff (5).

Zwischen den einzelnen Kontaktbrücken sichern Zwischenwände aus Kunststoff lange Luft- und Kriechstrecken für die anstehende Spannung. Bestimmungsgemäß eingesetzte Schütze schalten sicher und gefahrlos. Werden die zulässigen Spannungen oder Ströme überschritten oder das

Schütz schaltet Gleich- statt des erlaubten Wechselstroms, kann ein Lichtbogen entstehen, der im einfachsten Fall nur das Schütz zerstört, aber auch einen Brand auslösen kann. Durch die große Typenvielfalt gibt es für jede Anwendung das richtige Schütz.

Für kleinere Leistungen werden zunehmend Schütze mit Halbleitern auch für Wechselspannung benutzt. Sie bestehen aus zwei antiparallel geschalteten Thyristoren, die über eine Elektronik angesteuert werden und den Steuer- und den Lastkreis über einen Optokoppler oder einen kleinen Transformator galvanisch trennen. Sie arbeiten völlig verschleißfrei und können auch in stark verschmutzter Umgebung sicher arbeiten. Nachteilig ist der gegenüber mechanischen Schützen hohe Spannungsabfall von ca. 2 V, der meistens eine Kühlung des Schützes erfordert. Bild 16.39 zeigt das Prinzip.

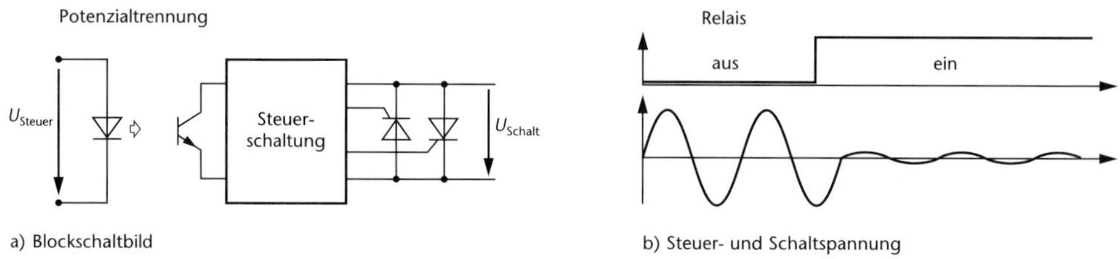

Bild 16.39 Halbleiterrelais oder -schütz für Wechselspannung

16.3.3.1 Sicherheitsrelevante Teile

Schütze sind ebenso wie Sicherungen und Fehlerstromschutzschalter oder Relais für Netzspannung **sicherheitsrelevante** Teile. Sie werden erst zugelassen, wenn sie von einem unabhängigen akkreditierten Labor erfolgreich geprüft wurden. Die Prüfung ist am aufgedruckten Zeichen erkennbar. Der Hersteller überwacht die Fertigung sorgfältig, und der Katalog gibt nähere Auskunft. Sicherheitsrelevante Teile dürfen weder geöffnet noch repariert werden.

16

16.3.4 Sicherungen

Elektrische Stromkreise müssen gegen Überstrom geschützt werden, wenn nicht, können Leitungen und Geräte sehr heiß werden und einen Brand auslösen. Sicherungen und ihr Zubehör zählen deshalb zu den sicherheitsrelevanten Teilen (Abschn. 16.3.3.1).

Der Anwender muss sicherstellen, dass die Sicherungen für die äußeren Verhältnisse, wie Schaltspannung, Ausschaltvermögen, das ist der größtmögliche Kurzschlussstrom, und die Umgebungsbedingungen geeignet sind.

16.3.4.1 Schmelzsicherungen

Eine Schmelzsicherung ist eine **elektrische Sollbruchstelle**: Ein Überstrom soll den Stromkreis an dieser Stelle und keiner anderen unterbrechen. Sie besteht aus einem besonders dünnen Stück in der Leitung, das sich bei zu hohem Strom bis zum Durchschmelzen erwärmt (Bild 16.40).

Die Sicherung ist so gebaut, dass sie die entstehende Wärme gefahrlos abführt; der zerstörte Sicherungseinsatz kann leicht ersetzt werden. Sehr hohe Überströme können den dünnen Draht in der Sicherung, meist aus einer Bleilegierung, verdampfen. Bleibt der Metalldampf ein leitendes Plasma, dann hat diese Sicherung ihren Zweck verfehlt. Deshalb wird der Raum zwischen dem dünnen Sicherungsdraht und dem Gehäuse mit feinem Quarzsand gefüllt, der Lichtbogen verlischt schnell. Der größte Strom, der noch sicher unterbrochen wird, wird als **Ausschaltvermögen** der Sicherung bezeichnet. Das Gehäuse ist immer unbrennbar. Feinsicherungen mit kleinem Ausschaltvermögen sind oft in Glasrohren untergebracht, Sicherungen mit höherem Ausschaltvermögen in Keramikgehäusen. Das Ausschaltvermögen hängt auch von der Höhe und Art der zu trennenden Spannung, Gleich- oder Wechselspannung, ab. Diese Werte stehen im Datenblatt.

Die Anwendungsfälle der Sicherungen sind sehr verschieden. Sind Halbleiter im Stromkreis, muss sehr schnell getrennt werden. Dafür gibt es superflinke Sicherungen (Bezeichnung FF). Des Weiteren gibt es flinke, F, mittelträge, M, und träge Sicherungen, T. Letztere werden für Geräte mit überdurchschnittlich hohem und langem Einschaltstrom benutzt. Die Masse des abzuschmelzenden Metalldrahtes bestimmt die Ansprechzeit der Sicherung. Schmelzsicherungen dürfen nicht repariert werden, sie sind nach einem Schaden durch eine neue Sicherung mit gleichen Werten zu ersetzen.

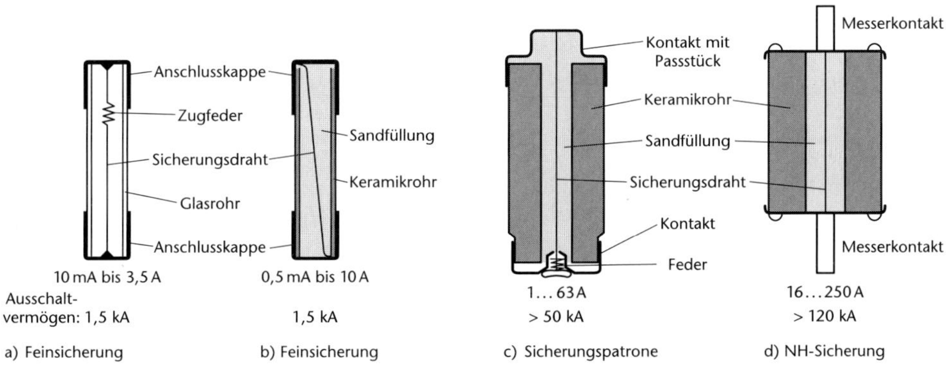

Bild 16.40 Schmelzsicherungen

16.3.4.2 Überstromsicherung mit PTC

Ein Widerstand mit sehr großem Temperaturkoeffizienten, der über mehrere Dekaden geht (PTC), eignet sich auch als Überstromsicherung. Der Versorgungsstrom des Verbrauchers fließt über den kühlen und deshalb niederohmigen PTC. Der Spannungsabfall und damit die Verlustleistung ist gering, der PTC bleibt kalt und niederohmig. Bei Überstrom nimmt die Verlustleistung im PTC zu, er erwärmt sich und wird deshalb hochohmig, bis fast die ganze Versorgungsspannung am PTC liegt. Durch den PTC und den Verbraucher fließt nur noch ein sehr geringer Strom. Die Verlustleistung hält den PTC aber heiß und hochohmig, er darf nicht zusätzlich gekühlt werden. Nach dem Unterbrechen der Stromzufuhr kühlt er ab und das Gerät ist wieder im Ausgangszustand (Abschn. 16.1.1.6).

16.3.4.3 Thermosicherung

Thermosicherungen schützen Geräte vor Überhitzung. Hierzu gibt es mehrere Möglichkeiten: Am einfachsten ist eine Schmelzsicherung mit großem Querschnitt, die fast nicht auf den durchfließenden Strom anspricht, der Draht besteht aber aus einer niedrig schmelzenden Legierung, die bei **Übertemperatur** abschmilzt und den Strom unterbricht. Sie verhindert weiteren Schaden, muss aber danach ersetzt werden.

Eine **Thermosicherung** kann auch einen Kontakt haben, der über ein **Bimetall** geöffnet und geschlossen wird. Wird die Bimetallfeder durch eine geeignete mechanische Verformung trotz Temperaturänderung noch eine Weile in der alten Lage gehalten, schnappt dieses Teil bei zu großer Temperaturabweichung in die neue Lage und öffnet den Stromkreis schnell. Das vermeidet den Lichtbogen und das Abbrennen der Kontakte. Erst nach deutlichem Abkühlen springt der Kontakt zurück und hat damit die erwünschte **Hysterese**. Trotzdem kann er ein schadhaftes Gerät ständig ein- und ausschalten.

Widerstände mit großem positiven Temperaturkoeffizienten (PTC, Abschn. 16.1.1.6) eignen sich gut als Thermosicherung. Die Stromzuführung erfolgt über einen PTC mit einem guten Wärmekontakt zum überwachenden Teil, er ist bei dieser Temperatur niederohmig. Wird das Teil zu heiß, wird der Widerstand hochohmig. Dadurch steigt der Spannungsabfall und damit auch die Verlustleistung im PTC. Der Arbeitspunkt ist nicht stabil. Der PTC erwärmt sich weiter, bis fast die ganze Versorgungsspannung mit einem kleinen Strom am PTC liegt, jetzt fließt nur noch Leistung in den PTC, fast keine mehr in das zu sichernde Gerät. Wird die Spannungsversorgung unterbrochen, kühlt der PTC ab und das Gerät ist wieder betriebsbereit.

16.3.4.4 Sicherungsautomaten oder Leitungsschutzschalter

In industriellen Anlagen und Hausinstallationen haben Sicherungsautomaten die klassischen Schmelzsicherungen weitgehend abgelöst. Sie verhindern eine unzulässige Erwärmung durch eine zu hohe Strombelastung und schützen die Leitungen und Betriebsmittel. Sie sind beliebig oft verwendbar. Bild 16.41 a zeigt den Innenaufbau.

Leitungsschutzschalter (LS-Schalter) sind in ein stabiles Gehäuse aus halogenfreien und unbrennbaren Kunststoffen eingebaut. Der Strom fließt über die Klemme (1), eine bewegliche feindrähtige Kupferlitze (2) in den Bimetallstreifen (3) und weiter durch die Magnetspule (4) mit wenigen Windungen aus dickem Kupferdraht zum festen Kontakt (5). Wird die Sicherung am Schaltgriff (8) geschlossen, dann drückt das Schaltwerk mit Federkraftspeicher (7) den beweglichen Kontakthebel (6) kräftig gegen den festen Kontakt (5). Der Strom fließt dann über die Kupferlitze (10) und die Klemme (11) ab.

Kleine Überströme (5 % bis 45 % von I_{nenn}) erwärmen und verformen langsam den **Bimetallstreifen** (3), der den Entklinkungsschieber (9) bewegt. Abhängig vom Überstrom löst er das Schaltschloss über die Schaltklinke nach Stunden oder schon nach wenigen Sekunden aus. Er bringt die bis jetzt starre und fast gerade Kniehebelverbindung (7) in den instabilen Bereich, sie klappt zusammen und die kräftige Rückholfeder öffnet den Kontakt (6) schnell. Die thermische und damit verzögerte Abschaltung schützt die Leitungen vor übermäßiger Erwärmung und damit die Leitungsisolation und ihre Umgebung vor Schaden.

Bei höheren Strömen, 3 I_{Nenn} bis 5 I_{Nenn}, löst der **Magnet** den Entklinkungsschieber über den beweglichen Anker (12) innerhalb weniger Millisekunden aus und unterbricht den Stromkreis. Das Getriebe hat eine Freiauslösung, d. h., der LS-Schalter öffnet auch dann, wenn der Handhebel (8) festgeklemmt sein sollte.

Übliche Leitungsschutzschalter mit der Charakteristik B oder C lösen thermisch frühestens beim 1,13fachen Nennstrom, spätestens beim 1,45fachen Nennstrom aus. Abhängig von den erwarteten Spitzenströmen wird die **Auslösecharakteristik** B oder C im Bild 16.41 b gewählt. Die Hersteller bieten für jeden Anwendungszweck geeignete Sicherungsautomaten an. Sind der maximale Dauerstrom und der zulässige Spitzenstrom bekannt, kann der geeignete Schutzschalter aus den Datenblättern der Hersteller ausgesucht werden.

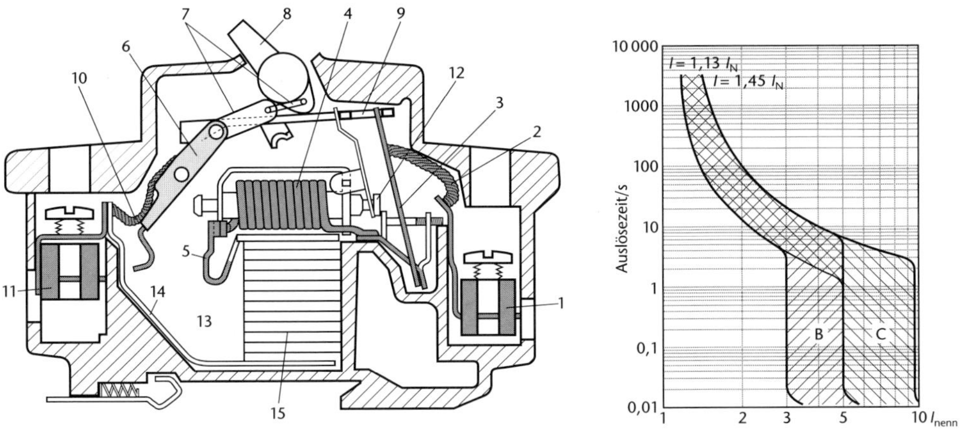

a) Aufbau eines Überstromschalters (Prinzip ABB)

b) Auslösecharakteristik B und C

Bild 16.41 Überstromschalter

Je nach dem Verwendungszweck setzt man Schalter mit einer passenden Charakteristik ein. Zum Schutz stromempfindlicher Betriebsmittel eignen sich Schutzschalter, deren kleinster Auslösestrom nur wenig über dem Nennstrom liegt, 1,05 I_{nenn} bis 1,2 I_{nenn}. Damit wird eine übermäßige Erwärmung verhindert. Der Abschaltstrom im Kurzschlussfall richtet sich nach dem auftretenden und zulässigen Spitzenstrom. Sind Halbleiter im folgenden Stromkreis, wählt man einen niedrigen Auslösestrom im Kurzschlussfall (magnetischer Auslöser). Ein Motor hat einen hohen Einschaltstrom von kurzer Dauer. Er darf die Sicherung nicht auslösen, deshalb wird hier ein Sicherungsautomat mit einer anderen Charakteristik verwendet.

Liegt im Stromkreis eine **induktive Last**, dann bildet sich beim Öffnen zwischen den Kontakten (5) und (6) ein Lichtbogen. Ein großer Kontaktabstand im AUS-Zustand fördert das Abreißen des **Lichtbogens**. Wenn er wegen einer energiereichen Induktivität im Stromkreis weiter brennen sollte, bewegt er sich vom Kontakt (5) und dem Lichtbogenleitblech (14) weg in den Raum (13) und von dort in die **Löschkammer** (15), wo er verlöscht. Der Raum (13) ist durch das Lichtbogenleitblech (14) und eventuell Keramikscheiben an der Seite geschützt.

Der Kurzschlussstrom kann bis zum Auslösen der Sicherung sehr hohe Werte annehmen. Er darf die Kontakte nicht verschweißen. Gut Wärme leitende Kontakte und eine starke Rückholfeder erlauben bei LS-Schaltern ein sicheres Abschalten bis über 6000 A. Können in Stromkreisen mit hoher Leistung höhere Kurzschlussströme auftreten, dann gibt es auch geeignete LS-Schalter. Die üblichen Leitungsschutzschalter sind nur für Wechselstrom. Bei Gleichstrom verlöscht der Funke schlechter. Die Datenblätter geben Auskunft über den möglichen Einsatz.

Alle Überstromschalter sind sicherheitsrelevante Teile (Abschn. 16.3.3.1).

16.3.4.5 Fehlerstromschutzschalter

Bei schadhafter Isolierung in einem Stromkreis können spannungsführende Teile berührt werden oder der Strom fließt über ungesicherte Wege und erzeugt einen Brand. Solange der Strom kleiner ist als der Auslösestrom der vorhandenen Sicherung, schaltet diese nicht ab. Damit entsteht ein Sicherheitsrisiko.

Der Fehlerstromschutzschalter (FI-Schalter) bewertet **die Differenz zwischen hin- und rücklaufendem Strom** (Bild 16.42 a). Da der Strom in einem Stromkreis überall gleich ist, muss die Differenz im intakten Stromkreis zwischen Hin- und Rückweg genau null sein, sie lässt sich über einen Stromtransformator leicht ermitteln. Die Sekundärspannung dieses Transformators speist die Spule eines Magneten, der den FI-Schalter bei einer zu großen Differenz zwischen Hin- und Rückstrom auslöst und den Stromkreis unterbricht (Bild 16.42 b). Beim Drücken einer Prüftaste fließt der Strom über einen Widerstand auf einem Weg am Stromtransformator vorbei, erzeugt die Auslöseleistung und öffnet den FI-Schalter. Damit soll die Funktion gelegentlich geprüft werden.

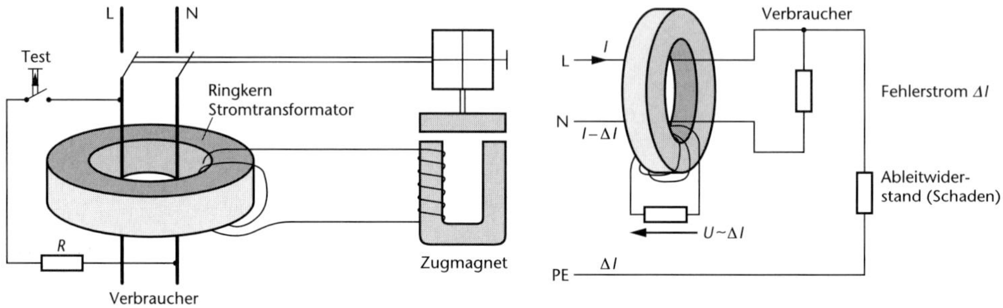

a) Prinzip des Fehlerstromschutzschalters

b) Messung des Differenzstroms ΔI

Bild 16.42 Fehlerstrom-Schutzschalter (FI-Schalter)

Das Verfahren ist empfindlich. Der für 16 A ausgelegte Schalter löst normalerweise aus, wenn die Differenz 30 mA erreicht. Die Auslöseströme sind gestaffelt und können auch erheblich höher sein, sie müssen aber immer kleiner als der gefährliche Fehlerstrom sein. So genannte **Personenschutzschalter** lösen schon bei 10 … 30 mA aus und reduzieren einen sonst lebensgefährlichen Stromschlag auf einen schmerzhaften Impuls.

Die ungefähre Auslösezeit beträgt bei ΔI_{Nenn} 200 ms, bei 5 ΔI_{Nenn} 40 ms.

Alle Sicherungen und FI-Schalter sind sicherheitsrelevante Bauteile (Abschn. 16.3.3.1).

16.4 Galvanische Elemente

Galvanische Elemente geben **chemisch gebundene Energie** bei Bedarf als elektrische Arbeit ab. Sie werden eingesetzt, wo kein Netzanschluss verfügbar ist, die Versorgung auch bei gelegentlichen Netzunterbrechungen sichergestellt sein muss oder wenn der Energieverbrauch so gering ist, dass ein Netzanschluss teurer oder durch das Netzkabel wesentlich umständlicher zu handhaben ist.

Primärelemente liefern eine bestimmte Ladungsmenge, bis sie erschöpft sind, und müssen dann als Rest- oder Sondermüll entsorgt werden. **Sekundärelemente (Akkumulatoren)** sind **wieder aufladbar**, sie halten bei richtiger Behandlung viele (bis 1000) Lade- und Entladezyklen aus. Defekte Sekundärelemente sind wegen ihrer mehr oder weniger toxischen Inhaltsstoffe am Ende ihrer Lebensdauer immer Sondermüll, sie müssen geordnet aufgearbeitet werden.

Galvanische Elemente bestehen aus zwei verschiedenen Werkstoffen, die in der chemischen Spannungsreihe eine erhebliche Spannungsdifferenz haben. Der Minuspol ist meistens ein unedles Metall, beispielsweise Zink, Lithium, Blei oder Cadmium, während die positive Elektrode häufig aus einer Sauerstoffverbindung eines edleren Metalls, beispielsweise Mangan, Nickel oder Silber, besteht. Ein gut leitender **Elektrolyt**, Kalilauge, Schwefelsäure oder eine organische leitende Flüssigkeit, verbindet beide elektrisch und ermöglicht die chemischen Reaktionen.

16.4.1 Primärelemente

Fast alle Primärelemente arbeiten mit Zink als negativer Elektrode. Verschiedene Werkstoffe der positiven Elektrode und verschiedene Elektrolyte führen zu unterschiedlichen Typen. Die Tabelle 16.3 zeigt eine Übersicht über die gängigen Primärelemente.

Zink-Braunstein-Elemente mit alkalischen Elektrolyten (Alkali-Mangan) sind heute die am weitesten verbreiteten Elemente für Kleingeräte. Sie sind preisgünstig und können mittlere, kurzzeitig auch höhere Ströme liefern.

Zink-Luft-Elemente mit sauren Elektrolyten liefern lange Zeit kleine Ströme bei günstigen Kosten und verhältnismäßig kleinem Gewicht. Die alkalischen Zink-Luft-Elemente werden wegen ihrer hohen Energiedichte bei begrenztem Raum und Gewicht eingesetzt.

Zink-Silberoxid-Elemente sind die klassischen Batterien für Kleinverbraucher wie Uhren, Belichtungsmesser in Fotoapparaten ohne Antrieb und ohne Blitz oder Geräte mit geringem Stromverbrauch bei langer Lebensdauer. Die relativ ungiftigen Silberoxidbatterien verdrängen die ähnlichen Quecksilberelemente in diesen Anwendungen immer mehr.

Lithium als Minuspol liefert 3 … 3,8 V aus einer Zelle, der Energieinhalt ist höher als bei den meisten anderen Typen. Deshalb werden große Anstrengungen unternommen, um kleine und vor allen leichte Batterien mit großem Energieinhalt herzustellen. Das sehr elektropositive Lithium verträgt sich nicht mit Wasser, deshalb verwendet man besondere organische Elektrolyte. Lithium-Primärelemente dürfen nicht geladen werden, sie entzünden sich leicht und sind mit Wasser nicht löschbar. Lithium-Pufferbatterien benötigen deshalb eine doppelte Sicherung gegen höhere Ladeströme, beispielsweise neben der üblichen Diode noch einen zusätzlichen Widerstand.

Tabelle 16.3 Primärelemente

	Zink-Braunstein Leclanchè	**Zink-Braunstein alkalisch**	**Zink-Luft sauer**	**Zink-Luft alkalisch**	**Zink-Silberoxid**	**Zink-Quecksilberoxid**	**Lithium-Braunstein**
Pluspol	2 MnO_2	2 MnO_2	O_2	O_2	Ag_2O	HgO	MnO_2
Elektrolyt	2 NH_4Cl Salmiak	KOH + H_2O Kalilauge	4 NH_4Cl Salmiak	KOH + H_2O Kalilauge	KOH + H_2O NaOH + H_2O	KOH + H_2O	organisch. Elektrolyt
Minuspol	Zn	Zn	2Zn	2Zn	Zn	Zn	Li
Pluspol	2 MnOOH	2 MnOOH	2 H_2O	2 H_2O	2 Ag	Hg	$MnO_2(Li^+)$
Minuspol	$Zn(NH_3)_2Cl_2$	ZnO	2 $Zn(NH_3)Cl_2$	2 $Zn(OH)_2$	ZnO	ZnO	Li^+
Spannung	1,5 V	1,5 V	1,4 V	1,4 V	1,55 V	1,35 V	3,0 V
Kennlinie		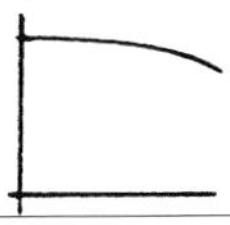	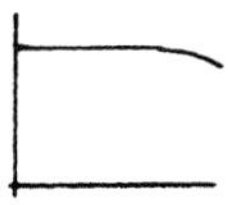	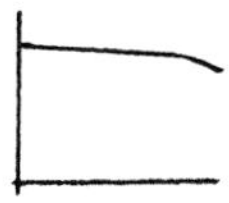	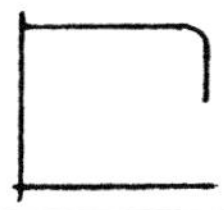	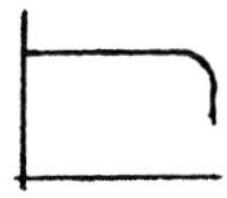	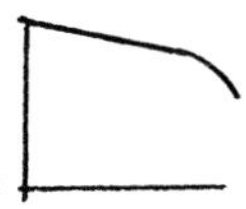
Wh/l	120 … 180	200 … 300	200 … 250	650 … 900	300 … 600	40 … 500	500 … 800
Wh/kg	50 … 90	100 … 130	150 … 200	300 … 400	80 … 110	80 … 110	250 … 300
Kapazität	0,4 … 8 Ah	25 mAh … 16 Ah	50 … 130 Ah	33 mAh … 570 mAh	5 mAh … 180 mAh	50 mAh … 1 Ah	25 mAh … 2 Ah
Anwendungen	Taschenlampen, Kleingeräte		Weidezaun, Warnlampen	Hörgerät, Foto	Uhren, Foto		Datenspeicher, Foto

16.4.2 Sekundärelemente

Entladene **Sekundärelemente** können durch Zufuhr externer elektrischer Energie bis zu tausendmal wieder **aufgeladen werden**. Dafür ist die nutzbare Energiedichte geringer als bei Primärelementen. Tabelle 16.4 zeigt eine Übersicht über die gängigen Sekundärelemente (Akkumulatoren).

Bleiakkumulatoren speichern mittlere bis größere Energiemengen auf wirtschaftliche Weise. Für Starterbatterien bei Kraftfahrzeugen oder für Notstrom gibt es keine bessere Alternative. Offene Bleibatterien, bei denen verbrauchtes Wasser nachgefüllt werden kann, sind einfach zu betreiben. Die heute sehr verbreiteten Bleibatterien mit Gel-Elektrolyt sind normalerweise gasdicht und wartungsfrei, sie können in jeder Lage betrieben werden. Ein Überladen zersetzt Wasser und zerstört die Batterie schnell. Jede **Tiefentladung**, $U < 1{,}7$ V/Zelle, schädigt die Bleibatterie und reduziert ihre Lebensdauer erheblich.

Im Kleingerätebereich werden häufig **Nickel-Cadmium-Akkumulatoren**, NiCd-Akkus, eingesetzt. Auch sie sind heute gasdicht verschlossen und einfach zu betreiben. Nickel-Cadmium-Akkus mit Sinterelektroden können mit sehr hohen Strömen ge- und entladen werden, deshalb nutzt man sie für batteriebetriebene Elektrowerkzeuge. NiCd-Akkus werden durch Tiefentladung nicht geschädigt, sie dürfen aber nicht umgepolt werden. Auch ein Überladen verringert die ursprüngliche Kapazität schnell.

Tabelle 16.4 Sekundärelemente

		Blei-Blei	**Nickel-Cadmium**	**Nickel-Metallhydrid**	**Lithium-Ion**
geladen	Pluspol	$PbSO_4$	NiOOH	NiOOH	$Li_{(1-y)}MO_x$ +
	Elektrolyt	$H_2SO_4 + H_2O$	$KOH + H_2O$	$KOH + H_2O$	Organischer Elektrolyt mit Li-Salz
	Minuspol	Pb	Cd	MH (Metallhydrid)	$Li_y + C_n$
entladen	Pluspol	$PbSO_4$	2 $Ni(OH)_2$	2$Ni(OH)_2$	$LiMO_x$
		H_2O	KOH		
	Minuspol	$PbSO_4$	$Cd(OH)_2$	$M(OH)_2$	C_n
Spannung/V		2,0	1,2	1,2	3,6 … 3,7
Kennlinienverlauf		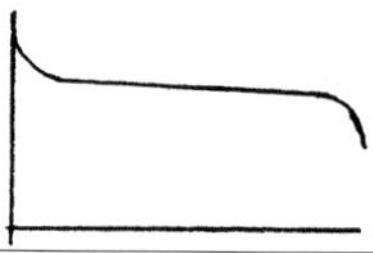	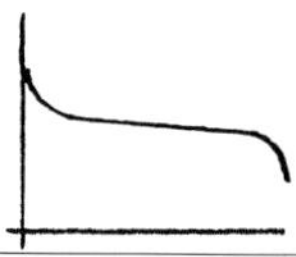		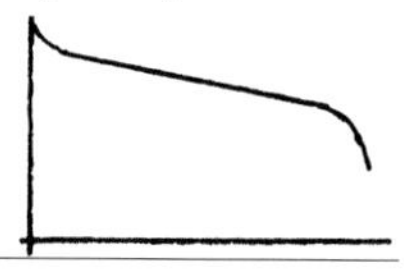
Energiedichte	Wh/l	50 … 100	50 … 110	150 … 270	200 … 280
	Wh/kg	35 … 50	20 … 50	50 … 80	70 … 110
Kapazitätsbereich/Ah		1 … 400 Ah	0,05 … 15 Ah	0,05 … 7 Ah	0,01 … 1 Ah
Anwendungen		Notstrom, Starterbatt., mobile Verbraucher	Kleingeräte, Werkzeuge, Schnellladung	Kleingeräte, Foto, Blitz, kein Werkzeug	Kleingeräte mit geringem Gewicht

Wird ein teilweise entladener NiCd-Akku geladen, dann bildet sich eine Zwischenschicht. Bei der nächsten Entladung bis zu dieser Zwischenschicht sinkt seine Spannung deutlich, er erscheint leer. Der Vorgang heißt **Memoryeffekt**. Deshalb sollten nur vollständig entladene NiCd-Akkus geladen werden. Hält man Ladestrom und -zeit ein, wird er auch nicht überladen, die Zellen halten länger.

Nickel-Metallhydrid-Akkus ersetzen das giftige Cadmium durch eine Wasserstoff speichernde Metalllegierung, das Metallhydrid (MH). Sie werden ähnlich wie NiCd-Akkus verwendet, haben inzwischen höhere Energiedichten, sie können aber nicht mit so hohen Strömen ge- und entladen werden wie NiCd-Akkus.

Die höchste Energiedichte haben **Lithium-Ionen-Akkus**. Das leichte und stark elektropositive Lithium speichert viel Energie in Elektroden mit geringer Masse. Das sehr reaktionsfreudige Lithium ist schwierig zu handhaben, es verträgt sich auch nicht mit wässrigen Elektrolyten. Die positive Elektrode besteht aus Metalloxid, in das Lithium-Ionen eingelagert sind, die negative aus Kohlenstoff. Beim Laden wandern Li-Ionen in die negative Elektrode und bilden ein LiC-Gitter. Die Elektroden sind, wie üblich, mit einem mikroporösen Separator voneinander isoliert, der die Ionen beim Laden und Entladen durchlässt. Der organische Elektrolyt erlaubt den Ionentransport, reagiert aber selbst nicht mit Lithium. Wenn die Ströme und die Ladespannung in zulässigen Grenzen bleiben, halten Li-Ionen-Akkus sehr viele Lade- und Entladezyklen aus.

Weiterführende Literatur

Bauckholt, H.-J.: Grundlagen und Bauelemente der Elektrotechnik. 5. Aufl., München Wien: Carl Hanser Verlag 2004

Beuth, K.; Beuth, O.: Elementare Elektronik. 7. Aufl., Würzburg: Vogel 2002

Beuth, K.: Bauelemente. Elektronik 2. 18. Aufl., Würzburg: Vogel, 2006

Hering, E.; Bressler, K.; Gutekunst, J.: Elektronik für Ingenieure und Naturwissenshcaftler. 5. Aufl., Berlin: Springer 2005

Lindner, H.; Brauer, H.; Lehmann, C.: Taschenbuch der Elektrotechnik und Elektronik. 8. Aufl., Leipzig: Fachbuchverlag 2004

Lutz, J.: Halbleiter-Leistungsbauelemente. Berlin: Springer 2006

Reisch, M.: Elektronische Bauelemente. 2. Aufl., Berlin: Springer 2006

Spickermann, D.: Passive elektronische Bauelemente. Weil der Stadt: J. Schlembach Fachverlag 2001

Stiny, L.: Handbuch passiver elektronischer Bauelemente. München: Franzis 2007

Tietze, U.; Schenk, Ch.; Gamm, E.: Halbleiter-Schaltungstechnik. 12. Aufl., Berlin: Springer 2002

Weitere Informationen, Daten, Applikationsberichte sind auf den Web-Seiten der Hersteller zu finden. Hier eine Auswahl:

Passive elektronische Bauelemente	www.epcos.com
	www.murata.com
	www.vishay.com
	www.infineon.com
Dehnungsmessstreifen	www.me.systeme.de
Sensoren	www.hbm.com
	www.heraeus-sensor-nite.de
Halbleiter	www.analog.com
	www.infineon.com
	www.linear.com
	www.semiconductor.philips.com
Elektromechanische Relais	www.zettler.com
Halbleiter-Relais	www.crydom.com
PTC-Überstromsicherungen	www.epcos.com
Leitungsschutzschalter	www.abb.de/stotzkontakt
FI-Schutzschalter	www.abb.de/stotzkontakt

Primärelemente	www.en.varta-consumer.com www.powerone-batteries.com www.renata.com
Sekundärelemente	www.saft.fr www.en.varta-consumer.com www.varta-automotive.com

17

Messtechnik

Prof. Dr.-Ing. habil. Werner Richter
Döbeln

Tabelle 17.1 Wichtige Formelzeichen

Formelzeichen	SI-Einheit	Bedeutung
δ	1	relativer Fehler
δ^*	1	reduzierter Fehler
e		Fehler allgemein
e_N		digitaler Restfehler
e_Q		Quantisierungsfehler
f_g	Hz	Grenzfrequenz
s		Standardabweichung
t_A	s	Zeitabstand, Abtastzeit
t_E	s	Einschwingzeit
u		Unsicherheit

17.1 Einführung

17.1.1 Wirtschaftliche Bedeutung

Die Messtechnik hat heute weittragende Bedeutung für die gesamte Wirtschaft und damit für die Gesellschaft. Sie ist

- **Mittel zur Informationsgewinnung** über technisch-physikalische Größen,
- **Voraussetzung für die Steuerung** technologischer Prozessabläufe und
- **Mittel zur Qualitätssicherung**.

Die Wirksamkeit der Messtechnik ist da am größten, wo Mess- und Prüfprozesse direkt in den Fertigungsprozess einbezogen und dort qualitäts- und effektivitätssteuernd wirksam sind. Messtechnik und Qualitätssicherung bilden im Produktionsprozess eine untrennbare Einheit.

Die volkswirtschaftliche Wirkungsbreite der Messtechnik ist groß und wächst ständig. Heute beträgt der für Mess- und Prüfprozesse eingesetzte Anteil lebendiger Arbeit im Mittel 10 bis 15 %, wobei es Prozesse gibt, in denen dieser Anteil wesentlich höher ist. Beispiele dafür sind der Präzisionsgerätebau oder die Fertigung mikroelektronischer Baugruppen.

17.1.2 Informationsbeziehungen in Messprozessen

Der Begriff **Information** ist im Sprachgebrauch mehrdeutig und bedeutet allgemein eine Mitteilung, Auskunft oder Nachricht. In der Technik ist Information neues Wissen über ein Ereignis, einen Tatbestand oder Sachverhalt, worüber vorher keine Kenntnis existierte, oder anders formuliert,

> Information ist beseitigte Unsicherheit.

Der Begriff der Information ist erst mit der Entwicklung der Nachrichtentechnik entstanden; denn bis zur Mitte des 20. Jahrhunderts waren nur Stoff und Energie die fundamentalen Kategorien unseres physikalisch geprägten Weltbilds, und erst die Kybernetik hat den Informationsaspekt entwickelt, der nicht auf stoffliche oder energetische Aspekte zurückgeführt werden kann.

Eine erhaltene Information kann ihrerseits nach drei Gesichtspunkten analysiert werden:

- Der **syntaktische Aspekt** abstrahiert von der Bedeutung der Information und beschreibt nur die statistischen Eigenschaften von Zeichenfolgen oder Ereignissen;
- der **semantische Aspekt** befasst sich mit der Bedeutung der Information, und
- der **pragmatische Aspekt** versucht den praktischen Wert der Information zu erfassen.

Für die beiden letztgenannten Aspekte gibt es Ansätze, vor allem durch Anwendung der Fuzzy-Logik in der Regelungstechnik (Kap. 18). In der Nachrichten- und Informationstechnik dominiert der auf der Wahrscheinlichkeitstheorie beruhende syntaktische Aspekt (Kap. 5).

Messen ist aus derart allgemeiner Sicht nichts anderes als Gewinn an Information über eine zu messende Größe, weil eine vorher existierende Unsicherheit mit dem Messvorgang beseitigt wird. Jede Information wird einer **Quelle** entnommen oder von ihr erzeugt, über einen **Kanal** übertragen und einer **Senke** zugeführt. Die Funktion von Quelle, Kanal und Senke ist generell und an keine bestimmten Systeme oder Funktionseinheiten gebunden.

Bei der Temperaturmessung mit Thermoelement ist beispielsweise ein Thermoelement die Quelle, die Verbindungsleitungen bilden den Kanal und Senke ist ein Anzeigegerät. In diesem Beispiel bedeutet „Information", Kenntnis über die am Messort herrschende Temperatur zu erhalten. Welcher Art diese Kenntnisse sind (Zahlenwert, Wertebereich, Messunsicherheit), ist Gegenstand messtechnischer Aufgabenstellungen und deren Lösung.

17.2 Grundbegriffe

17.2.1 Gegenstand der Messtechnik

Die **Messtechnik** ist ein disziplinübergreifendes Wissenschafts- und Technikgebiet. Sie befasst sich (im engeren Sinn) beim Messvorgang mit der Erfassung und Darstellung von physikalischen Größen und der Zuordnung einer Maßzahl.

Der **Größe** $\boldsymbol{X}$ wird die **Maßzahl** $\boldsymbol{x}$ als Vielfaches der **Einheitengröße** $\boldsymbol{N}$ zugeordnet. N wird durch ein Messnormal verkörpert:

$$X = x \cdot N$$

Dazu müssen zwei Voraussetzungen erfüllt sein:

1. Die zu messende Größe muss qualitativ eindeutig bestimmt sein.
2. Das Messnormal muss durch Konvention festgelegt sein.

Beide Voraussetzungen sind keineswegs trivial: Größen wie etwa „Behaglichkeit" in der Klimatechnik, „Schönheit" oder „Intelligenz" sind in physikalischen Kategorien nicht definiert und damit im obigen strengen Sinn nicht messbar.

Messen ist die Gesamtheit der Tätigkeiten oder Vorgänge, mit denen eine quantitativ unbekannte Größe mit einer Maßverkörperung verglichen und bewertet wird: **Messen heißt Vergleichen.**

Tabelle 17.2 enthält Begriffserklärungen, die sich auf Objekteigenschaften beziehen.

Tabelle 17.2 Begriffe der Mess- und Prüftechnik

Begriff	Erklärung
Eichen	Von einer staatlichen Eichbehörde (in Deutschland: PTB, Physikalisch-Technische Bundesanstalt) nach gesetzlichen Vorschriften vorgenommene Prüfung und Bestätigung (Stempelung)
Graduieren	Teilen einer Skale (Aufbringen von Teilungsmarken auf dem Skalenträger)
Justieren	Einstellen eines Mess-Systems, um Messabweichungen auf Werte zu bringen, die den technischen Forderungen entsprechen
Kalibrieren	Feststellen des für ein Mess-System gültigen Zusammenhangs zwischen Eingangs- und Ausgangsgröße
Lehren	Maßlicher Vergleich auf vorgegebene Grenzwerte mit Hilfe nichtanzeigender Prüfmittel
Maßliches Prüfen	Objektiver Vergleich einer quantitativ unbekannten Größe mit einer Maßverkörperung
Messen	Ermittlung des Wertes einer physikalischen Größe durch objektiven Vergleich mit einer Maßverkörperung
Nichtmaßliches Prüfen	Subjektiver Vergleich durch Sinneswahrnehmung
Prüfen	Feststellen, ob ein Prüfobjekt in seinen Eigenschaften mit den geforderten hinreichend übereinstimmt
Schätzen	Behelf für Messen (z. B. Schätzen von Zwischenwerten, Bereichsabschätzung)
Zählen	Feststellen einer Anzahl gleichartiger Objekte, Vorgänge oder Einheiten

17.2.2 Messtechnische Disziplinen, Aufgaben und Ziele

Eine Unterteilung der Messtechnik ist angesichts der existierenden Vielfalt an Aufgaben, Einsatzfeldern und Zielstellungen notwendig und zweckmäßig. Dabei lässt sich kein allgemein gültiges Prinzip anwenden.

17.2.2.1 Bezeichnungen

In der historischen Entwicklung galt für eine angewandte Messtechnik die Unterteilung in Betriebs-, Labor- und Fertigungsmesstechnik lange Zeit als ausreichend:

Betriebsmesstechnik umfasst den Bereich des betrieblichen Messwesens für kontinuierliche und quasikontinuierliche Prozesse (Verfahrens-, Energie- und Kraftwerkstechnik).

Labormesstechnik bezieht sich auf nichtfertigungsgebundene Messprozesse in besonderen Räumen und mit unterstellter höherer Präzision.

Fertigungsmesstechnik ist vor allem Längen- und Gestaltmesstechnik in der metallverarbeitenden Industrie.

Der technische Fortschritt hat diese Grenzen weitgehend aufgehoben. So müssen zum Beispiel in der Halbleiterfertigung sehr extreme Bedingungen eingehalten werden, wobei gleichzeitig Massenproduktion vorliegt; zur Betriebsüberwachung gehören auch die Technik zur Überwachung der Sicherheit von Personen, Betriebsmitteln und Produkten (z. B. zur Einhaltung der MAK-Werte, das sind maximale Arbeitsplatzkonzentrationen), zur Einhaltung der Vorschriften des Umweltschutzes, die ihrerseits sehr spezielle Messtechniken erfordern.

Die **industrielle Messtechnik** umfasst heute alle Messaufgaben, Messmittel, Messverfahren und messtechnischen Tätigkeiten in Industriebetrieben.

Die Aufgaben der Messtechnik sind in Tabelle 17.3 aufgelistet, wobei sich verschiedene Aufgaben überschneiden können. Die Informationen aus einer Messeinrichtung können zur Lösung von verschiedenen Aufgaben genutzt werden, etwa die Nutzung einer Messreihe zur Qualitätsüberwachung, zur daraus abgeleiteten Steuerung von Teilprozessen und zur gleichzeitigen logistischen Auswertung in der Betriebsführung. Diese weitgefächerten Aufgaben machen eine einfache Klassierung problematisch. Trotzdem ist eine Unterteilung in drei Gebiete sinnvoll, die traditionell eine gewisse Eigenständigkeit gewahrt haben:

Die **Prozessmesstechnik** umfasst die Messung verfahrenstechnischer Prozessgrößen, beispielsweise Temperatur, Druck, Durchfluss, Füllstand u. a. m. (Zeilen 1 bis 3 in Tabelle 17.3, aber auch Zeilen 6 und 8).

Die **Analysenmesstechnik** beinhaltet die Messung von Stoffeigenschaften und Stoffkonzentrationen (Zeile 4 in Tabelle 17.3).

Die **Fertigungsmesstechnik** umfasst die Messung von Länge, Winkel, Gestalt und Oberfläche, vorwiegend im Maschinen- und Gerätebau (Zeile 5 in Tabelle 17.3).

Tabelle 17.3 Messaufgaben der industriellen Messtechnik

	Informationsgewinnung für	Anwendung, Ziel
1	Energieumwandlung und -verteilung	Überwachung und Steuerung von energetischen Umwandlungsprozessen in Kraftwerken; Überwachung und Steuerung in Verteilungsnetzen für Elektroenergie, Gas und Kohlenwasserstoffe (Erdöl, Heizöl, Benzin); Energieabrechnung und -verkauf
2	Prozess-Steuerung	Prozess-Steuerung von Hand (Anzeige für Bedienpersonal), durch Regler (Verwendung von Einheitssignalen) oder durch Rechner (Prozessleitsysteme; Verwendung von Bussystemen). Wichtige Ziele: maximale Ausbeute, minimaler Energie- und Stoffeinsatz, hohe Produktqualität
3	Prozessanalyse	Untersuchung von Prozessen zur quantitativen Beschreibung und mathematischen Modellierung (Erstellung von Prozessmodellen)
4	Produktanalyse	Bestimmung von Zusammensetzung und Konzentrationen in Produkten der Verfahrenstechnik, in Roh- und Hilfsstoffen sowie Abfallprodukten
5	Fertigungstechnik	Fertigungskontrolle und -steuerung, vorwiegend über geometrische Größen (Länge, Winkel, Gestalt, Oberfläche) im Maschinen- und Gerätebau
6	Qualitätsüberwachung und -sicherung	Eingangskontrolle für Einsatzmaterialien und -produkte (z. T. Stichprobenkontrolle); Überwachung der Qualität von Halbfertig- und Fertigprodukten; Basis für Gewährleistung und Produkthaftung
7	Logistik, Warenverkehr	Lagerhaltung, Bilanzierung, Abrechnung; Kauf, Verkauf; Transport- und Dienstleistungen; Dokumentation, Statistik
8	Betriebstechnik	Gebäudeleittechnik (Heizung, Klima, Lüftung, Versorgung, Kommunikation), Sicherheitstechnik, Brandwarnung und Brandschutz; Umweltschutz (z. B. Emission von Schadstoffen, Lärm)

Nicht an einer solchen Branchenzuordnung orientiert ist eine Gruppierung nach der Größenart der zu messenden Größen, also beispielsweise nach Längenmesstechnik, Temperaturmesstechnik. Eine aus dieser Sichtweise ganz wesentliche Disziplin von übergreifender Bedeutung ist die elektrische Messtechnik.

Die **elektrische Messtechnik** umfasst die Messung elektrischer und magnetischer Größen, beispielsweise Strom, Spannung, Widerstand, Kapazität, Induktivität, Frequenz und Phasenwinkel, die Messung elektrischer Größen in Energienetzen, im Nieder- und Hochfrequenzbereich und ebenso die Messung nichtelektrischer Größen über die Abbildung auf elektrische Größen, was heute summarisch als **Sensortechnik** bezeichnet wird.

Damit kann heute eine Vielzahl der in Tabelle 17.3 genannten Aufgaben gelöst werden.

17.2.2.2 Strategische Ziele

Die Messtechnik hat heute weit reichende Aufgaben. Zur Kenntniserweiterung über naturwissenschaftlich-technische, biologische, ökonomische oder auch gesellschaftliche Zusammenhänge liefert sie Informationen zur Verallgemeinerung solcher Kenntnisse und zur Formulierung neuer Gesetzmäßigkeiten. Die strategischen Zielstellungen sind entsprechend unterschiedlich:

Erkundungsmessungen sind Bestandteil wissenschaftlicher Experimente. Sie dienen der quantitativen Bestätigung oder der Korrektur von Hypothesen oder Theorien.

Die **Messaufgabe** ist bei Erkundungsmessungen unvollständig formuliert. Eine Wiederholung der Messung ist oft nicht möglich und erfordert deshalb größte Sorgfalt (Beispiel: Erkundungen des erdfernen Raumes mit Flugkörpern). Eine Erkundungsmessung liegt auch vor, wenn Messgröße, Messbereich und Messsystem zwar hinreichend, die **Einflussgrößen** aber wenig bekannt sind.

Produkt- und Prozessmessungen finden unter weitgehend bekannten Bedingungen statt. Handlungen und Entscheidungen sind vorgeschrieben bzw. sind aus der Produktionsstrategie abgeleitet.

Produkt- und Prozessmessungen erfordern meist wenig Messpersonal, lassen sich gut programmieren und selbsttätig ablaufend gestalten (automatisieren).

Erkundungsmessungen stellen ein **Suchproblem** dar, während Produkt- und Prozessmessungen typische **Wiederholprobleme** sind, bei denen Aufwandsaspekte ein größeres Gewicht haben als bei Erkundungsaufgaben. In Tabelle 17.4 werden beide Zielgruppen weiter aufgefächert und erläutert.

Tabelle 17.4 Aufgabengebiete der Messtechnik

Aufgabe	Charakter der Messung	Strategisches Ziel	Möglichkeitsfeld der Information	Kriterien	Beispiel
Erkundungsmessung	oft nur einmalig	Analyse, Quantifizierung	wenig oder nur teilweise bekannt	große Informationsmenge, Speicherung, etappenweise Auswertung	Grundlagenforschung
	beliebig wiederholbar (Testmessung)	Festlegung von Nenn- und Grenzdaten	weitgehend bekannt; Störungen sind möglich	Programmverarbeitung; Bewertung manuell	Forschung und Entwicklung
Prozessmessung	ständig, evtl. zu diskreten Zeitpunkten	Istdaten im Nennbereich, Störungserkennung	bekannt	Programmverarbeitung; ggf. Eingriff	Prozessüberwachung
		Einfahren und Halten optimaler Zustände		Programmverarbeitung	Prozessoptimierung
Produktmessung (Prüfung)	zu diskreten Zeitpunkten	Parameterwandlung, Fehlerdiagnose, Fehlerreduktion (Nullfehlerproduktion)	vollständig bekannt	Programmverarbeitung, Sortierung (Klassierung)	Qualitätskontrolle, Produktionssteuerung

17.2.2.3 Messtechnische Handlungen und Einrichtungen

Messobjekt ist der unmittelbar am Messvorgang beteiligte Körper oder Stoff, der Träger der Messgröße ist.

Messgröße heißt ein gesuchtes oder zu bestimmendes Objektmerkmal im Zusammenhang mit dem Messvorgang.

Messgegenstand heißt die messbare Eigenschaft eines Körpers.

Messeinrichtung heißt eine konstruktive oder funktionelle Einrichtung zur Messung, Anzeige und Messdatenverarbeitung der Messwerte von einer oder mehreren physikalischen Größen. **Sensor** (Messfühler), Wandler, Anzeige- und Verarbeitungseinheiten sowie zugehörige Steuerungen und Programme lassen sich unter dem Begriff Messeinrichtung zusammenfassen.

Messergebnis ist ein einzelner Messwert oder das mit Hilfe mathematischer Beziehungen aus mehreren Werten ermittelte Ergebnis.

Messmittel sind Maßverkörperungen, Messgeräte und Programme, die bei Anwendung einer bestimmten Messmethode zu einem Messergebnis führen.

Messmethode ist eine allgemeine Regel zur Durchführung einer Messung. Sie ist nicht an eine physikalische Realisierung gebunden und damit von großer Allgemeingültigkeit.

Ausschlagmethode. Hierbei wird die Messgröße direkt in eine Ausgangsgröße (z. B. Anzeige) umgewandelt. Dazu wird keine Hilfsenergie von außen benötigt; die zur Messgrößenumwandlung benötigte Energie wird dem Messmedium oder dem Umfeld (z. B. dem Schwerefeld der Erde) entnommen. Anschauliche Beispiele dafür sind die Federwaage oder das Flüssigkeits-Ausdehnungsthermometer.

Differenzmethode. Bei dieser Methode wird der Messgröße (oder deren Abbildungsgröße) von außen eine Vergleichsgröße gegenübergestellt. Diese Vergleichsgröße bleibt während des Messvorgangs konstant, es wird die Differenz zwischen Mess- und Vergleichsgröße gebildet und angezeigt oder ausgewertet. Ist die Vergleichsgröße zugleich Sollwert, wird nur die Differenz dazu angezeigt (sog. **Abweichungsanzeige**).

Kompensationsmethode. Dabei wird zu der zu messenden Größe eine zweite Größe geschaltet, die entgegengesetzt gerichtet ist. An einem Nullindikator wird festgestellt, ob beide Größen gleich groß sind. Ist dies der Fall, so ist die Kompensationsgröße zum Maß für die Messgröße geworden. Diese Methode ist deswegen von großer Bedeutung, weil die Kompensationsgröße von anderer physikalischer Größenart als die Messgröße sein kann, d. h., es ist der Übergang von einem Signalträger auf einen zweiten Signalträger möglich (z. B.: Kraft → elektrischer Strom).

Ein anschauliches Beispiel ist die bekannte Hebelwaage: Dem vom Wägegut ausgeübten Drehmoment am Waagebalken wird ein von aufgelegten Wägestücken verursachtes Moment entgegengeschaltet; bei Momentengleichheit ist die Summe der einzelnen Wägestücke ein Maß für die Masse des Wägegutes. Das Kompensationsmoment (bzw. die entsprechende Kraft) muss nicht zwangsläufig vom Schwerefeld, sondern kann auch von einem Elektromagneten erzeugt werden, sodass der Übergang Kraftmoment → elektrischer Strom problemlos möglich ist.

Messverfahren ist eine praktische Anwendung einer Messmethode unter Nutzung eines Messprinzips zur Gewinnung von Messwerten für eine bestimmte Messgröße. Dazu gehört unter Umständen auch die Tätigkeit einer Messperson.

Messprinzip heißt ein physikalisches Prinzip oder ein gesetzmäßiger Zusammenhang, der für den jeweiligen Messvorgang genutzt wird.

Messreihen heißt die Gesamtheit aller gemessenen Werte, die am gleichen Objekt nacheinander gewonnen oder aus an gleichen Objekten vorgenommenen Einzelmessungen gebildet werden.

Das **Messwesen** ist die Gesamtheit von Bestimmung und materieller Darstellung (Verkörperung) von physikalisch-technischen Maßeinheiten, die Überwachung von Messmitteln sowie aller zugehörigen wissenschaftlichen, technischen, juristischen und Verwaltungsbereiche einschließlich der nationalen und internationalen Vereinheitlichung.

Direkte Messung. Die direkte Messung ist eine grundlegende Messmethode, bei der eine Messgröße unmittelbar mit einem die Einheit tragenden Maßstab verglichen wird (z. B. Längenmessung mit dem Lineal).

Indirekte Messung. Bei einer indirekten Messung wird die zu messende Größe aus den Messdaten einer oder mehrerer anderer Größen ermittelt, die mit der gesuchten Größe (Aufgabengröße) in einem definierten Zusammenhang stehen.

Inkrementale Messung. Eine inkrementale Messung liegt vor, wenn von einem Bezugspunkt aus durch Addition oder Subtraktion in **Inkrementen** (kleinster Zuwachs einer veränderlichen Größe) die momentane Größe ermittelt wird, beispielsweise zur Winkelmessung oder Wegmessung an Werkzeugmaschinen. Dazu werden in gleichmäßigen Abständen auf einem Träger aufgebrachte Markierungen optisch oder elektrisch abgetastet.

17.2.3 Größen und Einheiten

17.2.3.1 Größen

Der Begriff „Größe" bedeutet in technischen Systemen das Merkmal eines Objekts (Körper, Zustand, Vorgang). Er dient zur qualitativen Beschreibung dieses Merkmals (z. B. Länge, Zeit, Temperatur, elektrischer Widerstand, Durchfluss). Nur von Größen der gleichen Größenart können Summen oder Differenzen gebildet werden. Der Wert einer Größe wird als Produkt aus Zahlenwert und Einheit gebildet. Er beschreibt die Größe quantitativ.

Ist das gesuchte Merkmal einer Messgröße nicht direkt messbar, so sind doch Aussagen darüber möglich, wenn ein gesetzmäßiger Zusammenhang mit einer messbaren Größe besteht. Auch ist es möglich, dass die gesuchte Größe nicht direkt oder nur mit großem Aufwand direkt zugängig ist oder kein brauchbares Messergebnis existiert. Wenn also eine messbare Größe existiert, die mit der gesuchten in einem reproduzierbaren Zusammmenhang steht, wird diese gemessen.

Aufgabengröße heißt eine gesuchte Größe, die nicht direkt messbar ist und mit der gesuchten Größe in einem reproduzierbaren Zusammenhang steht.

17.2.3.2 Einheiten

Eine (Maß-)Einheit dient als Bezugsgröße für die quantitative Bestimmung und Angabe des Wertes von gleichen Größen der gleichen Größenart. Der Einheit wird der Zahlenwert 1 zugeordnet.

Entwicklungsgeschichte. Eine Einheit könnte im Prinzip beliebig gewählt werden. Diese prinzipielle Möglichkeit einer willkürlichen Festlegung, etwa durch Landesfürsten oder andere Obrigkeiten, hat in der Vergangenheit zu der teilweise heute noch spürbaren Vielfalt und Uneinheitlichkeit von Einheiten geführt. Zunehmende Verflechtungen in Wirtschaft und Industrie förderten nachhaltig die Bestrebungen zur Vereinheitlichung von Maßeinheiten, sodass es viele Versuche gab, allgemein gültige Maßsysteme zu schaffen. Bis weit in das 19. Jahrhundert hinein wurden die Einheiten vielfach von menschlichen Körpermaßen (Elle, Fuß, Klafter), von Gegenständen (Scheffel, Fass, Fuder) oder vom Arbeitsvermögen (Morgen, Tagewerk) gebräuchlich oder willkürlich definiert und meist nicht dezimal unterteilt oder vervielfacht. Heute sind die wichtigsten Einheiten in internationalen Vereinbarungen festgelegt und in den meisten Industriestaaten gesetzlich vorgeschrieben.

Das bekannteste nichtmetrische System ist das englische ft-lb-s-System (foot, pound, second als Basiseinheiten). Andere frühere Einheitensysteme sind das physikalische cgs-System (Zentimeter, Gramm, Sekunde) und das bis zur Einführung des Internationalen Einheitensystems gebräuchliche, auf den Grundeinheiten Länge, Kraft und Zeit beruhende Technische Messsystem.

Internationale Meterkonvention. Die Herausbildung des metrischen Systems und dessen gesetzliche Einführung (in Frankreich 1799, in Sachsen 1858, in Preußen 1868) führte schließlich im Jahre 1875 zum Abschluss der Internationalen Meterkonvention mit Gründung eines Internationalen Büros für Maß und Gewicht (BIPM) mit Sitz in Paris, zu den seit 1889 stattfindenden Generalkonferenzen für Maß und Gewicht sowie zu Gründungen von Staatsinstituten. Diese staatlichen Einrichtungen sind die jeweilige technische Oberbehörde für das Eichwesen, so im deutschsprachigen Raum in

Deutschland:	Physikalisch-Technische Bundesanstalt (PTB)
Österreich:	Bundesamt für Eich- und Vermessungswesen
Schweiz:	Eidgenössisches Amt für Maß und Gewicht.

Diese staatlichen Einrichtungen haben vor allem die Aufgaben der Festlegung von Einheiten und Einheitensystemen, der Festlegung des Umfangs staatlicher Einflussnahmen (z. B. der Eichpflicht) und der Durchführung von Eichungen und anderen amtlichen Überwachungen.

Internationales Einheitensystem. Die 11. Generalkonferenz für Maß und Gewicht (Conferénce Générale des Poids et Mesures, CGPM) hat 1960 das „Internationale Einheitensystem", abgekürzt **SI** (Système International d`Unités) aus 7 Basiseinheiten beschlossen. Diese Basiseinheiten beruhen weitgehend auf reproduzierbaren Naturkonstanten und können ihrerseits nicht weiter aus anderen Einheiten abgeleitet werden (Tabelle 17.5).

Tabelle 17.5 SI-Basiseinheiten

Größenart	Einheit	Einheitenzeichen	Definiert durch
Länge	Meter	m	Lichtgeschwindigkeit und Zeit
Zeit	Sekunde	s	Periodendauer einer Strahlung
Masse	Kilogramm	kg	Prototyp
Elektrische Stromstärke	Ampere	A	Kraft zwischen parallelen Leitern
Temperatur	Kelvin	K	Tripelpunkt des Wassers
Stoffmenge	Mol	mol	Atomzahl in 12 g ^{12}C
Lichtstärke	Candela	cd	Photometrisches Strahlungsäquivalent

17

Vorsätze. Für den praktischen Gebrauch können und sollen dezimale Vielfache und Teile von SI-Einheiten gebildet werden. Dazu dienen Vorsätze, die möglichst so gewählt werden sollen, dass die Zahlenwerte der anzugebenden Größen zwischen 0,1 und 1000 liegen. Als Vorsätze sollen ganzzahlige Potenzen von Tausend (10^{3n}) bevorzugt werden (siehe Tabelle 25.3 im Anhang); die anderen Vorsätze sind nur noch zu verwenden, wenn diese bereits üblich sind, wie z. B. cm.

Abgeleitete Einheiten. Natürlich lässt sich mit den Basiseinheiten nur ein Teil der in Naturwissenschaft und Technik auftretenden Größen vergleichen, sodass weitere SI-Einheiten notwendig sind, die aus den Basiseinheiten abgeleitet werden. Sie werden unter Benutzung der bekannten Zeichen für Multiplikation und Division dargestellt (z. B. m/s als abgeleitete Einheit für die Geschwindigkeit).

Abgeleitete Einheiten mit besonderem Namen. Weitere abgeleitete SI-Einheiten haben einen besonderen Namen. Sie sind in Tabelle 25.4 aufgeführt. Auch mit diesen Einheiten können weitere Einheiten durch Multiplikation oder Division dargestellt werden (z. B. V/m für die elektrische Feldstärke).

Gesetzliche Einheiten mit besonderem Namen. Weiter gibt es SI-fremde, wegen ihrer weiten Verbreitung aber auch weiter zulässige Einheiten (so z. B. die Zeiteinheiten Minute, Stunde und Tag) sowie nur in speziellen, eingeschränkten Anwendungsbereichen zulässige Einheiten wie die Dioptrie in der Augenoptik, das metrische Karat für Edelsteine oder das Tex für längenbezogene Masse in der Textilbranche. Tabelle 25.5 enthält alle gesetzlichen Einheiten mit besonderem Namen.

Suchhilfen. Dem Anwender begegnen in der Praxis die Einheiten seltener geordnet nach ihrer Größenart, wie das in Normen und Tabellenwerken geschieht, sondern über ihre Einheitenzeichen oder über die Größe selbst. Tabelle 25.6 ist deshalb nach Einheitenzeichen geordnet und enthält alle kohärenten gesetzlichen SI-Einheiten. Da hierbei, wie oben erwähnt, Mehrfachbelegungen auftreten, ist der jeweilige physikalische Bereich mit angegeben, um die Zuordnung zu erleichtern. Selbstverständlich kann die betreffenden Größe mit Vorsätzen gemäß Tabelle 25.3 versehen werden, um handliche Zahlenwerte zu erhalten (siehe oben).

Angelsächsische Maßeinheiten. Schwierigkeiten bereitet oft der Umgang mit angelsächsischen Maßeinheiten, da dort noch zahlreiche, meist historisch bedingte Einheitenbezeichnungen existieren, die jeweils in SI-Einheiten umzurechnen sind. Hinzu kommt, dass Einheiten mit derselben Benennung in den USA und Großbritannien unterschiedliche Werte haben können. Zur Unterscheidung werden deshalb oft die Zusätze US (für USA) und UK (für United Kingdom, Großbritannien) angefügt. Tabelle 25.7 enthält Namen und Abkürzungen angelsächsischer Maßeinheiten, während in Tabelle 25.8 häufig auftretende angelsächsische Einheiten aufgeführt sind, wiederum nach ihrem Einheitenzeichen geordnet und mit ihren Umrechnungsbeziehungen in SI-Einheiten versehen.

Einheiten für Energie und Leistung. Schließlich werden in der Fachliteratur im Zusammenhang mit Energiebetrachtungen, in nationalen und überregionalen Bedarfsrechnungen sowie bei globalen Betrachtungen der Energiesituation neben den SI-Einheiten noch weitere, nichtkohärente Einheiten benutzt. Sie sind mit ihren Umrechnungsbeziehungen zu den SI-Einheiten in Tabelle 25.9 aufgenommen worden.

17.2.4 Messgrößenwandlung

Mit dem Vergleichsaspekt (siehe oben) ist unmittelbar die Frage nach der **Maßverkörperung** und deren Realisierung im Einzelfall verknüpft.

Zur Verdeutlichung dieses Problems dient Bild 17.1. In Bild 17.1a ist die Maßverkörperung das bekannte Lineal, dessen Teilung in Einheiten der Größenart Länge vorgenommen worden ist. Ergebnis des (direkten) Vergleichs ist die Bewertung in Längeneinheiten (z. B. in cm). Messgröße und Maßverkörperung sind von gleicher physikalischer Größenart. In Bild 17.1b ist die Messgröße eine Masse, Maßverkörperung aber eine Länge. Die Erklärung ist einfach: Die von der Masse ausgeübte Gewichtskraft wird über die Kennlinie der Feder in eine Längenänderung **umgewandelt,** sie wird auf diese „abgebildet“, wobei der Vergleich in der Größenart Kraft erfolgt (Gewichtskraft gegen Federkraft).

17

Messgrößenwandlung heißt die Umwandlung einer zu messenden Größe in eine andere, zur Übertragung und Verarbeitung gut geeignete physikalische Größe.

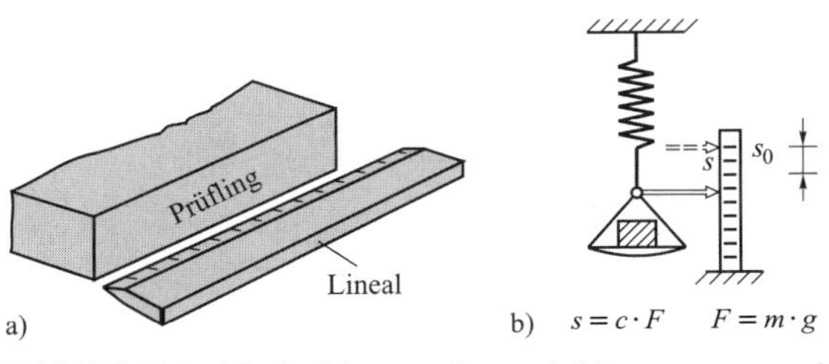

Bild 17.1 Beispiele für Messvorgänge; a) Längenmessung mit Lineal; b) Kraftmessung (Massebestimmung) mit Federwaage

Das Beispiel zeigte anschaulich, dass eine direkte Vergleichbarkeit eher die Ausnahme darstellt. Besonders deutlich wird das beim Messen mit elektrischen Größen.

Die **Messung elektrischer Größen** hat heute durch die stürmische Entwicklung der Elektronik und der sie tragenden Halbleitertechnologie eine überragende Bedeutung erlangt. Diese Tendenz wird noch verstärkt durch die guten Übertragungs- und Verarbeitungseigenschaften elektrischer Signale. Sehr viele nichtelektrische Größen werden heute fast ausschließlich nur noch durch Wandlung in eine elektrische Größe gemessen, wobei allerdings oft viele Zwischenschritte (also Größenwandlungen) erforderlich sind, bis ein elektrisches Signal zur Verfügung steht (Abschn. 17.6).

Wandlungsprinzipien. Tabelle 17.6 gibt eine Übersicht über Wandlungsprinzipien für die häufigsten Messgrößen in industriellen Prozessen.

Tabelle 17.6 Wandlungsprinzipien für häufige Messgrößen

Beeinflussende Größe (Eingangsgröße)	Beeinflusste Größe (Ausgangsgröße)	Physikalischer Effekt oder Zusammenhang	Anwendungsbeispiele
Weg (Winkel)	Weg (Winkel)	Hebelgesetze	
	Kraft (Moment)	Elastizitätsgesetze	Biegefeder
	Gas- oder Flüssigkeitsdruck	Strömungsgesetze	Düse – Prallplatte
	ohmscher Widerstand	piezoresistiver Effekt	Dehnmess-Streifen
		mechanischer Abgriff	Potentiometer
		innerer photoelektrischer Effekt	Photowiderstand, -diode, -transistor
	Induktivität	Änderung infolge Luftspalt- oder Kopplungsänderung	induktiver Sensor
	Kapazität	Änderung von Plattenabstand, -fläche oder Dielektrizitätszahl	kapazitiver Sensor
Geschwindigkeit	Kraft (Moment)	Fliehkraftwirkung	Fliehpendel
	elektrische Spannung	Induktionsgesetz	Generator, Tauchspule
Kraft (Moment)	Weg (Winkel)	Elastizitätsgesetze	Biegefeder
	Induktivität	Abhängigkeit der Permeabilität vom mechanischen Spannungszustand	magnetoelastischer Sensor
	elektrische Spannung	piezoelektrischer Effekt	Piezosensor
Druck in Fluiden	Weg	Elastizitätsgesetze, hydrostatische Gesetze	federelastische Drucksensoren
			U-Rohr und Abwandlungen
Strömungsgeschwindigkeit	Kraft	Strömungsgesetze	Stauscheibe, -klappe, Schwebekörper
	Druck in Fluiden	Durchflussgleichungen (Strömungsgesetze)	Wirkdruckverfahren (Volumenstrom)
	Wirbelfrequenz	Karman'sche Wirbelstraße	Wirbel-Durchflussmesser

17

Tabelle 17.6 (Fortsetzung)

Beeinflussende Größe (Eingangsgröße)	Beeinflusste Größe (Ausgangsgröße)	Physikalischer Effekt oder Zusammenhang	Anwendungsbeispiele
Feuchte	Widerstand, Kapazität	Widerstands- oder Kapazitätsänderung	Feuchtesensor
Massestrom	mechanische Schwingung	Masseträgheit	Rohrschleife
Füllstand	Weg	hydrostatische Gesetze	Tastplatte; Schwimmer
	Laufzeit	Radar	Mikrowellen-Füllstandsmesser
Temperatur	Weg (Winkel)	Temperaturabhängigkeit von Länge und Volumen	Ausdehnungs-Thermometer
	Druck in Fluiden	Temperaturabhängigkeit des Drucks eingeschlossener Medien	Federthermometer
	ohmscher Widerstand	Temperaturabhängigkeit des elektrischen Widerstands	Widerstandsthermometer, Temperatursensoren
	elektrische Spannung	Seebeck-Effekt	Thermoelement
Elektrischer Strom	Kraft (Moment)	Kraftwirkung des elektrischen Stroms (elektrodynamisches Kraftgesetz)	Elektromagnet, Drehspule, Tauchspule
Elektrischer Widerstand, Kapazität, Induktivität	elektrische Spannung	Brückenschaltung	nahezu universelle Anwendung
Magnetischer Fluss	elektrische Spannung, Widerstand	Leitwertänderung	Hall-Generator, Feldplatte

17.2.5 Grundstrukturen

Eine Messaufgabe ist gelöst, wenn die Messinformationen einer Weiterverarbeitung zugängig gemacht worden sind. Das kann durch die Messperson erfolgen oder technischen Systemen übertragen werden. Die technische Entwicklung – und vor allem der Zwang, Messinformationen zur direkten Beeinflussung eines Prozesses einzusetzen und nicht den Menschen zwischenschalten zu müssen – hat hier nachhaltigen Einfluss auf die Gestaltung von Mess-Systemen ausgeübt. Das drückt sich auch in den Strukturen von Messeinrichtungen aus.

Struktur heißt die Verknüpfung von Baugliedern und Signalen. Sie ist für das statische und dynamische Verhalten maßgebend und bestimmt, wie weit äußere Störungen oder Änderungen der Geräteparameter das Messergebnis beeinflussen können.

Die Struktur einer Messeinrichtung besteht im einfachsten Fall aus einem einzigen Bauglied, das nur je einen Ein- und einen Ausgang hat (Bild 17.2a): Eingang ist dabei die Messgröße und Ausgang entweder eine Anzeige oder ein physikalisches Signal, z. B. eine Spannung. Dabei wird die innere Feinstruktur nicht dargestellt, da nur die Funktion interessiert: Umwandlung der Messgröße in (hier) eine Spannung.

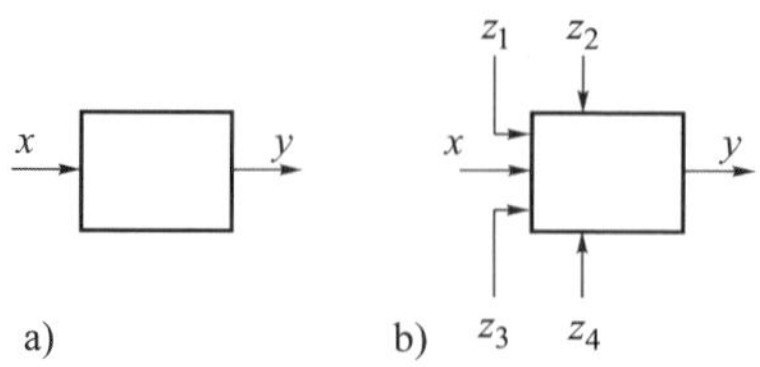

Bild 17.2 Blockdarstellung einer Messeinrichtung; a) Idealfall; b) real (mit Störgrößen z_1 ... z_4)

Störbeeinflussung. Real unterliegen Messeinrichtungen noch weiteren Größen, die – im Unterschied zur (gewünschten) Beeinflussung durch die Messgröße – als (unerwünschte) Störgrößen auf die Messeinrichtung einwirken und ihrerseits unerwünschte Reaktionen der Ausgangssignale hervorrufen.

Im Bild 17.2b sind sie als Störgrößen z_1, ... z_4 mit eingezeichnet. Typische Störgrößen sind beispielsweise die Umgebungstemperatur, Schwankungen der Hilfsenergieversorgung, mechanische Schwingungen und Stöße sowie Feuchtigkeit.

Strukturzerlegung. Für genaue Analysen oder Synthesen reicht die einfache Blockdarstellung nicht aus: Das System muss weiter „aufgelöst", d. h. in einzelne Bestandteile zerlegt werden, deren Zusammenwirken zu untersuchen ist.

Beispiel: Das Hitzdrahtmesswerk zählt zu den ältesten elektrischen Messgeräten. Es wird heute nicht mehr verwendet, seine Wirkungsweise ist aber sehr anschaulich (Bild 17.3). Der zu messende Strom *I* durchfließt den Hitzdraht *1*, der sich erwärmt und damit ausdehnt.

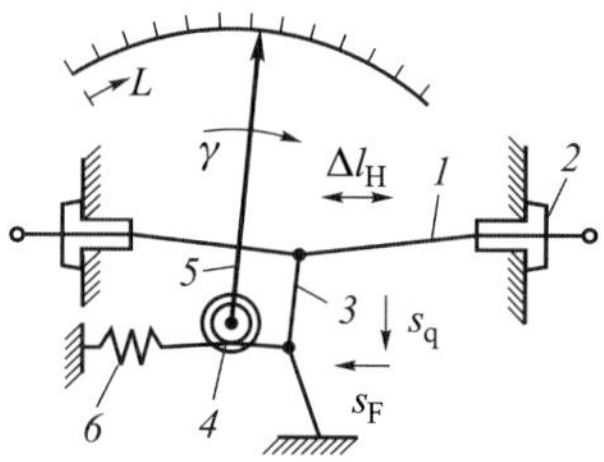

Bild 17.3 Hitzdrahtmesswerk, schematisch; 1 Hitzdraht, 2 Halterung, 3 Faden, 4 Rolle, 5 Zeiger, 6 Zugfeder

Diese Dehnung Δl_H wird mechanisch über einen vorgespannten Faden *3* in eine Querauslenkung s_q, diese noch einmal in eine Fadenbewegung s_F und schließlich über eine umschlungene Rolle in einen Zeigerausschlag umgewandelt. Diese Wirkungsweise ergibt als Signalflussbild eine Kettenschaltung von Übertragungsgliedern, wobei für jedes Glied Eingangs- und Ausgangsgröße angegeben werden kann (Bild 17.4a). Bei gleicher Struktur und jetzt allgemeiner Beschreibung mit einzelnen Übertragungsfaktoren K_i (Bild 17.4b) ergibt sich der Gesamtübertragungsfaktor K_{ges} als Produkt der einzelnen Übertragungsfaktoren K_i:

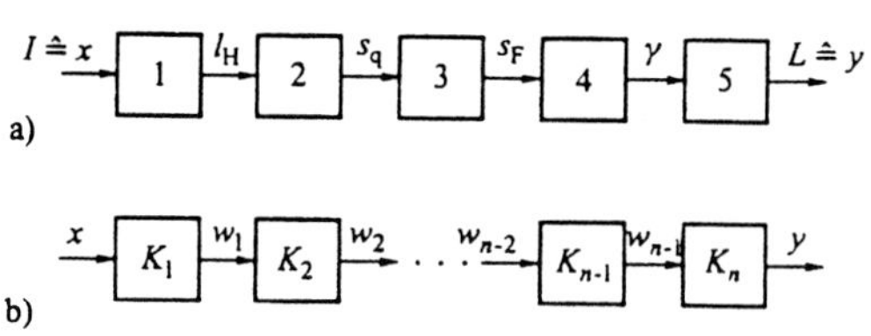

Bild 17.4 Blockschaltbild (Signalflussbild) zu Bild 17.3; a) mit Angabe der einzelnen Übertragungsglieder; b) unter Verwendung allgemeiner Symbole. 1 Hitzdraht, 2 Faden, 3 Zugfeder, 4 Rolle, 5 Zeiger

Damit sind Messeinrichtungen sowohl als Gesamtheit oder als Feinstruktur darstellbar; für den Anwendungsfall genügt oft ein einziger Block (Bild 17.2a), während Entwickler und Technologen die Feinstruktur benötigen (z. B. wie Bild 17.4b).

Kybernetische Betrachtungsweise. In der Darstellungsweise der Kybernetik heißt ein System **offen,** wenn keine Rückwirkung des Eingangs auf den Ausgang erfolgt (Bild 17.5a). Wirkt ein Systemausgang direkt auf den Eingang zurück (Bild 17.5b), heißt das System **geschlossen,** weil Eingang und Ausgang nicht zu unterscheiden sind (z. B. bei Signalgeneratoren).

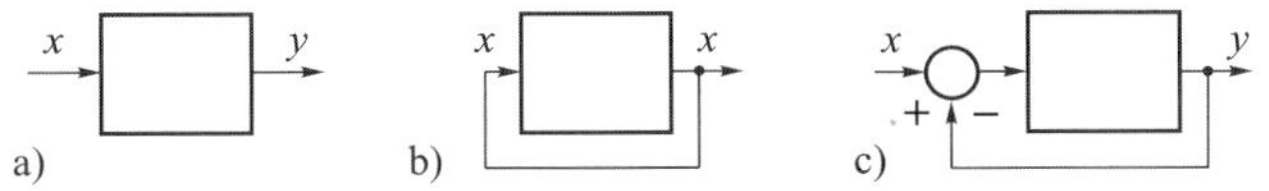

Bild 17.5 Kybernetische Systeme; a) offenes System, b) geschlossenes System, c) rückgekoppeltes System

Systeme mit Rückführung. Solche Systeme sind von größter Bedeutung (Bild 17.5c), weil durch die Rückführung die Systemeigenschaften entscheidend verändert werden können, wie das z. B. bei Operationsverstärkern charakteristisch ist (Abschn. 4.8.5).

Weiter ist es möglich, durch Wahl der Struktur den Einfluss von Störungen teilweise oder ganz zu eliminieren. Dabei müssen sich allerdings immer Nutz- und Störsignal in irgendeiner Form signifikant unterscheiden, so durch Amplituden- oder Frequenzbereich, Vorzeichen oder Angriffsort.

Reihenstruktur. In Bild 17.6 überlagern sich Messgröße x und Störgröße z am Eingang. Beide sind nur trennbar, wenn sie sich im Frequenzbereich unterscheiden: Dem Wandler W ist ein Filter F nachgeschaltet, das z. B. bei kleiner Änderungsgeschwindigkeit der Messgröße die 50-Hz-Brummspannung aus dem Netz unterdrückt.

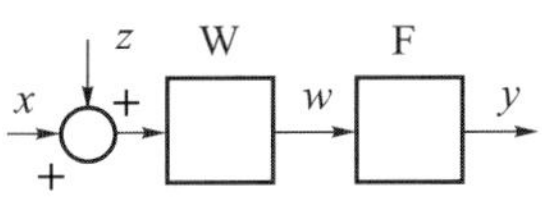

Bild 17.6 Reihenstruktur; W Wandler, F Filter

Parallelstruktur. Zwei prinzipiell gleiche Wandlungsglieder reagieren auf eine Messgröße gegensinnig, auf eine Störung jedoch gleichsinnig (Bild 17.7). Durch die nachfolgende Differenzbildung entfällt die Störgröße z im Ergebnis y:

$$y_1 = K(x+z), \; y_2 = K(-x+z)$$

$$y = y_1 - y_2 = K(x+z) - K(-x+z) = 2Kx$$

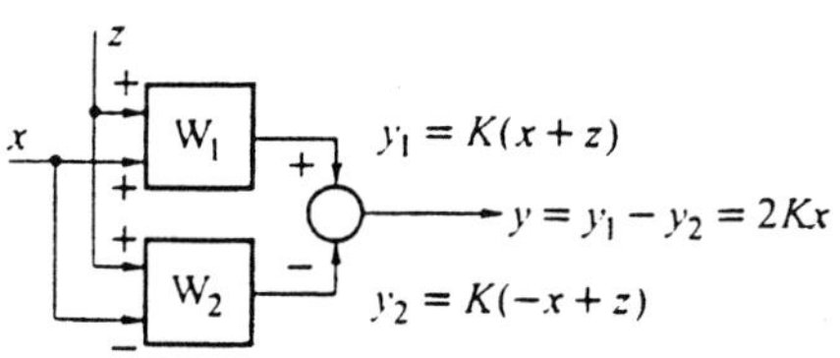

Bild 17.7 Parallelstruktur

Die Parallelstruktur ist in der Messtechnik weit verbreitet: Neben der Störungseliminierung ergibt sich eine **Verdopplung des Übertragungsfaktors** sowie eine (in der hier vereinfachten Darstellung nicht zum Ausdruck kommende) **Linearisierung** der Gesamtkennlinie.

Kreisstruktur. Kennzeichnend für die Kreisstruktur (Bild 17.8) ist die Rückführung des Ausgangs auf den Eingang mit positivem (Mitkopplung) oder negativem Vorzeichen (Gegenkopplung). Im letztgenannten Fall wirkt eine große Verstärkung im ersten Bauglied störungsmindernd:

$$y = \frac{K_W z + K_V K_W x}{1 + K_V K_W}$$

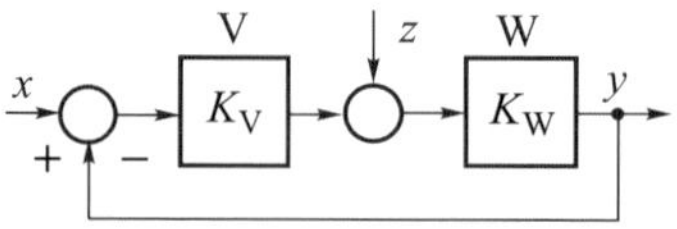

Bild 17.8 Kreisstruktur; V Verstärker, W Wandler

Für $K_V \gg K_W$ wird der Einfluss einer Störung z stark unterdrückt. Diese Eigenschaft nutzen alle Kompensationsverfahren zur Stabilisierung des Gesamtverhaltens (typisch: Rückkopplungsschaltungen bei Operationsverstärkern).

17.2.6 Weiterverarbeitung

Eine Messaufgabe ist erst dann gelöst, wenn die gewonnene Messinformation einer Weiterverarbeitung zugängig gemacht werden konnte. Das erfolgte früher ausschließlich durch die Messperson; heute treten informationsverarbeitende Systeme im Messlösungsprozess an deren Stelle.

Einbeziehung des Menschen. Ist ein Mensch direkt in den Messvorgang einbezogen, muss jede Messinformation so aufbereitet werden, dass sie mit menschlichen Sinnesorganen wahrgenommen werden kann. Da der Mensch allgemein etwa 80 % aller Informationen über den Gesichtssinn aufnimmt, war die optische Präsentation der Messinformation als Anzeige auch Synonym für „messen". Eine optische Präsentation erfordert meistens auch die Einbeziehung einer Messperson in den Messlösungsprozess, d. h., der Mensch wäre unmittelbarer Bestandteile einer Messkette – ohne ihn kommt kein verwertbares Ergebnis zustande. Erst die Messwerterfassung über geeignete Apparaturen (heute computerintegriert) ist geeignet, den Menschen aus dieser direkten Prozessbindung herauszulösen.

Strukturelle Vereinheitlichung. Mit dem Herauslösen aus einer solchen direkten Einbindung entsteht zugleich das Problem der **Unifizierung (Vereinheitlichung)** von Mess-Signalen und Baugruppen, um die Vielzahl an Messgrößen und Wertebereichen eingrenzen zu können. Eine Messeinrichtung zur Erfassung beliebiger Größen besteht wie jede Informationskette aus den drei Hauptbestandteilen Quelle, Übertragungskanal und Senke (Bild 17.9 a), die ihre gerätetechnische Entsprechung in drei Funktionseinheiten haben (Bild 17.9 b). Die erste Funktionseinheit hat die Aufgabe, die gesuchte Größe auf eine physikalische Größe als Signalträger **abzubilden** (siehe oben). Sie wird heute als **Sensor** bezeichnet (Abschn. 17.6.1).

Die zweite Funktionseinheit hat als Aufgaben beispielsweise die Übertragung in Richtung Senke, die Signalverstärkung, die Anpassung an bestimmte Betriebs- und Übertragungsbedingungen, den Vergleich mit vorgegebenen Werten und erforderlichen Korrekturrechnungen.

Die dritte Funktionseinheit macht Messinformation einer weiteren Nutzung zugängig. Das erfolgt als **Anzeige** oder als **Weiterverarbeitung** in informationsverarbeitenden Systemen (Regler, Rechner, Leitsysteme).

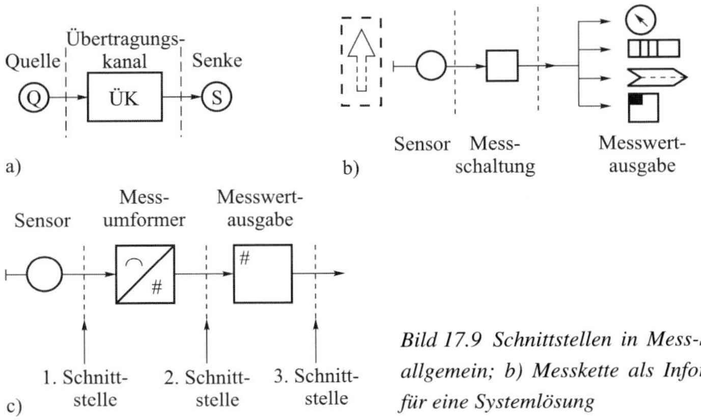

Bild 17.9 Schnittstellen in Mess-Systemen; a) Informationskette allgemein; b) Messkette als Informationskette; c) Schnittstellen für eine Systemlösung

17.2.7 Unifizierung und Schnittstellen

Die **Unifizierung** (Vereinheitlichung) von Maßen, Einheiten, Toleranzen und vielen anderen physikalischen Bestimmungsstücken ist eine der Entwicklung innewohnende zwingende Konsequenz, ohne die kein Austausch weder in technischen Systemen noch auf Märkten möglich ist.

17.2.7.1 Aufgabenunifizierung

Ein Zwang zur Unifizierung innerhalb von Mess-Systemen ergibt sich schon aus einer kritischen Betrachtung der funktionellen Aufgaben in solchen Systemen. Allein die Zahl der physikalisch zu erfassenden oder interferierenden Größen liegt in der Größenordnung 10^2; bei der Vielzahl ihrer Wertebereiche würde das bei jeweiliger Einzellösung zu einer Unzahl von Geräten führen, selbst wenn berücksichtigt würde, dass unter bestimmten Kriterien (z. B. Linearität, Störfreiheit und Reproduzierbarkeit) nur ausgewählte Wandlungsprinzipe nutzbar sind. Trotzdem bleibt noch eine Vielzahl von Messgrößen, möglichen Abbildungsgrößen und Wertebereichen, sodass eine weitere Vereinheitlichung zwingend geboten ist. Durch Zerlegung der Aufgaben in Grundfunktionen und deren gerätetechnische Realisierung wird die Zahl von Varianten drastisch reduziert. Deren Aufgaben können beispielsweise sein: zählen, messen, anzeigen, umsetzen, speichern, melden oder Stellsignale ausgeben, sodass in einer (gemeinsamen) Komponente verschiedene Eingangssignale universell verarbeitet und miteinander verknüpft werden können. Letztlich werden aufgabenorientierte Einzelkomponenten zu Geräteeinheiten vereinigt.

17.2.7.2 Schnittstellen

Trennebenen (Koppelstellen, Schnittstellen) zwischen den Funktionseinheiten sind die

- Schnittstellen zwischen Einheiten unterschiedlicher Funktion;
- Anschlussparameter, deren Wertebereiche und Toleranzen sowie
- Hilfsfunktionen (z. B. Energieversorgung, Gefäßsystem, Prüfung, Lagerung und Transport).

In Bild 17.9c sind Schnittstellen eingezeichnet; die Parallelitäten zur Dreiteilung der Informationskette wie der Messkette sind offensichtlich. Typisch sind:

- die Schnittstelle zwischen Sensor und nachgeschalteter Mess-Schaltung oder Wandler. Dort benutzte **Zwischenabbildungssignale** (Weg, Spannung, Kraft, Widerstand) treten nach außen allerdings kaum in Erscheinung. Sie sind meist nur vom Hersteller innerhalb einer Erzeugnisgruppe vereinheitlicht. Dabei spielt der Stand der Technik eine entscheidende Rolle (z. B. Kompatibilität zu Halbleiterschaltkreisen);
- die Schnittstelle zwischen Funktionseinheiten eines Gerätesystems. Hier gelten Festlegungen über **Einheitssignale**, die zum Teil international weitgehend vereinheitlicht sind;
- die Schnittstelle zwischen Geräten und Einheiten zur Informationsverarbeitung (Rechner, digitale Systeme). Die Anschlussbilder und -bedingungen werden als **Interface** bezeichnet. Zusammen mit technischen und logistischen Bedingungen kennt sie der Nutzer als **Bussysteme** (Abschn. 5).

17.3 Signale

Der Signalbegriff ist im täglichen Sprachgebrauch mehrdeutig. In der Technik wird er für eine Erscheinungsform der Information in folgender Weise benutzt:

Signal heißt eine von einer physikalischen Größe getragene Zeitfunktion, die einen Parameter I hat, der den Wert und den Verlauf der interessierenden Größe abbildet.

Typische **Signalträger** sind elektrische und elektromagnetische Größen (Strom, Spannung, Licht- und Funkwellen) oder ein Fluid (pneumatische oder hydraulische Signale).

Abbildungssignal. Die zu messende Größe wird auf eine Zeitfunktion abgebildet, die ihrerseits einen physikalischen Träger hat. Das Abbildungssignal ist das Ergebnis der ersten Messgrößenumwandlung in einer Messkette. So ist beispielsweise die Ausgangsspannung eines Mikrofons das Abbildungssignal für den auftreffenden Schalldruck.

17

Nutz- und Störsignal. Eine aufgabenabhängige Bewertung der dem Signal aufgeprägten Information führt zur Unterscheidung des Nutzsignals vom Störsignal (von Störsignalen). So ist beispielsweise beim Telefonieren das Rauschen ein typisches Störsignal gegenüber der gesprochenen Mitteilung als dem Nutzsignal.

Signalübertragung. In vielen Fällen fallen Gewinnung, Verarbeitung und Nutzung von Signalen nicht örtlich zusammen, sodass Einrichtungen zur Signalübertragung erforderlich sind. Dazu dienen sowohl elektrische Signalleitungen wie auch Infrarot- oder Funksysteme. Lange Übertragungswege (Leitungen) bewirken Energieverluste längs der Wege auf Kosten des Signalträgers. In solchen Fällen muss der Signalträger (meistens eine elektrische Spannung) verstärkt werden.

Signalspeicherung. Signale werden gespeichert, indem eine speicherbare physikalische Größe als Signalträger verwendet wird. Beispiele sind Diagramme, magnetische Speicher (Band, Diskette, Festplatte) oder Festkörperschaltkreise.

17.3.1 Signalmerkmale

Zur eindeutigen Beschreibung von Signalen sind eine Reihe von Merkmalen heranzuziehen. Man unterscheidet nach dem **Wertevorrat** des Informationsparameters I (analog oder diskret), nach der zeitlichen **Verfügbarkeit** (kontinuierlich oder diskontinuierlich) und weiteren Merkmalsklassen, so nach der Art des Informationsparameters, der Modulationsart, der das Signal tragenden Größenart oder der Erscheinungsform.

Vielfach ist die Benutzung von zwei Merkmalspaaren ausreichend, von denen je ein Merkmal erfüllt sein muss: zeitliche Verfügbarkeit und Wertevorrat. Treten Signale als Abbilder von physikalischen oder anderen Ereignissen stochastisch auf, d. h., sind ihre Werte zufällig, so sind aus ihnen erst für große Ereignismengen Gesetzmäßigkeiten erkenn- und ableitbar. Stehen Signale dagegen in einem festen und im Prinzip zu jedem Zeitpunkt wiederholbaren Zusammenhang mit Ereignissen, so heißen sie **determinierte Signale**. Diese Determiniertheit gilt für die überwiegende Zahl von Messvorgängen und Mess-Signalen, sodass das dritte Merkmalspaar im Allgemeinen fortgelassen und unterstellt wird, dass determinierte Signale vorliegen. Die Fälle, in denen **stochastische Signale** auftreten, sind heute Spezialgebiete der Messtechnik (z. B. die Kernstrahlungsmesstechnik und die Korrelationsmesstechnik), sodass Verwechslungen praktisch selten sind und die Benutzung der Merkmalspaare Verfügbarkeit und Wertevorrat den meisten praktischen Ansprüchen genügt.

Wesentliche Signalmerkmale sind in der Tabelle 17.7 zusammengefasst. Die Bilder 17.10 bis 17.12 zeigen drei typische Beispiele für Signalarten in der Mess- und Informationstechnik.

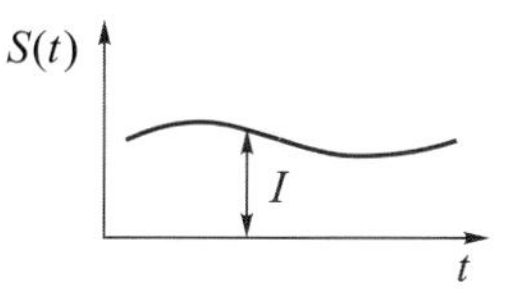

Bild 17.10 Kontinuierlich-analoges Signal (Informationsparameter: Signalamplitude)

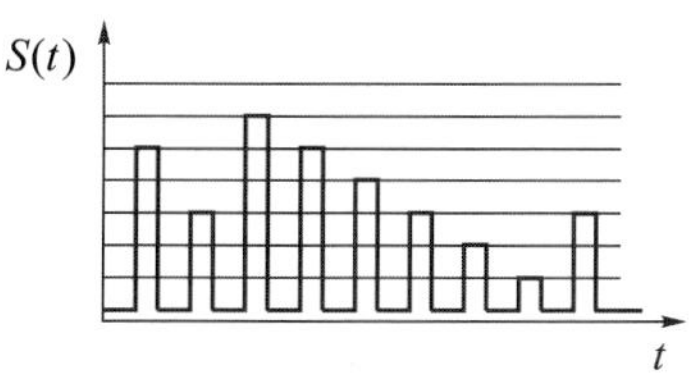

Bild 17.11 Diskontinuierlich-diskretes Signal (Informationsparameter: Impulsamplitude)

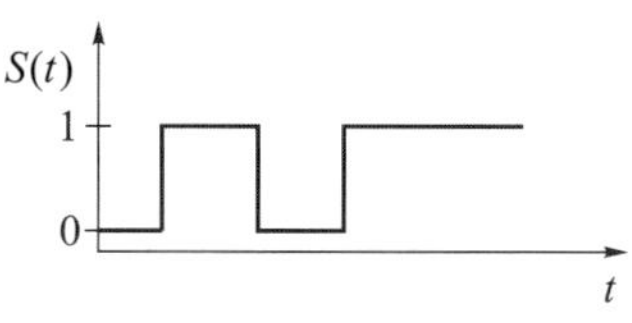

Bild 17.12 Kontinuierlich-binäres Signal (Informationsparameter: 0 oder 1)

17.3.2 Signalwandlung

Innerhalb einer Messeinrichtung kann es notwendig sein, eine Wandlung entweder der Signalform oder des Informationsparameters vorzunehmen.

Wandlung der Signalform. Oft sind die Mess-Signalpegel sehr klein und zeitlich fast konstant, sodass sich bei Gleichstromverstärkung Drifterscheinungen unangenehm auswirken können. Durch „Zerhacken" der Gleichgröße und anschließende Wechselspannungsverstärkung lässt sich das vermeiden. Der Informationsparameter Amplitude bleibt dabei erhalten.

Wandlung des Informationsparameters. Hauptgrund für die Nutzung eines anderen Informationsparameters als den des Originalsignals ist die Reduzierung möglicher Störungswirkungen auf das Signal. Das geschieht bevorzugt durch Nutzung der Frequenz als Informationsparameter oder durch Modulation.

Frequenzanaloge Signale nutzen die Unempfindlichkeit des Informationsparameters Frequenz gegenüber den meisten im Amplitudenbereich auftretenden Störungen.

Modulation heißt das Aufprägen eines zu übertragenden Signals oder einer Information (Sprache, Musik, Bild, Messdaten) auf eine zur Übertragung geeignete, meist hochfrequente Trägerschwingung oder Impulsfolge.

Bei einer sinusförmigen Trägerschwingung unterscheidet man Amplituden-, Frequenz- und Phasenmodulation (AM, FM, PM); bei Modulation von Impulsfolgen Pulsamplituden-, Pulsfrequenz-, Pulsphasen- und Pulsdauermodulation (PAM, PFM, PPM, PDM). Die Beeinflussung der Zusammensetzung von Impulsgruppen heißt Pulscodemodulation (PCM). Für Systeme, die starken Störbeeinflussungen unterliegen, sind auch Mehrfachmodulationen üblich (z. B. PAM/PFM). Die Rückgewinnung der Originalfunktion heißt **Demodulation**; die entsprechenden Funktionseinheiten heißen Modulatoren und Demodulatoren.

Eine solche Änderung des Informationsparameters ist nichts anderes als eine der möglichen Realisierungen des allgemeinen Codierungsproblems der Informationstechnik. Es beinhaltet die Aufgabe, einer Zeichenmenge, die einem Originalraum angehört (für Messeinrichtungen ist das der Raum physikalischer Größen), eine zweite Zeichenmenge eindeutig zuzuordnen, die ihrerseits einem Bildraum angehört.

Beispiel: Die in Bild 17.13 links auf eine Skale aufgetragene Größe $x_\cap$ sei ihrer Natur nach analog, d. h., ihr Wertevorrat sei (theoretisch) unendlich. Ein Teil dieses Wertebereiches soll der rechts dargestellten diskreten Skale $y_\#$ zugeordnet werden. Gehören diese Werte einem Alphabet an, entspricht das einer **Codierung**. Auf der rechten Skale (das entspricht einem Signalraum) sind nur endlich viele diskrete Werte möglich, sodass einem diskreten Wert immer ein bestimmter „Abschnitt“ auf der analogen Seite zugeordnet ist. Es erfolgt eine **Quantisierung**.

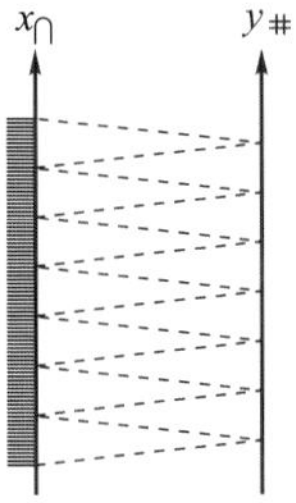

Bild 17.13 Zuordnung von analogen Wertebereichen zu diskreten Werten

17.3.3 Abtastung und Analog-Digital-Umsetzung

Jede Analog-Digital-Umsetzung erfolgt in zwei Schritten: Der Umsetzung des Informationsparameters Signalamplitude geht eine zeitliche Diskretisierung voraus (Bild 17.14). Das hat folgende Gründe:

- Zur Umsetzung eines Analogwertes wird eine bestimmte (wenn auch nur kurze) Zeit gebraucht. Aus dem kontinuierlichen Zeitverlauf der analogen Größe können also nur schrittweise einzelne Proben (samples) entnommen werden;
- die Weiterverarbeitung des gewonnenen Digitalwertsignals erfordert ebenfalls eine (wenn auch kurze) Zeit, sodass zwischen den Zeitpunkten der Probenahme bestimmte minimale Abstände liegen müssen;
- die Abtastpunkte der Probenahme müssen nicht extrem dicht aufeinander folgen. Es genügt eine theoretisch begründbare Mindestzahl von Probenahmen für periodische Signale bekannter Frequenzen.

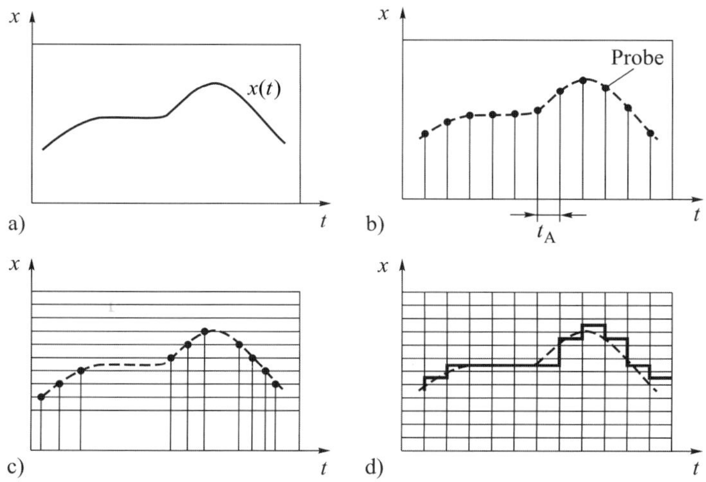

Bild 17.14 Abtastung einer kontinuierlichen Zeitfunktion; a) Originalverlauf, b) Probenahme in den Zeitabständen t_A (Quantisierung im Zeitbereich), c) Probenahme bei diskreten Amplitudenwerten (Quantisierung im Amplitudenbereich), d) gleichzeitige Amplituden- und Zeitquantisierung

Abtasttheorem (Samplingtheorem, Probensatz). Enthält eine Zeitfunktion $x(t)$ keine höheren Frequenzen als f_0, so lässt sich der Originalverlauf aus Abtastwerten wiedergewinnen, die in Zeitabständen kleiner als die halbe Periodendauer $T_0 = 1/f_0$ entnommen worden sind:

$$t_A \leq \frac{1}{2f_0}$$

Das Abtasttheorem wurde von C. Shannon und W. A. Kotelnikow angegeben. Für den praktischen Gebrauch sind folgende Schlussfolgerungen wichtig:

- Aus einem bandbegrenzten Signal mit der höchsten darin enthaltenen Frequenz f_0 müssen nur in den Abständen t_A gemäß obiger Gleichung Probenwerte entnommen werden, um den Originalverlauf daraus rekonstruieren zu können;
- in dem Zeitabstand t_A kann eine Analog-Digital-Umsetzung erfolgen.

Das Abtasttheorem ist der theoretische Hintergrund für den Übergang vom analogen in den digitalen Wertebereich.

17

Der theoretische Grenzfall wird praktisch allerdings nie ausgenutzt, weil die technischen Probleme in einem solchen Fall sehr stark ansteigen. Bei vielen Anwendungen wird eine 5- bis 10-mal höhere Abtastrate gewählt.

Tabelle 17.7 Eigenschaften von Signalen

Signal-merkmal	Definition	Vorteile	Nachteile	Anwendung vorteilhaft für
analog	Informationsparameter kann innerhalb gewisser Grenzen beliebig viele Werte annehmen	Proportionalität zwischen Messgröße und Informationsparameter	leichte Störmöglichkeit (Rauschen, Drift); keine Regenerierung möglich	Überwachung, Tendenzerkennung, dynamische Messungen
diskret	Informationsparameter kann nur endliche viele (diskrete) Werte annehmen	endliche Zahl von Amplitudenstufen; Störung erst nach Überschreiten der Grenzen; Regenerierung möglich	Abstand der Amplitudenstufen erscheint als Fehler (Quantisierungsfehler)	automatisierte Informationsverarbeitung
binär	Informationsparameter kann nur genau zwei Werte annehmen (0 und 1)			
digital	diskrete Werte des Informationsparameters entsprechen einem vereinbarten Alphabet			Digitalmessgeräte, Digitalanzeige; Messwertverarbeitung, rechnerintegrierte Leitsysteme
kontinuierlich	Informationsparameter kann sich zu jedem beliebigen Zeitpunkt ändern	Ereignisse und Tendenzen zu jeder Zeit erkennbar	zu jeder Zeit störanfällig	schnelle Vorgänge (Tendenzerkennung)
diskontinuierlich	Informationsparameter kann sich nur zu bestimmten Zeitpunkten ändern	Störung nur zu bestimmten Zeitpunkten möglich	Information nur zu bestimmten Zeitpunkten; Zeitverzug möglich (Totzeit)	langsame Vorgänge; Prozessüberwachung
determiniert	Informationsparameter ist eine determinierte Größe	hohe Informationsdichte	Störung kann die gesamte Information vernichten	In-line-Messungen, einmalige Vorgänge
stochastisch	mindestens ein Informationsparameter bildet eine stochastische Größe ab	Störungen innerhalb des Schwankungsbereichs wirkungslos	geringe Informationsdichte; Zeitbedarf zur Ermittlung des Ergebnisses	statistische Zufallsprozesse; Identifikation; Einsatz bei großen Störungen und unter extremen Bedingungen

17.3.4 Einheitssignale

Mess-Signale sind prinzipbedingt ihrer Natur nach von unterschiedlicher Größenart, und die nutzbaren Wertebereiche können nicht beliebig groß gemacht werden. Die Eigenschaften von Mess-Signalen beschreibt Tabelle 17.7.

Durch Bildung des Verhältnisses x/x_{max} mit einem einheitlichen Wertebereich von 0 bis 1, der für beliebige Größen benutzt werden kann, wurden bereits in den 30er-Jahren einheitliche Signale innerhalb einer Gerätefamilie geschaffen.

Einheitssignale sind elektrische oder pneumatische Signale, deren Wertebereich durch Vereinbarung festgelegt ist. Das Signal ändert sich in diesem Bereich unabhängig vom Messbereichsumfang der zu messenden Größe, aber immer proportional zum Messwert.

Pneumatisches Einheitssignal. Dieses Einheitssignal ist historisch gesehen das älteste. Für pneumatische Systeme wird international der Änderungsbereich von 20 bis 100 kPa benutzt (in angelsächsischen Ländern zwischen 3 und 15 psi = 20,6 … 103 kPa).

Elektrische Einheitssignale. Für elektrische Systeme sind mehrere Einheitssignale gebräuchlich. Es werden Gleichstrom, Gleichspannung und Wechselspannung in verschiedenen Wertebereichen verwendet (Tabelle 17.8).

Tabelle 17.8 Parameter von Einheitssignalen

Signalträger	Signalart	Informationsparameter	Wert bzw. Wertebereich
Gleichspannung	elektrisch analog	Stromamplitude	0 … 20 mA (toter Nullpunkt) 4 … 20 mA (lebender Nullpunkt)
		Spannungsamplitude	1 … 10 V
	elektrisch digital	Spannungsamplitude	0 … + 0,4 V (0-Wert) 2,4 … 5 V (1-Wert) 24 V, 48 V, 60 V (für Kontaktbauelemente)
Wechselspannung	elektrisch analog	Spannungsamplitude	0 … 100 mV 0 … 10 V
	elektrisch binär	Frequenz	$f = 303 \cdot 1{,}085^{n-1}$ Hz; $n = 1, 2, ...$ (Grenzwerte: 0,3 und 3,4 kHz)
Überdruck	pneumatisch analog	Druckamplitude	20 … 100 kPa
	pneumatisch digital	Druckamplitude	0 … 0,2 p_H (0-Wert) 0,8 … 1,0 p_H (1-Wert) mit p_H = 140 kPa

Hier ist interessant, dass in den 30er-Jahren zuerst der Wertebereich 0 mA bis 50 mA aufkam. Grund dafür war, dass zur Ansteuerung von Schreibgeräten mit Regelfunktion (z. B. Tastbügelregler zur Temperaturregelung) eine Mindestleistung am Eingang verfügbar sein musste, um das Messwerk, das zugleich als Stellglied zur Betätigung für Schaltkontakte diente, aussteuern zu können. Versuche in den 60er-Jahren, den Pegelbereich auf 0 mA bis 5 mA zu senken, weil Halbleiterbaugruppen mit weniger Ansteuerleistung auskommen, wurden wieder aufgeben: Probleme der Störbeeinflussung wogen die Vorteile der niedrigeren Leistung (gegenüber dem weltweit üblichen Pegel 0 mA bis 20 mA bzw. 4 mA bis 20 mA) nicht auf.

Lebender und toter Nullpunkt. Einheitssignale in Automatisierungssystemen haben teils einen lebenden, teils einen (echten) toten Nullpunkt. Wesentlich ist die Unterscheidbarkeit zwischen dem Messwert null und einer Leitungsunterbrechung bzw. -störung (Bild 17.15).

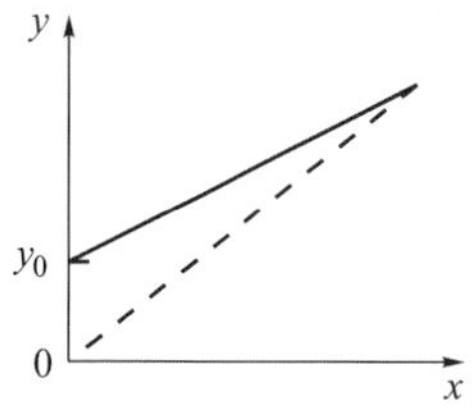

Bild 17.15 Prinzip des lebenden und toten Nullpunkts; ausgezogene Linie: Kennlinie mit lebendem Nullpunkt (life zero), gestrichelte Linie: Kennlinie mit totem Nullpunkt (dead zero)

Lebender Nullpunkt (life zero) heißt der Anfangswert eines Ausgangssignals, der beim Eingangssignalwert null von null verschieden ist.

Toter Nullpunkt (dead zero) heißt der Anfangswert eines Ausgangssignals, der beim Eingangssignalwert null ebenfalls gleich null ist.

Gerätesysteme mit lebendem Nullpunkt haben den Vorteil, dass ihre Funktionstüchtigkeit auch ohne gesonderte Einrichtungen kontrolliert werden kann, weil sich bei Leitungsunterbrechung der mechanische Nullpunkt einstellt. Außerdem liegen dann Nichtlinearitäten in der Nähe des Nullpunkts nicht im eigentlichen Funktionsbereich, führen also nicht zu Verfälschungen des Signals.

17

Von den elektrisch-analogen Einheitssignalen hat das Gleichstromsignal die größte Verbreitung gefunden. Dies hat sein wesentliche Ursache darin, dass durch entsprechende Auslegung der Schaltung der im Stromkreis fließende, dem Mess-Signal proportionale Strom „eingeprägt" und damit weitgehend unabhängig vom Widerstand der Leitung ist.

Eingeprägter Strom bedeutet, dass der Innenwiderstand der Signalquelle groß im Verhältnis zur Summe aller Widerstände im Außenkreis ist.

Eingeprägte Spannung bedeutet, dass bei kleinem Innenwiderstand der Quelle der Widerstand des Außenkreises sehr viel größer ist (meist 1: 100 und mehr).

Ein weiterer Vorteil des elektrisch-analogen Gleichstromsignals ist, dass in den Signalstromkreis eingestreute Störspannungen beim Empfänger wegen dessen niedrigem Innenwiderstand kaum wirksam werden.

17.4 Kennfunktionen und Kennwerte

Kennfunktionen und **Kennwerte** sind quantitative Aussagen zur Kennzeichnung von statischen und dynamischen Eigenschaften von Messeinrichtungen.

17.4.1 Statische Kennfunktionen und Kennwerte

Statische Kennlinie. Im statischen Zustand (nach Abklingen aller Übergangsvorgänge) beschreibt die Funktion

$$Y = f(X)$$

für eine Funktionseinheit wie Bild 17.2a die Abhängigkeit der Ausgangs- von der Eingangsgröße innerhalb des Wertebereichs für *X*. Deren grafische Darstellung ist die statische Kennlinie (Bild 17.16). Wegen der guten Verknüpfungsmöglichkeit von Baugliedern bei Gültigkeit des Superpositionsprinzips wird fast immer ein linearer Zusammenhang angestrebt (Bild 17.16a). Der zugehörige Kennwert ist der Übertragungsfaktor *K*:

$$K = Y / X$$

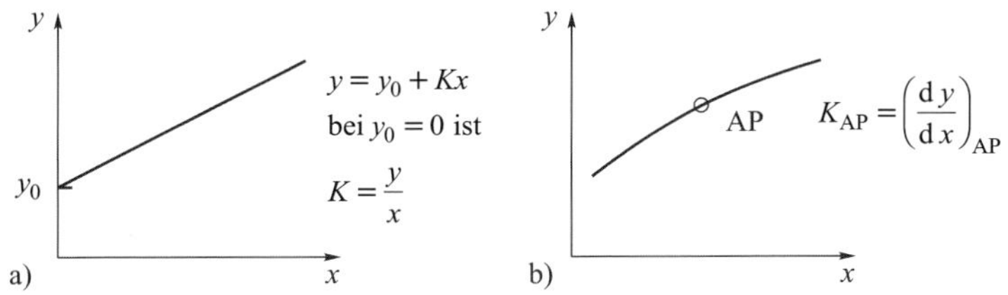

Bild 17.16 Übertragungsfaktor; a) bei linearer statischer Kennlinie, b) bei nichtlinearer statischer Kennlinie

Die Bezeichnung ist in der Literatur nicht einheitlich; der Übertragungsfaktor wird auch mit *m* bezeichnet oder Empfindlichkeit *E* genannt. Im nichtlinearen Fall kann der Übertragungsfaktor nur für einen Punkt der Kennlinie angegeben werden (Bild 17.16b).

Messbereich ist der Änderungsbereich der Messgröße, innerhalb dessen festgelegte Fehlergrenzen nicht überschritten werden (Kap. 17.5.1.3).

Der **Anzeigebereich** geht über den Messbereich hinaus. Für ihn gelten die Genauigkeitszusagen (Einhaltung der Fehlergrenzen) nicht mehr.

Mess-Schwelle (auch: Anlaufwert, vor allem für zählende Messgeräte) ist derjenige kleinste Werte der Messgröße, bei dem eine Änderung der Ausgangsgröße erfolgt.

Die Mess-Schwelle liegt außerhalb des Messbereichs; bei elektrischen Messeinrichtungen kann sie völlig fehlen.

Bild 17.17 zeigt die Skalenverläufe von zwei anzeigenden Messgeräten. Besonders bei nichtlinearen Skalenverläufen sind Mess- und Anzeigebereich nicht identisch, was durch Punkte unter den Begrenzungsteilstrichen für den Messbereich angegeben wird (Bild 17.17b).

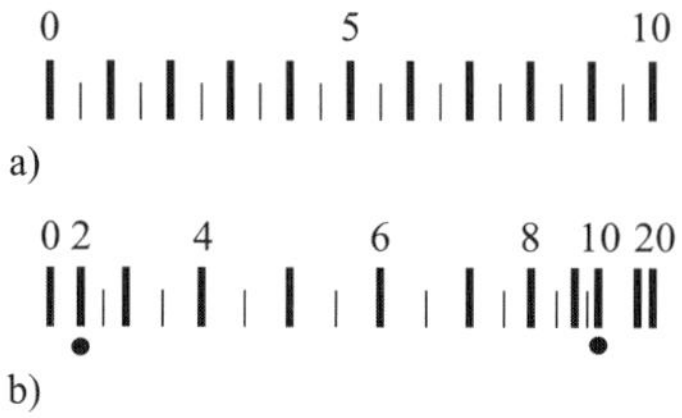

Bild 17.17 Skalenverläufe an Anzeigegeräten; a) linear, b) nichtlinear; die Punkte markieren die Grenzen des Messbereichs

17.4.2 Dynamische Kennfunktionen und Kennwerte

Die Analyse und mathematische Beschreibung des dynamischen Verhaltens von Messeinrichtungen ist von erheblicher Bedeutung für die Lösung messtechnischer Aufgabenstellungen, weil alle Prozesse, wenn auch unterschiedlich, in Raum und Zeit verlaufen.

Die **Messdynamik** befasst sich mit dem zeitlichen Verhalten der Messgrößen und dem der Messeinrichtungen. Sie fußt auf der modernen Systemtheorie.

Die Systemtheorie benutzt im Wesentlichen drei Methoden zur Beschreibung des dynamischen Verhaltens von Systemen:

- Differenzialgleichungen,
- Antwortfunktionen,
- Übertragungsfunktionen bzw. Frequenzgänge.

Wegen der theoretischen Hintergründe muss auf die Literatur verwiesen werden. Alle drei genannten Methoden sind theoretisch miteinander verknüpft; für die experimentelle Praxis erweisen sich Antwortfunktionen als gut nutzbar.

Antwortfunktionen sind die Reaktion eines Systems auf standardisierte Eingangssignale (nichtperiodische, harmonische oder stochastische Funktionen).

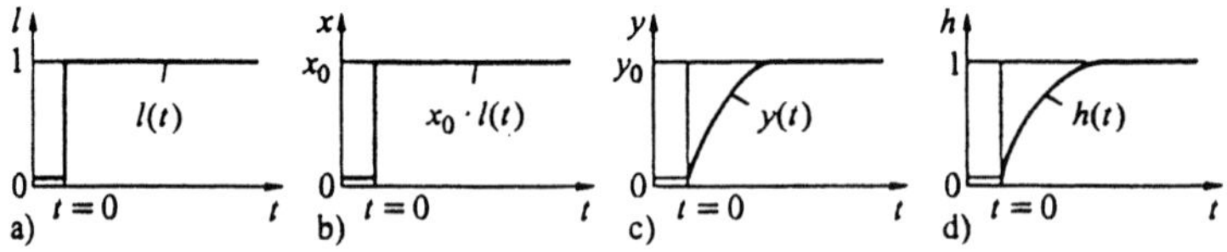

Bild 17.18 Entstehung einer Sprungantwort; a) Sprungfunktion l(t), b) Eingangsfunktion x(t), c) Antwortfunktion y(t), d) Sprungantwort (Übergangsfunktion) h(t)

Für Mess-Systeme ist die Sprungfunktion gut geeignet, weil sie sich durch Ein- bzw. Ausschalten der Messgröße leicht realisieren lässt. Die Sprungfunktion (Bild 17.18 a)

$$l(t) = 0 \quad \text{für} \quad t < 0$$
$$\quad = 1 \quad \text{für} \quad t \geq 0$$

wird im Beharrungszustand $X = Y = 0$ als Eingangsfunktion $x(t) = x_0 l(t)$ an den Eingang des Systems gelegt und erzeugt dort die Reaktion am Ausgang $y(t)$. Der normierte Verlauf dieser „Antwort" heißt die **Sprungantwort** des Systems (Bild 17.18 d):

$$h(t) = \frac{y(t)}{y_0}$$

Durch diese **Normierung** ist ein Vergleich verschiedener Systeme auch ohne Beachtung ihrer realen physikalischen Struktur möglich.

Für $h(t)$ ist auch die Bezeichnung **Übergangsfunktion** üblich; beide Begriffe sind synonym für den gleichen Sachverhalt (Kap. 18).

Aus der Sprungantwort wird ein weiterer dynamischer Kennwert gewonnen: die Einschwingzeit (Bild 17.19):

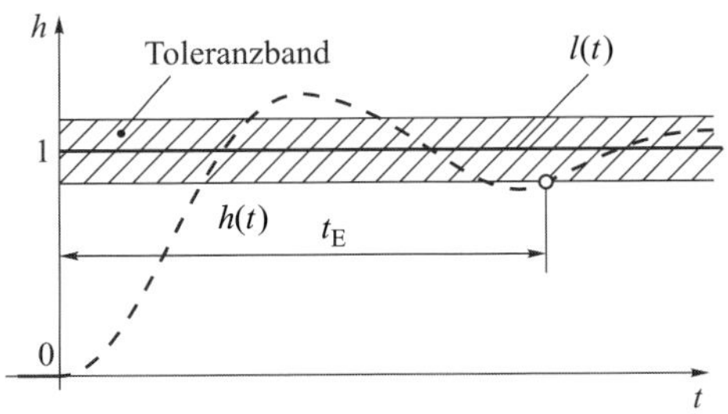

Bild 17.19 Zur Definition der Einschwingzeit eines Mess-Systems

Einschwingzeit ist die Zeit zwischen Anlegen einer Sprungfunktion am Eingang eines Systems bis zum (letztmaligen) Einlaufen der Ausgangsgröße in ein Toleranzband festgelegter Breite.

Die Breite dieses Toleranzbandes ist nicht eindeutig definiert; üblich sind für Messeinrichtungen ± 5 % vom stationären Endwert. Dieser Wert hat seine Entsprechung in der 3-τ-Grenze eines Verzögerungsgliedes 1. Ordnung.

Die Definition der Sprungantwort erweist sich als außerordentlich praktisch: Ein Sprungeingang ist leicht zu realisieren und mit Hilfe eines x-t-Schreibers lässt sich die Sprungantwort gut aufnehmen. Außerdem lässt sich daraus als weiterer wichtiger Kennwert für das dynamische Verhalten eines Systems die **Grenzfrequenz** ermitteln. Das geschieht i. Allg. (hier ohne Herleitung) über den Zusammenhang zwischen Grenzfrequenz und Einschwingzeit für den idealen Tiefpass:

$$f_g = \frac{1}{2\, t_E}$$

Grenzfrequenz heißen in der Frequenzgangdarstellung für lineare Systeme diejenigen Frequenzen, bei denen die Signalamplitude am Ausgang des Systems einen bestimmten (normierten) Wert unterschreitet.

Grenzfrequenzen beschreiben damit die nutzbaren Grenzen eines Frequenzbereichs. Man unterscheidet obere und untere Grenzfrequenz (bezüglich der Übertragungsbandbreite), bei einem Tiefpass ist die untere Grenzfrequenz gleich null.

Technische Systeme haben oft Tiefpassverhalten.

17.5 Messfehler

Fehler bei Messungen, deren Definition, Bestimmung und Korrektur gehören zu den zentralen Problemen der Messtechnik.

Setzt man die Wiederholbarkeit von Messungen an gleichen Objekten unter gleichen Bedingungen voraus, so kann eine wahrscheinlichkeitstheoretisch begründete Fehlerrechnung, die in ihren Grundzügen auf C. F. Gauß zurückgeht, angewendet werden – sie ist also prädestiniert für Wiederholprobleme (Abschn. 17.2.2.2). Bei Erkundungs- oder Prozessmessungen ist die Wiederholbarkeit allerdings oft nicht gegeben, sodass hier andere Regeln angewendet werden müssen.

In messtechnischen Spezialgebieten wie der Metrologie, im Eichwesen und im Kalibrierdienst wird davon ausgegangen, dass bei der Weitergabe von Einheiten oder der Beglaubigung von Messmitteln der Einzelfehler durch die Anwendung statistischer Methoden in eine Unsicherheit (**Messunsicherheit**) aufgeht, die unter bestimmten Bedingungen (Einsatz-, Umgebungsbedingungen) nicht überschritten wird. In der Qualitätssicherung ist dagegen von Bedeutung, dass die Maße gefertigter Produkte (Werkstücke) zwar innerhalb vorgegebener Grenzen von einem Sollwert abweichen und damit Einzelfehler haben dürfen, diese Grenzen aber nicht überschreiten, also eine **Messabweichung** aufweisen können. Dafür sind Termini und entsprechende Inhalte definiert, die den engen Rahmen eines Grundwissens weit überschreiten. Trotzdem lassen sich – bei Verzicht auf konkrete Anwendungen – Aussagen zu Fehlern machen, die disziplinübergreifend Gültigkeit haben.

Keine Messung ist völlig fehlerfrei. Wesentlich für die Nutzung des Messergebnisses ist die Frage, wie weit einerseits die auftretenden Fehler noch toleriert werden und welchen Aufwand andererseits der Nutzer für eine möglichst genaue Messung treiben will: Der Messfehler wird damit zu einem Gütemerkmal sowohl für die Messeinrichtung wie auch für das Produkt. Ganz allgemein gilt:

Zu messen ist: so genau wie nötig, und nicht: so genau wie möglich!

17.5.1 Fehlerdefinitionen

17.5.1.1 Statische Fehler

Das ideale Mess-System hat die Übertragungsfunktion $Y = X$. Real ist dagegen eine Abweichung der Form

$$e = Y - X$$

Sie hat die Einheit der Messgröße. Das Symbol e steht hier allgemein für lat. erratum (engl. error) „Irrtum"; andere Bezeichnungen mit dem Delta-Symbol vor der jeweiligen Größe sind üblich, so z. B. Δx, Δy usw.

In diesen Formeln heißt die Abweichung e **absoluter Fehler**.

Wird der absolute Fehler auf den (wahren) Wert X bezogen, heißt er **relativer Fehler:**

$$\delta = \frac{e}{X}$$ (oder entsprechend $\Delta x/x$, $\Delta y/y$ usw.).

Auf den Messbereichsumfang ($X_{max} - X_{min}$) bezogen heißt er **reduzierter Fehler:**

$$\delta^* = \frac{e}{(X_{max} - X_{min})}$$

Der (absolute) Messfehler e bezieht sich auf ein einzelnes Messergebnis. Damit ist noch nichts über seine Herkunft oder seine Häufigkeit ausgesagt. Außerdem wird unterstellt, dass sich während des Messvorgangs weder die Messgröße noch der Fehler geändert haben – es liegt ein **statischer Fehler** vor.

Systematische Fehler haben Unvollkommenheiten der Messeinrichtungen, der Messverfahren sowie der Messobjekte als Ursache. Sie haben einen bestimmten Wert und ein bestimmtes Vorzeichen, sind damit erfassbar und korrigierbar.

Zufällige Fehler sind nicht vorhersagbar; sie haben nicht erfassbare Änderungen der Messeinrichtung, des Messobjekts und der Umwelt als Ursache. Bei wiederholter Messung **streuen** die Einzelmessungen um einen Mittelwert.

Beispiele für systematische Fehler sind temperaturbedingte Änderungen von Bauelementeparametern und deren Auswirkungen. Auch additive und multiplikative sowie Linearitätsfehler sind reproduzierbar und lassen sich damit im Ergebnis berücksichtigen.

Typische zufällige Fehler sind dagegen Schwankungen der Betriebsspannung, Rauscheinflüsse oder Kontaktprobleme. Da sie nicht reproduzierbar sind, lässt sich ihr Einfluss nur mit statistischen Mitteln beschreiben.

Systematische Fehler lassen sich korrigieren, da sie reproduzierbar sind; zufällige Fehler sind dagegen nur statistisch beschreibbar.

Bezüglich der mathematischen Behandlung zufälliger Fehler und einer möglichen Trennung von systematischen Fehlern muss auf die Literatur verwiesen werden.

Quantisierungsfehler. Einem Digitalwert ist stets ein gewisser Bereich von (unendlich fein gedachten) Analogwerten zugeordnet (Bild 17.13). Innerhalb eines solchen Analogbereichs kann sich der Messwert an jeder beliebigen Stelle aufhalten, sodass die Breite des Bereichs e_Q den Fehler bei einer Quantisierung bestimmt:

$$|e_Q| = \pm \frac{e_Q}{2} = \frac{X_{max} - X_{min}}{N}$$

N ist die Zahl der möglichen Digitalwerte (Zahl der Quantisierungsstufen).

Quantisierungsfehler treten beim Übergang vom analogen in den digitalen Wertebereich auf. Sie lassen sich durch höhere Auflösung verringern.

Digitaler Restfehler. Ein weiterer, durch die Digitaltechnik bedingter Fehler tritt bei Zählvorgängen auf. Da beim Zählen der kleinste Betrag „eins" ist, kann im Ergebnis ein Ereignis (Zählimpuls) vom Zähler gerade noch erfasst oder aber nicht gezählt werden. Dieser Fehler ist **prinzipiell nicht vermeidbar**, kann aber durch große Ereigniszahlen N verringert werden. Wegen $|e_N| = 1$ gilt

$$\delta = \frac{\pm e_N}{N} = \pm \frac{1}{N}$$

Ein **digitaler Restfehler** vom Betrag eins tritt bei jedem Zählvorgang auf. Er ist unabhängig vom absoluten Zählergebnis.

17.5.1.2 Dynamische Fehler

In Analogie zum statischen Fall muss bei zeitlichen Änderungen für den absoluten Fehler e jetzt geschrieben werden ($K = 1$ angenommen)

$$e(t) = y(t) - x(t).$$

Eine dieser Gleichung entsprechende Bestimmung eines dynamischen Fehlers wäre sehr aufwändig und sogar unsinnig; denn praktisch sind zwei Fälle in Messprozessen von Interesse:

- Bei Zuschalten einer Messeinrichtung (oder bei sprungförmiger Änderung einer Messgröße) interessiert die Zeit, bis entstehende Ausgleichsvorgänge abgeklungen sind;
- bei zeitlich veränderlicher Messgröße muss das Zeitverhalten der Messeinrichtung dem Vorgang angepasst sein, d. h., es muss ihm gut folgen können.

17

In Kap. 17.4.2 wurde der theoretische Hintergrund dazu bereits erläutert. Ergebnis war, dass mit den Kenngrößen Grenzfrequenz bzw. Einschwingzeit t_E die dynamischen Eigenschaften technischer Systeme gut beschrieben werden können. Bei Anwendung auf eine messtechnische Aufgabe ist aber zu beachten, dass bei der in Bild 17.19 dargestellten Einstell-(Einschwing-)Zeit immer noch eine Abweichung von 5 % existiert, was für ein amplitudenanaloges Mess-Signal noch ein beträchtlicher Fehler ist.

Eine Messeinrichtung mit bekannter Grenzfrequenz f_g sollte weit unter der theoretisch begründeten Grenzfrequenz eingesetzt werden, um dynamische Fehler konsequent zu vermeiden.

Der Praktiker liegt mit der Faustformel

$$f_g \approx \frac{k^*}{t_E}; \quad k^* \approx 0{,}4$$

auf der sicheren Seite; der Fehler liegt dann in der Größenordnung von 1 %.

17.5.1.3 Fehlergrenzen, Fehlerklasse

Der relative Fehler hat den Nachteil, dass er (bei gleich bleibendem absoluten Fehler) messgrößenabhängig ist. Als Gütemerkmal für Messgeräte ist er deshalb nicht geeignet. Für viele Messeinrichtungen ist aber bekannt, dass systematische Fehler über den Messbereich relativ konstant bleiben. Man hat deshalb Grenzen d festgelegt, die unter bestimmten Prüf- und Betriebsbedingungen gelten und in denen die reale Kennlinie liegen kann. Darin eingeschlossen sind Linearitätsabweichungen, eine mögliche Umkehrspanne und andere Anteile:

Die **Fehlergrenze** ist die größte zulässige Abweichung der realen von der idealen statischen Kennlinie, unabhängig von der Stelle deren Auftretens.

Wird diese Grenze auf den Messbereichsumfang bezogen und in Prozent angegeben, heißt sie **Fehlerklasse** $\boldsymbol{F_K}$. Sie wird in Prozent angegeben. Typische Fehlerklassen für elektrische Messgeräte sind 0,1; 0,2; 0,5; 1; 1,5 und 2,5.

Messabweichung (Messfehler) bei analogen Messgeräten. Die größtmögliche Abweichung vom idealen Messwert ergibt sich damit zu

$$e_{\max \cap} = \pm \left| \frac{F_K}{100} (X_{\max} - X_{\min}) \right|$$

Messabweichung (Messfehler) bei digitalen Messgeräten. Wegen des prinzipbedingten digitalen Restfehlers (Abschn. 17.5.1.1) setzt sich hier die größtmögliche Abweichung aus zwei Anteilen zusammen, einem Anteil A in Prozent des Anzeigewerts (v. A.) zuzüglich B Digits der letzten angezeigten Stelle:

$$e_{\max *} = \pm \left| \frac{A\ \%\ \text{v. A.}}{100} + B \right|$$

Damit muss ein Anwender von Messgeräten nicht mühsam nach Fehleranteilen und Herkunftsbereichen suchen (was ihm ohnehin fast unmöglich ist), sondern kann mit einem solchen Kennwert Fehlerabschätzungen vornehmen.

Für Längenmessmittel ist die Darstellungsunsicherheit die Grundlage für die Fehlerklasse (Beispiel für ein Parallelendmaß der Länge L, wobei L in mm einzugeben ist):

$$u = \pm (0{,}05 + 0{,}5\,L)\,\text{mm}$$

Die Fehlerklasse ist ein praktikabler Kompromiss zwischen exakter Fehleranalyse und anwendungsfreundlicher Nutzbarkeit.

17.5.1.4 Fehlerfortpflanzung

Ein Messergebnis setzt sich oft aus mehreren Messwerten zusammen, die ihrerseits bereits Fehler aufweisen, sodass auch das Ergebnis fehlerbehaftet sein wird.

Die Gesetze der Fehlerfortpflanzung beschreiben den **Gesamtfehler** eines Messergebnisses, welches aus fehlerbehafteten Einzelwerten gebildet worden ist.

Die Grundlage bildet das **Fehlerfortpflanzungsgesetz für zufällige Fehler** (nach C. F. Gauß):

$$s_Y = \sqrt{\sum_{j=1}^{v} \left(\frac{\partial f}{\partial x_j} s_j \right)^2}$$

Es geht davon aus, dass die Standardabweichungen s_j der Einzelwerte (ihrerseits mit statischen Methoden ermittelt) bekannt sind und den partiellen Ableitungen df/dx_j der Messfunktion zugeordnet werden. Dieser Aufwand ist erheblich, sodass für praktische Abschätzungen oft von der (nicht exakten!) Annahme Gebrauch gemacht wird, die Einzelfehler Δx_j seien ihrerseits bereits mittlere Fehler (s_j werden durch Δx_j ersetzt).

Das vollständige Differenzial der Messfunktion $M = f(x_j)$ liefert das **Fehlerfortpflanzungsgesetz für systematische Fehler:**

$$\Delta x_{\text{ges}} = \sum_{j=1}^{v} \left(\frac{\partial f}{\partial x_j} \Delta x_j \right)$$

Eine gern genutzte Vereinfachung ergibt sich aus der Annahme, dass die Funktion $f(x_j)$ ein reines Produkt oder ein Quotient sei, weil sich dann obige Gleichung für die relativen Fehler der Einzelwerte vereinfacht:

$$\bar{\delta} = \frac{\Delta x_{\text{ges}}}{x_{\text{ges}}} = \sqrt{\sum_{j=1}^{v} \left(\frac{\Delta x_j}{x_j} \right)^2}$$

Diese Formel ist gut geeignet, den zu erwartenden (maximalen) Gesamtfehler abzuschätzen, wenn die einzelnen Größen mit Messgeräten bestimmt werden sollen, deren Fehlerklasse bekannt ist.

17.5.2 Vorbereitung und Auswertung von Messungen

17

Die Lösung einer Messaufgabe verfolgt das Ziel, Informationen über ein Objekt, einen Prozess oder Zustand zu gewinnen (Kap. 17.2). Die Messaufgabe ist meist nur unvollständig formuliert und muss in der Vorbereitungsphase präzisiert werden, vor allem bezüglich Einsatz- und Umgebungsbedingungen, und der zu erwartenden Unsicherheit.

Zweckmäßig ist die Reihenfolge

- **Prüfung der Messaufgabe auf Vollständigkeit:** Parameter, Einflussgrößen, vorher zu klärende Teilprobleme.
- **Auswahl der Messeinrichtung:** Sensoren, Übertragungswege, Registrierung, Einsatzbedingungen der Einzelgeräte.
- **Abschätzung der statischen Fehler:** ausreichende Fehlerklassen, Zusatzfehler durch Einflussgrößen, zu erwartender Gesamtfehler.
- **Abschätzung dynamischer Fehler.**

Dazu sind Gerätebeschreibungen zu studieren, die Gerätetypen und -eigenschaften zu notieren, Skizzen (Signalflussbilder) anzufertigen, und eine Überprüfung der Messmittel ist vorzunehmen.

Blindes Vertrauen auf die Funktionstüchtigkeit aller Geräte provoziert den Misserfolg!

Überlegungen zum Ablauf der Messungen und zu deren späterer Auswertung gehören ebenfalls in die Vorbereitungsphase. Ein **Messprotokoll,** ob manuell oder rechnerintegriert erstellt, sollte etwa folgende Angaben enthalten: Aufgabenstellung; Auftrageber/Partner, Ort und Zeit (Zeitdauer), Umgebungsbedingungen; beteiligte Personen; Messverfahren, Mess-Schaltung, verwendete Geräte; Messdaten und -ergebnisse, Fehlerdiskussion; Literatur; Besonderheiten (Störungen).

Zur **Auswertung von Messungen** stehen heute komfortable Programme zur Verfügung, die ihrerseits statistische Auswertungen, Diagramm- und 3-D-Darstellungen gestatten. Voraussetzung dafür bleibt aber immer ein gründliches Verständnis der Inhalte: Was nicht vorbereitet und vorgedacht ist, kann die Technik nicht wettmachen!

17.6 Baugruppen

17.6.1 Sensoren

Sensoren sind das erste Glied in der Messkette (Bild 17.9). Angesichts der Vielzahl von Messgrößen und Wertebereichen muss die Darstellung hier auf Grundtypen reduziert werden. Der Begriff leitet sich vom lat. sensus (Sinn, Empfindung) ab.

Ein **Sensor** wandelt die zu messende Größe bzw. deren Änderung in ein verarbeitbares und übertragbares elektrisches Signal um.

Sensoren werden überwiegend mit Technologien der Halbleiterindustrie hergestellt. Die damit mögliche Miniaturisierung und Massenproduktion wirkt sich günstig auf die Preise aus. Tabelle 17.9 gibt eine Übersicht.

Tabelle 17.9 Sensortypen (Auswahl) und Anwendungen

Sensortyp	Prinzip	Anwendung
Silicium-Sensor	piezoresistiver Effekt	miniaturierte Druckmessung
	Ausbreitungswiderstand; Ladungsträgertransport in pn-Übergängen	miniaturisierte, kostengünstige Temperaturmessung
	Photoeffekte	Photowiderstände, -dioden, -arrays; CCD
	Hall-Generator, Feldplatte	Magnetfeldmessung
	Mikromechanik	Beschleunigungsmessung (Airbag-Auslösung)
Dünnschichtsensor	Abscheidung dünner Schichten auf Trägersubstrat	Platin-Temperatursensor; Al_2O_3-Feuchtesensor
Faseroptik	Lichtbrechung	Abstands-, Füllstandsmessung
Chemosensor	konzentrationsabhängige Leitfähigkeit von Metalloxiden	Messung oxidierbarer Gase (H_2, CH_4, CO, H_2S)
	Festelektrolyt	Lambda-Sonde
Resonanzsensor	Quarzresonanz	Nachweis chemischer und biologischer Substanzen

17

Dehnungssensor. Aus Tabelle 17.6 geht hervor, dass viele Messgrößen auf eine Weg- oder Winkeländerung abgebildet werden können. Die Umwandlungsmöglichkeit einer Dehnung oder Stauchung in eine Widerstandsänderung ohne mechanisch bewegte Teile oder bewegliche Kontakte hat den „Dehnmess-Streifen" (DMS) bereits vor über 60 Jahren bekannt gemacht. Das Wirkprinzip ist einfach: Wird ein zylindrischer Stab der Länge l (Bild 17.20a) gedehnt oder gestaucht, erfährt sein elektrischer Widerstand $R = \rho(l/A)$ eine dehnungsabhängige Änderung, die über das vollständige Differenzial

$$\Delta R = \frac{\partial R}{\partial \rho}\,\mathrm{d}\rho + \frac{\partial R}{\partial l}\,\mathrm{d}l + \frac{\partial R}{\partial A}\,\mathrm{d}A$$

bestimmt werden kann. Nach Übergang zur Differenzschreibweise (d $\rightarrow \Delta$) und Division durch R folgt

$$\frac{\Delta R}{R} = \frac{\Delta \rho}{\rho} + \frac{\Delta l}{l} + \frac{\Delta A}{A}$$

Alle Glieder auf der rechten Seite hängen von der Dehnung $\varepsilon = \Delta l/l$ ab und sind materialabhängig. Zusammengefasst ergibt sich für die meisten Metalle

$$\frac{\Delta R}{R} \approx k \cdot \varepsilon$$

Der Faktor k ist der Übertragungsfaktor zwischen Dehnung ε und Widerstandsänderung $\Delta R/R$ und als **K-Faktor** ein Begriff in der Dehnungsmesstechnik. Heute werden Dehnungssensoren meistens in Folienform hergestellt (Bild 17.20b) oder in Dünnfilmtechnik direkt auf eine Biegkörper aufgebracht (Bild 17.20c).

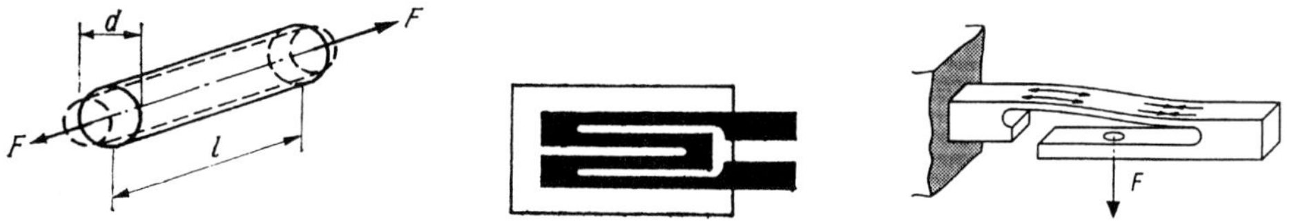

a) b) c)

Bild 17.20 Dehnungssensoren; a) Dehnung eines Stabs; b) Foliensensor; c) Biegebalken mit Sensoren auf der Oberseite

Drucksensor. Bild 17.21 zeigt eine piezorestriktive Struktur, welche die Basis für viele Kraft- und Drucksensoren bildet. Durch Dotierung werden in Silicium Leitungsbahnen mit hohem Widerstand erzeugt, die bei mechanischer Beanspruchung (Dehnung, Stauchung) wie Dehnmess-Streifen wirken. Als Wandlerelemente auf einer Siliciumscheibe bilden sie eine Brückenschaltung (Bild 17.22): Diese Scheibe ist also federelastische Druckmessmembran und Leitungsträger zugleich. Die in Bild 17.22 dargestellte Anordnung muss noch eingehaust und dem Einsatzzweck angepasst werden, wie Bild 17.23 für eine „Low-cost"-Ausführung zeigt.

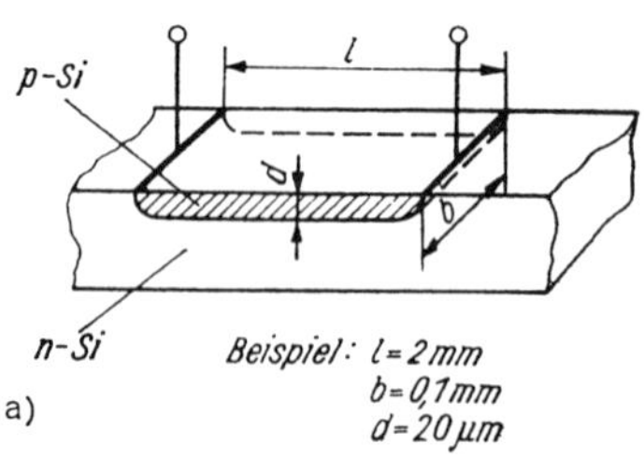

a)

Bild 17.21 Piezorestriktive Struktur (typische Maße)

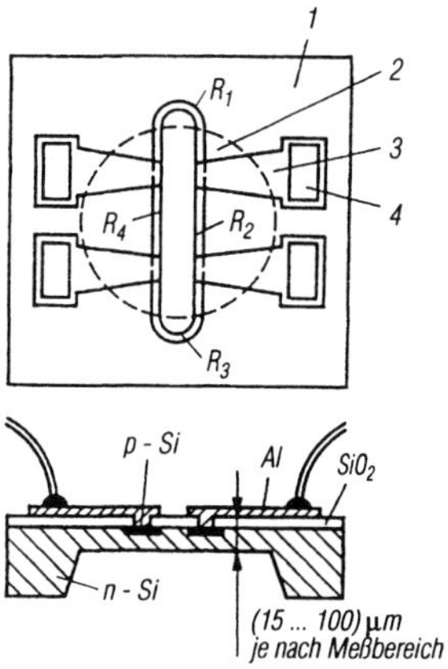

Bild 17.22: Integrierter Drucksensor; 1 Silicium mit integrierter Widerstandsbahn (die wirksamen Widerstände liegen zwischen den Kontaktbahnen innerhalb der Kreisfläche), 2 druckbeaufschlagte Membran, 3 Kontaktbahn, 4 Anschlusspunkt (Bondinsel)

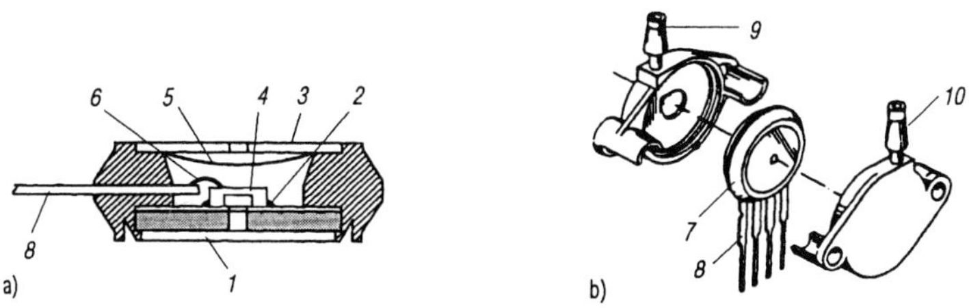

Bild 17.23 Kostengünstiger Silicium-Drucksensor; a) Schnitt durch das Kunststoffgehäuse; b) Explosivdarstellung; 1 Metall-Rückseite, 2 Kleber, 3 Metall-Abdeckung, 4 Silizium-Sensorelement, 5 Passivierungsschicht, 6 Bonddraht, 7 Thermoplastgehäuse, 8 Anschlussfahne, 9 Referenz-(Bezugs-)Druck, 10 Messdruck

Feuchtesensor. Die Dielektrizitätskonstante von Wasser ist groß gegenüber der von trockener Luft ($\varepsilon_{\text{Wasser}} \approx 80$; $\varepsilon_{\text{Luft}} = 1$), sodass die Luftfeuchte als Kapazitätsänderung messbar gemacht werden kann. Dazu wird auf ein Keramiksubstrat eine kammförmige Struktur aufgebracht und mit einer organischen oder anorganischen Schicht abgedeckt, die ihrerseits hygroskopisch ist (Bild 17.24). Deren Wasseraufnahme verändert die Kapazität der Anordnung und ist elektrisch messbar.

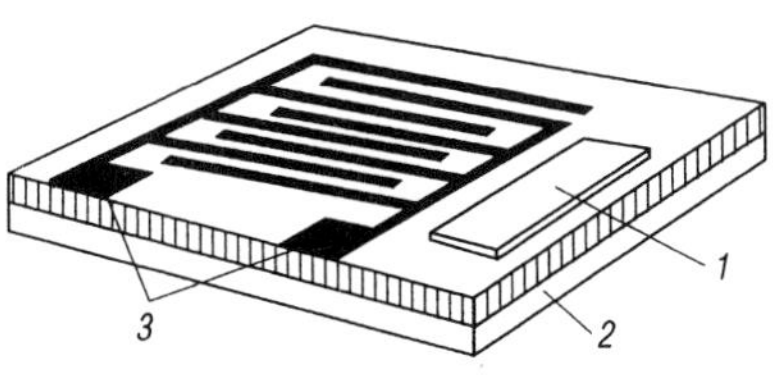

Bild 17.24: Kapazitiver Taupunktsensor; 1 Temperatursensor, 2 Basissubstrat mit Heizelement auf der Rückseite, 3 Kapazitätsanschlüsse

Gassensor. Sensorkörper ist eine chemisch inaktive Sinterkeramik, in die katalytisch aktive Metallatome eingebettet sind (Bild 17.25): Diese werden erst bei höheren Temperaturen aktiv. Ein ebenfalls eingebetteter Platindraht dient sowohl als Heizer als auch zur Temperaturmessung. Bei Zinnoxid als Katalysatormaterial wird beispielsweise die Reaktion $2\ CO + O_2 \rightarrow 2\ CO_2$ in Gang gesetzt, womit der Sensor zur Detektion von Kohlenstoffmonooxid eingesetzt werden kann.

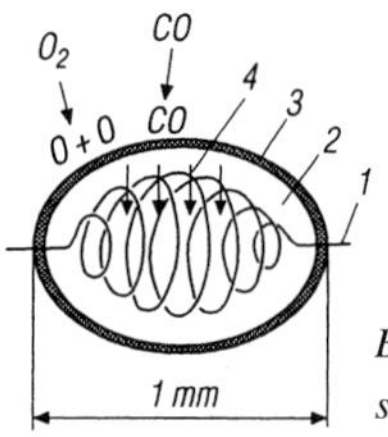

Bild 17.25: *Katalytischer Gassensor; 1 Heizdraht, 2 Sinterkeramik, 3 katalytische Zusätze, 4 Reaktionswärme*

Lambda-Sonde. Festkörper-Elektrolyte aus Zirconiumdioxid (ZrO_2) werden bei höheren Temperaturen für zweiwertige Sauerstoffatome gut leitfähig. Beim stöchiometrischen Verhältnis $\lambda = 1$ von Luft zu Brennstoff steigt der Sauerstoff-Partialdruck sehr stark an, was als steiler Abfall der abgegebenen Spannung messbar wird (Bild 17.26). Dieses Signal wird zur Regelung des Verbrennungsvorgangs im Ottomotor benötigt.

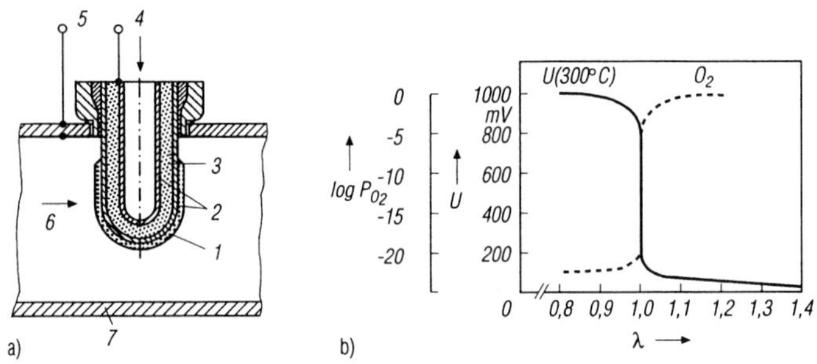

Bild 17.26 Lambda-Sonde; a) Konstruktionsprinzip (nicht maßstäblich), b) Zusammenhang zwischen Sauerstoff-Partialdruck und Sondenspannung; 1 keramische Schutzschicht, 2 Edelmetall-Elektrode, 3 Festelektrolyt, 4 Bezugsgas Luft, 5 Anschlüsse, 6 Messgas (Abgas), 7 Abgasrohr

17

Mikromechanischer Beschleunigungssensor. Mit Hilfe von Ätztechniken ist es möglich, auch räumliche Strukturen in Silicium herzustellen. Sensoren für Beschleunigung bestehen im Prinzip aus einem Feder-Masse-System, das bei Einwirkung einer Beschleunigung, beispielsweise beim Aufprall eines Kraftfahrzeugs, ausgelenkt wird. Derartige Sensoren müssen klein, schnell und kostengünstig herstellbar sein. Bild 17.27 zeigt einen solchen Sensor, der durch Ätzen aus einem Block hergestellt wird. Die seismische Masse hängt an dünnen „Balken", die als Feder wirken. Über Dehnungs- oder kapazitive Sensoren wird das Ausgangssignal gebildet. Einschließlich der Verarbeitungselektronik und Anschlusstechnik beträgt das Volumen nur Kubikzentimeter.

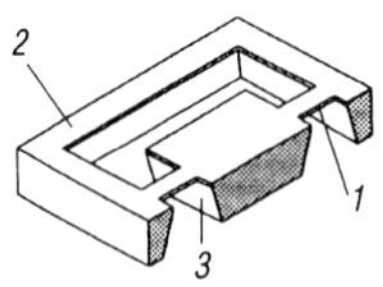

Bild 17.27 Monolithischer Beschleunigungssensor; 1 ausgeätzte Biegefeder, 2 Basismaterial, zugleich Trägerrahmen, 3 seismische Masse

Zukünftige Sensorsysteme. In seiner ursprünglichen Bedeutung hat der Sensor etwas mit Sinnesorganen zu tun, und ebenso wie diese in einem biologischen System (als komplexe Vernetzung von Rezeptoren mit dem Zentralnervensystem) ist der Sensor in einem technischen System erst komplett im Zusammenwirken mit anderen Komponenten. Im industriellen Bereich entstehen mit der zunehmenden Energiedichte weitere Forderungen nach noch besserer **Sensitivität, Selektivität** und **Störsicherheit.** Im Zusammenwirken mit wissensbasierten Systemen sind Entwicklungen im Gang, die einem Sensorsystem Eigenschaften der **Selbstorganisation** (Selbstüberwachung, Selbstkalibrierung) verleihen und interessante Neuerungen in Aussicht stellen. Entscheidendes Kriterium dürfte aber die Wirtschaftlichkeit bleiben: Was eigentlich machbar ist, muss auch wirtschaftlich gefertigt werden können.

17.6.2 Weitere Baugruppen

Dem Sensor nachgeschaltete Baugruppen müssen vielfältige Aufgaben erfüllen, wie eingangs schon dargestellt wurde. Mit der allgemeinen Tendenz zur elektronisch geprägten Umwelt sind das weitgehend Baugruppen der Elektrotechnik/Elektronik. Tabelle 17.10 gibt eine Übersicht über Aufgaben und Beispiele sowie Hinweise auf andere Kapitel dieses Buches.

Tabelle 17.10 Baugruppen in Messeinrichtungen

Art	Wirkprinzip	Beispiele
Verstärker	elektronische Verstärkung kleiner Signale (Spannungen, Ströme)	Operationsverstärker (Abschn. 4.8.5)
Filter	Nutzung frequenzbestimmender Eigenschaften von Schaltungen Rechenprogramme	analoge Filter zur Störungsunterdrückung bzw. Bandbegrenzung digitale Filter
Mess-Stellen-Umschalter	zyklische Umschaltung von Sensorsignalen auf eine zentrale Verarbeitungseinheit	Abkürzung: MSU; auch: Multiplexer, Muxer
Umsetzer	Wandlung elektrischer Signale (analog/digital, digital/analog)	Analog-Digital-Umsetzer (ADU); Digital-Analog-Umsetzer (DAU); Codeumsetzer (DDU) (Abschn. 4.8.5)
schreibende Registriergeräte	Wandlung elektrischer Signale in x-y- und/oder x-t-Diagramme	Tintenstrahl-, Thermoschreiber; Punkt-, Matrixdrucker
Recorder	Registrierung von Messsignalen in analoger oder digitaler Form	Magnetband, Diskette, Festkörper-(Speicher-)Schaltkreise
Oszilloskop	Darstellung von elektrischen Signalen auf Bildschirm („Braun'sche Röhre")	Analog-, Digitaloszilloskop
Busgesteuerte Messgeräte	Kombination verschiedener Baugruppen zur Bewältigung komplexer Messaufgaben	Bussteuerung (Abschn. 18)
Messwerk (mechanisch, elektromechanisch)	Wandlung einer Mess- oder Abbildungsgröße in einen Zeigerausschlag	Feinzeiger, Manometer, elektrische Anzeigegeräte

Weitergehende und vertiefende Darstellungen von Messgrößen und deren Erfassung, möglichen Messmitteln, konstruktiven und technologischen Fragen enthält die Fachliteratur.

Weiterführende Literatur

Bantel, M.: Messgeräte-Praxis. Leipzig: Fachbuchverlag 2004

Felderhoff, R.; Freyer, U.: Elektrische und elektronische Messtechnik. 8. Aufl., München Wien: Carl Hanser Verlag 2006

Gesetz über Einheiten im Messwesen (Einheitengesetz). Aktuelle Fassung vom 1. Dezember 2003 (BGBl. I 2003, S. 2304), zuletzt geändert durch Artikel 152 der Verordnung vom 31. Oktober 2006 (BGBl. I S. 2407)

Hoffmann, J. (Hrsg.): Handbuch der Messtechnik. 3. Aufl., München Wien: Carl Hanser Verlag 2007

Hoffmann, J. (Hrsg.): Taschenbuch der Messtechnik. 4. Aufl., Leipzig: Fachbuchverlag 2004

Lerch, R.: Elektrische Messtechnik. 3. Aufl., Berlin: Springer 2006

Mühl, Th.: Einführung in die elektrische Messtechnik. 2. Aufl., Stuttgart: Teubner Verlag 2006

Parthier, R.: Messtechnik. 3. Aufl., Wiesbaden: Vieweg Verlag 2006

Profos, P.; Pfeifer, T. (Hrsg.): Grundlagen der Messtechnik. 5. Aufl., München: Oldenbourg Verlag 2005

Profos, P.; Pfeifer, T. (Hrsg.): Handbuch der industriellen Messtechnik. 5. Aufl., München: Oldenbourg Verlag 2005

Schmusch, W.: Elektronische Messtechnik. Elektronik 6. 6. Aufl., Würzburg: Vogel Verlag 2005

Schrüfer, E.: Elektrische Messtechnik. 8. Aufl., München Wien: Carl Hanser Verlag 2004

18

Steuerungs- und Regelungstechnik

Prof. Dr.-Ing. Heinrich Steinhart
Hochschule Aalen

Tabelle 18.1 Wichtige Formelzeichen

Formelzeichen	SI-Einheit	Bedeutung
e		Regeldifferenz
$f(t)$	s	Zeitfunktion
$F(s)$		Laplace-Transformierte von $f(t)$
$F_w(s)$		Führungsübertragungsfunktion
$F_z(s)$		Störübertragungsfunktion
$F(z)$		z-Transformierte von $f(t)$
$\mathfrak{L}$		Operator der Laplace-Transformation
r		Rückführgröße
s		$s = \sigma + \mathrm{j}\omega$ komplexe Variable
u		Reglerausgangsgröße
w		Führungsgröße
x		Regelgröße
y		Stellgröße
z		Störgröße
$\mathfrak{Z}$		Operator der z-Transformation
φ		Operator
ω	s^{-1}	Kreisfrequenz, Winkelgeschwindigkeit
T	s	Zeitkonstante
T_A	s	Abtastzeit
T_T	s	Totzeit
t	s	Zeit
t_{an}	s	Anregelzeit
t_{aus}	s	Ausregelzeit
$\varphi(\omega)$		Phasengang
$\boldsymbol{x}$		Zustandvektor
$\boldsymbol{u}$		Eingangs- oder Steuervektor
$\boldsymbol{y}$		Ausgangsvektor
$\underline{A}$		Systemmatrix
$\underline{B}, \boldsymbol{b}$		Steuermatrix, Steuervektor
$\underline{C}, \boldsymbol{c}$		Ausgangsmatrix, Ausgangsvektor
$\underline{D}$		Durchgangsmatrix
$\boldsymbol{h}$		Rückkopplungsvektor
$\sigma(t)$	s	Sprungfunktion

18

18.1 Einführung

Die Entwicklung der Steuer- und Regelungstechnik ist eng mit der Industrialisierung verbunden. Entscheidende Impulse erhielt die Automatisierungs- und Regelungstechnik in den Fünfzigerjahren durch die Fortschritte auf dem Gebiet der Analogtechnik und in den Achtzigerjahren durch die raschen Entwicklungen in der Digitaltechnik. Viele Steuer- und Regelstrategien, die heute Stand der Technik sind, können jedoch erst realisiert werden, seit kostengünstige Mikrorechner bzw. Mikrokontroller verfügbar sind.

18.1.1 Blockdarstellung von Funktionalbeziehungen

Um die Wirkungsweise eines technischen Systems besser zu verstehen, untergliedert man das Gesamtsystem in mehrere Teilsysteme, die dann leichter analysiert werden können. Die Subsysteme werden durch einzelne **Übertragungsglieder** dargestellt. Dabei können die **Funktionalbeziehungen** der Übertragungsglieder beispielsweise durch Differenzialgleichungen, mathematische Funktionen oder Kennlinien (Kennfelder) beschrieben werden. Das Blockschaltbild oder Strukturbild stellt grafisch dar, wie sich die einzelnen Übertragungsglieder gegenseitig beeinflussen. Hierbei gibt es stets eine eindeutige Wirkungsrichtung, die durch einen Pfeil gekennzeichnet ist. Der Ausgang eines Übertragungsglieds kann mit einem oder mehreren Eingängen von weiteren Übertragungsgliedern verbunden werden. Zwei oder mehrere Ausgänge dürfen nicht miteinander verbunden werden.

Meist unterscheidet man zwischen Ein- und Mehrgrößensystemen. Beim **Eingrößensystem** wirkt jeweils eine Eingangsgröße auf eine Ausgangsgröße, während beim **Mehrgrößensystem** mehrere Eingangsgrößen auf ein System mit mehreren Ausgangsgrößen wirken. Die Ein- und Ausgangsgrößen fasst man zu Vektoren zusammen.

Bild 18.1 zeigt exemplarisch ein einfaches Blockschaltbild. Die Eingangsgröße u_1 wird zunächst quadriert und zum Quotienten u_2/u_3 der beiden weiteren Eingangsgrößen u_2 und u_3 addiert, sodass die Ausgangsgröße zu $y = u_1^2 + \frac{u_2}{u_3}$ resultiert.

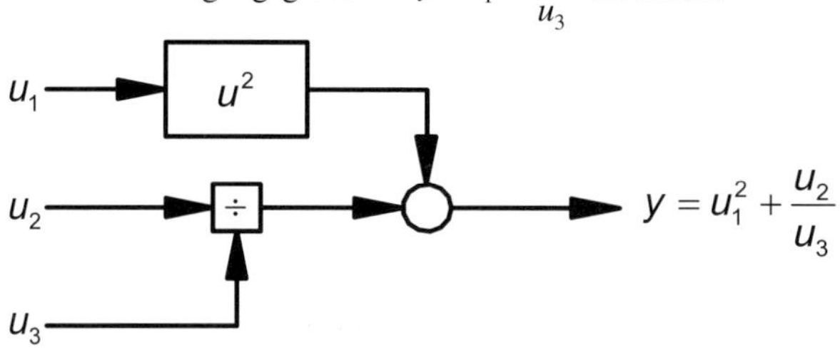

Bild 18.1 Beispiel für ein Strukturbild

In Tabelle 18.2 sind die wichtigsten Funktionalbeziehungen von Übertragungsgliedern zusammengestellt.

18.1.2 Klassifizierung von Systemen

Das dynamische Verhalten von technischen Systemen kann durch Funktionalbeziehungen wie Differenzialgleichungen, Kennfelder, algebraische oder logische Gleichungen beschrieben werden.

Entsprechend der mathematischen Beschreibung können Systeme in **lineare** und **nichtlineare Systeme** unterteilt werden. Bei genügend genauer Betrachtung sind alle technischen Systeme nichtlinear. Dabei ist ein System mathematisch betrachtet genau dann nichtlinear, wenn es mindestes eine nichtlineare Gleichung enthält.

Tabelle 18.2 Symbole und Funktionalbeziehungen von Übertragungsgliedern

Symbol	**Bezeichnung**	**Mathematische Operation**
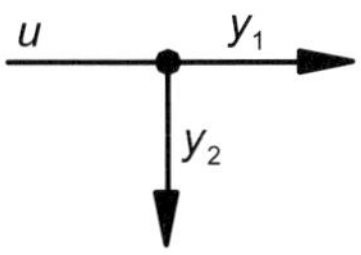	Verzweigung	$y_1 = y_2 = u$
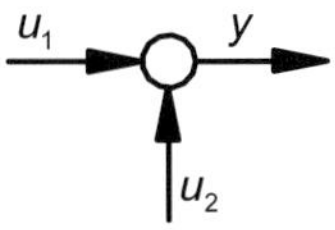	Summation	$y = u_1 + u_2$
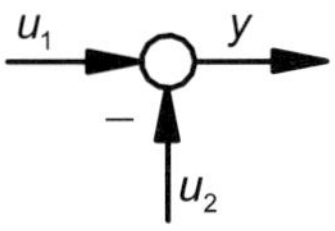	Differenz	$y = u_1 - u_2$
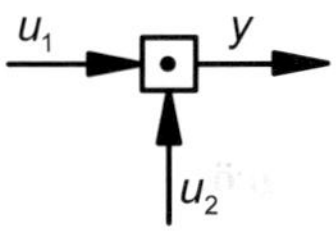	Multiplikation	$y = u_1 \cdot u_2$
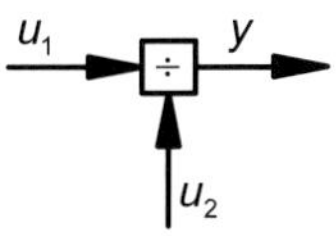	Division	$y = \frac{u_1}{u_2}$
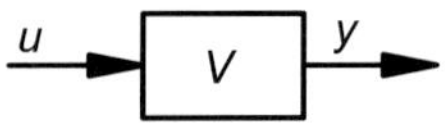	P-Glied, (Verstärkung)	$y = V \cdot u$
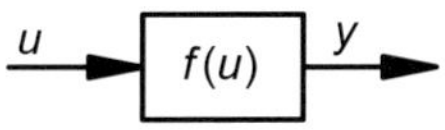	Allgemeine Funktion	$y = f(u)$

Bild 18.2 zeigt die weitere Untergliederung von technischen Systemen.

Man bezeichnet ein Übertragungsglied als **linear**, wenn es das **Verstärkungs-** und **Superpositionsprinzip** erfüllt. Dabei ist ein Übertragungsglied ein Teilsystem, welches aus einer Eingangsgröße $u(t)$ eine eindeutig bestimmte Ausganggröße $y(t)$ bildet. Bezeichnet man die Gesamtheit aller Operatoren, die einer Eingangsgröße $u(t)$ eine Ausgangsgröße $y(t)$ zuordnen, mit φ, dann kann ein Übertragungsglied durch

$$y(t) = \varphi\{u(t)\}$$

beschrieben werden.

Das **Verstärkungsprinzip** ist erfüllt, wenn ein beliebiges Übertragungsglied aus der beliebigen Eingangsgröße u die Ausgangsgröße y erzeugt und aus der Eingangsgröße $c \cdot u$ die Ausgangsgröße $c \cdot y$ erzeugt. Dabei ist c eine reelle Konstante.

Dem **Superpositionsprinzip** ist Genüge getan, wenn das Übertragungsglied aus der Eingangsgröße u die Ausgangsgröße y und aus einer beliebigen zweiten Eingangsgröße $\tilde{u}$ die Ausgangsgröße $\tilde{y}$ liefert, dann muss das Übertragungsglied die Ausgangsgröße $y + \tilde{y}$ erzeugen, wenn am Eingang $u + \tilde{u}$ wirkt.

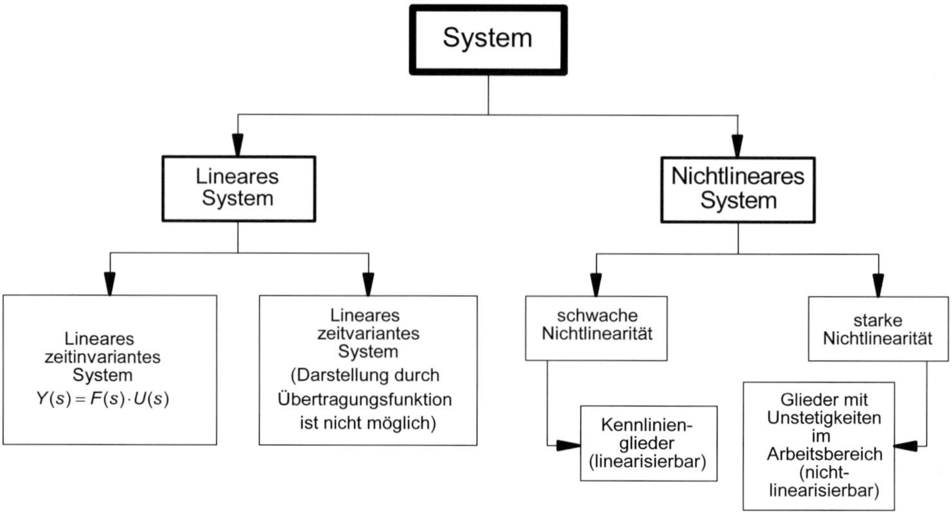

Bild 18.2 Einteilung von technischen Systemen

Fasst man die beiden obigen Forderungen zusammen, so ist ein Übertragungsglied linear, wenn gilt:

$$\varphi\{c \cdot u + c \cdot \tilde{u}\} = c \cdot \varphi\{u\} + c \cdot \varphi\{\tilde{u}\}$$

Erfüllt ein Übertragungsglied nicht gleichzeitig das Verstärkung- und das Superpositionsprinzip, so ist das Übertragungsglied nichtlinear.

18.1.2.1 Lineare zeitinvariante und zeitvariante Systeme

Lineare zeitinvariante Systeme können durch eine lineare Differenzialgleichung oder ein System von linearen Differenzialgleichungen mit konstanten Koeffizienten beschrieben werden. Für diese Systeme gilt neben dem **Linearitätsprinzip** zusätzlich noch das **Verschiebungsprinzip**. Erzeugt das Übertragungsglied aus der Eingangsgröße $u(t)$ die Ausgangsgröße $y(t)$, so muss es aus der nach rechts verschobenen Eingangsgröße $u(t-t_0)$ die nach rechts verschobene Ausgangsgröße $y(t-t_0)$ für alle Zeiten t und alle Eingangsgrößen $u(t)$ erzeugen ($t_0 \geq 0$). Ist das Verschiebungsprinzip nicht erfüllt, dann ist das Übertragungsglied zeitvariant.

Für lineare zeitinvariante Systeme existiert eine abgeschlossene Theorie, die allgemein gültige Aussagen zur Stabilität, Reglereinstellung und zum dynamischen Verhalten liefert.

Zeitvariante Systeme lassen sich oftmals durch lineare Differenzialgleichungen mit zeitabhängigen Koeffizienten beschreiben.

18.1.2.2 Nichtlineare Systeme

Für nichtlineare Systeme gibt es, im Gegensatz zu linearen Systemen, keine abgeschlossene allgemein gültige Theorie, die Aussagen zur Analyse und Synthese liefert. Daher versucht man häufig, nichtlineare Systeme durch **Linearisierung um einen Arbeitspunkt** auf lineare zeitinvariante Systeme zurückzuführen. Gelingt die Linearisierung mit hinreichender Genauigkeit, dann kann man die Methoden der linearen Theorie in der Umgebung des Arbeitspunktes, um den linearisiert wurde, auch auf nichtlineare Systeme anwenden.

Dies kann jedoch nur bei Systemen mit erwähnter schwacher Nichtlinearität gelingen (Bild 18.3 a), da diese Systeme im normalen Arbeitsbereich linearisierbar sind. Bei Systemen mit starker Nichtlinearität gelingt die Linearisierung nicht, da diese Systeme im normalen Arbeitsbereich Unstetigkeiten enthalten und daher nicht linearisiert werden können (Bild 18.3 b).

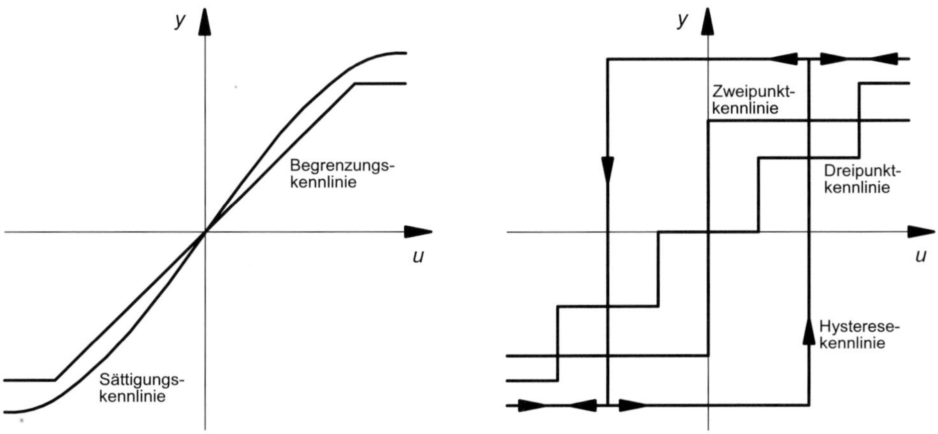

Bild 18.3 a) System mit schwacher Nichtlinearität, b) System mit starker Nichtlinearität

In Bild 18.3 a ist eine Kennlinie mit schwacher Nichtlinearität dargestellt. Beide Kennlinien, die Begrenzungskennlinie und die Sättigungskennlinie, sind zumindest im Arbeitsbereich stetig differenzierbar. Bei Kennlinien mit starker Nichtlinearität (Bild 18.3 b) handelt es sich typischerweise um Hysterese-, Zwei- oder Dreipunktkennlinien, bei denen beispielsweise ein Ventil oder ein elektronisches Bauteil bei Erreichen eines Schwellwerts ein- bzw. ausschaltet.

18.1.3 Linearisierung um den Arbeitspunkt

Wie bereits ausgeführt wurde, lassen sich Teilsysteme mit schwacher Nichtlinearität um einen Arbeitspunkt linearisieren. An dieser Stelle soll exemplarisch ein Kennlinienglied mit einer Eingangsgröße und einer Ausgangsgröße linerarisiert werden. Die gewonnenen Erkenntnisse können ohne weiteres auf Kennfeldglieder mit mehreren Eingangsgrößen übertragen werden.

Das nichtlineare Kennlinienglied sei durch die Funktion

$$y = f(u)$$

beschrieben.

Das Kennlinienglied werde um dem Arbeitspunkt u_A ausgelenkt. Schaltet man als Eingangsgröße $u = u_A$ auf das Kennlinienglied auf, dann stellt sich die Ausgangsgröße

$$y_A = f(u_A)$$

ein.

Betrachtet man die Abweichung um den Arbeitspunkt Δy, dann resultiert:

$$y_A + \Delta y = f(u_A + \Delta u)$$

Zur Linearisierung entwickelt man die obige Gleichung nach dem Satz von Taylor und bricht die Entwicklung nach dem linearen Glied ab. Damit folgt:

$$y_A + \Delta y = f(u_A) + \frac{\partial f}{\partial u} \cdot \Delta u$$

18.1.4 Steuerungen und Regelungen

In der DIN 19226 Teil 1 wird zwischen Steuerung und Regelung unterschieden. Dabei wird eine Steuerung wie folgt definiert:

Das Steuern, die Steuerung, ist der Vorgang in einem System, bei dem eine oder mehrere Größen als **Eingangsgrößen** andere Größen als **Ausgangsgrößen** auf Grund der dem System eigentümlichen Gesetzmäßigkeiten beeinflussen. Kennzeichnend für das Steuern ist der **offene Wirkungsweg** oder ein geschlossener Wirkungsweg, bei dem die durch die Eingangsgrößen beeinflussten Ausgangsgrößen nicht fortlaufend und nicht wieder über dieselben Eingangsgrößen auf sich selbst wirken.

Bild 18.4 zeigt eine typische Steuerung, bestehend aus der Strecke und dem Stellglied. Dabei gilt es, die Ausgangsgröße x in geeigneter Weise so zu beeinflussen, dass beispielsweise die Ausgangsgröße x mit der Eingangsgröße w übereinstimmt. Das Stellglied (z. B. ein Stellventil oder ein Stromrichter) wirkt über die Stellgröße y beispielsweise durch eine Kraft, eine Spannung oder einen Strom auf die Strecke ein. Als weitere Größe kann eine Störgröße z auf die Strecke einwirken. In vielen Fällen handelt es sich bei der Störgröße um schwer oder nicht messbare Größen. Dies könnten beispielsweise bei einem Positionierantrieb Reibungskräfte sein.

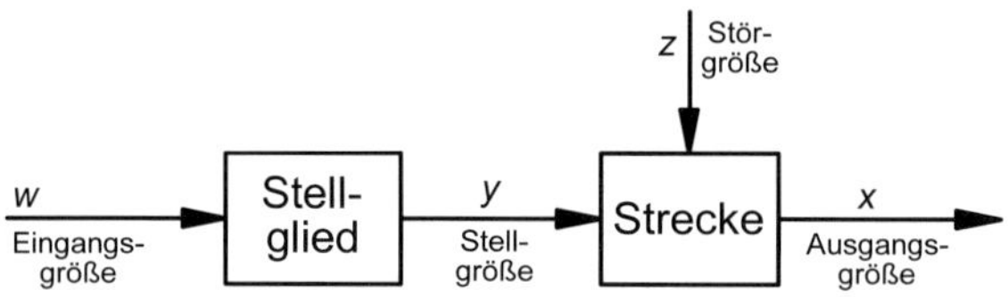

Bild 18.4 Strukturbild einer Steuerung

Die gezielte Beeinflussung der Ausgangsgröße x durch die Eingangsgröße w wird aber in den meisten Fällen dadurch erschwert, dass die Störgröße z nicht messbar ist. Da die Steuerung einen offenen Wirkungskreis darstellt, kann eine Steuerung aber nur Störgrößen entgegenwirken, die in das Modell einfließen.

18

Des Weiteren können Systemparameter von Umwelteinflüssen wie Temperatur, Feuchtigkeit oder Alterung abhängen. Hierdurch kann sich bei einer Steuerung ebenfalls eine Differenz zwischen der Eingangsgröße und der Ausgangsgröße $w - x$ einstellen.

In der Steuerungs- und Regelungstechnik besteht das Ziel immer darin, die Ausgangsgröße x so zu beeinflussen, dass sie mit der Eingangsgröße w übereinstimmt. Dazu ist es zweckmäßig, die Ausgangsgröße messtechnisch zu erfassen und in Abhängigkeit von der Differenz $w - x$ auf den Streckeneingang y einzuwirken. Damit ist man bei einer Regelung, die nach DIN 19226 wie folgt definiert ist:

Das Regeln, die Regelung ist ein Vorgang, bei dem fortlaufend eine Größe, die Regelgröße (die zu regelnde Größe), erfasst, mit einer anderen Größe, der Führungsgröße, verglichen und im Sinne einer Angleichung an die Führungsgröße beeinflusst wird. Kennzeichnend für die Regelung ist der **geschlossene Wirkungsablauf**, bei dem die Regelgröße im Wirkungsweg des Regelkreises sich selbst beeinflusst.

Bild 18.5 zeigt eine typische Regelung, die aus den vier Teilsystemen Regler, Stellglied, Strecke und Messwerterfassung besteht.

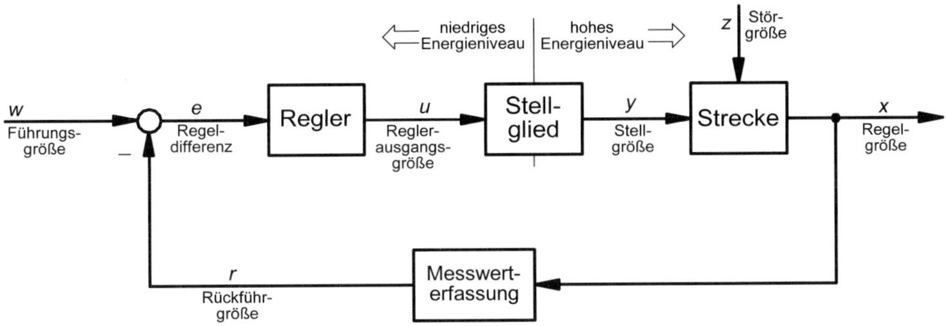

Bild 18.5 Strukturbild einer Regelung

Bei dem geschlossenen „Wirkungsweg" einer Regelung ist es notwendig, die Regelgröße x durch eine Messwerterfassung fortlaufend zu messen. Die Messwerterfassung bildet die Regelgröße x in eine analoge oder digitale Rückführgröße r ab. Bei der Regelgröße x kann es sich je nach Anwendung beispielsweise um einen Strom oder einen Weg handeln. Bei analogen Regelungen wird die Regelgröße in den meisten Fällen durch eine Spannung mit dem Wertebereich von –10 V bis 10 V abgebildet. Bei digitalen Regelungen stellt man die Regelgröße durch eine Zahl mit 16 Bit oder 32 Bit dar.

Die Differenz zwischen der Führungsgröße und der Rückführgröße $e = (w - r)$ bezeichnet man als Regeldifferenz und stellt gleichzeitig die Reglereingangsgröße dar. Aus der **Regeldifferenz *e*** berechnet der Regler die Reglerausgangsgröße u. Das Stellglied erzeugt aus der Reglerausgangsgröße u die Stellgröße y, die auf die Strecke aufgeschaltet wird und die Strecke dahingehend beeinflusst, dass die Regeldifferenz zu null geregelt wird.

Stellglieder in Regelkreisen können sehr unterschiedlich ausgeführt bzw. aufgebaut sein. Allen Stellgliedern ist jedoch gemeinsam, dass sie das Bindeglied zwischen dem Regler und der Strecke sind. Die **Eingangsgröße** des Stellglieds ist auf **Signalpegelniveau** (d. h. **niedriges Energieniveau**) oder sie wird in digitaler Form beispielsweise über einen Datenbus übertragen. Die **Ausgangsgröße** y des Stellglieds wird auch als **Stellgröße** bezeichnet und wird auf die Strecke aufgeschaltet. Die Stellgröße ist in den meisten Fällen auf höherem Energieniveau.

Beispielsweise kann ein leistungselektrisches Stellglied eine elektrische Maschine mit Energie versorgen oder ein hydraulisches Stellglied wirkt durch eine Kraft oder ein Drehmoment auf die Strecke ein.

18

18.1.5 Laplace-Transformation

Die Laplace-Transformation ist ein wichtiges Hilfsmittel zur Lösung von linearen Differenzialgleichungen mit konstanten Koeffizienten.
Mathematisch gesehen stellt die Laplace-Transformation eine **Integraltransformation** dar, die einer **Original- oder Zeitfunktion** $f(t)$ eindeutig umkehrbar eine **Bildfunktion** $F(s)$ zuordnet. Dies geschieht durch

$$F(s) = \int_0^\infty f(t)\,\mathrm{e}^{-st}\,\mathrm{d}t = \mathfrak{L}\{f(t)\}\,.$$

Das uneigentliche Integral $\int_0^\infty f(t)\,\mathrm{e}^{-st}\,\mathrm{d}t$ heißt **Laplace-Integral**. Zur Berechnung der Laplace-Transformierten muss man die Zeitfunktion $f(t)$ mit der e-Funktion e^{-st} multiplizieren und von $t = 0$ bis $t = \infty$ integrieren. Im Argument der Laplace-Transformierten tritt die komplexe Variable

$s = \sigma + \mathrm{j}\omega$ auf. Die Laplace-Transformierte kann berechnet werden, wenn die folgenden zwei Bedingungen erfüllt sind:

- Das Integral muss konvergieren und
- es muss gelten: $f(t) = 0 \quad \text{für} \quad t < 0$.

Die zweite Bedingung ist in der Regel keine Einschränkung, da in den meisten Fällen das Zeitverhalten erst ab dem Zeitpunkt $t = 0$ von Interesse ist. Die Analyse von linearen zeitinvarianten Systemen mit Hilfe der Laplace-Transformation geschieht in den folgenden vier Schritten (Bild 18.6).

1. Aufstellen der **Differenzialgleichung** im Originalbereich (meist als Zeitfunktion $f(t)$).
2. Überführung der Zeitfunktion $f(t)$ mit der **Laplace-Transformation** in den Bildbereich.
3. Lösung der **algebraischen Gleichung** beispielsweise durch Partialbruchzerlegung.
4. **Rücktransformation** der Bildfunktion $F(s)$ in den Zeitbereich.

Mit der Rücktransformation oder der inversen Laplace-Transformation kann man aus der Bildfunktion $F(s)$ die Zeitfunktion $f(t)$ gewinnen. Sie berechnet sich zu:

$$f(t) = \frac{1}{2\pi\mathrm{j}} \int_{e-\mathrm{j}\infty}^{e+\mathrm{j}\infty} F(s)\,\mathrm{e}^{st}\,\mathrm{d}s = \mathfrak{L}^{-1}\{F(s)\} \qquad \text{für } t > 0 .$$

Da die Laplace-Transformation eine eindeutig umkehrbare Transformation ist, muss in den meisten Fällen nicht das obige Integral ausgewertet werden. Vielmehr kann die Zuordnung zwischen Original- und Bildfunktion einer **Korrespondenztabelle** entnommen werden (Tabelle 18.3).

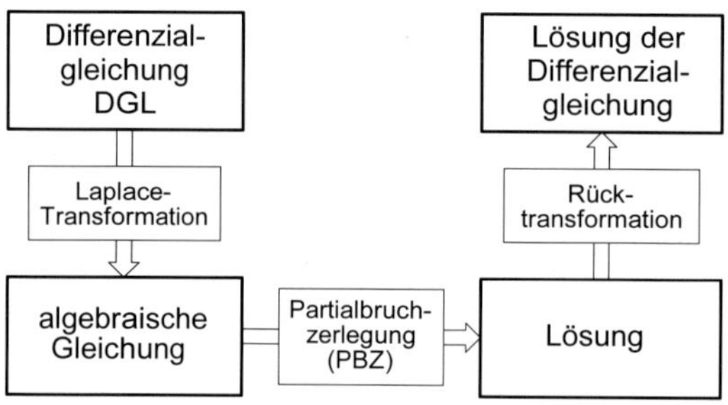

Bild 18.6 Lösung einer Differenzialgleichung mit der Laplace-Transformation

Tabelle 18.3 Korrespondenztabelle der Laplace-Transformation

$F(s)$	$f(t)$
1	$\delta(t)$
$\frac{1}{s}$	$\sigma(t)$
$\frac{1}{s^2}$	t
$\frac{1}{s-\alpha}$, α beliebig	$\mathrm{e}^{\alpha t}$
$\frac{1}{(s-\alpha)^2}$	$t\,\mathrm{e}^{\alpha t}$
$\frac{1}{(s^2+\omega^2)}$	$\frac{1}{\omega}\sin(\omega t)$
$\frac{s}{(s^2+\omega^2)}$	$\cos(\omega t)$

18.1.5.1 Rechenregeln der Laplace-Transformation

An dieser Stelle werden nur die gebräuchlichsten Funktionalbeziehungen zwischen dem Original- und Bildbereich aufgeführt. Da es sich bei der Laplace-Transformation um eine lineare Transformation handelt, muss gelten

$$c_1 \cdot f_1(t) + c_2 \cdot f_2(t) \;\circ\!\!-\!\!\bullet\; c_1 \cdot F_1(s) + c_2 \cdot F_2(s)$$

Hierbei ist es in der Regelungstechnik üblich, die gegenseitige Beziehung zwischen Original- und Bildfunktion durch das Symbol $\circ\!\!-\!\!\bullet$ darzustellen.

In der Praxis spielt die Differenziationsregel eine wichtige Rolle. Die Funktion $f(t)$ sei n-mal differenzierbar. Darüber hinaus sind alle Anfangswerte bei $t = -0$ gleich null.
Dann gilt:

$$\dot{f}(t) \;\circ\!\!-\!\!\bullet\; s \cdot F(s)$$

bzw.

$$\overset{n}{f}(t) \;\circ\!\!-\!\!\bullet\; s^n \cdot F(s)$$

Dabei ist $F(s)$ die korrespondierende Bildfunktion zur Zeitfunktion $f(t)$. Die obige Gleichung zeigt, dass die Differenziation im Zeitbereich eine Multiplikation der Bildfunktion mit der komplexen Variablen s bewirkt.
Die Integrationsregel lautet:

$$\int_0^t f(\tau)\,\mathrm{d}\tau \;\circ\!\!-\!\!\bullet\; \frac{1}{s} F(s)$$

Die Integration im Zeitbereich wirkt sich im Bildbereich als Division durch die komplexe Variable s aus.

18.1.5.2 Anwendung der Laplace-Transformation

Das folgende Beispiel zeigt, wie eine lineare zeitinvariante Differenzialgleichung mit der Laplace-Transformation gelöst werden kann. Es sei die Differenzialgleichung gegeben:
(Der erste Schritt ist an dieser Stelle vorweggenommen)

$$\ddot{f}(t) + 2\dot{f}(t) + f(t) = \mathrm{e}^{-2t} \quad \text{mit den Anfangsbedingungen} \quad f(0+) = \dot{f}(0+) = 0\,.$$

18

2. Schritt: Laplace-Transformation

$$s^2 F(s) + 2sF(s) + F(s) = \frac{1}{s+2}$$

$$F(s) = \frac{1}{(s^2 + 2s + 1)(s+2)} = \frac{1}{(s+1)^2\,(s+2)}$$

3. Schritt: Lösung der algebraischen Gleichung durch Partialbruchzerlegung

$$F(s) = \frac{1}{(s+2)} + \frac{1}{(s+1)^2} - \frac{1}{s+1}$$

4. Schritt: Durch die Rücktransformation der Funktion $F(s)$ in den Zeitbereich folgt die Zeitfunktion $f(t)$ zu

$$f(t) = \mathrm{e}^{-2t} + t \cdot \mathrm{e}^{-t} - \mathrm{e}^{-t}$$

Für die Rücktransformation kann die Tabelle 18.3 zur Hilfe genommen werden.

Da alle Pole der Funktion $F(s)$ links der imaginären Achse in der komplexen Ebene liegen, muss sich die Zeitfunktion $f(t)$ aus abklingenden e-Funktionen zusammensetzen. Das heißt, die Zeitfunktion $f(t)$ muss für $t \to \infty$ gegen einen festen Wert streben.

Der Grenzwert der Funktion $f(t)$ kann für $t \to \infty$ mit dem Satz von l'Hospital verifiziert werden; er strebt gegen null.

18.1.6 Übertragungsfunktion

Lineare zeitinvariante Systeme mit konstanten Koeffizienten können durch eine Differenzialgleichung der Form

$$a_n \overset{n}{y} + a_{n-1} \overset{n-1}{y} + \ldots + a_1 \dot{y} + a_0 y = b_0 u + b_1 \dot{u} + \ldots + b_m \overset{m}{u} \quad \text{mit} \quad m \leq n$$

beschrieben werden. Dabei ist $u(t)$ die Eingangsfunktion und $y(t)$ die Ausgangsfunktion. Wendet man auf die obige Gleichung die Laplace-Transformation an, dann folgt die Übertragungsfunktion zu

$$F(s) = \frac{Y(s)}{U(s)} = \frac{b_m s^m + b_{m-1} s^{m-1} + \ldots + b_1 s + b_0}{a_n s^n + a_{n-1} s^{n-1} + \ldots + a_1 s + a_0}$$

unter der Voraussetzung, dass alle Anfangswerte gleich null sind.

Die Übertragungsfunktion ist der Quotient aus zwei Polynomen in s. Dabei ist das Nennerpolynom die **charakteristische Gleichung**.

Betrachtet man die Korrespondenztabelle 18.3, dann wird deutlich, dass die Pole der Übertragungsfunktion von entscheidender Bedeutung für das dynamische Verhalten des Systems sind. Deshalb kann es zweckmäßig sein, die obige Gleichung in Produktform

$$F(s) = \frac{Y(s)}{U(s)} = \frac{b_m}{a_n} \frac{(s - z_1)(s - z_2)\ldots(s - z_m)}{(s - s_1)(s - s_2)\ldots(s - s_n)}$$

aufzustellen. Die Pole $s_i = \sigma_i + \mathrm{j}\omega_i$ mit $i = 1, 2 \ldots n$ und die Nullstellen $z_k = \sigma_k + \mathrm{j}\omega_k$ mit $k = 1, 2 \ldots m$ können reell oder komplex sein. Komplexe Pole bzw. Nullstellen treten stets konjugiert komplex auf, da die Koeffizienten a_i und b_k von reeller Natur sind.

Die Pole und Nullstellen lassen sich grafisch durch einen Polplan in der komplexen Ebene darstellen. Bild 18.7 zeigt exemplarisch die Pol- und Nullstellenverteilung für eine Übertragungsfunktion mit zwei reellen Nullstellen z_1 und z_2, einem reellen Pol s_3 bzw. einem komplexen Pol s_1 und konjugiert komplexen Pol $s_2 = \overline{s}_1$.

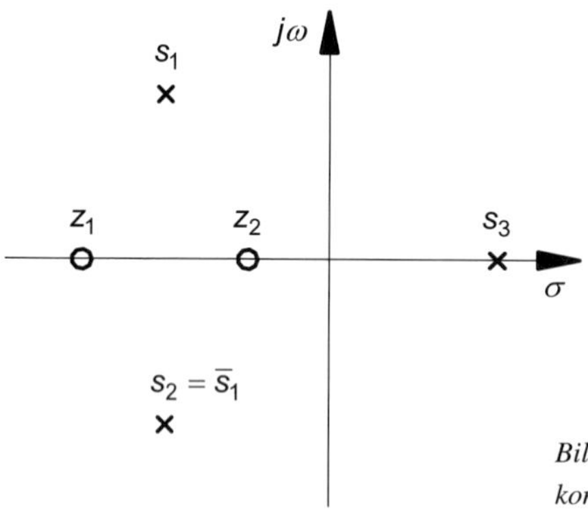

Bild 18.7 Pol- und Nullstellenverteilung mit einem konjugiert komplexen und einem reellen Pol und zwei reellen Nullstellen

In vielen Fällen wirkt die Eingangsgröße um eine Totzeit T_T verzögert auf das System. Dies ist bei technischen Systemen immer dann der Fall, wenn Transportvorgänge zu berücksichtigen sind. Ein klassisches Beispiel für einen Transportvorgang ist eine Temperaturregelung. Dabei wird die Temperatur einer Flüssigkeit durch Mischung einer kalten und einer heißen Flüssigkeit eingestellt. Nach einer Änderung des Mischungsverhältnisses zwischen heißer und kalter Flüssigkeit muss die Flüssigkeit noch eine Leitung durchfließen, bis die Flüssigkeit mit der geänderten Temperatur das Ziel erreicht. In der Differenzialgleichung ist die Transportstrecke durch eine Totzeit T_T zu berücksichtigen. Damit gilt:

$$a_n \overset{n}{y} + a_{n-1} \overset{n-1}{y} + \ldots + a_1 \dot{y} + a_0 y = b_0 u(t - T_T) + b_1 \dot{u}(t - T_T) + \ldots + b_m \overset{m}{u}(t - T_T)$$

mit $m \leq n$.

Die Laplace-Transformation zur obigen Gleichung mit Totzeit führt zu einer transzendenten Übertragungsform der Gestalt

$$F(s) = \frac{Y(s)}{U(s)} = \frac{b_m s^m + b_{m-1} s^{m-1} + \ldots + b_1 s + b_0}{a_n s^n + a_{n-1} s^{n-1} + \ldots + a_1 s + a_0} \mathrm{e}^{-sT_T}$$

18.1.6.1 Wichtige Übertragungsglieder

In der Tabelle 18.4 sind die Eigenschaften der wichtigsten Übertragungsgliedern zusammengestellt.

Eine wichtige Testfunktion, um das dynamische Verhalten eines Systems zu beurteilen, ist die **Sprungfunktion** (auch als Einheitssprung bezeichnet).

- Die Sprungfunktion ist durch

  $$\sigma(t) = \begin{cases} 1 & \text{für } t \geq 0 \\ 0 & \text{für } t < 0 \end{cases}$$

  definiert.
  Schaltet man auf ein System als Eingangsfunktion die Sprungfunktion $u(t) = \sigma(t)$ auf, dann reagiert das System mit der **Sprungantwort**.
- Ein **Proportionalglied (P-Glied)** verstärkt das Eingangssignal u mit der Verstärkung K_P.
- Das **Integrierglied (I-Glied)** integriert ab dem Zeitpunkt $t = 0$ das Eingangssignal u auf. Das Ergebnis der Integration wird mit der Verstärkung K_I multipliziert.
- Das **Differenzierglied (D-Glied)** differenziert das Eingangssignal nach der Zeit t. Da sich Signale von technischen Systemen nur mit einer endlichen Steigung ändern können, ist die Ausgangsgröße des D-Glieds ebenfalls begrenzt. In Bild 18.8 ist die Sprungantwort um den Zeitpunkt $t = 0$ durch eine Gerade mit endlicher Steigung angenähert. Die Differenziation liefert einen Impuls mit der Zeitdauer ε und der Höhe $1/\varepsilon$. Bei den meisten realisierten D-Gliedern wird das Ergebnis der Differenziation noch mit der Verstärkung K_D verstärkt. In Bild 18.8 wurde die Verstärkung $K_D = 1$ gewählt. Die Sprungantwort eines D-Glieds mit $K_D = 1$ wird als **Dirac**- oder **δ-Impuls** bezeichnet.
- Ein **Totzeitglied** verschiebt die Eingangsfunktion $u(t)$ um die Totzeit T_T entlang der Zeitachse nach rechts, sodass für die Ausgangsgröße gilt: $y(t) = u(t - T_T)$.
- Ein **Verzögerungsglied erster Ordnung** (PT_1-Glied) wird durch eine Differenzialgleichung erster Ordnung beschrieben. Schaltet man die Sprungantwort auf ein PT_1-Glied auf, dann resultiert die Ausgangsgröße zu

  $$y(t) = K\left(1 - \mathrm{e}^{-\frac{t}{T}}\right) \cdot \sigma(t)$$

  Dabei ist die Verstärkung mit V und die Zeitkonstante mit T bezeichnet.

Tabelle 18.4 Zusammenstellung von Übertragungsgliedern

Bezeichnung	**Funktionale Beziehung** $y(t)$	**Übertragungsfunktion** $F(s)$	**Symbol**	**Zeitverlauf der Sprungantwort**
P-Glied	$K_P \cdot u$	K_P	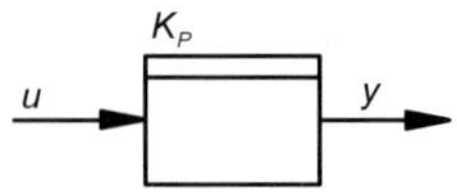	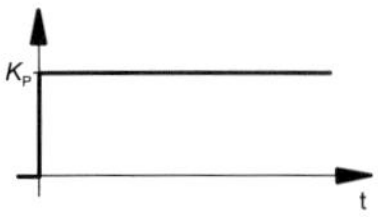
I-Glied	$K_I \int_0^t u(\tau)\,d\tau$	$\frac{V_I}{s}$	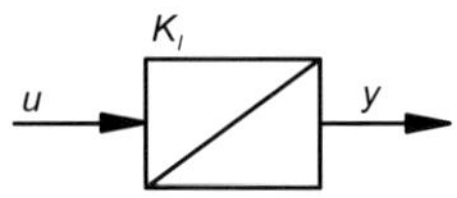	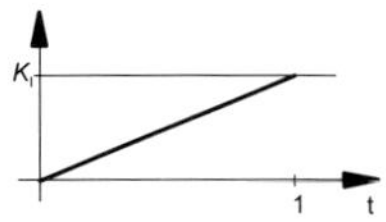
D-Glied	$K_D \frac{du}{dt}$	$K_D \cdot s$	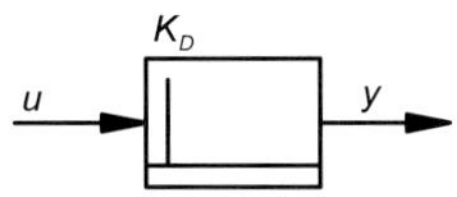	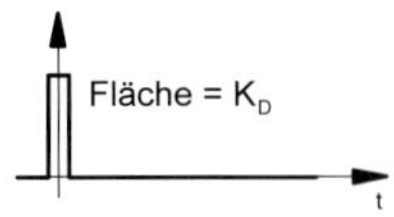
Totzeit-Glied	$K_T \cdot u(t - T_T)$	$K_T \cdot e^{-T_T \cdot s}$	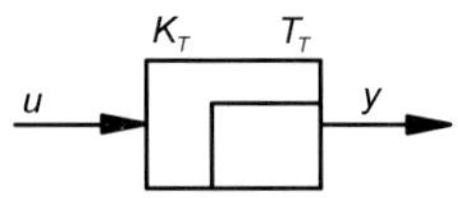	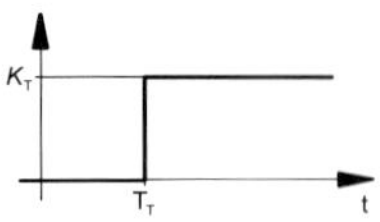
PT_1-Glied	$K \cdot u = y + T \cdot \dot{y}$	$\frac{K}{1 + T \cdot s}$	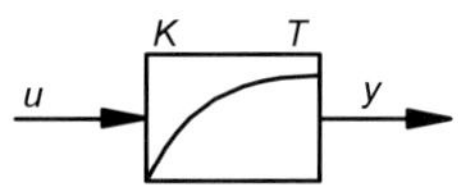	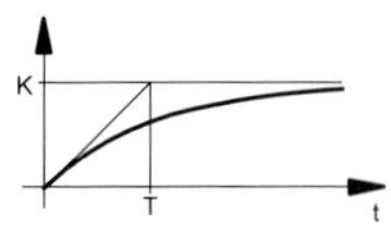
PT_2-Glied	$K \cdot u = y + 2\,dT\dot{y} + T^2\ddot{y}$	$\frac{K}{1 + 2T\,ds + T^2 s^2}$	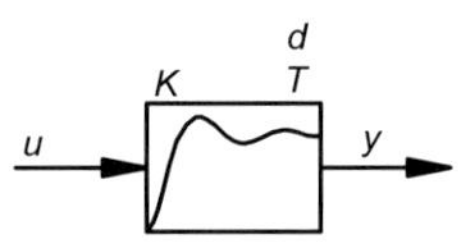	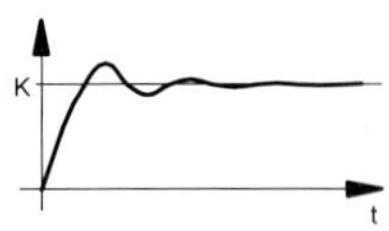

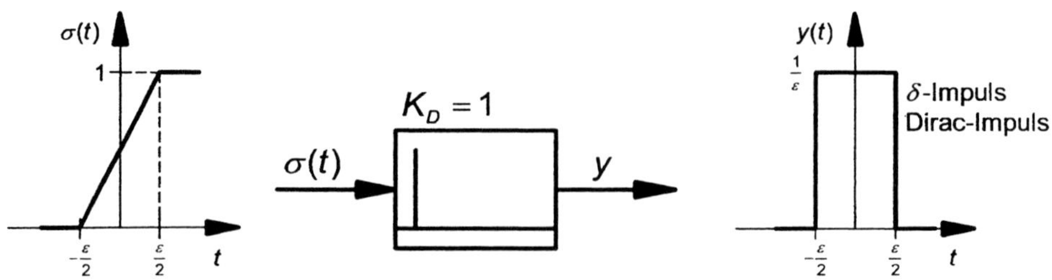

Bild 18.8 Funktionsweise eines realen D-Glieds mit (K = 1)

- Ein **Verzögerungsglied zweiter** Ordnung (PT_2-Glied) wird durch eine Differenzialgleichung zweiter Ordnung beschrieben. Beim Verzögerungsglied 2. Ordnung unterscheidet man je nach Dämpfungseigenschaften bzw. Lage der Pole der Übertragungsfunktion *F*(*s*) zwischen **dem schwingenden Fall, dem aperiodischen Grenzfall** und dem **aperiodischen** Fall. Beim schwingenden Fall besitzt ein Verzögerungsglied 2. Ordnung ein konjugiert komplexes Polpaar, im aperiodischen Fall liegen die beiden Pole auf der negativ reellen Achse. Die Verstärkung ist mit *K*, die Zeitkonstante mit *T* und die Dämpfung mit *d* bezeichnet. Der schwingende Zustand stellt sich mit der Übertragungsfunktion des PT_2-Glieds

$$F(s) = \frac{K}{1 + 2T\,ds + T^2 s^2}$$

für $d < 1$ ein.

Die Sprungantwort lautet

$$y(t) = K\left[1 + \frac{e^{-\frac{d}{T}t}}{\sqrt{1-d^2}} \sin\left(\left(\frac{\sqrt{1-d^2}}{T}\right)\cdot t - \varphi\right)\right]\cdot \sigma(t)$$

mit $\varphi = \arctan\left(\frac{\sqrt{1-d^2}}{d}\right)$

Für $d = 1$ stellt sich der aperiodische Grenzfall mit der Übertragungsfunktion

$$F(s) = \frac{K}{1 + 2T\,ds + T^2 s^2} = \frac{K}{(1+Ts)^2}$$

und der Sprungantwort

$$y(t) = K\left[1 - \left(1 + \frac{t}{T}\right)\cdot e^{-\frac{t}{T}}\right]\cdot \sigma(t)$$

ein.

Für $d > 1$ erhält man den aperiodischen Fall mit

$$F(s) = \frac{K}{1 + 2T\,ds + T^2 s^2} = \frac{K}{(1+T_1 s)(1+T_2 s)}$$

und der Sprungantwort

$$y(t) = K\left[1 - \frac{T_1}{T_1 - T_2}\,e^{-\frac{t}{T_1}} + \frac{T_2}{T_1 - T_2}\,e^{-\frac{t}{T_2}}\right]\cdot \sigma(t)$$

Hierbei gilt für die beiden Zeitkonstanten T_1 und T_2

$$T_{1,2} = T\left(d \pm \sqrt{d^2 - 1}\right)$$

Bild 18.9 zeigt die Übergangsfunktion *y*(*t*) eines PT_2-Glieds nach einem Einheitssprung für verschiedene Parameter.

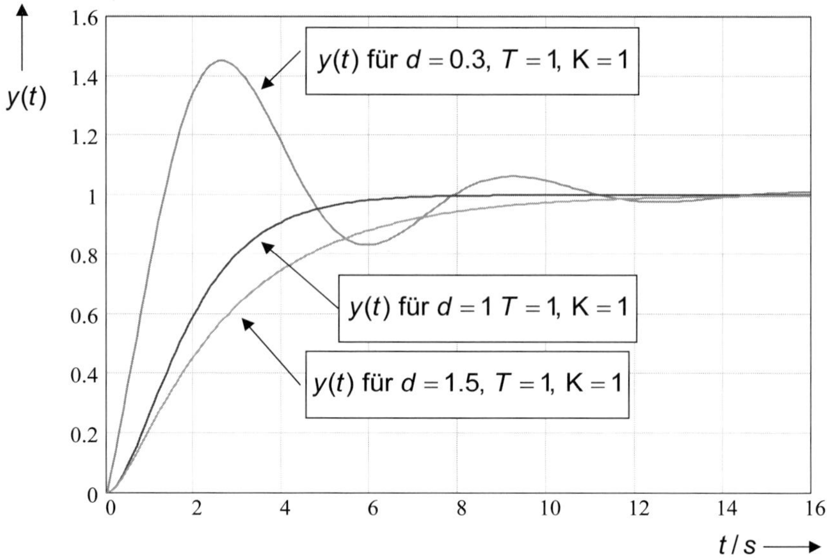

Bild 18.9 Übergangsfunktion eines PT_2-Glieds

18.1.6.2 Umformung eines Strukturbildes

Übertragungsglieder können auf sehr unterschiedliche Art und Weise verschaltet sein. Oft kann das Rechnen vereinfacht werden, wenn man mehrere einzelne Übertragungsglieder zu einem einzelnen Übertragungsglied zusammenfasst.

In Tabelle 18.5 sind die häufigsten Verschaltungsvarianten einschließlich der resultierenden Übertragungsfunktion $F_g(s)$ zusammengestellt.

Durch Vertauschen oder Verschieben von Strukturblöcken kann ein Strukturbild ebenfalls in ein zweites äquivalentes Strukturbild umgeformt werden. Dabei haben beide Strukturbilder das gleiche dynamische Verhalten. In Tabelle 18.6 sind die wichtigsten Verschiebungsregeln zusammengestellt, φ stellt einen beliebigen linearen Operator dar.

Tabelle 18.5 Zusammenfassen von Übertragungsgliedern

Bezeichnung	Verschaltung und resultierendes Übertragungsglied	Resultierende Übertragungsfunktion
Parallelschaltung	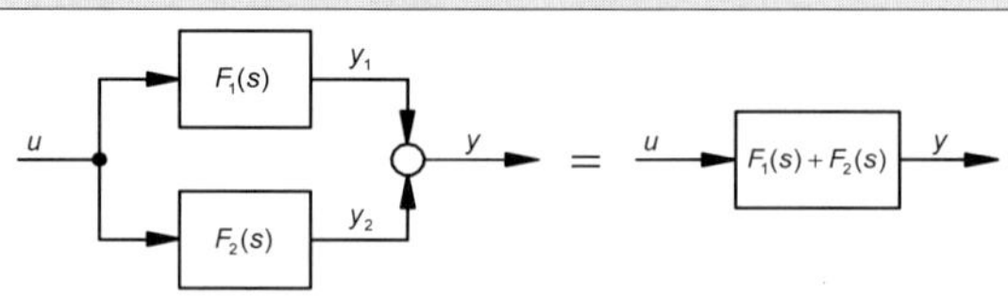	$F_g(s) = F_1(s) + F_2(s)$
Serienschaltung	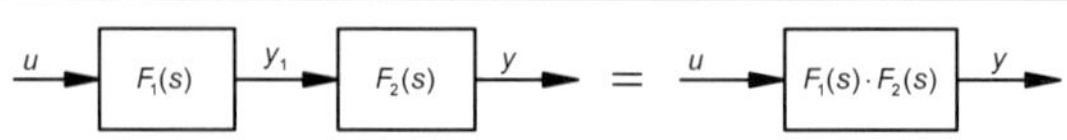	$F_g(s) = F_1(s) \cdot F_2(s)$

Tabelle 18.5 (Fortsetzung)

Bezeichnung	**Verschaltung und resultierendes Übertragungsglied**	**Resultierende Übertragungsfunktion**
Mitkopplung	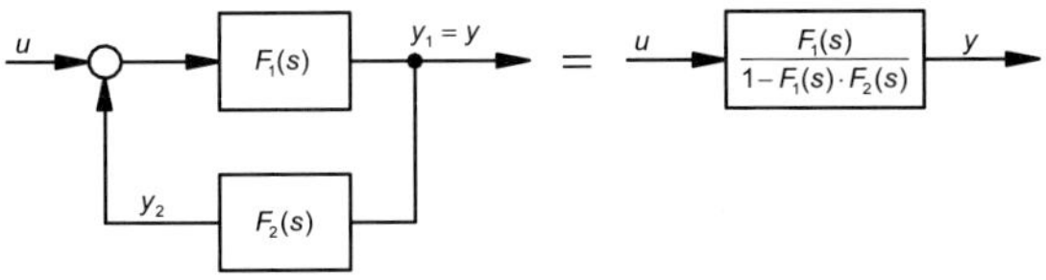	$F_g(s) = \dfrac{F_1(s)}{1 - F_1(s) \cdot F_2(s)}$
Gegen- kopplung	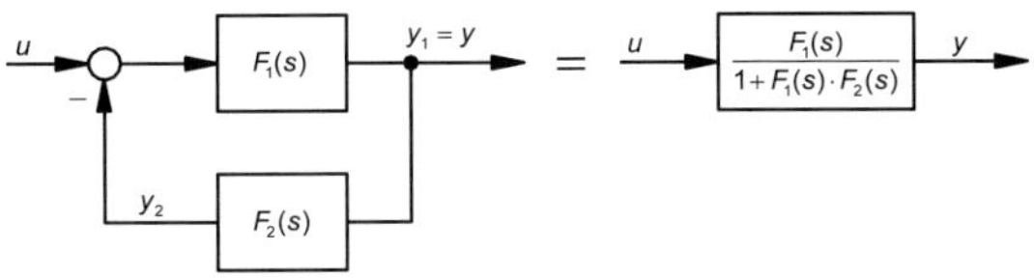	$F_g(s) = \dfrac{F_1(s)}{1 + F_1(s) \cdot F_2(s)}$

Tabelle 18.6 Vertauschen von Übertragungsblöcken

Verschaltung und resultierendes Übertragungsglied	**Resultierende Übertragungsfunktion**
Vertauschen von zwei Blöcken 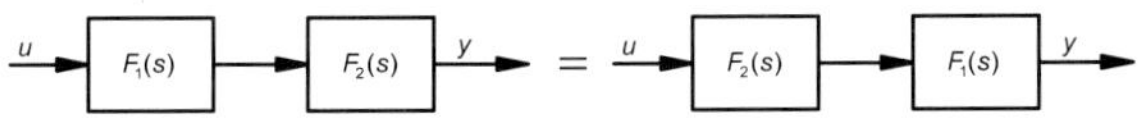	$F_1(s) \cdot F_2(s) = F_2(s) \cdot F_1(s)$
Verlegung eines Blocks hinter bzw. vor ein Summationsglied 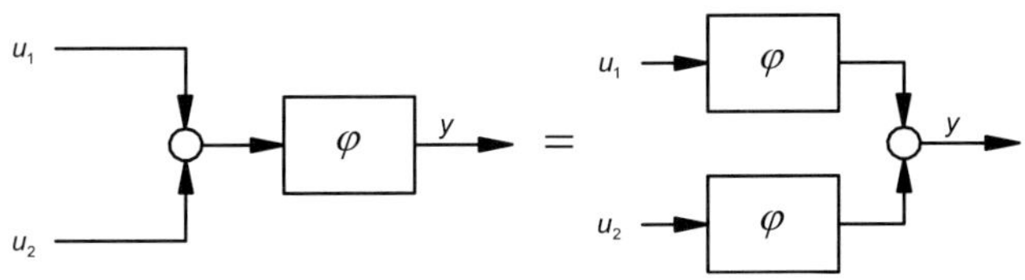	$\varphi\{u_1\} + \varphi\{u_2\} = \varphi\{u_1 + u_2\}$
Verlegung eines Blocks vor bzw. hinter ein Summationsglied 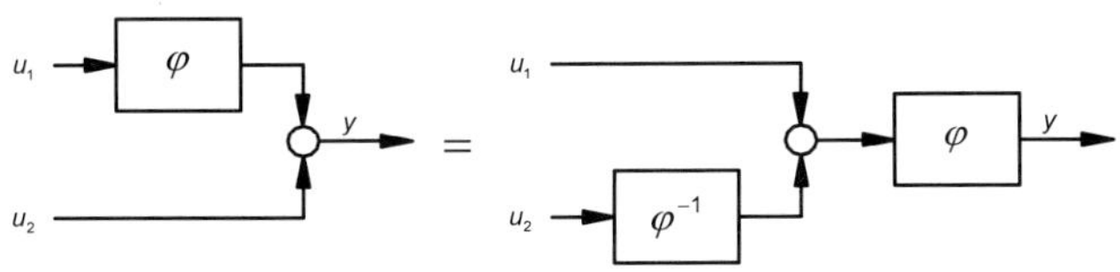	$\varphi\{u_1\} + u_2 = \varphi\{u_1 + \varphi^{-1}\{u_2\}\}$

18.1.7 Zustandsraumdarstellung von Systemen

Die Beschreibung von Mehrgrößensystemen durch Übertragungsfunktionen ist sehr aufwendig und schwierig. Hier bietet sich die Beschreibung mit Vektoren und Matrizen im Zeitbereich an. Darüber hinaus liefert die Zustandsraumdarstellung tiefe Einblicke in die physikalische Struktur des zu regelnden Systems, das sich oft aus mehreren Subsystemen, beispielsweise einem elektrischen und einem mechanischen Teilsystem, zusammensetzt. Ein System n-ter Ordnung kann leicht durch n Differenzialgleichungen erster Ordnung dargestellt werden. Fasst man nun die n

Differenzialgleichungen zu Matrizen bzw. Vektoren zusammen, dann resultiert die Zustandsraumdarstellung zu

$$\dot{\boldsymbol{x}} = \underline{A} \cdot \boldsymbol{x} + \underline{B} \cdot \boldsymbol{u}$$

mit der Ausgangsgleichung

$$\boldsymbol{y} = \underline{C} \cdot \boldsymbol{x} + \underline{D} \cdot \boldsymbol{u}$$

Dabei ist der Zustandvektor mit

$$\boldsymbol{x} = \begin{bmatrix} x_1 \\ \vdots \\ x_n \end{bmatrix}$$

der Eingangs- oder Steuervektor mit

$$\boldsymbol{u} = \begin{bmatrix} u_1 \\ \vdots \\ u_i \end{bmatrix}$$

und der Ausgangsvektor mit

$$\boldsymbol{y} = \begin{bmatrix} y_1 \\ \vdots \\ y_j \end{bmatrix}$$

bezeichnet.

Die Systemmatrix ist mit	$\underline{A}$	$(n \times n)$-Matrix ,
die Steuermatrix mit	$\underline{B}$	$(n \times i)$-Matrix ,
die Ausgangsmatrix mit	$\underline{C}$	$(n \times j)$-Matrix
und die Durchgangsmatrix mit	$\underline{D}$	$(n \times i)$-Matrix

bezeichnet.

Betrachtet man die Dimensionen der obigen Vektoren, dann wird deutlich, dass es sich um ein System n-ter Ordnung mit i Eingangs- und j Ausgangsgrößen handelt. Die Anfangsbedingungen sind durch den Zustandsvektor zum Zeitpunkt t_0 mit $\boldsymbol{x}_0 = \boldsymbol{x}(t = t_0)$ gegeben.

Der Zustandvektor $\boldsymbol{x}$ berechnet sich durch die offene Integration zu

$$\boldsymbol{x} = \int_{\tau = t_0}^{t} \dot{\boldsymbol{x}}(\tau)\,\mathrm{d}\tau + \boldsymbol{x}_0$$

18

über die zeitliche Ableitung des Zustandvektors $\dot{\boldsymbol{x}}$. Um das Zusammenwirken der Zustandsgrößen besser zu verstehen, ist es zweckmäßig, die obigen Gleichungen grafisch in einem Strukturbild zu veranschaulichen. Wie Bild 18.10 zeigt, wirkt die Eingangsgröße $\boldsymbol{u}$ über die Durchgangsmatrix $\underline{D}$ auf den Ausgang. Das Produkt aus der Eingangsgröße $\boldsymbol{u}$ und der Steuermatrix $\underline{B}$ wird zusammen mit dem Produkt aus dem Zustandsvektor und der Systemmatrix $\underline{A}$ durch den Integrator aufintegriert. Der Zustandsvektor $\boldsymbol{y}$ wirkt über die Ausgangsmatrix $\underline{C}$ auf den Ausgang.

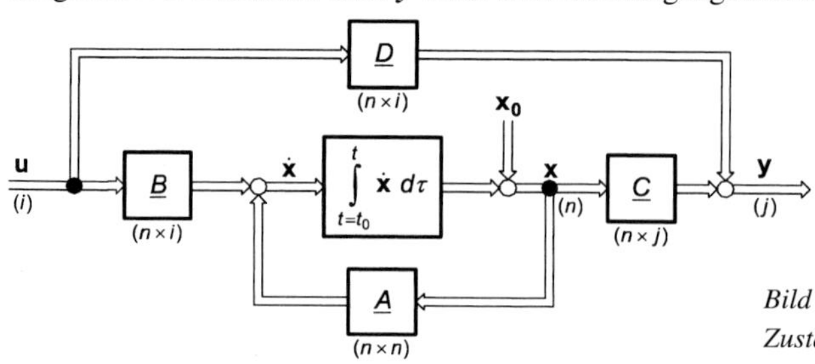

Bild 18.10 Grafische Darstellung der Zustandsgleichungen

Bei den meisten technischen Systemen ist die Durchgangsmatrix $\underline{D}$ null, sodass es keinen Durchgriff von der Eingangsgröße $\boldsymbol{u}$ auf die Ausgangsgröße $\boldsymbol{y}$ gibt.

18.1.8 Modellbildung einer Gleichstrommaschine

Im Folgenden wird das regelungstechnische Strukturbild für eine Gleichstrommaschine (GM) mit konstanter Erregung abgeleitet. Eine elektrische Maschine ist ein elektromechanischer Energiewandler. Das heißt, bei der Modellbildung müssen das elektrische und das mechanische Teilsystem berücksichtigt werden (Bild 18.11).

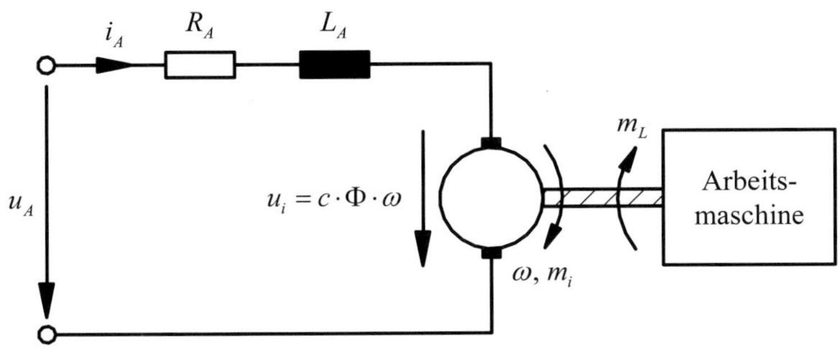

Bild 18.11 Elektrisches und mechanisches Modell einer GM

Bild 18.11 zeigt den Ankerkreis der GM. Dabei hat die Ankerwicklung den Widerstand R_A und die Ankerinduktivität L_A. Die Ankerspannung ist mit u_A, der Ankerstrom mit i_A bezeichnet. Die Maschine generiert die innere Spannung

$$u_i = c \cdot \Phi \cdot \omega$$

die von der mechanischen Winkelgeschwindigkeit ω der Welle sowie der Maschinenkonstanten c und dem Hauptfluss Φ abhängt. Die Maschine erzeugt das innere Drehmoment, das sich mit der Maschinenkonstanten und dem Hauptfluss zu

$$m_i = c \cdot \Phi \cdot i_A$$

berechnet. Die Arbeitsmaschine belastet die GM mit dem Lastmoment m_L. Das axiale Trägheitsmoment des gesamten Antriebs bestehend aus GM und Arbeitsmaschine ist mit J bezeichnet.

Die Ankerspannungsgleichung lautet:

$$u_A - u_i = R_A \cdot i_A + L_A \frac{d}{dt} i_A$$

Wendet man die Laplace-Transformation auf die Ankerspannungsgleichung an, dann resultiert

$$U_A(s) - U_i(s) = I_A(s)\left(R_A + s \cdot L_A\right)$$

bzw. die Übertragungsfunktion des elektrischen Teilsystems

$$\frac{I_A(s)}{U_A(s) - U_i(s)} = \frac{1}{R_A + s \cdot L_A} = \frac{\frac{1}{R_A}}{R_A + s \cdot \frac{L_A}{R_A}}$$

Mit den Korrespondenzen aus der Tabelle 18.4 wird deutlich, dass die Differenz zwischen der Ankerspannung u_A und der inneren Spannung u_i auf ein PT_1-Glied mit der Verstärkung $K = 1/R_A$ und der Zeitkonstanten $T = L_A/R_A$ wirkt.

18

Für einen starren mechanischen Verbund gilt die mechanische Gleichung

$$m_\mathrm{i} - m_\mathrm{L} = J \frac{\mathrm{d}}{\mathrm{d}t} \omega$$

Mit der Laplace-Transformation folgt im Bildbereich

$$M_\mathrm{i}(s) - M_\mathrm{L}(s) = s \cdot J \cdot \Omega(s)$$

Zeitfunktionen stellt man meist durch Kleinbuchstaben und die korrespondierende Bildfunktion durch Großbuchstaben dar.

Die Übertragungsfunktion des mechanischen Teilsystems resultiert zu

$$\frac{\Omega(s)}{M_\mathrm{i}(s) - M_\mathrm{L}(s)} = \frac{1}{s \cdot J}$$

Die Differenz zwischen dem inneren Drehmoment m_i und dem Lastmoment m_L wird mit der Verstärkung $K_\mathrm{I} = 1/J$ zur Winkelgeschwindigkeit aufintegriert.

Aus den obigen Übertragungsfunktionen für das elektrische und mechanische Teilsystem kann das Strukturbild der GM mit konstanter Erregung gemäss Bild 18.12 abgeleitet werden.

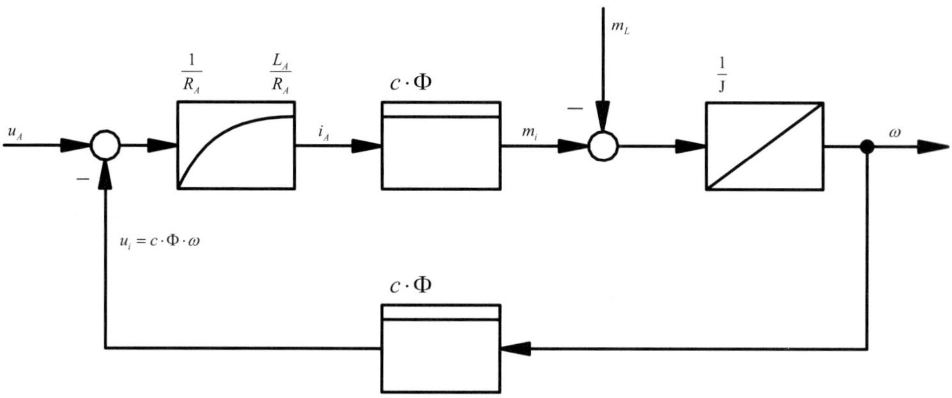

Bild 18.12 Regelungstechnisches Strukturbild der GM mit konstanter Erregung

18.1.9 Modellbildung einer GM im Zustandsraum

Um die prinzipielle Vorgehensweise bei der Modellbildung im Zustandsraum zu verdeutlichen, werden die Systemgleichungen der GM exemplarisch in den Zustandsraum übertragen. Regelungstechnisch gesehen hat die GM zwei Eingangsgrößen, die Ankerspannung u_A und das Lastmoment m_L. Ausgangsgröße ist die mechanische Winkelgeschwindigkeit ω, mit der sich die Welle dreht. Löst man die obigen Gleichungen so auf, dass auf der linke Seite jeweils die zeitliche Ableitung der Zustandsgrößen steht, dann resultiert

$$\frac{\mathrm{d}}{\mathrm{d}t} i_\mathrm{A} = \frac{1}{L_\mathrm{A}} u_\mathrm{A} - \frac{c \cdot \Phi}{L_\mathrm{A}} \omega - \frac{R_\mathrm{A}}{L_\mathrm{A}} \cdot i_\mathrm{A}$$

und

$$\frac{\mathrm{d}}{\mathrm{d}t} \omega = \frac{c \cdot \Phi}{J} i_\mathrm{A} - \frac{m_\mathrm{L}}{J}$$

Die obigen Differenzialgleichungen müssen jetzt nur noch in Matrizenschreibweise

$$\underbrace{\frac{\mathrm{d}}{\mathrm{d}t}\begin{bmatrix} i_\mathrm{A} \\ \omega \end{bmatrix}}_{\dot{\boldsymbol{x}}} = \underbrace{\begin{bmatrix} -\dfrac{R_\mathrm{A}}{L_\mathrm{A}} & -\dfrac{c\cdot\Phi}{L_\mathrm{A}} \\ \dfrac{c\cdot\Phi}{J} & 0 \end{bmatrix}}_{\underline{A}} \underbrace{\begin{bmatrix} i_\mathrm{A} \\ \omega \end{bmatrix}}_{\boldsymbol{x}} + \underbrace{\begin{bmatrix} \dfrac{1}{L_\mathrm{A}} & 0 \\ 0 & -\dfrac{1}{J} \end{bmatrix}}_{\underline{B}} \underbrace{\begin{bmatrix} u_\mathrm{A} \\ m_\mathrm{L} \end{bmatrix}}_{\boldsymbol{u}}$$

übertragen werden, mit der Ausgangsgleichung

$$\underbrace{\begin{bmatrix} i_\mathrm{A} \\ \omega \end{bmatrix}}_{\boldsymbol{y}} = \underbrace{\begin{bmatrix} 1 & 0 \\ 0 & 1 \end{bmatrix}}_{\underline{C}} \underbrace{\begin{bmatrix} i_\mathrm{A} \\ \omega \end{bmatrix}}_{\boldsymbol{x}}$$

18.1.10 Modellbildung einer mechanischen Welle

Im Folgenden wird exemplarisch das regelungstechnische Strukturbild für eine mechanische Welle, die eine Antriebsmaschine mit einer Arbeitsmaschine verbindet, abgeleitet. Bei Anwendungen, in denen es auf exakten Gleichlauf ankommt, beispielsweise bei Druckmaschinen, kann die Verbindungswelle nicht als mechanisch starr angesehen werden. Das mechanische Übertragungssystem lässt sich als Zwei-Massen-System mit dem axialen Trägheitsmoment der Antriebsmaschine J_A, dem axialen Trägheitsmoment der Arbeitsmaschine J_L und einer Welle mit Feder-Dämpfer-Charakteristik nach Bild 18.13 beschreiben.

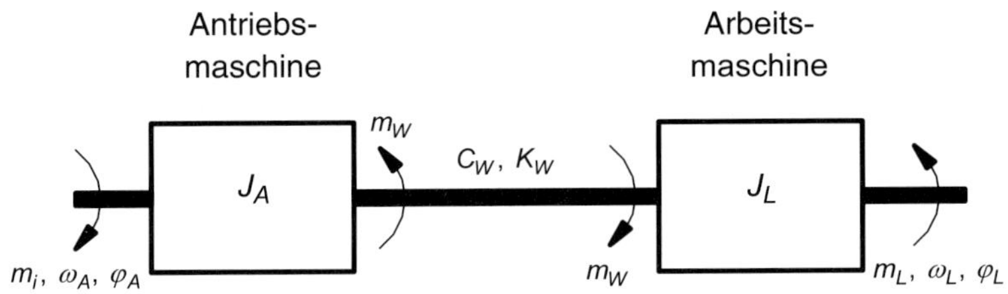

Bild 18.13 Mechanisches Übertragungssystem mit einer Welle

Die Antriebsmaschine generiert das innere Drehmoment m_i. Die Differenz zwischen dem inneren Drehmoment m_i und dem Wellendrehmoment m_W beschleunigt die träge Masse der Antriebsmaschine J_A. Damit gilt

$$m_\mathrm{i} - m_\mathrm{W} = J_\mathrm{A}\frac{\mathrm{d}\omega_\mathrm{A}}{\mathrm{d}t}$$

Dabei bezeichnet ω_A die mechanische Winkelgeschwindigkeit, mit der sich die Welle der Antriebsmaschine dreht.

Für die weiteren Betrachtungen wird davon ausgegangen, dass die träge Masse der Verbindungswelle vernachlässigt werden kann. Diese Annahme ist immer dann gerechtfertigt, wenn das Trägheitsmoment der Welle viel kleiner als das Trägheitsmoment der Antriebs- und der Arbeitsmaschine ist. Hiermit wird die träge Masse der Arbeitsmaschine J_L durch die Differenz zwischen dem Wellendrehmoment m_W und dem Lastmoment m_L beschleunigt. Es resultiert die Differenzialgleichung

$$m_\mathrm{W} - m_\mathrm{L} = J_\mathrm{L}\frac{\mathrm{d}\omega_\mathrm{L}}{\mathrm{d}t}$$

18

Die Welle der Arbeitsmaschine dreht sich mit der Winkelgeschwindigkeit ω_L.

Die Welle wird mathematisch als Feder-Dämpfer-System mit der Federkonstanten C_W und der Dämpfungskonstanten K_W beschrieben. Hiermit berechnet sich das Wellendrehmoment zu

$$m_W = C_W(\varphi_A - \varphi_L) + K_W(\omega_A - \omega_L)$$

Dabei ist φ_A der Positionswinkel der Welle an der Antriebsmaschine und φ_L der Positionswinkel der Welle an der Arbeitsmaschine. Die Welle ist also um die Differenz $(\varphi_A - \varphi_L)$ tordiert. Das Wellendrehmoment setzt sich aus zwei Komponenten zusammen. Die erste Komponente ist proportional zum Torsionswinkel $(\varphi_A - \varphi_L)$, die zweite Komponente ist proportional zur Relativwinkelgeschwindigkeit zwischen den beiden Wellenenden $(\omega_A - \omega_L)$. Die Wellendämpfung entsteht durch Materialreibung in der Welle und kann in vielen Fällen vernachlässigt werden.

Bild 18.14 zeigt das regelungstechnische Strukturbild eines Zwei-Massen-Systems, abgeleitet aus den obigen drei Differenzialgleichungen. Das Strukturbild enthält drei Integratoren, demzufolge handelt es sich um ein System dritter Ordnung.

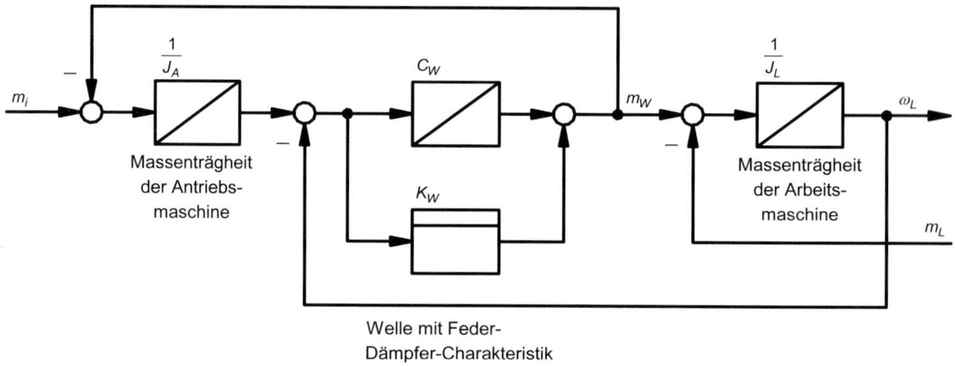

Bild 18.14 Strukturbild eines Zwei-Massen-Systems mit Welle

18.2 Reglerentwurf für lineare kontinuierliche Systeme

In der Regelungstechnik unterscheidet man zwischen dem Führungs- und dem Störverhalten einer Regelung. In Bild 18.15 ist die grundsätzliche Struktur einer Regelung dargestellt, bestehend aus dem Regler, dem Stellglied, der Strecke und der Messwerterfassung.

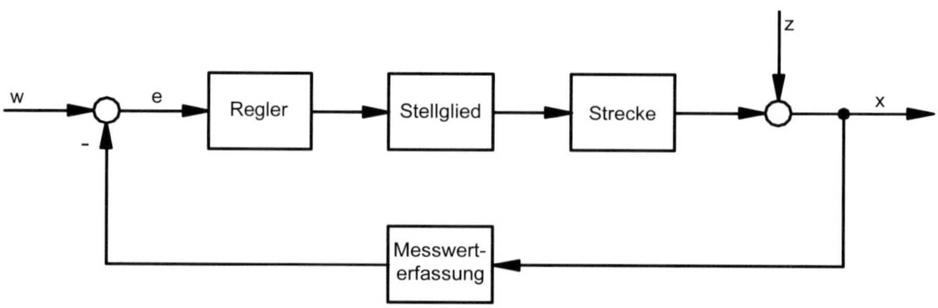

Bild 18.15 Prinzipieller Aufbau einer Regelung

Für die weiteren Betrachtungen wird die Übertragungsfunktion des Stellglieds und die Übertragungsfunktion der Strecke zu $F_S(s)$ zusammengefasst. Die Übertragungsfunktion des Reglers ist mit $F_R(s)$, die Übertragungsfunktion der Messwerterfassung mit $F_M(s)$ bezeichnet.

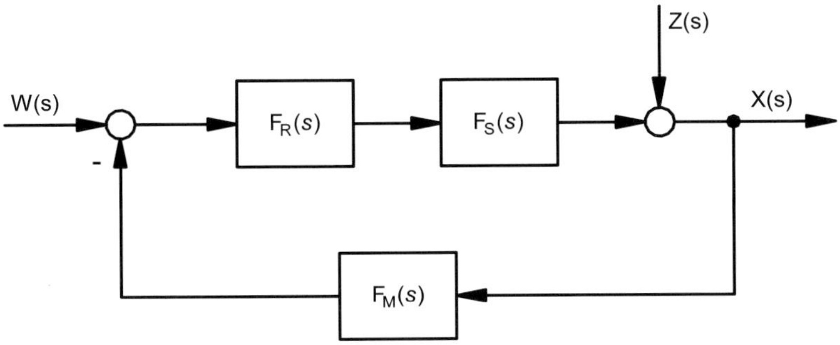

Bild 18.16 Strukturbild einer Regelung

Wie Bild 18.16 zu entnehmen ist, hängt die Ausgangsgröße $X(s)$ von der Führungsgröße $W(s)$ und der Störgröße $Z(s)$ ab.

Da es sich um einen linearen Regelkreis handelt, können das Führungsverhalten und das Störverhalten getrennt analysiert werden. Um die Führungsübertragungsfunktion $F_w(s)$ aufzustellen, setzt man die Störgröße $Z(s)$ zu null. Damit folgt die Führungsübertragungsfunktion $F_w(s)$ als Quotient zwischen der Ausgangsgröße $X(s)$ und der Eingangsgröße $W(s)$ zu

$$F_w(s) = \frac{X(s)}{W(s)} = \frac{F_R(s) \cdot F_S(s)}{1 + F_R(s) \cdot F_S(s) \cdot F_M(s)}$$

Zur Berechnung der Führungsübertragungsfunktion $F_w(s)$ aus dem Bild 18.16 kann die Tabelle 18.5 herangezogen werden.

Man berechnet die Störübertragungsfunktion $F_z(s)$, indem die Führungsgröße $W(s)$ zu null setzt, als Quotient aus der Ausgangsgröße $X(s)$ und der Störgröße $Z(s)$ zu

$$F_z(s) = \frac{X(s)}{Z(s)} = \frac{1}{1 + F_R(s) \cdot F_S(s) \cdot F_M(s)}$$

Das dynamische Verhalten resultiert durch Überlagerung der Führungs- und der Störübertragungsfunktion zu

$$X(s) = \frac{F_R(s) \cdot F_S(s)}{1 + F_R(s) \cdot F_S(s) \cdot F_M(s)} W(s) + \frac{1}{1 + F_R(s) \cdot F_S(s) \cdot F_M(s)} Z(s)$$

Bemerkenswert ist, dass die Führungsübertragungsfunktion $F_w(s)$ und die Störübertragungsfunktion $F_z(s)$ das gleiche Nennerpolynom $1 + F_R(s) \cdot F_S(s) \cdot F_M(s)$ bzw. das gleiche charakteristische Polynom haben.

18.2.1 Regeleinrichtung

Gerätetechnisch besteht die Aufgabe der Regeleinrichtung (Bild 18.17) darin, aus der Führungsgröße w und der Rückführgröße r fortlaufend die Regeldifferenz $e = w - r$ zu bilden. Die Regeldifferenz $E(s)$ stellt die Eingangsgröße des Reglers mit der Übertragungsfunktion $F_R(s) = \dfrac{E(s)}{U(s)}$ dar.

18

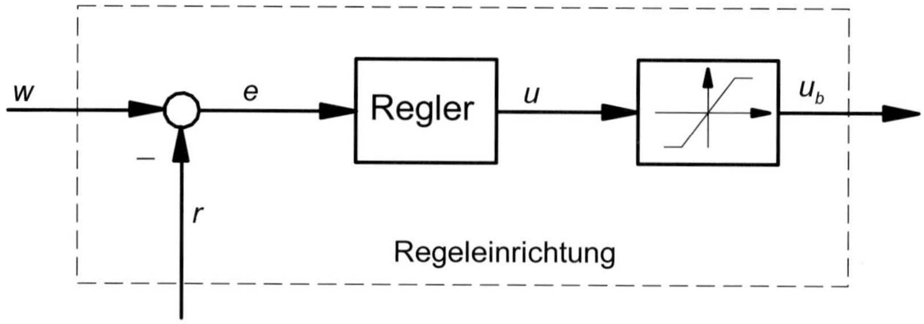

Bild 18.17 Prinzipieller Aufbau der Regeleinrichtung

In den meisten Fällen wird die Reglerausgangsgröße u durch ein Begrenzungsglied begrenzt. Die begrenzte Reglerausgangsgröße u_b stellt die Eingangsgröße des Stellglieds dar. Hierbei erfolgt die Begrenzung der Reglerausgangsgröße u, sodass der Stellbereich des Stellglieds, der beispielsweise durch eine maximale Kraft, einen maximalen Strom limitiert ist, gerade voll ausgeschöpft wird.

Gerätetechnisch kann die Regeleinrichtung entweder analog mit Operationsverstärkern oder digital mit einem Mikrorechner oder Mikrokontroller aufgebaut sein.

18.2.2 Reglertypen und Reglerparameter

In der Praxis kommen verschiedene Reglertypen zum Einsatz. Die gängigsten Regler sind:

- Proportionalregler — P-Regler
- Proportional-Integralregler — PI-Regler
- Proportional-Differenzialregler — PD-Regler
- Proportional-Integral-Differenzialregler — PID-Regler

Betrachtet man die verschiedenen Reglertypen, dann wird unmittelbar deutlich, dass die ersten drei Reglertypen aus dem PID-Regler abgeleitet werden können. Der I-Anteil eines Reglers gewährleistet die stationäre Genauigkeit, da der I-Anteil so lange die Regeldifferenz e aufintegriert, bis die Regeldifferenz zu null wird. Der D-Anteil sorgt für die Dynamik, da der D-Anteil der Änderungsgeschwindigkeit der Regeldifferenz $\frac{\mathrm{d}}{\mathrm{d}t}e$ entgegenwirkt.

Zunächst folgt die Analyse des PID-Reglers, der im Zeitbereich durch die Integralgleichung

$$u(t) = \underbrace{K_\mathrm{P} \cdot e(t)}_{\text{P-Anteil}} + \underbrace{K_\mathrm{I} \int_0^t e(\tau)\,\mathrm{d}\tau}_{\text{I-Anteil}} + \underbrace{K_\mathrm{D} \frac{\mathrm{d}}{\mathrm{d}t} e(t)}_{\text{D-Anteil}}$$

beschrieben wird.

Wendet man die Laplace-Transformation auf die obige Gleichung an, dann folgt im Bildbereich die Reglerübertragungsfunktion

$$F_\mathrm{R}(s) = \frac{U(s)}{E(s)} = K_\mathrm{P} + K_\mathrm{I}\frac{1}{s} + K_\mathrm{D} \cdot s = K_\mathrm{R}\left(1 + \frac{1}{T_\mathrm{N} \cdot s} + T_\mathrm{V} \cdot s\right)$$

mit den Abkürzungen

$K_\mathrm{R} = K_\mathrm{P}$ Verstärkungsfaktor,

$T_\mathrm{N} = \frac{K_\mathrm{R}}{K_\mathrm{I}}$ Nachstell- oder Integrierzeit,

$T_\mathrm{V} = \frac{K_\mathrm{D}}{K_\mathrm{R}}$ Vorhalte- oder Differenzierzeit.

18

Das Bild 18.18 zeigt zwei äquivalente Varianten eines PID-Reglers.

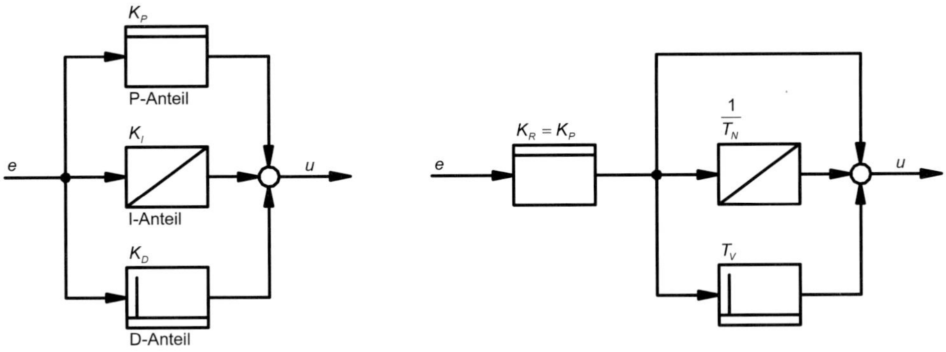

Bild 18.18 Äquivalente Strukturbilder eines PID-Reglers

Bei realen Regelungen bereitet jedoch die Realisierung des D-Anteils technische Probleme. Zum einen würde der D-Anteil auf eine sprungförmige Änderung der Eingangsgröße mit einem unendlich großem Ausschlag am Ausgang reagieren, was sicherlich nicht realisierbar ist. Zum anderen sind Messsignale immer beispielsweise durch induktive oder kapazitive Einkopplungen verrauscht. Der D-Anteil differenziert nun neben dem Nutzsignal auch das Rauschen und schaltet ebenfalls das differenzierte Rauschsignal auf die Strecke auf, was zu erheblichen Ausschlägen in der Stellgröße hin bis zu Instabilitäten führen kann.

Daher wird bei der praktischen Realisierung ein PT_1-Glied vor den eigentlichen D-Anteil geschaltet. Dies führt zu einer Reglerstruktur gemäß Bild 18.19 und der Reglerübertragungsfunktion

$$F_R(s) = \frac{U(s)}{E(s)} = K_P + K_I \frac{1}{s} + K_D \cdot s \cdot \frac{1}{1+T\cdot s} = K_R \left(1 + \frac{1}{T_N \cdot s} + \frac{T_V \cdot s}{1+T\cdot s}\right)$$

Bei $K_R = K_P$ ist die Nachstellzeit $T_N = K_R/K_I$ und die Vorhaltezeit $T_V = K_D/K_R$.

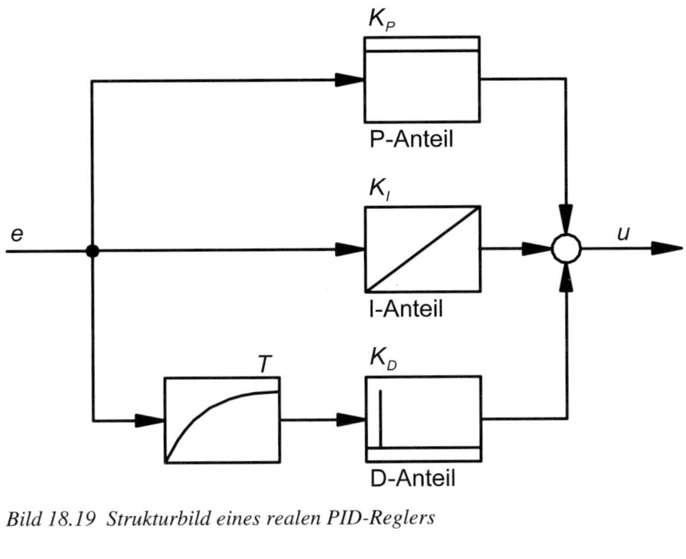

Bild 18.19 Strukturbild eines realen PID-Reglers

Bild 18.20 zeigt die Sprungantwort $h(t)$ eines idealen und eines realen PID-Reglers, die man durch Überlagerung der Sprungantworten des P-, I- und des D-Glieds erhält. Bei $t = 0$ nimmt die Ausgangsgröße des idealen PID-Reglers wegen der Differenziation einen unendlich großen Wert an. Beim idealen PID-Regler ist wegen der Filterung vor dem D-Glied die Ausgangsgröße des Reglers nach einem Führungssprung limitiert.

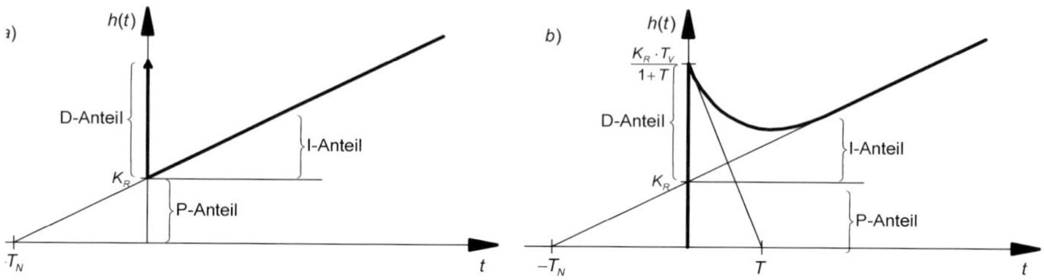

Bild 18.20 Sprungantwort a) eines idealen und b) eines realen PID-Reglers

Setzt man bestimmte Reglerparameter in der obigen Gleichung zu null, dann resultiert ein P-, I-, D- , PI- oder PD-Regler (I- und D-Regler werden in der Praxis kaum Anwendung finden).

Für $K_I = 0$ und $K_D = 0$ folgt der **P-Regler** mit der Reglerübertragungsfunktion

$$F_R(s) = \frac{U(s)}{E(s)} = K_P$$

Für $K_D = 0$ folgt der **PI-Regler** mit der Reglerübertragungsfunktion

$$F_R(s) = \frac{U(s)}{E(s)} = K_P + K_I \frac{1}{s} = K_R \left(1 + \frac{1}{T_N \cdot s}\right) = K_R \frac{1 + T_N \cdot s}{T_N \cdot s} \qquad (1)$$

Für $K_I = 0$ folgt der **ideale PD-Regler** mit der Reglerübertragungsfunktion

$$F_R(s) = \frac{U(s)}{E(s)} = K_P + K_D \cdot s = K_R \left(1 + T_V \cdot s\right)$$

und der **reale PD-Regler** mit der Reglerübertragungsfunktion

$$F_R(s) = \frac{U(s)}{E(s)} = K_P + K_D \cdot s \cdot \frac{1}{1 + T \cdot s} = K_R \left(1 + \frac{T_V \cdot s}{1 + T \cdot s}\right)$$

In Tabelle 18.7 sind das regelungstechnische Strukturbild, die Reglerübertragungsfunktion $F_R(s)$ und eine Operationsverstärkerschaltung (OP-Schaltung) zur Realisierung der verschiedenen Regler zusammengestellt.

Tabelle 18.7 Realisierung von verschiedenen Reglern mit Operationsverstärker

Regler-typ	**Strukturbild**	$F_R(s) = \frac{U(s)}{E(s)}$	**OP-Schaltung**
P	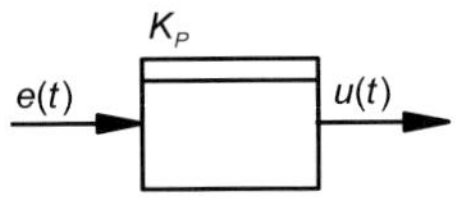	K_P	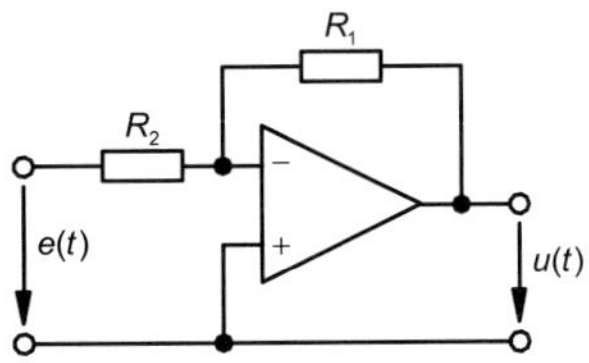
PI	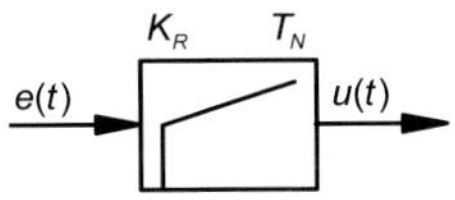	$K_R\left(1+\frac{1}{T_N \cdot s}\right) = K_R \frac{1+T_N \cdot s}{T_N \cdot s}$	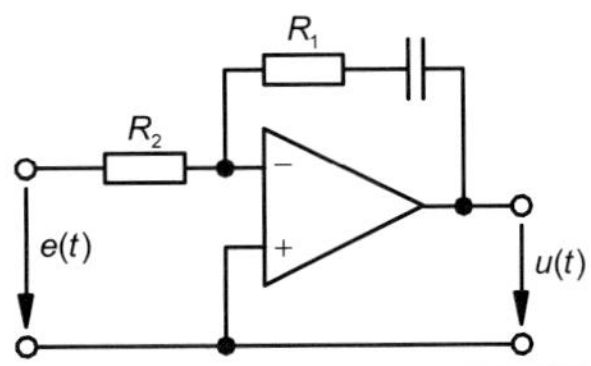
PD	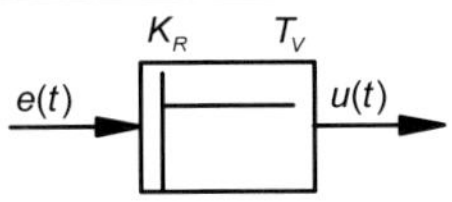	$K_P + K_D \cdot s = K_R\left(1+T_V \cdot s\right)$	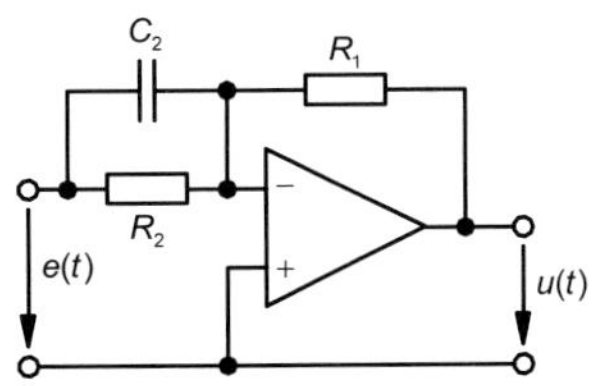
PID	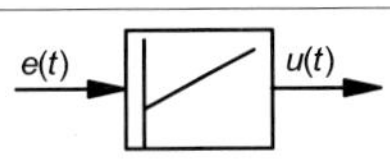	$K_R\left(1+\frac{1}{T_N \cdot s}+T_V \cdot s\right) = \frac{(1+s \cdot T_{R1}) \cdot (1+s \cdot T_{R2})}{s \cdot T_0}$	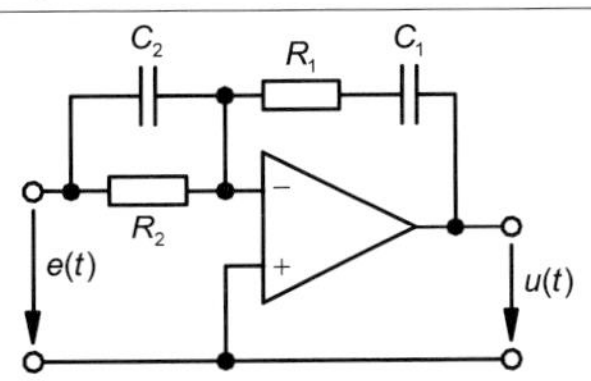

Mit Hilfe der Tabelle 18.8 lassen sich die verschiedenen Reglertypen dimensionieren.

Tabelle 18.8 Dimensionierung der Regler

Reglertyp	$F_R(s) = \frac{U(s)}{E(s)}$	**Reglereinstellung**
P	K_P	$K_P = -\frac{R_1}{R_2}$
PI	$K_R\left(1+\frac{1}{T_N \cdot s}\right) = K_R \frac{1+T_N \cdot s}{T_N \cdot s}$	$K_R = -\frac{R_1}{R_2}, \quad T_N = C_1 \cdot R_1$
PD	$K_P + K_D \cdot s = K_R\left(1+T_V \cdot s\right)$	$K_R = -\frac{R_1}{R_2}, \quad T_V = C_1 \cdot R_1$
PID	$K_R\left(1+\frac{1}{T_N \cdot s}+T_V \cdot s\right) = \frac{(1+s \cdot T_{R1}) \cdot (1+s \cdot T_{R2})}{s \cdot T_0}$	$T_{R1} = C_1 \cdot R_1, \quad T_{R2} = C_2 \cdot R_2, \quad T_0 = C_1 \cdot R_2$ $T_N = T_1 + T_2, \quad T_V = \frac{T_1 \cdot T_2}{T_1 + T_2}, \quad K_R = \frac{T_{R1}+T_{R2}}{T_0}$

18.2.3 Reglerbegrenzung

Die Art, wie die Reglerbegrenzung realisiert ist, spielt bei Reglern mit einem I-Anteil eine wesentliche Rolle. Der Ausgang eines Reglers mit I-Anteil darf nicht einfach durch ein nachgeschaltetes Begrenzungsglied in der Amplitude begrenzt werden, wie im Bild 18.21 exemplarisch anhand eines PI-Reglers dargestellt.

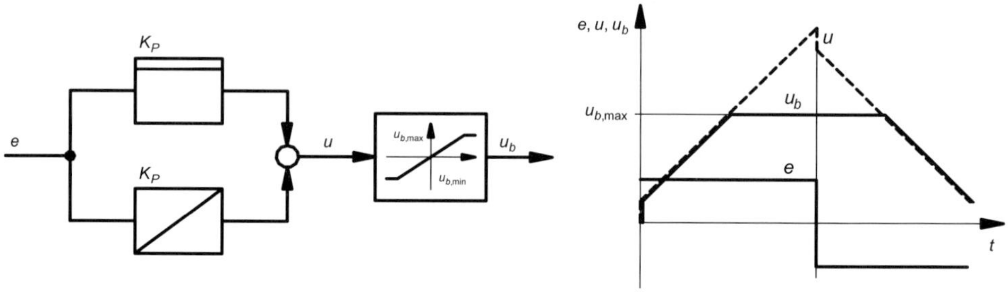

Bild 18.21 Begrenzung durch ein Kennlinienglied am Reglerausgang

Bei einer Begrenzung der Reglerausgangsgröße würde der I-Anteil die Reglereingangsgröße auch nach Erreichen der Ausgangsbegrenzung weiter aufintegrieren. Ändert die Reglereingangsgröße nun das Vorzeichen, dann würde der Reglerausgang nicht unmittelbar reagieren, was eigentlich wünschenswert wäre, da der aufintegrierte I-Anteil erst abgebaut werden muss. Der Reglerausgang u_b löst sich erst dann von der Begrenzung ab, wenn der unbegrenzte Ausgang u den Begrenzungswert $u_{b,\,max}$ unterschreitet. Dies wirkt sich sehr negativ auf das dynamische Verhalten der Regelung aus und führt häufig zu Instabilitäten.

Aus den obigen Ausführungen wird deutlich, dass die Integration des I-Anteils immer dann verhindert werden muss, wenn der Reglerausgang an die Ausgangsbegrenzung stößt. Dies kann beispielsweise durch eine nichtlineare Rückkopplung vom Reglerausgang auf den Reglereingang gemäß Bild 18.22 erreicht werden.

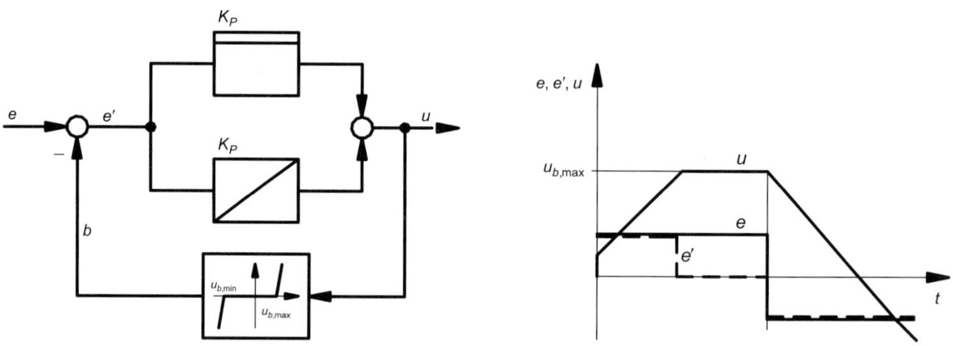

Bild 18.22 Begrenzung durch eine nichtlineare Rückkopplung des Reglerausgangs auf den Reglereingang

Im unbegrenzten Fall $u_{b,\,min} < u < u_{b,\,max}$ ist der Begrenzungsterm b null. Überschreitet der Reglerausgang den Begrenzungswert $u_{b,\,max}$, dann wird die Rückkopplung aktiv. Von der Reglereingangsgröße e wird nun der Begrenzungsterm b subtrahiert. Durch die große Steilheit der Begrenzungskennlinie wird die Größe e' zu null geregelt. Hierdurch wird die Integration gestoppt.

Dies hat zur Folge, dass unmittelbar, nachdem der Reglereingang das Vorzeichen ändert, der Reglerausgang reagiert. Die obigen Ausführungen gelten analog für die untere Begrenzung. Bild 18.23 zeigt exemplarisch einen begrenzten PI-Regler. Dabei wurde die nichtlineare Gegenkopplung durch zwei in Serie geschaltete Z-Dioden realisiert.

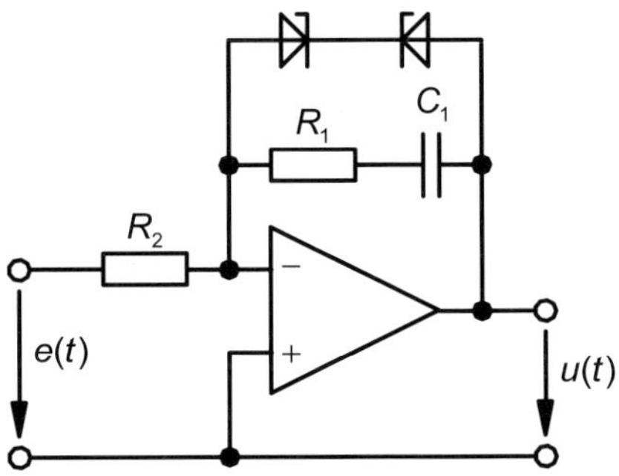

Bild 18.23 Realisierung eines begrenzten PI-Reglers mit einem Operationsverstärker

18.2.4 Stabilität von Systemen und Regelkreisen

Die Frage der Stabilität eines technischen Systems insbesondere von Regelkreisen ist von zentraler Bedeutung. In DIN 19 226 Teil 2, Abschn. 6.1 ist die so genannte **Ljapunow-Stabilität** definiert.

> Danach ist ein System **stabil**, wenn es nach einer beliebigen Anfangsauslenkung in seine Ruhelage zurückkehrt. Das heißt, alle Eigenbewegungen des Systems müssen zu null abklingen. Für lineare zeitinvariante Systeme ohne Totzeit ist dies gleichbedeutend mit der Forderung, dass alle Pole des Systems einen negativen Realteil haben. Oder anders ausdrückt, wenn alle Pole links der j-Achse liegen.

Überträgt man diese Aussage auf einen Regelkreis gemäß Bild 18.16 mit der Übertragungsfunktion des offenen Regelkreises $F_o(s) = F_R(s) \cdot F_S(s) \cdot F_M(s)$ dann wird deutlich, dass der Regelkreis in Bezug auf das Führungsverhalten und in Bezug auf das Störverhalten genau dann stabil ist, wenn alle die Pole der charakteristischen Gleichung

$$F_o(s) + 1 = 0 \quad \text{oder} \quad F_o(s) = F_R(s) \cdot F_S(s) \cdot F_M(s) + 1 = 0$$

links der j-Achse liegen.

Im allgemeinen Fall wird sich die Übertragungsfunktion des offenen Regelkreises aus dem Quotienten eines Zählerpolynoms $Z(s)$ und eines Nennerpolynoms $N(s)$ mit der Verstärkung V_S zu

$$F_o(s) = V_S \frac{Z(s)}{N(s)}$$

zusammensetzen. Mit $F_o(s) + 1 = 0$ resultiert die zu untersuchende charakteristische Gleichung zu

$$N(s) + V_S \cdot Z(s) = 0$$

Multipliziert man die obige Gleichung aus, dann folgt ein Polynom der Form

$$a_n \cdot s^n + a_{n-1} \cdot s^{n-1} + \ldots + a_2 \cdot s^2 + a_1 \cdot s + a_0 = 0$$

das es zu untersuchen gilt.

18

Es gibt einige Verfahren, um zu untersuchen, ob die Pole des charakteristischen Polynoms links der j-Achse liegen. Das bekannteste Testverfahren ist das **Hurwitz-Kriterium**. Zur Auswertung des Hurwitz-Kriteriums bildet man mit den Koeffizienten a_ν der charakteristischen Gleichung eine Determinante der Form

$$H = \begin{vmatrix} a_1 & a_3 & a_5 & a_7 & \dots \\ a_0 & a_2 & a_4 & a_6 & \dots \\ 0 & a_1 & a_3 & a_5 & \dots \\ 0 & a_0 & a_2 & a_4 & \dots \\ . & . & . & . & . \end{vmatrix}$$

mit n Zeilen und n Spalten. Aus der Determinanten H müssen nacheinander die Unterdeterminanten von der linken oberen Ecke nach rechts unten aufgestellt werden. Dies sind

$$H_1 = |a_1|$$

$$H_2 = \begin{vmatrix} a_1 & a_3 \\ a_0 & a_2 \end{vmatrix}$$

$$H_3 = \begin{vmatrix} a_1 & a_3 & a_4 \\ a_0 & a_2 & a_4 \\ 0 & a_1 & a_3 \end{vmatrix} \quad \text{usw.}$$

Sind alle Unterdeterminanten H_1 bis H_n und alle Koeffizienten a_ν des Nennerpolynoms positiv, dann liegen alle Nullstellen der charakteristischen Gleichung links der j-Achse. Damit ist das System stabil.

18.2.5 Beurteilung von Regelkreisen

Um eine Strecke zu regeln, können verschiedene Reglertypen Verwendung finden. Des Weiteren können die Reglerparameter oft in einem großen Bereich variiert werden. Um nun verschiedene Reglertypen und verschiedene Reglereinstellungen vergleichen zu können, bedarf es eines einheitlichen Beurteilungskriteriums. Zu diesem Zweck wurden die Anregel- und die Ausregelzeit definiert. Beide Zeiten sind für das Führungs- und das Störverhalten definiert (Bild 18.24).

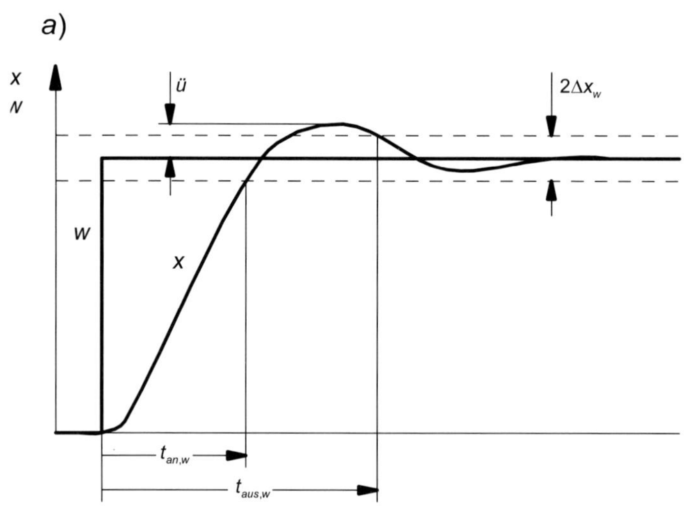

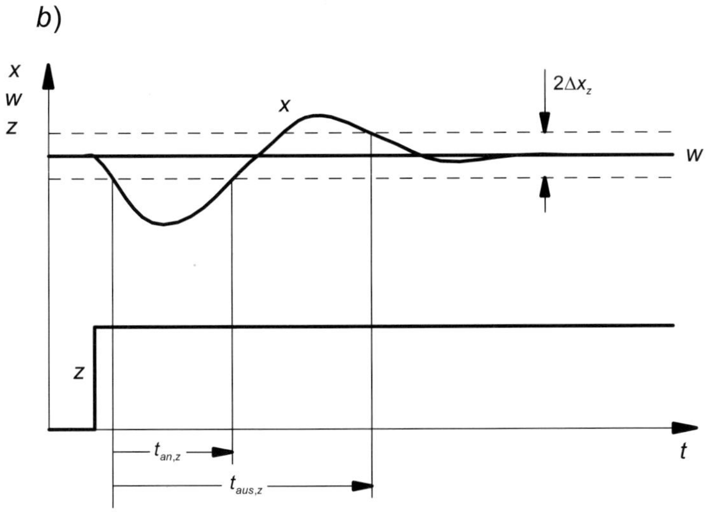

Bild 18.24 Verlauf der Regelgröße x
a) nach einem Sprung der Führungsgröße w, b) nach einem Sprung der Störgröße z

Folgende Zeiten sind zur Beurteilung des Regelverhaltens maßgebend:

Die **Anregelzeit $t_{an,w}$** nach einem Führungssprung ist die Zeit, die nach einem Führungsgrößensprung vergeht, bis die Regelgröße x **erstmalig** in das **Toleranzband der Breite** $2\Delta x_w$ um den neuen Beharrungswert eintritt. Die Breite des Toleranzbandes $2\Delta x_w$ kann beispielsweise zu 4 % des Führungssprungs gewählt werden.

Als **Ausregelzeit $t_{aus,w}$** nach einem Führungssprung wird die Zeit bezeichnet, welche die Regelgröße x nach einem Sprung der Führungsgröße w benötigt, um **endgültig** im **Toleranzband der Breite** $2\Delta x_w$ zu bleiben.

Die **Anregelzeit $t_{an,z}$** nach einer sprungartigen Änderung der Störgröße ist die Zeitspanne zwischen **Austritt und Wiedereintritt** der Führungsgröße x in das Toleranzband der zu vereinbarenden Breite $2\Delta x_z$.

Als **Ausregelzeit $t_{aus,z}$** nach einer sprungartigen Änderung der Störgröße ist die Zeitspanne, die zwischen dem **ersten Austritt** aus dem Toleranzband und dem **Eintritt in den neuen Beharrungszustand** liegt.

Um das Führungsverhalten einer Regelung zu beurteilen, lässt sich als weitere Größe die **Überschwingungsbreite $ü$** heranziehen. Die Überschwingungsbreite gibt an, um wie viel die Regelgröße nach einen Führungssprung, bezogen auf die Sprunghöhe der Führungsgröße, überschwingt.

18.2.6 Reglereinstellung

18.2.6.1 Betragsoptimum

In der elektrischen Antriebstechnik stellt man den Stromregler häufig nach dem Betragsoptimum ein. Allgemein sorgt ein Regler, dessen Parameter nach dem Betragsoptimum gewählt wurden, für ein gutes Führungsverhalten. Diese Forderung steht bei einem Stromregler im Vordergrund.

Die Führungsübertragungsfunktion einer Regelung nach Bild 18.16 ist durch

$$F_w(s) = \frac{X(s)}{W(s)} = \frac{F_R(s) \cdot F_S(s)}{1 + F_R(s) \cdot F_S(s) \cdot F_M(s)}$$

gegeben.

Im Idealfall wäre $F(s) \equiv 1$; damit würde die Regelgröße $x(t)$ unmittelbar der Führungsgröße $w(t)$ folgen.

Da die Bedingung $F_w(s) \equiv 1$ nicht zu erfüllen ist, beschränkt man sich bei der Reglerparametereinstellung nach dem Betragsoptimum auf die Forderung

$$|F_w(\mathrm{j}\omega)| \equiv 1 .$$

Das heißt, die Reglerparameter werden so eingestellt, dass der Betrag des Frequenzgangs nach Möglichkeit für alle ω identisch eins ist. Auch diese Forderung $|F_w(\mathrm{j}\omega)| \equiv 1$ kann nur näherungsweise erfüllt werden.

Wie dem Ansatz der Optimierung zu entnehmen ist, eignet sich ein Regler, der nach dem Betragsoptimum eingestellt ist, besonders gut, wenn ein gutes Führungsverhalten gefordert ist. Die Regleroptimierung nach dem Betragsoptimum kann immer dann angewendet werden, wenn die Strecke eine oder zwei große Nennerzeitkonstanten (T_1 und gegebenenfalls T_2) hat und über eine oder mehrere kleine Nennerzeitkonstanten verfügt. Dabei kürzt man die Summe der kleinen Zeitkonstanten mit T_Σ ab.

Tabelle 18.9 Reglereinstellung nach den Betragsoptimum

$F_0(s)$	$F_R(s)$	Reglerparameter
$\dfrac{K_S}{\prod_{\nu=1}^{n}(1+T_\nu \cdot s)}$ mit $T_1 \gg T_\Sigma = \sum_{\nu=2}^{n} T_\nu$ eine große Zeitkonstante (T_1)	PI-Regler $K_R \dfrac{1+T_N \cdot s}{T_N \cdot s}$	$T_N = T_1, \quad K_R = \dfrac{T_N}{2 \cdot K_S \cdot T_\Sigma}$
$\dfrac{K_S}{\prod_{\nu=1}^{n}(1+T_\nu \cdot s)}$ mit $T_1, T_2 \gg T_\Sigma = \sum_{\nu=3}^{n} T_\nu$ zwei große Zeitkonstanten (T_1, T_2)	PI-Regler $K_R \dfrac{1+T_N \cdot s}{T_N \cdot s}$	$T_N = \dfrac{(T_1^2+T_2^2)(T_1+T_2)}{T_1^2+T_1 \cdot T_2+T_2}$ $T_R = \dfrac{T_N}{2 \cdot K_S} \dfrac{T_1^2+T_1 \cdot T_2+T_2^2}{(T_1+T_2) \cdot T_1 \cdot T_2}$
$\dfrac{K_S}{\prod_{\nu=1}^{n}(1+T_\nu \cdot s)}$ mit $T_1, T_2 \gg T_\Sigma = \sum_{\nu=3}^{n} T_\nu$ zwei große Zeitkonstanten (T_1, T_2)	PID-Regler $\dfrac{(1+T_{R1} \cdot s)(1+T_{R2} \cdot s)}{T_0 \cdot s}$	$T_{R1} = T_1, \quad T_{R2} = T_1$ $T_0 = 2 \cdot K_S \cdot T_\Sigma$

18

In Tabelle 18.9 sind die Reglerparameter für einen PI- und einen PID-Regler zusammengestellt.

18.2.6.2 Symmetrisches Optimum

Das symmetrische Optimum ist ein weiteres Kriterium zur Reglereinstellung. In der elektrischen Antriebstechnik wird der Drehzahlregler häufig nach dem symmetrischen Optimum eingestellt. Dabei zeichnen sich Regelkreise, die nach dem symmetrischen Optimum eingestellt sind, durch ein gutes Störverhalten aus.

Das symmetrische Optimum kann immer dann zum Einsatz kommen, wenn man die Zeitkonstanten des offenen Regelkreises in eine Gruppe großer und in eine Gruppe kleiner Zeitkonstanten unterteilen kann. Hierbei sind die großen Zeitkonstanten mit T_ν und die kleinen Zeitkonstanten mit T_μ bezeichnet. Beispielsweise sind bei einem elektromechanischen System die elektrischen Zeitkonstanten meist sehr klein im Vergleich zu den mechanischen Zeitkonstanten.

Damit lässt sich die Übertragungsfunktion des offenen Regelkreises mit

$$F_\text{o}(s) = \frac{K_\text{S}}{\prod\limits_{\mu=1}^{n}\left(1+s\cdot T_\mu\right)\cdot\prod\limits_{\nu=1}^{m}\left(1+s\cdot T_\nu\right)}$$

darstellen.

Die obige Übertragungsfunktion besitzt n kleine und m große Zeitkonstanten.

Des Weiteren wird vorausgesetzt, dass die Summe der kleinen Zeitkonstanten $T_\Sigma = \sum\limits_{\mu=1}^{n} T_\mu$ viel kleiner als die kleinste Zeitkonstante aus der Gruppe der großen ist. Der Regler wird in der Form

$$F_\text{R}(s) = \frac{K_\text{R}}{s\cdot T_\text{N}}\left(1+s\cdot T_\text{N}\right)^m$$

angesetzt. Besitzt die offene Übertragungsfunktion nur eine große Zeitkonstante, dann kommt mit $m = 1$ ein PI-Regler zum Einsatz.

Mit diesen Voraussetzungen folgen die Einstellvorschriften nach Tabelle 18.10.

Tabelle 18.10 Reglereinstellung nach dem symmetrischen Optimum

$F_\text{o}(s)$	$F_\text{R}(s)$	Reglerparameter
Allgemeiner Fall $F_\text{o}(s) = \frac{K_\text{S}}{\prod\limits_{\mu=1}^{n}\left(1+s\cdot T_\mu\right)\cdot\prod\limits_{\nu=1}^{m}\left(1+s\cdot T_\nu\right)}$ mit $T_1,\ldots T_m \gg \sum\limits_{\nu=3}^{n} T_\nu$	$K_\text{R}\frac{\left(1+T_\text{N}\cdot s\right)^m}{T_\text{N}\cdot s}$	$T_\text{N} = 4\cdot m\cdot T_\Sigma$, $K_\text{R} = \frac{T_\text{N}}{2\cdot K_\text{S}\cdot T_\text{S}}\cdot\frac{T_1\cdot T_2\ldots T_m}{\left(4\cdot m\cdot T_\Sigma\right)^m}$ mit m Anzahl der großen Zeitkonst.
Eine große Zeitkonstante $F_\text{o}(s) = \frac{K_\text{S}}{\prod\limits_{\mu=1}^{n}\left(1+s\cdot T_\mu\right)\cdot\left(1+s\cdot T_1\right)}$ mit $T_1 \gg \sum\limits_{\nu=3}^{n} T_\nu$	PI-Regler $K_\text{R}\frac{1+T_\text{N}\cdot s}{T_\text{N}\cdot s}$	$T_\text{N} = 4\cdot T_\Sigma$, $K_\text{R} = \frac{T_1\cdot T_\text{N}}{8\cdot K_\text{S}\cdot T_\Sigma^2}$

18

18.2.6.3 Empirische Reglereinstellung

Verfahrenstechnische Regelstrecken (z. B. Druck-, Durchfluss-, Temperaturregelung) können häufig in guter Näherung als Reihenschaltung eines Verzögerungsglieds erster Ordnung und eines Totzeitglieds in der Form

$$F_S(s) = \frac{1}{1 + s \cdot T} \cdot e^{-s \cdot T_T}$$

angenähert werden. Die Zeitkonstante des PT_1-Glieds ist mit T, die Totzeit mit T_T bezeichnet.

Um die Einstellvorschrift von **Ziegler und Nichols** anzuwenden, muss man mit der zu regelnden Strecke gefahrlos experimentieren können.

- Als Erstes wird zur Regelung der Strecke ein P-Regler mit der P-Verstärkung K_P eingesetzt. Dabei vergrößert man die P-Verstärkung, bis der geschlossene Regelkreis eine Dauerschwingung ausführt. Das heißt, die Regelung befindet sich an der Stabilitätsgrenze. Die zugehörige Verstärkung wird als kritische P-Verstärkung K_{Rk} bezeichnet.
- Die Periodendauer T_K, mit der das System schwingt, muss gemessen werden.

Mit der kritischen Verstärkung K_{Rk} und der Periodendauer der stationären Schwingung T_K folgen die Reglereinstellungen für einen P-, einen PI- bzw. einen PID-Regler gemäß Tabelle 18.11.

Tabelle 18.11 Reglereinstellung nach Ziegler und Nichols

$F_R(s)$	**Reglerparameter**
PI-Regler K_R	$K_R = 0{,}5 \cdot K_{Rk}$
PI-Regler $K_R \frac{(1 + T_N \cdot s)}{T_N \cdot s}$	$K_R = 0{,}45 \cdot K_{Rk}$, $T_N = 0{,}85 \cdot T_K$
PID-Regler $K_R \left(1 + \frac{1}{T_N \cdot s} + T_V \cdot s\right)$	$K_R = 0{,}6 \cdot K_{Rk}$, $T_N = 0{,}5 \cdot T_K$, $T_N = 0{,}12 \cdot T_V$

18.2.7 Störgrößenaufschaltung

In vielen Fällen ist die Störgröße eine messbare Größe. In diesen Fällen lässt sich das Störverhalten der Regelung durch eine geeignete Störgrößenkompensation erheblich verbessern (Bild 18.25).

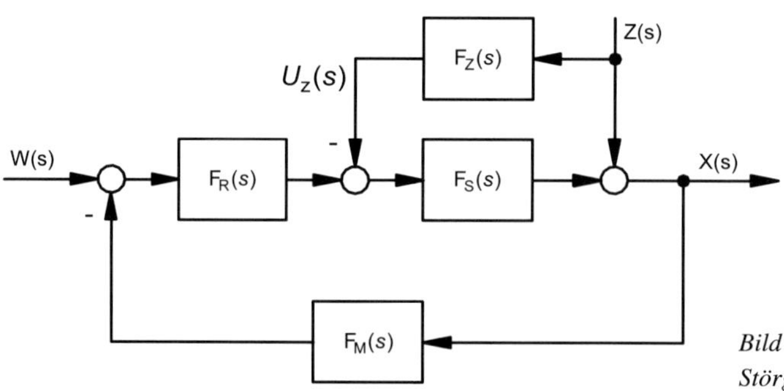

Bild 18.25 Strukturbild einer Störgrößenkompensation

Bei messbarer Störgröße z kann die Übertragungsfunktion so ausgewählt werden, dass bei bekannter Streckenübertragungsfunktion $F_S(s)$ die Pole der Strecke gerade kompensiert werden. Es resultiert

$$F_z(s) = \frac{1}{F_S(s)}$$

Wie Bild 18.25 entnommen werden kann, wird wegen $F_S(s) \cdot F_z(s) \equiv 1$ die Wirkung der Störgröße z durch die Störgrößenaufschaltung exakt kompensiert, sodass die Regelgröße x nicht mehr von der Störgröße z beeinflusst wird.

Die technische Realisierung der Übertragungsfunktion $F_z(s)$ kann jedoch in der Praxis erhebliche Probleme verursachen. In der Regel hat die Streckenübertragungsfunktion $F_S(s)$ ein verzögerndes Verhalten der Form

$$F_S(s) = \frac{V_s}{(1+s \cdot T_1) \cdot (1+s \cdot T_2) \ldots (1+s \cdot T_n)}$$

Multipliziert man das Nennerpolynom der obigen Gleichung aus, dann folgt mit

$$F_z(s) = 1/F_S(s)$$

$$F_z(s) = \frac{1}{V_s} \cdot \left[1 + (T_1 + T_2 + \ldots T_n) \cdot s + \ldots T_1 \cdot T_2 \cdot \ldots T_m \cdot s^n\right]$$

Das heißt, die Übertragungsfunktion $F_z(s)$ wirkt überwiegend differenzierend und ist daher technisch nur schwer zu realisieren. Um das problematische mehrfache Differenzieren zu vermeiden, ist es zweckmäßig, die obige Übertragungsfunktion durch

$$F_z(s) \approx \frac{1}{V_s}$$

oder

$$F_z(s) \approx \frac{1}{V_s} \cdot [1 + (T_1 + T_2 + \ldots T_n) \cdot s]$$

zu approximieren.

Wenn es sich bei der Störgröße z um eine nicht messbare Größe handelt, dann lässt sich mit Hilfe des mathematischen Modells eines so genannten **Störgrößenbeobachters** ein Schätzwert für die Störgröße berechnen. Die Kompensation der Störgröße erfolgt in diesem Fall mit dem Schätzwert. In der einschlägigen Literatur werden der Aufbau und die Auslegung von Störgrößenbeobachtern ausführlich behandelt.

18

18.2.8 Kaskadenregelung

Eine Kaskadenregelung besteht aus mehreren einschleifigen, ineinander geschalteten Regelkreisen. Dabei berechnet der übergeordnete Regelkreis jeweils die Führungsgröße des unterlagerten bzw. inneren Regelkreises. Kaskadierte Regelungen kommen immer dann zum Einsatz, wenn es anspruchsvolle regelungstechnische Aufgaben zu bewältigen gilt, beispielsweise bei Positionierantrieben.

Dazu müssen neben der eigentlichen Regelgröße x mindestens eine oder mehrere weitere Hilfsregelgrößen messtechnisch erfasst werden.

Bild 18.26 zeigt die Struktur einer Kaskadenregelung mit einer Hilfsregelgröße x_{h1} und einem unterlagerten Regelkreis. Hierbei besteht die Übertragungsfunktion der Strecke aus den beiden Übertragungsfunktionen $F_{S1}(s)$ und $F_{S2}(s)$, wobei die Ausgangsgröße der Übertragungsfunktion $F_{S1}(s)$ messbar ist.

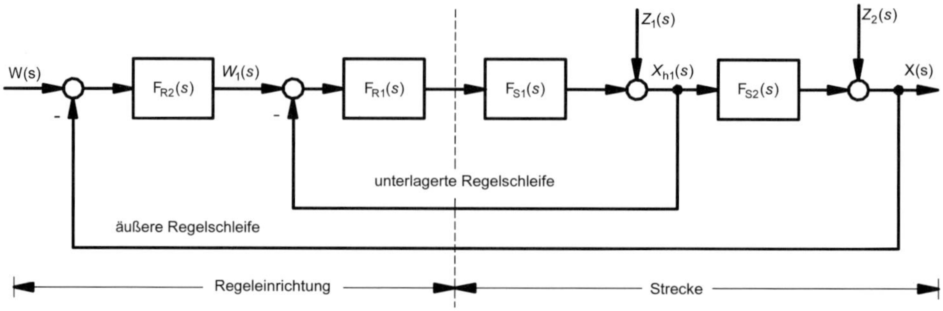

Bild 18.26 Kaskadenregelung mit einer unterlagerten Regelschleife

Der unterlagerte Regelkreis besteht aus der Teilstrecke $F_{S1}(s)$ und dem Regler $F_{R1}(s)$. Dabei besteht die Regelaufgabe des unterlagerten Regelkreises darin, die Hilfsregelgröße x_{h1} entsprechend der Führungsgröße w_1 einzuregeln. Hierbei erzeugt der äußere Regler $F_{R2}(s)$ die Führungsgröße w_1 für den inneren Regelkreis. Die Aufgabe des äußeren Regelkreises besteht darin, die Regeldifferenz $(w - x)$ zwischen der eigentlichen Führungsgröße w und der Regelgröße x zu null auszuregeln.

Eine kaskadierte Regelung hat im Vergleich zu einer Einschleifenregelung die folgenden Vorteile:

- Verbesserte Stabilität durch den unterlagerten Regelkreis.
- Durch die Unterteilung der Strecke in zwei Teilstrecken $F_{S1}(s)$ und $F_{S2}(s)$ werden der Reglerentwurf und die Reglereinstellung erleichtert.
- Störgrößen, die in der inneren Schleife angreifen, werden durch den inneren Regelkreis weitgehend ausgeregelt. Hierdurch wird die Auswirkung auf die äußere Hauptregelschleife wesentlich reduziert. Daraus resultiert ein verbessertes Störverhalten einer kaskadierten Regelung.
- Wesentliche Zwischengrößen (z. B. x_{h1}) können durch unterlagerte Regler begrenzt werden. Hierdurch lassen sich Schutzmaßnahmen wie Überstromschutz von leistungselektronischen Stellgliedern in der elektrischen Antriebstechnik realisieren.
- Die gesamte Regelung kann schrittweise von innen nach außen getestet und in Betrieb genommen werden.

Der Reglerentwurf einer kaskadierten Regelung erfolgt grundsätzlich von innen nach außen. Im ersten Schritt muss der innere Regelkreis entworfen und optimiert werden. Dabei steht in den meisten Fällen das Führungsverhalten im Vordergrund. Im zweiten Schritt fasst man den inneren Regelkreis zu einem Strukturblock zusammen. Für den geschlossenen inneren Regelkreis muss in Verbindung mit der Teilstrecke $F_{S2}(s)$ der äußere Regelkreis optimiert und eingestellt werden.

Auf diese Weise lassen sich Regelkreise beliebig tief verschachteln.

In der elektrischen Antriebstechnik stellt beispielsweise der Stromregler die innere Regelschleife dar. Dem Stromregler ist ein Drehzahlregler überlagert. Bei einer Positionsregelung wird der Drehzahlregler von einem Positionsregler überlagert.

18.3 Zustandsraumregelung

In Abschn. 18.1.10 wurde bereits darauf hingewiesen, dass die Zustandsraumdarstellung tiefere Einblicke in ein **dynamisches System** liefert, da bei der Zustandsraumdarstellung ein System n-ter Ordnung durch n Differenzialgleichungen erster Ordnung dargestellt wird. Das heißt, durch die Zustandsraumdarstellung untergliedert man das Gesamtsystem in n Subsysteme, deren Zusammenwirken sich leichter analysieren lässt.

Ausgangspunkt für die folgenden Überlegungen ist eine Strecke mit einer Eingangs- und einer Ausgangsgröße, mit der rationalen Übertragungsfunktion

$$F(s)=\frac{Y(s)}{U(s)}=\frac{b_{n-1}s^{n-1}+\ldots+b_1 s+b_0}{a_n s^n+a_{n-1}s^{n-1}+\ldots+a_1 s+a_0}$$

Dabei sei der Koeffizient $a_n \neq 0$ und mindestens ein Koeffizient $b_\nu \neq 0$. Wie der Übertragungsfunktion leicht entnommen werden kann, ist der Grad des Zählerpolynoms mindestens um eins niedriger als der Grad des Nennerpolynoms.

18.3.1 Regelungsnormalform

Bei einem System mit nur einer Eingangs- und einer Ausgangsgröße sind die Steuer- und die Ausgangsmatrix einzeilige Spalten- bzw. Zeilenvektoren. In diesem Fall spricht man vom Eingangsvektor $\boldsymbol{b}$ und vom Ausgangsvektor $\boldsymbol{c}^{\mathrm{T}}$.

Die Regelungsnormalform zur obigen Übertragungsfunktion lautet

$$\dot{\boldsymbol{x}}=\underline{A}\cdot\boldsymbol{x}+\underline{b}\cdot\boldsymbol{u}=\begin{bmatrix} 0 & 1 & 0 & \cdots & 0 \\ 0 & 0 & 1 & \cdots & 0 \\ \vdots & \vdots & \vdots & \cdots & \vdots \\ 0 & 0 & 0 & \cdots & 1 \\ -\frac{a_0}{a_n} & -\frac{a_1}{a_n} & -\frac{a_2}{a_n} & \cdots & -\frac{a_{n-1}}{a_n} \end{bmatrix}\cdot\boldsymbol{x}+\begin{bmatrix} 0 \\ 0 \\ 0 \\ 0 \\ \frac{1}{a_n} \end{bmatrix}\cdot\boldsymbol{u}$$

mit

$$\boldsymbol{y}=\boldsymbol{c}^{\mathrm{T}}\cdot\boldsymbol{x}=\begin{bmatrix} b_0 & b_1 & b_2 & \cdots & b_{n-1} \end{bmatrix}\cdot\boldsymbol{x}$$

Die Zustandsdifferenzialgleichungen in der Regelungsnormalform lassen sich grafisch durch das Strukturbild (Bild 18.27) darstellen.

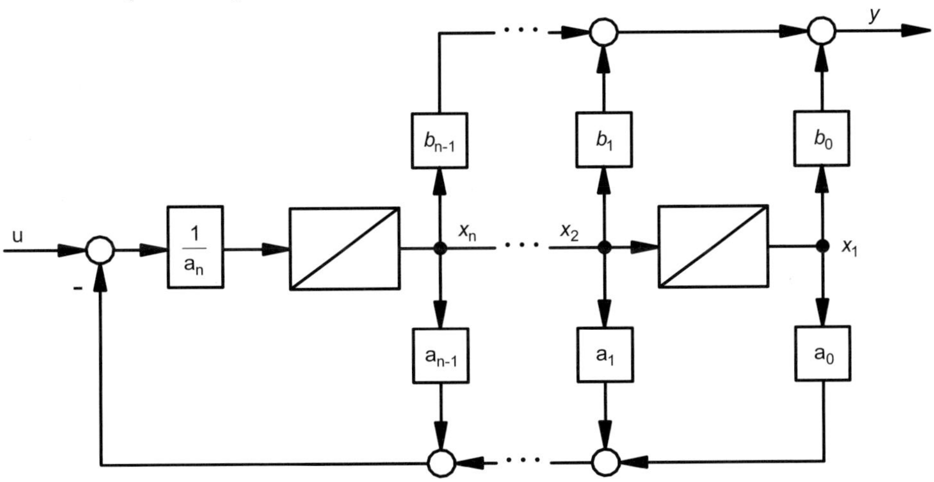

Bild 18.27 Strukturbild der Zustandsdifferenzialgleichungen in der Regelungsnormalform

Das System n-ter Ordnung besteht aus n Integratoren. Die Ausgangsgröße jedes Integrators stellt eine Zustandsgröße dar. Hierbei wird jeweils die Zustandsgröße x_ν mit dem Koeffizient $a_{\nu-1}$ multipliziert und mit negativen Vorzeichen auf den Streckeneingang zurückgekoppelt. Die Ausgangsgröße y berechnet sich ebenfalls aus der Summe der Zustandsgrößen x_ν, gewichtet mit dem Koeffizienten $b_{\nu-1}$.

18

18.3.2 Beobachtungsnormalform

Neben der Regelungsnormalform existiert noch die Beobachtungsnormalform, die zur Auslegung eines Beobachters herangezogen werden kann (Kap. 18.3.4). Zur Ableitung der Beobachtungsnormalform setzt man voraus, dass der Koeffizient $a_n = 1$ ist. Des Weiteren sei der Grad des Zählerpolynoms um mindestens eins niedriger als der Grad des Nennerpolynoms. Die erste Bedingung lässt sich leicht erfüllen, indem man durch den Koeffizient a_n kürzt. Die zweite Bedingung ist bei technischen Systemen in aller Regel erfüllt. Mit diesen Voraussetzungen resultiert die Beobachtungsnormalform zu

$$\dot{\boldsymbol{x}} = \underline{A} \cdot \boldsymbol{x} + \underline{b} \cdot \boldsymbol{u} = \begin{bmatrix} 0 & 0 & \cdots & 0 & -a_0 \\ 1 & 0 & \cdots & 0 & -a_1 \\ 0 & 1 & \cdots & 0 & -a_2 \\ \vdots & \vdots & \cdots & \vdots & \vdots \\ 0 & 0 & \cdots & 1 & -a_{n-1} \end{bmatrix} \cdot \boldsymbol{x} + \begin{bmatrix} b_0 \\ b_1 \\ b_2 \\ \vdots \\ b_{n-1} \end{bmatrix} \cdot \boldsymbol{u}$$

mit

$$y = \boldsymbol{c}^{\mathrm{T}} \cdot \boldsymbol{x} = [0 \ 0 \ 0 \ \cdots \ 1] \cdot \boldsymbol{x}$$

Die Zustandsdifferenzialgleichungen in der Beobachtungsnormalform lassen sich ebenfalls in ein Strukturbild übertragen (Bild 18.28).

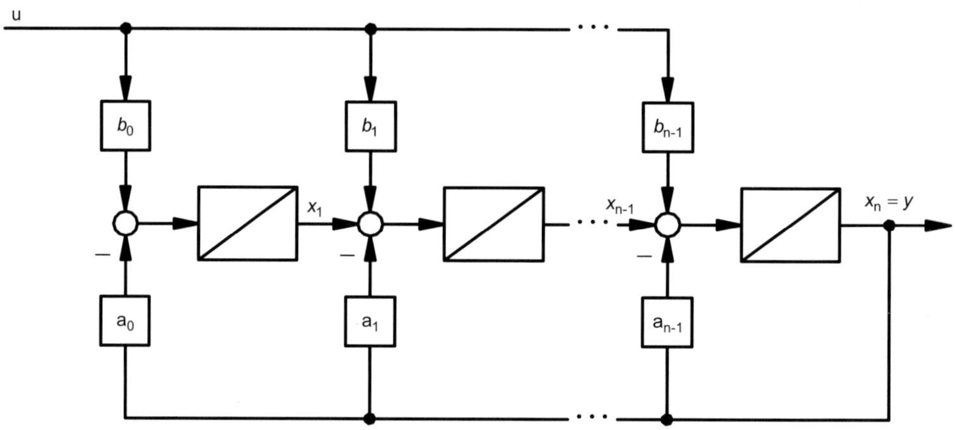

Bild 18.28 Strukturbild der Zustandsdifferenzialgleichungen in der Beobachtungsnormalform

Die Eingangsgröße u wirkt jeweils gewichtet mit dem Koeffizienten b_ν auf den Eingang eines Integrators. Die Ausgänge der Integratoren stellen die Zustandsgrößen x_ν dar. Die Ausgangsgröße y wird jeweils mit dem Koeffizienten $a_{\nu-1}$ multipliziert und auf den Eingang des ν-ten Integrators mit negativem Vorzeichen zurückgekoppelt.

18.3.3 Polvorgabe

Bei einer klassischen Zustandsregelung muss der gesamte Zustandsvektor $\boldsymbol{x}$ messtechnisch erfasst und über einen Regelvektor $\boldsymbol{r}^{\mathrm{T}}$ mit negativem Vorzeichen auf den Eingang der Strecke zurückgeführt werden. Dabei setzt sich der Regelvektor

$$\boldsymbol{r}^{\mathrm{T}} = \begin{bmatrix} r_1 & r_2 & \cdots & r_{n-1} & r_n \end{bmatrix}$$

aus n Koeffizienten zusammen, welche die jeweilige Zustandsgröße gewichten.

18

Das Vorfilter V ist so auszulegen, dass im stationären Zustand die Führungsgröße w mit der Ausgangsgröße y übereinstimmt. Das heißt, das Vorfilter sorgt für die stationäre Genauigkeit der Regelung. Beim Vorfilter handelt es sich nicht, wie der Namen vermuten lässt, um einen Filter, vielmehr ist das Vorfilter ein P-Glied.

Bild 18.29 zeigt die Struktur einer Zustandsregelung.

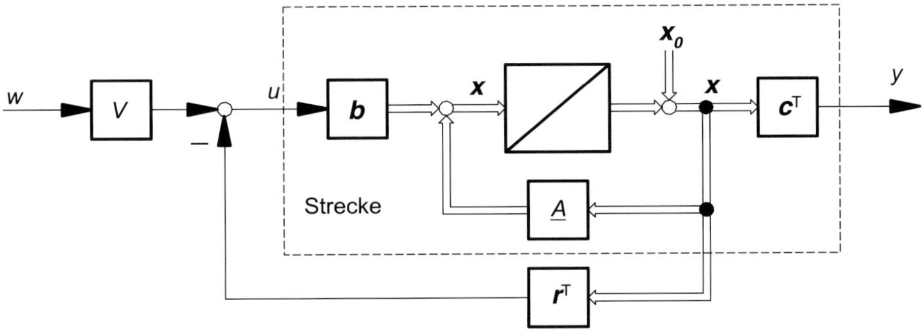

Bild 18.29 Strukturbild der Zustandsregelung

Der zu dimensionierende Zustandsregler $\boldsymbol{r}^{\mathrm{T}}$ soll so ausgelegt werden, dass der geschlossene Regelkreis möglichst gut der Führungsgröße w folgt und dass Störgrößen (z. B. eine Anfangsstörung $\boldsymbol{x}_0$) möglichst schnell ausgeregelt werden.

Aus Bild 18.29 kann man unmittelbar die Zustandsgleichung der geschlossenen Zustandsregelung ablesen. Es folgt:

$$\dot{\boldsymbol{x}} = \left(\underline{A} - \boldsymbol{b} \cdot \boldsymbol{r}^T\right) \cdot \boldsymbol{x} + \boldsymbol{b} \cdot V \cdot w$$

mit der Ausgangsgleichung

$$y = \boldsymbol{c}^{\mathrm{T}} \cdot \boldsymbol{x}$$

Mit der obigen Gleichung lautet die Systemmatrix der geschlossenen Regelung in Regelungsnormalform

$$\left(\underline{A} - \boldsymbol{b} \cdot \boldsymbol{r}^{\mathrm{T}}\right) = \begin{bmatrix} 0 & 1 & 0 & \cdots & 0 \\ 0 & 0 & 1 & \cdots & 0 \\ \vdots & \vdots & \vdots & \cdots & \vdots \\ 0 & 0 & 0 & \cdots & 1 \\ -\dfrac{a_0 + r_1}{a_n} & -\dfrac{a_1 + r_2}{a_n} & -\dfrac{a_2 + r_3}{a_n} & \cdots & -\dfrac{a_{n-1} + r_n}{a_n} \end{bmatrix}$$

Dabei unterscheidet sich die Systemmatrix des geschlossenen Regelkreises $\left(\underline{A} - \boldsymbol{b} \cdot \boldsymbol{r}^{\mathrm{T}}\right)$ nur in der letzten Zeile von der Systemmatrix $\underline{A}$ der offenen Strecke. Das heißt, die obigen Gleichungen des geschlossenen Regelkreises sind ebenfalls in der Regelungsnormalform dargestellt. Somit kann man die Übertragungsfunktion des geschlossenen Regelkreises ohne weitere Zwischenrechnung zu

$$F_{\mathrm{g}}(s) = \frac{Y(s)}{U(s)} = V \frac{b_{n-1} s^{n-1} + \ldots + b_1 s + b_0}{a_n s^n + \left(a_{n-1} + r_n\right) s^{n-1} + \ldots + \left(a_1 + r_2\right) s + \left(a_0 + r_1\right)}$$

aufstellen. Hierbei ist zu berücksichtigen, dass die Führungsgröße mit dem skalaren Faktor des Vorfilters V multipliziert werden muss. Durch die Wahl der Reglerkoeffizienten r_ν kann man das Nennerpolynom, d. h. die charakteristische Gleichung der geschlossenen Regelung, gezielt beeinflussen. Insgesamt sind bei einer Strecke n-ter Ordnung $n + 1$ Parameter, n Reglerkoeffizienten r_ν und das Vorfilter V zu berechnen.

Dazu geht man wie folgt vor:
Als Erstes gibt man die gewünschten n Pole $s_1, s_2, \ldots s_n$ der geschlossenen Übertragungsfunktion $F_g(s)$ in geeigneter Form vor und ermittelt durch Ausmultiplizieren die gewünschten Koeffizienten p_ν des Nennerpolynoms zu

$$p_n s^n + \ldots + p_2 s^2 + p_1 s + p_0 = p_n (s - s_1)(s - s_2)\ldots(s - s_n)$$

Durch Koeffizientenvergleich folgen

$$p_n s^n + \ldots + p_2 s^2 + p_1 s + p_0 = a_n s^n + (a_{n-1} + r_n) s^{n-1} + \ldots + (a_1 + r_2) s + (a_0 + r_1)$$

mit

$$p_n = a_n$$

die Reglerkoeffizienten zu

$$r_{\nu+1} = p_\nu - a_\nu \quad \text{für} \quad \nu = 0, \ldots, n-1 \tag{2}$$

Damit die geschlossene Strecke stabil ist, müssen alle Pole s_ν links von der imaginären Achse in der komplexen Ebene platziert werden.

Bei Strecken höherer Ordnung ($n > 3$) kann die Methode der Doppelverhältnisse zur Platzierung der Pole angewendet werden. Diese Methode führt ähnlich wie beim Betragsoptimum zu einem guten Führungsverhalten mit geringem Überschwingen nach einer sprungartigen Änderung der Führungsgröße. Hierbei gibt man das Nennerpolynom in der Form

$$\sum_{\nu=0}^{n} p_\nu s^\nu = \sum_{\nu=0}^{n} \left(\frac{1}{2}\right)^{\frac{\nu(\nu-1)}{2}} T_E^\nu s^\nu = 1 + \frac{1}{2} T_E s + \ldots + \left(\frac{1}{2}\right)^{\frac{n(n-1)}{2}} T_E^n s^n = 0$$

vor.

Dabei ist die Ersatzzeitkonstante T_E der einzige frei wählbare Parameter. Je kleiner die Ersatzteilkonstante gewählt wird, desto größere Werte nimmt die Stellgröße nach einem Führungssprung an.

Damit der Koeffizientenvergleich durchgeführt werden kann, muss die obige Gleichung mit dem Koeffizient a_n multipliziert und durch den Koeffizient p_n dividiert werden.

Hiermit resultieren die Reglerkoeffizienten zu

$$r_{\nu+1} = \frac{p_\nu}{p_n} a_n - a_\nu \quad \text{für} \quad \nu = 0, \ldots, n-1 \tag{3}$$

mit

18

$$p_\nu = \left(\frac{1}{2}\right)^{\frac{\nu(\nu-1)}{2}} T_E^\nu \quad \text{für} \quad \nu = 0, \ldots, n$$

Das Vorfilter V bestimmt man so, dass im stationären Zustand die Regeldifferenz zu null geregelt wird. Das Vorfilter ist mit

$$V = \frac{a_0 + r_1}{b_0}$$

bestimmt.

Anhand einer Strecke 3. Ordnung soll der Aufbau einer Zustandsregelung exemplarisch dargestellt werden. Die Strecke sei durch die Übertragungsfunktion

$$F(s) = \frac{Y(s)}{U(s)} = \frac{b_0}{a_3 s^3 + a_2 s^2 + a_1 s + a_0}$$

gegeben.

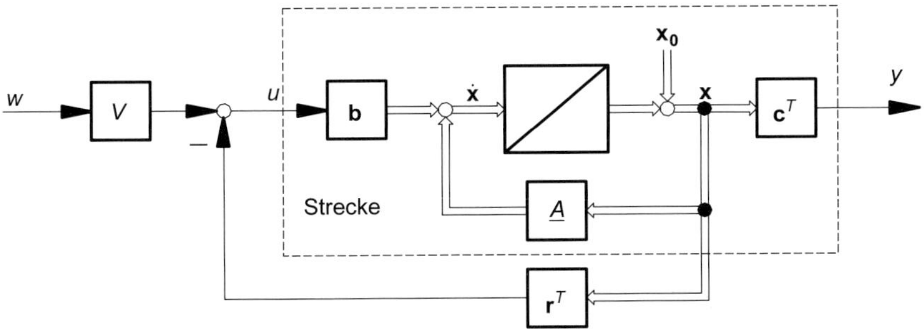

Bild 18.30 Strukturbild der Zustandsregelung in Regelungsnormalform

Bild 18.30 zeigt zum einen die Regelstrecke gemäß Bild 18.27 in Regelungsnormalform sowie den Zustandsregler. Der Zustandsregler besteht aus dem Vorfilter V und dem Regelvektor $\boldsymbol{r}^{\mathrm{T}}$ mit den Reglerkoeffizienten r_1, r_2 und r_3. Eingangsgröße der Regelung ist die Führungsgröße w, die Ausgangs- oder Regelgröße ist mit y bezeichnet.

18.3.4 Zustandsbeobachter

Nachfolgend wird ein Zustandsbeobachter anhand eines Eingrößensystems abgeleitet. Die Ausführungen lassen sich ohne weiteres auf Mehrgrößensysteme übertragen.

Zur Implementierung einer Zustandsregelung ist es erforderlich, dass alle Zustandsgrößen x_ν des Zustandsvektors $\underline{x}$ messtechnisch mit vertretbarem Aufwand erfasst und über den Regelvektor auf den Eingang zurückgekoppelt werden können. In der Praxis ist die Erfassung aller Zustandsgrößen jedoch oft mit erheblichen Kosten verbunden oder technisch nicht realisierbar. In diesen Fällen hilft ein **Luenberger Beobachter** weiter. Der Luenberger Beobachter stellt ein mathematisches Modell der Strecke dar und liefert einen Schätzwert $\hat{\underline{x}}$ für den Zustandsvektor $\underline{x}$. Bild 18.31 ist die Struktur einer Zustandsregelung mit Beobachter zu entnehmen.

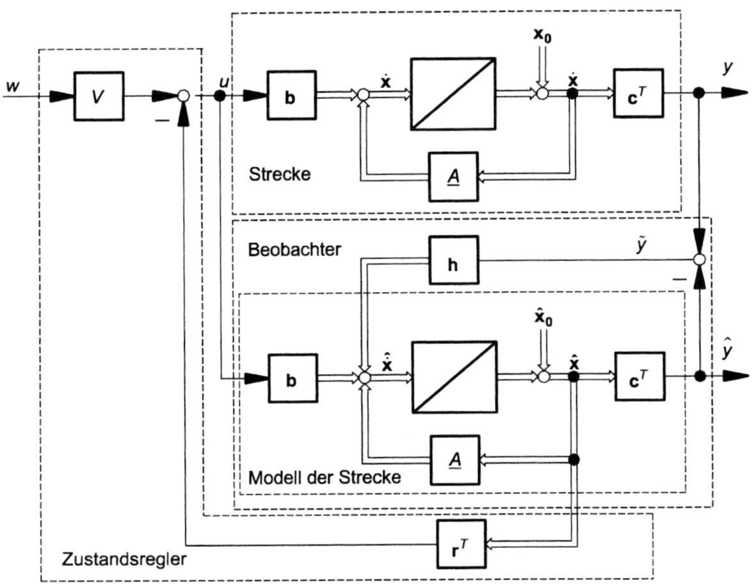

Bild 18.31 Strukturbild der Zustandsregelung mit Beobachter

Der Beobachter besteht zunächst aus einem mathematischen Modell der Strecke. Dabei wirkt auf den Streckeneingang und auf den Eingang des Streckenmodells die gemeinsame Eingangsgröße u. Das Streckenmodell berechnet aus der Eingangsgröße u einen Schätzwert $\hat{\boldsymbol{x}}$ der Zustandsgröße $\boldsymbol{x}$. Mit dem Schätzwert $\hat{\boldsymbol{x}}$ der Zustandsgröße $\boldsymbol{x}$ schließt man nun analog der klassischen Zustandsregelung den Regelkreis über den Regelvektor $\boldsymbol{r}^{\mathrm{T}}$. Für die Qualität der Regelung ist es entscheidend, dass der Zustandsvektor $\boldsymbol{x}$ und der Schätzwert $\hat{\boldsymbol{x}}$ gut übereinstimmen. Hierfür muss das Modell der Strecke mit der eigentlichen Strecke abgeglichen werden. Dazu bildet man den Schätzfehler $\tilde{y} = (y - \hat{y})$ und koppelt ihn gewichtet mit den Rückkoppelvektor $\boldsymbol{h}$ auf den Eingang des Streckenmodells zur Korrektur des Schätzfehlers zurück. Beim Rückkoppelvektor handelt es sich um einen n-dimensionalen Vektor:

$$\boldsymbol{h} = \begin{bmatrix} h_1 \\ h_2 \\ \vdots \\ h_n \end{bmatrix}$$

Bei der obigen Zustandsregelung können der Regelvektor $\boldsymbol{r}^{\mathrm{T}}$ und der Rückkoppelvektor $\boldsymbol{h}$ frei eingestellt werden.

Die Einstellung erfolgt in zwei Schritten. Als Erstes muss der Rückkoppelvektor $\boldsymbol{h}$ bestimmt werden. Dazu zieht man den Schätzfehler

$$\tilde{y} = (y - \hat{y}) = \boldsymbol{c}^{\mathrm{T}} \cdot [\boldsymbol{x} - \hat{\boldsymbol{x}}]$$

und den Zustandsschätzfehler $\tilde{\boldsymbol{x}} = (\boldsymbol{x} - \hat{\boldsymbol{x}})$ mit

$$\dot{\tilde{\boldsymbol{x}}} = (\dot{\boldsymbol{x}} - \dot{\hat{\boldsymbol{x}}}) = \underline{A} \cdot (\boldsymbol{x} - \hat{\boldsymbol{x}}) - \boldsymbol{h} \cdot \tilde{y} = \underline{A} \cdot (\boldsymbol{x} - \hat{\boldsymbol{x}}) - \boldsymbol{h}^{\mathrm{T}} \boldsymbol{c}^{\mathrm{T}} \cdot [\boldsymbol{x} - \hat{\boldsymbol{x}}]$$

heran. Damit folgt als Zweites die Zustandsdifferenzialgleichung für den Zustandsschätzfehler

$$\dot{\tilde{\boldsymbol{x}}} = \underline{A} \cdot \tilde{\boldsymbol{x}} - \boldsymbol{h} \cdot \boldsymbol{c}^{\mathrm{T}} \cdot \tilde{x} = \left(\underline{A} - \boldsymbol{h} \cdot \boldsymbol{c}^{\mathrm{T}}\right) \cdot \tilde{x}$$

Den Rückkoppelvektor $\underline{h}$ wird man so wählen, dass der Anfangsfehler $\tilde{\boldsymbol{x}}_0 = \boldsymbol{x}_0 - \tilde{\boldsymbol{x}}_0$ mit zunehmender Zeit gegen null strebt. Nach dem „**Separationstheorem**" können der Rückkoppelvektor $\boldsymbol{h}$ und der Regelvektor $\boldsymbol{r}^{\mathrm{T}}$ unabhängig voneinander ausgelegt werden. Allerdings sollte das transiente Verhalten des Beobachters wesentlich schneller als das des Zustandsregelkreises sein.

Die Elemente der beiden Vektoren $\boldsymbol{h}$ und $\boldsymbol{r}^{\mathrm{T}}$ können mit der Methode der Polvorgabe (Abschn. 18.3.3) dimensioniert werden.

18

Aus der Beobachternormalform folgt das Gleichungssystem

$$\dot{\tilde{\boldsymbol{x}}} = \left(\underline{A} - \boldsymbol{h} \cdot \boldsymbol{c}^{\mathrm{T}}\right) \cdot \tilde{x} = \begin{bmatrix} 0 & 0 & \cdots & 0 & (-a_0 - h_1) \\ 1 & 0 & \cdots & 0 & (-a_1 - h_2) \\ 0 & 1 & \cdots & 0 & (-a_2 - h_3) \\ \vdots & \vdots & \cdots & \vdots & \vdots \\ 0 & 0 & \cdots & 1 & (-a_{n-1} - h_n) \end{bmatrix} \cdot \tilde{\boldsymbol{x}}$$

für den geschlossenen Beobachter. Mit der charakteristischen Gleichung des Beobachters
$\det\left(s \cdot \underline{I} - \left(\underline{A} - \boldsymbol{h} \cdot \boldsymbol{c}^{\mathrm{T}}\right)\right) = s^n + \left(a_{n-1} + h_n\right) s^{n-1} + \ldots + \left(a_1 + h_2\right) s + \left(a_0 + h_1\right) = 0$

können die gewünschten Pole des Beobachters unmittelbar durch Polvorgabe eingestellt werden. Durch Koeffizientenvergleich

$$s^n + \left(a_{n-1} + h_n\right) s^{n-1} + \ldots + \left(a_1 + h_2\right) s + \left(a_0 + h_1\right) =$$
$$= (s - s_1)(s - s_2) \ldots (s - s_n) = s^n + \ldots + p_2 s^2 + p_1 s + p_0 = 0$$

folgen die Elemente h_ν des Rückkoppelvektors $\boldsymbol{h}$ zu

$$h_\nu = p_{\nu-1} - a_{\nu-1} \quad \text{für} \quad \nu = 1, \ldots, n.$$

18.4 Abtastregelung

In der Automatisierungstechnik werden die Steuer- und Regelalgorithmen zunehmend auf Mikrokontrollern und digitalen Signalprozessoren realisiert. Die digitale Realisierung von Regelkreisen bietet im Vergleich zu analog realisierten Regelkreisen vielfältige Vorteile:

- Einfachere Einstellung der Parameter.
- Digital realisierte Regeleinrichtungen sind driftfrei in Bezug auf Umwelteinflüsse, beispielsweise Temperatur, Alterung.
- Einfache Integration in ein vernetztes System über digitale Datenbusse.
- Selbstinbetriebnahme von Regelungen durch Aufschalten von Testfunktionen auf die Strecke ist nur mit digitalen Rechnern wirtschaftlich möglich.
- Nachführung von Reglereinstellungen, wenn sich Streckenparameter ändern (Online-Parameteradaption).

18.4.1 Aufbau einer Abtastregelung

Bild 18.32 zeigt den grundsätzlichen Aufbau einer digitalen Abtastregelung. Wie bei der kontiuierlichen Regelung wird die Regelgröße x durch eine Messwerterfassung aufgenommen. Der Mikrorechner oder Mikrokontroller (im Weiteren kurz als Rechner bezeichnet) tastet die Rückführgröße r zu äquidistanten Zeitpunkten $t = kT_A$ mit $k = 0, 1, 2, \ldots$ ab. Die Abtastperiode T_A ist die Zeitspanne, die jeweils zwischen zwei Abtastungen verstreicht. Die abgetastete Rückführgröße muss mittels eines Analog-Digital-Wandlers digitalisiert und im Speicher des Rechners als Digitalwert $r_k = r(t = kT_A)$ abgelegt werden. Mit der Führungsgröße $w_k = w(t = kT_A)$ und der Rückführgröße r_k führt der Rechner den Regelalgorithmus periodisch aus und legt das Ergebnis beispielsweise im Speicher als Reglerausgangsgröße $u_k = u(kT_A)$ ab. Wie bei den analogen Regelungen kommen bei Abtastregelungen meist P-, PI- oder PID-Regelalgorithmen zum Einsatz.

Je nach Stellglied muss die Reglerausgangsgröße noch mit einem Digital-Analog-Wandler in eine analoge Größe $\bar{u}$ umgesetzt und auf den Eingang des Stellglieds geschaltet werden. Durch die zeitdiskrete Arbeitsweise des Rechners kann sich die Reglergröße u_k und damit die Eingangsgröße $\bar{u}$ des Stellglieds ebenfalls nur zu den Zeitpunkten $t = kT_A$ ändern.

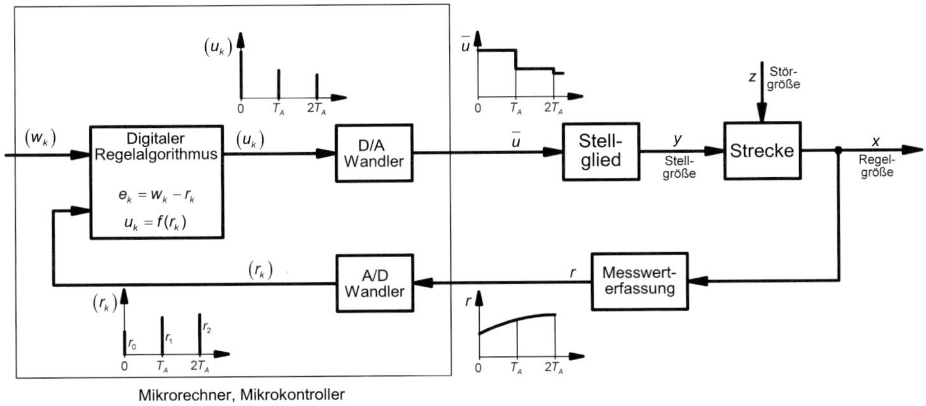

Bild 18.32 Strukturbild der Zustandsregelung mit Beobachter

18

18.4.1.1 Mathematische Beschreibung des Abtasthalteglieds

Als Erstes muss das Abtasthalteglied, das aus einem Abtaster und einem Halteglied besteht, näher untersucht werden. Das Abtasthalteglied hat die Aufgabe, der Funktion $f(t)$ zu den äquidistanten Zeitpunkten $t = kT_A$ die Funktionswerte $f_k = f(kT_A)$ zu entnehmen und diese für die Dauer einer Abtastperiode T_A zu speichern (Bild 18.33).

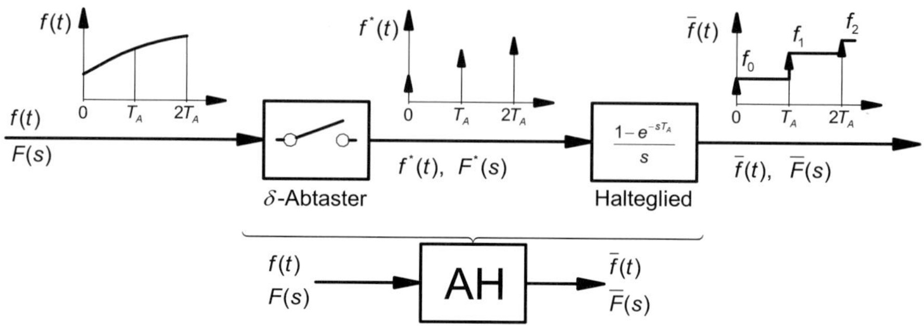

Bild 18.33 Darstellung des Abtasthalteglieds

Mit der Sprungfunktion

$$\sigma(t) = \begin{cases} 0 & \text{für} \quad t < 0 \\ 1 & \text{für} \quad t \geq 0 \end{cases}$$

kann man einen einzelnen Impuls der Treppenfunktion (Bild 18.34) in der Form

$$\bar{f}_k = f_k\left[\sigma(t - kT_A) - \sigma(t - (k+1)\,T_A)\right]$$

darstellen.

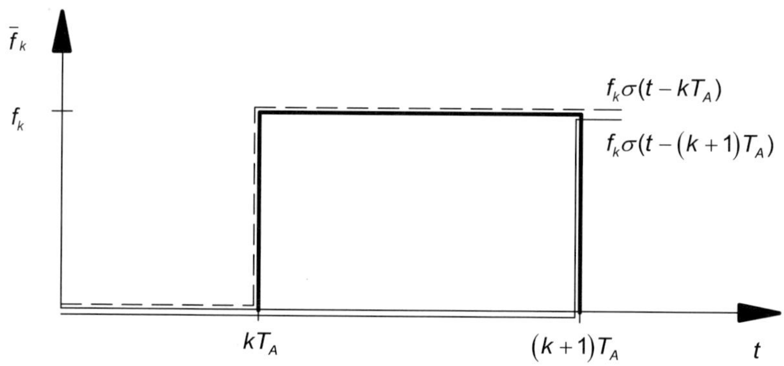

Bild 18.34 Einzelimpuls der Treppenfunktion als Differenz zwischen zwei Sprungfunktionen

Die gesamte Treppenfunktion $\bar{f}(t)$ kann aus den Einzelimpulsen gemäß Bild 18.33 als

$$\bar{f}(t) = \sum_{k=0}^{\infty} f_k\left[\sigma(t - kT_A) - \sigma(t - (k+1)\,T_A)\right]$$

dargestellt werden.

Unterzieht man die obige Gleichung der Laplace-Transformation, dann folgt im Bildbereich

$$\bar{F}(s) = \sum_{k=0}^{\infty} f_k\left[\frac{e^{-kT_A s}}{s} - \frac{e^{-(k+1)T_A s}}{s}\right] = \frac{1 - e^{-T_A s}}{s} \sum_{k=0}^{\infty} f_k e^{-kT_A s}$$

Das Abtasthalteglied lässt sich mathematisch aus dem Produkt zweier Teiloperationen darstellen (Bild 18.33).

Die erste Operation der Abtastung wird im Bildbereich durch den δ-Abtaster

$$F^*(s) = \sum_{k=0}^{\infty} f_k \mathrm{e}^{-kT_\mathrm{A}s}$$

dargestellt. Mit der inversen Laplace-Transformation berechnet sich die Zeitfunktion zu

$$f^*(f) = \sum_{k=0}^{\infty} f_k \delta(t - kT_\mathrm{A}) = \sum_{k=0}^{\infty} f(kT_\mathrm{A})\,\delta(t - kT_\mathrm{A})$$

Bei der obigen Funktion handelt es sich um eine Folge von δ-Impulsen, die in Bild 18.33 durch Pfeile repräsentiert werden. Die Länge des Pfeils entspricht dem Funktionswert von $f(kT_\mathrm{A})$, jeweils zu den äquidistanten Zeitpunkten kT_A. Jeder Summand $\delta(t - kT_\mathrm{A})$ stellt einen hohen, schmalen Impuls zum Zeitpunkt kT_A mit der Fläche 1 dar.

Das Halteglied mit der Übertragungsfunktion

$$G_\mathrm{h}(s) = \frac{1 - \mathrm{e}^{-T_\mathrm{A}s}}{s}$$

speichert jeweils einen δ-Impuls eine Abtastperiode T_A lang. Hiermit steht am Ausgang des Abtasthalteglieds gemäß Bild 18.33 das treppenförmige Signal $\overline{f}(t)$ zur Verfügung.

18.4.1.2 *Z*-Transformation

Zeitdiskrete Regelungen beschreibt man mit Hilfe der z-Transformation. Dabei kann der Abtastvorgang der Zeitfunktion $f(t)$ im Zeitbereich durch die Impulsfolgefunktion $f^*(t)$ oder im Bildbereich durch

$$F^*(s) = \sum_{k=0}^{\infty} f_k \mathrm{e}^{-kT_\mathrm{A}s}$$

beschrieben werden. Die obige Gleichung enthält die Wertefolge (f_k) und die e-Funktion mit der komplexen Variable s. Mit der Substitution

$$z = \mathrm{e}^{kT_\mathrm{A}s}$$

erhält man aus der obigen Gleichung eine rationale Funktion $F_z(z)$ mit einer komplexen Variablen z zu

$$\left[F^*(s)\right]_{\mathrm{e}^{kT_\mathrm{A}s} = z} = F_z(z) = \sum_{k=0}^{\infty} f_k z^{-k}$$

Diese Funktion ist eine Potenzreihe in z mit negativem Exponenten. Man bezeichnet die Funktion $F_z(z)$ als z-Transformierte der Wertefolge (f_k). Die z-Transformation der Wertefolge (f_k) ist durch

$$\mathfrak{Z}\{(f_k)\} = F_z(z) = \sum_{k=0}^{\infty} f_k z^{-k}$$

definiert. Die inverse z-Transformation liefert aus der Funktion $F_z(z)$ die Wertefolge (f_k). Es gilt:

$$\mathfrak{Z}^{-1}\{F_z(z)\} = (f_k)$$

Nachfolgend wird exemplarisch die z-Transformierte für die Sprungantwort $f(t) = \sigma(t)$ berechnet. Die Sprungantwort $\sigma(t)$ liefert für $t \geq 0$ die Zahlenfolge $f_k = (1, 1, 1, \ldots)$ mit $k = 0, 1, 2, \ldots$ Setzt man die Zahlenfolge in $\mathfrak{Z}\{(f_k)\} = F_z(z) = \sum_{k=0}^{\infty} f_k z^{-k}$ ein, dann folgt

$$\mathfrak{Z}\{(f_k)\} = F_z(z) = 1 + z^{-1} + z^{-2} + \ldots$$

Die Reihe konvergiert für $\left|z^{-1}\right| < 1$; damit ist

$$F_z(z) = \frac{z}{z-1}$$

In Tabelle 18.12 sind die wichtigsten z-Transformierten zusammengestellt.

Tabelle 18.12 Korrespondenzen der z-Transformation

$f(t)$	f_k	$F(s)$	$F_z(z)$
$\sigma(t)$	1	$\frac{1}{s}$	$\frac{z}{z-1}$
t	kT_A	$\frac{1}{s^2}$	$T_\mathrm{A}\frac{z}{(z-1)^2}$
t^2	$(kT_\mathrm{A})^2$	$\frac{2!}{s^3}$	$T_\mathrm{A}^2 z\frac{z+1}{(z-1)^3}$
t^3	$(kT_\mathrm{A})^3$	$\frac{3!}{s^3}$	$T_\mathrm{A}^3 z\frac{z^2+4z+1}{(z-1)^4}$
$\mathrm{e}^{\alpha t}$	$\mathrm{e}^{\alpha k T_\mathrm{A}}$	$\frac{1}{s-\alpha}$	$\frac{z}{z-\mathrm{e}^{\alpha T_\mathrm{A}}}$
$\frac{1}{2!}t^2\,\mathrm{e}^{\alpha t}$	$(kT_\mathrm{A})^2\,\mathrm{e}^{\alpha k T_\mathrm{A}}$	$\frac{1}{(s-\alpha)^3}$	$\frac{1}{2}T_\mathrm{A}^2\,\mathrm{e}^{\alpha T_\mathrm{A}}\frac{z+\mathrm{e}^{\alpha T_\mathrm{A}}}{\left(z-\mathrm{e}^{\alpha T_\mathrm{A}}\right)^3}$
$\sin(\omega t)$	$\sin(\omega k T_\mathrm{A})$	$\frac{\omega}{s^2+\omega^2}$	$z\frac{\sin(\omega T_\mathrm{A})}{z^2-2z\cos(\omega T_\mathrm{A})+1}$
$\cos(\omega t)$	$\cos(\omega k T_\mathrm{A})$	$\frac{s}{s^2+\omega^2}$	$z\frac{\cos(\omega T_\mathrm{A})}{z^2-2z\cos(\omega T_\mathrm{A})+1}$
$\mathrm{e}^{\alpha t}\sin(\omega t)$	$\mathrm{e}^{\alpha k T_\mathrm{A}}\sin(\omega k T_\mathrm{A})$	$\frac{\omega}{(s-\alpha)^2+\omega^2}$	$z\frac{\mathrm{e}^{\alpha T_\mathrm{A}}\sin(\omega T_\mathrm{A})}{z^2-2z\,\mathrm{e}^{\alpha T_\mathrm{A}}\cos(\omega T_\mathrm{A})+2\,\mathrm{e}^{\alpha T_\mathrm{A}}}$
$\mathrm{e}^{\alpha t}\cos(\omega t)$	$\mathrm{e}^{\alpha k T_\mathrm{A}}\cos(\omega k T_\mathrm{A})$	$\frac{s-\alpha}{(s-\alpha)^2+\omega^2}$	$z\frac{z-\mathrm{e}^{\alpha T_\mathrm{A}}\cos(\omega T_\mathrm{A})}{z^2-2z\,\mathrm{e}^{\alpha T_\mathrm{A}}\cos(\omega T_\mathrm{A})+2\,\mathrm{e}^{\alpha T_\mathrm{A}}}$
$\delta(t-mT_\mathrm{A})$	1 für $k=m$ 0 für $k\neq m$	$\mathrm{e}^{-msT_\mathrm{A}}$	z^{-m}
$a^{\frac{t}{T_\mathrm{A}}}$	a^k	$\frac{1}{1-\frac{1}{T_\mathrm{A}}\ln a}$	$\frac{z}{z-a}$

18.4.1.3 Rechenregeln der z-Transformation

In Tabelle 18.13 sind die wichtigsten Rechenregeln der z-Transformation zusammengestellt. Diese Rechenregeln geben an, wie sich Operationen, angewendet auf die Zeitfunktion $f(t)$, auf die Zahlenfolge f_k und auf die Bildfunktion $F_z(z)$ auswirken. Dabei ist die Zeitfunktion mit $f(t)$, die Zahlenfolge f_k ($k = 0, 1, 2, \ldots$) und korrespondierende z-Transformierte mit $F_z(z)$ bezeichnet.

Tabelle 18.13 Korrespondenzen der z-Transformation

Operation	Operation mit der Zeitfunktion	Operation mit der Zahlenfolge	Operation im Bildbereich
Linearität	$c_1 \cdot f_1(t) + c_2 \cdot f_2(t)$	$c_1 \cdot f_{1k} + c_2 \cdot f_{2k}$	$c_1 \cdot F_{1z}(z) + c_2 \cdot F_{2z}(z)$
Verschiebung nach rechts	$f(t - mT_A)$	f_{k-m}	$z^{-m}\left\{F_z(z) + \sum\limits_{\nu=0}^{m} f_{-\nu} z^{\nu}\right\}$
Verschiebung nach links	$f(t + mT_A)$	f_{k+m}	$z^{-m}\left\{F_z(z) - \sum\limits_{\nu=0}^{m} f_{\nu} z^{-\nu}\right\}$
Summation $f(t=0)$, für $t<0$	$\sum\limits_{\nu=0}^{\infty} f(t - \nu T_A)$	$f_k \sum\limits_{\nu=0}^{k} f_k$ $f_k \sum\limits_{\nu=0}^{k-1} f_k$	$\frac{z}{z-1} F_z(z)$ $\frac{1}{z-1} F_z(z)$
Differenzbildung	$f(t) - f(t - T_A)$ $f(t + T_A) - f(t)$	$f_k - f_{k-1}$ $f_{k+1} - f_k$	$\frac{z-1}{z} F_z(z) - f_{-1}$ $(z-1)\,F_z(z) - f_0 \cdot z$

18.4.1.4 Zeitdiskreter PID-Regler

Analog zu den zeitkontinuierlich arbeitenden Reglern können die diskreten Regelalgorithmen für einen P-, PI- und PD-Regler aus dem Regelalgorithmus des PID-Reglers durch Nullsetzen von Koeffizienten abgeleitet werden.

Den diskreten PID-Algorithmus erhält man aus der Rechenvorschrift eines kontinuierlichen PID-Reglers

$$u(t) = \underbrace{K_P \cdot e(t)}_{\text{P-Anteil}} + \underbrace{K_I \int_0^t e(\tau)\,d\tau}_{\text{I-Anteil}} + \underbrace{K_D \frac{d}{dt} e(t)}_{\text{D-Anteil}}$$

indem man die Integration durch eine Summation und die Differenziation durch die Differenzbildung ersetzt. Es gilt:

$$u_k = \underbrace{K_P \cdot e_k}_{\text{P-Anteil}} + \underbrace{K_I \cdot T_A \sum_{\nu=0}^{\nu=k-1} e_\nu}_{\text{I-Anteil}} + \underbrace{\frac{K_D}{T_A}\left(e_k - e_{k-1}\right)}_{\text{D-Anteil}}$$

beziehungsweise mit den Abkürzungen:

$K_R = K_P$ Verstärkungsfaktor

$T_N = \frac{K_R}{K_I}$ Nachstell- oder Integrierzeit

$T_V = \frac{K_D}{K_R}$ Vorhalte- oder Differenzierzeit

$$u_k = K_P \left[e_k + \frac{T_A}{T_N} \sum_{\nu=0}^{\nu=k-1} e_\nu + \frac{T_V}{T_A}\left(e_k - e_{k-1}\right) \right]$$

Hierbei ist die Abtastzeit der Regelung mit T_A, die Reglerausgangsgröße mit u_k und die Reglereingangsgröße mit e_k bezeichnet. Wendet man die z-Transformation auf die obige Gleichung an, so folgt die z-Übertragungsfunktion des diskreten PID-Regelalgorithmus zu

$$U(z) = K_P \left[E(z) + E(z) \frac{T_A}{T_N} \frac{1}{z-1} + E(z) \frac{T_V}{T_A} \frac{z-1}{z} \right]$$

beziehungsweise nach einigen Umformungen

$$F_R(z) = \frac{U(z)}{E(z)} = \frac{a_0 + a_1 z^{-1} + a_2 z^{-2}}{1 - z^{-1}}$$

mit den Abkürzungen:

$$a_0 = K_R \left(1 + \frac{T_V}{T_A} \right) \qquad a_1 = -K_R \left(1 + \frac{2T_V}{T_A} - \frac{T_A}{T_N} \right) \qquad a_2 = K_R \frac{T_V}{T_A}$$

Bild 18.35 zeigt die Struktur eines diskreten PID-Algorithmus. Die Reglereingangsgröße e_k wird durch zwei Totzeitglieder mit der Totzeit T_A jeweils um eine Abtastperiode verzögert. Dabei bedeutet eine Verzögerung um ein Abtastintervall bei einer digital realisierten Regelung lediglich eine Zwischenspeicherung der entsprechenden Größe für die Dauer eines Abtastintervalls. Die Eingangsgröße e_k und die um ein beziehungsweise um zwei Abtastperioden verzögerten Eingangsgrößen e_{k-1}, e_{k-2} werden mit den Koeffizienten a_0, a_1 und a_2 multipliziert und aufsummiert. Damit ist der Zähler der Reglerübertragungsfunktion $F_R(z)$ in ein Strukturbild umgesetzt. Der Nennerterm $1 - z^{-1}$ entspricht der Summation von Δu_k. Besonders einfach kann man die Reglerbegrenzung realisieren, indem man die Summation durch ein nichtlineares Kennglied limitiert.

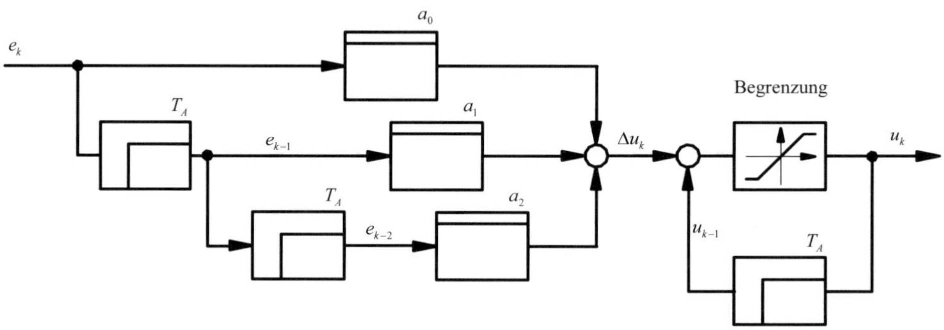

Bild 18.35 Strukturbild eines zeitdiskreten PID-Algorithmus

18.4.2 Reglereinstellung

In der Praxis kann die Abtastzeit T_A oft so gewählt werden, dass sie sehr klein im Vergleich zur kleinsten Systemzeitkonstanten ist. In diesen Fällen können die Einstellvorschriften für kontinuierlich arbeitende Regler aus Abschnitt 18.2.6 direkt auf Abtastregelungen übertragen werden. Der kontinuierliche Reglerentwurf liefert die Reglerverstärkung K_R, die Vorhaltezeit T_V und die Nachstellzeit T_N. Aus diesen Parametern kann man die einzustellenden Koeffizienten a_0, a_1 und a_2 bestimmen.

18.4.3 Beschreibung einer Regelung mit der *z*-Transformation

Ist die obige Annahme, dass die Abtastzeit T_A sehr viel kleiner als die kleinste Systemzeitkonstante ist, nicht erfüllt, dann muss zum Reglerentwurf die Regelung mit der z-Transformation dargestellt werden. Ausgangspunkt ist eine Struktur der Abtastregelung nach Bild 18.36, bestehend aus einem δ-Abtaster mit nachgeschaltetem Halteglied sowie dem zeitdiskreten Regler und der zu regelnden Strecke mit der Übertragungsfunktion $F_S(s)$.

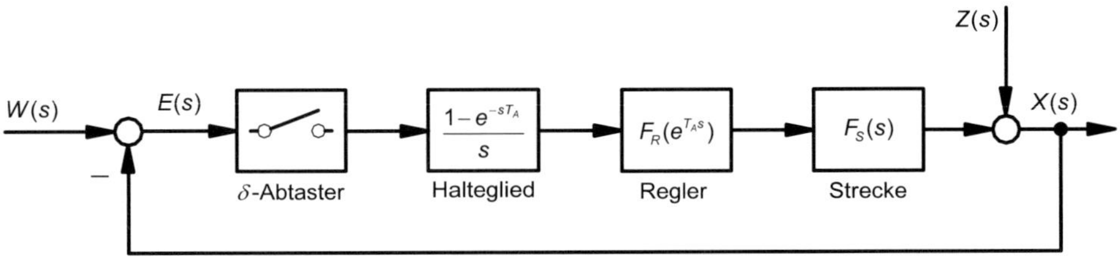

Bild 18.36 Strukturbild einer Abtastregelung

Die offene Übertragungsfunktion der obigen Regelung lautet

$$F_o(s) = \frac{X(s)}{E(s)} = \frac{1 - e^{-T_A s}}{s} F_R\left(e^{T_A s}\right) \cdot F_S(s)$$

Wendet man die z-Transformation auf die obige Gleichung an, dann folgt

$$F_o(z) = z\left\{1 - e^{-T_A s} F_R\left(e^{T_A s}\right) \cdot \frac{F_S(s)}{s}\right\}$$

beziehungsweise mit der Abkürzung $e^{T_A s} = z$

$$F_o(z) = (1 - z^{-1})\, F_R(z)\; z\left\{\frac{F_S(s)}{s}\right\}$$

Die z-Transformierte zum Term $\frac{F_S(s)}{s}$ lässt sich mit Tabelle 18.12 ermitteln. Aus der offenen Übertragungsfunktion $F_o(z)$ resultiert unmittelbar die z-Führungsübertragungsfunktion

$$F_{g,w}(z) = \frac{X(z)}{W(z)} = \frac{F_o(z)}{F_o(z) + 1}$$

und die z-Störübertragungsfunktion

$$F_{g,z}(z) = \frac{X(z)}{W(z)} = \frac{1}{F_o(z) + 1}$$

18.4.4 Stabilität

Eine diskrete Regelung ist dann stabil, wenn der geschlossene Regelkreis auf eine beschränkte Eingangsfolge w_k mit $k = 0, 1, 2$ mit einer beschränkten Ausgangsfolge w_k mit $k = 0, 1, 2$ reagiert. Die Stabilität kann am einfachsten anhand der z-Stör- beziehungsweise der z-Führungsübertragungsfunktion überprüft werden. Die Führungs- und Störübertragungsfunktion kann im Allgemeinen als Quotient aus einem Zähler- und einem Nennerpolynom

$$F_{g,w}(z) = \frac{F_o(z)}{F_o(z) + 1} = \frac{Z_w(z)}{N(z)}$$

und

$$F_{g,z}(z) = \frac{F_o(z)}{F_o(z) + 1} = \frac{Z_z(z)}{N(z)}$$

18

dargestellt werden. Dabei unterscheiden sich die Führungs- und Störübertragungsfunktion im Zählerpolynom mit $Z_w(z)$ und $Z_z(z)$. Beide Übertragungsfunktionen haben jedoch das gleiche Nennerpolynom $N(z)$.

In der z-Ebene erhält man folgende notwendige und hinreichende Stabilitätsbedingung:

Ein Abtastsystem ist genau dann stabil, wenn alle Nullstellen des Nennerpolynoms innerhalb des Einheitskreises in der komplexen z-Ebene liegen. Das heißt, wenn für alle Pole

$|z_i| < 1 \quad \text{für} \quad i = 1, 2, 3, \ldots, n$

gilt (Bild 18.37).

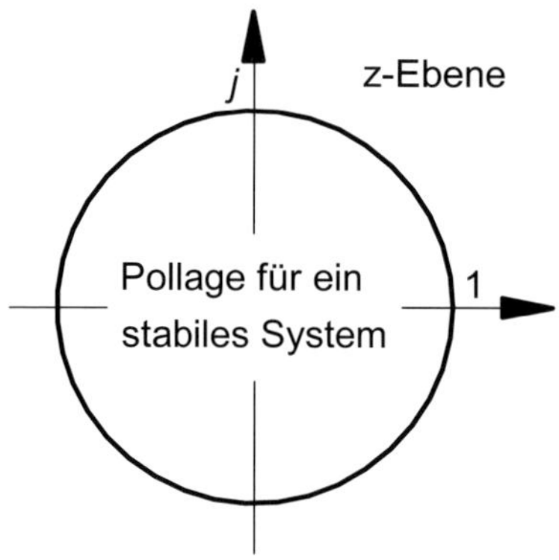

Bild 18.37 Pollage eines stabilen Abtastsystems

18.4.5 Kompensationsregler

Ein Kompensationsregler erlaubt es, das Führungs- oder Störverhalten einer diskreten Regelung nahezu beliebig vorzugeben. Im Folgenden wird exemplarisch ein Kompensationsregler, der für gutes Führungsverhalten sorgt, abgeleitet. Die Vorgehensweise lässt sich analog auf das Störverhalten übertragen. Ausgangspunkt für die weiteren Ableitungen ist eine Regelung nach Bild 18.38. Die Reglerübertragungsfunktion ist mit $F_R(z)$ bezeichnet. Der Streckenübertragungsfunktion $F_S(z)$ wurde die Übertragungsfunktion des Abtasthaltegliedes zugeordnet.

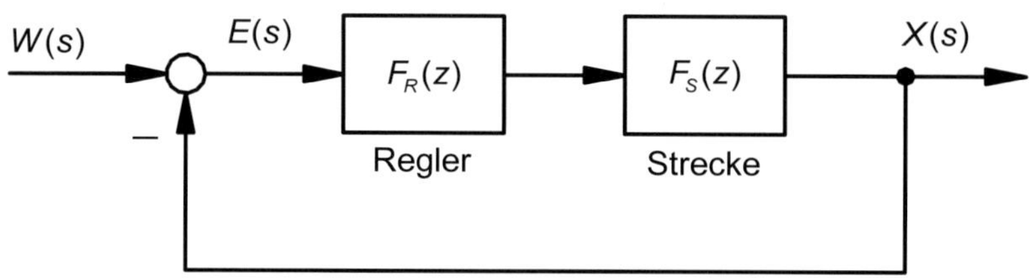

Bild 18.38 Strukturbild einer Abtastregelung zur Berechnung eines Kompensationsreglers

Damit berechnet sich die Führungsübertragungsfunktion des geschlossenen Regelkreises zu

$$F_{g,w}(z) = \frac{F_R(z) \cdot F_S(z)}{F_R(z) \cdot F_S(z) + 1}$$

Man gibt sich nun eine Führungsübertragungsfunktion $F_w(z)$ vor, die das gewünschte dynamische Verhalten zeigt. Das heißt, für den geschlossenen Regelkreis wird gefordert:

$$F_w(z) \stackrel{!}{=} F_{g,w}(z) = \frac{F_R(z) \cdot F_S(z)}{F_R(z) \cdot F_S(z) + 1}$$

Bei vorgegebener Führungsübertragungsfunktion $F_w(z)$ berechnet sich die Übertragungsfunktion des erforderlichen Reglers durch Auflösen der obigen Gleichung zu

$$F_R(z) = \frac{1}{F_S(z)} \cdot \frac{F_w(z)}{F_w(z) - 1}$$

Die Reglerübertragungsfunktion $F_R(z)$ berechnet sich aus der reziproken Streckenübertragungsfunktion $F_S(z)$ und einem zweiten Faktor, der von der geforderten Führungsübertragungsfunktion abhängt.

Bei einer Kompensationsregelung mit der Übertragungsfunktion $F_R(z)$ und einer Strecke mit der Übertragungsfunktion $F_S(z)$ werden immer die Pole und Nullstellen der Strecke durch die Nullstellen und Pole des Reglers gekürzt. Beschreibt die Übertragungsfunktion $F_S(z)$ der Strecke nicht exakt das dynamische Verhalten der Strecke, dann kann der Einsatz eines Kompensationsreglers immer dann problematisch sein, wenn die Strecke Pole oder Nullstellen hat, die außerhalb oder in der Nähe des Einheitskreises liegen.

In diesem Fall würden die Streckennullstellen und -pole nicht exakt durch die Reglerpole und -nullstellen gekürzt. Dies kann dazu führen, dass der geschlossene Regelkreis Pole außerhalb des Einheitskreises hat und somit die Regelung instabil wird.

Weiterführende Literatur

Braun, A.: Grundlagen der Regelungstechnik. München Wien: Carl Hanser Verlag 2005

Föllinger, O.: Regelungstechnik. Heidelberg: Hüthig Verlag 2006

Gassmann, H.: Regelungstechnik. 2. Aufl., Frankfurt/M.: Deutsch 2004

Grosse, N.; Schorn, W. (Hrsg.): Taschenbuch der praktischen Regelungstechnik. Leipzig: Fachbuchverlag 2006

Lunze, J.: Regelungstechnik 1. 6. Aufl., Berlin: Springer Verlag 2007

Lunze, J.: Regelungstechnik 2. 4. Aufl., Berlin: Springer Verlag 2006

Lutz, H.; Wendt, W.: Taschenbuch der Regelungstechnik. 6. Aufl., Frankfurt/M.: Deutsch 2005

Mann, H.; Schiffelgen, H.; Froriep, R.: Einführung in die Regelungstechnik. 10. Aufl., München Wien: Carl Hanser Verlag 2005

Philippsen, H. W.: Einstieg in die Regelungstechnik. München Wien: Carl Hanser Verlag 2004

Pritschow, G.; Storr, A.: Einführung in die Steuerungstechnik. München Wien: Carl Hanser Verlag 2005

Reuter, M.; Zacher, S.: Regelungstechnik für Ingenieure. 11. Aufl., Wiesbaden: Vieweg Verlag 2004

Samal, E.; Becker, W.: Grundriss der praktischen Regelungstechnik. 21. Aufl., München: Oldenbourg Verlag 2004

Schneider, W.: Praktische Regelungstechnik für Nicht-Elektrotechniker. 3. Aufl., Wiesbaden: Vieweg Verlag 2007

Tröster, F.: Steuerungs- und Regelungstechnik für Ingenieure. 2. Aufl., München: Oldenbourg Verlag 2005

Unbehauen, H.: Regelungstechnik I. 14. Aufl., Wiesbaden: Vieweg Verlag 2007

Unger, J.: Einführung in die Regelungstechnik. 3. Aufl., Stuttgart: Teubner Verlag 2004

19

Antriebstechnik

Dipl.-Ing. Alois Vogt
Prof. Dr.-Ing. Jörg Linser
Hochschule Aalen

Tabelle 19.1 Wichtige Formelzeichen

Formelzeichen	Einheit	Bedeutung
a	m/s²	Beschleunigung
c	kJ/(kg · K)	spezifische Wärmekapazität
f	s^{-1}	Frequenz
F	N	Kraft
J	kg · m²	Massenträgheitsmoment
k		Maschinenkonstante
L	V · s/A, H	Induktivität
m	kg	Masse
M	N · m	Drehmoment
n	min^{-1}	Drehzahl
R	Ω	Widerstand
R_{th}	K/W	thermischer Widerstand
p	Pa	Druck
P	W	Leistung
s		Schlupf
T	s	Zeitkonstante
U	V	elektrische Spannung
V	m³	Volumen
α	s^{-2}	Winkelbeschleunigung
α	W/(K · m²)	Wärmeübergangszahl
η		Wirkungsgrad
η	Pa · s	dynamische Viskosität
ω	s^{-1}	Winkelgeschwindigkeit
Φ_E	V · s, W	Erreger-Fluss
τ	N/m²	Schubspannung
ν	m²/s	kinematische Viskosität
ν		Drehzahlwandlung
λ		Leistungszahl
μ		Drehmomentwandlung
ρ	Ω/m	spezifischer elektrischer Widerstand

Abkürzungen

GSM	Gleichstrommaschine	IM	international mounting
GS-NSM	Gleichstrom-Nebenschlussmaschine	IP	international protection
GS-RSM	Gleichstrom-Reihenschlussmaschine	ZKU	Zwischenkreisumrichter
DS-SM	Drehstrom-Synchronmaschine	ZK	Zwischenkreis
EP-SM	Einphasen-Synchronmotor	IGBT	isolated gate bipolar transistor
DS-ASM	Drehstrom-Asynchronmaschine	HV-IGBT	Hochvolt-IGBT
EP-ASM	Einphasen-Wechselstrom-Asynchronmotor	GTO	gate turn off thyristor
EC-Motor	electronical commutated motor	FIT	failure in time
ASM	Asynchronmaschine/Asynchronmotor	MTBF	mean time between failure
SM	Synchronmaschine/Synchronmotor	MTTR	mean time to report
AP	Arbeitspunkt	MDT	mean down time

19.1 Elektrische Maschinen

19.1.1 Einführung und Zusammenfassung

19.1.1.1 Prinzipielles

Elektrische Maschinen sind prinzipiell bidirektionale **Energiewandler**, die elektrische in mechanische Energie (bzw. Leistung) umwandeln (**Motorprinzip**) oder umgekehrt (**Generatorprinzip**). In der Regel kann jede elektrische Maschine im Motor- oder im Generator/Brems-Betrieb arbeiten. Das gemeinsame Prinzip ist: Im **Motor** verknüpfen sich die Magnetfelder von stromdurchflossenen Leitern mit einem Erregermagnetfeld (Feldspule oder Permanentmagnet) derart, dass Kräfte bzw. Drehmomente erzeugt werden (elektromagnetisch bewirkte Kräfte auf stromdurchflossene Leiter im Magnetfeld), die den beweglichen Teil der Maschine (Läufer) antreiben. Somit wird mechanische aus elektrischer Leistung erzeugt. Umgekehrt kann der Läufer durch Zuführung mechanischer Energie (z. B. von Wasserkraft- oder Dampfturbine) bewegt werden, sodass die Maschine, wieder durch die Verknüpfung der elektrischen Leiter (z. B. Rotorkäfig bzw. Ankerspule) mit dem Erregermagnetfeld, eine Spannungsinduktion erfährt und als **Generator** elektrische Leistung abgeben kann. Dabei ist es irrelevant, ob sich der Anker oder das Erregerfeld bewegt. Entscheidend ist, dass sich ein **Stromkreis** mit einem **magnetischen Kreis** verkettet. Im Generatorbetrieb arbeitet die Maschine bei Stromlast gleichzeitig als mechanische Bremse.

Prinzipiell gibt es **Rotations**- und **Translationsmaschinen** (Linearmotoren), die jeweils nach dem gleichen Prinzip ausgeführt sind. In den meisten Fällen sind die magnetischen Erregerkreise aus ferromagnetischen **Weicheisenblechen** (Dynamoblech-Lamellen) aufgebaut: gestanzte und elektrisch durch Lack isolierte, weichmagnetische Blechpakete zur Vermeidung von Wirbelströmen. Der Magnetfluss wird entweder durch **Permanentmagnete** (Hart- bzw. Dauermagnete) oder durch eine stromdurchflossene **Feldspule** (Erregerspule) erzeugt. Der Laststrom in der Ankerwicklung wird in der Regel in isolierten Kupferleitern geführt. Für die Kraft- bzw. Drehmomententwicklung ist das Produkt aus Stromdichte im Anker und Magnetflussdichte im Luftspalt zwischen Stator und bewegtem Teil verantwortlich.

Elektrische Maschinen gibt es in den verschiedensten Ausführungsformen mit verschiedenen Eigenschaften, die gemäß der vorliegenden Anwendung Vor- und Nachteile aufzeigen. Sie werden zu beurteilen sein nach den gestellten Anforderungen an Genauigkeit, Dynamik, Leistung, Wirkungsgrad, Volumen, Gewicht, Kosten und Aufwand für die Ansteuerung. Bemessen werden sie im Allgemeinen nach bestimmten nominalen Parametern (**Nennwerte** ihres **Nennbetriebs**), beispielsweise Leistungen, Drehzahl oder Drehmoment. Auf dem Markt befinden sich sehr unterschiedliche Varianten: Motoren im Leistungsbereich von weit unter 1 W bis zu etwa 50 MW bzw. Generatoren vom völlig leistungslosen Tachometer (als Drehzahlsensor) bis zum 2-GVA-Kraftwerksgenerator ($2 \cdot 10^9$ W).

19.1.1.2 Allgemeines über elektrische Antriebstechnik

In dem sehr breiten Anwendungsspektrum elektrischer Maschinen werden diese üblicherweise als **Aktoren** in **Subsysteme** integriert, die man als **Antriebe** bezeichnet. Sie werden deshalb in steigendem Maße mit **Sensoren** für **Steuerungs**- und **Regelungsaufgaben**, zur **Überwachung** kritischer **Parameter** wie beispielsweise Temperatur oder Drehmoment und zur **Statusanzeige** und **Fehlerdiagnose** ausgerüstet. Dem Antriebssubsystem ist ein übergeordnetes System überlagert: eine einfache **Arbeitsmaschine** oder ein mehr oder weniger komplexer **Prozess**. Der Trend moderner Antriebe geht deshalb zunehmend zu komplexen rechnergesteuerten/geregelten Systemen, die wegen ihrer meist softwarebedingten Funktionen flexibel, benutzer- und servicefreundlich sind. Dabei wird auch die **Leistungselektronik**, die die Maschinen direkt mit der spezifischen (angepassten) Spannungs- und Stromform ansteuert, weitgehend digital realisiert (z. B. Strom- und Frequenzumrichter, **PWM**: Pulsweitenmodulation, getaktete Endstufen).

19.1.2 Typen elektrischer Maschinen

Es gibt die unterschiedlichsten Ausführungsformen elektrischer Maschinen, die sich in ihrem Aufbau, ihrer Wirkungsweise und ihrem Betriebsverhalten unterscheiden (Übersicht Bild 19.1). Alle Bauformen beruhen jedoch grundsätzlich auf den drei **klassischen Maschinentypen**: Gleichstrom-, Asynchron- und Synchronmaschine.

19.1.2.1 Gleichstrommaschinen (GSM)

Hauptmerkmale sind: Spannungs- bzw. Stromart nach außen an den Klemmen ist Gleichstrom, obwohl im Innern eine Wechselspannung induziert wird und Wechselstrom fließt. Die klassische **GSM** enthält deshalb einen **Kommutator** (elektromechanischer Gleichrichter bzw. Stromwender), bestehend aus einem rotierenden Schleifring mit einer bestimmten Anzahl von Kollektorsegmenten, an die die Anker-Leiterstäbe oder -Teilwicklungen in der Regel seriell angeschlossen sind, und fest stehenden Schleifbürsten (Kohlebürsten), die die geometrische Lage der Stromwendeachse definieren und mit den externen Anschlussklemmen verbunden sind. Der Kommutator kommutiert den Ankerstrom in der rotierenden Ankerspule unabhängig von der Lage des Ankers grundsätzlich zwischen den Hauptpolen des magnetischen Erregerfeldes, also in der so genannten **neutralen Zone**, die bei **kompensierten GSM** mit der **Stromwendezone** zusammenfällt. Dadurch haben alle Kräfte, die zum Drehmoment beitragen und vom Ankerstrom erzeugt werden, trotz externem Gleichstrom und wechselnden Magnetpolen den gleichen Richtungssinn. Der Magnetfluss entsteht im Stator mit Hilfe der Feldwicklung um die Hauptpole oder durch Permanentmagnete. Er wird über das Blechpaket oder über ein Gussgehäuse geschlossen (Bild 19.1h bis l und Bild 19.2).

Gleichstrom-Nebenschlussmaschine (GS-NSM)

Die **GSM** wird als **Nebenschluss**- (**GS-NSM**) (Bild 19.1h) und als **Reihenschluss-Maschine** (**GS-RSM**) gebaut (Bild 19.1i). Bei der **GS-NSM** liegt die Feldwicklung parallel zum Ankerkreis oder hat separate Anschlussklemmen bzw. ist permanenterregt. Sie zeichnet sich durch ihre fast linearen $n(M)$-, $M(I)$- und $U(n)$-Kennlinien aus und eignet sich deshalb besonders für Servoantriebe (Regelantriebe, meist computergesteuert). Die Drehzahl-Drehmomenten-Kennlinien $n(M)$ mit drei elektrischen Parametern U_{Kl} (äußere Klemmenspannung), Φ_{E} (Erregerfeldfluss) proportional zu dem Erregerstrom I_{E} in der Feldwicklung und R_{Al} (externer Anlasswiderstand) folgen im Wesentlichen der Formel:

$$n(M) = \frac{U_{\mathrm{Kl}}}{k_1 \Phi_{\mathrm{E}}} - \frac{R_{\mathrm{Ai}} + R_{\mathrm{Al}}}{k_1 k_2 \Phi_{\mathrm{E}}^2} M$$

(R_{Ai}: Ankerkreis-Innenwiderstand)

mit den Maschinenkonstanten $k_1 = U_{0\mathrm{N}}/(\Phi_{\mathrm{EN}} \cdot n_{\mathrm{N}})$ und $k_2 = M_{\mathrm{N}}/(\Phi_{\mathrm{EN}} \cdot I_{\mathrm{AN}})$.

$U_{0\mathrm{N}}$ ist die im **Nennbetrieb** in der Ankerwicklung induzierte Spannung, Φ_{EN} ist der Nenn-Erregerfluss, n_{N} ist die Nenndrehzahl und I_{AN} der Ankernennstrom. Der Nennbetrieb wird vom Maschinenhersteller als der für den Dauerbetrieb optimale Arbeitspunkt unter Angabe der Betriebsparameter und der Lebensdauer definiert. Obige Funktion führt im Betriebsbereich zu weitgehend linearen Kennlinien, deren Arbeitspunkte (Schnittpunkte zwischen Motor- und Lastkennlinien $n(M_{\mathrm{M}}) = n(M_{\mathrm{L}})$ in Abschn. 19.1.3 und 19.1.5 mit Bild 19.5) mit den drei elektrischen Parametern bestimmt werden. Der erste Term ist die ideale Leerlaufdrehzahl $n_0 = U_{\mathrm{Kl}}/(k_1 \Phi_{\mathrm{E}})$, d. h. die Drehzahl, die sich bei völliger Entlastung ($M = 0$) einstellen würde.

Maschinentyp	Aufbau	Schaltzeichen	Kennlinien	Regelbarkeit	Spannungs-/ Leistungsbereich	Anwendungsgebiete
a) Drehstrom-Synchron-Maschine (DS-SM)	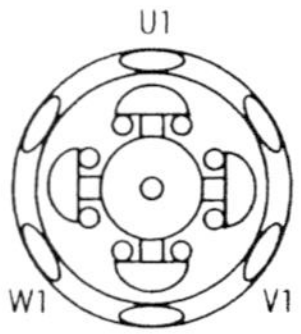 $n = n_S = f_{Netz}/p$ Synchrondrehzahl = Netzfrequenz durch Polpaarzahl	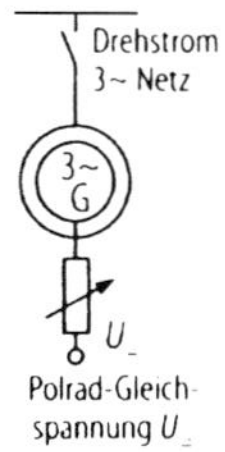	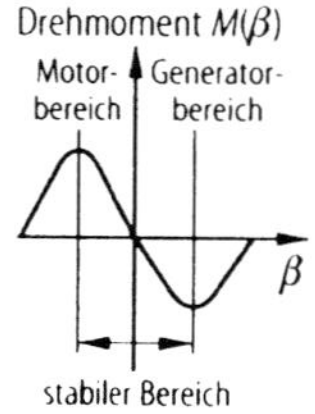 β Lastwinkel	Drehzahl ist die Synchron-Drehzahl und hängt streng von der Netzfrequenz ab. Als Motor mit Frequenz-Umrichter regelbar (s. Abschn. 19.2)	Dreiphasenwechselstrom (*Drehstrom*). Als Motor im Leistungsbereich bis 40 MW. Als Generator bis ca. 2 GW. Strangspannungen von 230 V bis 15 kV	Generatoren zur großtechnischen Stromerzeugung in allen Kraftwerken. Großmotoren für universellen Einsatz in Umformeraggregaten, für Kompressoren, Pumpen, Turbinen, Schiffsantriebe und Mühlen
b) Einphasen-Synchron-Motor (EP-SM) Reluktanz-, Hysterese- und Kleinstmotoren	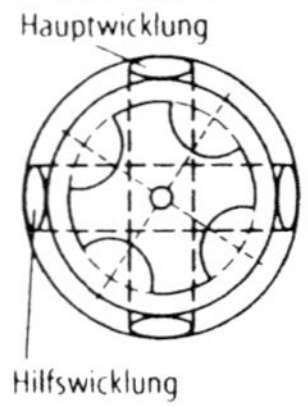	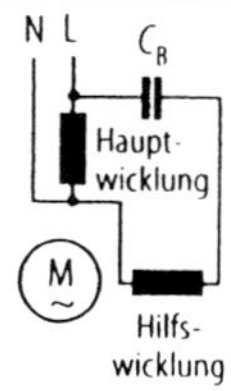 C_B Betriebskondensator	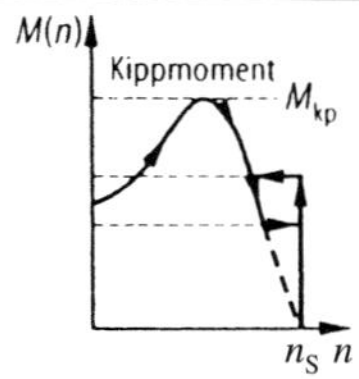 n_S Synchrondrehzahl	am Netz nicht regelbar, nur mit Frequenzumrichter, wegen Synchrondrehzahl: $n = n_s$	Einphasen-Wechselstrom, z. B. 230 V bis 0,5 kW. Bei Kleinstmotoren (0,01W bis wenige Watt) mit Kleinspannungen über Trafo	Uhren, schreibende Registriergeräte, EDV, Kommunikations-, Phono- und Videotechnik, Modell- und Kleinspielzeugbau (wenig Leistung, aber konstante Drehzahl)
c) Drehstrom-Asynchron-Maschine (DS-ASM) mit Käfigläufer (KL)	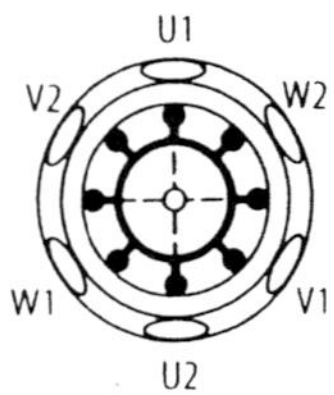	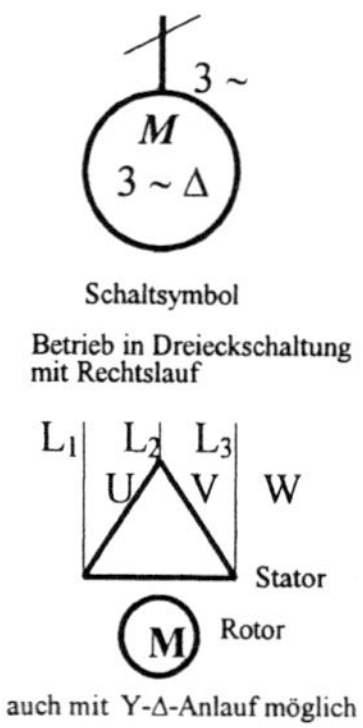	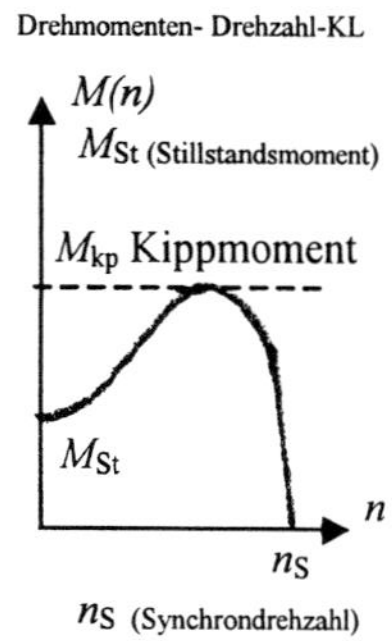	am Netz nicht regelbar, nur mit Frequenzumrichter. $n < n_S$. *Schlupf s* $= (n_S - n)/n_S$ ungeregelt abhängig von der Last M_L (s. Abschn. 19.2)	Dreiphasen-Drehstrom: 0,5 kW bis 10 MW. Polpaarumschaltbar. n_S von 100 bis 3000 min^{-1}, mit Umrichter bis 9000 min^{-1}. U_L von 230 V bis 10 kV	Motor mit den besonderen Merkmalen: preisgünstig, kompakt, robust, leistungsstark, hohe Zuverlässigkeit und Lebensdauer. Universeller Einsatz in allen Bereichen in Industrie und Gewerbe, als Linearmotor für Schnellbahnen (z. B. Transrapid) und Transportbänder

d) Drehstrom-Asynchron-Maschine (DS-ASM) mit Strom-Verdrängungsläufer (große Anlaufdrehmomente)	wie unter c) *DS-ASM mit KL,* jedoch mit anderen Läufer-Nutformen: Hochstab-, Keilstab-, Tropfen- oder Doppelstab-Läuferkäfige	wie unter c)	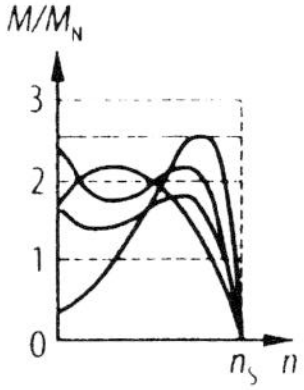	wie unter c); das Anlauf-Drehmoment wird durch konstruktive Mittel definiert: *Nutformen*	wie unter c)	wie unter c) besonders geeignet für Schweranlauf wegen des großen Stillstandsmoments
e) Einphasen-Wechselstrom-Asynchron-Motor (EP-ASM): Anlauf-, Betriebs- und Doppel-Kondensatormotoren	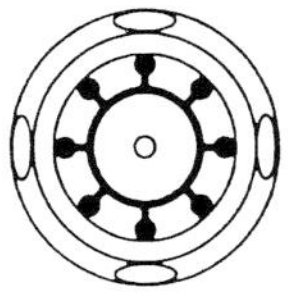	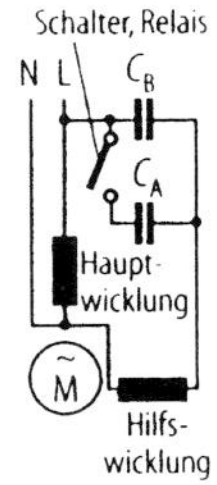 C_B Betriebskondensator	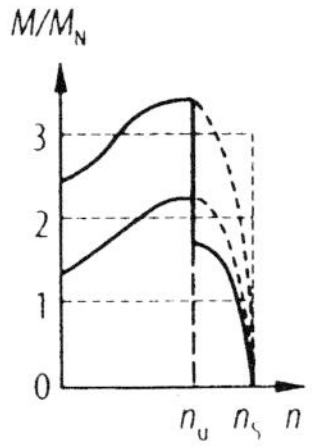 n_u Umschalt-Drehzahl	am Netz nicht regelbar, nur mit Frequenz-Umrichter. Läuft mit Schlupf *s*: $n < n_S$	Einphasen-Wechselstrom, z. B. 230 V (1 W bis 2 kW). Drehzahlbereich: n_S = 1500 min^{-1} und 3000 min^{-1}	Universeller Einsatz im Leistungsbereich bis 2000 W in Industrie, Gewerbe, Werkstatt, Büro und Haushalt, u. a. in Pumpen, Lüftern, Werkzeugen und Kompressoren. Auch in umrichtergesteuerten Antrieben
f) Einphasen-Wechselstrom-Asynchron-Motoren in Spaltpolausführung	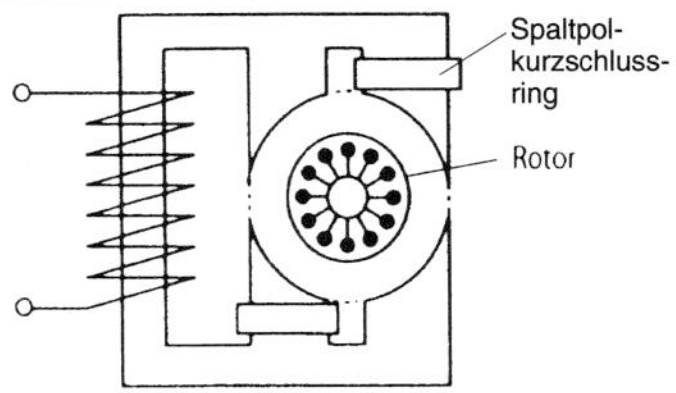		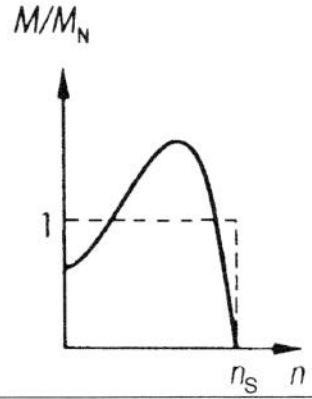	wie unter e): direkt am Netz nicht regelbar Drehrichtung nicht umkehrbar, da konstruktionsbedingt	Einphasen-Wechselspannung bis 230 V oder heruntertransformiert, 1 W bis 150 W, n_S = 1500 und 3000 min^{-1}	leistungsschwache, aber einfache, robuste, preiswerte und sehr zuverlässige Motoren für Werkstatt, Haushalt, Büro und Spielzeugbau, kleine Lüfter und Pumpen. Auch als leistungselektronisch gesteuerte Version erhältlich
g) Drehstrom-Asynchron-Maschine (DS-ASM) mit Schleifringläufer zur Variation von Drehzahl und Anlauf-Drehmoment	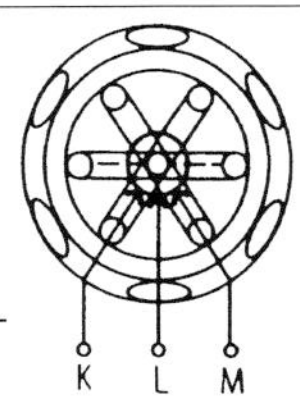	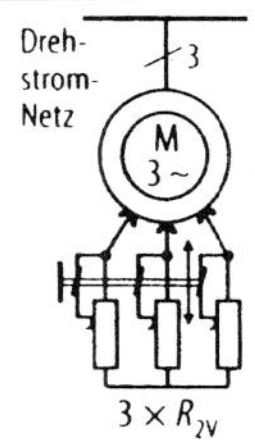	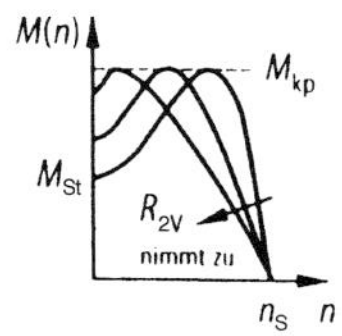 M_{kp} Kippmoment	über R_{2V}, Sekundärwiderstand steuerbar. Regelbar mit leistungselektronischer Umrichtertechnik (s. Abschn. 19.2.2.7)	Dreiphasen-Drehstrom. Polpaarzahl des Läufers und des Ständers müssen gleich sein, nicht polumschaltbar	für universellen Einsatz geeignet, besonders für Hebe- und Förderzeuge, als Standard oder mit Umrichtern, z. T. als Getriebe- und Bremsmotoren

Bild 19.1 a–g Übersicht über elektrische Maschinen, Generatoren und Motoren

19

Maschinentyp	Aufbau	Schaltzeichen	Kennlinien	Regelbarkeit	Spannungs-/ Leistungsbereich	Anwendungsgebiete
h) Gleichstrom-Nebenschluss-Maschine (GS-NSM)	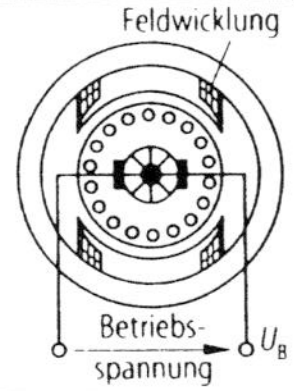	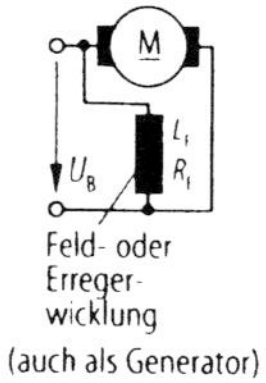	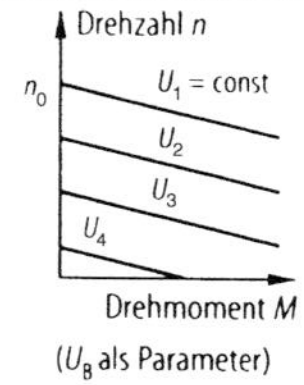	sehr gut regel- und steuerbar, über die Betriebs-Spannung und die Erregung, bei Leerlauf und Last	Gleichstrom, aber auch Wechselstrom, 1 W bis 1 MW, Sonderausführung bis 10 MW. Gut adaptierbar an Arbeitsmaschine	Universeller Einsatz für höhere Anforderungen, in der Servo- und Automatisierungstechnik, in SPS (speicherprogrammierte Steuerungen), für Robotertechnik, Weltraumtechnik, Teleskopantriebe
i) Gleichstrom-Reihenschluss-Maschine (GS-RSM)	Aufbau der *GS-RSM* wie unter h) *(GS-NSM)*	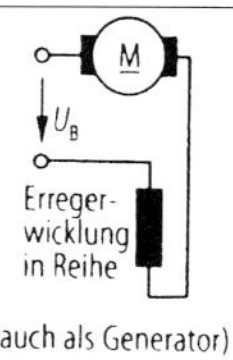	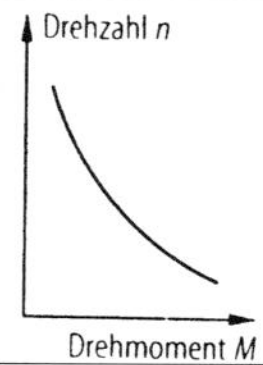	gut regel- und steuerbar, über die Betriebs-Spannung. Last wegen $n_0 >> n_N$ erforderlich	Gleich- und Wechselstrom, deshalb auch Universalmotor genannt. Motor mit bes. großem n- und M-Bereich	Geschwindigkeitsgesteuerte Triebwerke für elektrische Fahrzeuge, Schienen- und Seilbahnen mit großen Drehzahl/ Drehmoment-Bereichen bis etwa 1 MW in der 16 2/3-Hz- und 50-Hz-Technik. Kran- und Hüttenwerksanlagen
k) Gleichstrom-Maschine mit Permanent-Magnet-Erregung (bürstenbehaftet, d. h. mit mechanischem Kommutator)	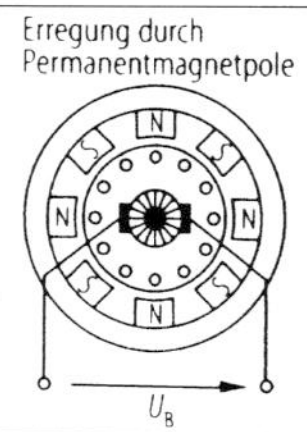	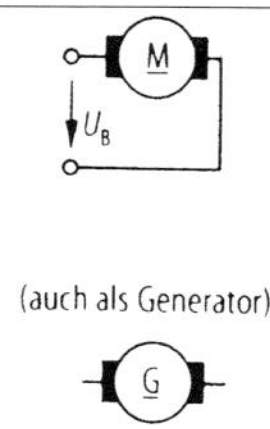	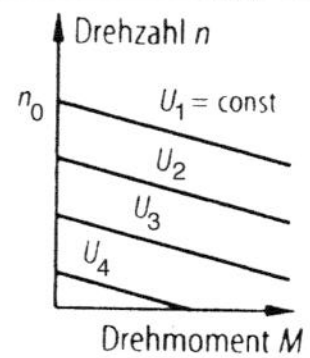	besonders gut regel- und steuerbar, über die Betriebs-Spannung als Steuer/Regel-Parameter, bei Leerlauf und bei Last	Gleichstrom, auch batteriebetrieben. Kleinstmotor < 0,1 W bis zu Direkt-Antrieben mit ca. 10 kW Leistung, 1,5 V … 230 V.	Klein- und Mittelmotoren für Stellantriebe, Kfz.-Stellmotoren, Modell- und Spielzeugbau, höchstwertige Servomotoren, Direktantriebe (ohne mechanische Transmissionen) bis zu mehreren Metern Durchmesser für höchste Ansprüche, Extrem-Langsamläufer (Torquemotoren)
l) Bürstenlose Gleichstrom-Maschinen mit Permanenterregung und elektronischer Kommutierung: so genannte Elektronik- oder EC-Motoren (EC: electronical commutated)	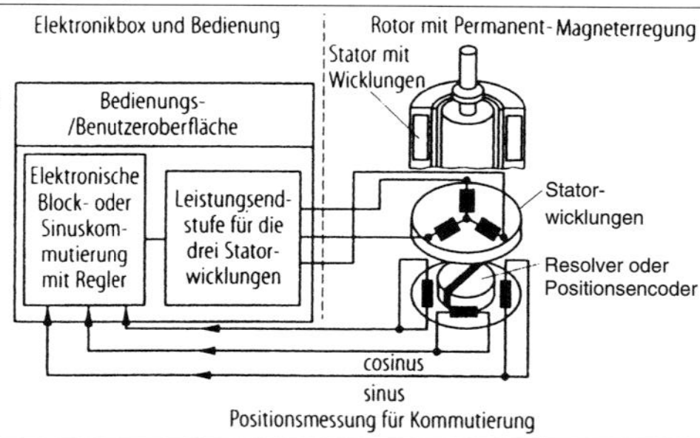			wie unter k), hohe Genauigkeitsanforderungen, aber nur mit Sinus-Kommutierung und hoher Positions-Auflösung und -Genauigkeit erfüllbar	Gleichstrom erforderlich, wegen elektronischer Kommutierung, obwohl der Aufbau einer SM (Synchronmaschine) entspricht. Sehr geringe, aber auch extrem hohe Drehzahlen möglich.	wie unter k): extrem hohe Drehzahlen möglich (>100 000 min^{-1}) Vorteile bezüglich Verschleiß und Bürstenübergangsspannung wegen der fehlenden Bürsten. Nachteile wegen elektronischem Aufwand, besonders bei hohen Auflösungen und Genauigkeiten. Einsatzspektrum vom Kleinstmotor bis zum Segmentmotor mit 250 000 N · m (r = 12 m). Geeignet für Laufwerke

m) Linearmotor	Prinzipiell kann jede Rotationsmaschine in die Translation (linear) abgewickelt und als entsprechende Linearmaschine betrieben werden.	beispielsweise GS-Linearsteller 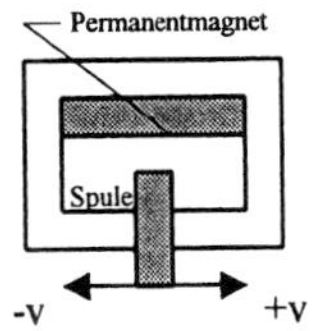	Kennlinien der Linearmotoren entsprechen denen ihrer Rotationsmotoren mit der linearen Geschwindigkeit v anstatt der Winkelgeschwindigkeit ω bzw. Drehzahl n	in gleicher Weise wie der zugeordnete Rotationsmotor	in gleicher Weise wie der zugeordnete Rotationsmotor	Linear-DS-ASM für große Schnellbahnen (Schwebebahn) bis 5 MW mit aufwendiger Umrichtertechnik; Kleine geregelte GS- oder Schritt-Linearversteller für aktive Optik, Labor- und Multimediatechnik
n) Schrittmotoren mit den Varianten: Reluktanz-, Permanentmagnet- und Hybrid-Schrittmotor, teilweise mit Mikroschritt-Steuerungen	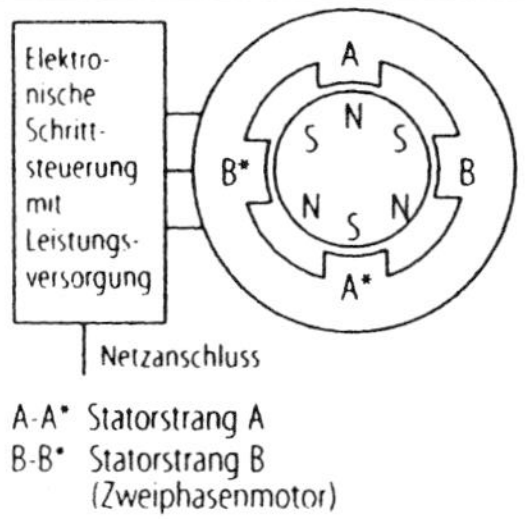		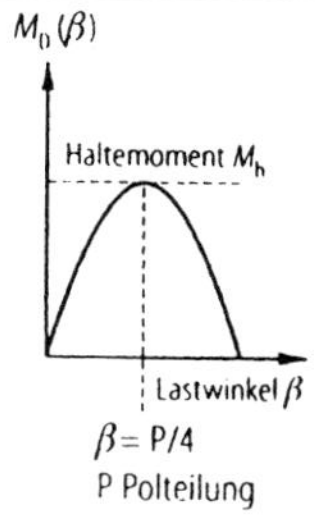	gut steuer- und regelbar, über die Schrittfolgefrequenz. Mikroschritte bis über 100 000 Schritte pro Umdr. mittels elektronischer Interpolation	Ansteuerung erfolgt mit Pulsfrequenzen von 0 bis zu mehreren 10 kHz. Achtung: bei Überlast fällt der Schrittmotor (wie die SM Synchronmaschine) außer Tritt	Eignung für Positionierungen ohne Regelung, nur mit Schrittsteuerung, da der Schrittmotor bei korrekter Ansteuerung keinen Schritt verliert. Mikroschrittbetrieb mit elektronischer Interpolation ermöglicht extrem hohe Schrittauflösungen
o) Piezostellantriebe (Lineare oder Biege-Aktoren). Auch bekannt als die exotischen Varianten: Inchworm Drive oder Piezo Walk Drive	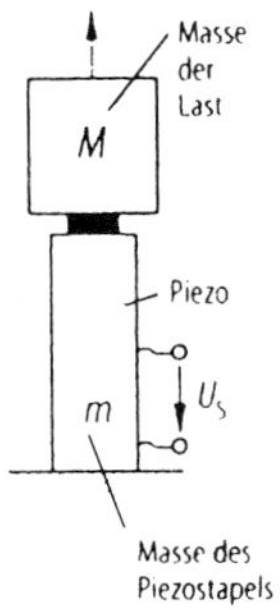	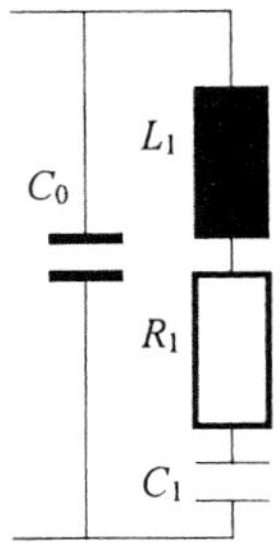 Ersatzschaltbild Piezotranslator: PZT wirkt wie eine Kapazität C_0. Stapel von Piezokristall-Elementen, elektrisch parallel geschaltet	Längenänderung Δl 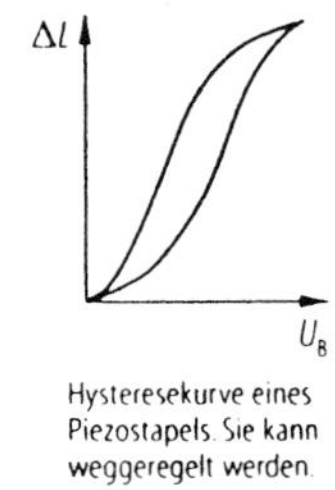 Hysteresekurve eines Piezostapels. Sie kann weggeregelt werden.	sehr gut und sehr genau und dynamisch regelbar, da der Piezo extrem steif ist. Um die Hysterese auszuregeln, ist eine Lagemessung nötig	Gleich- und Wechselspannungen bis zu Frequenzen von mehreren kHz möglich. Der Piezo reagiert sehr schnell (<< ms). Stellweg von null bis zu einigen 100 nm bei Auflösung bis < 1 nm	Extremes Auflösungsvermögen (Subnanometer) und sehr hohe Belastbarkeit bis max. 100 000 N, jedoch nur kleine Verstellwege bis max. 1 mm machen die Piezostelltechnologie für hochauflösende, hochgenaue, hochdynamische und sehr steife Verstelltische in der Optik, Lichtfaser- und Lasertechnik, in Halbleiterfertigung, Mikrogravierwerkzeug und Tonabnehmer besonders geeignet. Als Druck-Spannungs-Translator in Gaszündern

Bild 19.1 h–o (Fortsetzung) Übersicht über elektrische Maschinen, Generatoren und Motoren

19

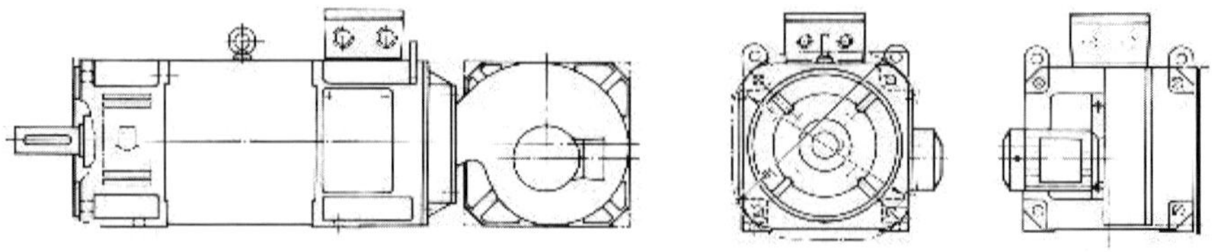

a) Motor mit Innenfremdkühlung (axial angebauter Ventilator mit eigenem Motor)

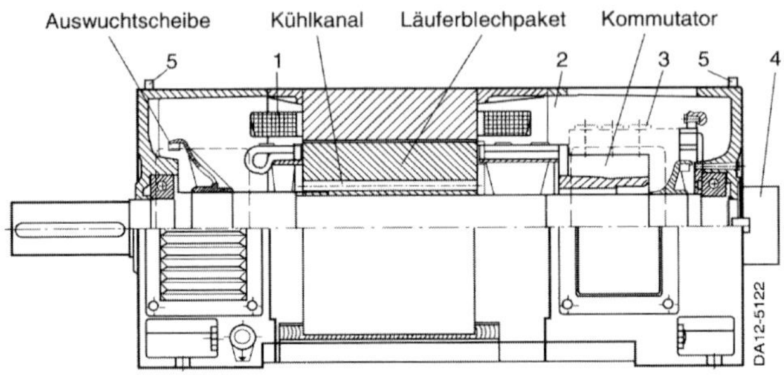

1 Grenzwert- oder kontinuierliche Überwachung der Wicklungstemperatur
2 Grenzwertüberwachung der Luftströmung
3 Grenzwert- oder kontinuierliche Überwachung der Kohlebürsten
4 analoge oder digitale Erfassung der Drehzahl (Encoder)
5 Überwachung des Lagerzustands

b) Rotorstruktur (Längsschnitt des Rotors eines Gleichstrommotors)

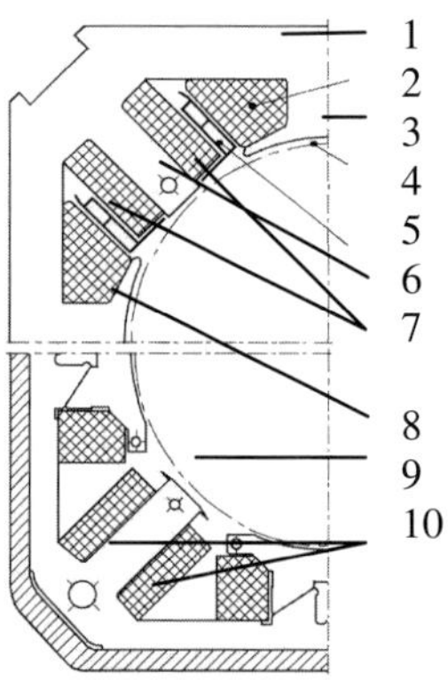

Bild zeigt den Schnitt von je einem Viertel zweier verschiedener Ständerteile. Der Motor oben hat eine bessere Kupferfüllung und deshalb bei gleicher Leistung eine geringere Achshöhe

1 vollgeblechtes Ständerpaket zur Vermeidung von Wirbelströmen
2 linke Seite der Hauptpolwicklung, die um das Hauptpoljoch mit senkrechter Achse gewickelt ist
3 Polschuh des Hauptpols (Hauptpoljoch) mit vertikaler Achse
4 Luftspalt
5 Abstandhalter zwischen Anker- und Wendepolwicklung
6 Wendepoljoch mit Wendepolwicklung 7
7 Wendepolwicklung
8 obere Seite der Hauptpolwicklung, die um das Hauptpoljoch mit waagerechter Achse gewickelt ist
9 rundes Rotor-Blechpaket
10 Wendepolwicklung der unteren Motorvarianten

c) Schnitt durch den Ständer einer Standard-Gleichstrommaschine

Bild 19.2: Prinzipieller Aufbau einer Standard-Gleichstrommaschine (SIEMENS)

Gleichstrom-Reihenschlussmaschine (GS-RSM)

Bei der GS-RSM ist die Feldwicklung seriell in den Ankerstromkreis geschaltet, sodass sich bei Laständerung der Ankerstrom und somit auch der Erregerstrom bzw. -fluss ändert. Dieser Zusammenhang von Laststrom- und Feldvariation führt zu einer quadratischen Strom-Drehmomentfunktion (M prop. I^2) und damit zu hyperbolischen $n(M)$-Kennlinien:

$$n(M) = \frac{U_{\mathrm{Kl}}\sqrt{k_2 k_3}}{k_1 k_3 \sqrt{M}} - \frac{R_{\mathrm{A}} + R_{\mathrm{E}}}{k_1 k_3}$$

mit den Maschinenkonstanten $\boxed{k_1 k_3 = U_{0N}/I_N}$ und $\boxed{\sqrt{k_2 k_3} = \sqrt{M_N}/I_N}$.

I_N ist der Nennstrom, der durch die seriell geschalteten Anker- und Feldwicklungen fließt. $\Phi_E = k_3 I_E$ $(I = I_E = I_A)$ sodass k_3 jedoch nur im linearen Bereich der Magnetisierungskennlinie $\Phi_E/\Phi_{EN} = I_E/I_{EN}$ als konstant angenommen werden darf. Ansonsten muss Φ_E aus der Magnet-KL entnommen werden. Da der erste Term in obiger Gleichung die Leerlaufdrehzahl ist, die theoretisch (ohne Eigenreibung) gegen unendlich geht, darf die RSM nicht völlig entlastet werden.

Universalmotor

Wegen des Zusammenhangs $M \sim I^2$ eignet sich die **GS-RSM** auch für den Betrieb mit Einphasen-Wechselstrom und wird deshalb als **Universalmotor** bezeichnet. Bekannt ist der $16^2/_3$-Hz-Betrieb von **Reihenschlussmotoren** in öffentlichen Nahverkehrszügen.

Elektronikmotor (EC-Motor).

Wachsende Bedeutung bekommt der unter dem Namen **Elektronikmotor** (oder **EC-Motor**: electronical commutated motor) bekannt gewordene **kommutatorlose Gleichstrommotor** (Bild 19.3).

EC-Motoren sind permanent erregte, **bürstenlose GSM** mit leistungselektronischer Kommutierung der im Stator befindlichen Ankerwicklungen. Der Permanentmagnet befindet sich im Rotor, dessen hochwertiger Magnetwerkstoff 2-polig diametral magnetisiert ist. Abhängig von der

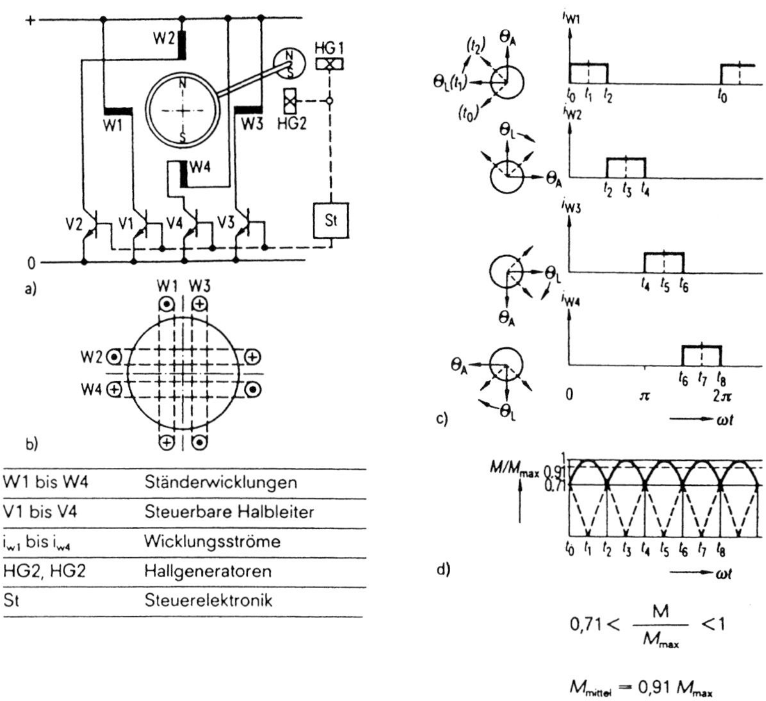

W1 bis W4	Ständerwicklungen
V1 bis V4	Steuerbare Halbleiter
i_{w1} bis i_{w4}	Wicklungsströme
HG2, HG2	Hallgeneratoren
St	Steuerelektronik

Bild 19.3 Elektronikmotor mit Blockkommutierung (SIEMENS)

a) Prinzip der elektronischen Kommutierung; b) Anordnung der Wicklungen im Motor; c) Zeitlicher Verlauf der Wicklungsströme und der Durchflutungsvektoren; d) Zeitlicher Verlauf des Drehmoments

Läuferstellung schaltet der elektronische Kommutator (Stromverstärker, Hall-Generator HG als Rotor-Lagesensor und Steuerelektronik) die Statorwicklungsströme so, dass ein magnetisches Drehfeld im Luftspalt entsteht, das den Rotormagneten schlupflos mitnimmt. Man unterscheidet **Block**- und **Sinuskommutierung**, wobei Letztere hochauflösende Encoder benötigt und sich für genaue Positionierungen eignet.

Schrittmotor

Wird das Drehfeld durch impulsförmige Gleichströme in mehreren Ständersträngen nach logischen Sequenzen schrittweise weitergedreht, spricht man von einem **Schrittmotor**, dessen Bewegung sich aus Einzelschritten oder aus einer Impulsfolgefrequenz zusammensetzt (Bild 19.1 n). **EC**- und **Schrittmotor** sind vom Prinzip her **Synchronmotoren**, da der Läufer synchron dem elektronisch bewegten Magnetfeld folgt. Nach ähnlichen leistungselektronischen Steuerungsprinzipien können auch klassische **Synchron**- und **Asynchronmaschinen** in drehzahlveränderbaren Antriebssystemen betrieben werden. Dann spricht man von **umrichtergespeisten Servoantrieben** (Bild 19.10).

19.1.2.2 Asynchronmaschinen (ASM)

Asynchronmaschinen (ASM) gibt es in verschiedenen Versionen: Drehstrom-ASM, Einphasenwechselstrom-ASM, ASM mit Kurzschluss- bzw. Käfig- und mit Schleifring-Läufer, Stromverdrängungsläufer (Bild 19.1c bis g), ASM mit oder ohne Ventilator, ASM mit oder ohne innere Bremse. Eine mehrphasige Statorwicklung (Primärseite) erzeugt bei Beaufschlagung eines mehrphasigen Wechselstromes (z. B. 3-phasiger **Drehstrom**) ein im Luftspalt und im Rotor kontinuierlich drehendes Magnetfeld (frequenzsynchrones **Drehfeld** mit Synchrondrehzahl n_S), das in dem asynchron zur Netzfrequenz (**Schlupf** s) drehenden Rotor (Sekundärseite) Ströme mit der variablen Frequenz $f_2 = s \cdot f_1$ induziert. Dadurch erfährt der Rotor ein Drehmoment, wenn $0 < s \leq 1$ bzw. $n_S > n \geq 0$. Der Schlupf $s = (n_S - n)/n_S$ ist die auf die Synchrondrehzahl n_S normierte Drehzahldifferenz zwischen n_S und der mechanischen Drehzahl n des Rotors. Die **Drehstrom-Käfigläufer-ASM** stellt die robusteste, zuverlässigste und billigste Elektromaschine dar, die es im Leistungsspektrum zwischen einigen W bis zu etwa 10 MVA, auch mit eingebauter Kühlung und Bremse gibt.

Die Drehmoment-Schlupf-Kennlinie: $M(s)$ der ASM mit Rundstabläufer in Bild 19.1c folgt weitgehend der Kloß'schen Formel: $M(s) = \dfrac{2M_{kp}}{s/s_{kp} + s_{kp}/s}$, wobei $s = \dfrac{n_S - n}{n_S}$ der Schlupf ist.

M_{kp}, s_{kp} bzw. $n_{kp} = n_S(1 - s_{kp})$ gehören zum Kipppunkt (Scheitelpunkt der Kennlinie).

19.1.2.3 Synchronmaschinen (SM)

Synchronmaschinen (SM) weisen in der Regel den gleichen Stator wie die **ASM** aus. Der entscheidende Unterschied zur ASM ist der synchrone Lauf (d. h. kein Schlupf möglich: $s = 0$ bzw. $n = n_S$), der dadurch erzwungen wird, dass die SM im Gegensatz zur ASM einen magnetischen Rotor hat, dessen Magnetfeld sich mit dem Drehfeld verknüpft. SM gibt es als Kleinstmotoren unter 1 W bis zu den großen Drehstrom-Kraftwerksgeneratoren im Bereich von 2 GVA. Größere Maschinen haben als Rotor elektromagnetische **Polräder** mit einer Erregerspule, deren Gleichstrom über zwei Schleifringe und Bürsten zugeführt wird. Für schnelldrehende Dampfturbinen ist der Rotor als schlanker **Turboläufer** mit der Polpaarzahl $p = f_1/n_S = 1$ (d. h., für $f_1 = 50$ Hz ist die

Drehzahl des Rotors $n = n_S = 3000\ \text{min}^{-1}$) ausgebildet, bei langsameren Maschinen (z. B. Wasserturbinen) als Schenkelpolläufer mit $p = 2, 3, 4, 5, 6, \ldots$ bzw. $n = 1500, 1000, 750, 600, 500, \ldots\ \text{min}^{-1}$. Bei kleineren SM bevorzugt man Rotoren mit Permanentmagneterregung und bei den so genannten **Reluktanz**- oder **Hysterese**-Motoren benötigt man weder Elektro- noch Permanentmagnete im Rotor.

19.1.2.4 Linearmotor

Linearmotoren (Bild 19.1 m) sind nicht rotierende, sondern lineare Bewegungen ausführende Motoren. Im Prinzip kann man sich den Linearmotor als eine in die Ebene abgewickelte Elektromaschine beliebiger Bauart vorstellen, egal, ob es sich um eine Gleichstrom-, Drehstrom-Synchron- oder -Asynchronmaschine oder um einen Schrittmotor handelt. Beispiel eines Linearmotors ist der Antrieb der **Magnetschwebebahn** mit ihrem quasi reibungsfreien Magnetlager (in Deutschland bekannt unter dem Namen **Transrapid**). Lineare Aktoren kleinster Hübe für mikromechanische oder optische Anwendungen (Positionierungen von Lichtleitern, Masken in der Halbleiter-Chipherstellung, Mikrotischen, optischen Spiegeln und Laserspiegeln, in der aktiven und adaptiven Optik) werden auf der Basis von Piezokeramik mit Piezostellern (Bild 19.1 o) (kleinste Hübe bis ca. 0,2 % ihrer Baulänge, extreme Genauigkeit bis in den Subnanometerbereich, große Belastungen bis zu mehreren 10 000 N) oder auf magnetostriktiver Basis eingesetzt.

19.1.3 Arbeitspunkt, Vierquadrantenbetrieb

Stationärer Arbeitspunkt (AP) Stationäre oder statische Arbeitspunkte (APs) sind Gleichgewichtszustände, die sich mit konstanten Parametern in einer Maschine einstellen, beispielsweise im Motorbetrieb immer, wenn das vom Motor abgegebene Drehmoment M_M dem äußeren Lastmoment M_L entspricht: $\Sigma M = 0$: d. h. $M_M = M_L$ (Bild 19.5 c). Ein singulärer AP, der Nennbetrieb AP_N, charakterisiert eine Maschine. Die Nennwerte werden deshalb im so genannten Typen- oder Leistungsschild angegeben. Wenn beispielsweise ein Motor an seine Nennspannung U_N angeschlossen und mit seinem Nennmoment M_N belastet wird, läuft die Maschine bis zum Nennbetrieb hoch, bei dem sich alle anderen Nennwerte wie beispielsweise n_N, I_N, M_N, P_N und η_N automatisch einstellen.

Vierquadrantenbetrieb Die statischen Kennlinien geben alle möglichen Lagen von Arbeitspunkten an. APs können prinzipiell in 4 Quadranten des $n(M)$-Koordinatensystems (Bild 19.4) liegen. Je zwei Quadranten sind Motor- oder Generator- bzw. Bremsbetriebe.

Stabilitätskriterium für Arbeitspunkte Wegen des statischen AP-Kriteriums: $M_M = M_L$ ist die Lage eines Arbeitspunktes AP immer der Schnittpunkt einer Motorkennlinie $M_M(n)$ mit einer Lastkennlinie $M_L(n)$ (Bild 19.5 c). Ein AP kann jedoch **instabil** (nicht existenzfähig) sein, wenn im Schnittpunkt die Ableitung der Lastkennlinie (Steigung dM_L/dn) kleiner als die der Motorkennlinie (dM_M/dn) ist. Somit lautet das Stabilitätskriterium:

$$\frac{dM_{Mot}}{dn} < \frac{dM_{Last}}{dn}$$

AP_1 in Bild 19.5 c ist demnach stabil, während AP_2 instabil (labil) ist. Nach einer Störung in AP_1 kehrt die Maschine nach AP_1 zurück. Erfährt die Maschine in AP_2 eine Störung $+\Delta M_L$, kann sie der Störung nicht folgen und fällt in den Stillstand. Bei $-\Delta M$ beschleunigt sie bis zu AP_1, der gemäß obiger Formel stabil ist.

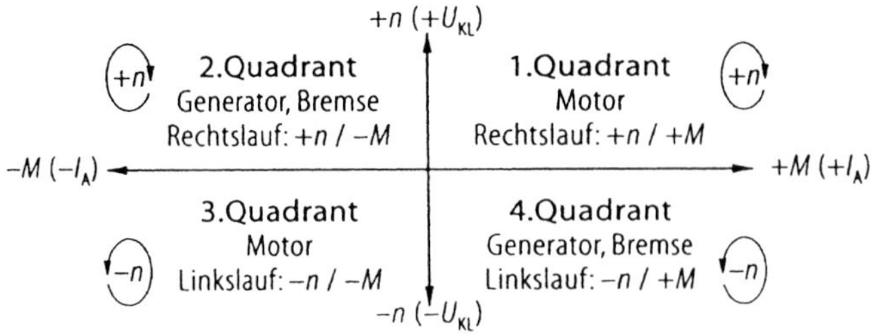

1.Quadrant:	Motorbetrieb:	Rechtslauf	$+n$ / $+M$	$(+U_{KL}/ + I_A)$
2.Quadrant:	Generator/Brems-Betrieb:	Rechtslauf	$+n$ / $-M$	$(+U_{KL}/ - I_A)$
3.Quadrant:	Motorbetrieb:	Linkslauf	$-n$ / $-M$	$(-U_{KL}/ - I_A)$
4.Quadrant:	Generator/Brems-Betrieb:	Linkslauf	$-n$ / $+M$	$(-U_{KL}/ + I_A)$

Bild 19.4 Vierquadrantenbetrieb einer elektrischen Maschine

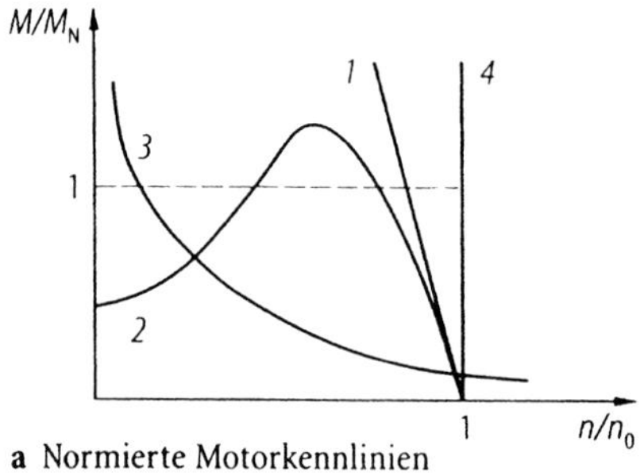

a Normierte Motorkennlinien

Motorkennlinien

Nebenschlusscharakteristik

1 GS-NSM

2 DS-ASM

Reihenschlusscharakteristik

3 GS-RSM

Synchroncharakteristik

4 Synchronmaschine

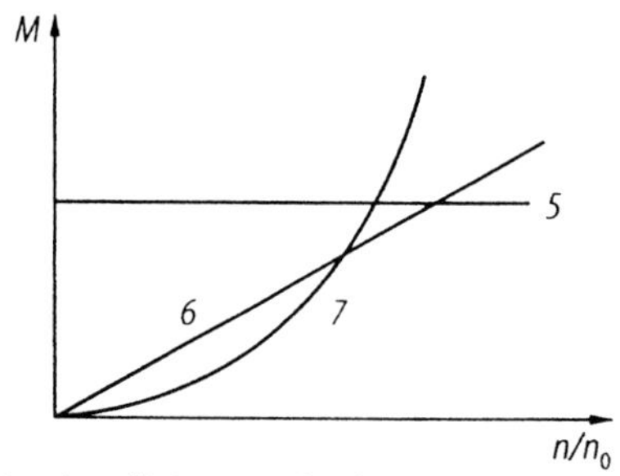

Lastcharakteristiken

5 Konstantlast: Konstantreibung, Hebezeuge, Förderzeuge

6 Lineare Last: beispielsweise Wirbelstrombremse

7 Exponentielle Last: Viskose Reibung (z.B. bei Pumpen und Ventilatoren)

b Lastkennlinien verschiedener Arbeitsmaschinen (drei typische Lastcharakteristiken)

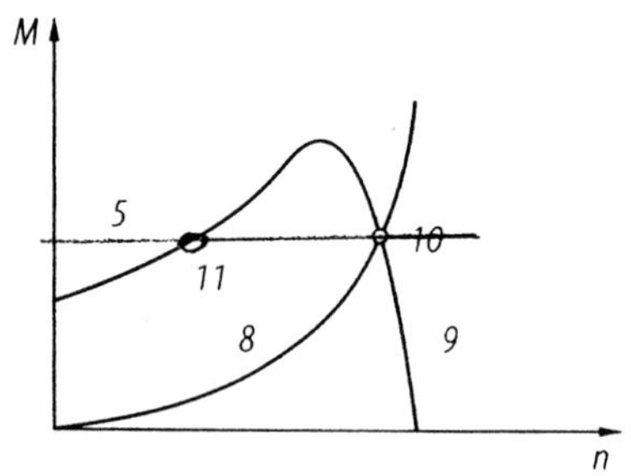

8 Lastkennlinie $M_L(n)$ (z.B. Ventilator als viskose Last)

9 Motorkennlinie $M_M(n)$ DS-ASM

10 stabiler Arbeitspunkt AP_1

11 instabiler AP_2

c Stabiler Arbeitspunkt im Schnittpunkt einer Motor- mit einer Lastkennlinie

Bild 19.5 Typische Motor- und Lastkennlinien, Arbeitspunkte

19

19.1.4 Wirkungsgrad und Leistungsgrenzen

Bei jeder Energieumwandlung entsteht eine lastabhängige Verlustleistung. In einer Elektromaschine fallen elektrische bzw. Kupferverluste, magnetische bzw. Eisenverluste und mechanische bzw. Reibungsverluste an, die als Gesamtverluste intern bewirken, dass der **Wirkungsgrad** $\eta = P_{ab}/P_{zu}$ (Quotient aus abgegebener zu aufgenommener bzw. zugeführter Wirkleistung) kleiner als 100 % ist und die Maschine sich dadurch erwärmt. Der Wirkungsgrad im Nennbetrieb η_N ist bei kleineren Maschinen u. U. < 70 %, bei großen Maschinen mit P_N im MW-Bereich kann $\eta_N > 96$ % sein. Die durch die inneren Verluste bedingte Erwärmung hat neben anderen Effekten (wie die Zentrifugalkraft bzgl. der maximalen Drehzahl oder die Drehmomentbelastbarkeit) eine bestimmte **Leistungsgrenze** zur Folge, die zumindest im Dauerbetrieb auf keinen Fall überschritten werden darf, ohne die Maschine thermisch ernsthaft zu gefährden. Der Wirkungsgrad ist last- und geschwindigkeitsabhängig. Er ist im Stillstand und im Leerlauf null und hat im Bereich des Nennarbeitspunktes AP_N sein Maximum.

19.1.5 Dynamisches Verhalten, Hochlauf

Im Gegensatz zum **statischen Betrieb** (Arbeitspunkt **AP**) beschreibt der **dynamische Betrieb** zeitliche Ausgleichs-/Übergangsvorgänge zwischen zwei **APs**, wenn entweder eine unerwünschte **Störung** von innen oder von außen (z. B. Lastmomentsprünge) oder eine gewollte Änderung einer **Führungsgröße** (z. B. Klemmenspannung) auf die Maschine einwirkt. Die Reaktion der Maschine nennt man **Störungs**- bzw. **Führungsverhalten**. Der Übergangsvorgang ist erst dann beendet, wenn Motor- und Lastmomente wieder gleich und alle Parameter konstant sind (AP-Kriterium). Das statische Verhalten wird üblicherweise durch **Kennlinien** (z. B. $n(M)$), das dynamische Verhalten durch **Zeitdiagramme** (z. B. $n(t)$ oder $I(t)$) als Lösung zeitlicher **Differenzialgleichungen** dargestellt bzw. beschrieben (Bild 19.6).

19.1.5.1 Newton'sches Aktionsprinzip

Das **dynamische Verhalten** von Bewegungs-Maschinen und Antrieben wird durch die beiden folgenden **Newton'schen Zustands**- bzw. **Differenzialgleichungen** beschrieben. Für die **lineare** Bewegung gilt:

$$F_B = F_M - F_L = ma = m\frac{dv}{dt} = m\frac{d^2s}{dt^2}$$

Die Beschleunigungskraft (F_B), die motorische (F_M) und die Lastkraft (F_L) sowie die Geschwindigkeit v liegen in einer Translationslinie (a Beschleunigung, s Weg, m Masse).

Für die **Rotation** gilt analog:

$$M_B = M_M - M_L = J\frac{d\omega}{dt} = J\frac{d^2\alpha}{dt^2}$$

m ist die Masse und J ist das Massenträgheitsmoment um die Rotationsachse, ω ist die Winkelgeschwindigkeit und α die Winkelbeschleunigung.

Die zeitlichen Übergangsvorgänge (z. B. beim Anlaufen nach dem Einschalten oder zwischen zwei Arbeitspunkten) sind durch die mathematische Lösung der zugeordneten Differenzialgleichung, d. h. durch Integration, bestimmt. Hier sollen zwei Standardfunktionen behandelt werden, der lineare und der exponentielle Hochlauf. Andere Hochlaufprofile lassen sich generell auf den linearen Hochlauf zurückführen, wenn keine analytisch/mathematischen Funktionen zur Verfügung stehen (grafisch/rechnerisch durch Intervallbildung der statischen Motor- und Lastkennlinien und Mittelwertbildung).

	a statischer Betrieb	**b** dynamischer Betrieb
Voraussetzungen	$dU/dt = 0$, $d\Phi/dt = 0$, $dM/dt = 0$: $dn/dt = 0$	$dU/dt \neq 0$, $d\Phi/dt$ oder $dM/dt \neq 0$: $dn/dt \neq 0$
Gleichungen mit den Größen: U_{KL} Klemmenspannung U_0 Induktionsspannung R_A Ankerkreiswiderstand L_A Ankerinduktivität I_A Ankerstrom Φ_E magnet. Erregerfeld M Drehmoment J Massenträgheitsmoment	z.B. für die GS-NSM: $n(M) = \frac{U_{KL}}{k_1 \Phi_E} - \frac{R_A}{k_1 k_2 \Phi_E^2} M,$ $U_{KL} = U_0 + I_A R_A$ (Kirchhoff)	$M_B = M_M - M_L = J \frac{d\omega}{dt}$ (Newton) $U_{KL} - U_0 = I_A R_A + L_A \frac{dI_A}{dt}$ (Kirchhoff) (mechanischer bzw. elektrischer Kreis)
Kennlinien, Diagramme (Beispiele) mit: n_{AP} und I_{AP} Drehzahl bzw. Strom im Arbeitspunkt AP. I_B Beschleunigungsstrom M Motor-Drehmoment	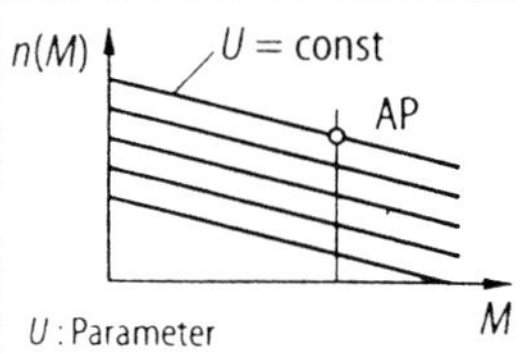 	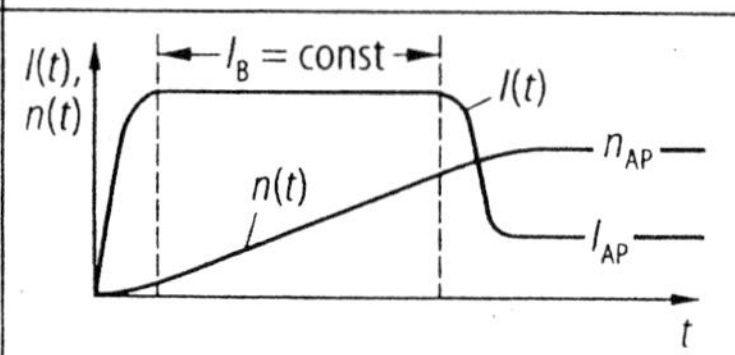
Beispiel eines Übergangs zwischen zwei Arbeitspunkten bei Änderung des Lastmoments $M_L(t)$ im Falle einer GS-NSM	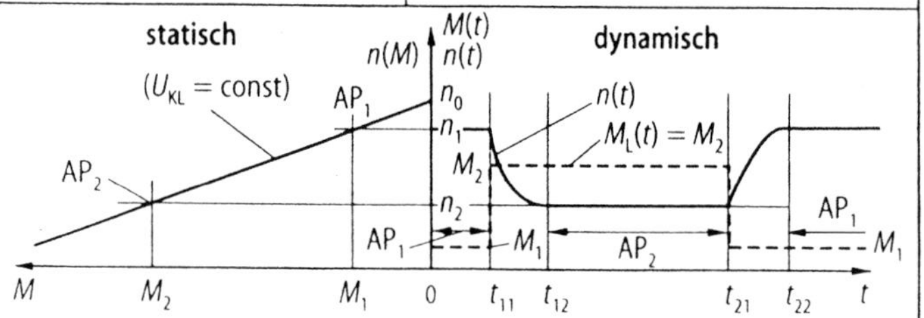 	

Bild 19.6 Vergleichende Übersicht statischer und dynamischer Betrieb

19.1.5.2 Linearer Hochlauf (Rampen-Zeitfunktion)

Es handelt sich um die Standard Geschwindigkeits-Zeit-Rampe nach der Funktion:

$v(t) = a \cdot t$ bzw.: $\omega(t) = \dot{\omega} \cdot t$

Voraussetzungen z. B. bei Rotation: $M_B(\omega)$ = konst., d. h. M_M und M_L sind konstant.

So erzeugt beispielsweise eine **GS-NSM** oder **PM-GSM** mit **Konstantgleichstrom** ein konstantes Motormoment M_M und fährt mit einer **linearen Rampe** bis ω_{AP} hoch. Im AP muss dann allerdings auf die zu ω_{AP} gehörende **Konstantspannung** umgeschaltet werden. Als Lösung der Newton'schen Differenzialgleichung für die Rotation ergibt sich dann im linearen Fall für die Hochlaufzeit T_H:

$$T_H = \int_{t_1}^{t_2} dt = t_2 - t_1 = \int_{\omega_1}^{\omega_2} \frac{J}{M_M - M_L} d\omega = \frac{\omega_2 - \omega_1}{\dot{\omega}} = \frac{\omega_{AP} \cdot J}{M_B}$$

mit $\omega_2 = \omega_{AP}$ (Arbeitspunkt), $\omega_1 = 0$ (Stillstand), $\dot{\omega} = \frac{M_B}{J} = \frac{M_M - M_L}{J}$ = konst.

Das Beschleunigungsprofil in der statischen Kennlinie ist rechteckig. Im Falle eines **Antriebsystems** ist dringend zu empfehlen, alle Größen auf **eine Welle** (z. B. auf die Motorwelle) zu beziehen. Dabei müssen vorhandene mechanische Transmissionen (z. B. Übersetzungen durch Getriebe oder Hebel) beachtet werden.

19.1.5.3 Exponentieller Hochlauf

Der exponentielle Hochlauf weist in der statischen Kennlinie ein dreieckförmiges Beschleunigungsprofil aus. Bei Einsatz einer **GS-NSM** (wie im linearen Fall) muss hier der Motor während des Anlaufens mit **Konstant-Gleichspannung** versorgt werden.

Dann ist die Lösung der Newton'schen Gleichung folgende *e-Funktion*:

$$\omega(t) = \omega_{\mathrm{AP}} \left(1 - \mathrm{e}^{-\frac{t}{T_m}}\right)$$

mit der mechanischen Zeitkonstanten $T_{\mathrm{m}} = \dfrac{\omega_{\mathrm{AP}} \cdot J}{M_{\mathrm{Ein}} - M_{\mathrm{L}}} = \text{konst.}$ und $M_{\mathrm{Ein}} = M_{\mathrm{M}}(\omega = 0)$.

19.1.6 Thermodynamik, Erwärmung und Abkühlung

Die in 19.1.4 erwähnten internen Verluste (Wirkungsgrad) führen zu einer Erwärmung der Maschine gegenüber ihrer Umgebung (bei Fremdkühlung gegenüber dem Kühlmittel). Sie muss wegen Einhaltung der Lebensdauerangabe begrenzt werden. Im Nennbetrieb wird die zulässige Erwärmung definitionsgemäß nicht überschritten. Da sich die Wicklungen am meisten erwärmen, ist die Isolations-Grenztemperatur der begrenzende Parameter. Für die sich daraus ergebende Leistungsbegrenzung sind nun verschiedene thermodynamisch relevante Betriebsarten zu unterscheiden (Bild 19.7 nach VDE 0530 Teil 1):

- **Dauerbetrieb:** Maschine wird mindestens so lange in einem Arbeitspunkt betrieben, bis sie die Beharrungs- oder Endtemperatur erreicht hat;
- **Kurzzeitbetrieb:** Maschine wird nur kurze Zeit eingeschaltet und anschließend so lange abgeschaltet, dass sie die Ausgangstemperatur wieder erreicht hat, bevor sie erneut wieder eingeschaltet wird;
- **Aussetzbetrieb (intermittierender Betrieb)**: Maschine wird intermittierend ein- und ausgeschaltet und kommt in einen thermischen Gleichgewichtszustand mit einer maximalen und minimalen Temperaturgrenze;
- **Aussetzbetrieb mit überhöhter Anlaufleistung** und schließlich
- **Aussetzbetrieb mit Anlaufleistung und aktiver elektrischer Bremsung.**

Die Wärmeleistung wird permanent an das **primäre** Kühlmittel (z. B. Luft, Wasser oder Öl) abgegeben, das entweder ständig zugeführt werden muss oder sich ständig ersetzt oder durch ein **sekundäres** Kühlmittel bzw. in einem **Kühlaggregat** auf die erforderliche konstante Kühltemperatur rückgekühlt wird.

Wenn man vereinfachend die Maschine als **homogenen Körper** betrachtet und annimmt, dass sie sich gleichmäßig auf die Temperatur ϑ bzw. Übertemperatur Θ (gegenüber Umgebung oder Kühlmittel) erwärmt, gilt für den Erwärmungsprozess die Differenzialgleichung:

$$P_{\mathrm{V}} = \alpha \cdot A \cdot \Theta + c \cdot m \cdot \frac{\mathrm{d}\Theta}{\mathrm{d}t} = W \cdot \Theta + C\frac{\mathrm{d}\vartheta}{\mathrm{d}t} = \frac{\Theta}{R_{\mathrm{th}}} + C\frac{\mathrm{d}\vartheta}{\mathrm{d}\Theta}$$

Die Verlustleistung ist gleich der Wärmeabgabeleistung an die Umgebung plus der gespeicherten Wärmeleistung, die zur Eigenerwärmung der Maschine führt.

P_{V} : gesamte Verlustleistung innerhalb der Maschine (Einheit W).

$\Theta = \vartheta_{\mathrm{M}} - \vartheta_{\mathrm{U}}$: Übertemperatur (Temperaturdifferenz) zwischen Maschinen-Temperatur ϑ_{M} und Umgebungstemperatur ϑ_{U} (Einheit K bzw. °C).

α: Wärmeübergangskoeffizient der Maschinenoberfläche A gegenüber Kühlmittel und Umgebung in $\mathrm{W/(K \cdot m^2)}$, α ist abhängig vom Betriebszustand. Im Stillstand ist α kleiner als bei Bewegung wegen der bewegten Luft.

m: Masse der Maschine (homogen).
c: spezifische Wärmekapazität der Masse m in W · s/(K · kg).
C: $C = cm$: Wärmekapazität der Maschine in W · s/K.
W: $W = \alpha \cdot A$: Wärmeabgabefähigkeit in W/K bzw. W/°C.
R_{th}: $R_{th} = 1/W = \Theta/P_V$ in °C/W: thermischer Übergangswiderstand der Maschine gegenüber seiner Umgebung.
R_{th} und W sind von der Maschinenoberfläche und ihrer Kühlung abhängig.
E_W: $E_W = C \cdot \Theta$ in W · s: durch die betriebsbedingte Erwärmung in der Maschine gespeicherte Wärmeenergie.

Der Erwärmungsvorgang erfolgt nach einer Exponentialfunktion, deren Beharrungszustand bei größeren Maschinen (MW-Leistungsbereich) erst nach einer Betriebsdauer von mehreren Stunden erreicht sein wird. Wenn die Übertemperatur $\Theta = \vartheta - \vartheta_U$ zum Zeitpunkt des Einschaltens mit null angenommen und die Maschine in einem stationären Arbeitspunkt mit konstanter Verlust- und Heizleistung P_V betrieben wird, α ebenso konstant sei, wird der Maschine in einem Zeitabschnitt dt die Wärmemenge d$E_W = P_V \cdot$ dt zugeführt. Der Leistungsanteil $C \cdot \mathrm{d}\vartheta/\mathrm{d}t$ bzw. Energieanteil $C \cdot \mathrm{d}\vartheta$ wird in der Maschine gespeichert, weshalb ihre Temperatur um dϑ ansteigt. Der Rest Θ/R_{th} bzw. $(\Theta/R_{th}) \cdot \mathrm{d}t$ wird an die Umgebung (ϑ_U) bzw. das Kühlmedium weitergeleitet. Mit diesen Vorgaben lautet die Lösung der obigen Differenzialgleichung (Erwärmungsfunktion):

$$\Theta(t) = \hat{\Theta}\left(1 - \mathrm{e}^{-\frac{t}{T_{th,e}}}\right) \quad \text{mit} \quad \hat{\Theta} = \frac{P_V}{\alpha A} = P_V R_{th} \quad \text{und} \quad T_{th,e} \equiv T_e = \frac{cm}{\alpha_e A} = CR_{th}$$

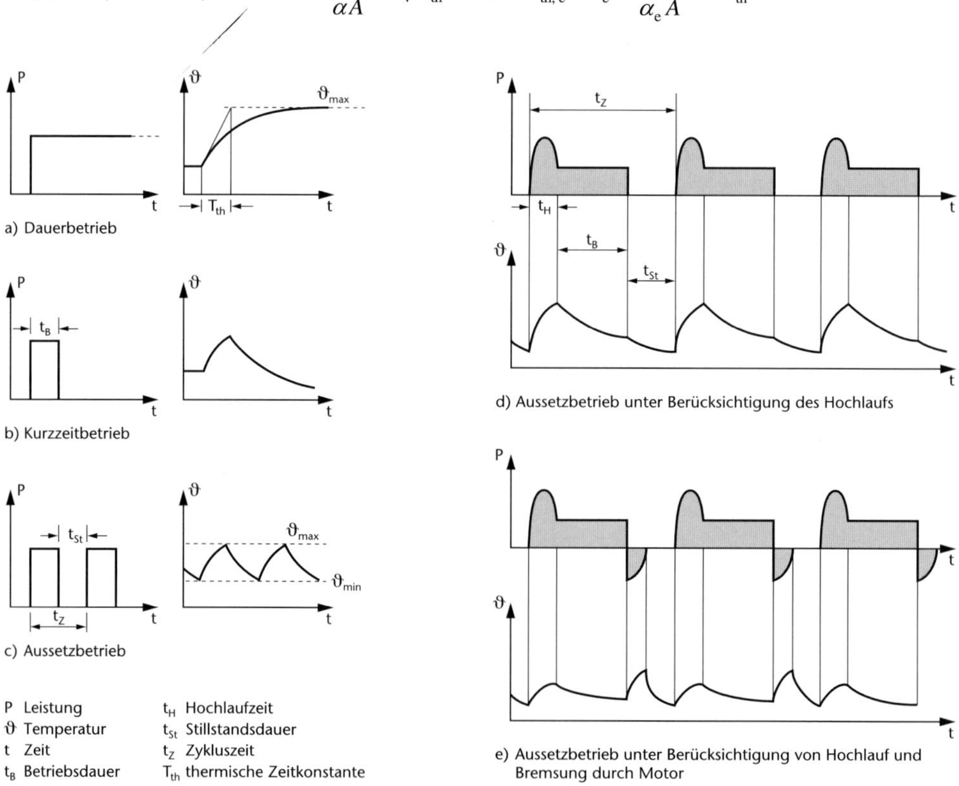

Bild 19.7 Thermodynamische Betriebsarten

Die **Abkühlungs-Zeitfunktion** lautet $\Theta(t) = \hat{\Theta}_1 \mathrm{e}^{-\frac{t}{T_{\mathrm{th,a}}}}$

Die thermischen Zeitkonstanten $T_{\mathrm{th,e}}$ (Erwärmung) und $T_{\mathrm{th,a}}$ (Abkühlung) liegen im Bereich 4 min bis 25 min bei Kleinmotoren (bis etwa 1 kW) 30 min bis 1,5 Std. (ca. 1 bis 100 kW), und bei Maschinenleistungen (bis zu vielen MW) kann T_{th} bis zu mehreren Stunden betragen.

19.1.7 Normrichtlinien: Bauformen, Schutzarten, Kühlung und Isolation

19.1.7.1 Bauformen

Um international definierte Integrationsmöglichkeiten zu garantieren, werden bestimmte Maschinenbauformen nach IEC 34-7 bzw. VDE 0530 Teil 7 genormt. Die Betriebsmittelkennzeichnung ist **IM** (international mounting). Nach **IM** folgt ein B für waagerechte oder V für senkrecht angeordnete Wellen. Die Ziffern danach kennzeichnen beispielsweise die Anzahl von Lagerschilden oder Füßen. Bei Maschinen für die Industrie (z. B. **DS-ASM**) ist die **Achshöhe** H (Maß von der Basis bis zur Wellenmitte) maßgebend für die Baugröße, der die Nennleistung zugeordnet ist. Die Nennleistung steigt mehr als mit der 3. Potenz der Achshöhe. Bild 19.8 zeigt eine Auswahl standardisierter Bauformen nach VDE 0530 Teil 7 mit den DIN-Kurzzeichen bzw. den Zeichen nach IEC-Code II.

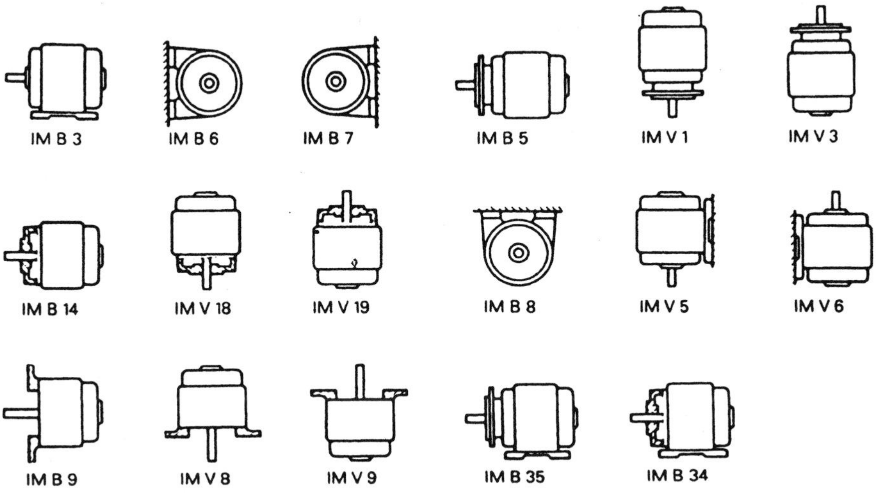

Bild 19.8 Bauformen elektrischer Maschinen (SIEMENS)

19.1.7.2 Schutzarten, Schutzgrade

Die Einführung von **Schutzarten** und **Schutzgraden** nach DIN VDE 0530 Teil 5 trägt der Vorschrift nach Schutz von Mensch und Maschine Rechnung. Angaben über **Schutzarten** schließen **Schutzgrade** mit ein. Die **Schutzart** definiert Konstruktion und Ausführung der Mechanik einer Maschine hinsichtlich Umgebungsbedingungen, Berührungsschutz und Eindringen fremder Medien wie Festkörper, Flüssigkeiten oder explosive Gase. Zur Kennzeichnung von **Schutzgraden** werden gemäß VDE 0530 Teil 5 die Buchstaben IP (**international protection**) und zweistellige Ziffern verwendet (Tabelle 19.2).

Tabelle 19.2 Schutzarten (Schutzgrade)

Kennziffern (1. und 2. Kennziffer)	Schutz gegen Berührung unter Spannungen stehender oder innerer sich bewegender Teile (1. Kennziffer)	Fremdkörperschutz gegen das Eindringen von: (1. Kennziffer)	Wasserschutz, keine schädigende Einwirkung von: (2. Kennziffer)
IP 00	ungeschützt	ungeschützt	ungeschützt
IP 11	großflächige Handberührung	großen Fremdkörpern mit ∅ > 50 mm	Tropfwasser
IP 23	Schutz gegen Hand und Fingerberührung	mittelgroßen Fremdkörpern mit ∅ > 12 mm	Sprüh- und Regenwasser bis 60° zur Senkrechten
IP 44	Berührungsschutz gegen Werkzeuge o. Ä. mit ∅ > 1 mm	kleinen Fremdkörpern mit ∅ > 1 mm	Sprüh- und Spritzwasser aus allen Richtungen
IP 55	Berührungsschutz gegen Hilfsmittel jeglicher Art	Staub in schädlichen Mengen, innere Staubablagerung	Spritz- und Strahlwasser aus allen Richtungen
IP 56	Berührungsschutz gegen Hilfsmittel jeglicher Art	Staub in schädlichen Mengen, innere Staubablagerung	vorübergehender Überflutung
W, S, M Zusatzbuchstaben	Zusätzliche Buchstaben: z. B. IP 23 W: W für wettergeschützte Maschinen, S für Wasserschutz im Stillstand und M für Wasserschutz bei laufenden Maschinen.		
EEx; KL; SCH; (Ex)e; (Ex)d	Spezielle Schutzklassen (Konsultation empfehlenswert): Explosionsschutz EEx; Klimaschutz KL und SCH für Schiffsausführung, Explosionsschutz (Ex)e (erhöhte Sicherheit); (Ex)d: (Ex-Schutz, druckfeste Kapselung), Sonderschutz für Säuren, Laugen und Feuchte		

Die **erste Ziffer** gibt den **Berührungs**- und **Fremdkörperschutz** an. Die **zweite Ziffer** kennzeichnet den Schutz gegen Eindringen von **Wasser**. Darüber hinaus gibt es die **Sonderschutzkennzeichnung** EEx für explosions- und schlagwettergeschützte Maschinen nach VDE 0170 und -71 oder **Kl** für **Klimaschutz** oder **SCH** für **Schiffsausführung**. Für Einsätze in besonderen Umgebungsbedingungen müssen die zuständigen Betriebsgenossenschaften, Schutzämter und technischen Überwachungsvereine konsultiert werden. Schutzart, Schutzgrad und Kühlsystem hängen eng miteinander zusammen. Bei der Applikation elektrischer Maschinen müssen die Umgebungsbedingungen unbedingt darauf untersucht werden, ob sie mit den vom Hersteller angegebenen Standards konform sind.

19.1.7.3 Kühlung

Besonders bei leistungsstarken Drehstrommaschinen ist es wichtig, die unerwünschte Verlustwärme mit Hilfe von Kühlmaßnahmen möglichst schnell aus der Maschine herauszubringen. Grundsätzlich unterscheidet man zwischen drei Kühlungsarten:

- **Selbstkühlung**: natürliche Konvektion und Wärmeleitung,
- **Eigenkühlung**: z. B. mit Lüfter/Ventilator innerhalb der Maschine oder des Antriebs,
- **Fremdkühlung**: Kühlaggregat mit Umspülung bestimmter Maschinenstrukturen durch ein fremdes Kühlmittel. Dieses **primäre** Kühlmittel wird häufig in dem Kühlaggregat durch ein **sekundäres** Kühlmedium auf die Ausgangstemperatur rückgekühlt.

Fremdkühlungen sind meist geschlossene Systeme mit Wärmetauscher (Luft/Luft oder Luft/Wasser), wobei auf die Konformität von Schutz- und Kühlart geachtet werden muss.

19.1.7.4 Isolation

Enthält die umgebende Atmosphäre aggressive Partikel, Dämpfe, Gase, Luftfeuchte, extrem hohe, ständig wechselnde Temperaturen, dann reicht **normale Isolation** nicht aus, und die Maschine benötigt eine spezielle **Isolationsklasse** (z. B. **Tropenisolation**).

19.2 Leistungselektronische Umrichter

19.2.1 Einleitung

Nach Expertenaussagen werden bis zum Jahre 2010 nahezu alle **Festdrehzahlantriebe** durch **Regelantriebe (Servoantriebe)** ersetzt sein. Deshalb wird hier der für die **Servoantriebstechnik** so wichtigen **Leistungselektronik** ein breiter Raum eingeräumt. Maßnahmen zur Prozessoptimierung, Sicherheits- und Zuverlässigkeitserhöhung, Energieeinsparung, Benutzer- und Servicefreundlichkeit werden zunehmend dringender.

Hier werden zunächst die prinzipiell verschiedenen Stromrichterschaltungen und ihre charakteristischen Eigenschaften erläutert und Empfehlungen bezüglich ihrer Eignung für eine bestimmte Anwendung dargelegt. Außerdem werden in diesem Abschnitt die für den Anwender relevanten technischen Daten und Hinweise erläutert, um die stromrichtergespeisten Antriebe bei der Antriebsprojektierung technisch und qualitativ beurteilen zu können.

Leistungselektronische Umrichter setzt man meist für Drehstrommotor-Steuerungen ein. Sie ermöglichen im Gegensatz zu den direkt am Netz betriebenen Drehstrommotoren drehzahlveränderbare, d. h. regelbare Antriebe. Der früher häufig geforderte **Bypass-Betrieb**, also die Installation einer automatischen Umschaltung von **Umrichter**- auf **Netzbetrieb** bei Ausfall des Umrichters, ist heute nicht mehr sinnvoll. Der Motor muss einerseits für den Netzbetrieb im Vergleich zum Umrichterbetrieb viel größer dimensioniert werden und andererseits müsste der Umrichter den Motor synchronisieren, unmittelbar bevor er sich abschaltet, oder der Motor müsste wiederum für Netz-Direktanlauf dimensioniert werden. Ein weiterer wesentlicher Vorteil des umrichtergespeisten Motors ist, dass er, im Gegensatz zum netzbetriebenen Motor, bei Netzspannungsabsenkung nicht **wegkippen** kann, da er von der Regelung immer eng unter der Kippgrenze gehalten wird.

Es darf behauptet werden, dass die Zuverlässigkeit der mit modernen Umrichtern gespeisten Antriebe inzwischen wesentlich höher ist als die von direkt am Netz betriebenen Motoren. Ein Motor am Netz fällt häufiger aus als ein Umrichterantrieb, da der Umrichterbetrieb Netzstörungen erheblich sicherer beherrscht. Bild 19.9 zeigt einen Überblick.

Stellglied	Drehstromsteller (Ständerkreis)	Direkter Umrichter (Ständerkreis)	Indirekter Umrichter (Ständerkreis)	Direkter Umrichter (Läuferkreis)	Indirekter Umrichter (USK)	Pulssteller (Läuferkreis)

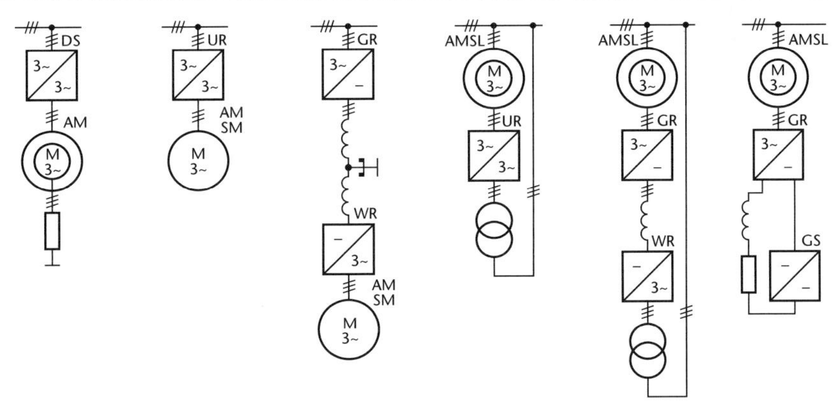

Antriebs-leistung P	< 75 kW	> 200 kW	< 500 kW	> 500 kW	> 200 kW	< 100 kW
Stell-bereich S	≈ 1 : 0,1	≈ 0,8 : 0	≈ 2 : 1 : 0	≈ 1,5 : 1 : 0,5	≈ 1 : 0,5	≈ 1 : 0

Bild 19.9 Übersicht über stromrichtergesteuerte Drehstromantriebssysteme (SIEMENS)

19.2.2 Stromrichterschaltungen

19.2.2.1 Gleich-, Wechsel- und Umrichter

Bild 19.10 zeigt schematisch die Unterschiede zwischen Gleich-, Wechsel- und Umrichter.

Der Gleichrichter formt eine Wechselspannung in eine Gleichspannung um (Bild 19.10a). Beim **Wechselrichter** in Bild 19.10b wird die Gleichspannung in mehr oder weniger breite positive und negative Blöcke zerhackt und entsprechend den Abbildungen wieder zusammengesetzt. Als Mittelwert dieser Gleichspannungsblöcke entsteht eine einem Sinusverlauf äquivalente Wechselspannung, deren Amplitude über die Blockbreite Δt und deren Frequenz über die Periodendauer T verändert wird. Beim **Umrichter** (Bild 19.10c) wird die Wechselspannung U_1 mit der Frequenz f_1 in die Wechselspannung U_2 mit geänderter Amplitude und Frequenz f_2 umgeformt, häufig über einen Zwischenkreis, d. h. mit netzseitigem Gleich- und lastseitigem Wechselrichter. Bei Anwendung auf Drehstromnetze wird somit die stufenlose Drehzahlsteuerung von Drehstrom-Asynchronmotoren ermöglicht.

19.2.2.2 Zwischenkreis-Umrichter

Zwischenkreisumrichter (**ZKU**: Bild 19.11) dienen zur Drehzahlsteuerung von Asynchron- und Synchronmaschinen. Sie bestehen aus je einem netz- und einem lastseitigen Stromrichter, die über einen Zwischenkreis (**ZK**) miteinander verbunden sind.

Grundsätzlich unterscheidet man bei stromrichtergespeisten, drehzahlveränderbaren Antrieben zwischen **Spannungs**- und **Strom**-ZKU. Beim Spannungs-ZKU führt der ZK eine **eingeprägte Spannung** mit einem Kondensator (Bild 19.11: Kapazität C) als Glättungsglied, der Strom-ZKU führt einen **eingeprägten Strom** mit einer Glättungsdrossel (Induktivität L). Dabei sind zwei Wirkungsrichtungen zu berücksichtigen: die Aktor- oder Lastseite und die Netzseite. Letztere ist zunehmend mit der Forderung nach **Netzfreundlichkeit** (optimierte Netzrückwirkungen) konfrontiert, die am einfachsten mit **Diodenstromrichtern**, also mit konventionellen Halbleitern gewährleistet werden kann. Vom Aspekt der **Netzseite** müsste man somit grundsätzlich den **Spannungs-Zwischenkreisumrichter** bevorzugen.

Vom Aspekt der **Motorseite** ist man jedoch auf den **Strom-Zwischenkreisumrichter** (Strom-ZKU) festgelegt, der eingangsseitig gesteuerte Thyristoren benötigt.

Der **Vierquadrantenbetrieb** (Antreiben und Bremsen in beide Richtungen, mit oder ohne Blindleistungskompensation und Energierückspeisung ins Netz) wird grundsätzlich vom Strom-ZKU abgedeckt. Beim Spannungs-ZKU ist dies nur durch zusätzliche Maßnahmen möglich, beispielsweise durch zusätzliche gesteuerte Gleichrichter oder Active Front-End (AFE).

19

Bei beiden **ZKU** wird das dreiphasige **Drehspannungs-/Drehstromsystem** des speisenden Netzes in eine **Gleichspannung** umgeformt. Diese wird nach der **Glättung** wieder in ein **Drehspannungssystem variabler Frequenz** umgeformt (Bild 19.12).

Der Wechselrichter auf der Motorseite schaltet die Zwischenkreis-Gleichspannung bzw. den ZK-Gleichstrom zyklisch auf die Motorständerwicklungen, sodass ein magnetisches **Statordrehfeld** mit der gewünschten Drehzahl und Richtung erzeugt wird. Bei einem motorseitigen Thyristor-Stromrichter besteht jedoch das Problem, dass ein eingeschalteter Strompfad sich nicht wieder ausschalten lässt, sondern erst im natürlichen Nulldurchgang wieder gesperrt wird.

19.2.2.3 Stromrichterspeisung für Synchron- und Asynchronmotoren

Stromrichter mit Stromzwischenkreis für Synchronmotoren

Der **Synchronmotor** läuft **synchron** mit dem **Stator-Drehfeld**. Ein mit einem Thyristor-Stromrichter gesteuerter **fremderregter Synchronmotor** sorgt selbst für die **Gegenspannung**,

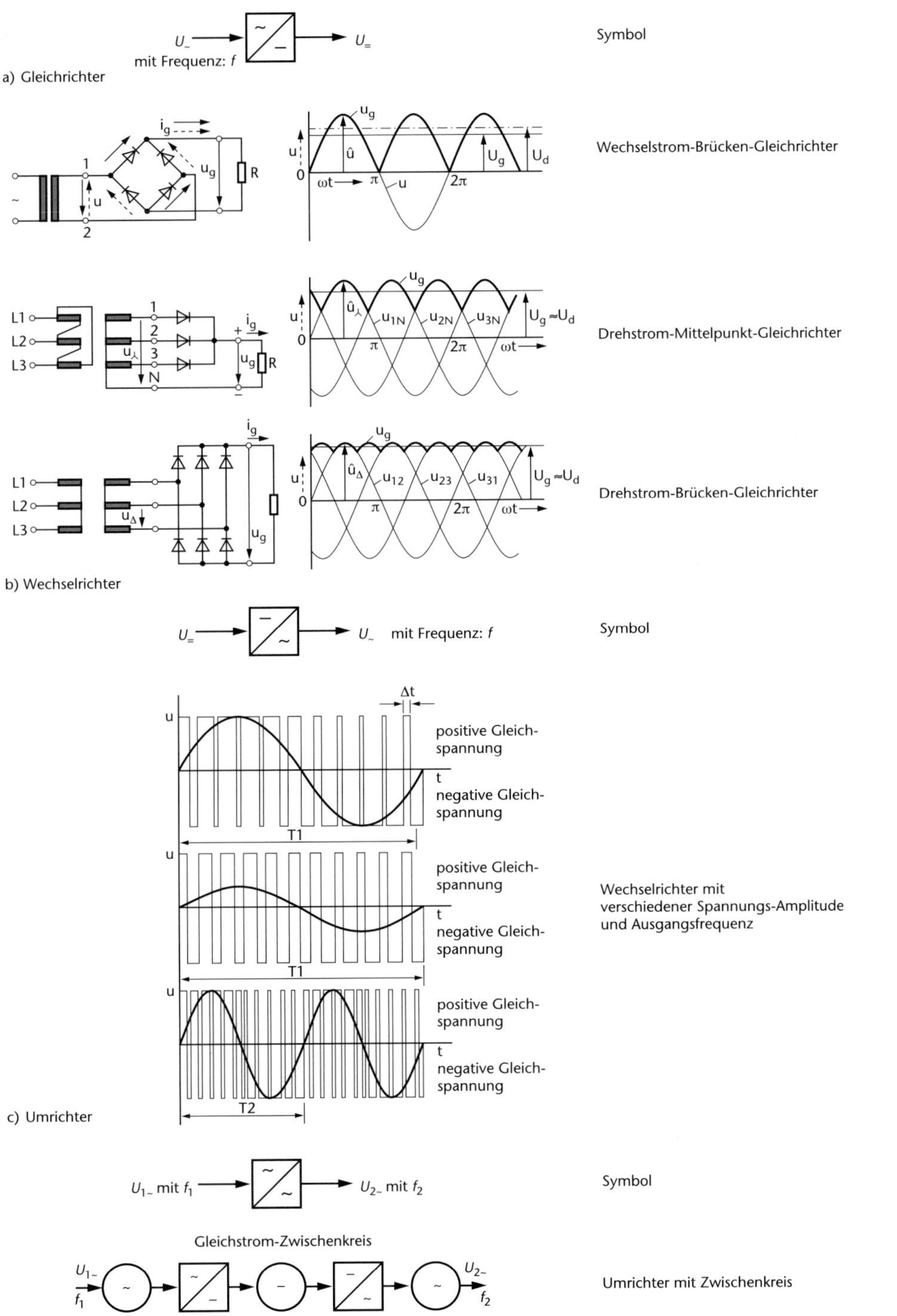

Bild 19.10 Verschiedene Stromrichter: Gleich- und Wechselrichter, Umrichter

19

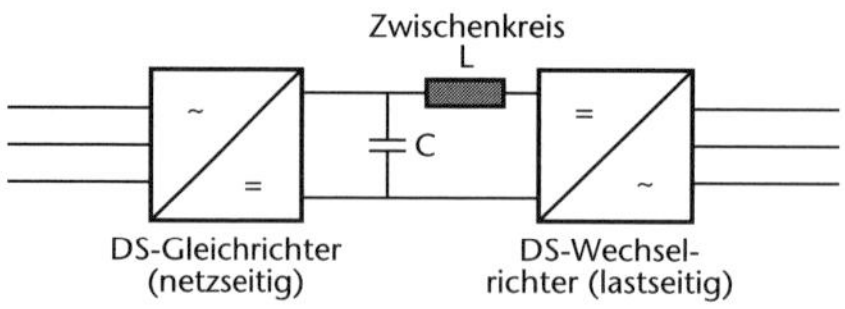

Bild 19.11 Spannungs- und Stromzwischenkreis-Umrichter

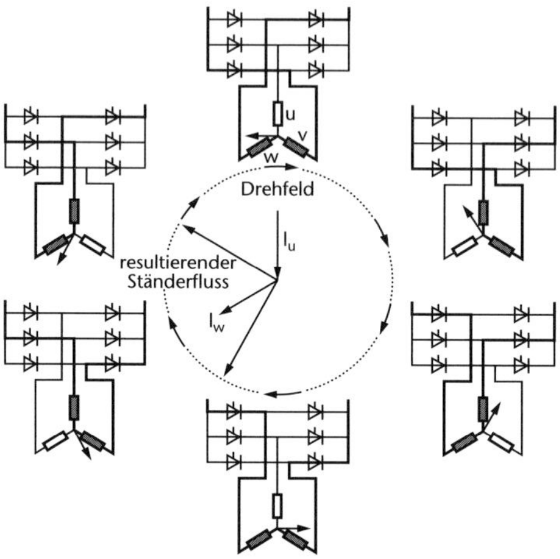

Bild 19.12 Drehfelderzeugung durch den Stromrichter und Statorwicklungen (SIEMENS)

die zur **Stromsperrung** im Thyristor erforderlich ist, wenn er übererregt betrieben wird ($\cos \varphi = 1$). Die für den Betrieb des Motors notwendige **Kommutierung** erfolgt durch thyristorgesteuerte Strom-Weiterschaltung von einem Statorstrang auf den anderen. Da die Kommutierungsblindleistung aus einer **fremden Quelle** stammt (nicht vom Umrichter), bezeichnet man diesen Typ **fremdgeführter Umrichter** und den Motor **Stromrichter-Motor** (Bild 19.13).

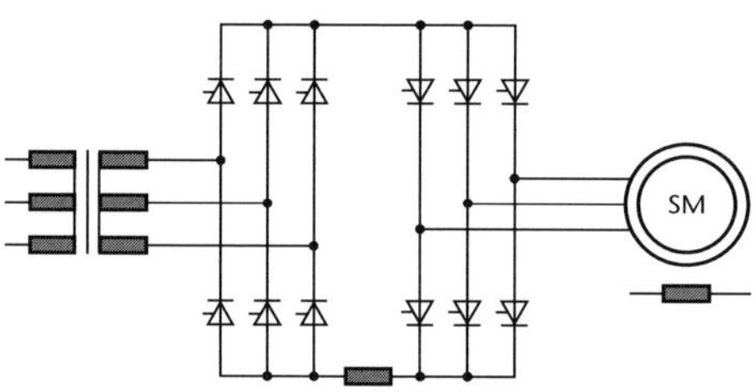

Bild 19.13 Prinzipschaltung eines Stromrichter-Motor-Antriebes (SIEMENS)

Den prinzipiellen Spannungs-Strom-Verlauf zeigt Bild 19.14.

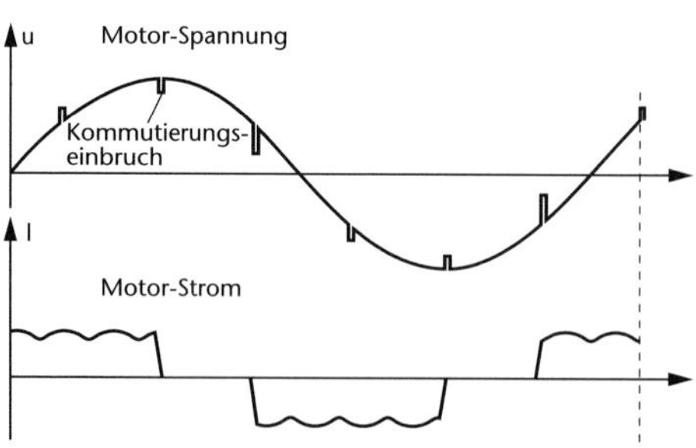

Bild 19.14 Verlauf von Strom und Spannung eines Synchronmotor-Stromrichters

Aus der im Prinzip trapezförmigen Strom- und damit auch Drehmomentenform resultiert eine große Momentenwelligkeit, d. h. keine gute Rundlaufgüte, die jedoch mit zwölfpulsigen Umrichtern wesentlich verbessert werden kann (Einsatz von zwei sechspulsigen Schaltungen). Stromrichter für SM ermöglichen durch sehr einfache Reihenschaltung der Thyristoren eine nahezu beliebige Erhöhung der Spannung bzw. der Leistung.

Bild 19.15 zeigt ein System mit zwölfpulsigem Umrichter, der als so genannter **Anfahrumrichter** nur zum Hochlaufen benutzt wird, um große Synchronmaschinen an schwachen Netzen einsetzen zu können.

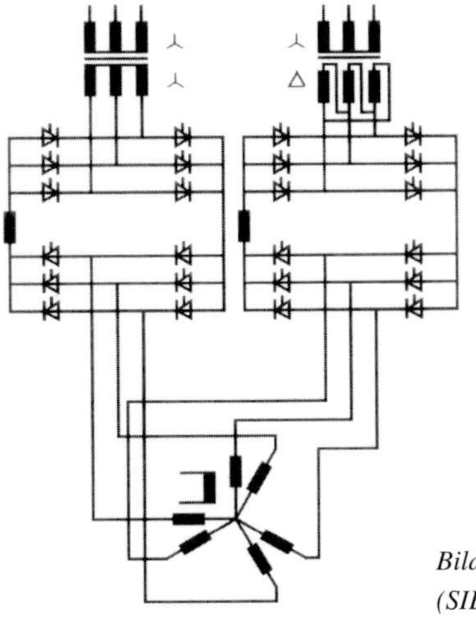

Bild 19.15 Stromrichtermotor-Antrieb mit zwölfpulsigem Stromrichter (SIEMENS)

Der Anfahrumrichter synchronisiert den SM nach dem Anlauf exakt auf Netzspannung, -frequenz und -phasenlage, sodass der SM problemlos von Umrichter- auf Netzbetrieb umgeschaltet werden kann und somit den gegenüber Nennstrom 4- bis 7-fachen Einschaltstrom vermeidet. Während des gesamten Hochlaufs wird der SM vom Umrichter synchron betrieben und entwickelt deshalb sein volles Moment (keine Anlaufprobleme).

Stromrichter mit Stromzwischenkreis für Asynchronmotoren (ASM)

ASM benötigen **selbstgeführte Umrichter**, da das Löschen des Stroms wegen fehlender Gegenspannung beim ASM durch den Umrichter erfolgen muss. Nach dem Prinzip der **Wechselrichter mit Phasenfolgelöschung** (Bild 19.16) wird der Strom in einem Zweig durch das Einschalten des Stromes im nächstfolgenden Zweig gelöscht.

19

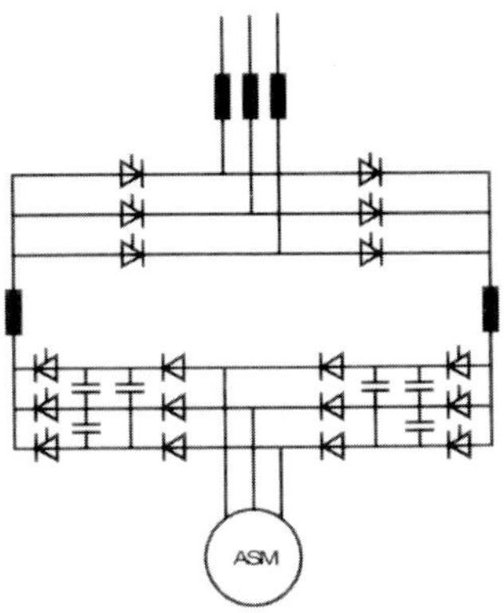

Bild 19.16 Prinzipschaltung eines sechspulsigen Stromrichters mit Phasenfolgelöschung (SIEMENS)

Den optimalen Zeitpunkt zum Einschalten des folgenden Stromzweiges bestimmt die Regelung des Stromrichters (**selbstgetakteter Stromrichter**). Der Zeitpunkt hängt von der Schlupffrequenz (Differenz zwischen Ständer- und Läuferfrequenz) und somit vom abverlangten Drehmoment des ASM ab. Deshalb ist der Aufbau des Stromrichters für ASM im Gegensatz zum Stromrichter für SM nicht so einfach. Die Kommutierungskondensatoren im Leistungskreis begrenzen die Ausgangsspannung des Stromrichters auf etwa 1000 V.

19.2.2.4 Der Pulsumrichter mit Spannungs-Zwischenkreis

Pulsumrichter mit IGBT: Isolated Gate Bipolar Transistor

Der **Pulsumrichter** ist pulsmoduliert mit **Spannungs**-ZK, bei dem der Wechselrichter gemäß Bild 19.17 mit Transistoren oder **IGBTs** ausgerüstet ist, die beliebig ein- und ausschaltbar sind.

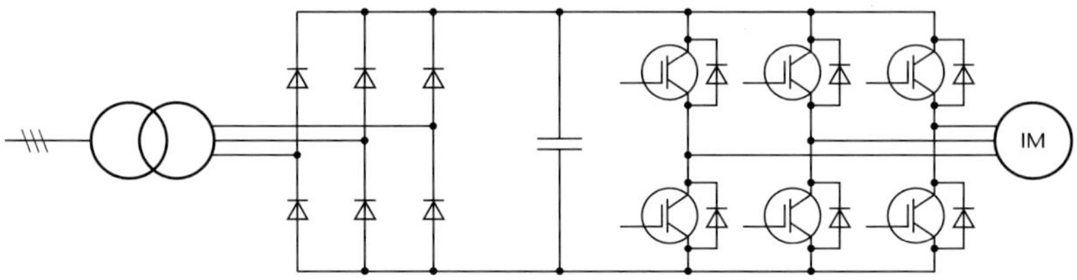

Bild 19.17 Umrichter mit Spannungs-Zwischenkreis mit IGBTs (SIEMENS)

Somit stehen neben den sechs diskreten Schaltzuständen des **elektronischen Kommutators** eine bestimmte Anzahl von Zwischenzuständen zur Verfügung (Bild 19.18).

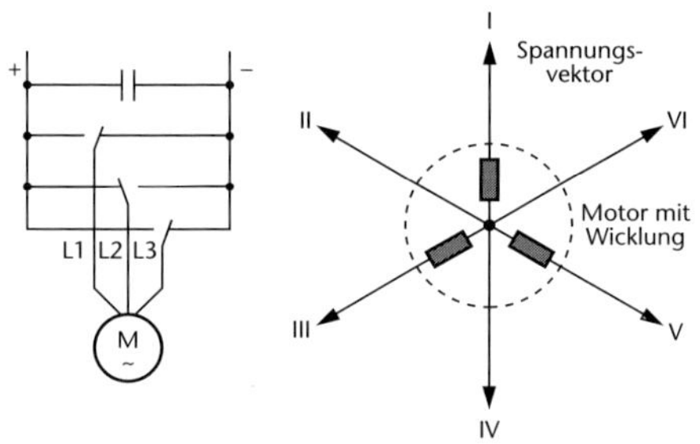

	L1	L2	L3
I	+	−	−
II	+	+	−
III	−	+	−
IV	−	+	+

	L1	L2	L3
V	−	−	+
VI	+	−	+
VII	+	+	+
VIII	−	−	−

Bild 19.18 Zeigerdiagramm der Schaltzustände bei gepulsten Stromrichtern

Nach diesem Verfahren (**Sinus-Dreieck-Modulation**) können Motorspannung und -strom derart moduliert bzw. in Abschnitte zerlegt werden, dass mit **Schaltfrequenzen** von mehreren kHz und mit **optimierten Pulsmustern** die resultierende Spannungs- bzw. Strom-Zeit-Fläche im Mittel Sinusform haben (Bild 19.19).

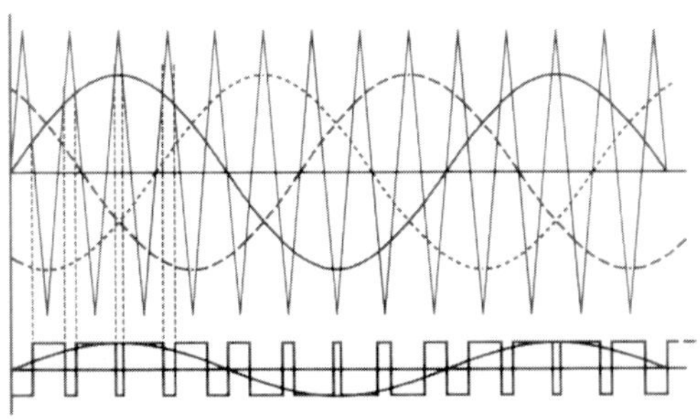

Bild 19.19 Sinus-Dreieck-Pulsmodulation

Damit werden hohe Rundlaufgüte, geringe Drehmoment-Welligkeit und hohe Regeldynamik erreicht. Mit normalen parallel geschalteten IGBT-Wechselrichtern werden Leistungen bis etwa 3 MVA erreicht.

Mittelspannungsumrichter mit Hochvolt-Transistoren

Inzwischen sind Hochvolt-IGBTs (**HV-IGBT**) mit 3,5 kV bei etwa 1000 A und 6,5 kV bei 800 A verfügbar. Bei Ausgangsfrequenzen bis 150 Hz lassen sich Leistungen bis 4 MW erzielen. Diese HV-IGBT-Umrichter zeichnen sich gegenüber den folgenden GTO-Typen insbesondere durch die wesentlich einfachere Ansteuerung aus. Wegen ihrer Asymmetrie (nur in *eine* Richtung sperrend) können mit ihnen nur Spannungs-ZKU realisiert werden (Bild 19.20).

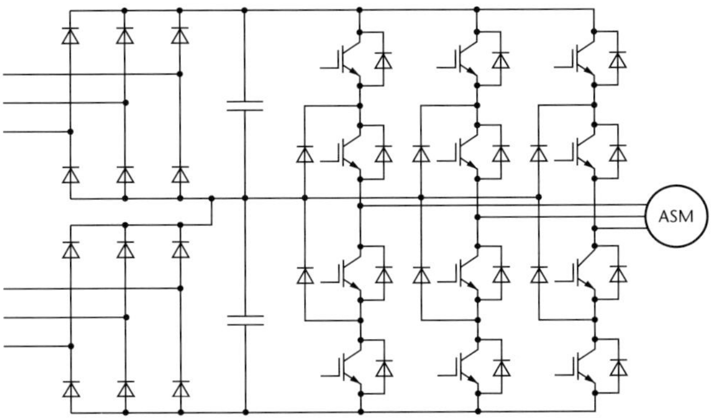

Bild 19.20 Umrichter mit Spannungszwischenkreis mit HY-IGBTs (SIEMENS)

Spannungs-ZKU unterscheiden sich von Strom-ZKU dadurch, dass sie den Motorwicklungen jeweils eine in steuerbaren Zeitintervallen konstante Klemmenspannung aufschalten. Durch die variable Impulsdauer steigt der Strom um einen entsprechenden Wert an und klingt in der spannungslosen Pause wieder ab. Dabei wird das Puls-Pausen-Verhältnis so gesteuert, dass ein nahezu sinusförmiger Stromverlauf entsteht (Bild 19.21).

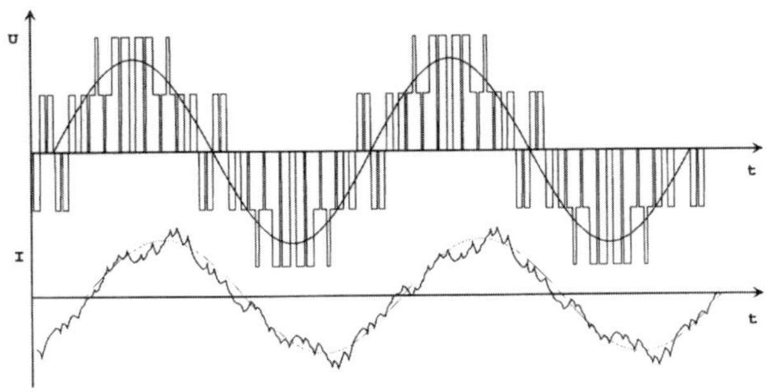

Bild 19.21 Spannungs- und Stromverlauf eines Dreipunkt-Wechselrichters (SIEMENS)

19.2.2.5 GTO-Stromrichter

GTOs (**Gate-Turn-Off-Thyristor**) gibt es sowohl in asymmetrisch sperrender Ausführung für den Spannungs-ZKU als auch symmetrisch sperrend für den Strom-ZKU. Bei symmetrisch sperrenden Leistungshalbleitern kann die gleiche Spannung in Vorwärts- und in Rückwärts-Richtung anliegen.

GTO-Stromrichter mit Spannungs-Zwischenkreis

Für den oberen Leistungsbereich werden GTO-Stromrichter verwendet, die mit 6 kV Spannungsfestigkeit bei 3500 A entsprechend 36,4 MVA Drehstromleistung angeboten werden. Bild 19.22 zeigt einen **Dreipunkt-Umrichter** mit **asymmetrischen GTOs**, bei dem drei diskrete Schaltzustände (+, 0 und –) des typischerweise **Spannungs-ZKs** auf die Motorwicklung geschaltet werden, sodass die Spannungssprünge nur noch halb so hoch wie bei der **Zweipunktschaltung** sind. Dieser Spannungs-ZKU hat für den 12-pulsigen Netzbetrieb zwei um 30° elektrisch versetzt angeschlossene Diodenstromrichter am Eingang.

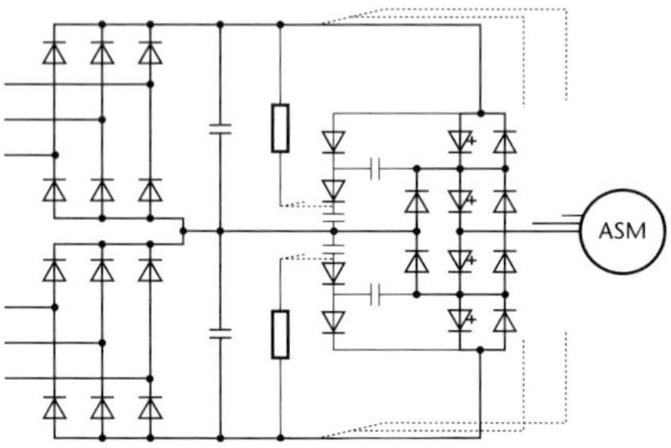

Bild 19.22 Dreipunkt-Wechselrichter mit asymmetrischen GTOs (SIEMENS)

GTO-Stromrichter mit Strom-Zwischenkreis

Beim Strom-ZKU mit GTOs wird der ZK-Strom in einzelne Pulse zerlegt und alternierend auf den aktuellen bzw. vorherigen und nachfolgenden Strang eingeprägt (Bild 19.23).

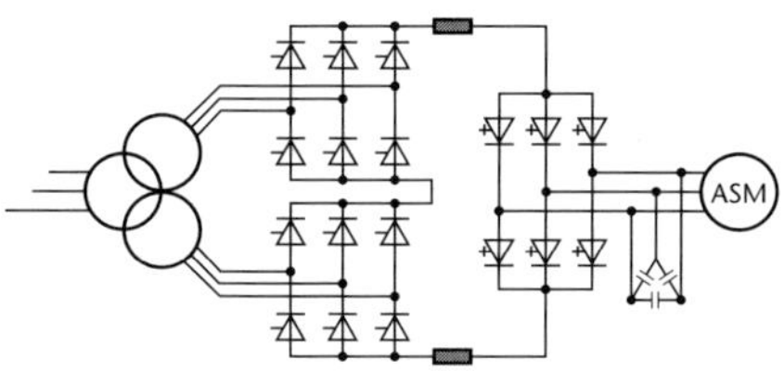

Bild 19.23 Umrichter mit Strom-Zwischenkreis mit symmetrischen GTOs (SIEMENS)

Dabei füllen die Ausgangskapazitäten *C* die Strompausen auf, da man die Motorströme nicht sprungförmig unterbrechen kann. Bild 19.24 zeigt gegenüber Bild 19.21 deutlich die motor- bzw. lastseitigen Vorteile des Strom-ZKU. Motorspannung und -strom enthalten nur geringe Oberwellen.

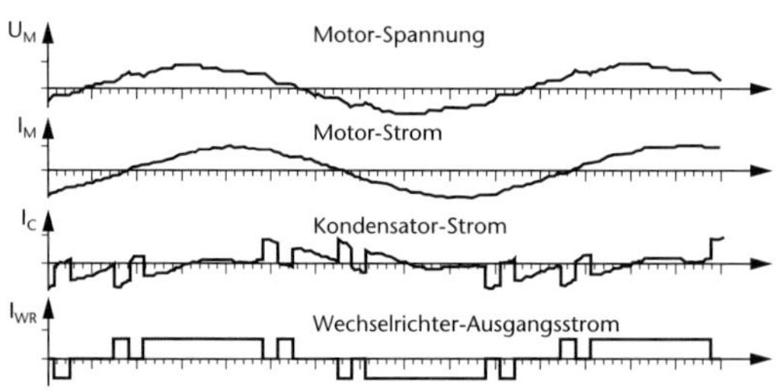

Bild 19.24

Bild 19.24 Spannungs- und Stromverlauf von Umrichtern mit Stromzwischenkreis mit GTOs (SIEMENS)

Bei Drehzahlvariation wird mit kleinerer Drehzahl der Wirkungsgrad gegenüber dem Spannungs-ZKU deutlich besser. Im untersten Drehzahlbereich muss dabei auf ausreichende Motorkühlung (schlechte Motor-Eigenbelüftung) gesorgt werden.

19.2.2.6 Direktumrichter

Direktumrichter sind Wechselstrom-Umrichter, die ohne Energiespeicher, also ohne **Zwischenkreis ZK** arbeiten. Dabei wird ein netzgeführter **Umkehrstromrichter** mit **kreisstromfreier Gegenparallelschaltung** zweier Drehstrombrücken (Bild 19.25) mit sich dauernd ändernder Aussteuerung betrieben, sodass sich die jeweiligen Gleichstrommittelwerte mit der gewünschten Frequenz zeitlich sinusförmig ändern (Bild 19.26).

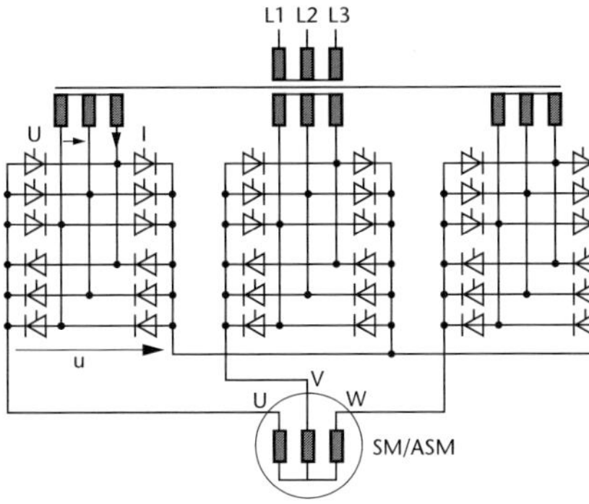

Bild 19.25 Direktumrichterprinzip (SIEMENS)

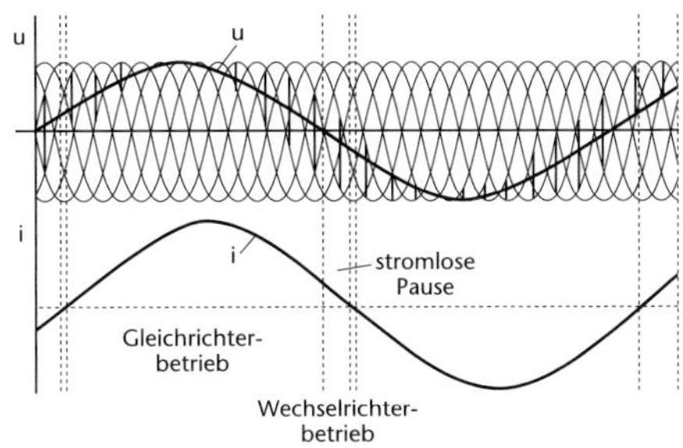

Bild 19.26 Spannungs- und Stromverlauf (SIEMENS)

Ihr Einsatz erfolgt dort, wo bei Höchstleistungen keine höhere Ausgangsfrequenz als etwa 1/2-mal Eingangsfrequenz verlangt wird. Deshalb und wegen der besonderen Drehmomentqualität ist der Direktumrichter für Antriebe mit diesbezüglich sehr hohen Anforderungen wie beispielsweise für Walzwerke (mit ihren sehr niedrigen Drehzahlen bis zu 100 min^{-1}) oder für Schiffsschrauben (wegen daraus resultierender geringer Geräusche) in geradezu idealer Weise geeignet.

Die Thyristoren in Bild 19.25 werden so gesteuert, dass sich am Ausgang drei jeweils um 120° versetzte Wechselströme bzw. Wechselspannungen (**Drehstromsystem**) ergeben. Die Frequenz und die Spannungen können unabhängig voneinander stetig verstellt werden. Selbstverständlich lässt sich auch der Drehsinn durch Vertauschen der Phasenfolge ändern.

19.2.2.7 Untersynchrone Stromrichterkaskade für Schleifringläufer

Diese einfache und preiswerte Drehzahlsteuerung für Drehstrom-Asynchron-Schleifringläufermotoren hat den entscheidenden Vorteil, dass der Stromrichter an die Schleifringe des Läufers angeschlossen wird und somit nur für die **Schlupfleistung (Luftspaltleistung)** dimensioniert werden muss. Dem Läufer wird je nach abverlangtem Drehmoment mehr oder weniger Schlupfleistung entzogen. Dabei wird die Schlupfleistung an den Bürstenklemmen K, L und M zunächst gleichgerichtet und über einen Wechselrichter in das Drehstromnetz zurückgespeist. Die Läuferspannung nimmt von der Stillstandsspannung bis zum Wert null bei synchroner Drehzahl linear ab. Die Drehzahl stellt sich auf den Wert ein, bei dem die gleichgerichtete Läuferspannung der Gegenspannung des Wechselrichters entspricht. Die Drehzahlvariation erfolgt also stufenlos durch die Steuerung des netzgeführten Wechselrichters, wobei die unterschiedlichen Augenblickswerte von Läufer- und Wechselrichterpannung von der Drossel im Gleichstrom-Zwischenkreis aufgenommen werden. Untersynchrone Stromrichterkaskaden werden vorwiegend für Antriebe mit quadratisch mit der Drehzahl ansteigendem Drehmoment eingesetzt wie beispielsweise für Pumpen und Lüfter mit begrenztem Drehzahlbereich bis zu größten Leistungen (z. B. für die Fernwasserversorgung). Der Anlauf bis zur unteren Stellbereichsgrenze erfolgt über die Anlass-

19

widerstände AW in Bild 19.27. Wegen der typischen Nachteile (Schleifringe haben Verschleiß, einen schlechten Leistungsfaktor cos φ und Netzrückwirkungen) hat die Applikation dieser Antriebsvarianten abnehmende Tendenz.

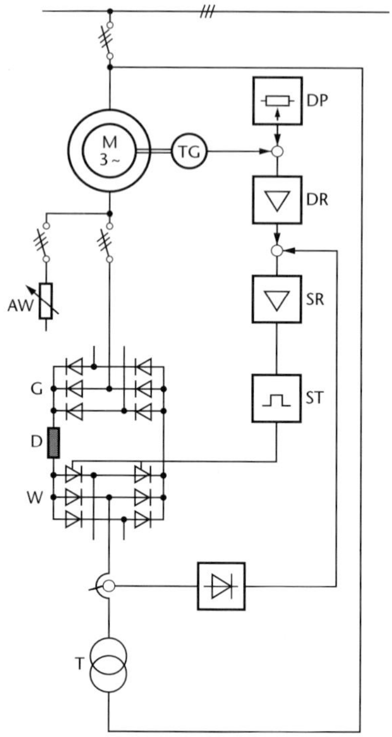

G	Gleichrichter
W	Wechselrichter
T	Stromrichtertransformator
D	Glättungsdrossel
AW	Anlasswiderstand
DP	Drehzahlpotenziometer
DR	Drehzahlregler
SR	Stromregler
ST	Steuersatz
TG	Tachogenerator

Bild 19.27 Untersynchrone Stromrichterkaskade (SIEMENS)

19.2.2.8 Netzseitige Stromrichter

Wie schon in Abschn. 19.2.2.2 erwähnt, gibt es Varianten der netzseitigen Stromrichter für die unterschiedlichen Antriebe:

- **Diodenstromrichter**, meist bei Spannungs-ZKU im Einsatz: der einfachste, billigste, mit den geringsten Oberwellen und bestem Leistungsfaktor (cos φ nahe bei 1).
- **Gesteuerte Eingangsstromrichter** (z. B. Thyristoren) für Strom-ZKU: trapezförmiger Stromverlauf mit typischem Oberschwingungsspektrum nach Bild 19.14. Der Leistungsfaktor cos φ ist nahezu proportional zur Drehzahl.
- **Gepulste Netzstromrichter**, die gleiche Strom- und Spannungsformen wie bei den lastseitigen Umrichtern erzeugen (mit Transistoren bzw. GTOs oder IGBTs ausgerüstet). Die Bezeichnung für solche auf der Eingangsseite eingesetzten **gepulsten Stromrichter** ist **AFE** (Active Front End). Bild 19.28 zeigt das Beispiel eines Antriebs mit AFE.
- Im Gegensatz zu Dioden- oder Thyristor-Stromrichtern erzeugen AFEs keine block-, sondern fast sinusförmige Ströme (Bild 19.21), sodass die typischen 5., 7., 11., 13. usw. Harmonischen wegfallen. Dafür verschiebt die Pulsfrequenz mit ihren steilen Flanken das netzverseuchende Spektrum zu höheren Frequenzen hin. Der aktive Netzstromrichter kann darüber hinaus als **aktiver Blindleistungskompensator** (mit einstellbarem cos φ für induktive oder kapazitive Blindleistung) betrieben werden. Er wird auch ohne Antrieb direkt als Netzkompensations-

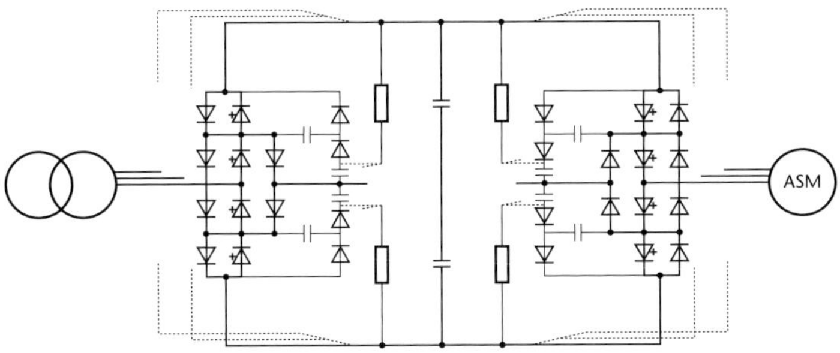

Bild 19.28 Antrieb mit Active-Front-End (AFE): Gepulster Stromrichter auf Eingangsseite (SIEMENS)

gerät verwendet, mit dem bei Taktfrequenzen von bis zu 700 Hz (GTO-Gerät) oder bis zu 20 kHz (Transistorversion) sehr schnelle Netzstörungen ausgeregelt werden können (Bild 19.28, netzseitig, d. h. linke Seite).

- **Höherpulsige Stromrichter** (bis zu 72-pulsig): Verbesserung der Netzrückwirkung.

19.2.3 Projektierung

Bei der Projektierung eines drehzahlgesteuerten/geregelten Antriebes sind folgende Kriterien von besonderer Bedeutung: Leistung, Drehmoment, Drehzahlstellbereich und Art der Arbeitsmaschine, Umgebungs- (Umwelt-) und Netzbedingungen, Richtlinien wie besondere ISO-, DIN- oder VDE-Standards und sonstige anwendungsspezifische Spezifikationen.

19.2.3.1 Nennleistung: vom Hersteller genannte Bemessungsleistung

Neben der auf die Welle bezogenen Nennleistung benötigt man noch Vorschriften/Normen/ Richtlinien oder Standards (z. B. API), die bestimmte Reserven oder Ausführungen vorschreiben oder besondere Spezifikationen wie beispielsweise die Anforderungen bezüglich eines Ein-, Zwei- oder gar Vierquadrantenbetriebes, elektrisches Bremsen mit Netzrückspeisung, Anhalten mit Drehmoment (z. B. im Kran- oder Aufzugsbetrieb). Ebenso müssen besondere Umweltbedingungen und Schutzklassen angegeben werden. Bild 19.29 zeigt die drehzahlabhängigen Leistungsgrenzen von Synchron- und Asynchronmotoren.

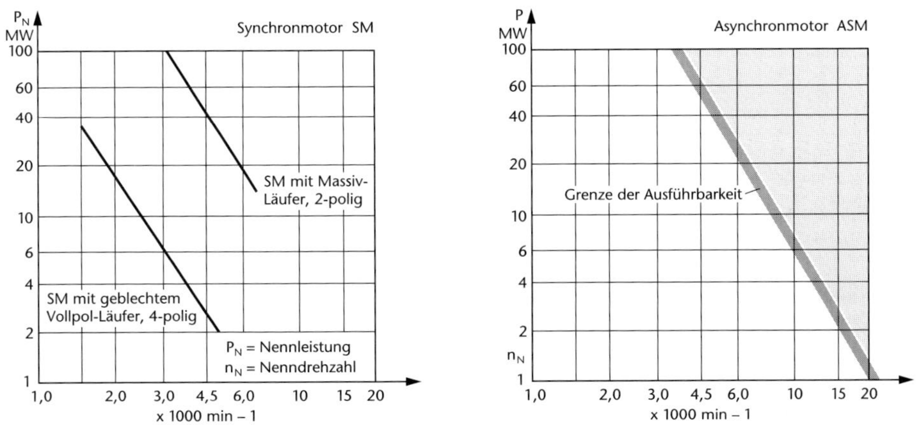

Bild 19.29 Ausführbarkeitsgrenzen bezüglich Leistung und Drehzahl von Synchron- und Asynchronmotoren (SIEMENS)

19.2.3.2 Drehmoment

Lastcharakteristik (Kennlinie der Arbeitsmaschine)

Die Lastcharakteristik ($M(n)$-Funktion) muss bekannt sein. Darunter versteht man das Last- oder Gegenmoment-Kennlinienfeld (ggf. Einzelkennlinie) der anzutreibenden **Arbeitsmaschine**. Weitere Drehmoment-Anforderungen: Schwerlastanlauf, Stick-Slip-Effekte, Haftreibung, Losbrechmoment oder Stoßbelastung seitens der Arbeitsmaschine.

Torsionsschwingungen des Antriebs

Torsion ist ein Thema bei Festdrehzahl- und bei Drehzahlregelmotoren. Jede Motorwelle oder die Achsen in der Arbeitsmaschine haben jeweils eine typische **Torsionseigenfrequenz**, die entweder durch **Störungen** (Drehwinkelschwankungen auf Grund von Laständerungen) oder (nur bei umrichtergespeisten Motoren) durch die **Führungsgröße** (Drehzahlsollwertänderungen) angeregt wird. Drehmomentstörungen (Pendelmomente) werden zusätzlich durch die nicht ideal sinusförmigen Motorströme erzeugt, also durch den Umrichter selbst. Letztere sind **harmonische** Frequenzkomponenten, die man wegen der natürlichen mechanischen Trägheit über 150 Hz bezüglich Torsionsschwingungen vernachlässigen kann.

Pendelmomente können das Nennmoment mehrfach übersteigen, sodass Kupplungen abreißen, Wellen brechen und Getriebe beschädigt werden können. Deshalb ist eine **Torsionsschwingungsanalyse** des Gesamtwellenstrangs empfehlenswert. Dabei müssen sehr wichtige Informationen vom Antriebs- bzw. Umrichterhersteller einfließen:

- Amplituden und Frequenzen der Drehmomente
- Wenn daraus Koinzidenzen von Frequenzanregung und mechanischer Resonanzstelle resultieren, ist es ratsam, entweder die Dämpfung der Resonanzstelle zu verbessern oder den Strang anders abzustimmen.
- Pendelmomente können auch durch Anpassung ihres Frequenzspektrums, insbesondere bei getakteten **Pulsstromrichtern**, durch Modifikation des Pulsmusters reduziert oder praktisch vermieden werden.

19.2.3.3 Drehzahlstellbereich

Für die **Projektierung** eines Antriebes ist insbesondere die Geschwindigkeit bzw. Drehzahl der Arbeitsmaschine relevant. Die Frage, ob Direktantrieb oder eine getriebebehaftete Variante angewandt wird, sollte primär der Antriebsspezialist entscheiden, eventuell zusammen mit dem Konstrukteur der Arbeitsmaschine und mit dem Antriebshersteller. Zunächst sind folgende Angaben von Bedeutung:

- **Maximaldrehzahl**, falls über der Nenndrehzahl.
- Gesamter nutzbarer **Drehzahlstellbereich** der Arbeitsmaschine.
- Anforderung an die **Drehzahlkonstanz**, -**genauigkeit** bzw. -**reproduzierbarkeit.**
- **Drehzahlbetriebsdauerprofil**: Wie häufig werden verschiedene Drehzahlen gefahren (Betriebsdauer)? Ein solches Anforderungsprofil lässt eine Verlustoptimierung zu.
- **Stillstandszeiten** und **Anfahrhäufigkeit**: wichtig für die Auslegung des Motors auf Dauerstandfestigkeit bzw. Gesamtauslegung (besonders bei **Anfahrumrichtern**).
- Spezifikation in Bezug auf **konstruktionsbedingte mechanische Resonanzstellen** sowohl in Strukturen der Arbeitsmaschine als auch im Motor. Diese können **biege- und torsionskritische Drehzahlen** bedingen, bei denen u. U. kein Dauerbetrieb erlaubt ist, sodass im Extremfall gewisse Bereiche von der Regelung ausgeblendet werden müssen. In solchen Fällen liegt die Istdrehzahl dann beispielsweise um 50 min^{-1} über oder unter der Solldrehzahl.

Umrichtergespeiste, drehzahlgeregelte Drehstromantriebe können bis auf Direktumrichter und untersynchrone Stromrichterkaskaden **übersynchron** betrieben werden. Die Umrichter-Ausgangsfrequenz kann bis zu einem mehrfachen der Synchrondrehzahl betragen, sodass in der Praxis meist der Motor die Antriebskomponente ist, die die Maximalgeschwindigkeit definiert (meist bedingt durch Zentrifugalkräfte). In vielen Fällen kann auf irgendwelche Hochsetzgetriebe mit ihren Nachteilen (Kosten, Verschleiß und Wartung, Bauvolumen und Gewicht, Geräusche bzw. Schwingungen) verzichtet werden. Die Leistungs- und Drehzahlgrenzen von Drehstrommotoren sind in Bild 19.29 dargestellt.

19.2.3.4 Umgebungsbedingungen

Folgende Spezifikationen sind unerlässlich:

- **Mittlere Umgebungstemperatur und Luftfeuchtigkeit:** Grundsätzlich gilt, je tiefer die Umgebungstemperatur, umso zuverlässiger und sicherer arbeitet der Antrieb. Die Ansteuerelektronik ist meist auf 35 °C ausgelegt und sollte höchstens bei 45 °C betrieben werden. Luftfeuchte kann zur Betauung und damit langfristig zu Korrosion, erhöhten Kontaktproblemen und schwer lokalisierbaren sporadischen Ausfällen führen.
- **Erlaubte Geräuschemission:** Der zulässige Lärmpegel sollte nicht unnötig niedrig angegeben werden, weil dann Schalldämmungsmaßnahmen vorgenommen werden müssen, die aber wegen der daraus resultierenden reduzierten Wärmeabfuhr über das Gehäuse als Konsequenz zu einer Überdimensionierung der Anlage führt.
- Belastung durch **Schmutz**, **aggressive Gase** und **leitfähige Staubpartikel:** Solche Umgebungsbedingungen haben oft sporadische, sehr schwer lokalisierbare Störungen und Ausfälle zur Folge, beispielsweise bedingt durch Kontaktprobleme, durch Spannungsüberschläge (leitfähiger Staub) oder durch eingeschränkte Kühlwirkung bei Verschmutzung.
- **Kühlmitteltemperatur** und **Aufstellungshöhe:** Sie bestimmen u. a. die Nennleistung eines Antriebssystems. Ihre oberen Grenzen bestimmen somit die Baugröße des Antriebs. Die vom Hersteller genannte Bemessungsleistung (Datenblatt, Leistungs- oder Typenschild) gilt nach DIN VDE 0530 bei 50 Hz, einer Kühlmitteltemperatur von 40 °C und einer Aufstellungshöhe bis 1000 m über NN. Geringerer Luftdruck in höheren Lagen setzt die Kühlwirkung herunter und kann zu Überhitzung und Ausfall führen. Außerdem wird ab 1000 m die Durchschlagsfestigkeit (Isolation) der Luft schlechter und der Umrichter kann nur noch mit kleinerer Nennleistung betrieben werden. Bei abweichenden Bedingungen ist die zulässige Leistung der Tabelle 19.3 zu entnehmen. Treten abweichende Kühlmitteltemperaturen und Aufstellungshöhen gleichzeitig auf, so sind die Faktoren zu multiplizieren.

Tabelle 19.3 Zulässige Leistung

Kühltemperatur KT in °C	**Zulässige Leistung in % der Nennleistung**
30, 35, **40**, 45, 50, 55, 60	106, 103, **100**, 96, 92, 87, 82
Aufstellungshöhe über NN in m	**Zulässige Leistung in % der Nennleistung**
1000, 1500, 2000, 2500, 3000, 3500, 4000, 4500	**100**, 97, 94, 90, 86, 82, 77, 72

- **Platzverhältnisse** und **Zugänglichkeit:** Beide Kriterien sollten möglichst großzügig verfügbar sein, da sonst unzulässige Wärmestaus und Erschwernisse beim Service auftreten können (Abschn. 19.2.4).

- **Motor-Aufstellungsbedingungen:** Geschwindigkeitsregelantriebe sind in nahezu allen Schutz- und Kühlarten verfügbar. Im Umrichterbetrieb muss die Kühlung unbedingt für den unteren Drehzahlbereich dimensioniert werden. Bei Belastungen mit konstantem Drehmoment über der Drehzahl (z. B. Kolbenkompressoren) ist Fremdbelüftung des Motors (angebauter Ventilator) erforderlich.

Besonders wichtige Grundregeln für den Betrieb von Antriebssystemen:

- Beachtung der Umgebungsbedingungen.
- Umgebungstemperatur möglichst unter 35 °C, auch wenn ϑ_{max} höher spezifiziert. Die Belüftung sollte möglichst trocken und staubfrei sein.
- Elektronik sollte möglichst immer eingeschaltet bleiben.
- Das Versorgungsnetz möglichst unterbrechungsfrei und sauber.
- Möglichst frei von Vibrationen, Rüttel- und Stoßbeanspruchungen.

19.2.3.5 Netzbedingungen

Der große Nachteil des stark erhöhten Einschaltstromes von Festdrehzahlmotoren direkt am Netz entfällt beim Stromrichterantrieb prinzipiell, da hier der Stromrichter den einstellbaren Einschaltstrom bestimmt. Folgende Spezifikationen sind wichtig:

- **Netzspannung**, **Netzleistung** (Schein-, Wirk- und Blindleistung) und Netzfrequenz, falls abweichend von VDE/EN mit Toleranzangaben für Spannung und Frequenz.
- Zulässiger **Netzleistungsfaktor** und EMV-Grenzwerte, falls abweichend von VDE/EN.
- **Netz-Kurzschlussleistung** am Übergabepunkt, ggf. Angaben bez. vorhandene Schaltüberspannungen, häufige Kurzunterbrechungen und/oder Lastabwurf, d. h. sehr steile Spannungsüberhöhungen durch Abschalten eines großen Verbrauchers.
- Angaben bzgl. **Netzüberspannung** nach Amplitude und Zeitverlauf, falls der zu erwartende Überspannungspegel größer als 10 % sein kann. Die Überspannung von 10 % müssen Umrichter nach VDE/EN in jedem Fall erfüllen.
- Anforderungen bez. **Nennleistungsabgabe** des Antriebs bei Netzunterspannung.

19.2.4 Zuverlässigkeit, Verfügbarkeit und Redundanz

19.2.4.1 Standardwerte zur Ausfall- und Verfügbarkeitsberechnung

Der Ausfall von Antrieben in industriellen Prozessen führt oft zu so großen Verlusten, dass die Antriebskosten in keinem Verhältnis zum Schaden in der Produktion stehen. Bei der Berechnung der Ausfallwahrscheinlichkeit sind besonders folgende Bedingungen wichtig:

Umgebungsbedingungen und die elektrische Beanspruchung werden jeweils als Grenzwerte berücksichtigt (**worst case**), d. h., es werden höchstzulässige Temperatur, Luftfeuchte, Schmutzbelastung bzw. Netzbeanspruchung u. a. vorausgesetzt. Außerdem wird als mittlere Lebensdauer eines Moduls bzw. einer Baukomponente die Zeitdauer zu Grunde gelegt, die 90 % aller Muster überleben. Nach aller Erfahrung liegen die einen Ausfall verursachenden Fehler meistens in der einfachen Elektromechanik (z. B. Winkelcodierer, Strömungs-, Temperatur- und Drucksensoren) und nur ganz selten in der Elektronik oder beim Motor. Folgende Statistikwerte sind bei der Zuverlässigkeitsberechnung inzwischen Standard:

- **FIT-Wert:** Aus diesen Vorgaben wird der FIT-Wert (Failure In Time) ermittelt: Anzahl der wahrscheinlichen Fehler eines Bauelementes innerhalb eines Jahres.
- **MTBF-Wert:** Aus der Summe der FIT-Werte wird die MTBF (Mean Time Between Failure) ermittelt: mittlere Zeit, in der ein Fehler mit einer Wahrscheinlichkeit von 37 % auftritt. Er liegt derzeit für die Antriebselektronik zwischen 30000 h und 50000 h.

- **MTTR-Wert:** Er kennzeichnet die mittlere Zeitdauer, die nach Ausfall einer Anlage benötigt wird, um die Funktionsfähigkeit wiederherzustellen (Mean Time To Repair). Durch Integration automatischer Fehlerdiagnosen in Hard- und Software der digitalen Antriebselektronik werden Fehler direkt am Display visualisiert und präzise lokalisiert, sodass sie bei Vorliegen eines zweckmäßigen Aufbaus, einer guten Ersatzteillogistik und Zugänglichkeit der Anlage sehr schnell beseitigt werden können.
- **MDT und Redundanz: MDT** (Mean Down Time) ist die Zeitdauer der Nichtverfügbarkeit einer Anlage. Sie ergibt sich aus der Kombination der **MTBF** mit der **MTTR**. Je nach Arbeitsprozess besteht die Forderung entweder nach besonders großer **MTBF**, wenn ein auch nur sehr kurzer Ausfall des Antriebs besonders schädlich ist, oder nach besonders kleiner **MTTR**, wenn der Antrieb häufiger für kurze Zeit ausfallen darf. Aus diesem Grunde sollten **Redundanzen** vorgesehen werden, um die **MDT** klein zu halten (besonders bei Baukomponenten mit systeminhärenter schlechter Lebensdauer oder Zuverlässigkeit, z. B. bedingt durch Verschleiß).

19.2.4.2 Weitere Maßnahmen zur Erhöhung der Verfügbarkeit

Mit Methoden moderner **Telekommunikation** kann die Fehlersuche zur Minimierung der Stillstandszeit wirksam unterstützt werden (**Ferndiagnose**). Zu diesem Zwecke wird der Umrichter an ein **Telefonmodem** angeschlossen, sodass Experten des Anwenders oder Herstellers sich der Möglichkeiten einer Fernsteuerung bedienen können: Zustandsvisualisierung, Modifikation der Konfiguration, Änderungen an Einstellwerten und Verbindungen.

Für eine Visualisierung zur **vorbeugenden Wartung** kann ein PC integriert werden, um bestimmte Werte permanent zu dokumentieren: Temperaturen und Drücke, Spannungen und Ströme, Drehzahlen und -momente. Aus einem speziellen Speicherbereich der Steuerung können dann bei Auftritt einer Störung wichtige Betriebszustände, die kurz vor der Störung vorlagen, quasi als **PMR** (Post Mortem Review) ausgelesen werden. Präventiv können besonders sich langsam verschlechternde Werte wie Kühlmitteltemperaturen wegen zunehmender Verschmutzung des Wärmetauschgerätes oder Vibration im Lager wegen Verschleiß verfolgt werden, um drohende Beschädigungen zu vermeiden.

19.2.5 Auswahlkriterien für Antriebssysteme

In Tabelle 19.4 sind die relevanten Kriterien zur Auswahl von Umrichtern und zugehörigen Technologien für Antriebssysteme aufgeführt. Tabelle 19.5 zeigt anhand der Baureihe SIMOVERT von SIEMENS sechs Beispiele der verschiedenen Drehstromantriebe. In Bild 19.30 ist ein komplettes Schaltbeispiel für ein SIMOVERT dargestellt.

Tabelle 19.4 Auswahlkriterien bei Drehstrom-Antriebssystemen (SIEMENS)

Parameter	Stromzwischenkreis-Umrichter			Spannungszwischenkreis-Umrichter						Direkt-umrichter	USK
	SM	ASM		mit AFE			ohne AFE				
	Thyristor	Thyristor	GTO	Transistor	IGBT	GTO	Transistor	IGBT	GTO	Thyristor	Thyristor
Leistung	∞	4 MW	10 MW	1,5 MW	4 MW	16 MW	1,5 MW	4 MW	16 MW	∞	25 MW
max. Drehzahl min^{-1}	7000	3000	12.000	3000	6000	5000	3000	6000	5000	500	1500
min. Drehzahl %	10	10	10	0	0	0	0	0	0	0	ca. 60
Dynamik	o	o	+	++	++	++	++	++	++	++	O
Empfindlichkeit gegen Netzstörungen	++	++	++	++	++	++	o	o	o	++	-
Netzrückwirkungen	o	o	o	++	++	++	+	+	+	-	-
Netzleistungsfaktor	o	o	o	++	++	++	+	+	+	-	--
Pendelmomente	+	o	++	++	++	++	++	++	++	++	-
Wirkungsgrad	++	o	o	o	o	o	+	+	+	++	O

Antriebssystem	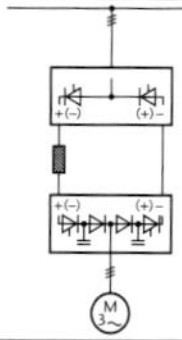	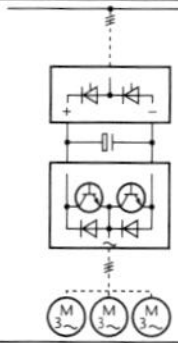	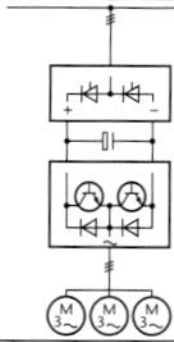	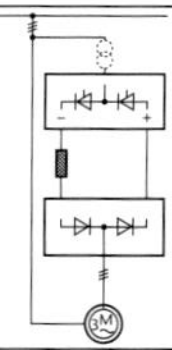	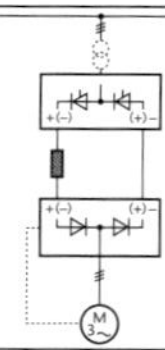	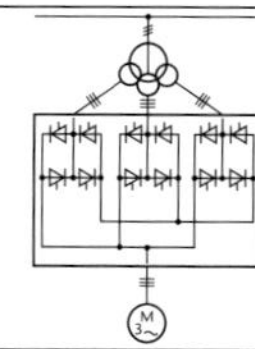
Stromrichter	SIMOVERT-A-Strom-zwischenkreis-Umrichter	SIMOVERT-P-Spannungs-zwischenkreis-Umrichter	SIMOVERT-V-Spannungs-zwischenkreis-Umrichter	SIMOVERT-C-Stromzwi-schenkreis-Umrichter (Unter-syn. Stromrichterkask.)	SIMOVERT-S-Strom-zwischenkreis-Umrichter (Stromrichtermotor)	SIMOVERT-D-Direkt-umrichter
Motor	Drehstrom-Käfigläufermotor	Drehstrom-Synchron- und/oder -Käfigläufermotor	Drehstrom-Synchron-und/oder -Käfigläufer	Drehstrom-Schleifring-läufermotor	Drehstrom-Synchronmotor	Drehstrom-Synchron- oder -Käfigläufermotor
Drehzahlbestimmende Größen	Ständerfrequenz und -strom	Ständerfrequenz und -spannung	Ständerfrequenz und -spannung	Läuferspannung	Ständerstrom	Ständerfrequenz und -spannung
Prinzip der Drehzahl-verstellung	Regelung der Ständerfrequenz über maschinenseitigen, selbst-geführten Stromrichter. Einprä-gung des Ständerstroms durch gesteuerten, netzgeführten Stromrichter	Steuerung bzw. Regelung der Ständerfrequenz über maschi-nenseitigen, selbstgeführten Stromrichter (Wechselrichter). Geregeltes Mitführen der Stän-derspannung durch Pulsbreiten-modulation des Wechselrichters	Steuerung bzw. Regelung der Ständerfrequenz über maschinenseitigen, selbstge-führten Stromrichter. Gere-geltes Mitführen der Ständer-spannung durch gesteuerten, netzgeführten Stromrichter	Regelung der Läufer-spannung durch gesteuerten, netzgeführten Stromrichter	Regelung des Drehmoments durch gesteuerten, netzge-führten Stromrichter	Regelung der Ständerfrequenz und -spannung durch gesteuerten, netzgeführten Stromrichter
Ausführung der Regelung	Volldigitale Mikroprozessorregelung mit standardisierten Automatisierungsschnittstellen		Volldigitale Mikroprozessorregelung mit standardisierten Automatisierungsschnitt-stellen mit frei projektierbarer, volldigitaler SIMADYN-D-Regelung			
Typischer Drehzahl- bzw. Frequenzstellbereich bei Drehstrom	1:10	1:100	1:10	1:1,3 bis 1,5	1:10	1:100
Prinzip der Drehmoment-umkehr	Umkehr der Zwischenkreis-spannung	Umkehr des Zwischenstrom-kreises	Umkehr des Zwischen-stromkreises		Umkehr der Zwischenkreis-spannung	Umkehr des Ständerstroms
Typische Betriebsart	2 Drehrichtungen, Treiben und Bremsen	2 Drehrichtungen, Treiben	2 Drehrichtungen, Treiben	1 Drehrichtung, Treiben	2 Drehrichtungen, Treiben und Bremsen	2 Drehrichtungen, Treiben und Bremsen
Durch Zusatzmaßnahmen mögliche Betriebsarten		Bremsen durch geregelten Pulswiderstand oder durch gegenparallelen, netzgeführten Stromrichter (baureihen-unabhängig)		2 Drehrichtungen durch Um-schaltung des Drehfeldes, Gleich- oder Wechselstrom-bremsung		
Typischer Leistungs-bereich G Gerätereihe	5...2600 kW (G)	1...900 kVA (G) bis 1800 kVA	40...380 kVA (G)	1000...20000 kW und größer	2500...16000 kW und größer	1000...22000 kW und größer
Typische Merkmale	Geringer Stromrichteraufwand, hoher Gesamtwirkungsgrad, günstige Motorausnutzung, sehr gute Regeldynamik	Frequenzstellbereich bis 0 Hz, Umrichter-Verbundbetrieb möglich, gute Regeldynamik, Netz-Leistungsfaktor cos $\varphi \approx 1$, leerlauffest, 50 % überlastbar für 60 s	Hohe Umrichterfrequenzen, große Frequenzkonstanz und Reproduzierbarkeit, leerlauffest, 50 % über-lastbar für 60 s	Besonders wirtschaftlich bei kleinem Drehzahlstellbereich	Betriebsverhalten wie Gleich-stromantrieb, geringer Strom-richteraufwand	Besonders wirtschaftlich bei langsamlaufenden Antrieben, max. Ausgangsfrequenz ≈ 0,5 mal Netzfrequenz, Frequenz-stellbereich bis $f = 0$ Hz, gute Regeldynamik
Anwendungsschwer-punkte	Bevorzugt Einzelantriebe, z.B. Pumpen, Ventilatoren, Zentrifugen, Rührwerke, Förderbänder	Einzel-, Gruppen- und Mehr-motorenantriebe, z.B. Positio-nier- und Transportrollgänge, Extruder, Bagger, Verstreck-werke, Drehmaschinen, Kran-antriebe (Hub- und Fahrwerke)	Bevorzugt Gruppenantrie-be, z.B. Textilmaschinen, Ventilatoren	Einzelantriebe, z.B. Pumpen, Ventilatoren	Einzelantriebe, z.B. Kessel-speisepumpen, Kompressoren, Ventilatoren, Extruder, För-derbänder, Anfahrumrichter	Bevorzugt Einzelantriebe, z.B. Zement- und Erzmühlen, Fördermaschinen, Walzwerk-Hauptantriebe

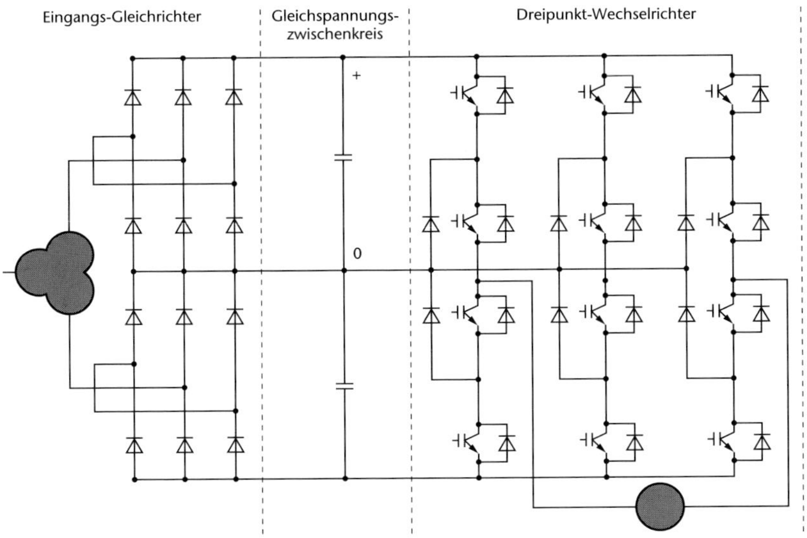

Bild 19.30 Schaltungskonzept eines SIMOVERT-Umrichters (SIEMENS)

19.3 Hydraulische Antriebstechnik

19.3.1 Übersicht

Tabelle 19.6 zeigt die Gebiete der hydraulischen Antriebstechnik.

Tabelle 19.6 Gebiete der hydraulischen Antriebstechnik

Hydraulische Antriebstechnik	
Hydrostatische Leistungsübertragung	Hydrodynamische Leistungsübertragung
Hoher Druck (bis ca. 10^8 Pa)	Geringer Druck
Kleiner Fluidstrom (bis ca. 0,2 m^3/min)	Hoher Fluidstrom (bis mehrere m^3/min)
Übertragene Leistung wechselt rasch nach Richtung und Höhe	Übertragene Leistung etwa konstant
Gute ergonomische Anpassungsfähigkeit an den Systembediener	Ausführbarkeit von ruckfreien Anfahrvorgängen und selbsttätige Variation von Drehzahl- und Drehmomentwandlung

19

19.3.2 Grundlagen

19.3.2.1 Druck

Der Druck p ist die senkrechte Wirkung einer Kraft F auf eine Fläche A. Es gilt: $p = F/A$, mit den Einheiten: F (in N), A (in m^2), p (in N/m^2 = Pa). Häufig noch benutzt p (bar), 1 bar = 10^5 Pa.

Nach dem Prinzip von Pascal breitet sich Druck nach allen Richtungen gleich aus. Er wirkt senkrecht auf die Oberfläche eines Bauteils. Ist ein Bauteil allseitig von Druck gleicher Höhe umgeben, so befindet es sich im statischen Gleichgewicht. Soll ein Bauteil, beispielsweise der Kolben eines Arbeitszylinders, eine Kraftwirkung ausüben, so muss er teilweise druckentlastet werden.

◀ *Tabelle 19.5 Verschiedene SIMOVERT-Antriebssysteme (SIEMENS)*

19.3.2.2 Hydraulische Energie

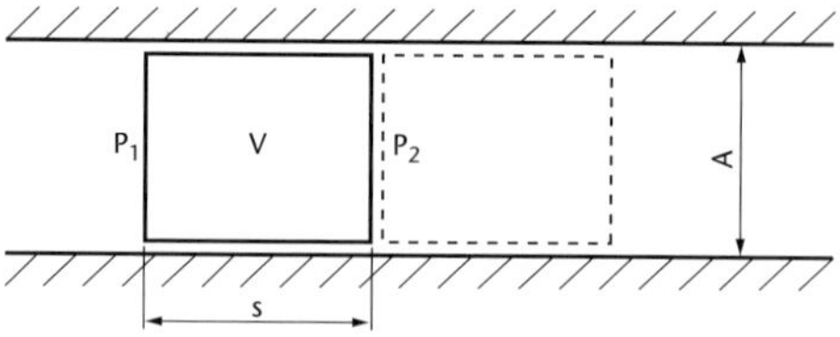

Bild 19.31 Herleitung der hydraulischen Energie

Bild 19.31 zeigt ein Fluidvolumen V, das links mit dem Druck p_1 und rechts mit dem Druck p_2 beaufschlagt ist. A ist der Querschnitt des Fluidvolumens. Wird das Fluidvolumen V um eine Länge s nach rechts bewegt, dann ergibt sich die Verschiebearbeit W:

$$W = (p_1 A - p_2 A) \cdot s = (p_1 - p_2) \cdot A \cdot s = (p_1 - p_2) \cdot V = \Delta p \cdot V$$

$W = \Delta p \cdot V$ ist die hydraulische Energie.

19.3.2.3 Hydraulische Leistung

Die hydraulische Leistung P ist die hydraulische Energie W, bezogen auf ein Zeitintervall Δt.

$$P = \frac{W}{\Delta t} = \frac{\Delta p V}{\Delta t} = \Delta p \frac{V}{\Delta t} = \Delta p \cdot \dot{V}$$

$\dot{V}$ ist der Volumenstrom $V/\Delta t$.

19.3.2.4 Zusammenhang zwischen Druck- und Temperaturdifferenzen

Hydraulische Leistung, die nicht in Form mechanischer Leistung (z. B. über eine Kolbenstange) aus dem System abgeführt wird, wird in Wärmeleistung umgewandelt. Es gilt:

Hydraulische Leistung = Wärmeleistung

$$\Delta p \cdot \dot{V} = c \cdot \dot{m} \cdot \Delta \vartheta$$

19

wobei
c spezifische Wärmekapazität in kJ/(kg · K),
$\dot{m}$ Massenstrom in kg/K,
$\Delta \vartheta$ Temperaturdifferenz in K

Daraus errechnet sich

$$\Delta \vartheta = \frac{\Delta p \cdot \dot{V}}{c \cdot \dot{m}}$$

Durch reibungsbehaftete und mit Druckverlust verbundene Spaltströmungen wird das Fluid um $\Delta \vartheta$ erwärmt. Es erreicht eine Beharrungstemperatur ϑ, wenn die innere Wärmeleistung des Systems seiner Kühlleistung (Konvektion und Strahlung) entspricht. Die Beharrungstemperatur soll unter der durch die Eigenschaften des Fluids und der Dichtelemente gegebenen Grenztemperatur (etwa 100 °C) liegen.

19.3.2.5 Fluide und ihre Eigenschaften

Fluide sind selbstschmierend, schwer entflammbar und oxidationsbeständig, neigen wenig zur Aufnahme von Luft und Wasser und nicht zur Schaumbildung. Die Viskosität ändert sich wenig in Abhängigkeit von der Temperatur.

Die **Viskosität** ist ein Maß für die innere Reibung von Fluiden und beschreibt den Widerstand, den zwei übereinander liegende Fluidschichten einer relativen Verschiebebewegung entgegensetzen.

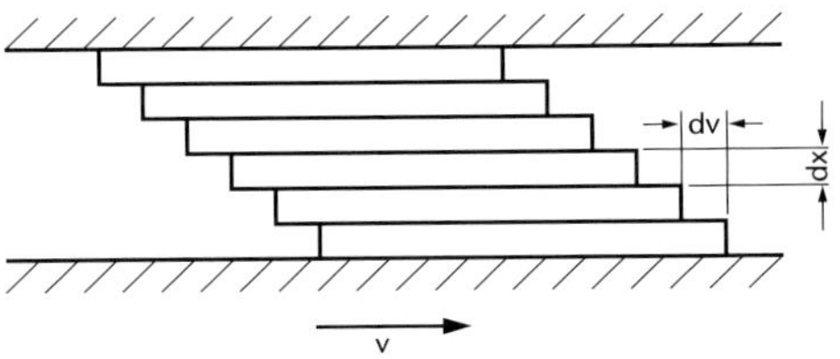

Bild 19.32 Newton'sche Reibung zwischen den Flüssigkeitsschichten

Bild 19.32 zeigt ein Fluid zwischen zwei Oberflächen, von denen die untere mit der Geschwindigkeit v nach rechts bewegt wird. Die jeweils untere Fluidschicht bewegt sich um $\mathrm{d}v$ schneller nach rechts als die darüber liegende. $\mathrm{d}x$ ist die Dicke einer Fluidschicht. Nach Newton ergibt sich zwischen zwei Schichten dadurch folgende Schubspannung τ:

$$\tau = -\eta \frac{\mathrm{d}v}{\mathrm{d}x}$$

η ist die dynamische Viskosität in Pa · s.

Wird die dynamische Viskosität η auf die Dichte ρ des Fluids bezogen, dann ergibt sich die **kinematische Viskosität** ν zu:

$$\nu = \frac{\eta}{\rho} \quad \text{in m}^2/\text{s (oder veraltet: Stokes 1 St} = 10^{-4}\ \text{m}^2/\text{s)}$$

Die dynamische Viskosität ist temperaturabhängig. Die Werte können der entsprechenden Literatur entnommen werden. Ein mittlerer Wert ist: $\eta = 0{,}02$ Pa · s.

Die **Kavitation** beschreibt die Neigung von Fluiden, insbesondere bei hohen Temperaturen im Bereich geringer Drücke (Steuerspalte von Ventilen) Dampf- und Luftblasen freizusetzen, die dann stromabwärts bei zunehmendem Druck mit örtlich begrenzten hohen Druckspitzen und Geräuschbildung wieder in sich zusammenfallen. Werden kompressible Dampf- und Luftblasen in das System verschleppt, so mindern sie dessen Wirkungsgrad durch Umwandlung von Verdichtungsleistung in Wärmeleistung.

Spalt- und Blendenströmungen treten auf, wenn Fluide durch äußere Kraftwirkungen durch Querschnitte unterschiedlicher Geometrie bewegt werden bzw. sich zwischen zwei Wandoberflächen mit kleinem Abstand befinden, von denen die eine bewegt wird.

19.3.2.6 Spalt- und Blendenströmungen

Tabelle 19.7 Volumenstrom für unterschiedliche Querschnitte

Strömung durch einen Spalt mit nicht bewegter Oberfläche

Querschnitt | Volumenstrom

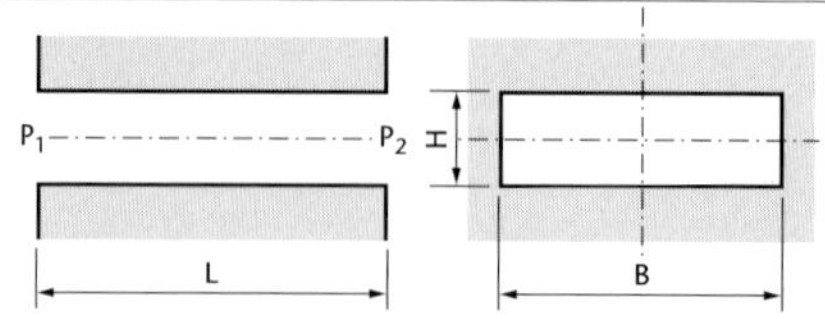

Rechteck

$$\dot{V} = \frac{BH^3(p_1 - p_2)}{12\eta L}$$

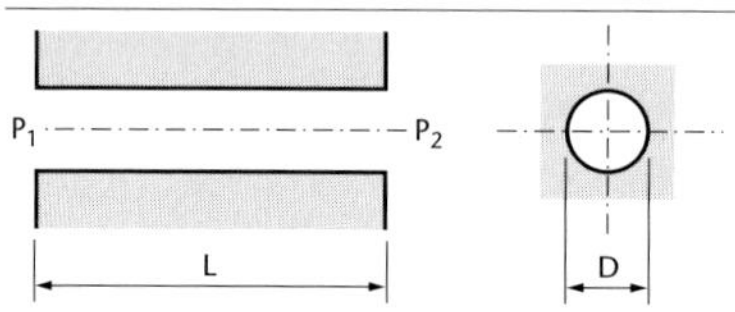

Kreis

$$\dot{V} = \frac{\pi D^4(p_1 - p_2)}{128\eta L}$$

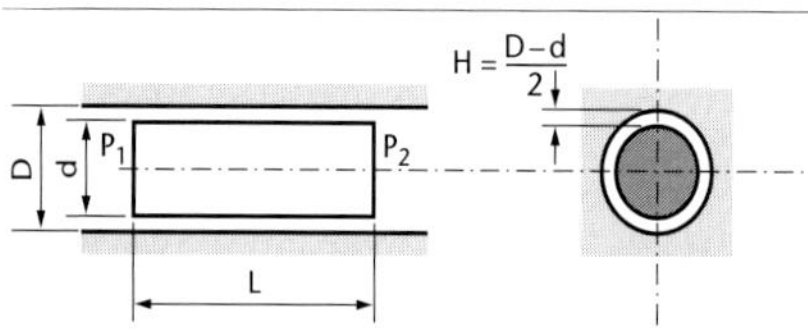

Kreisring

$$\dot{V} = \frac{\pi(D + d) \cdot H^3(p_1 - p_2)}{24 \cdot \eta \cdot L}$$

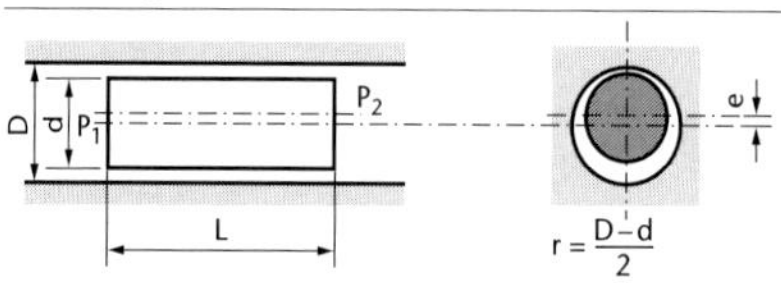

Exzentrischer Kreisring

$$\dot{V} = \frac{\pi \cdot D \cdot \Delta r^3}{12\eta L}\left[1 + 1{,}5\left(\frac{e}{\Delta r}\right)^2\right](p_1 - p_2)$$

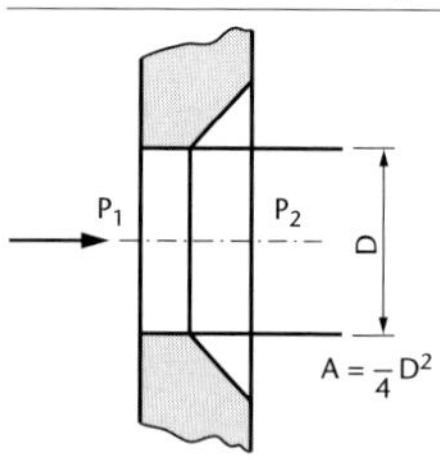

Blende

$$\dot{V} = \alpha_{Bl} \cdot A\sqrt{\frac{2(p_1 - p_2)}{\rho}}$$

$0{,}7 < \alpha_{Bl} < 1$ ist die Formzahl; sie ist von der Geometrie der Blende abhängig. Sie wird der Literatur entnommen.

Strömung durch Spalte mit einer bewegten Oberfläche

Querschnitt | Volumenstrom | Bewegungswiderstand F

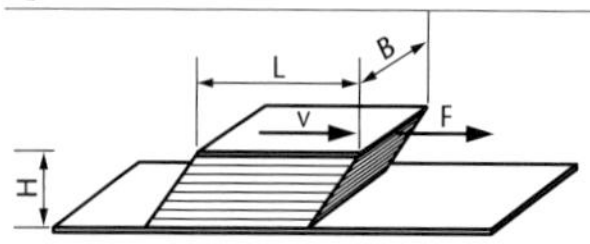

Rechteck

$$\dot{V} = \frac{H \cdot B \cdot v}{2}$$

$$F = \frac{B \cdot L \cdot \eta \cdot v}{H}$$

Es ist: B Spaltbreite, A Strömungsquerschnitt, H Spalthöhe, L Spaltlänge, η dynamische Viskosität, α_{Bl} Blendenzahl und ρ Fluiddichte.

19.3.3 Bauelemente hydrostatischer Antriebe

19.3.3.1 Pumpen

Hydrostatische Pumpen sind **Arbeitsmaschinen** und arbeiten nach dem **Verdrängerprinzip**. Die wesentliche konstruktive Größe ist das Verdrängervolumen V_H in m³/Umdrehung. Bild 19.33 zeigt das Prinzip.

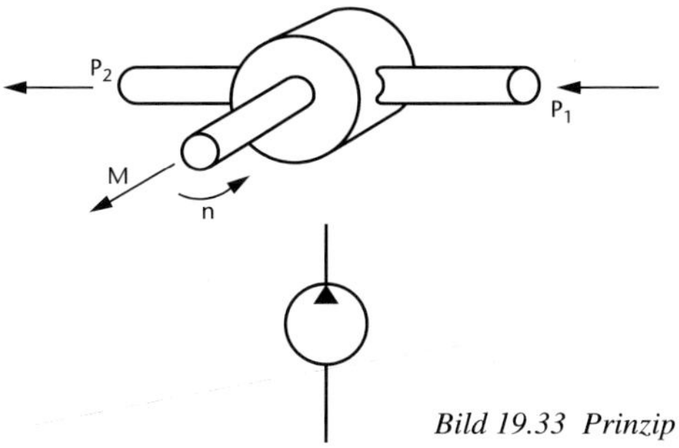

Bild 19.33 Prinzip einer Pumpe und Symbol

Damit ergibt sich der Förderstrom zu:

$$\dot{V} = V_H \cdot n \quad (n \text{ in Umdrehungen/Minute})$$

Bei Verstellpumpen kann V_H während des Betriebs verändert werden. Dann ist

$$V = \alpha \cdot V_H$$ mit α als Verstellzahl (üblicherweise $-1 < \alpha < 1$).

Ist beispielsweise $\alpha = -1$, dann fördert die Pumpe ohne Änderung der Drehrichtung in die entgegengesetzte Richtung. Die Veränderbarkeit von V bildet die Voraussetzung für **stufenlos wandelnde** hydrostatische Getriebe mit Anfahreffekt.

Für das Antriebsmoment M an der Pumpenwelle und die Antriebsleistung P gilt:

$$M = \frac{\alpha \cdot V_H}{2\pi}(p_2 - p_1)$$ in N · m. Es ist V_H in m³/Umdrehung und p in N/m²

$$P = \frac{M \cdot \pi \cdot n}{30}$$ in N · m/s bzw. W

Verlustleistung entsteht durch mechanische bzw. hydraulische Reibung und durch Leckfluidströme in konstruktiv nicht vermeidbaren Spalten.

Für den gesamten Wirkungsgrad η_{ges} gilt: $\eta_{ges} = \eta_{mech} \cdot \eta_{vol}$

Der mechanische Wirkungsgrad ergibt sich zu: $\eta_{mech} = \frac{M}{M_{wirklich}}$

Der volumetrische Wirkungsgrad ist: $\eta_{vol} = \frac{\dot{V}_{wirklich}}{\dot{V}}$

19

Tabelle 19.8 Übersicht über Pumpen

Pumpen

Kolbenpumpen

Die Verdrängerwirkung geschieht durch eine oder mehrere Kolben/Zylindereinheiten. Die Zylinder sind meist als Bohrungen in einem Gehäuse ausgeführt. Der Förderstrom wird mit zunehmender ungeradzahliger Anzahl von Kolben/Zylindereinheiten gleichmäßiger. Eignung für hohen Druck wegen langer Dichtspalte zwischen Kolben und Zylinder. Hin- und hergehende Massen begrenzen Drehzahl. Guter Wirkungsgrad. Großer Fertigungsaufwand. Steuerung des Fluidstroms durch Ventile beispielsweise in Form von Flachschiebern bewirkt Schmutzempfindlichkeit.

Reihenkolbenpumpe

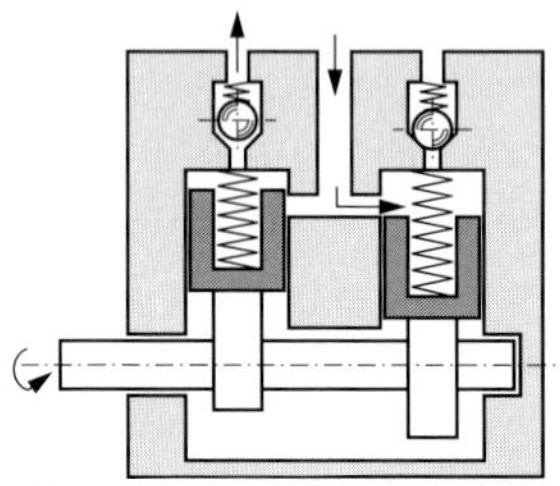

Radialkolbenpumpe

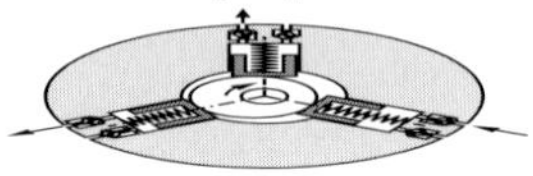

Axialkolbenpumpe

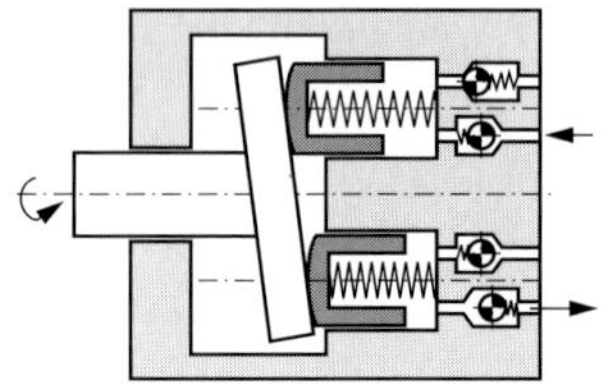

Flügelpumpen

In radialen Nuten eines Rotors bewegliche Schieber fördern und steuern gleichzeitig den Fluidstrom. Wegen ungünstiger Dichtspaltgeometrie Eignung nur bis ca. $200 \cdot 10^5$ Pa. Höherer Drehzahlbereich möglich, weil nur geringe hin- und herbewegte Massen. Wenige Teile, günstige Fertigung. Keine Ventile für Fluidstromsteuerung erforderlich, deshalb wenig verschmutzungsempfindlich. Bei doppelt wirkender Ausführung guter Ausgleich der am Rotor wirkenden Druckkräfte, ermöglicht einfache Lagerung der Rotorwelle.

Doppelt wirkende Flügelpumpe

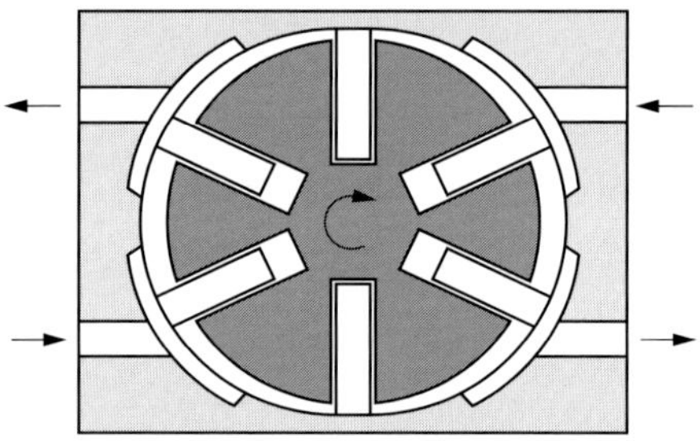

Zahnradpumpen

Das Fluid wird in den Zahnlücken gefördert. Wegen ungünstiger Dichtspaltgeometrie Eignung nur bis etwa $120 \cdot 10^5$ Pa. Hohe Drehzahlen möglich. Wenige einfache Bauteile. Keine Ventile für Fluidströmung erforderlich, deshalb wenig verschmutzungsempfindlich.

Zahnradpumpe

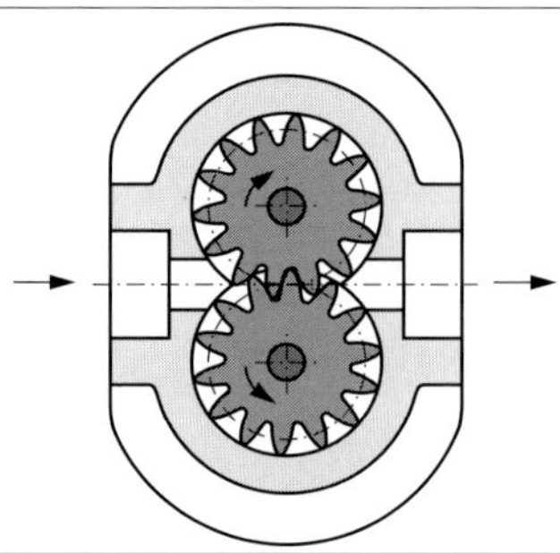

19.3.3.2 Fluidmotoren

Fluidmotoren sind **Kraftmaschinen** und weitgehend baugleich mit Fluidpumpen. Sie werden vorzugsweise als Radialkolben-, Axialkolben- und Zahnradmotor (Eaton-Prinzip mit taumelndem Innenrotor) meist ohne Verstellbarkeit des Schluckfluidstroms ausgeführt.

19.3.4 Ventile

Tabelle 19.9 Übersicht über Ventile

Unterteilung nach Funktion			
Bezeichnung	**Funktion**	**Ausführung**	**Symbol**
Wegeventile	Steuern Fluidstrom in eine bestimmte Richtung.	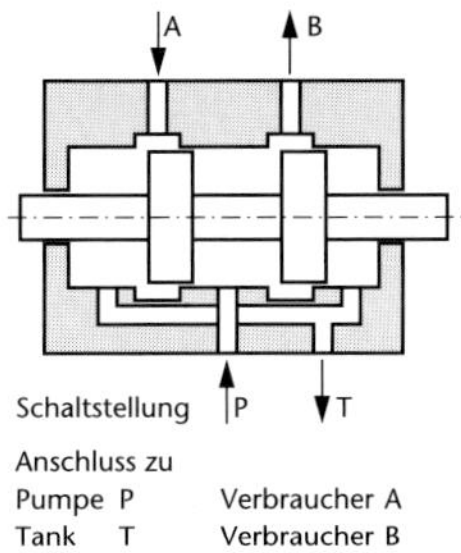	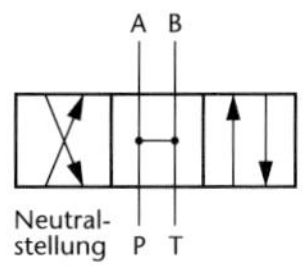
Druckventile	Mit zunehmendem Systemdruck stellt sich ein Gleichgewicht zwischen Druckkraft F_D und Federvorspannkraft F_F am Ventilschieber ein. Der Ventilschieber wird aus seinem Sitz abgehoben und das Fluid strömt bei konstantem Systemdruck p in den Tank des Systems ab. Die hydrostatische Leistung des zum Tank des Systems abströmenden Fluids wird in Wärmeleistung umgewandelt.	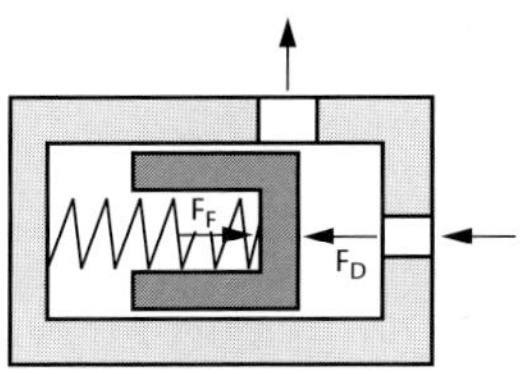	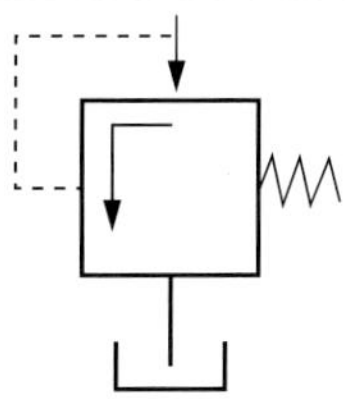
Stromventile	Nimmt der aus 1 kommende Fluidstrom zu, so nimmt auch die an der einstellbaren Drossel D wirkende Druckdifferenz $p_1 - p_2$ zu. Dadurch wird der Ventilschieber S gegen die Federkraft F nach links bewegt, wodurch der Steuerspalt Sp größer wird, durch den der Fluidstromüberschuss zum Tank des Systems abgeleitet wird.	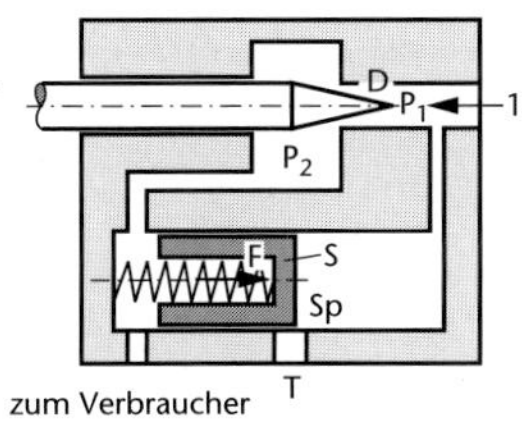	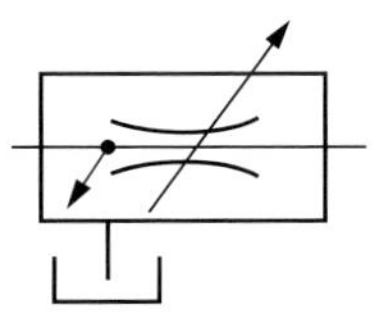
Sperrventile	Sperren den Fluidstrom in einer Richtung und öffnen den Durchfluss in der anderen Richtung.	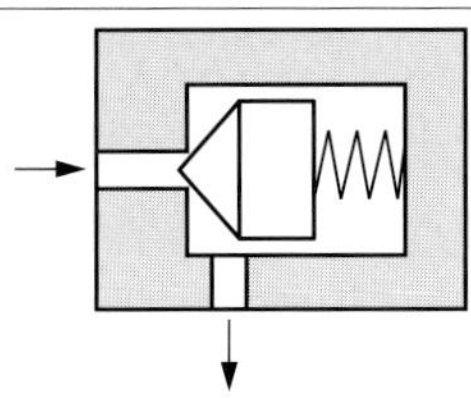	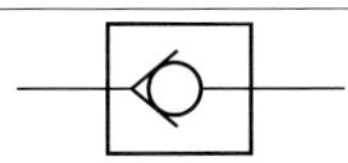

Tabelle 19.9 (Fortsetzung)

Unterteilung nach Bauart	
Axialschieber-ventile	Die Steuerbewegung findet in Richtung der Längsachse des Steuerschiebers und der Hülse statt.
Drehschieber-ventile	Die Steuerbewegung findet als Drehbewegung des Steuerschiebers um seine Längsachse in der Hülse statt.
Sitzventile	Die Steuerbewegung wird durch den mechanischen Anschlag eines Schiebers in einem Sitz begrenzt. Vorteile sind große Dichtheit in Schließstellung, geringer Steuerweg und geringe Schmutzempfindlichkeit.
Unterteilung nach Betätigung	
Betätigung durch Hand oder Fuß	Vor allem Servoventile werden direkt oder indirekt durch Hand- oder Fußbewegung des Systembedieners betätigt. Von Bedeutung sind hierbei ergonomische Effekte. Bei Servolenksystemen von Fahrzeugen wird beispielsweise bei geringen Kräften an den gelenkten Rädern und bei hoher Fahrgeschwindigkeit kein Systemdruck, bei hohen Kräften an den gelenkten Rädern und bei geringer Fahrgeschwindigkeit dagegen ein hoher Systemdruck angestrebt. Erzielt werden solche Effekte dadurch, dass der Steuerschieber gegen eine Federkraft bewegt wird, wobei der Drosseleffekt durch bestimmte Formgebung der Steuerkanten nichtlinear in Abhängigkeit von der Federverformung erfolgt.
Motorische Betätigung	Die Steuerschieber können durch Motoren unterschiedlicher Energiequellen (elektrisch, pneumatisch, hydraulisch) bewegt werden. Sehr häufig wird die Bewegung durch einen Elektromagneten hervorgerufen. Bei vorgesteuerten Ventilen benutzt man das hydraulische System, um die motorischen Betätigungskräfte zu erzeugen.

19.3.5 Arbeitszylinder

Arbeitszylinder sind die Linearmotoren der hydrostatischen Antriebstechnik und werden in unterschiedlichsten Ausführungen und Größen eingesetzt (Bild 19.34).

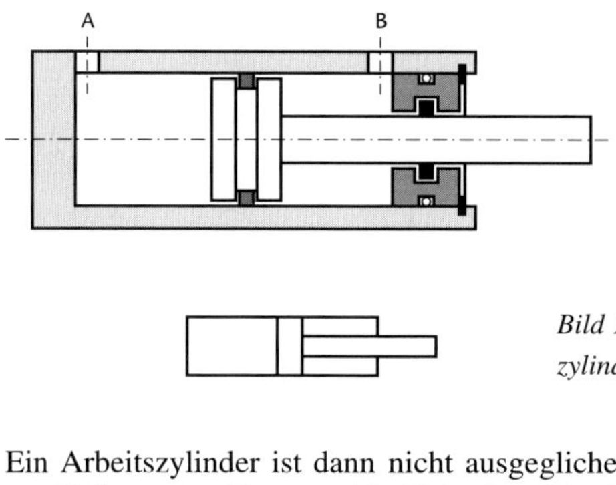

Bild 19.34 Doppelt wirkender, nicht ausgeglichener Arbeitszylinder

Ein Arbeitszylinder ist dann nicht ausgeglichen, wenn durch unterschiedlich große Stirnflächen am Kolben sowohl unterschiedliche Druckkräfte als auch unterschiedliche Bewegungsgeschwindigkeiten in den beiden möglichen Bewegungsrichtungen entstehen.

19.3.6 Verbindungselemente

Sie stehen in Form **normierter Rohr- und Schlauchsysteme** zur Verfügung. Verbindungselemente sind auch in den Bauteilgehäusen eingebrachte **Bohrungen**.

19.3.7 Dichtelemente

Dichtelemente verhindern ganz oder teilweise Fluidströme in Spalten mit und ohne bewegte Oberflächen zur Vermeidung von Fluid- und Leistungsverlusten (Tabelle 19.10).

Tabelle 19.10 Dichtungen im Überblick

Statische Dichtungen

Sie dichten gegen nicht bewegte Oberflächen. Wesentlichster Vertreter ist der O-Ring oder Rundschnurring. Er wird in eine aufnehmende Nut mit einer Vorverformung von etwa 20 % eingelegt.

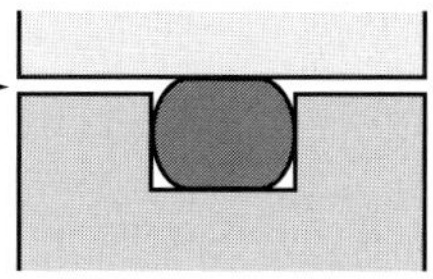

Dynamische Dichtungen

Nebenstehende Abbildung zeigt eine von vielen Varianten in Form einer Kombination aus Gleit- und O-Ring. Aufgabe der Gleitringe aus reibungsarmem Kunststoff, z. B. Polyamid oder Teflon mit verformungsbehindernden, gleitverbessernden und verschleißmindernden Zusätzen, und einer formoptimierten Anlagefläche ist die Dichtwirkung auf einer bewegten Oberfläche. Der O-Ring aus einem elastischen Kunststoff bewirkt eine vorgespannte Anlage und Abdichtung gegenüber der nicht bewegten Oberfläche. Wichtiges Kriterium einer dynamischen Dichtung ist das Ansprechverhalten, das einen Druckaufbau innerhalb weniger Millisekunden gewährleisten soll.

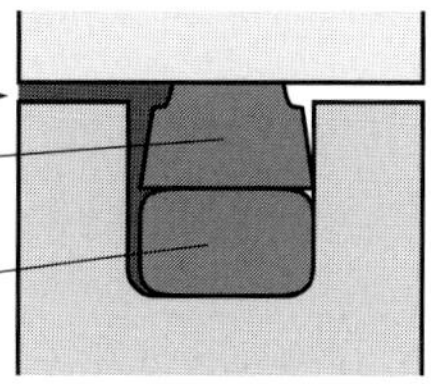

19.3.8 Hydrostatische Getriebe

Hydrostatische Getriebe bestehen aus einer **Arbeitsmaschine** in Form einer **Pumpe** und einer **Kraftmaschine** in Form eines **Fluidmotors,** sie ermöglichen die **Übertragung von Leistung** durch einfach zu installierende Leitungen in Form von Schläuchen und/oder Rohren, verschleißfreie und verlustarme Anfahr- und Bremsvorgänge und die rasche Veränderung von Drehzahl- und Drehmomentwandlung (Tabelle 19.11).

19.3.9 Speicher

Speicher **bevorraten hydrostatische Energie** in Form eines vorgespannten mechanischen Federelements (Federdruckspeicher, Bild 19.35) oder eines verdichteten Gases (Blasenspeicher mit Stickstofffüllung, Bild 19.36).

Tabelle 19.11 Hydrostatische Getriebe im Überblick

Bauart	Darstellung in Symbolen	Funktion
Lineares Getriebe	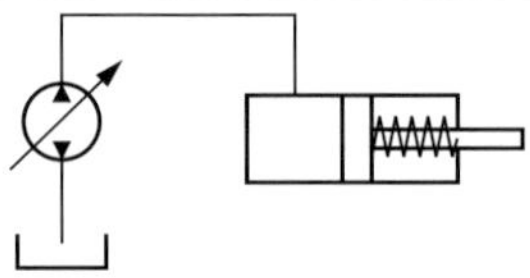	Steuerung der Kolbenbewegung.
Rotatorisches Getriebe mit offenem Kreislauf	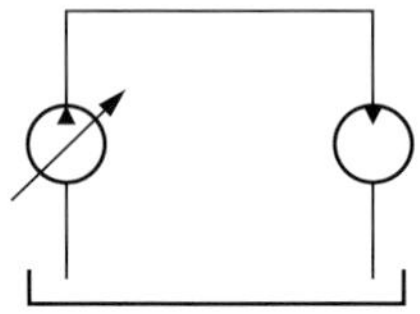	Steuerung der Bewegung der Motorenwelle.
Rotatorisches Getriebe mit stufenloser Drehzahl- und Drehmomentwandlung mit geschlossenem Kreislauf	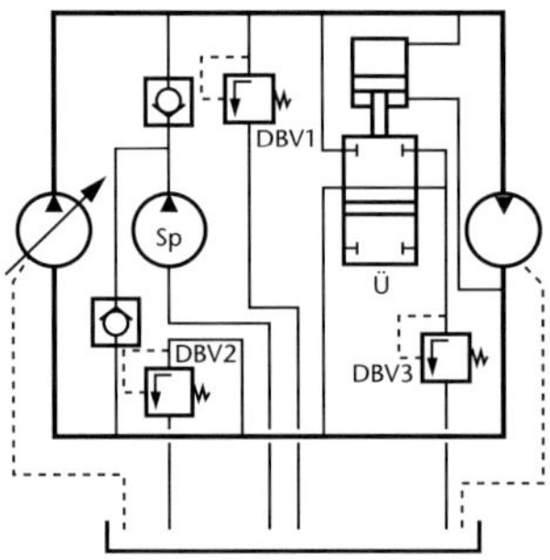	Besteht die Forderung nach Funktionsumkehr von Fluidpumpe bzw. Fluidmotor, wie dies bei einem mit hydrostatischem Getriebe ausgestatteten hangabwärts fahrenden Fahrzeug der Fall ist, dann muss der Kreislauf geschlossen werden. Das ermöglicht einen sog. Vierquadrantenbetrieb, der in beiden Drehrichtungen von Fluidpumpe bzw. Fluidmotor sowohl Antriebs- als auch Bremsmoment ermöglicht. Die Speisepumpe Sp füllt den jeweils druckniedrigeren Bereich zur Vermeidung von Kavitation mit Fluid bis zu einem Speisepumpendruck von etwa 5 bar, der durch das Druckbegrenzungsventil DBV 3 begrenzt wird. Der Fluidüberschuss wird über das Überströmventil Ü abgeleitet. Die Druckbegrenzungsventile DBV 1 und DBV 2 begrenzen den Systemhöchstdruck und damit auch die mechanische Belastung der Bauteile.

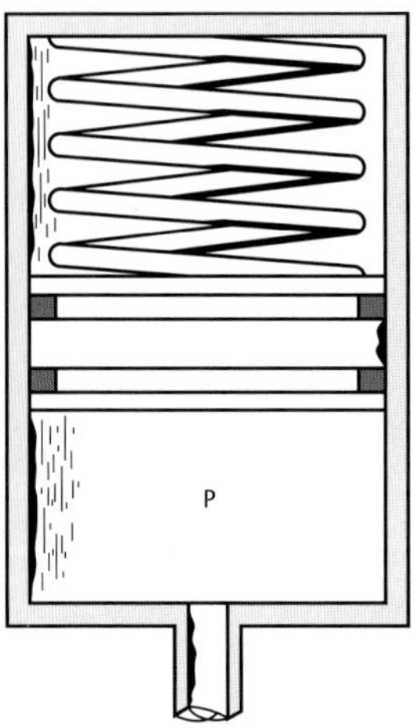

Bild 19.35 Federdruckspeicher

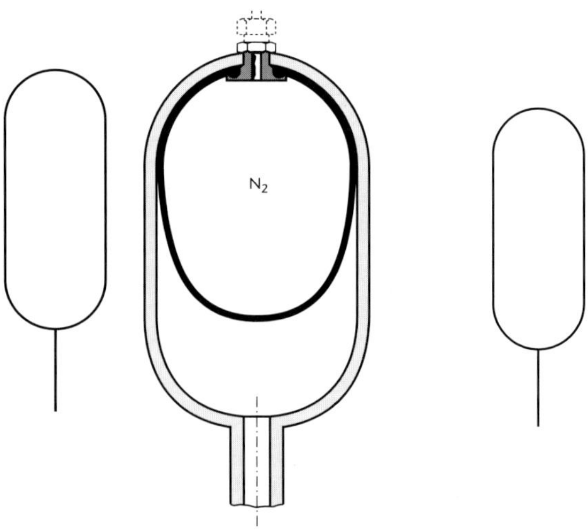

Bild 19.36 Blasendruckspeicher mit Stickstofffüllung

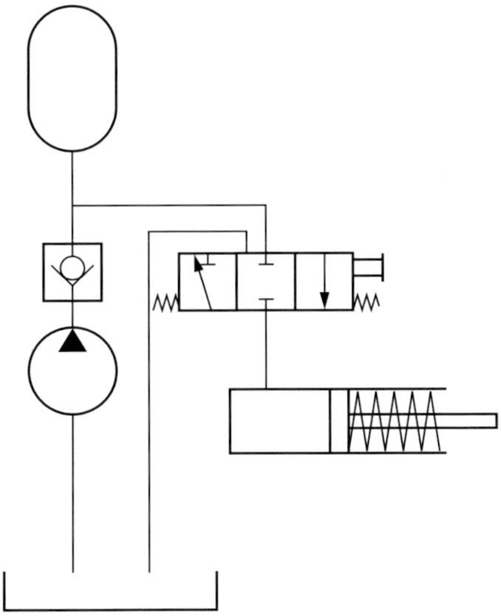

Bild 19.37 Speicherdruckschaltung

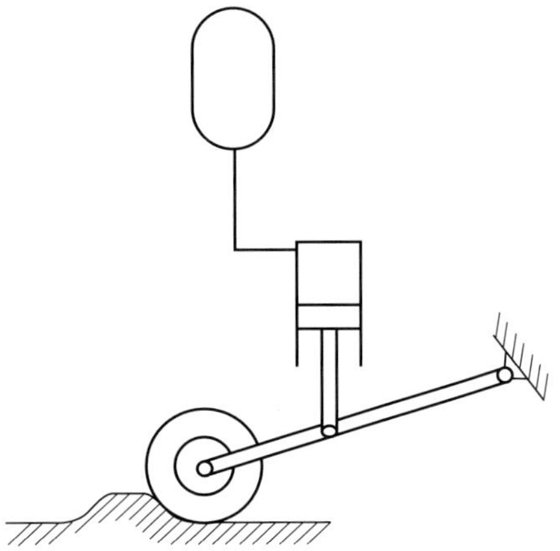

Bild 19.38 Speicher als hydropneumatisches Federelement (HPF)

Es gibt drei wesentliche Speicher-Anwendungen.

1. In einer **Speicherdruckschaltung** (auch **Close-Center-Prinzip**) wird einem Speicher während eines langen Zeitraums geringe hydrostatische Leistung zugeführt und sporadisch während eines kurzen Zeitraums eine hohe hydrostatische Leistung abgeführt (Bild 19.37).
2. Der Speicher kann als **Federelement** eingesetzt werden (Bild 19.38).
3. Ein stark pulsierendes hydrostatisches System kann durch Blindanschluss eines Speichers gedämpft werden.

19.3.10 Bauelemente hydrodynamischer Antriebe

19.3.10.1 Hydrodynamische Kupplung

Eine hydrodynamische Kupplung **überträgt Leistung** von einer Kraft- zu einer Arbeitsmaschine, wobei Eingangs- und Ausgangsdrehzahl unterschiedliche Werte annehmen können und das Eingangsdrehmoment dem Ausgangsdrehmoment entspricht.

19

Die hydrodynamische Kupplung besteht aus einem mit einem rotierenden Gehäuse verbundenen Pumpenrad und einem diesem gegenüber angeordneten Turbinenrad, wobei der gemeinsame Hohlraum mit Fluid gefüllt ist (Bild 19.39).

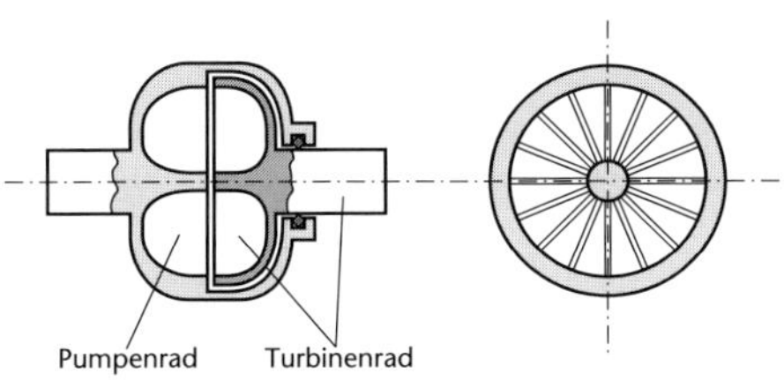

Bild 19.39 Hydrodynamische Kupplung

Pumpen- und Turbinenrad sind mit meist zu ihrer Längsachse parallelen Schaufeln versehen. Rotiert das Pumpenrad, dann werden die Fluidteilchen durch die Zentrifugalbeschleunigung nach außen geschleudert und in die Beschauflung des langsamer rotierenden Turbinenrades gedrückt. Es entsteht eine rotierende Fluidströmung mit einer tangentialen Komponente. Zwischen den Rädern und dem Fluid wird die Leistung nach den Gesetzmäßigkeiten der Strömungsmaschinen übertragen. Das übertragene Drehmoment berechnet sich nach:

$$M = \lambda \cdot \rho \cdot D^5 \cdot w_P^2$$

λ Leistungszahl (dimensionslos),
ρ Dichte des Fluids in kg/m^3,
D Innendurchmesser der hydrodynamischen Kupplung in m,
w_P Drehfrequenz des Pumpenrades in s^{-1}

Hierin enthält die Leistungszahl λ den Einfluss konstruktiver Details, beispielsweise der Schaufelzahl, aber auch der Fluidmenge, und vor allem den Drehzahlunterschied (Schlupf) zwischen Pumpen- und Turbinenrad.

Da kein Reaktionselement vorhanden ist, das ein Differenzmoment aufnehmen könnte, entspricht das Drehmoment am Pumpenrad dem am Turbinenrad.

Folgende Kenngrößen werden definiert:

Drehzahlverhältnis:
$$\nu = \frac{w_T}{w_P} = \frac{n_T}{n_P}$$

Wirkungsgrad:
$$\eta = \frac{\text{Leistung am Turbinenrad}}{\text{Leistung am Pumpenrad}} = \frac{P_T}{P_P} = \frac{M_T w_T}{M_P w_P} = \frac{w_T}{w_P} = \nu$$

Schlupf:
$$s = \frac{w_P - w_T}{w_P} \cdot 100\,\% = \frac{n_P - n_T}{n_P} \cdot 100\,\%$$

Da die hydrodynamische Kupplung ihre Funktion nur aufrechterhält, wenn Fluidteilchen zentrifugal nach außen bewegt werden, muss die Drehgeschwindigkeit des Pumpenrades größer sein als die des Turbinenrades. Die Funktion der **hydrodynamischen Kupplung** beruht auf diesem **Drehzahlunterschied** (Schlupf) und die hydrodynamische Kupplung weist deshalb in jedem Betriebszustand eine Verlustleistung auf. Diese wird in Wärmeleistung umgewandelt und durch Konvektion und Strahlung über das großflächige und intensiv mit dem Pumpenrad bewegte Gehäuse aus dem System abgeführt.

Das übertragene Drehmoment M nimmt zu mit wachsendem Schlupf S, größerer Füllmenge und zunehmender Pumpenraddrehzahl.

Hydrodynamische Kupplungen werden für selbsttätige, verschleißfreie und drehschwingungsgedämpfte Anfahrvorgänge beispielsweise in Fahrzeugen eingesetzt. Ordnet man eine hydrodynamische Kupplung zwischen eine Kraftmaschine in Form eines Elektromotors und eine Arbeitsmaschine an, so kann dadurch dessen Anlaufstromhöhe niedrig gehalten werden bei gleichzeitig erhöhtem Anlaufdrehmoment.

19.3.10.2 Hydrodynamische Bremse

Eine hydrodynamische Kupplung wird zu einer verschleißfreien hydrodynamischen Bremse, wenn das Turbinenrad fest mit seiner Umgebung verbunden wird. Entsprechend einem Betriebszustand mit einem Schlupf von 100 % wird die gesamte über das Pumpenrad eingebrachte mechanische Leistung in Wärmeleistung umgewandelt. Diese muss dem System über eine Kühlanlage entzogen werden. Um den Bremsvorgang einzuleiten, wird der Innenraum der hydrodynamischen Bremse von außen mit einem Fluid befüllt, wobei die Höhe des Bremsmoments über die Füllmenge geregelt werden kann.

19.3.10.3 Hydrodynamischer Drehmomentwandler

Der hydrodynamische Drehmomentwandler **überträgt Leistung** von einer Kraftmaschine zu einer Arbeitsmaschine, wobei sowohl Eingangs- und Ausgangsdrehzahl als auch im Gegensatz zur hydrodynamischen Kupplung Ein- und Ausgangsdrehmoment unterschiedliche Werte annehmen können (Bild 19.40).

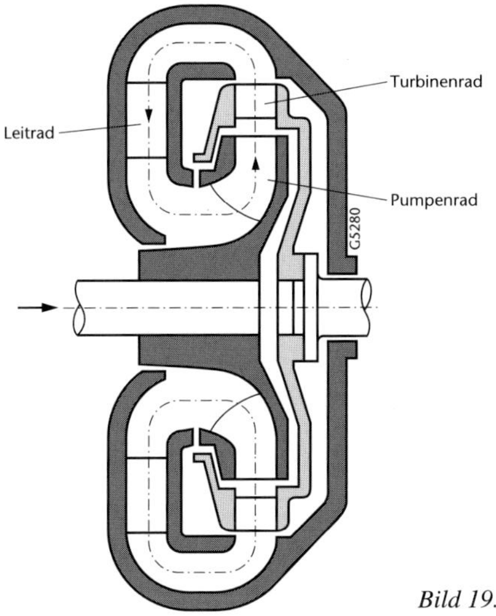

Bild 19.40 Hydrodynamischer Drehmomentwandler

Folgende Kenngrößen beschreiben das Betriebsverhalten:

$$\nu = \frac{w_T}{w_P} = \frac{n_T}{n_P}$$ Drehzahlwandlung

$$\mu = \frac{M_T}{M_P}$$ Drehmomentwandlung

$$\lambda = \frac{M_P}{\rho \cdot D^5 \cdot w_P^2}$$ Leistungszahl

$$\eta = \nu \cdot \mu$$ Wirkungsgrad

Der hydrodynamische Drehmomentwandler besteht aus einem Pumpenrad P, dem ein Turbinenrad T nachgeordnet ist. Als drittes Element ist als Reaktionsglied zur Aufnahme eines Differenzmoments ein Leitrad L in den Fluidkreislauf geschaltet. Alle Räder sind mit Schaufeln versehen. Der Hohlraum ist mit einem Fluid gefüllt. Rotiert das Pumpenrad, dann wird das Fluid in das Turbinenrad gedrückt. Nach Durchlaufen des Turbinenrades wird der Fluidstrom im Leitrad umgelenkt und wieder dem Pumpenrad zugeführt. Die Leistungsübertragung vom Fluid auf die Beschauflung des jeweiligen Rades geschieht nach den Gesetzmäßigkeiten der Strömungsmaschinen.

Wesentliche Eigenschaften eines hydrodynamischen Drehmomentwandlers ist die Fähigkeit, mit zunehmender Drehzahlwandlung automatisch eine geringere Drehmomentwandlung einzustellen. Damit entsteht die Übertragungscharakteristik eines stufenlosen Getriebes, wobei sowohl der Anfahrvorgang als auch die Änderung der Wandlung selbsttätig erfolgen. Je nach Anforderung an das Betriebsverhalten des hydrodynamischen Drehmomentwandlers können die Räder in anderer Reihenfolge und Anzahl ausgeführt werden.

Der Zweiphasenwandler weist ein über einen Freilauf abgestütztes Leitrad auf. Im Kupplungspunkt entspricht das Drehmoment am Pumpenrad dem am Turbinenrad und der hydraulische Drehmomentwandler erhält die Funktion einer hydrodynamischen Kupplung. Verhindert man mit weiter zunehmender Drehzahlwandlung ein Reaktionsmoment am Leitrad, indem man es mittels des eingebauten Freilaufs frei in der Fluidströmung rotieren lässt, so entsteht als zweite Betriebsphase nach der Wandlerphase die Kupplungsphase mit gutem Wirkungsgrad. Bild 19.41 zeigt die Kennlinie eines hydrodynamischen Wandlers.

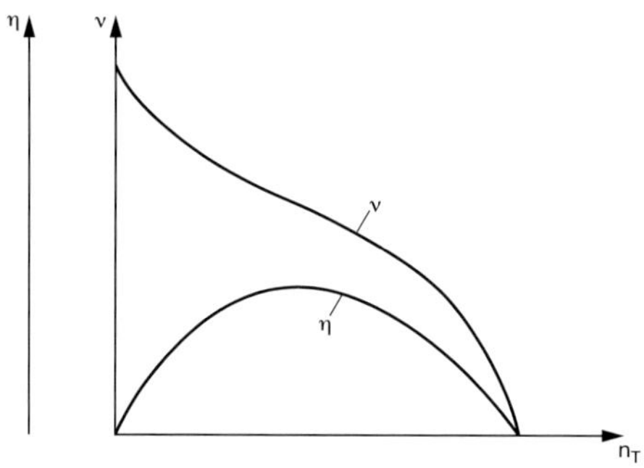

Bild 19.41 Kennlinien eines hydrodynamischen Wandlers

Weiterführende Literatur

19

Felderhoff, R.; Busch U.: Leistungselektronik. 4. Aufl., München Wien: Carl Hanser Verlag 2006
Fischer, R.: Elektrische Maschinen. 12. Auflage, München Wien: Carl Hanser Verlag 2003
Grollius, H.-W.: Grundlagen der Hydraulik. 3. Aufl., Leipzig: Fachbuchverlag 2006
Grollius, H.-W.: Grundlagen der Pneumatik. Leipzig: Fachbuchverlag 2006
Hering, E.; Vogt, A.; Bressler, K.: Handbuch der elektrischen Anlagen und Maschinen. Berlin: Springer-Verlag 1999
Stölting, H.-D.; Kallenbach, E.: Handbuch Elektrische Kleinantriebe. 3. Aufl., München Wien: Carl Hanser Verlag 2006

20

Maschinendynamik

Prof. Dr.-Ing. habil. Prof. h. c.
Hans-Jürgen Hardtke
Prof. Dr.-Ing. habil. Siegbert Liebig
Dr.-Ing. Dietrich Pawandenat
Technische Universität Dresden

Tabelle 20.1 Wichtige Formelzeichen

Formelzeichen	Einheit	Bedeutung
A	m^2	Fläche
c	N/m	Federsteifigkeit, Federkonstante
$\boldsymbol{C}$	N/m	Steifigkeitsmatrix
E	GN/m^2	Elastizitätsmodul
F	N	Kraft
G	GN/m^2	Schubmodul
I	m^4	axiales Flächenträgheitsmoment
I_p	m^4	polares Flächenträgheitsmoment
k	N/s	Dämpfungskonstante
$\boldsymbol{K}$	N/s	Dämpfungsmatrix
m	kg	Masse
$\boldsymbol{M}$	kg	Massematrix
$\boldsymbol{M}$	$N \cdot m$	Moment
$\boldsymbol{N}$		Nachgiebigkeitsmatrix
$\boldsymbol{q}$	m	Koordinatenvektor
$\boldsymbol{Q}$	N	Kraftvektor der inneren Kräfte
r		Freiheitsgrad
T	$N \cdot m$	kinetische Energie
U	$N \cdot m$	potenzielle Energie
V		Vergrößerungsfunktion
W	$N \cdot m$	Arbeit
$\alpha, \beta, \gamma, \delta$		Einflusszahl
η		Abstimmung
ρ	kg/m^3	Dichte
φ		Drehwinkel
ω	s^{-1}	Eigenkreisfrequenz
Ω	s^{-1}	Erregerkreisfrequenz

20.1 Einleitung

In der Maschinendynamik werden die **Wechselwirkungen** zwischen den **auftretenden Kräften** und den **entstehenden Bewegungen und Schwingungen** untersucht, um damit Erkenntnisse der Dynamik auf Maschinen anzuwenden. Die dynamische Beanspruchung der Maschinen ist durch Gewichtseinsparung (Leichtbau) und immer höhere Verarbeitungsgeschwindigkeiten enorm gestiegen. Sie kann vom Konstrukteur nicht vernachlässigt werden.

Die Grundaufgaben der Maschinendynamik sind:

- **Berechnungsmodell** aufstellen und Erregeranalyse,
- **Berechnung**,
- Berücksichtigung bei der Konstruktion mit dem Ziel einer **Optimierung**.

Bei der Modellbildung muss das **Diskretisierungsniveau** in Abhängigkeit vom betrachteten **Gültigkeitsbereich** beachtet werden. Es ist zu prüfen, ob diskrete Massen-Feder-Elemente (**FE-Modelle**) oder **Kontinua** angewandt werden müssen. Eine große Bedeutung kommt der **Parameterermittlung** zu (Kap. 20.2). Im Allgemeinen müssen die Modelle durch Experimente **iterativ angepasst** werden. Das setzt aber eine bereits vorhandene Maschine voraus. Die Modellbildung führt häufig zu **linearen Differenzialgleichungen** (DGL) mit konstanten Koeffizienten, die mit herkömmlichen Methoden gelöst werden können. Dabei interessieren insbesondere die **Eigenwerte**, **Eigenschwingungen** und **erregten Schwingungen** (Abschn. 20.4). Die klassischen maschinendynamischen Problemkreise wie Bewegung von zwangläufig gekoppelten Körpern, Mehrkörperdynamik, die Schwingungsisolierung von Maschinen, Torsionsschwingungen von Antriebssystemen und Biegeschwingungen werden in den Kapiteln 20.3 bis 20.9 kurz abgehandelt.

20.2 Modellbildung und Parameterbestimmung

20.2.1 Modellbildung

In der Maschinendynamik lassen sich die meisten Systeme durch ein **lineares Berechnungsmodell** mit dem **Freiheitsgrad *r*** beschreiben. Unter Freiheitsgrad versteht man die Anzahl der Bewegungsmöglichkeiten, die unabhängig voneinander erfolgen. Bei der Modellierung sind drei Fälle zu unterscheiden:

- Die Modellierung erfolgt durch diskrete Federn, starre Körper mit bekannter Masse, Schwerpunktslage und Massenträgheitsmoment. Systeme dieser Art werden als **Mehrkörpersysteme** bezeichnet, gegebenenfalls können auch noch Dämpfungselemente hinzutreten. Sind die Teilkörper beispielsweise über Zahnräder, Hebel oder Gelenkwellen verbunden, so werden die Bewegungsmöglichkeiten eingeschränkt. Es kommen Bindungsgleichungen hinzu.
  Man unterscheidet:
  - **holonome** Bindungen (nicht von der Geschwindigkeit abhängig),
  - **rheonome** Bindungen (explizit von der Zeit abhängig) und
  - **skleronome** Bindungen (nicht von der Zeit abhängig). Systeme dieser Art werden in den Kapiteln 20.4, 20.6, 20.8 und 20.9 behandelt.
- Das System besteht aus elastisch deformierbaren Teilkörpern, beispielsweise dem beidseitig gelagerten Balken. In diesem Fall ist ein **Ersatzsystem mit einem Freiheitsgrad *r*** zu bilden, das in einem vorgegebenen Frequenzbereich in Näherung übereinstimmende Schwingungseigenschaften besitzt (Kap. 20.8).
- Die Maschine besteht nur aus über Bindungsgleichungen gekoppelten starren Körpern, d. h., der Freiheitsgrad beträgt $r = 1$ (Kap. 20.3).

20.2.2 Bewegungsgleichungen

Die Bewegungsgleichungen können entweder nach dem **d'Alembert'schen Schnittprinzip** (Kap. 6.4) oder nach der **Energiemethode**, die auf den Lagrange'schen Gleichungen 2. Art beruht, aufgestellt werden. In beiden Fällen ergibt sich in Matrizenschreibweise für die Bewegungsgleichungen

$$\boldsymbol{M}\ddot{\boldsymbol{q}} + \boldsymbol{C}\boldsymbol{q} = \boldsymbol{0} \qquad (1)$$

mit

$\boldsymbol{q} = [q_1(t), q_2(t), \ldots, q_r(t)]^{\mathrm{T}}$,

dem verallgemeinerten Koordinatenvektor $\boldsymbol{q}$, der Massenmatrix $\boldsymbol{M}$ und der Steifigkeitsmatrix $\boldsymbol{C}$. Es handelt sich um lineare DGL'n mit konstanten Koeffizienten.

Wird auch noch die Dämpfung bei der Modellierung berücksichtigt, kommt unter der Annahme geschwindigkeitsproportionaler Dämpfung ein weiteres Glied dazu:

$$\boldsymbol{M}\ddot{\boldsymbol{q}} + \boldsymbol{K}\dot{\boldsymbol{q}} + \boldsymbol{C}\boldsymbol{q} = \boldsymbol{0} \quad , \tag{2}$$

wobei $\boldsymbol{K}$ die Dämpfungsmatrix ist. Führt man noch verallgemeinerte Kräfte Q_i ein, die in Richtung der Koordinaten q_i wirken, so gilt

$$\boldsymbol{Q} = \boldsymbol{C}\boldsymbol{q} \qquad \text{oder} \qquad \boldsymbol{q} = \boldsymbol{N}\boldsymbol{Q} \tag{3}$$

mit der Nachgiebigkeitsmatrix $\boldsymbol{N} = \boldsymbol{C}^{-1}$, die allerdings nur für gefesselte Systeme existiert.

Die Steifigkeitsmatrix ist symmetrisch (Satz von Maxwell-Betti). Für die potenzielle Energie U erhält man aus

$$U = \frac{1}{2}\boldsymbol{Q}^{\mathrm{T}}\boldsymbol{q}$$

mit (3) die quadratische Form

$$U = \frac{1}{2}\boldsymbol{q}^{\mathrm{T}}\boldsymbol{C}\boldsymbol{q} \, .$$

Die Elemente der Steifigkeitsmatrix folgen dann aus den partiellen Ableitungen nach den Koordinaten zu

$$c_{ij} = \frac{\partial^2 U}{\partial q_i \, \partial q_j} \, .$$

Für die kinetische Energie T ergibt sich analog dazu die quadratische Form

$$T = \frac{1}{2}\dot{\boldsymbol{q}}^{\mathrm{T}}\boldsymbol{M}\dot{\boldsymbol{q}}$$

und daraus für die Elemente der Massenmatrix

$$m_{ij} = \frac{\partial^2 T}{\partial \dot{q}_i \, \partial \dot{q}_j} \, .$$

Auch die Massenmatrix ist symmetrisch.

Beispiel: Für das abgebildete System sind die Elemente der Federsteifigkeits- und Massenmatrix zu bestimmen.

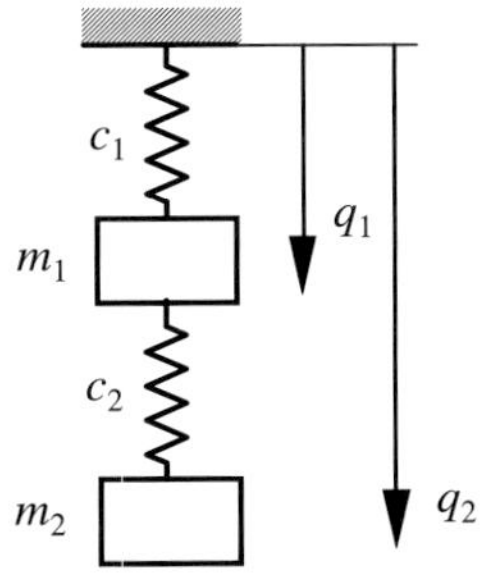

Bild 20.1 System mit dem Freiheitsgrad zwei

Aus der potenziellen Energie $U = \frac{1}{2}c_1 q_1^2 + \frac{1}{2}c_2 (q_2 - q_1)^2$ ergibt sich $\frac{\partial U}{\partial q_2} = c_2 q_2 - c_2 q_1$, $\frac{\partial U}{\partial q_1} = c_1 q_1 - c_2 q_2 + c_2 q_1$ und damit beispielsweise $c_{11} = \frac{\partial^2 U}{\partial q_1 \, \partial q_1} = c_1 + c_2$. Analog werden aus der kinetischen Energie die Elemente der Massenmatrix bestimmt.

20.2.3 Parameterbestimmung

Wenn die Bewegungsgleichungen (1) oder (2) aufgestellt sind, verbleibt noch die wertmäßige Bestimmung der Elemente der Parametermatrizen (Holzweißig/Dresig). Sind die Teilkörper sehr kompliziert aufgebaut, empfiehlt es sich oft, die Massenträgheitsmomente experimentell zu bestimmen. Dazu stehen verschiedene Verfahren wie Mehrfadenpendel, Doppelpendelung, Torsionsstabaufhängung und Rollpendel zur Verfügung. In allen Fällen wird aus der gemessenen Schwingungsdauer das Massenträgheitsmoment ausgerechnet (Holzweißig/Dresig).

In Tabelle 20.2 werden die Gleichungen für einfache Fälle der Berechnung von Federsteifigkeiten aufgeführt.

Tabelle 20.2 Elementfedern

Zugstab oder Seil	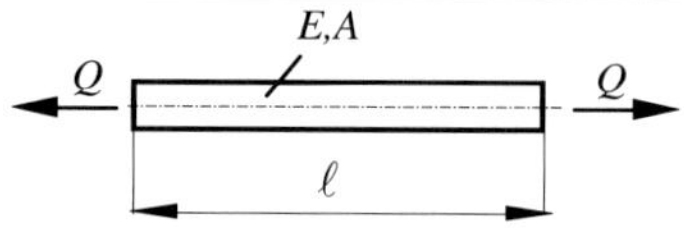	$c = \frac{EA}{\ell}$ A Querschnittsfläche
Torsionsstab	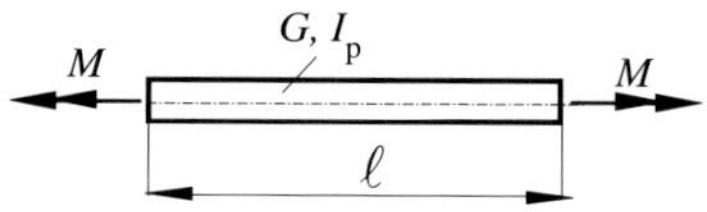	$c = \frac{GI_p}{\ell}$ I_p polares Flächenträgheitsmoment
Abgesetzte Welle	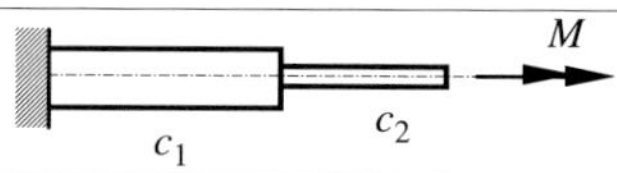	$c = \frac{c_1 \cdot c_2}{c_1 + c_2}$
Biegefedern	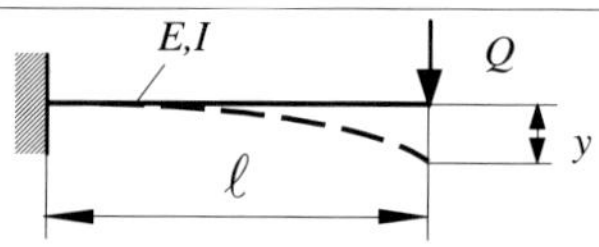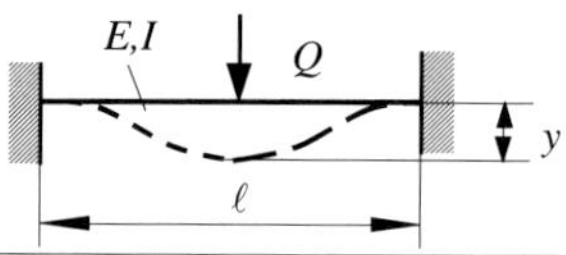	$c = \frac{Q}{y} = 3\frac{EI}{\ell^3}$ I axiales Flächenträgheitsmoment $c = \frac{Q}{y} = 192\frac{EI}{\ell^3}$
Schraubenfeder	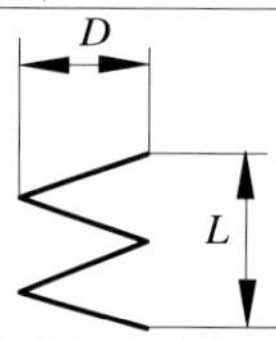 d = Drahtdurchmesser $r = \frac{D}{2}$ i Anzahl der Windungen	$c = \frac{d^4 G}{64 i r^2}$
Hülsen-Gummifeder (torsionsbeanspruchte Kupplung)	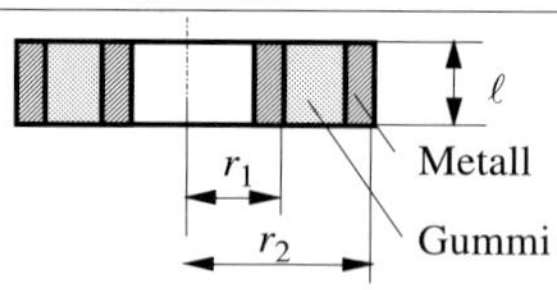 der Shore-Härte von 30 … 70	$c = \frac{4\pi \ell G}{\left(\frac{1}{r_1^2}\right) - \left(\frac{1}{r_2^2}\right)}$ $G = f(\textit{Shore-Härte})$ Schubmodul
Fundament-Gummifeder (Druckbelastung)	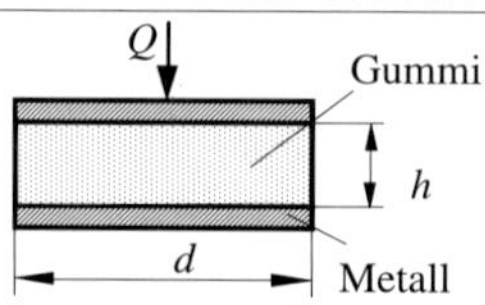	$c = \frac{AE}{h}$ $E = f(K_F)$ Elastizitätsmodul $K_F = \frac{d}{4h}$ Formfaktor

Bei Gummifedern ist der E-Modul in Abhängigkeit vom Formfaktor und der Shore-Härte des Gummis aus den Kennblättern des Herstellers zu entnehmen. Die Dämpfung hängt entweder von inneren oder äußeren Widerständen ab. In der Praxis spielen die **Fügedämpfung** und die **Reibung** eine große Rolle. Die Dämpfung hängt von vielen Einflüssen ab, ist experimentell schwer reproduzierbar und entzieht sich deshalb oft einer analytischen Behandlung. Liegt ein Schwingungssystem mit dem Freiheitsgrad eins vor oder lässt sich ein solches zur experimentellen Bestimmung aufbauen, so kann der Dämpfungswert aus Ausschwingversuchen bestimmt werden (Bilder 20.2 und 20.3).

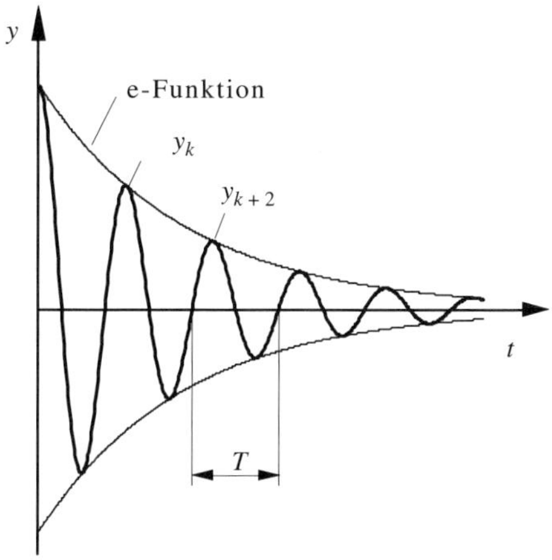

Bild 20.2 Ausschwingvorgang bei viskoelastischer Dämpfung

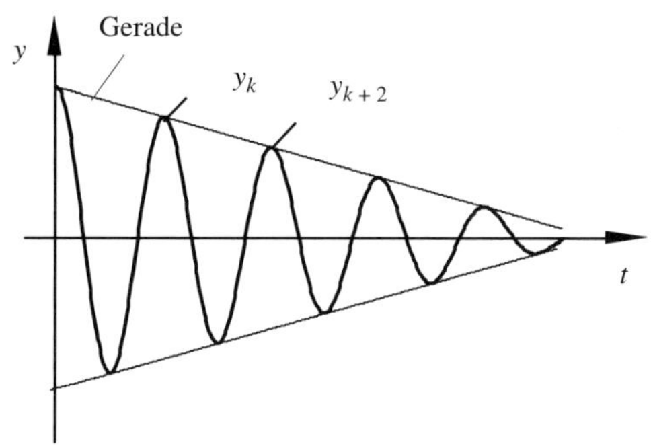

Bild 20.3 Ausschwingvorgang bei Coulomb'scher Reibung

Bei der Parameterbestimmung in Systemen mit höherem Freiheitsgrad sind **Identifikationsverfahren** zu verwenden (Natke/Hardtke).

20.3 Dynamik zwangläufiger starrer Körper

Das Modell zwangläufiger starrer Körper ist dadurch gekennzeichnet, dass bei vorgegebener Antriebsbewegung die Bewegung jedes Einzelkörpers durch holonome Zwangsbedingungen eindeutig bestimmt ist. Der Freiheitsgrad r ist also eins. Voraussetzung ist, dass die niedrigste Eigenkreisfrequenz des Systems $\omega_{\min}$ viel größer ist als die größte Erregerkreisfrequenz $\Omega_{\max}$; d. h., Schwingungen der Maschine spielen keine Rolle. Es wird weiterhin vorausgesetzt, dass ein ebener Mechanismus vorliegt. Eine große Zahl praktischer Fälle lässt sich mit diesem einfachsten Modell in der Maschinendynamik behandeln. Eine Verallgemeinerung und Erweiterung auf elastisch gekoppelte Körper erfolgt im Kap. 20.9. Für den einfachen Fall zwangläufiger starrer Körper gilt:

20

$$Q = J_{\text{ERS}}\,\ddot{q} + \frac{1}{2}\,\frac{\partial J_{\text{ERS}}(q)}{\partial q}\,\dot{q}^2 \qquad (4)$$

Dabei ist J_{ERS} das Ersatzträgheitsmoment der gekoppelten Teilkörper.

Die Anwendung dieses Zusammenhangs kann in zweierlei Richtung erfolgen:

1. Die äußeren Kräfte sind vorgegeben, und die Bewegungen der Teilkörper sind gesucht. Die Lösung erfolgt dann über Integration der Bewegungsgleichung (4).
2. Die Bewegung $q(t)$ ist vorgegeben, und gesucht wird die Antriebskraft, die diese Bewegung erzeugt. Dies ist die typische Aufgabe der inversen Dynamik.

In beiden Fällen ist es erforderlich, das Ersatz-Massenträgheitsmoment zu ermitteln.
Es empfiehlt sich, in folgenden Schritten vorzugehen:

- Festlegung eines raumfesten Koordinatensystems y, x, φ.
- Wahl der generalisierten Koordinate q, wobei man häufig die Antriebskoordinate wählt.
- Ermittlung der Teilmassen m_i und Trägheitsmomente J_i bezüglich der Schwerpunktkoordinaten des Teilkörpers.
- Beschreibung der äußeren Kräfte F_{xi}, F_{yi} und Momente M_i bezüglich des raumfesten Koordinatensystems.

Die generalisierte Kraft $\boldsymbol{Q}$ kann über das Prinzip der virtuellen Arbeit bestimmt werden. Es muss die Arbeit $\boldsymbol{Q}\,\mathrm{d}\boldsymbol{q}$ gleich der Summe der Arbeit der eingeprägten Kräfte und Momente der N Teilkörper sein. Daraus folgt

$$\mathrm{d}W = Q\,\mathrm{d}q = \sum_{i=1}^{N} \left(F_{xi}\,\mathrm{d}x_i + F_{yi}\,\mathrm{d}y_i + M_i\,\mathrm{d}\varphi_i\right),$$

woraus Q bestimmt werden kann.

Das Ersatz-Massenträgheitsmoment kann aus der Überlegung gewonnen werden, dass die Summe der kinetischen Energien aller Teilkörper unter Berücksichtigung der Translations- und Rotationsbewegungen der kinetischen Energie des **Ersatz-Massenträgheitsmomentes** gleich sein muss. Damit ergibt sich

$$J_{\mathrm{ERS}} = \sum_{i=1}^{N} \left(m_i \left[\left(\frac{\mathrm{d}x_{si}}{\mathrm{d}q}\right)^2 + \left(\frac{\mathrm{d}y_{si}}{\mathrm{d}q}\right)^2 \right] + J_{si} \left(\frac{\mathrm{d}\varphi_1}{\mathrm{d}q}\right)^2 \right)$$

$$= \sum_{i=1}^{N} \left(m_i \left(x_{si}'^2 + y_{si}'^2 \right) + J_{si} \varphi_i'^2 \right).$$

20.4 Eigenwertproblem

Setzt man ein konservatives System voraus, so gilt die Bewegungsgleichung (1).
Mit dem Ansatz $\boldsymbol{q} = \hat{\boldsymbol{q}}\,\mathrm{e}^{pt}$ und damit $\ddot{\boldsymbol{q}} = p^2 \hat{\boldsymbol{q}}\,\mathrm{e}^{pt}$ für den Vektor der generalisierten Koordinaten erhält man aus (1) das allgemeine Eigenwertproblem

$$\left[\boldsymbol{M}p^2 + \boldsymbol{C}\right]\hat{\boldsymbol{q}} = \boldsymbol{0} \tag{5}$$

Da es sich um ein schwingendes System handelt, wird auch gern der Ansatz $\boldsymbol{q} = \hat{\boldsymbol{q}}\,\mathrm{e}^{\mathrm{j}\omega t}$ verwendet, aus dem sich mit $\ddot{\boldsymbol{q}} = -\hat{\boldsymbol{q}}\,\omega^2\,\mathrm{e}^{\mathrm{j}\omega t}$ dann das gleichwertige Eigenwertproblem $\left[-\boldsymbol{M}\omega^2 + \boldsymbol{C}\right]\hat{\boldsymbol{q}} = \boldsymbol{0}$ ergibt. Aus (5) folgt durch Multiplikation von links mit $\boldsymbol{M}^{-1}$ das spezielle Eigenwertproblem

$$\left[\boldsymbol{M}^{-1}\boldsymbol{C} + p^2 \boldsymbol{I}\right]\hat{\boldsymbol{q}} = \boldsymbol{0} \tag{6}$$

wobei $\boldsymbol{I}$ die Einheitsmatrix darstellt. Die Gleichungen (3) und (5) haben nur nichttriviale Lösungen $\hat{\boldsymbol{q}} \neq \boldsymbol{0}$, wenn die Determinante gleich null ist. Damit ergibt sich die Gleichung

$$\det\left[\boldsymbol{M}p^2 + \boldsymbol{C}\right] = 0 \tag{7}$$

die als charakteristische Gleichung bezeichnet wird und als ein Polynom mit dem Grad $n = 2r$ dargestellt werden kann:

$$b_0 + b_1 p + b_2 p^2 + \ldots b_{a-1} p^{n-1} + b_n p^n = 0$$

Die Nullstellen der charakteristischen Gleichung sind die Eigenwerte des Systems. Die Eigenwerte hängen nur von den Massen- und Federwerten des Systems ab, sind ihm also eigen!

Sie ergeben sich als konjugiert komplexe Werte und im Falle der Dämpfungsfreiheit, wie in Gl. (1) vorausgesetzt, als rein imaginär. Diese Imaginärwerte bezeichnet man als Eigenkreisfrequenzen. Eigenfrequenzen sind bei vernachlässigbarer Dämpfung identisch mit den Resonanzfrequenzen. Die Bestimmung der Eigenfrequenzen von Maschinen oder Bauteilen ist somit eine der wichtigsten Aufgaben in der Maschinendynamik. Als Beispiel wird das beidseitig gefesselte System in Bild 20.4 betrachtet.

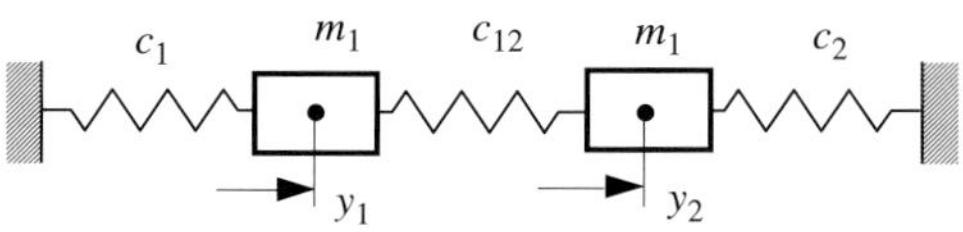

Bild 20.4 System mit dem Feiheitsgrad zwei

Bei vorausgesetzter Symmetrie $(m = m_1 = m_2$ und $c = c_1 = c_{12} = c_2)$ ergibt sich (7) zu:

$$\det \begin{bmatrix} mp^2 + 2c & -c \\ -c & mp^2 + 2c \end{bmatrix} = 0$$

Daraus folgt das **charakteristische Polynom** zu

$$m^2 p^4 + 4cmp^2 + 3c^2 = 0$$

Diese biquadratische Gleichung hat die Lösungen

$$p_{1/2} = \pm \mathrm{j} \sqrt{\frac{c}{m}} = \pm \mathrm{j}\omega_1 \qquad p_{3/4} = \pm \mathrm{j} \sqrt{\frac{3c}{m}} = \pm \mathrm{j}\omega_2$$

mit den 2 Eigenkreisfrequenzen

$$\omega_1 = \sqrt{\frac{c}{m}} \quad \text{und} \quad \omega_2 = \sqrt{\frac{3c}{m}}$$

Bei einem höheren Freiheitsgrad können die Eigenwerte bzw. Eigenkreisfrequenzen nur noch numerisch berechnet werden. Dazu stehen zahlreiche Programme zur Verfügung, die auf Determinantenverfahren, Transformationsalgorithmen (beispielsweise Jacobi) oder Vektoriteration beruhen.

Setzt man die Eigenwerte p_i nacheinander in die Ausgangsgleichung (5) ein, so erhält man aus

$$\left[\boldsymbol{M} p_i^2 + \boldsymbol{C} \right] \hat{\boldsymbol{q}}_i = \boldsymbol{0}$$

für jeden Eigenwert p_i den zugehörigen Eigenvektor $\boldsymbol{v}_i = \hat{\boldsymbol{q}}_i$. Das Verhältnis der Ausschläge wird **Schwingform** genannt. Zur Berechnung gibt man sich einen Ausschlag beliebig vor bzw. normiert auf einen Ausschlag, beispielsweise bei p_1 an der Masse 1 mit $\hat{q}_{11} = 1$, und rechnet die weiteren aus.

20

20.5 Massenausgleich und Auswuchten

20.5.1 Freie Massenkräfte

Durch die Bewegung der einzelnen Teile einer Maschine oder eines Mechanismus entstehen freie Massenkräfte, bedingt durch die vorhandenen Beschleunigungen der Bauteile.

Aus den Massenparametern der bewegten Teile, der Maschinengeometrie, dem äußeren Kraftfeld und dem Bewegungsablauf der Maschine lassen sich die freien Massenkräfte und -momente von Maschinen ermitteln. Diese freien Massenkräfte wirken schwingungserregend auf den elastischen Aufstellort der Maschine.

Innere statische und kinetostatische Kräfte und Momente der Maschine treten stets paarweise auf und heben sich in der Wirkung gegenseitig auf (z. B. Gaskräfte in Kolbenmaschinen, Presskräfte in Umformmaschinen).

Durch eine bestimmte Anordnung der bewegten Massen kann man die resultierenden Massenkräfte einer Maschine minimieren. Dies ist die Aufgabe des **Massenausgleichs**. Üblicherweise wird im technischen Sprachgebrauch der Begriff Massenausgleich auf die Verringerung der freien Massenkräfte an Maschinen und Mechanismen bezogen und der Begriff Auswuchten auf den Massenausgleich an rotierenden Bauteilen.

20.5.2 Massenausgleich

Die freien Massenkräfte lassen sich durch vektorielle Addition der Massenkräfte der einzelnen Maschinenteile oder durch Bestimmung der Bewegung des Gesamtschwerpunktes der Maschine ermitteln. Nach dem Schwerpunktsatz für Punkthaufen führen beide Wege zum Ziel, da man sich die Gesamtmasse der bewegten Maschine im Schwerpunkt vereinigt denken kann.

Ein Mechanismus lässt sich prinzipiell so auslegen, dass der Gesamtschwerpunkt bei der periodischen Bewegung des Systems in Ruhe bleibt. Damit sind die resultierenden Massenkräfte ausgeglichen. Dennoch wird dieser vollständige Massenausgleich nur selten ausgeführt, weil dabei in der Regel wesentlich größere und schwerere Konstruktionen entstehen. Beim vollständigen Ausgleich der resultierenden Massenkräfte sind nicht automatisch auch die resultierenden Massenmomente gleich null und auch einzelne Lager- und Gelenkkräfte können anwachsen.

Häufig verzichtet man auf einen vollständigen Massenausgleich und erreicht durch spezielle Maßnahmen (z. B. Ausgleichsgetriebe) eine wesentliche Reduzierung der freien Massenkräfte. Bei diesem harmonischen Massenausgleich werden bestimmte störende harmonische Anteile der freien Massenkräfte oder -momente beseitigt.

20.5.3 Auswuchten von Rotoren

Die bei der Rotation von Körpern auftretenden freien Massenkräfte entstehen durch eine asymmetrische Massenverteilung bezüglich einer konstruktiv vorgegebenen Drehachse, die so genannte **Unwucht.** Der Ausgleich dieser – im Allgemeinen fertigungsbedingten – Unwuchten ist die Aufgabe des Auswuchtens.

Nicht ausgeglichene Unwuchtkräfte verursachen

- erhebliche Lagerkräfte (Einfluss auf Verschleiß, Lebensdauer),
- Belastungen des Maschinengestells und des Fundamentes (Schwingungserregung),
- innere Momente im Rotor und
- Beeinträchtigung der Funktionstüchtigkeit (Lockerung von Verbindungselementen).

Eine Unwucht U ist definiert als das Produkt aus einer Punktmasse m_u und deren Abstand r_u von der Drehachse. Bei einer einzelnen rotierenden Punktmasse tritt bei der Winkelgeschwindigkeit Ω die Fliehkraft $F_i = m_{ui} r_{ui} \Omega^2 = U_i \Omega^2$ auf.

Die Unwuchten sind in einem Rotor im Allgemeinen ungleichmäßig und zufällig räumlich verteilt.

Man unterscheidet statische und dynamische Unwuchten (Bild 20.5).

Die Summe der U_i bildet die Gesamtunwucht des Rotors (Bild 20.6).

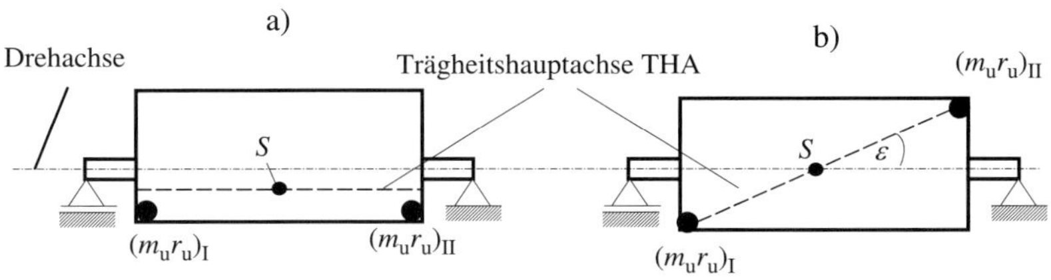

Bild 20.5 a) statische Unwucht b) dynamische Unwucht

Bei einer **statischen Unwucht** liegt der Schwerpunkt S nicht auf der Drehachse, wobei die Drehachse parallel zur Trägheitshauptachse THA durch S versetzt ist. Bei einer **dynamischen Unwucht** ist die THA (durch S) gegenüber der Drehachse um einen Winkel ε verdreht. Beides ist praktisch meist überlagert. Als **starrer Rotor** wird ein Rotor bezeichnet, der sich wie ein ideal starrer Körper verhält, d. h. bei der Betriebsdrehzahl n nur vernachlässigbar kleine Deformationen erfährt. In der Praxis kann ein Rotor als starr angesehen werden, solange seine Betriebsdrehzahl $n \leq 0{,}7\ n_{1\ \text{kritisch}}$ ist. Als $n_{1\ \text{kritisch}}$ bezeichnet man die erste biegekritische Drehzahl, die auch von den Lagerungsbedingungen abhängt. Bei einem **elastischen Rotor** ändert sich infolge der Deformationen der Unwuchtzustand mit der Drehzahl.

Beim Auswuchten wird die Massenverteilung des unwuchtigen Rotors so verbessert, dass die freien Massenkräfte des um seine geometrische, konstruktiv festgelegte Drehachse rotierenden Rotors die zulässigen Toleranzen nicht übersteigen, die durch Vorschriften und Richtlinien festgelegt sind (VDI-Richtlinie 2060, DIN ISO 1940). Die zulässige Restunwucht ist das Maß für die Güte des durchgeführten Massenausgleichs. Zur Kennzeichnung des Wuchtzustands wird die auf die Masse m_{ges} des Wuchtkörpers bezogene Unwucht $U = m_u r_u$ als Restunwucht $e = U/m_{ges} = m_u r_u / m_{gesamt}$ benutzt.

Dabei ist für die Auswirkung der Restunwucht noch die Drehzahl entscheidend, sodass üblicherweise die Größe $e\omega$ angegeben wird.

Die Anforderungen an unterschiedliche Wuchtkörper bzw. Maschinen werden in den Richtlinien durch Gütestufen für die verschiedenen Maschinengruppen angegeben.

Das Auswuchten von Rotoren erfolgt auf Auswuchtmaschinen oder in der Originallagerung mit speziellen Messeinrichtungen.

Auswuchten starrer Rotoren

Der allgemeine Unwuchtzustand des starren Rotors ist darstellbar durch zwei Unwuchten $U_I = (m_u r_u)_I$ und $U_{II} = (m_u r_u)_{II}$ in zwei verschiedenen (frei wählbaren) Ebenen. Die Größe und Winkellage der resultierenden Unwuchten kann beispielsweise auf einer Auswuchtmaschine bestimmt werden. In diesen gewählten oder vorgegebenen Ausgleichsebenen werden die resultierenden Unwuchten U_I und U_{II} durch betragsmäßig gleich große, aber um 180° in der Winkellage versetzte Ausgleichsmassen $(m_a r_a)_I$ und $(m_a r_a)_{II}$ ausgeglichen (Bild 20.6).

Die zwei Ausgleichsebenen sind für das **dynamische Auswuchten** (Ausgleichen der dynamischen Unwucht) notwendig. Für das praktische Auswuchten sollten die Ausgleichsebenen möglichst weit voneinander entfernt sein.

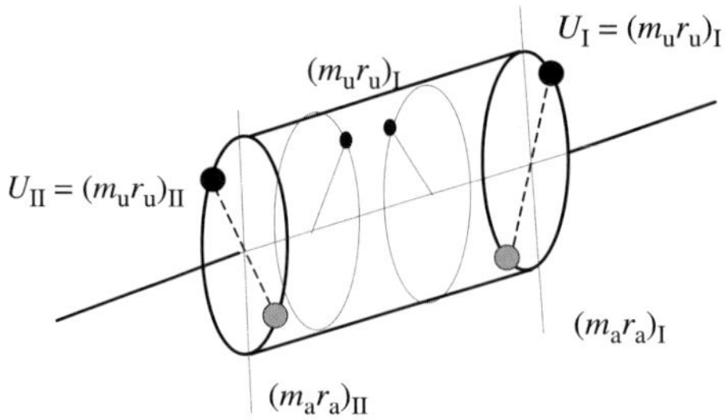

Bild 20.6 Ausgleich der resultierenden Unwucht in zwei Ebenen

Das **statische Auswuchten** (Ausgleich der statischen Unwucht) ist nur zulässig für sehr schmale scheibenförmige Rotoren, wenn die Scheibe senkrecht auf der Welle sitzt. Es gibt hier nur eine Ebene, in der auch die Unwucht liegen muss und auch hier ausgeglichen werden kann. Die Genauigkeit des statischen Wuchtens ist relativ begrenzt.

Auswuchten elastischer Rotoren

Bei elastischen Rotoren ist die Verformung des Rotors, die als Wirkung der Unwuchten auftritt und neue Unwuchten hervorruft, nicht mehr vernachlässigbar. Das ist bei Auswuchtproblemen der Fall, wenn die Betriebsdrehzahl größer ist als etwa 70 % der ersten biegekritischen Drehzahl (in steifen Lagern). Entsprechend der Definition des Auswuchtens muss jetzt außer den Kraftwirkungen auf die Lager auch die Verformung des Rotors reduziert werden.

Die zusätzliche Forderung ist mit zwei Ausgleichsebenen nicht mehr erfüllbar.

Es werden verschiedene Verfahren zur Wuchtung elastischer Rotoren benutzt. Bei dem **modalen Auswuchten** elastischer Rotoren wird der Wuchtvorgang für die einzelnen Eigenfrequenzen des Sytems getrennt durchgeführt.

Bei der Methode der **Einflusskoeffizienten** fasst man alle unbekannten Faktoren, die die Wirkung einer Unwucht auf die Lager- oder Wellenschwingung beschreiben (z. B. Eigenform, Dämpfung, Lagersteifigkeit) in **Einflusskoeffizienten** zusammen, die man nach Anbringen einer einzelnen Testunwucht in allen Ausgleichsebenen nacheinander messen kann.

Die Zahl der Ausgleichsebenen ist beliebig, aber mindestens gleich der Zahl der biegekritischen Drehzahlen. In vielen Fällen sind jedoch, je nach axialer Lage der Ausgleichsebenen, zusätzlich zwei Ebenen notwendig.

20.6 Schwingungsisoliertes Aufstellen von Maschinen

20.6.1 Aktive und passive Schwingungsisolierung

Aufgabe der aktiven Schwingungsisolierung ist die Isolierung des Aufstellungsortes von den Erregerkräften der Maschine (freie Massenkräfte). Neben der Übertragung von Erregerkräften durch die Maschine auf den Aufstellungsort können andererseits durch Bewegungen des Aufstellungsortes auch Schwingungen der Maschine (empfindliche Messgeräte, Feinstbearbeitungsmaschinen) hervorgerufen werden. Diese Entstörung fällt in das Gebiet der passiven Schwingungsisolierung.

20.6.2 Abstimmung und Dämpfung

Zur Diskussion von Fragen der Abstimmung und Dämpfung kann das System mit dem Freiheitsgrad eins nach Bild 20.7 bzw. 20.8 benutzt werden. Bei der aktiven Schwingungsisolierung können zwei Methoden der Aufstellung realisiert werden.

Direkte Aufstellung: Maschine unmittelbar auf Geschossdecke oder auf Fundamentblock auf elastischem Boden. Dynamische Durchsenkung y bzw. $\dot{y}, \ddot{y}$ sind das Maß für die Beanspruchung des Aufstellungsortes.

Indirekte Aufstellung: Zwischen Maschine (bzw. starr mit der Maschine verbundenem Fundamentblock) und Aufstellungsort wird eine elastische Schicht angebracht. Die Kraft F_B auf den Boden stellt die Beanspruchung des Aufstellungsortes dar.

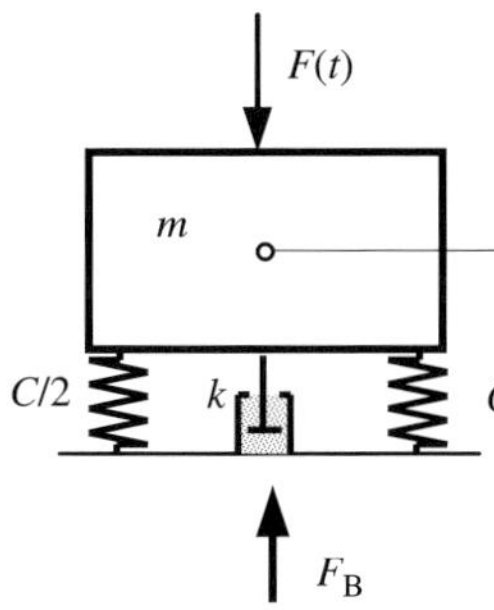

Bewegungsgleichung:
$m\ddot{y} + k\dot{y} + cy = F(t)$

Bild 20.7 Berechnungsmodell mit periodischer Erregerkraft für die aktive Schwingungsisolierung

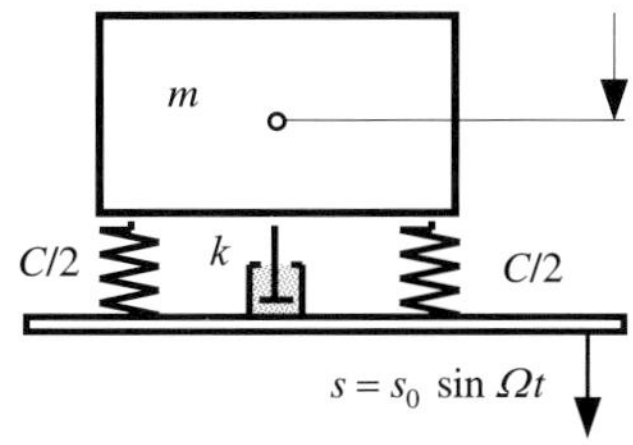

Bewegungsgleichung:
$m\ddot{y} + k(y-s) + c(y-s) = 0$

Bild 20.8 Berechnungsmodell mit Erregung durch Stützenbewegung zur passiven Schwingungsisolierung

Grundsätzlich können zwei unterschiedlich geartete Erregerkräfte wirksam werden:

- Erregerkraft mit **konstanter Kraftamplitude**: $F_1(t) = \hat{F} \sin \Omega t$,
- Erregerkraft mit **frequenzabhängiger Kraftamplitude**: $F_2(t) = m_u r_u \Omega^2 \sin \Omega t$.

Insgesamt sind für die zwei unterschiedlichen Erregerkräfte und die zwei Aufstellungsarten bei der aktiven Schwingungsisolierung die vier unterschiedlichen Lösungen der Bewegungsgleichung möglich. Mit $\omega_0^2 = c/m$; $\vartheta = k/2m\omega_0$; $\eta = \Omega/\omega_0$ ergibt sich:

$\boxed{F_1 = \hat{F} \sin \Omega t}$:

$$\hat{y} = \frac{F}{c} \frac{1}{\sqrt{(1-\eta^2)^2 + 4\vartheta^2\eta^2}} = \frac{\hat{F}}{c} V_1 \qquad \text{(direkte Aufstellung)}$$

$$\hat{F}_B = \hat{F} \sqrt{\frac{1+4\vartheta^2\eta^2}{(1-\eta^2)^2 + 4\vartheta^2\eta^2}} = \hat{F} V_2 \qquad \text{(indirekte Aufstellung)}$$

$\boxed{F_2 = m_u r_u \Omega^2 \sin \Omega t}$:

$$\hat{y} = \frac{m_u r_u}{m} \frac{\eta^2}{\sqrt{(1-\eta^2)^2 + 4\vartheta^2\eta^2}} = \frac{m_u r_u}{m} V_3 \qquad \text{(direkte Aufstellung)}$$

$$\hat{F}_B = \frac{m_u r_u}{m} c\eta^2 \sqrt{\frac{1+4\vartheta^2\eta^2}{(1-\eta^2)^2 + 4\vartheta^2\eta^2}} = \frac{m_u r_u}{m} cV_4 \qquad \text{(indirekte Aufstellung).}$$

Für die passive Schwingungsisolierung ergibt sich analog

$$s = s_0 \sin \Omega t: \qquad \hat{y} = \hat{s}\sqrt{\frac{1+4\vartheta^2\eta^2}{\left(1-\eta^2\right)^2+4\vartheta^2\eta^2}} = \hat{s}V_2$$

Die Amplitude der Maschinenschwingung und die Kraft auf den Boden werden durch die **Vergrößerungsfunktionen** V_1, V_2, V_3 und V_4 dynamisch bestimmt. Aus der Darstellung der Vergrößerungsfunktionen (Bild 20.9) folgen unmittelbar einige wesentliche Erkenntnisse. V_1: Liegt der Betriebspunkt in Resonanznähe ($\eta \approx 1$), so ist eine Verstimmung des Systems notwendig. Günstig wäre eine tiefe Abstimmung: $\eta \gg 1$.

Das ist bei gleicher Masse durch eine elastische Zwischenschicht (indirekte Aufstellung) erreichbar. Hierfür ist V_2 maßgebend. Es sollte $\eta \geq 3$ angestrebt werden. Kleine Dämpfung wird durch Verwendung von Stahlfedern erreicht. Die Größe des Fundaments wird durch die zulässige Amplitude des Systems bestimmt.

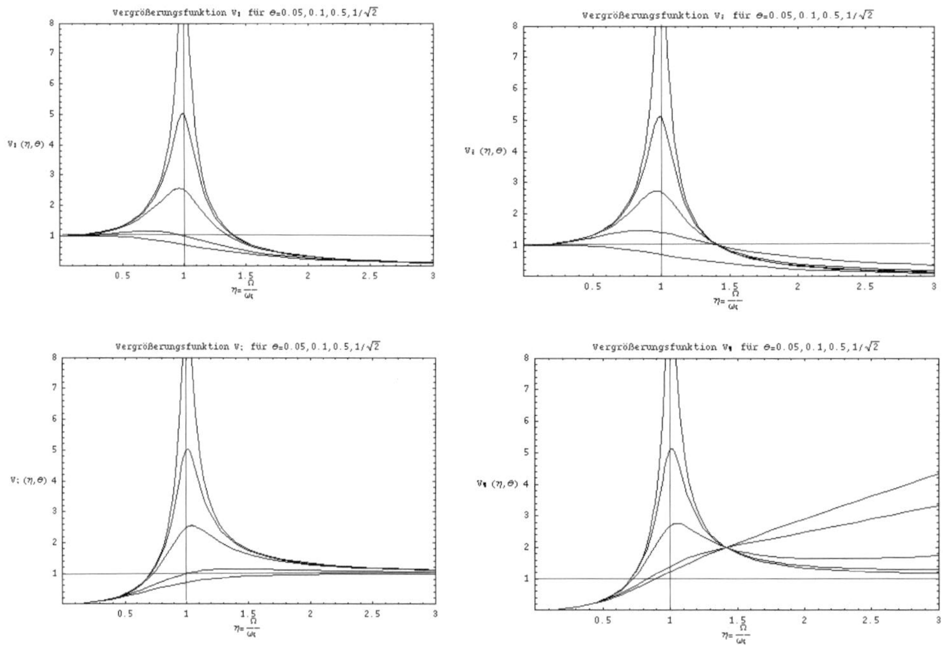

Bild 20.9 Vergrößerungsfunktionen V_1, V_2, V_3 und V_4

V_3 gilt beispielsweise für direkt aufgestellte Fahrzeugmotoren (Schiffsmaschinen). Abstimmung $\eta \ll 1$ ist anzustreben. Die Dämpfung ist technisch schlecht zu beeinflussen. Für die Beurteilung der Aufstellung von Fahrzeugmotoren ist V_4 heranzuziehen. Tiefe Abstimmung ist anzustreben. Die Isolierwirkung ist stark abhängig von der Dämpfung. Ein Anwachsen der übertragenen Kraft ist mit steigender Drehzahl kaum vermeidbar.

Bei der passiven Schwingungsisolierung ist die Absolutbewegung maßgebend. Hier ist eine dämpfungsarme tiefe Abstimmung (V_2) zu bevorzugen.

20.6.3 Eigenfrequenzen der elastisch gelagerten Maschine

Der Berechnung liegt das Berechnungsmodell nach Bild 20.10 zu Grunde. Dabei wird die Maschine mit Fundament als starrer Block auf dämpfungsfreien Federn angenommen. Es treten Federwirkungen in allen drei Koordinatenrichtungen auf. Für den starren Maschinenblock sind die Masseparameter m, J_x, J_y, J_z bekannt. Die Achsen x, y, z sind Trägheitshauptachsen. Die Lage der Federwirkungslinien wird durch die vorzeichenbehafteten Abstände l_{ik} gekennzeichnet. Der Index i gibt die Richtung der Federwirkungslinie an und der Index k die Koordinatenrichtung, in der der Abstand Federwirkungslinie–Schwerpunkt gemessen wird.

Die Bewegungsgleichungen für dieses System mit dem Freiheitsgrad sechs bilden ein verkoppeltes Differenzialgleichungssystem, aus dem die sechs Eigenfrequenzen berechnet werden können. Es ist vorteilhaft, das System zu entkoppeln. Bei der Änderung einzelner Parameter werden dann nicht mehr alle sechs Eigenfrequenzen beeinflusst. Man erreicht dies durch eine Symmetrie der Abstützung zu den Ebenen xz und yz.

Dabei wird:

$$\sum c_x l_{xy} l_{xz} = 0;\ \sum c_z l_{zx} l_{zy} = 0;\ \sum c_y l_{yx} l_{yz} = 0;\ \sum c_z l_{zx} l_{zy} = 0$$

$$\sum c_x l_{xy} = 0;\ \sum c_z l_{zy} = 0;\ \sum c_y l_{yx} = 0;\ \sum c_z l_{zx} = 0.$$

Die Frequenzdeterminante zerfällt dadurch in zwei ungekoppelte Gleichungen und zwei Determinanten 2. Ordnung:

$$\sum c_{xi} l_{yi}^2 + \sum c_{yi} l_{xi}^2 - J_z \omega^2 = 0$$

sowie

$$\sum c_{zi} - m\omega^2 = 0$$

und

$$\begin{vmatrix} \sum c_{xi} - m\omega^2 & \sum c_{xi} l_{zi} \\ \sum c_{xi} l_{zi} & \sum c_{xi} l_{zi}^2 + \sum c_{zi} l_{xi}^2 - J_y \end{vmatrix} = 0$$

$$\begin{vmatrix} \sum c_{yi} - m\omega^2 & -\sum c_{yi} l_{zi} \\ -\sum c_{yi} l_{zi} & \sum c_{zi} l_{yi}^2 + \sum c_{yi} l_{zi}^2 - J_x \omega^2 \end{vmatrix} = 0$$

Für tief abgestimmte Fundamente ($\eta \gg 1$) muss ihre höchste Eigenfrequenz klein gegenüber der niedrigsten Erregerfrequenz sein. Bei Blockfundamenten wird Symmetrie zu den zwei senkrechten Schwereebenen realisiert.

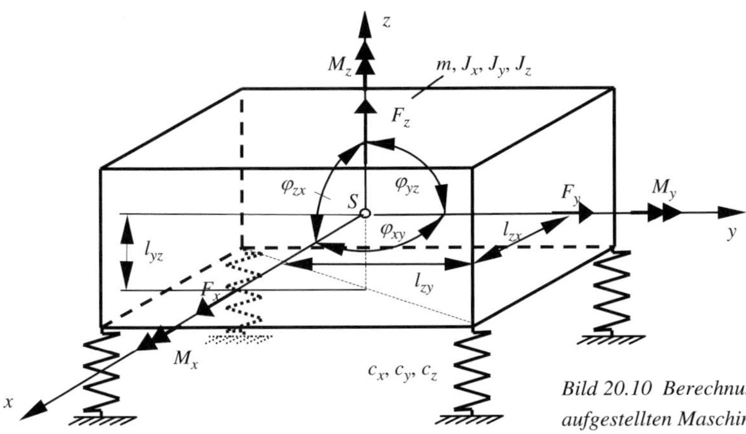

Bild 20.10 Berechnungsmodell der elastisch aufgestellten Maschine

20.7 Antriebsdynamik

20.7.1 Berechnungsmodelle

In den Antrieben von nahezu allen Maschinenanlagen spielen dynamische Vorgänge eine wesentliche Rolle. Dabei stehen häufig **Torsionsschwingungen** im Vordergrund. Diese Problematik ist nicht nur bei Antriebssystemen mit Kolbenmaschinen zu beachten, sondern auch bei Antrieben mit Elektromotoren, Strömungsmaschinen usw. Allgemein kann man feststellen, dass Torsionschwingungen in allen Maschinenanlagen auftreten können, die eine rotierende Bewegung ausführen.

An bestimmten Antriebssystemen, speziell mit langen elastischen Wellen, können auch Biegeschwingungen entstehen (Abschn. 20.8). Bei Torsionsschwingungssystemen geht man für die Berechnung meist von einer diskreten Struktur aus, bestehend aus masselosen Federn und starren Drehmassen.

Kann das Torsionsschwingungssystem noch eine Starrkörperbewegung neben den eigentlichen Schwingungen ausführen, so spricht man von einem **ungefesselten System** (Bild 20.11), andernfalls von einem gefesselten. Bei Antriebssystemen können sehr unterschiedliche Formen von Schwingerketten auftreten, beispielsweise glatte Wellenstränge oder solche mit Übersetzungen, Verzweigungen oder Maschen.

Für das reale Antriebssystem ist es oft günstig, zunächst ein **Berechnungsmodell** festzulegen. Das Torsionsschwingungssystem mit Übersetzungen ist dabei das häufigste Berechnungsmodell (Bild 20.11).

Dabei kann das Berechnungsmodell mit den Koordinaten für die wirklichen Drehwinkel der Drehmassen jeder Welle beschrieben werden, oder es wird eine Koordinatentransformation auf eine festgelegte Welle durchgeführt. In beiden Fällen liefert die Berechnung die richtigen Eigenfrequenzen des Systems.

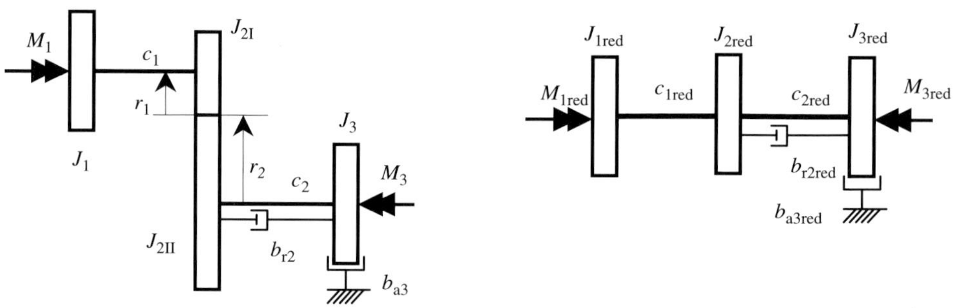

Bild 20.11 Reduktion eines Drei-Massen-Systems

Als Bedingungen für die Reduktion werden die Gleichheit der kinetischen Energie (Drehmassen), der potenziellen Energie (Federn) bzw. gleiche Arbeitsbeträge von Dämpfer- und Erregermomenten zwischen reduziertem und Ausgangsmodell benutzt.

Für das reduzierte Berechnungsmodell nach Bild 20.11 ergeben sich die reduzierten Größen

Drehwinkel: $\varphi_{1red} = \varphi_1;\ \varphi_{2red} = \varphi_{21};\ \varphi_{3red} = -(r_2/r_1)\,\varphi_3$

Federsteifigkeit: $c_{1red} = c_1;\ c_{2red} = c_2(r_1/r_2)^2$

Drehmasse: $J_{1red} = J_1;\ J_{2red} = J_{2I} + J_{2II}(r_1/r_2)^2;\ J_{3red} = J_3\,(r_1/r_2)^2$

Dämpfer: $b_{r2red} = b_{2red}(r_1/r_2)^2;\ b_{a3red} = b_{a3}(r_1/r_2)^2$

Moment: $M_{1red} = M_1;\ M_{3red} = -(r_1/r_2)\,M_3$

20.7.2 Eigenfrequenzen und Eigenschwingformen

Gefesselte Systeme

Für die Untersuchung der dynamischen Eigenschaften eines Antriebssystems ist zuerst die Berechnung der **Eigenfrequenzen** notwendig. Die Eigenfrequenzen lassen sich meist unter Vernachlässigung der Dämpfung berechnen, da die Systeme häufig sehr schwach gedämpft sind. Für ein gefesseltes Torsionsschwingungssystem nach Bild 20.12 ergeben sich die Bewegungsgleichungen zu $J_1\ddot{\varphi}_1 + c_1(\varphi_1 - \varphi_2) = 0,\ J_2\ddot{\varphi}_2 - c_1(\varphi_1 - \varphi_2) + c_2\varphi_2 = 0$ bzw. in der Form als Matrizengleichung $\boldsymbol{M}\ddot{\varphi} + \boldsymbol{C}\varphi = \boldsymbol{0}$ oder

$$\begin{bmatrix} J_1 & 0 \\ 0 & J_2 \end{bmatrix}\begin{bmatrix} \ddot{\varphi}_1 \\ \ddot{\varphi}_2 \end{bmatrix} + \begin{bmatrix} c_1 & -c_1 \\ -c_1 & c_1 + c_2 \end{bmatrix}\begin{bmatrix} \varphi_1 \\ \varphi_2 \end{bmatrix} = \begin{bmatrix} 0 \\ 0 \end{bmatrix}$$

Mit dem Ansatz $\varphi_i = \hat{\varphi}_i\ \mathrm{e}^{\mathrm{j}\omega t}$

ergibt sich $$\left[\boldsymbol{C} - \boldsymbol{M}\omega^2\right]\varphi = \boldsymbol{0}$$

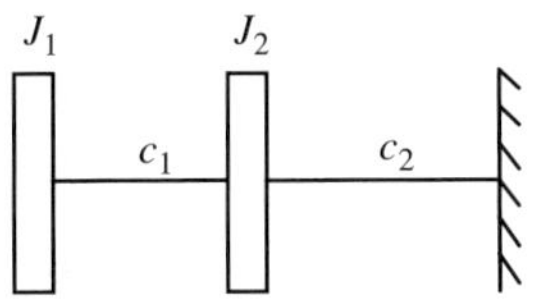

Bild 20.12 Gefesseltes Zwei-Massen-System

Die Eigenkreisfrequenzen lassen sich aus der Frequenzdeterminante über das Eigenwertpolynom $P(\omega^2)$ berechnen:

$$\det\left[\boldsymbol{C} - \boldsymbol{M}\omega^2\right] = P\left(\omega^2\right)$$

Es ergeben sich die Eigenkreisfrequenzen des Systems zu

$$\omega_{1,2}^2 = \frac{1}{2}\left(\frac{c_1 + c_2}{J_2} + \frac{c_1}{J_1}\right) \pm \sqrt{\frac{1}{4}\left(\frac{c_1 + c_2}{J_2} + \frac{c_1}{J_1}\right)^2 - \frac{c_1 c_2}{J_1 J_2}}$$

Aus der obigen Formel lassen sich die **Eigenschwingformen,** die Verhältnisse der Amplituden, berechnen:

$$\left(\frac{\hat{\varphi}_2}{\hat{\varphi}_1}\right)_{\omega=\omega_1} = 1 - \frac{J_1}{c_1}\omega_1^2 = v_{21}; \qquad \left(\frac{\hat{\varphi}_2}{\hat{\varphi}_1}\right)_{\omega=\omega_2} = 1 - \frac{J_1}{c_1}\omega_2^2 = v_{22}$$

Die Schwingformen sind natürlich nur für das verwendete Modell berechnet und gelten auch nur für dieses. Für ein gefesseltes Torsionsschwingungssystem nach Bild 20.12 sind in Bild 20.13 die Schwingformen für ω_1 und ω_2 beispielhaft für die angegebenen Massen und Steifigkeiten über der Bildwelle dargestellt.

Hier ist die Schwingform auf $\hat{\varphi}_1 = 1$ normiert. Andere Normierungen sind gleichfalls möglich, da sich nur das Verhältnis der Amplituden bei der jeweiligen Eigenschwingform angeben lässt.

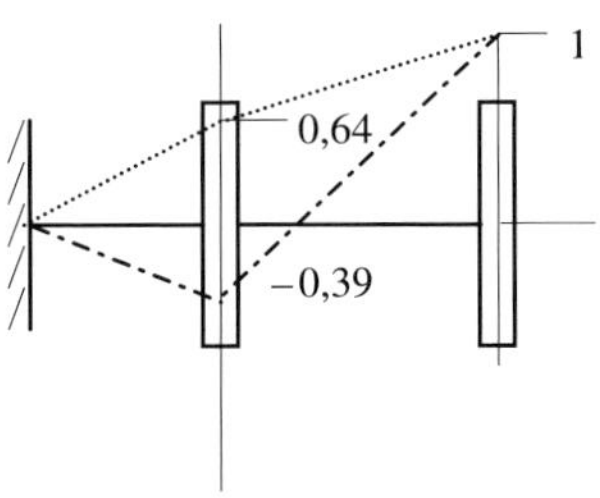

$c_1 = c;\ c_2 = 2c$ $\quad \omega_1^2 = 0{,}36\ c/J$ $\quad v_{21} = 0{,}64$

$J_1 = J;\ J_2 = 4J$ $\quad \omega_2^2 = 1{,}39\ c/J$ $\quad v_{22} = -0{,}39$

Bild 20.13 Schwingformen des gefesselten Zwei-Massen-Systems

Ungefesselte Systeme

Die Bewegungsgleichungen für das ungefesselte System nach Bild 20.14 sind

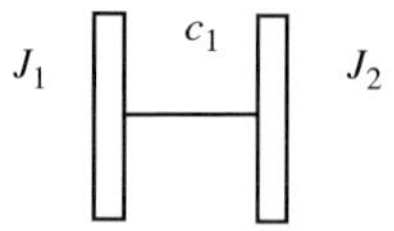

$$J_1\ddot{\varphi}_1 + c(\varphi_1 - \varphi_2) = 0$$
$$J_2\ddot{\varphi}_2 - c(\varphi_1 - \varphi_2) = 0$$

Bild 20.14 Ungefesseltes Zwei-Massen-System

Mit dem Ansatz $\varphi_i = \hat{\varphi}_i\, \mathrm{e}^{\mathrm{j}\omega t}$ ergibt sich analog zum gefesselten System

$$\left[\boldsymbol{C} - \boldsymbol{M}\omega^2\right]\hat{\varphi} = \boldsymbol{0} \quad \text{oder} \quad \begin{bmatrix} c - J_1\omega^2 & -c \\ -c & c - J_2\omega^2 \end{bmatrix}\begin{bmatrix} \hat{\varphi}_1 \\ \hat{\varphi}_2 \end{bmatrix} = \boldsymbol{0}$$

Hieraus lassen sich mit det $[\boldsymbol{C} - \boldsymbol{M}\omega^2] = 0$ die Eigenkreisfrequenzen berechnen zu

$$\omega_1^2 = 0; \qquad \omega_2^2 = c\,\frac{J_1 + J_2}{J_1 J_2}$$

Die **Schwingformen**, d. h. die Verhältnisse der Amplituden, ergeben sich zu

$$\left(\frac{\hat{\varphi}_2}{\hat{\varphi}_1}\right)_{\omega = \omega_1} = 1 - \frac{J_1}{c}\,\omega_1^2 = \nu_{21}; \qquad \left(\frac{\hat{\varphi}_2}{\hat{\varphi}_1}\right)_{\omega = \omega_2} = 1 - \frac{J_1}{c}\,\omega_2^2 = \nu_{22}$$

Für die **Eigenwerte des ungefesselten Systems** $\omega_1^2 = \pm 0$ und $\omega_2^2 = c\, J_1 J_2/(J_1 + J_2)$ erhält man die **Amplitudenverhältnisse**

$$\nu_{21} = 1; \qquad \nu_{22} = -\frac{J_1}{J_2}$$

wobei die erste Eigenschwingform wegen $T_1 = 2\pi/\omega_1 \to \infty$ der Starrkörperdrehung entspricht.

20.7.3 Systeme mit *n* Massen

Die dargestellte Vorgehensweise ist sinngemäß auch auf Systeme mit n Massen anwendbar. Charakteristisch ist bei ungefesselten Systemen die stets vorhandene Starrkörperdrehung, der die eigentlichen Torsionsschwingungen überlagert sind.

Die Eigenschwingformen sind in erster Linie brauchbar für eventuell erforderliche Änderungen am berechneten System, um beispielsweise eine Resonanznähe zu vermeiden.

So ist eine wesentliche Änderung einer speziellen Eigenfrequenz wirksam möglich durch Änderung der Steifigkeit einer Welle, die eine große Relativverdrehung bei der zugehörigen Eigenschwingform aufweist. Eine Massenänderung sollte dementsprechend an den Stellen großer Relativamplituden vorgenommen werden.

Es steht geeignete Software zur Verfügung, sodass der Ingenieur die Berechnung der Eigenfrequenzen und Eigenschwingformen für größere und spezielle Systeme (verzweigt, vermascht) dem Computer überlassen kann. Die Bestimmung des für die jeweilige Aufgabenstellung gültigen Berechnungsmodells und die Bereitstellung der Systemmatrizen ist dazu jedoch erforderlich.

20.8 Biegeschwingungen

20.8.1 Berechnung der Biegesteifigkeit

Für die Berechnung der Biegeschwingungen eines Balkens, der auch mit diskreten Massen besetzt sein kann, sind Biegefederwerte notwendig. Diese werden mit Hilfe von Einflusszahlen ausgedrückt.

Für einen Biegebalken (Bild 20.15) mit den Belastungen F_i und M_i lassen sich Durchbiegung η_k und Neigung φ_k an einer beliebigen Stelle k durch die folgenden Beziehungen bestimmen:

$$\eta_k = \sum_{i=1}^{n} \alpha_{ki} F_i + \sum_{i=1}^{n} \gamma_{ki} M_i$$

$$\varphi_k = \sum_{i=1}^{n} \delta_{ki} F_i + \sum_{i=1}^{n} \beta_{ki} Mi$$

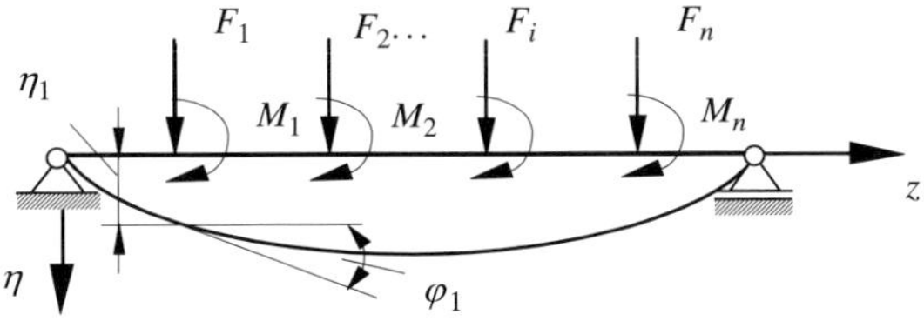

Bild 20.15 Verformungen am Biegebalken

Bei den **Einflusszahlen** kennzeichnet der erste Index die Stelle, an der die Verformung bestimmt wird, und der zweite Index die Stelle der Belastung, die diese Verformung bewirkt.

Für die Einflusszahlen gilt nach dem **Betti'schen Satz**

$\alpha_{ki} = \alpha_{ik}$; $\beta_{ki} = \beta_{ik}$; $\gamma_{ki} = \delta_{ik}$

Die Berechnung der Einflusszahlen kann mit der Differenzialgleichung der elastischen Linie oder mit dem **Satz von Castigliano** erfolgen. Danach gilt für statisch bestimmte Systeme, wenn nur die Formänderung infolge Biegung betrachtet wird:

$$\alpha_{ki} = \int_0^l \frac{1}{EI}\left(\frac{\partial M}{\partial F_k}\frac{\partial M}{\partial F_i}\right)\mathrm{d}z; \qquad \beta_{ki} = \int_0^l \frac{1}{EI}\left(\frac{\partial M}{\partial M_k}\frac{\partial M}{\partial M_i}\right)\mathrm{d}z; \begin{pmatrix}1 & 0\\ 0 & 1\end{pmatrix}$$

$$\gamma_{ki} = \int_0^l \frac{1}{EI}\left(\frac{\partial M}{\partial F_k}\frac{\partial M}{\partial M_i}\right)\mathrm{d}z; \qquad \delta_{ki} = \int_0^l \frac{1}{EI}\left(\frac{\partial M}{\partial M_k}\frac{\partial M}{\partial F_i}\right)\mathrm{d}z$$

Dabei ist $M = M(z)$ das Biegemoment an der Stelle z im Balken infolge der vorhandenen Belastung und $EI = EI(z)$ die möglicherweise über der Länge veränderliche Biegesteifigkeit.

20.8.2 Biegeschwingung der einfach besetzten Welle mit Kreiselwirkung

Das dynamische Verhalten einer rotierenden Welle wird wesentlich von den Kreiselmomenten bestimmt. Diese treten beispielsweise bei Schrägstellung der Scheiben im verformten Zustand der Welle auf.

Die Biegeschwingungen sind gekennzeichnet durch die Durchbiegung der Welle in x- und y-Richtung sowie durch die Kippung der Scheibe um die x- bzw. y-Achse (Bild 20.16).

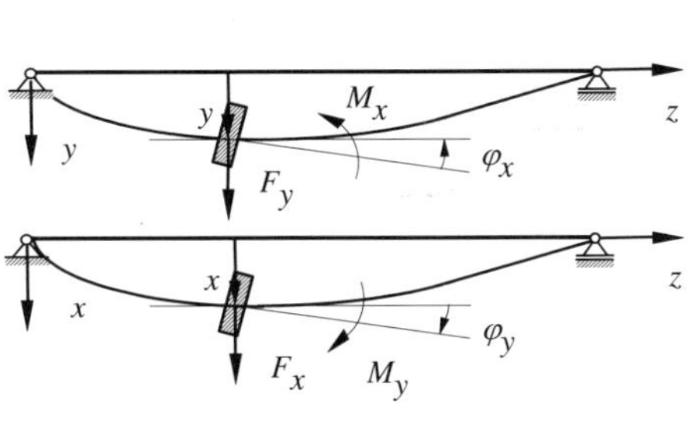

Bild 20.16 Koordinaten und Verformungen

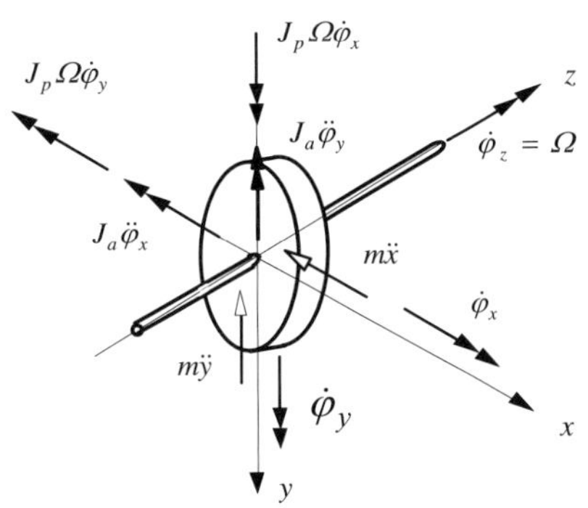

Bild 20.17 Kraftgrößen an der Scheibe

Diese Durchbiegungen bzw. Neigungen in der *xz*- und der *yz*-Ebene sind gegeben durch

$$y = \alpha_y F_y - \gamma_y M_x; \qquad x = \alpha_x F_x + \gamma_x M_y$$

$$\varphi_x = -\delta_y F_y + \beta_y M_x; \qquad \varphi_y = \delta_x F_x + \beta_x M_y$$

Die von der Scheibe auf die Welle wirkenden Kräfte und Momente sind (Bild 20.17)

$$F_x = -m\ddot{x}; \qquad F_y = -m\ddot{y}$$

$$M_x = -J_a\ddot{\varphi}_x - J_p\Omega\dot{\varphi}_y; \qquad M_y = -J_a\ddot{\varphi}_y + J_p\Omega\dot{\varphi}_x$$

Mit den komplexen Variablen $\tilde{r} = x + \mathrm{j}y$, $\tilde{\varphi} = \varphi_y - \mathrm{j}\varphi_x$ sowie $\tilde{F} = F_x + \mathrm{j}F_y$ und $\tilde{M} = M_y - \mathrm{j}M_x$ ergeben sich die Bewegungsgleichungen für isotrope Lagerung

$$\tilde{r} = \alpha\tilde{F} + \gamma\tilde{M} = -\alpha m\ddot{\tilde{r}} - \gamma(J_a\ddot{\tilde{\varphi}} - \mathrm{j}J_p\Omega\dot{\tilde{\varphi}})$$

$$\tilde{\varphi} = \delta\tilde{F} + \beta\tilde{M} = -\delta m\ddot{\tilde{r}} - \beta(J_a\ddot{\tilde{\varphi}} - \mathrm{j}J_p\Omega\dot{\tilde{\varphi}})$$

Mit den Ansätzen für die Eigenschwingungen $\tilde{r} = \hat{r}\,\mathrm{e}^{\mathrm{j}\omega t}$; $\tilde{\varphi} = \hat{\varphi}\,\mathrm{e}^{\mathrm{j}\omega t}$ erhält man ein homogenes Gleichungssystem für die Amplituden $\hat{r}$ und $\hat{\varphi}$. Die Eigenkreisfrequenzen ergeben sich durch Nullsetzen der Koeffizientendeterminante

$$\begin{vmatrix} \alpha m\omega^2 - 1 & \gamma(J_a - J_p\,\Omega/\omega)\omega^2 \\ \delta m\omega^2 & \beta(J_a - J_p\,\Omega/\omega)\omega^2 - 1 \end{vmatrix} = 0$$

Die Eigenkreisfrequenzen ω_i lassen sich damit berechnen aus:

$$\frac{1}{\omega^4} - \frac{1}{\omega^2\left[\alpha m + \beta\left(J_a - J_p\dfrac{\Omega}{\omega}\right)\right]} + m\left(J_a - J_p\frac{\Omega}{\omega}\right)(\alpha\beta - \gamma\delta) = 0$$

Aus dieser Gleichung lässt sich das Diagramm der zugeordneten Drehzahlen darstellen (Bild 20.18). Man erkennt: Zu jeder Drehzahl Ω gehören prinzipiell 4 Eigenkreisfrequenzen. Jeweils zwei im **Gleichlaufbereich** ($+\Omega$) und zwei im **Gegenlaufbereich** ($-\Omega$). Es ist wesentlich, ob die Drehrichtung der Welle und Umlaufrichtung der Wellenmittelpunktbahn gleich sind (Gleichlauf) oder nicht (Gegenlauf). Für $\Omega = 0$ lassen sich zwei Eigenkreisfrequenzen ω_{1n} und ω_{2n} angeben.

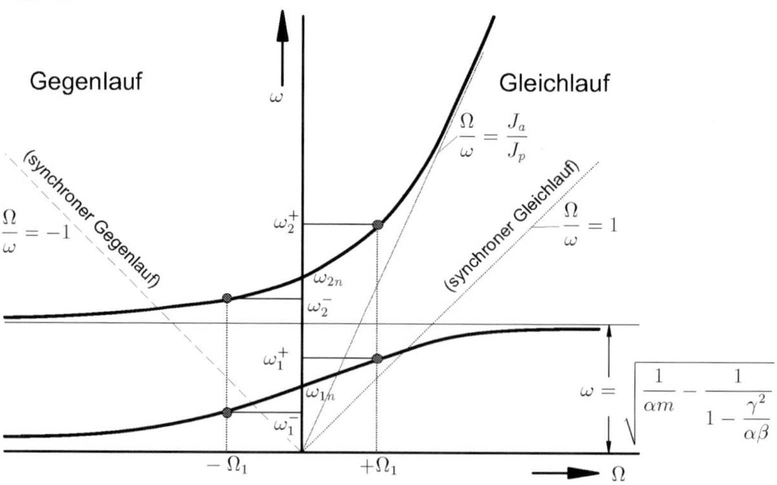

Bild 20.18 Diagramm der zugeordneten Drehzahlen

Resonanz kann entstehen durch Unwuchten und Fremderregung. Für Unwuchterregung ist $\Omega/\omega = 1$ (synchroner Gleichlauf). Hier treten bei Scheiben ($J_a \gg J_p$) eine, bei Rotoren ($J_a > J_p$) zwei kritische Drehzahlen auf.

20.8.3 Biegeschwingungen des Balkens mit *n* diskreten Punktmassen

Ein nicht rotierendes Biegesschwingungssystem lässt sich häufig auf ein System nach Bild 20.19 mit masseloser Welle und *n* Punktmassen zurückführen.

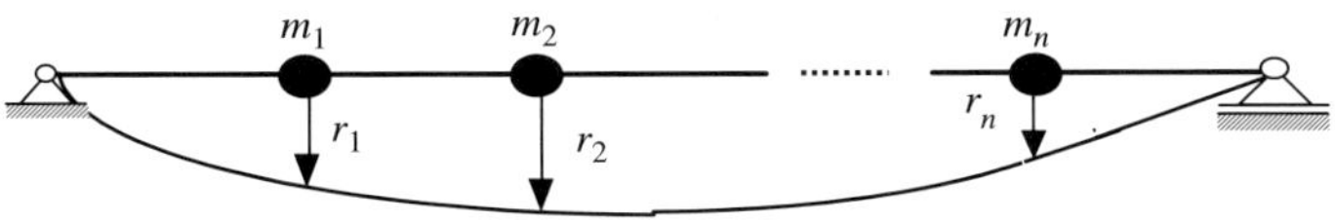

Bild 20.19 Biegebalken mit n diskreten Punktmassen

Wird für die Biegeschwingung ein Ansatz für die Verformung $r_k = \hat{r}_k\, e^{j\omega t}$ gemacht, so lässt sich mit der Verformungsgleichung

$$r_{ik} = \sum_{k=1}^{n} \alpha_{ik} \hat{F}_k \quad \text{und} \quad F_k = -m_k \ddot{r}_k = m_k \hat{r}_k \omega^2$$

aus dem homogenen Gleichungssystem für die *i* Verformungen die Frequenzdeterminante ableiten:

$$\begin{vmatrix} \alpha_{11} m_1 - \dfrac{1}{\omega^2} & \alpha_{12} m_2 & \cdots & \alpha_{1n} m_n \\ \alpha_{21} m_1 & \alpha_{22} m_2 - \dfrac{1}{\omega^2} & \cdots & \alpha_{2n} m_n \\ \vdots & \vdots & & \vdots \\ \alpha_{n1} m_1 & \alpha_{n2} m_2 & \cdots & \alpha_{nn} m_n - \dfrac{1}{\omega^2} \end{vmatrix} = 0$$

Hieraus kann man die Eigenfreqenzgleichung (Polynom *n*-ten Grades in ω^2) zur Berechnung der *n* Eigenkreisfrequenzen des Systems ermitteln:

$$\left(\alpha_{11} m_1 - \frac{1}{\omega^2}\right)\left(\alpha_{22} m_2 - \frac{1}{\omega^2}\right)\ldots\left(\alpha_{nn} m_n - \frac{1}{\omega^2}\right) - + \ldots = 0 \qquad (8)$$

20.8.4 Näherungsverfahren zur Abschätzung von Eigenfrequenzen

Dunkerley'sche Formel

Aus dem Eigenfrequenzpolynom (8) lässt sich durch eine Abschätzung unter Verwendung der Vieta'schen Wurzelsätze die Dunkerley'sche Formel finden, mit der eine untere Schranke für die niedrigste Eigenfrequenz von Biegeschwingungssystemen mit *n* Punktmassen angegeben werden kann:

$$\omega_1^2 \geq \frac{1}{\sum_{i=1}^{n} \alpha_{ii} m_i}$$

20

Rayleigh-Quotient

Unabhängig von der Struktur und dem Freiheitsgrad gilt für ein konservatives Schwingungssystem die Energiegleichung $U_{max} = T_{max}$. Aus dieser Energiegleichheit lässt sich für ein Biegeschwingungssystem mit i diskreten Punktmassen m der sog. Rayleigh-Quotient herleiten.

$$\omega_R^2 = \frac{\int_0^l EI(z)[y''(z)]^2 \,\mathrm{d}z}{\int_0^l \rho A(z) y^2(z) \mathrm{d}z + \sum_{i=1}^{n} y_i^2 m_i}$$

Hierin sind $A(z)$ und $EI(z)$ die Querschnittsfläche bzw. die Biegesteifigeit des Balkens und $y(z)$ die geschätzte Schwingform der Biegeschwingung, die die Randbedingungen des Systems erfüllen muss.

20.9 Mehrkörpersysteme

Aufbauend auf den in den Kapiteln 20.2 und 20.3 dargestellten Grundlagen soll der allgemeine Fall eines elastisch gekoppelten Mehrkörpersystems betrachtet werden. Ein Mehrkörpersystem (MKS) ist ein **mechanisches Ersatzsystem**, das aus im Allgemeinen n **starren Körpern** besteht, zwischen denen **masselose nachgiebige Koppelelemente** (Federn, Dämpfer, Kraftstellglieder) wirken oder **kinematische Bindungen** (Gelenke, Führungen, Lager, Lagestellglieder) bestehen. Auf die Körper können äußere Kräfte und Momente einwirken (Bild 20.20).

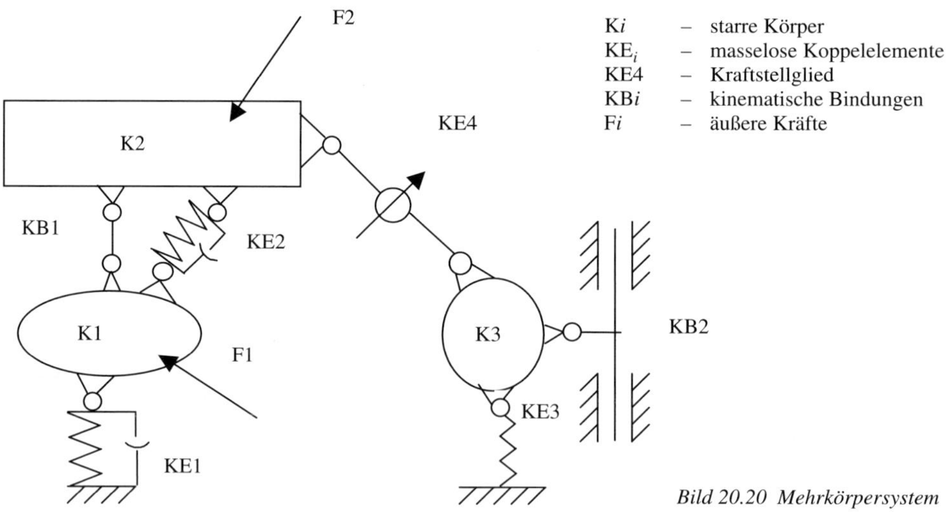

Bild 20.20 Mehrkörpersystem

Kinematische Bindungen schränken die zu nächst 6 Freiheiten (bei Entartung zu einer Punktmasse nur 3) jedes Körpers ein. Im Allgemeinen sind diese Bindungen holonom (Lagebeschränkung). Mit den zugehörigen f Zwangsbedingungen ergibt sich der Freiheitsgrad r des Systems (Zahl der voneinander unabhängigen Lagekoordinaten):

$$r = 6n - f$$

Diese r verallgemeinerten Koordinaten bilden den Lagevektor

$$\boldsymbol{q} = [q_1, q_2 \dots q_r]^{\mathrm{T}}$$

Voraussetzung für eine solche Beschreibung ist die Festlegung geeigneter Koordinatensysteme, die durch ihren Urspung 0 und die Basisvektoren $\boldsymbol{e}$ vollständig beschrieben sind.

Allgemeines Bezugssystem ist ein **Inertialsystem** (beschleunigungsfrei). Darüber hinaus werden bahnbezogene und körperfeste Koordinatensysteme eingeführt, die bewegt sein können. Ziel einer mathematischen Beschreibung ist es, alle vektoriellen Größen auf ein gemeinsames Koordinatensystem (üblicherweise das Inertialsystem) zu beziehen. Das körperfeste Koordinatensystem (Index i) wird bezüglich des Inertialsystems (Index I) durch einen Ortsvektor $\vec{r}_{\mathrm{i}}$ und eine Drehmatrix $\boldsymbol{A}_{\mathrm{Ii}}$ beschrieben (Bild 20.21).

$$\vec{r}_p^{\,(\mathrm{I})} = \vec{r}_i^{\,(\mathrm{I})} + \vec{r}_{pi}^{\,(\mathrm{I})} = \vec{r}_i^{\,(\mathrm{I})} + \boldsymbol{A}_{Ii} \cdot \vec{r}_{pi}^{\,(\mathrm{i})} .$$

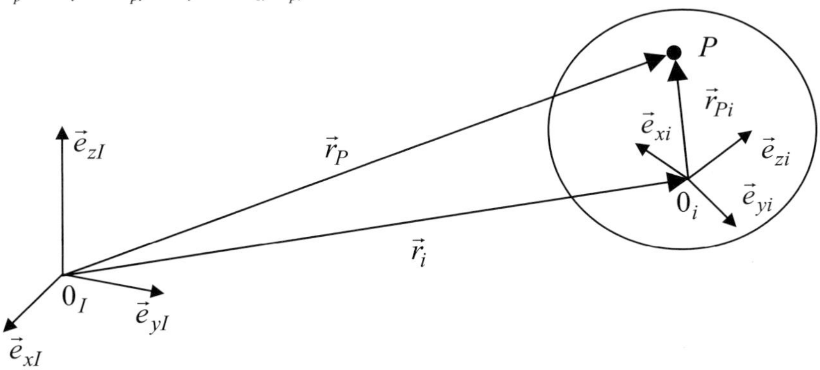

Bild 20.21 Koordinatensysteme

Die Koordinatentransformation stellt eine lineare inhomogene Transformation dar. Damit lassen sich die Verhältnisse bei offenen kinematischen Ketten (Systeme mit Baumstruktur) problemlos als Transformationssequenz beschreiben.

Die Drehmatrix lässt sich aus drei Elementardrehungen um jeweils eine Koordinatenachse aufbauen. Die Drehreihenfolge ist zunächst beliebig, beeinflusst aber die Drehmatrix. Bevorzugt sind **Kardan-** (Drehungen um die x-, y-, z-Achse) und **Euler-Winkel** (Drehungen um die z-, x-, z-Achse).

Zur Beschreibung des Bewegungsverhaltens sind Bewegungsgleichungen für die $6n$ Lagekoordinaten unter Hinzunahme der f Zwangsbedingungen oder gleich nur für die r generalisierten Koordinaten aufzustellen. Im ersten Fall ergibt sich ein System aus Differenzialgleichungen und algebraischen Gleichungen und im zweiten Fall ein Satz von r Differenzialgleichungen 2. Ordnung.

Zur Aufstellung können zwei grundsätzlich unterschiedliche Methoden eingesetzt werden: Newton-Euler'sche Gleichungen und Lagrange'sche Gleichungen 2. Art. Beide Methoden führen bei gleichen verallgemeinerten Koordinaten $\boldsymbol{q}$ auf identische, im Allgemeinen nichtlineare Endgleichungen der Form

$$\boldsymbol{M}(\boldsymbol{q},t)\,\ddot{\boldsymbol{q}} + \boldsymbol{k}(\boldsymbol{q},\dot{\boldsymbol{q}},t) = \boldsymbol{g}(\boldsymbol{q},\dot{\boldsymbol{q}},t)$$

mit der verallgemeinerten symmetrischen $r \times r$-Massenmatrix $\boldsymbol{M}$, dem Vektor $\boldsymbol{k}$ der verallgemeinerten Coriolis- und Zentrifugalkräfte und dem Vektor $\boldsymbol{g}$ der verallgemeinerten Kräfte.

Die Zeitsimulation des nichtlinearen mathematischen Modells, die sich als Mittel der Wahl anbietet, ermöglicht kaum Erkenntnisse in struktureller Hinsicht (etwa Eigenwerte, Stabilität). Deshalb erfolgt vielfach zusätzlich eine Linearisierung, die auch bei der Reglerauslegung für Stellglieder eine Rolle spielt.

Dazu wird die Bewegung als Summe einer vorgegebenen Nominalbewegung $\boldsymbol{q}n(t)$ und einem Vektor von als klein angenommenen Abweichungen $\bar{\boldsymbol{q}}(t)$ dargestellt:

$$\boldsymbol{q}(t) = \boldsymbol{q}n(t) + \bar{\boldsymbol{q}}(t)$$

Durch Linearisierung um die Nominalbewegung wird über Taylorentwicklungen und Vernachlässigung kleiner Glieder von zweiter und höherer Ordnung die lineare Matrizendifferenzialgleichung

$$\boldsymbol{M}(t)\ddot{\bar{\boldsymbol{q}}}(t) + \boldsymbol{P}(t)\dot{\bar{\boldsymbol{q}}}(t) + \boldsymbol{Q}(t)\bar{\boldsymbol{q}}(t) = \boldsymbol{f}(t)$$

erhalten.

Im Fall konstanter Matrizen sind das die Bewegungsgleichungen eines zeitinvarianten gewöhnlichen MKS

$$\boldsymbol{M}(t)\ddot{\bar{\boldsymbol{q}}}(t) + (\boldsymbol{D} + \boldsymbol{G})\dot{\bar{\boldsymbol{q}}}(t) + (\boldsymbol{C} + \boldsymbol{N})\bar{\boldsymbol{q}}(t) = \boldsymbol{f}(t)$$

Hierin sind $\boldsymbol{M}$ die Massenmatrix, $\boldsymbol{D}$ die Dämpfungsmatrix, $\boldsymbol{G}$ die Kreiselmatrix, $\boldsymbol{C}$ die Steifigkeitsmatrix, $\boldsymbol{N}$ die Matrix der nichtkonservativen Lagekräfte und $\boldsymbol{f}$ der Erregervektor. Die Matrizen $\boldsymbol{M}$, $\boldsymbol{D}$, $\boldsymbol{C}$ sind, da sie auf Energieausdrücke zurückgeführt werden können, symmetrisch ($\boldsymbol{M} = \boldsymbol{M}^{\mathrm{T}}$), $\boldsymbol{G}$ und $\boldsymbol{N}$ sind antimetrisch ($\boldsymbol{G} = -\boldsymbol{G}^{\mathrm{T}}$).

Für $\boldsymbol{D} = \boldsymbol{0}$, $\boldsymbol{N} = \boldsymbol{0}$ und $\boldsymbol{f} = \boldsymbol{0}$ ist das MKS konservativ.

Der moderne Softwaremarkt bietet Werkzeuge an, die den Nutzer weitgehend sowohl bei der Erstellung des mathematischen Modells als auch bei der Simulation unterstützen.

Weiterführende Literatur

Dresig, H.; Holzweißig, F.: Maschinendynamik. 7. Aufl., Berlin: Springer Verlag 2006

Hardtke, H.-J.; Heimann, B.; Sollmann, H.: Lehr- und Übungsbuch Technische Mechanik. Band II: Kinematik/Kinetik – Systemdynamik – Mechatronik. Leipzig: Fachbuchverlag 1997

Hollburg, U.: Maschinendynamik. München: Oldenbourg Verlag 2002

Jürgler, R.: Maschinendynamik. 3. Aufl., Berlin: Springer Verlag 2003

Schiehlen, W.; Eberhard, P.: Technische Dynamik. 2. Aufl., Stuttgart: Teubner Verlag 2004

21

Simulationstechnik

Prof. Dr.-Ing. Ulrich Kramer
unter Mitarbeit von
Dipl.-Ing. Rudolf Ehlers
Dr.-Ing. Mihaela Neculau
Dipl.-Ing. Shakoor Salih
Fachhochschule Bielefeld

Tabelle 21.1 Wichtige Formelzeichen

Formelzeichen	SI-Einheit	Bedeutung
$e(t)$		verallgemeinerte Spannung (effort)
$f(t)$		Fluss (flow)
$g(t)$		Gewichtsfunktion, Impulsantwort
$i(t)$		Intensitätsgröße
$q(t)$		Quantitätsgröße
$\boldsymbol{r}$		Ortsvektor
t	s	Zeit
u_k		zeitdiskrete Eingangsgröße
$\boldsymbol{u}_k$		zeitdiskreter Eingangsvektor
$u(t)$		zeitkontinuierliche Eingangsgröße
$\boldsymbol{u}(t)$		zeitkontinuierlicher Eingangsvektor
x_k		zeitdiskrete Eingangs- oder Zustandsgröße
$\boldsymbol{x}_k$		zeitdiskreter Eingangs- oder Zustandsvektor
x_0, $\boldsymbol{x}_0$		Anfangszustand
$x(t)$		zeitkontinuierliche Eingangs- oder Zustandsgröße
$\boldsymbol{x}(t)$		zeitkontinuierlicher Eingangs- oder Zustandsvektor
y_k		zeitdiskrete Ausgangsgröße
$\boldsymbol{y}_k$		zeitdiskreter Ausgangsvektor
$y(t)$		zeitkontinuierliche Ausgangsgröße
$\boldsymbol{y}(t)$		zeitkontinuierlicher Ausgangsvektor
$\boldsymbol{z}_k$		diskretisierter Integrationsvariablenvektor
$z(t, \boldsymbol{r})$		orts- und zeitabhängige Prozessgröße
$\alpha(t)$		T-Intensitätsgröße
Δr		Diskretisierungsintervall
Δt		Rechenschrittweite, Diskretisierungsintervall
	s	Zeitintervall
$\lambda(t)$		T-Quantitätsgröße
$\sigma(t)$		P-Quantitätsgröße
$\tau(t)$		P-Intensitätsgröße

Die Simulation ist eine Methode, **reale Vorgänge** (Prozesse) unter Zuhilfenahme von **Modellen** nachzuahmen (lat. similis „ähnlich“). Hierbei muss zwischen dem, was simuliert wird (**Simulationsgegenstand** oder **Objektprozess**), und dem, wie simuliert wird (**Simulationsmodell**), eine Ähnlichkeitsbeziehung in einem näher zu definierenden Sinne hergestellt werden.

21

Kann man zu einem Vorgang, den man untersuchen möchte, einen anderen Vorgang angeben, der jenem zwar ähnlich ist, jedoch auf einer völlig anderen physikalischen Grundlage beruht, so verfügt man über ein Modell für den zu untersuchenden Vorgang. Der im folgenden Abschnitt erwähnte Analogrechner (Abschn. 21.1.4) beruht beispielsweise genau auf diesem Prinzip.

Dieses Kapitel ist wie folgt aufgebaut: Zur Einführung sind Beispiele angegeben, welche die Vielfalt der Aufgabenstellungen und Lösungsansätze andeuten, Simulationstechnik anzuwenden (einführende Beispiele, Abschn. 21.1). Dem schließen sich einige Anmerkungen zur prinzipiellen Vorgehensweise bei der Simulation an (**Grundlagen der Simulationstechnik**, Abschn. 21.2). Danach werden einige für die Computersimulation typische mathematische Modelle (**Simulationsmodelle**, Abschn. 21.3) und Näherungsmethoden (**numerische Methoden**, Abschn. 21.4) beschrieben. Ferner werden die wichtigsten grafischen Elemente erklärt, wie sie bei vielen Softwarepaketen zur Programmierung von Simulationsmodellen Verwendung finden (**Beschreibung mit Graphen**, Abschn. 21.5). Den Abschluss bildet eine Zusammenstellung typischer **Anwendungen der Simulationstechnik** (Abschn. 21.6) bei der Planung, während der Entwicklung sowie beim Betrieb vor allem von technischen Anlagen und Geräten.

21.1 Einführende Beispiele

Die nachfolgenden Beispiele zeigen auf, dass die Simulationstechnik zwar aus dem Bereich der **Entwicklung technischer Systeme** stammt (Abschn. 21.1.1), sich aber hierauf keineswegs beschränkt, sondern vermehrt auch bei der **Planung und Vorbereitung** beispielsweise komplexer **Fertigungsabläufe** angewendet wird (Abschn. 21.1.2). Darüber hinaus gibt es auch beim **Betreiben technischer Anlagen** vielfältige Einsatzmöglichkeiten der Simulation, wobei hier vor allem die **Diagnose** im Vordergrund steht (Abschn. 21.1.3). Obwohl die Simulationstechnik bedingt durch die Entwicklung der Digitalrechner zu ihrer heutigen Bedeutung gelangt ist, soll abschließend ein kurzer Rückblick auf ihre Ursprünge zeigen, dass sie durchaus eine eigenständige Ingenieurdisziplin ist (historische Entwicklung, Abschn. 21.1.4).

21.1.1 Simulation bei der Entwicklung technischer Systeme

Angenommen, die Aufgabe bestehe darin, den Fahrkomfort eines Autos dadurch zu verbessern, dass man seine vertikalen Aufbauschwingungen durch eine Regelung möglichst vollständig tilgt. Gleichzeitig muss man jedoch aus Gründen der Fahrsicherheit dafür sorgen, dass alle Reifen stets ausreichenden Bodenkontakt mit der Fahrbahnoberfläche aufweisen. In Bild 21.1 ist der schematische Aufbau eines Fahrzeugs zur Untersuchung der vertikalen Aufbauschwingungen dargestellt. Das zugehörige Simulationsmodell zeigt Bild 21.2.

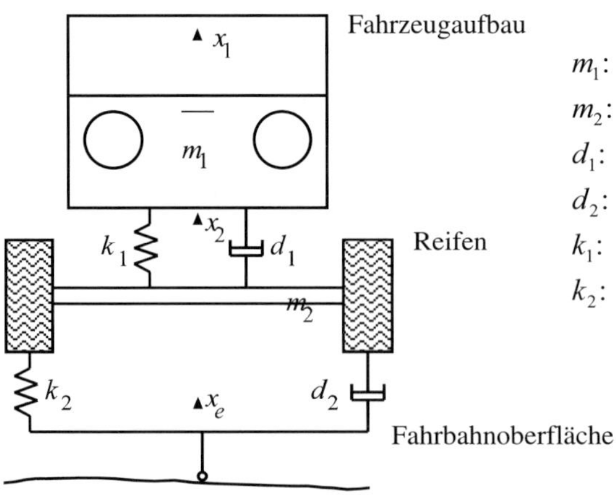

m_1: Aufbaumasse
m_2: Achs- und Radmasse
d_1: Dämpfung der Aufhängung
d_2: Dämpfung der Reifen
k_1: Federung der Aufhängung
k_2: Federung der Reifen

Bild 21.1 Schematischer Fahrzeugaufbau zur Untersuchung des Vertikalschwingverhaltens (Kramer u. Neculau, 1998)

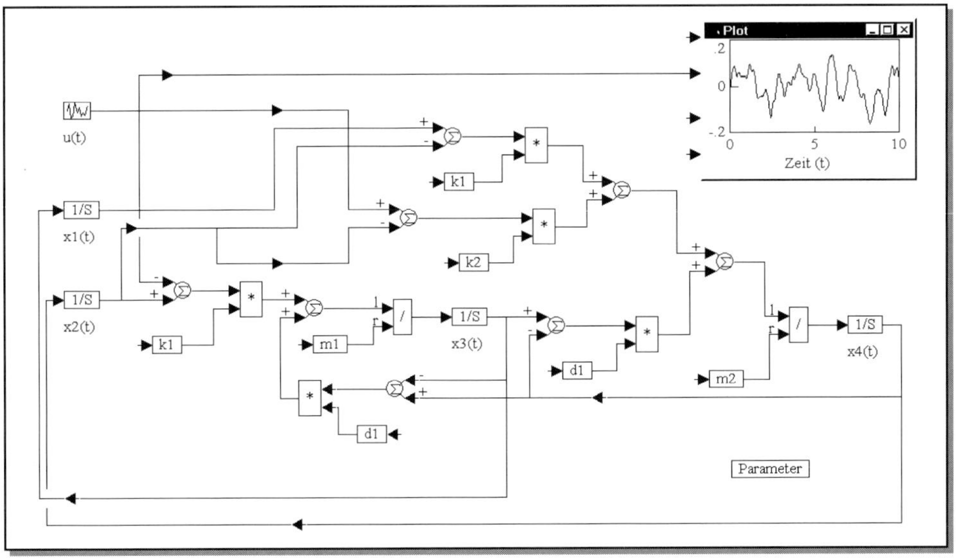

Bild 21.2 Simulationsmodell der Vertikaldynamik eines Fahrzeugs als Signalflussgraph (Abschn. 21.5.1, Programm: VisSim®*)*

Mittlerweile bieten die meisten Simulationsprogramme die Möglichkeit, Modelle in grafischer Form einzugeben. Bei einigen Programmpaketen können sogar während der Durchführung von Simulationen Parameter des Modells geändert und die hierauf erfolgenden Veränderungen des dynamischen Verhaltens direkt beobachtet werden.

Der Vorteil der Simulation liegt bei dieser Art der Anwendung auf der Hand: Da mit einem realen Fahrzeug nicht annähernd alle relevanten Variationen, etwa der Fahrbahnbeschaffenheit oder der Fahrsituationen, erprobt werden, nimmt man die Auslegung des Reglers sinnvollerweise mittels Simulation vor. Dennoch soll nicht der Eindruck erweckt werden, als würde hierdurch der Fahrversuch überflüssig werden. Feinabstimmungen der Fahrdynamik werden auch in Zukunft immer noch im Fahrversuch durchgeführt werden müssen, da die Reglereinstellungen bei der Simulation lediglich auf der Grundlage abstrakter Kenngrößen beurteilt werden. Entscheidend jedoch ist, wie sich solche Einstellungen auf das subjektive Empfinden auswirken. Allerdings bieten hier **Simulatoren**, wie sie vor allem in der Flug- und Fahrzeugentwicklung eingesetzt werden, völlig neuartige Möglichkeiten (Abschn. 21.6.4).

21.1.2 Simulation in der Fertigungsvorbereitung

Die Flexibilisierung von Fertigungsabläufen dient einer immer weiter zu verbessernden Ausnutzung verfügbarer Fertigungsressourcen. Wegen der Forderung nach Minimierung der Zeiten von der Bestellannahme bis zur Auslieferung von Produkten und auf Grund der Komplexität der damit verbundenen Vorgänge ist mittlerweile die Simulation zum unverzichtbaren Bestandteil der Planung und Steuerung von Fertigungsabläufen geworden. Dabei stehen nicht nur Aufgaben im Mittelpunkt, die vor der Inbetriebnahme einer Fertigungsanlage mit zu lösen sind (Beispiel: möglichst günstige Abstimmung und Synchronisation der einzelnen Teilprozesse). Vielmehr muss auch während des laufenden Betriebs gewährleistet sein, dass die Effizienz der Abläufe trotz ständig sich verändernder Anforderungen und Produktionsbedingungen gewährleistet bleibt und selbst beim Ausfall einzelner Bearbeitungsstationen immer noch produziert werden kann. Deshalb

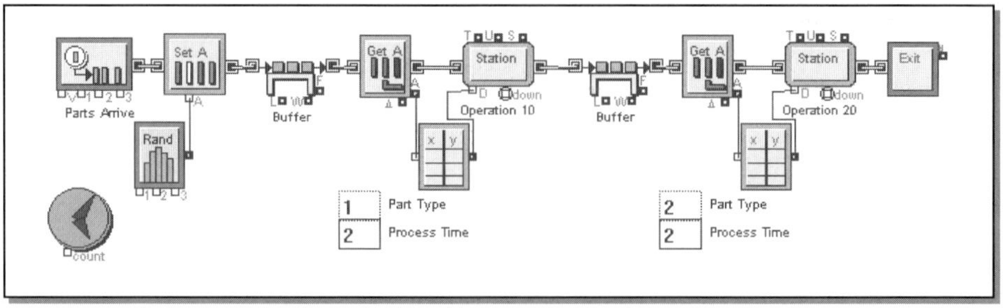

Bild 21.3 Modell eines Fertigungsbandes (Programm: Extend®*)*

ist es auch bei der Feinplanung von Fertigungsabläufen (typischerweise Planungen mit einem Zeithorizont zwischen einer Schicht und einer Woche) durchaus sinnvoll, die Simulation einzusetzen.

Bild 21.3 zeigt als Beispiel das Modell eines einzelnen Fertigungsbandes: Es werden drei verschiedene Teile gefertigt, die im Mittel alle 2 Minuten an das Band gelangen (Zufallsgenerator: **Parts Arrive**). Sie werden in zufälliger Folge aufgelegt, und zwar 50 % vom Typ 1, 30 % vom Typ 2 und 20 % vom Typ 3 (Zuweisung durch den Zufallsgenerator **Rand** und einen Auswahlmechanismus **Set A**) und an einen Puffer (**Buffer**) weitergeleitet. Die Bearbeitung der verschiedenen Teile in den beiden Bearbeitungsstationen (**Operation 10** und **20**) dauert unterschiedlich lange. Die beiden Puffer (**Buffer**) nehmen im Fall einer Belegung der jeweils nachfolgenden Bearbeitungsstation neu ankommende Werkstücke auf und reichen diese an die Bearbeitungsstation bei deren Freiwerden weiter. Dazu dienen die Werkstückidentifikatoren (**Get A**), die mit Hilfe entsprechender Tabellen den Bearbeitungsstationen die Bearbeitungsmerkmale übermitteln, von denen im Rahmen der Simulation vor allem die Bearbeitungsintervalle von Interesse sind.

In seiner hier vorliegenden Form kann man mit Hilfe der Simulation beispielsweise die mittlere Durchlaufzeit von Werkstücken vorhersagen oder die Größe der beiden Puffer festlegen. Ferner ist es möglich, zu untersuchen, welche Änderungen erforderlich sind, wenn sich der Zustrom oder die Zusammensetzung der zu fertigenden Teile verändert. In Bild 21.4 ist dargestellt, wie im vorderen Puffer (vor der Bearbeitungsstation **Operation 10**) ein Stau entstehen kann, wenn ein zusätzlicher Teiletyp eingeführt werden würde.

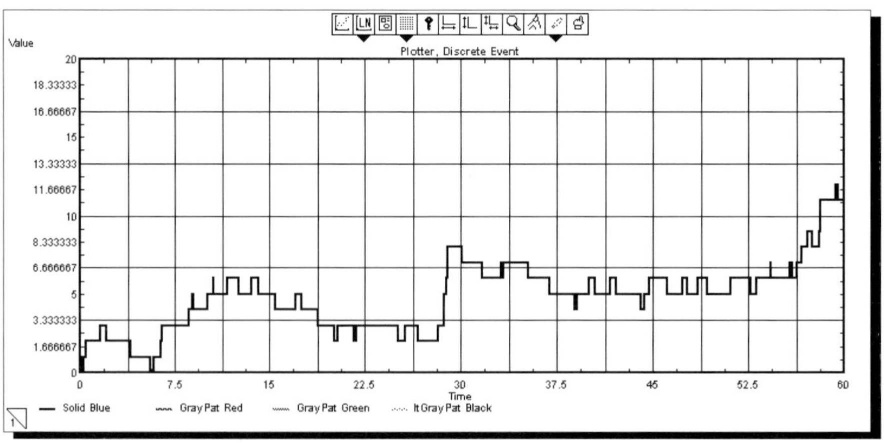

Bild 21.4 Anzahl der Werkstücke im vorderen Puffer (Buffer vor Operation 10) bei zusätzlichem Teiletyp

In diesem Anwendungsbereich steht somit die Vorhersage oder **Prognose** von Prozessen im Vordergrund. Aber es ist durchaus vorstellbar, die Simulation auch hier ähnlich wie im folgenden Abschnitt (Abschn. 21.1.3) zu Diagnosezwecken einzusetzen.

21.1.3 Simulation beim Betreiben technischer Anlagen

Vor allem bei größeren technischen Anlagen ist es mitunter schwierig, wenn nicht sogar aussichtslos, beim Ausfall eines Teilsystems oder bei dessen Abweichen vom normalen Betriebsverhalten die Fehlfunktion zu lokalisieren und das betreffende Teilsystem rechtzeitig ausfindig zu machen und gegebenenfalls zu ersetzen. Bei Problemen dieses Typs spricht man ganz allgemein von **Diagnose**, bei der auf Grund gewisser Symptome auf Art und Umfang der Störungsursachen geschlossen werden muss. Hierzu bedient man sich verschiedener automatisierter Verfahren, wozu auch die so genannte **„modellbasierte" Diagnose** zu zählen ist. Sie beruht auf einem Simulationsmodell der Anlage, das – gewissermaßen als Referenzanlage im Normalbetrieb – fortlaufend und parallel zu den zu überwachenden Prozessen läuft. Treten zwischen realen und simulierten Prozessen Abweichungen auf, so besteht die Aufgabe der modellbasierten Diagnose darin, selbsttätig festzustellen, wodurch diese Abweichungen verursacht werden.

In Bild 21.5 ist als Beispiel für die Anwendung der Simulation bei der Diagnose ein Wasserkraftwerk schematisch dargestellt, das an verschiedenen Punkten überwacht wird. Für drei dieser Überwachungspunkte sind in Bild 21.6 die gemessenen Verläufe der Prozessgrößen den in der Simulation gewonnenen Verläufen gegenübergestellt. Aus den Übereinstimmungen der Druckwerte (Messpunkte 1 und 2) sowie der Drehzahl (Messpunkt 3) auf der einen und den Unterschieden der Durchflussmengen (Messpunkte 1 und 2) sowie des Drehmoments (Messpunkt 3) auf der anderen Seite kann somit gefolgert werden, dass eine Fehlfunktion des Aggregats zwischen den Messpunkten 2 und 3 vorliegt.

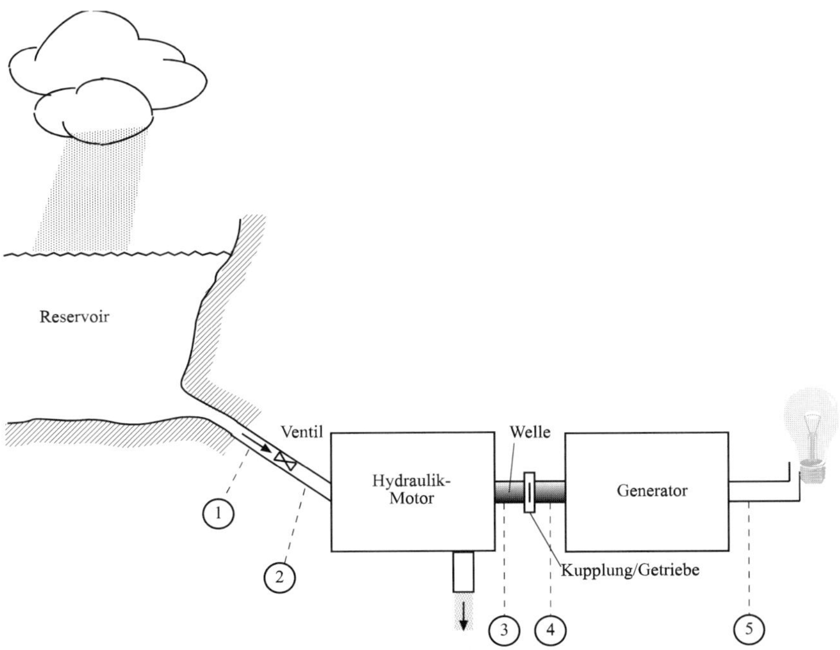

Bild 21.5 Messpunkte zur diagnostischen Überwachung eines Wasserkraftwerks (Kramer u. Neculau, 1998)

21

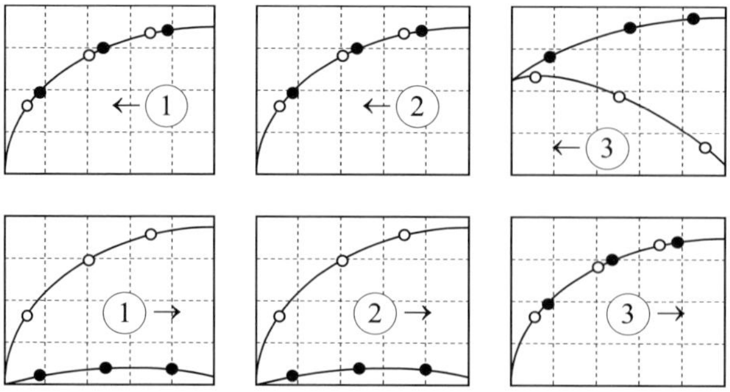

Bild 21.6 Vergleich realer (●) und simulierter (○) Messdaten an den Messpunkten 1, 2 und 3 in Bild 21.5 (Kramer u. Neculau, 1998)

21.1.4 Historische Entwicklung

Am Anfang der Entwicklung der modernen Simulationstechnik steht der elektrische **Analogrechner**. Da die wichtigsten mathematischen Funktionen jeweils durch standardisierte elektronische Bausteine nachgebildet werden können, lassen sich durch geeignetes Verknüpfen dieser Bausteine umfangreichere Berechnungen durchführen. Ein Analogrechner ist somit nichts anderes als ein fester Vorrat einzelner elektronischer Bausteine, die über Kontakte an einem Steckbrett angeschlossen sind, auf dem die jederzeit veränderbaren Verbindungen hergestellt werden. Die standardisierten elektronischen Bausteine sind also die Rechenelemente und das Steckbrett ist das Rechenprogramm.

Wichtigstes Element ist hierbei der **Operationsverstärker**. Mit ihm kann eine einzelne Variable $x(t)$ mit einem konstanten Wert multipliziert oder invertiert werden, man kann ihn auch durch entsprechende Beschaltung mit ohmschen Widerständen und Kondensatoren integrieren oder mehrere Variablen addieren lassen (Bild 21.7).

Die Simulation auf Analogrechnern hat wegen der auf vielen Rechenelementen gleichzeitig ablaufenden Vorgänge prinzipiell die Eigenschaft, Information **parallel** verarbeiten zu können. Demgegenüber muss sie auf gewöhnlichen Digitalrechnern **sequenziell** oder **seriell** abgearbeitet werden. Dies ist der Grund, dass Analogrechner bei anspruchsvolleren Simulationsaufgaben mit hohen Anforderungen an die Rechengeschwindigkeit lange Zeit den Digitalrechnern überlegen waren. Allerdings musste die hohe Rechengeschwindigkeit mit einer erheblich geringeren Rechengenauigkeit erkauft werden, die in der Regel bei etwa 0,1 % lag.

Obwohl Simulationsberechnungen mittlerweile ausschließlich auf Digitalrechnern durchgeführt werden, haben sich viele der Rechenelemente (mit den zugehörigen grafischen Symbolen in Abschn. 2.5) in den meisten Simulationssprachen erhalten.

21.2 Grundlagen der Simulationstechnik

Die Simulation hat mit der **modellhaften Darstellung** dynamischer **Prozesse** und **Systeme** zu tun, weshalb es zweckmäßig ist, diese Begriffe zu definieren (Abschn. 21.2.1). Des Weiteren wird auf den **Aufbau von Simulationsmodellen** (Abschn. 21.2.2) eingegangen, da diese die Basis einer jeden Simulation darstellen. Jede Simulation ist nur so gut wie die (getesteten) Modelle, auf denen sie beruht. Deshalb werden einige bewährte Verfahren und Prinzipien zum **Testen von Modellen** (Abschn. 21.2.3) skizziert. Abschließend werden eine Reihe von Methoden dargestellt, die bei der **Untersuchung** mit den Mitteln der Simulation angewendet werden können (Abschn. 21.2.4).

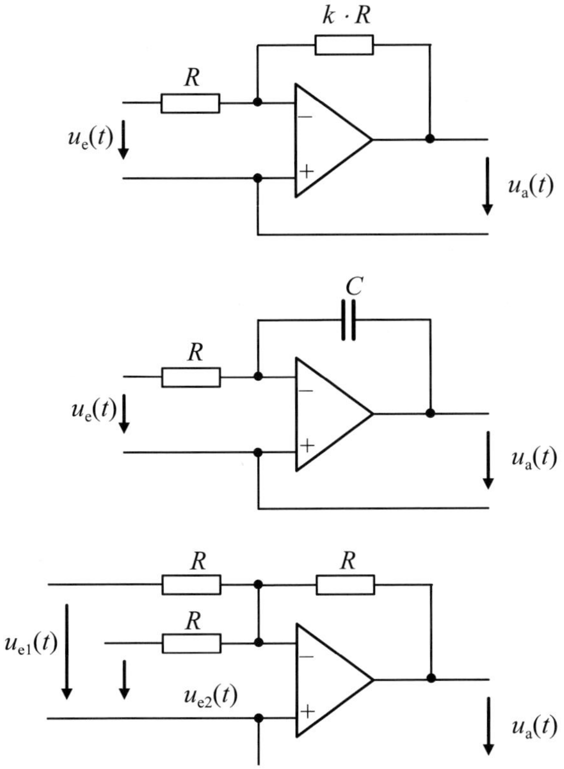

$$u_{\mathrm{a}}(t) = -k \cdot u_{\mathrm{e}}(t)$$

$$u_{\mathrm{a}}(t) = -\frac{1}{RC} \int u_{\mathrm{e}}(\tau)\,\mathrm{d}\tau$$

$$u_{\mathrm{a}}(t) = -\left(u_{\mathrm{e}1}(t) + u_{\mathrm{e}2}(t)\right)$$

Bild 21.7 Rechenelemente für die Simulation auf Analogrechnern: Verstärker bzw. Invertierer (oben), Integrierer (Mitte), Summierer (unten)

21.2.1 Definitionen: Prozesse, Systeme, Modelle

Prozesse: Jedes Phänomen, das zeitlich-räumlichen Veränderungen unterworfen ist, kann als ein Prozess aufgefasst werden, dadurch gekennzeichnet, dass es eine oder mehrere Größen gibt, die sich mit voranschreitender Zeit und/oder in Abhängigkeit vom Ort verändern. Wenn die interessierenden Größen von der Zeit t und dem Ort $\boldsymbol{r}$ abhängen, werden sie als **Prozessgrößen** bezeichnet.

Von einem System wird dann gesprochen, wenn mehrere Prozessgrößen zu einem geordneten Ganzen verbunden sind. Dabei gibt es Prozessgrößen, die als unabhängige Variablen aufzufassen sind, und andere Prozessgrößen, die als abhängige Variablen von jenen beeinflusst werden. Sie definieren die Eingangs- und Ausgangsgrößen des Systems.

Systeme: Ein System ist die gedankliche Abgrenzung einer realen Gegebenheit, womit zugleich festgelegt wird, was als Systeminneres, Systemumgebung und Systemgrenze anzusehen ist. Ferner werden gewisse Größen als unabhängige Variablen (**Eingangsgrößen**) und andere als hiervon abhängige Variablen (**Ausgangs-** oder **Verhaltensgrößen**) festgelegt. Der Zusammenhang dieser Größen kennzeichnet die **Struktur** des Systems.

Als Modell für einen Prozess eignet sich grundsätzlich jedes System, bei dem sichergestellt ist, dass es die als wesentlich erachteten Zusammenhänge und Veränderungen des Prozesses richtig wiedergibt. Insofern ist jedes System zugleich auch stets Modell. Um die Nachahmung von sich zeitlich-örtlich vollziehenden Abläufen in einer computergerechten Form darstellen zu können, benötigt man Modelle in einer hinreichend abstrakten, formalen Sprache (**formale Modelle**). Bei der Verwendung mathematischer Konstruktionen (Differenzial- und Differenzengleichungen, endliche Automaten) spricht man von **analytischen Modellen**.

Formale Modelle sind algorithmisierbare Nachbildungen der Abhängigkeit einer oder mehrerer Prozessgrößen von der Zeit t und dem Ort $\boldsymbol{r}$. Darüber hinaus bilden formale Modelle die Zusammenhänge zwischen den Prozessgrößen untereinander nach. Deshalb ist jedes formale Modell zugleich auch ein abstraktes System.

In der üblichen Sprechweise versteht man unter Simulation die Nachahmung realer Prozesse mittels Computern. Im Folgenden wird der Begriff in diesem eingeschränkten Sinn benutzt.

Computersimulation: Simulation im engeren Sinne ist die Nachahmung realer Prozesse mittels Computern auf der Grundlage formaler (analytischer, numerischer oder grafischer) Modelle.

21.2.2 Aufbau von Simulationsmodellen

Der Aufbau von Prozessmodellen, d. h. die Bereitstellung von Strukturen und Parametern, die für eine computer- bzw. simulationsgerechte Darstellung geeignet sind, einschließlich der Festlegung von Anregungen der Eingangsgrößen mit geeigneten Testfunktionen, wird als **Modellbildung** bezeichnet.

Besondere Bedeutung kommt hierbei der **physikalischen Modellbildung** zu, die für eine Vielzahl realer Phänomene geeignete mathematische Beschreibungen bereithält. Daneben hat die **Systemtheorie** einen eigenständigen Ansatz, nämlich den der **experimentellen Systemanalyse** oder **Systemidentifikation**, entwickelt, mit dem die Parameter des Simulationsmodells bestimmt werden können (Abschn. 21.2.4). Darüber hinaus finden **heuristische Ansätze**, wie etwa die Approximation von formal schwierig zu beschreibenden Prozessen durch neuronale Netze, zunehmend Anwendung bei der Modellbildung. Grundlage des hier behandelten Ansatzes der physikalischen Modellbildung ist das Energieerhaltungsprinzip.

Energieerhaltungsprinzip: Energie ist eine einseitig beschränkte, mengenartige Größe; sie kann weder erzeugt noch vernichtet, sondern nur von einer Energieform in eine andere umgewandelt werden.

Auf Grund dieses Prinzips können für bestimmte Größen physikalischer Prozesse, bei denen die Energie eine wichtige Rolle spielt, Erhaltungssätze formuliert und **Bilanzgleichungen** aufgestellt werden. Als weitere Grundannahme ist für die hier dargestellte Modellbildung wesentlich, dass sich jedes physikalische System mit konzentrierten Parametern auf der Basis von Energieflüssen und den zugehörigen Energiebilanzen beschreiben lässt.

Quantitäts- und Intensitätsgrößen: Prozessgrößen der auf diesen Annahmen basierenden Systeme treten stets paarweise auf, nämlich als Quantitätsgröße und Intensitätsgröße.

P- und T-Variablen: Bei Prozessgrößen hat man zu unterscheiden zwischen 1-Punkt- oder P-Variablen (P für lat. per „durch“) und 2-Punkt- oder T-Variablen (T für lat. trans „über“), zu deren Bestimmung ein bzw. zwei Raumpunkte erforderlich sind.

Quantitäts- und Intensitätsgrößen treten entweder als P- oder als T-Variablen in Erscheinung. Jede Änderung des Zustandes eines Energiespeichers lässt sich durch folgenden Zusammenhang ausdrücken:

δ (Energie) = (Intensität) · δ (Quantität)

wobei die Art der Quantitätsgröße festlegt, ob es sich um einen P- oder T-Speicher handelt; die Intensitätsgröße ist jeweils vom komplementären Typ. Das heißt, die Energieänderung eines P-Speichers ergibt sich aus der Änderung der zugehörigen P-Quantitätsgröße multipliziert mit einer T-Intensitätsgröße und die Energieänderung eines T-Speichers aus der Änderung der T-Quantitätsgröße multipliziert mit einer P-Intensitätsgröße.

Jede Intensitätsgröße $i(t)$ geht aus einer Quantitätsgröße $q(t)$ als deren zeitliche Ableitung hervor:

$$i(t) = \frac{\mathrm{d}\,q(t)}{\mathrm{d}\,t}$$

sodass beispielsweise die Leistung als Intensitätsgröße der Quantitätsgröße Energie aufgefasst werden kann. Hieraus folgt, dass die Leistung das Produkt zweier Intensitätsgrößen ist.

Die Gleichartigkeit der Beziehungen der Prozessgrößen bei unterschiedlichen physikalischen Phänomenen (Bild 21.8) beruht auf der universellen Austauschbarkeit der Energie. Hierauf bauen alle Korrespondenzen zwischen verschiedenen Energieformen auf wie beispielsweise die **elektromechanischen Analogien**.

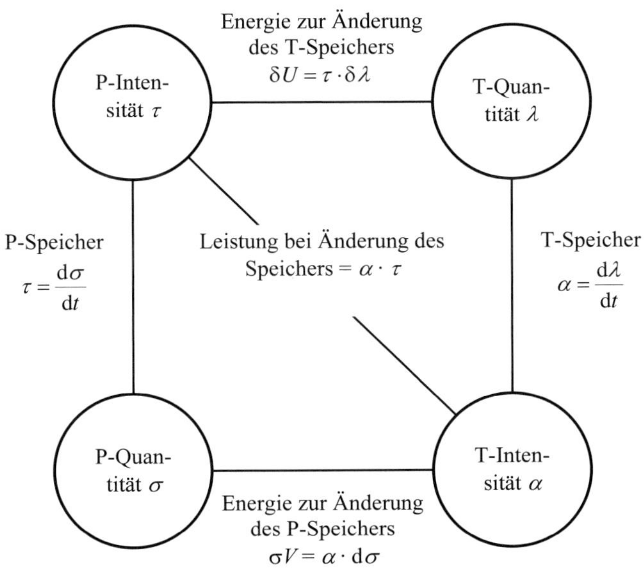

Bild 21.8 Beziehungen zwischen physikalischen Prozessgrößen (MacFarlane-Tetraeder)

21

Tabelle 21.2 Beispiele von P- und T-Variablen für verschiedene Energieformen

Energieform	**P-Variable**		**T-Variable**	
	Quantität	Intensität	Quantität	Intensität
Rotation	Drehimpuls	Drehmoment	Weg	Geschwindigkeit
Translation	Impuls	Kraft	Winkel	Drehzahl
El. Energie	Ladung	Strom	Induktionsfluss	Spannung
Strömung	Volumen	Durchfluss	Druckimpuls	Druck
Wärme	Entropie	Entropiefluss	–	Temperatur

Tabelle 21.2 zeigt einige Beispiele von P- und T-Variablen für verschiedene Energieformen. Ihr ist zu entnehmen, wie strömungstechnische Probleme etwa auf elektrische Modelle abgebildet werden können.

21.2.3 Testen von Simulationsmodellen

Modell-Objekt-Vergleich: Zur Beurteilung der **Simulationsgüte** werden die als wesentlich erachteten Prozesse des zu simulierenden Systems (**Objektprozesse**) mit denen des Simulationsmodells (**Modellprozesse**) verglichen, um sicherzustellen, dass die gesamte Information ausgeschöpft wird, die in dem der Simulation zu Grunde liegenden empirischen Datenmaterial enthalten ist.

In Bild 21.9 sind verschiedene mögliche Anordnungen dargestellt, mit denen der Modell-Objekt-Vergleich vorgenommen werden kann. Beim **Vorwärtsmodell** wird das Simulationsmodell mit denselben Eingangsgrößen betrieben wie das zu simulierende System. Ein Vergleich der Ausgangsgrößen liefert dann ein Maß für die Güte der Simulation. Mitunter ist es jedoch sinnvoller, bei der Simulation ein **inverses Modell**, auch **Rückwärtsmodell** genannt, des zu simulierenden Systems zu benutzen und dessen Ausgangsgrößen an die Eingänge des Simulationsmodells anzulegen. Die Simulationsgüte wird dann anhand eines Vergleichs der Eingangsgrößen des zu simulierenden Systems mit den Ausgangsgrößen des inversen Simulationsmodells durchgeführt. Bei dem **verallgemeinerten Modell** verwendet man für den Modell-Objekt-Vergleich zugleich beide Formen von Vorwärts- und Rückwärtsmodell.

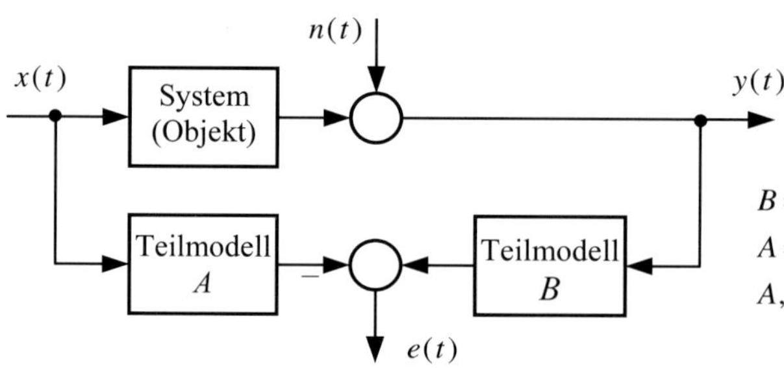

$$B=1: \quad e(t)=y(t)-A(x(t))$$
$$A=1: \quad e(t)=B(y(t))-x(t)$$
$$A,B\neq 1: \quad e(t)=B(y(t))-A(x(t))$$

Bild 21.9 Fehlermodelle für den Modell-Objekt-Vergleich (Vorwärtsmodell: Teilmodell B = 1; inverses Modell: Teilmodell A = 1; verallgemeinertes Modell: A, B ≠ 1)

Für die genannten Arten des Modell-Objekt-Vergleichs gibt es Kriterien, anhand derer formal entschieden werden kann, ob ein zu testendes Simulationsmodell eine ausreichende Güte aufweist. Daneben gibt es einige Regeln, deren Beachtung bei der praktischen Simulation von Nutzen sind:

- Variation der **Rechenschrittweite** (Diskretisierung von Zeit- und Ortskoordinaten) und der **Simulationsdauer**;
- Variation des **Integrationsverfahrens** (Euler-Verfahren, Runge-Kutta-Verfahren);
- Beobachtung des **asymptotischen Zeitverhaltens** der Prozessgrößen (Stabilität, Instabilität, Periodizität usw.) und Überprüfung der stationären Zustände;
- Überprüfung der **Dimensionen von Prozessvariablen und -parametern** anhand der physikalischen Einheiten;
- Überprüfung der **Zulässigkeit der Wertebereiche** der simulierten Prozessgrößen und der empirisch ermittelten bzw. angenommenen Prozessparameter (bestimmte Größen, wie Fläche, Volumen, Energie, Entropie oder Geld, können niemals negativ werden).

Schließlich sollten die folgenden Prinzipien beachtet werden, um die Plausibilität der bei der Simulation benutzten Modelle anhand der Simulationsergebnisse qualitativ zu überprüfen:

- **Kausalitätsprinzipien**: physikalische Wirkungen können niemals den sie verursachenden Prozessgrößen zeitlich oder räumlich vorausgehen (zeitlich-räumliche Kausalität); ähnliche Ursachen haben ähnliche Wirkungen zur Folge (**starke Kausalität**); ähnliche Ursachen haben sehr unterschiedliche Wirkungen (**schwache Kausalität** – deterministisches Chaos);
- **Realisierbarkeitsprinzip**: kontinuierliche Testsignale dürfen keine sprunghaften Veränderungen hervorrufen (bei linearen Systemen: der Grad des Zählerpolynoms einer Übertragungsfunktion darf höchstens gleich dem Grad des Nennerpolynoms sein);
- **Steuerbarkeits- und Beobachtbarkeitsprinzip**: Prozessgrößen, die bei Anregung des Systems durch Testfunktionen in endlicher Zeit keine Veränderungen zeigen, sind falsch angeregt (spektrale Eigenschaften der Testsignale), überflüssig oder falsch modelliert;
- **Bilanzprinzipien**: bestimmte Prozessgrößen, wie Stoff oder Energie, bleiben in ihrer Gesamtheit unverändert;
- **Kinematische Prinzipien**: bestimmte Größen können niemals unabhängig voneinander vorgegeben oder verändert werden (z. B. der Weg ist definitionsgemäß das Integral der Geschwindigkeit, die Geschwindigkeit das Integral der Beschleunigung).

21.2.4 Untersuchungsmethoden

Zur Simulation benötigt man stets ein **formales Modell**, d. h. ein durch Struktur und Parameter bestimmtes abstraktes System, das die für wesentlich erachteten Prozesse des zu simulierenden Systems hinreichend gut wiedergibt. Bei der physikalischen Modellbildung (Abschn. 21.2.2) ist oft die Modellstruktur Ergebnis der Untersuchung. Mitunter muss sie allerdings eigens bestimmt werden. Dies sowie die Bestimmung der Parameter gehört zu den Aufgaben der **Systemidentifikation (experimentelle Systemanalyse)**.

Die Systemidentifikation umfasst folgende Verfahren:

- **Datenerhebung** (Auswahl der Testsignale, Versuchsplanung),
- Festlegung oder Bestimmung der **Modellstruktur**,
- **Parameterbestimmung** durch Fehlerminimierung beim Modell-Objekt-Vergleich (Abschn. 21.2.3).

Bei der Auswahl der **Testsignale** ist darauf zu achten, dass sie repräsentative Aussagen über das Verhalten des zu modellierenden (und zu simulierenden) Systems in dessen realer Umgebung ermöglichen. Die **Versuchsplanung** stellt sicher, dass dieses Ziel mit möglichst geringem Aufwand bei bestmöglichen Ergebnissen erreicht wird (**optimale Versuchsplanung**).

Die Festlegung bzw. Bestimmung der Modellstruktur beinhaltet neben der Klasse des analytischen Modells beispielsweise auch die Angabe der **Anzahl der Eingangs- und Ausgangsgrößen** sowie die **Dimension des Zustandsraums** (Anzahl der Komponenten des Zustandsvektors). Mitunter liegen die Modelle in einer Form vor, in der sie nicht simuliert werden können. Es ist dann nötig, sie entsprechend zu transformieren.

Die Parameterbestimmung kann häufig in einer Weise formuliert werden, dass als Kriterium für die Wahl der Parameterwerte die Anpassung der Prozessgrößen im Modell an die des realen Systems dient. Hierzu wird zum Modell-Objekt-Vergleich ein geeignetes **Fehlermodell** festgelegt (Abschn. 21.2.3). Die Parameterbestimmung umfasst in diesem Sinne vor allem Verfahren der **Extremwertsuche**.

Die Festlegung bzw. Bestimmung der Struktur von Simulationsmodellen orientiert sich gewöhnlich an dem Zusammenwirken von morphologisch abgrenzbaren Teilprozessen oder Komponenten innerhalb des zu simulierenden Systems. Mitunter erweist es sich als eher gangbarer Weg, als Modelle **abstrakte Systeme** zu verwenden, deren semantische Interpretation mit dem zu simulierenden System nichts zu tun hat.

Von besonderer Bedeutung sind hierbei dynamische **neuronale Netze**, die sich durch besonders gute Anpassbarkeit (Plastizität) ihres dynamischen Verhaltens auszeichnen und deshalb zur Nachbildung realer Systeme geeignet sind, obwohl sie mit ihnen keinerlei strukturelle Ähnlichkeit aufzuweisen brauchen.

Besonderes Augenmerk sollte bei der Simulation auch auf die **Präsentation der Ergebnisse** gerichtet sein. Da die zu simulierenden Vorgänge zeitlich-räumlich veränderliche Prozesse sind, haben sich seit den Anfängen der Computersimulation vor allem grafische **Zeitverläufe** als besonders geeignete Darstellungsmittel bewährt. Durch die enorm gesteigerte Leistungsfähigkeit der Computer ist es mittlerweile ohne weiteres möglich, Bewegungsabläufe oder Strömungs- und Ausbreitungsphänomene als **Grafikanimationen** in dreidimensionaler Darstellung darzubieten.

Von da aus ist es nur ein relativ kleiner Schritt, die Computersimulation als Grundlage bei der Erzeugung **virtueller Realitäten** zu nutzen. Voraussetzungen hierfür sind: Interaktivität (d. h. direkte Kopplung zwischen Simulation und Simulant), Echtzeitfähigkeit und Multimodalität (d. h. Einbeziehung mehrerer Sinneskanäle wie Sehen, Hören und Bewegungsempfinden). **Interaktivität** der Simulation für sich ist wesentlicher Bestandteil von Trainingsprogrammen, wie sie beispielsweise bei Unternehmensspielen eingesetzt werden (Abschn. 21.6.2). Die **Echtzeitfähigkeit** der Simulation benötigt man vor allem bei Aufgaben im Bereich Hardware-in-the-Loop (Abschn. 21.6.3). Der volle Umfang der für virtuelle Realitäten erforderlichen Eigenschaften einschließlich die der **Multimodalität** ist charakteristisch bei so genannten **Full-Scale-Simulatoren**, wie sie beispielsweise von Flugzeug- und Fahrzeugherstellern eingesetzt werden (Abschn. 21.6.4).

21.3 Simulationsmodelle

Die zu simulierenden Systeme bestehen gewöhnlich aus mehreren Teilsystemen, die ihrerseits Eingangs- und Ausgangsgrößen aufweisen und untereinander auf verschiedene Weise gekoppelt sein können. Man unterscheidet drei **Formen von Kopplungen** (Bild 21.10): die Hintereinanderschaltung (**serielle Kopplung**), die Parallelschaltung (**parallele Kopplung**) und die Rückkopplungsschaltung (**antiparallele Kopplung**).

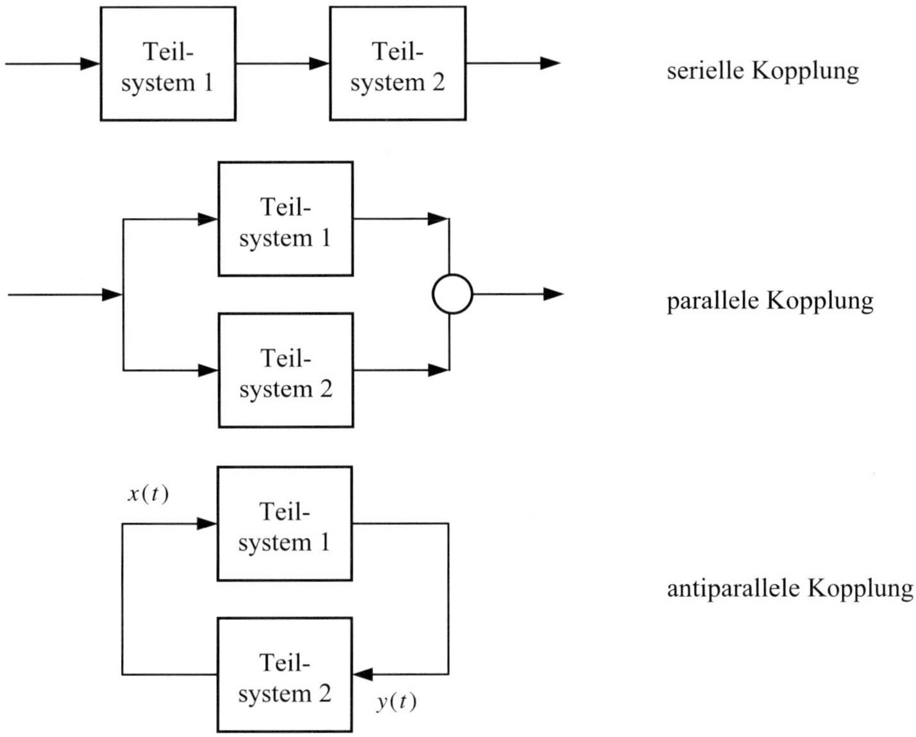

Bild 21.10 Kopplungsmöglichkeiten zweier Teilsysteme

Von diesen drei Kopplungsformen ist vor allem die antiparallele Kopplung besonders interessant. Wenn der Zusammenhang zwischen den Eingangsgrößen $x(t)$ und den Ausgangsgrößen $y(t)$ der beiden Teilsysteme durch

$$y(t) = f(x(t)) \qquad x(t) = g(y(t))$$

beschrieben werden kann, so erhält man durch Zusammenfassen beider Gleichungen entsprechend der Kopplung beider Teilsysteme wahlweise

$$y(t) = f(g(y(t))) \quad \text{oder} \quad x(t) = g(f(x(t)))$$

die beide in dieser Form nur für bestimmte Paare $(x(t), y(t))$ gelten können. In der Mathematik spricht man hierbei von einem **Eigenwert-** oder **Fixpunktproblem**. Es wird **iterativ** mit einem Ansatz der Form:

$$y_{k+1} = f(g(y_k)) \quad \text{bzw.} \quad x_{k+1} = g(f(x_k))$$

gelöst, d. h., ausgehend von einem Anfangswert y_0 (oder x_0) berechnet man y_1 (bzw. x_1), setzt dieses Ergebnis auf der rechten Seite der Gleichung ein, berechnet hieraus y_2 (bzw. x_2), setzt dies wieder auf der rechten Seite ein, usw.

Auch bei der Simulation müssen in einem solchen Fall besondere Vorkehrungen getroffen werden, da ansonsten **algebraische Schleifen** entstehen würden, die grundsätzlich immer aufge-

21

löst werden müssen. Dabei bedient man sich bestimmter **Elementarspeicher**, nach deren Eigenschaften sich die verschiedenen, nachfolgend zu beschreibenden Simulationsmodelle unterscheiden. Bei den **Differenzenmodellen** (Abschn. 21.3.1) handelt es sich dabei um Einheitsverzögerungsglieder, die einen einzelnen Wert einer reellen Zeitvariablen ein Rechenzeitintervall lang zwischenspeichern. Die **Differenzialmodelle** (Abschn. 21.3.2) benutzen einen Integrierer als Elementarspeicher (Abschn. 21.1.4). Die **endlichen Automaten** (Abschn. 21.3.3) unterscheiden sich formal kaum von den Differenzenmodellen, d. h., auch sie benutzen Einheitsverzögerungsglieder als Elementarspeicher, die allerdings nur zwei mögliche Zustände annehmen können. Mit ihnen stehen die **Petri-Netz-Modelle** (Abschn. 21.3.4) in einem engen Zusammenhang, nur werden hierbei nicht nur die Zustände der Elementarspeicher, sondern auch die Übergänge zwischen diesen Zuständen betrachtet.

21.3.1 Differenzenmodelle

Angenommen, die Funktionen zweier antiparallel gekoppelter Teilsysteme (Bild 21.10) sind durch

$$y = x \qquad x = A \cdot y + B$$

gegeben, dann erhält man nach Einsetzen der ersten Gleichung in die zweite die Iterationsvorschrift:

$$x_{k+1} = A \cdot x_k + B$$

Die Abhängigkeit des neuen Wertes x_{k+1} von dem bereits berechneten Wert x_k kann man auch so interpretieren, dass – beispielsweise zur Simulation – ein Speicher vorgesehen wird, der den neuen Wert x_{k+1} für genau einen Rechentakt speichert und dann ausgibt (**Einheitsverzögerungsglied**). In Bild 21.11 ist ein entsprechendes Simulationsschema angegeben.

Die Gleichungen $y = x$ und $x = A \cdot y + b$ sind genau dann gleichzeitig erfüllt, wenn ihre Graphen sich schneiden (Bild 21.12). Für die Konvergenz der Folge x_0, x_1, x_2, … ist wichtig, welche Steigung die Gerade $x_{k+1} = Ax_k + B$ in der Umgebung des Schnittpunktes mit der Geraden $x_{k+1} = x_k$ hat. Ist diese Steigung betragsmäßig kleiner als 1, so konvergiert die Folge, ansonsten ist sie divergent. In der Systemtheorie, an der sich die Simulationstechnik orientiert, spricht man im Falle der Konvergenz auch von (asymptotischer) **Stabilität**.

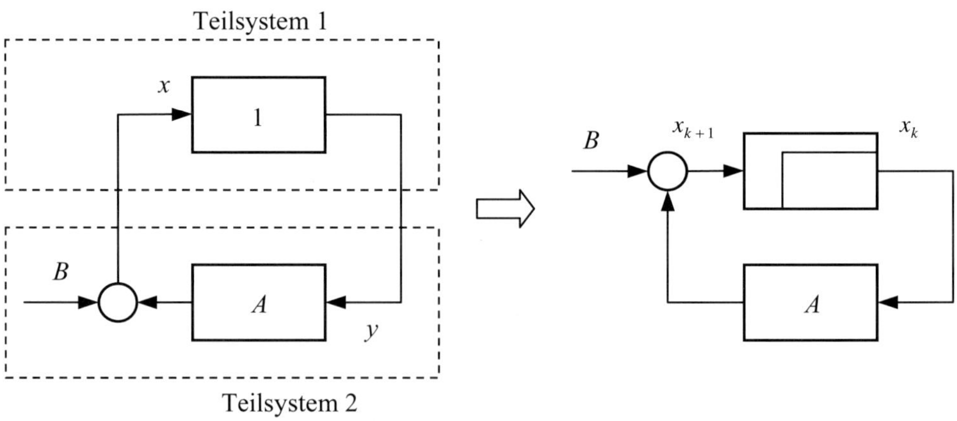

Bild 21.11 Überführung antiparalleler gekoppelter Teilsysteme in ein Iterationsschema

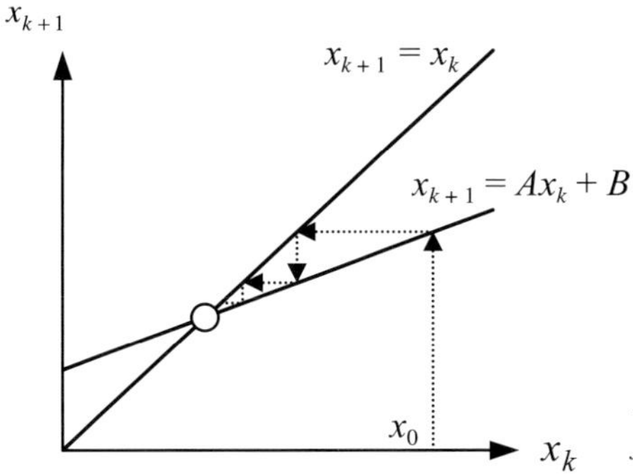

Bild 21.12 Grafische Darstellung der Stabilität eines einfachen Differenzenmodells

An der obigen Stabilitätsaussage ändert sich nichts, wenn Modelle der Form

$$x_{k+1} = f(x_k)$$

betrachtet werden. Auch hierbei ist das System in der Umgebung eines Schnittpunktes des Graphen von $f(x_k)$ mit der Geraden $x_{k+1} = x_k$ (asymptotisch) stabil, wenn der Graph im Schnittpunkt eine Steigung hat, die betragsmäßig kleiner als 1 ist.

Es ist möglich, die bisher angestellten Überlegungen auch aus einem etwas anderen Blickwinkel zu erläutern. Angenommen, es ist eine Differenzialgleichung (Abschn. 21.3.2) der Form

$$\dot{x}(t) = f(x(t)) \qquad x(t_0) = x_0$$

durch Simulation, d. h. numerisch zu lösen. Der einfachste Ansatz würde dann darin bestehen, den Differenzialquotienten

$$\dot{x}(t) = \frac{\mathrm{d}x(t)}{\mathrm{d}t}$$

näherungsweise durch einen entsprechenden Differenzenquotienten

$$\dot{x}(t) \approx \frac{x(t_{k+1}) - x(t_k)}{t_{k+1} - t_k} = \frac{x_{k+1} - x_k}{\Delta t}$$

zu ersetzen (Abschn. 21.4.1). Das bedeutet, die Werte x_k werden als Proben eines zeitkontinuierlichen Vorgangs angesehen, die zu diskreten Zeitpunkten t_k von diesem genommen werden. Haben die Zeitpunkte t_k gleichen Abstand voneinander, spricht man von äquidistanter Abtastung, bei der die Differenzen $t_{k+1} - t_k$ für alle k gleich sind und durch Δt ersetzt werden dürfen. Man erhält dann eine Näherung für die Differenzialgleichung:

$$x_{k+1} = x_k + \Delta t \cdot f(x_k) \qquad x_0 = x(t_0)$$

Dies ist die Rechtfertigung dafür, Simulationsmodelle in der Form von $x_{k+1} = f(x_k)$ als **Differenzenmodelle** zu bezeichnen. Allerdings können nicht alle Differenzenmodelle lediglich als Näherungen von Differenzialgleichungen angesehen werden, da es Differenzenmodelle gibt, die ein prinzipiell anderes Verhalten haben als Differenzialmodelle.

Verallgemeinert man die Betrachtung auf Systeme mit mehreren Eingangs- und Ausgangsgrößen, so lauten die Gleichungen der Differenzenmodelle:

$$\boldsymbol{x}_{k+1} = \boldsymbol{f}(\boldsymbol{x}_k, \boldsymbol{u}_k) \qquad \boldsymbol{x}_0 = \boldsymbol{x}(t_0)$$

$$\boldsymbol{y}_k = \boldsymbol{g}(\boldsymbol{x}_k, \boldsymbol{u}_k)$$

Differenzenmodelle: Als Differenzenmodelle werden Modelle der zuletzt betrachteten Form bezeichnet mit dem n-dimensionalen **Zustandsvektor** $\boldsymbol{x}_k$, dem m-dimensionalen **Eingangsvektor** $\boldsymbol{u}_k$ und dem l-dimensionalen **Ausgangsvektor** $\boldsymbol{y}_k$. Entsprechend nennt man die erste der beiden Gleichungen **Zustandsgleichung** und die letzte **Ausgangsgleichung**.

Eine besondere Rolle spielen bei der Simulation (wie auch in der Systemtheorie) die **linearen Differenzenmodelle**, deren Gleichungen die Form

$$\boldsymbol{x}_{k+1} = \boldsymbol{A} \cdot \boldsymbol{x}_k + \boldsymbol{B} \cdot \boldsymbol{u}_k \qquad \boldsymbol{x}_0 = \boldsymbol{x}(t_0)$$

$$\boldsymbol{y}_k = \boldsymbol{C} \cdot \boldsymbol{x}_k + \boldsymbol{D} \cdot \boldsymbol{u}_k$$

haben mit den Matrizen $\boldsymbol{A}$, $\boldsymbol{B}$, $\boldsymbol{C}$ und $\boldsymbol{D}$ passender Größe. Anwendungen der Differenzenmodelle sind nicht nur im Bereich technischer Systeme zu finden, sondern in Modellen der Volkswirtschaftslehre ebenso wie in solchen der Populationsökologie.

21.3.2 Differenzialmodelle

Das einfachste **Wachstumsgesetz** besagt, dass die Änderung, die eine als Wachstumsindikator bezeichnete Variable $x(t)$ erfährt, konstant ist:

$$\dot{x}(t) = a \qquad x(t_0) = x_0$$

Dies ist der einfachste Fall einer Differenzialgleichung, die durch Integration lösbar ist, denn es gilt das **lineare Wachstumsgesetz**:

$$x(t) = x_0 + a \cdot t$$

Die Lösung der homogenen, linearen Differenzialgleichung

$$\dot{x}(t) = a \cdot x(t) \qquad x(t_0) = x_0$$

kann man ebenfalls relativ einfach durch den Ansatz

$$x(t) = \mathrm{e}^{a \cdot t} \cdot x_0$$

lösen (**exponentielles Wachstumsgesetz**), von dessen Richtigkeit man sich durch Einsetzen überzeugen kann. Erweitert man die lineare Differenzialgleichung durch einen inhomogenen Term

$$\dot{x}(t) = a \cdot x(t) + b \cdot u(t) \qquad x(t_0) = x_0$$

so gelangt man zunächst mit einem Ansatz zur Lösung des homogenen Teils:

$$x(t) = \mathrm{e}^{a \cdot t} \cdot C(t)$$

aus dem man schließlich durch Differenziation (**Variation der Konstanten**) und nachfolgendes Einsetzen mit

$$x(t) = \mathrm{e}^{a \cdot t} \cdot x_0 + \int_0^t \mathrm{e}^{a \cdot (t-\tau)} b \cdot u(\tau)\,\mathrm{d}\tau$$

für $t_0 = 0$ die Lösung der inhomogenen, linearen Differenzialgleichung erhält.

Verallgemeinert man die lineare Differenzialgleichung zu einem (inhomogenen) **System linearer Differenzialgleichungen**

$$\dot{\boldsymbol{x}}(t) = \boldsymbol{A} \cdot \boldsymbol{x}(t) + \boldsymbol{B} \cdot \boldsymbol{u}(t) \qquad \boldsymbol{x}(t_0) = \boldsymbol{x}_0$$

mit dem n-dimensionalen **Zustandsvektor** $\boldsymbol{x}(t)$ und dem m-dimensionalen **Eingangsvektor** $\boldsymbol{u}(t)$ und den Matrizen $\boldsymbol{A}$ und $\boldsymbol{B}$ hierzu passender Dimensionen, so gelangt man unter Berücksichtigung der Reihenfolge der Rechenoperationen formal zur gleichen Lösung wie im skalaren Fall der linearen Differenzialgleichung:

$$\boldsymbol{x}(t) = \mathrm{e}^{\boldsymbol{A} \cdot t} \cdot \boldsymbol{x}_0 + \int_0^t \mathrm{e}^{\boldsymbol{A} \cdot (t-\tau)} \boldsymbol{B} \cdot \boldsymbol{u}(\tau)\,\mathrm{d}\tau$$

Es handelt sich bei dem System linearer Differenzialgleichungen um das Standardsystem **linearer Differenzialmodelle**, sofern man die obigen **Zustandsgleichungen** um die **Ausgangsgleichungen**

$$\boldsymbol{y}(t) = \boldsymbol{C} \cdot \boldsymbol{x}(t) + \boldsymbol{D} \cdot \boldsymbol{u}(t)$$

erweitert, wobei $\boldsymbol{y}(t)$ der l-dimensionale **Ausgangsvektor** des Modells ist. Im Fall, dass der Anfangszustand $\boldsymbol{x}_0$ vernachlässigt werden kann ($\boldsymbol{x}_0 = \boldsymbol{0}$) und der so genannte Durchgriff $\boldsymbol{D}$ fehlt ($\boldsymbol{D} = \boldsymbol{0}$), lauten die **Eingangs-Ausgangs-Beziehungen** des linearen Differenzialmodells:

$$\boldsymbol{y}(t) = \int_0^t \boldsymbol{C} \cdot \mathrm{e}^{\boldsymbol{A} \cdot (t-\tau)} \cdot \boldsymbol{B} \cdot \boldsymbol{u}(\tau)\,\mathrm{d}\tau = \int_0^t \boldsymbol{G}(t-\tau) \cdot \boldsymbol{u}(\tau)\,\mathrm{d}\tau$$

Für dieses Integral hat sich die Bezeichnung **Faltungsintegral** eingebürgert, das symbolisch durch den **Faltungsoperator**

$$\boldsymbol{y}(t) = \boldsymbol{G} * \boldsymbol{u}(t)$$

ausgedrückt wird. Im Fall, dass die Eingangs- und Ausgangsgröße eindimensional sind, wird in der Faltungsoperation

$$y(t) = g * u(t)$$

die Variable $g(t)$ als **Gewichtsfunktion** bezeichnet. Sie beschreibt die Reaktion des Systems auf den **Einheitsimpuls** (Dirac-Stoß) und wird deshalb auch **Impulsantwort** des Systems genannt.

Eine weitere Verallgemeinerung erhält man, wenn man zu **nichtlinearen Differenzialgleichungssystemen**

$$\dot{\boldsymbol{x}}(t) = \boldsymbol{f}(\boldsymbol{x}(t), \boldsymbol{u}(t)) \qquad \boldsymbol{x}(t_0) = \boldsymbol{x}_0$$

$$\boldsymbol{y}(t) = \boldsymbol{g}(\boldsymbol{x}(t), \boldsymbol{u}(t))$$

übergeht, die in dieser Form allerdings nur noch sehr allgemeine Aussagen zulassen. Für sie gibt es auch – anders als im linearen Fall – keine abgeschlossene Theorie. Allgemeine Lösungsansätze gibt es allenfalls für bestimmte Teilklassen solcher Systeme. Ungeachtet dessen sollen auf deren Grundlage Differenzialmodelle definiert werden:

Differenzialmodelle: Analytische Modelle, die auf Gleichungssystemen beruhen, die außer den gesuchten Funktionen auch deren Ableitungen nach den unabhängigen Veränderlichen enthalten (Differenzialgleichungssysteme), bezeichnet man als Differenzialmodelle.

Dynamische Differenzialmodelle: Systeme, deren Verhalten durch Systeme nichtlinearer Differenzialgleichungen 1. Ordnung beschrieben werden kann, gehören zur Klasse der dynamischen Differenzialmodelle mit kontinuierlicher Zeit. Hierbei ist $\boldsymbol{x}(t)$ der n-dimensionale **Zustandsvektor**, $\boldsymbol{u}(t)$ der m-dimensionale **Eingangsvektor** und $\boldsymbol{y}(t)$ der l-dimensionale **Ausgangsvektor** jeweils zum Zeitpunkt t. Wenn nicht anders vermerkt, sollen die Funktionen $\boldsymbol{f}$ und $\boldsymbol{g}$ nicht explizit von der Zeit t abhängen.

Simulationsprogramme sind am einfachsten zu formulieren, wenn die dynamischen Modelle als Differenzialgleichungssysteme 1. Ordnung vorliegen. Ist dies nicht der Fall, sollten die Modellgleichungen entsprechend umgeformt werden.

Konzentrierte Parameter: Durch dynamische Differenzialmodelle werden in der Regel Systeme beschrieben, deren verhaltensbestimmende Prozessgrößen nicht von den Ortskoordinaten abhängen. Man spricht dann von Modellen mit konzentrierten Parametern.

Verteilte Parameter: Systeme, deren verhaltensbestimmende Prozessgrößen von mehreren unabhängigen Variablen abhängen, werden durch Differenzialmodelle beschrieben, die auf **partiellen Differenzialgleichungen** beruhen. Diese werden als Modelle mit verteilten Parametern bezeichnet.

Partielle Differenzialgleichungen für eine beliebige Prozessgröße $z(t, \boldsymbol{r})$, die von der Zeit t und dem Ort $\boldsymbol{r}$ abhängt (Abschn. 21.2.1), haben im Allgemeinen die Form

$$F\left(z(t,\boldsymbol{r}), t, \boldsymbol{r}, \frac{\partial z}{\partial t}, \frac{\partial z}{\partial \boldsymbol{r}}, \ldots\right) = 0$$

wobei der Grad der höchsten Ableitung die Ordnung der partiellen Differenzialgleichungen festlegt. Partielle Differenzialgleichungen erster Ordnung können häufig in Systeme gewöhnlicher Differenzialgleichungen überführt werden.

21.3.3 Endliche Automaten

Endliche Automaten: Wenn die zu simulierenden Prozesse zu diskreten Zeitpunkten nur endlich viele Prozesszustände aufweisen, ändert sich an der Modelldarstellung gegenüber der von Differenzenmodellen nichts. Die Komponenten der Vektoren $\boldsymbol{x}_k$, $\boldsymbol{u}_k$ und $\boldsymbol{y}_k$ haben nunmehr allerdings nur endlich viele (ganzzahlige) Werte. Die Verknüpfungsoperationen in den vektoriellen Funktionen $\boldsymbol{f}$ und $\boldsymbol{g}$ sind dann in entsprechenden algebraischen Strukturen, etwa der Boole'schen Algebra, erklärt.

Hierbei sind besonders endliche Automaten von Interesse, die **Boole'sche Vektoren** haben, d. h. deren Komponenten zweiwertig sind. Eine Darstellung in Form von Differenzenmodellen würde dann einen **Mealy-Automaten** beschreiben. Hängt der Ausgangsvektor $\boldsymbol{y}_k$ allein vom Zustandsvektor $\boldsymbol{x}_k$, nicht aber vom Eingangsvektor $\boldsymbol{u}_k$ ab, so bezeichnet man die sich ergebende Differenzenmodell-Darstellung als **Moore-Automaten**.

Im Vergleich zu Differenzenmodellen haben die Verknüpfungsoperationen eine etwas andere Bedeutung. So lauten beispielsweise die Rechenregeln bei der Multiplikation zweier Boole'scher Matrizen:

$$a_{ik} = \bigvee_{j=1}^{m} (b_{ij} \wedge c_{jk}) = (b_{i1} \wedge c_{1k}) \vee (b_{i2} \wedge c_{2k}) \vee \ldots \vee (b_{im} \wedge c_{mk})$$

mit der UND-Verknüpfung $\wedge$ und der ODER-Verknüpfung $\vee$ statt der üblichen Formel

$$a_{ik} = \sum_{j=1}^{m} b_{ij} \cdot c_{jk}$$

21.3.4 Petri-Netz-Modelle

Ereignisdiskrete Modelle bilden Vorgänge mit diskreter Zeit nach, die (im Gegensatz zu Differenzenmodellen) keine zentrale Taktung haben und bei denen deshalb das **Kausalitätsprinzip** (und nicht das **Temporalprinzip** synchroner Prozesse) im Vordergrund steht.

Das Kausalitätsprinzip ereignisdiskreter Prozesse findet formal seinen Ausdruck in Systemgleichungen der Form:

$$\boldsymbol{x}' = f(\boldsymbol{x}, \boldsymbol{u})$$

$$\boldsymbol{y} = g(\boldsymbol{x}, \boldsymbol{u})$$

Sie besagen, dass sich der neue Zustand $\boldsymbol{x}'$ und die aktuellen Ausgangsgrößen $\boldsymbol{y}$ aus den aktuellen Eingangsgrößen (Eingaben) $\boldsymbol{u}$ und dem Vorgängerzustand $\boldsymbol{x}$ ergeben.

Bei **Petri-Netz-Modellen** entspricht der Zustand einem bestimmten Markierungsmuster, das sich unter bestimmten einschränkenden Bedingungen verändern lässt, wenn man Transitionen schaltet (Abschn. 21.5.3). Setzt man also die Markierung $\boldsymbol{m}$ mit dem Zustandsvektor $\boldsymbol{x}$ gleich, so ergibt sich unter der Einwirkung der geschalteten Transition $\boldsymbol{t}$, die man als Eingangsvektor interpretieren kann, für den neuen Zustand $\boldsymbol{x}'$ bzw. die neue Markierung $\boldsymbol{m}'$:

$$\boldsymbol{m}' = f(\boldsymbol{m}, \boldsymbol{t}) = \boldsymbol{m} + \Delta(\boldsymbol{t})$$

wobei $\Delta(\boldsymbol{t})$ die Markierungsänderung ist, die sich auf Grund des Schaltens der Transition $\boldsymbol{t}$ ergibt, und $\boldsymbol{m}$ die alte Markierung. Wie im Detail die Markierungsänderung $\Delta(\boldsymbol{t})$ beschaffen ist, hängt von den Transitionsregeln und den Eigenschaften der Plätze ab, die Träger der Marken sind.

Der Vorteil, den die Darstellung von Prozessen mit Petri-Netz-Modellen gegenüber (zentral getakteten) Zustandsmodellen erbringt, ist vor allem darin zu sehen, dass sich parallel und unabhängig voneinander ablaufende Vorgänge, so genannte **konkurrente Prozesse**, in übersichtlicher Weise darstellen lassen. Typische Anwendungen sind Steuerungsspezifikationen in der Automatisierungstechnik sowie die Modellierung von Fertigungsprozessen.

21.4 Numerische Methoden

Computersimulationen von realen Systemen können grundsätzlich nur zu diskreten Zeitpunkten für diskrete Ortspunkte (und darüber hinaus streng genommen nur in diskreten Wertebereichen) durchgeführt werden. Deshalb ist vor jeder Simulation die Überführung in eine computergerechte Darstellung erforderlich. Ein Verfahren ist dabei die Diskretisierung.

Diskretisierung: Hierunter versteht man ein Verfahren, mit dem bei analytischen Modellen mit kontinuierlichen Zeit- und/oder Ortskoordinaten endlich viele Zeit- bzw. Ortspunkte so ausgewählt werden, dass die in ihnen simulierten Prozessgrößen als repräsentativ für das Verhalten der zu simulierenden Prozessgrößen betrachtet werden können und die so gewonnenen Näherungen in einem näher zu definierenden Sinne gegen die wirkliche Lösung konvergiert.

Im Folgenden werden einige der in der numerischen Mathematik üblichen Verfahren zur Diskretisierung von Differenzialgleichungen angegeben. Zur geforderten computergerechten Darstellung von Anfangswertproblemen als mathematischer Grundlage dynamischer Differenzialmodelle eignet sich die **Zeitdiskretisierung** (Abschn. 21.4.1), die sinngemäß allerdings auch bei beliebigen Modellen mit einer unabhängigen Variablen anwendbar ist. Bei partiellen Differenzialgleichungen, die definitionsgemäß mehr als eine unabhängige Variable haben, müssen dementsprechend die Diskretisierungen in mehreren Dimensionen vorgenommen werden, worauf in dem Abschnitt zur **Ortsdiskretisierung** (Abschn. 21.4.2) eingegangen wird. Hierbei spielt die **Finite-Elemente-Methode** eine herausragende Rolle, weshalb ihr ein eigener Abschnitt gewidmet ist (Abschn. 21.4.3).

21.4.1 Zeitdiskretisierung

Die Diskretisierung allgemeiner dynamischer Differenzialmodelle sowie grundsätzlich aller Modelle mit einer unabhängigen Variablen wird als Zeitdiskretisierung bezeichnet.

Approximative Zeitdiskretisierung: Die numerische Mathematik bietet zur approximativen Zeitdiskretisierung eine Reihe von Verfahren an, die Diskretisierung in Gestalt der numerischen Lösungsalgorithmen (**solvers**) von gewöhnlichen Differenzialgleichungen auszuführen.

Mit der Rechenschrittweite bzw. dem Diskretisierungsintervall Δt haben die Diskretisierungen folgende Form:

- Euler-Verfahren: $z_{k+1} = z_k + \Delta t \cdot \boldsymbol{f}(z_k, \boldsymbol{x}_k)$
- Polygonzugverfahren: $z_{k+1} = z_k + \frac{1}{2}\Delta t \cdot (\boldsymbol{h}_1 + \boldsymbol{h}_2)$

  $\boldsymbol{h}_1 = \boldsymbol{f}(z_k, \boldsymbol{x}_k) \qquad \boldsymbol{h}_2 = \boldsymbol{f}(z_k + \Delta t \cdot \boldsymbol{h}_1, \boldsymbol{x}_k)$
- Runge-Kutta-Verfahren: $z_{k+1} = z_k + \frac{1}{6}\Delta t \cdot (\boldsymbol{h}_1 + 2 \cdot \boldsymbol{h}_2 + 2 \cdot \boldsymbol{h}_3 + \boldsymbol{h}_4)$

  $\boldsymbol{h}_1 = \boldsymbol{f}(z_k, \boldsymbol{x}_k) \qquad \boldsymbol{h}_2 = \boldsymbol{f}\left(z_k + \frac{1}{2}\Delta t \cdot \boldsymbol{h}_1, \boldsymbol{x}_k\right)$

  $\boldsymbol{h}_3 = \boldsymbol{f}\left(z_k + \frac{1}{2}\Delta t \cdot \boldsymbol{h}_2, \boldsymbol{x}_k\right) \qquad \boldsymbol{h}_4 = \boldsymbol{f}(z_k + \Delta t \cdot \boldsymbol{h}_3, \boldsymbol{x}_k)$

Hierbei sind z_k der diskretisierte Integrationsvariablenvektor, $\boldsymbol{x}_k$ der diskretisierte Eingangsvektor und $\boldsymbol{h}_i$ (i = 1, 2, 3 oder 4) gewisse Hilfsfunktionen. Diese Lösungsalgorithmen werden als Verfahren der näherungsweisen oder approximativen Diskretisierung aufgefasst. Differenzialmodelle, deren Lösungen für ein fest vorgegebenes Intervall Δt analytisch angegeben werden können und darüber hinaus von den diskreten Zeitpunkten k unabhängig sind, können auch exakt diskretisiert werden.

Exakte Zeitdiskretisierung: Wenn die Lösung der Differenzialgleichungen explizit angegeben werden kann und von den (äquidistanten) diskreten Zeitpunkten $t_0, t_1, t_2, \ldots, t_k, \ldots$ unabhängig ist, kann man die Diskretisierung auf der Grundlage dieser Lösung exakt durchführen.

21

Die Lösung des Differenzialgleichungssystems, mit dem lineare dynamische Differenzialmodelle beschrieben werden, lautet im Intervall $[t_k, t_{k+1}]$ mit $\Delta t = t_{k+1} - t_k = \text{const}$ für alle k:

$$\boldsymbol{x}(t_{k+1}) = \mathrm{e}^{\boldsymbol{A} \cdot \Delta t} \cdot \boldsymbol{x}(t_k) + \int_{t_k}^{t_{k+1}} \mathrm{e}^{\boldsymbol{A} \cdot (t_{k+1} - \tau)} \cdot \boldsymbol{B} \cdot \boldsymbol{u}(\tau)\,\mathrm{d}\tau$$

(Abschn. 21.3.2). Nach einigen Umformungen sowie unter der Annahme, dass die Eingangsgrößen $\boldsymbol{u}(t)$ während des ganzen Intervalls $[t_k, t_{k+1}]$ als konstant angesehen werden können (d. h. Δt hinreichend klein), erhält man hierfür

$$\boldsymbol{x}_{k+1} = \boldsymbol{\Phi}(\Delta t) \cdot \boldsymbol{x}_k + \boldsymbol{H}(\Delta t) \cdot \boldsymbol{u}_k$$

mit

$$\Phi(\Delta t) = e^{A \cdot \Delta t} = \boldsymbol{E} + \boldsymbol{A} \cdot \boldsymbol{R}(\Delta t) \qquad \boldsymbol{H}(\Delta t) = \boldsymbol{R}(\Delta t) \cdot \boldsymbol{B}$$

$$\boldsymbol{R}(\Delta t) = \Delta t \cdot \left(\boldsymbol{E} + \frac{1}{2!} \boldsymbol{A} \cdot \Delta t + \frac{1}{3!} \boldsymbol{A}^2 \cdot \Delta t^2 + \ldots \right) = \Delta t \cdot \sum_{k=0}^{\infty} \frac{1}{(k+1)!} (\boldsymbol{A} \cdot \Delta t)^k$$

wobei $\boldsymbol{E}$ die Einheitsmatrix passender Größe ist. Es ist offensichtlich, dass auf diese Weise ein lineares dynamisches Differenzialmodell in ein zu den diskreten Zeitpunkten $t_0, t_1, t_2, \ldots, t_k, \ldots$ völlig äquivalentes lineares Differenzenmodell überführt wird, sofern die Annahme zutrifft, dass die Eingangsgrößen Treppenfunktionen sind. Für $\boldsymbol{R}(\Delta t) = \boldsymbol{E}\,\Delta t$ (Abbruch der Reihenentwicklung nach dem ersten Term) ergibt sich das Euler-Verfahren.

21.4.2 Ortsdiskretisierung

Die Diskretisierung allgemeiner Differenzialmodelle, die auf der Beschreibung durch partielle Differenzialgleichungen beruhen, wird als Ortsdiskretisierung bezeichnet.

Für die computergerechte Darstellung partieller Differenzialgleichungssysteme bietet die numerische Mathematik eine Reihe von Approximationsverfahren an:

- **Finite-Differenzen-Methode:** Bei der Finite-Differenzen-Methode werden die partiellen Ableitungen in den Differenzialmodellen durch Differenzenquotienten ersetzt, beispielsweise bei partiellen Ableitungen ersten Grades durch

  $$\frac{\partial z(t,r)}{\partial t} \approx \frac{1}{2\,\Delta t} \cdot \left(z_{k+1}^{i} - z_{k-1}^{i} \right)$$

  $$\frac{\partial z(t,r)}{\partial r} \approx \frac{1}{2\,\Delta r} \cdot \left(z_{k}^{i+1} - z_{k}^{i-1} \right)$$

  wobei mit k die diskreten Zeitpunkte und mit i die diskreten Ortskoordinaten gekennzeichnet werden. Für die partiellen Ableitungen zweiter Ordnung lauten die finiten Ausdrücke:

  $$\frac{\partial^2 z(t,r)}{\partial t^2} \approx \frac{1}{\Delta t^2} \cdot \left(z_{k+1}^{i} - 2 z_{k}^{i} + z_{k-1}^{i} \right)$$

  $$\frac{\partial^2 z(t,r)}{\partial r^2} \approx \frac{1}{\Delta r^2} \cdot \left(z_{k}^{i+1} - 2 z_{k}^{i} + z_{k}^{i-1} \right)$$

  $$\frac{\partial^2 z(t,r)}{\partial t\,\partial r} \approx \frac{1}{4\,\Delta t\,\Delta r} \cdot \left(z_{k+1}^{i+1} - z_{k+1}^{i-1} - z_{k-1}^{i+1} + z_{k-1}^{i-1} \right)$$

- **Finite-Volumen-Methode:** Bei der Finite-Volumen-Methode nähert man das Lösungsgebiet durch kleine Teilgebiete an, innerhalb derer die partiellen Differenzialgleichungen exakt integriert werden, sodass man für jedes dieser Teilgebiete eine exakt diskretisierte Lösung erhält, die dann die Gesamtlösung approximiert.

Soll beispielsweise für eine Variable $u(t, x, y)$ die **ebene Wellengleichung**

$$\partial^2 u/\partial t^2 - c^2 \cdot \left(\partial^2 u/\partial x^2 + \partial^2 u/\partial y^2 \right) = f(t,x,y)$$

mit den unabhängigen Variablen t, x, y numerisch gelöst werden, so hätte nach der Finite-Differenzen-Methode die entsprechende Darstellung folgendes Aussehen:

$$\frac{1}{\Delta t^2}\left(u_{k+1}^{i,j} - 2u_k^{i,j} + u_{k-1}^{i,j}\right) - \frac{c^2}{\Delta r^2}\left(u_k^{i+1,j} + u_k^{i-1,j} + u_k^{i,j+1} + u_k^{i,j-1}\right) + 4\frac{c^2}{\Delta r^2} u_k^{i,j} = f_k^{i,j}$$

wobei k die diskreten Zeitpunkte und i sowie j die diskreten Ortskoordinaten in x- bzw. y-Richtung sind. Dieses Gleichungssystem könnte prinzipiell zur Simulation herangezogen werden, doch zeigt sich, dass sich das zeitliche Integrationsverhalten verbessert, wenn man das ursprüngliche Problem in das hiermit im kontinuierlichen Bereich äquivalente Problem

$$\partial u/\partial t = v$$

$$\partial v/\partial t = c^2\left(\partial u/\partial x^2 + \partial u/\partial y^2\right) + f(t, x, y)$$

umwandelt und auf dieses die Diskretisierungsformeln anwendet.

21.4.3 Finite-Elemente-Methode

Finite-Elemente-Methode: Bei der Finite-Elemente-Methode werden die Teilgebiete, in die das Lösungsgebiet in Form von Rechtecken, Quadraten oder Dreiecken zerlegt wird, Elemente genannt. Für jedes dieser Lösungsgebiete werden Näherungslösungen mit unbestimmten Koeffizienten angesetzt, deren Anzahl mit der jeweiligen Anzahl der Knoten auf jedem der Elemente übereinstimmt.

Obwohl die Finite-Elemente-Methode vornehmlich zur numerischen Berechnung von Differenzialmodellen mit mehr als einer unabhängigen Variablen angewendet wird, soll das typische Vorgehen anhand eines eindimensionalen Randwertproblems skizziert werden, wie es bei einem schwingenden Seil auftritt. Hierzu wird die Differenzialgleichung 2. Ordnung

$$p \cdot \mathrm{d}^2 x(t)/\mathrm{d}t^2 + q \cdot x(t) = u(t)$$

unter der Voraussetzung betrachtet, dass die Auslenkung $x(t)$ des Seils an den Intervallgrenzen verschwinden, d. h. $x(0) = x(1) = 0$. $u(t)$ soll eine beliebig vorgebbare Eingangsgröße sein. Die Lösung dieser Differenzialgleichung ist äquivalent zu der Suche nach einer Funktion $x(t)$, die das Integral I der zugehörigen Variationsaufgabe

$$I(x(t)) = \int_0^1 F(x, \mathrm{d}x/\mathrm{d}t, u)\,\mathrm{d}t = \int_0^1 \left(p \cdot (\mathrm{d}x/\mathrm{d}t)^2(t) + q \cdot x^2(t) - 2u(t) \cdot x(t)\right)\mathrm{d}t$$

innerhalb des vorgegebenen Intervalls, also für $0 < t < 1$, zum Minimum macht. Für konstante Koeffizienten p und q gilt nämlich die Euler-Lagrange'sche Gleichung:

$$\frac{\mathrm{d}}{\mathrm{d}t}\left(\frac{\partial F}{\partial \dot{x}}\right) - \frac{\partial F}{\partial x} = 0 \qquad \dot{x} = \frac{\mathrm{d}x}{\mathrm{d}t}$$

Der erste Schritt besteht darin, das Zeitintervall [0, 1] in $N + 1$ **finite Elemente**, nämlich in die Teilintervalle $[t_k, t_{k+1}]$, zu zerlegen, wobei für $k = 0, 1, \ldots, N + 1$

$$t_k = k \cdot \Delta t \qquad \Delta t = \frac{1}{N+1}$$

$$t_0 = 0$$

$$t_{N+1} = 1$$

gilt. Als Nächstes wird für jedes der finiten Elemente $[t_k, t_{k+1}]$ eine **Formfunktion** $\phi_k(t)$ gewählt, im vorliegenden Beispiel mit der Dreiecksfunktion

$$\phi_k(t) = \begin{cases} (t - t_{k-1})/\Delta t & \text{wenn} \quad t_{k-1} \le t \le t_k \\ (t_{k+1} - t)/\Delta t & \text{wenn} \quad t_k \le t \le t_{k+1} \\ 0 & \text{sonst.} \end{cases}$$

Sie bildet die Basis für die Näherungsgleichung

$$x(t) \approx x_N(t) = \sum_{k=1}^{N} c_k \cdot \phi_k(t)$$

in der die Koeffizienten c_k die gesuchten Unbekannten sind (Bild 21.13).

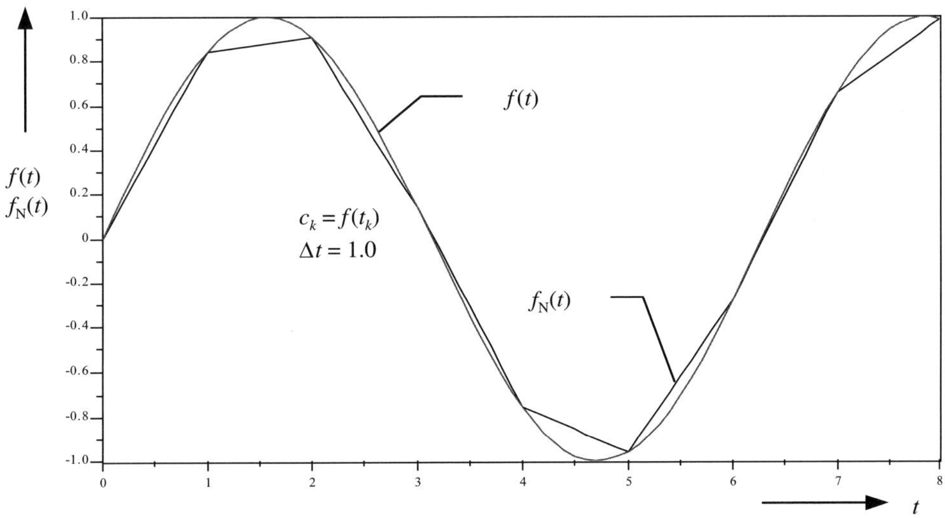

Bild 21.13 Approximation der Funktion $f(t) = \sin(t)$ *mit Hilfe der Dreiecksfunktion* $\phi_k(t)$

Im k-ten finiten Element $[t_k, t_{k+1}]$ gilt somit die Näherung

$$x_k(t) = c_k \cdot \phi_k + c_{k+1} \cdot \phi_{k+1}$$

und, wie man sich durch Ableiten von $\phi_k(t)$ nach der Zeit t überzeugen kann, außerdem

$$\dot{x}_k(t) = c_k \cdot \frac{\mathrm{d}\phi_k}{\mathrm{d}t} + c_{k+1} \cdot \frac{\mathrm{d}\phi_{k+1}}{\mathrm{d}t} = \frac{-c_k + c_{k+1}}{\Delta t}$$

Der dritte Schritt besteht darin, das Integral I der Variationsaufgabe auf dem k-ten finiten Element $[t_k, t_{k+1}]$ durch

$$I(x_k(t)) = \int_{t_k}^{t_{k+1}} \left(p \cdot \dot{x}_k^2(t) + q \cdot x_k^2(t) - 2u(t) \cdot x_k(t) \right) \mathrm{d}t$$

anzunähern. Für das gesamte Lösungsintervall [0, 1] erhält man somit

$$I(x_k(t)) = \sum_{k=1}^{N} \left(I_k^s + I_k^m + I_k^l \right)$$

21

mit den numerisch zu bestimmenden Teilintegralen

$$I_k^s = \int_{t_k}^{t_{k+1}} p \cdot \dot{x}_k^2(t)\,\mathrm{d}t = \left(p \cdot \frac{(-c_k + c_{k+1})^2}{\Delta t^2} \right) \cdot \int_{t_k}^{t_{k+1}} \mathrm{d}t = \left[c_k \; c_{k+1}\right] \cdot \boldsymbol{K}_k^s \cdot \begin{bmatrix} c_k \\ c_{k+1} \end{bmatrix}$$

$$I_k^m = \int_{t_k}^{t_{k+1}} q \cdot x_k^2(t)\,\mathrm{d}t = q \cdot \int_{t_k}^{t_{k+1}} \left(\frac{c_k(t_{k+1} - t) + c_{k+1}(t_k - t)}{\Delta t} \right)^2 \mathrm{d}t = \left[c_k \; c_{k+1}\right] \cdot \boldsymbol{K}_k^m \cdot \begin{bmatrix} c_k \\ c_{k+1} \end{bmatrix}$$

$$\begin{aligned} I_k^l &= - \int_{t_k}^{t_{k+1}} 2u_k(t) \cdot x_k(t)\,\mathrm{d}t \\ &= -2 \cdot \int_{t_k}^{t_{k+1}} \frac{\left(u_k(t_{k+1} - t) + u_{k+1}(t_k - t)\right) \cdot \left(c_k(t_{k+1} - t) + c_{k+1}(t_k - t)\right)}{\Delta t^2}\,\mathrm{d}t \\ &= -\left(\boldsymbol{u}_k^l\right)^{\mathrm{T}} \cdot \begin{bmatrix} c_k \\ c_{k+1} \end{bmatrix} \end{aligned}$$

Die sich dabei durch Ausführen der Integration ergebenden Matrizen werden entsprechend ihrer physikalischen Bedeutung als

Elemente-Steifigkeitsmatrix: $\boldsymbol{K}_k^s = \frac{p}{\Delta t} \cdot \begin{bmatrix} 1 & -1 \\ -1 & 1 \end{bmatrix}$

Elemente-Massenmatrix: $\boldsymbol{K}_k^m = \frac{q \cdot \Delta t}{6} \cdot \begin{bmatrix} 2 & 1 \\ 1 & 2 \end{bmatrix}$ und

Elemente-Lastvektor: $\boldsymbol{u}_k^l = \frac{\Delta t}{3} \cdot \begin{bmatrix} 2u_k + u_{k+1} \\ u_k + 2u_{k+1} \end{bmatrix}$

des k-ten Elements bezeichnet. Hierbei wird die Eingangsfunktion $u(t)$ auf dem k-ten Element $[t_k, t_{k+1}]$ durch $u_k(t) = u_k\, \phi_k(t) + u_{k+1}\, \phi_{k+1}(t)$ angenähert.

Der Sinn dieser Vorbereitungen besteht im Wesentlichen darin, eine Beschreibung zu erzielen, mit der die Lösung der Differenzialgleichung auf das wesentlich einfachere Problem der **Lösung eines linearen Gleichungssystems** zurückgeführt werden kann. Es ist nämlich nunmehr für

$$I(x_N(t)) = \boldsymbol{c}^{\mathrm{T}} \cdot (\boldsymbol{K} + \boldsymbol{M}) \cdot \boldsymbol{c} - \boldsymbol{u}^{\mathrm{T}} \cdot \boldsymbol{c}$$

derjenige unbekannte Vektor $\boldsymbol{c}$ zu suchen, der $I(x_N(t))$ zum Minimum macht mit den **globalen Koeffizientenmatrizen**:

$$\boldsymbol{K} = \frac{p}{\Delta t} \cdot \begin{bmatrix} 2 & -1 & & & & & \\ -1 & 2 & -1 & & & \boldsymbol{0} & \\ & -1 & 2 & -1 & & & \\ & & \ddots & \ddots & \ddots & & \\ & & & -1 & 2 & -1 & \\ & \boldsymbol{0} & & & -1 & 2 & -1 \\ & & & & & -1 & 2 \end{bmatrix}$$

$$\boldsymbol{M} = \frac{q\,\Delta t}{6} \cdot \begin{bmatrix} 4 & 1 & & & & & \\ 1 & 4 & 1 & & & \boldsymbol{0} & \\ & 1 & 4 & 1 & & & \\ & & \ddots & \ddots & \ddots & & \\ & & & 1 & 4 & 1 & \\ & \boldsymbol{0} & & & 1 & 4 & 1 \\ & & & & & 1 & 4 \end{bmatrix} \quad \text{und}$$

$$\boldsymbol{u} = \frac{\Delta t}{6} \cdot \left[u_0 + 4u_1 + u_2 \;\; u_1 + 4u_2 + u_3 \;\; \ldots \;\; u_{N-2} + 4u_{N-1} + u_N\right]^{\mathrm{T}}.$$

Notwendige Bedingung für ein Minimum von $I(x_N(t))$ in Bezug auf $\boldsymbol{c}$ ist das lineare Gleichungssystem

$$(\boldsymbol{K}+\boldsymbol{M})\cdot \boldsymbol{c}=\boldsymbol{u}$$

das nach $\boldsymbol{c}$ aufzulösen ist, womit die Approximationsdarstellung $x_N(t)$ für $x(t)$ bestimmt ist.

21.5 Beschreibung mit Graphen

Grafische Modelle bilden bei Simulationssoftware mit grafischer Oberfläche den Ausgangspunkt für die Modellbildung. Dem Benutzer stehen hierbei eine Reihe von Modellelementen zur Verfügung, aus denen das Simulationsmodell aufgebaut werden kann.

Grafische Modelle sind Graphen, die aus gerichteten Kanten sowie aus Knoten bestehen, deren Interpretation von dem jeweiligen Modelltyp abhängt.

Durch **Signalflussgraphen** (Abschn. 21.5.1) wird besonders der informatorische Aspekt der zu simulierenden Prozesse hervorgehoben, während **Bondgraphen** (Abschn. 21.5.2) explizit zur Modellierung von Energieflüssen entwickelt worden sind. **Zustands- und Ereignisgraphen** (Abschn. 21.5.3) bieten außerordentlich weit reichende Möglichkeiten der Modellbildung in nahezu allen Bereichen der Informatik. Im Zusammenhang mit der Simulation physischer Prozesse haben sie vor allem bei Transportvorgängen diskreter materieller Objekte große Bedeutung, etwa bei der Steuerung von Verkehrsflüssen oder in den Bereichen von Materialfluss, Logistik oder flexibler Fertigungssteuerung.

21.5.1 Signalflussgraphen

Signale: Bei Signalen handelt es sich um physikalische Größen, die als Träger von Information (oder Nachrichten) vorgesehen sind.

Als Signale kommen alle Prozessgrößen in Betracht; im Folgenden sollen hierunter jedoch vor allem zeitveränderliche Prozessgrößen $x(t)$, $y(t)$, … verstanden werden.

Signalflussgraphen: Bei Signalflussgraphen in **Signalkantendarstellung** werden Signale als gerichtete Kanten und Verknüpfungsoperationen, die mit den Signalen vorgenommen werden, als Knoten dargestellt.

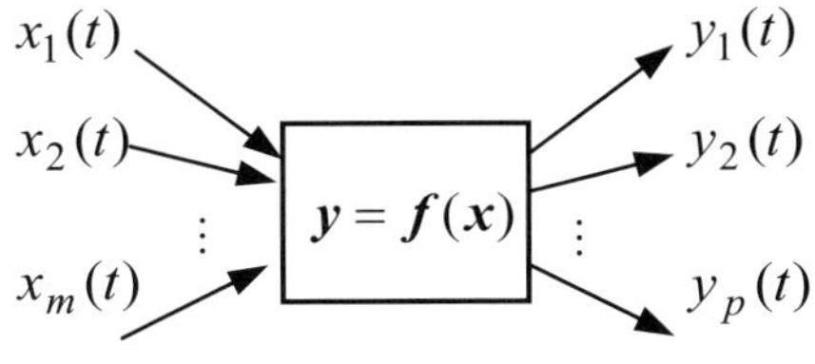

Bild 21.14 Elementarer Signalflussgraph (Signalfunktion) in Signalkantendarstellung

Für Signalflussgraphen sind eine Reihe von speziellen Knotentypen definiert, von denen nachfolgend die wichtigsten aufgeführt sind (Tabelle 21.3). In Bezug auf die Verknüpfungsoperationen der Knoten gilt das Prinzip der **Rückwirkungsfreiheit**.

Rückwirkungsfreiheit: Das Prinzip der Rückwirkungsfreiheit besagt, dass die Eingangsgrößen $\boldsymbol{x}(t)$ eines Systems von den Ausgangsgrößen $\boldsymbol{y}(t)$ unabhängig sind oder, umgekehrt ausgedrückt, die Ausgangsgrößen $\boldsymbol{y}(t)$ die Eingangsgrößen $\boldsymbol{x}(t)$ nicht beeinflussen.

Tabelle 21.3 Spezielle Knoten bei Signalflussgraphen

Summationsknoten $y(t)=\sum_{i=1}^{m} x_i(t)$	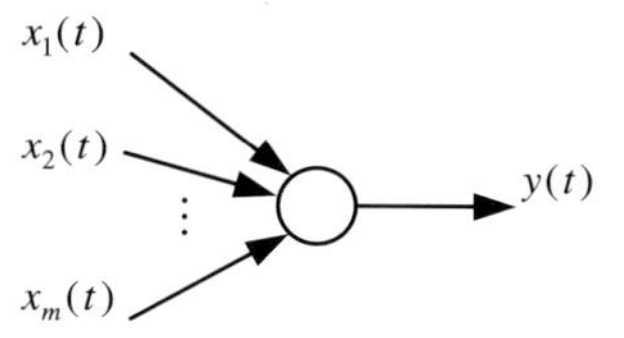
Verzweigungsknoten $y_1(t)=y_2(t)=\ldots=y_p(t)$ $=x(t)$	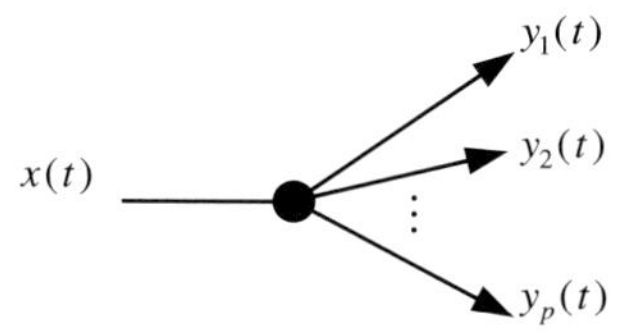
Elementarspeicher für Differenzialmodelle $y(t)=y_0+\int_0^t x(\tau)\,\mathrm{d}\tau$ $x(t)=\dot{y}(t)$	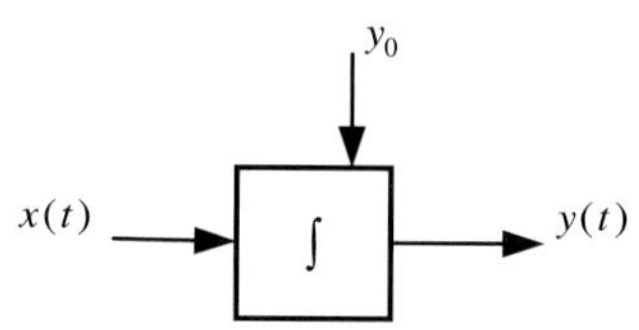
Elementarspeicher für Differenzenmodelle $y_k=y_0+x_{k-1}$ $x_k=y_{k+1}$ für $y_0=0$	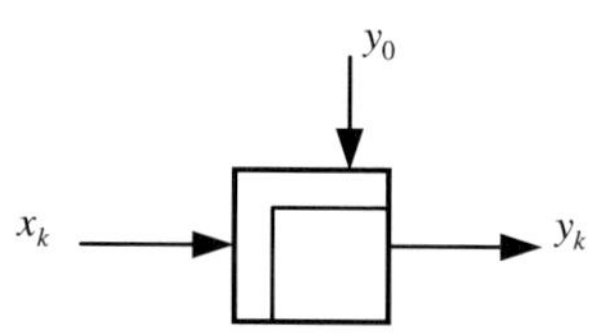

Die Rückwirkung von Teilsystemen und ihre Darstellung mit Signalflussgraphen sollen anhand der Kombination zweier einfacher *RC*-Glieder demonstriert werden (Bild 21.15).

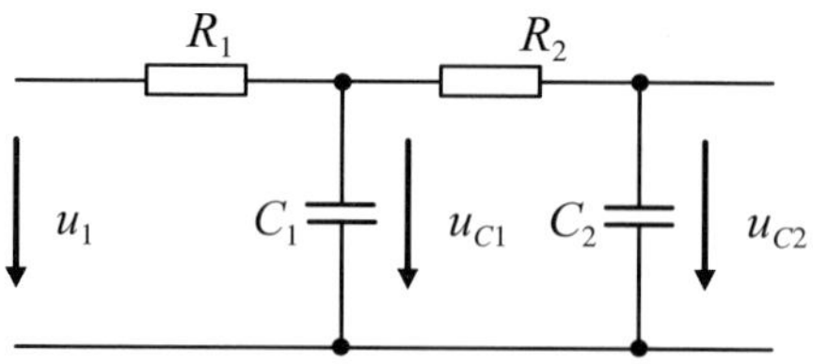

R_1, R_2: Ohmsche Widerstände
C_1, C_2: Kapazitäten
u_1, u_{C1}, u_{C2}: Spannungen

Bild 21.15 Hintereinanderschaltung zweier RC-Glieder

In den Teilnetzwerken R_1, C_1 und R_2, C_2 erhält man für die Spannungen u_{C1} und u_{C2}:

$$\dot{u}_{C_1}(t) = \frac{1}{R_1 C1}(u_1(t) - u_{C1}(t))$$

$$\dot{u}_{C_2}(t) = \frac{1}{R_2 C_2}(u_{C1}(t) - u_{C2}(t))$$

sofern sie nicht miteinander verbunden sind. Im Falle ihrer Hintereinanderschaltung lauten die sich ergebenden Differenzialgleichungen jedoch:

$$\dot{u}_{C_1}(t) = \frac{1}{R_1 C_1}(u_1(t) - u_{C1}(t)) - \frac{1}{R_2 C_1}(u_{C1}(t) - u_{C2}(t))$$

$$\dot{u}_{C_2}(t) = \frac{1}{R_2 C_2}(u_{C1}(t) - u_{C2}(t))$$

Der zweite Term auf der rechten Seite der ersten Gleichung beschreibt die Rückwirkung des zweiten Netzwerks auf das erste. In Bild 21.16 ist dargestellt, dass diese Rückwirkung in einem Signalflussgraphen **explizit** berücksichtigt werden muss.

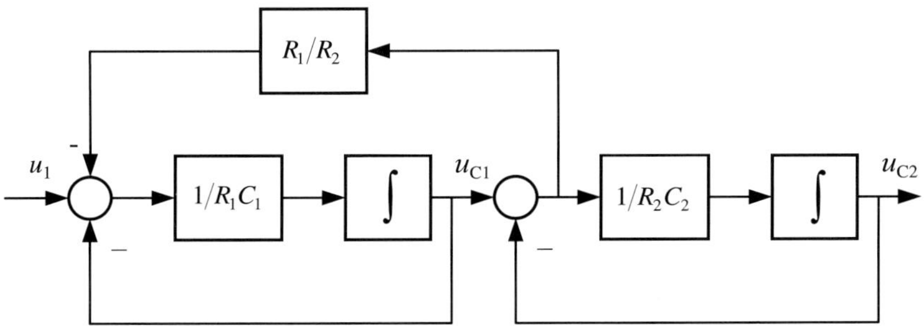

Bild 21.16 Signalflussgraph der Hintereinanderschaltung zweier RC-Glieder

21.5.2 Energieflussgraphen (Bondgraphen)

Konjugierte Variablen: Ein Energiefluss (**flux**) (oder, was dasselbe ist: die Verteilung von Leistung) ist untrennbar verbunden mit dem Auftreten zweier **konjugierter Variablen**, die als Spannung (**effort**) $e(t)$ und als Fluss (**flow**) $f(t)$ bezeichnet werden.

In elektrischen Systemen werden die konjugierten Variablen von der elektrischen Spannung und dem elektrischen Strom gebildet, in mechanisch-translatorischen Systemen sind dies Kraft und Geschwindigkeit.

Das Produkt der konjugierten Variablen

$$p(t) = e(t) \cdot f(t)$$

ist gleich dem Momentanwert $p(t)$ des Energieflusses (Leistung).

Bonds: Die gerichteten Kanten in Bondgraphen werden durch Halbpfeile dargestellt, die als Bonds bezeichnet werden. Sie geben die Richtung des Energieflusses wieder und symbolisieren somit die beiden konjugierten Variablen $e(t)$ und $f(t)$.

Tabelle 21.4 Spezielle Knoten bei Bondgraphen

Eintorelemente		
Se / *Sf* 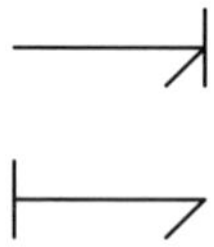	*Spannungsquelle* / *Flussquelle*	$f(t)=F(e(t))$ / $e(t)=G(f(t))$
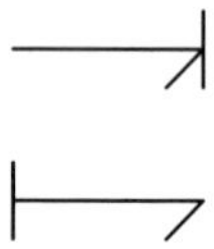 *I* / *C*	*I-Speicher* / *C-Speicher*	$f(t)=\frac{1}{L}\int e(t)\,\mathrm{d}t$ / $e(t)=\frac{1}{C}\int f(t)\,\mathrm{d}t$
 *R*	*dissipatives Element*	$e(t)=R\cdot f(t)$ oder $f(t)=\frac{1}{R}e(t)$
Mehrtorelemente		
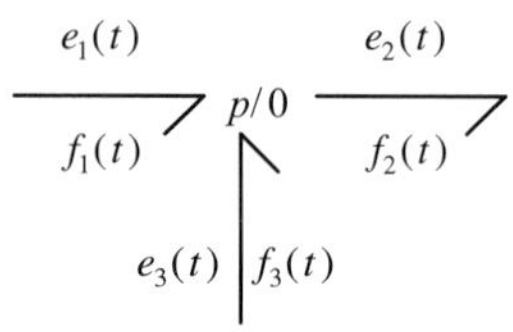	*Parallel- oder 0-Verbindung*	$e_1(t)=e_2(t)=e_3(t)$ $f_1(t)-f_2(t)+f_3(t)=0$
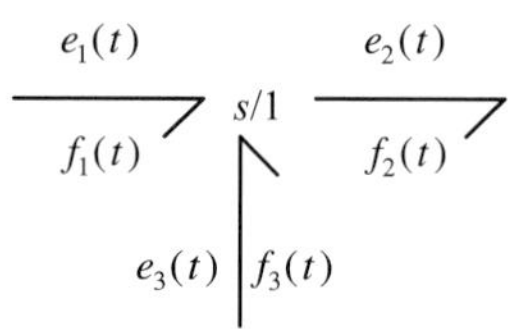	*Serien- oder 1-Verbindung*	$f_1(t)=f_2(t)=f_3(t)$ $e_1(t)-e_2(t)+e_3(t)=0$
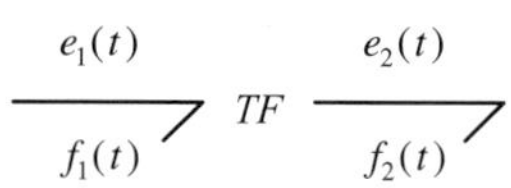	*Transformator (TF)*	$e_2(t)=\frac{1}{k}e_1(t)$ $f_2(t)=k\,f_1(t)$

Zur eindeutigen Festlegung des Energieflusses benötigt man darüber hinaus bei jedem Bond die Angabe der Kausalität zwischen den konjugierten Variablen (Bild 21.17). Mit den Knoten der Bondgraphen werden die Netzwerkelemente gekennzeichnet, wobei man entsprechend der Anzahl der ein- und austretenden Bonds zwischen Eintor- und Mehrtor-Netzwerkelementen unterscheidet (Tabelle 21.4).

Der Vorteil der Modellierung mit Bondgraphen gegenüber Signalflussgraphen ist darin zu sehen, dass **Rückwirkungen** des Energieflusses bei der Kopplung von Netzwerkelementen **nicht explizit berücksichtigt** werden müssen. Dies ist auch der Grund dafür, dass sich Bondgraphen zur **bauteilorientierten Modellbildung** und **Simulation**, wie man sie gerade im Konstruktionsbereich anstrebt, weit besser eignen als Signalflussgraphen.

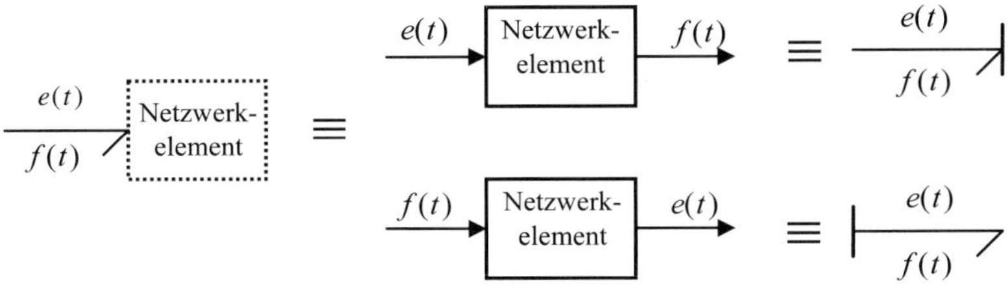

Bild 21.17 Flusskausaler (oben) und spannungskausaler (unten) Energiefluss (in Signalfluss- und Bondgraphendarstellung)

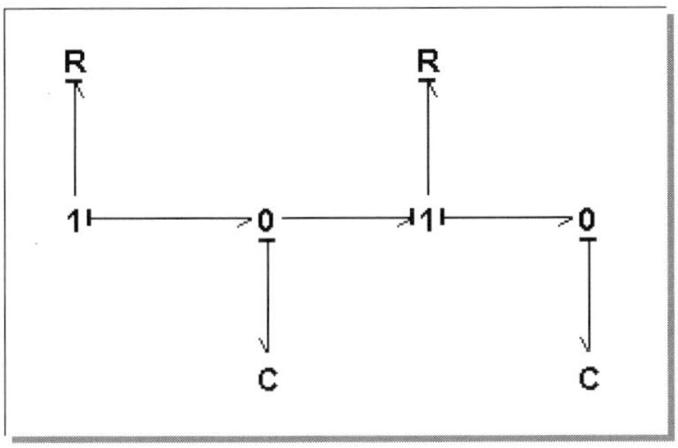

Bild 21.18 Bondgraph der Hintereinanderschaltung zweier RC-Glieder (Programm: 20sim®*)*

Zur Nachbildung der Hintereinanderschaltung zweier *RC*-Glieder (Bild 21.15) werden die beiden zugehörigen Bondgraphen, die bis auf die Parameterwerte für R_1, C_1, R_2 und C_2 völlig identisch sind, einfach miteinander verbunden (Bild 21.18).

Die dabei auftretende Rückwirkung, mit der das erste Netzwerk das zweite belastet, wird **implizit** mit modelliert. Jedes der beiden *RC*-Glieder stellt eine serielle Kopplung eines **dissipativen Elements *R*** mit einem ***C*-Speicher** dar, weshalb beide Elemente über eine **Serien-** oder **1-Verbindung** miteinander verbunden sind. Bei der Hintereinanderschaltung zweier oder mehrerer *RC*-Glieder liegt das zweite *RC*-Glied parallel zum ersten, was durch die **Parallel-** oder **0-Verbindung** zu berücksichtigen ist, die zwischen den beiden *RC*-Kombinationen liegt. Die zweite Parallel- oder 0-Verbindung, im Bild 21.18 rechts außen, ändert an dem Verhalten nichts, sondern dient nur dazu, die beiden *RC*-Glieder identisch aufzubauen.

Im Falle eines mechanischen Netzwerks würde bei einer solchen Kombination von *RC*-Gliedern das dissipative Element *R* einer Newton'schen Reibung und der *C*-Speicher einer Feder entsprechen.

Da Bondgraphen-Modelle von der spezifischen Energieform abstrahieren und zudem, wie sich oben gezeigt hat, Rückwirkungen implizit berücksichtigen, eignen sie sich außer zu einer bauteilorientierten Simulation vor allem für die Nachbildung **hybrider technischer Systeme**, die dadurch gekennzeichnet sind, dass verschiedene Energieformen auftreten (z. B. elektromechanische oder elektrohydraulische Systeme).

21.5.3 Zustands- und Ereignisgraphen

Während bei Signalfluss- und Bondgraphen die gerichteten Kanten den Fluss gewisser Größen und die Knoten die Verarbeitung dieser Größen symbolisieren (Abschn. 21.5.1 und Abschn. 21.5.2), haben Kanten und Knoten bei Zustands- und Ereignisgraphen eine völlig andere Bedeutung.

Zustandsdiagramme: In Zustandsdiagrammen werden die Knoten als **Zustände** und die gerichteten Kanten als **Transitionen**, d. h. Übergänge zwischen den Zuständen, interpretiert.

Dabei versteht man unter einem Zustand diejenige Phase, in der ein zu simulierender Prozess für eine nicht verschwindende Zeitdauer verbleibt, wohingegen bei einer Transition von einer vernachlässigbaren Zeitdauer auszugehen ist.

Jeder endliche Automat (Abschn. 21.3.3) kann als Zustandsdiagramm dargestellt werden, und umgekehrt lässt sich zu jedem Zustandsdiagramm ein endlicher Automat konstruieren. Somit entspricht im Falle Boole'scher Automaten, bei denen alle auftretenden Systemgrößen (also auch der Zustandsvektor) zweiwertig sind, jedem der Knoten eines Zustandsdiagramms genau eine bestimmte Kombination der Komponenten des Zustandsvektors $\boldsymbol{x}_k$.

Das bedeutet, dass ein Prozess, der durch einen endlichen Automaten mit einem n-dimensionalen **Boole'schen Zustandsvektor** beschrieben wird, maximal 2^n verschiedene Zustände einnehmen kann. In der Darstellung als Zustandsdiagramm benötigt man dementsprechend viele Knoten. Liegt hingegen die Prozessbeschreibung in Form eines Zustandsdiagramms mit N Knoten vor, so muss zu deren Darstellung durch einen endlichen Automaten ein n-dimensionaler Zustandsvektor mit $n \geq \text{ld}\, N$ vorgesehen werden (ld N: Logarithmus zur Basis 2). Zur Festlegung der Größe des **Eingangsvektors** $\boldsymbol{u}_k$ muss man, ausgehend von der Darstellung des Prozesses als Zustandsdiagramm, die Anzahl $M_{\max}$ von gerichteten Kanten bestimmen, die maximal aus einem der Knoten austreten. Der Eingangsvektor ist dann m-dimensional mit $m \geq \text{ld}\, M$.

Als Beispiel für die Überführung eines Zustandsdiagramms in die Darstellung als endlicher Automat soll das Zustandsdiagramm in Bild 21.19 betrachtet werden.

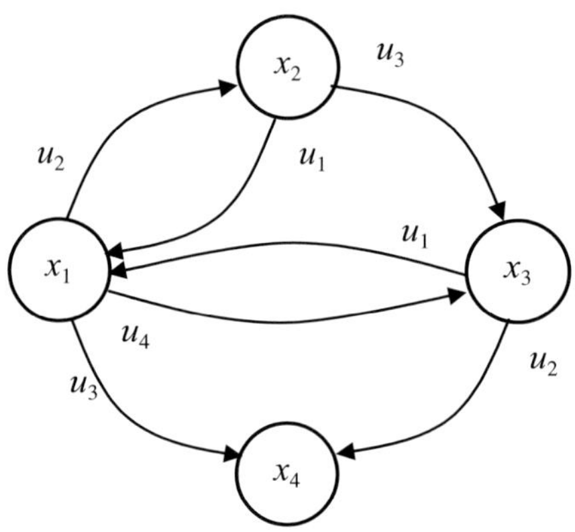

Bild 21.19 Zustandsdiagramm des Beispiels

21

Die Anzahl der Zustandsknoten ist 4, sodass für eine Beschreibung in Form eines endlichen Automaten ein mindestens 2-dimensionaler Zustandsvektor erforderlich ist. Für die 4 Zustände kann beispielsweise folgende **Zustandscodierung** gewählt werden:

$$x_1 = \begin{bmatrix} 0 \\ 0 \end{bmatrix} \quad x_2 = \begin{bmatrix} 1 \\ 0 \end{bmatrix} \quad x_3 = \begin{bmatrix} 0 \\ 1 \end{bmatrix} \quad x_4 = \begin{bmatrix} 1 \\ 1 \end{bmatrix}$$

Die maximale Anzahl von gerichteten Kanten tritt beim Knoten z_1 auf und ist 3, weshalb auch der Eingangsvektor mindestens 2-dimensional sein muss. Die hierfür erforderlichen Eingangsgrößen sind in Bild 21.19 eingetragen. Dabei ist normalerweise zusätzlich darauf zu achten, dass man aus einem Zustandsknoten nach Möglichkeit nicht mit ein und derselben Eingangsgröße heraus wie hinein gelangt, da ansonsten zu fragen wäre, ob der Zustand nicht überflüssig sein könnte. Als **Eingangscodierung** soll gewählt werden:

$$u_1 = \begin{bmatrix} 0 \\ 0 \end{bmatrix} \quad u_2 = \begin{bmatrix} 1 \\ 0 \end{bmatrix} \quad u_3 = \begin{bmatrix} 0 \\ 1 \end{bmatrix} \quad u_4 = \begin{bmatrix} 1 \\ 1 \end{bmatrix}$$

Bei der Aufstellung der Automatengleichungen beschreibt man, wie der Prozess von einem Zustand in einen neuen, etwa x_1, gelangt. Letzteren versieht man mit dem Zeitindex $(k + 1)$, während die alten Zustände und die Eingangsgrößen, die den Übergang zu dem neuen Zustand bewirken, den Zeitindex k erhalten:

$$x_1(k+1) = x_2(k) \cdot u_1(k) + x_3(k) \cdot u_3(k) .$$

Entsprechend diesem Vorgehen erhält man 4 Zustandsgleichungen, aus denen mit Hilfe der angegebenen Codierungen schließlich die Automatengleichungen gewonnen werden können.

Eine wesentliche Erweiterung der Ausdrucksmöglichkeiten erhält man durch die Einführung eines zweiten Knotentyps. Bei Zustandsdiagrammen können sich Transitionen nur in einem Zustandsknoten verzweigen. Dies hat unter anderem zur Folge, dass immer nur ein Zustandsknoten „aktiv" sein kann, da bei mehreren Alternativen immer nur genau ein Zustandsübergang zulässig ist. Verzichtet man auf diese Einschränkung und führt für Transitionen einen eigenen Knotentyp ein, so eröffnet sich die Möglichkeit, Prozesse zu beschreiben, die **nebenläufig** (oder **konkurrent**) sind, d. h., bei denen mehr als ein Zustandsknoten aktiv sein kann. Bei den hieraus sich ergebenden Prozessmodellen handelt es sich dann um Graphen vom Petri-Netz-Typ (Abschn. 21.3.4).

Zustands-Transitions-Graphen: In Zustands-Transitions-Graphen gibt es zwei Arten von Knoten, nämlich **Zustandsknoten** und **Transitionsknoten**, von denen aus gerichtete Kanten sich verzweigen und in denen diese zusammengeführt werden können. Die Aktivierung von Zuständen wird durch **Marken** symbolisiert, die gerichteten Kanten geben die **Richtung des Markenflusses** wieder.

Interpretiert man die Übergänge zwischen Zuständen als Ereignisse, so ist es gerechtfertigt, **Zustands-Transitions-Graphen** auch als **Zustands-Ereignis-Graphen** zu bezeichnen. Die Zustandsknoten werden wie in **Zustandsdiagrammen** durch Kreise dargestellt, während die Transitionsknoten als Querbalken angegeben werden (Bild 21.20).

Bild 21.20 Vereinigung (links) und Verzweigung (rechts) an einem Transitionsknoten

Mit der Möglichkeit, Verzweigungen aus einer Transition heraus zu modellieren, wird man in die Lage versetzt, die gleichzeitige Aktivierung von mehr als einem Zustand nachzubilden. Bei einer solchen Verzweigung erhält man aus einer Marke zwei, die allerdings zu einer Marke verschmolzen werden können, wenn irgendwann danach in einer Transition eine Vereinigung entsprechend Bild 21.20 auftritt.

Durch geeignete Erweiterung der Eigenschaften der Marken können mit Zustands-Ereignis-Graphen selbst komplexeste Abläufe nachgebildet werden.

21.6 Anwendungsbereiche

Die Simulation ist ein Repertoire experimenteller und methodenorientierter Vorgehensweisen, mit dem

- das **Verhalten** von Systemen **beschrieben** werden kann,
- **Theorien** und **Hypothesen**, die das beobachtete Verhalten zu interpretieren gestatten, in selbstkorrigierender Weise **entwickelt** werden können, und
- das **zukünftige Verhalten** des zu simulierenden Systems **vorhergesagt** werden kann.

Man bewegt sich dabei gewissermaßen in einer virtuellen Welt, d. h. einer „Welt des Als-ob", in der Fehler toleriert werden und in der aus Fehlern relativ gefahrlos gelernt werden kann. Das bedeutet, dass man mit Hilfe der Simulation **experimentieren**, die Auswirkungen von angenommenen realen Bedingungen **analysieren** und hierbei auftretende **Fehler** in den Annahmen und Auswirkungen **erkennen und eliminieren** kann.

Zusammenfassend kann man als Argumente, die für die Simulation sprechen, die Möglichkeiten anführen, die sich aus

- geringeren **Kosten**,
- der **Reproduzierbarkeit** von Experimenten,
- dem Ausschließen von **Risiken**,
- der **Zugänglichkeit** der interessierenden Größen,
- der **Zeitraffung** und **Zeitdehnung**,
- der **Vorhersage**,
- der **Veränderbarkeit** physischer Parameter,
- der „Realisierung" **noch nicht existierender Systeme**,
- der **Voroptimierung** und nicht zuletzt
- der Verwirklichung des **Prinzips der Fehlertoleranz**

ergeben.

Nachfolgend werden einige typische Anwendungsbereiche skizziert, zu denen neben **Ausbildung und Training** (Abschn. 21.6.1) vor allem das so genannte **Computer-Aided Engineering** (Abschn. 21.6.2) zu zählen ist, in dem alle rechnergestützten Entwurfstechniken einschließlich der Simulationstechnik zusammengefasst sind. Ein in letzter Zeit zunehmend wichtig werdender Zweig des Computer-Aided Engineering, nämlich der Bereich **Hardware-in-the-Loop** (Abschn. 21.6.3), ermöglicht es, durch die enorm gesteigerte Leistungsfähigkeit der Computer auch umfangreichere Modelle in Echtzeit zu simulieren. Nutzt man diese Echtzeitfähigkeit zur interaktiven Simulation, d. h. ähnlich wie bei Ausbildung und Training im Zusammenwirken mit Menschen, so spricht man von einer Simulation mit **Man-in-the-Loop** (Abschn. 21.6.4).

21.6.1 Ausbildung und Training

In Bild 21.21 ist ein Simulationsprogramm dargestellt, wie es in ähnlicher Art bei Unternehmensspielen zum Managementtraining eingesetzt wird.

Im vorliegenden Fall geht es darum, entsprechend dem Lagerbestand eines Zwischenhändlers (**retailer**) und abhängig von den Einkäufen der Kunden (**customers**) die Bestellungen bei dem Großhändler (**wholesaler**) vorzunehmen. Dabei sollen weder die Lagerbestände zu groß noch die Kundenwünsche unbefriedigt bleiben.

Normalerweise sehen die Spielenden die der Spielsituation zu Grunde liegende Struktur des dynamischen Prozesses nicht, sondern es wird von ihnen erwartet, dass sie anhand der beschränkten Informationen, die ihnen ähnlich wie in der Realität zur Verfügung steht, die Spielsituation meistern. Das den Spielenden sichtbare Bedienpanel zeigt Bild 21.22. Es enthält in seinem Hauptteil die grafische Ausgabe des Lagerbestands in Form eines Balkendiagramms (im Bild nicht darge-

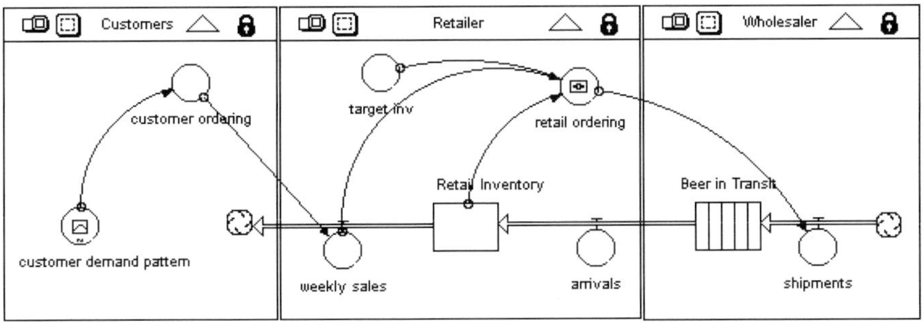

Bild 21.21 „Malzbier"-Spiel (Programm: i-think®*)*

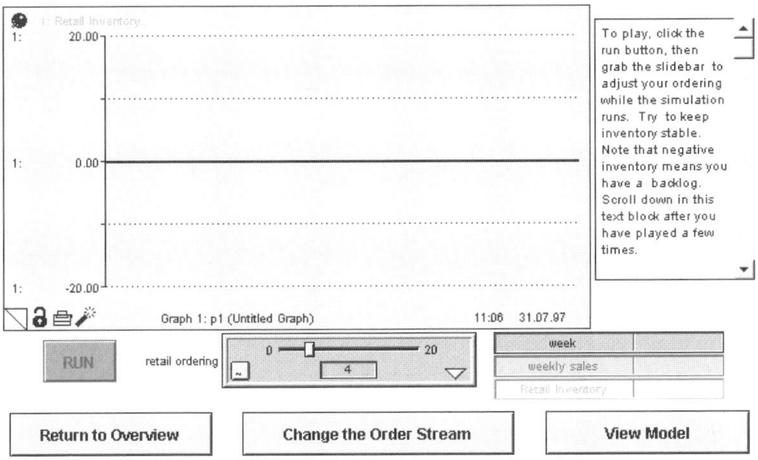

Bild 21.22 Bedienpanel des „Malzbier"-Spiels (Programm: i-think®*)*

stellt), einen Startknopf (**run**) sowie einen Schieberegler zur Eingabe der Bestellungen beim Großhändler. Zusätzlich können über ein Sichtfenster Informationen über Ziel und Ablauf des Spiels betrachtet werden.

21.6.2 Computer-Aided Engineering

Die Anwendung der Simulationstechnik bei der Entwicklung und Auslegung technischer Systeme gehört besonders in der Regelungstechnik seit langem zu den bewährten rechnergestützten Werkzeugen im industriellen Bereich, die unter der Bezeichnung **CAx-Techniken** zusammengefasst werden. Hierzu zählen neben dem **Computer-Aided Engineering** (CAE) vor allem CAD (**Computer-Aided Design**: Konstruktion) und CAM (**Computer-Aided Manufacturing**: Herstellung und Produktion, insbesondere die Programmierung von Robotern oder numerisch gesteuerter Maschinen).

In Bild 21.23 sind als Beispiel für ein leistungsfähiges Werkzeug zur Analyse und Synthese von Regelungssystemen die Komponenten des Softwarepakets Matrix$_x$ der Firma Integrated Systems Inc. wiedergegeben. In der Regel verfügen solche Softwarepakete über die Möglichkeit, die

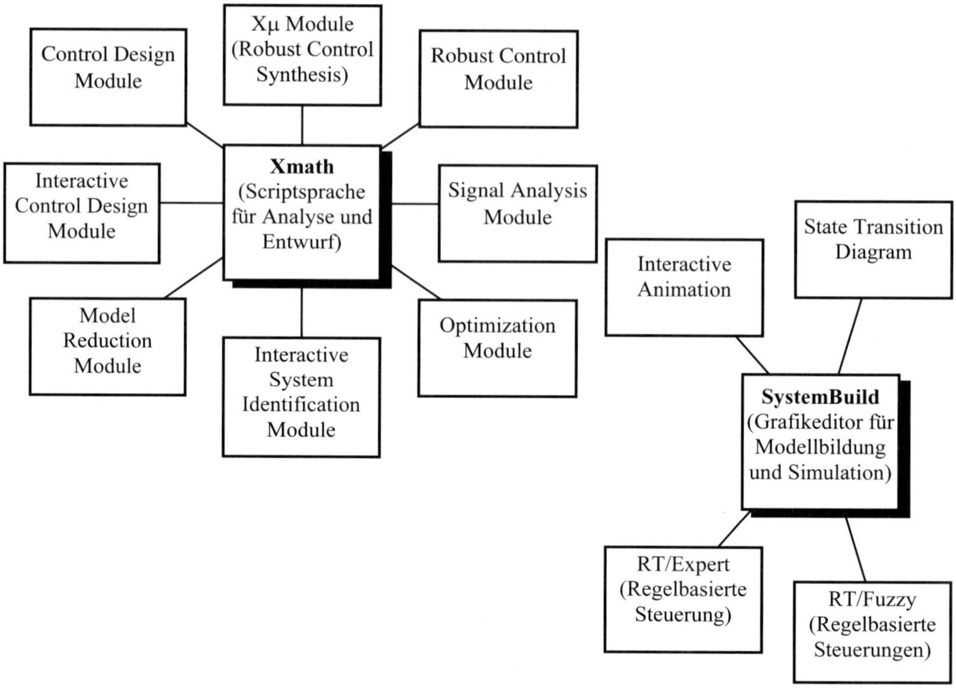

Bild 21.23 Übersicht über die Struktur des Softwarepakets Matrix$_X$® *(Kramer u. Neculau, 1998)*

Regelungsalgorithmen für bestimmte Steuerungshardware in automatisierter Weise zu exportieren (Abschn. 21.6.3). Bild 21.24 zeigt die Menüfenster dieses Softwarepakets für die Auslegung eines PID-Reglers.

Der Vorteil bei der Verwendung eines solchen Werkzeugs bei der Reglerauslegung liegt auf der Hand: Die Regelung muss nicht am realen Objekt vorgenommen werden, womit sich die Gefahr drastisch verringert, Störungen oder gar die Zerstörung des zu regelnden Systems während der Erprobung und Inbetriebnahme herbeizuführen. Dieses Risiko ist bei einer Regelung immer gegeben, da – anders als bei einer Steuerung – ein geregelter Prozess selbst dann instabil werden kann, wenn er ungeregelt völlig unkritisch und stabil ist.

Das interaktive Reglerentwurfsmodul von Matrix$_X$ bietet neben dem hier gezeigten für die Auslegung von PID-Reglern (Kap. 18) noch weitere standardisierte Entwurfsansätze, sodass den Entwicklern für die meisten linearen Regelungsaufgaben ein leistungsfähiges und vielfältiges Instrumentarium an die Hand gegeben ist.

21

21.6.3 Hardware-in-the-Loop

Ein zunehmend wichtig werdender Bereich der Anwendung von **Echtzeitsimulatoren** sind Testumgebungen für die Entwicklung und Erprobung von Hardwarekomponenten, die der Kürze halber unter dem Begriff **Prüfstandstechnik** zusammengefasst werden können. Ihr Schema ist in Bild 21.25 dargestellt.

Da die Entwicklung und Erprobung gewöhnlich Hardwarekomponenten, beispielsweise Regler, programmierbare Steuerungen oder Kommunikationshardware (Busse und Bus-Controller), beinhalten, die getestet werden sollen, spricht man häufig auch von **Hardware-in-the-Loop**-Systemen; gelegentlich bezeichnet man die Simulation von Steuerungen auch als **Rapid**

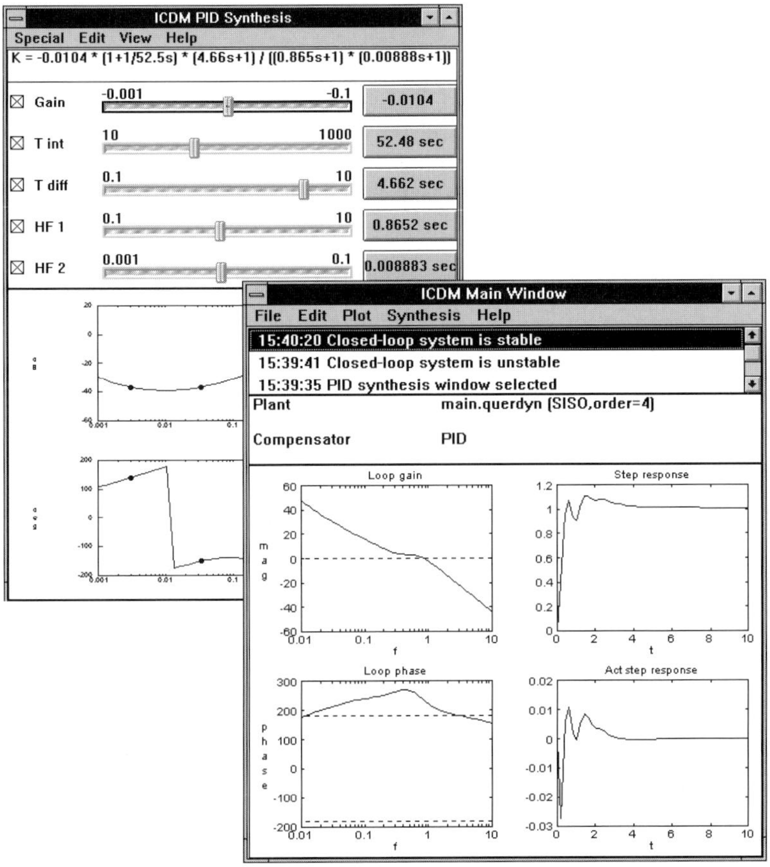

Bild 21.24 Menüfenster des interaktiven Reglerentwurfs-Moduls von $\text{Matrix}_X^{\circledR}$ *(Kramer u. Neculau, 1998)*

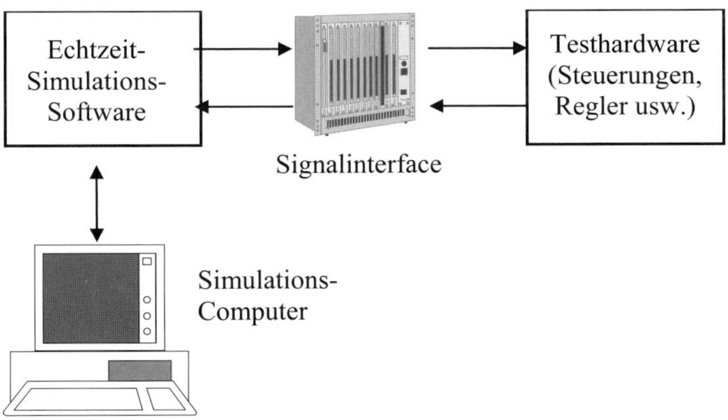

Bild 21.25 Typische Hardware-in-the-Loop-Konfiguration

Controller Prototyping. Sie werden von der Industrie in großer Vielfalt angewendet, um beispielsweise

- Strategien zum **Anfahren einer Anlage** zu entwickeln und zu erproben,
- **Voroptimierungen** durchzuführen,
- die Machbarkeit von Produkt-Prozess-Übergängen (**Prozessfähigkeit von Fertigungsabläufen**) zu verifizieren, oder
- **Systemoperateure** an Anlagenmodellen (statt an realen Anlagen) zu **trainieren** (Abschn. 21.6.1).

Wichtigste Anforderung an die Simulation ist hierbei, dass die **Echtzeitfähigkeit** gewährleistet werden kann, um die zu untersuchenden gegenständlichen Hardwarekomponenten unter möglichst realitätsnahen Bedingungen betreiben zu können. Dafür bieten sich verschiedene Vorgehensweisen an.

Eine recht einfache Möglichkeit besteht darin, Programme, mit denen man auch die Simulationsmodelle aufstellt und betreibt, um **Treiberroutinen** zu erweitern. Mit diesen werden die simulierten Prozessdaten an die zu untersuchende Hardware übergeben und über sie werden die von der Testhardware erzeugten Steuersignale an das Simulationsprogramm weitergeleitet. Die Echtzeitfähigkeit kann in diesem Fall nur dadurch sichergestellt werden, dass der Computer, auf dem das Simulationsprogramm läuft, gemessen an den zu simulierenden Prozessen hinreichend leistungsfähig ist. Da die Simulationsprogramme aus Gründen einer inkrementellen Programmierbarkeit meistens auf dem Interpreterprinzip beruhen, sind diesem Vorgehen enge Grenzen hinsichtlich Komplexität und Geschwindigkeit der zu simulierenden Prozesse gesetzt.

Um die Laufzeiteigenschaften in Bezug auf die Ausführungsgeschwindigkeit zu verbessern, verfügen viele Simulationsprogramme über **Codegeneratoren**, mit denen die – beispielsweise grafisch programmierten – Simulationsmodelle in compilierbare Hochsprachen (meistens C) übersetzt werden können. Auf diese Weise ist es möglich, die Entwicklung und das Austesten der Simulationsmodelle auf der einen Seite von dem Betreiben dieser Modelle unter Echtzeitbedingungen auf der anderen Seite zu trennen. Darüber hinaus eröffnet dies eine große Auswahl zwischen hierbei in Betracht kommender Zielplattformen, insbesondere den Übergang auf **Systeme mit echtzeitfähigen Betriebssystemen**. Hierunter sind Betriebssysteme zu verstehen, die in vorhersagbarer, deterministischer Weise auf externe Ereignisse zu reagieren vermögen (wozu beispielsweise auch Taktgeber- oder Triggersignale für die Erfassung externer Signale zählen).

Für umfangreiche Echtzeit-Simulationsaufgaben kann es auch sinnvoll sein, speziell zugeschnittene Computerarchitekturen, beispielsweise in Form von **Multiprozessorsystemen**, einzusetzen. Dabei werden voneinander abgrenzbare Teilprozesse den einzelnen Prozessoren zur Abarbeitung zugewiesen. Sie benötigen allerdings in der Regel nicht nur spezielle Betriebssysteme, die das Zusammenwirken der Prozessoren koordinieren, sondern auch Compiler, die die Parallelisierung der Simulationsroutinen unterstützen. Ansonsten muss die Verteilung der Teilprozesse von den Anwendern gewissermaßen manuell vorgenommen werden.

Durch die Entwicklung neuartiger höchstintegrierter Schaltkreise, so genannter **programmierbarer Gate-Arrays**, wird man künftig in der Lage sein, Simulationsroutinen über den oben angedeuteten Weg einer Hochsprachen-Codegenerierung auf den Chip zu bringen. Wegen ihrer Programmierbarkeit ließen sich auf diese Weise flexibel einsetzbare Multi-Mikroprozessorsysteme mit nahezu beliebig skalierbarem Zuschnitt realisieren.

21.6.4 Man-in-the-Loop

Unter **interaktiver Simulation** versteht man einen Anwendungsbereich, bei dem eine oder mehrere Personen in die Simulation aktiv einbezogen werden. Werden dabei – wie bei Hardware-in-the-Loop – Echtzeitanforderungen eingehalten, so spricht man von **Man-in-the-Loop**-Systemen.

Um die aktive Mitwirkung von Personen möglichst umfassend zu gestalten, ist die simultane Nutzung möglichst vieler sensorischer Kanäle erforderlich. Zur sensorischen Wahrnehmungs- und Orientierungsbasis zählen ganz allgemein bei Menschen und höheren Tieren: **Lichtsinn** (Sehen, insbesondere Farben- und Raumsehen), **mechanischer Sinn** (Gehörsinn, Tastsinn, Gleichgewichtssinn, Lage- und Kraft- bzw. Beschleunigungssinne), **Temperatursinn**, **chemischer Sinn** (Geruchs- und Geschmackssinn), **elektrischer Sinn** und **Schmerzsinn**.

Für konkrete Anwendungen ist die Einbeziehung all dieser Sinneskanäle nicht erforderlich. Allerdings muss gerade bei Erreichen eines Höchstmaßes an Realitätsnähe (**virtual reality**) mit dem Auftreten paradoxer Effekte gerechnet werden. Gewöhnlich versorgen die Sinnesorgane den Menschen unter natürlichen Bedingungen mit **konsistenter Information** über die Lage und Bewegung seines Körpers im umgebenden Raum. Bei allen Formen künstlicher Bewegung (**Vektation**), etwa beim Autofahren, bei Schiffs- oder Flugreisen, können manche Menschen mit Symptomen von Übelkeit reagieren (**Kinetose**).

Grundsätzlich kann die interaktive Simulation zur Nachbildung beliebig komplexer Anlagen und Systeme angewendet werden. Typisch für eine Reihe von Anwendungen ist der **Ausbildungscharakter** der entsprechenden Simulatorsysteme. Etwas neueren Datums ist der Aufbau von Simulatoren im **Entwicklungsbereich**. Bild 21.26 zeigt einen Teil des Aufbaus eines Fahrsimulators, wie er in diesem Bereich Verwendung findet. Auffallend an einem solchen Hochleistungs-Fahrsimulator ist der Aufwand, der bei der Nachbildung der Sicht aus dem Fahrzeug und der Fahrzeugbewegungen getrieben wird.

Bild 21.26 Schematischer Aufbau des Bewegungssystems eines Fahrsimulators (mit freundlicher Genehmigung der DaimlerChrysler AG)

Weiterführende Literatur

Bossel, H.: Modellbildung und Simulation – Konzepte, Verfahren und Modelle zum Verhalten dynamischer Systeme. Wiesbaden: Vieweg Verlag 1998

Gipser, M.: Systemdynamik und Simulation. Stuttgart: Teubner Verlag 1999

Kramer, U.; Neculau, M.: Simulationstechnik. München Wien: Carl Hanser Verlag 1998

Sauerbier, T.: Theorie und Praxis von Simulationssystemen. Wiesbaden: Vieweg Verlag 1999

Schmidt, W.; Kwiatkowski, J.: Grundlagen der Prozesssimulation. Weinheim: Wiley/VCH Verlagsgesellschaft 1999

22

Mechatronik/ Adaptronik

Prof. Dr.-Ing. Holger Hanselka
Technische Universität Darmstadt
unter Mitarbeit von
Prof. Dr.-Ing. habil.
Elmar Breitbach
DLR-Institut für Faserverbundleichtbau und Adaptronik Braunschweig
Dr.-Ing. Thilo Bein
Fraunhofer-Institut für Betriebsfestigkeit und Systemzuverlässigkeit Darmstadt
Dipl.-Ing. Volker Krajenski
Otto-von-Guericke-Universität Magdeburg

Tabelle 22.1 Wichtige Formelzeichen

Formelzeichen	Einheit	Bedeutung
C	F = A · s/V	elektrische Kapazität
D	$C/m^2 = A \cdot s/m^2$	elektrische Verschiebung
d	m/V	piezoelektrische Ladungskonstante
E	N/m^2	E-Modul
E	V/m	elektrische Feldstärke
F	N	Aktorkraft
f	Hz	Frequenz
k	1	elektromechanischer Kopplungsfaktor
k_T	N/m	Aktorsteifigkeit
m_{eff}	kg	effektive Masse
R	Ω	elektrischer Widerstand
S	1	mechanische Deformation
s	m^2/N	Elastizitätskonstante
T	°C	Temperatur
T, σ	$Pa = N/m^2$	mechanische Spannung
Z	Ω	elektrische Impedanz
ΔL	m	Aktorhub
ε	A · s/(V · m)	Dielektrizitätskonstante
η	–	Dehnung
Θ	MPa/°C	Wärmeausdehnungskoeffizient für FGL
ξ	–	Phasenanteil des Martensits
Λ	–	induzierte Dehnung
ω	1/s	Kreisfrequenz

22.1 Einführung in die Mechatronik und Adaptronik

Der Erfolg industrieller Produkte auf dem Weltmarkt hängt zunehmend von der Möglichkeit ab, hochintegrierte Komponenten mit der gleichzeitigen Verfügbarkeit verschiedener Eigenschaften zu realisieren. Während in der Vergangenheit für viele Aufgaben robuste mechanische Lösungen zum Einsatz kamen, werden diese heute zunehmend durch elektrische Komponenten ersetzt. Dieser Entwicklungstrend erlaubt bezogen auf Gewicht und Raumangebot höhere Funktionalität, Flexibilität und Sicherheit sowie geringere Kosten bei der Herstellung.

Das Zusammenwirken mechanischer und elektrischer Komponenten erfordert einen komplexen und interdisziplinären Ansatz bei der Auslegung und Realisierung solcher Systeme, liefert dafür einen erheblichen Mehrwert im Produkt. Neben der maschinenbaulichen und elektrotechnischen Basis gewinnt insbesondere die Informationsverarbeitung an Bedeutung. Aus diesen drei Säulen hat sich ein neues, interdisziplinäres Fachgebiet des Ingenieurwesens, die **Mechatronik**, etabliert. Neue Entwicklungen in den Bereichen **Aktorik**, **Sensorik** und **Mikroprozessortechnik** erlauben es der Mechatronik, aktive Systeme mit multifunktionalen Eigenschaften bereitzustellen.

Durch die weltweiten Aktivitäten der Werkstoffforschung werden neue Impulse in Richtung so genannter **„smart structures"** gesetzt. Gemeint sind **Wandlerwerkstoffe**, die physikalische Größen wie z. B. elektrisches Feld, magnetisches Feld, Temperatur in mechanische Größen wie z. B. Kraft, Weg wandeln und umgekehrt. Solche als Aktor und Sensor wirksame Materialien erlauben den Ersatz passiver maschinenbaulicher Komponenten wie Lager, Hautfelder, Stringer etc. durch aktivierbare Systeme. In Verbindung mit neuen Ansätzen der **Regelungstechnik**, den echtzeitfähigen adaptiven Reglern, lassen sich so genannte **Intelligente Strukturen** (angelsächs.: smart structures) realisieren, die sich über autonome, d. h. selbstregelnde Mechanismen an unterschiedliche Betriebsbedingungen anpassen. Diese Technologie wird als **Adaptronik** bezeichnet und stellt neben der Mechatronik ein gleichwertiges, interdisziplinäres Gebiet im Ingenieurwesen dar.

22.1.1 Mechatronik

Mechatronik ist eine interdisziplinäre Wissenschaft, bei der mechanische, elektrische bzw. elektronische und informationsverarbeitende Komponenten miteinander kombiniert werden. Der mechanischen Struktur werden Aktoren, Sensoren und eine Regelung hinzugefügt, die mechanisch umgesetzte Funktionen ersetzen oder neue Funktionen ermöglichen.

Der Begriff **Mechatronik** ist ein Kunstwort, welches Anfang der 80er-Jahre in Japan geprägt wurde. Es setzt sich aus den Begriffen Maschinenwesen (angelsächs.: mechanical) und Elektrotechnik (angelsächs.: electronic) zusammen. Daraus kann abgeleitet werden, welche klassischen Bereiche der Ingenieurwissenschaften zu einem neuen, **interdisziplinären Fachgebiet** zusammengeführt wurden. Vielfach wird die Informatik als drittes Merkmal der Mechatronik angegeben. Hierbei ist jedoch zu beachten, dass in der Mechatronik keine Hardware und Programmiersprachen entworfen werden. Vielmehr wird die Informatik anwendungsbezogen zur Datenverarbeitung herangezogen.

Ein mechatronisches System zeichnet sich durch **Aktoren**, **Sensoren** und **Regler** aus, die an eine mechanische Struktur appliziert werden (Bild 22.1). Ziel ist hierbei, entweder mechanisch realisierte Funktionen durch entsprechende elektronische Bausteine zu ersetzen oder dem mecha-

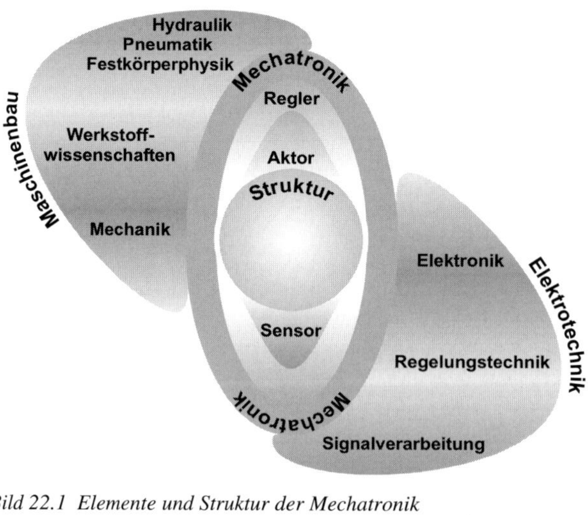

Bild 22.1 Elemente und Struktur der Mechatronik

nischen System neue Funktionen hinzuzufügen. Die Entwicklung der Aktorik, Sensorik und der Struktur wird durch den Maschinenbau abgedeckt. Der elektrotechnische Teil behandelt die Regelungstechnik, Signalverarbeitung und die Leistungselektronik zur Ansteuerung der einzelnen funktionellen Komponenten. Das interdisziplinäre Zusammenwirken dieser Teildisziplinen wird durch die Mechatronik gewährleistet.

Der Ursprung der Mechatronik findet sich im Bereich der Robotik. Auf Grund des hohen Potenzials wurden die Ansätze schnell auf andere Bereiche wie Werkzeugmaschinenbau, Automobilbau, Haushaltsgeräte und Unterhaltungselektronik übertragen. Als Beispiel für ein mechatronisches System sind heutige Kleinbildkameras zu nennen. Kleinste Schrittmotoren verstellen automatisch das Objektiv, die Scharfeinstellung übernehmen lichtempfindliche Sensoren und entsprechende Mikroprozessoren.

22.1.2 Adaptronik

Die **Adaptronik** beschreibt **mechatronische Systeme** (mechanische, elektrische, elektronische und informationsverarbeitende Komponenten), die sich vorgegebenen Zielgrößen trotz Störungen **selbst anpassen**. In adaptiven Struktursystemen befinden sich daher **Aktoren, Sensoren** (häufig auf der Basis multifunktionaler Werkstoffe) und eine **Regelung** zur Einhaltung der Zielgröße.

Der Begriff **Adaptronik** ist ebenfalls ein Kunstwort und findet seinen Ursprung im angelsächsischen Ausdruck **„Adaptive Structures“**, ein Synonym für die „smart structures“ gemäß Abschnitt 22.1. Dabei beschreibt der Begriff Adaptronik die Symbiose zwischen Maschinenbau und Elektrotechnik ergänzt um das Adjektiv **„adaptiv“**, d. h. **selbstanpassend**. Gemeint sind Struktursysteme, die auf äußere Veränderungen (z. B. Windlasten, Unwuchten, Temperatur etc.) selbstoptimierend und aktiv reagieren, um vorgegebene Funktionen ohne Beeinträchtigung seitens der Umwelt zu realisieren.

Basis dafür ist häufig die material- und strukturkonforme Integration von aktorisch und/oder sensorisch wirksamen Wandlerwerkstoffen direkt in den Kraftfluss (Bild 22.2). Unter Verwendung geeigneter Regler können so störende Verformungen oder Schwingungen unterdrückt werden, bevor diese kritische Werte überschreiten. Dieser Ansatz eröffnet dem Ingenieurwesen bislang nicht bekannten Gestaltungsspielraum bei der Bearbeitung technischer Aufgabenstellungen.

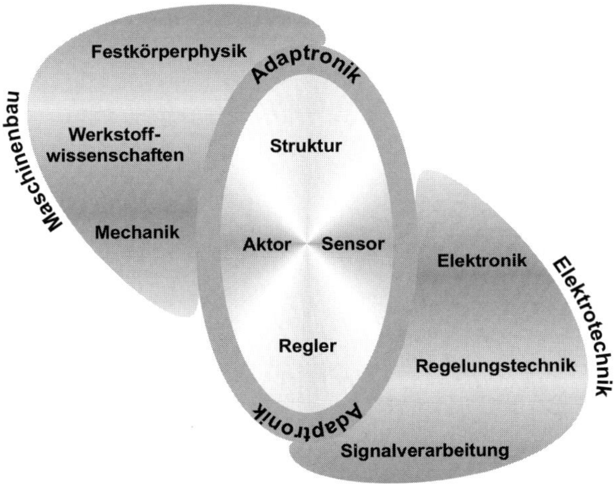

Bild 22.2 Elemente und Struktur der Adaptronik

Ziel der Adaptronik ist die Kompensation von Schwingungen und Schallabstrahlungen sowie die Formkontrolle und Feinstpositionierung von Struktursystemen. Gegenüber aktiven Struktursystemen mit externen Aktoren und Sensoren erfolgt die Schwingungs- und Schallkompensation breitbandig. Hierzu werden mit den strukturkonform integrierten Aktoren die Steifigkeit und/oder die Dämpfung und/oder die Masse des dynamischen/statischen Struktursystems beeinflusst. Es werden hierbei virtuelle Steifigkeiten, Dämpfungen und Massen erzeugt.

22.1.3 Vergleich von Mechatronik und Adaptronik

Sowohl die Mechatronik als auch die Adaptronik sind interdisziplinäre Fachgebiete, welche die Entwicklung aktiv beeinflussbarer technischer Systeme zum Gegenstand haben. In ihren Zielsetzungen und Ansätzen unterscheiden sie sich jedoch (Tabelle 22.2). In der Mechatronik werden mechanische Komponenten durch elektronische Bauteile ersetzt, die die ursprüngliche Funktion übernehmen. Hierbei werden die Eigenschaften der eigentlich tragenden Struktur nicht verändert. Oder es werden zusätzliche Funktionen mit Hilfe elektronischer Komponenten oder Kleinstmotoren eingeführt. Wiederum bleiben die **Struktureigenschaften unverändert**. Durch die Verringerung der mechanischen Komponenten kann leichter, kompakter und vielfach wirtschaftlicher bei gleicher oder besserer Qualität des Produktes gefertigt werden. Da auf die Eigenschaften der Struktur direkt kein Einfluss genommen wird, können die einzelnen Komponenten, d. h. die Struktur, die Elektronik, die Aktorik und Sensorik, eigenständig und voneinander unabhängig entwickelt und ausgelegt werden. Ebenso bieten sich Antriebe und Aktoren mit einer hohen Energiedichte an, wie sie mit Hydraulik, Pneumatik, Elektromechanik umgesetzt werden können.

Tabelle 22.2: Vergleich von Mechatronik und Adaptronik

Mechatronik	Adaptronik
Ersatz von mechanischen Komponenten durch elektronische Bauteile unter Beibehaltung der Struktureigenschaften	Aktive Beeinflussung der Struktureigenschaften, z. B. Erzeugen von virtuellen Steifigkeiten, Dämpfungen und Massen
Verwendung von Antrieben und Aktoren mit hohen Energiedichten, konventionelle Technik	Verwendung neuartiger Werkstoffsysteme, aktive oder multifunktionale Materialien, z. B. Piezokeramiken, Formgedächtnislegierungen
Struktur, Elektronik, Aktorik und Sensorik können unabhängig voneinander ausgelegt werden	Alle Komponenten beeinflussen sich gegenseitig, Mehrfeldproblematik, keine unabhängige Entwicklung
Steuerung ist möglich	Regelung ist zwingend erforderlich

Bei der **Adaptronik** wird dagegen direkt auf die Eigenschaften der **Struktur** Einfluss genommen. Die Aktoren und Sensoren werden als multifunktionale Werkstoffe in die Struktur integriert und liegen dort im Kraftfluss. Es können im Allgemeinen keine Antriebe oder Aktuatoren mit hohen Energiedichten eingesetzt werden. Stattdessen kommen aktive oder multifunktionale Materialien, beispielsweise Piezokeramiken oder Formgedächtnislegierungen, zum Einsatz, die zu neuartigen Werkstoffsystemen kombiniert werden können. Bedingt durch den hohen Grad der **Strukturintegration** können die einzelnen Komponenten eines adaptiven Struktursystems nicht unabhängig voneinander entwickelt und ausgelegt werden. Bei geeigneter Beeinflussung der Struktureigenschaften können neben den in Abschn. 22.1.2 angegebenen Zielen der Adaptronik auch zusätzliche Funktionen eingeführt werden. In Hinblick auf die Regelung gibt es keine prinzipiellen Unterschiede zwischen Mechatronik und Adaptronik. Allerdings sind in mechatronischen Systemen Regelungen nicht zwingend notwendig und werden daher eher selten angewendet.

22.1.4 Definition der Begriffe

Im Folgenden werden die Begriffe auf der Werkstoffseite (Tabelle 22.3) und auf der Systemseite (Tabelle 22.4) erläutert.

Tabelle 22.3 Begriffsdefinitionen – Werkstoffebene

Begriff	Bedeutung	Beispiele
Strukturwerkstoff	Gibt dem Bauteil die geometrische Form und erfüllt die Festigkeits- und Steifigkeitsanforderungen. Mechanische Eigenschaften stehen im Vordergrund.	Stahl, Faserverbundwerkstoff
Funktionswerkstoff	Besitzt besondere chemische oder physikalische Eigenschaften und übernimmt spezielle Aufgaben im Bauteil. Wird oft nur räumlich begrenzt eingesetzt.	Teflon-Beschichtung, Kupfer-Leiterbahnen, Dämpfungsschichten
Wandlerwerkstoff	Funktionswerkstoff, der verschiedene Energieformen ineinander umwandelt	Widerstandsdraht
aktiver Werkstoff	Wandlerwerkstoff, der dazu eingesetzt wird, das Bauteil aktiv zu beeinflussen	Piezokeramiken, Formgedächtnislegierungen
sensorischer Werkstoff	Wandlerwerkstoff, der dazu eingesetzt wird, bestimmte physikalische Größen zu erfassen	Piezokeramiken, optische Glasfasern
multifunktionaler Werkstoff	Werkstoff, der im Bauteil mehrere Anforderungen (z. B. lasttragende, aktive, sensorische) gleichzeitig erfüllt	Faserverbundwerkstoff mit integrierten piezokeramischen Folien
Verbundwerkstoff	Makroskopisch homogener Verbund aus Stoffen mit unterschiedlicher Bindungsart (Metalle, Polymere, Keramiken)	Stahlbeton, Piezokeramikfaserverstärkter Kunststoff
Werkstoffverbund	Kombination unterschiedlicher Werkstoffe durch unlösbare Verbindungen (z. B. Klebung)	Bimetall, Stahl mit applizierten piezokeramischen Folien
Verbundkonstruktion	Konstruktive Kombination unterschiedlicher Werkstoffe	Hartmetalldrehmeißel, Piezokeramik-Interface

Tabelle 22.4 Begriffsdefinitionen – Systemebene

Begriff	Bedeutung
Struktursystem	Struktur mit integrierten oder applizierten Aktoren, Sensoren, Regelung und Leistungselektronik
Aktor	Wandlung von anaologen bzw. digitalen Signalen in analoge physikalische Größen (mechanisch, hydraulisch, elektrisch, magnetisch) zur Beeinflussung eines Prozesses
Sensor	Messen und Wandeln von physikalischen Größen (z. B. Kraft) mit Hilfe eines physikalischen Effektes (z. B. piezoelektrischer Effekt) in ein weiterverarbeitbares analoges bzw. digitales elektrisches Signal (z. B. Spannung)
adaptiver Regler	Regler, bei dem die Regelparameter in Abhängigkeit von dem Zustand des Struktursystems selbstständig angepasst werden
Leistungselektronik	Energieumformende und energiesteuernde Elektronik durch Leistungshalbleiter, die als elektronische Ventile arbeiten, einschließlich Steuer- und Regelalgorithmen

22.2 Aktor- und Sensorsysteme

Die Entwicklung geeigneter Aktor- und Sensorsysteme ist einer der Schwerpunkte sowohl in der Mechatronik als auch in der Adaptronik. Während die Mechatronik selbstständige Systeme bevorzugt, ist die Adaptronik an strukturkonform integrierbaren Komponenten interessiert. Beide Systeme müssen auf die jeweils gegebenen Randbedingungen angepasst werden. Bei der Aktorentwicklung ist zu beachten, dass die nutzbare Arbeit von dem Steifigkeitsverhältnis zwischen Aktor und der umgebenden Struktur abhängt. Maximale Arbeit kann geleistet werden, wenn die Steifigkeiten von Aktor und Struktur übereinstimmen. In diesem Fall kann die maximal nutzbare Arbeit W_{max} eines Aktors oder aktiven Materials bezogen auf sein Gewicht mit

$$W_{max} = \frac{1}{8} \cdot \frac{E}{\rho \cdot g} \cdot \Delta^2; \qquad \frac{E}{\rho \cdot g} \text{ bez. } E\text{-Modul, } \Delta \text{ Hub in \% der Aktorlänge}$$

angegeben werden. Das Arbeitsvermögen verschiedener Aktorprinzipien wird in Bild 22.3 verglichen. Bei der Auswahl geeigneter Aktoren oder aktiver Materialien sind zusätzlich folgende Punkte zu beachten:

- Aktorhub
- Aktorkraft
- Frequenzbereich
- Leistungsbedarf
- Gewicht, Volumen usw.

Bei Auswahl der Sensorsysteme ist zu beachten, dass der Sensor eine für die Regelung geeignete physikalische Größe und ein entsprechend großes Signal liefert. Dadurch kann im Sinne des Leichtbaus auf eine aufwendige Verstärkerschaltung verzichtet werden.

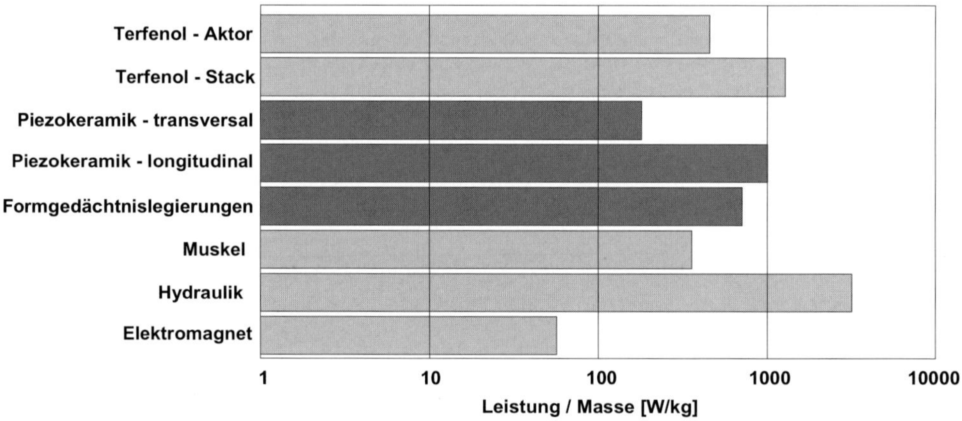

Bild 22.3 Arbeit/Gewicht verschiedener Aktorprinzipien

22.2.1 Funktionswerkstoffe

Funktionswerkstoffe sind Werkstoffe, die besondere chemische oder physikalische Eigenschaften besitzen und spezielle Funktionen im Bauteil übernehmen.

Aus Sicht der Adaptronik und Mechatronik sind nur diejenigen Werkstoffe von Interesse, die aktive und/oder sensorische Eigenschaften aufweisen (Abschn. 22.1.4). Im Weiteren werden die wichtigsten dieser Funktionswerkstoffe näher erläutert.

22.2.1.1 Piezokeramiken

Piezoelektrizität

Piezoelektrische Werkstoffe wandeln **mechanische** in **elektrische Energie** und umgekehrt.

Die **Piezoelektrizität** wurde bereits 1880 von Jacques und Pierre Curie entdeckt. Seit etwa 45 Jahren sind keramische Werkstoffe bekannt, die ein ausgeprägtes piezoelektrisches Verhalten aufweisen. Dabei wird zwischen dem direkten und dem inversen piezoelektrischen Effekt unterschieden:

Bei dem **direkten piezoelektrischen Effekt** bewirkt eine Verformung des Materials eine elektrische Verschiebung, die sich als elektrische Ladung an der Materialoberfläche abgreifen lässt. Dieser Effekt wird beispielsweise in Feuerzeugen mit Piezozünder angewendet. Bei dem **inversen piezoelektrischen Effekt** wird ein elektrisches Feld an das Material angelegt, das sich daraufhin verformt. Ultraschallsonden, beispielsweise für medizinische Untersuchungen, oder piezokeramische Stapelaktuatoren nutzen diesen Effekt.

Bei den piezokeramischen Materialien, deren wichtigster Vertreter das Blei-Zirkonat-Titanat (PZT) ist, kommt es unterhalb einer Umwandlungstemperatur, auch Curie-Punkt genannt, zu einer energetisch bedingten Verschiebung einzelner Ionen im Kristallgitter. Dadurch fallen die positiven und die negativen Ladungsschwerpunkte innerhalb der Gitterzelle nicht mehr zusammen, es bilden sich elektrische Dipole aus. Dieser Vorgang wird als spontane Polarisation bezeichnet. Die elektrischen Dipole sind zunächst statistisch verteilt, sodass sich die **spontane Polarisation** makroskopisch nicht auswirkt. Sie können jedoch durch eine entsprechend große elektrische Feldstärke (> 2000 V/mm) einheitlich ausgerichtet werden. Dieser Vorgang wird allgemein als Polarisierung oder Polung der Piezokeramik bezeichnet. Die nach der **Polarisierung** der Piezokeramik jetzt auch makroskopisch wirksame Polarisation beträgt etwa 90 % der spontanen Polarisation und wird als **remanente Polarisation** bezeichnet. Sie ist für die piezoelektrischen Eigenschaften der Keramik verantwortlich.

Der Zusammenhang zwischen elektrischer Feldstärke E und mechanischer Deformation S für eine polarisierte Piezokeramik ist in Bild 22.4 dargestellt. Die maximal zulässige Betriebsfeldstärke E_{max} liegt materialunabhängig bei etwa 2000 V/mm. Unterhalb der Koerzitivfeldstärke $-E_K$ (bzw. oberhalb von E_K) erfolgt eine Umpolarisierung der Keramik in die Gegenrichtung. Daher wird die Piezokeramik im Regelfall nur in dem fett gekennzeichneten Arbeitsbereich zwischen $-E_K/3$ und E_{max} betrieben.

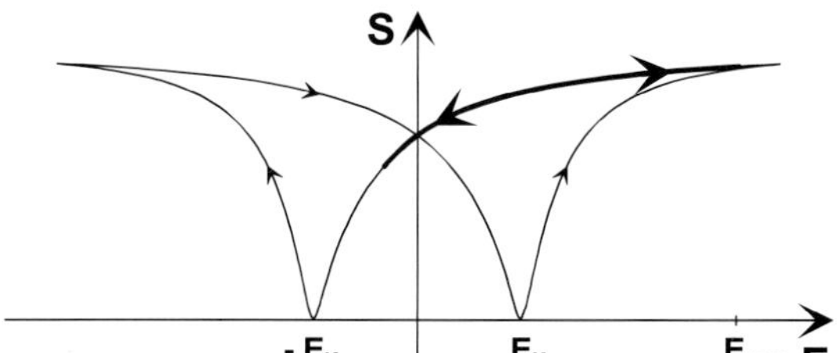

Bild 22.4 Piezoelektrisches Materialverhalten einer polarisierten Piezokeramik

22

Materialgesetz für die Piezokeramik

In piezoelektrischen Materialien sind die mechanischen Zustandsgrößen (mechanische Spannung *T*, mechanische Deformation *S*) von den elektrischen (elektrische Feldstärke *E*, elektrische Verschiebung *D*) abhängig und umgekehrt. Das gekoppelte Materialverhalten kann somit durch das Materialgesetz

$$\begin{bmatrix} S \\ D \end{bmatrix} = \begin{bmatrix} s & d_t \\ d & \varepsilon \end{bmatrix} \cdot \begin{bmatrix} T \\ E \end{bmatrix}$$

beschrieben werden. Dabei wird das mechanische Materialverhalten durch die Elastizitätskonstanten *s*, das elektrische durch die Dielektrizitätskonstanten ε und das piezoelektrische Verhalten durch die piezoelektrischen Ladungskonstanten *d* beschrieben.

In Bild 22.5 ist das Koordinatensystem zur Beschreibung der Piezokeramik dargestellt, wobei die Keramik in Richtung der Koordinatenachse 3 polarisiert ist. Die Indizes 4, 5 und 6 kennzeichnen Schubspannungen bzw. -verformungen.

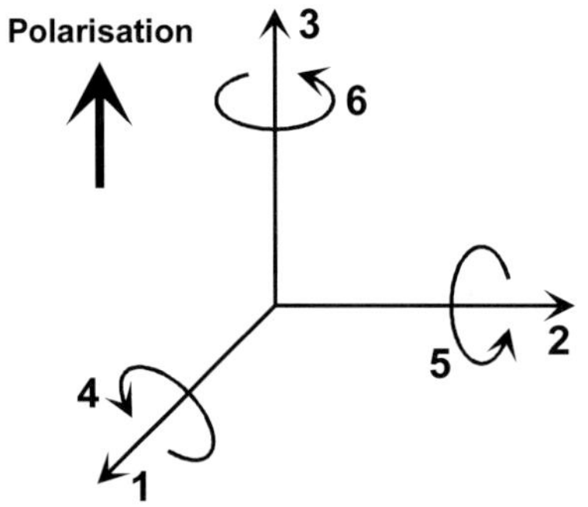

Bild 22.5 Koordinatensystem zur Beschreibung der Piezokeramik

Mechanisches Materialverhalten

Bei der unpolarisierten Piezokeramik handelt es sich zunächst um ein isotropes Material. Durch die Polarisierung bildet sich jedoch eine Vorzugsrichtung im Material aus, sodass die polarisierte Piezokeramik ein orthotropes Materialverhalten aufweist. Somit ergibt sich für das polarisierte piezokeramische Material folgender Zusammenhang zwischen der mechanischen Spannung *T* und der mechanischen Deformation *S*:

$$\begin{bmatrix} S_1 \\ S_2 \\ S_3 \\ S_4 \\ S_5 \\ S_6 \end{bmatrix} = \begin{bmatrix} s_{11} & s_{12} & s_{13} & & & \\ s_{12} & s_{11} & s_{13} & & & \\ s_{13} & s_{13} & s_{33} & & & \\ & & & s_{44} & & \\ & & & & s_{44} & \\ & & & & & 2\cdot(s_{11}-s_{12}) \end{bmatrix} \cdot \begin{bmatrix} T_1 \\ T_2 \\ T_3 \\ T_4 \\ T_5 \\ T_6 \end{bmatrix}$$

Darüber hinaus bewirkt die mechanische Spannung in piezoelektrischen Materialien neben der mechanischen Deformation auch eine elektrische Verschiebung. Diese hat wiederum Rückwirkungen auf die mechanische Deformation (Mehrfeldproblematik). Dabei ist entscheidend, ob die Piezokeramik elektrisch frei oder elektrisch geklemmt ist:

Im **elektrisch freien Zustand** kann die Ladung abfließen, sodass die elektrische Feldstärke auch bei einer mechanischen Deformation konstant bleibt (E = const.). Im einfachsten Fall ($E = 0$) wird dies durch einen Kurzschluss der Materialoberflächen erreicht. Im **elektrisch geklemmten**

Zustand kann die Ladung nicht abfließen, die elektrische Verschiebung bleibt konstant (D = const.). Dadurch entsteht ein elektrisches Feld, welches seiner Ursache entgegenwirkt und somit zu einer Verringerung der mechanischen Deformation führt.

Diesem Effekt wird durch zwei unterschiedliche Elastizitätskonstanten s^E für E = const. und s^D für D = const. Rechnung getragen, die über den elektromechanischen Kopplungsfaktor k zusammenhängen:

$$s^D = s^E \cdot (1 - k^2)$$

Elektrisches Materialverhalten

Die Piezokeramik verhält sich elektrisch gesehen wie ein Plattenkondensator, sodass sich für die polarisierte Keramik folgender Zusammenhang zwischen der elektrischen Feldstärke E und der elektrischen Verschiebung D ergibt:

$$\begin{bmatrix} D_1 \\ D_2 \\ D_3 \end{bmatrix} = \begin{bmatrix} \varepsilon_{11} & & \\ & \varepsilon_{11} & \\ & & \varepsilon_{33} \end{bmatrix} \cdot \begin{bmatrix} E_1 \\ E_2 \\ E_3 \end{bmatrix}$$

Analog zum mechanischen Materialverhalten bewirkt die elektrische Feldstärke neben der elektrischen Verschiebung auch eine mechanische Deformation, die wiederum Rückwirkungen auf die elektrische Verschiebung hat. Die Art der Rückwirkung hängt dabei von den mechanischen Randbedingungen der Keramik ab:

Im **mechanisch freien Zustand** kann sich die Keramik beim Anlegen eines elektrischen Feldes frei verformen, sodass die mechanische Spannung konstant bleibt (T = const.). Im **mechanisch geklemmten Zustand** wird die mechanische Deformation der Keramik konstant gehalten (S = const.).

Der Einfluss der mechanischen Randbedingungen wird durch die beiden Dielektrizitätskonstanten ε^T für T = const. und ε^S für S = const. berücksichtigt, die ebenfalls über den elektromechanischen Kopplungsfaktor k zusammenhängen:

$$\varepsilon^S = \varepsilon^T \cdot (1 - k^2)$$

Piezoelektrisches Materialverhalten

Für kleine elektrische Feldstärken E und mechanische Deformationen S ist das piezoelektrische Materialverhalten nahezu linear und wird durch die **piezoelektrische Ladungskonstante** d beschrieben:

$$S = d \cdot E$$

Dabei treten in einem piezokeramischen Material drei piezoelektrische Effekte auf, die in Tabelle 22.5 zusammengestellt sind:

Tabelle 22.5 Piezoelektrische Effekte

Piezoelektrischer Effekt	Mechanische Spannung bzw. Deformation	Elektrische Feldstärke bzw. Verschiebung
d_{31}-Effekt	1-Richtung (Dehnung)	3-Richtung (Polarisationsrichtung)
d_{31}-Effekt	2-Richtung (Dehnung)	3-Richtung (Polarisationsrichtung)
d_{33}-Effekt	3-Richtung (Dehnung)	3-Richtung (Polarisationsrichtung)
d_{15}-Effekt	4-Richtung (Schub)	2-Richtung (senkrecht zur Polarisation)
d_{15}-Effekt	5-Richtung (Schub)	1-Richtung (senkrecht zur Polarisation)

Ein elektrisches Feld in Richtung der Polarisation (3-Richtung) bewirkt sowohl eine Deformation der Keramik in Polarisationsrichtung (d_{33}-Effekt) als auch eine Deformation in der Ebene senkrecht zur Polarisationsrichtung (d_{31}-Effekt). Ein elektrisches Feld senkrecht zur Polarisationsrichtung (1- oder 2-Richtung) führt zu einer Schubverformung der Keramik (d_{15}-Effekt).

Die direkten piezoelektrischen Effekte lassen sich somit durch folgende Beziehungen zwischen der mechanischen Spannung T und der elektrischen Verschiebung D beschreiben:

$$\begin{bmatrix} D_1 \\ D_2 \\ D_3 \end{bmatrix} = \begin{bmatrix} & & & & d_{15} & \\ & & & d_{15} & & \\ d_{31} & d_{31} & d_{33} & & & \end{bmatrix} \cdot \begin{bmatrix} T_1 \\ T_2 \\ T_3 \\ T_4 \\ T_5 \\ T_6 \end{bmatrix}$$

Die inversen piezoelektrischen Effekte können durch folgende Zusammenhänge zwischen der elektrischen Feldstärke E und der mechanischen Deformation S dargestellt werden:

$$\begin{bmatrix} S_1 \\ S_2 \\ S_3 \\ S_4 \\ S_5 \\ S_6 \end{bmatrix} = \begin{bmatrix} & & d_{31} \\ & & d_{31} \\ & & d_{33} \\ & d_{15} & \\ d_{15} & & \\ & & \end{bmatrix} \cdot \begin{bmatrix} E_1 \\ E_2 \\ E_3 \end{bmatrix}$$

Elektromechanischer Kopplungsfaktor

Der elektromechanische Kopplungsfaktor k stellt ein Maß für die piezoelektrische Umwandlung von mechanischer in elektrische Energie dar und umgekehrt, also eine Art piezoelektrischen Wirkungsgrad:

$$k^2 = \frac{\text{piezoelektrisch umgewandelte Energie}}{\text{verfügbare mechanische Energie}}$$

Für den direkten piezoelektrischen Effekt gilt:

$$k^2 = \frac{\text{piezoelektrisch umgewandelte Energie}}{\text{verfügbare elektrische Energie}}$$

Für den inversen piezoelektrischen Effekt gilt:

$$k^2 = \frac{d^2}{s^E \cdot \varepsilon^T}$$

Dabei handelt es sich jedoch nicht um einen Wirkungsgrad im herkömmlichen Sinn: Die nicht umgewandelte Energie geht nämlich nicht zwangsläufig als Wärme verloren, sondern kann, beispielsweise in Form von elektrischer Ladung, erhalten bleiben und somit zurückgewonnen werden.

Neben den Kopplungsfaktoren k_{31}, k_{33} und k_{15} für die drei piezoelektrischen Effekte gibt es zwei weitere Faktoren:

- Der **planare Kopplungsfaktor** k_p beschreibt den Zusammenhang zwischen einem elektrischen Feld in Richtung der Polarisation (3-Richtung) und einer radialen, also zweidimensionalen Deformation in der Ebene senkrecht zur Polarisationsrichtung (1- und 2-Richtung).

- Der **Dickenkopplungsfaktor** k_t ersetzt für dünne Scheiben (Abmessung in 3-Richtung klein gegenüber Abmessungen in 1- und 2-Richtung) den Kopplungsfaktor k_{33}. Dabei wird berücksichtigt, dass hier eine mechanische Spannung in 3-Richtung praktisch keinen Einfluss auf die Dehnungen in 1- und 2-Richtung hat.

Materialkennwerte

Stellvertretend für die Vielzahl der piezokeramischen Materialien sind in Tabelle 22.6 die mechanischen, elektrischen und piezoelektrischen Materialkennwerte für drei praxisrelevante piezokeramische Werkstoffe zusammengestellt:

Tabelle 22.6 Materialkennwerte piezokeramischer Werkstoffe

Kennwert	**PIC 151 PI Ceramic**	**PIC 155 PI Ceramic**	**SONOX P53 Ceram Tec**
Dichte (in g/cm³)	7,76	7,76	7,76
Umwandlungstemperatur (in °C)	250	320	215
Elastizitätskonstanten (in m²/N)			
s_{11}^E	$1{,}683 \cdot 10^{-11}$	$1{,}617 \cdot 10^{-11}$	$1{,}54 \cdot 10^{-11}$
s_{33}^E	$1{,}900 \cdot 10^{-11}$	$1{,}780 \cdot 10^{-11}$	$2{,}50 \cdot 10^{-11}$
s_{44}^E	$5{,}096 \cdot 10^{-11}$	$5{,}237 \cdot 10^{-11}$	$4{,}27 \cdot 10^{-11}$
s_{12}^E	$-5{,}656 \cdot 10^{-12}$	$-4{,}842 \cdot 10^{-12}$	$-5{,}45 \cdot 10^{-12}$
s_{13}^E	$-7{,}107 \cdot 10^{-12}$	$-7{,}050 \cdot 10^{-12}$	$-1{,}45 \cdot 10^{-11}$
s_{11}^D	$1{,}436 \cdot 10^{-11}$	$1{,}421 \cdot 10^{-11}$	$1{,}34 \cdot 10^{-11}$
s_{33}^D	$9{,}750 \cdot 10^{-12}$	$1{,}010 \cdot 10^{-11}$	$1{,}15 \cdot 10^{-11}$
s_{44}^D	$2{,}924 \cdot 10^{-11}$	$3{,}048 \cdot 10^{-11}$	$3{,}99 \cdot 10^{-11}$
s_{12}^D	$-8{,}112 \cdot 10^{-12}$	$-6{,}800 \cdot 10^{-12}$	$-7{,}50 \cdot 10^{-12}$
s_{13}^D	$-2{,}252 \cdot 10^{-12}$	$-3{,}100 \cdot 10^{-12}$	$-9{,}20 \cdot 10^{-12}$
Dielektrizitätszahlen (–)			
$\varepsilon_{11}^T/\varepsilon_0$	1936	1498	2187
$\varepsilon_{33}^T/\varepsilon_0$	2109	1350	2708
$\varepsilon_{11}^S/\varepsilon_0$	1110	873	2043
$\varepsilon_{33}^S/\varepsilon_0$	852	680	1177
Piezoelektrische Ladungskonstanten (in m/V)			
d_{31}	$-2{,}14 \cdot 10^{-10}$	$-1{,}54 \cdot 10^{-10}$	$-2{,}24 \cdot 10^{-10}$
d_{33}	$4{,}23 \cdot 10^{-10}$	$3{,}07 \cdot 10^{-10}$	$5{,}70 \cdot 10^{-10}$
d_{15}	$6{,}10 \cdot 10^{-10}$	$5{,}39 \cdot 10^{-10}$	$5{,}26 \cdot 10^{-10}$
Elektromechanische Kopplungsfaktoren (–)			
k_{31}	0,382	0,348	0,368
k_{33}	0,697	0,657	0,735
k_{15}	0,653	0,646	0,601
k_p	0,663	0,588	0,647
k_t	0,528	0,480	0,503

Die piezokeramischen Materialien sind kommerziell in Form von Platten, Röhrchen oder Ringen erhältlich und können als solche mit bestehenden Bauteilen kombiniert, in Verbundwerkstoffe integriert (Abschn. 22.2.2) oder zu piezokeramischen Stapelaktoren bzw. Biegewandlern weiterverarbeitet werden (Abschn. 22.2.3).

22.2.1.2 Formgedächtnislegierungen

Phänomenologische Beschreibung des Formgedächtniseffektes

Formgedächtnislegierungen (kurz: **FGL**) sind Legierungen, die nach geeigneter Behandlung auf Grund von **Gefügeumwandlungen** ihre Gestalt in Abhängigkeit von der Temperatur ändern.

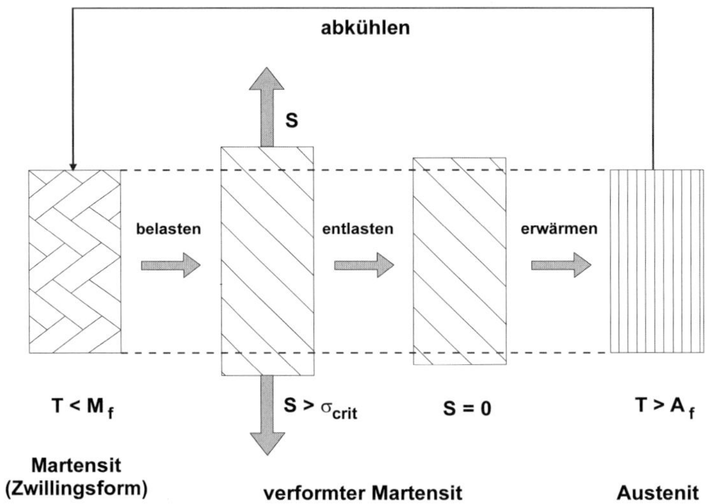

Bild 22.6 Martensit-Austenit-Umwandlung

Beachtung finden diese Legierungen vor allem durch die Tatsache, dass sie eine aufgeprägte Dehnung von bis zu 8 % rückgängig machen können. Bedingt durch die notwendige thermische Aktivierung lassen sich nur Zyklen unterhalb von 2 Hz realisieren.

Bei der Beschreibung des Formgedächtniseffektes wird zwischen **Einweg-** und **Zweiwegeffekt** und der **Superelastizität** unterschieden. Bei dem Einwegeffekt wird eine FGL im verzwillingten **martensitischen Zustand** (Niedertemperaturphase) derart verformt, dass sich eine reversible Martensitverformung einstellt. Es treten keine irreversiblen Verformungen durch Versetzungsbewegungen auf. Diese Martensitphase wird als entzwillingter Martensit bezeichnet. Durch anschließendes Erwärmen wandelt sich die Martensitphase in die Hochtemperaturphase **Austenit** um und die ursprüngliche Gestalt stellt sich ein. Ein anschließendes Abkühlen führt wieder zu einer Umwandlung in die verzwillingte Martensitphase, ergibt aber keine weitere Formänderung (Bild 22.6).

22

Bei dem **Zweiwegeffekt** ist ein Einprägen der gewünschten Form (Trainieren) erforderlich. Im Gegensatz zu dem Einwegeffekt wird beim Trainieren der Martensit derart stark verformt, dass eine irreversible Verformung auftritt. Bei anschließendem Erwärmen bildet sich eine austenitische Phase aus, bei der nur der reversible Anteil der Verformung zurückgebildet ist. Mit erneutem Abkühlen bildet sich eine martensitische Niedertemperaturform aus, die neben dem irreversiblen auch den reversiblen Anteil beinhaltet. Bei Durchlaufen eines Temperaturzyklus von Heizen und

Abkühlen werden jeweils die entsprechenden Nieder- und Hochtemperaturformen eingenommen. Vielfach wird zusätzlich von einem scheinbaren Zweiwegeffekt gesprochen. Hierbei arbeitet eine FGL mit aufgeprägten Einwegeffekt gegen eine äußere Steifigkeit, beispielsweise eine Feder. Die äußere Steifigkeit bewirkt, dass in der Niedertemperaturphase der Einwegeffekt kontinuierlich aufgeprägt wird.

Neben dem temperaturabhängigen Formgedächtniseffekt weisen Formgedächtnislegierungen einen weiteren Effekt auf, der als **Superelastizität** bezeichnet wird. Oberhalb einer charakteristischen Temperatur kann Austenit allein durch Aufbringen von mechanischen Spannungen in Martensit umgewandelt werden. Dieser spannungsinduzierte Martensit ist so lange stabil, wie mechanische Spannungen vorhanden sind. Bei Reduzierung bzw. Entfernen der Spannung wandelt sich der Martensit wieder in Austenit um. Eine diesem Effekt zugehörige Spannungs-Dehnungs-Kurve ist in Bild 22.7 dargestellt.

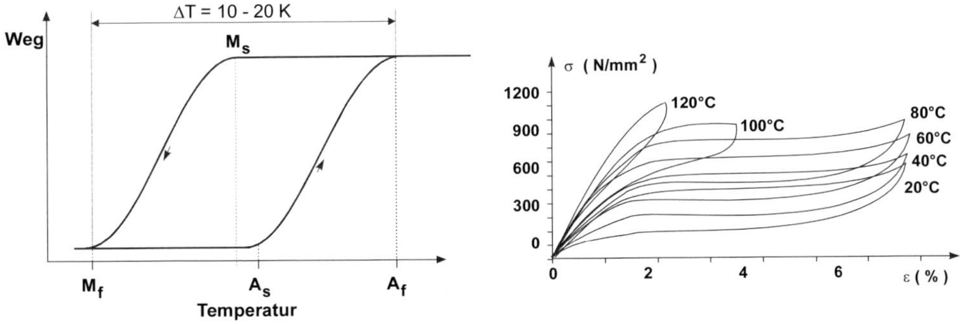

Bild 22.7 Hystereseverlauf und superelastischer Effekt einer FGL

Der Formgedächtniseffekt weist ein ausgeprägtes Hystereseverhalten auf. Diese Hysterese beruht vor allem auf Reibungsverlusten zwischen Domänen, Korngrenzen der einzelnen Phasen. Die Umwandlung von Martensit in Austenit und umgekehrt erfolgt über einen begrenzten Temperaturbereich. Die Temperaturen, die den jeweiligen Beginn bzw. das jeweilige Ende einer Phasenumwandlung beschreiben, werden zur Charakterisierung einer FGL verwendet. Im Einzelnen sind dies die Martensit-Start-Temperatur M_S, Martensit-End-Temperatur M_f, Austenit-Start-Temperatur A_S und Austenit-End-Temperatur A_f. In Bild 22.7 ist das Hystereseverhalten mit den zugehörigen Umwandlungstemperaturen als Temperatur-Verformungs-Diagramm dargestellt. Die Breite der Hysterese umfasst in der Regel einen Temperaturbereich von 10 K bis 20 K. Die jeweiligen Umwandlungstemperaturen hängen stark von der Legierungszusammensetzung und der Vorbehandlung ab. Je nach gewünschter Anwendung können zur Zeit Umwandlungstemperaturen zwischen –50 °C und +150 °C erzielt werden. Mit der Umwandlung von Martensit in Austenit erfolgt auch eine Änderung des Elastizitätmoduls. In der Hochtemperaturphase hat er etwa den zwei- bis dreifachen Wert gegenüber der Martensitphase. Für technische Anwendungen des Formgedächtniseffektes sind bislang nur Legierungsgruppen NiTi, Cu-Zn-Al und Cu-Al-Ni geeignet. NiTi-Legierungen sind die am häufigsten verwendeten Legierungen, da sie einen sehr hohen Ein- und Zweiwegeffekt aufweisen. Allerdings sind sie sehr schlecht zerspanbar und sehr teuer. Billiger sind die Kupfer-basierten Legierungen Cu-Zn-Al mit jedoch erheblich schlechteren Eigenschaften. Für erhöhte Schalttemperaturen eigenen sich vornehmlich die Cu-Al-Ni-Legierungen. Wichtige Kenngrößen dieser FGLen sind in Tabelle 22.8 wiedergegeben.

Tabelle 22. 7 Anwendungen von Formgedächtnislegierungen

Effekt	Anwendung	Vorteile	Anwender
Einwegeffekt	• Rohrverbinder • Rohrreparatursysteme • Befestigung- und Dichtelement • Schrumpfring • Kontakte/Steckverbindungen • impulsarme Auslösemechanismen • Implantate • orthopädische Fixierung	• kurze Montagezeiten • einfache Werkzeuge • Installation und Reparatur bei beengten Platzverhältnissen • keine Röntgeninspektion erforderlich	• Luft- und Raumfahrt • Schiffbau • Prozesstechnik • Halbleitertechnik • Medizintechnik • allgem. Maschinenbau
Zweiwegeffekt	• thermische Schutzschalter • thermisch/elektrisch gesteuertes Stellelement • thermisch/elekrisch gesteuertes Ventil • thermisch/elektrisch gesteuerter Zweipunktregler • Greifmechanismen • Antrieb für kinematische Ketten	• kompakte Bauweise • leicht • hohes Leistungs-Gewicht-Verhältnis • große Wege/Bauraum	• Luft- und Raumfahrt • Robotik • Klimatechnik • Automobilindustrie • Medizintechnik • allgem. Maschinenbau

Materialgesetz des Formgedächtniseffektes

Formgedächtnislegierungen gehorchen nicht dem Hooke'schen Gesetz, da neben Anteilen aus der elastischen Verformung auch der Phasenübergang von Martensit nach Austenit und Wärmedehnungen berücksichtigt werden müssen. Als in der Praxis sehr handlich hat sich das **Werkstoffgesetz nach Brinson** erwiesen. Dieses Werkstoffgesetz basiert auf der Annahme, dass die mechanische Spannung σ nur von der Dehnung ε, dem Martensitanteil ξ und der Temperatur T abhängt. Der Martensitanteil wird wiederum aufgeteilt in einen temperaturinduzierten Anteil ξ_t und einem spannungsinduzierten Anteil ξ_s. Der Anteil ξ_t entspricht dem verzwillingten und der Anteil ξ_s dem entzwillingten Martensit. Mit diesen Annahmen ergibt sich mit der mechanischen Spannung σ, dem phasenabhängigen E-Modul E, der Dehnung ε, dem Wärmeausdehnungskoeffizient Θ und der Temperatur T das Brinson'sche Werkstoffgesetz zu

$$\sigma-\sigma_0 = E(\xi)\cdot\varepsilon - E(\xi_0)\cdot\varepsilon_0 + E(\xi)\cdot\varepsilon_L\cdot\xi_d - E(\xi_0)\cdot\varepsilon_L\cdot\xi_{d0} + \Theta\cdot(T-T_0)$$

Der Index 0 kennzeichnet den Ausgangszustand einer Formgedächtnislegierung, ε_L ist eine Materialkonstante, die den maximalen Formgedächtniseffekt angibt. Der Spannungs-Dehnungs-Zustand einer FGL hängt somit von seiner Vorgeschichte ab, d. h. wie er vorab trainiert, wie stark er belastet oder erwärmt wurde. Weiterhin wird eine Aussage über die Änderung des Martensitanteils als Funktion der Spannung und Temperatur benötigt. Geeignet ist hierfür das empirisch ermittelte Kosinus-Modell nach Liang und Rogers. Für die Umwandlung zu spannungsinduziertem Martensit bzw. zu Austenit können Kosinus-Funktionen angegeben werden, die abhängig von der aktuellen Temperatur und dem momentanen Spannungszustand sind. Ebenso fließen der Martensit- und Austenitanteil im Anfangszustand in das Kosinus-Modell ein.

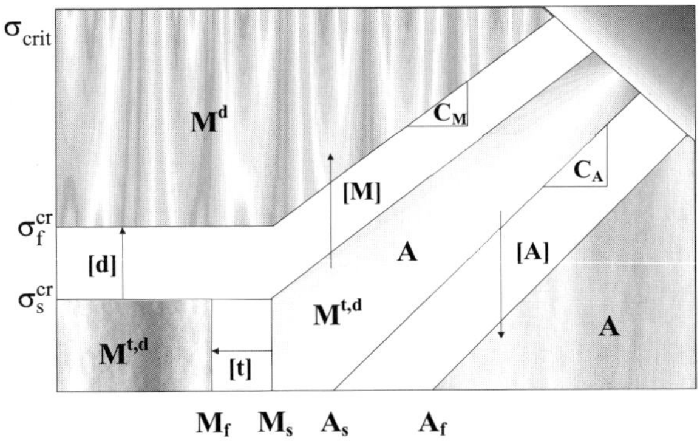

C_M Steigung der Spannungs-Temperatur-Kennlinie Martensit Werkstoffkonstante
C_A Steigung der Spannungs-Temperatur-Kennlinie Austenit Werkstoffkonstante
M^S spannungsinduzierter Martensit
$M^{t,\,S}$ temperatur- + spannungsinduzierter Martensit
[*d*] Übergang zu spannungsinduziertem Martensit
[*t*] Übergang zu temperaturinduziertem Martensit
[*A*] Übergang zu Austenit
[*M*] Übergang zu Martensit

Bild 22.8 Spannungs-Temperatur-Diagramm für eine Formgedächtnislegierung

Die damit beschriebenen Phasenübergänge erfolgen in dem in Bild 22.8 dargestellten σ-T-Diagramm in den weiß gekennzeichneten Bereichen. Die Größen σ_s^{cr}, σ_f^{cr}, C_M und C_A sind Materialkonstanten und sind für NiTi beispielhaft in Tabelle 22.9 aufgelistet. Mit diesen Beziehungen lässt sich die Spannungs-Dehnungs-Kurve von FGLen iterativ berechnen. Außerhalb der Transformationsbereiche gilt wieder das Hooke'sche Gesetz.

Trainieren des Zweiwegeffektes

Aus der Sicht des Anwenders stellt sich die Frage, wie FGLen vor ihrer Anwendung behandelt werden müssen. Bei Ausnutzung des Einwegeffektes wird die FGL nur in der gewünschten Weise verformt. Dagegen muss zur Ausnutzung des Zweiwegeffektes die Formgedächtnislegierung vorab trainiert, d. h. die jeweilige Form in der Hoch- und Tieftemperaturphase eingeprägt werden. Im Folgenden sollen die drei wichtigsten Vorgehensweisen zum Trainieren einer FGL beschrieben werden:

Zweiwegeffekt auf Grund starker Martensitverformung
Der Martensit wird so stark verformt, dass neben einer reversiblen Verformung, beispielsweise durch Verschieben von Zwillingsgrenzen, eine irreversible Verformung durch Versetzungen auftritt. Bei erstmaligem Erwärmen wird anschließend der reversible Anteil durch Austenitbildung rückgängig gemacht, wobei eine Restverformung erhalten bleibt. Diese Resteverformung wird als Hochtemperaturphase des Zweiwegeffektes bezeichnet. Bei erneutem Abkühlen lagert sich der neu gebildete Martensit an der Versetzungsstruktur an. Der Martensit wird so in einer bevorzugten Richtung gebildet (Tieftemperaturphase). Durch mehrmaliges thermisches Zyklieren ohne zusätzliche äußere Last stabilisiert sich die Versetzungsstruktur und damit die bevorzugte Richtung des Martensits. Nach Stabilisierung lässt sich durch Erwärmen/Abkühlen zwischen der Hoch- und Niedertemperaturphase hin- und herschalten. Voraussetzung hierbei ist eine hohe Duktilität der Formgedächtnislegierung, wie sie beispielsweise NiTi aufweist.

Zweiwegeffekt durch SME-Training (Shape-Memory-Effect-Training)
Der Martensit wird entsprechend dem Einwegeffekt reversibel verformt und anschließend erwärmt. Bei wiederholtem Durchlaufen dieses Einwegeffektes stabilisieren sich bevorzugte Martensitvarianten durch Kumulation. Das Training ist je nach Größe der Martensitverformung schon nach wenigen Zyklen abgeschlossen. Das SME-Training lässt sich auch an FGL mit geringer Duktilität durchführen, es ist jedoch eine zusätzliche äußere Last notwendig. Bei dem scheinbaren Zweiwegeffekt (s. o.) läuft das SME-Training parallel ab.

Zweiwegeffekt durch SIM-Training (Spannungsinduzierter-Martensit-Training)
Durch Verformung der Austenit-Phase wird spannungsinduzierter Martensit mit bevorzugter Richtung erzeugt. Bei mehrmaligem Verformen lassen sich hierbei bevorzugte Richtungen stabilisieren. Während des Abkühlen ohne äußere Last bildet sich dann eine der bevorzugten Richtung entsprechende Niedertemperaturform aus.

Anwendungsgebiete von Formgedächtnislegierungen

Der Einwegeffekt von Formgedächtnislegierungen wird seit etwa 1969 kommerziell eingesetzt. Anfangs wurden diese Legierungen in Luft- und Raumfahrt, Schiffsbau und Prozesstechnik eingesetzt. Zunehmend werden sie auch in der Halbleitertechnik, Medizintechnik oder im allgemeinen Maschinenbau eingesetzt. Ähnliche Einsatzgebiete lassen sich auch für den Zweiwegeffekt finden, wobei aus Gründen der Effektstabilität vornehmlich der scheinbare Zweiwegeffekt angewendet wird. Am bekanntesten ist sicherlich der Einsatz der Superelastizität von NiTi-Legierungen für Brillenfassungen. Ein Überblick über Anwendungsgebiete des Ein- und Zweiwegeffektes wird in Tabelle 22.7 gegeben.

Tabelle 22.8 Eigenschaften technisch anwendbarer FGL

Kenngröße	**NiTi**	**Cu-Zn-Al**	**Cu-Al-Ni**
Dichte (in g/cm^3)	6,4 ... 6,5	7,8 ...8,0	7,1 ... 7,2
el. Leitfähigkeit (in 10^6 S/m)	1 ... 1,5	8 ... 13	7 ... 9
Zugfestigkeit (in N/mm^2)	800 ... 1000	400 ... 700	700 ... 800
Bruchdehnung (in %)	40 ... 50	10 ... 15	5 ... 6
max. A_s-Temperatur (in °C)	120	120	170
max. Einwegeffekt (in %)	8	4	5
max. Zweiwegeffekt (in %)	5	1	1,2
Überhitzbarkeit (in °C)	400	160	300
max. Thermische Zyklen	100 000	10 000	1000
Verminderung des Effektes	keine	10 %	10 %

Tabelle 22.9 Materialkennwerte einer NiTi-Legierung (55% Ni) – Beispiel

Moduli	**Transformations-temperaturen**	**Transformations-Konstanten**	**Maximale Restdehnung**
$E_A = 67$ GPa	$M_f = 9$ °C	$C_M = 8$ MPa/°C	$\varepsilon_L = 6{,}7$ %
$E_M = 26{,}3$ GPa	$M_s = 18{,}4$ °C	$C_A = 13{,}8$ MPa/°C	
$\Theta = 0{,}55$ MPa/°C	$A_s = 34{,}5$ °C	$\sigma_s^{cr} = 100$ MPa	
	$A_f = 49$ °C	$\sigma_f^{cr} = 170$ MPa	

22.2.1.3 Sonstige

Neben den Piezokeramiken und den Formgedächtnislegierungen gibt es eine Vielzahl weiterer Werkstoffe, die im Sinne der Funktionswerkstoffe für aktorische und/oder sensorische Funktionen zunehmend eingesetzt werden. Ein Überblick ist in Tabelle 22.10 gegeben.

Von Bedeutung sind vor allem **keramische Werkstoffe**, da sie neben aktorischen und sensorischen Eigenschaften sehr gut in Strukturen integriert werden können. In elektrostriktiven Keramiken basierend auf PMN (Blei-Magnesium-Niob-Oxide) lassen sich Effekte in der gleichen Größenordnung wie der piezoelektrische Effekt beobachten. Da sie nahezu hysteresefrei sind und nicht gepolt werden müssen, sind sie für ingenieurmäßige Anwendungen von großem Interesse. Allerdings ist der elektrostriktive Effekt sehr temperaturabhängig. Der **elektrostriktive** Effekt tritt in allen Festkörpern unterschiedlich stark ausgeprägt auf. In dem Materialgesetz wird er als Quadrat des äußeren angelegten Feldes berücksichtigt und ist somit richtungsunabhängig (Abschn. 22.2.1.1). Für die mechanische Deformation S gilt mit dem elektrischen Feld E, der mechanischen Spannung T, der piezoelektrischen Ladungskonstante d, Elastizitätskonstante s und dem elektrostriktiven Koeffizienten q

$$S_\lambda = d_{k\lambda} \cdot E_k + s_{\lambda\mu} \cdot T_\mu + q_{kl\lambda} \cdot E_k \cdot E_l$$

Weiterhin werden Keramiken entwickelt (z. B. PZNST = dotiertes PZT), bei denen unter einem äußeren elektrischen Feld ein Übergang von einer **anti-ferroelektrischen** Phase zu einer ferroelektrischen Phase erfolgt. Dieser Übergang ist mit einer großen Volumenänderung verbunden, induzierte Dehnungen bis zu 0,5 % sind realisierbar. Nachteilig ist die Höhe des elektrischen Feldes von 30 kV/mm bis 40 kV/mm, welches derzeit den Einsatz dieser Keramiken beschränkt. Letztendlich sind Keramiken (z. B. PLZT) mit einem inhärenten **photovoltaischen** Effekt in der Entwicklung. Einfallendes monofrequentes Licht wird in eine elektrische Spannung umgewandelt und über den inversen piezoelektrischen Effekt in eine Volumenänderung überführt. Dies ermöglicht ein berührungsloses Ansteuern der Keramiken.

Auf Grund des häufig nicht ausreichenden piezoelektrischen Effektes werden auch **magnetostriktive** Materialien (z. B. TERFENOL®) eingesetzt. Magnetostriktive Materialien können entsprechend elektrostriktiver Keramiken beschrieben werden, wobei die magnetischen Domänen unter einem Magnetfeld ausgerichtet werden. Nachteilig ist hierbei die Erzeugung des notwendigen Magnetfeldes; jedoch können höhere Dehnungen als in den Piezokeramiken erzeugt werden.

Magneto- und elektrorheologische Flüssigkeiten eignen sich vornehmlich für den Einsatz in Dämpfern. Durch Beeinflussen der Viskosität über ein äußeres Magnet- oder Elektrofeld kann die **Dämpferkennlinie** gezielt beeinflusst werden. Für die Integration in Strukturen sind diese Werkstoffe weitestgehend ungeeignet.

In Tabelle 22.10 sind ausgewählte Funktionswerkstoffe, deren zu Grunde liegendes physikalisches Prinzip und ihr Einsatzgebiet aufgelistet.

Tabelle 22.10 Funktionswerkstoffe mit aktiven und/oder sensorischen Eigenschaften

Gruppe	Prinzip	Eigenschaft
Elektrostriktive Keramiken	Ein äußeres elektrisches Feld wird in eine Volumenänderung umgesetzt. Die Volumenänderung hängt quadratisch vom elektrischen Feld ab. Tritt in jedem Festkörper auf.	aktorisch
phase-switching-Keramiken	Ein äußeres elektrisches Feld bewirkt einen Übergang von einer anti-ferroelektrischer Phase zu einer ferroelektrischen Phase. Dieser Phasenübergang ist mit einer großen Volumenänderung verbunden.	aktorisch

Tabelle 22.10 (Fortsetzung)

Gruppe	Prinzip	Eigenschaft
Photostriktive Keramiken	Monofrequentes Licht wird in eine elektrische Spannung umgesetzt, die über den inversen piezoelektrischen Effekt zu einer Volumenänderung führt.	aktorisch
Piezoelektrische Polymere	Langkettige Polymere, die piezolektrische Eigenschaften aufweisen.	aktorisch, sensorisch
Elektrorheologische Flüssigkeiten	Suspensionen, die unter einem äußeren elektrischen Feld ihre Viskosität ändern.	aktorisch
Magnetorheologische Flüssigkeiten	Suspensionen, die unter einem äußeren magnetischen Feld ihre Viskosität ändern.	aktorisch
Magnetostriktive Legierungen	Ein äußeres magnetisches Feld wird in eine Volumenänderung umgesetzt. Die Volumenänderung hängt quadratisch vom magnetischen Feld ab und ist vergleichbar mit dem elektrostriktiven Effekt.	aktorisch, sensorisch

22.2.2 Multifunktionale Werkstoffsysteme

Multifunktionale Werkstoffsysteme im Sinne der Adaptronik sind Verbundwerkstoffe oder Werkstoffverbunde (Abschn. 22.1.4), die aktive, sensorische und lasttragende Anforderungen gleichzeitig erfüllen können.

Wandlerwerkstoffe mit aktiven oder sensorischen Eigenschaften, wie beispielsweise Piezokeramiken oder Formgedächtnislegierungen, lassen sich hervorragend als Aktoren bzw. Sensoren in adaptiven Systemen einsetzen. Auf Grund ihrer mechanischen Eigenschaften sind sie allerdings nicht als lasttragende Materialien für maschinenbauliche Anwendungen einsetzbar: Sie sind somit nicht multifunktional (Abschn. 22.1.4).

Erst in Kombination mit einem Strukturwerkstoff entsteht ein **multifunktionales Werkstoffsystem**, das die aktiven, sensorischen und lasttragenden Aufgaben gleichermaßen übernehmen kann. Solche Werkstoffsysteme haben im Sinne der Adaptronik einen sehr hohen Stellenwert.

Im Gegensatz zu den konventionellen Leichtbau-Strukturwerkstoffen wie Aluminium, Titan oder Magnesium bieten **Faserverbundwerkstoffe** die besondere Möglichkeit, schon während des Herstellungsprozesses Funktionswerkstoffe wie piezokeramische Folien oder Fasern, Drähte aus Formgedächtnislegierungen, aber auch elektrische Zu- und Ableitungen in den Werkstoff zu integrieren und so die aktiven und sensorischen Komponenten direkt im Kraftfluss zu platzieren.

Exemplarisch für einen **aktiven Faserverbundwerkstoff** wird im Weiteren auf die Integration von dünnen piezokeramischen Folien in kohlenstofffaserverstärktem Kunststoff (CFK) eingegangen. Dabei können kommerziell erhältliche Keramikfolien mit den Abmessungen 50 mm × 50 mm × 0,2 mm verwendet werden. Bild 22.9 zeigt den prinzipiellen Aufbau eines solchen aktiven Kohlenstofffaserverbundes mit integrierter Piezokeramik.

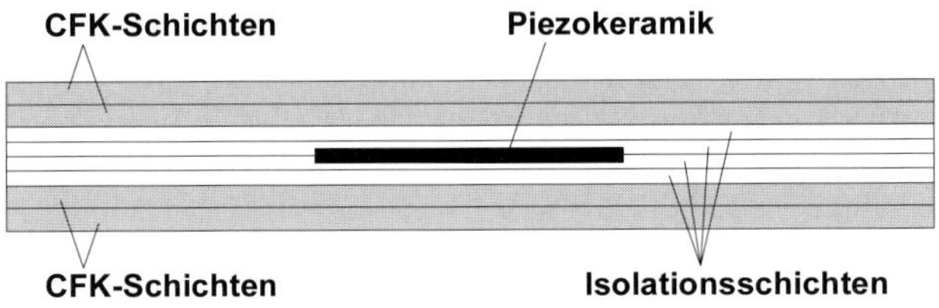

Bild 22.9 Prinzipieller Lagenaufbau des aktiven Faserverbundes

Die **Isolationsschichten** aus Glas- oder Polyesterfasern sind erforderlich, um die elektrisch leitfähigen CFK-Schichten voneinander zu trennen und somit einen Kurzschluss zwischen den Elektroden der Piezokeramik zu verhindern.

Die **Kontaktierung** der Piezokeramik kann prinzipiell auf zwei Arten erfolgen:

Bei einer Kontaktierung über elektrische Leitungen (Bild 22.10) sind die in den Faserverbund integrierten Keramiken einzeln ansteuerbar und die stromführenden Komponenten elektrisch isoliert. Die Herstellung ist aufwendig und die Struktur wird durch die integrierten Leiterbahnen beeinflusst.

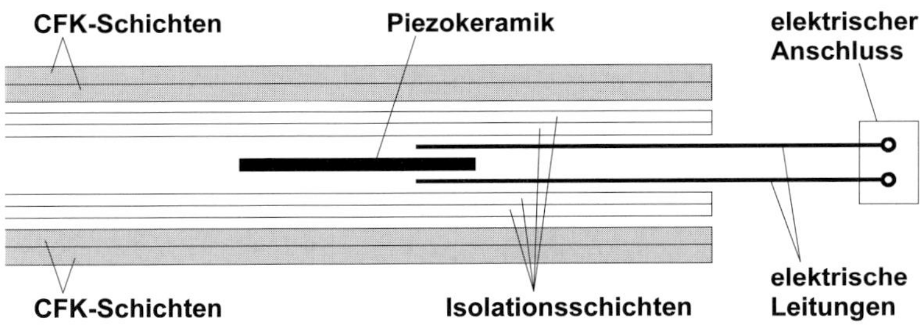

Bild 22.10 Kontaktierung über elektrische Leitungen

Eine Kontaktierung über die CFK-Schichten, also über die elektrisch leitfähige, tragende Struktur (Bild 22.11), ist herstellungstechnisch deutlich einfacher, da keine zusätzlichen Leitungen erforderlich sind. In diesem Fall sind die Piezokeramiken nicht einzeln ansteuerbar und die Struktur ist stromführend.

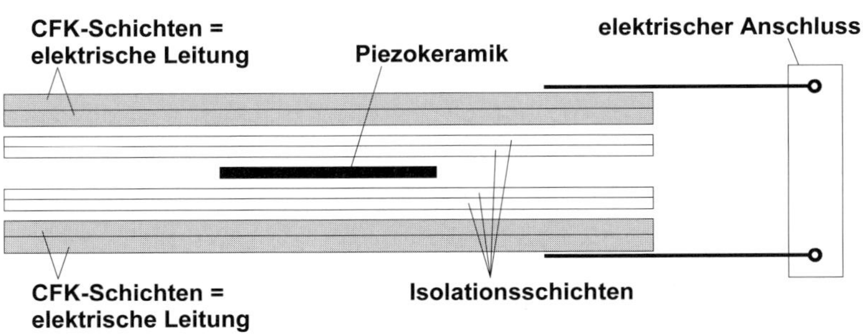

Bild 22.11 Kontaktierung über tragende Struktur

Eine noch höhere Integrationsdichte kann durch die Verwendung **piezokeramischer Fasern** an Stelle der Folien erreicht werden. Zum einen lässt sich durch die Fasern der piezoelektrische Effekt in Richtung des Kraftflusses optimieren, zum anderen ist eine homogenere Verteilung des aktiven Materials im Strukturwerkstoff möglich. Der prinzipielle Aufbau eines aktiven Faserverbundes mit piezokeramischen Fasern ist in Bild 22.12 dargestellt.

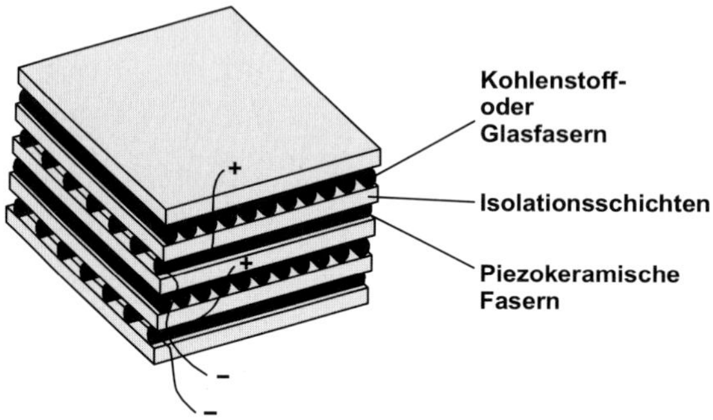

Bild 22.12 Aktiver Faserverbund mit piezokeramischen Fasern

Für die aktive Verformung des Faserverbundes mit Hilfe der Piezokeramikfolien wird der piezoelektrische d_{31}-Effekt genutzt. Die induzierten Dehnungen ε ergeben sich mit der piezoelektrischen Ladungskonstanten d_{31}, der Dicke h der Keramikfolie und der elektrischen Spannung ΔU somit zu

$$\varepsilon = \frac{d_{31}}{h} \cdot \Delta U$$

22.2.3 Diskrete Aktoren

Diskrete Aktoren sind eigenständige Bauelemente bzw. Baugruppen mit aktiven Eigenschaften, die in Verbundkonstruktionen (Abschn. 22.1.4) eingesetzt werden.

Nachfolgend werden exemplarisch zwei Arten von diskreten Aktoren auf der Basis piezokeramischer Werkstoffe vorgestellt.

22.2.3.1 Piezokeramische Stapelaktoren

22

Um die Leistungsfähigkeit piezokeramischer Materialien auszuschöpfen, sind elektrische Feldstärken von E = 2000 V/mm erforderlich (Abschn. 22.2.1.1). Diese führen jedoch bei größeren Schichtdicken zu unerwünscht hohen elektrischen Spannungen. Daher sind piezokeramische Aktoren für größere Stellwege in der Regel aus mehreren dünnen, übereinander gestapelten piezokeramischen Folien aufgebaut, die entsprechend Bild 22.13 kontaktiert und gegenphasig polarisiert sind.

Während die **Hochvolt-Aktoren** (Betriebsspannung bis etwa 1000 V) üblicherweise aus 0,5 mm bis 1,0 mm dicken piezokeramischen Schichten bestehen, handelt es sich bei den **Niedervolt-Aktoren** (Betriebsspannung bis etwa 100 V) um monolithische Multilayer-Bauformen mit Schichtdicken von 20 … 100 µm.

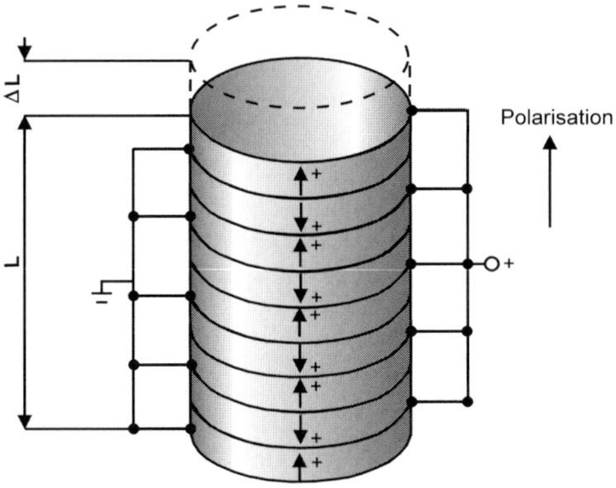

Bild 22.13 Aufbau eines Stapelaktors

Das Systemverhalten eines piezokeramischen Stapelaktors lässt sich besonders vorteilhaft in einem **Arbeitsdiagramm** gemäß Bild 22.14 darstellen. Das Kraft-Dehnungs-Verhalten des Stapelaktors wird dabei durch zwei Eckwerte, den Leerlaufhub ΔL_0 und die Klemmkraft F_{max}, bestimmt:

- Der **Leerlaufhub** ist die Ausdehnung des Aktors bei maximaler Betriebsspannung ohne äußere Belastung (mechanisch frei).
- Als **Klemmkraft** wird die Kraft bezeichnet, die der Aktor bei einer unendlich steifen Einspannung (mechanisch geklemmt) maximal erzeugen kann.

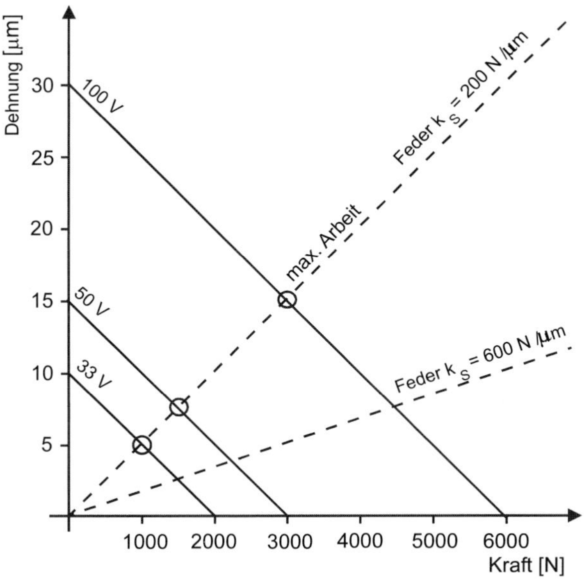

Bild 22.14 Arbeitsdiagramm eines Niedervolt-Stapelaktors

Aus der Klemmkraft und dem Leerlaufhub kann die Steifigkeit k_T des Aktors bestimmt werden:

$$k_T = \frac{F_{max}}{\Delta L_0}$$

In der Praxis arbeitet ein Aktor normalerweise nicht im Leerlaufbetrieb oder gegen eine unendlich steife Einspannung, sondern gegen eine endliche Federsteifigkeit k_S oder gegen eine Masse m. Diese beiden Zustände gilt es zu unterscheiden:

1. Arbeit gegen eine Masse

Wird der Aktor durch eine Masse m belastet, so führt dies lediglich zu einer **Nullpunktverschiebung** ΔL_N, die sich mit der Fallbeschleunigung g und der Aktorsteifigkeit k_T zu

$$\Delta L_N = \frac{m \cdot g}{k_T}$$

ergibt. Solange die Gewichtskraft $F = m \cdot g$ die maximal zulässige mechanische Belastbarkeit des Aktors nicht überschreitet, wird weiterhin die volle Auslenkung ΔL_0 bei voller Betriebsspannung U_{max} erreicht.

2. Arbeit gegen eine Federsteifigkeit

Arbeitet der Aktor mit der Steifigkeit k_T gegen eine Federsteifigkeit k_S, so stellt sich ein Kräftegleichgewicht zwischen der Feder und dem Aktor ein. Aus diesem Kräftegleichgewicht errechnet sich die **effektive Auslenkung** ΔL_{eff} des Aktors zu

$$\Delta L_{eff} = \Delta L_0 \cdot \frac{k_T}{k_T + k_S}$$

Die der effektiven Auslenkung entsprechende **effektive Kraft** $F_{max\,eff}$, die der Aktor gegenüber der Federsteifigkeit maximal aufbringen kann, ergibt sich zu

$$F_{max\,eff} = F_{max} \cdot \left(1 - \frac{k_T}{k_T + k_S}\right)$$

Piezokeramiken zeichnen sich durch eine hohe Druckbelastbarkeit aus, versagen jedoch unter Zugbelastung sehr früh:

Die maximal zulässige **Druckbelastbarkeit** eines piezokeramischen Materials beträgt rein mechanisch gesehen etwa 250 MPa. Jedoch können schon bei 20 … 30 % dieser mechanischen Belastbarkeit Depolarisationseffekte auftreten. Darüber hinaus müssen bei Aktoren zusätzliche Parameter wie Schlankheitsgrad, Durchbiegung, Verkippung und Krafteinleitung beachtet werden, was die zulässige Druckbelastbarkeit weiter reduziert. Die maximal zulässige **Zugbelastbarkeit** der Aktoren liegt bei höchstens 5 … 10 % der zulässigen Druckbelastbarkeit, in der Praxis jedoch deutlich niedriger. Um höhere Zugkräfte aufzunehmen, können die Piezo-Aktoren mechanisch auf Druck vorgespannt werden, beispielsweise mit Hilfe von Federn. Dabei sollte die Vorspannkraft bei etwa 20 % der Druckbelastbarkeit liegen, und die Federsteifigkeit der Vorspannfedern sollte höchstens 10 % der Aktorsteifigkeit betragen.

Zu beachten ist, dass die Klemmkraft von Stapelaktoren oftmals größer ist als die maximal zulässige Druck- bzw. Zugbelastbarkeit, sodass sich der Aktor bei einer ausreichend steifen Einspannung selbst zerstören kann!

Auf Grund kristalliner Polarisationseffekte und molekularer Reibung tritt bei piezokeramischen Aktoren eine **Hysterese** auf, die etwa 10 … 15 % der tatsächlichen Positionsänderung, also des tatsächlich durchfahrenen Stellweges, beträgt. Dies führt zu dem in Bild 22.15 gezeigten Verformungsverhalten eines Niedervolt-Stapelaktors bei Be- und anschließender Entlastung mit unterschiedlich hohen elektrischen Spannungen.

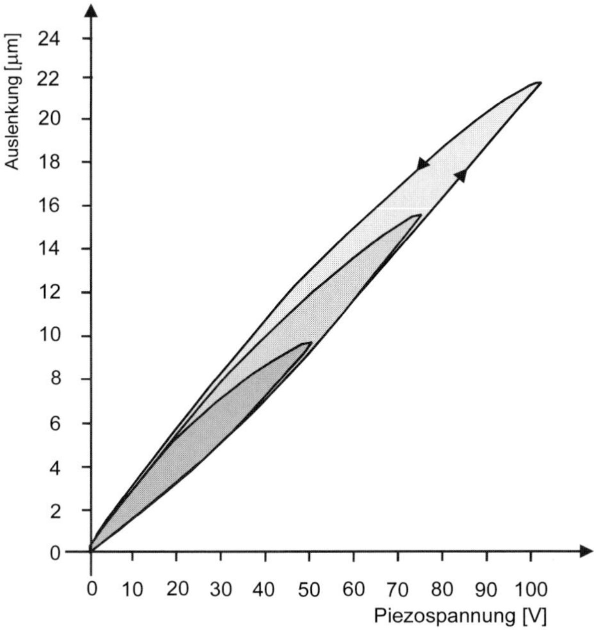

Bild 22.15 Hysteresekurven eines Niedervolt-Stapelaktors

Ein weiterer Effekt in piezokeramischen Aktoren, der ebenfalls durch kristalline Polarisationseffekte hervorgerufen wird, ist das **Positionskriechen** (Positionsdrift). Dabei nimmt die Auslenkung des Aktors nach einem Positionssprung mit der Zeit weiter zu. Das Positionskriechen beträgt etwa 1 % bis 2 % der letzten gesteuerten Positionsänderung pro Zeitdekade und kann näherungsweise durch die Gleichung

$$\Delta L(t) \approx \Delta L \cdot \left(1 + \gamma \cdot \log \frac{t}{0{,}1\ \mathrm{s}}\right)$$

beschrieben werden. Dabei stellen ΔL die Aktorauslenkung (den Positionssprung) und t die Zeit seit dem Positionssprung dar. Der Kriechfaktor γ ist abhängig von den Keramikeigenschaften und beträgt ungefähr 0,01 bis 0,02. Sowohl die Hysterese als auch das Positionskriechen können, wenn erforderlich, durch eine Positionsregelung eliminiert werden.

Im dynamischen Betrieb führt die Massenträgheit des Stapelaktors und die Trägheit eventueller Zusatzmassen zu **dynamischen Kräften** F_{dyn}, die bei der Auswahl des Aktors (Druck- und Zugbelastbarkeit, eventuelle mechanische Druckvorspannung) bzw. bei der Auslegung des Gesamtsystems (Klemmkraft bzw. effektive Kraft des Aktors) berücksichtigt werden müssen. Die dynamischen Kräfte F_{dyn} ergeben sich für die effektive Masse m_{eff} im Sinusbetrieb mit der Frequenz f und der Schwingungsamplitude $\pm\,\Delta L/2$ näherungsweise zu

$$F_{\mathrm{dyn}} = \pm\, 4 \cdot \pi^2 \cdot m_{\mathrm{eff}} \cdot \frac{\Delta L}{2} \cdot f^2$$

Die **effektive Masse** m_{eff} setzt sich dabei entsprechend Bild 22.16 aus etwa 1/3 der Aktormasse m_{a} sowie einer eventuellen Zusatzmasse m zusammen:

22

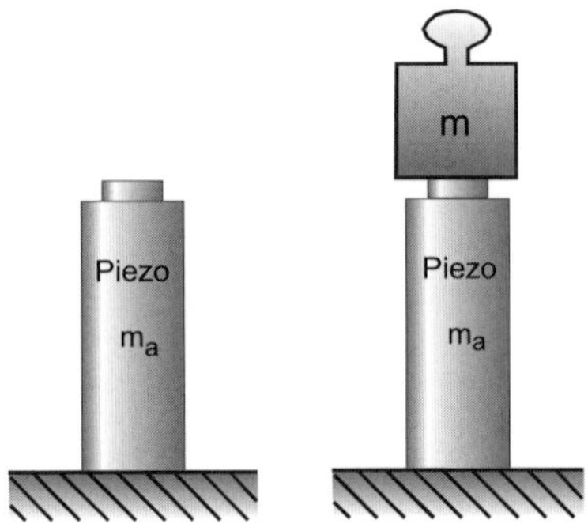

$$m_{\text{eff}} \approx \frac{m_a}{3}\begin{pmatrix} a_{11} & a_{12} \\ a_{21} & a_{22} \end{pmatrix} \qquad m_{\text{eff}} \approx \frac{m_a}{3} + m$$

Bild 22.16 Effektive Masse eines Stapelaktors

Im dynamischen Betrieb kommt es zu einer **Erwärmung** des Piezo-Aktors. Die Leistung P_{th}, die dabei in Wärme umgewandelt wird, berechnet sich mit dem Verlustwinkel tan δ, der Arbeitsfrequenz f, der Aktorkapazität C und der Betriebsspannung U_{p-p} des Aktors näherungsweise zu

$$P_{\text{th}} \approx \tan\delta \cdot f \cdot C \cdot U_{p-p}^2$$

Für Aktorkeramiken liegt der Verlustwinkel tan δ unter Großsignalbedingungen bei etwa 0,01 bis 0,02, für Kleinsignalbedingungen ist er kleiner.

22.2.3.2 Piezokeramische Biegewandler

Neben der Ausdehnung in Dickenrichtung (d_{33}-Effekt), die bei den piezokeramischen Stapelaktoren genutzt wird (Abschn. 22.2.3.1), erfährt die Piezokeramik beim Anlegen eines elektrischen Feldes auch eine Dehnung in der Ebene (d_{31}-Effekt). Außerhalb der neutralen Faser auf ein Trägermaterial aufgebracht führt dies, wie in Bild 22.17 gezeigt, zu einer Biegeverformung des Systems.

Bei den Biegewandlern unterscheidet man zwischen Mono-, Bi-, Tri- und Multimorph-Aktoren:

- Der Monomorph-Aktor besteht aus einem passiven Trägermaterial, auf dem eine aktive piezokeramische Schicht aufgebracht ist.
- Der Bimorph-Aktor ist aus zwei piezokeramischen Schichten aufgebaut, die je nach Polarisationsrichtung parallel oder seriell angesteuert werden können.
- Beim Trimorph-Aktor handelt es sich um einen Bimorph-Aktor mit einer passiven Zwischenlage.
- Der Multimorph-Aktor schließlich besteht aus einer Vielzahl aktiver Schichten und kann sowohl mit als auch ohne Trägermaterial aufgebaut werden.

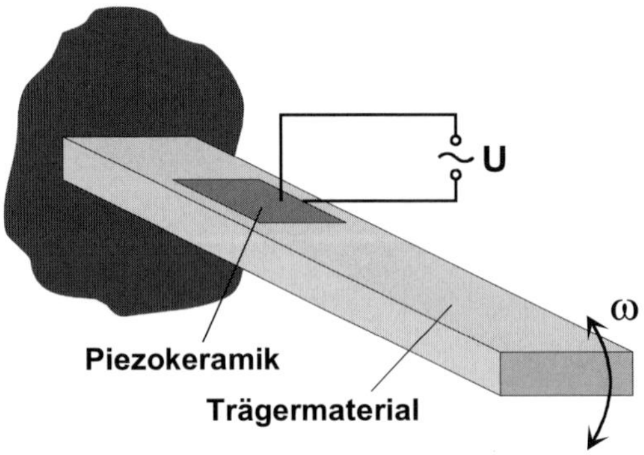

Bild 22.17 Funktionsprinzip des Biegewandlers

Wie bei den Stapelaktoren sind auch bei den Biegewandlern eine Leerlauf-Auslenkung x_0 und eine Blockierkraft F_0 definiert:

- Die **Leerlauf-Auslenkung** berechnet sich mit dem Vorfaktor f_w, der piezoelektrischen Ladungskonstanten d_{31}, der maximalen Betriebsspannung U_{max}, der Länge l des Wandlers und der Dicke h_1 der Keramikschicht zu

$$x_0 = f_w \cdot \frac{3}{4} \cdot d_{31} \cdot U_{max} \cdot \frac{l^2}{h_1^2}$$

- Die **Blockierkraft** berechnet sich mit dem Vorfaktor f_m, dem E-Modul E_1 der Piezokeramik und der Breite b des Wandlers zu

$$F_0 = f_m \cdot \frac{3}{2} \cdot d_{31} \cdot E_1 \cdot U_{max} \cdot h_1 \cdot \frac{b}{l}$$

Mit dem Dickenverhältnis $a = h_2/h_1$ und dem E-Modulverhältnis $c = E_2/E_1$ von Zwischenlage zu Keramikschicht ergeben sich die Vorfaktoren f_w und f_m für einen Trimorph-Aktor (Bild 22.18) zu

$$f_w = \frac{1+a}{1+3\cdot\frac{a}{2}+3\cdot\left(\frac{a}{2}\right)^2+c\cdot\left(\frac{a}{2}\right)^3} \qquad \text{und} \qquad f_m = 1+a$$

Bild 22.18 Trimorph-Aktor

Für ein Dickenverhältnis von Zwischenlage zu Keramikschicht von $a = 0$ erhält man die Gleichungen für einen Bimorph-Aktor. Für einen Monomorph-Aktor ergeben sich andere Vorfaktoren f_w und f_m, ansonsten bleiben die Gleichungen für die Leerlauf-Auslenkung und die Blockierkraft erhalten.

Im Vergleich zu den piezokeramischen Stapelaktoren lassen sich mit den Biegewandlern deutlich größere Stellwege bei allerdings erheblich geringeren Blockierkräften realisieren.

22.3 Regelungstechnische Ansätze für adaptive Systeme

22.3.1 Einführung

Für ein adaptives Struktursystem zur Unterdrückung von **Schwingung (AVC: active vibration control)** und Schallabstrahlung **(ASAC: active structural acoustic control)** werden spezielle regelungstechnische Ansätze gewählt. Zunächst stellt diese Regelung eine Störgrößenunterdrückung dar, im Gegensatz zu einer Führungsgrößenregelung, die zum Beispiel zur Positionierung eines Schrittmotors dient. Weiterhin können sich die Parameter der Regelstrecke, in diesem Fall also des strukturdynamischen Systems, im Betrieb ändern. So nimmt das Gewicht eines Autos oder Flugzeugs durch Beladen zu oder durch Treibstoffverbrauch ab. Falls die Schallabstrahlung durch die Struktur ins Innere kontrolliert werden soll, muss die Änderung der Akustik durch die Anwesenheit von Passagieren berücksichtigt werden. Ferner besitzen die zu unterdrückenden Vibrationen bzw. die daraus resultierenden Schallabstrahlungen eine große Bandbreite von wenigen Hertz bis zu einem Kilohertz.

Für diese Aufgaben werden Regler meist entweder nach den Methoden **der robusten Regelung** („robust control") oder als **adaptive Regler** ausgelegt. Erstere zeichnen sich durch eine gewisse Unempfindlichkeit in ihrer Funktionalität gegenüber o. a. Parameteränderungen aus, bei Letzteren werden die Reglerparameter während des Betriebs nachgeführt. Die Realisierung erfolgt vielfach auf digitaler Ebene, da dort die für adaptive Regler notwendigen Operationen einfach durchzuführen sind.

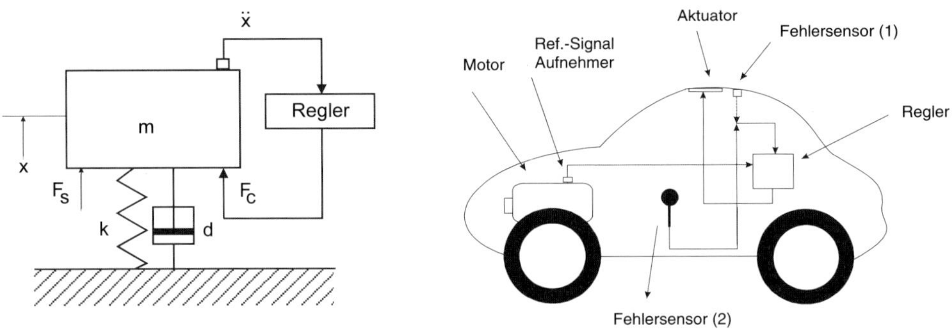

Bild 22.19 Regelung an einem Ein-Massen-Schwinger (links) und System zur Vibrations-/Schallabstrahlungsunterdrückung an einem Autodach mit adaptiver Gegensteuerung (rechts)

Ferner ist zwischen den zwei Ansätzen der Rückführung von Sensorsignalen auf die Aktoren **(feedback control)**, der mit der klassischen Regelungstechnik verwandt ist, und der Steuerung der Aktuatoren mit einem **Referenzsignal (feedforward control)** zu unterscheiden, bei der die Methoden aus der Signalverarbeitung und Nachrichtentechnik stammen.

22.3.2 System mit Rückkopplung

Bild 22.19 erläutert die Methode der **Rückkopplung** bei strukturdynamischen Systemen am einfachsten Beispiel, dem Ein-Massen-Schwinger mit der Masse m, der Dämpfungskonstante d und der Federsteifigkeit k.

Die störende Kraft F_s verursacht Bewegungen des Systems. Ein an der Masse angebrachter Sensor misst die Beschleunigung, der Aktuator leitet die Stellkraft F_c ein. Zur Auslegung des Reglers wird zunächst die Bewegungsgleichung aufgestellt.

22

$$m \cdot \ddot{x} + d \cdot \dot{x} + k \cdot x = F_c + F_s$$

Die Aktuatorkraft F_c wird aus dem Beschleunigungssignal durch Integration und anschließende invertierende Verstärkung mit dem Faktor $-G$ gewonnen, das Signal ist also proportional zur Geschwindigkeit der Masse m.

$$F_c = -G \cdot \int \ddot{x}\, dt = -G \cdot \dot{x}$$

Durch Einsetzen der Gleichungen ineinander erhält man die Systemantwort des geschlossenen Regelkreises:

$$m \cdot \ddot{x} + (d + G) \cdot \dot{x} + k \cdot x = F_s$$

Offenbar wird durch die Rückkopplung der Geschwindigkeit die Dämpfung des Systems erhöht und damit die Antwort auf die störende Kraft F_s verkleinert. Da die Dämpfung mechanischer Systeme meist recht gering ist, kann hierbei mit kleinen Verstärkungen bereits Erfolg erzielt werden. Allerdings ist die hier angenommene frequenzunabhängige Verstärkung G praktisch nicht realisierbar. Reale Verstärkersysteme beginnen bei höheren Frequenzen signifikante Phasendrehungen zu verursachen. Auf dieses Beispiel angewandt, führt dieser Effekt dann zur Umkehrung des Vorzeichens der Verstärkung und damit zur Entdämpfung des Systems bis zur Instabilität. Bei der Wahl der Verstärkung muss also auf die Stabilität des Gesamtsystems geachtet werden, hilfreich hierbei sind die Methoden von Nyquist oder das Kriterium von Hurwitz (Abschn. 18.3).

Dieses Prinzip der Regelung lässt sich auch auf Systeme mit mehreren Freiheitsgraden oder auch auf kontinuierliche Systeme erweitern. Hierzu bietet sich beispielsweise die Methode der **unabhängigen Modalraumregelung** (IMSC: independent modal space control) an, auf die hier kurz eingegangen werden soll.

Mit Hilfe der **Modalanalyse** lässt sich ein dynamisches System mit n Freiheitsgraden in n Systeme mit je einem Freiheitsgrad zerlegen (Abschn. 22.4.4). Durch Linearkombination der Sensorsignale, die modale Filterung, kann eine beliebige Schwingung des Systems als Überlagerung von Schwingungen dieser „Ein-Massen-Schwinger", der Moden, dargestellt werden. Für jeden Mode kann dann eine Regelung nach oben beschriebener Vorgehensweise vorgenommen werden. Durch die Überlagerung der berechneten Aktuatorkräfte für die einzelnen Moden zu denen für das Gesamtsystem wird dann der Regelkreis geschlossen. Der Vorteil dieses Verfahrens ist die Ausnutzung der Unabhängigkeit der einzelnen Moden untereinander, um so mehrere einzelne kleine regelungstechnische Aufgaben zu lösen statt einer größeren.

Zu beachten ist bei der Behandlung von Systemen mit mehreren Freiheitsgraden allerdings besonders die **Positionierung** der Aktoren und Sensoren. Die Sensoren müssen so an der Struktur angebracht werden, dass möglichst alle relevanten Schwingungsanteile erfasst werden (Beobachtbarkeit, Abschn. 22.4).

Als Beispiel zeigt Bild 22.20 einen eingespannten Balken mit den Schwingformen, die jeweils an den ersten beiden Resonanzfrequenzen angeregt werden. Während Sensor 1 für beide Resonanzen Signale liefert, ist Sensor 2 in einem Knoten der zweiten Resonanz angebracht und liefert keine Informationen, falls der Balken mit dieser Form schwingt.

Entsprechendes gilt für die Positionierung der Aktoren, die möglichst alle störenden Schwingungsanteile beeinflussen müssen (Steuerbarkeit, Abschn. 22.4).

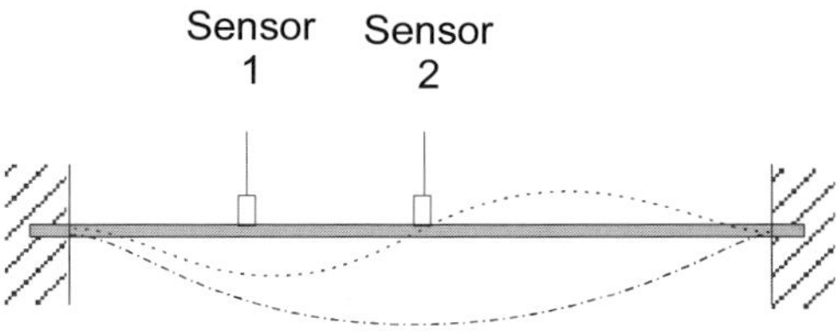

Bild 22.20 Beispiel zur Sensorpositionierung an einem Balken

22.3.3 System mit adaptiver Gegensteuerung

Bei Schwingungen und Schallabstrahlungen von Strukturen spielen harmonische Erregungen eine besondere Rolle. Solche Fälle treten vor allem bei Rotationsmaschinen auf, deren Struktur durch eine oder mehrere Harmonische der Drehzahl angeregt wird, beispielsweise beim Auto durch den Verbrennungsmotor oder bei Klimaanlagen durch den Lüfter. Andererseits stellt aber auch das Brummgeräusch bei Transformatoren ein ähnliches Problem dar, das nur die Netzfrequenz und ihre Oberwellen enthält. Zur Unterdrückung dieser Störungen bietet sich ein Ansatz an, der auf einer **Gegensteuerung** beruht und in der akustischen Regelungstechnik (ANC: active noise control) bereits 1936 von Lueg vorgeschlagen wurde.

Die Störungen enthalten nur einzelne Frequenzen, die an der Maschine, die die Struktur zu Schwingungen anregt, über einen Referenzsensor (z. B. Tachogenerator) gemessen werden. Dann kann mit einem Referenzsignal gegengesteuert werden, das einem Signalgenerator entnommen wird, der auf die entsprechenden Frequenzen eingestellt ist.

Das Referenzsignal wird durch ein adaptives Filtersystem nach Betrag und Phase so verändert, dass die Vibration oder Schallabstrahlung unterdrückt wird. Die Gegensteuerung bewirkt dann eine Minimierung des gemessenen Sensorsignals, idealerweise eine vollständige Auslöschung. Vorteil des Verfahrens sind die Adaptivität, durch die auch bei Systemveränderungen noch eine gute Unterdrückung der Störgrößen erreicht werden kann, und seine großen Stabilitätsbereiche, da keine Signale auf die Struktur rückgekoppelt werden, sondern das Sensorsignal nur zur Optimierung des Filters dient. Allerdings ergibt sich aus dem Aufbau auch, dass stochastische und transiente Anregungen nicht unterdrückt werden, da ein entsprechendes Referenzsignal fehlt. Ferner muss ein Algorithmus zur Optimierung des Gegensteuersignals gefunden werden, der hinreichend robust ist. Genauere Betrachtungen über die Adaptionsalgorithmen und Anwendungen sind in der weiterführenden Literatur zu finden. Für die Positionierung der Aktoren und Sensoren gelten die gleichen Regeln wie bei einer klassischen rückgekoppelten Reglerstruktur. Die Unterschiede der beiden vorgestellten Verfahren werden in Tabelle 22.11 verglichen:

Tabelle 22.11 Vergleich von Gegensteuerung und Rückkopplung

Verfahren	**Vorteile**	**Nachteile**
Adaptive Gegensteuerung	Harmonische Störung kann durch Gegensteuern vollständig unterdrückt werden. Gute Stabilitätseigenschaften	Probleme bei der Behandlung von stochastischen und transienten Störungen. Referenzsignal benötigt
Nicht adaptive Rückkopplung	Aktive Vergrößerung der Dämpfung erlaubt transiente und stochastische Störsignale zu unterdrücken. Einfacher Regelalgorithmus	Bandbreite durch Stabilitätsanforderungen begrenzt Dämpfungsmaß durch Stabilitätsanforderungen begrenzt

Beide Regelstrategien können auch miteinander kombiniert werden. Hierzu sind, abgesehen vom Referenzsensor, keine zusätzlichen Sensoren oder Aktoren nötig. Da die Regler für beide Methoden meist auf digitalen Signalprozessoren programmiert werden, ist auch bei der Elektronik kaum zusätzlicher Aufwand erforderlich. Dies bietet die Möglichkeit, die Vorteile beider Systeme miteinander zu verbinden und sowohl die stochastischen bzw. transienten Störungen zu dämpfen, als auch die harmonischen Störungen zu unterdrücken.

22.4 Berechnungsverfahren

22.4.1 Allgemein

Wie in allen Bereichen des Maschinenbaus kommt der Auslegung bzw. der Berechnung adaptiver/mechatronischer Systeme besondere Bedeutung zu. Neben der Auslegung nach Steifigkeit oder Festigkeit müssen die Aktor- und Sensorpositionen optimiert, die Regelung ausgelegt und die Wechselwirkungen der einzelnen Komponenten im Gesamtsystem beschrieben werden. Hinsichtlich der Aktuator- und Sensorpositionierung sind minimaler **Ansteuerungsaufwand** (d. h. minimale Anzahl von Aktuatoren und Sensoren), **Regel- und Beobachtbarkeit** und **Spill-Over-Effekte** (Anregen unerwünschter Schwingformen) zu berücksichtigen. Ebenso bedarf die Regelung der Kenntnis des Strukturverhaltens und kann nicht unabhängig von dem Gesamtsystem ausgelegt werden (Abschn. 22.3). Sowohl Aktoren, Sensoren als auch die Regelung und Leistungselektronik beeinflussen das dynamische Verhalten der Struktur nachhaltig. Zur Beurteilung des adaptiven/mechatronischen Systemes ist es daher notwendig, die Gesamtheit zu simulieren.

Gegenwärtig lassen sich adaptive/mechatronische Systeme nur bedingt mit in anderen Bereichen des Maschinenbaus verwendeten Rechenprogrammen berechnen, dies gilt insbesondere für kommerzielle FEM-Programme (FEM: Finite-Elemente-Methoden). Durch Einbringen von aktiven Schichten in die Struktur tritt mindestens ein zusätzlicher Freiheitsgrad (z. B. elektrische Spannung, elektrisches Potenzial, Temperatur, Magnetfeld) auf, dem in der Massenmatrix keine Masse zugeordnet ist. Diese Singularität der Massenmatrix erschwert ein Simulieren des dynamischen Verhaltens in vielen FEM-Routinen. Zusätzlich tritt eine Wechselwirkung zwischen dem physikalischen Effekt des aktiven/sensorischen Materials und der Strukturverformung auf, die zu einer Mehrfeldproblematik führt und in gängigen FEM-Elementen nicht erfasst wird. Eine der wichtigsten Aufgaben in der Adaptronik/Mechatronik ist daher zur Zeit die Entwicklung geeigneter **Berechnungs- und Simulationsverfahren**. Dabei wird auf gängige Methoden der Strukturdynamik wie die Modalanalyse, Finite-Elemente- und Boundary-Elemente-Methoden oder auf mathematische Software wie Matlab/Simulink zurückgegriffen.

Bereits einfache Plattenmodelle sind derart komplex, dass sie in diesem Rahmen nicht wiedergegeben werden können. Die wesentlichen Auslegungspunkte eines adaptiven Systems lassen sich allerdings anhand eines diskretisierten Balkenmodells verdeutlichen. Ein solches Modell ist ausreichend einfach, um analytisch beschrieben werden zu können.

22.4.2 Bewegungsdifferenzialgleichung für einen diskretisierten Balken mit aktiven Werkstoffen

Der Balken sei in n beliebige masselose Abschnitte und $n + 1$ zugehörige Knotenpunkte unterteilt. Jeder Balkenabschnitt kann aus beliebigen aktiven, sensorischen und passiven Schichten aufgebaut sein (Bild 22.21). Die aktiven Schichten eines Balkensegmentes **induzieren Dehnungen** Λ_i, die entsprechend einer **Wärmedehnung** oder **Quelldehnung** behandelt werden. Für Piezokeramiken ergeben sich beispielsweise die induzierten Dehnungen $\Lambda_{\text{Piezo},i}$ mit der angelegten Spannung U_i, der Dicke h_i und der piezoelektrischen Ladungskonstanten d_{13} zu

$$\Lambda_{\text{Piezo},\,i} = \frac{d_{13}}{h_i} \cdot U_i$$

Die induzierten Dehnungen bewirken, dass an den Rändern des jeweiligen Balkensegmentes Biegemomente und Längskräfte eingeleitet werden. Nach **der klassischen Laminattheorie** ergeben sich die auftretenden Steifigkeiten B, D, K, Längskräfte N und Biegemomente M mit dem E-Modul E_i, der Dicke h_i, der Breite b_i und der Lage z_i der i-ten Schichten zu

Lage der neutralen Faser

$$\bar{z}_0 = \frac{\sum_{i=1}^{n} E_i \cdot h_i \cdot b_i \cdot z_i}{\sum_{i=1}^{n} E_i \cdot h_i \cdot b_i}$$

Biegesteifigkeit

$$B = \sum_{i=1}^{n} E_i \cdot h_i \cdot b_i \cdot \left(\frac{h_i^2}{12} + (z_i - \bar{z}_0)^2 \right)$$

Dehnsteifigkeit

$$D = \sum_{i=1}^{n} E_i \cdot h_i \cdot b_i$$

Koppelsteifigkeit

$$K = \sum_{i=1}^{n} E_i \cdot h_i \cdot b_i \cdot (z_i - \bar{z}_0)$$

induzierte Längskraft

$$N_\Lambda = \sum_{i=1}^{n} E_i \cdot h_i \cdot b_i \cdot \Lambda_i$$

induziertes Biegemoment

$$M_\Lambda = \sum_{i=1}^{n} E_i \cdot h_i \cdot (z_i - \bar{z}_0) \cdot \Lambda_i$$

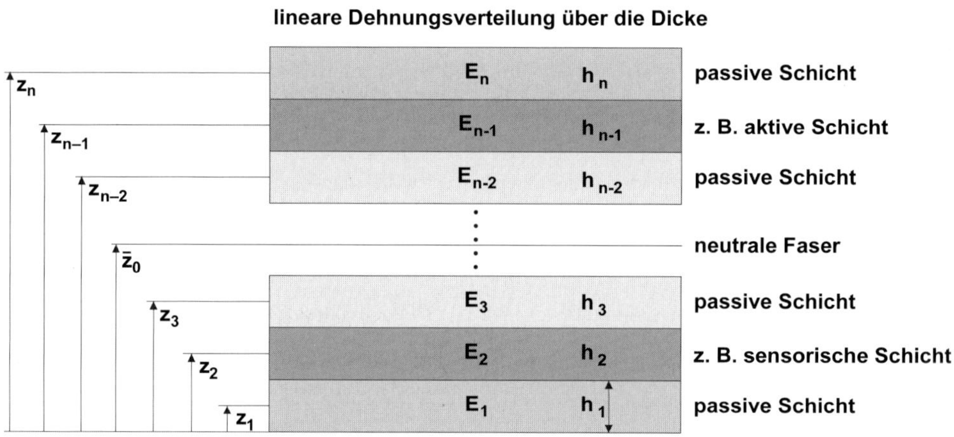

Bild 22.21 Schichtaufbau eines aktiven Balkens

Für einen Biegebalken mit Vorspannung N genügt jedes Balkenelement folgenden Differenzialgleichungen für die Durchbiegung w und der Beziehung für das Moment M:

$$w^{IV} - \frac{D+N}{B \cdot (D+N) - K^2} \cdot N \cdot w'' = 0$$

$$M = -\frac{B \cdot (D+N) - K^2}{D+N} \cdot w'' + \frac{K}{D+N} \cdot N + M_\Lambda - \frac{K}{D+N} \cdot N_\Lambda$$

Die Vorspannung N ergibt sich entweder aus äußeren Zug- und Druckkräften oder aus inneren nichtlinearen Kräften, die mit der Theorie 2. Ordnung (Gleichgewicht am verformten Element) erfasst werden. Für statische Durchbiegungen kann obige Balken-DGL abschnittsweise integriert werden. Für dynamische Berechnungen bieten sich die Verfahren der Übertragungsmatrizen oder

Steifigkeitsmatrizen an. Letzteres ist zur Aufstellung der Bewegungsdifferenzialgleichung zu bevorzugen. Damit der Balken mit für jedes Balkensegment standardisierten **Steifigkeitsmatrizen** (Tabelle 22.12) beschrieben werden kann, müssen neben den Massen auch die Drehmassen in jedem Knoten berücksichtigt werden. Somit ergeben sich als Freiheitsgrade die Durchbiegung w und die Verdrehung w' an jedem Knoten. Wird die Drehmasse nicht berücksichtigt, kann die Gesamtsteifigkeitsmatrix nicht aus den Steifigkeitsmatrizen der Balkensegmente gebildet, sondern muss separat für den gesamten Balken berechnet werden. Die Rechenvorschrift zum Bilden der Gesamtmatrizen aus den Matrizen eines Segmentes ergeben sich aus den Gleichgewichts- und Verträglichkeitsbedingungen an einem Knoten. Es ergibt sich folgende Bewegungsdifferenzialgleichung mit der Massenmatrix $[M]$, der Dämpfungsmatrix $[D]$, der Steifigkeitsmatrix $[S]$, dem Lastvektor (P) und dem Zustandsvektor (z), der die Freiheitsgrade des Gesamtsystems enthält:

$$[M]\cdot(\ddot{z})+[D]\cdot(\dot{z})+[S]\cdot(z)=(P)$$

Die Massenmatrix $[M]$ ist nur auf der Hauptdiagonalen mit den den Knoten zugeordneten Massen belegt und die Dämpfungsmatrix $[D]$ kann mit den üblichen Annahmen der Strukturdynamik gebildet werden. Diese Bewegungsdifferenzialgleichung kann wiederum mit gängigen Methoden gelöst werden, beispielsweise eine Lösung im Frequenzbereich, im Zeitbereich oder modale Zerlegung. Der Lastvektor (P) enthält die von den aktiven Schichten induzierten Längskräfte und Biegemomente. Entsprechend der Rechenvorschrift zur Bildung der Gesamtmatrizen treten die induzierten Kräfte und Momente nur an den Knoten auf, die den Bereich des aktiven Werkstoffes begrenzen.

Tabelle 22.12 Elemente der Steifigkeitsmatrizen eines Balkensegmentes

Element s_{ij}	Druckvorspannung	ohne Vorspannung	Zugvorspannung
s_{11}	$c_+ \cdot \sin(\lambda)$	$12 \cdot c_0$	$c_- \cdot \sinh(\lambda)$
$s_{12} = s_{21}$	$c_+ \cdot L \cdot \lambda^{-1} \cdot [\cos(\lambda) - 1]$	$-6 \cdot L \cdot c_0$	$c_- \cdot L \cdot \lambda^{-1} \cdot [1 - \cosh(\lambda)]$
$s_{13} = s_{31}$	$-c_+ \cdot \sin(\lambda)$	$-12 \cdot c_0$	$-c_- \cdot \sinh(\lambda)$
$s_{14} = s_{41}$	$c_+ \cdot L \cdot \lambda^{-1} \cdot [\cos(\lambda) - 1]$	$-6 \cdot L \cdot c_0$	$-c_- \cdot L \cdot \lambda^{-1} \cdot [1 - \cosh(\lambda)]$
s_{22}	$c_+ \cdot L^2 \cdot \lambda^{-2} \cdot$ $[\sin(\lambda) - \lambda \cdot \cos(\lambda)]$	$4 \cdot L^2 \cdot c_0$	$c_- \cdot L^2 \cdot \lambda^{-2} \cdot$ $\cdot [\lambda \cdot \cosh(\lambda) - \sinh(\lambda)]$
$s_{23} = s_{32}$	$-c_+ \cdot L \cdot \lambda^{-1} \cdot [\cos(\lambda) - 1]$	$6 \cdot L \cdot c_0$	$-c_- \cdot L \cdot \lambda^{-1} \cdot [1 - \cosh(\lambda)]$
$s_{24} = s_{42}$	$-c_+ \cdot L^2 \cdot \lambda^{-2} \cdot [\sin(\lambda) - \lambda]$	$2 \cdot L^2 \cdot c_0$	$c_- \cdot L^2 \cdot \lambda^{-2} \cdot [\sinh(\lambda) - \lambda]$

22

Tabelle 22.12 (Fortsetzung)

Element s_{ij}	Druckvorspannung	ohne Vorspannung	Zugvorspannung
s_{33}	$c_+ \cdot \sin(\lambda)$	$12 \cdot c_0$	$c_- \cdot \sinh(\lambda)$
$s_{34} = s_{43}$	$-c_+ \cdot L \cdot \lambda^{-1} \cdot [\cos(\lambda) - 1]$	$6 \cdot L \cdot c_0$	$-c_- \cdot L \cdot \lambda^{-1} \cdot [1 - \cosh(\lambda)]$
s_{44}	$c_+ \cdot L^2 \cdot \lambda^{-2} \cdot$ $\cdot [\sin(\lambda) - \lambda \cdot \cos(\lambda)]$	$4 \cdot L^2 \cdot c_0$	$c_- \cdot L^2 \cdot \lambda^{-2} \cdot$ $\cdot [\lambda \cdot \cosh(\lambda) - \sinh(\lambda)]$
p_1	0	0	0
p_2	$-c_{34} \cdot c_{36}^{-1} \cdot N - c_{37} \cdot c_{36}^{-1}$	$-c_{37} \cdot c_{36}^{-1}$	$c_{34} \cdot c_{36}^{-1} \cdot N - c_{37} \cdot c_{36}^{-1}$
p_3	0	0	0
p_4	$c_{34} \cdot c_{36}^{-1} \cdot N + c_{37} \cdot c_{36}^{-1}$	$c_{37} \cdot c_{36}^{-1}$	$-c_{34} \cdot c_{36}^{-1} \cdot N + c_{37} \cdot c_{36}^{-1}$

$$c_{36} = \frac{D+N}{B \cdot (D+N) - K^2}, \quad c_{34} = \frac{K}{B \cdot (D+N) - K^2}, \quad c_{37} = c_{34} \cdot N_\Lambda - c_{36} \cdot M_\Lambda$$

$$\lambda^2 = c_{36} \cdot |N| \cdot L^2, \quad c_0 = \frac{1}{c_{36} \cdot L^3}, \quad c_+ = \left[c_{36} \cdot \left(\frac{L}{\lambda} \right)^3 \cdot (2 - \lambda \cdot \sin(\lambda) - 2 \cdot \cos(\lambda)) \right]^{-1},$$

$$c_- = \left[c_{36} \cdot \left(\frac{L}{\lambda} \right)^3 \cdot (2 + \lambda \cdot \sinh(\lambda) - 2 \cdot \cosh(\lambda)) \right]^{-1}$$

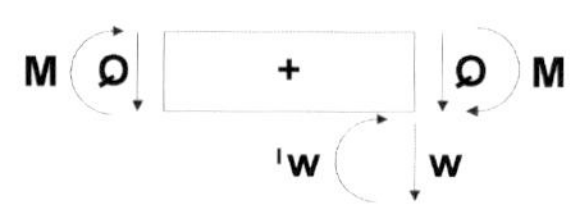

L Balkenlänge, *N* Längskraft, *B* Biegesteifigkeit, *D* Dehnsteifigkeit,
K Koppelsteifigkeit, M_Λ induziertes Biegemoment, N_Λ induzierte Längskraft

22.4.3 Aktor- und Sensorpositionierung

22

Bei der Positionierung der Aktoren und Sensoren muss deren zu Grunde liegende physikalische Wirkungsweise berücksichtigt werden. Piezokeramiken oder Formgedächtnislegierungen beispielsweise induzieren bzw. messen Dehnungen, wogegen elektrodynamische Shaker oder Beschleunigungsaufnehmer Kräfte aufbringen bzw. Beschleunigungen messen. In dem einen Fall muss daher zur optimalen **Positionierung** die **Dehnungsverteilung**, im anderen die Durchbiegung betrachtet werden. Bei Strukturen mit geringer modaler Dichte (Eigenfrequenzen liegen hinreichend weit auseinander) wie einfachen Biegebalken oder dicken Platten bietet sich an, die Eigenformen der Dehnung bzw. Durchbiegung zur Beurteilung zu verwenden. Soll eine spezifische Eigenform angeregt oder gemessen werden, müssen die Aktoren und Sensoren in den jeweiligen

Schwingungsbäuchen positioniert werden. Sind mehrere Eigenformen bzw. Eigenfrequenzen relevant, können die Eigenformen miteinander multipliziert werden. Die resultierenden Schwingungsbäuche sind geeignete Orte zur Aktor- und Sensorpositionierung.

In Bild 22.22 ist dieses für die ersten vier Eigenformen eines beidseitig eingespannten Biegebalkens (ungleichmäßiger Steifigkeitsverlauf) durchgeführt worden. Zur Beeinflussung und zum Messen (Steuer- und Beobachtbarkeit) der ersten vier Eigenformen mittels Piezokeramiken müssen die aktiven und sensorischen Elemente in den ersten 10 % des Balkens integriert werden (Maximum des Dehnungsverlaufes). Andernfalls lassen sich die Eigenformen nicht mehr gleichzeitig anregen oder erfassen. Soll der Biegebalken mit einem elektrodynamischen Shaker angeregt werden, kommen mehrere Orte in Frage, die sich durch Schwingungsbäuche der Durchbiegung auszeichnen.

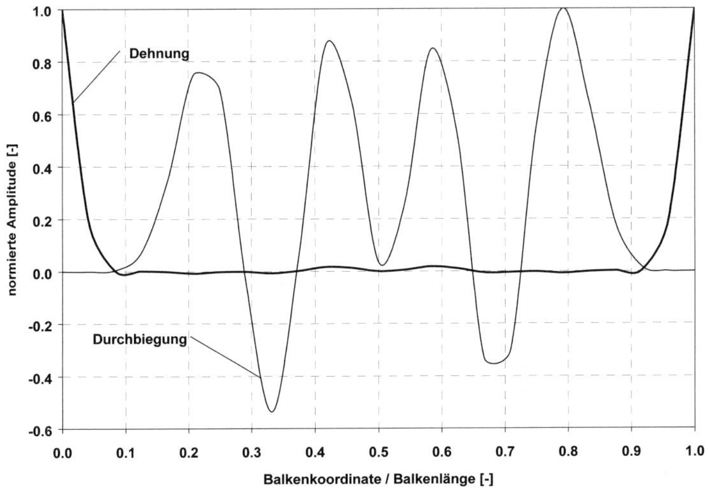

Bild 22.22 Produkt der ersten vier Eigenformen eines beidseitig eingespannten Balkens

Weiterhin lässt sich feststellen, dass, je mehr Eigenformen kontrolliert oder gemessen werden sollen, desto kleiner der Bereich für eine optimale Aktor- und Sensorpositionierung wird. Je mehr Eigenformen miteinander multipliziert werden, desto schärfer ergeben sich die jeweiligen Schwingungsbäuche bzw. lokalen Maxima. Da die aktiven und sensorischen Elemente nicht beliebig klein gemacht werden können, ergibt sich hieraus eine Begrenzung der Steuer- und Beobachtbarkeit.

Um die Aktor- und Sensorpositionierung zu verdeutlichen, wurde die Übertragungsfunktion eines beidseitig eingespannten Biegebalkens mit piezokeramischen Elementen nahe der Einspannung und in der Balkenmitte berechnet (Bild 22.23). Wird der Balken nahe der Einspannung angeregt, ergeben sich in der Vergrößerungsfunktion die ersten vier Eigenformen. Dagegen lassen sich bei Anregung in der Balkenmitte nur die erste und dritte Eigenform ermitteln.

Bei Strukturen mit einer modalen Dichte (z. B. dünne Platten) eignet sich eine reine Betrachtung der Eigenformen nicht. In diesem Fall lässt sich eine unerwünschte Anregung höherer Eigenformen nicht ausschließen, sodass auch Spill-Over-Effekte zur Positionierung der Aktoren und Sensoren hinzugezogen werden müssen.

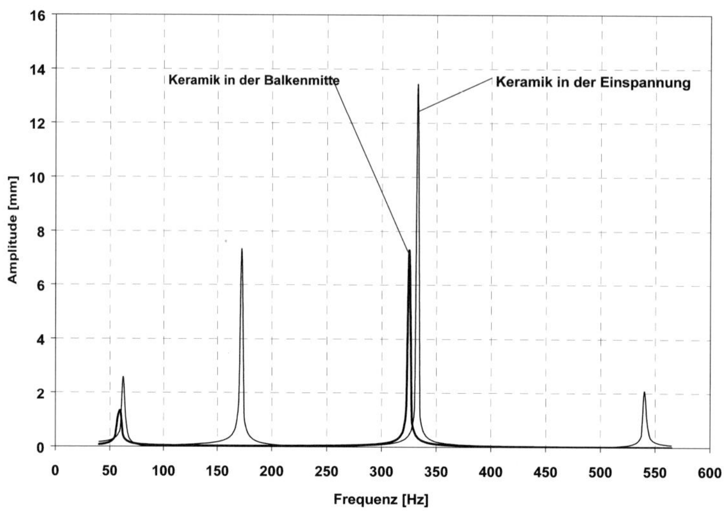

Bild 22.23 Vergrößerungsfunktion eines beidseitig eingespannten Balkens

22.4.4 Regelung mit proportionaler Rückführung

Mit dem hier vorgestellten Balkenmodell lassen sich auch Betrachtungen zu einer Regelung mit proportionaler Rückführung durchführen (Abschn. 22.3). Betrachtet wird ein beidseitig eingespannter Biegebalken mit zwei Piezokeramiken, die nahe der Einspannung als kollokierter Sensor und Aktor aufgeklebt sind (**kollokiert:** an gleichem Ort). Das Sensorsignal kann nun proportional (Proportionalitätsfaktor K), aber um 180° phasenverschoben als Steuerspannung (U_A) auf den Aktor zurückgeführt werden. Der Lastvektor (P) der Bewegungsdifferenzialgleichung mit proportionaler Rückführung und externer Last $(P)_{\text{extern}}$ ergibt sich dann zu

$$(P) = (U_\text{A}) + (P)_\text{extern} = (P)_\text{extern} - [K]_\text{M,diag} \cdot (\ddot{z}) - [K]_\text{D,diag} \cdot (\dot{z}) - [K]_\text{S, diag} \cdot (z)$$

In der Bewegungsdifferenzialgleichung treten so Korrekturmatrizen auf, die als virtuelle Masse $[K]_{\text{M,diag}}$, virtuelle Dämpfung $[K]_{\text{D,diag}}$ und virtuelle Steifigkeit $[S]_{\text{S,diag}}$ verstanden werden können. Diese Matrizen sind nur auf der Hauptdiagonalen besetzt.

$$\left([M] + [K]_\text{M,diag}\right) \cdot (\ddot{z}) + \left([D] + [K]_\text{D,diag}\right) \cdot (\dot{z}) + \left([S] + [K]_\text{S, diag}\right) \cdot (z) = (P)_\text{extern}$$

Die Wirkung dieser virtuellen Anteile ist in Bild 22.24 dargestellt. Eine massen- oder wegproportionale Rückführung führt zu einer Versteifung bzw. Erhöhung der Nachgiebigkeit des Biegebalkens (abhängig vom Vorzeichen des Proportionalitätsfaktors). Bei gleich bleibender Anregung treten jedoch auch **Spill-Over-Effekte** auf, wie die Vergrößerungsfunktion es verdeutlicht. Gegenüber der ungeregelten Struktur wird beispielsweise bei der wegproportionalen Rückführung die dritte Eigenform dominierend angeregt, wobei die Amplituden größer als im ungeregelten Fall sind. Massen- und wegproportionale Rückführungen sind daher zur Schwingungskontrolle ungeeignet. Sinnvoll dagegen ist eine geschwindigkeitsproportionale Rückführung, die zu einer Erhöhung der Dämpfung führt. In dem hier betrachteten Biegebalken können die höheren Eigenfrequenzen nahezu vollständig unterdrückt werden, ohne störende Spill-Over-Effekte.

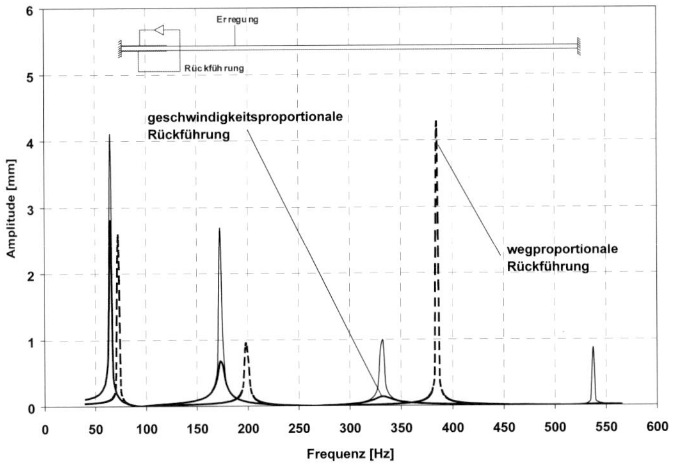

Bild 22.24 Vergrößerungsfunktion eines beidseitig eingespannten Balkens mit proportionaler Rückführung

22.5 Anwendungsbeispiele

22.5.1 Adaptive Tilger und Kompensatoren

Zur Beruhigung von Schwingungen werden z. B. im Automobilbau oder Werkzeugmaschinenbau häufig **Tilger** eingesetzt. Tilger sind Ein-Massen-Schwinger, die zusätzlich auf eine schwingende Grundstruktur aufgebracht werden. Sie eignen sich vornehmlich für bekannte, sich nicht ändernde schmalbandige Erregungen. Die Eigenfrequenz des Tilgers (Masse m, Steifigkeit k) wird auf die Erregerfrequenz abgestimmt, sodass die Antwort der schwingenden Grundstruktur minimal ist (Tilgerpunkt). Im Fall eines ungedämpften Systems wird die Strukturantwort im Tilgerpunkt null. Nachteilig bei Tilgersystemen ist, dass in der Umgebung des Tilgerpunktes zwei neue Eigenfrequenzen entstehen. Die Frequenzen und der Abstand zum Tilgerpunkt bestimmen sich aus der Eigenfrequenz der Grundstruktur und der Frequenz des auf die Erregerfrequenz abgestimmten Tilgers. Verändern sich die Eigenfrequenzen der Grundstruktur oder die Frequenz der Erregung (Verstimmung des Tilgers), so können die neuen Eigenfrequenzen angeregt werden und die Strukturantwort fällt größer als ohne Tilger aus.

Um diese Problematik zu umgehen, werden zunehmend Kompensatoren oder neuerdings adaptive Tilger eingesetzt (Bild 22.25). Ein Kompensator besteht aus einer trägen Masse m_T, die mit

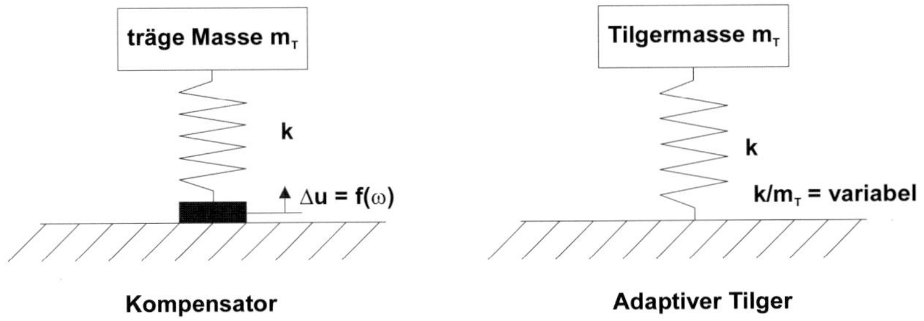

Bild 22.25 Adaptiver Tilger und Kompensator

22

einem Aktor zu Schwingungen angeregt wird. Fest verbunden mit der Grundstruktur übt der Kompensator eine Kraft F auf diese aus, die von seiner Eigenfrequenz ω_0, der Steuerfrequenz ω, dem Stellweg Δu und seiner Steifigkeit k abhängt. Diese Kraft beträgt:

$$F = k \cdot \Delta u \cdot \frac{\eta^2}{1-\eta^2} \qquad \text{mit} \qquad \eta = \frac{\omega}{\omega_0}$$

Bei einem tief abgestimmten Kompensator ($\omega \gg \omega_0$) wirkt die träge Masse als Einspannung und die Kompensatorkraft F entspricht der Kraft des verwendeten Aktuators. Bei einem hoch abgestimmten Kompensator ($\omega \ll \omega_0$) werden nur kleine Kräfte erzeugt und die Auslenkung folgt der Anregung ohne Phasenverschub. Bei einer Steuerfrequenz $\omega = 0$ stellt der Kompensator einen herkömmlichen Tilger dar.

Bei einem **adaptiven Tilger** wird der Tilgerpunkt durch Beeinflussen der Tilger-Eigenfrequenz verschoben. Da im Allgemeinen die Tilgermasse m_T nicht verändert werden kann, wird auf die Steifigkeit k Einfluss genommen. Wird beispielsweise ein Biegebalken als Feder verwendet, kann die Steifigkeit durch Aufbringen von Längskräften (entsprechend einer gestimmten Saite) oder durch Verschieben der Masse (Verkürzen der effektiven Länge) verändert werden. Ebenso können Spiralfedern aus Formgedächtnislegierungen eingesetzt werden, die durch Erwärmen ihre Federkennlinie verändern. Ist der adaptive Tilger auf die geänderten Randbedingungen (neue Eigen- oder Erregerfrequenzen) abgestimmt, so arbeitet er wie ein herkömmlicher Tilger.

Vor allem tief abgestimmte Kompensatoren sind unabhängig von der Erregerfrequenz und können so breitbandig eingesetzt werden. Allerdings muss bei Kompensatoren ständig Energie zugeführt werden. Sie werden unter anderem zur Kompensation von Schwingungen an Motorlagerungen eingesetzt. Adaptive Tilger eignen sich vorwiegend für quasistatische und diskrete Änderungen der Randbedingungen. Wird das dem adaptiven Tilger zu Grunde liegende Prinzip geschickt gewählt, ist nur eine Energiezuführung während des erneuten Abstimmens notwendig. Damit kann beispielsweise das Durchlaufen von Resonanzen bei CNC-Drehmaschinen verhindert werden.

22.5.2 Semiaktive Dämpfung

Die mit einer aktiven Schwingungsdämpfung erreichbaren hohen Dämpfungsgrade erfordern einen entsprechenden Aufwand an Hard- und Software, insbesondere für die Regelung. Für Strukturen, bei denen eine schwächere Dämpfung ausreichend ist bzw. bei denen nur ausgewählte Frequenzen bedämpft werden sollen, bietet sich daher die so genannte „semiaktive“ Dämpfung unter Verwendung von integrierten oder applizierten piezokeramischen Folien an.

Das Prinzip der semiaktiven Schwingungsdämpfung ist in Bild 22.26 am Beispiel eines mit der Kreisfrequenz ω schwingenden Balkens dargestellt:

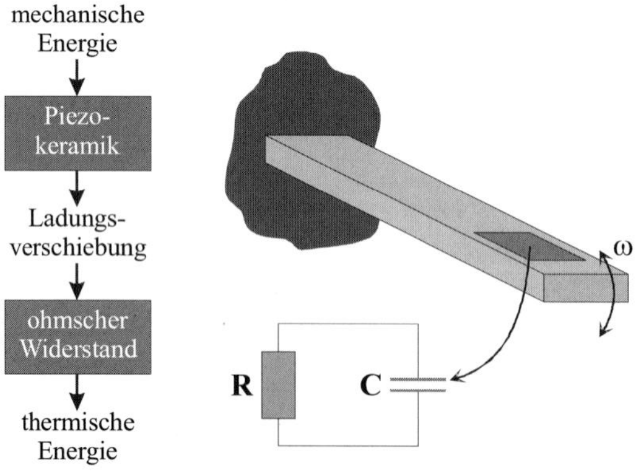

Bild 22.26 Prinzip der semiaktiven Schwingungsdämpfung

Dabei wird ein Teil der mechanischen Schwingungsenergie mit Hilfe der Piezokeramik, die sich elektrisch gesehen wie ein Plattenkondensator mit der Kapazität C verhält, zunächst in elektrische Energie umgewandelt. Diese wird anschließend über einen ohmschen Widerstand R, gegebenenfalls in Verbindung mit einer in Bild 22.26 nicht dargestellten zusätzlichen Induktivität L, in Wärme umgesetzt. Die semiaktive Dämpfung ist dabei nicht zu verwechseln mit der Materialdämpfung, bei der die mechanische direkt in thermische Energie überführt wird.

Der Vorteil gegenüber der aktiven Schwingungsdämpfung liegt vor allem im Verzicht auf die aktiven elektronischen Komponenten für die Regelung, wodurch sich das System weniger aufwändig gestaltet und störungsunanfälliger wird. Dennoch ist, im Gegensatz zur Materialdämpfung, über die Platzierung der Keramiken und die Auslegung des ohmschen Widerstandes eine Anpassung der Dämpfung an die jeweiligen Anforderungen möglich.

Das Verhalten einer piezokeramischen Folie mit parallel geschalteter elektrischer Impedanz Z_i^{SU} wird durch das in Bild 22.27 gezeigte elektromechanische Ersatzschaltbild beschrieben.

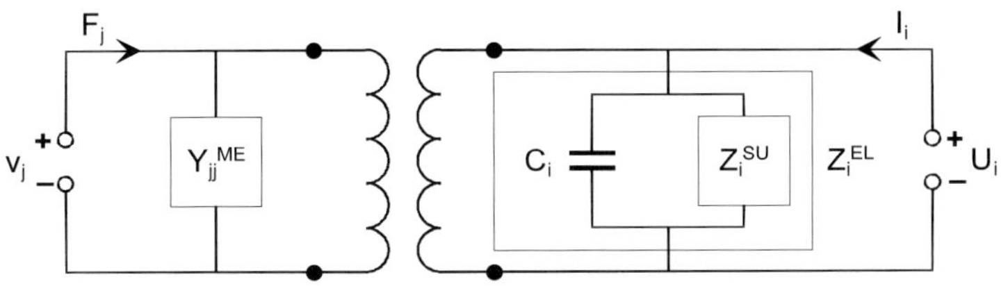

Bild 22.27 Elektromechanisches Ersatzschaltbild für die semiaktive Dämpfung

Das durch die parallel geschaltete elektrische Impedanz Z_i^{SU} veränderte mechanische Verhalten der Piezokeramik wird durch die modifizierten Elastizitätskonstanten s_{jj}^{SU} mit

$$s_{jj}^{SU} = s_{jj}^{E} \cdot \left(1 - k_{ij}^2 \cdot \overline{Z}_i^{EL}\right)$$

berücksichtigt, wobei i die Richtung des elektrischen Feldes und j die Richtung der mechanischen Deformation darstellt. d_{ij} ist die piezoelektrische Ladungskonstante und ε_{ij} die Dielektrizitätskonstante. k_{ij} bezeichnet den elektromechanischen Kopplungsfaktor mit

$$k_{ij} = \frac{d_{ij}}{\sqrt{s_{jj}^{E} \cdot \varepsilon_{ii}^{T}}}$$

und die normierte elektrische Impedanz

$$\overline{Z}_i^{EL} = \frac{\mathrm{j} \cdot \omega \cdot C_i^{T}}{\mathrm{j} \cdot \omega \cdot C_i^{T} + \dfrac{1}{Z_i^{SU}}}$$

ergibt sich aus der Kapazität C_i^{T} der mechanisch freien Piezokeramik und der parallel geschalteten Impedanz Z_i^{SU}.

Für eine optimale semiaktive Dämpfung ist die elektrische Impedanz Z_i^{SU} so zu dimensionieren, dass die Verluste auf der mechanischen Seite maximal werden. Handelt es sich bei der Impedanz Z_i^{SU} um einen ohmschen Widerstand R_i, so ist dies für

$$R_i = \frac{\sqrt{1 - k_{ij}^2}}{\omega \cdot C_i^{S}}$$

22

der Fall. Die Kapazität C_i^{S} der mechanisch geklemmten Piezokeramik ergibt sich dabei aus

$$C_i^{\mathrm{S}} = C_i^{\mathrm{T}} \cdot \left(1 - k_{ij}^2\right)$$

Im Allgemeinen liegt die Piezokeramik jedoch nicht als separates Material vor, sondern ist an eine Struktur gekoppelt, indem sie auf die Struktur appliziert oder in den Werkstoff integriert wird. Dadurch kann lediglich ein geringerer Teil der Schwingungsenergie des Gesamtsystems in elektrische Energie umgewandelt werden. Dies wird bei der Berechnung des ohmschen Widerstandes R_i durch den **modifizierten elektromechanischen Kopplungsfaktor** K_{ij} mit

$$K_{ij} = \sqrt{\bar{K} \cdot \frac{k_{ij}^2}{1 - k_{ij}^2}}$$

berücksichtigt, der an Stelle von k_{ij} verwendet wird. Dabei stellt

$$\bar{K} = \frac{K_{jj}^{\mathrm{E}}}{K + K_{jj}^{\mathrm{E}}}$$

das Verhältnis der modalen Steifigkeit der elektrisch kurzgeschlossenen Piezokeramik zur modalen Steifigkeit des Gesamtsystems dar.

Sind die modalen Steifigkeiten K und K_{jj}^{E} nicht bekannt, so kann der modifizierte elektromechanische Kopplungsfaktor auch aus den Eigenkreisfrequenzen ω_n^{D} und ω_n^{E} des Gesamtsystems bei elektrisch offener bzw. kurzgeschlossener Piezokeramik ermittelt werden:

$$K_{ij} = \sqrt{\frac{\left(\omega_n^{\mathrm{D}}\right)^2 - \left(\omega_n^{\mathrm{E}}\right)^2}{\left(\omega_n^{\mathrm{E}}\right)^2}} \, .$$

22.5.3 Adaptive Lärmunterdrückung

In vielen Bereichen der Technik treten strukturakustische Effekte auf, d. h. schwingende Strukturen strahlen Luftschall ab bzw. leiten Körperschall in angrenzende Bauteile, oder aber es tritt der umgekehrte Fall auf, dass umgebender Lärm strukturelle Schwingungen erzeugt. Körperschall und Luftschall sind hierbei miteinander gekoppelt. Akustisch erregte Strukturschwingungen (Gegenstand der **Vibroakustik**) sind vor allem in der Luft- und Raumfahrt ein ernst zu nehmendes Problem, da die teure Nutzlast oder Strukturkomponenten beschädigt werden können. Schall abstrahlende Strukturen dagegen sind aus gesundheitlichen Gründen und Aspekten des Komforts ein weithin beachtetes Problemfeld. Seit sich der Leichtbaugedanke zunehmend durchsetzt, treten vermehrt Lärmprobleme auf, da leichtere Strukturen zu stärkeren Schwingungen und zu höherer Schallabstrahlung neigen.

Um der Schallproblematik gerecht zu werden, werden in vielen Fällen zusätzlich zur tragenden Struktur **Dämpfungsstoffe** (Umwandlung der Schallenergie in Wärme) oder **Dämmstoffe** (Behinderung der Schallausbreitung) eingesetzt (z. B. Automobilbau, Luft- und Raumfahrt). Dieses entspricht einer **sekundären Maßnahme**, die nur auf die Ausbreitung des bereits entstandenen Schalls abzielt. Beispiel hierfür ist die Auskleidung der Fahrgastzelle eines PKWs mit Dämpfungsstoffen. **Primäre Maßnahmen** zur Lärmunterdrückung setzen dagegen direkt an der Entstehung des Schalls an. Für luftschallerregte Geräusche, wie sie beispielsweise bei Hubschraubern auftreten, führt dies zu einer Modifikation der gestörten Luftströmung. Bei körperschallerregten Geräuschen schwingt im Allgemeinen ein Bauteil, dessen senkrechte Schwingungskomponente auf das umgebende Medium übertragen wird. Gängige primäre und sekundäre Maßnahmen zur Lärmunterdrückung führen im Allgemeinen zu schwereren Strukturen und widersprechen so dem Leichtbaugedanken.

Leichtbau und lärmarme Konstruktionen können u. a. mit Hilfe der Adaptronik umgesetzt werden. Durch die Integration von aktiven Komponenten in die Struktur kann das Schwingungsverhalten einer Struktur (Stichwort: virtuelle Massen, Steifigkeiten und Dämpfungen) und somit die Schallabstrahlung beeinflusst werden. Die wesentlichen Ansätze hierbei sind **Active Noise Control** (ANC) und **Active Structural Acoustic Control** (ASAC) (Abschn. 22.3). ANC ermöglicht die Auslöschung von Primärschallquellen durch überlagerten Sekundärschall von Lautsprechern (Interferenzauslöschung), während ASAC ein Schallfeld über das modifizierte Verhalten der Struktur beeinflusst. Letzteres ist vor allem dort notwendig, wo kein Mikrofon zur Bestimmung des Schalles eingesetzt werden kann.

Ein Beispiel für eine adaptive Lärmunterdrückung ist eine Faserverbundstruktur mit einlaminierten Piezokeramiken (Bild 22.28) (Abschn. 22.2.3).

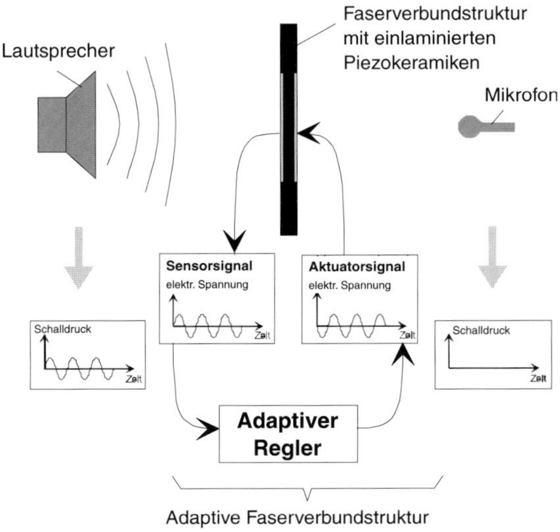

Bild 22.28 Geräuschreduktion mit Hilfe einer adaptiven Faserverbundplatte

In eine Faserverbundplatte werden beidseitig Piezokeramiken einlaminiert, wobei eine als Sensor und die andere als Aktor verwendet wird. Der einfallende Schall wird von dem Sensor in eine Spannung umgesetzt und über den adaptiven Regler phasen- und amplitudengerecht auf den Aktor zurückgeführt. Im Fall der Schalldämmung (sekundäre Maßnahme) wird die von dem einfallenden Schall erzeugte Strukturschwingung mit einer sekundären Schwingung überlagert, sodass sich beide auslöschen. Für den Schall ist diese adaptive Faserverbundplatte unendlich steif und er wird nahezu vollständig reflektiert. Bei einer monofrequenten Schallquelle konnte der durchgelassene Schall um 60 dB gedämpft werden (= 99,9 % der Amplitude). Die Platte kann jedoch auch durch eine Luftströmung zur Schwingung angeregt werden und Schall abstrahlen (z. B. ein PKW-Dach). Die Schwingung kann mit den einlaminierten Keramiken unterdrückt und die Schallabstrahlung minimiert werden. Dieses entspräche einer primären Maßnahme.

Bei breitbandiger Anregung bzw. bei diffusen Schallfeldern ist der Zusammenhang zwischen den Strukturschwingungen und den Schallabstrahlungen noch nicht vollständig geklärt. Noch schwieriger wird es, wenn auf schwingende Hautfelder zusätzliche Massen (Rippen, Streben) angebracht werden, wodurch lokale Störungen und Schallquellen verursacht werden.

Weiterführende Literatur

Czichos, H.: Mechatronik. Wiesbaden: Vieweg Verlag 2006
Fuller, C.; Elliot, S.; Nelson, P.: Active Control of Vibration. London: Elsevier 1996
Hansen, C. H.; Snyder, S. D.: Active Control of Noise and Vibration. London: Taylor & Francis 1996
Hardtke, H.-J.; Heimann, B.; Sollmann, H.: Lehr- und Übungsbuch Technische Mechanik, Bd. II. Leipzig: Fachbuchverlag 1997
Heimann, B.; Gerth, W.; Popp, P.: Mechatronik. 3. Aufl., Leipzig: Fachbuchverlag 2006
Heinrich, B.; Döring, P.; Klüber, L.; Nolte, St.; Simon, R.: Mechatronik. Wiesbaden: Vieweg Verlag 2004
Roddeck, W.: Einführung in die Mechatronik. 3. Aufl., Stuttgart: Teubner 2006
Ruschmeyer, K., u. a.: Piezokeramik. Renningen-Malmsheim: expert verlag 1995
Utku, S.: Theory of Adaptive Structures. Boca Raton: CRC Press LLC 1998
Duerig, T. W.: Engineering Aspects of Shape Memory Alloys. London: Butterworth-Heinemann 1990

23

Umwelttechnik

Prof. Dr. rer. nat. Rainer Gräf
Hochschule Esslingen

Tabelle 23.1 Wichtige Formelzeichen

Formelzeichen	SI-Einheit	Weitere	Bedeutung
c	mol/m^3	eq/l	Konzentration (in Wasser) gelöster Stoffe
c_V	Vol. %	ppm	Volumenkonzentration von Luftschadstoffen
m/t	kg/s	kg/h; g/h	(emittierte) Fracht an Luftschadstoffen
M_r	g/mol	–	(relative) Molmasse
p	Pa	bar	Druck
Q/t	m^3/s	l/h	Durchsatzmenge Spülwasser
T	K	°C	absolute Temperatur
V/t	m^3/s	l/h	Volumen pro Zeit ausgeschleppten Elektrolyts
V_B	m^3	l	Badvolumen
Z	–	–	Zahl abgegebener oder aufgenommener Elektronen
ρ	kg/m^3	g/cm^3	Dichte

Umwelttechnik ist die Anwendung technischer Lösungen zur Vermeidung der Bildung von Schadstoffen **(Primärmaßnahmen)** und zur Abreinigung gebildeter Schadstoffe **(Sekundärmaßnahmen)**, bevor sie in die Umwelt (Wasser, Luft und Boden) emittiert werden.

Als Rangfolge umwelttechnischer Maßnahmen ergibt sich grundsätzlich: Vermeiden vor Verwerten vor Beseitigen.

Die klassische Unterteilung der Umwelt in die drei Bereiche Wasser, Luft und Boden führt zur Dreiteilung des Umweltrechts und der Umwelttechnik, ausgedrückt durch die Wasser- und Abwasseraufbereitungstechnik, die Luftreinhaltung und die Abfallwirtschaft. In jüngster Vergangenheit ist allerdings deutlich der Weg zur übergreifenden Betrachtung **(integrierte Betrachtung)** von Vorgängen festzustellen, was in der rechtlichen Bemühung seinen Ausdruck findet, anstelle der bislang getrennten Rechtsbereiche ein einziges Umweltgesetzbuch zu schaffen, das alle Umweltbereiche vereinigen soll.

Tabelle 23.2 Rechtliche Grundlagen der Umwelttechnik

Rechtswerk	Wichtige Inhalte
Wasserrecht	
Wasserhaushaltsgesetz (WHG, 1996)	Stand der Technik (§ 7a) Umgang mit wassergefährdenden Stoffen (§§ 19 g–l) Betriebsbeauftragte für Gewässerschutz (§§ 21 a–f)
Abwasserverordnung und branchenspezifische Anhänge (1997)	Stand der Technik-Pflichten in der Produktion „Grenzwerte" der Abwasserableitung
Verordnung über Anlagen zum Umgang mit wassergefährdenden Stoffen, VAwS (landesspezifisch)	Detailpflichten für das Lagern, Abfüllen, Umschlagen, Herstellen, Behandeln und Verwenden wassergefährdender Stoffe
Landeswassergesetze, WG	Genehmigungspflichten und -durchführung
Indirekteinleiterverordnungen	Schwellenwerte für die Genehmigungspflicht, Abwasser in die Kanalisation einzuleiten

23

Tabelle 23.2 (Fortsetzung)

Rechtswerk	Wichtige Inhalte
	Immissionsschutzrecht
Bundesimmissionsschutzgesetz (1996)	Regelungen des anlagen-, produkt- und gebietsbezogenen Immissionsschutzes; Definition genehmigungsbedürftiger Anlagen (§ 4)
1. BImschV	Kleinfeuerungsanlagen
2. BImschV	Emissionsbegrenzung von leichtflüchtigen Halogenkohlenwasserstoffen
3. BImschV	Schwefelgehalt von leichtem Heizöl und Dieselkraftstoff
4. BImschV	Genehmigungsbedürftige Anlagen
5. BImschV	Immissionsschutz- und Störfallbeauftragte
7. BImschV	Auswurfbegrenzung von Holzstaub
8. BImschV	Rasenmäherlärm
9. BImschV	BImSch-Genehmigungsverfahren
10. BImSchV	Beschaffenheit und Qualitätsauszeichnung von Kraftstoffen
11. BImschV	Emissionserklärungsverordnung
12. BImschV	Störfallverordnung
13. BImschV	Großfeuerungsanlagen
14. BImschV	Anlagen der Landesverteidigung
15. BImschV	Baumaschinenlärm
16. BImschV	Verkehrslärmschutz
17. BImschV	Abfallverbrennungsanlagen
18. BImschV	Sportanlagen-Lärmschutz
19. BImschV	Chlor- und Bromverbindungen als Kraftstoff-Zusatz
20. BImschV	Begrenzung der Kohlenwasserstoff-Emissionen beim Umfüllen und Lagern von Otto-Kraftstoffen
21. BImschV	Begrenzung der Kohlenwasserstoff-Emissionen bei der Betankung von Kraftfahrzeugen
22. BImschV	Immissionswerte
23. BImschV	Festlegung von Konzentrationswerten
24. BImschV	Verkehrswege-Schallschutzmaßnahmen
25. BImschV	Begrenzung von Emissionen der Titandioxid-Industrie
26. BImschV	Elektromagnetische Felder
27. BImSchV	Verordnung über Anlagen zur Feuerbestattung
28. BImSchV	Verordnung über Emissionsgrenzwerte für Verbrennungsmotoren
29. BImSchV	Gebührenordnung für Maßnahmen bei Typprüfungen von Verbrennungsmotoren

Tabelle 23.2 (Fortsetzung)

Rechtswerk	Wichtige Inhalte
30. BImSchV	Verordnung über Anlagen zur biologischen Behandlung von Abfällen
31. BImSchV	Verordnung zur Begrenzung der Emission flüchtiger organischer Verbindungen bei der Verwendung organischer Lösemittel in bestimmten Anlagen
32. BImSchV	Geräte und Maschinenlärmschutzverordnung
1. Allgemeine Verwaltungsvorschrift zum BImSchG	Technische Anleitung zur Reinhaltung der Luft (TA Luft)
Abfallrecht	
Kreislaufwirtschafts- und Abfallgesetz (1996)	Grundsatz: Vermeiden vor Verwerten vor Beseitigen Sonder- und Siedlungsabfälle; Betriebsbeauftragter für Abfall; Rücknahmepflichten
Abfallverzeichnis-Verordnung (2001)	Verordnung über das Europäische Abfallverzeichnis
Verordnung zur Einführung des Europäischen Abfallkatalogs (EAKV, 1997)	Europäisch genormte Abfallschlüssel für Transport und Entsorgung
Verordnung zur Bestimmung von besonders überwachungsbedürftigen Abfällen (1997)	Stoffkatalog der „Sonder"abfälle mit EAKV-Nummer
Verordnung zur Bestimmung überwachungsbedürftiger Abfälle zur Verwertung (1997)	Neue Abfallklasse mit erweiterten Pflichten
Verordnung über Verwertungs- und Beseitigungsnachweise (Nachweisverordnung, 2002)	Nachweisführung über die Entsorgungswege; Begleitscheinverfahren
Transportgenehmigungsverordnung (1997)	Genehmigung für den Abfalltransport
Verordnung über Abfallwirtschaftskonzepte und Abfallbilanzen (1997)	Betriebliche Pflicht, Abfälle des vergangenen Jahres zu bilanzieren und 5-Jahres-Pläne zur Verminderung des Abfallaufkommens zu erarbeiten
Verordnung über Entsorgungsfachbetriebe und Richtlinie über Tätigkeit und Anerkennung von Entsorgergemeinschaften (1997)	Einführung von Fachbetrieben, mit deren Hilfe das Genehmigungsverfahren für Abfallentsorgung (s. Nachweis-Verordnung) stark vereinfacht wird
Verpackungsverordnung (1998)	Pflichten der Wieder- und Weiterverwendung von Verkaufs-, Transport- und Umverpackungen
Verordnung über Deponien und Langzeitlager – Deponieverordnung (2002)	Errichtung und Betrieb von Deponien, Stilllegung und Nachsorge von Deponien
Abfallablagerungsverordnung (2001)	Anforderungen an die Ablagerung von Abfällen

Tabelle 23.2 (Fortsetzung)

Rechtswerk	Wichtige Inhalte
2. Allgemeine Verwaltungsvorschrift zum Abfallgesetz (1991)	Technische Anleitung zur Entsorgung von Sonderabfällen (TA Abfall)
3. Allgemeine Verwaltungsvorschrift zum Abfallgesetz (1993)	Technische Anleitung zur Entsorgung von Siedlungsabfällen (TA Siedlungsabfall)

23.1 Wasser-/Abwassertechnik

Abwasser- und Schadstoffemissionen entstehen durch **Verwerfen** von Wirkbädern und **Ausschleppungen** von Wirkstoffen aus dem Wirkbad. Die Abwasserbehandlung ist mit der Erzeugung von Abfall verbunden. Verwerfen des Wirkbades = geringe Abwasseranfallmenge pro Zeiteinheit hoher Schadstofffracht. Ausschleppung des Wirkstoffes = hohe Abwassermenge pro Zeiteinheit geringerer Schadstofffracht.

23.1.1 Zusammenhänge der Abwasser- und Schadstoffentstehung

Abwasser entsteht stets aus wasserführenden Industrieprozessen. Diese bestehen in der Regel aus einer wässrigen Prozesslösung (Wirkbad) und einem nachfolgenden Spülsystem, das die ausgeschleppte Prozesslösung an Ware und Warenträger wieder abreinigt (Bild 23.1).

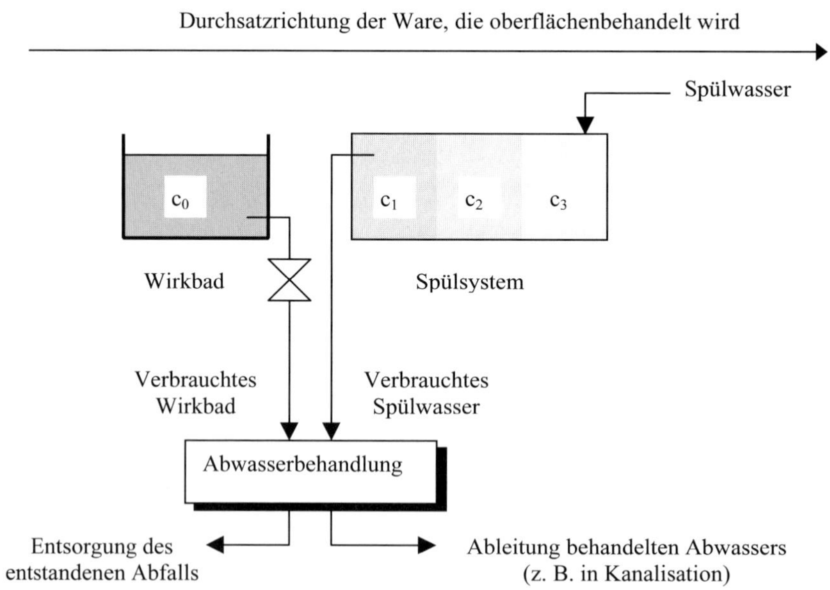

Bild 23.1 Zusammenhänge der Abwasserentstehung

Die Prozesslösung, das Wirkbad, besteht aus einer zumeist wässrigen Lösung von Elektrolytsalzen (ionogene Lösung), beispielsweise aus Säuren bei Beizvorgängen. Die gesamte Prozesslinie besteht aus mehreren Wirkbädern, zwischen denen jeweils Spülschritte angeordnet sind. Beispiel Vernickeln von Zündkerzen:

- Entfetten (wässrig-alkalische Tensidlösung)
- Beizen (konzentrierte Salz- oder Schwefelsäure)
- Elektrolytisches Entfetten (Alkalien, Tenside, Komplexbildner, Cyanide)
- Aktivieren (verdünnte Schwefelsäure)
- Vernickeln (Nickelanoden, Nickelchlorid, Borsäure, Glanzbildner).

Die aus dem Wirkbad ausgetragenen Stoffe werden in den sich anschließenden Spülschritten von den Werkstücken und den Werkstückträgern abgespült und müssen aus dem Abwasser entfernt werden, bevor es abgeleitet wird. Dabei entstehen Feststoffe (Schlamm), die als **Abfall** zu entsorgen sind.

Diese Problematik besteht nicht, wenn die ausgeschleppten Wirkstoffe durch geeignete Techniken wieder ins Wirkbad zurückgeführt werden (Rückführung von Ausschleppungen). Das Wirkbad muss verworfen werden, weil Verunreinigungen seine Wirkung zu stark abgeschwächt haben. Im Unterschied zum – mehr oder weniger – kontinuierlichen Anfall von verbrauchtem Spülwasser werden Wirkbäder nur gelegentlich verworfen. Die umwelttechnischen Maßnahmen zur Verringerung von Abwasser, Abfall und Emissionen von Schadstoffen lassen sich demzufolge in folgende Einzelschritte unterteilen:

- Weniger häufiges Verwerfen von Wirkbädern (Standzeitverlängerung von Wirkbädern)
- Verringerung der Ausschleppung von Wirkstoffen
- Wasser sparende Spültechnik
- Rückführung von Ausschleppungen
- Behandlung des Abwassers (Entfernung gelöster und ungelöster Schadstoffe)

23.1.2 Standzeitverlängerung des Wirkbades

Standzeitverlängerung des Wirkbades wird erreicht durch **Vorreinigung** der Verunreinigungen, die von außen eingetragen werden, und durch **Nachreinigung** der prozessbedingt gebildeten Verunreinigungen (Abbauprodukte).

Das **Verwerfen** des Wirkbades erfolgt, weil es zu einem bestimmten Zeitpunkt seine Funktion verloren hat. So ist beispielsweise nach einer bestimmten Betriebsdauer die Reinigungswirkung einer Entfettungslösung nicht mehr ausreichend oder die Beizwirkung eines Säurewirkbades. Grundsätzlich sind zwei mögliche Ursachen für das Verwerfen und Neuansetzen des Wirksystems auszumachen:

- Die Wirkstoffkonzentration hat zu stark abgenommen und
- Verunreinigungen sind verantwortlich für den Funktionsverlust, obwohl ausreichende Wirkstoffkonzentration vorliegt.

Der Abnahme der Wirkstoffkonzentration im Wirkbad wird durch Nachspeisen des Wirkstoffes begegnet (**„Nachschärfen“** des Wirkbades). Der Eintrag von Fremdstoffen oder Verunreinigungen in die Wirklösung erfolgt auf zwei Pfaden: von außen durch verschmutzte Werkstücke oder Werkstückträger sowie innerhalb der Badlösung durch Bildung der Fremdstoffe während des chemischen Prozesses. Bei den von außen eingetragenen Stoffen wird unterschieden zwischen Systemen, bei denen das Wirkbad gezielt die Reinigungsfunktion ausüben soll (z. B. Entfetten, Beizen, Entrosten, Entlacken, Entmetallisieren), und solchen, in die Schmutzstoffe ungeregelt eingeschleppt werden, wie beispielsweise der Eintrag von Öl in eine Säurebeize.

Vorreinigungsmaßnahmen sind vor allem eine ordentliche Spültechnik (s. Abschn. 23.1.4), die das nachfolgende Wirkbad vor Einschleppungen aus dem vorherigen Wirkschritt schützt. Ansonsten sind Vorreinigungsmaßnahmen nur für die Entfettungsbäder im Einsatz, die in der Regel die erste Stufe des Produktionsprozesses bilden. Hier kommen neben der Heißwasser-Vorreinigung (zur Abreinigung leicht entfernbarer Schmutzstoffe und Öle) und der doppelten Wirkbadstufe (Vor- und Nachentfettung) vor allem Membranverfahren, hier die **Mikrofiltration**, zum Einsatz. Tabelle 23.3 gibt einen Überblick über die gebräuchlichsten Maßnahmen zur Standzeitverlängerung und nennt ihre typischen Einsatzgebiete.

Tabelle 23.3 Einsatzgebiete verschiedener Verfahren zur Standzeitverlängerung von Wirkbädern

Verfahren	**Einsatzbeispiel (Wirkbäder)**	**Auswirkung auf Anfall von**	
		Abwasser	**Abfall**
(Hauptstrom-)Filtration	Wirkbäder allgemein	+	+
Aktivkohle-Filtration	Wirkbäder mit organischen Zusätzen	+	+*)
Membranfiltration	Entfettungsbäder Wirkbäder allgemein	+ 0	+*) +*)
Ionenaustausch	Chromelektrolyte	+/0	+
Säureretardation	Beizlösungen	+/–	0/+
Dialyse	Beizlösungen	+/–	0/+
(Kühl-)Kristallisation	Soda aus cyanidischen Bädern	+	+
Elektrolyse	Metallisierungen mit überhöhter anodischer Metallauflösung	+	+
Membranelektrolyse	Chromelektrolyte	+	+

*) kann im Einzelfall von der grundsätzlichen Bewertung abweichen
+ wirkt vorteilhaft auf eine Verringerung ein; – wirkt negativ auf eine Verringerung ein; 0 kein Einfluss erkennbar; +/0 bzw. +/– einzelfallspezifisch zu bewerten

Die **Aktivkohlefiltration** reinigt adsorptiv vor allem organische Abbauprodukte der Wirkbäder ab; ihre Regeneration kann mit Heißdampf oder Heißgas erfolgen, ist jedoch meist sehr aufwendig, sodass sie in der Praxis hauptsächlich (extern) durch Verbrennung entsorgt wird. Da die Aufnahme der Stoffe gemäß den jeweiligen Verteilungskoeffizienten (Kohle ↔ Wasser) erfolgt, werden auch nicht abgebaute organische Verbindungen mit abgereinigt und müssen dann spezifisch nachgeschärft werden können. **Ionenaustauscher** entfernen aus Chromsäurelösungen reduktiv gebildete Cr^{3+}-Ionen und oxidativ abgetragene Fe^{3+}-Ionen der Stahl-Werkstücke, die beide zur Hemmung der Verchromung beitragen. Gleichfalls mit Ionenaustauschern arbeitet das **Retardationsverfahren** (Säure- oder Acid-Retardation): Wird eine mit Metallsalzen verunreinigte Beizsäure auf ein Anionenaustauscher-Harz gegeben, erfolgt eine verzögerte Freisetzung der Säure gegenüber dem Metallsalz, wodurch ihre Abtrennung möglich ist. Der Anionenaustauscher wirkt also als stationäre Phase eines chromatographischen Verfahrens zur Abtrennung von prozessbedingt gebildetem Salz (Verunreinigung). Das Ausfrieren von Salzen zur Pflege von Prozesslösungen (**Kühl-Kristallisation**) wird vor allem bei cyanidisch arbeitenden Wirkbädern eingesetzt, die durch Eintrag von CO_2 aus der Luft mit der Zeit Carbonate bilden, die den weiteren Prozessablauf stören. Das Verfahren kann auch zur Abtrennung von Eisensalzen aus Beizen eingesetzt werden, ist dort aber meist zu kostenaufwändig. Die **Elektrolyse** wird zur kathodischen Metallabscheidung eingesetzt, um störende Metallionen aus dem Wirkbad zu entfernen. Hauptsächlich werden Nickel und Kupfer durch dieses Verfahren abgetrennt. Bei der **Membranelektrolyse** sind die Elektroden von ionenselektiven Membranen umgeben, um bestimmte Ionen von der betreffenden Elektrode fern zu halten, die zu unerwünschten Reaktionen führen würden (Reduktion an der Kathode bzw. Oxidation an der Anode). Membranelektrolysezellen werden beispielsweise eingesetzt, um die anodische Oxidation von Chloridionen zu Chlor zu vermeiden oder die kathodische Reduktion von Chromat-Anionen.

23.1.3 Verringerung der Ausschleppung von Wirkstoffen

Die Ausschleppungen (oder Verschleppungen) von Wirkbadinhalten über anhaftende Flüssigkeitsreste an behandelter Ware oder am Warenträger sind Ursache für den notwendigerweise folgenden Spülschritt.

Die Beschränkung der Aus- oder Verschleppungen führt zu

- einem geringeren Austrag an Wirkstoffen in die Umwelt, durch den das Abfall- und Schadstoffpotenzial ausgebildet wird, falls keine Rückführung der Ausschleppungen möglich ist,
- einer vermehrten Rückhaltung der Wirkstoffe an ihrem Wirkungsort, dem Wirkbad und
- einem geringeren Spülwasserbedarf bei sonst gleichen Rahmenbedingungen, wodurch die mit dem abgeleiteten Abwasser emittierte Schadstofffracht sinkt.

Chemische Möglichkeiten zur Ausschleppungsverringerung werden zum einen durch oberflächenhydrophobierende Zusätze in den Wirkbädern umgesetzt, wodurch mit dem Prozessschritt dem Werkstück eine wasserabweisende Oberfläche verliehen wird. Dadurch verringert sich das ausgeschleppte Volumen an Wirklösung. Zum anderen beruhen chemische Ausschleppungsbegrenzungen auf einer Verrringerung der Wirkstoffkonzentration („Nachschärfen an Stelle Wochenbedarfsansatz"): Durch Ansetzen des Wirkstoffes in der geringstmöglichen Konzentration und Nachschärfen bei Bedarf entsprechend der Abscheidung auf der Oberfläche/des Verbrauchs wird mit demselben Verschleppungsvolumen eine geringere Wirkstoffmenge ausgeschleppt.

Technisch mögliche Maßnahmen für die Verringerung der Verschleppung lassen sich den Bereichen Anlagentechnik und Konstruktion zuordnen:

- **Richtige Positionierung von Ware und Warenträger**

  Schöpfende Bohrungen sollten nach unten positioniert sein, Trommeln ohne perforierte Kanten stets die Seiten nach unten gerichtet haben und lange Flächen nach Möglichkeit schräg aufgehängt sein.

- **Bewegung von Warenträgern und Werkstücken**

  Rütteln an Gestellen am Ende der Abtropfzeit; Drehung der Warenträger um 90°.

- **Erhöhung der Abtropfzeit**

  Bei Verlängerung der Abtropfzeit von 5 … 10 Sekunden auf bis zu 15 Sekunden kann eine um rund 20 % geringere Verschleppungsrate resultieren.

- **Erniedrigung der Viskosität der anhaftenden Flüssigkeit**

  Die Viskositätsverringerung kann zum einen durch Tensidzusätze erreicht werden; zum anderen durch erhöhte Wirkbadtemperaturen.

- **Fremdenergieeinsatz**

  Abblasen, Abquetschen, Anbringen von Abstreifvorrichtungen, Absaugung des Elektrolyts.

- **Vorspülen über dem Aktivbad**

  Es kann für das Vorspülen über dem Wirkbad so viel Wasser zugesetzt werden, wie den Verlusten durch Verschleppung und Verdunstung entspricht (Ausgleich der Wasserbilanz).

- **Weitere anlagentechnische Faktoren**

  Geringe, angepasste Ausfahrgeschwindigkeiten aus den Bädern; Anbringen von Spritzschutzeinrichtungen, z. B. Verbindungsblechen zwischen den Behältern.

- **Werkstücke und Warenträger**

  Schöpfende Teile vermeiden, schöpfende Vertiefungen mit Ablaufbohrungen versehen, Anzahl problematischer Falzverbindungen vermindern; Befestigungsvorrichtungen an Warenträger so konstruieren, dass höher angebrachte, befestigte Teile nicht auf darunter liegende tropfen.

23.1.4 Wasser sparende Spültechnik

Die Spültechnik stellt den Hauptfaktor der Abwasservermeidung dar.

23.1.4.1 Ziele der Spültechnik

Die Ziele der Spültechnik sind

- **Vermeidung der Einschleppung** von Elektrolytlösung in das nächste Wirkbad (ausreichendes Abspülen der ausgeschleppten Stoffe von der Warenoberfläche)
- **Abbrechen der Reaktion**
- Erzielen einer **sauberen Werkstück-Oberfläche**

Der Spülprozess selbst stellt nichts anderes dar als die Verdünnung der Konzentration ausgeschleppter Stoffe auf der Werkstückoberfläche durch das zugesetzte Spülwasser. Damit ist das Spülen ein diffusionskontrollierter Prozess, für den das **Fick'sche Gesetz** gilt (die Verdünnung erfolgt umso schneller, je größer die Temperatur, der Konzentrationsgradient der Stoffe in der zu verdünnenden Elektrolytlösung/im Spülwasser und die Phasengrenzfläche sind und je geringer die Partikelgröße, die Viskosität der Lösung und die Phasengrenzschichtdicke sind). Spülen erfolgt üblicherweise durch Tauchen in einem Spülbad oder durch Abspritzen der Teileoberfläche. Je mehr Frischwasser für die Verdünnung der Elektrolytkonzentration zur Verfügung steht, desto besser wird das Spülergebnis (= Spülkriterium *Sk*) und desto geringer ist die Restkonzentration des auf der Oberfläche verbleibenden Elektrolyten. Die Erfüllung der Spülziele erfordert somit den Einsatz von möglichst **viel Spülwasser**.

Gegenläufig ist diesem Ergebnis allerdings eine zweite Forderung an die Spültechnik: Der ausgeschleppte Elektrolyt soll möglichst vollständig in das Wirkbad zurückgeführt werden können. Eine direkte Rückführung in das Wirkbad kann aber nur insoweit erfolgen, als die zurückführbare Spülwassermenge Elektrolyt enthält; sie ist also umso vollständiger möglich, je konzentrierter der Elektrolyt im Spülwasser vorliegt. An die Spültechnik werden somit gegensätzliche Anforderungen gestellt: möglichst hoher Wassereinsatz für die Erzielung einer guten Abreinigung und eine möglichst geringe Wassermenge für die Erzielung einer hohen Elektrolytkonzentration im Spülwasser zur Rückführung in das Wirkbad.

23.1.4.2 Spültechnik-Parameter

Allen Spülsystemen gemeinsam ist ihre Funktion, den anhaftenden Elektrolyten des Wirkbades (Konzentration c_0) durch Verdünnung mit Wasser auf die maximal zulässige Restkonzentration c_{end} abzureinigen (Bild 23.2). Hierfür wird in Abhängigkeit von der Verschleppung oder Ausschleppung V/t eine mehr oder minder große Wassermenge Q/t benötigt (beide Größen werden üblicherweise in der Einheit l/h angegeben). Das erzielte Ergebnis drückt sich im Spülkriterium *Sk* aus, das definiert ist als Faktor, um den der anhaftende ausgeschleppte Stoff der Konzentration c_0 auf die Restkonzentration c_{end} verdünnt worden ist (dimensionslose Größe):

$$Sk = \frac{c_0}{c_{\text{end}}}$$

Das Spülkriterium und damit das Resultat der Verdünnung der Elektrolytkonzentration auf der Werkstückoberfläche hängt von der Größe der Verschleppung (V/t), von der Art des eingesetzten Spülsystems und der Wasserdurchsatzmenge (Q/t) durch die Spülbäder ab, ist also demzufolge für unterschiedliche Spülsysteme bei sonst gleichen Parametern verschieden.

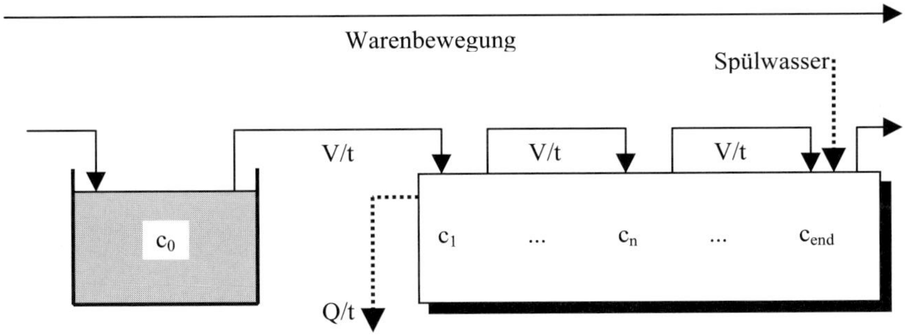

Bild 23.2 Parameter der Spültechnik

Die Parameter zur Berechnung der benötigten Spülwassermenge sind:

c_0	Konzentration des Elektrolyten im Wirkbad in g/l oder eq/l
c_n	Konzentration des Elektrolyten im *n*-ten Spülbad
c_{end}	Konzentration des Elektrolyten auf der Werkstückoberfläche nach dem letzten Spülschritt (Angabe zumeist in mg/l oder meq/l)
V/t	Verschleppung (Ausschleppung) in l/h oder ml/h
Q/t	Durchsatz an Spülwasser durch das Spülbad in l/h

23.1.4.3 Spülsystem-Typen und Berechnungen der Wassermengen

Die Spülsysteme werden in die Bereiche Standspüle, Einzelfließspüle und Kaskadenspüle eingeteilt. Die spültechnische Aufgabe der **Standspüle** ist weniger auf eine gute Abreinigung der Werkstückoberfläche gerichtet als auf eine gute Aufkonzentrierung des Elektrolyten und damit auf eine hohe Rückführrate des ausgeschleppten Elektrolyten ins Wirkbad. Die Konzentration im Standspülbad nach einer Betriebsdauer von t Stunden berechnet sich zu

$$c_1(t) = c_0 \cdot \left[1 - \left(\frac{V_B}{V_B + V}\right)^t\right]$$

wobei V_B das Volumen des Standspülbades und V das stündlich aus dem Wirkbad ausgeschleppte Volumen sind.

Die Konzentration im **Fließspülbad** nimmt anfangs linear mit der Zeit zu, um dann asymptotisch gegen einen Gleichgewichtswert c_{1Ggw} zu verlaufen (wenn Einschleppung = Ausschleppung und Überlauf ist). Für die Praxis ist üblicherweise nur diese konstante Gleichgewichtskonzentration $c_{1Ggw.}$ interessant, da sie ausreichend klein sein muss, um das geforderte Spülkriterium zu erzielen. Sie beträgt unter der Voraussetzung, dass $V/t \ll Q/t$ ist:

$$c_1 = c_0 \cdot \frac{V/t}{Q/t}$$

und ist nicht mehr vom Volumen des Spülbades abhängig, das nur noch die Zeit bis zum Erreichen des Gleichgewichtes beeinflusst. Als **Kaskadenspülen** werden miteinander verbundene Spülbäder bezeichnet, bei denen dem letzten Bad Frischwasser zugefügt wird, das dann – entgegen der Warendurchsatzrichtung – durch die jeweiligen Bäder nach vorne fließt und als Überlauf des ersten Spülabteils abgeleitet wird (Bild 23.3).

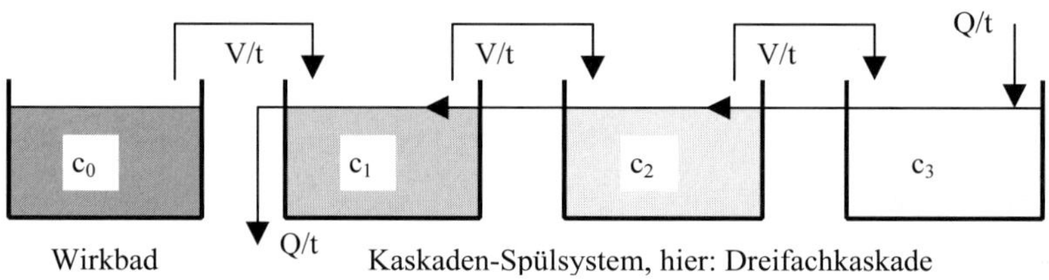

Bild 23.3 Dreifachkaskade als Beispiel eines mehrstufigen Spülsystems

Die Konzentration der n-ten Spülstufe berechnet sich zu $c_n = c_0 \cdot \left(\frac{V/t}{Q/t}\right)^n$

23.1.4.4 Kreislaufführung von Spülwasser

23

> Die üblicherweise eingesetzte Technik zur Kreislaufführung von Spülwasser sind **Ionenaustauscher**.

Ionenaustauscher bestehen aus Harzen, die sich aus einem organischen Polymer („Harz“) und daran gebundenen austauschaktiven oder funktionellen Gruppen aufbauen (Elektrolytgruppen, die positive und negative Ladungen tragen). Die funktionellen Gruppen, die dem Harz seine Austauscheigenschaften verleihen, sind an das Harzgerüst gebunden, wodurch das System die Eigenschaften eines Festkörperelektrolyten erhält. Die Austauschreaktion beruht auf einer chemischen Reaktion der funktionellen Gruppe mit dem auszutauschenden Gegenion der zu entsalzenden Lösung. Dabei wird das Kation des aus der Lösung zu entfernenden Elektrolytsalzes im Kationenaustauscher gegen H^+, das zugehörige Anion im Anionenaustauscher gegen OH^- ausgetauscht. H^+ und OH^- assoziieren dann zu Wasser, was einer Entfernung des Salzmoleküls unter Bildung eines Wassermoleküls entspricht. Die beschriebenen Reaktionen werden am Beispiel von kochsalzhaltigem Wasser (NaCl-Lösung) dargestellt.

Kationenaustauscher in H^+-Form + Na^+Cl^- $\rightarrow$ Kationenaustauscher in Na-Form + H^+Cl^-

Anionenaustauscher in OH^--Form + H^+Cl^- $\rightarrow$ Anionenaustauscher in Cl-Form + H_2O

Das Kochsalzmolekül ist unter Bildung eines Wassermoleküls aus der Lösung entfernt worden. Das vorher salzhaltige Wasser gibt so das Salz – getrennt nach Kation und Anion – an die Austauscher ab und verlässt die Säulen „entsalzt“ (Bild 23.4).

Sind die Austauscherharze beladen, müssen sie regeneriert werden. Hierfür werden die metallionenbeladenen Kationenaustauscher-Harze mit Säure eluiert (Bildung eines sauren Regenerates oder Eluates), die Anionenaustauscher mit Lauge (Bildung alkalischen Eluates); anschließend werden die regenerierten Harze mit Wasser von Säure bzw. Lauge freigespült.

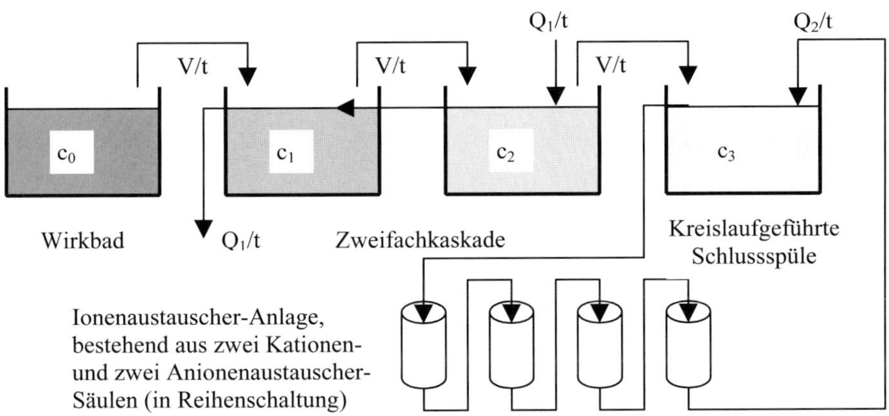

Bild 23.4 Kreislaufgeführte Schlussspüle nach einer Zweifachkaskade

Kreislaufgeführt werden immer die letzten Spülstufen, da die Beladung der Harze nicht von der kreislaufgeführten Wassermenge Q_2/t, sondern ausschließlich von der auf das Harz aufgebrachten Salzfracht (Ionenladung durch Zeit) abhängt.

23.1.4.5 Vergleich unterschiedlicher Spülsysteme

Die benötigten Spülwassermengen und die dabei erzeugten Abwassermengen (Frischwasser-Verbrauchsmengen) unterschiedlicher Spülsysteme sind in Tabelle 23.4 gegenübergestellt. Spülsysteme, die dem Stand der Technik entsprechen, sind üblicherweise dreistufig aufgebaut (Dreifachkaskade oder Zweifachkaskade und kreislaufgeführte Schlussspüle).

Tabelle 23.4 Vergleich benötigter Spülwassermengen in Liter je Stunde für c_0 = 10 eq/l, $Sk = 10^4$, V/t = 10 l/h, Standspülwechsel nach t = 8 h, Badvolumen V_B = 1000 l

Spülsystem	benötigte Spülwassermenge (l/h)	erzeugte Abwassermenge (l/h)
1 Fließspüle	100 000	100 000
1 Standspüle und 1 Fließspüle	7777	7777
Zweifachkaskade	1000	1000
1 Standspüle und Zweifachkaskade	402	402
Dreifachkaskade	215	215
Zweifachkaskade und kreislaufgeführte Schlussspüle	200 + 250 65 + 2336	204 98

23.1.5 Rückführung von Ausschleppungen

Die Rückführung ausgeschleppter Wirkstoffe (zurück an ihren Einsatzort) spart Prozesschemikalien ein und es entsteht weniger Abfall bei der Abwasserbehandlung.

Da ins Wirkbad nur das Volumen zurückgeführt werden kann, das durch Verdunstung und Verschleppung verloren gegangen ist, können meist nur geringe Volumina pro Zeiteinheit an Spülwasser direkt ins Wirkbad rückgeführt werden. Es ist somit erforderlich, den Volumenüberhang des Spülwassers so weit einzuengen, dass eine möglichst vollständige Rückführung der ausgeschleppten Stoffe möglich wird. Der Idealzustand ist dann erreicht, wenn sowohl der Stoffkreislauf als auch der Wasserkreislauf geschlossen sind: Ohne Berücksichtigung notwendiger Reinigungsmaßnahmen ergibt sich so ein abwasser- und abfallfreies System, das unter Praxisbedingungen jedoch nur näherungsweise erreichbar ist.

Grundsätzlich einsetzbare Techniken zur Aufkonzentrierung und anschließenden Rückführung ins Spülbad eingeschleppter Stoffe sind

- Verdunster
- Verdampfer
- Elektrodialyse (ED)
- Umkehrosmose (reverse osmosis, RO),

von denen allerdings die **Membranverfahren** (ED und RO) in der Praxis aufgrund häufiger Betriebsprobleme durch Membranverblockungen nur sehr selten anzutreffen sind.

23

Beim **Verdunster** wird das Spülwasser fein verteilt mit Luft in Verbindung gebracht, um diese weitgehend und schnell mit Wasser zu sättigen. Dies kann beispielsweise in einem Rieselturm geschehen. Die Luft entzieht bei diesem Vorgang der Umgebung Energie. Um zu verhindern, dass außer gasförmigen Teilchen auch Wassertropfen mit der Luft mitgerissen werden, wird mit dem Verdungster ein Tropfenabscheider, eventuell zusätzlich noch ein Aerosolabscheider, nachgeschaltet. Die Leistung des Verdunsters ist von der Lufttemperatur und -feuchtigkeit abhängig.

Beim **Verdampfer** wird das Spülwasser über die Siedetemperatur erhitzt. In Abhängigkeit vom Druck arbeiten die industriell eingesetzten Verdampfer bei Temperaturen zwischen 40 °C und 100 °C und bei Arbeitsdrücken zwischen 0,1 bar und 1 bar. Verdampfer mit Energierückgewinnung (Vakuumverdampfer mit Brüdenverdichtung oder Wärmepumpe) entsprechen dem derzeitigen Stand der Technik und benötigen nur noch etwa 0,15 … 0,2 kWh Energie je Liter verdampftes Wasser. Vorteil des Verdampfers ist die Wiedereinsetzbarkeit des Kondensats als Spülwasser (Schließen des Wasserkreislaufs), Nachteil ist der bedeutend höhere Investitionsaufwand, der dem etwa Dreifachen der Investitionssumme eines Verdunsters entspricht.

23.1.6 Abwasserbehandlung

Grundsatz der Abwasserbehandlung ist die **Vermeidung** unnötiger Mischungen von Teilströmen, die zu Behandlungsproblemen führen.

Ziel der Abwasserbehandlung ist die **Verringerung** der Inhaltsstoffe unter die gesetzlich vorgeschriebenen Grenzwerte (durch Umwandlung und Ausfällung).

Die Verfahrensstufen der Abwasserbehandlung (Bild 23.5) werden – chemisch bedingt – in einer stets gleichen Abfolge durchgeführt, die sich – bei Vorliegen aller behandlungspflichtigen Inhaltsstoffe im Abwasser – mit folgendem Ablauf gestaltet:

- Cyanidoxidation
- Nitritoxidation oder -reduktion
- Chromatreduktion
- Neutralisation, gekoppelt mit Schwermetallausfällung
- Flockung und Sedimentation
- Schlammentwässerung und Klarwasserfiltration

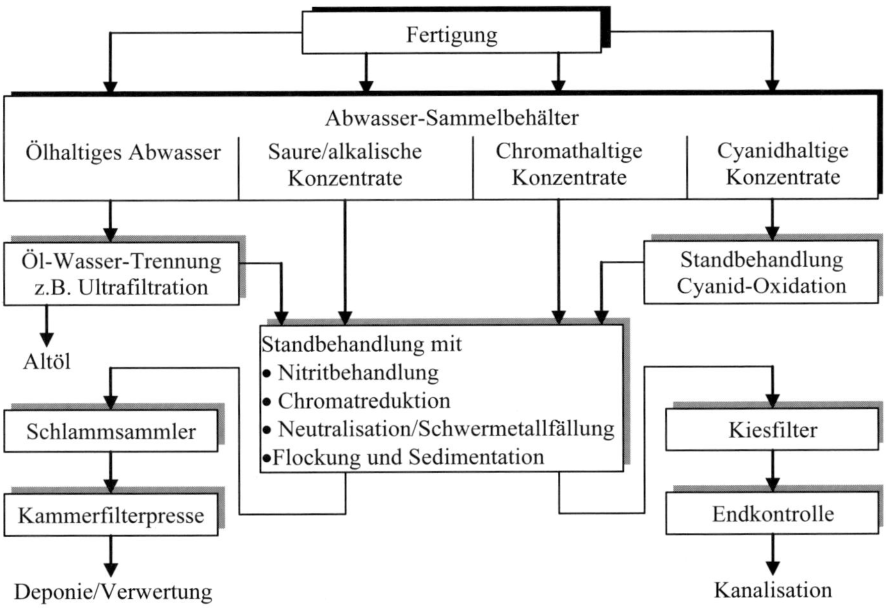

Bild 23.5 Blockschema einer Abwasseraufbereitungsanlage

23.2 Umweltbereich Luft/Abluft

Die wichtigsten Begriffe der Luftreinhaltung sind in Tabelle 23.5 zusammengestellt.

Tabelle 23.5 Begriffserläuterungen

Begriff	Erläuterung
Luftverunreinigung	alle Stoffe, die die natürliche Zusammensetzung der Luft verändern
Emission	an die Umwelt abgegebene (Luft-)Verunreinigung
Immission	die Einwirkung der Luftverunreinigung auf die Umwelt (z. B. Mensch, Tier, Pflanze, Sachgut)
Transmission	Ausbreitung der Luftverunreinigung („Weg" zwischen Emission und Immission)
Smog	hohe Immissionskonzentration von Luftverunreinigungen (Ursprung: „London-Smog" = hohe SO_2-Konzentration + Nebel; smog = smoke + fog)
Abgas	an die Umwelt abgegebenes Gas
Abluft	Abgas, dessen Trägergas Luft ist
Rauchgas	Abgas von Feuerungsanlagen

Gemessen werden Luftverunreinigungen zumeist in Konzentrationseinheiten oder als Frachten. Tabelle 23.6 spiegelt die wichtigsten Größen und ihre Einheiten wider.

Tabelle 23.6 Messgrößen und Einheiten von Luftverunreinigungen

Messgröße	Erläuterung	Einheit
Massenkonzentration c	Masse Luftverunreinigung pro m^3 Gesamtluft	%, g/m^3, mg/m^3, $\mu g/m^3$, ...
Volumenkonzentration c_V	Volumen Luftverunreinigung pro m^3 Gesamtluft	Vol.-%, cm^3/m^3 = ppm, mm^3/m^3 = ppb, ...
Fracht m/t	Masse emittierte Luftverunreinigung pro Zeiteinheit	t/h, kg/h, g/h, mg/h, ...

Zur Umrechnung der Messgrößen ineinander und zur Umrechnung der Schadgaskonzentrationen auf einen Normkubikmeter Luft werden folgende Formelbeziehungen eingesetzt:

23

$$c = c_V \cdot \rho \qquad \rho = \frac{M_r}{V_m} \qquad V_m(T) = \frac{p_0 \cdot V_m \cdot T}{p \cdot T_0} \qquad m/t = c \cdot V/t$$

mit M_r relative Molmasse der Luftverunreinigung (= Summe der relativen Atommassen), V_m Molvolumen des Gases (= 22,414 l/mol für ein ideales Gas bei p_0, T_0), p_0 = 101,3 hPa, T_0 = 273,15 K.

23.2.1 Luftzusammensetzung und Luftverunreinigungen

Die natürliche Zusammensetzung der Luft beträgt

- Stickstoff (N_2) 78,10 Vol.-%
- Sauerstoff (O_2) 20,93 Vol.-%
- Argon (Ar) 0,93 Vol.-%
- Kohlenstoffdioxid (CO_2) 0,035 Vol.-%

sowie Spuren von anderen Edelgasen, Methan (CH_4) und Wasserstoff (H_2).

Hauptquellen der Luftverunreinigungen sind Verbrennungsprozesse, vor allem eingesetzt bei Energieerzeugung (Kraftwerke), Hausheizungen und beim Verkehr. Hauptsächliche Emissionen der Verbrennungsprozesse sind folgende Luftverunreinigungen

- Kohlenstoffmonooxid (CO)
- Kohlenstoffdioxid (CO_2)
- Stickstoffoxide ($NO + NO_2$)
- Schwefeldioxid (SO_2)
- Ruß und Staub
- Kohlenwasserstoffe (C_mH_n).

Die bei Verbrennung fossiler Brennstoffe stets auftretenden **Dioxine** (chemisch korrekt: **p**oly**c**hlorierte **D**ibenzo**d**ioxine, PCDD, und **p**oly**c**hlorierte **D**ibenzo**f**urane, PCDF) treten hingegen in nur sehr geringen Konzentrationen auf (ppb- und ppt-Bereich), sind aber auf Grund der hohen Toxizität einzelner Verbindungen gleichfalls abzureinigen.

23.2.2 Auswirkungen von Luftverunreinigungen

Die hauptsächlichen Auswirkungen von Luftverunreinigungen sind in Tabelle 23.7 zusammengestellt. Bei der Beurteilung der Auswirkungen ist stets die Transmission der Stoffe und die damit verbundene Umwandlung zu anderen Produkten mit zu betrachten.

Tabelle 23.7 Auswirkungen von Luftverunreinigungen

Schadensart	Verursacher (Leitsubstanz)	Auswirkungen
Treibhauseffekt	IR-aktive Gase (CO_2)	Erwärmung der Erdoberfläche, Klimaverschiebungen/-störungen
Waldsterben	vermutete Synergie der Luftverunreinigungen mit forstwirtschaftlichen Fehlern	uneinheitliche Krankheitsbilder an Bäumen, Absterben der Bäume
Hoher Ozongehalt in der Atemluft	C_mH_n, NO_x + Licht (NO_2) (Sommerphänomen)	Herz-, Kreislaufbeschwerden, Organschädigung
Smog („London-Smog“)	hohe Schadstoffkonzentrationen (SO_2) und Nebel	Bronchialbeschwerden, Kreislaufzusammenbruch
Photochemischer Smog („L.A.-Smog“)	C_mH_n, NO_x + Licht (PAN = Peroxoacetylnitrat)	Bronchialbeschwerden, Lungenödeme, Kreislaufzusammenbruch
Saurer Regen	NO_x, SO_2	Korrosion an Metallen und Baustoffen, Schädigung der Feinwurzeln
Ozonloch	Fluorchlorkohlenwasserstoffe (FCKW)	Zerstörung der Ozonschicht in der Stratosphäre (15 ... 50 km Höhe), vermehrt härtere Strahlung auf Erdoberfläche, Zunahme der Strahlenkrebserkrankungen

23.2.3 Begrenzung der Emission von Luftverunreinigungen

Die Begrenzung der Emission von Luftverunreinigungen wird unterteilt in Primär- und Sekundärmaßnahmen.

Primärmaßnahmen: Vermeiden des Entstehens von Luftverunreinigungen
Sekundärmaßnahmen: Abreinigung entstandener Luftverunreinigungen

23.2.3.1 Primärmaßnahmen

In Tabelle 23.8 sind die Primärmaßnahmen zusammengestellt.

Tabelle 23.8 Primärmaßnahmen der Emissionsbegrenzung

Luftverunreinigung	Maßnahme
Schwefeldioxid	Wahl schwefelärmerer Brennstoffe (Kohle → Öl → Gas), Entschwefelung der Brennstoffe (Claus-Prozess)
Stickstoffoxide	mehrstufige Verbrennung, Abgasrückführung
Kohlenwasserstoffe, Ruß, Kohlenstoffmonooxid	Bedingungen vollständiger Verbrennung: – ausreichender Luftüberschuss ($\lambda > 1{,}0$) – hohe Verbrennungstemperaturen, – lange Verweilzeit des Brennstoffs bei hohen Temperaturen, – gute Durchmischung Luft/Brennstoff
Kohlenstoffmonooxid, Kohlenwasserstoffe und Stickstoffoxide im Kfz	λ-Sonde zur Regelung des Luftüberschusses gegen 0,95 … 1,0 (schwacher Luftunterschuss); dabei Optimum der geringen NO_x- und C_mH_n/CO-Bildung

Die Luftüberschusszahl λ ist definiert als

$$\lambda = \frac{\text{tatsächlich zugeführte Luftmenge}}{\text{theoretisch benötigte (= stöchiometrische) Luftmenge}}$$

Lambda-Sonde: Notwendiges Aggregat, um Luftüberschusszahl λ gegen 1 zu regeln; geregelt wird dabei die Kraftstoffzugabe (Benzineinspritzung); Regelung ist Voraussetzung für ausreichende Funktion des Katalysators (Sekundärmaßnahme zur weiteren Abreinigung).

23

- **Aufbau:** Fingerhutförmig angeordnete Zirkondioxid-Membran (ZrO_2), auf deren Innenseite Luft gasdicht eingeschlossen ist (Konz. O_2 = 20,93 Vol.-%). An der Außenseite wird das Abgas vorbeigeführt. Beide Seiten der Membran sind mit einem Platingitter als Ableiteelektroden versehen (Bild 23.6).
- **Messprinzip:** Potenziometrisch. In Abhängigkeit vom jeweiligen O_2-Partialdruck (Innen- und Außenseite der Membran) bilden sich – bedingt durch Diffusion von Sauerstoff-Ionen in Fehl-

stellen des ZrO_2-Gitters, die sich bei Temperaturen ab 400 °C aus O_2 bilden – unterschiedliche Potenziale aus. Die Potenzialdifferenz kann als Membranspannung U abgegriffen werden (**Nernst'sches Gesetz**).

$$U = \frac{R_m T}{zF} \ln \frac{p_{O_2(\text{Luft})}}{p_{O_2(\text{Abgas})}}$$

mit R_m molare Gaskonstante [= 8,3144 J/(K · mol)], T absolute Temperatur, z Anzahl Elementarladungen, F Faraday-Konstante (= 96 486 A · s/mol), p_{O2} Sauerstoffpartialdruck.

- **Mess- und Regeltechnik:** Je geringer der Sauerstoffanteil im Abgas, desto höher die abgegriffene Spannung. Die Sonde regelt die Benzineinspritzung so weit, bis ein steiler Spannungsanstieg eintritt (Sauerstoffanteil abgasseitig gegen null).

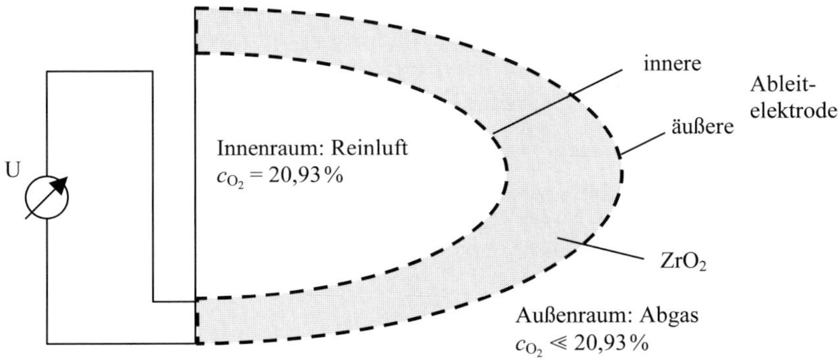

Bild 23.6 Schematische Darstellung (Schnitt) einer λ-Sonde

23.2.3.2 Sekundärmaßnahmen

Die Abreinigungsverfahren werden schadstoffspezifisch im Folgenden aufgeführt.

Ruß und Staub (Staubabscheidung)

Maßgebend für die Abscheidefähigkeit eines Staubes ist die Sinkgeschwindigkeit v_S der Partikeln aus dem Gasstrom, die sich für das Modell kugelförmiger Partikeln nach folgender Formel ergibt mit d Staubpartikeldurchmesser, ρ_P Dichte der Staubpartikeln, ρ_G Dichte des Abgases, g Fallbeschleunigung (= 9,81 m/s²), η_G Viskosität des Abgases.

$$v_S = \frac{d^2 (\rho_P - \rho_G)\, g}{18\, \eta_G}$$

Alle Faktoren, die die Sinkgeschwindigkeit erhöhen, tragen zur Verbesserung der Abscheideleistung bei:

- Vergrößerung von Dichte und Partikeldurchmesser im Nassabscheider: Wirbelwäscher, Venturiwäscher, Rotationswäscher.
- Erhöhung der Beschleunigung: Elektrofilter, Zyklon (Hydrozyklon = Kombination mit Nasswäsche).

Elektrofilter und Zyklone sind typische Vertreter der **Querstromfiltration** (Abscheidung der Partikeln quer zur Strömungsrichtung des Abgases; Charakteristik: weitgehend kontinuierliches

Filtrationsverhalten), Tuchfilter und Filterkerzen typische Beispiele für die **Hauptstromfiltration** (Partikeln- und Abgasbewegung in gleicher Richtung; Charakteristik: Ausbildung einer Sekundärfilterschicht, sich änderndes Filterverhalten: zunächst hoher Durchsatz geringerer Qualität, nach Aufbau der Sekundärfilterschicht geringerer Durchsatz höherer Qualität).

Schwefeldioxid, SO_2 Rauchgas-Entschwefelung (REA Rauchgas-Entschwefelungsanlage)

Unterscheidung in trockenes, halbtrockenes und nasses Verfahren. Durch Zugabe von gebranntem oder gelöschtem Kalk (CaO bzw. $Ca(OH)_2$) wird mit Restsauerstoff des Abgases Gips gebildet ($CaSO_4 \cdot 2\,H_2O$, Abfallproblematik!).

Stickstoffoxide, NO_x Reduktion zu Stickstoff, N_2

Unterschiedliche Verfahren bei Kraftwerks- und Kfz-Abgasen:

- **Kfz:** Katalysator-unterstützte Reaktion mit CO (aus unvollständiger Verbrennung)
  Kfz-Katalysator = Dreiwege-Katalysator, der zur Umsetzung der drei Schadstoffe CO, C_mH_n und NO_x dient, bestehend aus Platin (Oxidationsprozesse von CO und C_mH_n zu CO_2 und H_2O) und Rhodium (Reduktionsvorgänge von NO_x zu N_2 und SO_2 zu S) als Katalysatormetalle, die auf Träger Aluminiumoxid aufgebracht sind („washcoat", große Oberfläche), das auf Keramik- oder Metallträger aufgetragen wird.
- **Kraftwerk:** Reduktion mit Ammoniak (NH_3), das in das Rauchgas eingedüst wird. Dabei Unterscheidung zwischen **katalytisierter Reduktion** bei 350...400 °C (SCR-Verfahren, selective catalytic reduction) und **nicht katalytisierter Reduktion** bei 700...800 °C (SNCR-Verfahren, selective non catalytic reduction).

Kohlenwasserstoffe, C_mH_n

- **Nachverbrennung** (thermisch: TNV; katalytisch: KNV) ist eine nachgeschaltete Verbrennung bei hohen Temperaturen und allen weiteren Bedingungen vollständiger Verbrennung.
- **Adsorption an Aktivkohle.** Probleme der anschließenden Regeneration der beladenen Aktivkohle: Dampf (Abwasserproblematik), Heißgas (hoher Energieaufwand). Deshalb meist Abfallverbrennung der beladenen Aktivkohle.
- **Kondensation** ist das Ausfrieren der Kohlenwasserstoffe in so genannten „Kältefallen". Verfahren ist energieaufwändig und kann vorgeschriebene Grenzwerte nicht erreichen. Wird in der Regel als Vorreinigungsstufe eingesetzt.

Dioxine, PCDD und PCDF Katalytische Nachverbrennung („Dioxin-Trommel") ist die bislang einzige Möglichkeit, den Grenzwert von 0,1 ng TE/m^3 einzuhalten. (TE = Toxizitätseinheit; sie berücksichtigt die unterschiedliche Toxizität verschiedener PCDD- und PCDF-Verbindungen).

23.3 Umweltbereich Boden/Abfall

Abfalldeponie:	Wertstoffe in fein verteilter Form
Rohstofflager:	Wertstoffe in konzentrierter Form

Die wichtigsten Begriffe der Abfalltechnik sind in Tabelle 23.9 zusammengestellt. Abfälle entstehen durch Vermischung und daraus folgender Feinverteilung von Wertstoffen.

Tabelle 23.9 Begriffserläuterungen

Begriff	**Erläuterungen**
Abfall	bewegliche Sache, die ihre Funktion verloren hat oder die nicht zielgerichtet angefallen ist
Reststoff, Wertstoff	keine Begriffe des Abfallrechts
Abfallklassifizierung	5 Klassen: besonders überwachungsbedürftige Abfälle zur Beseitigung besonders überwachungsbedürftige Abfälle zur Verwertung überwachungsbedürftige Abfälle zur Beseitigung überwachungsbedürftige Abfälle zur Verwertung nicht überwachungsbedürftige Abfälle zur Verwertung
Entsorgung	Beseitigung und Verwertung
Entsorgungsanlage	Anlage zum Verwerten, Behandeln, Lagern, Ablagern (= Deponieren) oder Verbrennen von Abfällen

23.3.1 Grundsatz der Abfallwirtschaft

Vermeiden vor Verwerten vor Beseitigen.

Dieser Grundsatz des Umgangs mit Abfall ist allgemein gültig im Kreislaufwirtschafts- und Abfallgesetz definiert. Die Verwertung kann sowohl stofflich als auch thermisch erfolgen, wenn der untere Heizwert des Abfalls (H_u) $\geq$ 11 000 kJ/kg Abfall beträgt, die Verbrennungsanlage einen Wirkungsgrad $\eta \geq 0{,}75$ aufweist und die erzeugte Wärme genutzt wird.

Der seit 1996 neu definierte Abfallbegriff ist objektiv (er hängt nicht mehr vom Willen des Besitzers ab), weiter gefasst und im Einklang mit den EU-Vorgaben. Damit ist die **Vermeidung** von Abfällen auf die **Primärmaßnahmen** beschränkt (**Entstehungsvermeidung**), während alle Maßnahmen der **Schaffung von Stoffkreisläufen** (bereits entstandener Abfälle) den **Sekundärmaßnahmen** zuzuordnen sind.

23.3.2 Primärmaßnahmen zur Abfallvermeidung

Die Primärmaßnahmen lassen sich unterteilen in den Ersatz abfallproblematischer Einsatzstoffe und in die Umstellung von Fertigungsverfahren und Produkten.

Beispiele für den Ersatz abfallproblematischer Einsatzstoffe:

- Umstellung der Reinigung mit Chlorkohlenwasserstoffen (CKW) auf alkalisch-wässrige Systeme
- Asbestersatz in der Baustoffindustrie
- Ersatz von PCB-haltigen Kondensatorölen gegen PCB-freie Produkte (PCB polychlorierte Biphenyle)
- Ersatz von cyanidischen Metallisierungen gegen cyanidfreie Bäder
- Ersatz bleichromat- oder cadmiumhaltiger Pigmente durch organische Verbindungen
- Ersatz von Quecksilber und Cadmium bei der Batterieherstellung
- Umstellung lösemittelhaltiger Lacke auf lösemittelarme oder -freie Systeme

Beispiele für die Umstellung von Produktionsprozessen und Produkten:

- Erhöhung des Auftragwirkungsgrades von Lacken durch andere Beschichtungstechniken (airless Spritzen oder elektrostatisches Auftragen anstelle Druckluftpistole)
- Einsatz von NC-Maschinen und CNC-Fertigungszentren zur optimalen Ausnutzung des eingesetzten Materials (geringerer „Verschnitt")
- Verringerter Materialeinsatz (z. B. Hausgeräte, Verpackungen, Leiterplatten)
- Längere Produktlebensdauer (Kfz ca. 10 Jahre, Waschautomaten ca. 13 Jahre, Kühl-/Gefriergeräte ca. 18 Jahre)

23.3.3 Sekundärmaßnahmen zur Stoffkreislaufschließung

Die Stoffkreislaufschließung (Wieder- oder Weiterbenutzung von Stoffen) setzt in der Regel unvermischte Abfallfraktionen voraus.

Sortieren anfallender Abfallgemische

Nachträgliche Sortierung ist die ungünstigere Alternative der Abfallverwertung.

Sortieren dient der Auftrennung eines Abfallgemisches in verwertbare Fraktionen. Die einzelnen Trennverfahren unterscheiden sich dabei vor allem in der Reihenfolge der einzelnen Trennschritte, die auf das jeweils vorliegende Gemisch ausgerichtet sein muss. Die Investitionen umfangreicher Trennanlagen lassen sich nur schwer amortisieren. Weitere Probleme entstehen durch fehlende Verwertungskapazitäten der abgetrennten Fraktionen.

Getrennte Sammlung und Verwertung von Abfällen

Die getrennte Erfassung der unvermischten Abfälle ist Voraussetzung für eine einfache Verwertbarkeit. Besonders effizient ist die direkte Rückführung von Fertigungsabfällen in den Fertigungsprozess, was jedoch den Anfall nicht verunreinigter Abfälle voraussetzt, die nicht vorbehandelt werden müssen.

Das **Recycling während des Produktgebrauchs** wird vornehmlich im Maschinenbau praktiziert: Die Austauscherzeugnis-Fertigung setzt sich zusammen aus den Schritten

- Demontage, Reinigung, Prüfung/Sortierung, Aufarbeitung und Remontage.

Altstoffrecycling nach Produktgebrauch wird beim Schrottrecycling seit längerem durchgeführt, neue Aktivitäten sind auf dem Elektroniksektor (**Elektronikschrott-Verordnung**) und bei Altautos (**Altauto-Verordnung**) auszumachen.

23.3.4 Beseitigung von Abfällen

Die praktizierte Beseitigung von Abfällen lässt sich in die beiden Bereiche

- **Verbrennung** (in Deutschland v. a. von Hausmüll) und
- **Deponierung**

unterteilen.

Die **Hausmüllverbrennung** wird üblicherweise mit Rostfeuerungssystemen durchgeführt; sie benötigt eine Zusatzfeuerung (zum „Anfahren" der Verbrennung und wenn der Heizwert des Abfalls zu stark sinkt) sowie Abluftreinigungsanlagen für die Entstaubung, Entstickung sowie den thermischen Dioxinabbau.

Die Deponie-Techniken lassen sich unterteilen in **obertägige** und **untertägige Deponien** (OTD und UTD). **Untertägige Deponierung** findet grundsätzlich im Salzgestein statt (Salzbergwerk oder Kaverne), das den Abfall allseitig umschließt und so von der Biosphäre fern hält.

Deponien müssen so ausgebildet werden, dass der abgelagerte Abfall dauerhaft von der Biosphäre fern gehalten wird. Dies wird bei untertägigen Deponien durch das Salzgestein erreicht, bei obertägigen Deponien durch ein mehrstufiges Barrierensystem.

Die **obertägige Deponierung** muss in geologisch geeigneten Standorten erfolgen, die mehrfach gegen das darunter liegende Erdreich abgedichtet sind. Die Abdichtung muss durch eine natürliche Lehmschicht vorgegebener Dicke und geringer Durchlässigkeit (Sickerwasser!) sowie durch Kunststoffbahnen und Drainageeinrichtungen für das Sickerwasser gewährleistet werden. Der Einbau von Abfall hat geordnet zu erfolgen und muss in einem Kataster festgehalten werden. Nach Auffüllen der Deponie ist eine Oberflächenabdichtung (gegen das weitere Eindringen von Regenwasser) sowie die Rekultivierung des Standortes vorgeschrieben. Ständige Messungen und Überprüfungen während und nach Abschluss des Deponiebetriebes vervollständigen den Pflichtenkatalog des Deponiebetreibers.

Weiterführende Literatur

Bank, M.: Basiswissen Umwelttechnik. 5. Aufl., Würzburg: Vogel Verlag 2006
Bilitewski, B.; Faulstich, M.; Urban, A. I.: Thermische Verfahren in der Abfallwirtschaft. Berlin: Springer Verlag 2005
Bilitewski, B.; Marek, K.; Härdtle, G.: Abfallwirtschaft. 3. Aufl., Berlin: Springer Verlag 2000
Bliefert, C.: Umweltchemie. 3. Aufl., Weinheim: Wiley-VCH 2002
Braha, A.; Groza, G.: Moderne Abwassertechnik. Weinheim: Wiley-VCH 2006
Förstner, U.: Umweltschutztechnik. 6. Aufl., Berlin: Springer Verlag 2003
Gräf, R.: Taschenbuch der Abwassertechnik. München Wien: Carl Hanser Verlag 1998
Guderian, R. (Ed.): Handbuch der Umweltveränderungen und Ökotoxikologie. 5 Bände. Berlin: Springer Verlag 2000/2001
Hegemann, W.; Bischofsberger, W.: Lexikon der Abwassertechnik. 7. Aufl., Essen: Vulkan-Verlag 2005
Schiegl, W. E.: Betrieblicher Umweltschutz. Landsberg: ecomed 2006
Schwister, K. (Hrsg.): Taschenbuch der Umwelttechnik. Leipzig: Fachbuchverlag 2003
Vogl, J.; Heigl, A.; Schäfer, K.: Handbuch des Umweltschutzes. Landsberg: ecomed 2006

24

Betriebs-wirtschaftslehre

Prof. Dr. Alexander Haubrock
Prof. Dr. Eugen May
Prof. Dr. Jürgen Reichel
Hochschule Aalen

24

24.1 Betriebliches Personalmanagement

Personalmanagement ist die Summe der mitarbeiterbezogenen Gestaltungsmaßnahmen zur Verwirklichung der Unternehmensziele. Neben der Personalverwaltung gehören die Bereiche Personalentwicklung, Personalführung, Personalbeschaffung und Personalorganisation zum **betrieblichen Personalmanagement**.

24.1.1 Einführung

Es ist heute unbestritten, dass die in den Unternehmen arbeitenden Menschen den Unternehmenserfolg zu einem großen Teil bestimmen. Genau wie andere Kapitalformen erfordert auch das so genannte **Humankapital** einen durchdachten und geplanten Einsatz, damit es erfolgbringend wirken kann. Mit dieser Aufgabe der vollen Entfaltung des Humankapitals im Sinne des Unternehmens befasst sich das betriebliche Personalmanagement. Tabelle 24.1 zeigt die Bereiche des Personalmanagements und beispielhafte Aufgaben.

Tabelle 24.1 Teilbereiche des Personalmanagements

Teilbereich	Beispiele für Aufgaben
Personalverwaltung	Vertragswesen, Abrechnungen, Datenerfassung
Personalentwicklung	Förderung, Qualifikation, Schulung
Personalführung	Richtlinien für Führung, Entwicklung von Führungsinstrumenten wie Zielvereinbarungen und Beurteilungssystemen
Personalbeschaffung	Werbung und Auswahl von Mitarbeitern
Personalorganisation	Gliederung von Abteilungen und Aufgaben, Einteilung von Mitarbeitern

Im Unternehmen sind diese Teilbereiche in der Regel in der folgenden Weise Abteilungen zugeordnet:

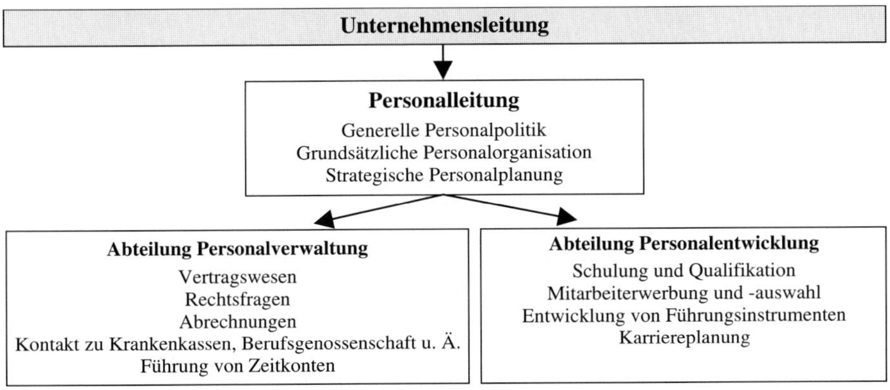

Bild 24.1 Gliederung der Personalabteilung

24.1.2 Personalentwicklung

Personalentwicklung beschreibt ein umfassendes Konzept der Einwirkung auf Mitarbeiter. Sie erfolgt mit dem Ziel, Qualifikationen aufzubauen bzw. weiterzuentwickeln, die der Mitarbeiter benötigt, um seine beruflichen Aufgaben zu erfüllen.

Aufgaben der Personalentwicklung sind beispielsweise:

- Förderung, Qualifikation und Weiterentwicklung von Mitarbeitern
- Planung, Konzeption und Durchführung des Lernens im Unternehmen (z. B. Schulungs- und Trainingsmaßnahmen)

24.1.2.1 Grundlagen

Hinter der Idee der Personalentwicklung steht der Gedanke, dass Unternehmen die **Qualifikationen** ihrer Mitarbeiter aufbauen, ausbauen und erhalten müssen. Personalentwicklung unterstellt aber auch, dass Menschen **lebenslang** lern- und entwicklungsfähig sind. Lernende Mitarbeiter müssen in **lernenden Organisationen** arbeiten können, d. h., Personalentwicklung und Organisationsentwicklung bedingen sich gegenseitig.

24.1.2.2 Qualifikation von Mitarbeitern

Abgesehen von der beruflichen Erstausbildung findet in Deutschland **Weiter-Lernen** häufig außerhalb des Unternehmens statt, d. h., es besteht eine Trennung zwischen Lernen und Arbeiten. Dabei stellt sich häufig das Problem des **Transfers**, also die Frage, wie außerhalb Gelerntes sinnvoll in das Unternehmen übertragen werden kann. Zusätzlich ergeben sich gerade für mittelständische Unternehmen Probleme in der Freistellung von Mitarbeitern für externe Bildungsmaßnahmen. Auf Grund der beschriebenen Schwierigkeiten ist ein Bestreben vieler (größerer) Unternehmen, Möglichkeiten für das Lernen im Unternehmen zu schaffen. Damit Lernen im Unternehmen stattfinden kann, müssen im Unternehmen die folgenden Voraussetzungen geschaffen werden:

- Lernen im Unternehmen muss zur offiziellen Politik erhoben werden.
  Die Unternehmensleitung muss, neben Geld, auch weitere Ressourcen (Arbeitszeit, Räume, Material) zur Verfügung stellen.
- Ungestörte Lernzeiten müssen möglich sein.
- Erprobung von Gelerntem muss ermöglicht werden.
- Lernprozesse müssen reflektiert werden. Rückmeldung an die Lernenden muss ermöglicht werden.
- Vorgesetzte müssen aktiv Aufgaben im Lernprozess übernehmen.
- Mitarbeiter müssen sich an das Lernen im Unternehmen gewöhnen.

Lernen im Unternehmen bedeutet auch neue Überlegungen in der Lehrmethodik. Der klassische Frontalunterricht ist nur eine Methodik unter vielen. Für das Lernen im Unternehmen eignen sich insbesondere die in Tabelle 24.2 zusammengefassten Methoden.

Tabelle 24.2 Übersicht über Lehrmethoden im Unternehmen

Methode	Beschreibung	Inhalte, die mit dieser Methode vermittelt werden können	Anforderungen an den Lernenden	Notwendige Ressourcen
Computer based training (CBT)	EDV-gestützte Selbst-Lernprogramme	Fachliches Wissen	Selbstorganisation, Selbstmotivation	Soft- und Hardware, Raum, Zeit
Coaching	Individuelles Training einer Person durch einen ausgebildeten Coach	Führungsverhalten, soziales Verhalten, Optimierung individueller Abläufe	Bereitschaft, Selbstmotivation	Zeit, Coach
Micro-Teaching	Mini-Lerneinheiten, die sich auf ausgewählte Verhaltensweisen beziehen	Verhalten	Bereitschaft, Selbstmotivation	Zeit, Raum, Trainer
Qualitätszirkel	Selbstgesteuerte Gruppen, die sich mit der Verbesserung der in dieser Gruppe produzierten Produkte oder Abläufe befassen	Qualitätsbewusstsein, soziales Verhalten	Soziale Grundfertigkeiten, Mut, sich in der Gruppe einzubringen, Selbstmotivation	Zeit, Raum

Aufgabe des Personalmanagements im Zusammenhang mit der Qualifikation von Mitarbeitern ist es:

- die Unternehmensleitung bei der Formulierung der generellen Lernpolitik zu unterstützen und zu beraten.
- die formulierte Politik im Unternehmen bekannt zu machen und die Mitglieder des Unternehmens für eine andere Art des Lernens zu motivieren.
- die notwendigen Ressourcen zu planen und zu budgetieren.
- Vorgesetzte auf ihre Rolle im Lernprozess vorzubereiten.
- Methoden entsprechend den Bedürfnissen des Unternehmens auszuwählen und anzupassen.
- Lernprozesse zu initiieren und unterstützend zu begleiten.

24.1.2.3 Mitarbeiterbeurteilung

Systematische Mitarbeiterbeurteilung ist ein Bestandteil systematischer Entwicklung. Eine Beurteilung dient dazu, den bisherigen Leistungs- und Fähigkeitsstand eines Mitarbeiters festzustellen und aufbauend auf diese Feststellung eine Weiterentwicklung zu planen. Voraussetzung für Beurteilungen ist das Vorhandensein von **Anforderungsprofilen** oder **Stellenbeschreibungen**. Auf Basis solcher Beschreibungen können Bewertungsschemata entwickelt werden (Bild 24.2).

In dieser Beurteilung würden die einzelnen Bereiche entsprechend mit Schulnoten bewertet. Entscheidende Voraussetzung für den Einsatz dieser Beurteilung ist aber, dass vorher verbindlich geklärt wird, wann bestimmte Noten vergeben werden. Gemäß Betriebsverfassungsgesetz (BVG) müssen die Ergebnisse einer Mitarbeiterbeurteilung dem Mitarbeiter zugänglich gemacht werden. Dies ist natürlich auch sinnvoll, da die Beurteilung nicht der Auffüllung der Personalakte, sondern der Entwicklung des Mitarbeiters dienen soll. Für Beurteilungsgespräche gilt, dass sie in einer ruhigen und störungsfreien Atmosphäre durchgeführt werden sollten und der Beurteilungsbogen im Gespräch gemeinsam durchgegangen wird. Im Rahmen des Gesprächs soll eine Einigung über konkrete **Handlungsmaßnahmen** erfolgen. Diese Handlungsmaßnahmen sollten schriftlich festgehalten werden. Dies erhöht die Verbindlichkeit der Maßnahmen für Mitarbeiter und Führungskraft.

Beurteilungsprofil für:

Beurteilungsfeld	*Verhalten*	1	2	3	4	5
Arbeitsleistung	Fachwissen und -können					
	Qualität der Arbeit					
	Einteilung der Arbeit					
Arbeitsverhalten	Selbstständigkeit					
	Belastbarkeit					
	Flexibilität					
Zusammenarbeit	Kooperationsverhalten					
	Informationsverhalten					
	Konfliktbewältigung					
Unternehmerisches Handeln	Strategisches Handeln					
	Kostenbewusstsein					
	Ertragsbewusstsein					
	Risikobewusstes Handeln					

Bild 24.2 Beispiel eines Beurteilungsschemas

24.1.3 Personalführung

(Personal-)Führung ist Lenkung und Leitung anderer zum Erreichen von Zielen.

24.1.3.1 Grundlagen

Im Kern sind es drei Fragen, die bei der Personalführung immer wieder gestellt werden:

- Was macht eine gute Führungskraft aus?
- Woran erkenne ich eine gute Führungskraft?
- Welcher Führungsstil führt zum Erfolg?

Die Ergebnisse der Führungsforschung zeigen allerdings, dass es auf diese Fragen keine eindeutige bzw. keine zeitlich überdauernde Antwort gibt. Der Erfolg von Führungsstilen ist abhängig von den jeweiligen (gesellschaftlichen) Rahmenbedingungen. Es ist dabei allerdings unzweifelhaft, das es erfolgreichen Führungskräften gelingt, ihre Mitarbeiter „hinter sich zu bringen" und einen reibungslosen Arbeitsfluss zu erzeugen. Dies hat zum einen mit Prinzipien der **Motivation** zu tun, ist aber zum anderen ganz entscheidend von der **Klarheit** in der **Kommunikation** und der **Eindeutigkeit** von **Vorgaben** abhängig. Erfolgreiche Führungskräfte vermitteln ihren Mitarbeitern, worauf es ankommt. Sie setzen klare Ziele, mit klaren Vereinbarungen darüber, wie und bis wann diese Ziele erreicht werden sollen. Dieses Prinzip bezeichnet man auch als „Führen durch Zielvorgabe" (**Management by Objectives, MbO**). „Führen durch Zielvorgabe" ist als Führungssystem auf eine ganze Organisation anwendbar. Bild 24.3 verdeutlicht diesen Prozess:

24

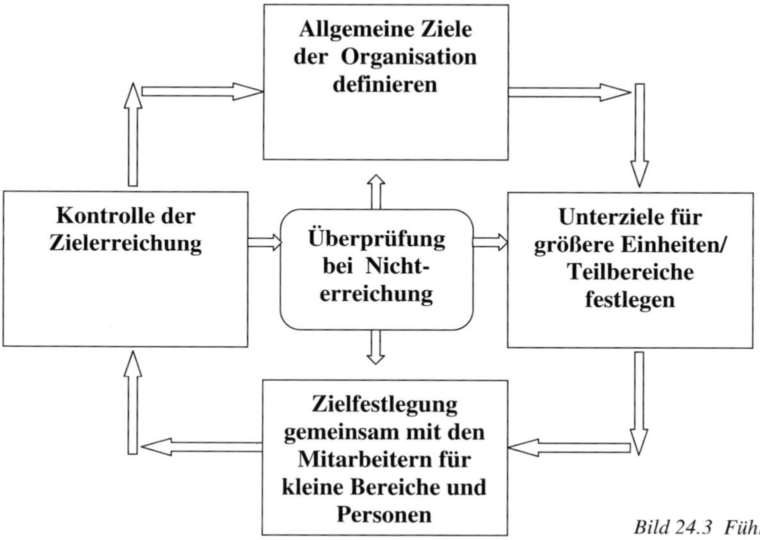

Bild 24.3 Führen durch Zielvorgabe

Ausgehend von den allgemeinen Zielen werden immer weitere Unterziele definiert, bis jeder Angehörige der Organisation sein Ziel kennt. Die Erreichung der Unterziele führt wiederum zu einer Anpassung der allgemeinen Ziele. Werden Ziele nicht erreicht, müssen die Tauglichkeit der Ziele, die Tauglichkeit der Wege zur Zielerreichung und die Fähigkeit bzw. der Willen des Einzelnen geprüft werden und an der entsprechenden Stelle Veränderungen vorgenommen werden. Tabelle 24.3 zeigt einige typische Ursachen und Maßnahmen.

Tabelle 24.3 Ursachen und Maßnahmen bei Nicht-Erreichung von Zielen

Problemfeld	Häufige Ursachen für Probleme	Maßnahmen
Die Ziele selbst	Ziele sind unrealistisch (z. B. zu hoch, zu schnell)	Ziele anpassen
	Ziele sind nicht präzise formuliert	Ziele genauer definieren
	Ziel sind unverständlich formuliert	Ziele gemeinsam formulieren, bis sie von allen Beteiligten verstanden werden
Die Wege zur Zielerreichung	Die Wege sind nicht präzise formuliert	Wege genau definieren. Grafische Darstellungen/Ablaufdiagramme verwenden
	Die Wege sind nicht allen Beteiligten bekannt	Allen Beteiligten den gesamten Prozess erklären
Die Ausführenden	Die Bereitschaft des Einzelnen	Rolle des Einzelnen bei der Gesamtaufgabe verdeutlichen. Deutliche Vereinbarungen treffen
	Die Fähigkeit des Einzelnen	Qualifizierung planen oder durch Person mit entsprechender Qualifikation ersetzen
	Die Zusammenarbeit der Ausführenden	Reibungspunkte deutlich herausarbeiten. Gemeinsam nach Lösungen suchen

In der letzten Zeit wird wieder eine leichte Werteverschiebung oder eine Art „Neupositionierung" der Rolle und der Aufgaben von Führungskräften spürbar. Häufig findet sich inzwischen das Schlagwort von der Führungskraft als **Coach**. Das heißt, dass Führungskräfte dafür Sorge tragen sollen, dass sich die Fähigkeiten der ihnen anvertrauten Mitarbeiter optimal entwickeln und entsprechend eingesetzt werden. Daneben wird unter dem Stichwort **Leadership** aber auch von der Führungskraft gefordert, dass sie als Vorbild dient, zur Leistung motivieren kann und auch keine Angst hat, Vereinbartes oder Vorgegebenes einzufordern. In Bild 24.4 werden die beiden Modelle vorgestellt.

	Führung	
Coaching		**Leadership**
• Aufbauen • Entwickeln • Trainieren • Bedingungen für den optimalen Einsatz schaffen		• Vorbild sein • Begeistern • Herausforderungen schaffen • Impulse geben • Ziele vereinbaren

Bild 24.4 Modell Coaching und Leadership

Die in der Einleitung erwähnten Fragen, die immer wieder im Zusammenhang mit Personalführung gestellt werden, bleiben auch in diesem Kapitel unbeantwortet. Sehr wahrscheinlich ist aber, dass günstige Führungseigenschaften und erfolgreiche Führungsstile immer im Zusammenhang mit relevanten gesellschaftlichen Werten stehen. Da sich diese stetig wandeln, wandelt sich mit ihnen die Vorstellung von Führung. Alle unterschiedlichen Vorstellungen von Führung oder erfolgreichen Führungsstilen sind sich aber darin einig, dass Motivation von Menschen eine wesentliche Führungsaufgabe ist.

24.1.3.2 Motivation

Der Begriff Motivation hat längst Eingang in unseren alltäglich Sprachgebrauch gefunden. Wenn sich jemand anstrengt, um ein bestimmtes Ziel zu erreichen, spricht man davon, dass sie oder er hoch motiviert sei. Wenn eine Abteilung oder eine Gruppe im Unternehmen eine außergewöhnliche Leistung erzielt, wird häufig die Führungskraft angeführt, die es versteht, ihre Mitarbeiter gut zu motivieren. Unter Motivation kann grundsätzlich ein **Handlungsantrieb** verstanden werden. Ausgelöst durch rein physiologische Bedürfnisse, wie Hunger oder Durst, aber auch durch kognitive, wie Bestätigung oder Anerkennung, beginnt man in einer Richtung zu handeln, die Bedürfnisbefriedigung verspricht. Im Unternehmenskontext wird unter Motivation in der Regel die Erhöhung und Förderung, teilweise auch die Aufrechterhaltung der Leistungsbereitschaft verstanden. Wie dies erreicht werden kann, ist im Laufe der Industriegeschichte recht unterschiedlich betrachtet worden. In den letzten Jahren ist ein grundsätzlich neuer Gedanke bezüglich der Motivationsförderung in Unternehmen aufgekommen. Kritisiert wird an den bisherigen Ansätzen vor allem, dass sie davon ausgehen, dass die Mitarbeiter dem Unternehmen ohne zusätzlich Anreize (Belohnungen) Leistungen vorenthalten. Ein **Belohnungssystem** (z. B. Prämiensystem) oder eine Form der Motivation macht natürlich nur dann Sinn, wenn bei den Mitarbeitern Leistungsreserven bestehen. Bringen Mitarbeiter bereits die volle Leistung, kann ein Anreizsystem keine Leistungssteigerung erbringen. Zusätzlich hat sich in der Praxis gezeigt, dass viele Anreizsysteme Nachteile in der Realisierung haben. Vielfach mussten Unternehmen die Erfahrung machen, dass die

Anreizwerte stetig gesteigert werden müssen, um sie attraktiv zu halten. Weiterhin ist in Unternehmen häufig festzustellen, dass im Wesentlichen immer dieselben Personen in den Genuss der Prämien kommen. Das Ergebnis sind dauerhafte Gewinner und dauerhafte Verlierer. Dies ist dann für beide nicht mehr besonders motivierend. Aus diesen Gründen heraus überlegen viele Unternehmen heute eher, wie man **Demotivation vermeiden** anstatt Motivation fördern kann. Maßnahmen in einem solchen Prozess sind beispielsweise intensive Personalauswahl, Vertrautmachen der Mitarbeiter mit den Unternehmenszielen und Unternehmensstrategien, Schaffung einer Stolz-Kultur im Unternehmen, Zielvereinbarungen und intensive Karriereplanung. Aufgabe des Personalmanagements ist es, diese Maßnahmen strategisch zu planen und zu realisieren.

24.1.4 Personalbeschaffung

Aufgabe der **Personalbeschaffung** ist es, den jeweils passendsten Mitarbeiter für eine Position zu finden.

24.1.4.1 Grundlagen

Auch in Zeiten hoher Arbeitslosigkeit ist Personalbeschaffung keine einfache Aufgabe. Viele Suchende auf dem Arbeitsmarkt bedeuten nicht automatisch, dass den Unternehmen auch genug Interessenten mit der gewünschten Qualifikation zur Verfügung stehen. So wird von Seiten der Industrie schon seit Jahren ein Mangel an gut qualifizieren Fachkräften beklagt. Werbung und Auswahl von Mitarbeitern bleiben somit eine der zentralen Aufgaben im Personalmanagement. Suche und Auswahl sind dabei Prozesse der Passung, d. h., es geht nicht darum die/den „Besten" zu finden, sondern die Person zu interessieren und auszuwählen, die am besten zu den Anforderungen der Position und zu den speziellen Gegebenheiten des Unternehmens passt.

24.1.4.2 Werbung und Auswahl von Mitarbeitern

Die Einstellung eines neuen Mitarbeiters bedeutet für das Unternehmen eine erhebliche Investition, die je nach Gehalt, Einarbeitungszeit und Ausstattung des Arbeitsplatzes bei ca. 126.000 € und mehr liegen kann. Diese Investition soll möglichst erfolgreich getätigt werden. Aus diesem Grund werden in Unternehmen neue Stellen vielfach gedanklich ähnlich behandelt wie ein zu vermarktendes Produkt. Es gilt zu definieren was, mit welchen Vorteilen für welche Zielgruppe angeboten wird. Industrieunternehmen sprechen daher auch seit geraumer Zeit von **Personalmarketing**.

Werbung geht dabei inzwischen weit über das bloße Beschreiben der zu besetzenden Position hinaus. In Angeboten werben Unternehmen vielfach zunächst für das Unternehmen an sich, d. h., seine Vorzüge und Besonderheiten werden dargestellt, um potenzielle Interessenten aufmerksam zu machen. Bewerbung ist ein gegenseitiger Prozess. Nicht nur der mögliche Interessent bewirbt sich beim Unternehmen, sondern auch das Unternehmen sich bei ihm, da es im Interesse des Unternehmens liegt, eine möglichst große Zahl geeigneter Kandidaten zu interessieren. Aus diesem Grund findet Personalmarketing heute nicht mehr nur über die klassische Stellenanzeige in der Zeitung statt. Das Internet hat sich als interessante Stellenbörse etabliert, mit dem Vorteil für Interessenten und Unternehmen neben der Anzeige, zahlreiche weitere Informationen abrufbar zu machen. Personalmarketing ist in vielen Unternehmen aber auch sehr langfristig angelegt. Schul- und Hochschulkontakte, Praktikumsplätze und Messen werden genutzt, um Kontakte zu Personen aufzubauen, die zu einem späteren Zeitpunkt für das Unternehmen interessante Mitarbeiter sein könnten. Die für die konkrete Werbung und Auswahl nötige Vorstufe ist die Erstellung eines ausführlichen Anforderungsprofils für die zu besetzende Position. Ein solches Profil enthält in der Regel:

- die erforderlichen Berufs- und Bildungsabschlüsse,
- die erforderlichen Berufserfahrungen,
- die erforderlichen besonderen fachlichen Kenntnisse,
- die erforderlichen zusätzlichen Kenntnisse (z. B. Fremdsprachen),
- die erforderlichen Fähigkeiten in der Mitarbeiterführung,
- die erforderlichen persönlichen Eigenschaften,
- sonstige wichtige Voraussetzungen (z. B. Umzugsbereitschaft, Führerschein).

In der Erstellung solcher Profile findet sich zuweilen auch eine Unterteilung in sog. „**Hard-Facts**" (Informationen, die direkt durch Unterlagen, Fragen, Beobachtung oder Testverfahren zugänglich sind) und sog. „**Soft-Facts**" (Informationen, die nur indirekt zugänglich sind). Im Folgenden ein Beispiel ein in Hard- und Soft-Facts unterteiltes Anforderungsprofil für einen Fertigungsleiter (Tabelle 24.4):

Tabelle 24.4 Beispiel für ein Anforderungsprofil

Hard-Facts	**Soft-Facts**
• 35 bis 40 Jahre alt • Abgeschlossenes technisches Studium mit Schwerpunkt Fertigungstechnik • 5 Jahre Berufserfahrung • Verhandlungssicheres Englisch • Verfügbar innerhalb des Jahres 2001 • Grundlegende Kenntnisse in: – Projektmanagement – Zielplanung • Fundierte Kenntnisse in: – Arbeit mit SAP oder einem vergleichbaren Steuerungssystem – Unternehmen der Metallverarbeitung	• Durchhaltevermögen • Einsatzbereitschaft • Frustrationstoleranz • Kooperativer und verbindlicher Führungsstil • Mitarbeiterpotenziale erkennen und fördern • Selbstsicherheit • Stresstoleranz

Im nächsten Schritt wird in der Regel noch eine **Gewichtung** der einzelnen Punkte vorgenommen. Dadurch wird festgelegt, welche Dinge ein Bewerber in jedem Fall erfüllen muss und welche als Zusatz interessant sind. Die eigentliche Auswahl von Mitarbeitern ist ein systematischer Prozess, bei dem auf Basis des Anforderungsprofils in strukturierter Form Informationen über den Bewerber gesammelt werden. Mitarbeiterauswahl geschieht typischerweise in mehreren Stufen, in denen die Zahl der Bewerber schrittweise verringert wird. Bereits die Auswahl des Werbemediums kann dabei ein Auswahlschritt sein. Wird beispielsweise eine Anzeige in einer Fachzeitschrift geschaltet, schließt man damit fast automatisch fachfremde Bewerber aus. Der nächste Schritt umfasst in der Regel die Sichtung der eingegangenen Bewerbungsunterlagen. Abgeglichen wird hier im Wesentlichen die **Passung** von **Hard-Facts**. Die passendsten Bewerber kommen dann in die nächste Stufe des Auswahlverfahrens. In dieser Stufe findet dann der persönliche Kontakt zwischen Bewerber und Unternehmen statt. Im Mittelpunkt des Interesses stehen dann Bewerbereigenschaften, die nicht oder nur zum Teil aus den Unterlagen ersichtlich waren. Wie dieser persönliche Kontakt gestaltet wird, hängt von der Anzahl der Bewerber und von der Personalpolitik des Unternehmens ab. Viele Unternehmen setzen in der Bewerberauswahl inzwischen so genannte **Assessmentcenter** ein. Im Assessmentcenter werden Teile der späteren Arbeitsaufgabe simuliert. Damit durch das Assessmentcenter eine solide Aussage über die Passung des Bewerbers gemacht und eine gute Vorhersage über den tatsächlichen Berufserfolg getroffen werden kann, muss das Verfahren speziell auf das Anforderungsprofil hin abgestimmt werden. Assessmentcenter sind recht aufwändige Verfahren, die je nach Anforderungsprofil und Aufgaben zwischen einigen Stunden und mehreren Tagen dauern können. Dieser hohe Aufwand lohnt sich allerdings, da sich in der Praxis gezeigt hat, dass diese Verfahren tatsächlich sehr gute Vergleiche zwischen Bewerbern ermöglichen und eine gute Vorhersage über tatsächliche Berufserfolge liefern. In einigen Fällen schließen Unternehmen vor der letztendlichen Entscheidung noch eine Art Kurzpraktikum an. Entscheidend ist, dass im Laufe des Auswahlprozesses alle im Anforderungsprofil aufgeführten Punkte eindeutig geklärt werden.

Der gesamte Ablauf von Werbung und Auswahl noch einmal im Überblick (Bild 24.5):

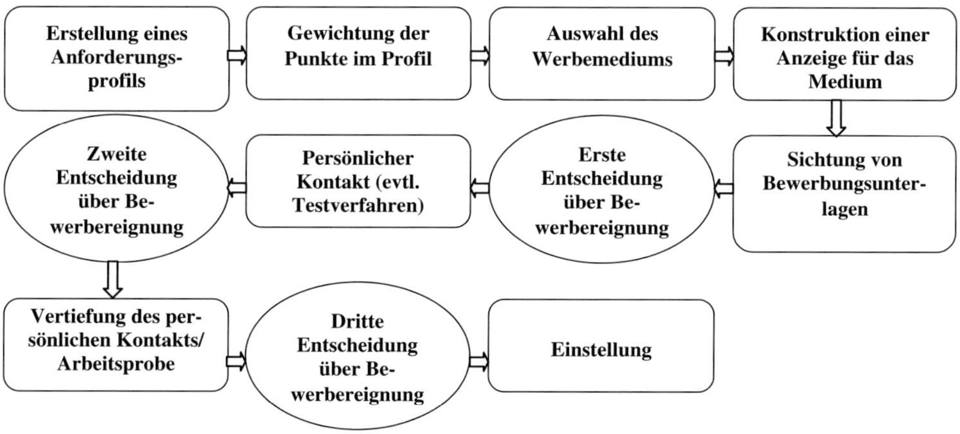

Bild 24.5 Ablauf eines Auswahlverfahrens

Die Aufgaben des Personalmanagements im Zusammenhang mit der Werbung und Auswahl von Mitarbeitern sind:

- Unterstützung der Unternehmensleitung bei der Formulierung der allgemeinen Personalpolitik.
- Unterstützung der Unternehmensleitung bei der mittel- und langfristigen Personalplanung.
- Anbahnung und Fortführung von Schul- und Hochschulkontakten.
- Erstellung von Anforderungsprofilen.
- Auswahl von Werbemedien.
- Entwurf von Personalanzeigen.
- Entwicklung von Auswahlverfahren.
- Gestaltung von Arbeitsverträgen.

24.1.5 Personalorganisation

Aufgabe der **Personalorganisation** ist es, Mitarbeiter bestmöglich einzusetzen und durch Aufgabenzuweisung und Regeln einen reibungslosen Arbeitsfluss zwischen Personen und Abteilungen sicherzustellen.

24.1.5.1 Grundlagen

Personalorganisation hat eine größere Schnittstelle zur **Betriebsorganisation**. Die Frage, wie stark organisiert werden muss, d. h., in welchem Umfang **Regelungen** erforderlich sind, ist von der Größe und Komplexität der Organisation abhängig. In kleinen Unternehmen mit wenigen Mitarbeitern und wenigen oder keinen Vernetzungen zwischen Abteilungen reichen vielfach mündliche Regelungen aus. Werden die organisatorischen Einheiten aber größer und/oder komplexer, empfehlen sich schriftliche Regelungen beispielsweise in Form von Stellenbeschreibungen, in denen die Aufgaben und Ziele, die Einordnung in die Hierarchie und die Verantwortungsbereiche einer Position beschrieben werden. Weitere Regelungsmittel sind in diesem Zusammenhang **Aufgaben**- und **Ablaufbeschreibungen**. Selbstverständlich ist es auch Teil der Personalorganisation, wichtige Mitarbeiterdaten zu erfassen und zu pflegen.

24.1.5.2 Personalinformationssysteme (PIS)

Personalinformationssysteme sind Software-Programme, die zum einen eine Personaldatenbank bilden und zum anderen durch unterschiedlichste Such- und Sortierungsoptionen diese Daten aufbereiten.

Im Rahmen der Personalorganisation und -verwaltung fallen im Unternehmen an unterschiedlichen Stellen Mitarbeiterdaten an, die wiederum an einer Stelle zusammengeführt und verknüpft werden müssen. Klassischerweise wurden diese Informationen in den **Personalakten** zusammengeführt. Akten haben den großen Nachteil, dass sie rein stofflich an einer bestimmten Stelle liegen und aufbewahrt werden. Das Einbringen oder Abrufen von Informationen aus den Akten erfordert einen gewissen Aufwand. Genauso bedeutet die konkrete Suche nach Informationen einen mehr oder minder großen Aufwand. Man stelle sich beispielsweise vor, man wolle in einem Unternehmen mit 3000 Mitarbeitern feststellen, wie viele dieser Personen über eine Ausbildereignungsprüfung verfügen. Aus diesem Grund finden sich heute in vielen (größeren) Unternehmen elektronische Formen der Personaldatenverwaltung, die so genannten **Personalinformationssysteme**. In der Regel bieten diese Programme zusätzliche Schnittstellen, beispielsweise zur Zeiterfassung, Lohn- und Gehaltsabrechnung, Personaleinsatzplanung, oder bieten selbst solche Unterprogramme an. Zunächst einmal vernetzen Personalinformationssysteme also alle Mitarbeiterdaten, die an unterschiedlichen Stellen im Unternehmen anfallen. Diese **Vernetzung** macht es dann recht einfach, mögliche komplexe Probleme anzugehen. Ein Personalinformationssystem kann beispielsweise im Rahmen der Personaleinsatzplanung auf die hinterlegten Stammdaten zurückgreifen, die Personalbesetzung entsprechend gesetzter Parameter planen und melden, wenn in absehbarer Zeit nicht mehr genügend Personen mit der entsprechenden Qualifikation zur Verfügung stehen. Personalinformationssysteme sind, wie alle EDV-Programme, keine Selbstläufer, sondern setzen Konzeption und Pflege voraus. Aufgabe des Personalmanagements in diesem Bereich ist daher:

a) In der Vorbereitung eines Personalinformationssystems
- eine Nutzen-/Kostenabwägung für die nicht unerhebliche Investition zu treffen.
- mit dem Betriebsrat, gemäß Betriebsverfassungsgesetz, über die Zustimmung der Einführung zu verhandeln.
- festzulegen, welche Personaldaten wie im System angelegt werden, wie sie verknüpft werden und wer welche Zugriffsrechte erhält.
- die Mitarbeiter des Unternehmens über Sinn und Aufgaben des PIS zu informieren, um Missverständnisse zu vermeiden.

b) In der Einführung eines Personalinformationssystems

- die zukünftigen Nutzer des Systems zu schulen und mögliche Berührungsängste in der Anwendung abzubauen.
- dafür zu sorgen, dass Entscheidungen tatsächlich mit Hilfe des Systems getroffen werden.

c) In der Pflege des Personalinformationssystems

- festzulegen, wie und vom wem die Daten im PIS aktualisiert werden.
- festzulegen, wie das PIS weiterentwickelt werden kann.

24.1.6 Entgeltpolitik

Ein gut durchdachtes und nachvollziehbares **Vergütungssystem** ist geeignet, Motivation und Leistungsbereitschaft positiv zu beeinflussen. Als alleiniges Motivationsinstrument reicht es aber nicht aus.

24.1.6.1 Grundlagen

Üblicherweise ist dem Arbeitnehmer eine Grundentlohnung für seine Tätigkeit garantiert. Dies wird in vielen Bereichen durch Tarifverträge und im außertariflichen Bereich durch individuelle Vereinbarungen geregelt. Inwieweit nun zusätzliche Vergütungsmöglichkeiten und -anreize geschaffen werden, ist dem Unternehmen überlassen. Kommen solche zusätzlichen Möglichkeiten zum Einsatz, gilt für sie immer der Grundsatz, dass sich eine höhere Leistung im Sinne von erhöhter Leistungsmenge oder auch von erhöhter Leistungsqualität für den Arbeitnehmer auszahlen soll.

24.1.6.2 Prämien

Zusätzliche finanzielle Anreize werden üblicherweise als Prämien bezeichnet. Eine Prämie wird zusätzlich zum normalen Entgelt gezahlt; der Arbeitnehmer erwirbt aber keinen rechtlichen Anspruch auf diese besonderen Zahlungen. Grundlage eines jeglichen Prämienmodells sind **definierte Kriterien**, die erfüllt werden müssen, um in den Genuss der Prämie zu gelangen. Solche Kriterien können beispielsweise die Einhaltung betriebswirtschaftlicher Kennzahlen oder das Erreichen bestimmter Verkaufszahlen sein. Bei der Setzung dieser Kriterien ist wichtig, dass sie, ausgehend vom jetzigen Zustand, von mittlerer Schwierigkeit sind. Die Erreichung des Ziels soll weder zu leicht noch unmöglich sein. Eine Variante der Einzelprämie sind die **Gruppenprämien**, welche die Gesamtleistung einer Gruppe belohnen. Zuweilen wird die Prämienzahlung auch mit individuellen Zielvereinbarungen verknüpft. Hierbei wird einem Mitarbeiter eine Prämie bei der Erreichung bestimmter Ziele in Aussicht gestellt. Prämien müssen nicht zwingend **Geldprämien** sein. **Sachprämien** finden im Unternehmensalltag genauso Anwendung. Allerdings unterliegen die Sachprämien genau wie die Geldprämien der üblichen Versteuerung. Gleich welche Variante der Prämien gewählt wird und egal, ob es sich um eine Einzel- oder Gruppenprämie handelt, ist der entscheidende Punkt die Setzung der Zielkriterien, die für die Empfänger nachvollziehbar, durchschaubar und beeinflussbar sein müssen, damit die Prämie ihre motivationssteigernde Wirkung entfalten kann.

24.2. Marketing

24.2.1 Sichtweisen des Marketings

Märkte bestehen aus allen vorhandenen und potenziellen **Kunden**, die am Austauschprozess teilnehmen wollen, um ihre Wünsche zu befriedigen.

Die **Akteure** des Marktes sind somit die Lieferanten, die Kunden, die Konkurrenz und übrige Interessengruppen sowohl innerhalb als auch außerhalb eines Unternehmens.
Der Austauschprozess zwischen den Akteuren eines Marktes besteht sowohl aus dem Austausch von Produkten und/oder Dienstleistungen gegen Mittel zur Bezahlung (Austauschrichtung ist gegenläufig) als auch aus dem Austausch von Information (beiderseitig). Wird Information in beide Richtungen ausgetauscht, spricht man auch von Kommunikation (Bild 24.6).

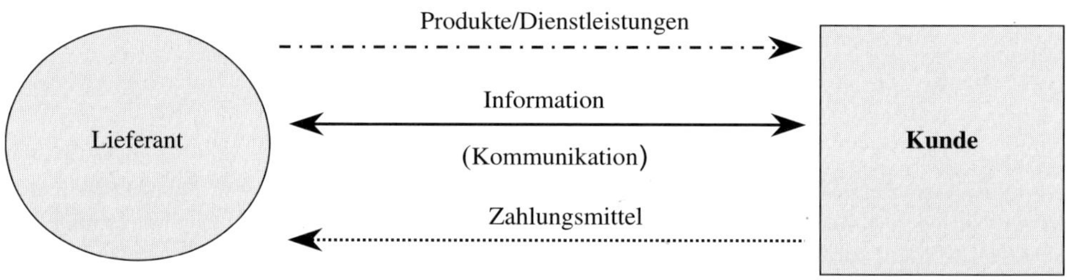

Bild 24.6 Austauschprozess zwischen Lieferant und Kunde

Die Gestaltung von Austauschprozessen ist abhängig von dem Zusammenspiel zwischen Angebot und Nachfrage. Dabei wird zwischen zwei **Markttypen** unterschieden, in welchen unterschiedliche Austauschprozesse stattfinden, den **Verkäufermärkten** und den **Käufermärkten** (Tabelle 24.5).

Auf **Verkäufermärkten** herrscht eine Knappheitswirtschaft. Das primäre Interesse der Unternehmen gilt der Bereitstellung von Produkten und somit der Erweiterung von Produktionskapazitäten. Der Verkauf kann ohne nennenswerte Kundenorientierung geschehen. Heutzutage gibt es nur noch wenige Märkte, die mit diesem Markttyp verglichen werden können. Hierzu gehören Märkte, auf denen nur ein Anbieter (**Monopol**) oder einige wenige Anbieter (**Oligopol**) den Markt beherrschen.

Auf **Käufermärkten** ist die Nachfrage gesättigt, d. h., das Angebot übersteigt die Nachfrage. Das Hauptinteresse der Unternehmen gilt der Absatzsteigerung. Dieses soll durch eine stärkere Kundenorientierung erreicht werden. Die Märkte der Industrieländer sind meist Käufermärkte.

Tabelle 24.5 Vergleich zwischen Markttypen

	Verkäufermarkt	**Käufermarkt**
Orientierung	Existierendes Produkt/Produktion	Kundenwünsche
Hauptaufgabe/Umsetzung	Verkauf und Promotion	Koordination/Integration
Erfolgsmaßstab	Gewinn durch hohen Umsatz	Gewinn durch zufriedene Kunden
Engpass	Produktion	Absatz
Marktsituation	Große Nachfrage	Großes Angebot

Die **Wandlung** vom Verkäufer- zum Käufermarkt geschah schrittweise. Nachdem die Verbraucher ihre Grundversorgung sichergestellt hatten, sind deren Wünsche nicht nur differenzierter, sondern auch unregelmäßiger geworden. Daraus ergaben sich unterschiedliche **Nachfragesituationen,** wie beispielweise die latente, die schwankende und die fehlende Nachfrage, die ein Unternehmen in seiner Tätigkeit berücksichtigen muss. Darüber hinaus gibt es auch Nachfragesituationen, wie beispielweise bei einer schädlichen, einer negativen oder einer übersteigerten Nachfrage, in denen das Marketing zur Dämpfung der Nachfrage eingesetzt werden kann.

Um den unterschiedlichen Nachfragesituationen Rechnung zu tragen, haben Unternehmen unterschiedliche **Konzepte** entwickelt. Wir unterscheiden zwischen vier verschiedenen Konzepten, dem Produkt-, dem Produktions-, dem Verkaufs- und dem Marketingkonzept.

Im **Produktionskonzept** wird die Produktion in den Mittelpunkt gestellt (eine kostengünstige Produktion und flächendeckende Distribution ist das vorherrschende Ziel des Unternehmens). Der Grund ist die Annahme, dass Kunden, wenn Mangelwirtschaft herrscht, die Produkte bevorzugen, die billig und überall erhältlich sind.

Im **Produktkonzept** wird das Produkt in den Mittelpunkt gestellt (durch eine hohe Produktqualität, gute Leistung und gute Produkteigenschaften soll der Absatz gesichert werden). Der Grund ist die Annahme, dass bei einer Marktsättigung hauptsächlich die Produkte gewählt werden, welche nicht nur gut sind, sondern auch laufend verbessert werden.

Im **Verkaufskonzept** soll durch gezielte (aggressive) Verkaufs- und Absatzaktivitäten der Kunde dazu gebracht werden, vorzugsweise die Produkte des eigenen Unternehmens zu kaufen. Der Grund ist, dass die Kundenwünsche wohl da sind, aber nicht durch das Angebot des eigenen Unternehmens befriedigt werden. Ein hoher Umsatz soll den Gewinn garantieren.

Im **Marketingkonzept** sind die Wünsche der Kunden Ausgangspunkt jeglicher innerbetrieblichen Überlegung, d. h.,

Marketing bedeutet Orientierung am Kunden.

Marketing ist von vielen Forschern immer wieder aufs Neue definiert worden. **Marketing** wird wie folgt definiert:

Marketing ist ein Prozess, durch den Kunden ihre Wünsche dadurch befriedigen, dass entsprechende **Produkte** und **Dienstleistungen** erstellt, angeboten und ausgetauscht werden.

Der **Stellenwert des Marketings** hat sich geändert. Wurde Marketing zuerst als eine Funktion unter mehreren Funktionen verstanden, danach als vorrangige und später auch als zentrale Funktion, steht heutzutage der Kunde im Mittelpunkt und das Marketing ist die integrative Kraft zwischen Unternehmen und Markt.

Die Entwicklung des Marketings ist noch lange nicht abgeschlossen. Immer neuere Begriffe und Definitionen werden kreiert. Diese Entwicklung (Ausweitung) geht hauptsächlich in zwei Richtungen: einerseits in eine Vertiefung des Marketinggedankens (**Deepening**) und andererseits in eine weiter gefasste Interpretation (**Broadening**).

Eine **Vertiefung des Marketinggedankens** ist aus der Einsicht entstanden, dass auch andere Faktoren als eine reine Kundenorientierung für ein Unternehmen wichtig sein können, beispielweise ein soziales Arrangement (**Social Marketing**), ein starkes Umweltbewusstsein (**grünes Marketing** oder **Ökomarketing**), eine menschliche Unternehmensführung (**Human Concept**).

Eine **weiter gefasste Interpretation des Marketinggedankens** geht von der Überlegung aus, dass auch nicht gewinnorientierte (nicht kommerzielle) Unternehmen sich des Marketinggedankens annehmen können (**Non-Profit-Marketing**). Bei Einrichtungen der öffentlichen Hand, wie

z. B. Theater, Schulen, Kindergärten, spricht man vom **Marketing für öffentliche Einrichtungen**, beim Marketing für soziale Einrichtungen, beispielweise bei Krankenhäusern, dagegen vom **Social Marketing**.

24.2.2 Marketing-Mix

Kundenwünsche sind sehr unterschiedlich, insbesondere, wenn es sich um Verbraucher handelt. Das Bekenntnis zur **Kundenorientierung**, die den Marketinggedanken auszeichnet, muss solche Unterschiede berücksichtigen. Kunden werden darum, ihren Wünschen entsprechend, in homogene Gruppen eingeteilt. Die Leistungen des Unternehmens werden durch ein unterschiedliches Mixen des Instrumentariums, dem **Marketing-Mix**, **kundengruppenspezifisch** (segmentspezifisch) gestaltet. In der Literatur wird meistens auf vier grundlegende Instrumente hingewiesen, die Preis- oder Konditions-, die Produkt-, die Distributions- und die Kommunikationspolitik. Diese Inhalte des **Marketing-Mix-Instrumentariums** werden in der englischsprachigen Literatur auch als die **vier „Ps"** bezeichnet (Product, Price, Promotion, Place). Wichtig ist dabei, dass die Instrumente nicht isoliert betrachtet werden, sondern, den Bedürfnissen entsprechend, aufeinander abgestimmt sind.

24.2.3 Marketingformen

Da Kundengruppen nach einer Vielzahl verschiedener Kriterien segmentiert werden, muss auch der Marketing-Mix dementsprechend unterschiedlich sein. Ein Grund, weshalb auch in der Literatur von unterschiedlichsten Formen des Marketing die Rede ist. Segmentierung anhand von Distributionsstufen, Branche/Tätigkeitsfeld, geographischem Standort der Kunden, der Kontaktanbahnung, Schlüsselfunktion kommen als Trennvariable zur Anwendung (Tabelle 24.6).

Tabelle 24.6 Marketingformen

Segmentierungskriterien	Beispiele von Marketingformen
Distributionsstufe	Hersteller-, Großhandels-, Einzelhandelsmarketing
Branche/Tätigkeitsfeld	Investitionsgüter-, Konsumgüter-, Dienstleistungs-, handelgerichtetes, Handelsmarketing
Geographischer Standort der Kunden	nationales, internationales, globales, multinationales Marketing
Kontaktanbahnung, -gestaltung	Direkt-, Tele-, Internet-, Databasen-, Messe-, nicht verbales, Relationshipmarketing
Schlüsselfunktionen	Beschaffungs-, Absatzmarketing

24.2.4 Marketingstrategien

Marketingstrategien sind längerfristige Konzepte zur Realisierung der Marketingziele.

24

Mit Strategien können somit Routen definiert werden, wobei die einzelnen **strategischen Aktionen** vergleichsweise längerfristig wirken, nur langsam in die Tat umgesetzt werden und nur schwer revidiert werden können. Unternehmen, die keine klare Strategie verfolgen, sind **unprofiliert** und schneiden im Wettbewerb am schlechtesten ab.

Ausgangspunkt der Marketingstrategien ist die höhere **Hierarchieebene** im **Planungsprozess.** Zu dieser gehören beispielweise die Strategien für die zentralen (strategischen) Geschäftsbereiche (SGB), für die Funktionen, für die Kontakte zur Umwelt, die Öffentlichkeitsarbeit. Diese Strategien werden wiederum aus den für das Unternehmen geltenden Rahmenbedingungen hergeleitet, wie der **Unternehmenskultur,** der **Unternehmensphilosophie** und den geltenden **Leitbildern**.

24.2.4.1 Strategische Ziele

In den Zielen gilt es festzulegen, **was** gemacht werden soll, **wie** es gemacht werden soll und **wer** es machen soll. Dementsprechend unterscheidet man zwischen Zielen mit verschiedenen Inhalten und Planungszeithorizonten. Außer den strategischen Zielen, die sich auf einen Zeithorizont von mehr als 5 Jahren beziehen, gibt es operative und taktische Ziele mit kürzerem Zeitraum (Tabelle 24.7).

Tabelle 24.7 Ziele und deren Planungsinhalte

Ziele	**Inhalte**
Strategische Ziele	Längerfristig: Vorgehen und Routen werden festgelegt
Taktische Ziele	Mittelfristig: Pläne werden festgelegt und konkretisiert
Operative Ziele	Kurzfristig: Umsetzung der konkreten Handlungsweisen

24.2.4.2 Marketing-Basisstrategien

Von der Vielzahl unterschiedlicher Strategien können zwei Gruppen als besonders wichtig hervorgehoben werden. Zum einen handelt es sich um Strategien für einen **begrenzten Unternehmensbereich,** beispielweise dem Marketing-Mix-Bereich. Diese Strategien werden im entsprechenden Teil des Marketing-Mix behandelt. Zum anderen handelt es sich um **Basisstrategien** gegenüber den einzelnen Akteuren des Marktes (Bild 24.7). Dabei wird zwischen Strategien gegenüber dem Kunden, der Konkurrenz und dem Lieferanten und übrigen Marktteilnehmern unterschieden. Verfolgen mehrere Unternehmen dieselbe Strategie, bilden diese eine **strategische Gruppe**.

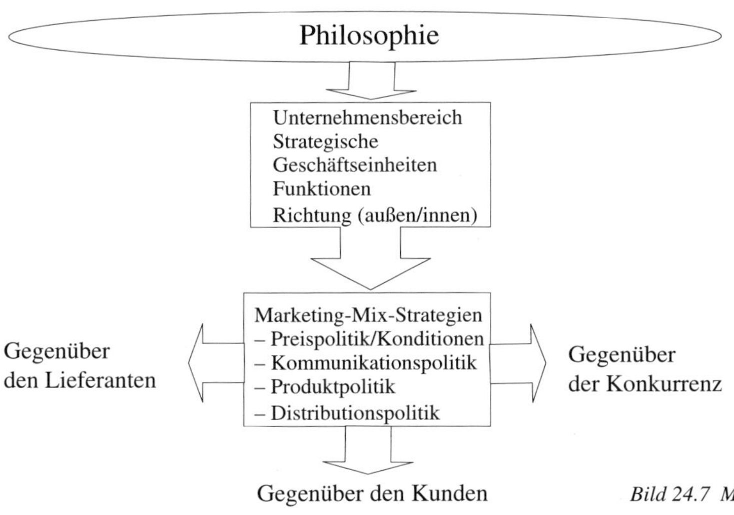

Bild 24.7 Marketing-Mix-Strategien

24

Strategien gegenüber der Konkurrenz

Es bestehen mehre Möglichkeiten, gegenüber der Konkurrenz zu agieren. Grundlegend kann zwischen dem Ziel, eine gewisse Marktstellung zu erlangen, und dem Verhalten gegenüber der Konkurrenz unterschieden werden. Marktanteile können entweder erhalten, gesteigert oder abgeschöpft werden. Das Verhalten gegenüber der Konkurrenz ist durch verschiedene Strategien gekennzeichnet. Drei denkbare Vorgehensweisen sind die Kostenführerschaft, die Differenzierung und die Nischenstrategie.

- Bei der **Kostenführerschaft** ist das Ziel des Unternehmens, die Marktanteile durch Tiefpreise (über extrem niedrige Produktions- und Distributionskosten) zu maximieren. Größere Marktanteile geben noch günstigere Voraussetzungen zur weiteren Kostenreduktion.
- Bei der **Differenzierung** ist das Ziel des Unternehmens, mit überlegenen Leistungen, beispielsweise mit gutem Service, langer Garantie oder durch spezifisches Know-how, Kundenwünsche gesondert anzusprechen. Dadurch will man erreichen, dass der oftmals höhere Preis akzeptiert wird. Bezieht sich die Extraleistung auf eine besonders hohe Qualität, wird diese als **Qualitätsführerschaft** verstanden.
- Bei der **Nischenstrategie** ist das Ziel des Unternehmens, sich auf einen Teil des Marktes (Segmente) zu fokussieren (**Fokussierungsstrategie**). In dem gewählten Segment wird dann aber meist eine Kostenführerschaft oder Differenzierung angestrebt.

Strategien gegenüber den Lieferanten und übrigen Partnern

Durch Kooperation können erforderliche Ressourcen ergänzt bzw. gebündelt werden. Zwei Kooperationsrichtungen sind möglich, die vertikale und die horizontale Kooperation.

- Bei **vertikalen Kooperationen** beabsichtigen Unternehmen mit anderen Unternehmen in der vor- oder der nachgelagerten Stufe des Distributionskanals zu kooperieren. In der Wirtschaft sind sowohl Kooperationen zwischen Hersteller und Großhandel, zwischen Großhandel und Einzelhandel als auch zwischen Einzelhandel und Hersteller anzutreffen. Eine oft angewendete Form der vertikalen Kooperation ist das Franchise.
- Bei **horizontalen Kooperationen** beabsichtigen Unternehmen mit anderen Unternehmen in derselben Stufe zu kooperieren. Dabei sind Kooperationen zwischen branchengleichen und branchenfremden Unternehmen möglich.

Strategien gegenüber den Kunden

Es besteht die Möglichkeit, stärker als andere Wettbewerber auf Kundenwünsche einzugehen. Dieses kann entweder dadurch geschehen, dass eine bessere Produkt-Marktanpassung vorgenommen wird (**Marktfeldstrategie**), nur gewisse Kundengruppen berücksichtigt werden (Teile des Marktes werden abgedeckt) oder nur gewisse geographische Gebiete (**Marktarealstrategie**) berücksichtigt werden, oder dadurch, dass intensiver auf die Wünsche spezifischer Gruppen (Segmente) eingegangen wird (**Marktstimulierungsstrategie**).

- Marktfeldstrategie
  Eine **Produkt-Marktanpassung** kann vier verschiedene Strategien umfassen: die Marktdurchdringungs-, die Produktentwicklungs-, die Marktentwicklungs- und die Diversifikationsstrategie (Tabelle 24.8).
  Marktdurchdringungsstrategie: Durch gezielte Maßnahmen soll mit dem vorhandenen Produkt/der Dienstleistung der Absatz auf dem befindlichen Markt gesteigert werden. Dies ist insbesondere sinnvoll, wenn ein Großteil der Kunden nur sporadisch kauft, der Konkurrenz Kunden abgejagt werden sollen oder wenn es noch viele Kunden gibt, die noch nicht angesprochen worden sind.

Tabelle 24.8 Marktfeldstrategie

	Gegenwärtiger Markt	**Neuer Markt**
Vorhandenes Produkt	Marktdurchdringung	Marktentwicklung
Neues Produkt	Produktentwicklung	Diversifikation

Marktentwicklungsstrategie: Kann mit dem befindlichen Produkt auf dem derzeitigen Markt kein akzeptables Resultat erreicht werden, kann ein neuer Markt erschlossen werden. Dies kann sich entweder auf neue Abnehmergruppen beziehen oder durch die Inanspruchnahme neuer Distributionskanäle und/oder neuer geographischer Märkte geschehen.

Produktentwicklungsstrategie: Durch eine Produktanpassung/Entwicklung können beispielsweise neue Ausführungen oder alternative Technologien dazu beitragen, dass die Nachfrage auf dem befindlichen Markt wieder steigt.

Diversifikationsstrategie: Wenn weder auf dem alten Markt noch mit dem befindlichen Produkt ein ausreichender Absatz sichergestellt werden kann, müssen das Produkt und der Markt erneuert werden. Dabei kann zwischen einer **konzentrischen** (ein Zusammenhang mit dem alten Produkt/ der alten Produktlinie besteht), einer **horizontalen** (ein Zusammenhang mit dem alten Markt besteht) oder einer **konglomeraten** (keinerlei Zusammenhang mit dem alten Produkt oder dem alten Markt) Diversifikation unterschieden werden.

- Die **Segmentierungs- oder Marktparzellierungsstrategie** sieht ein kundenspezifisches Vorgehen vor. Unterschieden wird zwischen einer einheitlichen oder differenzierten Marktbearbeitung auf dem gesamten oder nur einem Teil des Marktes. Abhängig von der jeweiligen Entscheidung wird mit einem undifferenzierten, einem differenzierten, einem konzentrierten oder einem selektiv-differenzierten Marketing vorgegangen (Tabelle 24.9).

Tabelle 24.9 Segmentierungsstrategien

	Gesamter Markt	**Partieller Markt**
Einheitliche Bearbeitung	Undifferenziertes Marketing (Massenmarkt)	Konzentriertes Marketing
Differenzierte Bearbeitung	Differenziertes Marketing (Segmentierung)	Selektiv differenziertes Marketing

- Die **Marktarealstrategie** baut auf dem Gedanken der geographischen Segmentierung auf. Abhängig vom geographischen Standort der jeweiligen Kunden wird zwischen einem lokal begrenzten, einem regionalen, einem nationalen, einem multinationalen oder einem internationalen Vorgehen unterschieden.
- Die **Marktstimulierungsstrategie** versucht unterschiedliche Preis-Leistungswünsche der Kunden zu berücksichtigen. Die Wahl steht zwischen einer stärkeren Leistungsorientierung (**Präferenzstrategie**) oder einer stärkeren Preisorientierung (**Preis/Mengenstrategie**). Eine undeutliche Positionierung kann dazu führen, dass das Produkt weder als billig noch die Leistung als gut empfunden wird (**Stuck-in-the-middle-**Situation).

24.2.5 Preispolitik

Der Preis spielt immer noch eine sehr wichtige Rolle. Preise sind nicht isoliert zu betrachten, sondern müssen unter Berücksichtigung der Leistung festgelegt werden (**Preis-Leistungs-Verhältnis**).

Es sind hauptsächlich drei Methoden, mit denen Preise kalkuliert werden: die kostenorientierte, die kundenorientierte und die konkurrenzorientierte Preisgestaltung.

24.2.5.1 Kostenorientierte Preissetzung

In vielen Branchen ist es üblich, dass entweder auf die eigenen Kosten ein branchenüblicher Gewinnaufschlag (**Kosten plus oder Aufschlag**) gelegt wird oder die angestrebte Kapitalrendite (**Kapitalrenditeverfahren**) Ausgangspunkt der Preiskalkulation ist.

- Bei der **Kosten-plus- oder Aufschlagsmethode** (Zuschlagskalkulation) wird auf die variablen und fixen Kosten ein branchenüblicher Gewinnaufschlag gelegt. Zusammen errechnet sich daraus der Preis. Unklar ist aber oftmals, welche Kosten miteinbezogen werden sollen, d. h., ob eine Kalkulation auf **Vollkosten**- oder auf **Teilkostenbasis** sinnvoll ist. Eine teilkostenbasierte Kalkulation kann außerdem mit Zuordnungsproblemen behaftet oder unter Einbeziehung von Kosten und Marktpreisen geschehen. Eine korrekte Kalkulation des Preises setzt außerdem eine Berücksichtigung der Nachfragesituation voraus. Bei zu geringer Absatzmenge werden die Fixkosten auf eine kleinere Stückzahl verteilt, welches notwendigerweise dann zu einem höheren Preis führen muss.
- Bei der **Kapitalrenditemethode** wird der Preis anhand einer gewünschten Kapitalrendite nach folgender Methode errechnet:

$$\text{Preis} = \text{Stückkosten} + \frac{\text{Kapitalrendite} \times \text{investiertes Kapital}}{\text{Absatzmenge}}$$

Durch diese Methode ist es möglich, eine angemessene Verzinsung der Investitionen zu erreichen. Wenn aber die Absatzmenge nicht erreicht werden kann und sich dadurch die Stückkosten erhöhen, muss die Mindestabsatzmenge für einen gewissen Gewinn errechnet werden. Die Berechnung dieser Mindestmenge, der **Break-Even-Punkt** des Absatzes (Schnittstelle zwischen Umsatzlinie und Gesamtkosten), kann auf folgende Weise geschehen:

$$\text{Break-Even-Stückzahl} = \frac{\text{Fixkosten}}{\text{Preis} - \text{variable Stückkosten}}$$

24.2.5.2 Kundenorientierte Preissetzung

Es besteht auch die Möglichkeit, anhand der Zahlungsbereitschaft der Konsumenten, d. h. über den empfundenen Wert, die Preisobergrenze zu ermitteln. Die **Preisbereitschaft** der einzelnen Kunden kann jedoch ganz unterschiedlich sein. Es gilt somit, Informationen über das Wechselspiel zwischen optimaler Preisbereitschaft und erwarteter Absatzmenge zu finden. Das Zusammenspiel zwischen relativer Mengenveränderung im Verhältnis zur relativen Preisänderung wird durch die **Preiselastizität** ausgedrückt.

Für die Berechnung der Preiselastizität stehen zwei Möglichkeiten zur Verfügung, die analytische und die experimentelle Ermittlung der Preiselastizität.

Ist die Preis-Absatz-Funktion bekannt, kann die Preiselastizität auf **analytische Weise bestimmt werden.** Die Bestimmung der Preiselastizität kann mit Hilfe folgender Funktion durchgeführt werden:

$$\text{Preiselastizität} = \frac{\text{Nachfrageveränderung in \%}}{\text{Preisänderung in \%}}$$

Die Preis-Absatz-Funktion ist im Normalfall negativ geneigt. Wenn die relative Preisveränderung geringer ist als die relative Mengenveränderung, ist die Preiselastizität größer als eins (> 1) (**elastische Nachfrage**). Der Kunde kann das Produkt zu jeder Zeit von einem anderen Lieferanten günstiger bekommen. Wenn die relative Preisveränderung größer ist als die relative Mengenveränderung, ist die Preiselastizität kleiner als eins (< 1) (**unelastische Nachfrage**). Preiswerte Produkte können nur schwerlich noch preiswerter woanders erworben werden. Aber auch andere Gründe, wie das Fehlen von Substitutionsprodukten, nicht wahrgenommene Preisveränderungen, geringes Preisbewusstsein der Kunden, Wichtigkeit von Image und Marke und die Trägheit bei der Suche nach Alternativen, tragen zu einer niedrigen Preiselastizität bei.

Ist die Preis-Absatz-Funktion nicht bekannt, kann die Preiselastizität **experimentell bestimmt** werden. Dies geschieht durch eine Befragung. Durch eine weitere Untersuchung (Stichprobe) ist es dann möglich, das Kaufverhalten bei systematisch abgestuften Preisen zu untersuchen.

Wenn aber ein Produkt oder eine Dienstleistung das erste Mal auf dem Markt ist und der Kunde keine Vergleichsmöglichkeit hat, ist der **empfundene Wert (perceived-value-pricing)** ausschlaggebend, ob ein Verbraucher den Preis bezahlen will oder nicht. Der Preis kann dann ausschließlich nach dem Produktempfinden/der Kaufbereitschaft des Kunden gesetzt werden.

Mit der Strategie des **Preisvorteilverfahrens (value-pricing)** versuchen Unternehmen, sich bewusst als sehr kostengünstig, unter Beibehaltung einer extrem hohen Qualität gegenüber der Konkurrenz, dauerhaft zu positionieren. Dementsprechend wird dann auch der Preis kalkuliert.

Bei der Gestaltung von Preisen wird zwischen der flexiblen und der starren Gestaltung unterschieden.

Mit der **flexiblen Preisgestaltung** sind zwei Vorgehensweisen möglich: Entweder ein hoher Anfangspreis, der im Nachhinein gesenkt wird (**Skimming-Strategie**); dadurch kann der Markt maximal abgeschöpft werden. Oder ein niedriger Anfangspreis, um den Markteintritt zu erleichtern (**Penetration**), wobei der Preis im Nachhinein angehoben wird.

Mit der **starren Preispositionierung** kann, abhängig vom gewählten Preisniveau, zwischen drei Alternativen gewählt werden: dem **Premiumpreis** (für hochwertige Produkte), der über dem Durchschnittspreis liegt, dem **Mediumpreis** (Durchschnittspreis) und dem **Discountpreis** für Massenprodukte.

24.2.5.3 Konkurrenzorientierte Preissetzung

Im Gegensatz zu der kosten- und kundenorientierten Preisgestaltung, bei der es wegen Nichtbeachtung der Wettbewerbsbedingungen zu unrealistischen und der jeweiligen Wettbewerbssituation nicht angepassten Preisen kommen kann, werden bei der **konkurrenzorientierten Preisgestaltung** die Wettbewerber explizit miteinbezogen. Grundsätzlich besteht die Möglichkeit, den Preis nicht nur an die Konkurrenz anzupassen, sondern ihn auch zu unter- oder überbieten bzw. die Preisführerschaft zu übernehmen.

Bei der Preisgestaltung wird zwischen der flexiblen und der starren Preisgestaltung unterschieden.

24.2.5.4 Konditionenpolitk

Um Kunden zu binden, kurzfristig den Umsatz zu steigern oder das Lager freizumachen, versuchen Unternehmen, den Preis eines Produktes (den **Bruttopreis**) herunterzusetzen. Dieses kann durch Rabatte und Nachlässe geschehen.

Rabatte sind Preisnachlässe, die ein Unternehmen gewähren kann.

Unterschieden wird hauptsächlich zwischen Preisabschlägen, weil der Kunde selber gewisse Funktionen übernimmt (**Funktionsrabatte**), weil der Kauf zu einem gewissen Zeitpunkt geschieht (**Saisonrabatt**), weil eine gewisse Mindestmenge gekauft wird (**Mengenrabatt**), die Zahlung unverzüglich (**Barzahlungsrabatt**) bzw. innerhalb eines gewissen Zeitraumes geschieht (**Skonto**).

Preismodifizierungen können auch zeitlich begrenzt zur Anwendung kommen, um auf das Marktgeschehen effizienter reagieren zu können. Zu den am meisten vorkommenden Formen zählen die **Lockvogelpreise**, die **Sonderaktionspreise**, die **Barrückvergütungen**, die zinsengünstige **Finanzierung**, **Garantie**- und **Wartungsverträge** und **die psychologische Preismodifizierung.**

Mit der **psychologischen Preisgestaltung** wird das subjektive Empfinden des Kunden angesprochen. Preise kurz unter einem vollen Betrag, wie z. B. 9,99 €, geben leichter den Anschein eines deutlich günstigeren Preises als 10,00 €.

24.2.6 Produktpolitik

Ein **Produkt** ist dadurch gekennzeichnet, dass es vermarktet werden kann. Produkte können somit Waren und Dienstleistungen, aber auch Orte, Personen, Organisationen und Ideen sein.

> Als **Produkt** wird alles bezeichnet, was einem Markt angeboten werden kann, um es zu betrachten und zu beachten, zu erwerben, zu gebrauchen oder zu verbrauchen und somit einen Wunsch oder ein Bedürfnis zu erfüllen.

Der **Nutzen**, den der Käufer durch das Leistungsbündel eines Produktes erhalten kann, untergliedert sich in Grund- und Zusatznutzen.

Mit **Grundnutzen** ist der Teil eines Produktes gemeint, der sich auf funktionale, wirtschaftliche und/oder stoffliche Eigenschaften bezieht. Dabei wird zwischen dem zu Grunde liegenden **Kernnutzen** eines Produktes, wie beispielsweise der fundamentalen Produktleistung und Gebrauchstauglichkeit, dem **generischen Produkt,** das sind die unverkennbaren Grundmerkmale eines Produktes, ohne die es nicht funktioniert, und dem **erwarteten Produkt,** d. h. dem Bündel von Erwartungen, welches der Kunde normalerweise an das Produkt stellt, unterschieden.

Mit **Zusatznutzen** wird der Teil eines Produktes bezeichnet, der hauptsächlich den subjektiven Vorstellungen einzelner Kunden entspricht, d. h. der Extranutzen, der dem Kunden zuteil werden soll, wie beispielsweise der Prestigegewinn eines Markenartikels. Hierbei kann zwischen dem „**augmentierten Produkt**" und dem **potenziellen Produkt** unterschieden werden. Das augmentierte Produkt ist das Bündel von Leistungen, Eigenschaften oder Kundennutzen, mit welchem sich ein Produkt von denen der Konkurrenz unterscheidet. Mit dem potenziellen (zukünftigen) Produkt können Unternehmen Signale bezüglich ihrer innovativen Kraft und/oder ihres Fortschrittes setzen. Der Grundnutzen unterscheidet sich oftmals nicht zwischen gleichen oder ähnlichen Produkttypen. Der Zusatznutzen kann sich dagegen, weil er oftmals zur Profilierung herangezogen wird, sehr unterscheiden. In den Industrieländern werden heutzutage Wettbewerbe hauptsächlich auf der Ebene des Zusatznutzens ausgeführt (augmentiertes Produkt), in den Entwicklungsländern dagegen findet der Wettbewerb meistens immer noch auf der Ebene des Grundnutzens (erwartetes Produkt) statt.

Zur **Produktpolitik** zählen sämtliche Entscheidungen, die dazu führen, dass eine Leistung marktgerecht gestaltet werden kann. Dazu gehören beispielsweise die Produktelimination, -innovation oder -modifikation oder Entscheidungen bezüglich der gesamten Angebotspalette wie Programm-, Sortiment- und Markenpolitik.

24.2.6.1 Produkttypologien

Um das Marketing-Mix effizienter gestalten zu können, werden Produkte zu homogenen Gruppen mit ähnlicher Ausprägung zusammengefasst, d. h., sie werden typologisiert. Aus der Fülle von Eigenschaften und Anwendungsbereichen werden nicht nur stoffliche Eigenschaften berücksichtigt, sondern auch solche Kriterien herangezogen, die Aufschluss über Kunden und Leistungen geben können. Grundlegend wird meist zwischen materiellen und immateriellen Gütern unterschieden.

- Zu den materiellen Gütern zählen:
  die Konsumgüter und
  die Investitionsgüter.

Konsumgüter, d. h. Güter, welche vom Endverbraucher ge- oder verbraucht werden, werden hauptsächlich mit Hilfe der Kaufgewohnheit und des wahrgenommenen Risikos in convenience goods, shopping goods, speciality goods und unsought goods untergliedert, wobei weitere Untergliederungen möglich sind (Tabelle 24.10).

- **Convenience goods** sind Güter, die ohne nennenswerten Einsatz gekauft werden. Sie sind dem Käufer schon bekannt, werden regelmäßig erworben und können leicht verglichen werden.
- **Shopping goods** sind Güter, die mit einer gewissen Kaufanstrengung erworben werden. Sie werden nicht regelmäßig gekauft. Der Kunde sucht, vergleicht und wählt sorgfältig.
- **Speciality goods** haben einen eigenständigen Charakter und eine eigenständige Markenidentität. Sie werden im größeren Abstand erworben. Der Kauf geschieht mit großem Aufwand.

Tabelle 24.10 Typologisierung nach Kaufgewohnheit

Bezeichnung	Unterteilung	Beispiele/Erklärung
Güter des mühelosen Kaufs (convenience goods)	Regelkauf	Seife, Tabakwaren, Zahncreme
	Spontankauf	Kaugummi, Süßigkeiten
	Dringlichkeitskauf	Schneeketten, Regenschirme
Güter des Such- und Vergleichskaufs (shopping goods)	homogene Güter	Vergleichsmöglichkeit gegeben
	heterogene Güter	Vergleichsmöglichkeit schwieriger
Güter des fremdinitiierten Kaufs (unsought goods)		sind bekannt, eine Anschaffung ist nicht geplant
Güter des Spezialkaufs (speciality goods)		Freizeitboote

Weitere Typologisierungskriterien für Konsumgüter beziehen sich auf **Individualisierungsgrad** (Massenprodukte, Individualgüter), **Verwendungsreife** (Rohstoffe, Halbfabrikate, Fertigerzeugnisse), **Nutzungsdauer** (langlebige oder kurzlebige Produkte bzw. Einwegprodukte), **Vorkenntnis** (Such-, Erfahrungs-, Vertrauensgüter), **Komplexität** (erklärungsbedürftige und problemlose Güter), Interesse des Kunden (**High Interest-, Low Interest Goods**).

- **Investitionsgüter** sind Güter, die von Nichtkonsumenten zur ihrer Leistungserstellung (Weiterverarbeitung) eingesetzt werden (z. B. Rohstoffe und Halbfabrikate).
- Zu den **immateriellen Gütern** zählen die Dienstleistungen, aber auch Patente und Rechte.

24.2.6.2 Produkthierarchien

Obwohl Produkte unterschiedliche Bedürfnisse befriedigen können, stehen sie in einer hierarchischen Beziehung zueinander. Die Ebenen einer solchen Produkthierarchie können die Bedürfnisfamilie, die Produktfamilie, die Produktklasse, die Produktlinie, der Produkttyp und der Artikel sein (Tabelle 24.11).

Tabelle 24.11 Produkthierarchie

Ebenen	Beispiel
Bedürfnisfamilie	Grundbedürfnis, z. B. vor Nässe schützen
Produktfamilie	Sämtliche Produktklassen, die ein Grundbedürfnis befriedigen, z. B. Bekleidung
Produktklasse	Gruppe von Produkten innerhalb einer Produktfamilie mit gemeinsamem Zusammenhang, z. B. Schuhe
Produktlinie	Gruppe von Produkten innerhalb einer Produktklasse mit ähnlicher Funktionsweise, z. B. Sportschuhe
Produkttyp	Gleiche oder ähnliche Produkte innerhalb einer Produktlinie, z. B. Laufschuhe
Artikel	Eine bestimmte Ausführung eines Produkttyps, der sich von anderen unterscheidet, z. B. Laufschuhe der Größe 45

24.2.6.3 Produktlinie

Das einzelne Produkt muss als ein Teil des gesamten **Produktprogrammes** eines Unternehmens verstanden werden. Die Produkte, welche eine enge Beziehung zueinander haben, beispielsweise ähnliche Funktionen, gleiche Preisklassen, ähnliche Distributionsanforderungen und Zielgruppen, werden als Produktlinie verstanden. Produktlinien können durch das Hinzulegen von im Preis-Leistungs-Verhältnis abweichenden Produkten gestreckt werden. Im Hochpreissegment angesiedelte Linien werden, beispielsweise durch das Hinzulegen billiger Produkte, **nach unten gestreckt**. Beim zweiseitigen Strecken werden sowohl billigere als auch teurere Produkte zu der Produktlinie hinzugefügt. Durch das Hinzufügen weiterer Produkte mit einer ähnlichen Preis-Leistungs-Relation wird die **Produktlinie aufgefüllt**.

24.2.6.4 Produktmix

Der **Produktmix** sind alle Produktlinien und Artikel, die ein Anbieter den Kunden zum Kauf anbietet.

Er kann sich in Bezug auf Breite, Länge, Tiefe und Geschlossenheit unterscheiden.

Die **Breite des Produktmix** gibt Auskunft über die vom Unternehmen geführten Produktlinien. Die **Länge des Produktmix** gibt Aufschluss über die gesamte Anzahl der Produkttypen. Die **Tiefe des Produktmix** gibt Aufschluss über die Artikel oder Produktvarianten eines Produkttyps. Zusammenhang, Ähnlichkeit bei Verwendung oder Technologie werden durch die **Geschlossenheit des Produktmix** ausgedrückt (Bild 24.8).

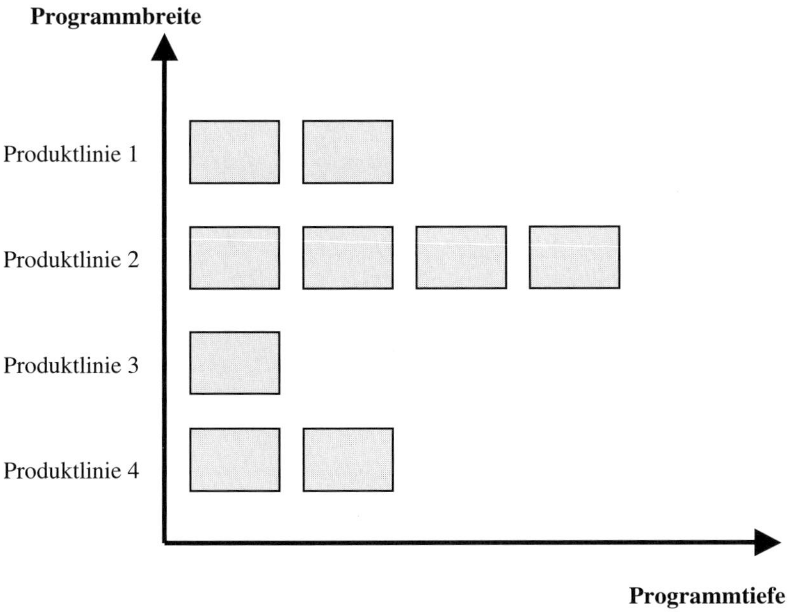

Bild 24.8 Produktmix

24.2.6.5 Sortiment

Produkte, die durch Handelsunternehmen vertrieben werden, können, unter Berücksichtigung bedarfsorientierter Gesichtspunkte, als Sortimente zusammengefasst werden. Sortimente werden anhand der Bindung der geführten Waren in unterschiedliche Ebenen aufgeteilt. Eine oft angewendete Aufteilung ist:

- **Sortiment** setzt sich aus allen Warenbereichen sämtlicher Sorten zusammen
- **Warenbereich** besteht aus allen Warengattungsgruppen
- **Warengattung** besteht aus allen Warenartengruppen
- **Warenart** besteht aus allen Artikelgruppen
- **Artikel** besteht aus allen Sortengruppen
- **Sorte** ist die kleinste Einheit.

Die Vollständigkeit der Artikel einer oder mehreren Warenarten drückt die **Sortimentstiefe** aus. Die Anzahl der geführten Artikel eines Sachgüterangebotes drückt die **Sortimentsbreite** aus. Unterschieden werden Sortimente, abhängig von ihrer Bedeutung für das Unternehmen, in Betriebssortiment, Kernsortiment, Zusatzsortiment und Randsortiment.

24.2.6.6 Produktlebenszyklus (PLZ)

In der Zeit, in der sich ein Produkt auf dem Markt befindet, folgt die Absatzkurve einem bestimmten Verlauf. Diese **Lebenszykluskurve** wird, abhängig von ihren Charakteristiken, in verschiedene Bereiche (Phasen) eingeteilt. Es wird zwischen der **Einführungs-**, der **Wachstums-**, der **Reife-** und der **Rückgangsphase** unterschieden (Bild 24.9). Analog verändern sich nicht nur Kosten und Gewinn, sondern auch die Anforderung an den für die einzelnen Phasen erforderlichen **Marketing-Mix** (Tabelle 24.12). Es ist aber zu beachten, dass der Kurvenverlauf keine Allgemeingültigkeit hat und auch nicht einer vorgegebenen Gesetzmäßigkeit unterliegt. Außerdem sind die Grenzen der einzelnen Phasen nur schwer zu bestimmen.

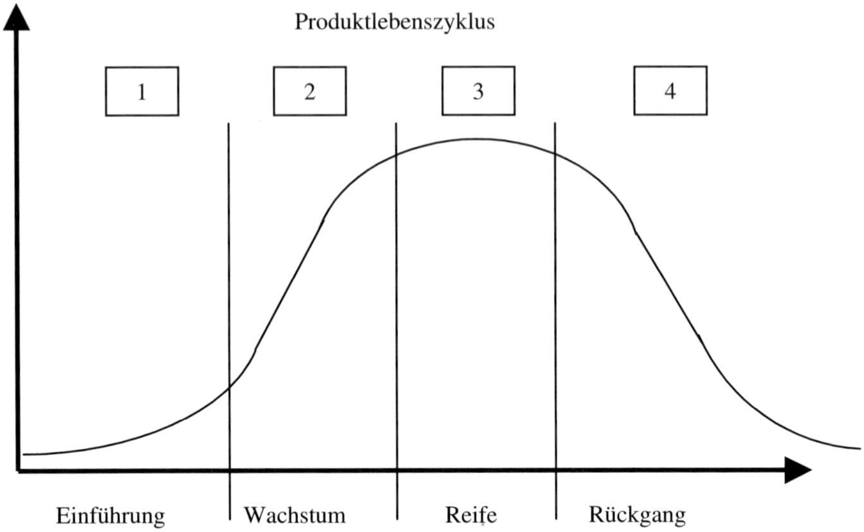

Bild 24.9 Produktlebenszykluskurve und ihre Phasen

Tabelle 24.12 Erforderliche Marketingaktivitäten

Marketing-Mix	Einführung	Wachstum	Reife	Rückgang
Preis	hoch	abnehmend	konkurrenzorientierte Preisgestaltung	Tiefpreis
Produkt	Grundversion	Differenzierung durch Zusatznutzen	weitere Produktdifferenzierung	Sortimentsbereinigung
Promotion	Aufmerksamkeit schaffen (Frühadapter)	neue Zielgruppen ansprechen (Massenmarkt)	Markentreue schaffen	auf rentable Kundengruppen beschränken
Platz	partielle Abdeckung	Ausbau des Distributionssystems	weiterer Ausbau/neue Vertriebswege schaffen (Massendistribution)	auf rentable Vertriebswege begrenzen

24.2.6.7 Die Marke

Damit ein Kunde das Angebot leichter von dem der Konkurrenz unterscheiden kann, wird das Produkt oder die Dienstleistung mit einem Namen, einem Zeichen, einer Bezeichnung, einem gewissen Design oder einer Kombination dieser Elemente, d. h. mit einer **Marke**, versehen. Dabei ist es grundsätzlich von größter Bedeutung, dass die Marke regelmäßig den Anforderungen angepasst wird. Eine versäumte Pflege kann das Image negativ beeinflussen.

Merkmale einer Marke

Der **Markenname** ist der Teil einer Marke, welcher verbal wiedergegeben werden kann.

Das **Markenzeichen** ist das wiedererkennbare Symbol, die Schrift oder der Schriftzug bzw. die Farbe/Farbkombination.

Das **Warenzeichen** ist der rechtlich geschützte Teil einer Marke und darf nur vom Urheber verwendet werden.

Das **Copyright** wird durch das hochgestellte Zeichen © angezeigt. Es regelt das gesetzliche Urheberrecht bei einer Veröffentlichung oder einer Vervielfältigung.

Ist die Marke geschützt, wird dieses durch ein hochgestelltes ® gekennzeichnet. Bei **Handelsmarken** geschieht die Kennzeichnung durch ein hochgestelltes TM (**Registered Trade Mark**).

Markenstrategien

Marken werden unterschieden, abhängig davon, ob jedes Produkt getrennt eine eigene Marke hat (**Einzelmarke**), das Sortiment eine Marke hat (**Sortiments- oder Dachmarke**), mehrere Produktlinien zusammen eine Marke haben (**Markenfamilie**) oder jedes der Sortimente eine eigene Marke hat (**Sortimentsmarken**). Werden Einzelproduktmarken oder Sortimentsmarken z. B. mit dem Firmennamen verbunden (mehrschichtige Markenverknüpfung), nennt man diese dann **Orientierungsmarken**.

Marken werden nach ihrer Positionierung auf dem Markt als **Premiummarke** (hohe Qualität, großer Zusatznutzen, hoher Preis), **Gattungsmarke** (**No-Name-Produkte** oder auch **weiße Produkte** bzw. **markenfreie Produkte** der unteren Preisklasse), **erste Marke,** zweite Marke usw. unterschieden.

Abhängig von der geographischen Verbreitung kann auch zwischen **Regionalmarke**, **Nationalmarke** und **Weltmarke** unterschieden werden.

Urheber von Marken sind hauptsächlich die Hersteller (**Herstellermarke**). Der besseren Positionierungsmöglichkeit wegen verwenden in letzter Zeit immer mehr Handelsunternehmen eigene Marken, so genannte **Handelsmarken**. **Hausmarken** haben nur noch geringe Bedeutung. Sie werden in der Regel für die erfolgreiche Vermarktung eines unternehmensspezifischen Produktes angewendet (z. B. eigener Wein).

24.2.7 Distributionspolitik

Tiefe Preise und hohe Qualität sind nicht mehr alleiniges Ziel der Verbraucher. Auch versorgungsorientierte Wünsche, wie Lieferzeiten, Zuverlässigkeit, räumliche Präsenz, Sortimentsvielfalt und Lieferbereitschaft, gewinnen an Bedeutung. Entsprechende Entscheidungen und Handlungen (**distributionspolitische Entscheidungen**) sind somit, neben der Preis-, der Produkt- und der Kommunikationspolitik, ein Teil des Marketing-Mix.

Die Distribution beeinflusst nicht nur die Kontaktanbahnung mit dem Kunden, sondern auch den Warenfluss zwischen den Lieferanten und den Kunden. Sie wird in akquisitorische und physische Distribution unterteilt.

Die **physische Distribution** beschäftigt sich mit dem realen Transfer der Waren. Anforderungen an Lager-, Transport- und Verpackungsvoraussetzungen stehen im Mittelpunkt der physischen Distributionspolitik. Durch sie sollen folgende Ziele erreicht werden: die richtige Menge, zum richtigen Zeitpunkt, am gewünschten Platz, zu niedrigen Kosten, in gewünschter Qualität.

Die **akquisitorische Distribution** beschäftigt sich mit der Wahl und dem Aufbau des **Distributionskanals,** der auch als **Absatzweg** oder **Vertriebskanal** bezeichnet wird.

Der **Distributionskanal** besteht aus allen den Organisationen, die am Prozess beteiligt sind, damit ein Produkt oder eine Dienstleistung den Kunden zugänglich gemacht wird.

Durch die Spezialisierung einzelner Unternehmen kann es sinnvoll sein, gewisse Distributionsaufgaben nicht selber durchzuführen, sondern den auf die jeweiligen Funktionen spezialisierten Unternehmen zu übergeben. Die Kosten der Transaktion von Waren und Dienstleistungen im Distributionskanal, d. h. die **Transaktionskosten**, können durch eine solche Spezialisierung niedriger gehalten werden.

24.2.7.1 Wahl der Vertriebskanäle

Jedes Distributionsorgan, welches Aufgaben übernimmt, stellt im vertikalen **Distributionskanal** eine **Stufe** dar, wobei Hersteller und Endabnehmer die Eckpunkte sind.

Tiefe des Distributionskanals

Bei der **direkten Distribution**, auch als Direktkanal, Direktverkauf oder Nullstufenkanal bezeichnet, wird kein Distributionsorgan eingeschaltet. Bessere Einflussnahme auf das Marktgeschehen und die Möglichkeit, den Preis niedrig zu halten, sind oftmals der Grund dieser Vorgehensweise. Die drei wichtigsten Formen der Direktdistribution sind der **Versandhandel**, der **Fabrikverkauf** (Factory Outlet) und der Verkauf am oder im Haus (**Hausverkauf**).

Bei der **indirekten Distribution** werden ein oder mehrere Distributionsorgane eingeschaltet. Abhängig davon, ob ein, zwei, drei oder mehrere Distributionsorgane zwischen Hersteller und Endkunden geschaltet sind, wird zwischen **Einstufenkanal** (z. B. Einzelhandel), **Zweistufenkanal** (z. B. Groß- und Einzelhandel), **Dreistufenkanal** (z. B. Großhandel, Regiongroßhandel, Einzelhandel) usw. unterschieden (Bild 24.10).

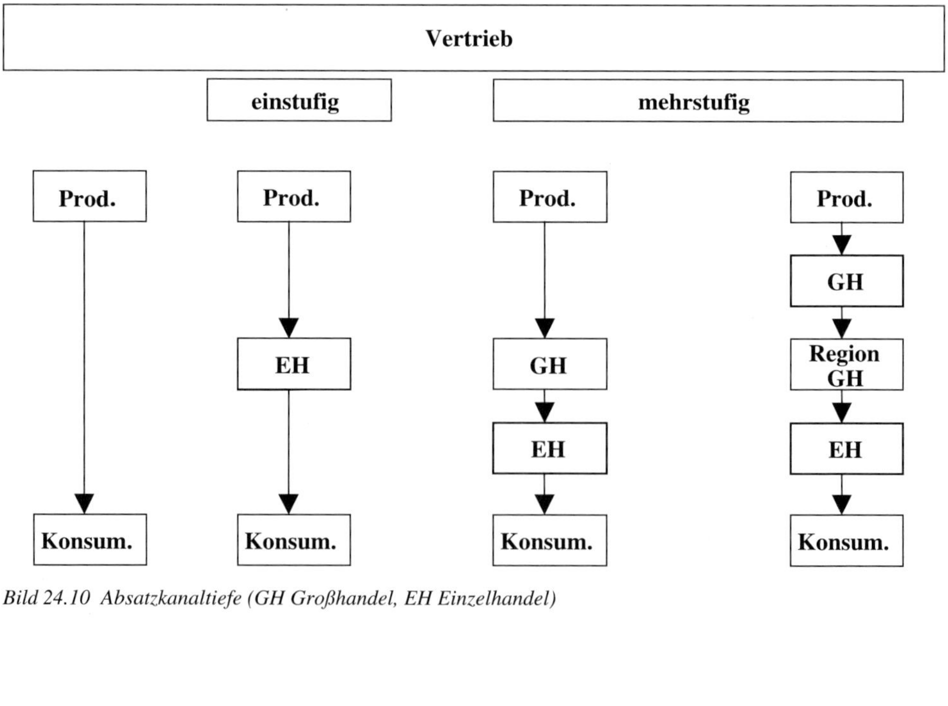

Bild 24.10 Absatzkanaltiefe (GH Großhandel, EH Einzelhandel)

Distributionsorgane und Formen

Die **Absatzmittler** sind rechtlich und wirtschaftlich selbstständige Funktionsträger, die der Hersteller zwischen sich und den Endkunden einschaltet. Anhand der Stufe, auf der sie tätig sind, werden sie in Groß- und Einzelhändler unterteilt. Da sie die Ware erwerben (kaufen im eigenem Namen), werden sie oftmals nur als Handel oder als Händler bezeichnet.

Der **Großhandel** verkauft Waren und Dienstleistungen an Wiederverkäufer oder an gewerbliche Verwender.

Der **Einzelhandel** verkauft Waren und Dienstleistungen direkt an den Endkunden für dessen persönlichen, nicht gewerblichen Gebrauch.

Die **Dynamik** des Marktes, die durch die Abschmelzungsprozesse (Erosion) im Handel hervorgerufen wird, erfordert eine kontinuierliche Anpassung. Daraus ergeben sich unterschiedlichste Konzepte. Eine Vielzahl von Typologien (**Betriebstypen**) und Gliederungen finden sich in der Literatur wieder. Eine logisch einwandfreie Abgrenzung der Betriebsformen ist nicht leicht.

Abhängig von der **wahrgenommenen Großhandelsfunktion** wird zwischen Konsumgütergroßhandel, Produktionsverbindungsgroßhandel, Cash and Carry (auch Abholgroßhandel), Streckengroßhandel, Rack Jobber (auch Regalgroßhandel) und Versandgroßhandel unterschieden.

Abhängig von der Preis-Leistungs-Relation kann der **ladengebundene Einzelhandel** anhand seines Sortiments und der Preisgestaltung in Fachhandel, Spezialgeschäft, Fachmarkt, Kauf- und Warenhaus, Supermarkt, Selbstbedienungswarenhaus (SB) und Discountmarkt unterteilt werden. Der **nicht ladengebundene Einzelhandel** kann in Direktverkauf, Automatenverkauf und Vermittlungsverkauf eingeteilt werden. Die Funktionen der einzelnen Distributionsorgane können auch von der vor- bzw. der nachgelagerten Stufe übernommen werden.

Um günstigere Marktbedingungen zu erlangen, können Handelsunternehmen ein **Verbundsystem** bilden, wobei die Bindung unterschiedlich stark ausgeprägt sein kann, beispielsweise von einer kapitalmäßigen Beherrschung wie bei den **Filialketten** des Einzelhandels bis zu Kooperationen zwischen mehreren **freiwilligen Ketten** und Konsum- und Einkaufsgenossenschaften.

Die Absatzhelfer sind eine weitere Gruppe externer Funktionsträger. Sie sind rechtlich und wirtschaftlich nicht freistehend und erwerben deshalb die Ware auch nicht. Zu ihnen zählen die Makler, die Kommissionäre und die Handelsvertreter (Marktveranstaltungen nehmen eine Sonderrolle ein).

- Die Kommissionäre kaufen in eigenem Namen für fremde Rechnung.
- Die Handelsvertreter kaufen in fremdem Namen für fremde Rechnung.
- Die Makler führen eine reine Vermittlung durch.

Die den Absatz unterstützenden Organe sind die Spediteure, aber auch Marktforschungsinstitute, Kreditgeber oder Werbeagenturen.

Breite des Distributionskanals

Unter gewissen Voraussetzungen kann es sinnvoll sein, mehr als einen Partner auf jeder Distributionsstufe zu haben. Dadurch kann beispielsweise besser flächendeckend operiert werden, sodass größere Kundengruppen leichter angesprochen werden können (Bild 24.11).

Abhängig von der Anzahl der Kanäle wird zwischen der Monodistribution (ein Kanal), der dualen oder der Polydistribution (mehrere Kanäle) unterschieden. Anhand der Anzahl der Absatzmittler auf der jeweiligen Distributionsstufe wird zwischen der **intensiven**, der **selektiven** und der **exklusiven Distribution** unterschieden.

Die Distribution unter Einbeziehung vieler Akteure (**intensive Distribution**) eignet sich besonders für Massenprodukte und gängige Rohwaren- und Grundstoffe, die mühelos gekauft werden.

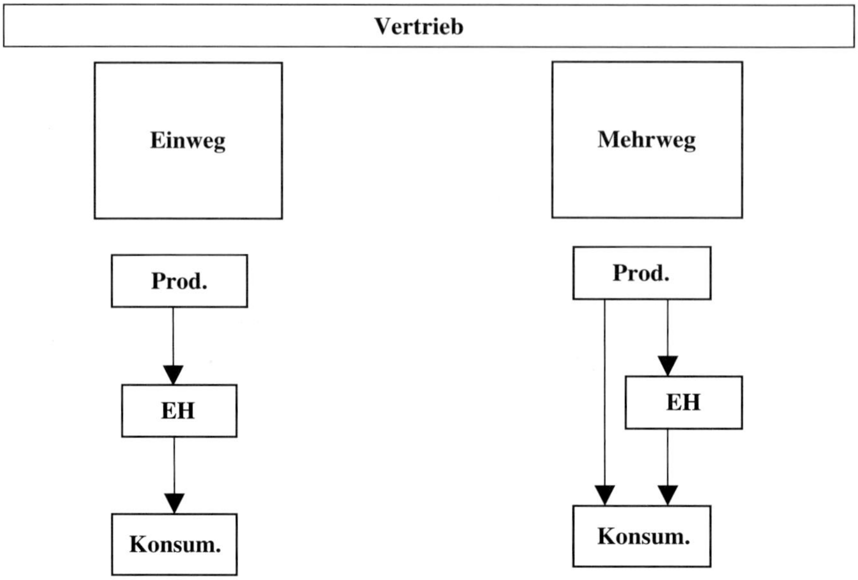

Bild 24.11 Absatzkanalbreite

Eine Distribution unter Einbeziehung nur einer begrenzten Auswahl von Akteuren (**selektive Distribution**) ermöglicht eine effizientere Beratung und Kontaktpflege.

Bei Markenartikeln und hochwertigen Produkten, denen ein exklusives Image verliehen werden soll, entscheidet man sich meist für nur einen oder einige wenige Absatzmittler. Da der ausgewählte Partner für seine Region das Exklusivrecht erhalten hat, sprechen wir vom **Exklusivvertrieb** oder **exklusiver Distribution**.

Steuerung des Distributionskanals

Unterschiedliche Zielsetzungen und Ressourcen führen zu unterschiedlichen und oftmals auch gegenläufigen Marketingstrategien. Für die Koordination eines Distributionskanals stehen vier Möglichkeiten zur Verfügung, nämlich die Steuerung über/durch den Markt, die Einflussnahme durch Erwerb, durch Macht oder durch Kooperation. Abhängig von der jeweiligen Methode ist Bindung und Zentralisierungsgrad unterschiedlich.

Bei der **Koordination durch den Markt** (Conventional Marketing Channel) geschieht dies durch eine Funktionsteilung zwischen den unabhängigen Akteuren im Distributionskanal.

Bei der **Koordination durch Akquisition oder Fusion** (Corporate Systems) mit der vorwärts oder rückwärts gelagerten Stufe (Eigentumserwerb) oder durch den Aufbau eines vertikal integrierten Verbundsystems wird die vollständige Beherrschung des vertikalen Distributionskanals ermöglicht.

Bei der **Koordination durch Kooperationsverträge** (Contractual Systems) stimmen rechtlich und wirtschaftlich voneinander unabhängige Unternehmen ihre Konzepte aufeinander so ab, dass für jeden Synergievorteile gewonnen werden können. Abhängig von Stufenzugehörigkeit und Vertragsgestaltung kann zwischen verschiedenen vertragsgebundenen, vertikalen Marketingsystemen unterschieden werden. Eine sehr häufig vorkommende Form ist das Franchisesystem.

- **Franchise** ist eine Form der vertikalen Kooperation zwischen rechtlich selbstständigen Unternehmen, bei welcher der Franchisegeber dem Franchisenehmer gegen Entgelt vertraglich die Nutzung einer bestimmten Ware, Dienstleistung, eines Namens oder Warenzeichens einräumt.

Standortwahl

Die **Anforderungen** an die Standortwahl unterscheiden sich nach der jeweiligen Aufgabe. Die Praxis unterscheidet hauptsächlich zwischen Beschaffungs-, Fertigungs-, Absatz- nebst staatlich festgelegten Standortfaktoren. Dabei geben Transportkosten, Lohnniveau und Arbeitskraft, Steuern und verkehrsgünstige Anbindung, gesetzliche Bestimmungen, Umweltkosten und öffentliche Meinung den Ausschlag.

Die Bedeutung des Standortes als Erfolgsfaktor für Handelsunternehmen nimmt zu, insbesondere durch die Attraktivitätsverluste vieler Innenstädte und den Trend zu verkehrsgünstigeren Verkaufsflächen außerhalb der Stadt.

Bei der **Bewertung von Standorten** kann man grundsätzlich drei Methoden unterscheiden: die Abgrenzung des Einzugsgebietes, der Vergleich bzw. die Prognose des Erfolgs und die allgemeine Bewertung (Tabelle 24.13).

Tabelle 24.13 Standortbewertung für den Handel

Methoden zur Abgrenzung des Einzugsgebietes
Bestimmung der Gehminutenzone Kreismethode Zeitdistanzmethode Auswertung von Karten und Daten Befragung Gravitationsmodelle Potenzialmodelle
Methoden zum Vergleich und zur Prognose des Erfolgs
Analog-Methode Umsatzprognose Kostenprognose Investitionsrechnung
Methoden für allgemeine Bewertungsverfahren
Checklistenverfahren Scoringmodelle

Die Bestimmung der Gehminuten, die Annahme eines kreisförmigen Einzugsgebietes (Kreismethode), die Berücksichtigung der tatsächlichen Wegzeit in Autominuten zur Kundenwohnung (Zeitdistanzmethode), die Auswertung schon vorhandener Informationen und die Befragungen der Kunden sind **empirische** Methoden, die zur Abgrenzung des Einzugsgebietes zur Anwendung kommen.

Die **Gravitationsmodelle** dienen zur Abgrenzung zwischen zwei Einkaufszentren, wobei der geographische Abstand und die Bevölkerungsgröße berücksichtigt werden. Man geht davon aus, dass die Anzahl der Käufe in dem Nachbargebiet am größten ist, in dem die größte Ballung der Geschäfte vorhanden ist bzw. zu denen die Entfernung vom jeweiligen Standort am kürzesten ist.

Die **Potenzialmodelle** berücksichtigen den vom Kunden empfunden Nutzen, wenn dieser sich in ein anderes Gebiet begibt, um Einkäufe zu tätigen. Die Wahrscheinlichkeit, dass eine benachbarte Standortagglomeration von einem Kunden aufgesucht wird, steht in der Beziehung zum Agglomerationsgrad der für ihn erreichbaren Zentren und deren Entfernung.

Mit den **Analogmethoden** werden Rückschlüsse für den zu bewertenden Standort von vergleichbaren Standorten gezogen. Insbesondere Pro-Kopf-Verbrauch, Marktanteile, Umsatzverhältnisse, Kaufkraftindex und Wiederkaufwahrscheinlichkeit kommen bei dieser Methode zur Anwendung.

Umsatzprognosen sind eine Kombination aus **Bedarfs- und Kaufkraftanalyse** (Zahl der Kunden mit Wohnsitz in der Nähe des geplanten Standortes × durchschnittlicher Bedarf/Zeiteinheit), **Kaufkraftabwanderungsanalyse** (./.Abflussquote + Zuflussquote) und **Konkurrenzanalyse** (× (1 – auf die Konkurrenz in dieser Zone entfallenden Anteile)).

Checklistenverfahren und **Scoring-Modelle** sind ähnlich aufgebaut. Beim Checklistenverfahren wird der Standort mittels Listen zentraler Erfolgsfaktoren verglichen, dabei kann es sich z. B. sowohl um objektbezogene und städtebauliche Faktoren handeln wie auch um Erreichbarkeit, Konkurrenzverhältnisse und Absatzpotenziale.

Im Scoring-Modell wird im Gegensatz zum Checklistenverfahren jedem Bewertungskriterium eine Punktzahl zugeordnet, um besser auf unterschiedliche Wichtung von Erfolgsfaktoren Rücksicht nehmen zu können.

24.2.8 Kommunikationspolitik und Ziele

Austausch von **Information** ist sehr komplex, geschieht in verschiedene Richtungen (horizontal und vertikal) und oftmals mit sämtlichen Akteuren des Marktes. Zweiseitige Information ist als Kommunikation zu verstehen. Unternehmen sind in einem **Kommunikationsnetzwerk** aneinander gekoppelt. Ein der Absatzförderung angepasster Kommunikationsprozess ist ein weiterer Baustein des Marketing-Mix (**Promotion-Mix**).

Die **Kommunikationsziele** müssen dem Marktgeschehen angepasst werden. War früher das Hauptinteresse auf die Kommunikation mit den Verbrauchern gerichtet, werden heutzutage alle Gruppen, die mit dem Absatz zu tun haben, berücksichtigt. Deshalb werden beispielsweise gesonderte Kommunikationsziele für Zulieferer, Handel und Öffentlichkeit gesetzt.

24.2.8.1 Der Kommunikationsprozess

Kommunikationsprozesse lassen sich in vier Bereiche mit insgesamt neun verschiedenen Elementen aufteilen: den beteiligten Akteuren (Sender, Empfänger), den Kommunikationsträgern, (die Botschaft und die Medien), den Teilfunktionen (die Hin- und Rückumwandlung des Gedankengutes in eine bzw. von einer durch Medien übertragbaren Botschaft, der Verschlüsselung bzw. der Entschlüsselung), der Wirkung und der Rückmeldung (dem Feedback) und den nicht geplanten Einflüssen, den Störsignalen (Bild 24.12).

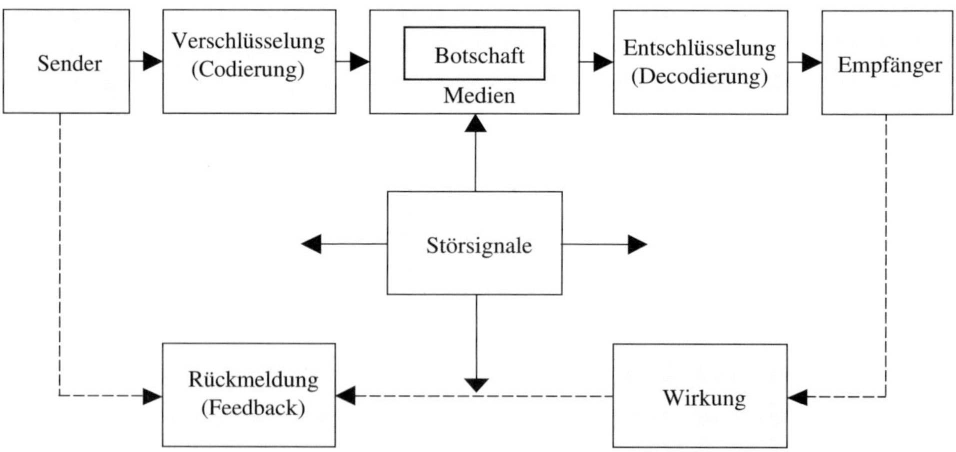

Bild 24.12 Elemente des Kommunikationsprozesses

Das Modell des Kommunikationsprozesses wird eine Antwort auf die Kernfrage der Kommunikation geben: **Wer** sagt **was** über **welchen** Kanal zu **wem** mit **welcher** Auswirkung? Dadurch, dass aber nicht alle Reize wahrgenommen werden können (**selektive Wahrnehmung**), vorgefasste Einstellungen des Empfängers die Botschaft verzerren (**selektive Verzerrung**) und oftmals nur ein kleiner Teil der Botschaft vom Empfänger gespeichert wird (**selektive Erinnerung**), sind Störungen bei der Überführung einer Botschaft nicht ausgeschlossen.

Um Kommunikation wirksam zu gestalten, sind folgende Schritte erforderlich:

- Zielpublikum ermitteln
- Wirkung der Kommunikation ermitteln
- Botschaft gestalten
- Kommunikationswege auswählen
- verfügbares Budget festlegen
- Ergebnisse messen
- Kommunikation umsetzen.

Die Kommunikation mit dem Ziel der Absatzförderung kann durch verschiedene Instrumente vorgenommen werden, nämlich durch Werbung, Direktmarketing, Verkaufsförderung und persönlichen Verkauf.

24.2.8.2 Instrumente der Absatzförderung

Durch die Nutzung bezahlter Medien, d. h. **Werbung,** soll dem Kunden für ein Produkt und/oder eine Dienstleistung ein Kaufgrund gegeben werden. Der **Werbeprozess** besteht aus mehreren Schritten, wobei die Festlegung folgender Ziele notwendig ist: Werbeziel, Budget, Botschaft, Medien und Maßstäbe zur Messung von Resultaten.

Durch kurzfristige Anreize, d. h. durch **Verkaufsförderung**, soll der Kaufkontakt vorangetrieben werden. Unterschieden wird zwischen der **verbrauchergerichteten Verkaufsförderung** (z. B. Gutscheine, Geschenke, Gewinnspiele, Rückerstattungsrabatte, Treueprämien, Garantieleistungen), der **handelsgerichteten Verkaufsförderung** (Funktionsrabatte, Kaufnachlässe, Gratisproben) und den allgemeinen Instrumenten der Verkaufsförderung (Messen, Konferenzen, Öffentlichkeitsarbeit, Geschenkartikel).

Verkaufsförderung durch Öffentlichkeitsarbeit **(Public Relations)** geschieht mit Hilfe von Veröffentlichungen, Veranstaltungen, Nachrichten, Reden und Vorträgen, visueller Identität und Sponsoring.

Durch gezielte Gespräche mit potenziellen Kunden, den **persönlichen Verkauf**, soll der Kunde beeinflusst werden, einen Kaufabschluss zu tätigen. Voraussetzung ist eine gute Vorbereitung der Verkäufer. **Arbeitsziele** (Kommunikationsform, Zeiteinsatz, Verkaufsform, Leistungserbringung, Informationssammlung), **Einsatzstrategien** der Kundenbearbeitung (Einzelverkauf, Teamverkauf), **Strukturierung** der Organisation (Region, Produkt, Kundentyp und Bedeutung) und **Entlohnungssystem** (Fester Teil, Prestationsanteil, Prämienteil, Nebenvergütung) müssen vorher festgelegt werden.

Absatzfördernde Instrumente könne auf zweierlei Weise eingesetzt werden: Man kann einmal Waren durch den Distributionskanal „drücken" (**Push-Strategie**) oder „ziehen" (**Pull-Strategie**) (Bild 24.13).

Bei der **Push-Strategie** wird mit eigenem Vertriebssystem und handelsgerichteten Aktivitäten die Nachfrage beim Großhandel stimuliert, der Großhandel versucht die Nachfrage beim Einzelhandel zu stimulieren und der Einzelhandel beim Verbraucher.

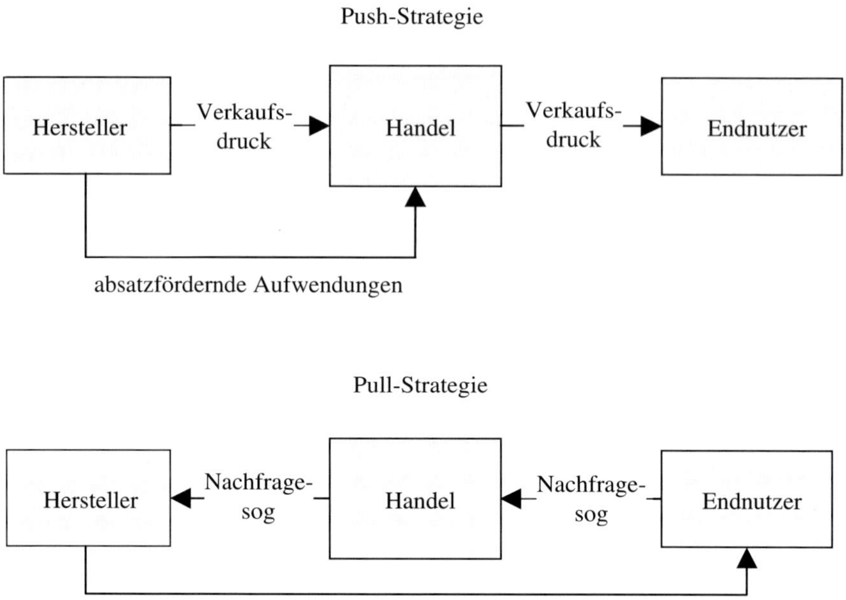

Bild 24.13 Push- und Pull-Strategie

Bei der **Pull-Strategie** versucht der Hersteller, mit entsprechenden Aktivitäten die Nachfrage beim Verbraucher zu stimulieren, sodass ein „Nachfragesog" entsteht, d. h., sodass dieser das Produkt beim Einzelhandel nachfragt und der Einzelhandel beim Großhandel und der Großhandel beim Hersteller.

24.2.9 Das Bilden von Marktsegmenten

Um unterschiedliche Kundenwünsche besser berücksichtigen zu können, werden heterogene Märkte in homogene Teilmärkte (**Marktsegmente**) unterteilt. Für die Kundengruppen mit ähnlichen Bedürfnissen kann der Marketing-Mix effizienter eingesetzt werden. Voraussetzung ist, dass die Segmente folgende **Eigenschaften** aufweisen: Sie sind groß genug, können erreicht, getrennt und gemessen werden.

Unterschiedliche **Trennvariablen** kommen bei der Segmentierung zur Anwendung. **Konsumgütermärkte** werden oftmals mit Hilfe von demographischen, psychographischen, verhaltensbezogenen und geographischen Variablen getrennt. **Industrielle** Märkte werden außer von demographischen Faktoren auch anhand von operativen, situationsbezogenen und personengebundenen Faktoren nebst den Beschaffungskonzepten der Kunden unterteilt.

Abhängig vom **Segmentierungsgrad** kann auf die Bedürfnisse der Kunden unterschiedlich intensiv eingegangen werden. Unterschieden wird dabei zwischen der **Nullsegmentierung** (wenn nicht weiter darauf eingegangen werden soll, z. B. beim Massen-Marketing und der Massendistribution oder bei geringfügigen Produktveränderungen), der **Segmentbildung** (wenn Bedürfnisse bei ähnlichen, aber nicht identischen Kunden berücksichtigt werden), der **Nischenbildung** (eine weitere Aufteilung eines Segmentes z. B. in Orte mit gewissen Besonderheiten) und der nicht weiter teilbaren (**atomisierten) Segmentierung** (individuelles Marketing für jeden Kunden).

24.2.10 Die Wahl der Zielmärkte und der Positionierung

Abhängig von der Entwicklung des Marktes/des Segmentes, der eigenen Ressourcen und der Zielsetzung werden Marktsegmente gewählt und bearbeitet. Bei der Entscheidung zwischen Produkt und Markt stehen der Konzentration auf ein Segment und der völligen Abdeckung sämtlicher Segmente noch die Möglichkeit der selektiven, der Produkt- und der Marktspezialisierung zur Verfügung. Für das Unternehmen besteht dann die Möglichkeit, für jedes der gewählten Segmente ein eigenes Marketing zu gestalten (**differenziertes Marketing**), die Unterschiede zwischen den Segmenten zu ignorieren (**undifferenziertes Marketing**) oder sich auf ein Segment zu konzentrieren (**konzentriertes Marketing**).

Durch ein bewusstes Kommunizieren eigener Vorteile, d. h. einer **Positionierung,** kann der Unterschied zur Konkurrenz der Zielgruppe gegenüber besser gelten gemacht werden.

Voraussetzung ist die Möglichkeit, die Position auch wirklich hervorheben und kommunizieren zu können, Wirtschaftlichkeit und Zusatznutzen bei den Kunden und eine akzeptable Substanzialität. Trotzdem kann die Neugierde der Kunden, andere alternative Produkte/Dienstleistungen zu nutzen (**Variety Seeking**) dazu beitragen, dass selbst eine gute Markenpositionierung nicht die Loyalität sicherstellt.

24.3 Der Jahresabschluss

Der Jahresabschluss eines Unternehmens umfasst gemäß § 242 Abs. 3 HGB die **Bilanz** und die **Gewinn- und Verlustrechnung** (GuV-Rechnung). Kapitalgesellschaften müssen zusätzlich einen **Anhang** und einen **Lagebericht** erstellen (Bild 24.14). Nach § 242 HGB hat jeder Kaufmann zum Schluss eines jeden Geschäftsjahrs einen Jahresabschluss zu erstellen.

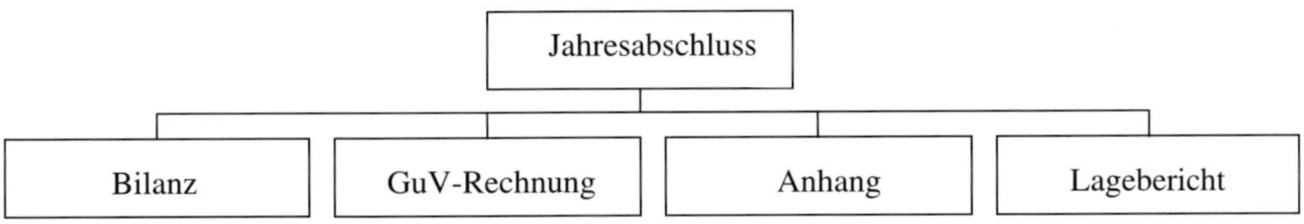

Bild 24. 14 Bestandteile des Jahresabschlusses

Der Jahresabschluss dient zur **Dokumentation und Kontrolle** aller Vorgänge, die im Unternehmen zu Mengen- und Wertänderungen führen. Zusätzlich erfüllt er **Informationsaufgaben** bezüglich zukünftiger Dispositionen und der Rechenschaftslegung gegenüber Dritten (z. B. Eigentümern, Gläubigern, staatliche Instanzen, Lieferanten und Kunden).

24.3.1 Bilanz

Die Bilanz (lateinisch „bilanx“; was auf eine sich im Gleichgewicht befindliche Waage hindeutet) ist eine Gegenüberstellung von **Vermögen** auf der **Aktiv-Seite** und **Kapital** auf der **Passiv-Seite** zu einem bestimmten Zeitpunkt (Stichtag).

Aus ihr geht hervor, mit welchen Finanzmitteln (Eigen- oder Fremdkapital) das Vermögen (Anlage- oder Umlaufvermögen) erwirtschaftet wurde (Bild 24.15). Die Bilanz kann auch so interpretiert werden, dass die Passivseite aufzeigt, woher die Mittel kommen (**Mittelherkunft**), und die Aktivseite, wie diese Mittel verwendet wurden (**Mittelverwendung**). Aktiva und Passiva einer Bilanz müssen immer wertgleich sein (**Bilanzsumme der Aktiva = Bilanzsumme der Passiva**). Dies wird dadurch ermöglicht, dass ein eventueller Differenzbetrag, der Jahresüberschuss bzw. -fehlbetrag, mit dem Eigenkapital verrechnet wird.

Aktiva (Vermögen) Bilanz zum 31.12. .... Passiva (Kapital)

Anlagevermögen (alle Vermögensgegenstände, die dem Geschäftsbetrieb dauernd dienen)	**Eigenkapital** (finanzielle Mittel, die dem Unternehmen von den Eigentümern langfristig zur Verfügung gestellt werden)
Umlaufvermögen (Vermögensgegenstände, die dem Geschäftsbetrieb nicht dauernd dienen)	**Fremdkapital** (finanzielle Mittel, die dem Unternehmen zeitlich befristet von Gläubigern überlassen werden)

Bild 24.15 Aufbau der Bilanz

24.3.1.1 Bilanzarten

In Abhängigkeit von der Rechtsnorm, die der Bilanz zu Grunde liegt, wird **zwischen Handels- und Steuerbilanz** unterschieden.

- Die Handelsbilanz einer Unternehmung muss den **Rechnungslegungsvorschriften des HGB** entsprechen. Diese Vorschriften finden sich im dritten Buch des HGB (§§ 238–342a HGB). Zusätzlich sind gegebenenfalls noch weitere Vorschriften zu beachten, wie z. B. Publizitätsgesetze und das AktG §§ 150, 152, 158, 160 für Aktiengesellschaften.
- Zur Ermittlung des steuerrechtlichen Gewinns und zur Veranlagung zur Einkommen- und Körperschaftssteuer sowie der Gewerbeertragssteuer wird eine Steuerbilanz nach **steuerrechtlichen Vorschriften** aufgestellt. Diese Vorschriften finden sich in der Abgabenordnung, dem Einkommensteuergesetz, dem Körperschaftssteuergesetz und Gewerbesteuergesetz. Die Unterschiede zu den handelsrechtlichen Vorschriften bestehen im Wesentlichen in einer Einschränkung der Bilanzierungs- und Bewertungswahlrechte durch das Steuerrecht. Auf Grund des Maßgeblichkeitsprinzips baut die Steuerbilanz jedoch grundsätzlich auf der Handelsbilanz auf.

In Abhängigkeit von verschiedenen Systematisierungskriterien können zusätzlich die nachfolgenden Bilanzarten unterschieden werden (Tabelle 24.14).

Ordentliche Bilanzen werden in regelmäßigen Abständen auf Grund von gesetzlichen (Handels- oder Steuerbilanz) oder vertraglichen Verpflichtungen (Zwischenbilanzen für Kreditgeber) aufgestellt. **Sonderbilanzen** werden zu einmaligen oder unregelmäßig auftretenden Anlässen (Gründung, Umwandlung, Fusion, Sanierung, Konkurs oder Liquidation) aufgestellt.

24

Der Bilanzierungszeitraum kann sich auf bestimmte Zeitabschnitte (z. B. **bei Monats- oder Quartalsbilanzen**) beziehen oder wie bei den **Totalbilanzen** die gesamte Lebensdauer der Unternehmung umfassen.

Tabelle 24.14 Bilanzarten

Systematisierungsmerkmal	**Bilanzarten**				
Anlass	Ordentliche Bilanzen (z. B. Handels- und Steuerbilanz, interne Monatsbilanz)		Außerordentliche Bilanzen oder Sonderbilanzen (z. B. Gründungs-, Umwandlungs-, Fusions-, Sanierungs- und Konkursbilanz)		
Bilanzierungszeitraum	Monatsbilanz	Quartalsbilanz	Halbjahresbilanz	Jahresbilanz	Totalbilanz
Adressatenkreis	Externe Bilanz		Interne Bilanz		
Zahl der bilanzierenden Unternehmen	Einzelbilanz		Konzernbilanz		
Zeitbezug	Ist-Bilanz		Planbilanz		

Interne Bilanzen werden als Informations- und Dispositionsgrundlage für die Unternehmensleitung erstellt, während **externe Bilanzen** (z. B. Handelsbilanz) veröffentlicht werden oder für Dritte (z. B. Fiskus) bestimmt sind. Der Abschluss eines einzelnen Unternehmens wird auch als **Einzelbilanz** bezeichnet. Im Gegensatz dazu fasst die **Konzernbilanz** die Bilanzen mehrerer rechtlich selbstständiger, aber wirtschaftlich unselbstständiger Unternehmen zusammen (Konzern oder Holding). **Ist-Bilanzen** bilden die Unternehmensentwicklung in der Vergangenheit ab. **Planbilanzen** basieren auf prognostizierten Daten und versuchen, die zukünftige Entwicklung abzubilden.

24.3.1.2 Gliederung der Bilanz

Die Gliederung der Bilanz von Kapitalgesellschaften wird durch **§ 266 HGB** vorgegeben. Im Allgemeinen und nach herrschender Meinung ist dieses Gliederungsschema auch bei Nicht-Kapitalgesellschaften anzuwenden. Kleine Kapitalgesellschaften brauchen nur eine verkürzte Bilanz (Bild 24.16) aufzustellen.

Aktiva — Bilanz zum 31.12. .... — Passiva

Aktiva	Passiva
A. Anlagevermögen I. Immaterielle Vermögensgegenstände II. Sachanlagen III. Finanzanlagen B. Umlaufvermögen I. Vorräte II. Forderungen und sonstige Vermögensgegenstände III. Wertpapiere IV. Schecks, Kassenbestand, Bundesbank- und Postgiroguthaben, Guthaben bei Kreditinstituten C. Rechnungsabgrenzungsposten	A. Eigenkapital I. Gezeichnetes Kapital II. Kapitalrücklage III. Gewinnrücklagen IV. Gewinnvortrag/Verlustvortrag V. Jahresüberschuss/Jahresfehlbetrag B. Rückstellungen C. Verbindlichkeiten D. Rechnungsabgrenzungsposten

Bild 24.16 Aufbau der Bilanz kleiner Kapitalgesellschaften

Das **Anlagevermögen** umfasst immaterielle (nichtkörperliche) Vermögensgegenstände (z. B. Patente, Lizenzen, Marken- und Urheberrechte), Sachanlagen (körperliche Vermögensgegenstände, z. B. Grundstücke, Gebäude und Maschinen) sowie Finanzanlagen (langfristige Anlage in Beteiligungen oder Forderungen, z. B. Aktien, gewährte Darlehen). Zum **Umlaufvermögen** zählen die Bestände an Vorräten (Roh-, Hilfs- und Betriebsstoffen sowie an fertigen und unfertigen Erzeugnissen), Forderungen gegenüber Dritten (z. B. Lieferanten), Wertpapiere (sofern sie nicht zum Anlagevermögen gehören), Schecks, Kassenbestand, Bundesbank- und Postgiroguthaben sowie Guthaben bei Kreditinstituten.

Durch den Ansatz von **Rechnungsabgrenzungsposten** wird gewährleistet, dass nur die Aufwendungen und Erträge des Bilanzierungszeitraums in den Bilanzgewinn eingerechnet werden. Beispielsweise werden im Voraus bezahlte Aufwendungen (z. B. Miete für das nächste Jahr) bei der Gewinnermittlung des laufenden Jahres nicht berücksichtigt. Mit den Rechnungsabgrenzungsposten im Aktiva werden Ausgaben vor dem Bilanzstichtag, soweit sie Aufwendungen für eine bestimmte Zeit nach diesem Tag darstellen, erfasst. Einnahmen vor dem Bilanzstichtag, die Erträge für die Zeit nach diesem Tag darstellen, werden mit dem Rechnungsabgrenzungsposten auf der Passivseite der Bilanz erfasst.

Das **Eigenkapital** entspricht dem aus der Bilanz zu ermittelnden Saldo zwischen Vermögen und Schulden. Bei Kapitalgesellschaften umfasst das Eigenkapital mehrere Positionen. Das gezeichnete Kapital (auch Nennkapital oder Nominalkapital genannt) soll das im Handelsregister eingetragene Haftungskapital einer Gesellschaft ausweisen. Die Kapitalrücklage erfasst alle Einlagen der Eigentümer, die nicht gezeichnetes Kapital darstellen, beispielsweise bei der Ausgabe von Aktien über dem Nennbetrag. In den Gewinnrücklagen sind die Beträge auszuweisen, die durch Einbehaltung von Teilen des Jahresüberschusses entstehen. Die Gewinnrücklagen unterteilen sich wiederum in:

- gesetzliche Rücklagen, die auf Grund gesetzlicher Vorschriften einbehalten werden.
- satzungsmäßige Rücklagen, die auf Grund der Satzung oder eines Gesellschaftsvertrags gebildet werden, und
- andere Gewinnrücklagen als Sammelposten, der alle Rücklagen ausweist, die nicht gesondert auszuweisen sind.

Im Gewinn-/Verlustvortrag werden Bilanzgewinne/-verluste des oder der Vorjahre ausgewiesen, über deren endgültige Verwendung zu einem späteren Zeitpunkt entschieden wird.

Die Summe von **Rückstellungen und Verbindlichkeiten** ergibt das **Fremdkapital**. Rückstellungen sind Verpflichtungen, deren Eintritt nach Zeitpunkt und Höhe noch unbestimmt ist (z. B. Pensionen, Steuern, Garantien, Kosten für Prozesse). Verbindlichkeiten sind Finanzmittel, die einer Unternehmung für eine begrenzte Zeit gegen Bezahlung von Zinsen überlassen werden (kurz-, mittel- und langfristige Kredite).

24.3.1.3 Bewertung in der Bilanz

Bei der Bewertung von Vermögen und Schulden im Jahresabschluss sind die **Bewertungsvorschriften des HGB § 252 ff.** zu beachten. Im Wesentlichen sind das die nachfolgend aufgeführten Bewertungsgrundsätze:

- Allgemeine Bewertungsgrundsätze nach § 252 HGB:
  1. Die Wertansätze der Eröffnungsbilanz des Geschäftsjahrs müssen mit denen der Schlussbilanz des Vorjahrs übereinstimmen (**Bilanzidentität**).
  2. Bei der Bewertung ist von der Fortführung der Unternehmenstätigkeit auszugehen, sofern dem nicht tatsächliche oder rechtliche Gegebenheiten entgegenstehen.

3. Vermögensgegenstände und Schulden sind einzeln zu bewerten.
4. Es ist vorsichtig zu bewerten, namentlich sind alle vorhersehbaren Risiken und Verluste, die bis zum Abschlussstichtag entstanden sind, zu berücksichtigen, selbst wenn diese erst zwischen dem Abschlussstichtag und dem Tag der Aufstellung des Jahresabschlusses bekannt geworden sind; Gewinne sind nur zu berücksichtigen, wenn sie am Abschlussstichtag realisiert sind (**Vorsichtsprinzip**).
5. Aufwendungen und Erträge des Geschäftsjahrs sind unabhängig von den Zeitpunkten der entsprechenden Zahlungen im Jahresabschluss zu berücksichtigen.
6. Die auf den vorhergehenden Jahresabschluss angewandten Bewertungsmethoden sollen beibehalten werden.

- Wertansätze der Vermögensgegenstände und Schulden nach § 253 HGB:
  1. Vermögensgegenstände sind höchstens mit den Anschaffungs- oder Herstellungskosten, vermindert um Abschreibungen, anzusetzen. Verbindlichkeiten sind zu ihrem Rückzahlungsbetrag anzusetzen. Rückstellungen sind nur in Höhe des Betrags anzusetzen, der nach vernünftiger kaufmännischer Beurteilung notwendig ist.
  2. Bei Vermögensgegenständen des Anlagevermögens, deren Nutzung zeitlich begrenzt ist, sind die Anschaffungs- oder Herstellungskosten um planmäßige Abschreibungen zu vermindern. Ohne Rücksicht darauf, ob ihre Nutzung zeitlich begrenzt ist, können bei Vermögensgegenständen des Anlagevermögens außerplanmäßige Abschreibungen vorgenommen werden, um die Vermögensgegenstände mit dem niedrigeren Wert anzusetzen, der ihnen am Abschlussstichtag beizulegen ist; sie müssen vorgenommen werden bei einer voraussichtlich dauernden Wertminderung (**gemildertes Niederstwertprinzip**).
  3. Bei Vermögensgegenständen des Umlaufvermögens sind Abschreibungen vorzunehmen, um diese mit einem niedrigeren Wert anzusetzen, der sich aus einem Börsen- oder Marktpreis am Abschlussstichtag ergibt. Ist ein Börsen- oder Marktpreis nicht festzustellen und übersteigen die Anschaffungs- oder Herstellungskosten den Wert, der den Vermögensgegenständen am Abschlussstichtag beizulegen ist, so ist auf diesen Wert abzuschreiben (**strenges Niederstwertprinzip**). Außerdem dürfen Abschreibungen vorgenommen werden, soweit diese nach vernünftiger kaufmännischer Beurteilung notwendig sind, um zu verhindern, dass in der nächsten Zukunft der Wertansatz dieser Vermögensgegenstände auf Grund von Wertschwankungen geändert werden muss.

24.3.2 Gewinn- und Verlustrechnung (GuV-Rechnung)

Die **GuV-Rechnung** ergänzt die Bilanz, indem sie nicht nur den Erfolg (Gewinn oder Verlust) ausweist, sondern auch seine Entstehung durch die Gegenüberstellung von Erträgen und Aufwendungen offen legt. Gliederung und Inhalt der GuV-Rechnung sind in § 275 HGB geregelt.

Grundsätzlich wird die GuV-Rechnung in Staffelform erstellt, da die Bildung von Zwischensummen bzw. Teilergebnissen die Erfolgsanalyse erleichtert. Die Erfolgsermittlung kann nach dem Gesamt- oder Umsatzkostenverfahren erfolgen.

Das **Gesamtkostenverfahren** stellt sämtlichen in einer Periode angefallenen Erträgen sämtliche in dieser Periode angefallenen Aufwendungen gegenüber (Bild 24.17). Dazu werden die Aufwendungen nach Aufwandsarten gegliedert aufgeführt. Da die Aufwendungen einer Periode nicht nur für die sich in Umsatzerlösen niederschlagenden Erträge entstehen, sondern auch für eine Mehrung des Bestands an fertigen und unfertigen Erzeugnissen, die erst in späteren Perioden zu Umsätzen bzw. Erträgen führen, werden diese Leistungen zu Herstellungskosten bewertet und zu den Umsatzerlösen addiert. Entsprechend stellen Minderungen der Bestände an fertigen und unfertigen Erzeugnissen Erträge für Güter dar, die in einer Vorperiode produziert wurden und deshalb von den Umsatzerlösen subtrahiert werden.

Betriebsergebnis nach Gesamtkostenverfahren
(Differenz aller Erträge und Aufwendungen, die aus der betrieblichen Leistungserstellung einer Periode resultieren. Im Wesentlichen: Umsatzerlöse + Lagerzugang – Lagerabgang – Herstellkosten)
\+ **Finanzergebnis**
(Differenz aller Erträge und Aufwendungen, die aus Beteiligungen und Finanzanlagen resultieren)
= **Ergebnis der gewöhnlichen Geschäftstätigkeit**
\+ **Außerordentliches Ergebnis**
(Differenz aller Erträge und Aufwendungen, die nicht aus der gewöhnlichen Geschäftstätigkeit resultieren, z. B. Spendenaufwand)
– **Steuern**

= **Jahresüberschuss/Jahresfehlbetrag**

Bild 24.17 Aufbau der GuV-Rechnung nach Gesamtkostenverfahren

Beim **Umsatzkostenverfahren** werden den Umsatzerlösen der Periode die Herstellkosten der in dieser Periode verkauften Produkte oder Leistungen gegenübergestellt, und zwar unabhängig davon, in welcher Periode die Herstellkosten entstanden sind (Bild 24.18).

Betriebsergebnis nach Umsatzkostenverfahren
(Differenz aller Erträge und Aufwendungen, die aus der betrieblichen Leistungserstellung resultieren. Im Wesentlichen: Umsatzerlöse – Herstellkosten der verkauften Leistungen)
\+ **Finanzergebnis**
(Differenz aller Erträge und Aufwendungen, die aus Beteiligungen und Finanzanlagen resultieren)
= **Ergebnis der gewöhnlichen Geschäftstätigkeit**
\+ **Außerordentliches Ergebnis**
(Differenz aller Erträge und Aufwendungen, die nicht aus der gewöhnlichen Geschäftstätigkeit resultieren, z. B. Spendenaufwand)
– **Steuern**

= **Jahresüberschuss/Jahresfehlbetrag**

Bild 24.18 Aufbau der GuV-Rechnung nach Umsatzkostenverfahren

Da Lagerbestände zu Herstellkosten bewertet werden, führen Umsatz- und Gesamtkostenverfahren zum selben Jahresüberschuss/Jahresfehlbetrag. Die Gliederung der GuV-Rechnung nach Gesamt- und Umsatzkostenverfahren wird ausführlich durch § 275 HGB vorgegeben.

24.3.3 Anhang und Lagebericht

Der **Anhang** dient zur Information und Erläuterung von Bilanz, Gewinn- und Verlustrechnung bezüglich der Bilanzierungs- und Bewertungsmethoden.

Inhalt und Gliederung des Anhangs sind in Bild 24.19 wiedergegeben.

I. Allgemeine Angaben zu Bilanzierungs- und Bewertungsmethoden sowie zur Währungsumrechnung

II. Erläuterung der Bilanz und Gewinn- und Verlustrechnung

III. Sonstige Angaben (z. B. Beziehungen zu verbundenen Unternehmen, Mitarbeiter, Haftungsverhältnisse, finanzielle Verpflichtungen)

IV. Organe (Namen der Mitglieder der Organe)

Bild 24. 19 Aufbau des Anhangs zur Bilanz und Gewinn- und Verlustrechnung

Der Lagebericht soll den Jahresabschluss ergänzen. In ihm sind allgemeine Erläuterungen zum Geschäftsverlauf und der Lage der Unternehmung zu machen. Insbesondere ist auf die voraussichtliche Entwicklung der Unternehmung einzugehen.

24.4 Kosten- und Leistungsrechnung

24.4.1 Grundlagen

Die Kosten- und Leistungsrechnung ist eine fortlaufend durchgeführte Rechnung zur systematischen **Erfassung, Verteilung und Zurechnung von Kosten** auf die betrieblichen Leistungen, um Informationen für Planungs-, Steuerungs- und Kontrollzwecke zur Verfügung zu stellen.

Beispielsweise wird durch die Ermittlung der voraussichtlich anfallenden Kosten für ein Produkt (**Kalkulation**) eine Grundlage für Dispositionen, insbesondere die Bestimmung der Preise für die erstellte Leistung, geschaffen (**Dispositionsaufgabe** der Kostenrechnung). Durch den Vergleich von tatsächlich angefallenen Kosten mit geplanten Kosten wird die Möglichkeit geschaffen, die Ursachen von Fehlleistungen aufzudecken und rechtzeitig steuernd eingreifen zu können (**Überwachungsfunktion** der Kostenrechnung).

Die Kostenrechnung ist eine betriebsinterne und vorwiegend kurzfristige Rechnung. Sie wird deshalb organisatorisch häufig im Rahmen einer **Betriebsbuchhaltung** durchgeführt. Im Gegensatz zum Jahresabschluss (organisatorisch **Finanzbuchhaltung**) ist sie eine freiwillige Rechnung, die sich nicht an gesetzliche Vorschriften halten muss. Sie dient als Ermittlungs- und Entscheidungsrechnung primär der Unternehmensführung und wird deshalb nicht nur zu bestimmten Terminen, sondern laufend durchgeführt. Die Kostenrechnung umfasst im Wesentlichen die in Tabelle 24.15 aufgeführten Teilgebiete.

Tabelle 24.15 Teilgebiete der Kostenrechnung

Teilgebiet	Zentrale Fragestellung	Aufgabe
Kostenartenrechnung	Welche Kosten sind angefallen?	Erfassung aller Kosten und Ordnung der Kosten nach Arten
Kostenstellenrechnung	Wo sind die Kosten angefallen?	Verteilung der Kostenarten auf Kostenstellen
Kostenträgerrechnung	Wofür sind die Kosten angefallen?	Zurechnung der Kosten auf die entsprechende Leistung (Kalkulation oder Kostenträgerstückrechnung) und Ermittlung der Kosten der Periode (Kostenträgerzeitrechnung)

24.4.2 Grundbegriffe der Kostenrechnung

Während in der Finanzbuchhaltung bzw. GuV-Rechnung die Aufwendungen und Erträge einer Periode dokumentiert werden, befasst sich die Betriebsbuchhaltung bzw. Kostenrechnung mit den Begriffen Kosten und Leistungen.

Durch **Aufwand** bzw. **Ertrag** werden sämtliche Geschäftsvorfälle erfasst, die eine Verminderung bzw. Vermehrung des Vermögens der Unternehmung in einer Periode verursachen.

In der Kostenrechnung macht es aber Sinn, nur Erträge und Aufwendungen zu betrachten, die im Zusammenhang mit der betrieblichen Leistungserstellung entstanden sind. Beispielsweise sollte ein hoher Aufwand für Spenden bei der Preisbestimmung bzw. Kalkulation nicht berücksichtigt werden, da die Produkte sonst zu teuer angeboten werden. Außerdem ist es möglich, dass Kosten für Mieten in der Kalkulation berücksichtigt werden, obwohl diese nicht bezahlt wurden und damit keinen Aufwand darstellen (**kalkulatorische Miete**). Das Gebäude wurde vom Unternehmer kostenlos zur Verfügung gestellt, die Kosten für das Gebäude sollten aber über die Produktpreise dem Unternehmen zufließen.

Der in Geld bewertete Verbrauch von Produktionsfaktoren einer Periode zum Zwecke der betrieblichen Leistungserstellung wird als **Kosten** bezeichnet.

Ein Großteil der Kosten stellt gleichzeitig Aufwand dar. Man bezeichnet diese als **Grundkosten bzw. Zweckaufwand**. Unterschiede zwischen Kosten und Aufwand lassen sich im Wesentlichen auf zwei Ursachen zurückführen (Bild 24.20):

- Aufwendungen, die nicht mit der betrieblichen Leistungserstellung in Zusammenhang stehen (z. B. Spende), sind keine Kosten und werden als **neutrale Aufwendungen** bezeichnet.
- Kosten, die zu keiner Vermögensminderung führen (z. B. kalkulatorische Miete), sind keine Aufwendungen und werden als **Zusatzkosten oder kalkulatorische Kosten** bezeichnet.

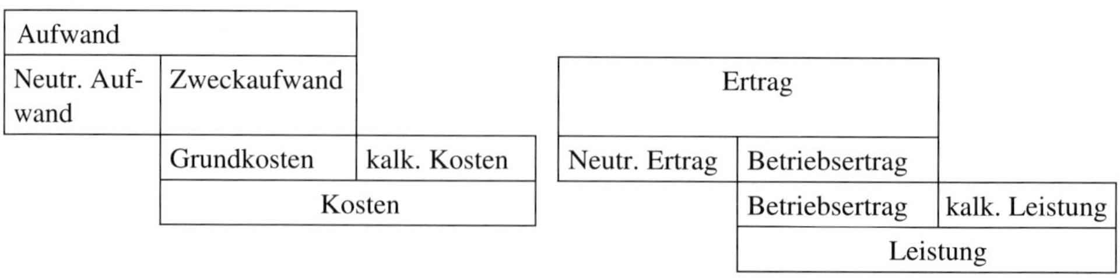

Bild 24.20 Beziehungen zwischen Aufwand und Kosten sowie Ertrag und Leistung

Die **Leistung** wird als in Geld bewertete, mit der betrieblichen Leistungserstellung verbundene Güterentstehung definiert.

Soweit Ertrag und Leistung übereinstimmen, spricht man von **Zweckertrag und Grundleistung**. Unterschiede zwischen Ertrag und Leistungen können ebenfalls auf zwei Ursachen zurückgeführt werden (Bild 24.20):

- Erträge, die nicht mit der betrieblichen Leistungserstellung in Zusammenhang stehen (z. B. Spekulationserträge), sind keine Leistung und werden als **neutrale Erträge** bezeichnet.
- Leistungen, die zu keiner Erhöhung des Vermögens führen (z. B. Patententwicklungen), sind keine Erträge und werden als **kalkulatorische Leistungen** bezeichnet.

24.4.3 Kostenartenrechnung

Die **Kostenartenrechnung** erfasst systematisch alle für die Erstellung und Verwertung betrieblicher Leistungen innerhalb einer bestimmten Periode anfallenden Kosten nach Kostenarten gegliedert.

Die Kosten müssen dabei nach verschiedenen Kriterien in Kostenarten aufgegliedert werden, damit sie später auf die Kostenstellen und die Kostenträger weiterverrechnet werden können (Tabelle 24.16).

Tabelle 24.16 Kostenarten

Kriterium	Kostenarten
Art der verbrauchten Güter	• Personal- und Sozialkosten (z. B. Löhne, Gehälter, gesetzliche und freiwillige Sozialabgaben) • Sachkosten (z. B. Kosten für Anlagen, Betriebsmittel, Roh-, Hilfs- und Betriebsstoffe) • Kapitalkosten (z. B. Abschreibungen, kalkulatorische Zinsen) • Kosten für öffentliche Abgaben und Steuern
Zurechenbarkeit auf die Leistungseinheit	• Einzelkosten (können der Leistung bzw. den Produkten direkt zugerechnet werden, z. B. Materialkosten) • Gemeinkosten (können der Leistung bzw. den Produkten nicht direkt zugerechnet werden, z. B. Vorstandsgehalt)
Abhängigkeit vom Beschäftigungsgrad	• Fixe Kosten (die Höhe der Kosten ist nicht von der Ausbringungsmenge abhängig, z. B. Abschreibungen) • Variable Kosten (die Höhe der Kosten hängt von der Ausbringungsmenge ab, z. B. sämtliche Einzelkosten, Rohmaterial)

Als Grundlage für die Kostenerfassung dient der in der Finanzbuchhaltung erfasste Zweckaufwand, der um die kalkulatorischen Kosten zu ergänzen ist. Der **Zweckaufwand** wird in der Finanzbuchhaltung in Abhängigkeit von der verbrauchten Güterart auf verschiedene Konten gebucht. Beispielsweise werden die Material- und Lohnkosten auf den entsprechenden Konten der Buchhaltung erfasst und können dort jederzeit abgelesen werden.

Da **kalkulatorische Kosten** keine Aufwendungen sind, können sie nicht aus der Finanzbuchhaltung entnommen werden. Sie werden deshalb im Rahmen der Kostenartenrechnung ermittelt. Die kalkulatorischen Kosten können ebenfalls in verschiedene Arten aufgegliedert und entsprechend ihren spezifischen Merkmalen bestimmt werden (Tabelle 24.17).

Tabelle 24.17 Bestimmung der kalkulatorischen Kosten

Art der kalkulatorischen Kosten	**Merkmale und Berechnung der kalkulatorischen Kosten**
Kalkulatorische Abschreibung	Kalkulatorische Abschreibungen sind nur dann anzusetzen, wenn der tatsächliche Werteverzehr nicht dem in der Finanzbuchhaltung durch bilanzielle Abschreibungen erfassten Werteverzehr entspricht. Die bilanziellen Abschreibungen müssen dann um den Differenzbetrag korrigiert werden.
Kalkulatorische Zinsen	Durch die kalkulatorischen Zinsen werden die dem Unternehmer entgangenen Zinserträge erfasst, die er realisiert hätte, wenn er sein Geld nicht in das Betriebsvermögen, sondern in eine Finanzanlage investiert hätte. Die Höhe der kalkulatorischen Zinsen wird deshalb durch Multiplikation des betriebsnotwendigen Kapitals mit einem Kalkulationszinsfuß berechnet. Als Kalkulationszinsfuß wird i. d. R. vereinfachend der Zins für langfristige Schuldverschreibungen des Staates angesetzt.
Kalkulatorischer Unternehmerlohn	Kosten, die für die Tätigkeit der Inhaber von Einzelunternehmungen und Personengesellschaften angesetzt werden, da diese im Vergleich zu den Geschäftsführern von Kapitalgesellschaften kein Gehalt erhalten. Die Höhe des kalkulatorischen Unternehmerlohns orientiert sich an Branchenwerten für Betriebe ähnlicher Größe.
Kalkulatorische Wagnisse	Durch den Ansatz dieser Kosten sollen Einzelrisiken und dem allgemeinen Unternehmerrisiko Rechnung getragen werden. Auf Grund von Erfahrungswerten wird die Höhe dieser Kosten bestimmt (z. B. Gewährleistungsrisiko).
Kalkulatorische Miete	Zusatzkosten für dem Unternehmen zur Verfügung gestellte Privaträume der Unternehmer. Die Höhe der Kosten orientiert sich an den ortsüblichen Mieten.

Das folgende Beispiel zeigt das Ergebnis der Kostenartenrechnung einer Unternehmung.

In der vergangenen Periode sind folgende Einzel- und Gemeinkosten angefallen:

Einzelkosten:		Gemeinkosten:	
Materialeinzelkosten	100.000 €	Gehälter	62.000 €
Fertigungslöhne	80.000 €	Steuern	20.000 €
		Werbung	8.000 €
		Raumkosten	10.000 €
		Abschreibung	10.000 €

Diese Kosten werden aus der Finanzbuchhaltung (z. B. Konto Material- bzw. Lohnaufwand) entnommen. In den Raumkosten sind neben den aus der Finanzbuchhaltung entnommenen Mietkosten 9.000 € auch kalkulatorische Mieten in Höhe von 1.000 € eingerechnet worden, da der Unternehmer Privaträume kostenlos dem Unternehmen zur Verfügung gestellt hat. Die ortsüblichen Mietkosten würden pro Periode 1.000 € betragen.

24

24.4.4 Kostenstellenrechnung

Die **Kostenstellenrechnung** verteilt die nach Kostenarten gegliederten Kosten auf die Betriebsbereiche, in denen sie angefallen sind, sodass in den einzelnen Betriebsbereichen (Kostenstellen) eine systematische Wirtschaftlichkeitskontrolle durchgeführt werden kann.

Bevor die Kosten auf die Kostenstellen verteilt werden können, müssen diese erst bestimmt werden.

24.4.4.1 Bestimmung der Kostenstellen

Die **Kostenstelle** ist die kleinste kostenrechnerische Einheit im Betrieb, die selbstständig abgerechnet wird. Sie ist ein Teilbereich des Betriebs, in dem Kosten verursacht werden und Leistungen entstehen.

In der Regel werden mehrere Arbeitsplätze anhand verschiedener Kriterien zu Kostenstellen zusammengefasst. In Abhängigkeit von der betrieblichen Funktion können beispielsweise Kostenstellen für Material, Fertigung, Verwaltung und Vertrieb gebildet werden. Bei einer Gliederung nach räumlichen Kriterien werden ganze Gebäude oder Werkstätten zu Kostenstellen (z. B. Werkstatt 1, Werkstatt 2) zusammengefasst.

Alle gebildeten Kostenstellen sind entweder Haupt- oder Hilfskostenstellen**. Hauptkostenstellen** (z. B. Material, Fertigung, Verwaltung) sind unmittelbar beteiligt bei der Erstellung der Hauptleistung, d. h., hier werden die Produkte im Wesentlichen erstellt. **Hilfskostenstellen** (z. B. Instandhaltung, Kantine) sind im Wesentlichen Zulieferer für die Hauptkostenstellen, sodass die in ihnen verursachten Kosten auch auf die Hauptkostenstellen weiter zu verrechnen sind.

24.4.4.2 Betriebsabrechnungsbogen (BAB)

Mit Hilfe des **Betriebsabrechnungsbogens** erfolgt die tabellarische Verrechnung der in der Kostenartenrechnung erfassten Kosten auf die Kostenstellen.

Der BAB wird meist monatlich erstellt und hat die in Bild 24.21 dargestellte Struktur, wobei in der Praxis die Anzahl der Haupt- und Hilfskostenstellen im Allgemeinen wesentlich größer ist als in diesem Beispiel.

In der Horizontalen finden sich die verschiedenen Kostenstellen und in der Vertikalen werden die unterschiedlichen Kostenarten erfasst. Die Einzel- und Gemeinkosten werden aus der Kostenartenrechnung (vgl. Beispiel) übernommen. Da die **Einzelkosten** den Leistungen direkt zugerechnet werden können, ist ihre Verteilung auf die Kostenstellen leicht möglich. Die Leistungen einzelner Kostenstellen sind ebenfalls bekannt. Somit sind die Materialkosten der Kostenstelle Materialbereich zuzuordnen und die Fertigungslöhne der Kostenstelle Fertigungsbereich.

Probleme bereitet die Verteilung der **Gemeinkosten** auf die Kostenstellen. Sie erfolgt im Allgemeinen mit Hilfe von **Verteilungsschlüsseln**, die möglichst verursachungsgerecht bestimmt werden. Beispielsweise werden die Raumkosten entsprechend der Fläche der von den einzelnen Kostenstellen genützten Räume verteilt. Schwierigkeiten bereitet häufig das Finden geeigneter

Kostenarten \ Kostenstellen	Summe	Hilfskostenstelle: Instandhaltung	Hauptkostenstellen: Materialbereich	Fertigungsbereich	Verwaltungs- und Vertriebsbereich
Einzelkosten:					
Materialeinzelkosten	100.000		100.000		
Fertigungslöhne	80.000			80.000	
Einzelkosten:					
Gehälter	62.000	2.000	10.000	10.000	40.000
Steuern	20.000	5.000	5.000	5.000	5.000
Werbung	8.000	–	–	–	8.000
Raumkosten	10.000	1.000	4.000	4.000	1.000
Abschreibung	10.000	1.000	1.000	7.000	1.000
Summe (Gemeinkosten)	110.000	9.000	20.000	26.000	55.000
Umlage: Instandhaltung			2.000	6.000	1.000
Summe (Gemeinkosten)			22.000	32.000	56.000
Zuschlagssatz			22 %	40 %	23.93 %

Bild 24.21 Betriebsabrechnungsbogen (Beispiel zur Kostenstellenrechnung)

Bezugsgrößen (**Verteilungsschlüssel**) für die Verteilung der Gemeinkosten der Kostenstellen. Beispielsweise ist eine verursachungsgerechte Verteilung der Gemeinkosten für Steuern nicht möglich, da Steuern für das gesamte Unternehmen erhoben werden und nicht für die einzelnen Kostenstellen. Der Verteilungsschlüssel kann hier also nur geschätzt werden. Im Beispiel von Bild 24.21 werden die Steuern gleichmäßig auf die Kostenstellen verteilt.

Da die **Hilfskostenstellen** nur Zulieferer für Hauptkostenstellen sind, werden die in ihnen anfallenden Kosten möglichst verursachungsgerecht auf die Hauptkostenstellen umgelegt bzw. weiterverrechnet. In diesem Zusammenhang spricht man auch **von innerbetrieblicher Leistungsverrechnung**. Falls sich Hauptkosten- und Hilfskostenstellen gegenseitig unterstützen, bereitet die im BAB angewendete Form der Kostenumlage jedoch Probleme.

Schließlich wird im BAB die Summe der Gemeinkosten der Kostenstellen in Beziehung zu der Summe der jeweiligen Einzelkosten der Kostenstellen gesetzt. Beispielswiese erhält man durch Division der Gemeinkosten im Materialbereich von 22.000 € durch die Einzelkosten des Materialbereichs von 100.000 € den Zuschlagssatz für die Materialgemeinkosten in Höhe von 22 %. Der Zuschlagssatz für den Verwaltungs- und Vertriebsbereich (23,93 %) wird ermittelt, indem die Gemeinkosten (56.000 €) dieses Bereichs in Beziehung zur Summe sämtlicher Einzel- und Gemeinkosten der anderen Bereiche (100.000 € + 80.000 € + 22.000 € + 32.000 € = 234.000 €) gesetzt werden.

Die **Zuschlagssätze für Material-, Fertigungs-, Verwaltungs- und Vertriebskosten** werden für die Kalkulation (Kostenträgerrechnung) benötigt.

24.4.5 Kostenträgerrechnung

Die Kostenträgerrechnung wird im Allgemeinen in Form einer Stückrechnung durchgeführt und dann als Kostenträgerstückrechnung bezeichnet.

Die **Kostenträgerstückrechnung** ermittelt die Stückkosten (Selbstkosten) der verschiedenen betrieblichen Leistungen (Kostenträger). Unter **Kostenträger** versteht man häufig eine Einheit eines verkauften oder hergestellten Produkts. Es kann sich dabei aber auch um einen Auftrag oder eine ganze Serie handeln.

Die Kenntnis der Selbstkosten ist für die Festlegung des Verkaufspreises und die Entscheidung, ob die entsprechende Leistung nicht günstiger über den entsprechenden Markt zu beziehen ist, sehr wichtig. Die Kostenträgerstückrechnung übernimmt die Einzelkosten aus der Kostenartenrechnung und die Gemeinkosten (als Zuschlagssätze) aus der Kostenstellenrechnung. Die Zurechnung der Kosten auf die einzelnen Kostenträger erfolgt mit Hilfe verschiedener Kalkulationsverfahren. Deshalb wird die Kostenträgerstückrechnung auch häufig als **Kalkulation** bezeichnet. Die gebräuchlichsten Kalkulationsverfahren werden im Folgenden dargestellt.

Häufig wird die Kostenträgerstückrechnung durch eine Kostenträgerzeitrechnung ergänzt.

Die **Kostenträgerzeitrechnung** erfasst alle Kosten der Unternehmung oder eines Teilbereichs (Abteilung) während eines bestimmten Zeitraums und stellt sie den entsprechenden Erlösen gegenüber. Sie dient vor allem der Erfolgskontrolle der Unternehmung.

24.4.5.1 Divisionskalkulation

Die Divisionskalkulation wird vor allem in Betrieben mit Massenfertigung und einem oder wenigen Produkten eingesetzt. Dazu gehören beispielsweise Elektrizitätswerke, Brauereien oder Ziegeleien. In Abhängigkeit davon, ob verschiedene Stufen des Produktionsprozesses berücksichtigt werden, sollte die ein-, zwei- oder mehrstufige Divisionskalkulation benutzt werden.

In der **einstufigen Divisionskalkulation** erhält man die Stückkosten durch Division der Gesamtkosten einer Periode durch die in diesem Zeitraum produzierten Leistungseinheiten. Sind beispielsweise im Unternehmen während des Jahres Gesamtkosten in Höhe von 14 Mio. € angefallen und wurden 100.000 Stück produziert, so hat die Herstellung eines Produkts Stückkosten in Höhe von 140 € verursacht.

Stückkosten = Gesamtkosten : Produktionsmenge
= 14 Mio. € : 100.000 Stück = 140 €/Stück

Bei einer **zweistufigen Divisionskalkulation** werden zunächst in der ersten Stufe die Herstellkosten einer Abrechnungsperiode durch die produzierte Menge dividiert, sodass man die Herstellkosten pro Stück erhält. In der zweiten Stufe werden die Vertriebskosten und die durch den Vertrieb bedingten Verwaltungskosten durch die abgesetzte Menge dividiert und zu den Herstellkosten pro Stück addiert, sodass man die Stück- bzw. Selbstkosten erhält.

Die Gesamtkosten von 14 Mio. € im obigen Beispiel setzen sich aus Herstellkosten in Höhe von 10 Mio. € und Verwaltungs- und Vertriebskosten (V.u.V.-Kosten) in Höhe von 4 Mio. € zusammen. Während der Periode wurde 100.000 Stück produziert, aber nur 80.000 Stück verkauft bzw. abgesetzt. Somit ergibt sich die nachfolgende Kalkulation:

Stufe 1:
Herstellkosten pro Stück = gesamte Herstellkosten : Produktionsmenge
= 10 Mio. € : 100.000 Stück = 100 €/Stück

Stufe 2:
V.u.V.-Kosten pro Stück = gesamte V.u.V.-Kosten : Produktionsmenge
= 4 Mio. € : 100.000 Stück = 50 €/Stück

→ **Stückkosten = Herstellkosten pro Stück + V.u.V.-Kosten = 150 €/Stück**

Die einstufige Divisionskalkulation kann nur angewendet werden, wenn keine Lagerbestände zwischen den verschiedenen Produktionsstufen gebildet werden. Am Beispiel erkennt man, dass bei einer Abweichung von verkaufter und hergestellter Menge nur die zweistufige Divisionskalkulation die Stückkosten korrekt berechnet. Produkte, die nicht verkauft werden, können nicht mit Vertriebskosten belastet werden.

Bei einer **mehrstufigen Divisionskalkulation** erhält man durch Division der auf jeder einzelnen Fertigungsstufe entstehenden Kosten durch die auf dieser Stufe hergestellten Mengen den Stückkostensatz der jeweiligen Produktionsstufe. Die Addition der Stückkostensätze ergibt die Stückkosten für ein Produkt. Die mehrstufige Divisionskalkulation wird mit Hilfe des nachfolgenden Beispiels gezeigt (Bild 24.22).

Die Materialkosten eines Produkts betragen 20 €. Die Produktion erfolgt in vier Stufen.

Stufe 1: 5000 Stück des Zwischenproduktes 1 werden hergestellt. Die gesamten Fertigungskosten belaufen sich auf 150.000 €.
Stufe 2: Aus den 5000 Stück des Zwischenproduktes 1 werden 4000 Stück des Zwischenprodukts 2 hergestellt. Die Fertigungskosten belaufen sich dabei auf 120.000 €.
Stufe 3: Aus den 4000 Stück des Zwischenproduktes 2 werden 3500 Stück des Zwischenprodukts 3 hergestellt. Die Fertigungskosten belaufen sich dabei auf 245.000 €.
Stufe 4: Aus den 3500 Stück des Zwischenproduktes 3 werden 3000 Stück des Endprodukts hergestellt. Die Fertigungskosten belaufen sich dabei auf 75.000 €.

Stufenweise Kalkulation:

Stufe 1: Kosten pro Zwischenprodukt 1	150.000 € : 5000 Stück = 30 €/Stück.
Stufe 2: Kosten pro Zwischenprodukt 2	120.000 € : 4000 Stück = 30 €/Stück.
Stufe 3: Kosten pro Zwischenprodukt 3	245.000 € : 3500 Stück = 70 €/Stück.
Stufe 4: Kosten pro Endprodukt	75.000 € : 3000 Stück = 25 €/Stück.

→ **Stückkosten = 175 € = 20 € (Materialkosten) + 30 € + 30 € + 70 € + 25 €**

Bild 24.22 Beispiel einer mehrstufigen Divisionskalkulation

Die mehrstufige Divisionskalkulation berücksichtigt Bestandsänderungen auf jeder Produktionsstufe. Werden mehrere Produktarten in Massenfertigung parallel zueinander hergestellt und ist der Produktionsprozess der jeweiligen Produktart fertigungstechnisch vollständig von der anderen getrennt, kann für jede Produktart eine eigenständige Divisionskalkulation durchgeführt werden (**mehrfache Divisionskalkulation**).

24

Die Divisionskalkulation benötigt keine Verteilung der Gemeinkosten auf die Kostenstellen und auch die Trennung von Einzel- und Gemeinkosten ist nicht erforderlich. Werden allerdings mehrere Produktarten hergestellt, die fertigungstechnisch nicht vollständig getrennt werden können, bereitet ihre Anwendung Schwierigkeiten, da die Kosten der unterschiedlichen Produktionsstufen auf die einzelnen Produktarten aufgeteilt werden müssen.

24.4.5.2 Zuschlagskalkulation

Die Zuschlagskalkulation wird vor allem in Unternehmen angewendet mit mehreren unterschiedlichen Produkten, die in Serien- oder Einzelfertigung hergestellt werden. Die Herstellkosten bei einzelnen Produkten weichen auf Grund der unterschiedlichen Produktionsstruktur in solchen Unternehmen stark voneinander ab. Tabelle 24.18 veranschaulicht das Grundschema der Zuschlagskalkulation auf Basis der in Bild 24.21 dargestellten Kostenstellenrechnung.

Tabelle 24.18 Zuschlagskalkulation

Kostenarten	**Gesamtkosten in €**	**Stückkosten in €**
Materialeinzelkosten	100.000	100
+ Materialgemeinkosten 22 %	22.000	22
= **Materialkosten**	**122.000**	**122**
Fertigungseinzelkosten	80.000	80
+ Fertigungsgemeinkosten 40 %	32.000	32
= **Fertigungskosten**	**112.000**	**112**
Herstellkosten (= Materialkosten + Fertigungskosten)	**234.000**	**234**
+ Verwaltungs- und Vertriebsgemeinkosten 23,93 %	56.000	56
= **Selbstkosten bzw. Stückkosten**	**290.000**	**290**
+ Gewinnzuschlag 10 %	29.000	29
= **Netto-Umsatz bzw. Netto-Verkaufspreis**	**319.000**	**319**

Die Zuschlagskalkulation kann auf Basis der Gesamtkosten durchgeführt werden oder als Stückrechnung. Bei der Stückrechnung wurde unterstellt, dass die Herstellung eines Stücks 100 € Materialeinzelkosten und 80 € Fertigungseinzelkosten bzw. Fertigungslöhne benötigt (dies entspricht einer Produktionsmenge von 1.000 Stück, falls nur eine Produktart hergestellt wird).

Die Zuschlagskalkulation basiert auf der Trennung von Einzelkosten und Gemeinkosten. Die **Einzelkosten** werden den Kostenträgern direkt zugerechnet, während die **Gemeinkosten** über die in der Kostenstellenrechnung ermittelten **Zuschlagssätze** auf die Produkte verteilt werden. Dabei wird der Zuschlagssatz auf die entsprechenden Einzelkosten bezogen. Beispielsweise werden die Materialgemeinkosten in der Stückrechnung berechnet, indem man den Zuschlagssatz von 22 % auf die Materialeinzelkosten von 80 € bezieht. Der Zuschlagssatz für Verwaltungs- und Vertriebsgemeinkosten wird, entsprechend seiner Bestimmung in der Kostenstellenrechnung, auf die Herstellkosten bezogen. Der Gewinnzuschlag wird vom Unternehmer festgelegt oder kann durch den Quotienten von Gewinn (Umsatz-Selbskosten) und Selbstkosten bestimmt werden.

Mit zunehmender Anzahl von Hauptkostenstellen in der Kostenstellenrechnung erweitert sich das Kalkulationsschema entsprechend. Die Zuschlagskalkulation auf Basis der Gesamtkosten ist eine Kostenträgerzeitrechnung, die alle Kosten des Abrechnungszeitraums in Beziehung zum Umsatz setzt. Die Zuschlagskalkulation auf Basis von Stückkosten ist eine Kostenträgerstückrechnung, die die Kosten, den Gewinn und die Verkaufspreise für ein Stück bestimmt.

24.4.6 Kostenrechnungssysteme in der Praxis

24.4.6.1 Ist- und Plankostenrechnung

Die Kostenrechnung kann auf Basis von Istkosten oder Plankosten durchgeführt werden. **Istkosten** sind die in einer Abrechnungsperiode tatsächlich entstandenen Kosten. Häufig wird eine Wirtschaftlichkeitskontrolle durchgeführt, indem die Istkosten von vergangenen Perioden mit den aktuellen Istkosten verglichen werden. Dies ist allerdings problematisch, falls aktuelle Zustände wie beispielsweise die Kapazitätsauslastung von den Zuständen in der Vergangenheit abweichen oder in der Vergangenheit unwirtschaftlich gearbeitet wurde.

Die **Plankostenrechnung** dient der vorausschauenden Beurteilung der Kosten von Produkten oder Aufträgen sowie der Ermittlung von Angebotspreisen. Dabei werden die zukünftigen Kosten (**Sollkosten**) nach vernünftiger kaufmännischer Beurteilung geschätzt und zum Zwecke der Wirtschaftlichkeitskontrolle ständig mit den aktuellen Kosten (Istkosten) verglichen. Wird die Kalkulation als Planungsrechnung durchgeführt, so wird sie als **Vorkalkulation** bezeichnet. Als **Nachkalkulation** wird die Durchführung der Kalkulation nach Abschluss der Leistungserstellung oder am Ende einer bestimmten Periode bezeichnet. Die dabei ermittelten Selbstkosten werden den geplanten Selbstkosten gegenübergestellt. In dieser Form ist die Kostenrechnung eine Kontrollrechnung.

24.4.6.2 Zusammenhang Kostenarten-, Kostenstellen- und Kostenträgerrechnung

Bild 24.23 verdeutlicht den Zusammenhang zwischen Kostenarten-, Kostenstellen- und Kostenträgerrechnung.

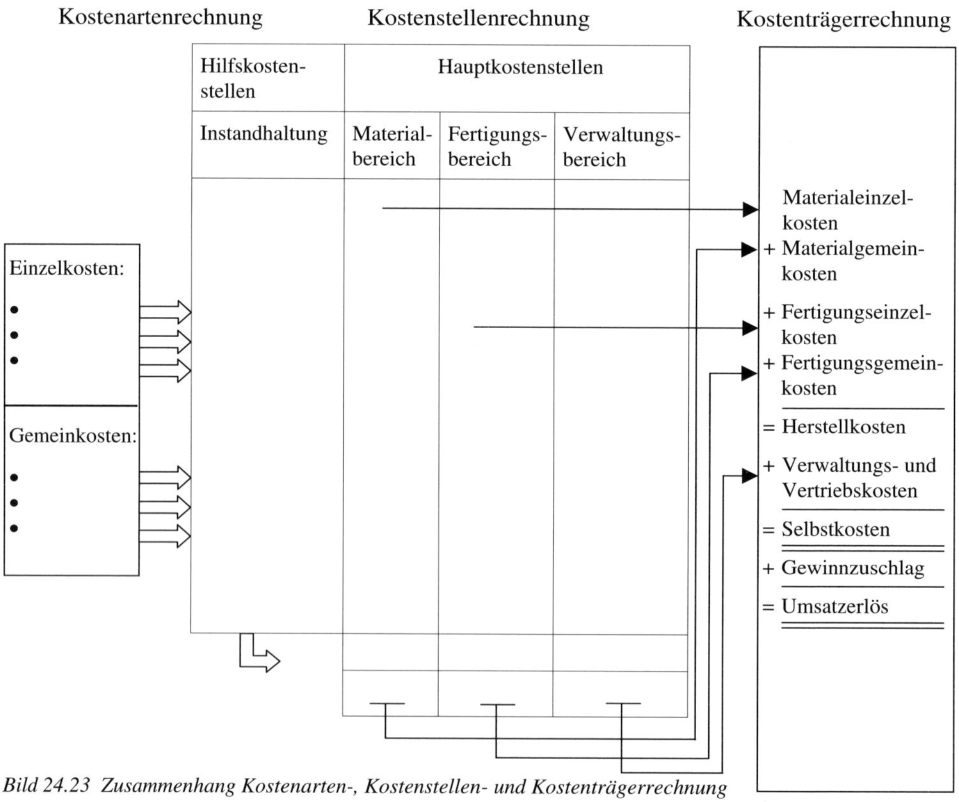

Bild 24.23 Zusammenhang Kostenarten-, Kostenstellen- und Kostenträgerrechnung

24.4.6.3 Teilkostenrechnung (Deckungsbeitragsrechnung)

In der bisher vorgestellten Form der Kostenrechnung, die auch als **Vollkostenrechnung** bezeichnet wird, sind alle angefallenen Kosten auf die einzelnen Kostenträger verteilt worden. Für die Kalkulation des Verkaufspreises und die Bestimmung von Preisuntergrenzen kann es aber zweckmäßig sein, nur einen Teil der Kosten, nämlich die variablen Kosten, auf die Kostenträger zu verteilen, sodass eine Teilkostenrechnung vorliegt. Für die Teilkostenrechnung ist deshalb eine Auflösung der Gesamtkosten in **variable** (beschäftigungsabhängige) Kosten und **fixe** (beschäftigungsunabhängige) **Kosten** erforderlich.

In der Teilkostenrechnung stellt der Deckungsbeitrag die entscheidende Größe dar, weshalb sie auch häufig als **Deckungsbeitragsrechnung** bezeichnet wird.

Der **Deckungsbeitrag** für ein einzelnes Produkt ist die Differenz von Absatzpreis und variablen Kosten. Der Deckungsbeitrag einer Produktart ist die Differenz von Umsatz und variablen Kosten der Produktart. Er gibt an, inwieweit ein Produkt bzw. eine Produktart einen Beitrag zur Deckung der fixen Kosten der Unternehmung trägt.

Ist der Deckungsbeitrag für eine Produktart positiv, sollte das Produkt im Sortiment gehalten werden, auch wenn der Gewinn (Absatzpreis – fixe – variable Kosten) negativ ist. Ist die Summe aller Deckungsbeiträge der verschiedenen Produktarten größer als die gesamten fixen Kosten, so entsteht insgesamt ein Betriebsgewinn. Der Deckungsbeitrag eines Produkts ist außerdem die **kurzfristige Preisuntergrenze** für das entsprechende Produkt. Dieser Sachverhalt soll mit Hilfe des folgenden Beispiels gezeigt werden.

Ein Unternehmen erzeugt zwei Produkte A und B. Mit Produkt A wird ein Gewinn von 200 € erzielt, während Produkt B einen Verlust von 40 € verursacht. Auf Basis der Vollkostenrechnung würde man nun vermuten, dass Produkt B aus dem Sortiment genommen werden muss, damit der entsprechend Verlust vermieden wird. Das wäre aber eine Fehlentscheidung. Die Kosten für Produkt B setzen sich aus fixen Kosten von 80 € und variablen Kosten von 60 € zusammen. Der Absatzpreis beträgt 100 €, woraus sich der Verlust von 40 € erklärt. Wird die Produktion eingestellt, könnten zwar die variablen, nicht aber die fixen Kosten abgebaut werden, wodurch sich der Verlust von bisher 40 € auf 80 € erhöhen würde.

Die Vollkostenrechnung kann somit zu Fehlentscheidungen führen, die mit Hilfe einer Teilkostenrechnung vermieden werden können. Der Deckungsbeitrag für Produkt B beträgt 40 € (= 100 € – 60 €). Er gibt an, inwieweit Produkt B einen Beitrag zur Deckung der fixen Kosten der Unternehmung trägt. Würde man das Produkt aus dem Sortiment streichen, so entfällt dieser Beitrag und verursacht entsprechende Verluste. Erst wenn der Preis für Produkt B unter die variablen Kosten fällt, wäre es sinnvoll, das Produkt aus dem Sortiment zu streichen, da es keinen Beitrag mehr zur Deckung der fixen Kosten leistet. Auf lange Sicht müssen allerdings auch die Fixkosten der Unternehmung vollständig abgedeckt sein, weil sonst die Einstellung der Produktion günstiger wäre. Der Deckungsbeitrag sollte deshalb nur als kurzfristige Preisuntergrenze für das Produkt verwendet werden.

24.5 Investitions- und Wirtschaftlichkeitsrechnung

Bei einer **Investition** wird Kapital zur Beschaffung von Vermögensteilen verwendet. Investitionen sind gekennzeichnet durch einen Zahlungsstrom, der mit einer Auszahlung für die Anschaffung des Investitionsobjekts (Anschaffungsauszahlung) beginnt und sich in späteren Perioden mit laufenden Aus- und Einzahlungen fortsetzt.

Die Auszahlungen fallen für den Unterhalt des Investitionsobjekts (z. B. Reparaturkosten) an, während die Einzahlungen auf Grund der Verwertung der mit dem Investitionsobjekt erstellten Leistung erzielt werden.

In Abhängigkeit vom Investitionsobjekt, dem Zweck der Investition und der Dauer einer Investition werden nachfolgende Investitionsarten unterschieden (Tabelle 24.19).

Tabelle 24.19 Investitionsarten

Unterscheidungskriterium	Investitionsarten
Nach Investitionsobjekt	• Sachinvestition • Finanzinvestition • Immaterielle Investition
Nach Investitionszweck	• Errichtungsinvestitionen • Ersatzinvestitionen • Rationalisierungsinvestitionen • Erweiterungsinvestitionen • Sicherheitsinvestitionen
Nach Investitionsdauer	• kurzfristige Investitionen • mittelfristige Investitionen • langfristige Investitionen

Zur Beurteilung von Investitionen und als Entscheidungsgrundlage für die Wahl der durchzuführenden Investitionen werden häufig **quantitative Verfahren** verwendet, die im Folgenden vorgestellt werden.

24.5.1 Statische Verfahren

Statische Verfahren der Investitionsrechnung gehen im Allgemeinen von durchschnittlichen Jahreswerten aus und berücksichtigen im Gegensatz zur dynamischen Investitionsrechnung **keine Kapitalverzinsung**. Deshalb sind sie sehr einfach zu handhaben, aber als Entscheidungsgrundlage nur bedingt geeignet.

24.5.1.1 Kostenvergleichsrechnung

Durch **Gegenüberstellung der pro Periode anfallenden Kosten** verschiedener Investitionsalternativen werden diese beurteilt.

In den Kostenvergleich sind grundsätzlich alle Kosten einzubeziehen, die den Investitionsalternativen zugeordnet werden müssen. Die Gesamtkosten einer Investition werden in der Praxis häufig als Summe von Betriebskosten (z. B. Löhne, Sozialleistungen, Materialkosten), Kapitalkosten (z. B. kalkulatorische Abschreibungen bzw. Zinsen) sowie Betriebssteuern und Versicherungen ermittelt.

Der Kostenvergleich eignet sich besonders zur Beurteilung von Ersatz- und Rationalisierungsinvestitionen. Da die Erträge der zu vergleichenden Investitionsalternativen keinen Einfluss auf die Investitionsentscheidung haben, können Beurteilungsfehler entstehen. Außerdem erlaubt die Methode keine Aussage über die Rentabilität des eingesetzten Kapitals.

24.5.1.2 Gewinnvergleichsrechnung

Die Investitionsentscheidung wird durch den **Vergleich der pro Periode anfallenden Gewinne** der Investitionsalternativen getroffen. Neben den Kostenaspekten einer Investition werden somit auch die Auswirkungen auf die Ertragsseite berücksichtigt.

Der Gewinn wird in der Praxis ermittelt, indem vom geschätzten durchschnittlichen jährlichen Umsatz der Investition die Gesamtkosten pro Periode abgezogen werden.

Die Gewinnvergleichsrechnung ist auf Grund ihrer Einfachheit und Verständlichkeit in der Praxis weit verbreitet und eignet sich besonders für die Beurteilung von Erweiterungsinvestitionen.

Da bei diesem Verfahren eventuell bestehende Unterschiede in den Kapitaleinsätzen nicht berücksichtigt werden, kann keine Aussage über die Rentabilität der Investitionen getroffen werden.

24.5.1.3 Rentabilitätsrechnung

Werden die Gewinne nicht absolut verglichen, sondern im Verhältnis zum durchschnittlich eingesetzten Kapital, dann ergibt sich eine Rentabilitätsrechnung. Die **Rentabilität (Rendite oder ROI = return on investment)** entspricht der durchschnittlichen jährlichen Verzinsung der Investitionsalternativen.

$$\text{Rentabilität} = \frac{\text{Gewinn}}{\text{durchschnittlich eingesetztes Kapital}} \cdot 100$$

Das durchschnittlich eingesetzte Kapital wird häufig gleich der Hälfte der Differenz von Anschaffungskosten abzüglich Restwert der Investition gesetzt.

Die berechneten Renditen können mit Kapitalmarktzinsen verglichen werden, sodass sich zusätzlich Hinweise bezüglich der Vorteilhaftigkeit von Investitionsprojekten ergeben. Da aber Zinsen und Zinseszinsen, die im Laufe der Investition anfallen, unberücksichtigt bleiben, führen die dynamischen Investitionsrechnungen zu realistischeren Ergebnissen.

24.5.1.4 Amortisationsrechnung

Die Amortisationsrechnug wird auch als **Kapitalrückflussrechnung, Pay-back-, Pay-off- oder Pay-out-Rechnung** bezeichnet. Entscheidungskriterium ist die Amortisationszeit, die angibt, wie viel Zeit vergeht, bis der Kapitaleinsatz einer Investition wieder in die Unternehmung zurückgeflossen ist. In der Praxis wird die Amortisationszeit häufig nach folgender Formel bestimmt:

$$\text{Amortisationszeit} = \frac{\text{Kapitaleinsatz} - \text{Restwert}}{\text{durchschnittlicher Rückfluss}}$$

Der durchschnittliche Rückfluss entspricht dabei der Summe aus jährlichem Gewinn und Abschreibung. Die Abschreibung wird zum Rückfluss addiert, da mit ihr das Kapital für eine erneute Investition nach Ende der Nutzungsdauer angespart wird.

Kritisiert wird an diesem Verfahren, dass die wirtschaftlichen Folgen einer Investition nach der Amortisationszeit nicht mehr berücksichtigt werden.

24.5.2 Dynamische Verfahren

Die dynamischen Verfahren der Investitionsrechnung bedienen sich **finanzmathematischer Methoden**, mit denen die unterschiedliche Bedeutung von Zahlungen im Zeitablauf erfasst werden. Dabei wird von der Annahme ausgegangen, dass Investoren früher anfallende Zahlungen mehr schätzen als später anfallende Zahlungen. Diese Zeitpräferenz spiegelt sich im Ansatz eines **Kalkulationszinssatzes** wieder.

24.5.2.1 Kapitalwertmethode

Der Kapitalwert einer Investition wird durch Abzinsung aller aus der Investition resultierenden Zahlungen auf den Beginn des Planungszeitraums ermittelt. Er ist definiert als die **Differenz zwischen barwertigen Ein- und Auszahlungen** der Investition bei einem bestimmten Zinssatz (i).

$$\text{Kapitalwert} = \sum_{t=0} (E_t - A_t)(1+i)^{-t}$$

Dabei gibt n die Nutzungsdauer des Investitionsobjekts an, E_t die Einzahlung und A_t die Auszahlung der Periode t.

Aus der Definition des Kapitalwerts folgt unmittelbar, dass eine Investition mit positivem Kapitalwert vorteilhaft ist, da der Investor sein eingesetztes Kapital zurückgewinnt, eine Verzinsung auf das eingesetzte Kapital in Höhe des Kalkulationszinses (i) erhält und einen barwertigen Überschuss in Höhe des Kapitalwerts erzielt.

24.5.2.2 Interne Zinsfuß-Methode

Bei der internen Zinsfuß-Methode wird der Zinssatz (r) ermittelt, der für die Investition zu einem Kapitalwert von null führt.

$$0 = \sum_{t=0}^{n} (E_t - A_t)(1+r)^{-t}$$

Ein Kapitalwert von null bedeutet, dass der Investor sein eingesetztes Kapital zurückgewinnt und eine Verzinsung in Höhe des internen Zinssatzes erhält. Da ein barwertiger Gewinn nicht anfällt, wird die Vorteilhaftigkeit der Investition allein durch die Verzinsung mit dem internen Zinssatz ausgedrückt, der somit auch die Effektivverzinsung der Investition angibt. Entspricht der Effektivzins bezüglich seiner Höhe und des mit der Investition verbundenen Risikos den Anforderungen des Investors, wird die Investition realisiert.

Die Ermittlung des internen Zinssatzes ist in der Praxis häufig nur mit Hilfe von Interpolationen möglich. Die Auflösung der gleich null gesetzten Kapitalwertfunktion nach dem Zinssatz führt nämlich im Allgemeinen zu einer Polynomgleichung n-ten Grades.

24.5.2.3 Annuitätenmethode

Mit Hilfe dieser Methode wird der Kapitalwert rechnerisch auf die gesamte Laufzeit der Investition im Sinne einer Durchschnittsbetrachtung (pro Periode) umgelegt. Die Annuität entspricht somit den über die Zinsrechnung auf einen konstanten Wert gebrachten jährlichen Gewinnen (bzw. Verlusten, falls der Kapitalwert negativ ist) einer Investition und wird durch die folgende Formel bestimmt:

$$\text{Annuität} = \text{Kapitalwert} \cdot \frac{i(1+i)^n}{(1+i)^n - 1}$$

Falls die Annuität bezüglich Höhe und des mit der Investition verbundenen Risikos den Anforderungen des Investors genügt, wird die Investition realisiert.

Bild 24.24 zeigt ein Beispiel der dynamischen Investitionsrechnung.

Ein Unternehmen möchte eine Maschine, die 3 Jahre genutzt werden kann, für 100.000 € kaufen. Der Kalkulationszins sei 10 % und die mit der Investition verbundenen Zahlungsüberschüsse (Differenz von Ein- und Auszahlungen) betragen pro Jahr 45.000 €.

$$\text{Kapitalwert} = \sum_{t=0}^{n} (E_t - A_t)(1+i)^{-t} = -100.000 + 45.000 \cdot (1{,}1^{-1} + 1{,}1^{-2} + 1{,}1^{-3}) = 11.908{,}34\ €$$

Effektivzins 16,66 % (ermittelt durch Interpolation der Kapitalwerte 1065,03 und –568,68 für den Kalkulationszins 16 und 17 %)

$$\text{Annuität} = \text{Kapitalwert} \cdot \frac{i(1+i)^n}{(1+i)^n - 1} = 11.908{,}34 \cdot 0{,}402115 = 4788{,}53\ €$$

Bild 24.24 Beispiel zur dynamischen Investitionsrechnung

24.6 Finanzierung

Finanzierung ist im engeren Sinne die Beschaffung von Kapital. Im weiteren Sinne umfasst der Begriff auch die mit der Kapitalbeschaffung zusammenhängenden Haftungs-, Absicherungs-, Kontroll- und Informationsbeziehungen zwischen Kapitalgeber und -nehmer.

Es können verschiedene Finanzierungsarten unterschieden werden (Tabelle 24.20).

Tabelle 24.20 Finanzierungsarten

Gliederungskriterium	Finanzierungsarten
Rechtsstellung der Kapitalgeber	Eigenfinanzierung (Kapitalgeber wird Eigentümer) Fremdfinanzierung (Kapitalgeber wird Gläubiger)
Mittelherkunft	Außenfinanzierung (von außerhalb des Betriebs) Innenfinanzierung (durch den Betrieb selbst)
Fristigkeit	Kurzfristige Finanzierung Mittelfristige Finanzierung Langfristige Finanzierung
Finanzierungsgelegenheit	Erst- oder Gründungsfinanzierung Laufende bzw. Folge-Finanzierung Erweiterungsfinanzierung Änderungsfinanzierung

24.6.1 Fremdfinanzierung

Mit der Fremdfinanzierung wird **Fremdkapital** für das Unternehmen beschafft. Dabei kommen vor allem Kreditinstitute, Lieferanten und Kunden als Kapitalgeber in Betracht. Die Kapitalgeber sind Gläubiger der Unternehmung und haben somit einen Anspruch auf Rückzahlung und Verzinsung des zur Verfügung gestellten Kapitals.

24.6.1.1 Sicherheiten

Die Fremdkapitalgeber sichern die Rückzahlung ihrer Mittel dadurch ab, dass sie sich bezüglich der **Zahlungsfähigkeit (Bonität)** der Kapitalnehmer informieren und die Bestellung von Sicherheiten verlangen. Dabei ist zwischen Personalsicherheiten und Realsicherheiten zu unterscheiden. Bei **Personalsicherheiten** (z. B. Bürgschaften und Garantien) haftet neben dem Kapitalnehmer eine dritte Person für das Fremdkapital und bei **Realsicherheiten** (z. B. Grundschuld) werden gegebenenfalls Sachwerte für die Rückzahlung des Kredits verwertet.

24.6.1.2 Kurzfristige Fremdfinanzierung

Fremdfinanzierungen, bei denen das Kapital maximal ein Jahr zur Verfügung gestellt wird, werden üblicherweise als kurzfristige Fremdfinanzierungen bezeichnet.

Beispiele für die kurzfristigen Fremdfinanzierungen sind:

- **Handelskredite**, das sind Kredite, die von Handelspartnern (Kunden und Lieferanten) gewährt werden. Beim Lieferantenkredit wird dabei die Rechnung nicht bar, sondern zu einem bestimmten zukünftigen Zeitpunkt (auf Ziel) bezahlt. Beim Kundenkredit leistet der Kunde Vorauszahlungen.
- **Bankenkredite** werden in vielen Varianten angeboten. Vom einfachen Kontokorrentkredit bis zur komplexen Finanzierung im Außenhandel, wo Forderungen an ausländische Firmen von der Bank direkt bezahlt bzw. vorfinanziert werden.
- **Sonderformen der Finanzierung**, wie beispielsweise das Factoring, bei dem ein Unternehmen seinen Forderungsbestand verkauft, um Kapital zu beschaffen.

24.6.1.3 Langfristige Fremdfinanzierung

Fremdfinanzierungen, bei denen das Kapital länger als ein Jahr zur Verfügung gestellt wird, werden üblicherweise als langfristige Fremdfinanzierungen bezeichnet.

Die Formen der langfristigen Fremdfinanzierung sind beispielsweise:

- **Darlehen**, die insbesondere von Banken, Bausparkassen und Versicherungen gewährt werden. Die lange Laufzeit und ein üblicherweise hoher Darlehensbetrag bedingen, dass zusätzliche Sicherheiten bezüglich der Rückzahlung zu erbringen sind und eine gründliche Kreditwürdigkeitsprüfung stattfindet. Falls die Rückzahlung des Darlehens regelmäßig in gleich hohen Raten (Zins und Tilgung) erfolgt, handelt es sich um ein **Annuitätendarlehen**. Sind nur die Tilgungsbeiträge immer gleich hoch, während die Zinsanteile mit zunehmender Tilgungsdauer abnehmen, so liegt ein **Abzahlungsdarlehen** vor. Beim **Festdarlehen** werden regelmäßig gleich hohe Zinsen bezahlt und die Tilgung des Darlehens erfolgt erst am Ende der Laufzeit.
- **Anleihen**, die über die Börse aufgenommen werden. Dabei wird die zu finanzierende Summe in kleine Teile zerlegt (**Teilschuldverschreibungen**) und in Form eines Wertpapiers an einen Kapitalgeber verkauft. Nach Ablauf des Finanzierungszeitraums bzw. bei Fälligkeit der Anleihe zahlt der Anleiheverkäufer den in der Anleihe genannten Teil des Kredits zurück. Während der Laufzeit der Anleihe erhält deren Besitzer Zinsen auf seine Teilschuldverschreibung. Da

diese an der Börse gehandelt wird, kann sie auch jederzeit zum aktuellen Börsenkurs verkauft werden. Die Finanzierung über Anleihen ist sehr teuer, da hohe Gebühren im Zusammenhang mit der Börseneinführung anfallen. Deshalb sollte diese Form der Finanzierung nur bei sehr hohem Finanzbedarf verwendet werden. Anleihen können ein Umtauschrecht in Aktien beinhalten (**Wandelanleihen**) oder ein Recht zum Bezug von Aktien (**Optionsanleihen**). Bezüglich der Festlegung der Anleihekonditionen (z. B. Zins, Tilgung, Rückzahlung) existiert eine Vielzahl von Anleiheformen, wie beispielsweise die **Nullkupon-Anleihen (Zero-Bonds)**, für die in Anbetracht der Zinsbesteuerung keine Zinsen bezahlt werden.
- **Schuldscheindarlehen**, die anleiheähnliche Großdarlehen sind und von institutionellen Kapitalgebern (z. B. Sozialversicherungsträger, Versicherungen, Bausparkassen, Sparkassen) an Kreditnehmer mit hoher Bonität langfristig vergeben werden. Früher wurden solche Darlehen gegen Aushändigung eines Schuldscheins an öffentlich-rechtliche Körperschaften vergeben. Auf den Schuldschein wird heute vielfach zu Gunsten eines einfachen Darlehensvertrags verzichtet.
- **Sonderformen** der Fremdfinanzierung zum Beispiel durch Leasing oder Franchising. Beim **Leasing** wird kein zusätzliches Kapital beschafft, sondern die Auszahlung von Kapital vermieden. Vermögensgegenstände (z. B. Maschinen und Gebäude) werden nicht beschafft, sondern können im Rahmen eines pacht- oder mietähnlichen Verhältnis benutzt werden. Beim **Franchising** erfolgt eine vertraglich geregelte Zusammenarbeit zwischen Franchise-Geber und Franchise-Nehmer. Dabei stellt der Franchise-Geber dem Franchise-Nehmer seine Unternehmensidee (z. B. Beschaffungs-, Absatz- und Organisationskonzept, Schutzrechte) gegen Entgelt zur Verfügung. Der Franchise-Nehmer erspart sich damit eine Vielzahl von Investitionen und benötigt weniger Kapital (Finanzierungsaspekt des Franchising).

24.6.2 Innenfinanzierung

Die Innenfinanzierung erfolgt aus eigener Kraft des Unternehmens. Dabei fließt Kapital in Form von Umsatzerlösen zu oder es erfolgt eine Kapitalfreisetzung durch Rationalisierung und Vermögensumschichtung.

24.6.2.1 Finanzierung aus Umsatzerlösen

Die Finanzierung aus Umsatzerlösen umfasst die Selbstfinanzierung sowie die Finanzierung aus Abschreibungs- und Rückstellungsgegenwerten.

Werden Gewinne einbehalten und nicht ausgeschüttet, so liegt eine **Selbstfinanzierung** vor. Die Selbstfinanzierung verursacht nur geringe Kosten, bedarf keiner Sicherheiten und erhöht die Kreditfähigkeit.

Im Rahmen der **Finanzierung aus Abschreibungs- und Rückstellungsgegenwerten** werden die in die Verkaufspreise einkalkulierten und erwirtschafteten Abschreibungs- und Rückstellungsbeträge als Kapitalbeschaffung interpretiert. Da diese Beträge aber zu einem späteren Zeitpunkt ihrem ursprünglichen Zweck (z. B. Wiederbeschaffung von abgeschriebenen Vermögensgegenständen) zugeführt werden, können sie im Allgemeinen nur für eine Zwischenfinanzierung verwendet werden. Außerdem ist der Finanzierungseffekt stark eingeschränkt, da Abschreibungen und Rückstellungen nur in begrenzter Höhe gebildet werden können.

24.6.2.2 Finanzierung aus Kapitalfreisetzungen

Hier erfolgt eine Kapitalbeschaffung durch Rationalisierung oder Vermögensumschichtung. Die **Rationalisierung** bewirkt bei gegebenem Produktionsvolumen eine Reduktion des Kapitaleinsatzes, die zur Finanzierung neuer Projekte benutzt werden kann. Werden materielle oder immaterielle Vermögensgegenstände verkauft, erfolgt eine **Vermögensumschichtung** in Kapital, das für Finanzierungszwecke eingesetzt werden kann.

24.6.3 Beteiligungsfinanzierung

Im Rahmen der Beteiligungsfinanzierung wird einem Unternehmen durch Beteiligung neuer Anteilseigner **Eigenkapital** von außen zugeführt. Die Zuführung kann **von den bisherigen Gesellschaftern oder neuen Gesellschaftern** erfolgen. Die Beteiligungsfinanzierung ist für Unternehmen, die börsennotiert sind, leicht möglich, während sie für Unternehmen, die keinen Börsenzugang haben, wegen des fehlenden Markts für Eigenkapital schwierig ist. Die Möglichkeiten zur Eigenfinanzierung hängen stark von der Rechtsform und dem Gesellschaftsvertrag ab, da dort geregelt wird, welche Möglichkeiten zur Eigenkapitalbeschaffung bestehen.

24.6.3.1 Kapitalgesellschaften

Kapitalgesellschaften eignen sich auf Grund ihrer Rechtsform in besonderem Maß zur Aufbringung großer Eigenkapitalbeträge. Wegen der Stückelung des Grundkapitals in Aktien, der nahezu unbegrenzten Ausgabemöglichkeit neuer Aktien und der Haftungsbeschränkung hat die Aktiengesellschaft **gute Möglichkeiten zur Beteiligungsfinanzierung**. Die Erhöhung des Eigenkapitals bedarf allerdings der Zustimmung der bisherigen Eigentümer.

24.6.3.2 Personengesellschaften

Die Beteiligungsfinanzierung bei Personengesellschaften kann durch Aufnahme neuer Gesellschafter oder durch zusätzliche Einlagen der bisherigen Gesellschafter erfolgen. Da sich dabei immer die Beteiligungsverhältnisse verändern, muss im Allgemeinen auch der Gesellschaftsvertrag insbesondere im Hinblick auf die Rechte und Pflichten der einzelnen Gesellschafter angepasst werden. Die Gesellschafter von Personengesellschaften haben oft Geschäftsführungsbefugnisse bzw. führen die Geschäfte gemeinsam, sodass nur eine begrenzte Zahl an Gesellschaftern aufgenommen werden kann, da sonst eine einheitliche Führung der Unternehmung zunehmend schwieriger wird. Insgesamt sind die **Möglichkeiten zur Beteiligungsfinanzierung** bei Personengesellschaften **stark eingeschränkt**.

Weiterführende Literatur

Bühner, R.: Personalmanagement. 3. Aufl., Landsberg/Lech: Verlag moderne industrie 2005

Coenenberg, A.: Jahresabschluss und Jahresabschlussanalyse. 20. Aufl., Landsberg/Lech: Verlag moderne industrie 2005

Däumler, K.-D; Grabe, J.: Grundlagen der Investitions- und Wirtschaftlichkeitsrechnung. 12. Aufl., Herne: Neue Wirtschaftsbriefe 2007

Härdler, J. (Hrsg.): Betriebswirtschaftslehre für Ingenieure. 3. Aufl., Leipzig: Fachbuchverlag 2007

Hering, E. (Hrsg.): Taschenbuch für Wirtschaftsingenieure. Leipzig: Fachbuchverlag 2001

Hering, E.; Draeger, W.: Handbuch Betriebswirtschaft für Ingenieure. 3. Aufl., Berlin Heidelberg: Springer 1999

Kotler, Ph.; Bliemel, F.: Marketing-Management. 10. Aufl., München: Pearson 2006

Luger, A. E.: Allgemeine Betriebswirtschaftslehre. 2 Bände. 4./5. Aufl., München Wien: Carl Hanser Verlag 2004/1999

Olfert, K.: Investition. 10. Aufl., Ludwigshafen: Kiehl Verlag 2006

Schierenbeck, H.: Grundzüge der Betriebswirtschaftslehre. 16. Aufl., München: Oldenbourg 2002

Scholz, C.: Personalmanagement. München: Vahlen 2000

Viebahn, U.: Kaufmännisches Basiswissen für Ingenieure. München Wien: Carl Hanser Verlag 1997
Warnecke, H.-J.; Bullinger, H.-J.; Hichert, R.; Voegele, A. A.: Kostenrechnung für Ingenieure. 5. Aufl., München Wien: Carl Hanser Verlag 1996
Warnecke, H.-J.; Bullinger, H.-J.; Hichert, R.; Voegele, A. A.: Wirtschaftlichkeitsrechnung für Ingenieure. 3. Aufl., München Wien: Carl Hanser Verlag 2003
Wollenberg, K. (Hrsg.): Taschenbuch der Betriebswirtschaft. 2. Aufl., Leipzig: Fachbuchverlag 2004

25 Anhang

Prof. Dr.-Ing. habil.
Werner Richter
Döbeln

Dipl.-Ing. Wolfgang Schulz
wave GmbH Stuttgart

Tabelle 25.1 Griechisches Alphabet

Buchstaben		Name	Buchstaben		Name
Α	α	Alpha	Ν	ν	Ny
Β	β	Beta	Ξ	ξ	Xi
Γ	γ	Gamma	Ο	ο	Omikron
Δ	δ	Delta	Π	π	Pi
Ε	ε	Epsilon	Ρ	ρ, ϱ	Rho
Ζ	ζ	Zeta	Σ	σ	Sigma
Η	η	Eta	Τ	τ	Tau
Θ	ϑ, θ	Theta	Υ	υ	Ypsilon
Ι	ι	Jota	Φ	φ	Phi
Κ	κ, ϰ	Kappa	Χ	χ	Chi
Λ	λ	Lambda	Ψ	ψ	Psi
Μ	μ	My	Ω	ω	Omega

Tabelle 25.2 Römische Zahlzeichen

Im römischen Zahlensystem werden aus 7 Zahlzeichen (I; V; X; L; C; D; M) alle Zahlen zusammengesetzt. Stellenwerte gibt es nicht; gelesen wird von links nach rechts. Es gelten folgende Regeln:

- Verbundene gleiche Ziffern werden addiert.
- Bei verbundenen ungleichen Ziffern werden die kleineren zur größeren addiert, wenn sie rechts der größeren stehen; dagegen werden die kleineren von der größeren subtrahiert, wenn sie links der größeren stehen.
- V, L und D werden nur einmal geschrieben.
- I, X und C können bis zu dreimal vorkommen.

dezimal	römisch	dezimal	römisch	dezimal	römisch
1	I	10	X	100	C
2	II	20	XX	200	CC
3	III	30	XXX	300	CCC
4	IV	40	XL	400	CD
5	V	50	L	500	D
6	VI	60	LX	600	DC
7	VII	70	LXX	700	DCC
8	VIII	80	LXXX	800	DCCC
9	IX	90	XC	900	CM
				1000	M

Beispiele:	1496	MCDXCVI	1888	MDCCCLXXXVIII
	1983	MCMLXXXIII	2007	MMVII

Tabelle 25.3 Vorsätze und Vorsatzzeichen für SI-Einheiten

Vorsatz	Vorsatzzeichen	Faktor	Vorsatz	Vorsatzzeichen	Faktor
Yotta	Y	10^{24}	Dezi	d	10^{-1}
Zetta	Z	10^{21}	Zenti	c	10^{-2}
Exa	E	10^{18}	Milli	m	10^{-3}
Peta	P	10^{15}	Mikro	µ	10^{-6}
Tera	T	10^{12}	Nano	n	10^{-9}
Giga	G	10^{9}	Piko	p	10^{-12}
Mega	M	10^{6}	Femto	f	10^{-15}
Kilo	k	10^{3}	Atto	a	10^{-18}
Hekto	h	10^{2}	Zepto	z	10^{-21}
Deka	da	10	Yocto	y	10^{-24}

Tabelle 25.4 Abgeleitete Einheiten mit besonderem Namen

Name der Einheit	Einheiten-Zeichen	Größe	ausgedrückt durch andere SI-Einheiten
Becquerel	Bq	Aktivität einer radioaktiven Substanz	1/s
Coulomb	C	elektrische Ladung	A · s
Farad	F	elektrische Kapazität	C/V
Grad Celsius	°C	Celsius-Temperatur[1]	K
Gray	Gy	Energiedosis	J/kg
Henry	H	Induktivität	Wb/A
Hertz	Hz	Frequenz	1/s
Joule	J	Energie, Arbeit, Wärmemenge	N · m
Lumen	lm	Lichtstrom	cd · sr
Lux	lx	Beleuchtungsstärke	lm/m^2
Newton	N	Kraft	$kg \cdot m/s^2$
Ohm	Ω	elektrischer Widerstand	V/A
Pascal	Pa	Druck, Spannung	N/m^2
Radiant	rad	ebener Winkel	m/m
Siemens	S	elektrischer Leitwert	A/V
Sievert	Sv	Äquivalentdosis	J/kg
Steradiant	sr	Raumwinkel	m^2/m^2
Tesla	T	Induktion, magnetische Flussdichte	Wb/m^2
Volt	V	elektrische Spannung, elektrisches Potenzial	W/A
Watt	W	Leistung, Energiestrom	J/s
Weber	Wb	magnetischer Fluss	V · s

[1] Neben der thermodynamischen Temperatur *T*, die in der Basiseinheit Kelvin (Einheitenzeichen K) ausgedrückt wird, kann auch die Celsius-Temperatur *t* (Einheitenzeichen °C) benutzt werden.
Es gilt $t/°C = T/K - 273{,}15$. Temperaturintervalle können in Kelvin und auch in Grad Celsius ausgedrückt werden.

Tabelle 25.5 Gesetzliche Einheiten mit besonderem Namen

Name der Einheit	Einheitenzeichen	Größe(n)
Ampere*	A	elektrische Stromstärke
Ar	a	Fläche von Grund- und Flurstücken
atomare Masseneinheit	u	Masse in der Atomphysik
Bar	bar	Druck
Barn	b	Wirkungsquerschnitt in der Kernphysik
Becquerel	Bq	Aktivität einer radioaktiven Substanz
Candela*	cd	Lichtstärke
Coulomb	C	elektrische Ladung, Elektrizitätsmenge
Dioptrie	dpt	Brechwert von optischen Systemen
Elektronvolt	eV	Energie in der Atomphysik
Farad	F	elektrische Kapazität
Gon	gon	ebener Winkel
Grad	°	ebener Winkel
Grad Celsius	°C	Celsius-Temperatur
Gramm	g	Masse
Gray	Gy	Energiedosis
Hektar	ha	Fläche von Grund- und Flurstücken
Henry	H	Induktivität
Hertz	Hz	Frequenz
Joule	J	Energie, Arbeit, Wärmemenge
Kelvin*	K	thermodynamische Temperatur
Kilogramm*	kg	Masse
Liter	l, L	Volumen
Lumen	lm	Lichtstrom
Lux	lx	Beleuchtungsstärke
Meter*	m	Länge
metrisches Karat	(kt)	Masse von Edelsteinen
Millimeter Quecksilbersäule	mmHg	Blutdruck und Druck anderer Körperflüssigkeiten
Minute	′	ebener Winkel
Minute	min	Zeit
Mol*	mol	Stoffmenge
Newton	N	Kraft
Ohm	Ω	elektrischer Widerstand
Pascal	Pa	Druck
Sekunde	″	ebener Winkel
Sekunde*	s	Zeit
Siemens	S	elektrischer Leitwert
Stunde	h	Zeit
Tag	d	Zeit
Tesla	T	magnetische Flussdichte
Tex	tex	längenbezogene Masse von textilen Fasern und Garnen
Tonne	t	Masse
Var	var	Blindleistung in der elektrischen Energietechnik
Vollwinkel		ebener Winkel
Volt	V	elektrisches Potenzial, elektrische Spannung
Watt	W	Leistung, Energiestrom
Weber	Wb	magnetischer Fluss

* Basiseinheit im SI

Tabelle 25.6 Gesetzliche SI-Einheiten (nach Einheitenzeichen geordnet)

Die Abkürzungen in Spalte 5 bedeuten:
A Akustik
E/M Elektrizität und Magnetismus
IS Ionisierende Strahlung
M Mechanik
OS Optik und elektromagnetische Strahlung
PC Physikalische Chemie
R/Z Raum und Zeit
W Wärme

Einheiten-zeichen	Name	Größe	andere SI-Einheit	physikal. Bereich
Ω	Ohm	Elektrischer Widerstand	V/A	E/M
Ω · m	Ohmmeter	Spezifischer elektrischer Widerstand	m · V/A	E/M
1/K	Eins je Kelvin	(thermischer) Volumenausdehnungskoeffizient		W
$1/(m^2 \cdot s)$	Eins je Quadratmeter und Sekunde	Teilchenflussdichte (Teilchenfluenzleistung)		IS
1/m	Eins je Meter	Wellenzahl		R/Z
1/m	Eins je Meter	Brechwert von Linsen		OS
$1/m^2$	Eins je Quadratmeter	Teilchenfluenz		IS
1/s	Eins je Sekunde	Winkelgeschwindigkeit, Kreisfrequenz, Drehzahl		R/Z
1/s	Eins je Sekunde	Neutronenquellstärke		IS
A	Ampere	Elektrische Stromstärke, Magnetische Spannung		E/M
$A \cdot m^2$	Ampere mal Quadratmeter	Magnetisches Moment (nach Ampere)		E/M
A/kg	Ampere je Kilogramm	Ionendosisrate		IS
A/m	Ampere je Meter	Magnetische Feldstärke, Magnetisierung, Strombelag		E/M
A/m^2	Ampere je Quadratmeter	Elektrische Stromdichte		E/M
A/Wb	Ampere je Weber	Magnetischer Widerstand	1/H	E/M
Bq	Becquerel	Aktivität	1/s	IS
C	Coulomb	Elektrizitätsmenge, Elektrische Ladung, elektrischer Fluss		E/M
C · m	Coulombmeter	Elektrisches Dipolmoment		E/M
C/kg	Coulomb je Kilogramm	Ionendosis		IS
C/m^2	Coulomb je Quadratmeter	Flächenladungsdichte, Elektrische Flussdichte (Verschiebungsdichte), Elektrische Polarisation		E/M
C/m^3	Coulomb je Kubikmeter	Raumladungsdichte		E/M
cd	Candela	Lichtstärke		OS
cd/m^2	Candela je Quadratmeter	Leuchtdichte		OS
F	Farad	Elektrische Kapazität	C/V	E/M
F/m	Farad je Meter	Dielektrizitätskonstante, Permittivität, Elektrische Feldkonstante, Influenzkonstante	C/(m · V)	E/M
Gy	Gray	Energiedosis, Kerma	J/kg	IS
Gy/s	Gray je Sekunde	Energiedosisleistung	W/kg	IS
H	Henry	Induktivität, Magnetischer Leitwert	Wb/A	E/M
H/m	Henry je Meter	Permeabilität, Induktionskonstante, Magnetische Feldkonstante		E/M
Hz	Hertz	Frequenz		R/Z

Einheiten-zeichen	Name	Größe	andere SI-Einheit	physikal. Bereich
J	Joule	Arbeit, Energie	N · m	M
J	Joule	Schallenergie	W · s	A
J	Joule	Strahlungsenergie	W · s	OS
J	Joule	Wärmemenge (innere Energie, Enthalpie, freie Energie, Phasenumwandlungswärme, chemische Reaktionswärme)	W · s	W
J/(K · mol)	Joule je Kelvin und Mol	Molare Wärmekapazität, Molare Entropie	$\frac{N \cdot m}{K \cdot mol}$	PC
J/(kg · K)	Joule je Kilogramm und Kelvin	Spezifische Wärmekapazität, Spezifische Entropie	$\frac{N \cdot m}{kg \cdot K}$	W
J/kg	Joule je Kilogramm	Kerma	Gy	IS
J/kg	Joule je Kilogramm	Spezifische Wärmemenge, spezifische Energie (einer Phasenumwandlung einer chemischen Reaktion), spezifische Enthalpie	(N · m)/kg	W
J/K	Joule je Kelvin	Wärmekapazität, Entropie	(N · m)/K	W
J/m^2	Joule je Quadratmeter	Bestrahlung		OS
J/m^2	Joule je Quadratmeter	Energiefluenz	$W \cdot s/m^3$	IS
J/m^3	Joule je Kubikmeter	Energiedichte		M
J/m^3	Joule je Kubikmeter	Schallenergiedichte	Pa	A
J/mol	Joule je Mol	Molare innere Energie, Molare Enthalpie	N · m/mol	PC
K	Kelvin	Temperatur (themodynamische)		W
K^{-1}	je Kelvin	Ausdehnungskoeffizient		M/W
kg	Kilogramm	Masse		M
kg · m/s	Kilogramm mal Meter je Sekunde	Impuls		M
$kg \cdot m^2$	Kilogramm mal Quadratmeter	Trägheitsmoment		M
$kg \cdot m^2/s$	Kilogramm mal Quadratmeter je Sekunde	Drehimpuls		M
kg/m	Kilogramm je Meter	Längenbezogene Masse		M
kg/m^2	Kilogramm je Quadratmeter	Flächenbezogene Masse		M
kg/m^3	Kilogramm je Kubikmeter	Dichte		M
kg/mol	Kilogramm je Mol	Molare Masse		PC
kg/s	Kilogramm je Sekunde	Massedurchsatz		M
kg/s	Kilogramm je Sekunde	Massenstrom (Massendurchfluss, Massendurchsatz)		M
$kg/(s \cdot m^2)$	Kilogramm je Sekunde und Quadratmeter	Massenstromdichte		M
kN/mm^2	Kilonewton je Quadratmillimeter	Elastizitätsmodul		M
lm	Lumen	Lichtstrom		OS
lm·s	Lumensekunde	Lichtmenge		OS
lm/W	Lumen je Watt	Lichtausbeute		OS
lm/m^2	Lumen je Quadratmeter	Spezifische Lichtausstrahlung		OS
lx	Lux	Beleuchtungsstärke	lm/m^2	OS
lx · s	Luxsekunde	Belichtung		OS
m	Meter	Länge		R/Z
m/s	Meter je Sekunde	Geschwindigkeit		R/Z
m/s	Meter je Sekunde	Schallschnelle		A
m/s^2	Meter je Quadratsekunde	Beschleunigung		R/Z

Einheiten-zeichen	Name	Größe	andere SI-Einheit	physikal. Bereich
m^2	Quadratmeter	Fläche		R/Z
m^2/s	Quadratmeter je Sekunde	Diffusionskoeffizient		PC
m^3	Kubikmeter	Volumen		R/Z
m^3/kg	Kubikmeter je Kilogramm	Spezifisches Volumen		M
m^3/mol	Kubikmeter je Mol	Molares Volumen		PC
m^3/s	Kubikmeter je Sekunde	Schallfluss		A
m^3/s	Kubikmeter je Sekunde	Volumenstrom (Volumendurchfluss, Volumendurchsatz)		R/Z
mol	Mol	Stoffmenge		PC
mol/kg	Mol je Kilogramm	Molalität, Molalitätsionenstärke		PC
mol/m^3	Mol je Kubikmeter	Stoffmengenkonzentration, Konzentrationsionenstärke		PC
N	Newton	Kraft		M
N · m	Newtonmeter	Kraftmoment		M
N · s	Newtonsekunde	Kraftstoß	kg · m/s	M
N · s/m	Newtonsekunde je Meter	Mechanische Impedanz		A
N/m	Newton je Meter	Oberflächenspannung		M
Pa	Pascal	Druck, Mechanische Spannung	N/m^2	M
Pa	Pascal	Schalldruck	N/m^2	A
Pa · s	Pascalsekunde	Dynamische Viskosität		M
Pa · s/m	Pascalsekunde je Meter	Feldimpedanz, Spezifische Impedanz		A
$Pa \cdot s/m^3$	Pascalsekunde je Kubikmeter	Flussimpedanz, Akustische Impedanz		A
rad	Radiant	Ebener Winkel		R/Z
rad/s	Radiant je Sekunde	Winkelgeschwindigkeit, Kreisfrequenz		R/Z
rad/s^2	Radiant je Quadratsekunde	Winkelbeschleunigung		R/Z
S	Siemens	Elektrischer Leitwert	A/V	E/M
s	Sekunde	Zeit		R/Z
S/m	Siemens je Meter	Elektrische Leitfähigkeit	A/(V · m)	E/M
sr	Steradiant	Raumwinkel		R/Z
Sv	Sievert	Äquivalentdosis	J/kg	IS
T	Tesla	Magnetische Induktion (magnetische Flussdichte), Magnetische Polarisation	Wb/m^2	E/M
V	Volt	Elektrische Spannung	W/A	E/M
V/m	Volt je Meter	Elektrische Feldstärke	W/(A · m)	E/M
W	Watt	Elektrische Leistung	J/s	E/M
W	Watt	Leistung		M
W	Watt	Schallleistung, Schallenergiefluss	J/s	A
W	Watt	Strahlungsleistung	J/s	OS
W	Watt	Wärmestrom	J/s	W
W/(m · K)	Watt je Meter und Kelvin	Wärmeleitfähigkeit		W
$W/(m^2 \cdot K)$	Watt je Quadratmeter und Kelvin	Wärmedurchgangskoeffizient, Wärmeübergangskoeffizient		W
$W/(m^2 \cdot sr)$	Watt je Quadratmeter und Steradiant	Strahldichte		OS
W/kg	Watt je Kilogramm	Kermaleistung	Gy/s	IS
W/m^2	Watt je Quadratmeter	Energieflussdichte (Energiefluenzleistung)	$J/(s \cdot m^2)$	IS
W/m^2	Watt je Quadratmeter	Schallintensität	kg/s^3	A

Einheiten-zeichen	Name	Größe	andere SI-Einheit	physikal. Bereich
W/m^2	Watt je Quadratmeter	Strahlungsflussdichte (spezifische Ausstrahlung, Bestrahlungsstärke)		OS
W/m^2	Watt je Quadratmeter	Wärmestromdichte	$J/(s \cdot m^2)$	W
W/sr	Watt je Steradiant	Strahlstärke		OS
Wb	Weber	Magnetischer Fluss, Magnetische Polstärke (nach Coulomb)	V · s	E/M
Wb · m	Webermeter	Magnetisches Moment (nach Coulomb)	V · s · m	E/M

Tabelle 25.7 Namen und Abkürzungen englischer Einheiten im fps-System (foot-pound-second-System; siehe auch Tabelle 25.8)

Abkürzung	Name	Abkürzung	Name
atm	atmosphere	in^2	square inch
bbl	barrel	in^3	cubic inch
btu	British thermal unit	kn	knot
bu	bushel	lb	pound
cwt	hundredweight	lbf	pound-force
cal	calorie	l tn	long ton
deg F	degree Fahrenheit	m	mile
ft	foot	pdl	poundal
gal	gallon	sh tn	short ton
hp	horsepower	yd	yard
in	inch		

Tabelle 25.8 Umrechnung angelsächsischer Einheiten (Auswahl)

Einheiten-zeichen	Name	Beziehung	Umrechnung in SI-Einheiten	Größenart, Anwendungsbereich
barrel (US)	barrel (US)	42 gal (US) = 9702 in^3	0,158987 m^3	internationales Standardmaß für Petroleum
bbl (US)	dry barrel (US)	7056 in^3	0,115627 m^3	Trockenmaß (US)
bl (auch: bbl)	barrel (UK)	36 gal (UK)	0,1636 m^3	Flüssigkeitsmaß (UK)
Btu	British thermal unit		1055,06 J	Energie
Btu/h	British thermal unit per hour		0,293071 W	Leistung
bu (UK)	bushel (UK)	8 gal (UK)	$36{,}3687 \cdot 10^{-3}$ m^3	Trockenmaß (UK)
bu (US)	bushel (US)	2150,42 in^3	$35{,}2391 \cdot 10^{-3}$ m^3	Trockenmaß (US)
circ in	circular inch	$\pi/4$ in^2	$5{,}067 \cdot 10^{-4}$ m^2	Fläche
cu ft	cubic foot	1/27 yd^3	$28{,}3168 \cdot 10^{-3}$ m^3	Volumen
cu in	cubic inch	1/1728 ft^3	$16{,}387064 \cdot 10^{-6}$ m^3	Volumen
cu yd	cubic yard		0,764555 m^3	Volumen
cwt (UK)	hundredweight	112 lb	50,8023 kg	Masse
cwt (US)	short hundredweight	100 lb	45,3592 kg	Masse
dr	dram	1/16 oz	$1{,}771845 \cdot 10^{-3}$ kg	Masse
ft	foot	12 in = 1/3 yd	$0{,}304\underline{8}$ m	Länge
°F	degree Fahrenheit[2]			Temperatur

[2] Es gilt $\vartheta = \frac{1}{1{,}8}\left(\frac{T_F}{°F} - 32\right)°C$; $T = \frac{1}{1{,}8}\left(\frac{T_F}{°F} + 459{,}67\right)K$

25

Einheiten-zeichen	Name	Beziehung	Umrechnung in SI-Einheiten	Größenart, Anwendungsbereich
ft · lbf	foot pound-force		1,35582 J	Energie
ft · lbf/h	foot pound-force per hour		$0{,}376616 \cdot 10^{-3}$ W	Leistung
ft · lbf/s	foot pound-force per second		1,35582 W	Leistung
ft · pdl	foot poundal		0,042140 J	Energie
ft/s	foot per second		0,3048 m/s	Geschwindigkeit
ft^2	square foot	1/9 yd^2	$9{,}2903 \cdot 10^{-2}\ m^{-2}$	Fläche
ft^2/s	square foot per second		$9{,}2903 \cdot 10^{-2}\ m^2/s$	Kinematische Viskosität
ft^3	cubic foot	1/27 yd^3	$28{,}3168 \cdot 10^{-3}\ m^3$	Volumen
ftH_2O	foot of water		2989,07 Pa	Druck
gal (UK)	gallon (UK)	277,42 in^3	$4{,}54609 \cdot 10^{-3}\ m^3$	Volumen
gal (US)	gallon (US)	231 in^3	$3{,}78541 \cdot 10^{-3}\ m^3$	Flüssigkeitsmaß
gill (UK)	gill (UK)	1/4 pt (UK)	$0{,}142065 \cdot 10^{-3}\ m^3$	Volumen
gill (US)	gill (US)	1/4 liq pt (US)	$0{,}118294 \cdot 10^{-3}\ m^3$	Flüssigkeitsmaß
gr	grain	1/7000 lb	$64{,}79891 \cdot 10^{-6}$ kg	Masse
gross tn	long ton	2240 lb	1016,05 kg	Masse
hp	horsepower (brit.)	550 ft · lbf/s	745,7 W	Leistung
in	inch	1/12 ft	$25{,}\underline{4} \cdot 10^{-3}$ m	Länge
in/s	inch per second		$25{,}\underline{4} \cdot 10^{-3}$ m/s	Geschwindigkeit
in^2	square inch		$6{,}451\underline{6} \cdot 10^{-4}\ m^2$	Fläche
in^3	cubic inch	1/1728 ft^3	$16{,}387064 \cdot 10^{-6}\ m^3$	Volumen
inH_2O	conventional inch of water		249,089 Pa	Druck
inHg	conventional inch of mercury		3386,39 Pa	Druck
ips	inch per second		$25{,}\underline{4} \cdot 10^{-3}$ m/s	Geschwindigkeit
kn	knot (Knoten)	1,852 km/h	0,514 m/s	Geschwindigkeit
kip	kip	1000 lbf	$4{,}44822 \cdot 10^3$ N	Kraft
lb	pound		$0{,}4535923\underline{7}$ kg	Masse
lb/ft^3	pound per cubic foot		$16{,}0185\ kg/m^3$	Dichte
lbf	pound-force	$9{,}80665\ lb \cdot m \cdot s^{-2}$	4,44822 N	Kraft
$lbf \cdot s/ft^2$	pound-force second per square foot		47,8803 Pa · s	Dynamische Viskosität
lbf/ft^2	pound-force per square foot		47,8803 Pa	Druck, mechan. Spannung
lbf/in^2	pound-force per square inch		6894,76 Pa	Druck
lg cwt	long hundredweight	112 lb	50,8023 kg	Masse
lg tn	long ton	2240 lb	1016,05 kg	Masse
liq pt (US)	liquid pint (US)	4 gills (US)	$0{,}473176 \cdot 10^{-3}\ m^3$	Flüssigkeitsmaß (US)
liq qt (US)	liquid quart (US)	1/4 gal (US)	$0{,}946353 \cdot 10^{-3}\ m^3$	Flüssigkeitsmaß (US)
mi	mile	1760 yd = 5280 ft	$1609{,}34\underline{4}$ m	Länge
mph	mile per hour		$0{,}4470\underline{4}$ m/s	Geschwindigkeit
mps	mile per second		$1{,}60934\underline{4} \cdot 10^3$ m/s	Geschwindigkeit
mile/h	mile per hour		$0{,}4470\underline{4}$ m/s	Geschwindigkeit
mile/s	mile per second		$1{,}60934\underline{4} \cdot 10^3$ m/s	Geschwindigkeit
oz	ounce	1/16 lb	$28{,}3495 \cdot 10^{-3}$ kg	Masse
pdl	poundal	$1\ lb \cdot ft \cdot s^{-2}$	0,138255 N	Kraft
$pdl \cdot s/ft^2$	poundal second per square foot		1,48816 Pa · s	Dynamische Viskosität

Einheiten-zeichen	Name	Beziehung	Umrechnung in SI-Einheiten	Größenart, Anwendungsbereich
pdl/ft^2	poundal per square foot		1,48816 Pa	Druck, mechan. Spannung
psi	pound-force per square inch		6894,76 Pa	Druck
pt (UK)	pint (UK)	4 gills (UK)	$0{,}568262 \cdot 10^{-3}$ m^3	Volumen (UK)
qfs	square foot	1/9 yd^2	$9{,}2903 \cdot 10^{-2}$ m^{-2}	Fläche
qt (UK)	quart (UK)	1/4 gal (UK)	$1{,}13652 \cdot 10^{-3}$ m^3	Volumen (UK)
sh cwt	short hundredweight	100 lb	45,3592 kg	Masse
sq ft	square foot	1/9 yd^2	$9{,}2903 \cdot 10^{-2}$ m^{-2}	Fläche
sq in	square inch		$6{,}451\underline{6} \cdot 10^{-4}$ m^2	Fläche
sq yd	square yard		0,83613 m^2	Fläche
ton (UK)	ton	2240 lb	1016,05 kg	Masse
tonf/in^2	ton-force per square inch	2240 lbf/in^2	15,4443 MPa	Druck
yd	yard	36 in = 3 ft	$0{,}914\underline{4}$ m	Länge
yd^2	square yard		0,83613 m^2	Fläche
yd^3	cubic yard		0,764555 m^3	Volumen

Ergänzung

In englischsprachigen Fachtexten findet man oft noch Abkürzungen vor Formelzeichen (als Vorsatzzeichen), die im Sinne einer korrekten Anwendung des SI nicht zulässig sind:

Abkürzung (Vorsatzzeichen)	Bedeutung
B	Billion, bedeutet im Amerikanischen 10^9 (im SI: Giga, Vorsatzzeichen G, siehe Tabelle 25.3.) **Achtung:** im deutschen Sprachgebrauch ist 1 Billion = 10^{12}!
M	Million, bedeutet 10^6 (im SI: Mega, Vorsatzzeichen M, siehe Tabelle 25.3.)
MM (auch: mm)	Mega-Mega, bedeutet 10^{12} (im SI: Tera, Vorsatzzeichen T, siehe Tabelle 25.3.)

Tabelle 25.9 Einheiten für Energie und Leistung

Name der Einheit	Einheiten-zeichen	Umrechnung	Bemerkungen
Joule	J	1 W · s	
Kilowattstunde	kWh	$3{,}6 \cdot 10^6$ J = 3,6 MJ	
Kalorie	cal	4,1868 J	keine gesetzliche Einheit mehr
British thermal Unit	Btu	1055,06 J 0,2520 kcal 0,2931 Wh 1055,06 W · s	
Kilogramm Steinkohle-einheit	kg SKE	7000 kcal 29,3076 MJ 10,5507 kWh	Basis: mittl. Energiegehalt von 1 kg Steinkohle (real: 6000 ... 8500 kcal/kg)
Terawattjahr	TWa	$8760\ h \cdot 10^{12}\ W =$ $8{,}76 \cdot 10^{12}$ kWh 1,0677 Mrd. t SKE	in globalen Energiebilanzen oft verwendet (z. B. Welt-Energieverbrauch 1990: ≈ 11 TWa)

Name der Einheit	Einheiten-zeichen	Umrechnung	Bemerkungen
Watt	W	1 J/s	
Pferdestärke	PS	735,49875 W	keine gesetzliche Einheit mehr
Kilowatt	kW		dient in globalen Energiebilanzen zur Beschreibung der jährlichen „Energiebelastung“ durch einen Menschen (z. B. Bürger in Europa: 6 kW; USA: 11 kW; Bangladesh: 0,1 kW)

Tabelle 25.10 Erklärung häufiger Abkürzungen

Abkürzung	Langform	Bemerkungen
AC	Alternating Current	Wechselstrom
ADU	Analog-Digital-Umsetzer	
AFC	Alkaline Fuel Cells	Brennstoffzellentyp
AGFW	Arbeitsgemeinschaft Fernwärme	
AI	Artifical Intelligence	künstliche Intelligenz
ALE	Arithmetik-Logik-Einheit	
ALU	Arithmetic-Logic-Unit	Arithmetik-Logik-Einheit
AM	Amplitudenmodulation	
AMEV	Arbeitskreis Maschinen- und Elektrotechnik staatlicher und kommunaler Verwaltungen	
ANSI	American National Standards Institute	US-amerikanisches Normungsinstitut
ASAM	Arbeitskreis zur Standardisierung von Automatisierungs- und Meßsystemen	
ASCII	American Standard Code for Information Interchance	Verschlüsselung von Text und Sonderzeichen
ASI	Aktor-Sensor-Interface	Zweidraht-Bussystem
ASIC	Application Specific Integrated Circuit	anwendungsspezifischer integrierter Schaltkreis
ATV	Abwassertechnische Vereinigung	
BCD	Binary coded decimal	Codesystem zur Umwandlung von Dezimal- in Dualzahlen
bit	basic indissoluble information unit	auch: binary digit; Maßeinheit der Information
Btx	Bildschirmtext	
CAD	computer-aided design	rechnergestützte Konstruktion
CAN	Controller Area Network	Feldbussystem
CAP	computer-aided planning	rechnergestützte Planung
CAQ	computer-aided quality ensurance	rechnergestützte Qualitätssicherung
CASE	Computer-aided Software Engineering	rechnergestützte Software-Entwicklung
CCD	Charge-coupled devices	ladungsgekoppelte Bauelemente
CD	Compact Disk	
CEN	Comité Européen de Coordination des Normes	Europäisches Komitee für Normung
CGI	Computer Graphics Interface	scheibenförmiger optischer Datenspeicher

Abkürzung	Langform	Bemerkungen
CIM	Computer-integrated manufacturing	rechnergestützte Fertigung
CMR	common mode rejection	Gleichtaktunterdrückung (auf Signalleitungen)
CMY	Cyan – Magenta – Yellow	Farbsystem
CNC	Computerized Numerical Control	numerische Steuerung für Werkzeugmaschinen
COM	Component Object Model	Microsoft-Objektverwaltung
CORBA	Common Object Request Broker Architecture	Standard zur Objektverwaltung
CPU	Central Processing Unit	Digitalrechner-Zentraleinheit
CRT	Cathode Ray Tube	Katodenstrahlröhre
DAQ	Data Acquisition	Datenerfassung
DAU	Digital-Analog-Umsetzer	
DC	Dircet Current	Gleichstrom
DCOM	Distributed COM	Microsoft-Objektverwaltung
DD	Double Density	doppelte Dichte (bei Disketten)
DDU	Digital-Digital-Umsetzer	Codewandler
DFG	Deutsche Forschungsgemeinschaft	
DFÜ	Daten-Fernübertragung	
DFV	Daten-Fernverarbeitung	
DIN	Deutsches Institut für Normung	
DKV	Deutscher Kälte- und Klimatechnischer Verein	
DMFC	Direct Methanol Fuel Cells	Brennstoffzellentyp
DOS	Disk Operating System	Operationscode für Disketten
dpi	dots per inch	Maß für Fehlstellen auf Speichermaterialien
DTP	Desktop Publishing	Sammelbegriff für rechner- gestützte Erstellung von Publikationen
DVGW	Deutscher Verein des Gas- und Wasserfaches	
DVS	Deutscher Verband für Schweißtechnik	
E/A	Eingabe/Ausgabe	
EDV	Elektronische Datenverarbeitung	
EMV	Elektromagnetische Verträglichkeit	
FAN	Field Area Network	Netzwerk, verbindet verschiedene Bussysteme
FID	Flammenionisations-Detektor	Sensor zur Analyse kohlenstoffhaltiger Gase
FM	Frequenzmodulation	
GC	Gaschromatographie	hochauflösende Analyse- technik
GDI	Gasoline Direct Injection	Direkteinspritzung bei Verbrennungskraftmaschinen
GPRS	General Packet Radio Service	paketbasierte Datenübertra- gungstechnik
GPS	Global Positioning System	Satelliten-Navigationssystem
GSM	Global System for Mobile Communications	digitale Mobilfunktechnik in Europa, Asien und anderen Regionen
HC	Hydrocarbons	(flüssige) Kohlenwasserstoffe
HD	High Density	hohe Speicherdichte (bei Disketten)
HPLC	High-pressure liquid chromatography (auch: High performance liquid chromatography)	Hochdruck- (Hochleistungs-) Analysetechnik

Abkürzung	Langform	Bemerkungen
HSCSD	High-Speed Circuit Switched Data	Datenübertragungstechnik mit Kanalbündelung
HVBG	Hauptverband der gewerblichen Berufsgenossenschaften	
I/O	Input/Output	Ein-/Ausgang
IC	Integrated Circuit	integrierter Schaltkreis
IEC	International Electrotechnical Commission	Internationale Elektrotechnische Kommission
IEEE	Institute of Electrical and Electronic Engineers	
IFIP	International Federation of Information Processing Societies	Internationaler Verband für Informationsverarbeitung
ISA	International Federation of the National Standardizing Associations	Internationale Vereinigung der nationalen Normenausschüsse (1928 – 1946; dann: ISO)
ISO	International Organization for Standardization	Internationale Standardisierungsorganisation
JINI	Java Intelligent Network Infrastructure	Netzwerk-Software von Sun
JVM	Java Virtual Machine	Übersetzungsprogramm
KI	Künstliche Intelligenz	
LAN	Local Area Network	Netzwerk mit geringer Entfernung der Stationen
LCB	Least significant bit	Stelle niedrigster Wertigkeit (in einem Codewort)
LCD	Liquid Crystal Display	Flüssigkristallanzeige
LDR	Light dependent resistor	Photowiderstand
LED	Light emitting diode	Luminenszenz-Diode
MAK	Maximale Arbeitsplatz-Konzentration	Grenzwerte für Gase, Dämpfe oder Schwebstoffe am Arbeitsplatz
MAP	Manufacturing Automation Protocol	Bussystem zur Fertigungssteuerung
MCFC	Molten Carbonate Fuel Cells	Brennstoffzellentyp
MHD	Magnetohydrodynamic	
MIDI	Musical Instrument Digital Interface	
MIPS	Million Instructions per Second	Maßzahl zur Bewertung der Rechnerleistung
MPC	Multimedial Personal Computer	komfortabler PC
MSB	Most significant bit	Stelle höchster Wertigkeit (in einem Codewort)
MSR	Abk. für Messen – Steuern – Regeln	heute kaum noch benutzte Abkürzung
MTBF	Mean time between failures	Zuverlässigkeits-Kenngröße
NDIR	Nicht-dispersive Infrarot-Absorption	Verfahren zur Gasanalyse
NDUV	Nicht-dispersive Ultraviolett-Absorption	Verfahren zur Gasanalyse
NMOG	Non-methane organic gases	methanfreie organische Gase
NMR	Nuclear magnetic resonance	Kernspinresonanz
NTC	Negative temperature coefficient	heißleitend (Widerstand)
OEG	obere Explosionsgrenze	
OEM	Original Equipment Manufacturer	Hersteller von Komponenten (z. B. für Computer)
OFW	Oberflächenwellen	
OMG	Object Management Group	Software-Konsortium
PAFC	Phosphoric Acid Fuel Cells	Brennstoffzellentyp
PAM	Pulsamplitudenmodulation	

Abkürzung	Langform	Bemerkungen
PAP	Programmablaufplan	
PC	Personal Computer	
PC-Card	Personal Computer (memory card international Association)	Standard für Erweiterungskarten im Scheckkartenformat (früher: PCMCIA)
PCM	Pulscodemodulation	
PEMFC	Proton Exchance Membrane Fuel Cells	Brennstoffzellentyp
PFM	Pulsfrequenzmodulation	
PIN	Personal identification number	personenbezogene Kennzahl („Geheimzahl")
PIO	Parallel input output	parallele Ein-/Ausgabe
Pixel	Picture Element	(rechteckiges) Bildelement
PLT	Prozessleittechnik	
PM	Phasenmodulation	
PPM	Pulsphasenmodulation	
PSD	Position sensing detector	positionsempfindlicher Sensor
PTB	Physikalisch-Technische Bundesanstalt	
PTC	Positive temperature coefficient	kaltleitend (Widerstand)
RAL	Deutsches Institut für Gütesicherung und Kennzeichnung	
REV	Remote Emissions Vehicle	Niedrigemissions-Fahrzeug
RGB	Red – Green – Blue	Farbsystem
RISC	Reduced Instruction Set Computer	spezielle Rechnerarchitektur
SAW	Surface acoustic waves	Oberflächenwellen
SI	Standard Interface	standardisierte Schnittstelle
SIO	Serial input output	serielle Ein-/Ausgabe
SMPS	Switch Mode Power Supply	Schaltnetzteil
SOFC	Solid Oxide Fuel Cells	Brennstoffzellentyp
SPS	Speicherprogrammierbare Steuerung	
TRB	Technische Regeln für Druckbehälter	
TRbF	Technische Regeln für brennbare Flüssigkeiten	
TRD	Technische Regeln für Dampfkessel	
TRGL	Technische Regeln für Gashochdruckleitungen	
TRK	Technische Richtkonzentration	Grenzwert für krebserzeugende und erbgutändernde Arbeitsstoffe
UEG	Untere Explosionsgrenze	
ULEV	Ultra Low Emission Vehicle	nahezu emissionsfreies Fahrzeug
UMTS	Universal Mobile Telecommunication System	Mobilfunknetz der dritten Generation (ab 2002), soll weltweit eingesetzt werden (nicht kompatibel mit GSM)
USB	Universal serial bus	schnelles externes Bussystem
USV	Unterbrechungsfreie Stromversorgung	
VCO	Voltage controlled oscillator	spannungsgesteuerter Oszillator
VDE	Verband Deutscher Elektrotechniker	
VDEW	Vereinigung Deutscher Elektrizitätswerke	
VDI	Verein Deutscher Ingenieure	
VDMA	Verband Deutscher Maschinen- und Anlagenbau	
VGA	Video Graphics Array	
VME	Versa module Eurocard bus	interner Rechnerbus für industrielle Anwendungen

Abkürzung	Langform	Bemerkungen
VR	Virtual Reality	rechnerintegriert erzeugte wirklichkeitsnahe Darstellung
WAN	Wide Area Network	Netzwerk mit weit entfernten Stationen
WAP	Wireless Application Protocol	Mini-Browser für Mobilfunk
WWW	World Wide Web	weltweites Netzwerk
XT	Extended Technology	
ZEV	Zero Emission Vehicle	emissionsfreies Fahrzeug
ZLEV	Zero-Level Emission Vehicle	dto.
ZVH	Zentralverband Heizungskomponenten	
ZVSHK	Zentralverband Sanitär, Heizung, Klima	

Tabelle 25.11 Ausgewählte Eigenschaften chemischer Elemente

Ordnungszahl	1	2	3	4	5	6
Name	Wasserstoff H	Helium He	Lithium Li	Beryllium Be	Bor B	Kohlenstoff C
Atommasse	1,00794	4,002602	6,941	9,012182	10,811	12,011
Atomradius in pm	37,3	128	152	113,3 α	83	77,2 (Diamant)
Elektronegativität	2,2	–	0,98	1,57	2,04	2,55
Häufigkeit in ppm	1520	0,008	20	2,6	10	480
Schmelzpunkt in °C	–259,1	–272,2	180,5	1278	2300	3550
Siedepunkt in °C	–252,9	–268,9	1317	2970	2550	4827
Dichte in g/l oder g/cm³	0,084 g/l	0,17 g/l	0,53 g/cm³	1,85 g/cm³	2,46 g/cm³	3,51 g/cm³
Oxidationsstufen	1, –1	–	1	2	3	4, 2, –4
Säure/Base	sauer/basisch	–	stark basisch	sauer/basisch	schwach sauer	schwach sauer
Struktur	hexagonal	hexagonal	kubisch raumzentriert	hexagonal	rhomboedrisch	hexagonal/Diamant
Spezifische Wärmekapazität in J/(K · g)	14,3	5,21	3,4	1,9	1,03	0,719
Wärmeleitfähigkeit bei 20 °C in W/(m · K)	0,18	0,15	70	210	29	45 Graphit
Spezifischer elektrischer Widerstand in 10^{-1} Ω · cm	–	–	8,55 (0 °C)	4,2 (20 °C)	$1,8 \cdot 10^{12}$ (27 °C)	1375 (0 °C)

Ordnungszahl	7	8	9	10	11	12
Name	Stickstoff N	Sauerstoff O	Fluor F	Neon Ne	Natrium Na	Magnesium Mg
Atommasse	14,00674	15,9994	18,9984032	20,1797	22,989768	24,305
Atomradius in pm	71	60,4	70,9	k.A	153,7	160
Elektronegativität	3,04	3,44	3,98	k.A.	0,93	1,31
Häufigkeit in ppm	25	474000	950	$7 \cdot 10^{-5}$	23000	23000
Schmelzpunkt in °C	–209,9	–218,4	–219,6	–248,7	97,8	648,8
Siedepunkt in °C	–195,8	–182,9	–188,1	–246,1	892	1107
Dichte in g/l oder g/cm³	1,17 g/l	1,33 g/l	1,58 g/l	0,84 g/l	0,97 g/cm³	1,74 g/cm³
Oxidationsstufen	5, 4, 3, 2, –3	–2, –1	–1	–	1	2
Säure/Base	stark sauer	–	–	–	stark basisch	stark basisch
Struktur	hexagonal	kubisch	kubisch	kubisch flächenzentriert	kubisch raumzentriert	hexagonal
Spezifische Wärmekapazität in J/(K · g)	1,04	0,92	0,25	1,03	1,23	1,03
Wärmeleitfähigkeit bei 20 °C in W/(m · K)	0,026	0,026	–	0,049	135	160
Spezifischer elektrischer Widerstand in 10^{-1} Ω · cm	–	–	–	–	4,2 (0 °C)	3,9 (0 °C)

Ordnungszahl	13	14	15	16	17	18
Name	Aluminium Al	Silicium Si	Phosphor P	Schwefel S	Chlor Cl	Argon Ar
Atommasse	26,981539	28,0855	30,973762	32,066	35,4527	39,948
Atomradius in pm	143,1	117	93 w	104	99,4	174
Elektronegativität	1,61	1,9	2,19	2,58	3,16	–
Häufigkeit in ppm	82000	277000	1000	260	130	1,2
Schmelzpunkt in °C	660,5	1410	44 (P4)	113	–101	–189,4
Siedepunkt in °C	2467	2355	280 (P4)	444,7	–34,6	–185,9
Dichte in g/l oder g/cm³	2,70 g/cm³	2,33 g/cm³	1,82 g/cm³	2,06 g/cm³	2,95 g/l	1,66 g/l
Oxidationsstufen	3	4, 2, –4	5, 3, –3	6, 4, 2, –2	7, 5, 3, 1, –1	–
Säure/Base	sauer/basisch	sauer/basisch	schwach sauer	stark sauer	stark sauer	–
Struktur	flächenzentriert	Diamant	kubisch	orthorhombisch/ monoklin	orthorhombisch	kubisch flächen- zentriert
Spezifische Wärmekapazität in J/(K · g)	0,9	0,71	0,77 w	0,7 r	0,49	0,52
Wärmeleitfähigkeit bei 20 °C in W/(m · K)	273	153	–	0,28g	0,0072	0,02
Spezifischer elektrischer Widerstand in $10^{-1}\ \Omega \cdot cm$	2,655 (0 °C)	$32 \cdot 10^{10}$ (20 °C)	$1 \cdot 10^{7}$w (11 °C)	$2 \cdot 10^{23}$ (20 °C)	–	–

Ordnungszahl	19	20	21	22	23	24
Name	Kalium K	Calcium Ca	Scandium Sc	Titan Ti	Vanadium V	Chrom Cr
Atommasse	39,0983	40,078	44,95591	47,88	50,9415	51,9961
Atomradius in pm	227	197,3 α	160,6	144,8 α	132,1	124,9 α
Elektronegativität	0,82	1	1,36	1,54	1,63	1,66
Häufigkeit in ppm	21000	41000	16	5600	160	100
Schmelzpunkt in °C	63,7	839	1539	1660	1890	1857
Siedepunkt in °C	774	1487	2832	3260	3380	2482
Dichte in g/l oder g/cm³	0,86 g/cm³	1,54 g/cm³	2,99 g/cm³	4,51 g/cm³	6,09 g/cm³	7,14 g/cm³
Oxidationsstufen	1	2	3	4, 3, 2	5, 4, 3, 2, 1, 0, –1, –3	6, 5, 4, 3, 2, 1, 0, –1, –2
Säure/Base	stark basisch	stark basisch	schwach basisch	sauer/basisch	sauer/basisch	stark sauer
Struktur	kubisch raum- zentriert	flächenzentriert	hexagonal	hexagonal	kubisch raum- zentriert	kubisch raum- zentriert
Spezifische Wärmekapazität in J/(K · g)	0,75	8	0,56	0,53	0,48	0,46
Wärmeleitfähigkeit bei 20 °C in W/(m · K)	100	130	63	23	30	87
Spezifischer elektrischer Widerstand in $10^{-1}\ \Omega \cdot cm$	6,3 (0 °C)	3,91 (0 °C)	66 (25 °C)	50 (0 °C)	39 (0 °C)	12,7 (0 °C)

Ordnungszahl	25	26	27	28	29	30
Name	Mangan Mn	Eisen Fe	Cobalt Co	Nickel Ni	Kupfer Cu	Zink Zn
Atommasse	54,93805	55,847	58,9332	58,69	63,546	65,39
Atomradius in pm	124 α	124,1 α	125,3	124,6	127,8	133,2
Elektronegativität	1,55	1,83	1,88	1,91	1,9	1,65
Häufigkeit in ppm	950	41000	20	80	50	75
Schmelzpunkt in °C	1244	1535	1495	1453	1083,5	419,6
Siedepunkt in °C	2097	2750	2870	2732	2595	907
Dichte in g/l oder g/cm³	7,44 g/cm³	7,87 g/cm³	8,89 g/cm³	8,91 g/cm³	8,92 g/cm³	7,14 g/cm³
Oxidationsstufen	7, 6, 5, 4, 3, 2, 1, 0, –1, –2, –3	6, 4, 5, 3, 2, 1, 0, –1, –2	5, 4, 3, 2, 1, 0, –1	4, 3, 2, 1, 0, –1	4, 3, 2, 1	2
Säure/Base	stark sauer	sauer/basisch	sauer/basisch	schwach basisch	schwach basisch	sauer/basisch
Struktur	kubisch raumzentriert	raumzentriert	hexagonal	kubisch flächenzentriert	kubisch flächenzentriert	hexagonal
Spezifische Wärmekapazität in J/(K · g)	0,48	0,45	0,42	0,44	0,39	0,39
Wärmeleitfähigkeit bei 20 °C in W/(m · K)	7,8	78	96	89	390	121
Spezifischer elektrischer Widerstand in 10^{-1} Ω · cm	144 α (20 °C)	8,9 (0 °C)	5,6 (0 °C)	6,84 (0 °C)	1,56 (0 °C)	5,5 (0 °C)

Ordnungszahl	31	32	33	34	35	36
Name	Gallium Ga	Germanium Ge	Arsen As	Selen Se	Brom Br	Krypton Kr
Atommasse	69,723	72,61	74,92159	78,96	79,904	83,8
Atomradius in pm	122,1	122,5	125	116	114,5	k.A.
Elektronegativität	1,81	2,01	2,18	2,55	2,96	k.A.
Häufigkeit in ppm	18	1,8	1,5	0,05	0,37	$1 \cdot 10^{-5}$
Schmelzpunkt in °C	29,8	937,4	613	217	–7,3	–156,6
Siedepunkt in °C	2403	2830	sublimiert	685	58,8	–152,3
Dichte in g/l oder g/cm³	5,91 g/cm³	5,32 g/cm³	5,72 g/cm³	4,82 g/cm³	3,14 g/cm³	3,48 g/l
Oxidationsstufen	3, 2, 1	4, 2	5, 3, –3	6, 4, –2	7, 5, 3, 1, –1	2
Säure/Base	sauer/basisch	sauer/basisch	schwach sauer	stark sauer	stark sauer	–
Struktur	orthorhombisch	Diamant	raumzentriert	hexagonal	orthorhombisch	kubisch flächenzentriert
Spezifische Wärmekapazität in J/(K · g)	0,37	0,31	0,33	0,329	0,45	0,25
Wärmeleitfähigkeit bei 20 °C in W/(m · K)	40	61	–	0,2g	–	0,0093
Spezifischer elektrischer Widerstand in 10^{-1} Ω · cm	17,4 (20 °C)	$45 \cdot 10^{6}$ (25 °C)	33,3 (0 °C)	12 (0 °C)	–	–

Ordnungszahl	37	38	39	40	41	42
Name	Rubidium Rb	Strontium Sr	Yttrium Y	Zirconium Zr	Niob Nb	Molybdän Mo
Atommasse	85,4678	87,62	88,90585	91,224	92,90638	95,94
Atomradius in pm	247,5	215,1 α	181	160	142,9	136,2
Elektronegativität	0,82	0,95	1,22	1,33	1,6	2,16
Häufigkeit in ppm	90	370	30	190	20	1,5
Schmelzpunkt in °C	39	769	1523	1852	2468	2617
Siedepunkt in °C	688	1384	3337	4377	4927	5560
Dichte in g/l oder g/cm^3	1,53 g/cm^3	2,63 g/cm^3	4,47 g/cm^3	6,51 g/cm^3	8,58 g/cm^3	10,28 g/cm^3
Oxidationsstufen	1	2	3	4, 3, 2, 1	5, 4, 3, 2, 1, –1	6, 5, 4, 3, 2, 1, 0, –1, –2
Säure/Base	stark basisch	stark basisch	schwach basisch	sauer/basisch	schwach sauer	stark sauer
Struktur	kubisch raumzentriert	kubisch flächenzentriert	hexagonal	hexagonal	kubisch raumzentriert	kubisch raumzentriert
Spezifische Wärmekapazität in J/(K · g)	0,34	0,29	0,29	0,28	0,27	0,25
Wärmeleitfähigkeit bei 20 °C in W/(m · K)	60	–	15	22	52	141
Spezifischer elektrischer Widerstand in 10^{-1} Ω · cm	12,5 (20 °C)	23 (20 °C)	65 (25 °C)	40 (0 °C)	13,9 (0 °C)	5,2 (0 °C)

Ordnungszahl	43	44	45	46	47	48
Name	Technetium Tc	Ruthenium Ru	Rhodium Rh	Palladium Pd	Silber Ag	Cadmium Cd
Atommasse	98,9063	101,07	102,9055	106,42	107,8682	112,411
Atomradius in pm	135,8	134	134,5	137,6	144,4	148,9
Elektronegativität	1,9	2,2	2,28	2,2	1,93	1,69
Häufigkeit in ppm		0,001	$2 \cdot 10^{-4}$	$6 \cdot 10^{-4}$	0,07	0,11
Schmelzpunkt in °C	2172	2310	1966	1552	961,9	321
Siedepunkt in °C	5030	3900	3727	3140	2212	765
Dichte in g/l oder g/cm^3	11,49 g/cm^3	12,45 g/cm^3	12,41 g/cm^3	12,02 g/cm^3	10,49 g/cm^3	8,64 g/cm^3
Oxidationsstufen	7, 6, 5, 4, 3, 2, 1, 0, –1, –3	8, 7, 6, 5, 4, 3, 2, 1, 0, –2	6, 5, 4, 3, 2, 1, 0, –1	4, 3, 2, 0	3, 2, 1	2, 1
Säure/Base	stark sauer	schwach sauer	sauer/basisch	schwach basisch	sauer/basisch	schwach basisch
Struktur	hexagonal	hexagonal	kubisch flächenzentriert	kubisch flächenzentriert	kubisch flächenzentriert	hexagonal
Spezifische Wärmekapazität in J/(K · g)	0,25	0,25	0,24	0,23	0,23	6,4
Wärmeleitfähigkeit bei 20 °C in W/(m · K)	–	117	150	75	418	100
Spezifischer elektrischer Widerstand in 10^{-1} Ω · cm	–	7,3 (0 °C)	4,3 (0 °C)	10,0 (0 °C)	1,51 (0 °C)	6,83 (0 °C)

Ordnungszahl	49	50	51	52	53	54
Name	Indium In	Zinn Sn	Antimon Sb	Tellur Te	Iod I	Xenon Xe
Atommasse	114,82	118,71	121,75	127,6	126,90447	131,29
Atomradius in pm	162,6	140,5 α	145	143,2	133,1	218
Elektronegativität	1,78	1,96	2,05	2,1	2,66	2,6
Häufigkeit in ppm	0,049	2,2	0,2	0,005	0,14	$2 \cdot 10^{-6}$
Schmelzpunkt in °C	156,2	232	630,7	449,6	113,5	–111,9
Siedepunkt in °C	2080	2270	1750	990	184,4	–107
Dichte in g/l oder g/cm³	7,31 g/cm³	7,29 g/cm³	6,69 g/cm³	6,25 g/cm³	4,94 g/cm³	5,49 g/l
Oxidationsstufen	3, 2, 1	4, 2	5, 3, –3	6, 4, 2, –2	7, 5, 3, 1, –1	2, 4, 6, 8
Säure/Base	sauer/basisch	sauer/basisch	schwach sauer	schwach sauer	stark sauer	–
Struktur	tetragonal	tetragonal/Diamant	rhomoedrisch	hexagonal	orthorhombisch	kubisch flächenzentriert
Spezifische Wärmekapazität in J/(K · g)	0,24	0,23 w	0,21	0,2	0,43	0,16
Wärmeleitfähigkeit bei 20 °C in W/(m · K)	86	63 w	22	4,8	0,4	0,006
Spezifischer elektrischer Widerstand in 10^{-1} Ω · cm	8,4 (0 °C)	10,4 (0 °C)	39,0 (0 °C)	$4,36 \cdot 10^{5}$ (23 °C)	$1,03 \cdot 10^{15}$ (20 °C)	–

Ordnungszahl	55	56	57	58	59	60
Name	Cäsium Cs	Barium Ba	Lanthan La	Cer Ce	Praseodym Pr	Neodym Nd
Atommasse	132,90543	137,327	138,9055	140,115	140,90765	144,24
Atomradius in pm	265,5	217,3	187,7 α	182,5	182,8 α	182,1
Elektronegativität	0,79	0,89	1,1	1,12	1,13	1,14
Häufigkeit in ppm	3	500	32	68	9,5	38
Schmelzpunkt in °C	28,4	725	920	798	931	1010
Siedepunkt in °C	690	1640	3454	3257	3212	3127
Dichte in g/l oder g/cm³	1,90 g/cm³	3,65 g/cm³	6,16 g/cm³	6,77 g/cm³	6,48 g/cm³	7,00 g/cm³
Oxidationsstufen	1	2	3	4, 3	4, 3	3
Säure/Base	stark basisch	stark basisch	stark basisch	schwach basisch	schwach basisch	schwach basisch
Struktur	raumzentriert	kubisch raumzentriert	hexagonal	kubisch flächenzentriert	hexagonal	hexagonal
Spezifische Wärmekapazität in J/(K · g)	2,1	0,19	0,19	0,18	0,19	0,19
Wärmeleitfähigkeit bei 20 °C in W/(m · K)	97	–	14	11	12	13
Spezifischer elektrischer Widerstand in 10^{-1} Ω · cm	20 (20 °C)	36 (0 °C)	57 (25 °C)	78 (20 °C)	68 (25 °C)	64 (25 °C)

Ordnungszahl	61	62	63	64	65	66
Name	Promethium Pm	Samarium Sm	Europium Eu	Gadolinium Gd	Terbium Tb	Dysprosium Dy
Atommasse	146,9151	150,36	151,965	157,25	158,92534	162,5
Atomradius in pm	181	180,2	204,2	180,2	178,2	177,3
Elektronegativität	k.A.	1,17	k.A.	1,2	k.A.	1,22
Häufigkeit in ppm	geringe Spuren	7,9	2,1	7,7	1,1	6
Schmelzpunkt in °C	1080	1072	822	1311	1360	1409
Siedepunkt in °C	2730	1778	1597	3233	3041	2335
Dichte in g/l oder g/cm³	7,22 g/cm³	7,54 g/cm³	5,25 g/cm³	7,89 g/cm³	8,25 g/cm³	8,56 g/cm³
Oxidationsstufen	3	3, 2	3, 2	3	4, 3	3
Säure/Base	schwach basisch	schwach basisch	schwach basisch	schwach basisch	schwach basisch	schwach basisch
Struktur	hexagonal	rhomboedrisch	kubisch raumzentriert	hexagonal	hexagonal	hexagonal
Spezifische Wärmekapazität in J/(K · g)	0,19	0,2	0,17	0,23	0,18	0,17
Wärmeleitfähigkeit bei 20 °C in W/(m · K)	–	–	–	9	–	10
Spezifischer elektrischer Widerstand in $10^{-1}\ \Omega \cdot cm$	–	92 (25 °C)	90 (25 °C)	134,0 (25 °C)	116 (25 °C)	57 (25 °C)

Ordnungszahl	67	68	69	70	71	72
Name	Holmium Ho	Erbium Er	Thulium Tm	Ytterbium Yb	Lutetium Lu	Hafnium Hf
Atommasse	164,93032	167,26	168,93421	173,04	174,967	178,49
Atomradius in pm	176,6	175,7	174,6	194	173,4	156,4 α
Elektronegativität	1,23	1,24	1,25	k.A.	1,27	1,3
Häufigkeit in ppm	1,4	3,8	0,48	5,3	0,51	3,3
Schmelzpunkt in °C	1470	1522	1545	824	1656	2227
Siedepunkt in °C	2720	2510	1727	1193	3315	5400
Dichte in g/l oder g/cm³	8,78 g/cm³	9,05 g/cm³	9,32 g/cm³	6,97 g/cm³	9,84 g/cm³	13,31 g/cm³
Oxidationsstufen	3	3	3, 2	3, 2	3	4, 3, 1
Säure/Base	schwach basisch	schwach basisch	schwach basisch	schwach basisch	schwach basisch	sauer/basisch
Struktur	hexagonal	hexagonal	hexagonal	kubisch flächenzentriert	hexagonal	hexagonal
Spezifische Wärmekapazität in J/(K · g)	0,16	0,17	0,16	0,14	0,15	0,14
Wärmeleitfähigkeit bei 20 °C in W/(m · K)	–	10	–	–	–	22
Spezifischer elektrischer Widerstand in $10^{-1}\ \Omega \cdot cm$	94 (25 °C)	107 (25 °C)	90 (25 °C)	29 (25 °C)	68 (25 °C)	30,6 (20 °C)

Ordnungszahl	73	74	75	76	77	78
Name	Tantal Ta	Wolfram W	Rhenium Re	Osmium Os	Iridium Ir	Platin Pt
Atommasse	180,9479	183,85	186,207	190,2	192,22	195,08
Atomradius in pm	143	137	137	135	135,7	138
Elektronegativität	1,5	2,36	1,9	2,2	2,2	2,28
Häufigkeit in ppm	2	1	$4 \cdot 10^{-4}$	$1 \cdot 10^{-4}$	$3 \cdot 10^{-6}$	0,001
Schmelzpunkt in °C	2996	3407	3180	3045	2410	1772
Siedepunkt in °C	5425	5927	5627	5027	4130	3827
Dichte in g/l oder g/cm^3	16,68 g/cm^3	19,26 g/cm^3	21,03 g/cm^3	22,61 g/cm^3	22,65 g/cm^3	21,45 g/cm^3
Oxidationsstufen	5, 4, 3, 2, 1, –1	6, 5, 4, 3, 2, 0, –1, –2	7, 6, 5, 4, 3, 2, 1, 0, –1, –3	8, 6, 5, 4, 3, 2, 1, 0, –2	6, 5, 4, 3, 2, 1, 0, –1	6, 5, 4, 2, 0
Säure/Base	schwach sauer	schwach sauer	schwach sauer	schwach sauer	schwach basisch	schwach basisch
Struktur	kubisch raumzentriert	kubisch raumzentriert	hexagonal	hexagonal	kubisch flächenzentriert	kubisch flächenzentriert
Spezifische Wärmekapazität in J/(K · g)	0,15	0,14	0,15	0,13	0,13	0,13
Wärmeleitfähigkeit bei 20 °C in W/(m · K)	58	167	48	87	147	73
Spezifischer elektrischer Widerstand in $10^{-1}\ \Omega \cdot cm$	12,6 (0 °C)	4,9	18,6 (0 °C)	9,5 (20 °C)	5,3 (0 °C)	9,81 (0 °C)

Ordnungszahl	79	80	81	82	83	84
Name	Gold Au	Quecksilber Hg	Thallium Tl	Blei Pb	Bismut Bi	Polonium Po
Atommasse	196,96654	200,59	204,3833	207,2	208,98037	208,9824
Atomradius in pm	144,2	160	170,4 α	175	155	167,5 α
Elektronegativität	2,54	2	1,62	2,33	2,02	2
Häufigkeit in ppm	0,0011	0,05	0,6	14	0,048	in geringen Spuren
Schmelzpunkt in °C	1064,4	–38,9	303,6	327,5	271,4	254
Siedepunkt in °C	2940	356,6	1457	1740	1560	962
Dichte in g/l oder g/cm^3	19,32 g/cm^3	13,55 g/cm^3	11,85 g/cm^3	11,34 g/cm^3	9,80 g/cm^3	9,20 g/cm^3
Oxidationsstufen	5, 3, 2, 1	2, 1	3, 1	4, 2	5, 3	6, 4, 2
Säure/Base	sauer/basisch	schwach sauer	schwach basisch	sauer/basisch	schwach sauer	sauer/basisch
Struktur	kubisch flächenzentriert	rhomboedrisch	hexagonal	kubisch flächenzentriert	rhomboedrisch	monoklin
Spezifische Wärmekapazität in J/(K · g)	0,13	0,14	0,13	0,13	0,12	0,13
Wärmeleitfähigkeit bei 20 °C in W/(m · K)	310	8,4	49	37	9	–
Spezifischer elektrischer Widerstand in $10^{-1}\ \Omega \cdot cm$	2,04 (0 °C)	98,4 (50 °C)	16,6 (20 °C)	19,0 (0 °C)	106,8 (0 °C)	–

25

Ordnungszahl	85	86	87	88	89	90
Name	Astat At	Radon Rn	Francium Fr	Radium Ra	Actinium Ac	Thorium Th
Atommasse	209,9871	222,0176	223,0197	226,0254	227,0278	232,0381
Atomradius in pm	k.A.	k.A.	ca. 270	223	187,8	179,8 α
Elektronegativität	2,2	k.A.	0,7	0,89	1,1	1,3
Häufigkeit in ppm	in geringen Spuren	in geringen Spuren	0	$6 \cdot 10^{-7}$	in geringen Spuren	12
Schmelzpunkt in °C	302	−71	27	700	1047	1750
Siedepunkt in °C	337	−61,8	677	1140	3197	4787
Dichte in g/l oder g/cm³	k.A.	9,23 g/l	k.A.	5,50 g/cm³	10,07 g/cm³	11,72 g/cm³
Oxidationsstufen	7, 5, 3, 1, −1	2	1	2	3	4, 3, 2
Säure/Base	–	–	stark basisch	stark basisch	–	schwach basisch
Struktur	–	kubisch flächenzentriert	kubisch raumzentriert	kubisch raumzentriert	flächenzentriert	kubisch flächenzentriert
Spezifische Wärmekapazität in J/(K · g)	0,14	0,09	0,14	0,12	0,12	0,14
Wärmeleitfähigkeit bei 20 °C in W/(m · K)	–	–	–	–	–	41
Spezifischer elektrischer Widerstand in $10^{-1}\ \Omega \cdot cm$	–	–	–	–	–	18,62 (20 °C)

Ordnungszahl	91	92
Name	Protactinium Pa	Uran U
Atommasse	231,0359	238,0289
Atomradius in pm	160,6	138,5 α
Elektronegativität	1,5	1,38
Häufigkeit in ppm	in geringen Spuren	2,4
Schmelzpunkt in °C	1554	1132,4
Siedepunkt in °C	4030	3818
Dichte in g/l oder g/cm³	15,37 g/cm³	18,97 g/cm³
Oxidationsstufen	5, 4, 3	6, 5, 4, 3
Säure/Base	schwach basisch	sauer/basisch
Struktur	orthorhombisch	orthorhombisch
Spezifische Wärmekapazität in J/(K · g)	0,12	0,12
Wärmeleitfähigkeit bei 20 °C in W/(m · K)	–	28
Spezifischer elektrischer Widerstand in $10^{-1}\ \Omega \cdot cm$	–	29 α (0 °C)

Symbolerläuterung:

α bestimmte Modifikation des Elements
r rote Modifikation
w weiße Modifikation
g gelbe Modifikation

Sachwortverzeichnis

F

L